DICTIONNAIRE

DE

PHYSIOLOGIE

TOME VI

DICTIONNAIRE

DE

PHYSIOLOGIE

PAR

CHARLES RICHET

PROFESSEUR DE PHYSIOLOGIE A LA FACULTÉ DE MÉDECINE DE PARIS

AVEC LA COLLABORATION

DE

MM. E. ABELOUS (Toulouse) — ALEZAÏS (Marseille) — ANDRÉ (Paris) — S. ARLOING (Lyon)
ATHANASIU (Paris) — BARDIER (Toulouse) — F. BATTELLI (Genève) — R. DU BOIS-REYMOND (Berlin)
G. BONNIER (Paris) — F. BOTTAZZI (Florence) — E. BOURQUELOT (Paris) — BRANCA (Paris)
ANDRÉ BROCA (Paris) — L. CAMUS (Paris) — J. CARVALLO (Paris) — CHARRIN (Paris) — A. CHASSEVANT (Paris)
CORIN (Liège) — E. DE CYON (Paris) — A. DASTRE (Paris) — R. DUBOIS (Lyon) — W. ENGELMANN (Berlin)
G. FANO (Florence) — X. FRANCOTTE (Liège) — L. FREDERICQ (Liège) — J. GAD (Leipzig) — GELLÉ (Paris)
E. GLEY (Paris) — GRIFFON (Rennes) — L. GUINARD (Lyon) — HAMBURGER (Gröningen)
M. HANRIOT (Paris) — HÉDON (Montpellier) — F. HEIM (Paris) — P. HENRIJEAN (Liège) — J. HÉRICOURT (Paris)
F. HEYMANS (Gand) — J. IOTEYKO (Bruxelles) — PIERRE JANET (Paris) — H. KRONECKER (Berne)
LAHOUSSE (Gand) — LAMBERT (Nancy) — E. LAMBLING (Lille) — P. LANGLOIS (Paris)
L. LAPICQUE (Paris) — LAUNOIS (Paris) — CH. LIVON (Marseille) — E. MACÉ (Nancy) — GR. MANCA (Padoue)
MANOUVRIER (Paris) — M. MENDELSSOHN (Pétersbourg) — E. MEYER (Nancy) — MISLAWSKI (Kazan)
J.-P. MORAT (Lyon) — A. MOSSO (Turin) — NICLOUX (Paris) — J.-P. NUEL (Liège) — A. PINARD (Paris)
F. PLATEAU (Gand) — E. PFLÜGER (Bonn) — M. POMPILIAN (Paris) — P. PORTIER (Paris) — G. POUCHET (Paris)
E. RETTERER (Paris) — J. CH. ROUX (Paris) — P. SÉBILEAU (Paris) — C. SCHÉPILOFF (Genève)
J. SOURY (Paris) — W. STIRLING (Manchester) — J. TARCHANOFF (Pétersbourg) — TIGERSTEDT (Helsingfors)
TRIBOULET (Paris) — E. TROUESSART (Paris) — H. DE VARIGNY (Paris) — M. VERWORN (Göttingen)
E. VIDAL (Paris) — G. WEISS (Paris) — E. WERTHEIMER (Lille)

TOME VI

F-G

AVEC 99 GRAVURES DANS LE TEXTE

PARIS

FÉLIX ALCAN, ÉDITEUR

ANCIENNE LIBRAIRIE GERMER BAILLIÈRE ET CIE

108, BOULEVARD SAINT-GERMAIN, 108

—

1904

DICTIONNAIRE

DE

PHYSIOLOGIE

FAIM.

La faim est une sensation spéciale, commune à tous les animaux et qui traduit chez eux le besoin de manger.

Elle appartient au groupe des sensations internes. BEAUNIS, qui divise celles-ci en huit classes, fait rentrer la faim dans celle des besoins d'activité, à côté de la sensation de soif, de mastication, de déglutition, de nausée, de miction, l'opposant ainsi aux besoins d'inaction, tels que le besoin de sommeil et le besoin de repos.

Nous aborderons l'étude de la faim dans deux cas différents, d'abord au cours de la vie normale, puis dans des conditions spéciales, au cours de l'inanition volontaire ou accidentelle. Nous passerons ensuite en revue les théories proposées pour l'expliquer. Nous aurons encore à étudier les causes, le siège, les voies de transmission et le rôle que jouent les centres nerveux dans la perception consciente de cette sensation. En dernier lieu, nous nous occuperons de la pathologie de la faim.

Et d'abord, il convient de bien spécifier ce que l'on entend par faim et appétit. Il ne s'agit pas de deux sensations différentes, s'appliquant, comme certains auteurs le prétendent, la première à la quantité, la deuxième à la qualité d'aliments. L'une et l'autre expriment le besoin de manger : il n'y a entre elles qu'une différence de degrés.

Alors que la faim est une sensation pénible et douloureuse, l'appétit est au contraire une sensation légère et plaisante. C'est celle que nous éprouvons au moment de nos repas, au moment où le besoin de manger à peine ressenti va être satisfait. L'appétit n'est donc, peut-on dire, que le premier degré de la faim, il en représente la période agréable. D'une façon générale d'ailleurs, tous nos besoins sont comme la faim, agréables à leurs débuts. C'est seulement plus tard qu'ils engendrent de la douleur, s'ils ne sont point satisfaits.

§ I. — Caractères de la faim.

a) La faim au cours de la vie normale. — b) La faim au cours de l'inanition forcée. — c) La faim au cours de l'inanition volontaire (jeûne expérimental et charlatanesque).

Chacun de nous a certainement ressenti la sensation dont nous parlons, et, d'après notre propre expérience, il paraît *a priori* facile d'en retracer les caractères. Il en est bien autrement si nous nous adressons à l'expérimentation chez les diverses espèces animales, car alors nous ne pouvons que surprendre les manifestations extérieures qui trahissent leurs besoins. Cependant, d'après les connaissances que nous possédons, il est rationnel de supposer, sinon d'admettre, que la faim se manifeste de la même façon chez l'homme et les divers animaux, avec des réserves toutefois au sujet de certains caractères particuliers. Il va sans dire qu'il faut toujours tenir compte des conditions d'existence de l'espèce animale envisagée.

Disons aussitôt que le besoin de manger ne consiste généralement pas en une sensation unique, mais bien en une série de sensations. Elles sont diversement localisées, et leur nombre comme leur siège en rendent l'analyse très difficile, bien qu'il paraisse ne pas en être ainsi, tant la faim exprime un besoin nettement défini.

En général, quand on a faim, on éprouve une très légère douleur ou du moins un simple malaise qu'on localise au niveau de la région épigastrique. C'est généralement le signe du début de la faim que l'on observe. Il disparaît par la pénétration des matières alimentaires dans le tube digestif; alors lui succède le plaisir qui accompagne toujours la satisfaction d'un besoin naturel accompli. Les choses se passent ainsi au moment de nos repas, lorsque la faim, à peine ressentie, est aussitôt satisfaite. Mais il en est autrement si nous endurons plus longtemps ce besoin. Le malaise épigastrique persiste toujours et s'accentue au point de se transformer bientôt en une sensation pénible et désagréable. Bien plus, il ne tarde pas à se produire une véritable irradiation de cette sensation vers les régions voisines; c'est alors que l'on éprouve parfois des crampes, des tiraillements sur toute la paroi abdominale, des douleurs musculaires disséminées plus particulièrement au niveau de la région supérieure du corps. Ces phénomènes s'accompagnent de bâillements répétés, d'une violente céphalalgie et d'une lassitude générale. Plus tard, ils s'exagèrent encore, et l'organisme entier est envahi par une véritable torpeur, incompatible avec un effort quelconque, physique ou intellectuel. Tout travail devient impossible; l'attention est désormais fixée sur la seule préoccupation de s'alimenter.

La succession de ces diverses manifestations conscientes n'obéit pas à des lois bien définies, et leur ordre chronologique est essentiellement variable suivant les circonstances, suivant les individus. Toutefois, nous devons reconnaître que le début de la faim est presque toujours marqué par un malaise épigastrique qui s'accompagne assez vite d'une pléiade de sensations secondaires. Il suffit, par exemple, de retarder de deux à trois heures le moment habituel du repas, pour être en proie aux douleurs de la faim. C'est ce que l'on observe généralement, bien que dans d'autres circonstances un retard beaucoup plus considérable ne soit nullement incommodant.

D'autre part, on aurait tort de croire que ces différents signes s'appliquent à l'universalité des cas. Tout au contraire, ce besoin peut se présenter d'une façon bien différente, et le tableau symptomatique changer presque complètement.

En signalant la sensation de douleur épigastrique, nous l'avons considérée comme un des premiers signes de la faim. C'est là l'opinion de beaucoup de physiologistes; d'autres pensent qu'elle ne saurait avoir rien d'absolu. La douleur parfois peut faire défaut, comme nous le verrons tout à l'heure. Il en serait de même pour les sensations secondaires qui s'ajoutent à celle de la faim et qui peuvent non seulement différer comme nature, mais encore se localiser diversement. Schiff rapporte qu'ayant interrogé un certain nombre de militaires sur l'endroit plus ou moins précis où ils localisaient la sensation de faim, plusieurs lui indiquèrent, d'ailleurs assez vaguement, le cou, la poitrine; 23, le sternum; 4 ne surent localiser la sensation dans aucune région, et 2 seulement désignèrent l'estomac. Or Schiff fait judicieusement observer que ces deux derniers étaient infirmiers. Il croit que leur réponse a pu être influencée par les quelques connaissances anatomiques qu'ils possédaient. Il n'est évidemment pas permis de tirer de ces données une conclusion rigoureuse au point de vue de la valeur absolue du signe qui nous occupe; le nombre des personnes examinées était trop restreint. Cependant, la difficulté qu'ont éprouvée ces militaires à localiser la sensation de faim doit nous mettre en garde contre la tendance trop facile à considérer la douleur stomacale comme constante dans la faim. Évidemment elle peut souvent faire défaut. Le même auteur a observé par exemple que trois personnes, le grand-père, le fils, et le petit-fils ressentaient la faim dans l'arrière-gorge. A ce propos, Beaunis estime que la connaissance que chacun possède de son propre corps et des organes qui le composent, influe sur toutes ces sensations. L'observation des deux infirmiers de Schiff le prouverait jusqu'à un certain point. Beaunis, analysant en détail sur lui-même les manifestations intérieures conscientes de la faim, constate un premier fait, c'est qu'il ne ressent pas la douleur épigastrique.

Il éprouve au contraire un plus ou moins grand nombre de sensations qui s'étendent dans toute la région sus-diaphragmatique, avec des localisations au niveau de l'œsophage du pharynx, du plancher buccal, de la région parotidienne, des muscles masticateurs, de la tempe et de la région épicranienne. Encore importe-t-il d'ajouter qu'il ne se prononce pas catégoriquement sur ces sensations. Il ne saurait affirmer qu'elles sont réelles, ou bien dues tout simplement à l'attention qu'il porte sur ce qui se passe ou doit se passer dans ses propres organes. En fin de compte, se basant sur son expérience personnelle, et jugeant d'après ses propres sensations et dans les meilleures conditions possibles, c'est-à-dire, en s'affranchissant autant que possible de toute idée préconçue, BEAUNIS suppose que la faim consiste en un ensemble de sensations dont le point de départ réside dans tous les organes rentrant en jeu dans les phénomènes digestifs.

Il était bon de consigner toutes ces divergences, pour montrer la difficulté que l'on éprouve lorsque l'on veut préciser exactement les premiers caractères de la faim. Il suffit d'ailleurs, pour s'en convaincre, d'étudier sur soi-même cette sensation. C'est avec la plus grande peine qu'on peut la caractériser et la localiser. Personnellement, nous avons maintes fois cherché à l'étudier sur nous-même. Mais, en dehors d'un sentiment de vacuité au niveau de l'épigastre, en dehors d'un malaise généralisé dans la partie sus-diaphragmatique, plus particulièrement marqué sur la ligne médiane de cette région, nous n'avons jamais pu arriver à préciser très exactement la nature de nos sensations. Cependant, malgré leur diversité, malgré leurs différences individuelles, il est permis de considérer que la faim est généralement accompagnée, au début, d'une sensation désagréable, voire même douloureuse, ressentie au niveau de la région épigastrique. A celle-ci s'ajoutent ensuite d'autres sensations. En empruntant à BEAUNIS une comparaison tirée de la musique, on peut dire : « qu'à la sensation fondamentale qui part de l'estomac, s'ajoutent des sensations harmoniques provenant des autres organes digestifs ». Nous croyons pouvoir ajouter que le point de départ de ces dernières ne réside pas exclusivement dans l'appareil digestif, mais dans tous les organes.

Mais là ne s'arrête pas le tableau des symptômes que nous avons à décrire; si le besoin de réparation que manifeste ainsi l'organisme n'est pas satisfait, le système nerveux ne tarde pas à en subir le contre-coup, et bientôt survient la torpeur physique et intellectuelle que généralisent encore les sensations. Enfin, à un plus haut degré, on observe des troubles psychiques graves avec manifestations délirantes. Notre première description ne s'appliquait donc qu'à la faim physiologique, à ce besoin habituel que nous ressentons chaque jour avant l'heure du repas : elle est insuffisante à rendre compte de la faim chez un sujet en état d'inanition.

On ne peut en effet contester qu'il existe des degrés dans la sensation que nous cause le besoin de manger. On a plus ou moins faim suivant les circonstances, suivant le moment du dernier repas, suivant aussi de nombreuses conditions éminemment variables. D'autre part, la délimitation de ces degrés est incertaine, car l'intensité de la sensation est loin de suivre une courbe parallèle à sa durée. Autrement dit, on n'a pas mathématiquement d'autant plus faim que l'on s'éloigne davantage du dernier repas. Le sentiment de la faim se modifie sous de nombreuses influences; et, à cette occasion, il convient de signaler particulièrement le rôle important du système nerveux. On pourra se soumettre volontairement à un jeûne prolongé, comme l'expérience en a plusieurs fois été tentée, et endurer assez facilement les souffrances de la faim. Le besoin de manger sera d'autant moins douloureux, d'autant plus facile à supporter qu'il suffira d'un signe pour être mis en face d'un succulent repas. Au contraire, la faim sera beaucoup plus pénible, ses manifestations beaucoup plus douloureuses, si l'on se croit — dans un naufrage, dans une expédition, — voué à une inanition complète sans espoir de salut. Les naufragés de la *Méduse*, de la *Jeannette*, et récemment encore de la *Ville Saint-Nazaire*, nous en ont fourni de bien tristes exemples. Ces différences dans l'intensité de la sensation au cours d'une inanition volontaire ou accidentelle, reconnaissent sans contredit plusieurs causes, mais le système nerveux a certainement sur elles une influence considérable.

Il était nécessaire d'établir préalablement les relations de la faim avec les principaux facteurs capables de la modifier. En nous basant maintenant sur ses différents degrés, nous considérerons à cette sensation deux phases bien distinctes :

1° La faim au cours de la vie normale, celle que l'on ressent au moment des repas, — *faim physiologique*.

2° La faim au cours d'une inanition complète, — *faim pathologique*.

Mais, comme nous venons de le dire, il faut tenir compte des conditions de cette inanition. Et, à ce sujet, nous adopterons l'ordre établi par Ch. Richet pour le jeûne. De même qu'il distingue le jeûne forcé, expérimental et charlatanesque, de même nous étudierons la sensation de faim au cours d'une inanition *forcée, expérimentale et charlatanesque*.

a) **La faim au cours de la vie normale.** — *Faim physiologique*. — En réalité, les caractères de la faim que nous avons décrits plus haut s'appliquent parfaitement à la sensation que nous ressentons d'habitude au moment de nos repas.

Mais, à côté de ceux-ci, il en est d'autres que nous avons volontairement laissés de côté, pour les signaler dans ce chapitre spécial.

C'est ainsi que la faim, chez la plupart des espèces animales et chez l'homme, est une sensation rythmique. Elle ne réapparait pas aussitôt qu'elle a été satisfaite, mais seulement au bout d'un certain temps, variable suivant les personnes, les habitudes et de multiples influences. Chez l'homme, c'est en général cinq à six heures après le dernier repas du matin, douze heures après le repas du soir que le besoin de manger se fait sentir. Il convient à ce point de vue de signaler le rôle très important que joue l'habitude dans cette rythmicité. Cela est si vrai que l'on a généralement faim à peu près exactement au moment où l'on a l'habitude de prendre ses repas. Retarde-t-on cette heure, il n'est pas rare d'observer que la faim peut disparaître, et ne survient que bien plus tard. Comme le dit encore Beaunis : « La régularité du repas ramène avec l'exactitude d'une horloge la sensation de faim. » La même périodicité s'observe chez les nouveau-nés. La régularité des tétées détermine la régularité du rythme de la faim. On constate couramment que, par des cris et des pleurs trahissant sa faim, le nourrisson réclame la tétée à l'heure exacte, au moment précis où elle lui est donnée d'habitude. Les chiens, les chats, les bestiaux, connaissent avec beaucoup de précision l'heure habituelle du repas qu'ils réclament par leurs cris et leur agitation.

De même que la régularité du rythme de la faim dépend de la régularité de l'habitude, de même une nouvelle habitude sera susceptible de modifier le mode de ce rythme. Le fait de retarder régulièrement son repas d'une heure à deux retarde aussi d'une égale durée l'apparition de la faim. Prend-on pendant plusieurs jours un repas supplémentaire de jour ou de nuit, on constate bientôt que la faim apparaît à l'heure de ce nouveau repas. Tous ces faits démontrent l'action du système nerveux sur la sensation qui nous occupe.

Donc le rythme de la faim ne présente pas toujours le même mode. Il varie suivant les espèces animales, suivant les individus, suivant les habitudes. Sa périodicité en un mot est liée non seulement au genre d'alimentation, et partant aux phénomènes de nutrition cellulaire, mais aussi au fonctionnement du système nerveux. S'il est vrai que le sentiment de la faim reflète un certain degré de dépérissement organique, s'il est vrai que cette sensation est ressentie au moment où nos cellules appauvries réclament des matériaux nutritifs, il est également vrai que, pour une bonne part, ses manifestations sont sous la dépendance du système nerveux, ce qui rend difficile de préciser le moment où, en théorie, les premiers symptômes de la faim devraient se manifester. Certains auteurs, comme Beaunis, admettent que ce moment dépend exclusivement de la valeur des pertes de l'organisme. D'après des expériences faites sur lui-même, ce physiologiste suppose que la faim survient à l'instant où l'organisme — abstraction faites des fèces et des urines — a perdu environ 600 grammes. Cette évaluation ne saurait évidemment représenter qu'une moyenne, et non une indication absolue.

Il en est de même pour l'intensité de la sensation : elle est essentiellement variable. Dans des conditions de vie absolument semblables, tel individu aura régulièrement faim au moment de ses repas, tel autre n'éprouvera à ce même moment aucune sorte de sensation. Il ne s'agit certes pas d'anorexie dans ce dernier cas, puisque, sans avoir faim, il prendra la nourriture dont il a matériellement besoin. On peut encore signaler le cas des personnes chez lesquelles la faim se fait régulièrement sentir avec violence, sans qu'ils soient boulimiques. Autrement dit, on observe, dans l'intensité du besoin de manger, toute une échelle de gradations qui la rendent très variable.

En dehors des relations de la faim avec le système nerveux (habitude), il convient de signaler l'influence des phénomènes chimiques intra-organiques. Plus ces réactions sont considérables, et plus aussi le dépérissement cellulaire est rapide. C'est ce qui nous explique pourquoi la faim est plus vive en hiver qu'en été, pourquoi l'exercice augmente l'appétit, pourquoi aussi le besoin de manger est ressenti plus fortement chez l'enfant et le convalescent.

Puisque la chaleur animale dépend exclusivement des échanges chimiques, il va de soi que la faim est également en relation étroite avec la température organique. Voilà pourquoi cette sensation est affaiblie chez les personnes ou les animaux à vie sédentaire. Rappelons à ce sujet le cas des animaux hibernants. Chez eux, le besoin de manger disparaît à peu près complètement pendant leur période de repos. Voilà aussi pourquoi nous constatons que le sommeil annihile la faim. De là le fameux dicton : « Qui dort dîne. »

Ici devrait se placer naturellement l'étude de la faim chez les animaux à sang froid; mais il n'existe guère de renseignements sur les manifestations de leur besoin. Toutefois, les considérations précédentes sur les relations des phénomènes chimiques avec la faim, les connaissances que nous possédons sur la résistance de ces animaux à l'inanition, sur la lenteur de leurs échanges nutritifs, nous permettent de conclure que la faim chez eux doit être une sensation extrêmement atténuée.

b) **La faim au cours de l'inanition forcée.** — *Faim pathologique.* — Si l'histoire est riche en cas malheureusement trop nombreux d'inanition forcée (naufrages, éboulements, expéditions, etc.), elle est beaucoup plus pauvre en renseignements circonstanciés et précis sur l'intensité et la modalité de la sensation de faim au cours de ces jeûnes dont l'issue est fatale. Les narrations que nous possédons relatent surtout les phénomènes ultimes de perversion psychique qui frappent particulièrement l'esprit des assistants, peu disposés, et pour cause, à une analyse scientifique. De telle sorte que le départ entre les phénomènes relevant de l'inanition proprement dite, et ceux qui caractérisent la sensation simple de la faim est très difficile à établir.

Toutefois, un des traits dominants de la faim dans l'inanition forcée, c'est son retentissement sur les phénomènes psychiques. Il se manifeste par un délire particulier, caractéristique, auquel on a donné le nom de *délire famélique*. Ce délire a été observé d'une manière presque constante, ainsi qu'en témoignent surtout les récits des naufrages de la *Méduse*, de la *Mignonnette*, de la *Bourgogne*, et plus récemment de la *Ville Saint-Nazaire*. Les symptômes de cette perversion mentale sont absolument terrifiants et ont tour à tour inspiré narrateurs et poètes. On y retrouve tous les degrés de l'état mental, depuis la folie furieuse transformant les hommes en de véritables bêtes ne se connaissant plus, s'entre-égorgeant les uns les autres, jusqu'aux rêves agréables qui se déroulent au milieu des souffrances les plus vives. Nous nous abstenons de citer les exemples de ce genre, que l'on retrouvera dans les mémoires spéciaux consignés dans notre bibliographie.

Abstraction faite de ces perversions cérébrales, la faim apparaît, dès le début de l'abstinence forcée, avec une intensité inaccoutumée. La certitude de la mort la rend vive, intolérable, alors que dans le jeûne volontaire elle est plus facilement supportable par une cause inverse. De telle sorte que les premiers jours du jeûne accidentel sont marqués par des douleurs extrêmes.

Mais, si nous avons posé en principe que l'intensité de la faim n'est pas proportionnelle à sa durée, cela est bien vrai pour le cas qui nous occupe. Ce fait repose sur une série d'observations prises sur l'homme et sur l'animal. Personnellement nous connaissons un ancien combattant de 1870 qui, durant la campagne, dut passer deux jours complets sans manger. Les effets de la faim se firent ressentir pendant ces quarante-huit heures avec une violente intensité. Cependant, ils commençaient à s'amender assez sensiblement et faisaient place à une fatigue extrême quand un heureux hasard lui fit rencontrer des vivres. Contrairement à ce que l'on eût pu croire, il ne put faire qu'un très léger repas, et d'ailleurs sans grand appétit.

Il nous serait facile de citer des observations analogues montrant la possibilité de la régression du sentiment de la faim, au fur et à mesure que dure l'abstinence. Il convient de dire que la même constatation a été faite sur des animaux. Ainsi, raconte Ch. Richet : Laborde m'a montré un chien qu'il avait soumis à l'inanition et auquel il ne donnait que de l'eau. Eh bien! au bout de trente jours de jeûne, ce chien ne s'est pas jeté avec avidité sur une soupe très appétissante qu'on lui avait préparée avec de la viande, du pain et de l'eau.

Nous-même dans le Laboratoire de physiologie de la Faculté de Paris, en présence de Ch. Richet, nous avons observé le même phénomène sur deux oies que nous avions soumises à un jeûne de dix-sept jours, dans le but d'étudier leurs échanges respiratoires. Ayant dû à ce moment interrompre nos expériences, nous présentâmes à ces animaux des aliments que d'habitude ils mangent avec avidité. Comme dans l'expérience précédente, elles ne se précipitèrent nullement sur ce qui constitue d'habitude un de leurs aliments préférés.

Au surplus, nous ne pouvons préciser le moment de l'inanition qui marque l'affaiblissement ou la suppression de la sensation. Parfois la faim persiste longtemps, comme nous avons eu l'occasion de le constater tout récemment sur un chien. Cet animal avait été soumis à l'inanition pendant 14 jours. Le 15e, on lui présenta différents aliments sur lesquels il se précipita avec la grande voracité, témoignant ainsi d'une persistance manifeste du besoin de manger qu'il ressentait selon les apparences avec une grande intensité.

Devons-nous conclure de ces faits que dans l'inanition le sentiment de la faim puisse s'atténuer au point de disparaître complètement? Nous ne le croyons pas, pas plus qu'il ne convient, selon nous, d'attribuer à la faim toutes les perversions cérébrales que présentent les inaniés. Elles ont vraisemblablement une double cause qui ressort du besoin continuel de manger, et de l'influence progressive de l'abstinence.

Nous mentionnerons aussi les perversions du goût au cours de l'abstinence forcée. Le sentiment de la faim est soumis parfois à de véritables modifications pathologiques, qui se caractérisent par ce fait que les inaniés, n'ayant plus désormais de répugnance, mangent à peu près tout ce qui leur tombe sous la main, substances alibiles ou autres. Ces manifestations pathologiques peuvent même arriver jusqu'au cannibalisme. Mais il s'en faut que ces perversions du goût qui accompagnent en général le délire famélique apparaissent toujours avec la même violence. On cite des exemples où des individus surpris par un éboulement se sont montrés d'un courage, d'une énergie stoïque, luttant de sang-froid contre la faim, à tel point qu'au milieu des plus dures angoisses ils partageaient entre eux les quelques provisions qu'ils possédaient.

Ajoutons enfin que tous ces phénomènes : délire, perversion du goût, ne sont pas seulement liés à la durée de l'inanition. Ils dépendent aussi, et pour une bonne part, des conditions même de l'inanition. En général, les individus surpris dans un naufrage, dans un éboulement, dans une expédition, ont à lutter contre les agents extérieurs. Ils ont, dans les naufrages surtout, à se défendre contre le froid, exécutent ainsi du travail mécanique, augmentent conséquemment les pertes de l'organisme et facilitent l'apparition de la faim. Et c'est dans ces circonstances que se montrent les perversions dont nous venons de parler.

c) La faim au cours de l'inanition volontaire (jeûne expérimental et charlatanesque). — La faim ne présente pas tout à fait la même évolution dans l'inanition volontaire et dans l'inanition accidentelle. Les conditions du jeûne en sont la cause. Dans le cas de l'inanition forcée, il est absolument impossible de se soustraire un seul instant au besoin pressant que l'on éprouve avec d'autant plus d'intensité, semble-t-il, que l'on est dans l'impossibilité matérielle de le satisfaire. Au surplus, la lutte que l'on est obligé de soutenir contre les causes mêmes de cette inanition augmente la sensation de faim. Rien de tout cela n'existe dans le jeûne volontaire, puisque l'on peut à son gré apaiser la faim en mangeant, puisque aussi, pour se mettre en meilleur état de résistance, on exécute le moins possible de mouvements. En un mot, les conditions de l'abstinence volontaire sont telles que le sentiment de la faim sera atténué et facilement supportable.

Nous empruntons à Ch. Richet l'analyse d'un jeûne expérimental d'une durée de quarante-huit heures auquel s'est volontairement soumis Ranke. Le physiologiste allemand n'a pas eu spécialement pour but d'analyser ses sensations. Cependant, certains détails de son observation nous intéressent. Ainsi, dit Ch. Richet : « il n'a pas ressenti une grande incommodité ; de plus, durant, ce jeûne, c'est surtout aux premiers moments que les souffrances ont été cruelles. Les symptômes qu'il présentait étaient une grande faiblesse musculaire, l'impossibilité de se livrer à des mouvements prolongés, des frémissements fibrillaires, de la céphalalgie. Ce qu'il y avait de plus saillant, c'était le phénomène, constant d'ailleurs, d'une insomnie avec des nuits troublées par des cauchemars et le retentissement du pouls dans la tête ».

Malheureusement, l'étude de la faim dans des circonstances analogues n'a guère été faite. En s'appuyant sur la durée possible du jeûne volontaire, sur des expériences faites sur les animaux, il est néanmoins légitime de penser que, si le sentiment de la faim est surtout vif et pénible dans les premiers moments, il s'affaiblit ensuite au point d'être relativement supportable.

Mais le jeûneur n'est pas seulement en proie à la faim ; il ne tarde pas bientôt à souffrir surtout de la soif. On a observé que le jeûne expérimental est plus facile à supporter, et peut être prolongé, grâce à l'absorption exclusive de liquides et même de liquides ne possédant aucune valeur alimentaire, comme l'eau. On peut utilement, à ce point de vue, opposer à certains cas de jeûnes charlatanesques, comme ceux de Succi, qui buvait un liquide particulier, celui d'Antonio Viterbi, avocat magistrat sous la première République. Compromis pendant la Restauration dans une affaire de Vendetta, il fut condamné à la peine capitale, le 16 décembre 1821, par la cour de Bastia. Il voulut s'épargner la honte de l'échafaud, en se laissant mourir de faim, et il exécuta son projet avec une étonnante force de volonté. Lui-même prit son observation, dont nous extrairons les passages qui nous intéressent.

« 27 *novembre* 1821. Je me suis endormi vers une heure, et mon sommeil s'est prolongé jusqu'à trois heures et demie. A quatre heures et demie je me suis rendormi pendant plus d'une heure. A mon réveil, je me suis trouvé plein de force et sans le moindre sentiment de malaise, si ce n'est que ma bouche était un peu amère. Voici la fin du second jour que j'ai pu passer sans manger : je n'en ressens aucune incommodité et n'éprouve aucun besoin. »

(Il y a ici une lacune : la copie ne parle point des quatre jours écoulés entre le 27 novembre et le 2 décembre, jour où Viterbi a interrompu son premier jeûne qui a duré six jours ; le second jeûne, commencé le 3 décembre, amène la mort de Viterbi le 20 décembre.)

« 2. *décembre*. Aujourd'hui à trois heures, *j'ai mangé avec appétit*, et j'ai passé une nuit fort tranquille.

« 3. *Lundi*. Aucune espèce de nourriture ; je ne souffre pas de cette privation (second jeûne).

« 4. *Mardi*. Même abstinence : le jour et la nuit se sont passés d'une manière qui eût donné du courage à quiconque ne serait pas dans ma situation.

« 5. *Mercredi*. La nuit précédente, je n'ai point dormi, quoique je n'éprouvasse aucune inquiétude physique ; mon esprit seul était extrêmement agité. Dans la matinée il est devenu plus calme, et ce calme se soutient. Il est maintenant deux heures après-midi, et depuis trois jours mon pouls ne manifeste aucun mouvement fébrile ; il est un peu plus rapide, et ses palpitations sont plus fortes et plus sourdes. Je ne *sens aucune sorte de malaise. L'estomac et les intestins sont dans un repos parfait*. La tête est libre, mon imagination active et ardente ; ma vue extrêmement claire. *Nulle envie de boire ou de manger ;* il est positif que je n'éprouve de velléité ni pour l'un ni pour l'autre.

« Dans une heure, trois jours se seront écoulés depuis que je m'abstiens de toute nourriture. La bouche exempte d'amertume, l'ouïe très fine, un sentiment de force dans tout l'individu. Vers quatre heures et demie, j'ai fermé les yeux pendant quelques instants, mais un tremblement général m'a bientôt éveillé. A cinq heures et demie environ, j'ai commencé à ressentir des douleurs vagues dans la partie gauche de la poitrine. Après huit heures, j'ai dormi paisiblement pendant une heure ; à mon réveil, le pouls était parfaitement calme. Depuis environ neuf heures et demie jusqu'à onze, doux et profond sommeil, faiblesse *très sensible* dans le pouls, qui reste régulier et profond : point d'autre altération.

« A minuit, tranquillité absolue dans toute l'économie animale, particulièrement dans le pouls. A une heure, la *gorge aride, une soif excessive*. A huit heures, même sensation, excepté une très légère douleur au cœur.

« Le pouls à gauche rend des oscillations autres que celles de droite, ce qui annonce le désordre produit par l'absence de nourriture.

« 6. *Jeudi.* — *Le médecin m'a conseillé de manger, m'assurant que l'abstinence*, à laquelle je m'obstinais, *prolongerait mon existence de quinze jours. Je me suis déterminé à remplir mon estomac, dans l'espérance qu'un excès produirait l'effet désiré.* Il a produit l'effet contraire, et la diarrhée s'est arrêtée ; en un mot, j'ai été malheureux en tout. Point de fièvre, et cependant, *depuis quatre jours entiers, je n'ai bu ni mangé.*

« *Je supporte une soif, une faim dévorante*, avec un courage à toute épreuve et une constance inexorable. (Ici des détails sur le pouls.)

« A neuf heures, prostration des forces ; le pouls assez régulier ; la *bouche et le gosier desséchés ;* sommeil tranquille d'une demi-heure environ.

« 7. *Vendredi.* — (Nuit tranquille depuis six heures). Des vertiges au réveil, *une soif brûlante*...

« A neuf heures, la soif diminue... à deux heures. *soif ardente*... à six heures, la bouche amère... »

8. *Samedi.* — Pendant toute la journée, il souffre exclusivement de la soif.

9. *Dimanche.* — Il présente quelques vertiges, le pouls est faible, [la soif toujours vive. « A trois heures de l'après-midi, une demi-heure de bon sommeil à la fin duquel le pouls est intermittent ; des vertiges, *une soif ardente et continuelle*. Ensuite la tête est tranquille, *l'estomac et les intestins sans aucune agitation ;* pulsations régulières...

« A huit heures, le pouls fort et régulier, la tête libre, *l'estomac et les entrailles en bon état ;* la vue claire, l'oreille bonne, *une soif terrible ; le corps plein de vigueur.* »

« 10. *Lundi.* — Pendant la journée du 10, même douleur occasionnée par la soif.

« Je continue à prendre du tabac avec plaisir ; *je ne sens aucun désir de manger...* A dix heures, *soif continuelle* et *toujours plus ardente.*

« Une forte envie de manger m'a pris à plusieurs reprises pendant l'après-midi, je n'ai ressenti d'ailleurs *ni trouble ni douleur* dans aucune partie du corps. »

11. *Mardi.* — Il est toujours préoccupé par la soif.

« A six heures, mes facultés intellectuelles ont maintenant toute l'énergie accoutumée ; *la soif est brûlante, tolérable ; la faim a cessé tout à fait*. Mes forces décroissent sensiblement... *l'estomac, l'intestin ne me causent aucun malaise.* A dix heures, pouls faible et régulier ; *soif horrible, nul désir de manger.*

« 12. *Mercredi.* — Même état. *Nulle envie de manger, mais la soif plus ardente..*

« 13. *Jeudi.* — La soif est peut-être un peu plus tolérable ; même indifférence pour la nourriture .»

18 *décembre.* — Enfin il demeure toujours tourmenté par la soif depuis le 12 jusqu'au 18, où il écrit :

« A onze heures, j'arrive au terme de mon existence avec la sérénité du juste. *La faim ne me tourmente plus ; la soif a entièrement cessé ; l'estomac et les intestins sont tranquilles*, la tête sans nuage, la vue claire. En un mot, un calme universel règne, non seulement dans mon cœur et dans ma conscience, mais encore dans toute mon organisation.

« Le peu de moments qui me restent s'écoulent tout doucement comme l'eau d'un petit ruisseau à travers une belle et délicieuse prairie. La lampe va s'éteindre faute d'huile. »

Viterbi vécut encore deux jours et mourut le 20 décembre.

Donc Antonio Viterbi mourut après dix-sept jours d'un jeûne pendant lequel il s'abstint de tout breuvage. Cette observation nous paraît être très instructive ; car elle nous démontre que si, au bout d'un certain temps, la faim peut être tolérable, il n'en est pas de même pour la soif.

Nous pourrions citer d'autres cas de ce genre. Tel celui d'un condamné à mort, Guillaume Granie, qui se laissa mourir d'inanition dans les prisons de Toulouse. Il mourut au bout de soixante jours. Tels les cas des mélancoliques qui peuvent s'inanitier pendant une période variant de vingt à soixante jours. Telle aussi l'observation d'un jeûneur nommé Hassell et rapportée par Simon Goulart. Cet homme, enfermé pendant quarante jours sans nourriture, aurait été après cette longue période retrouvé vivant. De même, Lépine cite le cas d'une jeune fille qui, après avoir avalé de l'acide sulfurique, fut atteinte d'un rétrécissement de l'œsophage. Pendant six jours, elle ne put ni boire ni manger, et mourut après avoir enduré surtout les douleurs de la soif. Tel encore le cas d'un négociant allemand qui se laissa mourir de faim à la suite de mauvaises affaires. Il mourut après un jeûne de dix-huit jours.

Nous n'insisterons pas plus longtemps sur ces relations intéressantes qui, malheureusement, ne mentionnent point les particularités de la sensation de faim. Elles sont surtout importantes au point de vue du jeûne, et trouveront mieux leur place dans l'article **Inanition**.

Quoi qu'il en soit, nous voyons que, dans le jeûne volontaire, les souffrances de la faim ne sont pas de très longue durée. En tout cas, il y a un contraste frappant entre l'inanition forcée et l'inanition volontaire. Évidemment, dans les deux cas, on observe une série de symptômes à peu près constants; agitation, faiblesse, dépression, hallucinations, insomnie, excitation furieuse suivie de stupeur. Mais, chez le jeûneur volontaire, ces phénomènes ne tardent pas à s'amender; chez l'autre, au contraire, ils suivent progressivement une marche ascendante pour arriver jusqu'à la perversion mentale, jusqu'au délire, à la folie. Encore une fois, nous pensons que la faim n'est pas seule en cause. Ces modifications psychiques peuvent tenir au désespoir, à l'appréhension d'un danger constant et d'une mort imminente.

Rien d'étonnant non plus, d'après les raisons indiquées plus haut, que la mort survienne plus rapidement dans l'inanition accidentelle. D'ailleurs, le moment de la mort diffère suivant les circonstances qui provoquent le jeûne. Il ne saurait y avoir rien d'absolu. Si les conditions sont les mêmes, on peut admettre que les individus non aliénés meurent après des périodes variant de seize à vingt jours. « Nous pouvons admettre, dit Ch. Richet (loc. cit.), que, chez les individus sains, sans tare nerveuse, la durée de l'inanition qui amène la mort est d'environ vingt jours. Mais chez les aliénés et les individus préparés au jeûne, la durée de l'inanition peut être plus considérable. » Pourquoi? sinon parce que la sensation de faim, avec ses terribles manifestations, abstraction faite de la valeur des échanges nutritifs, place l'inanitié dans des conditions de moindre résistance.

Aussi Bernheim oppose-t-il la durée de la vie dans l'inanition proprement dite à la durée de la vie dans certains cas d'inanition, telles que l'inanition hystérique, fébrile.

« Constatons d'abord, dit-il, que si, dans son état normal, un homme ne saurait impunément prolonger son jeûne au delà de quelques jours, il le peut dans certaines circonstances particulières, il le peut dans la fièvre. Le malade affecté de fièvre typhoïde peut rester plusieurs semaines sans s'alimenter, sans boire autre chose que de l'eau : il ne meurt pas d'inanition. »

Le même phénomène s'observe dans certains cas d'embarras gastrique, d'anorexie hystérique, de vomissements incoercibles.

Voilà certes des oppositions intéressantes, qui, apparemment, restent inexplicables, si l'on admet que, dans tous les cas précités, les échanges nutritifs restent à peu près les mêmes et ne s'écartent pas beaucoup de la normale. Pourquoi donc cette différence dans le moment de la mort? Bernheim a insisté avec juste raison sur ce point, et a émis à ce sujet une théorie des plus intéressantes et des plus ingénieuses, mais qui impose quelques réserves.

« L'homme sain qui meurt après plusieurs jours de jeûne, dit-il, ne meurt pas d'inanition; il n'a pas maigri d'une façon excessive; l'usure de sa substance n'est pas arrivée à ses dernières limites. Le poids de son corps et la structure organique de ses tissus sont encore compatibles avec la vie. Bien autrement émacié est le malheureux phtisique qui ne mange plus, qui perd sa substance par tous les pores, par la sueur, par l'expectoration, par la diarrhée, par la fièvre, et que cependant l'on voit encore se traîner pendant des semaines comme un squelette ambulant.

. . . .

« A côté de lui, l'homme primitivement sain, après huit jours de jeûne, est encore un colosse et cependant il meurt.

Il ne meurt pas d'inanition, il meurt de faim. Le fébricitant, le phtisique, l'anorexique, l'hystérique qui vomit n'ont pas faim. *La faim tue avant l'inanition :* voilà là raison de cette apparente anomalie.

Autrement dit, pour BERNHEIM, la faim crée chez l'individu normal une véritable névrose, affection qui mériterait d'être distinguée de l'inanition proprement dite.

La faim, d'après lui, tue rapidement; l'inanition très lentement.

Aussi, veut-on empêcher l'affamé de mourir, il suffit simplement de calmer sa faim par des agents tels que l'opium, la morphine, le sommeil hypnotique, le chloroforme, etc.

« Certains états pathologiques peuvent supprimer la faim. D'autres conditions, des influences psychiques, de vives émotions morales, peuvent la modérer. »

Voilà comment BERNHEIM explique les cas si curieux d'anorexie hystérique, voilà comment aussi, il conçoit la possibilité d'un jeûne relativement très prolongé, comme celui de Cetti, de Merlatti et autres.

Au sens où l'entend BERNHEIM, les jeûneurs qui se soumettent à l'inanition résistent facilement, tout simplement par le fait d'une auto-suggestion. Discutant en particulier le jeûne de Cetti, il admet que ce dernier — tout en n'étant pas un hystérique — s'est suggestionné. Il demeure convaincu que la liqueur qu'il avala le premier jour l'avait nourri, qu'il n'avait plus faim, qu'il conservait toute sa force physique. « Cela suffit pour réaliser le phénomène; l'idée fait l'acte; il s'exalte, il s'entraîne, il se nourrit de son idée, il se montre avec complaisance à ses visiteurs, il jouit de son triomphe; l'esprit domine le corps; son imagination le soustrait aux angoisses de la faim; le sensorium cérébral cuirassé par la suggestion est inaccessible à ce besoin. Cetti ne meurt pas de faim, parce qu'il n'a pas faim; il ne subit que les effets de l'inanition, qui, à elle seule, ne tue pas en trente jours. »

Sans admettre complètement la manière de voir de BERNHEIM, nous pensons cependant qu'elle renferme une part de vérité. Il est certain que la volonté intervient comme un facteur puissant d'atténuation de la faim, que par ce fait nous pourrons d'autant mieux résister à l'abstinence que nous nous efforcerons de le vouloir. Ceci n'a d'ailleurs rien de spécial au besoin de manger. D'une façon générale, la douleur est d'autant plus intense qu'elle nous surprend, que nous la redoutons, qu'elle nous effraie. Préparés à la subir, l'attendant de pied ferme, elle nous sera plus légère. Est-ce à dire, comme le prétend BERNHEIM, que nous puissions *la supprimer* par un simple effort de notre volonté, par une auto-suggestion? Nous ne le croyons pas, et c'est en cela que la théorie de ce savant nous paraît prêter le flanc à la critique.

Sans doute, la sensation de faim est nulle ou presque nulle dans l'anorexie hystérique, dans certains jeûnes par suggestion hypnotique. Mais rien d'étonnant à cela, puisqu'il s'agit dans l'espèce de véritables cas pathologiques. Il en est tout différemment dans le jeûne expérimental, volontaire. L'auto-suggestion ne saurait à elle seule suffire à éteindre complètement le besoin de manger. Mais la volonté peut augmenter très bien notre résistance au jeûne en diminuant l'intensité de notre perception consciente. Il s'agit donc d'une auto-suggestion beaucoup plus simple et moins névropathique que ne le pense BERNHEIM. Le jeûneur, par sa volonté, arrive à résister à l'habitude de manger; il obéit à sa conscience qui le soumet à l'abstinence, mais certainement sa volonté doit être incapable de provoquer la suppression d'une sensation.

Pas n'est besoin dès lors d'invoquer avec BERNHEIM une sorte de névrose créée par la faim. Pas n'est besoin non plus de supposer que tous les jeûneurs sont des hystériques. Rien n'est moins fondé paraît-il, bien que certains d'entre eux aient présenté quelque stigmates. Ainsi Succi n'était pas hystérique, d'après l'opinion de LUIGI BUFALINI : « Ceux qui le connaissent d'après son enfance, dit-il, l'ont toujours tenu pour un homme dont le cerveau est parfaitement équilibré. » Mais, à défaut de signes hystériques, BERNHEIM invoque l'auto-suggestion, comme pouvant à elle seule arriver à supprimer complètement la faim. Il expliquerait ainsi le jeûne de deux femmes hystériques, endormies par DEBOVE, auxquelles ce médecin suggéra l'absence de faim et l'ordre de ne pas manger. Elles supportèrent très bien — ne buvant que de l'eau — un jeûne de quinze jours, bien qu'on eût mis à leur disposition le plus fort régime hospitalier, et que les personnes du service eussent l'ordre de leur apporter les aliments qu'elles demanderaient. Mais il s'agissait dans l'espèce de deux hystériques avérées, et l'on sait que cette névrose constitue un terrain éminemment propre à l'anorexie.

Il serait superflu d'insister plus longtemps sur les causes qui peuvent expliquer la résistance au jeûne. Nous l'avons déjà dit, tout, dans le jeûne volontaire, est fait pour résister à la faim, et le peu d'exercice, et le sommeil, et la température. Il y a, peut-on dire, une véritable adapation à ce nouveau genre de vie. Enfin l'habitude peut encore augmenter cette résistance, et c'est le cas des jeûneurs charlatanesques ou de profession.

Pour clore cette discussion, et nous résumant, nous dirons que, si l'on ne doit pas, à l'instar de BERNHEIM, considérer la faim comme une névrose qui tue avant l'inanition, on doit cependant en tenir compte comme d'un facteur puissant, diminuant la résistance à l'abstinence. Les douleurs qu'elle engendre, son retentissement sur le système nerveux central, ne sont pas faits pour retarder le moment de la mort : tout au contraire. C'est ce qui nous explique comment, si la mort dans l'inanition forcée survient au bout de 10 à 20 jours, l'inanition volontaire est compatible avec une durée de trente à quarante jours. Mais la suppression de la sensation n'est pas uniquement liée à l'auto-suggestion. Par le fait des nombreuses conditions que nous avons énumérées plus haut, si cette sensation existe, elle paraît bien moins forte, et elle est bien mieux supportée.

§ II. — Du sentiment de la faim. Explication que l'on peut en fournir. Ses causes.

a) Origine locale de la faim. — b) Origine centrale de la faim. — c) Origine périphérique de la faim.

Puisque la faim est un besoin dont nous avons conscience, elle doit nécessairement reconnaître, comme les autres besoins sensoriels, instinctifs ou acquis, un certain nombre de causes qui rentrent dans l'étude physiologique de cette sensation.

On peut, en effet, envisager la sensation à un double point de vue, comme le dit JOANNY ROUX : on peut : « par ce terme, entendre la sensation consciente, le fait interne, accessible uniquement à l'observation subjective.

« On peut, au contraire, élargir beaucoup le sens de ce mot, comprendre dans l'étude de la sensation tous les phénomènes qui précèdent le fait de la conscience, c'est-à-dire l'excitation périphérique causale, sa transformation en mouvement nerveux, le trajet de celui-ci jusqu'à l'écorce, où apparaît la sensation consciente. On peut même suivre ce mouvement plus loin à travers l'écorce et le système nerveux centrifuge, dans sa réflexion périphérique.

« C'est en somme l'étude d'un réflexe, sur le trajet duquel apparaît un phénomène de conscience. »

C'est de cette manière que nous devrons maintenant considérer la faim. Et disons qu'en définitive ce sentiment nous avertit de l'état de dénutrition organique. La vie est caractérisée en effet par un double mouvement au niveau de la matière organique ; l'un, d'assimilation ; l'autre, de désassimilation. Leur succession rythmique et régulière assure l'équilibre vital, sans quoi les réactions chimiques libératrices de l'énergie dont nous disposons détermineraient l'usure, et ensuite la destruction du protoplasma cellulaire. C'est au moment où nos éléments anatomiques ont besoin de réparation que la faim se fait sentir. Elle représente donc une sensation de la plus grande utilité, puisque, automatiquement, nous sommes avertis de la nécessité de notre réparation organique. Admirable système de défense que l'on observe à tous les degrés de l'échelle animale !

Mais, bien que la cause primordiale de la faim semble consister en l'appauvrissement nutritif des cellules, cela ne fait nullement comprendre la nature des excitations qui engendrent la sensation.

Trois grandes théories se trouvent en présence. La première assigne à la faim une origine stomacale, la deuxième lui reconnaît une cause centrale, la troisième enfin la rattacherait à un réflexe nutritif dont le point de départ résiderait dans toutes les cellules de l'organisme. Nous les examinerons successivement.

a) **Origine locale de la faim.** — 1) *La faim reconnaît pour cause une excitation venue de l'estomac.*

Un premier argument en faveur de l'origine locale du sentiment de la faim est tiré de ce fait, que, presque toujours, comme nous l'avons vu, cette sensation est perçue dans l'estomac, et s'accuse par une douleur gastrique. Mais, outre qu'il n'y a à cela rien d'absolu, il importe de remarquer avec SCHIFF que le siège d'une sensation ne saurait à

lui seul expliquer son origine ; on peut tout aussi bien localiser à la périphérie une sensation d'origine centrale.

Ainsi un amputé souffrira de la jambe qu'il n'a plus. Dans ce cas particulier, il rapporte à la périphérie une sensation indiquant une altération des troncs nerveux qui
réunissent son moignon aux centres nerveux ou bien une altération de ces centres nerveux eux-mêmes. On connaît de nombreuses observations cliniques où des lésions cérébrales provoquent des sensations [rapportées à la périphérie. La compression du nerf
cubital au coude provoque une sensation à un endroit très éloigné de celui où s'est produite l'excitation.

Donc on doit justement distinguer la localisation d'une sensation d'avec son origine.
Ce sont deux choses absolument différentes.

D'ailleurs la faim ne débute pas infailliblement par une sensation ressentie au creux
de l'estomac. Les observations de Schiff et de Beaunis sont suffisamment démonstratives. Et si, dans la majorité des cas, le besoin de manger est accompagné d'une douleur stomacale, il ne s'ensuit pas qu'il y ait entre ces deux phénomènes une relation de
cause à effet. Nous savons bien que la sensation de faim est très complexe, et qu'elle
consiste dans la réunion de plusieurs sensations. La douleur stomacale peut n'être
qu'un des signes dominants de ce besoin, sans qu'il soit nécessaire de la considérer comme
l'unique cause de la faim.

Nous savons cependant que certains faits expérimentaux militent en faveur de la
localisation stomacale de la faim. Tel le chat agastre de Carvallo et Pachon. Cet
animal, après l'ablation totale de son estomac, eut une survie opératoire de six mois.
Dans cet intervalle, et principalement après le troisième mois, ces auteurs ont observé
que ce chat se refusait presque d'une manière absolue à prendre une nourriture quelconque. Il aurait donc, en apparence du moins, perdu le sentiment de la faim.

Voilà certes une observation d'une réelle valeur; mais les conclusions à en tirer au
point de vue de la localisation de la sensation ne sauraient être rigoureuses. En tout cas,
ce seul fait expérimental ne détruit pas les objections que nous faisions tout à l'heure
contre la théorie de l'origine locale de la faim. Encore faudrait-il être absolument sûr
que ce chat avait complètement perdu le sentiment de la faim.

2) *La faim dépend de la vacuité de l'estomac.* — Il semble, au premier abord, que nous
ayions faim au moment même où notre estomac est vide. C'est cinq à six heures après
le dernier repas que nous éprouvons de nouveau le besoin de prendre des aliments.

En réalité, la faim survient longtemps après que les matières alimentaires ont été
dissoutes par les sucs digestifs et absorbées par les voies normales. C'est du moins ce
que confirme la célèbre observation de Beaumont sur le chasseur canadien atteint d'une
fistule gastrique. Il n'avait faim que longtemps après la fin de la digestion stomacale et
intestinale.

D'ailleurs, si l'on pose en principe que la faim est due à la vacuité de l'estomac, il
s'ensuit fatalement que les animaux — les herbivores — dont la cavité gastrique renferme
sans cesse des aliments, n'éprouveraient jamais le besoin de manger. Or l'observation
démontre le contraire.

3) *La faim dépend des contractions de l'estomac.* — D'après cette manière de voir, les
contractions de l'estomac vide auraient pour résultat de provoquer sur la muqueuse
des excitations spéciales qui se traduiraient par l'impression de faim.

Mais cette explication est insuffisante, si l'on songe qu'une contraction de cette
intensité n'est guère possible dans l'estomac vide, et que les mouvements musculaires
de l'estomac à l'état de vacuité sont rares et beaucoup moins prononcés que pendant la
digestion. Pourquoi dès lors le sentiment de la faim ne s'exagère-t-il pas à la fin de nos
repas? C'est alors que les mouvements stomacaux sont surtout énergiques; partant, c'est
à ce moment que nous devrions surtout avoir faim. Cette hypothèse paraît peu fondée.

4) Nous mentionnerons simplement pour mémoire une théorie qui tend à expliquer
la faim par un *tiraillement du muscle diaphragme.* Quand l'estomac est rempli d'aliments, il constituerait un coussin sur lequel repose le foie. Le coussin venant à
manquer, alors que l'estomac est vide, la glande hépatique s'affaisserait en attirant à
elle les attaches diaphragmatiques. Mais cette hypothèse ne peut nous expliquer la faim
des animaux à station horizontale.

5) Beaumont attribue le sentiment de la faim *à la turgescence de la muqueuse gastrique* due au gonflement des glandes stomacales avant le repas.

A propos de cette opinion, Schiff fait remarquer que le travail de sécrétion ne s'exécute pas pendant la période de vacuité de l'estomac. On peut ainsi irriter mécaniquement la muqueuse d'un estomac et provoquer une hypersécrétion abondante, sans faire cesser la faim.

Beaunis rejette d'une façon absolue l'opinion de Beaumont; car, dit-il : « Les recherches de Heidenhain ont montré que c'est pendant le repos de l'estomac que s'accumule dans les glandes gastriques la substance (propepsine) aux dépens de laquelle se formera, au moment de la digestion, le ferment actif du suc gastrique, la pepsine; ces glandes se trouvent donc, dans l'intervalle des repas, en un véritable état de turgescence. »

6) Dans ces dernières années, on a attribué une assez grande valeur à une théorie de la faim que paraissent fortement accréditer certains cas de pathologie.

Les partisans de cette théorie soutiennent que la faim est liée à *la production d'acide chlorhydrique* qui provoquerait une irritation de la muqueuse gastrique. Certains caractères de cette sensation, et surtout sa périodicité, s'expliqueraient par le fait même de la périodicité de la sécrétion acide. De plus, la pathologie confirmerait dans une certaine mesure cette manière de voir. Il est très fréquent, d'observer par exemple, l'exagération du besoin de manger chez les malades atteints d'hyperchlorhydrie.

Discutant la valeur de cette hypothèse, Schiff recherche la réaction stomacale avant et pendant la digestion. Or il trouve que cette réaction à jeun est légèrement acide, ou neutre et rarement alcaline. C'est seulement au moment de la sécrétion gastrique que le liquide devient franchement acide. Comment donc admettre une semblable explication basée sur un phénomène à peine appréciable dans l'estomac vide et augmentant d'intensité par l'ingestion des aliments?

En somme, toutes les théories émises sur l'origine locale du sentiment de la faim sont insuffisantes pour nous rendre compte d'une façon exacte et rationnelle de cette sensation. On ne peut d'ailleurs accepter facilement l'idée que la faim, exprimant un besoin essentiellement général, puisse prendre exclusivement son origine dans l'estomac.

Examinons maintenant la théorie de l'origine centrale de la faim.

b) **Origine centrale de la faim.** — Rappelons tout d'abord que la faim est liée à l'état de dénutrition organique. Ainsi que nous l'avons déjà dit au début de ce chapitre, elle est à l'avant-garde de la période d'assimilation, et représente pour l'individu un véritable système de défense.

S'il en est ainsi, tout obstacle à l'assimilation, à la pénétration des principes alimentaires jusqu'au niveau des éléments anatomiques, entraînera comme conséquence la sensation de faim.

Il faut donc rejeter aussitôt comme cause de la faim les lésions anatomo-pathologiques placées au niveau des voies d'absorption. La pathologie a en effet enregistré des cas de ce genre. Ainsi Morgagni releva à l'autopsie d'un sujet, qui pendant sa vie avait été tourmenté par une faim continuelle, un engorgement tuberculeux des ganglions mésentériques. Tiedemann cite également un cas de rupture du canal thoracique. Les diverses phases de la digestion s'accomplissaient d'une façon normale et régulièrement; le seul passage des principes nutritifs dans le sang en était empêché par la rupture du conduit. Aussi le malade ne pouvait-il jamais assouvir sa faim. Dans le même ordre d'idées, on a signalé des cas de faim insatiable coïncidant avec une longueur insuffisante de l'intestin. Cela est particulièrement fréquent chez certaines espèces d'oiseaux qui arrivent à manger le dixième de leur propre poids. La raison en est toujours la même. Ils digèrent incomplètement les matières alimentaires ingérées, et ils ont continuellement faim. On peut ajouter à toutes ces observations celles que nous fournit la clinique à propos de certains cas d'anus contre nature et de fistule biliaire.

Nous voyons donc que tout obstacle à l'arrivée des principes nutritifs dans le sang entraîne fatalement la sensation de faim. Et cette dernière apparaît, par ce simple fait, indépendante de l'état local de l'estomac. Voilà pourquoi Schiff a recherché la cause de la faim dans une variation de la composition chimique du sang. Il ne pouvait en outre qu'être encouragé dans ce sens par les analogies qui existent à ce point de vue entre la faim et la soif.

Comme la faim, cette sensation est très complexe. Elle consiste en une série de sensations surtout localisées dans la région buccale sans exclusion du besoin général que l'on ressent d'ingérer des liquides. *A priori*, on serait tenté d'attribuer à l'une et à l'autre de ces sensations une origine locale en se basant sur leur localisation périphérique. Cependant, il est, à l'heure actuelle, démontré que la soif est une sensation générale. DUPUYTREN, faisant courir des chiens au soleil, calmait leur soif en injectant de l'eau ou d'autres liquides dans les veines. SCHIFF a plusieurs fois répété cette expérience. D'autre part, personne n'ignore qu'à la suite d'hémorragies abondantes les malades souffrent d'une soif très vive qui disparait après l'absorption d'une boisson rafraîchissante. Autant de preuves que la soif est étroitement liée à la quantité de sang qui circule dans le réseau vasculaire.

Eh bien! une modification particulière, physique ou chimique, dans la composition du liquide sanguin, ne pourrait-elle pas à elle seule provoquer la faim? Telle est l'hypothèse de SCHIFF, ou du moins la théorie qu'il défend et qu'il appuie sur l'expérience. Si l'on injecte dans le système circulatoire d'animaux des substances nutritives en quantité suffisante et artificiellement préparées, on peut non seulement calmer leur faim, mais on les nourrit parfaitement. Dans certains cas de faim prolongée, on a également observé que les lavements alimentaires apaisaient jusqu'à un certain point les souffrances ressenties.

SCHIFF donne encore d'autres preuves en faveur de l'origine centrale. Si l'on étudie la sensation au cours de l'inanition, on voit qu'elle augmente d'intensité le deuxième, troisième et quatrième jour. Cependant, l'estomac une fois vidé de son contenu, son état ne change plus. Il semble, d'après lui, qu'on doive rapporter l'intensité de la faim aux modifications qualitatives du sang, qui, devenant sans cesse plus profondes, sont pour les centres nerveux une cause d'excitation de plus en plus grande. Il n'en serait pas autrement pour la première apparition de la faim chez l'enfant nouveau-né. Au bout de quelques heures, il manifeste par des cris le besoin de manger, et cependant son estomac après la naissance est vide. On a prétendu que la cavité gastrique renfermait une certaine quantité de liquide amniotique, et que ce liquide constituait la véritable nourriture du fœtus. Le fait n'a rien d'absolu ; d'après certains auteurs, il serait au contraire tout à fait accidentel.

En dernière analyse, SCHIFF conclut que la faim est liée à une modification physico-chimique du sang, qui constitue le point de départ de cette sensation, en excitant les centres nerveux.

Cette théorie, comme nous le verrons tout à l'heure, est passible de certains reproches. Ajoutons, pour l'instant, que SCHIFF cherche encore à expliquer comment, sous cette influence centrale, se produit tout le cortège des manifestations à localisation périphérique. Mais il ne tranche cette question qu'en raisonnant par analogie, par déduction, sans expérience. Il invoque en effet une irritation des centres nerveux, sous l'influence de l'état chimique particulier du sang, irritation provoquant des sensations excentriques. « Pour n'en citer qu'un exemple, dit-il, les malades affectés de tumeur cérébrale, ne se plaignent-ils pas de douleurs sourdes dans les extrémités, de fourmillements, d'hallucinations? Or il n'est pas indispensable que l'irritation des centres nerveux soit de nature mécanique : elle peut provenir tout aussi bien d'une altération chimique, d'un changement de composition de la masse du sang. Dès lors, on conçoit que la diminution des éléments constitutifs du sang, qui nous fait sentir le besoin de nourriture, puisse aussi se trahir par des altérations de la sensibilité locale, sans que la localité où nous percevons cette altération soit directement affectée. Ce qui donne un certain poids à cette conjecture, c'est qu'il n'est pas excessivement rare d'observer des lésions profondes de l'estomac, des destructions cancéreuses du cul-de-sac de la région pylorique, de la petite et de la grande courbure, sans que les malades aient cessé de percevoir la sensation gastrique spéciale qui annonce la faim. »

Contre la théorie de SCHIFF s'est élevée une objection tirée de la sensation gastrique qui accompagne le besoin de manger. Nous ne reviendrons pas bien entendu sur cette sensation dont nous avons suffisamment parlé. Nous rappellerons simplement qu'elle s'observe fréquemment, mais non constamment. Cependant sa fréquence lui donne une très grande valeur aux yeux de certains savants. Pour eux, ce signe ne constituerait pas seulement l'expression d'un état général, mais il serait lié à un état particulier de l'estomac. En effet, il est possible — sans faire disparaître la faim, — de supprimer cette douleur, en introduisant dans l'estomac des matières non alibiles.

Mais, comme le fait remarquer Schiff, cette objection est basée sur une erreur de raisonnement. Assurément, on peut calmer une névralgie d'origine centrale, par une irritation mécanique du tronc nerveux lui-même. Ainsi, chez un malade atteint de tumeur cérébrale, et souffrant de fourmillements aux doigts, on peut, par une vigoureuse pression mécanique sur les parties douloureuses, faire disparaître la douleur. « Beaucoup de névralgies, dit Schiff, sont momentanément calmées et même supprimées par l'application d'une douleur extérieure. C'est l'impression périphérique qui prévaut sur la sensation centrale. »

Il en est de même pour la sensation gastrique qui accompagne la faim. Les applications extérieures, la compression de la région épigastrique, la constriction calment la faim : d'où l'expression connue « se serrer le ventre ». Cela s'explique facilement par la prédominance de l'irritation périphérique sur la sensation excentrique. « La même explication, dit encore Schiff, vaut pour l'ingestion de substances inertes, de pierres, de sable, moyen palliatif qui malheureusement n'a été que trop souvent expérimenté contre la faim en temps de disette; ici, c'est l'irritation locale, appliquée aux nerfs sensibles de la cavité stomacale, qui se substitue à la sensation transmise aux centres.

« On voit donc que l'opinion qui regarde la sensation épigastrique de la faim comme dépendant d'un état local de l'estomac, parce qu'il existe des moyens palliatifs locaux pour l'apaiser, est fondée sur une erreur de raisonnement, que c'est précisément le contraire que nous enseigne l'analogie. »

Il est encore d'autres exemples de la prédominance des sensations périphériques sur les sensations d'origine centrale. Ainsi le sommeil est un besoin général, et cependant il se traduit par une série de sensations excentriques : sensation particulière dans les yeux, lourdeur, pesanteur, démangeaison des paupières. Or on trompe assez facilement le besoin de dormir par des applications d'eau froide sur les tempes ou sur le front.

Il en serait de même pour la faim, et l'observation des malades atteints de pyrosis ne ferait que confirmer cette manière de voir. Ces malades ont une faim continuelle, et mangent peu à la fois. Les aliments ingérés sont en assez grande quantité pour tromper leur faim, mais non pour la supprimer; car ils ne sauraient suffire à la réparation complète des pertes organiques.

C'est ainsi que Schiff réfute cette objection et persiste à admettre que certaines modifications physico-chimiques du liquide sanguin sont capables de faire naître la faim par leur retentissement sur le système nerveux central, tout comme les adultérations du sang provoquées par l'excès d'acide carbonique ou le manque d'oxygène modifient les actes respiratoires par action centrale. Nous venons de le voir, plusieurs observations directes, certaines analogies plaident en faveur de cette théorie. Mais rien ne prouve que, dans les premiers stades de la faim, le liquide sanguin a subi une modification chimique ou physique; rien ne prouve d'autre part que cette excitation, si elle existe, puisse à elle seule déterminer l'apparition de la faim. Le processus est peut-être plus complexe, et le retentissement de la dénutrition organique sur le système nerveux central peut s'expliquer non seulement par une irritation chimique, mais par un acte réflexe, tout comme les phénomènes respiratoires et circulatoires ne sont pas seulement influencés par des excitations centrales d'origine chimique, mais aussi par des excitations sensitives périphériques qui se transmettent aux centres nerveux par voie réflexe.

Ces dernières considérations nous conduisent tout naturellement à parler de la théorie périphérique de la faim.

c) **Origine périphérique de la faim.** — D'après les partisans de cette théorie, la faim prend naissance au sein même des innombrables cellules de l'organisme. Comme le dit Joanny Roux (*loc. cit.*) : « C'est le cri de notre organisme réclamant des matériaux nutritifs, lorsque le milieu intérieur s'appauvrit. Toutes les cellules de notre organisme sont solidaires, et cette solidarité est rendue nécessaire par les spécialisations fonctionnelles multiples, par la division du travail. Lorsqu'une cellule éprouve un besoin qu'en raison de cette spécialisation elle est inapte à satisfaire elle-même, elle fait appel à d'autres cellules, et cela par l'intermédiaire du système nerveux. Telle est l'origine de tous les réflexes nutritifs, et dans la sensation de la faim *il n'y a pas autre chose qu'un réflexe nutritif cortical, réflexe incomplètement adapté, et donnant naissance à ce titre, comme épiphénomène, à un fait de conscience : la sensation de la faim, au sens ancien du mot.* »

Sans suivre ici J. Roux dans son intéressant plaidoyer en faveur de cette doctrine, nous signalerons simplement l'opposition qui existe entre cette théorie et celle de Schiff. Schiff invoque l'action directe du sang adultéré sur les centres nerveux, comme cause du besoin de manger. Cette excitation a pour effet de localiser à la périphérie des sensations d'origine centrale par un phénomène semblable à celui des irradiations excentriques des sensations. Dans la première théorie au contraire, il s'agit d'un réflexe nutritif cortical dont le point de départ siégerait dans toutes les cellules, et qui aboutirait à un neurone cortical (phénomène de conscience). « L'aboutissant de ce réflexe est la recherche involontaire et consciente des aliments. »

Peut-être convient-il de rechercher dans ces deux théorie les causes de la faim qui proviendrait ainsi, d'une part, des modifications du sang, d'autre part, d'une excitation nerveuse de toutes les cellules de l'organisme.

Il faudrait donc admettre que les centres nerveux sont à la fois *directement* excités par les variations de la composition physico-chimique du milieu sanguin, *indirectement* par une excitation nerveuse dont le point de départ résiderait dans toutes les cellules de l'organisme.

Cette opinion mixte a l'avantage de concorder avec les explications qu'ont données de la faim les physiologistes comme Longet, Magendie, Schiff, Beaunis, Wundt, pour ne citer que ceux-là.

Magendie : « La faim, dit-il, résulte comme toute les autres sensations, de l'action du système nerveux ; elle n'a d'autre siège que ce système lui-même. Ce qui prouve bien la vérité de cette assertion, c'est qu'elle continue quelquefois, quoique l'estomac soit rempli d'aliments, c'est qu'elle peut ne pas se développer, quoique l'estomac soit vide depuis longtemps ; enfin c'est qu'elle est soumise à l'habitude, au point de cesser spontanément quand l'heure habituelle du repas est passée. »

Schiff : « L'usure et la destruction vitale sont causes de modifications importantes de la composition du sang. D'une part, les produits de la décomposition chimique des tissus, corps désormais inutiles à la fonction de l'organe dont ils procèdent, sont emportés par le courant circulatoire ; d'autre part, les tissus appauvris, altérés dans leurs propriétés normales, empruntent au sang qui les baigne les matériaux aptes à les reconstituer. De là, une double altération de ce liquide ; augmentation des corps excrémentiels inutiles à la vie, et diminution des éléments utiles et réparateurs des tissus. On conçoit que cette altération, arrivée à un certain degré, ne peut rester sans influence sur ce que nous appelons *l'état général*, ou, en d'autres termes, que les centres nerveux doivent subir l'impression du sang appauvri et réagir à cette impression par une sensation particulière et de nature générale.

« Or les symptômes particuliers qui nous font connaître cet appauvrissement du sang résultant de l'exercice régulier de nos organes, sont ce que nous désignons sous le nom de *sensations de la faim et de la soif.* »

Longet : « La faim est l'expression d'un état général qui se traduit par une sensation spéciale que nous rapportons à l'endroit où elle se fait sentir, bien qu'en réalité elle ne siège pas uniquement en cet endroit.

« C'est dans l'organisme en général qu'il faut placer le sentiment de la faim, et la sensation particulière, éprouvée dans la région épigastrique, doit être considérée comme une manifestation limitée d'un état général, comme le prodrome des nombreux phénomènes de la faim. »

Beaunis : « Il est évident qu'il y a dans la faim autre chose que des sensations locales. L'insuffisance et l'arrêt de l'absorption digestive, l'état d'appauvrissement de la lymphe et du sang, le défaut de nutrition des tissus et des organes déterminent une réaction des centres nerveux, et cette réaction se traduit par ce sentiment de défaillance qui vient s'ajouter aux sensations plus exclusivement localisées dans les organes digestifs proprement dits. Pour que la faim soit satisfaite d'une façon complète, il ne suffit pas que les aliments soient digérés ; il faut que les produits de cette digestion, absorbés dans le tube alimentaire, passent dans la lymphe et dans le sang et aillent réparer les pertes des tissus et des organes. A ce point de vue, on pourrait dire avec Longet que c'est dans tout l'organisme que réside le sentiment de la faim. »

Wundt : « Les sensations de faim, de soif, la sensation du manque d'air, depuis les besoins modérés normaux de respirer, jusqu'à la dyspnée la plus intense, toutes ces sensations dépendent certainement, mais en très faibles parties, des organes périphériques où elles sont localisées. Elles sont liées à des états déterminés de la composition du liquide sanguin ; ces états, d'après nos présomptions, mettent en jeu dans les centres nerveux correspondants des excitations qui produisent, soit des mouvements involontaires, soit des sensations, et par celles-ci des mouvements volontaires propres à entretenir les fonctions en question. »

En tout cas, il nous semble impossible, à l'heure présente, d'assigner à la faim une cause absolument précise. Nous nous sommes arrêté à la théorie mixte que nous avons résumée tout à l'heure, convaincu qu'elle renferme la plus grande part de vérité sur les véritables facteurs qui engendrent cette sensation.

§ III. — Voies de transmission de la faim.

a) Rôle des pneumogastriques. — b) Rôle du sympathique.

Comme le dit Beaunis, « la faim comprend :

« 1° Les sensations localisées d'une façon plus ou moins vague dans les organes digestifs, les muscles masticateurs, sensations qui ont pour point de départ la muqueuse de ces divers organes avec leurs nerfs sensitifs, les glandes (état de réplétion avant la digestion), les muscles (besoin de contraction au début, contractions morbides dans les degrés intenses de la faim).

« 2° Une sensation générale due à l'appauvrissement et à l'insuffisance de nutrition de l'organisme ; mais ce sentiment général lui-même n'est que la résultante d'une multiplicité de sensations partielles, vagues, obscures, mal définies, partant des diverses régions de l'organisme. »

Il est évident qu'à chacune de ces sensations est affecté un système particulier de transmission. Voyons ce que l'on a pu déterminer à ce sujet, à l'aide de l'expérimentation.

Tout d'abord, on s'est préoccupé de rechercher spécialement les voies de conduction des sensations localisées le long du tube digestif, voies qui ne peuvent être représentées que par les nerfs sensitifs émanant de ces organes. Aussi a-t-on été amené à considérer tour à tour le sympathique et les pneumogastriques comme les conducteurs habituels de la sensation de faim, si l'on songe que ces deux nerfs se partagent l'innervation motrice et sensitive du canal intestinal.

On a pratiqué une foule d'expériences dont nous ne retiendrons que les plus importantes, tout en faisant néanmoins remarquer que les résultats obtenus sont loin d'être décisifs.

a) **Rôle des pneumogastriques.** — Il n'y a aucun doute : la faim persiste malgré la résection de ces deux nerfs. L'opération a été faite souvent sur diverses espèces animales (cheval, chien, cobaye, lapin, etc.). Beaunis n'a jamais pu obtenir la cessation de la faim. Sur soixante expériences de résection du pneumogastrique, il a toujours vu les animaux se remettre à manger après l'opération. Ce fait ne peut s'expliquer que par la persistance de la faim. Il n'y a pas lieu d'incriminer le goût, puisque la section du lingual et du glosso-pharyngien n'abolit pas non plus le sentiment de la faim.

Telle n'est pas l'opinion de Brachet. Cet auteur reconnaît au pneumogastrique un rôle excessivement important au point de vue de cette sensation, et cherche à le démontrer expérimentalement. Il a fait jeûner un chien pendant vingt-quatre heures environ, puis il lui a sectionné les deux pneumogastriques au moment où l'animal était prêt à se jeter avec voracité sur des aliments qu'on lui avait présentés. On vit alors la faim s'apaiser presque aussitôt.

Ce n'est là qu'une observation unique et très incomplète, qui ne saurait entraîner pour conclusion, comme le veut Brachet, que la sensation de faim naît au niveau de la muqueuse gastrique et possède comme voie de conduction le tronc nerveux des pneumogastriques.

D'ailleurs, presque tous les auteurs qui se sont occupés de la question sont unanimes à reconnaître que les animaux qui ont subi la double vagotomie ne perdent nullement le sentiment de la faim. Le besoin de manger se fait ressentir aussi bien après qu'avant l'opération.

Sédillot a conservé des chiens après la double vagotomie pendant longtemps et affirme avoir reconnu chez eux les signes certains de la faim, parfois très persistants, puisque, dans certains cas, la survie opératoire était de plusieurs semaines. Schiff a confirmé entièrement les résultats de Sédillot, sans pouvoir toutefois conserver aussi longtemps que lui les animaux opérés (six jours au plus tard). Cependant il est très explicite à cet égard, et soutient que leur appétit s'est manifesté aussitôt après les effets généraux de l'opération. Le cheval, qui réagit moins que tout autre à la section des vagues, continue à manger immédiatement après l'opération.

Il importe, en effet, de ne point confondre les effets généraux de l'opération avec ceux qui dépendent exclusivement de la section des vagues. Brachet, par exemple, considère l'anorexie presque immédiate survenant après la section nerveuse, comme due au rôle que jouent normalement les pneumogastriques dans la conduction de la sensation. Mais, à ce titre-là, de nombreux nerfs tiennent sous leur dépendance cette sensation, puisque celle-ci peut disparaître aussitôt après une lésion des parties inférieures de la moelle, du nerf sciatique, du plexus brachial.

On ne saurait invoquer en faveur du rôle spécial joué par les vagues ce fait, que l'anorexie, consécutive à leur section, est de plus longue durée qu'après les traumatismes précités. Ne savons-nous pas que la double vagotomie entraîne des lésions inflammatoires du poumon capables de déterminer une anorexie qu'on attribuerait à tort à la seule section nerveuse ?

Il n'y a pas lieu davantage de supposer que la vagotomie aura des effets différents sur la faim, suivant le lieu de la section. Schiff a pratiqué cette section, soit au cou, soit au-dessous du diaphragme. Il s'est assuré dans ce cas de la section complète de tous les rameaux gastriques et hépatiques. Les résultats observés sont semblables à ceux que provoque la section sus-diaphragmatique, avec cette différence que, l'opération étant moins grave, l'observation a duré bien plus longtemps. Durant leur longue survie, les animaux ont toujours montré le retour de l'appétit, et ont absolument mangé comme à l'état normal.

Que conclure de ces diverses expériences, sinon que les vagues ne jouent probablement aucun rôle particulier ?

b) **Rôle du sympathique.** — On ne sait que peu de chose sur la fonction de ce nerf.

Longet le considère comme la voie par laquelle la sensation de faim est transmise aux centres. Mais celle-ci persiste, bien que l'on extirpe les différents amas ganglionnaires et les différents rameaux du sympathique.

Ainsi Brunner et Hensen ont fait la section des splanchniques, et les animaux opérés continuèrent à manger avec tous les signes de l'appétit.

Bien plus, Schiff, opérant sur des lapins, sectionne les deux vagues, les deux sympathiques et extirpe les ganglions cœliaques. Il a conservé les animaux pendant cinq à six jours et constate la persistance de l'appétit.

En l'état actuel de la science, il est donc bien difficile de préciser les voies de transmission de la faim. L'expérimentation n'a pas élucidé cette question pour la sensation principale qui accompagne le besoin de manger, c'est-à-dire la douleur gastrique. A fortiori, sommes-nous dans l'impossibilité de dissocier par l'expérience les voies de conduction pour les sensations secondaires ?

L'ontogénie et la phylogénie permettent d'affirmer que la sensation de faim existant chez le nouveau-né doit être transmise par des conducteurs nerveux myélinisés. D'après les travaux de Flechsig, nous savons que, dès le neuvième mois de la vie intra-utérine, une partie du système nerveux commence à se myéliniser. Ce système est représenté par des fibres dont les cellules d'origine sont placées dans les noyaux gris centraux faisant suite au ruban de Reil. Il est donc probable que c'est grâce à lui que les sensations de faim et de soif peuvent être perçues.

§ IV. — Rôle des centres nerveux.

De quelque façon qu'on envisage la faim, qu'on la considère comme une sensation d'origine locale, centrale ou périphérique, on est bien obligé de faire intervenir les centres nerveux dans le phénomène de conscience de ce sentiment. L'appareil nerveux central joue donc un rôle, mais quel est-il?

Les résultats expérimentaux ou cliniques que la science possède sont également mal déterminés.

Certains auteurs, tels que COMBES, SURRHEIM, BROUSSAIS, admettent un centre particulier qu'ils appellent l'organe de l'alimentivité. D'après eux, il serait placé dans les fosses latérales et moyennes de la base du crâne, appartenant ainsi au cerveau proprement dit. ROSENTHAL admet ce centre qu'il appelle centre de la faim.

D'autres, avec STILLER, admettent que l'excitation primitive de la faim se produit à la périphérie, au niveau des terminaisons nerveuses du vague et du sympathique dans l'estomac : nous savons ce qu'il faut penser de cette dernière opinion. Mais dans quelle région faut-il localiser ce centre de la faim, si tant est que ce centre existe?

Tout d'abord, on sait que la sensation de faim est éprouvée par les animaux entièrement dépourvus de cerveau, que, chez des fœtus anencéphales appartenant à l'espèce humaine, les manifestations de la faim ont été observées. Sur un chien qui avait subi l'ablation de l'écorce cérébrale, GOLTZ a observé la persistance de la faim et le goût. Du manteau entier, il n'avait laissé subsister que l'extrémité de la base du lobe temporal, l'*uncus*. Au sujet des sensations gustatives de cet animal ainsi dépourvu de la corticalité cérébrale, GOLTZ rapporte un certain nombre de faits intéressants. Nous empruntons à J. SOURY les détails qui suivent : « S'il y avait longtemps qu'il n'avait pas été nourri, il allait çà et là sans repos dans la cage, en tirant rythmiquement la langue; souvent des mouvements de mastication à vide s'associaient à ces mouvements de la langue. Tiré de la cage et placé sur une table, une terrine de lait devant la gueule, il commençait aussitôt à boire le lait, avec les mêmes mouvements qu'un chien normal. Si, comme c'était l'habitude, de gros morceaux de viande de cheval étaient mélangés au lait, et que le chien, en lappant le lait, mît dans sa gueule un morceau de viande, il le mâchait exactement comme un chien ordinaire..... A le voir boire et manger, il paraissait avoir de l'appétit et dévorer avec satisfaction. »

Et plus loin : « ce chien semblait éprouver les sensations de la faim et de la soif, puisque aux heures des repas il accélérait ses mouvements de manège, poussait même quelquefois des cris « d'impatience », et, de ses deux pattes de devant, se dressait sur le bord de sa cage, d'où il était tiré deux fois par jour, pour être immédiatement alimenté sur une table placée à proximité. »

D'après ces données, il paraîtrait donc logique de chercher la localisation de ce centre dans le bulbe rachidien ou la protubérance, puisque ces deux portions de centres existent chez les anencéphales. Cependant STEPHEN PAGET, s'appuyant sur des observations anatomo-pathologiques, a cherché la localisation corticale du centre de la faim, qu'il serait tenté de placer au niveau de l'extrémité antérieure du lobe temporo-sphénoïdal, près des centres du langage et du centre olfactif. Ces conclusions s'appuient sur l'observation clinique de 14 malades atteints de traumatisme cérébral. Toutefois, il serait prématuré d'admettre l'existence de pareils centres, sur les seules observations de PAGET.

§ V. — Pathologie du sentiment de la faim.

a) *Boulimie.* — b) *Polyphagie.* — c) *Anorexie.* — d) *Anorexie hystérique.* — e) *Illusions de la faim.*

La faim, avons-nous dit, est une sensation dont les caractères individuels, la localisation et l'intensité sont éminemment variables. Tantôt elle se présente avec violence, tantôt elle s'atténue au point de disparaître à peu près complètement. Ces deux cas extrêmes constituent des modifications pathologiques que nous allons étudier. Du côté de l'exagération de la sensation, nous trouvons la boulimie, la polyphagie, la parorexie; du côté de son extrême atténuation, l'anorexie. C'est dans cet ordre, établi par BOUVERET, que nous allons les étudier.

Boulimie. — Cette affection consiste dans l'exagération de la sensation de faim : elle est connue, soit sous le nom de boulimie (βους λιμος), de cynorexie (faim canine), de lycorexie faim de loup). BOUVERET propose le terme d'hyperorexie comme mieux approprié à la désignation de cette affection, car il signifie mieux que tout autre l'exagération de la faim.

Tout d'abord, il importe de bien définir ce que l'on entend par boulimie. Il est de toute évidence que l'on n'est pas boulimique par le seul fait que l'on mange beaucoup, puisque tout le monde ne mange pas également, que les uns absorbent relativement peu, et les autres beaucoup. D'un autre côté, on connaît les relations étroites qui existent entre les échanges nutritifs et la faim. D'une façon générale, on observe que la faim croît au fur et à mesure que les pertes de l'organisme augmentent. Est-ce à dire qu'un adolescent, un convalescent et les individus qui mènent une vie active soient boulimiques? Non, puisque tous ont besoin d'une forte ration alimentaire : n'est pas boulimique celui dont la ration alimentaire, quelque considérable qu'elle soit, est en rapport avec ses besoins organiques.

Lorsque, au contraire, sans cause apparente, ce rapport n'existe pas, lorsque les aliments ingérés sont en très grande quantité, que le désir immodéré de manger se fait sentir très souvent, et peu après un repas suffisant, il s'agit là de boulimie.

On peut dire, en effet, que cette affection, ou mieux cette névrose, a pour caractéristique essentielle la répétition immodérée du besoin de manger. Mais ces névrosés, en mangeant beaucoup et souvent, peuvent momentanément calmer leur appétit vorace.

Les manifestations de la faim boulimique sont du même ordre que celles de la faim normale. La sensation est beaucoup plus vive qu'à l'état normal, voilà tout. Puis le malade atteint de cette affection est sans cesse en proie aux douleurs de la faim, puisque celle-ci réapparaît presque aussitôt après qu'elle a été satisfaite. L'accès boulimique se reproduit donc à chaque repas, et ainsi le boulimique ne tarde pas à subir le contre-coup de son malaise si fréquent. Bientôt, en effet, il présente des phénomènes généraux qu'explique sa préoccupation presque continuelle de calmer sa faim. Il est triste, inquiet; ses forces diminuent, s'anéantissent même, si par hasard il est pris à l'improviste par son accès et s'il ne peut manger. Comme tout individu surpris par la faim, il tombe dans la torpeur physique et intellectuelle. « A cette asthénie soudaine, dit BOUVERET (*loc. cit.*), peuvent s'ajouter encore le bourdonnement des oreilles, le vertige, le tremblement. Chez quelques boulimiques, l'accès est dominé par des troubles circulatoires, la pâleur de la face, le refroidissement des extrémités, la petitesse du pouls, la sensation de défaillance imminente. Au plus haut degré, l'accès s'accompagne de symptômes d'excitation cérébrale. »

Il va de soi qu'avec une sensation aussi impérieuse le boulimique ne résiste guère à l'impulsion qui le porte à prendre tout ce qu'il trouve. Il ne saurait mesurer la portée de ses actes. Cet état pathologique est intéressant, non seulement dans ses rapports avec la pathologie générale, la psycho-physiologie, mais aussi et surtout avec la médecine légale. Les douleurs de la faim provoquent un état psychique particulier, susceptible de rendre jusqu'à un certain point l'individu irresponsable.

L'irrésistibilité du boulimique n'est pas le seul caractère qu'il présente. Il importe d'ajouter qu'il calme sa faim dès qu'il a absorbé des aliments. Mais, quelques instants après, l'accès revient aussi intense qu'auparavant. Bref, le malade est sans cesse tourmenté. Bientôt il ne pense plus qu'à assouvir son appétit insatiable et redoute continuellement l'accès qui le guette. Il est en proie à une anxiété sans fin et s'entoure de toutes les précautions pour ne jamais être pris au dépourvu d'aliments. Voilà bien le caractère des boulimiques. « BEARD, dit BOUVERET, raconte l'histoire d'un neurasthénique, fréquemment atteint de boulimie nocturne, et qui ne pouvait s'endormir qu'à la condition d'avoir à côté de son lit une table sur laquelle un repas était servi. En effet, beaucoup de boulimiques ont des accès nocturnes; une ou plusieurs fois par nuit, ils sont réveillés par l'impérieux désir de manger. »

Causes. — Cette exagération du sentiment de la faim constitue parfois une sorte de vice congénital, indépendant de toute autre manifestation. Mais cette boulimie que l'on peut qualifier d'essentielle est relativement rare. Le plus souvent, elle est associée à diverses affections dont elle n'est qu'un symptôme, un épiphénomène.

On la rencontre souvent dans la plupart des névroses : l'hystérie, la neurasthénie, l'épilepsie, la maladie de BASEDOW, les maladies mentales, la chlorose, la paralysie générale.

L'état puerpéral prédispose aussi à la boulimie. Mais les femmes enceintes ne présentent pas seulement une perversion de la faim. Leur sens gustatif est en même temps perverti. Aussi les voit-on quelquefois manger avec plaisir des objets bizarres et souvent même dégoûtants.

La boulimie s'observe encore dans certaines affections, telles que la maladie d'ADDISON, les suppurations prolongées. Elle est surtout fréquente dans le diabète.

Enfin les maladies des voies digestives, comme les fistules intestinales, les lésions intéressant les voies d'absorption, provoquent fréquemment la faim boulimique. Les parasites intestinaux produiraient le même effet, d'après certains auteurs, mais c'est là un point particulier qui est loin d'être élucidé.

En résumé, la sensation de faim s'exagère ou peut s'exagérer au cours de nombreuses affections, soit générales, soit locales. En tout cas, en l'état actuel de nos connaissances, il est à peu près impossible de dissocier les causes de cette perturbation.

Les uns y voient une excitation du système nerveux central; les autres, du système nerveux périphérique. Ces deux hypothèses s'appuient sur des observations qui tendraient à les justifier, puisque d'un côté, la boulimie s'observe chez les paralytiques généraux et chez les malades atteints de tumeur cérébrale, et que d'un autre côté, des lésions périphériques comme l'ulcère rond, l'hypersécrétion, sont capables de reproduire ce symptôme.

Peut-être convient-il d'admettre à la fois une cause centrale et une cause périphérique, puisque la sensation normale de la faim paraît être sous la double influence de causes centrales et périphériques.

Nous laisserons de côté l'explication qu'on a voulu donner de la boulimie, en la basant sur certaines modifications anatomo-pathologiques. On ne saurait en tirer une conclusion sur les causes de la boulimie, attendu que les lésions observées chez les boulimiques proviennent très vraisemblablement d'une irritation du tube digestif consécutive à un fonctionnement exagéré.

Polyphagie. — Alors que la boulimie se caractérise par la répétition immodérée du besoin de manger, la polyphagie est généralement associée à la diminution ou à la suppression de la sensation de faim. Le boulimique mange souvent et relativement peu, le polyphagique mange beaucoup. Le premier assouvit assez facilement sa faim; le deuxième n'y arrive qu'après avoir absorbé de très grandes quantités d'aliments : et encore! Telle est la différence essentielle qui existe entre ces deux altérations pathologiques de la faim.

Comme la boulimie, la polyphagie est quelquefois indépendante de toute affection. Dans d'autres circonstances elle n'est qu'un symptôme ; dans ce cas, on l'observe fréquemment au cours des affections organiques de l'encéphale : dans l'hystérie, la neurasthénie, et dans certaines maladies générales comme le diabète.

Bien entendu, il y a des degrés dans la polyphagie, et, à côté des cas de polyphagie modérée, on en observe d'autres, véritablement exceptionnels, dans lesquels la faculté de manger est développée à un degré extraordinaire. La plus célèbre observation de ce genre est bien celle de Tarare, rapportée par PERCY.

« A l'âge de dix-sept ans, dit BLACHEZ (art. « Boulimie » du *Dict. des sc. méd.*), Tarare pesait 100 livres et mangeait en vingt-quatre heures une quantité de viande de bœuf, de poids égal au sien. Engagé comme soldat, il se soumettait aux plus rudes corvées pour se procurer des suppléments de ration, et pouvait à peine satisfaire son appétit avec les aliments destinés à six ou sept hommes. L'insuffisance de nourriture détermina chez lui un état de faiblesse telle qu'il fut obligé de quitter son service et de rentrer à l'hôpital. Une portion quadruple lui fut accordée. Malgré ce supplément, il mangeait tous les restes qu'il pouvait se procurer. Sans cesse à la recherche de substances alimentaires, quelles qu'elles fussent, il faisait une guerre incessante aux chiens et aux chats de l'établissement qu'il dévorait quelquefois encore vivants. Devant le médecin en chef LORENTZ, qui voulait s'assurer de l'exactitude des rapports qui lui étaient adressés, il prit un chat vivant par la tête et les pattes, lui dévora le ventre et le rongea jusqu'aux os. Il maniait facilement les serpents et mangeait toutes vivantes les plus grosses couleuvres. Un jour, on le vit manger à lui seul un repas abondant, préparé pour 15 ouvriers allemands. Il avalait sans inconvénients des corps volumineux. Percy raconte que cette singulière faculté fut utilisée par le commandant d'un corps d'armée qui lui faisait avaler des dépêches contenues dans un étui en bois. A la fin de sa vie, ce malheureux, objet d'horreur pour tous ceux qui l'entouraient, se repaissait des reliefs de viandes abandonnés dans les boucheries. Les infirmiers l'avaient surpris dans les salles de l'hôpital de Versailles, buvant le sang des saignées et dévorant des morceaux de cadavre. On le soupçonna même du meurtre d'un enfant de quatorze mois. Il mourut dans un état d'éthisie consécutif à une diarrhée dont le produit se composait de détritus organiques infects. »

Les personnes atteintes de polyphagie mangent pour ainsi dire tout ce qui leur tombe sous la main. Est-ce à dire qu'on doive les considérer comme des parorexiques? Non. Il ne s'agit pas ici de perversion de l'appétit; ils mangent beaucoup, tout simplement pour arriver à la sensation de satiété qui n'existe pas chez eux.

Comme pour la boulimie, on ne connaît pas encore les causes de la polyphagie. D'après Bouveret (loc. cit.) : « Romberg rattache cette névrose à une asthénie des nerfs sensitifs de la muqueuse gastrique. Rosenthal l'attribue à une diminution de l'excitabilité du noyau sensitif du pneumogastrique. Il appuie cette opinion sur quelques observations de polyphagie suivies d'autopsie, celles de Schwan, de Bignardi, de Johnson, de Frankel, dans lesquelles on a constaté l'atrophie ou la compression d'un ou des deux nerfs de la X° paire. » Il cite encore un cas de Senator (Arch. f. Psychiatrie, xi, 1881), dans lequel il s'agit d'une paralysie bulbaire à forme apoplectique. Le malade était sans cesse tourmenté par la faim et par la soif, bien que la sonde, introduite toutes les trois heures, permît de faire pénétrer dans son estomac une très grande quantité d'aliments. A l'autopsie, on trouva une oblitération thrombosique de l'artère vertébrale gauche, et un foyer de ramollissement intéressant le noyau postérieur du pneumogastrique.

Parorexie. — Ce terme s'applique aux perversions de l'appétit qui présentent trois degrés différents : la malacia, le pica, l'allotriophagie. On donne le nom de malacie à cette affection particulière qui se traduit par l'envie irrésistible de manger des substances moins alimentaires qu'excitantes, comme les divers condiments : le poivre, les fruits verts, les cornichons, la salade, etc.

La pica diffère de la malacia en ce sens que les malades qui en sont atteints mangent des substances absolument inusitées. L'allotriophagie, d'après Bouveret, « est l'habitude prise, la manie d'avaler des choses extraordinaires. Sont allotriophages les aliénés qui mangent leurs excréments, certaines peuplades qui mêlent de la terre à leurs aliments, les hystériques qui se plaisent à avaler des aiguilles et des épingles ».

Ces perversions de la faim, et particulièrement la malacia, la pica, sont fréquentes chez les enfants, les femmes, enceintes, les chlorotiques. Les objets ingérés avec plaisir sont très variés. Par exemple, les chlorotiques se régalent de charbon, de plâtre, de cendres, de poivre, de sel. Plus rarement l'appétit se pervertit au point de se porter sur des objets dégoûtants, tels que les poux, les fourmis, les araignées, les matières fécales, le fumier. De même, la malacia et la pica, qui sont presque toujours associées, s'observent au cours d'autres affections comme l'helminthiasis, les affections organiques du cerveau, l'aliénation mentale, l'idiotie et les névroses telles que la neurasthénie et l'hystérie.

L'allotriophagie peut également survenir, au même titre que la malacia et la pica, au cours des affections que nous venons de rappeler. Nous voulons parler de la géophagie. En dehors des malades qui ont une appétence marquée pour des substances étranges comme la terre, il existe des peuplades entières dont tous les individus sont atteints de ce goût singulier; la terre est pour ainsi dire un mets national. On l'observe surtout dans la zone torride.

Les Ottomaques, sur les bords de l'Orénoque, paresseux et indolents, dédaignant les fruits de culture, se nourrissent d'une terre argileuse jaune, onctueuse au toucher, riche en oxyde de fer. Ils la pétrissent, en font des boulettes qu'ils font cuire à petit feu. Puis ils les avalent après les avoir humectées d'eau. Ils sont si friands de cette terre, d'après de Humboldt, qu'ils en mangent un peu après leur repas, pour se régaler dans la saison de la sécheresse, et lorsqu'ils ont du poisson en abondance.

Des faits analogues ont été observés à Banco, près de la rivière de la Madalena, sur des femmes occupées à la fabrication de poteries, sur les nègres des côtes de Guinée, sur les Nouveaux-Calédoniens.

On raconte en outre que, dans certaines villes du Pérou, la terre se vend comme comestible.

A cette liste de géophages on pourrait encore ajouter les Tunguses ou Tartares nomades de la Sibérie, les nègres du Sénégal, et les naturels des îles Idolos, et, à côté de ces peuplades barbares, certaines élégantes senoras des provinces d'Espagne et de Portugal qui mangent avec plaisir la terre de Bucaros, après qu'elle a servi à la confection des récipients où le vin a séjourné et laissé de son arome.

Anorexie. — Le terme anorexie (dérivé de α privatif, ορεξις, appétit,) signifie manque d'appétit.

Bien qu'il soit nécessaire de ne pas confondre le manque d'appétit avec le dégoût que nous inspire tel ou tel aliment, il faut cependant reconnaître que le terme anorexie, faute d'autre, est applicable aux deux cas.

Autrefois, on considérait l'anorexie comme une maladie bien distincte, délimitée et complète. A l'heure actuelle, on ne doit l'envisager que comme le symptôme d'un état général ou local. Nous le retrouvons dans des affections très variées. En général, on peut dire que l'anorexie s'observe dans toutes les maladies aiguës qui s'accompagnent d'un état fébrile. De là un vieil adage « la fièvre nourrit ». Sous l'influence des troubles apportés aux fonctions organiques par la fièvre, la sensation de faim disparaît d'une façon constante dans les maladies comme les diverses phlegmasies aiguës, fièvre éruptives, le typhus, la fièvre intermittente, etc. Chacun de nous a pu observer sur lui-même ce fait, au cours d'une poussée fébrile, même légère. Ce n'est pas là un des effets les moins inconstants de la fièvre.

Mais, si l'anorexie paraît être l'apanage des maladies aiguës, elle s'observe moins fréquemment dans les affections chroniques. On cite par exemple des malades atteints de tuberculose pulmonaire, qui, malgré la coexistence d'un état fébrile permanent, conservent cependant un excellent appétit. Il en est parfois de même au cours de l'évolution de tumeurs cancéreuses des parois intestinales, qui s'accompagnent de poussées fébriles continues.

Encore pouvons-nous considérer que l'anorexie dans ces affections fébriles est une manifestation des troubles apportés dans l'organisme par l'hyperthermie. Autrement dit la cause de l'anorexie serait d'un ordre général.

Parfois une lésion locale ou organique, surtout de l'estomac, peut engendrer l'anorexie.

En passant en revue les maladies de l'estomac au cours desquelles s'observe l'inappétence, on remarque surtout celles qui intéressent la muqueuse gastrique dans sa totalité, comme l'embarras gastrique, la gastrite chronique.

Au contraire, si les lésions sont circonscrites en un point bien déterminé de la muqueuse, l'appétence pour les aliments peut persister; mais il n'y a là rien d'absolu. On a vu des malades, atteints de cancer du cardia ou du pylore, conserver l'appétit. Ainsi que le remarque Béhier, il semble que l'anorexie dépende de la grandeur de la surface lésée. Mais cela ne peut être posé en principe, puisque souvent l'anorexie est un signe d'assez grande valeur pour le diagnostic précoce d'une tumeur cancéreuse de l'estomac, au moment où la palpation ne peut relever encore l'empâtement et l'augmentation d'épaisseur des tuniques stomacales.

Quoi qu'il en soit, sauf quelques exceptions, les maladies de l'estomac entraînent généralement de l'inappétence. Mais celle-ci peut encore être provoquée par des affections d'autres viscères, comme cela s'observe dans les maladies du rein, de la vessie, dans la grossesse, à son début ou à sa fin.

Nous signalerons encore l'anorexie des phtisiques. Elle ne survient peut-être pas tout à fait au début de la tuberculose pulmonaire, mais elle ne tarde pas à s'accentuer avec les progrès de la lésion. Elle peut alors, ou bien constituer un symptôme spécial, indépendant des autres, ou bien elle peut être la suite de la répugnance qu'inspirent à ces malades les vomissements, les quintes de toux, qui suivent fréquemment l'ingestion des aliments.

Les maladies organiques des centres nerveux sont également susceptibles de retentir sur la sensation de faim, et l'anorexie possède alors une valeur prodromique que l'on connaît bien depuis longtemps. Béhier à ce sujet rapporte l'observation suivante : Il s'agissait d'un vieillard qui déjà, depuis plusieurs mois, éprouvait un invincible dégoût pour toute espèce d'aliments. Conformément à ce que je disais tout à l'heure à propos du cancer de l'estomac, on cherchait si cette anorexie persistante ne devait pas être rattachée à cette dernière cause, lorsqu'une hémorragie cérébrale vint frapper le malade. Cette invincible répulsion pour tout aliment, quel qu'il fût, avait été le premier signe de la maladie cérébrale.

On retrouve le même symptôme au début de l'encéphalite. L'anorexie se rencontre aussi très souvent dans la période prodromique de la méningite tuberculeuse chez l'enfant, et en général dans toutes les affections des centres nerveux, affections particulièrement fréquentes, comme on le sait, chez les enfants et chez les vieillards.

Enfin, nous signalerons l'anorexie au cours de la chlorose. Dans cette maladie, les manifestations du sentiment de la faim peuvent être différentes. Tantôt on constate l'exagération ou la perversion, tantôt, et c'est, croyons-nous, le cas le plus fréquent, la sensation est presque abolie. A ce point de vue, la chlorose se rapproche de certaines maladies nerveuses qui s'accompagnent de la perte de sensation de la faim.

Balestre dit en effet : « L'aliénation mentale, sous toutes ses formes et dans toutes ses variétés, donne assez souvent l'occasion d'observer des phénomènes d'inanition. En effet, les mélancoliques, les maniaques, les déments, les paralytiques sous l'influence de conceptions délirantes ou d'une lésion organique, refusent toute espèce d'aliments; les uns croient qu'on veut les empoisonner, les autres s'imaginent qu'ils n'ont plus d'estomac, qu'ils ont le tube intestinal bouché, qu'ils sont morts, etc. De là le refus souvent invincible des uns et des autres à prendre les aliments qu'on leur offre; quelques-uns feignent de faire leur repas comme d'habitude, mais ils n'ingèrent à dessein qu'une très petite quantité d'aliments. Au bout d'un certain temps, les phénomènes propres à l'inanition apparaissent nets et rapides, si l'alimentation est nulle ou presque nulle; insidieux et plus lents, si les aliénés prennent à chaque repas une petite quantité de nourriture. »

Il est donc établi que le manque d'appétit, ou l'anorexie, s'observe fréquemment au cours des différentes affections du système nerveux des névroses. Mais parmi ces dernières, il convient de noter tout particulièrement l'hystérie. Les observations concernant les cas d'anorexie hystérique sont très nombreuses et très intéressantes. Aussi insisterons-nous tout particulièrement sur ce point.

Anorexie hystérique. — Lasègue en France, W. Gull en Angleterre, ont dénommé cette anorexie, anorexie nerveuse ou hystérique. Les caractères en sont très particuliers, et sans aucune cause la jeune ou le jeune hystérique perd peu à peu complètement son appétit.

« Une jeune fille, dit Lasègue, entre quinze et vingt ans, éprouve une émotion qu'elle avoue ou qu'elle dissimule. Le plus souvent, il s'agit d'un projet réel ou imaginaire de mariage, d'une contrariété afférente à quelque sympathie ou même à quelque aspiration plus ou moins consciente. D'autres fois, on en est réduit aux conjectures sur la cause occasionnelle, soit que la jeune fille ait intérêt à se renfermer dans le mutisme si habituel aux hystériques, soit qu'en réalité la cause première lui échappe, et parmi ces causes multiples, plusieurs peuvent passer inaperçues.

« Elle éprouve tout d'abord un malaise à la suite de l'alimentation : sensations vagues de plénitude, d'angoisse, gastralgie *post prandium*, ou plutôt survenant dès le commencement du repas. Ni elle ni les assistants n'y attachent d'importance; il n'en résulte aucune incommodité brutale.

« Le lendemain, la même sensation se répète, et elle continue, aussi insignifiante, mais tenace, pendant plusieurs jours. La malade se déclare alors à elle-même que le meilleur remède à ce malaise indéfini particulièrement pénible consiste à diminuer l'alimentation. Jusque-là rien d'extraordinaire; il n'est pas de gastralgique qui n'ait succombé à cette tentation, jusqu'au moment où il acquiert la certitude que l'inanition relative est non seulement sans profit, mais qu'elle aggrave les souffrances. Chez l'hystérique, les choses se passent autrement. Peu à peu, elle réduit sa nourriture, prétextant tantôt un mal de tête, tantôt un dégoût momentané, tantôt la crainte de voir se répéter les impressions douloureuses qui succèdent au repas. Au bout de quelques semaines, ce ne sont plus des répugnances supposées passagères, c'est un refus de l'alimentation qui se prolonge indéfiniment. La maladie est déclarée, et elle va suivre sa marche si fatalement qu'il devient facile de pronostiquer l'avenir. »

À ne s'en tenir qu'à ce tableau, la cause de l'anorexie paraît résulter des sensations douloureuses ressenties au niveau de l'épigastre après les repas. Les malades refusent peu à peu toute alimentation pour éviter le retour de ces malaises qu'elles redoutent particulièrement. « Mais, quels que soient sa forme, son siège et son degré, la sensation pénible est-elle due à une lésion stomacale, ou n'est-elle que l'expression réflexe d'une perversion du système nerveux central? Je ne crois pas que la solution reste douteuse, du moment qu'on s'est posé la question. »

Dans de nombreux cas, les troubles digestifs sont consécutifs à des causes morales, telles que chagrin, déception, contrariété violente. Les douleurs gastriques accompagnent bientôt les modifications survenues dans les phénomènes normaux de la digestion. Dans d'autres cependant, il s'agit de véritables affections stomacales. C'est du moins ce qu'affirme BOUVERET, en se basant sur certaines observations, telles que la suivante : « Une de mes malades, dit-il, souffrait depuis un an de dyspepsie hyperchlorhydrique. Pour supprimer la crise gastralgique qui suivait chaque repas, elle en était arrivée à supprimer à peu près complètement toute alimentation, et elle était tombée dans un état d'inanition des plus alarmants. Ici l'état mental ne joue qu'un rôle secondaire, et ce qui le prouve bien, c'est que chez cette jeune fille l'isolement n'a point été nécessaire; il a suffi de traiter l'hyperchlorhydrie pour faire entièrement disparaître et l'anorexie nerveuse et les symptômes graves de l'inanition. »

La cause de cette anorexie peut encore être recherchée dans une hyperesthésie du pharynx, du spasme de l'œsophage, ou bien dans l'appréhension d'une attaque convulsive. SOLLIER l'a observée parfois dans une illusion des sens connue sous le nom de « macropsie hystérique ». Les aliments paraissent gigantesques, et les malades se refusent à les accepter, les trouvant trop volumineux.

Ou bien, selon ROSENTHAL, l'hystérie développe au niveau de la muqueuse gastrique une hyperesthésie spéciale qui se traduit par une sensation très précoce de satiété.

Dans d'autres cas, l'exaltation de l'idée religieuse, en poussant les malades à des privations par esprit de mortification, les font arriver progressivement à une anorexie complète. Ces observations, rares peut-être aujourd'hui, ont été plus communes dans les périodes de grande ferveur religieuse, pendant lesquelles on a pu observer de véritables épidémies de jeûne.

Enfin certains hystériques, par simple désir de se rendre intéressants, d'attirer sur eux l'attention de leur entourage, n'hésitent pas parfois à refuser de se nourrir. Bien plus, les sollicitations, les prières de la famille accroissent au contraire leur résistance, et, selon toute probabilité, l'anorexie qui reconnaît cette cause est assurément la plus fréquente.

C'est celle que LASÈGUE a si bien décrite : c'est également celle dont nous citerons quelques exemples. On pourrait à la rigueur objecter que cette anorexie est la même que celle que l'on observe dans l'aliénation mentale. Il n'est pas rare, en effet, que des aliénés refusent pendant très longtemps toute nourriture. Assurément, ces cas sont très voisins les uns des autres; mais chez les hystériques cette perturbation mentale n'est que la cause de la névrose elle-même.

Bref, sous l'influence des diverses causes que nous venons d'énumérer, les hystériques réduisent peu à peu leur nourriture au point de ne plus ingérer qu'une ration alimentaire totalement insuffisante pour réparer les forces de leur organisme. Néanmoins, ces aliments, qui consistent parfois en quelques pâtisseries, quelques cuillerées de potage, quelques tasses de lait, paraissent leur suffire amplement. Leurs digestions sous ce régime deviennent plus faciles, et bientôt ces malades prétendent alors avoir trouvé le moyen de ne plus souffrir. C'est à ce moment que toute exhortation à manger devient complètement inutile : on se heurte à un refus absolu.

Cette période est susceptible de durer très longtemps, des mois ou des années, suivant le temps employé à diminuer jusqu'au strict minimum la ration alimentaire. C'est alors que leur force de résistance commence à faiblir singulièrement; les malades ne tardent pas à maigrir, et deviennent abattus, languissants. La consomption fait des progrès de plus en plus rapides, et toujours ils s'obstinent à ne pas vouloir manger. C'est seulement lorsque leur situation devient très grave qu'ils commencent à s'effrayer et consentent à reprendre une alimentation suffisante.

Mais, en général, le pronostic n'est pas aussi grave que semble le comporter ce tableau. Lasègue dit en effet : « Je n'ai pas encore vu l'anorexie se terminer directement par la mort, quoique, malgré cette assurance expérimentale, j'aie passé par des perplexités répétées. Il arrive probablement que la sensation pathologique, cause première de l'inanition, disparaît du fait de la cachexie croissante. »

Ordinairement une affection se surajoute à l'anorexie et provoque la mort des malades. C'est ainsi qu'une malade de Lasègue mourut de tuberculose. D'autres fois, l'inanition elle-même détermine la mort. Charcot en a cité quatre exemples. Enfin Rosenthal, sur trois observations rapportées, en signale une dont l'issue a été fatale.

Nous avons tenu à consacrer à l'anorexie hystérique tous ces développements, en raison de l'intérêt que cette question présente au point de vue physiologique.

Il est, en effet, extrêmement curieux de voir cette catégorie de malades résister si longtemps à l'inanition volontaire à laquelle elles se soumettent. Elles ne présentent presque aucun des phénomènes classiques de l'inanition (V. art. **Inanition**) : ni amaigrissement progressif, ni cachexie, etc. Leurs fonctions restent normales ou à peu près, malgré l'insuffisance notoire de leur ration alimentaire. Les échanges respiratoires, la chaleur dégagée, sont certainement un peu plus faibles, mais pas autant que ne l'impliqueraient l'insuffisance de substances ingérées.

Enfin l'amaigrissement est relativement peu considérable, et c'est seulement au bout de plusieurs mois, de plusieurs années même, que les malades se ressentent de cette déficience alimentaire.

Jusqu'où peut aller, dans l'état nerveux hystérique, la privation d'aliments? Ch. Richet répond à cette question en fournissant les observations de deux cas qu'il a suivis de près, et dont le contrôle lui a été facilité par suite de conditions tout à fait spéciales.

« L'une de ces femmes, L..., est âgée de 29 ans; non mariée. Son intelligence est parfaitement intacte : nulle paralysie, nulle anesthésie. Pas de névralgies rebelles. Elle n'est pas suggestible, ou à peine. L'appétit est nul ; et elle a peur de toute alimentation ; car, peu de temps après avoir mangé, elle ressent des douleurs stomacales intolérables. J'ai été à même de noter exactement son alimentation; car elle demeure chez moi et prend tous ses repas — ou ce qu'elle appelle ses repas, — à la table de famille. Pour savoir ce qu'elle mange, j'avais fait apporter une balance, et je pesais moi-même ses aliments. Elle ne sortait jamais seule, il lui était donc impossible d'acheter des aliments au dehors : et, dans la maison, elle ne prenait jamais d'aliments en dehors des repas. Je m'en suis assuré par une surveillance rigoureuse et prolongée.

« Pendant cinquante-huit jours, j'ai procédé à la pesée de son alimentation dont suit le détail.

« Ces aliments représentent :

Matières grasses.	414	grammes.
— azotées.	1 061	—
Hydrates de carbone	2 722	—

« En adoptant les chiffres de $4^{cal.},1$ par gramme d'hydrate de carbone, de $4^{cal.},7$ pour l'albumine, et de $9^{cal.},4$ pour la graisse, nous trouvons que sa consommation alimentaire en calories est :

Hydrates de carbone.	11 610,2
Azotes.	5 000,8
Matières grasses	3 891,6

ce qui représente, en cinquante-huit jours, $343^{cal.},8$ par jour ou en chiffres ronds 346 calories.

« Dans cette période du 4 février au 2 avril 1896, son poids a diminué de 46 kilogrammes (avec vêtements) à $44^{kil.},290$; soit en chiffres ronds une diminution de 2 kilogrammes.

« En supposant, ce qui est certainement exagéré, que la perte en graisse soit de 50 p. 100 dans la diminution du poids, elle a dû consommer de sa propre substance 1000 grammes de graisse, soit 9400 calories; et le chiffre total des calories mesurées par voie indirecte devient 26432 calories, soit par jour 508 calories, et, en forçant un peu les chiffres, 510 calories par jour, c'est-à-dire 11 calories par kilog.

« C'est là un chiffre extrêmement faible.

« La deuxième personne observée est une femme de 35 ans environ, que j'appellerai M... Pierre Janet l'a observée pendant longtemps, et cela depuis plusieurs années; il regarde comme certain qu'elle est restée pendant plusieurs mois à se nourrir seulement d'une tasse de lait, environ 200 grammes par jour. Encore en vomissait-elle une partie.

« Mais l'observation devait être prise avec plus de soin. Je l'ai donc, de concert avec P. Janet, soumise à une surveillance rigoureuse. Pendant un mois, du 10 avril au 12 mai 1895, elle a été gardée à vue, et pendant la nuit enfermée.

« Son alimentation durant cette période de vingt-huit jours a été de :

```
Lait. . . . .   4 690 grammes.
Bouillon . . .  1 075     —
Bière. . . . .    100     —
```

« En admettant que ces trois liquides aient une valeur thermodynamique égale à celle du lait, ce qui est exagéré, cela nous donne un chiffre de 5838 calories. Ajoutons les 300 grammes de graisse perdue par l'organisme, nous n'arrivons encore qu'à 8748 calories, ce qui nous donne par jour 312 calories, soit, par kilogramme, $8^{cal.},7$, ou, en forçant encore, 9 calories par kilogramme et vingt-quatre heures. »

Nous arrêtons là l'étude de l'anorexie hystérique, nous abstenant des détails relatifs à la nutrition générale, à l'absorption d'oxygène, au dégagement d'acide carbonique. Ces effets du jeûne trouveront mieux leur place dans l'article Inanition. Nous avons simplement voulu montrer ce qu'était l'anorexie hystérique, et jusqu'où peut aller cette obstination à refuser presque toute nourriture : ce qui ne saurait se comprendre sans une abolition presque complète du sentiment de la faim.

L'explication de ces phénomènes semble devoir être recherchée dans le ralentissement des échanges nutritifs des hystériques. On sait en effet que leur ration alimentaire, comme leurs combustions respiratoires, est bien au-dessous de la moyenne. D'ailleurs nous sommes loin d'être arrivés au terme de nos connaissances sur les phénomènes de nutrition des hystériques. Il y a certainement à ce sujet des faits extrêmement curieux dont l'analyse expérimentale aidera beaucoup à la connaissance des causes qui déterminent la disparition du besoin de manger.

Illusions de la faim. — Il existe des illusions de la faim, provoquées soit par des phénomènes d'inhibition, soit par l'action de substances médicamenteuses ou alimentaires. On peut en effet calmer sa faim autrement qu'en mangeant : on trompe alors sa sensation.

Ainsi, la constriction de la région épigastrique — de là l'expression « se serrer le ventre », — l'introduction dans l'estomac de matières non alibiles peuvent la faire disparaître momentanément. Voilà pourquoi certaines peuplades mangent de la terre pour apaiser leur sensation. Voilà pourquoi, dans les temps de disette, les gens affamés ingèrent toutes sortes de substances inertes, des herbes, des pierres, du sable, etc. Leur but est toujours le même : celui de tromper la faim.

Ces illusions reconnaissent pour cause une substitution de sensation. Il se produit un véritable phénomène d'interférence, ou mieux d'inhibition. Quand on comprime la région épigastrique pour calmer sa faim, on utilise simplement la prédominence d'une sensation périphérique sur une sensation excentrique. Le phénomène est absolument semblable à ce qui se passe lorsque l'on calme une névralgie par l'application d'une douleur extérieure. L'ingestion de matières non alimentaires agit de la même façon. Mais ici c'est la substitution d'une excitation des nerfs sensibles de la cavité stomacale à la sensation de faim transmise par les centres nerveux.

A côté de ces phénomènes inhibitoires, il y a lieu de signaler l'action de certaines substances médicamenteuses et alimentaires sur la faim, telles que la morphine, l'alcool, le tabac, etc., les stimulants, les condiments et les aliments dits, d'épargne.

« Les stimulants et les condiments, disent MUNK et EWALD, pris à dose modérée, stimulent la digestion ; mais, à dose forte répétée, ils exercent une action inhibitrice sur cette fonction. La nicotine entraîne, à ce point de vue, des conséquences plus fâcheuses encore ; déjà, à dose unique, elle paraît déterminer en outre une stimulation générale du système nerveux, une diminution de la sensation de faim et de l'appétit. Il n'est pas rare, en effet, de constater que l'usage du tabac, immédiatement avant le repas, diminue ou fait disparaître complètement l'appétit. » Ce qui est vrai pour la nicotine, l'est aussi pour l'alcool, pour la morphine. Les morphinomanes, les alcooliques mangent très peu, parce que leur sensation de faim est extrêmement affaiblie.

En dehors de ces substances toxiques, tout le monde connaît à l'heure actuelle l'action si curieuse de certains aliments dits d'épargne. Depuis un temps immémorial, ces substances ont été utilisées par certaines peuplades orientales pour augmenter leur résistance à l'inanition et aux privations de toute nature qu'ils éprouvaient au cours de leurs expéditions. Nous citerons parmi ce nombre, le café, le thé, la kola, le maté, le guarana, la coca, le kat, le kawa. SCHULTZ en fit une étude en 1831, et leur donna le premier le nom d'aliments d'épargne. Ces principes sont aujourd'hui fréquemment employés et jouissent de propriétés dynamiques très curieuses. Ils possèdent entre autres le pouvoir de retarder ou d'espacer momentanément la sensation de faim. Nous n'entrerons pas dans le mécanisme de leur action. Cependant on ne saurait, pensons-nous, considérer qu'il s'agit en l'espèce d'une illusion de la faim. En effet, en dehors de leur action pharmacodynamique sur le système nerveux, les substances de cette nature retentissent efficacement sur les matériaux nutritifs qu'ils exagèrent au certain temps. De telle sorte que, sous cette influence, l'homme dépense, dit LIEBIG, « ce qui, dans l'ordre naturel des choses, ne devait s'employer que demain. C'est comme une lettre de change tirée sur sa santé ».

On est donc en droit de dire que, si les aliments d'épargne possèdent cette action inhibitrice sur la sensation qui nous occupe, c'est en raison de l'autophagie interne qu'ils produisent. Ils assurent une rénovation des cellules à leurs dépens ; c'est pourquoi sans doute ils provoquent une sensation de réconfort, de bien-être physique, de force musculaire semblable à celle qui accompagne un bon repas, et c'est pourquoi aussi ils apaisent en même temps la faim.

Bibliographie. — BALESTRE. *Th. d'agrégation de Paris*, 1873, 76. — BEAUNIS. *Les sensations internes*, 24-35. — BOUVERET. *Traité des maladies de l'estomac*, 649. — BRACHET. *Physiologie élément. de l'homme*, II, 19. — BROUSSAIS. *Journal de la Société phrénologique de Paris*, 155. — CARVALLO et PACHON. *De l'extirpation totale de l'estomac chez le chat* (B. B., 1894, 794). — DESBARREAUX (BERNARD). *Note historique sur Guillaume Grancé*, Toulouse, 1831. — FÉRÉ. *Pathologie des émotions*, 1892. — FLECHSIG. *Revue neurologique*, 1897, 292. — GREEN. *The medical history of the case of the survivors of the lady Franklin Bay expedition* (Med. Rev., N.-Y., 1887). — GULL. (*Lancet*, 1868 et *Trans. clinic. Society*, 1874). — JOHANNSON, LANDERGREN, SONDEN, TIGERSTEDT. *Beiträge zur Kenntniss des Stoffw. beim hungernden Menschen* (Skand. Arch. f. Physiol., 1896, VII, 29-96). — LASÈGUE. *Des appétits en général et de l'appétit digestif en particulier* (G. des hôp. de Paris, 1881, 10); *Anorexie hystérique* (Arch. gén. de méd., 1873, II, 384). — LASSIGNARDIE. *Essai sur l'état mental dans l'abstinence* (D. Bordeaux, 1898). — LEHMANN, MULLER (F.), MUNK, SENATOR et ZUNTZ. *Untersuchungen [an zwei hungernden Menschen* (A. A. P., 1893, 228). — LÉPINE. *Art. Inanition* (Dict. des Sc. méd.,). — LEVEN. *Faim, Appétit* (B. B., 1882, 205). — LONGET. *T. de Physiologie*, I, 22. — LUCAS. *Ueber den Hunger und die übrigen Folgen der Entziehung von Speisen* (Zeitsch. f. Anthr., 1826, III, 29-122). — LUCIANI. *Das Hungern, Studien und Experimente am Menschen.* (Leipzig, 1890). — MAGENDIE. *Précis élémentaire de Physiologie*, II, 23-30. — MILNE-EDWARDS. *Physiologie comparée*, XIII, 490. — MONIN et MARÉCHAL. *Histoire d'un jeûne célèbre.* Stephano Merlatti, 1888, Paris, chez Marpon ; — *Le jeûne de Succi* (Rev. hebd. de méd. et de chirurg., 1886, 601). — MUNK et EWALD. *Traité de diététique*, 1894. — RICHET (CH.). *L'inanition.* (Travaux du Laboratoire de Physiol., 1893, II, 301); — *A propos des jeûneurs* (Gaz. hebd. de méd. et de chir., 1886, 854). — ROUX (J.). *La faim* (Étude psycho-physiol., Lyon, Alex. Rey, 1897). — SADOWEN. *Ueber das Hungern des Menschen*

(S.-Pet. med. Woch., 1888, n° 16, s. 142). — Savigny. Observations sur les effets de la faim et de la soif (Thèse, Paris, 1848) — Naufrage du « Francis Spaight », (Impartial-Journ. politique, 25 juin 1836). — Schiff. Leçons sur la digestion, i, 30-58. — Sédillot. Du nerf vague et de ses fonctions (D. Paris, 1829). — Senator, Zuntz, Lehmann, Munk (J.) et Muller (F.). Bericht uber die Ergebnisse des an Cetti ausgeführten Hungerversuches (Berl. klin. Wochenschr., 1887, n° 24; Berl. med. Ges., 25 mai 1887; Deutsche med. Wochenschr., 1887, n° 22, 483). — Schlesinger. Beitrag zur Kenntniss des Hungergefühles (Wien. klin. Woch., 1893, vi, 566-568). — Soviche. Ann. d'hygiène et de méd. légale, xvi, 207. — Stephen Paget. Clinical Society of London (Lancet, février 1897, 523). — Summers. Hunger and thirst (Nashville Journ. med. a. surg., 1875, xv, 144-155). — Weigrandt (W.). Ueber die psychischen Wirkungen des Hungers (Munch. medic. Woch., 1899, 29 mars 385). — Willien (J.-L.). Faim considérée sous le rapport physiologique, pathologique et thérapeutique (Thèse Strasbourg, 1835). — Winslow. Fasting and feeding, a detailed account of recorded instances of unusal abstinence from food and of cases illustrating inordinate appetite (Journ. Psych. Med., London, 1880, vi, 253-299).

Boulimie. — Bacot. Cases of earth eating in N. Queensland Australasie (Med. Gaz., Sydney, 1891, xi, 430). — Camilli. Observations physiologiques sur le géophagisme (Bull. des sciences méd., Paris, 1829). — Corrigan. Clinical observations on pica, or dut eating of children (Dublin Hosp. Gaz., 1859). — Dors (J.-L.). Recherches sur la cachexie africaine (Gaz. méd., 1838). — Fournier (A.). Note sur certains cas curieux de boulimie et de polydipsie d'origine hystérique, 8°, Paris, 1871. — François. Note sur une jeune fille herbivore (Journ. de méd. et de pharm. de Paris, 1828). — Goltz. Der Hund ohne Grosshirn (A. g. P., xli, 570). — Hofmeister (Fr.). Ueber den Hungerdiabetes (A. P. P., xxvi, 5-6, 355). — Percy. Mémoire sur la polyphagie (J. de méd. et de pharmacie, Paris, 1805). — Potton. Études et observations sur la boulimie dyspepsique (Gaz. méd. de Lyon, 1863, xi, 72-83). — Rake (A.). Fatal case of earth eating (Brit. Med. Journ., 1884, i, 994). — Rawson. Curious case of depraveted appetite (Med. Press and Circ., 1881, xxxi, 466). — Rostan (Méd. clinique, 1830, i, 241). — Soupault (Gaz. des Hôpitaux, 20 déc. 1898, 1342). — Trousseau. Clin. méd., de l'Hôtel-Dieu (1re édit., ii, 333-365).

Anorexie. — Briquet. Traité de l'hystérie, 1859, 256. — Brissaud et Souques. Nouvelle Iconographie de la Salpêtrière, 1894. — Brugnoli (G.). Sull anoressia storie et considerazioni (Mem. Acad. des sc. di Bologna, 1871). — Gull. Anorexia nervosa (Tr. clin. Soc. Lond., 1874). — Lasègue. Études médicales, Paris, 1884, ii, 45. — Naudeau. Observation sur une maladie nerveuse accompagnée d'un dégoût extraordinaire pour les aliments (J. de méd. chir. et pharm., Paris, 1789). — Marshall. A fatal case of anorexia nervosa (Lancet, 1895, i, 149). — Richet (Ch.). Jusque où dans l'état nerveux hystérique peut aller la privation d'aliments? (B. B., 1896, iii, 935-948). — Rist. Observation d'anorexie idiopathique (Bull. Soc. méd. de la Suisse romande, Lausanne, 1878). — Stichl. Anorexie mentale (Neur. Studien, Stuttgard, 1892, 65-67). — Sollier. L'anorexie mentale (Journ. de méd. de Bordeaux, 1893, xxv, 429-432, et Revue de médecine, août 1891).

E. BARDIER.

FARINE. — Voyez Aliments, i, et Pain.

FATIGUE. — Définition et généralités.

— La fatigue est la diminution ou la perte de l'irritabilité par l'excitation, ce qui se traduit par ce phénomène que l'effet d'une excitation prolongée devient de plus en plus faible, bien que l'intensité de l'excitant reste constante. Pour obtenir le même effet qu'au début, il faut augmenter l'intensité du stimulant. La fatigue est donc équivalente à une paralysie, mais c'est une paralysie particulière, car elle est provoquée par un excès d'excitation. Ainsi les excitants, qui, pour une intensité faible ou une courte durée, produisent une excitation, c'est-à-dire un renforcement de l'intensité des phénomènes vitaux, peuvent, pour une intensité plus grande ou une durée plus considérable, faire naître des effets précisément inverses, c'est-à-dire des paralysies.

Cette définition de la fatigue fait déjà prévoir dans une certaine mesure que, seuls, les effets d'un certain groupe d'excitants, et non pas de tous, peuvent être suivis de fatigue. *Toute modification des facteurs extérieurs qui agissent sur un organisme peut être considérée comme un excitant.* Le concept de l'excitant ainsi formulé, il devient clair que le nombre d'excitants est incalculable : ils se confondent avec les conditions mêmes de la vie. Mais, en vertu même de cette définition, l'effet d'un excitant n'est pas nécessairement une excitation. *L'action d'un excitant peut consister en une excitation ou en une paralysie.* Quand il y a renforcement des phénomènes vitaux, alors l'effet produit par un excitant est désigné sous le nom d'*excitation* ; quand il y a affaiblissement des phénomènes vitaux, alors l'effet produit par un excitant est désigné sous le nom de *paralysie.* Par exemple, les excitants thermiques peuvent produire, suivant les cas, des phénomènes d'excitation ou de paralysie. Entre certaines limites l'élévation de la température agit comme excitant sur tous les processus vitaux. L'abaissement de la température produit des effets opposés à ceux de l'élévation. Sous l'influence du froid nous voyons les phénomènes vitaux diminuer de plus en plus et enfin cesser d'être perceptibles. Les excitants chimiques fournissent un exemple non moins caractéristique. La plupart exercent une action stimulante sur toutes les cellules et provoquent un renforcement de l'activité cellulaire. Mais, à côté de ces substances chimiques à l'action stimulante, se placent certaines substances chimiques qui affaiblissent les phénomènes vitaux ou les paralysent complètement. Ces substances sont désignées sous le nom d'*anesthésiques* et de *narcotiques*. Elles produisent des effets paralysants sur la sensibilité, le mouvement, l'échange matériel et sur les phénomènes de changement de forme (croissance et division cellulaires). Voilà donc deux grandes catégories d'excitants (thermiques et chimiques) dont l'effet peut consister en une excitation ou en une paralysie. On peut alors dire que le froid et les anesthésiques sont des excitants qui ne stimulent pas, mais qui paralysent.

A toutes ces définitions ajoutons celle de l'irritabilité : *L'irritabilité est la faculté que possède la matière vivante de réagir aux modifications de son milieu par une modification de son équilibre matériel et dynamique*[1].

Tous les effets des excitants sont accompagnés de transformations de force dans l'intimité de la matière vivante. Le rapport de l'assimilation à la désassimilation dans l'unité de temps $\left(\dfrac{A}{D}\right)$ peut être désigné sous le nom de *biotonus*. Ce sont les oscillations dans la valeur du quotient $\dfrac{A}{D}$ qui déterminent les variations dans les phénomènes vitaux.

Nous venons de voir que l'action d'un excitant peut consister en une excitation ou en une paralysie. Mais l'excitation elle-même s'épuise quand l'excitant agit d'une façon très soutenue ou très intense. Cette paralysie de fatigue est totalement différente de celle qui s'établit d'emblée sous l'influence de certains agents paralysants (par exemple, les anesthésiques), car elle est due à un excès d'excitation. L'analogie n'est que très superficielle entre un organisme fatigué et un organisme anesthésié; dans les deux cas, il y a paralysie, mais la paralysie de fatigue est le résultat d'un excès d'activité, elle ne s'établit qu'au bout d'un certain temps pendant lequel l'organisme ou le tissu a déployé le maximum de l'énergie qui lui est propre. La paralysie anesthésique est le ralentissement des processus vitaux sans dépense préalable d'énergie; elle tient essentiellement à l'action, inconnue dans son essence, qu'exercent les anesthésiques sur toutes les formes du protoplasma en le rendant inapte à recevoir les effets des excitants. Il ne peut donc être question d'analogie : il y a plutôt opposition. Et même l'action excitante qu'exercent les anesthésiques au début de leur action ne permet guère un rapprochement, car il est certain que la paralysie anesthésique n'est pas le résultat de l'épuisement par l'excitation initiale. Celle-ci ne sert nullement à caractériser les anesthésiques, elle est commune à un nombre très considérable d'agents.

Enfin par les anesthésiques l'excitation n'a lieu que si les doses sont faibles et le stade d'excitation peut manquer ou être très abrégé si l'on s'adresse d'emblée à de

---

1. Pour éviter les confusions du langage, il serait préférable de réserver les dénominations d'*excitation* (Erregung) et d'*excitabilité* (Erregbarkeit) uniquement aux cas où il y a un renforcement des phénomènes vitaux, et de désigner par *irritation* (Reizung) et *irritabilité* (Reizbarkeit) toute modification, aussi bien l'excitation que la paralysie.

fortes doses. Or des effets contraires s'observent avec les excitants proprement dits : un excitant faible ne produira qu'un faible renforcement des phénomènes vitaux, tandis qu'un excitant puissant exaltera l'excitabilité jusqu'à son maximum. Cette exaltation se prolongera en raison de la force de l'excitant, et les efforts de la fatigue seront retardés dans la même mesure. On verra tout à l'heure, en effet, que la fatigue survient plus vite pour des excitations sous-maximales que pour des excitations maximales.

D'après une classification ancienne, mais qu'on pourrait reprendre encore aujourd'hui avec profit, les excitants sont divisés en trois catégories : 1° *les excitants proprement dits;* 2° *les altérants;* 3° *les désorganisants.* C'est la classification de JEAN MULLER. L'illustre physiologiste combat la théorie de BROWN, qui ne connaissait pas l'effet produit par les altérants. BROWN soutenait que, partout où une action quelconque amène la paralysie, il y a eu auparavant surexcitation. Ainsi, certaines subtances, qui, à petites doses, excitent, produisent un tout autre effet à des doses plus élevées, et, à des doses plus considérables encore, déterminent l'épuisement, comme l'opium. C'est avec juste raison que JEAN MÜLLER critique la théorie des stimulistes. Ces derniers avaient aperçu il est vrai l'erreur de BROWN, cependant ils n'ont pas reconnu *l'effet altérant* d'une foule de substances médicamenteuses.

On ne peut comparer l'échange matériel d'un organisme anesthésié et celui d'un organisme excité. Dans le premier cas, c'est l'abaissement du taux vital à la moitié de sa valeur normale et au-dessous; dans le second cas, c'est un renforcement. Le muscle qui entre en activité sous l'influence d'un excitant, consomme plus d'oxygène et produit plus d'acide carbonique que le muscle au repos; il consomme le glycogène qui se trouve en réserve dans son propre tissu, sa réaction devient acide, il produit du travail mécanique et de la chaleur. Son biotonus subit une modification dans le sens d'un accroissement de l'assimilation et de la désassimilation. Et c'est l'excès de l'activité même qui entraîne l'extinction des forces contractiles du muscle, par un processus dont nous nous occuperons plus loin.

Quant à l'action désorganisante, toute modification dans les conditions vitales d'un organisme produit de prime abord un effet excitant, même si l'effet caractéristique de l'agent donné doit être la paralysie. Ainsi agissent aussi tous les facteurs désorganisants, même ceux qui amènent la mort. Une foule d'excitants n'agissent comme tels que par leurs propriétés désorganisatrices, par exemple, les acides et alcalis à forte doses, les courants électriques intenses, etc. Ces mêmes agents, à dose plus modérée, agiraient comme excitants. D'autres enfin, sont désorganisants d'emblée. Ils produisent néanmoins des effets excitants au début de leur action. Mais *l'excitation proprement dite est le renforcement des phénomènes vitaux*, et cette définition est suffisante pour faire rejeter du cadre des excitations toutes les influences altérantes ou désorganisatrices, telles par exemple que les anesthésiques, la section du nerf, l'anémie, etc., qui ne présentent qu'un rapport éloigné avec les excitations proprement dites.

En traitant des phénomènes de fatigue, nous n'aurons en vue que les excitations proprement dites, celles qui reposent sur un renforcement des phénomènes vitaux.

Lorsqu'un organisme ou un tissu animal est soumis à des excitations de longue durée, ou bien à des excitations de très forte intensité ou fréquemment répétées, il tombe au bout de quelque temps en état de fatigue.

Elle se reconnaît à cette circonstance, que l'effet de l'excitation devient de plus en plus faible, bien que l'intensité de l'excitant reste constante. Pour obtenir le même effet qu'au début il faut augmenter l'intensité du stimulant.

Dans cette conception de la fatigue, seule l'intensité de l'excitation entre en considération. Or, en ce qui concerne les excitations électriques, nous pouvons encore faire intervenir un autre facteur. J. IOTEYKO a montré que la perte d'excitabilité névromusculaire, survenant dans la fatigue, se caractérise encore par la nécessité d'employer des courants *à variation de potentiel plus brusque* (dans les limites de l'expérimentation avec la bobine DU BOIS-REYMOND, (interruptions avec métronome à mercure). La fatigue conduit la matière vivante à un état d'inertie qui exige pour être vaincue l'emploi d'ondes plus brusques et plus intenses.

Quoique la fatigue paraisse appartenir surtout au règne animal, en faisant fonctionner les plantes comme des animaux, on parvient à les fatiguer. D'autre part, on arrive à faire fonctionner les animaux comme des plantes et à les rendre infatigables. Si dans les conditions ordinaires on ne peut déceler aucun signe de fatigue chez les végétaux, c'est parce que leurs phénomènes vitaux s'accomplissent avec une extrême lenteur, qui ne donne pas prise à l'épuisement. Mais, si nous imprimons aux plantes une activité plus intense, nous voyons apparaître les phénomènes de fatigue. La production de mouvement par turgescence chez la sensitive (*Mimosa pudica*) cesse au bout d'un certain temps, si on la soumet à des excitations mécaniques trop souvent répétées. Il faut un certain temps de repos pour que la plante récupère de nouveau ses propriétés motrices. Ainsi, au point de vue de la fatigue, la différence entre les deux règnes n'est pas essentielle et tient uniquement à la vitesse différente des échanges.

D'autre part, avons-nous dit, on peut faire fonctionner les animaux comme des plantes en les rendant infatigables. En recherchant les conditions du travail optimum, Maggiora a vu qu'en contractant le doigt médius à l'ergographe une fois toutes les dix secondes on n'arrivait jamais à la fatigue. Dans ces conditions, les contractions des fléchisseurs atteignent leur maximum de hauteur, et les muscles peuvent travailler indéfiniment, même si le poids à soulever atteint 6 kilogrammes. Nous voyons donc que le repos de dix secondes entre les contractions successives est suffisant pour la réparation intégrale, et confère au muscle la propriété d'être infatigable.

En s'adressant à d'autres organes on retrouve encore la propriété d'être infatigable. Mais il serait hasardeux de faire ici un rapprochement avec le règne végétal et d'attribuer l'infatigabilité à une lenteur des échanges. Au contraire, lorsqu'il s'agit de l'infatigabilité du cœur, tout porte à croire, ainsi que Ch. Richet l'avait déjà affirmé en 1879, qu'un muscle qui s'épuise très vite, et qui se répare très vite, peut être assimilé au cœur. Les recherches de Maggiora, relatives au rythme optimum des contractions des muscles périphériques, ont jeté une vive clarté sur les phénomènes de l'infatigabilité du cœur. Le cœur bat suivant un rythme optimum qui est suffisant pour sa réparation intégrale, les changements chimiques survenus au moment de la systole étant exactement compensés pendant la diastole. Mais le cœur acquiert la propriété d'être fatigable quand il est soumis à des excitations trop fortes ou trop souvent répétées (comme dans les cas pathologiques).

L'infatigabilité du cœur (dans les conditions normales de l'existence) est facilement explicable par sa faculté de se désintégrer et de se réintégrer très rapidement. D'autre part, les troncs nerveux paraissent aussi être infatigables et même à un degré bien plus accentué que le cœur, attendu qu'ils se laissent tétaniser pendant des heures sans interruption et sans déceler le moindre signe de fatigue. Mais, comme le travail propre du nerf, qui est la conduction de l'influx nerveux, ne se laisse guère apprécier, on peut se demander si l'infatigabilité du nerf est du domaine de celle qui caractérise les plantes, c'est-à-dire si elle est le résultat d'un échange matériel très lent, ou si, au contraire, elle peut être assimilée à l'infatigabilité du cœur, qui se fatigue et se repose avec une extrême vitesse, de sorte que ses pertes sont compensées aussitôt que produites. C'est vers cette dernière opinion que penche aujourd'hui A. Waller, qui pourtant avait admis pendant longtemps que la conduction ne s'accompagnait d'aucune transformation d'énergie.

La fatigue est un phénomène général dans le règne animal. Toutefois il existe des degrés innombrables de fatigabilité. Les muscles du squelette se fatiguent avec grande facilité. Chez les animaux inférieurs, les phénomènes de fatigue apparaissent avec la même netteté. Si l'on fait passer un courant galvanique à travers le corps d'un *Actinosphærium*, on observe des contractions énergiques à l'anode au moment de la fermeture. Le protoplasma des pseudopodes s'écoule en direction centripète, jusqu'au retrait complet des pseudopodes. En même temps il s'opère une destruction granuleuse du protoplasma. Si l'expérience dure un certain temps, la substance vivante de l'*Actinosphærium* se fatigue et perd son irritabilité, de sorte que l'excitant, qui provoquait au début des phénomènes violents de destruction, ne produit plus, à la fin, aucun effet (Verworn). *Pelomyxa* se fatigue encore plus vite; une excitation de quelques secondes suffit pour la rendre complètement inexcitable pour des courants d'intensité invariable, et il faut alors renforcer l'excitant pour obtenir le même effet qu'au début (Verworn). Engelmann a vu qu'au bout d'un certain temps d'excitation des cils vibratiles au moyen de forts courants électriques, on voit apparaître les phénomènes de fatigue ; il faut alors augmenter l'intensité de l'excitant ou bien recourir à un certain temps de repos (à intensité égale de courant) pour obtenir le même effet qu'au début.

J. Massart a montré que l'irritabilité des *Noctiluques* qui réagissent vis-à-vis des excitants extérieurs par l'émission de lumière (phosphorescence), disparaît rapidement sous l'influence de la fatigue. Les individus épuisés par l'agitation continue recouvrent leur faculté d'émettre de la lumière par le simple repos.

De même les poissons électriques (gymnotes, torpilles et malaptérures) ne peuvent pas indéfiniment lancer des décharges. D'après Schoenlein la torpille s'épuise après mille décharges consécutives, produites pendant quinze à trente minutes. L'organe électrique, extrait du corps, s'épuise beaucoup plus vite. Marey a pu s'assurer, grâce à la méthode graphique, que la fatigue de l'organe électrique se traduit par une décroissance de l'amplitude des tracés. D'Arsonval a conclu que l'organe s'épuise vite.

Les phénomènes de fatigue, qui sont la conséquence inévitable de l'activité, sont caractérisés par la diminution ou la perte totale de l'*énergie spécifique* de chaque organe ou partie d'organe. Ainsi la fatigue du muscle sera caractérisée par la diminution ou la perte de la *contractilité*, la fatigue du nerf par la diminution ou la perte de la *conductibilité*, la fatigue de l'organe visuel par la perte de la *perceptivité de la lumière*, la fatigue de l'appareil auditif par la perte de la faculté de *percevoir le son*, etc. Toutefois la manifestation de l'énergie spécifique propre à un organisme ou à un tissu n'est *qu'un des termes* des transformations énergétiques dont il est le siège ; terme le plus important au point de vue de sa destination fonctionnelle, mais qui est précédé, accompagné et suivi d'autres manifestations vitales, lesquelles, pour être plus obscures, n'en sont pas moins dignes de fixer notre attention. Et dès lors il devient compréhensible que le mot « fatigue » ne doit plus servir à désigner uniquement la diminution ou la perte de la forme d'irritabilité qui est spéciale à chaque organisme ou partie d'organisme ; il doit aussi être appliqué à la diminution ou à la perte des autres manifestations d'énergie, liées au fonctionnement intime des tissus. Ainsi, pour le muscle, il ne suffit pas de tenir uniquement compte de la décroissance des phénomènes mécaniques de l'excitation, mais, à côté de la « fatigue de contraction », il faut étudier la « fatigue de chaleur », la « fatigue des transformations chimiques » et la « fatigue des phénomènes électriques ». Toutes ces formes de l'énergie sont de fait diminuées, ou même complètement anéanties par la fatigue, et il convient de rechercher les rapports qu'elles affectent entre elles en s'anéantissant, ainsi que *leur mode* et *leur tour* de disparition. Ces considérations n'ont guère été émises, sauf pour le nerf, où la persistance de la variation négative a été assimilée à la persistance de la forme d'énergie qui est caractéristique pour le nerf, et qui est la conduction. Leur importance n'a cependant pas échappé aux physiologistes.

D'après la loi de l'énergie spécifique, les excitants de qualités les plus diverses produisent sur le même objet vivant des effets semblables. Il ne faudrait pourtant pas attribuer à cette loi une valeur absolue. Telle forme de matière vivante peut être plus sensible à une qualité d'excitant qu'à une autre. Schiff a montré que les filets nerveux étaient plus sensibles à l'excitant galvanique qu'à l'excitant mécanique, tandis que la fibre musculaire (contraction idio-musculaire) est plus sensible à l'excitant mécanique qu'à l'excitant galvanique. Catherine Schipiloff a établi que, sous l'influence de la mort des muscles, l'excitabilité chimique était la première à disparaître, qu'elle est suivie de la perte de l'excitabilité électrique, et que l'excitant mécanique était l'*ultimum movens*. On conçoit ainsi qu'il existe même des formes de substance vivante qui ne sont nullement influencées par certains excitants ; par exemple, d'après Verworn, les genres *Orbitolites* et *Amphistegina*, et d'autres Rhizopodes marins, ne sont nullement influencés par les chocs d'induction, quelque intenses qu'ils puissent être. Leur protoplasma exige pour réagir une durée d'excitation plus longue que celle qui est donnée par le choc d'induction. Vis-à-vis de ces résultats il n'y a rien de surprenant dans ce fait soutenu par Schiff, à savoir que le tissu musculaire est directement inexcitable par le courant induit et qu'il l'est seulement par le courant galvanique et les excitants chimiques et mécaniques. Alurralde dit que le muscle épuisé par le courant faradique réagit toujours à l'action du courant galvanique. Ce fait s'accorde avec les phénomènes constatés précédemment par

J. Ioteyko, qui a été amenée à admettre l'existence de deux éléments différemment excitables dans le muscle strié ordinaire.

La matière vivante est donc sensible dans certaines limites à la qualité de l'excitant. Or, si nous avons abordé ce sujet, c'est pour faire ressortir tout l'intérêt qui s'attacherait à l'étude de la fatigabilité de divers organismes, tissus et appareils, *en fonction de la qualité de l'excitant*. Il semble, de prime abord, que, plus un objet vivant est excitable, et plus il doit fournir de travail. Mais les recherches de Mendelssohn l'ont conduit à des conclusions exactement opposées. En faisant varier l'excitabilité d'un gastrocnémien de grenouille sous l'influence de la température, de l'anémie, de la fatigue, etc., ce physiologiste a observé que le nombre de contractions que peut fournir un muscle, jusqu'à épuisement complet, est plus petit quand l'excitabilité est augmentée, et que la somme de travail mécanique est alors moindre. Ce serait là un point à reprendre en faisant varier l'intensité de l'excitant.

A côté de la qualité de l'excitant se place son *intensité*. L'influence de l'intensité de l'excitant sur les phénomènes de la fatigue a été quelque peu étudiée. On appelle *inactives* les excitations tellement faibles qu'elles ne produisent aucun effet apparent, c'est-à-dire qu'elles ne donnent pas lieu à la manifestation de l'énergie propre à l'appareil considéré; elles se trouvent au-dessous du seuil de l'excitation. Les excitations *maximales* sont celles qui produisent le maximum d'effet; *sous-maximales* les excitations à intensité moyenne. Enfin, on appelle *hyper-maximales* ou *supra-maximales* les excitations plus fortes que les maximales, dont l'intensité est par conséquent plus grande que ne le comporte le maximum d'effet.

Les excitations inactives sont-elles épuisantes? Hermann dans son *Handbuch der Physiologie* (1879) considère cette question comme non encore résolue. D'après Kronecker, les excitations inactives, c'est-à-dire trop faibles pour déterminer une contraction, ne produisent pas de fatigue des muscles, à moins que ceux-ci ne soient déjà très fatigués. Funke admet qu'elles ne sont pas suivies de fatigue. En alternant les chocs de fermeture et de rupture, il vit que, dès que la clôture disparaissait par effet de la fatigue, la rupture devenait plus efficace, parce que l'intervalle des excitations actives avait doublé; il en conclut que les excitations inactives ne sont pas suivies de fatigue. Heidenhain et Fick ont vu que le développement de chaleur dans le tétanos n'était sous la dépendance de la fréquence des excitations que tant que l'augmentation de la fréquence produisait une élévation du tétanos. Il en résulterait qu'un nombre supplémentaire d'excitations inactives n'est pas en mesure d'augmenter les échanges. Nous croyons toutefois que la question n'a pas été bien posée par les auteurs. L'effet des excitations inactives peut être totalement différent, suivant qu'elles sont appliquées à un organe frais ou à un organe fatigué.

Examinons tout d'abord l'effet des excitations inactives touchant un organe frais. Ch. Richet a établi qu'il y avait non seulement addition visible des diverses secousses d'un muscle (escalier), mais qu'il y avait encore une *addition latente*, une sommation d'excitations en apparence inactives, qui agissent cependant sur le muscle. Pflüger, Setchenoff, avaient démontré précédemment que cette addition latente existe pour la moelle épinière. Ch. Richet a pu généraliser le fait et montrer que cette addition latente existe pour le système cérébral sensitif et aussi pour le muscle. En graduant l'intensité des courants électriques de manière que les excitations isolées n'agissent pas du tout sur le nerf, on parvient à provoquer une contraction lorsque les excitations sont très rapprochées. Il en résulte que le muscle de la pince de l'écrevisse, aussi bien que le gastrocnémien de la grenouille, deviennent plus excitables quand ils ont été excités pendant quelque temps au moyen des excitations inefficaces. Celles-ci ont donc été suivies d'effet, bien qu'elles n'aient pas déterminé de contraction. Le mouvement, qui ne se produit pas tout d'abord sous l'influence des premières excitations, se produit ensuite, grâce à l'accroissement d'excitabilité que lui ont donné les premières excitations, restées en apparence impuissantes. On peut même *épuiser* un muscle par des excitations inefficaces, rythmées à une par seconde, et assez faibles pour ne pas provoquer de secousse musculaire apparente. Alors le muscle devient de moins en moins excitable, et on peut graduellement augmenter l'intensité du courant induit sans provoquer la secousse musculaire. Ce qui prouve qu'il s'agit bien de fatigue, c'est qu'il suffit d'interrompre pendant peu de temps les excitations qui n'avaient aucun effet apparent, pour que le muscle se répare. Ainsi donc Ch. Richet a établi qu'un muscle peut être épuisé sans qu'il y ait production de travail extérieur. — Les expériences de Gotschlich (1894), faites au moyen d'une autre méthode, plaident dans le même sens. Cet auteur s'adressa à l'acidité comme mesure de transformations énergétiques dans le muscle. Il vit que la réaction du muscle devenait acide même quand il était soumis à des excitations tellement faibles qu'elles ne déterminaient aucune contraction. En se basant sur ces résultats, l'auteur admet que le *tonus chimique* des muscles est entretenu par une innervation sub-minimale, trop faible pour provoquer la contraction. En outre, la *tension continue* (sans contraction) produit un effet analogue, c'est-à-dire une augmentation sensible d'acidité du muscle. La tension seule augmente les échanges. Heidenhain avait déjà montré que l'activité du muscle était sous la dépendance de sa tension. Gotschlich démontra le même fait pour le muscle inactif. On peut donc admettre avec cet auteur que les muscles normaux, en raison de la tension qu'ils supportent à leurs insertions, se trouvent dans un état de « tonus mécanique » qui vient renforcer le tonus chimique. En outre Danilewsky a vu qu'un dégagement de chaleur accompagne les excitations inactives, de sorte que nous devrons considérer comme implicitement démontré que *les excitations inactives produisent une transformation d'énergie*, autrement dit, *qu'elles excitent le muscle*, qui réagit à leur action, non par la contraction, mais par un processus physiologique interne. Les excitations inactives se comportent à la manière de tous les autres excitants : leur premier effet est d'augmenter l'excitabilité du muscle. Si à ce moment nous mettons la contractilité du muscle à l'épreuve, en envoyant à travers sa substance une excitation apte à éveiller la contraction, nous trouvons l'excitabilité du muscle plus grande qu'auparavant. Mais, à l'instar de toutes les autres excitations, les excitations inactives finissent par produire des effets de fatigue quand elles agissent trop longtemps.

Si nous avons insisté sur ce phénomène, un des plus importants dans l'étude de l'excitabilité, c'est qu'il vient confirmer notre assertion, à savoir que, quand il s'agit de la mesure de la fatigue, il ne suffit pas de prendre en considération la manifestation de l'énergie spécifique de la matière vivante, mais qu'il faut poursuivre toutes les transformations d'énergie dont elle est le siège.

L'efficacité des excitations dites « inactives » a encore été démontrée dans les expériences de J. Ioteyko sur l'effet physiologique des ondes induites de fermeture et de rupture dans la fatigue et l'anesthésie des muscles et des nerfs. Nous envoyons des excitations alternatives de fermeture et de rupture, mais le courant est assez faible, en sorte que seules les ruptures sont suivies d'une réponse motrice. Les clôtures ne produisent aucun effet apparent; leur passage ne détermine pas de contraction. Tout à coup, sous l'influence de l'augmentation d'excitabilité due à l'action initiale d'un anesthésique (éther ou chloroforme agissant localement), nous voyons apparaître brusquement la contraction à la clôture et s'égaliser avec la rupture. Qu'a donc produit l'anesthésique? Il n'a fait qu'exagérer un phénomène en le rendant apparent. La clôture a donc été suivie d'effet dès le début, mais son action était insuffisante pour provoquer la contraction. Toutefois le muscle était en « imminence de contraction », et une augmentation de son excitabilité a suffi pour déterminer la réponse motrice.

Cet exemple ne rentre pas dans la catégorie des faits connus sous le nom d'addition latente; car, dans le cas de sommation, l'augmentation d'excitabilité, indispensable au déclenchement de la réponse motrice, est due à l'action de l'excitant même. La répétition de l'excitation rend le muscle plus excitable. Mais, dans le cas de l'anesthésie, l'augmentation d'excitabilité est due à l'action d'un agent extérieur. Ce fait montre que l'augmentation d'excitabilité, même indépendamment de la cause qui l'a produite, permet de mettre en évidence l'efficacité des excitations dites inactives.

Dans la phase de l'escalier il y a aussi augmentation d'excitabilité. Or il arrive que la contraction à la clôture, qui était absente au début de la courbe, apparaît de toutes pièces dans la phase de l'escalier (J. Ioteyko).

Le problème des excitations inactives est donc définitivement résolu; mais les expériences citées s'adressent au muscle frais, qui présente au plus haut point la propriété d'excitabilité ou d'explosibilité, et possède, par conséquent, un pouvoir transformateur

considérable à l'égard des excitations. En est-il de même pour le muscle fatigué? Quelles
seront les excitations inactives pour un muscle fatigué? Par suite de la diminution d'excitabilité, le seuil de l'excitation a été profondément modifié dans la fatigue; nous appelons donc « inactives » les excitations beaucoup plus intenses qu'au début.

L'excitation, efficace au début, a produit la fatigue en agissant à la longue sur le
muscle, et son application n'est plus suivie d'un effet moteur. Elle est devenue inactive
par rapport à ce qu'elle était auparavant. Cette même excitation se comporte-t-elle
maintenant comme une excitation dite inactive agissant sur un organe frais? Donne-
t-elle lieu à un dégagement latent d'énergie?

L'étude de cette importante question reste ouverte; nous ne tenons ici qu'à la signaler, en présentant quelques observations tendant à établir une distinction essentielle
entre le muscle frais et le muscle fatigué.

On connaît les expériences de FUNKE qui constata que, dès que la contraction à la
clôture disparaissait par la fatigue, la contraction de rupture subissait un accroissement.
Il faut, dans l'interprétation du phénomène, écarter toute idée d'addition latente, qui ne
peut certainement pas se produire au moment de la fatigue. Nous assistons ici à un
phénomène d'ordre inverse, qui est la disparition des effets de l'excitation. L'interprétation, c'est que, l'intervalle des excitations ayant doublé, la fatigue a diminué consécutivement. La disparition de la clôture par fatigue s'est donc comportée exactement
comme si aucune excitation n'était lancée au moment de la fermeture du courant, ce qui
tendrait à prouver que son rôle était devenu nul. Cette expérience est donc exactement
analogue à celle où, en produisant la fatigue par une seule espèce d'ondes, on viendrait,
à un moment donné de l'expérience, doubler l'intervalle des excitations; on obtient des
phénomènes de réparation.

J. IOTEYKO a recueilli quelques faits dans le même genre. Il est vrai que le phénomène de FUNKE n'a jamais apparu dans ses expériences; il doit être assez rare, et l'on
comprend pourquoi. La disparition des effets de la clôture ne se fait pas brusquement;
elle se fait progressivement, et nous devrions nous attendre à voir la différence entre les
deux ondes s'accentuer peu à peu, plutôt que de devenir manifeste à un moment donné.
Or c'est là précisément un résultat tout à fait constant. J. Ioteyko a montré, sur quelques
centaines de courbes, qu'en lançant dans un muscle périodiquement des ondes de clôture et de rupture, on obtenait deux courbes de fatigue, dont *la divergence ne faisait
que s'accentuer avec les progrès de la fatigue au préjudice de la clôture* (Voir plus loin, p. 96).
Il est probable que c'est à l'inefficacité croissante de la clôture qu'il faut attribuer la résistance de la rupture. Dans certains cas les deux courbes sont parallèles; mais alors, la
clôture ayant disparu, la rupture se prolonge plus longtemps que ne l'exige le parallélisme. C'est donc presque la même observation que celle de FUNKE.

Citons encore d'autres expériences de J. IOTEYKO. Quelquefois, dans les tracés, la
clôture est inefficace périodiquement vers la fin de la courbe. Chaque fois, la rupture se
ressent de cette non-efficacité de la clôture : après chaque lacune, la rupture suivante
est plus haute, et cela se continue jusqu'à l'extrême fatigue. Le même auteur a observé
que le phénomène de la contracture était enrayé au moment où, sous l'influence de la
fatigue, la contraction à la clôture venait à disparaître. Or, quelle que soit l'opinion
qu'on se forme sur les causes de la contracture, il est certain qu'elle dépend de plusieurs
facteurs, dont la fréquence des excitations. Il faut donc admettre que, dans cette expérience, la clôture a complètement cessé d'agir pour faire disparaître la contracture.

Ces expériences montrent que les excitations, quand elles agissent sur un organe
fatigué, ne sont pas suivies d'un effet physiologique. Elles méritent alors réellement la
dénomination de « inactives ». Nous n'attribuons certes pas à cette loi une valeur absolue.
Ainsi, dans une expérience, J. IOTEYKO a observé la réapparition de la clôture (qui avait
disparu par effet de la fatigue) sous l'influence des excitants chimiques (sel marin). Ce
fait prouve que l'inefficacité de la clôture n'était pas complète dans la fatigue. Néanmoins l'effet physiologique des excitations dans la fatigue doit être tellement réduit
qu'il peut être considéré comme nul. Et ce fait s'accorde d'ailleurs avec toutes les données
de la physiologie musculaire. Nous savons en effet que, dans la fatigue, la disparition
de la chaleur (qui est l'expression du travail chimique) précède la disparition de la
contraction. Cette dernière ayant disparu, il ne reste plus que le phénomène électrique

comme réponse à l'excitation, et celui-ci doit se produire avec une dépense minime d'énergie. Il semblerait que la disparition des différentes propriétés du muscle s'obtient d'autant plus vite qu'elles sont liées à une dépense plus considérable d'énergie.

Examinons maintenant les effets des *excitations hypermaximales*. Et tout d'abord, un muscle se fatigue-t-il plus vite sous l'influence des excitations hypermaximales que sous l'influence des excitations maximales? Il n'existe qu'une seule catégorie de preuves : celles fournies par HEIDENHAIN et confirmées ensuite par GOTSCHLICH. Le muscle, excité par des excitations électriques hypermaximales, développe une réaction acide qui est exactement celle que développe un muscle excité par des stimulants juste maximaux. Ces faits prouvent qu'il existe un maximum de réaction qui ne saurait être dépassé. Quand l'intensité de l'excitant dépasse la limite réactionnelle propre à chaque forme de matière vivante, son application ne détermine aucun effet supplémentaire, et peut être assimilée aux effets d'un excitant juste maximal. On est tenté de faire ici une comparaison avec l'absorption de l'oxygène, qui, même lorsqu'il se trouve en excès, n'est pas absorbé en quantité plus considérable que ne le justifie le besoin immédiat.

Il résulte de ces faits que les phénomènes désignés sous le nom d'*hyperexcitation* sont dus dans un bon nombre de cas non à l'excitation, mais bien à l'excitant. Les phénomènes de destruction, de dégénérescence, d'altération, décrits par un grand nombre d'auteurs, tiennent à l'action destructrice de l'agent externe. Non pas que notre intention soit de nier la possibilité de *la mort par hyperexcitation* dans le sens physiologique, mais il n'en est pas moins probable que beaucoup d'observations de ce genre se rapportent aux effets destructifs de l'excitant. Les phénomènes de *dégénérescence granuleuse*, décrits par VERWORN, se rapportent dans bien des cas non à un excès d'excitation, mais à la destruction du protoplasma par des excitants trop forts. « Si nous portons sur *Pelomyxa*, écrit VERWORN, des excitants chimiques faibles (acides, alcalis, chloroforme, etc.), en quelques minutes il se ramasse en boule, montrant ainsi un haut degré d'excitation. Ce n'est que dans le cours d'une excitation prolongée que le corps protoplasmique commence à présenter une destruction granuleuse à partir de la périphérie. Si, par contre, nous faisons agir d'emblée un excitant chimique de forte intensité sur le corps de l'infusoire en extension, le stade d'excitation n'a plus le temps de se manifester. L'infusoire commence à présenter la destruction granuleuse, dans la forme où l'a surpris l'excitant, et sans passer par un stade préalable de contraction. Ici la mort est donc la conséquence immédiate de l'excitation. »

Néanmoins, la mort peut être la conséquence d'une hyperexcitation physiologique. C'est le cas quand le mouvement volontaire est poussé jusqu'à l'extrême. Un exemple devenu classique est celui du coureur de Marathon qui quitta le champ de bataille pour être le premier à apprendre à ses compatriotes la nouvelle de la victoire. Entré à Athènes après une course ininterrompue, c'est à peine s'il eut encore la force de crier : Victoire! après quoi il tomba mort. Dans ses observations sur les migrations des oiseaux, A. Mosso dit avoir vu souvent de nombreuses cailles mortes, gisant dans les fossés de la campagne de Rome. Ces oiseaux, dans l'élan qui, de la mer, les entraîne vers la terre, n'ont plus la force de modérer ou d'arrêter leur vol, et se heurtent aux troncs d'arbres, aux branches, aux poteaux télégraphiques et aux toits des maisons, avec une telle impétuosité, qu'ils se tuent. BREHM a décrit l'arrivée des cailles en Afrique : « On aperçoit une nuée obscure, basse, se mouvant au-dessus des eaux, qui s'approche rapidement et qui pendant ce temps va toujours s'abaissant pour s'abattre brusquement à la limite extrême de la mer ; c'est la foule des cailles mortellement épuisées. Les pauvres créatures gisent tout d'abord pendant quelques minutes comme étourdies et incapables de se remuer, mais cet état prend bientôt fin ; un mouvement commence à se manifester : une des premières arrivées sautille et court rapidement sur le sable en cherchant un meilleur endroit pour se cacher. Il se passe un temps considérable avant qu'une caille se décide à faire fonctionner de nouveau ses muscles thoraciques épuisés et à se mettre à voler. » DE FILIPPI a vu des pigeons en pleine mer reposer les ailes ouvertes sur les flots ; c'était là un signe invincible de fatigue.

La fatigue, quand elle est poussée à l'extrême, peut produire la mort. On conçoit qu'en face du danger réel que peut présenter l'excès d'activité, la nature ait fourni à l'organisme des moyens de défense, grâce auxquels il peut lutter contre la fatigue. Cette lutte s'accomplit grâce à deux procédés : le premier repose sur *le mode de distribution de la fatigue même*, qui fait que les organes les plus importants (centres nerveux) sont protégés grâce à une certaine hiérarchie des tissus vis-à-vis de la fatigue. Le second procédé de défense, c'est *l'accoutumance*.

Occupons-nous d'abord du premier procédé de défense.

Les faits expérimentaux qui se rattachent à ce sujet, ainsi que les conclusions qui en découlent, sont dus aux travaux de J. IOTEYKO. Comme l'a établi CH. RICHET, il n'existe pas de moyens de défense qui ne soient en même temps fonctions de nutrition, de relation ou de reproduction, et ils peuvent être étudiés comme des fragments d'une grande fonction, la résistance au milieu extérieur. Or, en face des excitations innombrables que fournit la nature, l'intégrité de l'organisme serait rapidement atteinte, s'il avait à subir toutes les provocations extérieures et intérieures. S'il résiste, c'est parce qu'il possède un puissant mécanisme d'arrêt qui intervient au moment nécessaire. Or, pendant la fatigue, les excitations cessent d'être efficaces ; car la faculté de réagir a disparu. Ainsi la fatigue soustrait l'individu aux conséquences des excitations trop violentes, qui deviendraient funestes, si elles étaient perçues. Nous avons vu plus haut que dans la fatigue les excitations ne provoquent pas de dégagement latent d'énergie. Cette inefficacité des excitations dans la fatigue rentre donc dans les procédés de défense de l'organisme.

Les recherches de J. IOTEYKO sur la fatigue de la motricité fournissent une base expérimentale à cette appréciation. Cet auteur a établi que le premier degré de la fatigue est périphérique, et qu'il existe une hiérarchie dans les tissus au point de vue de leur résistance à la fatigue. Les centres réflexes de la moelle sont plus résistants à la fatigue que les centres psycho-moteurs, et les uns et les autres sont plus résistants que l'appareil périphérique terminal. Celui-ci étant constitué de terminaisons nerveuses et de substance musculaire, une fatigabilité plus grande doit être attribuée à l'élément nerveux terminal. Nous arrivons ainsi à cette conclusion, que, dans les conditions physiologiques, *les phénomènes de fatigue motrice sont dus à l'arrêt des fonctions des terminaisons nerveuses intra-musculaires*.

On le voit, tout le mécanisme de la fatigue est constitué de façon à assurer la protection des centres nerveux vis-à-vis des excitations nocives. Avant que les centres nerveux aient eu le temps de se fatiguer, l'abolition des fonctions des terminaisons nerveuses périphériques arrête toute réaction. Nous avons donc affaire à une *défense d'origine périphérique*, qui est réglée par la limite d'excitabilité propre aux terminaisons nerveuses. Elle ne suffit pas toujours, attendu que les organes périphériques, devenus inexcitables pour une intensité donnée d'excitant, sont aptes à fonctionner quand cette intensité (effort) est accrue. C'est alors qu'intervient *le sentiment de la fatigue*, mécanisme central et conscient, qui apparaît tardivement, quand le mécanisme périphérique n'a pas été suffisamment écouté. Nous manquons encore de données précises pour décider si la sensation de fatigue est liée à une fatigue réelle des centres nerveux ; il est probable que la sensation de fatigue est l'expression d'un état particulier des muscles, devenu conscient à un moment donné. L'origine de la sensation de fatigue pourrait donc être périphérique, comme l'est celle du sens kinesthésique.

Il paraît certain que la fatigue s'accumule progressivement dans l'organisme ; de phénomène local, elle devient phénomène général, et ce n'est que quand elle retentit sur l'ensemble de l'être vivant qu'elle arrive à la conscience. — La fatigue rentre ainsi dans la catégorie des *défenses actives générales* (fonctions de relation) et nous pouvons y distinguer les trois modalités admises par CH. RICHET pour les autres fonctions de défense. Elle peut être une défense *immédiate* (arrêt des fonctions motrices par suite de la paralysie des terminaisons nerveuses) ; elle peut être une défense *préventive*, qui est la *sensation de fatigue*. De même que la douleur pour les excitations sensitives, elle est une fonction intellectuelle, qui laisse une trace profonde dans la mémoire et empêche le retour d'une sensation semblable. Les Grecs assimilaient la fatigue à la douleur. C'est peut-être pousser un peu loin la généralisation du sentiment de la fatigue ; toutefois il faut rattacher à la fatigue, à l'épuisement et à l'abattement qui en résulte, toutes les peines qui ont pour origine un effort, en un mot toutes les peines à caractère positif. La fatigue n'est donc pas la douleur, mais en revanche la douleur est une fatigue. SERGI a désigné la sensibilité de défense sous le nom d'*esthophylactique*. Nous proposons d'appeler *kinétophylactique* la fatigue de défense qui est une sauvegarde du mouvement.

Enfin, la fatigue peut être une défense *consécutive*, qui est l'*accoutumance*. En raison de son importance, nous lui avons réservé une place à part, en l'appelant « le second procédé de lutte contre la fatigue ». Comme certains poisons, qui finissent par devenir inoffensifs, l'accoutumance rend l'organisme plus résistant aux atteintes de la fatigue. L'accoutumance peut être considérée comme une *adaptation* de l'organisme à l'excitant. C'est là un fait général, qui s'applique à tous les organismes et à tous les appareils. ENGELMANN et VERWORN sont parvenus à habituer divers organismes unicellulaires à des solutions salines concentrées, qui, au début, provoquaient des phénomènes d'excitation très marqués. On peut obtenir des adaptations à des solutions faibles de poisons, à de hautes températures, à une lumière intense, à un excès de travail physique et intellectuel, etc.; mais,pour que l'accoutumance se produise, il faut procéder à petites doses. C'est là le secret de l'entraînement physique et intellectuel. En procédant brusquement, on n'obtiendrait aucune adaptation, mais bien des phénomènes d'épuisement. On peut dire que les effets de toutes les excitations se meuvent entre deux limites extrêmes : d'une part la *fatigue*, et de l'autre l'*accoutumance*.

Les excitations ne doivent pas dépasser certaines limites; lorsque ces limites sont franchies, il y a douleur ou fatigue. La douleur et la fatigue sont donc toujours dues à un excès d'excitation. Les êtres vivants, peuvent rencontrer, dans le milieu où ils vivent, des influences externes, auxquelles ils ne soient pas adaptés. La sensibilité de relation avertit de l'antagonisme qui existe entre l'être vivant et les actions extérieures. Cet avertissement est un état de conscience que nous appelons *douleur* quand il s'agit d'un excès d'irritation des organes de la sensibilité, et *fatigue* quand il s'agit d'un excès d'irritation des organes de la motilité. Quand, au contraire, il n'existe aucun conflit, la conscience manifeste sous forme de plaisir l'adaptation complète au milieu extérieur.

L'accoutumance est donc l'adaptation de l'organisme à l'excitant; or cette adaptation ne peut se produire sans qu'il y ait conflit, c'est-à-dire sans qu'il y ait fatigue. Il est donc permis de parler de l'utilité biologique de la fatigue. Quand elle procède à petites doses, elle conduit à l'accoutumance; quand elle est intense, elle avertit du danger imminent (fonction kinétophylactique).

Bibliographie. — ALURRALDE. *Nouvelles recherches sur l'excitabilité électrique et la fatigue musculaire (XIII⁰ Congrès intern. de Médecine*, Paris, 1900, Section de Physiologie). — ARSONVAL (D'). *Recherches sur la décharge électrique de la torpille (C. R.*, 1895 et *Arch. électr. méd.*, IV, 1896, 52). — BERNARD (CL.). *Leçons sur les phénomènes de la vie*, 1878. — BROWN-SÉQUARD. *Rech. sur les lois de l'irritabilité musculaire (Journ. de Physiol.*, 1857, II). — ENGELMANN. *Physiologie der Protoplasma und Flimmerbewegung (H. H.*, I). — GOTSCHLICH (E.). *Beiträge zur Kenntniss der Säurebildung und des Stoffumsatzes in quergestreiften Muskel (A. g. P.*, 1894, LVI, 355-385). — IOTEYKO (J.). *Effets physiologiques des ondes induites de fermeture et de rupture dans la fatigue et l'anesthésie des muscles (Annales de la Soc. Roy. des Sciences méd. et nat. de Bruxelles*, X, 1901, et broch. de 38 pages); *Participation des centres nerveux aux phénomènes de fatigue musculaire (Année Psychologique*, 1900, VII, 161-186); *La fatigue comme moyen de défense de l'organisme (Comptes rendus des séances du IV⁰ Congrès intern. de Psychologie*, Paris, 1900, 230). — KÜHNE. *Untersuchungen über das Protoplasma und die Contractilität*, Leipzig, 1868. — MAREY. *Détermination de la durée de la décharge électrique chez la torpille (C. R.*, LXXIII, 1871); *La décharge électrique de la torpille comparée à la contraction musculaire (Congrès des Sc. méd.*, Genève, 1877); *Du mouvement dans les fonctions de la vie*, 1868. — MASSART (J.). *Sur l'irritabilité des Noctiluques (Bull. scientif. de la France et de la Belgique*, XXV, 1893). — MOSSO (A.). *La fatigue intellectuelle et physique*, Paris, 1894. — MÜLLER (J.). *Manuel de Physiologie*, Paris, 1845. — RANKE (G.). *Tetanus*, Leipzig, 1865. — RICHET (CH.). *Contribution à la physiologie des centres nerveux et des muscles de l'écrevisse (A. de P.*, 1879, 262-299 et 522-576); *Les fonctions de défense de l'organisme (Trav. du Lab. de Physiologie*, 1898, III, 468-573). — SERGI. *Psychologie physiologique*, Paris, 1888; *Dolore e piacere*, Milan, 1894. — UEXKÜLL (J. V.). *Die Wirkung von Licht und Schatten auf die Seeigel (Z. B.*, XL, 447-476). — VALENTIN. *Lehrb. d. Physiologie*, Brunswick, 1847. — VERWORN (M.). *Der körnige Zerfall (A. g. P.*, 1896, LXIII); *Psycho-physiologische Protisten Studien*, Jena, 1889; *Die polare Erregung* *der Protisten durch den galvanischen Strom (A. g. P.*, 1889, xlv, 1, et xlvi, 267; 1896, lxii, 413; lxv, 47); *Die Bewegung der lebendigen Substanz;* Jena, 1892; *Erregung und Lähmung (Vortrag gehalten auf der 68 Versammlung deutscher Naturforscher und Aerzte in Frankfurt a/M*, 1896). — Weber (Fd.). (in *Wagner's Handwörterbuch d. Physiologie*, iii, 1846).

CHAPITRE I

La Fatigue des Nerfs.

La fatigue d'un nerf peut être mesurée par deux procédés : 1° par son action électromotrice, et 2° par l'effet des excitations du nerf sur le muscle (contraction). Or le rapport entre ces deux actions reste inconnu. En outre, l'action électromotrice du nerf, ou variation négative du potentiel électrique (courant d'action), considérée encore naguère comme le signe unique de l'activité propre du nerf, a perdu beaucoup de sa valeur comme méthode d'exploration de l'activité nerveuse, depuis que la possibilité de la variation négative sans activité fonctionnelle a été péremptoirement démontrée.

Quant au second procédé, qui consiste à prendre la contraction musculaire comme mesure de l'activité nerveuse, il n'est pas non plus très rigoureux, car aucun phénomène mécanique n'accompagne le fonctionnement propre du nerf, et il est fort difficile de faire la part de ce qui revient à la fatigue du muscle et à la fatigue du nerf. Le problème devient encore plus délicat quand on songe que toutes les comparaisons entre l'activité du nerf et celle du muscle sont compliquées par la présence dans le muscle de terminaisons nerveuses, qui ont une physiologie propre. Le curare, qui paraissait pouvoir trancher la question en mettant hors de cause ces terminaisons motrices, et qui a été employé communément par tous les physiologistes depuis Cl. Bernard, n'est certainement pas un moyen aussi sûr qu'il semblait l'être au début. Il serait donc dangereux de baser la physiologie des nerfs périphériques sur ce seul procédé. — D'autre part, tous les moyens employés pour mettre en activité le nerf sans exciter le muscle sont plus ou moins artificiels et prêtent le flanc à la critique. L'unique procédé qui semble être à l'abri de tout reproche consiste à comparer les effets mécaniques de l'excitation des différents points du nerf fatigué ; s'il existe des différences dans l'excitabilité, elles peuvent être mises sans conteste sur le compte d'une fatigue propre du nerf, l'appareil périphérique présentant une excitabilité identique à elle-même pendant cette exploration. Mais, outre que cette méthode paraît fort difficile — l'accord n'est pas encore survenu sur les différences d'excitabilité que présente le nerf frais aux différents points de son parcours — elle ne pourrait nous renseigner que sur des différences minimes d'excitabilité, sans trancher la question de la mesure de la fatigabilité propre du nerf. Elle fournirait néanmoins certaines données positives d'un grand intérêt. Malheureusement cette étude est à peine ébauchée.

Si, malgré toutes ces difficultés expérimentales et toutes ces lacunes, il est permis de tirer quelques conclusions fermes relatives à la fatigabilité (ou plutôt à l'infatigabilité) des nerfs, ce n'est qu'en comparant entre elles toutes les méthodes mises en œuvre et les résultats obtenus. Grâce à cette comparaison, la fatigue des nerfs, qui, dans les ouvrages classiques encore assez récents, était traitée en quelques lignes, constitue aujourd'hui un chapitre complet de la physiologie. Nous le subdiviserons en quatre parties : 1° De l'infatigabilité du nerf ; 2° Expériences contradictoires ; 3° Critique et faits connexes. Conclusions ; 4° Phénomènes chimiques de la fatigue des nerfs.

I. De l'infatigabilité du nerf. — I. **Méthode de l'électrotonisation du nerf.** — Elle est due à Bernstein (1877). Cet auteur s'est assuré d'abord que la fatigue du muscle arrive au bout du même temps, soit qu'on l'excite directement, soit qu'on l'excite par l'intermédiaire du nerf moteur. Donc la résistance du nerf à la fatigue est au moins égale à celle du muscle. Pour voir si elle est supérieure, il faut exciter le nerf en empêchant temporairement l'excitation de parvenir jusqu'au muscle, afin que celui-ci puisse être, au moment voulu, un réactif indicateur de l'activité du tronc nerveux. Bernstein y parvient en produisant la « section physiologique » du nerf au moyen d'un fort courant continu qui abolit l'excitabilité du nerf à l'anode (anélectrotonus). Voici le dispositif général de l'expérience de Bernstein : Les deux nerfs sciatiques N^1 et N^2 appartenant à deux pattes galvanoscopiques d'une même grenouille sont tétanisés en même temps avec les mêmes électrodes pendant plusieurs minutes, mais le nerf N^2 est en même temps électrotonisé à sa partie inférieure non loin du muscle; il ne laissera pas franchir l'excitation tétanisante au delà du point rendu inconductible par l'anélectrotonus, et son muscle restera au repos, tandis que le nerf non électrotonisé (N^1) transmettra son excitation au muscle, et celui-ci entrera en tétanos. Nous avons donc excité par le même courant induit les deux nerfs de la même façon, mais le nerf électrotonisé n'a pas communiqué son excitation au muscle, tandis que le second nerf a communiqué son excitation au muscle et l'a fait entrer en tétanos. Mais bientôt le muscle tétanisé se relâche, et la contraction disparaît au bout de trois à quatre minutes. Afin d'apprécier si ce relâchement est dû à la fatigue du muscle ou bien à la fatigue du nerf, tout en continuant l'excitation tétanisante des deux nerfs, on lève maintenant l'obstacle qui enrayait la transmission dans le nerf électrotonisé, et, au moment de l'ouverture du courant polarisant, on voit le muscle correspondant entrer en tétanos. Il est donc clair que le nerf se fatigue moins que le muscle, et que le relâchement observé après le tétanos du premier muscle était dû à la fatigue musculaire, laquelle a précédé la fatigue du nerf et a empêché la manifestation de son activité. La preuve en est fournie par le nerf N^2 (électrotonisé), qui, excité de la même façon que le nerf N^1, a fourni un tétanos au moment où le premier muscle était déjà relâché. — Le sens du courant continu est indifférent : il faut l'éloigner autant que possible du point d'excitation, pour que celle-ci se produise en dehors des modifications électrotoniques de l'excitabilité. De ses expériences, Bernstein conclut que le nerf est plus résistant à la fatigue que le muscle, mais que toutefois sa fatigue se produit au bout de cinq à quinze minutes de tétanisation.

Bernstein employa encore d'autres excitants que l'électricité; excitants mécaniques (chocs avec le dos d'un couteau), chimiques (acide lactique à 10 p. 100) et calorifiques (thermomètre terminé par une fourche où s'engageait le nerf et qu'on chauffait à l'aide d'une spirale en platine reliée à une pile). Les résultats furent moins nets, parce que le nerf se lèse facilement, mais ils plaident néanmoins en faveur d'une résistance à la fatigue plus grande du nerf que du muscle. — Pour étudier la restauration du nerf, Bernstein opère sur une grenouille vivante et enregistre les contractions musculaires par le myographe de Pflüger. La réparation se fait aussi beaucoup plus lentement dans le nerf que dans le muscle. Le processus de rétablissement va d'abord très lentement, puis augmente rapidement pendant un temps relativement court, pour progresser de plus en plus lentement à mesure que le nerf se rapproche de son état normal. La courbe de ce rétablissement est légèrement convexe vers la ligne des abscisses, puis monte ensuite assez rapidement, puis passe par un point d'inflexion, pour devenir concave en bas, asymptote à un maximum. Il ne faut pas perdre de vue que ces résultats ne se rapportent qu'à la partie du nerf directement irritée. Comme, dans les conditions physiologiques, le nerf ne travaille qu'excité indirectement, les recherches sur la fatigue de la conductibilité seraient du plus haut intérêt. Nous verrons plus bas que quelques expériences de ce genre ont été tentées.

L'objection la plus importante qu'on peut faire à la méthode de l'électrotonisation est basée sur les modifications que subit l'excitabilité nerveuse après la cessation du courant polarisant; on sait, en effet, qu'après l'ouverture du courant continu l'excitabilité du nerf revient à ce qu'elle était auparavant, mais après avoir passé par une phase inverse, augmentation d'excitabilité à l'anode (modification positive de Pflüger) et diminution d'excitabilité à la cathode (modification négative), et, comme résultat final, la cessation du courant continu est suivie, selon les cas, d'une diminution ou d'une augmentation de conductibilité. La diminution paraît être fréquente après l'utilisation de courants forts, tels qu'on les emploie habituellement pour obtenir la ligature complète; en outre, les phénomènes d'électrolyse deviennent sensibles en peu de temps, si la dépolarisation n'est pas produite par le renversement du courant. On est par conséquent en droit de se demander si la limite de quinze minutes, assignée par Bernstein à la durée de l'activité nerveuse mise en jeu par l'excitation tétanisante, n'est pas plutôt la limite de temps au bout duquel se produit la polarisation amenant une inconductibilité persistante du nerf.

Telle est l'opinion de WEDENSKY, qui, sept ans après le travail de BERNSTEIN, entreprit de nouvelles recherches sur la fatigue des nerfs (1884). Parmi les méthodes mises en œuvre par le physiologiste russe, celle qui réussit le mieux fut une modification de la méthode de BERNSTEIN.

WEDENSKY remarqua que, lorsque l'anélectrotonus est complet, on peut maintenir le nerf dans cet état même en affaiblissant beaucoup le courant; on n'a plus alors à craindre à l'ouverture cette inconductibilité persistante qui ne permit pas à BERNSTEIN de prolonger ses expériences; on est également à l'abri du tétanos d'ouverture (tétanos de RITTER), qui se produit parfois avec des courants galvaniques intenses et qu'on pourrait attribuer à tort à l'action du courant excitateur (faradique). WEDENSKY établit l'anélectrotonus au moyen de courants forts, puis, pendant l'expérience, il affaiblit graduellement l'intensité du courant; il fait agir le courant continu affaibli alternativement dans les deux sens, en changeant la direction à intervalles assez éloignés. L'excitabilité du nerf est examinée toutes les quinze ou trente secondes en ouvrant le courant polarisant; il se produit alors un tétanos qui provient bien de la portion du nerf excitée comme le prouve sa cessation après la fermeture de la clef du court circuit dans le courant secondaire. Avec ces précautions, l'ouverture du courant rend presque immédiatement au nerf sa conductibilité, tandis qu'une nouvelle fermeture la lui enlève aussitôt. Une portion du nerf sciatique soigneusement préservée contre la dessiccation et éloignée d'au moins quinze millimètres du point de polarisation est tétanisée à l'aide d'une excitation d'intensité moyenne.

Quelques expériences durèrent six heures sans qu'on pût déceler aucun signe d'épuisement du nerf. N'ayant pas prolongé l'excitation davantage, WEDENSKY n'indique pas la limite vers laquelle se produirait la fatigue. Il pense que peut-être le nerf peut travailler sans fatigue et sans relâche jusqu'à sa mort. C'est à WEDENSKY que nous devons la première notion, devenue désormais classique, sur l'infatigabilité du nerf.

En 1887, MASCHEK répéta les expériences de WEDENSKY en employant comme obstacle au passage de l'excitation un courant continu faible dont on intervertit le sens de temps à autre. On peut observer la contraction musculaire après douze heures d'excitation.

Il semble donc qu'en effet le succès des expériences de WEDENSKY est dû à un perfectionnement technique de la méthode de BERNSTEIN. LAMBERT rapporte quelques expériences inédites de RÉNÉ, faites en 1880 à Nancy, dans lesquelles l'auteur fut arrêté par les mêmes obstacles que BERNSTEIN; l'emploi d'un courant ascendant fort produisit l'électrolyse au bout de quinze minutes.

II. Méthode de la variation négative du potentiel électrique. — La persistance de la variation négative dans un nerf excité peut être mise en évidence par l'emploi du téléphone, du galvanomètre et de l'électromètre capillaire.

DU BOIS-REYMOND (1843) avait trouvé que la variation négative s'affaiblit lors d'une tétanisation prolongée du nerf et qu'elle peut même descendre à zéro à la suite d'excitations de longue durée. Ce fait serait une preuve de la fatigue nerveuse, qui existerait indépendamment de la fatigue musculaire, s'il était péremptoirement démontré que la variation négative est un indice fidèle de l'activité fonctionnelle. D'ailleurs les recherches modernes ont infirmé le résultat de DU BOIS-REYMOND.

En 1883, WEDENSKY employa le téléphone pour rendre sensibles à l'oreille les courants d'action du nerf sciatique de grenouille. Le téléphone de SIEMENS, relié directement avec le nerf que l'on tétanise à son extrémité au moyen du chariot de DU BOIS-REYMOND, fait entendre le son qui correspond au nombre des courants induits excitateurs. Le son nerveux possède de grandes analogies avec le son musculaire, mais, tandis que le muscle excité cesse bientôt de répondre en raison de sa fatigabilité, le nerf continue à résonner sans interruption pendant quinze, trente minutes, parfois même une heure. WEDENSKY contrôla ses expériences à l'aide d'excitants chimiques et mécaniques, et, quoique les résultats aient été moins nets, ils plaident également en faveur d'une grande résistance du tronc nerveux à la fatigue[1].

1. La méthode du téléphone comme mesure électrométrique est loin d'être admise par tous les physiologistes.

Encouragé par ces résultats, WEDENSKY eut recours au galvanomètre (1884). On tétanisait le nerf au moyen de courants induits. Une portion du nerf situé plus bas pouvait à volonté être mise en rapport avec un téléphone ou une boussole de WIEDEMANN. Les deux procédés montrèrent la persistance de la variation négative pendant un temps considérable; neuf heures dans quelques cas. Lorsqu'elle s'affaiblissait, il suffisait de faire une nouvelle coupe transversale pour lui redonner sa valeur primitive. Presque en même temps (1884), HERING instituait des expériences galvanométriques sur les nerfs moteurs de la grenouille, et constatait la persistance des oscillations pendant une excitation très prolongée.

Suivant MASCHEK (1887), la variation négative persiste deux à quinze heures, si l'on a soin de préserver le nerf de la dessiccation et de pratiquer de temps en temps une nouvelle section transversale. EDES (1892) se sert aussi du courant électrique d'action pour déceler l'activité du nerf. Un sciatique de grenouille est disposé sur des électrodes impolarisables dans une chambre humide. On excite sa partie moyenne à l'aide de courants induits fréquents, et on étudie la contraction musculaire d'une part et d'autre part la variation négative au bout central au moyen de l'électromètre capillaire. Alors que le muscle avait cessé de répondre au bout de une à deux heures, la variation négative persistait encore au bout de cinq heures sans modifications, et, au bout de quatorze heures, elle pouvait encore être décelée; elle atteignait alors le quart de sa valeur primitive et n'était pas accrue par une nouvelle section transversale, à l'inverse de ce qui arrivait dans les expériences de MASCHEK, et contrairement à l'opinion d'ENGELMANN, d'après lequel le courant de repos devrait bientôt disparaître dans l'ancienne coupe transversale, et avec lui la variation négative.

WALLER trouve que la variation négative, tout en étant l'indice de changements chimiques (probablement de la production de CO_2), persiste pendant un temps pour ainsi dire illimité dans le nerf excité. Lors de la tétanisation prolongée, nous voyons tout d'abord disparaître la contraction musculaire, en second lieu la courbe de la variation négative du muscle, et ce n'est que très tardivement que la courbe de la variation négative du nerf commence à décroître (galvanomètre de THOMSON). Ce fait prouve, selon WALLER (1885), que la fatigue survient plus rapidement dans le muscle que dans le nerf.

III. Refroidissement d'une portion du nerf. — WEDENSKY essaya le refroidissement d'une portion limitée du nerf, croyant constituer de cette façon une barrière infranchissable à l'influx nerveux. Ces tentatives, faites sur le nerf sciatique de grenouille, ne furent pas suivies de succès, au dire même de l'auteur. Mais elles donnèrent un résultat pour les nerfs amyéliniques (BRODIE et HALLIBURTON). L'excitation du nerf splénique peut être continuée pendant dix heures si le nerf est refroidi.

IV. Curarisation transitoire. — L'origine de ce procédé remonte aussi à WEDENSKY (1884); dans l'empoisonnement par le curare, une excitation prolongée du nerf devait rester sans effet aussi longtemps que durerait l'action du curare; mais, quand cette substance aurait été éliminée, la contraction du muscle devrait démontrer que le nerf n'est pas fatigué.

La méthode de la curarisation échoua entre les mains de WEDENSKY, probablement parce que le curare s'élimine mal chez la grenouille. Elle fut reprise avec plus de succès par BOWDITCH. Les premières expériences furent faites à Boston sur des chats; il les continua plus tard sur des chiens dans le laboratoire de LUDWIG à Leipzig. BOWDITCH anesthésie un chat par l'éther; l'animal recevait une dose de curare (0gr,007 à 0gr,01 centigramme) suffisante pour empêcher les contractions musculaires; la respiration artificielle était pratiquée. Un sciatique mis à nu est sectionné près du sacrum, le tibial antérieur est attaché à un myographe. Au bout d'une heure et demie à deux heures d'excitation continue, le curare s'éliminait, l'excitation déterminait des secousses musculaires qui devenaient progressivement plus fréquentes et plus violentes, mais on n'observait pas cependant de véritable tétanos. Si l'on redonne une nouvelle dose de curare quand la première commence à s'éliminer, on peut prolonger l'excitation au delà de quatre heures sans épuiser le nerf. L'absence de tétanos au début de la décurarisation est due à la façon dont s'élimine le curare et non pas à la fatigue du nerf. Si, en effet, on excite le nerf d'un animal curarisé à de rares intervalles, on n'observe pas non plus de tétanos, mais seulement des secousses isolées au moment de la décurarisation. Dans ces conditions, il ne pourrait être question de fatigue, et cependant les effets de l'excitation sont identiques, que le nerf ait été laissé au repos ou qu'il ait été fortement tétanisé pendant tout le temps de la curarisation. Le cordon nerveux est donc très résistant à la fatigue ; Bowditch ne croit cependant pas que cette résistance soit illimitée. L'expérience est encore plns démonstrative si on produit la décurarisation au moyen d'une dose de physostigmine ou d'atropine (During).

V. Méthode de l'éthérisation. — Maschek (1887) abolit la conductibilité du nerf en un point déterminé, situé entre la partie excitée et le muscle, en l'éthérisant à cet endroit. Il emploie un petit tube de verre en forme de T dont la branche horizontale est percée, au niveau de sa jonction avec la verticale, de deux petits orifices diamétralement opposés. L'une des extrémités du tube horizontal est en relation avec un tube d'amenée de l'éther, l'autre sert à sa sortie. Le point excité, long de 3 millimètres, est éloigné de 1 centimètre et demi de la portion éthérisée. Si dans ces conditions on cesse l'éthérisation au bout de quelques heures, on voit encore les muscles se contracter. Maschek s'est assuré que l'absence de fatigue du nerf n'était pas due à l'action opposée des courants de fermeture et de rupture, car la fatigue ne se produit pas plus rapidement en employant uniquement des courants d'ouverture.

VI. Nerfs sensitifs. — Bernstein étudie la fatigue des nerfs sensitifs et leur rétablissement en utilisant les réflexes produits dans une extrémité postérieure par une excitation électrique constante de la peau. Les faits observés présentent une grande analogie avec ceux qu'on connaît pour les nerfs moteurs. Langendorff fait remarquer que des observations journalières faites sur l'homme semblent apporter la preuve de la grande endurance des nerfs sensitifs. Quand, par exemple, des dents cariées sont le siège de vives douleurs, le mal ne cesse que pendant le repos de la nuit, et reprend le matin, au réveil, avec toute son intensité.

VII. Nerfs d'arrêt. — Szana (1891) étudie la résistance des nerfs d'arrêt à la fatigue par un artifice analogue à celui de Bowditch pour les nerfs moteurs. On excite un pneumogastrique d'une façon continue chez un lapin non anesthésié, et on injecte à l'animal une dose d'atropine suffisante pour paralyser les terminaisons du nerf. Lorsque le poison s'élimine, au bout de cinq à six heures, il se produit encore un ralentissement du cœur, preuve que le pneumogastrique n'a pas été épuisé par une si longue excitation.

VIII. Nerfs sécrétoires. — La fatigue des nerfs sécrétoires a été l'objet de recherches expérimentales de la part de Lambert (1894). Pour savoir quel organe se fatigue plus rapidement, le nerf ou la glande, Lambert a tétanisé un nerf sécrétoire en paralysant momentanément la glande à l'aide de l'atropine. Dès que le poison s'éliminera, il se produira une sécrétion, si le nerf n'est pas épuisé. Les expériences ont porté sur la glande sous-maxillaire du chien. Le bulbe était sectionné, et la respiration entretenue artificiellement. Une ligature était faite sur la corde du tympan, aussi près que possible du lingual. On sectionnait le nerf au-dessus de la ligature, et on l'engageait dans un excitateur tubulaire ; on plaçait dans le canal de Wharton une canule à laquelle était adapté un petit tube de caoutchouc. Le chien était alors porté dans une baignoire-étuve maintenue à 38°. L'excitateur était mis en communication avec un chariot de Du Bois-Reymond ou un appareil à courants sinusoïdaux. Les gouttes de salive qui s'écoulaient par le tube de caoutchouc tombaient sur la palette du levier d'un tambour enregistreur et s'inscrivaient par un trait vertical sur un papier noirci. La salive était recueillie dans des verres gradués qu'on changeait toutes les vingt minutes. L'auteur déterminait le courant minimum qui produisait un écoulement de salive, puis il injectait une dose d'atropine suffisante pour le faire cesser. L'appareil à excitations était alors mis en marche, et il s'agissait de déterminer le temps au bout duquel l'écoulement salivaire reparaîtrait. Parfois l'élimination de l'atropine se fait mal, ou ne se fait pas du tout, et l'animal meurt sans que l'écoulement ait reparu. Il ne faudrait pourtant pas croire que, si la salivation ne réapparaît pas, c'est parce que la corde du tympan est fatiguée par une trop longue tétanisation. En effet, lorsqu'on se trouve en présence d'un cas semblable, et si l'on n'excite le nerf que pendant de courts instants, toutes les heures par exemple, il ne se produit pas non plus d'écoulement salivaire. Dans les cas où l'atropine s'est éliminée, l'écoulement reparaissait quarante minutes après l'injection d'atropine et allait en s'accélérant, le nerf n'ayant pas cessé d'être tétanisé. En injectant une seconde dose d'atropine on ralentissait de nouveau la sécrétion, qui reprenait dès que l'atropine était éliminée.

Ainsi la corde du tympan reste capable de transmettre une excitation pendant un temps fort long. Or, même sans l'emploi de l'atropine, l'écoulement salivaire peut persister pendant un temps très considérable, si l'on emploie une excitation très intense (LAMBERT). Tout d'abord, il y a une certaine inertie du nerf à vaincre; ainsi, par exemple, dans une des expériences de LAMBERT, l'écoulement ne se produisit pas à la distance des bobines de 15 centimètres; il n'a commencé qu'à la distance de 10, mais, une fois établi, il a persisté pendant quelques minutes à un écartement de 15. Avec l'emploi de courants induits forts (distance 5 ou 0) la sécrétion se rétablit, et on n'arrive pas à la faire cesser. Dans une expérience faite sur un chien curarisé, la distance des bobines étant de 5 centimètres, l'excitation détermina la salivation pendant trois heures (sans atropine); elle ne cessa qu'avec la mort de l'animal. Une autre expérience dura dix heures, et, au bout de ce temps, l'écoulement de salive était encore abondant. Il est remarquable que ni les terminaisons nerveuses, ni la glande, ni le nerf ne s'épuisent complètement par le travail excessif qui leur est imposé. Si l'on vient à cesser l'excitation pendant quelques instants, on voit que l'écoulement reprend ensuite avec plus d'intensité; il y a donc quelque part dans l'appareil névro-glandulaire une fatigue qu'un très court repos suffit à dissiper. Cette fatigue ne réside pas dans le conducteur nerveux, mais dans les terminaisons, comme le montre l'action de l'atropine qui agit sur ces dernières. Si, en effet, on injecte une dose suffisante pour ralentir la salivation, sans la faire cesser, le repos ne produit plus aucune suractivité.

II. Expériences contradictoires. — A côté de ces expériences qui semblent prouver l'infatigabilité du nerf, se placent d'autres, qui, selon leurs auteurs, démontrent une fatigabilité plus grande du tronc nerveux que de ses terminaisons ou du muscle. Ce sont les expériences de HERZEN et de SCHIFF.

I. Expériences de Herzen. — D'après HERZEN, les nerfs seraient plus fatigables que les muscles et les terminaisons nerveuses. De tout le chaînon neuro-musculaire, ce serait le cordon nerveux qui s'épuiserait le plus rapidement. Pour décider la question de savoir si les fibres motrices se fatiguent oui ou non par une activité suffisamment forte ou suffisamment prolongée, il faut éviter l'emploi du curare et surtout de la polarisation électrique de longue durée, l'un et l'autre introduisant des phénomènes étrangers à la question et qui la compliquent singulièrement. Il faut recourir à un moyen qui produise rapidement une suractivité violente des nerfs moteurs, sans agir directement sur eux. Ce moyen, d'après HERZEN, c'est la *strychnine*, dont l'action excitante sur les centres nerveux se manifeste par des accès de tétanos avec des doses plus petites et au bout d'un temps plus court que son action déprimante sur les troncs nerveux. Sur des animaux éthérisés (chiens, chats et lapins), HERZEN met à nu les deux nerfs sciatiques, et en sectionne un; une incision de la peau au niveau du gastro-cnémien permet d'exciter le muscle directement avec les électrodes d'un appareil de DU BOIS-REYMOND et de déterminer le *minimum* de l'irritation nécessaire pour produire de petites secousses dans les faisceaux irrités; puis il empoisonne l'animal avec de la strychnine, de façon à produire un tétanos suffisamment violent pour que l'animal succombe dès le premier ou le deuxième accès. Le nerf coupé ne prend pas part à la violente activité des autres nerfs, et les muscles de l'extrémité correspondante ne prennent pas part au tétanos. Maintenant il s'agit de savoir si la suractivité ainsi produite a fatigué le sciatique non coupé; on excite les deux nerfs de la même manière; le nerf coupé réagit immédiatement, le nerf non coupé ne réagit point ou à peine; quelque chose est fatigué, est-ce le tronc nerveux ou l'appareil périphérique? On porte les électrodes alternativement sur les deux gastrocnémiens, et on voit *qu'ils réagissent tous les deux*, à peu près de la même manière, *au même minimum d'intensité* auquel ils réagissaient avant le tétanos. Généralement, les secousses du muscle qui a travaillé sont un peu plus tardives, un peu moins rapides, et un peu plus longues à se relâcher que celles du muscle qui a été maintenu au repos par la section de son nerf; la différence entre les deux appareils périphériques augmente d'autant plus rapidement que le tétanos a été plus intense et plus prolongé.

et les muscles deviennent bientôt rigides, sauf ceux qui correspondent au nerf coupé.

Ainsi, fort peu de temps après la mort de l'animal, qui succombe à l'asphyxie causée par le tétanos, le nerf qui a travaillé est inexcitable, et *c'est lui qui refuse*, et non son appareil périphérique, puisque celui-ci répond encore au minimum d'irritation auquel il répondait avant le travail.

Pour la critique de la méthode de la strychnisation, voir plus bas (vii, *Conclusions*).

HERZEN ne pense pas que dans ces expériences il s'agisse de l'action chimique directe de la strychnine sur le nerf non coupé; sans parler du fait que le nerf coupé est exposé à cette action à peu près autant que l'autre, et même probablement davantage, à cause de la dilatation vasculaire produite par la section, on peut varier l'expérience de deux manières qui montrent bien que c'est uniquement de l'*activité* fournie que dépend l'inexcitabilité du nerf; en premier lieu, on peut, en passant un fil sous le sciatique, lier en masse les deux extrémités postérieures et en exclure ainsi la strychnine; en second lieu, on peut se passer entièrement de celle-ci, et se contenter de tuer l'animal par *asphyxie* ou par *section de la moelle allongée ;* les quelques mouvements convulsifs que le nerf intact transmet suffisent pour produire la même différence entre les deux nerfs que dans l'expérience avec le tétanos strychnique; on constate avec la plus grande facilité que la différence en question n'est pas due à l'augmentation d'excitabilité du nerf coupé, mais à une rapide diminution d'excitabilité du nerf qui a travaillé.

Ainsi, conclut HERZEN, le nerf n'est pas un *perpetuum mobile* physiologique, il ne constitue pas une inconcevable exception à la loi biologique la plus générale, d'après laquelle tous les tissus vivants se décomposent d'autant plus qu'ils sont plus actifs : lui aussi il se fatigue en travaillant et s'épuise par un travail excessif *plus vite que son appareil périphérique*. C'est à dessein que HERZEN emploie l'expression « appareil périphérique » et non « muscle », car les contractions qu'on obtient dans ce cas par l'irritation électrique directe sont de vraies contractions névro-musculaires, preuve certaine que non seulement le muscle, mais les éléments terminaux des nerfs moteurs sont encore excitables, et que, par conséquent, seul le tronc nerveux est réellement épuisé.

Voici d'autres faits, rapportés par HERZEN, qui montrent que le travail ne laisse pas le tronc nerveux absolument indemne : lorsque des irritations réitérées du nerf, appliquées en un point éloigné du muscle, cessent de provoquer des contractions, il suffit d'irriter un point *plus rapproché du muscle* pour que celui-ci recommence à se contracter; la plaque motrice et l'organe terminal névro-musculaire étaient donc encore capables d'agir, et si, néanmoins ils n'agissaient pas, c'est que le tronc nerveux ne leur amenait pas le stimulus physiologique; à cause de sa fatigue propre.

La marche des phénomènes est semblable à celle qui succède à la cessation de la circulation, mais plus lente; dans ce cas, comme dans celui de la fatigue, l'excitabilité disparaît d'abord dans le bout central du nerf, et, pour obtenir des contractions, il faut transporter l'irritation à un point plus rapproché du muscle. — Comme on pouvait soutenir que l'électrisation appliquée localement peut amener la destruction du trajet nerveux, HERZEN prend sur toute l'étendue du nerf trois trajets : A, le trajet le plus éloigné du muscle et sur lequel porte l'irritation ; C, le trajet le plus rapproché du muscle; et B, un trajet entre A et C. Lorsque l'irritation en A ne produit plus de contractions, on dit que c'est la plaque motrice qui ne conduit plus. HERZEN soutient que non; car, si l'on irrite en C, la contraction a lieu; alors on dit : c'est que le trajet A est altéré. HERZEN répond de nouveau que non; car l'irritation de B donne à présent un effet beaucoup plus faible que celle de C; donc le trajet B est altéré par l'activité qu'il a transmise. Cela est de toute évidence sur les nerfs des mammifères.

II. Expériences de Schiff.— On sait que c'est principalement aux travaux de SCHIFF que nous devons la distinction établie entre les deux modes de l'irritabilité nerveuse : réceptivité et conductibilité. Or, d'après SCHIFF, on peut démontrer facilement que le nerf excité localement cesse de répondre à l'excitation par fatigue de la réceptivité nerveuse, et non par épuisement de l'appareil périphérique. Un sciatique de grenouille de grandes dimensions est placé avec les muscles de la patte dans une chambre humide, dans laquelle pénètrent trois paires d'électrodes. La première paire vient au contact de la partie supérieure du nerf et amène un courant induit relativement fort. La deuxième paire, éloignée de la première d'au moins 8 millimètres, est reliée à une forte batterie galvanique avec un rhéostat dans le circuit. La troisième paire est appliquée au nerf près du muscle et se trouve reliée à un appareil inducteur qui est inactif pour le moment. Tout d'abord, on laisse passer le courant induit de la partie supérieure du nerf, et le violent tétanos ainsi produit est immédiatement suspendu par la fermeture du courant galvanique. Le courant galvanique doit être strictement adapté au courant induit au point de vue de l'intensité, et réglé de manière que le courant induit puisse être fermé et ouvert sans qu'il se produise la moindre secousse musculaire. Les courants ascendants doivent être préférés aux descendants. On laisse passer le courant galvanique pendant un certain temps; au bout d'une demi-heure il est possible d'affaiblir le courant, comme WEDENSKY l'a établi, sans produire de contractions. Au bout de ce temps on peut changer la direction du courant. A chaque ouverture du courant continu, l'excitation de la partie supérieure du nerf se propage jusqu'au muscle et provoque un violent tétanos. On renouvelle cet essai toutes les demi-heures, ensuite toutes les trente minutes, enfin tous les quarts d'heure, jusqu'au moment où on n'obtient plus de contractions tétaniques à l'ouverture du courant galvanique. C'est alors qu'on lance un courant induit dans la troisième paire d'électrodes (le courant galvanique étant ouvert); il en résulte un tétanos durable, et non pas seulement une contraction isolée. Ainsi la partie supérieure du nerf a été épuisée, tandis que la partie inférieure du nerf a été préservée de l'épuisement par la barrière de l'électrotonus, tout comme le muscle l'a été dans les expériences de BERNSTEIN et de WEDENSKY.

Il s'agit maintenant de démontrer que le trajet supérieur du nerf a réellement été épuisé et que le manque de réaction n'est pas dû au dépérissement du nerf. Or il suffit d'abandonner le nerf à lui-même dans la chambre humide; au bout d'un certain temps, il montre les signes indéniables de la réparation. Dans les cas où il ne se répare pas, les signes de mort ne font que s'accentuer.

Une autre expérience de SCHIFF plaide dans le même sens. La partie périphérique du nerf près du muscle est rythmiquement soumise à de faibles irritations, provoquant chacune une contraction; on laisse marcher l'appareil pendant toute la durée de l'expérience. On fait ensuite agir un appareil inducteur tétanisant, dont les électrodes sont appliquées à la partie centrale du nerf, la plus éloignée du muscle. Celui-ci donne d'abord un violent tétanos, puis des secousses désordonnées, et enfin il se relâche. La plaque motrice est-elle épuisée? Il semble que non; car on n'a qu'à interrompre la tétanisation pour voir les muscles reprendre à l'instant même les contractions rythmiques provoquées par l'irritation périphérique; dès qu'on recommence à tétaniser le nerf, il y a un court et faible tétanos, puis relâchement complet; dès qu'on cesse de tétaniser, les contractions rythmiques recommencent. Si la plaque motrice était épuisée, elle ne pourrait pas se remettre instantanément.

Certaines expériences de A. WALLER peuvent également être citées ici, quoique l'auteur soit un partisan convaincu de l'infatigabilité du nerf. Mais le désaccord entre lui et HERZEN n'est pas si prononcé qu'il paraissait l'être. WALLER admet que la fibre nerveuse est « pratiquement infatigable », à cause de la persistance de la variation négative dans un nerf tétanisé, mais il est loin d'admettre, à l'exemple de WEDENSKY, que cette infatigabilité soit absolue. Quand un nerf est excité, le processus se compose de deux phases; dans la première, l'excitant physique se met en relation avec la substance nerveuse et l'excite (excitabilité proprement dite ou réceptivité); dans la deuxième phase l'excitation se propage de proche en proche (conductibilité). Lequel de ces deux processus est plus rapidement et plus profondément influencé par la fatigue? Suivant WALLER, l'effet de l'excitation du point central du nerf diminue plus vite que celui du point inférieur. Ainsi, par exemple, WALLER excite alternativement au moyen de deux paires d'électrodes deux points du sciatique de grenouille, distants de un centimètre. Chaque série alternative comprend cinq excitations. On constate que les secousses dues à l'excitation du point supérieur diminuent progressivement et finissent par disparaître bien avant les secousses dues à l'excitation du point inférieur. A un moment donné, le point inférieur est encore directement excitable, alors qu'il a cessé de transmettre l'excitation venue du point situé plus haut. Cette différence prouve, selon WALLER, que, sous l'influence de la fatigue, la conductibilité est diminuée plus rapidement que la réceptivité.

III. Critiques et faits connexes. Conclusions. — A côté de ces expériences, il existe un grand nombre de faits connexes, contre ou pour l'infatigabilité des nerfs; nous devons donc examiner les critiques formulées par différents auteurs et les polémiques auxquelles ils se sont livrés à ce sujet. C'est un des chapitres les plus controversés de la physiologie moderne.

I. Fatigue et traumatisme. — Herzen soutient que, lorsque des irritations réitérées du nerf appliquées en un point éloigné du muscle cessent de provoquer des contractions, il suffit d'irriter un point plus rapproché du muscle pour que celui-ci recommence à se contracter; l'organe terminal était donc capable d'agir; et, si néanmoins il n'agissait pas, c'est que le tronc nerveux était fatigué. Waller fait observer que l'irritation réitérée a produit une altération, voire une lésion, dans une portion seulement, et non dans toute l'étendue du nerf. Boruttau partage la manière de voir de Waller, en ce sens qu'il n'y a aucune garantie que les irritations artificielles, appliquées à un point du tronc nerveux, n'y portent aucune lésion simulant l'existence de la fatigue. Loin de là, il est prouvé que l'application de courants électriques, même faibles et de courte durée, implique souvent une altération locale, mais permanente, due à la « polarisation cathodique » (Hering, Hermann, Werigo, etc.); c'est là une objection, du reste, qu'on devrait faire à toutes les recherches jusqu'ici faites sur la fatigue des nerfs, basées sur le « bloquement temporaire » et instituées au moyen d'irritations électriques (Bernstein, Wedensky, Szana, etc.). Boruttau admet donc que, si rien ne s'oppose à accepter une sorte de fatigue des nerfs, celle-ci est toujours très restreinte et ne se montre que tardivement, « ce qu'ont prouvé une fois pour toutes les expériences basées sur le bloquement temporaire ». L'objection faite à Herzen tombe ainsi d'elle-même; car, si nous pouvons admettre que le nerf a été capable de recevoir et de transmettre l'excitation même après dix heures d'excitation tétanisante, il est impossible de croire que l'altération s'est produite, dans l'expérience de Herzen, après plusieurs minutes d'excitation. Dans la polémique engagée entre ces trois physiologistes dans l'*Intermédiaire des Biologistes* (1898), Herzen défend son point de vue pour des raisons que nous avons données plus haut.

En tout cas, il nous paraît incontestable que l'application prolongée de l'électricité a pour effet d'annihiler la transmission par lésion et finalement par mort du trajet directement excité. Mais alors, comment expliquer que dans les expériences avec « le bloquement temporaire », il a été possible d'obtenir la contraction même après plusieurs heures d'excitation du nerf (la question de l'infatigabilité du nerf mise à part)? Ces expériences démontrent d'une façon certaine que la fibre nerveuse est pratiquement infatigable (*the practical inexhaustibility* de Waller), c'est-à-dire qu'elle est plus résistante à la fatigue que l'organe terminal. En admettant même que le nerf excité pendant plusieurs heures ait fait office, non plus de conducteur organisé, mais simplement de conducteur organique, il est certain que, durant les premiers instants de son activité, il a transmis l'excitation nerveuse sans fatigue et dans des conditions physiologiques. Rappelons, d'autre part, que Bernstein s'est servi en outre d'excitants chimiques, mécaniques, calorifiques, et a toujours pu constater une résistance plus grande de la fibre nerveuse que de l'organe terminal, et il a assigné une limite de 15 minutes à l'activité de la fibre nerveuse, activité mise en jeu par les excitations artificielles de toute espèce. Il est impossible d'accepter cette limite, car les expériences de Bernstein étaient sujettes à certaines erreurs, dont il a déjà été question, mais en tout cas ces erreurs ont plutôt restreint que prolongé l'activité du nerf.

II. Transmission et métabolisme. — Nous ne croyons pas que la théorie de l'infatigabilité du nerf constitue une inconcevable exception à la loi biologique la plus générale, d'après laquelle tous les tissus vivants se décomposent d'autant plus vite qu'ils sont plus actifs (Herzen); la contradiction serait flagrante, s'il était démontré que la transmission nerveuse exige pour se produire une grande dépense d'énergie. Or le travail du nerf est tellement restreint que toutes les recherches chimiques ou calorifiques faites pour l'évaluer ont échoué. La conduction nerveuse paraît être un processus physicochimique relativement simple, sans échanges nutritifs appréciables et sans perte notable d'énergie.

Si l'on peut objecter à ces expériences que les phénomènes chimiques et calorifiques liés à l'activité nerveuse n'ont pu être mis en évidence à cause du volume trop restreint des nerfs, cette objection ne peut plus s'appliquer aux expériences de G. Weiss, qui s'est servi d'une méthode différente, indépendante du volume des organes étudiés. La durée de la période latente du muscle est liée à la rapidité avec laquelle se passent les actions chimiques, et elle peut en quelque sorte servir à la mesurer. Or, quand on fait varier la température d'un organe vivant, on voit la fonction de cet organe subir de grandes modifications, résultat d'un changement dans l'activité des phénomènes chimiques dont il est le siège. En élevant ou en abaissant la température d'un muscle, on voit un raccourcissement ou un allongement de sa période latente, et la longueur de celle-ci peut nous donner une mesure approximative de la rapidité avec laquelle l'action chimique, liée à la contraction musculaire, peut se produire. Si la propagation d'une excitation le long du nerf est étroitement liée à une action chimique, il faut nous attendre à voir la vitesse de cette propagation subir, lors des variations de température, des changements comparables à ceux de la période latente du muscle. Helmholtz avait signalé un ralentissement considérable de l'influx nerveux avec l'abaissement de température : elle tomberait au dixième de sa valeur quand le nerf est refroidi. Weiss, en éliminant diverses causes d'erreur de cette expérience, est arrivé à la conclusion que, quand on abaisse la température du muscle de grenouille de 20° à 0°, on trouve que la période latente augmente de 300 p. 100. Or la propagation de l'influx nerveux ne varie pas; elle est indépendante de la température, et, par suite, n'est pas intimement liée à une action chimique, comme l'est la contraction musculaire. Ces faits concordent avec l'hypothèse de l'infatigabilité du nerf (Weiss).

III. **Électrotonus et curare.** — Herzen critique la méthode d'électrotonisation de Wedensky et celle de curarisation de Bowditch. Ces expérimentateurs pensent que pendant toute la durée du passage du courant continu ou de l'influence du curare, le nerf, toujours excité, est toujours actif; mais ne se pourrait-il pas, au contraire, que les courants de pile très forts et l'intoxication curarique, profonde et très prolongée, fussent un obstacle non seulement à la *transmission* de l'activité nerveuse, mais à la *production* même de cette activité? Il est même très probable que, dans les deux expériences en question, le nerf, loin d'être actif tout le temps, ne le devient réellement que lorsque le courant de pile est interrompu ou lorsque le curare est déjà presque entièrement éliminé; de sorte qu'au fond les deux expériences sont illusoires (Herzen). Cette objection de Herzen est purement théorique. Il existe cependant des expériences qui lui échappent; telles sont, par exemple, les expériences de Maschek faites avec l'éther, celles de Lambert sur les fibres sécrétoires de la corde du tympan, et celles de Szana sur les nerfs d'arrêt.

Quant au curare, Herzen n'admet pas qu'il laisse le tronc nerveux indemne. En effet, la paralysie curarique envahit les différents groupes musculaires successivement, et cela d'autant plus vite qu'ils sont plus éloignés des centres (grenouille); les extrémités postérieures sont paralysées longtemps avant les antérieures; après celles-ci, le plancher de la bouche, en dernier lieu l'iris. Ce fait rend suspecte l'hypothèse d'un empoisonnement exclusif de la plaque motrice et semblerait indiquer que la *longueur des nerfs* est pour quelque chose dans l'ordre suivant lequel les centres cessent de pouvoir innerver les différents muscles. Une autre expérience plaide dans le même sens : on met à nu les sciatiques d'une grenouille au début d'une très légère curarisation; on saisit le moment où l'excitation du nerf dans le bassin cesse de produire des contractions dans les muscles; si alors on l'excite plus bas, on obtient encore de bonnes contractions. Or, en se rapprochant de la périphérie, on n'a pas fait autre chose que de diminuer la longueur du trajet nerveux à parcourir; il s'ensuit qu'au moment où les plaques motrices n'étaient pas encore tout à fait paralysées, la transmission le long du nerf était déjà plus ou moins enrayée. On peut aussi disposer l'expérience de manière à augmenter la longueur du trajet nerveux soumis à l'action du curare. On pose une ligature au-dessous des deux nerfs, l'une à la racine de la cuisse et l'autre dans le voisinage du genou; le trajet nerveux soumis au sang empoisonné est donc beaucoup plus long d'un côté que de l'autre. On injecte alors du curare, et, peu de temps après, on examine l'excitabilité des deux plexus sciatiques. Celui du côté de la ligature haute agit sur les muscles à peu près comme un nerf normal, tandis que l'autre agit beaucoup plus faiblement ou pas du tout

L'appareil périphérique étant, des deux côtés, exclu de l'empoisonnement, on ne peut mettre cette différence que sur le compte des nerfs.

Ces expériences démontrent indubitablement que le curare ne laisse pas le tronc nerveux absolument indemne. Reste à savoir si l'altération du tronc nerveux ainsi produite est assez prononcée pour abolir toute conductibilité dans le nerf curarisé. Cette supposition serait en contradiction avec l'opinion classique. Aussi, tout en admettant l'importance des faits constatés par HERZEN, croyons-nous que de nouvelles recherches sont nécessaires pour établir jusqu'à quel point les troncs nerveux sont altérés par le curare. Il est certain que les effets observés sont une question de dose et une question de temps. Or, dans les expériences de BOWDITCH, la curarisation avait été prolongée pendant des heures; il est possible que, dans ces conditions, le tronc nerveux ait été plus ou moins altéré.

SCHIFF combat aussi très énergiquement les opinions de WEDENSKY et de BOWDITCH sur l'infatigabilité du nerf; leurs expériences ne démontreraient pas que le nerf est infatigable. Les objections de SCHIFF seront traitées dans le paragraphe sur l'inhibition.

IV. Fatigue nerveuse et théorie de l'amortissement de l'ébranlement fonctionnel. — HERZEN établit un rapprochement entre les faits observés dans la curarisation, la fatigue et la mort du nerf (anémie) : dans les trois cas, il faut, pour obtenir une contraction, ou bien irriter plus fort, ou bien irriter plus près du muscle. Une irritation, frappant un point éloigné du muscle, n'est plus transmise jusqu'à cet organe, et n'y produit pas de contraction, tandis que, appliquée à un point *rapproché* du muscle, cette même excitation y provoque encore des contractions. Pour observer ce phénomène, il faut saisir la phase voulue; phase passagère, intermédiaire entre l'état normal du nerf et la disparition complète de son excitabilité. Au moment où la partie centrale du nerf a perdu son influence sur le muscle, la partie périphérique a encore une action; ce fait exclut, dit HERZEN, au moins pour toute la durée de la phase en question, l'épuisement ou la paralysie de la plaque motrice. Mais alors le nerf n'est donc pas absolument infatigable, ni inaccessible à toute action du curare. Or, les faits étant essentiellement identiques dans les trois cas (sauf pour la durée), on les interprète à tort d'une façon différente : dans la curarisation et la fatigue on admet que c'est la plaque motrice seule qui est altérée sans participation aucune de la fibre nerveuse, tandis que, dans la mort par anémie, ne pouvant plus soutenir que c'est la plaque motrice qui est seule altérée et qui meurt la première, on dit au contraire que c'est la partie centrale du nerf qui meurt la première (HERZEN). — Ajoutons que la contradiction va encore plus loin; car, pour la majorité des physiologistes, c'est la plaque motrice qui meurt aussi la première dans l'anémie. Raisonner ainsi, ce n'est pas tenir compte de la différence d'excitabilité entre la partie centrale et la partie périphérique du nerf, et cependant cette différence n'a échappé à personne dans le cas de mort par arrêt de circulation, car le fait se présente avec trop de netteté et de trop de constance pour passer inaperçu. La partie centrale du nerf a déjà perdu entièrement son excitabilité, alors que la partie rapprochée du muscle est excitable presque comme à l'état normal; ces faits ne prouvent-ils pas que la partie supérieure du nerf perd son excitabilité avant les plaques motrices?

A côté de ces trois séries de faits cités par HERZEN, nous pouvons encore placer la marche des phénomènes dans *l'empoisonnement par la neurine* et dans *l'anesthésie des nerfs*. J. IOTEYKO a montré que la neurine possède des propriétés fortement curarisantes (voir **Curarisants**). Si l'on découvre les nerfs sciatiques d'une grenouille neurinisée au moment de l'arrêt des mouvements respiratoires, on saisit une phase intermédiaire, phase où l'excitation des nerfs près du muscle est encore efficace, tandis que l'excitation de la partie supérieure du nerf ne produit plus aucun effet ou produit un effet peu sensible. En peu de temps, la partie inférieure du nerf perd son excitabilité, et l'irritation doit être reportée sur le muscle pour provoquer des contractions. Ces expériences prouvent que la neurine non plus ne laisse pas le tronc nerveux absolument indemne. Ce fait se présente encore avec plus de netteté dans l'anesthésie des nerfs, et il a été étudié par J. IOTEYKO et M. STEFANOWSKA. Quand une préparation névro-musculaire est portée sous une cloche renfermant des vapeurs d'éther ou de chloroforme, la partie supérieure du nerf cesse de répondre bien avant la partie la plus rapprochée du muscle. Le fait est de toute évidence, même lorsqu'on opère sur des grenouilles entières avec circulation conservée, et dont les nerfs sciatiques mis à nu sont soumis à l'action des vapeurs anesthésiantes. Ces expériences présentent encore l'avantage de fournir des indications relatives au rétablissement des fonctions. L'action des anesthésiques n'étant que temporaire, on voit nettement que le retour des fontions suit une marche inverse à leur extinction : la partie inférieure du nerf, qui était la dernière à subir l'action des anesthésiques, revient la première à la vie.

En comparant ces expériences entre elles, on serait tenté d'admettre qu'il existe une indépendance fonctionnelle entre les différentes parties du même nerf, la partie supérieure étant la première à subir le contre-coup des perturbations diverses, la partie inférieure étant la plus résistante. C'est ce qui a fait naître l'idée que le nerf moteur ne meurt pas graduellement dans toute son étendue, mais du centre à la périphérie. C'est là une explication trop simpliste, suivant Herzen, et qui ne repose que sur des apparences. Au contraire, les faits s'expliquent beaucoup mieux en admettant que l'arrêt de la circulation ou la désintégration par le travail, ou encore l'influence du curare, de la neurine, et des anesthésiques, produisent *dans toute la longueur du nerf une augmentation de résistance*, plus ou moins rapide et plus ou moins forte, suivant qu'on laisse le nerf mourir dans le repos, ou qu'on le force à travailler. Tout se passe comme si le conducteur nerveux devenait de plus en plus résistant, incapable de transmettre au loin l'ébranlement fonctionnel. Celui-ci se produirait encore au point irrité, mais ne se propagerait plus qu'à une faible distance et n'atteindrait plus l'organe terminal, ni même la partie périphérique, encore excitable, du nerf. Cette théorie de l'*amortissement croissant de l'ébranlement fonctionnel*, grâce à une résistance croissante de la part du conducteur nerveux, explique, suivant Herzen, tous les faits concernant les nerfs fatigués et curarisés beaucoup mieux que la théorie classique, sans créer une contradiction irréductible vis-à-vis de la persistance de la variation négative en l'absence de contraction.

On le voit, la théorie de Herzen de l'amortissement de l'ébranlement fonctionnel dans les nerfs fatigués ou mourants est l'inverse de la théorie de l'avalanche de Pflüger, d'après laquelle l'excitation, en parcourant le nerf, augmenterait d'intensité en faisant boule de neige, de telle sorte qu'une excitation appliquée loin du muscle produirait un effet plus considérable qu'une excitation semblable appliquée près du muscle. Lors de la fatigue, l'inverse serait la règle. Pourtant la théorie de Pflüger a été contestée; et, quoique l'accord ne soit pas encore complet entre les auteurs, il est actuellement généralement admis que l'activité nerveuse conserve son intensité initiale d'un bout à l'autre du nerf. En tout cas l'ingénieuse théorie de Herzen rend compte d'un très grand nombre de phénomènes, inexpliqués jusqu'à présent; mais c'est aux recherches futures de lui donner l'appui expérimental nécessaire.

Herzen admet que, lorsque l'excitation d'un point du trajet du nerf ne provoque plus de contraction, il suffit d'exciter un point situé plus près du muscle pour voir apparaître la secousse. C'est là l'expérience principale sur laquelle il se base. Or on peut toujours objecter à cette expérience que l'application de l'électricité à la partie centrale du nerf a produit une altération locale, s'étendant même au delà de la partie électrisée et simulant la fatigue. La même objection pourrait être faite aux expériences, citées plus haut, de A. Waller. Pour décider d'une question aussi délicate, il ne faudrait pas appliquer l'électricité comme excitant direct de la fibre nerveuse, mais il faudrait produire la fatigue de façon à mettre hors de cause l'altération du nerf par les courants électriques. L'électricité ne devrait être employée que comme *méthode d'exploration* de l'excitabilité d'un nerf fatigué par d'autres procédés. Des expériences de ce genre ont été réalisées dans des travaux encore inédits de J. Ioteyko. Cet auteur a produit la fatigue périphérique, non pas en excitant le nerf directement, mais en excitant la moelle épinière d'une grenouille ou le nerf sciatique du côté opposé ou bien en tétanisant l'animal entier. A tous les degrés de la fatigue, et dans de nombreuses expériences, l'excitabilité du nerf non directement excité a été examinée sur les différents points de son parcours, et cette excitation d'essai, faite soit au moyen de courants tétanisants, soit au moyen d'ondes uniques de fermeture ou d'ouverture, n'a jamais pu déceler une différence quelconque dans la hauteur de la contraction musculaire. Donc le nerf excité indirectement perd son action sur le muscle d'une façon uniforme sur tout son parcours.

C'est l'unique objection qu'on peut faire suivant nous à la théorie de Herzen; elle n'est pas en contradiction avec les recherches de A. CHARPENTIER (1894) sur la résistance apparente des nerfs, dans lesquelles on ne trouva pas de modification de résistance par le fait de la curarisation. Il ne s'agissait dans ces expériences que de la réaction électro-motrice des nerfs, et celle-ci ne doit pas être identifiée avec l'ébranlement fonctionnel.

V. Théorie de l'amortissement et variation négative. — Nous avons vu qu'une des preuves sur lesquelles on se base pour admettre l'infatigabilité des nerfs, c'est la persistance au galvanomètre de la variation négative. Or, pour pouvoir être admise, cette conclusion devrait reposer sur la preuve que la présence de la variation négative est toujours un indice certain de la présence de l'activité fonctionnelle du nerf. L'objection de HERZEN repose sur l'absence d'une preuve de ce genre : nous savons en toute certitude que toute activité nerveuse est nécessairement accompagnée de variation négative ; mais nous ignorons absolument si la réciproque est vraie, c'est-à-dire si toute variation négative est nécessairement accompagnée d'activité fonctionnelle. Déjà, en 1898, HERZEN avait signalé (*Intermédiaire des Biologistes*) un certain nombre de faits qui indiquent que le phénomène électrique et le phénomène physiologique ne sont pas indissolublement liés l'un à l'autre, et que, dans certaines conditions, le phénomène électrique peut se produire seul, sans le phénomène physiologique. Ainsi, dans la phase intermédiaire dont nous avons parlé plus haut, lorsqu'une irritation de la partie supérieure du nerf ne provoque plus de contractions, elle provoque néanmoins une variation négative dans toute la longueur du nerf. La plupart des physiologistes négligent cette phase intermé-diaire ; ils prennent le nerf lorsqu'aucune irritation ne provoque plus de contractions musculaires, constatent au galvanomètre la variation négative toutes les fois qu'on irrite le nerf, et concluent qu'il n'a subi aucune altération du fait de la fatigue ou de la cura-risation, et qu'il fonctionne comme auparavant. Or la présence de la variation négative en l'absence de contraction s'explique très bien si l'on accepte la théorie de l'amortisse-ment croissant de l'ébranlement fonctionnel ; on peut admettre, en effet, qu'il y a un degré d'altération où le nerf ne peut plus propager convenablement l'activité physiolo-gique, mais où il peut encore produire la variation négative. Cette théorie, qui explique les phénomènes par une altération du tronc nerveux, n'exclut pas d'ailleurs l'altération de la plaque motrice. Le même raisonnement peut être appliqué aux phénomènes de la mort lente par anémie. On reconnaît bien que la partie centrale du nerf meurt la pre-mière, mais on oublie que les irritations de la partie centrale du nerf, qui ne donnent plus aucun effet physiologique, donnent cependant la variation négative dans toute la longueur du nerf. Si la variation négative était indissolublement liée à l'activité physio-logique, elle ne devrait pas surgir dans une partie inexcitable, « morte », du nerf, et elle devrait, une fois produite, exciter la partie excitable. Or elle existe quand même, dit HERZEN, et parcourt le nerf jusqu'au bout, sans provoquer d'activité fonctionnelle. Nous avons donc ici la disjonction de deux phénomènes qui, dans les conditions normales, se présentent simultanément, à savoir le phénomène électrique sans le phénomène physio-logique. La variation négative sans activité physiologique montre qu'il existe réellement un degré d'altération du nerf suffisant pour le rendre inapte à entrer en activité, mais insuffisant pour le priver de la propriété de donner la variation négative, qui, elle, ne cesse de se produire que plus tard, lorsque l'altération du nerf est devenue plus profonde.

D'autres recherches ont confirmé ces données. En premier lieu, les travaux de C. RADZIKOWSKI ont montré que la variation négative peut se produire dans un nerf artificiel, ainsi que dans un nerf mort ; l'auteur en conclut que le phénomène de la variation négative, considéré jusqu'ici comme indissolublement lié à la vie des nerfs, n'est autre chose qu'un phénomène d'ordre physico-chimique, caractérisant à la fois les conducteurs nerveux et les conducteurs inertes construits sur le schéma des nerfs artificiels. D'autre part, HERZEN est également parvenu à établir que la variation néga-tive est un phénomène accessoire de l'activité fonctionnelle. On connaît des substances qui, appliquées directement à un trajet du nerf, le privent de son excitabilité locale, sans toutefois le priver de la propriété de conduire l'activité fonctionnelle ; celle-ci n'est atteinte que beaucoup plus tard (acide borique, cocaïne, chloral). HERZEN eut recours au chloralose. Sous l'influence de cette substance appliquée localement, le trajet corres-pondant du nerf devient complètement inexcitable au bout de quarante-cinq minutes à une heure. Les irritations portées sur le plexus sciatique ont leur plein effet. Le muscle est alors remplacé par un galvanomètre, et on constate que l'irritation du point devenu inexcitable par le fait du chloralose produit la variation négative en amont et en aval du point irrité; celle-ci ne semblant se distinguer en rien de la variation négative qu'on obtient en irritant un point excitable quelconque du même nerf. Or la variation négative qui provient du point chloralosé n'est accompagnée d'aucune activité fonctionnelle; nous avons donc ici la production de la variation négative dans un nerf normal, relié à un appareil périphérique normal, sans que ce nerf devienne actif.

Dès lors, il est impossible de baser aucune conclusion relative à la résistance des nerfs à la fatigue ou à la curarisation sur la présence de la variation négative; on serait même tenté d'aller plus loin, dit HERZEN, et d'admettre que l'activité physiologique est quelque chose de plus que le phénomène électrique qui l'accompagne, puisque ce dernier peut exister seul après la suppression de l'activité. Mais il est plus probable que, dans la fatigue ou la mort commençante, nous avons affaire à une variation négative modifiée, moins brusque dans son apparition, plus lente dans son écoulement, et, quoique ces différences ne puissent être révélées au galvanomètre, la variation négative modifiée serait incapable d'exciter le nerf. C'est là l'hypothèse de BORUTTAU à laquelle se rallie HERZEN. « Ce qui pourrait être modifié par les excitations électriques réitérées, la mort commençante ou autres influences altérant la constitution chimique des nerfs, dit BORUTTAU, ce serait *la longueur de l'onde négative*. Or ces courants d'action allongés par la fatigue (sur le muscle V. KRIES les a démontrés au moyen de l'électromètre capillaire) pourraient bien agir sur le galvanomètre en formant la variation négative du courant de démarcation, sans plus pouvoir agir sur les organes terminaux à cause de leur forme trop aplatie; c'est ce que j'ai démontré (*A. g. P.*, LXV, 1-23) pour l'action du froid par la méthode rhéotomique, après avoir constaté que la variation négative persistait après la suppression des effets physiologiques des excitations. »

HERZEN et BORUTTAU sont donc d'accord pour soutenir que, si, dans les nerfs fatigués (et c'est là le point sur lequel nous insistons), la variation négative persiste pendant un temps considérable, elle est profondément altérée dans sa forme, bien qu'elle représente un changement de potentiel quantitativement équivalent. La fatigue ne laisserait donc pas indemne le pouvoir électro-moteur du nerf; la longueur de l'onde négative serait aplatie, étirée, et elle ne pourrait plus agir sur l'organe terminal. Le galvanomètre ou l'électromètre seraient impuissants à révéler cette différence, et cela expliquerait pourquoi la variation négative ainsi modifiée aurait été pendant si longtemps non différenciée d'une variation négative normale. N'oublions pas toutefois qu'il s'agit là d'une hypothèse.

VI. Fatigue et inhibition. — Les phénomènes d'arrêt qui succèdent à une activité longtemps soutenue ou très intense, sont-ils dus à un phénomène de fatigue ou bien à un phénomène inhibitoire? Faisons d'abord remarquer que l'arrêt inhibitoire implique quelque chose d'actif, une résultante entre deux actions contraires qui viennent se contrebalancer, et que, si le phénomène moteur cesse de se produire, c'est parce qu'une action en sens contraire est venue l'en empêcher; cette action contraire venant à disparaître, le phénomène moteur reprendrait son intensité initiale. La fatigue, au contraire, implique un mécanisme totalement différent : le tissu ou l'organe considéré cesserait d'agir par incapacité fonctionnelle. Ce qui distingue essentiellement la fatigue proprement dite de l'inhibition, c'est que, dans la fatigue, il y a impossibilité de continuer la fonction motrice, même après la cessation de la cause excitante; un certain temps de repos devient indispensable pour permettre à l'œuvre de réparation de s'accomplir. Au contraire, les phénomènes inhibitoires sont instantanés dans leur disparition, dès que la cause déterminante cesse d'agir, et, si les faits ne se présentent pas avec cette netteté pour les actes psychiques, c'est parce que les cellules corticales gardent pendant longtemps l'impression reçue, qui persiste, grâce à la mémoire, avec une intensité presque égale à celle du début. Un animal frappé de terreur par la vue d'un ennemi reste pendant longtemps dans l'impossibilité de se mouvoir; la sensation de peur persistant bien plus longtemps que l'excitation visuelle. Mais, si nous nous adressons aux muscles et aux nerfs, nous voyons une distinction bien tranchée entre ces deux ordres de phénomènes. Le domaine de l'inhibition s'élargissant de plus en plus, il paraît certain qu'un grand nombre de faits, considérés comme appartenant à la fatigue, doivent être rangés parmi les manifestations inhibitrices.

Il y a plus de quarante ans Schiff montra que, lorsqu'un nerf est soumis à deux irritations simultanées, il arrive que ces deux irritations, au lieu de se s'accumuler, s'annulent réciproquement; celle qui peut ainsi rendre l'autre inefficace est appelée par lui *irritation négative*. Une longue série de courants induits, lesquels sont ordinairement le plus puissant irritant pour le nerf, peuvent constituer une irritation négative supprimant les contractions. On prépare le plexus lombaire, le sciatique et le gastro-cnémien d'une grenouille, et l'on fait passer par le plexus lombaire un courant induit relativement fort; il se produit un violent tétanos, qui, peu à peu, devient incomplet et finit par disparaître. La jambe est alors flasque et sans mouvement; on peut la plier, l'étendre : il n'y a plus de trace de contractions. Le nerf longtemps irrité paraît avoir perdu toute son action sur le muscle; est-il complètement épuisé? Non; car, s'il l'était, il lui faudrait pour se remettre un temps assez long; or il suffit d'interrompre le courant pendant un sixième et même un dixième de seconde, et de le rétablir, pour voir une nouvelle secousse tétanique, mais une *seule* secousse, et ensuite la jambe reste de nouveau immobile, tant que le courant passe uniformément. Mais, toutes les fois qu'on interrompt et rétablit le courant, même à des intervalles très rapprochés, on voit apparaître la secousse. Quelle est donc l'action du courant sur le nerf dans les intervalles de secousses? Pour l'expliquer, on fixe au nerf, à une certaine distance des pôles de la bobine d'induction, et plus périphériquement, les deux pôles d'une pile très faible, munie d'un interrupteur automatique, produisant une fermeture momentanée à intervalles réguliers. Lorsqu'on est à la phase indiquée dans l'expérience précédente, on constate que, toutes les fois que le courant faradique est interrompu, chaque fermeture du courant de pile donne régulièrement une contraction; mais, dès que le courant faradique est de nouveau mis en jeu, le courant de pile ne produit plus aucune contraction. Dans ce cas, c'est donc l'irritation faradique du plexus lombaire qui joue le rôle d'irritation négative vis-à-vis de l'irritation galvanique du tronc sciatique; celui-ci n'est donc pas inactif pendant la durée de l'irritation tétanisante appliquée au plexus, mais, placé dans ces conditions, il devient un nerf inhibiteur.

Pflüger (A. P., 1859, 25) critiqua l'interprétation de Schiff, tout en confirmant ses résultats expérimentaux, et il chercha à démontrer que la disposition donnée aux appareils pouvait produire des courants unipolaires dans toute la longueur du nerf; selon lui, cette expérience s'explique « très simplement par l'épuisement du nerf ». Les courants forts d'induction qui parcourent la partie supérieure du nerf doivent épuiser le nerf et en partie le muscle. — Schiff répondit à ces objections qu'il ne peut s'agir d'un épuisement par activité du nerf et du muscle, parce que, après une très longue durée de l'expérience, chaque rétablissement de l'induction n'était suivi que d'une très faible contraction, qui n'était par exemple que de 1 millimètre pour le muscle gastro-cnémien; après cette contraction, il y avait repos complet, après lequel le courant d'induction a produit un plus fort raccourcissement, par exemple de 4 millimètres, et l'a produit toutes les fois que le courant avait été rétabli. L'activité plus grande de la partie inférieure du nerf était donc suivie d'un épuisement infiniment moins grand. L'entrée en activité du nerf immédiatement après la cessation du courant montre que le nerf qui, sous l'influence de la forte induction, paraît inactif et non excitable, est constamment excité, constamment actif, mais il transmet un changement qui *empêche* le nerf d'obéir à une excitation et de produire des mouvements musculaires. Il transmet une irritation négative. Et, sous ce rapport, le nerf moteur montre dans certaines conditions un effet analogue à celui du pneumogastrique sur les mouvements du cœur : l'influence inhibitrice du pneumogastrique n'est mise en jeu que par les irritations relativement fortes, tandis que les faibles mettent en jeu une influence contraire. Le sciatique dans ces conditions devient un nerf inhibiteur.

Cette ancienne expérience de Schiff n'est pas essentiellement en contradiction avec les expériences de Wedensky et de Bowditch sur l'infatigabilité des nerfs. Seule l'interprétation en est toute différente; dans certaines conditions, l'effet musculaire des irritations prolongées du tronc nerveux peut disparaître pour une cause qui n'est pas l'épuisement des fibres motrices; mais, suivant Schiff, cette cause, c'est l'entrée en jeu de phénomènes inhibitoires, et non un épuisement de l'appareil terminal, comme l'admettent Wedensky et Bowditch; elles démontrent, dit Schiff, que la conductibilité est encore conservée dans un nerf longtemps excité, ce qui s'accorde avec sa théorie de l'irritation négative, qui implique la présence d'un résidu de conductibilité.

Herzen, qui se range à l'opinion de Schiff, et qui considère que dans la faradisation prolongée du plexus lombaire de grenouille, le tétanos cesse, non pas par épuisement des nerfs moteurs, mais par inhibition, émet une hypothèse qui explique pourquoi chez le lapin, le chien, le chat, les nerfs ayant transmis le tétanos strychnique sont épuisés et non inhibés (voir plus haut). Son hypothèse repose sur la distinction établie entre l'irritation artificielle et l'irritation naturelle des nerfs. Dans l'irritation artificielle électrique des troncs nerveux, nous mettons forcément en activité toutes les fibres dont ils se composent, tandis que l'irritation physiologique, venant des centres, peut mettre séparément en activité les différentes espèces de fibres que les troncs contiennent. Dans le tétanos réflexe, strychnique, les fibres motrices sont seules actives, et alors elles s'épuisent; dans le tétanos électrique direct, toutes les fibres sont actives, et l'action des inhibitrices devient prédominante dès que les motrices commencent à se fatiguer et à faiblir; celles-ci sont alors inhibées avant d'être épuisées.

Wedensky, qui, par ses nombreux travaux, a contribué à élucider la question, apporte un grand nombre de preuves de ce genre. Nous allons les exposer brièvement.

On admet généralement que, plus les courants appliqués au nerf sont forts, plus les contractions du muscle sont intenses; on l'admet a fortiori pour la préparation en état de fatigue. Or, suivant Wedensky, c'est d'une combinaison déterminée de la fréquence et de l'intensité des courants irritants que dépend le phénomène moteur ou le phénomène inhibitoire. Un muscle qui ne se contracte plus sous l'influence de courants induits intenses et assez fréquents appliqués au nerf, recommence à réagir et entre en tétanos violent, si l'on affaiblit l'irritation jusqu'à un certain degré très modéré (des observations analogues avaient déjà été faites par V. Kries). Le même irritant peut produire des effets excitateurs et inhibitoires.

I. Le maximum de la contraction tétanique ne peut être observé qu'en appliquant au nerf des courants de fréquence et d'intensité très déterminées. A mesure que l'excitabilité diminue sous l'influence de la fatigue, du froid, etc., la fréquence ou l'intensité doit diminuer aussi pour que l'irritation exerce l'action tétanisante la plus énergique sur le muscle. a) En irritant le muscle par les courants maxima, on constate qu'au début, pour la préparation fraîche, le maximum de la contraction tétanique correspond à 100 irritations par seconde; à mesure que la tétanisation continue et que le tétanos accuse une tendance à s'affaiblir, on le voit revenir à sa hauteur maximum, en diminuant de plus en plus la fréquence des courants maxima (70, 50, 30, 20 et 15 irritations par seconde). — b) La fréquence de l'irritation restant constante, et assez grande (de 90 à 120 irritations par seconde), on peut conserver la contraction près de son maximum, en diminuant progressivement l'intensité des courants irritants.

Wedensky désigne sous le nom d'irritation optimum celle qui provoque le tétanos maximum, et qui, suivant les états variables de l'appareil excité, doit elle-même varier dans sa fréquence et dans son intensité. — Avec toute irritation au-dessous de l'optimum par son intensité ou par sa fréquence, le muscle ne peut soutenir le maximum de sa contraction. Cette irritation, qui exerce dans le muscle un état de raccourcissement inférieur à celui du maximum, est désignée sous le nom d'irritation sub-optimum.

II. Il en est de même pour une irritation dont la fréquence ou l'intensité sont au delà de l'optimum. Celle-ci ne peut provoquer le maximum de contraction, non parce que l'un des facteurs susdits ou tous les deux sont insuffisants, mais, au contraire, parce qu'ils sont excessifs. Au début, pour la préparation fraîche, il faut environ 230 irritations par seconde; mais, à mesure que la tétanisation continue, des courants maxima de moins en moins fréquents (150, 120, 90, 50 et 40 irritations par seconde) suffisent déjà, non seulement pour empêcher le muscle de se contracter fortement, mais aussi pour produire son relâchement complet. Cette irritation, qui met ainsi le muscle dans un état de relâchement qui diffère du repos absolu, et qui, si on l'affaiblit, ramènera des contractions musculaires, est désignée par Wedensky sous le nom d'irritation pessimum. Toute irritation intermédiaire entre l'optimum et le pessimum, doit être désignée comme l'irritation sub-pessimum. Ainsi l'irritation sub-pessimum rapproche ses effets de ceux de l'optimum par une diminution de fréquence ou d'intensité; le sub-optimum produit les mêmes effets par l'augmentation de fréquence ou d'intensité.

III. Pendant que l'on fait agir sur le nerf l'irritation pessimum et que le muscle tombe dans l'état de relâchement, des impulsions intenses et fréquentes, qu'on peut démontrer au moyen du galvanomètre ou du téléphone, traversent le nerf dans toute sa longueur. Si ces impulsions ne provoquent pas la contraction musculaire, c'est parce qu'elles ont une intensité trop forte et une fréquence trop grande pour l'appareil terminal dans son état actuel. En effet, pour produire le tétanos, il faut ou bien modérer l'intensité de ces impulsions, ou bien réduire leur fréquence.

IV. Les impulsions qui traversent le nerf pendant l'irritation pessimum provoquent dans le muscle non seulement un état de relâchement, mais aussi une dépression d'irritabilité, une action inhibitrice qui peut être démontrée en appliquant, simultanément avec cette irritation, une irritation optimum qui agirait directement sur le muscle ou le nerf dans sa partie inférieure. Pendant que l'irritation pessimum agit sur le nerf, les effets de l'irritation optimum sont inhibés.

Ces expériences de WEDENSKY montrent que, lorsque dans la tétanisation électrique le nerf moteur est animé par des impulsions à la fois *fréquentes* et *fortes*, son muscle, bientôt, après des contractions peu durables, se relâche, et tombe dans un état particulier qui n'est nullement la fatigue; car il suffit d'affaiblir les impulsions émises par le nerf pour que les contractions violentes aient lieu de nouveau. Cet état particulier est celui d'inhibition; la preuve en est fournie à l'aide d'une autre irritation tétanique, d'intensité modérée, appliquée au muscle. Une pareille irritation est inhibée pendant toute la durée du relâchement du muscle produit par la stimulation du nerf, et provoque des contractions aussitôt que cette stimulation cesse. — La différence avec le cœur n'est pas essentielle, suivant WEDENSKY; ce qu'on obtient pour le cœur, appareil assez inerte, avec 18 à 20 irritations par seconde (animaux à sang chaud), on ne peut l'obtenir pour le muscle ordinaire qu'en appliquant quelques centaines d'irritations par seconde.

Quant au siège de phénomènes inhibitoires, WEDENSKY le place dans la plaque motrice, le tronc nerveux étant résistant aussi bien à la fatigue qu'à l'inhibition. Les irritations très fréquentes et très intenses produiraient par conséquent des phénomènes inhibitoires, pouvant simuler la fatigue.

Voici encore une expérience (inédite) de J. IOTEYKO, qui rentre dans la catégorie des faits d'inhibition. On excite le nerf sciatique d'une grenouille (circulation conservée) au moyen de courants tétanisants maxima d'une seconde de durée, et se répétant à quinze secondes d'intervalle. On obtient un tracé où les premiers soulèvements sont d'égale hauteur, puis celle-ci commence à décroître par le fait de la fatigue. Au moment où les contractions commencent à fléchir, on abaisse la clef pour produire un fort tétanos, qui se maintient jusqu'au relâchement complet. Quand le muscle est complètement relâché, on reprend aussitôt la tétanisation périodique avec le même rythme et la même intensité qu'au début de l'expérience. Qu'obtenons-nous après cette tétanisation, qui avait, semble-t-il, épuisé totalement la préparation? Nous obtenons encore de petites contractions, bien visibles sur le cylindre noirci; mais, ce qui paraît surprenant au premier abord, c'est que la hauteur de ces contractions *s'accroît* progressivement à chaque nouvelle irritation et atteint un certain optimum, après lequel les contractions commencent à baisser. Si, à ce moment, on tétanise encore le nerf jusqu'à épuisement complet, et si on reprend les excitations périodiques, on obtient le même phénomène que précédemment : les premières contractions après le tétanos sont à peine perceptibles, les suivantes les dépassent sensiblement en hauteur, puis elles fléchissent. Ainsi donc, la même intensité et le même rythme du courant induit, qui au début de l'expérience étaient susceptibles de produire l'épuisement (diminution de la hauteur des contractions), ont permis après le tétanos un certain degré de réparation (augmentation de la hauteur). Nous devons donc admettre que le relâchement du tétanos n'était pas dû à la fatigue; car celle-ci s'accentue progressivement au travail effectué; la réparation consécutive au tétanos est une preuve que l'inhibition avait précédé la fatigue. — Pour la réussite de l'expérience, le rythme de quinze secondes d'intervalle est le plus favorable; elle réussit encore avec le rythme de dix ou vingt secondes, mais elle échoue avec le rythme de six secondes.

Les expériences relatées dans ce paragraphe montrent que, dans certains cas, la cessation de l'activité d'un nerf moteur peut être due, non pas à la fatigue, mais à l'inhibition, et celle-ci se produit fréquemment avec l'emploi de courants forts. Cette dernière condition justifie toutefois le soupçon que l'altération du tronc nerveux ne serait peut-être pas étrangère au phénomène.

VII. Conclusions. — En face de ces divers résultats, souvent si contradictoires, il est permis de se demander quelles sont les conclusions générales qu'on peut tirer de ces recherches sur la fatigue des nerfs. La critique des différentes méthodes ayant déjà été faite, il ne nous reste qu'à comparer les résultats.

Même si les critiques qu'on peut opposer à l'électrotonisation des nerfs et à la curarisation étaient justifiées, il existe des expériences qui leur échappent : ce sont celles où la barrière au passage de l'influx nerveux a été constituée par d'autres procédés : par l'éthérisation pour les nerfs moteurs (MASCHER), par l'atropinisation pour les fibres d'arrêt (SZANA) et pour les fibres sécrétoires (LAMBERT). Ces dernières expériences, de même que les premières, plaident en faveur d'une grande résistance des nerfs à la fatigue. En second lieu, nous avons signalé les dangers qui résultent de l'application de l'électricité comme excitant, en raison des phénomènes de diffusion. Or il existe des expériences où 'on s'est servi d'excitants autres que l'électricité; ce sont celles de BERNSTEIN, qui s'est adressé encore aux excitants chimiques, mécaniques et calorifiques. Les résultats ont été les mêmes. Au contraire, la strychnisation, qui a donné des résultats contradictoires, ne paraît pas être bien choisie pour l'étude de la fatigue périphérique en raison de son action curarisante qu'elle exerce à forte dose, et surtout à cause du fait signalé par BUISSON (*B. B*, 1858, 125 et *Journ. de Physiol.*, 1859 et 1860) et confirmé par VULPIAN (*A. de P.*, 1870, 116 et *Substances toxiques*, 497), que l'action curarisante que produisent les fortes doses de strychnine sur les terminaisons nerveuses se manifeste plus rapidement lorsque le nerf est excité; c'est pour cette raison que le nerf intact, qui a pris part aux violentes convulsions strychniques, ne réagit plus, tandis que le nerf sectionné réagit immédiatement (expériences réaction de HERZEN). Le manque de réaction dans le nerf intact n'est pas dû à la fatigue propre du nerf, mais à l'abolition de son action sur le muscle, consécutivement à l'action curarisante de la strychnine, plus forte de ce côté. Et on n'est pas surpris de constater que les deux muscles réagissent à peu près de la même manière au même minimum d'intensité auquel ils réagissaient avant le tétanos. Cela constitue même une preuve certaine que le tétanos strychnique n'avait produit aucune espèce de fatigue ou que celle-ci, très légère, s'est rapidement dissipée.

BOEHM a montré que, sous l'influence de poisons curarisants, la préparation névro-musculaire présentait une grande fatigabilité, et il a dissocié cet état de fatigabilité de l'action curarisante proprement dite. La fatigabilité exige la conservation de l'action du nerf sur le muscle; l'excitation du nerf est encore efficace; mais après deux ou trois, quelquefois même après une seule contraction, la réaction cesse complètement, ou bien les contractions descendent à une valeur minime. Si on le laisse reposer pendant quelque temps, l'excitabilité revient de nouveau, et avec les mêmes caractères que précédemment. Pour se rendre bien compte de ce phénomène, il est nécessaire de s'adresser à la méthode graphique. Le tracé (fig. 1) que nous reproduisons, est dû à J. IOTEYKO. Il a été pris au moment de la déstrychnisation (grenouille vivante verte), pendant laquelle, comme on le sait, l'action curarisante tend à diminuer. Ce tracé présente un aspect tout à fait caractéristique. La première contraction (excitation du nerf) est très haute, les contractions suivantes ont subi d'emblée une diminution considérable. On prend plusieurs séries de contractions avec intervalles de trente secondes de repos, et on constate que : 1° chaque fois la première contraction est assez haute et les suivantes à peine perceptibles, mais que la réparation touche aussi bien les contractions hautes initiales, que les contractions basses; 2° A chaque nouvelle série, la réparation est moindre. On prend ensuite plusieurs séries de contractions séparées par trois minutes de repos et on voit que : 1° ce temps est suffisant pour la réparation intégrale de la contraction haute, qui même a subi un accroissement après le premier repos; 2° ce temps est insuffisant pour la réparation des contractions basses; 3° la fatigabilité va en augmentant dans chaque nouvelle série.

Ajoutons que l'excitation directe du muscle a donné dans cette expérience une courbe de fatigue normale. Le phénomène de fatigabilité permet donc de rejeter complètement la strychnine comme procédé expérimental dans la mesure de la fatigue du nerf.

Le nerf non coupé (expériences de Herzen), qui a pris part aux violentes convulsions strychniques, ne répond plus à l'excitation, non par fatigue de ses fibres, mais en raison de sa grande fatigabilité d'origine toxique; le nerf non coupé est fatigable au même titre, ayant subi la même intoxication; mais, comme il n'a pas été excité, il peut fournir

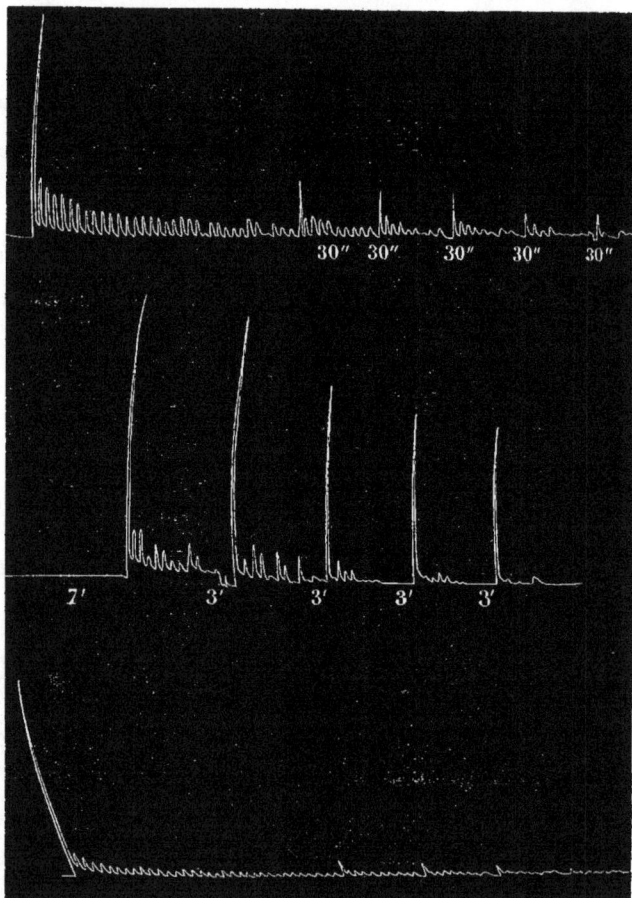

Fig. 1. — (D'après J. Ioteyko) Influence de la strychnine sur la fatigabilité du nerf.

une réponse chaque fois qu'on l'excite, et une réponse qui pour les premières contractions diffère peu de la normale.

Reste le phénomène de la variation négative. C'est le grand mérite de Herzen d'avoir appelé l'attention sur la disjonction possible du phénomène électrique qui accompagne l'activité physiologique d'avec cette activité. En admettant même le bien fondé des critiques de N. Cybulski et J. Sosnowski, qui trouvent que, dans ses expériences avec le chloralose, Herzen avait pris pour une variation négative la phase katélectrotonique qui s'est développée après l'excitation par un courant d'induction, il n'en reste pas moins vrai que, dans un grand nombre de circonstances, il a été possible de constater la présence de la variation négative après que toute action du nerf sur le muscle avait disparu (Boruttau, Waller, Herzen). Enfin les expériences de Radzikowski montrent clairement qu'il existe des courants d'action sans activité fonctionnelle. Une branche du sciatique est coupée près du gastrocnémien et reliée à un galvanomètre; l'autre branche est laissée intacte. De cette façon, à chaque excitation du tronc nerveux, il est possible d'observer en même temps la contraction musculaire et la variation négative. Si l'on introduit dans la chambre humide un peu d'éther, on voit la contraction disparaître malgré l'emploi de courants forts; malgré cela on voit persister la variation négative. Pour éliminer la supposition, que l'absence de contraction est due à l'inexcitabilité des plaques motrices, l'auteur examine maintenant l'excitabilité d'un point du nerf plus rapproché du muscle, et il parvient à obtenir des contractions. Donc l'absence de réponse de la partie supérieure du nerf était bien due à l'inexcitabilité de la partie excitée, qui pourtant donnait la variation négative. En réalité, Waller, en montrant que la variation négative est le dernier signe de vie qui persiste encore après la cessation de toute autre manifestation vitale; Boruttau, en montrant que sous l'influence du froid la variation négative persiste après la suppression de la contraction, admettent aussi la disjonction de ces deux phénomènes. L'accord est donc complet *sur le fait*. Toutes ces expériences prouvent que la variation négative est extrêmement résistante à toutes les causes d'altération; si nous la voyons apparaître dans un système dont la vie se manifeste encore par d'autres phénomènes, il est certain qu'elle peut servir de mesure à l'intensité même de l'activité fonctionnelle (comme par exemple dans les belles expériences de Beck et Cybulski sur les phénomènes électriques de l'écorce cérébrale des chiens et des singes), mais il est impossible de baser des conclusions concernant la résistance des nerfs à la fatigue et à la curarisation sur la présence de la variation négative. Pourtant la présence de la variation négative en l'absence même de tout autre phénomène vital avait été considérée par certains physiologistes comme une preuve indéniable d'activité. Ainsi, Wedensky a rapporté au Congrès de Physiologie de Liège (1892) les résultats des expériences comparatives que Tour avait instituées dans son laboratoire sur la survie d'un nerf irrité et d'un nerf resté au repos (animaux à sang chaud). Le téléphone et le galvanomètre ont été employés comme indicateurs de leur vitalité. Or les nerfs ont présenté la même survie et moururent parallèlement. Wedensky en conclut que l'activité du nerf n'est accompagnée d'aucun épuisement et que l'infatigabilité du nerf est absolue. Nous croyons qu'un résultat pareil pourrait, au contraire, éveiller les plus graves soupçons relativement à la méthode qui a servi d'indicateur de la survie. Si peu intenses que soient probablement les phénomènes chimiques qui accompagnent le fonctionnement des nerfs, ils ne sont pas nuls : autrement le nerf serait plus résistant à la fatigue que les conducteurs métalliques! On sait qu'il y a trente ans sir William Thomson avait constaté que les fils métalliques, soumis à l'action d'ébranlements répétés, accusent au bout d'un certain temps des propriétés différentes de celles qu'ils possèdent à l'état de repos. Ce phénomène est notamment fréquent pour les fils télégraphiques, qui conduisent mieux l'électricité le lundi, après le repos dominical (Angleterre), que les autres jours de la semaine. Si le fil est laissé au repos pendant trois semaines, alors sa conductibilité s'accroît de 10 p. 100. Ces résultats viennent d'être confirmés à l'Institut Franklin (Amérique). Il est donc permis de parler de la « fatigue des métaux » et de la nécessité de leur accorder un certain repos.

Si la variation négative ne peut être considérée comme un signe infaillible de l'activité fonctionnelle, il n'en reste pas moins vrai que, toutes conditions égales, elle persiste bien plus longtemps dans le nerf excité que dans le muscle, et, de ce fait, elle peut être placée à côté des méthodes d'investigation, dont les résultats plaident en faveur de la résistance plus grande du nerf.

En résumé, nous écartons l'infatigabilité absolue des nerfs comme étant incompatible avec les lois biologiques, mais nous admettons que leur résistance à la fatigue est incomparablement plus grande que celle du muscle. Nous avons exposé plus haut les raisons qu'on peut invoquer pour admettre que le tronc nerveux n'est pas exempt de toute fatigue. A côté de ces expériences, on peut placer celle de Carvallo (1900), qui a étudié l'influence de la température sur la fatigue des nerfs moteurs de la grenouille. Il a reconnu que la température a une action considérable sur l'activité des nerfs moteurs. Avec l'augmentation de la température du nerf, la somme de travail mécanique que fournit le muscle devient plus grande. Le nerf sciatique, transporté, après fatigue, de 0° à 5°, 10°, 20°, 25°, 30°, le muscle restant toujours dans la glace, présente des accroissement successifs d'excitabilité jusqu'à 20°, et qui cessent au delà de cette limite, optimum de l'activité thermique. Enfin, phénomène qui prouve que non seulement les nerfs se fatiguent aux basses températures, mais qu'ils peuvent se réparer par suite de l'échauffement, c'est que le nerf fatigué à 0°, chauffé à 20°, puis refroidi de nouveau à 0°, donne à cette température une nouvelle courbe de fatigue. Ainsi donc, la température exerce une influence très accentuée sur l'activité des nerfs au point de vue de leurs effets mécaniques sur le muscle, preuve que l'activité nerveuse est accompagnée de phénomènes chimiques (Carvallo). Cependant, nous avons vu que la température reste sans effet sur la vitesse de la propagation de l'influx nerveux (Weiss).

La question paraît s'être éclaircie, et l'accord est survenu entre les physiologistes. Dans l'*Intermédiaire des Biologistes* (1898), Herzen écrit : « Les faits me semblent prouver suffisamment que le tronc nerveux n'est pas absolument exempt de toute altération due à son fonctionnement, en un mot de toute fatigue. » C'est bien aussi l'opinion de Waller et de Boruttau (même recueil). « Si rien ne s'oppose à accepter une espèce de fatigue des nerfs, dit Boruttau, en tout cas, elle reste très restreinte et ne se manifeste que tardivement. » Quant à Waller, l'infatigabilité du nerf serait due plutôt à une réintégration très rapide qu'à une désintégration très lente.

On conçoit que la question ainsi posée demande une nouvelle solution. Quoi qu'il en soit, le fait de la grande endurance des nerfs à la fatigue reste acquis.

IV. Phénomènes chimiques de la fatigue des nerfs. — Nos connaissances relatives aux phénomènes chimiques de la fatigue des nerfs sont presque nulles au point de vue physiologique. Il est probable que les procédés d'analyse chimique mis en œuvre sont trop grossiers pour déceler une réaction, qui, tout en étant très restreinte au point de vue absolu, est peut-être très importante au point de vue relatif.

Immédiatement après que Du Bois-Reymond eût découvert les modifications fonctionnelles de la réaction du muscle, Funke (1859) arriva à des résultats exactement semblables pour les nerfs. Il trouva que les coupes transversales des troncs nerveux, aussi bien que de la moelle épinière, des grenouilles et des lapins curarisés, étaient *neutres* ou très faiblement alcalines pendant la vie et à l'état de repos, tandis qu'elles devenaient *acides* après la mort ou sous l'influence de la fatigue (tétanisation générale par la strychnine ou l'électricité). Au moment de la putréfaction, la réaction redevient de nouveau alcaline. Ranke (1868) confirma les résultats de Funke; l'exposé de ses expériences sera donné plus bas. De même Heynsius arriva à des résultats semblables (1859). Mais Kühne, Du Bois-Reymond, Liebreich (1867) et Heidenhain (1868) ne trouvèrent pas la moindre réaction acide dans les nerfs tétanisés. D'après Du Bois-Reymond, la réaction acide n'apparaît qu'après la mort. Liebreich employa, au lieu du papier de tournesol, des lames de gypse, colorées par la teinture de tournesol; Heidenhain écrasa les nerfs dans la teinture ou bien employa leur extrait aqueux. Funke maintint ses assertions qu'il vérifia dans de nouvelles expériences et par d'autres procédés (1869). D'après Gscheidlen (1874), il faut établir une distinction rigoureuse entre les nerfs et la substance cérébrale, car la substance blanche est normalement neutre, tandis que la substance grise est acide. D'après lui, la substance blanche ne devient jamais acide spontanément.

Les expériences de Funke et de Ranke paraissent concluantes; celles de Heidenhain démontrent seulement que l'acidité du nerf est incomparablement plus faible que celle du muscle; d'ailleurs, il trouve lui-même que le papier de tournesol est un réactif bien plus sensible aux moindres traces d'acide que la teinture. On peut donc admettre que les nerfs mourants, de même que les nerfs fortement tétanisés, deviennent acides, mais cette réaction est tellement faible, qu'il faut des moyens extrêmement délicats pour la déceler, et dans tous les cas elle ne peut servir de mesure à l'activité propre du nerf.

Revenons aux expériences de Ranke, qui a confirmé les résultats de Funke. La réaction acide est la plus forte quand les grenouilles meurent dans de violentes convulsions; l'acidité des nerfs et du cerveau devient alors égale à celle des muscles.

Grenouilles. — Tétanos strychnique général. Le sang présente une réaction faiblement acide ; les muscles sont franchement acides. Le cerveau, la moelle et le nerf sciatique, lavés à l'eau distillée, séchés et écrasés sur du papier à réactif, ont une réaction acide. Les nerfs ainsi traités étaient encore vivants, leur excitabilité n'était pas complètement abolie. Les grenouilles qui ont servi de contrôle furent tuées sans tétanos ; leur sang et leur lymphe étaient fortement alcalins, leurs muscles et leurs nerfs faiblement alcalins. Mêmes résultats avec le tétanos général électrique et avec le tétanos électrique du nerf sciatique isolé. Dans ce dernier cas toutefois, la réaction acide ne s'est produite qu'aux points de contact des électrodes métalliques ; elle est due à l'électrolyse; car elle ne s'est produite ni avec les électrodes impolarisables de Du Bois-Reymond ni avec les excitations mécaniques.

Animaux à sang chaud. — Chez un lapin strychnisé, les muscles encore vivants présentent une réaction acide, les nerfs sont alcalins; la moelle et le cerveau sont légèrement acides. La substance grise est légèrement alcaline. Ce n'est que quand les muscles deviennent acides qu'on trouvera la même réaction dans le nerf. Seuls les individus faibles, qui donnent des convulsions faibles et s'épuisent facilement, gardent la réaction alcaline. Il en est de même si l'empoisonnement strychnique est léger. *La réaction est plus faible dans le sciatique que dans les centres nerveux.* Ainsi il résulte des expériences de Ranke sur la réaction des nerfs, que : 1) La réaction chimique du système nerveux normal est légèrement alcaline à tendance neutre. Elle est la même que pour les muscles et les glandes, tandis que la réaction du sang et de la lymphe est fortement alcaline ; 2) Après la mort du nerf, sa réaction devient légèrement acide; elle est plus accentuée dans la mort par de fortes convulsions, mais elle existe aussi dans la mort par le curare. L'acidité se produit aussi quand on échauffe le nerf à 45-55°. Mais, quand l'échauffement atteint 100° (cerveau de pigeon), alors la réaction reste alcaline. Mêmes phénomènes que pour le muscle; 3) Pendant le tétanos général, strychnique ou électrique, la réaction du système nerveux vivant devient faiblement acide. L'acidité est en rapport direct avec l'intensité du tétanos; 4) Le nerf isolé et excité par les courants d'induction ne devient acide qu'aux points de contact des électrodes. Le nerf excité mécaniquement ne présente pas de réaction acide.

Les expériences de Ranke montrent que l'acidité du système nerveux dans la tétanisation ne s'est pas produite *in situ*, mais que ce sont les muscles qui ont déversé dans le sang un acide, qui est venu se fixer dans le tissu nerveux. C'est seulement quand les muscles deviennent acides qu'on peut trouver la même réaction dans le nerf, tandis que le nerf *isolé* et excité ne devient acide qu'aux points de contact des électrodes métalliques ordinaires, sans le devenir avec l'emploi des électrodes impolarisables de Du Bois-Reymond ni avec les excitations mécaniques.

Ranke a appliqué aux nerfs sa théorie de la fatigue musculaire. La concentration du sang augmente pendant la tétanisation, et ce phénomène devient le point de départ d'un processus de diffusion entre le sang et la substance nerveuse. Dès que la concentration du sang sera augmentée, il se produira un courant de diffusion dirigé vers le tissu contenant le plus d'eau; or, normalement, la substance cérébrale contient plus d'eau que le sang. Tous les poisons, nés soit dans le tissu musculaire, soit dans le sang, seront donc transportés vers les centres nerveux; cela explique la grande sensibilité de ces derniers aux intoxications. Le même fait se produit pendant la tétanisation du muscle. Une partie des substances qu'on trouve dans le système nerveux pendant la tétanisation du muscle n'est donc pas née sur place; mais a été transportée vers les centres par un phénomène de diffusion. Ainsi donc, pendant la tétanisation, *le système nerveux central devient plus riche en substances solides*, substances qui lui viennent du sang grâce à un phénomène de diffusion, et il *s'appauvrit en substances liquides* qu'il cède au sang.

I. *Grenouilles reposées.*

Teneur en eau du sang . . . .   88,3 p. 100
   —   —   de la moelle . . . . .   89,6 —

II. *Grenouilles tétanisées.*

Teneur en eau du sang . . . .   87 p. 100
   —   —   de la moelle. . . . . .   87,8 —

La diminution d'excitabilité du système nerveux peut donc être mise aussi bien sur le compte de la pénétration des substances toxiques que sur le compte des changements survenus dans sa teneur en eau. Comme la substance grise chez l'homme et les mammifères est aussi plus riche en eau que le sang, on peut admettre que les mêmes phénomènes doivent s'y passer. Il a été impossible à Ranke de démontrer un rapport semblable pour les nerfs périphériques et la substance blanche. Il considère que par le lavage il es possible d'obtenir la réparation du nerf fatigué; mais les preuves font complètement défaut pour affirmer que la fatigue et la réparation touchent le nerf et non le muscle. Ranke considère les acides comme des substances fatigantes pour le nerf, et, d'une façon générale, range dans cette catégorie toutes les substances qui diminuent l'irritabilité des nerfs, et qui proviennent de leur désassimilation (acide lactique, sels de potasse, sels acides de phosphore, anhydride carbonique). Pendant le repos, la circulation entraîne les acides ou les neutralise par l'alcalinité du sang. A vrai dire, rien ne vient démontrer la part que prennent les nerfs dans les phénomènes de fatigue décrits par Ranke, et cette partie de ses recherches ne possède qu'un intérêt historique. Bocci trouva que les nerfs au repos avaient une réaction acide; mais que celle-ci n'augmentait pas par le tétanos strychnique. D'après Moleschott et Battistini, l'excitation accroît l'acidité dans les centres nerveux, et au contraire, elle la diminue dans les nerfs périphériques. Dans le tétanos strychnique du lapin, la plus grande acidité se trouve dans la moelle épinière.

Nous ne possédons que quelques données très imparfaites sur la *respiration* des nerfs à l'état de repos et à l'état de fatigue. D'après Ranke, le cerveau de pigeon, extrait du corps, dégage de l'anhydride carbonique et emprunte de l'oxygène à l'atmosphère ambiante. Ce processus est activé par l'élévation de température. On a objecté à Ranke que les échanges gazeux décrits par lui n'étaient pas d'ordre physiologique.

La question de la respiration des nerfs est revenue à l'ordre du jour depuis les expériences de Waller. D'après lui l'excitation du nerf se traduit au galvanomètre par une réponse électrique composée de 3 phases:

I. Phase (nerf frais) où prédomine la variation négative S.

II. Phase (intermédiaire) où prédomine la variation subséquente positive N.

III. Phase (nerf usé) où prédomine la variation positive N.

Or, en étudiant l'action de l'anhydride carbonique sur le nerf isolé dans ces trois phases et l'action de la tétanisation prolongée du nerf dans les mêmes phases, on voit que les effets sont identiques, d'où on peut conclure à une production d'anhydride carbonique pendant la tétanisation du nerf. La variation négative serait entretenue par la production de CO_2.

Dans les trois phases il y a diminution de N pendant la tétanisation et pendant l'action de CO_2 en petite quantité. *La tétanisation prolongée 5 minutes produit une augmentation de la variation négative, soit un effet semblable à celui de* CO_2 *en petite quantité.* L'oxygène, l'azote, l'hydrogène, l'oxyde de carbone et l'oxyde nitreux n'ont point d'influence appréciable sur le courant d'action.

Ces faits semblent prouver que : 1) la tétanisation du nerf est accompagnée de production d'anhydride carbonique; 2) que l'inépuisabilité du nerf est due plutôt à une réintégration très rapide qu'à une désintégration très lente.

Mais ces résultats si intéressants sont infirmés par de nouvelles expériences de Waller lui-même. Le physiologiste anglais a montré l'existence du courant d'action dans les feuilles exposées à la lumière. Ce courant peut servir de mesure à l'activité synthétique du protoplasma. Il est donc impossible d'affirmer que la variation négative est due à la production d'acide carbonique, et du même coup l'hypothèse de l'inépuisabilité du nerf basée sur sa réintégration très rapide perd tout appui expérimental (A. Waller, *B. B.*, 1900, 342 et 1093). Mais en revanche on acquiert la certitude presque complète que le phénomène électrique est réellement lié à la vie des tissus.

Bibliographie. — Bernstein. *Ueber die Ermüdung und Erholung der Nerven* (*A. g. P.*, 1877, xv, 289). — Bocci. *Sensible und motorische Nerven und ihre chemische Reaction* (*Moleschott's Unters*, 1888, xiv, 1-11). — Boruttau (H.). *La fatigue des nerfs* (*Interm. d. Biolog.*, 1898). — Bowditch. *Ueber den Nachweis der Unermüdlichkeit des Säugethiernerven* (*A. P.*, 1890, 505}; *Note on the nature of the nerve force* (*J. P.*, 1885, vi). — Carvallo (J.). *Influence de la température sur la fatigue des nerfs moteurs de la grenouille* (*C. R.*,

1900, cxxx, 1212-1214); (Journ. de Physiologie, 1899, 990); (XIIIe Congr. intern. de Méd. Paris, 1900, Section de Physiologie). — CLARK, LE GROS (F.). Some remarks on nervous exhaustion and on vaso-motor action (J. of Anat. and physiol., 1884, xviii, 239-256). — CYBULSKI et SOSNOWSKI. Ist die negative Schwankung ein unfehlbares Zeichen der physiol. Nerventhätigkeit? (C. P., xiii, 513.) — DU BOIS-REYMOND. (Untersuchungen, etc., ii, 425). — EDES (R. E.). On the method of transmission of the impulse in medullated fibres (J. P., 1892, xiii, 431-444). — EWALD (A.) (A. g. P., 1869, ii, 142). — FUNKE (O.). Ueber die Reaction der Nervensubstanz (Ber. sächs. Acad., 1859, 161, et A. P., 1859, 835); (C. W., 1869, 721). — GSCHEIDLEN (A. g. P., 1874, 171). — HERMANN (Handbuch der Physiologie, 1879, Leipzig, ii, 134-136). — HERZEN (A.). La fatigue des nerfs (Arch. des Sciences phys. et nat., (3), xviii, 1887, 319); Sur la fatigue des nerfs (A. i. B., 1887-1888, ix, 15; Sur la nature des mouvements fonctionnels du cœur, Lausanne, 1888 (et Bull. Soc. Vaud. sc. nat., 1886, 1887 et 1888); Fatigue des nerfs (Interm. des Biologistes, 1898); Encore la fatigue des nerfs (Ibid., 1898); Note sur l'empoisonnement par le curare (Ibid., 1898); La variation négative est-elle un signe infaillible d'activité fonctionnelle? (Arch. des sciences méd. et naturelles de Genève, 1899, (4), viii, 542-548; C. P., 1899, xiii); Une question Préjudicielle d'électrophysiologie nerveuse (Revue scientif., 13 juin 1900). — HEIDENHAIN (Studien d. physiol. Instit. zu Breslau, iv, 1868, 48 et C. W., 1868, 833). — HERING (Acad. Wien; 1884, Bd. 89, 154). — HEYNSIUS (d'après Meissner's Jahrber. 1859, 403). — IOTEYKO (J.) et STÉFANOWSKA (M.). Anesthésie générale et anesthésie locale du nerf moteur (C. R., juin 1899); De l'équivalent de la loi de RITTER-VALLI dans l'anesthésie des nerfs (B. B., 1901, n° 40). — KILIAN. Versuche über die Restitution der Nervenerregbarkeit nach dem Tode. Giessen, 1847. — KÜHNE (Phys. Chem., 337). — LAMBERT (M.). De l'infatigabilité des nerfs sécrétoires (B. B., 1894, 511); La résistance des nerfs à la fatigue (Thèse de Nancy, 1894). — LANGENDORFF (C. W., 28 février 1891; Neurol. Centralbl., 1886). — LIEBREICH (Tagebl. d. Naturf.-Vers. zu Frankfurt, 1867, 73). — MASCHECK. Ueber Nervenermüdung bei elektrischer Reizung (Ak. W., 1887, iii, 109). — MOLESCHOTT et BATTISTINI. Sur la réaction chimique des muscles striés et du système nerveux à l'état de repos et après le travail (A. i. B., 1887, viii, 90-124). — PFLÜGER (A. P., 1859, 25); (A. g. P., 1868, i, 67). — RANKE (J.) (C. W., 1868, 769, et 1869, 97; Die Lebensbedingungen der Nerven, Leipzig, 1868). — RENÉ (In Thèse de LAMBERT, note à la page 4). — RADZIKOWSKI (C.). Contribution à l'étude de l'électricité nerveuse (Mém. de l'Acad. roy. de Belgique, lix, et Travaux de l'Institut Solvay, iii, 1899); Actionsstrom ohne Action (C. P., 17 août 1901). — SEVERINI. Azione dell' ossigenio atomico sulla vita dei nervi (Perugia, 1873). — SZANA. Beitrag zu Lehre von der Unermüdlichkeit der Nerven (A. P. 1891, 315). — SCHIFF (M.). Recherches sur les nerfs dits arrestateurs (Mémoires Physiol., i, 1894, 619); Anhang über die Erschöpfung der motorischen Nerven (Mém. Physiol., 1894, i, 660-672); Lehrbuch der Physiologie der Muskel-und Nervensystems, 1858-1859. — TOUR (TH.). Travaux de la Soc. Imp. des Naturalistes de Saint Pétersbourg, xxx, 1899. — VALENTIN (Arch. f. physiol. Heilk., 1859, 474). — VULPIAN (A. de P., 1870, 116 et Substances toxiques, 497). — WALLER (A.). Report on experiments and observations relating to the process of fatigue and Recovery (British med. Journ., (2), 1885, 135-148, et (2), 1886, 101-103); (Brain, 1891, 179); The effect of CO² upon nerve and the production of CO² by nerve (Proceed. of the physiol. Society, 11 janvier 1896 et J. P., 1896, xix, i-vi); Lectures on Animal Electricity, 1897 (Phil. Trans. Roy. Soc., 1897, 64); Éléments de physiologie humaine, éd. française, 1898, 435-460; Fatigue des nerfs (Interm. des Biologistes, 1898); Observations on isolated nerve (Croonian Lecture, Phil. Trans. Roy. Soc., clxxxviii, 1); (B. B., 1900, 312 et 1093); Le dernier signe de vie (C. R., 3 septembre 1900). — WEDENSKY. Expériences de TOUR sur l'infatigabilité absolue des nerfs (Notice de FREDERICQ sur le IIe Congrès intern. de physiologie tenu à Liège, 1892); De l'action excitatrice et inhibitrice du courant électrique sur l'appareil neuro-musculaire (A. de P. 1891, 687-696); (Soc. des Sc. nat. de Saint-Pétersbourg, 20 février 1888); Die telephonischen Wirkungen des erregten Nerven (C. W., 1883, 465-468); Wie rasch ermüdet der Nerv? (Ibid., 1884, 65-68); Des corrélations entre l'irritation et l'activité fonctionnelle dans le tétanos, Saint-Pétersbourg, 1886, en russe, avec 13 pl. et un résumé en allemand. — WEISS (G.). Sur la nature de la propagation de l'agent nerveux (C. R., cxxx, 1900, 198); Influence des variations de température sur les périodes latentes du muscle, du nerf et de la moelle (B. B., 1900, 51).

CHAPITRE II

La Fatigue des terminaisons nerveuses intra-musculaires

Comment comparer la fatigabilité du muscle avec celle des terminaisons nerveuses? Si nous admettons que les excitations répétées du tronc nerveux ne l'altèrent pas, et que la substance musculaire est directement excitable par le courant électrique induit, nous pouvons disposer l'expérience de manière à produire la fatigue de la préparation névro-musculaire en excitant le nerf; et, quand le muscle aura cessé de réagir à l'excitation indirecte, preuve de la paralysie des éléments nerveux qu'il contient, nous n'aurons qu'à appliquer directement les électrodes à la surface du muscle lui-même, afin de mesurer son excitabilité propre. Si à ce moment le muscle est encore en état de réagir aux excitations locales, c'est qu'il n'est pas épuisé, et sa résistance à la fatigue est plus grande que celle des terminaisons nerveuses motrices dont il est le réceptacle. C'est, en effet, l'expérience et le raisonnement auxquels ont recouru presque tous les physiologistes qui ont étudié la question. Mais cette interprétation, pour être exacte, suppose que : 1° les courants énergiques appliqués sur le tronc nerveux fatiguent les terminaisons nerveuses sans altérer, voire sans léser le nerf même; 2° que la substance musculaire est directement excitable par le courant électrique induit.

Après ces critiques préliminaires, passons à l'exposé des expériences.

BERNSTEIN (1877) a mesuré l'excitabilité directe et indirecte dans la fatigue (grenouilles); il a trouvé que la fatigue du muscle arrive au bout du même temps lorsqu'on l'excite directement ou lorsqu'on l'excite par l'intermédiaire du nerf moteur. Les expériences de TCHIRIEW (cité par WALLER) montrent aussi que le muscle cesse de répondre au même moment, qu'il soit excité directement ou indirectement.

Des résultats opposés ont pourtant été signalés par d'autres physiologistes. Dans la même année que le travail de BERNSTEIN, paraissait le mémoire de ROSSBACH et HARTENECK sur la fatigue des muscles des animaux à sang chaud et à circulation arrêtée (ligature de l'aorte). Quand, après 30, 50 contractions directes (secousses maximales, fréquence d'une seconde), on excite le nerf avec le même courant, on constate que les secousses indirectes sont beaucoup moins élevées que les directes.

D'après A. WALLER (1885 et 1891), si l'on applique directement les électrodes sur le muscle qui a cessé de répondre à l'excitation du nerf, il entre en tétanos. Ainsi, lors de la fatigue, le nerf perd rapidement son action sur le muscle, et les phénomènes observés possèdent de grandes analogies avec l'intoxication curarique. Quand on tétanise simultanément deux préparations névro-musculaires; l'une par l'intermédiaire du nerf, et l'autre par le muscle, le tétanos prend fin bien plus rapidement dans le premier cas. De même, en excitant alternativement le nerf et le muscle de la même préparation, l'effet des excitations nerveuses disparaît plus rapidement que celui des excitations musculaires. L'interprétation de ces résultats expérimentaux est la même que pour la curarisation (WALLER). Ni le nerf, ni le muscle ne se fatiguent, mais c'est l'organe intermédiaire entre le nerf et le muscle qui est éminemment fatigable. La fatigue débute par les plaques motrices des nerfs; il se produit une interruption physiologique de l'influx nerveux au niveau de la jonction du nerf et du muscle. Ce phénomène joue le rôle d'une protection des muscles à l'égard des excitations trop fortes venues par l'intermédiaire du nerf. La plaque motrice se répare aussi plus rapidement que le muscle : la réparation est plus prompte et plus accentuée dans la fatigue indirecte que dans la fatigue directe. Mais la stimulation électrique appliquée sur le muscle agit en même temps sur la substance musculaire et sur les terminaisons nerveuses. Pour dégager la part du muscle dans les phénomènes de fatigue, WALLER fit des expériences sur des muscles curarisés. Le muscle non curarisé se fatigue plus rapidement par excitation directe que le muscle curarisé, ce qui prouverait que l'action de la fatigue névromusculaire est plus prompte à se développer que l'action de la fatigue purement musculaire.

Les expériences de A. WALLER furent reprises en 1893 par J.-Ç. ABELOUS; mais, au lieu de tétaniser le nerf directement, l'auteur produisait la fatigue par tétanisation générale de la grenouille. Or, à un moment donné, les excitations du sciatique ne provoquent plus de contractions, tandis qu'en excitant le muscle directement on obtient des réactions motrices très nettes. A cette phase de la fatigue, l'animal est comme curarisé; à une période plus avancée de l'expérience, le muscle lui-même est frappé. ABELOUS fit une série double d'expériences : 1º *Effets de la tétanisation après anémie d'un membre*. La ligature du membre gauche au-dessous du nerf sciatique était pratiquée; après une tétanisation générale et prolongée, on trouva l'excitabilité du sciatique gauche plus grande que celle du sciatique droit. Après repos, l'excitabilité du sciatique droit avait reparu. 2º *Effets de la tétanisation après énervation d'un membre*. On sectionne dans l'abdomen les filets lombaires gauches; la paralysie du membre est complète. On tétanise localement le membre droit; on examine ensuite l'excitabilité des deux nerfs sciatiques; le sciatique droit donne de faibles contractions, le sciatique gauche entre en tétanos pour le même courant. En répétant la tétanisation à plusieurs reprises, on arrive au bout de *deux heures* à une phase où le nerf non excité directement (membre paralysé) cesse de répondre, alors que son muscle est encore très excitable. Cette paralysie, atteignant les terminaisons nerveuses d'un membre qui est resté tout le temps immobile, conclut ABELOUS, ne peut s'expliquer que par le transport par voie sanguine de substances toxiques de nature curarisante. Quant à l'immunité relative du membre lié vis-à-vis de la paralysie qui frappe tout le corps, l'auteur l'explique de la façon suivante : dans le membre intact, il y a intoxication par les substances de tout le corps; dans le membre anémié, ce sont seulement les substances nées sur place qui produisent l'intoxication.

Dans d'autres travaux, ABELOUS chercha à étudier de plus près ces substances curarisantes élaborées au cours du travail musculaire. Les mêmes phénomènes d'intoxication curarique peuvent être produits par l'injection à des animaux sains du sérum, de l'extrait alcoolique du sang et des muscles des animaux fatigués, abolition de l'excitabilité nerveuse avec conservation de l'excitabilité directe des muscles.

En 1893, C. G. SANTESSON confirma en partie les résultats de WALLER et d'ABELOUS; mais, d'après cet auteur, ce n'est que lors de la fatigue produite par les courants tétanisants appliqués sur le nerf que l'excitabilité indirecte se perd avant l'excitabilité directe; dans ces conditions (courants tétanisants) les terminaisons nerveuses se fatiguent plus rapidement que le muscle. Mais, quand le nerf est excité par des chocs d'induction isolés, espacés et maximaux, c'est l'inverse qu'on observe, et on arrive à une phase de la fatigue où les excitations lancées par l'intermédiaire du nerf sont encore efficaces tandis qu'elles restent sans effet sur le muscle. Lors des excitations par les ondes uniques, conclut SANTESSON, c'est donc le muscle qui se fatigue le premier.

En 1896, G. WULFF (cité par SCHENCK) montra que, même pour les chocs isolés, la fatigabilité des terminaisons nerveuses paraît plus grande que celle du muscle. Quand la fatigue est très avancée (courants maximaux d'ouverture, se suivant à une seconde d'intervalle et lancés dans le nerf sciatique), WULFF rapproche les bobines pour avoir un courant plus fort, et mesure l'excitabilité directe et indirecte. Il trouve que l'excitabilité directe est plus grande. Le même phénomène a été constaté pour la fatigue isométrique de la préparation. Toutefois la décroissance plus rapide de l'excitabilité indirecte ne se produit que dans le cas où la fatigue est produite par des excitations qui sont maximales pour le nerf sans l'être pour le muscle, et où l'examen de l'excitabilité directe et indirecte après la fatigue est fait au moyen de courants plus maximaux pour le muscle. Mais, si cet examen de l'excitabilité est fait au moyen de courants juste maximaux pour le muscle à l'état frais, alors on constate qu'il y a égalité entre les deux modes de contraction (après fatigue) avec tendance à la prédominance de la contraction indirecte. Cette différence dans les résultats s'explique, d'après l'auteur, par ce fait que les courants faibles n'agissent pas sur le muscle; pour mettre réellement l'excitabilité du muscle à l'épreuve, il faut des courants très énergiques.

Avant d'aller plus loin, nous devons opposer quelques critiques à certaines de ces expériences pour ne plus avoir à y revenir.

ROSSBACH et HARTENECK ont observé que la fatigue produisait l'abolition de l'excitabilité indirecte avec conservation de l'excitabilité musculaire chez les animaux à sang chaud, et uniquement lors de l'arrêt de la circulation (ligature de l'aorte). Or ces deux conditions réunies suffisent amplement pour faire admettre que le résultat obtenu n'était pas l'effet de la fatigue, mais de l'anémie, qui abolit rapidement chez les homéothermes l'action du nerf sur le muscle.

Quant aux expériences d'ABELOUS, qui présentent cet avantage sur celles de WALLER que l'auteur français n'a pas électrisé le nerf directement, mais qu'il a produit la tétanisation générale de l'animal, on peut objecter que : 1° l'action curarisante s'est généralement manifestée au bout d'un temps trop long pour qu'on soit en droit de l'attribuer à l'action propre de la fatigue; pour l'obtenir, il fallait tétaniser l'animal pendant deux heures, et les nerfs étaient dénudés pendant tout ce temps; 2° l'immunité relative du membre lié vis-à-vis de la fatigue qui frappait tout le corps ne peut guère s'expliquer par la supposition que les produits toxiques nés *in situ* et retenus dans le membre lié étaient moins abondants que ceux qui étaient contenus dans l'autre patte; bien au contraire, si des substances curarisantes s'étaient produites dans la fatigue, elles auraient certainement intoxiqué le membre lié à un degré bien plus prononcé que le membre non lié, celui-ci étant constamment soumis au lavage naturel par le sang veineux et à la neutralisation des produits toxiques par l'oxygène du sang artériel; 3° l'action curarisante du sérum, du sang et de l'extrait musculaire des animaux tétanisés ne paraît pas nette. L'auteur dit que « l'injection de l'extrait alcoolique des muscles d'une grenouille tétanisée à une grenouille normale est presque inoffensive ». Au contraire, l'injection à une grenouille normale de l'extrait musculaire correspondant à 100 grammes de muscles de chien tétanisé a produit la mort. Mais l'injection de l'extrait du muscle normal, même à une dose beaucoup plus faible, aurait suffi à produire la mort, si nous nous en rapportons aux expériences de ROGER[1]. Quant à l'action curarisante du sérum, après injection de 6 c.c. provenant d'animaux tétanisés, l'auteur trouva le lendemain de l'expérience sa grenouille morte; les nerfs sciatiques étant inexcitables, les muscles l'étant directement. Il est certain que tous les genres de mort auraient produit le même effet.

Il ne reste donc qu'à tenir compte des expériences où la fatigue avait été produite par application directe des électrodes sur le nerf. Mais immédiatement surgit l'idée que la soi-disant fatigue indirecte est peut-être l'effet de l'altération du nerf par l'action locale des courants électriques.

C'est précisément l'idée qui a guidé J. IOTEYKO dans ses recherches récentes sur la fatigabilité comparée du muscle et du nerf.

Pour arriver à des résultats positifs, cet expérimentateur a dû reviser un grand nombre de faits qui paraissaient bien établis.

On sait depuis les travaux de REMAK (*Ueber methodische Elektrisirung gelähmter Muskeln.*, Berlin, 1856), que le même courant induit est plus efficace quand il agit sur le nerf que quand il agit sur le muscle. L'excitabilité indirecte de la préparation fraîche est donc plus grande que son excitabilité directe. Le phénomène s'observe avec la plus grande facilité, aussi bien avec les courants tétanisants qu'avec les ondes uniques; mais, pour l'obtenir, il ne faut pas user d'excitants par trop énergiques, car alors les deux secousses (directe et indirecte) seront forcément maximales. La contraction obtenue par l'excitation du nerf est donc toujours plus intense que la contraction obtenue par l'excitation du muscle. On explique cette différence en disant que les excitations du nerf portent en même temps sur toutes les fibres nerveuses, et, par suite, sur toutes les fibres musculaires. Quand, au contraire, l'excitation porte directement sur le muscle, elle n'atteint qu'un nombre limité de fibres nerveuses et musculaires.

Cette explication est insuffisante; s'il est exact que l'excitant porté directement sur le muscle irrite en même temps les terminaisons nerveuses intra-musculaires et la substance musculaire, la contraction consécutive à l'irritation de ces deux éléments devrait être plus intense que la contraction consécutive à l'irritation du tronc nerveux.

---

1. La toxicité de l'extrait des muscles est bien moins grande que celle du foie et du rein; et cependant, suivant ROGER, 90 grammes de muscles par kil. d'animal produisent la mort(*Toxicité des extraits des tissus normaux, B. B.*, 1891, p. 727). CH. RICHET a trouvé que le sérum musculaire était assez toxique (20 gr. environ de muscles par kil. d'animal. *C. R.*, 1901, cxxxii).

Dans le premier cas la contraction est la résultante de ces deux excitations qui s'ajoutent. En second lieu, le même courant appliqué directement au muscle possède une intensité plus grande que quand il est appliqué au nerf (la substance musculaire étant meilleure conductrice de l'électricité que la substance nerveuse); la contraction directe devrait donc être plus énergique que la contraction indirecte.

Ce raisonnement affaiblit donc beaucoup la portée de l'explication généralement admise, d'après laquelle l'efficacité plus grande de l'excitation indirecte repose sur la mise en activité de toutes les fibres nerveuses. Cependant, quand il s'agit de l'affaiblissement de la contraction musculaire, constatée dans la curarisation et dans l'anélectrotonisation, on l'explique par la suppression de l'excitation des terminaisons nerveuses, laquelle s'ajoute dans le muscle normal à celle de la substance musculaire. On attribue donc une importance assez grande à la résultante de ces deux excitations. S'il en était ainsi, l'excitation du muscle devrait être plus efficace que l'excitation du nerf.

Une autre explication (laquelle d'ailleurs ne tranche pas la question, qui reste ouverte) peut être adoptée. En comparant la sensibilité si extraordinaire du nerf au courant électrique avec la sensibilité si obtuse du muscle quand les électrodes sont directement appliquées à sa surface, on a l'impression que *seul l'élément nerveux est influencé par le courant électrique induit*, et que, si le muscle directement excité répond avec moins d'énergie, c'est parce que les terminaisons nerveuses incluses dans le muscle sont plus difficilement atteintes par le courant électrique, à cause de l'interposition de la substance musculaire, qui, elle, ne serait pas directement excitée par le courant électrique induit. Cette supposition a d'autant plus sa raison d'être que C. Radzikowki (*Action du champ de force sur les nerfs isolés de la grenouille* et *Immunité électrique des nerfs, Travaux de l'Institut Solvay*, iii, 1899) a montré que le nerf, étant parmi tous les tissus celui qui offre la plus grande résistance au passage du courant électrique, est immunisé contre l'action des courants électriques qui prennent naissance dans le corps de l'animal ou contre les courants électriques venant de l'extérieur, par les tissus environnants solides ou liquides. Ces tissus, étant meilleurs conducteurs d'électricité que le nerf lui-même, offrent au passage du courant électrique moins de résistance et en accaparent une grande partie. Or il faut admettre comme corollaire de cette explication que le tissu musculaire qui a immunisé le nerf contre l'action du courant d'induction, n'était pas lui-même sensible à l'action de ce courant, qu'il a joué simplement le rôle d'un conducteur physique, tel, par exemple, qu'une bandelette de métal ou de papier buvard, ou tout autre corps meilleur conducteur d'électricité que le nerf.

A ces faits viennent s'ajouter d'autres qui plaident dans le même sens. Existe-t-il un rapport entre la réponse directe et indirecte à des stimulations d'intensité variable? J. Ioteyko s'est assurée qu'en diminuant graduellement l'intensité de l'excitant induit, on obtient des modifications brusques dans la décroissance des contractions directes. Or la décroissance est assez régulière pour les contractions indirectes. Le champ des excitations sous-maximales est donc beaucoup plus étendu pour les secousses indirectes que pour les secousses directes. A quoi faut-il attribuer ce manque de rapport entre les variations de l'excitabilité directe et indirecte en fonction de l'intensité du courant induit? C'est encore à l'immunité du nerf qu'il nous faut recourir. Si l'on admet que le muscle n'est pas directement excitable par le courant induit, il devient compréhensible que les terminaisons nerveuses, éparses dans le muscle, ne deviennent accessibles à l'action du courant que quand celui-ci a acquis une certaine intensité; un courant faible est totalement accaparé par les muscles, et rien ne pénètre jusqu'aux terminaisons nerveuses; un courant fort est accaparé en partie, et une partie pénètre jusqu'aux éléments nerveux, mais l'excitation des terminaisons nerveuses ne peut se faire aussi régulièrement que l'excitation du nerf mis à nu, et on s'explique les irrégularités dans sa distribution.

On peut enfin comparer l'excitabilité directe et indirecte en examinant le seuil de l'excitabilité du nerf et du muscle. Or on est arrêté ici par une difficulté expérimentale, car le muscle ne possède pas en tous ses points la même excitabilité. Kühne (*A. P.*, 1860, 477) avait vu que le muscle couturier de la grenouille, excité en différents points par des secousses induites égales, ne donne pas des contractions égales; elles sont d'autant plus faibles que le point excité est plus éloigné du hile par lequel arrive à ce muscle son nerf moteur. Or, suivant la juste remarque de HERZEN (*Note sur l'empoisonnement par le curare. Intermédiaire des Biologistes*, juin 1898), on ne peut attribuer cette différence qu'au plus ou moins grand nombre d'éléments nerveux que frappent les secousses induites; cette proportionnalité entre le nombre de filaments excités et l'énergie de la contraction montre nettement que les secousses induites n'agissent sur la substance musculaire que par l'intermédiaire des éléments nerveux qu'elles excitent. Ces faits ont été confirmés plus tard par POLITZER.

J. IOTEYKO a vu que le seuil de l'excitabilité du gastrocnémien présente aussi des différences notables en rapport avec le point exploré. Le nerf est, dans tous les cas, beaucoup plus excitable que le muscle. Quant au muscle, le point le plus rapproché du hile, celui par lequel pénètre le nerf moteur, est le point le plus excitable : de là l'excitabilité va en diminuant à mesure qu'on se rapproche de la partie inférieure du muscle avoisinant le tendon. Toutefois cette décroissance ne se fait pas d'une façon progressive : à partir de la portion moyenne du muscle, l'excitabilité diminue brusquement. Ainsi, pour le muscle gastrocnémien, comme pour le couturier, le seuil de l'excitabilité musculaire locale s'élève avec le nombre de filaments nerveux excités.

Donc à l'état frais la contraction indirecte (excitation du nerf) est toujours plus intense que la contraction directe (excitation du muscle). Or il est reconnu que, dans la mort par anémie et dans des intoxications diverses, l'excitabilité indirecte se perd toujours avant l'excitabilité directe. Il est donc permis de parler de l'action curarisante de l'anémie. Ce renversement des réactions lors de l'anémie a été probablement le point de départ théorique de l'opinion qu'un phénomène semblable doit se passer dans la fatigue.

J. IOTEYKO s'est assurée, en effet, que, dans la très grande majorité des cas, tant pour les ondes uniques que pour le courant tétanisant, *la fatigue obtenue en excitant le nerf a pour effet d'abolir l'excitabilité indirecte bien avant l'excitabilité directe*. En règle générale, l'auteur a employé la méthode suivante : l'examen de l'excitabilité directe et indirecte a été fait avant et après la fatigue au moyen de la même excitation d'essai. La fatigue intercalée entre les deux excitations d'essai était déterminée avec des courants plus forts. — Mais il y a plus. Dans certaines expériences il a été possible de constater que le nerf cesse de répondre même avant tout début de fatigue directe; il arrive même que le muscle excité directement donne maintenant des contractions un peu plus fortes qu'au début. D'ailleurs il s'en faut de beaucoup que ce résultat soit la règle dans tous les cas. Dans un grand nombre d'expériences, le renversement du rapport de l'excitabilité directe et indirecte ne s'est nullement produit. Ainsi la fatigue obtenue par excitation directe du nerf peut donner lieu à trois catégories de résultats différents : 1° dans la majorité des cas, la secousse indirecte disparaît avant la secousse directe; 2° dans certains cas, la secousse indirecte disparaît même avant tout début de fatigue directe; 3° enfin, il arrive que le muscle a déjà cessé de répondre à l'excitation directe, alors qu'il entre en contraction par excitation du nerf, ou bien, l'excitabilité directe disparaît en même temps que l'excitabilité indirecte.

Comment interpréter ces résultats, qui semblent donner raison à tous les auteurs? C'est que le procédé expérimental pèche par sa base. HERING, HERMANN, WERIGO n'ont-ils pas montré que l'application de courants électriques, même faibles et de courte durée, produisait une altération locale du nerf, simulant l'existence de la fatigue? Dès lors, il devient impossible de comparer les effets de l'anémie à ceux de la fatigue; dans le premier cas, le courant électrique ne sert qu'à *explorer* l'état physio-pathologique du nerf, tandis que, dans le second cas, il sert à le produire. Il a été cependant impossible à J. IOTEYKO de localiser exactement l'altération du nerf; elle paraît être diffuse, probablement à cause de la longueur restreinte du nerf de grenouille.

A l'appui de cette interprétation, l'auteur cite les faits suivants (toutes réserves faites sur la possibilité d'un certain degré de *fatigue de la réceptivité* du nerf, que nos moyens techniques ne permettent souvent pas de dissocier de la conductibilité). Dans certaines expériences, la contraction directe du muscle avait persisté dans toute son intégrité après cessation complète du mouvement par excitation du nerf, et même on a pu y observer un certain degré d'addition latente. Ce qu'on appelle fatigue indirecte n'est donc parfois accompagné d'aucune fatigue directe du muscle. En outre, le mode de réparation va nous fournir un moyen de nous assurer si le nerf a été fatigué ou lésé. Dans les cas ci-dessus, où la contractilité indirecte avait si brusquement disparu sans entraîner aucune modification dans l'excitabilité directe du muscle, la réparation du nerf altéré (et non fatigué) a été très lente à obtenir, et même elle a fait quelquefois défaut. Mais, dans les expériences où la diminution d'excitabilité a été la même pour le nerf que pour le muscle, la réparation a suivi un ordre inverse : elle a été bien plus prompte par excitation indirecte que par excitation directe. Cette réparation plus prompte de la fatigue indirecte que de la fatigue directe concorde avec tous nos résultats; et on comprend qu'un léger retour de l'excitabilité nerveuse devient apparent quand nous excitons le nerf dénudé, et ne se manifeste pas encore quand nous excitons ses terminaisons à travers la substance musculaire. D'ailleurs Santesson avait trouvé que l'excitabilité indirecte se perd avant l'excitabilité directe, uniquement dans le cas de tétanisation du nerf, tandis que, lors des excitations par des ondes isolées, c'est l'inverse qui se produit. Ce fait s'explique facilement par l'altération plus grande portée au nerf par les courants tétanisants, sans qu'il soit nécessaire d'admettre, avec cet auteur, qu'il existe pour les courants tétanisants une fatigabilité des terminaisons nerveuses motrices différente de ce qu'elle est pour les ondes uniques.

Pour savoir si les courants appliqués directement au nerf lèsent le tronc nerveux ou fatiguent les terminaisons nerveuses, on peut disposer l'expérience de manière à fatiguer la préparation sans que les électrodes touchent le nerf, et produire la fatigue de la préparation en envoyant des excitations par la moelle épinière ou par le nerf sciatique du côté opposé. Dans cette série d'expériences de J. Ioteyko, les résultats ont toujours été les mêmes. Ainsi, par exemple, dans la figure 2, la fatigue a été produite par la tétanisation de la moelle. Grenouille très excitable, poids tenseur de 20 grammes, chronographe marquant une vibration toutes les 8 secondes. On lit de gauche à droite de la figure : 1) examen de l'excitabilité du muscle et du nerf (bobine 8, courant à peine perceptible); le nerf est excité à sa partie supérieure (n¹), moyenne (n²) et inférieure (n³). L'excitabilité indirecte (nerf) est environ deux fois plus grande que l'excitabilité directe du muscle; 2) on tétanise la moelle douze fois avec le même courant, en introduisant les électrodes dans le canal vertébral; 3) après relâchement complet, on explore de nouveau l'excitabilité directe et indirecte. Les deux modes d'excitabilité ont diminué par suite de la fatigue, mais nous voyons de la façon la plus nette que non seulement *il n'y a rien qui rappelle la curarisation*, mais que, après fatigue, l'excitabilité indirecte est maintenant *trois fois plus grande* que l'excitabilité directe du muscle, au lieu que l'on n'a donc été que renforcée.

Cette méthode a invariablement donné le même résultat à toutes les phases de la fatigue. *Lorsque la fatigue a été obtenue par excitation de la moelle ou par excitation du nerf sciatique du côté opposé (c'est-à-dire sans que les électrodes touchent le nerf exploré), le rapport qui existait antérieurement entre l'excitabilité directe et l'excitabilité indirecte se maintient et se renforce même.* C'est l'inverse de l'action curarisante. Comme, en réalité, les excitations du muscle par le courant induit sont toujours indirectes (la substance musculaire n'étant pas directement excitable par le courant induit), même lorsque les électrodes touchent le muscle, on comprend facilement pourquoi le rapport qui existait primitivement entre l'excitabilité directe et indirecte se maintient après la fatigue. C'est que, dans l'un et l'autre cas (excitation du nerf ou excitation du muscle), nous n'avons excité directement que les éléments nerveux. — Quant au renforcement de ce rapport comme effet de la fatigue, nous le laisserons inexpliqué; mais il ne serait pas impossible que le muscle qui a fourni un certain nombre de contractions ait perdu une partie de ses propriétés conductrices pour l'électricité.

L'auteur a recouru, en outre, à la tétanisation directe du muscle pour produire la fatigue des terminaisons nerveuses sans porter atteinte à l'intégrité du tronc nerveux. Ici non plus on n'observe jamais aucune action curarisante. La figure 3 est très démonstrative à cet égard. Elle est composée de deux tracés; le tracé supérieur se rapporte à la patte droite, et, quand l'expérience eut pris fin, l'excitation de la patte gauche a fourni le tracé inférieur.

Nous croyons que ces faits sont suffisamment démonstratifs pour admettre que la fatigue (et non l'altération du nerf) n'exerce pas d'action curarisante. Il est intéressant de constater que les rapports ne sont même pas changés par l'anémie. Ajoutons que l'auteur a obtenu les mêmes résultats en fatiguant le nerf dénudé par l'action du champ de force électrique d'une bobine, procédé qui était aussi destiné à fatiguer la préparation névro-musculaire sans produire le contact des électrodes avec le tronc nerveux. Nous sommes donc autorisés à formuler les deux conclusions suivantes : 1°) Après la fatigue produite par l'application directe des électrodes sur le tronc nerveux, on peut observer des effets assez différents dans la diminution d'excitabilité ; tantôt l'excitabilité indirecte est égale à l'excitabilité directe (N = M), tantôt elle lui est supérieure (N > M). Mais il est impossible de statuer sur les résultats de cette méthode ; l'application directe des électrodes sur le nerf entraîne son altération dans un grand nombre de cas ; 2°) Lorsque la fatigue a été produite sans que les électrodes touchent le nerf, c'est-à-dire soit en excitant le nerf par l'intermédiaire de la moelle ou du nerf sciatique du côté opposé,

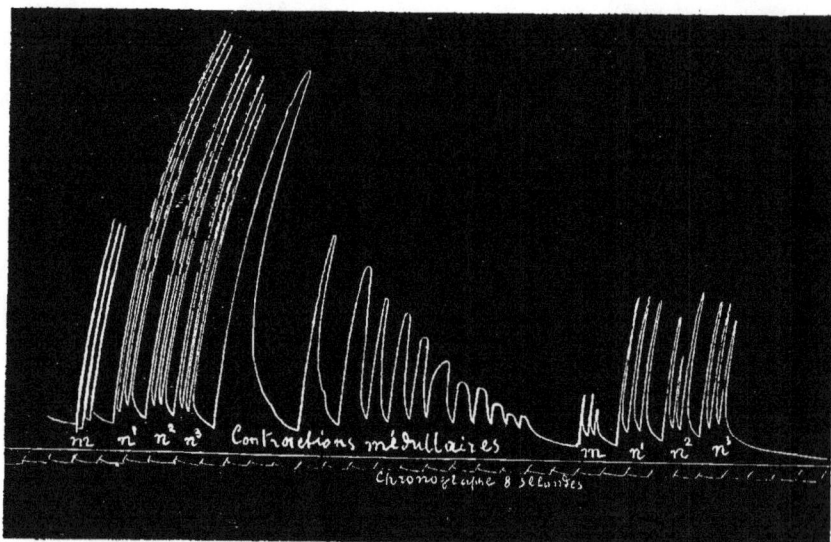

Fig. 2. — (D'après J. Ioteyko) Fatigue produite par tétanisation directe de la moelle.

soit en excitant les terminaisons nerveuses à travers la substance musculaire, soit enfin en produisant la fatigue par l'action du champ de force électrique, le résultat est invariablement le même : le rapport primitif (qui existe à l'état frais) entre l'excitabilité indirecte et directe, non seulement n'est pas renversé, mais il est même renforcé après la fatigue. Si, par exemple, avant l'expérience, N = 2 M, après l'expérience nous aurons N = 3 M, etc. Autrement dit, le quotient $\frac{M}{N}$ étant égal à 1/2 avant la fatigue, deviendra égal à 1/3 après la fatigue. La fatigue a donc pour effet d'abaisser la valeur de ce quotient. C'est tout le contraire de l'action curarisante.

SANTESSON (1901) est encore revenu sur ces questions sans connaître les travaux de J. IOTEYKO. Nous venons de voir que la variabilité des résultats (SCHENCK) devait être attribuée à la défectuosité de la méthode. La même objection peut être faite aux expériences de CUSHING, qui observa qu'après une longue série d'excitations du nerf sciatique, l'irritation du muscle pouvait encore provoquer des contractions.

Ces recherches de J. IOTEYKO montrent que les phénomènes de fatigue névro-musculaire arrivent au bout du même temps soit qu'on excite le nerf ou soit qu'on excite le muscle. Devons-nous en inférer que la substance musculaire est fatigable au même titre que les terminaisons nerveuses motrices ?

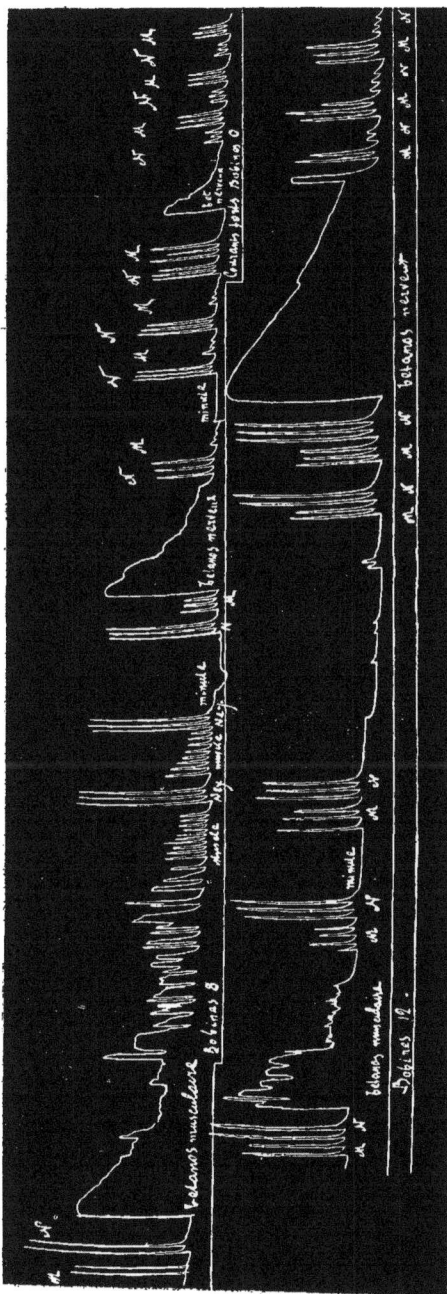

Fig. 3. — (D'après J. Ioteyko) Examen répété de l'excitabilité avant et après la fatigue.

Figure 3, tracé supérieur (22 mars 1899) : 1) l'examen préalable de l'excitabilité montre que N > M (bobines 8, courant de moyenne intensité); 2) on produit le tétanos musculaire avec le même écartement 8 des bobines; 3) l'examen de l'excitabilité immédiatement après le relâchement montre que, comme auparavant, N > M; mais la différence n'a fait que s'accentuer à l'avantage du nerf. C'est le contraire de l'action curarisante. Cet examen est répété deux fois; 4) le repos d'une minute n'a pas apporté de grands changements dans l'excitabilité: 5) on produit le tétanos nerveux (excitation du nerf); immédiatement après, on examine l'excitabilité: quoique le tétanos ait été produit par application directe des électrodes sur le nerf, nous retrouvons ici les mêmes rapports que dans les expériences bien faites : la diminution d'excitabilité affecte bien davantage le muscle que le nerf. C'est le contraire de l'action curarisante; 7) après une minute de repos, le nerf s'est restauré; non le muscle; 8) on applique maintenant des courants très forts (bobine à 0); l'excitabilité du nerf est égale à celle du muscle (secousse maximale; 9) on produit le tétanos nerveux avec bobines à 0; 10) ce n'est qu'après ce second tétanos nerveux, que l'excitabilité du nerf est devenue moindre que celle du muscle, preuve de l'action altérante du courant électrique. En effet, après une minute de repos, le muscle s'est [légèrement restauré, mais non le nerf. Ce tracé est une démonstration formelle du fait que la fatigue n'exerce aucune espèce d'action curarisante, mais que cette action est un produit artificiel, conséquence de l'altération locale du tronc nerveux.

Figure 3, tracé inférieur (patte inférieur) pris après le tracé supérieur. Bobines à 12 (courant à peine perceptible à la langue). On lit de gauche à droite : (examen préalable de l'excitabilité directe), on voit que N > M; 2) tétanos musculaire (par application directe des électrodes sur le muscle); 3) on voit que l'excitabilité du muscle est diminuée dans une mesure beaucoup plus large que celle du nerf, le rapport de N > M est renforcé. C'est le contraire de l'action curarisante 4): après une minute de repos, le muscle se restaure; 5) cet examen est répété plusieurs fois; 6) tétanos nerveux; 7) ce n'est qu'après le tétanos nerveux qu'on observe un anéantissement presque complet de l'excitabilité du nerf, tandis que le muscle n'est pas plus fatigué qu'avant le tétanos.

Pour cela il nous faut trouver un moyen absolument sûr de mettre directement l'excitabilité propre du muscle à l'épreuve. Or le muscle possède une irritabilité propre, indépendante des nerfs qui s'y rendent. Cependant, aujourd'hui, comme au temps de HALLER, on peut toujours objecter que toutes les expériences portent sur des muscles qui renferment des ramifications nerveuses à leur intérieur, et que ce sont elles qui sont excitées par le stimulus; l'irritation ne parviendrait donc au muscle que par l'intermédiaire du nerf, ainsi que cela se passe dans le mouvement volontaire. En outre on peut encore se demander si le tissu musculaire, dans le cas où il serait directement excitable, le serait pour tous les excitants. Considérons brièvement les procédés d'énervation du muscle généralement employés, et cet examen permettra de reconnaître s'ils présentent un degré suffisant de certitude : 1° *La curarisation*, à laquelle on a presque exclusivement recours pour énerver un muscle, est loin d'être une méthode suffisante. Les physiologistes modernes oublient trop souvent que l'action du curare est « d'abolir l'action du nerf sur le muscle », suivant l'expression de VULPIAN, sans qu'on puisse rien préjuger sur la localisation de cette action. La paralysie exclusive des plaques motrices n'est qu'une interprétation, qui, d'ailleurs, a été fortement ébranlée par les travaux de SCHIFF, KÜHNE, POLITZER; 2° La même incertitude règne quant aux résultats de la *section et dégénérescence des nerfs* (LONGET); on peut toujours objecter que des ramifications nerveuses ont pu être préservées de la dégénérescence; 3° Il n'y a qu'un seul fait qui prouve d'une façon irréfutable l'irritabilité directe du muscle, dirons-nous avec les auteurs classiques (HERMANN, II, 85 et *Physiologie de* WUNDT, 374); c'est la présence de la *contraction idio-musculaire* à la suite d'une excitation directe par un courant continu, par les actions chimiques ou mécaniques, et l'augmentation relative que subit cette contraction à la suite de tous les agents qui diminuent ou annihilent l'excitabilité du nerf. SCHIFF, qui l'a découverte, lui a donné le nom de contraction *idio-musculaire*, par opposition à la contraction *névro-musculaire*, qui, elle, est produite par l'intermédiaire du nerf.

Pour énerver complètement un muscle, il faut recourir à l'anélectrotonisation. ECKHARD a montré qu'un courant de pile ascendant, suffisamment fort, rend absolument inexcitable toute la périphérie du nerf, y compris les dernières ramifications dans le muscle. Or le muscle ainsi énervé par l'inexcitabilité du nerf n'a pas perdu son excitabilité. Mais, chose remarquable, *le muscle énervé ne réagit pas au courant électrique induit. Il ne réagit qu'à l'excitant galvanique, mécanique ou chimique, et uniquement en donnant la contraction idio-musculaire.* Ces faits nous autorisent à conclure que, toutes les fois que le courant faradique appliqué directement à la surface musculaire produira une contracture, cela voudra dire que les terminaisons nerveuses sont encore excitables; on aura alors la contraction névro-musculaire, tandis que, si les nerfs sont réellement inactifs, on aura la contraction idio-musculaire. Découverte il y a plus de quarante ans par SCHIFF, elle n'est pas encore connue de tous les physiologistes (*Lehrbuch der Muskel und Nervenphysiologie*, 1858, et *Mémoires physiologiques*, II, 1894). Elle se distingue de la contraction ordinaire par sa durée beaucoup plus longue (rappelant les mouvements péristaltiques). Elle augmente d'intensité pendant le passage du courant continu. Elle apparaît pour tous les excitants mécaniques, chimiques et galvaniques. Le courant induit ne la provoque jamais. Il existe aussi des *contractions intermédiaires*, qui sont formées en partie de la secousse névro-musculaire et en partie de la secousse idio-musculaire. En excitant le muscle avec le courant galvanique (qui agit sur l'élément nerveux aussi bien que sur l'élément musculaire), on observe tout d'abord une secousse brève, qui est la contraction névro-musculaire; mais la branche descendante de la courbe n'atteint pas la ligne des abscisses, et elle est arrêtée dans sa descente par une seconde contraction beaucoup plus lente. C'est la contraction idio-musculaire. La contraction tonique de WUNDT, le raccourcissement galvanotonique, ne sont autres que la contraction idio-musculaire.

SCHIFF a montré que toutes les influences qui affaiblissent les nerfs favorisent l'apparition de la contraction idio-musculaire. Ainsi se comportent les poisons, l'anémie et l'épuisement. L'action paralysante de la fatigue sur les nerfs moteurs n'avait donc pas échappé à l'observation de SCHIFF : toutefois il ne fait que la mentionner.

Il faut distinguer pour le muscle trois pouvoirs fonctionnels : l'excitabilité, la conductibilité et la contractilité. ENGELMANN a donné le nom de *bathmotropes* (seuil) aux influences modifiant l'excitabilité; le nom de *dromotropes* à celles qui modifient la conductibilité, et celui de *inotropes* à celles qui modifient la contractilité. Or l'indépendance relative du pouvoir conducteur a été le mieux étudiée, et l'existence de la contraction idiomusculaire en est le meilleur exemple. Ainsi, par suite de l'arrêt de la circulation, la conductibilité peut descendre à zéro dans les fibres musculaires, alors que l'action directe d'un excitant éveille encore des contractions idio-musculaires énergiques, qui apparaissent comme une saillie au point excité, et n'ont aucune tendance à la propagation. On peut donc dire que l'anémie exerce surtout une action dromotrope, et que les autres pouvoirs sont plus résistants. Mais la contraction idio-musculaire ne s'établit pas d'emblée; l'absence de propagation est précédée dans l'anémie par un ralentissement croissant de l'onde musculaire. La contraction idio-musculaire typique n'apparaît que progressivement. La contraction *tonique* constitue un état intermédiaire, où déjà la vitesse de l'onde est fortement ralentie, mais non encore complètement arrêtée. Et il est bien vraisemblable que le ralentissement croissant de l'onde musculaire est en relation avec la paralysie croissante de l'élément nerveux intra-musculaire. Tout ce raisonnement est basé sur des faits, et peut être appliqué à la fatigue, où nous retrouvons les mêmes rapports.

C'est aux recherches de J. IOTEYKO que nous devons les faits relatifs à *l'énervation du muscle par la fatigue*. De même qu'on a pu dissocier les propriétés physiologiques des fibres musculaires pâles d'avec celles des fibres rouges, en s'appuyant sur leur inégale résistance à la fatigue et sur la forme de la contraction musculaire qui leur est propre, il a été possible à cet auteur de faire une distinction de même ordre entre l'élément nerveux intra-musculaire et la fibre striée. Fatiguons une patte de grenouille jusqu'à extinction complète de l'excitabilité musculaire et nerveuse; nous n'obtenons plus aucune réponse à l'excitant faradique, si nous l'appliquons au muscle ou si nous l'appliquons au nerf. Remplaçons à ce moment le courant induit par le courant continu, et appliquons les électrodes directement à la surface du muscle. Si le courant galvanique est très fort et la grenouille assez vigoureuse pour que l'épuisement ne soit pas pour elle le signal de la mort, alors nous verrons apparaître des contractions idio-musculaires en réponse à l'excitation galvanique. Elles auront tous les caractères que leur a assignés SCHIFF. Les contractions idio-musculaires peuvent donc être mises en évidence *au moment où les terminaisons nerveuses deviennent totalement inexcitables par le fait de la fatigue*. C'est à ce moment seulement que le muscle donne la contraction qui lui est propre quand il est directement excité, ce qui prouve que les contractions précédentes, obtenues par l'action du courant faradique, étaient toutes névro-musculaires. Autrement dit, contrairement à l'opinion de CL. BERNARD, le courant induit n'agit pas directement sur la fibre musculaire; mais, comme l'affirme SCHIFF, il n'agit que sur les nerfs et, par leur intermédiaire, sur le muscle. La preuve en est fournie par ces recherches : un excitant approprié peut mettre en évidence l'irritabilité propre de la fibre musculaire, qui répond encore par des contractions idio-musculaires après que toute trace d'excitabilité nerveuse a disparu.

Ainsi donc nous pouvons conclure à une résistance plus grande à la fatigue de la fibre musculaire que des terminaisons nerveuses, mais en nous basant sur *la persistance de la contraction idio-musculaire*, alors que le muscle était devenu complètement énervé par la fatigue de l'élément nerveux.

La fatigue obtenue par les excitations qui viennent par l'intermédiaire du nerf est donc toujours d'origine nerveuse, parce que l'action cesse par suite de la paralysie des éléments nerveux intra-musculaires avant que la fibre musculaire soit épuisée. Il en est de même de l'excitant naturel, physiologique, qui, lui aussi, pénètre dans l'intimité du muscle par l'intermédiaire du nerf et éveille la contraction névro-musculaire.

La figure 4 montre la persistance de la contraction idio-musculaire après la fatigue névro-musculaire (J. IOTEYKO). Grenouille très excitable, anémie totale (cœur enlevé) depuis trois heures. Le nerf est très excitable sur tout son parcours. Pour montrer le raccourcissement galvanotonique et sa transformation en contraction idio-musculaire, l'excitation de fatigue est produite dans cette expérience non par le courant induit, mais par le courant galvanique. Les électrodes impolarisables de D'ARSONVAL sont directement appliquées à la surface du gastrocnémien, et amènent un courant de 2 milliampères. Le tracé est composé de deux parties (de gauche à droite et de haut en bas) : la première

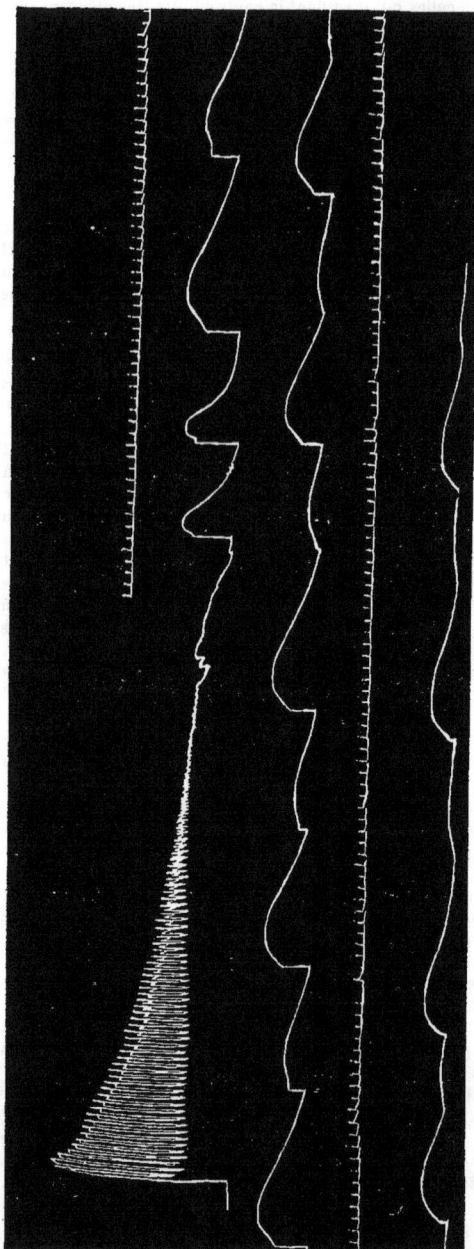

Fig. 4. — (D'après J. Joteyko) Persistance de la contraction idio-musculaire après la fatigue névro-musculaire, montrant la fatigabilité plus grande de l'élément nerveux que de l'élément musculaire.

partie représente la fatigue névro-musculaire; la seconde représente les contractions et la fatigue idio-musculaire. Dans la première partie du tracé, nous voyons une série de contractions, la fermeture et la rupture, se suivant à deux secondes d'intervalle (courant ascendant). Mais le muscle ne reste pas relâché dans les intervalles des excitations. Dès la première contraction, le muscle accuse un certain degré de raccourcissement qu'il conservera jusqu'à la fin : c'est le *raccourcissement galvanotonique*. Ainsi l'application du courant galvanique interrompu (fermeture et ouverture) a produit deux ordres de phénomènes : 1° une série de contractions brèves, qui apparaissait à chaque fermeture et ouverture et qui sont les contractions *névromusculaires*, dues à l'excitation du nerf par le courant galvanique; et 2° une contraction permanente, un certain degré de raccourcissement, qui dure sans modifications tant que passe le courant, et qui est la contraction *idiomusculaire*, due à l'excitation directe de la fibre musculaire par le courant galvanique. Peu à peu la fatigue fait son œuvre (il y a aussi un certain degré de polarisation). Remarquons toutefois que la fatigue n'a trait qu'aux contractions brèves; elles descendent à zéro; mais la fatigue n'affecte nullement le raccourcissement galvanotonique, qui, au contraire, augmente légèrement d'intensité avec les progrès de la fatigue. Dans la deuxième partie du tracé, nous voyons la série des contractions idio-musculaires obtenues après la fatigue névro-musculaire. Dès que les contractions névro-musculaires de la première partie du tracé sont descendues à zéro, on ouvre le courant galvanique pour une dizaine de secondes, et on voit le relâchement se faire peu à peu. Pour avoir maintenant un tracé convenable de la forme de la contraction idio-musculaire, on augmente notablement la vitesse de la surface réceptrice; le chronographe marque la seconde. On excite le muscle par les courants ascendants et descendants; l'excitation est maintenue pendant tout le temps que dure la contraction. Nous obtenons alors toute une série de contractions *intermédiaires*, c'est-à-dire composées de la contraction névro-musculaire et de la contraction idio-musculaire. En effet, la fatigue obtenue dans la première partie du tracé n'était pas complète, le courant ascendant ayant produit un certain degré de polarisation. Maintenant nous utilisons le courant ascendant et descendant (fermeture et ouverture), et la dépolarisation se fait en partie. Les contractions les plus hautes sont dues au courant descendant. On voit nettement que la contraction idio-musculaire qu'on obtient maintenant (c'est-à-dire avec une vitesse plus grande du cylindre et avec un degré avancé de fatigue des terminaisons nerveuses) s'est faite aux dépens du raccourcissement galvanotonique de la première partie du tracé. Chaque contraction dure un temps très long (jusqu'à seize secondes) et présente un plateau caractéristique. La ligne d'ascension est composée de trois parties : 1° *ascension brusque*, correspondant à la rupture ou à la clôture du courant continu, vestige de la contraction névro-musculaire (les dix secondes de relâchement ont amené une légère restauration des terminaisons nerveuses); 2° un arrêt, représenté sur la figure par un *crochet* (le cylindre enregistreur continuant à marcher); cet arrêt dénote la fin du raccourcissement névro-musculaire et sa tendance à entrer dans la phase de relâchement; 3° la phase de relâchement est empêchée par la production de la contraction idio-musculaire; *une seconde ascension* apparaît, beaucoup plus lente que la première; on voit bien qu'elle augmente d'intensité pendant le passage du courant continu; au bout de trois à quatre secondes, elle atteint sa hauteur maximale. A la phase d'ascension, composée de trois parties, succède un petit *plateau*, qui est le régime permanent de la contraction idio-musculaire, et enfin nous voyons la *descente* extrêmement longue de la contraction idio-musculaire, descente qui dure six à sept secondes. Tels sont les caractères des premières contractions intermédiaires. Mais peu à peu la fatigue des terminaisons nerveuses devient de plus en plus complète; l'ascension brusque, qui correspondait à la contraction névro-musculaire diminue de hauteur et même disparaît pour certaines contractions. Il ne reste (troisième ligne de tracé) que la contraction idio-musculaire pure, qui est un soulèvement lent à chaque excitation. Mais elle aussi commence à décroître et à s'anéantir. A la fatigue névro-musculaire succède donc la fatigue idio-musculaire; à la perte d'excitabilité de l'élément nerveux succède la perte d'excitabilité de la fibre musculaire en tant qu'élément anatomique. Le muscle, c'est-à-dire l'organe composé de terminaisons nerveuses et de fibres musculaires, est alors totalement épuisé. Épuisé, mais pas mort, car, déjà après plusieurs minutes de repos, nous assistons au retour de l'excitabilité.

La résistance à la fatigue du tissu musculaire est donc surabondamment prouvée; pour l'affirmer, nous nous basons sur deux faits expérimentaux :

1° A un degré intermédiaire de la fatigue, la contraction idio-musculaire est plus énergique (possède une amplitude plus grande) que la contraction névro-musculaire, ce qui prouve que la perte d'excitabilité est plus accusée pour les terminaisons nerveuses que pour le muscle; 2°) Un degré de fatigue extrême pour les terminaisons nerveuses n'est qu'un degré moyen de fatigue pour la fibre musculaire; après cessation complète des contractions névro-musculaires, nous obtenons encore une belle série de contractions idio-musculaires. Ce n'est qu'après la disparition complète des contractions idio-musculaires, que le muscle en tant qu'organe est complètement épuisé. *Le siège de la fatigue périphérique est situé dans les terminaisons nerveuses intra-musculaires.*

Il est intéressant de constater que la fatigue, qui n'exerce aucune espèce d'action curarisante, exerce précisément l'action qu'on attribuait au curare : elle paralyse les éléments nerveux à l'intérieur du muscle. Ajoutons que, dans des expériences encore inédites, J. Ioteyko put obtenir la contraction idio-musculaire sur un muscle fatigué en employant les irritants chimiques (sel marin et acides faibles).

Ainsi donc, la fatigue (comme l'anémie) exerce surtout une action *dromotrope* sur le muscle. Plus tard apparaît l'action inotrope et bathmotrope.

Il est difficile de savoir si cette paralysie qui atteint l'élément terminal respecte le tronc nerveux. Les expériences rapportées dans le chapitre précédent permettent cependant la conclusion que le tronc nerveux ne participe pas à la fatigue périphérique. En tout cas l'étude de la fatigue des terminaisons nerveuses nous dévoile quelques faits d'une physiologie du muscle toute nouvelle. Nous croyons, en effet, avec Herzen, que la physiologie du muscle basée sur la curarisation n'était que la physiologie des terminaisons nerveuses motrices. Celle du muscle est toute à faire.

Ce serait sortir du cadre de notre sujet que de chercher des preuves de l'inexcitabilité faradique de l'élément musculaire dans les phénomènes qui caractérisent la réaction de dégénérescence d'Erb (DR). Nous nous contenterons de la signaler. Il convient aussi de mentionner que la présence de la contraction idio-musculaire a été constatée chez des personnes affaiblies par une longue course, et, en général, après de grandes fatigues physiques, par conséquent, quand les terminaisons nerveuses intra-musculaires étaient en partie paralysées. Ainsi Philippe Tissié a pu provoquer par un choc léger une saillie idio-musculaire très prononcée aux cuisses chez des coureurs professionnels au moment où ils revenaient de la piste. En pathologie, on l'observe dans tous les états de dépression, et notamment chez les épileptiques à la suite des crises, dans la paralysie générale, d'atrophies musculaires. Elle est considérée comme une réaction de débilité.

A la lumière des travaux de Schiff, beaucoup de faits inexpliqués jusqu'à présent deviennent intelligibles. Ainsi, tous les phénomènes qui caractérisent la *contraction tonique* de Wundt (*Dauercontraction*) s'appliquent bien à la contraction idio-musculaire; mais les auteurs n'avaient pas indiqué cette analogie.

Ainsi Biedermann montre dans son *Électro-physiologie* que l'effet de la fatigue est d'anéantir tout d'abord la secousse de clôture du courant continu, et que la contraction tonique qui suit la clôture ne disparaît que plus tard. L'accord qui existe entre les observations de Biedermann et celles de J. Ioteyko est donc complet, et il n'y a qu'à remplacer le nom de « contraction tonique » par celui de « contraction idio-musculaire ». Schenck (*Untersuchungen über die Natur einiger Dauercontractionen des Muskels A. g. P.*, 1895, LXI, 498-535) ne partage pas tout à fait l'opinion de Biedermann; mais, en revanche, il reconnaît à la contraction tonique d'autres propriétés, et ce sont précisément celles qui caractérisent la contraction idio-musculaire (quoique ce nom n'ait pas été prononcé par Schenck). En premier lieu, cet auteur a confirmé les résultats de Kühne et de Bernstein, qui avaient vu la contraction tonique de Wundt se produire sous l'influence des vapeurs d'ammoniaque sur un muscle fatigué (excitation chimique). En second lieu, il a montré que la curarisation ne change rien aux phénomènes : la contraction tonique apparaît dans un muscle curarisé, tout aussi bien que dans un muscle non curarisé. Troisièmement, elle ne possède aucun caractère tétanique. La force de raccourcissement développée dans la contraction tonique est bien inférieure à celle qui est mise en jeu dans le tétanos; ce qui signifie que, à des temps égaux, la première de ces contractions s'accompagne de transformations énergétiques moins considérables que la seconde. La contraction tonique se distingue, en outre, par l'absence d'onde musculaire, ou plutôt par l'absence de sa propagation. Pour qu'un notable raccourcissement se produise, fait justement remarquer Schenck, il faut qu'un grand nombre d'éléments contractiles entrent en mouvement simultanément. Ainsi la force restreinte de raccourcissement de la contraction tonique s'explique par l'absence de la propagation de l'onde musculaire. Ces faits confirment en tous points les résultats précédemment acquis par Schiff relativement à la contraction idio-musculaire. Bien plus, Schenck est tellement frappé par la différence qui existe entre la force de la contraction tétanique et la force de la contraction tonique, qu'il n'est pas éloigné d'admettre dans le muscle l'existence de deux espèces d'éléments contractiles. Il écarte l'hypothèse de la présence dans le muscle strié ordinaire de fibres rouges et de fibres pâles; car il serait difficile d'expliquer pourquoi l'ammoniaque, la vératrine, le courant continu agiraient toujours sur l'un de ces éléments, à l'exclusion de l'autre. Il serait plus simple d'admettre que les deux espèces d'éléments contractiles se trouvent dans le sarcoplasma, d'une part, et dans les fibrilles, de l'autre. Mais ici encore, les difficultés d'une explication satisfaisante paraissent trop nombreuses. Aussi Schenck abandonne-t-il cette hypothèse, et propose-t-il une explication basée sur l'action curarisante de la fatigue.

Or les physiologistes qui admettent que la fatigue exerce une action curarisante, doivent préciser ce terme. Dans le langage physiologique courant, la dénomination d'action curarisante s'applique à deux choses, dont l'une est un fait et la seconde une interprétation. Le fait, c'est que, sous l'influence du curare, les excitations du tronc nerveux ne sont plus aptes à éveiller la contraction musculaire, tandis que l'excitation portée directement sur le muscle provoque une contraction musculaire, qui est la contraction normale.

L'interprétation, c'est que le curare paralyse les plaques motrices (ou, d'une manière plus générale, les dernières ramifications nerveuses) des nerfs. Or, sans entrer ici dans l'analyse de toutes les objections qu'on a faites avec juste raison à cette interprétation, nous ferons remarquer simplement que souvent il y a contradiction formelle entre le fait et l'interprétation. Schenck est en opposition avec lui-même quand il soutient que la fatigue exerce une action curarisante; que la différence de force entre la contraction tétanique et la contraction tonique peut tenir à une fatigabilité différente du muscle et du nerf; que la contraction tonique se produit tout aussi bien dans un muscle curarisé que dans un muscle normal; et qu'enfin (contrairement aux observations de Biedermann), ce n'est pas toujours la contraction de clôture (contraction initiale) qui disparaît avant la contraction tonique comme effet de la fatigue.

Or voici l'explication qui, selon J. Ioteyko, est la plus conforme aux faits : la fatigue abolit, en premier lieu, l'excitabilité (y compris la conductibilité) de l'élément nerveux contenu dans le muscle. Le muscle fatigué est donc un muscle énervé. Mais la substance musculaire est loin d'être épuisée après la cessation complète de l'action nerveuse. Elle a conservé encore son excitabilité, seule sa conductibilité est perdue (action dromotrope de la fatigue). C'est pourquoi par un excitant approprié qui agit directement sur la substance musculaire (courants galvaniques, excitants chimiques et mécaniques), on peut éveiller la contractilité qui est propre au tissu musculaire quand il est directement excité. C'est alors qu'apparaît dans toute sa netteté la contraction idio-musculaire, dont un des caractères est d'être localisée au point directement excité. Cela se comprend aisément, attendu que l'élément nerveux intra-musculaire a perdu sa conductibilité par fatigue.

De tout le chaînon moteur, le plus fatigable est l'élément terminal. Or la terminaison motrice ne sert pas uniquement à provoquer la contraction en communiquant au muscle son impulsion, mais elle subit le contre-coup immédiat de la contraction. Il est hors de doute que dans la fatigue l'élément nerveux sensitif et l'élément moteur intra-musculaires sont tous les deux altérés par les déchets de la contraction musculaire. Il en résulte de la douleur et de la paralysie motrice. Cette théorie repose sur un fait indiscutable, c'est la présence dans le muscle strié de deux éléments différemment fatigables. De nombreux faits permettent de supposer que la différence physiologique a pour substratum anatomique la terminaison nerveuse et la fibre musculaire. Mais presque tous les faits s'accorderaient tout aussi bien en attribuant une excitabilité différente aux fibrilles musculaires et au sarcoplasme. La contraction névro-musculaire serait la contraction des fibrilles, la contraction idio-musculaire serait l'équivalent de la contraction sarcoplasmatique. La question est à l'ordre du jour depuis les recherches de Bottazzi.

Quant au *siège des phénomènes inhibitoires*, Wedensky le place dans la plaque motrice, le tronc nerveux étant résistant aussi bien à la fatigue qu'à l'inhibition. Sur un muscle curarisé, Wedensky n'a jamais observé des phénomènes d'arrêt en appliquant deux excitations simultanées au muscle. En expérimentant sur le muscle non curarisé, il a constamment obtenu des phénomènes d'arrêt, comme il l'avait déjà constaté antérieurement sur le muscle pris avec son nerf. Ce sont les terminaisons nerveuses, et non pas les fibres musculaires, qui produisent de l'inhibition, quand des excitations fréquentes et fortes sont portées sur l'appareil neuro-musculaire, conclut Wedensky

L'action inhibitrice du nerf serait donc un vrai équivalent physiologique de l'empoisonnement par le curare. L'auteur base ses résultats sur la curarisation; or nous avons développé plus haut les motifs qui nous empêchent de considérer le muscle curarisé comme étant un muscle énervé, et la persistance de la contraction névro-musculaire nous est un indice de l'intégrité fonctionnelle des terminaisons nerveuses. Il serait intéressant de s'assurer, par la méthode à laquelle nous accordons la préférence, si, à un moment donné de l'inhibition, le muscle ne perd pas la propriété de fournir des contractions névro-musculaires (courant galvanique) tout en conservant celle de donner des contractions idio-musculaires. C'est alors seulement qu'on serait en droit d'affirmer que les phénomènes inhibitoires ont leur siège dans l'élément nerveux intra-musculaire, et non dans la fibre elle-même, comme cela se passe pour les phénomènes de fatigue.

Bibliographie. — ABELOUS. *Des rapports de la fatigue avec les fonctions des capsules surrénales* (A. de P., 1893, 720); *Toxicité du sang et des muscles des animaux fatigués,* (*Ibid.*, 1894, 433); *Contribution à l'étude de la fatigue* (*Ibid.*, 1893, 437). — BERNSTEIN. *Ueber die Ermüdung und Erholung der Nerven* (A. g. P., XV, 1877, 289). — CUSHING (H.). *Differenze dell irritabilita dei nervi e dei muscoli* (*Accad. di Lincei*, X, 1901). — FÉRÉ (CH.) et PAPIN. *Note sur la contraction idio-musculaire* (J. A. P., 1901). — ENGELMANN (TH. W.). *Relation entre l'excitabilité, la conductibilité et la contractilité des muscles* (*Arch. néerl. des Sciences*, Extr., 1901). — IOTEYKO (J.). *Rech. exp. sur la fatigue des organes terminaux* (B. B., 1899, 386); *Recherches sur la fatigue névro-musculaire et sur l'excitabilité électrique des muscles et des nerfs* (*Annales de la Soc. Roy. des sciences médicales et naturelles de Bruxelles*, 1900, et *Travaux de l'Institut Solvay*, V); *De la réaction motrice différentielle des muscles et des nerfs* (*Congrès de Physiologie*, Turin, 1901). — ROSSBACH et HARTENECK. *Muskelversuche an Warmblüter. Ermüdung und Erholung des lebenden Warmblütermuskels* (A. g. P., 1877, XV). — SANTESSON (C. G.). *Einige Beobachtungen über die Ermüdbarkeit der motorischen Nervenendigungen und der Muskelsubstanz* (*Skand. Arch. f. Phys.* V, 1893, 394-406); *Nochmals über die Ermüdbarkeit des Muskels und seiner motorischen Nervenendigungen* (*Skand. Arch. f. Phys.*, XI, 333 et *C. P.*, XV, 1901, n° 7). — SCHENCK (F.). *Kleinere Notizen zur allgemeinen Muskelphysiologie. Ueber die Ermüdbarkeit des Muskels und seiner Nervenendorgane, nach Versuchen des Dr G. Wulff* (A. g. P., 1900, LXXIX, 333). — SCHIFF (M.) (*Lehrbuch der Physiologie des Muskel und Nervensystem*, 1858-1859); *Mémoires*, 1894, II. — TISSIÉ (PH.). *La fatigue et l'entraînement physique*, Alcan, 1897. — WALLER (A.). *Report on experiments and observations relating to the process of fatigue and Recovery* (*The British med. Journal*, 1885, (2, 135-148; et 1886, (2), 101-103); *The sense of Effort : an objective study* (*Brain*, 1891, XIV, 179-249 et 433-456). — WEDENSKY (N.). *Dans quelle partie de l'appareil neuro-musculaire se produit l'inhibition?* (*C. R.*, 1891, 113, 803.)

CHAPITRE III

La Fatigue musculaire

Ainsi la fibre musculaire est en quelque sorte réfractaire à l'action de la fatigue; car le mouvement cesse bien avant que la paralysie de la substance musculaire soit complète, et la fatigue musculaire est la fatigue de l'élément nerveux terminal. Le titre de fatigue musculaire n'est donc pas tout à fait exact, mais, l'accord une fois établi sur la signification de ce terme, nous pouvons l'accepter sans nous exposer à des malentendus. En effet, nous pouvons étudier la fatigue du muscle en tant qu'organe sans nous préoccuper de son innervation. Le muscle étant l'organe du mouvement, son incapacité fonctionnelle peut à juste titre conserver le nom de fatigue musculaire.

Nous ne nous occuperons pas non plus dans ce chapitre de l'innervation centrale du muscle; la fatigue du muscle sera traitée sans tenir compte de l'action des centres nerveux.

I. PHYSIOLOGIE ET PHYSIQUE GÉNÉRALES DU MUSCLE FATIGUÉ

§ 1. **Les effets de la fatigue sur la consistance, la cohésion et la tonicité musculaire.** — Pour étudier les phénomènes de la fatigue musculaire, il importe de connaître quelles modifications elle apporte aux propriétés du tissu musculaire, en un mot, ce qui différencie un muscle normal d'un muscle fatigué. Nous ne maintiendrons pas la division classique des propriétés du muscle en *physiques* et *physiologiques*, car telle propriété, considérée naguère comme physique, rentre aujourd'hui dans le cadre des propriétés physiologiques.

1. *Consistance.* — La consistance du muscle varie suivant son état de repos ou d'activité. Le muscle fatigué est relâché. En outre, J. Ioteyko a observé (expériences inédites) que le muscle tétanisé (chien) était doué d'une grande *friabilité;* ainsi la résistance à vaincre pour hacher le même poids de muscle normal est plus grande que celle qu'il faut déployer pour hacher un muscle tétanisé, toutes autres conditions étant égales.

2. *Cohésion.* — La cohésion du tissu musculaire est assez faible; la fibre musculaire se laisse rompre assez facilement. La cohésion du tissu musculaire est mise en jeu physiologiquement de deux façons, par la traction et par la pression. D'après Weber, 1 centimètre carré de muscle peut supporter un poids de 1 kilogramme sans se rompre. Or la perte de l'irritabilité musculaire s'accompagne d'une diminution de cohésion. La fatigue diminue la cohésion du tissu musculaire. On excite l'une des deux cuisses d'une grenouille jusqu'à la fatigue, puis on attache aux deux pattes des poids jusqu'à la rupture des muscles de la cuisse; la rupture arrive plus vite pour la cuisse fatiguée que pour l'autre (Liégeois).

3. *Tonicité.* — On admet généralement que la tonicité musculaire (tonus musculaire) n'est qu'une forme spéciale de l'élasticité musculaire. Sur le vivant, les muscles sont tendus, c'est-à-dire tirés à leurs deux extrémités. *Les réflexes tendineux* exigent pour se produire un certain degré de tension musculaire. C'est à ce titre que nous nous en occupons dans ce chapitre, sans rien préjuger de leur origine centrale. Sternberg avait déjà remarqué en 1885 qu'après une marche fatigante les réflexes patellaires étaient sensiblement exagérés. Ce phénomène n'avait pas encore été signalé, sauf par Westphal (*Arch. f. Psych. und Nervenkrank.*, v), qui rapporte une observation assez analogue. Pour élucider si l'augmentation des réflexes était due à la fatigue du quadriceps ou à la fatigue générale, Sternberg institua de nombreuses expériences. Lorsqu'on fatigue l'articulation du genou en se tenant sur un pied et en fléchissant autant que possible le genou correspondant, on n'observe pas d'exagération des réflexes. Pour vérifier l'autre hypothèse, il fallait fatiguer tout un groupe musculaire. On s'aperçoit alors que le réflexe patellaire s'exagère. L'auteur arrive à cette conclusion que *l'exagération des réflexes est sous la dépendance de la fatigue générale.* Cela concorde avec la remarque de Strümpell, que, dans certaines maladies, comme la phtisie et la fièvre typhoïde, les réflexes sont augmentés. L'augmentation s'observe également dans la neurasthénie. Sternberg l'a constaté au début de fièvres graves, lorsque les malades ne se plaignaient que d'un profond abattement.

Il semble donc acquis que la fatigue générale exagère les réflexes tendineux. D'après Sternberg, ce phénomène pourrait être expliqué par la diminution ou la disparition de l'inhibition cérébrale, disparition consécutive à la fatigue. En faveur de cette opinion, Sternberg cite l'observation de Jendrassik, que l'inattention exagère le réflexe patellaire.

§ 2. **Les effets de la fatigue sur l'élasticité musculaire.** — Les premières recherches faites dans cette direction sont dues à Ed. Weber (1846), qui a ouvert une voie d'investigations nouvelles. Les observations de Weber sont encore exactes aujourd'hui. Seulement on admet que tout ce que Weber a vu se rapporte au muscle fatigué et non au muscle en activité. D'ailleurs Weber lui-même a reconnu que tous les phénomènes décrits par lui se présentaient avec plus de netteté dans un muscle fatigué; il n'a pas toutefois tenu assez compte de la fatigue. Or, comme les phénomènes de fatigue sont l'inverse de ceux qui se produisent à l'état d'activité, il en résulte que les conclusions de Weber sont souvent fausses, quoique ses observations soient justes. Les modifications d'élasticité dans un muscle en état de contraction sont exactement opposées à celles que WEBER avait constatées; car ses observations ne sont applicables qu'au muscle fatigué.

ED. WEBER a constaté qu'à l'état d'activité ou de contraction le coefficient d'élasticité du muscle diminue, c'est-à-dire que le muscle est moins élastique, plus extensible. Un muscle moins élastique, plus extensible, se laisse distendre par un poids relativement faible. C'est ce que WEBER a vu en tétanisant le muscle hyoglosse de grenouille chargé de différents poids, et en comparant le degré de raccourcissement avec les allongements déterminés par les mêmes poids sur ces mêmes muscles aux repos. Il a observé que le muscle en activité était plus fortement allongé par le même poids que le muscle inactif. Le fait est d'autant plus surprenant que le muscle devient plus court et plus épais pendant la contraction, et que par conséquent il devrait être moins long. Cette augmentation d'extensibilité du muscle est telle qu'un muscle chargé d'un poids considérable peut même s'allonger au lieu de se raccourcir au moment de l'excitation; ce qui tient à ce que le raccourcissement dû à la contraction n'a pas été suffisant pour compenser l'allongement dû à la diminution d'élasticité. WEBER envisagea ces modifications de l'élasticité comme des phénomènes dépendant de l'état d'activité musculaire, et identifia la force élastique avec la force de la contraction.

Ces observations de WEBER sont absolument exactes; mais pour que les expériences réussissent, il faut que le muscle soit déjà fatigué. On sait aujourd'hui d'une façon très précise que la fatigue rend le muscle plus extensible; la même charge, qui l'allongeait faiblement au début d'une expérience, l'allonge beaucoup plus vers la fin. D'après WEBER d'ailleurs, la diminution de l'élasticité ne fait que s'accentuer avec les progrès de la fatigue. L'activité musculaire, dit WEBER, n'est pas une manifestation, mais une *cause*, dont la manifestation extérieure est le raccourcissement musculaire. Quand la contraction est empêchée, c'est qu'il y a tension. Le raccourcissement et la tension sont des manifestations de l'activité musculaire. La diminution de force qu'on observe pendant la fatigue dépend non seulement de la diminution de la hauteur de la contraction, mais aussi, et surtout, de la diminution d'élasticité du muscle fatigué. L'activité du muscle ne repose pas uniquement sur une modification de sa forme, mais aussi sur une modification de son élasticité qui subit une diminution. La diminution de l'élasticité musculaire, consécutive à son activité, a pour effet de diminuer notablement la puissance musculaire. L'élasticité du muscle actif est très variable; elle subit une diminution constante avec les progrès de la fatigue, et *elle est la cause des phénomènes de fatigue musculaire* et de la diminution de force qui accompagne la fatigue. L'élasticité du muscle mort est *moins parfaite* que celle du muscle vivant, c'est-à-dire que le muscle mort, quand il est étiré, ne revient plus à sa longueur primitive, et se déchire plus facilement. L'élasticité du muscle mort est aussi *plus forte* que celle du muscle vivant; car il faut une charge plus forte pour l'allonger. Les phénomènes de fatigue du muscle sont donc tout à fait différents des phénomènes de la mort du muscle. Sous l'influence de la fatigue il y a allongement de la secousse du muscle à la période de relâchement : c'est un des caractères les plus constants du muscle fatigué. Or le relâchement du muscle est déterminé par la force élastique qui permet au muscle de revenir à sa longueur primitive. Par conséquent, dans le muscle fatigué, qui se contracte plus faiblement, l'élasticité de retour est plus faible et plus imparfaite. De même, dans le tétanos, dès que la fatigue apparaît, la courbe du tétanos est descendante, parce que le muscle est devenu plus faiblement élastique. MAREY a démontré que l'effet de l'élasticité musculaire est de diminuer la brusquerie du mouvement, ainsi que d'en prolonger la durée, même après la disparition de l'onde qui l'a produit.

Les travaux de WEBER sur l'élasticité musculaire ont donné lieu à de nombreuses controverses. Il ne nous appartient pas de les exposer ici en détail. Mais la question paraît être aujourd'hui éclaircie : tous les résultats acquis par WEBER doivent être rapportés au muscle fatigué. Il y a un parallélisme complet entre les forces contractiles et les forces élastiques du muscle. Quand l'activité est complète, il y a un renforcement de la contractilité, aussi bien que de l'élasticité, et quand, pour une raison quelconque (fatigue, froid, etc.), la puissance musculaire est affaiblie, il y a diminution adéquate des forces contractiles et des forces élastiques. — En réalité, quoique WEBER ait soutenu que l'élasticité diminue pendant l'activité, il n'en a pas moins proclamé l'identité des forces de contraction et d'élasticité. Depuis ses travaux et ceux de SCHWANN (qui le premier formula l'opinion que la contraction du muscle n'a d'autre effet que de donner à cet organe une élasticité nouvelle en vertu de laquelle le mouvement est imprimé aux leviers osseux), l'élasticité musculaire a pris place à côté de la contractilité comme étant une des fondamentales propriétés du muscle, et on voit se dessiner nettement la tendance des physiologistes modernes à admettre, avec CHAUVEAU, que le muscle qui se contracte ne fait que prendre une force élastique nouvelle.

Les conclusions de WEBER furent d'abord combattues par VOLKMANN, qui, au lieu de faire porter au muscle un certain poids pendant toute la durée de la contraction, ne le lui appliqua que pendant son dernier stade; le raccourcissement était alors bien plus grand, parce que la fatigue était moindre. Toutefois les résultats de VOLKMANN ne sont pas entièrement comparables à ceux de WEBER, car il ne s'est pas servi de courants tétanisants, mais d'excitations isolées. VOLKMANN croyait avoir complètement éliminé l action de la fatigue dans ses expériences.

WUNDT est arrivé aussi à des résultats contraires à ceux de WEBER. D'après lui, la diminution de l'élasticité pendant la contraction est due non à l'activité musculaire, mais au raccourcissement. Si, en effet, on empêche le muscle de se raccourcir en le surchargeant, le muscle ne s'allonge pas au moment où on l'excite, ce qui devrait arriver si c'était la contraction même qui était la cause de la diminution de l'élasticité. DONDERS et MANSVELT, dans leurs expériences sur le biceps et le brachial antérieur de l'homme sont aussi en opposition avec la théorie de WEBER. Ils sont arrivés aux conclusions suivantes : 1° L'allongement du muscle est dans certaines limites proportionnel aux poids; 2° Le coefficient d'élasticité est à peu près le même aux différents degrés de la contraction; 3° La fatigue du muscle diminue le coefficient de son élasticité (c'est-à-dire augmente son extensibilité). L'augmentation d'extensibilité du muscle fatigué est prouvée par l'expérience suivante : Lorsqu'un poids est tenu par le bras à une certaine hauteur, alors, au moment de l'allègement brusque, le bras se détend en sens opposé, et avec une rapidité d'autant plus grande que le tétanos a duré plus longtemps. Les auteurs en concluent que le degré de la contraction nécessaire pour soutenir la charge constante a dû augmenter, ou, ce qui revient au même, que la fatigue a rendu le muscle plus extensible.

D'après KRONECKER, l'élasticité du muscle fatigué serait la même que celle du muscle en activité. En excitant le muscle à des intervalles égaux (2-12 secondes) au moyen d'un appareil automatique, on obtient une série de lignes verticales dont la hauteur mesure l'excitabilité du muscle à chaque instant de l'expérience. Sous l'influence de la fatigue, les lignes verticales décroissent progressivement et descendent à zéro. En joignant par une ligne les extrémités supérieures des lignes verticales équidistantes, on obtient la courbe de la fatigue du muscle. Cette courbe, d'après KRONECKER, est une ligne droite. La ligne droite ne s'obtient que dans certaines conditions : il ne faut pas que le poids soit très lourd (le triceps fémoral de la grenouille ne doit pas travailler avec une charge qui dépasse le poids total de l'animal).

Si, au lieu de ne faire soulever le poids par le muscle qu'au moment de sa contraction (travail en surcharge), on charge le muscle d'un poids avant sa contraction, de façon qu'il subisse un allongement avant la contraction (travail en charge), la courbe de fatigue est toujours une ligne droite, mais seulement jusqu'au point où elle coupe la ligne des abscisses tracée par le muscle inactif non chargé de poids, et, à partir de ce point, la courbe de la fatigue se rapproche d'une hyperbole, dont une asymptote est l'abscisse du muscle inactif et chargé. L'hyperbole s'explique facilement si l'on admet que l'élasticité du muscle ne subit aucune modification sous l'influence de la fatigue. Cette partie des conclusions de KRONECKER a été fortement combattue par HERMANN. D'après lui, le muscle surchargé ne décrit que la partie supérieure du soulèvement que décrirait le muscle s'il travaillait en charge; la partie du soulèvement située au-dessous de l'abscisse naturelle manque; si l'on prend en considération ces différences, alors on voit que la courbe de la fatigue du muscle travaillant en surcharge est identique à celle que décrit le muscle travaillant en charge jusqu'à l'abscisse naturelle. Dans les expériences où le muscle travaille en charge, on poursuit la courbe de la fatigue encore plus loin, et elle descend au-des -

ous de cette abscisse jusqu'à épuisement complet du muscle. La fin de la courbe de la
fatigue en surcharge ne se confond nullement avec l'épuisement complet du muscle; le
muscle est encore en état de développer des forces contractiles, mais elles sont plus
petites que la surcharge. La fin de la courbe de la fatigue en charge est par contre identique à l'épuisement complet (Hermann). Enfin, Hermann trouve que la décroissance de
la courbe de la fatigue est sous la dépendance de facteurs trop nombreux pour qu'on
puisse admettre qu'ils ont tous une décroissance rectiligne.

Actuellement, presque tous les physiologistes reconnaissent que *le muscle fatigué
devient plus faiblement et moins parfaitement élastique*. Parmi les expérimentateurs
modernes, mentionnons Boudet (1880), qui, en un beau travail accompli dans le
laboratoire de Marey, a beaucoup contribué à élucider définitivement cette question
si controversée. La conclusion générale est qu'un muscle qui vient d'être excité prend
prend une force élastique nouvelle, plus grande que celle qu'il avait avant l'excitation.
La fatigue exerce des effets exactement opposés. Voici l'énoncé de ses conclusions :
1° L'effet de plusieurs excitations se succédant à intervalles d'une seconde est un accroissement de la force élastique du muscle, et la limite de cet accroissement correspond
au maximum de raccourcissement du muscle; le même accroissement se constate
pour une excitation unique; 2° Le tétanos communique au muscle une force élastique
nouvelle, plus grande que celle qu'il avait au repos, et cette augmentation d'élasticité
est en raison directe de l'intensité du courant tétanisant; 3° Le muscle fatigué devient
plus faiblement et moins parfaitement élastique (la fatigue rend le muscle plus extensible).

Boudet a recherché, en outre, le moment exact auquel la fatigue commence à montrer
ses effets sur l'élasticité musculaire. Ce moment varie évidemment avec le nombre et
l'intensité des excitations que l'on fait subir au muscle. Mais, pour un cas donné, il
est facile de préciser le nombre des excitations nécessaires pour modifier l'élasticité du
muscle. Une série d'excitations produit sur un muscle faiblement ou nullement chargé
des raccourcissements toujours croissants, jusqu'au moment où le maximum d'élasticité est atteint. Si l'on continue l'excitation, le raccourcissement se maintient au même
degré pendant un certain temps, puis il diminue peu à peu à mesure que la fatigue
augmente. Or l'affaiblissement de l'élasticité commence précisément à se montrer au
moment même où le raccourcissement éprouve sa première diminution. Une charge
appliquée au muscle à ce moment produit un allongement un peu plus grand que l'allongement provoqué par la même charge avant l'excitation. A mesure que le raccourcissement va en diminuant, on trouve une augmentation correspondante de l'extensibilité qui traduit ainsi les effets progressifs de la fatigue.

Ces phénomènes ne sont bien marqués que si l'on emploie des charges un peu fortes
(20 et 30 gr.), car les 10 ou 12 premiers grammes sont surtout utilisés pour faire disparaître le raccourcissement. Mais, dès la seconde charge de 10 grammes, les allongements
partiels deviennent plus considérables que ceux du muscle au repos, et l'allongement
total est lui-même un peu plus grand. Par conséquent, *la fatigue diminue la force élastique du muscle, et le début de cette diminution est indiqué par la diminution du raccourcissement qu'avait provoqué l'excitation électrique.*

En comparant les modifications de la contractilité musculaire sous l'influence de
certains agents avec les modifications de l'élasticité, produite par ces mêmes agents,
Boudet a vu qu'il existe entre elles un rapport constant. Toute cause qui augmente la
contractilité rend le muscle plus fortement élastique, ou bien, toutes les fois que le
muscle devient plus fortement et plus parfaitement élastique, la contractilité est augmentée.

Voir le tableau, p. 83, où sont comparées les modifications de l'élasticité, de la contractilité et de la période latente (d'après Boudet).

Dans deux cas seulement, lors du desséchement et de l'anémie produite par la ligature des vaisseaux, ce rapport paraît renversé, mais Boudet invoque dans ces deux circonstances l'interférence d'autres agents modificateurs.

L'inspection de ce tableau vient donner une nouvelle preuve de l'identité des forces
de contraction et d'élasticité. Les variations de l'élasticité et de la contractilité sont toujours de même sens.

AGENTS MODIFICATEURS.		ÉLASTICITÉ.		CONTRACTILITÉ.	TEMPS PERDU.
Température. { Chaleur		Plus forte.	Plus parfaite.	Augmentée.	
{ Froid		Plus faible.	Moins parfaite.	Diminuée.	
Desséchement		Plus forte.	Moins parfaite.	Diminuée.	
Circulation (anémie)		Plus forte?	Moins parfaite.	Diminuée?	
Excitation électrique		Plus forte.	Plus parfaite.	Augmentée.	Diminué.
Section ancienne du nerf		Plus faible.	Moins parfaite.	Diminuée.	
Section récente du nerf		Plus forte.	Plus parfaite.	Augmentée.	Diminué.
Fatigue		Plus faible.	Moins parfaite.	Diminuée.	Augmenté.
Poisons. { Vératrine		Plus forte.	Plus parfaite.	Augmentée.	Diminué.
{ Curare		Plus faible.	Moins parfaite.	Diminuée.	Augmenté.

Nous voyons ainsi l'élasticité acquérir une importance grandissante dans la fonction du muscle. Aujourd'hui elle est considérée comme étant l'essence même de l'activité musculaire. D'après la théorie de Chauveau, le travail intérieur du muscle (travail physiologique), c'est la création de l'élasticité parfaite et forte que l'organe acquiert tout à coup quand il se met en état d'activité fonctionnelle. Cette élasticité est mesurable en kilogrammes comme force, tandis que les travaux intérieurs et extérieurs qui en sont l'origine et la fin se mesurent en calories (dégagement de chaleur) et en kilogrammètres (travail mécanique). Dans le cycle des transformations énergétiques du muscle, la chaleur dégagée et le travail utile ne sont que les termes ultimes de la transformation de l'énergie alimentaire ou potentielle; le terme intermédiaire est constitué par le travail physiologique. La théorie de Chauveau, c'est que, dans la création de force engendrée par la contraction, le travail physiologique des muscles consomme d'emblée toute l'énergie chimique dépensée dans la contraction. L'équation est :

$$\text{Énergie} = \text{Travail physiologique} + \text{Chaleur.}$$

Le travail physiologique, c'est le travail intérieur envisagé en dehors de ses manifestations sensibles et utiles. C'est le travail intérieur du muscle qui se contracte, c'est l'état d'un nerf qui transmet une excitation, c'est l'effort silencieux de l'épithélium qui sécrète (Chauveau). Les trois termes de l'énergétique musculaire obéissent aux mêmes lois. La dépense chimique, le travail physiologique et la production de chaleur varient proportionnellement à la charge soutenue par les muscles et au raccourcissement subi par ces organes. Ils sont donc proportionnels à l'élasticité de contraction. Toute l'énergie potentielle se convertit en travail physiologique avant d'être rejetée à l'extérieur à l'état de chaleur. Il en résulte que le travail physiologique des muscles trouve son équivalence dans la chaleur qui termine le cycle. Nous étudierons plus loin les rapports entre la fatigue, l'élasticité et la production de chaleur, en nous basant sur les expériences de Chauveau.

Mosso a utilisé l'ergographe pour étudier les changements d'élasticité du muscle par effet de la fatigue. Il a trouvé tantôt une augmentation, tantôt une diminution.

Bibliographie. — Boudet de Paris. *De l'élasticité musculaire*, Paris, 1880. *Effets du curare, de la chaleur et de la section des nerfs moteurs sur l'excitabilité et l'élasticité musculaire* (Trav. du lab. de Marey, 1878, IV, 194). — Chauveau (A.). *Les lois de l'échauffement produit par la contraction musculaire, d'après les expériences sur les muscles isolés* (A. de P., 1891, 20-40). — Enko (P.). *Beitrag zur Lehre von der Muskelcontraction* (A. P., 1880, 95-111). — Fick. *Beiträge zur vergleichenden Physiologie der irritablen Substanzen*, Braunschweig, 1863, 53. — Hermann (H. H., 1879, I, 1, 118). — Jendrassik (Deutsch. Arch. f. klin. Med., XXXIII, 17). — Kronecker (H.). *Ueber die Ermüdung und Erholung der quergestreiften Muskeln* (Arbeiten aus der physiol. Anstalt zu Leipzig, 1871, VI, 177); (Monatsber. d. Berliner Acad., 1870, 629); (Ber. d. sächs. Acad., 1871, 690). — Marey. *Du mouvement dans les fonctions de la vie*, Paris, 1868. — Van Mansvelt. *Over de elasticiteit der Spieren* (Dissert., Utrecht, 1863). — Mosso (A.). *Les lois de la fatigue étudiées dans les muscles de l'homme* (A. i. B., 1890, XIII, 125). — Sternberg. *Sehnenreflexe bei Ermüdung* (C. P., 1887-

1888, 1). — Strümpell (*Deut. Arch. f. klin. Med.*, xxiv, 188). — Wedensky. *L'élasticité du muscle diminue-t-elle pendant la contraction?* (*C. R.*, cxvii, 1893, 181.) — Weber (Ed.). *Article Muskelbewegung* (*Wagner's Handwörterbuch der Physiologie*, Braunschweig, 1846, iii, ii).

La bibliographie de la discussion entre Weber et Volkmann au sujet de l'élasticité musculaire se trouve dans Hermann (*H. H.*, i, 1re partie, 72).

§ 3. **Modifications des caractères de la contraction sous l'influence de la fatigue (Étude graphique de la fatigue musculaire).** — *Secousse isolée.* — L'allongement de la secousse musculaire sous l'influence de la fatigue a été observé pour la première fois par Helmholtz (1850), peu de temps après la construction du myographe. Pendant les premières contractions obtenues par l'excitant galvanique, la durée de la secousse subit même une diminution, d'après Helmholtz, et ce n'est que plus tard qu'on observe l'allongement de la secousse en même temps qu'une diminution de hauteur. Ces deux modifications, attribuables à la fatigue, débuteraient donc simultanément. Le fait essentiel, c'est-à-dire l'augmentation de durée de la secousse comme effet de la fatigue, a été vérifié et confirmé depuis par un grand nombre d'auteurs.

On admet que la fatigue se comporte comme le froid et comme certaines intoxications; son effet est d'allonger la secousse en une contraction durable, qui possède de nombreux points de ressemblance avec la contraction idio-musculaire et dont la cause, ainsi que Fick et Böhm l'ont montré, siège dans le muscle même et non dans le nerf (Hermann, *Lehrbuch. d. exper. Toxicologie*, 346, 351, 360, Berlin, 1874). Par un dispositif spécial, Wundt (1858) laissa les fermetures du courant se faire d'une façon automatique aussi souvent que le muscle était revenu à sa longueur primitive; il put s'assurer que les contractions devenaient de plus en plus rares sous l'influence de la fatigue. Marey (1866) reconnut que, sous l'influence de la fatigue : 1° la durée de la secousse s'accroît; 2° son amplitude diminue. Les graphiques obtenus sont les mêmes, quand on excite soit le muscle, soit le nerf. Les mêmes faits ont été observés par Harless (1861), Funke (1874), Volkmann (1870).

Volkmann (1870), à qui on doit une étude approfondie de la question, a trouvé que la diminution d'irritabilité musculaire consécutive à la fatigue se traduit par une *augmentation* de la durée de toutes les phases de la secousse et par une *diminution* d'amplitude. La période d'excitation latente (temps perdu) peut doubler et même tripler dans certains cas. L'augmentation de durée est surtout manifeste pour la ligne de descente, qui devient démesurément longue sur le myogramme. Toutefois, pendant l'extrême fatigue, quand le muscle est presque épuisé, à une diminution d'amplitude correspond une diminution de durée. Suivant Volkmann, l'inspection de la courbe suffit pour se rendre immédiatement compte du degré de fatigue auquel est parvenu le muscle. Dans son schéma se trouvent retracés les cinq principaux degrés de fatigue observés : on y voit nettement que l'amplitude décroît avec la fatigue; la durée croît jusqu'à une certaine limite pour diminuer graduellement.

Il est à remarquer que dans les phases intermédiaires de la fatigue on observe quelquefois, dans la partie descendante du tracé, une élévation secondaire décrite par Funke (« nez »). De même Ch. Richet a vu sur les muscles de l'écrevisse une deuxième contraction passagère se montrer, sans nulle excitation, après le relâchement du muscle. C'est ce qu'il appelle *onde secondaire*. Cette onde secondaire se présentait sur les muscles faiblement chargés et soumis antérieurement à une forte excitation. Nous croyons que le « nez », de même que l'onde secondaire, sont une forme de la contracture et présentent un cas spécial de la contraction idio-musculaire.

Quand le muscle se fatigue ou se refroidit, la secousse de clôture, qui est toujours plus faible que la secousse de rupture (courants faradiques), diminue d'amplitude et augmente de durée, puis disparaît tout à fait; la secousse de rupture persiste plus longtemps. D'après Waller, l'effet diminue plus rapidement pour les courants ascendants que pour les descendants. La clôture disparaît quelquefois, pour une cause qui n'est pas la perte de la force de la contraction. Mais, par suite du ralentissement énorme de la contraction dans la fatigue, il y a fusion des deux secousses, et la clôture est englobée par la rupture. On le voit très bien sur les tracés : il n'y a pas alors de vide correspondant à la clôture, mais une seule contraction arrondie (J. Ioteyko).

Le premier effet de la fatigue est-il de diminuer la hauteur ou d'augmenter la durée de la contraction? Pour HELMHOLTZ ces deux modifications de la forme de la secousse apparaissaient simultanément, mais les recherches modernes ont conduit à des résultats différents. Dans ses études sur les muscles de l'hydrophile (1887) et sur les muscles rouges du lapin (1892), A. ROLLETT avait remarqué que, dans une série de secousses d'induction (ouverture), la hauteur des contractions n'avait que très légèrement fléchi, alors que leur durée avait déjà augmenté très sensiblement. La diminution de hauteur n'est encore qu'insignifiante quand déjà l'allongement de la secousse est devenu considérable. Ainsi, l'allongement de la secousse *précède* la diminution de hauteur et se montre dans les trois parties du myogramme. L'accroissement du temps perdu modifie sensiblement la forme de la contraction. Ainsi, si l'on établit les courants de clôture et de rupture à des intervalles égaux, les secousses C, R, C', R', etc., au lieu de s'inscrire à des distances égales, s'éloignent peu à peu, parce que, la fatigue survenant, le temps perdu augmente. Mais on peut compenser la fatigue en augmentant l'intensité du courant et réduire sur un muscle fatigué le temps perdu à n'être pas plus grand que sur le muscle frais (avant que l'épuisement complet ne soit survenu).

A ce phénomène est liée *la diminution de vitesse de l'onde musculaire* (ROLLETT), fait mis en évidence déjà par HERMANN (1878), qui trouva notamment que l'onde musculaire possède chez l'homme une vitesse bien plus grande (10 à 13 mètres à la seconde) que dans les muscles du lapin séparés du corps (2-6 mètres d'après BERNSTEIN et STEINER). Or il est fort probable que la différence de vitesse doit être attribuée à la fatigue des muscles extraits du corps autant qu'à leur dépérissement. On sait d'ailleurs que la vitesse de propagation de l'onde musculaire diminue très rapidement après la mort générale (AEBY). Le processus est influencé dans le même sens par le froid et les intoxications. D'après ROLLETT, la vitesse de l'onde musculaire, qui est de 3 400 millimètres à la seconde dans un muscle rouge de lapin non fatigué, n'est que de 1 500 millimètres dans le muscle fatigué.

Le ralentissement de la secousse sous l'influence de la fatigue montre que la définition généralement adoptée de la fatigue n'est pas suffisante (ROLLETT); on dit que, sous l'influence de la fatigue, l'excitabilité décroît si l'intensité de l'excitant reste la même; pour produire le même effet que lors des premières contractions, il faut user d'une intensité d'excitation bien plus grande. Or d'autres facteurs sont encore influencés par la fatigue, et notamment la durée de la secousse.

Voici les résultats de l'analyse d'une série de secousses suivant ROLLETT (1896) : soit A la première secousse, B une secousse plus avancée dans la série, C et D des secousses encore plus avancées, nous voyons que la hauteur de A possède une certaine valeur, la valeur de B est plus grande (escalier), celle de C est égale à A, et celle de D est moindre que A. Or la durée de la secousse a progressivement augmenté depuis A jusqu'à D, et, si C = A comme hauteur, elle est incomparablement plus longue. Ainsi, en prenant en considération le travail mécanique, nous voyons que le travail mécanique a d'abord augmenté (escalier), puis qu'il a diminué (fatigue). A ce point de vue, il est permis d'affirmer que l'excitabilité a d'abord augmenté pour diminuer ensuite. Mais nous avons vu qu'à côté des modifications de hauteur se produisent encore des modifications de durée, et que le raccourcissement d'une secousse isolée ne s'opère pas avec une vitesse uniforme; au début, le raccourcissement est plus rapide, il devient ensuite plus lent. Il est possible de calculer une vitesse moyenne, avec laquelle le poids serait soulevé à la même hauteur et avec la même vitesse; le produit de la hauteur (h) par le poids soulevé (mg), divisé par le temps, nous donnera l'évaluation du travail accompli par le soulèvement du poids pendant 1/100 de seconde. Or ce travail mécanique $\frac{mgh}{t}$ en fonction du temps décroîtra progressivement depuis la première jusqu'à la dernière secousse. L'allongement de la phase d'ascension (phase de contraction) est un mécanisme facilitant l'économie du travail; le muscle exécute, il est vrai, un travail bien moindre pendant l'unité de temps, mais, comme la durée de la contraction est considérablement augmentée, il n'en résulte aucune perte au point de vue du travail mécanique (la hauteur restant la même), et même il peut y avoir gain de travail (escalier). Mais, après un certain nombre de secousses, le travail exécuté dans l'unité de temps s'amoindrit tellement que la hauteur (travail mécanique) diminue sous l'influence de la fatigue. Nous devons par conséquent distinguer dans le muscle une diminution double d'excitabilité. En premier lieu, la diminution d'excitabilité dans l'unité de temps, et qui se manifeste progressivement depuis la première secousse jusqu'à la dernière. En second lieu, la diminution d'excitabilité pendant une secousse entière ; celle-ci apparaît quand l'allongement de la phase de raccourcissement musculaire ne peut plus compenser la perte du travail dans l'unité de temps.

Le processus de la fatigue se divise donc en deux phases : 1° phase préliminaire, pendant laquelle les contractions augmentent en étendue (escalier) et en durée ; 2° phase plus longue, pendant laquelle elles continuent à augmenter en durée, mais diminuent progressivement en étendue. La fig. 5, empruntée à A. WALLER, indique ces deux phases.

Le même auteur a étudié l'influence de la fatigue sur le muscle vératrinisé. Il a vu l'effet caractéristique de la vératrinisation (allongement de la contraction) disparaître par la répétition du mouvement (fatigue) et réapparaître pendant la réparation.

Le phénomène de l'escalier a été observé par un grand nombre d'auteurs, aussi bien sur les muscles des animaux à sang chaud que sur ceux des animaux à sang froid, avec ou sans circulation, pour les excitations directes et indirectes, pour le muscle travaillant en charge ou en surcharge. Le phénomène de l'escalier (constaté pour la première fois par

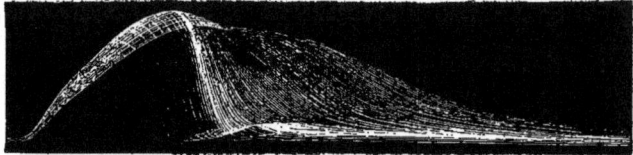

Fig. 5. — (D'après WALLER) Effets de la fatigue dans un gastrocnémien de grenouille.
Au début, les contractions deviennent plus hautes et plus longues, plus tard elles diminuent de hauteur, imbriquées verticalement.

BOWDITCH en 1871 sur le muscle cardiaque) paraît paradoxal ; car l'excitation maximale ne produit pas le maximum d'effet quand elle agit pour la première fois, mais seulement quand elle se suit à intervalles réguliers. La cause de l'escalier n'est pas encore bien élucidée. BOWDITCH suppose que la résistance que les contractions doivent surmonter va en diminuant progressivement. CH. RICHET partage la même opinion, en expliquant l'escalier par un phénomène d'addition latente. TIEGEL admet que l'escalier des muscles curarisés est dû à l'accélération de l'afflux sanguin par suite de l'excitation des vaso-dilatateurs. (Le curare produit une hyperémie manifeste.) D'après KRONECKER, ce phénomène est dû à une augmentation d'excitabilité du muscle, par suite de son échauffement. BIEDERMANN admet que l'excitabilité du muscle augmente au début, grâce à l'accroissement graduel du processus d'assimilation. TRÈVES partage la même manière de voir. A. Mosso, qui obtient aussi l'escalier dans les expériences ergographiques sur les muscles de l'homme, considère ce phénomène comme étant lié à un léger degré de fatigue du muscle et explique l'augmentation d'excitabilité par une espèce de massage que le muscle en se contractant exerce sur lui-même. A. BROCA et CH. RICHET interprètent l'escalier de la courbe ergographique de l'homme comme un phénomène d'excitabilité graduellement croissante, dû à la vaso-dilatation du muscle, d'où résulte une restauration de plus en plus parfaite. « C'est un phénomène d'entraînement, disent-ils, mais non d'entraînement à longue échéance, tel qu'on l'observe dans les exercices du corps chez les athlètes, les gymnastes, les coureurs ; c'est un entraînement immédiat, et qui se fait pendant le travail même. »

D'après KOHNSTAMM, le phénomène de l'escalier est dû à la diminution de l'interférence du processus de raccourcissement et du processus de relâchement, grâce au ralentissement de ce dernier (théorie de FICK). SCHENCK exprime une opinion analogue. L'escalier est beaucoup plus accentué quand la circulation n'est pas arrêtée ; il apparaît pourtant aussi dans un muscle exsangue.

Ainsi presque tous les auteurs considèrent le phénomène de l'escalier comme dû à une augmentation d'excitabilité ; mais l'excitabilité ne peut se mesurer uniquement par l'amplitude de la secousse : il faut tenir compte de la durée de la contraction musculaire. Les recherches de ROLLETT (1896) ont montré que l'augmentation d'amplitude observée pendant l'escalier est toujours accompagnée d'une augmentation croissante de la durée de la contraction. LAHOUSSE (*La Cause de l'Escalier des muscles striés. — Annales de la Société de médecine de Gand*, 1900), qui a étudié aussi la forme de la contraction musculaire pendant l'escalier sans connaître les travaux de ROLLETT, trouve que l'accroissement d'amplitude des secousses ne relève pas de la même cause dans toute l'étendue de l'escalier; dans la première moitié, elle est due à une augmentation d'excitabilité, et, dans la seconde moitié, au contraire, au retard progressivement croissant du processus de relâchement.

Quand la série des contractions pendant l'escalier est interrompue par un arrêt d'assez longue durée, alors la première contraction après l'arrêt est plus basse que la dernière contraction avant l'arrêt. Ainsi la réparation a pour effet de produire un abaissement des contractions. Or, suivant ROLLETT, ce paradoxe cesse d'exister; car la réparation, qui avait eu pour effet de diminuer la hauteur de la contraction, augmente l'excitabilité dans l'unité de temps : la durée du raccourcissement devient plus courte.

JENSEN d'une part et ROBERT MÜLLER de l'autre ont fait des expériences sur le gastrocnémien de grenouille en introduisant des pauses de repos dans la courbe de la fatigue. Après chaque arrêt on obtient le renouvellement de l'escalier, sauf à un stade très avancé de la fatigue. C'est en se basant sur la rapidité de l'apparition de l'escalier que R. MÜLLER divise la courbe en quatre phases suivant le degré de fatigue.

La fatigue exerce son action paralysante d'une façon bien plus marquée sur la phase de relâchement que sur celle de raccourcissement. Tandis que la phase de raccourcissement devient deux à trois fois plus longue que normalement, la phase de relâchement devient douze fois plus longue. Déjà la période de relâchement d'un muscle frais n'est pas une ligne de descente simple; s'il en était ainsi, la vitesse de cette période serait beaucoup plus grande; car la charge qui agit sur le muscle ne retombe pas avec l'accélération que nécessite la loi de la pesanteur; et le muscle se détend plus vite au début que vers la fin. Cette force de résistance à la pesanteur représente un travail qui sera d'autant plus grand que la ligne de descente sera plus longue; mais la part de ce travail dans l'unité de temps sera d'autant moindre que la durée de la descente est plus grande.

Les expériences de ROLLETT ont été faites sur la *Rana esculenta*, et sur le *Bufo cinereus*. L'excitation du muscle a donné exactement les mêmes résultats que celle du nerf. Chaque expérience comprenait 600 contractions, mais seulement la première dizaine de chaque série de 50 contractions était enregistrée.

Tableau de ROLLETT (escalier).

NUMÉRO DE LA SECOUSSE.	HAUTEUR DE LA SECOUSSE en millimètres.	DURÉE DE LA SECOUSSE en secondes.	DURÉE EN MULTIPLES de la 1re contraction.
1	3,41	0,115	1
100	4,31	0,134	1,16
200	4,43	0,301	2,62
300	4,45	0,560	4,87

Ce tableau montre nettement que l'augmentation d'amplitude observée pendant l'escalier est accompagnée d'une augmentation croissante de durée.

Dans la première secousse, la ligne de descente possède une durée plus longue que la ligne d'ascension; mais ce rapport est bientôt modifié; car, déjà vers la 150e contraction, la durée de l'ascension croît plus vite que la durée de la descente (ROLLETT).

Ce n'est qu'à partir de la 150e contraction que la ligne de descente commence à s'allonger plus que la ligne d'ascension; mais, après la 400e contraction, l'allongement de la ligne de descente commence à diminuer légèrement. Cependant, même à ce moment, sa durée dépasse de beaucoup celle de la ligne d'ascension.

NUMÉRO DE LA COURBE.	DURÉE DE LA LIGNE D'ASCENSION EN MULTIPLES DE LA 1ʳᵉ COURBE.		DURÉE DE LA LIGNE DE DESCENTE EN MULTIPLES DE LA 1ʳᵉ COURBE.	
	Grenouille.	Crapaud.	Grenouille.	Crapaud.
1	1	1	1	1
51	1,41	1,26	1,12	0,97
101	1,75	1,44	1,46	1,02
151	1,98	1,61	1,73	1,08

Avec des charges plus grandes (50 à 200 grammes au lieu de 20 grammes, ROLLETT a obtenu des résultats presque identiques, sauf que la fatigue est plus précoce.

Dans la fatigue isométrique, on observe des oscillations de tension, et la fatigue survient plus vite.

Il est à remarquer que l'allongement de la secousse n'apparaît que dans un stade très avancé de la fatigue chez les animaux à sang chaud, alors que chez les animaux à sang froid il s'observe dès le début (ROLLETT). Suivant SCHENCK, cette différence ne dépend pas de la qualité du muscle, mais de la différence de température.

SCHENCK (1892) a tâché d'expliquer la cause du processus de relâchement en se basant sur la comparaison faite entre la ligne d'ascension et la ligne de descente. Il est reconnu que l'excitabilité du muscle est diminuée par le *froid* et la *fatigue*. Les deux processus allongent démesurément la courbe, mais ils n'influent pas de la même façon sur les parties constituantes de la courbe. Ainsi, sous l'influence du froid, le rapport entre la partie ascendante et la partie descendante de la courbe reste à peu près le même (GAD et HEYMANS, *A, P.*, 1890), tandis que, sous l'influence de la fatigue, l'allongement porte surtout sur la période de descente. Or la différence physiologique entre le muscle fatigué et le muscle refroidi est très grande, le premier ayant dépensé une grande partie de ses réserves, l'autre étant relativement intact. On pourrait donc faire la supposition que le processus de relâchement s'accomplit d'autant plus lentement que les matériaux de réserve sont en quantité plus restreinte. Pour le prouver, SCHENCK recourut aux expériences suivantes. Il compara la forme de la contraction d'un muscle fatigué par excès de travail à celle d'un muscle qui était resté au repos, mais dont l'excitabilité était diminuée par une injection d'acide lactique, substance fatigante en première ligne, suivant les anciennes idées de RANKE. S'il est vrai que la fatigue est due à un épuisement de réserves, alors le relâchement du muscle fatigué doit se faire beaucoup plus lentement que le relâchement du muscle acide. Les expériences vinrent confirmer pleinement ces vues. Si le muscle normal était fatigué au point que ses contractions étaient de hauteur égale à celle du muscle acide, alors la partie ascendante du tracé avait la même durée dans les deux cas, tandis que la partie descendante était toujours beaucoup plus longue pour le muscle fatigué. L'effet était le même pour les excitations indirectes que pour les excitations directes, pour le muscle curarisé que pour le muscle non curarisé, pour la contraction isotonique que pour la contraction isométrique. En outre, le muscle tétanisé et lavé par une solution de soude dans le liquide physiologique présentait une ligne de descente un peu plus longue qu'à l'état normal. Les produits de la fatigue, élaborés au cours du tétanos, ont donc été lavés ou neutralisés par la solution sodique, mais le tétanos a appauvri le muscle de ses matériaux de réserve. Ces expériences montrent, d'après SCHENCK, que le processus de relâchement s'opère d'autant plus lentement que les matériaux de réserve du muscle sont en quantité plus restreinte. Cette relation qui existe entre les matériaux de réserve et la période de relâchement s'explique bien, si l'on admet avec MONTGOMERY que la période de relâchement est destinée à la reconstruction de la molécule, et se fait d'autant plus lentement que les matériaux de reconstruction sont moins abondants.

Les expériences de SCHENCK ont donc bien mis en relief ce fait que la longueur démesurée de la ligne de descente dès le début de la fatigue est liée au processus de réparation. Si la phase de raccourcissement est liée à la désassimilation du muscle, la phase de relâchement est l'expression de l'assimilation et d'une reconstruction moléculaire. C'est afin d'obéir aux exigences de la réparation que le muscle fatigué demande un temps si long pour se décontracter.

Que cette réparation dépende de la reconstruction des réserves ou de l'éloignement des déchets, l'allongement que présente la phase de relâchement du muscle fatigué n'en est pas moins une nécessité biologique. C'est un mécanisme auto-régulateur qui assure la réparation.

Occupons-nous maintenant des phénomènes de *réparation*. Après un repos de longue durée, la hauteur des contractions peut être récupérée intégralement chez la grenouille à circulation conservée; il arrive même que la secousse devient plus haute après le repos (ROLLETT). Le plus souvent cependant, elle n'atteint pas la valeur primitive. Après un long repos, la réparation porte aussi sur la durée de la secousse; celle-ci redevient normale comme longueur; en même temps elle acquiert de nouveau la propriété de s'allonger de la même manière sous l'influence d'une nouvelle fatigue. Mais le cas ne se présente pas toujours. Il arrive fréquemment qu'après la réparation l'allongement de la secousse est beaucoup moins prononcé qu'auparavant (ROLLETT). Nous pouvons donc distinguer plusieurs cas. En premier lieu, le muscle fatigué pour la deuxième fois (après réparation) peut se comporter exactement comme le muscle fatigué pour la première fois au point de vue de la propriété d'allonger ses secousses, c'est-à-dire que *le ralentissement croît progressivement avec le nombre de secousses, qu'il affecte la période de relâchement plus que la période de raccourcissement, et que, à une phase très avancée de la fatigue, sa croissance subit un arrêt, et que même une décroissance peut s'opérer.* Ainsi, pour l'allongement de la secousse sous l'influence des excitations répétées, le muscle réparé est dans certains cas tout à fait comparable au muscle frais. Mais, dans d'autres cas, il peut en différer plus ou moins sensiblement. En règle générale, le muscle réparé a perdu la propriété d'allonger ses secousses lors des premières excitations; l'allongement ne débute que bien plus tard. Ces deux modes de réparation ont été désignés sous le nom de *réparation adaptée* (*anpassende Erholung*), par ROLLETT, qui les a décrits pour la première fois (1896). Il existe en outre un troisième mode de réparation (*réparation non adaptée*, de ROLLETT), qui se distingue par un manque complet de régularité dans l'allongement de la secousse.

Ces différences dans la réparation s'observent indépendamment de l'amplitude atteinte par le muscle après le repos; elles plaident en faveur de l'opinion que l'amplitude est loin d'être l'unique facteur de la courbe influencé par la fatigue. Suivant ROLLETT, la figure donnée par MAREY (*Du mouvement*, etc., 238; *Trav. du labor.*, II, fig. 69; *La méthode graphique*, fig. 264), et reproduite dans plusieurs manuels, comme un des plus beaux spécimens de la méthode graphique (fig. 6), a trait incontestablement à une expérience de réparation non adaptée; elle représente 88 contractions imbriquées verticalement; la forme de la première secousse, sa hauteur réduite, l'écart considérable entre les lignes de descente des premières secousses démontrent nettement ce fait.

Examinons maintenant les phénomènes relatifs à l'allongement de la secousse, quand des séries de 50 contractions sont interrompues par de courts intervalles de repos (ROLLETT). Si la phase de repos atteint quinze minutes, alors, même après 1 200 contractions, on n'observe encore aucun effet de fatigue. En diminuant le temps de repos, on arrive à obtenir des modifications, mais seulement dans les séries très éloignées. Enfin, avec un repos de trois minutes, on obtient des changements de série en série. Il se fait des changements incessants dans le décours de la secousse, et l'influence de la réparation se manifeste par le retour des caractères propres aux séries antérieures. Les intervalles d'une demi à une minute ne se distinguent des intervalles de trois minutes que par l'apparition plus rapide des changements consécutifs à la fatigue et à la réparation. Ici également nous voyons se produire le même fait que dans les expériences précédentes: le muscle réparé a perdu la propriété d'allonger sa secousse dans la série suivante. C'est particulièrement le cas, quand un muscle fortement fatigué est soumis à un nouveau travail. Si l'intervalle entre les séries des contractions est de six secondes, alors, après 300 soulèvements, on n'observe plus de modifications appréciables.

Cɪɪ. Rɪcʜᴇᴛ a vu que le muscle de la pince de l'écrevisse s'épuise très rapidement et ne peut donner plus de 30 à 40 contractions de suite. Au contraire, les contractions de la queue de l'écrevisse sont analogues à celles du gastrocnémien de grenouille. Aucun muscle peut-être ne présente d'une manière aussi marquée une différence entre les courants isolés et les courants fréquemment répétés que le muscle de la pince. Quand il

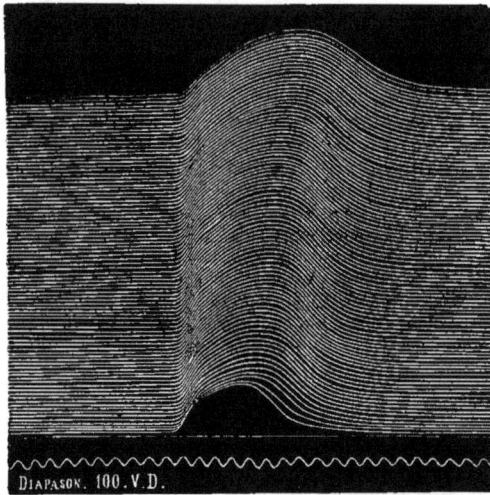

n'est plus excitable par des courants isolés, il reste longtemps encore excitable par les courants fréquemment répétés. L'ascension de la courbe musculaire est alors extrêmement lente, et la descente est aussi d'une très grande lenteur. La fig. 7 montre que la première excitation a un temps perdu assez court, mais que ce temps perdu va en augmentant pour les secousses successives, de sorte que la dernière secousse a un temps perdu qui est environ le double de la première. Cɪɪ. Rɪcʜᴇᴛ a observé en outre sur le muscle de la pince une forme particulière de tétanos qu'il a appelé *rythmique*. Après la contrac- tion initiale, le tétanos

Fɪɢ.6. — (D'après Mᴀʀᴇʏ) Graphique des secousses musculaires.

s'établit; mais, au lieu de former un plateau, il forme une ligne brisée régulière. Les constrictions et les relâchements du muscle se font suivant un certain rythme. La période d'épuisement du muscle de la pince, période pendant laquelle les excitations ne produisent plus de mouvement, est comparable à la période post-systolique du cœur (Cɪɪ. Rɪcʜᴇᴛ).

Rᴀɴᴠɪᴇʀ a découvert chez les vertébrés des muscles particuliers, qui, bien que volon-

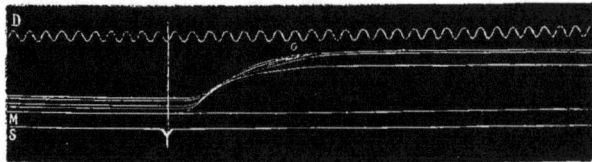

Fɪɢ. 7. — (D'après Cʜ. Rɪcʜᴇᴛ) Influence de la fatigue sur le temps perdu du muscle de la pince de l'écre- visse. (A chaque tour du cylindre se faisait au même point l'excitation électrique, laquelle est indiquée par le petit trait marqué sur la ligne S des signaux électriques.)

taires et composés de fibres striées, se contractent à peu près comme les muscles lisses. Il les appela muscles *rouges,* par opposition aux muscles striés ordinaires, qu'il désigna sous le nom de *pâles.* Le temps perdu des muscles rouges est huit à dix fois plus considérable que celui des muscles pâles. Or, sous l'influence de la fatigue, les muscles pâles prennent certains caractères des muscles rouges, par exemple l'augmentation du temps perdu, et on a dit que ces derniers sont des muscles pâles normalement fatigués. La durée de la secousse dans le muscle blanc est d'autant plus grande qu'il est plus fatigué, et ressemble de plus en plus à celle du muscle rouge non fatigué. La différence porte principalement sur la période de décontraction, qui est représentée par une ligne concave pour les muscles rouges, au lieu d'être convexe. En outre, entre le mode de réaction de ces deux espèces de muscles, il existe une différence caractéristique : tandis que dans les muscles blancs l'amplitude du tétanos est proportionnelle à la secousse (il y a une légère différence en faveur du tétanos), cette proportionnalité n'existe pas pour les muscles rouges, qui donnent encore un tétanos, alors qu'il n'est plus possible de produire des secousses isolées. Enfin, la forme de la ligne tétanique n'est pas la même, et c'est même là un fait sur lequel on s'est basé pour comparer la fatigabilité des deux espèces de fibres. Il existe même certains muscles mixtes, par exemple le triceps huméral du lapin, lesquels, étant soumis à l'action d'un courant électrique, donnent un tracé qui au début est celui des muscles blancs, mais qui à la fin prend de plus en plus l'aspect de celui des muscles rouges. On en conclut que ce sont les fibres blanches qui se fatiguent les premières. Or, comme les fibres rouges sont plus riches en sarcoplasme que les fibres pâles, on en a conclu que les muscles riches en sarcoplasme (rouges) se contractent plus lentement, qu'ils sont moins excitables, se fatiguent plus lentement et meurent plus tard que les muscles pâles, pauvres en sarcoplasme, mais riches en fibrilles (GRÜTZNER). BIERFREUND trouva que les muscles pâles entrent en rigidité plus vite que les rouges; les premiers au bout de 1-3 heures après la mort, les seconds au bout de 11-15 heures dans les mêmes conditions. Le muscle cardiaque, qui est très riche en sarcoplasme, possède aussi une survie très longue. ROLLETT montra qu'en excitant le nerf sciatique par l'électricité, les fléchisseurs se contractaient pour une intensité de courant beaucoup plus faible que les extenseurs. GRÜTZNER constata le même fait dans l'excitation directe; mais, si l'on continue l'excitation pendant quelque temps, alors la différence primitive s'efface et disparaît complètement. Cela signifie que les fléchisseurs, composés en grande partie de fibres pâles, plus excitables, se fatiguent aussi plus vite que les extenseurs, composés en majeure partie de fibres rouges, moins excitables, mais plus résistantes. Un phénomène semblable s'obtiendrait dans l'excitation des muscles du *Dytiscus* et de l'*Hydrophile* (ROLLETT). Les muscles du Dytisque, composés de fibres pâles, ont une contraction rapide et se fatiguent beaucoup plus rapidement que les muscles de l'Hydrophile.

Le muscle est composé d'éléments hétérogènes, et on peut dire que la contraction rapide est l'apanage d'une striation riche, tandis que la contraction lente est due à la richessse du sarcoplasme. Cette théorie a été aussi développée avec beaucoup de talent par BOTTAZZI. Les muscles extraits du corps des poïkilothermes et des invertébrés se fatiguent plus lentement et ont une survie plus longue que les muscles des homéothermes. Il y a pourtant des exceptions; la perte d'excitabilité est rapide chez les Poissons et les Insectes.

RAPHAËL DUBOIS a enregistré les courbes de contraction du siphon de la *Pholade dactyle*, lorsque cet animal a été fatigué expérimentalement. Il existe deux sortes de contractions : l'une locale, appelée par R. DUBOIS contraction primaire ou contraction de l'appareil avertisseur; et l'autre, générale, qui est une rétraction de tout le siphon (contraction secondaire). Sous l'influence de la fatigue on voit s'allonger considérablement la durée de la contraction, en même temps que son amplitude diminue. Si la fatigue est poussée plus loin, la contraction secondaire disparaît; puis, si l'on continue l'excitation, c'est la contraction primaire qui disparaît à son tour, et enfin l'animal tombe, vis-à-vis de l'excitation lumineuse, dans l'inertie complète, alors que l'on peut encore provoquer des contractions par les excitations galvanique ou mécanique.

Tétanos. — Un muscle qui, pour une raison quelconque, donne des contractions longues, se laissera tétaniser par des stimulations moins fréquentes que celui qui donne des contractions brèves. Les muscles rouges entrent en tétanos pour une fréquence d'excitations bien moindre que les muscles pâles (RANVIER). La même différence sépare les muscles de la pince de l'écrevisse des muscles de la queue; les premiers entrant en tétanos avec une extrême facilité (CH. RICHET). La fatigue, qui produit un allongement de la secousse, facilite l'apparition du tétanos. Par la fatigue et le refroidissement, le tétanos, d'abord incomplet, marqué par une ligne sinueuse, devient complet et se traduit par une ligne parallèle à l'axe des abscisses. Mais son amplitude est toujours plus grande que celle des secousses isolées. La fusion des secousses s'opère bien plus facilement pour un muscle fatigué que pour un muscle frais; il en résulte qu'un nombre d'excitations qui ne suffirait pas pour faire entrer en tétanos un muscle frais, amène le tétanos d'un muscle fatigué. On peut constater sur l'homme lui-même cette fusion des secousses sous l'influence de la fatigue. En employant la pince myographique de MAREY, on peut voir au bout d'un certain temps les oscillations correspondant à chaque excitation disparaître peu à peu, et la courbe, primitivement ondulée, passer à l'état de tétanos complet (MAREY). Quand l'excitation a une intensité très grande, la fusion des secousses peut même s'établir d'une façon immédiate; le raccourcissement musculaire atteint alors d'emblée son amplitude maximum, et il ne peut y avoir de superposition de secousses isolées.

La fatigue, le froid et les intoxications ont la propriété d'allonger la contraction névro-musculaire aussi bien que la contraction idio-musculaire.

Courbe de la fatigue. — La courbe de la fatigue donne une idée exacte de la décroissance successive de l'amplitude des secousses sous l'influence de la fatigue. Nous avons vu que la diminution d'excitabilité dépendait de plusieurs facteurs, et l'un d'eux, la hauteur (qui est l'expression du travail mécanique), peut même mesurer le degré de fatigue. En effet, la fatigue se caractérise, soit par la nécessité d'excitants plus énergiques pour obtenir le même degré de raccourcissement qu'avant la fatigue, soit, l'excitant restant le même, par une diminution de force. E. NEUMANN trouva que l'intensité de l'excitant induit doit être particulièrement grande pour les muscles fatigués, quand on emploie des courants de très courte durée. Ainsi la sensibilité du muscle aux excitants de courte durée est très diminuée dans la fatigue, que l'excitation soit directe ou indirecte.

Au contraire, entre certaines limites, un muscle fatigué est plus sensible aux variations brusques de potentiel qu'aux variations plus lentes (différence entre la clôture et la rupture (J. IOTEYKO).

H. KRONECKER (1870) a étudié avec détail les *lois de la fatigue des muscles striés*, au point de vue des modifications de l'amplitude des secousses. Les muscles (gastrocnémien et triceps de grenouille) étaient excités par des chocs d'induction appliqués au nerf sciatique à des intervalles réguliers (2-12 secondes), et les hauteurs de soulèvement s'inscrivaient successivement sur un cylindre enregistreur sous forme de lignes verticales distantes d'un millimètre environ; les excitations étaient graduées de façon à donner le maximum de raccourcissement (excitation maximale); le muscle soulevait au moment de sa contraction un poids qui ne dépassait pas 50 grammes. En joignant par une ligne les extrémités supérieures des lignes verticales équidistantes, correspondant aux hauteurs des soulèvements, on obtenait *la courbe de la fatigue du muscle*. Cette courbe, d'après KRONECKER, est une *ligne droite*, autrement dit la différence de soulèvement de deux lignes voisines (ou de deux contractions successives), est une constante, c'est ce qu'il appelle : *différence de fatigue*. Cette loi ne se rapporte qu'au muscle travaillant en surcharge, c'est-à-dire dans des conditions où le poids n'est soulevé qu'au moment de la contraction, et, dans les intervalles, il repose sur un support. Si, au lieu de ne faire soulever le poids par le muscle qu'au moment de sa contraction, on charge le muscle d'un poids avant sa contraction, de sorte qu'il subisse un allongement avant la contraction, la ligne de fatigue est toujours une ligne droite, mais seulement jusqu'au point où elle coupe la ligne des abscisses tracée par le muscle inactif non chargé de poids, et, à partir de ce point, la différence de fatigue devient de plus en plus petite à mesure que se suivent les excitations, et la ligne de fatigue se rapproche d'une hyperbole dont une asymptote est l'abscisse du muscle inactif et chargé (*quatrième loi de la fatigue*). La ligne de fatigue fait avec la ligne des abscisses un angle d'autant plus grand que les intervalles des excitations sont plus petits; la différence de fatigue diminue à mesure que les intervalles des excitations augmentent (*deuxième loi de la fatigue*). La différence de fatigue reste constante même pour des poids variables (*troisième loi de la fatigue*); les courbes correspondant aux différents poids sont parallèles entre elles, quand les intervalles des excitations restent constants.

KRONECKER a donné les formules suivantes pour la fatigue musculaire. Si l'on représente par D la différence de fatigue (constante pour les intervalles d'excitations constants et pour des poids constants), par y' la hauteur de soulèvement de la première contraction, par y^n la hauteur de soulèvement d'une contraction quelconque de la série, par

n le nombre de contractions qui ont précédé la contraction de y^n, on a l'équation suivante : $y^n = y' - nD$.

Si dans les expériences avec le muscle travaillant en charge, on représente par δ, la longueur d'extension du muscle par le poids, on a $D = \dfrac{v\delta}{n^2 D}$.

Hermann a combattu cette dernière partie des conclusions de Kronecker.

Ivo Novi a combattu aussi les idées de Kronecker, et se refuse à admettre la ligne droite de la fatigue. Le muscle est excité dans l'appareil de Novi d'une façon automatique au moment où il se repose après une contraction, et il peut lui-même régler l'intensité de l'excitation. Myographe de Pflüger; gastrocnémien de grenouille curarisée. Novi distingue cinq phases dans le cours de la fatigue : 1° phase de courte durée; la hauteur des contractions augmente, contractions rapides; 2° phase trois à cinq fois plus longue que la précédente, contractions rapides : elles s'abaissent en formant une ligne ondulée; 3° phase moitié moins longue que la précédente, contractions ayant toutes à peu près la même hauteur, mais plus lentes; 4° nouvelle augmentation de hauteur des contractions, qui sont devenues encore plus lentes; cette phase dure plus longtemps que la précédente; 5° la plus longue de toutes les phases, contractions encore plus lentes, et ce n'est que cette phase qui correspond à la courbe classique de Kronecker. Alors la différence entre la hauteur des contractions est une constante.

La courbe de la fatigue de Novi présente par conséquent deux convexités tournées en haut. D'après lui la première phase nous montre que, dans de certaines limites, la répétition de l'acte augmente la force musculaire; la seconde phase, que, quand cette limite est dépassée, la répétition provoque une diminution de l'excitabilité; la troisième prouve que, jusqu'à un certain moment, le muscle reste en équilibre sous l'action de différentes forces agissant en sens contraire et ne se fatigue pas; la quatrième phase établit qu'avec les progrès de la fatigue l'élasticité musculaire va en diminuant et que le muscle a besoin d'un temps plus long pour arriver au stade de repos : les contractions sont donc ralenties; mais, grâce à ce ralentissement, le muscle se contracte plus fort, parce qu'il n'est pas encore épuisé; enfin, dans la cinquième phase, malgré les intervalles encore plus espacés entre les excitations, le muscle est tellement fatigué que l'excitabilité va en décroissant.

Il est impossible d'établir un terme de comparaison entre les conclusions de Novi et celles de Kronecker, vu les conditions totalement différentes de l'expérimentation; suivant Kronecker la ligne droite n'est obtenue que dans les cas où les intervalles des excitations restent constants. Les expériences de Novi démontrent uniquement que, quand les intervalles sont variables, la courbe de la fatigue présente les particularités énumérées plus haut.

J. Joteyko (1896), qui a repris les expériences de Kronecker sur la grenouille, trouve que, dans la majorité des cas, la courbe de la fatigue d'un muscle constamment tendu est une ligne droite dans ses traits principaux; mais une analyse minutieuse permet de distinguer trois phases dans la courbe : 1° *phase d'entraînement* (escalier) ou d'excitabilité augmentée, représentée par une ligne à convexité supérieure, qui elle-même est composée d'une phase d'ascension et d'une phase de descente; 2° *première phase de la fatigue*, à partir du moment où les contractions sont descendues à la valeur qu'elles avaient au début, phase de descente rapide, représentée par une ligne droite : la différence de fatigue est considérable; 3° *deuxième phase de la fatigue* ou de descente ralentie, représentée par une seconde ligne droite : la différence de fatigue est diminuée. Ces deux lignes droites forment entre elles un angle ouvert en haut, et, comme les transitions ne s'opèrent pas d'une façon très tranchée, il en résulte une ligne légèrement concave en bas. Ce tracé peut être rapproché de celui qu'ont obtenu Rossbach et Harteneck pour les animaux à sang chaud : il présente de grandes analogies avec les courbes obtenues par Mosso pour les muscles de l'homme; mais en même temps il est presque identique aux tracés de Kronecker pour le muscle travaillant en charge, après en avoir retranché la première phase, dont Kronecker ne tient pas compte.

Dans un autre travail avec Gotsch (1880), Kronecker a étudié les lois de la fatigue du muscle tétanisé : il a reconnu que le tétanos qu'on obtient en excitant directement ou indirectement les muscles (curarisés ou non) des grenouilles ou des lapins, présente des phases analogues à celles que donne l'excitation du muscle par ondes uniques périodiquement répétées. La ligne du tétanos est une droite, et il y a ascension de la ligne, lorsque les excitations augmentent d'intensité, tandis que la fatigue est proportionnelle au nombre d'excitations.

Les recherches de Kronecker ont été le point de départ d'expériences très nombreuses entreprises par différents physiologistes, qui ont appliqué à l'étude de la fatigue la méthode du professeur de Berne. Parmi ces travaux, mentionnons particulièrement celui de Rossbach (1876) et celui de Rossbach et Harteneck (1877) sur les animaux à sang chaud. Pour pouvoir faire des expériences de longue durée sur les homéothermes (chien, chat, lapin), les auteurs immobilisaient ces animaux par section transversale de la moelle. Respiration artificielle. Le tendon du muscle exploré était relié au myographe de Marey; courants de rupture toutes les secondes; excitation maximale. Au commencement de l'excitation du nerf, on observe une augmentation d'excitabilité qui dure trois à cinq minutes chez le lapin, dix à quinze minutes chez le chien, vingt minutes chez le chat, de manière que les excitations les plus hautes peuvent atteindre le double de leur hauteur du début (escalier); le maximum d'excitabilité est plus vite atteint chez les herbivores que chez les carnivores; chez les premiers, après 60-100 contractions; chez les seconds, après 200 contractions. Cette augmentation d'excitabilité s'observe aussi pour le muscle fatigué, après chaque phase de repos et de réparation. A cette phase d'excitabilité augmentée succède bientôt une phase de diminution de l'excitabilité, et la décroissance des hauteurs se fait très régulièrement, de sorte que le profil de la fatigue est représenté par une *ligne droite* pour les animaux à sang chaud. Mais, quand la circulation est arrêtée (ligature de l'aorte), on n'observe pas le phénomène de l'escalier chez les animaux à sang chaud. Un muscle soustrait à la circulation se fatigue en deux à sept minutes, et, après 120-140 contractions, l'excitation du nerf devient inefficace.

Tiegel (1875) a repris l'étude de Kronecker sur les grenouilles pour les excitations sous-maximales, et il est arrivé exactement aux mêmes lois pour le muscle qui se charge au moment de la contraction. De même, pour le muscle curarisé, la courbe de la fatigue est une ligne droite. La loi s'applique aussi au muscle privé de circulation et soigneusement lavé par une solution de chlorure de sodium à 0,5 p. 100. Ainsi, la courbe de la fatigue du muscle en surcharge reste toujours une droite (excitations maximales ou sous-maximales, curarisation, anémie) pourvu que les intervalles des excitations et l'intensité restent constants. Un fait curieux, et qui paraît même assez étrange, c'est que la différence de fatigue (D) possède une valeur plus grande lors des excitations sous-maximales que lors des excitations maximales (Tiegel). Autrement dit, la courbe de la fatigue présente une descente plus rapide vers la ligne des abscisses, et le muscle se fatigue plus rapidement pour des excitations sous-maximales que pour des excitations maximales.

Kronecker a confirmé aussi les résultats de Tiegel, savoir que la courbe de la fatigue est une ligne droite pour les excitations sous-maximales.

Tiegel a trouvé en outre que, quand le muscle travaille avec des excitations sous-maximales, il peut toujours donner une amplitude plus grande pour une excitation plus intense; mais, quand le muscle travaille avec des excitations maximales, il ne peut jamais *à aucune phase de la fatigue*, se contracter plus énergiquement, quand on augmente l'intensité de l'excitation.

Si l'on excite le muscle pendant un certain temps avec une intensité donnée de courant, et si l'on diminue l'intensité de cette excitation, pendant une vingtaine de secousses, alors, à la reprise de l'intensité initiale, les premières secousses auront une amplitude plus grande que celle que le muscle a fourni avant que l'intensité n'a été diminuée. Pendant l'excitation sous-maximale il y a eu réparation (Tiegel).

Certains auteurs se sont élevés contre différentes parties des conclusions de Kronecker. Ainsi Valentin trouve que les premières contractions du gastrocnémien non seulement ne diminuent pas de hauteur, mais augmentent sensiblement. Mais la contradiction est plutôt apparente que réelle, car Kronecker fait lui-même la remarque qu'il n'avait pas tenu compte des premières contractions pour apprécier la courbe de la fatigue. L'augmentation d'excitabilité du début semble s'observer en effet dans tous les cas et a été l'objet d'études détaillées (Ch. Richet, Waller, Rollett).

Ajoutons que Limbourg, en employant des excitants chimiques, a retrouvé la ligne droite de Kronecker. La descente de la ligne est plus brusque quand on opère avec les excitants chimiques. Cybulski et Zanietowski ont comparé la rapidité avec laquelle survient la fatigue lorsque deux préparations névro-musculaires sont excitées; l'une par l'appareil d'induction de Du Bois-Reymond, et l'autre par les décharges d'un condensateur. Ils trouvèrent qu'une plus longue durée s'observait dans le tétanos obtenu par des excitations descendantes du nerf au moyen du condensateur.

Pour la courbe de la fatigue chez les invertébrés, J. Ioteyko s'est servie de la pince de l'écrevisse détachée du corps, dont la branche fixe est solidement attachée à une planchette de liège; un excitateur est placé dans la patte à l'endroit de la section, l'autre pénètre dans le bout ouvert de la pince fixe. On attache un fil à la branche mobile, et on la relie au levier enregistreur d'un myographe ordinaire (procédé de Ch. Richet). L'étude de la fatigue de la pince de l'écrevisse est rendue assez difficile par la tendance des muscles à entrer en contracture et même en tétanos; même avec des excitations assez espacées et d'intensité moyenne, les secousses isolées font bientôt place à un tétanos physiologique, qui se transforme en rigidité cadavérique quand on prolonge l'expérience; on ne peut, par conséquent, en tirer de conclusions relativement à la fatigue. Les contractions de la pince de l'écrevisse sont loin de présenter le même degré de régularité que les secousses du gastrocnémien de grenouille, et on n'a ici rien d'analogue à une ligne droite de la fatigue. En outre, il arrive fréquemment que l'excitabilité de la pince disparaît tout d'un coup, sans présenter des contractions à hauteur décroissante.

La courbe de la fatigue chez les grenouilles présente souvent quelques irrégularités, dues à des phénomènes de différent ordre, dont les principaux ont été décrits sous le nom de *contracture*, *d'addition latente de secousses* et de *lignes ondulées*.

L'étude de la contracture a déjà été faite (voir ce mot), nous ne nous y arrêterons donc pas. Notons toutefois que Tiegel, Funke, Rossbach et Harteneck ont vu la contracture se produire chez les grenouilles avec d'autant plus de facilité qu'elles se trouvaient à un stade plus avancé de la fatigue, tandis que Ch. Richet l'a observée sur les écrevisses fraîches et très excitables. Avec la contracture, Mosso a observé chez l'homme une grande irrégularité dans la hauteur des contractions.

Parmi les irrégularités dans la courbe de la fatigue chez les grenouilles, notons l'apparition de contractions isolées, s'élevant notablement au-dessus du niveau de la courbe, dues probablement à un phénomène *d'addition latente* (sommation); ce phénomène ne se produit jamais avec un muscle salé (Tiegel). On a aussi constaté (Funke) l'apparition de plusieurs secousses plus grandes, auxquelles succède une série de secousses plus petites, ce qui donne à la courbe l'aspect d'une *ligne ondulée* (*Wellenlinie*), phénomène observé à toutes les phases de la fatigue et attribué à des oscillations de l'élasticité musculaire.

Santesson décrit une particularité de la courbe de la fatigue observée déjà par Boehm sur les muscles de la grenouille et appelée par lui *crochet* (*Hacken*). Elle consiste en ce que la deuxième contraction est plus basse que la première, la troisième et la quatrième sont encore plus basses, et ce n'est qu'à leur suite que commence l'escalier. En se servant de l'ergographe, J. Ioteyko a constaté sur ses propres courbes une particularité constante et caractéristique : la première et quelquefois les deux premières contractions, sont plus élevées que les suivantes; ce n'est qu'ensuite que commence la courbe de la fatigue proprement dite.

En excitant le muscle alternativement par des ondes de clôture et des ondes de rupture on obtient deux courbes de la fatigue : l'une qui unit le sommet des contractions à la rupture et l'autre le sommet des contractions à la clôture. Nous avons déjà vu que la secousse de clôture, qui est toujours moins intense que la secousse de rupture, diminue plus rapidement d'amplitude et disparaît la première. Il est intéressant de suivre le rapport qui existe entre ces deux courbes.

Tiegel a trouvé que la courbe de la fatigue présente une descente plus rapide vers la ligne des abscisses, et que le muscle se fatigue plus rapidement pour des excitations sous-maximales que pour des excitations maximales. La clôture étant sous-maximale relativement à la rupture, on comprend sa disparition précoce. Toutefois, on peut supposer que les deux espèces d'ondes de clôture et de rupture ne sauraient être rigoureusement comparées aux ondes sous-maximales et maximales du même courant. D'après FUNKE, la clôture disparaît la première, même quand les deux espèces d'ondes sont maximales. TIEGEL pense que, dans les expériences de FUNKE, seules les ruptures étaient maximales. D'après lui, la rupture et la clôture se comportent exactement comme les

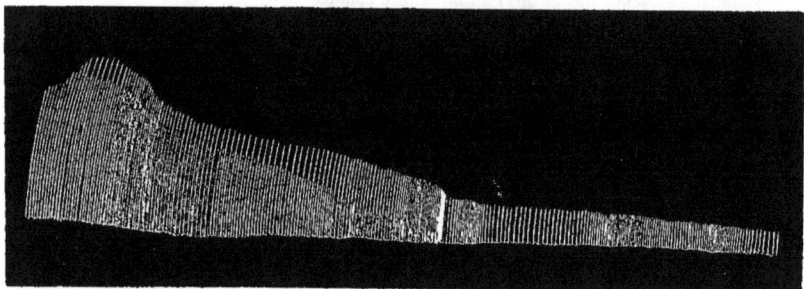

FIG. 8. — (D'après J. IOTEYKO) Les effets de la fatigue sur la contraction de clôture et de rupture du courant d'induction.

courants maximaux et sous-maximaux, c'est-à-dire que l'effet de la clôture, qui est moins énergique, disparaît le premier, tandis que l'effet de la rupture persiste encore.

J. IOTEYKO, qui a fait une étude détaillée de la courbe de la fatigue pour les courants de clôture et les courants de rupture alternés, arrive à la conclusion que, dans la très grande majorité des cas, la courbe qui correspond à la clôture disparaît bien avant la courbe de la rupture; mais les courbes respectives ne forment pas deux lignes parallèles. Bien au contraire, si, dès le début, la secousse de clôture est plus basse que la

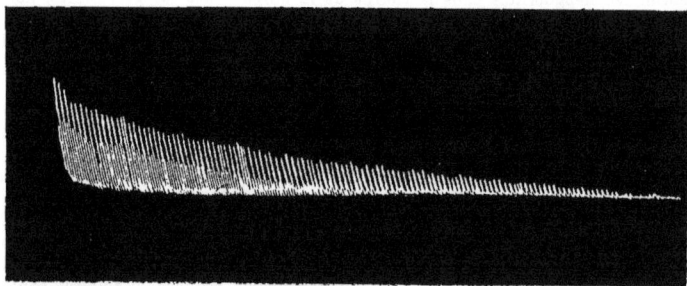

FIG. 9. — (D'après J. IOTEYKO) Les effets de la fatigue sur la contraction de clôture et de rupture du courant d'induction.

secousse de la rupture, *la différence ne fait que s'accentuer avec les progrès de la fatigue*, et les deux lignes s'écartent sensiblement l'une de l'autre. La figure 8 démontre bien ce phénomène. D'abord un escalier des plus manifestes. Dès le début, la clôture est moins haute que la rupture; les deux sortes de secousses s'élèvent avec l'escalier, mais l'entraînement est bien plus manifeste pour la rupture. L'escalier prend fin très brusquement, et aussitôt la divergence entre les deux courbes de la fatigue commence à se montrer. Nous obtenons deux lignes presque droites, mais nullement parallèles. Quand la courbe de la fatigue à la clôture a pris fin, la rupture continue encore fort longtemps. Ainsi donc le cas le plus fréquent est représenté par *deux courbes de la fatigue qui sont des lignes droites non parallèles, et dont la divergence s'accentue de plus en plus avec les progrès de la fatigue.*

Un *second type* de courbe, beaucoup moins fréquent que le premier, est représenté *par deux lignes parallèles;* mais, après la cessation de la clôture, la secousse de rupture se prolonge encore assez longtemps (fig. 9), plus longtemps que ne l'exige le parallélisme.

Ce fait semble prouver que les excitations inefficaces (cessation de l'effet de la clôture), quand elles sont appliquées à un muscle déjà fatigué, n'y produisent aucun effet (confirmation des expériences de FUNKE).

Un *troisième type* de courbe consiste en ce que, au début, les deux secousses sont d'égale hauteur, mais peu à peu la clôture commence à fléchir, et, à partir de ce point, la différence avec la rupture ne fait que s'accentuer, surtout quand les deux ondes sont maximales. Il est cependant intéressant de constater qu'avec les progrès de la fatigue l'onde de clôture cesse d'être maximale.

Un *quatrième type*, qui se rencontre de même dans la secousse maximale, consiste en ce que les deux secousses se maintiennent à la même hauteur depuis le commencement jusqu'à la fin.

Enfin le *cinquième type* comprend les tracés où, la rupture étant très régulière et la courbe représentée par une ligne droite (fig. 10), la clôture décrit une courbe à périodicité très marquée et assez régulière dans sa distribution. Cette forme de courbe de la clôture peut être indiquée sous le nom de *périodique* ou *rythmique* (J. IOTEYKO).

Nous pouvons maintenant par l'examen de ces courbes savoir bien nettement si, dans la fatigue, la fermeture et la rupture du courant induit se comportent exactement comme les courants sous-maximaux et maximaux, ainsi que le prétendait TIEGEL. Que les deux courbes s'écartent sensiblement l'une de l'autre dans la fatigue, cela paraît être simplement en rapport avec la descente plus rapide de la fatigue sous-maximale. Mais il y a deux raisons qui nous empêchent d'assimiler les effets de la fermeture et de la rupture à ceux des courants sous-maximaux et maximaux : 1° la différence entre l'effet physiologique des deux ordres peut être absolue, au point qu'il est impossible de les égaliser malgré l'emploi de courants les plus forts; cette différence s'accentue avec les progrès de la fatigue; 2° la différence entre l'effet physiologique des deux ondes peut être nulle au point de vue mécanique, car elles ont toutes les deux la même hauteur et s'accroissent de la même valeur si on augmente le courant. Et pourtant, avec les progrès de la fatigue, nous voyons naître et s'accentuer la divergence, toujours au préjudice de la fermeture (J. IOTEYKO). Ce fait montre que les courbes de la fermeture des ondes induites de fermeture et de rupture ne suivent pas les lois établies par TIEGEL pour les courants maximaux et sous-maximaux. Entre les effets des deux ondes existent des différences *qualitatives* : *sous l'influence de la fatigue* (le même fait se produit dans l'anesthésie des nerfs), *l'effet moteur des ondes induites de fermeture est plus fortement diminué que l'effet moteur des ondes induites de rupture, même dans les cas où, au début, la différence entre l'effet mécanique des deux ondes était absolument nulle.* Or, en raison même de la constitution des deux ondes, la différence qualitative peut être ramenée à une ques-

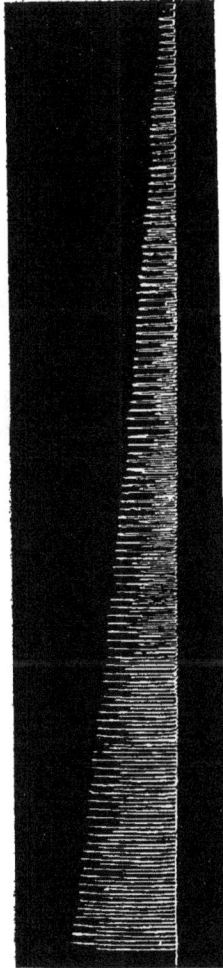

FIG. 10. — (D'après J. IOTEYKO.) Effets de la fatigue sur les contractions de clôture et de rupture du courant d'induction.

tion de rapidité de la variation du potentiel électrique (la différence quantitative étant due à une différence d'intensité). *Dans la fatigue, les courants à variation de potentiel moins brusque tendent à devenir inefficaces beaucoup plus vite que les courants à variation de potentiel plus brusque* (bobine de Du Bois-Reymond et interrupteur à mercure). Nous pouvons en déduire que : *la perte d'excitabilité, survenant dans la fatigue, se caractérise, non seulement par la nécessité d'employer des courants de plus en plus intenses pour produire le même effet qu'au début, mais aussi par la nécessité d'employer des courants à variation de potentiel plus brusque.* Dans la fatigue, il y a perte de la sensibilité aux variations lentes de potentiel. Il est certain que cette sensibilité aux variations brusques de potentiel électrique doit être dévolue au nerf et non à la substance musculaire, laquelle dans tous les cas est excitée par l'intermédiaire du nerf (même d'après la théorie classique, qui, en attribuant au nerf une excitabilité plus grande au courant faradique qu'au muscle, considère les contractions du muscle non curarisé comme indirectes) (J. Ioteyko). L'étude

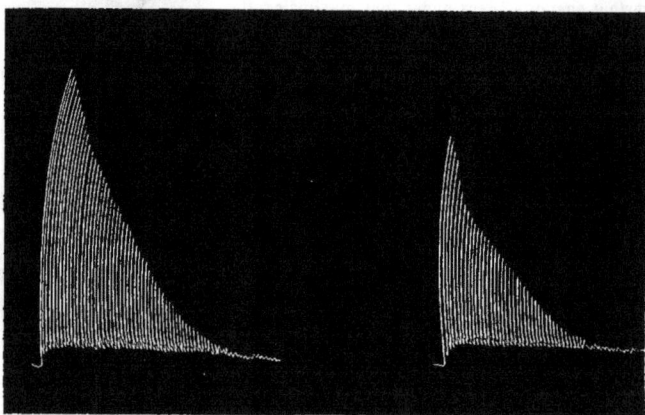

Fig. 11. — (D'après J. Ioteyko) Courbes de la fatigue par excitation directe de la moelle (grenouille).
Le tracé de droite est obtenu après trente minutes de repos.

de l'anesthésie venant compléter ses données, nous pouvons conclure que le premier stade de la perte de l'excitabilité (fatigue ou anesthésie) se caractérise non par l'impossibilité de réagir à la même force de l'excitant, mais par l'impossibilité de réagir à une variation trop lente.

Dans une série de contractions *isométriques*, la forme de la fatigue a la forme d'une S, c'est-à-dire qu'elle est d'abord concave, puis convexe vers l'abscisse (Waller).

J. Ioteyko a aussi étudié la forme de la courbe de la fatigue d'origine centrale ou réflexe, c'est-à-dire obtenue soit en excitant directement la moelle chez des grenouilles, soit en excitant un sciatique et en inscrivant les contractions du gastrocnémien du côté opposé. De même que le tétanos réflexe, la courbe de la fatigue produite par excitation réflexe ou centrale possède une grande variabilité de formes. La courbe de la fatigue est très régulière, mais elle peut affecter toutes les formes imaginables. Sur la fig. 11, nous voyons deux courbes de la fatigue, obtenues par excitation centrale de la moelle au moyen d'ondes périodiques; elles sont séparées par trente minutes de repos. L'extrême régularité de ces tracés est à signaler; la courbe présente une pente très rapide à concavité supérieure, et exactement les mêmes caractères se retrouvent sur le second tracé après la réparation. C'est là une forme de courbe assez rare.

La fig. 12 peut être considérée comme le type de la courbe de la fatigue, aussi bien pour les centres que pour les organes périphériques. C'est la forme la plus fréquente, avec cette différence que les formes aberrantes sont relativement rares pour la courbe de la fatigue directe; elles se rencontrent plus souvent dans l'étude de la fatigue réflexe ou centrale. La contracture se produit assez souvent dans l'excitation des centres nerveux. En somme, le passage de la transmission à travers les centres nerveux ne paraît pas modifier essentiellement la courbe de la fatigue. Les différences sont d'ordre secondaire; elles portent sur la durée plus grande de la première phase (escalier) de la courbe et sur sa variabilité plus fréquente. Il paraît certain que la courbe de la fatigue centrale ou réflexe emprunte ses caractères à des particularités d'ordre périphérique, et que le travail médullaire est limité par le travail des organes terminaux.

Examinons maintenant la courbe de la fatigue chez l'homme. En employant l'ergographe pour ces recherches, A. Mosso a pu se convaincre que, dans un certain nombre de cas, la hauteur des contractions va en décroissant d'une façon régulière et que leur sommet se trouve sur une ligne droite, bien que l'irrégularité soit ici beaucoup plus accentuée que pour les muscles de grenouille. Dans d'autres cas, surtout avec des poids lourds, la courbe présente une convexité tournée en haut ou en bas; quelquefois elle forme une double courbe (S italique). Le profil de la fatigue change pour bien des causes : influence du poids, fréquence des contractions, fatigue précédente ou repos, différences de saison, de régime, influence des émotions, etc. Mais, chose remarquable, *chaque individu a sa*

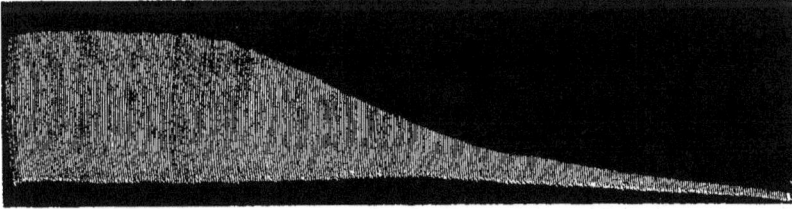

Fig. 12. — (D'après J. Iotsyko) Courbe de la fatigue par excitation directe de la moelle et enregistrement des contractions du gastrocnémien d'un côté (grenouille). Réduction aux deux tiers de l'original.

courbe de fatigue qui lui est propre (Mosso); les tracés se distinguent facilement les uns des autres, même après des années. La quantité de travail mécanique peut toutefois varier dans d'assez grandes limites. Quoique la raison des caractères personnels de la courbe nous soit encore inconnue, il est certain que la courbe indique la variété que chaque personne présente dans la manière dont elle se fatigue. On dirait, dit Mosso, que, dans la courbe musculaire enregistrée par l'ergographe, nous lisons la différence si caractéristique que présentent certains sujets qui diffèrent dans la résistance au travail. Quelques-uns se sentent soudainement fatigués et cessent tout travail, tandis que d'autres, plus persévérants, dépensent graduellement leurs forces. L'ergographe nous donne ainsi l'inscription d'un des faits les plus intimes et les plus caractéristiques de notre individu : la manière dont nous nous fatiguons, et ce caractère particulier se maintient constant. Si chaque jour, à la même heure, nous faisons une série de contractions avec le même poids et suivant le même rythme, nous obtenons des tracés qui présentent toujours la même forme.

En employant des poids de 3 à 4 kilogrammes et en répétant les contractions chaque deux secondes, on fait généralement 40 à 80 contractions qui décroissent régulièrement. Lorsqu'on travaille avec un poids pas très considérable, on sent que, tout d'abord, on atteint le maximum de la flexion sans que les muscles aient fait tout l'effort dont ils sont capables; mais, lorsqu'on est fatigué, on ne réussit plus à soulever le poids, qui paraît plus lourd (Mosso). Dans le travail ergographique deux muscles travaillent en même temps, le fléchisseur profond et le fléchisseur superficiel; et les interosseux ne sont pas absolument exclus.

Tous les auteurs qui, après Mosso, se sont occupés d'ergographie, insistent sur les caractères individuels des tracés ergographiques, qui les rendent aussi reconnaissables que les particularités graphiques de l'écriture. Les spécimens qui se trouvent dans le chapitre consacré à *la fatigue des mouvements volontaires* démontrent bien ces particularités. Si l'organisme ne se trouve pas dans des conditions identiques, alors nous observons une grande différence en plus ou en moins dans le travail mécanique. La forme de la courbe se maintient toutefois constante. Et il faut un changement important dans la nutrition intime du sujet, une modification en quelque sorte de sa constitution, pour obtenir une modification de sa courbe. Ainsi Maggiora, qui a travaillé pendant sept ans avec Mosso à l'Institut physiologique de Turin, a présenté un changement de la courbe entre la quatrième et la sixième année. Il est devenu plus fort, et sa santé s'est améliorée. Il résiste mieux à la fatigue, et, tandis que sa courbe, dans la première période, va décroissant rapidement, ce qui est sa caractéristique personnelle, elle présente dans la seconde période une résistance suffisante à la fatigue avant que son énergie soit totalement épuisée. Mosso a noté que les variations sont plus marquées chez ses collègues plus jeunes, que chez lui-même, dont le type graphique est resté invariable. Colucci trouve que le tracé ergographique est capable de révéler même les phénomènes psycho-dynamiques individuels.

Une différence notable dans la force se produit avec le changement de saison. L'exercice est aussi une des conditions qui augmentent beaucoup la force des muscles. C'est ainsi que Aducco, après un mois d'exercice quotidien, obtenait avec l'ergographe un travail double de celui qu'il produisait dans les commencements.

En analysant la courbe ergographique, A. Binet et N. Vaschide ont reconnu qu'il y avait lieu de considérer trois éléments : 1° le nombre des soulèvements ; 2° la hauteur maximum des soulèvements ; 3° la forme générale de la courbe, qui est donnée par le contour des sommets de tous les soulèvements. Comme le profil de la courbe ergographique paraît très difficile à apprécier, on peut, dans certains cas, le remplacer par une donnée plus simple, qui est la hauteur de soulèvement prise au milieu du travail ergographique (soulèvement médian) ; ainsi, dans un travail composé de trente-six soulèvements, cette hauteur est celle du dix-huitième soulèvement. Cette donnée permet de savoir si un sujet a maintenu longtemps la force qu'il avait au début de l'expérience, ou si, au contraire, ses forces ont diminué rapidement.

Une courbe ergographique est composée de deux éléments : la *hauteur* du soulèvement et le *nombre* des soulèvements. Hoch et Kraepelin (1895), en poussant plus loin les recherches de Mosso et de l'École italienne, ont reconnu que ces deux facteurs étaient indépendants l'un de l'autre, car ils peuvent varier séparément. Ils ont rattaché la hauteur des soulèvements au travail des muscles, leur nombre au travail des centres nerveux. Le rapport entre la hauteur totale et le nombre de soulèvements, auquel J. Ioteyko a donné le nom de *quotient de la fatigue*, est l'expression de la résistance individuelle à la fatigue. Il ne se confond pourtant pas avec la courbe de la fatigue, celle-ci étant l'expression du quotient de la fatigue en fonction du temps. En effet, dans la courbe de la fatigue nous pouvons lire le rapport qui existe entre la hauteur des soulèvements et leur nombre à chaque instant de l'expérience. Mais nous pouvons prendre des quotients partiels, c'est-à-dire le rapport qui existe entre l'effort et le temps à différents moments de la courbe. Pour avoir un quotient de la fatigue exactement comparable à lui-même, il faut fournir deux tracés ergographiques dans la même séance, en prenant un repos suffisant entre les courbes pour faire disparaître toute trace de fatigue précédente. On voit alors une identité parfaite entre le travail mécanique des deux tracés, entre les deux quotients de la fatigue et entre la forme des deux courbes, si bien que la seconde semble être la photographie de la première (J. Ioteyko). Ce procédé, qui met complètement à l'abri des erreurs, montre qu'il y a là, à n'en pas douter, matière à l'établissement d'une loi psycho-mécanique de l'épuisement moteur à formule mathématique. Mais la forme de la courbe change pourtant quand le sujet est en état de fatigue. Le quotient de la fatigue subit alors une diminution (Voir chapitre V).

Pour ce qui est du travail physique exagéré, des marches forcées, des veilles et du jeûne, Maggiora a vu que les tracés obtenus après le jeûne ressemblent à s'y méprendre à ceux qu'on obtient après de grandes fatigues. Il y a cependant une différence importante : la faiblesse du muscle provenant du jeûne disparaît rapidement dès qu'on prend de la nourriture, tandis que, dans la fatigue qui suit une marche forcée ou l'insomnie, la prise d'aliments n'a qu'une faible influence restauratrice ; un temps bien plus considérable est nécessaire à la réparation ; le repos du système nerveux au moyen du sommeil est indispensable. Et même, d'après Manca, les variations de force du jour de jeûne ne sortent pas des limites des variations normales. Dans des expériences faites sur lui-même, Warren Lombard (1892) constata qu'il y a des variations diurnes dans la courbe ergographique. Le pouvoir de motricité est moindre le soir que le matin ; le repos d'une bonne nuit le fait augmenter. Les repas exercent une influence restauratrice.

En comparant ses tracés pris pendant plusieurs années successives, Maggiora remarqua qu'avec l'âge sa force avait augmenté dans de très larges limites. Il attribue ces changements à l'âge ; car il n'a pas été malade durant toute cette époque, et son poids n'a pas varié. Cette augmentation de force est la démonstration expérimentale de ce fait d'observation courante, que le passage du jeune âge à l'âge adulte est accompagné d'un renforcement d'énergie de tout l'organisme. Binet et Vaschide, comparant la force dynamométrique chez les jeunes garçons et les jeunes gens, ont vu que la fatigue arrive plus vite chez l'enfant que chez l'adolescent

Warren Lombard a observé une forme de courbe de la fatigue assez particulière. Dans la contraction volontaire, étudiée par l'ergographe de Mosso, il vit très fréquemment l'aptitude au travail diminuer et s'accroître successivement plusieurs fois dans la même expérience. Durant les intervalles de la décroissance de la force, la contraction des muscles allait presque jusqu'à disparaître complètement, tandis que, dans les périodes d'augmentation, la force devenait égale à celle qui avait été déployée au commencement. Ce phénomène n'est d'ailleurs pas constant ; on ne l'observe que sur certaines personnes. Le *tracé périodique*, caractérisé par une perte périodique et par un accroissement successif des forces, apparaît seulement après qu'on a accompli un travail considérable, avec des poids lourds et une grande fréquence des contractions. La perte périodique et le rétablissement de l'action de la volonté sur le muscle ne dépendent pas des changements dans la nutrition du muscle (ils ne sont pas empêchés par le massage). Ils ne dépendent pas non plus des variations dans l'excitabilité des nerfs et des muscles, puisque, au moment où la contraction volontaire est presque impossible, le muscle répond à l'excitation directe et indirecte (par le courant électrique). Les altérations qui produisent la périodicité doivent être placées, suivant Warren Lombard, dans quelque mécanisme central nerveux qui se trouve entre les régions du cerveau d'où part l'impulsion de la volonté, et les nerfs centrifuges. Maggiora a confirmé le fait, que les périodes ne se manifestent pas quand les muscles se contractent par l'irritation électrique appliquée aux troncs nerveux ou directement sur les muscles. Ces deux auteurs considèrent les périodes comme un phénomène d'ordre central, et le localisent au-dessous des centres de la volition, lesquels chaque fois envoient aux organes périphériques un ordre également énergique, c'est-à-dire celui de la contraction maximum. Les périodes sont un effet de la fatigue, et consécutivement d'un défaut de coordination fonctionnelle ; mais au point de vue du travail mécanique ils présentent un gain considérable.

Les expériences récentes de Trèves combattent la manière de voir des deux auteurs précédents. Ce physiologiste a constaté une périodicité très nette dans le tracé de la fatigue du gastrocnémien de lapin travaillant *en surcharge* et excité par l'électricité. Les tracés qu'il donne sont absolument démonstratifs. Selon Trèves, la périodicité serait due aux oscillations du rapport entre le muscle et le travail selon les conditions mécaniques dans lesquelles nous le faisons travailler. Comme le muscle en se fatiguant subit des modifications d'élasticité, quand celle-ci diminue, le muscle exécute moins de travail ; or, dans le muscle en surcharge, c'est-à-dire dans les conditions du poids avec appui dans l'intervalle des excitations, le muscle ne sera pas tendu constamment, il pourra se reposer en partie dans l'intervalle des excitations, son élasticité se rapprochera de la normale, et alors apparaîtra une nouvelle période de travail plus considérable, qui tendra à l'abaisser de nouveau graduellement. Si, au contraire, nous faisons travailler le muscle en charge complète et, par conséquent, en tension constante, les périodes n'apparaîtront plus ni chez le lapin, ni chez l'homme.

S'il en est ainsi, on a le droit de se demander si le tracé périodique ne serait pas autre chose que le phénomène de « lignes ondulées » dont parle Funke en 1874 en ces termes : « La courbe de la fatigue qui touche à sa fin présente souvent des « lignes ondulées, caractérisées par plusieurs secousses plus hautes, auxquelles succède une série de secousses plus basses, phénomène dont on s'est beaucoup occupé et qui est dû à des oscillations de l'élasticité musculaire. »

Mosso s'est aussi occupé de l'influence qu'exerce un appui sur la courbe de la fatigue. Suivant ce physiologiste, l'influence d'un appui est nulle. Si, dans le décours d'une courbe, on enlève soudainement l'appui, il en résulte un vide en bas en forme de triangle, sans que la courbe de la fatigue montre quelque variation sensible. On peut, au moyen de l'appui, dispenser le muscle d'une bonne part de son travail, sans que la courbe de la fatigue change. KRONECKER avait déjà dit, pour les muscles de la grenouille, que la fatigue reste la même, pourvu que les excitations restent constantes. En irritant le nerf médian, et en enlevant soudainement l'appui, on remarqua un léger effet sur la courbe de la fatigue. Il est probable, dit Mosso, que, pour le muscle frais, dans ses premières contractions, le poids est indifférent, de telle sorte que, l'ordre une fois donné au muscle de se contracter, celui-ci produit un maximum de raccourcissement, aussi bien si le poids doit être soulevé pendant toute la durée de la contraction maximum que s'il doit l'être seulement pendant une partie de celle-ci; mais, l'énergie du muscle diminuant par suite de la fatigue, le muscle alors profite de l'appui qu'on lui donne. Avec l'excitation électrique, dès qu'on se sert de l'appui, les contractions deviennent un peu plus hautes et se maintiennent tant que dure l'appui.

Mosso a excité directement le muscle ou le nerf médian au moyen de l'électricité, afin d'éliminer l'élément psychique. Le courant inducteur était interrompu toutes les deux secondes. L'application du courant tétanisant se faisait au moyen de deux boutons métalliques recouverts d'une éponge imbibée d'eau acidulée. A cause de la douleur que produit l'application de l'électricité, il est impossible d'obtenir des contractions maxima. Il est aussi impossible de faire soulever par le doigt médius des poids lourds. Généralement, il ne faut pas dépasser 400 grammes. Les tracés de la fatigue artificielle ne sont donc pas strictement comparables aux tracés de la fatigue volontaire, et cependant, chose remarquable, *le muscle suit la même courbe, qu'il soit excité par la volonté ou par l'électricité*. C'est donc avec juste raison que Mosso conclut de ces expériences que les phénomènes caractéristiques de la fatigue ont leur siège à la périphérie et dans le muscle; l'influence psychique n'exerce pas une action prépondérante, et la fatigue peut encore être un phénomène périphérique.

Nous devons admettre, avec Mosso, que les muscles ont une excitabilité et une énergie propres, qu'ils s'épuisent indépendamment de l'excitabilité et de l'énergie des centres nerveux. Nous devons *transporter à la périphérie* et dans les muscles certains phénomènes de fatigue qu'on croyait d'origine centrale.

BERNINZONE obtint des courbes de la fatigue en excitant mécaniquement le nerf médian au moyen d'un instrument spécial appelé vibrateur. Le bras droit était attaché à l'ergographe, et le médius soulevait un poids de 4 kilogrammes avec intermittences de deux secondes. Le travail mécanique est plus considérable avec l'excitation mécanique. La même augmentation de travail s'observe dans l'excitation mécanique de la région motrice correspondante de la tête. L. PATRIZI a construit un ergographe crural, qui inscrit l'oscillation de la jambe d'arrière en avant. Cet appareil a été destiné surtout à des recherches névropathologiques, dans lesquelles il peut être intéressant de pouvoir comparer la force de l'extrémité supérieure avec celle de l'extrémité inférieure. L'auteur donne des tracés de la fatigue volontaire et artificielle (électrique) de la jambe. Ainsi, par exemple, un individu, qui donne normalement $1^{kgm},17$ (fatigue volontaire), ne fournit plus que $0^{kgm},83$ après une course de 20 kilomètres. CASARINI (1901) a repris cette étude. G. C. FERRARI a fait des recherches ergographiques sur la femme. Il existe une différence profonde entre la fatigue ergographique chez l'homme et chez la femme. Chez celle-ci, la main gauche est mieux développée que chez l'homme. C'est là un fait presque constant, qui montre que chez la femme le cerveau droit est plus développé. Mais la fatigue ergographique de la main droite est la même chez l'homme que chez la femme.

La réparation de la fatigue ergographique a été étudiée par un grand nombre d'auteurs. Il y aurait là une étude très intéressante à faire, relativement à l'âge, au sexe, aux races, aux conditions d'existence, etc. On peut dire dès aujourd'hui que toutes ces influences doivent être très manifestes, bien qu'elles n'aient pas encore été recherchées. En tout cas, le temps de réparation n'est pas le même selon les différents auteurs. Ainsi, d'après l'école italienne, il faut deux heures (temps moyen) pour faire disparaître tout signe de fatigue ergographique; les sujets d'expériences ont été les assistants, et les jeunes professeurs des Universités italiennes. BINET et VASCHIDE, qui ont expérimenté sur douze jeunes gens français, de seize à dix-huit ans, trouvent qu'une demi-heure de repos est suffisante pour réparer complètement la fatigue à l'ergographe. FREY trouve que la réparation d'un muscle fatigué à l'ergographe se fait au bout d'une heure de repos (Suisse). J. IOTEYKO a vu, sur vingt étudiants de l'Université de Bruxelles, âgés de vingt ans environ, que le temps de dix minutes de repos suffisait pour dissiper complètement les effets de la fatigue ergographique, et même que, dans certains cas, cinq minutes de repos pouvaient produire cet effet. C'est aussi le temps (dix minutes) indiqué par KRAEPELIN (expériences faites à Heidelberg).

Bibliographie. — BERNINZONE (M. R.). *Influenza della eccitazione meccanica sulla fatica muscolare dell' uomo* (*Bulletino della R. Accademia Medica di Roma*, XXII, 1876-1877, fasc. VI et VII, 1897). — BINET (A.) et VASCHIDE (N.). *Expériences de force musculaire et de fond chez les jeunes garçons* (*An. Psychol.*, IV, 1898, 15); *La mesure de la force musculaire chez les jeunes gens* (*Ibid.*, IV, 1898, 173); *Réparation de la fatigue musculaire* (*Ibid.*, IV, 295). — BEAUNIS. *Nouveaux éléments de physiologie humaine*, I. — BROCA (A.) et RICHET (CH.). *De quelques conditions du travail musculaire* (*A. de P.*, 1898, 225-240). — BLAZEK. *Ein automatischer Muskelunterbrecher* (*A. g. P.*, LXXXV, 1901, 529-535). — CASARINI. *L'ergografia crurale* (*elettrica e volontaria*) *in talune condizioni normali e patologiche* (Modena, 1901). — COLUCCI. *L'ergografia nelle richerche di psicho-fisiologia* (*Annal. Neurol.*, XVII, 1899, 205-234). — CYBULSKI (N.) et ZANIETOWSKI (J.). *Ueber die Anwendung des Condensators zur Reizung der Nerven und Muskeln statt des Schlittenapparates von Du Bois-Reymond* (*A. g. P.*, 1894, LVI, 45-148). — DUBOIS (RAPHAEL). *La Pholade Dactyle*. (*Annales de l'Université de Lyon*, 1892, 85). — EINTHOVEN (W.). *Ueber die Wirkung der Bronchialmuskeln* (*A. g. P.*, XLI, 1892, 367). — FERRARI (G. C.). *Ricerche ergografiche nella donna* (*Rivista sperimentale di Freniatria*, XXIV, 1898, 1). — FREY (V.). *Versuche zur Auflösung der tetanischen Muskelcurve* (*Festschrift f. C. Ludwig*, 1887; *A. P.*, 1887). — FUNKE (OTTO). *Ueber den Einfluss der Ermüdung auf den zeitlichen Verlauf der Muskelthätigkeit* (*A. g. P.*, 1874, VIII, 213-252). — FICK (*Beiträge zur Anat. und Physiol. als Festgabe für C. Ludwig*, I, Leipzig, 1874, 162). — HARLESS (*Sitzungsber. d. bayr. Acad.*, 1861, 43). — HELMHOLTZ (*A. P.*, 1850, 324, et 1852, 212). — HERMANN (L.) (*H. H.*, 1879, 1); *Actionstrom der Muskeln im lebenden Menschen* (*A. g. P.*, 1878, XVI, 410). — HOCH et KRAEPELIN. *Ueber die Wirkung der Theebestandtheile auf körperliche und geistige Arbeit* (*Kraepelin's psychol. Arb.*, Leipzig, 1895, I). — IOTEYKO (J.). *La fatigue et la respiration élémentaire du muscle* (*Thèse de doctorat en médecine*, Paris, 1896); *Rech. expér. sur la résistance des centres nerveux médullaires à la fatigue* (*Annales de la Soc. Roy. des Sciences médicales et naturelles de Bruxelles*, VIII, 1899, et *Travaux de l'Institut Solvay*, III); *Distribution de la Fatigue dans les organes centraux et périphériques* (*IVe Congrès de Psychologie*, Paris, 1900, et IXe Congrès des médecins et naturalistes polonais*, Cracovie, 1900); *Revue générale sur la fatigue musculaire* (*Année psychologique*, V, 1899, 1-54); *La méthode graphique appliquée à l'étude de la fatigue* (*Revue scientifique*, 1898, 486 et 516); *Effets physiologiques des ondes induites de fermeture et de rupture dans la fatigue et l'anesthésie des muscles* (*Ann. de la Soc. Roy. des Sciences méd. et nat. de Bruxelles*, X, 1901); *De la réaction motrice différentielle des muscles et des nerfs* (*Ve Congrès de Physiologie*, Turin, 1901). — KOHNSTAMM (C.). *Die Muskelprocesse im Lichte der vergleichend isotonisch-isometrischen Verfahrens* (*A. P.*, 1893, 47-77). — KRONECKER (H.). *Ueber die Ermüdung und Erholung der quergestreiften Muskeln* (*Arbeiten aus der physiologischen Anstalt zu Leipzig*, 1871, VI, 177); *Ueber die Gesetze der Muskelermüdung* (*Berlin. Monatsber.*, 1870, 220); — et GOTSCH. *Ueber die Ermüdung tetanisirter quergestreifter Muskeln* (*A. P.*, 1880, 438); — et STIRLING. *Ueber die Genesis des Tetanus* (*Ak. Berlin*, 1877 et *A. P.*, 1878, 1-40). — LOMBARD WARREN. *Some of the influences which affect the power of voluntary muscular contractions* (*J. P.*, XIII, 1892, 1-58); *Effets de la fatigue sur la contraction musculaire volontaire* (*A. i. B.*, 1890, XIII, 372); *The effect of Fatigue on voluntary muscular contractions* (*Amer. Journ. of Psychol.*, 1890). — LEVY (A. G.). *An attempt to estimate fatigue of the cerebral cortex when caused by* *electrical excitation* (J. P., XXVI, 1901). — LIMBOURG (PH.). *Beiträge zur chemischen Nervenreizung und zur Wirkung der Salze* (A. g. P., 1887, XLI, 303-325). — MAGGIORA (A.). *Les lois de la fatigue étudiées dans les muscles de l'homme* (A. i. B., XIII, 1890,187); *Anhang über die Gesetze der Ermüdung* (A. P., 1890); *Le leggi della fatica studiate nei muscoli dell' uomo* (Reale Accademia dei Lincei, v, 4 nov. 1888); — et LÉVI. *Unters. über die physiol. Wirkung der Schlammbäder* (Arch. f. Hygiene, XXVI, 1896, 285). — MAGGIORA. *Influence de l'âge sur quelques phénomènes de la fatigue* (A. i. B., 1898, XXIX, 267). — MANCA. *Influence du jeûne sur la force musculaire* (A. i. B. 1894, XXI, 220). — MAREY. *Études graphiques sur la nature de la contraction musculaire* (Journ. de l'anat. et de la physiol., 1866, 225); *Le mouvement dans les fonctions de la vie*, Paris, 1868 ; *La méthode graphique*, Paris, 1878; *Travaux du laboratoire*, II, 1876. — MINOT (Journ. of Anatomy and Physiol., 1878, XII, 297). — MONTGOMERY. *Zur Lehre von der Muskelcontraction* (A. g. P., XXV, 497). — MÜLLER (R.). *Ueber den Verlang. der Ermüdungscurve der quergestreiften Froschmuskeln bei Einschaltung von Reizpausen* (C. P., 1901, XV). — MOSSO (ANGELO). *La fatigue intellectuelle et physique*, Paris, 1894; *Ueber die Gesetze der Ermüdung* (A. P., Suppl., 1890, 89); *Les lois de la fatigue étudiées dans les muscles de l'homme* (A. i. B., XIII, 1890, 123). — NOVI (IVO). *Die graphische Darstellung der Muskelermüdung* (C. P., 1897, XI, 377) ; *Sur la courbe de la fatigue musculaire* (A. i. B., XXII). — NICOLAÏDES. *Ueber die Curve nach welcher die Erregbarkeit der Muskeln abfällt* (A. P., 1886). — NEUMANN (E.). (Deutsche Klinik, 1864, 65 ; Königsberger med. Jahrb., IV, 1864 ; A. P., 1864, 554). — PATRIZI (M.). *L'ergografia artificiale e naturale degli arti inferiori (Un ergografo crurale)* (Bulletino d. Società medico-chirurg. di Modena, III, 1900). — RANVIER (L.). *De quelques faits relatifs à l'histologie et à la physiologie des muscles striés* (A. de P., 1874, 5-18); *Leçons sur le système musculaire*, 1880. — RICHET (CH.). *Physiologie des muscles et des nerfs*, Paris, 1882 : *Contribution à la physiologie des centres nerveux et des muscles de l'écrevisse* (A. d. P., 1879, 262-299 et 522-576); — ROLLETT (A.). *Ueber die Contractionswellen und ihre Beziehung zu der Einzelzuckung bei der quergestreiften Muskelfasern* (A. g, P., 1892, LII, 201-238); *Zur Kenntniss der physiologischen Verschiedenheit der quergestreiften Muskeln der Kalt und Warmblüter* (Ibid., LXXI, 1898, 209-236); *Ueber die Veränderlichkeit des Zuckungsverlaufes quergestreifter Muskeln bei fortgesetzter periodischer Erregung und bei der Erholung nach derselben* (Ibid., 1896, LXIV, 507-568); *Physiologische Verschiedenheit der Muskeln der Kalt und Warmblüter* (C. P., XIII, 1900); (Ak. W., LIII, 1887, 243-244); (A. g. P., LXIV, 527 et LII, 1892, 226). — ROSSBACH. *Muskelversuche an Warmblüter* (Ibid., 1876, XIII, 607); — et HARTENECK. *Muskelversuche an Warmblüter. II. Ermüdung und Erholung des lebenden Warmblütermuskels* (Ibid., 1877, XV). — SANTESSON (C. G.) (A. P. P., 1895, XXXV, 22-36). — SCHENCK (FR.). *Beiträge zur Kenntniss von der Zusammenziehung des Muskels* (A. g. P., L, 1891, 166-191); *Ueber den Erschlaffungsprocess des Muskels* (Ibid., 1892, LII, 117-125). — TREVES (Z.). *Sur les lois du travail musculaire* (A. i. B., XXIX, 1898, 157-179, et XXX, 1898, 1-34). — TIEGEL (E.). *Ueber den Einfluss einiger willkürlich Veränderlich. auf die Zuckungshöhe des untermaximal gereizten Muskels* (Ber. d. Gesel. d. Wiss. zu Leipzig, Math.-phys. classe, 1873, 81-130). — VALENTIN (G.). *Einiges über Ermüdungscurven quergestreifter Muskelfasern* (A. g. P., 1882). — VOLKMANN (A. W.). *Die Ermüdungsverhältnisse der Muskeln* (Ibid., 1870, III, 372-403). — WALLER (A.). *Report on experiments and observations relating to the process of fatigue and Recovery* (The British med. Journ., 1885 et 1886); *Éléments de physiologie humaine*, Paris, 1898. — WEDENSKY. *Ueber einige Beziehungen zwischen der Reizstärke und der Tetanushöhe bei indirekter Reizung* (A. g P., 1885, XXXV, 69). — WUNDT. *Lehre von der Muskelbewegung*, 1858.*

§ 4. **Les effets de la fatigue sur la force musculaire et sur le travail mécanique.** — Le travail mécanique d'un muscle (travail extérieur, effet utile) s'évalue en multipliant le poids soulevé par la hauteur de soulèvement : $T = PH$. Le poids soulevé par un muscle comprend en réalité : 1° le poids dont le muscle est chargé; 2° la moitié du poids du muscle lui-même; cette deuxième quantité est en général négligée dans les expériences. Quand le muscle ne soulève aucun poids, l'effet utile est nul, car on ne compte pas comme effet utile le soulèvement de la partie inférieure du muscle. Pendant le *tétanos*, le muscle n'accomplit de travail mécanique que durant son raccourcissement; tout le temps que le muscle tétanisé maintient le poids à la hauteur de soutien, il n'accomplit pas de travail mécanique extérieur. Cependant le poids 'ne retombe pas, le muscle reste actif, et cette activité, qui se traduit au bout d'un certain temps par une sensation de fatigue, correspond à ce qu'on appelle *travail intérieur du muscle*, ou *contraction statique*, par opposition avec la contraction *dynamique*, dans laquelle un travail extérieur est produit. Cette contraction statique ne peut être soutenue bien longtemps ; ainsi, d'après les recherches de GAILLARD, on ne peut tenir les bras étendus plus de dix-neuf minutes.

On distingue deux espèces de contractions musculaires : la *contraction isotonique*, dans laquelle la tension du muscle ne varie pas pendant la contraction, le muscle se contractant librement et soulevant un poids ; et la *contraction isométrique*, dans laquelle la contraction du muscle est presque complètement empêchée. Dans ce dernier cas, le muscle convertit toute son énergie chimique en chaleur. Le dégagement de chaleur est plus considérable dans la contraction isométrique que dans la contraction isotonique. Il semblerait que le dégagement d'énergie est plus considérable dans la contraction isométrique que dans la contraction isotonique, car, dans le premier cas, la fatigue survient plus rapidement. Une expérience très simple, due à J. IOTEYKO, montre bien que la contraction isométrique fatigue plus vite que la contraction isotonique. Une grenouille étant placée sur un myographe double, on découvre les deux nerfs sciatiques, et les deux gastrocnémiens sont attachés aux leviers correspondants. Une paire d'électrodes amenant le même courant est mise en contact avec chaque gastrocnémien. Au commencement de l'expérience, on s'assure que les contractions des deux côtés sont d'égale hauteur. On produit alors le tétanos isotonique d'un côté et le tétanos isométrique de l'autre (le raccourcissement est empêché tout simplement par la fixation extemporanée du tendon du gastrocnémien à la planchette de liège au moyen d'une épingle). Quand le tétanos isotonique touche à sa fin, indice de la fatigue isotonique, on suspend pour quelques secondes l'excitation des deux côtés. L'épingle étant enlevée, on recommence l'excitation des deux côtés pour connaître la hauteur de la contraction après la fatigue. Or le gastrocnémien qui a fourni un tétanos isométrique (par conséquent, sans production de travail mécanique) donne des contractions moins hautes que le gastrocnémien qui a fourni le tétanos isotonique. La fatigue isométrique a donc été plus accentuée que la fatigue isotonique. La fig. 13, qui est une illustration de ce phénomène, démontre aussi qu'à mesure qu'on produit des tétanos répétés la différence s'accentue entre les effets de la fatigue isométrique et ceux de la fatigue isotonique. L'accumulation de fatigue est plus prononcée dans la contraction isométrique. *La valeur du quotient qui exprime le rapport de la hauteur de la contraction d'essai du muscle fatigué isométriquement à celle de la contraction d'essai du muscle fatigué isotoniquement, diminue progressivement à mesure que la fatigue s'accumule.* Cette expérience est aussi une démonstration de la loi de la conservation d'énergie ; car dans la contraction isométrique l'énergie se dégage sous forme de chaleur.

Le travail mécanique n'est donc qu'une des manifestations d'énergie du muscle. Nous pouvons cependant étudier isolément l'action de la fatigue sur le travail mécanique, sans nous préoccuper des autres facteurs, si nous expérimentons dans des conditions toujours rigoureusement les mêmes.

HAUGHTON et NIPHER ont essayé de calculer, pour l'homme vivant, une *loi de la fatigue musculaire*. HAUGHTON est arrivé à la formule suivante dans le cas de travail statique :

$$\frac{T^2}{\Theta} = \text{constante.}$$

Ce résultat se rapporte au bras tendu horizontalement, et maintenant des poids variables pendant un temps Θ. Le quotient $\frac{T}{\Theta}$ s'appelle la *vitesse du travail statique ;* si on la désigne par v, la formule de HAUGHTON se ramène alors à la suivante :

$$T \times v = \text{constante.}$$

Et l'on peut énoncer la loi suivante qu'on appelle *loi de la fatigue de* HAUGHTON : le produit du travail statique effectué par un groupe de muscles qui restent contractés jusqu'à épuisement par la vitesse du travail est un nombre constant.

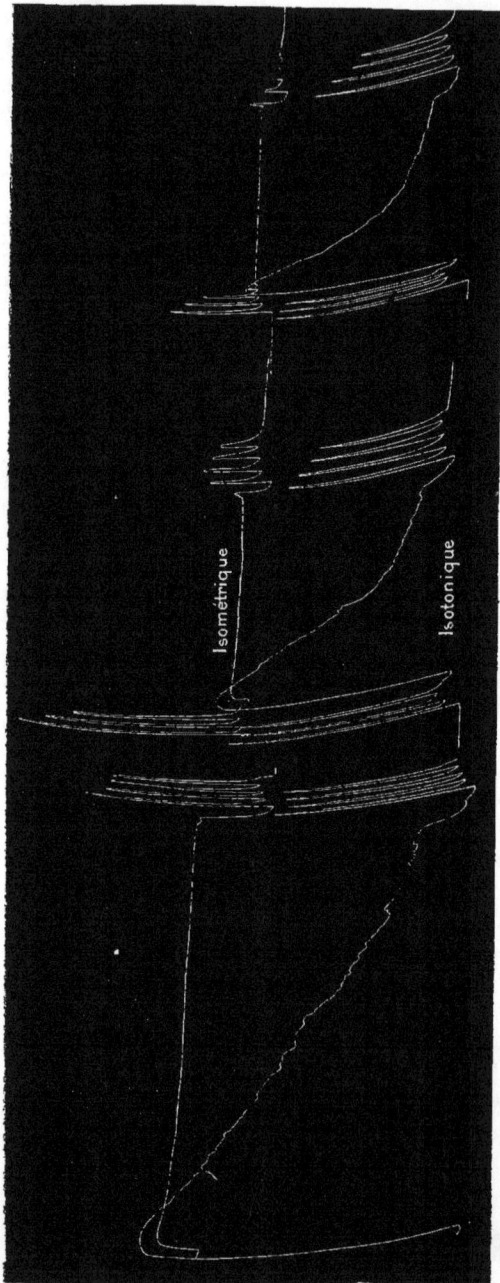

Isométrique

Isotonique

Fig. 13. — (D'après J. Ioteyko.) Mesure graphique et simultanée de l'état de fatigue après les tétanos isométriques (gastrocnémien du côté droit), et après les tétanos isotoniques (gastrocnémien gauche). Le tétanos isométrique produit chaque fois un état de fatigue plus prononcé que le tétanos isotonique. L'excitabilité est mesurée chaque fois au moyen de la contraction isotonique pour les deux côtés.

En ce qui concerne le travail dynamique, HAUGHTON arrive à la formule suivante :

$$n\,(1 + \beta^2\,t^2) = A,$$

dans laquelle n est le nombre de soulèvements qu'on peut effectuer avec le même poids et jusqu'à la même hauteur, t le temps que dure chaque soulèvement, β et A des constantes. Le maximum de travail est atteint quand $t = \dfrac{1}{\beta}$. Cette loi fut trouvée exacte pour des poids différents.

D'après TREVES, l'ergogramme en surcharge (avec appui dans les intervalles des contractions) peut servir à donner une idée de la marche de la fatigue, mais il n'est pas précis en ce qui concerne l'évaluation du travail mécanique. Les contractions que le muscle exécute avec un poids donné à toute charge sont plus hautes que celles qui sont exécutées avec le même poids en surcharge. FRANTZ recommande l'usage isométrique d'un ressort, parce que la force musculaire se trouve pratiquement isolée. Après 150 contractions maximales le muscle ne peut accomplir que 40 p. 100 de ce qu'il faisait au début. L'auteur critique les méthodes courantes de l'évaluation de la fatigue. Avec l'ergographe à poids ou à ressort, il y a toujours deux éléments variables qui interviennent, la force et l'étendue d'une contraction, et ces deux facteurs sont si variables d'un individu à l'autre, que les comparaisons deviennent impossibles.

Il est difficile d'évaluer exactement la quantité de travail mécanique que peut fournir un muscle. D'après Kronecker, le triceps fémoral de la grenouille chargé de 20 grammes et travaillant en surcharge, peut fournir à l'excitation maximale (toutes les 4 ou 6 secondes) un nombre des contractions variant de 250 (Janvier) à 2 700 (Octobre). La force d'un muscle est donc très différente suivant les saisons. L'influence des saisons sur la fatigue musculaire de l'homme mériterait une étude approfondie ; nous savons, d'après les expériences de Mosso, que le changement des saisons exerce une influence sur la résistance à la fatigue, mais le physiologiste italien nous fournit fort peu de détails à ce sujet. En moyenne, un homme adulte fournit à l'ergographe 5-6 kilogrammètres, la femme 3-4 kilogrammètres de travail (J. Ioteyko). Ces chiffres n'ont d'ailleurs qu'une valeur très approximative.

On a beaucoup étudié l'influence du *poids* et de *l'intensité des excitations* sur l'excitabilité musculaire, mais relativement peu de recherches précises ont été faites sur l'influence qu'exercent ces facteurs sur la somme de travail mécanique. Suivant Rosenthal, il y a pour chaque muscle une charge déterminée sous laquelle ce muscle accomplit le maximum de travail utile. Cet effet utile correspond plutôt à un poids moyen qu'à un poids fort. Ainsi un muscle de grenouille produit plus d'effet utile avec un poids de 100 grammes qu'avec un poids de 200 grammes, et le maximum est produit avec un poids de 150 grammes. De même Ch. Richet a trouvé que, pour l'écrevisse, l'effet utile maximum coïncide avec le soulèvement d'un poids moyen. Tout cela ne s'applique qu'à une excitation donnée. Si nous faisons travailler le muscle jusqu'à extrême fatigue, nous voyons que, toutes conditions égales, un muscle travaillant avec un poids fort se fatigue plus vite que s'il travaille avec un poids léger (Funke, Pompilian), et la hauteur des contractions d'un muscle très chargé décroît plus rapidement que celle d'un muscle moins chargé (Volkmann). Kronecker et Tiegel sont d'accord sur ce point important, à savoir que les courbes de la fatigue d'un muscle travaillant avec des poids différents sont des lignes parallèles : la plus élevée d'entre elles correspond au poids le plus faible, la plus basse correspond au poids le plus lourd. M. Pompilian a vu qu'un muscle fatigué complètement par un poids faible donne encore, pendant assez longtemps, de belles secousses si on le fait soulever un poids fort. On est en droit d'admettre que l'augmentation du poids a agi comme un excitant.

Ed. Weber (1846) a étudié l'influence du poids sur la fatigue et la force musculaire. La fatigue n'exerce pas une action parallèle sur ces deux propriétés du muscle, le raccourcissement et le soulèvement d'un poids (effet utile), car le raccourcissement décroît plus lentement que l'effet utile. Il en résulte qu'un muscle fatigué et fortement chargé se raccourcit beaucoup moins comparativement à son état frais qu'un muscle légèrement chargé. Cette influence qu'exercent les différents poids sur la fatigue se laisse reconnaître dans les expériences : deux muscles, dont l'un est plus fortement chargé que l'autre, se raccourcissent d'une quantité égale au début de l'expérience, mais, avec les progrès de la fatigue, les hauteurs de raccourcissement commencent à diverger. Ainsi, par exemple, si nous avons trois muscles chargés de 5, de 10 et de 15 grammes, au début la hauteur de raccourcissement est la même pour les trois muscles ; mais, sous l'influence de la fatigue des différences commencent à se manifester. A la fin de l'expérience, le raccourcissement du muscle chargé de 10 grammes ne constitue que le 34 p. 100, et le raccourcissement du muscle chargé de 15 grammes ne constitue que le 17 p. 100 du raccourcissement du muscle chargé de 5 grammes. Par conséquent, l'influence de la fatigue se fait ressentir davantage quand la résistance à vaincre est plus considérable. Donc, sous l'influence de la fatigue, *la force de la contraction* est considérablement diminuée (Weber). Si le poids est très considérable, alors le muscle fatigué peut même s'allonger au moment de l'excitation au lieu de se raccourcir (voir : Influence de la fatigue sur l'élasticité musculaire), car il est devenu moins élastique et plus extensible. Avec des poids de 30, 35 grammes, nous obtenons des modifications analogues, mais plus accentuées qu'avec des poids de 5, 10 et 15 grammes ; il en résulte qu'à un moment de l'expérience, quand le muscle chargé de 5 grammes se raccourcit encore de 22 p. 100 de son raccourcissement primitif, le muscle chargé de 35 grammes commence à s'allonger. Cet allongement augmente avec les progrès de la fatigue et ne disparait que plus tard, avec la mort du muscle.

Le maximum de travail que fournit un muscle fatigué correspond donc à un poids léger, et non à un poids lourd ; les muscles fatigués peuvent fournir un travail incomparablement plus grand en soulevant des poids légers que des poids lourds. La force du muscle dépend aussi de l'élasticité ; si l'élasticité est grande, alors avec la même force de raccourcissement le muscle peut développer une force considérable ; si l'élasticité est diminuée (comme dans la fatigue), alors le muscle développe une force moindre (WEBER). La théorie moderne, qui tend à assimiler les forces contractiles aux forces élastiques, n'a fait que confirmer ces conclusions de WEBER.

Ainsi donc l'effet de la fatigue est de diminuer ces trois phénomènes inhérents à la contraction : 1) la longueur de raccourcissement; 2) la force que le muscle développe pendant son raccourcissement; 3) le travail mécanique. Le travail mécanique (effet utile) qui dépend aussi bien de la hauteur de contraction que de la force de raccourcissement, est très différent suivant la charge à soulever. Ce n'est qu'avec une charge déterminée que le travail mécanique est maximum : il diminue avec des charges plus grandes et plus petites. Mais les rapports changent avec la fatigue. L'effet utile maximum correspond à un poids d'autant plus léger que la fatigue est plus avancée. Les muscles fatigués se raccourcissent beaucoup moins pour des poids lourds que pour des poids légers. La cause de cette différence est due en grande partie à une diminution d'élasticité musculaire. Au point de vue pratique, ce principe nous conduit à émettre quelques critiques au sujet des instruments de mesure à poids fixe, tels que l'ergographe de Mosso.

Pour obtenir un travail maximum, il faudrait soulever une charge graduellement décroissante dans le cours de l'expérience.

J. BERNSTEIN a étudié l'influence de la fatigue sur la force développée dans le tétanos et dans une contraction unique. Il a confirmé les données de HERMANN, qui avait trouvé antérieurement que la force musculaire développée dans le tétanos est le double de celle qui est développée dans la contraction isolée, à égalité de temps. Ainsi pendant le tétanos il y a sommation de la force comme il y a sommation des raccourcissements. Suivant BERNSTEIN, le rapport entre la force du tétanos et celle de la contraction unique se maintient même pendant la fatigue, mais quelquefois la différence de force s'accentue avec les progrès de la fatigue. Il faut, pour ces expériences, choisir des grenouilles très vigoureuses, car sur un muscle peu vigoureux la différence de force n'est pas très manifeste dès le début. FUNKE trouve au contraire dans la fatigue la courbe du tétanos est quelquefois moins élevée que la secousse unique.

Quand un muscle, au lieu d'agir sur une charge constante, agit sur une charge *graduellement décroissante*, l'effet utile augmente. Ce *principe d'allégement*, étudié expérimentalement par FICK, se retrouve dans beaucoup de muscles de l'organisme. LANDAU et PACULLY montrèrent qu'un muscle qui est allégé de son poids toutes les fois qu'il atteint son maximum de raccourcissement, se fatigue moins et développe moins d'acide qu'un muscle qui est tendu durant la période de décontraction. Contrairement à l'opinion de KRONECKER, il parait certain que la tension seule suffit par épuiser un muscle (KRAUSE, WUNDT, GOTSCHLICH). On peut aussi faire agir sur le muscle une tension graduellement croissante. Enfin on peut produire une modification brusque de tension à tel moment de la contraction. Nous n'entrerons pas dans tous les détails de ces contractions et nous ne ferons ressortir que quelques points touchant l'influence de la fatigue. Cette étude a été poursuivie en Allemagne par FR. SCHENCK (Würzbourg). V. KRIES avait montré l'influence exercée par la tension sur le cours de la contraction et décrit une contraction où le muscle est empêché de se raccourcir durant un certain temps après l'excitation, et puis la détente s'opère brusquement. SOGALLA a continué l'étude de la *Schleuderzuckung*. SCHENCK a vu que le processus de raccourcissement de cette contraction était influencé par différents facteurs, entre autres par la fatigue. — Si la charge d'un muscle est diminuée d'une valeur déterminée au commencement de la contraction, la hauteur de celle-ci ne sera pas aussi grande que celle d'une contraction isotonique, dont la charge était moindre déjà avant tout début d'excitation. Ainsi donc, il n'y a pas d'addition du raccourcissement dû à l'allégement et du raccourcissement dû à l'activité. Schenck a étudié l'action de la fatigue sur ce genre de contraction (*Entlastungszuckung*). Si nous désignons par *He* le soulèvement de la *Entlastungszuckung* au-dessus de l'abscisse de la contraction isotonique, et *Hi* la hauteur de cette dernière, nous obtenons un quotient $\frac{He}{Hi}$ qui est toujours plus petit que l'unité. Ce quotient varie peu avec la fatigue. Quand la fatigue est poussée à l'extrême, il y a légère diminution de ce quotient. Il n'y a pas lieu d'insister,sur les phénomènes qui caractérisent les autres genres de contractions, où la tension est modifiée (*Zugzuckung, Anschlagszuckung*).

Nous savons peu de chose relativement à l'influence de l'*intensité de l'excitation* sur la fatigue musculaire. Il y a un rapport intime entre l'intensité de l'excitation et le travail produit, et même, suivant Kronecker, la proportionnalité est complète. Mais quelle est l'influence de l'intensité de l'excitation sur la marche de la fatigue? Il semble qu'il n'est pas possible aujourd'hui de répondre catégoriquement à ces questions, et c'est en vain qu'on a cherché à démontrer, pour le rapport entre l'excitation et le travail musculaire l'existence d'une loi myophysique analogue à la loi psychophysique de Fechner-Weber. Suivant Ch. Richet, pour obtenir l'effet utile maximum, il faudra tendre le muscle avec un poids d'autant plus grand que l'excitation sera plus forte. Einthoven (1892) a étudié l'influence de l'excitation des nerfs vagues sur les contractions des muscles des bronches. Sous l'influence de la fatigue on voit les contractions diminuer d'amplitude.

L'effet de la *fréquence* des excitations (rythme) a été fort bien étudié. Tous les auteurs sont d'accord pour attribuer à une grande fréquence d'excitations l'influence la plus fâcheuse sur la somme totale de travail mécanique (Engelmann, Funke, Kronecker). Parmi les influences exercées sur la fatigue, la plus importante est, sans conteste, la fréquence des excitations; plus les intervalles des excitations sont rapprochés, et plus vite survient la fatigue. Ce résultat est d'une extrême importance. Les intervalles entre les excitations, ce sont les moments de repos entre les contractions successives; plus ils sont grands, moins le muscle se fatigue; après chaque contraction le muscle peut *se réparer* en partie, après s'être ;débarrassé des produits toxiques engendrés pendant le travail, produits dont l'accumulation est l'origine de la fatigue. D'après Oseretzkowsky et Kraepelin, si on passe d'un rythme de 30 à un rythme de 60 et 120 contractions à la minute (ergographe), le travail mécanique augmente, principalement à cause de l'augmentation du nombre de soulèvements. Quand on exécute des mouvements rapides, il en résulte une excitation psycho-motrice.

Les mêmes auteurs ont vu qu'en soulevant un poids de 5 kilogrammes avec le rythme de 1 seconde, la fatigue arrive d'autant moins vite que l'intervalle entre les deux courbes est moindre. Le travail mécanique est plus considérable avec une charge de 4 kilogrammes qu'avec une charge de 6 kilogrammes.

Dans des expériences faites sur lui-même Maggiora a étudié l'action du poids et de la fréquence des excitations sur la courbe ergographique. Le travail accompli avec une charge de 2 kilogrammes est supérieur au travail accompli avec 4 kilogrammes, et celui-ci est supérieur au travail accompli avec 8 kilogrammes (fréquence des contractions 2″). Avec 2 kilogrammes l'auteur a pu produire 2 662 kilogrammètres; avec 4 kilogrammes, 1 892 kilogrammètres; avec 8 kilogrammes, 1 040 kilogrammètres. Travaillant avec un poids de 1 kilogramme, il n'a pu fournir que 2 238 kilogrammètres. Il semblerait donc qu'il existe un poids déterminé avec lequel on obtient le maximum de travail. Pour Maggiora, ce poids est de 2 kilogrammes. Si l'on fait travailler le muscle avec différents poids, on obtient des lignes qui descendent presque parallèlement vers l'abscisse, résultat en tout semblable à celui qu'obtint Kronecker sur le muscle de la grenouille. Les mêmes faits se produisent aussi pour les muscles de l'homme dans la contraction provoquée.

Quant à la *fréquence* des excitations, Maggiora a vu sur lui-même que, avec la fréquence d'une contraction toutes les *dix secondes*, les contractions des fléchisseurs atteignent leur maximum de hauteur et se maintiennent toutes au même niveau; *la fatigue ne se produit pas;* dans ces conditions, le muscle peut travailler indéfiniment, et, en soulevant un poids de 6 kilogrammes, il accomplit par heure le travail de 34.560 kgm. C'est un travail de beaucoup supérieur à celui qui est fait par le muscle, alors qu'il soulève le même poids avec une fréquence de 4''; dans ce cas, il a besoin de deux heures de repos, et la production de travail mécanique est seulement de 1,074 kgm. à l'heure, c'est-à-dire un travail 32 fois moindre. Des résultats analogues ont été obtenus avec un poids de 2 kilogrammes.

D'une manière générale, la quantité de travail est d'autant plus grande et la fatigue d'autant plus retardée que la fréquence des excitations est moindre, résultat absolument comparable à celui qu'on a obtenu sur les muscles des animaux à sang froid et à sang chaud. Il existe donc pour les muscles périphériques certaines conditions de travail, dans lesquelles la contraction peut se répéter indéfiniment sans produire de fatigue. Le repos de 10'' entre les contractions est suffisant pour la réparation intégrale. Nous voyons ainsi que la fatigue n'est pas une conséquence inévitable de l'activité; elle n'est point le résultat de l'intensité avec laquelle le travail est accompli, elle n'est pas non plus proportionnelle au temps pendant lequel l'activité est soutenue. Un muscle peut se contracter indéfiniment en fournissant le maximum de contraction et en déployant une force considérable. Mais la fatigue est fonction de *la rapidité* avec laquelle se suivent les mouvements. Ainsi le muscle est infatigable quand il se contracte six fois à la minute. C'est là son rythme optimum. Un repos de dix secondes entre les contractions est donc suffisant pour restaurer complètement le muscle, compenser les pertes et anéantir les produits de déchets de la contraction. Comme nos mouvements s'accomplissent habituellement avec une fréquence bien plus grande, il en résulte que la restauration n'est pas complète d'une contraction à l'autre. Le retour à l'état normal demande alors un repos bien plus long, à cause de l'accumulation des effets de la fatigue.

Les recherches de MAGGIORA, relatives au rythme optimum des contractions des muscles périphériques, ont jeté une vive lumière sur les phénomènes de l'infatigabilité du cœur. Nous sommes autorisés à admettre par analogie que, dans les conditions normales, le cœur bat suivant un rythme optimum qui est suffisant pour sa réparation intégrale; les changements chimiques survenus au moment de la contraction étant exactement compensés pendant la période de repos. L'alternance des systoles et des diastoles est réglée de manière à restaurer complètement le muscle cardiaque dans les intervalles de repos. Le cœur est toutefois fatigable quand il est soumis à des excitations trop fortes ou trop souvent répétées, comme cela a lieu dans les cas pathologiques. Dans les maladies organiques du cœur, à la suite d'un obstacle au jeu régulier de celui-ci, celui-ci est tenu à accomplir un travail bien plus considérable qu'à l'état normal; il change de rythme, ses battements redoublent d'intensité, et, pendant un certain temps, grâce à ce renforcement, le débit du sang dans les tissus n'est pas modifié. Pour pouvoir exécuter ce supplément de tâche, le cœur a suivi la loi générale commune aux muscles soumis à un excès de travail : il s'est hypertrophié. Cette hypertrophie compensatrice (appelée aussi providentielle) assure pendant un certain temps le bon fonctionnement de l'organisme. Mais bientôt l'équilibre est rompu. Le cœur, ne pouvant plus suffire au travail exagéré qui lui est imposé, se relâche. C'est la phase de la fatigue du cœur. Il ne se remet pas de cette fatigue; car il n'a plus le moyen de se reposer. A l'hypertrophie succèdent la dilatation et la distension de cet organe, lequel finit bientôt par être hors d'état de tout travail. C'est ainsi que meurt le cœur dans les maladies valvulaires : il meurt par excès de fatigue. Il est à remarquer que dans l'étiologie des maladies du cœur nous trouvons fréquemment les grandes fatigues et l'effort qui, en exagérant l'activité propre du cœur, ont amené son hypertrophie et sa déchéance consécutive. De même les émotions morales répétées, qui accélèrent le rythme cardiaque ainsi que les palpitations d'origine nerveuse, produisent à la longue son hypertrophie.

MAGGIORA a étudié les variations simultanées dans le poids et la fréquence des excitations. Quand les poids croissent, il ne suffit pas de faire croître dans les mêmes rapports les intervalles de repos entre chaque contraction; mais la pause de repos doit croître dans une mesure beaucoup plus large. Étant donné R (rythme) = 2, et P (poids) = 3 kilogrammes, si nous doublons le poids, il faudra tripler les intervalles pour obtenir la même quantité de travail. L'auteur fit aussi varier simultanément le rythme des contractions et les périodes de repos entre les expériences. Il est arrivé ainsi à la conclusion que la quantité la plus considérable de travail mécanique est produite avec la fréquence de 2'' et des pauses de 1' après trente contractions. On peut arriver, grâce à l'ergographe, à la connaissance du procédé le plus économique d'utilisation de la force du muscle.

Plus récemment, Trèves a fait des expériences sur des lapins, dont les gastrocné-miens ont fourni des courbes ergographiques; excitations électriques maximales appli-quées sur la peau de la région du nerf sciatique, travail en surcharge (avec appui dans l'intervalle des contractions). Ses conclusions sont les suivantes : 1° le maximum de tra-vail dont un muscle est capable correspond toujours à un poids déterminé, et 2° les contractions que le muscle exécute avec un poids donné à toute charge sont plus hautes que celles qui sont exécutées avec le même poids en surcharge.

A. Broca et Ch. Richet ont fait des expériences sur eux-mêmes afin de préciser dans quelles conditions un muscle donné peut effectuer sans fatigue notable un travail con-tinu, régulier et maximum. Pour résoudre cette question ils n'ont pas étudié les condi-tions de la fatigue, mais ils cherchaient à faire un effort modéré, qui ne fatigue pas le muscle outre mesure. Certaines expériences ont duré deux heures et demie. A l'ergo-graphe était appliqué un collecteur de travail, donnant l'évaluation de l'effet utile. Ces auteurs sont arrivés à trouver les meilleures conditions de travail pour le muscle fléchis-seur de l'index : *poids* très fort, 1500 grammes; *fréquence* très grande, 200 par minute; *intermittences* de 2″ de repos alternant avec 2″ de travail. Avec les périodes de repos la puissance du muscle a pu atteindre le double de la puissance à laquelle il a pu arriver par le travail continu, et cela au prix d'un effort beaucoup moindre et d'une souffrance presque nulle. Cette nécessité des intermittences pour obtenir le maximum d'effet utile est expliqué par A. Broca et Ch. Richet par l'afflux sanguin énorme qui se fait dans le muscle après le travail, et grâce auquel s'effectue la restauration du muscle. La vaso-dilatation *post laborem* fournit aux fibres musculaires l'oxygène indispensable pour détruire les produits nocifs de la contraction musculaire.

Le travail musculaire et la fatigue des muscles lisses viennent d'être l'objet de recherches entreprises par Woodworth (1899) et par Colin Stewart (1900). Déjà aupa-ravant Engelmann avait montré la grande fatigabilité des muscles de l'urèthre chez le lapin; déjà une seule contraction est capable de produire la fatigue, car l'action des excitants mécaniques devient nulle après cette contraction. L'excitabilité revient au bout de plusieurs secondes de repos, si la circulation est conservée.

Le travail de Colin Stewart a trait à la vessie du chat. La vessie en place montre à peine quelques signes de fatigue. La vessie extraite du corps peut être fatiguée et se reposer partiellement pendant plusieurs heures. Enfin, les contractions spontanées per-sistent pendant quarante-huit heures à la température de la chambre, et pendant quatre jours dans le muscle refroidi.

Bibliographie. — Bernstein (J.). *Ueber den Einfluss der Reizfrequenz auf die Entwic-kelung der Muskelkraft* (A. P., 1883, Suppl., 88-104). — Binet (A.) et Vaschide (N.). *Répa-ration de la fatigue musculaire* (An. Psychol., 1898, IV, 295-302). — Broca (A.) et Richet (Ch.). *De quelques conditions du travail musculaire chez l'homme. Études ergométriques* (A. de P., 1898, 225-240). *Expériences ergographiques pour mesurer la puissance maximum d'un muscle en régime régulier* (C. R., 1898, cxxvi, 356). *De l'influence de la fréquence des mouvements et du poids soulevé sur la puissance maximum du muscle en régime régulier* (Ibid., 485). *De l'influence des intermittences de repos et de travail sur la puissance moyenne du muscle* (Ibid., 656). — Einthoven (W). *Ueber die Wirkung der Bronchialmuskeln* (A. g. P., LI, 1892, 367). — Engelmann (Th. W.). *Das rythmische Polyrheotom* (A. g. P., 1892, LII, 603-622). — Fick (A.). *Untersuchungen über Muskelarbeit*, Basel, 1867. — Franz (S. I.). *On the Methods of estimating the force of voluntary muscular contractions and on fatigue* (Amer. Journ. of Physiology, 1901, IV, 348-373). — V. Frey. *Reizungs versuche am'unbelas-teten Muskel* (A. P., 1887). — Harless. *Ueber die Leistung, Ermüdung und Erholung der Muskel* (Sitzungsber. d. Baier. Acad., 1861). *Das Problem der Ermüdung* (Baier. ärztliches Intelligenzblatt, 1861). — Haughton (S.). *Further illustrations of the law of fatigue* (Proc. Roy. Soc., xxx, 1880); (ibid., xxiv). — Helmholtz et Baxt (Akad. Berlin, 1870). — Heidenhain (R.). *Mechanische Leistung, Wärmeentwicklung und Stoffumsatz bei der Muskelthätigkeit*, 1864. — Hermann (L.). *Ueber das galvanische Wogen des Muskels* (A. g. P., 1886, xxxix, 597-623); *Ueber die Abnahme der Muskelkraft während der Contraction* (Ibid., IV, 280); *Untersuchungen zur Physiologie der Muskeln und Nerven*, Berlin, 1868. — Ioteyko (J.). *Mesure graphique de la fatigue isométrique* (Annales de la Société des Sciences méd. et *nat. de Bruxelles*, x, 1901). — JENDRASSIK. *Zur Lehre vom Muskeltetanus* (*Neurol. Centralbl.*, xv, 1896, 781-787). — KRIESS et METZNER. *Ueber den Einfluss der Reizungsart auf das Verhältniss von Arbeitsleitung und Wärmebildung im Muskel* (*C. P.*, 1892, vi, 33). — KRIES (J. V.). *Unters. zur Mechanik des quergestreiften Muskels* (*A. P.*, 1880, 348-374). — LANDAU et PACULLY (*A. P.*, ii, 1869, 423). — LEBER. *Ueber den Einfluss der Leistung mechanischer Arbeit auf die Ermüdung der Muskeln* (*Zeit. für rat. Med.*, xviii). — MAGGIORA (A.). *Ueber die Gesetze der Ermüdung* (*A. P.*, 1890, 191 et 342); *Les lois de la fatigue étudiées dans les muscles de l'homme* (*A. i. B.*, 1890, xiii, 187). — MENDELSSOHN (M.). *Influence de l'excitabilité du muscle sur son travail mécanique* (*C. R.*, 1882, xcv, 1234-1237). — MEYER (ERICH). *Ueber den Einfluss der Spannungszunahme während der Zuckung auf die Arbeitsleitung des Muskels und auf den Verlauf der Curve* (*A. g. P.*, 1898, lxix, 593-612). — NAGY (EMMERICH) et REGÉCZY (V.). *Exper. Beitr. zur Frage der Bedeutung des Porretschen Muskelphänomens* (*A. g. P.*, 1889, xlv, 219-284). — NIPHER. *On the mechanical Work done by a Muscle before Exhaustion* (*The Amer. Journ. of Science and Arts*, 1875, ix, 130). — OSERETZKOWSKY (A.) et KRAEPELIN (*Psychologische Arbeiten*, iii, 1901, 587-690). — POMPILIAN (M.). *La contraction musculaire et les transformations de l'énergie* (*Thèse de Paris*, 1897.) — ROSENTHAL (J.). *Ueber die Arbeitsleistung der Muskeln* (*A. P.*, 1880, 187-196). — SANTESSON. *Ueber die mechanische Leistung der Muskeln* (*Skand. Arch. f. Physiol.*, iii). — SCHENCK (FR.). *Ueber den Einfluss der Spannungszunahme und der Entspannung auf die Contraction* (*A. g. P.*, 1898, lxxii, 180-189). *Ueber die Summation der Wirkung von Entlastung und Reiz im Muskel* (*Ibid.*, 1895, lix, 395-402). *Weitere Untersuchungen über den Einfluss der Spannung auf den Zuckungsverlauf* (*Ibid.*, lxi, 1895, 77-105). — STEWART (COLIN C.) *Mammalian Smooth Muscle. The Cat's Bladder* (*Amer. Journ. of Physiology*, iv, août 1900). — TIEGEL. *Die Zuckungshöhe des Muskels als Function der Lastung* (*A. g. P.*, 1876, xii, 133). *Ueber den Einfluss einiger willkürlich Veränderlich. auf die Zuckungshöhe des untermaximal gereizten Muskels* (*Ber. d. mathem. phys. Classe der sächs. Ges. d. Wiss.*, 1875). *Ueber Muskel-contractur im Gegensatz zu Contraction* (*A. g. P.*, 1876, xiii, 71-83). — TIGERSTEDT (*Mittheil. aus dem physiol. Carolin. Inst. in Stockholm*, iii). — VOLKMANN. *Nachtrag zur meiner Abhandlung über die Controle der Muskelermüdung* (*A. P.*, 1862). — WEDENSKI. *Einige Bedingungen zwischen der Reizstärke und der Tetanushöhe bei indirecter Reizung* (*A. g. P.*, 1885, xxxvii). — WOODWORTH (R. S.). *Studies in the contraction of smooth Muscle* (*Amer. Journ. of Physiology*, iii, août 1899).

Voir aussi, p. 62, la Bibliographie relative à la fatigue des nerfs, et p. 103, celle qui est relative à la fatigue des terminaisons motrices. En effet les bibliographies spéciales ne contiennent pas les indications bibliographiques données antérieurement, quoique les auteurs soient maintes fois mentionnés dans le texte.

§ 5. **Les effets de la fatigue sur la thermogénèse du muscle.** — Le dégagement d'énergie qui se fait dans le muscle au moment de l'excitation se montre (abstraction faite de l'électricité musculaire) sous forme de travail extérieur ou sous forme de chaleur (travail intérieur). Ce dégagement de chaleur, qui se fait déjà dans les muscles inactifs, augmente d'une façon marquée au moment de la contraction. FICK a montré que le travail chimique est plus fortement limité par l'état de fatigue que le travail mécanique. Il y avait donc lieu de supposer que pendant le tétanos isométrique la chaleur développée serait plus fortement limitée par la fatigue que la tension. On sait aussi que, pendant le tétanos, le travail chimique décroît progressivement malgré la persistance de la tension. Les rapports ne sont pas les mêmes dans le tétanos isométrique. Une augmentation de l'intensité de l'excitation produit encore une augmentation du travail chimique, alors qu'un accroissement de tension ne peut plus se faire, et même on observe déjà une diminution de tension par effet de la fatigue, malgré l'augmentation de l'excitation. Ainsi FICK a montré qu'une augmentation de l'intensité de l'excitation produit dans le tétanos isométrique un accroissement notable de chaleur, tandis que la tension est déjà diminuée par la fatigue.

En 1885, FICK fit des recherches sur l'influence de la température sur la chaleur dégagée pendant les contractions isotoniques ou isométriques. Il vit qu'à 27° le rapport entre la chaleur dégagée par la contraction isométrique et la contraction isotonique (désigné par $\dfrac{Wm}{Wt}$) était égal à 1,1, tandis qu'au-dessous de 10° il est égal à 2,1. La différence entre les contractions isométrique et isotonique au point de vue du dégagement de chaleur s'accentue donc à des températures basses. Schenck a confirmé ces données. La différence s'accentue avec un abaissement de température, tandis qu'elle diminue avec le poids, au point qu'avec des poids très lourds et à des températures très élevées la contraction isotonique dégage plus de chaleur que la contraction isométrique. Avec des poids légers, la contraction isométrique dégage dans tous les cas plus de chaleur, même dans le muscle surchauffé. Mais, toutes conditions égales, la valeur du quotient est moindre pour le muscle surchauffé. Ces données sont intéressantes à connaître pour être comparées avec les phénomènes qui se passent dans la fatigue. La fatigue égalise la chaleur produite pendant la contraction isotonique et pendant la contraction isométrique.

La quantité de chaleur dégagée dépend aussi de la *fatigue;* plus, par suite d'excitations successives antérieures, le travail mécanique du muscle diminue eu égard à l'excitant resté constant, plus aussi diminue la production de chaleur. Les deux quantités ne diminuent toutefois pas d'une manière égale : la chaleur diminue plus vite que le travail mécanique; de telle sorte que nos instruments actuels ne démontrent déjà plus de production de chaleur, alors que le muscle peut encore produire une quantité de travail appréciable. Un *muscle fatigué dégage moins de chaleur* (Heidenhain). La diminution de chaleur apparaît même avant que la fatigue se soit manifestée par une diminution du travail. La fatigue d'échauffement débute après la fin du phénomène de l'escalier, quand les secousses sont devenues égales aux secousses primitives. Pendant l'escalier l'échauffement augmente. Si l'escalier fait défaut, la chaleur ne varie pas pendant les 6 à 8 premières contractions (Heidenhain). Quant à la chaleur dégagée par le tétanos, Heidenhain a vu que, si l'on tétanise plusieurs fois un muscle, la chaleur dégagée diminue d'expérience en expérience plus vite que la hauteur du tétanos. Ainsi donc, pour le tétanos aussi bien que pour les secousses isolées, un muscle fatigué produit, par rapport au travail mécanique, moins de chaleur que le muscle non fatigué. La fatigue de chaleur survient plus vite que la fatigue de la motricité.

En 1886, Luкjanow fit des recherches thermométriques sur des chiens dont il anémiait les muscles par la ligature de l'aorte; il étudia parallèlement la chaleur dégagée et la contraction musculaire; la marche de l'échauffement en fonction du temps; l'influence des excitations d'égale intensité, mais de fréquences différentes; l'influence du poids. Quand un muscle exsangue a été épuisé par une série d'excitations longtemps continues, et que sa puissance de production de chaleur paraît complètement abolie, de sorte que des excitations réitérées n'amènent plus d'augmentation de température du muscle, le repos et le retour de la circulation (on détachait la ligature de l'aorte) peuvent ranimer la puissance calorigène qui paraissait perdue. Le retour de la puissance calorigène du muscle épuisé se produit assez vite; elle est à peu près complète au bout de trois minutes environ. Il se passe pour la production de chaleur les mêmes phénomènes d'addition latente que pour la contraction. Dans les conditions ordinaires, la puissance calorigène du muscle diminue à mesure que le nombre des excitations augmente; mais cette *fatigue de chaleur* ne décroît pas régulièrement comme la *fatigue de contraction*. Ces résultats ont conduits Luкjanow à admettre dans le muscle une substance calorigène distincte de la substance qui fournit le travail, et qu'on pourrait appeler substance dynamogène. Dans le muscle normal, les deux substances sont également excitables. Dans le muscle fatigué, la substance calorigène est plus excitable, et se répare plus facilement que la substance dynamogène; mais elle perd cet avantage par une série rapide d'excitations, et on voit alors le travail diminuer moins vite que la chaleur libre, de sorte *qu'on peut avoir des contractions sans dégagement de chaleur.*

Chauveau fit des recherches, en 1891, sur les modifications imprimées par la fatigue au raccourcissement et à l'échauffement musculaire dans les muscles isolés de la grenouille. Nous avons déjà vu que, lorsque le muscle est fatigué, son extensibilité s'accroît (son élasticité diminue) en sorte que la même charge, qui l'allongeait faiblement au début d'une expérience, l'allonge beaucoup plus vers la fin, quand il est fatigué. Supposons, dit Chauveau, que dans les deux cas, par des excitations convenablement adaptées, on obtienne un soulèvement absolu de même valeur; l'échauffement déterminé par la contraction sera cependant beaucoup moindre dans le deuxième cas que dans le premier, parce que le raccourcissement relatif du muscle sera moindre, et que, de plus, le muscle, entraîné par l'effet de la fatigue au delà de ses limites naturelles, absorbe de l'énergie pour la reconstitution de sa longueur primitive. A plus forte raison observera-t-on cette différence d'échauffement, si c'est la même excitation qui provoque la contraction dans les deux cas. Le muscle en état de fatigue soulèvera la charge moins haut avant que d'être en cet état. Comme l'échauffement musculaire est proportionnel au degré de raccourcissement du muscle, le raccourcissement relatif de ce muscle sera encore moins prononcé, et la différence d'échauffement se prononcera bien davantage. C'est le cas d'une expérience de HEIDENHAIN, où le soulèvement de la charge, à la fin, s'abaisse à 1/15 de ce qu'il était au début, tandis que l'échauffement du muscle descend jusqu'à 1/57. Il faut donc tenir compte des influences qui modifient la longueur naturelle du muscle. Ces expériences parlent dans le même sens que celles de CHAUVEAU, à savoir que la grandeur de la charge et le degré du raccourcissement influent de la même manière sur l'échauffement, indice de l'énergie mise en œuvre par le travail statique du muscle.

Il en est de même dans le cas de contraction dynamique. CHAUVEAU a étudié séparément le travail positif et le travail négatif. Ici encore (travail positif) il faut tenir compte de l'allongement musculaire déterminé par la fatigue. Sous l'influence de la fatigue, le muscle est, en effet, allongé de plus en plus, ce qui réduit singulièrement la valeur du rapport de la longueur perdue par le muscle en contraction à la longueur totale que prend l'organe au repos. Ajoutons que l'extension qu'il a subie l'expose à absorber de l'énergie pour la reconstitution de sa longueur normale. Ces données sont en accord avec les lois de la thermodynamique musculaire : sous l'influence de la fatigue, la production de chaleur diminue beaucoup plus vite que le travail mécanique. Et il ne faudrait pas croire, ajoute CHAUVEAU, que le muscle fatigué travaille plus économiquement que le muscle frais; ce n'est pas le muscle fatigué qui travaille plus économiquement, c'est le muscle *surallongé qui se raccourcit fort peu.* Du reste, ce n'est pas seulement avec le muscle fatigué qu'on a constaté que la production de chaleur diminue plus vite que la hauteur de soulèvement de la charge. NAWALICHIN, sur les muscles non fatigués, a vu que, si l'on a le choix de soulever un poids à une certaine hauteur par une série de petites contractions ou par une seule grande, la première méthode est plus avantageuse, parce qu'elle permet d'accomplir le travail avec moins de dépense d'énergie chimique que la seconde. Quand les charges sont soulevées par une grande contraction, une partie de l'énergie paraît se dépenser en pure perte.

En résumé, la fatigue, et l'allongement musculaire qui en résulte, apportent des modifications importantes aux manifestations des phénomènes thermiques de la contraction. Le muscle allongé devra en reprenant sa longueur primitive absorber une certaine quantité de chaleur; donc l'organe se refroidira. Il en résulte que, dans la fatigue, l'échauffement déterminé par la contraction peut être neutralisé par le refroidissement qu'implique le retour spontané du muscle à sa longueur normale de l'état de repos. Nous voyons ainsi que : 1° *les muscles allongés sous l'influence de la fatigue* (ou de l'accroissement de la charge) *se raccourcissent et s'échauffent moins, à soulèvement égal des charges, que quand ils ont leur longueur normale.* Il faut, en effet, faire une distinction entre la hauteur de soutien ou de soulèvement de la charge et le degré de raccourcissement du muscle. La hauteur de soulèvement est la quantité absolue dont le muscle se raccourcit. Le degré de raccourcissement est le rapport de cette quantité absolue à la longueur normale du muscle à l'état de repos. Tout ce qui modifiera cette longueur normale changera la valeur dudit rapport, quand même le premier terme de celui-ci, c'est-à-dire la hauteur du soulèvement, ne changerait pas; 2° *Quand les muscles isolés, en état de relâchement, s'allongent sous l'influence de la fatigue, ils perdent de la chaleur* (CHAUVEAU).

Bibliographie. — ARSONVAL (D'). *Sur la mesure du travail en thermo-dynamique animale* (B. B., 1895). — BLIX. *Zur Beleuchtung der Frage, ob Wärme bei der Muskelcontraction sich in mechanische Arbeit umsetze* (Z. B., XXI, 1885, XXI, 190). — BÉCLARD. *De la contraction musculaire dans ses rapports avec la température animale* (Arch. gén. de méd., janv. févr. mars 1861) (C. R. L, 471, 1860). — BÉCLARD et BRESCHET. *Mémoire sur la chaleur animale* (Ann. de Chim. et de Phys., 1835, 257). — CHAUVEAU (A.). *Comparaison de l'échauffement qu'éprouvent les muscles dans le cas de travail positif et de travail négatif* (C. R., CXXI, 1895); *Les lois de l'échauffement produit par la contraction musculaire d'après les* *expériences sur les muscles isolés* (*A. de P.*, 1891, 20-40); *La vie et l'énergie chez l'animal*, Paris, 1894, 10 et suiv. — DANILEWSKY. *Thermod. Unters. der Muskeln* (*A. g. P.*, XXI, 109, 1880); *Ueber die Wärmeproduction und Arbeitleistung der Muskeln* (*Ibid.*, 1882, XXX); *Versuche die Gültigkeit des Principes der Energie bei der Muskelarbeit experimentell zu beweisen*, Wiesbaden, 1889. — FICK (A.). *Myothermische Untersuchungen*, 1889; *Neue Beiträge zur Kenntniss von der Wärmeentwicklung im Muskel* (*A. g. P.*, LI, 1892, 541-569); *Myothermische Fragen und Versuche* (*Phys. med. Gesel. zu Würzburg*, 1884, XVIII); *Mechanische Arbeit und Wärmeentwicklung bei der Muskelthätigkeit* (*Internat. Wissensch. Bibl.*, Leipzig, 1882); *Ueber die Abhängigkeit des Stoffumsatzes im tetanisirten Muskel von seiner Spannung* (*A. g. P.*, 1894, LVII, 65-77). — GREFE (H.). *Ueber den Einfluss der Reizstärke auf die Wärmeentwicklung im Tetanus* (*Ibid.*, 1896, LXII, 111-130). — LABORDE. *Modifications de la température liées au travail musculaire* (*B. B.*, 1886, 297). — LURIANOW. *Wärmelieferung und Arbeitskraft des blutleeren Säugethiermuskels* (*A. P.*, 1886. *Supp.*, 116). —MEYERSTEIN et THIRY (*Henle und Pfeiffers Zeitschr.*, XX, 45, 1863). — METZNER (R.). *Ueber das Verhältniss von Arbeitsleistung und Wärmebildung im Muskel* (*A. P.*, 1893, *Suppl.*, 74-152). — NAWALICHIN. *Myothermische Untersuchungen* (*A. g. P.*, XIV, 1876, 293). — NEHRING. *Ueber die Wärmebildung bei Muskelthätigkeit* (*D.*, Berlin, 1896). — ROSENTHAL (J.). *La calorimétrie physiologique* (*A. i. B.*, 1894, XXI).

§ 6. **Les effets de la fatigue sur les phénomènes électriques du muscle.** — L'état de nos connaissances sur ce point de la physiologie est très imparfait, car jusqu'à présent nous ignorons quel est le rôle des manifestations électriques dans les transformations énergétiques; bien plus, la nature physiologique de la variation négative a été mise en doute par certains auteurs. Nous croyons que, pour résoudre la question, il ne suffit plus d'étudier les rapports entre la variation négative et le travail mécanique, mais qu'il faudrait étudier parallèlement le travail mécanique, l'électrogénèse et la thermogénèse; non pas qu'on s'attende à trouver dans tous les cas un parallélisme complet entre ces trois manifestations vitales du muscle, mais parce qu'il s'agit de déceler la part qui revient au phénomène électrique dans les transformations énergétiques qui se produisent dans le muscle en activité. L'étude de la fatigue pourrait être ici d'un grand secours, comme elle l'a été dans d'autres domaines.

Les phénomènes galvaniques du muscle, comme les autres manifestations vitales, augmentent avec l'intensité de l'excitation; elles atteignent un maximum et disparaissent progressivement avec la fatigue. HARLESS a vu l'intensité de la variation négative augmenter parallèlement à la contraction (1853), et LAMANSKY (1870) trouva que le courant d'action du gastrocnémien augmente avec la charge du muscle.

Deux points importants restent acquis relativement au courant électrique du muscle : 1° sous l'influence de la fatigue (tétanisation prolongée) nous voyons disparaître d'abord la contraction musculaire, et en second lieu la courbe de la variation négative; par conséquent *la variation négative est plus résistante à la fatigue que la contraction;* 2° *la variation négative du muscle est beaucoup moins résistante à la fatigue que la variation négative du nerf;* la variation négative du nerf est infatigable. Cela tend à prouver que la fatigue survient plus rapidement dans le muscle que dans le nerf.

Si l'on compare les rapports de la variation négative et de la contraction musculaire (travail mécanique) d'une part, et les rapports de la chaleur dégagée et de la contraction musculaire (travail mécanique) de l'autre, nous voyons que, sous l'influence de la fatigue, il y a disparition de ces trois manifestations dans l'ordre suivant : 1° *chaleur* 2° *contraction*, 3° *phénomène électrique*. Ainsi le dégagement de la chaleur est le premier à disparaître, et il arrive (fait en apparence paradoxal) qu'un muscle fatigué fournit encore des contractions très appréciables, continue à dégager de l'électricité; mais que tous ces phénomènes ne sont plus accompagnés d'un dégagement de chaleur. A une phase plus avancée de la fatigue musculaire, la contraction elle-même disparaît, et le phénomène électrique persiste seul, témoignant ainsi que l'excitabilité n'est pas totalement éteinte.

Sous l'influence de la fatigue nous avons donc une dissociation des trois phénomènes physiologiques qui ordinairement se présentent simultanément dans les conditions normales. La fatigue a décelé des résistances qui n'étaient pas les mêmes. Aussi n'est-ce qu'avec une très grande réserve qu'il faut envisager les conclusions de quelques physiologistes, qui refusent à la variation négative la propriété d'être une manifestation vitale, en s'appuyant sur ce fait qu'elle persiste même sur des nerfs morts en apparence ou mourants; car leur excitation n'est plus apte à éveiller la contraction musculaire. La dissociation de la chaleur et du travail mécanique sous l'influence de la fatigue montre en effet qu'une dissociation pareille est d'ordre physiologique et peut se présenter sur un muscle vivant et excitable. La variation négative pourrait être le dernier phénomène vital à disparaître, étant douée de la plus grande résistance à la mort. D'autre part, ces faits viennent confirmer le bien fondé de l'opinion de HERZEN relativement à l'action du curare sur les nerfs moteurs : il est impossible de chercher des preuves de la non-altération du nerf par le curare en se basant sur la persistance de la variation négative dans le nerf; il est fort probable que, dans le nerf curarisé, la propriété de conduire la vibration nerveuse est abolie, sans qu'aucune atteinte ait été portée au phénomène galvanique.

Tous ces rapprochements nous sont personnels, mais dans notre appréciation nous nous basons sur des faits démontrés; il convient de citer dans cette étude les noms de WEDENSKY, EDES, WALLER, SANDERSON, L. HERMANN, MORAT et TOUSSAINT, RIVIÈRE, etc.

WEDENSKY employa en 1883 le téléphone pour rendre sensibles à l'oreille les courants d'action du nerf sciatique de grenouille et du muscle. Tandis que le muscle excité cesse bientôt de répondre en raison de sa fatigabilité, le nerf continue à résonner sans interruption pendant des heures. EDES (1892) trouve que la variation négative du muscle tétanisé cesse au bout de 1-2 heures; mais que celle du nerf persiste encore au bout de 5 heures sans modifications. WALLER (1885) s'est occupé spécialement de l'ordre de disparition des effets mécaniques et des effets électriques de la contraction dans la fatigue. C'est à lui que nous devons d'avoir bien mis ces points en relief. Il est certain que la contraction disparaît avant la variation négative dans un muscle fatigué, mais on n'est pas encore définitivement fixé sur la durée des phénomènes électriques dans un muscle fatigué. Suivant SCHÖNLEIN, la fatigue vient modifier assez vite le courant électrique du muscle. D'après FLEISCHER (1900), la grandeur du travail mécanique ne possède aucune influence sur la variation négative. RIVIÈRE, qui a bien étudié les rapports qui existent entre les phénomènes électriques de la contraction musculaire et le travail mécanique produit, trouve, au contraire, qu'en faisant travailler le muscle avec des poids différents, la force électro-motrice du courant d'action d'un muscle exécutant un certain travail extérieur augmente à mesure que ce travail devient plus grand (une conclusion semblable ne signifie point, dit l'auteur, que la quantité d'électricité apparaissant pendant la contraction s'accroisse de la même manière).

L'influence de la fatigue isométrique sur la variation négative ne paraît pas encore complètement établie. L'intensité de la variation négative dans la contraction isométrique sans fatigue est déjà très discutée. D'après MEISSNER et COHN, la variation négative d'un muscle excité et qu'on empêche de se raccourcir (procédé isométrique) est moindre que dans la contraction isotonique. LAMANSKY, RIVIÈRE affirment le contraire. D'après SCHENCK, la tension du muscle au repos, et à plus forte raison d'un muscle fatigué et tétanisé (qui présente déjà un affaiblissement de la variation négative) a pour effet de diminuer le courant d'action; mais la tension d'un muscle non fatigué et tétanisé, qui présente une variation négative notable, a pour effet d'augmenter le courant d'action. On peut supposer, ajoute SCHENCK, que la tension a pour effet de diminuer la variative dans les deux cas, mais que, pour le muscle frais, cette diminution est compensée par une augmentation due à l'excitation; le muscle fatigué est en effet moins sensible à l'excitation que le muscle frais.

MORAT et TOUSSAINT ont étudié l'influence de la fatigue sur les variations de l'état électrique des muscles pendant le tétanos artificiel. Pour mettre en évidence les variations électriques, ils se sont servis du tracé de la patte induite. Ils ont montré que, de même que les contractions intermittentes qui constituent le tétanos sont transformées en un travail continu, les oscillations concomitantes du courant musculaire peuvent être atténuées au point de fixer le courant musculaire en état de variation négative presque constante, et cela par le même procédé, c'est-à-dire en obtenant une fusion plus parfaite des secousses composantes du tétanos. Tout tétanos, provoqué par un nombre relativement peu fréquent d'excitations, s'il se prolonge un certain temps, présentera trois phases, nullement distinctes dans son propre graphique, mais qui se traduisent dans le tracé de la patte induite par trois phases bien nettes, correspondant à des états électriques différents du muscle inducteur : 1re phase : les secousses brèves du tétanos inducteur, que le graphique montre déjà fusionnées, s'accompagnent en réalité d'oscillations accentuées de la variation négative (tétanos induit); 2e phase : la fusion des secousses devient de plus en plus complète (chute graduelle du tétanos induit); 3e phase : les secousses composantes du tétanos s'allongent de plus en plus, les oscillations électriques s'atténuent au point de ne plus provoquer de réactions dans la patte galvanoscopique (cessation du tétanos induit).

Nous passerons sous silence les autres particularités de l'état électrique du muscle qui sont modifiées par la fatigue; car leur exposé demanderait une revision de presque tous les points essentiels de l'électro-physiologie. Rappelons seulement que, si l'on relie le circuit du galvanomètre à la partie moyenne d'un muscle intact et à ses extrémités, on constate au moment de l'excitation deux phases, d'après HERMANN : 1° une première phase dans laquelle le courant est dirigé dans le muscle du milieu vers les extrémités (*courant atterminal*); 2° une deuxième phase, dans laquelle le courant est dirigé des extrémités du muscle vers le milieu du muscle (*courant abterminal*). La seconde phase, qui est moins accentuée que la première, manque complètement dans la fatigue et au moment de la mort. Il existe en outre, d'après HERMANN, une espèce de courants qu'il nomme *décrémentiels*, qui sont dus à la différence d'intensité de l'onde d'excitation aux deux points d'application des conducteurs du circuit galvanométrique; cette diminution de l'intensité n'existe pas dans les muscles tout à fait frais; mais ces courants se montrent dans le tétanos, sous l'influence de la fatigue et de toutes les causes qui diminuent l'excitabilité du muscle. Ce « décrément » s'accentue de plus en plus avec les progrès de la fatigue, et il est la cause de la disparition de la phase abterminale. D'après DU BOIS-REYMOND, les courants décrémentiels n'existeraient pas dans le muscle à l'état frais, mais seulement dans les muscles fatigués ou mourants. HERMANN confirma plus tard lui-même cette manière de voir. Le « décrément » est une conséquence de la fatigue ou de la mort.

Bibliographie. — DU BOIS-REYMOND (*A. P.*, 1876, 364 et 369). — EDES (R. E.) (*J. P.*, 1892, XIII, 431-449). — FLEISCHER (F.). *Ueber einen neuen Muskelindicator und über die negative Schwankung des Muskelstroms bei verschiedener Arbeitsleistung des Muskels* (*A. g. P.*, 1900, LXXXIV, 360). — HARLESS (*Anz. d. baier. Acad.*, XXXVII, 1853). — MORAT et TOUSSAINT. *Influence de la fatigue sur les variations de l'état électrique des muscles* (*C. R.*, 1876, LXXXIII, 155-157). *Variations de l'état électrique des muscles dans les différents modes de contraction* (*A. de P.*, 1877, 156). — MARTIUS (F.). *Historisch-kritische und experimentelle Studien zur Physiologie des Tetanus* (*A. P.*, 1883, 542-592). — RIVIÈRE. *Variations électriques et travail mécanique du muscle* (*Annales d'Électrobiologie*, 1898, 492). — SANDERSON (J. B.). *The electrical response to stimulation of muscle, and its relation to the mechanical response* (*J. P.*, 1895, XVIII, 117-159). — SCHENCK (FN.). *Ueber den Einfluss der Spannung auf die « negative Schwankung »* des Muskelstroms (*A. g. P.*, 1896, 63). — WALLER (A.) (*Brit. med. Journ.*, 1885, 135-138).

§ 7. **Influence de la fatigue musculaire sur la mort du muscle.** — L'influence de la fatigue sur la survie des muscles était déjà connue par les physiologistes anciens. JEAN MÜLLER signale dans son *Manuel de Physiologie* (1845) des expériences rapportées par AUTENRIETH : « Lorsque, prenant deux lambeaux égaux de muscle sur un animal qui vient d'être tué, on provoque de petites convulsions dans l'un, avec la pointe d'un couteau, tandis qu'on abandonne l'autre à lui-même, on voit le premier perdre d'autant plus tôt son irritabilité qu'il se meut davantage. Les hommes et les animaux qui sont morts à la suite d'un violent déploiement de forces, comme par exemple un cerf forcé à la chasse, se putréfient même plus rapidement, à ce qu'on prétend, que ceux dont la mort a été causée par la perte totale du sang. Un muscle enlevé à un animal encore irritable se putréfie bien plus vite, lorsque avant la mort on a excité en lui de fréquentes contractions, qu'un autre tout semblable qu'on a laissé au repos. »

BEAUNIS a vu la rigidité cadavérique commencer immédiatement après la mort sur des lapins soumis à des contractions musculaires intenses et répétées. D'après BROWN-SÉQUARD, plus l'irritabilité musculaire est prononcée au moment de la mort, plus la rigidité cadavérique met de temps à se montrer, et plus elle a de durée. Elle apparaît plus vite et dure moins longtemps chez les animaux surmenés. Dans ses belles études sur la rigidité cadavérique, CATHERINE SCHIPILOFF (1889) observa une rigidité cadavérique précoce dans les muscles tétanisés par un courant électrique ou bien dans la mort survenue à la suite du tétanos strychnique. NAGEL a représenté graphiquement la courbe de la rigidité cadavérique des muscles fatigués et des muscles non fatigués. De deux jambes d'une grenouille, la première était tétanisée, la seconde préservée par la section du nerf. Le muscle tétanisé se rigidifia seize heures avant l'autre; la ligne d'ascension de la rigidification est plus escarpée pour le muscle tétanisé, mais la hauteur, c'est-à-dire le degré de raccourcissement, est moindre. WUNDT avait vu qu'un muscle fortement chargé devient plus rapidement rigide qu'un muscle peu chargé. SCHENCK, recherchant si la fatigue n'exerçait pas une influence sur la force de raccourcissement dans la rigidité cadavérique, trouva une prédominance tantôt pour le muscle non fatigué, tantôt pour le muscle fatigué.

Quel est le mécanisme de l'apparition hâtive de la rigidité dans les muscles fatigués? On admet généralement que ce phénomène résulte de l'action, sur le muscle, d'un sang pauvre en oxygène, riche en produits de désassimilation. A l'appui de cette hypothèse CH. RICHET fait l'expérience suivante : il coupe le sciatique d'un lapin et tétanise l'animal, puis il le sacrifie. Il voit alors la patte dont le sciatique a été coupé devenir presque aussi vite rigide que l'autre, bien qu'elle ait échappé aux convulsions des autres membres. De nombreux faits plaident dans le même sens : l'augmentation de substances réductrices dans le muscle tétanisé, les effets désastreux de la contraction musculaire anaérobie, et ce fait, observé par J. IOTEYKO, que la contraction dans un milieu privé d'oxygène (hydrogène pur) est suivie d'une rigidification du muscle plus rapide que dans l'air atmosphérique. Toutefois l'expérience de CH. RICHET a donné un résultat opposé à TISSOT; mais les conditions expérimentales n'étaient pas les mêmes (tétanos strychnique chez le chien auquel on fait la respiration artificielle pour prolonger le tétanos). Dans une expérience, la rigidité a commencé à être apparente dans le membre énervé (section du sciatique, du crural et de l'obturateur) au bout de deux heures et demie, tandis que dans l'autre elle était complète au bout de trois heures et quart. D'après le même expérimentateur, l'inanition a le même effet que le travail : l'apparition de la rigidité est rapide, et sa durée abrégée.

Bibliographie. — AUTENRIETH. *Physiologie*, I, 63 (cité par J. MÜLLER). — BEAUNIS. *T. de Physiologie*, 1888, I, 599. — BIERFREUND (A. g. P., XLIII, 195). — LATIMER (CAROLINE W.). *On the modification of rigor mortis resulting from previous fatigue of the muscle in coldblooded animals* (Amer. Journ. of Physiol., 1898, II, 29-46). — NAGEL (W. A.). *Exp. Unters. uber die Todtenstarre bei Kaltblütern* (A. g. P., 1894, LVIII, 279-307). — SCHENCK (FR.). *Unters. über die Natur einiger Dauercontractionen des Muskels* (A. g. P., 1895, LXI, 494-555). — SCHIPILOFF (CATHERINE). *Recherches sur la nature et les causes de la rigidité cadavérique* (Rev. méd. de la Suisse romande, 1889). — TISSOT (J.). *Études des phénomènes de survie dans les muscles après la mort générale. Thèse de la Fac. des Sc. de Paris*, 1895.

II. — INFLUENCE DE LA FATIGUE MUSCULAIRE SUR LA CIRCULATION ET LA RESPIRATION

La circulation devient beaucoup plus intense dans un muscle en activité, fait établi par CL. BERNARD (*Leçons sur les liquides de l'organisme*, 1859, p. 325), LUDWIG et ses élèves, CHAUVEAU et KAUFMANN, SADLER et GASKELL, élèves de LUDWIG, virent la vitesse de l'écoulement sanguin augmenter pendant le tétanos musculaire; ils en concluent que les vaisseaux qui traversent les muscles se dilatent pendant la contraction. Au contraire, HUMILEWSKY affirme que les modifications circulatoires dans les muscles qui travaillent ne sont pas dues à des actions vaso-motrices, mais bien à des phénomènes mécaniques, provoqués par la contraction musculaire sur les vaisseaux qui traversent l'intimité du muscle ou qui sont en rapport immédiat avec lui. KAUFMANN pense qu'il faut faire ici une distinction rigoureuse entre les effets d'une excitation artificielle et ceux d'une excitation volontaire; dans le premier cas, en excitant un nerf moteur, on excite en même temps les fibres sensitives. Ses expériences furent faites sur le muscle releveur de la lèvre chez le cheval, qui intervient dans l'acte de la mastication, et dont la circulation de retour se fait par une seule veine, très accessible à l'expérimentation. Il constata un débit cinq fois plus considérable pendant l'activité que pendant le repos. Il admit que l'activité physiologique des muscles s'accompagne d'une énorme vasodilatation, et que celle-ci s'établit dès le début du fonctionnement et disparaît insensiblement lors du retour des muscles à l'état de repos. ATHANASIU et CARVALLO ont étudié ces mêmes phénomènes à l'aide du pléthysmographe de MOSSO. Ils ont vu que : 1° pendant la contraction permanente des muscles fléchisseurs des doigts, le volume du bras, c'est-à-dire la quantité de sang qui s'y trouve, diminue considérablement. La vaso-dilatation ne devient manifeste que lorsqu'on arrête la contraction ; 2° le pouls s'accélère pendant la contraction, et reprend tout de suite son rythme normal, aussitôt que la contraction a fini ; 3° si, au lieu d'une contraction unique, on fait une série de contractions, le volume du bras diminue au commencement du travail, mais bientôt il gagne et dépasse le niveau normal; 4° le cœur est accéléré pendant la phase d'activité des muscles; 5° si l'on travaille avec le bras opposé, en maintenant celui qui est enfermé dans le pléthysmographe au repos (FR. FRANCK), on constate des modifications inverses. Le volume du bras en repos augmente légèrement pendant que l'autre travaille, puis il diminue graduellement lorsqu'on cesse les contractions.

Ainsi le cœur accélère ses mouvements et lance dans le système artériel une quantité de sang plus considérable pour lutter contre la vaso-dilatation périphérique qui s'établit lors de l'activité musculaire; la pression se maintient donc élevée dans les gros troncs artériels malgré la vaso-dilatation et l'abaissement de pression dans les artères musculaires (KAUFMANN). Cette compensation ne peut plus se faire dans la fatigue. Le même auteur a montré que la pression restait normale pendant l'allure du pas (cheval), mais qu'il y avait un abaissement notable de pression aortique et carotidienne, malgré l'accélération cardiaque, pendant l'allure franche. Dans l'activité de nombreux groupes musculaires, le cœur ne compense plus la vaso-dilatation énorme et générale. Cette impuissance cardiaque explique l'essoufflement. Il est à noter que les sujets à cœur puissant maintiennent leur pression normale pendant un léger exercice, mais, pendant les allures vives, l'abaissement de pression est général.

Il est très intéressant de constater que l'entraînement progressif agit, nonseulement en augmentant la puissance à la résistance à la fatigue des muscles de la vie animale, mais surtout en adaptant graduellement la puissance de contraction du muscle cardiaque aux besoins circulatoires du système locomoteur.

D'après MAREY, le phénomène de l'accélération cardiaque, à la suite du travail, tient à l'abaissement de la pression sanguine.

D'autre part, OERTEL, MAXIMOVITCH et RIEDER, ont vu chez l'homme, en mesurant la pression sanguine au moyen du sphygmo-manomètre de BASCH, que la pression sanguine s'élevait après le travail. HUMILEWSKY constata une augmentation de la pression carotidienne pendant le tétanos électrique du train postérieur. ATHANASIU et CARVALLO affirment que la pression baisse toujours de quelques millimètres dans le tétanos. Mais ces données ne sont pas applicables au travail volontaire.

CHAUVEAU réussit à mesurer la pression sanguine dans la carotide du cheval pendant l'acte volontaire de la mastication. La pression sanguine s'élève aussitôt que les muscles entrent en activité, en même temps que le cœur s'accélère et que la vitesse de l'écoulement du côté de la tête augmente.

Nous pouvons conclure que, pour les mouvements volontaires, la pression centrale monte constamment dans le travail localisé; elle baisse légèrement dans le travail généralisé. L'accélération du cœur est toujours la règle.

TANGL et ZÜNTZ (1898) ont fait des expériences sur des chiens que l'on faisait marcher ou courir sur une planche mobile; une des carotides était réunie par une canule à un manomètre qui indiquait la pression artérielle. La pression du sang, qui chez le chien assis égale en moyenne à 124 mm. de mercure s'élève à 128 mm. si le chien est debout, elle monte à 134 millimètres lorsque le chien marche ou lorsqu'il commence à courir, et à 151 millimètres lorsque le chien a déjà couru pendant plusieurs minutes sur une pente inclinée en haut. Enfin, dans des cas où le chien était très fatigué par une course rapide, la pression sanguine avait monté jusqu'à 235 et même 242 mm de mercure. Ces expériences concordent avec celles de Binet et Vaschide, faites sur l'homme au moyen du sphygmo-manomètre de Mosso. Nous ne pouvons que mentionner les travaux de Oertel, Christ, Fileune et Kionka, Hallion et Comte, Hill, Speck, Stäbelin. L'accord n'est pas complet entre tous ces auteurs, l'état de la pression sanguine étant le résultat de très nombreux facteurs.

A. Binet et J. Courtier ont fait des recherches sur l'influence du travail musculaire sur la circulation capillaire avec le pléthysmographe en caoutchouc de Hallion et Comte. On peut faire deux catégories distinctes dans les expériences d'exercices musculaires; les unes produisant un *pouls sthénique;* les autres, un *pouls asthénique.* Le pouls capillaire sthénique est fort et énergique, et indique un bon état du cœur; la ligne d'ascension et la ligne de descente sont brusques; le dicrotisme est placé très bas sur la ligne de descente, et il a une forme accentuée, rebondie. Le pouls capillaire asthénique est faible, lent; les lignes d'ascension et de descente sont longues; le sommet de la pulsation est émoussé; le dicrotisme est remonté et a une forme amollie. Les exercices qui produisent un pouls asthénique sont les exercices d'ensemble d'intensité modérée, dont la marche est le meilleur exemple. A la suite d'une marche d'une demi-heure, d'une heure, et plus encore, si on met la main dans l'appareil, on obtient un pouls bien différent de celui qui s'inscrivait avant la marche; le pouls est plus rapide, ce qui tient à

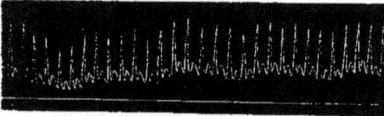

Fig. 14. — (D'après A. Binet et Courtier)
Pouls radial sthénique.

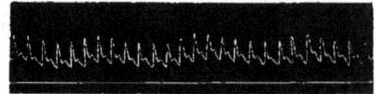

Fig. 15. — (D'après A. Binet et Courtier)
Pouls radial asthénique.

l'accélération du cœur et de la respiration. Ce qui est tout à fait caractéristique, c'est l'abaissement et l'accentuation du dicrotisme. Le second groupe d'exercices musculaires comprend des exercices locaux (pression au dynamomètre, efforts de position, faradisation, etc.), qui durent peu de temps et amènent à leur suite une fatigue profonde. Le cœur, la respiration sont accélérés, mais beaucoup moins que dans les exercices de la première catégorie; ils amènent avec grande rapidité l'asthénie du pouls capillaire; chez quelques-uns une pression de 30 kilogrammes maintenue au dynamographe pendant 10 à 20 secondes suffit à modifier la pulsation et à en amollir le dicrotisme, ce qui est un signe de fatigue. Chez certains individus, le tracé capillaire est un réactif extrêmement délicat permettant de déceler la moindre trace de fatigue; il y a élévation du dicrotisme avec atténuation, ce qui constitue l'asthénie de la pulsation. La fatigue produit une diminution du tonus vasculaire qui se traduit par un amollissement du dicrotisme. La première manifestation de la fatigue serait donc circulatoire (Voir fig. 14 et 15).

L'accélération cardiaque accompagne constamment le travail musculaire. Chauveau et Kaufmann, Athanasiu et Carvallo ont montré qu'il n'y a pas de rapports de cause à effet entre les variations de la pression sanguine qui accompagnent le travail musculaire et le phénomène de l'accélération cardiaque; ce dernier phénomène précède toujours le premier. La pression cardiaque baisse si l'accélération cardiaque ne suffit pas à compenser la vaso-dilatation périphérique; au contraire elle augmente ou se maintient lorsque le jeu du cœur s'accroît considérablement. L'accélération respiratoire qui accompagne le travail musculaire n'est pas non plus la cause de l'accélération cardiaque; car, si l'on quadruple le nombre des respirations sans faire du travail musculaire, on arrive à 100 pulsations, mais pas davantage (Athanasiu et Carvallo). Toutefois, si l'on exécute des travaux musculaires de plus en plus intenses, on constate que le rythme du cœur augmente progressivement. Dans d'autres expériences les auteurs ont constaté l'indépendance entre le rythme cardiaque et la quantité d'oxygène inspiré. Johansson avait émis en 1894 l'hypothèse que l'accélération cardiaque qui accompagne le travail volontaire est principalement d'origine psychique; l'animal étant attaché chaque mouvement qu'il fait pour se défendre entraîne une élévation de la pression sanguine avec forte accélération du cœur. Si on lui fait faire des mouvements passifs, l'accélération est très peu manifeste. L'auteur pense que l'excitation sensitive réflexe n'est pas le véritable facteur de l'accélération cardiaque, mais qu'elle semble plutôt obéir à l'action du cerveau sur les centres d'innervation du cœur. L'excitation mécanique directe du muscle ne donne pas lieu à une accélération cardiaque (KLEEN). JOHANSSON considère que l'accélération cardiaque est d'origine chimique, et qu'elle tient à l'intoxication du centre cardiaque par certains poisons dérivés de la contraction musculaire. Il a pu constater en effet que le cœur s'accélère encore pendant le tétanos du train postérieur à moelle sectionnée; c'est donc le sang qui est porteur des excitations cardiaques. Ces résultats concordent avec les expériences de Mosso qui démontra le premier que le sang des animaux fatigué, injecté à d'autres animaux de la même espèce, donnait lieu à des accélérations cardiaque et respiratoire intenses.

Elles concordent également avec les expériences de GEPPERT et ZÜNTZ, qui, en 1888, établirent par des expériences ingénieuses que l'accélération respiratoire produite par l'activité musculaire est d'origine chimique. C'est à eux que l'on doit la méthode d'expérimentation qu'a reprise ensuite JOHANSSON. Ils produisirent l'activité musculaire sans exciter les centres respiratoires par la voie nerveuse; à cet effet ils sectionnaient la moelle lombaire et entretenaient la respiration artificielle. Dans ces conditions, le travail musculaire produit par la tétanisation des extrémités inférieures produisait une accélération respiratoire, tout comme à l'état normal (chien et lapin). L'accélération respiratoire qui accompagne le travail musculaire n'est donc pas d'origine nerveuse, mais elle est due à l'excitation chimique des centres respiratoires par le sang modifié.

En est-il de même pour l'accélération cardiaque? CARVALLO et ATHANASIU ont observé que le travail musculaire normal peut augmenter la fréquence cardiaque par le seul intermédiaire du système nerveux: en produisant l'anémie du bras par une bande de caoutchouc, on constate une accélération très notable du pouls en pressant un dynamomètre. On est donc forcé d'admettre l'existence d'une action réflexe pour expliquer le mécanisme de cette accélération du cœur. Suivant ces auteurs, les pneumo-gastriques sont les voies essentielles par lesquelles se détermine le réflexe musculaire qui agit si rapidement et si puissamment sur le rythme du cœur. Ils appellent l'attention sur la différence qui sépare l'accélération cardiaque du travail volontaire et l'accélération cardiaque du travail artificiel. Dans le premier cas, l'accélération est soudaine, atteint rapidement son maximum d'intensité et se maintient à cette hauteur tant que dure l'activité des muscles. Dans le second cas, elle apparaît relativement tard, et son intensité augmente proportionnellement avec la durée de l'activité musculaire. Enfin, dans le travail artificiel, l'accélération persiste beaucoup plus longtemps. Ces deux phénomènes ne sont pas du tout comparables. L'accélération cardiaque du travail normal est *un phénomène essentiellement nerveux* qui apparaît et disparaît avec rapidité; l'accélération cardiaque du travail artificiel est *un phénomène d'ordre chimique*, dont la persistance et l'accroissement s'expliquent par ce fait que les principes toxiques qui la provoquent augmentent et s'accumulent dans le sang au fur et à mesure que le travail continue. Le travail produit par l'excitation centrale est impuissant à déterminer la formation des substances toxiques qui agissent sur le cœur; les muscles qui travaillent envoient des excitations vers les centres nerveux supérieurs, qui, dans leur passage par le bulbe, inhibent le centre modérateur du cœur en augmentant ainsi la fréquence cardiaque. Ce phénomène, dont l'intensité semble être proportionnelle à la grandeur du travail, a pour but la régulation de la pression sanguine. Mais, dans le cas d'un travail prolongé et spécialement de la fatigue, certains corps toxiques prennent naissance qui peuvent encore agir en accélérant le cœur (ATHANASIU et CARVALLO).

Les muscles fatigués deviennent œdémateux; les vaisseaux sanguins dilatés laissent passer la lymphe en plus grande abondance.

Dans ses recherches sur la physiologie de l'homme sur les Alpes, A. Mosso a étudié les phénomènes de la fatigue aux grandes altitudes. La fatigue rend le pouls irrégulier; la dilatation du cœur, constatée au moyen du phonendoscope de BIANCHI, s'observe déjà après une heure d'exercice (haltères). Deux causes influencent la modification du cœur pendant la fatigue, dit Mosso; la cause mécanique, qui dépend de la pression du sang;

l'autre, d'origine chimique, toxique, qui dépend des produits formés dans l'organisme.

Bibliographie. — Athanasiu et Carvallo. *Des modifications circulatoires qui se produisent dans les membres en activité, étudiées à l'aide du phéthysmographe* (B. B., 1898, 268-270). *Le travail musculaire et le rythme du cœur* (A. de P., 1898, 347-362, et 552-567). — Binet (A.) et Vaschide (N.). *Influence du travail intellectuel, des émotions et du travail physique sur la pression du sang* (Année Psychol., iii, 1897; 127). — Binet (A.) et Courtier (J.). *Les effets du travail musculaire sur la circulation capillaire* (Année Psychol., iii, 1897, 30). — Christ (H.). *Ueber den Einfluss der Muskelarbeit auf die Herzthätigkeit* (Deutsch. Arch. f. klin. Med., 1894, liii, 102-140). — Fileihne (W.) et Kionka (H.). *Die Regulation der Athmung bei Muskelthätigkeit* (A. g. P., 1896, lxiii, 234-252). — Fleury (de). *Quelques graphiques de la tension artérielle du pouls capillaire et de la force dynamométrique recueillis chez les épileptiques* (B. B., 1899, 975). — Geppert et Züntz (N.). *Ueber die Regulation der Athmung* (A. g. P., 1888, xlii, 189-245). *Zur Frage von der Athemregulation bei Muskelthätigkeit* (A. g. P., 1895, lxii, 295-303). — Hallion (L.) et Comte (Ch.). *La pression artérielle pendant l'effort* (B. B., 1896, 903-905).[1] — Humilewsky. *Ueber den Einfluss der Muskelcontraction der Hinterexträmitäts auf ihre Blutcirculation* (A. P., 1886). — Hill (L.). *Arterial pressure in man while sleeping, resting, working, bathing* (J. P., 1898, xxii). — Johansson (J. E.). *Ueber die Einwirkung der |Muskelthätigkeit auf die Athmung* (Skand. Arch. f. Physiologie., 1894, v, 20-66). — Kaufmann (M.). *Recherches expérim. sur la circulation dans les muscles en activité physiologique* (A. P., 1892, 279-294). *Influence des mouvements musculaires physiologiques sur la circulation artérielle et |cardiaque* (Ibid., 493-499). — Maximowitch et Rieder (Deutsch. Arch. f. klin. Med., 1898, lxvi, 327-368). — Oertel. *Therapie der Kreislaufstörungen* (Ziemssen's Handbuch d. allg. Therapie, 1884, iv, 133-182). — Speck (C.). *Unters. über die Veränderungen der Athemprocess durch Muskelthätigkeit* (C. W., 1889, 1). *Ueber die Regulation der Athemthätigkeit* (A. P., 1896, 465-482). — Stähelin (A.). *Ueber den Einfluss der Muskelarbeit auf die Herzthätigkeit mit besonderer Berücksichtigung des Erholungsvorganges und der Gewöhnung des Herzens an eine bestimmte Arbeit* (D. Bâle, 1897, et Deutsch. Arch. f. klin. Med., lix, 79-139). — Tangl (E.) et Züntz (N.). *Ueber die Einwirkung der Muskelarbeit auf den Blutdruck* (A. g. P., 1898, lxx, 544-558).

III. — INFLUENCE DES AGENTS MODIFICATEURS SUR LA FATIGUE MUSCULAIRE

§ 1. **Influence de la température.** — Il est reconnu que les phénomènes chimiques, et par conséquent les intoxications de l'organisme, sont plus actifs à une température élevée qu'à une température basse. Si donc on admet la nature toxique de la fatigue musculaire, on peut s'attendre à voir la fatigue survenir plus vite dans un muscle surchauffé que dans un muscle refroidi. On sait qu'à basse température les poisons sont moins actifs qu'à des températures élevées. Ch. Richet a montré que, pour une grenouille plongée dans de l'eau chloroformée ou alcoolisée, à 0° les effets toxiques sont presque nuls; à 32° ils sont immédiats. Ce fait peut être généralisé à tous les organismes (Ch. Richet et Langlois, Saint-Hilaire). Or presque tous les auteurs constatent que l'action de la fatigue peut être assimilée à celle des poisons, et qu'elle augmente avec la température.

Schmulewitch avait déjà remarqué en 1867 que la somme de travail que peut fournir un muscle de grenouille est plus grande à une température basse qu'à une température élevée. Gad et Heymans constatèrent que la contraction diminue d'intensité avec l'élévation de la température, et ils ont démontré la fâcheuse complication de la chaleur et de la fatigue. M. Pompilian vit qu'un muscle de grenouille chauffé s'épuise bien plus vite qu'un muscle refroidi; la fatigue survient d'autant plus vite que la température est plus élevée. Patrizi confirma ces faits sur les muscles du ver à soie. A des températures moyennes les contractions atteignent le maximum d'élévation, tandis qu'à des températures inférieures à 18° la hauteur des contractions diminue; mais la fatigue tarde à se présenter. Après cinq minutes à 0° l'excitabilité se perd, mais le muscle recommence à travailler facilement, si, au bout de 5 et même de 10 minutes, on élève la température. Avec l'ergographe Patrizi constata sur l'homme que l'élévation de la température (immersion de l'avant-bras dans de l'eau chaude) était défavorable au travail mécanique.

Le même auteur a étudié les oscillations quotidiennes du travail musculaire, chez l'homme, en rapport avec la température du corps. Il a constaté une marche parallèle des courbes quotidiennes du travail musculaire et de la température. Le maximum d'énergie a été observé vers 2 heures et demie de l'après-midi (température 37°,78); le minimum, le matin (37); une légère augmentation, le soir (37°,56) et une diminution, vers minuit (37°). La courbe quotidienne de l'énergie de l'homme est donc semblable à sa température.

Nous voyons donc que la force musculaire croît quand augmente la température de l'organisme physiologique, qui est sous la dépendance d'un dégagement plus considérable d'énergie chimique. Et cependant, quand nous élevons artificiellement la température dans de très grandes limites, quoique nous provoquions une accélération notable des mutations organiques, ce chimisme intense produit des substances toxiques en nombre suffisant pour paralyser le mouvement.

Dans ses recherches sur la marmotte, Raphael Dubois a étudié l'influence de l'échauffement sur la fatigue musculaire. Les courbes de la fatigue montrent que le muscle de la marmotte chaude se fatigue beaucoup plus vite que celui de la marmotte froide.

Dans le muscle encore froid d'une marmotte en train de se réchauffer, l'excès de CO^2 est déjà en grande partie éliminé, et l'oxygène arrive en abondance : c'est pourquoi, dans ces conditions, le muscle se fatigue difficilement. Le muscle chaud, produisant dans le même temps beaucoup de CO^2, se fatigue plus rapidement.

Rollett montra que l'allongement de la secousse, qui est la caractéristique et le premier symptôme de la fatigue, se produit bien plus tardivement dans les muscles des animaux à sang chaud que dans ceux des animaux à sang froid. Ce fait semblerait prouver que les muscles homéothermes se fatiguent plus lentement que les muscles poïkilothermes. Pour éviter l'allongement de la secousse dans une série de contractions des muscles de grenouille, il faut exciter à des intervalles bien plus éloignés que pour les muscles des animaux à sang chaud. Rollett pensa que cette différence était due à la qualité différente des muscles. D'après Schenck, ce phénomène peut tenir simplement à une différence de température. Pour s'en convaincre, il fit l'expérience suivante : Deux gastrocnémiens de grenouille séparés du corps sont tétanisés avec le même courant; l'un d'eux est chauffé à 30°. Le muscle chauffé se fatigue plus vite que le muscle non chauffé. Mais Schenck expérimentait avec des muscles extraits du corps, tandis que Rollett employait des muscles à circulation intacte.

Nous voyons ainsi que presque tous les auteurs s'accordaient à considérer l'élévation de température comme favorisant l'apparition de la fatigue. Ce point de la physiologie paraissait très bien éclairci quand parut le travail de Carvallo et Weiss, dont les résultats plaident dans un sens radicalement opposé. Ces auteurs ont expérimenté sur le gastrocnémien de la grenouille verte et ont recouru au procédé isotonique et au procédé isométrique (le résultat a été le même). On décharge un condensateur à travers le circuit primaire d'une bobine d'induction; dans ces conditions l'onde électrique ne donne lieu à aucune action chimique et n'introduit aucune erreur dans l'étude de la fatigue. La planchette portant la grenouille se trouvait dans une caisse de zinc où l'on pouvait maintenir la température voulue à l'aide d'eau dans laquelle la grenouille était plongée. Le myographe se trouvait en dehors de la caisse de zinc. La circulation était conservée; le nerf était coupé pour éviter les mouvements volontaires de l'animal, et on excitait directement le muscle gastrocnémien. Voici les résultats de Weiss et Carvallo : 1° A une température de 20° le muscle peut répondre presque indéfiniment à des excitations maximales se succédant à des intervalles de 6 secondes; c'est là une température optimum, où la résistance à la fatigue est la plus grande. A partir de là la fatigue se produit d'autant plus rapidement que l'on s'éloigne de cette température; 2° quand le muscle est épuisé à 0°, il suffit de le chauffer à 20°, pour voir les secousses réapparaître avec une amplitude égale à celle qu'elles avaient au début. La rapidité avec laquelle ce phénomène se produit est remarquable; 3° un muscle fatigué à des hautes températures ne reprend pas son énergie par un retour à 20°; 4° Les mêmes phénomènes s'observent sur les muscles anémiés; le maximum de résistance est encore à 20°, et la fatigue se produit d'autant plus rapidement qu'on s'éloigne plus de ce point.

Fatiguons un muscle sans circulation à 0°; il suffit d'élever la température à 20° pour voir les secousses réparaître avec une amplitude égale à celle qu'elles auraient eue sans la fatigue préalable à 0°. On peut aussi élever successivement la température du muscle de 0° à 5°, de 5° à 10°, de 10° à 15°, de 15° à 20°; on a à chaque élévation de température une nouvelle courbe de fatigue dont la grandeur diminue à mesure que l'on passe de 0° à 20°.

Ces expériences ont conduit Weiss et Carvallo a émettre quelques considérations générales sur la nature de la fatigue musculaire. Deux hypothèses peuvent servir à expliquer ces phénomènes : 1° *Hypothèse de l'intoxication*. Les produits toxiques dus à la fatigue ne peuvent se détruire à basse température. Il en résulte un empoisonnement rapide du muscle. A 0° ces produits seraient très stables, ils s'accumuleraient facilement. L'élévation de la température les détruirait; 2° *Hypothèse de l'usure*. La contraction musculaire serait directement liée à la combustion d'un produit A. Ce produit existerait en quantité limitée, et à mesure qu'il se détruit, il se reproduirait aux dépens d'un corps B. Cette transformation ne se produirait qu'à une haute température (optimum 20°). Quand tout A est brûlé, le muscle est épuisé, et il faut une nouvelle transformation de B en A. Au-dessus de 20°, A et B se détruisent, la réparation est impossible.

Ils s'appuient encore sur d'autres expériences pour éliminer l'hypothèse de poisons. On peut arriver à détruire A par un autre procédé que la contraction musculaire. En chauffant un muscle pendant 10 minutes à 30°, puis le refroidissant brusquement à 0°, on a un muscle qui présente tous les phénomènes du muscle fatigué à 0°. Il est absolument inexcitable; mais il suffit de le chauffer à 20° pour lui redonner son énergie primitive, comme si, dans le premier chauffage on avait détruit A (moins stable que B) et, dans le second, transformé B en A.

Ch. Féré a étudié l'influence de la température extérieure sur le travail ergographique. L'abaissement de la température du laboratoire provoque une diminution considérable de travail, suivie d'une légère recrudescence peu durable, à laquelle succède un épuisement rapide. Au contraire, Lefèvre considère le froid comme activant d'une façon remarquable le travail chez les homéothermes. Un homme bien exercé peut, en quelques heures, fabriquer 700 ou 800 calories supplémentaires sous l'action du froid. L'auteur a constaté sur lui-même l'action dynamogène du froid.

Bibliographie. — Carvallo (J.) et Weiss (G.). *Influence de la température sur la disparition et la réapparition de la contraction musculaire* (Journ. de Physiol. et de Pathol., 1899, 990). *Influence de la température sur la fatigue et la réparation du muscle* (B. B., 8 juillet 1899). — Dubois (R.). *Sur le rôle de la chaleur dans le fonctionnement du muscle* (C. R., 1899, cxxix, 44). *Nouvelles recherches sur la physiologie de la marmotte* (Journal de Physiologie, septembre 1899). — Féré (Ch.). *Influence de la température extérieure sur le travail* (B. B., 1901, 17). — Gad et Heymans. *Ueber den Einfluss der Temperatur auf die Leistungsfähigkeit der Muskelsubstanz* (A. P., Suppl., 1890, 59). — Lefèvre. *Sur l'augmentation de l'aptitude au travail sous l'influence du froid* (B. B., 1901, 415). — Patrizi (M.). *Action de la chaleur et du froid sur la fatigue des muscles chez l'homme* (A. i. B., 1893, xix, 105). *Oscillations quotidiennes du travail musculaire en rapport avec la température du corps* (A. i. B., 1892, xvii, 134). *Sur la contraction des muscles striés et sur les mouvements du « Bombyx mori »* (A. i. B., 1893, xix, 177-194). — Schenck (F.). *Kleinere Notizen zur allgemeinen Muskelphysiologie. 10. Einfluss der Temperatur auf der Spannungszunahme und die Muskelermüdung* (A. g. P., 1900, lxxix, 333). — Schmulevitch. *Recherches sur l'influence de la chaleur sur le travail mécanique du muscle de la grenouille* (C. R., 1867, 358).

§ 2. **La fatigue aérobie et anaérobie.** — Dans la fatigue l'oxygène fixé par les tissus n'est probablement pas en quantité suffisante pour la combustion totale; il en résulte que la fatigue réalise certaines conditions de la vie anaérobie, et il ne serait pas impossible que la viciation de la nutrition dans la fatigue relevât de cette cause.

Il existe trois procédés pour réaliser les conditions de la vie anaérobie des muscles : l'anémie, la dépression atmosphérique et l'asphyxie.

Chez les poïkilothermes l'excitabilité du muscle privé de sang persiste beaucoup plus longtemps que chez les homéothermes; ces derniers ont bien vite épuisé leur réserve d'oxygène. L'injection de sang oxygéné dans un membre séparé du corps y maintient l'irritabilité pendant un certain temps; LUDWIG et ALEX. SCHMIDT ont réussi à conserver l'irritabilité des muscles du chien longtemps après la mort, grâce à la circulation artificielle du sang défibriné. Si le muscle, dans lequel on continue la circulation artificielle, reste quelque temps au repos, il se restaure, et devient capable de soulever un poids à une hauteur plus grande. Le courant sanguin peut réparer les pertes que le muscle subit en travaillant. Mais, malgré la survie du muscle extrait du corps, la hauteur de ses contractions est moindre que pour le muscle recevant du sang. La somme de travail mécanique du muscle anémié est moins considérable; il se fatigue plus vite; le phénomène de l'escalier est peu net, et souvent même fait défaut, ce qui démontre que la soustraction de l'oxygène est immédiatement suivie d'une diminution de l'excitabilité.

On sait, depuis une ancienne expérience de RANKE, qu'une patte de grenouille, fatiguée jusqu'à épuisement complet par des excitations électriques, est rendue capable d'une nouvelle série de contractions par un simple lavage, c'est-à-dire par le passage d'eau salée par l'artère principale du membre. Le lavage agit mécaniquement, en entraînant au dehors les substances toxiques produites pendant le travail musculaire. KRONECKER a montré qu'une substance pouvant céder son oxygène aux tissus (permanganate de potasse ou sang oxygéné) était encore plus apte à restaurer le muscle en état de fatigue. L'oxygène apporté au moyen du permanganate n'est pas cependant toujours efficace, tandis que l'oxygène des globules rouges l'est dans tous les cas. Dans une de ses expériences KRONECKER obtint une courbe de la fatigue composée d'une série de lignes à convexités supérieures; chacune correspondait à la circulation artificielle de permanganate de potasse. Ces expériences montrent que l'action réparatrice du sang dans la fatigue musculaire est due à son oxygène et non aux substances nutritives qui y sont contenues. Nous verrons plus loin la confirmation de cette conclusion, qui semblait peut-être trop hardie à l'époque où KRONECKER instituait ses expériences (1871), mais qui aujourd'hui est pleinement démontrée (I. IOTEYKO, 1896, A. BROCA et CH. RICHET, VERWORN).

D'autres procédés peuvent être utilisés pour montrer l'action de l'oxygène comme élément réparateur; dans l'asphyxie expérimentale, le cœur continue à battre, la circulation n'est donc pas empêchée, mais la respiration est arrêtée; par conséquent le sang charrié est presque dépourvu d'hémoglobine. Les troubles de l'excitabilité musculaire observés lors de l'asphyxie peuvent donc être attribués presque exclusivement au manque d'oxygène. A. BROCA et CH. RICHET ont étudié la contraction anaérobie chez le chien, dont l'asphyxie était déterminée au moyen de l'oblitération momentanée de la trachée. Au moment où les mouvements respiratoires commencent à se ralentir sous l'influence de l'asphyxie, les contractions provoquées par le courant électrique s'affaiblissent pour disparaître en peu de temps. Dès qu'on désobstruait la trachée, on voyait revenir la contractilité, mais elle ne revenait jamais à son état primitif; le muscle qui avait donné une série de contractions anaérobies était épuisé pour longtemps. Il fallait attendre quelquefois trois heures pour que la réparation pût s'effectuer. Ce qui fatigue surtout le muscle, disent les auteurs, c'est la contraction complètement et rigoureusement anaérobie. L'asphyxie seule ne suffit pas à épuiser un muscle, parce que les muscles qui n'ont pas travaillé ont gardé leur excitabilité. Probablement, quand le muscle se contracte, il produit des substances toxiques, mais dans les conditions normales elles sont détruites aussitôt par l'oxygène, tandis que, pendant l'asphyxie, elles ne sont pas détruites, et peuvent alors se fixer sur les éléments musculaires qu'elles intoxiquent gravement (A. BROCA et CH. RICHET). Ce qui doit attirer l'attention dans ces expériences, c'est la longue durée de l'épuisement après la contraction anaérobie. Même quand l'asphyxie a cessé, lorsque le sang est redevenu oxygéné, il n'y a pas retour de la contractilité.

Nous voyons les mêmes phénomènes se produire dans l'asphyxie du cœur. Le ralentissement observé pendant l'asphyxie exerce une action protectrice remarquable, et ce ralentissement est dû à l'action des pneumogastriques (DASTRE et MORAT). Si l'on sectionne les vagues, comme l'a fait CH. RICHET, le cœur s'accélère immédiatement, et alors l'asphyxie est bien plus rapide. Quand la quantité d'oxygène est en petite proportion, comme c'est le cas dans l'asphyxie, alors il faut que la consommation en soit réduite au minimum, et c'est pour cela que le cœur bat plus lentement. Si le cœur ne ralentit pas ses mouvements, l'asphyxie survient très vite, la contraction musculaire détermine la production de certains poisons, qui ne peuvent être détruits que par l'oxygène (CH. RICHET).

Si, au moment où l'oxygène a déterminé le ralentissement du cœur, on fait la respiration artificielle, l'animal revit immédiatement. Mais, si le cœur a accéléré ses mouvements par destruction des vagues, on a beau rétablir l'hématose par respiration artificielle, elle est absolument impuissante à ranimer le cœur. « Nous assistons, écrit Ch. Richet, à ce phénomène d'un cœur qui continue à battre, qui reçoit du sang oxygéné, puisque l'hématose a été rétablie, et qui cependant dans quelques secondes va mourir malgré la circulation du sang oxygéné. Tout se passe comme s'il était empoisonné d'une manière durable par des contractions fréquentes s'étant produites au sein d'un liquide peu oxygéné. Le poison qui s'est formé alors a intoxiqué définitivement les cellules ganglionnaires du cœur. C'est, en un mot, un effet de fatigue névro-musculaire. »

La toxicité du sang asphyxique a d'ailleurs été directement démontrée dans les expériences d'Ottolenghi; d'autre part, Mosso a prouvé que le sang d'un chien surmené ou tétanisé est toxique : injecté à un autre chien, il produit les symptômes de la fatigue.

Les recherches ergographiques sont également fort intéressantes à cet égard. En produisant l'anémie par compression de l'artère humérale, Maggiora a vu la force musculaire décroître sensiblement. Avant l'anémie, il a pu produire 2,736 kilogrammètres; après l'anémie 0,650 kilogrammètres. Il est à noter que *la courbe de l'anémie* est une hyperbole. Mais l'aptitude à exécuter une première contraction maximum n'est pas perdue; lorsque l'anémie cesse, les contractions augmentent rapidement de hauteur. Le même auteur a fait des recherches sur la force musculaire après l'augmentation de la circulation. A cet effet, il s'est servi du massage. Déjà Zabloudowsky avait observé (1883) que le massage active d'une façon remarquable la réparation des muscles fatigués. L'auteur italien arrive à la même conclusion : on obtient du muscle qui travaille avec des périodes de quinze minutes de massage un effet utile quadruple de celui que donne le muscle auquel on accorde des périodes équivalentes de repos.

Occupons-nous maintenant des phénomènes asphyxiques obtenus par l'introduction des animaux ou de leurs tissus dans une atmosphère d'un gaz inerte, impropre à entretenir la combustion, hydrogène ou azote. L'origine de ce procédé expérimental remonte à des temps très éloignés, puisque Humboldt (*Versuche über die gereizte Muskelund Nervenfaser*, Berlin, 1797) avait déjà fait la remarque que le muscle reste plus longtemps excitable dans l'air que dans l'hydrogène, et dans l'oxygène plus que dans l'air. Ces résultats furent confirmés par les expériences très précises d'Hermann (1868); cet auteur constata en outre, que le muscle excité dans l'hydrogène continue à dégager de l'anhydride carbonique, bien qu'il soit impossible d'extraire de l'oxygène d'un muscle détaché du corps, même à l'aide de la pompe à gaz. D'après Verworn, cette expérience ne prouve pas que le muscle sans circulation soit complètement dépourvu d'oxygène; il est très vraisemblable que ce gaz se trouve combiné au sarcoplasma musculaire et sert à l'oxydation des fibres musculaires au moment de leur contraction. Nous savons que les cellules des organismes supérieurs empruntent leur oxygène à l'hémoglobine, à laquelle ce gaz est faiblement lié. De même dans le sarcoplasma existerait une combinaison semblable, mais avec cette différence, que l'oxygène ne pourrait en être extrait au moyen de la pompe à mercure, comme c'est le cas pour l'hémoglobine. Cela expliquerait comment certaines cellules privées de l'accès de l'air peuvent être le siège d'oxydations intra-organiques jusqu'au moment où leur réserve d'oxygène est épuisée. D'après Pflüger (*Ueber die physiologische Verbrennung in den lebendigen Organismen* (A. g. P., x, 1875), la contraction dans ces cas est due à l'oxygène intra-moléculaire. L'instabilité des matières albuminoïdes vivantes est due à l'oxygène intra-moléculaire, c'est-à-dire contenu dans la molécule albuminoïde. Ainsi donc un muscle vivant d'une existence anaérobie continue à dégager de l'anhydride carbonique et utilise ses réserves d'oxygène, ne pouvant en prendre à l'air ambiant. Au contraire, un muscle extrait du corps et placé à l'air absorbe de l'oxygène par le fait d'une respiration élémentaire de ses fibres (Tissot).

Ces données préliminaires sont nécessaires pour nous rendre compte des différences qui séparent la fatigue aérobie de la fatigue anaérobie des muscles sans circulation. Pour apprécier cette différence avec netteté, il faut soustraire les muscles à la circulation; car alors les phénomènes caractéristiques peuvent être attribués en totalité à la présence et ou manque d'oxygène.

Le processus de la fatigue aérobie (air) et de la fatigue anaérobie (hydrogène) des muscles extraits du corps présente ce seul fait digne d'intérêt, que le travail mécanique est sensiblement moindre dans la fatigue anaérobie. Nous avons vu plus haut que le fait de la soustraction du sang avait pour effet de diminuer dans une forte mesure le travail mécanique. L'influence combinée de l'anémie et du manque d'oxygène est encore bien plus pernicieuse. Mais c'est le mode de réparation qui va nous fournir les éléments différenciels de la fatigue aérobie et de la fatigue anaérobie.

Disons tout d'abord que déjà ÉDOUARD WEBER (1846), KILIAN (1847) et VALENTIN (1847), et, parmi les auteurs modernes, CH. RICHET, avaient observé que la réparation de la fatigue pouvait se faire même dans un muscle extrait du corps. Ce phénomène, en apparence paradoxal, n'avait cessé d'intriguer les physiologistes, et avait été considéré par certains d'entre eux comme contraire à la théorie toxique de la fatigue (CYBULSKI) et à la théorie toxique du sommeil. Le sang n'est donc pas indispensable pour entraîner au loin les produits de la désassimilation produits pendant le travail musculaire, puisque la restitution des forces contractiles peut se faire même dans un muscle soustrait à la circulation. La substance musculaire possède en elle les facteurs essentiels de la réparation (VERWORN).

Dans des expériences faites avec CH. RICHET, J. IOTEYKO a nettement établi que la réparation de la fatigue des muscles extraits du corps est due à l'intervention de l'oxygène atmosphérique (1896). C'est l'oxygène de l'air qui intervient ici comme élément réparateur grâce à un phénomène de respiration élémentaire des fibres musculaires. La preuve en est fournie par ce fait qu'un muscle sans circulation, fatigué dans un milieu privé d'oxygène (hydrogène pur, ou eau bouillie et recouverte d'une couche d'huile) *ne se répare pas;* la perte d'excitabilité est irrévocable dans ces conditions. Ce fait a été démontré pour les muscles de la grenouille et pour le muscle de la pince de l'écrevisse. *La réparation de la fatigue d'un muscle anémié n'a pas lieu dans un milieu privé d'oxygène.* L'oxygène est indispensable pour la réparation de la fatigue musculaire. *Mais la réparation a lieu si on introduit un peu d'oxygène sous la cloche à expériences;* elle est due de ce fait aux échanges gazeux s'effectuant entre le muscle et l'oxygène ambiant; la réparation de la fatigue du muscle anémié est donc un phénomène de respiration élémentaire. (J. IOTEYKO). La fig. 16 démontre ce phénomène. La réparation d'un muscle anémié placé à l'air s'observe tant que persiste l'excitabilité musculaire; et même un muscle dont les capillaires ont été complètement lavés de sang se répare à l'air après une grande fatigue (J. IOTEYKO).

Il est permis de conclure de ces expériences que la vie strictement anaérobie ne donne pas au tissu musculaire l'énergie nécessaire pour réparer sa fatigue; l'intervention de l'oxygène devient nécessaire. On peut même établir une sorte de hiérarchie d'après la rapidité avec laquelle surviennent la fatigue et la lenteur de la réparation. D'abord il y a le muscle normal (c'est-à-dire chez un animal qui respire et dont le sang est oxygéné), muscle qui, placé à l'air, se fatigue tardivement et se répare intégralement. En second lieu le muscle d'un animal à moelle sectionnée : la respiration pulmonaire est arrêtée, mais chez la grenouille elle est suppléée par la respiration cutanée. En troisième lieu, le muscle sans circulation, mais placé à l'air. En quatrième lieu, le muscle avec circulation, mais placé dans l'hydrogène (la réparation se fait). Enfin un muscle sans circulation et placé

FIG. 16. — (D'après J. IOTEYKO). La première partie du graphique (le gauche à droite) est celle d'un gastrocnémien de grenouille sans circulation et placé dans une atmosphère d'hydrogène pur. La fatigue survient. On laisse reposer pendant quarante minutes. Pas de réparation dans l'hydrogène. On introduit de l'oxygène sous la cloche. La deuxième partie du tracé est une démonstration de la réparation de la fatigue dans l'oxygène.

dans l'hydrogène, vivant d'une existence strictement anaérobie, ne se répare pas. Cette division ne correspond-elle pas à la quantité disponible d'oxygène?

Graves pour le muscle doivent être les conséquences du travail accompli dans un milieu privé d'oxygène. Une des preuves, c'est la rigidité cadavérique hâtive constatée par J. Ioteyko sur un muscle anémié ayant fourni des contractions dans l'hydrogène jusqu'à extrême fatigue. Toutes ces expériences montrent que l'excitabilité musculaire est notablement diminuée dans un milieu pauvre en oxygène ou complètement dépourvu de ce gaz. Mais la contraction anaérobie épuise bien davantage le muscle. Nous savons qu'un muscle même normal renferme des toxines. Sans doute pendant la contraction elles augmentent; mais, quand l'oxygène fait défaut, elles ne sont pas détruites, et amènent une paralysie précoce du muscle, sa mort à brève échéance. Il semble donc que l'oxygène indispensable au retour de l'irritabilité agit principalement par son action antitoxique sur les produits de la fatigue.

On peut établir des degrés dans la vie anaérobie; ils correspondent à des degrés dans la fatigue et la réparation.

1° Un muscle sans circulation, placé à l'air atmosphérique, répare sa fatigue; la réparation prouve que la fatigue n'était pas due à un épuisement des réserves (le sang n'ayant pas apporté les matériaux de reconstruction);

2° Un muscle sans circulation, placé dans l'hydrogène, ne répare pas sa fatigue. Nous savons que sa réserve nutritive n'est pas épuisée, et nous en concluons que c'est l'absence d'oxygène qui est la cause de cette non-réparation;

3° Un muscle avec circulation, placé dans l'hydrogène, répare sa fatigue. Le sang n'est pas indispensable à la réparation; mais, dans ce cas particulier, l'oxygène fait absolument défaut; la réparation s'effectue grâce à la circulation, qui entraîne au loin les substances toxiques engendrées par la fatigue.

La réparation de la fatigue peut donc se faire sans l'intervention de l'oxygène, mais il faut que la circulation (sanguine ou artificielle) vienne laver le muscle de ses produits toxiques. Dans le cas contraire, quand la circulation est interrompue, l'oxydation devient indispensable. Normalement, ces deux processus entrent en jeu. Nous rentrons ainsi dans la loi générale, la défense de l'organisme à l'égard des poisons s'accomplissant grâce à deux processus : élimination et oxydation.

La vie anaérobie du cœur présente des phénomènes qui ne sont pas sans analogie avec ceux qu'on a constatés pour le muscle strié ordinaire. Ainsi Oehrwall a observé la reprise du fonctionnement du cœur par l'introduction de l'oxygène ou de l'air atmosphérique dans le sérum ou même dans l'air ambiant. Au Congrès de Physiologie de Turin (1901), Locke démontra le fait sur le cœur des homéothermes. Verworn l'a établi aussi pour la réparation de la fatigue médullaire.

Les changements de pression atmosphérique agissent aussi en modifiant les oxydations intra-organiques. Les troubles connus sous le nom de « mal de montagne » et « mal des aéronautes » augmentent d'une façon marquée quand les sujets exécutent des mouvements. Ce phénomène a été vérifié expérimentalement par P. Regnard pour les cobayes, qui meurent rapidement dans un air raréfié, quand ils sont soumis à des mouvements forcés; tandis que les cobayes témoins résistent ou succombent seulement à des pressions beaucoup plus basses. De même les alpinistes, quand ils sont transportés et n'accomplissent pas de travail musculaire, ne souffrent presque pas. La fatigue entre donc activement en jeu dans la production des troubles observés. Zenoni prit des tracés ergographiques dans l'air comprimé (une atmosphère) et remarqua une légère augmentation de force pour les contractions volontaires; la fatigue n'est pas retardée, mais les premières contractions surtout se maintiennent élevées. Pour les contractions provoquées, la force musculaire reste invariable à la pression d'une atmosphère. D'après Warren Lombard, quand la pression atmosphérique s'abaisse, il y a diminution du pouvoir de contraction; quand elle s'élève, l'effet inverse se produit. Dans son livre sur la physiologie de l'homme sur les Alpes, A. Mosso consacre un chapitre à la force musculaire aux grandes altitudes. Son frère Ugolino donna à Turin un ergogramme de 3,48 kilogrammètres. A Monte Rosa (4 560 mètres d'altitude), il ne donna que 2,828 kilogrammètres. Le type de la courbe est resté à peu près le même. Les mêmes expériences furent répétées sur plusieurs personnes (on a éliminé l'action de la fatigue consécutive à

Degrés dans la vie anaérobie du muscle (D'après J. IOTEYKO).

GRENOUILLE.	RESPIRATION.			CIRCULATION.	CONTRACTILITÉ.	RÉPARATION DE LA FATIGUE.	CONCLUSIONS.
	PULMONAIRE.	CUTANÉE.	ÉLÉMENTAIRE.				
1. Normale. . .	Normale.	Normale.	Normale.	Normale.	Normale.	Intégrale.	
2. Moelle sectionnée (à l'air). .	Absente.	Normale.	Normale.	Normale.	Normale.	Non intégrale.	
3. Moelle sectionnée et cœur enlevé (à l'air). .	Absente.	Absente.	Normale.	Absente.	Diminuée.	Non intégrale.	Le fait de la réparation indique que la fatigue n'avait pas épuisé les réserves.
4. Moelle sectionnée (hydrogène).	Absente.	Absente.	Absente.	Normale.	Diminuée.	Non intégrale.	La présence de la circulation n'est pas indispensable à la réparation ; mais l'oxygène fait défaut. La réparation s'effectue grâce au courant sanguin, qui entraîne les substances toxiques.
5. Moelle sectionnée et cœur enlevé (hydrogène).	Absente.	Absente.	Absente.	Absente.	Diminuée.	Pas de réparation.	Les réserves nutritives ne sont pas épuisées (voir 3). C'est donc l'absence d'oxygène qui est la cause de cette non-réparation.

l'ascension). Ce qui frappe surtout, c'est la grande irrégularité des tracés pris à Monte Rosa. Une ascension de trois ou quatre heures est suffisante pour modifier la tonicité des muscles ; ils se laissent plus facilement distendre ; la contraction est plus lente et moins efficace.

En résumé, en l'absence d'oxygène (asphyxie, anémie, dépression), la vie des tissus produit des substances nuisibles, qui, nées anaérobiquement, ont besoin d'oxygène pour être dissociées et pour perdre leur toxicité. Mais, si nous imposons aux êtres ou aux tissus dont nous avons déterminé l'existence anaérobie un surcroît de travail, pour les muscles en les excitant par l'électricité, pour le cœur en accélérant ses battements par section des vagues, l'intoxication devient bien plus grave : elle peut même aller jusqu'à la mort malgré le rétablissement de l'hématose. Or, dans la fatigue, il y a anaérobisme partiel, en ce sens que l'oxygène fixé par les tissus n'est pas en quantité suffisante pour la combustion totale : de là formation de produits toxiques, qui perdraient leur nocivité s'il y avait oxydation. Cette interprétation des phénomènes cadre bien avec la présence de substances réductrices dans le muscle tétanisé.

Bibliographie. — BROCA (A.) et RICHET (CH.). *De la contraction musculaire anaérobie* (*A. de P.*, 1896, 829). — HERMANN (L.). *Unters. z. Physiol. d. Muskeln und Nerven*, Berlin, 1868 (*A. g. P.*, L, 336). — IOTEYKO (J) et RICHET (CH.). *Réparation de la fatigue musculaire par la respiration élémentaire du muscle* (*B. B.*, 1896, 146). — KILIAN. *Versuche über die Restitution der Nervenerregbarkeit nach dem Tode*. Giessen, 1847. — MAGGIORA (A.). *Les* *lois de la fatigue étudiées dans les muscles de l'homme (A. i. B., 1890, XIII, 187). Unters. über die Wirkung der Massage auf die Muskeln der Menschen (Arch. f. Hygiene, XV, 147, et A. i. B., 1891, XVI, 225). — Mosso (A.). Fisiologia dell' Uomo sulle Alpi. Nuova edizione, Milano, 1898. — RICHET (CH.). La mort du cœur dans l'asphyxie chez le chien (A. de P., 1894, 633). — RANKE (J.). Tetanus, Leipzig, 1865. — ROSENTHAL (W.). La diminution de la pression atmosphérique exerce-t-elle un effet sur les muscles et sur le système nerveux de la grenouille? (A. i. B., 1896, XXV, 418-425) et A. P., 1896, 1-21). — SCHMULEVITCH. Ueber den Einfluss des Blutgehaltes der Muskeln auf deren Reizbarkeit (A. P., 1879). — SCHMIDT (A) et LUDWIG (Ber. d. Sächs. Akad. d. Wiss. zu Leipzig, 1868, 34, 1869, 99). — ZABLOU-DOWSKY. Ueber die physiologische Bedeutung der Massage (C. W., 1883). — ZENONI. Rech. lexp. sur le travail dans l'air comprimé (A. i. B., 1897, XXVII, 46).*

§ 3. Influence des agents pharmacodynamiques et des poisons. La fatigue dans les états pathologiques. — *Alcool.* — L'influence de l'alcool sur le travail musculaire a été étudiée par un grand nombre d'auteurs, attirés par l'importance sociale du problème. Le premier travail expérimental est dû à KRAEPELIN et DEHIO (1892); ces auteurs ont institué des expériences dynamométriques avant et après l'usage de l'alcool; l'excitabilité de DEHIO se trouva diminuée pendant une demi-heure; le travail de KRAEPELIN augmenta tout d'abord, pour diminuer ensuite très rapidement. SARLO et BERNARDINI constatèrent une légère augmentation de l'excitabilité musculaire observée au dynamomètre après l'uage des 70 grammes de rhum.

C'est surtout depuis l'introduction de la méthode ergographique en physiologie que les recherches sur l'alcool acquièrent un grand intérêt. LOMBARD WARREN (1892) fut le premier à étudier l'influence de l'alcool sur le travail ergographique; il trouva une augmentation de force après de petites doses, une diminution après des fortes doses. Il attribue l'action dynamogène à une influence de l'alcool sur les centres nerveux. HERMANN FREY (1896) arriva aux conclusions suivantes : 1° L'usage d'une quantité modérée d'alcool exerce une influence indéniable sur l'excitabilité musculaire, mais il y a lieu de faire une distinction entre le muscle fatigué et le muscle non fatigué; 2° Le travail du muscle non fatigué est diminué sous l'influence de l'alcool, et cette influence est due à une diminution de l'excitabilité du système nerveux périphérique; 3° Le travail du muscle fatigué est considérablement augmenté sous l'influence d'une dose modérée d'alcool. L'alcool possède donc des propriétés nutritives; 4° L'augmentation de force constatée après l'usage de l'alcool n'arrive pourtant jamais au degré d'énergie déployé par le muscle frais, car ici aussi la diminution d'excitabilité du système nerveux périphérique entre en jeu; 5° Cette action se manifeste déjà 1 à 2 minutes après l'ingestion de l'alcool et se maintient longtemps; 6° Dans tous les cas l'alcool a pour effet de diminuer la sensation de fatigue; le travail apparaît bien plus facile. FREY arrive à conclure que l'alcool a une double action : 1° Une action paralysante sur le système nerveux central (diminution de la sensation de fatigue) et périphérique (moindre excitabilité du muscle); 2° Une action due à l'apport de matériaux nouveaux de combustion, utilisables par le muscle. La première action (paralysie du système nerveux) apparaît dans les résultats des recherches sur le muscle non fatigué; dans les recherches sur le muscle fatigué, cette action apparaît aussi, mais assez faiblement. Quant à l'apport de nouveaux matériaux de combustion, FREY tâche d'expliquer pourquoi cette seconde action de l'alcool se manifeste seulement quand le muscle est fatigué; selon cet auteur, le muscle frais a tout ce qu'il faut pour donner son maximum de travail, et le maximum, il ne peut le dépasser, malgré un apport de matériaux nouveaux. Dans les expériences de FREY l'action excitante de l'alcool se manifeste surtout par une augmentation du nombre de soulèvements à l'ergographe.

Ces travaux furent repris presque en même temps par DESTRÉE en Belgique, SCHEFFER en Hollande et HECK en Allemagne.

DESTRÉE s'est posé la question de savoir si l'alcool est vraiment avantageux pour le travail musculaire et s'il amène un rendement plus considérable en kilogrammètres produits. Il a examiné les effets immédiats et tardifs de l'alcool. Voici ses conclusions : 1° L'alcool a un effet favorable sur le rendement en travail, que le muscle soit fatigué ou non; 2° Cet effet favorable est presque immédiat, mais très momentané; 3° Consécutivement, l'alcool a un effet paralysant très marqué. Le rendement musculaire, environ une demi-heure après administration d'alcool, arrive à un minimum que de nou-- velles doses d'alcool relèvent difficilement; 4° L'effet paralysant consécutif de l'alcool compense l'excitation momentanée, et, somme toute, le rendement de travail obtenu avec l'emploi de substances alcooliques est inférieur à celui que l'on obtient sans elles; 5° Les effets paralysants ne s'observent pas consécutivement à l'emploi du thé, du café, du kola. Ces expériences enlèvent donc à l'alcool toute valeur comme agent nutritif ou anti-déperditeur. L'augmentation d'excitabilité au début de l'action ne repose pas sur une illusion (abolition du sentiment de fatigue, d'après Bunge), mais est réelle. Scheffer a constaté aussi par des expériences ergographiques que des doses modérées d'alcool produisent d'abord une augmentation de la capacité de travail musculaire, bientôt suivie d'une diminution, par rapport à l'état normal. Ces effets successifs sont attribués par l'auteur aux modifications corrélatives et de même sens de l'excitabilité du système nerveux. En effet, Waller, Gad, Werigo, Sawyer, Piotrowski, Scheffer, Iotryko et Stefanowska, ont trouvé une augmentation de l'excitabilité de l'appareil nerveux moteur périphérique (tronc nerveux et terminaisons nerveuses) sous l'influence de l'alcool. Scheffer s'est assuré que, si l'on élimine par le curare l'action de l'appareil nerveux terminal, l'influence de l'alcool ne se montre plus sur le travail musculaire (grenouille). L'alcool n'est donc pas un dynamogène pour le muscle. C'est un excitant du système nerveux moteur périphérique, dont l'excitabilité augmente sous son influence, mais pour diminuer toujours ensuite (Scheffer). Dans sa thèse inaugurale, faite sous l'inspiration de Fick, Ch. Heck conteste l'action excitante initiale de l'alcool; d'après lui, c'est un effet de suggestion. Il est pourtant impossible de faire intervenir la suggestion pour expliquer un phénomène qui se présente avec une netteté parfaite sur le gastrocnémien de grenouille. Schenck admet aussi qu'en fin de compte l'alcool exerce une action déprimante.

Dernièrement Ch. Féré a repris l'étude de l'alcool et son influence sur le travail ergographique. Il a constaté une action excitante initiale, et il l'explique par l'action dynamogène qu'exerce l'alcool comme excitant sensoriel à son passage dans la cavité buccale. Une dose d'alcool, lorsqu'elle est conservée dans la bouche pour être rejetée plus tard, est plus favorable au travail que lorsqu'elle est ingérée. Cette explication est trop exclusive, car les expériences faites sur le gastrocnémien de grenouille ont montré une action dynamogène de l'alcool en l'absence de toute excitation gustative. Mais il paraît certain que l'excitation sensorielle coexiste chez l'homme avec l'excitation d'autres appareils. L'excitation immédiate de l'alcool ne relève donc ni de la suggestion ni d'une excitation exclusivement sensorielle (gustative ou olfactive). Chauveau démontre qu'on ne peut dans l'alimentation remplacer une ration de sucre par une ration d'alcool. Il donne chaque jour 500 grammes de viande et 250 grammes de sucre à un chien et lui fait fournir un travail déterminé. Au bout de 54 jours on constate une augmentation de poids du chien. Mais, si l'on remplace un tiers du sucre par une quantité équivalente d'alcool dilué, alors le poids du chien s'abaisse, et il n'est plus en état de fournir la même quantité de travail.

De Boeck et Gunzbourg (1899) ont étudié l'influence de l'alcool sur les alcooliques à l'aide du dynamomètre. L'alcool augmente l'excitabilité du muscle fatigué, mais cette action s'épuise rapidement. Un repos de quelques minutes est plus utile pour le muscle que l'alcool. Si les sujets en expérience étaient antérieurement intoxiqués par l'alcool, l'alcool agissait comme stimulant.

Dans de nouvelles recherches, faites avec Oseretzkowsky, Kraepelin (1901) trouve que des doses d'alcool de 15 à 50 grammes exercent une action excitante extrêmement fugace; l'augmentation de travail est due presque exclusivement à une augmentation du nombre de soulèvements. Pour Kraepelin, l'alcool est un stimulant du travail moteur, qui ne diminue que consécutivement; au contraire, le travail psychique (addition) diminue d'emblée, et sans le coup de fouet du début. Partridge trouve que l'action dynamogène initiale existe aussi bien pour le travail musculaire que pour le travail intellectuel.

Casarini (1901) étudia l'influence de l'alcool sur le travail ergographique, brachial et crural; l'alcool à petites doses produit une augmentation de travail plus considérable pour le membre inférieur (ergographe crural de Patrizi) que pour le membre supérieur;.

des fortes doses produisent une dépression qui est plus nette pour la courbe crurale que pour la courbe brachiale. En comparant les courbes artificielles (électricité) avec les courbes volontaires (aussi bien pour la jambe que pour le bras) on voit que l'influence de l'alcool, tant hyperkinétique que hypokinétique, est plus intense sur les centres nerveux que sur les appareils neuro-musculaires périphériques.

De ces recherches se dégage un fait important, à savoir que l'action dynamogène de l'alcool est due à une influence centrale et non à une influence périphérique. Si Scheffer et Frey ont soutenu le contraire, c'est parce que l'alcool exerce une action directe sur le tronc nerveux et le muscle. Mais J. Ioteyko et M. Stefanowska ont montré que l'action de l'alcool (de même que celle de l'éther et du chloroforme) présente une série de gradations, et que, dans l'intoxication générale, le système nerveux central est déjà complètement paralysé, alors que les parties périphériques des neurones sont encore indemnes. L'alcool ne peut donc agir sur les muscles et les nerfs périphériques dans les expériences sur l'homme, alors que la dose est compatible avec la vie. L'action exercée par l'alcool est par conséquent d'ordre central. Lombard Warren d'une part, et Casarini de l'autre, ont bien montré que l'influence de l'alcool sur le travail ne se montrait que sur les tracés de la fatigue volontaire, et était presque nulle dans l'excitation artificielle.

Mais ce qui est surtout significatif, c'est que l'augmentation de travail est surtout à une augmentation du *nombre* de soulèvements (Frey, Kraepelin et Oseretzkowsky) et non à une augmentation de leur hauteur. Nous savons que le nombre est déterminé par l'état d'excitabilité des centres moteurs. En appliquant à ces données la terminologie de J. Ioteyko, nous dirons, que l'alcool, tout en augmentant le travail mécanique, *abaisse la valeur du quotient de fatigue* $\frac{H}{N}$, par un mécanisme opposé à l'accumulation de la fatigue, qui diminue la somme de travail mécanique. L'accumulation de fatigue diminue la valeur du quotient, en amoindrissant surtout la valeur de H, tandis que l'alcool diminue la valeur de ce rapport en augmentant la valeur de N.

Sucre. — Ugolino Mosso et L. Paoletti ont pris de 10 en 10 minutes leur courbe de fatigue après avoir ingéré des quantités variables de sucre. Les solutions moins concentrées sont plus actives. Le sucre possède un fort pouvoir dynamogène; les petites doses et les moyennes (5-60 gr.) développent dans le muscle fatigué la plus grande énergie; avec les doses graduellement supérieures à 60 grammes, le travail diminue graduellement. Le maximum d'action apparaît presque immédiatement pour les petites doses, au bout de 30 à 40 minutes pour les doses moyennes. Les auteurs préconisent l'eau sucrée comme liqueur sportive (vélocipédistes, alpinistes, soldats). Elle pourrait être également employée avec succès pour redonner une force nouvelle à l'utérus fatigué par le travail de l'accouchement. Le meilleur breuvage correspond à 60 ou 100 grammes de sucre pour un litre d'eau. Pour Vaughan Harley, la consommation de grandes quantités de sucre accroît le pouvoir musculaire de 26 à 33 p. 100, et, avec le retard de la fatigue, l'accroissement pour la journée peut atteindre 61 à 76 p. 100; l'addition du sucre au régime ordinaire peut accroître le pouvoir musculaire de 9 à 21 p. 100 et le travail total, avec retard de la fatigue de 6 à 39 p. 100; l'addition de 250 grammes de sucre au régime normal, accroît le travail quotidien : l'accroissement est de 6 à 28 p. 100 pour le travail de 30 contractions musculaires, et, pour la journée entière, de 9 à 36 p. 100; le sucre pris tard dans la soirée peut faire disparaître la chute diurne du pouvoir musculaire qui a lieu vers 9 heures du matin, et accroître la résistance à la fatigue. Suivant Schumburg, le sucre, même à la dose de 30 grammes, augmente la force du muscle fatigué, et, par son action sur le système nerveux, efface le sentiment de la fatigue. C'est un vrai aliment.

Caféine, cocaïne, thé, maté, guarana, tabac, condiments, bouillon, eau, albumine, etc. — Ugolino Mosso a étudié, par la méthode ergographique, l'action des principes actifs de la noix de kola sur la contraction musculaire. L'action de la *poudre de kola* sur les muscles (série de courbes, d'heure en heure ou toutes les deux heures) dure de 2 à 7 heures pour 5 grammes pris en une fois; le maximum d'effet est atteint dans la première heure après l'administration. La noix de kola quadruple le travail dans la première heure.

L'action de la caféine est analogue à celle de la noix de kola, toutes proportions égales. Pourtant la noix de kola, privée de *caféine*, exerce encore une action sur l'élément musculaire (confirmation de l'opinion de Heckel). En revanche, le *rouge de kola* est presque inactif. La poudre de kola sans caféine et sans rouge de kola conserve encore son action sur la contraction musculaire, bien que celle-ci soit très inférieure à celle qui est obtenue avec la caféine. Les principes actifs contenus dans la noix de kola, autre que la caféine, sont *l'amidon* et le *glycose*. Le rouge de kola est complètement inactif. Les hydrates de carbone contenus dans la noix de kola unissent leurs effets à ceux de la caféine pour rendre les muscles plus résistants à la fatigue. D'après Hoch et Kraepelin, la caféine augmente la hauteur des soulèvements à l'ergographe sans influer sur leur nombre : elle exerce par conséquent une action excitante sur le système musculaire. *L'essence de thé* diminue le nombre des soulèvements, et n'influe pas sur la hauteur totale des soulèvements ; elle exerce une action dépressive sur les centres nerveux. Koch confirma l'action dynamogène de la cocaïne et de la caféine ; sous l'action de la cocaïne le travail augmente d'un tiers pour la journée entière. Oseretzkowsky trouve aussi que la caféine agit principalement en augmentant la hauteur des soulèvements à l'ergographe.

Suivant Ug. Mosso, *la cocaïne* accroît sensiblement la force musculaire, et son action est plus accentuée sur le muscle fatigué que sur le muscle frais ; elle restaure après une longue marche. Benedicenti étudia l'action excitante de la caféine, du thé, du maté, de la guarana et de la coca. Quelques-unes de ces substances accroissent d'emblée l'énergie musculaire (coca), tandis que d'autres retardent la fatigue. Le *tabac* produit une légère dépression de la force musculaire (Vaughan Harley et W. Lombard). Hough partage la même opinion. Mais Féré reconnaît au tabac une influence excitante primitive, soit au repos, soit dans la fatigue. L'action excitante est plus marquée dans la fatigue. Elle est suivie d'une dépression de l'activité motrice et intellectuelle. Le besoin des excitations sensorielles, qui augmente à mesure que la race s'affaiblit, amène un épuisement proportionnel à l'excitation primitive, et sa satisfaction contribue pour une part à précipiter la dégénérescence.

Chez les sujets fatigués le *bouillon* produit une restauration immédiate (Ch. Féré), à la manière des excitants sensoriels. Les condiments, qui agissent tantôt sur le goût, tantôt sur l'odorat, possèdent une action excitante manifeste (Ch. Féré). *L'albumine*, administrée à des doses équivalentes (au point de vue du nombre des calories) au sucre exerce dans le même temps une action bienfaisante sur les muscles fatigués (Frentzel). *L'eau pure* est parfois aussi excitante (Koch). Féré étudia l'action d'un nombre considérable de substances sur le travail ergographique. L'action de la *théobromine* paraît très variable. Le *haschisch* et l'*opium* excitent à petites doses et dépriment à des doses plus fortes. La *digitaline* et la *spartéine* sont des excitants de l'activité volontaire ; l'augmentation de travail qu'elles provoquent est passagère et sur l'ensemble du travail leur action est déprimante. Sous l'influence de la *pilocarpine*, l'excitation cérébrale se fait en même temps que la sécrétion. Plus la sécrétion est abondante, plus le travail diminue rapidement et plus tôt arrive la fatigue.

Citons enfin les expériences de Rossi qui, sur l'homme, constata une action hyperkinétique pour l'alcool, l'atropine, la caféine, le camphre, l'éther sulfurique et la strychnine ; une action hypokinétique pour le bromure de potassium, l'hydrate de chloral, l'hyoscyamine, la morphine, l'opium.

Un grand nombre de ces expériences sont sujettes à caution ; c'est le cas quand les auteurs se sont contentés d'expérimenter l'action des substances médicamenteuses sur eux-mêmes, sans contrôler leurs expériences sur d'autres sujets non prévenus. La suggestion est inévitable dans ces conditions, et la méthode ergographique cesse d'être une méthode objective de recherches.

Xanthine, neurine, choline. — L'action curarisante de la neurine et de la choline a déjà été étudiée (Voir : **Curarisants [Poisons]**). L'influence des xanthines méthylées sur la fatigue musculaire a été étudiée par Lusini en 1898, par Baldi en 1891, et par Paschkis et Pal en 1887. D'après Lusini, on constate une action toxique à échelle croissante de la monométhylxanthine à la di et triméthylxanthine ; ces substances font diminuer progressivement la résistance à la fatigue.

Vératrine. — Bezold, Rossbach, Mendelssohn, Waller, Weiss et Carvallo, Ioteyko ont trouvé que des excitations poussées jusqu'à la fatigue font disparaître les effets de la vératrine (de même que l'anémie et les variations de température).

En général, les auteurs sont d'accord pour attribuer à la vératrine un effet excitant sur la fibre musculaire. Malgré cette influence, les signes de la fatigue apparaissent plus vite dans les muscles vératrinisés que dans les muscles normaux, c'est-à-dire que les contractions se font beaucoup plus petites et plus irrégulières, et le muscle devient plus rapidement inexcitable; la vératrine n'est pas capable de faire disparaître du muscle les effets de la fatigue lorsqu'ils se sont produits (MARFORI).

Liquides et extraits organiques. — J. IOTEYKO a montré que le sérum normal de chien injecté à une grenouille produit une influence dynamogène intense. VITO COPRIATI étudia l'influence du suc testiculaire de BROWN SÉQUARD et constata à l'ergographe une notable augmentation de force. On peut cependant objecter à ces expériences que l'entraînement du sujet eût suffi à produire le même effet. ZOTH et PREGL éliminèrent l'entraînement de leurs expériences et constatèrent un accroissement notable de la force du muscle fatigué sous l'influence du suc testiculaire. Il reste sans effet sur le muscle non fatigué et n'augmente pas sa capacité au travail. Le type de la courbe n'est pas modifié. L'effet se prolonge après la cessation des injections. Le sentiment de la fatigue est amoindri, et sa diminution suit une marche parallèle à la diminution de la fatigue objective du sujet.

MOSSÉ a constaté avec l'emploi du dynamomètre et de l'ergographe une augmentation d'amplitude et de durée de la courbe du travail au début du traitement thyroïdien et une atténuation assez rapide de cette influence tonique. Cette augmentation de force est tout aussi nette avec l'emploi de l'iodothyrine qu'avec celui de la glande thyroïde fraîche. Or cette action tonique est provoquée aussi par des sucs organiques autres que le suc thyroïdien (extrait orchitique, surrénal, etc.). MOSSÉ s'appuie sur ce fait pour expliquer les effets de l'opothérapie : « Les sucs et extraits organothérapeutiques introduisent dans l'organisme, en même temps que la substance ou les substances spécifiques de la sécrétion interne qui les fournit, des principes communs à divers éléments des tissus (ferments, diastases, etc.). Ainsi s'explique ce fait que des sucs et extraits organiques différents puissent provoquer, en dehors de leur action spécifique particulière, certains effets communs. » Rien n'autorise, en effet, à reconnaître une action spécifique aux principes dynamogènes contenus dans les sucs organiques. Mais un fait reste acquis, c'est que toutes les substances dynamogènes, sucs organiques ou produits chimiques déterminés, restent sans effet sur l'excitabilité du muscle frais; leur influence dynamogène ne s'exerce que sur le muscle fatigué.

Anhydride carbonique, oxyde de carbone. — D'après SANZO, le muscle plongé dans une atmosphère d'anhydride carbonique perd au bout de plusieurs heures son excitabilité. Au bout de deux heures, l'excitabilité indirecte est abolie, et, après un séjour de sept heures, le muscle est en rigidité cadavérique (grenouille). Ces expériences ont amené l'auteur à considérer avec RANKE l'anhydride carbonique comme un des facteurs de la fatigue musculaire. Plusieurs auteurs italiens ont donné les résultats de leurs recherches sur la respiration dans les tunnels et sur l'influence de l'oxyde de carbone. L'influence de ce gaz sur la contraction musculaire (WEYMEYER), sur la courbe de la fatigue du gastrocnémien (AUDENINO), sur la courbe de la fatigue ergographique (UG. MOSSO), est exactement celle qu'exercerait une atmosphère d'hydrogène. En règle générale il y a diminution du travail, pouvant être attribuée à une diminution des oxydations intra-organiques (asphyxie). Chez l'homme la diminution est suivie d'une augmentation après la sortie de la cage en fer renfermant un mélange de CO.

La fatigue dans les états pathologiques. — PANTANETTI a étudié divers cas d'hystérie, de neurasthénie et d'ictère. RONCORONI et DIETTRICH ont pris des courbes chez les aliénés, et ont noté une variabilité très grande de la force, dont le maximum est le matin. COLUCCI fit des études ergographiques chez les épileptiques. CASARINI expérimenta sur des vieillards.

ZENONI et TREVES ont constaté une longueur extraordinaire de la courbe de la fatigue chez les diabétiques. TREVES combat l'interprétation généralement admise, à savoir que, dans les différents états pathologiques, les impressions motrices cérébrales par la diminution de leur énergie, sont incapables, dès le commencement, de faire exécuter au muscle tout l'effort dont il est capable : c'est pourquoi il resterait toujours un résidu qui serait précisément la cause de la durée indéfinie de la courbe. Ce phénomène serait dû à une cause tout autre. L'auteur remarqua une extensibilité très grande des muscles chez les diabétiques; une partie des contractions s'exécute chez eux à vide, avec rapide abaissement de l'ergogramme. Si, en éloignant la vis d'appui de l'ergographe, il rétablissait une tension opportune (travail en surcharge), l'ergogramme recommençait.

Ainsi la cause du tracé sans fin serait une élasticité imparfaite des muscles chez certains malades, et non un phénomène d'origine cérébrale. D'ailleurs le tracé sans fin s'observe aussi chez certaines personnes normales (Mosso). Treves en tire la conclusion que le travail en surcharge peut servir à donner une idée de la marche de la fatigue mais qu'il n'est pas précis en ce qui concerne le travail mécanique.

Abelous, Charrin et Langlois ont pris des tracés ergographiques des addisoniens chez lesquels on observe une fatigue, une asthénie motrice qui n'est nullement en rapport avec les lésions trouvées d'habitude à l'autopsie. Cette étude présente un grand intérêt, vu que dans la maladie d'Addison les capsules surrénales sont presque constamment le siège de divers troubles (tuberculose, cancer, etc.) et le rôle de ces capsules (Langlois, Abelous, Albanese) paraît être d'élaborer des substances capables de neutraliser les poisons fabriqués au cours du travail musculaire. Le tracé d'un addisonien fut comparé à celui d'un tuberculeux, les deux malades ayant des lésions pulmonaires au même degré. L'addisonien est devenu rapidement impuissant, tandis que le sujet témoin a fourni un travail bien plus considérable (Voy. Addison, 1, 136).

Les recherches ergographiques dans les maladies, peu nombreuses, n'ont encore révélé rien de particulier, mais elles peuvent dans l'avenir devenir un précieux élément de diagnostic.

Bibliographie. — Aschaffenburg (G.). *Praktische Arbeit unter Alkoholwirkung (Psychologische Arbeiten*, 1896, i, 608). — Audenino (E.). *Azione dell' ossido di carbonio sui muscoli (La Respirazione nelle Gallerie*, publié par Mosso (A.). Milan, 1900). — Baldi. *Action de la xanthine, de l'allantoïne et de l'alloxanthine, comparée à celle de la caféine, par rapport spécialement à l'excitabilité musculaire (La Terapia moderna*, 1891). — Benedicenti (A.). *Ergographische Untersuchungen über Kaffee, Thee, Mate, Guarana und Coca (Moleschott's Unters, zur Naturlehre*, xvi, 1896, 170-186). — Bottazzi. *Ueber die Wirkun, des Veratrins (A. P.*, 1901, 377-427). — Brown-Séquard. *Remarques sur les expériences de* Vito Copriati *sur la force nerveuse et musculaire chez l'homme, mesurée par l'ergographe de* Mosso, *après des injections de liquide testiculaire (A. P.*, 1892). (B. B., 1889 et C. R., cxiii, 1892). — Bunge. *Cours de Chimie biologique*, trad. Jacquet, 128, 1891. — Casarini. *L'ergografia crurale in talune condizioni normale e patologiche.* Modena, 1901. — Carvallo et Weiss. *De l'action de la vératrine sur les muscles rouges et blancs du lapin (Journ. de Physiol.*, 1899). — Colucci. *L'allenamento ergografico nei normali e negli epilettici (Reale Accad. Medico-Chirurgica di Napoli*, lx, 1901). — Combemale. *La noix de Kola (Bull. génér. de thérapeutique*, 1892, 143). — Copriati (Vito). *Deux expériences avec l'ergographe de* Mosso *(Annali di neurologia*, 1892, fasc. 1 et 3). — Destrée (E.). *Influence de l'alcool sur le travail musculaire (Journ. méd. de Bruxelles*, nos 44 et 47, 1897). — Dubois (R.). Assoc. fr. pour l'avancement des Sciences, 18 octobre 1894. — Boeck (de) et Gunzburg. *De l'influence de l'alcool sur le travail du muscle fatigué*, Gand, 1899. — Féré (Ch.). *Influence de l'alcool sur le travail (B. B.*, 1900, 825). *Influence du bouillon sur le travail (Ibid.*, 829). *Influence de quelques condiments sur le travail (Ibid.*, 889); *Influence de l'alcool et du tabac sur le travail (Arch. de Neurologie*, 1901); *Note sur l'influence de la digitaline et de la spartéine (B. B.*, 1901); *Note sur l'influence de la pilocarpine (Ibid.); Note sur l'influence de la théobromine (Ibid.); Note sur l'influence du haschich, de l'opium, du café (Ibid.); Les variations de l'excitabilité dans la fatigue (Année Psychologique*, 1900); *Sensation et mouvement*, p. 49, 1887. — Frentzel (J.). *Ergographische Versuche über die Nährstoffe als Kraftspender für ermüdete Muskeln (A. P.*, 1899, Suppl., 141). (Ibid. 383-388). — Frey. *Einfluss des Alkohols auf die Muskelermüdung (Mittheil. aus den klinischen und medizinischen Instituten der Schweiz*, iv, i, 1896). — Fick (A.). *Alkohol und Muskelarbeit (Intern. Monatschr.*, 1898, 6). — Glück (cité par Kraepelin, Münch. med. Woch., 1899). — Harley (Vaughan). *The Value of sugar and the effect of smoking on muscular Work (J. P.*, xvi, 1894, 97-122). — Heck (Karl). *Ueber den Einfluss des Alkohols auf die Muskelermüdung (D ¡Würzbourg, 1899). — Ioteyko (J.). *Action toxique curarisante de la neurine (B. B.,

1897, 341). *Action de la neurine sur les muscles et les nerfs* (Arch. de Pharmacodyn., 1898, IV, 195-207). — IOTEYKO et STEFANOWSKA. *Influence des anesthésiques sur l'excitabilité des muscles et des nerfs* (An. Soc. des Sciences, Bruxelles, 1901). — KRAEPELIN (E.). *Ueber die Beeinflussung einfacher psychischer Vorgänge durch einige Arzneimittel*, 1892. — KOBERT. *Ueber den Einfluss verschiedener pharmacologicher Agentien auf die Muskelsubstanz* (A. P. P., 1882, XV, 22-81). — KOCH (W.). *Ergographische Studien* (D. Marbourg, 1894). — KÜNKEL (A. J.). *Uber eine Grundwirkung von Giften auf die quergestreifte Muskelsubstanz* (A. g. P., 1885, XXXVI, 353). — LANGMEIER (E.). *Over den invloed van suikergebruik opden spierarbeid.* (D. Amsterdam, 1895). — LUSINI (V.). *L'action biologique et toxique des xanthines méthylées et spécialement de leur influence sur la fatigue musculaire* (A. i. B., XXX, 1898, 212-215). *Azione dei purpurati acidi di sodio, potassio e ammonio sulla fatica muscolare* (Atti Accad. Fisiocr. Siena, (4), VIII, 339-350, 1897.) — LOMBARD (WARREN P.). *Some of the influences which affect the power of voluntary muscular Contractions* (J. P., 1892, XIII, 1-58). — MOSSO (UGOLINO) et PAOLETTI (L.). *Influence du sucre sur le travail musculaire* (A. i. B., 1894, XXI, 293-301). *Influenza dell' zucchero sulla forza muscolare* (Ac. dei Lincei, 1893, 218); — MOSSO (UG.). *L'asfissia nei tunnels ed esperienze coll' ossido di carbonio fatte sull' uomo* (La Respirazione nelle Gallerie, publié par MOSSO (A.). Milan, 1900). *Action des principes actifs de la noix de kola sur la contraction musculaire* (A. i. B., XIX, 1893, 241-260). *Ueber die physiologische Wirkung des Cocaïns* (A. g. P., 1890, XLVII, 553-604). — MARIE (H.). *Étude exp. et comp. de l'action du rouge de kola, de la caféine et de la poudre de kola sur la contraction musculaire* (Thèse de Lyon, 1892). — MONAVON et PERROUD. *Nouvelles expériences comparatives entre la caféine, la poudre, le rouge et l'extrait complet de kola* (Lyon médical, 1892, 368). — MOSSÉ (M. A.). *Influence du suc thyroïdien sur l'énergie musculaire et sur la résistance à la fatigue* (A. de P., 1898, 742-747). — MARFORI. *Influence de la vératrine* (A. i. B., XV, 1891). — OSERETZKOWSKY et KRAEPELIN (Psychol. Arbeiten, III, 1901). — PARTRIDGE. *Studies in the Psychology of Alcohol* (Amer. Journ. of Psychology, XI, 1900, 318-376). — PANTANETTI. *Sur la fatigue musculaire dans certains états pathologiques* (A. i. B., 1895, XXII, 175). — PREGL. *Zwei weitere ergographische Versuchsreihen über die Wirkung orchitischen Extracts* (A. g. P., LXII, 1895, 379-399). — PASCHKIS (H.) et PAL (J.). *Ueber die Muskelwirkung des Coffeins, Theobromins und Xanthins* (Wien. med. Jahrb, 1886). — QUINQUAUD. *Action mesurée au dynamomètre des poisons dits musculaires sur les muscles de la vie de relation* (Gaz. des hôp., 1885). — RONCORONI et DIETTRICH. *L'ergographie des aliénés* (A. i. B., XXIII, 1895, 172). *Ergographia degli alienati* (Ac. dei Lincei, 1895, 172). — ROSSI. *Rech. expér. sur la fatigue des muscles humains sous l'influence des poisons nerveux* (A. i. B., 1895, XXIII, 49). — SCHEFFER (J. C.). *Studien über den Einfluss der Alkohols auf die Muskelarbeit* (A. P. P., 1900, XLIV 24-58). — SCHENCK (FR.). *Ueber den Einfluss des Akoholes an den ermüdeten Muskel.* (Der Alkoholismus, (1), 87-94, 1898). — SOBIERANSKI. *O wplywie srodkow farmakologicznych na sile miesniowa ludzi* (Gazeta lekarska, 1896). — SCHUMBURG (W.). *Ueber den Einfluss des Zuckergenusses auf die Leistungsfähigkeit der Muskulatur* (A. P., 1896, 537-538). *Ueber die Bedeutung von Kola, Kaffee, Thee, Maté und Akohol für die Leistung der Muskeln* (A. P., 1899, Suppl., 289). *Ueber die Bedeutung des Zuckers für die Leistungsfähigkeit des Menschen* (Zeitschr. f. diätet. u. physik. Therapie, 1899, II, 3). — SARLO et BERNARDINI (Rivista sperimentale di Freniatria, XVIII). — SANZO (L.). *Sull'acido carbonico quale uno dei fattori della fatica muscolare* (Ricerche di Fisiologia dedicate al prof. LUCIANI (L.). 73-81). — TAVERNARI (L.). *Ricerche intorno all'azione di alcuni nervini sul lavoro dei muscoli affaticati* (Rivista sperimentale di Freniatria, 1897, XXIII, 1, 89). — TREVES (Z.). *Sur les lois du travail musculaire* (A. i. B. 1898, XXIX et XXX). — WEISSEFELD (J.). *Der Wein als Erregungsmittel beim Menschen* (A. g. P., 1898, LXXI, 60-71). — WEYMEYER (E.). *Azione dell' ossido di carbonio e di altri gas sui muscoli dell'Astacus fluviatilis* (La Respirazione nelle Gallerie, 1900, 121-141). — ZOTH (O.). *Zwei ergographische Versuchsreihen über die Wirkung orchitischen Extracts* (A. g. P., 1895, LXII, 335-378). *Neue Versuche über die Wirkung orchitischen Extracts* (A. g. P., 1897, LXIX, 386-358). — ZENONI. *Ricerche cliniche sull'affaticamento muscolari nei diabetici* (Policlinico, III, 1896).

IV. — CHIMIE DU MUSCLE FATIGUÉ

La fatigue musculaire, qui, au point de vue physiologique, se caractérise par une diminution d'excitabilité (dont les différentes modalités viennent d'être étudiées), se caractérise, au point de vue chimique, par une prédominance du processus de la désassimilation sur le processus d'assimilation, Il en résulte qu'on peut attribuer une cause double à la fatigue : d'une part, il y a consommation progressive des substances nécessaires à l'activité, qui ne peuvent se reformer assez rapidement pour suffire aux exigences du moment, et, d'autre part, il y a accumulation des produits de déchet (substances dites *fatigantes*), qui ne peuvent être éliminés ou neutralisés assez rapidement. En raison de cette différence fondamentale dans la genèse des phénomènes, VERWORN propose de désigner sous le nom « d'épuisement » les phénomènes de paralysie dus à la consommation des substances nécessaires à l'activité, et sous celui de « fatigue » les phénomènes paralytiques qui résultent de l'accumulation et de la toxicité des produits de déchet. Nous acceptons cette distinction, sans perdre de vue, toutefois, qu'il est très difficile dans la pratique de faire la part qui revient à chacune de ces deux causes dans la paralysie résultant d'un excès d'activité.

La consommation des réserves n'est jamais absolue : un muscle cesse de se contracter bien avant l'épuisement complet des réserves. Ainsi, même un muscle extrait du corps se répare. En outre, quand la fatigue paraît complète, il suffit d'augmenter la force de l'excitant pour voir reparaître les contractions. Ce n'est donc pas tant la consommation des réserves que l'impossibilité d'en tirer parti, qui caractérise la fatigue. Et il paraît certain que la stagnation des produits de la désassimilation en est la cause. D'ailleurs, il est d'observation courante, qu'après une grande fatigue il ne suffit pas de réparer les pertes par un excès d'alimentation ; il faut du temps pour permettre à l'œuvre de réparation de s'accomplir.

Le travail poussé jusqu'à la fatigue modifie profondément la composition des muscles. La fatigue amène la rigidité hâtive (champs de bataille). Les mauvais effets du surmenage sur la chair des animaux ont été signalés par les vétérinaires. La chair surmenée devient très vite flasque, humide : elle prend une odeur aigrelette, et peut devenir dangereuse. On a cité des épidémies de typhus survenues à la suite de la consommation de viande de bestiaux surmenés. Des constatations de même genre ont été faites pour le gibier forcé.

L'accroissement des échanges gazeux pulmonaires et intra-musculaires pendant le travail trouvera place à l'article *Muscle*.

§ 1. **Changements de réaction.** — En 1845, DU BOIS-REYMOND montra que le muscle, de neutre qu'il était, devient acide sous l'influence de la tétanisation ; cette acidité est plus faible quand la circulation est conservée, car dans ce cas l'acide est saturé par les alcalis du sang. D'après les recherches de LIEBIG cet acide est l'acide lactique. RANKE montra que les muscles soustraits à la circulation produisaient une quantité d'acide strictement définie pendant la tétanisation.

HEIDENHAIN et ses élèves ont montré que l'acidité du muscle peut être considérée comme une mesure de ses transformations énergétiques ; l'acidité augmente quand le muscle est chargé d'un poids plus considérable. La tension active les transformations nutritives d'un muscle excité. L'acidification suit une marche parallèle au développement de chaleur d'un muscle en activité. La réaction peut donc servir à mesurer les phénomènes chimiques qui s'accomplissent dans un muscle actif (HEIDENHAIN). Cette étude fut reprise et complétée dans le laboratoire d'HEIDENHAIN par GOTSCBLICH. Cet expérimentateur a établi que le muscle devient acide même quand il est soumis à des excitations subminimales qui ne produisent pas de contractions visibles. DANILEWSKY observa dans les mêmes conditions un dégagement de chaleur. D'autre part, les excitations supramaximales ne produisent pas une acidification plus intense que les excitations maximales et une tension musculaire continue développe de l'acidité, si bien que le muscle chargé devient acide en l'absence de toute contraction et de toute excitation. Nous voyons donc que la tension seule augmente les mutations organiques, fait en concordance avec les expériences de KRAUSE, de WUNDT (qui trouvèrent un signe certain et positif de l'influence de la tension sur la rigidité cadavérique; ils virent que les extenseurs se rigidifient avant les fléchisseurs). HEIDENHAIN avait déjà montré l'influence de la tension sur le muscle actif; GOTSCHLICH le démontra pour le muscle inactif. La tension rythmée produit plus d'acide que la tension continue. Le procédé de HEIDENHAIN et de GOTSCHLICH consiste à écraser le muscle dans la solution physiologique, à filtrer l'extrait et à rechercher sa réaction au moyen de l'alizarine sodée. LANDAU et PACULLY montrèrent qu'un muscle qui est déchargé chaque fois qu'il atteint la hauteur de sa course se fatigue plus lentement et développe moins d'acide qu'un muscle qui reste chargé pendant la phase de la décontraction.

Ce rapport entre le développement de l'acidité musculaire et l'intensité du travail chimique apparaît aussi avec netteté dans le travail de GLEISS. Le muscle de crapaud, qui a une contraction plus lente que le muscle de grenouille, développe [régulièrement moins d'acide pendant son activité. L'auteur a pu constater, en outre, que le muscle de crapaud se fatiguait moins que le muscle de grenouille, et pouvait soulever des poids alors que ce dernier était déjà paralysé. La même différence existe entre les muscles pâles et les muscles rouges du lapin, du rat blanc et des chats. Le muscle rouge, à contraction lente, travaille plus économiquement et développe des produits de désassimilation en quantité moindre que le muscle pâle. Ces faits, qui sont en concordance parfaite avec les recherches myothermiques de HEIDENHAIN et de FICK, ont été confirmés par MOLESCHOTT et BATTISTINI, qui ont vu que les muscles pâles du lapin développent beaucoup plus d'acide que les muscles rouges du chien.

Dans d'autres recherches aucun parallélisme entre le degré d'acidité et le travail chimique n'a pu être démontré. Il semblerait même que l'acidité n'est nullement en rapport avec le travail des muscles. ASTASCHEWSKY (1880) ayant expérimenté sur le lapin, a trouvé une diminution de l'acide libre des muscles tétanisés, et cela dans chaque expérience. Un résultat semblable a été obtenu par WARREN. L'acide lactique décroît fortement dans les muscles fatigués, suivant MONARI.

Comparaison entre les valeurs moyennes de potasse saturable par l'acide libre contenu dans 100 parties de muscles au repos et fatigués, selon les divers auteurs.

ANIMAL.	REPOS.	FATIGUE.	AUTEURS.
Grenouille.	0,047	0,026	WARREN.
—	0,182	0,144	MOLESCHOTT et BATTISTINI.
Pigeon.	0,360	0,383	—
Cobaye	0,199	0,296	—
Lapin.	0,209	0,145	ASTASCHEWSKY.
—	0,192	0,136	WARREN.
—	0,123	0,176	MOLESCHOTT et BATTISTINI.
—	0,000	0,067	WEYL et ZEITLER.
Chien.	0,097	0,112	MOLESCHOTT et BATTISTINI.

(D'après le tableau de MOLESCHOTT et BATTISTINI).

Ce tableau nous montre donc que, contrairement à l'opinion de DU BOIS-REYMOND, la réaction du muscle au repos est légèrement acide, et non alcaline ou neutre.

MOLESCHOTT et BATTISTINI employèrent la phénol-phtaléine comme réactif; voici le rapport trouvé par eux entre l'acidité des muscles au repos et des muscles tétanisés :

	AU REPOS.	TÉTANISÉS.
Chien.	100	115
Lapin.	100	161
Cobaye	100	168
Pigeon	100	108
Grenouille.	100	79

Ils n'ont pas constaté d'accumulation d'acide dans les muscles soustraits à la circulation. Le rapport moyen entre le repos et le travail est de 100 : 139. A quoi est due cette acidité? C'est uniquement dans les recherches de Moleschott et Battistini qu'il a été tenu compte de l'acide carbonique, et non dans celles d'Astaschewsky, qui épuisait les muscles avec de l'alcool et avec de l'eau bouillante, ni dans celles de Warren, qui, n'ayant en vue que l'acide lactique, faisait un extrait à froid avec de l'alcool, l'évaporait, épuisait le résidu avec de l'éther, expulsait l'éther par distillation et titrait avec la potasse l'acide contenu dans le résidu de la solution éthérée, après l'avoir dissous dans l'eau; ni dans celles de Weyl et Zeitler, qui réduisaient en cendres les extraits obtenus avec l'eau en se proposant seulement la détermination de l'acide phosphorique. D'après Moleschott et Battistini, à côté de l'acide phosphorique, dont l'augmentation pendant le tétanos est un fait démontré, c'est, avant tout, l'acide carbonique qui doit expliquer l'acidité des muscles. Astaschewsky ne nie pas cette réaction, bien qu'il ait trouvé plus grande la proportion de l'acide dans les muscles au repos qu'après le tétanos. L'acide carbonique peut avoir un rôle dans l'acidité des muscles, mais non pas un rôle exclusif; car Du Bois-Reymond a trouvé persistante la couleur rouge que les muscles tétanisés produisaient sur le papier de tournesol. Les conclusions de Moleschott et Battistini sont que les muscles, même à l'état de repos, contiennent de l'acide libre; cet acide doit être surtout de l'acide lactique. Dans la majorité des cas, les muscles fatigués contiennent une plus grande quantité d'acide que les muscles au repos. Parmi les acides libres du muscle fatigué, ceux qui doivent prédominer sont : l'acide phosphorique (phosphate acide) et l'acide carbonique.

La présence d'acide dans les muscles tétanisés a été encore constatée par Marcuse, Werther, Boehm, Röhmann, Landsbergr.

Il est intéressant de constater que l'organe électrique de la torpille devient acide par l'activité tout comme le muscle, fait mis en lumière par Du Bois-Reymond (1859) et O. Funke. Cette observation fut trouvée inexacte par Boll (1873), auquel vint s'adjoindre Krukenberg; le tétanos strychnique fut impuissant à modifier la réaction alcaline, qui est habituelle à l'organe électrique. Th. Weyl (1883), qui reprit cette étude, employa le tétanos strychnique et le tétanos électrique pour produire la fatigue. Dans ces expériences l'animal était à l'air; il supporta fort bien le manque d'eau. L'organe électrique excité devenait constamment acide, tandis que l'organe témoin conservait une réaction alcaline. L'auteur a constaté de plus que les animaux vivants présentaient parfois spontanément une réaction acide ; c'étaient des animaux fatigués; car ils étaient incapables de produire des décharges.

Il paraît certain que la fatigue musculaire est accompagnée d'une augmentation d'acidité du muscle. Mais c'est aller beaucoup trop loin que d'attribuer la fatigue musculaire à l'accumulation d'un acide quelconque. Normalement, le sang alcalin neutralise à chaque instant l'acide formé. Et puis, comment expliquer que, plusieurs jours après la fatigue, les muscles restent encore douloureux et présentent une diminution de force dynamométrique et ergographique? Pourtant Lagrange explique la courbature de fatigue par une accumulation d'acide lactique.

On a constaté aussi un changement de réaction des urines à la suite de la fatigue musculaire. Klüpfel avait institué en 1868 des expériences sur les modifications que subit l'urine par le travail musculaire. Il déterminait l'acidité de l'urine produite dans les vingt-quatre heures au moyen d'une solution titrée de soude caustique. Il conclut que les urines produites pendant un jour de travail demandent une quantité de soude caustique bien supérieure pour être neutralisées. En 1872, Sawicki fit des recherches dans le but de déterminer si la quantité totale d'acide contenue dans les urines d'un jour de travail est supérieure ou non à celle contenue dans les urines d'un jour de repos. Les expériences ont porté sur trois individus, qui se reposaient un jour et travaillaient le jour suivant, en faisant des marches forcées et des exercices musculaires. Il obtint des résultats contraires à ceux de Klüpfel; la quantité et la qualité des aliments avait plus d'influence sur la réaction de l'urine, que la fatigue ou le repos.

Janowski fit deux séries d'expériences qui durèrent six jours chacune.

Il détermina la teneur en acide des urines sécrétées pendant les vingt-quatre heures des troisième, quatrième, cinquième et sixième jours d'expériences. Pour se fatiguer il faisait de longues promenades. La quantité d'acide contenue dans les urines augmentait considérablement les jours pendant lesquels le sujet avait fait un grand travail musculaire. Un résultat semblable a été consigné par Fustier et par Gilberti et Alessi. La fatigue rend l'urine plus acide. Ces recherches furent reprises par Aducco en 1887 sur le chien qu'on faisait courir dans la roue tournante de Mosso. Au bout d'une heure on sonde le chien et on lui donne à boire une quantité d'eau correspondante au poids qu'il a perdu. On le remet dans la roue, et on le fait travailler jusqu'à l'épuisement complet des forces. La réaction était déterminée quantitativement au moyen d'une solution titrée de soude caustique. La réaction limite était indiquée par une solution alcoolique d'acide rosalique, qui devenait jaune par les acides et rose-pourpre par les alcalis. On recueillait aussi les urines pendant les deux ou trois heures consécutives, puis le matin suivant. Ces urines ne contenaient jamais ni sucre ni albumine. Dans toutes les expériences, la réaction de l'urine, qui était acide avant la course, subissait une forte diminution d'acidité déjà après la première heure (10 kilomètres), ou même était déjà devenue alcaline. Dans la première heure de repos, l'urine tantôt maintenait son alcalinité, tantôt prenait une réaction acide ; pendant la seconde heure de repos elle se montrait constamment acide. L'alcalinité de l'urine du chien qui court est due à la présence de carbonates alcalins, comme le démontre nettement l'effervescence que produit l'addition d'acide chlorhydrique. Dans les urines des chiens au repos l'acide chlorhydrique ne produit pas d'effervescence. En conséquence, ce sont les substances qui donnent de l'acide carbonique comme dernier produit de leur transformation qui sont spécialement brûlées dans la fatigue. D'après Monari, l'urine est alcaline chez le chien fatigué, acide chez le chien reposé.

Des résultats semblables furent également obtenus par Oddi et Tarulli. D'après Benedicenti, qui a fait des analyses d'urines après des marches forcées, il y a tout d'abord une augmentation d'acidité ; ensuite on observe une véritable fermentation ammoniacale ; l'urine devient alcaline et se putréfie facilement. L'augmentation de l'acidité urinaire est encore bien plus grande qu'elle ne le paraît, car la sueur abondante tend à abaisser l'acidité de l'urine (Lassetzki). Giacosa avait constaté une augmentation d'acidité urinaire chez les cyclistes.

Nous voyons donc, d'après les données contradictoires de ces divers auteurs, que la réaction de l'urine ne suit pas exactement l'intensité de l'effort, et qu'elle est une donnée très complexe, la résultante de facteurs variables.

Bibliographie. — Astaschewsky. *Ueber die Säurebildung und den Milchsäuregehalt des Muskels* (Z. p. C., 1880, iv, 397-406) ; (A. g. P., xxiv, 397). — Aducco. *La réaction de l'urine et ses rapports avec le travail musculaire* (A. i. B., viii, 1887, 238-251). — Benedicenti. *Quelques examens d'urines de militaires après une marche* (A. i. B., 1897, xxvii, 321-332). — Du Bois-Reymond (E.) *A. P.,* 1857, 848 ; *Molescott's Untersuch.,* iii, 33 ; *Müller's Archiv.,* 1845. — Fustier. *Essai sur la réaction des urines.* D. Lyon, 1879. — Gleiss (W.). *Ein Beitrag zur Muskelchemie* (A. g. P., 1887, xli, 69-75). — Giacosa. (Arch. per le Scienze mediche, 1895). — Gilberti (A.) et Alessi (G.). *La reazione dell'urina normale e patologica* (Accad. di Med. di Torino, 1886, 138). — Klupfel. *Ueber die Acidität der Harnes* (Med. Chem. Unters., 1868, iii, 412). — Landau et Pacully (A. P., 1869, 423). — Landsberger. *Ueber den Nachweis der sauren Reaktion des Muskels mit Hülfe von Phenolphtalein* (A. g. P., 1891, 50, 339-363). — Lagrange (F.). *Physiologie des exercices du corps,* 1896. — Lassetzki (Ib., P., 1875, viii). — Moleschott et Battistini. *Sur la réaction chimique des muscles striés et des diverses parties du système nerveux à l'état de repos et après le travail* (A. i. B., 1887, viii, 90-124). — Marcuse et Röhmann (A. g. P., xxxix, 426). — Oddi (R.) et Tarulli (L.). *Les modifications de l'échange matériel dans le travail musculaire* (A. i. B., 1893 ; xix, 384-393). — Ranke (J.). *Unters. über die chemischen Bedingungen der Ermüdung der Muskels* (A. P., 1863 et 1864). — Röhman. *Ueber die Reaction der quergestreiften Muskeln* (A. g. P., 1891, 50, 84-98). — Sawicki. *Ist der absolute Säuregehalt der Harnmenge an einem Arbeitstage grösser als an einem Ruhetage?* (A. g. P., v, 1872, 285.) — Weyl (Th.) *Physiologische und chemische Studien an Torpedo* (A. P., Suppl., 1883, 103-126). — Weyl (Th.) et Zeitler (H.). *Ueber die säure Reaction des thätigen Muskels und über die Rolle der Phosphorsäure bei Muskelthätigkeit* (Z. p. C., 1882, vi, 55). — Warren (Joseph W.). *Ueber den Einfluss des Tetanus der Muskeln auf die in ihm enthaltenen Säuren* (A. g. P., 1881, xxiv, 391-406). — Werther. *Ueber die Milchsäurebildung und Glykogenverbrauch im quer-*

gestreiften Muskel bei der Thätigkeit und bei der Todtenstarre (*A. g. P.*, 1889, XLVI, 63-92).
— ZÜNTZ et HAGEMANN. *Stoffwechsel des Pferdes bei Ruhe und Arbeit*, Berlin, 1898.

§ 2. **Hydrates de carbone.** — Le travail musculaire est lié à une diminution de glycogène du muscle, fait constaté en premier lieu par CLAUDE BERNARD (1859) et confirmé ensuite par NASSE (1869). S. WEISS (1871) observa une diminution du glycogène musculaire dans la tétanisation poussée jusqu'à l'épuisement, diminution qui va de 25 à 50 p. 100. Voici ses chiffres (en grammes) dans trois expériences sur les muscles de six, douze et quinze membres postérieurs de grenouilles :

	1	**2**	**3**
Muscles de grenouille inactifs.	0,1413	0,252	0,117
— — — tétanisés	0,107	0,138	0,059

Ainsi la proportion de glycogène musculaire diminue par le fait de la fatigue. D'autres analyses viennent aussi à l'appui de cette opinion. Les muscles les plus actifs d'ordinaire sont aussi les plus pauvres en glycogène ; cette proportion variera donc suivant le genre de vie de l'animal. Tandis que chez le poulet le glycogène s'accumule dans les muscles de l'aile, muscles inactifs, et disparaît presque des muscles des pattes ; chez la chauve-souris, dont les muscles pectoraux sont si actifs, c'est l'inverse qu'on constate (GROTHE). D'autre part, après la section des muscles d'un membre, la proportion de glycogène augmente dans les muscles du côté de la section, comparativement à ceux du côté opposé, intact. (CHANDELON). Les faits constatés par WEISS furent confirmés par MANCHE, WERTHER, BOEYM, KRAUSS, MORITZ, KÜLTZ. Dans ses expériences sur le masséter du cheval, CHAUVEAU a obtenu les chiffres suivants :

Poids du glycogène.	Pendant le repos. . . .	15 gr,774
Dans 1 000 grammes de masseter.	Après le travail.	15 gr,396

D'après les expériences de MORAT et DUFOURT, faites sur des chiens dont les muscles étaient tétanisés, il y a une diminution de 40 à 80 p. 100 de glycogène par le fait du travail des muscles exsangues. Pour rendre évidente la consommation de glycogène, il faut supprimer le passage du sang dans les muscles ; autrement la provision de glycogène est constamment renouvelée par suractivité de la fonction glycogénique du foie. CATHERINE SCHIPILOFF a montré que même les contractions musculaires très faibles, à peine perceptibles, suffisaient pour amener une très forte diminution de glycogène.

Toutes ces expériences montrent d'une façon certaine que les muscles possèdent une réserve toujours disponible de potentiel sous forme de glycogène. Mais nous ignorons pourquoi le muscle cesse de se contracter avant que sa réserve de glycogène soit complètement détruite. Le rétablissement par le repos des fonctions d'un muscle fatigué et exsangue montre, en effet, que d'autres facteurs que l'épuisement des réserves sont la cause de la fatigue musculaire.

Le fonctionnement des muscles est lié à une suractivité de la fonction glycogénique du foie (CHAUVEAU) ; le taux de glucose augmente toujours dans le sang artériel après un travail musculaire local, comme celui de la mastication. D'après KULTZ, sur un chien en inanition on trouve encore du glycogène dans le foie au quinzième et même au vingtième jour. Or, si l'on fait travailler un chien inanitié, et si l'on procède à l'analyse du foie immédiatement après le travail, on n'y trouve plus de glycogène, ou seulement des traces.

Le glycose est l'aliment prochain et immédiat des combustions attachées à la production de la force musculaire (CHAUVEAU).

D'après les anciennes expériences de RANKE (1865), la tétanisation des muscles complètement privés de sang augmente la proportion de sucre musculaire ; l'augmentation atteint parfois 50 p. 100. D'après MONARI (1890), le sucre tantôt augmente et tantôt diminue sous l'influence de la fatigue. BENEDICENTI ne trouva jamais de traces de sucre dans les urines des soldats surmenés par de longues marches.

§ 3. **Substances azotées.** — *Créatine.* — Une expérience déjà ancienne de LIEBIG (1847) semble démontrer que l'activité musculaire poussée jusqu'à l'extrême fatigue augmente la proportion de créatine dans le muscle ; cet auteur a constaté que les muscles d'un renard forcé à la chasse contenaient dix fois plus de créatine que ceux d'un renard privé. Sarokow a trouvé que le muscle le plus actif de l'organisme, le cœur, contient plus de créatine que les muscles périphériques. Il a aussi observé que les muscles des animaux actifs contenaient plus de créatine que les muscles des animaux au repos; que les muscles tétanisés et fatigués étaient plus riches en créatine. Sczelkow vit que dans les muscles qui travaillent davantage il y a une plus grande quantité de créatine. Il trouva plus de créatine dans les extrémités postérieures que dans les extrémités antérieures; en les paralysant les unes et les autres au moyen de la section de la moelle épinière et en tétanisant ensuite les extrémités antérieures seules, il trouva dans ces dernières une plus grande quantité de créatine. Ces résultats furent contestés par Nawrocki, Voit, Basler et Meissner. Nawrocki trouva, tant dans les muscles antérieurs que dans les muscles postérieurs des grenouilles et des poulets, la même quantité de créatine. Voit, Hofman, Halenke, trouvèrent toujours dans le cœur de l'homme une moindre quantité de créatine que dans les extrémités du même animal. Monari a observé la transformation de la créatine en créatinine dans le muscle fatigué. Il trouve dans le muscle au repos 0,334 p. 100 de créatine et 0,056 p. 100 de créatinine, alors que dans les muscles fatigués il y avait 0,493 p. 100 de créatinine. Le muscle fatigué contiendrait une moins forte proportion de créatine que le muscle au repos; mais il s'y trouverait de la créatinine ou plutôt une nouvelle base créatinique, la *xanthocréatinine*. Cette base, que A. Gautier parvenait à extraire en 1885, fut trouvée par Monari dans les muscles fatigués et les urines des personnes lasses. Le même auteur constata deux fois sur cent la présence de la *leucine* dans les muscles fatigués.

Ces expériences sont insuffisantes pour déterminer le rapport qui existe entre le travail et la formation de la créatine. La créatine, étant un produit de la déssasimilation musculaire, s'élimine constamment par la voie rénale sous forme de créatinine et d'urée. Sa toxicité est très faible; injectée dans les membres, elle n'amène pas la fatigue musculaire, et ne peut, de ce chef, être classée parmi les substances fatigantes.

Créatinine. — Le travail musculaire augmente dans d'assez fortes proportions la quantité de créatinine éliminée par les reins. Mosso a observé que l'urine des soldats soumis à une marche forcée contenait, pour une période de 12 heures, 0,74 gr. de créatinine, tandis que pendant 12 heures de repos le chiffre observé a été de 0,50 à 0,58. L'augmentation de la créatinine dans les urines pendant le travail est très marquée, d'après Groecho. Cet auteur fit des observations sur six militaires tenus à une diète alimentaire constante; il constata l'influence constante et marquée du travail musculaire sur les quantités de créatinine éliminée. D'autres données lui furent fournies par un voyageur qui franchit les Alpes à pied et se rendit jusqu'à Pavie où il fut reçu à l'hopital brisé de fatigue. Chez cet individu, la quantité de créatinine éliminée s'élevait à $1^{gr},57$ les premiers jours, et descendit à $0^{gr},875$ le huitième jour. Oddi et Tarulli reprirent les expériences de Hofmann et celles de Groecho, et donnèrent raison à ces deux auteurs. Le travail musculaire normal n'exerce aucune influence sur la formation et sur l'excrétion de la créatinine. C'est seulement dans le travail exagéré, lorsqu'il y a une certaine dyspnée, qu'on rencontre dans les urines une augmentation de cette substance. La créatinine conserve avec l'azote total un rapport presque constant et suit toutes ses variations. De fait, pour Voit, Meissner, Mauroche, Hamann, le travail musculaire modéré n'exerce aucune influence sur l'élimination de la créatinine par l'urine. Moitessier a expérimenté sur lui-même et sur un ami: la créatinine était dosée par le procédé de Neubauer; il a trouvé une augmentation de la créatinine éliminée dans la proportion d'un huitième après des marches de 15 à 40 kilomètres. Ranke a vu que la créatinine injectée dans le sang exalte l'irritabilité des nerfs et produit des contractions spasmodiques. Landois considère la créatinine comme assez toxique.

Urée et acide urique. — Il est rigoureusement démontré, par des expériences, soit anciennes, soit récentes, sur lesquelles il n'y a pas lieu d'insister ici, que l'azote de l'urine n'est pas modifié par le fait du repos ou du travail; la contraction musculaire n'est pas accompagnée d'une production d'urée (Kauffmann), et cette substance n'augmente pas non plus dans les urines par le fait du travail musculaire. En est-il de même dans la fatigue? La question a été vivement discutée.

D'après Lehmann, le travail musculaire intense produit une augmentation de l'élimination de l'urée, fait contredit par Voit. Pour Ranke le tétanos musculaire est lié à une diminution des substances albuminoïdes. Suivant Bouchard, les exercices modérés font disparaître les sédiments uratiques des urines qui en renferment d'habitude, et les exercices violents en font apparaître dans celles qui n'en renfermaient pas d'ordinaire. Moitessier trouva une augmentation d'acide urique et d'urée après des marches prolongées. Oddi et Tarulli constatèrent une assez forte augmentation de l'urée après des marches fatigantes; mais cette augmentation ne correspond pas à une consommation d'albuminoïde capable de nous expliquer l'énorme quantité de force développée pendant le travail.

Suivant Chibret, l'exercice musculaire agit sur l'excrétion de l'urée selon l'état d'entraînement du sujet. Avec un entraînement suffisant, l'exercice musculaire, assez modéré pour ne pas amener de courbature, détermine une augmentation de l'urée. Cette augmentation disparaît et fait place à une diminution à mesure que l'entraînement préalable est moindre ou que l'exercice augmente de façon à provoquer la courbature. En même temps, les variations des quantités d'urates sont en raison inverse de celle de l'urée. En sorte que l'entraînement réalise les conditions d'une oxydation plus complète de la matière azotée; en cas d'absence d'entraînement, le travail musculaire s'effectue avec gaspillage de la matière azotée. Dunlop, Paton, Stockmann et Maccadam constatèrent sur l'homme que le travail musculaire intense produit une augmentation de l'azote et du soufre urinaire. L'albumine désassimilée est d'origine musculaire. Mais, si l'individu est mal entraîné, alors il y a augmentation d'acide urique, de matières extractives et de phosphore. Suivant Garratt, l'urée est légèrement diminuée pendant l'exercice musculaire, pour augmenter ensuite fortement; sa valeur est doublée en douze heures. L'augmentation est suivie d'une légère diminution, après laquelle s'établit l'état normal. Le même rapport existe pour l'acide urique. D'après les analyses de Kuraew, faites sur la grenouille et le lapin, la tétanisation des muscles leur enlève des albuminoïdes en quantité plus grande quand ils sont pourvus de circulation que quand ils sont exsangues. Kaschkadamow trouve une perte de 0^{gr},88 p. 100, d'azote musculaire sous l'influence de la tétanisation.

En appliquant les idées que Bouchard et A. Gautier ont rendues classiques, Lagrange propose une hypothèse qui attribue la *courbature de la fatigue* à une sorte d'intoxication de l'organisme par des produits de désassimilation, en particulier par l'acide lactique et les déchets azotés. Il a observé que les sédiments urinaires, composés en grande partie d'urates, apparaissent à la suite de travaux intenses; ils font défaut si le travail est peu intense et dure peu. Mais l'état du sujet a bien plus d'influence que la violence de l'exercice pour augmenter ou diminuer la quantité de sédiments rendus à la suite du travail. Plus on se rapproche de l'état d'entraînement, et moins abondants sont les dépôts de l'urine pour une même quantité de travail. A mesure qu'on acquiert par l'exercice plus de résistance à la fatigue, les urines perdent leur tendance à faire des dépôts. Si le même individu se livre chaque jour au même exercice nécessitant la même dépense de force, écrit Lagrange (p. 110), s'il entreprend, par exemple, de parcourir, en ramant pendant une heure, une distance donnée toujours la même, il arrive que son exercice, après lui avoir donné les premiers jours de fortes courbatures, ne produit plus, au bout d'une semaine, qu'un malaise insignifiant. Il arrive aussi que ses urines, après avoir donné lieu à des précipités très abondants au début, ne présentent plus en dernier lieu qu'un imperceptible nuage. A mesure que les sédiments deviennent plus rares, la sensation de fatigue consécutive tend à diminuer, et le jour où les urines gardent, après le travail, toute leur limpidité, l'exercice ne laisse plus à sa suite aucune espèce de malaise : la courbature ne se produit plus. Il y a donc un lien étroit, une relation constante entre la formation des sédiments uratiques et la production de la courbature. Cette remarquable corrélation se retrouve dans toutes les circonstances qui peuvent faire varier les effets du travail. Si l'on passe d'un exercice auquel le corps est fait, à un exercice exigeant l'action d'un groupe musculaire différent, on éprouve de nouveau les malaises de la courbature, et les urines recommencent à présenter des sédiments.

Il en est de même quand, pour une raison quelconque (même d'ordre moral), l'organisme est moins résistant à la fatigue. Lagrange donne le résultat de l'examen d'un échantillon d'urine recueilli après une très longue séance d'escrime, sur un sujet non entraîné, qui, depuis deux mois, s'était abstenu de tout exercice musculaire. Pour un litre d'urine, la quantité d'acide urique éliminé a été de 1 ᵍʳ., 43. Chez le même sujet ayant exécuté le même travail, après entraînement préalable, et dont l'urine n'a formé aucun dépôt, la quantité d'acide urique éliminé pour un litre de liquide a été 0ᵍʳ,60, chiffre qui ne s'écarte pas de la normale.

L'exercice violent laisse donc à sa suite, chez les hommes non entraînés, une surcharge urique du sang, une véritable uricémie, comparable, suivant LAGRANGE, à l'état qui précède un accès de goutte. Cette analogie est confirmée par l'observation ; chez les sujets prédisposés à la goutte, un exercice violent est souvent la cause déterminante d'un accès. TISSIÉ constata une augmentation du double de l'azote total, de l'urée et de l'acide urique le lendemain d'un record de 24 heures sur piste.

Ammoniaque. — Pour savoir si l'albumine est consommée dans le muscle en contraction, SLOSSE (1900) a fait le dosage de l'ammoniaque dans le sang et les muscles ; la production d'ammoniaque est, en effet, le premier résultat de l'attaque de la molécule d'albumine *in vitro.* Pour doser l'ammoniaque l'auteur s'est servi de la méthode de NENCKI et ZALESKI. En moyenne le muscle renferme 17ᵐⁱˡˡⁱᵍʳ,92 d'ammoniaque par 100 grammes (muscles au repos); après convulsions strychniques, ce chiffre s'élève à 21ᵐⁱˡˡⁱᵍʳ,62 par 100 grammes; après convulsions électriques, à 23ᵐⁱˡˡⁱᵍʳ,20. Le dosage de l'ammoniaque dans le sang a donné les chiffres suivants :

> Sang artériel. . . . . . . 1ᵐⁱˡˡⁱᵍʳ,93 p. 100
> Sang veineux. . . . . . . 2ᵐⁱˡˡⁱᵍʳ,17   —

La contraction musculaire serait donc liée à une production d'ammoniaque.

§ 4. Sels. — TISSIÉ constata chez le coureur STÉPHANE, pendant son record de 24 heures en piste, que les pertes en acide phosphorique le jour de la course s'élevaient : phosphates combinés aux alcalis, à 2ᵍʳ,43 ; combinés aux alcalino-terreux, à 1ᵍʳ,21 ; acide phosphorique total : 3ᵍʳ,69. Le lendemain de la course : phosphates combinés aux alcalis, 4ᵍʳ,69 ; combinés aux alcalino-terreux, 2ᵍʳ,31 ; total : 7 grammes. Les sulfates passaient de 6ᵍʳ,15 le premier jour, à 7ᵍʳ,12 le lendemain; enfin, tandis que le jour de la course la perte en chlorures atteignait 13ᵍʳ,50, le lendemain elle diminuait du quart et arrivait seulement à 3ᵍʳ,12. Suivant GARRAT, il y a une augmentation de phosphates urinaires et de sulfates pendant l'exercice. L'élimination de chlorures est régulière.

Une augmentation de l'élimination de phosphates par l'émonctoire rénal sous l'influence du travail musculaire présente un grand intérêt, car elle est directement liée à la désassimilation des matières albuminoïdes. Cette augmentation a été constatée dans de nombreux travaux, notamment dans ceux D'ENGELMANN (1871), KLUG et OLSZAWSKY, PRESYZ. WEYL et ZEITLER trouvèrent une augmentation de phosphates dans les muscles tétanisés; ne pouvant trouver une explication satisfaisante à ce phénomène, ils supposèrent que le phosphore se formait au dépens de la nucléine, attendu que cette augmentation n'était pas due à la décomposition de la lécithine. Suivant la remarque de MACLEOD, cette explication est inconciliable avec le fait de la faible teneur des muscles en nucléine (WHITFIELD ne trouve pas de trace de nucléo-albumine dans le muscle ; PEKELHARING en trouva en très petite quantité). La méthode employée n'était pas non plus exempte de tout reproche; pour extraire la lécithine. WEYL et ZEITLER employèrent l'alcool et l'éther à froid, bien qu'il ait été démontré par LIEBERMANN que, même à l'ébullition, ces dissolvants ne peuvent enlever toute la lécithine. Pour extraire les phosphates inorganiques, ils traitèrent les muscles dépourvus de lécithine par l'eau bouillante pendant cinq minutes; or ce traitement a pour effet de détruire la nucléine (ainsi que KOSSEL et MIESCHER l'ont montré) et d'augmenter artificiellement la quantité de phosphates.

A côté de la nucléine, il existe encore dans le muscle d'autres substances phosphorées qui étaient encore inconnues au moment où WEYL et ZEITLER publiaient leur travail, et dont la décomposition, au moment du travail, peut produire l'augmentation de phosphore inorganique. Une de ces substances est *la nucléone*, découverte par SIEGFRIED. Cet expérimentateur trouva, en effet, que l'extrait aqueux des muscles tétanisés contenait une moindre proportion d'azote provenant de la nucléone que l'extrait aqueux des muscles au repos. MACLEOD (1899) institua des expériences pour se rendre compte si dans le travail musculaire il y avait une dissociation du phosphore d'avec la molécule de nucléone, ainsi que cela se produisait pour l'azote. Les expériences furent faites sur des chiens, qui quatre jours auparavant, étaient nourris de viande de cheval. Ils étaient ensuite soumis à des marches dans une roue jusqu'à grande fatigue. Les chiens témoins étaient gardés au repos. Les animaux étaient tués par anémie; leurs muscles broyés dans une machine à viande. Voici les résultats des analyses : *sous l'influence de la fatigue musculaire, le phosphore organique contenu dans l'extrait aqueux du muscle diminue dans de très larges limites.* Cette diminution se fait en partie (50 p. 100) aux dépens du phosphore de la nucléone, en partie aux dépens d'autres substances phosphorées qui se trouvent dans le muscle (acide inosique, etc). Dans les expériences où la fatigue a été très intense (6 heures de travail), le phosphore de la nucléine est très fortement diminué. Ces résultats concordent avec les faits observés par Siegfried, que la proportion de nucléone détruite est plus considérable dans un travail intense que dans un travail modéré. Proportionnellement à la diminution de phosphore organique total soluble dans l'extrait aqueux, Macleod a observé une augmentation de phosphore inorganique soluble. Le phosphore total soluble dans l'extrait aqueux ne varie pas à la suite du travail; seul le rapport entre le phosphore organique et le phosphore inorganique, qui était 1 : 3 pendant le repos, devient 1 : 5 et même 1 : 6 (quelquefois 1 : 13) pendant le travail. Nous avons vu que, sous l'influence de la fatigue musculaire, une partie du phosphate disparu était due à la décomposition du nucléone; or cette décomposition n'a lieu que lors d'un travail musculaire très intense. Le travail modéré libère aussi du phosphore, mais celui-ci provient d'une autre substance phosphorée qui se trouve dans le muscle, et qu'il a été impossible à Macleod de déterminer.

Les expériences rapportées dans ce chapitre tendent à prouver que pendant la fatigue le muscle consomme des matériaux un peu différents de ceux qu'il utilise pendant la contraction sans fatigue. Ce n'est pas une contradiction avec les opinions de Chauveau, qui a établi que « le travail musculaire n'emprunte rien de l'énergie qu'il dépense aux matières albuminoïdes, mais que c'est à l'état d'hydrates de carbone que le muscle en travail consomme le potentiel qui est la source immédiate de son activité, et cette consommation n'est pas autre chose qu'une combustion totale. Seul le travail d'usure donne lieu à des excreta azotés, et c'est la nécessité d'un travail de réparation pour nos tissus qui explique l'immense importance de l'azote alimentaire. » L'alimentation insuffisante ou un travail excessif se confondent, d'après Chauveau; ils ont pour effet d'entraîner une dépense d'albumine vivante qui se traduit par un excès dans l'excrétion azotée. Mosso croit aussi que le muscle ne consomme pas dans ses premières contractions les mêmes substances qu'il utilise quand il est fatigué; de même, dans le jeûne, nous consommons le premier jour des matériaux qui sont complètement différents de ceux que nous empruntons à nos tissus dans les derniers jours de l'inanition. Kronecker partage la même opinion.

Si ce point de vue est exact, les produits de la désassimilation pendant la fatigue doivent différer non seulement au point de vue quantitatif, mais aussi au point de vue qualitatif de ceux qui sont fabriqués normalement par l'organisme. Parmi les produits de la désassimilation des matières albuminoïdes, il en existe de très toxiques (A. Gautier), et ce sont ces produits qui constituent l'origine des symptômes de la fatigue. On peut donc dire que, dans les conditions ordinaires, le muscle consomme des substances non azotées, et que c'est aux dépens de ces substances qu'il produit du travail mécanique et de la chaleur; la consommation d'albumines est insignifiante, et résulte d'une simple usure du tissu musculaire (Chauveau); les produits toxiques, issus des matières albuminoïdes, sont fabriqués en petite quantité et sont aussitôt brûlés au moyen de l'oxygène du sang, détruits dans le foie et dans d'autres glandes de l'organisme et éliminés par le rein; *dans les conditions anormales d'exercice prolongé jusqu'à la fatigue,* ou d'apport insuffisant de matériaux non azotés, le muscle, à défaut de ces substances, consomme des albuminoïdes et fournit des produits de déchets azotés, dont quelques-uns sont doués d'une très grande toxicité; ces substances s'accumulent dans l'organisme et agissent d'une façon paralysante sur les éléments excitables de l'organisme (Donders, Haughton, etc.). Il ne faudrait pourtant pas croire que la désassimilation des albuminoïdes commence au moment où toutes les réserves hydrocarbonées sont épuisées : nous avons vu que, même en faisant travailler un muscle sans circulation, on n'arrive pas à lui faire consommer tout son glycogène; la fatigue arrive auparavant. Il est donc fort probable que la consommation des albuminoïdes débute déjà au moment où le travail musculaire commence à fléchir.

La réparation de la fatigue musculaire par l'oxygène nous fournit aussi un argument dans le même sens (J. Ioteyko); elle tend à faire supposer qu'il y a plutôt une consommation de matières albuminoïdes avec production de substances toxiques; car, s'il s'agissait de glycogène détruit, on ne comprendrait pas la restitution du glycogène dans le muscle privé de sang, tandis qu'on comprend très bien la destruction et la paralysie du muscle par des substances toxiques, dérivant des matières albuminoïdes.

§ 5. **Matières extractives et réductrices. Teneur en eau du muscle fatigué.** — Les muscles qui ont été soumis à un excès de travail ont subi de profondes modifications chimiques. Leur corruption est hâtive; ils renferment des substances nouvelles, dites *extractives*. HELMHOLTZ avait montré en 1845 que les matières extractives, solubles dans l'alcool, augmentent dans le muscle qui travaille, tandis que les matières solubles dans l'eau diminuent. Si l'on suppose les matières extractives solubles dans l'alcool égales à 100 dans le muscle au repos, elles deviennent égales à 133 dans le muscle tétanisé. Ces faits furent confirmés par J. RANKE, aussi bien pour les muscles exsangues que pour les muscles avec circulation. La diminution des matières extractives solubles dans l'eau n'est pas relative (comparativement à l'augmentation des matières solubles dans l'alcool), mais elle est absolue.

On sait que le travail musculaire est lié à une consommation d'oxygène. Suivant l'hypothèse de TRAUBE (*Virch. Arch.*, XXI, 399), la fibre musculaire possède la faculté d'enlever l'oxygène au sang et de s'unir avec lui en une combinaison lâche, pour le céder ensuite à d'autres substances, dissoutes dans le suc musculaire et douées d'une affinité plus grande pour l'oxygène. GRÜTZNER chercha à montrer ces réactions en fournissant au muscle pendant ou après son·activité des substances qui cèdent facilement leur oxygène. Il injecta de l'indigo dans la veine abdominale ou dans le cœur des grenouilles, et lia ensuite l'aorte; il tétanisa alors une cuisse par l'intermédiaire de la moelle, alors que la cuisse du côté opposé était gardée au repos par la section du nerf correspondant. Il s'attendait à trouver une décoloration de l'indigo sous l'influence de substances réductrices. Les résultats ne furent pas bien nets; parfois le muscle actif fut trouvé plus pâle que le muscle inactif, mais on observa aussi le contraire. Au contraire, avec l'acide pyrogallique, le filtrat du muscle actif était légèrement jaunâtre, tandis que le filtrat du muscle inactif possédait une coloration brune foncée. La différence apparaissait encore plus grande quand, au lieu d'acide pyrogallique pur, on employa un mélange d'acide pyrogallique avec des traces d'un sel d'oxyde de fer. L'auteur n'acquit pourtant pas la conviction que la modification de coloration était due à une action réductrice exercée par le muscle en activité, et il l'attribua à une quantité plus grande de lactates. SCHÖNBEIN avait trouvé, en 1861, que tous les nitrates solubles se réduisent en nitrites, non seulement par l'hydrogène, le zinc, le cadmium, mais aussi par des corps organiques tels que l'amidon, le sucre de canne, la glycérine, les globules du sang. La formation de nitrites est expliquée, selon SCHÖNBEIN, par un processus d'oxydation.

Cette découverte fut le point de départ des recherches de GSCHEIDLEN (1874), qui voulut se rendre compte si, sous l'influence de processus d'oxydation aussi énergiques que ceux qui s'accomplissent pendant l'activité musculaire, il était possible d'obtenir une transformation de nitrates en nitrites. Il injecta à des grenouilles sous la peau du dos ou dans la veine abdominale des solutions de nitrates alcalins d'intensité variable. Après l'injection un des sciatiques est sectionné; la grenouille est tétanisée par l'intermédiaire de la moelle, ou bien elle est strychnisée. Après un tétanos d'une durée de une à huit heures, les cuisses sont hachées, et les extraits filtrés. L'extrait des muscles tétanisés donna, en présence de l'amidon, de l'iode et d'une solution faible d'acide sulfurique une coloration bleuâtre déjà au bout d'une demi-heure à deux heures (indice de la formation de nitrites), tandis que la même coloration s'obtint avec l'extrait des muscles non tétanisés au bout de vingt-quatre à trente-six heures seulement. Ce fut le résultat constant de soixante expériences. Sans exception, l'extrait des muscles tétanisés se colora plus tôt que l'extrait des muscles non tétanisés. L'apparition hâtive de la réaction est d'autant plus surprenante que différents corps organiques possèdent la faculté de décolorer l'iod e-amidon (PETTENKOFER, BLONDLOT, BÉCHAMP).

Il existe encore d'autres agents qui démontrent la formation de nitrites par le fait de l'activité musculaire; comme l'acide diamidobenzoïque, considéré par Griess comme le réactif de l'acide nitrique. Les extraits des muscles tétanisés deviennent plus fortement colorés en jaune par l'acide diamidobenzoïque que les extraits des muscles inactifs. La nitrification dans les muscles actifs est en outre démontrée par la différence de coloration entre l'extrait des muscles tétanisés et des muscles inactifs après qu'on ajoute de la brucine, dissoute dans l'acide chlorhydrique. La coloration rouge est proportionnelle à la quantité d'acide nitrique qui se trouve dans le liquide. S'il y a eu formation de nitrites sous l'influence de l'activité musculaire, l'acide azotique disparaîtra, la coloration rouge sous l'influence de la brucine et de l'acide sulfurique dans l'extrait du muscle inactif persistera un temps plus long, et la coloration jaune apparaîtra plus tard que dans l'extrait des muscles tétanisés. C'est ce qui s'observe en réalité. L'extrait des muscles inactifs est coloré en beau rouge sous l'influence de la brucine et de l'acide sulfurique, alors que l'extrait des muscles tétanisés est à peine rosâtre, et en peu de temps la coloration passe à l'orangé et au jaune.

Toutes ces réactions montrent que l'extrait des muscles tétanisés renferme des nitrites (Gscheidlen), et que ceux-ci ont pris naissance pendant l'expérience. La nitrification n'est pas accélérée si on arrête la respiration cutanée de la grenouille par immersion de la patte dans un bain d'huile, et si on arrête la respiration pulmonaire par extirpation ou ligature du poumon; elle n'est pas accélérée non plus si on plonge la grenouille entière dans une atmosphère d'azote ou d'hydrogène. Probablement les nitrites formés sont éliminés tels quels par l'animal. La conclusion de Gscheidlen est que, *pendant l'activité musculaire, il y a formation de substances qui possèdent un pouvoir réducteur très énergique*. On ne sait quelle est leur nature; on sait seulement que ces substances, facilement oxydables, *sont solubles dans l'alcool;* car, si l'on prend les extraits alcooliques des muscles tétanisés et inactifs, et si après l'évaporation de l'alcool et la dissolution dans l'eau on ajoute des nitrates, alors on constate que, dans la solution aqueuse de l'extrait alcoolique du muscle tétanisé, il y a formation de nitrites en peu de temps, tandis que la formation de nitrites dans le muscle inactif n'a lieu que sous l'influence de la putréfaction (Gscheidlen). Aucune des substances connues, qui se forment pendant l'activité musculaire, ne possède le pouvoir de transformer en réaction acide les nitrates en nitrites dans le cours de plusieurs heures, bien qu'un grand nombre de substances (acide lactique, sucre, glycogène), en réaction alcaline plus rapidement qu'en réaction acide, agissent d'une manière réductrice sur les nitrates dans le cours de plusieurs jours.

Abelous, pour doser les matières réductrices, qui représentent les termes intermédiaires de la désassimination des substances albuminoïdes, a employé le procédé d'Étard et Ch. Richet, basé sur le pouvoir absorbant de ces substances réductrices pour l'oxygène (*Trav. du labor.* de Ch. Richet, ii, 352). L'oxydation se fait par une liqueur de brome, et le dosage de l'excès de brome par une solution titrée de chlorure stanneux.

Matières réductrices des muscles (lapin) pour 100 grammes.
(D'après Abelous.)

Muscles normaux.	0gr,1014		Muscles paralysés.	0gr,0960
Muscles tétanisés	0gr,1216		Muscles normaux	0gr,1152
Différence.	0gr,0202		Différence.	0gr,0192

Ces chiffres se rapportent aux muscles extraits du corps; nous observons une augmentation de matières réductrices dans les muscles qui ont travaillé. A l'état normal, le sang débarrasse les muscles de ces déchets de la contraction. Cependant le sang artériel renferme toujours plus de substances réductrices chez les animaux fatigués que chez les animaux au repos (Abelous).

Ranke a vu que le muscle qui travaille est plus riche en eau, que la teneur en eau des muscles qui accomplissent le plus de travail est le plus considérable. La teneur en eau des muscles extraits du corps et tétanisés ne varie pas; par conséquent, la richesse plus grande en eau du muscle avec circulation et tétanisé n'est pas due à la formation de l'eau dans le muscle même. L'augmentation de la quantité d'eau dans le muscle en activité correspond à une diminution de la quantité d'eau du sang. A la suite du tétanos le sang devient plus concentré, plus riche en matières solides. L'augmentation de la quantité d'eau dans le muscle repose sur un phénomène de diffusion entre le sang et la substance musculaire; le muscle est lavé d'une partie de ses substances solides pendant le tétanos; le sang des grenouilles tétanisées est plus riche de 1,3 p. 100 en substances solides, et plus pauvre en eau qu'avant le tétanos. Or, à la suite de l'activité musculaire, la pression osmotique croît dans les fibres musculaires et par conséquent le nombre de molécules dissoutes dans la substance musculaire doit croître aussi (Loeb). Le fait s'accorderait très bien avec la supposition que l'origine de l'énergie déployée par le muscle est un processus de dissociation. Élisabeth Cooke a déterminé, dans le laboratoire de Loeb, à Chicago, l'augmentation de pression osmotique dans le muscle : même un travail relativement modéré fait croître cette pression de 50 p. 100. Loeb en tire argument pour admettre que pendant l'activité musculaire le nombre de molécules contenues dans la solution subit un accroissement, que la pression osmotique dans le muscle augmente, qu'une certaine quantité d'eau introduite dans les fibres musculaires détermine une augmentation de volume du muscle et son hypertrophie fonctionnelle. Ganicke trouve aussi que le travail musculaire augmente la teneur du muscle en eau (jusqu'à 11 p. 100), et diminue sa teneur en matières fixes (1,5 p. 100).

§ 6. **Toxicité.** — Ces substances réductrices, élaborées au cours du travail musculaire, sont douées d'une très grande toxicité. La première expérience à cet égard est due à J. Ranke (1865) : une patte de grenouille, fatiguée jusqu'à épuisement complet par des excitations électriques, pouvait être rendue capable d'une nouvelle série de contractions par un simple lavage, c'est-à-dire par le passage d'eau salée par l'artère principale du membre. L'eau salée a agi manifestement en entraînant au dehors les substances toxiques. Kronecker a obtenu des résultats encore plus satisfaisants en injectant de l'hypermanganate de potasse ou du sang oxygéné. Une autre expérience de Ranke est encore plus démonstrative : il fit l'injection de l'extrait aqueux d'un muscle qui avait travaillé dans un muscle frais et vit diminuer son aptitude au travail. D'après Abelous, ces substances fabriquées au cours du travail musculaire exercent une action curarisante. Dans les conditions normales elles seraient détruites grâce à l'action antitoxique des capsules surrénales (Abelous et Langlois). Leur action réductrice est encore démontrée selon Abelous par la transformation du ferricyanure de potassium en ferrocyanure, ce qui détermine avec le perchlorure de fer un précipité de bleu de Prusse. Si au préalable on oxyde ces substances avec du permanganate de potasse, la réaction du bleu de Prusse ne se produit pas, et ces substances ainsi oxydées ont perdu leur toxicité. L'action toxique de l'extrait des muscles tétanisés paraît donc bien établie.

Quant aux substances toxiques, qui, nées pendant le travail musculaire, viennent agir sur les centres respiratoires et cardiaques en produisant l'accélération du cœur et de la respiration, leur présence ne laisse plus de doute depuis l'expérience de A. Mosso; cet expérimentateur trouva que le sang d'un chien surmené injecté à un autre animal de la même espèce produit les phénomènes de la fatigue : abattement, parésie, accélération respiratoire et cardiaque. Si l'on fait tomber sur un muscle frais une goutte de plasma exprimée d'un muscle fatigué, elle y produit une contraction locale, lente et prolongée (Schiff).

Enfin, les effets toxiques des substances musculaires produites dans la fatigue ont été décelés même dans l'urine, fait qu'on pouvait prévoir déjà dans une certaine mesure par les déterminations de Bouchard du coefficient urotoxique des urines de la veille et du sommeil. Dans leur étude faite sur le coureur Stéphane pendant son record de 24 heures sur piste, Tissié, Sabrazès et Denigès ont constaté que les urines possédaient une toxicité qui dépassait le coefficient de celles des fièvres infectieuses graves. L'injection de 10 c. c. d'urine à la fin de la course tuait un lapin pesant 1 kilogramme, ce qui élevait le coefficient de la toxicité à 2,35, alors que celui des fièvres infectieuses graves est de 2 ou 2,50. Le lendemain ce coefficient descendait rapidement à 0,893, mais au contraire les déchets du jour de la course, qui atteignaient en 24 heures pour l'urée, 31^{gr},50; l'acide urique, 0^{gr},65; l'azote total, 17^{gr}07; augmentaient presque du double le lendemain. Stéphane n'avait bu que du lait. Les recherches faites postérieurement par Lapicque et Marette sur la toxicité urinaire, à la suite d'un exercice musculaire poussé jusqu'à la fatigue, ont amené ces expérimentateurs aux mêmes conclusions. Benedicenti a constaté que la toxicité des urines dans la fatigue était due aux matières non dialysables, et non pas aux sels minéraux, à l'urée, et aux matières colorantes (procédé de Roger qui consiste à appliquer la dialyse à l'étude de la toxicité urinaire).

Ajoutons, que d'après Arloing, la toxicité de la sueur est presque nulle quand elle est provoquée par un bain chaud, l'étuve, etc., elle est très considérable pendant les exercices musculaires violents.

Il est pourtant impossible d'édifier une théorie toxique de la fatigue. Il faudrait pouvoir isoler les substances toxiques et connaître leur mode de destruction.

Bibliographie. — Abelous (J. E.). *Toxicité du sang et des muscles des animaux fatigués* (*A. P.*, 1894, 433); *Contribution à l'étude de la fatigue* (*Ibid.*, 1893, 437-476); *Des rapports de la fatigue avec les fonctions des capsules surrénales* (*Ibid.*, 1893, 720); *Dosage des matières réductrices dans les organes* (*B. B.*, 1896, 578 et *A. P.*, 1897, i). — Ackermann (E.). *Étude des variations quotidiennes de la créatinine* (*B. B.*, 1894, 650). — Arloing (*Soc. des Sciences méd. de Lyon*, 10 février 1897, et *Répertoire de Pharmacie*, 10 mars 1897). — Benedicenti (A.). *Quelques examens d'urines de militaires après une marche* (*A. i. B.*, 1897, xxvii, 321). — Boehm (R.). *Ueber das Verhalten des Glykogens und der Milchsäure im Muskelfleisch* (*A. g. P.*, 1880, xxiii). — Bookmann (S.). *Chemical and urotoxic investigations of fatigue in the human subject* (New-York State Hospitals Press, iv, 1897). — Cavazzani (E.). *Blutzucker und Arbeistleistung* (*Cbl. P.*, 1895, viii, 689). — Chauveau. *Le travail musculaire n'emprunte rien de l'énergie qu'il dépense aux matières albuminoïdes* (*C. R.*, 1896, cxxii, 429); (*A. P.*, 1896); (*C. R.*, 1896). — Chauveau et Kaufmann (*C. R.*, 1887). — Chibret. *Influence de l'exercice musculaire sur l'excrétion de l'azote urinaire* (*C. R.*, 1891, cxii, 1525). — Cooke (Elisabeth). *Experiments upon the osmotic properties of the living Frog's Muscle* (*J. P.*, 1898, xxiii, 137-149). — Dunlop (J. C.), Paton (D. N.), Stockmann (R.) et Maccadam (J.). *On the influence of muscular exercice, sweating, and massage on the metabolism* (*J. P.*, 1897, xxii, 68-91). — Frentzel (J.). *Ein Beitrag zur Frage nach der Quelle der Muskelkraft* (*A. g. P.*, 1897, lxiii, 212-221). — Gad (J.). *Einige Grundgesetze des Energieumsatzes im thätigen Muskel* (*A. P.*, 1894, 387-400). — Ganiche (E.). *Des muscles de la grenouille fatigués et en repos* (*Gazette clinique de Botkine*, 1900). — Garratt (G. C.). *On the sequence of certain changes in the urine produced by exercise and by turkish baths* (*J. P.*, xxiii, 130, 1898). — Gscheidlen. *Ueber das Reductionsvermögen des thätigen Muskels* (*A. g. P.*, 1874, viii, 506-519). — Groecho. *La creatinina nelle urine normali e patologiche* (*Annali di chimica e di farmacologia*, 1886, iv, 24). — Haig (A.). *The Effect of Exercise on the Excretion of Urea : a Contribution to the Physiology of Fatigue* (*Lancet*, 1896, 610). — Hoffmann (B.). *Ueber Kreatinin in normalen und pathologischen Harne* (*A. A. P.*, xlvii, 358). — Jackson (C.). *Sulla decomposizione di sostanze albuminoïdi nell' uomo sottoposto a forti strapazzi* (*Accad. Lincei*, x, 1901). — Kaufmann. *La contraction musculaire est-elle accompagnée d'une production d'urée?* (*B. B.*, 1895, 148). — Kaschkadamow (W. P.). *Beiträge zum Studien chemischer Veränderungen der Muskeln während der Tätigkeit* (*Vratsch*, 1897, 5). — Krummacher (O.). *Drei Versuche über den Einfluss der Muskelarbeit auf die Eiweisszersetzung* (*Z. B.*, 1896, xxxiii, 108-138 (*A. g. P.*, liv, 21). — Kruger (R.). *Zur Kenntniss der Nucleone* (*Z. p. C.*, 1899, xxviii, 530-544). — Lagrange (F.). *Physiologie des exercices du corps*, Paris, 1896. — Lapicque et Marette. *Variations physiol. de la toxicité urinaire* (*B. B.*, 21 juillet 1894). — Loeb. *Ueber die Entstehung der Activitätshypertrophie der Muskeln* (*A. g. P.*, 1894, lvi, 270-272). — Maggiora (A.) (*Arch. f. Hygiene*, xv, 147). — Manche (*Z. B.*, 1889, xxv). — Macleod (J. J. R.). *Zur Kenntniss der Phosphors im Muskel* (*Z. p. C.*, 1899, xxviii, 555-558). — Malerba. *Sur le mode de se comporter du soufre protéique de l'organisme* (*A. i. B.*, 1897, xxvii, 221-229). — Marcuse. *Bildung von Milchsäure bei der Thätigkeit des Muskels* (*A. g. P.*, 1886, xxxix, 425). — Meissner (*Z. f. ration. Med.*, (3), xxiv, 100-225; xxxi, 183-284). — Monari. *Variations du glycogène, du sucre et de l'acide lactique des muscles dans la fatigue* (*A. i. B.*, xiii, 1890); *Changements dans la composition chimique des muscles dans la fatigue* (*A. i. B.*, 1890, xiii, 1-14); (*Gaz. chim. ital.*, xvii, 1887, xvi); (*Accad. med. di Roma*, xv, 1888-1889). — Morat et Dufourt. *Consommation du sucre par les muscles* (*A. de P.*, 1892, 327-356); *Sur la consommation du glycogène des muscles pendant l'activité de ces organes* (*Ibid.*, 457-464). — Moitessier. *Influence du travail musculaire sur l'élimination de la créatinine* (*B. B.*, 1891, 573). — Milroys (T. M.) et Malcolm (J.). *The metabolism of the nucleins under physiological condition* (*J. P.*, 1898, xxiii, 217-239). — Oddi (R.). *Influence*

du travail musculaire sur l'ensemble de l'échange respiratoire (A. i. B. 1891, xv, 388-396).
— Oddi et Tarulli. *Les modifications de l'échange matériel dans le travail musculaire
(A. i. B.,* 1893, xix, 384-393). — Oertel (H.). *Beitrag zur Kenntniss der Ausscheidung des
organisch gebundenen Phosphors im Harn (Z. p. C.,* 1898, xxvi, 123-130). — Pflüger (E.).
Einige Erklärungen betreffend meinen Aufsatz : Die Quelle der Muskelkraft (A. g. P.,
1891, L, 330-338). — Schipiloff (Catherine). *Recherches sur la nature et les causes de la
rigidité cadavérique (Rev. méd. de la Suisse romande,* 1889). — Schenck (Fr.). *Muskelarbeit
und Glykogenverbrauch (A. g. P.,* 1896, lxv, 326, 1861, 558). — Seegen (J.). *Muskelarbeit
und Glykogenverbrauch (A. P.,* 1896, 383-407, 511-525). *(C. P.,* ix, 193-196). — Slosse.
Sur le chimisme musculaire (Bull. Soc. Roy. des Sc. méd. et nat. de Bruxelles, octobre 1900)·
— Tissié (Ph.). *Observ. physiol. concernant un record vélocipédique (A. de P.,* 1894, 823-
857); *La fatigue et l'entraînement physique,* Paris, 1897. — Voit. *Ueber das Verhalten
des Kreatins und Harnstoff im Thierkörper (Z. B.,* iv, 1868, 76-162). — Werther. *Ueber die
Milchsäurebildung und den Glycogenverbrauch im quergestreiften Muskel bei der Thätigkeit
und bei der Todtenstarre (A. g. P.,* 1889, xlvi, 63-92). — Wœrner (E.). *Ueber Kreatin und
Kreatinin im Muskel und Harn (A. Db.,* 1898, 266-267). — Zabloudowsky. *Ueber die physiol.
Bedeutung der Massage (C. W.,* 1883). — Züntz (N.). *Ueber den Stoffverbrauch des Hundes
bei Muskelarbeit (A. g. P.,* 1897, lxviii, 191-211).

CHAPITRE IV

La Fatigue des centres nerveux médullaires.

Horsley (1898) a tâché de déterminer quantitativement la somme de travail que
peuvent fournir les centres spinaux, en utilisant les réflexes et les effets de l'excitation
directe de la moelle épinière. Cet expérimentateur a constaté que la somme de travail
fournie par l'excitation réflexe était toujours inférieure à celle qu'on obtient en excitant
le nerf moteur. Ces résultats sont difficilement applicables à l'étude de la fatigue médullaire, car la contraction centrale ou réflexe se distingue nettement de la contraction
névro-directe ou musculo-directe et ces différences tiennent à des actions d'arrêt, qui se
produisent spécialement à la traversée de centres nerveux (Beaunis). Ainsi on sait, par
les expériences de Beaunis et de Wundt, que la contraction centrale ou réflexe exige
pour se produire une intensité d'excitation supérieure à celle qui détermine une contraction directe; les irritants faibles ne provoquent souvent pas de réflexe, mais, si
celui-ci apparaît, il peut largement dépasser en énergie la secousse directe. Souvent,
des excitations qui, isolées, ne détermineraient aucune secousse, provoquent un tétanos
énergique quand elles se suivent à des intervalles très rapprochés. Cela démontre
l'entrée en jeu des phénomènes d'addition latente qui se produisent dans les centres
nerveux avec une facilité plus grande que dans le nerf moteur, et, dans ce cas, la contraction revêt ordinairement un caractère tétanique. La secousse réflexe a un début
retardé; elle dure beaucoup plus longtemps. Quant au tétanos central ou réflexe, il ne
possède presque jamais la régularité typique du tétanos direct. Il n'y a pas entre l'excitation et le tétanos, central ou réflexe, l'étroite relation qui existe entre l'excitation et
le tétanos direct.

L'indépendance relative de la contraction réflexe ou centrale vis-à-vis de l'excitant
nous montre qu'il existe des différences qualitatives entre la secousse réflexe et la
secousse directe; ces différences qualitatives suffisent pour expliquer dans une certaine
mesure les différences quantitatives, sans qu'il soit nécessaire d'admettre une fatigabilité plus grande des centres réflexes que de l'appareil périphérique.

Les expériences de Waller ne sont pas plus concluantes. D'après cet auteur, l'activité maximale des centres nerveux ne provoque pas l'activité maximale de l'appareil terminal; en d'autres termes, la fatigue centrale limite la fatigue périphérique. Voici l'expérience de Waller : si l'on applique une série de secousses électriques au bulbe d'une grenouille jusqu'à ce que le gastrocnémien ne se contracte plus, on obtient une nouvelle
série de contractions en irritant le sciatique, et une troisième série en irritant le muscle
lui-même lorsque l'irritation du nerf a cessé d'agir. Cette expérience démontrerait que

les centres sont plus fatigables que les terminaisons nerveuses, et celles-ci plus que le muscle.

Nous avons montré plus haut que la soi-disant action curarisante de la fatigue était un produit artificiel dû à l'altération du tronc nerveux par le contact avec les électrodes. La fatigabilité des appareils nerveux médullaires n'est aussi qu'apparente. Assurément, lorsque le gastrocnémien ne se contracte plus par excitation de la moelle, il fournit une nouvelle série de contractions à l'excitation du nerf. Mais si l'on admet que la moelle est devenue inexcitable par effet de la fatigue, comment expliquer alors qu'en excitant le nerf sciatique d'une grenouille dont la moelle vient d'être fatiguée, on obtient souvent non seulement la contraction directe, mais aussi la contraction réflexe (J. Ioteyko)? La moelle ne serait-elle pas complètement épuisée lors du relâchement du tétanos d'origine centrale? Certainement oui, mais la moelle, fatiguée par une intensité de courant a, répond à une intensité plus grande de courant b; autrement dit, le même courant, appliqué sur le nerf, a une intensité plus grande que quand il est appliqué directement à la moelle; ce qui explique et la présence de la contraction névro-directe et celle de la contraction névro-réflexe.

Les résultats obtenus par Waller peuvent donc être expliqués par un manque de dosage du courant électrique. On se sert généralement de l'expression « exciter par le même courant », sans songer que les tissus animaux n'ont pas tous la même résistance électrique et que le courant se répartira de façon que sa densité soit en raison inverse de la résistance spécifique de chaque tissu. L'écartement des électrodes restant le même, et le voltage n'ayant subi aucune modification, l'intensité du courant électrique lancé dans la région intrapolaire, et avec elle l'intensité de l'influx nerveux mis en liberté par cette excitation, sera toute différente suivant que la région intrapolaire est constituée par un tronçon de moelle, de nerf ou de muscle. Or les muscles sont bien meilleurs conducteurs pour l'électricité que les nerfs. Quant à la conductibilité électrique de l'axe cérébro-spinal comparée à celle du nerf, les documents manquent plus ou moins complètement; aussi sommes-nous astreints à la plus grande réserve dans nos conclusions, mais il ne serait pas impossible que les centres nerveux fussent moins bons conducteurs, et par conséquent, excités par un courant d'intensité plus faible que ne le sont les nerfs.

La méthode employée par J. Ioteyko répond à deux desiderata : 1° Elle permet l'emploi de courants électriques d'intensité moyenne, ce qui évite la diffusion du courant électrique; 2° Elle élimine complètement la nécessité des mesures comparatives de l'intensité de l'excitant, en permettant d'irriter, non pas différentes régions du système nerveux, mais une seule région déterminée. Voici l'analyse de ces travaux :

La résistance des centres nerveux médullaires à la fatigue étudiée au moyen de l'électrotonisation du nerf. — Le principe de cette méthode est le même que celui qu'appliqua Bernstein à l'étude de la fatigue du tronc nerveux et qui fut si ingénieusement modifié par Wedensky. Il y a lieu de considérer la moelle épinière à deux points de vue : 1° En tant qu'organe *conducteur* de la vibration nerveuse, et 2° en tant qu'organe du *réflexe nerveux*, c'est-à-dire tranformateur de l'influx sensitif en influx moteur. La conductibilité de la moelle est directement mise en jeu quand nous l'excitons directement par les électrodes, tandis que les propriétés réflectrices sont mises en évidence par la contraction réflexe. Nous analysons les processus qui se déroulent dans les centres nerveux médullaires en prenant pour mesure des processus internes le résultat de l'irritation névro-réflexe, c'est-à-dire la secousse musculaire consécutive à l'irritation du nerf sciatique du côté opposé. Or dans l'activité réflexe nous étudions la fatigue des neurones sensitifs aussi bien que celle des neurones moteurs. — Le point le plus important de la méthode de J. Ioteyko a trait au procédé employé pour obtenir la *section physiologique* du nerf sciatique, de manière que l'excitation qui lui vient des centres soit momentanément arrêtée pour ne pas produire de contraction, et que, à un moment donné, celle-ci puisse servir comme réactif de l'activité centrale. L'auteur s'est servi de l'*électrotonisation;* pendant le passage du courant continu, l'anélectrotonus d'une portion du nerf arrête l'influx nerveux venu des centres par excitation directe ou réflexe de ces centres; le gastrocnémien, dont le nerf n'a pas été électrotonisé, se tétanise jusqu'à épuisement complet, l'autre reste au repos. Si maintenant, sans interrompre l'excitation de la moelle, on ouvre le courant continu, la transmission s'opère sans obstacle dans le nerf électrotonisé, et l'on voit son gastrocnémien entrer en tétanos. Il est donc évident que les centres nerveux médullaires sont au moins deux fois plus résistants à la fatigue que les organes terminaux, parce qu'ils ont pu fournir un travail double. Dans toutes ces expériences, l'auteur s'est servi de grenouilles de forte taille (poids, 50 à 70 grammes). Le cerveau était détruit, et l'hémorrhagie de la moelle soigneusement arrêtée. Les deux nerfs sciatiques étaient dénudés, et les cuisses entièrement réséquées au-dessous des nerfs et des vaisseaux fémoraux. La grenouille est alors portée sur un myographe double, et les tendons des deux gastrocnémiens sont reliés aux leviers correspondants (poids en charge, 20 grammes). Pour éviter le desséchement du nerf, l'expérience n'a jamais été prolongée au delà de dix minutes.

L'auteur a recherché une intensité de courant continu, qui laisse à peu près intacte l'excitabilité du nerf après l'ouverture du courant polarisant. Elle s'est assurée que : *le passage pendant dix minutes, à travers une petite portion du nerf sciatique de grenouille, d'un courant continu de 0,20 milliampère (électrodes impolarisables), changeant de sens toutes les minutes et s'affaiblissant au cours de l'expérience jusqu'à 0,15 milliampère, laisse intacte l'excitabilité du nerf dans tout son parcours après l'ouverture du courant continu.* Le temps de dix minutes est suffisant pour obtenir deux courbes de tétanos l'une à la suite de l'autre; il est préférable de ne pas prolonger l'expérience au delà de ces limites, pour être à l'abri des modifications ultérieures de l'excitabilité, si fréquentes avec l'emploi du courant continu.

L'inexcitabilité persistante qu'on observe quelquefois après le passage du courant continu peut être décelée de la façon suivante : il faut interroger promptement dans les cas douteux l'excitabilité des deux nerfs : si la modification négative s'est produite, l'immobilité absolue du muscle attenant au nerf qui vient d'être électrotonisé constitue un contraste frappant avec les petites secousses que donne l'excitation du nerf du côté opposé, lequel, bien qu'ayant fourni déjà une courbe de tétanos, n'a partout pas perdu toute son excitabilité. L'auteur a eu également à lutter avec la modification positive, c'est-à-dire avec l'augmentation d'excitabilité qui suit parfois de près l'ouverture du courant continu. Or, si l'excitabilité du nerf est exagérée, un courant nerveux, même extrêmement faible, venu de la moelle, impuissant à éveiller la contraction en temps ordinaire, est capable de déterminer un tétanos énergique dans ces conditions. On reconnaît la modification positive en modifiant l'expérience de façon à exciter la moelle, non par des courants tétanisants, mais par des ondes périodiques à intervalles assez éloignés; on a alors l'inscription graphique de l'excitabilité sous forme de lignes verticales, dont la hauteur mesure le degré de l'excitabilité. Or, si, après l'ouverture du courant continu, le travail du muscle est déterminé par une action centrale, l'excitabilité du nerf n'ayant pas été augmentée, nous obtenons une courbe régulière de la fatigue du muscle; les premières contractions possèdent l'amplitude la plus grande, et la fatigue s'établit graduellement. Mais, si le travail du muscle est obtenu artificiellement par suite d'une hyperexcitabilité du nerf, la courbe des contractions inscrites sur le cylindre possèdera des caractères exactement opposés : elle sera l'indice fidèle de l'excitabilité grandissante du nerf : les contractions iront en augmentant de hauteur, et il faudra un certain temps pour qu'elles diminuent d'amplitude.

Toutes ces questions de méthode et de technique ont un grand intérêt, car elles nous permettront de juger de la légitimité des résultats. Ajoutons que l'objection que Herzen a formulée relativement à la méthode de l'électrotonisation des troncs nerveux ne peut s'appliquer à l'étude de la fatigue des centres nerveux. Ce physiologiste a fait remarquer que l'obstacle, destiné à enrayer la transmission, pourrait bien enrayer en même temps l'entrée en activité du nerf. Quand il s'agit du nerf, rien ne vient nous révéler en effet son entrée en activité; quand nous excitons la moelle, nous avons la certitude qu'elle entre en activité, bien qu'un des nerfs sciatiques soit électrotonisé à sa partie moyenne; la preuve en est fournie par le tétanos du côté opposé, qui se produit malgré l'établissement de l'électrotonus sur l'autre nerf.

La figure 17 nous montre la grande résistance médullaire à la fatigue. *L'excitation tétanisante de la moelle est obtenue par voie névro-reflexe.* Le tracé inférieur correspond aux contractions névro-directes; le tracé supérieur aux contractions névro-réflexes. On lit de gauche à droite de la figure : 1) tétanos d'essai des deux gastrocnémiens, névro-direct en bas, névro-réflexe en haut, tous les deux obtenus simultanément par excitation tétanisante d'un sciatique et tous les deux à peu près de même intensité; 2) repos de trois minutes, pendant lesquelles on électrotonise le nerf avec un courant de 0,20 de milliampère, en changeant le sens du courant (El sur la figure) et après avoir suspendu le courant tétanisant. L'électrotonus est complet au bout de trois minutes (tracé interrompu à cet endroit); 3) L'excitation du nerf A est reprise, le muscle donne immédiatement une courbe de tétanos névro-direct d'une durée de quarante-cinq secondes, après quoi il se relâche; pendant tout ce temps, le nerf B électrotonisé ne communique pas son excitation au muscle qui reste au repos; 4) Plusieurs secondes avant le relâchement complet du tétanos névro-direct, on ouvre le courant continu (O sur la figure),

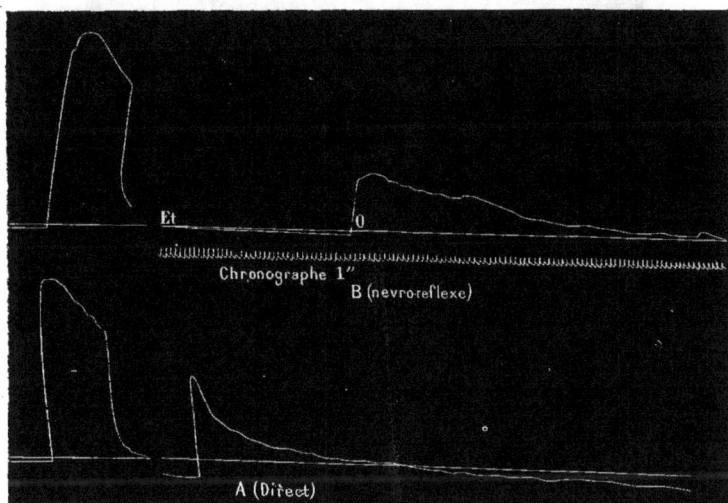

Fig. 17. — (D'après J. Ioteyko) Électrotonus employé pour produire la section physiologique du nerf. Excitation tétanisante de la moelle par l'intermédiaire du nerf sciatique d'un côté. Inscription simultanée de la contraction directe et de la contraction réflexe (de gauche à droite).

tout en maintenant l'excitation tétanisante du nerf A; l'anélectrotonus disparaissant et avec lui l'obstacle à la transmission nerveuse, le nerf B donne une courbe de tétanos névro-réflexe d'une durée de soixante-quinze secondes, démontrant ainsi que la moelle n'était pas fatiguée à ce moment. Nous en concluons que les centres médullaires sont au moins deux fois plus résistants à la fatigue que les organes terminaux, parce qu'ils ont pu fournir dans les mêmes conditions un travail double.

Le même résultat a été obtenu en excitant directement la moelle épinière au moyen d'ondes uniques.

La résistance des centres nerveux médullaires à la fatigue étudiée au moyen de l'éthérisation du nerf. — La méthode de l'électrotonisation a montré à J. Ioteyko que les centres nerveux spinaux sont au moins deux fois plus résistants à la fatigue que les organes terminaux, car ils peuvent fournir un travail double en réponse à la même excitation. Pour voir s'ils ne le sont pas davantage, l'auteur a cherché une méthode qui permette de prolonger l'expérience sans crainte d'une modification de l'excitabilité du nerf. La section physiologique du nerf peut être produite au moyen de l'éthérisation locale du nerf. En effet, l'avantage de cette méthode est que le retour de l'excitabilité après l'éthérisation ne passe jamais par une phase d'augmentation ainsi que J. Ioteyko et M. Stefanowska l'ont montré (*Ann. de la Soc. des sciences de Bruxelles*, 1901). La méthode avec l'éther ne diffère donc de la méthode avec l'anélectrotonus que par la substitution d'un bourrelet imbibé d'anesthésique au courant continu. Voici une de ces expériences (3 mai 1899, voir fig. 18).

Excitation névro-réflexe de la moelle par des courants tétanisants. — Le tracé inférieur est d'origine névro-directe; le tracé supérieur est d'origine névro-réflexe. On lit de gauche à droite de la figure : 1° Contractions d'essai, les névro-directes plus intenses que les névro-réflexes; 2° un des nerfs est éthérisé (à partir de E); 3° plusieurs secondes à peine après le début de l'éthérisation, l'autre nerf est excité par des courants tétanisants, et cette excitation est maintenue jusqu'à la fin de l'expérience; le nerf irrité donne une belle courbe de tétanos, tandis que l'excitation qui a traversé la moelle est

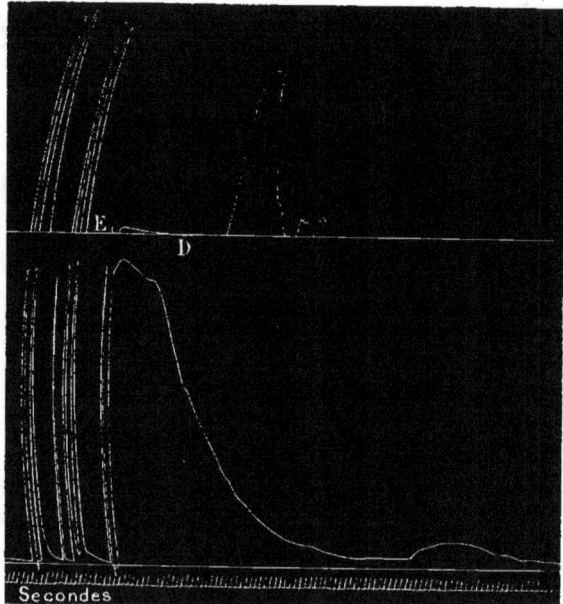

Fig. 18. — (D'après J. Ioteyko) Section physiologique du nerf obtenue au moyen de l'éthérisation d'une portion de ce nerf. Excitation tétanisante de la moelle par l'intermédiaire du nerf sciatique d'un côté. Inscription simultanée de la contraction directe et de la contraction réflexe (de gauche à droite).

arrêtée dans l'autre nerf au niveau du point éthérisé; à peine observons-nous un léger soulèvement de ce côté; 4) Avant même que le tétanos névro-direct ait pris fin, la déséthérisation est opérée (D sur la figure) : l'application de l'anesthésique a duré par conséquent environ vingt-deux secondes; la conductibilité ne revient pas immédiatement (la tétanisation ne cesse d'agir), mais, dix secondes après l'enlèvement de l'éther, nous obtenons un tétanos névro-réflexe assez intense. L'excitation de la moelle ayant duré tout ce temps, nous concluons à sa grande résistance à la fatigue vis-à-vis des organes terminaux.

Un résultat analogue a été obtenu en excitant directement la moelle avec des courants tétanisants. Dans d'autres expériences, l'éthérisation a été maintenue bien plus longtemps, et dans tous les cas, un tétanos a été obtenu après que l'éther s'est dissipé. Pendant tout ce temps la moelle n'a cessé d'être excitée. J. Ioteyko a pu se convaincre que *la moelle pouvait être excitée pendant un temps au moins quatre fois plus long que le muscle, sans qu'on pût déceler aucun signe de fatigue.* L'auteur n'a pas poussé plus loin cette détermination quantitative, et n'a pas assigné de limite au travail médullaire.

La résistance des centres nerveux médullaires à la fatigue étudiée au moyen de la strychnisation de la moelle et de l'éthérisation du .nerf. — Pour ne pas recourir à des excitants électriques trop énergiques, qui occasionneraient des dérivations sur la moelle épinière, on a généralement employé, pour augmenter l'intensité des phénomènes réflexes, des grenouilles empoisonnées par des doses minima de strychnine.

Cette façon d'agir présente de nombreux inconvénients dans l'étude de la forme de la secousse isolée ou du tétanos d'origine réflexe. Ces inconvénients apparaissent encore plus nombreux quand on se propose d'étudier la somme de travail que peut fournir la moelle épinière, car l'état de surexcitation de la moelle strychnisée ne peut servir de mesure à l'activité déployée par elle dans les conditions normales. Malgré toutes ces objections, des recherches sur la fatigue de la moelle strychnisée s'imposaient en quelque sorte, car grâce à ce procédé l'emploi des courants électriques extrêmement faibles était rendu possible (après l'échec des excitations mécaniques et chimiques pour produire un tétanos réflexe durable). En employant des doses convenables de strychnine, on parvient à renverser la formule : l'irritabilité réflexe l'emporte alors sur l'irritabilité directe. En moyenne un dixième de milligramme de sulfate de strychnine a été trouvé suffisant par J. IOTEYKO pour produire cet effet. Ces expériences ne diffèrent donc des précédentes que par la légère strychnisation de la moelle ; le nerf est éthérisé suivant le procédé connu. Ces expériences ont montré que la moelle légèrement strychnisée (pas de convulsion) est en état de fournir un travail au moins cent fois plus considérable que le muscle. Dans ces expériences, la narcose du nerf était suspendue de temps en temps, et l'on se rendait compte du degré d'excitabilité propre de la moelle. Les résultats avec les grenouilles strychnisées plaident donc dans le même sens. Il est certain que ces données ne peuvent servir de terme de comparaison avec le travail que la moelle est capable d'exécuter dans les conditions normales. Mais il paraît certain que les appareils réflexes de la moelle sont pratiquement infatigables, si on les compare aux organes terminaux.

Par les trois méthodes décrites plus haut cet expérimentateur a donc réussi à évaluer le travail intérieur des appareils réflexes de la moelle et à le représenter par *un équivalent mécanique*.

La résistance si grande des centres nerveux médullaires peut être interprétée de deux façons différentes : 1° ou bien les éléments nerveux sont de vrais accumulateurs d'énergie, capables d'un long travail sans fatigue en raison de leurs réserves nutritives considérables ; 2° ou bien leur résistance à la fatigue est l'indice d'un chimisme très restreint, l'acte nerveux n'étant pas accompagné d'un dégagement important d'énergie empruntée aux centres. — La question est loin d'être résolue. Remarquons pourtant que, si la grande résistance à la fatigue des centres nerveux médullaires était due à un métabolisme intense dans ces centres, ils seraient les premiers à ressentir les atteintes des toxines engendrées par un travail excessif, et l'intoxication produirait en peu de temps la paralysie des éléments nerveux. Or il n'en est rien ; ce sont les terminaisons motrices éparses dans le muscle qui ressentent les premières les effets de la fatigue, et il paraît probable qu'elles sont intoxiquées par les poisons nés sur place et engendrés par la contraction musculaire.

Il est intéressant de rapprocher de ces faits les expériences de G. WEISS sur l'influence des variations de température sur les périodes latentes du muscle, du nerf et de la moelle. Pour le muscle, la période latente s'allonge avec les températures basses, se raccourcit avec les températures élevées. La durée de cette période est liée à la rapidité avec laquelle se passent les actions chimiques. La vitesse de l'influx nerveux reste sensiblement la même aux diverses températures, ce qui concorde avec l'hypothèse de l'infatigabilité du nerf. Quant à la moelle épinière, WEISS a mesuré la période latente d'un réflexe, et, en opérant successivement à 20° et à 0°, il a vu qu'elle doublait, c'est-à-dire que la variation était de 100 p. 100. Enfin il a fait la même expérience en refroidissant la moelle et les nerfs lombaires et excitant la partie supérieure de la moelle. Dans ces conditions, la période latente n'a présenté que des changements insignifiants, parallèles à ceux qu'a présentés le nerf. La moelle s'est comportée comme si des tubes nerveux venant des racines antérieures se prolongeaient jusqu'à la partie supérieure de la moelle sans passer par aucune cellule ni articulation des neurones.

Ces expériences de G. WEISS viennent donc confirmer les résultats de J. IOTEYKO sur l'infatigabilité relative des appareils réflexes de la moelle épinière. Résultat semblable a été obtenu par N. USCHINSKY, qui s'est servi de la variation négative comme moyen de déceler l'activité médullaire. Il est toutefois difficile de juger de ses résultats en se basant sur l'analyse d'une courte note publiée par l'auteur dans le *Centralbl. f. Physiologie* (1899, 4-6).

L'étude de la fatigabilité de la moelle épinière constitue un chapitre tout nouveau de la physiologie, et, tandis que la fatigue du muscle a été examinée sous tous ses aspects depuis l'inauguration de la méthode graphique, la fatigue des appareils nerveux médullaires n'avait même pas été abordée par les physiologistes anciens. En effet, les difficultés expérimentales rendaient impossible cette étude avant la connaissance exacte des phénomènes de fatigue propres aux muscles et aux nerfs.

Le travail de J. IOTEYKO a été suivi de recherches fort intéressantes de M. VERWORN, qui, sans connaître les travaux de cet expérimentateur, aborda le même sujet en se servant de méthodes presque identiques : à savoir, de l'éthérisation du nerf et la strychnisation de la moelle. Mais, dans les expériences de VERWORN, la strychnisation de la moelle était poussée à l'extrême ; l'auteur a donc obtenu des phénomènes paralytiques, dus non à la fatigue des appareils médullaires, mais à leur intoxication.

Tout d'abord, VERWORN a repris à nouveau l'étude de l'action périphérique et centrale de la strychnine. L'action périphérique curarisante de la strychnine existe aussi bien pour la *Rana esculenta* que pour la *temporaria*, mais elle est plus prononcée pour la première (Voir : **Curarisants, poisons**). Quant à la paralysie qu'on observe après des convulsions énergiques, elle ne peut être rapportée en totalité à l'action curarisante de la strychnine, car au moment où la paralysie est complète les appareils périphériques sont encore excitables (confirmation de faits observés par POULSSON).

Cette paralysie n'est pas due non plus à la fatigue résultant de l'activité médullaire ; les grenouilles en effet, qui ont reçu en injection de doses plus fortes de strychnine se paralysent plus vite que celles qui ayant reçu des doses plus faibles, présentent une phase de convulsions plus prolongée. A quoi est due cette action de la strychnine sur les centres médullaires ? Suivant VERWORN, on n'a pas assez tenu compte de l'état du cœur dans l'intoxication strychnique. Or, chez les animaux qui ont été empoisonnés par des doses fortes de strychnine ($0^{gr},01$ pour une grenouille et même davantage), on observe, peu de temps après la disparition des réflexes, l'arrêt du cœur en diastole. A un examen plus minutieux, on observe le développement lent et graduel de la paralysie cardiaque, qui finalement mène à l'arrêt complet. Cette action de la strychnine sur le cœur est directe, elle persiste même après la section des vagues. Cet arrêt du cœur n'est pas dû aux convulsions, car les grenouilles, qui ont été empoisonnées par des doses plus faibles de strychnine et qui présentent un allongement du stade convulsif, ne présentent pas d'arrêt du cœur. La paralysie centrale n'est pas due à une action spécifique de la strychnine sur la moelle. Mais il existe un parallélisme complet entre la paralysie médullaire et la paralysie cardiaque. VERWORN fit aussi des expériences de contrôle : après la ligature du cœur, l'excitabilité réflexe disparaît au bout de 45 à 60 minutes chez les grenouilles non strychnisées. Ce temps correspond exactement au développement de la paralysie médullaire dans le strychnisme. Un autre fait vient plaider dans le même sens. Quand dans la paralysie strychnique le cœur est paralysé au point de ne plus pouvoir se contracter qu'une fois toutes les 10 ou 15 secondes, si l'on pratique la respiration artificielle, alors le cœur se remet de nouveau à battre plus rapidement, et l'activité médullaire réapparaît. L'auteur ne prétend pas expliquer le mécanisme de cette suractivité cardiaque ; il est possible qu'il est irrité mécaniquement par l'oxygène. Quoi qu'il en soit, le retour de la circulation a restauré l'activité médullaire. Il en résulte que la paralysie de la moelle constatée dans la strychnisation était due à son asphyxie. On pourrait dire aussi que, grâce à la suractivité circulatoire, la moelle est lavée de la strychnine ; mais cette explication ne paraît pas probable, car c'est le sang qui est le véhicule de la strychnine. Nous saisissons de cette façon l'explication de ce paradoxe, que sous l'influence de la strychnine l'excitabilité de la moelle est si considérablement accrue pour diminuer et se perdre consécutivement.

La tableau symptomatologique de l'intoxication strychnique est en effet composé de deux processus : excitation et paralysie. Chacun de ces processus a une cause différente : l'énorme augmentation d'excitabilité tient à l'action spécifique de la strychnine sur la moelle épinière; la paralysie est due à l'asphyxie résultant de l'arrêt du cœur. La symptomatologie du strychnisme est due à l'interférence de ces deux actions.

Si nous nous sommes étendus sur ces expériences si intéressantes de VERWORN, c'est parce que l'expérimentateur allemand tâcha d'appliquer ces données à la fatigue et à la réparation des appareils réflexes de la moelle. Pour amplifier les processus qui se déroulentdans ces appareils, il emploie la strychnine. La grenouille est fixée dans le décubitus dorsal sur une planchette de liège; l'artère d'un des membres postérieurs est liée, le sciatique est préparé jusqu'à l'articulation du genou et le gastrocnémien fixé au myographe. Pour exclure le gastrocnémien des convulsions strichniques, son nerf est éthérisé. La grenouille est alors strychnisée (1 centigramme en injection sous-cutanée). Nous voyons que la méthode employée jusqu'au dispositif des appareils graphiques est celle qu'inaugura J. IOTEYKO dans ses recherches sur la fatigue des centres nerveux médullaires. L'unique différence, c'est que J. IOTEYKO utilisa des doses extrêmement faibles de strychnine (1/10 de milligramme de sulfate de strychnine) incapables de produire des convulsions, mais exaltant les propriétés réflectrices au point que la moindre excitation était suivie d'un effet moteur considérable, tandis que VERWORN employa la strychnine à la dose de 1 centigramme, dose convulsive et même souvent mortelle.

Le cœur de la grenouille étant mis à nu, on peut suivre les progrès de la paralysie cardiaque. Cinq minutes après le début des convulsions, on remarque les premiers symptômes de faiblesse cardiaque. Quand les convulsions ont pris fin, on interrompt la narcose du nerf et on examine graphiquement l'état des réflexes en se servant de la contraction du gastrocnémien, exclu des convulsions par la narcose du nerf. On s'aperçoit que l'excitabilité réflexe est fortement diminuée et qu'il faut un certain temps (plusieurs secondes) pour lui faire récupérer sa valeur primitive. Mais bientôt le cœur s'arrête. A ce moment, l'excitabilité réflexe disparaît définitivement pour ne plus revenir malgré le repos. Mais on assiste au retour de l'excitabilité médullaire si l'on pratique la respiration artificielle et si l'on provoque le rétablissement des fonctions du cœur. Ces expériences viennent donc confirmer les résultats antérieurement acquis par VERWORN sur la réalité des deux processus qui se déroulent dans la moelle strychnisée.

L'action de la strychnine ne peut donc être comparée à l'action des anesthésiques, qui excitent à faible dose et produisent des phénomènes paralytiques à dose plus considérable. La paralysie strychnique est d'ordre asphyxique. L'unique action spécifique de la strychnine est l'énorme augmentation d'excitabilité qu'elle fait subir aux éléments médullaires.

Après ces constatations, VERWORN a abordé la question relative aux causes prochaines de la paralysie asphyxique de la moelle dans le strychnisme. Est-ce l'accumulation des substances de la métamorphose régressive qui se forment pendant l'activité médullaire, qui est la cause de la paralysie, ou bien est-ce le manque de certaines substances indispensables au maintien de l'activité ? Nous voyons que la même question se pose, qu'il s'agisse des centres nerveux ou qu'il s'agisse du muscle. Une grenouille étant paralysée par une forte dose de strychnine, et le cœur étant arrêté, une canule est introduite dans l'aorte et la circulation artificielle est pratiquée au moyen de la solution physiologique non oxygénée. Le cœur se remet immédiatement à battre. Au bout d'une minute l'excitabilité réflexe reparaît à son tour. Nous pouvons conclure que la paralysie était due, au moins en partie, à l'accumulation des substances nocives, car la restitution de l'excitabilité a pu se faire par le lavage avec une solution indifférente. C'est l'ancienne expérience de RANKE, sur la fatigue des muscles appliquée par VERWORN au rétablissement des fonctions de la moelle strychnisée.

Pour éliminer l'action de l'oxygène atmosphérique, VERWORN répéta la même expérience sous l'eau privée d'oxygène et obtint le même résultat. Les expériences avec le lavage de la moelle par une solution indifférente assurent la restauration des fonctions dans une certaine mesure, mais non dans sa totalité; l'excitabilité réflexe reparaît, mais on n'observe jamais de crampes tétaniques. Comme, d'autre part, la fatigue du muscle est exclue par la narcose du nerf sciatique, on doit admettre la présence d'un facteur supplémentaire qu'il s'agit de rechercher. L'expérimentation montre, en effet, que la paralysie est déterminée par l'intervention de deux facteurs : accumulation de substances nocives et manque de substances qui entretiennent l'irritabilité. Voici l'expérience de Verworn qui démontre ce phénomène : Nous avons vu que la restauration des fonctions médullaires au moyen de la circulation artificielle d'une solution indifférente n'était pas totale. Or, si au moment où la circulation artificielle indifférente a produit son maximum d'effet, on injecte du sang défibriné, agité au préalable à l'air, l'excitabilité tétanique revient avec son intensité primitive : l'animal se restaure complètement, les crampes tétaniques atteignent leur maximum de force.

Les expériences de contrôle montrent l'action nulle du lavage au moyen du sérum sanguin. C'est donc l'oxygène qui est l'élément réparateur. On peut donc dire que le lavage de la moelle au moyen d'une solution indifférente a entraîné au loin les substances nocives produites par le fonctionnement médullaire et a rendu la moelle capable d'un nouveau travail. Toutefois, le lavage mécanique s'est montré inefficace pour assurer la restauration complète; le contact de l'oxygène avec les neurones a restitué à la moelle son excitabilité totale. Ajoutons que Verworn n'attribue pas à l'anhydride carbonique un rôle important comme substance de déchet dans les phénomènes de paralysie médullaire; le sang agité dans une atmosphère d'anhydride carbonique et injecté dans le système artériel d'une grenouille reste sans effet. La question reste donc ouverte, à savoir quelles sont ces substances fatigantes. En ce qui concerne la localisation de la paralysie médullaire consécutive à la strychnisation, l'auteur allemand trouve que les éléments sensitifs de la moelle sont paralysés avant les neurones moteurs des cornes antérieures.

Dans les conditions normales, il y a équilibre entre le processus d'assimilation et de désassimilation. Cet équilibre est rompu quand la décomposition l'emporte sur la néoformation. C'est précisément le cas quand l'activité devient très intense ou très soutenue. Les produits de la désassimilation se forment alors en quantité plus considérable et s'accumulent dans les organes, le lavage naturel par le sang ne suffisant pas à les entraîner au loin, et l'oxygène du sang ne suffisant pas à le détruire. L'accumulation de ces substances produit la paralysie médullaire avant que la réserve d'oxygène soit encore épuisée (Verworn); nous assistons donc à une véritable intoxication de la cellule médullaire, avant qu'elle ait consommé tous ses matériaux de réserve. D'après cela, il peut y avoir pour la moelle, aussi bien que pour le muscle, deux causes différentes de fatigue, et en raison de cette différence fondamentale dans la genèse des phénomènes, Verworn propose de les distinguer par une dénomination différente et de désigner sous le nom de « fatigue » les phénomènes paralytiques qui résultent de l'accumulation et de la toxicité des produits de déchet, et sous celui d' « épuisement » les phénomènes de paralysie dus à la consommation des substances nécessaires à l'activité de la matière vivante. La fatigue et l'épuisement, bien que produisant le même résultat final (paralysie de l'irritabilité), agissent différemment sur les deux phases de la nutrition cellulaire : l'épuisement mène à la paralysie de l'assimilation, la fatigue paralyse directement la désassimilation.

Quant aux phénomènes de la réparation, le départ des substances de déchet ne suffit pas pour lui assurer toute son ampleur, ainsi que Verworn l'a montré. L'animal a besoin d'une nouvelle quantité d'oxygène pour se remettre complètement. Il est intéressant, à ce propos, de rappeler ici les expériences de Kronecker, de Ioteyko, de Ch. Richet, sur l'action réparatrice de l'oxygène dans la fatigue musculaire. L'analogie est complète. Kronecker en particulier a constaté l'efficacité des injections oxygénées, alors que le lavage simple était resté sans résultat appréciable. Enfin, les faits mis en évidence par Verworn jettent une certaine clarté sur les phénomènes de rythme en biologie. En présence d'une quantité insuffisante d'oxygène, nous assistons à des variations continuelles d'excitabilité de la moelle épinière strychnisée; les phases d'excitabilité exaltée sont entrecoupées par des périodes d'inexcitabilité complète. Chaque décharge de la cellule nerveuse est suivie d'une chute rapide d'excitabilité, qui peut descendre à zéro.

Ces fluctuations sont en rapport avec la quantité d'oxygène disponible. Il se pourrait, ajoute Verworn, que la période réfractaire, c'est-à-dire la période d'inexcitabilité qui suit toute excitation rythmique, soit tributaire de la même cause. Cette explication serait en concordance avec la théorie de PFLÜGER sur la combustion intra-organique.

Il nous reste maintenant à formuler quelques critiques relativement aux interprétations de VERWORN. En premier lieu, ses expériences démontrent, selon nous, l'extrême résistance des centres nerveux à la fatigue. C'est là une conclusion contre laquelle se défendrait l'expérimentateur allemand, car bien que dans son mémoire il n'ait pas fait la comparaison entre la résistance des centres nerveux à la fatigue et celle des organes périphériques (1900), il y fait allusion dans un travail d'ensemble sur le neurone, présenté au Congrès des naturalistes et des médecins à Aix-la-Chapelle (1900) ; il considère les centres de la moelle comme éminemment fatigables et leur attribue un métabolisme intense. Et pourtant voici ce qu'il dit dans son mémoire original (A. P., 1900, 155) : Après la phase des convulsions, mais encore avant l'arrêt complet du cœur, on interrompt la narcose du nerf pour examiner l'état d'excitabilité de la moelle, en se servant comme réactif du gastrocnémien préservé des convulsions. On trouve que l'excitabilité réflexe est fortement diminuée à ce moment, et il faut attendre plusieurs secondes pour lui faire récupérer sa valeur primitive. Or, à notre avis, ces quelques secondes de repos ne pourraient en aucune façon amener la restauration, s'il y avait fatigue réelle ; à n'en pas douter, ces quelques secondes ont été employées à dénarcotiser le nerf ; c'est de lui que venait l'obstacle à la contraction réflexe. Si notre interprétation est exacte, les expériences de VERWORN seraient la preuve d'une résistance médullaire encore beaucoup plus considérable qu'on ne pouvait le prévoir des expériences de J. IOTEYKO.

Les autres interprétations de VERWORN sont aussi passibles d'une explication un peu différente. La paralysie médullaire des grenouilles strychnisées est due à l'asphyxie de la moelle ; nous l'admettons sans conteste. Mais, suivant VERWORN, la présence de la fatigue est pourtant prouvée par l'efficacité du lavage médullaire et la reconstitution des réflexes montre qu'il y avait accumulation des substances nocives, formées pendant les fortes décharges nerveuses. Bien que la possibilité d'une fatigue propre des neurones de la moelle est très admissible après une activité aussi épuisante, nous ne pouvons l'admettre sans contestation. En premier lieu, nous ignorons si le lavage avec une solution indifférente n'a pas tout simplement entraîné au loin les restes de la solution de strychnine dans laquelle baignaient les éléments nerveux de la moelle ; cela eût suffi pour lui rendre son excitabilité. Cette objection est très sérieuse ; quand il s'agissait de l'action réparatrice d'une circulation activée, on pouvait à la rigueur écarter cette hypothèse, car, ainsi que VERWORN l'a fait remarquer lui-même, c'est le sang qui est le véhicule du poison. Il n'en est pas de même avec une solution indifférente, qui n'apporte aucun élément actif aux cellules nerveuses et dont le rôle est de les débarrasser des produits étrangers. Il ne faut pas aussi perdre de vue, que les grenouilles présentent généralement des convulsions pendant la phase d'élimination de strychnine. La réapparition des crampes après l'injection d'oxygène pourrait tenir à cette cause.

L'existence de ces substances paralysantes est donc très problématique. Mais ce qui l'est encore bien davantage, c'est la supposition, admise par VERWORN sans conteste, que ces substances ont été produites in situ par l'activité médullaire. C'est là une explication nullement justifiée. Il est impossible de perdre de vue que, sauf les muscles d'une patte, soustraite aux convulsions par narcose de son nerf, tous les muscles de l'organisme ont pris part aux terribles convulsions strychniques. Or nous ne connaissons rien sur le métabolisme des centres nerveux ; par contre, nos connaissances sont très étendues sur le métabolisme musculaire. Et il est plus prudent de chercher l'explication d'un phénomène en nous basant sur des faits connus, que sur des faits inconnus. Il est hors de doute que les convulsions musculaires généralisées ont été accompagnées d'une production prodigieuse de substances de déchet. Il serait très intéressant de rechercher quel est leur rôle dans les symptômes de paralysie médullaire.

Nous croyons donc qu'on peut admettre le principe de la grande résistance à la fatigue des centres nerveux médullaires. Sa cause prochaine reste à déterminer.

Bibliographie. — BEAUNIS. *Recherches expérimentales sur les conditions de l'activité cérébrale et sur la physiologie des nerfs* (Paris, 1884). — HORSLEY (V.). *A contribution towards the determination of the energy developed by a nerve centre* (Brain, XXI, 1898, 547-579). — IOTEYKO (J.). *Rech. expér. sur la fatigue des centres nerveux par l'excitation élec-*

trique (B. B., 20 mai 1899, 384); *Le travail des centres nerveux spinaux* (C. R., 1900, cxxx, 667); *De l'anélectrotonus complet* (*Archives d'Électricité médicale*, 1900). — Luciani. *Ueber mech. Erregung der motorischen Centren der Hirnrinde* (C. W., 1883). — Lévy (A. G.). *An attempt to estimate Fatigue of the cerebral cortex when caused by electrical excitation* (J. P., xxvi, 1901, 210-228). — M. Verworn. *Zur Kenntniss der physiologischen Wirkungen der Strychnins* (A. P., 1900, 385-414); *Ermüdung, Erschöpfung und Erholung der nervösen Centra des Rückenmarkes* (A. P., 1900, 152-176); *Das Neuron in Anatomie und Physiologie* (72 Versammlung deutscher Naturforscher und Aertzte in Aachen, 1900). — Weiss (G.). *Influence des variations de température sur les périodes latentes du muscle, du nerf et de la moelle* (B. B., 1900, 51). — Wundt (W.). *Untersuchungen zur Mechanik der Nerven und Nervencentren*, 1871.

CHAPITRE V

La Fatigue des mouvements volontaires.

Un grand nombre des questions relatives à la fatigue des mouvements volontaires a été traité dans le chapitre III (Fatigue musculaire). Ici nous n'envisagerons que les expériences où une action psychique a été plus particulièrement recherchée.

I. Dynamogénie et fatigue. — Les expériences de Ch. Féré (1887) ont montré que toutes les excitations sensorielles (auditives, visuelles, olfactives, etc.) ou leurs représentations mentales, et toutes les manifestations psychiques en général s'accompagnent d'une augmentation de l'énergie des centres nerveux, qui se traduit par des effets dynamogènes : chaque fois qu'un centre cérébral entre en action, il provoque une excitation de tout l'organisme par un processus encore indéterminé.

Ce qui est particulièrement intéressant dans les expériences de Féré, c'est le parallélisme entre la gamme dynamique et la gamme de l'excitation. Ainsi, en ce qui concerne le sens de l'ouïe, l'intensité des sensations auditives, mesurée par leur équivalent dynamique, est en rapport avec l'amplitude et le nombre des vibrations. Lorsque l'excitation a dépassé une certaine intensité, la dynamogénie cesse de s'accroître, et on observe un épuisement en rapport avec la décharge. La sincérité du résultat est confirmée par le tracé pléthysmographique qui accuse ces variations. Les modifications de l'afflux sanguin et de la force dynamométrique sont concordantes pour les excitations visuelles; d'après leur pouvoir dynamogène, les couleurs doivent être rangées dans le même ordre que les couleurs spectrales. On peut constater aussi une vraie gamme dynamogène par les saveurs fondamentales. Tous ces phénomènes sont bien plus marqués chez les hystériques que chez les individus sains. Et même les excitations des organes internes (pincement du col de l'utérus), insensibles à l'état normal, sont susceptibles de déterminer une augmentation considérable de la force de pression. Il en est de même de toutes les perceptions latentes (le seuil de la réaction étant au-dessous de la perception) (Féré).

Féré a aussi constaté une énorme excitation, mesurée à l'ergographe, sous l'influence des excitations olfactives et gustatives (essence de citron, de girofle, d'orange, de cannelle). La saveur a toujours procuré une excitation plus forte que l'odeur. L'essence d'oranges (mandarines), agissant à la fois sur l'odorat et le goût, a donné un ergogramme de 96 kilogrammètres avec un quotient de fatigue de 1,44; l'essence de girofle a donné un travail de 81 kilogrammètres; l'essence de cannelle, 148 kilogrammètres. L'action dynamogène des couleurs a été des plus évidentes. Le bouillon et l'alcool exercent une action dynamogène comme excitants sensoriels. Le même expérimentateur a étudié aussi l'influence exercée par les excitations intercurrentes sur le travail ergographique.

Lorsqu'on exécute un mouvement énergique de flexion des fléchisseurs des doigts de l'autre membre supérieur, on constate que le relèvement des courbes ergographiques se fait aussi rapidement. Si, lorsqu'on travaille à l'ergographe, on fait intervenir une excitation sensorielle, au moment de la fatigue on voit tout de suite les soulèvements se relever. Cela peut se produire plusieurs fois. Le travail supplémentaire augmente pendant un certain temps, le travail initial diminue et produit une fatigue plus intense que le travail fait dans les mêmes conditions de temps, mais sans aucune excitation intercurrente. Tous les excitants sensoriels peuvent produire des relèvements de l'activité volontaire (surtout l'essence de cannelle de Ceylan). A mesure que la fatigue s'accentue, la perception de l'excitation intercurrente est retardée. Sous l'influence des excitations pénibles on constate une diminution du travail et son augmentation quand l'excitation a cessé. Dans toutes ces expériences le rôle de la suggestion doit être considérable.

L'influence dynamogène ou déprimante des divers agents pharmacodynamiques a été déjà traitée dans le chapitre sur la *Fatigue musculaire*.

La quantité d'oxygène absorbé a une influence considérable sur l'énergie du mouvement volontaire. Féré a pris avec le dynamomètre de Regnier l'énergie de la pression des doigts chez douze personnes avant et après l'inhalation de 30 litres d'oxygène: il a constaté une augmentation de l'énergie des mouvements volontaires. En revanche, il se produit une diminution de force musculaire très appréciable à partir de 1500 mètres de latitude (expérience de l'aéronaute Jovis, rapportée par Féré). Ch. Féré a constaté une augmentation de force dans l'air comprimé (dynamomètre); suivant Zenoni, à une pression de 1 atmosphère, la force ergographique subit une très légère augmentation. A. Mosso a constaté que sur les Alpes la courbe ergographique est très irrégulière. En outre la quantité de travail mécanique est constamment diminuée.

II. Influence réciproque exercée par deux centres volontaires en activité. Fatigue et incoordination motrice. — Nous avons vu l'influence dynamogène exercée par les excitations intercurrentes; le mouvement d'un membre autre que celui qui travaille produit le même effet, en évoquant dans son centre des représentations motrices. Déjà, en 1858, Fechner et Weber avaient vu que les effets de l'exercice d'un côté du corps se transmettaient au membre situé symétriquement du côté opposé. Weber remarqua que, par l'usage unilatéral d'un membre, il se produit une augmentation de volume, de force et d'aptitude, non seulement dans le membre exercé, mais encore dans celui qui lui correspond de l'autre côté, et il attribua ce fait à la raison inconnue par laquelle la symétrie des parties est un fait congénital et entretenu par la nutrition.

Lombard Warren a rapporté quelques expériences ergographiques touchant l'action de l'exercice d'une main sur la force de l'autre, mais il n'a pas pu en tirer des conclusions certaines.

Il est très probable que l'absence de résultats dans les expériences de Lombard est due à l'emploi de l'ergographe comme indicateur de l'état des forces après le travail, car l'épreuve ergographique est d'une durée trop longue pour déceler une action fugitive.

J. Ioteyko s'est servie de l'ergographe pour produire la fatigue, et la force de l'autre main a été mesurée par un dynamomètre. Cet expérimentateur a réussi à établir la distinction entre deux *types sensitivo-moteurs*, en prenant pour mesure l'accomplissement d'un travail qui, déprimant pour certains sujets, est excitant pour les autres. Ce travail-limite est celui qu'on accomplit à l'ergographe de Mosso. Suivant les sujets, il détermine tantôt des phénomènes dynamogènes (*type dynamogène*), se traduisant par un accroissement de l'énergie musculaire du membre qui n'a pas participé au travail ergographique et par une exaltation de la sensibilité, tantôt des effets inhibitoires (*type inhibitoire*), se traduisant par une diminution de l'énergie musculaire et par un émoussement de la sensibilité (Voir : *Le siège de la fatigue des mouvements volontaires*, p. 166). Mais, pour des efforts plus considérables, la distinction entre les types disparaît, et le travail produit toujours une diminution de force. L'action dépressive d'un travail poussé jusqu'à la grande fatigue ressort clairement des expériences de Mosso et de ses élèves : ils constatèrent une diminution notable de la force ergographique après des marches forcées. Tout récemment, Kronecker et Cutter ont fait des constatations de même ordre : les ascensions de courte durée (deux heures) augmentent nettement la force du biceps, tandis que des ascensions de longue durée (10 à 14 heures) la diminuent. Ch. Féré a associé aux mouvements de flexion du médius à l'ergographe des mouvements de mastication sur un tube en caoutchouc ou des mouvements de flexion ou d'extension de la jambe; ces mouvements associés ont eu pour effet l'augmentation au moins momentanée du travail.

Il est donc nettement établi que l'exercice modéré des centres psycho-moteurs produit une action dynamogène qui tend à se généraliser, et que l'état d'excitation d'un centre peut retentir sur d'autres centres, soit sur ceux du même hémisphère, soit sur

ceux du côté opposé. L'épuisement d'un centre produit, au contraire, une action dépressive généralisée.

Il est plus difficile d'expliquer le mécanisme de ce phénomène. L'explication psychologique, c'est que, dans le cas de dynamogénie, il y a renforcement de l'image motrice
dans les centres voisins de celui qui est mis en activité; dans le cas de fatigue, il y a inhibition de la représentation motrice du mouvement. Les centres psycho-moteurs seraient
donc fatigués sans avoir produit de décharges motrices. Quant à l'explication physio-
ogique, il est certain que les phénomènes de dynamogénie sont liés à des modifications
circulatoires. L'avant-bras augmente de volume sous l'influence du travail du membre
symétrique (Féré, Mosso, Fr.-Franck). L'augmentation de sensibilité, aussi bien que l'augmentation de force, seraient dus, suivant Féré, à une suractivité circulatoire, qui s'établirait par un processus encore indéterminé. Que se passe-t-il dans la fatigue? Y-a-t-il
diminution de l'afflux sanguin consécutivement à une inhibition du centre vaso-moteur?
L'expérience n'a pas encore été tentée. Quoi qu'il en soit, l'action déprimante n'est pas
due nécessairement au déversement dans le sang de substances nuisibles au fonctionnement musculaire. J. Ioteyko a montré que, chez certains sujets (type inhibitoire), le
travail ergographique d'une main retentit d'une façon inhibante sur la force dynamométrique de la main du côté opposé. Cette action déprimante ne saurait être attribuée à
une intoxication par les déchets de la contraction musculaire, vu le poids insignifiant
des muscles qui ont travaillé (fléchisseurs) par rapport à la masse totale du corps. Nous
avons donc là affaire à une *fatigue propre* des centres nerveux volontaires, dont le siège
est nettement établi, mais dont l'origine reste inconnue.

Examinons maintenant les effets mécaniques des impulsions motrices simultanées
ou successives. Féré (1889) a observé que, seulement chez les épileptiques ou les individus défectueux au point de vue intellectuel, les deux mains donnent au dynamomètre,
alors qu'elles exercent une pression simultanée, une somme de force plus grande que
lorsqu'elles agissent isolément. Le contraire a lieu pour les individus avec le cerveau
normal et développé; il a vu aussi que le temps de réaction des deux mains, si chacune fonctionne séparément, est plus court que quand elles font des mouvements simultanés. Suivant Bryan également, une main, en fonctionnant seule (dynamomètre), est
plus forte qu'en fonctionnant simultanément avec l'autre. D'après Binet, la diminution
du pouvoir dynamométrique, laquelle se manifeste dans une main quand l'autre accomplit un effort simultané, est due à l'incapacité de fixer son attention sur deux choses à la
fois. Le phénomène se présente en effet avec grande netteté chez les hystériques. Cette
explication concorderait avec les observations relatives à l'attention, laquelle ne consisterait qu'en la mise en activité d'une portion limitée du cerveau, aux dépens de l'activité
d'une autre partie.

Patrizi a poursuivi cette étude, notamment au point de vue de la fatigue. Quand on
observe une personne qui soulève deux haltères (une de chaque main) de poids égaux, en
les portant simultanément au-dessus de la tête, avec un rythme marqué par le métronome, on remarque, quand l'épuisement survient, que l'accord entre les mouvements
symétriques des deux bras tend à se rompre, et que, d'ordinaire, le mouvement d'élévation de la main gauche retarde un peu relativement à celui du côté droit. On peut se
demander si cette indépendance fonctionnelle, qui s'établit entre les deux centres
moteurs symétriques, au moment de la fatigue, ne crée pas des conditions plus écono-
miques de travail. Cela équivaudrait à rechercher si le cerveau, en envoyant aux deux
moitiés du corps une série d'ordres doubles simultanés, se fatigue davantage qu'en
donnant une somme égale d'ordres unilatéraux, alternés à droite et à gauche. Pour
résoudre cette question, Patrizi exécuta des expériences sur deux ergographes; l'un pour
la main droite, l'autre pour la gauche. La première partie de l'expérience consistait à
fléchir simultanément (rythme 2″, poids 2-3 kilos) les deux médius jusqu'à fatigue
complète. Après un repos complet commençait la deuxième partie de l'expérience, qui
consistait à fléchir successivement les deux médius avec le même rythme jusqu'à fatigue.
Dans toutes les expériences (au nombre de six sur un jeune homme de 26 ans), la somme
de kilogrammètres obtenue avec les contractions alternées a été plus élevée qu'avec la
flexion simultanée, mais la perte de travail mécanique qui s'est faite dans cette dernière
est presque exclusivement due à la main gauche. Dans la flexion simultanée, la main

gauche, non seulement n'arrive jamais à la puissance qu'elle déploie dans la disposition alternée, mais elle reste beaucoup au-dessous; au contraire, pour la main droite, les expériences indiquent un avantage, tantôt dans l'exercice simultané, tantôt dans l'exercice alterné, et l'on pourrait croire qu'elle reste indifférente aux changements dans les conditions du travail. Il en résulte que le fait d'accomplir des efforts volontaires simultanés avec les deux moitiés du corps est moins avantageux pour la somme de travail mécanique; l'attention ne peut se porter en même temps sur les deux actes, mais il faut qu'elle en néglige un, alternativement, pour produire l'effet maximum. L'hémisphère cérébral droit, moins capable (chez les non-gauchers) au travail, est aussi moins apte à la coordination et perd plus d'énergie quand il doit s'y soumettre. Le bénéfice du travail alternant a été aussi confirmé dans les recherches ergographiques de Féré. Quant à l'excitabilité comparée des deux hémisphères, il y a prédominance marquée de la réaction du médius droit sous l'influence d'une même excitation affectant symétriquement l'appareil sensoriel.

L'incoordination des mouvements, consécutive à la fatigue est d'observation quotidienne. Elle a été bien étudiée par A. Mosso. Ainsi tous les ans, vers la fin de mars, on trouve de nombreuses cailles mortes dans les fossés de la campagne romaine; ces pauvres oiseaux arrivent tellement exténués qu'ils ne voient même pas les arbres, ou n'ont plus la force de modérer ou d'arrêter leur vol : ils se heurtent aux troncs d'arbres, aux poteaux télégraphiques, aux corniches des maisons avec une telle impétuosité qu'ils se tuent.

L'influence de la fatigue sur la précision des mouvements a été aussi recherchée par Woodworth; la fatigue diminue la précision, mais beaucoup moins qu'on ne le croirait, surtout quand il s'agit de mouvements rapides. Son effet se fait d'ailleurs sentir au milieu de la série plutôt qu'à la fin, d'après une loi qu'on peut énoncer ainsi : la fatigue accroît l'erreur, mais la pratique tend à l'éliminer. L'attention n'est donc pas seule en cause; cependant il faut qu'elle ne faiblisse pas, et que la fatigue n'intervienne pas pour que l'exercice améliore le mouvement.

L'incoordination motrice se manifeste dans la fatigue par le *tremblement*, qui se produit avec la fréquence de 8 à 10 oscillations par seconde. C'est là le nombre des impulsions motrices qu'on retrouve dans tous les graphiques de la contraction musculaire volontaire (Schäfer, Kries, Kronecker). Toute contraction volontaire offre une trémulation, avec rythme de 8 à 10 par seconde, indépendant du degré de fatigue du muscle.

III. Influence de la fatigue intellectuelle sur la force musculaire (voir le chapitre : *La fatigue intellectuelle*).

IV. Influence de la fatigue psycho-motrice sur la sensibilité cutanée. — M. de Fleury a observé que les épileptiques présentaient des variations importantes du seuil de la sensibilité : il est étroit dans les moments d'excitation, et beaucoup plus étalé dans la fatigue qui suit habituellement le paroxysme. Un auteur russe, Federolf, exécuta des expériences esthésiométriques sur des soldats de cavalerie, après le repos et à midi (après les exercices militaires). Il a évalué la distance minimum à laquelle les deux pointes du compas étaient senties comme distinctes (en millimètres). Voici son tableau :

RÉGION EXPLORÉE.	APRÈS LE REPOS.	APRÈS LE TRAVAIL.	DIFFÉRENCE.
Pommette.	10,1	14,6	4,5
Bout du nez.	2,7	4,3	1,6
Lèvre inférieure.	1,4	2,6	1,2
Pulpe du pouce.	2,3	3,0	0,7
Pulpe de l'index.	2,0	2,7	0,7

Nous voyons ainsi que l'exercice physique poussé jusqu'à la grande fatigue produit une diminution de la sensibilité cutanée. Ces expériences montrent que la méthode de la sensibilité cutanée, introduite par Griessbach dans l'étude de la fatigue intellectuelle, peut être fructueusement employée comme méthode de mesure, et nous pouvons en conclure que la dynamogénie est accompagnée d'hyperesthésie, tandis que l'inhibition est accompagnée d'anesthésie.

V. La fatigue du cœur dans les exercices physiques. — L'état de résistance dans lequel l'entraînement place le corps s'appelle la *forme*. Or le muscle du cœur paraît être le premier à se mettre en forme, dit Tissié : il se fatigue au début de l'entraînement; ensuite il résiste tellement que la fatigue atteint les autres muscles de l'économie bien avant lui, ce qui donne l'illusion d'une puissance musculaire inépuisable, et provoque ainsi des dilatations ou des hypertrophies du cœur. La fatigue des muscles de locomotion et celle du cœur ne vont pas forcément de pair. Le surmenage des muscles de la vie de relation peut être très violent, et ne pas exister pour le cœur. Le danger de l'entraînement mal réglé est au cœur; le surmenage du cœur provient d'un effort prolongé n'amenant jamais d'emblée l'essoufflement. Les jeunes gens qui n'ont pas atteint leur complet développement sont plus aptes que l'homme adulte à contracter des affections dans les exercices qui demandent une longue durée d'efforts. Il en résulte que dans les affections du cœur tous les exercices doivent être mesurés avec une grande circonspection. Bouchard permet de pousser l'exercice jusqu'au moment où le pouls accuse 160 pulsations à la minute. On a constaté l'hypertrophie du cœur chez un grand nombre d'athlètes, de gymnastes et de militaires. Le *cœur forcé* est assez fréquent chez les chevaux; chez le célèbre cheval *Eclipse* le cœur atteignait trois ou quatre fois le poids ordinaire. Les coureurs de profession d'Afrique finissent presque tous par subir la dilatation passive du cœur; on les met généralement à la retraite vers l'âge de quarante ans (Lagrange). Il n'est pas rare non plus de constater l'hypertrophie sans lésions valvulaires chez les porteurs, commissionnaires (*weakened heart*) et chez les personnes consommant de grandes quantités de liquides (*Bierherz*). La dilatation cardiaque consécutive aux ascensions a été constatée pour la première fois par Albutt (1870). Après des excursions alpestres de plusieurs jours il fut pris de palpitations et de dyspnée; à la percussion il constata une dilatation de l'oreillette gauche. Après le repos, le cœur revient à ses dimensions normales.

Dans son expédition physiologique sur le Mont Rosa, A. Mosso exécuta une série de recherches sur la fatigue du cœur. Il employa trois méthodes. Le travail effectué fut mesuré au moyen de l'ergographie, au moyen d'haltères et enfin au moyen d'une marche fatigante. Les résultats furent les mêmes que ceux qu'il avait obtenus à Turin : sous l'influence de la fatigue il y a accélération du pouls; de jeunes individus (soldats) tombaient en syncope après une marche avec un fardeau sur les épaules; la pression artérielle des doigts, mesurée par le sphygmo-manomètre, était sensiblement augmentée. Les respirations atteignaient 35 à la minute; la température du corps s'élevait de plusieurs dixièmes de degré, parfois d'un degré entier (fièvre de surmenage), mais redescendait très rapidement. L'accélération cardiaque n'est pas immédiate; elle s'établit un peu plus tard et disparaît quelque temps après la cessation du travail. La syncope cardiaque n'est pas rare. Mosso l'explique par la paralysie du centre cardiaque au moyen de toxines musculaires. L'affaiblissement de l'activité cardiaque produit l'anémie cérébrale. Mosso rapporte que presque tous les médecins suisses qu'il avait interrogés à ce sujet lui avaient déclaré que la grande majorité de montagnards mouraient par le cœur. — L'anémie cérébrale est la règle dans la fatigue selon Mosso (observations sur les pigeons voyageurs).

VI. Fatigue et entraînement. — Nous avons déjà mentionné que l'accoutumance rend l'organisme plus résistant aux atteintes de la fatigue. L'accoutumance peut être considérée comme une *adaptation* de l'organisme à l'excitant. On peut obtenir l'adaptation à des solutions faibles de poisons, à de hautes températures, à une lumière intense, à un excès de travail physique et intellectuel, etc.; mais, pour que l'accoutumance se produise, il faut procéder à petites doses. En procédant brusquement on n'obtiendrait aucune adaptation, mais bien des phénomènes d'épuisement. On peut dire que les effets de toutes les excitations se meuvent entre deux limites extrêmes : d'une part, la fatigue, et, de l'autre, l'accoutumance.

L'excitabilité est donc fortement modifiée par deux processus antagonistes : la fatigue et l'entraînement. L'entraînement se reconnaît par une augmentation de force, de vitesse ou de précision d'un exercice.

Malgré l'entraînement on n'évite jamais la courbature musculaire au début de tout exercice. La mise en forme demande beaucoup de temps; il faut, selon Tissié, quatre, six mois, un an et même plus pour l'acquérir. Il faut environ un mois ou deux à un sujet précédemment bien entraîné pour le retrouver au commencement d'un nouvel entraînement. D'autre part, la perte de la forme est très rapide, elle diminue dans l'espace de quinze jours à un mois, dès qu'on ne s'entraîne plus. Par contre, un sujet qui a été une fois en forme la reconquiert très facilement et plus vite qu'un autre sujet qui ne l'a jamais possédée (observations de Tissié faites sur les vélocipédistes). « La forme, dit Tissié, rend l'homme plus sûr de lui-même, plus endurant, plus courageux et plus fort. Ayant conscience de son pouvoir de résistance, il lui est plus facile d'entreprendre une œuvre de longue durée. Il sait qu'il peut atteindre et fournir facilement chaque jour la somme d'efforts nécessaires. Il agit donc avec méthode; sans précipitation, en homme « riche » qu'il est vraiment, parce que, dans la recherche même de la forme, il apprend à savoir ce qu'il *vaut* et ce qu'il *veut*. » — Il ne faut jamais pousser la forme jusqu'à la grande fatigue, car l'intégrité de toutes les fonctions de l'économie doit être absolue quand on désire atteindre le dernier degré de la forme. Dans le cas contraire, quand l'exercice est poussé jusqu'à la grande fatigue, l'organisme ne se prête plus à un régime d'entraînement trop intense. L'impotence fonctionnelle s'annoncerait par des palpitations, de l'essoufflement, des vertiges, de la fièvre, etc.

La qualité de l'entraînement se perd donc pendant le repos; au commencement, elle se perd très vite; ensuite sa marche est ralentie (Kraepelin). Il existe aussi des différences individuelles.

Il y a trois degrés dans la fatigue, selon son intensité, dit Tissié : 1° la petite fatigue ou lassitude, qui tonifie et qu'on doit rechercher dans tout entraînement; 2° la fatigue qui irrite, excite et énerve; 3° la fatigue qui abat et qui dissocie le « moi », en provoquant des phénomènes somatiques et psychiques. On doit éviter absolument ces deux fatigues.

L'entraînement peut aussi être défini : *la prise d'une habitude qui consiste à substituer peu à peu la moelle épinière au cerveau, le réflexe au mouvement voulu.* L'entraînement consiste à substituer à l'action de la volonté, qui est sujette à la fatigue, l'action réflexe qui peut se continuer d'une manière à peu près indéfinie (Maurice de Fleury). Ainsi l'observation est en accord avec l'expérimentation pour établir que les centres psychomoteurs sont plus fatigables que les appareils réflexes de la moelle.

L'expérience a montré que, dans la marche des troupes, un arrêt leur est préjudiciable, non pour le temps perdu, mais pour l'activité même des hommes. Le demi-repos qu'on accorde, en cours de route, ne fait que fatiguer davantage.

L'entraînement peut aussi être étudié au dynamomètre et à l'ergographe (Delbeuf, Ch. Henry, J. Ioteyko, Lombard, Mosso, Scheffer, Koch, Zoth et Pregl, Hoch, Kraepelin, Oseretzkowsky, etc.). Ces expériences ont montré trois catégories d'entraînement suivant l'échéance. En premier lieu, chez certaines personnes la courbe ergographique présente le phénomène de l'escalier, dénotant une augmentation d'excitabilité névromusculaire par la répétition du mouvement. En second lieu, certaines personnes présentent des effets d'entraînement post-ergographiques, qui ne se voient pas sur la courbe, vu l'état de fatigue des muscles fléchisseurs, mais qui peuvent être mis en évidence par des mesures de la force dynamométrique de la main du côté opposé; il y a dynamogénie post-ergographique, preuve de l'excitation centrale (J. Ioteyko). Il y a enfin l'entraînement qui se manifeste à longue échéance et qui consiste en une augmentation graduelle du travail mécanique, qui croît jusqu'à une certaine limite pour rester ensuite stationnaire. Pour voir ces effets de l'entraînement, il faut s'exercer quotidiennement. Lombard Warren ne constata d'abord nulle différence pendant les six premiers jours; ensuite il remarqua une augmentation considérable. Mosso rapporte que l'effet utile de son assistant Aducco, qui était de 3,531 kilogrammètres au commencement, atteignit le chiffre de 8,877 kilogrammètres au bout d'un mois d'exercice. Scheffer constata sur lui-même une augmentation de 60 p. 100 de force après deux mois d'exercice. Pour éliminer l'influence de l'entraînement dans les expériences ergographiques où on étudie l'action de telle ou telle substance, il faut alterner les expériences avec cette substance par des expériences comparatives.

En se servant d'haltères pesant 5 kilogrammes, et auxquelles un dispositif simple permet d'ajouter successivement 24 poids supplémentaires, Ch. Henry a vérifié quelques faits avancés par Delbeuf relativement à l'influence de l'entraînement, et il leur a donné une formule mathématique. Il a trouvé « qu'avant l'apparition de la fatigue et jusqu'à une certaine limite dépendant de l'état de chaque sujet, limite que l'exercice a pour effet de reculer, des travaux exécutés avec une succession de poids gradués suivant des rapports rythmiques déterminent par rapport aux mêmes travaux exécutés avec toute autre succession de poids dans le même temps une moindre fatigue et parfois un entraînement notable ».

Suivant Hoch et Kraepelin, l'exercice acquis en faisant tous les jours des expériences à l'ergographe augmente surtout le nombre de soulèvements, et, bien qu'au début on constate un léger accroissement de hauteur, celui-ci est négligeable. Si les sujets s'exercent, le nombre de soulèvements monte d'abord rapidement, puis plus lentement, et reste enfin stationnaire.

Il y aurait un très grand intérêt à étudier la courbe de l'entraînement en fonction du temps, ainsi que la courbe de la perte des qualités de l'entraînement.

Manca, en soulevant deux haltères de 5 kilos rythmiquement une fois par jour, fournit 28 soulèvements dans la première semaine, et 95 soulèvements dans la neuvième.

Hough a constaté que, quand les muscles sont entraînés, les différences journalières dans la courbe ergographique deviennent nulles ; les oscillations de la plupart des courbes sont dues soit à des erreurs, soit aux sensations désagréables dans le muscle. La douleur ne se produit que dans les muscles non entraînés ; elle disparaît avec les progrès de l'entraînement. L'entraînement modifie aussi la courbe de la fatigue (Hough) : dans les muscles entraînés, la hauteur des soulèvements descend au commencement de la courbe plus rapidement que vers la fin et demeure finalement à une hauteur fixe pendant longtemps. Dans les muscles non entraînés, la hauteur descend continuellement.

L'entraînement reconnaît deux causes suivant Mosso : les muscles s'accoutument graduellement à un travail plus intense et modifiant leur structure en s'hypertrophiant. Les recherches actuelles de Mosso tendent à séparer ces deux facteurs ; nous devenons plus forts, avant que le grossissement des muscles ne devienne apparent. Et, alors même que les muscles sont revenus à leur volume primitif par suite du repos prolongé, même pendant des mois, l'effet utile de l'exercice subsiste encore. Il est probable qu'il s'agit d'une accoutumance aux poisons de la fatigue.

VII. Le siège de la fatigue des mouvements volontaires. — Un grand nombre de physiologistes, et Mosso en particulier, ont démontré par l'expérimentation le bien fondé de ce fait d'observation courante, que la fatigue, quand elle est très prononcée, ne reste pas un processus local, mais qu'elle a de la tendance à la généralisation ; ainsi, par exemple, après une marche prolongée, nous ressentons souvent un mal de tête intense, de la douleur dans les bras, des palpitations, de l'anhélation, etc. Mais ni les phénomènes généraux de la fatigue, ni les phénomènes locaux ne peuvent nous renseigner sur le *siège* de la fatigue, la théorie toxique de la fatigue pouvant expliquer facilement les troubles à distance.

Une opinion fortement accréditée parmi les physiologistes, c'est que les centres nerveux sont plus fatigables que les muscles. En examinant les arguments mis en avant, on s'aperçoit qu'aucun d'eux ne repose sur des expériences directes, mais que tous visent des analogies lointaines. Cette opinion sur l'extrême fatigabilité des centres nerveux s'est formée d'une façon théorique. Les centres nerveux sont tellement fragiles et si sensibles à toute cause d'altération qu'on a cru qu'il en était de même à l'égard de la fatigue. Or, il se trouve que l'expérimentation montre l'inverse : grande résistance des centres nerveux à la fatigue et extrême susceptibilité des appareils terminaux.

Les expériences de A. Mosso, faites en alternant l'incitation volontaire avec l'excitation électrique des muscles, et en comparant entre eux les résultats ainsi obtenus, sont presque les seules sur lesquelles on s'appuie généralement pour reconnaître aux centres nerveux une résistance à la fatigue inférieure à celle que présentent les organes terminaux. Pour éliminer l'action psychique dans les phénomènes de fatigue ergographique chez l'homme, Mosso a excité directement le nerf médian ou le muscle au moyen d'une bobine d'induction. Le muscle suit la même courbe s'il est excité par la volonté ou par l'électricité. Il existe néanmoins des différences notables dans le travail mécanique et la tension des muscles dans les deux cas. Fick avait déjà signalé en 1887 qu'avec l'excitation électrique tétanisante il n'était jamais possible d'obtenir un degré de tension du muscle aussi prononcé qu'avec l'excitation volontaire. Mosso conclut dans le même sens : avec la volonté on peut faire des efforts plus grands et soulever des poids très lourds ; mais l'aptitude au travail s'épuise vite, et l'excitation nerveuse volontaire devient inefficace, tandis que l'excitation nerveuse artificielle agit encore. Lorsqu'on ne peut plus soulever un poids par la volonté, en excitant électriquement le nerf ou le muscle, on arrive à produire encore des soulèvements. De ces expériences Mosso tire argument pour affirmer que ce n'est pas le muscle qui est fatigué dans la contraction volontaire, attendu que celle-ci laisse encore dans le muscle un résidu de force, qui peut être utilisé par la contraction volontaire. Par conséquent, dit Mosso, le siège de la fatigue est situé dans les centres. Il est compréhensible que la nouveauté même du phénomène, décrit par Mosso, ait conduit l'illustre physiologiste italien à cette conclusion.

Les mêmes expériences furent répétées par H. Waller, avec cette seule différence que le physiologiste anglais s'est servi d'un dynamographe au lieu d'un ergographe. Il a confirmé en tout point les résultats de Fick et de Mosso. De même que Mosso, il a vu que, quand la volonté n'était plus efficace à soulever un poids, on obtenait encore une série de contractions artificielles. On peut disposer l'expérience de manière à obtenir plusieurs séries de contractions volontaires qui alternent avec des séries de contractions artificielles. A chaque nouvelle série, le muscle en apparence épuisé entre en contraction. A l'exemple de Mosso, Waller explique ce phénomène ainsi qu'il suit : quand le muscle cesse de répondre à l'excitation volontaire, c'est à cause de l'entrée en jeu de la fatigue centrale ; le muscle directement excité fournit encore une certaine somme de travail. Pendant l'excitation artificielle du muscle, les centres nerveux se restaurent. Si, après l'épuisement électrique du muscle, on parvient encore à soulever volontairement le poids, c'est parce qu'on obtient avec la volonté une force de soulèvement plus considérable qu'avec l'excitation électrique.

Telles sont les expériences qui ont servi de base à la théorie du siège central de la fatigue des mouvements volontaires. Comme on le voit, elles reposent sur la comparaison faite entre les effets de la contraction volontaire et ceux de la contraction artificielle. Mais d'abord on peut se demander s'il est possible de produire artificiellement une activité comparable à celle qui a lieu dans le fonctionnement régulier de l'organisme. Et même en supposant qu'il n'existe aucune différence qualitative entre ces deux modes d'activité, les différences *quantitatives* sont suffisantes pour rendre toute comparaison impossible. Nous manquons absolument de critérium pour comparer l'*intensité* de l'effort nerveux volontaire avec l'influx nerveux mis en liberté par l'excitation électrique du muscle. Il y a plus. Tout porte à croire que l'influx nerveux provoqué artificiellement chez l'homme possède une intensité moindre que l'effort nerveux volontaire. Suivant Mosso lui-même, la ressemblance ne peut être complète ; car les poids que peut soulever le muscle excité directement sont plus petits que ceux qu'il soulève par l'effort volontaire. Le tracé 8 de son livre sur la fatigue a été pris en faisant soulever un poids de 1 kilogramme. « Pour faire soulever 5 kilogrammes, il fallait un courant trop fort et trop douloureux, dont je n'ai pas voulu me servir, malgré le dévouement du docteur Maggiora. »

On peut admettre que, si les excitations électriques sont sous-maximales par rapport aux excitations volontaires qui sont maximales, c'est parce que les courants électriques très forts occasionneraient une douleur trop vive pour pouvoir être supportée. Le courant électrique excite, en effet, les nerfs sensitifs au même titre que les nerfs moteurs.

Cette explication très simple expliquerait pourquoi le muscle épuisé par l'excitation électrique se contracte encore fort bien sous l'empire de la volonté. Celle-ci est un excitant maximal par rapport à l'excitant électrique, qui ne peut être que sous-maximal pour l'homme.

Beaucoup d'autres critiques ont été formulées par de nombreux auteurs : Kraepelin, V. Henri et G.-E. Müller. Elles sont tellement nombreuses qu'il nous est impossible de les passer toutes en revue. Müller a attiré l'attention sur ce fait, qu'avec le courant électrique on n'excite pas les mêmes muscles que ceux qui entrent en action dans le soulèvement d'un poids. Si, par exemple, nous appliquons le courant électrique sur les fléchisseurs, nous n'exerçons pas sur les muscles antagonistes la même action que celle qui est produite par la volonté; cette dernière consiste, d'après certains auteurs (Duchenne, Beaunis, Demeny), dans une contraction simultanée des muscles antagonistes, et, d'après d'autres auteurs (Hering, Sherrington), dans un relâchement de ces muscles. On ne peut donc pas, dit Müller, conclure de ces expériences que la fatigue, dans les soulèvements volontaires, est d'origine centrale et non périphérique.

Hough ne croit pas non plus que l'excitation alternée puisse servir à démontrer l'origine centrale de la fatigue.

Mais c'est à R. Müller (1901) que nous devons la preuve décisive à cet égard. Cet expérimentateur a examiné les conditions physiologiques dans lesquelles s'effectue le travail à l'ergographe de Mosso, et il a reconnu le rôle prédominant des muscles interosseux dans la courbe du travail volontaire. L'ergogramme se fait principalement aux dépens de ces muscles. Or, dans l'excitation artificielle, nous faisons travailler surtout les fléchisseurs. Il en résulte que des *muscles différents travaillent dans la contraction volontaire et la contraction artificielle*. Toute comparaison est donc impossible. Et si, après la fatigue volontaire, nous obtenons encore des contractions par l'excitation du nerf médian, c'est parce que nous avons excité des muscles qui jusqu'alors n'avaient pas pris une part active au travail; ce qui contredit l'opinion de Mosso, que la fatigue est située dans les centres nerveux. Il y a plus. En admettant le bien fondé des observations de Müller, nous devons forcément admettre que même la fatigue intellectuelle est plutôt un phénomène musculaire que cérébral. Nous savons, en effet, que la dépression musculaire constatée par Mosso après les grandes dépenses intellectuelles s'observe aussi bien dans les ergogrammes volontaires que dans les ergogrammes artificiels. Le phénomène paraissait assez difficile à expliquer jusqu'à présent. Mais nous croyons pouvoir donner son explication. S'il est impossible de faire la comparaison entre le travail volontaire et le travail provoqué, nous pouvons en revanche comparer entre elles les courbes volontaires d'une part et les courbes artificielles de l'autre. Or ce n'est pas l'influence psychique qui est la cause de la diminution du travail mécanique, car la diminution s'observe dans les deux cas (travail volontaire et artificiel); nous pouvons donc éliminer l'influence psychique et reconnaître une origine en grande partie musculaire à la fatigue intellectuelle.

Au contraire, nous pouvons puiser dans les arguments de Mosso lui-même des preuves de l'origine périphérique de la fatigue. Il est intéressant de constater que, malgré les différences des conditions dans lesquelles se prennent les tracés volontaires et les tracés artificiels, la courbe individuelle reste constante dans les deux cas. Si le type personnel de la fatigue (courbe) demeure identique quand il n'y a pas participation de la volonté, il faut en conclure que l'influence psychique n'exerce pas une action prépondérante, et que la fatigue peut encore être un phénomène périphérique. C'est avec juste raison que Mosso déduit de ces expériences que les phénomènes caractéristiques de la fatigue ont leur siège à la périphérie et dans le muscle, et qu'il faut *transporter à la périphérie* certains phénomènes de fatigue qu'on croyait d'origine centrale.

A côté de ces expériences ergographiques se placent d'autres observations physiologiques relatives à l'entraînement musculaire, et qu'il convient de citer ici. Ainsi, par exemple, Ph. Tissié, dans son livre sur la fatigue, nous dit « que les courbes prises par lui lors d'un record vélocipédique indiquent que le besoin de nourriture s'est fait sentir d'abord dans les muscles avant de devenir conscient. On voit, en effet, la courbe descendre progressivement pendant 6 à 8 kilomètres, au bout desquels la nourriture a été réclamée. Le besoin a dû atteindre une certaine intensité pour devenir perceptible, alors qu'il a été révélé musculairement par un ralentissement de la vitesse dès qu'il a commencé à se manifester. Le besoin de réparation s'était donc fait sentir inconsciemment dans les muscles plusieurs minutes avant son arrivée aux centres psychiques. Ce tracé tendrait à admettre que le premier degré de fatigue est périphérique ». (?)

Comme preuve du siège périphérique de la fatigue, on peut encore citer les effets bienfaisants du massage, si bien étudiés par Zabloudowsky et par Maggiora. Selon ce dernier auteur, on obtient du muscle qui travaille à l'ergographe avec des périodes de quinze minutes de massage un effet utile quadruple de celui que donne le muscle auquel on accorde des périodes équivalentes de repos. Il est vrai que le massage agit principalement par voie réflexe, en activant la circulation et en provoquant un rehaussement du tonus musculaire. Mais cette action retentit directement sur le muscle, le débarrasse des produits de déchet accumulés pendant le travail et le rend apte à fonctionner de nouveau. Ainsi donc une cause qui empêche la fatigue périphérique de se produire rétablit l'action du système nerveux sur le muscle.

Une preuve certaine du siège périphérique de la fatigue, c'est l'*allongement* de la secousse, qui se produit avant la diminution de la hauteur. Le premier effet de la fatigue consiste donc en une modification de l'élasticité musculaire.

On sait que les hystériques ont parfois des contractures qui durent des semaines et des mois. Le muscle est contracturé sans qu'il y ait sensation de fatigue. Cette absence absolue de fatigue dans un muscle contracturé est considérée par Ch. Richet comme une preuve du siège central de la fatigue. Il y a fatigue de la volition. Si la volonté n'intervient pas, et si elle est remplacée par un irritant quelconque (myélite, encéphalite, strychnisme de l'hystérie), alors nulle fatigue. On peut même soutenir, ajoute Ch. Richet, que les centres nerveux moteurs ne se fatiguent que s'ils sont mis en jeu par la volonté. S'ils sont excités par d'autres agents, ils ne s'épuisent ni ne se fatiguent plus que la moelle et le muscle.

Mais la contracture n'est pas une contraction musculaire ordinaire; elle présente un phénomène unique dans son genre. *La température du muscle contracturé ne s'élève pas.* Brissaud et Regnard ont montré, au moyen d'aiguilles thermo-électriques, que les muscles contracturés ont la même température que les muscles sains, et même qu'ils sont plus froids de quelques dixièmes de degrés. D'autre part, il est bien établi qu'aucune élévation de température générale n'accompagne chez les hystériques les contractures, même les plus violentes. Or il serait tout à fait impossible de supposer, dit Ch. Richet, que les lois thermodynamiques ne s'exercent pas sur le muscle en contracture comme sur le muscle en contraction, et cependant le muscle contracté s'échauffe, le muscle contracturé ne s'échauffe pas! Cette expérience prouve que l'échauffement du muscle n'est pas directement lié à son raccourcissement. L'excitation du muscle produit deux phénomènes probablement distincts, et que l'état pathologique dissocie, d'une part l'échauffement par combustions musculaires interstitielles, d'autre part le raccourcissement du muscle par modification de son élasticité. Il peut donc y avoir contractions musculaires sans échauffement du muscle.

Mais alors cette contraction permanente des muscles appelée contracture qui ne s'accompagne d'aucun effet thermique ni de combustions interstitielles, qui ne se fait que par le seul jeu des forces élastiques, cette contraction ne peut donner lieu à des phénomènes de fatigue! La fatigue est un phénomène d'origine essentiellement chimique.

Voici, selon nous, la façon dont il faudrait interpréter cette absence d'échauffement qui caractérise la contracture. Et tout d'abord est-ce là un phénomène tellement paradoxal qu'on ne retrouve rien de semblable dans d'autres circonstances? Faut-il s'adresser aux états pathologiques pour dissocier le phénomène mécanique de la contraction du phénomène thermique? Nous avons vu dans un chapitre précédent que, si nous excitons un muscle jusqu'à extrême fatigue, nous observons une diminution graduelle du travail mécanique et de la chaleur; mais la fatigue de chaleur précède la fatigue de contraction, en sorte qu'un muscle fatigué ne dégage plus de chaleur, mais continue encore à donner des contractions très appréciables. Ainsi donc dans la fatigue nous pouvons avoir des contractions musculaires sans dégagement de chaleur. *La chaleur diminue plus rapidement que le travail mécanique* (Heidenhain). La chaleur est l'expression du travail chimique; il est pourtant impossible d'admettre que les contractions du muscle fatigué ne s'accompagnent d'aucun travail chimique. Mais il est certain que le travail chimique dans un muscle fatigué est extrêmement faible, et par suite le résidu de chaleur dégagée peut être tellement insignifiant qu'il n'est plus révélé par les instruments thermiques de mesure. La comparaison entre un muscle fortement fatigué et un muscle contracturé s'impose. Le muscle contracturé se trouve dans un état tel qu'en raison de l'étendue extrêmement restreinte de son travail chimique, il ne produit pas de chaleur enregistrable; il produit néanmoins du travail mécanique. *Le muscle contracturé présente une analogie complète avec un muscle qui se trouve dans un état d'extrême fatigue. La contracture est un état de fatigue musculaire permanente.* C'est là, croyons-nous, l'unique explication physiologique que l'on puisse donner de ce phénomène, dont la pathogénie nous échappe; mais il paraît certain que la contracture, qui est une fatigue permanente de certains groupes musculaires, est entretenue par une excitation permanente. Quant à l'abolition du sentiment de la fatigue dans la contracture, cela pourrait être un phénomène psychique dont l'explication peut être recherchée dans la dissociation du « moi » des hystériques.

Enfin, pour affirmer que la fatigue est d'origine centrale, on a invoqué aussi les observations cliniques concernant divers types de convulsions, et dont un exemple vient d'être rapporté par DE FLEURY; on a pu enregistrer 10 000 oscillations doubles à l'heure chez un malade qui avait de la trépidation réflexe du pied; ce phénomène, absolument soustrait à l'action du cerveau, pouvait continuer d'une manière indéfinie sans qu'il y eût aucun symptôme de fatigue. On peut répondre à des observations de ce genre que la fatigue est presque toujours relative, rarement absolue, et qu'elle dépend de facteurs extrêmement nombreux, tels que l'intensité de l'excitant, le nombre des contractions dans l'unité de temps, le poids à soulever, la température, etc. MAGGIORA n'a-t-il pas montré que le doigt médius pouvait travailler indéfiniment à l'ergographe et soulever un poids de plusieurs kilogrammes, à condition que le nombre des contractions n'excède pas dix à la minute? Dans ces conditions le muscle, aussi bien que le système nerveux psycho-moteur, devient infatigable. Aussi, seules, les expériences rigoureusement physiologiques, qui tiennent compte de tous les facteurs, peuvent-elles résoudre la question relative au siège de la fatigue.

Les expériences ponométriques de Mosso plaident aussi, selon nous, en faveur du siège périphérique de la fatigue. Le ponomètre inscrit la courbe de l'effort nerveux nécessaire pour produire la contraction des muscles à l'ergographe. Avec cet appareil le muscle travaille seulement au commencement de la contraction, et on inscrit aussi, outre le travail utile, le mouvement successif que fait le muscle quand vient à lui manquer tout à coup le poids qu'il soulève (contractions à vide). Nous voyons que l'espace parcouru par le doigt, quand cesse le travail utile de la contraction, est moindre tout d'abord, et devient environ trois fois plus considérable quand le muscle est fatigué. L'excitation nerveuse, que l'on envoie à un muscle pour en produire la contraction, est beaucoup plus grande quand il est fatigué que lorsqu'il est reposé.

Ces courbes ponométriques, confrontées avec les courbes ergographiques, démontrent que, tandis que le travail mécanique tend à diminuer dans la fatigue, l'effort nerveux tend à s'accroître progressivement.

Le muscle fatigué a besoin d'une excitation nerveuse plus intense pour se contracter (DONDERS et MANSVELT). Mais, si on soulève le poids au ponomètre en excitant le nerf médian, alors la courbe ponométrique va en diminuant. La différence entre la courbe ponométrique, ascendante quand il s'agit de la volonté, et cette même courbe, descendante quand le nerf est excité, est due à l'augmentation des excitations nerveuses que les centres envoient au muscle à mesure que les conditions matérielles de la contraction deviennent plus difficiles, par suite du progrès de la fatigue (A. Mosso).

KRAEPELIN reproche à la théorie du siège central de la fatigue de ne pas être conforme aux lois de la vie psychique en général. Dans l'expérience ergographique nous voyons s'établir la fatigue en une minute; or, dans les cas de crises convulsives, les muscles peuvent être excités bien plus longtemps par les centres psycho-moteurs. La réparation après la fatigue ergographique a lieu aussi très rapidement. Aussi KRAEPELIN suppose que la fin de la courbe est due non pas à la fatigue des centres, mais à un phénomène d'inhibition des réflexes exercé sur le muscle par les poisons de la fatigue.

L'épuisement de notre corps ne croît pas en proportion directe du travail effectué, dit A. Mosso, et, pour des travaux deux ou trois fois plus forts, notre fatigue ne sera pas double ou triple. Un travail effectué par un muscle déjà fatigué agit d'une manière plus nuisible sur ce muscle qu'un travail plus grand accompli dans des conditions normales. Supposons que trente contractions suffisent pour épuiser un muscle : deux heures seront alors nécessaires pour permettre au muscle de se rétablir. Mais, si l'on ne fait que quinze contractions, le temps de réparation pourra être diminué, non pas de moitié, mais du

quart, et il suffira, dans le cas cité, d'une demi-heure. On voit que l'épuisement musculaire dans les quinze premières contractions est beaucoup plus faible que dans les suivantes et qu'il ne croît pas en proportion du travail effectué. Mosso a réuni sous le nom
de la « loi de l'épuisement » ces effets de l'accumulation de la fatigue. L'organisme ne
peut être assimilé à une locomotive qui brûle une quantité donnée de charbon pour
chaque kilomètre de chemin parcouru; mais, quand le corps est fatigué, une faible quantité de travail produit des effets désastreux. Dans ces expériences l'accumulation de la
fatigue a été mesurée au moyen du temps nécessaire à la réparation.

Elle peut s'étudier encore d'une autre façon. Le temps de repos reste le même entre
les courbes successives, mais il est insuffisant pour la réparation complète. Nous aurons
donc des effets d'accumulation de fatigue d'une courbe à une autre (J. IOTEYKO). Le travail
mécanique diminue progressivement. L'accumulation de la fatigue est variable suivant
les intervalles de repos. Ainsi, avec des intervalles fixes de huit minutes environ (rythme 2'',
poids 3 kilos), la décroissance du travail est très régulière; dans la deuxième courbe,
le sujet ne récupère que les deux tiers de sa force primitive; dans la troisième courbe il
ne récupère que la moitié. En travaillant avec des intervalles beaucoup plus courts
(une à trois minutes entre les courbes, toutes autres conditions restant les mêmes) nous
obtenons d'autres chiffres. Dans la deuxième courbe, la chute de travail est très brusque,
le travail peut descendre au quart de sa valeur primitive; puis, dans les courbes suivantes,
le travail diminue chaque fois d'une valeur minime; quelquefois même on arrive à un
certain équilibre dans les courbes assez avancées dans la série. Il semblerait que, dans ce
stade de fatigue très avancée, il y a un résidu de force qui ne peut être épuisé. Ce phénomène est d'ailleurs confirmé par cet autre fait, que déjà un intervalle de plusieurs
secondes de repos produit une réparation manifeste (J. IOTEYKO). Très souvent le même
phénomène se voit sur les courbes isolées; au commencement la descente de la hauteur
des contractions est plus rapide; ensuite, elle se ralentit considérablement et tend à
rester stationnaire.

VIII. Les types sensitivo-moteurs. — Il est reconnu que les centres psycho-moteurs, qui commandent le mouvement volontaire, occupent dans chaque hémisphère un
territoire bien délimité, et qu'il existe un centre spécial pour le membre supérieur et le
membre inférieur. Néanmoins nous manquons de moyen pour mettre directement en
évidence l'état d'excitabilité d'un centre psycho-moteur après la fatigue du mouvement
volontaire qu'il commande. Prenons comme exemple le mouvement tel qu'il s'exécute à
l'ergographe. L'arrêt des fonctions est-il dû à la fatigue du muscle qui ne veut plus obéir
au stimulus que lui envoient constamment les centres moteurs, ou bien est-ce le stimulus lui-même qui fait défaut? Dans ce dernier cas il faudrait admettre que c'est *la volonté*
qui s'épuise, et que les centres psycho-moteurs se fatiguent bien avant que le muscle lui-
même ne soit frappé.

Tâchons d'explorer l'excitabilité des centres *voisins* de celui qui vient d'accomplir le
travail ergographique, et cet examen nous permettra peut-être de reconnaître si son
état de fatigue ou d'excitation ne s'est pas propagé aux autres centres sensitivo-moteurs.
Si, après avoir exécuté à l'ergographe une certaine somme de travail jusqu'à l'épuisement complet des fléchisseurs du médius, on examine la force totale de flexion de la
même main en serrant un dynamomètre, on constate que l'énergie dynamométrique a
diminué environ d'un quart par rapport à ce qu'elle était avant le travail ergographique.
Nous avons donc perte de 25 p. 100 de force musculaire par le fait de la fatigue ergographique. Cette constatation à elle seule ne suffit évidemment pas pour permettre d'affirmer que la perte de force est d'origine centrale, car la main qui a travaillé à l'ergographe n'est peut-être pas indemne de toute altération locale.

Mais nous pouvons prendre la force dynamométrique de la main *gauche*, qui est
demeurée au repos; cet examen va nous montrer si l'exercice ergographique imposé à
la main droite n'a pas retenti sur les centres psycho-moteurs du côté opposé. S'il y a eu
retentissement, la force dynamométrique de la main gauche ne restera pas stationnaire,
mais elle subira soit une exaltation, soit une diminution, traduisant de cette manière un
certain état central déterminé par l'accomplissement du travail ergographique. Cet examen, s'il est positif, pourra donc jeter quelque clarté sur la participation possible des
centres psycho-moteurs aux phénomènes de fatigue ergographique.

Les expériences de J. Ioteyko ont porté sur vingt étudiants de l'Université de Bruxelles. Les expériences étaient disposées en sorte qu'il fût possible d'évaluer la force dynamométrique de la main gauche à différents moments, suivant les différents degrés de fatigue accusée par la main droite, qui fournissait plusieurs courbes ergographiques. Celles-ci se succédaient à plusieurs minutes d'intervalle, temps insuffisant pour faire disparaître toute trace de fatigue antérieure.

Ces expériences ont montré qu'au point de vue de la résistance à la fatigue on pouvait admettre l'existence de deux types moteurs principaux, et d'un type intermédiaire :.

1° Les sujets du premier type (*type dynamogène*) sont ceux qui résistent le mieux à la fatigue. Chez eux, non seulement il n'y a aucune espèce de fatigue des centres nerveux volontaires après le travail ergographique; mais, au contraire, il y a une légère excitation de ces centres. L'excitation centrale se traduit par une *augmentation de l'énergie dynamométrique* de la main qui n'a pas travaillé à l'ergographe. Même plusieurs courbes ergographiques sont incapables de déterminer la fatigue des centres nerveux. Il y a toujours un effet dynamogène. Cet effet dynamogène disparaît après plusieurs minutes de repos.

2° Chez les sujets appartenant au second type (*type inhibitoire*), le travail ergographique ne détermine jamais de dynamogénie, et dès la première courbe leur énergie dynamométrique est en voie de décroissance. Il y a au plus perte de 20 p. 100 de la force dynamométrique de la main gauche par le fait du travail ergographique de la main droite. Cette perte d'un cinquième de force ne peut être attribuée à une autre cause qu'à une perte correspondante de l'énergie des centres nerveux. Il y a eu fatigue du centre moteur cérébral correspondant au membre qui a travaillé et propagation de cet état de fatigue aux centres voisins. Comme la diminution de force dynamométrique de la main droite excite à peine celle de la main gauche, il est légitime d'affirmer que la diminution d'énergie cérébrale est la même des deux côtés, et qu'il n'y a pas, à proprement parler, de localisation cérébrale de la fatigue. Cet état de dépression disparaît au bout de plusieurs minutes de repos.

3° Enfin le *type intermédiaire* comprend les sujets qui présentent une surexcitation motrice après la première courbe ergographique; mais après plusieurs courbes ils accusent toujours un état de dépression. Il y a donc chez eux prédominance de la dépression.

Nous voyons par cet exposé que le travail ergographique épuise totalement la force des fléchisseurs du médius, puisqu'il y a abolition complète du mouvement volontaire; mais il n'épuise pas la force des centres nerveux qui commandent le mouvement. La méthode *ergo-dynamométrique* permet de constater que l'état d'excitabilité du centre présidant à l'exercice ergographique s'est propagé au centre du côté opposé, et celui-ci n'a pas accusé de fatigue bien prononcée. Bien au contraire, chez certaines personnes, son excitabilité a augmenté, permettant de saisir, dans les centres psycho-moteurs, l'existence d'un phénomène, qu'on n'avait décrit jusqu'à présent que dans le muscle et la moelle épinière, phénomène connu sous le nom d'*escalier (Treppe)* ou « d'addition latente ». Certaines personnes se trouvent encore dans la phase de l' « escalier psycho-moteur », alors que leurs muscles sont devenus complètement paralysés par la fatigue. Les autres, moins résistantes, accusent déjà au même moment un début de fatigue cérébrale. Le peu d'intensité de la fatigue centrale permet néanmoins la conclusion que le siège de la fatigue est situé à la périphérie. Mais en même temps on conçoit la possibilité de l'épuisement des cellules cérébrales pour des efforts excessifs.

La *réparation* des centres nerveux se fait plus vite que la réparation du muscle. Ainsi, par exemple, il faut au moins dix minutes de repos pour que le sujet regagne la totalité de ses forces après le travail ergographique; ce temps est limité par la réparation du muscle, car les centres volontaires se restaurent bien plus rapidement. La dépression, constatée chez plusieurs sujets après le travail ergographique, disparaît en effet déjà au bout de quatre à cinq minutes de repos. Il en est de même de l'excitation qui est la caractéristique du type « dynamogène ». Et cette disparition des effets dynamogènes ou inhibitoires du travail ergographique après un certain temps de repos et retour à l'état normal est même un des témoignages les plus probants de la réalité des deux types moteurs.

La réalité des types apparaît avec une évidence d'autant plus grande qu'il a été possible à J. Ioteyko de saisir un rapport constant entre les manifestations motrices et sensitives. Parmi ses vingt sujets cet auteur en a choisi *cinq*, qui présentaient des types bien tranchés au point de vue des phénomènes post-ergographiques, et il a examiné leur sensibilité cutanée au moyen de l'esthésiomètre, avant et après l'accomplissement du travail ergographique. Ceux qui avaient présenté un accroissement d'énergie musculaire après le travail ergographique, ont accusé dans cette série d'expériences une exaltation de la sensibilité cutanée; ceux qui avaient montré une diminution de l'énergie dynamométrique ont accusé un émoussement de la sensibilité cutanée après le travail ergographique.

Ces données expérimentales sont en accord complet avec tout ce que nous savons sur la dynamogénie et l'inhibition. Nous savons que les excitations relativement faibles sont dynamogènes; les excitations très fortes exercent un effet inhibitoire.

Mais le côté nouveau des expériences de J. Ioteyko, c'est l'établissement de la distinction entre *deux types sensitivo-moteurs* et *un type intermédiaire*, en prenant pour mesure l'accomplissement d'un travail qui, déprimant pour certains sujets, est excitant pour les autres. Ce travail-limite est le travail qu'on accomplit à l'ergographe de Mosso. Suivant les sujets, il détermine tantôt des phénomènes dynamogènes (*type dynamogène*) se traduisant par un accroissement de l'énergie musculaire et par une exaltation de la sensibilité générale, tantôt des effets inhibitoires (*type inhibitoire*) se traduisant par une diminution de l'énergie musculaire et par un émoussement de la sensibilité. Ces types doivent être considérés comme l'expression de l'état normal, attendu que les sujets d'expériences étaient choisis parmi les individus jeunes et robustes.

La distinction des types sensitivo-moteurs repose sur des phénomènes qui se déroulent dans les centres sensitivo-moteurs et qui ont un retentissement à la périphérie. Or, dans tous les cas, et indépendamment de ses effets centraux, la fatigue à l'ergographe a toujours été totale, jusqu'à extinction complète de la force des fléchisseurs du médius. Tous ces phénomènes s'observent en travaillant avec le rythme de deux secondes et avec un poids de 3 kilos. Aans et Larguier, en reprenant la méthode ergo-dynamométrique de J. Ioteyko, ont confirmé ses résultats.

IX. Le quotient de la fatigue. — Une courbe ergographique est composée de deux facteurs : la *hauteur* des soulèvements et leur *nombre*. Hoch et Kraepelin ont montré que ces deux facteurs sont indépendants l'un de l'autre. Ainsi, par exemple, il peut arriver qu'une certaine cause amène un effet excitant, se traduisant par une augmentation de la hauteur totale des soulèvements; il ne s'ensuit pas nécessairement que le nombre de soulèvements doive être plus grand : il peut rester le même; seulement chaque soulèvement sera plus fort. L'effet inverse peut également se produire : une cause augmente le nombre des soulèvements sans influer sur leur nombre. La caféine, par exemple, augmente, d'après Hoch et Kraepelin, la hauteur des soulèvements sans influer sur leur nombre, tandis que l'essence de thé diminue le nombre et n'influe pas sur la hauteur. Le travail mécanique d'une courbe peut donc être influencé par les modifications de l'un ou de l'autre des deux facteurs ou des deux à la fois. En examinant de plus près les conditions dans lesquelles ces deux facteurs sont sujets à varier, ces auteurs arrivent à cette conclusion, que la fatigue des centres nerveux ou leur excitation modifient le nombre des soulèvements, tandis que la hauteur est influencée par l'état du muscle. Le nombre des soulèvements est une fonction du travail du système nerveux central; leur hauteur est fonction du travail du système musculaire. Les preuves expérimentales fournies par Hoch et Kraepelin à l'appui de cette manière de voir peuvent être groupées sous plusieurs chefs : 1° les dispositions psychiques au travail, variables suivant les heures de la journée, influent surtout sur le nombre des soulèvements; la chose est compréhensible, car ces variations affectent bien davantage le système nerveux central que les muscles; 2° les modifications de la force sous l'influence des repas retentissent avant tout sur les muscles; après les repas, à cause de la réplétion des vaisseaux abdominaux, il existe un léger degré d'anémie cérébrale qui nous rend inaptes aux travaux psychiques; aussi le nombre de contractions diminue-t-il; mais en revanche, leur hauteur augmente. Maggiora arrive aussi à la conclusion, que l'influence paralysante du jeûne, de même que l'action restauratrice des repas est localisée dans les muscles; 3° l'exercice acquis en faisant tous les jours des expériences à l'ergographe augmente surtout le nombre de soulèvements, et, bien qu'au début on constate un léger accroissement de hauteur, celui-ci est négligeable. Si les sujets s'exercent, le nombre des soulèvements monte, puis reste stationnaire; 4° enfin, les auteurs se basent sur les expériences de Mosso, qui a constaté une dépression notable de la force à l'ergographe chez plusieurs de ses collègues, dont la fatigue psychique résultait des examens qu'ils avaient fait subir aux élèves de l'Université de Turin. Ce qui est très significatif, les tracés après la fatigue intellectuelle diffèrent surtout des tracés normaux par une diminution du *nombre* des soulèvements; la force du premier effort n'est pas diminuée, mais la descente est très brusque et après plusieurs contractions la force descend à zéro.

Le nom de *quotient de la fatigue* $\frac{H}{N}$ a été donné par J. Ioteyko au rapport numérique qui existe entre la hauteur totale (exprimée en centimètres) des soulèvements et leur nombre dans une courbe ergographique. Jusqu'à présent, toutes les évaluations, en ergographie, étaient basées uniquement sur la somme de travail mécanique, c'est-à-dire sur des mesures quantitatives. Or le quotient de fatigue mesure la *qualité* du travail accompli. Comme le quotient respiratoire, qui est le rapport entre le CO^2 exhalé et le O absorbé, mais qui ne fournit aucune donnée sur les valeurs absolues de ces gaz, de même le quotient de fatigue mesure le rapport entre l'effort musculaire et l'effort nerveux dans un ergogramme. Rien d'ailleurs ne s'oppose à ce qu'on évalue la quantité de travail concurremment avec sa qualité. Ce rapport n'est autre que l'évaluation de la hauteur moyenne. Mais le nom de « quotient de fatigue » exprime un rapport d'ordre physiologique. S'il est vrai, ainsi que Hoch et Kraepelin l'affirment, que le nombre des soulèvements est l'expression du travail des centres, et que la hauteur totale est l'expression du travail du muscle, il devient possible de résoudre la question relative au siège de la fatigue en examinant les variations du quotient de la fatigue sous l'influence de la fatigue même. On sait que les effets de la fatigue s'accumulent si l'on entreprend un nouveau travail avant que la fatigue précédente ne se soit dissipée. Les expériences de J. Ioteyko ont consisté à faire alterner les courbes ergographiques avec de courts intervalles de repos, variant de une à dix minutes, mais réguliers dans la même série de courbes. Chaque fois le sujet épuise totalement sa force à l'ergographe; après un court repos, pendant lequel il y a restauration partielle, il donne une seconde courbe, inférieure à la première au point de vue du rendement; après un nouveau repos il fournit une troisième courbe, qui est inférieure à la seconde au point de vue du rendement. Chez certains sujets le nombre des courbes fournies a été poussé jusqu'à cinq. Pour savoir aux dépens de quel facteur, hauteur ou nombre, se fait l'accumulation de la fatigue, voici le résultat général des expériences faites sur vingt sujets (élèves de l'Université de Bruxelles):

1° Si le temps de repos entre les courbes successives est insuffisant pour la restauration complète, le sujet fournit chaque fois un travail mécanique moindre. Cette diminution du travail mécanique se fait aux dépens des deux facteurs constituants de la courbe, mais principalement aux dépens de la hauteur.

A *chaque nouvelle courbe, la valeur du quotient de la fatigue diminue*, ce qui signifie que la diminution de hauteur ne suit pas une marche parallèle à la diminution du nombre, mais que la diminution de hauteur est plus marquée. La décroissance du quotient de la fatigue a pu être observée chez tous les vingt sujets examinés sans distinction, et elle apparaît dans toutes les conditions de l'expérimentation, pourvu que les temps de repos soient insuffisants à assurer la restauration complète d'une courbe à une autre. Toutefois les résultats les plus constants et les plus nets s'observent avec des intervalles de cinq à sept minutes de repos entre les courbes successives. Il est possible qu'au point de vue de la résistance à la fatigue les sujets puissent être classés en plusieurs types, en prenant pour mesure les valeurs décroissantes de leur quotient de fatigue.

2° Si les intervalles de repos entre les courbes successives sont suffisants pour faire disparaître toute trace de fatigue précédente, il y a dans ce cas égalité entre les courbes au point de vue du travail mécanique. On constate alors qu'il y a égalité mathématique entre les quotients successifs de la fatigue. En effet, chaque individu possède un quotient de la fatigue qui lui est propre, de même qu'il possède sa courbe de la

fatigue; mais les variations du quotient de la fatigue sont tellement considérables, suivant les jours et les heures de la journée, que, pour avoir un quotient comparable à lui-
même, il faut fournir deux tracés ergographiques dans la même séance en prenant un
repos suffisant entre les deux courbes. On voit alors qu'il existe une identité parfaite
entre le travail mécanique des deux tracés, entre les deux quotients de la fatigue et
entre la forme des deux courbes, si bien que la seconde semble être la photographie de
la première. Il y a là, à n'en pas douter, matière à l'établissement d'une loi psycho-
mécanique de l'épuisement moteur à formule mathématique. Si, dans les courbes
avancées dans la série, on obtient deux courbes égales comme travail, leurs quotients
auront aussi la même valeur; le degré de fatigue a donc été le même.

3º Il arrive quelquefois qu'après un repos d'une durée suffisante pour assurer la restauration complète, la deuxième courbe présente une valeur légèrement supérieure au
point de vue du rendement par rapport à la première (excitation et non fatigue). Dans
ce cas on constate toujours une légère augmentation de la valeur du deuxième quotient
ce qui revient à dire que le nombre de soulèvements s'est un peu accru.

4º Nous sommes donc en présence de trois cas possibles qu'il s'agit maintenant d'interpréter : a) si la restauration est complète, le quotient de la fatigue reste identique-
ment le même dans les courbes successives; b) s'il y a accumulation de la fatigue, la
valeur du quotient de la fatigue décroît progressivement; c) s'il y a excitation, la valeur
du quotient de la fatigue augmente.

Grâce aux mesures dynamométriques, il a été possible à J. Ioteyko de démontrer que
le nombre des soulèvements est réellement fonction du travail des centres psycho-
moteurs, ainsi que Hoch et Kraepelin l'avaient déjà antérieurement affirmé. Cette démonstration permit d'expliquer toutes les variations du quotient de la fatigue. Cet auteur a
examiné chez *neuf* sujets les rapports qui existent entre les variations du quotient de la
fatigue et les variations de la force dynamométrique. La corrélation de ces tests est
remarquable.

Chez *sept* sujets appartenant au type *inhibitoire*, nous voyons d'une part la force au
dynamomètre de la main gauche diminuer dans la proportion d'un cinquième après plusieurs courbes ergographiques accomplies avec la main droite, preuve de l'entrée en jeu
d'un certain degré de fatigue des centres nerveux volontaires; en même temps nous
voyons diminuer dans une faible mesure le nombre des soulèvements dans les tracés
successifs. Il existe un parallélisme presque complet entre la décroissance de ces deux
valeurs : pression dynamométrique de la main qui n'a pas travaillé et nombre de soulèvements à l'ergographe de l'autre main. Nous voyons de la façon la plus nette que le
nombre des soulèvements est fonction du travail des centres nerveux moteurs, car *à une
dépression centrale* (s'accusant au dynamomètre) *correspond une diminution adéquate du
nombre de soulèvements.*

Chez *deux* sujets appartenant au type dynamogène, le dynamomètre a constamment
accusé une excitation post-ergographique des centres nerveux. Chez ces sujets le nombre
des soulèvements du deuxième tracé (avec intervalle de cinq à dix minutes de repos) a
toujours été supérieur au nombre des soulèvements du premier tracé, quoique la diminution du travail mécanique dans le deuxième tracé ait été manifeste. Ainsi donc, la
diminution du travail mécanique s'est faite ici exclusivement aux dépens de la hauteur,
car le nombre de soulèvements du deuxième tracé s'était même accru. L'étude du type
dynamogène nous montre donc aussi que le nombre de soulèvements est fonction du
travail des centres nerveux, car à une dynamogénie centrale correspond une augmentation adéquate du nombre des soulèvements.

5º Grâce à ces données nous pouvons maintenant compléter l'étude des types sensitivo-
moteurs et répondre à cette question : le siège de la fatigue des mouvements volontaires
est-il situé dans les centres ou à la périphérie ?

Il est certain que l'excitation post-ergographique des centres nerveux du « type dynamogène » se manifeste par un accroissement de l'énergie dynamométrique, par une
exagération de la sensibilité générale et par une augmentation du nombre des soulèvements du second tracé ergographique par rapport au premier. La fatigue ergographique
est donc ici exclusivement due à un épuisement d'ordre périphérique, sans participation
aucune des centres nerveux volontaires.

En ce qui concerne le « type inhibitoire », la dépression post-ergographique des centres nerveux se manifeste chez lui par une décroissance de l'énergie dynamométrique, par un émoussement de la sensibilité générale, et par une diminution du nombre des soulèvements du second tracé ergographique par rapport au premier. Les centres psycho-moteurs participent donc ici aux phénomènes de fatigue ergographique. Toutefois cette participation est extrêmement faible. La diminution de hauteur des tracés successifs l'emporte toujours sur la diminution du nombre de soulèvements, et nous savons que la diminution de hauteur correspond à la fatigue du muscle.

Malgré les différences qui existent entre les deux types sensitivo-moteurs, ils sont tous deux soumis *à la loi de la décroissance du quotient de fatigue de* J. Ioteyko, formulée ainsi qu'il suit :

Loi de la décroissance du quotient de fatigue. — Le quotient de la fatigue $= \dfrac{H}{N}$, *qui est le rapport entre la hauteur totale des soulèvements (exprimée en centimètres) et leur nombre dans une courbe ergographique, et qui dans des conditions identiques est mathématiquement constant pour chaque individu (quotient personnel), subit une décroissance progressive dans les courbes ergographiques qui se suivent à des intervalles de temps réguliers et insuffisants pour assurer la restauration complète d'une courbe à une autre.*

La loi de la décroissance du quotient de la fatigue signifie que la fatigue des mouvements volontaires envahit en premier lieu les organes périphériques, car des deux facteurs constituants du quotient de la fatigue, le premier (hauteur) est fonction du travail des muscles, le deuxième (nombre) est fonction du travail des centres nerveux volontaires. — Le travail des centres est fonction du temps (nombre de soulèvements).

Cette loi se vérifie dans les différentes conditions de travail ergographique, en faisant varier les intervalles de repos entre les ergogrammes des première et dixième minutes; dans la même série, les intervalles doivent rester rigoureusement les mêmes. Mais les chiffres obtenus peuvent varier suivant le temps de repos accordé à l'appareil neuro-musculaire. Ainsi, avec des intervalles de huit minutes de repos, le travail descend aux deux tiers de sa valeur dans la deuxième courbe, et à la moitié de sa valeur dans la seconde. Le nombre des soulèvements est à peine diminué dans la deuxième courbe; mais après la troisième courbe, il est diminué d'un cinquième. Cette perte d'un cinquième est caractéristique, car elle correspond à une perte adéquate de l'énergie des centres nerveux, constatée au dynamomètre sur la main au repos.

Si nous intercalons des temps de repos beaucoup plus courts, trois minutes, deux, ou même une minute, le travail mécanique diminue beaucoup plus rapidement, entraînant une diminution de la hauteur et du nombre; mais, si le nombre diminue deux fois au bout de plusieurs courbes, la hauteur diminue quatre fois. Certaines courbes obtenues par I. Ioteyko (voir : *Le Siège de la Fatigue, Revue des Sciences,* 30 mars 1902, p. 295), sont très caractéristiques à cet égard. *Pour que le nombre diminue deux fois, il faut que la hauteur diminue quatre fois.*

Les variations du nombre et de la hauteur des contractions dans une courbe sont donc bien d'ordre physiologique. Il est presque inutile de relever l'objection de Trèves, que la décroissance du quotient de fatigue est peut-être due à l'invariabilité du nombre de soulèvements. Nous venons de voir, en effet, que les deux facteurs de la courbe sont susceptibles de varier suivant l'état fonctionnel. Les mesures dynamométriques et esthésiométriques le prouvent suffisamment, étant l'expression de l'état des centres sensitivo-moteurs à un moment donné de l'effort. Il n'est pas nécessaire de supposer que ces oscillations se passent dans quelque autre centre situé au-dessous de l'écorce; il est plus rationnel d'admettre qu'ils ont pour siège les centres dont l'activité a été mise en jeu.

Mais le quotient de fatigue, qui n'est que le rapport entre deux valeurs mobiles, ne peut certes être l'expression de toutes les modifications subies par l'ergogramme. Il faut aussi prendre en considération la somme de travail mécanique, et les valeurs absolues de toutes les hauteurs et du nombre des contractions dans chaque courbe. Ainsi, le quotient de fatigue peut être diminué aussi bien par l'augmentation de N que par une diminution de H. H peut être augmenté aussi bien par la diminution de N que par l'augmentation de H. Nous avons vu que l'accumulation de fatigue diminuait le quotient, surtout par une diminution de hauteur; la fatigue psychique, au contraire, produit une augmentation du quotient de fatigue en diminuant le nombre des soulèvements. L'alcool produit une diminution du quotient par augmentation du nombre. Il faut donc dans chaque cas bien spécifier : 1° si une cause quelconque a modifié la somme de travail ; 2° si elle a modifié le quotient de fatigue ; 3° quelles sont les valeurs absolues de la hauteur totale et du nombre des soulèvements; 4° quelles sont les valeurs respectives de hauteurs successives des soulèvements. Cette dernière mensuration est très nécessaire ; car, bien que la hauteur soit dans une certaine mesure indépendante du nombre des soulèvements, et que chacun de ces deux facteurs puisse varier isolément, il n'y a pas antagonisme entre eux, et même quelquefois il existe une certaine dépendance. Ainsi, par exemple, sous l'influence d'une certaine cause, la hauteur de chaque soulèvement peut rester la même ; mais, si le nombre augmente, la hauteur totale doit forcément augmenter.

Enfin, à côté du quotient total il faut considérer les *quotients partiels*. Certaines variations de la courbe peuvent, en effet, échapper au quotient total ; admettons qu'une cause amène une action excitante très fugace, suivie aussitôt d'une dépression : ces deux effets peuvent se contre-balancer dans la même courbe, au point que le quotient de fatigue n'en conservera aucune trace. Mais, si nous calculons les quotients partiels, c'est-à-dire le rapport entre la somme des hauteurs et leur nombre à un moment donné de l'expérience, nous connaîtrons alors les valeurs de l'effort moyen en fonction du temps. Nous arriverons ainsi à donner une expression mathématique à la courbe de la fatigue, à connaître ses particularités individuelles et ses variations. Le coefficient de résistance pourra alors être facilement calculé. On sait aujourd'hui d'une façon certaine que la forme de la courbe est due à deux variables : aux particularités individuelles, et aux différentes conditions dans lesquelles s'accomplit le travail. Les variations accidentelles n'entrent pas en ligne de compte pour un muscle entraîné. Prenant en considération le quotient total et les quotients partiels, on parviendra à déterminer aux dépens de quelle partie de la courbe s'effectue une modification, et si elle affecte davantage les muscles ou les centres nerveux.

Grâce à cette méthode, on peut rechercher si une action est centrale ou périphérique ; d'autre part, il est extrêmement utile de multiplier les preuves à l'appui de la théorie qui fait dépendre la hauteur des contractions, plus particulièrement de l'état des muscles, et leur nombre du travail des centres nerveux. A côté des preuves fournies par Hoch et Kraepelin, Ioteyko, Berninzone, se placent quelques nouveaux arguments donnés par Kraepelin et Oseretzkowsky. Résumons brièvement toutes les données relatives à ce sujet :

1° Les dispositions psychiques au travail, variables suivant les heures de la journée, influent surtout sur le nombre de soulèvements (Hoch et Kraepelin) ; 2° Des modifications de force sous l'influence des repas retentissent avant tout sur les muscles ; mais le léger état d'anémie cérébrale nous rend inaptes aux travaux psychiques ; aussi la hauteur augmente-t-elle, quoique le nombre des soulèvements diminue (Hoch et Kraepelin) ; 3° L'exercice acquis, en faisant tous les jours des expériences à l'ergographe, augmente surtout le nombre des soulèvements (Hoch et Kraepelin) ; 4° La fatigue intellectuelle diminue surtout le nombre des soulèvements ; pour l'affirmer, Hoch et Kraepelin se basent sur les expériences de Mosso. En outre, Kraepelin et Oseretzkowsky viennent de confirmer ce fait dans des expériences où, le travail ergographique étant effectué après une heure d'additions ou d'autres calculs, on constata une excitation due à une augmentation du nombre de soulèvements. Dans des exercices plus compliqués, on observa une décroissance du travail par diminution du nombre des soulèvements ; 5° La caféine, qui a une action musculaire, augmente la hauteur des soulèvements ; 6° L'essence de thé diminue le nombre (Hoch, Kraepelin) ; 7° L'accumulation de fatigue, obtenue par plusieurs ergogrammes, diminue surtout la hauteur, et beaucoup moins le nombre (J. Ioteyko) ; 8° Toutes les fois que le nombre des soulèvements est diminué dans un ergogramme, on constate une dépression centrale mesurable au dynamomètre et à l'esthésiomètre (J. Ioteyko) ; 9° Toutes les fois que le nombre des soulèvements est augmenté dans un ergogramme, on constate une dynamogénie centrale, mesurable sur la main opposée au dynamomètre et à l'esthésiomètre ; 10° Une promenade d'une heure produit une diminution de hauteur et une augmentation de nombre (Kraepelin et Oseretzkowsky) ; la première de ces actions est due à l'influence nuisible exercée sur les muscles par les déchets de la contraction musculaire; la deuxième action est due à l'excitation psycho-motrice, qui est très manifeste au bout d'une heure de promenade, et qui, d'ailleurs, a été directement démontrée par Beettmann dans ses recherches sur le temps de la réaction qui diminue dans ces conditions. Ajoutons que ces expériences sont une belle démonstration d'une résistance plus grande à la fatigue des centres psycho-moteurs que du muscle, car ce dernier donne déjà des signes de fatigue alors que les centres présentent des signes de dynamogénie; 11° L'alcool, entre 15 et 30 grammes, produit une excitation qui se traduit par une augmentation du nombre des soulèvements (Kraepelin et Oseretzkowsky). C'est là un des arguments les plus décisifs; car nous savons que l'action de l'alcool à petites doses est exclusivement centrale, et, d'autre part, Kraepelin a montré directement que le temps de la réaction nerveuse subissait une diminution sous l'influence des petites

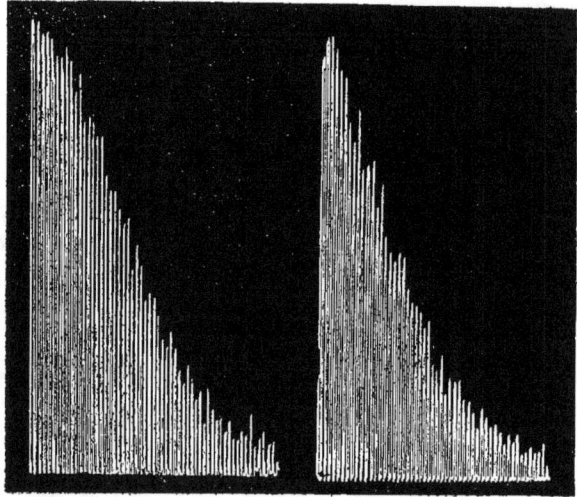

Fig. 19. — (D'après J. Ioteyko) Deux courbes ergographiques fournies par Hubert, étudiant à l'Université de Bruxelles. Charge : 3 kilogr. Rythme : 2". Intervalle de 10 minutes entre les deux courbes. L'accumulation de fatigue est nette; elle est due surtout à la diminution de hauteur de la première partie du second tracé qui paraît comme échancré. Le nombre des soulèvements n'a diminué que très légèrement. A part cette modification la forme du tracé n'a pas changé. Le quotient de fatigue du second tracé est diminué.

doses d'alcool; 12° Aars et Larguier des Bancels ont repris la méthode ergo-dynamo-métrique de J. Ioteyko, et, après avoir confirmé les données de cet expérimentateur, à savoir que dans un certain nombre d'expériences la force dynamométrique de la main gauche augmente après le travail ergographique, tandis qu'elle diminue dans d'autres expériences, ils ont reconnu que cette influence se trouvait en grande partie sous la dépendance du rythme suivant lequel le poids est soulevé. Après un travail ergographique avec la petite vitesse, il y a moins souvent diminution de la force qu'après un travail avec la grande vitesse. Le travail qui résulte du soulèvement d'un poids léger, répété un grand nombre de fois, épuise davantage les centres que le travail qui résulte du soulèvement d'un poids lourd, répété un petit nombre de fois. C'est donc le nombre des soulèvements qui intervient comme facteur essentiel dans la diminution de la force que subit la main gauche. Dans des expériences encore inédites J. Ioteyko arrive à la même conclusion.

Il nous reste maintenant à établir quelques conclusions d'ordre général sur le rôle du système nerveux et sur celui des muscles dans les phénomènes de fatigue. Les études de J. Ioteyko sur le quotient de la fatigue et sur les types sensitivo-moteurs sont suffisamment démonstratives pour affirmer que *le premier degré de fatigue est périphérique*. Nous disons : premier degré, car tout porte à croire que pour des efforts excessifs il y a également fatigue des centres volontaires. Cette affirmation est d'ailleurs basée sur les faits suivants :

1° Le « type inhibitoire » accuse nettement un léger degré de dépression cérébrale après le travail ergographique. Nous pouvons en inférer justement que pour des efforts plus intenses que le travail ergographique les distinctions entre les types s'effaceraient, et que dans ces conditions la participation des centres nerveux aux phénomènes de fatigue serait la règle chez tous les sujets.

2° La seconde preuve est tirée de ce fait, qu'il est possible de constater directement la participation croissante des centres nerveux aux phénomènes de fatigue, en lisant les courbes ergographiques prises en état de fatigue; entre le premier et le second tracé la différence dans le *nombre* des contractions est peu sensible ; *elle s'accentue davantage* entre le deuxième et le troisième tracé, au préjudice de ce dernier, ce qui démontre déjà un degré plus accentué de fatigue centrale. Le nombre est d'ailleurs plus fortement diminué avec des intervalles de courte durée qu'avec des intervalles de longue durée.

3° L'observation courante nous apprend que la volonté s'épuise après un travail physique intense. Il est certain que le *surmenage des centres psycho-moteurs* existe à côté du surmenage des muscles chez les personnes qui s'adonnent d'une façon continue à des travaux physiques très intenses. *La mort par excès de fatigue* (coureur de Marathon, migrations des oiseaux, records vélocipédiques) relève d'une altération du système nerveux. Par contre, dans les conditions ordinaires la fatigue cérébrale est limitée par la fatigue périphérique.

Voici l'explication la plus plausible du mécanisme physiologique de la fatigue de la motricité. Les muscles se contractent sous l'influence de leur excitant naturel, qui est le stimulus envoyé par les centres psycho-moteurs, autrement dit, l'effort. Nous savons, d'après les données de la physiologie expérimentale, que la fatigue du muscle se trouve en rapport étroit avec l'intensité de l'excitant, et que le muscle, qui paraît fatigué pour une intensité donnée, se contracte encore énergiquement quand cette intensité vient à s'accroître. Dans les conditions ordinaires, l'ordre que le système nerveux envoie aux muscles pour en produire la contraction n'est pas maximal. Il est facile de s'en convaincre. Quand le doigt retombe fatigué à la fin d'une courbe ergographique, on peut toujours par un effort de volonté produire quelques contractions plus élevées; dans certains cas, on peut même produire une seconde courbe à la suite de la première. Ce phénomène a été diversement interprété, et cependant l'ex-

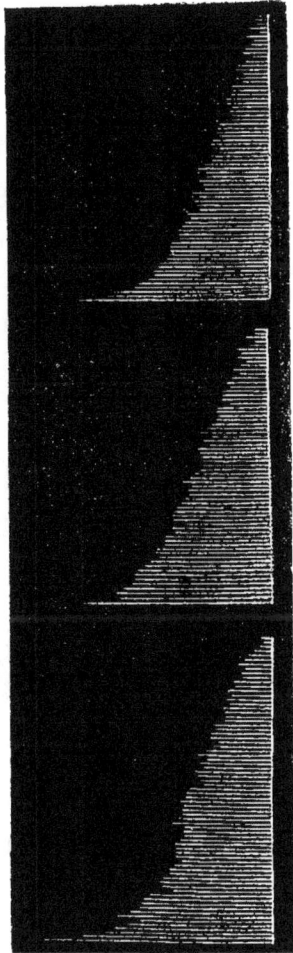

FIG. 20. — (D'après J. IOTEYKO) Trois courbes ergographiques (de gauche à droite) fournies par l'auteur. Charge : 3 kilogr. Rythme : 2''. Intervalle de 5 minutes entre les courbes. L'accumulation de fatigue est très légère, elle intéresse surtout la hauteur des soulèvements. Le quotient de fatigue subit une diminution progressive. La forme de a courbe est peu altérée, les caractères individuels persistent.

plication en est fort simple. La fin de la courbe dénote une fatigue réelle dans les conditions où l'on s'est placé; mais le « je veux » de l'expérimentateur ou du sujet lui-même a agi comme un nouvel excitant. Une deuxième courbe s'en est suivie.

Un phénomène de ce genre se produit dans tout effort volontaire prolongé. La fatigue du muscle survient bien avant que l'effort soit épuisé. Un accroissement de l'effort n'est autre chose qu'une augmentation d'intensité de l'excitant pour les muscles, qui deviennent de nouveau aptes de fonctionner sous l'aiguillon de la volonté. Mosso a d'ailleurs montré expérimentalement avec le ponomètre que l'excitation nerveuse que l'on envoie à un muscle pour en produire la contraction est beaucoup plus grande quand il est fatigué que quand il est reposé. *L'effort croît avec la fatigue* (H. Mosso). Ainsi donc, la fatigue ergographique a pour effet de produire une augmentation croissante de résistance dans les muscles (preuve du siège périphérique de la fatigue), et c'est pour vaincre cette résistance que les centres nerveux doivent envoyer à la périphérie un ordre à

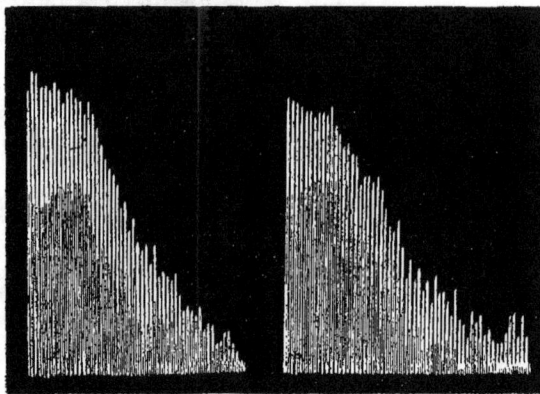

FIG. 21. — (D'après J. IOTEYKO) Deux courbes ergographiques fournies par Mlle BARTHELS, étudiante à l'Université de Bruxelles. Charge : 3 kilogr. Rythme : 2″. Intervalle de 10 minutes entre les courbes. La réparation est presque complète; la légère accumulation de fatigue du second tracé est due ici exclusivement à une diminution de hauteur, le nombre des soulèvements ayant un peu augmenté dans le second ergogramme. Cette augmentation du nombre est due à l'action excitante psycho-motrice du premier tracé. En effet, le dynamomètre qui marquait 26 pour la main gauche avant la première courbe, est monté à 34 immédiatement après la première courbe. Le quotient a subi une diminution, l'augmentation du nombre n'ayant pu compenser la diminution de hauteur.

intensité croissante. La courbe ponométrique suit donc une marche qui est l'inverse de la courbe ergographique.

Il est fort probable, ainsi que le pense TISSIÉ, qu'un système nerveux débilité réagit moins efficacement contre la production des déchets qui envahissent les muscles. Nous savons, en effet, que le système nerveux est le régulateur de la nutrition. Quand la fatigue est extrêmement prononcée, au point de diminuer l'intensité de la décharge des centres psycho-moteurs (c'est là la caractéristique de la fatigue centrale), alors nul doute que cette fonction régulatrice du système nerveux ne soit affaiblie ou déviée. Les effets désastreux de l'accumulation de la fatigue relèvent peut-être en partie de cette cause.

Enfin, voici encore un dernier argument que nous empruntons aux partisans de la théorie de Mosso. Rien ne prouve aussi bien que les centres nerveux sont plus résistants à la fatigue que les muscles, que cette proposition de PH. TISSIÉ : *On marche avec ses muscles, on arrive avec son cerveau.*

X. Modifications de l'ergographe. — Il ne nous appartient pas ici de discuter les critiques qu'on a faites à l'ergographe de Mosso (BINET et VASCHIDE, HOUGH, KRAEPELIN, SCHENCK, IVORY FRANZ, R. MÜLLER, Z. TREVES), ni de décrire les nouveaux modèles d'ergographe. Nous ne consacrerons que quelques mots à l'ergographe de TREVES, construit sur une base nouvelle. Il est établi sur le principe de WEBER, que la fatigue n'exerce pas la même action sur la force et sur le raccourcissement du muscle; un muscle fatigué, qui ne peut plus soulever un poids lourd, peut encore soulever un poids léger. Dans l'ergographe de TREVES le poids diminue graduellement de valeur, en glissant le long d'une barre d'acier qui est un levier de deuxième degré et qui se trouve placé au-dessous de la table ergographique. La seconde modification, non moins importante, consiste à graduer le poids en sorte qu'il reste constamment le poids maximum par rapport à l'état de force ou de fatigue momentanée. Sous l'influence de la fatigue dans le cours de l'expérience, le poids maximal diminue graduellement de valeur, suivant une ligne d'aspect hyperbolique. On place par exemple au 100 de la barre le poids *maximum* (par exemple : 8 kilogr.) que l'individu peut soulever; on enregistre un soulèvement. Au niveau du point d'union du dixième supérieur de ce soulèvement avec les 9/10 inférieurs, on trace une ligne horizontale. Le sujet commence la courbe. Peu à peu l'ampleur de l'excursion se réduit jusqu'à se maintenir d'une manière permanente au niveau marqué, avec tendance à passer rapidement au-dessous. On déplace alors le poids, le portant à 90; la résistance devient 1/10 moindre. L'excursion réacquiert l'ampleur normale; et l'on a ainsi, sans interruption, une courbe de travail maximal. Il faudra encore déplacer diverses fois le poids, jusqu'à ce qu'on trouve une position de celui-ci avec laquelle le travail rythmique se poursuivra à l'infini. Le tracé ergographique se présente donc comme une série de lignes verticales, toutes d'une hauteur à peu près égale, et ne montre aucune caractéristique saillante lorsqu'on varie d'individu ou de conditions d'expériences. Le véritable ergogramme dans l'appareil de TREVES n'est donc pas indiqué par le profil de tous les soulèvements, mais par la ligne suivant laquelle diminue la valeur du poids maximal. On peut travailler presque indéfiniment avec cet appareil, mais à condition que le poids reste toujours maximal; si le poids n'est pas maximal, on obtient une courbe décroissante du travail.

La fatigue à l'ergographe à poids constant (de Mosso) se mesure donc par la décroissance des contractions; la fatigue à l'ergographe à poids variables (de TREVES) se mesure par la nécessité d'employer des poids de plus en plus légers, la hauteur des contractions restant constante. L'effort maximum utile qu'on peut à un moment donné obtenir d'un muscle est celui que détermine la réaction motrice réflexe correspondant à la sensation de résistance suscitée par le poids qui, à ce moment, est maximal pour le muscle. Le principe du poids maximal prend donc une importance bien plus grande dans le travail volontaire que dans le travail du muscle excité artificiellement; il ne présente pas seulement une des conditions mécaniques dans lesquelles le muscle doit être placé pour qu'il puisse donner le maximum de rendement; mais il constitue en même temps le régulateur automatique de l'excitation qui est nécessaire pour que, à un moment donné, le maximum de travail mécanique s'accomplisse avec la moindre intensité possible de travail nerveux. Mlle POMPILIAN a montré que, pendant la contraction musculaire volontaire ou réflexe, la chaleur dégagée est d'autant plus grande que le poids soulevé est plus fort. Par contre, dans l'excitation neuro-musculaire la chaleur dégagée diminue quand le poids tenseur augmente. Dans le premier cas la chaleur dégagée augmente, non parce que le poids augmente, mais parce que le système nerveux envoie une excitation d'autant plus forte que la charge que les muscles ont à soulever est plus grande. (*La contraction musculaire et les transformations d'énergie*. Paris, 1897.) (V. **Ergographe**.)

Bibliographie. — AARS et LARGUIER (*Année Psychologique*, VII, 1900). — BAIN (A.). *Émotions et volonté*. — BELMONDO (E). *Rech. exp. touchant l'influence du cerveau sur l'échange azoté* (*A. i. B.*, XXV, 1896, 481-488). — BINET (A.). *Rech. sur les mouvements volontaires dans l'anesthésie hystérique* (*Rev. phil.*, XXVIII, 475, 1889); *La concurrence des états psychologiques* (*Rev. phil.*, 1890, 158); *Les altérations de la personnalité*, Alcan, 1892. — BINET (A.) et VASCHIDE (N.). *Réparation de la fatigue musculaire* (*Ann. Psychol.*, 1898. IV, 295-302). — BINET (A., et FÉRÉ (CH.). *Rech. exp. sur la physiologie des mouvements chez les hystériques* (*A. de P.*, 1887, 320-373). — BINET et COURTIER. *Les effets du travail musculaire sur le pouls capillaire* (*An. Psychol.*, III, 1896, 30-41). — BERNINZONE (*Bollet. Accad. med. di Roma*, XXII, 1897). — BRISSAUD et REGNARD. *Température dans les muscles contracturés* (*B. B.*, 1891, 348). — BRYAN. *On the Développement of voluntary motor ability* (*Amer. Journ. of Psychol.*, V,

125). — Cleghorn (A.). *The reinforcement of voluntary muscular contractions* (*Amer. Journ. of Physiol.*, 1898, i, 336-345). — Cleghorn et Colin Stewart. *The inhibition time of a voluntary muscular contraction* (*Amer. J. of Physiology*, v, 1901). — Delbeuf. *Éléments de psychophysique*. — Dresslar. *Some influences which affect the rapidity of voluntary movements* (*Amer. Journ. of Psychol.*, iv, 514). — Duval. *Dynamogénie sur les centres des organes des sens* (*B. B.*, 1887, 763). — Davis (W.). *Researches in cross-education* (*Studies from the Yale Psychological Laboratory*, viii, 1900). — Fechner. *Beobachtungen, welche zu beweisen scheinen, dass durch die Uebung der Glieder der einen Seite die der andern zugleich mitgeübt werden* (*Ber. d. sächs. Ges. d. Wiss. Mat. phys. Cl.*, 1858). — Federolf (A. K.). *Sur le surmenage et les maladies des jeunes soldats dans la cavalerie* (en russe, *Vratch.*, 1899, n° 48). — Franz (Ivory). *On the methods of estimating the force of voluntary muscular contractions and on fatigue* (*Amer. J. of Physiol.*, iv, 1900). — Féré (Ch.). *L'énergie et la vitesse des mouvements volontaires* (*Rev. phil.*, 1889, 63); *Note sur la rapidité des effets des excitations sensorielles sur le travail* (*B. B.*, 845, 1900); *Note sur l'excitabilité dans la fatigue* (*B. B.*, 1900, 1068); *Influence de l'alcool sur le travail* (*Ibid.*, 825); *Influence du bouillon sur le travail* (*Ibid.* 829); *Influence de quelques condiments sur le travail* (*Ibid.*, 889); *Note sur la rapidité des effets des excitations sensorielles sur le travail* (*B. B.*, 845); *Influence des excitations sensorielles sur le travail* (*Ibid.*, 845); *Sensation et mouvement*, Paris, 1887; *La pathologie des émotions*, 1892; *Influence sur le travail volontaire d'un muscle de l'activité d'autres muscles* (*Nouvelle Iconographie de la Salpêtrière*, Extrait); *Les variations de l'excitabilité dans la fatigue* (*An. Psycholog.*, 1900); série de notes dans *B. B.*, 1900 et 1901. — Fick (A.). *Myographische Versuche am lebenden Menschen* (*A. g. P.*, xli, 1887, 176-187). — Fleury (M.). *Quelques graphiques de la tension artérielle, du pouls capillaire et de la force dynamométrique, recueillis chez les épileptiques* (*B. B.*, 1899, 975); *Introduction à la médecine de l'esprit*, 5° éd., 1898. — Haughton (S.). *The law of fatigue* (*Proceed. Roy. Soc.*, xxiv); *Further illustrations of the law of fatigue* (*Ibid.*, xxx, 1880, 359-365). — Hill (L.). et Nabarro (D. N.). *The exchange of blood gases in the brain and in the muscles in states of rest and of activity* (*Journ. of Physiol.*, 1895, xvii, 248-229). — Henry (Ch.). *Rech. exp. sur l'entraînement musculaire* (*C. R.*, cxii, 1891, 1473). — Hoch et Kraepelin. *Ueber die Wirkung der Theebestandsheile auf körperliche und geistige Arbeit* (*Psychol. Arbeiten*, i, 1896, Leipzig). — Henri (V.). *Revue générale sur le sens musculaire* (*An. Psychol.*, v, 1899). — Hofbauer (L.). *Interferenz zwischen verschiedenen Impulsen im Centralnervensystem* (*A. g. P.*, 1897, lxviii, 546-593). — Hough (T.). *Ergographic studies in muscular fatigue and soreness* (*Journ. of Boston Soc. of med. Science*, v, 1900); *Ergographic studies in neuro-muscular fatigue* (*Amer. Journ. of Physiol.*, v, 240). — Ioteyko (J.). *Le quotient de la fatigue* (*C. R.*, 1900, cxxx, 527); *La résistance à la fatigue des centres psycho-moteurs de l'homme* (*Bull. de la Soc. Roy. des Sciences médicales et naturelles de Bruxelles*, 8 janvier 1900); *L'Effort nerveux et la fatigue* (*Arch. de Biol.*, xvi, 1899, et brochure de 57 pages, Liège); *Effets du travail de certains groupes musculaires sur d'autres groupes qui ne font aucun travail* (*C. R.*, 1900, cxxxi, 917); *Distribution de la fatigue dans les organes centraux et périphériques* (IV° *Congrès de Psychologie*, Paris, 1900, et IX° *Congrès des médecins et naturalistes polonais*, 1900, Cracovie); *Participation des centres nerveux aux phénomènes de fatigue musculaire* (*An. Psychol.*, vii, 1900); *De la graduation des effets de la fatigue* (V° *Congrès de Physiologie*, Turin, 1900); *Le siège de la fatigue* (*Revue génér. des Sciences*, n° 6, 1902). — James (William). *Principles of Psychology*, London, 1890. — Kronecker et Cutter. *Effets du travail de certains groupes musculaires sur d'autres groupes qui ne font aucun travail* (*C. R.*, 1900, cxxxi, 492). — Koch (W.). *Ergographische Studien* (*Diss. Marbourg*, 1894). — Kraepelin (E.). *Ueber die Beeinflussung einfacher psychischer Vorgänge durch einige Arzneimittel*, Jena, 1892. — Leitenstorfer. *Das militärische Training*, Stuttgart, 1897. — Lévy. *An attempt to estimate fatigue of cerebral Cortex when caused by electrical excitation* (*J. P.*, xxvi, 1901). — Lagrange (F.). *Physiologie des exercices du corps* (7° éd., Paris, 1896); *La fatigue et l'entraînement* (*Rev. scient.*, 1888, i, 203). — Lindley. *A preliminary Study of some of the Motor Phenomena of mental effort* (*Am. Journ. of Psychol.*, vii, 1896, 491-517). — Lombard Warren (P.). *Alterations in the strength which occur during fatiguing voluntary muscular work* (*Journ. of Physiol.*, 1893, xiv, 97-124 et xiii). — Maggiora (A.). *Les lois de la fatigue étudiées dans les muscles de l'homme* (*A. i. B.*, xiii, 1890, 187). — Marcet (W.). *Influence de l'exercice et de la volonté sur la respiration et la contraction musculaire* (*Arch. des Sc. phys. et nat.*, (3), xxxiv, 1895, 573-575). — Mosso (A.). *Fisiologia dell' uomo sulle Alpi*, Milano, 2ᵉ éd., 1898; *L'éducation physique de la jeunesse*, Paris, 1895; *La fatigue intellectuelle et physique*, Paris, 1894; *Les lois de la fatigue étudiées dans les muscles de l'homme* (*A. i. B.*, 1890, xiii, 187). — Müller (G. E.) (*Zeitschr. f. Psychol. und Physiol. der Sinnesorgane*, iv, 1893, 122-138). — Müller (R.). *Ueber Mosso's Ergographen mit Rücksicht auf seine physiologischen und psychologischen Anwendungen* (*Wundt's Philosoph., Studien*, 1901). — Oseretzkowsky (A.) et Kraepelin (E.). *Ueber die Beeinflussung der Muskelleistung durch verschiedene Arbeitsbedingungen* (*Psychologische Arbeiten*, iii, 1901). — Paulhan (F.). *La simultanéité des actes psychiques* (*Rev. Scient.*, 1887, i, 654). — Patrizi (M.). *La simultanéité et la succession des impulsions volontaires symétriques* (*A. i. B.*, xix, 1893, 126-139); *L'ergographie artificielle et naturelle des membres inférieurs* (IVᵉ *Congrès de Psychol.*, Paris, 1900). — Richet (Ch.). *Contracture* (*Dict. de Physiol.*, iv, 391, 1899). — Scripture (E. W.). *Researches on voluntary effort* (*Stud. fr. Yale Psychol. Lab.*, iv, 1896, 69-75); *The law of rhythmic movement* (*Science, N. S.*, iv, 535-536). — Schenck (T.). *Ueber den Verlauf der Muskelermüdung bei willkürlicher Erregung und bei isometrischen Kontraktionsakt* (*A. g. P.*, lxxxii, 1900). — Stupin (S.). *Beiträge zur Kenntniss der Ermüdung beim Menschen* (*Skandin. Arch. f. Physiol.*, xii, 149). — Simonelli. *Sulla fatica et sui ritmo nei muscoli volontarii* (*Giorn. Int. sc. med.*, 1900, xxii). — Smith (F.). *The maximum effort of the Horse* (*J. P.*, xix, 1896, 224-226). — Tissié (Ph.). *La fatigue et l'entraînement physique.* Paris, 1897; *Observations physiologiques concernant un record vélocivédique* (*A. de P.*, 1894, 823-837). — Treves (Z.). *Sur les lois du travail musculaire* (*A. i. B.*, 1898, xxix, 157-179, et vol. xxx, 1-34); *Ueber die Gesetze der willkürlichen Muskelarbeit* (*A. g. P.*, 1899, lxxviii, 163); *Ueber den gegenwärtigen Zustand unserer Kenntniss, die Ergographie betreffend* (*A. g. P.*, 1901, lxxxviii); *Modifications à l'ergographe* (Vᵉ *Congrès de Physiologie*, Turin, 1901). — Tarchanoff (*Congrès méd. de Rome*, vol. ii, 153). — Waller (A.). *A peculiar fatigue effect on human Muscle* (*Proceed. of the Physiol. Soc.*, 1891, J. P., 1892, vol. xiii); *Report on experiments and observations relating to the process of fatigue and recovery* (*The British med. Journ.*, 1885 et 1886); *The Sense of effort; an objective Study* (*Brain*, xiv, 1891, 179-249 et 433-436). — Whymper (Ed.). *Travells amongst the great Andes of the Equator*, London, 1892. — Wertheimer et Lepage. *De l'action de la zone motrice du cerveau sur les mouvements des membres du côté correspondant* (*B. B.*, 1896, 438-440). — Woodworth (R. S.). *The accuracy of voluntary movement* (*The Psychological Review*, vol. iii, 1899). — Zabloudowsky. *Ueber die physiologische Bedeutung der Massage* (*C. W.*, 1883). — Zenoni. *Rech. exp. sur le travail musculaire dans l'air comprimé* (*A. i. B.*, xxvii, 1897, 46).

CHAPITRE VI

Les effets de la Fatigue sur les phénomènes psychiques.

I. Le sentiment de la fatigue. — Nous devons distinguer dans la fatigue deux phénomènes : l'un est le phénomène *physiologique*, qui consiste dans la perte graduelle de l'excitabilité des organes soumis à un excès de travail; le second est le phénomène *psychologique* qui est le sentiment de la fatigue. A l'inverse du précédent, il apparaît d'une façon soudaine. La fatigue s'accumule progressivement dans l'organisme; de phénomène local elle devient phénomène général, et ce n'est que quand elle retentit sur l'ensemble de l'être vivant qu'elle arrive à la conscience. Un long travail intérieur précède l'apparition du sentiment de lassitude, laquelle est l'expression de la fatigue, de l'épuisement organique, devenu conscient à un moment donné. Les Grecs assimilaient la fatigue à la douleur. C'est pousser trop loin la généralisation du sentiment de la fatigue; toutefois, dit avec juste raison Léon Dumont, nous pouvons rapporter à la fatigue, à l'épuisement et à l'abattement qui en résulte, toutes les peines qui ont pour origine un effort soit volontaire, soit conscient, soit inconscient, en un mot toutes les peines à caractère positif; la fatigue s'accumule graduellement pendant toute la durée de l'effort et du travail; dans un effort très considérable, elle se déclare d'une manière brusque qui la fait ressembler à une douleur aiguë.

Le problème du sentiment de la fatigue se ramène à la question plus générale des rapports de la conscience avec les phénomènes moteurs. Elle peut être examinée à plusieurs points de vue :

En premier lieu, au point de vue de ses rapports avec le sens du mouvement (sens kinesthésique). Le sens musculaire nous renseigne sur l'état de nos organes moteurs; l'introspection nous avertit constamment de l'état de mouvement ou de repos dans lequel sont nos organes. Nous avons la perception du mouvement à mesure qu'il s'exécute. Or, après une répétition prolongée d'un certain mouvement, il se produit une sensation particulière, appelée *sensation de fatigue*. D'après WALLER, le sens du mouvement, celui de l'effort et celui de la fatigue, sont des degrés du même phénomène sensoriel. Il y a une cause commune à l'effort et à la fatigue; celle-ci ressemble, suivant le physiologiste anglais, à une image consécutive, en sorte que de ce qui se passe à l'état de fatigue nous pouvons inférer à ce qui passe à l'état d'action. Le sens musculaire est diminué dans la fatigue suivant Mosso.

Deuxièmement, nous pouvons examiner la sensation de fatigue au point de vue de son origine. Possède-t-elle une origine périphérique ou une origine centrale? Les mêmes considérations peuvent être invoquées ici comme pour le sens kinesthésique. Sur l'origine du sens de l'effort il y a deux théories en présence; l'une, centrale (BAIN, LUDWIG, WUNDT, JACKSON); l'autre, périphérique, qui est celle de la majorité des neurologistes contemporains. Ces sensations désagréables de douleur, de tiraillements, de pesanteur, qu'on ressent dans un membre fatigué, sont-elles dues à une excitation particulière des terminaisons nerveuses sensitives dans les organes moteurs, ou bien devons-nous les attribuer à la fatigue de la volition, à un épuisement de la décharge centrale. « Souvent, remarque RIBOT, la localisation de ces sensations dans nos muscles est très précise; ainsi, après une longue marche, surtout en descendant, la sensation de fatigue est localisée, au jugement des anatomistes, dans le jambier antérieur et le triceps crural. » L'observation journalière nous apprend, en effet, que cette localisation de la sensation de fatigue est des plus précises; on peut s'en assurer dans tout effort musculaire un peu énergique (les débuts de la gymnastique et de tous autres sports). Elle s'étudie fort bien à l'ergographe; après les premières séances, les sujets, même en l'absence complète de notions anatomiques, accusent une douleur plus ou moins forte à la partie antérieure de l'avant-bras, correspondant aux fléchisseurs. La douleur disparaît sous l'influence de l'entraînement musculaire.

Dans son dernier travail sur la douleur, CH. RICHET disait tout récemment que la douleur musculaire qui suit la fatigue exagérée des muscles est due assurément à l'altération, probablement chimique, des muscles par les produits de la désassimilation musculaire. Il nous paraît certain que dans la fatigue l'élément nerveux sensitif et l'élément nerveux moteur intra-musculaire sont tous les deux altérés par les déchets de la contraction. Il en résulte de la douleur et de la paralysie motrice.

Les partisans de l'origine centrale du sentiment de l'effort admettent la conscience de la décharge motrice au moment même où la décharge se fait, et avant que les contractions musculaires se produisent : le sentiment de la décharge nerveuse serait antérieur au mouvement; les sentiments kinesthésiques sont postérieurs. Ce qui rend impossible la distinction de ces deux espèces de sentiments, c'est la réviviscence des impressions kinesthésiques, autrement dit, des images motrices. L'impression kinesthésique, qui était primitivement une conséquence du mouvement, en devient un antécédent. « Jusqu'ici, fait remarquer BINET, aucun fait ne démontre péremptoirement l'existence d'un sentiment d'innervation coïncidant avec le courant de sortie de l'influx nerveux. » Rien ne vient démontrer, ajouterons-nous, que l'affaiblissement de l'impulsion motrice due à la fatigue cérébrale s'accompagne d'un sentiment spécial. Tous les faits s'accordent beaucoup mieux avec l'origine périphérique du sentiment de la fatigue.

Nous venons de dire que rien ne vient démontrer que l'affaiblissement de l'impulsion motrice due à la fatigue cérébrale s'accompagne d'un sentiment spécial. A cette notion nous pouvons en ajouter une seconde. Tous les faits s'accordent pour montrer que l'impulsion motrice envoyée des centres à la périphérie ne faiblit pas pendant tout le temps du travail, de l'effort et même de la fatigue; nous ne reviserons pas à nouveau tous les arguments que nous avons exposés avec détails dans le paragraphe : *le siège de la fatigue* (chapitre V). Nous n'en rappelerons qu'un seul, qui est très significatif : grâce à l'emploi du ponomètre, Mosso a pu inscrire la courbe de l'effort nerveux pendant le travail ergographique, et il a constaté que *l'effort nerveux croît avec la fatigue*, en sorte que la courbe ponométrique est l'inverse de la courbe ergographique.

Nous pouvons conclure de tous ces travaux, que l'origine du sentiment de la fatigue est périphérique. Les centres nerveux ont la faculté presque inépuisable d'envoyer des ordres aux appareils périphériques, et les phénomènes appelés *fatigue* ne sont dus nullement à un arrêt de la fonction cérébrale : ils ont une origine périphérique. En premier lieu, ce sont les terminaisons motrices intra-musculaires qui subissent l'influence des toxines engendrées par le travail ; à l'arrêt de leurs fonctions on réserve la dénomination de *fatigue musculaire*. L'arrêt des fonctions est un terme extrême de la fatigue, qui est précédé par l'affaiblissement ; et, même avant tout début d'affaiblissement, on remarque une diminution d'élasticité du muscle, qui se traduit par un allongement de la secousse et par le pouls asthénique. La diminution d'élasticité est le *premier signe de fatigue*, qui se montre encore avant la diminution d'amplitude de la contraction. A l'altération des terminaisons nerveuses motrices par les produits de la désassimilation musculaire (fatigue motrice) succède l'altération de l'élément nerveux sensitif musculaire ; cette altération est le siège d'une sensation spéciale qui se porte au cerveau, et, en devenant conscient, devient l'origine du sentiment de la fatigue.

Nous avons fait allusion dans notre introduction au rôle kinéto-phylactique (défensif du mouvement) qu'on peut assigner à la fatigue. Cette fonction peut s'effectuer grâce à la fatigabilité plus grande des terminaisons nerveuses intra-musculaires que des centres psycho-moteurs ; avant que les centres nerveux aient eu le temps de se fatiguer, l'abolition des fonctions des terminaisons nerveuses périphériques arrête toute réaction. Le rôle défensif de la fatigue avait déjà été soutenu par plusieurs physiologistes, notamment par Waller et par Mosso. Mais on se rend difficilement à l'idée d'une protection du muscle, protection qui serait assurée aux dépens du système nerveux. Au contraire, J. Joteyko a fourni les bases expérimentales à une appréciation toute différente : le rôle biologique de la fatigue serait la défense du mouvement dans ce qu'il a de plus élevé et de plus complexe : *la défense de la fonction psycho-motrice par paralysie périphérique*.

Il est intéressant de constater que le sentiment de la fatigue peut être aboli sous l'influence de différentes substances pharmacodynamiques, telles que l'alcool, le sucre et l'extrait testiculaire. Le mécanisme d'action de ces substances doit être très différent pour chacune d'elles, mais nous manquons complètement de données à cet égard. Ainsi, par exemple, il est reconnu, depuis Mosso, que, lorsque la fatigue se produit à l'ergographie, le poids paraît plus lourd. Or l'alcool donne l'illusion d'une grande puissance, et le poids apparaît plus léger (Frey, Destrée). Loewy trouve que l'inhalation d'acide carbonique, même à haute dose (5 à 6 p. 100 dans l'air expiré), n'est accompagnée d'aucune sensation subjective ; à partir de 6 p. 100 commence la *dyspnée subjective*, qui atteint son maximum d'intensité à 8 p. 100 de CO_2. Ces résultats peuvent être comparés, selon l'auteur, à l'accélération volontaire de la respiration ; déjà au bout, de plusieurs minutes, se produit le sentiment de la fatigue, même si les mouvements respiratoires ne sont que doublés par rapport à la normale.

Dans certains états pathologiques le sentiment de la fatigue peut être exagéré et ne correspond nullement à une faiblesse organique (neurasthénie) ; dans d'autres affections il peut faire complètement défaut (certains cas d'hystérie, de tabès, etc.).

Le sentiment de la fatigue est précédé d'une période d'excitation. Celle-ci est suivie d'indifférence et d'abattement. On a vu des excursionnistes demander avec instance aux guides de les abandonner sur les glaciers (Tyndall, Mosso). Dans cet état la mort paraît désirable. Cette indifférence est la cause des accidents dans les Alpes. Dans cet état de dépression se trouve un grand nombre de soldats après la bataille.

Le sentiment de fatigue disparaît par l'excitation. Ainsi les soldats s'affaissent après de grands efforts ; mais la vue de l'ennemi leur redonne une nouvelle vigueur. La peur a agi comme un nouvel excitant. De même une armée vaincue court plus vite qu'une armée victorieuse. Mais, si le sentiment de la fatigue n'est plus écouté, on voit survenir un état de neurasthénie.

La fatigue excessive produit des phénomènes psycho-pathologiques. La diminution de la mémoire est très fréquente dans les excursions des montagnes (Saussure, Mosso). Lors de l'entraînement intensif dans les sports, on a observé le dégoût, l'ennui, l'automatisme, les impulsions, le dédoublement de la personnalité, les hallucinations, les illusions, les phobies, la paramnésie, l'écholalie, les obsessions, etc.

Nous avons déjà parlé des contractures hystériques. Elles se distinguent par l'absence complète du sentiment de fatigue. L'abolition du sentiment de la fatigue chez les hystériques est souvent accompagnée de l'abolition des sensations kinesthésiques; quand ils ferment les yeux, ils n'ont plus la notion des mouvements passifs que l'observateur imprime à leur membre insensible. Quant aux mouvements volontaires, un certain nombre de sujets se servent de leur membre insensible les yeux fermés; chez les autres on observe une impuissance motrice presque complète. Il est certain qu'il existe un rapport entre les anesthésies hystériques, l'abolition du sens kinesthésique et l'abolition du sentiment de la fatigue; mais ce rapport n'a pas encore été mis en lumière.

A côté des contractures des hystériques, qui ne s'accompagnent pas du sentiment de fatigue, bien qu'elles puissent durer plusieurs mois, existent chez les sujets hystériques d'autres manifestations motrices, qui, elles aussi, sont exemptes de toute fatigue. LASÈGUE avait observé, en 1864 une femme hystérique présentant le phénomène suivant : « Lorsqu'on place le bras, la malade ayant les yeux fermés, dans une position impossible à maintenir au delà de quelques secondes, le bras garde la situation qu'on lui a imposée; il se produit une sorte de catalepsie partielle, et l'expérimentateur se fatigue d'attendre avant que la malade soit fatiguée. » Chez une autre hystérique, la sensation de fatigue est émoussée à tel point qu'on peut, à la condition qu'elle ne voit pas, imposer aux membres supérieurs toutes les postures sans qu'elle accuse de fatigue, et sans qu'elle cherche, tant qu'on ne le lui demande pas, à modifier la position et à prendre un repos local. CHARCOT a constaté le même fait à l'état de veille, et BERNHEIM a retrouvé dans deux cas de fièvre typhoïde un phénomène analogue. FÉRÉ et BINET ont rencontré cet état cataleptiforme chez cinq hystériques sur seize. Voici la description qu'en ont donnée ces expérimentateurs. On s'adresse à un sujet hystérique qui présente de l'anesthésie de la peau et du sens musculaire; on lui bande les yeux. Le sujet, qui a perdu la conscience du mouvement passif, ne sent pas qu'on soulève son membre; il croit, par exemple, que sa main est toujours posée sur ses genoux, comme au début de l'expérience. Le membre soulevé ne retombe pas; il conserve l'attitude qu'on lui imprime, absolument comme si le sujet était en état de catalepsie. Le bras peut mettre une heure vingt minutes à retomber. La conservation de l'attitude présente encore ce signe particulier qu'elle a lieu sans tremblement. A l'absence de tremblement se rattache l'absence de fatigue. Vers la fin de l'expérience le malade éprouve un sentiment de lassitude générale; parfois des battements de cœur, de la constriction à l'épigastre ; la face rougit et se couvre de sueur; mais dans certains cas il ne survient qu'une sensation de fatigue localisée dans le membre en expérience. Si l'on charge d'un poids de 1 ou 2 kilogrammes l'extrémité du bras tendu, le membre ne fléchit pas brusquement; par conséquent la tension musculaire augmente pour tenir le poids en équilibre. *Le sujet interrogé à ce moment n'accuse aucune sensation nouvelle. Le membre ne supporte pas longtemps ce surcroît de travail; à la fin, le membre retombe, le sujet ouvre les yeux, on lui demande si son bras est fatigué; il s'étonne de cette demande, car il croit que son bras est resté sur son genou. Ce long travail neuro-musculaire ne se termine par aucun phénomène paralytique; le bras continue à obéir aux ordres de la volonté; au dynamomètre, le bras donne un chiffre qui est le chiffre normal.* (Nous avons souligné les phrases qui nous paraissent le plus significatives.) S'il était possible de conclure de l'hystérie à l'état normal, nous dirions que les phénomènes de la *plasticité cataleptique* (nom que leur ont donné FÉRÉ et BINET) plaident en faveur de l'origine périphérique de la fatigue. Ainsi le bras retombe fatigué, et le sujet n'a aucune conscience de cet état de fatigue. Bien plus, quand le bras retombe fatigué, la volonté a gardé toute son action, car le bras continue à obéir au stimulus central. Les hystériques ont donc perdu le sentiment de la fatigue, sans perdre pour cela la possibilité d'une fatigue périphérique.

La plasticité cataleptique est toujours accompagnée de l'anesthésie cutanée et de l'anesthésie du sens musculaire. A côté de ces anesthésies il y a lieu de placer l'anesthésie à la fatigue. Ces trois phénomènes sont d'ordre essentiellement pathologique. Mentionnons encore la curieuse expérience de P. JANET, qui vit qu'un ergogramme tracé par la main sensible d'une hystérique est plus court que l'ergogramme tracé par la main insensible; car dans le premier cas il y a eu fatigue, et dans le second la fatigue était supprimée par l'insensibilité du membre. Mais, en revanche, le second ergogramme épuise complètement la main insensible, et celle-ci met bien plus longtemps que l'autre main à restaurer sa force perdue.

II. **Influence de la fatigue sur le temps de la réaction nerveuse et sur les phénomènes de l'attention.** — La fatigue psychique aussi bien que la fatigue physique produisent un ralentissement ou une atténuation de tous les phénomènes psychiques, mémoire, imagination, temps de la réaction nerveuse, attention. Parmi ces phénomènes, ceux qui se rapportent au temps de la réaction nerveuse et à l'attention ont été étudiés expérimentalement. L'influence de la fatigue intellectuelle sera traitée à part (voir *Fatigue intellectuelle*). Nous ne consacrerons ici qu'une courte mention aux études psychométriques faites dans ce domaine.

Les effets de la fatigue sur le temps de la réaction nerveuse ont été étudiés par CATTELL, BEETMANN, MOSSO, FÉRÉ, WELCH, SCRIPTURE, MOORE, et par beaucoup d'autres psychologues physiologistes. Sous l'influence de la fatigue le temps de la réaction nerveuse s'allonge. L'exercice et l'entraînement produisent un effet contraire. Pour les phénomènes psychiques, il y a donc, comme pour les phénomènes physiologiques, antagonisme entre la fatigue et l'entraînement. A la fin des longues séances de psychométrie on observe, selon SCRIPTURE, non seulement un allongement notable du temps de la réaction et des oscillations de l'attention, mais encore un état de somnolence.

L'allongement du temps de la réaction nerveuse est dû à l'atténuation de l'attention. BUCCOLA a déclaré que l'équation personnelle peut être considérée comme le dynamomètre de l'attention.

MOSSO a constaté que dans les ascensions alpestres les accidents les plus graves survenaient après le passage des endroits les plus difficiles. L'attention, longtemps tenue en éveil, diminuait soudainement.

Quand on essaye de fixer l'attention d'une manière continue sur le même objet ou sur le même fait, on constate qu'au bout de quelques instants la conscience des faits diminue, puis augmente de nouveau; l'attention subit des *oscillations*. Ce phénomène des oscillations de l'attention est d'observation courante; il a été signalé pour la première fois par WUNDT et étudié depuis par un grand nombre d'expérimentateurs. MÜNSTERBERG rattache ces oscillations à des phénomènes de fatigue dans les muscles qui contribuent à l'accommodation des organes sensoriels. LANGE, au contraire, et H. ECKENER les rattachent à des phénomènes qui ont lieu dans les centres nerveux. Il est certain que l'attention ne peut se prolonger que si son objet change; le temps de la réaction diminue considérablement quand l'attention du sujet est bien fixée (WUNDT, TSCHISCH, MÜNSTERBERG, OBERSTEINER, BUCCOLA, LANGE, CATTELL, BARTELS, BLISS). Dans un travail fort intéressant PATRIZI (1895) chercha à inscrire un grand nombre de temps de réaction, se succédant rythmiquement (voir tracé p. 834, tome I du *Dictionnaire*). Le tracé qu'il donne permet de suivre les modifications de l'attention pendant une expérience prolongée. On voit que le temps physiologique va d'abord en s'abrégeant graduellement; puis il augmente quand l'attention, après avoir touché l'optimum, commence à se ralentir et à se fatiguer.

Bibliographie. — ANGELL (J.) ROWLAND et ADDISON (W.) MOORE. *Reaction time : a study in attention and habit* (The psychol. Review, III, 1896, 245-258). — BENEDIKT. *Physiologische Bewegungen vom klinischem Standpunkte*, Milan, 1900. — BERNHEIM. *De la Suggestion*, Paris, 1886. — BERTRAND (H.). *La Psychologie de l'effort et les doctrines contemporaines*. Alcan, 1889. — BEITTMAN (S.). *Ueber die Beeinflussung einfacher psychischer Vorgänge durch körperliche und geistige Arbeit* (Kraepelin's Psychologische Arbeiten, 1895, I, 152-208). — BINET (A.). *Le problème du sens musculaire* (Rev. phil, 1888, I, 465-780). — BINET (A.) et FÉRÉ (CH.). *Rech. exp. sur la physiologie des mouvements chez les hystériques* (Arch. de Physiol., 1887, 320-373). — CATTELL. *Psychometrische Untersuchungen* (Philos. Studien, III, IV). — CHARCOT. *Leçons sur les maladies du système nerveux*, III, 357. — DELBEUF. *Études psychophysiques; Éléments de psycho-physique; Examen critique de la loi psychophysique*. — DEWEY (J.). *The psychology of effort* (Philos. Rev. 1897, VI, 43-56). — DUMONT (L.). *Théorie scientifique de la sensibilité*, 1875. — ECKENER (H.). *Unters. über die Schwankungen der Auffassung minimaler Sinnesreizen* (Phil. Studien, VIII, 343-387). — FÉRÉ (CH.). *Le travail et le temps de réaction* (B. B., 1892, 432-435). — FICK (A.). *Ueber die Abhängig-*

keit des Stoffumsatzes im tetanisirten Muskel von seiner Spannung (A. g. P., 1894, LVII, 65-77). — FOUILLÉE. *Le sentiment de l'effort et la conscience de l'action* (Rev. phil., 1889, 564-582). — GALTON. *La fatigue mentale* (Rev. scient., 1889). — HENRI (V.). *Revue générale sur le sens musculaire* (Année Psychol., V, 1899. Cet article contient la bibliographie complète du sujet). — JAMES (W.). *Principles of Psychology*, I, 423; *The feeling of Effort*, Boston, 1880. — JANET (P.). *Névroses et idées fixes*, I, 1898; *L'automatisme psychologique*, 1889. — JASTROW. *The Time relations of mental phenomena*, New-York, 1890. — KELLER. *Pädagogisch psycho-metrische Studien* (Biol. Cbl., XVII, 1897, 440-464). — IOTEYKO (J.). *La fatigue comme moyen de défense de l'organisme* (IVe Congrès de Psychologie, Paris, 1900). — LANGE (Phil. Studien, IV, 390). — LASÈGUE. *Études médicales*, II, 35 et 36 (Extrait des Arch. de médecine, 1884). — LINDLEY. *A preliminary Study of some of the motor Phenomena of mental Effort* (Amer. Journ. of Psychol., VII, 1896, 491). — LŒWY (A.). *Zur Kenntniss der Erregbarkeit des Athemcentrum* (A. g. P.,, XLVII, 1890, 608). — MANACEÏNE (Mme). *De l'antagonisme qui existe entre chaque effort de l'attention et les innervations motrices* (A. i. B., XXII, 241, 1895). — MOSSO (A.). *Fisiologia dell' Uomo sulle Alpi*. Milano, 1898; *La fatigue intellectuelle et physique*, Paris, 1894. — MOORE (J. M.). *Studies of Fatigue* (Stud. fr. Yale psychol. Labor., III, 1895, III, 68-95). — MÜLLER (G. E.) et SCHUMANN (FR.). *Ueber die psychologischen Grundlagen der Vergleichung gehobener Gewichte* (A. g. P., XLV, 1889, 37-112). — MÜNSTERBERG. *Beiträge zur exper. Psychol.*, II, 69. — OBERSTEINER. *Experim. Researches on attention* (Brain, 439-453, 1879). — PATRIZI (M.). *Le graphique psychométrique de l'attention* (A. i. B., XXII, 1895, 189-196). — RICHET (CH.). *Douleur* (Dict. de Physiol., V, I, 177, 1900). — RIBOT. *Les mouvements et leur importance psychologique* (Rev. philosoph., 1889, II); (Ibid., octobre 1879). — SCRIPTURE (E. W.). *Researches on reaction time* (Studies from Yale psychol. Labor., IV, 1897, 12-26). — THORNDIKE (E.). *Mental Fatigue* (The psychol. Review. sept. 1900). — TSCHIRIEFF. *Sur les terminaisons nerveuses dans les muscles striés* (Arch. de Physiol., 1879, 89); *Étude sur la physiologie des nerfs et des muscles striés* (Ibid., 293). — WALLER (A.). *The sense of effort : an objective Study* (Brain, XIV, 1891, 179-249 et 433-436; voir analyse de ce travail faite par G. E. MÜLLER et critiques; Zeitschr. f. Psychol. und Physiol. d. Sinnesorg, IV, 1893, 112-138). — WELCH (J.). *On the measurement of mental activity through muscular activity and the determination of a constant of attention* (Amer. Journ. of Physiol., I, 1898, 283-306). — WUNDT (W.). *Psychologie physiologique*, Paris, 1886.

CHAPITRE VII

La Fatigue intellectuelle.

Deux méthodes se présentent pour résoudre la question de la fatigue intellectuelle et du surmenage scolaire qui s'y rattache : la méthode pathologique et la méthode expérimentale.

De l'importante discussion sur le surmenage scolaire, tenue à l'Académie de médecine (1886-1887), il résulte que le rôle pathogène de la fatigue intellectuelle est considérable. Il y a donc là un vaste champ d'études, qui consisterait à tenir parti de la défectuosité même de notre système scolaire, afin d'en montrer les erreurs. Cette source d'informations ne devrait pas être négligée, et elle s'impose avant tout. Somme toute, la méthode pathologique se baserait sur des faits dûment démontrés pour prouver l'échec de notre système d'éducation scolaire, lequel peut être considéré comme une expérience mal réussie.

La méthode expérimentale viendrait alors apporter des faits nouveaux, recueillis dans les laboratoires et les écoles, relativement à la réorganisation du système scolaire. Si l'on pouvait trouver un procédé de mensuration de l'activité intellectuelle en un temps donné, on arriverait à déterminer les modifications qu'elle subit dans différentes circonstances, ainsi que les conditions dans lesquelles est obtenu le maximum de travail comme quantité et comme qualité. Les bases d'une hygiène du travail seraient ainsi édifiées. Mais, de l'exposé qui va suivre, on verra que rien de précis n'a encore été trouvé jusqu'à présent, malgré les très nombreuses recherches tentées.

La fatigue chez l'enfant doit être infiniment plus grave que chez l'adulte, car, étant un processus essentiellement chimique, elle influe directement sur l'échange organique et, partant, sur la croissance. Le signe principal de la fatigue intellectuelle est la diminution progressive du travail, et la cause essentielle en est dans l'atténuation de l'attention. Au début de la fatigue, on est incapable d'exécuter des travaux qui demandent la plus grande concentration de l'attention; ensuite, l'exécution des travaux plus simples devient difficile.

La fatigue ne doit pas être confondue avec l'ennui qui résulte de l'uniformité du travail, même quand celui-ci n'est pas fatigant. L'intensité du travail n'est pas modifiée pendant l'ennui, et il suffit de changer le genre de travail pour voir l'ennui disparaître.

La fatigue intellectuelle dépend de la durée et du genre de travail, et aussi de l'individualité. On pourrait envisager plusieurs types de résistance, suivant la durée de la période d'entraînement qui précède l'apparition de la fatigue.

Le travail intellectuel est soumis aux mêmes lois de fatigue et d'exercice, de réparation, de repos par le sommeil, que le travail physique. Un accroissement de l'excitant fait aussi reculer l'apparition du sentiment de fatigue.

Nous allons passer en revue les principaux faits fournis par la méthode expérimentale en n'envisageant que le côté scientifique du problème.

Influence de la fatigue intellectuelle sur le cœur, la circulation capillaire et la pression sanguine. — Dans son livre sur la *Peur*, Angelo Mosso s'occupe des effets cardiaques et circulatoires du travail intellectuel. La fatigue centrale rend le pouls petit : la tête s'échauffe, les yeux s'injectent, les pieds se refroidissent. Il y a des personnes qui ressentent en même temps des bourdonnements d'oreilles. Cet excès de tonicité se rencontre même sur d'autres organes, par exemple sur la vessie. Le refroidissement des pieds, les crampes des mollets, l'échauffement de la tête ont une cause commune : le resserrement des vaisseaux périphériques, dont le sang afflue dans le cerveau. Cet antagonisme entre la circulation cérébrale et la circulation périphérique est loin d'être admis par tous les physiologistes. Un phénomène plus grave, ajoute Mosso, c'est l'apparition des palpitations du cœur. Un travail intellectuel exagéré peut amener même des irrégularités et de la tachycardie, et c'est là un phénomène que Mosso a observé sur lui-même. Subitement il sent une constriction au thorax avec tendance à l'évanouissement; le cœur bat plus vite, si vite même qu'on ne parvient pas à en compter les battements. Cela dure à peine une minute, puis les battements de cœur se ralentissent et tombent même au-dessous de la normale, de telle sorte qu'il existe à peine une pulsation cardiaque toutes les deux ou trois secondes; cette deuxième période dure à peine une demi-minute. Chez Charles Darwin, le travail intellectuel exagéré produisait facilement le vertige. Maurice Schiff éprouvait de légers tournoiements de tête. Mosso rapporte que Schiff, étant occupé de la réédition de son *Traité sur la physiologie du système nerveux*, était pris de vertige quand il voulait par exemple aller prendre un livre dans sa bibliothèque. Puis ces vertiges le prirent de temps à autre dans son laboratoire. Mais, le livre ayant été publié, les tournoiements de tête cessèrent.

A côté de ces observations fort intéressantes se placent des expériences de laboratoire faites dans les conditions de précision voulue.

Un calcul mental de quelques secondes à trois ou quatre minutes a pour effet presque constant d'accélérer le cœur. Binet et Henri rapportent dans leur livre sur la *Fatigue intellectuelle* trois tableaux qui démontrent nettement ce phénomène; le premier tableau de Gley, le second de Binet et Courtier, le troisième de Mac Dougal. On voit que l'accélération du cœur, produite par un calcul mental difficile, peut être de cinq à vingt pulsations par minute. Le maximum d'accélération serait donc d'un quart; c'est bien peu de chose si l'on compare cette accélération à celle de la course. L'influence du travail intellectuel prolongé sur la vitesse du pouls a été étudiée par Binet et Courtier. Il en sera rendu compte en même temps que du pouls capillaire.

Mentz a étudié la vitesse du cœur en mesurant la longueur de chaque pulsation; les graphiques qu'il donne montrent nettement que la durée des pulsations diminue de plus en plus pendant le travail intellectuel court (multiplication). Binet et V. Henri ont repris cette étude et ont fait sur eux-mêmes des expériences sur la variation de la vitesse du pouls pendant le travail intellectuel. L'accélération du cœur sous l'influence du travail intellectuel n'est pas expliquée jusqu'ici. La vitesse du cœur peut-être influencée par une action du système nerveux ou par un changement de pression du sang. Marey a montré que le cœur bat d'autant plus fréquemment qu'il éprouve moins de peine à se vider et que la pression est plus basse ; une pression forte ralentit les battements du cœur. Mais il paraît probable que cette raison mécanique n'intervient pas ici pour accélérer le cœur, car le travail intellectuel provoque une augmentation de pression qui a pour effet de créer un obstacle à la circulation et de ralentir les battements du cœur. On peut donc supposer que, pendant le travail intellectuel, le cœur est soumis à une influence excitatrice d'origine nerveuse.

Occupons-nous maintenant de l'influence du travail intellectuel sur la *circulation capillaire*. Le pouls capillaire présente de bien grandes variétés de formes, qui dépendent de l'heure de la journée, du repos, de la température, de l'état physique et moral de l'individu, et aussi de sa personnalité. Chaque personne a son pouls capillaire qui se distingue de celui des autres personnes par quelque particularité (Binet et V. Henri). Mosso a étudié le premier les changements de volume du cerveau chez les individus qui présentaient par accident des pertes considérables des os craniens. Il a constaté que, pendant l'activité intellectuelle, consistant à faire un calcul mental, ou sous l'influence des émotions, le volume du cerveau augmente (recherches pléthysmographiques). La courbe du pouls cérébral s'élève pendant le calcul mental, et les pulsations augmentent d'amplitude, surtout au début du calcul. Dans le tracé du pouls de l'avant-bras, pris simultanément avec le premier, il n'y a presque pas de changements. Cela est une preuve que le changement du tracé cérébral n'est pas dû à un changement dans l'impulsion cardiaque, car dans ce cas il aurait retenti sur la circulation du bras. Gley, par de nombreuses expériences faites sur lui-même, a confirmé cette observation : l'augmentation de l'afflux de sang dans le cerveau pendant le travail intellectuel ne tient pas à une suractivité du cœur, mais bien à une influence vaso-motrice, à une vaso-dilatation active des carotides. Les très beaux tracés de Gley montrent que, pendant le travail intellectuel, la pulsation carotidienne augmente d'amplitude et que ses dicrotismes deviennent plus accusés. L'auteur interprète ces changements de forme comme un signe de vaso-dilatation active de la carotide, parce que : 1° Une augmentation d'amplitude correspond à une augmentation de dilatation artérielle ; 2° Il y a une diminution de pression artérielle, puisque le pouls est devenu plus fréquent ; or la diminution de pression a pour effet d'augmenter l'amplitude du pouls ; 3° Une diminution de tension artérielle peut expliquer l'accentuation du dicrotisme. Nous ne nous arrêterons pas sur les expériences ultérieures de Mosso, sur celles de Fr. Franck, de Binet et Sollier, de Patrizi, etc., qui ont mis hors de doute le fait si important de l'augmentation de volume du cerveau pendant son état d'activité. Ajoutons cependant que les perceptions inconscientes peuvent, comme les perceptions conscientes, provoquer un afflux de sang au cerveau (par exemple chez un sujet endormi ou en état d'hypnose ou chez les hystériques anesthésiques). Le changement de volume du cerveau sous l'influence des excitations psychiques ou du travail intellectuel est lent à se produire ; le temps nécessaire à sa production dépasse de beaucoup le temps physiologique de la perception. Ainsi Morselli a insisté un des premiers sur ce point important, que l'hyperhémie ne vient pas une cause, ni même une condition de l'activité psychique, mais qu'elle en est plutôt un effet. D'ailleurs Mosso lui-même admet que les phénomènes circulatoires n'ont pas, dans le travail intellectuel, une importance de premier ordre, la cellule nerveuse ayant assez de matériaux de réserve pour subvenir aux actes de conscience sans avoir besoin d'une modification correspondante dans l'afflux du sang. Le phénomène de l'attention commence avant qu'il se passe le moindre changement dans la circulation cérébrale. On ignore le mécanisme par lequel se fait l'augmentation de circulation dans le cerveau pendant le travail intellectuel, mais il paraît certain que l'ancienne théorie de Mosso de l'antagonisme entre la circulation du cerveau et celle des membres ne peut plus être soutenue aujourd'hui.

Quant à l'influence du travail intellectuel sur *la circulation du sang dans la main*, ce n'est que deux à trois secondes après le début du travail intellectuel que ces effets se manifestent ; le premier effet est une élévation du tracé capillaire (Lehmann) ; suivant Binet et Henri, l'élévation du tracé a manqué trois fois sur vingt expériences faites sur la même personne. Le second effet de la concentration de l'attention est une vaso-constriction réflexe, qui apparaît quelques secondes après la concentration d'esprit. C'est un état de contraction des fibres musculaires qui existent dans les parois des artérioles, sous l'influence d'une excitation provenant des centres nerveux. La vaso-constriction réflexe de la main se reconnaît sur les tracés par trois caractères principaux : il y a une descente du tracé, qui résulte de ce que le membre a diminué de volume ; le graphique du pouls se rapetisse pendant la vaso-constriction au point de disparaître complètement chez certaines personnes. Quant à la forme du pouls, la vaso-constriction accentue parfois les caractères de la pulsation ; en outre, le dicrotisme est placé plus bas sur la ligne de descente. Mais le plus fréquemment on constate un amollissement de la pulsation, toutes les aspérités du graphique ont une tendance à s'émousser. En résumé, un travail intellectuel court et intense produit successivement dans la circulation capillaire de la main : 1° une courte élévation du tracé ; 2° une vaso-constriction réflexe, qui s'exprime par une diminution de volume de la main et un rapetissement du pouls, avec parfois accentuation de sa forme, et plus souvent un amollissement de la pulsation (BINET et HENRI).

En ce qui concerne le travail intellectuel intense, prolongé pendant plusieurs heures, les seules expériences qui aient été faites sont celles de BINET et COURTIER. Le travail intellectuel était déterminé par la rédaction d'un travail original. Le pouls du travail intellectuel est petit, presque filiforme ; le dicrotisme est tout à fait en haut ; un travail encore plus prolongé fait disparaître complètement le dicrotisme. Enfin le pouls ne s'indique pour ainsi dire plus.

Nous pouvons donc dire que : 1° Un effort intellectuel énergique et court produit une excitation des fonctions, vaso-constriction, accélération du cœur et de la respiration, suivies d'un ralentissement très léger de ces fonctions ; 2° Un travail intellectuel d'une durée de plusieurs heures, avec l'immobilité relative du corps, produit le ralentissement du cœur et une diminution de la circulation capillaire périphérique.

Il nous resterait à examiner l'influence du travail intellectuel sur la *pression sanguine*. On n'a étudié que le travail intellectuel de courte durée (calcul mental). KIESOW est arrivé à des résultats négatifs, tandis que BINET et VASCHIDE, en expérimentant avec le sphygmomanomètre de Mosso, ont observé une augmentation de la pression du sang dans les mains. Le mécanisme de cette action n'est pas élucidé.

Influence du travail intellectuel sur la température du corps et sur la production de chaleur. — On s'accorde généralement à soutenir que les effets de l'attention soutenue, le calcul mental ou simplement la lecture, déterminent une augmentation de chaleur centrale, mais cette augmentation est toujours très légère : DAVY n'a observé qu'un demi-dixième de degré ; SPECK, qu'un dixième ou deux dixièmes. Des expériences complètes ont été faites par GLEY sur lui-même en prenant sa température rectale.

7 h. 30. . .	36°,32	
7 h. 35. . .	36°,32	
7 h. 40. . .	36°,32	Repos.
7 h. 45. . .	36°,34	
7 h. 50. . .	36°,32	
7 h. 55. . .	36°,34	
8 h. 05. . .	36°,34	
8 h. 10. . .	36°,36	
8 h. 15. . .	36°,40	
8 h. 20. . .	36°,40	
8 h. 25. . .	36°,42	Lecture.
8 h. 30. . .	36°,46	
8 h. 35. . .	36°,48	
8 h. 40. . .	36°,48	
8 h. 45. . .	36°,50	
8 h. 50. . .	36°,50	
8 h. 55. . .	36°,48	Repos.
9 h. 00. . .	36°,48	

La lecture a coïncidé avec une augmentation de température égale à un dixième de degré ; la température a continué à augmenter quand le travail intellectuel était terminé (il consistait à lire un article de la *Revue philosophique*). Puis la température est devenue stationnaire, et enfin elle a commencé à redescendre. A 9 h. 50 elle était à 36°,36, et l'auteur refit une nouvelle expérience, consistant aussi dans une lecture de la *Revue philosophique*. Il y a eu aussi élévation de la température.

Nous ne nous arrêterons pas sur les recherches de Mosso sur la thermométrie cérébrale. Elles ont porté principalement sur une petite fille de douze ans, Delphina Parodi, qui venait se faire soigner à l'hôpital de Turin pour une fracture du crâne et perforation de la dure-mère.

Pidaucet (1899) appliqua le calorimètre de d'Arsonval à la mesure de la chaleur dégagée pendant le travail intellectuel (exercices de calcul mental). L'émission de la chaleur augmente un peu. Mais cette augmentation n'est pas due au travail intellectuel. Les personnes qui font un grand effort de calcul mental froncent les sourcils, soulèvent les talons, n'appuient les membres inférieurs que par l'extrémité du pied. Cet état de contraction musculaire passe inaperçu du sujet pendant qu'il travaille ; mais, au moment du retour au repos, il éprouve un sentiment caractéristique de détente générale. En évitant cette cause d'erreur, l'auteur, dans les expériences qu'il a faites sur lui-même, a constaté que l'émission de chaleur ne varie pas pendant le travail intellectuel. Le travail intellectuel ne provoque pas non plus d'élévation de la température buccale. Il n'a donc influé ni sur l'émission cutanée de chaleur, ni sur la chaleur centrale.

Influence du travail intellectuel sur la respiration. — Le calcul mental produit une accélération de la respiration : il provoque environ deux à quatre respirations supplémentaires par minute (Binet et V. Henri). L'influence du travail intellectuel sur la forme de la respiration a été étudiée par Delabarre, Lehmann, Binet et Courtier, et Mac Dougall. On a surtout envisagé les effets d'un calcul mental. On constate d'abord une accélération de la respiration, analogue à celle que produit une course. En outre, il y a réduction d'amplitude des mouvements respiratoires ; la respiration peut devenir tellement superficielle, qu'elle cesse de se marquer sur le tracé. On remarque aussi, dans quelques tracés, que le travail intellectuel produit une modification du type respiratoire ; l'expiration tend à se raccourcir, et la durée de la pause post-expiratoire, se raccourcit aussi. D'après Mac Dougall, le raccourcissement porte sur toutes les phases de la respiration, mais c'est surtout l'inspiration et la pause après l'expiration qui deviennent plus courtes.

Quant à la composition chimique des gaz de la respiration, il y aurait, d'après Speck, une augmentation d'oxygène absorbé et d'acide carbonique dégagé pendant le travail intellectuel.

Influence du travail intellectuel sur la force musculaire. — L'influence du travail intellectuel sur la force dynamométrique fut l'objet de recherches de Ch. Féré ; cet auteur a constaté que les excitations intellectuelles de courte durée produisent, à l'instar de toutes les excitations du système nerveux, des effets dynamogènes. Ainsi, sous l'influence d'une lecture de courte durée, la force dynamométrique augmente dans la proportion d'un sixième, d'un cinquième, d'un quart même, suivant les sujets ; cet effet est momentané, et cesse quelques instants après la disparition de la cause qui l'a produite. En revanche, un travail intellectuel de longue durée produit des effets dépressifs, qui s'accusent nettement au dynamomètre. Clavière (1900), en expérimentant sur douze jeunes gens de 15 à 18 ans, bien entraînés, constata qu'à un travail intellectuel intense et prolongé durant deux heures correspond une diminution notable et proportionnelle de la force dynamométrique. A un travail intellectuel moyen ne correspond aucun affaiblissement appréciable de la force musculaire.

Mosso appliqua à cette étude l'ergographe, instrument apte à évaluer la résistance à la fatigue. Le physiologiste italien a constaté une dépression notable de la force à l'ergographe chez plusieurs de ses collègues, dont la fatigue intellectuelle résultait des examens qu'ils avaient fait subir aux élèves de l'Université de Turin. Ces observations sont au nombre de trois. Chez Aducco, un cours fait à l'Université a pour résultat d'amener une excitation nerveuse qui augmente sa force musculaire ; mais la fatigue intellectuelle et les émotions prolongées diminuent, au contraire, la force des muscles, et finalement à une surexcitation de la force nerveuse succède les jours suivants une dépression de cette force. La seconde observation est celle de Maggiora ; avant la leçon le sujet a soulevé le poids 42 fois, la somme des hauteurs de soulèvements est égale à 2343 millimètres, et les premiers soulèvements sont de 63 à 65 millimètres. Après la leçon il a soulevé le poids seulement 37 fois, avec une hauteur totale de 1646 millimètres, mais les premiers soulèvements ont eu, comme précédemment, 64 millimètres. Par conséquent, par suite de la fatigue intellectuelle, le nombre de soulèvements et la somme totale des hauteurs ont diminué sensiblement, tandis que les premiers soulèvements étaient aussi forts après la leçon qu'avant. Des faits semblables, mais encore plus accusés, se produisent chez Maggiora après qu'il a fait passer des examens. Voici la description d'une de ces observations de Mosso. « Avant l'examen, Maggiora fournit un tracé ergographique composé de 55 contractions (contraction volontaire du médius de la main gauche, soulèvement d'un poids de 2 kilos toutes les deux secondes). A deux heures commence l'examen d'hygiène; Maggiora examine 11 candidats, obligé de tenir en haleine son cerveau pendant trois heures et demie. En outre de la fatigue intellectuelle, du sentiment de grave responsabilité qui pesait sur lui, il se trouvait gêné par la présence des collègues compétents qui l'assistaient dans le jury d'examen. Celui-ci à peine terminé, le docteur Maggiora retourne au laboratoire, et, à cinq heures quarante-cinq il donne un second tracé dans les mêmes conditions que le premier. La première contraction est encore forte, mais les autres décroissent rapidement comme hauteur, et, après 9 contractions, la force du muscle est complètement épuisée. A six heures il dîne; à sept heures il retourne au laboratoire pour prendre un troisième tracé, qui montre que la force musculaire s'est très légèrement accrue, bien qu'encore inférieure à la moyenne. A neuf heures du soir, on ne constate pas de modifications appréciables. Les trois tracés pris après les examens, c'est-à-dire dans un état de fatigue intellectuelle prononcé, ont tous des caractères communs : ce n'est pas la force du premier effort qui est diminuée, c'est la résistance à la fatigue.

« En voyant cette diminution si considérable de la force musculaire après un travail cérébral, dit Mosso, la première idée qui vient à l'esprit est que cette fatigue est d'origine cérébrale; que c'est la volonté qui ne peut plus agir avec la même intensité sur le muscle, parce que la fatigue des centres psychiques a envahi les centres moteurs. Mais l'expérience suivante montre que les phénomènes sont beaucoup plus complexes : j'applique le courant électrique sur la peau, près du creux de l'aisselle, de façon à produire l'excitation du nerf brachial, puis sur les muscles de l'avant-bras pour les faire contracter, sans que la volonté intervienne, et les tracés obtenus sont semblables aux tracés obtenus par l'exercice de la volonté. » — La fatigue n'est donc pas simplement centrale, elle a gagné les nerfs moteurs et les muscles.

Le résultat expérimental est extrêmement net et ne prête nullement à la critique, car dans ces expériences nous ne comparons pas la contraction volontaire avec la contraction artificielle, mais nous comparons entre eux, d'une part, les tracés volontaires pris avant et après la fatigue intellectuelle et, d'autre part, les tracés artificiels pris avant et après la fatigue. Nous remarquons que la fatigue intellectuelle produit une diminution de l'énergie des mouvements volontaires aussi bien que de l'énergie des mouvements provoqués. Cette constatation si intéressante, bien qu'elle reste inexpliquée, vient à l'appui de l'opinion de Mosso, à savoir qu'il n'existe qu'une seule espèce de fatigue; mais il est impossible de dire, avec lui, que cette seule espèce de fatigue, c'est la fatigue nerveuse, et que la fatigue des muscles n'est au fond qu'un phénomène d'épuisement nerveux. Au contraire, dans l'interprétation de ces résultats il faudrait tenir compte d'une idée émise aussi par Mosso, que, dans la fatigue, le torrent sanguin pourrait enlever au muscle des substances utiles, pour les porter au cerveau qui réclame une forte provision d'énergie chimique. Dans la fatigue comme dans l'inanition, les tissus les moins importants seraient détruits pour conserver ceux qui le sont davantage. S'il en est réellement ainsi, il faudrait dire que *la fatigue est une dans son origine*, mais que cette origine est musculaire et non nerveuse. En reprenant quelques idées qui nous sont personnelles, nous affirmerons que *l'origine de la fatigue est musculaire*, et que son siège est situé à la périphérie, dans les terminaisons nerveuses intra-musculaires, mais que pour des efforts excessifs il y a aussi fatigue des centres nerveux. Tout cela s'applique à la fatigue de la motricité. Or il est intéressant au plus haut point de constater que même la fatigue intellectuelle, qui paraît reconnaître une origine essentiellement centrale, relève pourtant des muscles, et c'est Mosso qui en a fourni la preuve. Nous tenons à mettre en relief l'importance de l'observation de Mosso touchant l'influence de la fatigue intellectuelle sur la force volontaire et artificielle des muscles, et d'ailleurs Mosso lui-même dit que son expérience prouve à l'évidence que ce n'est pas seulement la volonté, mais aussi les nerfs et les muscles qui s'épuisent après un travail intense du cerveau. La fatigue intellectuelle retentit par conséquent sur la périphérie.

Parmi les écrivains que Mosso a interrogés à ce sujet, Edmond de Amicis lui a déclaré que, toutes les fois qu'il s'était livré pendant quelques jours à un travail intellectuel intense et prolongé, il s'apercevait d'une légère incertitude des mouvements de la jambe et du bras. Dans ces conditions il faut fuir les exercices violents parce qu'ils sont dangereux. Après l'épuisement du cerveau on sent toute son énergie disparaître au plus petit mouvement. C'est donc une erreur physiologique, ajoute Mosso, d'interrompre les leçons pour faire faire aux écoliers des exercices gymnastiques, dans l'espoir que l'on diminuera ainsi la fatigue du cerveau. En obligeant le système nerveux à un effort musculaire, quand il est épuisé par un travail intellectuel, on trouve des muscles moins aptes au travail, et on ajoute à la fatigue précédente une fatigue de même nature, qui nuit également au système nerveux.

Mais pourquoi la fatigue intellectuelle augmente-t-elle tout d'abord l'énergie musculaire? C'est là, dit Mosso, une propriété extraordinaire de notre organisme; à mesure que l'énergie cérébrale se consume et que l'organisme s'affaiblit, l'excitabilité nerveuse augmente : moyen de défense automatique très efficace que crée la nature en faveur d'un organisme qui se débilite. Il y a ainsi une exagération de la sensibilité, de l'irritabilité nerveuse, à mesure qu'un animal devient moins apte à la lutte, à la suite de l'inanition ou de la fatigue.

Les différences observées chez Aducco et Maggiora sont plus apparentes que réelles, car chez le premier la surexcitation fait aussi place à un affaiblissement de la force musculaire, tandis que chez le second la surexcitation est remplacée presque tout de suite par la période d'épuisement.

Nous avons déjà mentionné que Mosso lui-même avait fait la remarque que les tracés pris après une grande fatigue intellectuelle différaient des tracés normaux, non seulement au point de vue de la quantité du travail mécanique, mais aussi au point de vue de la forme. C'est en s'appuyant sur ces données que Hoch et Kraepelin ont émis l'opinion que la fatigue ou l'excitation des centres nerveux modifie le nombre des soulèvements, tandis que la hauteur totale des soulèvements est influencée par l'état du muscle. Le rapport numérique qui existe entre la hauteur totale (exprimée en centimètres) des soulèvements et leur nombre dans une courbe ergographique est constant pour chaque individu. C'est le *quotient de fatigue* de J. Ioteyko; le même auteur a fourni en outre un appui expérimental à l'hypothèse de Hoch et Kraepelin (Voir *La fatigue des mouvements volontaires*).

La troisième observation rapportée par Mosso est celle de Patrizi qui avait remplacé Mosso dans une de ses leçons. Voici la description que Patrizi en a donnée lui-même :

« A cinq heures, j'étais déjà debout, et ce repos d'une si courte durée n'avait pas été compensé par un sommeil calme. Le thermomètre traduisait mon agitation, car au lieu de trouver 36°,9 comme température rectale, il y avait 37°,8. Je me levai et cherchai à surmonter mon émotion croissante et à tromper l'ennui des quatre interminables heures qui me séparaient de l'instant solennel, en donnant les dernières retouches aux dessins qui devaient servir à la démonstration. Mais c'est difficilement que j'arrivai à corriger le tremblement de ma main, et le pinceau traçait des lignes inégales et ondulées.

« Vers dix heures, la température était toujours 37°,8. Je pris à dix heures et demie le tracé du pouls de l'avant-bras avec l'hydrosphygmographe. En comparant ce tracé à ceux des jours suivants, on voyait réellement que le pouls était plus fréquent : 115 pulsations au lieu de 78; le tracé ascendant de la systole était plus vertical, le tracé descendant plus rapide, et le dicrotisme plus manifeste. Ces caractères différentiels d'avec le pouls normal étaient plus accentués après la leçon, parce que le dicrotisme était beaucoup plus marqué; c'était un indice certain du relâchement des parois vasculaires.

« A dix heures vingt-sept minutes, peu d'instants avant d'entrer en chaire, le nombre des battements cardiaques s'était accru. Il y en avait 136 par minute. Le nombre des mouvements respiratoires complets montait à 34. J'éprouvais une sensation de pression et d'étranglement à l'épigastre, et la salivation s'était un peu accrue, de telle sorte que j'étais obligé de cracher un peu.

« J'entrai, et, après avoir parlé 70 minutes, marchant et gesticulant avec vivacité, en partie pour dissimuler mon embarras, je sortis à moitié couvert de sueur, et un grand soupir s'échappa de ma poitrine. Je pris de nouveau le pouls dans les mêmes conditions que précédemment : les pulsations étaient au nombre de 106 par minute. La température était montée à 38°7. Avec l'ergographe, en soulevant un poids de 3 kilogrammes, je ne pus exécuter qu'un travail de 4^{kil},50, alors que, deux heures auparavant, lorsque mon agitation était à son comble, j'avais accompli un travail de 5^{kil},95. On voit que je n'étais pas encore entré dans la phase de dépression nerveuse, parce que ce travail de 4^{kil},50, accompli immédiatement après la leçon, est encore supérieur au travail normal accompli à la même heure, celui-ci n'étant que de 4^{kil},35. Je sentis que mon excitation nerveuse allait disparaître et faire place à la dépression. Je traînais la jambe comme si je venais de faire une longue course. Je m'endormis bientôt d'un sommeil profond et continu qui dura deux heures et restaura mes forces. »

En comparant ces trois observations (celle de MAGGIORA, de ADUCCO et de PATRIZI), nous voyons se dessiner des différences individuelles très nettes. Sous l'influence du travail intellectuel nous voyons apparaître chez ADUCCO une phase d'excitation, qui fait bientôt place à un état d'affaiblissement de la force musculaire, tandis que chez MAGGIORA la surexcitation manque, ou est de si courte durée, qu'elle est remplacée presque tout de suite par la période d'épuisement. Ce sont là des différences quantitatives, comme l'admet Mosso lui-même, mais il est très vraisemblable qu'il s'agit d'une inégale résistance au travail intellectuel, et que des recherches ultérieures démontreront là aussi l'existence des types individuels, ainsi que J. IOTEYKO l'a établi pour la résistance à la fatigue psychomotrice. Enfin, chez PATRIZI, nous voyons un état émotionnel extrêmement accusé, dont on ne retrouve aucune mention chez MAGGIORA. On constate, en outre, que l'état d'extrême agitation dans lequel se trouvait PATRIZI a produit un effet dynamogène qui s'est prolongé même après la cessation de la cause qui l'a produite. L'observation ne nous dit pas si l'excitation de force a été suivie d'une diminution consécutive. Mais l'action dépressive des émotions est fort bien connue, et nous saisissons ici son mécanisme grâce à l'observation de Mosso : les émotions, qui s'accompagnent d'une agitation plus forte et plus soutenue que le travail intellectuel pur, déterminent une dépression consécutive plus accusée.

Nous pouvons donc dire que la fatigue intellectuelle augmente le *quotient de fatigue* de J. IOTEYKO. La fatigue physique diminue le travail mécanique aussi bien que la fatigue psychique; mais dans le premier cas la diminution porte surtout sur la hauteur des soulèvements, et le quotient de fatigue est diminué (preuve de l'origine périphérique de la fatigue), tandis que, dans la fatigue intellectuelle, la diminution porte en grande partie sur le nombre des soulèvements, ainsi que l'attestent les expériences de Mosso. Le quotient de fatigue doit alors subir une augmentation (preuve de la fatigue propre du cerveau). KRAEPELIN et OSERETZKOWSKY (1901) sont venus d'ailleurs démontrer qu'une légère excitation psychique (calculs durant une heure) augmente le travail mécanique par augmentation du nombre de soulèvements. Un travail intellectuel plus intense produit, au contraire, une diminution du nombre de soulèvements. FÉRÉ s'est contenté de mesures quantitatives (augmentation ou diminution du travail mécanique suivant l'intensité du travail intellectuel).

La méthode ergographique a été employée par KELLER et KEMSIES pour mesurer l'action de la fatigue intellectuelle chez des élèves. L'accord est complet, à savoir que la force musculaire diminue après les différentes leçons, et de plus, que la valeur du travail musculaire donné à l'ergographe varie beaucoup d'un jour à l'autre. Voici quelques chiffres trouvés par KEMSIES pour un élève de quatorze ans qui soulevait un poids de 2 530 grammes :

	kilogrammètres.	
Mercredi à 3 heures de l'après-midi. . .	2,058	
Jeudi à 2 heures — . . .	1,02	(un peu fatigué).
Jeudi à 6 heures — . . .	1,22	(un peu fatigué).
Vendredi à 3 heures — . . .	0,867	(un peu fatigué).
Vendredi à 6 heures — . . .	0,740	(fin des études).

kilogrammètres.

Samedi à 8 heures du matin. . .	1.173	(un peu fatigué).
Samedi à 2 heures — . . .	0,867	
Samedi à 6 heures — . . .	0,872	(fin des études).
Lundi à 6 heures — . . .	1,275	
Mardi à 8 heures — . . .	2,130	
Mardi à 2 heures — . . .	1,700	

Influence de la fatigue intellectuelle sur la sensibilité tactile. — GRIESSBACH (1895) eut le premier l'idée de s'adresser à l'esthésiomètre pour s'assurer si la force de concentration de l'attention des élèves ne variait pas après les classes. Il exécuta ses expériences sur des élèves d'un lycée, sur des professeurs et sur des apprentis mécaniciens. Les mesures de la sensibilité tactile étaient faites avant les classes, puis après chaque classe, ensuite après quelques heures de repos, et enfin le dimanche à midi. Voici les chiffres obtenus pour un lycéen de seize ans :

Tableau de Griessbach.

PLAN D'ÉTUDES.	7 À 8 HEURES MATHÉMATIQUES.	8 À 9 HEURES LATIN.	9 À 10 HEURES GREC.	10 À 11 HEURES RELIGION.	11 À 12 HEURES PHYSIQUE.	12 À 2 HEURES REPOS.		DIMANCHE.
HEURES de détermination.	7 H.	8 H.	9 H.	10 H.	11 H.	MIDI.	2 H.	MIDI.
Front	11	12	14	17	11	15	»	7,5	3,5
Bout du nez. . . .	3	3,5	5	5	4	5	»	2,5	1,5
Lèvre inférieure . .	2	3	3,2	4	3	3,5	»	1,8	1
Pommette	11	17	22	23	15	22	»	10	5
Pulpe du pouce. . .	6	10	13,5	13,5	9	11	»	5	4
Pulpe de l'index. .	2,2	2,5	2,5	2,5	2	2,5	»	1,2	1

Ces chiffres, qui donnent les valeurs du seuil en millimètres (écartement des pointes du compas de WEBER), montrent nettement que la sensibilité tactile diminue en raison de l'intensité du travail intellectuel; la diminution de la sensibilité est manifeste sur toutes les six parties de la peau étudiées; elle est plus accentuée sur les parties les moins sensibles, c'est-à-dire celles dont le seuil est plus grand. Un repos de deux heures ramène la valeur du seuil à la valeur normale. Enfin, le dimanche, les valeurs du seuil sont plus faibles que les jours de semaine avec les classes.

Les expériences qui ont lieu après les examens écrits indiquent une augmentation du seuil très considérable; même après cinq heures de repos, la valeur du seuil n'était pas revenue à sa valeur normale. Les expériences de contrôle faites sur des apprentis mécaniciens ont montré que la valeur du seuil variait à peine sous l'influence d'un travail physique.

Les expériences de GRIESSBACH ont été refaites en Suisse par VANNOD et en Pologne par BLAZEK. Elles donnèrent des résultats identiques. D'après VANNOD, qui expérimenta sur une trentaine d'élèves, les classes de l'après-midi sont suivies d'une anesthésie cutanée plus accentuée que les classes du matin. Dans les après-midi de congé, la valeur du seuil redevient normale. Le travail de BLAZEK, fait sur un grand nombre d'élèves, renferme des observations intéressantes relativement aux différents *types* de résistance à la fatigue intellectuelle. L'auteur arrive à cette conclusion, qu'un travail de trois heures à l'école doit être considéré comme un véritable maximum. WAGNER expérimenta sur deux cents élèves et constata une augmentation du seuil après les classes, variable d'un sujet à l'autre.

Récemment, on a contesté la validité de la méthode de GRIESSBACH. RITTER trouve qu'elle n'est nullement objective. GERMANN fit des expériences sur une personne de vingt-trois ans et constata que le seuil ne varie pas du tout en rapport avec le degré de fatigue mentale du sujet; souvent même la sensibilité devient plus fine après le travail. D'où l'auteur conclut que la méthode esthésiométrique est impropre à montrer le degré de fatigue du sujet. LEUBA arriva aussi à des résultats négatifs en expérimentant sur huit sujets adultes et exprima une opinion analogue à celle de GERMANN relativement à la validité de la méthode.

Il est pourtant impossible de rejeter la méthode esthésiométrique, qui a donné des résultats si précis à GRIESSBACH, VANNOD, WAGNER et BLAZEK. On peut supposer que, d'une part, les adultes sont moins sensibles que les enfants aux variations de la sensibilité, et, d'autre part, que la diminution de la sensibilité est probablement précédée d'une phase d'augmentation. Il serait utile d'introduire cette notion dans les recherches esthésiométriques et d'envisager la question à ce point de vue. Une fatigue légère est probablement accompagnée d'hyperesthésie; une fatigue plus forte, d'anesthésie. Nous aurions donc là les éléments nécessaires à la constitution des *types de résistance*.

Influence de la fatigue intellectuelle sur la sensibilité à la douleur. — Les premières expériences de ce genre furent faites par VANNOD (1896), qui examina non seulement la sensibilité tactile des élèves avant et après les classes, mais aussi leur sensibilité à la douleur, en se servant d'un algésimètre. La fatigue intellectuelle produit des effets opposés sur la sensibilité tactile et sur la sensibilité à la douleur; tandis que la première est atténuée, la seconde est exaltée. La sensibilité à la douleur est donc augmentée sous l'influence de la fatigue intellectuelle.

Ces expériences furent reprises tout récemment aux États-Unis par EDGAR SWIFT, qui, se servant de l'algésimètre temporal de MAC DONALD, mesura le seuil de la sensibilité à la douleur des élèves avant et après les classes, puis après un congé de dix jours. Le travail intellectuel produit une hyperalgésie manifeste. La fatigue intellectuelle exerce une influence plus considérable sur les jeunes enfants que sur les jeunes gens. Les jeunes gens âgés de 14 à 20 ans présentent des oscillations bien moins accentuées que les garçons et les filles de 10 à 14 ans.

Ces recherches présentent un grand intérêt, bien qu'on soit embarrassé pour expliquer l'antagonisme qui existe à cet égard entre les mesures esthésiométriques et les mesures algésimétriques. Il est toutefois certain que les variations de la sensibilité tactile relèvent d'une autre cause que les variations de la sensibilité à la douleur. L'anesthésie cutanée est surement due à une atténuation de l'attention sous l'influence de la fatigue intellectuelle. L'hyperalgésie est probablement due à un état d'irritation presque maladive du système nerveux, qui s'établit après de grands efforts de l'attention. La cause prochaine de ce phénomène reste à déterminer. Il est aussi curieux de constater que, selon SWIFT, les enfants intelligents sont plus sensibles à la douleur que les enfants moins intelligents. Les filles sont plus sensibles que les garçons.

Influence de la fatigue intellectuelle sur la vitesse et la précision des actes psychiques. Fatigue intellectuelle et entraînement. Recherches de pédologie scolaire. — En 1889, OEHRN fit paraître un travail, reproduit en 1895 dans le recueil de KRAEPELIN, touchant l'influence du travail intellectuel sur la vitesse des actes psychiques. Ces expériences de laboratoire ont été faites sur dix personnes, et se rapportaient à six processus psychiques différents, à savoir : 1° *Compter les lettres d'un texte imprimé en caractères latins.* Le sujet devait compter aussi rapidement que possible les lettres d'un texte, et quand il arrivait à cent, faire un trait avec un crayon à l'endroit correspondant du texte, puis il continuait à compter les lettres du texte. Toutes les cinq minutes retentissait un coup de sonnette, et à ce moment le sujet devait faire dans le texte une marque avec le crayon. — 2° *Addition des nombres d'un chiffre.* — 3° *Écriture sous dictée.* L'auteur cherchait à déterminer la vitesse de l'écriture aussi rapide que possible. Toutes les cinq minutes le sujet faisait une marque. On pouvait ainsi déterminer le nombre de lettres écrites toutes les cinq minutes (sans tenir compte des fautes commises). — 4° *Lecture à haute voix.* Le sujet lisait aussi rapidement que possible un texte facile. On notait le nombre de lettres lues toutes les cinq minutes. — 5° *Mémoire des chiffres.* Le sujet devait apprendre par cœur un certain nombre de chiffres; on déterminait la vitesse de ce travail. — 6° *Mémoire des syllabes.* Le sujet devait apprendre par cœur un certain nombre de syllabes. Ces différentes expériences étaient faites pendant deux heures chacune sans aucune interruption ; on notait la quantité de travail fait toutes les cinq minutes. D'après Oehrn, l'exercice acquis et la fatigue ont une influence opposée. L'exercice tend à augmenter la vitesse du travail, la fatigue tend à la diminuer. A chaque moment de l'expérience la quantité de travail se trouve réglée par l'intensité de ces deux facteurs. On peut distinguer, pour un travail de deux heures, deux phases différentes ; la première, c'est la phase où l'influence de l'exercice prédomine sur l'influence de la fatigue ; pendant la deuxième phase, c'est la fatigue qui prédomine sur l'exercice. Les différences individuelles sont assez considérables ; chez certains sujets le maximum se trouve en général plus près du commencement du travail ; chez d'autres, il est situé plus près de la fin. Quant au moment précis du maximum pour un tel travail intellectuel chez les différents sujets, on constate qu'il y a des différences assez nettes ; le maximum est atteint le plus rapidement pour la mémoire des syllabes ; puis vient l'écriture, puis l'addition, la lecture, l'acte de compter les lettres, et en dernier lieu la mémoire des chiffres.

	MAXIMUM atteint après :
Mémoire des syllabes.	24 minutes.
Écriture.	26 —
Additions	28 —
Lecture.	38 —
Acte de compter les lettres une par une .	39 —
— — — — trois par trois.	59 —
Mémoire des chiffres.	60 —

La fatigue commence à prédominer sur l'exercice au bout de vingt-quatre minutes, etc. Pour les autres détails de cet intéressant travail nous renvoyons au mémoire original (Oehrn. *Exper. Studien zur Individual Psychologie. Kræpelin's Psychologische Arbeiten*, 1, 1895, p. 92-152), ainsi qu'à l'analyse détaillée qu'en ont donnée Binet et Henri (*La fatigue intellectuelle*, p. 229-261).

Nous relevons l'antagonisme qui existe entre l'exercice et la fatigue, et qui apparaît aussi bien pour les épreuves de vitesse que pour les épreuves de poids et de force. L'activité sous toutes ses formes est soumise à cette loi. Or Oehrn avait déjà fait la remarque que, si après deux heures de travail on s'arrête et qu'on se repose quelques heures, la fatigue disparaît complètement, mais les effets de l'exercice restent acquis. On le reconnaît dans un nouveau travail ; la vitesse avec laquelle on recommence à travailler est supérieure à la vitesse de travail de la première séance.

Ces questions ont été étudiées par Amberg (1896) sur deux sujets. Les travaux intellectuels ont été les additions et la mémoire des chiffres. La vitesse de travail augmente continuellement de jour en jour. L'exercice que l'on acquiert pendant une séance se conserve jusqu'au lendemain, et même plus longtemps ; ses effets ne disparaissent qu'au bout d'un repos de cinquante à soixante-douze heures. En ce qui concerne l'influence produite par les pauses, l'auteur a constaté qu'un repos de cinq minutes après une demi-heure d'additions est plutôt favorable au travail, mais l'effet est très faible. Une pause de quinze minutes après une demi-heure de travail reste sans effet. La même pause après une heure de travail (additions) produit un effet favorable. Si l'on alterne un travail de cinq minutes avec des repos de même durée, on constate qu'au commencement l'influence du repos est défavorable au travail, tandis qu'elle devient favorable vers la fin. Ces expériences seraient à reprendre sur un nombre plus considérable de sujets. L'influence défavorable exercée dans certains cas par le repos est expliquée avec raison, selon Amberg, par la perte de l'entraînement. Nous avons insisté sur des phénomènes de même ordre en parlant de la fatigue physique.

Rivers et Kraepelin ont étudié l'influence produite par un repos d'une demi-heure ou d'une heure entière. Le travail intellectuel a porté sur les additions. Dans la première série de recherches un travail d'une demi-heure était entrecoupé par un repos de même durée. Le résultat le plus intéressant, c'est que, la première fois, après trente minutes de calcul, le repos de trente minutes suffit pour rétablir les effets de la fatigue, mais après la seconde demi-heure de travail ce repos ne suffit déjà plus. Dans la deuxième série d'expériences le travail de trente minutes alternait avec une heure de repos. L'influence du repos a été plus efficace.

BETTMANN a étudié comparativement les effets psychiques produits par un travail intellectuel (une heure d'additions) et ceux produits par une marche de deux heures. Pour déterminer les effets psychiques il a choisi la durée des réactions de choix et des réactions verbales, la vitesse de la lecture, la vitesse des calculs et la vitesse avec laquelle on peut apprendre par cœur des séries de chiffres. Les réactions de choix deviennent plus longues sous l'influence du travail intellectuel qui a duré une heure ; tout au contraire, à la suite d'une marche de deux heures les réactions de choix sont devenues plus courtes (cet effet du travail musculaire est attribué par l'auteur non à une amélioration des processus psychiques, mais à l'état d'énervement musculaire qui amenait une incoordination dans les mouvements). Sous l'influence du travail intellectuel, la durée des réactions verbales augmente ; un effet analogue est produit par le travail musculaire. La faculté d'apprendre par cœur est plus fortement diminuée par le travail musculaire que par le travail intellectuel. Les autres actes psychiques sont aussi ralentis par la fatigue intellectuelle et par la fatigue physique. Ce travail est intéressant à plusieurs égards ; il est une démonstration de cette donnée que Mosso a introduite dans la science, qu'il n'existe pas d'antagonisme entre la fatigue physique et la fatigue intellectuelle, mais qu'il y a retentissement de l'une sur l'autre. Ainsi le travail physique ne peut être considéré comme un repos après le travail intellectuel. Il montre, en outre, l'extrême sensibilité des différents processus psychiques qui se modifient rapidement déjà au bout d'une heure de travail intellectuel. C'est un résultat important pour la pédagogie.

A côté de ces recherches de laboratoire se placent les expériences faites dans les écoles pour mesurer la fatigue des élèves après les différentes classes. Nous avons péjà mentionné la *méthode de la sensibilité tactile* et la *méthode ergographique*. Nous passerons maintenant en revue la *méthode des dictées*, la *méthode des calculs* et la *méthode de la mémoire des chiffres*.

La *méthode des dictées* a été la première employée pour la mesure de la fatigue des élèves ; c'est la méthode de SIKORSKY (1879), qui faisait faire à Kieff des dictées à des élèves de différents âges, pendant un quart d'heure le matin, avant les classes, et puis à trois heures de l'après-midi, après les classes. (Les classes finissent en Russie à trois heures.) Quinze cents dictées ont été faites ; l'auteur ne tenait pas compte des fautes dues à l'ignorance des élèves : il ne marquait que les fautes involontaires. L'âge des enfants de la 1re classe est de neuf à dix ans, et celui des enfants de la 6e, de quinze à dix-sept ans.

Tableau de Sikorsky. (Fautes des Dictées.)

	AVANT LES CLASSES.	APRÈS LES CLASSES.	DIFFÉRENCE.
1re classe	123,5	156,7	+ 33,2
2e —	121,5	145,3	+ 23,8
3e —	72,4	102,8	+ 30,4
4e —	66,5	94,3	+ 27,7
5e —	61,4	81	+ 19,6
6e —	45,7	80	+ 34,3

Le nombre de fautes est plus considérable dans la première classe que dans la sixième, mais il augmente notablement dans toutes les classes après le travail intellectuel. L'auteur classe les fautes en quatre groupes : 1° Les erreurs phonétiques ; 2° les erreurs graphiques ; 3° les erreurs psychiques ; 4° les erreurs indéterminées. Ce sont les erreurs phonétiques, comprenant surtout des omissions et des substitutions de lettres, qui prédominent ; car les sons, dont les mouvements d'articulation sont très ressemblants, se trouvent souvent confondus. L'auteur attribue avec raison ce résultat à un émoussement de l'attention.

HÖPPNER a repris le travail de SIKORSKY, et l'a confirmé par des expériences nouvelles. Un travail approfondi sur la même question est celui de FRIEDRICH (1896). Le résultat est le même. Si avant les classes on a fait 47 fautes dans toute la classe de 51 élèves, après une heure de classe on en a fait 70. On observe surtout une augmentation du nombre de fautes lorsque entre les classes il n'y avait pas de récréation. Après une heure de gymnastique, on remarque une augmentation du nombre des fautes plus considérable qu'après une heure de classe.

La *méthode des calculs* a été employée pour la première fois par BURGERSTEIN (1891), qui l'a appliquée à l'étude de la fatigue intellectuelle des élèves pendant une heure de travail. Il donnait à faire des additions et des multiplications. Ses expériences étaient faites sur 162 élèves de 4 classes (68 filles et 94 garçons). Pendant une heure, quatre périodes, de dix minutes chacune, étaient consacrées au calcul.

Expérience de Burgerstein. (Calculs.)

SÉRIE DE CALCULS.	NOMBRE DE CHIFFRES CALCULÉS.	NOMBRE DE FAUTES.	NOMBRE DE CORRECTIONS.
I	28,267	851	370
II	32,477	1,293	577
III	35,113	2,011	743
	39,450	2,360	968

Nous voyons, d'après ce tableau, que le nombre de chiffres calculés augmente du premier intervalle au quatrième, le nombre de fautes augmente aussi, mais dans une proportion différente : la vitesse des calculs augmente de 40 p. 100; le nombre de fautes devient trois fois plus grand.

Les expériences de BURGERSTEIN furent reprises par LASER en Allemagne et HOLMES en Amérique, avec un résultat presque identique. FRIEDRICH a fait aussi des expériences avec la méthode des calculs; ceux-ci durèrent vingt minutes. Les fautes sont d'autant plus nombreuses qu'il y a eu plus de travail intellectuel. Une heure de gymnastique augmente le nombre des fautes.

RICHTER (1895) a introduit un autre genre de calculs dans l'appréciation de la fatigue intellectuelle; il a fait ces expériences au lycée d'Iéna. Il a donné aux élèves des problèmes d'algèbre et compté le nombre de fautes avant et après les classes. Le nombre des fautes augmente vers la fin de l'heure.

Enfin, EBBINGHAUS introduisit une nouvelle méthode, qui consiste en l'emploi parallèle de trois méthodes : les calculs, la mémoire des chiffres et la méthode de combinaison (remplir les lacunes d'un texte incomplet). Ce travail a été fait sous la direction d'EBBINGHAUS par une commission qui avait été chargée par le gouvernement allemand d'examiner si le système d'enseignement allemand, qui consiste à faire le matin cinq classes de suite et à laisser l'après-midi complètement libre, ne fatigue pas les élèves. La méthode des calculs a donné des résultats analogues à ceux qu'avaient obtenus les auteurs précédents; le nombre des fautes augmente d'autant plus qu'il y a plus de travail intellectuel. La méthode de la mémoire des chiffres a donné un résultat inattendu : on commet moins de fautes après les classes qu'avant, ce qui montre que l'entraînement joue un rôle très important dans les exercices de mémoire et que ses effets masquent les effets produits par la fatigue. La méthode de combinaison a donné des résultats très vagues.

THORNDIKE (1900) a entrepris de mettre à l'épreuve tout un ensemble de *tests* capables de mesurer la fatigue. Sa conclusion entièrement négative est que la fatigue intellectuelle ne se mesure pas, elle ne produit pas d'effets objectifs pouvant être observés méthodiquement. Et pourtant les sujets accusaient un grand sentiment de fatigue. Des douleurs vagues dans les membres, un dégoût pour le travail, un sentiment d'ennui, de l'assoupissement, des nausées. Mais ce sentiment de fatigue ne diminue pas la capacité de travail. L'auteur trouve qu'on a pris souvent, comme synonyme de fatigue, le désir de ne pas travailler. Or, dans tous les cas examinés, l'effet de l'exercice a contrebalancé l'effet de la fatigue. Des *tests* d'habileté mentale furent donnés à six cents élèves avant et après le travail de la journée. Pour éviter l'effet de l'exercice, aucun *test* n'a été donné deux fois au même groupe d'élèves. Le travail fait le soir n'a pas été moins grand et moins correct que le travail du matin.

Bibliographie. — Amberg. *Ueber der Einfluss der Arbeitspausen auf die geistige Leistungsfähigkeit (Kræpelin's Psycholog: Arbeiten,* i, 300-377, 1895). — Bettmann. *Ueber die Beeinflussung einfacher psychischer Vorgänge durch körperliche und geistige Arbeit (Kræpelin's Psychol. Arbeiten,* i, 152-208, 1895). — Binet (A.) et Courtier (J.). *Influence des repos, du travail intellectuel et des émotions sur la circulation capillaire de l'homme (C. R.,* cxxiii, 1896, 503-507); *Effets du travail intellectuel sur la circulation capillaire (Année psychologique,* iii, 42-64); (*Ibid.,* ii); *Note sur l'influence que le travail intellectuel exerce sur la respiration, le pouls artériel et le pouls capillaire de la main (B. B.,* 1895). — Binet et Vaschide (*An. Psychol.,* iii, 127). — Binet et Sollier (P.). *Recherches sur le pouls cérébral dans ses rapports avec les attitudes du corps, la respiration et les actes psychiques (A. de P.,* 1895, 719-734). — Binet (A.) et Henri (V.). *La Fatigue intellectuelle,* Paris, 1898. — Bellei (G.). *La stanchezza mentale nei bambini delle publiche scuole (Riv. Sperim. di Freniatria,* 1900, xxvi, 692-698); *Mental Fatigue in School-Children (The Lancet,* (1), 1901.) — Blazek (B.). *Znuzenie w. szkole (La Fatigue à l'école,* en polonais). Lemberg, 1899, broch. de 88 pages; *Ermüdungsmessungen mit dem Federaesthesiometer an Schülern des Franz-Joseph Gymnasiums in Lemberg (Ztschr. f. pädag. Psychologie,* 1899, 311-325. — Burgerstein (L.). *Die Arbeitscurve einer Schulstunde (Zeitschr. f. Schulgesundheitspflege,* 1891, 40).* — Bürgerstein et Netolitzky (*Handbuch der Hygiene de* Weyl). — Bergström. *An experimental Study of some of the Conditions of mental Activity (Amer. Journ. of Psychol.,* vi, 247). — Blum (A.). *Ueber periphere und centrale Ermüdung (Wiener klin. Wochenschr.,* 1896, ix, 1134). — Brun. *De la fatigue périphérique et centrale (Sem. méd.,* 1896, 482). — Botton. *The growth of Memory in School children (Amer. Journ. of Psychol.,* ii, 362). — Byasson. *Essai sur la relation qui existe à l'état physiologique entre l'activité cérébrale et la composition des urines, Thèse de Paris,* 1868. — Clavière (J.). *Le travail intellectuel dans ses rapports avec |la force musculaire mesurée au dynamomètre (Année Psychol.,* vii, 1900, 206-230). — Cosmann. *Ueber die Hygiene der geistigen und körperlichen Arbeit (Pædag. Archiv.,* 1897, xxxix, 645-663). — Discussion sur la question du surmenage intellectuel des enfants (Orateurs : Lagneau, Dujardin-Beaumetz, Férréol, Javal, Perrin, Lacaze-Duthiers. Collin d'Alfort, Peter, Hardy, Brouardel, Lancereaux, Rochard, Marc Sée; *Bulletin de l'Académie de médecine de Paris,* mai à août 1887). — Ebbinghaus. *Ueber eine neue Methode zur Prüfung geistiger Fähigkeiten und ihre Anwendung bei Schulkindern (Zeitschr. f. Psychol. und Physiol. d. Sinnesorg.,* xiii, 401-460). — Féré (Ch.). *Sensation et mouvement.* — Féré (Ch.). *Influence réciproque du travail physique et du travail intellectuel (Journ. de l'Anat. et de la Physiol.,* 1891). — Fleury (M. de) *Introduction à la médecine de l'esprit.* — Friedrich. *Unters. über die Einflüsse der Arbeitsdauer und der Arbeitspausen auf die geistige Leistungsfähigkeit der Schulkindern (Ztschr. f. Psychol. und Physiol. der Sinnesorg.,* xiii, 1-53). — Germann (G.-B.). *On the invalidity of the esthesiometric method as a measure of mental Fatigue (Psychol. Review,* vi, 1899, 599-606). — Gley. *Étude expérimentale sur l'état du pouls carotidien pendant le travail intellectuel,* Paris, 1881 ; *Remarques sur la question des variations des urines pendant le travail intellectuel (A. de P.,* 1894, 493). — Gruessbach (H.). *Energetik und Hygiene des Nerven-Systems in die Schule* (Leipzig, 1895), broch. de 97 pages). — Hallervorden. *Geistige Arbeit und Muskelermüdung (Deutsch. med. Woch.,* xxii, 1896, 52). — Hammond (*Amer. Journ. of med. Sciences,* 1856). — Hauser. *Die Hygiene der Arbeit.* Berlin, 1895. — Heller (Th.). *Ermüdungsmessungen an schwachsinnigen Schulkindern* (*Wien. med. Presse,* 1899, 11, 423 ; 12, 461). — Heinrich (W.). *Die Aufmerksamkeit und die Function der Sinnesorgane (Zeits. f. Psych. u. Physiol. d. Sinnesorgane,* 1896, xi, 410-431). — Henri (V.). *Étude sur le travail psychique et physique (An. Psychol.,* iii, 232, 1897); *Influence du travail intellectuel sur les échanges nutritifs (Ibid.,* v, 179). — Hoch et Kraepelin. *Ueber die Wirkung der Theebestandtheite auf körperliche und geistige Arbeit (Psycholog. Arbeiten,* i, 1896). — Höfler (A.).*Psychische Arbeit (C. P.,* 1896, x, 59-60, et *Zeitschr. f. Psychol. und Physiol. d. Sinnesorg.,* viii, 44-103, 161-230). — Höpfner. *Ueber die geistige Ermüdung von Schulkindern (Zeitsch. f. Psychol. u. Physiol. d. Sinnesorg.,* vi, 1894, 191). — Holmes. *The fatigue of a School Hour (Pedagogical Seminary,* 1895, iii, 213-523.) —

IGNATIEFF. *Influence des examens et des travaux pendant les vacances sur l'état de santé des élèves de l'Institut d'arpentage de Constantin* (Moscou, 1898). — IOTEYKO (J.). *Distribution de la fatigue dans les organes centraux et périphériques* (IV° Congrès de Psychologie, Paris, 1900); *La résistance à la fatigue des centres psycho-moteurs de l'homme* (Bull. Soc. Roy. d. Sc. med. et nat. d. Bruxelles, 8 janvier 1900); *L'Effort nerveux et la fatigue* (Arch. de Biologie de VAN BENEDEN, XVI, 1899, 479-553). — KIESOW (FR.). *Expériences avec le sphygmomanomètre de* MOSSO *sur les changements de la pression du sang, chez l'homme, produits par les excitations psychiques* (A. i. B., XXIII, 198-211, et Philosoph. Studien, XI, 41). — KRAEPELIN (E.). *Ueber die Ueberbürdungsfrage*, Jena, 1897; *Zur Hygiene der Arbeit*, Iena, 1896; *Ueber geistige Arbeit*, Iena, 1897; *Ueber die Beeinflussung einfacher psychischer Vorgänge durch einige Arzneimittel*, Iena, 1892. — KELLER. *Pedagogisch psychometrische Studien* (Biol. Centralbl., 1894, XIV). — KEMSIES. *Zur Frage der Ueberbürdung unserer Schuljugend* (Deutsche med. Wochenschrift, 1896, 27); *Arbeitshygiene der Schule auf Grund von Ermüdungsmessungen* (Abh. aus dem Gebiete der päd. Psychologie, Berlin, 1898, II); *Gedächtnissmessungen* (Zts. f. päd. Psychol. u. Pathol., II, 1900, 2); *Die häusliche Arbeit meiner Schüler* (Ibid., I, 1899, 89). — KEY AXEL. *Schulhygienische Untersuchungen*, 1886. — KORNFELD. *Ueber die Beziehung von Blut-Kreislauf und Athmung zur geistigen Abrbeit* (Festschr. d. Böhm-Hochschule in Brünn, 1899). — LASER (H.). *Ueber geistige Ermüdung beim Schulunterricht* (Zeits. f. Schulgesundheitspflege, 1894, 2-28). — LEHMANN (Phil. Studien, 1894). — LANDMANN. *Ueber die Beziehung der Athmung zur psychischen Thätigkeit* (Zeits. f. Psych. und Physiol. d. Sinnesorgane, VIII, 1895, 423-426). — LARGUIER. *Essai de comvaraison sur les différentes méthodes proposées pour la mesure de la fatigue intellectuelle* (An. Psychol., V, 1898, 190). — LEUBA (J. H.). *On the validity of the Griessbach Method of determining Fatigue* (Psychol. Review, VI, 1899, 573-599). — LAGRANGE. *Physiologie des exercices du corps*, Paris, 1888. — LINDLEY. *Ueber Arbeit und Ruhe* (Kraepelin's Psychol. Arbeiten, III, 1900, 482). — LOBSIEN (M.). *Ueber die psychologisch-pädagogischen Methoden zur Erforschung der geistigen Ermüdung* (Ztschr. f. päd. Psychol., 1900, II, 273-286). — LUKENS. *Mental Fatigue* (Amer. Phys. Educ. Review., 1899, IV, 25). — MAC DOUGALL. *The physical characteristics of Attention* (Psychological Review, 1896, 158-180). — MAIRET. *Recherches sur l'élimination de l'acide phosphorique chez l'homme sain, l'aliéné, l'épileptique et l'hystérique*. Paris, Masson, 1884. — MENTZ. *Die Wirkung akustischer Reize auf Puls und Athmung* (Phil. Studien, XI, 1895). — MAGGIORA (A.). *Les lois de la fatigue étudiées dans les muscles de l'homme* (A. i. B., 1890, XIII, 187). — MOSSO (A.). *La temperatura del cervello. Studi termometrici*, Milano, 1894; *La Peur*; *Les lois de la Fatigue étudiées dans les muscles de l'homme* (A. i. B., XIII, 1890, 123); *Ueber die Gesetze der Ermüdung* (A. Db., 1890, Suppl., 89); *La Fatigue intellectuelle et physique*, Paris, 1894. — MOSLER. *Beiträge zur Kenntniss der Urinabsonderung bei gesunden, schwangeren und kranken Personen* (D. Giessen, 1853). — OEHRN. *Exper. Studien zur Individualpsychologie* (Kræpelin's Psychol. Arbeiten, I, 1895, 92-152). — OSERETZKOWSKY et KRAEPELIN. *Ueber die Beeinflussung der Muskelleistung durch verschiedene Arbeitsbedingungen* (Psychol. Arbeiten, III, 1901). — PATRIZI. *Le graphique psychométrique de l'attention* (A. i. B., XXII, 1895. 189). — PIDAUCET. *Le travail intellectuel dans ses relations avec la thermogénèse. Thèse de Nancy*, 1890. — PLETTENBERG. *Ermüdung der Schuljugend* (Zts. f. Hypnotismus, 1898, 238). — RICHTER (G.). *Unterricht und geistige Ermüdung*, Halle, 1895. — RIVERS (W. H. R.). *On mental Fatigue and Recovery* (Journ. Ment. Sc., XLII, 1896, 525-529). — RIVERS et KRAEPELIN. *Ueber Ermüdung und Erholung* (Psychol. Arbeiten, I, 1895, 627-678). — RITTER (C.). *Ermüdungsmessungen* (Ztschr. f. Psychol., 1900, XXIV, 401-444). — SCHILLER (H.). *Der Studienplan*, Berlin, 1897. — SIKORSKY. *Sur les effets de la lassitude provoquée par les travaux intellectuels chez les enfants à l'âge scolaire* (Annales d'hygiène publique, 1879, 458-464). — SPECK (A. P. P., XV, 1882, 138). — SHAW (E. R.). *Fatigue* (Proc. Nat. Educ. Ass., 1898, 550-554). — SCHUSCHNY. *Geistige Ermüdung kleiner Schulkinder* (Arch. f. Verdauungskr., 1900, XXVIII). — SCRILLER. *Der Studienplan* (Abh. aus dem Gebiete der pädag. Psychol. u. Physiol., I, 1897). — SCHUSCHNY. *Die Nervosität der Schuljugend*, Jena, 1895. — SWIFT (E.). (The Amer. Journ. of Psychotogy, 1900, XI, n° 3). — TELYATNIK. *Sur la fatigue psychique des étudiants* (Viest. Klin., Saint-Pétersbourg, 1897, 293-335). — TISSIÉ (PH.). *La Fatigue et l'entraînement physique*, Paris, 1897. — THORNDIKE (ED.). *Mental Fatigue* (Psychol. Review, VII, 1900, 466-482 et 547-579). — LÜMPEL (R.). *Ueber die Versuche geistige Ermüdung durch mechanische Messungen zu untersuchen (Zts. f. Philos. u. Pädag.*, 1898, v, 31-38, 108-114, 195-198). — Vannod (T.). *La fatigue intellectuelle et son influence sur la sensibilité cutanée (Rev. Méd. de la Suisse romande,* 1896, 712-751 et 1897, 21-49). — Wagner. *Unterricht und Ermüdung (Abh. aus dem Gebiete der pädag. Psychol.*, I, 1898). — Vaschide. *Influence du travail intell. prolongé sur la vitesse du pouls (An. Psychol..* IV, 1898, 356). — Voss (G.). *Ueber die Schwankungen der geistigen Arbeitsleistung (Kraepelin's Psychol. Arbeiten,* II, 1898, 399-419). — Weygandt (W.). *Ueber den Einfluss des Arbeitswechsels auf fortlaufende geistige Arbeit (Ibid.,* II, 118-202). — Wood. *Recherches sur l'influence de l'activité cérébrale sur l'excrétion de l'acide phosphorique par le rein (Proceedings of the Connecticut medical Society,* 1869).

CHAPITRE VIII

La Fatigue sensorielle.

La fatigue sensorielle ne peut être séparée de l'étude approfondie des divers appareils des sens. Aussi renvoyons-nous le lecteur aux articles correspondants (Voir : **Audition, Vision, Olfaction, Rétine,** etc.).

CHAPITRE IX

Phénomènes microscopiques de la Fatigue.

I. Protoplasme, muscles, nerfs. — Si nous portons sur *Pelomyxa* des excitants électriques faibles, en peu de temps il se ramasse en boule. Mais, si l'excitation est prolongée, le corps protoplasmique commence à présenter une *destruction granuleuse* à partir de la périphérie. La destruction granuleuse est caractérisée par ce fait que la cellule finit par former un amas de granulations isolées. Si, par contre, nous faisons agir d'emblée un excitant chimique de forte intensité sur le corps de l'infusoire en extension, le stade d'excitation n'a plus le temps de se manifester. L'infusoire commence à présenter la destruction granuleuse dans la forme où l'a surpris l'excitant. Ici la mort est donc la conséquence immédiate de l'excitation (Verworn).

Des modifications microscopiques ont été aussi constatées dans le muscle fatigué. Bernard (H.-M.) fatigua un certain nombre de mouches bleues (*Musca vomitoria*) en les pourchassant jusqu'au moment de l'épuisement complet. Tandis que chez les mouches laissées au repos les fibrilles présentaient une striation transversale très nette, avec des nuances dans la colorabilité, chez les mouches fatiguées on ne pouvait distinguer que la striation entre les segments musculaires ; tout le contenu des segments était uniformément clair, sans présenter aucune striation. En outre, les sarcosomes, c'est-à-dire les granulations sarcoplasmatiques placées entre les fibrilles musculaires, avaient considérablement augmenté de volume dans le muscle fatigué.

Déjà, en 1849, Du Bois-Reymond avait observé la disparition de la striation dans les muscles tétanisés. Dans les muscles peu altérés, la striation persiste, mais est très irrégulière. Enfin, dans le tétanos prolongé, le sarcoplasme dégénère en une masse raccornie. En 1870, Kronecker décrivit la dégénérescence cireuse dans les muscles de grenouilles qui avaient été fatiguées durant la vie. Popoff a observé la dégénérescence cireuse des muscles dans le tétanos strychnique. Rotu (1881) produisit l'hyperfatigue des grenouilles et des lapins par les tétanos électrique et strychnique, de même que par les excitations isolées. Il observa la dégénérescence cireuse, lésion très fréquente dans les différentes affections du système musculaire et dans les infections, avec vacuoles entre les fibrilles primitives et formations cornées dans le sarcoplasme. La striation est encore visible tant que le sarcoplasme se présente sous la forme de gros fragments ; mais, quand la segmentation est poussée à son plus haut terme, il n'y a plus de traces d'une striation quelconque.

Kronthal (1893) affirme qu'un nerf, pris en état d'excitation et fixé aussitôt dans l'acide osmique, présente un changement de structure. Le passage du courant galvanique est sans action ; mais sous l'influence du courant interrompu on observe une ondulation du cylindraxe.

II. Modifications de la structure interne des cellules nerveuses (Méthode de NISSL). — Quand on prépare les centres nerveux au moyen de la méthode de NISSL, on constate dans la cellule nerveuse la présence d'une substance fortement colorée par les couleurs basiques d'aniline (bleu de méthylène, thionine, fuchsine), disposée sous forme de grumeaux semés dans les mailles du réticulum fibrillaire. Deux théories sont en présence pour expliquer la valeur de ces éléments chromophiles, ou corpuscules de NISSL; la première, c'est que la substance chromophile est un élément de réserve nutritive, accumulée dans les cellules nerveuses à l'état de repos, et destinée à être consommée pendant leur fonctionnement (RAMON Y CAJAL, VAN GEHUCHTEN); la substance fondamentale serait l'élément conducteur de l'influx nerveux. L'autre théorie attribue à la substance chromophile la valeur de l'élément fonctionnel essentiel (*kinétoplasme* de MARINESCO).

En 1889, KORYBUTT-DASZKIEWICZ constata des différences de colorabilité dans les noyaux des cellules de la moelle excitée par le courant électrique. En 1892, VAS exécuta des expériences qui furent ensuite reprises par un grand nombre d'auteurs. Il excita par un courant électrique le cordon du grand sympathique du lapin, à la distance de 3 centimètres au-dessous du ganglion cervical supérieur. Après excitation, le volume du corps cellulaire avait augmenté environ d'un tiers; la substance chromophile avait diminué ou même complètement disparu dans le voisinage des noyaux (*chromolyse*), tandis qu'elle s'était accumulée dans la couche périphérique du protoplasma cellulaire. Le noyau était aussi plus volumineux, et il avait émigré dans la zone périphérique du cytoplasme. L'auteur attribue ces phénomènes à l'état de fatigue de la cellule; car, si l'activité est modérée, les modifications cellulaires ne sont pas aussi accentuées.

HODGE étudia chez la grenouille et le chat la structure des ganglions spinaux, dont es fibres avaient été excitées par le courant induit. Il constata une diminution du volume de la cellule, la vacuolisation et la diminution de la colorabilité du protoplasme. Le noyau était diminué de volume et devenu arrondi. Après un repos de six à dix-huit heures le noyau et le corps cellulaire étaient revenus à l'état normal. Les cellules des ganglions spinaux, de l'écorce cérébelleuse et de l'écorce occipitale de l'hirondelle, du passereau, du pigeon et de l'abeille présentent le soir, après un jour entier de travail, des dimensions plus petites que le matin, et des modifications analogues à celles qui suivent l'excitation électrique des ganglions spinaux.

En 1894, NISSL étudia l'influence de l'excitation du bout central du nerf facial sur les cellules du noyau d'origine de ce nerf, et conclut que les cellules d'un même groupe, c'est-à-dire celles qui appartiennent à un même type anatomique, présentent trois stades chromatiques correspondant à trois stades différents d'activité : 1° l'*état pyknomorphe*, qui correspond à l'état de repos, et qui est caractérisé par l'abondance de la substance chromophile, qui se présente en amas compacts, de telle sorte que la cellule se colore fortement par le bleu de méthylène; le volume de la cellule est augmenté; 2° l'*état apyknomorphe*, qui correspond à l'état d'activité poussée jusqu'à la fatigue, et est caractérisé par le peu d'abondance de la substance chromophile, qui se trouve éparpillée dans le protoplasme cellulaire; le volume de la cellule est diminué; 3° l'*état parapyknomorphe*, stade intermédiaire. La structure des cellules nerveuses est la fonction de deux facteurs: de la différenciation physiologique et aussi de l'état fonctionnel. Le polymorphisme des cellules nerveuses, soutenu par NISSL, ARNOLD, SZCZAWINSKA, trouverait donc là son explication.

En 1894, MANN reprit les expériences de VAS; la chromolyse de fatigue est due à une véritable disparition sur place de la substance chromatique. L'auteur employa, en outre, l'excitant normal dans deux séries d'expériences. Dans l'une, les chiens étaient soumis à un travail musculaire intense; dans l'autre, il fit agir l'excitant lumineux sur un œil, le second œil étant bandé. Le résultat fut partout le même. Pendant le repos, la substance chromophile augmente dans les cellules nerveuses, tandis que cette substance diminue pendant l'activité cellulaire. L'état d'activité est accompagné de la turgescence du corps de la cellule, ainsi que du noyau et des nucléoles, tandis que la fatigue de la cellule se caractérise par une rétraction de la cellule et par la formation d'une substance chromophile diffuse. J. DEMOOR confirma les résultats de MANN sur les cellules du centre psycho-optique.

Eve (1895) employa l'électricité, la strychnine et les acides, comme modes d'excitation. Dans tous les cas il remarqua la diffusion de la substance chromophile dans le corps cellulaire. Il conclut à la formation d'acides dans la cellule sous l'influence de l'activité, acides agissant sur la substance basophile comme dissolvants.

Lugaro (1895) reprit l'expérience de Vas. L'activité de la cellule nerveuse est accompagnée de la turgescence du protoplasme cellulaire, du noyau et du nucléole; la fatigue détermine la diminution progressive du volume protoplasmique. Ces modifications se trouvent en relation étroite avec l'état de la substance chromophile. Pugnat (1897) excita par l'électricité les ganglions spinaux des jeunes chats; Pick fit des expériences analogues sur la moelle des singes et des chats, et Luxenburg (1898) sur la moelle des chiens.

Guerrini (1899), Pugnat (1901) et Geeraerd (1901) eurent recours à l'excitant physiologique en faisant courir les animaux dans des roues tournantes. Van Durme (1901) excita la moelle épinière cervicale à l'aide de courants induits, et examina ensuite l'état de l'écorce cérébrale.

De toutes ces recherches sur les modifications morphologiques des cellules nerveuses dans la fatigue se dégagent avec grande netteté quelques conclusions générales, concernant le cytoplasme et le noyau : *Cytoplasme nerveux :* 1° diminution ou rétraction du corps cellulaire, succédant à une turgescence, caractéristique de l'activité normale; 2° chromolyse. *Noyau :* diminution du volume du noyau, succédant à la turgescence de l'état d'activité normale, sa déformation et des modifications dans sa partie chromatique. Vacuolisation du protoplasme et du noyau.

Quelle signification physiologique faut-il attribuer à la chromolyse de fatigue? Les histologistes n'hésitent pas à soutenir que dans toute chromolyse il y a consommation de la substance chromophile, et la discussion ne porte que sur le mode d'utilisation de cette substance.

Mais, pour que le rôle nutritif de la substance chromophile puisse être admis en physiologie, il faudrait encore d'autres confirmations expérimentables. La chromolyse peut être très bien expliquée sans qu'il soit nécessaire d'admettre la consommation d'une substance. Et voici quelques faits à l'appui :

Nous ne nous arrêterons pas sur les critiques formulées, notamment par Held, quant à la valeur même de la méthode de Nissl; les corpuscules de Nissl ne préexisteraient pas dans une cellule nerveuse vivante, mais ils seraient le produit d'une précipitation par l'emploi des réactifs. Nissl lui-même, dans ses travaux récents, considère les corpuscules uniquement comme les équivalents des états fonctionnels de la cellule nerveuse. On a comparé la substance chromatique à la réserve de glycogène dans le foie. L'utilisation du glycogène s'accompagne en réalité de modifications anatomiques, comme l'ont constaté Barfurth, Afanasiew, Lahousse, Moszeik, Langendorf, Langley, Cavazzani. Les cellules du foie qui renferment du glycogène sont très grandes et ont des contours nets. Les cellules hépatiques des animaux en inanition sont petites, anguleuses, avec petit noyau. On peut même produire ces modifications en excitant le plexus cœliaque.

L'analogie paraît donc grande entre les phénomènes microscopiques de la fatigue hépatique et ceux de la fatigue cérébrale. Mais n'oublions pas que la fonction glycogénique du foie est bien connue, et que ce n'est pas au microscope qu'on a demandé la solution du problème; tandis que l'activité chimique de la cellule nerveuse est presque inconnue, et qu'on veut recourir au microscope pour l'élucider.

Or c'est là une base assez fragile. Martinotti et Tirelli viennent d'établir un fait important qui s'oppose à toute explication de ce genre. Ils ont appliqué pour la première fois la méthode microphotographique à l'étude de la structure des ganglions intervertébraux des lapins morts d'inanition. La microphotographie, plus sensible que la rétine, ne limitant pas l'attention de l'observateur au fait plus apparent de la colorabilité moindre des éléments chromatiques, mais reproduisant sur les plaques la moindre résistance à la lumière, montre dans l'inanition la persistance des corpuscules de Nissl égaux comme disposition à ceux des cellules normales. La différence semble être due moins à l'usure ou à la dissolution des éléments chromophiles qu'à un défaut de colorabilité, qui a pour résultat de rendre plus transparent le champ du microscope. Et même ce défaut de colorabilité ne s'observe que sur un nombre très restreint de cellules.

Les granulations de Nissl ne peuvent donc être comparées à une réserve nutritive, puisqu'elles persistent intactes, alors que l'inanition est complète. Or de nombreux auteurs avaient décrit une chromolyse d'inanition, tout comme une chromolyse de fatigue. Les granulations n'ont perdu que la propriété de se colorer fortement par les couleurs basiques d'aniline. Mais la perte de cette propriété n'est pas nécessairement liée à la consommation d'une substance quelconque; elle montre simplement que des modifications chimiques sont survenues dans la cellule en chromolyse.

Pour expliquer ces modifications chimiques on peut invoquer : 1° la consommation d'une substance nutritive *in situ;* 2° l'absence d'une substance nutritive qui n'est plus fournie assez abondamment par le sang; 3° l'intoxication par les déchets *in situ;* 4° l'intoxication par des déchets formés à distance. Et il est possible que plusieurs de ces causes se réunissent pour déterminer le phénomène de la chromolyse de fatigue. La diminution du volume cellulaire pourrait être expliquée par la sortie de l'eau. Eve conclut à la formation d'acides pendant le fonctionnement de la cellule nerveuse. Delamare pense que la chromolyse de fatigue est due à l'intoxication, les animaux surmenés succombant à l'urémie. Pour élucider ces questions il ne suffit donc plus d'étudier la chromolyse de fatigue isolément; mais il faut rechercher si par l'activité le système nerveux ne s'est pas appauvri de quelques substances, si sa réaction n'est pas modifiée et si son pouvoir toxique n'est pas augmenté.

III. Modifications de la cellule nerveuse observées par la méthode de Golgi. — La dénomination de *théorie mécanique des actes psychiques* pourrait s'appliquer à toutes les théories qui invoquent la possibilité pour les neurones de modifier utilement leurs contacts suivant l'état d'excitation ou de fatigue.

Cette théorie a été basée sur deux faits expérimentaux : l'apparition, dans certaines circonstances, le long des prolongements nerveux, de gonflements dits *perles* ou *varicosités* (état moniliforme), ainsi que la disparition d'un élément anatomique du neurone, connu sous le nom d'*appendices piriformes*.

Examinons tout d'abord la possibilité d'une théorie mécanique des actes psychiques basée sur l'apparition des *perles* (varicosités). L'état perlé des prolongements nerveux a été signalé par Dogiel et par Renaut (bleu de méthylène) dans les cellules nerveuses de la rétine, par Golgi (1888) avec sa méthode dans la rage, et dans les affections chroniques, inflammatoires et infectieuses les plus diverses. Tous les auteurs ne voient dans ces changements qu'un commencement de dégénérescence du neurone, d'atrophie variqueuse, due à l'action directe des substances toxiques ou à un défaut de nutrition.

Mais, parallèlement à ces recherches, on a signalé la présence de varicosités dans des états pathologiques expérimentaux, comme l'embolisme et l'inanition (Monti, 1895); l'alcoolisme aigu et chronique (Berkley, 1895); la morphinisation, la chloroformisation et la chloralisation (J. Demoor, 1896); l'anesthésie par l'éther, l'électrisation violente du cerveau, l'électrocution, l'asphyxie par le gaz d'éclairage (Stefanowska, 1897). Ce dernier auteur fit la constatation importante, vérifiée depuis par d'autres expérimentateurs, que ni les plus fortes excitations, ni l'anesthésie complète n'altèrent jamais la totalité du territoire cérébral; mais qu'à côté des régions cellulaires, dont les prolongements sont fortement altérés par la formation de perles, on trouve toujours des territoires indemnes. La lésion ne s'étend qu'à un certain nombre de *foyers*. En poursuivant ses recherches, Stefanowska a pu généraliser ses observations à tout le cerveau. On peut classer les différents territoires cérébraux suivant leur degré d'altération, la plus faible résistance étant dévolue au bulbe et aux masses grises inférieures du cerveau, la plus grande résistance étant l'apanage du corps strié, et une place intermédiaire étant occupée par l'écorce cérébrale.

Quelle signification faut-il attribuer à la formation de perles ou varicosités? Est-ce une réaction physiologique ou pathologique du protoplasme nerveux? La question a été vivement débattue.

Seule l'expérimentation physiologique directe pouvait résoudre la question de l'amœboïsme nerveux basé sur l'apparition des perles. « L'opinion des savants, dit J. Soury, qui dans l'état perlé des dendrites ont cru voir un état physiologique, est hautement désavouée par Micheline Stefanowska. Nous insistons sur ce point de fait et de doctrine, car on sait que les expériences de Stefanowska ont précisément été invoquées pour la création de toutes pièces de l'amœboïsme nerveux et de la théorie histologique du sommeil. » Par ses recherches « marquées au coin de la véritable méthode expérimentale » (SOURY), MICHELINE STEFANOWSKA est parvenue à dissocier dans le cerveau l'état physiologique de l'état pathologique, et à démontrer que seul ce dernier est accompagné de la formation de perles. Et, tout d'abord, les perles font défaut dans le cas de léger assoupissement par les vapeurs d'éther (souris); elles n'apparaissent que lors d'un séjour prolongé dans les |vapeurs et lorsque l'empoisonnement est voisin de la mort. Le sommeil anesthésique peut donc se produire sans le changement mécanique, considéré par les partisans de l'amœboïsme cérébral comme la cause du sommeil.

Des phénomènes semblables se produisent dans la fatigue. L'électrisation du cerveau produit des varicosités en abondance, mais la fatigue physiologique n'amène aucune altération. STEFANOWSKA a examiné le cerveau d'une souris plongée dans le sommeil naturel à la suite d'une grande fatigue (longue marche) et a trouvé qu'il était indemne de toute altération. La fatigue et le sommeil qui en résultent ne sont donc pas déterminés par la formation de perles.

Un troisième ordre de preuves recueilli par STEFANOWSKA se rapporte à la durée de l'état perlé dans le cerveau. Il persiste bien plus longtemps que les symptômes de l'anesthésie. Les perles ne se dissipent jamais avant plusieurs jours, et persistent plus longtemps dans les cas d'anesthésie prolongée. La lenteur de leur disparition est certainement un fait des plus défavorables à la théorie de l'amœboïsme nerveux basé sur l'apparition des perles. Quatrièmement, STEFANOWSKA trouve que la longueur des dendrites moniliformes ne varie pas par suite de la formation des perles; mais les filaments qui réunissent les perles sont plus fins que ceux des dendrites à l'état normal. On ne peut supposer en aucun cas que, dans l'éthérisation légère, la non-formation des perles puisse être due à un manque d'excitation de la part de l'agent anesthésique, car nous savons, au contraire, que l'excitation se produit surtout avec des faibles doses d'anesthésiques. Ces expériences vraiment physiologiques ont tenu compte de tous ces facteurs. L'auteur admet que les perles sont dues à une décomposition du protoplasme nerveux sous l'influence des agents qui troublent la vie normale des cellules nerveuses. Les perles ne seraient que des gouttelettes de la substance liquide qui s'accumulent sur les prolongements cellulaires. Elle décrit quatre phases dans la formation des perles. En résumé, la formation des perles est un processus morbide relevant des troubles de la nutrition. Cette opinion a été adoptée par la majorité des neurologistes.

Mais, si les perles ne peuvent être considérées comme une réaction physiologique du protoplasme nerveux, elles n'en constituent pas moins une réaction pathologique, et ne sont pas un produit artificiel dû à l'action des réactifs. Cette opinion, exprimée par WEIL et FRANCK, est tout à fait inadmissible vis-à-vis des faits constatés par STEFANOWSKA, à savoir, que la dégénérescence variqueuse est susceptible de réparation, et qu'elle se localise dans certaines régions du cerveau à l'exclusion d'autres, mettant en jeu des différences de résistance. Enfin le mode de distribution des perles dans un cerveau altéré est tout à fait caractéristique; celles-ci sont toujours disposées en *foyers* (STEFANOWSKA), ce qui permet de les distinguer des quelques varicosités qu'on peut trouver même à l'état normal. Les expériences de l'auteur, en montrant la dépendance de la formation des perles du degré d'intoxication de l'animal, en poursuivant la genèse des perles dans toutes leurs particularités, ont d'ailleurs tranché la question à ce sujet.

Examinons maintenant la possibilité d'une théorie mécanique des actes psychiques,. basée sur la disparition des *appendices piriformes* de STEFANOWSKA, qui sont considérés depuis les travaux de cet auteur (1897-1902) comme étant les vraies terminaisons des cellules nerveuses.

STEFANOWSKA a montré que, quand on soumet les animaux soit à une excitation violente par l'électricité, soit à l'anesthésie prolongée, soit à l'asphyxie, ces causes anormales provoquent dans le cerveau des altérations rapides; on rencontre alors dans le cerveau des foyers d'altération, dans lesquels les cellules nerveuses présentent ce double caractère, que leurs prolongements sont remplis de perles, alors qu'ils sont dégarnis de leurs appendices piriformes (fig. 22 et 23). Mais à côté des régions altérées se trouvent toujours des régions du cerveau absolument normales, en sorte que le principe de la division du travail et de la résistance variable des diverses régions cérébrales se vérifie non seulement quant à la formation des perles, mais aussi quant à la disparition des appendices piriformes.

Il existe un certain rapport entre la gravité des lésions et les symptômes morbides. Des altérations moins prononcées correspondent à une anesthésie légère : dans l'anesthésie violente ou prolongée il y a disparition de tous les appendices piriformes dans les foyers altérés. Le maximum de lésion correspond à la disparition complète des appendices avec formation de grosses varicosités sur les mêmes cellules.

Bien que ces deux modifications se présentent le plus souvent simultanément, elles ne sont pas liées entre elles de cause à effet. Ainsi, dès 1897, STEFANOWSKA a insisté sur ce fait, que *la formation des perles n'est pas déterminée par la disparition des appendices piriformes*. Ces deux phénomènes peuvent être dissociés expérimentalement. Fait extrê-

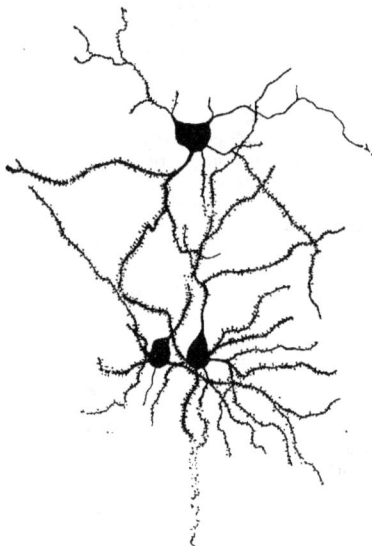

FIG. 22. — (D'après M. STEFANOWSKA) Cellules nerveuses du noyau caudé à l'état normal. Tous les dendrites ont le parcours régulier et sont garnis de nombreux appendices piriformes. Ces fins filaments terminés par une tête piriforme donnent aux contours des dendrites un aspect velouté.

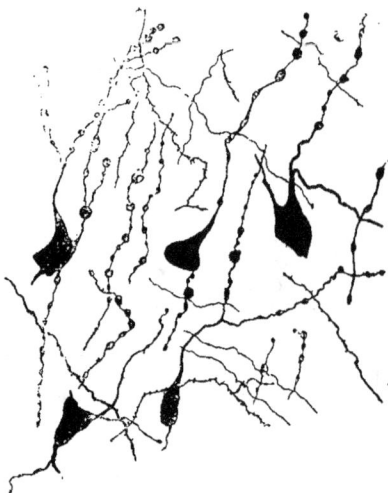

FIG. 23. — (D'après M. STEFANOWSKA) Cellules nerveuses de la couche optique fortement altérées par l'éther. Tous les dendrites sont couverts de grosses perles. On voit que les dendrites ne sont point tendus, ils sont au contraire relâchés et flexueux.

mement important, il existe des conditions dans lesquelles on provoque la disparition complète des appendices piriformes, sans entraîner la formation de perles. *La disparition des appendices correspond à des causes d'altération moins graves que la formation des perles.* Par exemple, dans l'anesthésie légère (assoupissement), ces appendices disparaissent dans certains foyers, mais on n'y observe pas de perles. STEFANOWSKA a décrit quatre phases dans la formation des perles : la première phase est marquée simplement par la disparition des appendices; dans les phases ultérieures, on observe la formation de gouttelettes, dont la coalescence constitue les perles. En graduant l'influence pernicieuse de l'agent modificateur, on parvient à fixer les cellules dans ce premier stade, caractérisé uniquement par la disparition des appendices piriformes.

Jusqu'ici les faits décrits semblent donc favorables à l'hypothèse d'une mobilité physiologique des appendices piriformes, mobilité pouvant expliquer la rupture ou l'établissement des contacts entre les neurones dans le fonctionnement psychique. Mais les recherches ultérieures de STEFANOWSKA ont apporté des preuves défavorables à une pareille conception. Si la fatigue produite par l'électrisation directe du cerveau fait disparaitre les appendices, au contraire, la fatigue physiologique, produite par une longue marche et ayant amené le sommeil (souris), reste sans aucun effet sur la morphologie cérébrale. Les cellules nerveuses apparaissent garnies de leurs appendices comme à l'état normal. L'état de fatigue n'est donc pas déterminé par la disparition des appendices. Mais l'argument le plus défavorable est sans conteste la lente réparation des appendices après l'anesthésie. Ils ne réapparaissent en totalité que plusieurs jours après la narcose.

La solution du problème apparaît donc très complexe, et on peut dire, en toute certitude, que la mobilité physiologique des appendices piriformes est loin d'être un fait démontré. Toutefois, si les contacts entre les neurones sont variables, ils ne peuvent l'être que par l'intermédiaire des appendices piriformes qui sont les vraies terminaisons des cellules nerveuses. Mais Stefanowska nous laisse entrevoir la possibilité de reprendre encore la question sur une nouvelle base.

Quant à la rétine, les signes objectifs de l'activité rétinienne, devant servir de base à une énergétique de la rétine, peuvent être, à l'état de fatigue : 1° l'exagération d'un phénomène qui apparaît déjà à l'état d'activité modérée (réaction photomécanique, consommation de la chromatine); 2° un renversement de la réaction (transformation de la réaction alcaline en réaction acide); 3° aucune modification dans la réaction de l'état d'activité (persistance du phénomène électrique). Là aussi, comme dans le nerf, le phénomène électrique est le dernier à disparaître, étant doué de la plus grande résistance.

Bibliographie. — Azoulay. *Psychologie histologique et texture du système nerveux* (*Année psychol.*, 1896). — Berkley. *Lesions of the cortical tissue induced by acute experimental alcoolic poisoning* (*Brain*, 1895); *Studies [on the lesions produced by the action of certain poisons on the nerve-cell* (*The medical News*, II, 1895). — Bernard (H. M.). *On the relations of the isotropous to the anisotropous layers in striped Muscles* (*Zool. Jahrb. Anat.*, VII, 1894). — Cajal (Ramon y). *Estructura de protoplasma nerviosa* (*Annal. Soc. Espan. Hist. Nat.*, v, 13-46). — Delamare (G.). *Quelques Remarques sur la chromatolyse à l'état de fatigue* (*XIIIᵉ Congrès de Médecine, Paris*). — Demoor (J.). *La Plasticité morphologique des neurones cérébraux* (*Arch. de Biol.*, XIV, 1896, et *Trav. Inst. Solvay*, I); *Le mécanisme et la signification de l'état moniliforme des neurones* (*Trav. Inst. Solvay*, II, 1898). — Durme (van). *Étude des différents états fonctionnels de la cellule nerveuse corticale au moyen de la méthode de Nissl* (*Le Névraxe*, II, fasc. 2, 1901). — Duval (Mathias). (*B. B.*, 2 février 1895); (*Revue scientifique*, 12 mars 1898). — Edes (R. C.). *On the method of transmission of the impulse in medullated fibres* (*J. P.*, XIII, 1892, 431-444). — Eve. *Sympathetic nerve-cells and their basophil constituent in prolonged activity and repose* (*J. P.*, 1896, XX, 334-353). — Geeraerd (N.). *Les variations fonctionnelles des cellules nerveuses corticales chez le cobaye étudiées par la méthode de Nissl* (*Trav. Inst. Solvay*, IV, 1901). — Guerrini (van). *L'anatomie fine de la cellule nerveuse* (*La Cellule*, XIII, 1897, 315-390); *Anatomie du système nerveux de l'homme*, 1900, I. — Guerrini (G.). *De l'action de la fatigue sur la structure des cellules nerveuses de l'écorce* (*A. i. B.*, 1899, XXXII, 62-65). — Hodge. *The process of recovery from the fatigue* (*J. P.*, III;) *Some effects of electrically stimulating gangl. cells* (*Amer. J. of Psych.*, 1888-89, 376); *A microscopical study of changes due to functional activity in nerve-cells* (*J. of Morph.*, VII, 1892, 95, et IX, 1894); *Some effects of stimulating gangl. cells* (*Amer. J. of Psychol.*, v, 1892). — Kowalewsky (W.). *Modification de la structure des cellules nerveuses des ganglions spinaux sous l'influence de l'excitation* (*Neurol. Viestnik*, en russe, 1897). — Kronthal (P.). *Zur Histologie des arbeitenden Nerven* (*C. P.*, VII, 1893, 5-7). — Korybut-Daszkiewiez. *Wird der thätige Zustand des Centralnervensystems von mikroskopisch wahrzunehmenden Veränderungen begleitet?* (*Arch. mikr. Anat.*, XXXIII, 1889, 51). — Lambert. *Note sur les modifications produites par l'excitant électrique dans les cellules nerveuses des ganglions sympathiques* (*B. B.*, 1893). — Levi. *Contributo alla fisiologia della cellula nervosa* (*Riv. patol. nerv. e mentale*, 1896, 169). — Loeb (J.). *Ueber die Entstehung der Activitätshypertrophie der Muskeln* (*A. g. P.*, LVI, 1894). — Lugaro. *Nuovi dati e nuovi problemi nella patologia della cellula nervosa* (*Riv. di pat. nerv. e mentale*, 1, 1896); *Sulle modificazioni funzionali dei dendriti delle cellule nervose* (*Ibid.*, III, 1898); *Sulle modificazioni della cellule nervose nei diversi stati funzionali* (*Lo Sperimentale*, 1895). — Luxenburg (J.). *Badania nad morfologia Komorki nerwowej w stanie normalnym oraz wzmozonej ich czynnosci* (*Mémoires de la Société médicale de Varsovie*, en polonais, III, 1898); (*Gazeta lekarska*, 1898); *Morpholo-*

gische Veränderungen der Vorderhornzellen des Rückenmarks während Thätigkeit (Deut. med. Woch., 1898, n° 26); *(Neurol. Cbl.*, 1899, 629). — MAGINI (G.). *L'orientation des nucléoles des cellules nerveuses motrices dans le lobe électrique de la torpille, à l'état de repos et à l'état d'excitation (A. i. B.*, XXII, 1894, 212-217). — MANN. *Histological changes induced in sympathetic, motor, and sensory nerve cells by functional activity (J. of anat. and physiol.*, 1894, XXIX, 100-108). — MARINESCO. *Histologie de la cellule nerveuse (Rev. génér. des Sciences*, 1897, 406). — MARTINOTTI et TIRELLI. *La microphotographie appliquée à la structure de la cellule des ganglions spinaux dans l'inanition (A. i. B.*, XXXV, 390-406). — MORPURGO (B.). *Sur l'hypertrophie fonctionnelle des muscles volontaires (A. i. B.*, XXIX, 1898, 65-101). — ODIER. *Rech. exp. sur les mouvements de la cellule nerveuse de la moelle épinière (Revue de la Suisse romande*, février et mars 1898). — PICK. *Ueber morphologischen Differenzen zwischen ruhenden und erregten Ganglienzellen (Deut. med. Woch.*, 1898, n° 22). — PUGNAT. *Des modifications histologiques de la cellule nerveuse dans ses divers états fonctionnels (Bibl. anat.*, 1 fasc., 1898); *Modifications histologiques des cellules nerveuses dans l'état de fatigue (C. R.*, 1897, CXXV, 736); *Recherches sur les modifications histologiques des cellules nerveuses dans la fatigue (J. P.*, III, 1901, 183-187). — PUPIN (CH.). *Le neurone et les hypothèses histologiques sur son mode de fonctionnement (D. Paris*, 1896). — RABL-RÜCKHARDT. *Sind die Ganglienzellen amoeboid? (Neurol. Cbl.*, 1 avril 1890). — RENAUT. *Sur les cellules nerveuses multipolaires et la théorie des neurones de* WALDEYER *(Bull. Acad. Méd. de Paris*, 1895). — ROUX (W.). *Die polare Erregung der lebendigen Substanz durch den elektrischen Strom (A. g. P.*, LXIII, 1896, 512). — ROTH. *Exp. Studien über die durch Ermüdung hervorgerufenen Veränderungen des Muskelgewebes (A. P. P.*, LXXXV, 1881, 95-109). — SOUKHANOFF. *L'anatomie pathologique de la cellule nerveuse en rapport avec l'atrophie variqueuse des dendrites de l'écorce cérébrale (La Cellule*, 1898); *(Archives de Neurologie*, 1900). — SOURY (J.). *L'améboïsme des cellules nerveuses (Presse médicale*, 1901, IV, 47). — STEFANOWSKA (MICHELINE). *Sur les appendices terminaux des dendrites cérébraux et leurs différents états physiologiques (Annales Soc. des Sciences de Bruxelles*, 1897, et *Archives des Sciences phys. et nat. de Genève*, 1901, mai); *Les appendices des dendrites (ibid.*, 1897); *Sur le mode d'articulation entre les neurones cérébraux-(B. B.*, 1897); *Développement des cellules nerveuses corticales (Bull. Soc. des Sciences Brux.*, 1898); *Évolution des cellules corticales chez la souris après la naissance (ibid*, 1898); *Sur les terminaisons des cellules nerveuses (Congrès de Boulogne pour l'avancement des sciences*, 19 septembre 1899); *Action de l'éther sur les cellules cérébrales (Journ. de Neurologie*, Bruxelles, 1900); *Étude histologique du cerveau dans le sommeil provoqué par la fatigue (Journ. de Neurologie*, 1900); *Localisation des altérations cérébrales produites par l'éther (Annales de la Soc. des Sciences de Bruxelles*, 1900); *Sur le mode de formation des varicosités dans les prolongements des cellules nerveuses (Annales*, etc., 1900); *(Congrès de Psychologie*, Paris, 1900); *(V° Congrès de Physiologie*, Turin, 1901); *Résistance réactionnelle variable dans les différents territoires cérébraux (Journ. de Neurol.*, 1901); *Diversité de résistance des différents territoires cérébraux vis-à-vis du traumatisme et de l'intoxication (Trav. Inst. Solvay*, IV, 1901). — SZCZAWINSKA (WANDA). *Contribution à l'étude des yeux de quelques Crustacés*, Liège, 1891; *Recherches sur le système nerveux des Sélaciens (Arch. de Biol.*, XV, 1897). — TANZI. *I fatti e le induzioni nell' odierna istologica del sistema nervoso (Riv. Sperim. di Freniatria*, XIX, 1893). — VAS. *Studien über den Bau des Chromatins in den sympathischen Ganglienzellen (Arch. f. mikropsc. Anat.*, XL, 1892). — VALENZA (G.). *Les changements microscopiques des cellules nerveuses dans leur activité fonctionnelle (A. i. B.* XXVI, 1899). — WEIL et FRANCK. *On the evidence of the Golgi methods for the theory of neuron retraction (Archiv of Neurology and Psycho-pathology*, II, 1899 et III, 1900).

CHAPITRE X

Rôle pathogène du surmenage.

L'étude du surmenage est du domaine de la pathologie. Nous nous bornerons donc à ne donner qu'un très court aperçu sur le surmenage, soit physique, soit mental. D'ailleurs cette étude est singulièrement simplifiée par les chapitres qui précèdent

PETER, un des premiers, attira l'attention sur les maladies de fatigue, et signala en

1869 les accidents fébriles dus au surmenage; il les attribue à ce qu'il appelle l'*auto-typhisation*, qui est l'auto-intoxication d'aujourd'hui. En 1878, CARRIEU montre l'influence de la fatigue dans la plupart des maladies. Elle leur imprime un caractère particulier de gravité. BOULEY en 1878 démontre que la corruption de la viande est souvent un effet de l'état de surmenage dans lequel se trouvent les animaux au moment de la mort. FOURNOL (1879) consacre une étude aux lésions observées chez les animaux morts de surmenage aigu. En 1880, RÉVILLIOD désigne sous le nom de *ponose* les maladies de fatigue. En 1888, RENDON publie une thèse sur les *fièvres de surmenage*, DREYFUS-BRISAC étudie les manifestations morbides du surmenage physique, et DUFOUR publie sa thèse sur le même sujet. On peut encore citer les travaux de LAGRANGE, LACASSAGNE, KEIM, FROENTZEL, LEYDEN, ELOY, MATHIEU, ROBIN, COUSTAN, BOUCHARD, CHARRIN et ROGER, MARFAN.

Il existe certaines conditions étiologiques qui favorisent l'action du surmenage physique. Ainsi l'enfant et l'adolescent sont facilement atteints par le surmenage. Il existe une fatigue de croissance. Toutes les professions pénibles peuvent nous offrir des exemples de surmenage. Il s'observe spécialement chez les militaires, et aussi dans la classe ouvrière. La machine, dit MOSSO, ne reconnaît d'autre limite à sa rapidité que la faiblesse de l'homme à la suivre; or la capacité d'action de la force humaine est en raison inverse du temps pendant lequel elle agit. Et cependant nous voyons s'engager la lutte fatale entre la machine, puissante, infatigable, et l'ouvrier chargé de la conduire, mais qui, lui, organisme vivant, est soumis aux lois de la fatigue et de l'épuisement!

Les accidents du surmenage ont aussi été observés dans les exercices *sportifs*, et notamment dans l'usage de la bicyclette. Chez les *neuro-arthritiques*, la fatigue se manifeste avec plus de violence et se dissipe plus lentement que chez les autres sujets. Chez les convalescents, une fatigue minime peut engendrer des troubles graves. Les blessés sont dans le même état (OLLIER). Comme le dit BOUCHARD, le système nerveux débilité est un réactif particulièrement sensible pour tous les agents provocateurs de la fièvre. L'influence du milieu *cosmique* est considérable. Les températures extrêmes favorisent le surmenage; la fatigue se produit aussi plus facilement lorsque la *pression barométrique* s'abaisse, et lorsque l'air est saturé d'humidité.

Le surmenage physique peut être cause *efficiente de maladie*, ou cause *prédisposante*. Les accidents dus au surmenage peuvent être divisés en suraigus, aigus (ou subaigus) et chroniques.

Les accidents dus au surmenage neuro-musculaire suraigu sont d'ordre cardiaque (*cœur forcé*) et respiratoire (*essoufflement, asphyxie mortelle*). Les annales vétérinaires nous en fournissent des exemples. Après la mort, les animaux pourchassés présentent de la rigidité cadavérique hâtive, et la putréfaction est rapide. HUNTER avait remarqué que le sang a perdu la faculté de se coaguler, et, d'après ARLOING, chez les animaux surmenés, les capillaires sont largement dilatés. On a enregistré des cas de mort dus au surmenage sportif (BERTRAND, TISSIÉ).

Parmi les accidents du surmenage subaigu, il faut citer avant tout les *fièvres de surmenage*. Elles durent cinq à six jours, s'accompagnent d'une prostration extrême et disparaissent par le simple repos. Le facies typhoïde ne manque presque jamais. Elles s'accompagnent de céphalalgie, de douleurs musculaires, de troubles digestifs, de dyspnée, avec élévation de la température à 39° et 39°,5. La fièvre est subcontinue. PETER a montré aussi que la fièvre de surmenage peut affecter la forme de *fièvre à rechutes*. L'albuminurie est rare. L'urée est diminuée; puis, au moment de la crise, il y a une diurèse abondante et une débâcle d'urée. Les urates sont en excès. D'après LAGRANGE, GAUTRELET, COLOSANTI et MOSCATELLI, l'acide lactique, qui fait défaut dans l'urine normale, apparaît en abondance dans l'urine des surmenés. BOUCHARD a constaté que l'urine des courbaturés est toxique. D'après ROGER, l'urine et le sang des chiens surmenés sont plus toxiques qu'à l'état normal. Les observations de TISSIÉ et BERGONIÉ se prononcent dans le même sens.

Il en résulte que, dans la fièvre de surmenage, il y a auto-intoxication. D'après MOSSO, la fièvre de fatigue peut être comparée à la fièvre traumatique, étudiée par BILLROTH et plus tard par VOLKMANN. Des substances nuisibles sont produites dans la fatigue, et elles viennent agir sur le système nerveux en produisant la fièvre. La fièvre de surmenage, observée dans l'expédition de Mosso sur le Mont-Rose, pouvait atteindre 39°,5; mais, dans certains cas, elle ne pouvait se produire malgré un travail intense. Ainsi, la température rectale du soldat Sarteur fut trouvée égale à 37°,3, bien que pendant l'ascension il fût chargé d'un poids de 20 kilogrammes. Plein d'admiration devant un mécanisme aussi parfait, Mosso écrivit sur la feuille d'observation le mot : *Uebermensch*.

La genèse de la fièvre de surmenage est pourtant passible de deux interprétations. Dans ses leçons, Bouchard a admis deux grandes classes de fièvres : les *fièvres toxiques* (par troubles de la nutrition ou par infection) et les *fièvres nerveuses*. Dans le surmenage, en faveur de l'origine toxique, on peut invoquer les phénomènes de l'auto-intoxication ; et la présence des substances thermogènes dans les muscles (Roger). Mais Bouchard pense que la fièvre de surmenage est soit d'origine nerveuse, soit d'origine musculaire. La fièvre musculaire serait celle où la chaleur exagérée résulte directement de la contraction musculaire (?). Pour les formes cliniques de la fièvre de surmenage, nous renvoyons à l'article de Marfan ainsi qu'aux thèses parues sur cette question.

Parmi les manifestations du surmenage subaigu, mentionnons encore son influence sur la fonction glycogénique ; Cl. Bernard a noté la disparition de cette fonction dans la fatigue. Salvioli a constaté que la fatigue diminue la quantité du suc gastrique, qui perd ses propriétés digestives ; Colm a confirmé cette influence nocive de la fatigue sur la digestion. Manca a étudié l'influence de la fatigue musculaire sur la résistance des globules rouges du sang ; il n'a jamais constaté l'hémoglobinurie. La résistance des globules rouges du sang est légèrement augmentée après le travail musculaire. L'auteur suppose que cette action est due aux produits régressifs qui se sont engendrés par le travail musculaire. D'après Ceni, le pouvoir bactéricide du sang diminue après une fatigue de courte durée ; il augmente si les animaux (brebis et chiens) sont soumis à une fatigue prolongée.

Le surmenage chronique aboutit inévitablement à un épuisement lent de l'organisme. Il peut créer de toutes pièces la *neurasthénie*, maladie nerveuse acquise.

Disons quelques mots du surmenage physique comme cause prédisposante de maladie. Charrin et Roger ont étudié l'influence du surmenage sur l'infection. Ces auteurs surmenèrent des cobayes et des rats blancs en les faisant courir dans un cylindre rotatif. La fatigue générale, imposée aux animaux inoculés, soit avec le charbon bactérien, soit avec le charbon symptomatique, favorise considérablement le développement de ces infections ; toujours les animaux surmenés sont morts avant ceux qu'on laissait au repos ; souvent même ils ont succombé, alors que ces derniers résistaient. Le surmenage physique favorise donc l'invasion microbienne. La *myosite* infectieuse ne se développe, suivant Brunon, que chez les sujets prédisposés par le surmenage physique. L'*ostéomyélite* des adolescents relève souvent de la même cause. L'*infection purulente médicale* (pyohémie) survient souvent à la suite de fatigues exagérées (Jaccoud). D'après Peter, la plupart des *endocardites infectieuses* sont dues au surmenage. Le surmenage favorise le *coup de chaleur* et le *coup de froid* (Héricourt), ainsi que le développement de certaines maladies des reins et des poumons. Tous les troubles imputables au surmenage revêtent un caractère particulier de gravité chez les *débiles nerveux* (Tissié).

Il nous est impossible d'étudier ici les effets du surmenage intellectuel. Notons seulement l'opinion de Charcot, que le surmenage ne peut être réalisé que par un effort de volonté. Aussi ne l'observe-t-on pas chez les jeunes enfants. Il est fort probable que les accidents attribués au surmenage chez les jeunes enfants sont dus à d'autres causes. Toute cette importante étude n'est encore qu'à l'état d'ébauche.

Bibliographie. — Bianchi et Regnault. *Modifications des organes dans la course de 72 heures en bicyclette, étudiées par la phonendoscopie* (C. R., cxxvii, 1898, 387). — Bouchard. *Du rôle de la débilité nerveuse dans la production de la fièvre* (Cong. de méd. de Rome, 1894, et Sem. méd., 1894, 153); *Sur les variations de la toxicité urinaire pendant la veille et le sommeil* (C. R., cii, 1886, 727); *Sur les poisons qui existent normalement dans l'organisme, et en particulier sur la toxicité urinaire* (C. R., cii, 669); *Influence de l'abstinence, du travail musculaire et de l'air comprimé sur les variations de la toxicité urinaire* (Ibid., 1127). — Boyer. *Du cœur forcé dans l'infanterie de marine*, Paris, 1890. — Bouveret. *La neurasthénie, épuisement nerveux*, 1891. — Castex. *Du malmenage vocal* (Soc. fr. d'otologie et de laryng., 1er mai 1894). — Ceci. *Du pouvoir bactéricide du sang dans la fatigue musculaire* (A. i. B., xix, 1893, 293). — Charrin. *Aperçu général sur l'étiologie* (Sem. méd., 1893, 357);

CHARRIN et ROGER. *Influence de la fatigue sur l'évolution des maladies microbiennes* (B. B., 1890); *Contribution à l'étude expérimentale du surmenage; son influence sur l'infection* (A. de P., 1890). — CARRIEU. *De la fatigue et de son influence pathogénique*, D. Paris, 1878. — COUSTAN. *Les maladies imputables au surmenage dans l'armée* (Montpellier médical, 1894, 1er mai et 1er juillet). — COLM. *Ueber den Einfluss mässiger Körperbewegungen auf die Verdauung* (Deut. Arch. f. klin. Med., XLIII, 239). — DAREMBERG et CHUQUET. *Phtisiologie. Influence intense de la fatigue et du repos sur la température des tuberculeux*, Paris, 1899. — DUFOUR (CH.). *Manifestations morbides du surmenage physique*, D. Paris, 1888. — FÉRÉ (CH.). *Le surmenage scolaire* (Progrès médical, 1887); *Sensation et mouvement; Amnésie rétroactive consécutive à un excès de travail physique* (B. B., 1897, 153); *Influence des agents physiques et des chocs moraux sur l'intoxication* (B. B., 1895); *Hystérie et fatigue* (Ibid.). — FOREL. *Exp. sur la température du corps humain dans l'acte de l'ascension sur les montagnes*, Genève et Bâle, 1871, 1874. — FRENKEL. *Fehlen der Ermüdungsgefühles bei einem Tabetiker* (Neurol. Cbl., XII). — GALTON. *La fatigue mentale* (Rev. Scient., 1889, n° 4). — MANCA. *Influence de la fatigue musculaire sur la résistance des globules rouges du sang* (A. i. B., XXIII, 1895, 317). — MARFAN. *La fatigue et le surmenage* (Traité de Pathologie générale, 1). — MANACEÏNE (MARIE). *Le surmenage mental dans la civilisation moderne*, Paris, 1890. — POYET. *Du surmenage vocal* (Soc. fr. d'otologie et de laryng., 1er mai 1894, Paris). — SALVIOLI. *Influence de la fatigue sur la digestion stomacale* (A. i. B., XVII, 248). — STCHERBAK. *Contribution à l'étude de l'influence de l'activité cérébrale sur l'échange d'acide phosphorique et d'azote* (Arch. de Méd. exp., 1893, 309). — TALAMON. *Les exercices du corps et l'hypertrophie du cœur* (Méd. mod., 1892, 781).

Sommaire.

J. IOTEYKO.

FÈCES. — On donne le nom de fèces, de matières fécales ou excrémentitielles, ou encore d'excréments, à l'ensemble des résidus de la digestion des matières alimentaires, des sécrétions digestives, des déchets de la muqueuse intestinale.

Nous étudierons les matières fécales :

1° Au point de vue physique;

2° Au point de vue chimique;

3° Au point de vue bactériologique;

4° Au point de vue physiologique.

Nous compléterons enfin cet ensemble par l'étude de la toxicité.

Cette division, en même temps qu'elle facilitera l'exposition, permettra de grouper un certain nombre de faits qui, sans être identiques, sont liés assez étroitement.

1° Les matières fécales au point de vue physique. — La couleur dépend surtout des pigments biliaires en partie réduits et provient également des pigments contenus dans les matières alimentaires. L'alimentation exclusivement carnée rend les excréments foncés; le régime herbacé, vert. Si la bile n'arrive pas dans l'intestin (obstruction du canal cholédoque ou fistule biliaire), les excréments sont décolorés et prennent une teinte grise.

La consistance varie avec l'alimentation et dépend de la quantité d'eau; plus prononcée pour une nourriture composée uniquement de viande, plus fluide avec une alimentation végétale. Le sucre ingéré en quantité notable la rend plus fluide.

La densité est plus faible que celle de l'eau.

L'odeur repoussante des fèces est, en grande partie, due à des produits non déterminés, l'indol (C^8H^7Az) et le scatol (C^9H^9Az) ne contribuant que pour une faible partie à l'odeur infecte des fèces : il en est de même de l'hydrogène sulfuré et quelquefois aussi d'une trace d'hydrogène phosphoré.

2° Les matières fécales au point de vue chimique. — Nous donnerons tout d'abord l'ensemble très résumé de la composition des matières fécales, et nous exposerons ensuite les travaux qui ont élucidé certains points particuliers de cette question.

a) **Composition moyenne.** — On rencontre dans les fèces de l'homme, outre l'eau qui entre dans leur composition dans la proportion d'environ 75 p. 100 :

1° Des substances alimentaires non digérées, fécule, corps gras, matières albuminoïdes, fibres musculaires ;

2° Des substances réfractaires, cellulose, chlorophylle, fibres végétales, tissu élastique et corné, tendon ;

3° Des pigments, stercobiline, hématine, pigments biliaires, matières colorantes des aliments ;

4° Des matières grasses émulsionnées ou non ;

5° Des produits de décompositions, acides gras, depuis l'acide acétique jusqu'à l'acide palmitique, et notamment l'acide butyrique et isobutyrique, de l'acide lactique, des phénols : phénol, crésol, de l'indol, du scatol ; un principe immédiat, l'excrétine (voyez ces mots) ; de la cholestérine, de l'ammoniaque à l'état de carbonate ;

6° Des sels et éléments minéraux, en général sous forme insoluble, phosphate, sulfate, carbonate de chaux, phosphate ammoniaco-magnésien, du fer sans doute à l'état de sulfure ;

7° Des germes et un très grand nombre de microbes.

Sa réaction est en général acide, mais elle peut être neutre ou même alcaline si des fermentations ammoniacales prennent naissance.

Voici quelques chiffres donnant la composition des matières fécales pour l'homme adulte (WEHSARG, cité par SCHÜTZENBERGER, *Dictionnaire de Würtz*, Article « *Excréments* », p. 1397).

Pour 100.

Eau 73,3

Parties solides. 26,7 { Matières organiques totales. 20,87
— minérales 1,09
Résidus alimentaires 8,30

Les matières organiques fournissaient :

Extrait aqueux. 53,40
— alcoolique 41,65
— éthéré. 30,70

Voici d'autre part quelques chiffres d'analyses donnés par ROGERS (1848), GRANDEAU et LECLERC et MÜLLER (1884) se rapportant aux matières fécales de différents mammifères.

| | PORC. | MOUTON. | CHÈVRE. | CHEVAL. — GRANDEAU ET LECLERC | CHIEN. — MÜLLER. | |
	ROGERS.	ROGERS.	ROGERS.		Viande.	Pain.
Eau	77,13	56,17	77,25	69	63	77
Matériaux fixes	22,87	43,53	22,75	21	37	23
comprenant p. 100 de matières sèches :						
Matières organiques . . .	62,87	86,51	87,60	88,76	67,88	90,2
— minérales	37,13	13,49	12,40	11,24	32,12	9,8

Les matières fécales de l'enfant à la mamelle sont si spéciales que nous en donnons à part les caractères.

Elles ont été étudiées par WEGSCHEIDER (1875), UFFELMANN (1881), MICHEL (1897).

Les selles de l'enfant au sein et bien portant sont, au moment de l'émission, de couleur jaune d'œuf; abandonnées à l'air, elles prennent assez rapidement une coloration verdâtre due à l'oxydation de certains pigments biliaires. Le passage de la teinte jaune à la teinte grise ne s'observerait dans les mêmes conditions qu'avec des selles provenant de lait de vache (UFFELMANN).

Leur réaction est faiblement acide : elles sont dépourvues d'odeur désagréable.

A l'examen microscopique, on perçoit des gouttelettes graisseuses de diamètres variables : des cristaux d'acide gras en aiguilles isolées ou réunies en buisson : des débris, tantôt nombreux, tantôt assez rares, de l'épithélium intestinal : des leucocytes, qui ne manqueraient complètement dans aucune selle, de nombreux cristaux (aiguilles généralement réunies en étoiles) de sels de chaux à acides gras; de la cholestérine; de la bilirubine, des champignons (levures); des bactéries en microcoques ou en bâtonnets formant en certains endroits des agrégats assez épais, rares et isolés ailleurs.

Enfin, on rencontre en plus ou moins grand nombre des particules claires, flocons ou grumeaux que l'on a presque toujours considérés comme formés de caséine coagulée, et qui seraient, suivant UFFELMANN, essentiellement constitués par des gouttelettes graisseuses réunies entre elles à l'aide d'une substance spéciale (innomée). Quelques-uns de ces grumeaux plus durs n'offriraient pas la même structure et seraient formés par la réunion de sels de chaux en aiguilles (savons) et de bactéries : ces masses ont quelquefois l'apparence de fragments de fromage blanc.

L'étude chimique des selles fournit à UFFELMANN les principaux résultats que voici :

Elles contiennent 84,90 p. 100 d'eau (WEGSCHEIDER avait indiqué précédemment 85,13 p. 100). Elles ne renferment que très peu de matières albuminoïdes (albumines et peptones). La graisse et les acides gras forment en moyenne 13,9 p. 100 : la cholestérine 0,3 à 0,7 p. 100, et les sels minéraux, 10 p. 100 du poids des fèces sèches : 30 p. 100 du poids de ces sels sont représentés par la chaux. La bilirubine se laisse facilement caractériser dans les fèces (réaction de GMELIN avec l'acide nitrique nitreux); l'essai à la liqueur de FEHLING indique l'absence de lactose; la leucine, la tyrosine et l'indol ne se rencontrent pas constamment.

En réunissant ces différentes données, on voit que, sur 15 parties de substances solides provenant en moyenne de 100 parties de fèces, il y en a 1,5 d'inorganiques et 13,5 d'organiques, dont 2 à 3 sont formées de graisse et d'acides gras; 0,2 d'albuminoïdes, 0,1 de cholestérine et le reste 8 à 8,5 parties de cellules épithéliales, de mucine, de bactéries et de matériaux biliaires.

CH. MICHEL donne, pour les moyennes de 10 analyses de selles desséchées à 100°, les chiffres suivants qui se rapprochent beaucoup de ceux des auteurs précédents.

Pour 100 de matières sèches :

Extrait éthéré (graisses et acides gras).	20,65
Azote total.	4,10
Sels minéraux.	10,78
Chaux.	3,32
Acide phosphorique	0,73

D'après ces analyses, on voit que 100 parties de fèces séchées à 100° contiennent :

Matières organiques	89,22
Sels minéraux.	10,78

b) Étude particulière d'un certain nombre de substances contenues dans les fèces de l'homme. — Nous étudierons successivement en détail les substances végétales, les fibres musculaires, en tant que toutes formées, c'est-à-dire ayant échappé à l'action des sucs digestifs et les principaux composés suivants :

Cellulose. Bases xanthiques. Cendres. Fer. Magnésie. Chaux. Acide phosphorique.

Substances végétales. — Le travail de MOELLER (1897), qui donne tout d'abord les résultats auxquels sont arrivés ses prédécesseurs et une minutieuse bibliographie, montre comme résultat principal que, dans les conditions habituelles d'ingestion de ces substances chez l'homme sain, l'amidon des céréales, ainsi qu'un grand nombre d'aliments végétaux, sont entièrement résorbés. Par une alimentation presque exclusivement végétale, composée, soit de pain de froment ou de seigle, ou de pain de gruau tout entier, soit de riz, pommes de terre en morceaux ou en purée, soit de légumes préparés sous forme de purée, on ne retrouve pas en général d'amidon dans les fèces.

Les recherches de Moeller, au nombre de trente-deux, toutes faites sur l'homme, se divisent de la façon suivante : vingt correspondent à une alimentation variée où peuvent entrer la viande et le fromage, mais où domine de beaucoup l'alimentation végétale : par exemple, 300 grammes de pommes de terre, 300 à 450 grammes de pain blanc ou de seigle, 125 grammes de lentilles sèches. Sur ces vingt expériences, trois fois seulement l'amidon fut retrouvé dans les fèces ; et, sur ces trois cas, une des selles examinées provenait d'une personne malade atteinte de diarrhée.

Les douze autres recherches ont été faites au cours d'une alimentation exclusivement végétale, l'amidon fut retrouvé dans les fèces quatre fois en très petite quantité et s'identifiait avec l'amidon correspondant au légume ingéré.

Quant aux enveloppes très épaisses et cellulosiques des céréales, des légumineuses, elles ne sont pas digérées en général ; les membranes ligneuses et cuticulaires sont tout à fait inattaquées.

Fibres musculaires. — Kermauner (1897) a recherché la substance musculaire dans les matières fécales de l'homme et a pu en déterminer la proportion grâce à une méthode de détermination dont son travail donne tous les détails, mais dont nous ne donnerons ici que le principe.

On examine au microscope et sur une fraction comme la quantité de fibres musculaires correspondant par exemple à 5 grammes de matières fécales étendues d'un certain volume d'eau et traitées d'une façon déterminée.

On fait la même étude dans des conditions absolument identiques, après avoir ajouté à 5 grammes de matières fécales $0^{gr},05$ de viande, traitée, elle aussi, dans des conditions bien déterminées pour en dissocier les fibres musculaires.

Soit N le nombre de fibres dans le premier cas.
Soit N' — — — second cas.

N — N' représente le nombre de fibres correspondant à $0^{gr},05$ de viande, de sorte que l'on aura, en désignant par x la quantité de viande cherchée en grammes :

$$x = \frac{N}{N - N'} \times 0,05$$

La proportion p. 100, si on opère sur 5 grammes, sera :

$$x = \frac{N}{N - N'} \times 0,05 \times \frac{100}{5} = \frac{N}{N - N'}$$

Comme le fait remarquer l'auteur lui-même, ce n'est pas là une méthode de détermination absolue ; mais, employée par le même expérimentateur, elle donne des résultats qui, d'après les expériences d'épreuve, sont comparables. Elle est donc pleinement justifiée.

Voici maintenant les résultats de Kermauner (tableau p. 217) :

D'autres recherches du même auteur ont eu pour but de déterminer dans des conditions d'alimentation ordinaire, la quantité de viande éliminée, en proportion de celle qui était ingérée. L'alimentation durait trois jours, de telle façon que la teneur en fibres musculaires des matières fécales représentât assez exactement la quantité de viande éliminée. Elle se composait par jour de : Viande : 266 grammes (soit en trois jours 798 grammes). Gâteau composé de 180 grammes de farine et de 85 grammes de pommes de terre (à l'état sec). Riz : 80 grammes. Beurre : 117 grammes. Comme boisson, 1 litre de bière.

QUANTITÉ DE VIANDE INGÉRÉE.	POIDS DES FÈCES HUMIDES.	VIANDE CONTENUE DANS LES FÈCES.	VIANDE CALCULÉE POUR 100 DE FÈCES humides.

Adulte de 26 ans.

gr.	gr.	gr.	
100	124	1	0,8
120	126	0,9	0,7
180	74	0,3	0,5
—	30	0,3	1,1
70	66	0,9	1,4
180	96,5	1,0	1,06
190	115,5	2,7	2,1

Jambon.	Viande.			

Enfant de 5 ans.

15	50	73	0,56	0,77
15	48	33	0,45	1,35
15	60	77	1,1	1,4
15	50	51,5	0,4	0,8
	86	73	0,6	0,8

Enfant de 3 ans.

10	43	73	1,74	2,3
10	68	61	1,58	2,6
	53	68	1,15	1,7
15	64	77	2:28	3
10	50	45,5	3,29	7,2
15	53	59	1,86	3,2
10	40	49	1,39	3,2
	65	46	0,52	1,1
	65	48	1,02	2,1
	62	40	0,72	1,8
	62	41,5	0,51	1,2

Voici les résultats d'ensemble pour les trois jours et pour les trois personnes, A, B, C, soumises à ce traitement.

L'auteur y a joint le poids des fèces humides, secs, les cendres et l'azote :

SUJETS SOUMIS aux expériences.	VIANDE INGÉRÉE.	VIANDE ÉLIMINÉE.	P. 100 D'ÉLIMINÉ.	FÈCES HUMIDES.	FÈCES SECS.	CENDRES	AZOTE.
	gr.						
A	798	8,3	1,04	188	61,3	7,1	5,5
B	798	1,7	0,2	164	54,7	8,8	5,3
C	798	4	0,5	363	55,4	7,6	4

D'une façon très générale, on peut dire que le résidu constitué par les fibres musculaires est d'environ 1,2 à 1 p. 100 de la viande introduite et représente 1 à 4 p. 100 des fèces humides.

Cellulose. — MENICANTI et PRAUSNITZ (1894), dans un travail capital sur l'alimentation par différentes variétés de pain, ont déterminé, en même temps que toutes les données relatives à l'utilisation (substances organiques, cendres, azote), la quantité de cellulose contenue dans les matières fécales et la proportion éliminée par rapport à celle ingérée.

Voici les résultats sur deux personnes ayant la même alimentation :

NUMÉROS des RECHERCHES.	VARIÉTÉ DE PAIN.		CELLULOSE POUR 100 DES FÈCES secs.	CELLULOSE NON UTILISÉE.
1	Pain de froment et de seigle. . . .	A	7,4	63,12
2	Fermentation : levure	B	5,9	50,10
3	Pain de froment et de seigle . . .	A	9,93	69,99
4	Fermentation : levain	B	4,64	36,40
5	Pain de seigle décortiqué..	A	11,1	45,20
6		B	12,4	55,90
7	Pain de froment décortiqué.. . . .	A	11,9	55,41
8	Pain de seigle non décortiqué . . .	A	14,7	59,74
9		B	14,5	63,90
10	Pain de froment non décortiqué. .	A	12,71	47,35
11		B	11,31	46,64

Mann (1899) a confirmé ces résultats.

Bases xanthiques. — Weintraud (1895) signale le premier la présence de l'acide urique et des bases xanthiques dans les fèces. Dans sa dernière publication (citée par Petren (1898), il fixe entre 100 et 500 milligrammes par jour chez l'homme la quantité de bases xanthiques éliminées par jour.

Petren (1898) fixe l'azote des bases xanthiques à 1,8 p. 100 de l'azote des fèces et à 0,15 p. 100 des fèces desséchés.

La quantité de bases xanthiques éliminées dans différents états pathologiques, la goutte par exemple, n'a pas une influence très marquée.

La quantité par jour oscille toujours entre 50 et 100 milligrammes, les limites extrêmes étant 38 et 117 milligrammes. Une alimentation exclusivement lactée donne lieu à l'élimination de bases xanthiques dans les mêmes proportions. C'est ainsi que, chez un malade en convalescence d'une maladie aiguë, l'élimination fut de 68 milligrammes, rentrant ainsi dans la moyenne ordinaire.

Le même auteur (1899) montre que le lait, les matières albuminoïdes, la bile, le mucus biliaire dialysé, les nucléo-albumines ne donnent pas de bases xanthiques par l'hydrolyse avec l'acide sulfurique, et il conclut que les bases xanthiques ne viennent pas des aliments, mais qu'elles paraissent provenir de l'estomac ou peut-être encore du pancréas.

Les chiffres trouvés plus haut ont été confirmés par Parker (1900). Pour les régimes suivants, les quantités éliminées par jour sont respectivement :

Régime mixte . . . . 60 milligr.   Régime carné . . . . . 70 milligr.
Alimentation riche en thymus . . . . . 75 milligr.

Parker fait, en outre remarquer que c'est une proportion relativement petite de la quantité ingérée que l'on retrouve dans les fèces (100 grammes de thymus renferment 227 milligrammes de bases xanthiques et 75 milligrammes seulement se retrouvent dans les fèces).

Chez le chien l'élimination est de 15 à 16 milligrammes par jour. (Petren, 1898.)

Micko (1900, p. 437) a déterminé la quantité d'azote des composés xanthiques p. 100 de fèces secs; il a trouvé pour une alimentation très riche en matière albuminoïde : 0,143, 0,055, 0,0885, 0,084.

Hydrates de carbone et graisses. — Les hydrates de carbone et les graisses sont contenus dans les fèces, mais leurs variations dépendent tellement de l'alimentation que, pour ne pas faire double emploi, nous les étudierons dans la partie consacrée à l'étude physiologique.

Matières minérales. — La proportion des cendres dans les fèces et leur composition ont été déterminées par un certain nombre d'auteurs, par RUBNER (1879) sur l'homme, GRUNDZACH (1893) sur l'homme, BLAUBERG (1897) sur l'enfant nourri à la mamelle et artificiellement, MÜLLER (1884) sur le chien.

La proportion très approximative des cendres est de 1 p. 100 des fèces humides, 5 p. 100 des fèces desséchées; ces nombres variant avec l'alimentation, comme nous le verrons plus loin.

La composition centésimale est la suivante. Elle est donnée d'après GRUNDZACH (1893), qui rapporte en même temps les analyses des deux auteurs ci-dessous désignés.

ÉLÉMENTS.	FLEITMANN.	PORTES.	GRUNDZACH.
NaCl.	0.58	4,33	Cl. { 0,344
KCl	0,07	—	
K²O	18,49	6,10	12
Na²O	0,75	5,07	3,82
CaO	21,36	26,46	29,25
MgO.	10,67	10,54	7,57
Fe²O³.	2,09	2,30	2,445
P²O⁵	30,98	36,07	13,76
SO³	1,13	3,13	0,653
SiO	1,44	—	0,052
Sable.	7,39	30	4,46

La composition des cendres des fèces du nouveau-né a été donnée par BLAUBERG (1897). Tous les résultats se rapportent à 100 de fèces secs.

Les cinq premières analyses proviennent de selles d'enfants nourris à la mamelle; les trois autres, d'enfants nourris artificiellement avec le lait de vache.

ÉLÉMENTS.	I.	II.	III.	IV.	V.	VI.	VII.	VIII.
Cendres (totales). . .	9,27	14,34	15,02	13,35	11,14	15,62	17,12	16,50
Soluble HCl étendu .	6,17	8,34	5,92	6,17	6,04	9,27	10,42	14,32
Insoluble	3,10	6	9,10	7,38	5,10	6,35	6,70	2,17
Soluble dans solution 5 p. 100 NaOH. . .	2,63	5,50	8,64	6,75	4,47	5,60	6	2,07
Soluble dans l'eau . .	28,63	11,81			9,80	13,88	15	14,90
Potasse	0,900	1,48	0,703	0,939	0,894	1,04	1,23	1,47
Soude.	0,323	0,142	0,142	0,456	0,242			
Chaux.	1,925	2,87	1,77	1,65	1,88	2,93	2,90	6,37
Magnésie	0,502	0,495	0,77	0,522	0,500	0,600	0,584	0,563
(PO⁴)³ Fe².	0,298	0,258	0,252	0,152	0,208	0,104	0,185	0,192
Cl.	0,203	0,222	0,192	0,250	0,242	0,251	0,245	0,310
SO³	0,219	0,243	0,248	0,283	0,232	0,230	0,318	0,332
P²O⁵	0,800	1,122	0,761	0,607	0,593	1,44	1,46	2,34

Fer. — Cet élément a fait l'objet d'études très nombreuses et très variées, en ce qui concerne surtout la détermination de ses proportions relatives dans les fèces.

MEYER (A) cité par C. VOIT (*Hermann's Handbuch : Physiologie des allgemeinen Stoffwechsels und der Ernährung*, VI, 383), estime à 0,06 p. 100 la quantité de fer dans les matières fécales sèches chez l'homme, et la quantité de matières fécales sèches éliminées journellement d'environ 33 grammes; c'est environ 0ᵍʳ,02 qui sont rejetés par jour par les fèces.

HAMBURGER (1878) donne un chiffre très voisin pour le chien. MÜLLER (F.) (1884, 353) (analyses prises d'après C. VOIT) donne chez le chien les proportions de : 3,46; 4,22; 6,84 de Fe²O³ p. 100 de cendres, d'animaux nourris avec 500 et 1000 grammes de viande et de 2,74 p. 100 de cendres chez des animaux pourvus d'une fistule biliaire

VOIT (F.) (1892) a étudié en détail l'absorption et l'élimination du fer. Chez le chien alimenté par de la viande, la proportion est de 0,21 à 0,22 p. 100 de la substance sèche, et de 1,26 à 1,28 p. 100 de cendres. L'élimination est de 11 à 13 milligrammes par vingt-quatre heures. L'addition à la nourriture de fer réduit dans la proportion de $0^{gr},05$ à $0^{gr},12$ a fait doubler ce chiffre (p. 389 du mémoire). (V. Fer).

STOCKMANN et GRIEG (1897), reprenant cette étude sur l'homme, fixaient la quantité de fer éliminé par jour de 3 à 11 milligrammes. LAPICQUE et GUILLEMONAT (1897), grâce à une méthode de dosage simple et très exacte (due à LAPICQUE), ont pu fixer définitivement la quantité de fer éliminée en vingt-quatre heures. Les recherches étaient faites sur trois adultes hommes, au régime parisien ordinaire; elles durèrent de 3 à 11 jours. Chaque élimination de matières fécales donnait lieu à une analyse. Ces auteurs ont trouvé comme moyenne 0,02 et 0,03 de fer éliminé par vingt-quatre heures, confirmant ainsi le chiffre de MEYER. Voici d'ailleurs le résumé de ces analyses :

		MILLIGR.	
Sujet A. —	Moyenne de 2 jours	27,1	
—	de 2 jours suivants .	26,3	Moyenne des 13 jours consécutifs
—	de 3 — — .	19,6	23 à 25 milligrammes.
—	de 2 — — .	18,3	
—	de 4 — — .	28,5	
Sujet B. —	Moyenne de 3 jours. . . . . . 27 à 28		
Sujet C. —	Moyenne de 3 jours. 16,5		

La *chaux*, la *magnésie*, l'*acide phosphorique* ont fait l'objet d'un certain nombre d'études sur lesquelles nous reviendrons lors de l'étude physiologique des fèces.

3° Les matières fécales au point de vue microbiologique. — Les bactéries se rencontrent dans les matières fécales en très grand nombre. Leur étude a fait l'objet d'un nombre considérable de travaux, dans les détails desquels nous ne pouvons entrer ici : on trouvera dans les mémoires de VIGNAL (1887) et de HAMMERL (1897) l'indication bibliographique des travaux antérieurs à 1887 et publiés entre 1887 et 1897. VIGNAL a isolé dans les fèces de l'homme des espèces dont deux seulement se rapportent à des types sûrement déterminés, le *Bacillus coli communis* et le *Bacillus mesentericus vulgaris;* les autres sont des bacilles, un streptocoque, un coccus. VIGNAL a déterminé leur nombre. A cet effet un échantillon moyen de matières fécales est dilué dans l'eau, et un poids connu de l'eau est ensemencé sur plaque. VIGNAL a trouvé ainsi 214 800 colonies par milligramme. Il ressort, dit-il, « ce fait incontestable, que ces micro-organismes contribuent, dans une mesure qu'il nous est impossible d'apprécier, mais qui doit être assez importante, à la dissolution dans le tube digestif des matières que nous absorbons par notre nourriture ». Un assez grand nombre d'entre eux, en effet, ont eu une action énergique sur les aliments soumis par VIGNAL à leur action.

Des recherches d'HAMMERL (1897), il découle, ce qui est une confirmation d'ailleurs des travaux antérieurs, que la présence du *B. coli* est constante dans les matières fécales de l'homme. On y rencontre aussi les espèces suivantes : *Sarcina ventriculi, Micrococcus tetragenes mobilis ventriculi, Bacillus ventriculi, Micrococcus abiogenes, Bacillus enteridis spirogenes, Bacillus intestini mobilis, Micrococcus ovalis, Bacillus coprogenes foetidus, Bacillus coprogenes parvus, Bacillus foecalis subtiliformis*. (On consultera d'ailleurs, pour tous les détails relatifs à ces espèces : MIQUEL et CAMBIER, *Traité de bactériologie pure et appliquée*, C. Naud, Paris, 1902.)

HAMMERL (1897) a déterminé le nombre de bactéries pour des régimes variés chez l'homme et le chien (Voyez le tableau p. 221).

Sans entrer dans le protocole des expériences que l'on retrouvera dans le texte, ce tableau présente l'ensemble des résultats donnant le nombre de colonies par milligramme de fèces.

GILBERT et DOMINICI (1894) ont mis en évidence l'action du régime lacté comme facteur important de la diminution du nombre de bactéries dans les fèces de l'homme, du chien et du lapin.

Au cours d'une alimentation ordinaire chez l'homme, le nombre de bactéries, étant de 67 000 par milligramme, est tombé après cinq jours à 2 250 ; chez le chien, de 21 000 à 1000.

		CHEZ L'HOMME.			CHEZ LE CHIEN.		
N°ˢ DES SUJETS.	NOURRITURE.	NOMBRE DE COLONIES SUR			NOURRITURE.	NOMBRE DE COLONIES SUR	
		Agar.	Gélatine.			Agar.	Gélatine.
A	Variée.	85 000	75 000		Farine de maïs.	430 000	246 000
B	—	17 600	17 600		—	137 500	110 500
B	—	29 000	20 000		Lait.	71 320	—
Végétariens.	Végétale.	24 230	9 680		—	156 500	116 500
—	—	Aérobie : 23 900 / Anaérobie : 20 900	12 600		Lait stérilisé.	13 860	19 530
—	—	Aérobie : 212 460 / Anaérobie : 294 800	214 100		—	411 000	300 000
—	—	Aérobie : 96 300 / Anaérobie : 124 700	—		—	37 000	50 000
C	Riz. Pain.	147 500	182 700		Farine de maïs stérilisée.	5 000 000	1 200 000
D	—	10 000	12 600		—	181 000	147 400
B	—	1 000	670		—	300 000	300 000
A	Variée.	127 000	98 000				
E	—	12 600	21 000				
B	—	1 400	1 200				

4° Les matières fécales au point de vue physiologique. — Nous ne traiterons dans ce chapitre que des matières fécales elles-mêmes, en laissant de côté tout ce qui est de leurs rapports avec les échanges nutritifs. Ce serait entrer dans cette question même, et ce n'est pas ici le lieu. Nous diviserons ce chapitre en deux parties : 1° Quantité et composition des fèces suivant l'alimentation ; 2° Substances sécrétées par l'intestin comme facteur important de la composition des matières fécales des fèces.

1° Quantité et composition suivant l'alimentation. — *a)* **Chez l'homme.** — En moyenne un adulte homme élimine journellement 130 à 150 grammes de matières fécales renfermant 35 à 40 grammes de substances sèches.

Cette quantité est d'ailleurs extrêmement variable avec l'alimentation. Rubner (1879), chez l'homme, a étudié d'une façon complète les variations de quantité et de composition suivant l'alimentation.

Le tableau suivant, p. 222, copié d'après Rubner (p. 181) résume ce long travail. Tous les chiffres sont rapportés à 24 heures.

L'examen de ce tableau montre que la quantité de matières fécales sèches éliminées journellement varie entre 13 gr. et 116 gr. Ces différences dépendent bien plus de la qualité de l'aliment ingéré que de sa dessication. Les variations sont encore plus marquées si l'on considère la masse des matières fécales fraîches ; elles peuvent osciller en effet entre 53 et 1 670 grammes. Les selles sont en très petite quantité après une alimentation de viande et d'œufs ; elles sont au contraire énormes, après le pain bis, les pommes de terre, les carottes et les choux.

L'alimentation carnée pure, si elle est supportée, donne en général très peu de fèces, et les défécations sont très espacées : tous les cinq à six jours ; l'utilisation est d'ailleurs parfaite. (C. Voit, *Hermann's Handbuch*, vi, 684.)

L'alimentation végétale, au contraire, a comme conséquence, en général, une élimination d'une grande quantité de matières fécales très riches en eau et évacuées très souvent. (Chez le bœuf douze fois par jour.) Voit fait le calcul très suggestif que 100 kilogrammes de chien vivant nourri avec de la viande éliminent 30 grammes de matières fécales comptées à l'état sec ; 100 kilogrammes de bœuf nourri avec du foin en éliminent 600 gr., soit vingt fois plus. On n'a pas cependant le même chiffre pour tous les aliments végétaux, comme le dit Voit. Quelques aliments empruntés au règne végétal et constituant une partie importante de la nourriture de toutes les branches de la société, comme par exemple le riz, la farine de différentes céréales employée dans des préparations spéciales ; pain blanc, macaroni, nouilles, sont parfaitement utilisés, même aussi bien que les aliments carnés. Ce fait est d'ailleurs bien en rapport avec ce que nous savons sur la

NATURE DE L'ALIMENTATION.	POIDS DE L'ALIMENT principal ingéré.	SUBSTANCES SÈCHES des aliments.	FÈCES FRAIS.	FÈCES SECS.	PERTE P. 100 des substances sèches.
	gr.	gr.	gr.	gr.	
Pain blanc (b)	1 237	779	109	28,9	3,7
Riz.	638	660	195	27,2	4,1
Macaroni (a).	695	626	98	27	4,3
Viande (a).	1 435	367	64	17,2	4,7
Nouilles.	880	743	»	36,3	4,9
Œuf.	948	247	64	13	5,2
Pain blanc (a).	689	454	95	23,5	5,2
Varié (d'après Pettenkoffer et Voit).	»	615	131	34	5,5
Viande (b).	1 172	307	53	17,2	5,6
Macaroni (b).	695	664	219	38,1	5,7
Lait et fromage (c).	2 291 L 200 F	420	98	25,3	6
Maïs	750	738	198	49,3	6,7
Graisse (c).	»	615	161	41,3	6,7
Lait et fromage (f).	2 050 248	400	88	27,4	6,8
Lait (a)	2 438	315	96	24,8	7,8
Lait (b)	2 050	265	»	22,3	8,4
Pommes de terre	3 078	819	635	93,8	9,4
Lait (d)	4 100	530	241	50	9,4
Lait (c)	3 075	397	174	40,6	10,2
Lait et fromage (g).	2 209 517	605	274	66,8	11,3
Choux.	3 831	494	1 670	73,8	14,9
Pain bis.	1 360	773	815	115,8	15
Carotte	5 133	412	1 092	85	20,7
Graisse (a).	—	545	299	46,5	8,5
— (b).	—	611	375	56	9,2
— (d).	—	786	300	82	9,4

Cendres.

NATURE DE L'ALIMENTATION.	CENDRES dans les ALIMENTS.	CENDRES dans les FÈCES.	CENDRES dans la NOURRITURE sans NaCl.	PERTE P. 100 en cendres par les fèces.	PERTE P. 100 après la soustraction de NaCl.
Pain (a)	9,9	2,5	1,4	25,4	186,2
Viande (a)	18,6	2,8	—	15	—
Pain (b)	17,2	2,97	3,9	17,3	77,5
Œuf.	17,8	1,93	10,4	10,9	18,4
Viande.	15,2	3,2	—	21,2	—
Riz	23,8	3,6	8,5	15	42
Nouille.	25,5	5,3	2,6	20,9	220
Macaroni.	21,8	5,3	—	20,9	—
Lait	15	7	—	46,8	—
Macaroni avec gluten. . .	32	7,1	—	22,2	—
Lait et fromage.	27,3	7,2	—	26,1	—
Maïs	26,8	8	11,4	30	70,7
Lait et fromage.	26,7	8,2	—	30,7	—
Lait	17,8	8,7	—	48,8	—
Pommes de terre	64	10,1	28,2	15,8	35,8
Pain bis	28,3	10,2	11,5	36	88,4
Lait	22,4	10,8	—	48,2	—
Lait	29,9	13,3	—	44,5	—
Lait et fromage.	44,1	20	—	55,7	—

présence des substances végétales dans les excréments (voir plus haut : *Travaux de* MOELLER). Le maïs et les pois donnent des quantités intermédiaires de fèces. Le pain bis, les carottes, les pommes de terre, les choux sont enfin ceux qui en donnent le plus.

Hydrates de carbone.

ALIMENTS.	HYDRATES DE CARBONE contenus dans les aliments.	HYDRATES DE CARBONE contenus dans les fèces.	PERTE P. 100.
Pain blanc	670	5	0,8
Riz.	493	4	0,9
Macaroni.	462	6	1,2
Pain blanc	391	6	1,6
Nouille.	358	9	1,6
Aliments riches en graisses (*a*).	259	4	1,6
Exempte d'azote.	674	11	1,7
Macaroni et gluten	418	10	2.3
Maïs	563	18	3,2
Aliments riches en graisses (*b*).	226	14	6,2
— (*c*).	221	14	6,2
— (*d*).	234	16	6.8
Pommes de terre	718	55	7,6
Pain bis	659	72	10,9
Choux	247	38	15,4
Carottes.	282	50	18,2

Graisses.

ALIMENT PRINCIPAL.	GRAISSE dans les ALIMENTS.	GRAISSE dans les MATIÈRES fécales.	PERTE P. 100.
Viande, lard.	96	17,2	17,4
—	191,2	15,2	7,8
— et beurre.	350,5	44,6	12,7
Riz.	74,1	5,3	7,1
Œuf	118,5	5,2	4,4
Viande, beurre	214,3	5,8	2,7
Pommes de terre et beurre.	143,8	5,3	3,7
Aliments sans azote et beurre	157,8	2,5	1,8
Choux et beurre.	88	8,2	6.1
Macaroni et gluten	73,4	5,1	6,96
Macaroni et beurre.	72,2	4,2	5,7
Carottes et beurre.	47	2,5	6,4
Maïs et beurre.	43,6	8	17,5
Lait	160	7,4	4,6
—	119,9	6,7	5,6
—	95,1	3	3,3
—	79,9	5,7	7,1
Lait et fromage.	213,5	24,6	11,5
—	138,6	3,8	2,7
—	133,6	10,4	7,7
Viande et beurre (*a*).	23,4	4	17
— (*b*).	20,7	4,4	21,1

La quantité d'azote et de cendres, de principes immédiats (hydrates de carbone et de graisses) que l'on retrouve dans les fèces de l'homme suivant le mode d'alimentation a été également déterminée par RUBNER (1879). Nous ne pouvons relever tous les détails de l'alimentation : on les retrouvera dans le mémoire ; nous nous contenterons de réunir les tableaux de cet auteur, tels que nous les avons trouvés dans son travail. La perte p. 100 de ces éléments, donnant ainsi les valeurs de l'utilisation, a été conservée dans les tableaux ci-dessous, copiés textuellement sur ceux de RUBNER ; ces chiffres peuvent, en effet, être utiles à consulter simultanément avec les autres nombres à un moment donné. La quantité de ces substances par rapport aux matières fécales elles-mêmes se déterminera aisément par la comparaison avec le tableau de la page précédente, ou plus exactement, pour éviter toute erreur, en se rapportant dans le texte original au protocole de chaque expérience. Voir les résultats, p. 222-223.

Il restait à dresser le tableau des variations de l'azote. L'étude de cet élément si important a été reporté, pour éviter des répétitions, au chapitre : *Substances sécrétées par l'intestin comme facteur important de la composition des matières fécales ; démonstration indirecte.*

b) **Chez le chien.** — La même étude méthodique et complète a été faite sur le chien par MÜLLER (1884). Cet auteur a étudié successivement les matières fécales : 1° au cours du jeûne, puis des différents modes d'alimentation suivants, à savoir ; 2° viande ; 3° graisses ; 4° sucre ; 5° féculents ; 6° pain. Tous les résultats sont réunis sous forme de tableau que nous donnerons sans entrer dans les détails de l'expérimentation.

1° **Matières fécales pendant la période de jeûne.** — Les matières fécales pendant l'inanition chez le chien se présentent sous l'apparence d'une masse noire et poisseuse, d'odeur fécaloïde à peine marquée.

Les résultats ci-dessous, donnant le poids des fèces éliminées par jour, ont été rassemblés par MÜLLER. Un certain nombre, en effet, lui ont été fournis par les élèves du laboratoire de VOIT. (Bibliographie dans le mémoire.)

POIDS DU CHIEN. MOYENNE des poids extrêmes.	JEÛNE EN JOUR.	FÈCES SECS PAR JOUR.	MATIÈRES FÉCALES SÈCHES en jour par 100 kilogr. de poids corporel.
kgr.		gr.	gr.
37,1	28	4,84	13
34,9	6	5,4	15
24,2	29	3,2	13
21,1	23	3,7	18
30.0	8	2,41	6
	6	1,36	
20,7	29	2,37	11
22,4	7	2,78	12
7,2	38	2,35	32
20,4	10	3,06	15
7	5	0,66	—
6	30	0,87	15
2,6	13	0,15	6

2° **Matières fécales au cours d'une alimentation carnée.** — Les matières fécales sont solides, formées, poisseuses, noires, et dans le milieu brunes, d'odeur fade, mais non fécaloïde. La teneur en eau oscille entre 61 et 73 p. 100, soit 66 p. 100 en moyenne. La réaction est en général acide, mais quelquefois, après l'ingestion de viande très divisée, elle peut être alcaline. Les variations sont réunies dans le tableau ci-contre, p. 225.

Ces nombres montrent que l'ingestion d'une petite quantité de viande a comme conséquence une élimination de fèces plus grande que pendant une période de jeûne, mais la différence n'est pas très considérable.

Un résultat très intéressant aussi, c'est que la quantité de matières fécales éliminées n'est pas proportionnelle à la quantité de viande ingérée. A une alimentation par 500, 1 000, 1 500, 2 000 et 2 500 grammes de viande, pour laquelle les quantités de l'aliment sont entre elles comme 1, 2, 3, 4 et 5, correspond une quantité de fèces de : 5gr,1 ; 9,2 ; 10,2 ; 11,1 ; 15,4, soit la proportion 1 ; 1,8 ; 2,0 ; 2,2 ; 3,0.

POIDS de l'animal.	DURÉE de la recherche en jours.	VIANDE ingérée.	MATIÈRES fécales sèches par jour.	ÉLÉMENTS solides pour 100 des fèces frais.	AZOTE p. 100 dans les fèces.	AZOTE dans les fèces par jour.	CENDRES dans les fèces par jour.	CENDRES p. 100 dans les fèces.	PERTE p. 100 de substances sèches par les fèces.
kgr.		gr.	gr.	gr		gr.			
34	9	1 100	7,5	36,3	—	0,4	—	—	—
31	42	500	5,1	39,0	6,5	0,33	—	—	1,94
34	6	800	7,6	33,76	6,5	0,50	—	—	1,83
34	12	1 000	9,96	33,96	6,5	0,65	—	—	1,91
35	6	1 000	8,55	32,12	6,5	0,56	—	—	1,65
34	49	1 500	9,6	34,64	6,5	0,62	—	—	1,22
32	23	1 500	8,76	33,01	—	0,60	—	—	1,18
33	21	1 500	11,3	27,9	—	0,70	—	—	1,37
31	10	1 500	12,8	37,3	4,19	0,80	4,38	34,27	1,56
34	34	1 500	9,0	31,6	6,5	0,59	—	—	1,15
31	20	1 500	7,8	44,9	6,5	0,51	—	—	1,00
33	16	1 500	10,9	32,7	6,5	0,70	3,61	33,12	1,37
31	13	1 500	9,4	33,2	6,5	0,60	—	—	1,18
35	13	1 500	8,8	27,7	6,5	0,57	—	—	1,11
31	9	1 500	10,9	32,9	6,5	0,71	—	—	1,40
34	4	1 500	12,1	35,22	6,5	0,77	—	—	1,50
34	7	1 500	10,9	19,1	6,5	0,70	—	—	1,37
35	8	1 500	10,7	35,1	—	—	3,54	33,12	—
38	10	1 800	10,3	34,31	6,5	0,67	—	—	1,10
33	5	1 800	10,0	38,6	—	—	—	—	—
31	8	2 000	12,3	28,6	6,5	0,80	—	—	1,17
34	5	2 000	10,0	38,1	6,5	0,64	—	—	0,94
37	4	2 200	26,5	—	—	1,40	—	—	1,80
34	2	2 500	13,4	37,2	—	—	—	—	—
29	48	1 000	11,2	34,86	—	0,63	—	—	—
26	9	1 200	8,2	40,00	—	—	—	—	—
26	5	1 000	9,2	—	—	—	—	—	—
20	6	1 000	7,3	30,00	6,01	0,44	1,65	22,58	1,29
20	4	1 625	11,6	30,00	—	0,69	—	—	1,25
20	11	1 355	18,2	31,46	6,24	1,13	2,73	15,03	2,44
20	2	2 000	53,7	18,88	6,92	3,72	7,75	14,44	5,47
20	10	1 200	13,7	23,20	6,20	0,85	—	—	3,34
20	4	1 600	18,5	30,05	6,20	1,15	2,18	11,78	2,11
20	5	1 000	12,3	31,20	6,20	0,76	—	—	2,82
17	22	600	5,0	37,22	5,63	0,28	1,10	20,00	1,37
3	20	300	4,1	—	6,5	0,27	—	—	2,64

(Fistule biliaire)

De plus, même pour une égale quantité d'aliment ingéré, les limites sont très variables (9gr,8 et 12gr,8 pour 1500 grammes de viande), et pour des quantités très différentes, 1 000 et 2 000 grammes, la proportion peut être la même (9,95 et 10 grammes). C'est là une preuve que les fèces de l'alimentation carnée, comme de l'inanition, proviennent en grande partie « des résidus des sucs digestifs et, en outre, de la mucine, des cellules épithéliales détruites et des produits d'élimination de la paroi intestinale ».

Ainsi donc, les résidus alimentaires constituent une très petite partie des fèces et les autres facteurs jouent un rôle beaucoup plus important que la quantité de viande ingérée elle-même. Nous reviendrons d'ailleurs en détail sur ce sujet.

La proportion d'eau dans les fèces est variable : elle dépend du plus ou moins long séjour de ceux-ci dans l'intestin.

Voici quelques chiffres correspondant à une alimentation par 1 500 grammes de viande :

QUANTITÉ JOURNALIÈRE de fèces secs en grammes.	SUBSTANCES SÈCHES p. 100 de fèces frais.
10,9	19,7
11,1	27
10,7	35,1
9,6	36,5
7,8	44,8

Pour ce qui est des matières grasses des fèces, chez un chien, nourri pendant treize jours et journellement avec 592gr,5 de viande, F. MÜLLER a trouvé :

P. 100 de fèces.	P. 100 de l'extrait éthéré.	
10	40,2	d'acides gras libres.
9,5	38,1	de graisses neutres, cholestérine, etc.
5,4	21,7	acides gras combinés.

Les cendres dans l'alimentation carnée chez le chien constituent une partie très importante des fèces secs : entre 20 et 34,27 p. 100.

La composition centésimale en est la suivante :

	ALIMENTATION PAR				
	1 000 GRAMMES VIANDE.	? VIANDE.	600 GRAMMES VIANDE.	1 300 GRAMMES VIANDE. Fistule biliaire.	1 600 GRAMMES VIANDE. Fistule biliaire.
Sable	4,99	7,04	8,11	0,71	3,15
CO^2	7,40	4,62	—	3,99	4
SO^3	4,21	7,37	16	4,50	3,40
Fe^2O^3	3,46	4,22	6,84	2,74	2,63
CaO	31,57	25,29	27,90	24,70	20,98
P^2O^5	20,89	26,41	26,27	43,16	26,18
MgO	10,55	15,52	13,28	14,76	14,04
Alcalis	2,72	5,53	4,50	—	7,09
Chlore	0,44	0,08	1,50	0,29	0,34

La quantité éliminée par jour par les fèces des quatre substances principales; MgO, CaO, Fe^2O^3, P^2O^5 (6 séries de recherches) est :

	I	II	III	IV	V	VI
	gr.	gr.	gr.	gr.	gr.	gr.
MgO	0,127	0,085	0,105	0,099	0,081	0,084
CaO	0,497	0,336	0,374	0,295	0,211	0,201
Fe^2O^3	0,036	0,058	0,045	0,024	0,020	0,025
P^2O^5	0,374	0,22	0,31	0,219	0,17	0,175

3° **Matières fécales au cours d'une alimentation contenant des graisses.** — D'une façon générale, si l'on élève la proportion de graisse dans l'alimentation, les matières fécales deviennent d'une consistance moindre, la teneur en matières extractives s'accroît, et la teneur en eau diminue.

On aura par exemple :

	TENEUR EN EAU des fèces.	EXTRAIT ÉTHÉRÉ.
1 500 gr. viande + 30 gr. graisse.	69,6	13,7
1 500 — + 60 —	64,9	19,4
1 500 — + 250 —	53,0	50,9

Les résultats de F. Müller sont réunis dans le tableau suivant :

POIDS de L'ANIMAL.	DURÉE de la RECHERCHE.	NOURRITURE.		MATIÈRES FÉCALES SÈCHES.			GRAISSE dans les MATIÈRES FÉCALES.		AZOTE.
		VIANDE.	GRAISSE.	Poids absolu.	p. 100 des fèces frais.	Après soustraction de la graisse.	Poids absolu.	p. 100 des fèces secs.	
33	8	1500	30	10,3	30,4	8,9	1,42	13,85	0,58
33	3	1500	60	15,3	35,1	12,4	2,98	19,48	0,80
34	7	1500	100	13,1	34,0	9,6	3,55	27,11	0,62
34	20	500	100	9,85	34,7	6,11	3,74	37,98	0,4
30	10	—	100	10,1	34,7	6,8	3,25	33,23	—
35	5	1500	150	16,4	34,4	10,7	5,74	35,03	0,69
35	10	1500	150	17,6	42,5	13,8	1,8	9,98	—
33	5	400	200	15,4	41,8	10,5	4,9	32	0,7
34	58	500	200	14,7	37,1	10,3	4,41	31,52	0,67
33	5	800	200	16,9	45	11,7	5,2	30	0,7
32	4	800	200	13,9	45	9,7	4,1	—	0,6
30	32	500	250	16,3	45	11,3	5	—	—
59	7	1800	250	17,7	36,26	11,4	6,3	35,61	0,7
34	3	2000	250	10,40	29	8,4	2	18,88	—
32	2	—	350	18,7	35,2	14,6	4,1	21,84	—
32	2	800	350	13,4	31,3	8,2	5,17	38,67	0,5
33	2	1800	350	64,7	9,9	42,7	22	—	—

Si l'on pratique aux animaux une fistule biliaire, l'élimination devient alors plus considérable, et 40 à 60 p. 100 de fèces peuvent être constitués par des substances grasses.

Voici un tableau qui met ce fait en évidence :

	DURÉE de la RECHERCHE	NOURRITURE.		MATIÈRES FÉCALES SÈCHES.		GRAISSE DANS LES FÈCES.		AZOTE.	PERTE de GRAISSE p. 100 par les fèces.
		VIANDE.	GRAISSE.	Poids absolu.	p. 100 des fèces frais.	Poids absolu.	p. 100 des fèces secs.		
Avant l'opération.	5	350	150	8	29,32	2	24,81	0,4	1,37
	3	200	250	10	37,5	3,3	32	0,4	1,32
	3	600	50	35,03	28,72	17,36	49,55	1,6	34,72
Après l'opération.	3	600	100	133,15	59,11	75,32	56,35	3,47	60,30
	3	600	50	27,60	40,15	11,12	40,23	0,99	22,23
	3	600	150	117,30	42,60	77,73	66,25	2,38	51,82
	3	1 200	150	214,53	41,80	56,27	26,23	9,54	37,54

4° **Matières fécales au cours d'une alimentation contenant du sucre.** — Dans ces conditions, d'une façon générale, les matières fécales deviennent jaunes, ont une consistance de pommade et une réaction neutre. Si le sucre est ingéré en quantité trop grande, les matières fécales deviennent de plus en plus riches en eau, et finalement diarrhéiques. On n'y trouve, en général, pas de sucre ou seulement des traces.

Le tableau suivant, dont les éléments ont été fournis à Müller par Bischoff et Voit, présente toutes les données relatives à cette alimentation :

POIDS DE L'ANIMAL.	DURÉE EN JOURS des recherches.	NOURRITURE.		MATIÈRES FÉCALES SÈCHES.	
		VIANDE.	SUCRE.	POIDS absolu.	P. 100 des fèces frais.
20	3	350	150	10,2	14,95
28	6	150	100-350	17,1	27,4
33	3	400	250	12,5	32,3
30	13	500	200	7,9	27,9
36	9	500	100-300	8,6	32
40	2	—	370-500	5,2	25,61
34	3	2 000	200	26,5	26,15
34	3	2 000	100-200	27,9	10,93

5° **Matières fécales au cours d'une alimentation contenant des féculents.** — Si les féculents sont donnés seuls, les matières fécales se présentent avec une couleur brune, d'une consistance analogue à celles de l'inanition. Si la viande constitue une partie de l'alimentation, elles prennent les caractères de cette dernière.

La composition des fèces est alors la suivante :

POIDS DE L'ANIMAL.	DURÉE de la RECHERCHE.	NOURRITURE.		MATIÈRES FÉCALES SÈCHES.		AZOTE DANS LES FÈCES.	
		VIANDE.	AMIDON.	Poids absolu.	p. 100 des fèces frais.	Poids absolu.	p. 100.
30	3	0	100-364	10,9	41,1	—	—
30	11	176	100-364	14,7	31,1	0,64	—
34	9	800	100-400	10,2	—	0,51	5,00
33	5	2 000	200-300	22,5	40,0	0,99	—
30	21	500	200	7,6	32,4	0,29	3,79
30	13	500	200	8,6	34,6	0,33	3,79
31	5	1 500	200	18,0	30,4	1,20	6,84
33	2	1 800	450	14,2	40,0	—	—
33	3	400	250	10,8	32,6	—	—
33	26	500	250	14,1	40,2	0,60	—
36	6	500	250	11,8	28,2	0,43	3,79
35	5	800	250	13,8	23,7	0,69	5,00
31	9	800	100-400	10,2	29,4	0,51	5,00
32	2	800	450	16,5	41,7	—	—
29	16	320	354	17,1	31,3	0,76	—
31	7	400	400	14,1	25,8	0,77	5,51
33	2	0	450	19,2	37,1	—	—
34	2	0	500	16,2	17,2	0,70	4,38
34	2	0	700	18,7	24,4	0,82	4,36
40	5	0	700	100,1	—	4,38	4,38
40	2	0	450	22,4	40,8	—	—

Les cendres dans un cas ont été analysées. L'animal pesait 30 kilogrammes, ingérait 500 grammes de viande et 200 grammes d'amidon, il éliminait 7^{gr},6 de fèces secs, renfermant 23, 76 p. 100, de cendres.

	INSOLUBLE dans HCl.	Fe²O³.	CaO.	MgO.	P²O⁵.	SO³.	Alcalis.	Cl.
Dans 100 de cendres . .	21,8	10,6	22,3	9,8	25,4	5	1,1	0,2
Par jour	0,39	0,19	0,40	0,17	0,41	0,09	0,02	0,004

6° Matières fécales au cours d'une alimentation contenant du pain. — Alors que l'alimentation carnée, chez le chien, donne une élimination de très petites quantités de matières fécales, l'alimentation par le pain en donne au contraire une énorme : la couleur des fèces est alors brune. Ils sont semi fluides, riches en gaz, contiennent beaucoup d'eau, 79 p. 100 en moyenne, et, comme le calcule MEYER (cité par MÜLLER, p. 373), 32 p. 100 de plus que le pain ingéré (alors que pour la viande la proportion est de 38 p. 100 de moins). La réaction est franchement acide.

Le tableau suivant donne les proportions de matières fécales au cours de l'alimentation par le pain (pain noir). Tous résultats d'ailleurs rassemblés par MÜLLER, et provenant du laboratoire de VOIT.

POIDS de l'animal.	DURÉE de la recherche.	NOURRITURE. Viande.	NOURRITURE. Pain.	MATIÈRES FÉCALES sèches. Poids absolu.	MATIÈRES FÉCALES sèches. P. 100 des fèces frais.	AZOTE dans les fèces. Poids absolu.	AZOTE dans les fèces. P. 100 des fèces secs.	CENDRES dans les fèces. Poids absolu.	CENDRES dans les fèces. P. 100 des fèces secs.
30	21	—	596	43,6	20,00	1,39	—	—	—
30	21	—	629	41,5	20,50	1,36	—	—	—
29	29	—	675	42,4	19,17	1,39	3,27	5,30	12,49
29	28	—	732	49,4	17,72	1,56	3,18	5,03	10,18
28	13	—	686	48,2	23,02	—	—	—	—
34	6	—	857	76,1	20,17	2,22	—	—	—
33	41	—	773	51,0	22,92	1,49	—	—	—
33	3	—	800	68,7	24,51	2,00	—	—	—
32	6	—	900	67,7	20,02	1,98	—	4,53	6,69
30	19	—	800	59,7	22,71	1,74	2,90	—	—
29	20	20 Extr.	800	57,4	23,22	2,09	3,65	—	—
28	19	—	800	59,5	25,01	1'73	—	—	—
29	14	—	800	48,4	24,68	1,46	—	—	—
29	14	5 Extr.	800	55,9	26,36	2,03	3,62	—	—
29	12	5 Extr.	800	50,0	26,24	1,68	—	—	—
29	19	—	800	59,5	28,86	1,61	—	—	—
29	15	100	800	56,0	23,90	2,45	3,84	—	—
30	8	—	1 000	70,1	20,90	2,45	3,50	7,10	10,13
30	6	100	1 000	66,0	22,02	2,10	3,20	9,95	15,07
30	6	300	1 000	75,0	22,57	2,33	3,12	14,20	18,95
22	3	—	1 054	106,1	17,94	3,09	2,91	7,03	6,63
22	22	—	1 019	108,4	18,49	3,16	2,91	8,40	7,75
22	4	—	1 009	123,8	28,93	3,61	2,91	—	—
22	4	500	1 000	71,7	18,80	2,08	2,91	5,97	8,33
22	5	500	1 000	70,5	16,40	2,06	2,91	8,25	11,70

c) **Chez le cheval.** — Nous reproduisons simplement le tableau dressé par GRANDEAU et LECLERC, cités par ARLOING (article **Cheval** de ce Dictionnaire, III, 389).

Ration d'entretien.

	SUBSTANCES sèches.	CEND RES.	SUBSTANCES organiques.	GLUCOSE.	CELLULOSE.	AMIDON.	GRAISSE.	MATIÈRE AZOTÉE.	SUBSTANCES indéterminées.	AZOTE.
Ingéré. . .	4914,10	215,6	4698,50	65,28	599,25	2517,03	154,64	587,10	775,16	93,7
Fèces. . .	1475,14	190,6	1284,84	0	313,68	384,37	67,87	147,45	371,44	23,6

Ration de travail.

	SUBSTANCES sèches.	CENDRES.	SUBSTANCES organiques.	GLUCOSE.	CELLULOSE.	AMIDON.	GRAISSE.	MATIÈRES AZOTÉES.	INDÉTERMINÉE.	AZOTE.
Ingéré. . .	7303,81	328,19	6975,62	96.61	892,81	3736,62	225	860,52	1160,18	137,73
Fèces. . .	2187,23	263,34	1923,89	0	475,50	546,81	85,30	226,25	590,02	36,20

2° **Substances sécrétées par l'intestin comme facteur important de la composition des matières fécales.** — a) **Démonstration directe.** — Ce fait, que, au cours de l'alimentation, soit carnée, soit végétale, à condition que cette dernière ne soit pas trop grossière, les fèces contiennent une très petite proportion des aliments ingérés; qu'il y a sécrétion de substances azotées pendant l'inanition; qu'enfin une alimentation très pauvre en azote ne provoque pas moins l'émission de selles qui en renferment une proportion atteignant les moyennes ordinaires, a eu comme conséquence immédiate de faire admettre par tous les physiologistes antérieurs à HERMANN qu'une partie, et non la moindre, des matières fécales était constituée par des sécrétions digestives, et plus particulièrement par des substances provenant de la muqueuse intestinale : VOIT dit (Hermann's Handbuch, VI, 33) :

« Dans les fèces se trouvent non seulement les résidus des matières alimentaires, mais ils contiennent encore les résidus des sucs digestifs, du mucus, des épithéliums de l'intestin, et peut-être encore des produits éliminés directement par la surface de l'intestin (fer, phosphates, chaux). Il est difficile de déterminer ce qui revient aux résidus alimentaires et aux substances de la dernière catégorie, et cependant ce serait, dans un grand nombre de cas, de très haute importance. »

RUBNER (1879, p. 198 et 199) dit à son tour :

« J'ai donné à un homme, pendant deux jours, une alimentation exempte d'azote, ou du moins pauvre en azote, composée d'amidon, de sucre, d'axonge :

Hydrates de carbone.   585
Graisses. 157,8
Cendres. 2,9

« Dans ces conditions on a :

Azote ingéré. . . . . $1^{gr},36$
Azote éliminé. . . . $18^{gr},39$

« On peut donc dire que cet azote provient en grande partie du résidu des sucs digestifs, et non du résidu des aliments. »

MÜLLER (1884, p. 344) s'exprime de la même façon, presque avec les mêmes termes.

A ces hypothèses étayées sur des arguments si probants, il manquait la sanction expérimentale. Elle a été fournie par HERMANN (1890).

Un chien de forte taille est anesthésié, puis laparotomisé, en prenant toutes les précautions antiseptiques; l'intestin grêle est sectionné en deux endroits distants l'un de l'autre de 30 à 35 centimètres. La partie sectionnée est lavée entièrement avec de l'eau tiède, d'une température de 30 à 40°. Les deux extrémités sont réunies par une suture de manière à obtenir un anneau creux formé par une anse d'intestin non privé de toutes ses relations vasculaires et nerveuses, et dans lequel peuvent même avoir lieu des mouvements péristaltiques. Les deux extrémités sectionnées, partie centrale et partie périphérique de l'intestin, sont naturellement réunies pour en établir la continuité. Après quoi, tout étant remis en place, on suture les bords de la section de la paroi abdominale. Neuf opérations furent pratiquées sur le chien. Deux des animaux moururent de péritonite le quatrième jour, quatre présentaient des symptômes de péritonite furent sacrifiés, mourant le sixième jour. (Il est toutefois possible, pense HERMANN, que ces animaux aient été sacrifiés trop précipitamment, un des trois animaux qui ont survécu avait été aussi fort malade le sixième jour.) Pour ces quatre opérations évidemment défavorables, étant donné le peu de durée de survie, le contenu de l'anneau est constitué par un liquide brun; l'examen montre un grand nombre de bactéries, mais pas trace naturellement de résidus alimentaires.

Les trois autres animaux opérés ne présentèrent aucun trouble pathologique (sauf un, comme il vient d'être dit); ils furent sacrifiés respectivement 16, 20 et 26 jours après l'opération.

L'abdomen sectionné, l'anneau intestinal ouvert se trouva être rempli d'une masse solide grise tirant sur le brun, d'aspect rappelant les matières fécales, moulées comme elles, et d'odeur caractéristique. La réaction de cette masse est faiblement alcaline : on y trouve un nombre considérable de coccus et de bactéries de différentes espèces, des cellules incolores; aucun élément organisé en particulier, aucun élément d'origine alimentaire, pas d'éléments biliaires; au contraire, de la mucine qui donne la réaction de MILLON, enfin des gouttelettes graisseuses, des cristaux en forme d'aiguilles constitués par des acides gras, dans un cas aussi des masses cristallisées de carbonate de chaux. Dans le produit distillé on peut mettre en évidence la présence de l'indol. La composition centésimale est la suivante :

$$
\begin{aligned}
\text{Eau.} & \dots \dots \dots & 71,89 \\
\text{Composés organiques.} & \dots & 25,69 \\
\text{Composés minéraux.} & \dots & 2,62
\end{aligned}
$$

Pour HERMANN, ce n'est pas la partie sèche d'un exsudat, car la quantité serait trop grande, mais bien un produit résultant des sécrétions elles-mêmes.

HERMANN fait le calcul suivant sur l'animal pour lequel l'expérience s'est montrée le plus favorable.

L'expérience ayant duré seize jours, 60 grammes ont été trouvés dans l'anneau intestinal, qui mesurait 45 centimètres de longueur. La longueur totale de l'intestin étant de 470 centimètres, la quantité de matières fécales prenant naissance par jour par ce processus (en supposant que tout l'intestin fonctionne d'une manière identique), sera :

$$\frac{60}{16} \times \frac{470}{45} = 39 \text{ grammes.}$$

C'est à peu près le chiffre normal d'élimination pour un chien de ce poids.

HERMANN conclut que les substances provenant de l'intestin, et en particulier les sécrétions, constituent la partie la plus importante des fèces.

Tous les travaux entrepris postérieurement ont confirmé ces résultats d'une façon rigoureuse.

EHRENTHAL et BLITSTEIN (1891), dans le laboratoire de HERMANN, ont complété les recherches de cet auteur, et à cet effet ont fait les trois séries de recherches suivantes :

1° Chiens soumis au jeûne, auxquels on pratique une fistule biliaire;

2° Chiens chez lesquels on pratique l'opération de HERMANN;

3° Chiens chez lesquels on pratique un anus artificiel.

1° L'animal jusqu'à sa mort a jeûné pendant neuf jours : son poids a passé de 7 930 à 4 290 grammes; il a éliminé 444^{gr},2 de matières fécales dans lesquelles on trouve des sucs de l'intestin et du pancréas, des épithéliums, des bactéries, et aussi une masse noire qui se montre au microscope comme composée de détritus non déterminés, et enfin une quantité très grande de petites masses pigmentées.

2° L'opération de HERMANN a été pratiquée sur 10 chiens de poids moyen ; 5 moururent des suites de l'opération.

Sur les 5 autres, 1 fut tué au neuvième jour, 2 au quatorzième jour, 1 au dix-huitième, et le dernier au vingtième jour. On a trouvé les matières contenues dans l'anneau en général plus ou moins liquides, sauf pour un des animaux (chien faisant l'objet de la recherche V, p. 85, du mémoire) pour lequel le contenu de l'anneau était de consistance semi-solide, l'absorption de la partie aqueuse n'ayant pas été encore tout à fait complète. L'auteur établit alors le tableau suivant, qui comprend deux des opérations de HERMANN et une de EHRENTHAL :

POIDS des ANIMAUX.	DURÉE de L'EXPÉRIENCE.	LONGUEUR de L'ANNEAU.	LONGUEUR de L'INTESTIN grêle.	MATIÈRES FÉCALES fraîches.	EXTRAIT SEC P. 100	QUANTITÉ DE MATIÈRES fécales sèches calculée par jour d'après les longueurs respectives de l'intestin et de l'anneau.
40	16	45ᶜᵐ	470ᶜᵐ	60ᵍʳ	28,11	11,01
35	25	33	401	45	29,27	5,25
22,5	14	60	310	330	4,12	5,02

Les chiffres de 11,01, de 5,25 et de 5,02 s'obtiennent de la façon suivante : quantité de matière fécale divisée par le nombre de jours, multipliée par le rapport de la longueur de l'intestin à la longueur de l'anneau, lequel chiffre enfin est multiplié par la quantité pour 100 de matières sèches dans les fèces (chiffres de l'extrait sec).

Or, si l'on compare ces nombres à ceux fournis par des chiens nourris avec de la viande d'après les données de MÜLLER (1884) résumées plus haut, on trouve, en faisant la moyenne de 23 expériences, qu'un chien du poids moyen de 30ᵏⁱˡ,7, élimine 9ᵍʳ,67 de matières fécales sèches, et la moyenne des 3 chiffres ci-dessus montre qu'un chien du poids moyen de 32ᵏⁱˡ,38 élimine 7ᵍʳ09 de matières fécales, d'où on conclut que 70 p. 100 environ proviennent du tube intestinal lui-même. Quant au contenu de l'anneau, il devrait être constitué par des sucs intestinaux, des épithéliums, mais l'épithélium est converti rapidement en détritus par les bactéries, et produit finalement des fèces vert grisâtre, composées presque entièrement de microrganismes.

3° On sectionne une partie relativement basse de l'intestin grêle, la partie périphérique est fermée en cul-de-sac, la partie centrale est attirée vers la paroi abdominale, et on y établit un anus artificiel. On trouve alors dans la partie périphérique, comme dans les chiens de la deuxième série de recherches, les mêmes sucs des épithéliums, des bactéries et une substance jaune brun tirant sur le vert brun, formée d'épithéliums nombreux et bien conservés. On a aussi dans cette expérience les produits de sécrétion du gros intestin ; on trouve de nombreux détritus épithéliaux et des masses pigmentaires brunes. En dernière analyse, EHRENTHAL suppose que cette exfoliation intensive est due à des fermentations putrides produites par des bactéries.

Les recherches de BERENSTEIN (1893), entreprises dans le même laboratoire, ont une fois de plus confirmé ces résultats.

L'opération de HERMANN montre quel facteur important se trouve être l'ensemble des produits des sécrétions digestives et des sécrétions intestinales dans la composition des matières fécales.

C'est aussi une voie d'élimination de certaines substances à l'état physiologique provenant de l'usure des tissus. On sait, d'ailleurs, qu'un certain nombre de substances toxiques introduites dans l'organisme s'élimine au niveau de l'intestin.

FR. VOIT (1892) a fait la démonstration pour le fer. Un animal est opéré par la méthode de HERMANN, avec cette différence cependant que l'anse exclue est fermée à ses deux extrémités en cul-de-sac : dans ces conditions l'anse intestinale contient une quantité de fer relativement très grande. VOIT trouve pour une anse de 30 centimètres environ une quantité variant entre 0,005 et 0,009, quantité qui, rapportée à 24 heures, correspond à 0,7 à 2 milligrammes. Ces chiffres sont très élevés.

LAPICQUE (1897) a repris ces expériences. Un chien de 15 kilogrammes subit l'opération de HERMANN. On le sacrifie six jours après. L'anneau de 18 centimètres de long renfermait 14ᵍʳ,84 (2ᵍʳ,41 à l'état sec) d'une substance gris noirâtre, d'odeur fécaloïde intense, contenant 2ᵐᵍʳ,05 de fer, soit 0ᵐ,4 par vingt-quatre heures. Ce chiffre est de même ordre que ceux de FR. VOIT.

b) **Démonstration indirecte.** — Nous avons vu comment VOIT, RUBNER, MÜLLER, antérieurement à HERMANN, considéraient les matières fécales, et comment indirectement ils étaient arrivés aux mêmes conclusions que Hermann. Parmi ces divers travaux, l'un est antérieur (celui de Rieder (1884) à la démonstration fondamentale de Hermann, et les autres sont postérieurs. Tsuboi (1897), Prausnitz (1897), Micko, Müller (P), Poda et Prausnitz (1900) imposent à leur tour cette conclusion que les matières fécales sont constituées pour leur plus grande partie par des substances autres que celles provenant de l'alimentation. C'est à ce titre que nous les avons groupées sous la rubrique : *Démonstration indirecte*, dans cette partie de notre article intitulée : *Substances sécrétées par l'intestin comme facteur important de la composition des matières fécales.*

Rieder (1884), sur un même chien du poids de 7 kilogrammes, fait trois séries d'expériences, une d'inanition pendant neuf jours, une correspondante à l'ingestion de 70 à 140 grammes d'amidon, une troisième enfin correspondant à l'ingestion de 200 grammes et 500 grammes de viande. L'azote est dosé dans les fèces. Voici les résultats :

ALIMENTS EN GRAMMES.		FÈCES SECS.	AZOTE DANS LES FÈCES.	
			P. 100.	EN GRAMME.
1	0	1,32	7,12	0,094
2 {	70 Amidon.	3,04	3,67	0,11
	140 —	5,95	3,85	0,22
3 {	200 Viande.	2,18	7,39	0,16
	500 —	3,30	7,39	0,24

Chez l'homme, avec une nourriture composée d'un gâteau d'amidon, de sucre et de graisse de porc, les résultats sont :

ALIMENTS EN GRAMMES. (Poids sec.)	FÈCES.	AZOTE DANS LES FÈCES.	
		P. 100.	EN GRAMMES.
485	13,4	4.08	0,54
158,6	15,4	5,69	8,88
147,2	13,4	5,85	0,78

Ces recherches montrent déjà que, par une alimentation exempte d'azote chez le chien, les fèces en renferment une quantité qui est loin d'être négligeable; il en est de même chez l'homme.

Tsuboi (1897) répète l'expérience de Rieder sur un chien de 17-18 kilogrammes. L'animal ne prend aucune nourriture pendant dix jours; les huit jours suivants il est alimenté avec 70 grammes d'amidon, 50 grammes de graisse et 12 grammes de sucre (en tout 132 grammes); les six jours suivants enfin, avec 200 grammes d'amidon, 80 grammes de graisse et 25 grammes de sucre (en tout 305 grammes). Voici les résultats rapportés à vingt-quatre heures :

NUMÉROS des PÉRIODES.	ALIMENTS SECS	FÈCES.				
		SECS.	AZOTE.	GRAISSE.	AMIDON.	CENDRES.
1	0	2,64	0,14	0,67	0	0,61
2	132	5,81	0,24	1,64	0,57	0,76
3	305	12,92	0,57	1,43	3,60	1,04

Tsuboi fait alors le calcul suivant :

Dans la deuxième recherche, $1^{gr},64 + 0^{gr},57$ (graisse + amidon) de substances sèches proviennent de la nourriture, il faut en retrancher $0^{gr},67$ (graisse) que l'on rencontre dans les fèces à l'état d'inanition, soit $1^{gr},64 + 0,57 - 0,67 = 1^{gr},54$ de substances sèches provenant de l'alimentation; le même calcul pour la troisième recherche donne $1,43 + 3,60 - 0,67 = 4^{gr},36$.

De sorte que, finalement, l'élimination en grammes et par jour sera obtenue en retranchant du poids des fèces secs ce qui provient de la nourriture.

```
1°  Période d'inanition. . . . . . . . . . . . . . . . . . . .  2,64 — 0,   = 2gr,64
2°      —      d'alimentation (132 grammes aliments secs). . .  5,81 — 1,54 = 4gr,27
3°      —            —      (305      —         —     ). . . 12,92 — 4,36 = 8gr,56
```

Et le calcul pour 100 de fèces donne alors : 26 p. 100 provenant des aliments, 74 p. 100 provenant de l'organisme, (pour la recherche 2); et 34 p. 100, et 66 p. 100 (pour la recherche 3).

La plus grande partie est donc constituée par des résidus des échanges; la plus petite, par des résidus alimentaires.

Enfin la proportion pour 100 d'azote dans les fèces secs étant :

```
1°  pendant l'inanition . . . . .  5,11
2°      —    la période 2. . . .  4,17
3°      —            3. . . .  4,35
```

la constance de ce chiffre vient encore à l'appui de la conclusion précédente.

Menicanti et Prausnitz (1894), dans leur grand travail sur l'alimentation par différentes sortes de pain, mettent en évidence ce fait que la teneur en azote p. 100 est d'une constance remarquable, alors que la quantité de fèces est variable, et que la quantité pour 100 d'azote inutilisé (ou compté comme tel) peut passer du simple au double, preuve indirecte encore de ce fait que l'azote des matières fécales provient en grande partie d'une sécrétion intestinale.

L'examen des tableaux de Rubner, en ce qui concerne l'azote, montre que, pour des variations extrêmement considérables de la teneur pour 100 des aliments (1,40 à 14,11 p. 100), ainsi que pour des variations en quantité absolue de l'azote fécal de $0^{gr},61$ à $6^{gr},33$, les variations de la quantité pour 100 de l'azote des fèces sont relativement faibles (3,01 à 8,38), comme on peut le voir par les chiffres ci-dessous.

ALIMENTS.	ALIMENTS SECS.	AZOTE DANS LES ALIMENTS SECS.		FÈCES SECS.	AZOTE. DANS LES FÈCES SECS.	
		p. 100.	en gramme.		p. 100.	en grammes.
Viande.	367	14,11	48,8	17,2	6,73	1,16
Œufs.	247	8,36	20,7	13	4,70	0,61
Lait (par moitié)	377	4,88	18,4	34,4	4,55	1,56
Pois (par moitié)	678	3,91	26,5	86,2	7,34	6,33
Pain (par moitié)	595	1,63	9,7	26,2	8,38	2,19
Nouilles	743	1,63	11,9	36,3	6,37	2,31
Macaroni.	626	2	10,9	27,0	6,88	1,86
Pain bis	765	1,74	13,3	115,8	3,68	4,26
Maïs.	641	1,73	11,1	49,3	4,60	2,27
Riz.	552	1,54	8,9	27,2	7,85	2,13
Pommes de terre. . . .	819	1,40	11,5	93,8	3,93	3,69
Carottes	352	1,84	6,5	85,1	3,01	2,52

Prausnitz (1897) établit pour une nourriture déterminée l'élimination de fèces qu'il désigne sous le nom de « fèces normaux ». Cette nourriture se compose de : café ou thé sucré pris le matin; riz à midi et le soir; dans l'après-midi, gâteaux préparés avec de la farine fine de froment, et comme boisson 1/2 à 1 litre de bière; ou encore, toutes choses restant les mêmes, le riz remplacé par 300 grammes de viande de bœuf. Cinq personnes (n°s 1, 2, 3, 4, 5) furent soumises à ce régime, viande ou riz, et les analyses donnèrent les résultats suivants : (On a adjoint à ce tableau sous le numéro 6 les fèces d'un végétarien nourri comme ci-dessus.)

PERSONNES SOUMISES à l'alimentation.	NOURRITURE PRINCIPALE.	AZOTE P. 100.	EXTRAIT ÉTHÉRÉ.	CENDRES.
1.	Riz.	8,83	12,43	15,37
	Viande.	8,75	15,96	14,74
2.	Riz.	8,37	18,23	11,05
	Viande.	9,16	16,04	12,22
3.	Riz.	8,59	15,89	12,58
	Viande.	8,48	17,52	13,13
4.	Riz.	8,25	»	14,47
	Viande.	8,16	»	15,20
5.	Riz.	8,70	»	16,09
	Viande.	9,05	»	15,14
6.	Végétarien.	8,78	18,64	12,01
MOYENNE.		8,65	16,39	13,82

Une nourriture moins bien résorbée donne, en général, une teneur en azote plus faible (4,86 p. 100 pour un pain très grossier, alors que le chiffre d'utilisation ou compté comme tel, de cet élément est de 42,3 p. 100).

Ainsi donc la composition des fèces n'est *jamais* comparable à la composition de la nourriture absorbée. Les aliments sont-ils résorbés incomplètement? ce sera bien plus la sécrétion d'une importante quantité de sucs intestinaux qui, venant s'ajouter au résidu des aliments, contribuera à la formation de fèces dont la teneur en azote sera supérieure à celle des aliments introduits.

Une différence très prononcée entre l'alimentation végétale et animale au point de vue de leur utilisation dans le canal digestif n'existe pas, et celle-ci dépend absolument du mode de préparation des aliments végétaux. Et en effet, les aliments les mieux utilisés sont végétaux. Lors, par exemple, d'une alimentation par le riz, par des farines de première qualité, on ne trouve pas d'amidon ou seulement des traces dans les fèces, (MOELLER, 1897) (voir plus haut p. 234), alors que pour une alimentation carnée une proportion très faible, mais non négligeable de fibres musculaires (KERMAUNER, 1897), se retrouve dans les fèces.

Et PRAUSNITZ conclut alors que les fèces humains se composent, non des résidus de l'alimentation, mais en grande partie des sécrétions intestinales. La quantité dépend de la variété de la nourriture; tels aliments demanderont pour leur digestion la sécrétion d'une quantité plus grande de sucs intestinaux, tels autres moins, et, finalement traduisant sa pensée en une phrase typique peut être trop absolue, il dit : « *Es erscheint daher richtiger von mehr oder weniger Koth bildenden, als von schlecht oder gut ausnutzbaren Nahrungsmitteln zu sprechen* (p. 354) », dont la traduction peut être la suivante : « C'est pourquoi il paraît plus juste de parler d'aliments formant plus ou moins de fèces que d'aliments bien ou mal utilisés. »

Cette phrase avait été écrite pour la première fois en 1894 (MENICANTI et PRAUSNITZ, 1894, p. 354). Dans l'introduction d'un travail d'ensemble entrepris avec la collaboration de MICKO, PODA et MÜLLER (1900), PRAUSNITZ l'énonce à nouveau, et les nouvelles recherches de ces auteurs en donnent une fois de plus la démonstration expérimentale. (Cet important travail ne peut trouver qu'un court résumé ici; mais, au point de vue de l'utilisation, il sera consulté avec grand intérêt.) C'est une substance albuminoïde désignée sous le nom de *plasmon*, retirée du lait aigre, qui sert d'aliment d'étude. Du premier travail, dû à PODA et à PRAUSNITZ et du second, dû à MICKO, il résulte que la résorption du plasmon est aussi complète que celle de la viande, sinon supérieure, et qu'aucun produit de dédoublement de la caséine, en particulier de la paranucléine ne se rencontre dans les fèces.

Le dernier travail de Müller, quoique non intimement lié à l'étude du plasmon, n'en est pas moins intéressant et confirmatif, car il montre que les résidus phosphorés de la caséine ne se retrouvent pas dans les fèces, qu'il s'agisse de nourrissons alimentés par le lait maternel ou avec le lait de vache, ou d'adultes alimentés avec du lait de vache.

Toxicité des matières fécales. — Les matières fécales sont toxiques. Bouchard, (1887), à qui l'on doit les principales données relatives à ce sujet, a montré que l'extrait alcoolique est beaucoup plus toxique que l'extrait aqueux. Dans un cas, en injection intraveineuse chez le lapin, l'extrait alcoolique de 17 grammes de matières fécales de l'homme a tué l'animal en déterminant de grandes convulsions.

L'extrait des matières fécales débarrassé des substances minérales est beaucoup moins toxique (huit fois moins environ).

Arloing et Nicolas, cités par Morat et Doyon (1900, 376), sont arrivés d'une façon générale aux mêmes conclusions. Gley et Lambling (inédit) ont constaté chez le lapin, à la dose de 0^{gr},2 par kilogr., en injection intraveineuse d'un extrait aqueux à 2 grammes d'eau pour 1 gramme de fèces de chien soumis à un régime de soupe, de pain et de graisse, les phénomènes suivants : constriction pupillaire, secousses convulsives, mouvements cloniques, attaque tonique, mort par arrêt de la respiration, le cœur battant encore.

Délimitation des fèces. — La délimitation des fèces pour l'étude des variations de leur quantité et de leur composition suivant un régime donné, ou pour l'étude de l'utilisation, est, on le conçoit aisément, d'une importance primordiale. Bidder et Schmidt, cités par Voit (Hermann's *Handbuch*, vi, 32), ont fait remarquer que les fèces noirâtres et poisseux de l'alimentation carnée peuvent être facilement distingués des fèces volumineux fournis par le pain noir pour le chien. C. Voit (Hermann's *Handbuch*, 32) a conseillé l'emploi d'os tendres. Dix-huit heures avant et dix-huit heures après la fin d'une série de recherches, on donne à l'animal 60 grammes d'os tendres, et les fèces sont délimités entre deux portions d'excréments blanchâtres, grumeleux, et faciles à distinguer.

Adamkiewickz (cité par Voit, 32) fait avaler aux animaux une petite éponge, au commencement et à la fin d'une série de recherches.

Salkowski et Munk (cités par Voit, 32) emploient quatre petits morceaux de liège qu'ils retrouvent dans les fèces.

Chez l'homme, la délimitation des fèces est liée à des difficultés encore plus grandes. Ranke (cité par Voit, 31) conseille l'emploi d'airelles, dont les enveloppes dans les fèces sont reconnaissables à leur couleur rouge.

Rubner, dans toutes les recherches que nous avons mentionnées, a employé le lait, qui, s'il n'occasionne pas de diarrhée, fournit des fèces de couleur claire assez consistants. Vingt-quatre heures avant la recherche on fait absorber 2 litres de lait, la dernière portion 16 heures avant le commencement. Le dernier jour de la série, quinze heures avant la fin de celle-ci, le dernier repas est pris, et, six heures après la fin, deux litres de lait sont de nouveau ingérés. Cremer et Neumayer (1897) emploient l'acide silicique humide.

Analyse des Fèces. — *Voir Dictionnaire de* Würtz, 2° *Supplément.*

Bibliographie. — 1848. — Rogers. *Ueber die Zusammensetzung der Asche von festen Thierexcrementen (Annalen der Chemie und Pharmacie*, 1848, lxv, 85-99).

1852. — *Bidder et Schmidt. Die Verdauungssäfte und die Stoffwechsel*, 1852.

1853. — *Bischoff et Voit (C.). Die Gesetze der Ernährung des Fleischfressers.*

1866. — Voit (Carl). *Untersuchungen über die Auscheidungswege der stickstoffhaltigen Zersetzungsproducte aus dem thierischen Organismus* (Z. B., 1866, ii, 6-78 et 189-244).

*1873. — Wegscheider (H.). *Ueber die normale Verdauung bei Säuglingen* (Inaug. Dissertation, Strasbourg).

1878. — Hamburger (E.). *Ueber die Aufnahme und Ausscheidung des Eisens* (Z. p. C., 1878-1879, ii, 191-205).

1879. — Rubner (M.). *Ueber die Ausnützung einiger Nahrungsmittel im Darmcanale des Menschen* (Z. B., xv, 115-203).

1881. — Voit (C.). *Physiologie des allgemeinen Stoffwechsels und der Ernährung* (Handbuch der Physiologie von L. Hermann, Leipzig, 1881). — Uffelmann (J.). *Untersuchungen über das microscopische und chemische Verhalten der Faeces natürlich ernährter Sauglinge, und über die Verdauung der einzelnen Nahrungsbestandtheile seitens derselben (Deutsches Archiv für klinische Med., 1881, xxviii, 437-475).*

1884. — Müller (F.). *Ueber den Normalen Koth des Fleischfressers (Z. B., 1884, xx, 327-377).* — Rieder (H.). *Bestimmung der Menge des im Kothe befindlichen, nicht von der Nahrung herrührenden Stickstoffes (Ibid., 1884, xx, 378-392).*

1887. — Bouchard (Ch.). *Leçons sur les auto-intoxications dans les maladies,* Paris, in-8, 348 p. — Vignal (W.). *Recherches sur les micro-organismes des matières fécales et sur leur action sur les substances alimentaires (A. de P., 1887, (3), x, 495-528).*

1890. — Hermann (L.). *Ein Versuch zur Physiologie des Darmkanals (A. g. P., 1890, lxvi, 93-101).*

1891. — Ehrenthal (W.) et Blitstein (M.). *Neue Versuche zur Physiologie des Darmkanals (Ibid., 1891, lxviii, 74-100).*

1892. — Voit (F.). *Secretion und Resorption im Dünndarm (Z. B., 1892, xxix, 325-397).*

1893. — Grundzach (J.). *Ueber die Asche des normalen Kothes. Beitrag zur Physiologie des Darmtractus (Zeits. für klinische Med., 1893, xxiii, 70-79).* — Berenstein. *Ein Beitrag zur experimentellen Physiologie des Dünndarms (A. g. P., 1893, liii, 52-70).*

1894. — Menicanti (G.) et Praussnitz (W.). *Untersuchungen über das Verhalten verschiedener Brodarten im menschlichen Organismus (Z. B., 1894, xxx, 328-365).* — Gilbert (A.) et Dominici (S.). *Action du régime lacté sur le microbisme du tube digestif (B. B., 1894, (10), 1, 277-279).*

1895. — Weintraud. *Ueber die Ausscheidung von Harnsäure und Xanthinbasen durch die Fäces (Centralblatt für innere Med., 1895, xvi, 433-436).*

1897. — Blauberg (M.). *Ueber die Mineralbestandtheile der Sauglingfäces bei natürlicher und künstlicher Ernahrung während der ersten Lebenswoche (Archiv für Hyg., 1897, xxxi, 115-141).* — Cremer (M.) et Neumayer (H.). *Ueber Kothabgrenzung (Z. B., 1897, xxxv, 391-393).* — Guillemonat (A.) et Lapicque (L.). *Quantité de fer contenue dans les fèces de l'homme (B. B., 1897, (10), iv, 345-347).* — Hammerl (H.). *Die Bakterien der menschlichen Fäces nach Aufnahme von vegetabilischer und gemischter Nahrung (Z. B., 1897, xxxv, 355-376).* — Kermauner (F.). *Ueber die Ausscheidung von Fleisch in den menschlichen Exkrementen nebst einem Versuch zur Bestimmung seiner Menge (Ibid., 1897, xxxv, 316-334).* — Lapicque (L.). *Observations et expériences sur les mutations organiques du fer chez les vertébrés (Thèse Faculté des sciences,* Paris). — Michel (Ch.). *Sur le lait de femme et l'utilisation de ses matériaux nutritifs (L'Obstétrique, 1897, ii, 518-534).* — Moeller (J.). *Die Vegetabilien im menschlichen Koth (Z. B., xxxv, 1897, 291-315).* — Praussnitz (W.). *Die chemische Zusammensetzung des Kothes bei verschiedenartiger Ernährung (Ibid., 1897, xxxv, 335-354).* — Stockmann und Grieg. *Ingestion and Excretion of iron in Health (J. P., 1897, xxi, 55-57).* — Jiro Tsuboï. *Ueber die Stickstoffausscheidung aus den Darm (Z. B., 1897, xxxv, 68-93).*

1898. — Petren (K.). *Ueber das Vorkommen, die Menge und die Abstammung der Xanthinbasen in den Faeces (Skand. Arch. für Physiologie, 1898, viii, 315-325).* — Poda (H.). *Eine neue methode der Trocknung des Kothes (Z. p. C., 1898, xxv, 355-359).*

1899. — Mann (K.). *Zur Cellulose Bestimmung im Kothe (Archiv für Hyg., 1899, xxxvi, 158-165).* — Petren (K.). *Nachtrag zur Mittheilung über das Vorkommen der Xanthinbasen in den Faeces (Skand. Arch. für Physiologie, 1899, ix, 412-414).*

1900. — Micko (K.). *Vergleichende Untersuchungen über die bei Plasmon und Fleischnahrung ausgeschiedenen Kothe (Z. B., 1900, xxxix, 430-450).* — Müller (P.). *Ueber den organischen Phosphor des Frauenmilch und der Kuhmilchfäces (Ibid., 1900, xxxix, 451-481).* — Parker (W.). *The occurence and origine of the xanthine bases in the fæces (American J. P., 1900, iv, 83-89).* — Poda (H.) et Prausnitz (W.). *Ueber Plasmon, ein neues Eiweisspräparat (Z. B., 1900, xxxix, 279-312).* — Morat (J.) et Doyon (M.). *Traité de physiologie,* Masson et Cie, 1900; *Fonctions de nutrition, iv.* — *Dictionnaire de Würtz, 2e Supplément.* Article « Fèces », Lambling (E.).

MAURICE NICLOUX.

FÉCONDATION.

FÉCONDATION. — La fécondation (*conception, incarnation, imprégnation, Befruchtung*) est l'acte par lequel deux éléments vivants se réunissent pour donner naissance à un nouvel individu. La fécondation est le mode de reproduction le plus général des organismes supérieurs. Les êtres inférieurs peuvent prendre naissance grâce à la division transversale de leur corps ou bien par la formation de bourgeons qui se détachent de l'organisme pour mener une vie indépendante.

Les éléments qui se réunissent sont deux cellules. Ces cellules sont fournies parfois par le même individu, le plus souvent par deux individus de la même espèce ou d'espèce voisine, mais de sexe différent. Les cellules sexuelles sont semblables, chez certains organismes inférieurs; mais, chez la plupart des végétaux et des animaux, il existe des organes femelles qui produisent des *œufs*, de forme et de dimensions bien différentes des éléments mâles (pollen ou spermatozoïdes) qui sont élaborés par les *anthères* ou les *testicules*.

Pour mettre quelque clarté dans cette étude fort complexe, nous commencerons par les êtres chez lesquels les éléments sexuels sont très apparents, et sur lesquels il est le plus facile d'expérimenter. Voici l'ordre que nous adopterons dans cet exposé, et les divers chapitres que nous consacrerons à cette étude : il consiste, en somme, à décrire les phénomènes tels qu'ils se présentent dans leur série naturelle et à déterminer ensuite les conditions variables de leur production.

I. *La fécondation exige le contact intime des œufs et du sperme ou pollen.*
     a) Animaux; *b*) Végétaux.
II. *Les éléments mâle et femelle qui se réunissent pour former un jeune être ont chacun la structure d'une cellule.*
III. *Les éléments mâle et femelle représentent non point deux cellules complètes, mais deux cellules pourvues seulement de fractions de noyau.*
     A. *Végétaux.* — Origine du grain de pollen et valeur cellulaire de l'élément fécondateur mâle.
     B. *Animaux.* — Origine et valeur cellulaire du spermatozoïde.
IV. *Valeur cellulaire de l'ovule.*
     A. Oosphère ou ovule des végétaux supérieurs.
     B. Ovule des animaux.
V. *Phénomènes qui précèdent et accompagnent l'union de l'anthérozoïde ou spermatozoïde au noyau de l'ovule arrivé à maturation.*
     A. *Végétaux supérieurs.*
     B. *Animaux.* — *a*) Ovulation; *b*) lieu de la fécondation; *c*) maturation de l'ovule; *d*) pénétration du spermatozoïde dans l'ovule; *e*) évolution des pronucléi; *f*) copulation des pronucléi.
VI. *Fécondation chez les organismes inférieurs.*
     A. Copulation des Infusoires.
     B. Conjugaison et copulation des végétaux inférieurs. En modifiant les conditions de milieu, on détermine un seul et même élément à se reproduire par voie agame ou sexuée.
VII. *Considérations théoriques.*
VIII. *Théories de la fécondation.*
IX. *Conclusion générale.*

I. **La fécondation exige le contact intime des œufs et du sperme ou pollen.** — Animaux. — De tous temps on savait que, chez les animaux supérieurs, il fallait le concours de deux êtres de sexe différent pour la procréation d'un nouvel être. On connaissait également le produit sexuel des femelles des Poissons, des Grenouilles, des Reptiles et des Oiseaux. L'observation la plus élémentaire avait également montré que, chez les Reptiles, les Oiseaux et chez les Mammifères, le jeune être ne prenait naissance qu'après l'union des sexes; le liquide séminal du mâle avait besoin d'être répandu dans les organes génitaux femelles. En étudiant l'organisation des mâles et des femelles, on trouva de bonne heure, chez les Poissons, les Reptiles et les Oiseaux, les organes producteurs des œufs ou *ovaires* caractérisant la *femelle* et les glandes séminales ou testicules, propres au *mâle*. On s'aperçut de l'existence d'ovaires chez les Mammifères, mais leurs fonctions restèrent problématiques, tant qu'on ne regarda qu'à l'œil nu. En effet, les œufs ou ovules des mammifères sont de taille si réduite que DE BAER (1827) dut recourir aux verres grossissants pour les découvrir.

Quant au sperme fourni par les testicules, on le crut constitué par un liquide, liqueur séminale, jusqu'au jour (1677) où L. HAM et LEEUWENHOEK l'étudièrent au microscope. Une goutte de sperme montre, dans ces conditions, une quantité innombrable (60 000 par millimètre cube) de filaments qui se meuvent et s'agitent en tous sens à la façon d'un tas de vers ou d'Infusoires qui grouillent. De là l'idée d'*animalcules spermatiques*.

Quelle est la part que prend l'œuf d'une part, le ver spermatique de l'autre, dans la fécondation? L'œuf renferme-t-il déjà l'embryon ou jeune être? Le ver spermatique ne fait-il que lui communiquer le mouvement vital? Ou le ver spermatique représente-t-il déjà le jeune individu qui ne se développerait que dans le milieu femelle? Les médecins et les philosophes émirent sur ce point les idées les plus fantaisistes, de sorte qu'au XVIIIe siècle on ne comptait pas moins de trois cents théories de la génération.

Il fallut des siècles de spéculations avant que l'on songeât à extraire les œufs des femelles d'animaux à fécondation externe et à les mettre en contact avec le sperme des mâles.

D'après de Montgaudry (Voir *l'historique dans* Ch. Robin, *loc. cit.*, 392), Dom Pinchon, de l'abbaye de Réame, aurait le premier connu le procédé de pratiquer *artificiellement la fécondation :* en versant sur les œufs de poissons la laitance du mâle, il les aurait fécondés. Mais c'est Jacobi (1764) qui établit le fait expérimentalement : par la pression du ventre, il fit sortir de l'ouverture cloacale les œufs d'une truite qui était sur le point de frayer. Après les avoir reçus dans un vase, il prit la laitance du mâle et la fit couler sur les œufs. Le résultat fut positif, car les œufs se développèrent et produisirent de l'alevin.

Ce n'est que vers 1777 que Spallanzani pratiqua méthodiquement la fécondation artificielle sur les Batraciens et détermina rigoureusement les conditions de la fécondation sur les grenouilles, les crapauds, les salamandres, les vers à soie et le chien. Ces expériences sont le point de départ et la base de toutes nos connaissances sur la fécondation. Je ne puis les rapporter toutes ; je me contenterai d'en citer les essentielles.

Spallanzani sépara la femelle du crapaud mâle accouplé ; il la mit solitaire dans un vase d'eau et la vit pondre deux cordons visqueux d'œufs. Il mit chacun des cordons dans un vase séparé. Puis il sacrifia le mâle et ouvrit les vésicules séminales, et, à l'aide d'un pinceau, il baigna de sperme l'un des cordons, c'est-à-dire les œufs. Au bout d'une semaine, il vit le cordon baigné dans la liqueur séminale laisser échapper nombre de têtards qui nagèrent librement dans l'eau : au contraire, les œufs non fécondés restèrent comme ils étaient dans le cordon, et bientôt commencèrent à se corrompre.

Il habilla des grenouilles mâles avec des caleçons de taffetas ciré ; ces dernières ne continuèrent pas moins à s'accoupler avec les femelles ; mais aucun des œufs ne pouvant être humecté par le sperme, ils restèrent tous stériles. Recueillant les gouttes de liquide transparent qui se trouvent dans le caleçon des mâles accouplés, Spallanzani put s'en servir pour opérer la fécondation artificielle des œufs pris dans les organes génitaux femelles.

Pour que les ovules puissent être fécondés par le sperme, il faut qu'ils soient arrivés à un degré spécial d'évolution qu'on appelle maturité (Voir plus loin). Spallanzani, prenant les œufs de Batraciens dans l'ovaire, eut beau les arroser de sperme, il n'en vit pas sortir de têtards. Il ne fut pas plus heureux avec ceux qu'il recueillit dans la portion supérieure de l'oviducte ; ils restèrent stériles. C'est la portion élargie de l'oviducte qui seule contient des œufs fécondables.

Après avoir réussi à féconder les œufs de Batraciens, Spallanzani (*loc. cit.*, t. III, 223) songea à opérer la fécondation artificielle sur des animaux à fécondation interne, c'est-à-dire dont les œufs sont fécondés dans le corps maternel. Il expérimenta sur le vers à soie et la chienne.

Il isola des femelles de vers à soie sous une cloche de verre et « aussitôt que les femelles prisonnières commençaient à pondre leurs œufs, je les baignai, dit-il, avec la liqueur séminale du mâle. Ces œufs d'abord jaunes, commencèrent après quelques jours à bleuir et à tirer sur le violet et, au bout d'une semaine, j'en vis sortir les petits vers ; tandis que les autres œufs, qui n'avaient pas été baignés avec la liqueur séminale, restèrent jaunes, devinrent humides et périrent ; j'ai eu dans deux expériences différentes cinquante-sept petits vers éclos des œufs fécondés artificiellement. »

Après ce succès sur les vers à soie, Spallanzani résolut d'essayer la fécondation artificielle sur la chienne.

« La chienne que je choisis, dit-il (*loc. cit.*, 225), était de la race des Barbets, d'une grandeur moyenne ; elle avait mis bas d'autres fois et je soupçonnais qu'elle ne tarderait pas d'entrer en folie; dès lors, je l'enfermai dans une chambre où elle fut obligée de rester longtemps, et, pour être sûr des événements, je lui donnais moi-même à manger et à boire : je tins seul la clef de la porte qui l'enfermait. Au bout du treizième jour de cette clôture, la chienne donna des signes évidents qu'elle était en chaleur, ce qui paraissait par le gonflement des parties extérieures de la génération et par un écoulement de sang qui en sortait; au vingt-troisième jour, elle paraissait désirer ardemment l'accouplement : ce fut alors que je tentai la fécondation artificielle de cette manière. J'avais alors un jeune chien de la même espèce; il me fournit, par une émission spontanée, dix-neuf grains de liqueur séminale que j'injectai sans délai dans la matrice de la chienne avec une petite seringue fort pointue, introduite dans l'utérus; et, comme la chaleur naturelle peut être une condition nécessaire au succès de la fécondation, j'eus la précaution de donner à la seringue la chaleur de la liqueur séminale du chien, qui est environ de 30 degrés de thermomètre Réaumur. Deux jours après cette injection, la chienne cessa d'être en chaleur, et, au bout de vingt jours, le ventre parut gonflé; aussi, au vingt-sixième jour, je lui rendis la liberté. Le ventre grossissait toujours, et, soixante-deux jours après l'injection de la liqueur séminale, la chienne mit bas trois petits fort vivaces, deux mâles et une femelle qui, par leur forme et leur couleur, ressemblaient non seulement à la mère, mais aussi au mâle qui avait fourni la liqueur séminale. Le succès de cette expérience me fit un plaisir que je n'ai jamais éprouvé dans aucune de mes recherches philosophiques. »

« Spallanzani (loc. cit., 311) rapporte une expérience analogue faite par Pierre Rossi, de Pise, sur une autre chienne. Cette chienne reçut à quelques jours d'intervalle trois injections de sperme; au bout de 62 jours, elle mit bas quatre petits « dont la couleur et la forme ressemblaient, non seulement à la mère, mais encore au chien qui avait fourni la liqueur séminale; c'est ainsi que l'intéressante découverte de l'abbé Spallanzani a été confirmée. »

On a longtemps disputé, dit Spallanzani (loc. cit., 203), et l'on dispute toujours pour savoir si la partie visible et grossière de la semence sert à la fécondation de l'homme et des animaux, ou si une partie très subtile, une vapeur qui s'en exhale et qu'on appelle aura spermatica, suffit pour cette opération. Pour résoudre ce problème, Spallanzani fit les expériences suivantes : il mit dans un verre de montre de la liqueur séminale de plusieurs crapauds et dans un autre verre semblable 20 à 30 œufs qui, par la viscosité de la glu, s'attachèrent avec ténacité à la concavité du verre. Il plaça le second verre sur le premier, et ils restèrent ainsi pendant des heures. Les œufs ne se développèrent point. La fécondation n'est donc point produite par la vapeur spermatique, mais par la partie sensible de la semence.

Ces expériences sont décisives : le contact du sperme et des œufs est indispensable pour qu'il se développe un nouvel être. Mais quelle est l'influence exercée par le sperme? Comment peut-elle dès les premiers instants de contact se propager ainsi dans toute l'étendue de l'œuf, et bien loin de la partie qui doit devenir le siège du développement du jeune être?

En jetant le sperme sur un filtre suffisamment redoublé, on arrête les spermatozoïdes, et le liquide qui passe à travers le filtre n'est plus propre à féconder les œufs. Les spermatozoïdes sont donc nécessaires à la fécondation, concluent Prévost et Dumas, dès 1824.

Bien que Spallanzani fût un génie, il partageait les erreurs de Haller et de Bonnet sur la nature de l'œuf et du spermatozoïde. On admettait alors que le germe, c'est-à-dire l'embryon, existait tout formé dans les œufs avant la fécondation. C'était la théorie de la préexistence des germes.

La liqueur séminale ne faisait que stimuler l'embryon ou fœtus, et lui communiquait une nouvelle vie. La liqueur spermatique n'était que le fluide stimulant, qui, en pénétrant le cœur du fœtus (têtard), le détermina à battre plus fréquemment et plus fort, et donna naissance à une augmentation très sensible des parties et à la vie qui suit la fécondation.

Cette erreur continua à régner dans la première moitié du xixe siècle; elle était due à l'ignorance complète de la structure des êtres organisés. Je me borne à une seule citation.

Après avoir rapporté les expériences de Spallanzani, Murat (Diction. des sciences méd., Art. Fécondation, 1815, 473) ajoute : « Tous ces faits, tous ces résultats, conduisent évidemment à une meilleure théorie de la génération ; ils ne permettent plus de douter de la préexistence des embryons dans les organes maternels, et prouvent que le mâle est borné dans la reproduction à des fonctions moins essentielles que la femelle. »

Telles étaient les idées des *ovistes*. Mais, depuis que LEEUWENHOEK avait découvert des corpuscules figurés, vivants et mobiles dans le sperme, on prenait ces éléments pour des *animalcules* (spermatozoaires ou *spermatozoïdes*) formant le germe véritable, l'embryon ou fœtus. Cet être en miniature (*homunculus* de l'espèce humaine) aurait déjà possédé les organes de l'adulte, et la fécondation n'avait qu'un but, c'est de le transporter dans un milieu nutritif convenable, et de le greffer sur le terrain maternel.

B. Végétaux. — Si, à l'exemple de CAMERARIUS, botaniste du début du XVIIIe siècle, on détruit les organes mâles avant que les anthères soient développées, les graines ne se forment point (ricin, maïs). Sur les végétaux dioïques (mûrier et mercuriale), l'expérience est tout aussi concluante. (Voir SACHS, *loc. cit.*)

Comme l'ont montré KŒLREUTER et C. SPRENGEL (fin du XVIIIe siècle), les grains de pollen déposés sur le stigmate du pistil émettent un prolongement ou envoient une substance spéciale qui se rend à l'ovaire.

En quoi consiste ce principe émis par le grain de pollen ? Est-ce une vapeur, un fluide, ou la matière même du pollen, qui va féconder l'ovaire ? C'est par l'examen microscopique qu'on arriva à prouver sa nature protoplasmique. L'italien AMICI, le premier, en 1823, fit cette étude. Il soumit à un examen approfondi les stigmates du *Portulaca ;* il découvrit un prolongement ou boyau pollinique sortant du grain de pollen ; il vit cette masse grenue, ou *fovilla*, s'étendre et subir une sorte d'écoulement.

Plus tard, en 1830, il put suivre le boyau pollinique jusque dans l'ovaire, et il le vit se glisser à travers le micropyle ovulaire.

Au Congrès de Padoue, tenu en 1842, AMICI essaya de prouver que l'embryon ne prend pas naissance dans l'une des extrémités du boyau pollinique ; mais qu'il se développe dans une partie de l'œuf ou ovule qui existe déjà avant la fécondation et des matières fluides contenues dans le boyau pollinique fécondant. Il démontra ce fait, dès 1846, sur les Orchidées. Il prouva de plus que le sac qui contient l'ovule renferme un corps qui entre en contact avec le boyau pollinique et forme la plantule ou embryon végétal.

II. Les éléments mâle et femelle qui se réunissent pour former un jeune être ont chacun la structure d'une cellule. — Tant qu'on ignorait la forme élémentaire de la matière vivante, il fut impossible d'interpréter d'une façon rationnelle la nature des particules (œuf, spermatozoïdes ou pollen) qui se réunissent pour former un nouvel être. Vers 1839, SCHWANN établit que les animaux et les plantes sont, à l'origine, constitués par des unités composées chacune d'une masse protoplasmique. Cette masse protoplasmique, ou cellule, est formée d'un corps et d'un noyau. L'œuf fut dès lors reconnu aisément comme un type parfait de cellule.

Quant au spermatozoïde, on étudia avec soin sa forme, sa structure et ses mouvements. La partie renflée, ou tête, présentait les caractères du *noyau* d'une cellule ; la portion filiforme ou *queue* avait les propriétés d'un corps cellulaire muni de cils vibratiles. Si le spermatozoïde s'avance, revient en arrière, se heurte aux corpuscules voisins ; s'il est capable de s'élever ou de s'abaisser, s'il s'agite et s'il progresse, c'est que sa queue exécute des mouvements ondulatoires à la façon des cils vibratiles d'une cellule épithéliale. Mais, malgré ces mouvements qui semblent dus à une impulsion volontaire, le spermatozoïde n'est qu'un élément protoplasmique et non un animalcule. Dès 1841, KÖLLIKER établit ce fait, et regarda le spermatozoïde comme l'équivalent d'une cellule.

On multiplia les expériences pour montrer que les spermatozoïdes non seulement sont animés de mouvements, mais qu'ils vont, avec une grande vitesse, au devant de l'ovule. COSTE fit cocher des poules, puis les sacrifia à des heures variables. Au bout de douze heures, il trouva des spermatozoïdes au pavillon de l'oviducte. La longueur des voies génitales qu'ils avaient parcourues étant de 70 centimètres environ, ils ont progressé avec une vitesse d'un millimètre à la minute. HENSEN procéda de même sur la lapine, dont les voies génitales, longues de 6 centimètres, sont parcourues dans un espace de cinquante minutes. C'est donc avec une vitesse de plus de 1 millimètre à la minute que les spermatozoïdes de lapin remontent les voies génitales de la femelle, bien que celles-ci présentent une série d'obstacles, tels que des cils vibratiles, etc.

Malgré le haut intérêt que présentèrent ces expériences, elles ne permirent pas, vu le volume ou le peu de transparence des œufs, de savoir ce que devient le spermatozoïde au contact de l'œuf.

Ce n'est qu'en 1875 qu'O. Hertwig trouva un objet d'étude propice dans les œufs d'oursins. Les ovules d'échinodermes sont assez petits et assez transparents pour être observés à l'état vivant. Il suffit de mélanger le produit des testicules aux ovules à l'époque de la reproduction pour assister, à l'aide du microscope, à la pénétration du spermatozoïde dans l'ovule. En ce qui concerne les animaux à fécondation interne, tels que les Mammifères, il faut procéder différemment. On fait couvrir des lapines, par exemple, et on les sacrifie de la douzième à la vingtième heure après le coït. Si l'on recueille les ovules dans le tiers supérieur de la trompe, on peut par l'examen à l'état frais reconnaître la présence de spermatozoïdes sur quelques-uns des ovules. Bien que l'examen à l'état frais présente de grandes difficultés, il permet cependant de constater la présence du sperme sur les ovules, mais il est malaisé de voir le spermatozoïde pénétrer dans l'intérieur de l'ovule et de savoir ce qu'il y devient.

Aussi est-il nécessaire de fixer les ovules à des moments différents, de les inclure dans la paraffine, de les débiter en coupes sériées qu'on colore comme les éléments des tissus. Par ce procédé, on peut reconstituer stade par stade la progression du spermatozoïde dans l'ovule, suivre les modifications que subissent l'un et l'autre et déterminer la part que prend chacun à la formation du nouvel être. On peut encore mettre un ou plusieurs ovules sur une lame de verre et y ajouter quelques gouttes de sperme.

Quand le spermatozoïde dans ses mouvements arrive à toucher de sa grosse extrémité ou tête l'enveloppe albumineuse ou muqueuse de l'ovule, la tête est prise. Le reste du corps du spermatozoïde continue à exécuter des mouvements, ce qui le fait pénétrer davantage dans l'enveloppe muqueuse. Au point de contact avec le spermatozoïde, le corps protoplasmique de l'ovule se gonfle et forme une saillie ou éminence conique qui semble attirer la tête du spermatozoïde. Après ce contact, la tête ne tarde pas à pâlir, et sa substance semble se confondre avec celle de l'éminence ovulaire. Cependant, par une observation attentive, on peut apercevoir dans le corps ovulaire un corpuscule qui correspond à la tête du spermatozoïde. Sa queue n'est plus distincte.

Dans ces conditions, on voit (fig. 59 et 60) que la tête du spermatozoïde a pénétré dans l'ovule (quatre minutes après la fécondation artificielle de l'œuf d'échinoderme). Elle s'entoure d'une auréole claire, et, huit minutes après l'entrée de la tête, tout le reste du spermatozoïde a disparu par fonte ou atrophie. Ensuite la tête se rapproche du centre de l'ovule, où elle arrive douze ou seize minutes après la fécondation, et se rapproche du noyau de l'ovule. On voit apparaître pendant ce rapprochement des stries protoplasmiques autour du noyau de l'ovule et de la tête du spermatozoïde qui arrivent peu à peu au contact (huit à vingt minutes après la pénétration de la tête du spermatozoïde de l'échinoderme). Enfin, noyau de l'ovule et tête du spermatozoïde se confondent en une masse unique, dite *noyau de segmentation*. C'est cette union ou copulation du noyau de l'ovule et de la tête du spermatozoïde qui constitue l'acte essentiel de la fécondation. En effet, à partir du moment où l'union de ces deux parties est complète, l'ovule se met à se diviser et à procéder à l'ébauche d'un être nouveau.

III. Les éléments mâle et femelle représentent non point deux cellules complètes, mais deux cellules pourvues seulement de fractions de noyau. — Tant qu'on n'avait que des notions vagues sur la façon dont une cellule produisait d'autres cellules, ou qu'on ignorait l'origine des cellules, on considérait la fécondation comme provenant de l'union de deux cellules entières. Mais, vers 1875, on réussit à connaître les phénomènes morphologiques qui précèdent, accompagnent et suivent la division des cellules. On vit que la substance colorable ou chromatique du noyau de la cellule en voie de division prend la forme d'un peloton qui se partage en long et en travers. Les tronçons qui résultent de cette division gagnent moitié par moitié les pôles supérieur et inférieur de la cellule-mère. Ensuite, les autres substances du noyau et de la cellule se répartissent également moitié par moitié autour de ces masses de chromatine : d'où la production de deux cellules-filles (Voir Cellule).

Grâce au partage à parties égales du filament chromatique, il est possible de compter le nombre de tronçons chromatiques que possède la cellule-mère, et de savoir combien en reçoit chaque cellule-fille. Ce nombre est variable chez les diverses espèces animales et végétales; mais il est fixe pour une espèce donnée. On arrive ainsi à représenter en chiffres la valeur d'une cellule.

En appliquant le même procédé aux cellules qui donnent naissance à l'ovule et aux spermatozoïdes, on a pu préciser la valeur de l'ovule et du spermatozoïde au point de vue de leur richesse chromatique. Pour le dire tout de suite, l'ovule mûr et le spermatozoïde qui vont s'unir ont la signification non point de deux cellules entières, mais de deux fractions de cellules.

Pour établir ce fait, il faut d'une part remonter à l'origine du grain de pollen ou du spermatozoïde et suivre, de l'autre, les phénomènes de maturation de l'ovule.

A. **Végétaux.** — *Origine du grain de pollen et valeur cellulaire de l'élément fécondateur mâle.* — Les grains de pollen prennent naissance dans l'épaississement des étamines qui porte le nom d'*anthère*. Généralement, l'anthère débute par deux proéminences qui correspondent aux futurs sacs polliniques. Les cellules qui constituent soit la paroi, soit le massif interne des proéminences de l'anthère ont la valeur des cellules somatiques; en effet, quand elles se divisent, elles présentent le même nombre de segments chromatiques, ou *chromosomes*, que les cellules végétatives ou somatiques quelconques (24 sur le Lis, 12 chez le Naias, d'après GUIGNARD). On donne à ces cellules le nom de *cellules-mères primordiales du pollen*. Les jeunes anthères contiennent à un moment donné des quantités de cellules-mères primordiales. Dans le *Naias major*, que nous prendrons comme exemple, GUIGNARD en a compté, sur une coupe transversale, passant par le milieu de l'anthère, 80 environ. Chacune de ces cellules-mères primordiales produira quatre grains de pollen par un processus de division qui s'éloigne de la division ordinaire. Il est à noter qu'avant de se diviser elles s'accroissent considérablement; elles prennent un volume double, et, de par leur évolution ultérieure, elles méritent le nom de cellules *sexuelles*.

Quand les cellules-mères définitives, ou cellules sexuelles, entrent en division, le filament nucléaire semble d'abord continu et unique (fig. 24). Puis il se coupe en six segments de longueur très inégale. Avant qu'on n'aperçoive des bouts libres dans le peloton nucléaire, et surtout quand la segmentation transversale est achevée, le filament nucléaire présente des granulations chromatiques distinctes qui se disposent sur une double rangée dans le protoplasma transparent qui les réunit. Chaque chromosome semble donc formé par deux moitiés intimement unies; c'est un groupe binaire, un chromosome double. Mais, dans chaque chromosome, les deux moitiés restent rattachées l'une à l'autre, tout au moins sur la plus grande partie de sa longueur, par le protoplasma nucléaire qui sert de support aux granulations chromatiques (fig. 25). Plus tard, on aperçoit, par endroits, dans chacune de ces moitiés, deux nouvelles séries de granulations; le chromosome semble constitué par quatre séries de granulations qui, selon toute apparence, ont pris naissance par le dédoublement des deux premières séries; elles seraient dues à un second dédoublement longitudinal.

Mais peu à peu les chromosomes deviennent plus courts et plus épais qu'auparavant, de sorte qu'on n'y distingue plus les séries de granulations dans chacune des moitiés du chromosome; ces moitiés elles-mêmes se soudent ordinairement dans toute leur longueur, tout en restant plus ou moins incurvées l'une sur l'autre. Les chromosomes prennent la forme de x, de boucles, et parfois d'anneaux (fig. 26).

Ces chromosomes, de longueur inégale, se placent ensuite à l'équateur du fuseau achromatique au nombre de six ordinairement (fig. 27).

Chaque chromosome comprend ainsi deux moitiés plus ou moins distinctes formées elles-mêmes de deux parties confondues l'une avec l'autre et devenues méconnaissables; il est donc quadruple et constitué par quatre bâtonnets intimement soudés par paires. Dans la plaque nucléaire, les chromosomes arrivent rarement à se placer tous exactement dans le plan équatorial; mais leur orientation est telle que les deux paires qu'ils comprennent se dirigeront, au moment de la métakinèse, chacune en sens inverse vers les pôles. Ils affectent une forme plus ou moins losangique; puis le losange se coupe en deux au niveau du plan équatorial, et chaque moitié (triangle formé d'une paire de chromosomes simples) se dirige vers le pôle correspondant. C'est au moment où les deux paires en question commencent à s'écarter l'une de l'autre que les deux bâtonnets ou chromosomes simples, jusque-là dissimulés dans chacune d'elles, deviennent visibles.

Donc six chromosomes doubles se rendent à chacun des pôles (fig. 28). La première division se complète par la séparation du cytoplasme en deux moitiés ou cellules-filles (fig. 29 et 30).

Ces cellules-filles ne tardent pas à se diviser elles-mêmes (2ᵉ division sexuelle). Le stade du peloton filamenteux est court; il se coupe très vite en six chromosomes. On n'y remarque point de dédoublement longitudinal; ces chromosomes sont coudés et figurent un V. Ils vont former une plaque nucléaire de six chromosomes doubles.

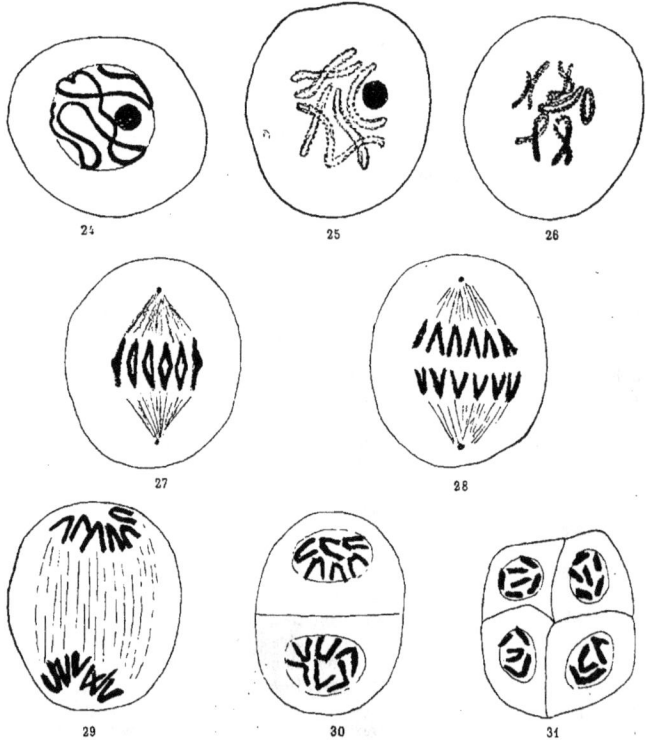

Fig. 24 à 31. — *Schémas pour montrer le mode de production des grains de pollen de Naias major, d'après les études de* Guignard.

24, *cellule-mère définitive de l'anthère* dans le *Naias major.* — 25, *noyau à six segments chromatiques,* ou chromosomes, dont chacun présente deux files de granulations. — 26, *noyau dont chaque chromosome est divisé en deux moitiés disposées de diverses façons l'une par rapport à l'autre; chaque moitié présente deux files de granulations.* — 27, *noyau au stade de plaque nucléaire.* — 28, *noyau au stade diaster.* — 29, *noyaux-fils,* avec les chromosomes arrivés près des pôles. — 30, *achèvement de la division.* — 31, séparation des deux branches de chaque chromosome double au moment de la deuxième division sexuelle

Puis les deux branches de chaque chromosome se séparent, s'écartent l'une de l'autre au niveau du coude primitif, s'isolent complètement pour se rendre aux pôles, où elles arrivent en présentant pour la plupart la forme de bâtonnets crochus qui se recourbent de plus en plus et se serrent les uns contre les autres avant la reconstitution nucléaire.

Chacune des deux cellules de la fig. 30 donne ainsi naissance à deux cellules-filles, telles qu'elles sont ébauchées la figure 31 qui représente le résultat de la division des deux premières cellules sexuelles en quatre cellules sexuelles-filles. Aussi pour Guignard, le caractère essentiel de la 2ᵉ division sexuelle consiste-t-il dans la séparation pure et simple de chaque chromosome double.

Les quatre noyaux reçoivent donc six chromosomes simples. En réalité, les vingt-quatre chromosomes simples destinés à ces noyaux étaient déjà formés dès les premières phases de la division de la cellule-mère pollinique définitive. Les deux divisions sexuelles n'ont fait que les répartir dans les quatre cellules-petites-filles ou grains de pollen.

V. GRÉGOIRE, qui a étudié le développement des grains de pollen dans le Lis, est arrivé à des résultats identiques : une double division longitudinale caractérise la mitose des premières cellules sexuelles; d'où la formation de chromosomes quadruples (groupes quaternes ou tétrades). Chacun de ceux-ci se divise en travers; la deuxième cellule sexuelle reçoit donc des chromosomes doubles (groupes binaires ou dyades). La deuxième division sépare ces dyades et répartit les chromosomes simples dans les cellules-petites-filles.

Tel est l'un des modes de production de la réduction quantitative; mais on en observe d'autres dans certaines espèces. Ils diffèrent à divers égards de celui que nous venons de décrire dans le Naias et le Lis. STRASBURGER l'a étudié avec soin dans les anthères du Tradescantia virginica. Voici la succession des images qu'il a observées :

Au stade du filament pelotonné (fig. 32) succède la segmentation du filament, c'est-à-dire qu'on le voit coupé en tronçons ou segments; mais, au lieu d'être simples, ces segments ont la forme de boucles ou de cerceaux. On regarde ces cerceaux comme des segments ou chromosomes doubles unis seulement à leurs extrémités. Peu à peu ces boucles s'épaississent et se raccourcissent (fig. 33); cependant, celles qui occupent la périphérie du noyau sont plus étalées que celles qui se trouvent vers le centre ; ces dernières donnent l'impression de résulter du pelotonnement d'un filament unique.

Comme on le voit sur la figure 34, les boucles se rétractent de plus en plus, et prennent la forme d'anneaux petits et à bords épais.

L'espace qu'ils circonscrivent se rétrécit. La prophase est donc caractérisée par la segmentation du filament chromatique et la formation d'anneaux.

A la suite de ces phénomènes, la membrane nucléaire disparaît (fig. 35), et le fuseau achromatique commence à se former. On voit apparaître vers le milieu de chaque anneau chromatique une sorte d'entaille circulaire (fig. 35 et 36) qui semble le début d'une division transversale. STRASBURGER se demande si cette entaille ne résulterait pas de la traction exercée par les filaments achromatiques.

Quoi qu'il en soit, l'anneau s'étire selon l'axe du fuseau achromatique et prend la figure d'un losange; le sommet de chacune des moitiés du losange se dirige de plus en plus franchement vers le pôle correspondant du noyau. Comme le montrent les fig. 37, 38, et 39, les deux moitiés triangulaires se séparent lentement l'une de l'autre; rangées irrégulièrement, l'une en haut, l'autre en bas du plan équatorial, elles restent souvent unies à droite ou à gauche par un petit pont de substance chromatique. Elles affectent ainsi les formes les plus variées : celle de deux bâtonnets rangés bout à bout; celle de deux crosses à concavité correspondante ou disposées en sens inverses. Malgré ces variétés d'aspect, chacune des moitiés de l'anneau primitif se raccourcit et prend la forme d'un bâton épais ou d'un croissant massif.

L'inspection des figures 38 à 40 en apprend plus à cet égard que toutes les descriptions.

La séparation des moitiés de l'anneau qui a commencé (sur les figures 37 et 38) continue à se faire (voir fig. 40), et bientôt chaque moitié est groupée avec ses congénères plus ou moins près de l'un ou l'autre pôles (fig. 40).

Quand les chromosomes sont arrivés près du pôle correspondant, il apparaît vers le milieu du plan longitudinal un trait qui semble partir de l'extrémité libre et indique le commencement d'un dédoublement longitudinal (voir le chromosome droit et inférieur de la figure 41). A mesure que les chromosomes se groupent sur le pourtour du pôle, ce dédoublement longitudinal s'accentue, et, comme on le voit sur la figure 41, finalement chaque chromosome a donné naissance à deux chromosomes-fils, qui restent souvent accolés sous la forme de x.

Vus de face, deux de ces chromosomes petits-fils (fig. 41) encore accolés donnent l'impression de quatre amas chromatiques ou de chromosomes à quatre branches.

Quand le protoplasma s'est groupé autour de chacun de ces noyaux-fils ainsi produits, la première division est achevée. La phase de repos est très courte, ce qui indique un accroissement faible ou nul du corps cellulaire, et surtout du noyau. Les deux noyaux-fils entrent rapidement en activité pour subir une *seconde* division qui diffère singulièrement de la première. En effet, dans l'une et dans l'autre cellules, chaque chromosome, que nous avons déjà vu en partie fendu en deux moitiés par un sillon longitudinal, subit un dédoublement complet, et il en résulte deux fois autant de chromosomes

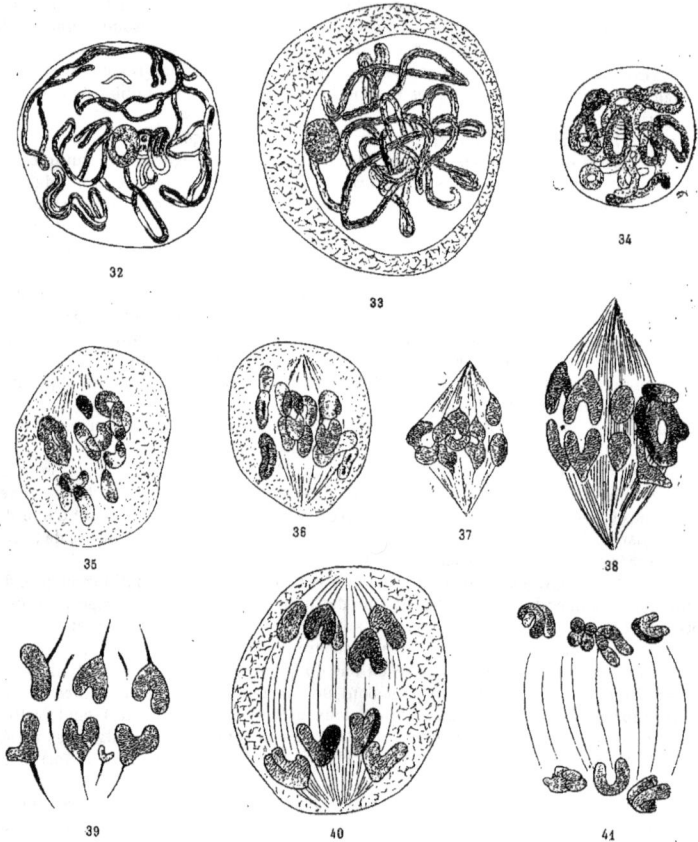

Fig. 32 à 41. — *Division des cellules-mères définitives de l'anthère de Tradescantia virginica*
(premières cellules sexuelles ou cellules-mères du pollen) d'après STRASBURGER.

32, stade du peloton qui vient de se segmenter en cerceaux longs, minces et tortueux (chromosomes). — 33, cerceaux épais représentant les chromosomes rétractés. — 34, chromosomes très épaissis et fort rétractés. — 35 et 36, chromosomes près de l'équateur du fuseau; quelques-uns des cerceaux sont étranglés; d'autres sont coupés par le milieu. — 37, plaque nucléaire formée de chromosomes; la plupart coupés par le milieu en deux chromosomes-fils, épais. — 38, la plupart des chromosomes-fils se sont séparés, l'un se dirigeant vers le pôle supérieur, et l'autre vers le pôle inférieur du noyau. — 39, relations des chromosomes-fils avec les filaments du fuseau achromatique. — 40, début du dédoublement longitudinal des chromosomes-fils en chromosomes petits-fils. — 41, les chromosomes-fils sont accolés, deux par deux, à chacun des pôles du noyau.

petits-fils, qui vont se grouper à l'équateur pour former la plaque nucléaire. Ces chromosomes sont ensuite répartis aux deux pôles, et la deuxième division s'achève par la division du corps cellulaire.

En résumé, la première division des cellules-mères des grains de pollen se distingue par la présence d'anneaux chromatiques qui se coupent en deux moitiés. Chaque cellule-fille reçoit la moitié de l'ensemble des anneaux chromatiques.

La seconde division n'a qu'un but, c'est de répartir entre les deux cellules-filles le quart de l'anneau chromatique primitif. En comparant à cet égard la cellule-mère du grain de pollen aux cellules-petites-filles, on constate ainsi une réduction notable dans la quantité de chromatine.

Comme cela ressort de l'inspection et de la comparaison des dessins 24 à 31 et 32 à 41, c'est le mode de division des chromosomes qui diffère essentiellement en ce qui concerne les cellules sexuelles. Les réactions micro-chimiques ne nous permettent pas de distinguer des substances différentes au centre et aux extrémités de ces éléments infiniment petits. Il est donc peu probable que la division, en long ou en travers, change le fond des phénomènes. Autrement dit, qu'il y ait dédoublement en long ou segmentation en travers, le résultat est identique : il assure une répartition égale des chromosomes fils et petits-fils entre les générations d'éléments sexuels. Ce qui caractérise la genèse des cellules sexuelles, ce sont les faits suivants (voir fig. 24 à 31 et 31 à 41) : 1° *les premières cellules sexuelles* (1re génération) possèdent encore une masse chromatique qui subit une augmentation notable à la suite des phénomènes de croissance; mais cette augmentation n'atteint que la moitié environ de la quantité de chromatine que présentent les cellules somatiques; d'où le nombre moitié moindre des chromosomes; 2° *les deuxièmes cellules sexuelles* (2e génération) se produisent par la division immédiate des premières, sans repos intermédiaire et sans accroissement de la masse chromatique. Le mode de division des chromosomes (longitudinal ou transversal) paraît secondaire; le phénomène essentiel et constant semble être le développement d'un élément (sexuel) pourvu de peu de chromatine, de sorte que le *grain de pollen représente une cellule qui ne possède que la moitié ou une fraction de chromatine d'une cellule somatique.*

B. Animaux. — *Origine et valeur cellulaire du spermatozoïde.* — Le sperme élaboré par les testicules contient un nombre presque incalculable d'éléments mobiles ou spermatozoïdes dont nous avons déjà parlé antérieurement. Ces éléments sont microscopiques, longs de 50 à 70 μ chez l'homme, et larges de 5 μ du côté de la tête, tandis que la queue filiforme se termine par un fil si ténu qu'il n'est pas mesurable. Il est à peine besoin d'insister ici sur les différences de configuration de la tête, qui est le plus souvent piriforme (homme), ou rectangulaire (hérisson), ou en faucille (rat, souris), ou en bâton droit ou contourné (Oiseaux et Reptiles).

Le fait constant est le suivant : la tête est formée par de la chromatine, tandis que la queue présente les réactions d'un corps cellulaire muni de cils vibratiles. Avec une technique convenable, on est arrivé à distinguer dans le corps du spermatozoïde diverses parties qui sont les suivantes (fig. 42) :

1° Un segment limité sur notre dessin par deux traits foncés d'une part et, de l'autre, par une seule strie foncée; ce segment a reçu le nom de *segment d'union* ou *intermédiaire;* il n'est long que de 3 à 5 μ et épais d'un μ. Ce segment présente un filament axial, de structure fibrillaire, entouré d'un manchon hyalin. Les traits foncés ont été diversement interprétés; ils se colorent comme des granulations chromophiles. Souvent on observe à la surface du segment intermédiaire un ou plusieurs épaississements ou restes protoplasmiques déjà signalés par Dujardin en 1837 sous le nom de nodules. Faisant suite au segment intermédiaire, le filament caudal a été subdivisé en segments *principal* et *terminal.* La différence essentielle de ces deux derniers segments consiste dans ce fait que le segment *principal* de la queue est composé d'un filament axial, fibrillaire, entouré d'un manchon protoplasmique tandis que le segment terminal est formé uniquement par le prolongement même du filament axial.

Comment le spermatozoïde se forme-t-il dans le testicule? Cet organe est essentiellement constitué par des tubes revêtus d'épithélium. Les assises épithéliales produisent des cellules qui se transforment en spermatozoïdes. La rangée externe des cellules épithéliales est formée de cellules aplaties qui reposent sur la membrane externe, membrane conjonctive ou propre : on les appelle *spermatogonies.* Elles se multiplient par voie mitosique et donnent naissance à des cellules à corps cellulaire volumineux, dites *spermatocytes* de premier ordre. Ces spermatocytes subissent une double division par voie mitosique.

Les cellules externes (cellules-mères primordiales des spermatozoïdes, spermatogonies) du tube séminipare se divisent d'après le même mode que les cellules somatiques. A l'état de repos les spermatogonies possèdent un protoplasma assez abondant; leur noyau à contour sinueux présente des amas, ou blocs clairsemés, de chromatine. Quand la spermatogonie se prépare à la division, les blocs de chromatine se convertissent en fils minces qui se réunissent entre eux pour constituer un filament dont les contours multiples donnent l'image d'un réseau. Puis le filament se contracte, et le noyau passe au stade du peloton. (Voir fig. 42 de l'article **Cellule**, p. 427.)

Si l'on a affaire au testicule d'un animal dont les cellules somatiques présentent une plaque nucléaire de 24 chromosomes, le filament pelotonné de la spermatogonie se coupe par division transversale en 12 chromosomes qui montrent déjà ou ne tardent pas à montrer un dédoublement longitudinal. Les 24 chromosomes se placent à l'équateur du fuseau achromatique qui s'est formé sur ces entrefaites, et constituent une plaque nucléaire de 24 chromosomes.

Ensuite les chromosomes s'éloignent de l'équateur et cheminent vers les pôles, de telle façon qu'une moitié des chromosomes gagne le pôle supérieur, et l'autre moitié le pôle inférieur du noyau. Quand le noyau primitif se sera définitivement partagé en deux noyaux secondaires, chacun des noyaux et, par suite, chaque cellule-fille possédera 12 chromosomes qui se fusionneront pour former un réseau chromatique.

A cette période de multiplication succédera un stade de repos pendant lequel les cellules-filles s'accroîtront et acquerront chacune des dimensions et une valeur chromatique équivalentes à celles de la cellule-mère. Lorsque les cellules-filles se diviseront à leur tour, chacune d'elles se comportera comme la cellule-mère.

D'après ce mode de division, chaque cellule-fille représente la moitié de la cellule-mère et, grâce aux phénomènes de nutrition consécutifs, elle ne fait que s'accroître de telle sorte que ses diverses parties arrivent à avoir la taille et les caractères de la cellule-mère.

Les cellules qui vont produire les spermatozoïdes se divisent d'après un mode qui s'éloigne à bien des égards de la mitose typique.

On a désigné ces processus sous le nom de *division hétérotypique*. C'est une mitose dont les phases essentielles rappellent la description que nous avons donnée plus haut des cellules-mères du pollen (Voir l'ensemble des figures 24 à 39). Prenons comme exemple un animal dont les cellules somatiques présentent une plaque nucléaire de 24 segments. Au moment du stade du filament pelotonné, celui-ci s'épaissit et semble composé d'un filament double; mais les deux moitiés restent accolées. Puis survient la segmentation transversale du filament; mais, au lieu de 24 segments chromatiques ou chromosomes, on n'en compte que 12 dans la plaque nucléaire. Cependant la configuration de ces chromosomes est différente de celle des chromosomes d'une division typique; le plus fréquemment ce sont des boucles, des anneaux ou des cerceaux qui se placent parallèlement au fuseau et s'étirent en losange. Ensuite l'anneau se rompt à l'équateur, et les anses cheminent chacune vers le pôle correspondant. Mais, avant d'y arriver, chacune des anses ou segments montre un commencement de dédoublement longitudinal.

Donc les noyaux des cellules-filles se forment chacun aux dépens de deux chromosomes doubles.

Dès que les noyaux et les cellules-filles se sont séparés, survient une *seconde* division sans repos intermédiaire. La caractéristique de cette seconde division est la suivante : chacun des chromosomes doubles ne fait que se dédoubler ou se couper en deux chromosomes simples, de sorte que la plaque nucléaire ne montrera que quatre chromosomes simples. En se répartissant ensuite deux par deux sur chacun des noyaux-petits-fils, la cellule-petite-fille, ou spermatocyte de deuxième ordre, n'aura que deux chromosomes simples. Le spermatocyte de deuxième ordre ne possédera ainsi que la moitié ou une fraction de la valeur chromatique d'une cellule somatique. Il en est ici comme des grains de pollen. Autrement dit, chaque cellule-mère de pollen, chaque spermatocyte de premier ordre, donnera naissance à quatre éléments reproducteurs mâles, dont la richesse chromatique se trouve réduite de moitié, ou davantage.

A l'appui de cette description que j'ai schématisée à dessein, je cite les observations de Meves, Brauer, Janssens, R. de Sinéty et celles des frères Bouin.

La cellule-mère des spermatozoïdes (spermatocyte de premier ordre) se divise d'après

un mode analogue à la cellule-mère des grains de pollen. Meves a vu, dans les spermatocytes de premier ordre de la salamandre au stade pelotonné, se former, par scission transversale, 12 chromosomes (au lieu de 24 comme dans la mitose des cellules somatiques).
Ces chromosomes représentaient déjà des cerceaux contournés en divers sens. Au stade
de la plaque équatoriale, les 12 chromosomes se placent parallèlement au fuseau
achromatique, et chacun s'étire en losange, ce qui imprime à la plaque nucléaire l'aspect
caractéristique d'un tonnelet. Ensuite, le losange se rompt au plan équatorial; chaque
moitié se rend au pôle correspondant. Pendant que la moitié, ou chaque chromosome
simple, se rend au pôle, on y voit déjà des indices du dédoublement qui ne sera achevé
qu'à la division suivante. Cette deuxième division suit, en effet, de près la première,
sans stade de repos, c'est-à-dire sans accroissement des chromosomes; elle consiste,
pour ainsi dire, dans le simple dédoublement longitudinal des 12 chromosomes, de sorte
qu'ils viennent former une plaque nucléaire de 24 chromosomes. Après leur répartition
à chacun des pôles du fuseau, chaque noyau-petit-fils reçoit 12 chromosomes.

Ainsi chaque cellule-petite-fille, ou spermatocyte de deuxième ordre, ne reçoit en fait de
substance chromatique que la moitié du corps de chacun des chromosomes qu'on observe
dans la cellule-fille. La différence nucléaire de la cellule-petite-fille porte uniquement
sur la réduction quantitative.

Les phénomènes de la spermatogénèse se passent d'une façon analogue chez nombre
d'êtres inférieurs. Brauer, qui a étudié à fond la formation des spermatozoïdes chez
l'*Ascaris megalocephala*, trouve que chacun de ces éléments ne représente que la moitié
d'une cellule somatique au point de vue de sa richesse chromatique. Quand, chez la
variété *bivalens*, un spermatocyte de premier ordre se divise, le filament nucléaire
montre quatre rangées de granulations qui restent accolées par du nucléoplasma transparent. On a donné à l'aspect présenté par ces rangées de granulations le nom de *groupement quaterne* ou *tétrade*.

Ce filament, qui semble quadruple, se coupe en travers en deux segments : d'où deux
chromosomes quaternes qui se placent à l'équateur. Alors dédoublement réel de chaque
chromosome, dont l'une des moitiés se porte à l'un des pôles, et l'autre au pôle opposé.
Le résultat de la première division est donc un partage égal de chacun des chromosomes
quaternes entre les deux cellules filles. Alors se fait immédiatement, sans stade de repos
intermédiaire, la seconde division (spermatocyte de deuxième ordre) qui consiste dans
le dédoublement des chromosomes binaires. Chaque
cellule petite-fille, ou spermatide, ne reçoit donc que
la moitié de la chromatine de la cellule-mère.

Les cellules petites-filles des spermatocytes de
premier ordre sont donc des éléments dont le noyau
ne possède que la moitié ou une fraction de la chromatine des spermatocytes. Ce sont les spermatides
dont chacune deviendra un spermatozoïde.

Voilà les changements morphologiques, structu-
raux et chimiques que subit la spermatide quand elle
se convertit en spermatozoïde. Pour ce qui est de
la chromatine, elle existe encore à l'état de granulations distinctes dans la spermatide, mais peu à
peu elle se résout en une substance de plus en plus
homogène (fig. 43).

D'autre part, le noyau quitte le centre de la cellule et s'avance vers l'extrémité qui sera la tête en
même temps qu'il s'allonge et prend une forme
aplatie et ovoïde. Les spermatides possèdent deux
corpuscules, qu'on a homologués avec les corpuscules centraux (voir fig. 45). Ces deux corpuscules
gagnent la périphérie du corps de la spermatide :
du corpuscule superficiel ou distal part un prolonge-

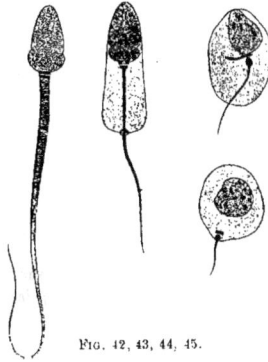

Fig. 42, 43, 44, 45.

42, *Spermatozoïde humain, d'après* Meves. —
43, (à droite et en bas) spermatide jeune
commençant par se transformer en spermatozoïde. — 44 (à droite et en haut)
spermatide plus avancée dans son évolution. — 45, spermatide qui est en voie de
prendre la forme d'un spermatozoïde.

ment, ébauche du segment ou filament caudal. Le corpuscule profond ou proximal
prend la forme d'un bâtonnet transversal (fig. 44) et s'accole au noyau. Le corpuscule

distal prend la forme d'un anneau. Les enveloppes protoplasmiques paraissent provenir du corps cellulaire, qui semble couler, pour ainsi dire, le long du filament axial (fig. 42 et 43).

En résumé, *de par son origine, et malgré sa structure compliquée et la quasi spontanéité de ses mouvements, le spermatozoïde n'est qu'une cellule dont le noyau possède une fraction de chromatine en comparaison du noyau d'une cellule somatique.*

IV. Valeur cellulaire de l'ovule. — **A. Oosphère ou ovule des végétaux supérieurs** (*Angiospermes*). — L'organe sexuel (nucelle) se développe dans la fleur aux dépens d'un

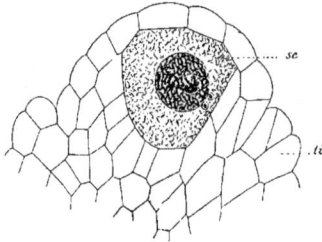

FIG. 46. — Coupe passant par l'axe du nucelle de *Lilium Martagon*. — *se*, cellule-mère du sac embryonnaire qui a déjà pris un accroissement considérable. Il renferme un seul noyau dit primaire. — *ti*, tégument de l'ovule (d'après GUIGNARD).

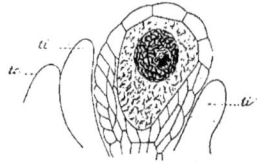

FIG. 47. — Coupe analogue qui montre le développement ultérieur de la cellule-mère comprimant le tissu enveloppant et les téguments interne (*ti*) et externe (*te*). Il ne contient encore que le noyau primaire (d'après GUIGNARD).

amas de cellules dont le centre ne tarde pas à être occupé par une cellule volumineuse (fig. 46). On lui donne le nom de *cellule-mère* du sac embryonnaire (*se*). Il contient un noyau également très gros, appelé *noyau primaire*. Cette cellule acquiert un développement considérable, comparativement aux cellules qui l'enveloppent et qui contribuent à la formation des téguments ovulaires (fig. 47). Bientôt la cellule-mère du sac embryonnaire se divise, pour produire *deux* cellules secondaires, puis quatre cellules dont le protoplasma reste commun pendant quelque temps (fig. 48). Quand les quatre noyaux se sont divisés à leur tour, le sac embryonnaire contient huit noyaux dont les trois supérieurs et les trois inférieurs sont séparés les uns des autres par des limites cellulaires plus ou moins nettes, tandis que les deux noyaux qui occupent la région moyenne sont encore réunis par un protoplasma commun. Chacun des huit noyaux a reçu un nom particulier, parce que leur destinée est différente : au sommet du sac embryonnaire se trouvent les noyaux des deux cellules qui s'appellent *synergides ;* au-dessous de celles-ci est l'*oosphère* qui est l'*ovule* proprement dit. La base de l'oosphère contient les *antipodes*. Les deux noyaux du centre sont dits *noyaux polaires*.

FIG. 48. — Sac embryonnaire après la division du noyau primaire en quatre noyaux : deux supérieurs moins volumineux que les deux inférieurs (d'après GUIGNARD).

FIG. 49. — Sac embryonnaire après la division des quatre noyaux de la figure 49 et après que l'un des quatre noyaux supérieurs et un autre des quatre noyaux inférieurs ont gagné le centre du sac embryonnaire pour y former les *noyaux polaires*. Le sommet reste occupé par les deux noyaux, dits *synergides ;* au-dessous de ceux-ci se trouve l'*oosphère ;* en bas on voit les *antipodes*.

Ces divers noyaux ont-ils la même valeur au point de vue de leur richesse chromatique? Pour répondre à cette question, je cite les observations de GUIGNARD, qui a étudié les phénomènes intimes du développement du sac embryonnaire chez divers végétaux, et en particulier sur le Lis (*Lilium Martagon*). On sait que les cellules ordinaires de cette plante, cellules somatiques, montrent au stade de la plaque nucléaire vingt-quatre segments chromatiques ou chromosomes. Il n'en est pas de même pour les noyaux du sac. GUIGNARD a vu et **représenté** (fig. 48 et 49) un sac embryonnaire au stade de deux noyaux, l'un et l'autre

.en voie de se diviser. L'inégalité des noyaux est frappante : dans le noyau du sommet qui va produire les synergides et l'oosphère, on ne compte que douze chromosomes, tandis que celui du bas (antipodes) en offre souvent douze, vingt ou même vingt-quatre. Le nombre de douze ne changera pas par la suite ni dans le noyau supérieur, ni dans ses dérivés. « Il apparaît ainsi, conclut GUIGNARD, dès les premières divisions qui s'effectuent dans le sac embryonnaire, une différence caractéristique dans la constitution des noyaux, différence qui coïncide avec le rôle qu'ils auront à remplir. »

En un mot, l'oosphère, qui s'unira au pollen pour former l'ébauche de l'embryon, correspond, au point de vue de sa valeur chromatique, non point à une cellule entière, mais à une moitié de cellule.

B. Ovule des animaux. — L'ovule est une cellule spéciale de l'organe propre aux femelles et connu sous le nom d'*ovaire*. Le *jaune* de l'œuf des oiseaux représente un ovule dont une grande partie du corps cellulaire s'est chargée de matières graisseuses. Chez les Mammifères, l'ovule est fort petit; ses dimensions varient entre $0^m,06$ et $0^m,20$. Ce n'est qu'en 1827 que BAER a découvert l'ovule des Mammifères au milieu de la vésicule ou follicule que REGNIER DE GRAAF avait signalée sur divers quadrupèdes et qui est connue sous le nom d'*ovisac*. L'ovisac ne représente, en somme, que des cellules épithéliales dont la multiplication a pour but de porter l'ovule vers la surface de l'ovaire et de le mettre en liberté au moment de la rupture de la paroi.

L'ovule n'est qu'une cellule. Il se compose : 1° d'une membrane d'enveloppe; 2° d'un corps cellulaire ou protoplasma, dit *vitellus;* 3° d'un *noyau*, appelé *vésicule germinative*. Ce noyau est volumineux; chez les Mammifères, il atteint presque le quart de l'ovule, et contient deux ou trois granulations ou *nucléoles*, dites taches germinatives.

Bien que l'ovaire se forme de bonne heure, les ovules ne sont pondus qu'à partir d'un âge déterminé, et, pour pouvoir être fécondés, ils subissent des changements profonds. Les ovules sont formés de bonne heure, dès les premiers temps de la période embryonnaire; ce sont des cellules possédant les

Fig. 50. — *Ovule de souris mûr et se préparant à la division pour émettre le premier globule polaire, d'après* SOBOTTA.

caractères généraux des cellules somatiques. Mais, quoique impropres à être fécondés jusqu'à un certain âge, les ovules non seulement grandissent, mais subissent une série de modifications qui finissent par en faire des ovules *mûrs*. Je choisis comme exemple l'œuf de salamandre, si bien étudié par CARNOY et LEBRUN. Les salamandres sont vivipares, et les larves sont pondues au printemps dans l'eau. La première année, les jeunes salamandres sortent de l'eau et mènent une vie terrestre. La deuxième année, leurs œufs ont au printemps un diamètre de $0^{mm},200$ environ avec un noyau de 11 à 12 µ; en octobre, ces œufs atteignent $0^{mm},300$ et leur noyau 14 µ. La troisième année, les œufs ont $0^{mm},500$ avec un noyau de 100 à 200 µ; la quatrième année, $1^{mm},500$ et un noyau de 400 µ. La cinquième année $3^{mm},500$; leur noyau mesure 400 à 500 ou 600 µ. Ces derniers œufs sont alors aptes à être fécondés. La maturation dure cinq années révolues. Sur une salamandre adulte, on rencontre tous ces stades dans le même ovaire.

Pendant cette évolution qui conduit à la maturation, non seulement l'ovule grandit, mais son noyau est constamment le siège d'une série de transformations. Les grains et les filaments de chromatine présentent des changements continus de forme : les grains se disposant en filaments, et ces derniers subissant à leur tour la résolution granuleuse.

Quand, à la suite de ces phénomènes de croissance et de modifications intimes, l'ovule est devenu une cellule énorme comparativement aux cellules des autres tissus, il est arrivé à maturité; mais son *noyau entier* n'est pas apte à être fécondé; ce n'est qu'une portion du noyau, un noyau-fils ou petit-fils qui s'unira au spermatozoïde pour former un être nouveau. A cet effet, le noyau ou vésicule germinative quitte le centre de l'œuf, se divise par mitose, et l'une des cellules-filles est expulsée sous le nom de corpuscule ou globule *polaire*. La formation du globule polaire chez les oursins se fait dans l'ovaire, par conséquent *avant* la fécondation. Il en va de même, selon R. FICK, de l'œuf d'axolotl, où le spermatozoïde ne pénètre dans l'œuf que quand ce dernier se prépare à émettre le *second* globule polaire. Chez la majorité des autres animaux, le spermatozoïde pénètre

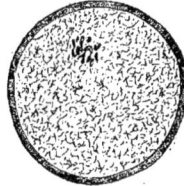

dans l'œuf, pendant que le noyau ovulaire se divise ou se prépare à la division pour fournir le premier globule polaire.

V. Phénomènes qui précèdent et accompagnent l'union de l'anthérozoïde ou spermatozoïde au noyau de l'ovule arrivé à maturité. — A. Végétaux supérieurs. Double fécondation. — Comme nous l'avons vu (p. 241), Amici a pu suivre le tube qu'émet le grain de pollen à travers le style du pistil jusqu'au nucelle et arriver au contact de l'oosphère. Que se passe-t-il alors? Pendant des années, on croyait un mélange intime du protoplasma du grain de pollen et de celui de l'oosphère. Le jeune être ou embryon résulterait de l'union de deux cellules entières.

Par une longue série de recherches, Guignard parvint à montrer que ce ne sont pas des cellules entières qui se réunissent; ce sont surtout les noyaux, et encore ces noyaux n'ont que la valeur de demi-noyaux au point de vue de leur richesse chromatique. Dans une espèce de Lis (*Lilium Martagon*) où les cellules somatiques présentent une plaque nucléaire de vingt-quatre segments ou chromosomes, Guignard a vu que les cellules qui donnent naissance aux grains de pollen ne possèdent que douze chromosomes. Au moment où le grain de pollen *germe*, c'est-à-dire quand il va former un tube pollinique qui pénètre dans le pistil, le noyau se divise en deux noyaux-fils, un gros ou *végétatif*, qui ne sert qu'à la croissance et à la nutrition du tube végétatif, et un autre plus petit, mais fixant les matières colorantes plus énergiquement que le premier (fig. 51). Ces deux noyaux ne possèdent chacun que douze chromosomes. Le petit noyau ne tarde pas à se diviser en deux noyaux nouveaux, dont chacun comprend comme lui douze chromosomes (fig. 52, 53 et 54). C'est l'un de ces derniers noyaux qui reçoit le nom de *noyau générateur*, parce que, arrivé

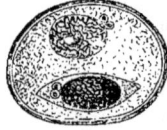

Fig. 51. — *Grain de pollen adulte de Lilium Martagon avec ses deux noyaux : le supérieur, ou noyau végétatif, est pourvu d'une charpente chromatique délicate et d'un gros nucléole. La cellule inférieure, ou cellule génératrice, est fusiforme: la charpente chromatique du noyau est serrée et fortement colorable; ce noyau est entouré d'une couche protoplasmique avec deux sphères directrices à l'une des extrémités de la cellule.*

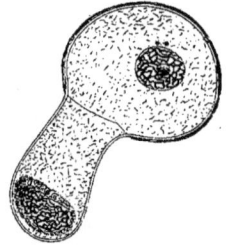

Fig. 52. — *Grain de pollen en germination : la cellule génératrice, en bas; la cellule végétative, en haut, avec ses deux sphères directrices (d'après Guignard).*

Fig. 53. — *Tube pollinique de Lilium Martagon montrant en bas, le noyau végétatif et, en haut, le noyau générateur en voie de se diviser en deux gamètes ou anthérozoïdes (d'après Guignard).*

avec le bout du tube pollinique au contact de l'oosphère, il s'unit au noyau de l'oosphère et constitue l'*œuf fécondé*. L'œuf fécondé en se divisant donnera naissance à l'embryon qui, plus tard, reproduira la plante.

Le résultat essentiel de cette première série des recherches est donc le suivant : l'embryon ou plantule provient de la fusion d'une fraction de noyau d'une cellule mâle avec une fraction de noyau de cellule femelle. Mais que devient le noyau-frère du noyau générateur? On savait qu'à côté de l'embryon il se développe aux dépens du sac embryonnaire un tissu riche en substances nutritives appelé *albumen* ou *endosperme*. Embryon et albumen constituent la graine. D'où provient cet albumen? On savait que les deux noyaux polaires se fusionnaient pour constituer le *noyau secondaire* du sac embryonnaire. Ce noyau secondaire, au moment précis de la fécondation, se divisait une première fois; puis les cellules-filles continuaient à se diviser et à constituer un tissu ou parenchyme qui enveloppe l'embryon, se gorge de substances nutritives (amidon, huile) et constitue pour l'embryon une sorte de réserve nutritive.

Sous quelle influence le noyau secondaire commence-t-il à se diviser? Est-ce l'influence de voisinage de l'oosphère fécondée? On l'ignorait jusque dans ces derniers temps. Mais, grâce aux découvertes de Guignard et Nawaschine, nous connaissons maintenant le sort du noyau-frère du noyau générateur et la raison du développement du noyau secondaire.

L'albumen doit son origine à la fécondation du noyau secondaire, il y a donc fécondation double qui se fait de la façon suivante chez les végétaux angiospermes, d'après les recherches de Guignard :

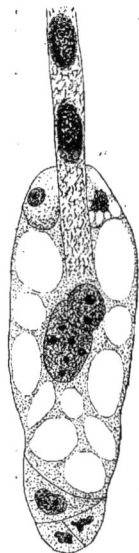

Sur la figure 56, on voit que le tube pollinique est vide et que les deux noyaux générateurs (fig. 54) du tube pollinique se sont échappés dans le sac embryonnaire. De ces deux noyaux l'un s'accole à l'oosphère, l'autre aux noyaux polaires. Comme le montre le dessin, ils ont changé de forme : l'un et l'autre se sont allongés en un corps qui s'incurve de diverses façons, d'abord en forme de crochet, de croissant ou de boucle, légèrement renflés au centre et parfois plus minces à l'un des bouts. Ils prennent un aspect vermiforme. Leur allongement s'accompagne d'une torsion qui peut être celle d'une spirale comprenant un ou deux tours irréguliers. Ils ressemblent singulièrement aux cellules reproductrices mobiles qu'on connaît depuis longtemps chez les végétaux inférieurs sous le nom d'*anthérozoïdes*. Bien que les noyaux ou cellules mâles des Phanérogames soient dépourvus de cils, Guignard propose de les appeler *anthérozoïdes*, nom qu'ils méritent au même titre que les corps reproducteurs mâles des Cryptogames vasculaires ou de certains Gymnospermes.

L'anthérozoïde supérieur est plus mince et plus court que l'inférieur; il s'accole latéralement au noyau de l'oosphère (en haut et à gauche de la figure 55) et s'unit finalement à ce noyau. C'est une véritable copulation. Le noyau de l'oosphère reste pendant quelque temps distinct de celui de l'anthérozoïde : l'anthérozoïde appliqué sur le noyau de l'oosphère ne grossit que lentement au contact de ce dernier et reste plus chromatique jusqu'au moment où se produit la bipartition qui fournit les deux premières cellules de l'embryon.

L'anthérozoïde inférieur, plus gros que le supérieur, se rapproche des deux noyaux polaires. Lorsque, à l'arrivée de l'anthérozoïde, les deux noyaux polaires sont encore séparés, l'anthérozoïde s'accole à l'un et à l'autre latéralement et s'applique plus ou moins intimement à leur surface. Si avant l'arrivée de l'anthérozoïde les deux noyaux polaires sont déjà réunis et fusionnés à leur surface, l'anthérozoïde se fixe à la masse commune des deux noyaux polaires.

Ainsi l'un des deux anthérozoïdes s'unit aux deux noyaux polaires; de cette copulation résulte une cellule, contenant un gros noyau dit *secondaire*, dont la division donnera lieu à la formation de l'albumen. Le noyau *secondaire* semble ainsi résulter de la fusion de trois noyaux, ce qui permet de mieux comprendre, selon Guignard, la cause de l'augmentation si prononcée du nombre des chromosomes, fait qu'il avait signalé depuis longtemps. Le développement de l'albumen n'est donc pas dû, comme on l'avait cru d'abord, à la fusion des deux noyaux polaires.

Voici l'interprétation que propose Guignard qui, en France, a découvert et décrit les faits précédents, pendant qu'en Russie Nawaschine en observait d'analogues.

Les noyaux sexuels diffèrent des noyaux végétatifs par la réduction du nombre des chromosomes. Dans le Lis, par exemple, les noyaux sexuels, mâles et femelles, possèdent 12 chromosomes, tandis que le nombre typique de ces derniers est de 24 dans les noyaux végétatifs; après la fécondation, ce dernier chiffre se

Fig. 54. — Cette figure représente le tube pollinique arrivé au sommet du sac embryonnaire; on voit les deux noyaux-fils ou anthérozoïdes qui résultent de la division du noyau générateur; ils sont sur le point de pénétrer dans le sac embryonnaire.
Le sommet montre à gauche l'*oosphère*, et, à droite, l'une des *synergides*. Au centre, se trouvent les deux noyaux polaires, et, en bas, les *antipodes* (d'après Guignard).

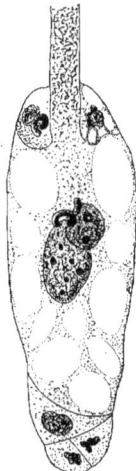

Fig. 55. — Les deux anthérozoïdes se trouvent dans le sac embryonnaire : l'un (à gauche et en haut) est accolé à l'oosphère, et l'autre (au milieu) est à cheval sur les deux noyaux polaires (d'après Guignard).

retrouve dans le noyau de l'œuf en division. Le noyau polaire supérieur, étant le frère de celui de l'oosphère, reçoit également 12 chromosomes ; mais il n'en est pas de même du noyau polaire inférieur qui prend naissance avec un nombre de chromosomes plus élevé et parfois égal à celui qu'on rencontre dans les noyaux végétatifs. Ce qui le prouve, c'est que le noyau secondaire, au moment où il se divise après sa copulation avec l'un des anthérozoïdes, offre un nombre de chromosomes supérieur à celui qu'il devrait avoir si les trois noyaux qui le constituent n'avaient eu chacun que le nombre réduit caractéristique des éléments sexuels. Voilà pourquoi, dans le Lis et la Fritillaire tout au moins, les deux copulations ne sont pas identiques ; la première, celle qui porte sur l'oosphère, représente seule une fécondation vraie ; la seconde est une sorte de pseudo-fécondation.

Pour NAWASCHINE, cette pseudo-fécondation équivaudrait à la formation d'un second embryon ; mais ce second embryon servirait à la nutrition du premier. Quelle que soit l'interprétation qu'on adopte, il n'en est pas moins vrai que le premier embryon formé par la copulation de deux noyaux équivalents possède seul les propriétés et les caractères nécessaires au développement d'un être semblable aux parents. Le second, qui n'est constitué que par des noyaux inégaux, ne possède pas intégralement ces caractères et n'est susceptible que d'une évolution, avortée, pour ainsi dire, puisqu'il ne donne naissance qu'à l'albumen, organisme transitoire destiné à la nutrition du premier.

Tout récemment, GUIGNARD a observé des faits analogues dans le *Naias major*. Ici également les grains de pollen renferment, à côté du noyau végétatif, deux cellules génératrices mâles toutes formées. Les noyaux de ces cellules génératrices s'allongent, sans toutefois devenir vermiformes, comme chez le Lis ou la Fritillaire. Quand le tube pollinique a pénétré dans le sac embryonnaire, l'un des noyaux mâles se met au contact de l'oosphère, et l'autre s'accole au noyau polaire ou secondaire. C'est une double fécondation : l'oosphère fécondée produisant l'embryon, et le noyau secondaire, fécondé, donnant naissance à l'albumen.

Il en est de même dans les *Renonculacées*. La cellule génératrice produit deux noyaux ou gamètes mâles qui arrivent avec le tube pollinique dans le sac embryonnaire et s'unissent l'un avec le noyau de l'oosphère et l'autre avec le noyau secondaire du sac.

B. Animaux. — *Ovulation.* — L'ovule tel qu'il existe dans l'ovaire n'est pas apte à être fécondé. Il nous faut donc étudier sa maturation, ainsi que les actes préparatoires, tels que la ponte ovulaire et l'arrivée des spermatozoïdes. Nous choisirons comme type l'ovule de souris, si bien étudié par SOBOTTA.

a) Quand les cellules épithéliales qui entourent l'ovule se sont multipliées pour former une épaisse membrane granuleuse autour de l'ovule, le follicule de Graaf, ou ovisac, représente une saillie prononcée d'abord vers l'intérieur, puis vers la surface de l'ovaire.

Dans l'épaisseur de la membrane granuleuse, un grand nombre de cellules se fluidifient : d'où la production de liquide (*liquor folliculi*). Ensuite la portion de la paroi qui fait saillie se rompt, et l'ovule s'échappe, entouré d'une couronne de cellules épithéliales. C'est ainsi que l'ovule ou les ovules sont versés dont l'espace péri-ovarienou dans le pavillon de l'oviducte en dehors de tout coït.

Sur la souris qui n'est pas en rut, l'orifice vaginal est fermé par accolement de l'épithélium ; sur celles qui sont en rut, les lèvres du vagin sont rouges, et l'orifice est ouvert. Les parois vaginales sont humides. Les cornes utérines sur la souris en rut se sont épaissies, et leur lumière est remplie de mucosités et de leucocytes. Quand le coït a eu lieu, cette lumière s'est rétrécie et pris la forme de tubes à parois minces, et dont la lumière est remplie d'amas jaune blanchâtre, composés de spermatozoïdes. Pendant plusieurs heures, les cornes utérines présentent cet état de plénitude qui disparaît au bout d'une demi-journée. Après un jour ou un jour et demi, les cornes utérines sont de nouveau contractées comme avant le rut.

A quelle époque la ponte des ovules a-t-elle lieu, c'est-à-dire quand les ovules sont-ils mûrs, et se détachent-ils du follicule de Graaf ? Généralement on a cru et on croit que c'est au moment du coït. Voici ce qu'apprend l'observation. Lorsqu'on sacrifie une souris, une lapine, un cobaye qui viennent de mettre bas, on voit que chaque ovaire présente plusieurs follicules de GRAAF venant de s'ouvrir, c'est-à-dire de pondre l'ovule mûr. Donc l'ovulation a lieu normalement sans qu'il y ait coït.

Si la femelle n'est pas fécondée, la ponte ovulaire se produit ensuite à intervalles réguliers de vingt-huit jours chez la femme, de vingt et un jours chez la souris : en effet, après avoir trouvé une fois sur une souris isolée du mâle des œufs dans la trompe de Fallope, Sobotta a sacrifié de nombreuses souris tenues loin des mâles, 21 jours après la mise bas, et chaque fois il a trouvé sur elles des ovules dans l'oviducte.

Chez le cobaye, l'ovule mûr mesure $0^{mm},010$ (Bischoff, Reichert, Klein). L'ovule de la lapine et la chienne atteint $0^{mm},180$; celui du chevreuil mesure $0^{mm},120$. L'ovule féminin atteint à sa maturité près de $0^{mm},2$. Chez la souris, l'ovule qui arrive à maturité dans l'ovaire présente à peu près l'aspect et la structure de l'ovule pondu et libre dans la trompe de Fallope : la membrane nucléaire (de la vésicule germinative) a disparu et la chromatine se montre à l'état de fragments ou de blocs épars dans le nucléoplasma. Le noyau a une position excentrique et le plus souvent il n'a pas encore émis de globule polaire, c'est-à-dire qu'il ne s'est pas divisé (fig. 50).

Il est à noter que l'ovule de la souris ne se divise qu'une fois avant d'arriver à maturité ; en d'autres termes, 9 fois sur 10 il n'émet qu'un seul globule polaire. Cet ovule a une taille moyenne de 59 μ.

L'ovule est entouré d'une membrane nucléaire (zone pellucide) épaisse de 1 μ à 1,5 μ. Le protoplasma ou corps cellulaire montre des boules noyées dans de l'hyaloplasma. L'acide osmique y démontre la présence de particules graisseuses. Ainsi le noyau est le plus souvent au repos sur les ovules contenus dans les vésicules de Graaf prêtes à se rompre (souris avant le coït).

b) *Du lieu de la fécondation*. — Coste et Gerbe ont fait nombre d'expériences pour déterminer le point précis où s'opère la fécondation de la lapine. La rencontre de l'ovule pondu et des spermatozoïdes se fait onze ou douze heures après le coït, dans les plis du pavillon de la trompe ou le tiers supérieur de la trompe (Voir p. 241).

Les ovules parvenus au tiers moyen de la trompe sont segmentés déjà, ou bien, s'ils n'ont pas rencontré de spermatozoïdes, ils sont déjà altérés et en voie de dégénérescence.

Pour ce qui est des Oiseaux, les spermatozoïdes du coq semblent remonter jusqu'à l'ovaire pour y féconder l'ovule sur le point de se détacher. Dans les grossesses ovariques des Mammifères, il en est certes de même. Dans les grossesses intra-péritonéales, la fécondation doit également avoir lieu sur l'ovaire ou entre les franges du pavillon.

c). *Maturation de l'ovule*. — Chez la souris, dès que les ovules sont pondus et arrivent dans l'espace péri-ovarien ou pavillon de la trompe, leur noyau se prépare à la division (fig. 56) : les blocs chromatiques se trouvent dans un nucléoplasma autour duquel la membrane nucléaire a disparu. En donnant le nom de chromosomes à ces fragments chromatiques (fig. 57), on voit qu'ils ne représentent ni des bâtonnets, ni des segments courbes ou anses chromatiques.

Ces blocs ou amas chromatiques (chromosomes) se disposent à l'équateur du fuseau qui se forme aux dépens du nucléoplasma (fig. 57) et constituent une couronne ou plaque équatoriale. Le fuseau a son grand axe dirigé tangentiellement à la périphérie de l'ovule. Sobotta n'a pu voir de sphère directrice ni de corpuscule polaire.

Quant au nombre des chromosomes, Sobotta en a compté 14, 15, mais le plus souvent 12 (fig. 57).

A l'équateur, chaque chromosome se divise et les chromosomes-fils ou jumeaux se disposent l'un à droite et l'autre à gauche du plan équatorial (fig. 57). A la suite d'une étude attentive, Sobotta rapporte cette division à la segmentation transversale et non au dédoublement longitudinal des chromosomes. C'est ainsi que chacun d'eux donne naissance à deux chromosomes jumeaux, courts et de forme sphérique.

Peu à peu le fuseau achromatique subit une rotation lente, de telle sorte que son grand axe devient perpendiculaire au rayon de l'ovule, c'est-à-dire parallèle à la surface de ce dernier (fig. 61).

Simultanément les chromosomes jumeaux se séparent, l'un allant vers le pôle supérieur, l'autre vers le pôle inférieur du fuseau. C'est le stade diaster.

A ce stade succède la séparation des deux moitiés de noyau, dont chacune est entourée d'une zone protoplasmique, présentant un aspect plus clair que le reste du protoplasma ovulaire. La moitié superficielle ou cellule-fille superficielle constitue le premier globule polaire (fig. 58). Je le répète à dessein, les neuf dixièmes des ovules de souris ne développent qu'un seul globule polaire; un dixième seulement de ces œufs forme un second globule polaire avant d'être fécondé. Dans ce dernier cas, le premier globule polaire se développe déjà dans le follicule de Graaf.

Le globule polaire qui se sépare de l'ovule (fig. 58) et qui est refoulé sous la membrane ovulaire est donc une cellule entière, comprenant la moitié du noyau et une portion du corps cellulaire de l'ovule. C'est une cellule sœur de celle qui va être fécondée avec un nombre réduit de chromosomes. Pourrait-elle être fécondée aussi? c'est possible, mais Sobotta ne l'a pas vu.

d) *Pénétration du spermatozoïde dans l'ovule.* — Avant le coït, les cornes utérines sont rétractées; tout de suite après le coït, elles sont gonflées de façon à représenter des tubes transparents dont la lumière est remplie d'une humeur trouble. En examinant ce liquide trouble à un fort grossissement, on y aperçoit des millions de spermatozoïdes dont les têtes sont placées les unes à côté des autres, tandis que leur queue exécute des mouvements qui rappellent les ondulations d'un fouet. Un petit nombre de ces spermatozoïdes arrivent dans le pavillon de la trompe et au voisinage de l'ovaire. Ceux qui rencontrent un ovule traversent les cellules épithéliales ou disque proligère qui entourent encore ce dernier.

De six à dix heures après le coït, le spermatozoïde qui a rencontré un ovule pénètre dans ce dernier (fig. 58). A cet effet, la tête traverse la zone pellucide ou membrane ovulaire sans que l'ovule présente de saillie ou cône d'imprégnation à ce niveau. Une fois que la tête se trouve en plein protoplasma ovulaire, sa substance se tuméfie, et, après fixation, elle se colore d'une façon intense et uniforme, ce qui paraît indiquer qu'elle se compose uniquement de chromatine. Comme le protoplasma ovulaire qui entoure la tête du spermatozoïde se gonfle également, on observe alors en ce point une saillie ou proéminence à la périphérie de l'ovule.

e) *Évolution des pronucléi.* — La moitié de la vésicule germinative (après l'expulsion de l'autre moitié sous la forme de globule polaire) se présente à ce moment comme une couronne dense de chromatine avec quelques restes du fuseau achromatique. La tête du spermatozoïde a une forme ovalaire, et sa masse est encore moitié moindre de celle du noyau ovulaire (fig. 60), bien que ce dernier se soit réduit de moitié ou des trois quarts.

Chacune de ces masses chromatiques (tête du spermatozoïde d'une part, moitié du noyau ovulaire de l'autre) se prépare alors à former un *pronucléus*.

Les deux masses chromatiques augmentent de volume et montrent chacune un réseau chromatique avec des épaississements; les mailles du réseau chromatique sont remplies d'un plasma transparent ou nucléoplasma (fig. 60).

L'évolution ultérieure des pronucléi se caractérise par la confluence des grains de chromatine, qui finissent par constituer un corpuscule central ou nucléole, d'où partent des filaments allant rejoindre la membrane nucléaire (fig. 61). A ce stade le pronucléus femelle continue à être plus volumineux que le mâle. Ensuite la chromatine se dissocie et se répartit sur le réseau nucléaire. Quand ces phénomènes ont eu lieu, la chromatine des deux pronucléi se dispose dans chacun d'eux en un long filament ou cordon chromatique. Celui-ci est achevé vingt-quatre heures après le coït, et succède au stade précédent au bout de une heure et demie ou deux heures (fig. 62).

Dès 1875, van Beneden découvrit sur l'ovule fécondé de lapine l'existence des deux pronucléi : le pronucléus périphérique étant formé par la tête du spermatozoïde, et le central par le reste du noyau ovulaire. Plus tard (1880), Van Beneden et Julin virent les pronucléi dans l'ovule de la chauve-souris, où ils les représentèrent au stade où la chromatine s'était ramassée au centre des pronucléi sous la forme d'un gros nucléole. Rein confirma, en 1883, l'existence des pronucléi sur l'ovule de lapine et de cobaye; Heape, en 1886, vit le même fait sur la taupe.

Les phénomènes évolutifs que nous venons de décrire offrent un haut intérêt à divers égards. En comparant les figures 59 à 62, on voit des changements profonds survenir dans le volume et la structure des pronucléi. D'abord petits et denses, ils semblent s'hypertrophier. La chromatine se répartit en forme de blocs au milieu d'un réticulum nucléaire en même temps que des grains de chromatine se disposent tout contre la membrane nucléaire, dont les contours s'accentuent de plus en plus. Un peu plus tard, le noyau, dont le volume a augmenté notablement (fig. 61), ne montre plus qu'un seul amas chromatique qui en occupe le centre. A partir de cet amas chromatique central, les filaments du réticulum rayonnent en stries divergentes vers la membrane nucléaire. C'est consécutivement à ces changements que la substance nucléaire prend la disposition d'un peloton chromatique (fig. 63).

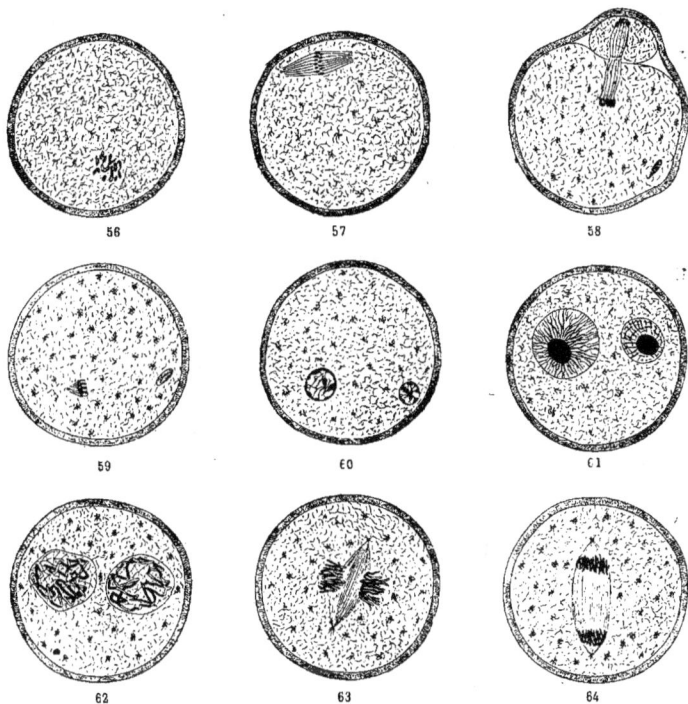

FIG. 56 à 64.

56, ovule de souris pris dans la trompe de FALLOPE, à noyau périphérique, et se disposant à la mitose pour la formation du premier globule polaire. — 57, ovule pris dans la trompe de FALLOPE; il présente un fuseau à grand axe tangentiel; le fuseau manque de pôle, c'est-à-dire que les filaments ne convergent pas aux deux extrémités. Il n'existe ni centrosome, ni radiations polaires. Les chromosomes sont déjà divisés et disposés en deux rangées. — 58, ovule en voie de division (stade diaster) en vue de la formation du premier globule polaire. En bas et à droite, on voit la tête du spermatozoïde (pronucléus mâle) qui a pénétré dans l'ovule. — 59, ovule après l'expulsion du premier globule polaire montrant à gauche le pronucléus femelle et à droite le pronucléus mâle. — 60, ovule, dont les pronucléi se sont accrus et présentent un réticulum chromatique et un nucléoplasma abondant. — 61, les deux pronucléi, dont la substance chromatique s'est ramassée au centre sous la forme d'une masse rappelant un nucléole. — 62, la substance chromatique des deux pronucléi accrus s'est disposée en un filament contourné et pelotonné dans lequel on distingue déjà des anses chromatiques. — 63, après l'accolement des deux pronucléi, on assiste à la formation du fuseau achromatique et à l'arrangement des anses chromatiques à l'équateur du fuseau. On remarquera, comme sur la figure 64, la présence d'une sphère directrice avec un corpuscule central. — 64, stade diaster de la première division de segmentation, c'est-à-dire de la division du noyau karyogamique (d'après SOHOTTA).

Ainsi l'union des pronucléi est précédée par une série de changements morphologiques et microchimiques des plus manifestes : d'abord formé par une petite masse très réduite de chromatine représentée par la moitié ou le quart de la chromatine d'une cellule paternelle ou maternelle, chaque pronucléus s'accroît; sa chromatine se fragmente; puis les fragments se ramassent à un moment donné en un corpuscule central, pendant que la masse du nucléoplasma augmente. Enfin, l'amas chromatique se différencie en un filament dont les replis se disposent en un peloton sinueux dans la masse de l'hyalo-plasma.

Il est certain que toutes les substances (hyaloplasma et chromatine) qui composent le noyau ont subi de l'accroissement, avant que les pronucléi se réunissent. Nous savons, d'autre part, que les chromatines mâle et femelle conservent chacune leurs propriétés originelles, puisque l'évolution ultérieure nous montre que le jeune être hérite des caractères et du père et de la mère. Il me semble que, d'après l'ensemble de ces faits, il est légitime d'accorder à la chromatine le pouvoir de s'accroître par assimilation, tout en gardant ses propriétés originelles. L'union des chromatines mâle et femelle ne modifie les caractères ni de l'une ni de l'autre, car on les retrouve dans le nouvel individu.

Il ne faudrait pas croire que les éléments sexuels soient seuls à être le siège de pareilles modifications de nutrition et d'accroissement. J'ai eu l'occasion d'en observer et d'en décrire d'analogues dans la zone hypertrophiée du cartilage, quand il est en voie de se transformer en tissu d'abord réticulé, puis osseux (loc. cit., p. 314, fig. 51 à 55) : pendant que le noyau s'hypertrophie, la chromatine se fragmente en sphérules qui finissent par former un amas central d'où partent des stries radiées.

Il suffit de rapprocher ces phénomènes, qui se passent d'une façon analogue dans des cellules d'espèces si éloignées, pour s'assurer qu'ils se produisent dans des conditions identiques : assimilation intense, élaboration d'un nouveau nucléoplasma et hypertrophie du noyau. Si la nature intime de ces changements nous échappe, nous en voyons le résultat, qui est le même dans l'un et l'autre cas ; nous assistons, en effet, à la production de substances nucléaires dont l'énergie évolutive se trouve notablement accrue.

f) *Copulation des pronucléi.* — Les pronucléi ne durent que douze heures environ ; dès que le filament chromatique s'est développé dans leur intérieur, ils se préparent à se réunir l'un à l'autre. Les phénomènes morphologiques de cette préparation sont les mêmes que ceux d'une division ; mais le résultat est différent, puisqu'ils s'accolent pour former un noyau nouveau (*Karyogamie*).

A cet effet, le peloton chromatique se contracte dans chacun des pronucléi qui se sont rapprochés jusqu'au contact. Alors le peloton se segmente en tronçons séparés qui représentent des anses allongées. Dans l'intervalle des deux pronucléi se développe le fuseau achromatique, à l'équateur duquel se rangent, de part et d'autre, les segments chromatiques du pronucléus mâle (sur l'un des côtés) et ceux du pronucléus femelle (sur le côté opposé) (fig. 63).

Notons l'apparition d'une sphère directrice, et spécialement d'un centrosome à chacun des pôles du fuseau achromatique (fig. 63 et 64).

La plaque équatoriale, qui n'est pas figurée sur nos dessins, suit de près ; c'est l'aspect le plus fréquent qu'on rencontre dans les coupes sur les ovules fécondés en voie de karyogamie, parce que le fuseau est très volumineux. Il est difficile de compter les chromosomes rangés à l'équateur ; mais Sobotta estime qu'ils sont généralement au nombre de vingt-quatre et guère davantage.

Ce chiffre semble montrer que le noyau karyogamique résulte bien de la réunion des deux pronucléi qui, nous l'avons vu, possèdent chacun douze chromosomes.

Vient ensuite le stade de la plaque équatoriale, auquel succède le diaster ; puis la séparation finale des deux moitiés du noyau qui a lieu comme dans une division ordinaire, (fig. 64).

Les chromosomes se dédoublent-ils dans la plaque équatoriale ? C'est probable, mais Sobotta n'a pu le constater.

Quand la première division du noyau karyogamique est achevée, l'ovule représente déjà le nouvel être à l'état bicellulaire ; c'est l'état décrit sous le nom de deux sphères ou cellules de segmentation. Ces cellules continuent à se diviser et à former une colonie cellulaire dont les éléments contribueront au développement des organes de l'embryon.

Comme le montrent les coupes des trompes de Fallope, les œufs fécondés sont déjà en voie de se diviser une première fois dans la partie moyenne de la trompe de Fallope. Dans la portion de la trompe voisine de l'utérus, le stade bicellulaire a déjà passé au stade multicellulaire (8 ou 16 cellules de segmentation). L'ovule fécondé et en voie de se diviser reste environ quatre jours dans la trompe de Fallope ; chez la souris, cinquante heures après le coït, l'ovule fécondé se trouve au stade bicellulaire; au bout de soixante heures, il est pourvu de 8 cellules, et, soixante-douze heures après le coït, de 16 cellules.

Ces faits concordent avec ceux qu'ont observés de nombreux expérimentateurs, parmi lesquels Prévost et Dumas, Coste, Barry, Bischoff, van Beneden; ils montrent que l'ovule *fécondé* de lapine et de cobaye met trois jours environ à parcourir la trompe de Fallope. C'est à la fin du troisième jour que l'ovule en pleine segmentation pénètre dans l'utérus. Sur la chienne, ce séjour dans l'oviducte dure huit à dix jours; quatre ou cinq jours sur les ruminants domestiques. Sur le chevreuil qui est fécondé en juillet, les ovules séjourneraient dans la trompe jusqu'en décembre (Bischoff et Ziegler).

Tout ovule qui arrive au tiers interne de la trompe ou dans l'utérus sans avoir rencontré de spermatozoïdes est en voie de dégénérescence. L'ovule émet son globule polaire sur l'ovaire ou sur le pavillon de la trompe, et il périt très vite si, à ce moment et à ce niveau, il n'est pas fécondé.

Les phénomènes essentiels de la fécondation sont les mêmes chez tous les animaux pluricellulaires sur lesquels on a étudié l'union de l'ovule et du spermatozoïde. Les échinodermes (oursins et étoiles de mer), l'Ascaris du cheval (*Ascaris megalocephala*) sont particulièrement favorables à cette recherche. A côté des faits accessoires (sphère directrice, etc.), on retrouve toujours le point essentiel qui consiste dans l'union du pronucléus femelle avec le pronucléus mâle. Le nouvel individu résulte ainsi de l'union d'une portion du noyau ovulaire avec le noyau du spermatozoïde.

Pour observer les phénomènes cellulaires chez les animaux inférieurs pendant cette karyogamie il suffit de féconder artificiellement les ovules d'échinodermes, de les fixer et colorer à chacun des stades évolutifs; on s'assure ainsi que la tête du spermatozoïde, ou pronucléus mâle, et le reste du noyau ovulaire (pronucléus femelle) mettent huit à vingt minutes pour gagner le centre de l'ovule et pour arriver au contact l'un de l'autre. A ce moment, la portion centrale du pronucléus mâle a pris une structure granuleuse ou finement réticulée. Ces granules se disposent en un cercle qui va s'accoler au pronucléus femelle et s'unissent à ce dernier. Avant cette union, le pronucléus femelle était homogène, sans granules, ni réseau bien nets. Dès que cette union s'est produite, le pronucléus femelle, devenu *noyau de segmentation*, montre un riche réticulum chromatique très colorable. Le pronucléus mâle paraît ainsi avoir apporté au pronucléus femelle un surcroît de chromatine.

Cette union ou copulation des deux pronucléus est suivie de près par la première division de l'œuf fécondé et le développement du jeune être.

VI. Fécondation chez les organismes inférieurs (copulation, conjugaison). — Chez la plupart des animaux et des végétaux multicellulaires, le nouvel être prend ainsi naissance par l'union intime de l'ovule et du spermatozoïde. L'organe qui prépare l'ovule (ovaire) se trouve sur un individu (femelle) différent de celui qui élabore le spermatozoïde (mâle). Parfois le même individu possède et des ovaires et des testicules, dont les produits sont capables de se féconder, ou bien le même individu joue alternativement le rôle de femelle ou de mâle. Dans ce dernier cas, les ovules et les spermatozoïdes n'arrivent pas simultanément à maturité.

Quant à l'ovaire et au testicule, ce sont des organes dont l'origine est la même que celle des autres parties du corps. Dès les premières phases du développement embryonnaire, on voit chez certains invertébrés (certains vers, crustacés et insectes) des cellules qui se distinguent des autres cellules (cellules somatiques) et qui s'en isolent pour constituer l'organe de reproduction (ovaire ou testicule). Cette différenciation n'est pas aussi précoce chez la plupart des autres invertébrés : les cellules (épithélium germinatif) aux dépens desquelles prennent naissance les glandes génitales apparaissent bien plus tard et dérivent de la prolifération de l'épithélium qui revêt la cavité générale du corps (cavité pleuro-péritonéale).

Quoi qu'il en soit de cette origine, les cellules qui forment les glandes génitales ne tardent pas à prendre une disposition autre et à présenter des caractères différents, selon qu'elles vont préparer des ovules ou des spermatozoïdes. Dans le cas de glande génitale femelle, ou ovaire, la cellule sexuelle, ou ovule, qui y est préparée, s'accroît notablement et acquiert le plus souvent de grandes dimensions. En tout cas, l'ovule est toujours la cellule la plus volumineuse du corps des animaux pluricellulaires. Mais, malgré sa taille et les dénominations multiples qu'on a imposées à chacune de ses parties, l'ovule n'est qu'une cellule qui est composée : 1° d'un noyau, dit ici *vésicule germinative;* 2° d'un corps cellulaire ou protoplasma appelé *vitellus;* 3° d'une membrane d'enveloppe ou *vitelline.* Il est à noter, cependant, que, chez les organismes supérieurs, l'ovaire et le testicule seuls sont aptes à fournir des éléments cellulaires capables de se réunir et de donner naissance à un nouvel être. On exprime ce fait en parlant d'éléments sexuels hautement différenciés, sans que nous connaissions la nature de cette différenciation.

Il nous reste à étudier la fécondation chez les êtres unicellulaires ou multicellulaires, qui sont privés d'organes sexuels, et chez lesquels les cellules somatiques sont capables de se différencier et de se transformer en éléments qui se réunissent et donnent naissance à un nouvel individu.

Nous en décrirons quelques exemples chez les *Infusoires* et les *Algues.*

A) **Copulation des Infusoires. —** On trouve dans l'eau douce, ainsi que dans l'eau de mer, des êtres appelés Infusoires, dont la taille varie entre un demi-millimètre et 2 ou 3 millimètres. Leur corps est formé d'une substance homogène, glutineuse et diaphane (protoplasma), qui est revêtue d'une cuticule résistante. Celle-ci est pourvue de cils vibratiles, servant d'organes de préhension et de mouvement. L'ensemble de l'organisme n'est qu'une cellule qui présente une ouverture buccale, et parfois un orifice anal. Cette cellule présente deux noyaux, un macronucléus et un micronucléus, ce dernier semblant correspondre au noyau cellulaire des êtres pluricellulaires. Les Infusoires se reproduisent par voie asexuée; à cet effet, le corps de l'Infusoire se divise transversalement ou parfois longitudinalement en deux moitiés; ensuite chaque moitié grandit et acquiert la taille et la forme de l'Infusoire primitif. Cette reproduction asexuée peut se répéter 200 ou 300 fois, et davantage, mais non point indéfiniment. Si on les empêche de se réunir à des individus d'une autre souche, les dernières générations restent de petite taille; elles s'atrophient et meurent, quelque soin qu'on prenne à leur fournir une alimentation riche et abondante : c'est l'*épuisement sénile;* il s'annonce par la disparition des cils vibratiles et surtout du micronucléus.

Dès que la nourriture commence à manquer ou bien que les individus appartiennent à une vieille génération, on les voit se rechercher et s'accoler deux à deux et bouche à bouche. Leur réunion devient très intime; les cils disparaissent, le macronucléus se résorbe; et les deux cuticules se fusionnent pour former une ligne unique. Les micronucléi s'accroissent et, en même temps, changent de structure. Le réticulum chromatique se convertit en filaments pelotonnés : c'est le stade du peloton lâche. La substance achromatique forme un fuseau, sans corpuscule polaire. Les particules chromatiques se disposent à l'équateur sous la forme de granules, et non de segments ni d'anses; peut-être pourrait-on dire que ce sont des granules réunis en filaments ou en chapelet. Puis vient le stade de *diaster*, suivi par l'étranglement et la division du micronucléus.

Une seconde division succède à la première et donne naissance à *quatre* fragments de micronucléi dans chacun des Infusoires conjugués. Des quatre fragments, l'un (pronucléus mâle) s'approche de la cloison de séparation et passe dans l'Infusoire de l'autre côté pour s'unir à l'un des quatre fragments (stationnaire ou pronucléus femelle) de l'autre Infusoire. Ainsi deux fragments de micronucléi provenant de deux individus distincts se fusionnent réciproquement et produisent un micronucléus dans chacun d'eux. Quand ces phénomènes se sont passés, le macronucléus se reconstitue, les cils vibratiles se régénèrent, et les deux individus se séparent pour vivre d'une vie indépendante et produire chacun, par voie asexuée, de nombreuses générations d'Infusoires.

Comme on le voit, la reproduction sexuée se fait chez l'Infusoire comme chez les animaux pluricellulaires, bien qu'il n'y ait pas d'organe sexuel. Le micronucléus de chaque Infusoire joue le rôle d'ovule et de spermatozoïde; et encore n'est ce qu'une portion du micronucléus, puisque les trois quarts de cet élément chromatique n'y prennent aucune part et sont éliminés sous la forme de globules polaires. Il y a échange d'un quart seulement du micronucléus, qui passe dans l'autre Infusoire et exerce sur l'autre une action fécondatrice. C'est une véritable *karyogamie* de deux éléments homologues dépourvus de toute différence sexuelle. La fusion de ces deux pronucléi constitue le point culminant et nécessaire de cette évolution. Sans cette union, les noyaux demeurent stériles et ne tardent pas à perdre toute faculté évolutive. De l'union résulte un noyau de rajeunissement, constitué surtout par deux *fractions* chromatiques fusionnées. Pour les détails, je renvoie aux beaux travaux de Maupas et au mémoire de H. Hoyer.

Si l'on réfléchit à la copulation ou conjugaison des Infusoires, on ne peut s'empêcher de penser que les dernières générations produites par scissiparité possèdent un protoplasma dépourvu d'énergie, puisqu'elles périssent dans un milieu nutritif. La réunion de deux Infusoires descendant d'une souche différente a pour effet de produire un échange de substance nucléaire, ce qui rend à l'infusoire son énergie première. Cet échange, et l'union consécutive de ces fractions nucléaires de source différente reproduisent dans toute sa simplicité le mécanisme de la fécondation chez les animaux et les végétaux supérieurs, si ce n'est que chez ces derniers les cellules sexuelles seules sont capables de s'unir pour donner naissance à un nouvel être.

B) **Conjugaison et copulation des végétaux inférieurs.** — *En modifiant les conditions de milieu, on détermine un seul et même élément à se reproduire par voie agame ou sexuée.* — Nombre de végétaux inférieurs ne sont formés que d'une association de cellules, à laquelle on donne le nom de *thalle.* Parmi les *thallophytes* d'eau douce se trouvent les *Algues,* dont le protoplasma élabore la matière colorante verte, dite chlorophylle. Chez les *Conjuguées,* les filaments verts sont composés d'une file de cellules toutes semblables, quoique séparées les unes des autres par des cloisons. A un certain moment, on voit deux cellules en regard sur deux filaments voisins pousser chacune une saillie ou protubérance qui peu à peu s'allonge, arrive au contact de sa congénère et se fusionne avec elle. Il en résulte une cellule unique, ou spore reproductrice, qu'on appelle *zygospore.* Quand les deux moitiés qui l'ont formée (gamètes) ont fait le même chemin, et présentent les mêmes caractères, on ne peut savoir si l'un des gamètes est mâle, et l'autre femelle. Dans d'autres espèces de conjuguées un seul gamète fait tout le chemin pour aller s'unir à l'autre; le premier joue le rôle de gamète mâle par rapport au gamète immobile ou femelle. Ce mode de reproduction par union de deux cellules a valu à ces algues le nom de *conjuguées.* Dans certaines conditions, les filaments sont stériles; il suffit alors, comme l'a montré Klebs, de les mettre dans une solution de sucre de canne à 4 p. 100, et de les exposer à la lumière, pour provoquer la formation de gamètes et la conjugaison.

Quand les cellules produisent des spores libres, ou gamètes, semblables de tous points l'un à l'autre, et se réunissant deux par deux pour former une spore reproductrice ou zygote, on dit qu'il y a *isogamie.* Une algue inférieure, le *Botrydium granulatum,* nous en fournit un exemple.

Cette algue produit des spores piriformes dont l'extrémité antérieure ou pointue présente deux cils. Si l'on met les spores dans une goutte d'eau, et qu'on les examine à un fort grossissement, on voit bientôt, parmi les spores qui se meuvent en tous sens, deux se rapprocher, accoler leurs extrémités antérieures et se réunir d'abord par le bout hyalin. Peu à peu elles s'accolent sur toute leur longueur, de sorte que la fusion s'étend d'une extrémité à l'autre du corps. Pendant que ces phénomènes se passent, les deux gamètes étroitement unis continuent à se mouvoir et à nager de-ci de-là dans la goutte d'eau. Il est facile de les distinguer des gamètes isolés; ces derniers, en effet, n'ont que deux cils, pendant que les gamètes conjugués (*zygote*) en présentent quatre. Cependant la zygote ne tarde pas à se fixer, à perdre ses cils et à s'entourer d'une membrane cellulaire avant de se diviser pour donner naissance à un nouveau Botrydium.

Je ne saurais trop insister sur ces faits de copulation des gamètes : ils prennent naissance dans des cellules somatiques; ils sont complètement semblables et également mobiles. Ils montrent le peu de fondement des théories sur la nature mâle ou femelle du spermatozoïde ou de l'ovule, sur l'hermaphrodisme des éléments sexuels.

Les algues nous fournissent d'autres éclaircissements sur la signification de la reproduction sexuée, c'est-à-dire la fécondation comparée à la reproduction asexuée.

Je les emprunte encore à Klebs. Il existe des algues dont le thalle n'est pas cloisonné; les noyaux possèdent un protoplasma commun. On les appelle *siphonées.* Parmi les siphonées, le *Protosiphon* se reproduit tantôt par voie sexuée, tantôt asexuellement. Quelles sont les conditions qui déterminent l'un ou l'autre mode de reproduction ?

Si l'on met ces algues dans un bon milieu nutritif (sulfates alcalins, 4 p. 100, et phosphate 1 p. 100), il s'y développe des spores mobiles et munies chacune de deux cils, dont chacune va se fixer et reproduit un *Protosiphon*.

En maintenant une culture ordinaire de *Protosiphon* à une température de 26° ou 27°, on obtient le même résultat, c'est-à-dire une reproduction asexuée.

Il en va tout autrement si, après avoir fait une culture dans un milieu argileux, on la porte dans de l'eau ordinaire et qu'on l'expose à la lumière. Les cellules du *Protosiphon* produisent des spores mobiles, ou gamètes à deux cils, qui nagent dans l'eau, se recherchent, s'accolent deux par deux et forment des zygospores à quatre cils. Celles-ci s'agitent quelque temps dans l'eau : à 8° et dans l'obscurité, pendant vingt-quatre heures ; à 15° et dans l'obscurité, durant douze heures ; à la lumière, pendant neuf à onze heures. Au bout de ce laps de temps, chaque zygospore se fixe, grandit et donne naissance à un *Protosiphon*.

Autre exemple qui prouve qu'en variant les conditions de nutrition on provoque la formation soit de zoospores capables de germer et de reproduire le végétal par voie agame, soit de gamètes qui ont besoin de copuler avant de pouvoir donner naissance à un nouvel organisme. Dans l'eau douce on trouve des touffes vertes appelées *Ulothrix zonata* : les cellules de cette algue produisent de petites zoospores munies d'un point oculaire rouge et de *deux* cils. Ces zoospores se réunissent deux par deux ; les deux gamètes copulent et forment une zygospore à quatre cils et à deux taches oculaires, qui germe. Mais les gamètes peuvent germer sans copulation : si on les met dans une solution sucrée à 0ᵍʳ,5 p. 100, les gamètes à deux cils se fixent et germent au bout d'un mois. En un mot, les gamètes ne copulent que quand les substances ou certaines substances alimentaires leur font défaut. Lorsque la substance nucléaire diminue dans les gamètes, ceux-ci se réunissent, c'est-à-dire qu'ils éprouvent le besoin de copulation.

L'influence de la *lumière* n'est pas moins manifeste. Parmi les algues d'eau douce, il y a les *Vauchéries*, à filaments unicellulaires et ramifiés, et formant par leur réunion des tapis verts sur le sol humide. A un moment donné, un filament produit des zoospores mobiles (anthéridie), qui vont se réunir à une cellule voisine (oogone) pour former un œuf fécondé.

Si on maintient les *Vauchéries* à l'obscurité, elles continuent à croître, mais les éléments sexuels ne se développent point ; les filaments restent stériles.

Si l'on met les *Vauchéries* sous une cloche, qu'on les expose à la lumière, mais qu'on les prive d'acide carbonique en mettant de la potasse sous la cloche, les *Vauchéries* non seulement restent stériles, mais elles meurent.

Si l'on ajoute une solution sucrée (2 à 4 p. 100), les *Vauchéries*, malgré la présence d la potasse qui absorbe l'acide carbonique, produisent des éléments sexuels. Le sucre remplace les matériaux d'assimilation fournis normalement par l'air. Seulement ces phénomènes n'ont lieu qu'en pleine lumière : à l'obscurité, la solution sucrée est insuffisante pour déterminer le développement des éléments sexuels. Cependant, le concours d'une lumière faible et du sucre suffit pour les faire apparaître. Ajoutons encore que les rayons *bleus* et *violets* sont plus efficaces que les rayons *rouges* et *jaunes*.

En variant les conditions de nutrition et de milieu, KLEBS a ainsi provoqué une reproduction soit sexuée, soit asexuée. Pour les animaux, il semble en être de même : les œufs de *Branchipes* et d'*Apus* ont besoin pour leur développement parthénogénétique d'un dessèchement suivi d'une réhydratation. La perte d'une certaine quantité d'eau est suffisante à nombre d'œufs pour leur permettre de se développer sans s'unir à un élément mâle. C'est là le principe de la *parthénogénèse expérimentale*. On sait que J. Lœb d'abord, puis MORGAN, GIARD, WILSON, etc., ont réussi par ce procédé à provoquer le développement des œufs d'oursins sans fécondation préalable. Ils mettent les œufs non fécondés dans un mélange à parties égales d'une solution de sulfate de magnésium à 2 p. 100 et d'eau de mer. Après les y avoir laissés pendant deux heures, ils les transportent dans l'eau de mer, et ils les voient ensuite se segmenter et se développer en larves normales. Ces faits, sur lesquels on reviendra avec plus de détails à **Parthénogénèse** et à **Osmose**, sont des plus intéressants, puisqu'ils nous permettent de concevoir comment certains agents physiques ou chimiques semblent communiquer à la chromatine femelle une excitation équivalente à celle qu'y détermine l'addition de la chromatine mâle.

VII. Considérations historiques. — Pour HIPPOCRATE, chaque sexe produisait une liqueur séminale; le mâle élabore un liquide plus fort, et la femelle un liquide plus faible. La liqueur séminale représentait un fluide qui découlait de toutes les parties du corps et que la moelle épinière transmettait aux organes génitaux. A la suite de la copulation, les semences mâle et femelle se rencontraient dans l'utérus et y donnaient naissance au jeune être ou embryon.

Aristote, tout en attribuant l'origine de la liqueur séminale de la femme au sang des menstrues, supposa que la femelle ne fournissait que la matière, et que le mâle donnait la forme.

Théophraste, disciple d'Aristote (cité par Sachs, à qui j'emprunterai la plupart des indications relatives à la botanique), rapporte le fait connu des anciens, que le palmier mâle a des fleurs, mais que le palmier femelle seul produit des fruits. « On prétend, continue-t-il, que le fruit du palmier femelle n'atteint pas son complet développement lorsqu'on ne le saupoudre pas de la poussière de la fleur mâle; ce fait est étrange, mais il se rapproche du phénomène de la maturation de la figue. On pourrait presque conclure de ce qui précède que la plante femelle ne suffit pas à amener le fœtus à un développement complet; mais ce phénomène ne doit pas être particulier aux plantes d'une seule ou de deux espèces végétales; il doit exister chez tous les végétaux ou chez un grand nombre d'espèces différentes. »

Pline admet la sexualité végétale. Il décrit dans son *Historia Mundi* les relations des dattiers mâles et femelles, et désigne le pollen comme étant l'agent de la fécondation. Il ajoute, en terminant, que toutes les personnes compétentes en matière d'histoire naturelle croient à l'existence de deux sexes, non seulement chez les arbres, mais encore chez les plantes (Sachs, *loc. cit.*, p. 391).

Pour Galien, la semence femelle était produite par les ovaires (*testes muliebres*), tout comme la semence mâle était sécrétée par les testicules du mâle.

Pendant des siècles, les médecins ont adopté les idées d'Hippocrate et de Galien, tandis que les scolastiques défendaient la théorie d'Aristote.

Dès la Renaissance, on se remit à l'étude des organes de la reproduction; mais, sous l'empire de la tradition ou de la foi, les meilleurs esprits se laissèrent aller à des interprétations peu conformes à la nature des choses :

Fabrice d'Aquapendente, examinant avec soin les œufs de la poule, y découvrit les cordons entortillés appelés *chalazes*. Il les prit pour le germe du poulet qui s'anime et se développe grâce à l'esprit séminal (*aura seminalis*) qui se dégage du sperme du mâle.

Pour Grew, les étamines (désignées sous le nom commun d'*attire*) séparent du reste de la plante un excédent de sève, de manière à préparer et à faciliter la formation de la semence.

Malpighi, dans son *Anatomie des plantes*, pense que les étamines et les pétales sont destinées à écarter de la fleur une partie de la sève, afin de permettre à la semence de prendre naissance dans une sève épurée. Les semences se développent par le fait de la nutrition.

Camerarius (1665-1721) fit, le premier, des expériences pour prouver la sexualité des plantes. Il enleva les fleurs mâles du ricin avant que les anthères se fussent développées. Les graines n'atteignirent jamais leur complet développement et présentèrent l'apparence de vessies vides. Il répéta la même expérience sur le maïs. Sur les plantes dioïques, telles que le mûrier et la mercuriale, il fit des études qui lui donnèrent des résultats analogues.

Pour Samuel Morland (1702 et 1703), la poussière du pollen (*farina*) contient en germe les plantes futures, et chacun de ces germes doit s'introduire dans l'appareil fructifère (*ovum*) afin de déterminer la fécondation.

Pour Geoffroy (1714), les grains du pollen contiennent déjà les embryons; une fois parvenus dans les semences, ceux-ci s'y développent peu à peu.

A la suite de Morland et Geoffroy, Needham, Jussieu, Linné, Gleichen et Hedwig pensèrent que le pollen éclatait sur le stigmate; son contenu, pénétrant dans le style, finirait par atteindre les ovules pour y subir un développement graduel qui les transforme peu à peu en embryons, ou pour contribuer, en quelque mesure, au développement de l'embryon lui-même. Ces vues procédaient directement de la théorie de l'évolution, qui jouissait de la faveur générale.

L'existence des animalcules spermatiques des animaux semblait leur prêter une autorité nouvelle.

On découvrit, au cours des xviiᵉ et xviiiᵉ siècles, une série de faits nouveaux en ce qui concerne la structure et l'évolution des organes génitaux; mais ces découvertes isolées ne purent être reliées par une théorie générale, et ne jetèrent que peu ou point de lumière sur la nature de la fécondation.

« Les anatomistes, dit Buffon (loc. cit., p. 289), ont pris le mot œuf dans des acceptions diverses, et ont entendu des choses différentes par ce nom. Lorsque Harvey a pris pour devise Omnia ex ovo, il entendait par l'œuf des vivipares le sac qui renferme le fœtus et tous ses appendices; il croyait avoir vu se former cet œuf ou ce sac sous ses yeux après la copulation du mâle et de la femelle; il a même soutenu qu'il n'avait pas remarqué la moindre altération à ce testicule, etc. Harvey, qui a disséqué tant de femelles de vivipares, n'a, dit-il, jamais aperçu d'altération aux testicules; il les regarde même comme de petites glandes qui sont tout à fait inutiles à la génération (Voyez Harvey, Exercit. 64 et 65).

« Harvey assure que la semence du mâle n'entre pas dans la matrice de la femelle, et même qu'elle ne peut pas y entrer, et cependant Verheyen a trouvé une grande quantité de semence du mâle dans la matrice d'une vache disséquée seize heures après l'accouplement (Voyez Verheyen, Anat. Tr., v, cap. 3). Le célèbre Ruysch assure avoir disséqué la matrice d'une femme qui, ayant été surprise en adultère, fut assassinée sur-le-champ, et avoir trouvé non seulement dans la cavité de la matrice, mais aussi dans les deux trompes, une bonne quantité de la liqueur séminale du mâle (voyez Ruysch, Thes. anat., p. 90, Tab. VI, fig. 1). Vallisnieri assure que Fallope et d'autres anatomistes ont aussi trouvé, comme Ruysch, de la semence du mâle dans la matrice de plusieurs femmes. On ne peut donc guère douter, après le témoignage positif de ces grands anatomistes, que Harvey ne se soit trompé sur ce point important, surtout si l'on ajoute à ce témoignage celui de Leeuwenhock qui assure avoir trouvé de la semence du mâle dans la matrice d'un très grand nombre de femelles de toute espèce, qu'il a disséquées après l'accouplement. »

Harvey a ouvert des biches peu de temps après l'accouplement et n'a pas trouvé de sperme dans l'utérus. Sur d'autres biches qu'il a examinées plus tard, il a vu les changements de l'utérus et les membranes qui enveloppent l'embryon. Il a conclu de ces faits que la fécondation résulte de l'action exercée par le sperme sur le corps de la femelle; la génération serait l'ouvrage de la matrice qui, excitée par le sperme, conçoit l'embryon par une sorte de contagion, à la manière du cerveau qui, à la suite d'une excitation, conçoit les idées.

Regnier de Graaf décrit et figure sur l'ovaire de la vache et de la brebis les sacs, vésicules, ou follicules, qui portent depuis son nom. Il a trouvé sur l'ovaire des vésicules pleines avant le coït, vides après la fécondation; d'autre part, il a vu dans les cornes de la matrice des œufs gros comme des grains de moutarde. Le nombre de ces œufs était le même que celui des vésicules vides.

N'ayant pas étudié à la loupe le contenu des vésicules ou follicules, de Graaf n'a pas vu l'ovule; mais, devinant une relation intime entre les vésicules et les œufs des cornes de la matrice, il prend les vésicules de l'ovaire pour les œufs eux-mêmes qui se détacheraient sous l'influence de l'esprit ou aura se dégageant du sperme. C'est cet esprit qui opérerait la fécondation.

Vallisnieri, sans avoir pu constater la présence de l'œuf dans le corps jaune, est convaincu que l'esprit de la semence du mâle donne le mouvement au jeune être, ou germe, préexistant dans l'œuf. Selon lui, l'ovaire de la première femelle contenait, emboîtés les uns dans les autres, tous les produits qui devaient en descendre. Il a observé dans la brebis que le nombre des corps glanduleux des ovaires était égal à celui des fœtus; il l'a trouvé plus grand chez la truie; l'ovaire d'une chienne, qui avait fait cinq petits chiens, lui a présenté cinq corps jaunes oblitérés et vides.

La découverte des spermatozoïdes par Louis Ham (1677), qui constata leur existence dans tout liquide séminal d'animal adulte et sain, fit faire un grand pas aux connaissances positives; malheureusement la théorie de la fécondation n'en profita guère.

On en fit des animalcules, des germes préformés. Le spermatozoïde représentait l'adulte en miniature; c'était l'*homunculus*, pourvu déjà de tous les organes et n'ayant qu'à grandir pour arriver à reproduire l'espèce. Le terrain favorable pour son développement était la femelle. En un mot, les générations futures existaient préformées dans le mâle. C'était la théorie des *spermistes* en face de celle des *ovistes*, pour qui l'œuf contenait l'embryon préformé.

La croyance à la préexistence des germes aveuglait les esprits à tel point qu'on ne tint aucun compte des observations positives de G. Wolff, de Koelreuter, de Sprengel.

G.-Fréd. Wolff démontra, le premier, que l'organisation de l'embryon ne précède pas la fécondation. Il examina les œufs non fécondés et montra qu'ils ne représentaient que des vésicules remplies d'un liquide aqueux. Mais G. F. Wolff ne songea qu'à réfuter la théorie de l'évolution : il considérait l'acte de la fécondation comme une des formes de la nutrition. Les fleurs résulteraient d'un affaiblissement général (*vegetatio languescens*). Le pollen ne ferait que communiquer au pistil des principes nutritifs en quantité suffisante.

Koelreuter (1761-1766) fit des observations et des expériences, d'où il conclut que les grains de pollen, déposés sur le stigmate, donnent naissance à des matières fluides qui pénétraient dans les ovules. Il déterminait même l'espace de temps qui s'écoule entre l'instant où le pollen est déposé à la place qu'il doit occuper et le moment où les substances nécessaires à la fécondation s'introduisent dans l'ovaire. Ce seraient les matières huileuses attachées aux grains polliniques qui constitueraient la substance génératrice.

Conrad Sprengel (1793) se rangea à la manière de voir de Koelreuter qui qualifia d'anormale la rupture des grains de pollen et qui considéra les matières exsudées par les grains de pollen comme la substance fécondatrice par excellence.

Malgré ces observations positives, on continua jusqu'au xixᵉ siècle à discuter sur la préexistence des germes, et sur l'esprit séminal des animalcules spermatiques.

Pour Adanson, l'embryon se trouve dans les graines des plantes qui n'ont pas été fécondées et dont le parenchyme ne fait qu'un corps continu avec lui, de la même manière que le fœtus se trouve tout formé dans les œufs de la grenouille et dans ceux de la poule avant la fécondation. Elle s'opère donc dans les végétaux et les animaux par une vapeur, une espèce d'esprit vital auquel la matière prolifique sert simplement de véhicule. Cette matière qui sort des grains de poussières des étamines, lorsqu'ils crèvent, s'insinue dans les trachées qui se terminent à la surface des stigmates, descend au *placenta*, lorsqu'il y en a, passe de là aux cordons ombilicaux jusque dans la graine où elle donne la première impulsion, le premier mouvement, ou la vie végétale, à l'embryon qui est d'abord comme invisible.

Needham, en 1774, supposait que chaque grain renfermait, dans une espèce de vapeur ou de liqueur prodigieusement subtile, un nombre innombrable de grains d'une petitesse extrême qu'il regarda à bon droit comme les agents de la fécondation. Chaque grain, lorsqu'il vient à être humecté, s'ouvre et darde les grains contenus, disséminés dans la vapeur ou la très petite atmosphère fécondante.

Bonnet imagina, dans la poussière des étamines, différents ordres de fluides nourriciers et stimulants, renfermés dans différentes fioles emboîtées les unes dans les autres (*Hypothèse de l'emboîtement des germes*).

Ce fluide serait de nature huileuse ou inflammable et ne se mêlerait pas à l'eau. « Le fluide subtil, destiné à conserver l'espèce de la plante, est un fluide très actif, car il est tout imprégné de feu[1], et l'on n'ignore pas que le feu est le plus grand agent de la nature. »

Pour Buffon, il n'existe que de la liqueur et point d'œuf dans les vésicules de l'ovaire et dans la cavité du corps glanduleux (follicule de Graaf). Buffon regarde cette liqueur comme la vraie semence de la femelle; elle contiendrait des parties organiques en mouvement.

Aux yeux de Buffon, la liqueur séminale de la femelle et du mâle est le superflu de la nourriture organique... Les vivipares n'ont pas d'œufs.... L'embryon est la première forme résultant du mélange intime et de la pénétration des deux liqueurs séminales.

---

1. La poussière des étamines brûle à la bougie, comme une résine pulvérisée.

BUFFON a étudié les spermatozoïdes dont il a décrit et figuré de nombreuses formes ; mais, selon lui, cet élément figuré ne serait qu'un effet de la pourriture, un infusoire utile parce qu'il agitait le sperme dont il conservait la vitalité.

Ainsi, à la fin du XVIIIe et au début du XIXe siècle, de nombreuses théories continuèrent à régner sur la fécondation ; on peut cependant les ramener aux chefs suivants :

1° *Mélange de deux semences.* — Ce sont les idées d'HIPPOCRATE, de GALIEN, qui admettent que pendant le coït la femme répand comme l'homme un liquide prolifique : le mélange de ces deux fluides produit le nouvel individu. Le système des molécules organiques de BUFFON est une variante de cette théorie.

2° *Préexistence des germes dans l'ovaire.* — L'ovaire de toutes les femelles contiendrait, depuis la création, les germes de tous les êtres à venir ; l'œuf qui s'en détache serait déjà l'embryon en miniature qu'animerait le spermatozoïde (FABRICE D'AQUAPENDENTE, DE GRAAF, MALPIGHI, VALLISNIERI, HALLER, BONNET).

3° *Préexistence des germes mâles ou animalcules spermatiques.* — Les spermatozoïdes seraient des animalcules qui, introduits dans les voies génitales femelles, s'y fixent, s'y greffent et s'y transforment en embryons, et en fœtus (LEEUWENHOEK et HARTSOECKER).

Les phénomènes de la génération passaient pour le grand mystère de la nature. VOLTAIRE avoue franchement qu'il n'y comprend rien, et, selon son habitude, il raille théorie et théoriciens.

VIII. Théories de la fécondation. — Toutes les théories émises sur la fécondation, jusque dans la deuxième moitié du XIXe siècle, sont insuffisantes ou ridicules. Aucune ne peut donner le moindre éclaircissement sur la ressemblance des enfants avec les parents. Cependant, dès le XVIe siècle, un profond penseur, qui ne fut ni anatomiste ni physiologiste, avait compris ou plutôt posé le problème dans des termes très explicites.

MONTAIGNE souffrait de la pierre, et, se rappelant que son père l'avait eue également, voici les réflexions que ce rapprochement lui suggère :

« Nous n'avons que faire d'aller trier des miracles et des difficultez estrangières ; il me semble que parmy les choses que nous veoyons ordinairement, il y a des estrangetez si incomprehensibles, qu'elles surpassent toute la difficulté des miracles. Quel monstre est-ce que cette goutte de semence, de quoy nous sommes produicts, porte en soy les impressions, non de la forme corporelle seulement, mais des pensements et des inclinations de nos peres ? cette goutte d'eau, où loge elle ce nombre infiny de formes ? et comme porte elle ses ressemblances d'un progrez si temeraire et si desreglé, que l'arriere-fils respondra a son bisayeul, le nepveu a son oncle ? En la famille des Lepidus, a Rome, il y en a eu trois, non de suitte, mais par intervalles, qui nasquirent un mesme œil couvert de cartilage : à Thebes, il y avait une race qui portoit dez le ventre de la mere la forme d'un fer de lance ; et qui ne le portoit point, estoit tenu illegitime. ARISTOTE dict qu'en certaine nation où les femmes estoient communes, on assignoit les enfants a leurs peres par la ressemblance. Qui m'esclaircira de ce progrez, ie le croiray d'autant d'autres miracles qu'il voudra : pourveu que, comme ils font, il ne me donne pas en payement une doctrine beaucoup plus difficile et fantastique que n'est la chose mesme. »

MURAT, dès 1813, a également montré l'insuffisance des théories alors en cours.

« Dans le système de la préexistence des germes dans l'ovaire, on ne peut pas expliquer, dit MURAT, la formation des animaux mi-partis, ni la ressemblance des enfants avec les pères. Pour qu'un enfant hérite des infirmités de son père, pour qu'il résulte un mulet de l'accouplement d'un cheval avec une ânesse, un mulâtre de l'union d'un blanc avec une négresse, il semble que le mâle devrait contribuer à la formation de l'animal d'une manière plus intime que par une simple impulsion que le sperme communique à l'embryon que l'on suppose tout formé chez la femme. »

Les notions que nous possédons aujourd'hui sur l'origine et la structure du spermatozoïde et de l'ovule peuvent-elles contribuer à donner une interprétation rationnelle des phénomènes de l'hérédité ? Parmi les théories qui ont cours sur ce sujet, il convient de distinguer tout d'abord les hypothèses qu'il est impossible de vérifier et les propositions qui ne sont, pour ainsi dire, que la conclusion de faits observés et contrôlés par de nombreux chercheurs. Comment reconnaître, par exemple, les *gemmules* que DARWIN admet dans tout l'organisme et qui iraient se réunir et se localiser dans les organes génitaux pour être transmises au jeune être? Il en va de même des *pangènes* de VRIES.

Comment distinguer l'un de l'autre les plasmas nutritif et spécifique (*idioplasma* de NAEGELI)? Quelle idée faut-il se faire des *ides* et des *idantes* de WEISMANN ou des *gemmaires* de HAAKE?

La part que prennent dans l'acte de la fécondation les différentes parties de la cellule est loin d'être la même : le corps cellulaire, les sphères directrices et les centrosomes semblent accessoires, puisqu'on ne les trouve pas toujours. Quant à la substance nucléaire même de l'élément sexuel, sa masse ne correspond qu'à une fraction de celle qu'on trouve dans une cellule somatique. L'élément sexuel mâle n'est qu'une cellule dont la masse chromatique s'est réduite par division répétée de la cellule mère; l'ovule perd une portion de sa nucléine également par division du noyau. Il nous est impossible de distinguer dans la cellule abortive ou globule polaire une substance chromatique différente de celle de l'ovule fécondable. D'autre part, la chromatine mâle continue-t-elle à persister dans l'ovule fécondé à côté de la chromatine femelle, toutes deux restant juxtaposées, pour ainsi dire, avec des caractères fixes et invariables? Autrement dit, le noyau du spermatozoïde et celui de l'ovule continuent-ils à garder sur le nouvel être leurs propriétés originelles et leurs qualités distinctes? Dans cette hypothèse, la fécondation ne serait point une fusion de deux substances vivantes; on aurait plutôt affaire à un mélange, un *accolement* ou *une association*, dont l'effet serait d'imprimer à la matière une nouvelle énergie afin d'assurer la continuité de l'espèce.

Les êtres et les tissus dont la nutrition est intense n'ont pas besoin de fécondation; ils se multiplient par voie agame; et, quand ils sont multicellulaires, toutes les cellules somatiques peuvent reproduire un organisme entier. Ces faits nous permettent de conclure à la nature et à l'origine identique des cellules somatiques et sexuelles. Celles-ci ne représentent qu'une différenciation de celles-là; elles se produisent à la suite d'une adaptation provoquée par les conditions de milieu.

« En considérant, par comparaison, les phénomènes offerts par les plantes, dit GUIGNARD (II, 287), on peut dire que toutes les cellules ou tout au moins la plupart des cellules du corps renferment à l'état latent toutes les propriétés héréditaires de l'espèce. Une parcelle du corps peut reproduire l'organisme tout entier. Un rameau de saule coupé et placé dans l'eau développe des racines aux dépens des cellules qui remplissent alors une fonction toute différente de celle qu'elles avaient dans le plan du corps primitif, ce qui prouve que la propriété leur appartenait. Inversement, une racine coupée peut donner naissance à des bourgeons, d'où proviendront plus tard les organes mâles et femelles; de sorte que les cellules sexuelles dérivent directement de la substance cellulaire d'une racine. De même, les cellules épidermiques d'une feuille de Bégonia peuvent, dans des conditions favorables, reproduire une plante entière, et l'on pourrait citer beaucoup d'autres exemples analogues. Chez les organismes animaux inférieurs, tels que les Cœlentérés, les Vers, les Tuniciers, etc., la faculté de reproduction est semblable; de nouveaux individus naissent de bourgeons ou de parties séparées du corps de l'animal. »

L'étude que nous avons faite des organismes unicellulaires ou des algues pluricellulaires, mais dépourvues d'organes sexuels, est encore plus instructive à cet égard. Ici une seule et même cellule se transforme, selon les circonstances, soit en cellule végétative, soit en une cellule qui se reproduit par voie agame, soit en une cellule qui se conjugue avec une congénère.

La nature du protoplasma est toujours la même; mais son énergie, et, par suite, ses manifestations, varient avec le milieu. A un moment donné, la vie finirait par s'y éteindre si deux éléments de la même espèce ne réussissaient à s'unir de façon à rajeunir ou à renforcer le mouvement vital. En quoi consiste ce rajeunissement? Nous l'ignorons.

Les phénomènes qui se passent dans les cellules sexuelles des animaux et des végétaux supérieurs sont de même ordre, et tout aussi inexplicables à l'heure actuelle. Ces éléments sexuels sont arrivés à maturité, c'est-à-dire qu'ils sont devenus capables d'entrer en action et de s'unir entre eux, quand ils ne possèdent plus qu'une fraction de la substance nucléaire de la cellule dont ils descendent.

Il nous faut donc considérer la maturation comme un appauvrissement de chromatine.

Mais comment se fait-il que deux éléments ainsi *appauvris* puissent par leur union produire un nouvel élément dont l'énergie évolutive est telle qu'à lui seul il donnera naissance à un organisme capable de refaire un être semblable aux parents? Le fait est là ; mais il est, pour le moment, inexplicable. Ce jeune être qui résulte de l'union de deux masses égales ne possède pas, moitié par moitié, les qualités soit paternelles, soit maternelles. L'enfant n'est pas une moyenne. Souvent le fils ressemble davantage à la mère, bien qu'il possède des organes génitaux masculins. De même la fille ressemble plus au père. Quand l'enfant tient davantage de l'un de ses parents, nous pouvons admettre que l'énergie de la chromatine de l'un l'a emporté sur celle de l'autre. Peut-être apprendrons-nous un jour à connaître les qualités ou l'énergie différentes de l'une ou l'autre chromatine ; mais aujourd'hui nous ne sommes pas en mesure de l'apprécier en considérant uniquement l'un ou l'autre élément sexuel (V. **Hérédité**).

IX. Conclusion générale. — La fécondation est l'acte par lequel deux noyaux ou plutôt deux fractions de noyau réunissent leurs substances nucléaires. A la suite de cette union, il se produit dans l'intérieur du protoplasma femelle un nouveau noyau qui non seulement se divise comme un noyau ordinaire, mais encore produit des générations de cellules susceptibles d'édifier un nouvel organisme. Ce jeune individu prend, en effet, peu à peu les formes et les caractères de l'espèce, et parcourt des phases évolutives analogues à celles par lesquelles ont passé ses parents.

Pendant la réunion de ces deux moitiés chromatiques, il ne s'effectue pas entre elles une fusion complète ; chacune d'elles semble conserver une partie des propriétés originelles, c'est-à-dire ses caractères propres qui se reflètent sur l'enfant, de façon à transmettre et imprimer au descendant l'influence prédominante de l'un de ses parents immédiats ou de l'un de ses ancêtres. En tout cas, chez les êtres unicellulaires et pluricellulaires, l'addition ou l'échange de chromatine confère et assure à la substance vivante une nouvelle énergie évolutive, un *rajeunissement* du protoplasma.

Bibliographie. — Il n'est pas possible de citer tous les travaux qui ont paru sur les cellules sexuelles, sur la réduction des chromosomes et les innombrables spéculations relatives à la fécondation. D'ailleurs dans son ensemble la question est du domaine de l'embryologie plus que du domaine de la physiologie. Pour qui veut connaître les principaux mémoires qui ont trait à ces questions, il lui suffira de se reporter aux publications de GUIGNARD, STRASBURGER, HÆCKER, GRÉGOIRE, JANSSENS et R. DE SINÉTY, qui non seulement mettent le lecteur au courant de la science actuelle, mais donnent le tableau complet de toutes les recherches et de toutes les théories.

BONNET. *Idées sur la fécondation des plantes* (observations et mémoires sur la physique, sur l'histoire naturelle, etc., IV, part. I, 1774). — BOUIN (P. et M.). *Réduction chromatique chez les Myriapodes* (Association des Anatomistes, 4e session, 1902). — BRAUER (A.). *Zur Kenntniss der Spermatogenese von Ascaris megalocephala* (Arch. f. mikr. Anatomie, XLII, 1892). — BUFFON. *Histoire naturelle générale et particulière*, II, édit. 1749, 289. — CARNOY et LEBRUN. *La fécondation chez l'Ascaris megalocephala* (Cellule, XIII). — FICK (R.). *Ueber Reifung und Befruchtung des Axolotl-Eies* (Zeitschrift f. wiss. Zoologie, LVI, 1893. — GIARD : a) *Développement des œufs d'Echinodermes sous l'influence d'actions kinétiques anormales* (solutions salines et hybridation B. B., 1900, 442) ; b) *A propos de la parthénogenèse artificielle des œufs d'Echinodermes* (Ibid., 761) ; c) *Sur la pseudogamie osmotique, ionogamie*, (Ibid., 1901, 1) ; d) *Pour l'histoire de la mérogonie* (Ibid., 1901, 875). — GREW. *Anatomy of Plants*, 1682. — GRÉGOIRE (V.). *Les Cinèses polliniques chez les Liliacées* (La Cellule, XVI, 1899, 248). — GUIGNARD (L.). I. *Nouvelles études sur la fécondation* (Annales des Sciences naturelles. Botanique, XIV) ; II. *Le développement du pollen et la réduction chromatique dans le Naias major* (Archives d'anat. microscopique, II, 1899) ; III. *Les découvertes récentes sur la fécondation chez les Végétaux angiospermes* (Cinquantenaire de la Société de Biologie, 1899) ; IV. *La double fécondation dans le Naias major* (Journal de Botanique, juillet 1901, 205) ; V. *La double fécondation chez les Renonculacées* (Journal de Botanique, déc. 1901). — HÆCKER (VALENTIN). *Praxis und Theorie der Zellen und Befruchtungslehre*, Iéna, 1899. — HERTWIG (O.). *Die Zelle und die Gewebe*, 1892. — HOYER (H.). *Ueber das Verhalten der Kerne bei der Conjugation des Infusors Colpidium colpoda* (Arch. f. mikr. Anat., LIV, 1899). — JANSSENS. *La spermatogénèse chez les tritons* (La Cellule, XIX, 1901). — KLEBS. *Die*

Bedingungen der Fortpflanzung bei einigen Algen und Pilzen, Jena, 1896. — LOEB (J.). *On the nature of the Process of Fertilization and the artificial Production of normal Larvæ* (*American Journal of Physiology*, III, 1899). — MAUPAS (E.). *Le rajeunissement karyogamique chez les Ciliés* (*Archives de Zoologie expérimentale*, 2ᵉ série, VII, 1889). — MEVES (FR.). *Ueber die Entwickelung der männlichen Geschlechtszellen von Salamandra maculosa* (*Arch. f. mikr. Anat.*, XLVIII). — RETTERER (ED.). *Évolution du cartilage transitoire* (*Journal de l'Anatomie et de la Physiologie*, 1900). — SINÉTY (R. DE). *Recherches sur la biologie et l'anatomie des Phasmes* (*La Cellule*, XIX, 1901). — SOBOTTA (J.). *Die Befruchtung und Furchung des Eies der Maus* (*Arch. f. mik. Anat.*, XLV, 1895, 43). — SPALLANZANI. *Opuscules de physique animale et végétale*, III, traduits par J. SENEBIER, 1787. — STRASBURGER (ED.). *Ueber Reduktionstheilung, Spindelbildung, Centrosomen und Cilienbild. im Pflanzenreich*, Iéna, 1900. — WALDEYER. *Befruchtung und Vererbung* (*Nat. Woch.*, 1898, nº 11). — WILSON et MATTHEWS. *Maturation, fertilization and polarity in the Echinoderm egg* (*Journal of Morphol.*, X, 1895).

ÉD. RETTERER.

FER (Physiologie). —

Sommaire : § I. Existence, apparition, et conditions de la présence du fer chez les êtres vivants, 1 à 11. — § II. Rôle du fer dans les combustions organiques en dehors de l'être vivant, 12 à 15. — § III. Rôle du fer dans les combustions organiques chez l'être vivant, 26 à 20. — § IV. Les composés organiques du fer, 21 à 24. — § V. Détermination quantitative du fer dans les tissus organiques, 25 à 31. — § VI. Du fer chez les végétaux, 32 à 34. — § VII. Cycle biologique du fer chez les animaux, 35 à 42. — § VIII. Statistique du fer des tissus, 43 à 58. — § IX. Voies d'élimination du fer, 59 à 63. — § X. Absorption du fer, 64 à 72. — § XI. Rôle thérapeutique du fer, 73 à 75.

§ I. — Existence, apparition et conditions de la présence du fer chez les êtres vivants.

1. Existence du fer chez les êtres vivants. — Le fer intervient dans la composition chimique des êtres vivants : il en est un des éléments.

Des 75 corps simples de la chimie, il en est à peine une vingtaine qui se rencontrent dans les organismes et, parmi eux, une douzaine environ peuvent être regardés comme des constituants essentiels. Le fer occupe l'une des dernières places de la liste. On veut dire par là qu'il est un des moins abondants ; qu'il ne participe à la constitution que d'un petit nombre de substances organiques, si essentielles que soient ces substances. Son caractère fondamental est d'être le plus *lourd* des corps simples constituants de l'organisme.

2. Raison de l'existence du fer dans les êtres vivants. — Ces douze corps simples — et le fer avec eux — sont précisément les plus banals, les plus universellement disséminés dans le monde minéral. Il est facile, d'ailleurs, de se rendre compte de la raison pour laquelle le monde vivant n'est composé que des éléments les plus universels du milieu géologique. C'est une conséquence des propriétés fondamentales de nutrition et de développement. La nutrition est la propriété des êtres vivants de s'entretenir par de continuels échanges avec le monde physique ; d'emprunter à celui-ci sa substance et ses énergies sous forme d'aliment ou d'excitant, et de le lui restituer fidèlement. D'autre part, d'après la loi de développement, les êtres vivants sortent toujours de germes très petits ; la masse des matériaux transmis est toujours faible, souvent infime, en comparaison de ceux qui doivent être acquis, c'est-à-dire qui doivent être nécessairement empruntés au sol et à l'atmosphère.

3. Apparition tardive du fer dans l'évolution phylogénétique. — On peut supposer que le fer, comme la plupart des éléments relativement rares, ne s'est introduit dans les corps vivants que successivement au cours des temps. Il joue un rôle capital chez les animaux les plus élevés en organisation et les derniers parus, chez les vertébrés, où il fait partie, entre autres composés, d'une substance essentielle (hémoglobine).

Il est vraisemblable qu'à l'apparition des premières formes vivantes ces êtres de début présentaient une composition chimique plus simple que les êtres actuels. Le degré de simplicité le plus extrême que l'on puisse supposer exige la mise en œuvre de quatre éléments : carbone, oxygène, hydrogène, azote, nécessaires pour former la molécule organique fondamentale. Les autres éléments, et le fer l'un des derniers, se sont sans doute ajoutés successivement à ceux-là par une sorte d'adaptation chimique de l'être vivant au milieu qui les lui offrait plus ou moins constamment.

4. Aptitude de la molécule organique à s'agréger les substances ambiantes. — En langage chimique, on dira que cette faculté d'accommodation ou d'adaptation de l'être au milieu géologique repose sur l'aptitude de la molécule organique fondamentale à s'agréger successivement les groupes atomiques les plus répandus autour d'elle, et qui correspondent le mieux à sa fonction.

5. Abondance du fer dans le milieu géologique. — Le fer est donc entré dans la constitution des êtres vivants, parce qu'il est répandu à profusion dans le milieu ambiant. Son abondance se juge, entre autres signes, par le nombre et la puissance des couches que forment ses minerais exploitables. Ceux-ci constituent ce que l'on appelle en métallurgie la *trinité ferrugineuse :* les peroxydes, les oxydules, les carbonates. En dehors de ces minerais qui, comme l'ont remarqué PLINE et plus tard BUFFON, représentent à la surface du globe de véritables montagnes, tandis que les autres métaux ne se trouvent que par filons et petits amas, il n'existe presque pas de roche où le fer ne figure tout au moins comme élément accessoire. Un trait saisissable et assez général révèle au premier coup d'œil les roches ferrugineuses ; c'est la couleur. Au simple aspect, on peut soupçonner la présence du fer et de ses combinaisons. Toutes les terres ocreuses, rouillées, rougeâtres, sont ferrugineuses ; tout ce qui, parmi les minéraux, est teinté du brun foncé au rouge clair a de grandes chances de contenir du fer. Cette particularité de coloration est d'ailleurs exprimée dans les noms vulgaires de beaucoup des composés de ce métal : limonite, rouge d'Angleterre, hématite, safran de Mars.

Si le fer doit son introduction dans la constitution des organismes à sa fréquence dans le sol, inversement les éléments peu abondants géologiquement devront être exclus du cycle vital par leur rareté même.

6. Le fer est à la limite des corps lourds susceptibles d'entrer dans les composés organiques. — Mais il y a une autre raison qui peut écarter tels ou tels éléments simples des organismes vivants, et qui, si elle n'en a pas écarté le fer, explique tout au moins sa rareté relative : c'est la question du poids atomique. Les éléments trop pesants sont exclus. On peut dire que l'agrégation d'un corps simple à la molécule organique est d'autant plus difficile que celui-ci est plus lourd. Le fer, quoiqu'il soit parmi les métaux proprement dits l'un des plus légers, est lourd par rapport à la matière organique. Il pèse sept fois plus que l'eau : sa densité est 7,8, tandis que la densité des tissus vivants est à peu près égale à celle de l'eau.

7. Poids atomique du fer. — L'atome du fer pèse 56, tandis que les atomes des éléments habituels de la matière organique, c'est-à-dire de l'hydrogène, le carbone, l'azote, de l'oxygène sont représentés par 1, 12, 14, 16. Ceux du soufre et du phosphore, qui viennent ensuite par ordre de fréquence, sont 32 et 31 ; le sodium, le magnésium, le calcium et le potassium, ont pour poids atomiques respectivement 23, 24, 40 et 39. L'atome de chlore pèse 35. L'atome du fer l'emporte de beaucoup sur le plus lourd d'entre eux. Or, dans les composés chimiques, suivant la loi de LAVOISIER, les poids s'ajoutent. L'incorporation de cet atome lourd au milieu d'atomes plus légers exige un artifice, qui n'est pas sans inconvénient pour les échanges nutritifs ; nous voulons dire la constitution d'édifices moléculaires énormes.

Au delà du fer, dont l'atome pèse 56 fois autant que celui de l'hydrogène, on ne trouve plus que le cuivre dont le poids atomique est 63 et qui n'entre que par exception dans les tissus organisés, par exemple dans le sang de beaucoup d'invertébrés. On le trouve chez les crustacés, tels que le homard et la langouste ; chez les mollusques, tels que l'escargot. Plus loin, enfin, se trouve le zinc avec un poids atomique de 65 qui lui interdit, sauf dans des cas tout à fait exceptionnels, l'accès du cycle vital. Il faut cependant noter, comme réserves ou exceptions à ces considérations, le brome, dont le poids atomique est d'environ 80, l'arsenic avec 75 et l'iode avec 127. Il semble que ces deux derniers interviennent d'ailleurs rarement dans les composés de la nature vivante, sans en être absolument exclus (iodothyrine).

8. Propriétés physiques; égalité de poids spécifique des composés de l'organisme. — On admet que la pesanteur et, en général, les propriétés physiques des diverses parties d'un être organisé doivent présenter une certaine uniformité. Il faut que tous les tissus pèsent à peu près autant sous le même volume, et que ce poids spécifique, à peu près constant, ou du moins variable dans des limites très étroites, soit sensiblement identique à celui des liquides ambiants, le sang, la lymphe, dont le poids est très voisin de celui de l'eau. Un atome lourd de fer introduit sans précaution dans un tel milieu y ferait l'effet d'une pierre tombant dans l'eau. Le moindre déplacement entraînerait des déformations et des altérations de structure irréparables. L'*uniformité de poids spécifique* des parties organiques protège l'édifice vivant contre des accidents de ce genre, c'est-à-dire contre l'action déformatrice de la pesanteur : elle est un moyen de défense vis-à-vis de cette force universelle.

Il importe donc que le fer pesant soit intimement lié dans la même molécule à un très grand nombre d'éléments légers, et comme noyé dans leur masse, de manière qu'il s'établisse ainsi une sorte de compensation, et que l'édifice moléculaire ait, par unité de volume, un poids moyen voisin de celui de l'eau. C'est ainsi que se trouvent constitués les édifices moléculaires à dimensions gigantesques dont les composés organiques du fer nous offrent l'exemple remarquable. En particulier, la molécule de la matière rouge du sang des animaux supérieurs, pour un atome de fer, en fixe 712 de carbone, 1130 d'hydrogène, 214 d'azote, 245 d'oxygène et 2 de soufre : au total, 2303. (Hémoglobine, $C_{712}H_{1130}Az_{214}O_{245}S_2Fe$.)

9. Faible conductibilité thermique du fer et des éléments biogénétiques. — Une autre condition qui entre en ligne de compte est tirée de la considération de la chaleur spécifique des éléments. Pour protéger l'être vivant contre les trop brusques changements de température, pour en atténuer les funestes effets, il est utile que les composés de l'organisme aient une chaleur spécifique élevée, c'est-à-dire, pour parler la langue ordinaire, qu'ils soient lents à se refroidir et également lents à se réchauffer. Les oscillations thermiques se trouvent ralenties, et, en quelque sorte, amorties par cette paresse de la matière vivante à se mettre en équilibre de température avec les corps extérieurs : les conséquences périlleuses de brusques changements de température se trouvent ainsi conjurées. Et comme, d'après les lois physiques, la chaleur spécifique du composé se déduit de celles des composants, il est utile que les éléments possèdent euxmêmes les propriétés exigées du complexe. Le fer, parmi les métaux, jouit à un haut degré de ce privilège d'une chaleur spécifique élevée et d'une faible conductibilité. Le forgeron peut tenir dans sa main la barre dont l'autre extrémité est incandescente : rien de pareil ne serait possible avec d'autres métaux, tels que le cuivre et les métaux précieux.

10. Fonction chimique du fer, agent d'oxydation ou de combustion. — Telles sont les principales circonstances auxquelles le fer doit son admission parmi les éléments biogénétiques. Les propriétés qu'il possède et qui s'ajustent parfaitement aux nécessités de la vie, il les transporte avec lui dans les composés dont il fait partie, et qui sont, euxmêmes, les principes immédiats des organismes. Il reste cependant à indiquer la dernière, et la plus essentielle de ses propriétés, qui achève de l'adapter complètement à l'accomplissement des actes vitaux, et sur qui reposent à la fois la particularité de son rôle et son importance : nous voulons parler de sa fonction chimique d'*agent d'oxydation* ou de *combustion*. Il en sera question tout à l'heure.

11. Conséquences des notions précédentes : minime quantité de fer dans l'organisme. — Avant d'aborder ce point, il est utile d'envisager une conséquence des notions précédentes. On a dit que la lourdeur du fer et la grandeur de son poids atomique lui auraient interdit l'accès de la molécule vivante, si cet excès de densité par rapport aux éléments voisins n'était corrigé par l'association d'éléments légers et nombreux. On a ajouté que le fer n'entrait donc dans la matière organique qu'au milieu d'un immense cortège d'éléments qu'il traîne avec lui, qui le soutiennent et le font flotter en quelque sorte au sein de ce composé. Il est donc naturel que ses atomes, dont chacun est si copieusement escorté, ne puissent trouver place qu'en petit nombre dans les corps vivants.

Aussi ne rencontre-t-on, en général, dans le corps des animaux qu'une minime proportion de fer. Ce métal est un élément essentiel, et cependant peu abondant; c'est par dix-millièmes qu'il se compte. Le corps de l'homme, au total, n'en contient pas plus d'une ou deux parties pour 10000 parties en poids. Le sang, qui est le tissu ferrugineux par excellence, n'en renferme que 5 dix-millièmes, c'est-à-dire que 1 gramme de sang ne contient que $0^{mgr},5$ de fer. Un organe est riche en fer lorsqu'il en renferme, comme le foie, 1,5 dix-millièmes, c'est-à-dire lorsque 1 gramme du tissu contient 0^{mgr},15 de fer.

Il faut donc, lorsque l'on veut se représenter les mutations du fer organique, soumettre à une sorte de transposition les idées que nous nous formons habituellement sur la *grandeur* et la *petitesse* des unités de mesure et sur le sens véritable des mots : *abondant* et *rare*. Il faut se défaire de ce préjugé que 1 dix-millième est une proportion négligeable. C'est au contraire, ici, une valeur à considérer. C'est le dix-millième du gramme qui forme l'unité de mesure, la base arithmétique, et, en quelque sorte, le nouveau module pour l'évaluation du fer dans le corps vivant.

§ II. — Rôle du fer dans les combustions organiques en dehors de l'être vivant.

Le rôle fondamental du fer dans les organismes, ce que l'on pourrait appeler sa *fonction biologique*, tient à la propriété chimique qu'il possède de favoriser les combustions, d'être *un agent d'oxydation pour les matières organiques*.

12. Analogie des oxydations par le fer avec les actions zymotiques. — Cette action a précisément quelques-uns des caractères fondamentaux de celle des ferments solubles, à savoir les suivants : 1° l'agent (ferment soluble ou fer) ne laisse rien de sa substance dans l'opération ; il ne subit pas d'usure, il agit par *catalyse*. Dès lors, on conçoit qu'il n'ait pas besoin d'être représenté par des quantités considérables pour exercer une action importante. On comprend ainsi le second caractère qui est : 2° la grandeur du résultat opposée à l'infime proportion de l'agent. Il suffit que celui-ci dispose du temps pour mener à bien une opération très vaste ; et c'est là, précisément, le troisième caractère commun à l'action des ferments solubles et à l'action du fer dans les oxydations organiques, d'exiger : 3° un certain temps pour l'exécution.

C'est avec ces caractères que l'action du fer se manifeste dans la combustion des matières organiques. Celles-ci, aux températures ordinaires, sont incapables de fixer directement l'oxygène : elles ne pourraient brûler que si l'on amorçait la réaction en les chauffant. Grâce à la présence du fer, elles vont brûler sans qu'on les chauffe. Elles subissent la combustion lente. Et, comme le fer n'abandonne rien de sa substance dans l'opération, et que, simple intermédiaire, il ne fait que puiser l'oxygène dans l'inépuisable atmosphère pour l'offrir à la substance organique, on conçoit qu'il n'ait pas besoin d'être abondant pour remplir son office, à la condition de disposer d'un délai suffisant.

Cette action, qui ressemble tant à celle des ferments solubles, s'en distingue par cette avantageuse particularité qu'elle n'offre pas de mystère et que le mécanisme intime en est parfaitement connu.

Quelques éclaircissements sont ici nécessaires.

13. Action comburante de l'oxyde ferrique et des sels ferriques : leur réduction à l'état ferreux. — Le fer se combine facilement à l'oxygène, trop facilement, pourrait-on dire, si l'on n'avait en vue que les usages auxquels nous l'appliquons. Il forme des oxydes. C'est à l'état de fer oxydé qu'il existe dans la nature, et la métallurgie du fer ne tend pas à autre chose qu'à revivifier ce fer brûlé, qu'à le dépouiller de son oxygène pour en tirer le métal. De ces oxydes nous n'en avons que deux à considérer, qui répondent à deux degrés d'oxygénation. Au moindre degré, c'est l'oxyde ferreux, le protoxyde de fer FeO qui forme l'hydrate ferreux Fe (OH)^2 ou FeO, H^{2}O, soluble dans les sels ammoniacaux dont il déplace l'ammoniaque : si la quantité d'oxygène augmente, c'est l'oxyde ferrique, le sesquioxyde de fer, encore appelé peroxyde, dont la rouille est une variété bien connue Fe^{2}O^3, 3H^{2}O ou Fe^2 (OH)^6.

De ces deux oxydes, le premier, l'oxyde ferreux, est une base énergique qui s'unit fortement aux acides, même les plus faibles, comme l'acide carbonique par exemple, l'acidalbumine, l'acide nucléinique, pour former des sels, sels ferreux ou protosels, albuminates, nucléinates, carbonates ferreux. — L'oxyde ferrique, au contraire, Fe^{2}O^3, 3H^{2}O est une base faible qui s'unit lâchement aux acides même énergiques pour former des sels ferriques (persels, sels au maximum) et pas du tout aux acides faibles, comme l'acide carbonique qui existe dans l'atmosphère, ou comme l'acidalbumine, l'acide nucléinique, etc., qui existent dans les tissus des êtres vivants.

Ce sont ces derniers composés ferriques suroxygénés, qui fournissent aux matières organiques l'oxygène qui les brûle lentement; ils redescendent eux-mêmes, par suite de cette opération, à l'état ferreux. En présence de la matière organique le composé Fe^2O^3, $3H^2O$ redevient FeO,H^2O.

(1) $Fe^2O^3,3H^2O + mat.$ organique $= 2 (FeO,H^2O) + H^2O + (O + mat.$ organique).

Les faits de ce genre sont trop universels pour n'avoir pas été observés très anciennement; mais ils n'ont été bien compris que vers le milieu du XIXe siècle. Les chimistes du temps, LIEBIG, DUMAS, surtout SCHŒNBEIN, WŒHLER, STENHOUSE et d'autres, constatèrent que l'oxyde ferrique exerçait, à la température ordinaire, une action comburante rapide sur un grand nombre de substances: l'herbe, la sciure de bois, la tourbe, le charbon, l'humus, la terre arable, les matières animales. L'exemple le plus vulgaire est celui de la destruction du linge par les taches de rouille: la substance de la fibre végétale est lentement brûlée par l'oxygène que lui cède l'oxyde.

14. Retour du composé ferreux à l'état ferrique. — Cette combustion lente de matière organique, réalisée à froid par le fer, ne représente qu'un des aspects de son rôle biologique. Pour que le tableau soit complet, il y faut une contre-partie. Le phénomène n'aurait ni portée, ni conséquence, s'il se bornait à cette première action. Une fois épuisée la petite provision d'oxygène du sel de fer, et celui-ci redescendu au minimum d'oxydation, la source d'oxygène étant tarie, la combustion de la matière organique s'arrêterait. Il ne resterait plus que l'oxyde ferreux FeO,H^2O et les sels ferreux que ce oxyde forme avec les acides, même faibles, albuminates, nucléinates, carbonates ferreux. Une oxydation insignifiante aurait été réalisée.

Dans la réalité des choses, c'est une oxydation indéfinie, sans limites, qui doit s'opérer et qui s'opère, en effet. Cela tient à ce que le phénomène précédent offre une contre-partie. Le sel de fer, qui est descendu au minimum d'oxydation et devenu sel ferreux, ne peut rester à cet état en présence de l'oxygène de l'air ou des autres sources de ce gaz qui peuvent s'offrir à lui. Il tend à remonter, par une marche inverse, à la condition antérieure de persel. L'oxyde ferreux lui-même, dans ces conditions, fournit de l'oxyde ferrique hydraté Fe^2O^3, $3H^2O$ et du carbonate ferreux CO^3Fe suivant l'équation:

(2) $3FeO, H^2O + CO^2 + O = CO^3Fe + Fe^2O^3, 3H^2O$.

On a *su* de tout temps que les composés ferreux absorbaient l'oxygène de l'air pour passer à l'état ferrique. On peut même dire qu'on a *vu*, de tout temps, cette transformation; car elle s'accompagne d'un changement de couleur caractéristique. Il y a passage de la teinte vert pâle, qui est l'attribut des composés ferreux, à la nuance ocreuse ou rouge des composés ferriques.

Le peroxyde de fer Fe^2O^3, $3H^2O$ se trouve donc régénéré et peut servir de nouveau à la combustion de la matière organique, et il se trouve régénéré, non seulement en partie, comme l'indique l'équation (2), mais en totalité. En effet, le carbonate ferreux, formé suivant cette équation, devient soluble dans l'eau chargée d'acide carbonique. Et c'est alors qu'il fixe l'oxygène et se dédouble en Fe^2O^3, $3H^2O$ et CO^2.

(3) $2 CO^3Fe + O + 3H^2O = Fe^2O^3, 3H^2O + 2CO^2$.

L'acide carbonique est lui-même régénéré et remis en liberté; nous avons dit, en effet, qu'il ne se combine pas à l'oxyde ferrique qui est une base trop faible.

15. Jeu alternatif des oxydations et des désoxydations. Continuité des phénomènes. — On peut concevoir maintenant ce qui arrivera si le composé ferrugineux est mis alternativement en présence de la matière organique et de l'oxygène.

Dans la première phase, le fer cédera l'oxygène à la matière organique [équation (1)]; dans la seconde [équations (2) et (3)], il reprendra à l'atmosphère le comburant qu'il a cédé et se retrouvera à son point de départ. La même série d'opérations pourra recommencer une seconde fois, une troisième fois, indéfiniment. Elle se reproduira aussi longtemps que se reproduiront les alternatives de la mise en présence de la matière organique et de l'oxygène atmosphérique, c'est-à-dire, en définitive, du producteur et du consommateur, entre lesquels le fer lui-même ne remplira d'autre rôle que celui d'un honnête courtier.

Il n'est pas nécessaire de recourir à ces alternatives que nous avons simplement imaginées pour rendre plus facile l'analyse du phénomène. Le résultat sera le même, si les deux contractants, l'oxygène de l'air et la matière organique, restent continuellement en présence l'un de l'autre; le jeu de bascule s'établira tout aussi bien, et la combustion de la matière organique se continuera indéfiniment jusqu'à épuisement. Le sel de fer remplira sans arrêt son rôle de transporteur d'oxygène.

§ III. — **Rôle du fer dans les combustions organiques chez l'être vivant.**

La question est de savoir maintenant si les choses peuvent se passer au sein des organismes — au contact de la matière vivante, — comme nous venons de voir qu'elles ont lieu en dehors d'elle pour des matières mortes, « débris d'organismes, rentrés depuis sous l'empire des lois physiques ».

16. Hypothèse des combustions lentes de Lavoisier. — Lavoisier avait admis cette identité d'action. Et, depuis cette époque, on rangeait parmi les réactions physiologiques *la combustion lente, la combustion à froid*, sans en connaître d'ailleurs d'exemples catégoriques.

L'illustre savant fit accepter l'idée que la chaleur animale et les énergies que le fonctionnement vital met en jeu tireraient leur origine des réactions chimiques de l'organisme, et que, d'autre part, les réactions productrices de chaleur, ou exothermiques, comme l'on dit aujourd'hui, consistaient en de simples combustions, des *combustions lentes*, ne différant que par l'éclat de celle qui s'accomplit, suivant une comparaison célèbre, « dans la lampe qui brûle et se consume ».

Le développement de la chimie a montré que c'était là une image trop simplifiée de la réalité des choses, et que la plupart de ces phénomènes, s'ils s'équivalent, en fin de compte, à une combustion, en diffèrent profondément par le mécanisme et le mode d'exécution.

Ce n'est pas à dire que tous les phénomènes d'oxydation de l'organisme soient dans ce cas. Il reste possible qu'il se produise dans l'économie un certain nombre de ces combustions lentes, comme Lavoisier les entendait, et comme les combustions opérées par l'intermédiaire du fer viennent de nous en fournir le modèle.

17. Recherche des combustions lentes par le fer. — Cette possibilité est-elle une réalité? Y a-t-il vraiment dans l'organisme vivant des réactions conformes à ce type? C'est la question que se posèrent les successeurs de Lavoisier et, parmi eux, Liebig. C'est aussi la question qu'essaya de résoudre Claude Bernard. Le célèbre physiologiste chercha, tout au moins, s'il se fait une oxydation de la matière vivante aux dépens de l'oxyde ferrique. Il répondit affirmativement, par une expérience dont l'interprétation n'est pourtant pas aussi simple qu'on le pourrait croire. Claude Bernard injectait dans la veine jugulaire d'un chien un sel ferrique, et il constatait ce premier fait important, à savoir que ce sel n'était pas retenu par l'organisme. Il était rejeté par les urines; et il l'était sous la forme de *sel ferreux*, c'est-à-dire dépouillé d'une partie de son oxygène.

Cette vérification partielle de la doctrine des combustions lentes ne pouvait prévaloir contre un échec retentissant que cette doctrine venait de subir dans le même temps. Il s'agit du sang, c'est-à-dire d'un tissu qui s'oxyde et se désoxyde continuellement. De plus ce tissu est le plus riche de tous en fer. Il ne pouvait pas y avoir de conditions plus favorables, en apparence, pour le jeu des oxydations dues à l'action du fer. Or, là, précisément, il fut établi que les oxydations et désoxydations successives du sang ne résultaient pas d'une oxydation et d'une désoxydation du fer, comme on aurait pu s'y attendre. Le mécanisme était tout autre.

L'étude du sang a montré que le fer n'y existe pas sous sa forme saline, minérale, explicite. Le mécanisme des combustions lentes réalisées par le fer exige que le métal se présente à cet état. C'est un jeu de bascule des sels ferreux et ferriques. Or le fer n'existe pas dans le sang, sous cette forme explicite : il y est dissimulé. Il ne peut donner lieu à des composés alternativement ferreux et ferriques. L'oxydation et la désoxydation s'expliquent par un autre mécanisme (propriété de l'hémoglobine d'absorber l'oxygène et de le céder).

18. Manières dont le fer est engagé dans les tissus. Fer organique, fer minéral. — Il y a donc lieu, d'après cet exemple, de considérer deux manières, pour le fer, d'être engagé dans les tissus vivants : 1° sous la forme saline, ou sous une forme équivalente, auquel cas il donne lieu aux phénomènes de combustion lente décrits précédemment; 2° sous une forme dissimulée, sous laquelle il ne donne plus lieu à ces phénomènes de transport. On distingue, en un mot, dans les tissus, le fer minéral et le fer organique.

C'est précisément, comme nous l'avons dit, ce qui arrive dans le cas du sang.

19. Fer dans le sang. Fer organique ou dissimulé. — Le fer est, en effet, dissimulé dans le sang sous une forme qui n'est pas comparable à la forme saline.

MENGHINI, en 1757, avait reconnu que le fer était localisé dans le sang, et spécialement dans la partie rouge de celui-ci. Cinquante ans plus tard, VAUQUELIN et BRANDE nièrent le fait. L'erreur de ces habiles expérimentateurs tenait à la supposition même qui avait dirigé leurs recherches. Ils avaient procédé avec le sang, comme ils l'eussent fait avec un composé minéral. Ils avaient recherché le fer sanguin, le fer hématique, comme s'il existait à l'état de sel ferreux ou ferrique, c'est-à-dire en appliquant les réactifs habituels des sels de fer au liquide lui-même, à cru pour ainsi parler, sans calcination préalable. L'insuccès de ces réactions signalétiques prouve seulement que le fer n'existe pas dans le sang sous la forme saline. Les recherches ultérieures établirent, en effet, qu'il existe dans la matière rouge des globules, à l'état de combinaison compliquée, qui le soustrait aux réactifs banals, qui le dissimule à ces agents. C'est l'hémoglobine, qui a été bien connue surtout après les travaux de HOPPE-SEYLER en 1864. LIEBIG, en 1847, se trompait encore sur sa véritable nature : il croyait que c'était une combinaison de sel de fer (proto-carbonate) et de matière albuminoïde. Néanmoins le fait que la combinaison ferrugineuse du sang (hémoglobine) diffère totalement d'un sel ferreux ou ferrique, excluait l'idée que cette substance pût agir comme ceux-ci pour fixer l'oxygène sur les corps.

Fait remarquable, et qui montre bien que le fer conserve à travers toutes ses vicissitudes quelque trait de sa propriété fondamentale de favoriser l'action de l'oxygène sur les substances, cette combinaison si particulière, et si différente des sels de fer, l'oxyhémoglobine et l'hémoglobine se comportent presque comme eux.

Si elle n'est point par elle-même un comburant énergique, l'hémoglobine est, suivant l'expression de LIEBIG, « un transporteur d'oxygène ». C'est là une vue très exacte que l'avenir devait confirmer. Que ce transport ne se produise point par le mécanisme qu'imaginait LIEBIG, mais par un autre, le résultat général n'en est pas moins très analogue au point de vue de la physiologie du sang. La matière colorante du sang, convoyée par les globules, fixe de l'oxygène au contact de l'air pulmonaire, et le déverse, à son passage dans les capillaires, sur les tissus. Le globule du sang n'apporte pas autre chose aux éléments anatomiques, et ne leur distribue pas d'autre principe, contrairement à l'opinion qui avait prévalu jusqu'alors.

20. Existence dans le foie du fer minéral. Fonction martiale du foie. — Cet échec malheureux détourna de tenter de nouveaux efforts. La *théorie des combustions lentes du type de celles qui sont réalisées par les sels de fer* n'était donc pas confirmée dans le meilleur exemple que l'on pût choisir.

On ne chercha point si d'autres tissus ou d'autres organes ne présenteraient point de conditions plus favorables à la doctrine de LAVOISIER. D'ailleurs, on n'en connaissait point d'autres qui renfermassent du fer, ou, du moins, ceux qui en fournissaient à l'analyse, comme le foie et la rate, passaient pour le recevoir du sang sous la forme compliquée où il y existe (hémoglobine, hématine), ou sous une forme analogue, également impropre au jeu de bascule des oxydations et des désoxydations successives.

Jusqu'à ces dernières années, on ne croyait donc pas qu'aucun organe réalisât les deux conditions qui doivent se trouver réunies pour l'accomplissement d'une combustion lente par le fer, à savoir : 1° une source d'oxygène ; 2° des combinaisons à acides faibles analogues aux sels ferreux et aux sels ferriques.

Nos études, exécutées en 1897 avec la collaboration de FLORESCO, ont montré que le foie était un organe de ce genre. Elles ont révélé l'existence de ces conditions. Le foie contient du fer, et le fer y existe, pour une grande part, sous des formes qui sont précisément comparables aux composés ferreux et ferriques, tels que la *ferrine hépatique*. D'autre part, le foie est abondamment irrigué par le sang qui charrie, à l'état de simple dissolution dans son plasma, et à l'état de combinaison lâche dans ses globules, l'oxygène comburant. Toutes les conditions nécessaires à la production de la combustion lente s'y trouvent rassemblées. On ne peut donc pas douter qu'elle s'y accomplisse.

C'est là une fonction nouvelle qu'il faut assigner à l'organe hépatique. Nous l'avons dénommée *fonction martiale* (voir n° 46). La *fonction martiale du foie consiste donc en un mécanisme d'oxydation lente où le fer sert de véhicule à l'oxygène comburant*, conformément au type imaginé par Lavoisier pour la grande majorité des actions chimiques de l'organisme vivant.

§ IV. — Les composés organiques du fer.

21. Distinction des composés du fer; fer minéral, fer organique, au point de vue de leurs propriétés chimiques et physiologiques. — On a vu (18), par l'exemple du sang (hémoglobine) et du foie (ferrine), que les composés ferrugineux pouvaient se présenter sous deux états très différents quant à leurs propriétés chimiques, et nous ajouterions, quant à leurs propriétés physiologiques.

La première catégorie comprend les composés salins, sels ferriques ou ferreux à acide minéral ou organique : ils présentent les réactions des sels de fer, avec les ferrocyanures et ferricyanures, sulfhydrate d'ammoniaque, etc.

Il existe une seconde catégorie de composés du fer. Ce sont des combinaisons organiques dans lesquelles le fer est *dissimulé*. Il y est engagé d'une façon particulière qui le soustrait à l'action des réactifs chimiques, caractéristiques des sels : au cyanoferrure de potassium; au sulfhydrate d'ammoniaque agissant sur la solution ammoniacale (on sait que l'hydrate ferreux est soluble dans les sels ammoniacaux, dont il déplace l'ammoniaque).

On a opposé l'une à l'autre ces deux catégories. L'usage s'est introduit de les désigner par les noms de *fer salin* ou *fer minéral*, pour la première catégorie ce dernier nom étant impropre, car elle contient des composés organiques; de *fer organique*, ou *fer dissimulé*, pour la seconde.

Ni l'une ni l'autre de ces catégories n'ont été suffisamment étudiées jusqu'ici. Leur étude approfondie présenterait cependant un réel intérêt au point de vue physiologique. Des recherches préliminaires ont, en effet, paru établir entre ces deux espèces de composés ferrugineux une différence d'ordre physiologique (Socin, 1881). Les composés salins ferrugineux ne seraient pas absorbables par l'intestin chez les mammifères, ils seraient donc inutiles à l'alimentation. Les composés de fer organique ou dissimulé, au contraire, seraient absorbés, et ils constitueraient le *fer alimentaire*.

22. Composés organiques du fer des deux catégories : albuminates; nucléinates; nucléo-albumines ferrugineuses; hématogène. — La première classe (*fer salin, fer minéral, fer non alimentaire*) comprend des composés ferreux et ferriques divers : oxydes engagés de diverses manières et liés faiblement (rubigine, hémosidérine); sels ferriques à acides forts : sels ferreux à acide fort ou à acide faible, tels que carbonate ferreux, albuminates, acides-albuminates, nucléinates ferreux.

La seconde classe (*fer organique, fer dissimulé, fer alimentaire*) comprend, en première ligne, l'hémoglobine. Puis viennent des composés que G. Bunge a contribué à faire connaître : les *nucléo-albumines ferrugineuses*, qui constituent la partie la plus importante de ce groupe. Elles existent, en général, dans le noyau des cellules, dans la chromatine nucléaire. Elles sont peu abondantes dans le lait; elles sont très abondantes, au contraire, dans le jaune d'œuf, d'où G. Bunge a extrait la principale, l'*hématogène*. En principe, l'existence de composés de ce genre dans les noyaux cellulaires fait comprendre que toutes les substances empruntées au règne animal et végétal, les aliments, par conséquent, en renferment une petite proportion. Cette petite proportion suffit d'ailleurs aux besoins des organismes (n° 11).

23. Réactifs des deux classes de composés organiques du fer. Réactif de Bunge. — Un point encore obscur est relatif aux limites de ces deux classes de substances. Il semble, dès à présent, que leur division a été trop nettement tranchée. Elle est fondée, au point de vue chimique, sur ce que la première donne les réactions des sels de fer, et que la seconde ne les donne pas.

Les composés de la forme saline (*fer salin*), tels que les acidalbuminates, nucléinates, etc., en solution légèrement alcaline, légèrement ammoniacale, précipitent rapidement par le sulfure d'ammonium.

Si l'on acidifie par l'acide chlorhydrique, et que l'on ajoute ensuite du ferrocyanure de potassium, on obtient le précipité de bleu de Prusse.

Enfin ces substances sont solubles dans le *réactif de Bunge*. Ce réactif n'est autre que l'acide chlorhydrique alcoolique : alcool à 95°, 90 volumes; HCl à 25 p. 100, 10 vol.

Dans la seconde classe, le fer est dissimulé dans une combinaison organique où il se trouve fortement lié. C'est le cas des nucléo-albumines ferrugineuses de Bunge et de son hématogène. En solution légèrement alcaline ou ammoniacale, ces composés ne précipitent point par le sulfure d'ammonium. L'addition de ferrocyanure avec acidification par l'acide chlorhydrique ne donne point le précipité de bleu de Prusse. Ils ne se dissolvent point dans le réactif de Bunge; ou, s'ils s'y dissolvent, ils ne donnent point, ensuite, la réaction du ferrocyanure. En un mot, les réactions du groupe précédent sont négatives.

24. **Existence d'une classe de composés ferrugineux intermédiaires. Ferratine de Marfori et Schmiedeberg. Ferrine de Dastre et Floresco.** — Ces caractères ne sont pas absolus. Dans la plupart des cas, si la réaction n'a pas lieu *immédiatement*, elle se produit ensuite plus ou moins lentement et plus ou moins complètement. On conçoit bien qu'il en soit ainsi. L'édifice organique dans lequel le fer est engagé et qui a résisté au premier moment, à l'acide chlorhydrique, en subit l'action prolongée et se désagrège progressivement en libérant le fer. L'effet est plus ou moins rapide suivant que le fer est lié plus ou moins fortement.

Selon le degré de liaison du fer, on conçoit donc qu'il y ait une troisième catégorie de composés intermédiaires aux deux précédents. Le composé lui-même peut être moins stable et le fer y être moins fortement lié que dans l'hémoglobine ou dans l'hématogène. Ces corps ne donneront pas immédiatement les réactions du fer salin : ils les donneront plus ou moins lentement. On peut ranger dans cette catégorie la *ferratine* de Marfori et Schmiedeberg, que quelques auteurs rattachent cependant à la forme saline. On peut y comprendre encore la *ferrine* de Dastre et Floresco, et enfin les protéosates et peptonates de fer pharmaceutiques.

La *ferratine* de Marfori et Schmiedeberg est une combinaison d'albumine et d'oxyde de fer, encore appelée albuminate de fer ou ferro-albumine. Elle se présente comme une poudre jaune. Elle est soluble dans les solutions étendues d'alcalis et de carbonates alcalins. Elle est précipitée de ses solutions alcalines par les acides étendus; mais elle se redissout dans un excès d'acide. Elle donne, avec le sulfure d'ammonium, un précipité qui n'apparaît point au premier moment, mais qui se produit lentement. De même pour la réaction colorée avec le ferrocyanure. La ferratine est soluble dans l'acide chlorhydrique alcoolique (réactif de Bunge).

La *ferrine* de Dastre et Floresco est plus proche encore de l'*état salin* du fer. C'est la substance principale qui donne au foie sa couleur plus ou moins foncée; c'est un *pigment hépatique*. On l'obtient de la manière suivante. On lave le foie au moyen de la solution physiologique injectée dans la veine-porte; on le hache; on le place dans le vide au-dessus de l'acide sulfurique. On achève la dessiccation à 105°, à l'étuve. On broie énergiquement la poudre ainsi obtenue dans un mortier. Puis on met macérer à l'eau froide ou tiède, très légèrement alcalinisée par la soude ou le carbonate de soude. La liqueur prend une coloration jaune rouge qui fonce de plus en plus par concentration. Le résidu d'évaporation séché est épuisé par le chloroforme. La poudre qui subsiste est une substance albuminoïde riche en fer, ou un mélange de substances de ce genre. Ce mélange contient certainement, d'après son mode même de préparation, des nucléo-albumines, *nucléo-albumines ferrugineuses*. D'autre part, si l'on traite la poudre hépatique par le suc gastrique, les nucléo-albumines sont décomposées, et les nucléines précipitées. La liqueur conserve, en partie, sa coloration. Filtrée, puis évaporée, elle donne un résidu coloré (protéoses et pigment). En somme, la *ferrine brute* est un mélange de nucléo-albumines ferrugineuses et de protéoses ferrugineuses. Ce n'est pas un composé chimique défini. On l'obtient, et c'est le troisième et meilleur procédé, par digestion de la poudre de foie lavé, séchée, au moyen de la papaïne, en milieu neutre; la liqueur évaporée donne le mélange coloré que nous avons appelé *ferrine brute;* quant à la *ferrine pure*, débarrassée des nucléo-albumines et des peptones, et réduite aux protéoses ferrugineuses (*protéosates de fer*), elle n'a pas été isolée.

La *ferratine* de Marfori et Schmiedeberg, obtenue en partant de l'albumine, et nommée pour cela *albuminate de fer*, est mieux définie sans l'être tout à fait.

Les propriétés de la *ferrine* sont les suivantes :

Elle est soluble en milieu neutre. Elle n'est pas précipitée par les acides; elle y reste dissoute, même dans une quantité faible, tandis que la *ferratine* est précipitée par une petite quantité, et soluble seulement dans un grand excès. Enfin, les réactions avec le sulf-hydrate d'ammoniaque et le ferrocyanure acidifié ne se produisent pas immédiatement (fer lié), mais n'ont pas besoin d'un long délai pour s'accomplir. On peut signaler une autre différence : la ferrine (après avoir été chauffée à 100°) jouit à un haut degré de la propriété *anticoagulante pour le sang in vitro :* la ferratine n'exerce pas d'action de ce genre.

La plus importante des propriétés de ces substances intermédiaires — au point de vue qui nous occupe — c'est de permettre les combustions lentes. Elles se comportent à cet égard comme les composés de la première catégorie, composés salins.

En résumé les composés biologiques du fer forment une série ininterrompue. La série commence à l'hématine qui est la (combinaison) où le fer est le plus fortement lié, se continue par les nucléo-albumines ferrugineuses, les nucléines ferrugineuses, les albuminates de fer, les ferratines, les ferrines ou protéosates de fer, les peptonates de fer ; elle finit par les composés salins. La propriété de servir de convoyeur ou transpor-teur d'oxygène, et par conséquent d'agent des combustions lentes, est d'autant plus marquée que l'on descend davantage les degrés de cette échelle.

C'est aux renseignements précédents, très incomplets et évidemment très insuffisants au point de vue chimique, que se réduisent nos connaissances sur les composés orga-niques du fer.

§ V. — Détermination quantitative du fer dans les tissus organiques.

La détermination du fer peut être exécutée par les méthodes chimiques proprement dites : méthode volumétrique (de Margueritte), méthodes par pesées.

25. Méthodes chimiques. — Nous renvoyons aux traités d'analyse chimique (Fressenius) pour les procédés de ce genre.

Ces procédés ont été, le plus souvent, modifiés, pour s'adapter aux nécessités de la physiologie. Un des temps de l'opération commune à tous les procédés et qui demande le plus de soin, c'est l'incinération préalable. Il faut éviter les pertes par volatilité (chlo-rures)et la formation d'oxyde ferrique inattaquable. On utilisera,avec beaucoup d'avan-tage, la façon de faire indiquée plus bas (n° 28).

On peut dire en, outre, que tous les procédés présentent un défaut commun. Ils sont faits pour déterminer avec précision de quantités de fer très appréciables, qui se chiffrent en grammes ou en fractions immédiates du gramme. — Les chimistes qui recherchent le fer dans les composés naturels, dans les minerais, par exemple, prennent pour point de départ le gramme. Ils ont, entre les mains, habituellement quelque fraction de gramme du corps à analyser. Les méthodes qu'ils emploient peuvent être regardées comme parfai-tes, si elles ne laissent pas échapper plus d'un millième dans la quantité dont ils dispo-sent. Et c'est, en effet, le cas pour les méthodes volumétriques ou pondérales en usage.

D'après ce que nous avons dit des infimes proportions pondérales du fer dans les tissus vivants, on conçoit que ces méthodes chimiques conviennent mal aux besoins des biologistes. Il leur faut des balances, qui tarent le millième de milligramme, comme ils ont déjà des microscopes qui mesurent avec exactitude le millième de millimètre.

L. Lapicque a imaginé une méthode d'analyse de ce genre, adaptée aux besoins de la physiologie.

26. Méthode colorimétrique du sulfocyanate ferrique. — Ce procédé est fondé sur la colorimétrie du sulfocyanate ferrique. Il exige que l'on observe rigoureusement les pré-cautions prescrites. A cette condition, les résultats offrent toute sécurité.

Cette méthode a été l'objet d'une étude préliminaire, critique et expérimentale ; les résultats en ont été comparés, par l'auteur, à ceux que fournissent la méthode volu-métrique de Margueritte ou les méthodes par pesée. La sûreté des déterminations et la confiance qu'elles méritent ont été mises en évidence.

Nous en reproduisons ici le détail.

L'opération comprend les actes que voici : pesée de l'échantillon à analyser — prépa-ration de la liqueur colorimétrique — préparation de la solution d'analyse et de la solution type — comparaison de ces liqueurs au moyen du colorimètre.

27. Pesée de l'échantillon à analyser. — On prend 10 grammes de tissu frais ou 2 grammes de poudre desséchée jusqu'à constance du poids. S'il s'agit d'un animal à sang rouge et ferrugineux (vertébrés), on aura eu soin d'hydrotoniser le tissu par un lavage à l'eau salée physiologique afin d'enlever tout le sang et, par conséquent, tout le fer du sang qui viendrait fausser la recherche. S'il n'est pas possible d'hydrotoniser préalablement le tissu et de le débarrasser du sang qu'il contient, il faut tenir compte du fer ainsi introduit par le sang (n° 45).

Ces poids (10 grammes) de tissu frais exsangue et (2 grammes) de tissu sec sont choisis (a posteriori) après tâtonnements; ce qu'il faut prendre, c'est une quantité de tissu qui contienne environ 1 milligramme de fer. C'est la quantité, en effet, qui convient le mieux pour les dosages. On suppose ici que le tissu auquel on a affaire est assez riche pour contenir 1 milligramme de fer dans 10 grammes. S'il était trois ou quatre fois moins riche, d'après une expérience préliminaire, on prendrait trois ou quatre fois plus de matière, de manière à opérer toujours environ sur un milligramme de fer. Le chiffre précédent convient au foie. Pour les autres tissus, l'expérience apprend qu'il faut en prélever une quantité plus considérable, cinq à six fois supérieure, au moins; par exemple : 40 à 50 grammes de tissu frais ou 8 à 10 grammes de tissu sec.

28. Préparation de la liqueur colorimétrique. — Cette quantité de tissu est incinérée par un procédé particulier. La calcination ne convient pas, parce qu'elle est longue, et très délicate, si l'on veut éviter de volatiliser le fer à l'état de chlorure ou de l'insolubiliser en calcinant trop fortement l'oxyde.

On détruit la matière organique par l'acide azotique, au sein d'une petite quantité d'acide sulfurique, dans le récipient même où se fait la pesée du tissu. Le tissu frais ou sec est donc introduit dans un ballon de verre de Bohême de 125 centimètres cubes de capacité, préalablement taré. On pèse par différence le tissu introduit. On ajoute de l'acide sulfurique pur, bien exempt de fer, — environ un centimètre cube d'acide par gramme de tissu frais, c'est-à-dire dans le cas présent 8 à 10 centimètres cubes, — et on laisse macérer à froid pendant environ quatre heures.

Cette macération préalable n'est nécessaire ou simplement utile que pour ralentir la violence de l'action et les projections ultérieures qui pourraient se produire au moment où l'on chauffera.

Si l'on opère sur le tissu sec au lieu du tissu frais, on peut s'en dispenser, et l'on procédera immédiatement aux opérations suivantes :

Dans une hotte vitrée, d'où le fer est exclu ou dont la surface est protégée par une épaisse peinture, on place les ballons dans une position inclinée sur un support de cuivre au-dessus d'un bec de gaz; on conduit la chauffe avec précaution, ralentissant à propos la flamme de manière à éviter les projections. La matière organique se dissout. A la fin de l'opération, on pousse la flamme de manière à éliminer l'eau et à amener l'acide sulfurique près de son point d'ébullition, ce dont on est averti par la disparition des épaisses vapeurs blanchâtres qui chargeaient l'atmosphère du ballon, maintenant transparent.

On écarte alors le ballon du feu : on le laisse refroidir un peu et on y fait tomber, au moyen d'un flacon compte-gouttes, de l'acide azotique pur exempt de fer, et on agite. Le contenu du ballon qui était noirâtre et ses parois qui étaient mouchetées d'éclaboussures noirâtres se décolorent et passent au rouge clair, en même temps qu'il se dégage des vapeurs nitreuses.

On chauffe de nouveau et on recommence la même opération jusqu'à ce que les parois soient propres, et la liqueur claire et légèrement colorée en jaune verdâtre. Il est bien entendu que l'on rajoute au besoin de l'acide sulfurique au cours de l'opération, s'il diminuait trop par suite de la volatilisation. A la fin, au contraire, on poussera la chauffe s'il était en excès. Il faut s'arranger de manière que la quantité finale de liquide ne dépasse pas sensiblement 2 centimètres cubes. Le fer s'y trouve au fond sous l'apparence d'une fine poudre cristalline (sulfate ferrique), dont l'abondance fournit à première vue, à l'observateur exercé, une première idée de la richesse en fer du tissu. Avec beaucoup de précautions, on ajoute ensuite de l'eau, environ 20 centimètres cubes; on fait bouillir jusqu'à dissolution complète du précipité cristallin. On laisse refroidir. On a alors une liqueur claire pâle, jaune verdâtre, prête pour la colorimétrie.

29. Solution d'analyse et solution type. — On a une petite fiole dont le long col porte deux traits de jauge correspondant à 20 centimètres cubes et 25 centimètres cubes.

On verse dans cette fiole la liqueur précédente provenant de l'incinération azoto-sulfurique, et avec les rinçures successives d'eau distillée du ballon on amène le volume au trait 20 centimètres cubes. On ajoute à cette liqueur d'analyse (jusqu'au trait 25 centimètres cubes) 5 centimètres cubes d'une solution à 10 p. 100 de sulfocyanate d'ammoniaque. On agite. On obtient ainsi une solution rouge contenant tout le fer qui provient du tissu.

C'est cette *solution d'analyse* qui devra être comparée à la *solution type*, dans le colorimètre LAURENT. Le résultat de la comparaison fera connaître les richesses relatives des deux solutions; et, comme on connaît celle de la *solution type*, on aura la valeur absolue de l'autre.

La *solution type* est obtenue en dissolvant à chaud 0^{gr},500 de fil d'archal bien décapé dans de l'eau distillée additionnée d'acide sulfurique pur, en excès, et d'acide azotique. L'ébullition est continuée pendant une demi-heure. Après refroidissement, on étend à 1 litre (995 centimètres cubes). De cette liqueur, 20 centimètres cubes contiennent 1 centigramme de fer. Si l'on ajoute à la liqueur 5 centimètres cubes de sulfocyanate d'ammoniaque à 10 p. 100, on a 1 litre d'une liqueur présentant une coloration rouge très intense.

Ce n'est pas cette solution elle-même que l'on emploie. Celle-ci sert seulement de *solution mère*. On en prend une portion quelconque que l'on étend au dixième, et qui, par conséquent, contient, dans 20 centimètres cubes, 1 milligramme de fer. Elle est la véritable *solution type*.

On possède ainsi les deux solutions rouges à comparer : la solution d'analyse et la solution type. *Sous même volume, la teinte est proportionnelle à la richesse en fer*. Voilà le principe de l'analyse. La comparaison des teintes se fait dans le colorimètre Laurent avec des précautions particulières. (Voir thèse de L. LAPICQUE, p. 30 et suivantes).

30. Comparaison colorimétrique. — Pour éviter toute erreur relative aux différences d'éclairage, on ne compare pas directement les deux liqueurs entre elles. On les compare toutes les deux à un même étalon de couleur fixe, placé d'un côté de l'appareil, tandis que les deux liqueurs sont successivement placées de l'autre côté, dans le godet. On fait mouvoir le manchon vide, c'est-à-dire varier l'épaisseur sous laquelle on examine la liqueur du godet, jusqu'à ce que sa teinte soit exactement celle de l'étalon. On lit cette épaisseur c' au demi-millimètre près, grâce au vernier de l'échelle.

On lit, de même, l'épaisseur c correspondant à la solution type. La quantité de matière colorante, de substance active (c'est-à-dire la quantité de fer), sera la même dans l'épaisseur c de solution type et dans l'épaisseur c' de solution à analyser, si l'on admet, ce qui est la base du procédé colorimétrique, que l'égalité de teinte entraîne l'égalité de teneur en substance active.

Soit p la quantité pondérale de fer contenue dans l'unité de volume (1 litre) de la solution type; p' la quantité dans l'unité de volume de la solution à analyser. Le cylindre du colorimètre de base B, de hauteur c, de volume $B \times c$ contiendra donc $B \times c \times p$ de fer, pour la solution type; le même cylindre de base B, de hauteur c', contiendra $B \times c' \times p'$ pour la solution à analyser. A l'égalité de teinte ces deux quantités sont égales, $B \times c \times p = B \times c' \times p'$. D'où $p' = p \dfrac{c}{c'}$. Pour avoir la quantité de fer contenue dans un volume donné de la solution à analyser, il faut multiplier la quantité contenue dans le même volume de solution type par le *rapport colorimétrique* $\dfrac{c}{c'}$. Appliquons cela au volume 20 centimètres cubes. Le poids de fer contenu dans 20 centimètres cubes de la liqueur à analyser (c'est précisément tout le fer de l'échantillon analysé qui pesait K grammes), c'est la quantité que l'on cherche x; le poids de fer contenu dans 20 centimètres cubes de la solution type, c'est 1 milligramme, comme nous l'avons vu. — On a donc :

x quantité de fer dans le poids K grammes de tissu $= \dfrac{c}{c'} \times 1$ milligramme.

Le rapport colorimétrique $\dfrac{c}{c'}$ exprime donc, en milligrammes, le poids de fer contenu dans l'échantillon à analyser qui pèse K grammes. En divisant par K on aura *le nombre de milligrammes de fer dans un gramme de tissu* : c'est le nombre $\dfrac{c}{c'}\,\dfrac{1}{K}$, qui exprime le résultat de chaque analyse.

Exemple. On traite un poids K de foie de bœuf de 7gr,50, on trouve un rapport colorimétrique $\dfrac{38}{70} = 0,54$. La quantité de fer est de $\dfrac{0,54}{7,5}$ c'est-à-dire 0mgr, 07 par gramme de foie.

31. Conditions qui rendent la méthode rigoureuse et sensible. — La méthode n'est rigoureuse et sensible que sous certaines conditions. En principe, la relation qui lie la quantité de fer à l'intensité de la coloration du sulfocyanate n'est pas simple. Il n'y a point de proportionnalité entre ces deux grandeurs. Le coëfficient d'extinction photométrique varie avec les conditions du milieu : sels, quantité d'eau, nature et quantité de l'acide, influence de l'acide phosphorique. Mais il y a des circonstances — et ce sont précisément celles dans lesquelles on applique le procédé — où la proportionnalité existe, où l'intensité de la coloration est en raison directe de la quantité de fer.

En second lieu, la sensibilité est ordinairement très grossière dans les déterminations colorimétriques. Elle est ici beaucoup plus grande. En effet, au lieu d'imposer à l'œil une détermination d'intensité, d'égalité d'intensité, ce à quoi l'œil est inhabile, on lui demande de déterminer une variation de teinte, ce à quoi l'œil est très apte. Et précisément on opère avec une teinte sensible. La solution de sulfocyanate ferrique, à 1/1000e de fer, que l'on emploie ici, a, sous l'épaisseur de 4 centimètres, une teinte orangée qui vire immédiatement du côté du rouge ou du côté du jaune, suivant que la proportion de fer augmente ou diminue. L'étalon de verre type est précisément choisi de cette teinte orangée, et il faut amener par dilution convenable la liqueur à analyser à cette teinte, afin de sensibiliser au maximum la détermination.

§ VI. — Du fer chez les végétaux.

32. Présence du fer dans les tissus végétaux. Règle d'Haüy. — Le fer se rencontre, en faibles proportions, dans les diverses parties des plantes. Letellier, Rammelsberg, Boussingault ont signalé l'oxyde de fer à l'état de traces. On l'a trouvé en proportions appréciables (on le dosait en bloc avec la magnésie) dans le sarment de vigne, dans le topinambour, dans le bois de pin sylvestre. M. Petit (1893) a isolé, dans l'orge, du fer à l'état de composé organique analogue aux nucléines.

On a cru, à la fin du xviiie siècle, après les observations de Lémery, de Geoffroy et de Menghini, que spécialement les parties colorées des plantes étaient ferrugineuses et devaient leur richesse de teintes aux composés de fer. C'était une extension de l'observation qui avait montré la présence du fer dans toutes les terres ocreuses, dans toutes les roches dont la teinte varie du brun foncé ou rouge clair. Haüy, le fondateur de la minéralogie, avait exprimé cette idée dans le style de son temps : « Lorsque la nature prend le pinceau, c'est toujours le fer qui garnit sa palette. » La verdure des feuillages et les plus délicates nuances de la fleur ou du fruit auraient dû leur variété de tons aux combinaisons du fer. Le même principe, d'ailleurs, avait été étendu aux animaux et à toutes leurs matières colorantes : sang, bile, teintes du pelage et du plumage. C'était là une erreur. Elle fut bientôt réfutée en ce qui concerne les matières colorantes des cerises, des groseilles du safran, de l'orcanette, de la garance. Pour la chlorophylle, le doute subsista plus longtemps. En 1877, A. Gautier a montré que cette matière verte ne contenait point de fer.

Toujours est-il que, laissant de côté cette liaison imaginaire entre le fer et la couleur, on peut dire que l'analyse révèle la présence du métal dans presque tous les tissus végétaux.

La seule présence du fer dans les diverses parties de la plante pourrait n'avoir pas de signification. Elle pourrait, quoique très générale, tenir à une condition accessoire, l'abondance du métal dans tous les terrains de culture. Les combinaisons ferrugineuses sont tellement répandues dans les sols et les eaux, que l'on ne saurait s'étonner de les rencontrer dans presque tous les organes des plantes. On n'en pourrait pas conclure que le métal soit nécessaire à la constitution des plantes non plus qu'à l'entretien ou au développement de la vie végétale. Certains matériaux manifestement indifférents, ou même nuisibles, s'ils existent abondamment dans un terrain, peuvent être absorbés par les racines, entraînés par le mouvement de la sève jusqu'à l'extrémité des feuilles et se fixer dans divers organes. C'est ce qui arrive pour le cuivre dans les circonstances exceptionnelles où ses composés saturent le sol. La présence habituelle d'un élément dans les tissus végétaux ne permet pas de conclure qu'il est constituant, c'est-à-dire nécessaire. Il faut des épreuves directes, pour établir sa nécessité ou simplement son utilité biologique. Ces épreuves directes consistent en des essais méthodiques et comparatifs de culture dans des milieux artificiellement privés ou pourvus de l'élément en question. C'est ainsi que l'on a procédé pour les combinaisons du fer — et c'est ainsi que l'on a réussi à faire apparaître l'utilité de ce métal, surtout chez les végétaux supérieurs.

33. Utilité du fer pour la production de la chlorophylle. — Si le fer n'entre pas dans la composition de la chlorophylle, il n'est pas indifférent cependant à la production de ce pigment dans les feuilles. C'est en 1845 que Gris a constaté une influence des composés du fer sur la chlorophylle. Il en fit une application au traitement de la chlorose des plantes. Certaines plantes dont les feuilles avaient perdu leur couleur verte par suite d'une altération pathologique, reprenaient leur coloration et leur santé après avoir été arrosées avec une solution ferrugineuses (sulfate de fer). L'action peut être locale. Il suffit d'appliquer avec un pinceau la solution ferrugineuse sur quelques parties des feuilles étiolées, pour faire reparaître la teinte verte aux points touchés, tandis que les autres restent pâles, incolores.

Dans les cellules du parenchyme étiolé, A. Gris, en 1857, a cru voir qu'il n'y avait à peu près pas de granules de chlorophylle; et qu'au contraire, dans les régions de la feuille qui ont reverdi sous l'action du sulfate de fer, les cellules contenaient un grand nombre de grains de chlorophylle (A. Gris, 1857). On a interprété ces résultats (dont une partie est contestable), en disant que les composés du fer sont une sorte d'excitatant favorable à la formation des chloroleucites, et jouent ainsi un certain rôle dans la formation de la chlorophylle. Allant plus loin dans cette voie, Von Salmstormster a réussi à provoquer la chlorose chez des plantes en les cultivant dans un milieu exempt de fer et à la supprimer en rendant au terrain le fer qui lui manquait. Les expériences de Guriffiths et Delachardonny ont confirmé ces conclusions : celles de Müntz, Grandeau, Wrightson, et Mauro, Gaillot ne leur ont pas été favorables. Dassonville aurait cultivé sans fer et même dans l'eau distillée les espèces suivantes : blé, seigle, maïs, pomme de terre, tomate, sarrazin, courge, moutarde, fève. Toutes ces plantes ont donné des feuilles très vertes. Griffon, a vu cependant que les feuilles étaient beaucoup plus vertes dans les cultures avec fer.

L'effet avantageux du sulfate de fer ne serait donc pas constant et universel. D'après M. Bernard, il ne se produirait que dans les sols très fortement calcaires : il serait dû à une action du sel de fer sur le calcaire dont la proportion serait ainsi diminuée. D'autre part, les essais de Petit sur la culture de l'orge ont montré qu'il fallait distinguer les sels ferreux et les sels ferriques. Ces derniers, le sulfate de fer, par exemple, sont presque toxiques : les sels ferreux et les composés organiques ferrugineux, au contraire, sont utiles; absorbés ils provoquent un accroissement de l'assimilation de l'azote.

34. Utilité du fer chez les végétaux inférieurs. — En ce qui concerne les végétaux inférieurs, les mucédinées, en particulier, les expériences de Raulin ont manifesté l'influence du fer sur leur développement. Elles ont montré que si l'on venait à supprimer cet élément dans le milieu de culture de l'Aspergillus niger donnant le maximum de récolte, on voyait la végétation languir et le rendement tomber immédiatement au tiers de sa valeur. Si l'on tient compte de la quantité de métal qui amène la récolte à sa valeur maxima, on constate que l'addition d'une partie de fer suffit à déterminer la production d'un poids de plante 900 fois plus grand. La suppression du fer dans le milieu de culture a d'ailleurs causé à la plante un mal irréparable. Si l'on essaye, en effet, de remédier à l'alanguissement de la végétation, en restituant au milieu le fer qu'on en avait supprimé, la tentative reste vaine. Le végétal continue à dépérir.

En résumé, l'expérimentation montre la nécessité ou tout au moins l'utilité du fer dans la vie végétale. Les divergences à cet égard tiennent sans doute à l'insuffisance des méthodes d'analyse du fer, rapprochée de cette autre circonstance sur laquelle nous avons insisté plus haut, à savoir que le fer intervient toujours en quantités très faibles, presque infinitésimales. L'utilité ou la nécessité de cet élément porte, sans doute, sur des quantités mille fois ou dix mille fois plus petites que celles où interviennent les autres éléments habituels.

§ VII. — Cycle biologique du fer chez les animaux.

35. Le fer dans la médecine ancienne. — Nos connaissances sur le rôle biologique du fer ont eu leur point de départ dans l'emploi qui a été fait des préparations ferrugineuses en thérapeutique.

La médecine ancienne avait une opinion vague sur la précellence du fer comme médicament ou comme réconfortant. Elle employait un petit nombre de préparations de ce métal. Le nombre s'en est multiplié considérablement par la suite. Une sorte de préjugé antique établissait un lien entre les qualités précieuses du fer pour les usages domestiques et pour la fabrication des armes d'une part et pour la santé et la vie d'autre part. Le fer a succédé au bronze qui était le métal usuel dans les temps héroïques : il était précieux au temps d'Homère : une boule de fer était le prix décerné au vainqueur dans les jeux funèbres institués en l'honneur de Patrocle. La croyance vague que le fer donne de la force au corps est un legs de ces premiers âges.

36. Propriétés astringentes locales des composés ferrugineux. — Plus tard, une méthode plus raisonnable chercha à fonder l'usage des substances sur leurs qualités plus ou moins évidentes. Or, l'un des caractères considérés comme les plus apparents des composés du fer, c'est leur propriété astringente, constrictive, resserrante. Celle-ci se manifeste lorsqu'on les applique sur la langue et se traduit par la saveur âpre que l'on connaît : elle se montre encore sur les autres tissus. De là, depuis le temps de Dioscoride, c'est-à-dire depuis le premier siècle de notre ère, l'usage des ferrugineux pour arrêter les suintements, les hémorragies, les flux et les écoulements, en resserrant, disait-on, les fibres des tissus et les débarrassant des liquides en excès. Encore aujourd'hui, le perchlorure de fer et d'autres préparations sont employées, d'après cette idée, comme topiques locaux.

37. Propriétés générales attribuées autrefois aux préparations ferrugineuses. — Rôle désopilatif. — On croyait, en outre de cette action locale, à une action générale dont les successeurs de Paracelse se faisaient une idée plus ou moins obscure. Le fer, dit l'un deux est « un puissant apéritif et désopilatif. Il sert à la jaunisse, aux pâles couleurs des filles ; à désopiler la rate et le mésentère. » La maladie épaissit les humeurs ; elle obstrue les pores, les canaux des organes digestifs, biliaires et urinaires : le médicament ferrugineux fait l'inverse. En tant qu'apéritif il « incise »; il atténue les humeurs trop épaisses; il ouvre, il désopile les voies encombrées et les rend libres. Ce sont là des explications sans aucune signification précise.

38. Efficacité dans la chlorose. — Cependant, avec le temps, les médecins crurent apercevoir ce qu'il y avait de significatif dans les propriétés du fer; et ils l'exprimèrent en disant qu'il était « la panacée de la cachexie ». Il faut entendre ce mot. La chlorose et l'anémie étaient, en effet, des cachexies pour les anciens; et ces affections sont celles dont le fer constitue, au regard de la médecine moderne, le remède héroïque et spécifique. Les médecins ne savaient pas encore la cause intime de ces maladies; ils ne connaissaient point leur lésion significative, qui est une altération du sang; ils ne possédaient même pas le tableau complet des symptômes qui fait de la chlorose une maladie caractérisée, puisque c'est seulement en 1753 que Fr. Hofmann en fit une espèce nosologique distincte; cependant ils étaient convaincus du soulagement que peut apporter à cet état morbide la médication ferrugineuse. Depuis les temps hippocratiques cette médication n'a pas cessé d'être en faveur. Elle compte des succès innombrables. Sous son influence, on voit fréquemment, en quelques semaines, les malaises disparaître, le cœur se régulariser, l'essoufflement cesser, l'appétit renaître, les nerfs se calmer et le teint se colorer.

39. Rôle dans quelques cachexies. — En outre de la chlorose, on a signalé d'autres formes d'anémie où réussissait encore le traitement martial. On en cite un exemple mémorable dans l'épidémie des mineurs d'Anzin, observée, il y a un siècle environ, par

Hallé. Le célèbre hygiéniste fut frappé de la pâleur de ces malades; et, à l'autopsie, de la flaccidité et de la teinte affaiblie du muscle cardiaque. Ces signes d'un appauvrissement du sang lui furent, dit-on, un trait de lumière; il y vit une indication formelle de la médication ferrugineuse. Et, en effet, l'épidémie parait avoir été arrêtée rapidement.

Ce sont des exemples de ce genre qui ont fondé l'inébranlable confiance des médecins dans la vertu souveraine du fer contre la chlorose et l'anémie. Devant ces résultats Boerhaave enthousiasmé s'écriait : *In ferro est aliquid divinum.* Fourcroy, le chimiste, décorait le fer du nom de « remède héroïque ». Cruveilhier l'appelait « un médicament précieux, ami de nos organes ». Liebig, enfin, déclarait que « s'il était exclu de nos aliments, la vie serait impossible ». Heureusement il est impossible de l'en exclure : ceux-ci en contiennent toujours assez pour couvrir les oscillations physiologiques et pathologiques de l'organisme.

La conviction de l'efficacité des ferrugineux est cependant bien loin d'être aussi affermie chez les physiologistes et chez les chimistes. Il y a, à cet égard, deux phases à distinguer. Au début, les progrès de la physiologie avaient paru corroborer l'observation médicale et lui fournir une base et une explication. Plus tard s'est ouverte la période des difficultés.

40. Action physiologique apparente des ferrugineux; fixation dans le sang — La première période débute avec les recherches de Menghini. Ce chimiste physiologiste reconnut en 1757 que le fer, que l'on savait déjà exister dans l'économie, était localisé dans le sang, et particulièrement dans les globules rouges, de telle sorte que la couleur du sang se liait à la quantité du métal; « sang riche en fer est riche en couleur; sang pauvre en couleur est pauvre en fer ». Cette doctrine du fer sanguin fut universellement adoptée. Elle est restée en vigueur jusqu'à ces dernières années. Elle se traduit, sous sa forme la plus absolue, de la manière suivante : « La seule partie du corps qui renferme du fer est le sang : la seule partie du sang qui renferme du fer est le globule rouge. » Dans la réalité tous les tissus renferment du fer en quantité plus ou moins appréciable, et, de plus, il y a chez l'homme et tous les vertébrés deux autres organes qui sont riches en fer (sans le devoir au sang, bien entendu), le foie et la rate. Chez les invertébrés le foie est encore riche en fer, alors que le sang n'en contient que des traces.

Cette notion de l'existence du fer dans le globule rouge servait à relier et à éclairer tous les faits acquis par l'observation empirique. — Certaines anémies sont dues à la diminution du nombre de globules. Il y a hypoglobulie. La numération des globules révèle le fléchissement de leur nombre : en même temps la colorimétrie sanguine, l'hématométrie, la spectrophotométrie font reconnaître la diminution de la matière colorante; l'analyse chimique décèle la diminution du fer. Les trois espèces de déterminations concordent. — Dans la chlorose, il n'en est pas de même : il y a discordance entre les déterminations du nombre des globules et celles de la couleur du sang et de la teneur en métal. Il n'y a pas hypoglobulie simple : les globules ne sont pas seulement diminués de nombre, ils sont altérés dans leur composition. Cette affection est une anémie aggravée par une anomalie constitutionnelle des globules rouges qui sont altérés, malformés, imparfaitement développés, frappés dans leur vitalité comme dans leur composition. La matière colorante est moins fortement retenue : la résistance tinctoriale globulaire, appréciée par le procédé de Hamburger, est diminuée. On a constaté, en outre, que l'introduction de sels de fer dans le sang raffermit aussitôt cette résistance et abaisse le degré isotonique.

Ces premières notions expliquaient la cause initiale de la maladie, la localisaient avec précision, et faisaient comprendre l'efficacité du remède qui semblait s'adresser au globule rouge, y pénétrer à l'état de matière constituante, accroître la charge d'hémoglobine et relever sa vitalité et ses aptitudes fonctionnelles.

41. Action physiologique réelle des ferrugineux. Pas de fixation dans le sang. Distinction. — C'est précisément cette explication de l'action médicatrice du fer qui est aujourd'hui mise en doute. La physiologie actuelle n'admet pas, ne peut pas admettre que c'est bien le fer que l'on administre au malade qui va se fixer dans le sang, et réparer le déficit auquel on attribue la maladie.

Il ne s'agit pas, on le comprend bien, de mettre en doute l'utilité de la médication ferrugineuse. On peut admettre que cette efficacité est une vérité relative, une de ces vérités de fait dont l'expérience des siècles a enrichi la pratique médicale. Il y a bien quelques restrictions à faire : mais on admet le fait en bloc. Le physiologiste conteste seulement l'explication si simple et si naturelle qui s'offrait à l'esprit du médecin. Quant aux restrictions sur la vertu curative du fer [dans l'anémie et la chlorose, elles sont dues aux maîtres eux-mêmes de la médecine. TROUSSEAU reconnaissait que le fer n'est pas infaillible. L'aveu que la chlorose n'est pas toujours facile à guérir a échappé à tous les véritables observateurs. Le fer, à lui seul, conduit rarement à une guérison parfaite. On lui associe presque toujours d'autres agents thérapeutiques ou hygiéniques dont le concours n'est pas indifférent, tels que les amers, les toniques stimulans, le quinquina et les lotions froides, l'hydrothérapie, les cures balnéaires, l'air des montagnes ou de la mer. Chez les malades pauvres à qui ces ressources accessoires sont interdites, les effets du fer sont moins efficaces, moins durables; et sous toutes ses formes, il ne réussit souvent qu'à fatiguer leurs voies digestives.

Malgré ces réserves, les physiologistes ne contestent point l'utilité générale de la médication ferrugineuse : ils en contestent l'explication. Ils déclarent que le fer administré ne va point dans le globule rouge remplacer le fer déficient. Il y a plus : la plupart des préparations médicinales du fer ne sont pas absorbées. L'organisme n'accepte pas ces composés martiaux. L'efficacité de ces médicaments que l'organisme refuse est donc un paradoxe apparent. Ce paradoxe peut cependant s'expliquer. G. BUNGE (de Bâle) en a précisément proposé une explication très plausible. On y reviendra après avoir examiné les questions physiologiques de l'absorption du fer, de sa fixation dans les organes et de son élimination; c'est-à-dire, en d'autres termes, la question du *Cycle biologique du fer*.

42. Cycle biologique du fer. — Le fer a comme les autres éléments de l'organisme, un cycle biologique. Il n'est pas fixe, invariable. Comme tous les autres composants de la matière vivante, il est soumis à la grande loi de mutation. Il entre et il sort sans cesse. Il est puisé à l'extérieur par l'alimentation; il est incorporé pour un temps à l'édifice vivant, dans la chromatine cellulaire ou dans le cytoplasma des éléments anatomiques des tissus les plus divers, particulièrement du sang, du foie, de la rate; puis il est rejeté hors de l'organisme par les voies d'émonction.

Les trois stades de ce cycle que les études des nombreux physiologistes ont essayé de faire connaître avec précision ont donné lieu, en particulier chez les mammifères, à un nombre considérable de recherches. Celles-ci se rapportent donc aux points suivants : la détermination du métal dans les différents tissus; l'absorption du fer alimentaire ou médicamenteux; l'élimination par les divers émonctoires; et enfin l'explication du rôle physiologique et thérapeutique de ce métal.

§ VIII. — Statistique du fer des tissus.

43. Quantité de fer de différents tissus chez les mammifères. Fer total. — Il existe un grand nombre de déterminations du fer dans les diverses parties de l'organisme, soit à l'état physiologique, soit à l'état pathologique. Les chiffres sont, en général, très discordants. Cette discordance peut correspondre à des variations réelles; elle peut aussi tenir à des défauts des procédés d'analyse, principalement dans les cas où il s'agit de faibles quantités. Il y aurait à décider la question pour chaque cas. Nous utiliserons les déterminations les plus récentes, celles surtout de LAPICQUE, qui a revisé un grand nombre des analyses de ses prédécesseurs.

Ensemble de l'économie. Loi de BUNGE. — Pour l'ensemble de l'économie, la quantité de fer varie en moyenne de 0,4 (dix-millièmes du poids sec) à 2 dix-millièmes.

Exemples (BUNGE) : *Lapin,* immédiatement après la naissance, 120 milligrammes de Fe par kilogr. soit 1,2 dix-millièmes de poids sec.

Chien âgé de 10 heures, 112 milligrammes, soit 1,12.

BUNGE a observé une loi intéressante à cet égard : c'est que *la quantité de fer décroît rapidement après la naissance.*

Exemples : Lapin âgé de 15 jours. . . 0,44 (dix-millièmes du poids sec) au lieu de 1,2.
          Chien âgé de 3 jours. . . 0,96 au lieu de 1,12.
          Chien âgé de 4 jours. . . 0,75.
          Chat âgé de 4 jours. . . 0,69.
          Chat âgé de 19 jours. . . 0,47.

Ce fait a été rapproché, par BUNGE, d'un autre qui est relatif au lait.

44. Fer du lait. — Le lait contient très peu de fer, BUNGE a incinéré le lait d'une chienne et trouvé que 100 parties de cendres ne contiennent que $0^{gr},12$ de sesquioxyde de (Fe^2O^3). Tel est le fait. En revanche, les autres éléments minéraux étaient 34,22 d'acide phosphorique P_2O_5; 27,24 de chaux; 16,90 de chlore; 14,98 de K_2O; 8,80 de Na_2O; 1,34 de MgO — Les cendres du jeune chien qui recevait cette nourriture avaient sensiblement la même composition, sauf pour le fer. Les chiffres étaient respectivement de 39,42; 29,52; 8,35; 11,42; 10,64; 1,82, Pour le fer, la différence était considérable : 0,72 au lieu de 0,12.

Ainsi, tandis que la richesse minérale du lait correspond à la composition minérale de l'organisme du jeune animal, sa teneur en fer est tout à fait insuffisante. Elle est six fois plus petite. L'animal qui prend une quantité de lait suffisante pour l'accroissement des organes, au point de vue minéral, n'aurait pas assez pour les fournir du fer nécessaire. — *Le lait est un aliment insuffisant au point de vue du fer*, dans les premiers temps de la vie.

Si l'on compare le lait aux autres aliments, on constate le même fait. Le lait est beaucoup plus pauvre en fer : il en contient de dix à quinze fois moins. Par exemple, le jaune d'œuf contient 40; la pomme de terre, 46; le blanc d'œuf, 26; le froment, 26; les pois, 24. Le lait de femme et le lait de vache ne contiennent que 3. (Ces nombres expriment les dix-millièmes de Fe^2O^3 du poids sec.)

En résumé, le lait est, pour les enfants, un aliment insuffisant au point de vue du fer. Et le nouveau-né qui s'alimente par ce moyen exclusif, doit porter, et porte en effet, en lui-même, la réserve de fer nécessaire à l'élaboration de ses organes. Cela résulte de la confrontation des deux faits qui viennent d'être indiqués : la *décroissance rapide du fer* après la naissance, *l'insuffisance du lait* au point de vue de la teneur en fer.

45. Fer dans le sang. — Le tissu le plus riche en fer est le sang. On peut fixer sa teneur moyenne à 5/10 000. Un gramme de sang à l'état sec contient $0^{milligr.},5$ de fer. Le fer du sang est fixé dans l'hémoglobine dont il est un élément constituant. La détermination chimique du fer est un moyen de déterminer l'hémoglobine. Inversement, tout moyen de déterminer l'hémoglobine (colorimètre, spectro-photomètre, mesure du plus grand volume d'oxygène, etc.), devient un moyen indirect de fixer la quantité de fer (Voir **Hémoglobine**).

On admettait autrefois que le fer se partageait entre les globules et le plasma. La généralité des physiologistes considère, aujourd'hui, comme nulle ou négligeable la quantité de fer du sérum.

46. Fer du foie chez les vertébrés. Théorie hématique. — Le foie joue par rapport au fer un rôle exceptionnellement important.

Il a été publié un assez grand nombre de dosages de fer dans cet organe. Bien entendu, il s'agit ici du foie débarrassé de son sang, lavé à l'eau physiologique, et du fer fixé dans le tissu lui-même.

Le résultat le plus général de ces analyses est d'établir l'abondance du fer dans le foie. Cependant, cette vérité même n'était pas hors de doute. LAPICQUE, dans son travail de 1897, résumait la situation, en disant que les documents rassemblés jusqu'à ce moment ne permettaient point de « reconnaître s'il y a pour une espèce donnée une moyenne normale. On ne pouvait même pas dire si le foie est un organe riche ou pauvre en fer ».

La question physiologique se compliquait de la question pathologique. On avait analysé des foies d'animaux mammifères sains et des foies d'hommes malades.

C'est sur des résultats pathologiques que QUINCKE (1877 et 1880) a édifié sa théorie de la *Sidérose*. Et celle-ci, bien qu'elle fût incomplète, mal établie, mal fondée même dans quelques cas, n'en était pas moins la première forme de la *théorie hématique du fer du foie*. En deux mots, voici cette théorie : Le foie est un organe puissamment irrigué par le sang riche en fer. Le foie tire son fer de celui du sang, qui se détruit dans cet organe.

Le métal est abondant lorsque la destruction du sang, ou plutôt de l'hémoglobine, dans le foie, est elle-même abondante (rôle hématolytique du foie). Inversement, le sang peut se ravitailler de fer (rôle hématopoiétique du foie). Les mutations du fer du foie sont ainsi liées aux mutations du fer du sang. Le foie est une décharge du sang; en ce qui concerne le fer, il est un magasin pour le fer du sang qui se détruit; il en est une réserve pour le sang qui s'y forme.

Nous discuterons tout à l'heure cette doctrine. Pour le moment, il suffit de rappeler qu'elle apparaît, pour la première fois, nettement dans la théorie de la *Sidérose* de QUINCKE. On observe quelquefois une grande quantité de fer dans le foie. Il y a Sidérose. Cela arrive dans un certain nombre de maladies. D'abord dans celles qui exagèrent la destruction du sang (anémie pernicieuse) : le foie reçoit alors plus de fer qu'il n'en livre : d'où accumulation, sidérose. Autre alternative : dans les maladies où la formation du sang dans le foie serait entravée, c'est-à-dire dans les maladies du foie, en général, et, par exemple, dans le diabète, il y aurait encore accumulation, sidérose. Dans les conditions normales, l'apport et la dépense se balanceraient; dans les conditions pathologiques l'équilibre serait détruit et l'accumulation résulterait de l'accroissement de l'apport ou de la diminution de la dépense.

Ce que les successeurs de QUINCKE ont reproché à sa théorie, c'est non pas de n'être pas exacte, mais de manquer de base statistique. On cite des anémies où la teneur en métal est faible (STAHEL, 1881); des cas de diabète où elle n'est pas forte (ZALESKI, 1886). Ce sont là des faits négatifs.

Abstraction faite de toute théorie, il faut donc d'abord fixer les faits.

47. Teneur du foie en fer chez divers animaux. — Les statistiques mettent en lumière les résultats suivants que nous empruntons, pour la plupart, à LAPICQUE; quelques-uns à KRÜGER, ZALESKI, etc.

a. **Chiens.** — Chiens, à la naissance, 4,3 (dix-millièmes du poids frais du foie non lavé. Écarts extrêmes considérables, 1,6 à 7,4. ZALESKI (7.4).

Chiens, adultes, 1,5. Écarts extrêmes, 0,9 à 2,5.

Influence de 15 jours de jeûne, nulle : — Chiffres variant de 0.95 à 1,45.

Chiens dans les premiers jours :

        2 jours. . .   1,6
       10 jours. . .   1,5
       13 jours. . .   1,1
        7 semaines . . 0,5
        3 mois . .   0,6

b. **Lapin.** — *Adulte.* — 1 gramme de foie frais, débarrassé de sang, contient 0^{milligr}·040 de fer, soit en dix-millièmes 0.40.

Vieux lapins, 2 ans, 2,30.

Jeunes. — Les écarts extrêmes sont faibles : 0,35 à 0,45.

Les premiers chiffres. élevés, indiquent une réserve du fer dans le foie.

      À la naissance. . .   fer = 16 ⎰ (dix-millièmes du poids frais de
      À 8 jours . . . . . .   10 ⎱ l'organe lavé) (moyenne).
      À 11 jours   2
      À 21 jours 1.4

c. **Bœufs.** ⎰ Adulte . . . . 0.6 ⎰ (en dix-millièmes de poids frais (KRÜGER)
              ⎪ À la naissance, on trouve . . . 9,0 ⎱ chiffre sensiblement constant).
              ⎨   (variable, écarts notables).
              ⎪ Après 1 mois. 1,0
              ⎩ À 3 mois 0,5

d. **Chats.** — Très jeunes à la naissance . . . . 2,0 (écart 3,2 à 1,2)

e. **Porcs.** — Foies non lavés. Teneur en fer . . . . 1,9 très élevée.

f. **Hérissons.** — Foies non lavés. Teneur en fer ⎰ ZALESKI . . 7 à 8
                                                     ⎱ (LAPICQUE). . 4.7 à 5,3

g. **Écureuils.** — — (ZALESKI) . . 8,00

h. **Canards.** — — — . . 3,5 (écart 2,7 à 4,5)

i. **Homme.** — *Fœtus à terme* mort d'un accident pendant
      l'accouchement. Teneur du foie en fer. . . . . 3,3 ⎰ en dix-millièmes du
                                                          ⎱ poids frais lavé.
                                                            (ZALESKI).
      Id. 1,7 ⎰
      Id. 1,1 ⎱ id. (LAPICQUE).
      Autres chiffres (GUILLEMONAT) . . . . 1,10 à 3,3; moyenne 10,26.

Adulte. — Le fer hépatique subit des variations dans l'espèce humaine suivant le sexe. L'*influence du sexe* est difficile à apprécier dans chaque cas particulier, parce que les autopsies sont faites à la suite de maladies diverses qui ont pu agir sur la teneur du foie en fer. Mais les moyennes de grands nombres font apparaître la différence :

Chez l'homme la moyenne est. . . . . 2,3.
Chez la femme. . . . . 0,9, deux fois et demie moindre que chez l'homme.

— *Les variations pathologiques* ont été surtout étudiées dans l'espèce humaine. Elles ne conduisent point à des résultats bien nets. — Il faut signaler seulement des cas remarquables où l'encaisse métallique du foie devient énorme : 120 (dix-millièmes). L'accumulation du fer se révèle alors à l'œil du médecin qui fait l'autopsie. Il y a *cirrhose pigmentaire* (Hanot et Chauffard). Il y a dans le foie un pigment qui se présente en granulations jaune orangé (*eisenhaltige Körner*). Ce pigment ne représente pas tout le fer du foie. Il en constitue seulement une forme : cette forme est devenue très abondante pour des raisons pathologiques. Ce corps pigmentaire est formé par un hydrate ferrique de la formule $2Fe^2O^3 3H^2O$ (*rubigine* de Lapicque et Auscher). Ce pigment, d'ailleurs, n'est pas spécial au foie. Ses lieux d'élection sont la rate et les ganglions lymphatiques. Il ne passe que secondairement dans le foie.

Une grande accumulation de fer ou d'hydrate ferrique dans le foie s'observe dans diverses maladies : diarrhée chronique, 5,8; anémie pernicieuse, 7,8; 10,8; 37,8; typhus 11,6, diabète 72,0. (Quincke). Dans la maladie de Werlhof on a trouvé 24,9 (Hindenlang). Lapicque et Auscher ont trouvé 113 dans le diabète pigmentaire et 100,6 dans la tuberculose.

48. Fer dans la bile. — A l'occasion du foie, il est indiqué de parler de la bile et du fer qui y est contenu, bien que cette question doive trouver sa place à propos des voies d'élimination du fer, 59.

La sécrétion biliaire, chez le chien, emporte une proportion de fer de $2^{milligr}.5$ par 24 heures (Dastre, *A. de P.*, 1891, Anselm). Cette proportion est à peu près indépendante du régime.

C'est là une quantité minime.

Le fait de l'excrétion du fer par la sécrétion hépatique a été généralisé (Dastre et Floresco). Ces auteurs ont recueilli par divers procédés la sécrétion du foie chez l'escargot. Le fer y existe en quantité très appréciable. Les proportions y sont comparables à celles de la bile des vertébrés.

L'analyse a fourni $0^{milligr}.18$ de fer pour 10 grammes de bile, liquide recueilli en hibernation pour $0^{gr}.400$ de résidu sec, quantité supérieure à celle de la bile vésiculaire du chien. On ne peut affirmer cependant, que ce liquide, — étant donné la manière dont il est recueilli, — correspond bien à la sécrétion normale. Le fait certain, c'est la présence du fer en quantité sensible.

De cette nouvelle détermination, rapprochée de toutes les précédentes, ressort avec évidence le fait que *la sécrétion hépatique, la bile, contient du fer* et qu'*elle est une voie universelle d'élimination du fer chez tous les animaux.*

49. État du fer dans le foie des vertébrés à l'état physiologique. Ferrine de Dastre et Floresco. — L'accumulation du fer dans le foie peut se faire sous diverses formes. A l'état normal le fer est présent dans le foie à l'état de pigment ou de propigment; c'est dire que les composés ferrugineux du foie sont colorés (pigments) ou que étant incolores, ils sont susceptibles de se transformer en produits colorés par différents artifices (dessiccation à 105°; digestion papaïnique, digestion gastrique).

La démonstration de ce fait est due à Dastre et Floresco (*A. de P.*, 1898, 219).

Expérience. — On prend deux lots identiques de 10 grammes de foie frais lavé. L'un servira à la détermination du fer, et l'autre à la préparation du pigment ferrugineux.

Pour le premier lot, l'analyse par la méthode colorimétrique donne $1^{milligr}.10$ pour les 10 grammes de foie frais — soit 1,10 pour la teneur du foie en dix-milièmes du poids frais.

Le second lot est mis à digérer, dans un matras, avec 50 c. c. de la solution de papaïne à 1 p. 100, à l'étuve à 37°. Après digestion achevée, la liqueur est colorée en rouge, et il y a un dépôt. (Ce dépôt, qui est hors de cause ici, contient un pigment hépa-

tique, non ferrugineux, soluble dans le chloroforme, qui a reçu le nom de *choléchrome*),
La liqueur colorée, filtrée, renferme le *pigment aqueux*, ferrugineux, soluble dans un
alcali faible, et dans le milieu neutre salin de la digestion papaïnique. On l'analyse au
point de vue du fer, après évaporation. On trouve précisément 1 ^{milligr},10 de fer.

L'expérience répétée donne des nombres qui concordent toujours, sinon aussi parfaitement que dans ce cas, au moins d'une façon suffisante.

La conclusion est que *tout le fer du foie est contenu dans ce que nous venons d'appeler
le pigment aqueux.*

Une étude ultérieure montre que ce pigment aqueux est en réalité un mélange d'une
petite partie de *nucléo-albumines ferrugineuses* et d'une masse principale d'une substance
appelée *ferrine* par Dastre et Floresco — analogue à la *ferratine* de Marfori et
Schmiedeberg.

La *ferrine* s'obtient par évaporation de la *liqueur* de digestion papaïnique du foie
lavé. C'est une poudre rougeâtre. Soluble en milieu neutre; non précipitée par les
acides; soluble même dans une petite quantité d'acide et non pas seulement dans un
grand excès : réaction tardant plusieurs minutes avec le sulfure d'ammonium; de même,
retard pour la réaction du bleu de Prusse avec le ferrocyanure de potassium; ajoutons
que la ferrine (après avoir été chauffée à 100°) jouit à un haut degré de la propriété
anticoagulante par le sang *in vitro.*

La *ferratine* de Marfori et Schmiedeberg ne jouit pas de cette dernière propriété.
C'est une poudre jaune, soluble dans les solutions étendues d'alcalis et de carbonates
alcalins; précipitée de ses solutions alcalines par les acides étendus, mais solubles dans
un excès d'acide; réaction lente avec le sulfure d'ammonium, plus lente que pour la
ferrine; de même pour la réaction colorée avec le ferrocyanure, solubilité; dans l'acide
chlorhydrique alcoolique (liqueur de Bunge, n° 97).

En résumé, le foie est surtout fixé dans des pigments ou des pro-pigments. Ceux-ci
sont solubles dans l'eau légèrement alcalinisée par la soude ou par le carbonate de
soude et dans la liqueur neutre de digestion papaïnique, ce qui fournit deux moyens de
les obtenir. Ils sont insolubles dans le chloroforme et dans l'alcool. Leur couleur varie
dans la gamme du jaune au rouge. Ils sont toujours ferrugineux et contiennent à peu
près tout le fer du foie.

Ils sont constitués par un composé ferrugineux que nous appelons *ferrine*, mélangé
d'une petite quantité de nucléo-albuminoïdes ferrugineux;

La *ferrine* s'obtient intégralement par la digestion papaïnique du foie frais; c'est un
composé organo-métallique très voisin de la *ferratine* de Marfori et Schmiedeberg, mais
s'en distinguant en ce que le fer y est moins dissimulé que dans celle-ci. Les réactions
avec le ferrocyanure de potassium et le sulfhydrate d'ammoniaque sont plus rapides à
se produire. La ferrine est une combinaison encore plus voisine que la ferratine de la
forme saline ou minérale; elle contient de l'hydrate ferrique combiné à un albuminoïde
ayant les caractères des protéoses; il est vraisemblable que le fer peut y exister alternativement à l'état ferreux et à l'état ferrique.

Examinée au spectroscope, elle donne un spectre continu, sans bandes d'absorption,
qui s'éteint seulement aux deux extrémités, rouge et violette.

Ses traits distinctifs sont donc : la *solubilité*, la *richesse en fer*, le *spectre continu.*

Il est à noter que ces résultats sont absolument généraux. On les retrouve chez tous
les vertébrés, mammifères, oiseaux, reptiles, batraciens et poissons (Dastre et Floresco).

50. État du fer dans le foie des vertébrés à l'état pathologique. — Il n'y a pas, en général,
à distinguer l'état pathologique de l'état physiologique, sauf au point de vue quantitatif.
Le fer s'accumule donc dans le foie à l'état de combinaisons organiques plus ou moins
identiques à la ferrine normale. Ceci arrive, par exemple, *lorsque l'hémoglobine passe
en solution dans le sang*, à l'état de nature. Dans cette circonstance, une certaine partie,
quelquefois très faible s'élimine par les urines : la plus grande portion se détruit dans
le foie.

Elle s'y détruit vraisemblablement de la même manière que se détruit normalement
la petite quantité d'hémoglobine qui donne lieu à la production régulière de la bilirubine. On admet, en effet, que la bilirubine de la bile tire son origine de l'hémoglobine
(*Fonction hématolytique du foie*). Celle-ci se décompose en fournissant des composés fer-

rugineux et un pigment non ferrugineux, l'*hématoporphyrine*, que Nencki et Sieber (1888) ont démontré être isomère de la bilirubine.

Les composés ferrugineux se déposeraient donc dans le foie à l'état de *ferrine*, état dans lequel on a vu qu'ils s'y présentaient habituellement.

La destruction de l'hémoglobine se fait d'une autre manière lorsque les *globules du sang sont détruits in toto*, sans que l'hémoglobine se soit préalablement dissoute dans le plasma sanguin. Dans ce cas, il se fait un dépôt pigmentaire, granuleux. Ce dépôt de granulations jaunâtres, aperçu dans certains cas par Quincke (1875-77), signalé par Zaleski (1887) sous le nom d'hépatine, a été nettement constaté par Kunkel (1880) et rapporté par lui à un *hydrate ferrique*. Lapicque avec Auscher a démontré, en effet, que c'était bien un hydrate ferrique, et il en a exactement fixé les caractères. Ces deux observateurs ont montré qu'il répond à la formule $2Fe^2O^3,3H^2O$: qu'il peut se présenter à l'état colloïdal; qu'il contient une certaine quantité de matière organique que l'on n'en peut séparer. — A cause des confusions que présentent les désignations antérieures (*hémosidérine, sidérine, hépatine*, etc.), il convient d'accepter le nom de *rubigine* proposé par les derniers auteurs.

Il importe d'ajouter que le foie n'est qu'un des foyers accessoires de cette formation de *rubigine*. Cet hydrate ferrique n'apparaît dans cet organe que dans le cas de destruction surabondante des globules, après qu'il s'est déposé déjà dans la rate (Nasse, 1889), et dans les ganglions lymphatiques les plus voisins du lieu de destruction des érythrocytes.

En résumé, il y aurait deux procédés de destruction de l'hémoglobine, ainsi que l'ont indiqué Langhaus, Quincke et Nasse. L'un des procédés aboutit à la ferratine et à la bilirubine, lorsque l'hémoglobine, après diffusion des globules rouges dans le plasma, est conduite au foie. L'autre procédé aboutit à la *rubigine* et encore à la bilirubine, dans le cas où l'hémoglobine restée dans les globules rouges est absorbée (phagocytose) par les globules blancs, dans la rate, dans les ganglions, et enfin dans le foie.

51. Conclusions relatives au fer du foie chez les mammifères. — Les faits précédemment exposés aboutissent aux conclusions suivantes :

1° Le foie des animaux, à la naissance, est riche en fer.

Ce phénomène est constant et très marqué dans certaines espèces telles que le lapin. Il est irrégulier chez le chien. Il est irrégulier aussi chez l'homme (Lapicque).

2° Le fer du foie est en grande partie à l'état de *ferrine* (Dastre).

Une autre proportion plus faible est à l'état de nucléo-albumine ferrugineuse.

3° La teneur du foie en fer va en diminuant pendant les premiers temps de la vie extra-utérine (Zaleski, Bunge).

C'est là un fait régulier et constant.

Il est difficile d'aller au delà de ce résultat. Bunge l'a fait, cependant, en imaginant l'hypothèse d'une *réserve de fer dans le foie*, au moment de la naissance, au profit de l'organisme tout entier. Il manque quelque chose à la démonstration de cette théorie. Il est vrai que le fer disparaît du foie, dans les premiers temps de la vie, car la croissance de l'organe hépatique, très lente par rapport aux autres organes, n'emploie pas tout le fer déficient. Il est encore vérifié — pour l'un des tissus, le sang, sinon pour les autres, — que le fer disparu du foie se retrouve dans ces tissus. Le fer du foie est donc, presque sûrement, une réserve pour l'hématopoïèse. Pendant la croissance, la masse du sang augmente et épuise la réserve hépatique; celle-ci tombe à son minimum.

4° La teneur en fer du foie passe à un certain moment, par un minimum (Lapicque), voisin de 0,3.

Ce minimum se produit au moment de la plus grande croissance : chez le veau, vers l'âge de trois mois; chez le chevreau, vers cinq semaines; chez le chien vers trois mois.

5° Les variations de la teneur du foie en fer sont lentes. La teneur en fer n'est pas un phénomène mobile et rapidement modifiable (sauf le cas de destruction du sang). Un jeûne de 15 jours ne le fait point varier (Lapicque).

6° Il y a dans l'espèce humaine une différence sexuelle marquée. Le foie de l'homme contient, en moyenne, deux fois et demie plus de fer que celui de la femme. On ne retrouve pas cette différence chez les autres mammifères (Lapicque).

7° L'hémoglobine dissoute dans le sang est, pour la plus grande partie, détruite par le foie qui en emmagasine le fer à l'état de ferrine (Dastre et Floresco) et de nucléo-albumines ferrugineuses. Le foie se charge en même temps d'un pigment indéterminé (Lapicque), probablement le choléchrome (Dastre) distinct de la matière ferrugineuse.

8° Lorsqu'une grande quantité de sang est détruite *in toto* dans le sang et dans les tissus, le foie se charge d'un hydrate ferrique lié à une petite quantité de matière organique. Ce pigment, — *eisenhaltige Körner* des auteurs allemands, *hydrate ferrique* de Kunkel (1881); *hémosidérine* de composition inconstante de Neumann (1888); *hépatine* de Zaleski; *Esenkörner* de H. Nasse, — est en réalité l'hydrate $2Fe^2O^3,3H^2O$, uni à une petite quantité de matière organique et pouvant affecter la forme colloïdale (*rubigine*, Lapicque et Auscher).

Le résultat des études précédentes sur les vertébrés avait été de montrer l'importance du fer dans le foie et de *lier la présence et les mutations du fer hépatique à la vie du sang :* on entend dire, du sang rouge, à hémoglobine ferrugineuse.

Ce n'était qu'un premier pas dans la question.

Si, en effet, le fer du foie était uniquement commandé par les mutations du sang rouge hémoglobique, on ne retrouverait point ce métal chez les invertébrés qui n'ont pas de sang rouge hémoglobinique et ferrugineux. Si, au contraire, on l'y retrouve, avec autant ou plus de constance et d'abondance, c'est que le fer hépatique n'est pas lié uniquement, ni peut-être même principalement à la vie du sang, aux mutations du fer hémoglobinique, qu'il a un rôle différent et plus général. C'est ce qui arrive, en effet. Ce fait nous conduit à la connaissance du rôle général du fer hépatique, à la notion de la fonction martiale du foie (Dastre et Floresco, *A. de P.*, 1898).

52. Fer chez les invertébrés. Fer du foie. — Dastre et Floresco (1898) ont recherché le fer chez les invertébrés où l'organe hépatique est assez bien délimité et assez distinct pour pouvoir être isolé. C'est le cas des mollusques et des crustacés, par exemple. — Le sang de ces animaux, et des invertébrés en général, ne contient pas de fer : ce métal y est fréquemment remplacé par le cuivre (hémocyanine).

Dans 10 grammes de sang (hémolymphe), de homard, on n'a pas pu déceler le fer en quantité sensible, tandis que le foie en contenait $0^{millgr},12$ pour un gramme de tissu sec. Nous laissons de côté les cas isolés d'invertébrés à sang hémoglobinique.

De plus, il n'y a point de rate, autre organe qui, chez les vertébrés, peut être riche en fer.

La recherche du fer chez les invertébrés a donné les résultats suivants, entièrement nouveaux.

1° Chez les crustacés (homard, langouste, écrevisse), l'organe hépatique est riche en fer, et il est seul à l'être.

2° Chez les céphalopodes (poulpe vulgaire, seiche, calmar), l'organe hépatique (hépato-pancréas) est riche en fer. Il contient vingt-cinq fois plus de fer, à poids égal, que le reste du corps. Il est mieux spécialisé à cet égard que le foie des vertébrés supérieurs, puisqu'il est le seul organe chargé de fer, tandis que chez les mammifères le sang est le tissu ferrugineux par excellence et que la rate est fréquemment plus riche que le foie. Ici il n'y a pas de rate et le sang contient du cuivre;

3° Chez les lamellibranches (huîtres, coquilles Saint-Jacques, moules), l'état de choses est analogue. Le foie contient constamment du fer. Il en contient cinq à six fois plus à poids égal et à l'état sec que le reste du corps, chez les huîtres; quatre à cinq fois plus chez les pectens; cinq fois chez les moules;

4° Chez les gastéropodes, résultats analogues. Pas d'autre organe réellement riche en fer que le foie. La quantité de fer du foie est entre cinq et six fois plus considérable que celle du corps, à poids égal;

5° La proportion du fer du foie est indépendante du jeûne et de l'alimentation, de la richesse en métal du milieu ambiant, de l'habitat terrestre ou marin, c'est-à-dire, en général, de toutes les circonstances extérieures et contingentes;

6° Elle paraît dépendre, au contraire, des conditions physiologiques : 1° en premier lieu, de la période génitale et de formation des œufs : mais ce point exige de nouvelles recherches; 2° en second lieu, de la formation de la coquille chez l'escargot. Dastre et Floresco ont vu, en effet, que la coquille contient de fortes proportions de fer et les mêmes pigments qui existent dans le tissu hépatique; inversement le foie renferme, à la période de croissance, des quantités notables de métaux alcalino-terreux ; 3° enfin et surtout, le fer hépatique passe dans la sécrétion du foie. Chez l'escargot en hibernation, on peut obtenir la sécrétion hépatique pure. On s'assure qu'elle contient du fer en proportion au moins égale à celle du tissu hépatique, comme chez les mammifères. Elle contient aussi un pigment remarquable, plus ou moins analogue à la bilirubine des mammifères (*hélicorubine*).

53. Fonction martiale du foie. — On retrouve donc, chez les invertébrés, les mêmes faits que chez les mammifères. Ils sont généraux. Ils établissent brièvement que le foie des animaux (organe hépatique, hépato-pancréas) remplit une fonction spéciale relativement au fer de l'organisme. — C'est l'organe ferrugineux par excellence. Il fixe des quantités de fer considérables, par rapport à toutes les autres parties de l'économie. Cette teneur en fer est indépendante des circonstances extérieures; elle ne suit pas les variations de la richesse en fer du milieu ambiant; elle n'est pas influencée davantage par les variations les plus étendues du fer alimentaire (jeûne, hibernation). Elle l'est, au contraire, par les conditions physiologiques qui la font varier entre des limites assez écartées.

Le fer hépatique n'est donc pas un élément accidentel, dont l'existence dans le foie serait la simple conséquence de sa présence banale dans le milieu extérieur. Il résulte d'une intervention vitale et est destiné à exercer une action physiologique. Il subvient, en cas de besoins, aux dépenses et à la disette du reste de l'organisme. Enfin, il est destiné à s'éliminer partiellement par la sécrétion externe du foie (bile, liquide hépato-pancréatique).

Ces faits établissent l'existence d'un mécanisme physiologique qui exige un nom approprié et réclame une étude spéciale. C'est ce que l'on a appelé la *fonction martiale du foie* (DASTRE).

54. Superposition, chez les mammifères, à la fonction martiale, des fonctions hématolytiques et hématopoiétiques du foie. — Chez les mammifères, les *fonctions hématiques* du foie (hématolyse, hématopoièse) ont masqué longtemps la *fonction martiale*.

Il y a entre le fer du foie et le fer du sang, chez ces animaux, des relations qui ont été transformées, par extension abusive, en lien de dépendance absolue. On a enseigné que le fer était dans le foie *par le sang et pour le sang*. On a cru qu'il se produit dans le foie une destruction des globules (hématolyse) ou tout au moins un remaniement de leur matière colorante, l'hémoglobine, dont le terme définitif est le dépôt sur place du fer de la molécule hémoglobine et la formation des pigments de la bile aux dépens des éléments restants de cette molécule. Le dépôt hépatique est une réserve où l'organisme semble puiser pour constituer le fer circulant ou le reconstituer à la suite de grandes pertes (hémorrhagies profuses). On voit alors, en effet, le dépôt hépatique subir une forte diminution.

La provision de fer augmente, au contraire, dans toutes les circonstances où il peut arriver au foie un excès de la matière colorante sanguine (QUINCKE, 1880 ; GLŒVEKE, 1883); lorsque, par exemple, un poison, un virus ou une substance étrangère ont détruit dans les vaisseaux mêmes une partie des globules sanguins; ou lorsqu'il y a eu introduction artificielle du sang ou de pigment sanguin étranger.

Ce sont là des faits qui intéressent au plus haut degré la physiologie. Ils font apercevoir une relation entre le fonctionnement du foie et l'évolution du sang; ils établissent un lien qui rattache au pigment sanguin les pigments biliaires, et par ceux-ci, ultérieurement, les pigments urinaires.

Ces utiles notions ont détourné de chercher au fer hépatique, ou tout au moins à une partie de ce fer, un autre rôle que celui qui s'offrait avec tant d'évidence, c'est-à-dire le rôle de témoin des mutations de l'hémoglobine et de réserve pour la reconstitution de ce pigment sanguin. Ce que l'on apprenait de la *fonction hématique du foie* dissimulait la *fonction martiale* proprement dite.

L'étude des invertébrés a remis les choses au point. Elle a montré que le fer avait autre chose à faire dans le foie que d'alimenter l'hémoglobine, laquelle fait défaut chez ces animaux. Son rôle est plus général; il n'est pas seulement hématique. L'universalité du fer hépatique, l'identité de forme sous laquelle il se présente lui assignent une raison d'être universelle et une fonction commune.

Le rôle fonctionnel du fer hépatique n'est donc pas douteux. La fonction martiale existe. On sait qu'elle ne consiste pas dans l'hématolyse et dans l'hématopoïèse. Elle intervient dans le fonctionnement chimique du foie. Nous ne connaissons d'elle fermement que la nécessité de son existence et son intervention dans la chimie du foie.

Pour la préciser plus exactement, nous n'avons plus qu'une hypothèse. D'après cette hypothèse que nous avons rendue vraisemblable; ce serait une *fonction d'oxydation* (voir n° 13 de cet article et article **Foie**). Elle consisterait en une combustion lente où le fer jouerait le *rôle de transporteur* d'oxygène.

55. Fer dans la rate. — La rate des animaux, à la naissance, est toujours pauvre en fer (Lapicque).

L'idée contraire, que la rate est riche en fer, est un préjugé courant. Elle repose sur des constatations pathologiques de Nasse (1873) trouvant des quantités considérables de fer dans la rate de vieux chevaux. Elle s'appuie aussi sur quelques analyses physiologiques de rate de chien, par exemple sur celles de Picard et Malassez (1874), qui ont donné des chiffres certainement exagérés.

Nasse a trouvé des rates farcies de granulations ferrugineuses, qu'il considérait comme de l'oxyde ferrique (uni à de l'albumine et à de l'acide phosphorique) et qu'il regardait comme provenant de la destruction des globules rouges. Ces vues sont exactes. mais elles n'ont été justifiées entièrement que par la suite. La destruction des globules rouges en totalité, dans le sang, amène en effet le dépôt dans la rate de granulations d'hydrate ferrique $2Fe^2O^3,3H^2O$ (rubigine de Lapicque). Les dépôts de ce genre ont été constatés fréquemment par des réactions microchimiques : les dosages sont plus rares. Nasse a signalé un cas où le fer était de 5 p. 100 du poids sec. Rosenstein (1877) a constaté une teneur de 45 dix-millièmes du poids frais.

Ce sont là des cas exceptionnels, pathologiques.

a. **Précautions du dosage.** — Les dosages à l'état physiologique exigent des précautions. Il faut évaluer le *fer propre* de l'organe, débarrassé bien entendu du sang. Or, il est impossible de laver la rate de manière à éliminer le sang. Ne pouvant le chasser, il faut donc en tenir compte. D'ailleurs la situation est la même pour un organe quelconque, toutes les fois que le lavage en est impossible par suite des circonstances, parce qu'il y a des caillots, ou parce que l'on dispose de pièces anatomiques privées de leurs connexions vasculaires. Dans tous ces cas il faut défalquer le fer du sang. On l'évalue et on le retranche du fer total, fourni par l'analyse.

Dans ce but, on fait macérer un certain poids, 5 à 10 grammes, de l'organe broyé avec du sable : on épuise l'organe avec de l'eau distillée, additionnée d'une goutte d'ammoniaque. On a ainsi un certain volume que l'on mesure, de sang laqué; toute l'hémoglobine est en solution transparente. On peut doser le fer de ce sang par le dosage colorimétrique de l'hémoglobine. Dans un godet du colorimètre se trouve un disque étalon de verre coloré dont la valeur en hémoglobine a été fixée une fois pour toutes (pour le sang d'un animal déterminé). On sait, par exemple, qu'une épaisseur e de sang dilué au 1/50e fournit la nuance du disque étalon. On a analysé ce sang au point de vue du fer et l'on sait que 1 gramme contient 5 milligrammes.

On a tout ce qu'il faut pour connaître la quantité de fer du liquide de lavage, sans avoir besoin de supposer connue la composition de l'hémoglobine en fer. On introduira un volume déterminé dans le colorimètre. On amènera l'égalité de teintes avec le verre étalon. On mesurera la hauteur e' de la colonne colorée.

On peut déduire de là, la quantité de fer du sang contenu dans l'organe et le défalquer de la quantité totale fournie par l'analyse.

Résultats : 1° Les analyses ont fourni les résultats suivants :

Animaux adultes : Chez l'homme. . . 4,6 $\Big\{$ (Oidtmann, 1850) en dix-millièmes du poids frais.
2,9

5,4 $\Big\{$ (Stahel, 1881)
0,6

Chez le chien . . . 3,0 Moyenne 3,9. Lapicque.
à 8,0

Chez le bœuf . . . 9,0 (Kruger) nombre assez fixe.

2° Ces nombres sont supérieurs à ceux que l'on trouve à la naissance et dans les premiers temps de la vie. A cette période les quantités du fer propre sont faibles ou nulles.

Exemples. — *Fœtus humains.* 0,4
à 2,6 } (1897, Guillemonat)

Jeunes chiens, moyenne 1,4

Chiens de 2 jours . . . . . { 1,0
1,1

8 jours. . 1,9
10 jours. . 2,2 (Lapicque)
15 jours. . 1,7
1 mois. . 1,5

Jeunes porcs. . . . de 5 à 8 semaines :
0,8
à 1,6 } (Lapicque)

Veaux.. 0,9
à 0,12 } (Kruger, 1890)

Si l'on tient compte de ce que ces rates sont, le plus souvent, analysées avec leur sang, on voit que l'organe lui-même ne contient qu'une quantité de fer insignifiante.

3° Il y a des espèces chez lesquelles le fer s'accumule dans la rate avec l'âge. Le cheval est du nombre (Nasse).

Dans l'espèce humaine cet accroissement ne s'observe pas.

Lapicque a trouvé, de 20 à 40 ans. . . 3,9
de 40 à 60 ans 2,9

4° *Variations pathologiques.* — Il y a de fortes teneurs en fer, d'origine pathologique ; par exemple, chez les tuberculeux et chez les brightiques.

En résumé les observations conduisent aux conclusions suivantes :

1° Faible teneur en fer de la rate au moment de la naissance.

2° Augmentation de cette teneur avec l'âge (irrégulièrement).

3° Augmentation dans certains états pathologiques, particulièrement quand il y a destruction des globules rouges en totalité.

56. Fer dans les autres tissus. — Il y a dans la science un certain nombre de déterminations du fer dans d'autres organes. Les quantités trouvées oscillent de 0 à 2 dix-millièmes :

Exemples. — Thyroïde (chien). . . 0,9
à 2,1 }

Amygdales (chien). . 1,1

Ce sont les chiffres généraux pour la totalité de l'organisme : 1 à 2 dix-millièmes du poids frais.

57. Fer chez les invertébrés. — On a dit plus haut que le fer existait chez les invertébrés et que le foie (organe hépatique, hépato-pancréas) de ces animaux possédait, en particulier, une faculté de *fixation élective* pour le fer (Dastre). Le reste du corps contient 25 fois moins de fer, à poids égal, que le foie, chez les céphalopodes (poulpe, seiche, calmar) ; 5 à 6 fois moins chez les huîtres, les coquilles de Saint-Jacques, les escargots ; 5 fois moins chez les moules ; quatre fois moins, chez le homard, que chez cet animal le muscle en contient cependant une quantité appréciable, les autres tissus, sauf les œufs, en contenant seulement des traces.

Cette faculté de fixation élective que le foie possède pour le fer, il ne la possède pas pour d'autres métaux au même degré. Par exemple il ne la manifeste pas normalement pour le cuivre. Le sang de beaucoup d'invertébrés, mollusques et crustacés, est riche en cuivre (hémocyanine) d'après tous les auteurs. Nous avons constaté que le tissu hépatique n'en contient pas sensiblement.

Le fer qui s'accumule dans le foie n'y est pas cependant immobilisé. Il se dépense et se renouvelle. Il se dépense par la sécrétion biliaire, qui l'entraîne au dehors, et par la constitution de la coquille qui en contient des quantités notables, comme nous l'indiquerons tout à l'heure. Il se renouvelle évidemment par l'apport sanguin.

Il en résulte que le foie prend au sang du mollusque l'infime quantité de fer que celui-ci charrie, quantité qui est inappréciable en effet dans les conditions normales, et qui ne devient appréciable dans le foie que par son accumulation même, et qu'au contraire le même foie refuse le cuivre qui existe dans ce sang en quantité notable.

On voit par là (DASTRE) que le foie se distingue des autres organes au point de vue du fer, comme le fer se distingue des autres métaux au point de vue du foie.

58. Conclusion générale. — La signification de toute cette étude sur la statistique du fer dans l'économie est donc celle-ci : Le tissu hépatique a la faculté de fixer le fer circulant beaucoup plus énergiquement que les autres tissus. Il possède à un degré plus éminent une propriété universelle, celle de retenir le fer, comme il possède déjà celle de retenir les hydrates de carbone pour former le glycogène. La cellule hépatique se distingue des autres éléments cellulaires par le degré de son avidité pour les composés ferrugineux charriés normalement par le sang. Les raisons de cette avidité nous échappent. C'est peut-être que la cellule hépatique contient plus abondamment que d'autres tissus une substance (nucléo-albumine, combinaison protéosique, etc.) capable de fixer les composés ferrugineux.

§ IX. — Voies d'élimination du fer.

L'élimination du fer a été étudiée chez les mammifères. La sortie du métal se fait par trois voies principales : la voie rénale, — l'urine en emporte des quantités extrêmement minimes ; — la voie hépatique, — la bile en enlève des proportions très faibles aussi ; — la voie intestinale, — les fèces forment la principale voie d'excrétion ; et, enfin, par les productions épidermiques caduques.

59. Élimination rénale. Fer de l'urine. — L'urine normale ne contient que des traces impondérables de fer. Contrairement à ce qui arrive généralement pour les substances minérales, les composés ferrugineux normaux ne sont point éliminés par le rein. La méthode habituelle de l'analyse des urines ne peut renseigner ni sur l'absorption, ni sur les mutations du fer.

L'urine contient cependant du fer. Les cendres de l'urine donnent, en effet, toutes les réactions caractéristiques. Toutefois, additionnée de sulfhydrate d'ammoniaque, elle ne donne jamais de précipité, ni de coloration noire. C'est sans doute que la petite quantité du métal qui y existe s'y trouve à l'état dissimulé, à l'état de combinaison organique, vraisemblablement colorée.

Un certain nombre d'auteurs n'admettent point la présence du fer dans l'urine (MALY). SOCIN (1891) trouve seulement des traces impondérables. DAMASKIN (1891) donne $0^{milligr},5$ à $1^{milligr},5$ pour la quantité de fer éliminé en vingt-quatre heures. Dans aucune des urines examinées par LAPICQUE, la proportion ne montait à 1/2 milligramme par litre.

Cependant quelques auteurs ont donné des chiffres plus élevés. EW. HAMBURGER (1876) a indiqué 10 à 15 milligrammes par vingt-quatre heures dans l'espèce humaine ; chez le chien (8 kilog.), il admet $3^{milligr},6$. Il a été probablement victime de l'erreur de dosage que comporte la méthode de MARGUERITTE, du permanganate, lorsqu'on l'applique à des quantités trop faibles. Quelque faible que soit la quantité de fer au-dessous de $0^{milligr},7$, la méthode au permanganate donne toujours ce chiffre. Ivo NOVI a donné aussi des chiffres trop élevés (21 à 45 dix-millièmes).

Le fer de l'hémoglobine ne paraît pas dans les urines. S'il en existe une petite quantité dans le plasma, le rein ne l'élimine que d'une façon insensible. Mais on peut forcer la dose artificiellement, et chercher si l'urine en contient alors. C'est ce qu'a fait JACOBY (Strasbourg, 1887-1891). Il a injecté dans les veines le fer à l'état de sel double alcalin soluble dans le sang (citrate de fer ammoniacal à 5 p. 100). Il a vu que l'urine n'en entraînait qu'une portion extrêmement faible. Que devient ce fer? Évidemment il se fixe dans les tissus (foie), ou il s'élimine par ailleurs.

60. Élimination par la bile. — La bile élimine du fer. Elle en contient normalement à un état inconnu (phosphate de fer?).

On a analysé le liquide biliaire, en vue de fixer la composition. Les premières déterminations ont donné des chiffres trop forts. De telle sorte que les physiologistes, depuis LEHMANN (1853), ont eu une tendance à exagérer l'importance de l'excrétion du fer par la bile. Quelques-uns ont été amenés aussi à considérer, à tort, l'excrétion biliaire comme la voie principale d'élimination du fer de l'organisme.

Hoppe-Seyler, dans des échantillons de bile humaine trouvait des proportions de fer variant du simple au décuple autour du chiffre de 6 milligrammes par 100 c. c. de bile. Young (1871) trouvait de 3 milligrammes à 10 milligrammes. Dastre, qui a repris ces déterminations en 1890, a trouvé $0^{milligr}$,9 en moyenne pour 100 c. c. chez le chien (*De l'élimination du fer par la bile. A. de P.*, janvier 1891, 136).

Voici ses conclusions :

1° La proportion du fer de la bile est très variable. En moyenne elle est de $0^{milligr}$.9 pour 100 c. c. de bile.

Mais il faut être prévenu que les écarts sont très notables et peuvent atteindre les proportions du simple au triple.

Ces variations ne dépendent pas seulement de la quantité d'eau, car elles apparaissent même pour les résidus secs. C'est ainsi, par exemple, que la bile d'un certain jour avec un résidu sec de 10^{gr},5 ne contenait que $2^{milligr}$,22 de fer, tandis que celle d'un jour antérieur en contenait $3^{milligr}$,20 avec un résidu de 8^{gr},17 seulement.

2° L'excrétion de fer par la bile présente d'assez grandes irrégularités; d'un jour à l'autre, les variations peuvent atteindre du simple au double, et davantage.

3° Ces irrégularités correspondant à une alimentation régulière et exactement rationnée, il faut en conclure que le fer hépatique ne dépend pas directement des conditions alimentaires, contrairement à l'opinion de divers auteurs (Ivo Novi).

4° La quantité moyenne de fer excrétée pendant les vingt-quatre heures, par un chien du poids de 25 kilogrammes, est de $2^{milligr}$,34, soit $0^{milligr}$,09 par jour et par kilogramme d'animal.

Ce dernier chiffre est notablement inférieur à ceux qui ont été précédemment donnés et qui sont réunis, dans le tableau suivant :

EXPÉRIMENTATEURS.	QUANTITÉ DE FER en milligrammes excrété en 24 heures par kilog. d'animal (chien).
Kunkel (1876).	1 000 à 1 500
Ivo Novi (1890).	0,380
E. W. Hamburger (1880) maximum.	0,140
Dastre (1891).	0,099

Depuis lors un travail de Anselm (1892) a abaissé encore le chiffre à 0,038.

61. Élimination par l'intestin. — La voie principale de l'élimination du fer, c'est la muqueuse intestinale.

La première question est de savoir quelle quantité de fer est, en moyenne, éliminée journellement par cette voie.

La question a été examinée chez l'homme.

A. Mayer (Dorpat, 1850) a dosé le fer dans les matières fécales de l'homme. Il a trouvé 20 milligrammes par 24 heures. Stockmann ét Grieg donnent un chiffre trop faible, 7 milligrammes en moyenne. Lapicque a retrouvé le chiffre de Meyer. — On peut donc dire que la *quantité de fer éliminé par le tube digestif de l'homme en 24 heures est d'environ 20 à 30 milligrammes*.

La question se pose alors de savoir quelle part, sur ces 20 à 30 milligrammes, revient au fer contenu dans les aliments et non absorbé (*fer résiduel*) et quelle part *au fer excrémentitiel*, c'est-à-dire rejeté après absorption et assimilation organique.

Il n'est pas douteux qu'une partie de ce fer est réellement excrémentitielle et provient de la désassimilation physiologique.

Expériences de Fritz Voit. Le fer est excrété par la paroi intestinale. — La preuve en est fournie par l'expérience de Fritz Voit (1892). Cette expérience consiste à pratiquer l'anneau d'Hermann.

On séquestre une anse intestinale et on rétablit la continuité de l'intestin, cette anse exclue. Après l'avoir lavée, on referme cette anse sur elle-même de manière que la continuité du canal soit conservée, et que celle-ci forme une sorte de tore creux. Le tout est replacé dans la cavité abdominale.

L'anse se remplit de la sécrétion intestinale; on peut l'étudier à l'exclusion de tout résidu alimentaire. Le chien est sacrifié du 20e au 22e jour.

Fritz Voit a trouvé que la sécrétion intestinale pure est très riche en fer. Elle contient, en moyenne, 0,16 de fer pour 100 du poids sec de la sécrétion. 1 gramme de sécrétion sèche donnait 1^{milligr},6 de fer : quantité considérable. L'élimination par décimètre carré de surface intestinale varierait de 0^{milligr},6 à 0^{milligr},9 en vingt-quatre heures.

Le fait de l'élimination du fer par l'intestin est mis hors de doute. Mais les conditions de l'expérience sont trop particulières pour que les quantités observées ici puissent être transportées, sans autre précaution, à l'état physiologique normal. L'expérience de Voit a été vérifiée et doit être considérée comme exacte. Elle établit l'élimination intestinale du fer; mais elle n'a pas de signification quantitative.

D'autres faits déposent en faveur de cette élimination intestinale du fer;

1° Les expériences classiques de Forster sur l'inanition minérale, révélant l'excrétion fécale, pour des périodes de 26 jours et 36 jours, d'un poids de fer *notablement supérieur à celui qui avait été ingéré*, fait observé aussi par Dietl (1875) par Gotlieb (1891) et par Socin. — Ces résultats ne doivent être acceptés que sous le bénéfice des observations déjà faites relativement aux analyses du fer.

2° Buchheim et Mayer ayant injecté une solution de sel de fer dans la jugulaire d'un animal, trouvèrent, quelques heures plus tard, la muqueuse intestinale recouverte d'une sécrétion où l'oxyde de fer était abondant. — Cl. Bernard, injectant dans les veines d'un chien du lactate de fer et du ferrocyanure de potassium, retrouve le fer (coloration bleu de Prusse) à la surface de l'estomac. — Gotlieb confirme l'élimination du fer par la muqueuse gastrique. — Bunge déclare le suc gastrique riche en fer.

3° Récemment (1899) Guillemonat a constaté que le *méconium du fœtus contient toujours du fer* (environ 0^{milligr},3 chez l'homme).

Le fait de l'élimination excrémentitielle du fer par l'intestin étant mis hors de doute, il reste à savoir comment se fait cette excrétion. Est-ce par sécrétion, c'est-à-dire par entraînement avec les liquides secrétés par la paroi intestinale? Est-ce par desquamation intestinale? Il est vraisemblable que les deux mécanismes interviennent. C. Schmidt (1852), cité par Bunge, a trouvé dans l'épithélium intestinal séché une quantité de fer comparable à celle de l'hémoglobine, ou même supérieure (4^{milligr},6 par gramme).

Indépendamment des productions épidermiques caduques, poils, ongles, qui sont considérés comme contenant un peu de fer, on voit, en résumé, que les composés de ce métal sont l'objet d'une élimination constante par les trois voies : du rein, qui en rejette extrêmement peu, — environ 1 milligramme, par jour, chez l'homme; — du foie, qui en rejette un peu plus, avec la bile, soit 5 milligrammes, par jour; — enfin de l'intestin qui, par sa sécrétion en entraîne au dehors, avec les fèces, une quantité beaucoup plus grande, que nous pouvons estimer à 25 milligrammes. — C'est donc une élimination quotidienne de 31 milligrammes de fer (ces nombres, particulièrement le dernier, étant seulement plus ou moins approximatifs). Cette élimination est indépendante de l'absorption alimentaire; elle est, en un mot, *excrémentitielle*.

62. Élimination par les leucocytes. — Il est bien entendu que cette *excrétion* normale peut se trouver augmentée dans certaines circonstances d'ordre plus ou moins pathologique, lorsque, par exemple, à la suite d'hémorragies internes ou de vastes destructions de sang, ou d'altérations qui libèrent l'hémoglobine, la quantité de fer usé s'élève considérablement. Dans ce cas, les globules blancs, les leucocytes, interviendraient dans le transport. Ils phagocyteraient les éléments globulaires altérés du sang et les amèneraient ainsi à l'intestin. Ou encore, selon Samoiloff et Liesky (1893), ils se chargeraient du composé ferrugineux à l'état solide, dans le foie ou les autres organes ferrugineux, pour le déverser dans l'intestin. Ce serait là une forme de charroi auxiliaire.

63. Élimination du fer chez les invertébrés. — Les faits précédents relatifs à l'existence du fer dans les organes ont été vérifiés chez les invertébrés (Dastre et Floresco, 1899). Ces physiologistes ont montré chez l'escargot, par exemple, l'élimination du fer par la bile. Celle-ci est aussi riche que celle des mammifères.

De plus, les glandes du test en éliminent aussi une proportion notable qui se retrouve dans la coquille. Il est possible, à cet égard, de considérer la coquille comme une sorte d'annexe du foie. On y trouve le fer au même état que dans le foie. (Dastre et Floresco, *Recherches sur les matières colorantes de la bile et du foie*, nº 114, p. 180.) On voit le fer augmenter en même temps, d'ailleurs, que les sels alcalins-terreux, dans le foie et dans la coquille ; par exemple lorsque l'animal sort du sommeil hivernal, pour entrer dans la période d'activité ou d'accroissement. — On pourrait comparer cette élimination cochléaire du fer, chez les mollusques à coquille à l'élimination épithéliale des vertébrés (poils, ongles).

§ X. — Absorption du fer.

Le fer, d'après ce qui précède, n'est pas un élément fixe, invariable. Son excrétion a pour contre-partie nécessaire une absorption qui rétablit l'équilibre et complète le cycle biologique de cet élément. Il faut examiner, maintenant, cette absorption du fer venant de l'extérieur (aliment, médicament, composé introduit dans un but d'expérimentation) : il faut en indiquer les conditions, les circonstances et la valeur.

64. Indépendance du fer des organes vis-à-vis du fer des aliments. — Le premier point à signaler, c'est que *l'abondance du fer dans l'organisme et dans le foie en particulier, n'est pas en rapport rigoureux avec son abondance dans le milieu extérieur ou dans le milieu alimentaire.* Le fait a été mis en évidence chez les mammifères.

La même constatation a été faite, plus nettement encore, chez les invertébrés.

Les escargots, pendant l'hivernation, sont soumis à un jeûne absolu et prolongé : leur vie est très atténuée ; le foie contient à peu près autant de fer qu'à l'automne, dans une période encore active, ou au printemps, alors que l'animal s'alimente depuis plus d'un mois. Le résultat s'est montré sensiblement le même lorsque l'on mêlait à l'alimentation différents sels de fer (sauf un cas où le fer était présenté sous forme de l'espèce de protéosate de fer, appelé ferrine) (Dastre et Floresco, *loc. cit.*, 162).

Le fer contenu dans les aliments, quoique soluble, paraît peu absorbé, en général.

Cette indépendance relative du fer de l'alimentation et du fer fixé dans les organes est admise, comme une vérité démontrée, par les physiologistes. La démonstration n'en est cependant pas à l'abri de tout reproche. Elle a été donnée par E. W. Hamburger et confirmée par Bunge. Il résulterait des expériences de ces physiologistes, rapprochées de beaucoup d'autres faits d'observation, qu'il y a lieu de distinguer deux espèces de composés ferrugineux, pour lesquels la capacité absorbante de l'intestin ou des organes est très différente : les composés salins (sels de fer) seraient inassimilables ; certains composés particulier, à fer dissimulé, seraient seuls absorbables. Les composés banals du fer (sels de fer) ne sont pas absorbés, quoique solubles, par la muqueuse intestinale et celle-ci ne livre passage qu'à des composés particuliers et rares, seuls absorbables (fer organique).

La muqueuse intestinale serait donc rebelle à l'absorption des composés banals du fer, pour lesquels elle forme une barrière à peu près infranchissable ; elle serait, au contraire, pénétrable à certains composés, rares dans le milieu alimentaire et à peu près absents du milieu ambiant. C'est par suite de cette circonstance que le fer hépatique serait indépendant dans une très large mesure des contingences extérieures.

65. Non-absorption des composés du manganèse. — La non-absorption des sels de fer par le tube digestif ne peut pas être regardée comme une vérité entièrement démontrée. Elle est seulement rendue vraisemblable par divers arguments. Parmi ces arguments nous signalerons d'abord la manière dont se comportent les *sels de manganèse* qui ont de grandes analogies au point de vue chimique avec les sels de fer.

a. Ingestion. — Kobert (1883) et Cahn (1884) ont montré que les sels de manganèse introduits dans le tube digestif ne sont pas absorbés. Après l'administration prolongée de ces sels, on n'en trouve point de trace dans l'urine, ni dans aucun organe : la paroi intestinale elle-même n'en est pas imprégnée. Le tube digestif *ne se laisse pas traverser par les sels de manganèse,* tant que le revêtement épithélial est intact.

b. Injection. — Contre-partie : Cahn injecte dans les veines, chez le lapin, une solution d'un sel de manganèse. Il en retrouve des quantités notables dans les urines et dans la cavité même de l'intestin. Le métal est donc excrété par les urines, faiblement : il l'est abondamment par l'intestin.

On peut saisir son passage à travers la paroi de l'intestin. En effet, si on lave le tube digestif et qu'on le débarrasse de tout le sang qu'il contient, la circulation artificielle de solution physiologique, on retrouve dans la paroi de l'intestin même une quantité notable de manganèse qui était précisément en train d'être éliminé.

La précision des analyses du manganèse exclut toute possibilité d'erreur.

Les choses se passent donc comme si la paroi intestinale était imperméable aux préparations du manganèse tendant à pénétrer du dehors au dedans; mais, au contraire, perméable à ces préparations du dedans au dehors. Ou, encore, on peut employer une autre formule qui ne sera qu'une manière d'énoncer les faits et de les fixer dans la mémoire. On peut dire que les choses se passent comme *si la paroi de l'intestin jouissait, par rapport au manganèse, d'une sorte de faculté d'orientation qui lui permettrait de diriger le composé ferrugineux du dedans au dehors (élimination) et s'opposerait au passage du dehors au dedans (absorption)*.

66. Non-absorption des composés salins du fer (Fer minéral). — Il en serait de même pour le fer ou du moins pour les composés salins du fer, pour ce que l'on a appelé *le fer minéral*.

Les médecins qui admettent comme une vérité empirique la vertu curative du fer dans la chlorose et dans diverses anémies et qui l'administrent à l'état de composés salins, croient fermement établi que les préparations ferrugineuses sont absorbées, puisqu'elles sont efficaces.

Expérience de Hamburger. — Les physiologistes ont contesté que ces préparations fussent absorbées. CLAUDE BERNARD, le premier, avait appelé l'attention sur ce point. Mais ce sont les expériences de E. W. HAMBURGER (1878) qui parurent trancher la question.

Le type de l'expérience est le suivant : dans une première période, un chien reçoit une ration fixe, analysée au point de vue du fer. On dose le fer dans les excréta.

Dans une seconde période, on ajoute à la ration fixe du sulfate ferreux. On analyse de même les excréta. On constate une très légère augmentation de la quantité éliminée par les urines. Le reste a été trouvé presque intégralement dans les fèces et la bile. La conclusion brute, c'est que l'absorption existe, mais qu'elle est insignifiante.

On objecte à cette expérience que les différences trouvées rentrent dans les limites des erreurs d'expérience et que, par conséquent, l'absorption n'est pas prouvée. L'expérience, interprétée, comporte donc deux conclusions : l'absorption est très faible ou n'existe pas. C'est entre ces deux alternatives qu'il faut décider. L'impression produite par les essais de HAMBURGER est en faveur de la seconde alternative; c'est que l'absorption du sulfate ferreux n'existe pas (BUNGE).

Voici les chiffres d'une de ces expériences :

Chien de 8 kilogs. Dans la première période, de 12 jours, l'animal reçoit quotidiennement 300 grammes de viande contenant 15 milligrammes de fer : soit, en tout, 180 milligrammes de fer. L'analyse en fait retrouver $176^{milligr},3$; soit $18^{milligr},5$ dans la bile, $38^{milligr},4$ dans l'urine, $136^{milligr},3$ dans les fèces. L'absorption normale est donc insignifiante ou compensée ($3^{milligr},5$ en 12 jours).

Dans la seconde période, de 9 jours, on ajoute à la ration quotidienne de 300 grammes de viande, 49 milligrammes d'une solution de sulfate ferreux, soit en tout 441 milligrammes. L'urine qui, dans la première période, éliminait par jour $3^{milligr},6$ de fer, élimine la même quantité pendant les 6 premiers jours du régime ferrugineux, puis élimine $5^{milligr},6$ dans les trois suivants et encore $5^{milligr},6$, dans les trois jours qui succèdent à cette période. Il y aurait donc eu influence du régime du fer manifestée seulement au bout de 6 jours, prolongée au delà pendant trois jours, et se traduisant, en définitive, par l'élimination urinaire de 12 milligrammes sur 636 ingérés (à savoir 441 milligrammes sous forme de sulfate et 195 avec la viande).

En dehors des expériences de HAMBURGER, qui sont un premier argument sérieux contre l'absorption des sels de fer, il y en a d'autres. Le second, c'est l'analogie des sels de fer avec les sels de manganèse, qui, eux, ne sont pas absorbés (CAHN). Le troisième c'est que l'absorption de quantités assez fortes de sels de fer ne provoque pas d'empoisonnement. Celui-ci ne manquerait point de se produire si les sels de fer étaient absorbés et passaient dans le sang. On sait, en effet, qu'injectés dans les vaisseaux, ces sels provoquent des accidents toxiques. Ces accidents consistent en un abaissement considérable de la pression sanguine; des symptômes de néphrite; des ordres de la motricité volontaire dus à une paralysie d'origine centrale; des accidents divers du tube digestif analogues à ceux que déterminent l'arsenic et et l'antimoine (MEYER et WILLIAMS, 1880; KOBERT, 1883). Rien de pareil ne s'observe après l'administration des sels de fer par la voie gastrique.

67. Sort des sels de fer (fer minéral) dans l'intestin. — Que deviennent les sels de fer introduits par ingestion dans le tube digestif?

Quels qu'ils soient, sels minéraux, sels à acides organiques, albuminates de fer, ils sont tous transformés par le suc gastrique en chlorure et perchlorure de fer. A cet égard, il importe peu sous quelle forme on administre le fer; le résultat est toujours le même, quelque préparation que l'on ait employée. Il ne pourrait être différent que si le sel de fer était, pendant son séjour dans l'estomac, protégé contre l'acide gastrique (par un enrobage de gomme, ou par un mélange d'autres substances).

Une fois arrivés dans l'intestin, les chlorure et perchlorure de fer fournissent de l'oxyde ferrique et du carbonate ferreux. La réaction alcaline du contenu intestinal (carbonate de soude) transforme le perchlorure en oxyde ferrique qui ne précipite pas et reste dissous à la faveur des substances organiques; le chlorure fournit du carbonate ferreux soluble également dans l'acide carbonique et les matières organiques (BUNGE). Ces composés solubles ne sont pas absorbés. Ce n'est pas l'insolubilité qui, ici, explique l'incapacité d'absorption. C'est quelque autre raison, mal démêlée, dans ce cas comme dans le cas des sels de manganèse.

Ces combinaisons ferrugineuses ne restent pas à cet état d'oxyde et de carbonate ferreux tout le long de l'intestin. Il s'y produit des actions réductrices en présence de combinaisons sulfurées; il s'y développe de l'hydrogène sulfuré : les composés du fer sont transformés en sulfures.

C'est donc sous forme de sulfures que les sels minéraux du fer, les sels organiques, et même, d'après BUNGE, les combinaisons d'albumine avec l'oxyde ferreux, sont éliminés avec les fèces.

68. Aliments ferrugineux de nature organique. — Mais, si ces sels de fer, ces composés ferrugineux ne sont pas absorbés, il faut que d'autres préparations ferrugineuses le soient, sans quoi l'organisme ne pourrait couvrir les pertes qu'il fait incessamment par les excrétions biliaire, urinaire et intestinale, ainsi que par la desquamation épidermique. *Il y a donc, nécessairement, des composés ferrugineux absorbables* qui servent au ravitaillement du sang et des tissus et qui sont différents des composés salins (fer minéral).

Cette conclusion est obligatoire, dans l'hypothèse où les sels de fer sont *absolument inabsorbables*. Mais il suffirait que ces composés fussent seulement *un peu* absorbés pour que la conclusion fût en défaut et pour que la perte du fer *par excrétion* fût couverte. Cette perte est très faible, en effet, par l'urine : elle est faible par la bile; et quant à la perte par l'intestin, on n'en sait pas la valeur, puisque dans le fer des fèces on n'a pas pu faire la part du métal excrété d'avec le métal résiduel, c'est-à-dire contenu dans les résidus alimentaires et non absorbé. C'est donc, ici encore, la question du *peu* ou *rien* qui se pose. Or elle n'est point résolue; et nous avons vu que les arguments d'HAMBURGER, de KOBERT et de CAHN rendaient seulement probable la *non-résorption absolue* des sels de fer.

Sous le bénéfice de cette réserve, nous accepterons donc l'incapacité alimentaire des préparations minérales du fer, et par compensation, la capacité alimentaire d'autres préparations, non minérales. Quelles sont ces préparations? quels sont ces aliments ferrugineux de nature organique?

69. Fer absorbable du jaune d'œuf. Hématogène de Bunge. — BUNGE a répondu à cette question. Il a cherché sous quelle forme le fer était contenu dans le vitellus de l'œuf d'oiseau et dans le lait du mammifère.

Le vitellus ne contient pas d'hémoglobine; mais comme, pendant l'incubation, l'hémoglobine apparaît, sans que rien pénètre du dehors, il faut donc que le fer de l'hémoglobine existe dans le jaune sous une forme qui se prête aux synthèses vitales. BUNGE a constaté que cette combinaison du fer dans le jaune d'œuf était une nucléo-albumine. Le fer est lié à une nucléine, et cette combinaison elle-même à l'albumine. La nucléo-albumine ferrugineuse du jaune d'œuf a reçu le nom d'*hématogène*, qui indique un de ses rôles physiologiques, qui est de servir à la constitution du sang.

Voici les moyens d'avoir la nucléo-albumine ferrugineuse et la nucléine et d'en vérifier les réactions :

Le jaune d'œuf est épuisé par l'alcool et l'éther. L'extrait éthéré se montre exempt de fer. — Quant au résidu de l'extraction, c'est une masse blanche constituant à peu près le tiers en poids du jaune ; il est formé de matières albuminoïdes. Ce résidu contient le fer, mais pas à l'état de sel. Le réactif de BUNGE (alcool chlorhydrique, qui enlève du fer à tous les sels minéraux ou organiques et aux albuminates, n'en enlève point immédiatement à ce résidu. — Le résidu du traitement éthéré du vitellus se dissout facilement dans l'acide chlorhydrique étendu à 1 pour 1000. Dans cette solution, le fer est dissimulé. — L'acide tannique, l'acide salicylique ne donnent point de précipités colorés bleu ou rouge, mais seulement un précipité blanc.

Le résidu insoluble dans l'éther, ou le vitellus lui-même, si on les fait digérer comme le faisait MIESCHER, dans le suc gastrique faiblement acidifié, s'y dissout en partie. Les albuminoïdes sont peptonisées et séparées des nucléines qui se précipitent. Le fer est contenu dans ces nucléines non digérées et insolubles. Il y est combiné et même fortement, car l'alcool chlorhydrique est impuissant à l'enlever. L'acide chlorhydrique aqueux et plus ou moins concentré l'enlève plus ou moins vite.

La nucléine ferrugineuse est soluble dans l'ammoniaque. — Si l'on essaye la réaction du ferrocyanure de potassium, elle ne réussit pas, au moins tout de suite. Il se fait un précipité blanc qui ne se colore en bleu que lentement. — Si l'on ajoute du ferricyanure et de l'acide chlorhydrique, le précipité reste blanc. — C'est la preuve que le fer se sépare de la matière organique à l'état d'oxyde ferrique et non d'oxyde ferreux.

Si l'on ajoute à la solution ammoniacale de la nucléine ferrugineuse une petite quantité de sulfhydrate d'ammoniaque, la réaction du sulfure de fer ne se produit pas, ou du moins ne se produit qu'au bout de plusieurs heures. D'abord, il n'y a rien ; puis une teinte verte se montre ; la coloration noire et opaque tarde jusqu'au lendemain.

L'analyse élémentaire de cette nucléine a donné à BUNGE les chiffres suivants : C. 42. 11 ; H. 6,08 ; Az. 14,73 ; S. 0,55 ; Pl. 5,19 ; Fe. 0,29 ; O. 31,05. — En somme, cette nucléine ferrugineuse qui contient 0,29 p. 100 de fer est presque aussi riche que l'hémoglobine de cheval et de chien qui en contiennent 0,33 p. 100.

Les combinaisons ferrugineuses de ce genre sont abondantes dans la plupart des aliments d'origine animale ou végétale.

70. Absorption des nucléo-albumines ferrugineuses. — Ces composés seraient les sources du fer de l'organisme : ils constitueraient le fer alimentaire. Ils seraient absorbables. Deux sortes d'expériences directes sont favorables à cette vue, sans être absolument décisives. Elles ont été faites par SOCIN, sous la direction de BUNGE.

La première consiste à faire absorber à des chiens une grande quantité de jaunes d'œuf et à constater le passage du fer dans les urines.

Dans une expérience, la quantité de fer des jaunes d'œuf fut 0gr,1807. Les excréments en entraînèrent 0gr,1534. L'urine qui, d'ordinaire, n'en contient que des traces inappréciables, en fournit 12 milligrammes. — D'autres expériences donnèrent des résultats paradoxaux (plus de fer recueilli que de fer ingéré).

La seconde série d'épreuves a consisté à alimenter des animaux (souris) avec des rations exemptes de fer, ou contenant ce métal à différents états. Dans le cas où le métal était sous forme de nucléo-albumine ferrugineuse, la ration a permis à l'animal de vivre ; dans les autres cas, les animaux ont succombé.

La base de la ration était un gâteau fait avec des matériaux exempts de fer (albumine du sérum, graisse de lard, sucre, amidon, cellulose). Quelques souris étaient soumises à ce régime. — A d'autres on ajoutait 1 gramme de fer pour 100 grammes du gâteau, et cela sous la forme de sel (perchlorure), d'hémoglobine, ou du jaune d'œuf. — Dans les trois premiers cas, les animaux moururent entre le 27e et le 32e jour. — Seuls les animaux ayant reçu l'hématogène du jaune d'œuf survécurent plus de trois mois.

Une troisième série d'expériences, déposant dans le même sens, a été exécutée par DASTRE et FLORESCO (loc. cit., p. 102 et 111) sur des invertébrés, sur des escargots. On a nourri ces animaux de diverses rations pauvres en fer ou exemptes de ce métal, de navets, de cellulose (papier filtre imbibé de sucre). On ajoutait à ces rations différents sels de fer, citrates, phosphates, tartrate ou de la ferratine et de la ferrine. C'est seulement dans ces derniers cas qu'on a trouvé une légère augmentation du fer dans le foie.

71. Sort du fer absorbé. — C. Jacobi (1887-1891) a cherché ce que devenait le fer absorbé. A la vérité, il n'avait pas recours à l'absorption véritable, naturelle, c'est-à-dire à celle qui porte sur le *fer organique* (nucléo-albumines ferrugineuses et similaires) et qui s'opère à travers la paroi de l'intestin. Il recourait à un artifice plus ou moins équivalent à ce procédé naturel. Il introduisait directement dans le sang, par injection intravasculaire, un sel de fer *(fer minéral)* : par exemple du tartrate double de fer à réaction neutre. Au bout de 2 à 3 heures, le fer injecté a disparu du sang. Or, dans le même temps (premières heures après l'injection) une petite quantité seulement (10 p. 100) du fer injecté est éliminée par les urines, la bile, ou la sécrétion intestinale. La plus grande partie s'est déposée dans les tissus : environ 50 p. 100 dans le foie; le reste dans les autres organes, rate, rein, intestin. Ce dépôt, comme on le voit, est rapide (*A. A. P.*, xxviii, 264).

Si l'on conclut de ces conditions expérimentales aux conditions naturelles, on dira donc que le fer absorbé circule peu de temps dans le sang et se dépose rapidement dans les organes, particulièrement dans le foie.

72. Cycle biologique du fer. — Au résumé, on a vu que le fer exécutait, dans l'organisme, un cycle. Il entre par l'intestin sous la forme de composés organiques à fer dissimulé, tels que nucléo-albumines ferrugineuses, hématogène; il ne pénètre pas à l'état de sels. Les formes intermédiaires, ferratine, ferrine, protéosates de fer, permettent vraisemblablement une absorption plus ou moins parfaite.

Ayant ainsi pénétré, le fer circule peu dans le sang. Il se fixe presque aussitôt dans les tissus, particulièrement dans le foie. Il y remplit deux espèces de fonctions : en premier lieu, une *fonction martiale*, qui est vraisemblablement une fonction d'oxydation; en second lieu, une *fonction hématique*, par laquelle il sert à la reconstitution de l'hémoglobine.

Le fer usé s'élimine continuellement par trois voies : urine, bile, fèces, sans compter les productions épidermiques caduques. La voie intestinale est, de beaucoup, la plus importante. L'élimination intestinale se fait par les sécrétions de l'intestin, par la desquamation épithéliale et par les leucocytes dans le cas où la décharge doit être plus forte.

§ XI. — Rôle thérapeutique du fer.

73. Préparations ferrugineuses de l'ancienne médecine. — On a vu que la médecine ancienne croyait aux vertus médicinales du fer et qu'elle a légué au présent un petit nombre de préparations ferrugineuses. L'usage des préparations ferrugineuses, de la médication martiale (Mars était le nom du fer pour les alchimistes et les pharmacopoles), date de l'époque la plus reculée. Mélampe (d'Argos) rendait à Iphiclès la vigueur perdue en faisant éteindre un fer ardent dans le vin que devait boire le héros. Dioscoride, dans son traité de *matière médicale*, a recommandé cette préparation qui doit ses propriétés à un tartrate double de potasse et de fer. L'usage s'en est perpétué au moyen âge, dans les « grands et nobles remèdes » tels que : *extraits de Mars* et *teintures de fer* et jusqu'à notre temps dans le *tartre martial* et les *boules de Nancy*.

Ce n'est pourtant pas sous cette forme que le fer a été le plus habituellement employé par l'ancienne médecine.

Il l'a été, en premier lieu, sous la forme d'eaux minérales naturelles. Les anciens en ont fait largement usage. En second lieu, sous la forme de *safran de Mars*, c'était la rouille vulgaire. Utilisée accidentellement dès l'antiquité, elle avait définitivement pris rang dans l'arsenal thérapeutique, au début du xvie siècle, sous l'influence de l'alchimiste Paracelse. Elle y est restée pendant plus de deux siècles. On a peine à s'expliquer cette vogue prolongée d'un médicament qui, parmi les substances ferrugineuses, est certainement le moins capable d'exercer aucune action sur l'organisme. C'étaient, d'ailleurs, des raisons de doctrine qui l'avaient fait choisir par les alchimistes; et c'étaient des précautions symboliques qui en avaient petit à petit compliqué la préparation. On soumettait le fer à la « calcination philosophique »; ou bien, on le faisait rouiller à la rosée du mois de mai, afin que cette rouille fût imprégnée de « l'esprit universel ou mercure de vie » qui se concentre dans la rosée printanière. On avait, dans ce dernier cas, le « safran à la rosée » de l'ancienne pharmacopée.

Néanmoins les médecins réellement observateurs n'avaient pas tardé à s'apercevoir du peu d'efficacité du safran de Mars, et à lui préférer d'autres composés du métal, comme le « vitriol de fer » (sulfate de fer), ou encore le métal lui-même, à cru, le fer métallique en poudre. Parmi les médecins célèbres du XVIIe siècle, SYDENHAM à Londres et, au XVIIIe, STOLL, à Vienne, préconisaient à la place de la rouille, la « limature » ou limaille de fer. On y a substitué, de nos jours, le « fer réduit ». L'avantage du métal sur l'oxyde tient, ainsi que le montra L. LEMERY, en 1713, à une raison d'ordre chimique : c'est que le fer, à un état d'extrême division est facilement dissous et salifié par les sucs organiques, et particulièrement par le suc gastrique, tandis que la rouille est souvent réfractaire à toute attaque et traverse inutilement l'économie sans produire ni subir de changement.

Plus tard, ces préparations se sont multipliées. C'est par centaines qu'on pourrait les compter. Il serait oiseux de les énumérer : il suffit de comprendre les idées qui ont présidé à leur emploi.

74. Préparations médicinales modernes. — On a d'abord renoncé à la plupart des préparations minérales à base d'oxyde ferrique à cause de leur insolubilité habituelle. Elles résistent plus ou moins à l'action du suc gastrique, ou donnent dans l'estomac du perchlorure de fer qui, plus loin, dans l'intestin, sous l'influence de l'alcali intestinal (carbonate de soude), redonne un précipité d'oxyde ferrique. Celui-ci peut à la vérité se dissoudre à la faveur des substances organiques, mais peut aussi rester insoluble sous une forme colloïdale. — On n'a conservé qu'un petit nombre de composés de ce genre que l'on réussissait à maintenir en solution par quelque artifice; tel, par exemple, le pyrophosphate ferrique qui est rendu soluble par le citrate ammoniacal.

On s'est donc adressé à une première catégorie de substances solubles, *sels de fer à acide organique*, sels nécessairement ferreux, puisque l'oxyde ferrique est trop faible pour saturer des acides qui, eux-mêmes, sont peu énergiques. Et c'est ainsi que l'on a introduit dans le thérapeutique les citrates, tartrates, malates, oxalates de fer. Lors de la décomposition de ces sels dans l'estomac, les acides organiques correspondants non corrosifs, sont mis en liberté; ils n'exercent pas d'action nocive sur la muqueuse.

On a utilisé, en second lieu, une autre catégorie de substances qui, bien qu'insolubles primitivement, sont solubilisées par les sucs digestifs. Telles sont les préparations métalliques, limaille de fer, fer réduit; les oxydes obtenus à froid ; le carbonate ferreux.

Enfin, dans cette liste de médicaments, on a donné la préférence à ceux qui offensaient le moins cruellement le goût. Les ferrugineux offrent une saveur désagréable ; une saveur styptique, c'est à dire à la fois âpre et astringente comme celle de l'alun, prolongée par un arrière-goût d'encre (atramentaire). Cet inconvénient est peu marqué dans le tartrate; il est entièrement dissimulé dans quelques autres sels de fer, si l'on a soin d'y ajouter du citrate d'ammoniaque.

75. Paradoxe thérapeutique. — La solubilité de ces composés n'est pas tout. Elle ne suffit pas à assurer l'absorption. Nous avons vu que l'opinion des physiologistes est que toutes les préparations ferrugineuses salines (fer minéral) ne sont pas absorbées, qu'elles ne pénètrent point dans l'organisme. Elles restent (et c'est certain pour la plus grande partie) confinées dans le tube digestif. Elles le parcourent en y subissant des mutations diverses; puis elles le quittent sans qu'une parcelle du fer qu'elles contiennent ait été retenue par l'organisme.

On se trouve ainsi mis en présence d'un véritable paradoxe thérapeutique. Ce médicament que le physiologiste déclare n'être pas absorbé et rester étranger à l'organisme, le médecin le déclare efficace, héroïque. Il cite les cures innombrables de chlorotiques et d'anémiques que la médication martiale a remis sur pied. Il invoque l'expérience de tous les temps et de tous les lieux.

Ce paradoxe est encore renforcé par la considération des infimes quantités de fer dont les mutations provoqueraient les maladies, telles que la chlorose et l'anémie. Si essentiel que soit le fer à la constitution de l'organisme, il n'y intervient pourtant qu'en faible quantité. La totalité du sang, qui en contient plus que les autres parties, n'en renferme que $2^{gr},70$ chez l'homme d'un poids moyen de 70 kilogs. La totalité de l'organisme en renferme de 7 à 14 grammes au plus. La quantité, naturellement, est moindre chez l'adolescent et chez la jeune fille. Les oscillations que peut subir le fer du sang, chez l'anémique ou le chlorotique, portent donc sur des quantités extrêmement minimes. Les aliments dont on fait usage en contiennent plus qu'il ne faut pour couvrir les besoins.

Et, de fait, on a constaté qu'une alimentation normale suffirait à réparer les pertes de sang consécutives aux saignées répétées ou aux plus grandes hémorragies. Le médicament semble donc surabondant, surérogatoire, en même temps qu'incapable d'action. Tel est le paradoxe. Il réside dans l'utilité affirmée par la médecine de tous les temps et de tous les lieux dont seraient pour les malades chlorotiques ou anémiques ces composés martiaux que l'organisme n'accepte pas et dont l'alimentation lui offrirait d'ailleurs une quantité suffisante s'il les acceptait.

Cette contradiction entre l'empirisme médical et l'expérimentation physiologique doit être résolue. Elle l'a été par la théorie qu'a proposée Bunge.

76. Théorie de Bunge de l'action des médicaments ferrugineux.

a) *Fer alimentaire.* — Cette théorie repose sur le fait dont il a été plusieurs fois question plus haut (n° 68) ; c'est à savoir que les composés salins du fer sont inabsorbables, et qu'en revanche il existe d'autres composés, fréquents dans nos aliments, qui, eux, sont absorbables et alimentaires. Ce sont les nucléo-albuminoïdes ferrugineux dont le type est l'hématogène du jaune d'œuf. Ceux-là se rencontrent dans les parties des tissus, dans les parties de l'élément anatomique où les propriétés vitales atteignent leur plus haute expression, dans le noyau de la cellule ; et, pour préciser davantage, dans la chromatine du noyau. — Tel serait en somme *l'aliment fer*, indispensable à la vie animale.

Les limites où s'arrête cette classe de substances ne sont pas suffisamment fixées. Il est vraisemblable que les composés organiques connus sous le nom de *ferratines* (Marfori et Schmiedeberg), de *ferrines* (Dastre), ou protéosates de fer, sont aussi des formes plus ou moins absorbables et utilisables, c'est-à-dire des *formes alimentaires* du fer. On conçoit donc que l'industrie pharmaceutique, négligeant désormais toutes les préparations martiales qui ont encombré, pendant des siècles, les antiques officines, s'applique maintenant à développer ces nouveaux produits, aliments et médicaments tout à la fois, qui semblent par là réaliser le vœu de la médecine curative et préventive.

b) *Destruction du fer alimentaire.* — En second lieu, il faut noter que les préparations que la nature nous offre toutes formées dans l'alimentation régulière, ou que nous y introduisons dans un but curatif, sont exposées à des accidents divers, à des actions capables de les détruire. De là un déficit du fer alimentaire qui devient insuffisant pour remplacer le fer usé du sang et des tissus.

Quelles sont ces causes de destruction ? — C'est la production de sulfures alcalins et d'hydrogène sulfuré dans le tube digestif. — Ces composés détruisent petit à petit les nucléo-albuminoïdes ferrugineux, et plus rapidement encore les albuminates, protéosates et peptonates de fer et en précipitent le fer. — C'est ce qui arrive particulièrement chez les chlorotiques dont la digestion est généralement troublée. — Dans tous les troubles digestifs, lorsque le suc gastrique est impuissant à détruire les microrganismes des aliments, ceux-ci s'établissent dans l'intestin, produisent des gaz hydrogénés, et de l'hydrogène naissant (fermentation butyrique). Ces gaz donnent lieu à des phénomènes de réduction très puissants, et en particulier à la formation de sulfure de fer aux dépens des composés alimentaires du fer.

Cette suppression du fer alimentaire rend compte de l'appauvrissement du sang. Les états anémiques consécutifs aux dyspepsies s'expliqueraient ainsi par le déficit du fer alimentaire, précipité avant toute pénétration.

c) *Utilité des composés martiaux, même lorsqu'il ne sont pas absorbés.* — On comprend, du même coup, l'utilité des médicaments martiaux alors même qu'ils ne sont pas absorbables. — Ces composés, sels de fer, etc., sont, en effet, plus sensibles encore que les nucléo-albumines ferrugineux et les substances similaires à l'action réductrice des sulfures alcalins et de l'hydrogène provenant des fermentations intestinales. Ils se détruisent les premiers ; ils attirent sur eux tout l'effort destructeur, et ils l'épuisent. Si les médicaments ferrugineux, d'après les médecins, n'agissent qu'à dose massive, c'est qu'il « faut des quantités considérables de fer pour rendre inoffensifs tous les sulfures alcalins de l'intestin et garantir contre leur attaque le fer organique de nos aliments » (Lambling).

En un mot, la théorie de Bunge consiste à admettre que *les préparations ferrugineuses protègent le fer organique de nos aliments contre certaines actions décomposantes et lui permettent ainsi d'être absorbé.*

A. DASTRE.

FER (Pharmacodynamie. Thérapeutique) (P. atomique : 56). —

Le fer est un des métaux les plus répandus dans la nature; il s'y rencontre sous forme d'oxyde, de sulfure, de sulfate, de carbonate, de silicate, etc. Le fer se trouve dans la plupart des terrains, et très fréquemment dissous dans les eaux (eaux ferrugineuses).

L'emploi des préparations ferrugineuses comme agents thérapeutiques date de la plus haute antiquité. Aussi le nombre des travaux sur l'action physiologique et thérapeutique de fer est-il très considérable. Sans entrer dans le détail analytique de ces nombreuses publications, nous essayerons dans cet article de résumer les résultats acquis à la science d'une façon certaine.

Le fer est un métal gris bleuâtre, à éclat métallique : sa saveur est métallique, sa densité de 7,4 à 7,9, son point de fusion varie suivant sa fonte : le fer pur fond à 1 500°. Associé à de petites quantités de carbone, il constitue la fonte, qui fond à 1 250°.

L'air humide attaque facilement le fer et le transforme en oxyde (rouille). Le fer décompose l'eau au rouge et donne un oxyde particulier Fe^3O^4, oxyde magnétique, ou oxyde salin.

Un grand nombre de corps simples se combinent directement au fer : le chlore, l'iode et le brome l'attaquent à la température ordinaire. Il se combine aussi facilement au soufre à la température de fusion de ce métalloïde.

Les acides, même très étendus, attaquent facilement le fer avec dégagement d'hydrogène et production d'un sel de fer. L'acide nitrique concentré n'attaque pas le fer, qui devient passif : il suffit d'étendre l'acide d'eau, ou de toucher le fer avec un autre métal, cuivre, platine, pour qu'il y ait attaque du fer. Ce phénomène est désigné sous le nom de *passivité* du fer.

Le fer donne avec l'oxygène plusieurs oxydes, dont les principaux sont : le protoxyde FeO ou oxyde ferreux, le sesquioxyde oxyde ferrique Fe^2O^3; l'oxyde magnétique ou salin Fe^3O^4. Au protoxyde de fer correspond une série de sels, dits sels ferreux ou au minimum. Au sesquioxyde, une autre série, dits sels ferriques ou au maximum.

Les réactions chimiques de ces deux espèces de composés sont différentes : il en est de même dans une certaine mesure de leurs propriétés physiologiques.

Caractères des sels de fer. — Les *sels ferreux* sont généralement blancs quand il sont anhydres, verts lorsqu'ils sont hydratés. Au contact de l'air ils s'oxydent et passent à l'état de sels ferriques basiques. Les oxydants, *chlore* et *acide azotique* par exemple, les font passer à l'état de sels ferriques; leur solution rougit le papier du tournesol. La *potasse* donne un précipité blanc qui passe au vert sale, puis au brun, par oxydation; *l'ammoniaque* donne un précipité soluble dans un excès de réactif.

H^2S ne précipite pas en liqueur acide. Le *sulfhydrate d'ammoniaque* donne un sulfure noir, insoluble dans les alcalis et les sulfures alcalins, solubles dans HCl et AzO^3; le *ferrocyanure de potassium*, un précipité blanc insoluble dans l'acide chlorhydrique, bleuissant à l'air; le *ferricyanure de potassium*, un précipité bleu, insoluble dans l'acide chlorhydrique (bleu de Turnbull).

Le *tanin*, pas de précipité : le sulfocyanure de potassium, pas de coloration.

Les sels ferreux sont réducteurs, décolorent le permanganate de potasse et réduisent le chlorure d'or en mettant l'or en liberté.

Les *sels ferriques* sont généralement brun rougeâtre, difficiles à cristalliser.

La potasse et l'ammoniaque donnent un précipité rouge brun d'hydrate de sesquioxyde de fer, insoluble dans un excès de réactif.

H^2S donne dans la solution acide un trouble blanc dû à la formation du soufre : il y a en même temps réduction : le sel ferrique passe à l'état de sel ferreux.

Le *sulfhydrate d'ammoniaque* donne un précipité noir de sulfure ferreux mélangé à du soufre.

Le *ferrocyanure de potassium* donne un précipité bleu foncé (bleu de Prusse).

Le *ferricyanure de potassium*, une coloration rouge brun, mais pas de précipité.

Le *tanin*, un précipité noir bleuâtre.

Le *sulfocyanure de potassium*, une coloration rouge sang intense.

Action physiologique des composés du Fer. — L'action pharmacodynamique du fer et des diverses préparations ferrugineuses diffère un peu suivant que l'on expérimente les sels ferreux et les sels ferriques. On doit aussi faire une distinction entre les préparations insolubles et les sels solubles; placer dans une catégorie spéciale certains sels organiques, tels que les tartrates, citrates, albuminates de fer, qui, solubles en milieux neutres ou alcalins, sont dépourvus de causticité et peuvent être administrés par voie sous-cutanée ou intra-veineuse. Le perchlorure de fer doit être étudié à part, en raison de ses propriétés toutes particulières.

Les diverses préparations de fer insolubles, telles que le fer, les divers oxydes de fer, le carbonate et le phosphate de fer, etc., lorsqu'elles sont introduites dans le tube digestif, se transforment dans l'estomac en protochlorure de fer FeCl² par suite de l'action du suc gastrique acide. (RABUTEAU).

QUÉVENNE a dressé le tableau des quantités de fer absorbé après administration de 50 centigrammes des divers sels de fer soumis à l'action de 100 c. c. de suc gastrique :

	grammes.
Fer réduit par l'hydrogène. . .	0,0512
Limaille de fer.	0,0357
Oxyde magnétique	0,0326
Bicarbonate de fer.	0,0250
Lactate de fer	0,0208

Les préparations ferrugineuses insolubles ne se dissolvent que dans un suc gastrique acide : il importe donc d'administrer ces préparations au moment de la sécrétion du suc gastrique, c'est-à-dire pendant les repas, et de s'assurer que la sécrétion gastrique est acide.

Les sels de fer solubles (sels ferreux ou ferriques) donnent dans la bouche une sensation d'astringence et possèdent une saveur styptique particulière (saveur d'encre) qui est encore perceptible avec des solutions très étendues, à 1/2000.

L'action locale astringente des sels de fer sur la peau et sur les muqueuses s'accompagnerait de phénomènes corrélatifs de turgescence et d'excitation sur la vascularisation de la muqueuse et des plans musculaires sous-jacents. L'absorption prolongée de sels de fer solubles, par la bouche, donne lieu à une coloration noire des dents et du rebord gingival, attribuée par BARRUEL à la formation de tanates de fer; par BONNET, BUCHHEIM, SCHROFF, à la production d'un sulfure de fer; par SMITH, à une combinaison du fer avec la substance de la dent.

D'après RABUTEAU, toutes les préparations ferrugineuses se transforment dans l'estomac en protochlorure. Le protochlorure formé serait absorbé directement, au moins en partie, et se transformerait, au fur et à mesure de sa pénétration dans le sang, en albuminate de fer solubilisé par les bases alcalines du plasma.

D'après SCHERPF, une partie du protochlorure de fer, rencontrant des matières albuminoïdes et des peptones dans le tube digestif, se transformerait, surtout dans la première portion de l'intestin grêle, en albuminate, qui seul serait résorbé.

Les recherches de MITSCHERLICH, BUCHHEIM, DIETL, semblent d'accord avec cette théorie.

Plusieurs auteurs se sont demandé si le fer pénètre réellement dans l'organisme, et certains d'entre eux l'ont nié. TIEDEMANN et GMELIN, ayant injecté dans l'estomac d'un chien cinq grammes de chlorure de fer, ont retrouvé cinq heures après dans le cæcum de l'animal la presque totalité du fer injecté dans l'estomac. CLAUDE BERNARD, introduisant du fer réduit ou du lactate ferreux dans l'estomac, n'en retrouve pas plus qu'à l'état normal dans le sang de la veine porte. Si l'on fait une injection d'un sel ferrique sous la peau, on n'en retrouve pas un excès dans le sang. GÉLIS et BOUCHARDAT, HIRTZ et HEPP n'ont pu retrouver dans les urines le fer administré aux malades.

Les résultats négatifs de ces expériences ne suffisent pas cependant à démontrer la non-absorption des préparations ferrugineuses.

Les expériences de WILD sur l'absorption et l'élimination du fer pendant son passage à travers le tube intestinal prouvent que le fer diminue dans l'estomac et dans la première portion de l'intestin grêle, et qu'il devient ensuite de plus en plus abondant au fur et à mesure que l'on se rapproche du rectum.

HOFMANN a démontré expérimentalement, par examen histochimique, que le fer est résorbé au niveau des villosités du duodénum par les leucocytes qui, par la voie des capillaires sanguins, le transportent dans le foie, la rate et la moelle osseuse.

Avant son absorption, le fer, quelle que soit son origine, minérale ou organique, se transformerait dans le tube digestif en albuminate ou peptonate, et serait résorbé sous cette forme.

HONIGMANN a démontré cliniquement que les préparations ferrugineuses étaient résorbées au niveau du duodénum, chez une petite fille qui avait une fistule à la partie inférieure de l'iléon.

Les voies d'éliminations principales sont les parois du côlon et les voies biliaires. Le fer, ainsi que du reste la plupart des métaux, s'élimine principalement par l'intestin. Il n'est donc pas étonnant que GÉLIS et BOUCHARDAT, HIRTZ et HEPP n'en aient pas retrouvé dans les urines; de plus, la teneur du sang en fer est fixe; nous n'avons pas à parler ici des fonctions régulatrices du foie, de la rate et de la moelle osseuse vis-à-vis de cet élément : il n'est donc pas étonnant que CL. BERNARD n'ait jamais pu observer l'augmentation du fer dans le sang (Voir plus haut, p. 288-294).

Il est actuellement bien démontré que le fer pénètre dans l'organisme au niveau de l'intestin grêle, et qu'il s'élimine au niveau du gros intestin.

Quel est maintenant le rôle du fer ainsi absorbé?

D'après BUNGE et ses élèves, la faible quantité de fer contenu dans l'alimentation ordinaire suffit amplement à constituer l'hémoglobine normale, et tout récemment un de ses élèves, E. ABDERHALDEN, a encore cherché à démontrer expérimentalement sur les rats, cobayes, lapins, chats et chiens, que les animaux qui reçoivent une nourriture pauvre en fer de constitution, mais additionnée de fer minéral, ne sont pas en meilleure situation pour former de l'hémoglobine que ceux qui ont une alimentation normale.

Dans son *Traité de chimie biologique*, BUNGE émettait l'hypothèse que le rôle des préparations ferrugineuses administrées aux anémiques consistait à s'emparer de l'hydrogène sulfuré de l'intestin, et à préserver les combinaisons organiques ferrugineuses des aliments de la destruction par cet agent, ce qui permettait à l'organisme d'utiliser ces combinaisons. Cette opinion n'est pas partagée par les nombreux cliniciens qui prescrivent le fer et ses diverses préparations.

Nous n'entrerons pas dans l'énumération des nombreuses hypothèses sur le rôle du fer émises par les divers auteurs. Nous donnerons simplement celle d'HOFMANN, qui, après avoir constaté expérimentalement la résorption du fer et son transport dans la moelle osseuse, considère cet agent comme le stimulant de la fonction hématopoiétique de la substance médullaire. D'après lui, l'ingestion d'hémoglobine ou de toute autre combinaison organique de fer n'introduit pas dans l'économie plus de fer que les préparations ferrugineuses minérales.

Nous sommes encore imparfaitement fixés sur l'action des ferrugineux sur l'organisme.

Les expériences de CLAUDE BERNARD firent admettre, en France, que les ferrugineux agissaient principalement sur le tube digestif comme excitant, eupeptique ; telle est aussi l'opinion de TROUSSEAU et PIDOUX, reflet de l'opinion des médecins du XVIIIe siècle ; d'après FERREIN (1754), les propriétés des eaux ferrugineuses seraient les suivantes : *Sunt temperantes, diluentes, solvunt et aperiunt, vi stomachica donantur, vi cathartica, vi astringente, diureticæ sunt.*

RABUTEAU admet que le fer active la nutrition : le protochlorure de fer donne des urines plus acides, qui ne se troublent pas par refroidissement. MUNK a constaté, au contraire, que le protochlorure, à la dose de 2 centigrammes de fer, est sans action sur l'excrétion de l'azote. BISTROW a constaté que l'absorption du lactate de fer diminuait la sécrétion lactée.

A côté de cette action tonique générale et excitante de la digestion, il est actuellement démontré, par les observations de nombreux expérimentateurs et cliniciens, que les préparations ferrugineuses permettent la réfection de l'hémoglobine, et que le fer introduit dans l'organisme joue un rôle actif dans cette réfection (MALASSEZ, HAYEM, QUINCKE, RABUTEAU, SCHMIEDEBERG, MÜLLER, HOFMANN, etc.).

Les préparations ferrugineuses s'administrent le plus souvent par la voie gastrique. Les sels de fer des acides minéraux ont une réaction acide lorsqu'ils sont dissous, et, comme ils précipitent en milieu alcalin, on ne saurait les utiliser en injections hypodermiques ou intra-veineuses. Ils possèdent, en outre, une action caustique. Certains sels ferrugineux organiques sont, au contraire, dépourvus de causticité, et solubles en milieu neutre ou même alcalin ; tels sont, par exemple : le tartrate ferrico-potassique, le citrate de fer ammoniacal et les préparations albuminoïdes ferrugineuses, albuminate, peptonate, nucléate, etc.

Dans ces dernières années, on s'est efforcé de substituer aux vieilles préparations martiales toute une série de combinaisons albuminoïdes ferrugineuses. Nous n'insisterons pas sur ces nombreuses préparations ni sur les travaux qu'elles ont inspirés, qui n'ont souvent pour but que d'industrialiser et monopoliser la fabrication et la vente de médicaments spéciaux. Il semble résulter de ces expériences que les préparations albuminoïdes de fer n'ont pas une action différente de celle des autres produits ferrugineux.

On a proposé d'administrer les ferrugineux par injections sous-cutanées et même intra-veineuses dans le but de favoriser l'absorption du fer. On emploie de cette manière les sels organiques de fer non caustiques, tels que le tartrate, le citrate, le lactate, les divers albuminates.

L'action physiologique du fer introduit directement sous la peau ou dans les veines est la même que celle des préparations ferrugineuses ingérées.

VACHETTA, qui a injecté dans le péritoine d'un chien 2 grammes d'albuminate citro-ammoniacal dissous dans 5 grammes d'eau, a constaté une tolérance parfaite, l'absorption du fer, une augmentation du nombre des globules rouges et surtout de l'hémoglobine. CASELLI (de Reggio), qui a tenté la même expérience sur l'homme en injectant 50 grammes d'une solution de citrate de fer à 2 p. 100, a constaté aussitôt après l'injection une légère élévation de la température. Au bout d'un mois, la proportion d'hémoglobine et le nombre de globules avaient augmenté. Le poids du malade s'était accru de 7 kilogrammes.

Les injections sous-cutanées de fer ont été préconisées surtout en Italie. Losio a successivement expérimenté le lactate et même le sulfate. Il injectait ces composés à la dose de 0,50 ou 1 et même 1,50 p. 100, et considérait le pyrophosphate citro-ammoniacal comme la préparation la plus active. FOA s'accorde aussi à reconnaître la grande activité des injections sous-cutanées de sels de fer. D'autres cliniciens repoussent ce mode d'administration des préparations ferrugineuses comme inefficaces et douloureuses, ainsi que l'a constaté HIRSCHFELD, élève de DUJARDIN-BEAUMETZ.

De l'ensemble de ces recherches, il résulte que le fer est absorbé, quelle que soit la forme initiale sous laquelle il est introduit dans l'organisme ; la voie gastrique semble devoir être choisie de préférence.

Perchlorure de fer. — Le perchlorure de fer joue un rôle à part parmi les ferrugineux. Extrêmement soluble dans l'eau, il est le plus souvent employé dans les laboratoires sous forme de solution concentrée, dite *perchlorure de fer officinal* à 30° BAUMÉ, de densité 1,26. Cette solution renferme 74 parties d'eau et 26 parties de perchlorure de fer anhydre. C'est un liquide fortement styptique et astringent ; il possède vis-à-vis du sang un pouvoir coagulant considérable. Une goutte de perchlorure de fer suffit à coaguler un verre de sang.

On attribue cette action à la formation d'un albuminate de fer insoluble.

Le perchlorure de fer agit localement comme un caustique énergique vis-à-vis des muqueuses et des tissus dénudés. L'eschare produite par le perchlorure de fer est dure et cornée, de couleur noirâtre : un excès de perchlorure de fer ramollit l'escharre.

Le perchlorure de fer a été préconisé comme hémostatique local : il arrête bien les hémorrhagies en nappe des plaies superficielles, mais il convient de le diluer dans deux fois son volume d'eau pour atténuer son action caustique. DEBIERRE a constaté que le perchlorure de fer versé sur les vaisseaux arrête le sang en bloc dans ces vaisseaux ; mais RABUTEAU insiste sur ce fait que, dans l'intérieur des tissus, le perchlorure de fer se réduit au contact des matières organiques, tandis que le protochlorure de fer n'a aucun pouvoir coagulant : le perchlorure de fer n'est donc à l'intérieur qu'un coagulant momentané. CH. RICHET a observé (*comm. verbale*) que le perchlorure de fer, injecté dans le péritoine des lapins, même à dose toxique, est au bout de quelques heures transformé complètement en protochlorure.

Rossbach et Rosenstein ont constaté, sur les vaisseaux du mésentère de la grenouille, que le perchlorure de fer agit en déterminant une vaso-constriction. L'action hémostatique du perchlorure de fer reconnaîtrait donc deux causes : son activité vaso-constrictrice et son action coagulante.

Le perchlorure de fer pris à l'intérieur n'a aucun pouvoir hémostatique vis-à-vis des hémorragies des organes internes; ce qui s'explique d'après les observations de Rabuteau, puisqu'il se transforme en protochlorure. Beaucoup de médecins prescrivent cependant le perchlorure de fer à l'intérieur dans un but d'hémostase.

Le perchlorure de fer est un hémostatique dangereux lorsqu'on l'emploie sur des plaies dans lesquelles se trouvent des vaisseaux largement ouverts (hémorragies de l'utérus) : il peut se produire des embolies. Husemann cite un cas de mort survenue par embolie cérébrale à la suite d'un pansement au perchlorure de fer sur une plaie des lèvres. Le pansement au perchlorure de fer doit être banni du traitement de l'épistaxis pour les mêmes raisons.

Pris à l'intérieur, le perchlorure de fer, en raison de son action caustique, peut provoquer de la gastro-entérite, caractérisée par de la suffusion et des escharres : ces accidents peuvent occasionner la mort, surtout lorsqu'on administre le perchlorure de fer en solution trop concentrée et par dose massive.

Toxicité des sels de fer. — On a pendant longtemps nié que le fer fût un poison. Orfila, le premier, expérimentant sur des chiens, vit que le sulfate de fer, ingéré à la dose de 8 grammes, tuait les chiens en quinze heures, et qu'il suffisait d'injecter $0^{gr},6$ de sulfate ferreux dans les veines pour causer la mort dans le collapsus. A l'autopsie, il constatait une congestion intestinale vive, des ecchymoses de l'estomac, et le sang coloré en noir. Franck, avec le citrate et le bromhydrate de fer, obtint des résultats analogues. $2^{gr},40$ de bromure ferreux en injection intra-veineuse causent la mort.

Hans Meyer et Francis William ont constaté la toxicité réelle du tartrate ferricosodique. Chez la grenouille, une dose de 5 à 10 milligrammes détermine de la parésie, bientôt suivie de paralysie généralisée, qui se termine par la mort. 40 milligrammes tuent un lapin de 1800 grammes; on observe d'abord de l'accélération des mouvements respiratoires, puis de la diarrhée, de la dyspnée, et la paralysie; et l'animal meurt dans les convulsions. On observe les mêmes phénomènes chez le chat avec des doses de 30 à 60 milligrammes par kilogr., et chez le chien avec des doses de 20 à 25 milligrammes par kilogr.

Béranger Féraud et Porte ont vu que le perchlorure de fer provoque une intoxication, soit à dose massive par action sur le tube digestif, soit après absorption à la suite de phénomènes généraux : vomissements, diarrhée, congestion encéphalique, collapsus, délire, respiration anxieuse, tendance à la cyanose, refroidissement rapide du corps. Les méninges, les poumons, le foie, les reins sont fortement congestionnés; le sang est noir, les globules déchiquetés renferment plus de fer qu'à l'état normal.

Claude Bernard au contraire a pu administrer 12 à 20 grammes de lactate de fer sans aucun accident, et Dragendorff met en doute la toxicité des préparations martiales.

Gaglio a constaté qu'à la dose de $0^{gr},30$ par kilogr. les sels de fer, protoxyde de fer, lactate, tartrate, sulfate, empêchent la coagulation du sang; que 1 p. 100 de sels ferreux empêche in vitro le sang extrait de se coaguler. Suivant Gaglio, le fer entrerait en combinaison avec le fibrinogène. Bouchard et Tapret fixent à 0,70 par kilogr. d'animal la toxicité du fer.

Ch. Richet, étudiant l'action des sels de fer sur le ferment lactique, classe le fer, au point de vue de la toxicité, parmi les métaux toxiques à 1/1000 de molécule.

Miquel classe le sulfate de protoxyde de fer parmi les substances moyennement antiseptiques. Allyre Chassevant a étudié l'action du perchlorure de fer sur la fermentation lactique. A faibles doses : $0^{mol}.0001$, soit $0^{gr},112$ par litre, le perchlorure de fer active la fermentation lactique : à la dose de $0^{mol}.,00025$, soit $0^{gr},0280$, le perchlorure de fer ralentit la fermentation; $0^{mol}.,004$, soit $0^{gr},0448$, empêche le ferment lactique de se développer; $0^{mol}.,0560$ arrête toute fermentation.

A. CHASSEVANT.

Bibliographie. — AUDERHALDEN. *Die Beziehungen des Fe zur Blutbildung* (Z. B., 1900, XXI, 483-533); *Assimilation des Fe* (*Ibid.*, 1900, XXI, 193-270). — ALBANELLO. *Contrib. sperim. intorno alla eliminazione del ferro (ferratina) injettato sotto la cute* (*Ann. di Farmacol. e Chim. biol.*, 1900, 133-139). — ANSELM (R.). *Ueber die Fe Ausscheidung durch die Galle* (*Arb. d. pharm. Inst. zu Dorpat*, 1892, VIII, 51-107). — APORTI. *Sul valore terapeutico delle injezione endovenose di ferro* (*Lavori d. Congr. di Med. int.*, 1899, Roma, 89-92). — AUSCHER et LAPICQUE. *Accumulation d'hydrate ferrique dans l'organisme* (*A. d. P.*, 1896, 390-401). — BAZERIN. *Ueber den Eisengehalt der Galle bei Polycholie* (*A. P. P.*, 1887, XXIII, 143-147). — BECCARI. *Il ferro della bile nell' inanizione* (*Arch. sc. med.*, 1897, XX, 229 et *A. i. B.*, 1897, XXVIII, 206-219). — BEMMELEN. *Fe Gehalt der Leber in einem Fall von Leukœmie* (Z. p. C., 1883, VII, 497). — BÉRANGER-PÉCAUDET et PORTE. *Étude sur l'empoisonnement par le perchlorure de fer* (*Ann. d'hyg.*, 1879, 312 et 508). — BLAKE. *On the action of the salts of iron when introduced directly into the floor* (*J. Anat. a. Physiol.*, 1869, III, 24-29). — BLAUBERG (M.). *Ueber den Mineralstoffwechsel beim natürlich ernährten Säugling* (Z. B., 1900, XXII, 36-53). — BOSINELLI (E.). *Il ferro nelle rane operate di asportazione del fegato;* (*Bull. d. sc. med.*, Bologna, 1901, 114). — BUBNAV. *Ueber den Einfluss des $Fe\,O^3H^2$ und $Fe\,O$ Salze auf künstliche Magenverduuung und Faulniss mit Pancreas* (Z. p. C., 1883, VII, 315). — BULLARA. *Sulle trasformazioni chimiche dei metalli pesanti nelle vie digestive e contributo all' assorbimento del ferro medicinale* (*Arch. d. farm. e terap.*, 1897, V, 160-171). — BUNGE et QUINCKE. *Ueber die Eisentherapie* (*Congr. f. innere Med.*, Wiesbaden, 1895, XIII, 133-193). — BUNGE (Q.). *Ueber die Assimilation des Eisens* (Z. p. C., 1885, IX, 49-59); *Ueber die Aufnahme des Eisens in den Organismus des Säuglings* (*Ibid.*, 1889, XIII, 399-406 et XVI, 173-186). — BUNGE. *Die Assimilation des Eisens aus den Cerealien* (Z. p. C., 1898, XXV, 36-47). — BURDGAN (N.). *Ueber den Einfluss der Fe auf die Magensaftausscheidung* (*Ther. Monatsch.*, 1897, 497). — BUSCH. *Ueber die Resorbirbarkeit einiger organischen Eisenverbindungen* (*Arb. des pharm. Instit. zu Dorpat*, VII, 85). — CARAZZI (D.). *Contributo all' istologia e alla fisiol. dei Lamellibranchi* (*Intern. Monatschr. Anat. Phys.*, 1897, XIV, 117-147). — CERVELLO. *Sull' azione fisiologica dei cloruri di ferro, studio sperimentale* (*Arch. p. l. sc. med.*, 1880, IV, 353-387). — CHARRIN et LEVADITI. *Démonstration des variations du fer dans la grossesse* (*J. de P.*, 1899, I, 772, et C. R., 1899, CXXVIII, 1614). — CHEVALIER (A.). *Le sulfate de fer est-il un poison?* (*Ann. d'hyg.*, 1850, XLIII, 180-188); *Empoisonnement par le sulfate de fer* (*Ibid.*, 1851, XLV, 154-159). — CLOETTA (M.). *Kann das medicamentöse Fe nur im Duodenum resorbirt werden?* (*A. P. P.*, 1900, XLIV, 363-367). — CLOETTA. *Ueber die Resorption des Eisens in Form von Hämatin und Hämoglobin im Magen und Darmkanal* (*A. P. P.*, 1895, XXXVII, 69-73); *Resorption des Eisens im Darm und seine Beziehung zur Blutbildung* (*Ibid.*, 1897, XXXVIII, 161-174). — COPPOLA. *Sull valore fisiol. e terap. del ferro inorganico* (*Sperimentale*, 1890, LXV, 277-286). — DAMASKIN. *Zur Bestimmung des Fe Gehalts des normalen und pathologischen Harns* (*Arb. des pharm. Institut zu Dorpat*, VII, 40). — DASTRE (A.) et FLORESCO (N.). *Action sur la coagulation du sang d'un certain nombre de sels de fer* (*B. B.*, 1898, 281-283). — DASTRE. *De l'élimination du fer par la bile* (*A. d. P.*, 1891, 136-145). — DASTRE. *Fonction martiale du foie chez les vertébrés et les invertébrés* (*C. R.*, 1898, 376-379, CXXVI). — DELÉPINE. *Deposits of iron in the Liver and Kidneys, with remarks on the demonstration of iron in diseases* (*J. P.*, XII, 1891, pp, XXXV-XXXVIII). — DIETL. *Experimentelle Studien über die Ausscheidung des Eisens* (*Ak. W.*, 1875. LXXI, 420-431). — EGER. *Ueber die Regeneration des Blutes nach Blutverlusten und die Einwirkung des Fe auf diese Prozesse* (*Zeitsch. f. klin. Med.*, XXXII, 35). — *Empoisonnements par le sulfate de fer* (*Ann. d'hyg.*, 1850, XLIII, 419); (*Journ. de chim. méd.*, 1858, IV, 24-32); (*ibid.*, 1850, VI, 380-386); (*New-York Med. Journ.*, 1883, XXXVIII, 401-403); (*Ann. un. di med. e di chir.*, 1882, CCLXI, 79-103); (*Hygiea*, 1862, XXLI, 33-45). — FILIPPI. *Ric. sperim. sulla ferratina* (*Ac. med. di Torino*, 1895, XLIII, 258-264). — FIGARONI (P.). *Sulla eliminazione del ferro per le orine nelle iniezoni endovenose* (*Rend. d. Ass. med. chir.*, Parma, 1900, I, 241). — FIRMANN (J.). *Ueber die Aufnahme des Eisens in dem Organismus* (*Pharm. Zeitsch. f. Russland*, 1895, XXXIV, 403, 417, 433, 449, 465, 481). — FLORESCO (N.). *Rech. sur les matières colorantes du foie et de la bile et sur le fer hépatique* (*Th. d. l. Fac. des sciences*, Paris, 1898, Steinheil, 1376). — FOA (D.). *Contribuzione allo studio dell azione del ferro sul sangue e sugli organi ematopoietici* (*Sperimentale*, 1881, XLVIII, 561-580). — FOA. *Injezioni di sali di ferro nella cavita peritonea degli animali e dell' uomo* (*Ac. d. med. di Torino*, 1881). — FOLLI. *La ferratina*

del fegato nel feto e nel neonato (Raccoglitore medico, 1897, xxiv, 245-257). — FROMME.
*Ueber die Beziehung des metallischen Eisens zu den Bacterien und über den Wert des Eisens
zur Wasserreinigung (D. Marburg,* 1891, 39). — FUBINI et SANTANGELO LA SETA. *Influenza
del citrato di ferro sulla quantita giornaliera di urea emessa dall' uomo colle orine (Riv.
di chim. med. e farm.,* 1883, i, 386-389). — GAGLIO. *Sur la propriété qu'ont certains sels de
fer et certains sels métalliques pesants d'empêcher la coagulation du sang (A. i. B.,* 1890,
xiii, 487-489). — GAULE. *Ueber den Modus der Resorption des Eisens und das Schicksal einiger
Eisenverbindungen im Verdauungscanal (D. med. Woch.,* 1896, n° 19) ; *Nachweis des resor-
birten Eisens in der Lymphe des Ductus thoracicus (Ibid.,* n° 24). — GENTH (C.). *Ueber den
Einfluss des Eisens auf die Verdauungs Vorgänge (Jahrb. Nassau. Ver. Naturk.,* 1898, 25-
61). — GLÆVECKE. *Ueber subcutane Eiseninjectionen (A. P. P.,* 1883, xvii, 466-472). —
GOTTLIEB (R.). *Beitr. zur Kenntniss der Eisenausscheidung durch den Harn (A. P. P.,* 1889,
xxvi, 139-146) ; *Ueber die Ausscheidungsverhältnisse der Eisens (Z. p. C.,* 1890, xv, 371-
386). — GOUBAUX et GIRALDÈS. *Exper. sur les injections de perchlorure de fer dans les
artères (B. B.,* 1854, 50-52). — GUILLEMONAT et DELAMARE. *Le fer du ganglion lymphatique
(B. B.,* 1901, 897). — GUILLEMONAT et LAPICQUE. *Teneur en fer du foie et de la rate chez
l'homme (A. d. P.,* 1896, viii, 843-856) ; *Quantité de fer contenue dans les fèces de l'homme
(B. B.,* 1897, 345-347). — GUILLEMONAT (A.). *Teneur en fer du foie et de la rate (B. B.,*
1897, 32-34) ; *Fer dans le méconium (Ibid.,* 1858, 350-351). — HALL. *Ueber das Verhalten des
Eisens im thierischen Organismus (A. P.,* 1896, 49-84). — HAMBURGER. *Ueber die Aufnahme
und Ausscheidung des Eisens (Z. p. C.,* 1878, ii, 191 ; 1880, iv, 248). — HARI. *Ueber Eisen
resorption im Magen und Duodenum (Arch. f. Verdauungskrankh.,* 1898, iv, 160-179). —
HÄUSERMANN. *Die Assimilation des Eisens (Z. p. C.,* 1897, xxiii, 555-592) ; *Eisengehalt des
Blutplasmas und der Leucocyten (Z. p. C.,* 1899, xxvi, 436). — HENDRIX. *Du rôle physio-
logique et de l'action thérapeutique du fer (Arch. méd. belges,* 1882, xxii, 467-476). —
HERBST. *Ueber zwei Fehlerquellen beim Nachweis der Unentbehrlichkeit von Ph. und Fe für
die Entwickelung der Seeigellarven (Arch. f. Entwick. d. Org.,* 1898, vii, 486). — HLADIK (J.).
Unters. über den Eisengehalt des Blutes gesunder Menschen (Wien. klin. Woch., 1898, 74),
— HOCHHAUS et QUINCKE. *Eisenreaction und Ausscheidung im Darmkanal (A. P. P.,* 1896.
xxxvii, 159-182). — HOFMANN (A.). *Ueber Eisen resorption und Ausscheidung im menschlichen
und thierischen Organismus (A. A. P.,* 1898, cli, 488-512) ; *Rolle des E. bei der Blutbildung
(Münch. med. Woch.,* 1899, 949 ; et *A. P. P.,* 1900, x, 235-306). — HONIGMANN (G.). *Bemerk.
zur Frage über die Eisen resorption und Eisenausscheidung beim Menschen (A. A. P.,* 1898,
cli, 191). — HÖSSLIN. *Ueber Ernährungsstörungen in Folge Eisenmangels in der Nahrung
(Z. B.,* xviii, 612) ; *Ueber Hämatin und Fe Ausscheid. bei Chlorose (Münch. med. Woch.,*
1890, n° 14). — HUPPERT. *Ueber die Bestimmung kleiner Mengen Eisen nach Hamburger
(Z. p. C.,* xvii, 87-90). — HUGOUNENQ. *Composition minérale de l'organisme de l'enfant nouveau-né (A. d. P.,* 1900, 1-5) ; *La statique minérale du fœtus pendant les cinq derniers mois
de la grossesse (Ibid.,* 509-512). — HUGOUNENQ (L.). *Rech. sur la statique des éléments minéraux et particulièrement du fer chez le fœtus humain (C. R.,* 1899, cxxviii, 1054-1056 ; et
B. B., 1899, 337-338 et 523-525) ; *La composition minérale de l'organisme chez le fœtus
humain et l'enfant nouveau-né. L'ensemble du squelette minéral. Le fer et le dosage du fer
(A. d. P.,* 1899, 703-711, et *C. R.,* 1899, cxxviii, 1419-1421). — JACOBI (C.). *Ueber das Schicksal der in das Blut gelangten Eisensalze (A. P. P.,* 1892, xxviii, 302-310). — JAQUET (A.).
*De l'assimilation du fer inorganique et de son rôle dans le traitement de la chlorose (Sem.
méd.,* 1901, xxi, 49-53). — JELLINEK (S.). *Ueber Färbekraft und Eisengehalt des Blutes (Wien.
klin. Woch.,* 1898, 778 et 786). — JOLLES. *Beitr. zur quantit. Bestimmung des Fe im Blut
(A. g. P.,* lxv, 379 ; et *Z. P. C.,* xxi, 466). — JOLLES et WINKLER. *Ueber die Bedeutungen
des Harneisens zum Bluteisen (A. P. P.,* 1900, xliv, 464-476). — JOLLES (A.). *Weitere Beitr.
zur Bestimmung des Eisens im Blute mittelst des Ferrometers (Wien. med. Presse,* 1898, 174).
— KESTEVEN. *A case of sudden death quickly following the injection of perchloride of iron
into a nævus (Lancet,* 1874, (i), 193). — KOBERT (R.). *Zur Pharmakologie des Mangans und
des Eisens (A. P. P.,* 1882, xvi, 361-392). — KOHN (CH. A.). *Notes on the occurrence of iron
and of copper in certain oysters (Brit. Ass. for the adv. of science,* 1898, 562-569). —
KRETZ (R.). *Ueber das Vorkommen von Hämosiderin in der Leber (Centralbl. allg. Path. path.
Anat.* 1896, viii, p. 620-622). — KRÜGER. *Ueber den Fe Gehalt der Zellen der Leber und
Milz des Rindes in verschiedenen Lebensaltern (Berl. med. Woch.,* 1890, 90). — KUMBERG. *Ein*

Beitr. zur Frage uber die Ausscheidung des Fe aus dem Organismus (D. Dorpat, 1891). — KUNKEL. Zur Frage der Eisenresorption (A. g. P., 1891, 4, 1-24). — KUNKEL. Blutbildung aus anorganischem Eisen (A. g. P., 1895, CXI, 595-606); Eisen und Farbstoffausscheidung in der Galle (Ibid., XIV, 353-361); Ueber das Vorkommen von Eisen nach Blutextravasationen (Z. p. C., V, 40-53). — LAMBLING (E.). Revue critique sur la pénétration du fer dans l'organisme animal (Revue biol. du N. de la France, déc. 1889, II, 1-16). — LAPICQUE (L.). Rech. sur la répartition du fer chez les nouveau-nés (B. B., 1889, 435); Rech. sur la quantité de fer contenue dans la rate et le foie de jeunes animaux (B. B., 1889, 510); Dosage colorimétrique du fer (Ibid., 1880, 669). — LAPICQUE (L.). Quantité de fer contenu dans le foie et la rate d'un fœtus humain normal à terme (B. B., 1895, 39-41); Observations sur les dosages de fer de MM. PARMENTIER et CASSION (Ibid., 1897, 210-211). — LAPICQUE (L.). Expériences montrant que le foie détruit l'hémoglobine dissoute et qu'il en garde le fer (C. R., 1897, CXXIV, 1044-1046, B. B., 1897, 464). — LÉPINE (R.). Sur l'absorption du fer et sur les injections sous-cutanées des sels de ce métal (Sem. médic., 1897, XVII, 197). — LIPSKI. Ueber die Ablagerung und Ausscheidung des Eisens aus dem thierischen Organismus (D. Dorpat, 1893, 70). — LITTEN. Exp. Beitr. zur Eisentherapie (D. med. Woch., 1901, 3-4). — MACALLUM. Absorption of iron in the animal body (J. P., 1894, XVII, 268-297). — MACALLUM (A. B.). On the distribution of assimilated iron compounds, other than hæmoglobin and hæmatin in animal and vegetable cells (Proc. Roy. Soc., London, 1895, LVII, 261). — MACALLUM. On the demonstration of the presence of iron in chromatin by microchemical methods (Proc. Roy. Soc., London, I, 277). — MACALLUM. A new method of distinguishing between organic and inorganic compounds of iron (J. P., 1897, XXII, 92-98). — MARFORI. Ueber die künstliche Darstellung einer resorbirbaren Eisenalbuminverbindung (A. P. P., 1891, XXIX, 212). — MARFORI. Recherches sur l'absorption de la ferratine et son action biologique (A. i. B., 1895, XXIII, 62-67). — MARFORI. Di una nuova reazione per distinguere i composti organici di ferro dagli anorganici con speciale riguardo alla ferratina (Ann. di farmac. e chim., 1898, I, 433-441); (A. i. B., XXX, 1898, 180-189). — MARTZ. Le fer dans l'organisme (Prov. médicale, Lyon, 1899, XIII, 39-41). — MAYER (A.). Bemerkung betreffend die Anhäufung von Eisen in den Früchten von Trapa natans (D. landw. Versuchsstat., 1899, XLIX, 387). — MEYER (A.) et WILLIAMS (F.). Ueber acute Eisenwirkung (A. P. P., 1880, XIII, 70-85). — MEYER C. et PERNOU. Ueber den Eisengehalt der Leber und Milzzellen in verschiedenen Lebensaltern (Z. B., 1890, 439-458). — MOLISCH. Bemerkung über den Nachweis von maskirten Eisen (D. Bot. Ges., 1893, XI, 73). — MOLISCH. Die Pflanze in ihren Beziehungen zum Eisen, Iéna, 1892 (C. P., 1892, VI, 412-414). — MÖRNER. Zur Frage über die Wirkungsart der Eisenmittel (Z. p. C., 1893, XVIII, 13-20). — MUGGIA (A.). Sulla quantita di ferro contenuta nei visceri dei bambini, studiata in rapporto alle questione della durata dell' allattamento (Gazz. med. Torino, 1897, 61-71). — MÜLLER (C.). Krit. Unters. über den Nachweis maskirten Fe in der Pflanze und den angeblichen Fe Gehalt des K. (D. Bot. Ges., 1893, XI, 252). — MÜLLER (P.). Experiment. Beitr. zur Eisentherapie (D. med. Woch., 1900, XXVI, 630-632). — NASSE. Die eisenreichen Ablagerungen im thierischen Körper (in ROSER (H.) Zur Erinnerung, etc., Marburg, 1889, 1-25); (C. P., 1889, III, 138). — NASSE. Wirkung des der Nahrung zugesetzten Eisens auf das Blut (Jb. f. Thierch., 1877, 148). — NEASS (H.). Ueber die Benutzung von Eisenpräparaten zu subcutanen Injectionen (Zeitsch. f. klin. Med., 1881, III, 1-9). — NOVI (I.). L'eliminazione del ferro (Arch. p. l. sc. med., XV, 397-419). — NOVI (I.). Il ferro nella bile (Annali di Chemica, 1890, XI, 1 her. in-8°, Milano, Rechiedei, 45). — ORFILA. Mémoire sur l'empoisonnement par les sels de fer (Ann. d'hyg., 1851, XLVI, 337-382). — PICARD (P.). Du fer dans l'organisme (C. R., 1874, LXXIX, 1266-1268). — PLUGGE. Unters. des Knochengewebes auf Eisen (A. g. P., 1874, IV, 101). — POHL. Ueber den Einfluss von Arzneimitteln auf die Zahl der kreissenden weissen Blutkörperchen (A. P. P., xxv, 54-56). — PORTER (W. H.). New light on the role which iron plays in the physiol. economy (Amer. Med. Surgic. Bull., 1895, VIII, 1289-1294). — QUINCKE. Ueber directe Fe Reaction in thierischen Geweben (A. P. P., 1896, XXXVII, 183-190); Zur Physiol. und Pathol. des Blutes (D. Arch. f. klin. Med., 1885, XXIII, 22). — RABUTEAU. De l'action du fer sur la nutrition (B. B., 1875, 169-173). — REGAUD. De l'hémosidérose viscérale (B. B., 1897, 423-425); Discussion : LAPICQUE, Même sujet (ibid., 486-487). — RICHARDS (PEREN). Estimation of iron in animal organs (Lancet, (2), 1900, 1495-1496). — ROCHE (W.). Exper. Beitr. zur Fe Wirkung (D. Greifswald, 1877). — RÖHMANN et STEINITZ. Ueber eine Methode zur Bestimmung des Fe in organischen Substanzen (Zeitsch. f.

anal. Chem., 1899, xxxviii, 433). — Samojloff. *Beitr. z. Kenntniss des Verhaltens des Fe im thierischen Organismus (Arb. d. pharm. Labor. in Dorpat*, ix, 1). — Scherpe (L.). *Die Zustände und Wirkungen des Eisens im gesunden und kranken Organismus. Eine Litteraturstudie*, in-8°, Würtzburg, 1877 (*in Pharmac. Untersuchungen*, ii); *Ueber Resorption und Assimilation des Eisens*, in-8°, Würtzburg, 1878. — Schneider (R.). *Verbreitung und Bedeutung des Eisens im animalischen Organismus (A. P.*, 1890, 173-176). — Schxul. *Ueber das Schicksal des Fe im thierischen Organismus (D. Dorpat*, 1891). — Schulz (H.). *Zur Wirkung und Dosirung des Fe (Ther. Mon.*, 1888, 11). — Socin. *In welcher Form wird Fe resorbirt? (Z. p. C.*, 1890, xv, 93-139). — Spampani. *Kannt man das Fe bei der Pflanzenernährung vertreten? (Chem. Centr.*, 1890, ii, 586). — Staehl. *Der Eisengehalt in Leber und Milz nach verschiedenen Krankheiten (A. A. P.*, 1881, lxxxv, 26-48). — Stender. *Mikros. Unters. über die Vertheilung des in grossen Dosen eingespritzen Fe im Organismus (Arb. d. pharmak. Instit. zu Dorpat*, 1891, vii, 100-122). — Stockman (R.). *Ingestion and excretion of iron in health (J. P.*, 1897, xxi, 55-57); *Analysis of iron in the liver and spleen in various diseases affecting the blood (Rep. Lab. Roy. Coll. Phys.*, Edinb., 1897, vi, 203-213); *On the amount of iron in ordinary diefaris and in some articles of food (Ibid.*, 191-197, et *J. P.*, 1895, xviii, 484-489). — Stockman (R.) et Greig (E. D. W.). *Ingestion and Excretion of iron in health (J. P.*, 1897, xxi, 55-57). — Stoklasa. *Fonction physiol. du fer dans l'organisme de la plante (C. R.*, 1898, cxxvii, 282). — Stühlen. *Ueber den Fe Gehalt verschiedener Organe bei anämischen Zuständen (D. Arch. f. klin. Med.*, liv, 246-261). — Tedeschi. *Das Eisen in den Organen normaler und entmilzter Kaninchen und Meerschweinchen (Beitr. z. path. Anat. u. z. allg. Path.*, 1898, xxiv, 544-577, et *A. d. P.*, 1899, 22-37). — Tourdes. *Rech. sur les propriétés toniques des sels de fer (Bull. Soc. de méd. de Strasbourg*, 1864, i, 38-45). — Vachetta (A. A.). *Ricerche cliniche esperim. sull' albuminato di ferro; amministrazione interna, injezioni ipodermiche, endoperitoneali ed endovenose (Ann. un. di med. e di chir.*, 1884, cclxvii, 3-28). — Vay (Fr.). *Ueber den Ferratin und Eisengehalt der Leber (Z. p. C.*, 1895, xx, 377-402). — Venturoli (R.). *Ric. sperimentale sulla ferratina e sul ferro de fegato nel digiuno (Ric. sp. Lab. Bologna*, 1897, xii, 19 pp.). — Voit (Fr.). *Beitr. zur Frage der Secretion und Resorption im Dünndarm (Z. B.*, xxix, 325). — Walter. *Zur Frage der Assimilation von Eisen präparaten durch gesunde Menschen (J. B.*, 1887, 95). — Warburton. *On poisoning by tinctura ferri perchloridi (Lancet*, 1869, (1), 9). — Weber (L. W.). *Eiseninfiltration der Ganglionzellen (Sitzber. d. phys. med. Ges. zu Würtzburg*, 1898, 40). — Winogradsky (S.). *Ueber Eisenbacterien (Bot. Zeit.*, 1888, 261 et *C. P.*, 1888, ii, 172-173). — Woltering. *Resorbirbarkeit der Eisensalze (Z. p. C.*, 1895, xxi, 186-233). — Woltering. *Over de resorptie van ijserzouten in het spijsverterings kanaal (Résorption du fer dans le canal alimentaire) (Onderz. d. physiol. Lab. d. Utrecht-Hoogesch.*, 1894, iii, 209-306). — Worinichin (N.). *Ueber den Einfluss des Chlornatriums und Chlorkalium auf die Assimilation und auf die Ausscheidung des Eisens durch den Organismus (Med. Jahrb.*, 1868, xv, 159-162). — Zaleski. *Die Vereinfachung von macro- und microchemischen Eisenreactionen (Z. p. C.*, 1889, xiv, 274-282). — Zaleski. *Le fer et l'hémoglobine dans les muscles dépourvus de sang (Arch. slaves de Biol.*, 1887, iii, 435); *Zur Frage über die Ausscheidung des Fe aus dem Thierkörper und über die Mengen dieses Metalls bei hungernden Thieren (A. P. P.*, 1887, xxiii, 317.

FERMENTS — FERMENTATIONS.

— On donne le nom de fermentation à une réaction chimique dans laquelle des substances organiques, dites *fermentescibles*, subissent des transformations sous l'influence d'un agent appelé *ferment*, agissant par sa seule présence, et dont la quantité est hors de toutes proportions avec la quantité de substance en fermentation.

La réaction chimique qui se produit se fait le plus généralement avec un dégagement de chaleur qui, dans certains cas, est rendu manifeste par l'élévation de température du milieu en fermentation.

Autrefois on admettait qu'il y avait deux sortes de ferments; les ferments figurés, ayant une constitution cellulaire, morphologique, spéciale, et les principes chimiques solubles, ou diastases.

Des travaux récents semblent montrer que toute fermentation est due à la présence de diastases, et que les ferments figurés ne donnent lieu à des réactions chimiques que grâce aux diastases qu'ils sécrètent. On pourrait donc séparer complètement l'étude des organismes, et celle des substances ou ferments qu'ils produisent. Mais, pour nous conformer à l'usage, en partie justifiée par la communauté des méthodes, nous réunirons dans le même article d'une part (première partie) l'étude du ferment figuré et de son processus vital, qui aboutit à une fermentation, d'autre part (seconde partie) la formation et l'état naturel des ferments solubles, le mécanisme de l'action des ferments solubles.

Historique. — Nous résumerons rapidement ici les différentes phases par lesquelles ont passé les connaissances humaines sur cette question, si obscure aujourd'hui encore, malgré les admirables travaux de nos contemporains.

Les anciens avaient observé un certain nombre des phénomènes physiques qui accompagnent la fermentation alcoolique : le dégagement gazeux, le soulèvement de la masse en fermentation. Les mots français *levure* et *levain* dérivent du verbe *lever; die Hefe* a pour origine *heben; ferment, fermentation*, viennent de *fervere*, bouillir.

Dans l'antiquité, la notion de fermentation n'avait pas un sens bien précis. ARISTOTE confondait les phénomènes de la putréfaction avec ceux de la génération spontanée. Il prétendait qu'un être vivant pouvait naître de la corruption d'un autre être vivant par la chaleur. Le limon des fleuves en fermentant donnait naissance aux anguilles; la putréfaction de la terre et des plantes, sous l'action de la rosée, produisait les chenilles.

Les alchimistes comparaient la germination du grain de blé à une fermentation, et, par suite, assimilaient la transmutation des métaux à une reproduction, à un phénomène subissant les mêmes lois. De même que le grain de blé avait le pouvoir de se reproduire en donnant naissance à d'autres grains identiques à lui-même, de même il devait exister un or vivant, possédant la propriété de fermenter, de se reproduire sans cesse. L'or mort que nous connaissons aurait été à cet état de la matière ce que le pain est au grain de blé. GEBER et AVICENNE (980-1037) assimilent la transmutation des métaux à une fermentation, et la pierre philosophale à un levain. PARACELSE (1493-1541) compare l'homme à un composé chimique dont les altérations sont les maladies. LIBAVIUS, en 1594, distingue la digestion, la putréfaction et la fermentation, tandis qu'un certain nombre d'alchimistes contemporains les confondent. Pour lui, le ferment agit sur la matière fermentescible par sa chaleur propre : il doit être de même nature.

VAN HELMONT (1577-1641) reconnaît la nature particulière du gaz qui se dégage dans la fermentation alcoolique (*gaz vinorum*), dans la digestion, dans la putréfaction; c'est le même gaz carbonique qui se produit dans l'action du vinaigre et des acides sur les carbonates, et il assimile tous ces phénomènes à une même cause de fermentation. Il va jusqu'à prétendre que toutes les fonctions de l'organisme, y compris la génération, proviennent d'un ferment.

Sur la génération spontanée, il a exposé un certain nombre de théories qui rappellent les idées d'ARISTOTE et des anciens.

« L'eau de fontaine la plus pure mise dans un vase imprégné de l'odeur d'un ferment se moisit et engendre des vers..... Les odeurs qui s'élèvent du fond des marais produisent des grenouilles, des limaces, des sangsues, des herbes et bien d'autres choses encore..... »
« Creusez un trou dans une brique, mettez-y de l'herbe de basilic pilée; appliquez une seconde brique sur la première de façon que le trou soit parfaitement couvert; exposez les deux briques au soleil, et, au bout de quelques jours, l'odeur de basilic agissant comme ferment changera l'herbe en véritable scorpion; » ou bien encore : « Il est vrai qu'un ferment pousse quelquefois son entreprenante audace jusqu'à former une âme vivante; ainsi s'engendrent des poux, des vers, des punaises, hôtes de notre misère, nés soit de l'intérieur même de notre substance, soit de nos excréments. Bouchez avec une chemise sale l'orifice d'un vase plein de froment; le ferment sorti de la chemise sale, modifié par l'odeur du grain, donne lieu à la transmutation du froment en rat. Au bout de vingt et un jours environ les rats sont adultes, *et il en est de mâles et de femelles; et ils peuvent reproduire l'espèce* ».

Pour VAN HELMONT, ce sont encore des ferments qui provoquent la putréfaction; « ce sont donc des ferments qui attaquent la matière privée de vie, la désagrègent et la disposent à recevoir de nouveaux esprits. »

BASILE VALENTIN, en 1624, *in Currus Triomphalis Antimonii*, prétend que l'alcool préexiste dans la décoction d'orge germée; l'inflammation intérieure, qui est communiquée au liquide par la levûre de bière, purifie la masse, et la distillation peut seulement alors en séparer l'alcool.

L'*Accademia del Cimento* de Florence avait donné une impulsion particulière à l'étude des générations spontanées. Un membre de cette Académie, REDI, porta un coup terrible à cette théorie; il montra, en 1638, que, si l'on empêche les mouches de venir se poser sur la viande, et cela en la préservant simplement au moyen d'un voile de gaze, les vers ne s'y produisent jamais. La viande en putréfaction ne donne donc pas naissance spontanément aux vers.

ROBERT BOYLE (1626-1691) prétend que la chimie peut servir aux médecins pour se rendre compte d'un certain nombre de phénomènes pathologiques. « Celui qui comprendra entièrement la nature des ferments et des fermentations sera en mesure d'expliquer d'une manière satisfaisante bien des phénomènes pathologiques, les fièvres entre autres. »

LEUWENHOECK (1632-1733) montre avec son microscope rudimentaire que la levure a une forme globulaire, sphérique ou ovoïde; il trouve dans la poussière d'une gouttière un animalcule très petit, doué de mouvements très rapides, qui perdait par dessiccation sa forme et sa motilité; il revenait à la vie et reprenait sa motilité sous l'influence d'une goutte d'eau.

LEFÈVRE (1669) attribuait les phénomènes de fermentations à un mouvement spécial produit par la combinaison d'une base et d'un acide. LÉMERY, en 1684, représente une fermentation comme une ébullition produite par des esprits cherchant à se faire issue pour sortir; ils se détachent de la matière et « dans ce détachement les esprits divisent, subtilisent et séparent les principes de sorte qu'ils rendent la matière d'une autre nature qu'elle était auparavant ». BOERHAAVE, en 1693, avait distingué trois sortes de fermentations : la spiritueuse, qui donne naissance à l'alcool ; l'acéteuse, au vinaigre ; et la putride ou alcaline qui est la cause de toutes les putréfactions. Cette classification durera jusqu'à la fin du XVIIIe siècle.

BECHER, en 1682, montre le premier que seuls les liquides sucrés peuvent entrer en fermentation pour donner de l'alcool, que ce corps, loin d'exister préalablement dans le moût, est un produit de la fermentation et se développe sous l'influence de l'air. Il distingue alors les effervescences qui se produisent seulement chez les minéraux ; les fermentations propres aux liquides végétaux ; et les putréfactions que l'on rencontre surtout chez les animaux ; il divise les fermentations en fermentation alcoolique et fermentation acétique.

« On distingue deux espèces de fermentations : la fermentation propre et l'acétification. La première est particulière aux moûts sucrés. Les décoctions de certaines plantes, comme l'orge germée, peuvent aussi l'éprouver, mais après avoir subi une opération qui y développe le principe sucré. Elle a pour cause cathartique le ferment. Trop d'alcool l'arrête en précipitant le ferment. »

STAHL, l'élève de BECHER (1697), reprit des idées que WILLIS avait déjà développées en 1659. Le ferment serait doué d'un mouvement intime de décomposition. Il communiquerait ce mouvement aux corps en putréfaction, dont les particules élémentaires seraient mises en liberté et se recombineraient, pour former alors les composés stables qui se trouvent être les produits de la putréfaction. La fermentation ne serait qu'un cas particulier de la putréfaction. Les substances organiques se décomposent, parce qu'elles ont une tendance naturelle à se décomposer. Ce phénomène ne se produit pas chez les êtres vivants, le principe vital s'opposant à leur décomposition.

En 1700, VALLISNIERI reprit les expériences de REDI et montra de la même façon que les vers qui prennent naissance dans l'intérieur des fruits ont pour origine les insectes qui se sont posés à la surface.

SWAMMERDAM, en 1737, étudiait la reproduction des insectes. Les animaux supérieurs ne naîtraient donc jamais d'une fermentation ou d'une putréfaction.

Mais alors BUFFON, s'appuyant sur les découvertes que le microscope venait de faire, admettait la génération spontanée des êtres microscopiques et même des vers, malgré REDI, VALLISNIERI, SWAMMERDAM. La putréfaction donne naissance à des êtres vivants.

« Lorsque la mort fait cesser le feu de l'organisation, c'est-à-dire la puissance de ce moule, la décomposition du corps suit, et les molécules organiques, qui toutes survivent, se retrouvent en liberté dans la dissolution et la putréfaction des corps; passent dans d'autres corps aussitôt qu'elles sont pompées par la puissance de quelque autre moule; seulement il arrive une infinité de générations spontanées dans cet intermède où la puissance du moule est sans action, c'est-à-dire dans cet intervalle de temps pendant lequel les molécules organiques se trouvent en liberté dans la matière des corps morts et décomposés : ces molécules organiques toujours actives travaillent à réunir la matière putréfiée, elles s'en approprient quelques particules brutes et forment par leur réunion une multitude de petits corps organisés dont les uns, vers de terre et champignons, paraissent être des animaux ou des végétaux assez grands, mais dont les autres en nombre indéfini ne se voient qu'au microscope. »

Needham, en 1745, après de nombreuses remarques et observations microscopiques, ayant retrouvé chez les anguillules du blé niellé les mêmes propriétés que chez le Rotifère des toits de Leuwenhoeck, prétendit, lui aussi, que les éléments organiques mis en liberté par la mort pouvaient vivre de nouveau d'une vie indépendante. Seule la vie de l'ensemble était détruite. Needham avait même montré que des matières putréfiées enfermées dans des flacons bien bouchés et chauffés à l'ébullition pouvaient encore donner naissance à des êtres vivants produits évidemment dans ce cas par une génération spontanée.

Spallanzani, en 1765, répéta les expériences de Needham, et il fit disparaître toute apparition d'infusoires en chauffant les vases de Needham, pendant un temps beaucoup plus long que ne l'avait fait celui-ci. Needham répondit en prétendant que, par une chauffe trop longue, on altérait l'air des vases, ou bien l'on faisait disparaître la force végétative des liquides organiques. La question ne put être tranchée entre les deux adversaires; car, si, d'une part, les expériences de Spallanzani étaient concluantes, Needham, d'autre part, pouvait paraître avoir raison, en objectant une altération de l'air des récipients.

Ajoutons que Spallanzani découvrit aussi, dans le monde des infiniment petits, un organisme microscopique, le Tardigrade, qui, de même que l'anguillule et le rotifère, pouvait voir sa vie suspendue par une simple dessiccation et ranimée par l'humidité.

Blake (1728-1799) est le premier qui étudia les gaz de la fermentation. Il montra que le sucre en fermentant produit seulement la mofette carbonique, identique à celle que dégage la craie traitée par un acide. Macbride, s'appuyant sur cette expérience, prétend que l'acide carbonique en se dégageant a détruit la cohésion qui rattachait les unes aux autres les particules d'un même corps, et il en déduit que c'est la présence de l'acide carbonique qui détermine cette cohésion.

Lavoisier montra, enfin, que le glucose en fermentant sous l'action de la levure de bière donne de l'alcool et de l'acide carbonique. Il pèse le sucre qui va entrer en fermentation, il pèse le vase contenant le liquide sucré, et après fermentation; la perte de poids représente l'acide carbonique qui s'est dégagé. Il pèse enfin l'alcool, qui s'est formé dans la fermentation, et il montre que la somme des poids de l'acide carbonique et de l'alcool représente le poids du sucre qui a fermenté. C'est à la suite de cette admirable expérience qu'il en conclut que, « rien ne se perd, rien ne se crée, ni dans les opérations de l'art, ni dans celles de la nature... »

Lavoisier a montré, de plus, dans le même mémoire sur la fermentation alcoolique, que les éléments du sucre représentent séparément la somme des éléments de CO^2 et C^2H^6O.

Fabroni, en 1799, avait assimilé la levure à un composé chimique ordinaire, à du gluten. C'était l'opinion de Thénard, qui, en 1803, avait montré que la levure de bière se formait dans tous les jus sucrés abandonnés à eux-mêmes et entrant par suite en fermentation. Thénard avait montré en outre que la décoction de levure, c'est-à-dire de la levure portée à 100° avec de l'eau ne perdait pas son pouvoir ferment. La solution sucrée se transformait en alcool et en acide carbonique, ce qui semblait détruire toute idée de matière vivante.

Kirchhoff, le 30 décembre 1814, lut un mémoire à l'Académie de Saint-Pétersbourg, où il décrivit l'observation qu'il avait faite de la présence dans l'orge germée d'une matière albuminoïde pouvant liquéfier l'amidon en le transformant en glucose. Il trouve que la température la plus favorable est de 65°, et il assimile la substance active à du gluten.

DUBRUNFAUT, en 1823, montre que l'empois d'amidon se saccharifie en présence de l'orge germée, pourvu qu'il y ait à la fois le concours de la chaleur et de l'humidité. En 1826, MITSCHERLICH observe que le liquide dans lequel s'est développée la levure de bière jouit de la propriété d'intervertir le saccharose. En 1831, LEUCHS montre que la salive hydrate l'amidon et le transforme en glucose. Enfin, en 1832, PAYEN et PERSOZ isolent la première diastase en précipitant par l'alcool le liquide de macération du malt. Ils montrent que l'action de la diastase se fait à une température de 65 à 75° et qu'elle perd la faculté d'agir alors qu'on l'a soumise à l'ébullition. La diastase est trouvée non seulement dans l'orge germée, mais aussi dans l'avoine, le blé, le maïs en germination, la pomme de terre en végétation.

C'est en 1835 que CAGNIARD-LATOUR, en France, et KUTZING et SCHWANN, en Allemagne, montrent que la levure de bière est formée d'éléments microscopiques, ovoïdes ou sphériques, qui peuvent être des êtres vivants; et CAGNIARD-LATOUR en les décrivant les suppose : *susceptibles de se reproduire par bourgeonnement, et n'agissant probablement sur le sucre que par quelque effet de leur végétation et de leur vie.*

GAY-LUSSAC avait prétendu que la fermentation alcoolique ne pouvait avoir lieu qu'en présence d'oxygène. SCHWANN montra que l'air n'était nécessaire que pour apporter le germe initial producteur de levure. Ce germe serait un végétal qui se retrouve dans toutes les fermentations. Et, de même que CAGNIARD-LATOUR avait trouvé le bourgeonnement, SCHWANN montre qu'il y a relation entre le début, la marche et l'arrêt de la fermentation, d'une part, et la présence, la multiplication et l'arrêt de développement de la levure, d'autre part.

En même temps d'autres diastases étaient isolées, qui complétaient la découverte du premier ferment soluble, la diastase de PAYEN. ROBIQUET et BOUTRON, en 1830, découvrirent l'amygdaline et la supposèrent capable de fournir l'essence d'amandes amères. LIEBIG et WŒHLER, en 1837, confirmèrent cette supposition et expliquèrent que la transformation se faisait au moyen d'une matière albuminoïde contenue dans la graine, qu'ils nommèrent *émulsine.*

De nouvelles théories sont alors proposées pour expliquer les phénomènes de fermentation si complexes et si nombreux que l'on observe. HELMHOLTZ, en 1843, discutant les expériences de SCHWANN, admet deux causes de la fermentation des matières organiques. Dans certains cas, séparant un liquide organique, en voie de putréfaction d'un liquide analogue frais, par une membrane filtrante, il constate la contagion du liquide altéré au liquide neuf. Il admet alors que le principe actif est soluble dans l'eau; c'est une *exhalaison putride,* douée de propriétés inconnues. Dans d''autres cas, il n'y a pas contagion, c'est un produit insoluble, un germe vivant.

BERZELIUS a admis que dans ce qu'on appelait des *actions de contact* une force entrait en jeu *la force catalytique.* « La force catalytique paraît, à proprement parler, consister en ce que des corps peuvent par leur simple présence et non par leur affinité, réveiller les affinités assoupies et déterminer les éléments d'un corps composé à se grouper de manière à procéder à une neutralisation électro-chimique plus complète ». Ces phénomènes de contact sont bien connus en chimie minérale; inflammation de l'hydrogène au contact de la mousse de platine, décomposition de l'eau oxygénée en présence de l'argent très divisé. Il en est de même en chimie organique, où l'on voit la transformation de la fécule en sucre en présence de l'acide sulfurique, la transformation du sucre de fruit en alcool et acide carbonique, etc. La force catalytique interviendrait surtout dans la vie des plantes et des animaux. « Mille procédés catalytiques opérant entre les tissus et les liqueurs produiraient un grand nombre de combinaisons chimiques dont nous n'avons jamais pu expliquer la production et qui se forment au moyen d'une même matière brute, le sang pour les animaux, la sève pour les végétaux. Elle continuerait à agir même après que la vie aurait cessé, présidant aux réactions chimiques qu'on désigne sous les noms de fermentation et de putréfaction. »

Dans la théorie de LIEBIG toute fermentation était une destruction provoquée par une autre destruction : l'amidon se convertit en sucre parce que la diastase se détruit et dans sa destruction entraîne la destruction de l'amidon. Un corps en action chimique peut « éveiller la même action dans un autre corps en contact avec lui si on le rend apte à subir l'altération qu'il éprouve lui-même ». LIEBIG reconnaît quatre circonstances où son principe se manifeste :

1° L'érémacausie, combustion lente des détritus organiques abandonnés à l'air;

2° La putréfaction, toujours à l'abri de l'air, la matière disparaissant par une combustion à l'air;

3° La pourriture sèche, à l'abri de l'air et du contact de l'eau;

4° La fermentation, espèce de putréfaction qui s'accomplit sans dégagement d'aucune odeur, tout au moins d'aucune odeur désagréable.

En 1850, les études sur la fermentation, les ferments et les maladies font un pas considérable. RAYER et DAVAINE montrent que, dans le sang de rate, il existe des organismes extrêmement petits qu'ils décrivent ainsi : « On trouve dans le sang des petits corps filiformes ayant environ le double en longueur du globule sanguin. » Ces petits bâtonnets avaient été déjà entrevus par BRAUELL de Dorpat et DELAFOND à Alfort.

En 1857 et en 1858, PASTEUR commence ses recherches sur la fermentation alcoolique, il refait les observations de CAGNIARD LATOUR et autres sur la constitution de la levure de bière, sur son bourgeonnement; il considère que la fermentation alcoolique est la conséquence de la vie de ces éléments. Si la fermentation était une conséquence du développement et de la multiplication des globules, il n'existerait pas de fermentation dans l'eau sucrée pure qui manque des autres conditions essentielles à la manifestation de l'activité vitale; cette eau ne renferme pas la matière azotée nécessaire à la production de la partie azotée des globules.

La levure bien lavée au contact de l'eau sucrée pure s'altère-t-elle ou se détruit-elle comme le prétend LIEBIG? PASTEUR montre qu'elle se développe, pourvu qu'on y ajoute une certaine proportion de matières azotées, de la décoction de levure par exemple.

Mieux encore : après avoir remarqué que les sels ammoniacaux disparaissent en présence de la levure, il cultive cette levure en présence simplement de sucre pur, de tartrate d'ammoniaque et de cendres de levure, le tout en dissolution aqueuse. Dans ces conditions, la fermentation se produit admirablement; elle n'a plus lieu du moment que l'on supprime un de ces trois éléments. Il obtient les mêmes résultats avec la levure lactique en faisant fermenter au moyen de ce produit de l'eau sucrée en présence d'un sel ammoniacal et d'un peu de carbonate et de phosphate de chaux. Les petits articles du ferment lactique sont vivants; ce sont eux qui transforment le sucre de lait en acide lactique. De même la fermentation butyrique et la fermentation acétique sont la conséquence de la vie de deux microrganismes.

La vie de tous ces ferments organisés est très différente de celle des organismes supérieurs : ils vivent sans oxygène libre et empruntent ce corps aux matières en fermentation. Le poids formidable de matière transformé par une quantité infinitésimale de microrganisme, la vie anaérobie, voilà ce qui caractérise, d'après PASTEUR, une fermentation. La putréfaction est une conséquence de la vie de ferments organisés.

D'où provenaient ces innombrables microrganismes répandus partout, et semblant provoquer des actions d'une extraordinaire puissance?

Deux théories se trouvent en présence : avec WYMAN, RICHARD OWEN, POUCHET, JOLY, MUSSET, etc., faut-il admettre la génération spontanée de ces êtres? Les microrganismes prennent-ils naissance de germes? Y a-t-il ou non génération spontanée?

PASTEUR reprenant un certain nombre d'expériences antérieures, montre que des raisins bien lavés, écrasés et mis en contact avec de l'air stérilisé par calcination, ne fermentent jamais. Un corps fermentescible mis en contact avec de l'air tamisé à travers un tampon d'ouate ou à travers le col sinueux d'un ballon, reste stérile; il ne se produit jamais de fermentation.

POUCHET, JOLY et MUSSET provoquent néanmoins l'apparition d'une moisissure dans une infusion de foin contenue dans un flacon, ébouillanté, renfermant de l'oxygène chimiquement pur, l'infusion ayant été elle-même longtemps bouillie. Les mêmes auteurs montrent qu'à une hauteur de 3 200 mètres (Maladetta), les fermentations se développent encore; des infusions préalablement stérilisées se peuplent de microzoaires et de microphytes.

Pasteur n'obtient qu'un résultat inconstant dans une expérience identique faite sur le Montauvert. Si l'expérience de Pouchet semble convaincante, c'est par suite d'une erreur de technique; le mercure employé apportant les germes.

On sait que la théorie de la génération spontanée a été définitivement renversée. Dans les conditions connues jusqu'à présent, il n'y a jamais production de ferments figurés, sans la présence préalable de germes ou de spores organisés.

Alors, par une série d'admirables découvertes, est établie cette notion fondamentale que la maladie est due à des organismes parasitaires.

Davaine, reprenant les bâtonnets qu'il avait trouvés dans le sang de rate, les inocule à des animaux et reproduit la maladie charbonneuse identique à celle qui s'était développée sur l'animal mort primitivement (1863).

Villemin, en 1865, montre que la tuberculose est inoculable; qu'on peut la transmettre aux animaux par introduction dans leur organisme de crachats, de matière caséeuse. La découverte du microbe de la tuberculose n'est survenue que plus tard (Koch, 1877).

Davaine (1867) fait voir que la pourriture des fruits est parasitaire : elle est due au développement dans la pulpe de ces fruits du *mycélium* d'un champignon. Pour les oranges, les citrons, les poires, les pommes, le champignon serait le *Penicilium glaucum*. « *La pourriture se communique d'un fruit malade à un fruit sain privé de son épiderme.* » Davaine reconnaît aussi, d'une part, la nature parasitaire de la putréfaction, d'autre part, la contagiosité, enfin le rôle préservatif des épidermes.

Dans un travail à jamais mémorable, Pasteur reconnaît l'origine parasitaire de la pébrine ou maladie des vers à soie; la pébrine est due à des corpuscules qui ne sont autres que des ferments organisés.

Volkmann soupçonne la nature parasitaire de l'érysipèle, et Nepveu, en 1870, signale la présence de bactéries dans le sang extrait d'une plaque érysipélateuse ou de toute autre partie d'un individu atteint de cette affection, que l'érysipèle soit traumatique ou spontané.

Les conséquences immédiates de toute cette partie de l'œuvre de Pasteur, de ses prédécesseurs et de ses collaborateurs sont la conservation des vins, de la bière, des matières putrescibles par la *pasteurisation* ou stérilisation à chaud. Une haute température amène la destruction de tous les germes et les matières fermentescibles chauffées conservées en vase clos ne s'altèrent plus.

Une autre conséquence fondamentale de la nature parasitaire des maladies est la protection des blessures et des plaies chirurgicales par le pansement de J. Lister ou le pansement de A. Guérin; il y a, au moyen d'enveloppements ouatés, isolement parfait et séparation de la plaie d'avec le milieu extérieur, d'avec l'air pouvant apporter des bactéries pathogènes. Toute la chirurgie moderne, avec ses admirables développements, repose sur les principes de l'antisepsie et de l'asepsie.

Muller, Pasteur, Van Tieghem avaient montré que la fermentation de l'urée était provoquée par des ferments organisés. Plus tard, Pasteur et Joubert prouvent que la transformation de l'urée est due à un ferment soluble. Musculus pensait que ce ferment était sécrété par le mucus vésical. Pasteur et Joubert établissent qu'il est produit par un microorganisme.

Le virus du charbon est tué par l'oxygène comprimé en couches minces (1 centimètre d'épaisseur) (P. Bert), bien que le même auteur ait démontré que tous les êtres vivants sont tués par l'oxygène comprimé. Mais le sang des animaux qui succombaient à l'inoculation de sang charbonneux traité par l'oxygène sous pression n'était plus toxique pour de nouveaux chiens ou de nouveaux cobayes. P. Bert en concluait donc que dans le charbon, ou sang de rate, il y avait : 1° La bactéridie qui s'engendre indéfiniment; 2° Une substance toxique qui ne s'engendre plus. Ainsi donc, d'une part, un ferment constitué par les bactéridies, d'autre part, une substance analogue aux diastases, qui résisterait à l'oxygène, à l'acool absolu, et ne se reproduirait pas.

Enfin Pasteur, Roux, Chamberland démontrent l'atténuation des virus, préparent des virus charbonneux, très atténués, qui ne tuent pas les animaux, mais qui leur confèrent néanmoins une résistance absolue à l'attaque d'un virus plus nocif. Ces animaux sont immunisés. On a ainsi les virus vaccins dont cette première découverte n'a été que le prélude, puis on a étudié les produits solubles, sécrétés par les microbes, les antitoxines que les organismes opposent à l'intoxication bactérienne, et la sérothérapie.

PREMIÈRE PARTIE

Les Ferments organisés.

Constitution chimique des ferments organisés. — Les premières recherches ont été faites sur la levure de bière, où l'on a vite reconnu la présence de l'azote; on a comparé par suite cette levure à du gluten.

PAYEN, en 1839, donna pour composition immédiate de la levure :

Matière azotée.	62,73
Enveloppe de cellulose. . .	29,37
Substances grasses.	2,10
Matières minérales	5,80

SCHLOSSBERGER, en 1845, reprit les recherches de PAYEN et montra que les enveloppes des levures traitées par la potasse donnent naissance à une matière albuminoïde et que le résidu traité par un acide donne naissance à un sucre fermentescible.

Il compara, au point de vue de leur constitution élémentaire, les levures, dites *hautes*, et les levures, dites *basses*, et il donna les chiffres suivants :

	LEVURE SUPÉRIEURE.		LEVURE INFÉRIEURE.	
Carbone.	50,05	49,84	48,03	47,93
Hydrogène.	6,52	6,70	6,25	6,69
Azote.	31,59	31,02	35,92	35,61
Oxygène.	11,84	12,44	9,80	9,77
	100,00	100,00	100,00	100,00

Nous pouvons encore indiquer, d'après quelques auteurs, la constitution chimique centésimale de la levure :

	DUMAS.	MITSCHERLISCH.	MULDER.	WAGNER.	
Carbone.	50,6	47,0	50,8	49,71	44,59
Hydrogène	7,3	6,6	7,16	6,80	6,04
Azote	15,0	10,0	11,08	9,17	9,25
Oxygène.		35,8			
Soufre.	27,1	6,6	30,96	34,32	40,12
Phosphore.		traces.	»	»	»
	100	100	100	100	100

L'étude plus spéciale des cendres de la levure a été faite, entre autres, par MITSCHERLISCH.

	LEVURE supérieure.	LEVURE inférieure.
Acide phosphorique.	41,8	39,5
Potasse.	39,8	28,5
Phosphate de magnésie.	16,8	22,6
— de chaux.	2,3	9,7
Avec une proportion de cendres de		
p. 100 de levures sèches	7,65	7,51

L'étude plus approfondie de cette constitution a été reprise un peu plus tard par

Nœgeli et Lœw. Ces deux auteurs ont cherché à déterminer les principes immédiats de la levure de bière :

```
Cellulose et mucilage. . . . . . . . . . . . . . .  37
Albumine ordinaire. . . . . . . . . . . . . . . .  36
Matières albuminoïdes solubles dans l'alcool . . . .   9
Peptones précipitables par le sous-acétate de plomb.   2
Matières grasses. . . . . . . . . . . . . . . . . .   5
Cendres. . . . . . . . . . . . . . . . . . . . . .   7
Matières extractives. . . . . . . . . . . . . . . .   4
                                                   ────
                                                    100
```

D'autres ferments organisés ont été aussi étudiés à ce même point de vue. Nencki et Schœffer ont déterminé la constitution des bactéries de la putréfaction dans les différentes formes sous lesquelles elles se présentent en un même milieu (zooglées, zooglées avec bactéries, bactéries).

	ZOOGLÉA PURE.	ZOOGLÉA AVEC BACTÉRIES développées.	BACTÉRIES ADULTES.	BACTÉRIES PRÉCIPITÉES par HCl.
	p. 100.	p. 100.	p. 100.	p. 100.
Eau.	84,81	84,26	83,42	»
Matières grasses (subst. sèches) . . .	7,89	6,41	6,04	»
Cendres (subst. sèches sans graisse) .	4,36	3,25	5,03	3,27
Composition élémentaire de la ⎫ C.	»	53,07	53,82	55,79
substance après élimination ⎪ H.	»	7,79	7,76	7,55
de la graisse, et déduction faite ⎪ Az.	14,47	13,82	13,92	14,58
des cendres. . . . . ⎭				

Cramer (1895) a donné les chiffres suivants pour composition moyenne des bacilles cholériques, quelle que soit leur origine, cultivés dans le même liquide :

```
Eau . . . . .   88,3
Albumine. . .    7,6
Cendres . . .    3,6
              ──────
               99,5
```

La cellulose des levures a donné lieu à un certain nombre de travaux. D'après Pasteur (1860), la levure fraîche lavée, et séchée, renferme 20 p. 100 de cellulose. Dreyfus, en 1893, traita certains bacilles, Bacille de Koch, Bacillus subtilis, et un bacille pyogène, afin d'isoler les différentes celluloses qui y préexistaient. Les cellules sont lavées à l'eau, à l'alcool, à l'éther, à l'acide chlorhydrique à 2 p. 100, à la soude à 2 p. 100, chauffées avec de la potasse caustique à 180°. Le résidu lavé est traité par l'acide sulfurique étendu.

En faisant l'analyse du bacille tuberculeux, Hammerschlag, en 1888, a trouvé les chiffres suivants :

```
Eau . . . . .   88,12
Extrait sec. .  11,18
```

Les matières solides sèches répondent à la constitution chimique ci-jointe :

```
Graisse soluble dans un mélange d'alcool et d'éther .  22,70
                        ⎧ Carbone. . . . . . . . . . .   8,07
Résidu : composition.   ⎨ Hydrogène. . . . . . . . . .  51,02
                        ⎩ Azote. . . . . . . . . . . .   9,09
Cendres minérales. . . . . . . . . . . . . . . . . .    8,00
                                                       ──────
                                                        98,88
```

Nishimura, en 1893, a fait l'analyse immédiate d'un bacille vivant dans l'eau. Il renfermait :

$$
\begin{array}{lr}
\text{Matières sèches. . . .} & 15,63 \\
\text{Eau . . . .} & 84,37 \\
\end{array}
$$

Les matières sèches étaient formées de :

$$
\begin{array}{lr}
\text{Albuminoïdes. . . .} & 63,5 \\
\text{Hydrates de carbone.} & 12,2 \\
\text{Cendres. . . . . .} & 11,15 \\
\text{Extrait éthéré. . . .} & 5,08 \\
\text{— alcoolique. .} & 3,19 \\
\text{Lécithine. . . . . .} & 0,68 \\
\text{Xanthine. . . . . .} & 0,17 \\
\text{Guanine. . . . . .} & 0,14 \\
\text{Adénine. . . . . .} & 0,08 \\
\end{array}
$$

Les hydrates de carbone insolubles dans la potasse étendue, solubles facilement dans les acides, répondent à la formule $C^6H^{10}O^5$, et sont identiques aux celluloses que Nencki et Schœffer avaient trouvées dans les bactéries de la putréfaction. On filtre sur amiante, on sèche à 105°, et on traite de nouveau par SO^4H^2 au vingtième pendant une heure ou deux. On neutralise, on évapore et on obtient ainsi un sirop dans lequel on recherche le sucre. On peut démontrer ainsi la présence de véritables celluloses dans les organismes, mais le traitement est trop énergique pour qu'on puisse alors les distinguer entre elles.

A côté des celluloses, Reinke et Rodewald ont reconnu la présence de la cholestérine dans *Ethalicum septicum;* Schewiakoff, de l'acide oxalique dans *Achromatium oxaliferium*, etc.

Les éléments graisseux ont une importance considérable dans la constitution chimique des bactéries. Koch a montré que le bacille tuberculeux était recouvert d'une gaine graisseuse difficilement attaquable par l'éther. La facile coloration de ce microbe est probablement due à la présence de cette gaine.

Parmi les matières grasses, Dzierzgowski et Rekowski d'une part, Cramer de l'autre, ont démontré la présence dans les microrganismes de la trioléine; Hammerschlag, celle de la tristéarine et de la tripalmitine. Il faut aussi signaler la présence de 0,68 de lécithine p. 100 de matières sèches dans le bacille étudié par Nishimura.

On a pu extraire un certain nombre de matières azotées définies d'un certain nombre de microbes. C'est ainsi que Nishimura a trouvé, dans 100 parties de levure sèche, les produits suivants :

$$
\begin{array}{lr}
\text{Xanthine. . . . .} & 0,110 \\
\text{Hypoxanthine. . .} & 0,030 \\
\text{Adénine . . . . .} & 0,029 \\
\text{Guanine . . . . .} & 0,025 \\
\end{array}
$$

Nencki et Schœffer ont, de certaines bactéries de la putréfaction et de la levure, extrait une albumine exempte de soufre et de phosphore, la mycoprotéine, dont la composition centésimale serait :

	BACTÉRIES DE LA GÉLATINE.	BACTÉRIES DU MUCATE D'AzH³.	LEVURE.
C.	53,43	52,13	52,30
H.	7,52	7,54	7,59
Az.	14,71	14,91	14,73

Buchner a pu trouver un certain nombre de substances albuminoïdes, en particulier une protéine, dans le bacille de Friedländer, et une autre dans le bacille pyocyanique, protéines solubles dans l'eau, les alcalis dilués, les acides concentrés, et dont les réactions sont :

RÉACTIONS.	PRÉCIPITE PAR	NE PRÉCIPITE PAS PAR
R. xanthoprotéique	$SO^4Mg.$	...NaCl saturé.
R. du biuret.	$SO^4Cu.$	... $HgCl^2$
R. de MILLON	$PtCl^4$	...la chaleur.
R. de ADAMKIEWICZ	$AuCl^3$	...même à l'ébullition.
	Sels de plomb.	
	Acide picrique.	
	Tanin.	

Les matières albuminoïdes qui constituent le protoplasma d'une cellule microbienne ont, d'après BUCHNER, la plus grande affinité pour les couleurs d'aniline.

Signalons encore, parmi les albuminoïdes vrais renfermés dans les cellules microbiennes, une albumine, analogue à la mycoprotéine de NENCKI, trouvée par BRIEGER dans le pneumocoque; une globuline trouvée par HELLMICH dans le bacille de KOCH, ainsi qu'une albumine trouvée par HAMMERSCHLAG; six par HOFFMANN; une toxomucine, par WEYL; des substances voisines de la kératine et de la chitine, par RUPPEL.

Les matières albuminoïdes phosphorées, qui ont pu être isolées, ont été : une nucléine, par VANDEVELDE dans le *Bacillus subtilis;* des nucléoprotéides, par GALEOTTI; une protamine, dite tuberculosamine, par RUPPEL dans le bacille de KOCH, où elle se trouve combinée à une nucléine appelée par l'auteur acide tuberculinique.

La constitution des microrganismes varie naturellement avec un grand nombre de facteurs; l'âge, les aliments, les conditions physiques extérieures. DUCLAUX a montré que la proportion de corps gras solubles dans l'éther croît avec l'âge des levures. Dans les levures jeunes, la proportion des matières grasses est de 3 p. 100; dans les levures âgées elle peut atteindre 52 pour 100, et cela aux dépens d'une diminution dans la quantité d'azote.

	MATIÈRES grasses.	AZOTE.
	p. 100	p. 100
Cellules jeunes . . .	3	8,93
— âgées . . .	14.4	2,68
— âgées	22,5	4,32

La diminution d'azote n'est donc pas proportionnelle à l'augmentation de matières grasses.

D'après DUCLAUX, il y a aussi une différence d'ordre chimique, au point de vue de la teneur en cellulose, entre les levures jeunes et les levures d'un certain âge. Une levure vieille de quinze ans renfermait 5,9 p. 100 de cellulose; rajeunie, 15 p. 100.

CRAMER (1892) étudia l'influence de l'alimentation sur la composition chimique de quatre microbes voisins. Nous donnons ci-dessous les chiffres correspondant à deux d'entre eux : le bacille capsulé de PFEIFFER et le pneumobacille de FRIEDLÄNDER.

Cultivés sur gélose additionnée de proportions variables de peptones et de matières hydro-carbonées, ils ont donné à l'analyse, dans les mêmes conditions :

1° Bacilles de Pfeiffer.

EAU MATIÈRES SOLIDES.		PEPTONE		GLUCOSE
		1 p. 100.	5 p. 100.	5 p. 100.
Matières solides p. 100. {	Matières azotées	66,6	70,0	53,7
	— grasses	17,7	14,6	24,0
	Cendres	12,6	9,1	9,1
		96,9	39,7	86,8
Analyse élémentaire centésimale. {	Carbone	51,4	50,6	49,4
	Hydrogène	7,3	6,6	6,5
	Azote	12,2	12,3	9,4
	Oxygène	29,1	30,5	34,7

2° Pneumobacilles de Friedländer.

EAU MATIÈRES SOLIDES.		PEPTONE		GLUCOSE
		1 P. 100.	5 P. 100.	5 P. 100.
Matières solides p. 100. { Matières azotées		71,7	79,8	63,6
— grasses		10,3	11,3	22,7
Cendres		13,9	10,4	7,9
		95,9	101,5	94,2
Analyse élémentaire centésimale. { Carbone		50,9	51,4	50,6
Hydrogène		7,2	6,7	6,9
Azote		13,3	14,2	11,0
Oxygène		28,6	27,7	31,5

Classification, morphologie et reproduction des ferments organisés. — Les ferments organisés sont soit des animaux, soit des végétaux inférieurs. Classer des êtres sous le titre générique de *ferments* semble donc au premier abord peu rationnel; puisque, à un certain point de vue, tous les êtres vivants, quels qu'ils soient, même les plus compliqués, se comportent comme des ferments. Entre la vie d'une levure et la vie d'un chêne, il n'existe pas de différence biologique essentielle. Ils agissent chimiquement par les substances chimiques que produisent leurs cellules. Toutefois, en nous dégageant de ce point de vue, d'ailleurs rigoureusement exact, de biologie générale, nous pouvons appeler ferments les êtres qui produisent des dédoublements chimiques dans les liqueurs où on les a ensemencés. On les désigne souvent sous le nom de *microbes*, mot imaginé par SÉDILLOT (11 mars 1878), en réunissant sous ce groupe à la fois les *microzoaires*, ou petits animaux, et les *microphytes*, ou petites plantes.

Les ferments organisés appartenant au règne végétal font partie de deux groupes des Thallophytes :

I. Champignons : α Hyphomycètes ou Moisissures; β Blastomycètes ou Levures.

II. Algues avec la seule classe des Cyanophycées, à laquelle se rattachent les Bactéries ou Schizomycètes.

Les ferments organisés appartenant au règne animal sont des Protozoaires : 1° des Rhizopodies, comme les Amibes; 2° des Sporozoaires avec les Myxosporidies, les Sarcosporidies et les Coccidies; 3° des Infusoires, avec les Trypanosomes.

Nous n'étudierons pas ici la morphologie et la biologie de ces êtres; car leur étude a été faite dans ce dictionnaire (Voir **Algues, Bactéries, Champignons**). Nous ne traiterons que la physiologie générale des fermentations.

Milieux de culture. — On doit fournir à l'organisme que l'on veut étudier les éléments qui lui sont nécessaires, et cela, sous une forme aussi simple que possible. On pourrait à la rigueur se contenter de simples produits naturels que l'on aurait, par un procédé de stérilisation quelconque, débarrassés de tous les microrganismes qu'ils renferment. Mais dans ces conditions il est à peu près impossible de se rendre compte des phénomènes chimiques de la fermentation, qui sont devenus trop complexes. Il vaut mieux se servir de substances dûment préparées, de composition bien connue, et soigneusement stérilisées.

Par suite, nous devons envisager deux questions successives :

1° La préparation du milieu de culture.

2° La stérilisation de ce milieu.

On peut, d'après G. ROUX, classer les milieux de culture de la façon suivante :

I. Milieux de culture artificiels. . . { D'origine minérale. / D'origine organique. { De nature végétale. / De nature animale. } Liquides, ou solidifiables, ou solides.

II. Milieux de culture naturels . . . { De nature végétale. / De nature animale. }

Les milieux de culture artificiels d'origine minérale, ou qui renferment des composés organiques bien définis, se prêtent plus que tous autres à l'étude chimique de l'alimentation du microbe. Aussi en a-t-on proposé un grand nombre.

Pasteur employait, pour cultiver la levure et étudier la fermentation alcoolique, le milieu suivant :

	grammes.
Eau distillée..	300
Sucre candi.	20
Sulfate d'ammoniaque	0,15
Cendres de levure	0,15
Bitartrate de potasse	0,10
— d'ammoniaque	0,05

Pour cultiver le ferment butyrique :

	grammes.
Eau distillée	1 000,00
Lactate de chaux pur	22,5
Phosphate d'ammoniaque	0,75
— de potasse	0,04
Sulfate de magnésie	0,04
— d'ammoniaque	0,02

Cohn avait proposé l'emploi d'une solution qui ne renfermait pas d'autres composés hydrocarbonés et azotés que du tartrate d'ammoniaque :

	grammes.
Eau	200
Tartrate d'ammoniaque	20
Phosphate de potasse	1.
Sulfate de magnésie	1
Phosphate tribasique de chaux	0,10

Mais c'est surtout Raulin qui, en 1870, indiqua toutes les substances nécessaires à la vie d'un organisme, et prépara une solution formée simplement de substances bien définies et qui était éminemment favorable au développement d'un ferment, *Aspergillus niger*. La composition du liquide Raulin est :

	grammes.
Eau	1 500
Sucre candi	70
Acide tartrique	4
Azotate d'ammoniaque	4
Phosphate d'ammoniaque	0,60
Carbonate de potasse	0,60
— de magnésie	0,40
Sulfate d'ammoniaque	0,25
— de magnésie	0,07
— de fer	0,07
Silicate de potasse	0,07

Le liquide de Raulin a été modifié par Laborde pour la culture de l'*Eurotiopsis gayoni* :

	grammes.
Eau	200
Sucre interverti	10
Acide tartrique	0,50
Tartrate neutre de potasse	0,15
Phosphate de magnésie	0,20
Acide sulfurique	0,02
Sulfate de fer	⎫
— de zinc	⎬ traces.
Silicate de potasse	⎭

L'asparagine a été proposée comme source d'azote. Tel est le liquide de Grimbert :

	grammes.
Eau distillée	1 000
Maltose	4
Amidon soluble	2
Asparagine	2
Phosphate neutre de potasse	2
Sulfate de potasse	2
— de magnésie	2
Bimalate d'ammoniaque	2
Carbonate de magnésie	1

Wesbrook, pour cultiver le *Vibrio choleræ asiaticæ* dans des milieux complètement privés d'albumine, s'est servi du milieu suivant :

	grammes.
Chlorure de sodium	5 à 7
— de calcium	0,1
Sulfate de magnésium	0,2
Phosphate de sodium	2,5
Lactate d'ammonium	6 à 7
Asparaginate de sodium	3,4
Eau	1 000

Arnaud et Charrin ont proposé pour cultiver le bacille pyocyanique :

$PO^4 KH^2$	0,100	Asparagine cristallisée	5,000
$PO^4 Na^2 H + 12 H^2O$	0,100	$Mg SO^4 + 7 H^2O$	0,050
$CO^3 KH$	0,134	$Ca Cl^2$	0,050

Eau q. s. pour un litre.

L'urée peut servir aussi de source d'azote. Tel est le liquide imaginé par Outchinsky pour la culture du bacille de Löffler et qui peut servir pour la culture d'un grand nombre d'autres microbes :

	grammes.
Eau	100
Glycérine	45
Lactate d'ammoniaque	10
Sucre de canne	5
Urée	5
Phosphate acide de potasse	2
Sulfate de magnésie	0,2
Chlorure de calcium	0,1
Acide urique	0,02

Vereysky a cultivé le *Tricophyton tonsurans* dans le liquide suivant :

	grammes.
Sucre de canne	25
Urée	5
Carbonate de potasse	0,02
Phosphate de potasse	0,02
Sulfate de magnésie	0,12
— de fer	0,03
— de zinc	0,03
Silicate de potasse	0,03

Le sucre de canne doit être tout d'abord dissous dans un peu d'eau et interverti à l'ébullition par 8 gouttes d'acide chlorhydrique. On ajoute alors les éléments minéraux, et on complète le volume à 500 c. c.

Fitz cultive le *Mucor racemosus* dans un milieu qui ne renferme pas d'autres composés azotés que de l'azotate de potasse, et qui est composé de :

	grammes.
Eau	100
Glucose	6,4
Phosphate de potassium	0,16
Sulfate de magnésium	0,08
Nitrate de potassium	0,50

Il existe enfin des milieux plus complexes, à base de peptones ou d'albumine :
Le liquide de SABOURAUD a pour formule :

	grammes.
Maltose.	3,70
Peptone	0,73
Eau.	100

Le lacto-sérum de BORDAS et JOULIN est formé de :

	grammes.
Lactose.	55
Albumine d'œuf pulvérisée.	18
Chlorure de sodium.	6
Eau distillée.	1 000

Lessive de soude q. s. pour obtenir une réaction légèrement alcaline.
On filtre après dissolution aussi parfaite que possible.

Les milieux artificiels d'origine organique et de nature végétale sont presque tous des liquides : décoctions, infusions, macérations.

L'eau de levure, ou décoction de levure, s'obtient en faisant bouillir avec de l'eau la levure lavée et purifiée; on emploie environ 50 grammes de levure par litre d'eau qu'on filtre bouillant sur papier. L'eau de touraillon s'obtient en préparant une décoction de radicules d'orges; ce liquide est le plus souvent additionné de peptone; on emploie aussi les décoctions de foin, de pailles, les bouillons de choux, de carottes, de navets (TYNDALL); les décoctions d'orge houblonnée et les moûts de bière (HANSEN), etc.

MIQUEL avait indiqué, en 1887, une gelée fabriquée par digestion à chaud de *Fucus crispus* dans des bouillons. Le point de fusion de ce milieu est 40°; il filtre mal sur le papier.

La gélose nutritive (agar-agar, fusible à 70°) est actuellement obtenue par décoction du produit desséché d'une algue des Indes, le *Geliacum spiriforme*, dans un bouillon de viande ou de légumes.

La gélose doit être préparée par décoction : puis le liquide est filtré sur une chausse serrée, ou débarrassé des impuretés par décantation.

MACÉ prépare la gélose de la façon suivante : l'algue est mise à macérer dans de l'eau acidulée chlorhydrique à 6 p. 100 pendant 24 heures, lavée à grande eau, puis mise à macérer de nouveau pendant 24 heures dans de l'eau ammoniacale à 5 p. 100, lavée de nouveau. On jette alors la gélose ainsi préparée dans de l'eau bouillante, et on filtre sur papier après dissolution. C'est à ce moment que l'on peut introduire les différentes substances que l'on juge nécessaires, solutions de peptone, de lactose, de sels, etc.

ROUX chauffe pendant une heure à l'ébullition 15 grammes d'agar-agar dans un litre de bouillon peptoné et neutralisé. On filtre sur mousseline; on refroidit à 70°; on additionne le produit d'un blanc d'œuf, et on fait bouillir de nouveau pendant trois quarts d'heure. On filtre aussi chaud que possible.

ROUX et NOCARD cultivent le bacille de la tuberculose sur gélose glycérinée que l'on obtient en additionnant de 1 à 5 p. 100 de glycérine le bouillon dans laquelle on fait dissoudre l'agar-agar. Quelque peu de gomme arabique augmente l'adhérence du produit aux parois des récipients. Cette gélose peut être additionnée de tous les produits sur lesquels on veut cultiver l'espèce considérée, lactose, glucose, etc.

On prépare encore des milieux gélatineux avec les mucilages de coing, de gomme, etc.

Les milieux de culture artificiels de nature animale sont les bouillons, ou milieux liquides, et les gélatines, ou milieux solides. Les bouillons de viande (bœuf, cheval, veau, poulet) sont les plus fréquemment employés, bien qu'on se serve quelquefois encore de chair de poisson, de décoctions de certains viscères. Le bouillon de bœuf s'obtient en soumettant à l'ébullition pendant un certain temps de la chair très maigre avec de l'eau, en présence de 5 à 10 p. 1000 de sel.

LÖFFLER a proposé la préparation d'un bouillon de bœuf peptonisé par la macération de muscles de bœuf dans l'eau à froid pendant 24 heures. On prend environ 500 grammes de bœuf haché très fin pour un litre d'eau. On filtre, et on exprime le produit dans une presse; on ramène le volume à un litre, et on ajoute :

Chlorure de sodium. 5
Phosphate de potasse ou de soude. 2
Peptone sèche. . . . . 20 à 25

Le liquide est bouilli pendant une heure et filtré, puis neutralisé par un peu de bicarbonate de soude.

On obtient aussi des bouillons de poumon, de rate, de foie, de pancréas, mais les liquides obtenus sont toujours troubles, et il faut, pour les clarifier, les coaguler par un peu de blanc d'œuf.

Enfin V. Kedrovsky a proposé, pour cultiver le bacille de la lèpre, de l'extrait de placenta que l'on a haché et additionné de 2 volumes d'eau distillée. Le liquide obtenu est rouge; on le filtre au filtre Chamberland, et le résidu rouge transparent est ajouté au bouillon de culture.

On peut se dispenser de préparer du bouillon de bœuf et se servir d'une solution de peptone ou bouillon de peptone que l'on prépare en employant la formule suivante :

grammes.
Eau 1 000
Peptone. 20
Sel marin 5
Cendre de bois. . . 0,10

Ce bouillon peut être additionné d'une très faible quantité de gélatine, 2 p. 100 environ, ce qui facilite le développement de certains ferments.

Ces divers bouillons peuvent être :

Glucosés par addition de 1 à 2 p. 100 de glucose.
Lactosés par addition de 2 p. 100 de lactose.
Glycérinés par addition de 1 à 10 p. 100 de glycérine.
Phéniqués (bacille d'Eberth).
Tournesolés, etc.

On se servait, avant l'emploi de l'agar-agar, de gélatine nutritive; ce produit, fondant à 23° ou 25°, s'obtient en dissolvant dans un bouillon de viande ordinaire ou peptonée une proportion de gélatine variable suivant le climat ou la saison, 10 p. 100 en hiver et dans les pays froids; 15 p. 100 en été et dans les pays chauds. On filtre le produit chaud. Pour mieux le clarifier, on peut l'additionner d'albumine d'œuf, et faire bouillir; l'albumine en se coagulant précipite les impuretés, et l'on filtre de nouveau.

Les milieux de culture naturels d'origine végétale sont formés de tranches de racines et de tubercules, de fruits, du jus de certains organismes végétaux : jus de fruits, sucs divers. Ils constituent des milieux liquides que l'on obtient en soumettant à la presse un certain nombre de fruits, et le liquide que l'on obtient est filtré pour l'obtention d'un produit limpide. On opère de même pour la préparation des sucs de plantes herbacées,

Parmi les milieux solides le plus important est la pomme de terre cuite ou crue.

Roux et Nocard ont indiqué son emploi. Les tranches de pommes de terre, longues, étroites, et assez épaisses, sont placées dans des tubes à essai présentant au niveau de leur quart inférieur un étranglement qui empêche la pomme de terre de tomber au fond du tube à essai. On ferme avec un tampon d'ouate, et on stérilise à l'autoclave. En laissant les tubes quelques heures debout à l'étuve, les liquides s'écoulent dans la partie inférieure du tube, et la pomme de terre présente une surface parfaitement sèche.

On emploie de même des tranches de carotte, de navet, de fruits. Les noix de coco sont un milieu favorable. (P. Portier, inéd.)

Pawlovsky et Sander, Nocard traitent la pomme de terre par de l'eau glycérinée pour faciliter la culture de certains microbes, du bacille de Koch en particulier.

Les milieux de culture naturels d'origine animale sont : l'urine (Bastian, Pasteur) que l'on peut obtenir parfaitement limpide : le lait, que l'on ne doit pas chauffer à une température supérieure à 110°, car le sucre de lait se caraméliserait : le petit-lait, que l'on prépare facilement en coagulant à l'ébullition du lait de vache par l'acide tartrique ou l'acide citrique. Le liquide est filtré sur linge, clarifié par du blanc d'œuf à l'ébullition, filtré sur papier.

Les liquides séreux de l'organisme peuvent servir de milieu de culture. Ainsi H. Vincent a trouvé comme liquides de choix, pour ensemencer les bacilles du pus, tous les liquides organiques humains : liquide céphalo-rachidien additionné de sang, sérum, liquide de pleurésie séro-fibrineuse, etc.

Le sérum est souvent employé. Kocu cultive ainsi le bacille tuberculeux sur le sérum de sang de bœuf ou de mouton transformé par la chaleur en un terrain solide.

Le sérum gélatinisé par la chaleur peut servir de milieu de culture. A l'Institut Pasteur on le prépare, d'après Nocard et Roux, de la façon suivante :

On opère généralement sur de grands animaux (cheval, bœuf, mouton) dont la jugulaire est facilement rendue visible en faisant l'hémostase à la base du cou. On coupe les poils au niveau du point où l'on veut pratiquer la ponction, la veine se distinguant facilement sous la forme d'un gros cordon saillant. On brûle fortement la peau au moyen d'un thermocautère. On fait pénétrer alors dans le vaisseau un trocart préalablement flambé ; on retire le dard intérieur, et on le remplace par l'extrémité effilée d'un tube de verre recourbé se terminant dans des flacons dont le col est fermé par un tampon d'ouate ; le tube de verre traverse donc ce tampon ; introduite dans la canule du trocard, son extrémité la ferme complètement ; le tout a été préalablement stérilisé. Le sang s'écoule alors dans le récipient à l'abri absolu de toutes les impuretés. On plonge le vase, une fois rempli de sang, dans un courant d'eau fraîche, où on le laisse séjourner pendant 24 à 48 heures. Le caillot est notablement rétracté ; le sérum qui s'en est écoulé est aspiré dans des ballons pipettes stérilisés. On le gélatine ensuite, soit dans des tubes à essai, soit dans des boîtes de Pietri en les plaçant dans une étuve à 66°-68°.

Le sérum du sang des petits animaux peut aussi être employé dans certaines conditions. Mosny a utilisé le sérum sanguin du lapin pour la culture du pneumocoque. Nocard additionne le sérum de 1 p. 100 de peptone, 0,25 p. 100 de chlorure de sodium et de 0,25 p. 100 de sucre de canne (tuberculose de la poule). Nocard et Roux mêlent au sérum pur, avant de le gélatiniser, une proportion de glycérine stérilisée à 115°, représentant 6 à 8 p. 100. Cette glycérine peut avoir dissous auparavant une certaine proportion de peptone (20 p. 100). Ce produit se solidifie à 75° ou 78° environ.

J. Bosc emploie comme milieu de culture, pour les parasites du cancer et de la clavelée, pour la vaccine, pour la coccidie oviforme, le sang rendu incoagulable au moyen d'un extrait de têtes de sangsues, lequel extrait, stérilisé entre 100° et 105° pendant vingt minutes, est mélangé ensuite au sang in vitro ou in vivo.

L'albumine d'œuf ou plus simplement des tranches d'œuf cuit peuvent servir aussi. Il en est de même du jus de viande, ou myo-sérum, gélatinisé par la chaleur.

Variations de forme des ferments organisés. — Selon le milieu dans lequel se trouve un microbe, l'être croît et se développe en prenant des formes différentes.

Le fait a été étudié sur un grand nombre d'organismes.

Un des meilleurs types de variation dans la forme des microbes est celui que nous fournissent le *Bacillus coli communis* et le bacille d'Eberth.

Le *Bacillus coli communis* est un bâtonnet court et mince qu'Escherich avait nommé, lorsqu'il le découvrit, *Bacterium* selon qu'on le cultive dans de la gélatine à une température favorable, ou *Bacterium* dans un bon bouillon nutritif à 42°. Les deux aspects sont alors tout à fait différentes. Dans la première, on obtient des bâtonnets courts et réguliers, analogues à ceux qui vivent naturellement dans l'intestin. Dans la seconde, on rencontre quelques bâtonnets analogues aux premiers, puis, en plus grand nombre, des bâtonnets très allongés, quelquefois filamenteux. Ces derniers, au lieu de contenir un protoplasma homogène, laissent voir dans leur intérieur des détails de structure assez compliquée ; on y trouve des spores aux différentes phases de leur développement ; des grains réfringents alternant avec des espaces clairs.

Si l'on cultive le *Bacillus coli* sur de la pomme de terre, on peut obtenir une nouvelle forme du microbe ; ce sont des bâtonnets réguliers, plus longs que les bâtonnets normaux, plus épais et moins mobiles ; leur structure, assez complexe, se distingue bien en espaces clairs et grains réfringents.

Le bacille d'Eberth peut présenter les mêmes modifications de forme que le *Bacillus coli*. Dans la rate d'un malade atteint de fièvre typhoïde, ce sont des bâtonnets courts et réguliers. Dans un bouillon nutritif, à température favorable, les bâtonnets sont plus allongés et irréguliers. Si l'on élève la température à 41-43°, ils s'allongent encore et forment des filaments. Sur la pomme de terre, les modifications sont tout à fait analogues à celles du [*Bacillus coli communis*.

Le *Bacillus coli* et le bacille d'Eberth peuvent aussi présenter des modifications profondes et durables. G. Roux et Rodet ont observé que le *Bacillus coli*, ayant vécu quelque temps dans les milieux artificiels, sous des influences plus ou moins altérantes, ne peut, quoi qu'on fasse, reprendre sa forme primitive de bâtonnets réguliers, et se présente en éléments très divers. Certains sont filamenteux, se colorent mal et sont très mobiles, tandis que d'autres sont courts et épais,[1] prennent bien la couleur et ne se meuvent que peu.

On peut même aller plus loin, et douter de la séparation absolue entre le *B. coli* et le *B.* d'Eberth. Hugounencq et Doyon ont en effet montré, qu'au point de vue chimique le *B. coli* et le bacille d'Eberth possédaient des propriétés dénitrifiantes de même degré et de même nature. Ils dégagent tous deux l'azote des nitrates; dans des conditions identiques, le volume gazeux dégagé est le même. D'après G. Roux et Rodet, le bacille d'Eberth ne serait qu'une modification naturelle du *Bacillus coli;* en effet, il est quelquefois très difficile, même pour un œil exercé, de distinguer entre elles deux cultures de ces deux bacilles. La seule différence que l'on reconnaisse maintenant entre eux est le nombre des cils vibratils, qui serait plus considérable dans le bacille d'Eberth; mais, ce nombre n'étant pas constant, peut-être cette différence disparaît-elle même dans certaines conditions.

Nous retrouvons des variations analogues dans le *Bacillus septicus gangrenæ* et le *Bacillus anthracis*. Dans le tissu cellulaire sous-cutané ou dans les muscles eux-mêmes, on peut observer le *Bacillus septicus gangrenæ* sous forme de bâtonnets courts et gros, tandis que dans le sang et dans les membranes séreuses il a la forme de filaments courbés de diverses manières. Il affectera encore la première forme dans les bouillons de culture ordinaire, tandis que, dans des milieux spécialement préparés pour la fermentation butyrique, il se présentera sous forme de filaments.

Le *Bacillus anthracis*, selon qu'il est cultivé dans un organisme animal ou dans un milieu inanimé, affecte des formes très différentes. Un animal atteint du charbon présente dans son sang des bâtonnets réguliers égaux, dépourvus de spores, se multipliant par scissiparité. C'est le *B. anthracis* d'un milieu organisé. Si l'on cultive ce bacille dans un bouillon inerte, il prend la forme de filaments très longs, enchevêtrés, à l'intérieur desquels on peut souvent trouver des spores. Celles-ci sont d'autant plus nombreuses que le milieu est moins favorable au développement du bacille. Christmas a montré que, dans un bouillon contenant du jaune d'œuf et de l'albumine d'œuf, le bacille offre peu ou pas de spores; E. Roux a établi le même fait pour un bouillon additionné de permanganate de potasse ou de phénol. Dans un milieu pauvre ou délétère le microbe affecte des formes différentes selon la température. Mais ces transformations ne sont pour ainsi dire que superficielles; car elles proviennent exclusivement des conditions extérieures dans lesquelles est placée la cellule.

On remarque parfois de semblables changements de forme, lors même que les causes de diversités morphologiques ont complètement disparu.

Si l'on a soumis le *Bacillus anthracis* à des conditions dysgénésiques pendant quelque temps et qu'on l'a replacé ensuite dans un milieu favorable, le bacille n'en continue pas moins à présenter des anomalies morphologiques de plus en plus profondes. De bâtonnet qu'il était primitivement, il devient filament, long et mince, s'enchevêtrant, se pelotonnant de toutes manières; puis il présente des renflements étranglés de part en part; le filament s'incurve, s'épaissit sur certaines de ses parties : son contenu cesse d'être homogène et d'une couleur régulière, car la chromatine y est irrégulièrement distribuée; on trouve aussi, à l'intérieur des filaments, un grand nombre de petits grains très réfringents, qui sont des spores en voie de développement. En général, il y en a relativement peu qui arrivent à une maturité complète.

Ces profondes modifications sont très visibles, particulièrement lorsqu'on a cultivé le bacille du charbon dans une atmosphère d'air comprimé, vers 40-43°, et qu'on l'a remis ensuite dans des conditions normales de développement. De même, lorsque le bacille a vieilli dans un bouillon très riche, il présente des altérations encore plus profondes dans sa forme. Il peut de cette manière constituer des articles courts et gros, presque des grains arrondis. Ceux-ci sont entremêlés à des articles modifiés de telle sorte que le bacille est méconnaissable. Wasserzug assure que le bacille du charbon, s'il a traversé plusieurs fois des liquides acides, perd la faculté d'allongement et ne se présente plus qu'en formes arrondies et courtes.

On peut encore, en le soumettant à une température de 43° environ, supprimer complètement chez lui la sporulation. Phisalix obtient ce résultat en cultivant successivement le microbe dans des cultures de 43 à 45° et en le mettant en présence d'oxygène comprimé. Le bacille pullule alors en une série de générations asporogènes qui se reproduisent par simple scission. Au contraire (Rodet et Paris), dans un bouillon très pauvre, la fonction sporogène du *Bacillus anthracis* est éminemment développée.

Les changements de milieu, les influences extérieures les plus diverses, créent donc, sinon des espèces, du moins des races nouvelles, et tous les ferments organisés sont soumis à cette variabilité, à cette inconstance de la forme.

Winogradsky est parvenu à cultiver le ferment nitreux sous la double forme de monade et de zooglée ; dans cette seconde race, le pouvoir ferment est très inférieur au premier.

Guignard et Charrin ont réussi à cultiver le microbe du pus bleu sous un grand nombre de formes. Tout d'abord, dans un bouillon ordinaire, plutôt favorable, c'est un bâtonnet court et gros. Mais, si l'on ajoute au liquide un antiseptique tel que du thymol ou de l'acide borique, le bâtonnet s'allonge, et devient un filament flexueux et spiralé, ou bien il exagère sa forme primitive, et devient un bâtonnet très court, presque une boule.

Au point de vue de la fonction chromogène le nombre de races que l'on a pu obtenir de ce microbe a été constamment en croissant.

Gessard a obtenu les races suivantes de bacilles pyocyaniques :

1° Une race donnant naissance à de la pyocyanine avec fluorescence ;

2° Une race donnant de la pyocyanine, sans fluorescence, mais accompagnée d'un pigment verdâtre ;

3° Une race donnant la fluorescence seule ;

4° Enfin, une race ne produisant ni pyocyanine ni fluorescence, mais donnant naissance au pigment verdâtre.

La première correspond à une culture sur bouillon ; la deuxième à un milieu de culture formé de gélatine et de peptone ; la troisième à une culture sur albumine d'œuf. la quatrième, enfin, correspond à un milieu de culture quelconque additionné de glucose.

En modifiant encore les conditions de la culture, le même auteur a pu obtenir :

1° Une race type à fluorescence et pyocyanine provenant d'un pansement et dont dérivent toutes les autres ;

2° Une race fluorescigène obtenue par action de la chaleur sur la race type ;

3° Une race fluorescigène obtenue par passage de la même dans le lapin ;

4° Une race pyocyanogène obtenue par culture de la race type sur albumine ;

5° Une race sans pigment obtenue par dégradation spontanée de la précédente ;

6° Une race sans pigment obtenue par action de la chaleur sur la même ;

7° Une race sans pigment obtenue par son passage dans le lapin ;

8° Une race sans pigment obtenue par action de la chaleur sur la race fluorescigène.

Dans les autres classes de ferments on a observé les mêmes variations de forme, et les mêmes modifications, sous l'influence d'un développement progressif ou de conditions de milieu différentes.

J. Ray a isolé sur de la colle d'amidon un mucor formant un duvet blanc, soyeux, de 1 centimètre de haut, moucheté de gris brun par des têtes de spores. Cultivé sur gélatine, ce *Mucor crustaceus* présente un thalle formant des filaments fins régulièrement ramifiés en pennes dessinant des arborescences sur la gelée transparente. Sur ce thalle se dressent les tiges sporangifères à ramifications, en grappes ou en cimes ; les sporanges d'un diamètre de 12 à 40 μ ont une membrane transparente, au travers de laquelle on distingue les spores elliptiques de 6 à 8 μ de long. Ces spores sont soutenues par une columelle ovoïde, montant à mi-hauteur du sporange. Lorsque le sporange est mûr, la membrane externe se déchire suivant une ligne inclinée à 45° environ sur le pied. Cette plante présente des incrustations de cristaux d'oxalate de chaux, en extrême abondance, sur la membrane du sporange. Le mucor de Ray peut aussi se reproduire par spores, et les filaments du thalle et les filaments sporangifères présentent des chlamydospores : ce mode de reproduction est de beaucoup celui qui domine quand le champignon se développe en présence de glucose ou de lévulose. Le mucor, enfin, peut présenter, à l'abri de l'air, une segmentation presque totale de la plante en articles arrondis, destinés à se séparer les uns des autres.

Ray Lankaster a observé chez les *Clathrocystis rosco-persicina* des variations de forme, au nombre de quatre, dans les différents stades de son développement.

Non seulement on reconnaît que certains microbes voisins ne sont que des variétés d'une même origine, mais on fait des rapprochements entre des espèces de noms distincts ; par exemple, le *Streptococcus crysipelatis*, le *Streptococcus pyogenes*, et le *Streptococcus septicus puerperalis* ne forment plus, pour la plupart des bactériologistes, qu'une seule espèce.

On a rapproché de même les bacilles de la tuberculose humaine et de la tuberculose aviaire. J. Nicolas a réussi à transformer des bacilles de tuberculose humaine en bacilles de la forme aviaire.

D'ailleurs nous ne pouvons insister davantage sur ces faits, qui sont du ressort de la bactériologie plutôt que de la physiologie générale. Il nous suffit d'avoir établi que les conditions extérieures (température, oxygène, alimentation), peuvent déterminer des transformations durables dans les organismes inférieurs et par conséquent dans les fermentations qu'ils provoquent.

Produits sécrétés par les ferments organisés. — La composition d'un milieu dans lequel se développe un être organisé est, par le fait même du développement de cet être-ferment, profondément modifiée. Un certain nombre de substances sont produites, provenant de la décomposition ou de la transformation des aliments renfermés dans le milieu de culture.

Les ferments organisés sécrètent tout d'abord des diastases pouvant agir sur les substances en présence desquelles ils se trouvent. Ces ferments sont le plus souvent des ferments hydratants, produisant des dédoublements de molécules complexes. Il en est un, peut-être, qui produit même de la lumière (*luciférase* de R. Dubois).

Il se dégage des gaz, de l'acide carbonique, de l'hydrogène, quelquefois de l'hydrogène sulfuré, de l'azote, etc.

Les produits de dédoublement les plus importants sont surtout les acides et les alcools. Les acides gras, que l'on trouve surtout dans les milieux qui renferment des hydrates de carbone, sont l'acide acétique, l'acide lactique, l'acide butyrique, etc.

Les ferments organisés produisent aussi, en dédoublant les sucres, des alcools très variés, dont le plus important est l'alcool éthylique ordinaire. Mais il y a aussi formation dans un grand nombre de cultures de petites quantités de phénol, de scatol, d'indol, etc.

D'autres produits de sécrétion importants sont les toxines et les ptomaïnes, que l'on rencontre dans presque tous les milieux de fermentation.

Les phénomènes toxiques observés dans les fièvres putrides, la septicémie, le typhus, avaient été attribués autrefois à la production du sulfhydrate d'ammoniaque au niveau des plaies (Bonnet), à des cyanures (Dumas), à des ferments (D'Arcet), à des alcaloïdes. Panum, en 1855, montra que les produits toxiques de la septicémie sont solubles dans l'eau et dans l'alcool, qu'ils ne sont pas détruits par la chaleur, qu'ils ne sont pas volatils. Ils sont donc des substances chimiques : ce ne sont pas des virus. Bergmann et Schmiedeberg retirent de la levure putréfiée une substance soluble, cristallisée, azotée, toxique, la sepsine.

D'autres auteurs confirment l'existence dans la septicémie d'un poison putride de nature chimique. Zuelzer extrait un principe azoté vénéneux de la chair en putréfaction. Selmi annonça qu'il se produit durant la putréfaction de véritables alcaloïdes organiques toxiques, analogues aux alcaloïdes végétaux. A. Gautier prouva que la fibrine ou l'albumine d'œuf donnent en se putréfiant des alcaloïdes fixes et volatils à sels cristallisables. A. Gautier et Étard isolèrent et classèrent un certain nombre de ces produits, que l'on désigne sous le nom général de ptomaïnes. BRIEGER surtout a poursuivi l'étude de ces corps.

Les ptomaïnes sont donc des alcaloïdes qui se produisent en dehors de l'organisme, grâce au dédoublement des matières albuminoïdes, animales ou végétales, sous l'action de ferments bactériens. Elles résultent presque toujours d'une fermentation anaérobie (Voir **Ptomaïnes**).

A côté de ces ptomaïnes variées viennent se placer un certain nombre de bases que l'on a pu isoler dans les urines de certains malades. L'*eczémine* de l'eczéma (GRIFFITHS), la *rubéoline* de la rougeole (GRIFFITHS), des ptomaïnes extraites par le même auteur des urines de malades atteints de la scarlatine, la grippe, la pneumonie, la coqueluche, etc., la *typhotoxine* extraite par BRIEGER des urines des typhiques.

Enfin, les microbes sécrètent un certain nombre de produits qui exercent sur l'économie des désordres plus ou moins graves. TOUSSAINT, en 1878, et CHAUVEAU, en 1879, avaient nettement indiqué l'action nuisible des produits bactériens. Mais l'expérience vraiment démonstrative est due à PASTEUR, qui, en 1880, provoqua des symptômes morbides par l'injection d'un extrait de culture du choléra des poules, dépourvue des germes vivants ou morts, et ne contenant que les produits solubles de sécrétion. CHARRIN montra plus tard (1887) que l'injection à un lapin de cultures stérilisées du bacille pyocyanique détermine l'apparition de tous les troubles que produit ce virus vivant. CHANTEMESSE et WIDAL démontrèrent le même fait pour le bacille typhique; et ROUX et YERSIN pour le bacille diphtérique.

La nature de ses produits est probablement très complexe et variable. HANKIN a isolé une albumose toxique dans les cultures charbonneuses. BRIEGER et FRAENKEL, SYDNEY MARTIN considèrent que ces substances toxiques sont des albuminoïdes plutôt que des ptomaïnes. DZIERZGOWSKY, DE REKOWSKY admettent leur nature] alcaloïdique; ROUX et YERSIN voient des diastases dans les toxines de la diphtérie; SYDNEY MARTIN a trouvé dans les toxines de la diphtérie une diastase digérant les protéides, en faisant de l'albumine.

WESBROOK, en cultivant le vibrion du choléra dans des milieux complètement privés d'albumine, a montré que les toxines de ce microbe ne donnaient aucune des réactions qui permettraient de les classer parmi les albumoses, les peptones, les globulines ou les alcaloïdes.

A. GAUTIER rapproche la tuberculine de KOCH des nucléines, des diastases pancréatiques et salivaires, du venin des serpents, et il admet que certaines toxines sont de nature albuminoïde ou nucléo-albuminoïde, que d'autres, tout en étant des corps protéiques, se rapprochent des alcaloïdes (toxine du tétanos de SYDNEY MARTIN); d'autres enfin sont des corps que l'on doit classer à côté des produits de l'hydrolyse des matières albuminoïdes (toxine du gonocoque).

La virulence d'un bacille pathogène peut varier avec la nature du bouillon sur lequel on le cultive. La toxicité des produits sécrétés par lui diminuerait avec la complexité des matières albuminoïdes qui lui serviraient d'aliment. Elle disparaîtrait en présence d'une alimentation hydrocarbonée exclusive (?).

CHARRIN et DISSART ont ainsi déterminé la toxicité comparée des différents bouillons de culture du bacille pyocyanogène.

Pour tuer 1 kilo de lapin il faut :

	c. c.
Culture avec peptone	45
— — asparagine.	60
— — glucose	100

Les conditions de milieu influencent donc beaucoup la production des toxines par les microbes pathogènes.

G. ROUX et YERSIN, en variant l'atmosphère gazeuse autour du bacille diphtérique, ont pu régler la fabrication du poison. GUINOCHET arrive au même résultat en variant la composition chimique du milieu. VAILLARD et VINCENT ont observé que le bacille tétanique est moins toxique quand on le cultive sur du maltose ou du glucose.

ROUX et YERSIN, qui ont spécialement étudié le bacille diphtérique, ont remarqué que sa virulence, qui provient exclusivement de sa fonction toxinogène, diminue considérablement si on le laisse vieillir, ou bien si on le soumet à une température de 39°. Mais cette modification de la fonction n'est pas héréditaire, car des individus venant de ceux que l'on a expérimentés et cultivés sur un bon bouillon nutritif ne tardent pas à reprendre entièrement leur fonction toxinogène. Cependant Roux et Yersin ont pu rendre héréditaire l'affaiblissement de la fonction en soumettant le microbe à la dessiccation ou bien à l'action combinée de la chaleur et de l'air en abondance. Même, dans la bouche et le pharynx de malades diphtériques, le bacille possède des pouvoirs toxiques différents, c'est-à-dire que la fonction toxinogène est à tous les degrés, jusqu'à celui de la privation complète de cette fonction.

Lœffler a décrit un bacille, qui se trouve dans la bouche de personnes saines, et qu'il nomme *bacille pseudo-diphtérique*, tout à fait analogue au précédent, sauf qu'il est dépourvu de toxicité; et l'idée est venue tout naturellement à Roux et Yersin de supposer que ce ne serait peut-être qu'une simple variation du bacille diphtérique proprement dit. Malheureusement ils n'ont pas encore réussi à faire acquérir au bacille inoffensif une fonction toxinogène.

Selander a étudié le microbe du hog-choléra ou peste porcine. Ce bacille, lorsqu'il vient d'un organisme animal, présente une virulence maximum, qui décroît progressivement dans les cultures faites *in vitro*. Lorsqu'on l'a cultivé longtemps ainsi, la toxicité est presque nulle.

Les toxines présentent deux propriétés communes, au moins quant aux produits sécrétés par les microbes pathogènes : 1° La propriété pyogène, c'est-à-dire la destruction des globules blancs; 2° La propriété pyrétogène, c'est-à-dire la production de fièvre.

Buchner a montré la sécrétion de substances pyogènes pour le bacille d'Eberth, le ferment lactique, le *Bacillus subtilis*, le *Staphylococcus pyogenes aureus*, le bacille rouge de la pomme de terre, le *Bacillus pyocyaneus*, etc.

Les substances pyrétogènes furent trouvées ou indiquées par Panum, Chauveau, Brieger, Charrin, Ruffer, Roussy. D'après Roger, le seul effet qui semblerait appartenir à tous ces produits microbiens serait le ralentissement des battements cardiaques.

D'ailleurs chaque microbe produit des substances ayant des effets différents.

Les produits sécrétés par le *Bacillus coli communis* sont des toxines (Roger) déterminant un empoisonnemen dans lequel on peut distinguer trois périodes :

1° Une période de parésie initiale (immobilité), à durée variable suivant la dose;

2° Une période d'hyperexcitabilité médullaire n'apparaissant pas, ou apparaissant à un moment plus ou moins tardif suivant l'intensité de l'injection : secousses convulsives inégales, irrégulières, continuelles (7 à 12 par minute);

3° Une période de paralysie terminale suivie de mort survenant si la dose injectée est suffisante.

Le poison sécrété par le bacille du côlon agit sur la moelle, et accessoirement sur les muscles striés et le cœur (Roger).

Parmi les substances toxiques contenues dans les milieux de culture du *Bacillus septicus putridus* de Roger, un certain nombre sont précipitées par l'alcool. Redissoutes dans l'eau, et injectées alors à une grenouille, elles déterminent des accidents cardiaques remarquables. Elles produisent un ralentissement notable des battements du cœur avec augmentation de la durée des systoles. Les battements deviennent de plus en plus espacés, séparés parfois par des diastoles d'une demi à une minute; les systoles sont très énergiques : le cœur s'arrête. Pendant toute la durée de l'empoisonnement le cœur est insensible aux excitations qui lui viennent du pneumogastrique, aussi bien qu'aux courants faradiques agissant directement sur la fibre cardiaque.

On connaît les toxines du charbon (Hankin), la tuberculine de Koch, les toxines de la diphtérie (Roux et Yersin), les toxines du tétanos de Brieger : tétanine, tétanotoxine, spermotoxine et toxalbumine, la malléine de la morve de Nocard, les toxines du bacille d'Eberth, les toxines du choléra, du bacille pyocyanique, du streptocoque, de la septicémie, du pneumobacille, etc. (Voir **Toxines**).

Chacune d'elles exerce sur l'organisme une réaction différente. On a cherché à dédoubler les différents produits sécrétés et à attribuer à chacune d'elles l'action spéciale qui lui revient. C'est ainsi que le staphylocoque pyogène fabrique dans ses cultures des substances toxiques multiples amenant rapidement la mort. Précipités par l'alcool, les bouillons donnent deux sortes de produits : un précipité soluble dans l'eau et une disso-

lution. Leurs effets sont antagonistes surtout dans leur action sur le système nerveux.
Le produit injecté en totalité, ou le précipité alcoolique, redissous dans l'eau, détermine
chez les animaux une véritable néphrite parenchymateuse, néphrite toxique (RODET et
COURMONT).

A côté des toxines enfin, nous devons placer les vaccins, les antitoxines, les immunisines; quelques-unes de ces subtances existant dans les produits de sécrétion des microbes.
(Voir **Immunité, Phagocytose, Sérothérapie, Vaccin**).

Production de pigments. — Un grand nombre de microorganismes sécrètent des
matières colorantes, et apparaissent nuancés de couleurs très variées, soit en totalité, soit
seulement dans leurs spores. Il peut même y avoir plusieurs pigments sécrétés (GESSARD).
On connaît ainsi le bacille du pus bleu avec une matière colorante bleue et une matière
fluorescente, le bacille du lait bleu, le *Bacillus chlororaphis* vert, d'autres bacilles de
l'eau, verts, et dont la coloration est probablement due à la présence de chlorophylle
(VAN TIEGHEM); le *Micrococcus prodigiosus* est rouge et sécrète un pigment rouge; il en est
de même d'un grand nombre de bactéries, des Beggiotoa par exemple. FLUGGE a indiqué
l'existence d'un *Micrococcus roseus*. On connaît des bacilles violets, etc.

D'autres sont simplement colorés dans leurs spores, tels sont l'*Aspergillus niger* dont
les spores sont noires, l'*Aspergillus fumigatus*, etc.

La nature de ces pigments est en général peu connue. Deux cependant ont été obtenus
bien cristallisés; la pyocyanine et le pigment vert sécrété par le *Bacillus chlororaphis*.

La pyocyanine a été découverte en 1859 par FORDOS dans le pus bleu. Elle est soluble
dans le chloroforme; et s'y dissout lorsqu'on agite une culture ou un peu de pus bleu
avec ce dissolvant et un peu d'eau ammoniacale, pour obtenir un liquide qui laisse déposer par évaporation des cristaux prismatiques bleus.

La pyocyanine aurait pour formule $C^{14}H^{13}AzO^2$, ce qui semblerait en faire un dérivé
de l'anthracène. C'est une base faible donnant avec l'acide chlorhydrique un chlorhydrate rouge cristallisé, insoluble dans le chloroforme. Son chloroplatinate forme des
aiguilles jaune d'or.

A côté de la pyocyanine on trouve dans les mêmes cultures un pigment jaune, la
pyoxanthine, que l'on obtient en traitant le pus bleu par l'eau acidulée et le chloroforme.
Ce pigment encore bien cristallisé a été beaucoup moins étudié; il semble se rapprocher
des bases alcaloïdiques toxiques sécrétées par les microbes.

Le *Bacillus chlororaphis* de GUIGNARD et SAUVAGEAU produit une substance d'un beau
vert émeraude, cristallisant dans les cultures en fines aiguilles le plus souvent groupées.
Elles sont insolubles dans l'eau bouillante, dans les dissolvants neutres, solubles dans
l'alcool absolu bouillant.

La sécrétion de matières colorantes dépend beaucoup du milieu dans lequel se trouve
le ferment. LE BEL, en faisant pousser le *Penicillium glaucum* sur le méthylpropylcarbinol de synthèse, dans le but de le dédoubler en ses isomères actifs, a obtenu une
modification rose de ce ferment.

GALIPPE a étudié un microrganisme rencontré dans certains végétaux, et pouvant développer, suivant les milieux de culture où il se trouve, des colorations roses, dichroïques
ou opalescentes. Sur bouillon gélatinisé et neutre, il donne une coloration rose pâle et
fugace; mais la culture change bientôt en devenant blanche opaline. Sur bouillon gélatinisé et neutralisé, il devient dichroïque jaune et vert; sur bouillon de touraillons, il devient
et reste rose.

Les spores de l'*Aspergillus fumigatus* ont une couleur variable suivant les milieux de
culture employés (GRAWITZ, KOCH, LICHTHEIM, RÉNON). Verdâtres sur milieux acides (pommes
de terre, moût de bière, pain humide, maltose de SABOURAUD, jus de groseilles, moût de
raisin blanc, urine stérilisée acide) en milieux alcalins ou neutres les spores sont noirâtres ou noir de fumée, d'où vient leur nom (bouillon, gélose ordinaire, urine alcaline,
gélose neutre peptonisée à 5 p. 100, milieu très favorable).

Le *Bacillus pyocyaneus* peut dans certaines conditions donner des cultures incolores.
CHARRIN et ROGER ont obtenu cette variété en cultivant le microbe dans de l'air raréfié
ou dans de l'oxygène pur. WASSERZUG, pour arriver au même résultat, ajoute au bouillon
un acide ou un antiseptique. Un grand nombre de substances minérales et organiques
empêchent ainsi la production de la pyocyanine : tels sont les sels de zinc, les lactate,

tartrate, phosphate, azotate et chlorate de potasse, le lactate de chaux, le sel marin, l'alcool, la glycérine, les sucres, comme glucose, saccharose, lactose. Le tableau suivant résume l'action de quelques-unes de ces substances sur le bacille :

	DOSES P. 100 empêchant la formation de la pyocyanine.	DOSES P. 100 empêchant le développement du bacille pyocyanogène.
Chlorate de potasse. . .	8 à 9	
Azotate de potasse. . .	5 à 5,5	6 à 6,5
Chlorure de sodium. . .	5	6,5 à 7
Alcool.	3,5	
Sucre interverti.	1,5	12
Borax.	0,520	
Tartrate d'ammoniaque.	0,50	10 à 11
Acide borique.	0,15	7
Phénol.	0,09	1,4
Thymol.	0,05	
Sublimé.	0,0085	0,11

Le même auteur prétend d'ailleurs qu'il suffit de faire vieillir une culture de *Bacillus pyocyaneus* pour voir la propriété chromogène s'affaiblir graduellement, et même s'éteindre. Cette faculté manque pendant quelques générations seulement, puis elle reprend.

GESSARD a découvert que ce bacille est susceptible de produire deux matières colorantes : l'une bleue, l'autre verte. Une simple différence d'alimentation peut faire varier la coloration de la culture. Lorsque le bouillon contient de l'albumine comme matière azotée, on obtient une coloration verte; si l'albumine est remplacée par de la peptone, la coloration est bleue; enfin, on obtient une teinte intermédiaire avec le bouillon de viande ordinaire. GESSARD a pu obtenir des races produisant uniquement du pigment bleu; d'autres uniquement du pigment vert; d'autres, enfin, qui restaient incolores en toutes conditions. D'ailleurs, PHISALIX et CHARRIN obtiennent une suppression durable de la fonction chromogène du microbe, en le soumettant pendant un certain temps à une température dysgénésique.

L'abolition de la fonction chromogène a encore été obtenue par SCHOTTELIUS sur le *Bacillus prodigiosus*, par RODET et COURMONT sur le *Staphylococcus aureus*.

La fonction chromogène du *Bacillus prodigiosus* est très variable. WASSERZUG l'a cultivé quelque temps sur milieu solide et a pu séparer diverses variétés, inégalement colorées, et possédant chacune un pouvoir chromogène fort différent. Chaque variété donne des cultures dissemblables par l'intensité de leur coloration.

De même, le bacille du lait bleu peut avec le temps perdre sa coloration. Certaines races peuvent, d'après GESSARD, ne perdre leur faculté de production de couleur que pour un de leurs pigments, vert ou bleu, tandis que d'autres races sont absolument incolores. Dans les liquides albumineux, la culture devient verte ; avec des acides, bleue; elle est d'une teinte intermédiaire dans le bouillon, et grise avec le lait neutre.

BEHR a observé une espèce de bacille du lait bleu devenu incolore dans des cultures sur gélatine et gélose, et qui était incapable de reprendre sa fonction chromogène même par culture sur du lait après passages sur d'autres milieux (pomme de terre). HEIM a décrit aussi une race de bacille du lait bleu ne donnant plus de matière colorante. Le *Staphylococcus pyogenes aureus* donne, à l'état ordinaire, des cultures d'une teinte orangée bien déterminée. Lorsqu'on le laisse vieillir, ou qu'on le prive d'un milieu animal, peu à peu sa fonction chromogène s'affaiblit, et peut même disparaître. GAILLARD a cultivé le *Staphylococcus aureus* dans l'obscurité; la culture était incolore. RODET et COURMONT soutiennent qu'il n'est qu'une variation du *Staphylococcus albus*, qui n'en diffère que par l'absence durable de pigment. Ils se fondent sur l'examen de pus contenant des *Staphylococcus aureus* mêlés à des *Staphylococcus albus*, et même à des êtres intermédiaires comme forme et comme pouvoir chromogène.

FRÆNKEL a produit des cultures incolores de *Bacillus indicus*, en présence d'acide carbonique.

La sécrétion d'une substance fluorescente est peut-être un peu différente de la fonction chromogène. La fonction fluorescigène, qui avait été signalée par FLUGGE pour deux espèces; le *Bacillus fluorescens liquefaciens* et le *Bacillus fluorescens putridus*, a été retrouvé depuis dans un grand nombre de microrganismes. GESSARD l'a particulièrement étudiée dans le *Bacillus pyocyancus*, et en a montré toutes les variations. D'après LEPIERRE, la fonction fluorescigène ne se manifeste que si les conditions générales du milieu nourricier (aliment hydro-carboné ou azoté, température, etc.) sont favorables, et il n'a pu retrouver sur un microbe fluorescent, d'origine toxique, l'influence des phosphates que GESSARD avait étudiée sur le bacille du pus bleu.

Action de l'air et de l'oxygène. — Le rôle exercé par l'air et l'oxygène est considérable. Il varie suivant chaque espèce microbienne considérée : suivant les cas, il y a vie aérobie ou vie anaérobie. L'oxygène peut donc agir comme un toxique. En outre, l'air agit non seulement sur les microbes, mais aussi sur leurs germes.

Le microbe du choléra des poules, exposé à l'air, perd sa virulence et sa vitalité. Il les garde à l'abri de l'oxygène (PASTEUR).

Le bacille du charbon à 42°-43°, au contact de l'air, a une virulence considérableme.it atténuée (PASTEUR, CHAMBERLAND et ROUX). Chauffé à 70° dans les mêmes conditions, il meurt rapidement.

L'influence de l'air peut modifier profondément les propriétés d'un microbe; c'est ainsi que l'oxygène empêche le bacille pyocyanique de sécréter sa matière colorante (WASSERZUG).

Quand l'action de l'air est compliquée d'une certaine pression, les phénomènes sont beaucoup plus accentués. L'air comprimé ralentit, arrête ou supprime définitivement les phénomènes de putréfaction et d'oxydation consécutive, suivant la pression à laquelle on l'emploie (P. BERT). A la pression de 23 atmosphères d'air, il y a encore absorption d'une faible quantité d'oxygène. A 44 atmosphères, la viande, au bout d'un mois, a conservé ses propriétés et n'a absorbé aucune trace d'oxygène; elle est simplement devenue légèrement acide. A cette pression même, si l'on a eu soin de mouiller la cloche, et si on laisse se dégager l'oxygène en excès en évitant toute rentrée d'air, les phénomènes de putréfaction n'apparaissent pas; les vibrions seraient donc tués. Les œufs, l'urine, le vin, ont donné à P. BERT les mêmes résultats.

L'action de l'air comprimé n'est d'ailleurs pas immédiate : ce n'est qu'au bout de quelques heures que l'oxygène à haute pression exerce son action toxique sur les moisissures.

CERTES, en 1884, avait trouvé que la pression exerce une action retardatrice sur la putréfaction, et REGNARD, en 1889, a pu conserver indéfiniment de l'urine, de l'albumine d'œuf, de la viande, sous des pressions de 600 atmosphères.

L'oxygène comprimé arrête aussi la fermentation acétique; le mycoderme du vinaigre est même tué dans ces conditions (P. BERT).

Certains *corpuscules reproducteurs*, ceux du bacille du charbon, par exemple, résistent plus longtemps à l'action de l'oxygène comprimé que les autres. Mais, au bout de neuf mois de séjour dans de l'oxygène comprimé à 15 atmosphères, ils perdent complètement leurs propriétés virulentes (P. BERT).

CHUDIAKOW a recherché l'action de l'oxygène sur un certain nombre de bactéries aérobies à des pressions variées, et il a observé ainsi qu'il existe toujours une certaine pression barométrique, qu'on ne peut dépasser sans nuire au développement des ferments.

Cette pression est :

Bacillus subtilis	3	à 4 atmosphères d'air.
Aspergillus niger	2,5 à 3	—
Clostridium viscosum	1	à 2 —
Saccharomyces cerevisiæ . . .	3	—

Le *Clostridium viscosum* est tué après quatorze jours de contact avec de l'air sous la pression de 4 atmosphères.

L'étude des variations de pression de l'oxygène montre donc qu'une certaine proportion de ce gaz est nécessaire, ou tout au moins favorable au développement des microrganismes. Au-dessous de cette quantité, il y a arrêt de développement, ou simplement développement moindre; lorsque cette proportion est dépassée, la culture devient plus difficile : elle peut être arrêtée.

Aérobies et Anaérobies. — Au point de vue de l'action de l'oxygène et de l'air sur les ferments organisés, nous pouvons séparer nettement les microrganismes en deux groupes : les uns se développent au contact de l'oxygène, absorbent cet oxygène et s'en servent pour brûler les différents aliments et déterminer l'accroissement de leur protoplasme : ce sont les *aérobies*; les autres, au contraire, se développent en l'absence complète ou presque complète d'oxygène, décomposent purement et simplement les matériaux en présence desquels ils se trouvent, et cette décomposition atteint une quantité énorme de produits, tandis que le développement du ferment est très faible : ce sont les anaérobies.

PASTEUR, en 1861, montre, le premier, qu'il existe des êtres qui vivent en l'absence absolue d'oxygène libre. Il constate que le vibrion butyrique jouit de la propriété de se développer sans air et de posséder le pouvoir ferment. Expérimentant ensuite sur la levure de bière, il constate que celle-ci a deux manières de vivre essentiellement distinctes. La levure de bière, en absorbant du gaz oxygène, se développe avec une remarquable activité. La vie est singulièrement exaltée ; mais le caractère ferment a disparu. C'est un organisme inférieur jouissant de toutes les propriétés des organismes vivants. Dans de l'eau sucrée, à l'abri de l'air, la levure de bière, au contraire, provoque une active fermentation. Son développement est alors très lent.

De plus, la première manière d'être est celle qui met la levure dans les meilleures conditions pour pouvoir ensuite, en l'absence d'oxygène, développer une fermentation. La levure venant de se développer au contact de l'air jouit, en effet, d'un pouvoir ferment extrêmement intense lorsqu'elle se trouve ensuite transportée dans un milieu sucré privé d'air.

Donc, d'après PASTEUR, « à côté des êtres connus jusqu'à ce jour, et qui, sans exception, ne peuvent respirer et se nourrir qu'en assimilant du gaz oxygène libre, il y aurait une classe d'êtres dont la respiration serait assez active pour qu'ils puissent vivre hors de l'influence de l'air en s'emparant de l'oxygène de certaines combinaisons, d'où résulterait pour celles-ci une décomposition lente et progressive ».

Les ferments pourraient donc vivre comme la généralité des êtres vivants, assimilant à leur manière le carbone, l'azote et les phosphates; et ils ont besoin d'oxygène. Mais ils n'ont pas besoin d'*oxygène libre;* car ils peuvent emprunter ce corps à des combinaisons chimiques.

Fermentation et putréfaction sont donc, d'après PASTEUR, corrélatives d'une vie sans oxygène.

BREFELD a prétendu que la levure, en l'absence de toute trace d'oxygène libre, ne pouvait pas se développer. TRAUBE a repris les expériences de PASTEUR et montré que, même dans ce cas, la levure continuait à se développer, à condition, toutefois, qu'elle fût déjà en voie de développement. Cependant, d'après ce même auteur, la levure peut déterminer la fermentation du sucre en l'absence de toute trace d'oxygène, mais sans se développer.

La levure née d'une culture anaérobie ne se développe pas dans un milieu absolument dépourvu d'oxygène (D. COCHIN).

PERDRIX a indiqué la présence d'un bacille anaérobie dans les eaux des conduites de Paris; il l'a isolé et lui a donné le nom de bacille amylozyme. Le développement de ce microbe est arrêté par le contact de l'oxygène de l'air; il pousse, au contraire, très bien sur pomme de terre, dans le vide, l'hydrogène, l'azote, etc.

GERMINY, en 1871, soumit à une critique sévère les différents procédés employés pour réaliser des milieux rigoureusement privés d'oxygène, et il montra que l'on ne possédait jamais la certitude absolue d'avoir enlevé les dernières traces d'oxygène.

Il établit que, dans un milieu aussi rigoureusement privé d'air que possible, la putréfaction commence, mais s'arrête rapidement, d'autant plus rapidement que l'appareil renferme moins d'oxygène. On empêche presque complètement cette putréfaction du début, si l'on a laissé le mélange assez longtemps, un mois environ, à la température de 0° en présence d'un milieu qui a absorbé l'oxygène. D'ailleurs il faut que l'absence d'oxygène soit absolue.

MUNK, bien que l'auteur précédent maintienne ses affirmations, est arrivé à des conclusions absolument opposées, et il admet que le fait du développement plus rapide

de la putréfaction et de la fermentation alcoolique au contact de l'air était dû à l'élimination constante et rapide des produits gazeux.

Quelle conclusion en peut-on tirer? La fermentation est-elle liée à l'organisation de
la levure (PASTEUR)? ou est-elle un phénomène entièrement indépendant de cette organisation (TRAUBE)?

Il est important, en tout cas, de constater qu'il existe tous les termes du passage
entre la vie aérobie et la vie complètement anaérobie.

Le *Penicillium glaucum* peut vivre en présence de faibles quantités d'oxygène, et
dans ce cas il produit de l'alcool; les quantités d'alcool ainsi obtenues sont d'autant
plus considérables que la privation d'oxygène est plus grande. Il en est de même pour
l'*Aspergillus glaucus*, qui peut même résister pendant quelque temps à l'absence presque
complète d'oxygène. Il y a production d'alcool en même temps que la forme du végétal
change. Le mycélium, au lieu d'être formé de tubes réguliers, se fragmente en articles
de petites dimensions par des rétrécissements et des étranglements voisins.

Le *Mucor racemosus* passe facilement de la vie aérobie à la vie anaérobie; il suffit pour
cela d'agiter le flacon de culture et de plonger le végétal dans l'intérieur du liquide, à
la surface duquel il s'était développé jusqu'alors.

Il donne alors naissance à une fermentation active, à un dégagement d'acide carbonique, d'abord abondant, puis qui va en se ralentissant. La plante change d'aspect; les
tubes mycéliens, allongés et cylindriques, deviennent globuleux, formés d'articles
courts, presque sphériques. En même temps qu'il y a changement de fonction, il y a
changement de forme; le mucor, en se développant comme la levure, tend à prendre
une structure qui le rend singulièrement semblable à cette levure.

GAYON a montré que le *Mucor circinelloides* se développait très bien en vie anaérobie.
On constaterait alors un ferment particulièrement énergique toujours accompagné de
cette modification de forme, de cette sporulation caractéristique de l'état ferment. GAYON
a comparé les quantités d'alcools formés dans les mêmes conditions par la levure de
bière et par le *Mucor circinelloides* cultivés dans les mêmes milieux.

	MUCOR circinelloides.	LEVURE de bière.
Moût de bière.	4,1	4,7
Moût de raisin. . . .	4,7	10
Glucose ordinaire. . .	3,9	5
— du sucre. . .	3,4	5
— interverti. . .	3	
Lévulose.	3,7	5

Enfin la levure elle-même se développe en présence d'oxygène. SCHUTZENBERGER a
montré que la levure de bière fraîche absorbe l'oxygène dissous dans l'eau avec une
grande rapidité. L'activité de ce phénomène est la même dans l'obscurité, à la lumière
diffuse, et à la lumière directe. L'absorption est proportionnelle au poids de levure
employée.

Dans la vie aérobie, lorsque la levure se développe, l'accroissement du poids de
levure est proportionnel au carré du temps (DUCLAUX, d'après les expériences de HANSEN).

Dans la vie anaérobie, au contraire, la levure se développe très rapidement dans les
premiers moments, puis il y a ralentissement et arrêt presque brusque dans l'augmentation du poids de la levure, et la quantité de matière vivante à partir de ce point ne varie
presque plus.

TRAUBE ne pense pas que la levure emprunte l'oxygène au sucre quand elle fermente
et qu'elle se comporte comme anaérobie, car le développement s'arrête bien avant
que la majeure partie du sucre ait été décomposée; ce serait alors aux matières albuminoïdes que la levure emprunterait l'oxygène qui lui est nécessaire.

Un grand nombre de microbes peuvent vivre également en vie aérobie et en vie
anaérobie. Tels sont le rouget du porc, le ferment lactique, certains organismes pathogènes, etc. L'*Eurotiopsis gayoni* peut vivre en aérobie comme l'*Aspergillus;* il développe alors sa végétation avec une certaine rapidité. En vie anaérobie, au contraire,
avec le minimum d'oxygène, il donne de l'alcool et fonctionne comme levure (LABORDE).

La vie anaérobie n'est pas l'apanage exclusif des organismes unicellulaires, puisque des grappes de raisin, des melons, des oranges, des prunes, des feuilles de rhubarbe, abandonnées dans une atmosphère d'acide carbonique, détruisent du glucose et donnent de l'alcool et de l'acide carbonique.

LECHARTIER et BELLAMY ont montré que des fruits, des raisins et des feuilles, privés d'oxygène, produisaient de l'alcool et de l'acide carbonique.

MÜNTZ a montré que les plantes vivant dans l'azote produisaient de l'alcool, tandis que celles vivant comparativement dans l'air n'en fournissaient pas.

La difficulté de l'étude des anaérobies consiste dans la nécessité de cultiver ces microrganismes dans des milieux rigoureusement privés d'oxygène.

PASTEUR, JOUBERT et CHAMBERLAND cultivaient le vibrion septique dans un tube en U renversé dont les deux branches inférieures étaient fermées à la lampe. La tige supérieure est effilée et fermée par un tampon de coton. Chacune des branches inférieures présente une petite tubulure latérale qui se termine par une pointe très effilée. On détermine par la tubulure supérieure un vide partiel et on fait pénétrer ainsi dans une des branches une certaine quantité de bouillon ensemencé; dans l'autre branche, du bouillon absolument stérile. On fait alors un vide aussi parfait que possible au moyen d'une pompe à mercure ou à eau, et on élève légèrement la température dans les deux branches, de façon à déterminer, à la très basse pression où l'on opère, une ébullition rapide du liquide qui chasse complètement l'air contenu dans l'appareil. Il faut éviter que des parcelles du milieu ensemencé ne passent dans l'autre branche. On ferme la tubulure supérieure à la lampe. On met à l'étuve; le liquide ensemencé donne une culture; le liquide non ensemencé doit rester stérile. Pour l'ensemencer à son tour, il suffit de faire passer quelques gouttes de la première branche dans la deuxième.

On peut provoquer aussi le développement des anaérobies en présence d'un gaz inerte. Pour cela, si l'on se sert de l'appareil PASTEUR, JOUBERT et CHAMBERLAND, il faut faire rentrer un grand nombre de fois le gaz inerte dans l'appareil, après avoir fait chaque fois un vide aussi parfait que possible.

La culture des anaérobies sur milieu solide peut se faire avec avantage de la façon suivante (ROUX). Un tube de verre assez large est étiré de façon à présenter à la partie supérieure une dilatation, comme une sorte d'entonnoir terminé par un tube effilé qui le fait communiquer avec une ampoule longue du diamètre du tube initial comme l'entonnoir supérieur. Cette ampoule se termine à son extrémité inférieure par une pointe longue et effilée. Le tube est alors flambé, et l'on plonge la pointe inférieure dans de la gélatine nutritive bouillante et par suite liquide; on aspire à la partie supérieure et l'on remplit ainsi *complètement* l'ampoule; on ferme alors les deux extrémités à la lampe, et l'on a ainsi un milieu purgé d'air. On ensemence ces ampoules par piqûres profondes de la masse après avoir cassé une extrémité du tube; on referme à la lampe après ensemencement.

Quand la culture doit dégager une certaine quantité de gaz, il est avantageux de se servir d'un simple tube à essai renfermant la gélose nutritive. On fait le vide dans l'appareil après ensemencement, ou on remplace l'air par un gaz inerte.

On peut aussi, pour cultiver les anaérobies en milieu solide, se servir de la propriété que présentent certaines bactéries, le *Bacillus subtilis* par exemple, qui absorbent l'oxygène libre avec la plus grande avidité (ROUX). On ensemence ainsi une première couche de gélatine nutritive préalablement bouillie avec le microbe que l'on veut étudier; on recouvre cette gélatine d'une couche de gélose liquéfiée que l'on fait solidifier par refroidissement. On verse alors sur ce bouchon de gélose une culture pure de *Bacillus subtilis* dans du bouillon, et on ferme le tube à la lampe. Le *Bacillus subtilis* en se développant s'empare de la totalité de l'oxygène, et l'anaérobie peut se développer.

La culture des anaérobies sur plaques est assez délicate : KOCH les recouvre d'une plaque de mica stérilisée. A l'Institut PASTEUR on emploie le dispositif suivant (ROUX). On prend des tubes de verre de 3 centimètres de diamètre, longs de 30 cm., fermés à une extrémité, dans lesquels on dispose une petite quantité de gélatine nutritive. On étire alors la partie supérieure du tube, on fond la gélatine et on couche le tube : on a ainsi une longue plaque solide par refroidissement; on stérilise, on ensemence, et on fait le vide dans l'appareil.

Action des agents chimiques. — La présence d'un grand nombre de produits s'oppose soit au développement, soit à la vie même des ferments organisés. Même ceux qui leur sont indispensables, même les aliments, deviennent toxiques quand ils se trouvent en trop grande quantité.

Cette action varie beaucoup suivant l'état du microbe, suivant son âge, suivant la la température à laquelle on agit. Les corps qui exercent une action particulièrement nocive portent alors le nom d'*antiseptiques* (Voir **Antiseptiques**, I, 592).

Paul Bert avait étudié l'action du phénol sur le bacille charbonneux; puis Davaine a recherché l'action des antiseptiques sur le virus septique, en prenant le lapin comme réactif de la virulence du microbe. D'après ces premières recherches sur les antiseptiques, le phénol à 1 p. 100 détruit le virus septicémique; à 1 p. 200, après une demi-heure de contact, il ne le détruit pas. Le silicate de soude a une action du même ordre. L'acide sulfurique à 1/500ᵉ est un antiseptique identique aux précédents. L'acide chromique serait plus énergique, puisqu'il suffit de 1/3000ᵉ pour détruire l'action septicémique après trente à quarante minutes de contact. Le permanganate de potasse en proportion beaucoup plus faible détruit le virus septique. L'iode agit à des doses inférieures à 1/10 000ᵉ (Davaine).

Jalan de la Croix a recherché le premier la valeur des antiseptiques en comparant l'action des quantités variables de chacun d'eux, et en comparant de même les cultures obtenues avec celles provenant de bouillon identique sans antiseptique. Jalan de la Croix opérait d'abord sur la totalité des germes de l'air en laissant ses ballons exposés à l'air libre pendant un certain temps. Il s'est servi ensuite de quelques espèces isolées et définies.

Duclaux a défini la valeur de l'antiseptique en indiquant tous les points qu'il fallait observer : dose active, espèce microbienne, qualité de la semence et sa nature, milieu de culture, alcalinité ou acidité du milieu, température, durée de l'expérience.

Buchholtz a montré que les différences d'origine des microbes les rendaient plus ou moins résistants aux antiseptiques.

On a pensé trouver un caractère différentiel entre les différentes espèces de microbes dans la quantité de produit antiseptique qu'ils peuvent absorber sans en souffrir, de même que dans les limites de température entre lesquelles ils peuvent vivre.

Or un microbe qui a été cultivé en un milieu peu favorable est moins endurant à l'action des antiseptiques qu'un microbe qui a été cultivé en bouillon nutritif favorable, ou mieux, qui vient d'un organisme animal.

Ainsi Kossiakoff a étudié l'action du borax, de l'acide borique et du sublimé sur le *Tyrothrix tenuis*, sur le *Bacillus subtilis* et sur le *Bacillus anthracis*, et il a montré que les organismes inférieurs, soumis à l'action d'un antiseptique à doses croissantes, peuvent vivre avec des proportions toxiques pour un microbe non acclimaté; cette accommodation varie naturellement avec chaque microbe.

Les doses arrêtant le développement, dans les conditions où s'était mis Kossiakoff, sont résumées dans le tableau suivant :

	BORAX.		ACIDE BORIQUE.		SUBLIMÉ.	
	BACILLES neufs.	BACILLES acclimatés.	BACILLES neufs.	BACILLES acclimatés.	BACILLES neufs.	BACILLES acclimatés.
Bactéridie charbonneuse. . .	1 : 230	1 : 143	1 : 167	1 : 125	1 : 20000	1 : 14000
Tyrothrix scaber.	1 : 91	1 : 66	1 : 125	1 : 100	1 : 16000	1 : 12000
Bacillus subtilis.	1 : 91	1 : 55	1 : 111	1 : 91	1 : 14000	1 : 10000
Tyrothrix tenuis.	1 : 62	1 : 48	1 : 111	1 : 91	1 : 10000	1 : 60000

L'influence des antiseptiques peut encore s'exercer en permettant la création de races nouvelles, ce qui, contrairement à l'hypothèse précédemment admise, est loin de simplifier la question de la nomenclature.

Chamberland et Roux en 1883, Lehmann en 1887, Behring en 1889, Roux en 1890, Phisalix en 1893, Surmont et Arnoult en 1894, ont montré la possibilité de créer artificiellement des races de *Bacillus anthracis* asporogène, et cela, soit, par addition d'un antiseptique à la culture, le bichromate de potasse (Chamberland et Roux), ou l'acide phénique (Roux), par exemple; soit par le vieillissement (Lehmann), ou une certaine acidité (Behring) (HCl), ou une température de 42° maintenue pendant un mois (Phisalix).

Au point de vue de l'étude particulière de chaque agent chimique, il y a lieu de considérer avec Miquel :

1° La dose infertilisante, c'est-à-dire la proportion nécessaire pour entraver et arrêter le développement d'un bacille dans un certain milieu ;

2° La dose bactéricide, qui, non seulement arrête le développement, mais encore amène la mort du microbe et l'empêche par suite de se reproduire si on le transporte dans un milieu favorable.

Action de l'ozone. — Chappuis avait montré déjà l'action antiseptique de l'ozone sur les germes contenus dans l'air. D'Arsonval et Charrin ont vu que l'ozone arrête le développement du bacille pyocyanique et de l'*Oospora Guignardi*. Oppermann a admis que l'électricité n'agit que par la formation consécutive d'ozone. Il y a, dans ce cas, destruction complète des microbes. Avant Oppermann, Ohlmuller avait stérilisé de l'eau fortement souillée de germes, de l'eau d'égoût, par exemple, au moyen d'air ozonisé.

Van Ermengen a essayé aussi la stérilisation par l'ozone sur des eaux très impures.

Les phénomènes respiratoires sont donc pour les organismes aérobies du même ordre que pour les organismes supérieurs. L'oxygène indispensable à leur vie devient toxique sous de hautes pressions.

Action de l'eau. — L'influence de l'eau est extrêmement difficile à établir nettement, car ce que l'on est convenu de désigner sous ce nom ne désigne pas un liquide chimiquement pur, mais presque toujours des solutions plus ou moins étendues de sels métalliques et de matières organiques existant dans la nature.

L'action de l'eau pure sur un ferment revient à étudier, soit la plasmolyse existant entre le protoplasme cellulaire d'une part et la solution plus ou moins étendue dans laquelle il vit, d'autre part, c'est-à-dire la solution au point de vue physique; autrement dit la plus ou moins grande concentration d'un sel, c'est-à-dire la dilution au point de vue chimique.

Hofkine cultive des *Paramecium aurelia* et *P. bursaria* dans une infusion artificielle; puis il concentre au dixième de son volume une partie de l'infusion primitive, et, dans le liquide ainsi obtenu, il transporte un certain nombre de Paramécies. Les microrganismes ne subissent de ce fait qu'une très courte période d'agitation, et continuent à vivre et à se développer de la même façon que dans le premier cas. La plus ou moins grande dilution d'un liquide alimentaire ne modifie donc pas le développement d'un ferment, à la condition, toutefois, que la proportion d'aliment n'augmente pas jusqu'à devenir toxique.

Quant à la dilution des substances antiseptiques, elle ne saurait être que l'étude de ces antiseptiques et la limite à laquelle ils sont encore actifs. L'action de l'eau n'est donc que mécanique.

L'action des eaux naturelles participe donc, d'une part, de l'intervention des substances qu'elle tient en dissolution, d'autre part, de l'intervention des agents physiques extérieurs, air, chaleur, électricité, etc. Un troisième facteur doit aussi intervenir, c'est l'influence des espèces microbiennes les unes sur les autres. (Voir plus loin *Action des microbes les uns sur les autres*, p. 370.)

Action des eaux naturelles. — La numération, la détermination des microbes dans les eaux naturelles a donné lieu à un nombre considérable de travaux qui ont montré la présence de germes; les uns, saprophytes, les autres, au contraire, pathogènes; et c'est précisément la recherche de ces dernières espèces qui a motivé la presque-totalité des travaux.

Certaines eaux semblent posséder une action toute spéciale sur un certain nombre de germes. Hankin a étudié à ce point de vue les eaux du Gange et de la Yumna, lesquelles, stérilisées par filtration sur bougie, ont un pouvoir bactéricide remarquable sur les éléments du choléra. Ces mêmes eaux, stérilisées à 115° à l'autoclave, ne possèdent presque plus cette propriété. Il en est de même des eaux conservées pendant un certain temps au contact de l'air. Enfin, les eaux de la Yumna et du Gange, chauffées en vase clos, conservent leur pouvoir bactéricide, tandis qu'elles le perdent lorsqu'elles sont simplement chauffées à l'air libre.

Les substances bactéricides qu'elles renferment sont donc volatiles, oxydables et en très minime quantité.

Quelques auteurs (HOCHSTETTER, STRAUSS et DUBARRY, etc.) ont recherché la durée de conservation de certains germes dans l'eau distillée et dans certaines eaux de consommation; et ils ont montré que cette durée peut être considérable, puisqu'une levure résiste plus de 247 jours; le bacille du choléra, 392 jours dans l'eau de canalisation de Berlin; le bacille du charbon, 65 jours dans l'eau de la Vanne; le bacille typhique, 81 jours dans l'eau de l'Ourcq; le bacille de Koch, plus de 93 jours, etc.

RIEDEL aurait vu, lui aussi, le bacille virgule persister plus d'un an dans l'eau d'alimentation de Berlin.

L'eau est donc généralement un milieu de conservation des ferments, milieu qui, dans certains cas particuliers, devient toxique pour certaines espèces, grâce à la présence des substances qui y sont renfermées.

Action des halogènes. — Le chlore sec ne détruit pas les spores d'un grand nombre de microrganismes (MIQUEL); mais, en présence de l'eau, il détruit, au contraire, tous les germes en vingt-quatre heures à la dose de 4 à 5 grammes par mètre cube d'air (MIQUEL). D'après FISCHER et PROSKAUER, le chlore humide à 1/2500e détruit les spores du *Bacillus anthracis*, et à 1/25000e détruit le streptocoque de l'érysipèle et le bacille du choléra des poules.

Le chlore à l'état de dissolution peut être employé comme antiseptique; car il s'oppose à tout développement de ferments à 1/15000e (JALAN DE LA CROIX). Il arrête la putréfaction à 1/4000e (MIQUEL).

D'après CHAMBERLAND, les vapeurs d'acide hypochloreux détruisent les spores charbonneuses et stérilisent le sol en soixante-douze heures. D'après MIQUEL, on obtient la stérilisation parfaite de 1 mètre cube d'air en vingt-quatre heures par les vapeurs qui se dégagent de 50 c. c. d'hypochlorite de soude commercial.

Les vapeurs de brome humides détruisent tous les germes à la dose de 4 à 5 grammes par mètre cube d'air (MIQUEL). Les bacilles de Koch sont complètement détruits dans les crachats tuberculeux par le brome dans la proportion de 1 : 3500 (FISCHER et PROSKAUER).

Les vapeurs d'iode sont bactéricides à la dose de 1 à 2 grammes par mètre cube d'air (MIQUEL).

Action des acides. — Les moisissures apparaissent et prospèrent même sur des liquides assez fortement acides.

L'action des acides est donc assez spéciale, et elle n'est pas *a priori* absolument toxique; elle détermine un certain nombre de variations dans la nature, dans la biologie et dans la morphologie du ferment.

Les propriétés de chaque ferment sont ainsi influencées par des quantités variables de produits. Avant la destruction de l'organisme ou simplement l'arrêt de son développement, quelques-unes de ses facultés sont suspendues ou détruites.

C'est ainsi que WASSERZUG, étudiant l'action des acides sur le bacille pyocyanogène, a montré que des quantités très faibles empêchent la production de pyocyanine et arrêtent le développement.

	QUANTITÉS en grammes empêchant la production de pyocyanine.	QUANTITÉS en grammes par litre arrêtant le développement.
Acide sulfurique. . .	0,29	0,29
Acide chlorhydrique.	0,32	0,33
Acide acétique	0,44	0,35
Acide oxalique	0,48	0,50
Acide tartrique. . . .	0,58	0,58
Acide citrique. . . .	0,66	0,68

Les propriétés du protoplasma peuvent être encore, sous l'influence des acides, plus profondément modifiées. C'est ainsi que certains bacilles ne possèdent plus, après quelque temps de contact, les affinités pour les matières colorantes qui leur étaient habituelles.

NIKITINE a pu empêcher le bacille de la tuberculose et le bacille du beurre de pouvoir se colorer par la méthode de ZIEHL. Pour cela, les colonies sont soumises successivement à l'action de solutions d'acides chlorhydrique, azotique, sulfurique, acétique, trichloracétique et des alcalis, potasse caustique, ammoniaque; enfin, on fait encore agir des substances dissolvant les matières grasses telles que l'alcool, l'éther, le xylol. Par ce procédé, au bout d'un temps déterminé, les bactéries ont perdu le pouvoir de se colorer par la méthode de ZIEHL.

Étude particulière de chaque acide. — *Acide carbonique.* — L'acide carbonique exerce son action sous la forme de gaz, et cela, soit à la pression ordinaire, soit sous des pressions considérables. FRAENKEL a résumé l'action de l'acide carbonique sur les microbes en montrant qu'un petit nombre (B. d'EMMERICH, de BRIEGER, B. du typhus abdominal, levure, etc.) se développent aussi bien dans un courant de CO^2 que dans l'air. D'autres, au contraire, ont une vie ralentie (*M. prodigiosus*, *B. indicus*, etc.); pour d'autres, la résistance varie avec la température; pour d'autres, enfin, et parmi eux le plus grand nombre des espèces pathogènes (B. du charbon, B. du choléra asiatique), il y a arrêt complet du développement.

D'ARSONVAL et CHARRIN ont recherché l'action de l'acide carbonique à haute pression sur le bacille pyocyanique. L'atténuation du microbe est proportionnelle à la durée de l'exposition. L'acide carbonique, à la pression de 40 à 50 atmosphères maintenues pendant une à sept heures, supprime la fonction chromogène du bacille. Maintenu à cette pression pendant dix heures, il amène la mort définitive (D'ARSONVAL et CHARRIN). Il tue encore plus rapidement l'*Oospora Guignardi* : CHAUVEAU a détruit la bactéridie charbonneuse à une pression de 12 atmosphères. D'ARSONVAL admet enfin qu'une pression de 90 atmosphères d'acide carbonique au moins en présence de glycérine détruit presque instantanément tous les germes vivants, en respectant les albuminoïdes.

SABRAZES et BAZIN, au contraire, n'ont pu détruire, par l'acide carbonique à des pressions même supérieures à 90 atmosphères, ni le staphylocoque doré, ni la bactéridie charbonneuse. La virulence de cette dernière n'est même pas affaiblie.

Acide fluorhydrique. — L'action de l'acide fluorhydrique a été étudiée surtout sur le bacille tuberculeux que l'on avait espéré ainsi détruire.

H. MARTIN a montré que des traces, 1/10 000e ou 1/15 000e, d'acide fluorhydrique ajoutées au milieu de cultures du bacille tuberculeux empêchent complètement le développement du microbe. GAUCHER et CHAUTARD ont, au contraire, montré que la résistance des bacilles tuberculeux aux vapeurs d'acide fluorhydrique est, au contraire, considérable, puisque l'action directe et prolongée de ces vapeurs sur le bacille diminue sa virulence, mais ne le tue pas (Voir **Fluorures**).

Acide chlorhydrique. — L'acide chlorhydrique en vapeur détruit tous les germes, même à l'état de spores, en moins de vingt-quatre heures, à la dose de quelques grammes par mètre cube. Cette action est encore plus énergique en présence d'acide osmique (MIQUEL).

GILBERT a recherché l'action de l'acide chlorhydrique sur un certain nombre de microbes. Le *Bacterium coli*, semé dans l'eau distillée en présence d'HCl, a présenté la sensibilité suivante :

	HCl p. 100
Mort en un quart d'heure.	0,193
— une demi-heure	0,148
— une heure.	0,095
— moins de vingt-quatre heures .	0,047

Cultivé dans du bouillon, il supporte des quantités bien plus considérables encore d'acide chlorhydrique : 0,2 p. 100 d'HCl n'ont aucune action. Son développement est gêné à 0,24 p. 100. Il est tué à 0,272 p. 100 (GILBERT).

La remarquable résistance du *Bacterium coli* à l'acide chlorhydrique explique la possibilité, pour ce ferment, de se développer dans le milieu gastrique.

D'après KOCH, l'acide chlorhydrique au 1/30e détruit les spores du charbon en cinq à dix jours.

BOER a recherché quelle était la concentration nécessaire à une solution d'acide chlorhydrique pour tuer en deux heures un certain nombre d'espèces pathogènes :

Bacillus anthracis.	1/100
Bacille de la morve	1/200
Bacille d'Eberth	1/300
Spores du choléra.	1/350
Bacille de la diphtérie. . . .	1/700

Acide sulfhydrique. — L'acide sulfhydrique est assez toxique, puisqu'il arrête les fermentations à la dose de 1/2000ᵉ (Miquel) : cette action s'exerce même sur les ferments qui lui donnent naissance.

Acide sulfureux. — L'anhydride sulfureux gazeux a un pouvoir bactéricide faible, augmenté d'ailleurs par l'humidité (Miquel). Cependant, d'après Sternberg, l'anhydride sulfureux détruit tous les ferments au bout de dix-huit heures d'exposition dans une atmosphère à 20 p. 100 de gaz sulfureux.

G. Linossier a recherché les doses toxiques d'acide sulfureux pour quelques champignons inférieurs, et en particulier pour certaines levures alcooliques.

	DOSES TOXIQUES PAR LITRE			
	15 MINUTES.	6 HEURES.	24 HEURES.	5 JOURS.
	c. c.	c. c.	c. c.	c. c.
Levure de bière.	200	100	20	»
— de raisins blancs	100	20	20	10
— — de Corinthe. . . .	200	40	20	20
— de fraises.	200	20	10	10
— —	100	40	10	10
— —	200	40	40	20
Mycolevure de Duclaux.	200	100	40	20
Mycoderma vini	200	100	100	40
— —	200	100	20	20
Oidium albicans (muguet)	500	100	20	20
Aspergillus niger	50	20	10	»

La présence de très faibles quantités d'un acide minéral exalte constamment, et d'une manière remarquable, la toxicité de SO^2 (Linossier). C'est ce que montre d'ailleurs le tableau suivant :

	DOSES TOXIQUES PAR LITRE		
	15 MINUTES.	6 HEURES.	24 HEURES.
	c. c.	c. c.	c. c.
Levures de raisin.			
Sans SO^4H^2	100	20	20
0ᵍʳ,25 SO^4H^2 p. 100. . .	40	4	4
Oidium albicans.			
Sans SO^4H^2	500	100	20
0ᵍʳ,47 SO^4H^2 p. 100. . .	500	10	2

Acide sulfurique. — Koch a recherché l'action de l'acide sulfurique sur les spores du *Bacillus anthracis.* L'acide sulfurique à 1 p. 100 empêche son développement, mais ne le tue pas en dix jours. Sternberg a détruit en quatre heures le *Bacillus subtilis* par de l'acide sulfurique à 1/25ᵉ, et, en deux heures, des bacilles pyogènes par de l'acide sulfurique à 1/200ᵉ.

D'après le même auteur, la putréfaction est arrêtée par 1/800ᵉ d'acide sulfurique; d'après Miquel par 1/300ᵉ.

Acide azotique. — L'anhydride hypoazotique est extrêmement bactéricide, surtout en présence d'acide osmique (Miquel). L'acide azotique détruit les germes à 8 p. 100, et cette action ne s'exerce plus à 5 p. 100.

Anhydride phosphorique. — Kitasato a recherché l'action de l'acide phosphorique sur le bacille d'Eberth et sur le bacille du choléra, et il a montré qu'ils étaient détruits en cinq ou six heures par 1/330ᵉ pour le premier, et par 1/500ᵉ, pour le second.

En résumé, la dose arrêtant le développement des microbes pour les trois principaux oxacides serait de 1/200ᵉ à 1/300ᵉ (Boer, Miquel).

Acide arsénieux. — Koch a montré que le *Bacillus anthracis* était détruit en six à dix jours par de l'acide arsénieux au 1/100e.

Acide borique. — L'acide borique a une action toxique sur certains microbes, très variable d'ailleurs et très inconstante. Koch n'a observé aucune action sur le charbon avec une solution d'acide borique au 1/20e. Yensin n'a pas observé d'action toxique sur le bacille de Koch avec une solution à 4 p. 100, même au bout de douze heures. Sternberg, avec une même concentration, a observé le même résultat négatif sur des micrococcus pyogènes au bout de deux heures. Cependant Kitasato aurait obtenu la mort des bacilles d'Eberth et des bacilles du choléra avec des solutions d'acide borique à 1/370e pour le premier, à 1/670e pour le second.

Acides organiques. — Les acides organiques n'ont pas en général une action aussi énergique sur les microrganismes, bien que Miquel ait montré que la proportion de 1 200e à 1/350e arrête parfois les fermentations.

Wasserzug (1883) a montré que des traces d'acides organiques faibles, loin d'arrêter la fonction pyocyanique, l'exaltait au contraire.

Enfin, Mlle Nadina Lieber a montré que l'acide acétique à la dose de 5 p. 100 arrête la putréfaction de la viande; l'acide butyrique et l'acide lactique sont peu actifs : à 40 p. 100 ils n'empêchent pas complètement le développement des microbes de la putréfaction.

Acide acétique. — D'après Koch, l'acide acétique à la dose de 5 p. 100 n'exerce aucune action sur le *Bacillus anthracis*.

Van Ermengen a observé en une demi-heure la destruction des spores du choléra par de l'acide acétique à 1/300e, et Kitasato, en cinq ou six heures, par de l'acide acétique à 1/500e.

Les acides gras supérieurs, l'acide butyrique, l'acide valérianique, n'ont aucune action, d'après Koch, à 5 p. 100 sur les spores du *Bacillus anthracis*.

Acide lactique. — D'après Kitasato, le bacille d'Eberth serait tué en cinq heures par de l'acide lactique à 1/250e, et le bacille du choléra dans le même temps par de l'acide à 1/330e.

Acide oxalique. — D'après le même auteur, le bacille d'Eberth serait tué en cinq heures par de l'acide oxalique à 1/290e, et les spores du choléra par de l'acide oxalique à 1/350e.

Acide tartrique. — A 20 p. 100, en deux heures, d'après Abbott, l'acide tartrique n'agirait pas sur les spores du charbon et du *Bacillus subtilis*.

Acide citrique. — D'après Kitasato, le bacille d'Eberth serait détruit en cinq heures par de l'acide citrique à 1/230e, et les spores du choléra par de l'acide citrique à 1/330e.

D'après Van Ermengen, ces derniers seraient détruits en une demi-heure par l'acide citrique à 1/200e.

Acide benzoïque. — L'acide benzoïque arrête les fermentations à 1/1000e (Miquel). D'après Koch, 1/910e d'acide benzoïque arrête le développement du *Bacillus anthracis*.

Acide salicylique. — L'acide salicylique à 2,5 p. 100 tue tous les germes en six heures, d'après Yensin. En solution dans le biborate de soude, il tue les éléments du pus à 1 200e, et le pneumocoque en une demi-heure à 1 p. 100 (Sternberg).

Pour Abbott, il serait bactéricide à 1/400e. Pour Van Ermengen, il tuerait les spores du choléra en une heure à 1/300e. Pour Kitasato, il détruirait les mêmes spores en cinq heures à 1/80e, et le bacille d'Eberth à 1/60e. Enfin, pour Koch, il ne produirait rien à 1/20e sur le bacille du charbon.

Tous ces chiffres se rapportent à de l'acide salicylique tenu en dissolution dans l'alcool.

Tanin. — Le tanin exerce une action très variable. D'après Arloing, Cornevin et Thomas, il n'agirait pas à 20 p. 100 sur le bacille du charbon. Abbott obtient les mêmes résultats sur le même microbe et sur le *Bacillus subtilis*.

Koch laisse le tanin à 5 p. 100 en contact pendant dix jours avec les spores du charbon, et n'observe rien. Sternberg a observé la destruction du pneumocoque avec du tanin à 1 p. 100. Enfin Kitasato admet que le bacille d'Eberth et les spores du choléra sont détruits en cinq heures par du tanin à 1/580e.

Acide gallique. — Abbott n'a constaté aucun effet après vingt-quatre heures de contact de l'acide gallique à 1/40ᵉ sur les spores du charbon. Certains microbes pyogènes, au contraire, seraient tués en vingt-quatre heures par le même acide à 1/140ᵉ.

Sels métalliques. — Les sels métalliques exercent à l'état de solution deux actions différentes sur les microorganismes. D'une part, ils agissent par les propriétés du métal qu'ils renferment, propriétés généralement toxiques ou qui s'opposent au moins au développement du ferment. D'autre part, Harold H. Mann a montré que, pour certains sels métalliques doués de propriétés antiseptiques, la quantité nécessaire pour tuer la levure augmente avec la quantité de levure. Il a prouvé que, pour les sels de cuivre, de plomb, de fer et de mercure, l'effet antiseptique est obtenu par suite de la fixation du métal par la levure sous la forme de phosphate insoluble (au moins en partie).

A côté de cette action propre, on peut observer une action presque mécanique, déterminée par la plus ou moins grande concentration du milieu dans lequel se développe le ferment. Si l'on a affaire à des solutions isotoniques avec le plasma cellulaire, il ne saurait y avoir de phénomène d'osmose ; mais, dans le cas contraire, on aura des phénomènes de plasmolyse. A. F. Ivanov a observé la plasmolyse des bactéries, caractérisée par le gonflement du protoplasme qui sort de la membrane déchirée en fines granulations, dans le passage d'une dissolution saline à une autre, différente, mais sans que le degré de concentration soit en question. L'auteur pense que les altérations plasmolytiques ont pour cause l'absence de matériaux nutritifs dans le milieu ambiant.

Ch. Richet a pu dégager de l'étude de l'influence des différents sels métalliques sur la fermentation lactique une loi remarquable, et très générale, au point de vue de l'action différente qu'ils exercent suivant la dose. On peut ainsi distinguer :

1° Une dose indifférente ;
2° Une dose accélératrice ;
3° Une dose ralentissante ;
4° Une dose empêchante.

La dose indifférente correspond à des traces de substances ; puis vient la dose accélératrice, très évidente, et que l'on retrouve avec des proportions variables pour chaque sel considéré. La puissance accélératrice d'un métal n'a d'ailleurs aucun rapport avec sa toxicité, et les plus accélérateurs sont ceux qui semblent le plus répandus dans la nature, le magnésium, le sodium, le potassium : l'accélération se manifeste surtout pendant les premières vingt-quatre heures.

Les doses ralentissantes et empêchantes sont des proportions de plus en plus élevées et qui, par suite, deviennent particulièrement toxiques pour le ferment.

La dose toxique et mortelle, pour ces métaux différents, n'est nullement en rapport avec le poids atomique du métal. Ch. Richet a montré qu'il fallait faire intervenir un autre coefficient, la rareté de l'élément considéré. Dans une même famille chimique les métaux rares sont plus toxiques que les métaux communs : le cadmium est plus toxique que le zinc ; le nickel est plus toxique que le fer ; le thallium est plus toxique que le plomb. Tout se passe comme si les microorganismes étaient habitués à l'action des métaux communs.

Enfin l'étude de la toxicité des métaux présente encore un troisième point de vue que Ch. Richet et C. Mitchell ont mis en lumière dans ces mêmes recherches sur la fermentation lactique : c'est l'accoutumance aux poisons. Si un ferment, le ferment lactique en particulier, parvient à vivre et à se développer en présence d'un élément toxique, sa vitalité, d'abord fortement atténuée, se relève rapidement pour atteindre celle d'un organisme vivant dans des conditions normales. Il y a donc là accoutumance aux poisons.

Sels de lithium. — Le chlorure de lithium serait, d'après Miquel, celui de tous les chlorures alcalins qui présenterait la plus grande toxicité. Il empêcherait le développement des ferments à la dose de 1/11ᵉ. A la dose de 2 grammes par litre le lithium diminue de moitié le développement du ferment lactique, et la dose accélératrice serait pour le même ferment de 0ᵍʳ,0035 p. 100 (Ch. Richet).

Sels de sodium. — La soude empêche le développement des ferments à 1/56ᵉ.

Le chlorure de sodium présenterait un optimum favorisant particulièrement le développement à 8 p. 100. Cette action favorisante va ensuite en décroissant jusqu'à 20 p. 100 : à partir de là, le développement des germes est empêché. A la dose de 20 grammes par litre, Na diminue de moitié le développement du ferment lactique (Ch. Richet).

À 16,5 p. 100 l'action antimicrobienne du chlorure de sodium serait maximum (Miquel), et c'est à cette dose que le sel s'opposerait alors avec le plus d'efficacité aux fermentations et aux putréfactions.

Le chlorure de sodium néanmoins ne tue pas les microbes, ou ceux-ci résistent très longtemps (Forster, Koch, Arloing, Cornevin et Thomas, Schill et Fischer, Sternberg, Freytag, etc.). Il serait néamoins mortel pour les bacilles du choléra, d'après Forster et Freytag.

Le carbonate de soude, d'après Kitasato, détruit les bacilles du choléra à 1/28e, et le bacille d'Eberth à 1/40e.

Le sulfate de soude ne présente aucune action, même à saturation (Miquel); il en est de même du chlorate de soude. L'arsénite de soude s'oppose aux fermentations, à 1/143e (Miquel) et tue en deux heures les microcoques du pus à 1/25e.

Le sodium est accélérateur pour le ferment lactique à la dose de 0,8 p. 100 (Chassevant et Ch. Richet).

Sels de potassium. — La potasse tue en cinq heures le bacille d'Eberth à 1/555e, et le bacille du choléra à 1/410e (Sternberg). A la dose de 40 grammes par litre K diminuerait de moitié le développement du ferment lactique.

Le chlorure de potassium s'oppose aux fermentations à 1/8e à 1/5e. Le bromure de potassium à 25 p. 100 (Miquel). Enfin, l'iodure de potassium tue en cinq heures, à 9 à 10 p. 100, le bacille du choléra et le bacille d'Eberth (Kitasato).

Le carbonate de potasse, d'après le même auteur, tue ces mêmes microbes dans le même temps à 1/100e et arrête leur développement à 1/130e et 1/125.

Le sulfocyanure, le ferrocyanure et l'arséniate de potassium s'opposent aux fermentations, lorsque leur proportion atteint, d'après Miquel, 1/8e à 1/5e.

Le permanganate de potasse tue en vingt-quatre heures, d'après Koch, le *Bacillus anthracis* à 5 p. 100 et, d'après Löffler, le bacille de la morve, en deux minutes à 1 p. 100.

La dose accélérante du potassium pour le ferment lactique serait de 8 grammes par litre (Chassevant et Ch. Richet).

Sels ammoniacaux. — Le gaz ammoniac à 1/710e s'oppose, d'après Miquel, à la putréfaction du bouillon; d'après Boer, il tue les bacilles de la diphtérie et de la morve à 1/200e; le bacille du charbon, à 1/300e; le bacille du choléra, à 1/350. Kitasato a trouvé la même dose toxique en cinq heures pour le choléra et la fièvre typhoïde.

Le chlorhydrate d'ammoniaque empêche la putréfaction à 11,5 p. 100. Le bromhydrate, à 16 p. 100; le sulfate n'a pas d'action (Miquel).

D'après Kitasato, le carbonate d'ammoniaque tue en cinq heures le bacille d'Eberth à 1/100e, et les spores du choléra à 1/77e; il est cependant curieux de remarquer que 1/5e de carbonate d'ammoniaque n'arrête pas la fermentation de l'urée.

Bérard et Nicolas ont recherché l'action du persulfate d'ammoniaque, oxydant énergique, sur les ferments aérobies. Même à 1/100e il semble non seulement entraver la végétation de la plupart d'entre eux, mais encore les tuer au bout d'un temps variable pour chaque espèce. Il atténue la virulence du bacille pyocyanique, du bacille de Löffler, lorsqu'il se trouve à des doses insuffisantes pour arrêter complètement leur développement.

Sels de magnésium. — D'après Chassevant et Ch. Richet, 12 grammes de magnésium par litre empêchent le développement du ferment lactique, et 36 grammes entraînent sa mort. Mais ce sont surtout les sels de magnésium qui présentent à un haut degré la fonction accélératrice étudiée par Ch. Richet; la dose accélératrice est dans ce cas voisine de 2 grammes de magnésium par litre. Le fait a été inutilement contesté par Aloy et Bardier, sans preuves suffisantes.

Sels de calcium. — La chaux détruirait à 1 p. 100, d'après Kitasato, le bacille du choléra asiatique. Le chlorure de calcium s'oppose aux fermentations à 1/15e (Miquel). Le calcium est toxique pour le ferment lactique à la dose de 32 grammes par litre.

Sels de baryum et de strontium. — Le chlorure de baryum arrête la putréfaction à 1/10e, et le chlorure de strontium à la dose de 1/12e. Le strontium est accélérateur de la fermentation lactique à la dose de 1,3 p. 100; il est toxique à la dose de 43,7, et le baryum, à celle de 68,6 p. 1000 (Chassevant et Ch. Richet).

Sels de fer. Perchlorure de fer. — Le perchlorure de fer détruit en cinq jours les spores du charbon, d'après Koch. Le sulfate ferreux au 1/20ᵉ n'agit pas en six jours, sur le charbon. Au 1/10ᵉ, d'après Sternberg, il détruirait en deux heures les microbes du pus. Enfin, à 1/5ᵉ, il ne produirait rien sur le charbon symptomatique, d'après Arloing, Cornevin et Thomas. Il arrête les fermentations à des doses variant de 1/90ᵉ (Miquel) à 1/200ᵉ (Sternberg).

Le fer est accélérateur de la fermentation lactique à la dose de 0,01 p. 100 ; il s'oppose à son développement à la dose de 0,448 p. 100 et il tue à 0,56 p. 100 (Chassevant et Ch. Richet).

Sels de cuivre. — Le *chlorure cuivrique* et le *sulfate de cuivre* arrêtent les fermentations, d'après Miquel, à des doses de 1/1 430ᵉ et de 1/1 100ᵉ. Le sulfate de cuivre serait mortel, d'après Nicati et Rietsch, en dix minutes pour les spores du choléra à la dose de 1/3 000ᵉ. D'après von Ermengen, pour la même espèce, en quatre heures, à la dose de 1/1 000ᵉ. Il faudrait 1/500ᵉ et deux heures pour les bacilles du choléra et le streptocoque, d'après Bolton, 1/200ᵉ et deux heures pour le bacille d'Eberth, le staphylocoque du pus, d'après Bolton, le choléra, d'après Sternberg ; 1/20ᵉ et dix minutes pour le choléra, d'après Seitz. La même solution ne produirait rien sur les spores du charbon, d'après Koch ; enfin une solution à 1/5ᵉ détruirait en deux heures les spores du *Bacillus subtilis*, d'après Sternberg. Le cuivre est accélérateur à 0,0189 p. 100, toxique à 0,189 p. 100 pour le ferment lactique.

Sels de plomb. — Le *chlorure de plomb* et l'*azotate de plomb* s'opposent aux fermentations aux doses de 1/500ᵉ et 1/277ᵉ d'après Miquel. Le plomb est accélérateur à 0,015 ; toxique à 1,35ᵉ, et mortel à 2,5 p. 100 pour le ferment lactique.

Sels de nickel. — D'après le même auteur l'*azotate de nickel*, et le *sulfate de nickel* ont la même action aux doses de 1/355ᵉ et de 1/285ᵉ. Le nickel est mortel pour le ferment lactique à 0,0237 p. 100.

Sels de cobalt. — L'*azotate* et le *chlorure* ont toujours, d'après Miquel, la même action à la dose de 1/475ᵉ. Le cobalt détruit le ferment lactique à 0,0074 p. 100 (Chassevant et Ch. Richet).

Sels d'alumine. — L'*acétate* arrêterait les fermentations à des doses variant de 1/6 300ᵉ à 1/5 250ᵉ, d'après Jalan de la Croix et Kuhne, et pour Miquel, le chlorure d'aluminium aurait la même action à 1/710ᵉ. L'aluminium est accélérateur à 0,0082 p. 100 de la fermentation lactique, toxique à 1,43 p. 100, mortel à 2,05 p. 100.

Autres métaux. — Le *chlorure stanneux* détruirait en deux heures les ferments de la putréfaction à 1/100ᵉ (Abbot).

Le *chlorure de zinc* n'aurait, pour Miquel et Koch, aucune action destructive : il arrêterait les fermentations, pour Miquel, à la dose de 1/525ᵉ.

Le *chlorure de manganèse* aurait la même action, à la dose de 1/40ᵉ, et l'*émétique* à la dose de 1/14ᵉ.

Le *nitrate d'argent* empêche les fermentations à 1/12 500ᵉ (Miquel). Il s'oppose au développement de la bactéridie charbonneuse à 1/80 000ᵉ ; il tue ses spores à 1/10 000ᵉ (Behring). Il empêche les cultures des bacilles du charbon, de Löffler, d'Eberth, du choléra, de 1/50 000ᵉ à 1/70 000ᵉ. Il tue les spores des bacilles à 1/20 000ᵉ, du bacille de Löffler à 1/2 500ᵉ, du bacille d'Eberth à 1/2 000ᵉ (Boer).

L'*iodure d'argent* à 1/30 000 s'oppose à la putréfaction (Miquel).

Le *chlorure d'or* empêche le développement des bactéries à 1/4 000ᵉ (Miquel) ; le chlorure d'or et de sodium tue le *Bacillus anthracis* à 1/8 000ᵉ, les bacilles du choléra et de la diphtérie à 1/1 000ᵉ, le bacille d'Eberth et celui de la morve à 1/400ᵉ et 1/500ᵉ (Boer). L'or est accélérateur du ferment lactique à 0,0045 p. 100 et mortel à 0,0648 (Chassevant et Cu. Richet).

Sels de mercure. — Les sels de mercure méritent une place spéciale, par suite de leur très grande toxicité et de leur pouvoir antiseptique remarquable (V. **Mercure**).

Les plus importantes combinaisons jouissant de cette propriété sont le *bichlorure* ou sublimé, le *cyanure* et l'*oxycyanure*.

Le sublimé présente, comme tous les autres sels, une dose toxique variant d'ailleurs avec le microbe, la température, le temps et l'expérimentateur.

D'après Behring, le choléra et le bacille du charbon sont tués en une heure à 36°, à la dose de 1/100 000ᵉ, et, dans le même temps, à 3°, à la dose de 1/25 000ᵉ.

Van Ermengen détruit le choléra en une heure à 1/60 000e en culture sur bouillon, à 1/100000e en culture sur sérum. La dose de 1/10 000e est mortelle à la longue pour les spores du charbon, d'après Koch; en deux heures, pour les mêmes éléments et pour les spores du *Bacillus subtilis*, d'après Sternberg; dans le même temps pour les bacilles d'Eberth, du choléra et de la septicémie, d'après Fraenkel. A 1/10 000e, il tue en quelques minutes les spores du charbon; en une minute, le staphylocoque doré; en deux minutes, le streptocoque du pus; en cinq minutes le bacille pyocyanique; en quinze minutes, le bacille du charbon, le *Bacillus subtilis* et les staphylocoques du pus (Tarnier et Vignot); en vingt-cinq minutes, le staphylocoque doré, d'après Behring; en une demi-heure, les bacilles d'Eberth, du choléra et de la septicémie, d'après Fraenkel.

Enfin, Schill et Fischer admettent qu'il faut vingt-quatre heures de contact d'une solution à 1/2 000e pour détruire le bacille de Koch dans des crachats tuberculeux.

Le cyanure de mercure détruirait le bacille du charbon à 1/25000e, d'après Behring. L'oxycyanure à la dose de 1/16 000e. Chibret a étudié l'action de ce dernier produit sur le staphylocoque, qui est détruit en une minute à 1/100e; en une heure, par une solution à 1/1000e; en une heure et demie à 1/1500e.

Il existe enfin un certain nombre de combinaisons organo-métalliques mercuriques jouissant de propriétés antiseptiques remarquables.

Charrin et Desesquelle ont donné un tableau représentant la puissance antiseptique de quelques-uns de ces composés organo-mercuriques :

	DOSES TOXIQUES.	DOSES SUPPRIMANT la fonction chromogène du Bacille pyocyanogène.	DOSES ARRÊTANT le développement du Bacille pyocyanogène.
	gr.	gr.	gr.
Hg < Cl / Cl	0,0025	0,00200	0,00600
Hg < Cl / OC⁶H⁵	0,0200	0,00500	0,00575
Hg < OH / OC⁶H⁵	0,0150	0,00400	0,01300
Hg < O OC²H³ / O C⁶H⁵	0,0150	0,00775	0,00975
Hg < Cl / O C¹⁰H⁷	0,0090	0,01000	0,01800
Hg < O C¹⁰H⁷ β / O C¹⁰H⁷ β	0,0100	0,00900	0,01000
Hg < O CH³ / O C¹⁰ H⁷ β	0,0055	0,00750	0,01200

Action des carbures d'hydrogène. — Les carbures légers du pétrole, benzoline, essence, n'ont aucun pouvoir antiseptique. La benzine ne tue pas les microrganismes; elle n'atténue même pas leur vitalité; mais elle arrête complètement leur développement (Chassevant).

Action des alcools. — L'alcool ne détruit pas et n'atténue pas la virulence des spores des bacilles charbonneux (P. Bert).

L'alcool absolu n'a qu'une action microbicide médiocre, variable avec le milieu; car Schill et Fischer ont montré que le bacille de Koch n'est pas entièrement détruit par l'alcool absolu dans les crachats tuberculeux à volume égal, même au bout de vingt-quatre heures. Yersin a pu obtenir cependant la destruction en cinq minutes de tout

élément vivant, en traitant dans les mêmes conditions des cultures pures de bacille tuberculeux par leur volume d'alcool. Quelques auteurs, d'autre part, semblent admettre que
l'alcool à 50 p. 100 serait beaucoup plus destructeur que l'alcool absolu.

Certains bacilles sporulés résistent enfin parfaitement à l'action de l'alcool, quel que
soit le degré de concentration; les spores du charbon, par exemple (KOCH, MINERVINI).

L'alcool absolu, d'après YERSIN, tue le bacille tuberculeux après cinq minutes de
contact.

L'alcool méthylique en vapeur tue en vingt-quatre heures à la température ordinaire
la presque-totalité des germes atmosphériques.

MIQUEL a comparé les différents alcools au point de vue de la proportion de ces éléments nécessaires pour empêcher le développement des ferments.

Alcool ordinaire 1/10
   —   propylique   . . .   1/16
   —   butylique 1/28
   —   amylique 1/70

D'après REGNARD, enfin, la loi de RABUTEAU s'appliquerait à l'action des alcools sur
la fermentation, et en particulier sur la fermentation de la levure de bière : « L'alcool
est d'autant plus toxique qu'il contient un plus grand nombre d'atomes de carbone. »

	FORMULE	FERMENTATION ARRÊTÉE pour une teneur en alcool de :		
Alcool méthylique	CH^3OH	20	p. 100	—
— éthylique	C^2H^5OH	15	—	—
— propylique	C^3H^7OH	10	—	—
— butylique	C^4H^9OH	2,5	—	—
— amylique	$C^5H^{11}OH$ . . .	1	—	—
— caproïque	$C^6H^{13}OH$ . . .	0,2	—	—
— caprylique	$C^8H^{17}OH$	0,1	—	—

Aldéhyde formique. — Le formol jouit de propriétés remarquablement bactéricide
(TRILLAT, BERLIOZ, ARONSOHN, STAHL, LEHMANN, MIQUEL, CAMBIER, BROCHET, etc.), et l'action
du formol a donné lieu à de nombreux travaux (Voir **Formol**).

Anesthésique. — Les anesthésiques, chloroforme ou éther à l'état de vapeur,
s'opposent complètement au développement du bacille pyocyanogène. Au contraire,
introduits dans le milieu de culture, il en faut des doses considérables (5 p. 100) pour
arrêter le développement de la bactérie ; quelquefois même on ne fait que retarder son
évolution. Une légère proportion d'anesthésiques diminue de moitié la toxicité des
bouillons et la quantité d'ammoniaque qui se forme, sans empêcher l'apparition des
matières colorantes (CHARRIN et DISSART).

Le chloroforme a aussi donné des résultats différents aux expérimentateurs qui l'ont
essayé à l'état pur (KOCH) ou à l'état d'eau chloroformée (SALKOWSKI, KISCHNER).

Il arrête l'action du ferment nitrique sans le tuer ni l'affaiblir (MÜNTZ).

L'éther, d'après MIQUEL, arrête les fermentations putrides à moins de 1/45°, et, d'après
YERSIN, il entraîne la mort du bacille de KOCH au bout de cinq minutes.

Corps gras. — MANFREDI a montré que l'influence des corps gras était manifeste sur
l'atténuation de la virulence des espèces pathogènes. La présence des corps gras
abaisse dans des proportions considérables la température à laquelle cette atténuation
a lieu.

Phénols. — Le phénol dissous dans l'eau ne produit rien sur le bacille du charbon
à la dose de 1/100°, d'après KOCH; mais il le tue en sept jours à 2 p. 100, en deux jours
à 3 p. 100. NICATI et RIETSCH ont constaté, au contraire, qu'il tuait en dix minutes les
spores du choléra. BOER a recherché l'action de ce même antiseptique sur un grand
nombre de bacilles, et il a constaté que la dose qui arrête leur développement varie entre
1/400° et 1/750°, et que la dose mortelle oscille entre 1/200° et 1/400°.

La température agit d'ailleurs dans des proportions considérables sur le pouvoir
antiseptique du phénol. CHAUVEAU et ARLOING ont constaté que la toxicité du phénol était
plus marquée à 35° qu'à 20°. En solution dans l'alcool, il semble que son action soit
atténuée, car KOCH a observé qu'une solution au 1/20° n'a pas d'action sur la bactéridie

charbonneuse, et Miquel a observé le même fait pour le bacille subtil. Néanmoins, Schill et Fischer ont tué le bacille de Koch en vingt-quatre heures avec une solution alcoolique de phénol à 3 p. 100. Arloing, Cornevin et Thomas ont tué la bactéridie charbonneuse avec une solution à 2 p. 100. Sternberg a tué le pneumocoque en deux heures avec des solutions alcooliques à 2 p. 100. Van Ermengen a tué les spores du choléra en une demi-heure avec du phénol en solution alcoolique au 1/600°. Parmi les dérivés ou les composés analogues au phénol, Diaume a montré que le phénol trichloré exerçait une action beaucoup plus énergique sur les fermentations que le phénol lui-même.

Produits organiques divers. — L'essence d'amandes amères arrête les fermentations à 1/300° (Miquel). Le salol, le benzonaphtol, le naphtol à 0,25 p. 100, le phénol à 1 p. 100, le salicylate de soude à 1 et 2 p. 100, n'empêchent pas le développement du *Bacterium coli*. Le salicylate de bismuth à 1 p. 100 l'arrête complètement.

Essences. — Chamberland a recherché quelle était l'action d'un grand nombre d'essences, soit à l'état liquide, soit à l'état de vapeur, sur un microbe particulier, la bactéridie charbonneuse.

A l'état de vapeur, quelques-unes permettent la culture, mais la plupart s'y opposent. Celles dont les vapeurs agissent le plus énergiquement sont celles de :

Cannelle de Ceylan.	Origan.
Cannelle de Chine.	Géranium de France.
Vespetro.	— d'Algérie.
Angélique.	

A l'état de solutions, les résultats généraux sont les mêmes ; mais les essences les plus actives sont celles de :

Origan.	Girofle.
Santal citrin.	Genièvre surfin.
Cannelle de Ceylan.	Artemisia.
— de Chine.	

Ducamp, par la même méthode que Chamberland, a étudié l'action d'un certain nombre d'essences sur le bacille du choléra indien.

	Permet le développement. à	Empêche le développement. à
L'essence d'ail.	$\frac{1}{24200}$	$\frac{1}{13200}$
— de moutarde	$\frac{1}{13200}$	$\frac{1}{2200}$
— d'origan	$\frac{1}{13200}$	$\frac{1}{2200}$
— de cannelle de Chine . . .	$\frac{1}{13200}$	$\frac{1}{2200}$
— de cannelle de Ceylan. . .	$\frac{1}{13200}$	$\frac{1}{2200}$
— de vespetro	$\frac{1}{2200}$	$\frac{1}{1200}$
— de santal.	$\frac{1}{1200}$	$\frac{1}{400}$

A l'état de vapeur, les essences d'ail, de moutarde, de vespetro, d'origan, de cannelle de Chine, empêchent le développement du bacille du choléra indien et tuent les germes d'une culture jeune. Les essences d'ail et de moutarde tuent rapidement les germes du choléra indien d'une culture âgée ; l'action est beaucoup plus lente avec les essences d'origan, de vespetro et de cannelle de Chine ; le bacille d'une culture âgée n'est tué qu'au bout d'une vingtaine de jours. Enfin les vapeurs d'essence de cannelle de Ceylan et de santal n'empêchent le développement ni d'une culture jeune, ni d'une culture vieille.

Cadéac et Meunier ont mesuré le temps au bout duquel le bacille typhique et le bacille de la morve étaient détruits après immersion dans quelques essences.

Essence de cannelle . . .	12 minutes	15 minutes.
— de thym.	30 —	1 heure.
— d'absinthe. . . .	4 heures	—
— de santal	12 —	—

Miquel a recherché le nombre de germes détruits en vingt-quatre heures par les essences à l'état de vapeur.

Alimentation des ferments organisés : L'alimentation des ferments comprend l'étude et la recherche des trois sortes d'éléments nécessaires au développement et au bon fonctionnement de la plante tout entière. Nous avons donc à considérer : 1° les aliments minéraux; 2° les aliments hydrocarbonés; 3° les aliments azotés.

Alimentation minérale. — Raulin est le premier qui ait systématiquement étudié les substances minérales nécessaires au développement d'un ferment, l'*Aspergillus niger*.

Le liquide de Raulin renferme, par litre, comme éléments minéraux non azotés :

Acide phosphorique . . .	0,25
— sulfurique. . . .	0,17
— silicique.	0,01
Potasse	0,25
Magnésie	0,13
Oxyde de zinc	0,025
Oxyde de fer.	0,02

Ce milieu, au point de vue minéral, est nécessaire et suffisant au développement de l'*Aspergillus*, qui se développe admirablement, à condition que le liquide soit additionné des éléments hydro-carbonés et de l'ammoniaque nécessaires à la nutrition complète. La suppression de l'un quelconque de ces éléments réduit de beaucoup le développement de l'*Aspergillus*, et par suite le poids de plante développée. Si nous représentons par 100 le poids d'*Aspergillus* qui s'est développé à la surface du liquide, nous avons :

	POIDS de récolte.
Liquide de Raulin, complet.	100
Liquide de Raulin. moins l'acide silicique . . .	71
— — — l'oxyde de fer	37
— — — l'ox de de zinc. . . .	10
— — — la potasse.	4
— — — l'acide sulfurique. . .	4
— — — la magnésie	1,10
— — — l'acide phosphorique.	0,33

Ces nombres montrent bien l'importance de l'acide phosphorique, de la magnésie, de la potasse, et même de l'acide sulfurique.

Même les éléments qui semblent avoir moins d'importance, le zinc, le fer, la silice, jouent cependant un rôle considérable, étant donnée la faible quantité de l'élément considéré.

La quantité de zinc qui fait tomber une récolte d'*Aspergillus* de 25 grammes, au 1/10, c'est-à-dire à 2gr,5, est de 4 centigrammes, quantité qui renferme 32 milligrammes de zinc : ces 32 milligrammes déterminent donc la formation de 22gr,5 de plante, soit 700 fois le poids du métal considéré. Raulin a pu obtenir même quelquefois 953 fois le poids du métal.

Les chiffres représentent, d'après Duclaux, l'utilité spécifique de l'élément, et Raulin a déterminé ainsi les quantités maxima suivantes d'*Aspergillus* pouvant être formées avec l'unité de chaque élément :

Zinc	953
Fer	857
Soufre.	346
Silicium.	320
Magnésium . . .	200
Phosphore . . .	157
Potasse	64

Le zinc présente donc une activité toute particulière quant au développement de l'*Aspergillus*. (On a récemment étudié cette action du zinc, et il paraît qu'il agit comme un agent antiseptique, nocif pour les bactéries toxiques à la vie de l'*Aspergillus*.)

Chacun de ces éléments joue un rôle particulier. Ainsi la plupart d'entre eux, ajoutés à une solution qui en était primitivement dépourvue, et sur laquelle végétait péniblement le champignon, déterminent immédiatement un développement abondant.

Il n'en est pas de même pour le fer, dont l'absence a provoqué chez la plante des modifications physiologiques, et la production probable de substances toxiques, des sulfocyanures en particulier, de sorte que l'addition d'une proportion quelconque de métal ne pouvait plus alors produire une végétation active. Signalons encore l'absence de la chaux dans la constitution du liquide de Raulin : ce métal n'est donc pas parmi les éléments nécessaires à la vie et même à un actif développement de la plante.

Mayer est parti d'un milieu de culture médiocrement favorable à la levure, et il l'a amélioré par l'introduction d'éléments variés. La solution initiale renfermait 15 °/₀ de sucre candi, qu'il additionnait d'un certain nombre de sels minéraux ; l'ammoniaque fournissant seul l'azote nécessaire. Il a pu montrer ainsi que le phosphate de potasse est pour ainsi dire indispensable au développement de la levure ; il ne peut être remplacé par le phosphate de soude ou le phosphate d'ammoniaque ; car la potasse est aussi indispensable que l'acide phosphorique. Il en est de même pour la magnésie et la chaux, et le mélange le plus favorable a été :

100 grammes de solution sucrée à 15 p. 100.
0gr,1 de phosphate monopotassique.
0gr,01 de   —   tricalcique.
0gr,01 de sulfate de magnésie.

Enfin le soufre paraît, lui aussi, indispensable, et ce soufre ne saurait être emprunté à l'acide sulfurique. Il est contenu à l'état de traces extrêmement faibles dans le sucre employé, et nous trouvons là encore l'influence énorme de quantités infinitésimales de matières minérales sur le développement des ferments organisés. Effront a montré aussi l'influence extrêmement favorisante des phosphates sur le développement de la levure, et plus spécialement sur l'activité de la zymase produite.

Quant aux gaz, ils jouent un rôle considérable dans la vie des cellules. Nous avons vu toute l'importance de l'oxygène pour la vitalité des ferments, et la division de ces êtres en aérobies et anaérobies. Avec les bactéries de la putréfaction l'oxygène disparaît ; il est absorbé avec production d'acide carbonique. L'hydrogène n'est pas absorbé, et semble favoriser le développement des bactéries. L'oxyde de carbone en présence d'azote donne de l'acide carbonique. Le cyanogène tue les bactéries en se décomposant.

Les éléments nécessaires à la vie de chaque ferment semblent donc variables de l'un à l'autre être. Le *Micrococcus oblongus*, bactérie oxydante découverte par Boutroux, bien que les substances salines qui lui sont nécessaires soient mal connues, semble avoir particulièrement besoin de chaux.

Le rôle enfin des substances minérales peut être montré, quand on recherche l'action de très petites quantités de substances sur le développement d'un ferment.

De très faibles proportions de sels minéraux augmentent beaucoup la fertilité d'un liquide, et agissent par suite directement sur la nutrition des microbes.

Trenkmann a recherché l'influence exercée sur le bacille de Koch par de très petites proportions de chlorure, de nitrite, de nitrate et de carbonate de sodium.

Le bacille de Koch était ensemencé dans 10 c. c. d'eau de puits pure, additionnée de 1, 2 ou 3 gouttes de la solution considérée.

	NOMBRE DE BACTÉRIES	
	au bout de 24 heures	au bout de 3 jours.
Nombre de bactéries immédiatement après l'ensemencement.	16,000	
Dans 10 c. c. d'eau de puits pure.	580	5
Dans 10 c. c. d'eau de puits additionnée de :		
1 goutte solution de NaCl à 10 p. 100 . . .	6,120	12,480
2 — — — —	9,240	19,560
3 — — — —	15,000	10,440

	NOMBRE DE BACTERIES	
	au bout de 24 heures.	au bout de 8 jours.
1 goutte d'azotate de sodium à 10 p. 100. .	1,740	10,920
2 — — — —	6,600	1,460
3 — — — —	17,160	2,260
1 goutte d'azotite de sodium à 10 p. 100. .	8,040	4,040
2 — — — —	6,660	14,760
3 — — — —	20,940	16,080
1 goutte de carbonate de sodium	7,410	—
2 — — —	28,680	—
3 — — —	31,560	—

Le sulfure de sodium agit aussi dans le même sens.

Alimentation hydrocarbonée. — Les organismes élémentaires ont naturellement besoin d'une certaine proportion de carbone organique qu'il faut leur fournir sous la forme de substances diverses : sucres, amidons, alcools, etc. Nous nous rapportons de nouveau à l'étude de RAULIN sur l'*Aspergillus niger*.

RAULIN a fourni à l'*Aspergillus niger* deux sortes d'aliments hydrocarbonés, l'acide tartrique et le sucre. Le premier sert surtout à rendre le milieu légèrement acide ; mais il est cependant lentement brûlé par la moisissure, surtout en l'absence d'autres aliments quand le sucre a disparu.

Le saccharose est l'aliment de choix de l'*Aspergillus* : il est d'abord dédoublé à l'aide d'une diastase sécrétée par la plante, et c'est sous la forme de sucre interverti qu'il est utilisé et qu'il contribue à la production du nouvel organisme. Il semble exister un rapport constant entre le poids de plante produite et le poids de sucre disparu ; ce rapport est voisin de 1/3.

Le lactose, la mannite, l'amidon sont pour l'*Aspergillus* des aliments très inférieurs, capables d'entretenir la vie de la plante, lorsque celle-ci est en pleine végétation, mais au contraire presque incapables de déterminer un développement appréciable des germes.

L'alcool empêche le développement de la spore, mais peut servir d'aliment au mycélium adulte, à moins qu'il n'atteigne une dose trop élevée, auquel cas il s'oppose au développement, et devient un antiseptique. Si l'on s'adresse aux alcools supérieurs, la dose toxique, c'est-à-dire antiseptique, apparaît plus rapidement. Tel corps qui sert d'aliment jusqu'à une certaine dose, s'oppose ensuite au développement. Si l'on dépasse cette limite, il devient donc un antiseptique.

Le même fait que pour les alcools se rencontre pour les acides gras ; les premiers termes, l'acide acétique, peuvent à doses faibles servir d'aliment à l'*Aspergillus*. Au contraire, les acides d'un rang plus élevé, comme l'acide butyrique, ne peuvent pas servir d'aliment et s'opposent au développement de la plante. La dose antiseptique est de même beaucoup plus faible.

La fermentation des sucres est d'ailleurs un problème des plus compliqués, car un grand nombre de facteurs interviennent, la formule, la constitution moléculaire, le genre de vie, la nature du milieu, etc.

Le saccharose, pour pouvoir fermenter, doit d'abord être dédoublé en ses deux éléments, glucose et lévulose ; l'inversion doit être faite au moyen d'un ferment soluble particulier sécrété par le microbe lui-même, la sucrase.

Un grand nombre de saccharides peuvent ainsi fermenter après inversion, et, bien qu'un certain nombre de levures semblent ne pas sécréter de sucrase au premier abord, DUBOURG a pu montrer qu'on pouvait toujours arriver à déterminer l'inversion des sucres, en cultivant la levure d'abord sur du glucose et du saccharose mélangés, puis sur du saccharose seul. Dans la seconde partie de l'expérience, quelle que soit la levure employée, le saccharose sert d'aliment, et est dédoublé. Certains sucres, qui semblent au premier abord nuisibles aux microbes, sont pourtant susceptibles de fermenter dans des conditions identiques, et suivent la même loi.

Le galactose, par exemple, a été déclaré infermentescible par KILIANI, KOCH et HERZFELDT. BOURQUELOT avait constaté une sorte de phénomène d'entraînement, en le faisant fermenter en présence de glucose ; mais les expériences de DUBOURG semblent prouver qu'il y a simplement exaltation dans la cellule de la production du ferment soluble inversif, exaltation qui peut se produire, grâce à l'accoutumance donnée par le glucose ; puis, cette accoutumance acquise, la cellule peut vivre avec le saccharide seul auquel elle s'est habituée.

Le lactose semble résister davantage : mais il suffit, pour acclimater une levure à cette substance, de la cultiver, ainsi que l'a fait DIENERT, d'abord en présence de galactose et de lactose, puis en présence de lactose seul. Dans ces conditions, l'interversion se produit.

Enfin TOLLENS et STONE ont montré que la fermentation du galactose pouvait avoir lieu en présence de matières azotées. FISCHER et THIERFELD, puis F. DIENERT, ont confirmé ce fait. Ce dernier auteur, reprenant les expériences de BOURQUELOT, a montré que la fermentation du galactose n'est possible que lorsque la levure s'est acclimatée à cet aliment. L'acclimatation peut disparaître, si l'on met la levure en présence d'un autre sucre. L'apparition et la disparition de cette accoutumance ne sont accompagnées d'aucun changement morphologique.

Enfin certaines substances, l'acide borique et le toluène en particulier, s'opposent à l'acclimatation.

Nous pouvons encore citer, parmi les transformations des matières ternaires avant leur assimilation, la transformation des amidons en glucose sous l'influence d'une diastase. Le *Bacillus anthracis* transforme l'amidon en glucose, et le consomme sous cette forme ; il en est de même pour le glycogène (ROGER). L'inuline donne du lévulose. Il y a donc, suivant les cas, sécrétion, par ce microbe, de diastase ou d'inulase.

Les microbes déterminent parmi les isomères la fermentation de telle ou telle substance de préférence à son isomère. C'est ainsi que PASTEUR a pu dédoubler l'acide lactique inactif par compensation ; l'acide droit est consommé beaucoup plus rapidement que le gauche. LE BEL a pu dédoubler aussi les alcools amyliques, le méthylpropylcarbinol et le propylglycol.

Le *Penicillium bicolor* jaune et vert se développe en détruisant complètement l'alcool butylique normal ; mais il ne peut attaquer l'alcool isobutylique (LE BEL).

PERIER FRANKLAND, puis PERÉ, ont étudié l'action des ferments sur les acides lactiques ; les uns attaquent plus facilement le droit ; et d'autres, le gauche.

Enfin, parmi les sucres en C^6, un grand nombre ne sont pas fermentescibles ; 3 seulement fermentent avec la plus grande facilité : le d. glucose, le d. mannose et le d. galactose.

Nous pouvons multiplier les exemples de choix d'un aliment de préférence à un autre. La levure de bière, mise en présence de dextrine et de maltose ou de glucose, ne touche pas à la dextrine ; seul, le maltose ou le glucose fermente (O. SULLIVAN, GAYON et DUBOURG). Certains MUCORS, au contraire, le *Mucor alternans* en particulier, hydratent la dextrine et l'amidon, et les transforment en produits directement fermentescibles (maltose) (GAYON et DUBOURG). Le *Bacillus orthobutylicus* de GRIMBERT, mis en présence d'un mélange de lévulose et de glucose, de sucre interverti par exemple, détermine tout d'abord la fermentation du glucose, de telle sorte que, lorsqu'on examine la solution alors qu'elle ne renferme plus que les 2/3 du sucre initial, il n'y a plus que du lévulose.

L'aliment employé de préférence varie avec la manière de vivre de la plante. En milieu anaérobie, par exemple, la levure ne fait pas fermenter tous les sucres ; seuls, sont attaqués ceux dont le nombre des atomes de carbone est 3 ou un multiple de 3, le glucose $C^3H^6O^3$, les hexoses $C^6H^{12}O^6$, le mannononose $C^9H^{18}O^9$. Au contraire, les sucres en C^4, C^5, C^7, C^8, en milieu aérobie, sont attaqués et peuvent servir d'aliments.

LAURENT a recherché quels étaient les aliments qui pouvaient convenir plus ou moins à la levure de bière affamée par un séjour de quelque temps en milieu faiblement nutritif.

Le corps en expérience était mis en solution à la dose de 1 p. 100 dans de l'eau distillée avec :

Sulfate de magnésie. . . .	1,000
Phosphate de potasse. . . .	0,075
Sulfate d'ammoniaque. . .	0,471

Les éléments hydrocarbonés qui ont pu servir à l'alimentation de la levure ont été :

Les acétates alcalins.
Le glycol.
L'acide lactique et les lactates.
L'acide succinique et le succinate d'ammoniaque.
Le malonate et le pyrotartrate de potasse.
La glycérine et les glycérates.
Les acides malique, tartrique, fumarique, citrique, et les malates, tartrates et citrates.
L'érythrite, la quercite et la mannite.

Les sucres en C^6 et en C^{12}.
Le saccharate de potassium.
L'amidon-empois et l'amidon soluble.
Le glycogène.
La gomme arabique.
L'érythrodextrine et la dextrine.
L'acide mucique.
La salicine, l'esculine, la coniférine, l'arbutine et la saponine.

Au contraire, les hydrocarbonés suivants n'ont pas pu en général être utilisés par la levure :

Les alcools méthylique, éthylique, propylique, butylique et allylique.
Les acides formique, propionique, butyrique, valérianique et oxalique; les formiates, propionates, butyrates, valérianates et oxalates.
Le stéarate et l'oléate de potassium.
L'acide pyrotartrique et l'acide glycérique.
L'éther éthylique et l'acétate d'éthyle.

L'aldéhyde acétique, la paraldéhyde.
Le phénol, l'hydroquinone, la phénoglucose.
La quinone.
La saligénine.
Les benzoates et les salicylates.
Le gallate et le tannate d'ammoniaque.
Le tannin.

Laborde a recherché quelle était la valeur nutritive des différents aliments hydrocarbonés vis-à-vis de l'*Eurotiopsis gayoni*.

ALIMENTS HYDROCARBONÉS.	DURÉE DE LA CULTURE en jours.	POIDS DES RÉCOLTES.	RENDEMENT MOYEN p. 100.
Amidon.	20	2,50	1,25
Dextrine.	20	2,00	1,00
Maltose.	9	3,00	3,33
Sucre interverti.	6	2,90	4,83
Glucose.	6	2,90	4,83
Lévulose.	6	3,00	5,60
Lactose.	15	3,25	2,16
Lactose interverti.	7	2,90	4,14
Galactose.	8	2,85	3,56
Mannite.	6	2,90	4,83
Alcool.	12	4.40	3,66
Glycérine.	20	3,10	1,55
Acide succinique.	12	2,50	2,10
Acide lactique.	12	2,60	2,16

Au contraire, le saccharose ne peut être utilisé.

La glycérine joue un rôle favorable des plus manifestes dans le développement du bacille de Koch (Nocard et Roux). Cultivé sur sérum gélatiné et glycériné, sur gélose nutritive glycérinée, dans des bouillons glycérinés, voire même dans le liquide de Cohn glycériné, le bacille de Koch se développe incomparablement mieux que dans les mêmes milieux sans glycérine. Dans le liquide de Cohn, en l'absence de glycérine, il n'y a pas de développement.

Enfin, certains sels d'acides gras peuvent être l'unique aliment des ferments organisés. Le tartrate de chaux sert d'aliment hydrocarboné à un ferment étudié par Pasteur. Ce ferment se développe bien dans le milieu suivant :

Eau distillée. . . . . 2 litre 1/2.
Tartrate neutre de chaux. . . 100 grammes.
Phosphate d'ammoniaque. . . 1 gramme.
— magnésie. . . . . 1 —
— potasse. 0gr,5
Sulfate d'ammoniaque. . . . 0gr,5

Il se produit dans ce cas de l'acide carbonique et de l'eau, de l'acide acétique et de l'acide propionique.

Naturellement, les aliments modifient souvent l'état physiologique d'une culture. Charrin et Dissart ont déterminé dans quelle mesure le bacille pyocyanogène s'accommode des différents aliments. Ceux-ci étaient introduits à des doses variables dans une solution saline répondant à la formule suivante :

$$
\begin{array}{ll}
& \text{grammes.} \\
PO^4KH^2. \ldots \ldots & 0,100 \\
PO^4Na^2H + 12H^2O. & 0,100 \\
CaCl^2. \ldots \ldots & 0,050 \\
MgSO^4 + 7H^2O. \ldots & 0,050 \\
CO^2KH. \ldots \ldots & 0,134 \\
\end{array}
$$

Eau q. s. pour 1 litre.

Les résultats obtenus pour les matières hydrocarbonées sont résumés dans le tableau suivant :

NATURE DE L'ALIMENT.	DOSE POUR 50 c. c. de solution saline.	CARACTÈRES PHYSIOLOGIQUES de la CULTURE DU B. PYOCYANOGÈNE.	RÉACTION de la CULTURE.
Glucose,	1 gramme.	Culture très nette, légèrement chromogène.	Acide.
Glycogène.	0gr,50	— — —	—
Acide lactique.	»	Culture faible.	—
— acétique.	»	Culture faible.	—

Les cultures sur matières hydrocarbonées de ces ferments sont acides. Nous verrons plus loin que celles sur matières albuminoïdes sont alcalines.

Alimentation azotée. — L'azote peut être pris au milieu extérieur sous les formes les plus diverses. Raulin fait assimiler l'azote à l'*Aspergillus* sous la forme de sels ammoniacaux : azotate, sulfate, phosphate.

Pour 1000 grammes d'eau, le liquide de Raulin renferme :

$$
\begin{array}{ll}
\text{Azotate d'ammoniaque.} & 2,666 \\
\text{Phosphate.} \ldots \ldots & 0,400 \\
\text{Sulfate.} \ldots \ldots \ldots & 0,166 \\
\end{array}
$$

Pasteur avait montré que l'ammoniaque peut servir d'aliment azoté à la levure de bière, et, après des essais encourageants, il parvint à déterminer la fermentation du sucre, avec reproduction de la levure, dans un milieu qui ne renfermait que des cendres de levure, du sucre candi et un sel ammoniacal, du tartrate droit, par exemple.

La levure présente, au point de vue de son étude, des difficultés très considérables.

Duclaux a montré, dès 1865, qu'il fallait distinguer la levure végétale de la levure ferment. L'ammoniaque semble être favorable à la seconde, et s'opposer au développement de la première. Duclaux le démontre de la façon suivante : il cultive de la levure dans des milieux différents, où l'azote est fourni, soit par de l'ammoniaque, soit par de l'eau de levure, et il mesure le poids de levure qui s'est formé, l'ammoniaque absorbée, le rapport entre le poids du sucre fermenté et le poids de levure.

	I	II	III
	gr.	gr.	gr.
Sucre candi.	5	5	5
Tartrate droit d'ammoniaque.	0,250	»	0,250
Extrait de levure.	»	0,665	0,665
Poids initial de levure sèche (5 grammes à l'état frais). .	0,104	0,104	0,104
Poids de levure après fermentation.	0,171	0,285	0,315
Ammoniaque absorbée.	0,012	»	0,014
La levure a fait fermenter.	38 fois.	29 fois.	26 fois.
		Son poids de sucre.	

Tandis que l'expérience I est celle qui a été le plus vite, les deux autres vont à peu près du même pas, et, si l'on compare seulement ces deux-là, on voit que, en présence d'ammoniaque (Exp. III), il y a eu une fermentation peu différente de la fermentation sans ammoniaque (Exp. II).

Nous pouvons ainsi, à ce point de vue, étudier ce qui se passe dans les fermentations du jus de raisin. L'ammoniaque qui se trouve dans les moûts des raisins disparaît pendant la fermentation, et sert, par conséquent, d'aliment de choix pour la levure, qui, en présence d'autres substances azotées, les choisit encore. Duclaux a trouvé pour les moûts et les vins d'Arbois des quantités d'ammoniaque qui montrent bien cette utilisation de l'ammoniaque comme aliment.

CÉPAGES	MOÛT	VIN
	milligr. par litre.	milligr. par litre.
Enfarnic.	120	0,5
Plousiard	8,8	2,0
Trousseau.	40,2	3,0
Nature	74,2	1,4
Pinot.	72,1	0,0
Valet noir.	20,8	3,2

Les matières albuminoïdes proprement dites sont souvent une source d'azote.

Pasteur a montré que l'albumine, en présence de sucre, et délayée dans l'eau, ne saurait être un aliment pour la levure et ne permet pas la fermentation. Il en est de même, d'après Mayer, pour la caséine et la fibrine. Cependant, la caséine, d'après Boullanger, se dédoublerait à la longue en donnant de la leucine, de la tyrosine, des sels ammonicaux. L'*Amylobacter butylicus* fait fermenter l'albumine et la fibrine. Avec l'albumine, Duclaux a obtenu, au bout de 40 jours d'étuve, en partant de 10 grammes d'albumine sèche dissoute dans 600 centimètres d'eau de touraillons :

grammes.
Ammmoniaque . . . 1
Acide butyrique . . 0,38
Acide acétique . . . 0,12
Avec un peu d'acide succinique, mais sans trace d'alcool.

Il restait encore un peu d'albumine non décomposée. Avec la fibrine il ne se produit pas d'acide succinique. Enfin, ni avec l'un, ni avec l'autre, il n'y a production d'alcool.

Le *Tyrothrix tenuis* de Duclaux fait fermenter la caséine. Freudenreich a montré que la caséine était, au moins en partie, solubilisée par les ferments lactiques. Les résultats qu'il a obtenus sont résumés dans le tableau suivant. Les laits sont abandonnés normalement à eux-mêmes ; on laisse la fermentation lactique pendant trois mois à l'étuve ; on filtre à la bougie Chamberland ; on détermine ensuite la quantité d'azote qu'ils renferment, et, par suite, la caséine solubilisée.

		AZOTE PAR LITRE.		CASÉINE SOLUBILISÉE correspondante.	
Laits normaux.		Moy. 0,32		Moy. 2	
Laits abandonnés à la fermentation lactique.	I	1,79		11,78	
	II	1,52	Moyenne	9,96	Moyenne
	III	1,91	1,35	12,25	8,83
	IV } Même	0,44		2,89	
	V } ferment.	1,11		7,30	

La quantité de caséine solubilisée est donc variable avec chaque fermentation ; elle est considérablement augmentée — 4 fois plus en moyenne — dans les laits abandonnés à la fermentation lactique que dans les laits ne fermentant pas.

Freudenreich a cherché aussi comment pouvait se décomposer par précipitation et séparation grossière l'azote total soluble. Par l'acide phospho-tungstique, il a pu obtenir, d'une part, un azote albuminoïde, d'autre part, un azote amidé formé par des produits de dislocation de la molécule albuminoïde.

La moyenne de 11 expériences faites avec des bacilles différents pendant des temps variables a été :

	p. 100.
Azote total	1,58
Azote albuminoïde	0,36
Azote amidé	1,20

Le *Tyrothrix tenuis* de Duclaux a donné à Freudenreich, au bout de 4 semaines, des résultats analogues, quoique beaucoup plus élevés.

	p. 100.
Azote total	2,69
Azote albuminoïde	1,18
Azote amidé	1,22

La bactéridie charbonneuse transforme en ammoniaque la matière azotée des bouillons, celle du sérum, et la caséine, en présence de l'oxygène de l'air. Cette transformation s'arrête pour un milieu déterminé quand la quantité d'ammoniaque atteint un chiffre déterminé variable avec la matière albuminoïde et avec la concentration (Perdrix).

L'hématosérum et le myosérum sont d'excellents aliments azotés pour la levure de bière; il en est de même de ces liquides soumis à l'ébullition et filtrés.

Les peptones sont les matières azotées qui sont le plus favorables aux ferments lactiques tant au point de vue de l'activité que de la puissance (Hueppe, Scholl, Kayser).

Ch. Richet a établi que l'addition des matières azotées solubles à du lait en présence des ferments lactiques augmente la limite d'acidité à laquelle la fermentation s'arrête.

On a de même comparé aussi, au point de vue de l'alimentation azotée, l'eau de levure, les peptones, l'asparagine. Haydouck, puis Kusserod, ont vu que l'asparagine jouissait des propriétés des sels ammoniacaux; elle active la fermentation alcoolique; les peptones au contraire facilitent le développement de la plante, et agissent par suite comme l'eau de levure. Hess a montré que l'eau de levure était le meilleur aliment : puis vient l'asparagine qui permet une fermentation un peu moins active. Avec la peptone enfin, la fermentation est très lente. L'activité du ferment, c'est-à-dire la plus grande quantité de sucre que fait disparaître un même poids de levure dans l'unité de temps est maximum avec l'asparagine.

Le bacille pyocyanogène, mis en présence d'asparagine et de sucre, détruit l'asparagine et dédaigne le sucre (Charrin et Dissard). L'*Oospora guignardi*, au contraire, préfère les corps hydrocarbonés.

P. Miquel a déterminé la quantité d'azote transformé en ammoniaque par le bacille succinique cultivé sur asparagine après 4, 6, 9 jours de fermentation,

	ASPARAGINE EMPLOYÉE.	AZOTE TOTAL de l'asparagine.	AZOTE TRANSFORMÉ en AzH³.	AZOTE TRANFORMÉ en AzH³ p. 100 d'Az. total.
	Gr.	Gr.	Gr.	
Fermentation arrêtée le 4ᵉ jour	1,273	0,237	0,143	60
— — le 6ᵉ jour	1,146	0,214	0,178	83
— — le 10ᵉ jour	1,175	0,219	0,201	91

Parmi les autres aliments azotés, Mayer a étudié la pepsine, qu'il a trouvée très favorable au développement de la fermentation alcoolique, la pancréatine, la ptyaline, la créatine, la créatinine, la guanine, la caféine, tous à peu près sans action; l'asparagine, qu'il a trouvée peu propre à servir d'aliment (?); l'urée, l'allantoïne un peu plus favorables à l'alimentation. Au contraire, d'autres auteurs ont vu que la guanine et l'acide urique sont favorables au développement de la levure, que le nitrate d'urée et l'amygdaline, au contraire, ne permettent que des fermentations très lentes. Rappelons enfin que l'azote des nitrates n'est pas assimilable (Mayer, Laurent).

On a comparé aussi les uns avec les autres les divers aliments azotés. Laurent a étudié, de la même façon que pour les aliments hydrocarbonés, les différentes substances azotées que peut'assimiler la levure de bière, ou au contraire celles qui ne peuvent lui servir.

<table>
<tr><td>Substances azotées assimilables
par la levure.</td><td>Substances azotées non assimilables
par la levure.</td></tr>
<tr><td>Leucine.
Acide aspartique et asparagine.
Acide glutamique et glutamine.
Amygdaline.
Atropine et colchicine.
Gélatine.
Albumine.
Caséine.
Peptone et caséine.</td><td>Méthyl — éthyl — et propylamine.
Glycocolle.
Hippurate de sodium.
Formiamide et acétamide.
Urée.
Acide urique.
Aniline et chlorure d'aniline.
Diphénylamine.
Chlorhydrates de naphtylamine et de phénylhy-
drazine.
Tyrosine (?).
Chlorhydrate de cocaïne, de morphine, de
strychnine et de lévurine (?).
Caféine.
Sulfates de cinchonamine, d'atropine et de qui-
nine (neutre).
Nucléine.</td></tr>
</table>

LABORDE a recherché quelle était la valeur nutritive des divers éléments azotés sur l'*Eurotiopsis gayoni* en observant les mêmes règles que pour les aliments hydrocarbonés.

	MATIÈRES AZOTÉES.	DURÉE des CULTURES en jours.	POIDS des RÉCOLTES.	RENDEMENT par JOUR.	ACIDITÉ du LIQUIDE par litre.
			gr.		
	Témoin.	6	3,50	5,8	2,10
	Azotate d'ammoniaque.	6	3,56	5,9	1,88
Azote	Azotate de soude ou de potasse.	11	3,40	3,1	0,37
	Tartrate d'ammoniaque.	10	3,40	3,4	4,35
inorganique.	Phosphate —	12	3,02	2,5	7,10
	Sulfate —	12	2,80	2,3	5,25
	Chlorhydrate —	16	2,70	1,7	4,12
	Eau de levure.	8	3,90	4,9	2,85
	Asparagine.	8	3,60	4,5	6,84
	Caséine.	9	3,95	4,4	2.55
Azote	Gluten.	9	3,76	4,2	2.47
	Urée.	9	3,64	4,2	0,45
organique.	Gélatine.	9	3,60	4,0	2,62
	Fibrine.	10	3,60	3,6	2,40
	Peptone.	12	3,70	3,1	2,40
	Albumine du sang.	14	3,60	2,6	2,62
	— de l'œuf.	14	3,60	2,1	2,85

CHABRIN et DISSARD ont étudié l'influence de différents corps azotés sur la vie du bacille pyocyanogène.

NATURE DE L'ALIMENT.	DOSE POUR 50 c. c. de solution saline.	CARACTÈRES PHYSIOLOGIQUES DE LA CULTURE DU BACILLE PYOCYANOGÈNE.	RÉACTIONS DE LA CULTURE.
	gr.		
Peptone.	1	Culture très abondante, peu chromogène.	Alcaline.
—	0,50	Culture très abondante, peu chromogène.	—
Asparagine.	1	Culture très abondante, très chromogène.	—
Urée.	1	Ne cultive pas.	»
—	0,50	—	»
—	0,25	Culture légère transparente, non chromogène.	»

On voit que l'aliment albuminoïde rend le milieu alcalin, alors que l'aliment hydrocarboné le rend acide.

J. Nicolas et F. Arloing ont étudié l'influence de la constitution du milieu nutritif sur la végétabilité et la virulence du bacille diphtérique. Ils ont cultivé des bacilles diphtériques dans quatre milieux différents.

1° du bouillon de bœuf ordinaire renfermant 2 % de peptone ; 2° du bouillon de veau préparé suivant la formule de Massol, de Genève, c'est-à-dire : un liquide de macération de viande de veau légèrement putréfié et bouilli, filtré, neutralisé et enfin alcalinisé par 0ᵍʳ,28 de Na OH par litre ; 3° du bouillon de bœuf additionné de 1/10 de sérum humain ; 4° du bouillon de bœuf additionné de 1/10 de sérum de cheval.

Les milieux les plus favorables à la végétabilité seraient par ordre croissant :

Le bouillon ordinaire ;

Le bouillon Massol ;

Le bouillon additionné de sérum humain ;

Le bouillon additionné de sérum de cheval.

Au point de vue de la virulence, l'influence de ces différents milieux est moins marquée, et néanmoins ceux qui semblent le plus favorables sont le bouillon Massol et le bouillon additionné de sérum de cheval.

Enfin, rappelons que l'azote de l'air peut servir d'aliment (Voy. Azote, 1). Boussingault rechercha si l'azote de l'air pouvait être directement fixé par les végétaux, mais ses expériences ne furent pas concluantes. G. Wolf, au contraire, montra nettement cette absorption. Selmi reconnut que les champignons, en se développant sur une terre arable, augmentent la quantité d'azote qu'elle renferme. Lestini et Del Torre montrèrent que les moisissures, en se développant sur des produits organiques, augmentent la quantité d'azote que ceux-ci renferment. En tout cas, la fixation de l'azote atmosphérique est aujourd'hui définitivement démontrée. Hellriegel et Wilfarth, André et Berthelot ont prouvé que l'azote atmosphérique pouvait servir et servait d'aliments à certains microrganismes qui le fixent alors dans le sol.

Action de la chaleur. — Des températures optima. — La température exerce sur les ferments organisés une action très puissante. Des températures extrêmement basses déterminent peut-être la mort de certains ferments. En tous cas, toujours elles arrêtent le développement de l'organisme, développement qui ne peut avoir lieu qu'au-dessus d'un certain niveau thermique, variable pour chaque microbe. On en connaît qui peuvent vivre et se développer à la température de la glace fondante ; d'autres, au contraire, exigent 25 ou 30°. Lorsque la température s'élève, la végétation se fait de plus en plus facilement, et on arrive assez rapidement à un état particulièrement favorable : c'est la *température optimum*, au-dessus de laquelle le développement est gêné, ralenti et très rapidement arrêté. Même pour des cultures en pleine vigueur, une élévation légère, mais brusque, au-dessus de la température optimum amène la mort.

Comme dans tous les phénomènes physiologiques, la température optimum est voisine de la *température mortelle*. Il y a néanmoins, entre les deux, un écart suffisant pour que l'on puisse observer un certain nombre de phénomènes consécutifs à l'action altérante d'une température trop élevée. C'est ainsi que l'on produit dans un microbe des modifications dans la résistance, donnant ensuite naissance à des générations ultérieures formant une race affaiblie, que l'on a prise parfois pour une espèce différente. Ainsi encore Roux et Rodet expliquent la différence faite entre le *Bacillus coli communis* et le Bacille d'Eberth.

Quant à la recherche de la température optimum, Raulin a étudié la proportion d'*Aspergillus niger* obtenu en trois jours dans le même milieu et les mêmes conditions d'existence, mais à diverses températures.

Il a trouvé :

degrés.	grammes.	
A 19	0,3	d'*Aspergillus.*
22	0,6	—
27	1,2	—
29	2,5	—
32	3,5	—
34	4,2	—

degrés.   grammes.

A 36 . . . . .   4,1 d'*Aspergillus.*
37   3,8   —
39   3   —
42-43 . . .   des traces.

La température optimum est donc 34°.

Raulin a observé de plus que la température favorable pour le développement l'est aussi pour la fructification ; en effet, une culture d'*Aspergillus* maintenue à une température inférieure à 20° pendant quinze jours ne peut pas fructifier. Maintenue à 24°, elle brunit au bout de douze jours ; après quinze jours, elle noircit, c'est-à-dire qu'il y a a formation de spores noires. A 31°, il lui faut quatre jours pour noircir. A 34°, trois jours lui suffisent. A 38°, de nouveau, il lui faut quatre jours. Enfin, à 41°, le mycélium brunit très lentement.

On peut aussi effectuer cette recherche, de la même façon que Marshall Ward a recherché le temps nécessaire au *Bacillus ramosus* pour doubler de longueur à des températures différentes. Ce temps, *période de doublement*, présente un minimum lorsque l'on effectue la culture à la température optimum. Cette période est variable suivant la température : à 8°,5, elle est extrêmement lente ; et on est presque à la limite minimum de culture.

Elle devient :

degrés.

A 14 . . .   200 minutes.
16 . . .   100   —
20 . . .   70   —
30 . . .   30   —

A partir de cette température, la période de doublement ne change guère pendant quelques degrés : c'est la température optimum. A 39°, la période augmente brusquement, de telle sorte qu'à 40°, elle devient de 120 minutes environ. A peine un peu plus haut, c'est la température mortelle, avec coagulation du protoplasma.

La zone de température optimum est très différente d'une espèce à l'autre. Nous avons vu que la température optimum de l'*Aspergillus niger* était de 34° ; celle de l'*Aspergillus glaucus* de Gayon est de 25° environ. Enfin on connaît des bacilles vivant à 0°, dont les températures optima sont 15°. C'est ainsi que Forster a étudié la bactérie qui rend la mer et la chair des poissons phosphorescentes ; elle peut vivre à 0°.

Les différents auteurs ne sont même souvent pas toujours d'accord sur la température optimum d'une même espèce. C'est ainsi que, pour la fermentation lactique, elle serait pour Hueppe de 35 à 42° ; pour Liebig, de 30 à 35° ; pour Mayer, de 30 à 40° ; pour les différentes espèces étudiées par Kagoes, de 35 à 40°.

Parmi les espèces vivant à des températures très élevées, Miquel a trouvé dans l'eau de Seine et l'eau d'égout un bacille poussant de 42 à 72°. Van Tieghem cite un streptocoque vivant à 74°. Globig et Lydia Rabinowitch ont découvert successivement, dans les couches de terrains à fleur du sol, toute une série d'espèces vivant facilement à 60 et même à 70°. Il est remarquable que ces êtres aient été trouvés dans toutes sortes de terres et à toutes les latitudes.

Températures mortelles. — Si l'on dépasse, même de très peu, la température optimum, les microbes souffrent et meurent vite. Ils meurent par coagulation du protoplasma. Déjà à 52°, par exemple, les filaments du *Bacillus anthracis* présentent des chapelets de granulations formées par du protoplasme coagulé ; la vitalité de l'élément est considérablement diminuée.

Marshall Ward a étudié ce qui se passe dans le *Bacillus ramosus* lorsqu'on le chauffe à une température limite de la zone mortelle. Un filament de ce bacille est semé à l'état de spore dans de la gélatine d'abord à 22° : puis on le porte à 39°. Il croît alors avec une telle rapidité, qu'en un quart d'heure il paraît doubler de longueur ; mais, après cinq minutes pendant lesquelles il s'allonge ainsi, il se contracte tout à coup et meurt.

La température mortelle est assez variable suivant les espèces, selon que l'on fait agir la chaleur sèche ou la chaleur humide. Déjà Leuwenhoek, en étudiant le rotifère des toits, et Spallanzani, l'animal qu'il appela *tardigrade*, remarquèrent que ces êtres, qu[i] meurent dès que l'eau où ils vivent est à une température de 45°, peuvent résister lorsqu'ils sont desséchés à 120°. Doyère a pu sans les tuer les soumettre à une température de 140°.

A l'état humide, les levures meurent entre 60 et 65°; dans une chaleur sèche, les levures vivent jusque vers 100 et 120°.

Il faut donc, lorsque l'on veut déterminer la température mortelle pour un organisme, distinguer absolument l'état de dessiccation plus ou moins grand de l'élément.

Parmi les appareils et les procédés imaginés pour déterminer cette température mortelle, nous citerons ceux de Miquel.

Miquel et Lattraye, pour mesurer la résistance des microbes à la chaleur humide, emploient un appareil composé d'une marmite fermée remplie aux trois quarts d'une solution de chlorure de calcium dont le point d'ébullition est connu. A l'intérieur de ce récipient se trouve un autoclave contenant une mince couche d'eau et un petit diaphragme qui doit supporter les milieux ensemencés. Cet autoclave est privé d'air par un courant de vapeur prolongé. On connaît la température exacte par un thermomètre précis et par un manomètre à air libre. Un réfrigérant à reflux empêche la solution de chlorure de calcium de s'évaporer. Après un certain temps d'ébullition on retire les milieux ensemencés et on les abandonne à l'étuve. On peut déterminer ainsi le temps que met le microbe à se développer, la nature de la culture, etc.

Au contraire, pour déterminer la température mortelle d'un microbe, Miquel et Cambièr emploient un appareil qui se compose d'un vase cylindrique servant de bain-marie, dont la température est invariable, et dans lequel on immerge des ampoules de verre contenant les microbes à étudier, avec un peu d'eau distillée. Ces ampoules sont fixées à la tige du thermomètre qui marque la température du bain. Après les avoir laissé séjourner pendant un certain temps, on verse leur contenu séparément dans un milieu très nutritif permettant le rajeunissement rapide de la bactérie. Selon le temps d'immersion et la nature du microbe, la culture est stérile ou est altérée.

Miquel, enfin, pour mesurer la température mortelle des spores sous l'influence de la chaleur sèche, les mélange à du sable fin et stérilisé, sèche le tout à une température de 35° et l'introduit dans un tube métallique sec et bien bouché. Le tube est fixé à un thermomètre, et plongé avec lui dans un bain d'air de température constante. Après un certain temps d'exposition plus ou moins long, les spores sont versées sur un milieu très nutritif stérilisé.

La température mortelle est fort variable. Sternberg a montré que, pour un certain nombre d'espèces asporogènes, elle oscillait entre 50° et 60°. D'après von Trau, une température de 97° à 137° arrête la putréfaction, mais ne détruit pas absolument tous les germes. Momont a montré que la bactéridie charbonneuse sans spores, contenue dans le sang desséché, qui peut rester vivante pendant plus de soixante jours à la température ordinaire, résiste à un chauffage de plus d'une heure et demie à 92°. La bactéridie cultivée sur bouillon résiste moins bien. D'autre part, Duclaux, en chauffant, durant une minute, divers bacilles du fromage, a trouvé comme températures mortelles des nombres variant entre 80° et 110°.

Certains microbes présentent, dans certains cas au moins, une résistance toute particulière; c'est le cas par exemple du bacille de la tuberculose, qui peut résister parfois à des températures assez élevées.

Pour Yersin, qui a recherché quel était le temps qu'exigeait un milieu ensemencé pour se développer après avoir été porté pendant dix minutes à une température donnée, le point mortel serait 70° pour une culture sans spores.

Avec ces milieux

Chauffés à 55° pendant 10 minutes, on obtient une culture après 15 jours.				
—	60°	—	—	— 37 jours.
—	70°	—	ne donnent pas de culture.	

Schill et Fischer avaient pu inoculer la tuberculose à des cobayes par des crachats tuberculeux exposés quinze minutes à l'action de la vapeur d'eau à 100°. Vœlsch avait prétendu qu'après un chauffage à 100°, même répété, la semence tuberculeuse est affaiblie, mais non détruite. Rabinowitch, enfin, avait prétendu que la graisse protège le bacille tuberculeux. D'après A. Gottschein et H. Michaellis cependant, une ébullition de la graisse pendant cinq minutes tue le bacille, car toutes les injections faites avec ce bacille chauffé restent négatives.

Un point essentiel relatif à cette action de la chaleur, c'est que la résistance à de hautes températures est beaucoup plus grande pour la spore que pour le bacille adulte.

C'est ainsi que l'on peut admettre, après expériences, que presque tous les bacilles meurent au-dessous de 100°, tandis que presque toutes leurs spores survivent à plusieurs minutes d'ébullition.

Déjà Spallanzani avait étudié sur les spores de mucédinées l'influence de la chaleur, et avait remarqué qu'elles peuvent subir l'ébullition dans l'eau ou la chaleur d'un brasier. Payen a vu l'*Oïdium aurantiacum*, champignon de la mie de pain, résister à la température de 120°, et mourir à 142°. Pasteur a fait germer facilement au bout de quarante-huit heures des spores de *Penicillium glaucum* qui avaient supporté la température de 108°,4; la germination avait encore lieu, quoique plus difficilement, après un séjour d'une demi-heure à 120°. A 127°-132°, toutes périssent. Quant au *Mucor mucedo*, Pasteur a montré que ses spores périssent à 100° lorsqu'elles sont immergées dans l'eau. Miquel et Lattraye ont montré que, pour détruire les spores les plus résistantes, il fallait, en milieu humide.

Une température de 102°,3 soutenue pendant 2 heures.
 — — de 104°,8 —   — 1 heure.
 — — de 107°,5 —   — 30 minutes.
 — — de 109° —   — 15 minutes.

Les spores de la bactéridie charbonneuse sont tuées en milieu humide à une température de 100° maintenue pendant plus de cinq minutes; elles résistent pendant dix minutes à 95° en milieu humide. A la température de 100° à l'abri de l'air, les germes ne sont pas pour ainsi dire jamais détruits. Roux les a retrouvés aussi vivants après cent soixante-cinq heures de chauffe; seule leur germination est retardée, et le retard est d'autant plus considérable que le temps de chauffe a été plus long.

Des bacilles sporulés vieux, étudiés par Yersin dans les mêmes conditions que les bacilles non sporulés cités plus haut, ont donné après avoir été

Chauffés à 55° pendant 10 minutes : une culture après 10 jours.
 — 60° —   —   — 22 jours.
 — 70° —   — ne donnent pas de cultures.

Hoffmann, en soumettant des spores d'*Ustilago carbo* et d'*Ustilago destruens* à 120° à l'état sec, les voit résister, tandis que dans une atmosphère saturée d'humidité elles meurent entre 58° et 62°.

La spore de l'*Actinomyces* résisterait, d'après Liehmann, à une ébullition d'un quart de minute de durée, et à trois heures d'exposition à 145° en milieu sec; d'après Domec, elle résisterait à cinq minutes d'exposition en milieu humide à une température comprise entre 60° et 75°. D'après Bérard et Nicolas, les spores d'*Actinomyces* sont tuées par une exposition de quinze minutes à 80°, en milieu sec comme en milieu humide.

Cramer pense que la résistance plus grande des spores de mucédinées à la chaleur provient de leur pauvreté relative en eau; en effet, tandis que le mycélium en contient à peu près 87 p. 100, la spore n'en a que 38 p. 100. Duclaux suppose que des analyses faites sur des spores de bacilles donneraient des résultats analogues.

Influence de la réaction. — Un facteur important, qui fait varier beaucoup la température mortelle pour le ferment, est la réaction même, alcaline ou acide, du milieu. La nature du liquide dans lequel on chauffe les microbes a une influence certaine sur le temps qu'ils résistent et sur la température qui leur est mortelle. Dès le début de ses expériences sur la génération spontanée, Pasteur avait remarqué qu'un liquide acide se stérilisait plus facilement par l'ébullition et plus vite qu'un liquide neutre. C'est ainsi que certains germes chauffés dans l'eau résistent deux heures à une température de 100°; dans l'eau de levure, il faut cinq heures pour les tuer; dans l'eau de foin, cinq heures; dans le bouillon Liebig, trois heures; dans le moût de raisin neutralisé, une demi-heure. De plus, Pasteur avait remarqué que le lait n'est pas stérilisé après une simple ébullition. Il faut le chauffer jusqu'à 105°. Or il en est ainsi de tous les liquides alcalins, tandis qu'une simple ébullition suffit à stériliser un liquide acide. L'acidité en effet, nuit au développement des germes. Par exemple, une infusion de foin reste stérile après ébullition, mais seulement à cause de son acidité ; car, si l'on neutralise le liquide par de la potasse, aussitôt les germes se développent. Au contraire, W. Roberti en 1874, Cohn en 1876, purent chauffer pendant plusieurs heures des infusions de foin neutralisées ou alcalinisées sans parvenir à détruire tous les germes.

Influence sur les conditions biologiques. — La mort n'est pas toujours la conséquence de l'action de la chaleur. Quand l'organisme résiste à une certaine élévation de température, et lorsque l'on répète plusieurs fois l'échauffement de la culture, on modifie profondément les conditions biologiques de la vie du ferment. Le bacille d'Eberth est ainsi remarquablement sensible aux variations de température. Remlinger a montré qu'un bacille d'Eberth, cultivé à 37° et plongé cinq ou six fois par jour, pendant dix minutes, dans de l'eau à 22°, perdait totalement au bout de dix jours sa virulence; au bout de vingt jours, des cultures se reproduisaient avec difficulté; au bout de trente-cinq jours, le réensemencement d'un nouveau bouillon ne donna pas de culture. (Les réensemencements étaient pratiqués tous les cinq jours.)

Une modification très importante que produit l'action incomplète d'une température supérieure de quelques degrés à la zone optimum est l'atténuation de virulence d'un microbe pathogène, et on en peut citer un grand nombre d'exemples.

Pasteur, en cultivant la bactéridie charbonneuse à 40°, est arrivé à la transmission héréditaire de l'atténuation de virulence. Pour cela, il en fait des cultures en couches minces dans un bouillon très aéré, qu'il maintient deux mois à 42°-43°. Ce laps de temps écoulé, la bactérie meurt, après avoir passé par tous les stades de dégradation.

L'atténuation du bacille charbonneux a été facilement obtenue, par Toussaint et Chauveau, par l'action simultanée de la chaleur et de l'oxygène. Si l'on chauffe du sang charbonneux à des températures variant entre 50° et 60°, l'atténuation de toxicité est d'autant plus rapide que la température est plus élevée. Chauffé pendant huit minutes, à 50° seulement, le sang reste tout à fait toxique; pendant dix-huit minutes chauffé à la même température, il vaccine les animaux auxquels on l'inocule ; chauffé pendant vingt minutes, il est stérilisé, et les animaux inoculés ne sont plus vaccinés; le même résultat est obtenu en seize minutes à une température de 52°.

Arloing, Cornevin et Thomas atténuent la virulence du bacille du charbon symptomatique en portant les masses charbonneuses à des températures oscillant de 100° à 104°. On obtient, suivant les conditions de chauffage, des virus plus ou moins actifs.

Les autres caractères biologiques varient d'intensité sous l'action d'une chaleur un peu trop forte. Ainsi, le *Bacillus anthracis*, soumis à 47°, étant à l'état filamenteux ou en bâtonnets, donne des spores extrêmement sensibles à la température de 80°. Wasserzug a pu modifier la forme du *Micrococcus prodigiosus* par des chauffes à la température de 50° répétées [pour chaque nouvel ensemencement. La forme micrococcique disparaît dans ces conditions, et se transforme en une forme bacillaire. On peut obtenir une transformation plus rapide en ajoutant l'action des acides à celle de la chaleur.

Résistance au froid. — La résistance au froid est incomparablement plus grande que la résistance à la chaleur.

On connaît de nombreux exemples de mucédinées résistant aux froids d'hivers rigoureux. C'est ainsi que les spores d'*Uromyces appendiculatus* et de *Puccinia graminis* peuvent germer, quoique ayant vécu à — 13° ou — 20°. Janowsky a trouvé un certain nombre de bactéries dans la neige fraîchement tombée, et Schmelek en a trouvé dans la neige d'un glacier le Jostedalsbra. Fraenkel a trouvé un grand nombre de bactéries dans la glace alimentaire, jusqu'à 5 000 par centimètre cube. Cagniard-Latour a vu germer de la levure de bière qui avait été maintenue à — 90° dans un mélange réfrigérant (acide carbonique et éther). Schumacher a constaté la survivance de la levure et de diverses bactéries à un séjour de quelques instants dans une atmosphère à — 113°. Pictet et Young n'ont pu qu'atténuer le pouvoir fermentescible de la levure après un séjour de vingt heures dans un mélange à — 130°. W. Brehm, d'après de nombreuses expériences, conclut que le vibrion du choléra est capable de résister cinquante-sept jours à des températures très basses (— 16°). Une brusque variation de 16° à — 10° ne le tue pas. Il en est de même pour le bacille typhique. Aussi tous deux résistent-ils fort bien aux hivers de nos climats

Et cependant les variations de température brusques et répétées semblent beaucoup plus néfastes qu'un froid intense longtemps maintenu. Ainsi PRUDDEN a essayé une série de congélations successives suivies de décongélations. Une eau renfermant 10 000 bactéries par centimètre cube est congelée trois fois en vingt-quatre heures. Le chiffre s'abaisse à 90; au bout de huit congélations en trois jours, il n'y a plus de bactéries vivantes. Au bout de cinq jours de congélation continue, il en restait encore 2 500.

En résumé, le froid tue difficilement les ferments, mais il arrête complètement leur développement.

Influence de la lumière sur les ferments organisés. — En 1845, SCHMARDA constata, à la suite de nombreuses expériences, que les Infusoires ne peuvent se développer qu'à la lumière, mais que cependant l'action continue des rayons solaires directs leur est nuisible. DOWNES et BLUNT ont montré en 1877 l'action de la lumière sur les ferments. Les microbes sont rapidement détruits par la lumière solaire. Laissant simplement des tubes ouverts, remplis de liquide PASTEUR, exposés au soleil, les uns librement, et les autres dans une chemise de plomb, DOWNES et BLUNT constatèrent que, portés ensuite à l'étuve, les tubes insolés restent stériles, tandis que les autres développent une abondante végétation. Ils attribuent l'action retardatrice et néfaste à la partie chimique du spectre solaire. Elle serait due à une oxydation produite sous l'influence des rayons lumineux.

TYNDALL, l'année suivante, fut moins affirmatif que DOWNES et BLUNT; il observa bien que les rayons solaires exercent une action nocive sur les ferments, et empêchent leur développement, mais que les germes ne sont pas détruits. YAMIESON attribua l'action exercée sur les microbes par la lumière à la chaleur emmagasinée par le flacon exposé au soleil. JANOWSKI, expérimentant sur le bacille d'EBERTH, a pu le détruire par exposition aux rayons solaires directs en dix, six, et même quatre heures. La lumière diffuse avait une action moins intense. PANZINI a trouvé que la lumière diffuse ralentit le développement de *B. prodigiosus*, *B. violaceus*, *B. pyocyaneus*, *B. anthracis*, *B. cholera*, *B. murisepticus* et de *Staphylococcus pyogenes albus*.

Les rayons solaires directs stérilisent complètement les cultures après une journée d'exposition. Les spores ne sont pas à l'abri de l'action solaire, quoiqu'elles soient beaucoup plus résistantes, puisque les spores de l'*Actinomyces* sont fortement éprouvées par une exposition de six heures aux rayons solaires. Elles sont complètement détruites par une exposition de quatorze heures et demie, à condition toutefois qu'on ait eu soin de les placer en suspension dans du bouillon. A l'état sec, les actions solaires sont nulles (BÉRARD et NICOLAS).

ARLOING a expérimenté sur le bacille du charbon, et a remarqué que même la lumière du gaz suffit à retarder le développement des spores; leur virulence n'est pas touchée. La lumière du soleil, au contraire, non seulement arrête l'évolution du *Bacillus anthracis*, mais encore modifie et atténue sa virulence, et cela pour des expositions d'un temps relativement très court (deux heures au mois de juillet).

DUCLAUX, enfin, a établi les lois générales de l'action de la lumière, en opérant sur le *Tyrothrix scaber* du lait, les *Tyrothrix* du fromage, sur certains microcoques, etc. Il a pu montrer ainsi :

1° Que chaque bacille présente une résistance variable à l'action de la lumière ;

2° Que la résistance de chaque bacille varie avec le milieu de culture dans lequel il se trouve placé ;

3° Que les spores à l'état sec exigent, pour être complètement détruites, un mois d'exposition à la lumière solaire ;

4° Que les coccus sans spores sont plus rapidement tués que ceux qui en produisent;

5° Que les coccus résistent mieux en bouillon de culture que simplement exposés à l'état sec à la lumière du soleil ;

6° Que la rapidité de l'action mortelle de la lumière du soleil est d'autant plus grande que cette lumière est plus intense.

Quel est le mécanisme de l'action destructive de la lumière ? Nous avons vu que les uns l'attribuaient à la chaleur, d'autres aux radiations chimiques. DUCLAUX a émis l'hypothèse que c'était une oxydation déterminée par les rayons lumineux. DOWNES et BLUNT avaient déjà montré que l'action de la lumière dans le vide était à peu près nulle.

Roux, en opérant sur le *B. anthracis*, a observé le même fait, et les conclusions de son travail ont été que les spores sont tuées beaucoup plus rapidement quand elles sont exposées à l'action simultanée de l'air et de la lumière.

Ce phénomène est donc lié à un processus d'oxydation, et il [est important d'observer que les bouillons de culture oxydés sous l'influence de la lumière ne laissent plus germer les spores du *B. anthracis*, alors que sous sa forme filamentaire il se développe parfaitement.

Il y a donc lieu de déterminer, s'il est possible, l'action de telle ou telle radiation. Les résultats ont été assez souvent contradictoires. Arloing avait essayé de rechercher quelle est la partie du spectre qui agit. Aucune des sept couleurs spectrales n'a paru, dans ses expériences, arrêter le développement du *B. anthracis*. La lumière rouge semble cependant être celle qui lui est le plus favorable. Santori a montré que les rayons rouges et violets n'avaient aucune influence sur la vitalité des bactéries, tandis que la lumière blanche est offensive, surtout à l'état humide. Cette action bactéricide est manifeste même à de basses températures. Enfin, l'action de la lumière électrique est beaucoup plus faible que celle de la lumière solaire.

D'après Gessler, expérimentant sur le développement du bacille typhique, il n'y a pas de différence qualitative entre la lumière solaire et la lumière électrique; les rayons rouges n'agissent pas, et les autres couleurs ont une influence d'autant plus grande que l'indice de réfraction est plus grand. En 1879, Serrano Fatigati essaya l'influence des couleurs à peu près monochromatiques sur ces mêmes infusoires. Il trouva que la lumière violette active le développement des organismes inférieurs, que la couleur verte le retarde. La production de CO^2 est toujours plus grande dans la lumière violette que dans toutes les autres lumières, et moindre dans la lumière verte. Par suite, la respiration de ces êtres est plus active dans la lumière violette que dans la lumière blanche; moins active dans la lumière verte.

Enfin, d'après Janowski, l'action bactéricide est due surtout aux rayons chimiques. Les bacilles se développent aussi bien sous l'influence d'une lumière tamisée par une solution de bichromate de potasse que dans l'obscurité.

Il existe encore d'autres méthodes pour rechercher quelle est l'influence des différentes couleurs. C'est d'abord le procédé d'Engelmann, puis l'étude des modifications chimiques apportées à la constitution du corps; enfin, l'influence exercée par les bacilles pathogènes. Engelmann a recherché l'action exercée par les différentes couleurs sur le *Bacterium photometricum*, qui jouit de la propriété de se déplacer rapidement dans les préparations. Sur une goutte de liquide, il projette un spectre lumineux, et voit les bactéries se porter en certains points de préférence; elles arrivent à former des lignes d'éléments suivant certaines lignes du spectre. Elfving étudie les différences de composition des mycéliums cultivés à la lumière et de ceux qui sont cultivés dans l'obscurité; il emploie des cultures sur bouillons peptonisés et bouillons sucrés. A la lumière, la quantité d'azote paraît plus considérable; mais l'augmentation n'est pas constante. Ce même auteur observe que la respiration des hyphomycètes n'est pas altérée par l'action de la lumière.

Rappelons enfin que certaines maladies infectieuses et certaines dermatoses sont influencées par la lumière : la variole, la rougeole ont leur évolution peut-être modifiée par une exposition à un jour spécial (Finsen, etc.).

Pour la bibliographie, voir V. Rogovine (*Influence de la lumière blanche et de la lumière colorée sur les êtres vivants. D. in.*, Paris, 1901).

Action de l'électricité sur les ferments organisés. — Lehiel avait observé, en 1880, qu'en faisant passer le courant de deux éléments Bunsen dans une solution sucrée additionnée de phosphate d'ammoniaque, de jus de viande et de levure, on empêchait toute formation de bactéries sans entraver le phénomène de la fermentation.

Cohn et B. Mendelsohn, pour étudier l'action du courant électrique sur les microbes, emploient une solution de :

Phosphate de potasse.	5	grammes.
Tartrate neutre d'ammoniaque. . . .	10	—
Sulfate de magnésie.	5	—
Chlorure de calcium	0,5	—

Ce liquide était placé dans un tube en U, au travers duquel on faisait passer un courant électrique. Il y a, dans ces conditions, électrolyse du milieu. Il en résulte que, pour peu que le courant soit intense, on a au pôle positif une réaction fortement acide, tandis qu'au pôle négatif s'accumulent les bases et l'ammoniaque. Il y a par suite stérilité du milieu, et il peut y avoir mort des bactéries.

L'action est particulièrement plus énergique au pôle positif, grâce à l'acidité du milieu. Ce fait a été retrouvé par Apostoli et Laquerrière, qui étudièrent le phénomène surtout au point de vue des applications médicales; par Prochnovick et Spaeth; par Kruger. Enfin, jusqu'à présent, il a été pour ainsi dire impossible de déterminer exactement l'action des courants continus sur les bactéries. On n'a fait que déterminer des modifications chimiques de milieu qui ont consécutivement réagi sur les ferments.

Avec les courants alternatifs on n'a pas obtenu non plus de résultats extrêmement satisfaisants. Il est, en effet, bien peu probable qu'une culture placée à l'intérieur d'un solénoïde puisse subir grande influence de la part du courant qui le traverse. Ch. Richet a montré qu'en faisant passer dans un liquide fermentescible de très forts courants d'induction, capables de tuer les têtards qu'on mettait dans le liquide, on ne changeait rien aux évolutions des ferments organisés (ferment lactique, ferment ammoniacal, putréfaction).

D'Arsonval et Charrin ont étudié l'action exercée par les courants de haute fréquence sur les bactéries, en particulier sur le *Bacille pyocyanogène*. La culture est placée à l'intérieur d'un solénoïde parcouru par un courant donnent 800 000 oscillations à la seconde. Au bout d'une heure, la couleur de la culture seule est légèrement changée. Si la durée de l'action est suffisante, il y a obstacle à la prolifération des germes, et même arrêt complet. L'action varie aussi en fonction de l'énergie électrique dépensée. Spilker et Gottstein ont cru observer dans de semblables conditions que les bacilles mouraient rapidement. Cependant Friedenthal, reprenant ces expériences, n'a obtenu aucun résultat. Oppermann a montré que l'action de l'électricité se traduisait peut-être par l'action de l'ozone produit. Il est arrivé à détruire, à l'aide d'un courant d'ozone, les microbes contenus dans un liquide, tandis qu'il lui était impossible de le faire pour des microbes répandus sous forme de poussières sèches. Il en conclut que la quantité approximative de microbes contenus dans une eau n'a aucune influence sur la quantité d'ozone nécessaire pour la stériliser; tandis que, plus une eau est souillée, plus la quantité d'ozone doit être forte.

Ces résultats ont été utilisés industriellement par Tyndall, pour purifier les eaux du Vieux Rhin à Ondshoorn, près de Leyde. Après une action d'une demi-heure à peu près, l'eau est complètement stérilisée, ou plutôt il n'y reste que quelques bacilles, non pathogènes, des genres les plus résistants, tels que *B. subtilis*.

Production de lumière par les microbes. — Un grand nombre de phénomènes de phosphorescence sont dus à la présence de microorganismes producteurs de lumière. C'est ainsi que la phosphorescence de la mer, la phosphorescence observée sur des débris de poisson ou de chair musculaire, appartiennent à des phénomènes de fermentation particulière, à des microbes photogènes.

Michaelis montra que l'eau de mer phosphorescente gardait sa propriété même après filtration sur papier fin, mais non après filtration sur papier d'imprimerie. La matière phosphorescente n'était donc pas dissoute, mais composée de particules très petites en suspension dans le liquide. Pflüger observa sur une tête de morue un mucus lumineux qui lui parut être formé au microscope de petits granules, tantôt isolés, tantôt associés à deux ou à plusieurs. La présence de l'oxygène était nécessaire à la production de la phosphorescence. Le phénomène lumineux disparaissait quand la matière organique entrait en putréfaction. Cohn donna au bacille hypothétique producteur de lumière le nom de *Micrococcus phosphoreus*. Lassar reconnut que la viande de porc présentait parfois des lueurs, et que l'apparition de ce phénomène était concomitante de la présence de micrococques. Pflüger et Lassar démontrèrent l'un et l'autre que la présence du sel était indispensable au développement du bacille phosphorescent. Ludwig put faire développer sur de la viande fraîche des micrococques recueillis sur de la chair de poisson lumineuse. Nuesch étudia la phosphorescence de la viande ordinaire, et appela le bacille, auquel il en attribua la cause, *Bacterium lucens*. Giard a étudié un certain nombre de bactéries phosphorescentes, et a montré que c'était à elles qu'est due la maladie photogène de certains Crustacés. On connaît encore le bacille indien phosphorescent de

Fischer, apporté des Indes par cet auteur, le *Bacterium phosphorescens* de Hermes, le bacille de Forster, le bacille indigène de Fischer trouvé dans le port de Kiel, etc.

La nature de la lumière varie avec chaque microbe; le bacille de Fischer donne une lumière vert bleuâtre; le bacille de Hermes, une lumière vert émeraude; le bacille indien de Forster, une lumière presque bleue. C'est ce microbe que l'on rencontre dans la phosphorescence en masse des mers des tropiques, appelée *mer de lait* par les marins.

L'examen spectroscopique de la lumière émise par les bactéries a été fait par Ludwig d'abord, qui a observé dans le *Micrococcus Forsteri* un spectre continu comprenant la presque totalité des radiations lumineuses (tout au moins la partie gauche jusqu'à la raie b). Forster a obtenu avec le bacille indien un spectre s'étendant de l'orangé au violet moyen.

La lumière produite jouit de propriétés chimiques assez marquées, puisque l'on a pu obtenir des épreuves photographiques (Forster). R. Dubois a pu obtenir la photographie de pièces de monnaie enveloppées dans du papier dans les mêmes conditions qu'avec les rayons Rœntgen, avec la lumière émise par des photobactériacées lumineuses.

La température exerce naturellement, comme dans tous les phénomènes de la vie cellulaire, une influence prépondérante sur le dégagement de lumière par les microbes.

La température optimum à laquelle se développe la phosphorescence varie pour chaque bacille lumineux.

	TEMPÉRATURE MINIMUM arrêtant la phosphorescence.	TEMPÉRATURE optimum.
M. Forsteri (Ludwig)		encore lumineux à 50°
Bacille indien de Fischer	15°	20°-30°.
Bacille phosphorescent (Hermes, . . .		6°-10°.
Bacille indigène de Fischer	5 à 10°	

De l'autre côté de l'échelle une faible élévation de chaleur fait perdre leur pouvoir photogène aux microbes phosphorescents. C'est ainsi que le *Micrococcus Forsteri* (Ludwig) s'éteint momentanément à 39°, définitivement à 47°; le bacille de Fischer s'éteint à 40°; le bacille de Forster, à 32°.

Les milieux de culture sont assez variés; mais en général on les cultive de préférence sur de la gélatine en présence de sel. En effet, le phénomène de phosphorescence exige, pour la plupart des microbes connus, la présence d'une certaine proportion de sel, et pour tous la présence de l'oxygène. L. Tchougaïev en particulier a observé que les bactéries phosphorescentes de la mer ne peuvent se développer que dans des milieux contenant au moins 3 à 4 p. 100 de sel marin, ou tout autre sel dont la solution serait isotonique de celle-ci. La concentration du glucose dans un milieu nutritif qui en renferme a aussi sur la vitalité des bactéries une influence considérable.

Le mécanisme de la phosphorescence dépendrait, d'après R. Dubois, de l'existence d'une diastase particulière, la luciférase, pour l'étude de laquelle nous renvoyons aux paragraphes suivants (p. 389), et à l'article **Lumière**.

Action des microorganismes les uns sur les autres. — Les ferments organisés peuvent réagir les uns sur les autres, soit parce qu'ils sécrètent des produits toxiques pour d'autres espèces, soit parce que, dans la lutte qu'ils soutiennent pour leur alimentation, les plus vigoureux résistent mieux, et consomment les aliments nécessaires.

Le second mode d'action est de beaucoup le plus fréquent; c'est ainsi que l'*Aspergillus niger* se développe seul sur le liquide de Raulin, parce que ce milieu lui est éminemment favorable, et que dans ces conditions il peut lutter victorieusement contre tous les autres microorganismes. Ceux-ci se développent mal, très lentement, et par suite disparaissent sous l'envahissement de l'hyphomycète.

Un autre exemple très frappant de l'action exercée sur un mélange de deux ferments par la plus grande vitalité de l'un des deux sur l'autre, est l'influence exercée par le bacille pyocyanique sur la levure de bière (d'Arsonval et Charrin). La fermentation alcoolique est arrêtée quand la température est de 37°; elle n'est pas influencée, ou à peine ralentie, quand la température est seulement de 10° (le bacille est cultivé sur bouillon et additionné d'une solution sucrée).

Ce ne sont pas les produits sécrétés par le bacille pyocyanique qui arrêtent l'activité de la levure et empêchent le dédoublement du sucre en alcool et acide carbonique, ce sont les bacilles eux-mêmes. Au contraire, les produits solubles sécrétés par le bacille pyocyanique en l'absence de tout ferment pathogène organisé semblent activer le développement de la levure de bière, et par suite la fermentation. La levure sucrée, renfermant une culture stérilisée de bacille pyocyanique, fermente plus activement que la même levure pure.

Le bacille pyocyanique entrave la fermentation pendant huit ou dix heures. Au bout de ce temps, la levure exerce très lentement son action. D'ARSONVAL et CHARRIN ont montré que la cause de cette reprise de la fermentation alcoolique tenait à ce fait, que le bacille est fortement aérobie, et que la levure, en absorbant l'oxygène, le met peu à peu dans un état d'infériorité qui permet à la levure de triompher. On peut arrêter de nouveau la fermentation alcoolique en introduisant dans le milieu où se fait la culture une certaine quantité d'air.

L'action d'arrêt de la levure n'a pas lieu quand le bacille est atténué, et lorsqu'il a cessé d'être pathogène, mais elle est indépendante des fonctions pigmentaires ou chromogènes.

Les produits solubles sécrétés par un microbe sont souvent extrêmement toxiques pour d'autres. Il n'y a en effet pas de raisons pour que les cellules végétales résistent autrement que les cellules animales à l'action des toxines. Elles produisent là aussi des modifications profondes du protoplasma cellulaire, modifications qui sont relativement faciles à observer chez les Infusoires. HAFKINE, en 1890, a découvert qu'un milieu nutritif pouvait, après avoir servi de bouillon de culture à certaines espèces, devenir toxique pour d'autres. Dans une eau naturelle pauvre en matière organique, il observait certains Infusoires et autres microrganismes; dans une infusion artificielle, il plaçait au contraire quelques Paramécies. Les deux liquides étant mélangés, on voyait périr les organismes du deuxième milieu, tandis que ceux du premier survivaient. Les phénomènes qui accompagnaient la mort étaient la dégénérescence, l'hydratation du protoplasma, et le gonflement cellulaire. Cette action est indépendante de la concentration du liquide; par suite ce n'est pas une conséquence de phénomènes de plasmolyse, et c'est là nettement une action produite par des substances en dissolution sécrétées par des organismes.

On peut encore citer dans le même groupe de phénomènes l'action des toxines sécrétées par le *Bacillus pyocyaneus*, qui arrêtent le développement du bacille du charbon.

Formule chimique d'une fermentation. — Il est presque indispensable, pour étudier une fermentation, de représenter par une formule chimique les transformations de la molécule de la substance en fermentation.

LAVOISIER le premier rechercha quelles pouvaient être les quantités de gaz carbonique, d'alcool et d'acide acétique, produites dans une fermentation alcoolique. Il montra que le poids de ces substances représentait à très peu près le poids du sucre mis en œuvre. Bien que des erreurs se fussent introduites dans son interprétation, l'équation de LAVOISIER conduisit GAY-LUSSAC et THÉNARD, puis DUMAS et BOULLAY, à la véritable représentation de la fermentation alcoolique, à ce que l'on est convenu d'appeler la formule de la fermentation.

PASTEUR a repris l'étude des proportions de substances que l'on obtient par la fermentation alcoolique. En 1860, il montra que l'on obtenait non seulement de l'alcool et de l'acide carbonique, mais encore une certaine proportion de glycérine, d'acide succinique, de cellulose, et de matières indéterminées.

PASTEUR essaya alors de chercher quelle était la formule vraie de la fermentation alcoolique répondant aux chiffres de ses analyses :

9^{gr},998 de sucre candi ont donné :

Alcool absolu.   5,100
Acide carbonique. 4.911
Glycérine   0,340
Acide succinique.   0,065
Cellulose et matières indéterminées.   0,130
                          Total. . .   10,546

Or $9^{gr},998$ de sucre candi, de formule $C^{12}H^{22}O^{11}$, représentent par fixation d'une molécule d'eau $10^{gr},524$ de sucre fermentescible $C^6H^{12}O^6$.

La différence entre ce chiffre théorique et le chiffre expérimental est donc de 0,022.

Tandis que pour GAY-LUSSAC et LAVOISIER la formule de la fermentation alcoolique était :

$$C^{12}H^{24}O^{12} = {}_4C^2H^6O + {}_8CO^2$$

pour DUMAS et BOULLAY, elle était :

(1) $$C^{12}H^{22}O^{11} + H^2O = {}_4C^2H^6O + {}_8CO^2$$

Pour PASTEUR, il faut en plus introduire l'équation de transformation du saccharose en acide succinique, glycérine et acide carbonique, soit approximativement :

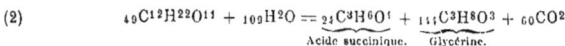

(2) $$_{49}C^{12}H^{22}O^{11} + {}_{109}H^2O = {}_{24}C^3H^6O^4 + {}_{144}C^3H^8O^3 + {}_{60}CO^2$$
$$\underbrace{\qquad}_{\text{Acide succinique.}} \qquad \underbrace{\qquad}_{\text{Glycérine.}}$$

On ne tient, dans ce cas, pas encore compte de la production de cellulose. Il faut, en outre, savoir dans quelles proportions les équations (1) et (2) sont reliées l'une à l'autre.

Or PASTEUR a montré que 100 grammes de sucre en se détruisant donnent :

Alcool.	51,10
Acide carbonique. . .	49,20
Glycérine.	3,40
Acide succinique . . .	0,65
Cellulose etc	1,30

Donc l'équation (2) donnera :

Glycérine.	3,607
Acide succinique . . .	0,760
Acide carbonique. . .	0,708

Pour $4^{gr},50$ de sucre candi.

Dans 100 grammes de sucre il y a donc très sensiblement $95^{gr},5$ qui se dédoublent suivant l'équation (1) et $4^{gr},5$ suivant l'équation (2). La fermentation alcoolique totale est ainsi représentée par 21 fois $C^{12}H^{22}O^{11}$ transformé en alcool et acide carbonique et 1 fois $C^{12}H^{22}O^{11}$ transformé en glycérine, acide succinique et acide carbonique.

On peut rapprocher de la levure de bière l'*Eurotiopsis Gayoni*, qui, en culture anaérobie, donne aussi naissance à de l'alcool, de l'acide carbonique, de l'acide succinique, de la glycérine (LABORDE), de la cellulose, et d'autres produits qui se fixent dans le tissu de la plante. Nous pouvons ainsi comparer l'*Eurotiopsis* et la levure.

	Eurotiopsis Gayoni. (LABORDE).
Alcool.	46,4
Acide carbonique. . .	44,4
Acide succinique. . . .	2,3
Glycérine.	1,8
Poids de plantes. . . .	4 à 5

Une plus grande quantité de substances fermentescibles est employée à produire les tissus vivants de la plante. La même formule va représenter la glycérine et l'acide succinique formés, mais il y aura un plus grand rapport entre l'équation (1) et l'équation (2).

Il y a en effet 3 grammes de sucre seulement qui fermentent suivant (2) pour 97 fermentant suivant (1). Soit 32 fois $C^{12}H^{22}O^{11}$ transformé en alcool et acide carbonique pour 1 fois $C^{12}H^{22}O^{11}$ transformé en glycérine, acide succinique et acide carbonique.

Les formules générales représentant la fermentation du saccharose par la levure de bière et l'*Eurotiopsis Gayoni* seront donc, en négligeant complètement le poids de plante formé : pour la levure :

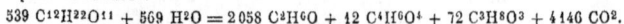

$$539\ C^{12}H^{22}O^{11} + 569\ H^2O = 2\,058\ C^2H^6O + 12\ C^4H^6O^4 + 72\ C^3H^8O^3 + 4\,146\ CO^2.$$

pour l'*Eurotiopsis Gayoni* :

$$539\ C^{12}H^{22}O^{11} + 559\ H^2O = 2\,091\ C^2H^6O + 8\ C^4H^6O^4 + 48\ C^3H^8O^3 + 4\,201\ CO^2.$$

L'existence de ces deux formules montre donc bien la différence entre les deux fermentations.

La production d'un ou plusieurs alcools dans une fermentation peut être accompagnée de la production d'un ou plusieurs acides gras. Tel est le cas du *Bacillus orthobutylicus* de GRIMBERT, qui donne naissance, en faisant fermenter le glucose, le saccharose et un certain nombre d'autres sucres, à de l'alcool butylique normal avec un peu d'alcool isobutylique, à de l'acide butyrique normal, à de l'acide acétique, avec des traces d'acides lactique et formique, à de l'acide carbonique et à de l'hydrogène.

Le phénomène est donc très complexe, et DUCLAUX l'a suivi de très près dans la discussion de la formule établie de la façon suivante :

La fermentation du glucose, par exemple, peut donner des quantités variables de produits suivant le moment même où l'on considère la fermentation. Ainsi le rapport de l'hydrogène à l'acide carbonique dégagé sera :

Du 1ᵉʳ au 4ᵉ jour. 1,16
Du 4ᵉ au 13ᵉ jour. 0,34
Du 13ᵉ au 22ᵉ jour. 0.28
La moyenne totale étant. . . 0,50

La quantité d'hydrogène diminue donc par rapport à la quantité d'acide carbonique.

De même, si nous étudions les quantités de matières liquides obtenues, nous voyons que l'alcool butylique reste stationnaire ou augmente, tandis que l'acide butyrique décroît, ainsi que l'acide acétique. Il s'est formé dans un cas par la fermentation de 1 gramme de sucre :

	ALCOOL BUTYLIQUE.	ACIDE BUTYRIQUE.	ACIDE ACÉTIQUE.
	milligr.	milligr.	milligr.
Au bout de 1 jour.	93	245	251
— de 4 jours.	295	0	85
— de 16 —	329	0	94

Si l'on laisse la fermentation s'effectuer en présence de craie, la quantité d'acide diminue moins rapidement :

	ALCOOL BUTYLIQUE.	ACIDE BUTYRIQUE.	ACIDE ACÉTIQUE.
	milligr.	milligr.	milligr.
Après 1 jour.	15	464	313
— 4 jours	39	423	114
— 16 —	69	405	110
— 8 mois.	108	275	46

On voit donc que l'alcool butylique continue à se produire pendant toute la fermentation, tandis que la formation d'acides gras s'arrête; et que même ces corps disparaissent.

L'alcool butylique ne peut se former que d'après la formule suivante :

$$2C^6H^{12}O^6 = 2C^4H^9OH + 2CO^2 + H^2O \qquad (a)$$

Il peut se former aussi une certaine proportion d'acide butyrique avec dégagement d'hydrogène par la fermentation du sucre :

$$C^6H^{12}O^6 = C^3H^7CO^2H + 2CO^2 + 4H \qquad (b)$$

Enfin la formation d'acide acétique doit se produire, soit aux dépens du sucre, soit aux dépens de l'acide butyrique en présence des éléments de l'eau :

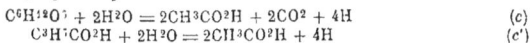

$$C^6H^{12}O^6 + 2H^2O = 2CH^3CO^2H + 2CO^2 + 4H \qquad (c)$$
$$C^3H^7CO^2H + 2H^2O = 2CH^3CO^2H + 4H \qquad (c')$$

Soit enfin, par suite d'une fermentation spéciale du sucre donnant naissance à de l'acide butyrique, de l'acide carbonique et de l'eau, ces deux derniers termes s'unissant pour former de l'acide acétique :

$$5C^6H^{12}O^6 = C^3H^7CO^2H + 2CO^2 + 4H$$

ou :

$$5C^6H^{12}O^6 = 5C^3H^7CO^2H + \lfloor 4CO^2 + 16H \rfloor + 6CO^2 + 4H \qquad (d)$$
$$\lfloor 2CH^3CO^2H + 4H^2O \rfloor$$

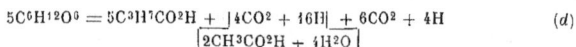

Ces formules représentent donc chacune un des phénomènes élémentaires de la fermentation; elles peuvent en se groupant différemment produire l'équation totale, etc. Chaque fermentation en particulier va répondre à une formule spéciale suivant la quantité de sucre en expérience, la présence ou l'absence de craie, la durée de la fermentation, etc.

Ainsi une solution à 3 p. 100 de glucose a fermenté en vingt jours en donnant pour 1 gramme de sucre :

	milligr.
Alcool butylique. . .	205
Acide butyrique. . .	185
Acide acétique. . . .	84

ce qui correspond à :

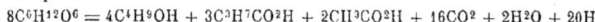

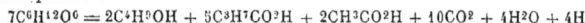

$$8C^6H^{12}O^6 = 4C^4H^9OH + 3C^3H^7CO^2H + 2CH^3CO^2H + 16CO^2 + 2H^2O + 20H$$

comprenant par suite deux fois la formule de la formation de l'alcool butylique (a), trois fois celle de la formation de l'acide butyrique (b), une fois celle de la formation de l'acide acétique (c). La formule totale F est donc :

$$F = 2a + 3b + c.$$

Dans un autre cas on a trouvé, dans la fermentation d'une solution à 2,4 p. 100 de glucose, pour 1 gramme de sucre :

	grammes.
Alcool butylique. . .	0,110
Acide butyrique. . . .	0,331
Acide acétique. . . .	0,095

ce qui correspond à :

$$7C^6H^{12}O^6 = 2C^4H^9OH + 5C^3H^7CO^2H + 2CH^3CO^2H + 10CO^2 + 4H^2O + 4H$$

comprenant une fois la formule de la formation de l'alcool butylique (a) et une fois celle de la formation des acides butyrique et acétique (d),

$$F = a + d$$

Fitz a fait fermenter la glycérine, la mannite et le saccharose par le *Bacillus butylicus*, voisin du *B. orthobutylicus*, et obtenu les produits suivants :

	100 GRAMMES DE GLYCÉRINE.	100 GRAMMES DE MANNITE.	100 GRAMMES DE SUCRE INTERVERTI.
	grammes.	grammes.	grammes.
Alcool butylique.	8,1	10,2	0,5
Acide butyrique.	17,4	35,4	42,5
— lactique.	1,7	0,4	0,3
— succinique	»	0,01	traces.
Triméthylèneglycol	3,4	»	»

Mais l'étude de la fermentation par ce bacille a été encore trop incomplète pour permettre l'établissement d'une formule.

Nous allons encore trouver un exemple de variations dans les fermentations en étudiant les phénomènes que détermine le *Bacille amylozyme*.

Le bacille amylozyme de Perdrix fait fermenter le glucose en présence de carbonate de chaux, en donnant naissance à de l'hydrogène, de l'acide carbonique, de l'acide acétique et de l'acide butyrique. Les milieux de culture étaient formés de :

Sucre fermentescible. . .	3
Peptone sèche.	2
Eau.	100
Carbonate de chaux. . .	Q. s.

Perdrix a étudié dans ces conditions la marche de la fermentation; et les nombres qu'il a obtenus sont les suivants :

	850 C. C. BOUILLON DE VEAU A 1ᵍʳ,95 GLUCOSE P. 100 ADDITIONNÉ DE 10 GRAMMES CO^3Ca PULVÉRULENT.		
	Volume des gaz dégagés.		Acide carbonique provenant de la décomposition du carbonate de chaux.
	Hydrogène.	Acide carbonique.	
	c. c.	c. c.	c. c.
36 heures après l'ensemencement.	1 200	510	120
48 — —	2 640	1 480	365
3 jours — —	3 650	2 410	625
9 — — —	5 340	4 080	1 010
(Fermentation achevée depuis deux jours.)			

La simple observation de ce tableau montre que la fermentation n'est pas régulière. Au début, la production d'hydrogène est plus abondante qu'à la fin. Le rapport du volume de l'hydrogène et de l'acide carbonique va constamment en diminuant :

$$\text{Au bout de 36 heures.} \ldots \quad \frac{H}{CO^2} = \frac{70}{30}$$

$$- \quad 48 \text{ heures.} \ldots \quad \frac{H}{CO^2} = \frac{64}{36}$$

$$- \quad 3 \text{ jours.} \ldots \quad \frac{H}{CO^2} = \frac{60}{40}$$

$$- \quad 9 \text{ jours.} \ldots \quad \frac{H}{CO^2} = \frac{56}{44}$$

(Fermentation terminée depuis 2 jours.)

Les variations dans la production des acides gras sont aussi assez considérables. Perdrix a trouvé, dans le ballon déjà étudié plus haut, et renfermant 16ᵍʳ,6 de glucose :

grammes.
Acide acétique. . . 1,775
— butyrique . . 6,685

Ce qui donne pour l'ensemble de la fermentation :

grammes.
Hydrogène. . . . . . 0,47 ⎫
Acide carbonique. . . 8,04 ⎪ pour 16ᵍʳ,6 de glucose employé.
— acétique . . . . 1,775 ⎬
— butyrique . . . 6,685 ⎭

répondant à une formule :

$$(a) \quad 46C^6H^{12}O^6 + 18H^2O = 225H + 94CO^2 + 15C^3H^4O^2 + 38C^4H^8O^2.$$

Or Perdrix a mesuré aussi les quantités de substances produites dans une culture arrêtée au troisième jour, et il a trouvé :

	CULTURE ARRÊTÉE AU 3ᵉ JOUR.	CULTURE TERMINÉE.	DIFFÉRENCE.
	gr.	gr.	gr. litres.
Hydrogène.	0,32 ⎫ correspondant	0,47 ⎫	0,15 = 1,690 ⎫ correspondant
Acide carbonique. . .	4,73 ⎪ à 9ᵍʳ,6	8,04 ⎪ correspondant	3,31 = 1,670 ⎪ à 7 gr.
— acétique.	1,77 ⎬ de sucre	1,775 ⎬ à 16ᵍʳ,6	0,005 ⎬ de sucre.
— butyrique.	3,71 ⎭ employé.	6,585 ⎭ de sucre.	3,515 ⎭

On voit donc que, dans la dernière partie de la fermentation, il n'y a plus production d'acide acétique, et que, dans ce cas, il y a volumes égaux d'hydrogène et d'acide carbonique produits.

La formule de cette dernière partie de la réaction devient donc :

$$(b)\ C^6H^{12}O^6 = 4H + 2CO^2 + C^4H^8O^2,$$

équation de la fermentation butyrique.

Au contraire, pour une fermentation d'une durée de trois jours, Perdrix était arrivé à l'expression :

$$(c)\ 53C^6H^{12}O^6 + 42H^2O = 312H + 111CO^2 + 30C^2H^4O^2 + 36C^4H^8O^2.$$

Si l'on retranche des expressions (a) et (c) la formule (b) de la fermentation butyrique, on voit que (a) la renferme trente-huit fois et (c) trente-six fois.

Étudions d'abord les transformations de (a) :

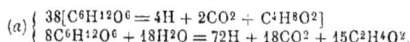

$$(a) \begin{cases} 38[C^6H^{12}O^6 = 4H + 2CO^2 + C^4H^8O^2] \\ 8C^6H^{12}O^6 + 18H^2O = 72H + 18CO^2 + 15C^2H^4O^2. \end{cases}$$

Mais, dans la deuxième formule, on peut remplacer le glucose en fermentation par les produits mêmes de la fermentation butyrique :

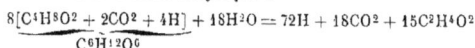

$$8\underbrace{[C^4H^8O^2 + 2CO^2 + 4H]}_{C^6H^{12}O^6} + 18H^2O = 72H + 18CO^2 + 15C^2H^4O^2$$

La fermentation totale peut donc être représentée par

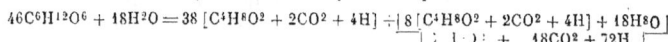

$$46C^6H^{12}O^6 + 18H^2O = 38\,[C^4H^8O^2 + 2CO^2 + 4H] + 8\,[C^4H^8O^2 + 2CO^2 + 4H] + 18H^2O \rfloor \lceil\ 18CO^2 + 72H \rceil$$

Dans la fermentation arrêtée au bout de trois jours la formule va devenir :

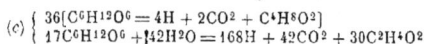

$$(c) \begin{cases} 36[C^6H^{12}O^6 = 4H + 2CO^2 + C^4H^8O^2] \\ 17C^6H^{12}O^6 + 42H^2O = 168H + 42CO^2 + 30C^2H^4O^2 \end{cases}$$

et en remplaçant $17\ C^6H^{12}O^6$ par sa valeur en acide butyrique il vient :

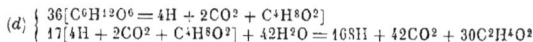

$$(d) \begin{cases} 36[C^6H^{12}O^6 = 4H + 2CO^2 + C^4H^8O^2] \\ 17[4H + 2CO^2 + C^4H^8O^2] + 42H^2O = 168H + 42CO^2 + 30C^2H^4O^2 \end{cases}$$

et la fermentation au bout de trois jours devient donc :

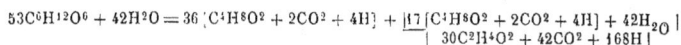

$$53C^6H^{12}O^6 + 42H^2O = 36\,[C^4H^8O^2 + 2CO^2 + 4H] + 17\,[C^4H^8O^2 + 2CO^2 + 4H] + 42H_2O \rfloor \lceil\ 30C^2H^4O^2 + 42CO^2 + 168H \rceil$$

La fermentation du saccharose sous l'influence du bacille amylozyme varie aussi avec la durée de la fermentation, ainsi que le montrent les chiffres suivants :

	FERMENTATION ARRÊTÉE AU BOUT de 5 jours.	FERMENTATION TERMINÉE (11 jours).	DIFFÉRENCE.
	grammes.	grammes.	grammes.
Quantité de sucre ayant fermenté.	1,18	2,44	1,26
Hydrogène.	0,031	0,059	0,0285
Acide carbonique.	0,610	1,24	0,630
— acétique.	0,139	0,142	0,003
— butyrique.	0,526	1,180	0,654

Ainsi la fermentation totale du saccharose est représentée par :

$$30C^{12}H^{22}O^{11} + 34H^2O = 240H + 116CO^2 + 10C^2H^4O^2 + 56C^4H^8O.$$

La fermentation pendant les cinq premiers jours correspond à l'équation :

$$39C^{12}H^{22}O^{11} + 59H^2O = 344H + 152CO^2 + 26C^2H^4O^2 + 68C^4H^8O^2.$$

Et enfin les chiffres correspondant à la dernière période répondent à l'équation :

$$C^{12}H^{22}O^{11} + H^2O = 8H + 4CO^2 + 2C^4H^8O^2.$$

Nous pourrions appliquer à ces formules les mêmes considérations que plus haut, ce qui nous montrerait le bacille amylozyme déterminant la fermentation butyrique du sucre; sur cette fermentation vient se greffer consécutivement l'hydratation de l'acide formé, et sa transformation en acides acétique, carbonique et hydrogène.

Nous trouverions des résultats identiques en étudiant les quelques fermentations où une telle discussion a pu être faite, c'est-à-dire le *Bacillus ethaceticus* (FRANKLAND), le ferment mannitique (GAYON et DUBOURG), le pneumo-bacille de FRIEDLANDER, etc.

DEUXIÈME PARTIE

Les Ferments solubles.

On a donné le nom de ferments solubles, diastases (PASTEUR, 1876), zymases (BÉCHAMP, 1860), enzymes (KUHNE, 1878), à des substances inanimées, capables de produire des actions identiques aux phénomènes de fermentations provoqués par les ferments organisés. Il est extrêmement probable, d'ailleurs, que les ferments organisés ne déterminent toutes les transformations qu'ils produisent que par la sécrétion de ferments solubles.

Les propriétés générales des diastases sont en grand nombre; mais il est néanmoins extrêmement difficile de les définir, car ces propriétés sont ou trop mal définies, ou communes à un grand nombre d'autres matières chimiques.

La composition chimique en est mal connue, pour ne pas dire inconnue, car on n'a jamais obtenu que des précipités très impurs, jouissant de propriétés diastasiques; mais rien n'autorisait à affirmer la proportion de ferment pur qu'ils renfermaient.

Les diastases très impures ainsi obtenues contiennent du carbone, de l'oxygène, de l'hydrogène et de l'azote, quelquefois du chlore, du soufre, du phosphore, avec une certaine proportion de cendres. Dans un tel ensemble, il est impossible de dire ce qui revient aux ferments solubles, et ce qui revient aux impuretés qui les entourent.

Si une définition reposant sur la constitution chimique des diastases était possible, il faudrait l'adopter; mais on ne peut y songer actuellement. D'autre part, l'action diastasique est une propriété parfaitement définie et sur laquelle on pourrait s'appuyer pour donner une définition : les diastases sont des substances qui ont pour propriété de déterminer, sans se détruire, des fermentations dans les milieux organiques où elles sont placées, la quantité de substance en fermentation étant, pour ainsi dire, illimitée et hors de proportion avec la quantité de ferment soluble employé.

Mais un grand nombre de substances chimiques bien définies ont des propriétés identiques, par exemple, l'action des acides très dilués sur l'amidon, sur les graisses, etc., est comparable à ce point de vue à l'action des ferments solubles.

On pourrait, pour compléter l'énoncé des caractères qui limitent la classe des diastases, faire entrer en ligne de compte l'action de la chaleur qui les détruit, l'effet des antiseptiques qui n'empêchent pas leur action, l'influence de certains poisons qui l'arrêtent au contraire; cependant ces propriétés ont été encore retrouvées dans un certain nombre d· produits artificiels qui ont paru être doués de propriétés identiques à celles d'un ferment soluble.

C'est ainsi que les métaux, à un état de division extrême, semblent avoir des propriétés fermentescibles. Une très petite quantité de platine en solution colloïdale est une véritable oxydase et détermine facilement la décomposition de l'eau oxygénée (1 gramme de platine dans 300 000 litres d'eau). Il existe pour le platine colloïdal, comme pour les oxydases ordinaires, une température optimum. Le platine colloïdal rougit l'aloïne et bleuit le gaïac. Son pouvoir est augmenté par suite de l'addition de faibles proportions d'alcalis, tandis qu'il est diminué lorsque les proportions sont fortes.

Enfin, on a remarqué de grandes analogies entre le platine colloïdal et les diastases, quant à la manière dont ces deux corps se comportent en face de certains poisons tels que l'acide cyanhydrique.

Il reste, pour définir un ferment soluble, la ressource de s'appuyer sur l'origine même de ces ferments, en même temps que sur la totalité des propriétés que nous venons d'indiquer. Ils sont produits par les organismes vivants, animaux ou végétaux, pour déterminer des transformations chimiques utiles à la nutrition ou à la défense de ces organismes; ils agissent en particulier sur les aliments afin de les rendre assimilables, ou même afin de les transformer dans l'intérieur de la cellule pour donner naissance à un dégagement d'énergie, de chaleur, etc.

La définition totale d'un ferment soluble sera donc pour nous : *Un corps de nature indéterminée, probablement organique, secrété par les êtres vivants et susceptible de déterminer la transformation de substances organiques dont la quantité est presque infinie par rapport à la masse de ferment. Ces transformations ou fermentations sont influencées par la chaleur, par les agents physiques et par quelques poisons; elles ne sont pas néanmoins arrêtées par les antiseptiques.*

Les noms sous lesquels on désigne chaque ferment ont été, tout d'abord, pris un peu au gré de l'auteur qui l'avait isolé. Ainsi ont été donnés les noms de *diastase, invertine, émulsine, papaïne*. Actuellement, avec Duclaux, on donne aux ferments solubles le nom du corps sur lequel agit tel ou tel ferment, et on termine par la désinence *ase*. Ainsi *amylase* est le corps qui agit sur l'amidon, *sucrase* sur le sucre, *caséase* sur la caséine|: il faut garder néanmoins les noms consacrés par l'usage, tels que pepsine ou ptyaline.

Composition chimique des ferments solubles. — Quel que soit le mode de préparation employé pour isoler les ferments solubles, on n'a jamais obtenu que des précipités dont rien ne pouvait déterminer l'état de pureté, et cela seulement encore pour un très petit nombre de ferments. On a néanmoins analysé ces précipités, et un certain nombre d'auteurs ont indiqué les résultats de ces analyses.

On a beaucoup cherché à déterminer la nature même de la substance organique, sans arriver, d'ailleurs, à autre chose qu'à émettre des hypothèses peu probables. La nature des cendres avait été laissée complètement de côté, jusqu'à ce que Bertrand ait constaté la présence du manganèse dans les cendres de la laccase. Il a montré que la fonction oxydase semblait liée à la présence de ce corps. D'autre part, les diastases coagulantes exigent, pour agir, la présence d'un alcalino-terreux. Le fer semble jouer, dans le sang, un rôle fondamental dans les phénomènes chimiques qui s'y passent. Il y a donc lieu de croire, étant données surtout les propriétés que possèdent les métaux dans certains cas, que le phénomène de fermentation diastasique est intimement lié à la présence des métaux.

Composition élémentaire des ferments solubles.

NOM des FERMENTS.	CARBONE.	HYDROGÈNE.	AZOTE.	SOUFRE.	PHOSPHORE.	CHLORE.	CENDRES.	AUTEURS.
Amylase...	»	»	7 à 8	»	».	»	»	Dubrunfaut.
— ...	40,24	6,78	4,70	0,70	1,45	»	4,60	Jegoroff.
— ...	43,68	6,90	4,57	»	»	»	6,08	Krauch.
— ...	44,33	6,38	8,92	»	1,12	»	4,79	Lintner.
— ...	46,80	7,44	9,98	»	»	»	1,14	Szilagyi.
— ...	45,57	6,49	5,14	»	»	»	3,16	Zulkowski.
— ...	45,80	6,90	3,96	»	»	»	2,10	
— ...	46,20	7,60	4,54	»	»	»	4,20	Wroblewski.
— ...	48,00	7,50	6,04	»	»	»	4,10	
— ...	50,10	7,20	8,13	»	»	»	1,20	
Sucrase...	»	»	4,30	»	»	»	»	Mayer.
— ...	40,50	6,63	9,41	»	»	»	»	Donath.
— ...	43,90	8,84	6,00	0,65	»	»	»	Barth.
Émulsine..	48,80	7,10	14,20	1,3	»	»	»	Schmidt.
— ...	43,06	7,20	11,52	1,25	»	»	»	Buckland Bull.
			14,55	1,35		0,89	»	Mⁿᵉˢ Schoumoff.
Pepsine...	50,37	6,88	15,0	1,24	»	1,16		Mᵐᵉ Schoumoff.
— ...	50,71	7,17	»	0,98	»	1,01	»	
Papaïne...	52,36	7,37	16,94	»	»	»	2,60	Wurtz.
— ...	52,19	7,12	16,40	»	»	»	4,22	Wurtz.

Classification des diastases. — La classification des diastases ne pouvant reposer sur leur constitution chimique, puisqu'elle est inconnue, on doit s'appuyer pour l'établir uniquement sur les réactions auxquelles ces corps donnent naissance.

D'autre part, aux diastases viennent s'ajouter presque nécessairement les toxines, les agglutinines, etc., tous corps dont la fonction est encore si mal déterminée qu'elle rend presque impossible une méthode exacte qui puisse guider dans le groupement.

Un troisième ordre de faits vient aussi troubler le cas le plus simple où l'action chimique produite semble nettement déterminée. C'est la réversibilité d'un grand nombre de phénomènes diastasiques. Les réactions produites par la maltase, la lipase, seraient dans ce cas. D'autres fermentations sont donc susceptibles d'avoir les mêmes propriétés.

Parmi tous les auteurs qui ont cherché à classifier les diastases, nous n'en citerons que deux.

BOURQUELOT, en s'appuyant uniquement sur la nature des corps sur lesquels agissent les diastases, a proposé la classification suivante :

1° Ferments solubles agissant sur les hydrates de carbone :

    a) Invertine, maltase, lactase, tréhalase, agissant sur les sucres ;

    b) Diastase, inulase, pectase, cytase, agissant sur les amidons.

2° Ferments solubles dédoublant les glucosides : *émulsine, myrosine, rhamnase* et *érythrozyme.*

3° Ferments *protéolytiques* exerçant leurs actions sur les matières albuminoïdes : *pepsine, papaïne, trypsine, présure, plasmase.*

4° Ferment de l'urée : *uréase.*

5° Ferments saponifiant les matières grasses : *lipases.*

6° Ferments solubles pathogènes.

DUCLAUX classe les diastases de la façon suivante, d'abord d'après les actions qu'elles produisent, et en second lieu d'après les matières sur lesquelles elles agissent :

1° *Diastases de coagulation, et de décoagulation* provoquant des changements d'état physique, et ne paraissant pas influencer notablement la structure chimique de la molécule. Rentrent dans ce groupe les diastases suivantes :

    a) Ferments agissant sur les matières albuminoïdes :

    α) Coagulants :

    Présure, déterminant la coagulation de la caséine du lait.

    Plasmase   —   —   de la fibrine du sang.

    β) Décoagulants :

    Caséase, dissolvant la caséine en rendant ses solutions limpides ; antagoniste de la présure.

    Fibrinase, s'opposant à la coagulation de la fibrine ; antagoniste de la plasmase.

    Trypsine   } déterminant la liquéfaction et la solubilisation des matières albu-
    Pepsine   } minoïdes.
    Papaïne   }

    b) Ferments agissant sur les matières ternaires et les hydrates de carbone, ferments mal connus et en petit nombre.

Pectase, ou ferment déterminant la coagulation et la gélification des sucs de certains fruits.

Cytase, déterminant la liquéfaction des parois cellulosiques des cellules végétales.

2° *Diastases d'hydratation et de déshydratation* provoquant des dédoublements par fixation sur la molécule scindée en deux parties des éléments de l'eau dissociée en ses ions, hydrogène et hydroxyle.

Les diastases de déshydratation paraissaient bien peu nombreuses quand on a démontré la réversibilité de deux ferments solubles hydratants, la lipase et la maltase. Ce fait semble montrer que, comme dans le cas précédent, il y a possiblité de deux actions diastasiques de signes contraires :

    a) Ferments agissant sur les matières albuminoïdes :

    La *pepsine,* la *trypsine* et la *papaïne* du groupe précédent rentrent dans cette famille.

    Uréase agissant sur l'urée et la transformant en carbonate d'ammoniaque.

    b) Ferments agissant sur les matières hydrocarbonées :

    α) Sur les matières amylacées :

Amylase, transformation de l'amidon en maltose; *inulase*, transformation de l'inuline en lévulose.

β) Sur les sucres :

Sucrase du saccharose, ou *invertine*, transformation du saccharose en glucose et en lévulose.

Sucrase du maltose, ou *maltase*, transformation du maltose en deux molécules de dextrose.

Sucrase du tréhalose, ou *tréhalase*, transformation du tréhalose en deux molécules de dextrose.

Sucrase du lactose, ou *lactase*, transformation du lactose en dextrose et en galactose.

γ) Sur les tri- et les polysaccharides.

δ) Sur les glucosides :

Elles sont d'une très grande importance, par suite du nombre considérable de corps sur lesquels agit chacune d'entre elles :

Émulsine, dédoublement de l'amygdaline, de la salicine, de l'hélicine, de l'arbutine, de l'esculine, de la coniférine, de la populine, etc.

Myrosine, dédoublement de la sinigrine, de la sinalbine; etc.

Rhamnase, dédoublement de la rhamnétine, et probablement aussi des autres dérivés du rhamnose (rhamnotides).

ε) Sur les glycérides :

Lipase, saponifiant les graisses et jouissant de la propriété de permettre au contraire leurs synthèses.

3° *Diastases d'oxydation et de réduction* qui fixent sur un corps une certaine quantité d'oxygène, empruntée soit à l'air, soit à des corps oxygénés. Dans ce dernier cas, l'action oxydante est accompagnée d'une action réductrice.

α) Diastases oxydantes :

Laccase, oxydation d'un grand nombre de corps par l'oxygène de l'air.

Tyrosinase, oxydation de la tyrosine.

β) Diastases réductrices ou hydrogénantes :

Philothion, transformation du soufre en hydrogène sulfuré.

4° *Diastases de décomposition et de recomposition* provoquant de simples dédoublements d'une molécule, et la combinaison de deux molécules indépendantes sans l'intervention de l'eau. Le type de ce groupe, et presque le seul connu, est la *zymase*, dédoublement du glucose en alcool et en acide carbonique.

Dans cette classification ne rentrent ni les *agglutinines*, ni les *lysines*, ni les *immunisines*, présidant à des phénomènes complexes, généralement d'ordre pathologique, et plus mal connues encore, si possible, que les diastases.

Diastases à phénomènes de décomposition et de recomposition. — Ce sont de beaucoup les phénomènes les plus simples : le ferment soluble semble n'agir que par sa seule présence, pour déterminer la destruction d'une molécule, et son dédoublement en deux corps de constitution plus simple.

Le phénomène inverse se produirait, si deux corps mis en présence pouvaient, par simple addition, donner naissance à un troisième. Ces diastases longtemps inconnues ont actuellement un représentant d'une importance fondamentale, la *zymase* de Buchner.

Elle existe dans la levure de bière, et c'est par suite de sa présence que se produit le dédoublement du glucose en alcool et en acide carbonique. $C^6H^{12}O^6 = 2CO^2 + 2C^2H^6O$.

Elle avait été déjà entrevue et discutée par Traube, Claude Bernard, Berthelot. Traube, en 1858, formula nettement l'hypothèse de son existence, et Claude Bernard chercha à démontrer par des expériences publiées *post mortem* l'existence de cet enzyme. Pasteur repoussa au contraire toute intervention diastasique dans la fermentation alcoolique. Il n'admettait que la seule intervention cellulaire. La diastase alcoolique existait pourtant. Buchner l'a isolée en mettant en liberté le contenu cellulaire des levures, par broyage et rupture des membranes. Le suc de levure, filtré ou non à travers une paroi poreuse, détermine dans une solution sucrée un rapide dégagement d'acide carbonique avec production d'alcool. Lorsque le suc est très actif, il contient une matière albuminoïde, incapable de traverser les bougies Chamberland, et qui coagule à 41°. Cette matière disparaît dans le suc à l'état de repos, sous l'influence du ferment protéolytique qui y est contenu (WROBLEWSKI).

Diastases à phénomènes d'oxydation. — Les *oxydases* sont des diastases permettant la fixation d'oxygène sur des corps, qui, sans leur intervention, ne s'oxyderaient que très lentement, ou pas du tout.

SCHÖNBEIN avait réuni en un seul groupe tous les phénomènes dans lesquels on observe le bleuissement de la teinture de gaïac sous l'influence des corps les plus divers, soit en présence de l'air, soit en présence de l'eau oxygénée.

SCHMIEDEBERG, puis SCHMIEDEBERG et BUNGE, avaient recherché l'action *in vitro* du sang artérialisé sur des substances réductrices (alcool benzylique et aldéhyde salicylique) et étudié les phénomènes qui se passent lorsque l'on fait circuler du sang tenant ces substances en solution dans certains organes. En 1882, TRAUBE avait signalé dans certains tissus animaux la présence d'une globuline possédant les propriétés d'un ferment oxydant.

JAQUET montra que le sang seul ne détermine qu'une action oxydante insignifiante. Certains organes, au contraire, jouissent de propriétés manifestement oxydantes, le rein, surtout le poumon. Il démontra que ces propriétés étaient dues à une diastase contenue dans les tissus et dans les extraits de tissus; elle était détruite par la chaleur, et possédait la propriété de fixer l'oxygène de l'air sur des corps réducteurs.

BERTRAND, reprenant les expériences de HIKOROKURO YOSHIDA, a démontré que les phénomènes d'oxydation, de noircissement et de coagulation de la laque, sont dus à une oxydase, ainsi qu'un grand nombre de phénomènes du règne végétal.

Enfin signalons quelques ferments solubles oxydants qui paraissent s'écarter un peu des vraies oxydases.

ROHMANN et SPITZER, puis REY-PAILHADE, ont prouvé l'existence, dans le règne végétal et le règne animal, de ferments oxydants produisant de l'indo phénol bleu dans une solution sodique très étendue de naphtol et de paraphénylènediamine. Il diffère de la laccase en ce qu'il ne bleuit pas la teinture de gaïac. Laccase et ferment de ROHMANN-SPITZER existent donc simultanément dans les cellules végétales.

A côté des oxydases véritables, ABELOUS et BIARNÈS ont montré l'existence d'une globuline oxydase jouissant à peu près des propriétés des ferments oxydants.

Les ferments solubles hydrolysants, diastase, pancréatine, émulsine, semblent posséder les propriétés des ferments oxydants indirects. SCHÖNBEIN admettait que cette propriété leur était spéciale. JACOBSON a montré que c'est grâce à la présence d'une certaine proportion de ferment oxydant que l'on observe la décomposition de l'eau oxygénée dans l'action des ferments hydrolysants.

Les produits qui peuvent servir plus spécialement à la recherche des ferments oxydants sont, d'après BOURQUELOT :

1° La teinture de gaïac : formation d'une coloration bleue (SCHÖNBEIN).

2° Le gaïacol : coloration rouge grenat (BOURQUELOT).

3° La paraphénylène-diamine en présence d'α naphtol et de carbonate de soude (ROHMANN et SPITZER).

Un grand nombre de substances donnent des réactions analogues.

BOURQUELOT a classé les matières oxydantes en quatre groupes :

1° L'ozone, que l'on peut trouver dans les macérations d'un certain nombre de produits organiques.

2° Les ozonides (*Ozonträger* de SCHÖNBEIN) oxydant au moyen d'une certaine proportion de l'oxygène qu'elles contiennent (la quinone rentre dans ce groupe). Une fois cet oxygène employé, le phénomène s'arrête.

3° Les véritables *oxydases*, qui déterminent une activité chimique remarquable de l'oxygène de l'air. Cet oxygène est alors capable de se fixer sur telle ou telle substance ajoutée à la solution de ferment.

4° Les *ferments oxydants indirects*, qui décomposent l'eau oxygénée. L'oxygène qui se dégage alors est susceptible de se fixer sur un produit oxydable. Ces ferments ont été désignés sous le nom de *peroxydases* par LINOSSIER.

Cette dénomination n'est pas heureuse, car elle semble indiquer une diastase agissant sur les peroxydes. Nous nous en tiendrons donc à la nomenclature de BOURQUELOT. (Voy. **Oxydases.**)

Phénomènes de réduction. — En opposition aux ferments solubles oxydants, viennent se placer des ferments solubles réducteurs, dont le type, et le seul vraiment bien établi, est le *philothion* ou diastase hydrogénante. De Rey-Pailhade a montré l'existence du philothion dans les germes d'un grand nombre de plantes, dans tous les tissus animaux, dans la levure de bière. Le philothion est, dans toutes les cellules vivantes où il existe, un produit de leur fonctionnement. Le philothion, qui serait de nature albuminoïde, d'après Rey-Pailhade, aurait pour constitution RH, dans lequel R serait faiblement lié à H. Il serait comparable à $S\frac{1}{2}$ H. Tous deux, en effet, se détruisent lentement sous l'influence de l'oxygène libre, réduisent par hydrogénation le carmin d'indigo, et sont précipités par un grand nombre de sels métalliques. Le philothion fixe de l'hydrogène sur l'oxygène, sur le soufre, sur le phosphore et sur diverses matières colorantes. C'est un corps qui fait concevoir les phénomènes de réduction de l'organisme comme des phénomènes diastasiques ; c'est une diastase réductrice.

Phénomènes d'hydratation. — La fixation d'une ou de plusieurs molécules d'eau produit dans une molécule chimique soit l'introduction de fonctions nouvelles, soit un dédoublement. C'est à ce dernier cas qu'appartient la totalité des phénomènes d'hydratation des matières ternaires. Il y a dédoublement dans l'action des ferments solubles sur les amidons, les sucres, les glucosides, les graisses.

Au contraire, parmi les matières azotées, nous voyons la transformation de l'urée en carbonate d'ammoniaque, sous l'influence de l'uréase ; il y a là modification de fonction.

a) *Dédoublement des matières amylacées par hydratation.* — L'hydratation des amidons est un phénomène complexe, considéré autrefois comme une simple liquéfaction de l'amidon, suivie de sa transformation en dextrine, en maltose, en glucose. Il a fallu dissocier chacune de ces actions, et actuellement on définit les amylases des ferments solubles liquéfiant l'amidon. On les rencontre le plus souvent associés à des *dextrinases* transformant les dextrines en maltose, et à des *maltases* transformant le maltose en glucose : le mot d'*amylase* désigne, par suite, cet ensemble.

L'amylase formant ainsi un tel mélange a été la première diastase isolée. Entrevue par Kirchoff en 1814, son action a été étudiée par Dubrunfaut en 1823. Elle a été isolée par Payen et Persoz en 1833.

Les transformations que subissent les molécules d'amidon consistent en une dégradation méthodique, dégradation par laquelle on arrive par hydratations successives à des molécules beaucoup plus simples. La réaction est facile à suivre au moyen de l'eau iodée qui colore l'amidon en bleu. Parmi les dextrines, les unes se colorent en rouge, et les autres ne se colorent pas. Brücke a désigné les premières sous les noms d'*Érythrodextrine*, et les secondes sous le nom d'*Achroodextrine*.

L'amidon transformé par ébullition avec l'eau en un empois mucilagineux est soumis à l'action d'un extrait de malt. Il se liquéfie alors, colore l'eau iodée en violet, et commence à réduire la liqueur de Fehling. Il s'est dédoublé en érythrodextrine et maltose.

$$\underbrace{(C^{12}H^{20}O^{10})^n}_{\text{Amidon.}} + H^2O = \underbrace{(C^{12}H^{20}O^{10})^{(n-1)}}_{\text{1re Érythrodextrine.}} + \underbrace{C^{12}H^{22}O^{11}}_{\text{Maltose.}}$$

L'érythrodextrine à son tour va se dédoubler en une deuxième dextrine plus simple, et mettre en liberté une deuxième molécule de maltose. Le dernier dédoublement transformera enfin la dernière achroodextrine en deux molécules de maltose.

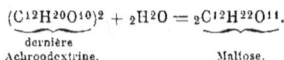

$$\underbrace{(C^{12}H^{20}O^{10})^2}_{\substack{\text{dernière}\\\text{Achroodextrine.}}} + 2H^2O = \underbrace{2C^{12}H^{22}O^{11}}_{\text{Maltose.}}$$

Souvent la transformation va plus loin, et le maltose se dédouble à son tour en deux molécules de glucose : $C^{12}H^{22}O^{11} + H^2O = 2C^6H^{12}O^6$.

L'inuline, variété d'amidon que l'on rencontre dans les tubercules de topinambour, l'aunée, les liliacées, est dédoublée par hydratation en lévulose, au moyen d'un ferment spécial : *l'inulase.*

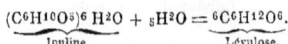

$$\underbrace{(C^6H^{10}O^5)^6}_{\text{Inuline.}} H^2O + 5H^2O = \underbrace{6C^6H^{12}O^6}_{\text{Lévulose.}}$$

Cette transformation a été observée pour la première fois par GREEN dans les tubercules de topinambour germant; le ferment ainsi isolé, auquel il donna le nom d'inulase, transformerait directement l'inuline sans passer par aucun intermédiaire.

D'une action beaucoup moins bien définie sont les diastases cyto-hydrolytiques, déterminant la liquéfaction et la digestion de la cellulose. Les *cytases* produisent probablement un certain nombre de sucres; mais ces ferments sont en général mal définis. C'est à des cytases qu'est due la digestion des albumens cornés de certaines graines. Citons parmi elles la semence de dattier et du *Livingstonia*, ou encore le ferment étudié par BROWN et MORRIS, dans le scutellum de l'orge en germination.

C'est DE BARY, en 1886, qui a publié les premières et importantes observations au sujet des ferments cyto-hydrolytiques. Il étudie deux champignons : le *Sclerotinia sclerotiorum* et *Sclerotinia trifoliorum*, cultivés sur de la pulpe de carotte ou de navet. Les tissus se ramollissent peu à peu, et, en les pressant, on obtient un suc capable de dissoudre la cellulose. MARSHALL WARD, en étudiant le développement d'un Bothrytis, explique par la présence d'un ferment cytohydrolytique les dégâts qu'il produit dans le lis dont il constitue une maladie. Le mycélium pénètre à l'intérieur des tissus du lis et sécrète un liquide qui désagrège ces tissus, et les digère. Lorsqu'on fait macérer des parties de mycélium dans l'eau, et que l'on y plonge des feuillets de parenchyme, celui-ci se gonfle pour se dissoudre ensuite. HARRIS pense que la destruction que les champignons opèrent de certaines fibres ligneuses est due à un ferment soluble analogue. Plus tard, DUCLAUX le trouva dans l'*Aspergillus niger* et le *Penicillium glaucum*, et ATKINSON, dans l'*Aspergillus orizæ*. La mieux déterminée des cytases, et comme action et surtout comme produits de la fermentation, est la *séminase* de BOURQUELOT et HÉRISSEY. Elle hydrolyse les hydrates de carbone que l'on rencontre dans les albumens cornés de certaines graines (caroubier, casse, etc.). Il y a alors formation de mannose et de galactose par dédoublement de la cellulose.

b) *Dédoublement des sucres par hydratation.* — La transformation du saccharose et son dédoublement en glucose et en lévulose sont produits par un ferment soluble entrevu par DŒBEREINER et MITSCHERLICH, étudié par BERTHELOT en 1860, qui lui donna le nom de *ferment glucosique*. Il a été désigné depuis lors sous des noms bien différents. C'est la *zymase* ou *zythozymase* de BÉCHAMP, l'*invertine* de DONATH, la *sucrase* de DUCLAUX.

La transformation qu'elle produit est représentée par la formule :

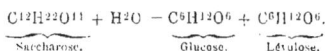

$$C^{12}H^{22}O^{11} + H^2O = C^6H^{12}O^6 + C^6H^{12}O^6.$$
$$\underbrace{\hspace{2cm}}_{\text{Saccharose.}} \qquad \underbrace{\hspace{1.5cm}}_{\text{Glucose.}} \quad \underbrace{\hspace{1.5cm}}_{\text{Lévulose.}}$$

Le maltose subit une transformation identique par l'action d'une diastase spéciale, la *maltase*, trouvée par BOURQUELOT, que l'on rencontre généralement associée à un très grand nombre d'autres ferments. C'est ainsi qu'elle vient compléter l'action de l'amylase et des dextrinases dans la saccharification de l'amidon. Le maltose est dédoublé en deux molécules de glucose.

$$C^{12}H^{22}O^{11} + H^2O = 2C^6H^{12}O^6.$$

BOURQUELOT désigne sous le nom de *tréhalase* un ferment soluble qu'il a observé dans *Aspergillus niger*, *Penicillium glaucum*, dans le malt et plusieurs sortes de champignons, enfin dans l'intestin grêle. Le dédoublement du tréhalose est identique au dédoublement du maltose; il se produit d'après la même formule et avec le même résultat : transformation en deux molécules de glucose.

FISCHER, d'autre part, a découvert la *lactase*, ferment capable de transformer le sucre de lait. La lactase dédouble le lactose en glucose et en galactose :

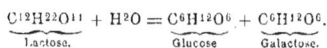

$$C^{12}H^{22}O^{11} + H^2O = C^6H^{12}O^6 + C^6H^{12}O^6.$$
$$\underbrace{\hspace{2cm}}_{\text{Lactose.}} \qquad \underbrace{\hspace{1.5cm}}_{\text{Glucose}} \quad \underbrace{\hspace{1.5cm}}_{\text{Galactose.}}$$

Les polysaccharides, raffinose, mélézitose, etc. sont dédoublés par des ferments spéciaux qui produisent leur détriplement d'une façon comparable à l'action des ferments dédoublant le saccharose et ses isomères.

La maltase présente un caractère fondamental, qui d'abord a paru lui être particulier, mais qui s'est généralisé à des ferments ayant des actions analogues. L'action de la maltase est réversible, ainsi que l'a montré A. CROFT HILL. (Voy. Sucres.)

c) *Dédoublement des glucosides par hydratation.* — Les glucosides sont des composés naturels assez nombreux, provenant de la combinaison du glucose avec tels ou tels produits organiques de nature variée. Les glucosides sont dédoublés par des ferments solubles, dont les seuls connus sont l'émulsine, la myrosine, la rhamnase et l'érythrosine.

L'*émulsine* a été trouvée par LIEBIG et WŒHLER, en 1837 ; ils remarquèrent qu'elle provoquait la décomposition de l'amygdaline pour donner de l'essence d'amandes amères, en présence de l'eau. Ils observèrent en même temps la formation de glucose et d'acide cyanhydrique. On rencontre l'émulsine dans les amandes amères et douces, dans les feuilles de laurier cerise, en même temps que la lauro-cérasine, analogue à l'amygdaline. Partout, elle est accompagnée d'un glucoside capable de donner avec elle en présence de l'eau, entre autres produits, de l'essence d'amandes amères. Seulement ces deux corps sont toujours dans la plante localisés dans des cellules distinctes et séparées, de sorte que la réaction ne peut se faire que sous l'influence d'une action mécanique ou d'une dissolution. (V. Émulsine. v, 343.)

Les principales réactions d'hydratation auxquelles l'émulsine donne naissance sont : le dédoublement des principes suivants :

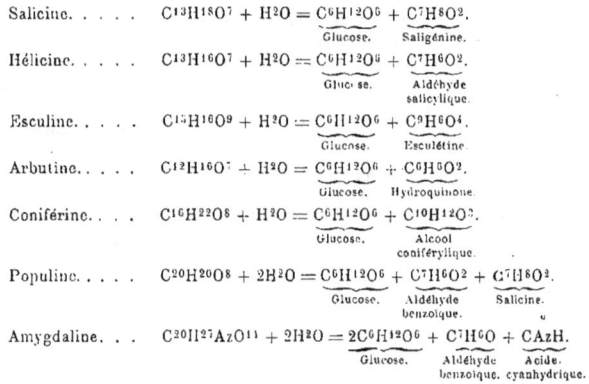

Salicine. . . . . $C^{13}H^{18}O^7 + H^2O = \underbrace{C^6H^{12}O^5}_{\text{Glucose.}} + \underbrace{C^7H^8O^2}_{\text{Saligénine.}}$

Hélicine. . . . . $C^{13}H^{16}O^7 + H^2O = \underbrace{C^6H^{12}O^6}_{\text{Glucose.}} + \underbrace{C^7H^6O^2}_{\substack{\text{Aldéhyde} \\ \text{salicylique.}}}$

Esculine. . . . . $C^{15}H^{16}O^9 + H^2O = \underbrace{C^6H^{12}O^6}_{\text{Glucose.}} + \underbrace{C^9H^6O^4}_{\text{Esculétine.}}$

Arbutine. . . . . $C^{12}H^{16}O^7 + H^2O = \underbrace{C^6H^{12}O^6}_{\text{Glucose.}} + \underbrace{C^6H^6O^2}_{\text{Hydroquinone.}}$

Coniférine. . . . $C^{16}H^{22}O^8 + H^2O = \underbrace{C^6H^{12}O^6}_{\text{Glucose.}} + \underbrace{C^{10}H^{12}O^3}_{\substack{\text{Alcool} \\ \text{coniférylique.}}}$

Populine. . . . . $C^{20}H^{20}O^8 + 2H^2O = \underbrace{C^6H^{12}O^6}_{\text{Glucose.}} + \underbrace{C^7H^6O^2}_{\substack{\text{Aldéhyde} \\ \text{benzoïque.}}} + \underbrace{C^7H^8O^2}_{\text{Salicine.}}$

Amygdaline. . . $C^{20}H^{27}AzO^{11} + 2H^2O = \underbrace{2C^6H^{12}O^6}_{\text{Glucose.}} + \underbrace{C^7H^6O}_{\substack{\text{Aldéhyde} \\ \text{benzoïque.}}} + \underbrace{CAzH}_{\substack{\text{Acide.} \\ \text{cyanhydrique.}}}$

On doit ajouter encore à ces réactions le dédoublement du lactose en glucose et galactose (FISCHER), ce qui a même permis d'émettre l'hypothèse de l'identité de la lactase et de l'émulsine.

L'émulsine, d'ailleurs, agit très |différemment sur les divers glucosides : c'est ainsi que les quantités p. 100 de glucoside dédoublé ont été pour l'émulsine de l'*Aspergillus niger* :

	AU BOUT DE		
	22 HEURES A 31°.	21 HEURES A 30°.	21 HEURES A 31°.
Arbutine.	100	82	88,7
Esculine.	84,8	62	69,5
Amygdaline.	63,7	49,1	52,1
Hélicine.	60,6	45,2	50,9
Coniférine.	60,2	33,8	47,2
Salicine.	40,5	30,5	37

(Quantité p. 100 de glucoside dédoublé.)

De même l'émulsine des amandes agit de la façon suivante (solution d'émulsine à 0,025 p. 100 sur 0,20 de glucoside) :

	20 HEURES A 17°.	21 HEURES A 15°.	21 HEURES A 18°.	45 HEURES A 18°.	
Amygdaline. . .	88,7	93,3	88,7	98,5	
Hélicine.	60,6	75	66,6	73,7	
Salicine.	50,2	81	55,9	84,4	
Esculine.	50	62	52	80,8	Dédoublement
Coniférine. . . .	Dédoublement faible.	37,3	Dédoublement faible.	38,8	p. 100.
Arbutine.	Dédoublement très faible.	Dédoublement très faible.	Dédoublement très faible.	Dédoublement très faible.	

L'action de l'amygdaline est donc très variable suivant l'origine du ferment.
Aussi y a-t-il peut-être lieu de supposer des ferments différents.

La *myrosine*, découverte par Bussy, donne naissance à l'essence de moutarde, ou iso-sulfocyanate d'allyle, en réagissant sur le myronate de potasse, appelé quelquefois *sinigrine*. La réaction produit secondairement du glucose et du bisulfate de potasse.

$$C^{10}H^{18}AzKS^2O^{10} = C^6H^{12}O^6 + C^3H^5AzCS + SO^4KH$$
Myronate de potasse.   Glucose.   Isosulfocyanate d'allyle.

En présence de la *sinalbine*, ou essence de moutarde blanche, il y a encore décomposition et formation de glucose, d'un corps à propriétés voisines de l'essence de moutarde, l'isosulfocyanate d'orthoxybenzyle, et de sulfate acide de sinapine.

$$C^{30}H^{44}Az^2S^2O^{16} = C^6H^{12}O^6 + C^7H^7OAzCS + SO^4HC^{16}H^{24}AzO^5$$
Sinalbine.   Glucose.   Isosulfocyanate d'orthoxybenzyle.   Sulfate acide de sinapine.

Elle dédouble encore un grand nombre de produits peu connus, et met ainsi en liberté les essences de *Cochlearia officinalis*, ou isosulfocyanate d'isobutyle, de racine de *Reseda odorata* ou isosulfocyanate de phényléthyle, puis des nitriles, dans les essences de cresson, celui de l'acide phénylpropionique dans le cresson de fontaine, celui de l'acide α-toluique dans le cresson alénois, etc.

La *rhamnase*, qui existe dans les *Rhamnus*, dédouble un glucoside qu'ils renferment, la xanthorhamnine, en rhamnétine et isodulcite.

$$C^{24}H^{16}O^{14} + 3H^2O = C^{12}H^{10}O^5 + 2C^6H^{12}O^6$$
Xanthorhamnine.   Rhamnétine.   Isodulcite.

Enfin, l'*érythrosine* serait, d'après Schunk, le ferment soluble dédoublant le rubian, glucoside de la garance, en glucose et alizarine.

Dédoublement du glucose. — Le glucose est détruit dans un certain nombre de circonstances. Dans le sang, par exemple, il y a glycolyse, et disparition du glucose lorsque le sang est sorti des vaisseaux de l'animal. Le ferment glycolytique du sang a été indiqué par Claude Bernard; R. Lépine en a étudié complètement l'évolution et les propriétés. Il existerait dans un assez grand nombre de tissus, notamment dans le globule blanc, et serait mis en liberté par la destruction du leucocyte.

Kraus et Seegen ont admis la production d'acide carbonique pendant la glycolyse, Seegen signale en outre la formation d'acide lactique, soupçonnée autrefois par Claude Bernard. Arnaud, n'admettant pas la destruction du glucose dans le sang circulant, croit à une déshydratation du glucose et transformation de celui-ci en glycogène. Le ferment agirait, pour Spitzer, par oxydation, puisqu'il y a, d'après Seegen et Kraus, dégagement d'acide carbonique; mais Nasse fait observer la rareté des oxydations directes dans les tissus, et il considère la glycolyse comme un phénomène d'oxydation indirecte aux dépens de l'eau, ce qui corrélativement amènerait une action complémentaire d'hydratation. D'après A. Gautier, d'ailleurs, le sang est presque l'unique siège des phénomènes d'oxydation, grâce à la grande quantité d'oxygène disponible qu'il contient, sous forme d'oxyhémoglobine. Dans les autres tissus les réactions d'hydratation sont générales.

En définitive, le ferment glycolytique agirait probablement comme convoyeur des éléments de l'eau, dissociant cette dernière (?) et fixant l'oxygène sur le glucose, puis reformerait de l'eau avec l'hydrogène restant et l'oxyhémoglobine; puis le cycle recommencerait. (Voy. Sang.)

Dédoublement des graisses par hydratation. — Claude Bernard a montré que le suc pancréatique agissant sur une huile rendait le milieu acide par suite de la mise en liberté d'acide gras. Berthelot confirma la découverte de Claude Bernard. Hanriot a trouvé que le sérum sanguin possède la propriété de dédoubler la monobutyrine et les graisses. Il a donné le nom de *lipases* aux diastases qui ont pour action l'hydratation et le dédoublement des graisses. (Voy. **Graisses et Lipases.**)

La réaction peut être représentée, en désignant par AOH un acide gras quelconque, par la formule suivante :

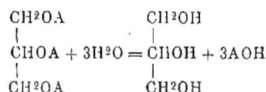

$$\begin{array}{ll} CH^2OA & CH^2OH \\ | & | \\ CHOA + 3H^2O = CHOH + 3AOH \\ | & | \\ CH^2OA & CH^2OH \end{array}$$

Fixation de l'eau sur l'urée ; changement de nature chimique. — L'urée est hydratée par un ferment soluble, l'*uréase*, découverte par Musculus dans l'urine, par Pasteur et Van Tieghem dans les produits de sécrétion des *Torula* et autres ferments organisés qui transforment l'urée en carbonate d'ammoniaque. (Voy. **Foie, Urine, Urée.**) Cette transformation se fait en fixant deux molécules d'eau sur les deux groupements amidés de l'urée.

$$CO\begin{array}{l} \diagup AzH^2 \\ \diagdown AzH^2 \end{array} + 2H^2O = CO^3(AzH^4)^2.$$

Un certain nombre d'autres amides peuvent être de même hydratés par des ferments analogues.

Ferments hydratant les matières albuminoïdes. — Ces ferments possèdent la propriété d'hydrater et de simplifier profondément la molécule d'albumine. Les *pepsines* sont des diastases hydrolysant les matières albuminoïdes en milieu acide avec production ultime de peptones. Les *trypsines* sont des diastases hydrolysant les matières albuminoïdes en milieu neutre ou alcalin avec formation ultime de leucine et de tyrosine. Il y a plusieurs trypsines, et plusieurs pepsines, dont l'action diffère avec leur origine même.

La *papaïne* extraite du *Carica papaya* (Wurtz) dissout aussi la fibrine en milieu neutre ou alcalin avec production de leucine et de tyrosine. Bourquelot et Hérissey ont trouvé dans les champignons *Amanita muscaria* et *Polyporus sulfureus* un ferment protéo-hydrolytique, ressemblant à la trypsine. Ce ferment est capable de digérer la caséine du lait en donnant naissance à de la tyrosine.

Étant données les incertitudes qui règnent encore sur la constitution même de la matière albuminoïde, il est extrêmement difficile de définir chimiquement l'action des ferments protéolytiques. C'est une action d'hydratation ; car il y a fixation des éléments de l'eau avec scission de la molécule, en différents points encore mal déterminés. Les produits ultimes de ce dédoublement sont les peptones, les leucines, les tyrosines, ou autres acides amidés.

Duclaux place ces trois diastases parmi les ferments solubles décoagulants par suite de leur action liquéfiante sur les différents albuminoïdes coagulés ; les peptones produites se dissolvent dans l'eau.

Diastases de coagulation et de décoagulation. — Les unes appartiennent au règne végétal : ce sont les *pectases* et les *cytases*, qui déterminent, d'une part, la coagulation de certaines celluloses, d'autre part, la liquéfaction des membranes cellulosiques de certaines cellules. Les autres diastases analogues, du règne animal, déterminent soit la coagulation des matières albuminoïdes, soit la liquéfaction des albumines coagulées.

Les diastases décoagulantes agissent généralement par hydratation ; c'est ainsi que les cytases dissolvent la cellulose par un phénomène d'hydratation (Bourquelot).

La pepsine, la trypsine, la papaïne dissolvent les albumines coagulées, et la fibrine, par hydrolyse et formation de peptones.

Phénomènes de coagulation. Coagulation des hydrates de carbone. — FRÉMY a prétendu que les carottes, navets et autres racines similaires, ainsi que les fruits verts, contiennent un ferment soluble, la *pectase*. En 1885, WESSNER l'a retirée de la gomme arabique, ce que REINITZER n'a pu confirmer. BERTRAND et MALLÈVRE ont recherché le mécanisme de la coagulation par les pectases, et ils ont admis que la cellulose précipitait, grâce à la présence du calcium, par la formation d'une combinaison insoluble. Cependant il n'y a pas absolue nécessité de la présence de ce métal, et la pectase agit seulement en milieu acide, ce qui semble détruire l'hypothèse de BERTRAND et MALLÈVRE.

Coagulation des matières albuminoïdes. — α) *Caséine.* — LIEBIG expliquait la coagulation du lait par la présure en admettant que le sucre de lait se convertit en acide lactique. SELMI en 1846, SCHMIDT en 1871, HEINZ et HAMMARSTEN en 1872, ont montré que la coagulation du lait pouvait se faire en milieu neutre. (Voy. **Estomac**, v, 674.)

La caséine est coagulée sous l'action d'un certain nombre de ferments solubles désignés sous le nom de *présures*, et que l'on peut classer en trois groupes différents suivant leur origine et leurs propriétés

a) La présure extraite des glandes gastriques de la plupart des animaux et même quelquefois rencontrée dans l'intestin grêle.

b) Les ferments coagulants, extraits d'un certain nombre de plantes, telles que le *Galium verum* ou Caille-lait, le *Pinguecula vulgaris* ou Grassette, le *Carica Papaya* (BAGINSKY), les semences de certaines Solanées; *Datura stramonium* (GREEN), *Withania coagulans*, etc.

c) La présure que sécrètent les microbes qui attaquent la caséine du lait (DUCLAUX).

D'après ARTHUS, la coagulation de la caséine proviendrait d'un dédoublement de la matière albuminoïde en deux substances, dont l'une resterait en dissolution, et dont l'autre se combinerait à la chaux ou à une base alcalino-terreuse pour former un produit insoluble qui est le caséum. En effet, le lait décalcifié ne coagule pas en présence de présure, et il coagule, au contraire, par addition d'une certaine proportion d'un sel alcalino-terreux. Le caséum renferme toujours, en outre, de la chaux, et il reste toujours en dissolution après la coagulation une certaine proportion de matière albuminoïde.

Pour DUCLAUX, la caséine existerait dans le lait sous deux états : il y aurait de la caséine en solution et de la caséine en suspension. Cette dernière pourrait être précipitée et agglomérée sous de très faibles influences : certains sels, surtout les sels de chaux, déterminent la précipitation de cette caséine « par une très légère modification de ses liens d'adhérence physique avec le liquide ambiant ».

La présure jouit de la même propriété : il y a donc superposition d'actions et non communauté d'action; au contraire, les sels alcalins solubilisent la caséine et empêchent les actions de coagulation; c'est ce qui se passe dans un lait décalcifié par le fluorure ou l'oxalate de potasse.

β) *Plasma.* — Le *fibrin-ferment*, ou *plasmase*, détermine la précipitation de la fibrine et la coagulation du sang. (Voy. **Coagulation** et **Fibrine**.)

Les mêmes théories que pour le lait se retrouvent pour expliquer les phénomènes de coagulation du sang. Pour ARTHUS et ses prédécesseurs, la matière fibrinogène se dédoublerait sous l'action de la plasmase en deux substances albuminoïdes, dont l'une resterait en dissolution, tandis que l'autre se précipiterait à l'état de sel calcique. Mais HAMMARSTEN et PEKELHARING ont montré que la chaux n'est pas absolument nécessaire. Pour DUCLAUX la coagulation de la fibrine ne serait que le passage à l'état visible d'une des matières albuminoïdes du sang qui s'y trouverait, non à l'état de solution, mais à l'état de suspension. Les sels de chaux faciliteraient beaucoup cette coagulation, tandis que les sels alcalins, les alcalis, le fluorure de potassium, s'opposent à cette action. Il y a donc, dans un sang décalcifié par un de ces produits, retard de la coagulation; il y a, au contraire, accélération du phénomène en présence des sels de chaux.

γ) *Autres diastases coagulantes.* — On doit encore citer, parmi les diastases coagulant les matières albuminoïdes, la *vésiculase*, de CAMUS et GLEY, qui coagule le sperme de cobaye ou plus exactement le contenu des vésicules séminales. Cette coagulation se produit lorsqu'on met en présence simplement le liquide vésiculaire avec une goutte du liquide prostatique. Il y a formation, au bout de quelque temps, d'un caillot avec exsudat de sérum.

Cette coagulation ne se produit pas par l'action de la présure, du fibrin-ferment ou des autres principes coagulants. Il y a donc là encore une diastase spécifique. Camus et Gley ont de plus montré que cette vésiculase se conserve fort longtemps en milieu aseptique et peut sans inconvénient être desséchée. Elle retrouve toutes ses propriétés lorsqu'on la redissout dans l'eau distillée.

Les phénomènes d'*agglutination* des microbes rentrent encore dans le cadre des phénomènes de coagulation, la matière coagulable étant représentée par les microbes, voire par leurs cadavres ou même par le liquide de macération; la diastase coagulante serait contenue dans le sérum d'un animal immunisé.

Dissolution des matières albuminoïdes coagulées. — La coagulation de la myosine dans le muscle rigide, et probablement les coagulations qui rigidifient le cerveau, le foie, et le rein après la mort sont dues probablement à la présure et au fibrin-ferment déterminant la coagulation, soit de la caséine, soit de la fibrine. A ces deux ferments correspondent deux diastases décoagulantes : les *caséases* et les *thrombases*.

Les *caséases* dissolvent et liquéfient le coagulum de caséine provenant de l'action de la caséine sur le lait. Surtout sécrétées par les microbes, ce sont elles qui déterminent la liquéfaction des fromages avancés, la caséase des moisissures, du *Penicillum* du fromage de Brie, qui exerce son action sur la caséine coagulée des fromages de Brie et de Gruyère. La caséase de certains bacilles (*Tyrothrix tenuis* de Duclaux) se trouve sécrétée en même temps qu'une certaine quantité de présure : quand on ajoute ce mélange de diastases à du lait, il y a donc d'abord coagulation de la caséine, puis sa liquéfaction, par addition d'une nouvelle quantité de liquide diastasique ou simplement en laissant l'action du produit se prolonger un certain temps.

Les *thrombases* exercent leurs actions sur les coagulums sanguins; elles dissolvent la fibrine coagulée, ou plus exactement elles s'opposent à la coagulation du sang. Ce sont des corps anticoagulants, ou retardant tout au moins dans de très fortes proportions le moment de la coagulation. Haycraft a démontré, en 1884, que l'*extrait de sangsue* (sécrétion buccale), préparé en faisant macérer des têtes de sangsues dans l'alcool, s'oppose à la coagulation du sang *in vitro*. Cette action qui s'applique à tous les sangs de mammifères, se produit *in vitro*. *Le sérum du sang des anguilles, des murènes*, possède les mêmes propriétés. Mosso a montré que le sérum des animaux auxquels a été injecté ce sérum toxique est aussi anticoagulant.

On peut encore citer comme substances anticoagulantes :

L'*histone* de Kossel et de Lilienfeld, extraite soit des globules rouges du sang des oiseaux, soit des leucocytes, du thymus, etc.

La *cytoglobine* de H. Schmidt, extraite des globules rouges du foie, de la rate, etc. (elle se confond peut-être avec l'histone).

La *peptone*, qui possède un pouvoir anticoagulant très énergique, ainsi que l'ont montré les premiers Schmidt Mublheim en Allemagne et Albertoni en Italie. (Voy. **Peptone**.)

Enfin un certain nombre d'*extraits d'organes*, tels que muscle d'écrevisse, foie de chien, etc., jouissent de propriétés anticoagulantes (Heidenhain, Contejean, Delezenne).

La *diastase* de Lindner est un ferment soluble sécrété par certaines levures (Lindner, Boullanger) qui liquéfie la gélatine. Fermi a retrouvé le même produit dans les milieux de culture d'un certain nombre de bacilles.

Réversibilité de l'action des diastases. — A. Croft Hill a montré que l'on pouvait effectuer la synthèse du maltose en faisant agir la maltase sur une solution aqueuse concentrée de glucose. Il s'est servi d'une maltase de levure qu'il extrayait d'une levure de fermentation basse par broyage dans un mortier avec un peu d'eau distillée. Lorsqu'on fait agir cette maltase sur une solution concentrée, à 40 p. 100, de glucose, il y a formation de maltose.

Emmerling a repris les expériences de A. Croft Hill. La maltase, en agissant sur une solution concentrée de glucose, donnerait naissance non à du maltose, comme le croyait Hill, mais à de l'isomaltose, car l'osazone obtenu en traitant le produit par de la phénylhydrazine fond à 150°. Emmerling a pu produire aussi la synthèse de l'amygdaline en mettant en présence de la maltase le glucose et le glucoside du nitrile amygdalique pendant trois mois à la température de 35°. Il n'avait, au contraire, rien obtenu en soumettant à l'action de la diastase un mélange de glucose, d'aldéhyde benzoïque et d'acide cyanhydrique.

Hanriot a démontré la réversibilité des actions lipasiques.

Mettant en présence de la glycérine, de l'acide isobutyrique et du sérum, il a pu constater que l'acide butyrique se combine à la glycérine en présence de lipase dans des conditions d'acidité, de temps et de température où la combinaison directe serait presque nulle.

	DURÉE DE L'EXPÉRIENCE. TEMPÉRATURE 37°.		
	1/2 heure.	1 heure.	1 heure 1/2.
Acidité du sérum	2	15	5
— du mélange. { Glycérine . . . . . 5 grammes. { Acide isobutyrique . 2 — { Eau . . . . 125 —	47	46	48
Total. . .	49	31	53
— du mélange précédent après addition de sérum. . .	34	30	24
Différence.	15	21	29
Différence p. 100. . .	30	44	54

On voit d'après ce tableau que 30 p. 100 de l'acide butyrique ont disparu en une heure et demie.

On peut observer aussi que dans cette réaction les quantités d'éther formé vont en décroissant.

Quantités d'acide combinées.

Dans la première demi-heure. . . 30 p. 100.
— deuxième — . . . 14 —
— troisième — . . . 10 —

La courbe tend donc vers un point d'arrêt, limite entre les deux actions, saponifiante et synthétique, de la lipase.

Rappelons enfin que les produits d'une fermentation exercent presque toujours sur la marche de cette fermentation une action inhibitrice qui semble indiquer au moins une tendance à la réversibilité.

Production de phénomènes physiques par les diastases. — R. Dubois a admis que la production de lumière par certains animaux, les Élatérides lumineux et les Pholades, était le résultat de l'action d'une diastase, la *luciférase*, sur un produit spécial, la luciférine.

Cette luciférase serait insoluble dans l'alcool, tandis que la luciférine y serait soluble. Le corps des animaux lumineux épuisé par l'alcool donnerait la solution de luciférine : le résidu traité par l'eau donnerait la luciférase. La réunion des deux solutions produirait le phénomène lumineux; il n'a pas lieu en présence de corps réducteurs, ou si la luciférase a été portée à l'ébullition ou additionnée d'une forte proportion d'alcool. (Voy. **Lumière**.)

Phénomènes physiques accompagnant les fermentations par les diastases. — Les fermentations sont-elles accompagnées de phénomènes physiques?

Il faut nécessairement admettre les changements que comportent les variations de structure chimique dans les substances en dissolution dans les liquides.

C. Chabrié a montré que les ferments solubles, en changeant le nombre des molécules du milieu dans lequel ils sont sécrétés, font varier la pression osmotique de ce milieu.

Le *Bacterium coli* augmente la pression osmotique du bouillon, et l'abaissement du point de congélation proportionnel à l'accroissement de la pression osmotique croît avec l'âge de la culture.

On a recherché si la coagulation du sang était accompagnée d'une certaine élévation de température. Valentin, Schiff, Lépine, Fredericq, crurent constater en effet ce dégagement de chaleur. Jolyet et Sigalas ont montré que la vitesse de refroidissement du sang abandonné à la coagulation est toujours plus faible que celle du sang oxalaté :

Mais cela ne démontre point qu'il se fait un dégagement de chaleur. Si, en effet, on prend deux quantités équivalentes de sang oxalaté maintenu à la température ambiante, et que l'on ajoute dans l'un une certaine proportion de chlorure de calcium, on voit la coagulation se produire rapidement, sans qu'un thermomètre très sensible indique quelque variation thermique.

Le retard dans la vitesse de refroidissement du sang coagulé tient donc aux états physiques différents dans lesquels se trouvent le liquide et le caillot; et la coagulation du sang n'est accompagnée d'aucun phénomène thermique.

Chanoz et Doyon ont montré qu'il n'y avait aucun dégagement de chaleur dans la coagulation du lait par la présure, ou du moins que le phénomène thermique était extrêmement faible (inférieur à 1/30 de degré.)

On a recherché si l'action des diastases pouvait être accompagnée de phénomènes électriques. Chanoz et Doyon ont admis que la coagulation du sang ne pouvait provoquer un phénomène électrique supérieur à 1/4000 de volt; la coagulation du lait, un phénomène électrique supérieur à 1/3000 de volt, qu'il était donc impossible d'affirmer leur existence.

État naturel des diastases. — Les diastases sont sécrétées par tous les êtres vivants, de tout ordre et de toute nature. C'est grâce à elles qu'il y a élaboration des produits nutritifs et possibilité de leur assimilation par les organismes.

1° **Sécrétion des diastases par les microbes.** — L'*Aspergillus niger* sécrète des substances jouissant de propriétés diastasiques et inhibitrices énergiques (Bourquelot et Hérissey). Si l'on lave avec soin un mycélium d'*Aspergillus* avec de l'eau distillée, et qu'on le mette en contact avec une nouvelle quantité d'eau pure pendant deux ou trois jours, on obtient une solution très étendue (résidu sec, 0,20 p. 100) très légèrement acide, ne précipitant pas par les acides acétique et azotique, l'azotate de baryte, le sublimé, l'acétate de plomb, le tanin, l'alcool, ne se troublant pas par la chaleur. Seuls, l'azotate d'argent et le sous-acétate de plomb produisent un léger louche. Ce liquide hydrolyse rapidement le saccharose, le maltose, l'inuline, le tréhalose, l'empois d'amidon en quantités relativement faibles. Ajoutée à une fermentation alcoolique commencée, la liqueur d'*Aspergillus* ralentit la fermentation, et peut même l'arrêter complètement. Cette action inhibitrice n'est pas détruite par une ébullition à 100°.

Le rôle des ferments solubles sécrétés par les microbes est fondamental. C'est grâce à eux que le ferment organisé exerce son action, et qu'il détermine les modifications profondes qu'il fait subir aux matières qu'il assimile, ou sur lesquelles il exerce son action.

Il s'ensuit que les diastases doivent être modifiées suivant la nature même du milieu de culture. Vignal, par exemple, a pu montrer ainsi certaines modifications apportées dans les sécrétions diastasiques.

Ainsi le bacille de la pomme de terre, *Bacillus mesentericus vulgatus*, donne naissance à l'amylase, ou bien à la présure, ou bien à la caséase, suivant la nature des milieux nutritifs dans lesquels on le place.

Ces diastases ont, d'ailleurs, les effets les plus divers, et leur nature est inconnue. On peut en rapprocher peut-être les toxines, les antitoxines, etc., que nous avons étudiées dans le chapitre précédent, et peut-être encore des produits de nature tout à fait spéciale, puisque H. Roger a montré que, parmi les matières solubles sécrétées par les microbes, il en est qui favorisent leur développement. De même Wildiers a vu que la levure a besoin pour se développer de la présence d'un corps spécial de nature inconnue, le *Bios*, dont le rôle est fondamental et absolument indéterminé (?).

Les diastases sécrétées par les ferments organisés agissent sur presque toutes les substances organiques.

Un grand nombre de ferments organisés sécrètent des diastases agissant sur l'amidon. L'*Aspergillus niger*, l'*Eurotiopsis gayoni* sécrètent de l'amylase, de la dextrinase, et rendent ainsi assimilables l'amidon et la dextrine, etc.

La saccharification et la fermentation de l'empois d'amidon sont produites par un certain nombre de moisissures ; le *Penicillium glaucum* (Duclaux), l'*Aspergillus orizæ* (Ahlburg, Atkinson), les *Mucor alternans, circinelloïdes, spinosus* (Gayon), l'*Amylomyces Rouxii* (Calmette, Sanguineti), l'*Aspergillus Wentii* et par des microbes tels que le bacille de Koch, etc.

Bourquelot a montré l'existence de l'inulase dans l'*Aspergillus niger* et le *Penicillium glaucum*.

Parmi les ferments dédoublant les sucres, l'*Aspergillus niger* les sécrète presque tous, la maltase, l'invertine, la tréhalase. Il en est de même de l'*Eurotiopsis gayoni* qui sécrète de la maltase, de la lactase, de la tréhalase et de l'émulsine.

La formation de ces diastases dépend de l'état végétatif du ferment. C'est ainsi que certains champignons sécrètent de la sucrase au moment de la formation de leurs conidies (Wasserzug).

Enfin Roux a pu isoler une levure faisant fermenter le glucose, mais restant sans action sur le sucre de canne, par suite de l'absence de sécrétion de ferment inversif.

D'autre part, Gayon a établi que les levures de *Mucor circinelloïdes* et *M. spinosus* ne peuvent déterminer la fermentation du saccharose, parce qu'elles ne sécrètent pas de ferment inversif dans l'état de bourgeonnement cellulaire où elles se trouvent.

Le dédoublement même du glucose est produit par une diastase ; la zymase de Büchner. Cochin avait cru montrer la non-existence du ferment alcoolique en cultivant la levure dans différents milieux non fermentescibles, et filtrant le liquide ; il n'avait trouvé dans aucun d'eux la diastase pouvant déterminer la transformation du glucose. Büchner a établi que la zymase se trouvait incluse dans le protoplasma cellulaire, et que pour l'obtenir il fallait briser la cellule et mettre en liberté le plasma cellulaire.

Les ferments saponifiant les graisses, ou lipases, sont produits par quelques microbes. C'est ainsi que Carrière a trouvé dans les cultures de bacille de Koch un ferment décomposant la monobutyrine, qu'il considère comme analogue ou identique à la lipase de Hanriot. L'existence de cette lipase est peut-être liée à la présence de la capsule graisseuse (?) qui entoure le bacille de Koch.

Le rôle fondamental des matières azotées dans la nutrition des ferments organisés entraîne la production de ferments corrélatifs à l'assimilation de l'azote. En cultivant le bacille pyocyanique dans un milieu artificiel dont les matières azotées étaient représentées par de l'asparagine, Arnaud et Charrin ont pu révéler la formation d'une diastase dédoublant l'asparagine. Le *Micrococcus ureæ* sécrète un ferment soluble agissant sur la carbamide à la manière des hydratants énergiques, et la transforman' rapidement en carbonate d'ammoniaque (Musculus, Pasteur et Joubert).

Les albuminoïdes sont, en général, profondément modifiés par les ferments solubles d'origine microbienne. Il y a sécrétion de trypsine, de caséase, etc. Un des plus intéressants peut-être de ces ferments semble être celui qui liquéfie la gélatine des milieux de culture.

Enfin la levure de bière, le bacille de Koch, le bacille d'Eberth, et les autres ferments organisés, entre autres les ferments de la putréfaction, sécrètent des trypsines hydrolysant les albuminoïdes en milieu alcalin, avec formation des mêmes acides amidés (Hahn).

Les ferments oxydants, laccase et oxydase, existent dans les végétaux inférieurs. La laccase se rencontre dans les champignons (Bourquelot et Bertrand). Le noircissement ou le bleuissement à l'air de certains champignons (*Boletus cyanescens, Russula nigricans*) est dû à la fixation d'oxygène au moyen d'une laccase oxydante. La levure de bière, mélangée à de l'eau où à de l'alcool, possède la propriété d'absorber l'oxygène dissous dans les liquides au milieu desquels baignent les cellules ; elles décomposent énergiquement l'eau oxygénée ; mélangées à du soufre, elles donnent à froid de l'hydrogène sulfuré.

La faculté de sécréter des ferments solubles est pour les microbes une fonction éminemment variable. Grotenfeld a pu faire perdre à plusieurs microbes le pouvoir qu'ils avaient de faire fermenter le lactose. La fermentation des sucres déterminée par le *Bacterium coli* est de même sujette à variations. Roux et Rodet cultivèrent du *Bacillus coli* en deux échantillons, et remarquèrent qu'ils s'étaient modifiés de telle sorte que l'un avait complètement perdu la faculté de faire fermenter le lactose, tandis que le second, après l'avoir perdue, l'avait retrouvée à différentes reprises. Malvoz, reprenant la même culture à 42° sur un bouillon phéniqué, a diminué de beaucoup la fonction ferment du *Bacillus coli communis*. Enfin plusieurs auteurs ont trouvé de cette espèce des échantillons très différents, les uns ne coagulant pas le lait, d'autres n'ayant même aucune action sur le sucre de lait.

La fonction ferment du *Bacillus coli*, lorsqu'elle ne varie pas en intensité, varie encore par les produits qu'elle donne. L'acide lactique que le bacille produit ordinairement est lévogyre. Nencki, Van Ermengen et Van Laer ont successivement trouvé des échantillons produisant de l'acide lactique inactif.

Le même bacille est aussi très susceptible de variations dans sa fonction toxinogène, si voisine de la fonction diastasique; il suffit, pour que la puissance toxique s'affaiblisse graduellement jusqu'à disparaître, que le bacille soit conservé quelque temps dans le laboratoire, ou qu'on l'ait placé dans des milieux défavorables.

Quant au bacille d'Eberth, il présente, là encore, de grands rapports avec le *Bacillus coli*. Son pouvoir ferment est moins actif, et la fermentation produite par le bacille d'Eberth ne donne presque jamais de dégagement gazeux. Blachstein a étudié spécialement les variations de puissance chimique du bacille d'Eberth, qui sont aussi évidentes que celles du *Bacillus coli*, nouveau point de rapport que Roux et Rodet ont fait valoir à l'appui de leur thèse pour identifier les deux espèces en une seule, qui varierait suivant diverses conditions. La seule différence vraie que l'on trouve encore à opposer à cette hypothèse est l'inaction du bacille d'Eberth sur le lactose. Enfin les cultures de *Bacillus coli* dégagent en général une odeur désagréable, dont sont dépourvues celles du bacille d'Eberth. Mais ici encore rien n'est tranché; il y a toute une gamme de transition; le bacille d'Eberth exhalant parfois une faible odeur, tandis que le *Bacillus coli communis* est presque inodore.

Roux et Rodet considèrent donc le bacille d'Eberth comme une déchéance, une forme très affaiblie du *Bacillus coli communis*, celui-ci n'étant déjà pas le type possédant au maximum la fonction ferment. Ce serait le *Bacillus lactis*, puis viendraient toutes les formes de *Bacillus coli*, et enfin, tout au bas de l'échelle, le *Bacillus typhosus*.

Le pouvoir liquéfiant du bacille cholérique, quoique étant un des plus exempts de variations, est soumis, lui aussi, à de sensibles changements d'intensité. Gamaléia, en le cultivant dans des milieux de concentrations diverses et graduées, a pu donner naissance à des races différant complètement par l'intensité de cette fonction, c'est-à-dire par l'intensité de production du ferment liquéfiant.

2° **Sécrétions de diastases par les animaux.** — Les diastases sécrétées par les animaux se rencontrent : 1° dans le sang ; 2° dans les glandes de l'appareil digestif; 3° dans toutes les cellules même de l'organisme. Le protoplasma sécrète des diastases qui président aux fonctions de nutrition et de défense des cellules.

La dissolution des amidons est effectuée par la plupart des animaux de manière à rendre ces substances assimilables en les transformant en glucose. Les amylases salivaires (Leuchs, 1835; Miahle, 1845) déterminent cette dissolution ; elles sont quelquefois désignées sous le nom de *ptyalines*.

Les amylases pancréatiques (Bouchardat et Sandras, 1845) liquéfient l'amidon et le saccharifient chez les vertébrés. Ces amylases ont une action d'une énergie variable suivant l'animal auquel on s'adresse ainsi. Le pancréas du porc est plus riche en ferments amylolytiques que ceux du bœuf et du mouton, et celui du bœuf plus que celui du mouton. Chez d'autres animaux, les amylases sont secrétées, comme chez les Céphalopodes, par le foie (Krukenberg, Fredericq).

Le ferment glycosique du foie a été très discuté; son existence a été admise par Claude Bernard, Wittich, Epstein; mais elle a été contestée par Dastre en 1888. Pour Kaufmann, il existerait dans la bile. Le sang (Magendie et Claude Bernard), le foie (Dubourg), l'urine (Béchamp) renferment des diastases transformant l'amidon en glucose. Ils possèdent donc un mélange d'amylase et de maltase. R. Lépine a admis dans le sang la présence d'un ferment glycolytique capable de provoquer la glycolyse. Arthus a montré que la destruction du sucre dans le sang est bien provoquée par un ferment soluble. Ce ferment soluble n'existerait pas dans le sang *in vivo*, mais se formerait aux dépens des éléments figurés, dans le sang extrait des vaisseaux. Le mode de formation du ferment glycolytique serait donc comparable à celui du fibrin-ferment. La glycolyse serait donc un phénomène cadavérique comparable à la coagulation de la fibrine.

La tréhalase existerait dans quelques liquides de l'organisme : ainsi le sang et l'urine en renferment une certaine quantité (Dubourg, M. Bial, Tebb).

E. Weinland a trouvé la lactase dans la muqueuse intestinale du cheval et du bœuf, et dans leur pancréas, alors qu'il avait été impossible de la découvrir dans ce dernier organe. La lactase y existe surtout après une alimentation lactée. Rohmann et Lappe, puis Portier, ont montré l'existence d'une lactase dans l'intestin grêle du veau et du chien. Portier a en particulier prouvé l'extrème abondance de ce ferment soluble dans le suc intestinal des jeunes chiens. Il en existe beaucoup moins chez les chiens adultes, et le ferment a presque complètement disparu chez les vieux chiens.

Les diastases agissant sur les matières azotées sont non moins abondantes.

Ch. Richet a montré la fonction uréopoïétique du foie et l'existence d'une diastase concomitante.

Parmi les ferments protéolytiques, la pepsine stomacale est sécrétée par les glandes à pepsine de la muqueuse gastrique de l'homme et des vertébrés supérieurs. Il existe probablement diverses sortes de pepsine. La pepsine des poissons est remarquable par son activité (Ch. Richet). Elle semble être nettement distincte des pepsines des mammifères par sa température optimum, 20° par exemple, pour la pepsine du brochet (Hoppe-Seyler). On trouve aussi des pepsines dans les organismes les plus inférieurs (Metchnikoff, Krukenberg). Enfin, dans les digestions intra-cellulaires, digestions d'animaux en inanition faisant de l'autophagie, il y a sécrétion de pepsine. On en a donc trouvé dans un grand nombre d'organes (Brucke, Kuhne, Cohnheim). (V. Estomac.)

Les trypsines sont en général sécrétées par le pancréas, et on les trouve par suite dans le suc pancréatique ou dans les macérations de cet organe (Claude Bernard, Danilevsky, Pachutine). Là encore, il y a différence d'activité entre les sécrétions des différents animaux. Ainsi le pancréas du chien sécrète un suc dont l'activité protéolytique est un peu inférieure à celle du porc (Floresco).

La trypsine des invertébrés (mollusques, etc.) est sécrétée par l'hépato-pancréas. Il n'y a pas localisation de l'action des ferments digestifs, puisque le même organe sécrète les différents ferments (Krukenberg).

La caséase se rencontre dans l'estomac de tous les mammifères adultes (Arthus). La caséase du pancréas (Duclaux) se trouve dans le suc pancréatique et dans les macérations de l'organe.

Enfin les ferments coagulants proprement dits, et anticoagulants, se trouvent soit dans le sang, soit dans le foie. Le foie sécrète certaines substances anticoagulantes. (V. Foie.) Heidenhain, puis Contejean, ont montré que les extraits de divers organes, tels que muscles d'écrevisses, corps d'anodontes, intestin et foie de chien, etc., introduits dans l'organisme, rendent le sang incoagulable. Ces substances ajoutées au sang in vitro activent, au contraire la coagulation. Mosso a observé que le sang ou le sérum des Murénides, Anguilles, Murènes, Congres, détermine la mort à des doses très faibles. « Le sang des animaux tués par l'ichtyotoxine ne se coagule pas (Mosso). » Delezenne a montré que le sérum d'anguille in vitro rendait plus rapide la coagulation du sang. Enfin, on sait que les peptones ont une action identique (Faxo). Le foie des crustacés, écrevisse ou homard, donne par un traitement convenable un extrait qui jouit de propriétés anticoagulantes in vitro (Abelous et Billard); le liquide qui exsude du foie de ces animaux, alors qu'il est retiré du corps et abandonné quelques instants à lui-même, jouit des mêmes actions anticoagulantes. Il y a probablement formation de plasmase dans l'infection pesteuse, puisqu'on y observe la coagulation de la fibrine du sang. Cette coagulation se fait rarement d'une manière globale; la fibrine se coagule plutôt en fins filaments (Nepveu).

Le sang et les tissus renferment des oxydases qui permettent l'oxydation de l'alcool benzylique et de l'aldéhyde salicylique (Schmiedeberg). Jaquet a montré que le poumon était particulièrement riche en oxydases. Salkowski avait observé l'oxydation de l'aldéhyde salicylique par le sang. Abelous et Biarnès confirmèrent et complètèrent les résultats de Salkowski en montrant que le sang de tous les mammifères ne présente pas le même pouvoir oxydant. Le sang des animaux jeunes semble présenter ce pouvoir à un degré bien plus considérable que celui des animaux d'un certain âge. Les quantités d'acide salicylique formées aux dépens de l'aldéhyde salicylique, en présence d'une même quantité de sang, et dans les mêmes conditions, sont :

	grammes.
Pour le sang de veau. . . .	0,174
— — de bouc . . .	0,174
— — d'agneau . . .	0,0867
— — de porc. . . .	0,0606
— — de cheval. . .	traces.
— — de bœuf . . .	néant.
— — de mouton . .	néant.

ABELOUS et BIARNÈS ont aussi recherché le pouvoir oxydant d'un certain nombre d'organes; ils ont constaté que quelques uns d'entre eux présentaient, à des degrés variables, la propriété de transformer l'aldéhyde salicylique en acide.

Ce pouvoir ne disparaît pas, même lorsque les éléments anatomiques sont détruits. Mais il disparaît quand on porte l'organe à 100°. Les résultats d'ABELOUS et BIARNÈS peuvent être résumées à ce point de vue dans le tableau suivant :

	QUANTITÉ D'ACIDE SALICYLIQUE fourni pour 100 grammes d'organes dans des conditions identiques.	
	Veau.	Bœuf.
	grammes.	grammes.
Muscles	0	0
Cerveau	0	0
Pancréas.	0	0
Testicule.	0,023	0,025
Capsules surrénales . . .	0,060	0,021
Thymus	0,061	»
Rein	0,062	0,021
Corps thyroïde.	0,098	0,009
Foie.	0,139	0,126
Poumon.	0,146	0,046
Rate.	0,252	0,078

ABELOUS et BIARNÈS ont démontré l'existence d'une oxydase dans l'hémolymphe, le foie, les branchies, les muscles, les organes génitaux de l'écrevisse.

Il existe enfin un ferment oxydant dans la salive, dans la sécrétion nasale et les larmes (PAUL CARNOT). (V. **Oxydases**.)

3° **Sécrétion des diastases par les végétaux.** — La sécrétion, ou tout au moins la formation d'un milieu favorable aux actions diastasiques, paraît aussi évidente dans le règne végétal.

Les diastases, là aussi, sont sécrétées par des cellules spéciales, souvent par des épithéliums glandulaires, et la plante ne semble produire les diastases qu'au fur et à mesure de ses besoins. Souvent même, il y a séparation absolue entre les cellules diastasigènes et les cellules renfermant la substance sur laquelle elles peuvent agir. Il y a donc localisation des ferments solubles dans le temps et dans l'espace. Ces faits sont surtout bien connus pour les ferments agissant sur les amidons et les glucosides. La *diastase* ou amylase de l'orge germée (KIRCHHOFF, 1814 : DUBRUNFAUT, 1823 ; PAYEN et PERSOZ, 1833) se rencontre dans la plupart des végétaux. BROWN et MORRIS ont montré que dans l'orge en germination la diastase est sécrétée par l'épiderme du scutellum. Cet épiderme, qui sépare la plantule de l'endosperme nutritif, attaque ce dernier et le digère au profit de l'embryon qui vit ainsi en parasite sur le reste de la graine. Cette digestion s'effectue en deux temps : dans le premier temps, il y a dissolution de l'enveloppe cellulosique des cellules de l'endosperme, par suite de la sécrétion de cytases : dans le second temps, il y a dissolution et saccharification de l'amidon, par suite de la sécrétion d'amylase.

On trouve aussi de l'amylase dans les feuilles des plantes.

EM. BOURQUELOT et H. HÉRISSEY ont déterminé l'individualité de la *séminase*, ferment qui se produit pendant la germination des graines de légumineuses à albumen corné. La séminase est différente de la diastase et n'existe pas dans la salive. On la trouve dans les graines de luzerne, d'orge, de fenugrec.

La *maltase* vient compléter l'action des diastases dans la saccharification du sucre. Rossmann et Krauch l'ont signalée dans les feuilles et les bourgeons; Brown et Morris, dans l'embryon des plantes; Green, dans les graines.

La *sucrase* se rencontre dans les plantes qui accumulent comme provision de réserve du saccharose. Aussi la trouve-t-on dans la canne à sucre et la betterave.

Parmi les ferments des glucosides, l'émulsine se rencontre dans les graines des amandes amères, dans les feuilles du laurier-cerise, dans le manioc. L'émulsine se rencontre dans des cellules spéciales; c'est ainsi que, dans la feuille du laurier-cerise, l'émulsine existe dans les cellules de la gaine endodermique des faisceaux. Guignard, qui a démontré ce fait, a prouvé aussi que l'amygdaline que l'on y rencontre était contenue dans des cellules très différentes du parenchyme des feuilles. Il y a là localisation dans l'espace de principes pouvant réagir l'un sur l'autre. Enfin, l'émulsine peut encore se rencontrer dans certains champignons vivant sur le bois ou parasites des arbres; tels sont le *Polyporus sulfureus*, le *Polyporus fomentarius*, l'*Armillaria mellea*, etc.

On rencontre la *myrosine* dans les Crucifères, les Résédacées, les Tropéolées, les Capparidées. Partout ce ferment est contenu dans des cellules particulières faciles à reconnaître d'après la propriété qu'elles possèdent de se colorer vivement en violet sous l'influence de l'acide chlorhydrique pur. Guignard a montré que les cellules renfermant de la myrosine étaient principalement situées dans le parenchyme cortical et libérien de la racine, dans le péricycle de la tige et la région correspondante des feuilles, enfin dans le parenchyme de la graine.

On rencontre dans les plantes des ferments digestifs : Wurtz a isolé la *papaïne* du suc du *Carica Papaïa*. Certaines plantes, les Drosera (*D. rotundifolia*), les Dionœa (*D. muscipula*), les Népenthes, toutes plantes insectivores, sécrètent des diastases digérant les albuminoïdes en milieu acide (Darwin, Hansen). Certains champignons : plasmodes de myxomycètes (Krukenberg, Engelmann, Metchnikoff, Le Dantec) produisent des liquides acides pepsinifères dissolvant les matières albuminoïdes. La graine de vesce renfermerait un ferment capable de digérer la fibrine, même à froid (Gorup-Besanez). Des ferments analogues, d'après les mêmes auteurs, se retrouveraient dans les graines de chanvre (*Cannabis sativa*) et de lin (*Linum usitatissimum*), dans l'orge germée, etc.

La formation d'un milieu favorable à l'action de ces ferments digestifs semble être complètement sous la dépendance des influences extérieures.

Gorup-Besanez et Will, en étudiant le suc de *Nepenthes phyllamphora* et *N. gracilis*, ont constaté une différence considérable suivant que le liquide avait été sécrété dans des urnes excitées par des insectes ou des urnes où cette excitation avait manqué. Le suc des urnes excitées est légèrement acide et dissout rapidement les albuminoïdes; le suc des urnes non excitées est neutre et n'agit sur la fibrine ou l'albumine cuite qu'après addition d'un acide.

Les diastases oxydantes et réductrices végétales sont nombreuses.

Les oxydases végétales, oxydases du noircissement du cidre (Lindet), de la coagulation de la laque (Bertrand), la *tyrosinase*, de Bertrand, déterminent la fixation de l'oxygène sur le corps en présence desquels ils se trouvent (Latex du *Rhus succidanea* ou arbre à laque). La *laccase* se rencontre dans un grand nombre de végétaux (Bertrand). Il serait superflu de les énumérer tous; il y en a probablement partout où la cellule respire.

Le *philothion* se rencontre dans le règne végétal; il se développe dans la graine pendant le premier acte de la germination, et il se consomme dans les phénomènes ultérieurs; cette apparition, suivie d'une disparition, son action sur l'oxygène, tout concourt à prouver qu'il joue un rôle fondamental dans la germination de la plante.

Proenzymes et prodiastases. — Les diastases ne paraissent pas exister sous leur forme active dans les tissus glandulaires qui les sécrètent. Elles semblent exister sous une forme primitive, dénuée de toute activité fermentative, et ne se transforment en ferments véritables que sous l'action d'un milieu favorable.

La première diastase sur laquelle une telle origine ait été entrevue est la pepsine. Langley, après avoir montré que le produit de la macération de la muqueuse de l'estomac de porc dans l'acide chlorhydrique étendu, ne résiste pas à une température de 37° maintenue une minute, après neutralisation et avec excès de soude, a étudié ce même phénomène sur la muqueuse elle-même. La muqueuse ou des extraits aqueux peuvent être pendant longtemps maintenus à 37° en présence d'un excès de soude sans perdre de leur activité, lorsqu'on les remet en milieu acide. La pepsine ne se trouverait donc pas au même état dans le tissu de la muqueuse et dans la macération de cette muqueuse. La muqueuse donnerait naissance à de la *propepsine* se transformant ultérieurement en pepsine. Podwyssotsky a montré, d'autre part, qu'en soumettant des extraits glycérinés de muqueuse stomacale à l'action de l'acide chlorhydrique pendant des temps différents, on fait varier dans des proportions considérables la puissance digestive de l'extrait. (Voy. **Estomac**, v, 639.)

Les mêmes faits se retrouvent à propos de l'étude de la présure. Hammarsten a reconnu que toutes les muqueuses gastriques renferment une substance soluble dans l'eau ne coagulant pas la caséine, substance qui n'est donc pas du *lab*, mais qui, sous l'influence de l'acide chlorhydrique à 1 p. 100 ou de l'acide lactique, donne rapidement du ferment. Boas a admis l'existence de la *proprésure* comme conséquence d'une différence de résistance aux alcalis. Zächer, prenant un extrait glycériné de muqueuse de porc, constate que cet extrait coagule le lait avec des vitesses variables, suivant que l'extrait a été laissé préalablement pendant 2 heures en contact avec de l'acide chlorhydrique, ou qu'on le fait agir immédiatement sur le lait. Il s'est donc formé, dans le deuxième cas, de la présure; il y avait, dans l'extrait, de la proprésure. On a différencié de même une *proplasmase* du fibrin-ferment (Schmidt). Le globule blanc renfermerait, non la plasmase, mais un corps susceptible d'en fournir.

Le suc pancréatique semble aussi doué d'une activité beaucoup plus grande lorsque la macération de l'organe a été effectuée à une température très légèrement supérieure à 38°.

Green, enfin, a fait voir que l'action de certaines radiations lumineuses avait pour effet d'augmenter beaucoup la puissance diastasique d'une infusion d'orge germée, et il en a conclu que l'amylase existait en un état primitif, et différent, dans le grain d'orge, l'enzyme se produisant sous l'influence de certains rayons lumineux.

Préparations des diastases. — Il ne s'agit pas ici de l'isolement ou de la préparation d'une diastase pure; il nous suffira d'indiquer les méthodes généralement employées pour préparer des liquides ou des solides jouissant de propriétés diastasiques. On peut obtenir les diastases en solution, soit dans le milieu de culture d'un microbe, soit dans le liquide de macération d'un organe, soit encore dans le sérum provenant de l'éclatement des cellules par un moyen mécanique quelconque, avec ou sans addition d'eau. On peut les précipiter au moyen d'un certain nombre de réactifs, soit par l'alcool, dans lequel la plupart des diastases sont insolubles, soit par entraînement des diastases au moyen de précipités spéciaux, tels que le phosphate de chaux (Cohnheim), la cholestérine (Brucke), la cellulose nitrique (Danilewski).

Enfin, pour un grand nombre de diastases, on étudie simplement les propriétés diastasiques des liquides naturels tels qu'ils les possèdent. Tel est le cas des diastases que renferme le sérum sanguin.

Lois générales de l'action des diastases. — L'étude de l'action des diastases comprend : 1° une étude physiologique qualitative, qui comprend l'analyse des conditions physiologiques qui entourent les phénomènes provoqués par un ferment soluble; 2° une étude chimique quantitative, dans laquelle on détermine la nature des réactions qui se passent dans la fermentation, la formule qui y correspond et les conditions physiques et mécaniques qui accompagnent le phénomène.

La physiologie des ferments peut, selon Dastre, être représentée par le schéma suivant :

1° Formation intra-cellulaire d'un *zymogène*, *proferment*, *proenzyme*, contenant de la diastase.

2° Transformation du proferment en ferment, par l'action de substances spéciales ou de conditions de milieu, *agents zymoplastiques*.

3° Le ferment constitué, les milieux différents réagissent sur son activité, et l'on a :

a) Agents zymo-excitateurs, provoquant ou exaltant l'activité du ferment.

b) Agents zymo-frénateurs, ou zymo-inhibiteurs d'Arthus, entravant ou arrêtant son action.

c) Agents zymolytiques, détruisant le ferment.

Les lois mathématiques qui représentent l'action des diastases sont des plus difficiles à établir.

L'interversion du sucre est le phénomène de choix pour l'étudier, étant donnés, d'une part, les corps bien définis qui constituent les chaînons de la réaction, et, d'autre part, la facilité de leurs dosages.

Barth a montré (1878) que l'action de l'invertine était jusqu'à une certaine limite proportionnelle au temps; l'inversion serait en outre à peu près proportionnelle à la quantité de ferment. L'activité dépend de la concentration de la solution sucrée. Avec $0^{gr},005$ d'invertine, au bout d'une demi-heure, Barth a obtenu :

Pour une solution à	0,5 p. 100 de sucre. . .	$0,020$ de sucre interverti.		
—	— 1	— . . .	0,043	— —
—	— 5	— . . .	0,100	— —
—	— 10	— . . .	0.104	— —
—	— 20	— . . .	0.083	— —

O' Sullivan et Thompson ont recherché la rapidité de l'action de la sucrase sur le sucre de canne, en déterminant pour chaque température, au bout de temps variables, la quantité de saccharose interverti. Ils ont défini ainsi une courbe, la courbe d'inversion, qui représente une logarithmique. Ils en ont conclu que l'action de la diastase est proportionnelle à la quantité de sucre présent dans la liqueur; mais Duclaux, opérant sur la sucrase, et Dubourg, sur une diastase de l'urine, ont montré, au contraire, que l'action de la diastase était constante et indépendante de la quantité de sucre mis en expérience ; La conclusion de O' Sullivan et Thompson est donc sans doute erronée.

Le ralentissement de la vitesse de la réaction ne dépend donc pas de la diminution de la quantité de sucre en expérience, mais d'une action inhibitrice provenant du milieu même en fermentation. Cette action inhibitrice est due à la présence des produits de la réaction. Ces produits ralentissent, puis arrêtent complètement, en général, la fermentation, alors qu'il s'en est produit une certaine quantité.

Il y a donc là équilibre chimique, l'action ne pouvant avoir lieu au delà d'une certaine limite. Si cette limite est dépassée, c'est la réaction inverse qui se produit; l'action des ferments solubles correspondrait donc à des phénomènes réversibles. C'est ce que nous avons vu plus haut.

L'action inhibitrice des produits de la fermentation ne serait pas, d'après Duclaux, variable proportionnellement à la quantité même de ces produits, mais au rapport existant entre cette quantité et le poids total de celui-ci.

Par suite, soit S la quantité de saccharose tenu en dissolution dans l'unité de volume; x la quantité de sucre interverti au bout du temps t. Au début de la fermentation, alors qu'il n'y a pas de produits retardateurs, la quantité de sucre interverti est proportionnelle au temps.

$$dx = K\,dt.$$

K représente par suite la quantité de sucre interverti dans l'unité de temps. Dans de telles conditions, c'est la constante d'inversion. C'est cette quantité qui diminue en fonction du rapport $\dfrac{x}{S}$. K est donc diminué d'une quantité $K\dfrac{x}{S}$, et l'expression devient :

$$dx = K\left(1 - \frac{x}{S}\right) dt.$$

ou :

$$\frac{dx}{dt} = \frac{K}{S}(S - x),$$

ou, en intégrant :

$$\frac{K}{S} = \frac{1}{t} \operatorname{Log} \frac{S}{S - x}.$$

Cette formule n'est vraie que pour une même fermentation. En effet, d'une fermentation à l'autre on doit, pour pouvoir appliquer la formule, faire intervenir un coefficient n variable avec les conditions mêmes de température, de milieu de culture, etc.

La formule dans ce cas devient :

$$\frac{Kn}{S} = \frac{1}{t} \operatorname{Log} \frac{S}{S - nx}.$$

Victor Henri a repris cette étude, et de ses expériences il a conclu à une modification profonde dans les termes de la formule, qui reste néanmoins logarithmique.

Pour V. Henri, l'étude de l'action de l'invertine, de l'émulsine et de l'amylase donne les résultats expérimentaux suivants :

1° La vitesse d'inversion du saccharose (nombre de grammes invertis) par minute est variable avec la concentration du saccharose, toutes choses égales d'ailleurs. Elle croît d'abord jusqu'à une concentration décinormale, et, à partir de ce point, reste alors indépendante ; il en est de même pour l'action de l'émulsine sur la salicine et de l'amylase sur l'amidon et la dextrine.

2° La vitesse de la réaction est proportionnelle à la quantité de ferment.

3° L'addition du sucre interverti ralentit la vitesse de l'hydrolyse du saccharose, et ce ralentissement est surtout dû au lévulose. Il en est de même pour la transformation de la salicine et de l'amidon, dont la vitesse est ralentie par l'addition des produits sur les fermentations.

4° La vitesse de l'inversion du saccharose par l'invertine est plus rapide que celle qui est provoquée par les acides.

La vitesse d'inversion de la salicine par l'émulsine est, au contraire, plus lente que celle produite par les acides. Enfin la vitesse de l'hydrolyse par l'amylase est très voisine de celle que produisent les acides.

K augmenterait donc d'une façon régulière, et l'expression $\dfrac{K}{S}$ doit être remplacée par

$$K_1 \left(1 + \varepsilon \frac{x}{S}\right),$$

d'où :

$$\frac{dx}{dt} = K_1 \left(1 + \varepsilon \frac{x}{S}\right)(S - x),$$

et, en intégrant :

$$K_1 (1 + \varepsilon) = \frac{1}{t} \operatorname{Log} S \frac{\left(1 + \varepsilon \dfrac{x}{S}\right)}{S - x}.$$

ε, dans les expériences de l'auteur, est très voisin de 1, de telle sorte que

$$\frac{dx}{dt} = K_1 \left(1 + \frac{x}{S}\right)(S - x),$$

et

$$2 K_1 = \frac{1}{t} \left[\operatorname{Log} \frac{S}{S - x} + \operatorname{Log} \left(1 + \frac{x}{S}\right) \right],$$

ou :

$$2 K_1 = \frac{1}{t} \operatorname{Log} \frac{S + x}{S - x},$$

formule qui définit l'action de la sucrase en fonction de la quantité de sucre mise en expérience, et de la quantité de sucre interverti, du temps et d'une *constante d'inversion*. Cette constante varierait avec la concentration en saccharose. Le produit $K_1 S$ augmente avec S pour les concentrations faibles, inférieures à 5 p. 100, reste constant de 5 à 25 p. 100, diminue pour les concentrations fortes, supérieures à 25 p. 100.

Bodenstein, en étudiant les résultats d'Henri sur l'invertine, proposa une interprétation d'après laquelle l'activité du ferment est ralentie par le saccharose et le sucre interverti, l'action inhibitrice du saccharose étant la plus forte.

Soit a la quantité totale de saccharose ; x celle de sucre inverti ; $(a - x)$ sera la quantité de saccharose non encore transformée, et les deux actions inhibitrices seront $m (a - n)$ pour le saccharose et nx pour le glucose, m et x étant deux constantes.

L'activité du ferment est donc diminuée dans la proportion $m (a - n) + nx$. De telle sorte qu'à un moment donné cette activité est représentée par

$$\frac{F}{m (a - n) + nx}.$$

La vitesse de la réaction est, d'autre part, proportionnelle à la quantité de saccharose $(a - x)$. De telle sorte que l'expression de cette vitesse est :

$$\frac{dx}{dt} = K_1 \frac{F}{m (a - n) + nx} (a - n).$$

D'où il vient

$$K_1 = \frac{a}{t}\left(\frac{m-n}{a}\, x\, n\, \log.\, \frac{a}{a-x}\right).$$

Cette formule convient pour des solutions variant entre les concentrations en saccharose deminormale et décinormale, mais ne convient pas pour des dilutions plus faibles.

V. Henri a alors admis que la diastase se combinait en partie au corps à transformer, en partie aux produits de la fermentation, et restait libre enfin pour une certaine proportion.

Soit la quantité de diastases, a la quantité de saccharose initiale, n la quantité de glucose transformé, $(a-n)$ la quantité de saccharose encore intact.

Soit α la quantité de ferment qui se combine avec le saccharose, β celle qui se fixe sur les produits de la fermentation, γ celle qui reste libre. Ces combinaisons se faisant d'après la loi de l'action des masses, on a par suite

$$\begin{cases} \varphi = \alpha + \beta + \gamma \\ \dfrac{1}{m}\,\alpha = (a-n)\,\gamma \\ \dfrac{1}{n}\,\beta = x\,\gamma \end{cases}$$

d'où :

$$\begin{aligned} \alpha &= m\,(a-x)\,\gamma \\ \beta &= a\,x\,\gamma \\ \varphi &= m\,(a-x)\,\gamma + n\,x\,\gamma + \gamma \end{aligned}$$

et.

$$\gamma = \frac{\varphi}{m\,(a-x) + n\,x + 1}.$$

On peut alors admettre que c'est :

1° Soit la fraction non combinée γ du ferment qui agit; la vitesse est alors proportionnelle à $(a-x)$ et a γ et

$$\frac{dx}{dt} = \frac{K\,\varphi\,(a-x)}{m\,(a-x) + n\,x + 1}.$$

2° Soit, au contraire, la fraction α combinée au saccharose non encore interverti. La vitesse de la réaction est donc proportionnelle à la quantité de cette combinaison α.

Ce qui conduit encore à la même expression :

$$\frac{dx}{dt} = \frac{K\,\varphi\,(a-n)}{m\,(a-n) + n\,x + 1}.$$

V. Henri a alors constaté l'exactitude de cette formule en l'appliquant au dédoublement du saccharose par l'invertine, de la salicine par l'émulsine. Les constantes m et n sont caractéristiques du ferment, des conditions de température et de milieux. K reste constant pendant toute la durée de la réaction.

De telles considérations ne s'appliquent qu'à des ferments solubles agissant sur des produits en dissolution et présentant ainsi en tous les points de la masse un contact parfaitement intime.

Lorsque la diastase agit sur des matières solides, son action ne s'exerce que sur des surfaces. Si donc l'on augmente la quantité de diastase par unité de volume, il faut seulement, dans l'action exercée, considérer l'augmentation de la quantité de diastase par surface.

C'est ainsi que Duclaux admet que la loi de l'action de la trypsine sur l'albumine cuite et coagulée répond théoriquement à la formule suivante :

$$\frac{l'}{l} = \frac{\sqrt[3]{n^2}}{1},$$

l et l' étant respectivement les longueurs d'albumine dissoute dans le même temps par des solutions de diastases dont les concentrations sont respectivement 1 et $1 \times n$.

La formule peut encore s'écrire :

$$\frac{l'^3}{l^3} = \frac{n^2}{1}.$$

Les cubes des longueurs d'albumine dissoutes dans le même temps sont proportionnels aux carrés des concentrations des substances diastasiques.

Influence des agents chimiques. — **Action de l'air et de l'oxygène.** — Cette action est variable suivant qu'on l'étudie à la pression ordinaire ou à de hautes pressions.

P. Bert a montré que l'oxygène à haute pression agit sur les ferments organisés aussi bien que sur les animaux, tandis qu'il est sans influence sur les ferments solubles : la diastase, loin d'être altérée par l'oxygène à haute pression, y conserve presque indéfiniment son pouvoir, tandis qu'elle le perd à l'air libre ou dans l'eau, dès le deuxième ou le troisième jour.

L'air exerce une influence remarquable sur la coagulation de la caséine par les diastases du *Bacillus septicus putidus* et de la bactéridie charbonneuse (Roger). Dans les deux cas, lorsqu'on cultive ces microbes sur du lait dans des tubes à essai, il y a coagulation. Dans des ballons d'Erlenmeyer (ballons triangulaires à fond plat), comme il s'agit de couches minces très aérées, il n'y a pas coagulation, mais transformation du lait en un liquide brun chocolat fétide renfermant une substance visqueuse très difficilement filtrable sur papier. On peut observer, suivant l'apport variable d'air, tous les types intermédiaires entre ces deux extrêmes.

On peut encore déterminer une coagulation plus complète en cultivant le *Bacillus septicus putidus* sur du lait sous une couche d'huile. On a ainsi une coagulation presque totale au bout de quarante-huit heures, ce que montrent les chiffres suivants d'une expérience de Roger :

	POIDS de matières coagulées p. 100 c. c. de lait dans des cultures âgées de 48 heures. grammes.
Cultures à l'air libre. Grand ballon d'Erlenmeyer.	0,868
— — Petit — —	1,662
— — Tubes.	3,859
Cultures sous huile.	4,028
Lait pur (dosage de caséine).	4,188

Si l'on s'adresse à des cultures plus vieilles, on observe une diminution considérable dans ces chiffres. Il y a dissolution alors de la caséine coagulée :

	POIDS de matières coagulées p. 100 c. c. de lait dans des cultures âgées de 1 mois. grammes.
Cultures à l'air libre. Grand ballon d'Erlenmeyer.	0,788
— — Petit —	0,981
— — Tubes	2,438
Cultures sous huile	2,872
Pour une teneur en caséine de lait pur.	4,188

Avec la bactéridie charbonneuse, les faits sont identiques, mais moins nets. Il y a sécrétion de diastase, quelle que soit la forme du vase; mais, quand il y a accès d'air, il y a évidemment destruction de la caséine. L'acide acétique n'en décèle plus au bout de quarante-huit heures, quelquefois même au bout de vingt-quatre heures.

Action de l'eau. — L'action de l'eau se ramène en général à la simple action de la dilution.

La dilution retarde la coagulation du plasma oxalaté; mais, si ce plasma renferme une certaine proportion de leucocytes, surtout si l'on a affaire à du sang ordinaire non oxalaté, il y a mise en liberté de ferment par destruction du globule, et par suite *concentration*. Ce phénomène a lieu jusqu'à une certaine limite, au delà de laquelle une addition d'eau dilue réellement la solution de plasmase et retarde la coagulation.

Action des acides. — Kjeldahl a montré que des doses faibles d'acides déterminent sur la sucrase une action variable suivant la teneur en acidité du milieu.

Il y a tout d'abord accélération dans l'inversion; puis, après avoir passé par un maximum, la quantité de substance intervertie diminue, pour augmenter enfin une dernière fois quand la proportion d'acide devient assez grande. Ce dernier phénomène est dû à l'action même de l'acide. D'après ce qui précède, il y aurait par conséquent un *optimum* favorisant l'action des diastases.

Fernbach a recherché quelle est la dose optimum de certains acides sur la sucrase. Ces doses sont, en millionièmes :

Acide sulfurique. . .   25
    — oxalique. . . . 50 — 100
    — tartrique. . . . 1 000
    — acétique. . . . 2 000
    — succinique. . . 2 000
    — lactique. . . . 5 000

Leyser, puis Kjeldahl, ont démontré le même fait pour l'amylase. Baswitz a fait voir que la sacharification par la diastase est activée même par l'acide carbonique : la quantité de sucre fourni dans ces conditions est plus considérable qu'elle ne le serait en l'absence de l'acide carbonique. L'acide salicylique se montrerait particulièrement actif, d'après Brown et Heron.

Mais l'action des acides a été particulièrement intéressante à étudier sur la pepsine, les oxydases et la lipase.

La pepsine agit en milieu acide, et on a cherché quelles étaient les doses les plus favorisantes pour un certain nombre d'acides. A. Petit, entre autres, a montré que les doses optima pour la pepsine varient de 3 à 6 millièmes pour les acides minéraux; elles peuvent atteindre 4 centièmes pour les acides organiques.

La lipase, mettant en liberté des acides par saponification, est, par cela même, modifiée d'une façon particulièrement nette.

En laissant constant le temps de réaction (trente minutes) avec les mêmes proportions de glycérine et d'eau, Hanriot a pu rechercher l'action de proportions variables d'acide isobutyrique sur l'action synthétique de la lipase.

Acidité totale	22	29	36	43	50	57	64	72	79	86	93
— disparue.	8.4	11,6	11.8	15	11,2	14,4	12,6	15,8	6	85	4
— disparue p. 100. . .	40	39	2	34	22	25	20	22	8	6	4

La lipase n'a donc d'action synthétique que dans des limites bien déterminées; de plus, la quantité p. 100 d'acide combiné dans un temps déterminé diminue à mesure que la quantité d'acide augmente. Ces deux faits sont la conséquence de l'action inhibitrice des acides libres sur le ferment lipasique.

M. Hanriot a recherché l'action de l'acide acétique sur la lipase, et il a constaté qu'une acidité croissante arrête l'activité de la lipase.

Nombre de gouttes d'acide acétique au 1/10ᵉ.	0	5	10	15	20	25	30	35	40
Activité lipasique correspondante.	14	13,2	11,3	10,9	6,7	5,5	1	0	0

Il en a conclu que la lipase s'unissait avec l'acide en formant une combinaison inactive. Si l'on attend un certain temps, on voit l'activité lipasique reparaître, et cela au bout d'un temps d'autant plus long que la dose d'acide a été plus forte.

D'autres acides ont été aussi étudiés vis-à-vis de leur action sur la lipase (Hanriot). Le tableau suivant donne l'activité du ferment immédiatement après neutralisation, et un certain temps après cette neutralisation.

ACTIVITÉ.	SO^4H^2	AzO^3H	HCl	$C^2H^2O^4$	CH^2O^2	$C^2H^4O^2$	$C^4H^8O^2$
Immédiatement. .	1	2	1	9	6,5	6	14
Après 2 h. 45. . .	1	1	2	9	15	27	19
— 3 h. 45. . .	0	1	7	12	15	25	18

M. Hanriot en a conclu qu'un ferment atténué par une action chimique peut se régénérer, et revenir à son activité première, de sorte que l'action de la lipase sur les acides et les éthers semble être une combinaison chimique régie par les lois de la dissociation.

Linossier a recherché l'action des acides sur les oxydases indirectes; les oxydases étudiées étaient les macérations aqueuses ou glycérinées de certains organes, et leur activité était mesurée par le volume d'oxygène dégagé.

Volume d'oxygène dégagé en des milieux d'acidité différente.

ORGANE.	MACÉRATIONS.	MILIEU NEUTRE.	OXYGÈNE CORRESPOND. Dégagé p. 100.	1/4 c. c. HCl.	1/2 c. c. HCl.	1 c. c. HCl.	2 c. c. HCl.	3 c. c. HCl.	4 c. c. HCl.
Thyroïde (Mouton).	Aqueuse.	14	88,63	13	12	5	0	0	0
	Glycérinée.	14,6	92,40	12	10	3,8	0	0	0
Pancréas (Veau).	Aqueuse.	12,2	84,72	12,2	7	1	0	0	0
	Glycérinée.	13	45,58	12	10	6	0	0	0
Foie (Porc).	Aqueuse.	12,6	96,92	12	10	8	6	3	0
	Glycérinée.	15	97,40	14	12	7	3	2,4	0
Ovaire (Brebis).	Aqueuse.	3,6	24,30	0	0	0	0	0	0

L'oxydation du phénol et de la résorcine par les oxydases des champignons est empêchée en milieu acide (acide acétique). En solution neutre, elle est très lente; en milieu légèrement alcalin, à 1, 2, 3 ou 4 p. 100 de carbonate de soude, il y a rapidement oxydation, et une solution de phénol dans ces conditions vire au rouge, puis au noir; une solution de résorcine vire au rouge avec fluorescence verte (Bourquelot). L'addition d'un acide peut favoriser ou entraver l'oxydation par le ferment oxydant des champignons (Bourquelot). L'aniline, corps réducteur, mis en contact avec des quantités croissantes d'acide acétique en solution neutre s'oxyde et les proportions qui conviennent le mieux à l'action du ferment sont 1, 2, 4, 10 p. 100 d'acide acétique. La quantité qui paraît optimum est 4 p. 100. A 2 p. 100, la réaction est très lente, de même qu'en l'absence de tout acide; à 5 p. 100, il n'y a plus aucune oxydation.

Signalons enfin l'action de l'acide carbonique sur la plasmase. Mathieu et Urbain (1874) avaient cherché à prouver que l'agent de la coagulation spontanée du sang était l'acide carbonique, et que l'obstacle à cette coagulation *in vivo* résidait dans les globules sanguins, fixant non seulement l'oxygène du sang, mais encore l'acide carbonique, Glénard a montré que l'acide carbonique ne jouait aucun rôle; car du sang conservé dans la jugulaire d'un cheval ne se coagule pas quand on le sature d'acide carbonique. Al. Schmidt a supposé que l'acide carbonique retarde la coagulation du sang.

L'acide carbonique exerce, au contraire, une action inverse sur la coagulation du plasma oxalaté; il y a accélération.

Action des alcalis. — Fernbach a montré sur la sucrase d'*Aspergillus* que la neutralisation semble arrêter très rapidement l'action diastasique; puis le ferment lui-même semble se détruire.

Les acides et les alcalis gênent l'action de la trypsine. La digestion trypsique ne peut commencer que dans un milieu très faiblement acide (renfermant, d'après Kühne, 5/10 000e d'un acide minéral, l'acide chlorhydrique, par exemple); elle croît progressivement, devient optimum pour une proportion de 2 à 4 millièmes jusqu'à 1 p. 100 de carbonate de soude; elle décroît ensuite pour être à la fin arrêtée complètement.

Ebstein et Müller, en 1875, ont étudié l'action des acides et des alcalis sur le ferment inversif du foie. Les alcalis retardent la transformation du glycogène; les acides l'arrêtent complètement, et en solution *très étendue* la retardent encore (acides chlorhydrique, sulfurique, acétique et lactique).

La réaction du milieu a une grande influence sur la vitesse de coagulation du sang (DASTRE et FLORESCO).

C'est ainsi que le plasma peptoné, légèrement alcalin, reste indéfiniment liquide, tandis qu'il coagule en deux heures à 40°, alors qu'il est neutralisé. Il en est de même pour les plasmas renfermant 1 p. 1 000 d'oxalate de potasse, pour le plasma de peptone hépatique.

LÉPINOIS a étudié l'action des alcalis sur les fermentations diastasiques provoquées par les oxydases indirectes. Les quantités d'oxygène dégagées en des milieux d'alcalinité variable sont résumées dans le tableau suivant :

ORGANES	MACÉRATION	MILIEU NEUTRE.	OXYGÈNE DÉGAGÉ P. 100.	1 c. c. KOH.	2 c. c. KOH.	3 c. c. KOH.	4 c. c. KOH.	5 c. c. KOH.	6 c. c. KOH.	10 c. c. KOH.	20 c. c. KOH
Thyroïde (Mouton).	Aqueuse.	14	88,63	13	11.6	0	0	0	0	0	0
	Glycérinée.	14.6	92.40	9	7.6	2	0	0	0	0	0
Pancréas (Veau).	Aqueuse.	12.2	84,72	12,6	9.4	1	0	0	0	0	0
	Glycérinée.	13	95,58	10,2	10,2	9	5	1.6	0	0	0
Foie (Porc).	Aqueuse.	12.6	96.92	12,4	12,3	12,2	12,3	12.2	12	0	0
	Glycérinée.	15	97.10	15	»	»	»	15	11	9	1,6
Ovaire (Brebis).	Aqueuse.	3,6	21,30	2	0	0	0	0	0	0	0

Action des sels. — Les sels acides ou alcalins exercent naturellement la même action que les acides ou les bases.

Certains sels n'ont aucune action sur la maltase; d'autres, au contraire, retardent son action; d'autres enfin arrêtent complètement la fermentation. C'est ainsi que DUBOURG a montré qu'en solution au 1/100, les chlorures de sodium, de potassium, d'ammonium, de calcium, les sulfates de soude, de magnésie, d'ammoniaque, de peroxyde de fer, l'hyposulfite de soude, l'iodure de potassium, l'émétique, les phosphates de soude, de potasse et d'ammoniaque et les tartrates des mêmes bases n'ont aucune action. Au contraire, à la même dose, le chlorure, le sulfate et l'acétate de zinc, le sulfate ferreux, le sulfate de cuivre, les trois aluns, les acétates de plomb et de mercure, etc., arrêtent complètement l'action de la diastase.

L'action des sels est particulièrement remarquable sur les phénomènes de coagulation du sang. HEWSON, en 1770, utilisa le premier l'influence des sels, du sel marin en particulier, sur la coagulation du sang, pour séparer globules et plasma. D'après A. GAUTIER, le sel marin ajouté à la dose de 5 p. 100 au sang de bœuf maintenu à 8° en empêche la coagulation. Le plasma que l'on en sépare peut être coagulé à volonté par simple addition d'eau. Le pyrophosphate de potasse possède un très faible pouvoir anticoagulant (DASTRE et FLORESCO). Les citrates de soude et de magnésie, à la dose de 4 p. 1000, retardent la coagulation pendant sept à vingt minutes. Les tartrates de soude, de potasse et d'ammoniaque, n'exercent presque aucune action sur la coagulation du sang. Les tartrates de soude l'accélèrent peut-être. Les sels de fer empêchent en général la coagulation du sang (DASTRE et FLORESCO). Parmi les sels acides minéraux, le pyrophosphate de fer, en solution dans le citrate d'ammoniaque à la dose de 40 p. 100, maintient le sang liquide in vitro.

Le tartrate de fer, employé en solution à la proportion de 4 p. 1 000 de sang, empêche la coagulation in vitro après quarante-huit heures : à la dose de 0gr,8 p. 100, pendant vingt-cinq minutes; à la dose de 0gr,4 p. 100, pendant dix minutes. Le tartrate de fer ammoniacal employé in vitro possède des propriétés encore plus anticoagulantes; à la dose de 0gr,8 p. 1 000, le sang reste encore liquide quatorze heures; in vivo, à la dose de 0gr,1 par kilog., le sang reste liquide pendant plusieurs heures. Le peptonate de fer présente des propriétés anticoagulantes variables avec la qualité du produit. Un centimètre cube de peptonate de fer laissant 0,154 d'extrait sec empêche la coagulation de 20 centimètres cubes d'un sang de chien formant normalement caillot en une minute ; le sang traité était encore liquide quarante-huit heures après ; *in vivo*, l'action est analogue. La ferrine de Dastre et Floresco, sorte de protéosate ferrique, empêche à très faibles doses la coagulation du sang *in vitro*. Delezenne a montré que le produit de l'action d'une solution de peptone sur le foie, ou peptone hépatique, produit riche en fer, est un anticoagulant remarquable.

Les décalcifiants, oxalates et fluorures alcalins (Arthus et Pagès, 1890), s'opposent à la coagulation du sang par précipitation de la chaux. La chaux semble en effet absolument nécessaire à la fibrine, et cette question de la présence du calcium dans la fibrine est encore à l'étude. (Voir, pour plus de détails, les articles **Coagulation, Fibrine, Sang.**)

On a recherché l'action des sels sur la coagulation de la caséine. Lörcher a montré que tous les sels, même ceux de sodium et de potassium, agissent sur la coagulation de la caséine par la présure. Le potassium a une action plus retardatrice que le sodium, surtout aux fortes doses. Les alcalino-terreux sont accélérateurs. Le poids moléculaire n'exerce pas d'influence bien nette.

De faibles proportions de sels ne s'opposent pas à la digestion peptique en milieu chlorhydrique. Ainsi, du chlorure de sodium à 1,4 ou 2 p. 100, du chlorhydrate d'ammoniaque à cette même dose ne gênent pas la fermentation ; mais un excès de ces substances retarde ou même arrête la digestion (Dastre). A 5 p. 100, il y a déjà ralentissement par le chlorure de sodium ou le chlorhydrate d'ammoniaque ; à 15 p. 100 pour le chlorure de sodium, et à 2 p. 100 pour le chlorhydrate d'ammoniaque, la digestion est tout à fait entravée. Petit a montré que l'acétate et le phosphate de soude, le tartrate de potasse et de soude, le salicylate de soude, le bichlorure de mercure, retardent et empêchent la digestion gastrique.

Il y a donc toute une série d'actions secondaires exercées par les sels sur les actions diastasiques, peut-être même sur les diastases elles-mêmes, quelquefois sur les produits de la fermentation.

Action des alcools. — Les diastases sont légèrement solubles, et d'une façon variable, dans l'alcool. En 1868, Loscu a observé que le liquide provenant de la filtration de la ptyaline par l'alcool agissait encore sur l'amidon. Kjeldahl, en 1879, a montré que, dans une liqueur alcoolique à 9°,3 p. 100, le pouvoir amylolytique existait encore, bien qu'il fût réduit de moitié. La pepsine est aussi soluble dans l'eau alcoolisée à 5 p. 100 que dans l'eau acidulée et dans la glycérine (Petit). Elle n'est pas complètement insoluble dans l'alcool à 95° (Bardet). De Jager a constaté que la ptyaline précipitée par l'alcool absolu laisse un liquide qui jouit encore de propriétés amylolytiques. D'après Danilewski l'amylase pancréatique est soluble dans l'alcool à 40°, insoluble dans l'alcool absolu. La trypsine pancréatique y serait insoluble. D'après Dastre la trypsine est, au contraire, sensiblement soluble dans l'alcool à 44°, et un tel milieu n'empêche pas son action fermentescible. Guignard a indiqué le même fait pour la myrosine, soluble et active encore dans l'alcool à 60°. L'émulsine, au contraire, est paralysée dans une solution alcoolique à 8° (Bouchardat). D'après Dastre, l'action de l'alcool sur les diastases irait en croissant dans l'ordre suivant : ptyaline, pepsine, amylase (pancréatique), trypsine, myrosine, ferment de la gaultérine, de Schneegans et Geroch.

Dastre a poursuivi cette étude sur les ferments digestifs pris à l'état sec. La pepsine est, dans ces conditions, entièrement insoluble dans l'alcool. Les ferments pancréatiques traités par l'alcool à différents degrés ont donné à cet auteur les résultats suivants : la trypsine est soluble et active en milieu alcoolisé. La digestion trypsique peut se faire jusqu'à 15° d'alcool, avec le suc pancréatique du porc ; et jusqu'à 22° pour celui du chien. La trypsine exerce encore son action dans des extraits alcooliques allant jusqu'à 40 p. 100. A partir de ce point, son activité se ralentit, de 40 à 55 p. 100, où il n'y a presque plus de ferment dissous. L'amylase pancréatique est encore soluble jusqu'à 65 p. 100 d'alcool, et la digestion amylolytique peut s'accomplir en milieu alcoolique jusqu'à 20° pour le porc. Les ferments du sang sont extrêmement sensibles à l'action de l'alcool ; il y a insolubilité totale pour le fibrin-ferment, la diastase du sang, la protéase du sang.

On voit donc que l'activité des ferments digestifs diminue beaucoup plus vite que leur solubilité ; l'une cesse complètement de 15 p. 100 (trypsine) à 22 p. 100 (amylase), tandis que l'autre persiste jusqu'à 50 et 65 p. 100.

LINOSSIER a poursuivi l'étude de l'action des alcools éthylique, propylique, butylique et amylique sur la pepsine, la trypsine, la présure, la sucrase. Tous *retardent* l'action du ferment, et cette action grandit en raison directe du poids moléculaire des alcools. En représentant par 100 l'action de la pepsine pure, celle de la pepsine en présence de ces différents alcools (à 2 p. 100) peut être représentée par les nombres suivants.

Pepsine pure	100
Alcool éthylique. . . .	87
— propylique . . .	75
— butylique. . . .	51
— amylique. . . .	10

LINOSSIER, pour étudier cette action, faisait réagir un suc gastrique artificiel additionné de 2 p. 100 d'alcool sur de petits cylindres d'albumine ; la longueur d'albumine dissoute mesurait l'intensité des actions diastasiques.

L'action de la trypsine était étudiée de la même façon : or, dans ces conditions, les longueurs d'albumine dissoute étaient :

	LONGUEURS EN MILLIMÈTRES d'albumine dissoute.	
	Pepsine.	Trypsine.
Sans alcool	8,3	8,2
Alcool éthylique	7,8	7,6
— propylique . . .	7,2	6,8
— butylique	5,9	5,9
— amylique	2,6	5,4

LINOSSIER n'a pas donné de nombres exacts pour l'action de la présure : il a constaté un retard dans la coagulation du lait d'autant plus marqué que le poids moléculaire de l'alcool ajouté était plus considérable.

Enfin l'action inhibitrice des alcools sur la sucrase peut être représentée par les nombres suivants :

	QUANTITÉ DE SUCRE INTERVERTI au bout de 2 heures à 45°.	
	Avec 2 p. 100 d'alcool.	Avec 4 p. 100 d'alcool.
Sucrase pure	2,12	2,70
Alcool méthylique . . .	1,82	1,72
— éthylique	1,75	1,65
— propylique . . .	1,70	0,90
— butylique	1,50	0,75
— amylique	1,75	1,22

Bien que les chiffres trouvés pour l'alcool amylique soient un peu en désaccord avec la théorie, cela ne prouve nullement la fausseté de cette loi ; l'alcool amylique est, en effet, peu soluble dans l'eau, et la proportion dissoute était loin d'atteindre 2 p. 100 dans ces expériences. Les derniers chiffres ne sont donc pas quantitativement comparables aux autres ; ils indiquent seulement pour l'alcool amylique une très grande action inhibitrice.

E. LABORDE, au contraire, a cru voir que la digestion gastrique était activée par l'alcool méthylique (dans une très faible mesure), et par l'alcool isobutylique ; retardée par les alcools éthylique et propylique ; la digestion pancréatique était activée par les alcools méthylique et isobutylique ; retardée par les alcools éthylique et propylique. E. LABORDE a dosé séparément albumose et peptone produites pour 100 d'albumine ; au bout de quatre heures pour la pepsine, et de trois pour la trypsine. (E. LABORDE ne donne pas les chiffres qu'il a obtenus avec les ferments sans addition d'alcool.)

		DIGESTION PEPSIQUE.		DIGESTION PANCRÉATIQUE.	
		Albumose.	Peptone.	Albumose.	Peptone.
Alcool méthylique	à 20 p. 100 . . .	9,90	42,90	6,92	66,05
— —	à 3 — . . .	10,30	43,05	6,49	56,63
— éthylique	à 20 — . . .	9,36	38,60	5,62	31,38
— —	à 5 — . . .	9,84	39,30	7,64	40,06
— isobutylique	à 20 — . . .	13,46	54,34	5,68	46,62
— —	à 5 — . . .	13,30	52	6,80	55,45
— propylique	à 20 — . . .	10,80	45,10	7,02	24,48
— —	à 5 — . . .	10,90	45,80	7,93	29,34

Action des anesthésiques. — Les anesthésiques n'ont, en général, pas d'action sur les ferments solubles.

Müntz s'était attaché à rechercher un moyen de distinguer les fermentations produites par des ferments organisés de celles qui avaient pour origine les ferments solubles. Il avait montré que le chloroforme empêche toute fermentation concomitante avec la vie, et était sans influence sur les fermentations dépendant des diastases. Le lait, l'urine, une solution de sucre de canne en présence de craie et de fromage ne fermentent pas en présence de chloroforme; la chair et la gélatine, l'empois d'amidon ne s'altèrent pas dans ces conditions. La fermentation alcoolique des sucres en présence de levure de bière est arrêtée par du chloroforme.

Les fermentations chimiques ne sont pas entravées par le chloroforme (A. Müntz). L'orge germée, les amandes amères, l'empois d'amidon en contact avec de la salive, la farine de graines de moutarde, le sucre de canne mélangé à la liqueur de levure (invertine) fermentent en présence de l'anesthésique dans des conditions rigoureusement identiques à ce qui se passe en l'absence de tout élément anormal.

Les ferments oxydants conservent leurs propriétés dans les solutions chloroformées pendant plus de trois mois (Bourquelot), dans les solutions glycérinées pendant plus d'une année (Schaer, Bourquelot). Même exposé à la lumière diffuse et dans un vase incomplètement rempli, le ferment du *Lactarius velutinus* ne s'altère pas en solution glycérinée.

Action des antiseptiques. — Les antiseptiques, le *formol* en particulier, retardent la coagulation de la caséine par la présure (Portevin, Freudenreich); même la présure maintenue longtemps au contact du formol devient inactive. Ce même corps a une action particulière sur la sucrase dont l'activité spécifique est amoindrie, puis supprimée (Lœw, Portevin).

Le phénol, au contraire, jusqu'à des solutions concentrées au 1/10e, n'exerce aucune influence sur l'action du ferment inversif du foie. A cette concentration il empêche la transformation du glycogène en glucose probablement en coagulant les matières albuminoïde (Ebstein et Müller).

L'action des antiseptiques ne présente donc aucun caractère général. Elle ne dépend que de la façon dont l'antiseptique agit sur les produits en fermentation. Il semble néanmoins que dans certains cas ils peuvent attaquer et détruire la diastase.

Influence des agents physiques. — **Action de la chaleur.** — L'influence de la température sur les phénomènes diastasiques est aussi considérable que sur les phénomènes de fermentation microbienne. Là encore on retrouve deux périodes :

1° Une zone pendant laquelle l'action diastasique, de nulle qu'elle était à de très basses températures, va en croissant de plus en plus rapidement pour atteindre un maximum : la *température optimum* ;

2° A partir de la température optimum il y a, au contraire, décroissance dans l'activité diastasique jusqu'à une température particulière où le ferment est détruit, et où l'action s'arrête : c'est la *température mortelle*.

La détermination de ces deux points n'est pas très facile; car ils sont non seulement variables d'une diastase à l'autre, mais variables pour des diastases ayant le même effet (toutefois d'origine différente). Même pour une diastase identique, ils varient avec la réaction du milieu, avec la durée de l'échauffement, etc.

En général, cependant, la température optimum varie entre 40° et 50°; la température mortelle, autour de 60°.

L'influence de la température sur la fermentation de l'amidon par la maltase est extrèmement sensible. D'après O. Sullivan, les proportions de maltose et de dextrine obtenues en dix minutes seraient suivant les températures :

	Au-dessous de 63°.	De 64° à 68°.	De 68° à 70°.
	p. 100.	p. 100.	p. 100.
Maltose. . .	67,85	34,54	17,4
Dextrine. . .	32,15	65,46	82,6

Au-dessus, la maltase est détruite; ces résultats sont représentés par les équations suivantes (O. Sullivan) :

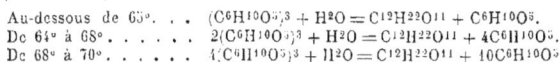

$$\text{Au-dessous de } 65°. \quad (C^6H^{10}O^5)^3 + H^2O = C^{12}H^{22}O^{11} + C^6H^{10}O^5.$$
$$\text{De } 64° \text{ à } 68°. \quad 2(C^6H^{10}O^5)^3 + H^2O = C^{12}H^{22}O^{11} + 4C^6H^{10}O^5.$$
$$\text{De } 68° \text{ à } 70°. \quad 4(C^6H^{10}O^5)^3 + 11^2O = C^{12}H^{22}O^{11} + 10C^6H^{10}O^5$$

C.-O. Sullivan, Brown et Heron, Kjehldahl ont étudié l'action de la chaleur sur l'amylase pour des températures comprises entre 60° et sa température de destruction. Ils ont constaté que l'amylase, une fois portée à une certaine température, ne peut plus produire une quantité de sucre supérieure à celle qu'elle produit aux températures mêmes où elle a été portée, et cela, quelles que soient les conditions de milieu et de température dans lesquelles on la place.

Bourquelot a démontré que la ptyaline salivaire s'affaiblit aussi quand on la porte à une température égale ou supérieure à 57°. Le même auteur a aussi prouvé que l'amylase chauffée ne peut pas pousser la dégradation de la molécule amidon aussi loin que l'amylase non affaiblie. La présence ou l'absence d'oxygène n'influent pas sensiblement sur l'affaiblissement de la diastase.

Brown et Heron d'abord, puis Bourquelot, ont cherché en outre à faire admettre l'existence de plusieurs diastases dans l'amylase de l'orge germée, chacune d'elles étant détruite à des températures de plus en plus élevées. Brown et Morris, enfin, ont démontré que la température à partir de laquelle la diastase commence à s'atténuer, 45° environ, était aussi celle à partir de laquelle le liquide diastasifère commence à se coaguler. Pozerski a étudié l'influence de la température sur l'invertine de la levure de bière. Ce ferment soluble, porté à une température supérieure à 25°, puis mis en présence de 30 c. c. de saccharose à 5 p. 100, à la température de 25°, a donné les résultats suivants :

QUANTITÉ INTERVERTIE	INVERTINE AYANT ÉTÉ PORTÉE A				
AU BOUT DE	25°	35°	42°	50°	56°
	grammes.	grammes.	grammes.	grammes.	grammes.
30 minutes.	0,192	0,270	0,317	0,270	0,186
1 heure.	0,409	0,540	0,675	0,500	0,257
1 h. 30 m.	0,721	1,080	1,800	1,125	0,900
2 heures.	1,000	1,227	1,542	1,459	1,148
2 h. 30 m.	1,928	2,270	2,480	1,384	0,257

L'intensité du ferment est donc augmentée quand on l'a porté à un moment donné pendant quelques instants à des températures variant entre 25° et 40°. La température optimum paraît être voisine de 40°; l'intensité de l'activité diastasique décroît à partir de ce point; la diastase est alors atténuée. Une diastase, soumise pendant quelques instants à des températures croissantes, reçoit d'abord une influence excitatrice, puis une influence inhibitrice. Le même auteur a cherché aussi quelle pouvait être l'action sur l'invertine d'une température de 40° supportée pendant des temps variables, et il a montré que, quelle que soit la durée de la chauffe, l'intensité du ferment reste la même. L'action de la chaleur sur l'invertine est donc instantanée, et n'est pas modifiée par une prolongation de séjour à l'étuve.

De même que sur les ferments hydrolysants et sur les sucres, la température a une influence considérable sur la lipase. L'activité de la lipase présente un optimum vers 30° et cesse entre 65° et 70° (Hanriot et Camus).

Il y a aussi des variations importantes dans la vitesse de coagulation des albuminoïdes avec la température. La température optimum de coagulation du plasma oxalaté après addition de sel de calcium, est, d'après Arthus, de 40° à 50°. A 55° il y a encore coagulation ; à 58°, il n'y a plus coagulation, le fibrinogène étant modifié à cette température.

Enfin, la nature même d'une diastase fait varier dans de grandes proportions la température optimum. Les pepsines sont dans ce cas. Elles ont en effet, suivant leur origine, des variations considérables dans la valeur de leur température optimum :

Pepsine d'animaux à sang chaud.	35,50°	Wittich.
	36°	Mages.
	40°	Hammarsten.
	50°	Petit, etc.
Pepsine d'animaux à sang-froid (brochet).	20°	Hoppe-Seyler.

Les pepsines des vertébrés supérieurs agissent à une température tiède ; leur action est arrêtée par un froid de 0°, et même moindre, où une élévation de température trop élevée. Elles agissent encore néanmoins à 80° (Petit).

Les pepsines des animaux à sang froid ont encore, au contraire, une certaine activité à 0°. Les basses températures semblent d'ailleurs simplement s'opposer à la fermentation elle-même, et ne pas toucher au ferment.

Pozerski, en étudiant l'action de la très basse température produite par l'évaporation de l'air liquide, a constaté qu'il n'y avait aucun changement dans l'activité des ferments solubles qui ont pu être ainsi traités ; c'est-à-dire, la présure, la diastase salivaire, la sucrase, l'amylase, l'inulase, la trypsine et la pepsine.

Action de la lumière. — Downes et Blount ont démontré que les sucrases sont détruites avec une très grande rapidité à la lumière solaire ; mais il faut pour cela l'intervention de l'oxygène ; dans le vide, l'action destructrice. D'autre part, Green a montré que l'action de la lumière (rayons rouges) augmente l'activité diastasique des solutions de salive, ce qui a permis à ce dernier d'admettre une *prodiastase* que la lumière dédoublerait.

Action de l'électricité. — Smirnow a étudié l'action des courants continus sur les toxines, et il a obtenu ainsi une atténuation de l'activité physiologique de ces substances, Kruger est arrivé aux mêmes résultats. D'Arsonval et Charrin ont recherché l'action des forces électriques sur les toxines bactériennes. En faisant agir le courant continu avec électrolyse sur la toxine diphtérique et sur la toxine pyocyanique, ils ont vu que ces deux produits ont leur virulence profondément atténuée.

Si l'on a fait agir sur ces mêmes toxines des courants continus intermittents à haute fréquence, on observe, là aussi, une atténuation, et, dans ce cas, le phénomène a aussi bien lieu au pôle positif qu'au pôle négatif. L'action atténuatrice n'est pas en rapport avec la quantité d'électricité qui traverse les toxines. Les toxines ainsi atténuées par cette méthode deviendraient, d'après ces auteurs, vaccinantes. Deux animaux témoins morts sur trois, pour deux animaux immunisés morts sur quatre, dans le cas de toxine diphtéritique électrolysée par le courant continu ; deux témoins morts sur deux, pour trois immunisés survivants sur trois dans le cas de toxine pyocyanique. D'après Marmier, enfin, les courants continus ou alternatifs de basse fréquence détruisent les toxines bactériennes par la production d'hypochlorites et de chlore au sein de ces toxines, tandis que les courants de haute fréquence ne détermineraient aucun changement.

Dosage des diastases. — Les méthodes de dosage des diastases reposent uniquement sur le fait de la mesure de leur activité ; on détermine quelle est dans l'unité de temps la quantité de matières dédoublées. C'est ainsi que, pour la lipase, Hanriot mesure l'acidité du milieu où se trouvent en contact la monobutyrine et le sérum sanguin. On détermine l'activité d'une pepsine en mesurant quelle est la quantité de matières albuminoïdes peptonisées dans l'unité de temps (Mette, Brücke, Petit, etc.). Il en est de même pour l'activité d'une trypsine. Enfin, pour déterminer l'activité d'une présure, on mesurera quelle est la vitesse avec laquelle il y a coagulation d'une certaine quantité de lait.

Rôle des ferments en pathologie. — Depuis l'époque où DAVAINE montra que la cause du charbon était le bâtonnet que l'on trouvait dans le sang des animaux infectés, le rôle des microbes en pathologie n'a fait que s'étendre. Il est devenu prépondérant, presque unique. En dehors des intoxications, des malformations et des traumatismes, il est peu de maladies qui ne soient microbiennes. Or les microbes n'agissent sans doute que par les ferments solubles qu'ils produisent. Ces diastases sécrétées par les microbes sont voisines des toxines, et aucune notion chimique précise ne peut nous les faire distinguer, puisque nous ignorons à peu près tout sur leur composition.

On a donc pu rapprocher de l'action des diastases l'action de certaines toxines; la toxine tétanique (COURMONT et DOYON), les toxines du venin de vipère (PHISALIX et BERTRAND), etc. Ces toxines, injectées dans le sang, déterminent la formation de substances antitoxiques, et d'immunisines. Le venin de vipère, par exemple, peut être considérablement atténué par la chaleur, mais il provoque encore la formation dans le sang de l'animal auquel il se trouve mélangé de l'antitoxine du venin de vipère complet.

Nous avons là le mécanisme des immunisations contre les venins et les toxines, travaux qui ont été repris par CALMETTE, PHISALIX et BERTRAND, etc., et pour l'étude desquels nous renvoyons aux articles **Immunisation, Sérothérapie, Toxines.**

Bibliographie. — La bibliographie de l'article **Ferments et Fermentations** est tellement vaste qu'on ne peut songer à la donner ici. Nous n'indiquerons donc que les ouvrages généraux, d'autant plus que, pour les détails, on devra se reporter à d'autres articles du Dictionnaire, mentionnés *passim*.

On trouvera des résumés analytiques dans les deux recueils suivants : *Jahresbericht über die Fortschritte in der Lehre von der Gährungsorganismen*, de A. KOCH; et le *Jahresbericht über die Fortschritte in der Lehre von den pathogenen Mikroorganismen, umfassend Pilze und Protozoen*, de BAUMGARTEN et TANGL. Les *Annales de l'Institut Pasteur* d'une part, et d'autre part le *Centralblatt für Bakteriologie, Parasitenkunde und Infections-Krankheiten.* 1ᵉ *Abtheilung : Medizin, Hygien, Bakteriologie und tierische Parasitenkunde.* 2ᵉ *Abtheilung : Allgemeine landwirtschaftliche technologische Bakteriologie, Gärungsphysiologie, Pflanzenpathologie und Pflanzenschutz*, contiennent, outre de nombreuses analyses, des travaux originaux extrêmement importants qu'il faudrait citer en presque totalité.

Voici seulement quelques indications générales.

ARLOING (S.). *Les virus*, 1 vol. in-8°, Paris, F. Alcan, 1891, 380 p. — ARTHUS et HUBER. *Ferments solubles et ferments figurés* (*A. d. P.*, 1892, 651-663). — BÉCHAMP. *Les Microzymas*, 1 vol. in-8°, Paris, J.-B. Baillière, 1883. — BOURQUELOT (S.). *Les Fermentations*, 1 vol. in-8°, Paris, Soc. d'édit. scientif., 1893, 202 p. — BÜCHNER. *Ueber zellenfreie Gährung* (*OEsterr. Chem. Zeit.*, Wien, 1898, 1, 229-232). — CHARRIN (A.). *Les défenses naturelles de l'organisme*, 1 vol. in-8°, Paris, Masson, 1898. — CHAUVEAU (A.). *Étude des ferments et des virus* (*Ass. franç. pour l'avancement des sciences*, 1881, Paris, 1882, x, 11-31). — DUCLAUX (E.). *Ferments et maladies*, 1 vol. in-8°, Paris, Masson, 1882. — DUCLAUX (E.). *Traité de microbiologie*, 4 vol. in-8°, Paris, Masson, 1901. — GAYON. *De la fermentation alcoolique avec le Mucor circinelloïdes* (*A. Chim. et Phys.*, 1878, XIV, 258-288). — GREEN (J. R.). *The soluble ferments and fermentation*, in-8°, Cambridge, 1899. — GRÜTZNER (P.). *Ueber Bildung und Ausscheidung von Fermenten* (*A. g. P.*, 1877, XVI, 105-123; 1879, XX, 395-420). — HILLER (A.). *Die Lehre von der Fäulniss*, 1 vol. in-8°, Hirschwald, 1879. — HOFFMANN (H.). *Ueber das Schicksal einiger Fermente im Organismus* (*A. g. P.*, 1887, XLI, 148-176). — JACOBSON (J.). *Untersuchungen über lösliche Fermente* (*Z. p. C.*, 1891, XVI, 340-369). — JÖRGENSEN. *Die Mikroorganismen der Gärungsindustrie*, in-8°, Berlin, 1886 (trad. franç., in-8°, Paris, 1895). — KAYSER. *Les levures* (*Encyclopédie Léauté*). 1 vol. in-12°, Paris, Masson et Gauthier-Villars, 200 p. — KÜHNE (W.). *Erfahrungen und Bemerkungen über Enzyme und Fermente* (*Unters. a. d. physiol. Institut. d. Univers. Heidelberg*, 1877, 1, 291-324). — LISTER (J.). *A contribution to the germ theory of putrefaction and other fermentative changes and to the natural history of torulæ and bacteria* (*Trans. Roy. Soc. of Edinburgh*, 1875, XXVII). — METCHNIKOFF (E.). *Les poisons cellulaires (cytotoxines)* (*Rev. gén. des sciences*, 1901, XIII, 7-15). — METCHNIKOFF (E.). *L'immunité dans les maladies infectieuses*, 1 vol. in-8°, Paris, Masson, 1901.

— Nägeli. *Ueber die chemische Zuzammensetzung der Hefe* (J. f. pract. Chemie, XVII, 1878, 403-428) — Nasse (O.). *Untersuchungen über die ungeförmten Fermente* (A. g. P., 1875, XI, 138-166). — Pasteur (L.). *Mémoire sur la fermentation alcoolique* (A. Chim. et Phys., 1860, (3), LVIII, tir. à part, Mallet-Bachelier, 106 p.). — Pasteur (L.). *Examen critique d'un écrit posthume de* Claude Bernard *sur la fermentation*, Paris, Gauthier-Villars, 1879, 156 p. — Pasteur (L.). *Mémoire sur la fermentation appelée lactique* (A. C., (3), LII, 1857, tir. à part. Mallet-Bachelier, 15 p., 1857). — Pasteur (L.). *Études sur la maladie des vers à soie*, 2 vol. in-8°, Paris, Gauthier-Villars, 1870. — Pugliese (A.). *Ueber den Einfluss der Erwärmung auf diastatische Fermente* (A. g. P., 1897, LXIX, 115-131). — Roger (G. H.). *Les maladies infectieuses*, 2 vol. in-8°, Paris, Masson, 1902. — Schützenberger (P.). *Les Fermentations*, Paris, Alcan, 1896. — Schwiening. *Ueber fermentative Processe in den Organen* (A. A. P., 1894, CXXXVI, 444-481). — Tammen. *Die Reactionen der ungeförmten Fermente* (Z. p. C., 1891, XVI, 271-328). — Troussart. *Les microbes, les ferments et les moisissures*, 1 vol., Paris, 1886, Alcan. — Woodhead (German Sims). *Bacteria and their products*. 1 vol. in-12°, London, Walter Scott, 1891. — Wroblewski. *Gährung ohne Hefezellen* (C. P., 1898, XII, 697-701; et 1890, XIII, 284-298).

                                                                  AUG. PERRET.

FERRICYANURES. — Voyez Cyanures.

FERROCYANURES. — Voyez Cyanures.

FEUILLES. — Voyez Chlorophylle, III, 639, et Respiration.

FIBRINE. — *Synonymie* (d'après Robin et Verdeil, *Chimie anatomique*, III, 199, 1853) : Fibre du sang (Malpighi). Matière fibreuse du sang (Rouelle, Bucquet). Lymphe coagulante ou coagulable, gluten (Sénac, Hunter). Partie fibreuse du sang, fibrine (Fourcroy). Le mot fibrine se rencontre pour la première fois dans *Extrait des Observations*, etc., par Chaptal, lu à la première classe de l'Institut, le 6 nivôse an V, par Fourcroy (A. Chim., Paris, 1795, XXI, 290). On trouve ensuite le mot fibrine dans : Fourcroy, *Syst. des conn. chim.*, an IX, IX, 157.

Définition. — Substance albuminoïde provenant de la transformation du fibrinogène du sang, de la lymphe, du chyle et des liquides de transsudation, constituant ordinairement des tractus fibreux, incolores, extensibles, élastiques, lévogyres, décomposant l'eau oxygénée en produisant une vive effervescence, insoluble dans l'eau distillée, difficilement attaquée à froid par les solutions salines diluées, passant plus facilement en solution à 40°, en se transformant en une ou plusieurs globulines solubles, fournissant également sous l'influence des ferments digestifs ou de la putréfaction, comme premiers produits de transformation, deux globulines solubles. La fibrine est altérée, coagulée par la chaleur, et ne se dissout plus alors dans les solutions salines ; elle a perdu la propriété de décomposer l'eau oxygénée. Elle est aussi coagulée et dénaturée par l'action de l'alcool, du formol (Benedicenti, A. P., 1897, 219).

Préparation. — On reçoit à l'abattoir le sang de porc (ou d'un autre animal), au moment de la saignée, dans un grand cylindre, et on le bat au moyen d'un balai de baguettes. Les flocons et les filaments de fibrine sont recueillis, lavés et malaxés sous un courant d'eau, jusqu'à ce qu'ils aient perdu leur teinte rosée. On peut les laver à froid avec une solution saline diluée, pour leur enlever la paraglobuline qu'ils pourraient contenir. Ils renferment toujours une assez grande quantité de leucocytes, emprisonnés mécaniquement. On peut laver à l'alcool et à l'éther, pour enlever la lécithine, les graisses, etc., de ces leucocytes.

Pour avoir de la fibrine tout à fait pure, il faudrait prendre du plasma sanguin, débarrassé autant que possible des globules blancs par l'appareil à force centrifuge, ou par filtration, ou, mieux encore, une solution pure de fibrinogène, et la traiter par du ferment de la fibrine, puis recueillir la fibrine, la laver à l'eau, à la solution de chlorure de sodium, à l'éther, etc.

Hammarsten recommande de se servir de sang de cheval. On recueille le sang de cheval dans une quantité de solution saturée de chlorure de sodium, telle que le plasma en contienne environ 4 p. 100. On attend le dépôt des globules rouges ; on recueille le plasma surnageant ; on le débarrasse des leucocytes par filtration, et on le dilue avec de l'eau à + 40° : par le battage de ce mélange, on obtient de la fibrine d'aspect tout à fait normal (HAMMARSTEN, *A. g. P.*, XXX, 439, 1883). C'est avec de la fibrine pure préparée de cette façon, qu'il conviendrait de répéter les expériences de dissolution et de digestion de la fibrine qui ont fourni des résultats si divergents entre les mains de différents physiologistes.

On peut trouver de la fibrine à l'état pathologique dans l'épaisseur des tissus, ou à la surface des muqueuses, des séreuses, etc.

Dosage. — Procédé de HOPPE-SEYLER (*Traité d'Anal. chim. appl. à la Physiologie*, trad., 1877, 434).

30 à 40 centimètres cubes de sang sont reçus directement dans un petit gobelet cylindrique, que l'on recouvre immédiatement d'une chape en caoutchouc, destinée à éviter l'évaporation jusqu'au moment de la pesée. A travers la chape passe une baguette de baleine, au moyen de laquelle on défibrine le sang par le battage. On prolonge le battage pendant au moins dix minutes, puis on pèse tout l'appareil. Le poids du sang se déduit par différence, connaissant le poids de l'appareil vide.

On dilue le sang avec de l'eau, en ayant soin de recueillir tous les flocons de fibrine. On les lave à l'eau jusqu'à décoloration, puis on les porte sur un petit filtre taré ; on lave sur ce filtre, à l'alcool et à l'éther, on dessèche à l'étuve à + 110° pendant plusieurs heures, et l'on pèse entre deux verres de montre après refroidissement dans le dessiccateur.

On a à défalquer du poids trouvé, celui des cendres, que l'on détermine par incinération du filtre et de la fibrine dans un petit creuset.

Procédé de DASTRE (*A. de P.*, 1893, 670).

On reçoit le sang dans un flacon taré contenant une douzaine de baguettes d'ébonite de 2 à 3 centimètres de long et de 5 à 7 millimètres de diamètre ; on bouche et l'on agite fortement pendant une dizaine de minutes. On filtre ensuite le sang sur une étamine très fine et on détache facilement la fibrine fixée aux baguettes d'ébonite. On fait un nouet avec ce linge, et on lave sous un courant d'eau pendant vingt-quatre heures. Le reste comme dans le procédé de HOPPE-SEYLER.

DASTRE insiste sur le fait que la fibrine est partiellement soluble dans le sang qui lui a donné naissance. Si on la laisse en contact avec ce sang, la perte par *fibrinolyse* pourra atteindre 3 à 6 p. 100 (*A. de P.*, 1893, 661).

DASTRE a décrit également (*A. de P.*, 1895, 585) un appareil permettant de préparer et de recueillir la fibrine du sang aseptiquement.

Procédé de HALLIBURTON (*Textbook of chemical Physiology*, 1891, 234) pour l'estimation comparative de la fibrine. Pour estimer comparativement la fibrine contenue dans deux liquides, deux échantillons de fluide péricardique par exemple, la fibrine est recueillie et colorée au moyen de carmin, puis dissoute à 40° dans la même quantité de suc gastrique. Le carmin passe en solution. Le liquide le plus coloré correspond à la plus grande quantité de fibrine. La proportion relative de fibrine des deux liquides s'obtient en cherchant combien il faut ajouter d'eau au plus coloré des deux pour qu'il ait la même teinte que l'autre.

Résultats des dosages de fibrine. — On a publié dans la première moitié du XIXe siècle un grand nombre de dosages de fibrine : malheureusement beaucoup de ces dosages n'ont pas été exécutés d'après des méthodes suffisamment exactes.

On trouvera dans le *Traité de Chimie anatomique* de ROBIN et VERDEIL (III, 200 et suiv., 1853), un grand nombre de chiffres de dosages de fibrine, empruntés aux travaux de MARCHAND et COLBERG (*Arch. Müller*, 1838, 129); NASSE (art. *Chylus* dans *Handw. der Physiol.* de R. WAGNER, 1842, I. 43 et 234); POGGIALE et MARCHEIL (*A. C.*); de MILLON et REISET (1849, 564); CLÉMENT (*C. R.* 1851, XXXI, 289); FUNKE (*De sanguine venae lienalis*, 1851; LEHMANN (*Journ. f. prakt. Chemie*, 1851, 111, 205); POGGIALE (*C.R.* 1847, XXV, 198); ANDRAL et GAVARRET (*C.R.* 1840, II, 196, 1842; XIV, 605 et 617, 1844; XIX, 1045); BECQUEREL et RODIER, etc.

Le sang veineux de l'homme ou de la femme contient en moyenne 2,20 à 2,30 p. 1000 de fibrine (ANDRAL, BECQUEREL et RODIER). Les chiffres extrêmes seraient 1,90 à 2,80 p. 1000. Il y aurait un peu plus de fibrine dans le sang artériel que dans le sang veineux ; celui de la veine porte serait pauvre en fibrine ; celui des veines sus-hépatiques en contiendrait fort peu. D'après LEHMANN, il n'en contiendrait pas du tout, ou seulement des traces. Il en serait de même du sang de la veine rénale, d'après CL. BERNARD.

PAULESCO (*Arch. de Physiol.*, 1897, IX, 21) a constaté que la diminution de la coagulabilité du sang des veines sus-hépatiques, signalée par LEHMANN, ne se montrait que pendant la digestion, et qu'elle ne correspondait pas à une diminution dans le taux des globulines du sang.

La quantité de fibrine serait la même dans les deux sexes; mais pendant la grossesse elle s'élèverait jusqu'à 3,50 (BECQUEREL et RODIER). C'est surtout dans les trois derniers mois que la quantité va en augmentant, d'après ANDRAL et GAVARRET. La fibrine apparaît vers le quinzième jour de la vie intra-utérine chez les fœtus des grands mammifères.

Le sang des nouveau-nés contient moins de fibrine que celui des adultes. La quantité subit particulièrement une augmentation vers l'âge de la puberté. Dans le sang du cordon placentaire, POGGIALE a trouvé 1,90 p. 1000.

Il y aurait plus de fibrine chez l'homme à jeun que chez celui qui se trouve dans les conditions normales d'alimentation ; plus de fibrine aussi pendant la diète animale que durant le régime végétal, etc. Cependant il y a généralement plus de fibrine dans le sang des herbivores (3 à 5 p. 1000) que dans celui des carnivores (2 p. 1000).

Chez l'homme, la quantité de fibrine n'est nullement en rapport avec la vigueur de la constitution. La quantité peut augmenter notablement (5, 6 et 7 p. 1000) dans les maladies inflammatoires aiguës : rhumatisme articulaire aigu, pneumonie, pleurésie, péritonite, érisypèle, etc.

Dans la lymphe et le chyle de l'homme, il y aurait 3 à 4 p. 1000 de fibrine.

On trouvera également, dans le *Traité* de ROBIN et VERDEIL (III, 212), des indications nombreuses sur la rapidité variable avec laquelle le sang se coagule dans diverses circonstances et chez divers animaux.

Solubilité de la fibrine dans les solutions salines. — Un grand nombre d'expérimentateurs ont étudié l'action des solutions salines sur la fibrine. Malheureusement ces recherches ont toutes, ou presque toutes, été faites avec la fibrine impure ordinaire, chargée de leucocytes et de plaquettes. Les résultats sont peu concordants. Il serait intéressant de reprendre ces recherches avec de la fibrine pure, préparée d'après le procédé de HAMMARSTEN.

De HAEN (cité par FERMI) avait constaté la solubilité de la fibrine dans les solutions de salpêtre.

SCHEIDEMANTEL (cité par FERMI) la vit se dissoudre dans le sulfate de sodium ; ARNOLD (cité par FERMI) obtint le même résultat en employant le chlorhydrate d'ammoniaque.

SCHERER (*A. Chim. et Phys.*, XL, 18, cité par FERMI) observa que la fibrine du sang veineux est soluble dans le nitrate de potassium, que la fibrine artérielle est insoluble. Il admit aussi que la fibrine du sang de bœuf est très difficilement soluble.

G. ZIMMERMANN (*Arch. f. physiol. Heilkunde,* V, 349, 1846, et VI, 53, 1847) essaya la dissolution de la fibrine dans une solution de salpêtre à 6 p. 100, et constata que celle du bœuf et du veau est insoluble dans ce liquide, que la fibrine artérielle du cheval est moins soluble que la fibrine veineuse, que la solution s'obtient difficilement avec de la fibrine artérielle de l'homme, etc. Il constata aussi que la dissolution de fibrine a les mêmes propriétés que celle d'albumine.

CL. FERMI (*Z. B.*, 1891, X, 229) arriva à des conclusions analogues.

DENIS (*Essai sur l'Application de la Chimie à l'Étude de la Physiologie du Sang.* Paris, 1838-1856-1859 et *Mémoire sur le Sang*) distingua trois variétés de fibrine provenant du sang de l'homme : 1° *la fibrine concrète modifiée* ou fibrine ordinaire du sang artériel de l'homme, insoluble dans les solutions salines; 2° *la fibrine concrète pure* ou fibrine du sang veineux de l'homme, intégralement soluble dans les solutions de chlorure de sodium ; 3° *la fibrine concrète globuline*, qui, dans la solution de chlorure de sodium à 10 p. 100, gonfle et forme une masse visqueuse. OLOF HAMMARSTEN (*A. g. P.*, XXX, 437, 1883) a constaté des différences analogues. D'après lui, la fibrine concrète globuline doit ses propriétés à ce qu'elle est mélangée d'une très grande quantité de leucocytes.

OLOF HAMMARSTEN (*Nova Acta Regiæ Soc. scien. Upsal.*, sér. III., vol. X, 1, 1876) admi que la fibrine peut, dans certains cas, rester dissoute au moment de sa formation, grâce à sa solubilité dans les solutions salines. Si l'on ajoute, dit-il, à une solution pure de fibrinogène suffisamment de NaCl, pour que la coagulation spontanée ne se produise pas, et si l'on attend deux ou trois jours, on obtiendra, par addition d'un égal volume d'une solution saturée de NaCl, un précipité formé de gros flocons, qui, au contact de l'air ou de l'eau, se transforment facilement en fibrine. L'expérience est encore plus démonstrative, si, au bout des deux jours, on mélange la solution de fibrine avec un grand volume d'eau : il se précipite un corps albuminoïde qui a tous les caractères de la fibrine. La substance qui était en dissolution a tous les caractères de la fibrine soluble de Denis, Heynsius, Van der Horst et Eichwald.

Plósz (*A. g., P.* vii, 382, 1873; ix, 442, 1874. Voir aussi Kistiakowsky) constata que la fibrine digérée à 30° à 40° avec des solutions salines se dissout en grande partie et assez rapidement, tandis qu'à froid l'extraction de la fibrine par de grandes quantités toujours renouvelées de solutions salines lui enlève de la paraglobuline, mais ne dissout pas la fibrine. Plósz en avait conclu que la fibrine contient une substance (un ferment par exemple) qui la dissout, et que les lavages au moyen de la solution saline éloignent. Son action dissolvante ne s'exerce que si on laisse la fibrine au contact d'une seule et même portion de solution saline. Hammarsten (*A. g. P.*, xxx, 451, 1883) et Hermann confirmèrent le fait, mais en tentèrent d'autres explications.

A. Gautier (*C. R.*, 1874, 227) décrivit la dissolution de la fibrine dans la solution de chlorure de sodium à 10 p. 100. La solution ainsi obtenue offre les réactions des albuminoïdes ; elle est précipitée par $MgSO^4$ et par l'acide acétique dilué, se coagule par les acides minéraux, par la chaleur, etc.

La solution dialysée et évaporée dans le vide fournit un résidu dont la solution se coagule par la chaleur à + 61°, et qui, additionnée d'acides minéraux, se précipite par le sublimé corrosif.

R. Deutschmann (*A. g. P.*, xi, 509, 1875) trouva qu'il faut une demi-heure pour dissoudre la fibrine du rat dans une solution de soude à 5. p. 1000, trois quarts d'heure à une heure pour celle du cochon d'Inde, du poulet, du mouton, du canard, du pigeon et de l'oie, et plusieurs heures pour celles du chien, du chat, du porc et de l'homme.

Robin et Verdeil (*Chimie anat.*, 1853, iii, 235), Wurtz et Hoppe-Seyler (*Z. p. C.*, 417), ainsi que Salkowski (*Z. B.*, 1889, xxv, 92), attribuaient la dissolution de la fibrine dans les solutions salines à la putréfaction.

Hoppe-Seyler reconnut dans ces solutions la présence d'une globuline se coagulant à une température supérieure à + 60°, précipitable par la saturation au moyen de NaCl, ou par la dilution au moyen d'eau distillée.

Dastre (*A. d. P.*, 1894, 919) démontra, au contraire, la dissolution de la fibrine dans les solutions salines en prenant toutes les précautions pour exclure les germes de putréfaction, ainsi que l'action dissolvante des ferments digestifs.

Halliburton (*J. P*, vii, 1887, 150, et *Textbook of chem. Physiology*, 1891, 232) montra que la température de coagulation de la globuline obtenue par dissolution de la fibrine varie considérablement, suivant la nature et le degré de concentration de la solution saline employée : coagulation à 60°-63° pour la solution dans le chlorure de sodium à 10 p. 100; coagulation à 75° pour la solution dans le sulfate de magnésium à 5 p. 100. La solution de fibrine dans le chlorure de sodium ou dans le sulfate de magnésium, privée de sels par dialyse, puis additionnée d'un peu de sel pour redissoudre la globuline qui commence à se précipiter, fournit un liquide qui se coagule par la chaleur entre 73° et 75°.

Green (*J. P.*, viii, 1887) montra que la fibrine de mouton ou de bœuf est soluble dans une solution de chlorure de sodium à 5 ou 10 p. 100, en dehors de tout phénomène de putréfaction (exclue par la basse température, voisine de 0°, et par la concentration des solutions employées). Il faut un temps fort long, une trentaine de jours, et un renouvellement journalier du dissolvant, pour obtenir la dissolution complète. La fibrine se dissout aussi, quoique plus lentement, dans la solution de NaCl à 0,6 p. 100; elle est également soluble dans une solution saturée de sulfate de calcium.

La solution de fibrine dans le chlorure de sodium contient deux globulines; l'une est soluble dans les solutions diluées (1 p. 100) de chlorure de sodium, et se coagule par la chaleur à + 56°, ne se précipite pas par les acides faibles, est précipitée par le ferrocyanure de potassium en présence d'une goutte d'acide acétique dilué et se transforme facilement en syntonine et albuminate alcalin. L'autre globuline est peu soluble dans la solution de NaCl à 1 p. 100, se coagule vers 59° à 60°, est précipitée par moins de 0,4, p. 100 de HCl, se précipite par le ferro-cyanure de potassium à condition que la réaction soit fortement acide, se transforme facilement en albuminate alcalin, mais non en syntonine.

Ces globulines sont intégralement précipitées par MgSO⁴, incomplètement par NaCl. Le ferment de la fibrine ne transforme pas ces globulines en fibrine.

LIMBOURG (Z. p. C., XIII, 1889, 450) admet comme GREEN que les produits de la dissolution de la fibrine dans les solutions salines constituent un mélange de deux globulines; l'une se coagulant vers 55°, l'autre entre 70° et 75°.

ARTHUS (A. de P., 1893, 392) constate que la fibrine se dissout lentement de 10° à 15°, rapidement et abondamment à 40° dans le fluorure de sodium en solution aqueuse à 1 p. 100. Cette solution a une action antiseptique marquée, ce qui exclut toute intervention de phénomènes de putréfaction.

ARTHUS a constaté également que les solutions de fibrine, chauffées graduellement, fournissent un premier coagulum (le plus abondant) vers 55°; puis un second entre 70° et 75°. Il admet que la fibrine se dissout comme telle dans les solutions salines, et qu'elle se dédouble à 55° en une globuline qui se précipite, et en une seconde globuline qui se coagule à une température plus élevée (70° à 75°). Le phénomène serait comparable au dédoublement par la chaleur du fibrinogène admis par HAMMARSTEN. La solution de fibrine contient en outre des peptones et des propeptones.

On sait depuis longtemps que l'ébullition rend la fibrine opaque, cassante, difficile à attaquer par les sucs digestifs, insoluble dans les solutions salines diluées, et incapable de décomposer l'eau oxygénée. D'après ARTHUS, cette coagulation par la chaleur de la fibrine se fait en deux stades. Chauffée à 50°, la fibrine se dédoublerait en deux substances : l'une coagulée, devenue insoluble dans le fluorure de sodium à 1 p. 100; l'autre, qui conserverait sa solubilité dans les solutions salines. Chauffée à 75°, la fibrine serait définitivement coagulée, et deviendrait totalement insoluble dans le fluorure de sodium.

ARTHUS range la fibrine dans le groupe des globulines, parce que, dit-il, la dissolution de la fibrine dans les solutions salines a toutes les propriétés des globulines. On peut lui objecter que le liquide que l'on obtient par macération de la fibrine dans une solution saline ne peut être assimilé à une vraie dissolution : cette prétendue dissolution est incapable de régénérer la fibrine dont on était parti. Les globulines qui s'y trouvent en solution ont dans les solutions salines une solubilité très différente de celle de la fibrine.

DASTRE (A. d. P., 1894, 919; C. P., 1894, VIII, 819; C. R., 1895, CX, 589; A. d. P., 1894, 464 et 918) considère au contraire le phénomène de la dissolution graduelle de la fibrine dans les solutions salines, comme amenant une altération progressive de la substance, très voisine de celle que produit l'action des ferments digestifs. Il appelle l'attention sur l'identité des produits de *digestion de la fibrine dans les solutions salines* et de ceux de la *digestion proprement dite* de cette substance.

DASTRE a constaté également que la fibrine se dissout à la longue dans les solutions diluées des sels neutres (de sodium, d'ammonium, etc.) à un degré de concentration analogue à celui que ces sels présentent dans les liquides de l'organisme. On retrouve dans la dissolution une globuline se coagulant vers 55° (*α-fibroglobuline*), une globuline se coagulant à + 75° (*β-fibroglobuline*), des protéoses et des traces de peptone.

D'après RULOT (Recherches inédites qui paraîtront dans les *Mémoires de l'Académie R. de Belgique*), la dissolution de la fibrine dans les solutions salines serait un phénomène de digestion enzymatique (comparable à la digestion chloroformique de DENYS). Les ferments peptonisants proviendraient de la désagrégation des globules blancs emprisonnés dans le caillot de fibrine. La dissolution ne s'obtiendrait plus si l'on opère sur de la fibrine pure, exempte de leucocytes.

La fibrine, bouillie avec une solution, même très étendue, de choline (1 à 2 p. 100), se gonfle fortement et finit par se dissoudre; la solution peut être filtrée. Elle se précipite de cette solution par l'addition d'une quantité considérable de chlorure de sodium et par les acides; mais un excès d'acide redissout le précipité (*Bull. Soc. chim.*, de Paris, 1875, II, 227).

HAMMARSTEN attribue la dissolution de la fibrine en partie à l'action de la choline, ou neurine, qui provient de la désagrégation des leucocytes.

La fibrine se dissout également dans les solutions d'urée (Ph. Limbourg, Z. p. C., 1889, xiii, 450).

Action des sucs digestifs sur la fibrine. — Schwann, Brücke et Meissner avaient noté que la dissolution de la fibrine crue dans le suc gastrique fournit un liquide qui, après séparation du précipité de neutralisation, donne à l'ébullition des flocons abondants d'une substance albuminoïde coagulée.

Otto (Z. p. C., viii, 129, 1884) constata que la dissolution de la fibrine dans le suc pancréatique en présence d'éther (pour exclure la putréfaction) donne naissance à de la globuline, outre de la propeptone, de la peptone et de l'antipeptone. Cette globuline présente les mêmes caractères de solubilité et de coagulabilité par la chaleur que la paraglobuline. Son pouvoir rotatoire spécifique, — 48°,1, se rapproche de celui de la paraglobuline (— 47°,8, d'après L. Fredericq).

K. Hasebroek (Z. p. C., xi, 348, 1887) reprit ces expériences en se servant de fibrine fraiche lavée au préalable avec une solution de chlorure ammonique à 12 p. 100 (afin d'enlever la globuline qui aurait pu adhérer à la fibrine). Il constata que l'action du suc gastrique, aussi bien que celle du suc pancréatique, provoquait comme premier stade de la digestion, la formation, aux dépens de la fibrine, de deux globulines, dont les points de coagulation respectifs (+ 32° à 54° et + 72° à 75°) correspondaient à ceux du fibrinogène et de la paraglobuline. Cependant les globulines en question ne peuvent régénérer la fibrine quand on les soumet à l'action du ferment de la fibrine. La fibrine cuite ne donne pas les mêmes produits.

Les stades ultérieurs de la digestion gastrique de la fibrine sont : syntonine ou albumine acide, propeptone ou albumose, et peptone (J. Mühlenfeld, A. g. P., v, 381, 1872).

Herrmann (Z. p. C., xi, 508, 1887) est arrivé, indépendamment de Hasebroek, au même résultat en ce qui concerne l'action de la trypsine. Il cherche en outre à identifier les deux globulines au moyen de leur pouvoir rotatoire spécifique.

Neumeister (Z. B., xxiii, 339, 1887) avait admis que la globuline qui se trouve dans les produits de la digestion pancréatique provient uniquement de la dissolution ordinaire dans la solution saline de la globuline adhérant mécaniquement à la fibrine.

M. Arthus et A. Huber (A. d. P., 1893, 454) admettent que les globulines retrouvées dans les produits de digestion de la fibrine proviennent d'une simple dissolution physique de la fibrine dans les solutions de protéose ou propeptone et non d'une action des ferments digestifs.

Nous avons vu que Dastre identifie la dissolution de la fibrine dans les solutions salines à l'action des sucs digestifs.

Hammarsten a montré que le résidu de la fibrine insoluble dans le suc gastrique, et connu sous le nom de dyspeptone, ne lui appartient pas en propre, mais provient des leucocytes emprisonnés dans la trame fibrineuse. Si l'on prépare de la fibrine pure au moyen de plasma filtré, la dissolution dans le suc gastrique se fait intégralement, sans résidu insoluble.

D'après Denys (C. P., 1889, iii, 320, aussi dans la Cellule, V et VI, 1889), l'eau chloroformée ou additionnée d'alcool ou de phénol, agirait comme les sucs digestifs, pour dissoudre et transformer la fibrine du sang. Denys admet qu'il se forme, dans ce cas, sous l'influence du chloroforme, de l'alcool ou du phénol, un ferment analogue aux ferments digestifs. Les acides empêchent son action.

Ajoutons que la plupart des expériences classiques sur la digestion des matières albuminoïdes par le suc gastrique et par le suc pancréatique ont été exécutées au moyen de fibrine (impure). Les albumoses, étudiées par Kühne, Hofmeister, Pick, etc., sont des fibrinoses. De même la peptone de Witte est un produit de digestion obtenue au moyen de fibrine.

La digestion de la fibrine fournirait, d'après Salkowski et Reach (A. A. P., 1899, clviii, 288), au moins 3,8 p. 100 de tyrosine.

Solubilité dans l'acide chlorhydrique. — C. Fermi (Z. B., xxviii, 1891, 229) a constaté que la fibrine de porc se dissout en quelques heures dans l'acide chlorhydrique pur à 5 p. 1000. La dissolution n'est guère plus rapide dans du suc gastrique artificiel (pepsine et HCl 5 p. 1000). La fibrine de bœuf demande plusieurs jours pour se dissoudre dans l'acide chlorhydrique à 5 p. 1000.

La fibrine dissoute est une substance albuminoïde qui se précipite par neutralisation.

La fibrine du mouton et celle du cheval se classent entre celle du bœuf et celle du porc, au point de vue de la rapidité de leur dissolution.

La fibrine cuite est peu attaquée. La dissolution dans l'acide chlorhydrique dilué ne peut être attribuée à l'action de petites quantités de pepsine qui seraient restées adhérentes à la fibrine, car le séjour de la fibrine dans une solution de soude à 10 p. 100, prolongé pendant dix heures, ne lui enlève pas sa solubilité dans HCl, tandis que la pepsine ne peut résister à ce traitement.

Action de l'eau oxygénée sur la fibrine. — THÉNARD (*Traité de Chimie élémentaire,* I, 528, 6e éd., 1834) a montré que la fibrine décompose l'eau oxygénée en H^2O et O, en produisant une vive effervescence due au dégagement de l'oxygène. Une température de $+ 70°$ supprime cette propriété.

D'après BÉCHAMP, le résidu insoluble du traitement de la fibrine par l'acide chlorhydrique jouirait de la même propriété, mais la perdrait par l'ébullition (*C. R.*, XCIV, 1276-1281). Ce résidu insoluble est formé en partie de *Microzymas*, auxquels la fibrine devrait de décomposer l'eau oxygénée (*C. R.*, LXIX, 713 et *C. R.*, XCIV, 1653).

THÉNARD croyait que la fibrine ne subit aucun changement par son contact avec l'eau oxygénée. BÉCHAMP a vu que 30 grammes de fibrine, après avoir épuisé leur action sur l'eau oxygénée, avaient cédé au liquide $0^{gr},16$ de substance organique : la fibrine avait perdu la propriété de fluidifier l'amidon et de décomposer H^2O^2 (*C. R.*, XCIV, 925).

P. BERT et REGNARD (*B. B.*, 1882, 738) constatent que la fibrine, rendue inactive par son contact avec l'eau oxygénée, recouvre par des lavages à l'eau la propriété de décomposer l'eau oxygénée. On peut répéter l'expérience plusieurs fois avec le même échantillon, mais finalement il perd son activité.

Si l'on mélange de la fibrine et de l'eau oxygénée, la décomposition s'arrête alors qu'il reste encore de l'eau oxygénée dans le liquide. Dans ce cas, la décomposition de l'eau oxygénée reprend dès que l'on ajoute de nouvelles quantités de fibrine.

La biréfringence de la fibrine disparaît par l'ébullition (HERMANN).

Les filaments de fibrine conserveraient leur biréfringence après l'ébullition dans l'eau, à condition d'être bouillies à l'état d'extension. — O. NASSE. *Zur Anat. u. Phys. der querg. Muskelsubst.*, Leipzig, 1882. Vogel. (*Biol. Centralbl.*, 1882, 2, n° 10).

DASTRE (*A. P.*, 1893, 791) a constaté également la biréfringence de la fibrine.

Composition centésimale de la fibrine. — Le tableau suivant donne en partie, d'après SCHMIEDEBERG (*A. P.*, 1897, XXXIX, 1), la composition de la fibrine d'après les analyses les plus dignes de confiance.

PROVENANCE.	AUTEURS.	C	H	Az	S	FORMULES CALCULÉES PAR SCHMIEDEBERG.
Fibrine du plasma. .	HAMMARSTEN (*A. g. P.*, XXII, 481, 1880).	52,68	6,82	16,91	1,10	$C^{108}H^{162}Az^{30}SO^{34}$.
Fibrinogène coagulé par la chaleur. . .	HAMMARSTEN (*A. g. P.*, XXII, 493, 1880).	52,46	6,83	16,93	1,24	$C^{108}H^{162}Az^{30}SO^{34} + H^2O$.
Fibrine du sang de divers mammifères.	DUMAS et CABOURS (*A. C. P.*, (3), 1842, IV, 385).	52,68	6,98	16,63	1,32	$C^{111}H^{168}Az^{30}SO^{35} + \frac{1}{2} H^2O$.
Fibrine de bœuf (soufre).	RÜHLING (*A. C. P.*, 1846, LVIII, 301). .					
Fibrine de sang de bœuf.	KISTIAKOWSKY (*A. g. P.*, 1874, IX, 442).	52,32	7,07	16,23	1,35	$C^{111}H^{168}Az^{30}SO^{35} + 1\frac{1}{2}H^2O$.
Fibrine de sang de bœuf.	MALY (*A. g. P.*, 1874, 586 et 588). .	52,67	6,98	17,21		$C^{108}H^{162}Az^{30}SO^{34}$.

La fibrine laisse à la calcination un minime résidu de cendres, dans lesquelles VIRCHOW, BRÜCKE et d'autres ont signalé la présence constante de composés de calcium. ARTHUS considérait le calcium comme faisant partie intégrante de la molécule de la fibrine, et avait même admis que le calcium pouvait être remplacé par le strontium. HAMMARSTEN a montré qu'il s'agissait d'impuretés étrangères à la molécule de fibrine.

Un grand nombre d'autres analyses de fibrine ont été faites avec des produits insuffisamment purifiés, notamment par Mulder (1838), Scherer (1841), Schlossberger (1846).

Schmiedeberg admet pour la paraglobuline la formule $C^{117}H^{182}Az^{30}SO^{35}$. Il constate que la formule de la *fibrine du plasma* est peu différente de celle de la *fibrine du sang*. Cette dernière substance a une composition intermédiaire entre celle de la *fibrine du plasma* (*fibrinogène pur coagulé*) et celle de la *paraglobuline*, ce qui correspondrait à l'ancienne théorie de Schmidt, d'après laquelle la fibrine se formerait par l'union du *fibrinogène* et de la *globuline* (*loc. cit.*, 14).

$$2\,(C^{108}H^{162}Az^{30}SO^{34}) + C^{117}H^{182}Az^{30}SO^{38} + 1/2H^2O = {}^3(C^{111}H^{168}Az^{40}SO^{35} + 1/2H^2O)$$
Fibrine du plasma.   Paraglobuline.   Fibrine du sang de Dumas et Cahours.

Hammarsten (*Z. p. C.*, 1899, xxviii, 98) admet à présent que lors de la coagulation par le ferment de la fibrine, le fibrinogène se transforme intégralement en fibrine, mais qu'une partie de cette fibrine reste en solution. Cette partie qui reste en solution, et qui se coagule par la chaleur à + 64°, représente l'ancienne globuline de fibrine du même auteur.

FERMENT DE LA FIBRINE. — THROMBINE DE SCHMIDT. THROMBASE DE DASTRE

En 1836, A. Buchanan découvrit que le liquide de l'hydrocèle, qui ne se coagule pas spontanément, peut fournir un abondant dépôt de fibrine si on l'additionne soit de sang, soit des filaments fibrineux provenant du lavage à l'eau d'un caillot sanguin. Il admit que la coagulation s'opère alors par solidification d'une substance albuminoïde primitivement dissoute, sous l'influence d'une seconde substance fournie par le caillot de fibrine. Il montra que cette seconde substance émane des globules blancs, et compara son action à celle de la *présure* dans la caséification du lait (1845). Le caillot pouvait être conservé sous l'alcool sans perdre son activité. Buchanan trouva que différents tissus de l'économie jouissent également de la propriété de provoquer la coagulation. Ces travaux de Buchanan avaient été peu remarqués et étaient oubliés, lorsque Alex. Schmidt annonça la découverte du ferment de la fibrine (1871). A. Schmidt reconnut que la transformation du fibrinogène en fibrine est un phénomène de fermentation, et que le ferment qui provoque la coagulation du sang dérive des globules blancs. La plupart des auteurs qui se sont occupés de cette question, ont admis avec Schmidt que le ferment dérive des éléments figurés du sang autres que les globules rouges (leucocytes ou plaquettes). Mais un grand nombre font jouer un rôle important ou même exclusif aux plaquettes. Nous renvoyons pour la discussion de cette question aux articles **Coagulation, Leucocyte, Sang.**

Préparation. — *Procédé d'*A. Schmidt (1871). Le sérum de sang de bœuf, par exemple, est mélangé avec quinze à vingt fois son volume d'alcool; le précipité qui se forme comprend le ferment et les albuminoïdes du sérum; on le conserve sous l'alcool pendant plusieurs mois, ce qui permet la coagulation des albuminoïdes. Le précipité est recueilli, lavé à l'alcool absolu, desséché au dessiccateur à l'acide sulfurique, et pulvérisé. En traitant cette poudre par l'eau, on obtient une solution fort active de ferment, qui provoque la coagulation du liquide péricardique et de tous les liquides qui contiennent du fibrinogène.

Procédé de Gamgee (*J. P.*, 1879-80, ii, 149). On mélange le sang de la saignée avec huit à dix volumes d'eau, en ayant soin de brasser le mélange pendant une dizaines de minutes. La coagulation s'effectue fort lentement. Le coagulum gélatineux qui se sépare après plusieurs heures est reçu dans un linge de toile, et exprimé et lavé sous un courant d'eau. Au bout de peu de minutes, on recueille une masse fibreuse correspondant à ce que Buchanan a appelé le *caillot lavé* (*washed blood clot*). Ce *caillot lavé* traité directement, ou après dessiccation à l'exsiccateur, par une solution de chlorure de sodium (8 p. 100), fournit une solution qui provoque la coagulation.

Procédé de S. Lea et J. R. Green (1884). De la fibrine ordinaire obtenue en battant le sang dilué est traitée par la solution de chlorure de sodium à 8 p. 100, et fournit une solution aussi active que celle de Gamgee.

Procédé de Hammarsten (*A. g. P.*, xviii, 89, 1878). On sature le sérum de bœuf par MgSO⁴ pour précipiter les globulines, on dilue le filtrat avec de l'eau, et on ajoute, tout en remuant, une lessive de soude très diluée, jusqu'à ce qu'on obtienne un précipité floconneux assez abondant de MgO^2H^2. Ce précipité est lavé, puis dissous dans de l'acide acétique, jusqu'à réaction neutre, et purifié de sels par dialyse. La solution est riche en ferment ne contenant pas de globuline.

Pour obtenir un ferment très pauvre en chaux (0,0004 à 0,0007 p. 1000 CaO), HAMMARSTEN recommande de traiter au préalable le sérum par un oxalate avant de le coaguler par l'alcool.

Procédé de PEKELHARING (1891-95). On précipite par l'acide acétique la solution de ferment de HAMMARSTEN, ou mieux on dialyse le plasma saturé de $MgSO^4$ et privé de globulines, puis on précipite par l'acide acétique. On peut aussi s'adresser directement au sérum, le diluer avec de l'eau et ajouter une petite quantité d'acide acétique de manière à redissoudre la plus grande partie de la paraglobuline qui avait été précipitée. On purifie le ferment en le dissolvant dans de l'eau alcalinisée et en le précipitant par l'acide acétique dilué. On répète plusieurs fois de suite la dissolution et la précipitation.

Propriétés et nature du ferment. — A. SCHMIDT avait constaté que le ferment de la fibrine présente les propriétés générales communes à tous les ferments solubles, notamment qu'il perd son activité quand on le chauffe à l'ébullition en solution aqueuse, tandis qu'à sec il supporte la température de $+ 100°$. A. GAMGEE trouva qu'une température de 56° à 58° suffit déjà pour l'altérer quand il est humide. Il constata aussi que la solution de ferment contient une globuline et perd son activité par toutes les circonstances qui précipitent ou altèrent cette globuline : dialyse, saturation par $MgSO^4$. SCHMIDT avait observé une diminution d'activité du ferment de la fibrine par dialyse, tandis que HAMMARSTEN n'avait pas constaté d'affaiblissement du ferment dans les mêmes circonstances.

S. LEA et R. J. GREEN (1884) fixèrent avec SCHMIDT la température à laquelle le ferment perd son activité aux environs de $+ 70°$. Dans un premier travail, W. D. HALLIBURTON (1898) admit que le ferment de la fibrine est une globuline, identique avec la substance appelée par lui *globuline cellulaire* des cellules lymphatiques. Il constata que les protéides (globulines) extraites des cellules lymphatiques possèdent à un degré marqué la propriété d'agir comme ferment de la fibrine dans les solutions de fibrinogène. Ultérieurement, il se rallia aux vues de PEKELHARING, et admit avec ce dernier que le ferment de la fibrine est une nucléo-protéide (1895).

PEKELHARING (1892) formule de la façon suivante le résultat de ses expériences sur le ferment de la fibrine et son mode d'action :

« Le ferment qui transforme le fibrinogène du plasma sanguin en fibrine se forme par la combinaison d'une nucléo-protéide (prothrombine de SCHMIDT) fournie par la mort des éléments organisés incolores du sang, avec la chaux (ou le calcium) qui se trouve en dissolution dans le plasma sanguin.

« Des nucléo-protéides d'autre origine, provenant des cellules du thymus, du testicule, de la glande mammaire (caséine), sont également capables de se combiner à la chaux et de fonctionner comme ferment de la fibrine.

« Après avoir cédé au fibrinogène la chaux nécessaire à la formation de la fibrine, le ferment peut se régénérer, s'il y a dans la solution des sels de chaux disponibles, auxquels la nucléo-protéide peut enlever de la chaux. Mais cette régénération est limitée, attendu que la nucléo-protéide dissoute se décompose facilement.

« Le ferment devient inactif par la chaleur, à la température à laquelle la nucléo-albumine se coagule. Cette température de coagulation est de $+ 65°$ environ pour la nucléo-albumine des leucocytes, mais elle est influencée par la durée plus ou moins prolongée de l'échauffement, et par la présence de substances étrangères, notamment de sels. La température de coagulation des nucléo-protéides des tissus et de la caséine paraît plus élevée.

« En dehors de l'organisme, les différentes nucléo-protéides se décomposent facilement, particulièrement en présence d'alcali libre, et par une température de $+ 60°$ en fournissant, d'une part, de la nucléine ou ses produits de dédoublement, de l'autre de l'albumose.

« L'organisme vivant possède, à des degrés divers suivant l'espèce animale, la propriété de décomposer de la même façon la nucléo-protéide ou le ferment de la fibrine, lorsque ces corps ont pris naissance dans le sang, ou lorsqu'on les y a introduits du dehors. L'albumose qui devient libre en ce cas peut être éliminée par la voie rénale.

« Mais, si la quantité de nucléo-protéide ou de ferment dépasse une certaine limite dans le sang circulant, de telle sorte que les forces de l'organisme ne suffisent pas à décomposer la nucléoprotéide, en ce cas cette substance, en supposant qu'elle ne soit pas déjà combinée à la chaux, pourra absorber la chaux du plasma et provoquer la transformation du fibrinogène du plasma en fibrine, et, comme conséquence, amener la formation de coagulations à l'intérieur d'un nombre plus ou moins grand de vaisseaux. »

La nucléo-protéide du sang paraît être identique avec le fibrinogène A de WOOLDRIDGE, c'est-à-dire avec le précipité granuleux qui se forme dans le plasma de peptone, lorsqu'on le refroidit à 0°. La nucléo-protéide des tissus est sans doute voisine du fibrinogène des tissus de WOOLDRIDGE, et de la nucléo-histone de LILIENFELD et KOSSEL.

SCHMIDT a abandonné l'idée que la fibrine résulterait de l'action du fibrinogène sur la paraglobuline. La préglobuline, provenant de la cytoglobine cellulaire, se décomposerait et fournirait de la paraglobuline; la paraglobuline se transformerait en fibrinogène qui lui-même deviendrait fibrine. La thrombine jouerait un double rôle. Elle provoquerait d'abord la formation du fibrinogène aux dépens de la paraglobuline; puis transformerait le fibrinogène en fibrine.

Le plasma ne contiendrait pas de préglobuline, mais seulement de la paraglobuline. Quant au fibrinogène, SCHMIDT semble admettre qu'il ne préexiste pas dans le plasma sanguin, mais qu'il se forme aux dépens de la paraglobuline au moment même de la coagulation du sang, sous l'influence de la thrombine. Cela nous paraît bien hypothéthique.

AL. SCHMIDT, dans ses dernières publications, admet également que le ferment de la fibrine se forme aux dépens d'un *proferment* inactif contenu dans le plasma, et auquel il donne le nom de *prothrombine*. La *prothrombine* du plasma se transformerait en ferment, ou *thrombine*, sous l'influence de substances de nature inconnue, provenant des globules blancs, les *substances zymoplastiques*. LILIENFELD (1893) range le phosphate de potassium (KH^2PO^4) parmi les substances zymoplastiques. Ajoutons que la théorie de PEKELHARING a été combattue par LILIENFELD et par HAMMARSTEN. LILIENFELD (1893) admet avec WOOLDRIDGE que le ferment de la fibrine ne joue pas de rôle actif dans la coagulation physiologique du sang. Le ferment de la fibrine serait non un antécédent de la coagulation, mais un produit secondaire de la coagulation, qui ne se retrouverait qu'à la fin de la réaction.

HAMMARSTEN (1896, 1899) ne peut admettre que la fibrine résulte de la combinaison du fibrinogène avec la chaux. La fibrine peut en effet se préparer au moyen de liquides d'où la chaux a été précipitée par un oxalate. Dans certains cas, les échantillons de fibrine obtenus sont si pauvres en chaux (0,007 p. 100 CaO), que si le calcium faisait partie intégrante de la molécule de fibrine, cela conduirait à assigner à la fibrine un poids moléculaire extravagant (dépassant 800 000). Pour HAMMARSTEN, les sels de chaux que l'on trouve dans les cendres de la fibrine représentent de simples impuretés (contrairement à l'opinion d'ARTHUS). — Voir les travaux d'ARTHUS cités plus haut.

HAMMARSTEN hésite aussi à identifier le ferment de la fibrine avec la nucléoprotéide de PEKELHARING. Il est tenté d'admettre que le ferment représente une impureté mélangée à la nucléoprotéide, qui elle-même serait inactive.

Quant au mode d'action des ferments coagulants (présure ou ferment de la fibrine), FICK (1889, 1891) a appelé l'attention sur la rapidité pour ainsi dire foudroyante avec laquelle les ferments coagulants, notamment la présure, provoquent la solidification de masses énormes d'albuminoïdes primitivement dissous. Il lui paraît difficile d'admettre que, dans ces cas, chaque molécule de corps fermentescible ait pu subir le contact direct d'une molécule de ferment, d'autant plus que la solidification du corps fermentescible doit emprisonner la molécule de ferment et empêcher son action ultérieure. FICK a émis l'idée que la coagulation, déterminée dans une partie du liquide par la présence et le contact direct du ferment, peut ensuite se propager de proche en proche à travers la substance fermentescible sans contact direct du ferment.

WALTHER (1891) a démontré l'inexactitude de cette hypothèse. On prend un vase en U, présentant inférieurement un canal étroit faisant communiquer les deux branches de l'U. Dans l'une des branches on place la solution coagulable : lait ou solution du fibrinogène, dans l'autre la solution de ferment, présure ou ferment de la fibrine, en ayant soin de ne pas mélanger les liquides. Si l'on empêche ainsi la diffusion du ferment dans le liquide coagulable, celui-ci ne se solidifie que dans la zone qui est directement en contact avec le ferment.

Le ferment de la fibrine ne préexiste pas dans le sang circulant. Il ne paraît pas exister non plus dans le plasma de peptone, ni dans celui d'extrait de sangsue (contesté par Dastre). Le moyen de vérifier l'existence du ferment dans un liquide consiste à en préparer le ferment par le procédé de Schmidt, et d'essayer l'activité de la préparation au moyen d'un liquide proplastique, notamment au moyen du plasma au sulfate de magnésium convenablement dilué.

Le plasma de sang fluoré à 3 p. 100 (sang dans lequel on a suspendu la coagulation en le recevant directement dans une solution de fluorure de sodium) est, d'après Arthus, le meilleur réactif du ferment de la fibrine. Ce plasma ne contient ni chaux, ni nucléo-protéide : il ne se coagule que si on y ajoute le ferment, tandis que le plasma de sang oxalaté ou citraté contient le proferment (nucléoprotéide) ; il suffit d'ajouter un sel de chaux au plasma oxalaté pour y provoquer la coagulation (*Journ. Physiol. et Path. gén.*, II, 887).

Bibliographie. — Plusieurs indications bibliographiques ont été données au cours de l'article. (Voir aussi la liste bibliographique des articles **Coagulation, Foie, Peptone** et **Sang.**) — Buchanan (Andrew). *On the coagulation of the blood and other fibriniferous liquids* (*London Med. Gaz.*, 9 avril 1836, et 1845, i, (*New ser.*), 617, réimprimé par Gamgee dans J. P., 1879-1880, ii, 158-163). — Schmidt (Alex.). *Neue Untersuchungen über Faserstoffge-rinnung* (*A. g. P.*, vi, 413-538); — *Ueber die Beziehung der Faserstoffgerinnung zu den körperlichen Elemente des Blutes. II. Ueber die Abstammung des Fibrinferments, etc.* (Ibid., 1875, xi, 515-577, 1 pl.); — *Ueber die Beziehung des Kochsalzes zu einigen thierischen Fer-mentationsprocessen* (Ibid., 1876, xiii, 93-146). — *Die Lehre von den fermentativen Gerinnungserscheinungen in den eiweissartigen thierischen Körperflüssigkeiten*, Dorpat, C. Mathiesen, 1876, in-8, 1-62 ; — *Zur Blutlehre*, Leipzig, Vogel, 1892. — *Weitere Beiträge zur Blutlehre*, 1895. — Rollett (A.). *Physiologie des Blutes und der Blutgerinnung*, dans H. H. d. Physiol., 1880, iv, in-8. — Birk (Ludwig). *Das Fibrinferment in lebenden Orga-nismen* (*Diss. Inaug.*, Dorpat, 1880). — Wooldridge (Leonard). *Die Gerinnung des Blutes*, her. v. M. v. Frey, Leipzig. 1891. — Sheridan Lea et V. R. Green. *Some notes on the fibrinferment* (J. P., 1884, iv, 388-386). — Halliburton. *On the nature of fibrinferment* (Ibid., 1888, ix, 229-286). — Halliburton et Brodie. J. P., xvii et xviii. — Bonne (George). *Ueber das Fibrinferment und seine Beziehung zum Organismus*, Würzburg, 1889, 1-128. — Fick (A.). *Ueber die Wirkungsart der Gerinnungsfermente* (*A. g. P.*, 1889, xlv, 293-296). — *Zu P. Walther's Abhandlung* (Ibid., 1891, xlix, 110, 111). — Walther (P.). *Ueber Fick's Theorie der Labwirkung und Blutgerinnung* (Ibid., 1891, xlviii, 529-536). — Latschenber-ger (J.). *Ueber die Wirkungsweise der Gerinnungsfermente* (C. P., 1890, iv, 3-10). — Hay-craft (John Berry). *An account of some experiments which show that fibrinferment is absent from circulating blood* (*Journ. of Anat. and Physiol.*, 1890, xxii, 172-190). — Lea (A. S.) et Dickinson (W. L.). *Notes on the of action of rennin and fibrinferment* (J. P., 1890, xi, 307-311). — Hammerschlag (Alb.). *Ueber die Beziehung des Fibrinfermentes zur Entstehung des F.* (*A. P. P.*, 1890, xxvii, 414-418). — Pekelharing (C. A.). *Over de Stolling van het bloed*, Amsterdam, 1892; — *Unters. üb. das Fibrinferment*, *Verhandl. d. Kon. Akad d. Wetens.*, Amsterdam, 1892 et 1895 ; — *Ueber die Beziehung des Fibrinfermentes aus dem Serum zum Nucleoproteid welches aus dem Blutplasma zu erhalten ist* (C. P., 1895, ix, 102-111). — Castellino (P.). *Sulla natura del zimogeno del fibrino fermento del sangue* (*Arch. ital. di clinica medica*, 1894, n° 3). — Halliburton. *Nucleo-proteids (Schmidt's fibrin ferment)* (J. P. 1895, xviii, 306-318). — Gamgee (Arthur). *Some old and new experiments on the fibrinferment* (Ibid., 1879-1880, ii, 143-163). — Hammarsten. *Ueber die Bedeutung der löslichen Kalksalze für die Faserstoffgerinnung* (Z. p. C., 1896, xxii, 333); *Weitere Beiträge zur Kenntniss der Fibrinbildung* (Z. p. C., 1899, xxviii, 98-115). — Lilienfeld. *Hämatolog. Unters* (A. P., 1892, 115, 167, 550; 1893, 560); *Ueber Blutgerinnung* (Z. p. C., 1895, xx, 88). — Arthus. *Recherches sur la coagulation du sang* (D. in., Paris, 1890). — *La coagulation du sang et les sels de chaux* (A. P., 1896, xxviii, 47-67). — R. M. Horne. *The action of calcium, strontium and barium salts in preventing coagulation of the blood* (J. P., 1896, xix, 356-371). — J. Athanasiu et J. Carvallo. *Remarques sur le ferment de la fibrine*, etc. (A. de P., 1897, ix, 375, 384). — Dastre, *Fibrine de battage et fibrine de caillot* (B. B., 1892, 554); *La digestion saline de la fibrine* (A. d. P., 1894, vi, 919-929). — *Fibrinolyse; digestion de la fibrine fraîche par les solutions salines faibles* (Ibid., 1895, vii,

408-414). — DASTRE et FLORESCO, *De la méthode des plasma à l'état liquide ou en poudre pour l'étude du fibrin ferment* (B. B., 1898, 22. — MAILLARD. *Sur une fibrine cristallisée* (C. R., 1899, CXXVIII, 373-375). — KOCHEL. *Eine neue Methode der Fibrinfärbung* (Centr. f. allg. Path. u. path. Anat., 1899, X, 749-757). — KOSSLER et PFEIFFER. *Eine neue Methode der quantitativen Fibrinbestimmung.* (C. f. allg. Med., 1896, XVII, 8-14). — PICK. *Zur Kenntniss der peptischen Spaltungsprodukte des Fibrins* (Z. p. C., 1899, XXVIII, 249-287). — MATHEWS. *The origin of Fibrinogen* (Am. Journ. Physiol., 1899, III, 53-85). — REYE. *Ueber Nachweis und Bestimmung des Fibrinogens.* (Diss., Strasbourg, 1898). — CAMUS (L.). *Recherches sur la fibrinolyse* (C. R., 1901, CXXXII, 215-218).

LÉON FREDERICQ.

FIBRINOGÈNE. — (Pro parte, Plasmine de DENIS, 1859) (? identique avec la Thrombosine de LILIENFELD, 1895).

Générateur de la fibrine, existant, chez tous les Vertébrés, à l'état de dissolution dans le plasma du sang, de la lymphe, du chyle et de beaucoup de liquides de transsudation. Le fibrinogène est une globuline, constituée par des grumeaux ou des flocons incolores, insolubles dans l'eau distillée et les solutions salines saturées, soluble dans les solutions salines diluées, coagulée par la chaleur vers $+ 56°$, se coagulant spontanément en fournissant de la fibrine sous l'influence du ferment de la fibrine. D'après HAMMARSTEN, la coagulation spontanée du fibrinogène, ainsi que la coagulation par la chaleur à $+ 56°$, donne naissance, à côté du produit insoluble (fibrine ou fibrinogène coagulé), à une globuline qui reste en solution et qui se coagule par la chaleur à $+ 64°$. Le fibrinogène semble donc dans les deux cas se dédoubler en deux produits; l'un soluble, l'autre insoluble (HAMMARSTEN. A. g. P., XXII, 480).

Dans un travail récent (Z. p. Ch., XXVIII, 98, 1899), HAMMARSTEN a donné une nouvelle interprétation du fait précédent. Le fibrinogène serait transformé intégralement en fibrine par le ferment coagulant; mais une partie de cette fibrine resterait en solution. HAMMARSTEN fait remarquer que la température de $+ 64°$, à laquelle la globuline de fibrine se coagule, est précisément celle à laquelle la fibrine elle-même se coagule par la chaleur.

Son pouvoir rotatoire serait $\alpha [D] = - 43°$ d'après HERMANN (Z. p. C., XI, 508). Cette détermination n'est qu'approximative. MITTELBACH (Z. p. C., XIX, 289), expérimentant avec une solution pure de fibrinogène de cheval, trouva en moyenne $\alpha [D] = - 52°,5$. CRAMER (Z. p. C., XXIII, 74-86, 1897), trouva une valeur analogue pour le fibrinogène de cheval et seulement $- 36°,8$ pour celui du bœuf.

La composition centésimale est, d'après HAMMARSTEN (A. g. P., XXII, 450) : C : 52,93 ; H : 6,9 ; (Az : 16, 66 ; S : 1,25 ; O : 22 26.

CRAMER a trouvé des valeurs analogues (Z. p. C., XXIII, 74, 1897).

Le fibrinogène est un peu plus riche en charbon, hydrogène et oxygène que la fibrine, Il ne contient pas de calcium, d'après HAMMARSTEN. Les traces de calcium qu'on y trouve doivent être regardées comme des impuretés (Z. p. C., XXII, 333, 1896 et XXVIII, 98, 1899).

L'expérience suivante semble prouver que le fibrinogène doit être considéré comme préexistant dans le plasma sanguin, alors que le liquide est encore contenu dans les vaisseaux. J'extrais la veine jugulaire du cheval, je la lie aux deux bouts et je la suspends verticalement, de manière à permettre aux globules de s'accumuler dans sa moitié inférieure. J'isole au moyen d'une ligature la portion supérieure de la veine ne contenant que du plasma transparent, je l'introduis dans un tube de verre que je plonge dans un bain d'eau chaude. La veine peut être chauffée jusqu'à $+ 55°,5$ sans que le plasma se trouble et sans qu'il perde la propriété de se coaguler spontanément au sortir de la veine. Dès que l'on atteint $+ 56°$, le liquide se trouble par la formation d'un précipité floconneux de fibrinogène : il perd du même coup la faculté de se coaguler spontanément. (LÉON FREDERICQ, Bull. Acad. de Belg., et Rech. sur la constit. du plasma sanguin, 1878, Gand.) HEWSON avait, paraît-il, au siècle dernier, fait une expérience analogue (HEWSON Works, edited by Gulliver, cité par SCHÄFER, J. P.).

Origine du fibrinogène du sang. — D'après MATHEWS (Amer. Journ. Physiol., III, 53-85, 1899), après défibrination totale, le fibrinogène se régénère en 2-3 jours. Il se formerait principalement dans la paroi intestinale. Le sang de la veine mésentérique est plus riche en fibrinogène que le sang artériel.

Préparation. — Procédé de HAMMARSTEN. On extrait généralement le fibrinogène du plasma du sang de cheval. Le sang de cheval est reçu au moment de la saignée dans un vase contenant de la solution saturée de sulfate de magnésium jusqu'au quart de sa hauteur, ou contenant une quantité de solution saturée de NaCl, telle que le plasma sanguin en renferme après mélange 4 p. 100 (GAUTIER). On sépare le plasma surnageant par repos et décantation, ou au moyen de l'appareil à force centrifuge. On le débarrasse, par filtration, des globules blancs qu'il contient en grand nombre. On mélange le plasma avec un égal volume d'une solution saturée de NaCl, ce qui le précipite, mais laisse la paraglobuline en solution. On lave le précipité au moyen d'une solution à moitié saturée de NaCl, puis on le redissout dans une solution de NaCl (6 à 8 p. 100), et l'on reprécipite. On obtient finalement une solution pouvant contenir plus de 1 p. 100 de fibrinogène.

W. REYE (*Diss. Strasbourg*, 1898) a constaté que, si l'on ajoute du sulfate ammonique à une solution de fibrinogène, cette substance commence à se précipiter lorsque le liquide contient 1,7 à 1,9 p. 100 du sel, et que la précipitation est complète avec 2,5 à 2,8 p. 100 du sel. Il a proposé de préparer le fibrinogène en mélangeant 10 volumes de plasma avec un volume d'une solution saturée de sulfate ammonique.

Ces opérations doivent être exécutées assez rapidement; car le fibrinogène s'altère facilement et perd sa solubilité par un contact prolongé avec les solutions salines.

L'ancien procédé de préparation d'ALEX. SCHMIDT (1861-62), consistant à diluer le plasma avec quinze fois son volume d'eau froide et à précipiter la paraglobuline par un courant de CO^2, à filtrer, à diluer davantage et à précipiter ensuite le fibrimogène par un nouveau courant de CO^2, fournit un produit peu abondant et impur.

La fibrine cristallisée décrite par MAILLARD (*Bull. Soc. chim.*, Paris, n°5, 239, XXI-XXII) dans le sérum antidiphtéritique, ne serait autre chose qu'un mélange de sels de calcium des acides gras, d'après S. DZIERGOWSKI (*Z. p. C.*, XXVIII, 65-72, 1899).

Dosage. — Procédé de LÉON FREDERICQ.

Une quantité pesée ou mesurée de plasma est mélangée avec le quart de son volume d'une solution saturée de sulfate de magnésium, renfermée dans un tube, et soumise pendant quelques minutes au bain d'eau à la température de + 60°, légèrement supérieure à celle de coagulation du fibrinogène. On recueille les grumeaux de fibrinogène sur un petit filtre taré, on lave à l'eau, l'alcool et l'éther, on dessèche à l'étuve à + 110°, et l'on pèse en observant les précautions usitées dans les dosages de substances albuminoïdes. Ce procédé donne pour le plasma sanguin un poids de fibrinogène supérieur au poids de fibrine que le même plasma peut fournir (HAMMARSTEN, 1876; LÉON FREDERICQ, 1877; M. ARTHUS (*A. d. P.*, 1893, 552). On a fait à ce procédé l'objection que, d'après HAMMARSTEN, le fibrinogène se dédoublait à + 56° en une substance insoluble (le fibrinogène coagulé) et une petite quantité d'une seconde globuline coagulable par la chaleur à + 63°. HAYEM considère également ce procédé comme inexact (*B. B.*, 1893, XLVI, 309).

La *thrombosine* de LILIENFELD serait un antécédent non du fibrinogène, mais du fibrinogène typique d'après CRAMER (1897) et HAMMARSTEN.

FREDERIKSE (*Z. p. C.*, 1894, XIX, 143) a constaté que la présence de paraglobuline n'augmente pas le poids de fibrine fourni par une quantité donnée de fibrinogène (*contra* ALEX. SCHMIDT).

BIBLIOGRAPHIE. Voir la bibliographie des articles **Coagulation** et **Fibrine**.

LÉON FREDERICQ.

FIBROÏNE. — Partie essentielle de la soie. Par sa composition centésimale ($C=48$, $Az=16$ à 18), elle rapproche de la gélatine. La soie en contient 65 p. 100. On la prépare en dissolvant les graisses par le savon et l'éther, et les sels par l'eau. Le résidu, fibroïne pure, se dissout dans HCl et est précipité par la potasse et l'alcool. Il ne contient pas de soufre. C'est la *séricoïne* de WEYL. En chauffant la fibroïne avec SO^4H^2 à 25 p. 100, E. FISCHER et A. SKITA (*Ueber das Fibroin und den Leim der Seide*, *Z. p. C.*, 1902, XXXV, 221-226) ont obtenu des acides diamides, et de l'arginine. La fibroïne peut donner aussi un corps que FISCHER a isolé à l'état de pureté, la *sérine*, ($C^3H^7O^3Az$) : 100 grammes de fibroïne donnent 1gr,6 de sérine, 10 de tyrosine; 21 d'alanine et 36 de glycocolle.

FIÈVRE. — La fièvre est caractérisée par une exagération des processus protéo-lytiques et une perturbation de l'appareil régulateur thermique entraînant presque toujours une élévation de la température.

Cette définition suffit pour nous permettre de distinguer très nettement l'hyper-thermie pure et simple de l'hyperthermie fébrile. Il va de soi que l'élévation de la température représente le symptôme le plus fréquent, le plus marqué, de la fièvre ; mais nous ne pouvons négliger actuellement les *pyrexies apyrétiques* dans lesquelles on ren-contre l'ensemble des symptômes habituels de la fièvre, moins l'élévation thermique.

Quant au plan même de cet article, il nous a paru suffisant, dans un Dictionnaire de physiologie, d'exposer les faits acquis sur les modifications apportées dans l'organisme par le syndrome fébrile. En dehors d'un seul point, qui nous paraît aujourd'hui nettement établi, *l'activité exagérée du processus protéolytique*, il n'existe aucune loi géné-rale applicable à la fièvre. Si BOUILLAUD pouvait avec raison dire à ses élèves : « Pour le médecin, il n'y a pas de pneumonie ; il y a des pneumoniques » ; il est encore plus juste de dire qu'il n'y a pas *une fièvre*, mais des *fièvres*, ayant des origines multiples, et évoluant différemment suivant leur étiologie et suivant les réactions de l'organisme attaqué.

Nous croyons devoir, au commencement même de cette étude, citer les paroles suivantes de BOUCHARD. Elles justifieront, nous l'espérons, les nombreuses obscurités, les contradictions mêmes, que l'on trouvera dans les pages qui suivent : « La fièvre est un phénomène si complexe que l'on ne sait pas toujours si tel de ses éléments appartient en propre à l'état fébrile, ou n'est pas plutôt un accident spécial à la maladie qui engendre la fièvre. Cette incertitude et cette complexité font la difficulté d'un problème qui se pose chaque jour, et que nous ne savons pas encore résoudre complètement. » (*Les Doctrines de la fièvre. Semaine méd.*, 1893, 117.) « Dans l'examen des doctrines pyré-togènes, on se heurte à chaque instant à des contradictions, et je me vois réduit à cet aveu humiliant pour un professeur de pathologie générale : je ne sais pas ce que c'est que la fièvre. » (*Leçons sur les auto-intoxications*, 1887.)

§ I. — HISTORIQUE. APERÇU GÉNÉRAL

Auteurs anciens. — Les anciens, n'ayant ni thermomètre, ni calorimètre, ni sphygmographe, n'ont pu étudier d'une façon véritablement scientifique les modifications de la température et celle concomitante du pouls. Ignorant, d'autre part, les phéno-mènes intimes de la nutrition, les causes de la chaleur et la régulation de celle-ci, ils ne pouvaient pénétrer dans le mécanisme des phénomènes. Cependant, au point de vue clinique ils font quantité d'observations importantes et intéressantes. Ils reconnaissent *grosso modo* les intensités différentes de la fièvre, et ses perturbations générales. La plu-part de ces notions cliniques se retrouvent déjà dans l'encyclopédie hippocratique.

Hippocrate. — Les ouvrages de l'encyclopédie hippocratique les plus riches en rensei-gnements sur les fièvres sont : d'abord, les *Épidémies*, puis le *Traité des maladies aiguës*, les *Coaques*, les *Prorrhétiques*, les *Aphorismes*, etc.

1° *Idées pathogéniques.* A l'époque où vivait HIPPOCRATE, deux grandes théories se disputaient les esprits : 1° la théorie, purement médicale, des quatre humeurs, qui semble la plus ancienne et la plus répandue ; 2° la théorie des quatre éléments d'EMPÉDOCLE, d'après laquelle la fièvre résultait d'une altération d'un de ces quatre éléments, le pneuma. On retrouve ces deux théories dans l'encyclopédie hippocratique. Dans le livre des *Airs*, l'auteur attribue toutes les fièvres à l'air qui est renfermé dans le corps, mais dans les autres traités il n'est parlé que des altérations des humeurs : en premier lieu, de la bile, puis aussi de la pituite (mais beaucoup moins), du sang, ou à *l'échauf-fement* de ces trois humeurs. — 2° *Fièvres symptomatiques et fièvres primitives.* Bien qu'HIPPOCRATE ne se soit pas prononcé d'une façon formelle, il est facile de voir qu'il considère la fièvre, tantôt comme un symptôme, tantôt comme une maladie. Ainsi, pour les maladies locales, pour des lésions chirurgicales, telles que plaies, fractures (de tête), il dit qu'elles peuvent s'accompagner de fièvre. Dans le traité des *Airs*, il dit que la fièvre est très commune, et qu'elle accompagne d'habitude l'inflammation. A côté de cela, il décrit comme une maladie la fièvre phrénétique, la léthargie (fièvre adynamique), les fièvres intermittentes, etc. — 3° *Type de la courbe*. Dans le livre de la *Nature de l'homme*, on distingue les fièvres continues et les fièvres intermittentes (quotidienne, tierce, quarte, etc.) — 4° *Aspect clinique*. HIPPOCRATE distingue comme aspects symptomatiques des formes ataxiques (phrénésie), adynamiques (léthargie), inflammatoires, des fièvres putrides, des fièvres pestilentielles, bilieuses, catarrhales (pituitaire). Il sait que certaines fièvres sont caractérisées par une hyperthermie très marquée (fièvres brûlantes); mais, chose intéressante, il signale des fièvres à température centrale très exagérée et dans lesquelles la peau ne paraît pas très chaude, si l'on s'en tient à un examen sommaire. Les différents troubles respiratoires, circulatoires (pouls), stomacaux, buccaux, langue saburrale (soif), intestinaux (constipation ou diarrhée), urinaires (polyurie dans certains cas, urines rouges, chargées ou blanches), etc., sont déjà bien connus, ainsi que l'aspect variable que peut présenter la peau (chaleur variable, chaleur mordicante, peau pâle ou rouge, fièvres rouges, sueurs variables, chaudes ou froides, ou, au contraire, sécheresse absolue). Il note la courbature, la céphalalgie, l'excitation légère avec une certaine dépression; dans les formes graves, il décrit bien le délire ataxique, le subdélirium, le coma. — 5° *Marche*. Il sait que les fièvres peuvent avoir une marche aiguë ou chronique. — 6° *Pronostic*. Les *Prorrhétiques*, les *Prénotions de Cos*, les *Aphorismes* indiquent toute une série de symptômes tels qu'état de la langue, état des forces, délire, coma, hoquet, vomissements, qui permettent de prévoir l'issue fatale. — 7° *Thérapeutique*. HIPPOCRATE varie le traitement suivant la nature de la fièvre. S'il n'a pas de médicaments antifébriles, il reconnaît comme moyens efficaces pour abaisser l'hyperthermie : 1° la saignée; 2° les boissons froides et les bains froids; 3° les purgatifs et les lavements; 4° les sudorifiques.

Successeurs immédiats d'Hippocrate. — Leurs œuvres ont été perdues; mais CELSE, GALIEN, CŒLIUS AURELIANUS, ORIBASE, ÆTIUS, permettent de combler ces lacunes. PROXAGORAS admettait que toute fièvre provient de la *putridité* des humeurs. Il distinguait des fièvres phrénétiques, léthargiques, entériques, ictériques, gastriques, etc. HÉROPHILE admet que la fièvre résulte d'une altération des humeurs. ÉRASISTRATE admet : 1° que la fièvre se relie à la phlegmasie; 2° qu'elle résulte comme celle-ci d'une collision de l'air avec le sang, c'est-à-dire qu'elle reconnaissait une cause hématique. C'est là une première ébauche de cette théorie fameuse qui naîtra sous tant de formes et de noms différents. Suivant lui, les artères renferment de l'air, et les veines du sang, ces deux ordres de vaisseaux se touchant par leur extrémité. Si le sang va des veines dans les artères, la maladie commence; si le sang s'oppose seulement à l'écoulement du pneuma, c'est la fièvre; s'il pénètre dans les vaisseaux, c'est l'inflammation.

ASCLÉPIADE attribuait la fièvre à une obstruction des pores par des atomes plus subtils que ceux qui forment le corps humain; il luttait contre la fièvre à l'aide des mouvements communiqués (litière et siège suspendus, secoués d'une façon plus ou moins rythmique), par les lotions et les bains, dont il faisait un grand emploi, par les frictions huileuses et le massage; il admettait que la lumière a le plus souvent une action calmante et antifébrile. CELSE distingue nettement : 1° les maladies générales; 2° les phlegmasies locales, qui, du reste, peuvent s'accompagner d'une fièvre secondaire; il décrit les types continus, quotidiens, tierces, quartes, éphémères, les fièvres, qu'il appelle lentes, le causus, la phrénésie, la léthargie, les fièvres pestilentielles. ARÉTÉE, le pneumatiste, incrimine naturellement le pneuma ou air vital; mais il s'est occupé presque exclusivement du causus ou fièvre ardente, dont il trace un tableau imagé. Il insiste sur les yeux brillants et rouges, la face colorée, la langue sèche et rugueuse, la chaleur brûlante à l'intérieur, les extrémités froides, l'agitation, l'insomnie, les pulsations fortes, les sueurs énervantes et le délire.

Notons que tous ces auteurs, depuis le fameux *Traité du pouls* d'HÉROPHILE, ne consultaient plus seulement la température, comme HIPPOCRATE et ses successeurs directs, mais encore les modifications de la circulation locale, et qu'ils distinguaient déjà un pouls bondissant, faible, irrégulier, petit et dur, etc.

Les méthodistes, qui faisaient dépendre la maladie d'un resserrement ou d'une dilatation anormale des pores de l'organisme, admettent que la fièvre résulte d'un resserrement des pores de l'organisme : le corps deviendrait meilleur conducteur de la chaleur interne, et celle-ci arriverait plus facilement à la main de l'observateur, en même temps qu'il s'en déperdrait moins. C'est la première fois que l'on voit intervenir la déperdition de la chaleur au niveau de la surface cutanée.

GALIEN perfectionne l'étude du pouls, qu'il complique, du reste, de divisions et d'hypothèses inutiles; il en fait le grand critérium du diagnostic, de sorte qu'après lui l'étude du pouls va tenir la place principale dans l'étude des fièvres. Il sépare nettement les fièvres primitives des fièvres secondaires ou phlegmasies locales; les premières ne sont qu'un symptôme de l'inflammation de la partie malade; aussi doit-on appeler la maladie du nom de cette inflammation. Il distingue les fièvres en éphémères, hectiques et putrides. Il y a fièvre hectique quand la cause de la fièvre réside dans le cœur; fièvre éphémère, quand les esprits vitaux sont envahis; fièvre putride, quand les humeurs résultent des fièvres continues (qui peuvent être rémittentes) et des fièvres intermittentes (quotidiennes, tierces, quartes, etc.). La fièvre intermittente quotidienne est due à la corruption de la pituite; la tierce, à la corruption de la bile; la fièvre quarte, à celle de l'atrabile. La fièvre sans rémission est la syncope; avec rémission, elle s'appelle *synèches*.

ORIBASE n'est qu'un compilateur; mais sa compilation offre des passages bien intéressants empruntés à des auteurs antérieurs et qui sans lui auraient été perdus. Tel est ce passage tiré de RUFUS, où il est insisté sur les effets bienfaisants que peut produire la fièvre en faisant disparaître des catarrhes, des suppurations, des maladies cutanées ou nerveuses; la pratique des bains, des boissons froides, des lavements, du massage, des lotions huileuses y est exposée en détails.

Arabes. — C'est l'énorme ouvrage, connu sous le nom du *canon* d'AVICENNE, qui nous fournit les notions des plus originales et les plus étendues pour cette période. La fièvre est considérée comme une chaleur anormale (étrange) allumée dans le cœur et se propageant de là dans le reste de l'organisme par le pneuma (artères), le sang (veines). Cette chaleur, par son caractère morbide, bien différent, à ce point de vue, de la chaleur amenée par la fatigue, perturbe les fonctions de l'organisme. Il faut distinguer, à l'exemple des Grecs, les fièvres essentielles, des fièvres symptomatiques de lésions locales. Quant à la classification, AVICENNE trouve oiseuses les discussions auxquelles on s'était livré avant lui sur ce sujet. Aussi se borne-t-il à accepter la division proposée par GALIEN (fièvres dues au pneuma, au cœur, aux humeurs). Mais cependant il n'est pas un simple copiste. Ainsi il ajoute aux causes humorales relevées par GALIEN (bile, pituite, atrabile), la putréfaction du sang. C'est à l'altération de ce liquide qu'il rattache les formes inflammatoires et typhoïdes. D'autre part, AVICENNE insiste beaucoup sur les idées de fermentation et de putréfaction, qu'ARÉTÉE avait déjà esquissées, ainsi que GALIEN. Il compare certaines maladies générales à un véritable empoisonnement. La métastase est le plus souvent invoquée comme facteur pathogénique; mais AVICENNE, bon observateur et clinicien expert, a ajouté beaucoup au fond commun (voyez notamment ce qu'il dit de la peste et de la phrénésie). Enfin il a beaucoup insisté sur la notion d'épidémie et de contagion dont on trouve, du reste, déjà des éléments importants dans les auteurs grecs. Parmi les agents morbides des fièvres putrides, il signale les eaux corrompues, dont HIPPOCRATE avait déjà brièvement parlé.

Moyen âge et Renaissance. — Les auteurs de moyen âge, tels que GORDON (*Lilium medicum*) et VALESCUS DE TARENTA (*Philonium*), ne font qu'exposer avec beaucoup d'érudition les idées de l'époque des Grecs et des Arabes; il en est de même des auteurs du XVIe siècle. FERNEL, PROSPER ALPINUS, MERCURIALI, MASSARIA, ne font preuve à ce sujet d'aucune originalité. Il en est de même de FORESTUS, qui consacre six livres de son remarquable recueil d'observations à l'étude des fièvres; mais les histoires de malades qu'il rapporte illustrent très bien les idées de l'époque.

Iatrochimistes. — PARACELSE, qui fut un précurseur du iatrochimisme de SYLVIUS DE LA BOË et de WILLIS, invoque tantôt les troubles de l'archée, tantôt les humeurs; si la bile devient toxique, c'est parce qu'elle s'est chargée de produits excrémentitiels qui lui communiquent leurs venins.

SYLVIUS DE LA BOË admet un excès d'âcreté, ou d'acidité des humeurs, ce qui les rend corrosives et engendre la fièvre; c'est tantôt la pituite, tantôt la bile qu'il incrimine.

WILLIS, le rival de SYLVIUS, soutient que la fièvre ne peut résulter que d'une effervescence du sang, et non des autres humeurs, qui sont sécrétées par lui. Cette effervescence résulte de la combinaison tumultueuse des cinq grands principes du sang, c'est-à-dire :

le soufre, l'esprit, le sel, la terre et l'eau; il admet que les angines et les pneumonies qui s'accompagnent de fièvres putrides graves sont le résultat de ces fièvres, et non leur cause productrice, comme on l'admettait généralement. Il y aurait donc une véritable fièvre pneumonique à détermination locale sur le poumon.

Iatromécaniciens. — La découverte de la circulation par Harvey avait appelé l'attention des médecins sur le sang. Aussi, à partir de 1650, voit-on les iatrochimistes récents, mais surtout la nouvelle secte médicale des iatromécaniciens, tenir le plus grand compte du sang, de telle sorte qu'ils reconnaissent surtout à la fièvre une cause hématique. C'est au ralentissement, à la congestion, à l'arrêt et à la coagulation du sang qu'ils attribuent l'éclosion de la fièvre; la fièvre résulterait de la viscosité anormale du sang, qui tend à en ralentir ou même à en arrêter le cours. Pour expliquer la fièvre, ils insistent sur les frottements et les chocs qui résultent du passage dans les vaisseaux d'un sang plus épais ou des coagulations (Baglivi). Boerhave fait jouer un grand rôle au choc des globules rouges sur les parois, mais il parle aussi de fermentation, d'acidité, c'est-à-dire qu'il fait des emprunts aux iatrochimistes.

Au commencement du xixe siècle s'affirme la tendance à placer dans une altération pathologique des tissus ou des humeurs les causes de la fièvre. Si Pinel hésite à donner une définition de la fièvre, Prost est plus audacieux : « La fièvre est un trouble de la circulation artérielle causée par l'excitation directe ou sympathique du système à sang rouge. » Elle est inflammatoire et angéioténique quand les artères sont affectées. Elle peut aussi résulter de l'altération des muqueuses. Les fièvres dépendent d'une altération matérielle des organes. C'est cette idée qui fait décrire à Bordeu les fièvres stomacales, abdominales, hépatiques, etc. Broussais identifie fièvre et mouvement fébrile; toutes les fièvres essentielles ne sont que des mouvements fébriles sympathiques de la gastroentérite, et tout mouvement fébrile est dû à une inflammation. L'école organicienne, avec Bouillaud, rattache de même la fièvre à l'inflammation du tissu vasculaire.

Nous arrivons ainsi à l'époque véritablement expérimentale, où les théories cherchent à s'appuyer sur des faits, et nous résumerons quelques-unes de ces théories célèbres.

Théories modernes. — *Théorie de Traube.* — Pour Traube, l'élévation de température dans la fièvre résulte essentiellement de la diminution des pertes de chaleur, par suite de la vaso-constriction périphérique entraînant une diminution dans la radiation thermique et dans l'évaporation. « Par suite de l'influence que la cause fébrifère exerce sur le système nerveux vaso-moteur, et que je considère comme irritante, les muscles des vaisseaux, qui sont surtout développés dans les artérioles et les plus fins ramuscules artériels, entrent violemment en contraction. Le rétrécissement de la lumière des artères qui en résulte doit avoir un double effet. Il y a diminution de la quantité de sang que les capillaires reçoivent en un temps donné du système aortique, et en même temps de la pression qui s'exerce sur la face interne de ces petits vaisseaux. Dans les premiers moments, il en résulte, indépendamment de l'apport moins grand d'oxygène aux tissus, un refroidissement du sang par le transport et le rayonnement à la surface du corps; en second lieu, une diminution de l'élimination de la liqueur du sang, c'est-à-dire de ce liquide qui, sous l'influence de la pression latérale des capillaires, est exprimé à travers les parois de ces vaisseaux, et qui apporte à chaque tissu les conditions nécessaires à sa vie. La diminution de l'afflux de l'eau aux cellules épithéliales de la peau et de la muqueuse pulmonaire est suivie nécessairement d'une diminution de l'évaporation par ces deux surfaces, d'où une nouvelle cause restrictive du refroidissement du corps. »

Cette hypothèse est confirmée par les faits que nous fournit l'étude du frisson fébrile. Pendant le stade de froid, la turgescence de la peau et du tissu cellulaire sous-cutané diminue; les mains, les pieds, le nez sont plus froids qu'à l'état normal; les petites artères, accessibles à l'observation, sont rétrécies. Évidemment, le rétrécissement des artères n'a pas, pendant le frisson, la même cause que dans le cas où nous nous exposons à une basse température, car le sang du fébricitant est encore plus chaud dans le frisson qu'à l'état normal, et l'influence d'un milieu qui atteint à peine la température du sang artériel suffit déjà à dilater les artères de la périphérie.

On ne peut faire ici que deux suppositions : ou bien la cause fébrifère agit d'une façon en quelque sorte paralysante sur le cœur, et détermine, par la diminution de l'afflux du sang dans le système aortique, une réaction de tous les vaisseaux, et aussi des artères de la surface; ou bien, elle produit, par l'excitation du système nerveux vaso-moteur une contraction des artères de petit calibre et des capillaires.

La première hypothèse a contre elle la différence de coloration que présente un homme, suivant qu'il est en proie au plus fort frisson ou qu'il est évanoui; puis, et surtout, le degré d'expansion qu'offre l'artère radiale dans la pression fébrile. Reste donc seulement la supposition que la cause fébrifère agit d'une façon excitante sur le système nerveux vaso-moteur.

Théorie de LIEBERMEISTER. — La dépense de chaleur chez le fébricitant peut être identique à celle de l'homme sain, quoiqu'elle soit souvent augmentée; mais la différence réside surtout dans une altération de l'appareil régulateur thermique. L'homme sain règle son équilibre thermique vers 37°; le fébricitant vers 39° ou 40°. Plongez un homme sain dans un bain chaud, il maintiendra sa température à 37°, ou du moins la ramènera rapidement à ce niveau; mettez un fébricitant ayant 39° dans un bain chaud ou dans un bain froid, il reviendra plus ou moins rapidement après le bain à sa température initiale.

Théorie de SENATOR. — La fièvre est due : 1° à une exagération de production de la chaleur tenant à une augmentation dans la combustion des matières albuminoïdes, la combustion des substances ternaires ne variant pas (d'où accumulation de graisses dans l'économie); 2° à une rétention de chaleur passagère par contraction alternative des artérioles cutanées. SENATOR insiste beaucoup sur les variations de l'état des vaisseaux.

Théorie de CLAUDE BERNARD. — « La fièvre n'est que l'exagération des phénomènes physiologiques de combustion, par l'excitation des nerfs qui régissent cet ordre de phénomènes. » CL. BERNARD se prononce résolument contre la théorie de la rétention de calorique : « Nous admettons que la chaleur développée et dégagée pendant toute la durée de la fièvre est supérieure à celle que fournirait pendant le même temps le même animal soumis aux mêmes conditions, la fièvre exceptée. » Les idées de CL. BERNARD sur le rôle du système nerveux dans la fièvre sont cependant assez confuses. C'est ainsi qu'il conçoit l'élévation thermique comme provenant : tantôt d'une paralysie des nerfs du grand sympathique, ces nerfs étant pour lui vaso-constricteurs et frigorifiques; tantôt comme une excitation des nerfs calorifiques ou vaso-dilatateurs. En ce qui concerne la cause même de la fièvre, relevons cette opinion, qui semble erronée, que la fièvre est un réflexe vasculaire; elle éclate quand on enfonce un clou dans le sabot d'un cheval. Or l'irritation pathogénique de la fièvre est transmise par les nerfs, puisqu'il suffit de sectionner les nerfs de la patte pour empêcher l'apparition de la fièvre. Le fait expérimental était mal observé, ainsi qu'il fut prouvé plus tard.

Les conclusions de CL. BERNARD peuvent se résumer ainsi :

1° La physiologie nous montre dans la fièvre des troubles de nutrition, caractérisés par une dénutrition constante, par suite d'une cessation d'action des nerfs vaso-constricteurs ou frigorifiques, et d'une suractivité constante des nerfs vaso-dilatateurs ou calorifiques.

2° La pathologie nous montre, dans cet excès même de chaleur produite, un empêchement à l'assimilation ou à la synthèse nutritive, et une source de dangers dont la mort peut être le résultat plus ou moins rapide.

3° C'est contre cette persistance de l'état de dénutrition ou de calorification due à la suractivité des vaso-dilatateurs que la thérapeutique doit chercher à réagir, soit en trouvant un moyen de mettre en jeu le système nerveux vaso-constricteur, de manière à ramener le froid dans le milieu intérieur, soit en substituant à l'action nerveuse physiologique des équivalents physiques, tels que les réfrigérations artificielles extérieures ou intérieures du milieu sanguin.

Il est juste de reconnaître que CLAUDE BERNARD, qui a émis ces opinions dans ses premiers écrits, ne semble pas y avoir attaché d'importance fondamentale, et n'a pas essayé plus tard de les développer.

Théorie de MAREY. — Lorsqu'on touche la main d'un fébricitant, on la trouve brûlante, et l'on n'hésiterait pas, d'après le témoignage des sens, à déclarer qu'elle est beaucoup plus chaude qu'à l'état normal. Mais, pour plus de rigueur dans l'expérimentation, on emploie le thermomètre afin d'évaluer l'accroissement de chaleur : l'instrument signale quelques degrés de plus qu'à l'état normal. Mais, dans les fièvres les plus intenses, on trouve seulement 3 ou 4 degrés d'augmentation de la température.

Cette discordance entre les enseignements fournis par le toucher et les indications du thermomètre tient en grande partie à ce que la main et l'instrument ne sont pas appliqués aux mêmes régions du corps. On explore par le toucher les régions superficielles, la main, les téguments des membres et de la face du malade, tandis qu'on applique le thermomètre tantôt sur l'aisselle, tantôt dans les cavités naturelles où la température présente une fixité bien plus grande.

L'élévation de la température sous l'influence de la fièvre consiste bien plutôt en un nivellement de la température dans les différents points de l'économie, qu'en un échauffement absolu. Il se produit, sous l'influence de la fièvre, un effet analogue à celui dont a parlé HUNTER, dans ses expériences sur le rôle de l'inflammation pour la production de la chaleur, effet tout physiologique, qui se rattachait à la rapidité plus grande du mouvement du sang. La chaleur fébrile est assimilable à celle qu'on produit dans un organe par la section des nerfs du grand sympathique; seulement, le phénomène de dilatation des vaisseaux étant pour ainsi dire généralisé dans toute l'économie, l'échauffement qui en résulte se généralise également pour toutes les régions superficielles du corps. Mais le thermomètre, lorsqu'on le plonge dans les cavités profondes, accuse une élévation réelle de température, qui, toute faible qu'elle est, n'en mérite pas moins d'attirer l'attention. La masse du sang s'est donc échauffée de quelques degrés.

Peut-on expliquer le phénomène par la plus grande rapidité du cours du sang?

CLAUDE BERNARD a prouvé par une expérience célèbre que la section du grand sympathique n'échauffe pas seulement l'oreille du lapin par un renouvellement plus rapide du sang qui la traverse, mais qu'elle amène aussi la production d'une quantité de chaleur un peu plus grande qu'à l'état normal. Il est donc naturel d'admettre que, chez le fébricitant, la rapidité du mouvement circulatoire produira non seulement le nivellement dans la température, mais aussi un accroissement dans la production de chaleur. Quelque léger que soit cet accroissement dans la production de chaleur sous l'influence de la fièvre, on comprendra qu'il puisse élever la température centrale d'une manière appréciable, si l'on tient compte des obstacles qu'on apporte à la déperdition du calorique chez les fébricitants. La rapidité de la circulation périphérique refroidirait probablement bien vite l'homme qui a la fièvre, si une plus grande sensibilité au froid ne portait le malade à se couvrir de vêtements; de plus, les idées qui dirigent la thérapeutique des fièvres font qu'en général on dépasse les exigences du malade, et que, lors même qu'il désire un peu de fraîcheur, on lui impose un supplément de couvertures, sans compter les boissons chaudes et l'atmosphère chaude de la pièce dans laquelle on le tient enfermé. Ajoutons que la peau du fébricitant est sèche, de sorte qu'il n'a plus, dans la sécrétion et l'évaporation de la sueur, les moyens habituels dont l'homme normal dispose pour perdre du calorique dans les milieux à température élevée.

En résumé : l'augmentation de la chaleur dans la fièvre porte principalement sur la périphérie du corps. Ce qui prouve qu'elle consiste surtout en un nivellement de la température, sous l'influence du mouvement plus rapide du sang. Toutefois il existe aussi dans la fièvre une légère augmentation de la chaleur centrale, ce qui peut s'expliquer par une augmentation légère de la production de chaleur quand la circulation s'accélère, mais ce qui peut tenir en grande partie à la suppression presque complète des causes de refroidissement chez les malades.

Théorie de MURRI. — La fièvre n'est pas produite par une rétention de calorique, mais par une augmentation de la thermogénèse. C'est là la caractéristique de la théorie du médecin italien. L'élévation thermique est le résultat d'une action thermique, action directe de la substance pyrétogène sur les cellules de l'organisme, indépendamment du système nerveux. On retrouve cette idée dans VULPIAN : « Nous devons admettre, dit-il, que les causes morbides (agents pyrétogènes) peuvent agir aussi sur cette substance organisée, y modifier les processus nutritifs et thermogènes, d'une façon tout à fait directe, et, par conséquent, sans l'intermédiaire obligé du système nerveux » (*Leçons sur les vaso-moteurs*, p. 265). Les expériences sur lesquelles s'appuie MURRI sont discutables : élévation de température sur un chien à moelle sectionnée à la suite d'injection putride; refroidissement plus lent d'un chien tué pendant l'hyperthermie par infection, comparé avec un chien hyperthermique par la mise à l'étuve, et tué en même temps que le premier.

Nous avons exposé très sommairement les principales théories émises dans la seconde moitié du xix° siècle sur la fièvre et son mécanisme. On trouvera plus loin, dans le chapitre traitant des causes mêmes de la fièvre, les idées plus récentes émises à ce sujet, notamment le rôle des centres régulateurs thermiques.

§ II. — PHÉNOMÈNES THERMIQUES DE LA FIÈVRE

Oscillations de la température. — On doit admettre que, chez l'homme sain, les oscillations thermiques peuvent s'effectuer entre 36° et 38°, soit une divergence de deux degrés. Mais ce sont là des chiffres extrêmes et qui ne sont pas observés dans un court espace de temps sur le même individu. Dans les conditions normales, la variation nyctémérienne est de 1 degré environ : 36°,5 à 4 heures du matin, 37°,5 vers cinq heures du soir.

Dans la fièvre, ces oscillations peuvent atteindre des amplitudes considérables; on trouve, par exemple, dans la même journée, des différences de 4 et même 5 degrés.

En laissant de côté, pour le moment du moins, les variations de température chez les hystériques, variations qui défient toute analyse, il est intéressant de noter la rapidité avec laquelle la température s'élève dans l'organisme fébricitant.

Le type fébrile le plus caractéristique est certainement celui de la fièvre intermittente.

Lorain a étudié la marche d'un accès en prenant simultanément le pouls et la température des différentes parties du corps : rectum, aisselle et bouche. La première température fut prise à 7 heures du matin, avant l'accès, pendant l'état normal : 37°,4 (rectale) (chiffre qui indique certainement un état fébrile débutant). La période de frisson éclata immédiatement après, à 8 h. 30; en moins d'une heure et demie, elle atteignait 39° et, à 10 heures, 40°,8. A cette température correspond un stade de chaleur, qui persiste pendant deux heures; puis la température accuse une légère tendance à baisser : 40°,7, à midi. Le stade de sueur qui survient ensuite s'accompagne d'une descente lente de la courbe, et, à 6 heures du soir, dernière lecture, elle était descendue à 38°,4.

La marche des trois courbes thermiques suit ici une marche presque parallèle.

	heures.	RECTUM.	AISSELLE.	BOUCHE.
Stade de froid.	7	37	36,2	36,1
	8,30	39	39	37,8
— de chaleur	10	40,8	40,3	40.2
	12	40,7	39,3	40
— de sueur	5	38,8	38	38
	6	38,4	37,2	36,6

La courbe de la température axillaire indique une descente assez rapide, pendant le stade de sueur, ce qui s'explique par le froid périphérique produit par l'évaporation cutanée.

Après l'accès, et dans l'intervalle des crises, la température rectale restait inférieure à 37°. Étant donnée l'absence de toute médication antithermique, Lorain insiste sur « cette sorte de réaction en dessous qui se produit dans le cours des maladies aiguës fébriles ».

Dans les fièvres intermittentes, la poussée thermique peut encore être plus rapide. Dans un autre cas de Lorain (loc. cit., p. 18), où la lecture du thermomètre était faite tous les quarts d'heure, on voit la température monter de 3° en moins d'une heure, passant de 37°,8 à 40°,1 en une demi-heure.

Quant à la corrélation entre la température centrale (rectum) et la température périphérique, elle se montre ici assez accusée. Au début de l'accès, l'écart est faible (37°,8, rect. : 37°, 4, axill.). Pendant le stade de froid, la marche est rigoureusement parallèle, mais, aussitôt qu'apparaît le stade de chaleur, l'écart s'accentue ; au moment de l'acmé, on note 41,5 ; 40,7, et, pendant le stade de sueur, l'écart augmente encore et dépasse même un degré.

Mais, si les deux observations que nous venons de rapporter peuvent être considérées comme typiques des accès de fièvres intermittentes, on note parfois des courbes absolument aberrantes. Par exemple, un antagonisme complet existe entre les courbes des températures rectale et buccale. Les températures buccale et axillaire montent dans le même moment que descend la température rectale ; puis l'inverse se produit après l'accès. C'est là une forme qui se présente surtout avec un type algide très accentué, l'écart *maximum* étant de 6 degrés (38° rect., 31°,8 bouche).

Variations thermiques suivant les fièvres. Stades fébriles. — Au point de vue des variations de la température on a distingué plusieurs sortes de fièvres : les fièvres légères, les fièvres modérées, les fièvres fortes. Les fièvres *légères* sont celles où la température ne dépasse pas 38°, 38°,2 ; les fièvres *modérées* sont celles qui atteignent 39° ; enfin, les fièvres sont fortes lorsqu'elles s'élèvent à 40°. A partir de 40°, 41° et au-dessus, on a les fièvres *hyperthermiques*.

Dans le cours de ces différentes formes de fièvres, on a constaté des oscillations régulières de la température.

En dehors de la fièvre, chez les individus sains, la température est toujours plus basse à quatre heures du matin et plus élevée à quatre heures du soir.

Dans les fièvres, c'est vers cinq heures du matin que le thermomètre descend le plus bas, et vers six heures du soir qu'il monte le plus haut. Toutefois cette régulation subit de nombreuses variations dans le cours des affections fébriles, sous les influences les plus diverses : absorption de médicaments, changements de l'alimentation.

Si l'on envisage l'évolution générale de ces fièvres, on les distingue en *typiques*, ou régulières, et *atypiques*, ou irrégulières.

Les fièvres dont l'évolution est toujours semblable sont elles-mêmes divisées en fièvres *éphémères*, fièvres *continues*, fièvres *intermittentes*.

On appelle fièvres éphémères les fièvres de courte durée, comme vingt-quatre heures ou deux jours. Ces fièvres éphémères ont un début brusque ; la température atteint son maximum après quelques heures. Puis, dans la même journée, ou le lendemain, il se fait un retour à l'état normal.

Les fièvres continues sont des fièvres qui, ayant atteint le fastigium, persistent à ce degré pendant assez longtemps, ainsi que cela se voit dans la pneumonie. Brusquement, le malade a une température élevée ; pendant que les signes locaux se manifestent, la température reste la même ; cela pendant cinq, sept, huit jours ; puis, brusquement aussi, il se fait une défervescence.

Les fièvres intermittentes ont des caractères différents ; elles peuvent apparaître et disparaître brusquement. La température monte tout à coup ; le lendemain elle redescend ; le malade, pendant toute la journée, n'a pas de fièvre ; le surlendemain, la température remonte ; puis le lendemain le thermomètre indique l'état normal, et ainsi de suite. Quelquefois la fièvre est tierce, quand il y a un jour d'intervalle sans fièvre : entre deux jours de fièvre. D'autres fois, le sujet reste deux jours sans fièvre : c'est la fièvre quarte, avec deux jours d'apyrexie. C'est seulement le quatrième jour que se produit le nouvel accès. Enfin, il y a des combinaisons de fièvres intermittentes ; on a ainsi les fièvres tierces, les doubles quartes.

Il existe d'autres fièvres où la température n'est pas possible à prévoir ; elle est essentiellement variable, tant comme durée que comme intensité : c'est ce qui se produit dans la pneumonie, la septicémie. L'individu peut avoir un frisson violent, une poussée de fièvre intense ; puis tout rentre dans l'ordre jusqu'à ce qu'une nouvelle poussée se produise.

Il y a, sans doute, dans ces cas, accumulation des éléments toxiques qui sont tout d'un coup jetés dans la circulation et qui produisent la poussée fébrile.

WUNDERLICH distingue une série de stades dans l'accès fébrile.

Le premier stade, pyrogénétique, comprend la période d'ascension ou d'augmentation, de durée essentiellement variable. Quand l'élévation thermique se fait lentement, en plusieurs jours, avec une courbe oscillante, comportant une certaine rémission le matin, le frisson peut manquer. Quand, au contraire, la température monte brusquement en une heure ou deux; il est rare que ce symptôme fasse défaut; c'est alors que la sensation de froid à la périphérie est très intense.

Dans le second stade, ou fastigium, la courbe thermique atteint son maximum; ici encore la durée est très variable, de quelques heures souvent, de quelques minutes même; dans les accès palustres elle peut persister plusieurs jours, et aussi dans les types dits continus : fièvre typhoïde, etc. Il va de soi qu'il s'agit très rarement d'une courbe thermique en plateau vrai. Le plus souvent, une rémission plus ou moins marquée se fait le matin, la température maximum s'observant alors dans la soirée.

Sous le nom de stade *amphibole*, WUNDERLICH décrit une troisième période, caractérisée par une irrégularité complète dans la courbe thermique, et qui se présente quand la maladie se prolonge un certain temps; ces oscillations indiquant un retour offensif de l'infection.

Quand la maladie se termine par la guérison, la température s'abaisse. Mais tantôt il se produit une défervescence brusque, le thermomètre revenant en vingt-quatre heures au chiffre normal, et même au-dessous : tantôt la chute se fait en *lysis*, par oscillations graduellement descendantes, la température du matin étant normale, alors que l'altération thermique porte uniquement sur la température du soir.

Dans les cas où la mort survient, on distingue chez l'homme un stade *proorganique*, et un stade organique. Le premier étant essentiellement hyperthermique, mais avec des oscillations considérables; quelquefois même la dernière ascension est précédée d'une rémission trompeuse de quelques heures, et même de quelques jours. Quant au stade organique, s'il est souvent algide, on doit signaler également des cas où l'élévation thermique se manifeste, non seulement jusqu'à la mort, mais même après l'arrêt du cœur.

Chez les animaux qui succombent aux infections expérimentales, le stade *proorganique* est presque toujours caractérisé par une hypothermie graduelle, la température baissant successivement jusqu'à 30°. On peut, en général, admettre que, chez l'homme, l'état général se maintient tant que la fièvre dure, et que l'aggravation des symptômes concorde avec la chute de la température. Pour expliquer cette différence, ROGER admet que l'organisme de l'animal en expérience résiste plus longtemps à l'infection, et qu'il peut atteindre ainsi le stade de collapsus algide, qui ne se présente que très rarement chez l'homme, parce que ce dernier meurt par son système nerveux, plus sensible, avant de pouvoir parcourir le cycle complet.

Le frisson fébrile. — Le frisson est caractérisé par la sensation de froid, le spasme des vaisseaux cutanés et le tremblement musculaire. Le frisson peut avoir une étiologie très variable, et on distingue le frisson psychique provoqué par un état mental particulier, le frisson réflexe par impression du froid sur la surface cutanée, le frisson d'origine central par refroidissement des centres, et le frisson fébrile. (V. Frisson.)

Nous ne nous occuperons ici que du frisson fébrile, l'étiologie de ce frisson étant en réalité différente du frisson physiologique. Le frisson fébrile n'est pas, comme le frisson physiologique (réflexe ou central), un effort contre le refroidissement. Il se produit quand la température centrale est élevée, et la température périphérique n'est généralement pas au-dessous du niveau normal quand il éclate. GAVARRET a très bien décrit la marche de la température au moment du frisson. Avant son apparition, les températures axillaire et rectale montent lentement; quand l'horripilation apparaît, la température rectale monte rapidement; la température axillaire tombe plus rapidement encore, l'écart entre les deux pouvant atteindre jusqu'à 10°. Quand la température centrale est très élevée, le frisson cesse et la température cutanée remonte; puis les deux températures commencent à baisser parallèlement.

Plusieurs théories ont été émises pour expliquer le frisson fébrile.

L'une est défendue par COHNHEIM, MAREY, PICOT. Pour COHNHEIM, la cause initiale réside dans la contraction des petits vaisseaux cutanés provoquée par l'élévation brusque de la température du sang; cette contraction entraîne une diminution dans la radiation thermique, et c'est cette diminution même qui provoque en nous la sensation fausse de froid. Cette théorie repose sur une hypothèse qui est loin d'être établie : l'élévation de la température du sang, provoquant la contraction des capillaires cutanés. MAREY admet également la vaso-constriction des capillaires périphériques, la sensation de froid résultant du refroidissement de la surface cutanée.

Une seconde théorie, complètement opposée, fut exposée par Billroth, et soutenue par Lorain. Le frisson n'est pas dû à l'abaissement de la température cutanée, mais à l'élévation brusque de la température centrale, de sorte que la différence thermique entre le milieu ambiant et le milieu organique s'accentue rapidement.

Ughetti reprend la théorie de Lorain; il pose en principe qu'un changement de 1° dans notre température interne provoque les mêmes réactions qu'un changement de 20° dans le milieu ambiant; par suite, que, si dans la fièvre la température s'élève brusquement de 37°,5 à 38°,5, c'est comme si le milieu ambiant passait de 20° à 0°. Pour Ughetti, le frisson se rattache essentiellement à la poussée brusque de la température, et non à une action des agents psychogènes. Il invoque en faveur de cette opinion les observations de Fileane et d'Hallopeau, qui, utilisant chez des fébricitants les antipyrétiques, observent que le frisson reparaît chaque fois que, l'effet antithermique disparaissant, la température remonte brusquement.

Le rôle étiologique des agents toxiques dans l'apparition du frisson, s'il est nié par Ughetti, était admis déjà par Picot, Billroth et les auteurs classiques. Pour Bouchard aussi, les poisons sont la cause essentielle et primitive du frisson. Le frisson fébrile, dit Bouchard, est le résultat d'une toxine spéciale qui agit sur les centres; cette matière peut être distincte de celle qui produit la fièvre : la première agirait sur les centres vasomoteurs, la seconde sur le centre thermogène. La toxine produit le spasme vasculaire; l'anémie cutanée entraîne le refroidissement et la sensation de froid, et, comme conséquence, une incitation des centres moteurs, d'où le tremblement.

Variations calorimétriques. — Calorimétrie directe. — Les premières recherches de calorimétrie directe sur l'homme fébricitant sont dues à Liebermeister, qui employait la méthode des bains (voir **Calorimétrie**, ii, 999).

Un exemple peut être cité. En introduisant un fiévreux de 39 kilogrammes dans le bain, on constate que la quantité de calories cédées à l'eau est de 172 000; en prenant 0,83 pour coefficient calorique du corps humain, on devrait trouver un abaissement de température de

$$\frac{172.000}{39 \times 0,83} = 5°,3.$$

Or cet abaissement n'est que de 2°,1. L'écart a été comblé par une augmentation de production égale à 830×39×3,2—103,750.

Liebermeister emploie des bains à diverses températures et obtient des résultats très différents suivant la température de l'eau. La différence entre la quantité de chaleur dégagée par l'homme sain et l'homme malade, suivant la température du bain, s'atténue à mesure que les bains deviennent plus froids.

D'après les résultats de ses expériences, Liebermeister admet qu'un fébricitant, pour conserver sa température, doit augmenter sa production de chaleur :

Pour 1° de. . .   6 p. 100
      2° de. . .   12 —
      3° de. . .   18 —
      4° de. . .   24 —

Ainsi, d'après Liebermeister, l'augmentation dans la production de chaleur chez le fiévreux suivrait exactement une progression arithmétique.

Leyden utilise le procédé de la calorimétrie partielle. Une première série de recherches faites, — la jambe étant mise nue dans l'appareil, — sur l'homme sain, sur un phtisique, sur un typhique et sur des malades atteints de *febris recurrens*, prouve que la perte de chaleur est bien plus forte dans la fièvre qu'à l'état sain : à 40°, cette perte peut être près du double de la quantité normale. La quantité perdue n'est pas proportionnelle à la température fébrile. C'est à la fin de l'accès, et non lors du *summum* de la fièvre, que cette quantité est le plus considérable.

Une seconde série d'expériences a été faite sur le membre recouvert, de sorte que les pertes répondent à des conditions normales. Pour l'homme sain, le calcul montre qu'en une heure la perte est de 0,12 calories, soit pour tout le corps, en 24 heures, 2 240 000 calories, soit 44,3 calories par pouce carré de la surface. Dans la fièvre la plus intense, la perte de calorique s'élève, au point de devenir double de l'état normal ; la perte est surtout considérable dans le stade critique ; la quantité de calorique perdue s'élève à 3 fois la normale.

ROSENTHAL a exécuté de longues et patientes recherches calorimétriques avec le calorimètre à air placé dans une ambiance constante. Plus que tout autre physiologiste, il défend la théorie de la rétention du calorique, au moins pendant le stade d'élévation thermique. Dans une série de trente et une recherches faites sur un même lapin, il trouve, comme moyenne de 14 jours apyrétiques, un chiffre de 2 764 calories, et pour 10 jours de fièvre 2 729 ; enfin, dans 7 jours intercalaires, c'est-à-dire pendant lesquels la fièvre était latente, 2 598. D'après ces chiffres il n'y aurait pas de différences sensibles entre les jours d'apyrexie et de pyrexie franche, alors que pendant la période d'incubation la rétention de calorique serait évidente (?).

Chez l'homme, ROSENTHAL n'a pu faire que des mensurations calorimétriques locales (sur le bras). Il reconnaît lui-même l'insuffisance de cette méthode. En outre, il est presque impossible d'étudier le début de la fièvre, à moins d'avoir des paludéens, ce qui n'était pas le cas. Chez un sujet, où il put cependant faire une détermination calorimétrique locale pendant le stade d'élévation, il trouva 0,81 calories alors que, pendant la défervescence, il constata 1,10 calories. Malgré ces difficultés, il maintient ses conclusions primitives : pendant le stade d'ascension, l'émission de calorique est plus faible que pendant le stade d'acmé, et surtout que pendant le stade de défervescence.

MAY, avec le calorimètre de RUBNER, expérimentant sur des lapins, admet que pendant le premier stade l'émission de calorique oscille autour de la normale, soit en plus, soit en moins ; mais dès le second jour l'augmentation est manifeste : elle peut atteindre 31 p. 100 par kilogramme.

Les recherches de ISAAC OTT, poursuivies avec un calorimètre à air, soit sur des animaux rendus fébricitants par injections d'albumoses ou de pus, soit sur des hommes atteints de paludisme, aboutissent aux conclusions déjà connues : la température n'est pas en fonction directe de la thermogénèse. Dans le premier stade, la première est souvent diminuée par rapport à la normale, alors qu'elle est augmentée pendant les stades suivants.

KREHL et MATTHES utilisent le calorimètre de RUBNER. Ils produisent l'hyperthermie à l'aide d'injections de substances diverses : solution d'azotate d'argent à 3 p. 100 ; deutéro-albumoses obtenues par des procédés divers de digestion pepsique, cultures du *Bacterium coli*, de pneumo-bacilles, ou d'un Proto-coon de PFEIFFER ; etc. Pendant la période d'ascension thermique, on note parfois une diminution dans la perte de chaleur, mais c'est un fait exceptionnel, et, en règle générale, il y a une légère augmentation ; 10 p. 100 en moyenne, mais sans qu'il y ait parallélisme entre la température et la thermogénèse. Pendant le second stade, l'augmentation, presque constante, est en moyenne dans le rapport de 119 à 100 ; ce rapport pouvant s'élever jusqu'à 16 p. 100.

KAUFMANN, expérimentant sur un chien soumis à l'inanition et rendu fébricitant par injection de pus putréfié dans le péritoine, trouve une augmentation dans la radiation calorique pendant les jours de fièvre, sans qu'il y ait un rapport exact entre les courbes thermométriques et calorimétriques. Pendant le premier jour de la fièvre, la température rectale atteignait 40°,1, soit 1°,5 au-dessus de la normale, et l'animal avait produit une augmentation de 45 p. 100, en calories, alors que, le deuxième jour, avec 40°,6, soit 2° au-dessus de la normale, l'excès n'était plus, en calories, que de 24,6 p. 100.

La perte de chaleur se fait par trois voies : conduction, radiation, évaporation. S'il est bien difficile de faire la part des deux premiers facteurs, il est plus facile de reconnaître celle du troisième, et les auteurs donnent les chiffres moyens suivants : chiffres qui concordent avec ceux de NEBELTHAU.

	P. 100 de chaleur perdue par évaporation.
Lapin normal.	16,6
— fébricitant. . . .	17,2
Cobaye normal.	15,6
— fébricitant. . . .	15,3

Mais ce sont là des moyennes, et, si l'on étudie les *maxima* et les *minima*, on trouve des écarts considérables.

	MAXIMUM.	MINIMUM.
Lapin normal.	24,3	8,8
— fébricitant.	23,3	11,8
Cobaye normal.	23,5	9,9
— fébricitant. . . .	24,1	10,9

D'où l'on peut conclure que dans la fièvre la proportion de la radiation thermique par évaporation est la même que dans l'état normal.

On voit que le rapport entre la chaleur perdue par évaporation et celle qui est perdue par radiation ne varie pas sous l'influence de l'état fébrile.

Cette constance dans la répartition des différentes pertes de calorique pendant la période fébrile constitue un fait très important, et qui est peut-être caractéristique de l'état pathologique. Si l'on compare, en effet, cette constance avec l'augmentation relative formidable que l'on trouve chez l'individu sain, luttant contre l'élévation thermique, on est frappé de la différence : Rubner, sur un individu travaillant, calcule que la perte par évaporation d'eau peut atteindre 87 p. 100. Wolpert arrive aux mêmes conclusions. Malheureusement nous n'avons pas de données précises sur l'élimination d'eau chez les malades fébricitants.

La question des modifications d'équilibre entre la production et la perte de chaleur doit être envisagée suivant les diverses périodes de l'accès fébrile. Pendant le premier stade, correspondant à l'élévation plus ou moins rapide de la température, la plupart des auteurs s'accordent à reconnaître qu'il y a plutôt rétention de calorique (Rosenthal, Nebelthau, Krehl et Matthes). La vaso-constriction, qui domine à ce moment, entraîne une diminution dans la radiation et dans la conduction à la surface du corps. J. Rosenthal provoque la fièvre chez des lapins par l'inoculation de crachats tuberculeux, de pus cancéreux, de pyocyanine, et, chaque fois, il note, pendant le stade d'ascension, une diminution dans l'émission du calorique, enregistrée avec le calorimètre à air.

D'Arsonval et Charrin, en injectant de la tuberculine à des lapins ou à des cobayes tuberculeux, obtiennent des hyperthermies très marquées avec une diminution dans la radiation calorique. Déjà, en 1881, d'Arsonval, en provoquant un état fébrile par injection d'ammoniaque ou d'une culture charbonneuse, constatait que la radiation se modifiait peu, alors que la température s'élevait très rapidement.

Mais, dans le second stade de la fièvre, alors que la température a atteint son maximum, la plupart des auteurs qui avaient admis la théorie de Traube, c'est-à-dire la rétention de calorique pendant le premier stade, reconnaissent que, pendant cette période seconde, l'émission de calorique, et, par suite, la production de chaleur dépassent le chiffre normal. Tout concourt alors à cette perte de calorique : la radiation, la conduction de la peau, et surtout l'évaporation aqueuse.

Nebelthau estime l'augmentation dans la perte de calorique par évaporation à 16 ou 17 p. 100 : Rubner, Wolpert, Zuntz attribuent à ce dernier facteur le rôle le plus important; la radiation n'apportant qu'un faible appoint dans la lutte contre l'hyperthermie.

Les recherches de Langlois, faites avec le calorimètre à air de Ch. Richet, ont porté presque exclusivement sur des enfants en pleine période fébrile (broncho-pneumonie). Or il a pu constater que, dans ces conditions, il existe d'une façon générale une corrélation directe entre la thermogénèse et la température; l'augmentation étant de 10 p. 100 avec 38°5; de 12 p. 100 à 39°5, et, enfin, de 15 p. 100 à 40°5. Toutefois on peut observer des faits très divergents. Ainsi, chez un enfant atteint de broncho-pneumonie et en incubation de rougeole, le maximum de radiation est atteint avec 39°9; et, bien que la température continue à monter pour atteindre 40°3, la radiation diminue les jours suivants.

D'autres enfants, avec des températures nettement fébriles de 39°, fournissent des quantités de calories inférieures au chiffre normal d'enfants bien portants de même poids, et c'est souvent pendant la défervescence que le chiffre de calories s'élève. Toute cette question se rattache nécessairement à l'état des vaisseaux. Heidenhain avait montré que les vaso-moteurs se comportaient différemment chez le sujet sain et le sujet malade. L'excitation d'un nerf périphérique sur un sujet normal provoque facilement une dilatation des vaisseaux et un abaissement de température; tandis que, sur l'animal fébricitant, cette excitation ne provoque ni dilatation, ni abaissement thermique. SENATOR a également vu que l'injection de cultures de l'érysipèle du porc à des lapins détermine une vaso-constriction des vaisseaux de l'oreille, très intense, que les excitations locales ne pouvaient effacer. MARAGLIANO a signalé dans certaines formes aiguës fébriles chez l'homme une vaso-constriction qui précède l'élévation de la température.

KREHL et MATTHES insistent sur les oscillations rapides dans l'état de la surface radiante, qui peuvent se faire pendant la période de *fastigium*.

Pendant le troisième stade, celui de la défervescence, l'émission de chaleur est généralement accrue. Le stade de sueur critique, la vaso-dilatation, que l'on constate pendant cette période, sont autant de signes certains que la déperdition est considérable, et qu'elle peut suffire pour expliquer la chute de la température centrale. Malheureusement nous n'avons ni données précises, ni recherches calorimétriques directes fournissant des chiffres exacts sur la radiation pendant cette période. Sur les animaux, cette chute de la température paraît due principalement à une diminution dans les processus chimiques; mais il faut tenir compte ici des différences considérables que présentent la surface nue de l'homme et celle couverte de poils des animaux.

ROSENTHAL déclare n'avoir pu convenablement observer ce stade chez les animaux; mais, quand il réussissait à provoquer un abaissement thermique notable par les antipyrétiques, il constatait une très forte augmentation dans l'émission de chaleur.

Pour résumer cette série d'observations, on peut, en totalisant les résultats obtenus, dire que, pendant le premier stade, ou stade d'ascension, l'émission de calorique est souvent inférieure au chiffre normal; que, pendant la période d'état, cette émission est augmentée, sans qu'il y ait corrélation exacte entre la température et l'augmentation d'émission; que, pendant la période de défervescence, l'émission atteint son maximum.

Calorimétrie indirecte. Chimisme respiratoire. — On a cherché depuis longtemps les variations de l'élimination de l'acide carbonique et de l'absorption d'oxygène dans les cas pathologiques.

LEHMANN, en 1859, déclarait que jamais, dans aucune maladie, on ne trouvait d'augmentation dans l'acide carbonique exhalé; mais, onze ans plus tard, LEYDEN apportait une conclusion toute opposée; il trouvait une augmentation constante du CO_2 dans la fièvre, et il affirmait que cette augmentation pouvait atteindre 50 p. 100. A la même époque, SILUJANOFF, rendant fébricitants des chiens par injection de substances putrides, constatait que l'excrétion de CO_2 marchait parallèlement à la température.

LIEBERMEISTER, dans ses observations sur un malade atteint de fièvre intermittente, a trouvé que la proportion d'acide carbonique dans l'air expiré avait diminué. Cette diminution de 10 p. 100 environ est due à la plus grande fréquence des mouvements respiratoires; la quantité absolue est au contraire augmentée de 20 à 30 p. 100. Citons une de ses observations faites sur un homme de 62 kilogr. atteint de fièvre tierce. Les chiffres indiquent l'acide carbonique en grammes (chiffres absolus).

HEURES.	PÉRIODE DE CHALEUR.	APYREXIE.	PÉRIODE DE SUEUR.	APYREXIE.
h. m	gr.	gr.	gr.	gr.
0,30'	20,7	13,8	19,6	16,1
1,00'	19,2	15,0	17,8	17,0
1,30'	19,0	14,6	18,8	16,0
2,00'	18,7	14,7	17,3	16.0
TOTAUX. . .	77,6	58,1	73,5	65,0

Pendant la durée de l'observation faite dans la période de chaleur (2 heures), la température s'était élevée de 39 à 40°,5.

Dans la troisième observation, stade de sueur, elle avait baissé de 40 à 38°3 dans le même laps de temps (2 heures). L'excrétion de l'acide carbonique dans la première observation a donc augmenté de 31 p. 100 sur la seconde observation.

Cette augmentation n'est plus que de 20 p. 100 dans les deux autres.

LIEBERMEISTER avait signalé ce fait que l'augmentation d'élimination de l'acide carbonique précède l'augmentation de la température. Il l'expliquait de la manière suivante : l'excrétion exagérée de CO_2 correspond bien au moment où les combustions augmentent; au contraire la chaleur périphérique est forcément en retard; car il faut un certain temps pour que la masse du corps arrive à s'échauffer.

TRAUBE et SENATOR n'ont pas admis cette augmentation, et SENATOR, pour expliquer les résultats de LIEBERMEISTER, émet l'hypothèse suivante : l'excès de CO_2 observé serait dû essentiellement à l'activité plus grande de la ventilation pulmonaire qui balaierait ainsi le sang veineux; hypothèse étrange, et contraire à tout ce que nous connaissons sur les lois qui président à la ventilation pulmonaire et à l'hématose.

Il est vrai qu'il propose une autre théorie aussi problématique. L'acide carbonique serait exhalé en plus grande quantité, par suite d'une acidité plus grande du sang. Rien ne venait appuyer cette opinion à cette époque, et, si, depuis lors, il paraît évident que l'alcalinité du sang (terme plus convenable que l'acidité) est, en effet, diminuée dans les maladies fébriles, cette diminution, très faible, ne saurait expliquer la quantité et la persistance de l'acide carbonique exhalé.

REGNARD confirme les recherches de LIEBERMEISTER. Dans une première série expérimentale, il provoque l'hyperthermie en plaçant les cobayes dans une atmosphère surchauffée, et obtient ainsi des températures de 41°.

La courbe construite avec les six expériences citées montre que l'absorption de l'oxygène marche avec la température, suivant une courbe parabolique, que l'acide carbonique éliminé croît progressivement jusqu'à 38°, mais qu'à partir de ce chiffre l'élimination s'abaisse plutôt, de sorte que le quotient respiratoire $\dfrac{CO_2}{O_2}$ devient très faible.

Il faut donc admettre qu'une partie de l'oxygène absorbé se combine, dans les températures fébriles, autrement que pour faire avec le carbone de l'acide carbonique.

Les recherches de KALMIN sur les lapins recevant des cultures diphtéritiques ou pyocyaniques, de PREOTCHENSKY sur des chiens, conduisent à des conclusions identiques. L'hyperthermie peut augmenter l'élimination de CO_2 de 60 p. 100; mais, pendant la période qui suit l'injection, et avant l'élévation thermique, on observe plutôt une diminution des échanges.

Dans l'expérience de KAUFFMANN déjà citée, à propos de la thermogénèse, on retrouve la confirmation de l'exagération des combustions organiques dans la fièvre.

Il y a une relation évidente entre l'augmentation de la thermogénèse et les échanges respiratoires. Ces deux quantités croissent et décroissent ensemble. Il existe surtout un parallélisme et une proportionnalité remarquables entre l'augmentation de l'absorption de l'oxygène et celle de la production de chaleur. Ainsi l'absorption de l'oxygène a augmenté de 47 et 26 p. 100; la thermogénèse a augmenté respectivement de 56 et 24. 6 p. 100, c'est-à-dire sensiblement dans les mêmes proportions.

Ce parallélisme si remarquable entre l'exagération des échanges respiratoires et celle de la thermogénèse pendant la fièvre, constitue un argument nouveau et puissant en faveur de la doctrine de CHAUVEAU, d'après laquelle la chaleur produite par l'animal dérive d'un processus chimique d'oxydation ou d'une simple combustion plus ou moins complète des principes immédiats de l'organisme. Il prouve également que pendant la fièvre les phénomènes intimes de la nutrition, comme la thermogénèse, ne sont pas modifiés dans leur nature, mais tout simplement exagérés.

Nutrition et thermogénése comparées à l'état normal et à l'état de fièvre chez le chien en abstinence.

TABLEAU I.

JOURS des expériences.	ÉTAT de L'ANIMAL.	TEMPÉRATURE		ÉCHANGES RESPIRATOIRES			ALBUMINE détruite.	CHALEUR PRODUITE au calorimètre.
		du local.	de l'animal. (rectum)	CO² produit.	OXYGÈNE absorbé	QUOTIENT respiratoire.		
								cal.
1. . . .	Normal.	20°,5	38°,6	3,37	4,47	0,75	0,498	21
2. . . .	Fièvre.	21°,5	41°,1	4,75	6,56	0,72	0,837	30,4
3. . . .	Fièvre.	21°,5	40°,6	4,36	5,67	0,76	0,889	26
4. . . .	Normal.	21°	38°,7	3,40	4,49	0,75	0,556	21

TABLEAU II.

	AUGMENTATION P. 100 SOUS L'INFLUENCE DE LA FIÈVRE.	
	1er jour de fièvre.	2e jour de fièvre.
	p. 100.	p. 100.
Exhalation d'acide carbonique	49	29
Absorption d'oxygène	47	26
Destruction d'albumine	68	78
Production de chaleur.	45	24,6

TABLEAU III.

JOURS DE L'EXPÉRIENCE et état de l'animal.	CHALEUR PRODUITE PAR LA FORMATION DU SUCRE aux dépens		CHALEUR TOTALE PRODUITE dans le foie.	CHALEUR TOTALE PRODUITE par l'animal.	RAPPORT DE LA CHALEUR produite dans le foie à la chaleur totale produite par l'animal.
	de l'albumine détruite.	de la graisse brûlée.			
		cal.	cal.	cal.	cal.
1 Normal.	1,6	6,6	8,2	21	0,39
2 Fièvre.	2,7	9,5	12,2	30,5	0,40
3 Fièvre.	2,8	8,0	10,8	26	0,41
4 Normal.	1,8	6,5	8,3	21	0, 39

STERNBERG, expérimentant sur des lapins, dans le laboratoire de ROSENTHAL, constate également que augmentation de l'excrétion do CO^2 suit une marche parallèle à l'accroissement de la température.

COLASANTI, dans ses recherches relatives à l'influence de la température extérieure sur les échanges organiques, ayant eu l'occasion de rencontrer un cobaye fébricitant, trouve chez cet animal, pour l'état normal, 948 d'O absorbé et 872 de CO^2 éliminé par kil. et par heure, et pendant la fièvre   1 243 —   —   1 202 —   —

Le quotient respiratoire passe donc de 0,92 à 0,96.

FINKLER, dans le laboratoire de PFLUGER, poursuit les mêmes recherches. Il opère sur des cobayes, et arrive à des résultats très variables. S'il constate une élévation du taux de CO^2, il ne peut établir aucune relation entre cette élévation thermique, la température et les oxydations. Il fait remarquer qu'il est possible qu'au début de la fièvre l'augmentation des oxydations soit plus énergique que pendant la période de fièvre continue.

A. LILIENFELD, dans le laboratoire de ZUNTZ, étudie les échanges respiratoires sur un chien trachéotomisé, la fièvre étant produite par une injection de macération de foin. Une demi-heure après l'injection, la température s'élevait à un demi-degré. Un quart d'heure après l'injection, les échanges gazeux augmentaient. L'absorption d'O suit la même marche que l'élimination de CO^2, de sorte que le quotient respiratoire ne se modifie pas. L'activité des échanges augmente de 75 p. 100.

L'augmentation des échanges se produit et se maintient, même si l'on a élevé la température de l'animal par un bain chaud, avant la fièvre. Chez un animal fébricitant, la différence entre sa chaleur propre et celle de l'eau chaude est beaucoup plus grande que chez un animal normal, si la température du corps reste constante.

	O.	CO^2.	QUOTIENT RESPIRATOIRE.	TEMPÉRATURE de l'animal.	DIFFÉRENCE des températures du bain et de l'animal.
Avant la fièvre	528,5	390	0,74	39,16	1,6
1/4 d'heure après l'injection.	326	385	0,73	39,20	1,7
2 heures.	578,7	423	0,73	39,20	2
3 heures.	889	654	0,74	39,20	3,6
4 heures.	902	669	0,74	38,20	4,6
MOYENNE.	720	523	0,73	39,10	2,9

Les recherches de KRAUS ont porté sur des malades atteints de pneumonie, de fièvre typhoïde, d'érysipèle. Dès le début de la fièvre les échanges gazeux étaient nettement augmentés, l'accroissement atteignant en moyenne 20 p. 100. Dans deux cas seulement de fièvre typhoïde prolongée, avec une alimentation très mauvaise, les échanges ne s'élevèrent pas. Chez l'un des sujets les combustions furent égales à celles qu'on avait observées chez le même individu à l'état normal. Chez l'autre l'absorption d'oxygène fut à peine supérieure à celle de la convalescence, malgré une hyperthermie très marquée. KRAUS, employant, comme KRAUS la méthode ZUNTZ-GEPPERT, trouve jusqu'à 50 p. 100 d'augmentation dans les échanges ; mais aussi, dans quelques cas d'hyperthermies intenses, une augmentation très faible. En pleine période d'acmé, et surtout au début de la descente thermique, la consommation d'oxygène fut parfois trouvée normale.

Utilisant la réaction fébrile de la tuberculine chez les phthisiques, LŒWY, KRAUS, arrivent à des résultats concordants : huit fois, sur douze sujets, ils trouvent une augmentation de 8 à 22 p. 100 de l'oxygène brûlé, l'élimination de CO^2 étant également augmentée. Dans d'autres cas, malgré l'élévation de température, les échanges n'étaient pas modifiés.

En fait, d'après KRAUS et LŒWY, s'il y a généralement exagération des processus chimiques, il n'y a pas parallélisme entre la courbe thermique et celle de l'activité des échanges. L'exagération se manifeste surtout dans la période initiale de la fièvre, et chez les sujets à ventilation pulmonaire intense. KRAUS et LŒWY ont tous deux une tendance à admettre que l'augmentation constatée est due à une exagération de l'activité musculaire : mouvements respiratoires plus fréquents, frisson ou simple exagération du tonus musculaire.

L'étude du quotient respiratoire permet de juger la qualité des combustions organiques. Nous devons citer les travaux de REGNARD, FINKLER, LILIENFELD, KRAUS, A. ROBIN et BINET.

P. REGNARD étudie les modifications des échanges gazeux dans les fièvres de différents types, et il établit que :

1° Dans les fièvres franches et les inflammations aiguës, la consommation d'oxygène est augmentée, et l'exhalation de l'acide carbonique également, mais dans des pro-portions moindres. Le quotient respiratoire $\frac{CO^2}{O^2}$ varie entre 0,5 et 0,6; au lieu de 0,8, chiffre physiologique.

2° Dans les fièvres lentes hectiques, les combustions sont encore augmentées; mais, dans les fièvres franches, l'exhalation de CO^2 est moindre encore par rapport à l'oxy-gène.

$$\frac{CO^2}{O^2} = 0,5.$$

3° Dans les cachexies, il existe une diminution dans l'absorption de l'oxygène et dans l'exhalation de l'acide carbonique, sans modification du quotient respiratoire.

$$\frac{CO^2}{O^2} = 0,7 \text{ et } 0,9.$$

A. Robin et Binet ont fait porter leurs recherches sur des typhiques : leurs conclusions ne sont applicables qu'à cette maladie, et ne sauraient être généralisées sans danger aux autres affections hyperthermisantes. 1° Dans la fièvre typhoïde commune, pendant la période d'état, les proportions centésimales d'O^2 consommé et de CO^2 produit sont légè-rement au-dessous de la normale. Le quotient respiratoire varie peu, mais l'oxygène absorbé par les tissus croît sensiblement. Quand vient la convalescence, l'O^2 consommé est utilisé presque tout entier pour la formation de CO^2, d'où relèvement du quotient. 2° Dans la forme grave, suivie de guérison, les proportions centésimales de CO^2 et de O^2 sont plus faibles que dans la forme bénigne; au contraire, l'absorption de l'O^2 par les tissus augmente. Le quotient respiratoire baisse. Au moment de la convalescence, les échanges se règlent et s'exagèrent; O^2 et CO^2 augmentent tous deux, et le quotient se relève. 3° Dans la fièvre typhoïde à issue fatale, il faut considérer deux périodes; celle dans laquelle l'organisme lutte encore avec quelques avantages, et celle où l'orga-nisme est en déroute. La première période elle-même comprend deux phases; l'une (a) correspondant à la pleine activité de la lutte; l'autre (b) dans laquelle l'organisme pré-sente des signes de défaillance. a) Dans la première phase de la période de lutte en pleine activité, la ventilation s'accroît; CO^2 et O^2 croissent aussi bien dans leurs propor-tions centésimales que par rapport au kilogramme-minute. L'activité chimique augmente donc comme l'activité mécanique. b) Dans la deuxième phase, quand apparaissent les premiers signes de défaillance, la proportion centésimale d'O^2 et de CO^2 faiblit, l'absorp-tion totale de O^2 est moins considérable; seules, la ventilation et une production totale plus grande de CO^2 signalent les derniers actes de la résistance organique. Le quotient s'élève bien, ce qui semble correspondre à des oxydations plus actives; mais, en réalité, il ne monte que parce que l'absorption de O^2 a faibli, et c'est cet affaiblissement, com-paré à l'augmentation de la ventilation et de l'excrétion de CO^2, qui caractérise ce der-nier effort d'une activité déjà vaincue. c) A la période de défaite, les échanges tombent à des chiffres très bas; « le chimisme n'indique plus aucune trace de lutte, puisque la ventilation elle-même a faibli ». Donc « l'activité des échanges respiratoires est en raison inverse de la gravité de la maladie; plus la fièvre typhoïde est grave, moins les échanges sont élevés ».

Quant aux rapports qui peuvent exister entre la température et les échanges, A. Robin et Binet déclarent que, dans la fièvre typhoïde, à des températures élevées corres-pondent des oxydations respiratoires abaissées; mais ils reconnaissent qu'il y a des excep-tions, puisque les échanges respiratoires sont moindres avec des températures moyennes qu'avec des températures maximales.

Kraus n'avait pas trouvé que le quotient respiratoire fût influencé par la fièvre; il serait généralement assez abaissé, mais sans tomber cependant beaucoup au-dessous de la normale. Lœwy donne des chiffres faibles, mais qui ne descendent pas au-dessous de 0,65. Avec Riethus nous retrouvons des chiffres concordant avec ceux de Regnard. Dans plusieurs cas le quotient descend au-dessous de 0,6, et même, chez des chiens rendus fébricitants par injection d'azotate d'argent dans la plèvre, il baisse à 0,5. L'abais-sement du quotient respiratoire s'expliquerait par une oxydation incomplète des substances organiques, entraînant dans l'organisme une accumulation de substances incomplètement oxydées (Regnard). L'étude des produits éliminés par l'urine montrera combien cette vue paraît justifiée.

§ III. — PHÉNOMÈNES CHIMIQUES DE LA FIÈVRE

Destruction des albuminoïdes. — La fièvre est caractérisée essentiellement par une exagération des processus protéolytiques ; c'est-à-dire que la destruction des matières albuminoïdes chez les sujets fébricitants est plus active que chez les sujets apyrétiques, *soumis au même régime alimentaire*. On conçoit qu'il est nécessaire d'ajouter cette dernière phrase, car les fébricitants sont généralement dans un état de régime particulier, le plus souvent voisin de l'état d'inanition : et qu'on ne saurait donc comparer, au point de vue du déchet protéolytique, un individu recevant une ration d'hydrates de carbone et de graisses, qui lui permet de ménager ses réserves protéiques, avec un malade réduit aux seules réserves protéiques de ses tissus.

Ce qu'on peut établir d'une façon générale, c'est qu'on trouve dans l'urine des fébricitants plus d'azote que ne le comportent leur nourriture et leur état nutritif.

Les auteurs qui se sont les premiers occupés de cette question ont envisagé presque exclusivement l'urée, et, dès 1864, W. Moss indiquait qu'il existait une étroite relation entre l'élimination de l'urée et la courbe thermique. Leyden, Senator, Unruh ont traité avec détails le même sujet.

Le problème peut se résumer en quatre questions :

1° L'élimination de l'urée est-elle proportionnelle à la courbe thermique ?

2° Existe-t-il, pendant la fièvre, une rétention des corps azotés de désassimilation ?

3° L'élévation thermique précède-t-elle ou suit-elle l'exagération protéolytique ?

4° L'exagération protéolytique permet-elle d'expliquer l'hyperthermie ?

1° L'excrétion de l'urée est augmentée pendant la fièvre, mais sans qu'il y ait parallélisme entre la quantité excrétée d'urée et la courbe thermique. L'excrétion varie avec les maladies, elle est plus abondante dans les fièvres intermittentes que dans la fièvre continue. Dans la fièvre typhoïde, par exemple, on trouve un jour 12^{gr},5 d'urée avec 39°6, et, le surlendemain, 27 grammes avec 38°. Pendant la crise, l'élimination atteint souvent son maximum, constituant l'élimination uréique épicritique.

2° La rétention variable des substances azotées de déchets explique, mieux que toute autre théorie, les grandes oscillations de l'élimination uréique. Il est probable que ces variations tiennent surtout à des différences dans le lavage des tissus et dans le fonctionnement des émonctoires rénaux. Peut-être également y a-t-il rétention des substances azotées dans le foie, dont les fonctions uréopoiétiques sont perturbées par le syndrôme fébrile.

3° L'élévation thermique précède-t-elle toujours l'élévation de l'élimination azotée ? Notons d'abord que l'hyperthermie provoquée par l'excès de la chaleur extérieure suffit pour augmenter considérablement l'élimination de l'azote ; en chauffant un chien à l'étuve, Naunyn a vu l'élimination de l'urée, qui était de 6,8 en 4 heures à la température normale, monter après l'hyperthermie de 2,59 à 9^{gr},7. Mais, dans l'hyperthermie fébrile, il n'en est probablement pas ainsi. Dans la fièvre intermittente, Sidney Ringer signale l'élévation du taux de l'azote urinaire avant l'ascension thermique, et il en est de même chez les chiens de Naunyn, rendus fébricitants par des injections de pus. Il faut ajouter cependant que les lapins de May, inoculés avec les cultures du rouget du porc, n'ont pas présenté d'hyperexcrétion azotée avant l'élévation de la courbe thermique.

4° Quant à l'explication des températures fébriles par la combustion exagérée des substances azotées, elle ne saurait être admise. Les chiffres d'urée les plus élevés correspondant à 42 grammes par exemple, soit 20 grammes en excès, représentent environ 90 grammes d'albuminoïdes comburés en 24 heures, ou 3^{gr}8 par heure, donnant 12 calories au maximum pour une heure. Ces 12 calories, pour un homme de 60 kilogrammes, en admettant que toute la chaleur disponible soit utilisée dans l'organisme sans régulation ni excès de déperdition, ne pourraient amener qu'une élévation de 0°2.

Nous devons citer les auteurs qui, reprenant l'opinion de Moss, soutiennent, contrairement à l'opinion de Senator, Leyden, Unruh, que l'excrétion de l'urée est en fonction de la fièvre, tels Traube, Jochmann, Naunyn.

En réalité, les expériences de NAUNYN sur les chiens montrent simplement, ce qui est hors de contestation, que la quantité d'urée excrétée peut doubler sous l'influence de la fièvre. De là à affirmer que l'excrétion de l'urée mesure la fièvre, il y a loin.

SENATOR, dans ses recherches expérimentales, donne les chiffres suivants, pris sur un chien à jeun rendu fébricitant par l'injection de substances putrides.

	CHIEN normal.	CHIEN fébricitant.
	gr.	gr.
Urée.	7.08	15
Acide carbonique.	67	72
Albuminoïdes brûlés. . . .	23	42
Graisses brûlées.	10	10,2

Si la combustion de la graisse n'a pas varié, la destruction des albuminoïdes a augmenté de 80 p. 100. D'où cette conclusion que, pendant la fièvre, l'organisme s'appauvrit en albuminoïdes et s'enrichit en graisses.

Si le fait d'une destruction exagérée des matières albuminoïdes est incontesté, il n'en est plus de même des voies et moyens de ce processus. La protéolyse est-elle simplement exagérée, ou les produits de dédoublement de la molécule albuminoïde sont-ils différents à l'état sain et à l'état fébrile? L'étude des variations des différents coefficients urinaires sous l'influence de l'état fébrile ne donne pas de renseignements bien probants. MERKLEN, après avoir fait remarquer l'influence prépondérante de l'état du foie sur les variations du coefficient $\dfrac{\text{Az uréique}}{\text{Az total}}$, admet que, chez les sujets ne présentant pas d'altérations hépatiques graves, ce coefficient a plutôt une tendance à s'élever avec la température, et que, vers 39°, on trouve fréquemment un rapport de 0,95, alors qu'avant la pyrexie on notait chez le même sujet 0,83. Il est vrai que, dans un cas d'érythème infectieux, avec 40°, le même auteur trouve un rapport extrêmement bas, 0,62.

D'après quelques auteurs, la fièvre serait caractérisée par l'apparition dans l'organisme d'albumoses (SCHULTEN, HOFMEISTER, KREHL) provenant d'une destruction partielle des molécules albuminoïdes. Ces albumoses étant ensuite agents déterminants de quelques symptômes fébriles, KREHL et MATTHES leur font jouer un rôle important dans le mécanisme de la fièvre. On trouve en effet cette deutéroprotéose non seulement dans les fièvres d'origine bactérienne, mais aussi dans les pyrexies aseptiques, comme celle qui est déterminée par des injections irritantes d'iode ou de nitrate d'argent dans la tunique vaginale pour la cure de l'hydrocèle. Les différentes modalités des fièvres, l'action dominante de tels ou tels symptômes, s'expliqueraient par la formation d'albumoses différentes; mais STOKVIS émet des doutes sur ce rôle si important joué par des albumoses.

KAUFMANN, d'après les chiffres obtenus sur un chien fébricitant (voyez le tableau de la page 437), soutient que le mécanisme de destruction des albuminoïdes est identique à l'état sain et à l'état fébrile, et que cette destruction se fait suivant la théorie de CHAUVEAU, non par clivage hydrolytique; mais par oxydation, pour donner du sucre.

Destruction des graisses et des hydrates de carbone. — LIEBERMEISTER avait pensé que la destruction des graisses est accélérée pendant la fièvre; mais SENATOR a posé un principe absolument opposé. L'organisme, dit-il, s'appauvrit en albuminoïdes et s'enrichit relativement en graisse, ce qui est prouvé par la dégénérescence graissseuse des organes.

Cette diminution relative de la destruction des graisses est également admise par KRAUS et LOEWY, qui ont expérimenté sur des malades soumis à des injections de tuberculine. On peut, disent-ils, constater quelquefois une légère augmentation dans la destruction des graisses; mais il s'agirait, d'après eux, de cas particuliers, qui peuvent aussi bien se présenter chez les sujets sans fièvre, et d'une manière générale la combustion des graisses chez les fébricitants serait plutôt diminuée. MAY, dans ses expériences sur les lapins fébricitants, par l'étude comparative des échanges gazeux, de l'élimination azotée et des mesures calorimétriques, se range à l'avis de SENATOR. REGNARD, au contraire, s'appuyant sur le chiffre très bas du quotient respiratoire observé chez les malades fébricitants, sur l'observation clinique qui montre les fébricitants s'amaigrissant très rapidement, déclare que la combustion doit se faire, en partie tout au moins, sur la réserve de produits combustibles qui constituent les graisses. SAMUELS, dans l'article « Fièvre » de la *Realencyclopedie* d'EULENBURG, admet également que la combustion des graisses est augmentée.

En fait, il est difficile d'admettre purement et simplement l'opinion de SENATOR. Si les fébricitants présentent parfois, souvent même, des dégénérescences graisseuses, il n'en est pas moins vrai qu'il y a disparition des réserves graisseuses; que chez l'enfant et chez la femme il suffit de quelques jours de fièvre pour voir disparaître le pannicule adipeux qui assure le modelé des contours. D'autre part, les oscillations du quotient respiratoire peuvent s'expliquer en admettant pour les graisses un cycle réversible : tantôt les graisses s'oxydent en grande quantité, d'où abaissement du quotient vers 0,5; tantôt, au contraire, des graisses se forment aux dépens des albuminoïdes et des traces de carbone disponible, d'où relèvement du quotient vers 0,8.

V. NOORDEN admet que dans la consomption fébrile deux facteurs entrent en jeu : 1° l'action destructive caractéristique du processus fébrile, véritable empoisonnement du protoplasma, intéressant uniquement la substance albuminoïde; 2° les effets d'une alimentation ou plutôt d'une nutrition insuffisante entraînant l'utilisation, comme source d'énergie, des albuminoïdes, des graisses et des hydrates de carbone. Ces derniers ne sont cités que pour mémoire; car il doit en exister fort peu chez le fébricitant. La destruction des hydrates de carbone est certainement accélérée par l'état fébrile : le glycogène ne peut séjourner dans le foie; il disparaît trop rapidement; un accès de fièvre suffit pour faire tomber ou disparaître le sucre des diabétiques. MAY a montré que, si l'on fait ingérer à des lapins fébricitants 30 grammes de sucre, ce dernier est bien plus rapidement détruit que chez les lapins normaux. Fait paradoxal : les muscles des premiers lapins seraient plus riches en glycogène que les muscles des animaux sans fièvre, 0,20 p. 100 au lieu de 0,12 p. 100. Il ne faut pas oublier que dans l'état d'inanition le sucre brûlé provient des albuminoïdes et des graisses de constitution.

Perte de poids dans la fièvre. — Le fébricitant est presque toujours en état, sinon d'inanition, tout au moins d'hypo-alimentation; il faut donc tenir compte de cette condition spéciale.

LIEBERMEISTER étudie avec soin cette question.

Dans les maladies chroniques, où la fièvre ne survient que par périodes éloignées, comme dans la phtisie, il a pu constater que toute poussée fébrile entraînait une augmentation dans la perte progressive du poids.

WEBER indique pour les fébricitants une perte de 30 à 44 grammes par jour, alors que les individus sains, soumis à la diète, ne perdaient que 23 à 30 grammes. WACHSMUTH, étudiant des pneumoniques, trouve une perte de poids qui peut atteindre par jour 16 p. 100, alors que l'amaigrissement dans l'abstinence complète ne dépasse pas 12 p. 100 (PETTENKOFER et VOIT).

La perte de poids chez les fébricitants, la *consomption fébrile*, a fait l'objet de patientes et nombreuses recherches de LEYDEN. Le sujet en expérience était couché dans un lit disposé sur une bascule. Les ingesta et excréta étaient régulièrement pesés. Le tableau suivant résume ces observations :

	PERTE par kilogr. et par heure.
Hyperthermie (39 à 41°).	1,00
Crise.	1,20
Stade épicritique.	0,33
Crise.	1,55
Convalescence.	0,64
État apyrétique.	0,73

La perte de poids pendant la durée de la maladie indique un chiffre moyen de 6gr,67 par kilogramme et par jour, soit une augmentation (dans la perte du poids) de 14 p. 100 environ par rapport au sujet sain. Il est à noter que c'est au moment de la crise que la perte du poids atteint son maximum.

THAON, étudiant la fièvre chez les enfants, trouve que pendant la période d'ascension le poids augmente dans les deux premiers jours; qu'il en est de même quand, au cours de la fièvre typhoïde, on observe une nouvelle ascension thermique. Pour un enfant de

35 kilogr. cette augmentation fut de 300 grammes; pour un enfant de 15 kilogr., de 400 grammes. THAON semble admettre que cette augmentation a lieu par rétention d'eau.

Pendant la période d'état, avec l'inanition et la diarrhée qui sont la règle chez les typhiques, la perte de poids est manifeste. Enfin, pendant la défervescence, la perte s'accélère même quand la diarrhée a disparu et que les malades s'alimentent. Dans une défervescence en lysis, de dix jours (40° à 37°6) une fille de 12 ans passe de 16^{kil},100 à 14^{kil},700. La diminution peut être encore plus rapide; 2^{kil},400 en quatre jours pour un sujet de 34 kilogr., soit un douzième du poids. Dans le type de typhus abortif, où la courbe thermique tombe brusquement, les sujets perdent jusqu'au 1/15 de leur poids en un jour.

Ces observations de LEYDEN, BOTKIN, THAON, sont concordantes. La perte de poids est surtout exagérée pendant la défervescence, et elle s'explique par les oscillations de l'hydratation des tissus.

FINKLER étudie comparativement la perte de poids chez des cobayes en inanition et des cobayes normaux. Les cobayes fébricitants perdent plus de poids que les cobayes normaux; en tenant compte de la durée de l'inanition, cette perte est relativement faible; divisant la perte pour cent du poids de l'animal par le nombre d'heures de jeûne, il trouve en effet les chiffres suivants :

	PERTE DE POIDS P. 100 divisé par n heures.	
Heures de jeûne.	Normaux.	Fébricitants.
24	0,37	0,40
48	0,34	0,37
100	0,28	0,29

BOTKIN soutient que dans la fièvre la courbe de la perte de poids est surtout accentuée quand la température s'abaisse, alors que, si l'hyperthermie se maintient, le poids du corps reste souvent invariable pendant deux ou trois jours. Pendant la défervescence, et malgré l'alimentation graduellement donnée, la perte de poids est très accentuée : elle s'expliquerait, d'après BOTKIN, par un lavage plus complet de l'organisme, les malades absorbant alors plus de liquides. L'auteur russe fait jouer dans la perte de poids un rôle considérable au lavage exercé par les liquides absorbés : c'est ainsi que l'hyperthermie avec grande perte de poids s'observerait presque exclusivement dans les cas de coma entraînant la diminution ou la suppression des boissons. Les sueurs ne provoquent qu'une perte de poids très passagère, rapidement compensée par l'absorption des liquides; la quantité des substances solides éliminées par la peau est en effet des plus négligeables. L'opinion de BOTKIN peut en réalité se résumer ainsi. Période fébrile correspondant à un statu quo relatif. Période de défervescence correspondant à une perte de poids marquée.

Cette opinion n'est pas adoptée par les autres observateurs, qui, comme LEYDEN déjà cité, admettent tous une consommation fébrile : LAYTON et MONNERET posent cette loi, applicable à toutes les maladies aiguës pyrétiques : période fébrile ou de perte ; période de convalescence ou de réparation : la perte par jour dans la fièvre typhoïde oscillant entre 100 et 400 grammes (MONNERET alimentait ses typhiques).

Pour expliquer ce fait signalé autrefois par LEYDEN, mais surtout défendu par BOTKIN, que la perte de poids ne correspond pas au moment de l'hyperthermie, alors que les combustions intérieures atteignent à ce moment leur maximum, on a fait intervenir un mécanisme spécial : la rétention de l'eau dans les tissus. Malheureusement il est difficile d'établir la part jouée par l'infection, cause de la fièvre elle-même, et celle du syndrome fièvre.

KREHL rappelle que, dans les maladies à type essentiellement cachectique comme le cancer, on constate souvent une rétention très nette de l'eau dans les tissus.

On sait que dans la fièvre la quantité d'urine rendue est souvent très diminuée, et que par suite la concentration atteint son maximum, mais nous ne connaissons pas nettement quelle est la part du poumon et de la peau dans l'évaporation aqueuse chez les malades atteints de fièvre. Chez les animaux rendus fébricitants, les recherches de KREHL, MATTHES, NEBELTHAU, tendraient à montrer que cette perte par les poumons et la peau présenterait une augmentation absolue, mais que le rapport entre les différentes causes de déperdition reste constant. Il est juste d'ajouter que Peiper arrivait à des conclusions opposées : il y aurait d'après lui diminution relative de l'évaporation.

Siège de l'élévation thermique dans la fièvre. — Le dosage des *excreta* montre que chez le fébricitant l'organisme consomme plus de substances que dans les conditions ordinaires, et en outre que cet excès de destruction porte, sinon exclusivement, au moins pour la plus grande part, sur les matières albuminoïdes. Mais on a voulu poursuivre le problème plus avant, et chercher si, dans les pyrexies, la destruction portait plus spécialement sur certains tissus ou certains organes.

Le sang a été incriminé. On trouvera plus loin les raisons qui permettent d'invoquer une destruction exagérée des éléments du sang : diminution du nombre des globules et de l'hémoglobine, apparition dans les urines et dans les fèces des pigments dérivés de l'hémoglobine, augmentation de l'excrétion des sels potassiques, diminution corrélative des sels de soude, excrétion de la lécithine. (V. Noorden, Salkowski, etc.)

Mais ces phénomènes, qui sont loin d'être constants dans toutes les pyrexies, et qui ne présentent pas de corrélation régulière avec la courbe thermique, seraient absolument insuffisants, même s'ils étaient toujours au maximum, pour expliquer la très faible élévation thermique.

La destruction du tissu musculaire est autrement importante. L'amaigrissement des muscles est incontestable, même si on le compare avec l'amaigrissement résultant de la simple diminution de la ration alimentaire. Aussi l'azote excrété en excès, soit sous forme d'urée, soit sous forme d'autres corps azotés plus complexes, provient-il certainement de la masse musculaire. La production d'énergie calorique par le muscle dans la fièvre doit donc se faire par un processus chimique différent de la production d'énergie dans le travail musculaire, puisque, dans ce dernier cas, ce sont surtout les hydrates de carbone qui entrent en jeu. Rappelons cependant que, pour Kaufmann, il n'y a aucune modification dans la nature du travail chimique.

Une preuve du rôle des muscles comme source de l'hyperthermie fébrile a été donnée par Zuntz. Deux lapins reçoivent la même dose de substance pyrétogène ; mais l'un est curarisé. Alors que, sur l'animal ayant conservé le tonus de ses muscles, on note une exagération des échanges gazeux, le lapin curarisé n'indique aucune modification dans ses échanges. Nous n'insistons pas sur les critiques nombreuses qui furent adressées à cette expérience.

Heidenhain et Korner démontrent également cette exagération des processus chimiques dans les muscles par une série d'expériences, où ils trouvent la température du sang plus élevée dans la veine crurale que dans le ventricule droit. Pourtant d'autres recherches nous conduisent à admettre que c'est dans le foie et dans les glandes annexées au tube digestif que se produit, en partie tout au moins, l'exagération des combustions

En 1870, Jacobson et Leyden, en utilisant des aiguilles thermo-électriques, trouvèrent que, chez les chiens rendus fébricitants par des injections de pus, l'excès de température du foie sur celle du rectum était le même que chez les animaux sains. Albert, en provoquant la fièvre par une injection d'amidon en émulsion, trouve que le sang des veines hépatiques et rénales est plus chaud que le sang des artères.

D'Arsonval et Charrin, reprenant les expériences de Cl. Bernard avec un dispositif plus perfectionné, qui provoque un traumatisme moindre, déterminent la topographie calorique des cobayes fébricitants (tuberculine, malléine). La température centrale était mesurée par une aiguille introduite directement dans l'abdomen, l'autre aiguille étant plongée directement dans les autres organes. La différence de température des divers organes par rapport à celle de la cavité abdominale prise pour terme de comparaison', était de + 1°5 à + 2° pour le foie ; de + 0°5, pour la rate ; de — 0°7 à — 1°2, pour le cerveau ; de — 1° à — 1°2, pour les muscles. Les différences seraient de même ordre que celles indiquées par Cl. Bernard, mais beaucoup plus fortes, puisque les chiffres de Cl. Bernard, obtenus autrement il est vrai, en prenant la température dans les vaisseaux, indiquent une différence entre la veine porte et la veine hépatique de 0°4 au plus, et entre la veine porte et l'aorte, de 0°4 également. D'Arsonval et Charrin insistent encore sur l'élévation notable de la température de la moelle osseuse.

Ito (Z. B., 1899, xxviii, 115), au laboratoire de Kronecker, constate, chez le lapin rendu hyperthermique par piqûre du cerveau, que le duodénum est plus chaud que le rectum ;

il en conclut que le duodénum et son voisin le pancréas, « la glande la plus énergique de l'économie », développent, consécutivement à l'excitation des corps opto-striés, plus de chaleur que les autres organes.

Lépine confirme l'observation d'Ito en la précisant. Dans une première note, il signale même ce fait curieux, que la différence en plus de la température pancréatique n'existerait que chez les chiens rendus hyperthermiques par piqûre cérébrale, alors qu'on ne la retrouverait pas chez les chiens fébricitants par injection de toxine typhique. Mais dans une deuxième note il déclare avoir retrouvé beaucoup plus souvent l'excès thermique du pancréas après infection expérimentale.

Krehl et Kratsch ont, avec la méthode des aiguilles thermo-électriques, mesuré la différence thermique entre le foie et le sang de l'aorte, prenant à dessein l'aorte, c'est-à-dire l'endroit où le sang de tout l'organisme est réuni. Chez les lapins normaux à jeûn, l'excès hépatique oscillait entre 0°4 et 0°8 ; chez les lapins fébricitants (injection de pneumocoque) l'excès pouvait dépasser 2 degrés et oscillait entre 0°8 et 2°. D'ailleurs, tout en reconnaissant le rôle prépondérant du foie, Krehl arrive à cette conclusion que l'exagération des processus fébriles a lieu dans les muscles, le foie, la rate, le rein et également dans tous les organes.

Aronsohn et Sachs accordent aux glandes de l'intestin un rôle secondaire ; les muscles jouant le rôle prépondérant. Ils provoquent l'hyperthermie chez le lapin par piqûre du cerveau, et constatent que l'augmentation de température est de 2°5 dans le rectum, de 3°8 dans les muscles, et que l'élévation thermique musculaire précède celle du rectum. Chez un animal fébricitant, le curare fait tomber la température beaucoup plus rapidement que chez un animal normal. Par fractions de dix minutes, la chute thermique est trois fois plus rapide.

Kaufmann, calculant d'après les méthodes de Chauveau le rapport de la chaleur produite dans le foie à la chaleur totale produite par l'animal, trouve que, si chez l'animal normal le foie contribue pour 39 p. 100 à la thermogénèse générale, dans la fièvre cette contribution s'élève à 41 p. 100.

§ IV. — TROUBLES DE LA RESPIRATION ET DE LA CIRCULATION

Rythme respiratoire dans les fièvres. — Les modifications apportées au rythme respiratoire par l'état fébrile sont fréquentes et importantes. Il y a lieu de faire immédiatement une distinction entre deux modes respiratoires parfois confondus : la polypnée et la dyspnée.

La polypnée thermique est caractérisée par un rythme respiratoire d'une rapidité extrême, pouvant atteindre jusqu'à 360 par minute ; mais ce phénomène n'est pas un phénomène morbide. C'est un mécanisme de défense, qui entre en jeu, chez les animaux en parfaite santé, quand ils sont exposés à des températures trop élevées.

Goldstein le premier signala l'accélération du rythme respiratoire chez les chiens dont il chauffait le sang carotidien, et il attribuait cette « dyspnée thermique », suivant son expression, à un échauffement direct des centres respiratoires bulbaires. Sihler, tout en admettant l'échauffement possible des centres, montra qu'il y avait également dyspnée thermique par excitation périphérique, les terminaisons nerveuses cutanées jouant un rôle important. Walch attribuait, de son côté, la dyspnée aux effets de l'air chaud inspiré. Chez des lapins placés dans des caisses très chaudes et par suite en pleine polypnée, on voyait le rythme respiratoire tomber brusquement quand on les retirait de leur cage chaude. Ch. Richet, dans une étude très complète de ce phénomène, pour lequel il a substitué le terme de *polypnée* à celui de *dyspnée*, a nettement différencié la polypnée d'origine centrale de la polypnée d'origine réflexe (voir **Chaleur**, III, 175), et a montré ses relations avec la régulation thermique. Langlois a montré que la polypnée thermique de Ch. Richet se rencontrait également avec toutes ses lois chez certains animaux à sang froid, tels que les sauriens du Sahara : ouane et varan.

La polypnée thermique ne paraît donc pas devoir être rangée parmi les symptômes respiratoires de la fièvre. Mais il n'en est pas de même de la dyspnée.

La dyspnée peut affecter toutes les formes : accélération du type respiratoire normal, sans jamais atteindre le type polypnéique vrai ; altération dans le rythme, soit qu'il s'agisse de l'établissement de périodes, les mouvements respiratoires restant à peu près de même force : type périodique vrai, soit que ces mouvements varient en intensité pendant les périodes, suivant une progression plus ou moins régulière : type CHEYNE-STOKES. L'accélération simple du rythme peut trouver, dans quelques cas, son explication dans l'augmentation des échanges gazeux. La respiration dyspnéique peut avoir des origines diverses : mécanique (pleurésie avec épanchement, hydropneumothorax, météorisme, congestion, splénisation du poumon) ou toxique, par action sur les centres nerveux présidant aux mouvements respiratoires.

KLIPPEL, étudiant spécialement la polypnée dans les maladies fébriles, arrive à cette conclusion que le nombre pathologique des respirations est habituellement supérieur à celui des pulsations, par comparaison naturellement avec le rapport physiologique. On pourrait exprimer brièvement cette opinion en disant que, dans la fièvre, le rapport $\frac{R}{P}$ tend vers l'unité, et le fait est surtout évident quand les causes pathogéniques intéressent plus particulièrement la sphère pulmonaire. KLIPPEL insiste encore sur un autre symptôme. La polypnée ne suit pas la même marche que la température. L'hyperthermie a disparu, alors que la polypnée et la tachycardie persistent encore plusieurs jours. C'est le cœur qui ensuite tend à revenir, avant l'appareil respiratoire, au type normal.

Rapports entre la température et le pouls. — Sans poser de chiffres absolus, on peut admettre que, sauf exceptions, la chaleur et le pouls suivent des courbes parallèles. WOLFF et VIERORDT avaient émis la loi suivante :

« Le pouls marche parallèlement à la température ; les courbes du pouls changent avec la température, et on peut, d'après la température, mesurer la forme de la courbe du pouls, comme, d'après celle-ci, mesurer la hauteur de la température. »

Ce parallélisme est loin d'être aussi absolu que le veulent les auteurs allemands, et LIEBERMEISTER est plus exact en disant que ce parallélisme est une loi générale, mais une loi qui comporte de nombreuses exceptions. Sur 280 observations, il a pu établir les conditions de ce parallélisme ordinaire.

Degrés.	Puls.	Degrés.	Puls.
37,0	— 78	40,0	— 108
37,5	— 84	40,5	— 109
38,0	— 91	41,0	— 110
38,5	— 94	41,5	— 118
39,0	— 99	42,0	— 137
39,5	— 102		

LIEBERMEISTER a même donné une formule qui permet de calculer approximativement la température quand on connaît le nombre des pulsations :

$$\text{Pouls} = 80 + 8\ (T - 37). \qquad \text{Température} = \frac{P + 216}{8}$$

Ces chiffres ne correspondent pas tout à fait à ceux que donne LORAIN ; on peut admettre, dit-il, que, si 37°,5 représentent la température rectale à l'état de santé, et 70 le nombre des pulsations dans les mêmes conditions, chaque élévation de température de 1 degré se traduira par une augmentation de 25 pulsations. On obtient ainsi les deux séries ;

Température. . .	37°5	38°5	39°5	40°5	41°5
Pulsations. . . .	70	95	120	145	160

Ainsi, pour l'auteur allemand, à une élévation de température de 1° correspond une augmentation de 8 contractions cardiaques en excès par minute, tandis que pour LORAIN il faut en compter 25.

JÜRGENSEN signale chez les vieux pneumoniques des températures de 39°, avec un pouls tombant au-dessous de 40. Dans beaucoup de maladies infectieuses la dissociation des deux phénomènes est très marquée.

L'accélération du cœur a pour cause deux facteurs : 1° l'élévation de température générale ; 2° l'action des toxines.

Dans l'hyperthermie expérimentale, par rétention de calorique, le cœur s'accélère ;

il en est de même quand on chauffe directement le cœur par une injection de liquides chauds (ATHANASIU et CARVALLO).

Les toxines peuvent exercer leur action par deux mécanismes différents, en provoquant soit l'excitation du système accélérateur, soit l'inhibition du système modérateur vago-spinal. Quant aux causes mécaniques, c'est-à-dire aux modifications dans la résistance opposée au cours du sang dans les artérioles, c'est un facteur bien hypothétique. Si, en effet, la vaso-dilatation qui se produit pendant le stade chaleur pouvait expliquer à la rigueur l'accélération du rythme, suivant la loi de l'uniformité du travail du cœur, on devrait, en vertu de la même loi, observer pendant le stade du frisson un ralentissement ou de la vaso-constriction. La meilleure preuve que le rythme cardiaque est surtout soumis à l'action des toxines microbiennes ou des toxines produites par l'organisme, c'est la dissociation si fréquente entre les courbes thermique et cardiaque. Dans la fièvre typhoïde, dans la pneumonie franche, on observe fréquemment une discordance notable entre les deux symptômes, c'est-à-dire de fortes oscillations thermométriques avec un rythme cardiaque stationnaire. Dans la méningite, c'est moins l'action chimique générale des toxines que l'action, localisée sur le système nerveux central, des agents infectieux qui explique cette dissociation. Quand les lésions portent sur la région bulbaire, voisine de l'origine des pneumogastriques, l'excitation de ces noyaux provoque une action inhibitrice permanente de ces nerfs sur le cœur, et, tandis que la température s'élève au delà de 41°, le pouls se maintient à 80, quelquefois même au-dessous (JACCOUD).

Troubles de l'appareil circulatoire dans la fièvre. — *Dicrotisme.* — Chez les fébricitants, surtout dans la fièvre typhoïde et dans le rhumatisme articulaire aigu, le dicrotisme est si fréquent, que l'on avait été tenté de considérer comme identiques les termes de pouls *fébrile* et de pouls *dicrote*. On a même cru qu'on pouvait évaluer l'intensité de la fièvre d'après le degré du dicrotisme. RIEGEL a combattu cette idée, en montrant combien de facteurs peuvent intervenir dans la formation de cette ondulation secondaire. En réalité, le dicrotisme se rattache surtout à la diminution de la tension vasculaire, et toutes les opinions [sur la gravité pronostique du dicrotisme élevé (BOUILLAUD) reviennent à dire qu'il y a lieu de craindre dans ce cas une hypotension progressive.

Bruits de souffles cardiaques. — On a signalé très fréquemment des souffles cardiaques dans la plupart des maladies fébriles : fièvre typhoïde, rhumatisme articulaire aigu, fièvres éruptives. Toutefois ils sont loin d'être constants, et on peut dire simplement que l'état fébrile constitue une condition favorable à leur production. Ces souffles se rattacheraient, pour quelques auteurs (TRIPIER), à la diminution de la densité du sang, qui est fréquente dans les maladies fébriles.

Troubles vaso-moteurs. — La première expérience démontrant les modifications des vaso-moteurs dans la fièvre est due à SCHIFF. Dès 1856, à l'époque même de la découverte de ces nerfs, sur un chien il coupe les principaux nerfs d'un membre, constate après la cicatrisation que la température du membre opéré est supérieure à celle du membre sain, mais que la différence est renversée quand on provoque une poussée fébrile par injection de liquide septique ou irritation d'une séreuse. SCHIFF explique ces résultats par une action vaso-dilatatrice produite par la fièvre, action qui ne peut se produire sur les vaisseaux du membre énervé. Toutefois il proteste contre l'opinion qui lui a été attribuée par quelques auteurs, d'une théorie *nécrotique* de la fièvre, faisant dériver les phénomènes de la calorification pendant la fièvre, des nerfs et surtout des nerfs vaso-dilatateurs. « Il m'a toujours paru impossible d'expliquer la température fébrile au moyen d'une action positive ou négative des nerfs, et j'ai toujours été convaincu que sa cause doit être de nature chimique. (*Recueil des mémoires de* SCHIFF, 1, 227.) »

Mais VULPIAN, répétant l'expérience de SCHIFF, arrive à des résultats opposés. Le membre énervé reste plus chaud que le membre intact, même quand la température rectale atteint 41°4, et VULPIAN explique ce fait en admettant que la fièvre provoque bien une certaine dilatation des vaisseaux, mais que cette vaso-dilatation reste inférieure à la dilatation paralytique de l'autre membre ; par suite, le sang plus chaud qui du cœur est lancé dans l'aorte, chez un animal fébricitant, passe en plus grande abondance par les vaisseaux des orteils qui correspondent aux nerfs sectionnés que dans ceux de l'autre membre (VULPIAN, *Leçons sur les vaso-moteurs*, II, 263).

Schiff, dans tous les cas, ne voyait dans la vaso-motricité qu'un phénomène consécutif à l'hyperthermie ; au contraire, pour Marey et Traube, les vaso-moteurs jouent le rôle important dans les modifications thermiques fébriles. Pour Traube ce rôle est presque essentiel : la température s'élève parce que la vaso-constriction périphérique amène la diminution de la radiation calorique. C'est la théorie pure de la rétention de calorique. Pour Marey, la constriction n'est qu'un phénomène secondaire, consécutif à la dilatation primitive. C'est du moins ce qui paraît ressortir de son premier mémoire de 1853, (p. 358). Dans la fièvre, il y a d'abord une dilatation périphérique, amenant un réchauffement de la superficie cutanée ; puis la température ambiante plus froide, en agissant sur la peau à température plus élevée, détermine par voie secondaire la constriction des vaisseaux. Cette théorie a été reprise en 1873 par Baumler, alors que Marey lui-même semble devoir l'abandonner, puisqu'en 1885 (*Sur la circulation du sang*) il s'étonne que la doctrine vasculaire de la fièvre soit attribuée à Traube, alors que son mémoire est antérieur de quelque mois au travail du médecin allemand.

Les conceptions de Traube-Marey reposaient sur l'observation du stade frisson, mais non sur la constatation directe de l'état des artérioles. Senator observe directement l'état des vaisseaux de l'oreille chez les animaux fébricitants, et il constate que, dans l'acmé de la fièvre, les vaisseaux de la peau se trouvent tantôt dans un état de dilatation paralytique, tantôt dans un état de constriction tétanique, et que ces deux états alternent. Maragliano, avec le pléthysmographe de Mosso, étudiant les phénomènes circulatoires fébriles sur l'homme, trouve que les vaisseaux cutanés commencent à se resserrer, alors que la température n'est pas augmentée ; à mesure que la constriction s'accentue, la température commence à croître ; lorsque la constriction a atteint son maximum, la température atteint également le sien ; puis, quand la température s'abaisse, cet abaissement est précédé d'une dilatation des vaisseaux ; et, quand la dilatation des vaisseaux cutanés a atteint son point culminant, le chiffre thermique revient au niveau normal. Le frisson n'apparaît que lorsque la constriction des vaisseaux est déjà commencée ; les expériences de Maragliano expliquent alors les cas de Sidney Ringer, dans lesquels l'apparition du frisson n'a lieu que longtemps après le début de l'ascension thermique.

Les réflexes vasculaires cutanés, que l'on observe à l'état physiologique (exp. de Brown-Séquard et Tholozan), sont loin d'être constants, et il est difficile, même étudiant par les méthodes pléthysmographiques les plus sensibles, d'en déduire des conclusions fermes. C'est ainsi que Maragliano et Lussana, ayant tout d'abord étudié ces réflexes chez l'homme sain, sont amenés à dire : que les excitations cutanées ne déterminent pas toujours des mouvements réflexes dans les vaisseaux, et que ces réactions, quand elles se produisent, sont tantôt vaso-constrictives, tantôt vaso-dilatatrices. Chez les fébricitants, même incertitude, car les réactions vaso-constrictives dominent, et sont souvent précédées d'une réaction dilatatrice très fugace. Le seul fait notable est que, chez le même individu, les réactions vasculaires paraissent plus énergiques, plus promptes et plus durables dans la fièvre que dans l'apyrexie. Mais, ajoutent les auteurs, « quelquefois on peut observer le fait contraire ».

La circulation capillaire est exagérée pendant la période d'hyperthermie franche. Hallion et Laignel-Lavastine démontrent le fait par une expérience très simple. Ils appuient la pulpe du pouce sur la face dorsale du premier espace interosseux du sujet pendant trois secondes, et notent le temps pendant lequel la place pressée reste anémiée ; or la tache blanche disparaît vite dans les maladies fébriles, sauf si le cœur est profondément touché, ou si les artères sont sclérosées.

Senator s'est proposé de rechercher quel est l'état des vaisseaux dans le frisson, si c'est une dilatation paralytique, ou une contraction permanente des petites artères (Franck), ou une contraction périodique changeant suivant le temps et le lieu. Pour cela, il compare l'état des vaisseaux de l'oreille chez un lapin albinos à l'état de santé et à l'état fébrile. Voici le résultat de ses observations :

1° Immédiatement après l'injection de la matière pyrogénétique sous la peau du dos, il se produit une forte contraction de tous les vaisseaux de l'oreille, et, par suite, une décoloration et un refroidissement de l'oreille, auxquels succèdent bientôt un ou plusieurs mouvements de dilatation. Mais cette contraction a aussi lieu après une émotion quelconque, par exemple, après la peur, et n'a rien de spécial.

2° Longtemps après l'injection, quand la température du rectum s'élève de 1° à 1°5 au-dessus de la normale, et que le corps de l'animal est échauffé, on voit les vaisseaux de l'oreille demeurer souvent resserrés pendant des heures entières, et plus contractés qu'ils ne le sont jamais à l'état normal; mais, de temps en temps, tantôt sans cause, tantôt sous une influence extérieure, ainsi que par la peur ou après une excitation mécanique, on voit survenir des alternatives de resserrement et de dilatation de durée considérable.

3° Après plusieurs jours de fièvre, et chez les animaux très fatigués, les dilatations deviennent fort rares, courtes et peu marquées.

4° Pendant la dilatation des vaisseaux, on peut sentir sur le tronc aortique des pulsations très accusées, ce qui n'avait pas lieu auparavant.

5° Les deux oreilles ne se comportent pas toujours de la même manière.

De ces faits résulte cette notion, que l'auteur considère comme nouvelle, que la fièvre ne donne lieu ni à une paralysie, ni à un tétanos permanent des vaisseaux. Il faut conclure, avec Heidenhain, qu'il y a des circonstances pathologiques où l'excitabilité des vaisseaux, notamment celle des vaisseaux de la peau, est très surexcitée.

Variation de la tension artérielle. — A priori il semble naturel de présumer que le mouvement fébrile, dont l'un des principaux caractères est une accélération parfois considérable du pouls, ait une influence notable sur la pression artérielle. Mais quelle est la mesure de cette influence, et dans quel sens agit-elle? C'est là une question difficile à résoudre, puisque les auteurs sont en complet désaccord.

Zadec, qui fit un des premiers des recherches sphygmomanométriques, l'observation du doigt ayant jusqu'ici été seule utilisée, arrive à cette conclusion : « Je crois avoir démontré que dans la fièvre la pression artérielle augmente d'un tiers, et quelquefois même de moitié, de 30 à 60 millimètres en plus. »

Arnheim : « Dans la fièvre typhoïde, l'augmentation de pression est évidente; elle suit une marche parallèle à la température axillaire, atteignant son maximum pendant le fastigium, descendant avec la défervescence. Dans la fièvre récurrente, le maximum de tension est atteint pendant le paroxysme de la fièvre, et descend pendant l'apyrexie, mais moins rapidement que la courbe thermique. »

Eckert : « Les processus fébriles aigus et à rapides évolutions s'accompagnent d'une élévation de pression très nette; on retrouve cette élévation dans les fièvres de longues durées, mais seulement au début. »

Pour Riegel et Wetzel, au contraire, il y a antagonisme complet entre la pression et la température : chaque fois que la température s'élève, la pression baisse, et elle ne remonte que si la courbe thermique tend à la normale. En outre, les données du sphygmomanomètre coïncident avec les oscillations du dicrotisme données par les sphygmographes. Basch, malgré de nombreuses recherches, déclare nettement que, si l'on pose la question de savoir si la pression augmente ou diminue la pression, on ne peut répondre ni oui ni non. Wiegand déclare qu'il n'existe aucune corrélation entre les variations de la pression et la courbe thermique, et, contrairement à Wetzel, il ne peut retrouver le rapport admis par celui-ci entre le dicrotisme et la chute de la tension sanguine.

Potain, dans un grand nombre d'observations de maladies différentes, trouve les moyennes suivantes : dans la phtisie, une pression de 12; dans la fièvre typhoïde, 13 ; dans le rhumatisme articulaire aigu, 14; dans la pneumonie, 15; dans l'embarras gastrique fébrile, 15,5; alors que la pression normale oscille entre 16 et 17; c'est ce dernier chiffre que l'on observe pendant la convalescence. Mais, si les maladies fébriles abaissent en général la pression, Potain fait remarquer que dans le cours même de la maladie on voit les élévations rapides de la température s'accompagner d'une élévation plus ou moins forte de la pression, de sorte que les courbes se suivent, non d'une façon absolue, mais en général à peu près exactement; et dans les brusques défervescences on note en même temps un abaissement de la pression. On peut citer deux exemples de ces faits, empruntés à Potain. Un homme de 41 ans, le cinquième jour d'une pneumonie, a 40°2, 100 pulsations et 15 de pression; le sixième jour, 39°, 108 pulsations et 15 de pression; le septième jour, défervescence et 37°2, 72 pulsations et 13,5 de pression. Un garçon de 18 ans, cinquième jour de pneumonie : 40°92 pulsations et 10 de pression; le septième jour la température tombe à 37°, le pouls à 64 et la pression à 8,5.

Quand la défervescence est en *lysis*, la chute de pression suit parfois la même marche progressive.

Deux facteurs antagonistes entrent en jeu ici : d'une part l'infection, qui a pour effet de diminuer la tension sanguine, — et, dans les maladies infectieuses, ce facteur étant dominant, on constate un abaissement; — d'autre part le mouvement fébrile considéré en lui-même, qui agirait comme hypertenseur. Ce dernier effet est en réalité plutôt intermittent, et il sera d'autant plus marqué que la tension moyenne de la période morbide sera inférieure à la normale.

Vitesse du courant sanguin. — La rapidité de la circulation est-elle augmentée pendant la fièvre? Geppert avait émis l'hypothèse qu'il devait en être ainsi; mais Vierordt avait observé qu'il était irrationnel de conclure de l'accélération des battements du cœur à l'accélération de la vitesse du sang, le cœur envoyant une quantité de liquide moindre à chaque contraction.

Hueter, en utilisant le *Stromuhr* de Ludwig, a trouvé, en effet, que chez les animaux fébricitants la vitesse du sang dans la carotide était nettement ralentie. Ce travail fut vivement critiqué par Bern au point de vue expérimental; mais sur ce point spécial nous ne connaissons pas d'autres travaux.

Toutefois on peut poser la question autrement : la durée totale du cycle sanguin est-elle modifiée pendant la fièvre?

Hering, à l'aide de sa méthode, trouve que, lorsque le pouls est très accéléré, il y a un allongement très marqué dans la durée de la circulation. Wolff, avec la méthode de Hermann, étudie la circulation des lapins fébricitants. Après avoir établi que, sur un lapin normal de $2^k,200$, la durée de la circulation est de 5,15 secondes, il trouve chez le même animal, ayant une température de 40°5, un ralentissement très marqué, soit en moyenne 7,3 secondes. Toutefois il note deux cas où, malgré une température de 40°4, la durée n'a pas été modifiée et reste à 5,5 secondes : il déclare qu'il est impossible de conclure si le ralentissement observé en général est dû à l'infection ou à l'élévation de la température.

Il résulte cependant de l'ensemble de ces travaux que la rapidité de la circulation du sang paraît ralentie pendant la fièvre.

§ V. — TROUBLES DES FONCTIONS RÉNALES

Modifications de l'urine en général. Quantité des urines. — Dans les fièvres à courtes périodes, dans les accès de fièvre intermittente par exemple, la quantité des urines augmente pendant le stade du frisson, et la densité diminue; pendant le stade de chaleur, et surtout pendant celui de sueur, la quantité diminue très nettement, la densité augmente, et par refroidissement les urines laissent déposer un précipité plus ou moins abondant d'urates.

Dans les fièvres continues, si le malade boit peu, ou tout au moins absorbe autant de liquides que dans les conditions de santé, la quantité des urines est plutôt diminuée. La moyenne oscille entre 800 et 1 100 c. c. (hommes adultes), avec une densité de 1 030. Senator admet que, dans ces cas, un tiers seulement de l'eau absorbée est éliminée par le rein, alors qu'à l'état normal la moitié de l'eau passe par cette voie.

La diurèse peut encore être très diminuée, si les sueurs sont abondantes, comme dans les longues crises de rhumatisme articulaire, ou bien encore si la respiration tend au type polypnéique. Dans ces deux cas, l'élimination aqueuse se fait néanmoins, mais certains processus fébriles peuvent se compliquer soit d'affection rénale, soit d'altération du cœur, et alors l'eau s'accumule dans l'organisme. Mais souvent, par suite soit de la soif du malade, soit d'une thérapeutique appropriée, la quantité de liquide ingérée peut provoquer une élimination urinaire considérable, dépassant de beaucoup le chiffre normal; l'urine alors, par suite de sa dilution, perd les caractères extérieurs de l'urine fébrile, et peut être plus claire qu'à l'état de santé.

Chez un fébricitant qui boit peu et dont la quantité d'urine se maintient au chiffre moyen ou le dépasse, il faut toujours songer soit à une altération du rein (mal de Bright), soit au diabète. Avec l'état fébrile simple, la polyurie disparaît, alors qu'elle persiste chez les albuminuriques.

Quand la température s'abaisse, pendant le stade épicritique, on observe généralement une grande décharge urinaire, pouvant dépasser trois à quatre litres et persistant pendant plusieurs jours, quelquefois même une semaine. C'est surtout dans la pneumonie et dans la scarlatine que cette abondante diurèse se manifeste. Cette crise urinaire est moins accusée dans la fièvre typhoïde, mais la courbe des urines, dans cette maladie, augmente sensiblement avant la chute finale de la température, et elle se maintient à un taux élevé pendant la longue convalescence.

Dans les affections de longue durée, s'accompagnant de poussées fébriles irrégulières, comme dans la tuberculose et la septicémie, on observe, avec de grandes variations, plutôt une diminution de la sécrétion urinaire. Von Noorden, observant deux malades atteints de septicémie chronique, avec des oscillations de 37° à 39°, a constaté, dans une observation qui a duré cinq jours, que la quantité d'urine représentait plus de la moitié de l'eau introduite dans l'organisme.

Élimination des éléments normaux azotés de l'urine (*Urée*, v. p. 440). — *Acide urique*. — Les travaux sur l'élimination de l'acide urique dans les maladies fébriles sont très nombreux : malheureusement les procédés de dosage sont souvent très défectueux. Bartels admet que pendant la fièvre l'acide urique augmente d'une façon constante et surtout par rapport à l'urée éliminée. C'est principalement dans la période de défervescence que cette augmentation se manifeste ; il y aurait alors une véritable décharge urique. Bartels explique ainsi la courbe obtenue : l'acide urique est le résultat d'une combustion imparfaite ; or, pendant la défervescence, les processus d'oxydation sont ralentis, et alors l'acide urique se forme en plus grande quantité.

Les analyses de Gerdes confirment, sinon la théorie de Bartels très discutée aujourd'hui, au moins les variations de l'acide urique.

Pneumonie croupale, 21 ans, durant 5 jours et donnant lieu à une hyperthermie oscillant entre 38° et 40°5.

	ACIDE URIQUE. Moyenne.	AZ. URIQUE. AZ. TOTAL. Moyenne.
4 jours de fièvre.	1,58	2,34
3 jours de défervescence.	2,75	3,67
9 jours de convalescence.	1,12	2,07
Fièvre typhoïde, 15 ans :		
Pendant la fièvre, 19 jours. . . .	0,65	2,02
Défervescence, 5 jours.	1,80	3,15

Le dépôt d'acide urique ou d'urates par le refroidissement de l'urine ne peut donner qu'une indication très relative, le précipité étant fonction de la concentration de l'urine et des variations des autres sels, surtout des sels phosphatiques.

S'il est aujourd'hui bien établi qu'il se produit ordinairement une décharge urique au moment de la chute de température, il est plus difficile d'affirmer les modifications que subit l'élimination de cet acide pendant la période fébrile même. Les oscillations constatées sont en réalité dans les limites de celles qu'on observe à l'état normal. Et on sait que ces oscillations chez l'homme sain sont d'une grande amplitude. Scheube admet que dans les fièvres la courbe de l'élimination urique suit celle de l'urée, Gerdes, von Noorden trouvent des chiffres très contradictoires. Chez certains sujets, alors que l'urée varie énormément d'un jour sur l'autre, le taux de l'acide urique ne varie presque pas ; chez d'autres on observe un phénomène inverse : l'urée oscille peu, et l'acide urique varie du simple au double à deux jours d'intervalle.

Von Noorden cite l'exemple suivant :

Tuberculose pulmonaire avec hyperthermie continue (38°9 à 40°). Fille de 21 ans.

	URINE.	AZOTE.	AZOTE DE L'ACIDE URIQUE.	AZOTE URIQUE. AZOTE TOTAL.
1er jour	1 000	12,2	6,28	2,3
2e jour	950	12	0,18	1,5
3e jour	980	11,8	0,40	3,4
4e jour	1 020	14	0,42	3

HORBACZEWKI ayant émis l'opinion que la formation de l'acide urique a lieu aux dépens des leucocytes, on aurait dû trouver, d'après cette théorie, des variations importantes dans les maladies infectieuses fébriles, quand elles provoquent une leucocytose variable. Or JAKSCH indique, précisément dans la pneumonie, maladie essentiellement leucocytaire, une augmentation de l'acide urique dans le sang, alors que dans la fièvre typhoïde, où la leucocytose est moins accentuée, le sang est pauvre en acide urique.

BALTALOWOSKY trouve également que l'élimination urique est plus forte chez le pneumonique que chez le typhique, pour un état fébrile analogue.

Créatine. — La créatine est augmentée pendant l'état fébrile (HOFMANN, MUNK, SCHOTTEN). Si l'on tient compte de la faible alimentation en viande des fébricitants, cet excès peut s'expliquer par la destruction du tissu musculaire du sujet, qui présente une véritable autodigestion. Pendant la convalescence, MUNK signale une diminution de créatine, et il attribue ce fait à ce que les albuminoïdes absorbés sont utilisés en grande partie pour la réfection musculaire.

L'étude de l'élimination créatinique, faite par BALDI sur Succi pendant ses trente jours de jeûne, montre que le rapport entre l'azote total et l'azote de la créatine dans ces conditions reste constant, variant de 12 à 15.

Acide hippurique. — L'acide hippurique est toujours en quantité très faible chez l'homme, et les observations sont peu probantes. Mais les recherches expérimentales faites chez les lapins et les chiens fébricitants par ANREP et WEIL conduisent à des déductions intéressantes. On sait que, quand on donne à un herbivore normal de l'acide benzoïque, ce corps s'élimine par les urines sous forme d'acide hippurique, par suite de sa combinaison avec le glycocolle; et en outre, d'après SCHMIEDEBERG, que, contrairement à ce qui se passe pour les autres produits éliminés par le rein, l'acide hippurique se forme dans la glande rénale même. Or, chez les animaux fébricitants, l'acide benzoïque ingéré est éliminé sous sa forme primitive. On pourrait admettre, il est vrai, que le glycocolle est détruit pendant le processus fébrile, mais, même en ajoutant du glycocolle à l'alimentation, la synthèse ne se fait pas, ou se fait mal. On peut donc conclure de ces expériences que l'activité spéciale de la glande rénale, en dehors de ses fonctions éliminatrices, est altérée pendant le stade fébrile.

Albuminurie. — L'albuminurie est assez fréquente dans les maladies fébriles, mais surtout dans la scarlatine; 77 p. 100; l'érysipèle, 67 p. 100; la pneumonie, 74 p. 100; la malaria, 75 p. 100 (HUBENER).

Généralement, quand il n'y a pas eu de lésions permanentes du rein, l'albumine disparaît dans les deux ou trois jours qui suivent le *fastigium*.

L'albumine de l'urine est un mélange des deux albumines du sang, la sérumglobuline et la sérumalbumine. V. NOORDEN a recherché chez dix fébricitants atteints de maladies diverses la proportion de ces deux protéides, en utilisant la méthode de KANDER et POHL. De ses analyses on ne peut tirer aucune déduction, en ce qui concerne l'influence de la fièvre sur le quotient protéique : $\frac{albumine}{globuline}$. Dans la fièvre typhoïde, par exemple, il trouve tantôt 25 p. 100, tantôt 56 p. 100 de globuline. Dans la pneumonie, la proportion de globuline paraît cependant atteindre son maximum, 58-69 p. 100. Dans la pneumonie on trouve une substance précipitable par l'acide acétique après filtration de l'urine chauffée et refroidie, et qui paraît être une nucléo-albumine.

L'albuminurie s'accompagnant très fréquemment de la présence de cylindres hyalins dans l'urine, il y a lieu de se demander si elle n'est pas consécutive à une néphrite provoquée par les toxines produites dans le cours de l'infection pyrétogène. Il est probable cependant que deux facteurs peuvent entrer en jeu : la néphrite toxique et les troubles vaso-moteurs liés essentiellement à la fièvre.

Albumosurie. — La peptonurie ou albumosurie se rencontre fréquemment dans la période fébrile, et elle paraît liée à la destruction des tissus du malade.

La pneumonie croupale, surtout pendant la période de résolution de l'exsudat ou pendant la crise, est une des affections où on rencontre les peptones en plus grande abondance (Naunyn). On trouve également la peptonurie dans le rhumatisme articulaire aigu, quand les épanchements se résorbent rapidement; dans l'érysipèle, au moment où l'infiltration de la peau est en régression. Enfin, partout où il y a une suppuration localisée, on peut rencontrer la peptonurie : pleurésie purulente, tuberculose, ostéomyélite, etc. Quand le diagnostic d'un foyer purulent est nettement posé, et que la peptonurie n'existe pas, on est autorisé à conclure que la résorption n'a pas lieu.

Expérimentalement cette albumosurie peut être obtenue en provoquant une destruction rapide des tissus par l'intoxication phosphorée.

Pour expliquer la peptonurie observée dans le cours de la convalescence de la fièvre typhoïde, on a évoqué la même cause, à savoir la résorption des glandes de Lieberkühn, hyperplasiées pendant le cours de la maladie. Toutefois une seconde hypothèse a été émise par Maixner, et elle paraît applicable à tous les cas de peptonurie coexistant avec une altération de la muqueuse intestinale : la peptone des urines serait d'origine alimentaire (peptonurie entérogène). La muqueuse intestinale, profondément lésée, aurait perdu la propriété de transformer de nouveau les peptones du contenu intestinal en sérumglobuline et sérumalbumine, et les peptones, pénétrant alors dans le sang, seraient éliminées par les reins.

Y a-t-il lieu de distinguer parmi les produits protéiques qui passent dans l'urine les différents corps qui se forment pendant le clivage de la molécule albuminoïde? Brucke différenciait ainsi l'hémialbumosurie de la peptonurie. Gregorantz et Senator ont signalé chez les fébricitants une substance protéique dans les urines, soluble à chaud et se précipitant par le refroidissement. Von Noorden pense que les peptones proprement dites n'existent que très rarement dans les urines, qu'il n'y a pas de peptonurie, mais des albumosuries, les différents produits du clivage pouvant se rencontrer. A vrai dire, les données actuelles relatives à ces corps multiples, et sans doute très instables, ne permettent pas d'émettre actuellement des opinions arrêtées sur les caractères différenciels de ces albumosuries.

Élimination des corps aromatiques. — En 1881, Brieger signala l'élimination de certains corps aromatiques dans les fièvres, telles que la scarlatine, la diphtérie. Partant de ce fait que ces divers corps, phénols, crésols, se forment par suite des processus de la putréfaction; il en concluait que ces maladies devaient être considérées comme des maladies de putréfaction : *Faulnisskrankheiten*. En admettant cette opinion, on peut expliquer le cycle de certaines affections par le rôle de ces phénols, qui, s'accumulant dans l'organisme, arrivent à s'opposer au développement des germes morbides, d'où la guérison spotnanée.

Haldane a repris cette question en 1888, mais il s'est borné à l'étude des variations des corps sulfo-conjugués de l'urine dans la scarlatine; il fait remarquer que, dans la pyohémie et dans la diphtérie, il peut exister des foyers purulents qui ne permettent pas de conclure à l'importance exclusive du processus fébrile.

Le rapport des phényl-sulfates aux sulfates est, d'après Van der Velden, de $1/10$. Dans la scarlatine, il trouve comme chiffres moyens $1/18$, soit $1/17$ pendant la période d'hyperthermie, et $1/21$ pendant la convalescence. Il y a donc diminution très nette de l'élimination des corps aromatiques pendant la fièvre de la scarlatine. La diphtérie donne $1/12$, soit encore une diminution.

Diazoréaction. — La diazoréaction d'Ehrlich consiste en une belle coloration rouge que prend le mélange à parties égales d'urine et du réactif d'Ehrlich au moment où l'on alcalinise ce mélange avec quelques gouttes d'ammoniaque. Cette coloration est due à la présence de corps azotés encore mal déterminés. Tout ce que l'on peut affirmer, c'est que cette réaction n'a pas lieu avec les urines d'un sujet normal, alors qu'elle se rencontre dans beaucoup de cas pathologiques ; la substance qui produit la réaction pouvant provenir de la décomposition des protéides de l'organisme, ou, d'après Nissen, de la transformation des toxines microbiennes dans le cours de l'infection.

D'après Germain Sée, on constate souvent la réaction d'Ehrlich dans les affections fébriles graves, sans que cependant elle dépende de la fièvre. Elle se retrouve constamment dans la rougeole, la fièvre typhoïde, alors qu'elle manque constamment dans la pneumonie et la diphtérie. Elle est variable dans les autres maladies fébriles. Contrairement à cette opinion de Germain Sée, V. Noorden donne la diazoréaction comme assez fréquente dans la pneumonie, la diphtérie, la scarlatine.

Même contradiction en ce qui concerne l'influence de la température, chez les tuberculeux tout au moins. Elle serait nulle, d'après V. Noorden, alors que pour d'autres auteurs la diazoréaction coïnciderait avec la poussée fébrile. Cette réaction est surtout utile dans la fièvre typhoïde, où elle serait constante du sixième au dixième jour (Rivier).

Elle permet de différencier rapidement la fièvre typhoïde de l'embarras gastrique fébrile. Gerhardt et V. Noorden insistent sur la constance de cette réaction chez les typhiques, même quand ces derniers sont apyrétiques. D'après V. Noorden, dans tout état morbide généralisé et où le diagnostic est en suspens, quand on trouve la réaction d'Ehrlich, on doit soupçonner une infection typhique.

Ammoniaque. — La quantité d'ammoniaque est sensiblement augmentée dans le cours des fièvres (Ducher, Koppe, Hallervorden, Leube, Bohland, Rumpf, etc.). Au lieu du chiffre moyen de 0^{gr},7 par jour, on peut trouver jusqu'à 2 grammes. Le rapport $\dfrac{\text{Az. ammoniacal}}{\text{Az. total}}$, au lieu d'osciller autour de 5 p. 100, atteint de 10 à 12 p. 100.

Pendant la convalescence, l'ammoniaque diminuerait, d'après Hallervorden, et tomberait au-dessous du chiffre normal ; Rumpf, au contraire, trouve que l'augmentation persiste pendant cette période. Cet excès d'ammoniaque est lié à la production plus grande d'acides, et il servirait à les neutraliser et à les empêcher de soustraire les alcalis fixés à l'organisme. Rumpf, ayant alors pensé que l'ammoniaque résultait de l'action directe des fermentations microbiennes, a cherché si les cultures des divers agents pathogènes fournissaient une quantité appréciable de ce corps. Il est arrivé à des résultats plutôt négatifs, les bacilles du choléra, les streptocoques et staphylocoques seuls donnant un peu d'ammoniaque.

Élimination des corps non azotés. — *Acétonurie.* — L'acétone n'existe dans l'urine normale qu'à l'état de traces non dosables, soit moins d'un centigramme par 24 heures. Dans la fièvre, cette quantité est sensiblement augmentée. Il ne paraît pas toutefois que cet excès soit dû à l'hyperthermie ; car les fièvres types, telles que les fièvres intermittentes, donnent bien moins d'acétone que les fièvres continues (Jaksch). D'après ce dernier auteur, on trouverait, dans les pneumonies graves surtout, l'acétone non seulement dans l'urine, mais aussi dans les fèces et dans l'air expiré. L'acétone se rencontre du reste en dehors de la pyrexie. Von Noorden indique une augmentation de l'acétone dans les cas de fièvre typhoïde, de pneumonie, d'angines apyrétiques. Il faut remarquer que, d'après Jaksch et Müller, on trouve cette substance en quantité appréciable chez les sujets sains, mais à l'état d'inanition, et que les malades sont précisément dans ce cas.

Acide diacétique. — L'acide diacétique a été signalé dans l'urine des fébricitants par Jaksch ; sa présence aggraverait le diagnostic, au moins chez l'adulte, car chez les enfants la diacétine est relativement fréquente (Schack, Baginsky). Von Noorden ne pense pas que la diacétine soit si rare et surtout si grave chez l'adulte ; elle ne serait pas liée au syndrome fébrile proprement dit, puisque dans les maladies chroniques, dans la phtisie notamment, elle se rencontre assez souvent, aussi bien pendant les périodes apyrétiques que pendant les accès fébriles. C'est surtout l'état d'inanition provoqué par une inappétence complète qui influerait sur l'excrétion de l'acide diacétique.

Acides gras. — Les acides gras n'existent pas dans l'urine normale, ou du moins leur quantité est presque impondérable, puisque le chiffre le plus élevé signalé par Jaksch serait de 0,008 par jour. Dans les infections avec fièvre on peut constater une lipacidurie, l'acide gras pouvant varier suivant les cas. Rokitansky, chez un pneumonique, trouve 0,50 d'acides gras pour vingt-quatre heures; JAKCH, 0,10 d'acide acétique dans le rhumatisme articulaire aigu. Von NOORDEN signale de l'acide lactique dans l'urine d'un typhique. Quant à l'origine de ces acides, elle est discutée; elle peut provenir de l'intestin, par suite de troubles dans la résorption, ou par suite de perturbations dans le catabolisme des tissus.

Élimination des éléments minéraux. — *Chlorures.* — L'élimination du chlorure de sodium est diminuée pendant la période d'augment des fièvres en général; il faut toutefois faire une exception pour les fièvres intermittentes, où l'on observe un phéno- mène inverse. REDTENBACHER, qui avait constaté le premier cette diminution des chlorures dans le cours de la pneumonie, avait cru qu'il s'agissait là d'un cas spécial à cette affection et l'avait rattaché à la formation de l'exsudat; mais cette diminution, qui peut aller jusqu'à la disparition totale du NaCl dans les urines, fut observée ensuite dans les autres états fébriles par JUL. VOGEL, UNRUH, TRAUBE, RÖHMANN.

TRAUBE pensait que les chlorures absorbés ne passaient plus par les reins.

RÖHMANN a fait l'étude minutieuse de cette question. Dans la pneumonie, le typhus exanthématique, la rougeole, il constate que le minimum, d'élimination correspond à l'acmé de la courbe thermique, le maximum à la période de crise. La quantité de chlo- rures dans les fèces est normale; il s'agit donc bien d'une rétention, puisque les chlo- rures sont absorbés par l'intestin. Aussi RÖHMANN, et plus tard A. GAUTIER, expliquent-ils cette diminution par une altération des échanges intra-organiques. Il y aurait, au cours de la fièvre, rétention des corps albuminoïdes, et ceux-ci retiennent avec eux NaCl. (Il s'agit évidemment de KCl et non de NaCl; mais les dosages sont généralement évalués en NaCl, sans que l'on différencie les deux sels.)

Cette rétention des albuminoïdes dans le cours de la période fébrile est loin d'être démontrée, et TERRAY, qui constate comme RÖHMANN la diminution des chlorures, se rat- tache à une autre opinion. Il s'appuie sur un fait établi par LEYDEN, que, pendant la fièvre, l'eau est retenue dans l'organisme : les tissus deviennent plus riches en eau, et par suite retiennent plus de chlorures; c'est encore la même opinion que nous trouvons défendue par LAUDENHEIMER. KAST émet une autre hypothèse, surtout applicable au cas opposé, c'est-à-dire à la fièvre intermittente, où l'augmentation de l'élimination des chlorures coïncide avec le paroxysme de la fièvre. Pendant la période fébrile il y a destruction des hématies, et mise en liberté de chlore. Quand il y a formation d'exsudat, le chlore est retenu dans l'organisme; mais, quand ce processus fait défaut, il doit y avoir au contraire augmentation. Tel est précisément le cas de la fièvre intermittente.

HERZ, VOGEL, FRÄNKEL, KORANY, TERRAY, admettent tous une augmentation coïncidant avec l'accès : cependant UHLE et GÜSSLER soutiennent une opinion opposée.

MOSSÉ, dans la période de convalescence de la fièvre intermittente, signale une polyurie accompagnée d'une élimination énorme des chlorures, jusqu'à 65 grammes de NaCl dans les vingt-quatre heures.

REM-PICCI et V. CACCINI ont fait de nombreux dosages méthodiques chez des palu- diques : sur 37 cas, l'élimination totale des chlorures pendant la crise a été augmentée, 22 fois, diminuée ou simplement non modifiée dans les autres cas.

L'augmentation de l'excrétion chlorurée coïncide le plus souvent avec l'augmenta- tion de la sécrétion rénale; elle existerait surtout au début, et s'expliquerait par la destruction des globules rouges, suivant la théorie de KAST, et par l'élévation de pression sanguine au moment du frisson, ce qui entraîne une augmentation de la sécrétion.

Acide sulfurique. — L'élimination des sulfates suit une marche parallèle à celle de l'azote : elle est liée à la destruction des albuminoïdes. Toutefois une partie du soufre provenant de la protéolyse peut être imparfaitement oxydé, et donner des combinaisons organiques avec les phénols, ainsi que nous le signalons plus haut.

Potasse. — Augmentation pendant la période fébrile, et rétention pendant la convales- cence, c'est-à-dire au moment de la reconstitution des tissus : telle est la conclusion du travail de SALKOWSKI.

Acide phosphorique. — Oscillations très variables, même en tenant compte de l'état de nutrition des fébricitants. Alors que les uns (EDLESSEN, A. ROBIN, GRIMM) signalent une augmentation sensible dans le rapport $\dfrac{P^2O^5}{Az}$ de l'urine, d'autres auteurs (ROSENSTEIN,

Rosenfeld, Pribram, Cario) trouvent une diminution pendant la période aiguë des fièvres infectieuses, suivie ensuite d'une décharge phosphaturique. Il y aurait donc rétention des phosphates, attribuable, soit à une altération fonctionnelle du filtre rénal (Fleischer), soit à une hyper-leucocytose exigeant une certaine quantité de phosphore (Edlessen).

Toxicité urinaire — En 1882, Bouchard signala dans l'urine des typhiques la présence d'alcaloïdes en quantité appréciable. En 1884, R. Lépine et Aubert montraient que dans les urines fébriles les matières toxiques de nature organique augmentent considérablement, alors que les poisons minéraux ne subissent pas de variations. Les recherches faites sur la toxicité des urines dans les maladies infectieuses tendent cependant en général à cette conclusion : pendant la période de pyrexie, la toxicité urinaire est normale, ou faiblement augmentée; mais elle augmente brusquement pendant la défervescence. Il y a à ce moment une crise urotoxique (Auché et Jonchère dans la variole, Mazaud dans la scarlatine, Bouchard dans la fièvre typhoïde, Roque et Lemoine dans la fièvre intermittente).

Toutefois, alors que Mazaud trouve que la courbe urotoxique ne s'élève qu'après la chute thermique (dans la scarlatine), Roger (dans la pneumonie) indique que cette crise précède souvent la défervescence de vingt-quatre heures. Dans plusieurs cas de pneumonie à rechutes successives, Roger signale que chaque poussée hyperthermique coïncidait avec une chute de la courbe urotoxique. La décharge urotoxique ne serait pas la cause de la défervescence, mais seulement la conséquence.

§. VI. — TROUBLES DES FONCTIONS HÉMATIQUES

Modifications du sang. — La composition chimique du sang varie généralement peu dans les fièvres aiguës. La densité présente des oscillations très variables, tantôt positives, tantôt négatives. Cl. Bernard signale une augmentation de la densité, qu'il attribue à la perte d'eau par évaporation pulmonaire ou cutanée. Cette augmentation est certainement une exception : les sujets fébriles compensent, et au delà, les pertes de l'eau d'évaporation par la quantité de liquide qu'ils absorbent, et, d'autre part, la résistance du sang à maintenir son équilibre physique et chimique est telle, que, chez des chiens rendus hyperthermiques et présentant une polypnée intense, Gautrelet et Langlois ont vu que la densité du sang n'augmentait sensiblement que lorsque ces animaux avaient perdu 10 p. 1000 de leur poids total. L'augmentation de la densité est alors en moyenne de 10 p. 1000, c'est-à-dire que la densité, qui est primitivement de 1060, passe finalement à 1070. Quand la déshydratation générale se continue, la résistance du sang est telle, que l'on peut constater des pertes de 44 p. 1000, sans qu'alors la concentration du sang augmente. On voit donc que le sang prend aux tissus l'eau nécessaire à la lutte thermique, en maintenant avec la plus grande énergie sa constitution normale.

Dans les dernières périodes d'une fièvre on note très souvent une diminution notable de la densité du sang. V. Noorden signale, en effet, que l'extrait sec peut alors diminuer d'un tiers, cette diminution portant sur les éléments figurés. Mais le fait doit surtout être attribué à l'état de jeûne où se trouvent les malades, car très rapidement, avec la reprise de l'alimentation, le sang récupère ses éléments. Une donnée importante et qui paraît manquer totalement, serait de connaître les oscillations de la quantité de sang pendant la durée de la maladie. V. Noorden croit qu'il y a souvent diminution de la masse totale. Nous devons rappeler seulement que, dans les recherches de Lukjanoff sur les variations de la quantité de sang chez les lapins soumis à l'inanition, cet auteur a constaté que le rapport entre la quantité de sang et le poids total restait constant, soit, pour le lapin, 1/21. Il est probable qu'il doit en être ainsi pendant les périodes d'amaigrissement morbide.

Les oscillations dans la proportion de l'hémoglobine sont tellement variables qu'il est impossible de tirer une déduction quelconque des chiffres cités par les auteurs. L'anémie caractérisée par la chute du nombre des hématies et la diminution de l'hémoglobine est cependant très fréquente.

Y-a-t'il destruction exagérée de l'hémoglobine pendant le stade fébrile? La constatation directe d'une variation de cette substance dans le sang est insuffisante pour permettre une déduction, puisqu'on ne connaît pas les oscillations de la masse sanguine elle-même.

Il faut rechercher dans les excreta les produits de décomposition de l'hémoglobine, le fer et les pigments biliaires. La recherche du fer dans les fèces, attendu que les urines n'en renfermant jamais que des traces à peine dosables, présente des difficultés telles, même avec les méthodes si sensibles de Lapicque, de Jolles, que l'on ne peut compter sur des résultats probants. Le seraient-ils, qu'il faudrait encore compter sur l'élimination du fer par les autres tissus : cheveux, poils, glandes cutanées, et enfin sur la rétention du fer dans l'organisme : dans le foie, la rate et les autres appareils glandulaires.

La transformation du pigment hémoglobine en pigments biliaires est un facteur plus démonstratif de la destruction de l'hémoglobine. L'apparition en quantité notable de l'hydrobilirubine dans les urines a été notée par un certain nombre d'auteurs; en même temps les matières fécales contiennent des quantités sensibles de pigments biliaires plus ou moins transformés (Gerhardt, Viglezio, Tissier, Hoppe-Seyler).

Toutefois Vogel, qui a beaucoup étudié cette question, fait remarquer l'importance du dosage simultané de l'hydrobilirubine dans l'urine et dans les fèces. L'examen purement colorimétrique de l'urine ne saurait donner d'indications exactes sur l'intensité de la destruction du pigment sanguin. La concentration de l'urine d'une part, mais surtout l'existence dans l'urine d'autres substances colorantes qui n'ont aucun lien d'origine avec l'hémoglobine, conduiraient à des résultats absolument erronés.

Dans les intoxications expérimentales, avec élévation de température, notamment après les injections de tuberculine, on observe une élévation très forte de l'élimination totale de l'hydrobilirubine (Hoppe-Seyler). Kraus signale dans le sérum des fébricitants une diminution de la lécithine, ce qui s'explique mal avec la destruction des globules sanguins.

La cryoscopie du sang a donné lieu, depuis quelques années, à des recherches importantes, mais il est difficile encore de déterminer quelles sont les variations apportées dans la pression osmotique sanguine par le processus fébrile lui-même, Bousquet conclut que dans les maladies fébriles qui ne portent pas réellement atteinte à l'hématose, l'abaissement du point de congélation est amoindri dans la malaria, l'abaissement du point de congélation est maximum immédiatement avant l'accès (— 0,62) pour diminuer ensuite (— 0,59 au point culminant et — 0,58 après l'accès). Mais dans les affections fébriles où l'hématose est gênée, comme dans la pneumonie, la tension peut atteindre jusqu'à 0,78. Il suffit de faire disparaître la cyanose par des inhalations d'oxygène pour voir s'abaisser la tension.

Hématies. — D'après Hayem, les hématoblastes présenteraient des oscillations très caractéristiques dans les différents stades de la fièvre. Pendant la période d'état, leur nombre s'abaisserait, pour augmenter rapidement au moment de la défervescence. Ce serait là « un fait capital et constant qui constitue le phénomène le plus saillant et le plus caractéristique de tous ceux que la numération des éléments du sang peut mettre en évidence ». En quarante-huit heures leur nombre peut tripler, passer du rapport normal de 1/18, à celui de 1/7; le *numérateur* se rapportant aux hématies. C'est en général un ou deux jours après le début de la défervescence que se produit cette augmentation : après avoir atteint un maximum pendant le cours de la défervescence, le taux normal est retrouvé vers le dixième jour. Hayem considère cette poussée hématoblastique comme l'indice de la réfection des éléments hémoglobigènes du sang, et comme absolument indépendante de l'alimentation, la poussée précédant la reprise de cette dernière. Les hématies, toujours d'après Hayem, diminueraient pendant la période d'état. Toutefois leur richesse en hémoglobine ne paraît pas diminuer pendant cette période. Les deux courbes du nombre des globules et de l'intensité colorimétrique varient dans le même sens, mais pendant la période de convalescence les deux courbes s'écartent brusquement. L'hématopoïèse morphologique se faisant plus rapidement que l'hématopoïèse chimique, on constate que le nombre des hématies a atteint, même dépassé son chiffre normal, alors que le taux de l'hémoglobine est encore en dessous.

Leucocytes. — Le nombre des leucocytes peut varier extrêmement dans les différents états fébriles; mais il faut songer aux différentes suppurations qui peuvent coïncider avec l'élévation thermique. Dans la pneumonie, la leucocytose atteint des proportions considérables : on a signalé jusqu'à 60 000 leucocytes par millimètre cube, alors que leur nombre normal ne doit pas dépasser 10 000. Il faut ajouter que cette leucocytose, surtout quand elle n'atteint pas un chiffre trop élevé, était considérée comme un symptôme favorable (Jaksch, Sadler), même à une époque où le rôle de défense de ces éléments était loin d'être généralisé comme aujourd'hui. Cette leucocytose ne paraît pas liée essentiellement au syndrome fébrile pur, puisque, parmi les différentes affections pyrétiques, on la rencontre dans la pneumonie, l'érysipèle, la scarlatine, la diphtérie, alors qu'elle manque dans la rougeole, la variole, l'influenza, et qu'il y aurait plutôt diminution des globules blancs dans la fièvre typhoïde (Halla, Zombeck, Rieder, etc.).

Signalons cependant des observations qui montrent une réelle relation entre la température et l'intensité de la leucocytose dans la pneumonie (Hayem, Grancher); si l'on excepte la fièvre typhoïde, la courbe leucocytaire suit régulièrement la courbe thermique et tombe avec la défervescence.

Dans l'érysipèle, même constatation (Vulpian, Troisier), l'augmentation portant exclusivement sur les leucocytes polynucléaires, alors que les éléments mononucléés sont plutôt en diminution (Chantemesse).

Vincent a étudié les modifications des éléments morphologiques du sang sous l'influence de l'hyperthermie expérimentale. Les cobayes étaient placés à l'étuve à 41°. Les hématies ne subissent pas de modifications; il en est de même des leucocytes jusque vers 42°. Mais à partir de ce moment on observe des changements qualitatifs et quantitatifs. Les leucocytes polynucléaires diminuent rapidement, puis les grandes cellules mononucléaires disparaissent à leur tour, si bien qu'au moment de la mort le chiffre total est diminué des 2/3. Au contraire les cellules acidophiles augmentent sensiblement. La leucolyse est d'autant plus intense que l'animal était au préalable plus affaibli (Tuberculose, inoculation typhoïque, etc.).

Capacité respiratoire du sang. — La capacité respiratoire du sang est nettement diminuée dans la période fébrile (Legerot, Mathieu et Maljean). Dans les fièvres légères, cette capacité tombe de 21 cc de gaz absorbé, chiffre normal moyen, à 18 cc. Dans les cas graves, ces auteurs ont trouvé des chiffres inférieurs à 8 cc, soit une diminution des deux tiers. Cette diminution est quelque peu influencée par les variations relatives du nombre des globules; mais, comme la capacité diminue plus vite que le nombre des globules, c'est donc que l'hématie a perdu une partie de son activité respiratoire.

Modifications de l'activité de la réduction de l'hémoglobine. — Dans certaines affections tout au moins, notamment dans la fièvre typhoïde, il y a une relation très nette entre la température et l'activité du pouvoir réducteur vis-à-vis de l'hémoglobine. Hénocque et Baudouin ont poursuivi une série de recherches cliniques, en notant les variations simultanées de la quantité d'oxyhémoglobine et de l'activité réductrice de l'oxyhémoglobine. Ces variations sont, en général, en rapport avec celles des quantités d'oxyhémoglobine, mais elles présentent des oscillations plus variées. Tandis que l'on observe des oscillations entre 7 p. 100 et 12 p. 100 dans la quantité d'hémoglobine, l'activité de la réduction peut s'abaisser à 0,20 pour remonter à 0,50 dans la convalescence et atteindre 0,80 lorsque la guérison est confirmée. Mais le fait le plus marqué est la relation inverse des courbes de température et de l'activité réductrice. Aux maxima de température correspondent les minima d'activité de réduction. Il existe donc un rapport constant et direct entre l'élévation de la température et la lenteur de la réduction, ou, en d'autres termes, l'activité de la réduction, c'est-à-dire l'énergie de consommation de l'oxygène du sang par les tissus, est en proportion inverse de l'élévation de la température (Hénocque). Pour expliquer ce fait paradoxal, que l'intensité de la fièvre amène une diminution correspondante de l'activité des oxydations ou des échanges, Hénocque fait remarquer que, dans les fièvres d'origine septique et en particulier dans la fièvre typhoïde, la consommation d'oxygène peut être accrue; mais, le travail de désassimilation s'exagérant également, il s'accumule des déchets organiques que l'oxygène du sang ne peut suffire à brûler, d'où résulte le ralentissement des échanges?

Gaz du sang. — Les gaz du sang subissent des modifications assez importantes sous l'influence de l'hyperthermie fébrile. La diminution de l'acide carbonique a été constatée, aussi bien chez le malade fébricitant, que chez les animaux intoxiqués par des cultures virulentes (Pfluger, Senator, Geppert, Minkowski, Kraus, Klemperer). On l'a généralement attribuée à la plus grande quantité d'acides existant dans le sang et déplaçant l'acide carbonique combiné aux alcalis ou même aux substances protéiques.

Geppert trouve que la proportion d'oxygène ne subit pas d'oscillations pendant la fièvre, alors que l'acide carbonique est en décroissance, qu'il n'y a aucune relation entre les quantités d'acide carbonique éliminées par la respiration et celles qui existent dans le sang. La diminution de la teneur en CO_2 ne dépendrait, d'après lui, que de la diminution correspondante de l'alcalinité du sang. Les travaux poursuivis dans le laboratoire de Schmiedeberg sont venus confirmer cette opinion. Hess et Luchsinger, au contraire, ne voient dans la diminution de l'acide carbonique que l'effet d'une diminution des processus d'oxydation dans les tissus : pourtant leur théorie, admissible dans les cas d'intoxications où les échanges sont diminués, ne l'est plus dans la fièvre où ils sont, au contraire, augmentés.

Les recherches de Geppert, confirmées par Minkowski, montrent que, dans la fièvre septique, la teneur [en CO_2 du sang artériel est diminuée; mais que la rapidité du rythme respiratoire ne saurait être incriminée. Geppert, sans faire de dosage du sang veineux, et en partant de cette opinion que la rapidité du cours du sang chez les fébricitants est plutôt accélérée, conclut que le sang veineux doit être également plus pauvre en CO_2. Nous avons vu que toutefois la plus grande rapidité de la circulation dans les fièvres est loin d'être démontrée.

Minkowski [se rattache complètement à l'opinion de Schmiedeberg, à savoir que la diminution de CO_2 est due à une diminution de l'alcalinité du sang, provoquée par une production d'acides plus grande. A ce propos, il rappelle qu'il a trouvé de l'acide lactique dans le sang des chiens fébricitants. Les recherches de Minkowski montrent qu'il n'y a pas de parallélisme entre la température du fébricitant et la diminution des gaz de son sang. Dans certains cas d'hyperthermie, pour une élévation de 1° on peut trouver une diminution de CO_2 oscillant entre 3,3 p. 100 et 18,3 p. 100. Du reste, chez les animaux injectés avec du pus, mais plutôt en hypothermie (38°5, chien) la diminution de CO_2 est manifeste également. Ce sont donc les troubles métaboliques multiples, et la diminution de l'alcalescence, non l'hyperthermie, qui chez les fébricitants provoquent l'appauvrissement [en CO_2. Chez les animaux échauffés, peut-être faut-il faire intervenir d'autres causes : la polypnée et le balayage incessant du poumon, le travail musculaire, etc.

Nous donnons ici les tableaux classiques de Mathieu et Urbain, mais il faut se rappeler qu'il s'agit d'animaux insolés, non d'animaux fébricitants.

Sang artériel.

	CHIENS NORMAUX.		CHIENS SOUMIS A L'INSOLATION.			
Température.	39,6	39,8	40,4	41	42	43
Respirations .	28	16	130	200	300	200
O.	17	11,56	18,37	20,70	23	11,79
Az.	1,98	2,04	2	2,49	233	1,83
CO_2.	49,30	47,55	43,95	38,14	17,85	14,15

On voit que l'acide carbonique est fortement diminué.

Les expériences faites sur les gaz du sang veineux montrent également que, à mesure que la température propre de l'animal augmente, la proportion de CO_2 décroît, en même temps que la quantité d'oxygène; toutefois, dans les expériences où l'hyperthermie était produite par l'insolation, au bout de deux ou trois heures, quand la température était revenue à la normale, on constatait une élévation très marquée de la quantité de CO_2

Sang veineux.

	CHIENS NORMAUX.		CHIENS INSOLÉS.		
			INSOLATION.	1 HEURE APRÈS.	3 HEURE APRÈS.
Température .	39,5	39	41,4	39,6	38,2
Respirations .	22	18	200	24	16
O.	11	9,90	2	4,25	2,75
Az.	2	2,25	2	2,25	2
CO^2. . . .	53,25	54,75	39	73,75	61,75

Alcalescence du sang. — L'alcalescence du sang s'abaisse dans la fièvre. C'est l'un des rares points qui paraissent nettement acquis. Les différentes méthodes de dosages, soit par analyse des gaz (GEPPERT, MINKOWSKI), soit par des titrages directs (JAKSCH, PEIPER, DROUINE) sont venus confirmer les observations de PFLUGER, de ZUNTZ, de SENATOR.

Il faut citer les résultats discordants de LÖWY, de LIMBECK et STEINDLER, de STRAUSS. Pour eux l'alcalinité du sang augmenterait, ou varierait sans règle précise, dans les maladies fébriles. Pour la majorité des auteurs, l'alcalinité du sang diminue chez les pneumoniques, les érysipélateux. Dans la fièvre typhoïde l'alcalinité s'élève parfois légèrement au début de la maladie, puis subit une diminution progressive dans la suite. Il en serait de même dans les fièvres éruptives, d'après DESSÈVES, BEREND et PREISICH.

Cette diminution de la réaction alcaline ne paraît pas due à une diminution des alcalis du sang; nous verrons plus loin que l'ammoniaque est souvent augmentée, mais elle proviendrait d'une augmentation des acides mis en liberté par la destruction des albuminoïdes. En outre des acides sulfurique et phosphorique, il faut tenir compte des acides organiques les plus divers : formique, acétique, oxybutyrique, lactique. VAN NOORDEN indique une diminution de l'alcalinité telle que l'on peut neutraliser le sang avec 40 milligrammes de NaOH, alors que le sang normal exige 250 milligrammes environ.

Toutefois il n'y a aucun rapport entre cette diminution de l'alcalescence et la température, les deux courbes ayant des rapports absolument irréguliers. Les recherches de WITTKOWSKY, poursuivies sur des animaux rendus hyperthermiques par la piqûre du cerveau, montrent d'ailleurs que l'élévation pure et simple de la température reste sans effet sur les réactions du sang. Chez les chiens échauffés par rayonnement et maintenus pendant plusieurs heures au-dessus de 40°, GAUTRELET et LANGLOIS n'ont observé que des variations insignifiantes de la réaction sanguine.

La quantité d'ammoniaque varie dans des proportions diverses. WINTERBERG, qui chez l'homme sain trouve dans le sang veineux des chiffres oscillant entre 0 milligr.,6 et 1 milligr.,3 pour 100 c. c., trouve chez les fébricitants (érysipèle, scarlatine, pleurésie, pneumonie) tantôt une augmentation notable, tantôt une diminution; mais en réalité, chez le sujet sain, ces oscillations, d'après l'auteur, varient du simple au double.

Fibrine. — L'étude de la fibrine, qui préoccupait tant les anciens cliniciens, paraît aujourd'hui reléguée au second plan. Et il faut remonter à ANDRAL (1844), à WUNDERLICH (1845), pour trouver des observations détaillées sur les variations de la fibrine dans les différentes affections fébriles.

Le sang d'un individu sain renferme tout au plus 0,4 de fibrine p. 100. Dans un certain nombre de processus fébriles, ce chiffre peut atteindre 1,3 p. 100. Deux affections pyrétiques sont surtout accompagnées d'une hyperinose ou hyperfibrinose considérable. Ce sont la pneumonie pneumococcique franche et le rhumatisme articulaire aigu. D'autre part, dans la fièvre typhoïde, la quantité de fibrine reste non changée et, dans d'autres affections également fébriles, comme la variole hémorrhagique, la fibrine n'est plus que dans la proportion de 0,1 p. 100. Les causes mêmes de ces oscillations dans la proportion de la fibrine sont absolument inconnues. Il n'y a aucune corrélation avec la température, et, si l'on a pu noter parfois un certain rapport entre la leucocytose et l'hyperinose, on ne saurait, devant les nombreux cas où l'hyperleucocytose ne s'accompagne nullement de fibrinogénèse exagérée (septicémie par exemple), rechercher dans la destruction exagérée des leucocytes, et la mise en liberté du fibrin-ferment, la cause de l'augmentation de la fibrine (GILBERT et FOURNIER). Pour GILBERT, l'hyperinose, ou, suivant son expression, l'hyperfibrinose, serait un moyen de défense de l'organisme; la fibrine jouerait un rôle purement mécanique, par sa précipitation dans le poumon; notamment, elle engloberait les agents microbiens, les immobiliserait, les livrant ainsi aux attaques incessantes des phagocytes.

Action du sang sur la température. — Le sang d'un animal fébricitant injecté dans le système veineux d'un autre animal de même espèce modifie la température du sujet injecté. Mais cette influence varie, d'après ROGER, suivant les conditions opératoires, les effets étant tantôt hypothermisants, tantôt au contraire hyperthermisants. Ainsi le sang artériel injecté dans la veine d'un lapin à la dose de 5 c. c. par kilogramme provoque une légère baisse de la température, baisse qui dépasse rarement 0°,4, et qui serait contestable si l'auteur n'affirmait que ses lapins présentaient une constance de température que nous n'hésiterons pas à appeler exceptionnelle. Le même sang artériel, défibriné par battage, provoque au contraire une élévation thermique, oscillant entre 0°6 et 1°. Cette hyperthermie légère persiste deux et trois heures. Le sérum sanguin se comporte comme le sang défibriné. Cette différence d'action ne saurait être attribuée au fibrinogène existant dans le premier cas, et absent dans le second, puisque des solutions riches en fibrinogène, telles que le liquide pleurétique, sont hyperthermisantes : il en est de même du liquide de l'hydrocèle.

HAYEM avait déjà montré que le fibrin-ferment est susceptible d'élever la température; mais ce facteur ne saurait être invoqué seul, puisque le sang défibriné, chauffé à 60°, et dans lequel le ferment est nécessairement détruit, est encore nettement thermogène.

Il faut sans nul doute chercher la cause de la différence d'action des deux sangs en la production dans le sang *mort* ou défibriné d'une série de substances mal définies, mises en liberté ou créées par la destruction des leucocytes. Le sang veineux est presque toujours thermogène, et, dans les transfusions sanguines d'homme à homme, qui sont toujours opérées avec du sang veineux, on note constamment l'apparition de symptômes fébriles peu de temps après l'injection : frisson et élévation de 1° à 1°5 de la température centrale. L'élévation thermique est d'ailleurs toujours très variable et échappe à une loi quelconque. La quantité de sang injectée ne paraît pas influer sur la marche de la température : il en est de même de la nature du sang, veineux ou artériel. Rien ne vient établir que le sang sortant de tel organe soit plus hyperthermisant que le sang de tel autre.

Le travail musculaire, qui modifie si profondément le sang, exerce-t-il une influence sur sa valeur thermogène? Les résultats de ROGER sont bien peu concordants, et il arrive finalement à supposer qu'il existe dans le sang deux substances, ou plus exactement deux groupes de substances; les unes excitantes, les autres inhibitrices de la température. Si le sang artériel total est hypothermisant, c'est qu'il perdrait la substance thermogène pendant son passage dans le champ pulmonaire. Et cette hypothèse se confirmerait par ce fait que l'eau provenant de la condensation de l'air expiré et injectée à un animal provoque une élévation thermique de quelques dixièmes. Quant à la substance hypothermisante, elle s'éliminerait par les urines.

En se basant sur ces données, rien n'est plus facile que d'en déduire des hypothèses pathogéniques originales. L'élévation de température constatée pendant l'asphyxie s'expliquera par le fait que la substance thermogène, ne pouvant plus s'éliminer par la voie pulmonaire, s'emmagasine dans le sang. Ne pourrait-on pas expliquer de même certaines hyperthermies dans les affections des poumons? Au contraire, les abaissements thermiques dans l'urémie trouveront leur justification dans l'arrêt de l'excrétion de la substance thermolysante par le rein.

Le sang des animaux rendus hyperthermiques par le séjour à l'étuve (41°6, par exemple), provoque, injecté à un animal sain, même à de faibles doses, une légère élévation de température. Au contraire, l'injection du sang des animaux fébricitants vrais, c'est-à-dire intoxiqués soit par des cultures virulentes, soit par des toxines, est très variable, et il ne saurait en être autrement, étant données les innombrables modalités des agents toxiques. Vincent a montré que le sang des cobayes morts d'hyper-thermie injecté à de jeunes animaux de même espèce les tue en quelques jours en pro-voquant un amaigrissement progressif et une véritable cachexie. Il attribue cette action toxique aux produits dérivés de la destruction des leucocytes, la leucolyse étant très intense aux hautes températures. Il a reconnu dans le sang des animaux sains, à jeun, soumis à l'hyperthermie, la présence de microbes quand la température atteignait 42°. Les agents les plus fréquents étaient le staphylocoque, le bacille coli, le bacille mésen-térique, etc. Toutefois ces microbes avaient en général perdu leur virulence quand on les inoculait à des animaux sains.

Il est bon d'éliminer les injections de cultures virulentes rendant possible le transport des agents virulents vivants de l'animal transfuseur à l'animal transfusé. Il est donc de toute nécessité de n'étudier que l'action des toxines, dont la dilution sera certainement extrême au moment de la transfusion.

Roger expérimente avec des toxines du coli bacille, de la dysenterie, obtenues par stérilisation des cultures à l'aide du chloroforme. Les doses injectées aux premiers lapins varient entre 20cc et 0cc,025. Le temps écoulé entre l'injection et la prise de saug oscille entre 10 minutes et 20 heures, la quantité de sang transfusé étant de 3 à 5 c. c.

Presque constamment on note chez le transfusé une élévation thermique qui peut atteindre 2 et même 3°. Néanmoins les résultats ne permettent de tirer aucune conclusion sur l'action thermogène du sang des fébricitants; il n'existe aucune corrélation entre la température du transfuseur et celle du transfusé; et les fortes hyperthermies n'ont été notées que dans les cas où les doses de toxines injectées étaient considérables, 20 ou 18 c. c. On est donc en droit de se demander si, dans ces cas, l'élévation de la courbe du transfusé n'a pas été provoquée par une quantité suffisante de toxine injectée, présente dans les 5 c. c. de sang transfusé. Cette quantité atteignant 0cc,66 peut expliquer l'hyper-thermie, sans qu'il soit nécessaire de faire intervenir l'apparition dans le sang du trans-fuseur de nouvelles substances thermogènes.

§ VII. — TROUBLES DIGESTIFS ET TROUBLES SÉCRÉTOIRES

Action des fièvres sur l'appareil digestif. — On peut admettre d'une manière générale qu'il y a diminution des sécrétions du tube digestif et de ses annexes pendant la période fébrile.

Salive. — La sensation de sécheresse de la bouche et de la gorge, si fréquente chez les fébricitants, la soif ardente dont ils se plaignent, sont autant de signes d'une dimi-nution de toutes les sécrétions de la cavité buccale.

Mossler signale la réaction acide de la salive de certains fébricitants, mais il n'est pas prouvé que la salive soit véritablement sécrétée acide, et qu'il ne s'agisse pas, ainsi que le suppose Hoppe-Seyler, de quelque influence acidifiante des fermentations buccales si fréquentes chez les malades. Quant à l'opinion de Sticker, que cette acidité pourrait être le résultat de la diminution de l'alcalescence du sang, elle est au moins probléma-tique; dans tous les cas, cette cause serait exceptionnelle.

L'action de la salive sur l'amidon est-elle modifiée pendant la période fébrile? Les recherches de Salkowski, Harald, Schlesinger, Jawein, Georges Robin, sont peu concor-dantes : surtout il est difficile de faire la part de la fièvre et celle de l'infection. Jawein, après avoir trouvé que la quantité normale de salive sécrétée pendant une demi-heure oscille entre 15 et 25 c. c. (il recueillait purement et simplement la salive collectée sur la langue), estime que, dans les maladies fébriles légères, la quantité de salive augmente, son pouvoir amylolytique restant identique. Toutefois le rapport de la quantité de fer-ment à la quantité de salive serait fréquemment diminué.

Dans les fièvres graves, la salive diminue; mais le pouvoir amylolytique par unité de volume augmente, sans que cette augmentation puisse compenser la diminution de la quantité de salive sécrétée. Dans les états très graves, salive et pouvoir amylolytique diminuent d'autant plus que l'état du sujet est plus grave. Enfin, dans les états aigus fébriles et prolongés, la quantité reste souvent normale, mais le pouvoir amylolytique est diminué.

Estomac. — Les fonctions stomacales subissent le plus souvent une perturbation notable au cours de la fièvre. On sait, depuis les recherches expérimentales de Manassein sur les animaux, que le suc gastrique perd de son acidité dans les états fébriles. Les recherches faites sur l'homme concordent avec les expériences faites sur les animaux (Hildebrandt, Klemperer, O. Brieger, Schely, Glucinzki); cependant l'acidité ne disparaît pas totalement, bien qu'elle soit assez diminuée pour gêner beaucoup l'action du suc gastrique sur les aliments. L'acide chlorhydrique dans la fièvre semble céder le pas aux acides organiques qui résultent des fermentations ou de l'alimentation elle-même. Cependant, quand il y a beaucoup de sel et de poivre dans les aliments azotés (viande), Von Noorden a trouvé une acidité évidente dans la phthisie aiguë, la pneumonie, l'érysipèle, la scarlatine. On peut en conclure que les condiments excitants peuvent surmonter la torpeur sécrétoire engendrée par la fièvre.

Contrairement à ce qu'on constate pour l'acide chlorhydrique, la pepsine est toujours en quantité suffisante dans le suc gastrique. Les infections aiguës diminuent presque toujours l'acidité (Gluzinski); mais, dans les infections à caractère moins rapide (tuberculose), cette diminution de l'acidité est beaucoup moins marquée (Hildebrandt, Klemperer, Schedty, O. Brieger), parfois même l'acidité est normale. Toutefois Detweiller pose en principe que chez les tuberculeux l'acide chlorhydrique disparaît quand la température dépasse 38°5. Il y a donc une sorte d'accoutumance des organes de la sécrétion gastrique à la fièvre. D'ailleurs les cas individuels sont loin d'être identiques.

D'autres fonctions stomacales peuvent aussi être troublées, par exemple la résorption stomacale, notamment pour l'iode (Sticker); cela arrive surtout quand le mouvement fébrile est en voie d'accroissement; l'élévation de la température, une fois atteinte, a moins d'importance.

Les fonctions motrices de l'estomac sont peu influencées, et, quand on donne à des ébricitants un repas d'épreuve (thé et pain), on trouve l'estomac complètement vide, quand l'exploration stomacale a lieu une heure après le repas.

La perte de l'appétit est la règle dans toutes les maladies fébriles, même quand les troubles gastriques ne sont pas suffisamment accentués pour justifier cette anorexie. V. Noorden pose la question de savoir si cet état vient de ce que l'estomac « cesse d'être le miroir des besoins nutritifs de l'organisme » ? Il est certain que cette perte d'appétit coïncide précisément avec le moment où les pertes sont les plus intenses, et où le besoin d'alimentation paraîtrait le plus urgent. On peut objecter, il est vrai, que, l'organisme se défendant mal alors contre les auto-intoxications, la perte d'appétit peut être considérée comme un moyen de défense.

Foie. — Presque tous les processus fébriles agissent sur le foie; à l'autopsie les cellules hépatiques montrent des traces évidentes de dégénérescence graisseuse, plus ou moins accentuée suivant les cas, et que l'on peut regarder en grande partie comme indépendantes du degré de la température fébrile. Il semblerait devoir en résulter des changements notables dans les échanges nutritifs, et cependant les résultats consignés dans les nombreux travaux qui ont eu lieu à ce sujet sont presque insignifiants. On sait cependant qu'en général la fièvre perturbe la glycogénie (Cl. Bernard, Manasséin, Stolnikov), mais le fait est encore très mal étudié.

Bidder et Schmidt ont vu que la bile diminuait dans les accès de fièvre. Pisenti a trouvé une légère diminution de la quantité de bile sécrétée, avec augmentation de la densité et de la viscosité; le liquide était très trouble chez des animaux auxquels il avait inoculé la septicémie.

On a soutenu que l'hémoglobine des globules rouges, lesquels diminuent beaucoup dans les maladies infectieuses, passait dans le foie, pour y être transformée en bilirubine. Tarchanoff, Gorodecki, Stadelman ont constaté, dans leurs recherches sur l'hémoglobinémie expérimentale, que la bile était plus dense et plus visqueuse. Il est donc probable que Pisenti avait affaire à une destruction active des globules rouges, ayant amené cet état visqueux et trouble de la bile qu'il a signalé. Malheureusement cet auteur ne s'est pas préoccupé de fixer le chiffre de la bilirubine dans le liquide biliaire recueilli. L'état visqueux de la bile en relation directe avec l'état trouble des cellules hépatiques empoisonnées vraisemblablement par les toxines (toxalbumines, protéines bactériennes, ptomaïnes), doit faire prévoir que, quand les perturbations des cellules glandulaires augmentent, la sécrétion biliaire doit être notablement diminuée ou même supprimée, et qu'il en résulte de l'ictère, qui n'est qu'un ictère par stagnation. Cela du reste n'a lieu que dans quelques points du foie, et la stagnation biliaire est loin de se généraliser à l'organe tout entier.

HIRTZ, NAUNYN, SCHLEICH avaient cru pouvoir établir un parallélisme entre la production de l'urée et la température. KAUPP, BOUCHARD, A. ROBIN se sont élevés contre cette opinion. MERKLEN, au cours de ses études sur les lésions du foie dans les gastro-entérites et les autres états infectieux, a été amené à conclure que, si l'urée s'élève quelquefois au cours de la fièvre, le plus souvent elle a tendance à s'abaisser. Mais on ne saurait de ce fait conclure à une altération de la fonction uréopoïétique du foie, car les sujets, surtout dans le cas de gastro-entérite, sont à une diète azotée d'autant plus sévère que l'infection est plus sérieuse.

La glycosurie diminue ou disparaît même chez les diabétiques fébricitants (LEUBE, RAYER, PAVY). SENATOR attribuait cette chute de la quantité de sucre à la diminution de l'alimentation et de la digestion pendant la période fébrile. Cette opinion est discutable, et il est plus probable que la combustion du glycose dans le sang est exagérée par l'hyperthermie. Les recherches expérimentales de GAGLIO confirment cette hypothèse. Les animaux curarisés présentent fréquemment du glycose dans les urines, mais à ce moment leur température est toujours basse. Si l'on maintient artificiellement leur température au niveau normal, le glycose ne se montre pas. D'autre part, en provoquant l'hyperthermie par la mise à l'étuve, on voit alors que la piqûre du quatrième ventricule n'amène plus de sucre dans les urines. Les processus glycogéniques peuvent être altérés, il est vrai, par ces modifications thermiques; toutefois GAGLIO n'a pas trouvé de différence dans la teneur en sucre des foies des animaux hyperthermiques et des animaux normaux.

CL. BERNARD avait déjà signalé l'influence de la fièvre sur la fonction glycogénique. HOPPE-SEYLER, HALLIBURTON concluent à une diminution du glycogène dans les affections fébriles. MANASSEÏN, sur des lapins fébricitants, trouve une diminution énorme du glycogène, quelquefois même une disparition totale.

MAY a recherché quelles étaient les teneurs respectives en glycogène du foie des animaux normaux ou fébricitants auxquels on fait ingérer des hydrates de carbone (30 grammes de sucre pour un lapin).

Animaux sacrifiés.	GLYCOGÈNE HÉPATIQUE POUR 100 GR. DE FOIE.	
	Normaux.	Fébricitants.
15 heures après. . .	$\begin{cases} 9,18 \\ 12,00 \end{cases}$	$\begin{cases} 1,7 \\ 5 \end{cases}$
24 heures après. . .	5,73	$\begin{cases} 0,42 \\ 2,71 \end{cases}$

Sudations fébriles. — Le stade de sueur est surtout marqué dans la fièvre intermittente. On trouvera dans HIPPOCRATE une série d'aphorismes sur les sueurs critiques, qu'il est inutile de rapporter ici (*Aphor.*, sect. IV, 36, 37, 38).

A quel moment survient la sueur? Il est impossible de préciser une température où se produit, même pour un malade déterminé, dans le cours d'une série d'accès, la sudation. Il est souvent difficile de délimiter le stade chaleur et le stade sueur, et on voit la courbe thermique rectale continuer à monter quand la sudation est nettement établie. On ne peut donc pas admettre l'opinion de L. DU CAZAL (Art. « *Sueur*, » 197, *Dict. encycl. des sc. méd.*) que, « dans tous les cas, la sueur ne se montre que lorsqu'on a affaire à une défervescence brusque et, même dans ces cas, la température s'abaisse avant que la sueur apparaisse ». HIRTZ est plus exact, en disant que la sueur n'est pas le signe de la défervescence : elle ne la produit pas : elle l'annonce. Notons que la courbe thermique pendant le stade de sueur peut présenter des oscillations étranges. Alors que généralement le stade de sueur s'accompagne d'une chute de la température périphérique plus rapide que celle de la température centrale, on voit des cas où l'inverse se produit. La température rectale baisse quand la température axillaire monte. On peut expliquer ces faits par une vaso-dilatation cutanée brusque, permettant l'arrivée d'un sang hépatique très chaud.

§ VIII. — LES CAUSES DE LA FIÈVRE

Claude Bernard avait cru pouvoir expliquer la fièvre par un simple réflexe vasculaire. La fièvre éclate, dit-il, quand on enfonce un clou dans le sabot du cheval; l'irritation pathogénique de la fièvre est transmise par les nerfs, et il suffit d'énerver au préalable la patte pour ne plus voir l'hyperthermie suivre l'enfoncement du clou. L'erreur de Claude Bernard est d'avoir généralisé trop rapidement sur un fait expérimental. La fièvre par irritation locale des nerfs ne saurait être contestée, mais ce processus est en réalité tout à fait rare, et c'est à d'autres causes qu'il faut faire remonter l'étiologie des pyrexies durables.

La théorie de la lésion locale, déjà défendue par Galien, a été soutenue par beaucoup de médecins; Hunter, Breschet, Becquerel, Zimmermann. Tous ces auteurs, constatant qu'une région enflammée est plus chaude que le reste du corps, et que la circulation y est plus active, admettaient que le sang s'échauffait dans ce foyer, et qu'il en résultait un échauffement de la masse totale. Mais, si l'on calcule la petite quantité de calorique qui peut être emporté par le flot sanguin traversant le siège de l'inflammation, on se rend compte facilement que, même dans les cas extrêmes, l'excès de calorification, dû à cette seule cause, ne pourrait faire monter la température génitale que de deux ou trois dixièmes de degrés; et pourtant une simple angine détermine une température de 41°.

Microrganismes et leurs sécrétions pyrétogènes. — En 1864, Weber, en montrant que la fièvre consécutive au traumatisme est due à la résorption de substances putrides, pyrétogènes, fabriquées dans le foyer, jeta la première base de la théorie pyrétogène actuelle.

Les agents pyrétogènes sont avant tout les microrganismes. Le fait est aujourd'hui hors de conteste, et, s'il est vrai que les fièvres aseptiques, les fièvres nerveuses, telles que les concevait Cl. Bernard, ne sauraient être niées, nous devons surtout chercher dans les poisons produits par les organismes inférieurs la cause des pyrexies.

En disant *organismes inférieurs* nous restons volontairement dans des limites très larges; les bactéries proprement dites : bacilles, micrococques, etc., ne sont pas les seuls agents vivants pyrétogènes. La maladie qui constitue le type par excellence de la fièvre, la malaria, est due à un organisme plus élevé, plus compliqué que la bactérie. La variole également, ainsi que tendent à le montrer les recherches de Funck, Guarnieri, Ishigami, a pour agent actif un sporozoaire. C'est encore un organisme de cette espèce, encore mal connu, il est vrai, qui serait l'agent pathogène de la fièvre jaune.

Mais, si ces facteurs vivants aujourd'hui reconnus sans discussion, il n'en est plus de même du mécanisme par lequel ils provoquent le syndrome fébrile.

On sait aujourd'hui, depuis les premières recherches de Salmon et Smith, de Charrin, de Ruffer, confirmées par de nombreux travaux, que les bacilles pyrétogènes agissent par leurs produits solubles, que les cultures stérilisées sont susceptibles de provoquer les accès fébriles quand elles sont introduites dans le courant sanguin. D'autre part, la vitalité du microrganisme, et par suite son activité sécrétoire, paraît subir des phases différentes, et certains d'entre eux peuvent vivre à l'état de vie latente, inclus peut-être dans les cellules de l'organisme pendant une certaine période. C'est ainsi que l'étude bactériologique de la fièvre récurrente, en démontrant l'existence du spirille d'Obermeier dans le sang des malades, au seul moment des accès fébriles, et son absence dans les intervalles apyrétiques, établit que les alternances du cycle morbide de cette fièvre sont liées intimement aux alternances de l'activité biologique du spirille.

L'étude des rapports de la biologie des hématozoaires de Laveran et de la pyrétologie du paludisme conduit aux mêmes conclusions.

Dans la pneumonie, maladie cyclique également, le pneumocoque virulent ne se rencontre qu'au moment de la poussée fébrile, et, dès le début de la défervescence, la virulence est énormément atténuée.

Avant d'exposer le peu que nous savons sur la nature même des substances pyrétogènes, il faut faire remarquer que les sécrétions des microrganismes ne sont pas les seuls agents capables de provoquer l'hyperthermie fébrile, que les extraits d'organes, non pas seulement d'organes malades, mais de tissus parfaitement sains, ont suffi pour faire apparaître le syndrome fébrile avec toutes ses complications.

Sans que l'on ait pu déterminer exactement la nature de l'agent pyrétogène dans les cultures bactériennes, beaucoup d'auteurs admettent qu'il s'agit d'une substance ou plutôt de plusieurs substances albuminoïdes (BUCHNER, KREHL). Mais il ne faut pas oublier que l'on a affaire ici à des substances agissant à dose impondérable, et que les réactions des matières albuminoïdes obtenues avec les produits de culture purifiées au maximum sont peut-être encore dues à des impuretés accompagnant la substance véritablement pyrétogène (BRIEGER et BOER).

Les substances solubles bactériennes sont-elles les agents directs de la pyrexie, ou agissent-elles médiatement, en provoquant dans l'organisme attaqué des réactions chimiques différentes, causes secondes, mais alors immédiates, du syndrome fébrile? Le fait que la même culture injectée à la même dose sur des animaux d'espèces différentes produira toujours des effets différents; chez les uns une hyperthermie nette, chez les autres une réelle hypothermie, plaiderait en faveur de cette opinion.

Les faits observés sur les animaux de même espèce ou sur l'homme, avec des maladies ayant une seule étiologie, peuvent encore être invoqués. Ce n'est pas la substance bactérienne qui serait pyrétogène, mais la réaction même de l'organisme vis-à-vis de cette substance. Nous aurons plus tard à revenir sur cette question à propos des pyrexies apyrétiques, et également en traitant du sujet si controversé de l'unité de la fièvre.

Parmi ces produits de déssassimilation, dérivant de l'organisme même, deux notamment ont été mis en cause : la fibrine, ou plus exactement le fibrin-ferment, et les albumoses. Le ferment de la fibrine a principalement été incriminé dans les fièvres traumatiques aseptiques. On observe assez fréquemment, après des épanchements sanguins sans communication avec l'extérieur, et par suite absolument aseptiques, des fièvres d'une certaine durée. Ces fièvres ont été attribuées à la mise en liberté du fibrin-ferment contenu dans les leucocytes de l'épanchement (BERGMANN, ANGERER, EDELBERG). D'autre part, un certain nombre de pyrexies s'accompagnent d'hyperleucocytoses avec hyperinose, d'où possibilité de mise en liberté du fibrin-ferment. Mais ces données sont très hypothétiques, et, en tout cas, elles ne peuvent s'appliquer qu'à des faits spéciaux ; les pyrexies dans lesquelles on découvre dans le sang du fibrin-ferment en liberté étant extrêmement rares (HAMMERSCHLAG).

A propos du sang et des urines, il a été question déjà de l'existence dans ces deux humeurs de deutéroprotéoses. KREHL et MATHES, ayant découvert de l'albumose chez les fébricitants, même quand la pyrexie n'était pas d'origine microbienne (cure de l'hydrocèle par injection de teinture d'iode ou de nitrate d'argent), sont portés à attribuer à ces albumoses un rôle important dans la genèse de la fièvre. Cette question des albumoses prend aux yeux de KREHL et MATHES une importance extrême, puisqu'ils vont jusqu'à concevoir l'espérance de trouver dans le dédoublement des albuminoïdes, sous l'influence des différentes substances pyrétogènes, l'unité étiologique de la fièvre.

Nous rappellerons ici quelques faits qui plaident en faveur de ce rôle des albumoses. Déjà BUCHNER, le premier, en discutant la spécificité de la tuberculose de KOCH comme agent pyrétogène, montra que l'on obtenait des élévations thermiques identiques par l'injection d'une solution de caséine de gluten. SPIEGLER, en injectant une série de substances, thiophène, benzol, acétone, obtient chez les individus atteints de lupus des réactions locales identiques à celles que provoque la tuberculine. KÜHNE démontre que la tuberculine renferme en réalité une série d'albumoses, toutes susceptibles de provoquer des réactions fébriles. HAHN obtient des résultats du même ordre.

MATHES étudie les effets des albumoses de la digestion chez les animaux sains ou tuberculeux et trouve les réactions identiques à celle de la tuberculine.

KREHL isole, d'une culture de *Bacterium coli*, une albumose nettement pyrétogène.

HAACK expérimente sur des lapins : il provoque une réaction fébrile en injectant sous la peau une solution stérilisée de nitrate d'argent ou de teinture d'iode. La température s'élève en 6 heures de 39°,2 à 40°,3 en moyenne. Chez les animaux alimentés on trouve toujours de l'albumine dans les urines; leur température est d'ailleurs plus élevée que chez les animaux en inanition. Chez ces derniers on peut déceler la présence d'albumoses dans les urines par la réaction du biuret. Chez l'homme, l'injection de teinture d'iode dans la tunique vaginale comme cure de l'hydrocèle provoque une réaction fébrile très accentuée et une albumosurie parallèle avec la marche de la température. Toutefois HAACK n'ose pas conclure que l'albumose est cause, et non effet, de la fièvre.

ISAAC OTT étudie l'action pyrétogène des albumoses et des peptones. La thermolyse est diminuée dans la première heure qui suit l'injection d'albumose, alors que la température s'élève rapidement. Dans la seconde période, dont la durée est variable, il y a à la fois augmentation de la thermogénèse et de la thermolyse. La curarisation de l'animal empêche l'élévation thermique. OTT en conclut que les albumoses provoquent la fièvre par l'intermédiaire du système nerveux, et non par une action directe sur les tissus; c'est la répétition de l'expérience de HEIDENHAIN et KORNER avec le pus comme agent pyrétique.

C'est encore du côté des produits de dédoublement des albuminoïdes qu'il faut chercher la cause des poussées fébriles se produisant à la suite de traumatisme, sans lésions extérieures et sans porte d'entrée pour les agents virulents.

La fièvre aseptique a été beaucoup discutée. WEBER, BERGMANN, VERNEUIL ont fait remarquer qu'il fallait attribuer une origine infectieuse à la plupart des fièvres dites traumatiques, que la réunion immédiate, l'absence de suppuration, ne sauraient suffire pour affirmer l'asepsie absolue du champ opératoire.

Parmi les causes invoquées, citons seulement, pour mémoire : l'influence du refroidissement (EREDE); de la chloroformisation (BILLROTH).

Il faut cependant expliquer certaines formes de pyrexie franche sans infection possible, comme dans les cas de fractures sous-cutanées. FAMECHON attribue le mouvement fébrile à une simple exagération des phénomènes nutritifs qui accompagnent la formation du cal, et DEMISCH, à l'appui de cette opinion, observe que la consolidation est plus rapide dans les fractures fébriles. VERNEUIL et MAUNOURY incriminent des lésions articulaires concomitantes. Il existe donc nécessairement une substance pyrétogène d'origine non microbienne. BILLROTH avait incriminé la leucine. KÖHLER, EDELBERG, ENGERER, RIEDEL accusent le fibrin-ferment mis en liberté par la mort des leucocytes dans le sang extravasé. VOLKMANN rejette le rôle du fibrin-ferment, et admet l'influence de la réabsorption des éléments anatomiques privés de vie par le traumatisme. C'est l'opinion de GANGOLPH et COURMONT. En réunissant des observations cliniques et des faits expérimentaux, ces deux auteurs concluent que la fièvre traumatique a pour cause primitive l'oblitération vasculaire consécutive au traumatisme, oblitération qui entraîne des troubles de nutrition, des nécrobioses, d'où apparition de substances pyrétogènes amicrobiennes. GANGOLPH et COURMONT opèrent sur des béliers : ils posent une ligature élastique sur les bourses, provoquant ainsi sans traumatisme la nécrobiose des testicules; la fièvre n'apparaît pas les jours suivants, alors que la température s'élève brusquement quand on enlève la ligature. Chez l'animal ayant subi le bistournage ordinaire, la température monte dès le premier jour, par suite de la résorption immédiate des produits. Les extraits aqueux des testicules nécrobiosés provoquent la fièvre, alors que les extraits des tissus sains injectés dans les mêmes conditions sont inactifs. La substance pyrétogène est donc soluble dans l'eau, mais non dans l'alcool.

PILLON réussit à provoquer des hyperthermies aseptiques chez les animaux en provoquant des épanchements sanguins intra-articulaires ou intra-péritonéaux. Puis, en injectant des liquides aseptiques renfermant des globules blancs obtenus par centrifugation du sang de cheval frais et oxalaté, il obtient des états fébriles d'autant mieux marqués que l'intervalle compris entre l'isolement des leucocytes et leur injection aux animaux était plus considérable. Il admet que les leucocytes vivants ou en état de nécrobiose y donnent naissance à des substances pyrétogènes résorbées par le système vasculaire.

Les liquides hémolytiques provoquent l'hyperthermie par suite de la phagocytose. Parmi les produits pyrétogènes résultant de la destruction des globules rouges, il faut ranger l'hémoglobine; car une solution de ce corps provoque, par injection, une hyperthermie très marquée (CASTELLANO, LAURENT, PILLON).

Jusqu'ici il a été surtout question de substances ajoutées ou fabriquées dans l'organisme et susceptibles de provoquer par leur accumulation le syndrome fébrile. Il nous faut citer, pour terminer, l'opinion de BENCE JONES, qui a décrit sous le nom de *quinoïdine* une substance hypothétique, existant dans le sang normal et disparaissant pendant la fièvre. Bence Jones part de cette idée que les urines fébriles perdent la fluorescence que l'on trouve dans les urines normales. Cette substance, à l'inverse des oxydases, que l'on ignorait à cette époque, s'opposerait aux combustions interstitielles. Bouchard, auquel nous empruntons l'exposé de la théorie de Bence Jones, fait remarquer qu'il a en effet mis en évidence la présence dans l'urine d'une substance hypothermisante; mais il ajoute qu'on retrouve souvent cet effet hypothermique avec les urines fébriles, et que, dans la polyurie, il n'y a pas en général l'élévation thermique que devrait provoquer le départ de cette antifébrine. Au contraire.

Rôle du système nerveux. — Que la fièvre soit provoquée le plus souvent par une intoxication de l'organisme, qu'il s'agisse de toxines microbiennes ou de poisons d'origine cellulaire, nous n'en avons pas moins à discuter le rôle du système nerveux. Les auteurs qui admettent une action directe des produits pyrétogènes sur les cellules de l'organisme sont peu nombreux. Murri est le représentant le plus déclaré de cette théorie, admise partiellement par Vulpian et reprise par Ugimossov. Quant au rôle du système nerveux, il est interprété différemment. Rappelons la conception de Cl. Bernard sur les nerfs frigorifiques et les nerfs calorifiques, sur la paralysie du système grand sympatique comme facteur essentiel de la fièvre. Les théories de Traube, de Marey, font également intervenir le système nerveux, puisque c'est par son intermédiaire que les vaisseaux cutanés se contractent, d'où la diminution de la radiation. Liebermeister pose le principe de la perturbation du système régulateur thermique.

La première expérience mettant en évidence le rôle du système nerveux dans la production de l'hyperthermie est due à Tscheschichin (*Zur Lehre von der thierischen Wärme; A. P.*, 1866, 151). Il vit que la section sus-bulbaire au-dessous du pont de Varole provoquait une élévation thermique notable (39°4-42°6). Mais il faut remarquer que l'animal mourut cinq heures après l'opération dans des convulsions généralisées, et ces mouvements musculaires auraient pu à eux seuls déterminer l'élévation de la température. C'est d'ailleurs la critique que fait Lewizki (*Ueber den Einfluss des Schwefelsauren Chinins auf die Temperatur* [und *Blutcircul.*, *A. A. P.*, xlvii, 1869, 352) qui ne put réussir à retrouver le mouvement fébrile après section sus-bulbaire.

En 1870, Bruck et Gunther, dans le laboratoire de Heidenhain, refont 23 sections analogues sur des lapins. Dans 11 cas le thermomètre monte; dans 12, il reste stationnaire ou descend; mais ils notent qu'une simple piqûre, et surtout une série de piqûres répétées de la région du pont de Varole amènent presque fatalement une élévation. Schrader (1874) montre comment on obtient à volonté par la piqûre du pont de Varole, et des pédoncules, etc., des oscillations thermiques positives ou négatives. Si l'animal est enveloppé de corps mauvais conducteurs, la température s'élève; elle baisse, au contraire, si le rayonnement se fait librement.

Toutes les expériences précédentes avaient été poursuivies sur des lapins. Wood (1880) les répète sur des chiens, et constate l'agmentation thermique après la lésion du bord inférieur du pont de Varole. Il reprend l'opinion de Tscheschichin, et admet que ce n'est pas l'excitation d'un centre thermogénétique qui provoque l'hyperthermie, mais bien la destruction d'un centre modérateur.

La destruction de la zone motrice amènerait l'hyperthermie, parce que dans cette région existeraient, non pas de véritables centres thermo-régulateurs, mais tout au moins des régions exerçant une certaine influence thermo-modératrice sur les centres thermiques réels placés plus bas dans la protubérance. Nous retrouvons la même opinion soutenue par Bokai.

Ce centre modérateur, dont la destruction ou l'inhibition laisseraient les centres médullaires livrés à eux-mêmes, et qui par suite accélérerait les combustions, est loin d'être admis par tous.

Déjà Bruck et Gunther avaient pensé à une excitation centrale : c'est là l'opinion que nous retrouvons avec Fredericq, Ch. Richet, Aronsohn et Sachs. Ch. Richet, en piquant le cerveau, ou en cautérisant la surface, provoque une hyperthermie avec exagération des combustions et de la radiation calorique. Aronsohn et Sachs localisent ce centre hyperthermisant entre le corps strié et la couche optique. Le rôle du corps strié comme centre thermique est encore défendu par Sawadoroski et surtout par Hale White. Les expériences de F. Guyon, donnant des résultats contradictoires, ne lui permettent d'affirmer d'existence de centres thermiques intra-cérébraux. Gérard les admet, mais sans pouvoir affirmer s'ils sont inhibiteurs ou excitateurs, et la désignation qui leur convient le mieux est celle de régions régulatrices de la production de chaleur animale. Ch. Richet reconnaît que le corps strié paraît apte plus que les autres parties de l'encéphale à déterminer l'hyperthermie réflexe; mais, en face des observations de Goltz sur sa chienne sans cerveau, de Corin et A. Van Beneden sur les pigeons excérébrés, comme tous ces animaux conservent leurs facultés régulatrices, il ajoute que les centres régulateurs de la chaleur n'existent pas dans l'encéphale, mais dans le mésocéphale.

Reichert admet dans les centres supérieurs l'existence de centres thermo-accélérateurs ou thermogéniques, et de centres thermo-inhibiteurs ou thermolytiques, qui exerceraient leur action sur un troisième groupe de centres, le centre thermogénique général ou automatique. Le centre thermogénétique général placé dans la moelle assure une dépense d'énergie chimique à peu près constante par son action automatique. Mais il est influencé par les centres thermogéniques ou thermolytiques disposés dans la partie supérieure de l'axe cérébro-spinal.

La résultante de l'action de ces différents centres constitue la thermotaxie, ou régulation thermique. Dans la fièvre, sous l'influence, soit de l'excitation des centres thermolytiques, soit de la paralysie des centres thermogéniques, la thermotaxie est troublée, et la régulation se fait à un autre niveau (Ch. Richet). C'est la reprise de la théorie de Liebermeister. Finkler avait déjà écrit : La fièvre est une névrose, une altération morbide du système nerveux régulateur de la température. Aronsohn conclut de même : la fièvre est produite par une excitation morbide des centres thermiques, provoquant l'activité tropho-motrice des muscles squelettiques et ceux des vaisseaux, d'où augmentation de la thermogénèse, des combustions organiques, et modifications de la thermolyse.

§ IX. — THÉRAPEUTIQUE EXPÉRIMENTALE DES FIÈVRES

Doit-on traiter la fièvre? Cette question a souvent été posée, et dans le dernier congrès de médecine de Paris de 1900 elle a donné lieu à de très intéressants rapports de R. Lépine, de Stokvis, et à des discussions importantes. La question est cependant mal posée, en ce sens que c'est l'hyperthermie seule que l'on a en vue presque toujours, et non l'ensemble du processus fébrile. Mais nous pouvons nous demander si l'élévation anormale de la température dans le cours des maladies est un symptôme favorable ou non, si l'on doit toujours combattre l'hyperthermie, ou plutôt s'il faut réserver les ressources de l'antipyrèse à quelques cas particuliers.

La médecine antique considérait la fièvre comme une réaction salutaire de l'organisme. Sans remonter à l'école de Cos, qui déclare que la fièvre est un acte qui purifie, ni discuter les opinions d'Hippocrate ou de Galien, il nous suffira de rappeler quelques opinions d'auteurs moins anciens. Pour Boerhave elle est curative, même curative des maladies antérieures, parce qu'elle possède une vertu dépurative, en séparant, comme l'a dit Sydenham, les parties pures des parties impures. Holl affirme qu'elle est médicatrice des maladies invétérées. L'école de Montpellier, avec Dumas, déclare que la fièvre est un acte salutaire de la nature qui tend à la conservation du corps. Au commencement de ce siècle, les doctrines de Broussais règnant en maître, la fièvre n'est plus que la conséquence de la phlegmasie (Broussais), ou même une véritable phlogose (Bouillaud), et l'intervention médicatrice doit consister uniquement dans la saignée.

Si quelques thérapeutes avaient déjà songé à utiliser l'eau froide contre l'hyperthermie (école écossaise, avec Curie, 1730, Horn en Allemagne, Grannini en Italie), c'est seulement dans la seconde moitié du xixᵉ siècle que la médication antipyrétique (prise comme synonyme d'antithermique) prend une importance considérable avec Liebermeister. Le grand observateur allemand établit que l'élévation thermique provoque l'excès de désassimilation, entraîne la consomption fébrile, et par suite que, dans les maladies aiguës, le danger réside dans l'élévation de la température.

Les physiologistes, à la suite d'études expérimentales, adoptent ces idées. « C'est contre la chaleur que nous devons nous armer, et si nous parvenons à en supprimer les causes ou à en diminuer les effets, nous pouvons à juste titre nous vanter d'avoir vaincu la fièvre. » (Leçons sur la Chaleur animale, Leç. xxii, p. 446.) Notons cependant, dans cette phrase de Cl. Bernard, ces mots : *Si nous parvenons à en supprimer les causes.* Ce n'est donc pas uniquement la médication symptomatique, mais étiologique, qu'entrevoit l'illustre physiologiste.

La quinine, employée à haute dose pour faire tomber la température, avait été utilisée avant les travaux de Liebermeister. (Monneret, 1843 ; Legroux, 1843 ; Bousquet, 1853 ; Vogt, Wachsmuth, etc.) L'acide salicylique, avec ses sels, vint ajouter son action grâce à l'influence de Senator. Puis la chimie apporta une série de substances capables de faire baisser la température, et ce fut l'ère des innombrables antipyrétiques : antipyrine, kaïrine, etc.

A côté des antipyrétiques chimiques, se produit la recrudescence de la méthode hydro-thérapique. Les bains froids, institués comme traitement méthodique de la fièvre typhoïde par Brand, sont introduits en France par Glénard, Tripier, Bouveret. Malgré tout, la tendance actuelle est une réaction contre la théorie de Liebermeister. Cantani déclare que la fièvre est l'expression du combat de l'organisme contre l'agent morbide. La fièvre est la réaction générale de tout le corps contre les altérations que l'agent morbide provoque dans les échanges nutritifs et dans la masse sanguine, et cette réaction est une condition de guérison ; Hale White, admettant que la fièvre diminue la virulence des germes et active la phagocytose, la considère, lui aussi, comme une réaction salu-taire qu'il est dangereux d'entraver.

Bouchard écrit : « N'étant pas certains de ce qu'est la fièvre, nous sommes obligés de renoncer à instituer contre elle une thérapeutique pathogénique... L'hyperthermie n'est une cause de danger, ni au point de vue des lésions anatomiques, ni au point de vue de la dénutrition. On peut dire que l'hyperthermie indique la gravité de la maladie ; mais ne la produit pas. »

Stokvis, chargé de rapporter au Congrès de médecine de Paris de 1900 cette question : Doit-on combattre la fièvre ? répond nettement : « Il ne faut pas la combattre, hormis les cas dans lesquels on a à sa disposition des médicaments spécifiques contre des maladies infectieuses spéciales, et hormis ceux dans lesquels une hyperthermie excessive, avec des symptômes alarmants concomitants, nous force à intervenir. Dans tous les autres cas, il faut se contenter du rôle d'observateur clinique minutieux et de thérapeutiste expectant. »

Et puisque nous avons cité, à côté des médecins de l'école de Liebermeister, l'auto-rité de Cl. Bernard, il nous semble juste d'ajouter que Pflüger se range complètement à l'avis de ceux qui reconnaissent à la fièvre une influence salutaire : « C'est l'hyper-thermie qui rend l'organisme capable d'oxyder les substances nuisibles et les ferments, et qui fait ainsi recouvrer la santé, en purifiant par le feu ; *Das Fieber durch Feuer reinigend heilt.* (A. g. P., xiv, 513). »

Si les maîtres que nous venons de citer se prononcent en général contre la médi-cation antipyrétique, ils reconnaissent qu'il faut distinguer entre les hyperpyrexies et les pyrexies ordinaires ; que les premières peuvent constituer, par l'exagération même des désordres que produit une chaleur centrale excessive, un danger grave, qu'il faut combattre quand même, mais la balnéation reste pour presque tous le traitement de choix. Bouchard admet cependant que pour trois maladies pyrétiques, la fièvre typhoïde, la scarlatine, le rhumatisme cérébral, les médicaments antipyrétiques peuvent, en pro-voquant un abaissement thermique, atténuer certains symptômes morbides. Quand la température dépasse 40°, la thérapeutique antipyrétique se justifie.

Si Bouchard, tout en donnant la préférence à la balnéation, accepte pour des cas déterminés quelques agents pharmacodynamiques, Cantani est beaucoup plus exclusif. Il rejette complètement ces agents, ne voulant pas « altérer la thermogenèse qui est essentielle à la puissance de réaction organique » ; et il n'admet que les bains froids, c'est-à-dire la soustraction de calorique en excès. C'est également l'opinion de Hale White, de Schmidt, de Kast, etc.

Ajoutons cependant que, dans la pratique, les antithermiques sont journellement employés, que le médecin cherche toujours à lutter contre la poussée fébrile et que, de fait, les médicaments désignés sous le terme d'antithermiques analgésiques procurent souvent aux malades un soulagement réel. Et nous ne pouvons mieux faire que de citer ici les remarques si judicieuses de Lépine dans son rapport au Congrès de 1900.

« Gardons-nous d'un entraînement irréfléchi ; car la clinique ne nous montre pas que l'hyperthermie soit favorable aux malades. A tout médecin observant sans parti pris elle donne, au contraire, la preuve qu'il est presque toujours avantageux de modérer la fièvre. Laissons de côté la théorie : ce qu'il importe, c'est de déterminer cliniquement le meilleur traitement des malades atteints de fièvre ; or je nie qu'en général l'expectation soit la méthode préférable. » Cette opinion a été défendue de nouveau par JENDRASSIK.

Influence de la température fébrile sur l'infection. — Pour déterminer l'influence de la température fébrile sur la marche des maladies infectieuses, plusieurs méthodes ont été utilisées.

1° L'observation clinique portant soit sur les maladies infectieuses à forme apyrétique, soit sur les résultats obtenus avec les antipyrétiques physiques ou médicamenteux. On pourrait ici multiplier les statistiques, comparer le tant pour cent de guérisons suivant la méthode thérapeutique utilisée. Mais on sait combien sont trompeuses ces données, et nous renvoyons aux différents ouvrages de médecine ; car nous ne pouvons tirer aucune conclusions des documents réunis sur ce sujet ;

2° La méthode expérimentale consistant à étudier l'action de la chaleur sur les microbes *in vitro*. On a comparé les effets observés sur des animaux préalablement infectés, puis rendus hyperthermiques, soit par échauffement du milieu ambiant, soit par piqûre du cerveau. Les résultats obtenus sont, comme on pouvait s'y attendre, très discordants.

Pour soutenir l'idée de l'action tutélaire de l'hyperthermie, on a apporté une série d'observations sur l'influence nocive des températures dites fébriles sur l'activité des microorganismes. La première en date est l'observation de PASTEUR sur l'atténuation de la bactéridie charbonneuse par le chauffage à 42°. KOCH confirme le fait en montrant que l'optimum est vers 35°. DE SIMONE constate qu'une température de 39 à 40° arrête le développement du microbe de l'érysipèle. KOCH montre que le bacille de la tuberculose se développe au maximum vers 37-38°, et qu'au-dessus les cultures sont moins vivantes, s'arrêtant à 42°. HEIDENREICH observe que les spirilles de la fièvre récurrente perdent rapidement leur motilité vers 39°. BUMM atténue les cultures de gonocoques en les maintenant à 39°, et FINGER leur fait perdre toute virulence en les portant à 40° pendant 12 heures. Le diplocoque de FRIEDLANDER est arrêté dans son développement à 41°,5 (PIPPING). Le pneumocoque de FRAENKEL se comporte de même (KLEMPERER). BARD et P. AUBERT déclarent que les matières fécales des fébricitants ne renferment plus que le coli-bacille, toutes les autres bactéries ayant été détruites par la chaleur.

Les recherches de MULLER sur la résistance du bacille typhique sont particulièrement intéressantes, puisque la question de la médication antithermique a surtout été soulevée à propos de la fièvre typhoïde. Dans les cultures, le bacille résiste bien jusqu'à 42°, et c'est seulement à 44° qu'il tend à disparaître. Toutefois MULLER signale ce fait intéressant que le développement des générations successives du bacille typhique est considérablement retardé entre 37° et 40° : il estime à 16 p. 100 ce retard, soit 32 minutes à 40° et 37 minutes à 37°.

UNVERRICHT, commentant les résultats de MULLER, insiste sur l'importance de cette dernière observation. Dans l'arsenal thérapeutique, il n'existe, dit-il, aucun moyen qui permette d'aider l'organisme, dans sa lutte contre l'infection, d'une façon aussi générale, et dans une telle proportion de 16 p. 100.

Toutes ces études ont lieu sur les microbes en bouillon de culture : il est évident que tout autres sont les conditions de ces mêmes agents pathogènes dans l'organisme.

Les recherches que nous allons rapporter ont été entreprises sur des animaux hyperthermisants, les uns par suite de leur séjour à l'étuve — ce ne sont donc pas des fébricitants vrais — les autres ayant une température au-dessus de la normale, soit à la suite d'une infection expérimentale, soit par piqûre des centres cérébraux.

FILEHNE a étudié l'infection érysipélateuse chez des animaux chauffés artificiellement. Il a vu que le mal arrivait beaucoup plus vite, mais qu'il se cantonnait bien davantage que normalement. Il n'envahissait par exemple que la moitié de l'oreille, et le microbe disparaissait, au bout du troisième jour, du sang du lapin. Chez les lapins non chauffés, le mal n'atteignait son complet développement qu'au bout de quatre à cinq jours ; mais toute l'oreille était prise et devenait le siège d'un fort œdème, et le microbe ne disparaissait qu'au bout de dix à douze jours. Chez des lapins qu'il avait maintenus dans un milieu refroidi (étuve à glace), Filehne ne vit aucun microbe se développer au bout de trois jours; mais, quand il eut retiré les animaux (lapins) de l'étuve à glace, ils furent pris d'un érysipèle très grave. Les expériences de Cheinisse parlent dans le même sens; il injectait des cultures de staphylocoque; puis il abaissait la température des animaux par des badigeonnages au gaïacol. Or ces animaux ainsi refroidis eurent une affection beaucoup plus grave que les animaux témoins ayant subi l'injection de staphylocoque, et n'ayant pas été badigeonnés au gaïacol. On peut, il est vrai, dire qu'en diminuant la température des animaux on diminue leur vitalité par l'empoisonnement avec le gaïacol; mais Cheinisse a réfuté cette objection en portant les animaux ainsi badigeonnés dans des étuves chaudes. Dès lors ces animaux badigeonnés se comportaient comme des animaux témoins. Rovighi, qui a étudié l'influence de la température sur des animaux infectés avec de la salive, a vu également que les animaux réchauffés résistaient mieux que les autres, tandis qu'au contraire les animaux refroidis avaient des affections beaucoup plus graves. Les expériences de Walther avec le pneumocoque de Fränkel parlent dans le même sens; les animaux chauffés ont résisté beaucoup plus longtemps, et d'autre part Wagner a injecté le bacille charbonneux à des poules qu'il plongeait ensuite dans l'eau froide pour les refroidir. Or ces poules avaient des infections beaucoup plus graves que celles qui n'avaient pas été refroidies. Dans la clinique de Senator, Lœwy et Richter ont fait des recherches qui ont donné des résultats semblables aux précédents en pratiquant la piqûre du cerveau suivant la méthode de Ch. Richet, Sachs et Aronsohn, qui donne pendant des semaines une température de 42°. On pouvait, chez ces animaux ainsi piqués, observer que l'infection par le choléra des poules, par la pneumonie, par la diphtérie, subissait un prolongement de durée plus ou moins notable. Les animaux inoculés avec le rouget des porcs étaient plus longtemps malades et arrivaient parfois à guérir. Cet auteurs font du reste remarquer avec raison que l'hyperthermie n'entre pas en jeu seule dans ces guérisons, et que la phagocytose doit être fréquemment invoquée : ils en concluent néanmoins que l'élévation de température peut être considérée comme un moyen de défense que la thérapeutique ferait bien d'invoquer. Sirotinin a injecté aussi deux lapins avec des bacilles typhiques, et il a vu chez celui dont la température était très élevée, que la guérison était survenue, tandis que chez l'autre, où la température avait baissé, la mort survint. Welch a vu également que la guérison survenait surtout chez les animaux qui ont beaucoup de fièvre immédiatement après l'injection. Krieger n'a pas trouvé d'hypertoxine dans une culture maintenue pendant 24 heures à 39°.

Hildebrandt provoque la fièvre avec des ferments hydrolysants, tels que l'invertine-émulsine; l'animal qui avait une température de 41° résistait, alors que les témoins mouraient en quelques semaines.

Kast étudie le problème par une autre voie : il se propose de chercher quelle est l'influence exercée par l'hyperthermie sur les substances protectrices du sérum sanguin. Laissant de côté les alexines, auxquelles on attribue l'action bactéricide commune du sérum, il étudie plus spécialement les substances spécifiques. Kast utilise la méthode de Pfeiffer et Kolle : il prend du sérum de chèvres immunisées contre la fièvre typhoïde, et l'injecte à des animaux infectés par des cultures virulentes. Les animaux soumis à une hyperthermie de 40° à 41° furent sauvés par une dose de sérum qui se montrait inactive pour les animaux injectés, mais laissés à la température ordinaire.

Bemasch a trouvé que les variations de la température n'entraînaient pas de modifications dans la courbe agglutinante, et que les antipyrétiques étaient aussi sans action.

Hydrothérapie. — La balnéation dans les cas d'hyperthermies graves est recommandée par la presque unanimité des auteurs, même par ceux qui rejettent radicalement les antithermiques. Elle constitue, pour Brand, le traitement par excellence de la fièvre typhoïde. La manière de donner l'eau froide varie avec chaque école :

1° Le premier et le plus simple de tous ces moyens consiste à prendre une grosse éponge plongée dans de l'eau à 12° ou 15°, le malade étant au lit, et à faire des lotions par tout le corps. On essuie le malade, et on l'enveloppe ensuite dans une couverture bien sèche. Ce procédé est peu employé;

2° La méthode de Trousseau est également abandonnée; elle consiste à placer le malade dans une baignoire et à l'asperger avec de l'eau froide;

3° Le procédé du *drap mouillé* est très usité. Un drap est plongé dans de l'eau à 10°; on l'exprime et on en enveloppe le malade, qui y séjourne pendant 10 minutes ;

4° La méthode de Brand, consiste à donner des bains à la température de 20° et, dans les états graves, à celle de 18°, dont la durée est de 15 minutes. Chaque fois que la température du malade dépasse 39°, on en donne un toutes les trois heures. Il est donc indispensable de prendre toutes les trois heures les températures rectale ou vaginale. Dès après le bain, quand le malade est recouché, on reprend la température pour déterminer l'influence exercée sur la thermogénèse ;

5° Enfin, les bains tièdes, méthode très employée autrefois, et qui est reprise par Bouchard. Le malade est placé dans un bain dont la température est de 2° inférieure à sa température propre; on l'y laisse séjourner quelques instants, puis on abaisse progressivement la température du bain à 30°. On donne 8 bains analogues par jour.

Comment agit le bain froid dans les pyrexies? La soustraction de calorique ne paraît pas être le mécanisme utile du bain froid. On sait, en effet, que le bain froid provoque une réaction de défense de l'organisme telle que les échanges sont considérablement augmentés. Kernig, dès 1860, avait montré l'activité des échanges chez l'homme sain, Liebermeister a prouvé qu'il en était de même chez le fébricitant. Tous les travaux à cet égard concordent (Gildemeister, Lehmann, Rœngh, Zuntz, Lefevre).

L'influence du bain froid sur la courbe thermique est très variable. D'après Liebermeister, la température pendant le bain (28°) reste stationnaire, ou même s'élève encore, mais elle baisse ensuite graduellement à la sortie du bain. Aubert, Ségalas n'obtiennent pas des courbes analogues. La température rectale, qui s'élève en effet chez l'homme sain de quelques dixièmes de degrés pendant le bain, baisse au contraire graduellement et lentement chez le fébricitant (typhoïque ou pneumonique), la courbe descendante se continuant après le bain. Quant à la courbe axillaire, elle est identique chez le sujet sain et chez le fébricitant; chute brusque pendant le bain, ascension rapide à la sortie. D'après Fiedler et Hartenstein, une demi-heure après le bain, et pendant trois quarts d'heure, la température de l'aisselle était plus élevée que celle du rectum, fait contredit par Ségalas. Cet abaissement thermique central consécutif au bain est obtenu, d'après Liebermeister, par une diminution dans les combustions organiques : l'analyse des échanges gazeux indique en effet une diminution dans l'élimination de l'acide carbonique.

La destruction des albuminoïdes, le processus le plus essentiel de la fièvre, est-elle modifiée par les bains froids? Sassetzki conclut à une diminution dans l'urée excrétée, malgré l'augmentation des urines. Bauer et Kunske trouvent, en apparence du moins, des résultats opposés : ils donnent des bains froids à leurs fébricitants tous les deux jours, et c'est le jour du bain que l'élimination azotée atteint son maximum; mais Schleich a montré que l'élimination de l'urée ne correspondait pas au moment de la destruction de la matière protéique, qu'il y avait un retard pouvant atteindre 24 heures, et qu'en fait les expériences de Bauer et Kunske pouvaient être interprétées en faveur de la diminution de la protéolyse sous l'influence du bain froid.

Le bain froid agit sur le système nerveux par voie réflexe cutanée ; le tonus artériel est augmenté (Winternitz), le rythme cardiaque régularisé; le dicrotisme disparaît. La diurèse est considérablement augmentée, et c'est peut-être là le facteur essentiel. Chez le typhoïsant, la quantité d'urine peut passer de 500 grammes à 6 litres en 24 heures après le bain froid, et les expériences de Roques et Weil montrent que non seulement la sécrétion urinaire n'est pas plus abondante, mais que la toxicité de l'urine s'élève, ce qui prouve qu'il y a élimination de toxines.

Alimentation des fébricitants. — « Quand la maladie est dans sa force, la diète la plus sévère est de rigueur (Hippocrate). »

« L'inanition est la cause de mort qui marche de front et en silence avec toute maladie dans laquelle l'alimentation n'est pas à l'état normal. Elle arrive à son terme, quelquefois plus tôt, quelquefois plus tard, que la maladie qu'elle accompagne, et peut ainsi devenir une maladie principale, là où elle n'avait été [d'abord qu'épiphénomène (Chossal). »

Ces deux citations résument les discussions innombrables qui ont lieu en médecine sur cette question : la diététique dans les maladies fébriles.

La destruction exagérée des albuminoïdes étant aujourd'hui admise sans conteste, le problème doit se poser ainsi :

Une alimentation azotée peut-elle contrebalancer la destruction exagérée de l'azote perdu?

Une alimentation non azotée peut-elle diminuer l'élimination de l'azote?

Huppert et Riesell, en 1869, répondent par la négative à la première question. Observant un typhique, ils n'arrivent jamais à compenser par une nourriture azotée le déchet protéique.

L'élimination de l'urée croissant à mesure que l'on élevait la ration azotée, Immermans, en 1879, aboutit aux mêmes conclusions : chez les fébricitants, l'apport d'albuminoïdes favorise la protéolyse.

Au contraire, Bauer et Kunskle arrivent à des résultats opposés. Ils prescrivent alternativement à un typhique un régime sans azote, puis un régime riche en albuminoïdes : soupe, œuf, lait, et constatent que le second régime protège les tissus protéiques du corps.

Il y a bien augmentation réelle de l'azote éliminé; mais, si l'on tient compte de l'azote ingéré, on remarque que la désassimilation protéique est certainement diminuée.

Pipping, étudiant la même question chez les enfants scarlatineux, conclut que souvent l'alimentation azotée peut contrebalancer, ou du moins atténuer la destruction des substances protéiques.

Germain Sée se prononce nettement pour l'alimentation azotée des fébricitants, et Munk et Ewald, résumant le travaux antérieurs, concluent dans leur traité de diététique :

« L'administration des albuminoïdes aux fébricitants peut déterminer une épargne de cette substance, alors même que la perte totale en azote s'élève, par suite d'une augmentation d'azote dans la ration. »

En admettant même que l'alimentation protéique est utile au point de vue de la compensation de la perte azotée, un certain nombre de cliniciens s'élèvent contre l'alimentation azotée. Ils supposent, en effet, que les produits de dédoublement des albuminoïdes peuvent, par suite de l'état du tube digestif, devenir vraiment toxiques : atonie du tube digestif; diminution de l'acide chlorhydrique; absorption plus lente des peptones (Sanetzky et Uffelmann); affaiblissement probable du rôle antitoxique du foie.

Pour éviter les auto-intoxications, on a essayé de substituer, en partie du moins, aux matières protéiques des hydrates de carbone. Les travaux de May sur les animaux fébricitants tendent à montrer qu'il y a en effet épargne très caractérisée de l'azote par l'ingestion d'hydrates de carbone.

En d'autres termes, l'organisme des fébricitants se comporte à ce point de vue comme celui des sujets sains; May va plus loin, il admettrait volontiers que la destruction des albuminoïdes chez le fébricitant en inanition résulte du besoin en hydrates de carbone de l'organisme.

Rappelons que, pour V. Noorden, la destruction des albuminoïdes est due à deux causes; l'une, c'est l'action immédiate des poisons pyrétogènes sur le protoplasma; l'autre, c'est à l'inanition plus ou moins relative du malade; l'ingestion d'hydrates de carbone peut agir sur la seconde cause, non sur la première.

Vaquez, récemment, a défendu très énergiquement l'alimentation azotée, même chez les typhiques.

Les pyrexies apyrétiques. — Une étude sur la fièvre doit comporter nécessairement un exposé sommaire des travaux sur les pyrexies apyrétiques. Terme paradoxal évidemment, mais qui est aujourd'hui adopté par les cliniciens, bien que Lépine propose avec plus de raison de leur substituer celui de pyrexie athermique. Certaines affections, s'accompagnant généralement d'une élévation thermique notable, peuvent dans certains cas évoluer avec tous leurs syndromes ordinaires, la température seule ne s'élevant pas, ou même restant au-dessous de la normale : scarlatine (Fiessinger), fièvre typhoïde (Vallin, Gerloczy, Wendland, Teissier), grippe (Potain), etc. Il est bien entendu qu'il ne s'agit pas ici de fièvre algide avec collapsus.

Plusieurs explications ont été fournies. On a invoqué une réaction anormale des centres régulateurs thermiques. Reichert disait qu'il y a exagération d'action des centres thermolytiques sur les centre thermogéniques; mais cette réaction ne paraît devoir se produire que parce que les poisons pyrétogènes sont autres dans ce cas. Pour Charrin et Carnot, il y aurait dans l'organisme prédominance des substances hypothermisantes. Ils citent les effets différents obtenus avec les urines de deux typhoïsants; l'un avec hyperthermie, l'autre restant au-dessous de 38°. La phase d'hypothermie observée chez les lapins injectés avec les urines était beaucoup plus forte chez le sujet athermique. J. Teissier, sans nier une hyperproduction de substances hypothermisantes, penche plutôt à admettre une rétention de ces substances par suite de l'imperméabilité plus ou moins complète du rein.

Les antipyrétiques. — Le nombre des substances utilisées en clinique pour combattre l'élévation de température est considérable, et il serait impossible de les étudier spécialement. Les antipyrétiques agissent par plusieurs procédés, il en est qui s'attaquent à la cause même de l'accès fébrile. Ce sont les médicaments spécifiques, comme la quinine pour la malaria, l'acide salicylique pour le rhumatisme et peut-être aussi contre le pneumocoque. Rien ne démontre mieux les effets de ces médicaments que les effets variables de la quinine dans les fièvres intermittentes. Donnée pendant l'accès, même par la voie sous-cutanée, la quinine, à moins d'employer des doses énormes, toxiques même, influe peu sur la température, alors qu'une dose beaucoup plus faible, administrée avant l'accès, prévient ou modère tout au moins la poussée fébrile. Dans ce dernier cas, la quinine a agi directement sur les infusoires, en arrêtant leur vitalité et la production des substances pyrétogènes. Dans le second cas, elle s'est montrée incapable d'agir, soit sur les toxines produites, soit sur les centres nerveux intoxiqués.

Peut-être la kaïrine et les corps analogues de la série quinolique sont-ils, sinon des spécifiques, au moins des agents bactéricides généraux du sang. Dans tous les cas, ces substances ne sauraient posséder des propriétés antiseptiques qu'à des doses où elles deviennent toxiques pour le sujet traité. La plupart des antipyrétiques introduits par les chimistes sont des poisons du sang (transformation de l'hémoglobine en méthémoglobine, diminution de la capacité respiratoire, altération morphologique des globules) et aussi du protoplasma des cellules. C'est en diminuant les échanges, et par suite la réaction de l'organisme, qu'ils provoquent la chute de la température.

Sous la direction de Kreihl, un certain nombre de travaux importants ont été publiés en 1899, sur l'influence des antithermiques sur les échanges. Liepelt arrive à cette conclusion que la quinine à dose moyenne ne modifie ni la température ni les oxydations, mais qu'à doses plus élevées elle peut provoquer des perturbations graves dans la thermogénèse. Stühlinger soutient qu'il n'y a diminution de la chaleur produite que par suite d'une véritable paralysie neuro-musculaire.

Enfin, un groupe important de substances ayant pour type l'antipyrine a pu être désigné sous le terme général de médicaments antipyrétiques analgésiques. En diminuant l'élément douleur, on conçoit que ces substances atténuent l'excitabilité exagérée des centres nerveux, et par suite provoquent une chute thermique. Mais il faut sans doute faire intervenir également ici un autre mécanisme. Même quand la douleur n'entre pas en jeu, que le système nerveux, en apparence du moins, n'est pas dans un état d'hyperexcitation, l'antipyrine paraît agir sur les centres régulateurs, sur les centres thermotaxiques. Les expériences de P.-J. Martin, de Girard, de Gottlieb, parlent dans ce sens. Après l'administration de 1 gramme d'antipyrine à des lapins, la piqûre du corps strié ne produit plus d'hyperthermie. Une expérience de Gottlieb tend à établir le mécanisme de ce pouvoir régulateur de l'antipyrine sur les centres cérébraux. Sur un animal normal l'antipyrine augmente la déperdition de calorique de 10 à 20 p. 100 : sur un lapin rendu hyperthermique par piqûre cérébrale, cette augmentation peut atteindre 55 p. 100.

Bibliographie. — **Fièvre en général.** — Lassar. *Ueber das Fieber der Kaltblüter* (A. P., 1875, 633). — Herz (M.). *Ueber das Fieber der Elementärorganismen* (Wien, med. Presse, 1892, xxxiii, 2025-2029). — Feil (A.). *Fieberversuche an Kaltblütern* (D. Iéna, 1895). — Kreihl et Sœlbeer. *Wärmeökonomie und Gaswechsel poikilothermer Wirbelthiere unter dem Einflusse bacterieller Infectionen* (A. P., xl, 1897, 275).

Les pyrexies apyrétiques. — VALLIN. *De la forme ambulatoire ou apyrétique de la fièvre typhoïde* (Arch. de méd., nov. 1873). — FRANTZEL. *Ueber schwere und afebril Erkrankungen an Ileotyphus* (Zeitsch. f. klin. Med., II, 2). — WENDLAND. *Zur Kenntniss des tuberkulosen Verlauf des Typhus abdom.* (D. Berlin, 1891). — POTAIN. *La température dans la fièvre typhoïde* (Union médicale, 20 sept. 1891). — FIESSINGER. *La scarlatine apyrétique* (Gaz. méd. de Paris, 4 mars 1893). — ORTIZ. *Fièvre typhoïde apyrétique* (D. Paris, 1894). — TEISSIER (J.). *Des pyrexies apyrétiques* (Sem. médic., 1894, 197).

Les antipyrétiques. — BINZ. *On the action and uses of antipyretic medicines* (VII° Internation. Congr., Londres, 1881). — FOKKER. *Die Wirkung der Antipyretica* (ibid.). — DUJARDIN-BEAUMETZ. LÉPINE. *Des antipyrétiques* (Congrès international de thérapeutique, Paris, 1889). — CANTANI. *Sur l'antipyrèse* (Congrès international de Berlin, 1890). — KAST, BINZ, UNVERRICHT, JAKSCH. *Les antipyrétiques médicamenteux* (XIV° Congrès allemand de médecine interne, Wiesbaden, avril 1896, Semaine médicale, 1896, 145). — SCHMIDT, LABORDE, NABIAS. *Les antithermiques analgésiques* (II° Congrès français de médecine interne, Bordeaux, août 1895, in Semaine médicale, 1895, 364). — OTT (I.). *The modern antipyretics* (Easton, U. S., 1892). — STOKVIS. *Doit-on combattre la fièvre?* (XIII° Congrès international de médecine, Paris, 1900). — LÉPINE. *Doit-on combattre la fièvre?* (XIII° Congrès international de médecine, Paris, 1900). — JENDRASSIK. *Doit-on traiter la fièvre?* (Revue de méd., 1901, 935.)

Circulation. — ZIMMERMANN (G.). *Die Theorie der febrilen Pulsfrequenz* (Deutsche Klin., 1863, 413, 1864, 273, 293, 305-330, 336). — HÜTER (C.). *Ueber den Kreislauf und die Kreislaufsstörungen in der Froschlunge. Versuch zur Begründung einer mechanischen Fieberlehre* (C. W., 1873, XI, 65-81). — MENDELSON. *On the renal circulation during fever* (Amer. Journ. Med. Sc., 1883, LXXXVI, 380-493 et A. A. P., 1885, 274-292). — BAUMLER. *Ueber das Verhalten der Hautarterien in der Fieberhitze* (C. W., 1873, XI, 179). — QUEIROLO. *Rech. pléthysmographiques sur la fièvre et sur la cairine* (A. i. B., 1884, V, 224-226). — MARAGLIANO (E.). *I fenomeni vascolari della febre* (Rif. clin., XXVIII, 349-378 et A. i. B., 1889, XI, 195-204; 246-253). — ZADECK. *Die Messung des Blutdruckes* (Zeitsch. f. klin. Med., II, 547, 1881). — BASCH. *Einige Ergebnisse der Blutdruckmessung* (Zeitsch. f. klin. Med., III, 532, 1881). — WETZEL (A.). *Ueber den Blutdruck im Fieber* (Zeitsch. f. klin. Med., 1882, V, 323-345). — ARNHEIM. *Ueber das Verhalten des Wärmeverlustes der Hautperspiration und des Blutdruckes bei verschiedenen fieberhaften Krankheiten* (Zeitsch. f. klin. Med., 1882, V, 363-412). — WIEGANDT. *Ueber den Einfluss des Fiebers auf den arteriellen Blutdruck* (A. P., XX, 1886, 126). — REICHMANN. *Ueber das Verhalten des arteriellen Blutdruckes im Fieber* (D. med. Woch., 1889, XV, 784-787). — MOSEN (R.). *Ueber das Verhalten des Blutdruckes im Fieber* (D. Arch. f. klin. Med., 1893, 411, 601, 606). — POTAIN. *La pression artérielle à l'état normal et pathologique*, Paris, 1902. — HERING. *Ueber die Schnelligkeit des Blutlaufes* (Vierordt's Arch., XII, 141, 1853). — BERNS. *Die Ludwig's Stromuhr und Hueter's Fiebertheorie* (A. A. P., 1877, LXIX, 153-171). — HERMANN. *Zur Bestimmung der Umlaufzeit des Blutes* (A. g. P., XXXIII, 169, 1884). — WOLFF. *Ueber die Umlaufsgeschwindigkeit des Blutes im Fieber* (A. P., XIX, 264, 1885).

Théories de la fièvre. — HEIDENHAIN. *Das Fieber an sich und das nervöse Fieber*, Berlin, 1845. — FINKLER. *Ueber das Fieber* (A. g. P., XXIX, 89, 1862). — TRAUBE. *Neue Beiträge zur Fieberlehre* (Wien. med. Woch., 1862, XII, 37; 52, 193). — WUNDERLICH. *Das Verhalten der Eigenwärme in Krankheiten*, Leipzig, 1865. — DESNOS. *De l'état fébrile* (Thèse de concours, Paris, 1865). — HIRTZ. *Essai sur la fièvre* (D. Strasbourg, 1870). — SILUJANOFF. *Zur Fieberlehre* (A. A. P., LII, 327, 1870). — LIEBERMEISTER. *Handb. der Path. u. Ther. des Fiebers* (Leipzig, 1875). — COLASANTI. *Ein Beitrag zur Fieberlehre* (A. g. P., XIV, 92 et 123, 1876). — CAVALLERO et RIVA ROCCI. *Contributo allo studio del processo febbrile* (R. clinica, Milano, XXIX, 641, 717). — ALBERT. *Ueber einige Verhältnisse der Wärme an fiebernden Thiere* (Med. Jahrb., 1882, 376, 380; et Wien med. Bl., 1882, 396, 399). — TRAUBE. *Zur Fieberlehre* (Ges. Abh., II, 637-679, 1871). — SILUJANOFF. *Zur Fieberlehre* (A. A. P., 1871, 411, 327, 339). — LIEBERMEISTER. *Ueber Wärmeregulirung und Fieber* (Volkmann's Samml. klin. Vortr., n° 19, 1871). — SENATOR. *Unters. über den fieberhaften Process* (Berlin, 1873). — ZUNTZ. *Die neuesten Arbeiten über Fieber* (Fortschr. d. Med., 1883, 209). — SIMINCINI. *La theorie della febbre* (Arch. med. ital., 1883, II, 547-597). — FREDERICQ. *Fièvre chez le lapin* (Bull. Ac. de méd.

de Belgique, 1884, XVIII, 179-182). — LIEBERMEISTER. Vorlesungen üb. spec. Path. u Ther.,. III, 165, 1887. — CHARRIN. Sur la fièvre (Journal de pharm. et de chimie, 1890, XXI, 67-76). — V. NOORDEN. Pathologie des Stoffwechsels, Berlin, 1893. — KRAUS. « Fieber ». In Ergebn. über Allgem. Path. und Phys., 1895. — SAMUEL. « Fieber ». In EULENBURG'S Realencyclopedie. — UGHETTI. La febbre; Exposilione summaria delle attuali conoscenze sul processo febbrile (in-8°, Milar o, 1893, traduct. allemande par TEUSCHER, Iéna, in-8°, 1895). — DESBONNET. Sur la fièvre (Arch. méd. belges, 1895, VI, 217-289). — UNVERRICHT. Ueber das Fieber (Samml. klin. Vorträge, 1896, n° 159). — LOVOIT. Vorlesungen über allgemeine Pathologie. Die Lehre vom Fieber, Iéna, 1897. — UGHETTI. Pathogenese des Fiebers (Centr. f. allg. Path., 1898, IX,. 671-676). — KREBL. Pathologische Physiologie, Leipzig, 1898. — BOUCHARD. Traité de Pathologie générale. — GUINON (L.). De la Fièvre. Traité de Pathologie générale, III, 1908. — ROGER. Les maladies infectieuses, 2 vol., 1902.

Échanges. — SENATOR. Zur Lehre von der Eigenwärme und des Fieber (C. W., 1868, VI, 708; A. A. P., 1869, XLVI, 507-509; C. W., 1871, IX, 737-753; 1873, XI, 84-86; A. g. P.,. 1876, XIV, 448-450; 492-502). — LEYDEN. Ueb. die Respiration im Fieber (Deutsch. Arch. f. klin. Med., VII, 536, 1870). — LIEBERMEISTER. Ueber die Kohlensäureproducten im Fieber. und ihr Verhältniss zur Wärmeproduction (D. Arch. f. klin.Med., 1871, VIII, 153-205). — WERTHEIM. Stoffwechsel in fieberhaften Krankheiten (Wien. med. Woch., 1878, XXVIII, 865,. 915, 941. Med. Jahrb., 1881, 87-100; 1882, 420-447). — WERTHEIM (G.). Unters. über den Stoffwechsel in fieberhaften Krankheiten (Wien. Med. Woch., 1878, XXVIII, 866, 915, 941). — REGNARD. Recherches expér. sur les variations path. des combustions resp. D. Paris, 1879. — LEYDEN et FRÄNKEL. Ueber den respiratorischen Gasaustausch im Fieber (A. A. P., 1879, LXXVI, 136-211). — ZUNTZ (N.). Ueber den Stoffwechsel fiebernder Thiere (A. P., 1882, 113 et C. W., 1882, XX, 561-563). — LILIENFELD. Unters. über den Gaswechsel fiebernder Thiere (A. g. P., XXXII, 293, 1883). — SIMANOWSKY. Unters. über den thier. Stoffwechsel unter dem Einfluss einer erhöhten Körpertemperatur (Z. B., XXI, I, 1885). — LANGLOIS (P.). De la calorimétrie chez l'homme (D. Paris, 1887). — ROSENTHAL. Calorimetr. Untersuchungen (A. P.,. 1888, I). — KRAUS (FR.). Ueb. den respir. Gasaustausch im Fieber (Zeitschr. f. klin. Med.,. XVII, 160, 1890). — PIPPING. Zur Kenntniss der kindlichen Stoffwechsel bei Fieber (Skand. Arch. für Physiol., 1890, II, 89-133). — KLEMPERER. Einwirkung des Koch'schen Heilmittels auf den Stoffwechsel Tuberculoser (Deutsch. med. Woch., 1891, n° 15). — HIRSCHFELD. Stoffwechselunters. bei Lungentuberculose nach Anwendung des Koch'schen Mittels (Berl. klin. Woch., 1891, n° 2). — LŒWY. Wirkung der Koch'schen Flüssigkeit auf den Stoffwechsel des Menschen (Berl. klin. Woch., 1891, 93); Stoffwechseluntersuchungen im Fieber (A. P.,. CXXVI, 1891, 218). — OKA. Ueber die Wirkung des Koch'schen Mittels auf die Respiration (D. med. Woch., 1891, n° 12). — KRAUS (F.). Ueber den respiratorischen Gasaustausch im Fieber (Zeitsch. f. klin. Med., 1891, XVIII, 161-184). — ROSENTHAL. Die Wärmeproduction im Fieber (Berl. klin. Woch., 1891, XXVIII, 785-788); Die Wärmeproduction im Fieber, ein experimentell Beitrag zur Fieberlehre (Fests. R. Virchow., 1891, 1, 411-431). — CHARRIN et LANGLOIS. Les variations de la thermogénèse dans la maladie pyocyanique (A. de P., 1892). — MAY. Der Stoffwechsel im Fieber. Experimentelle Untersuchung (Z. B., 1, 1893). — RUBNER. Die Quelle der thierischen Wärme (Z. B., 73, 1893). — NEBELTHAU. Calorimetr. Untersuch. am Kaninchen im fieberhaften Zustand (Z. B., 1895, XXXI, 293). — ROBIN et BINET. Étude clinique sur le chimisme respiratoire (Arch. génér. de médec., juin, oct. 1896). — ARLOING et LAULANIÉ. Introduction à l'étude des troubles de la thermogénèse sous l'influence des toxines (A. d. P., 1895). — KAUFMANN. Influence exercée par la fièvre sur les actions chimiques intra-organiques et la thermogénèse (B. B., 1896, III, 773-778). — KALININ. CO², Az. et P²O⁵ dans la période latente de la fièvre chez les lapins (Centr. f. allg. Path., 1897, XVII, 418-525). — RICTHUS. Beobachtungen uber den Gaswechsel kranker Menschen (A. P., 1900, XLIV, 239). — JACQUET. Les échanges organiques pendant la période fébrile et la convalescence (Revue critique, Semaine médicale, 1902, 281).

Sang. — BOCKMANN. Ueber die quantitative Veränderungen der Blutkörperchen im Fieber (D. Arch. f. klin. Med., 1881, XXXI, 481-515). — BALY et NEGRO. Osservazioni quantitative sui globuli rossi e sulla emoglobina del sangue nel periodo febbrile di alcune malattie (G. d. r. Ac. di Torino, 1882, 603-617). — HAYEM. Leçons sur le sang. Paris, 1882. — HALLA. Hæmoglobingehalt des Blutes, und quantitative Verhältnisse der rothen und weissen Blutkörperchen bei acuten fieberhaften Krankheiten (Zeitsch. f. Heilk., 1883, 10, 198, 251). —

Koblantz. *Zur Kenntniss des Verhaltens der Blutkörperchen* (Diss. Berlin, 1889). — Reinert. *Die Zählung der Blutkörperchen* (Leipzig, 1891, 174-188). — Stein. *Hämatometr. Unters. zur Kenntniss des Fiebers* (Centr. f. klin. Med., 1892, 465). — Pizzini et Fornaca. *Modo di comportarsi delle piastrine del sangue nella febbre* (Rif. med., 1894, x, 735). — Bousquet. *Recherches cryoscopiques sur le sérum sanguin* (D. Paris, 1899). — Vincent. *Leucolyse produite par l'hyperthermie expérimentale* (B. B., 1085, 1902); *Recherches sur le sang des animaux morts d'hyperthermie* (B. B., 1086, 1902). — Gautrelet (J.) et Langlois. *Variations de la densité du sang pendant la polypnée thermique* (B. B., 5 juillet 1902). — Pflüger. *Ueb. die Geschwindigkeit der Oxydationsprocesse im art. Blutstrom* (A. g. P., I, 297, 1868). — Zuntz. *Beitr. z. Physiol. des Blutes* (Diss. Bonn., 1868); *Ueber den Einfluss der Saüren auf die Gase des Blutes* (A. g. P., I, 366, 1868). — Mathieu et Urbain. *Des gaz du sang* (A. de P., IV, 447, 1872). — Geppert. *Die Gase des arteriellen Blutes im Fieber* (Zeitschr. f. klin. Med., II, 255, 1881). — Minkowski. *Ueb. den CO$_2$ Gehalt des arteriellen Blutes im Fieber* (A. P. P., XIX, 209, 1885). — Jaksch. *Ueb. die Alkalescenz des Blutes in Krankheiten* (Zeitschr. f. klin. Med., XIII, 350, 1887). — Krauss. *Ueb. die Alkalescenz des Blutes bei Krankheiten* (VIIIe Congr. f. innere Med., 1889, 427). — Peiper. *Alkalimetr. Untersuchungen des Blutes* (A. A. P., CXVI, 337, 1889). — Sciolla. *Di alcune modificazioni chimico-fisiche del sangue in varie forme morbose* (Rif. med., 1890, VI, 1537). — Drouin. *Hémoalcalimétrie* (D. Paris, 1892). — Rigler. *Das Schw. der Alkalicität des Gesammtblutes* (Centralb. f. Bakt., XXX, n° 22, 1902). — Brandenburg. *Ueber Alkalescenz des Blutes in Krankheiten* (D. med. Wóch., 78, 1902).

Causes. — Gangolphe et Courmont. *Fièvre consecutive à l'oblitération vasculaire sans intervention microbienne* (Arch. de méd. exp., 1891, 504). — Charrin. *Les substances solubles du bacille pyocyanique produisant la fièvre* (C. R., 1891, CXIII, 559). — Sosskowitz et Hildebrandt. *Ueber einige pyretische Versuche* (A. A. P., 1893, CXXXI, 3-5). — Kühne. *Erfahrungen über Albumosen und Peptone* (Z. P., 221, 1893). — Bouchard. *Observat. relatives à la fièvre* (Ass. franç. pour l'av. des Sc., 1893, XXII, 306-308). — Roger. *Pouvoir thermogène des urines* (B. B., 1893). — Bouchard. *Les doctrines de la fièvre* (Sem. médic., 1893, 117-119; 1894, 153-155). — Donath et Gara. *Fiebererregende Bacterienproducte* (Wien. med. Woche, 1894, 1342, 1383, 1423). — Charrin et Carnot. *Action de la bile et de l'urine sur la thermogénèse* (A. d. P., 1894, 879). — D'Arsonval et Charrin. *Influence des sécrétions cellulaires sur la thermogénèse* (A. de P., 1894, 683). — Roussy. *Recherches sur la pyrétogénine* (B. B., 1895, 261, 318). — Oddi (R.). *Le teoria della febbre in rapporto coi recenti studi di fisiopatologia sul ricambio materiale e sul sistema nervoso* (Gazz. di osp., 1895, XVI, 1153-1155). — Roussy. *Recherches cliniques et expérimentales sur la pathogénie de la fièvre* (A. de P., 1899, 355-370); *Recherches sur la pyrétogénine* (B. B., 1895, II, 261, 264). — Pillon. *Les globules blancs, sécréteurs de substances thermogènes* (B. B., 264, 294, 373, 1896). — Aronsohn. *Das Wesen des Fiebers* (D. medic. Woch., 1902, 77). — Schnitzler et Ewald. *Beitrag zur Kenntniss des aseptischen Fiebers* (Verh. d. d. Ges. f. Chir., 1896, XXX, 436, 455). — Haack. *Beiträge zur experimentellen Albumosurie* (A. P., 1897, 175. — Marinesco. *Recherches sur les lésions des centres nerveux consécutives à l'hyperthermie expérimentale et à la fièvre* (Revue neurol., 1899, VII, 3-11). — Fornaca et Micheli. *Sulla febri da injezione di siero fisiologico* (A. i. B., 1899, XXXII, 87). — Hildebrandt. *Zur Kenntniss der physiologischen Wirkung der hydrolytischen Fermente* (A. A. P., CXXI, 1). — Aronsohn et Sachs. *Die Beziehungen des Gehirns zu Körperwärme und Fieber* (A. A. P., 1885, XXXVII, 167). — Casati. *Febbre da aumentata nutrizione e da aumentato ricambio materiale* (Raccoglitore medico, 1885. XXIV, 89-92). — Girard (H.). *Contr. à l'étude de l'influence du cerveau sur la chaleur animale et sur la fièvre* (A. de P., 1886, VIII, 281, et 1888, I, 312). — Bouchard. *Leçons sur les auto-intoxications dans les maladies*. Paris, 1887; *Action des urines sur la calorification* (A. de P., 1889). — Ott (F.). *The thermo-polypnœic centre and thermotaxis* (The journ. of nervous and mental diseases, avril 1889). — Charrin. *Sur les élévations thermiques d'origine cellulaire* (A. P., 1889, 683). — Hennijean. *Recherches sur la pathogénie de la fièvre* (Revue de médecine, 1889, 905). — Hammerschlag. *Ueber die Beziehung des Fibrinferments zur Entstehung des Fiebers* (A. P. P., 1890, XXVII, 414-418). — Roussy. *Recherches cliniques et expérimentales sur la pathogénie de la fièvre* (A. de P., 1890, 355). — Mosso (U.). *La dottrina della febbre in rapporto coi centri termici cerebrali: studio sull' azione degli antipiretici* (A. i. B., 1890, XIII, 451-483). — Binet. *Sur une substance thermogène de l'urine* (C. R., CXIII, 207, 1891).

Température. — GAVARRET. *Recherches sur la température dans la fièvre intermittente* (*L'Expérience*, 1839). — WUNDERLICH. *De la température dans les maladies*, 1871. — WEBER. *Des conditions de l'élévation de température dans la fièvre* (D. Paris, 1872). — JACOBSON (L.). *Ueber die Temperaturvertheilung im Verlauf fieberhafter Krankheiten* (A. A. P., 1875, LXV, 520-527). — SCHÜLEIN (W.). *Ueber das Verhältniss der peripheren zur centralen Temperatur im Fieber* (A. A. P., 1876, LXVI, 109). — REDARD. *Traité de thermometrie médicale*, Paris, 1885. — CHALMERS. *The pyrexia of the specific fevers with special reference to the daily fluctuations of temperature* (Glasc. med. Journal, 1890, XXXIV, 10-22). — POTAIN. *La température dans la fièvre typhoïde* (*Union médicale*, 10 sept. 1891). — SCHÆFFER (A.). *La température dans la fièvre* (Arch. gónér. de méd., 1897, I, 462-470).

Température locale. — CL. BERNARD. *Leçons sur la chaleur animale*, 1876, 181. — KÖRNER. *Beiträge zur Temperatur-Topographie* (D. Breslau, 1871). — ARONSOHN. *Der Einfluss des Zuckerstichs auf die Temperaturen des Körperinnern und insbesondere der Leber* (Deut. med. Woch., 1884). — ROSENTHAL (W.). *Thermo-elektrische Untersuchungen über die Temperaturvertheilung im Fieber* (A. P., Suppl., 1893, 217, 279). — D'ARSONVAL et CHARRIN. *Topographie calorifique chez les animaux fébricitants* (B. B., 1896, 277-279). — KREHL et KRATZCH. *Uber die Orte der erhöhten Wärmeproduction im Fieber* (A. A. P., XLI, 1898, 185). — LÉPINE. *Sur la participation du pancréas à la thermogénèse* (B. B., 1899, 835 et 949).

Appareil digestif. — SALKOWSKI. *Zur Kenntniss des pathol. Speichels* (A. A. P., 1887). — STICKER. *Die Bedeutung des Mundspeichels* (Berlin, 1889, 122). — SCHLESINGER. Z. *Kenntniss der diast. Wirkung des mensch. Speichels* (A. A. P., XXV, 1891). — JAWEIN. *Klin. Pathologie des Speichels* (Wien. med. Presse, avril 1892). — ROBIN (G.). *Variations du pouvoir amylolytique dans la salive pathologique* (D. Paris, 1900). — MANASSEIN (W.). *Versuche über den Magensaft bei fiebernden und acutanämischen Thieren* (A. A. P., 1872, LV, 313-455; ibid., LVI, 220-247). — EDINGER. *Unters. zur Physiologie und Pathologie des Magens* (D. Arch. f. klin. Med., XXIX, 555, 1881). — STOLNIKOFF. *Zur Lehre von der Function des Pancreas im Fieber* (A. A. P., 1882, XC, 389-442). — GLUCINZKI. *Ueb. das Verhalten des Magensaftes in fieberhaften Krankheiten* (D. Arch. f. klin. Med., XLII, 481, 1888). — HILDEBRANDT. *Zur Kenntnis der Magenverdauung bei Phthisikern* (D. med. Woch., 1889, n° 15). — MERKLEN. *Sur les fonctions du foie et du rein dans les gastro-entérites* (D. Paris, 1901). — HOPPE-SEYLER. *Ueb. die Einwirkung des Tuberculins auf die Gallenfarbstoffbildung* (A. A. P., CXXVIII, 43, 1892). — PATON. *Influence of fever on hepatic glycogenesis* (Edimb. Hosp. Reports., 1894, II, 72. 88). — TSCHERNOFF. *Ueber Absorbirung der Fette durch Erwachsene und Kinder während fieberhafter und fieberfreier Erkrankungen* (A. A. P., 1884, XCVIII, 231-243). — GLAX. *Ueber die Wasserretention im Fieber; ein Beitrag zur Frage über die Bedeutung der Wasserzufuhr und der Auswaschung des menschlichen Organismus in Infectionskrankheiten* (Festsch. a. ROLLETT.. Iéna, 1893, 113-136). — RIVA ROCCI et CAVALLERO. *Il bilancio dell' aqua negli stati febbrici* (Gazz. med. di Torino, 1894, XLV, 761-767). — HÖSSLIN. *Experim. Beiträge zur Frage der Ernährung fiebernder Kranken* (A. A. P., LXXXIX, 95, 303, 1882). — UFFELMANN. *Ernährung des gesunden und kranken Menschen*, 482, 1887. — VON NOORDEN. *Alkohol als Sparmittel für Eiweiss* (Berl. klin. Woch., 1891, n° 23).

Urines. — DRECHSEL. *In H. Handb. der Physiologie*, V, 1, 480, 1883. — ZÜLZER. *Unters. über die Semiologie des Harns* (Berlin, 1884). — VILLIERS. *Sur les urines patholog.* (C. R., C, 1246, 1885). — NEUBAUER-VOGEL. *Harnanalyse* 9° édit., 1890. — CECCHERELLI, *Ricerche sulle crise urinarie in alcune malattie febbrili* (Clin. med. ital., Milano, 1899, XXXVIII, 33, 41). — MORACZEWSKI (W.). *Ueber die Ausscheidung der Harnbestandtheile bei Fieberbewegungen* (A. A. P., 1899, CLV, 11-43). — RIESENFELD. *Harnanalysen bei Febris recurrens* (Ibid., XLVIII, 130, 1869). — PRIBRAM. *Studien über Febris recurrens* (Prag. Vierteljahs; schrift, CIV, 176, 1869). — GRIFFITHS. *Ptomaines extraites des urines dans quelques maladies infectieuses* (C. R., CXIII, 636, 1892). — BRIEGER et WASSERMANN. *Beobachtungen über das Auftreten von Oxalbuminen beim Menschen* (Charité Ann., XVII, 822, 1892). — MOOS. *Ueb. den Harnstoff und NaCl Gehalt des Harnes bei verschiedenen Krankheiten* (Zeitschr. f. rat. Med. N. F., VII, 291, 1855). — ANDERSON. *Researches of the daily excretion of urea in fever* (Edimb. Journ., XI, 708, 1866). — NAUNYN. *Ueber das Verhalten der Harnstoffausscheidung beim Fieber* (Berl. klin. Woch., 1869, 42); *Beiträge zur Fieberlehre* (A. P.,

1870, 159-179). — Unruh. *Ueber die Stickstoffausscheidung bei fieberhaften Krankheiten (A. A. P.*, xlviii, 227-294, 1869). — Naunyn. *Ueber das Verh. der Harnstoffausscheidung beim Fieber (Berl. klin. Woch.*, 1869, 42). — Schultzen. *Ueb. den N. Umsatz bei Febris recurrens (Charité Ann.*, xv, 153, 1869). — Petit (P. L.). *Recherches sur les relations qui peuvent exister entre l'excrétion de l'urée et le processus fébrile* (D. Paris, 1877). — Kocu. *Ueber die Ausscheidung des Harnstoffs (Z. B.*, xix, 447, 1883). — Tournier (H.). *Des variations de l'urée dans quelques maladies fébriles* (D. Paris, 1885). — Wood et Marshall. *Note on the relation between urea and fever (X intern. med. Cong. Berlin*, 1890, ii. 40-43). — Bartels. *Unters. über die Ursachen einer gesteigerten Harnsäureausscheidung (Deutsch. Arch. f. klin. Med.*, i, 1, 1866). — Cario. *Ueb. den Einfluss des Fiebers und der Inanition auf die Ausscheidung der Harnsäure, etc.* (Göttingen, 1888). — Anrep et Weil. *Ueb. die Ausscheidung der Hippursäure und Benzœsäure während des Fiebers (Z. p. C.*, iv, 169, 1880). — Haldane. *The elimination of aromatic bodies in fever (J. P.*, 213, 1888). — Jacksch. *Ueb. Acetonurie und Diaceturie* (Berlin, 1885). — Baginsky. *Ueb. Acetonurie bei Kindern (Arch. f. Kinderheilk.*, ix, 1, 1888). — Külz. *Beitrag zur Kenntniss der activen B. Oxybuttersaüre (Z. B.*, xxiii, 336, 1887). — Munk. *Ueb. Kreatin und Kreatinin (Deutsche Klinik.*, 1862, 300). — Hofmann. *Ueb. Kreatinin im norm. u. pathol. Harn. (A. A. P.*, xlviii, 358, 1869). — Campagnolle. *Eine Versuchsreihe über alimentäre Glycosurie im Fieber (D. Arch. f. klin. Med.*, 1898, lx, 188, 220). — Jaksch. *Ueb. physiol. u. pathol. Lipacidurie (Z. p. C.*, v, 536, 1886). — Robitansky. *Verhalten der flüchtigen Fettsäuren (Wien. med. Jahrb.*, 1887, 205). — Brieger. *Ueb. des Vorkommen von Pepton im Harn* (D. Breslau, 1888). — Noorden. *Neuere Arbeiten über Peptonurie (Berl. klin. Woch.*, 1893, n° 3). — Hirschfeldt. *Ein Beitrag zur Frage der Peptonurie* (D. Dorpat, 1892). — Hübener. *Ueb. Albuminurie bei Infectionskrankheiten* (D. Berlin, 1892). — Schultess (E.). *Die Beziehungen zwischen Albumosurie und Fieber (D. Arch. f. klin. Med.*, 1896, lviii, 325, 338). — Musy (A. J.). *Rapports entre la fièvre et l'albumosurie (B. B.*, 1898, 875-877). — Escherich. *Zur diagnost. Bedeutung der Diazoreaction (Deutsch. med. Woch.*, 1883, 653). — Ehrlich. *Ueb. die Sulfodiazobenzolreaction (Deutsche med. Woch.*, 1884, 419); *Ueb. eine neue Harnprobe (Charité Annal.*, 140, 1883). — Rivier. *De la diazoréaction* (D. Paris, 1898). — Chantemesse. *Traité de médecine*, (2), ii, 176. — Coste. *De la diazoréaction dans l'érysipèle* (D. Paris, 1899). — Gebharel. *De la diazoréaction dans les affections respirat.* (D. Paris, 1901). — Fürbringer. *Ueber den absoluten und relativen Werth der Schwefelsäureausfuhr durch den Harn bei fieberhaften Krankheiten (C. W.*, 1877, xv, 865). — Zülzer. *Ueber die Ausscheidung der Phosphorsäure im Urin bei fieberhaften Krankheiten (Charité Annalen*, 1874, 673). — Zuelzer. *Ausscheidung der Phoshorsäure im Urin bei fieberhaften Krankheiten (Charité Ann.*, 1876, i, 673, 688). — De Pieri. *Eliminazione del fosforo nella febbre (Riv. veneta di sc. med.*, 1895, xxiii, 101-126). — Ceconi. *Dell' eliminazione del fosforo organico in condizioni di febbre elevata e di grave disonea (Morgagni*, 1898, xl, 187-201). — Ewald. *Ueber den Kohlensauregehalt des Harnes im Fieber (A. P.*, 1873, 1). — Scholz. *Ueber den Kohlenstoffgehalt des Harnes fiebernder Menschen und sein Verhältniss zur Stickstoffauscheidung (A. A. P.*, xl, 326, 1897). — Hoppe-Seyler. *Ueb. die Ausscheidung des Urobilins in Krankheiten (A. A. P.*, cxxiv, 30, 1891). — Etevenin. *Recherches sur l'acidité de l'urine à l'état physiol. et dans la fièvre* (D. Lyon, 1884). — Nicolaidi. *L'acidité urinaire chez l'homme sain et chez les malades* (D. Paris, 1900). — Salkowski. *Unters. über die Ausscheidung der Alkalisalze (A. A. P.*, liii, 209, 1871). — Röhmann. *Ueb. Ausscheidung der Chloride im Fieber (Zeitschr. f. klin. Med.*, i, 513, 1879). — Mosse. *Recherches sur l'excrétion urinaire après les accès de fièvres intermittentes (Revue de méd.*, 1888). — Kast. *Ueber Beziehungen der Chlorausscheidung zum Gesammtstoffwechsel (Z. p. C.*, xii, 267, 1888). — Rem: Picci et Caccini. *El ricambio dei cloruri nelle malattie acute febrili (Policlinico*, 1893-4, 564-581). — Terray. *Ueber die Veränderung des Chlorstoffwechsels bei acuten febrilen Erkrankungen (Zeitschr. f. klin. Méd.*, 1894, 346-371). — Roque et Lemoine. *Tox. urinaire dans l'impaludisme (Rev. de Méd.*, 1890, 926). — Semmola. *Die Toxicität des Urins, deren Diagnose, Prognose und Therapie (Intern. klin. Rundsch.*, 1891, n° 40). — Roque et Weill. *De l'élimination des produits toxiques dans la fièvre typhoïde (Rev. de Méd.*, 1891, 758). — Feltz. *Ess. expér. sur le pouvoir toxique des urines fébriles (C. R.*, 1886, cii, 880, 282). — Roger et Gaume. *Toxicité de l'urine dans la pneumonie (Rev. de Méd.*, 1889).

J.-P. LANGLOIS.

FILICIQUE (Acide) ($C^{14}H^{16}O^5$ ou mieux $C^{18}H^{22}O^6$). — Corps cristallisable, soluble dans l'éther, qu'on extrait du produit éthéré de l'extrait de racine de fougère mâle. Il donne avec les bases des sels cristallisables. Il est probable que c'est un éther butylique de la naphtoquinone.

D'après Poulsson l'acide filicique est toxique chez le lapin à la dose de $0^{gr},30$ en un ou deux jours, après ingestion stomacale. Rulle dit qu'un homme adulte, après ingestion de 1 gramme d'acide filicique, a de la diarrhée, des nausées et un malaise général, mais que les accidents disparaissent vite. Kalayama et Okamato, professeurs de médecine légale à Tokyo, ont appelé l'attention sur un phénomène remarquable consécutif à l'usage d'acide filicique, c'est à savoir une atrophie de la rétine, avec cécité complète. Masius a communiqué des faits analogues à l'Académie de médecine de Bruxelles. Chez l'homme des doses répétées (de 5 à 10 grammes par jour) ont amené l'amaurose et des symptomes de générale intoxication. Masius a pu répéter ces phénomènes d'empoisonnement chez le chien. Sur 14 chiens intoxiqués, 5 présentèrent une amaurose notable; et chez deux animaux la cécité ne disparut pas après la suppression du poison. Il a suffi de donner des doses quotidiennes de 5 à 20 centigrammes par kilogramme d'animal pour amener ce résultat. Van Aubel a répété les expériences de Masius, et il a de plus observé les accidents déterminés chez des grenouilles placées dans de l'eau tenant en suspension quelques gouttes d'essence de fougère mâle. Il admet que cette substance est assez analogue, quant à ses effets, à l'essence de térébenthine, et que, chez les mammifères, elle produit de la contraction des artères de la rétine par excitation du grand sympathique. A dose toxique, sur le chien, l'essence de fougère produit un ralentissement du cœur, avec impuissance des mouvements volontaires; et la mort survient dans le coma. Van Aubel admet que c'est un poison du système nerveux central.

D'après Boehm (*Beiträge zur Kenntniss der Filixsäuregruppe, A.P.P.*, 1897, XXXVIII, 35-58), on peut, en traitant l'extrait éthéré de fougères par la magnésie, extraire un corps cristallisable que Boehm a appelé *aspidine*, et auquel il donne pour formule $C^{23}H^{32}O^7$. L'aspidine, à la dose de 2 ou 3 milligrammes, tue les grenouilles, avec des convulsions tétaniques. Elle a été mortelle sur le lapin, en injection veineuse, à $0^{gr},025$ par kil. Plus tard il y a eu des convulsions d'intensité assez médiocre, la mort est survenue par arrêt respiratoire. Boehm a encore obtenu d'autres corps voisins de l'aspidine ($C^{22}H^{29}OCH^3O^6$); l'acide flavaspidique ($C^{23}H^{28}O^8$); l'albaspidine ($C^{22}H^{28}O^7$); l'aspidinol ($C^{12}H^{16}O^4$) : tous corps voisins de l'acide filicique ($C^{18}H^{22}O^7$) dont certainement ils dérivent. Mais l'acide filicique, d'après Boehm, n'aurait pas les propriété physiologiques et thérapeutiques des extraits de fougères et de l'aspidine.

Bibliographie. — Van Aubel. *Contribution à l'étude de la toxicité de la fougère mâle* (*Bull. de l'Ac. de médecine de Belgique*, 1895, ix, 841-864). — Kobert. *Sur les principes actifs de la fougère mâle* (*Soc. des natur. de Dorpat*, déc. 1892). — Katayama et Okamato. *Studien über die Filix Amaurose* (*Viertjahrsschr. f. ger. Med.*, 1894). — Masius. *Amaurose filicique* (*Bull. de l'Ac. de médecine de Belgique*, 29 juin 1895). — Poulsson. *Ueber die Polystichumsäure* (*Arch. f. Pharmak.*, mars 1895). — Rulle. *Ein Beitrag zur Kenntniss einiger Bandwurmmittel und deren Anwendung* (*D. in.*, Dorpat, 1867).

FISCIQUE (Acide). — Extrait par l'alcool de *Fiscia parietina*, il cristallise en petits cristaux rouge brun.

FISÉTINE ($C^{15}H^{10}O^6$). — Combinaison de tanin et d'un glucoside, nommé fustine, qu'on trouve dans le bois de fustet. L'acide acétique le dédouble en ces deux éléments. L'acide sulfurique étendu dédouble la fustine en fisétine et un sucre qui paraît être l'isodulcite.

FLORAISON. — La floraison, ou, comme on disait autrefois, la fleuraison, est la biologie des fleurs, surtout considérées dans leurs enveloppes extérieures, le calice et la corolle. L'étude des parties centrales, les étamines et le pistil, constitue trois autres chapitres de la biologie, la pollinisation, la fécondation et la fructification.

Généralement les fleurs apparaissent après les feuilles, ou plutôt pendant la période de plus grande vigueur de celles-ci. Les exceptions sont assez rares; mais, comme elles sont relatives à des espèces vulgaires, elles paraissent beaucoup plus fréquentes qu'elles ne le sont en réalité. Citons particulièrement le pêcher, l'orme, le peuplier, le tussilage, le magnolier.

Les pièces constituant les fleurs sont, quand elles sont jeunes, rabattues les unes sur les autres pour constituer ce qu'on appelle le *bouton*. Quand celui-ci est mûr, le calice et la corolle se rabattent au dehors, de manière à exposer à l'air les parties centrales : c'est l'*épanouissement*, qui se continue jusqu'à la mort de la fleur.

La durée de l'épanouissement est très variable. Il est des fleurs qui ne vivent guère que douze heures : on les dit alors *éphémères*. Les unes s'épanouissent le soir et meurent le matin : ce sont les *éphémères nocturnes* (Belle-de-nuit. Cereus). Les autres s'épanouissent le matin et meurent le soir ; ce sont les *éphémères diurnes* (Cestes. Certains Lins).

Si la fleur dure plus d'un jour, on la dit vivace.

Il y a un assez grand nombre de plantes, des arbres notamment, où les fleurs sont déjà formées, du moins en partie, bien avant leur épanouissement. Elles passent alors l'hiver enfermées dans des bourgeons dont les écailles sont garnies de poils blancs et cotonneux, destinés à les protéger du froid.

L'âge où les plantes fleurissent est variable. Les herbes fleurissent la première année. Les plantes bisannuelles, la deuxième année. Les arbrisseaux et les arbres commencent généralement à fleurir d'autant plus tard que leur croissance est plus lente, et leur durée habituelle plus prolongée. Il y a à cette règle des exceptions (Ricin d'Afrique ; Rosier de Bengale ; Pin des Canaries). Une même espèce fleurit plus tôt dans les pays chauds que dans les régions froides ou tempérées.

Les plantes bien nourries ont une tendance à produire peu de fleurs et plus de feuilles. Les boutures tendent à fleurir plus tôt que si elles étaient restées en place. D'une manière générale, je crois que l'on peut dire que tout ce qui peut faire souffrir une plante (transplantation, voyages, traumatismes) l'engage à fleurir plus vite et plus abondamment.

Les plantes à fleurs vivaces fleurissent généralement tous les ans à la même époque. Cependant il n'est pas rare de voir un arbre, qui a beaucoup fleuri et fructifié une année, ne pas fleurir l'année suivante. Par contre, on voit parfois les marronniers d'Inde, qui mènent une vie misérable dans les boulevards de Paris, fleurir plusieurs fois par an.

La floraison a lieu surtout au printemps, et d'autant plus tôt que celui-ci est plus chaud. Mais elle peut avoir lieu à diverses autres époques, ce qui a permis aux botanistes à l'âme poétique de faire un *Calendrier de Flore*. Celui-ci, naturellement, est variable avec les régions, et, jusqu'à une certaine limite, avec les conditions météorologiques de l'année. En voici un exemple :

Janvier. — Peuplier blanc. — Perce-neige.

Février. — Anémone hépatique. — Daphné bois gentil. — Lauréole. — Noisetier. — Violette.

Mars. — Anémone sylvie. — Giroflée jaune. — Narcisse. — Primevère. — Amandier. — Pêcher. — Abricotier.

Avril. — Couronne impériale. — Jacinthe. — Lilas. — Petite pervenche. — Tulipe. — Frêne. — Poirier. — Prunier. — Marronnier.

Mai. — Filipendule. — Iris. — Muguet. — Pivoine. — Pommier. — Fraisier.

Juin. — Bleuet. — Nénuphar. — Nielle. — Pavot. — Pied d'alouette.

Juillet. — Catalpa. — Chicorée sauvage. — Laurier-rose. — Menthe. — Œillet.

Août. — Balsamine. — Laurier-tin. — Magnolia. — Myrte. — Scabieuse.

Septembre. — Cyclamen. — Colchique. — Amaryllis jaune. — Lierre. — Ricin.

Octobre. Aralia. — Chrysanthèmes. — Topinambour. — Aster.

Novembre. — Anémone du Japon. — Éphémérine. — Verveine.

Décembre. — Ellébore noir. — Lopézie.

L'heure à laquelle les fleurs s'épanouissent varie avec les espèces, ce qui a permis de faire des *Horloges de Flore*. En voici une, relative à Paris, en été :

Entre 3 et 4 heures du matin.   *Convolvulus nil et sepium*.
 — 4 et 5   —   du   —   *Tragopogon. — Matricaria suaveolens*.

Entre 5 et 5 h. 1/2 du matin	*Papaver nudicaule. — Chicoracées.*	
— 5 et 6 — du —	*Momordica elaterium. — Lapsana communis. — Convolvulus tricolor.*	
A 6 heures.	*Hypochœris maculata. — Convolvulus siculus.*	
Entre 6 — et 7 heures. . .	*Sonchus. — Hieracium.*	
A 7 — . . .	*Nenuphar. — Laitues. — Camelines. — Prenanthes muralis.*	
De 7 — à 8 —	*Mesembryanthemum barbatum. — Specularia speculum. — Cucumis anguria.*	
A 8 — . . .	*Anagallis arvensis.*	
De 8 — à 9 — . . .	*Nolona prostrata.*	
De 9 — . . .	*Calendula arvensis.*	
De 9 — à 10 — . . .	*Glaciale.*	
De 10 — à 11 — . . .	*Mesembryanthemum nodiflorum.*	
A 11 — . . .	*Pourpier. — Ornithogalum umbellatum. — Tigridia pavonia.*	
A 12 — . . .	*Ficoïdes* (La plupart des).	
De 5 — à 6 — du soir.	*Silene noctiflora.*	
De 6 — à 7 — —	*Belle de nuit.*	
De 7 — à 8 — —	*Cereus grandiflorus. — Ficoïden octiflore. — Ænothera tetraptera et suaveolens.*	
A 10 — —	*Convolvulus purpureus.*	

C'est la lumière qui semble surtout agir dans l'heure de l'épanouissement des fleurs. La chaleur peut faire aussi étaler certaines fleurs, les tulipes par exemple.

Les fleurs respirent activement. Au moment de la fécondation, elles semblent présenter une augmentation de température, mais mal connue.

Le développement des fleurs à l'obscurité a été, en dernier lieu, étudié par L. BEULAYGUE (*Acad. des sciences*, 18 mars 1901). Voici les conclusions de ce travail : 1º A l'obscurité, les fleurs éclosent, le plus souvent, plus tard qu'en pleine lumière ; 2º La couleur des fleurs subit, en général, à l'obscurité, une diminution d'intensité qui est très légère pour certaines fleurs, assez sensible pour d'autres, et qui, pour quelques-unes, par exemple *Heliotropium peruvianum* et *Teucrium fruticans*, peut aller jusqu'à décoloration complète ; 3º Les fleurs développées à l'obscurité présentent, en général, des dimensions moindres que celles des fleurs développées à la lumière, mais, par contre, les pédicelles sont parfois plus développés ; 4º Le poids et le volume des fleurs développées à l'obscurité sont toujours inférieurs au poids et au volume des fleurs développées à la lumière.

HENRI COUPIN.

FLOURENS (Pierre-Marie-Jean), né à Thézan (Hérault), le 13 avril 1794, mort à Montgeron près de Paris, le 6 décembre 1867, a été le premier titulaire de la chaire de physiologie comparée au Muséum. Par son enseignement et par ses écrits il a exercé une très grande influence sur le développement de la physiologie dans la première moitié du xixᵉ siècle.

De situation sociale modeste, FLOURENS fut élevé par un prêtre oratorien qui lui donna, dans une humble cure des Cévennes, les premières notions des sciences ; à quinze ans il s'inscrivit à la faculté de Montpellier ; il n'avait pas vingt ans lorsque, ses études terminées, il partit pour Paris. Recommandé par DE CANDOLLE à CUVIER qui était alors à l'apogée de sa réputation, FLOURENS fut introduit par son protecteur dans une société d'élite ; il connut DELAMBRE, AMPÈRE, LAPLACE, ARAGO, GEOFFROY SAINT-HILAIRE, BIOT, DULONG, POISSON, GAY-LUSSAC, DESTUTT DE TRACY, et sut conquérir l'estime et même l'amitié de plusieurs d'entre ces grands hommes ; cependant ses débuts à Paris furent difficiles à d'autres points de vue : il écrivit des articles de revues, organisa des conférences pour gagner sa vie, tout en continuant ses études et en parachevant sa formation intellectuelle.

FLOURENS possédait de précieux dons de nature : « Une volonté ferme, orientée dans ses desseins par un caractère droit, par un esprit élevé, secondée par une heureuse habileté et soutenue par un grand travail, le fit arriver à la renommée qu'il avait rêvée dès sa jeunesse [1]. » Il disposait d'une grande vigueur de pensée ; il avait du style, de l'imagi-

---

1. *Éloge de Flourens*, par CLAUDE BERNARD.

nation et une remarquable clarté dans l'exposition; il utilisa ses talents d'écrivain en collaborant à des revues scientifiques; en 1822 il fit, à l'Athénée, un cours public sur les Sensations. A l'exemple de MAGENDIE, il expérimenta sur les animaux; de 1822 à 1828 il poursuivit des recherches sur les fonctions du système nerveux; ses premiers travaux méritèrent les encouragements de l'Académie qui, à deux reprises, en 1824 et en 1825, lui décerna le prix MONTYON.

Appelé en 1828, sur la recommandation de CUVIER, à la suppléance de la chaire d'anatomie au Jardin des Plantes, il devint, en 1832, titulaire de la chaire de physiologie comparée créée au Muséum du Jardin; en 1833 il succédait à CUVIER au secrétariat de l'Académie des sciences; enfin, en 1835, il prenait possession de la chaire d'histoire naturelle des corps organisés au Collège de France.

Certes FLOURENS devait un succès si rapide à ses qualités personnelles; mais l'amitié dont CUVIER l'avait honoré lui était venue puissamment en aide.

FLOURENS ne dédaigna point de faire une incursion dans la politique; député de Béziers en 1838, il prit place dans les rangs de la gauche, mais ne joua qu'un rôle effacé à la Chambre.

Rien ne démontre mieux la haute réputation acquise par FLOURENS que son élection à l'Académie française, en 1840; il l'emporta, en cette circonstance, sur un concurrent redoutable : VICTOR HUGO. On trouve dans la *Revue des Deux Mondes* (décembre 1840) un écho de certaines critiques occasionnées par ce triomphe du savant sur le grand poète. En 1848, FLOURENS devint pair de France; la révolution de 1848 lui enleva cette fonction et le décida à se retirer de la vie politique; en 1850, il fut représentant de l'Institut au conseil supérieur de l'Instruction publique; en 1858, membre du Conseil municipal et du Conseil général du département de la Seine.

Après cette brillante carrière, comblé d'honneurs dans son pays, devenu membre de la plupart des Académies et des Sociétés savantes d'Europe et d'Amérique, grand officier de la Légion d'honneur, FLOURENS abandonna, en 1864, le Secrétariat de l'Académie des sciences, non sans avoir, à l'instar de CUVIER, désigné son successeur. Il se retira à la campagne après avoir ressenti les premières atteintes d'une paralysie à laquelle il succomba trois ans plus tard.

FLOURENS a su conquérir pour la physiologie le droit de cité qu'on ne lui avait pas accordé encore à l'époque où MAGENDIE professait ses admirables leçons sur les phénomènes physiques de la vie; il imposa, grâce à ses brillantes démonstrations, les résultats obtenus par la méthode expérimentale; il fut l'ennemi des conceptions abstraites, et, si lui-même ne sut pas toujours s'en défendre, au moins faut-il lui reconnaître le mérite d'avoir toujours cherché à les appuyer sur l'interprétation des faits.

Lorsque, en 1824, FLOURENS fit connaître ses premières recherches sur les fonctions du cerveau et sur le rôle du cervelet dans la coordination des mouvements, on comprit qu'une voie nouvelle était ouverte désormais dans une direction que nul n'avait encore entrevue; CUVIER put dire avec raison à l'Académie que « le seul fait d'avoir imaginé de telles expériences était un trait de génie digne d'admiration ».

La postérité a confirmé un jugement si flatteur : FLOURENS apparaît aujourd'hui comme l'un des initiateurs des méthodes qui ont permis à la physiologie de se constituer.

L'ablation partielle ou totale des hémisphères cérébraux chez le pigeon, la piqûre du bulbe et la découverte du « *nœud vital* » sont des expériences révélatrices et décisives, grâce auxquelles d'incontestables progrès ont été réalisés dans un des domaines les plus obscurs de l'investigation physiologique; ces expériences appartiennent entièrement à FLOURENS, et c'est avec justice qu'on y a rattaché son nom. On peut regretter pourtant que le grand physiologiste se soit arrêté en si beau chemin, et qu'au lieu de poursuivre ses expériences, au lieu de les étendre, comme on l'a fait depuis, il ait préféré combattre la doctrine des localisations cérébrales.

Adversaire résolu du système de GALL, FLOURENS semble avoir interprété les résultats de ses propres expériences d'une manière trop exclusive, afin de pouvoir les opposer à ce qu'il considérait comme une mauvaise philosophie. « Je cite souvent DESCARTES, dit il, je fais plus, je lui dédie mon livre. — J'écris contre une mauvaise philosophie et je rappelle la bonne... Le sens intime me dit que je suis un, et GALL veut que je sois multiple; le sens intime me dit que je suis libre, et GALL veut qu'il n'y ait point de liberté morale. »

« On peut retrancher, dit encore FLOURENS, soit par devant, soit par derrière, soit par en haut, soit par côté, une portion assez étendue des lobes cérébraux sans que leurs fonctions soient perdues ; une portion assez restreinte de ces lobes suffit à leurs fonctions... Mais, la déperdition de substance devenant plus considérable, dès qu'une perception est perdue, toutes le sont; dès qu'une faculté disparaît, toutes disparaissent... il n'y a donc point de sièges divers pour les diverses facultés ni pour les diverses perceptions. La faculté de percevoir, de juger, de vouloir une chose, réside dans le même lieu que celle d'en percevoir, d'en juger ou d'en vouloir une autre. »

La psychologie de FLOURENS lui est toute personnelle ; certes, il suit pas à pas l'expérience, mais on voit qu'il l'interprète en se laissant influencer par ses convictions philosophiques. A la fois expérimentateur et philosophe, FLOURENS obéit à cette tendance à la synthèse qui se retrouve dans les œuvres de plus d'un savant de la même école, notamment dans celles de BUFFON et de CUVIER. Il a comme eux des vues générales et larges, un horizon intellectuel qu'il ne cherche pas à restreindre, et qui donne à l'ensemble de sa doctrine en même temps une incontestable grandeur et un défaut de précision.

Irréprochable lorsqu'il expérimente, FLOURENS est trop enthousiaste par nature pour ne pas aller au delà des faits. « La vie, dit-il, est un principe d'activité, principe complexe par l'ensemble des forces qui le composent, simple par l'unité même du nœud vital où il réside. » Et ailleurs : « Toute partie tenant à ce point vit; toute partie détachée de ce point, meurt. (*De la raison, du génie et de la folie*, p. 273). »

Dans toutes les questions qui ne touchent pas aux grands problèmes psychologiques, et tant qu'il ne s'agit que de l'observation des phénomènes organiques, FLOURENS émet des jugements d'une absolue correction ; ses expériences sur la régénération des os sont typiques à ce point de vue.

FLOURENS a professé aussi un cours d'ontologie; mais, en cette matière, on ne peut dire qu'il ait contribué au progrès de la science; dans la question si discutée alors de l'origine des êtres et de la fixité des espèces, il s'est rangé parmi les adversaires de l'évolution, et a combattu énergiquement les théories de LAMARCK, de GEOFFROY SAINT-HILAIRE, de DARWIN. Traitant « de la quantité de vie sur le globe », il affirme que, si les espèces se perdent, la quantité de vie reste la même. « Les partisans de la mutabilité des espèces, dit-il, n'ont pour eux aucun fait : depuis ARISTOTE le règne animal est resté le même.... L'homme, dit-il encore, n'a nulle espèce voisine, il n'a pas d'espèce consanguine. »

Il combat la génération spontanée, la préexistence des êtres; pour lui la vie ne se forme pas : elle continue : ce que nous voyons, ce que nous touchons des corps n'est qu'une matière dépositaire passagère des forces et de la forme qui transmettra ces forces et cette forme à la matière nouvelle et lui cédera la place. Cette rénovation durera autant que la vie. Les forces qui constituent l'être et maintiennent la forme, nous ne les voyons pas...

Il admet avec CUVIER les créations successives : «Je suis persuadé, dit-il, que l'avenir du grand problème qui nous occupe (une création unique ou des créations multiples) est tout entier dans la vue ingénieuse et judicieuse de CUVIER. » Et il raille « ce bon M. de LAMARCK ».

FLOURENS paraît avoir eu pour les hommes de science en général, et particulièrement pour ceux d'entre eux qui lui avaient rendu quelque service ou dont il approuvait les vues, une bienveillance qui témoigne de la générosité de ses sentiments; le nombre des éloges historiques dont il est l'auteur, la manière dont il défend les opinions de CUVIER, le culte intime qu'il avait voué à BUFFON, s'expliquent dans une certaine mesure par un enthousiasme puisé dans les élans de son cœur; il est juste de lui en tenir compte. Il faut reconnaître que, même dans ceux de ses ouvrages où il professe des opinions erronées, il y a des séries de faits bien observés, des discussions du plus haut intérêt, et surtout, avec un grand art et une érudition vraie, une science profonde.

FLOURENS a, le premier, démontré l'action anesthésiante du chloroforme. Le 8 mars 1847, il annonçait à l'Académie des sciences que le chloroforme exerce sur les animaux une action analogue à celle de l'éther, mais bien plus énergique et plus rapide. FLOURENS croyait à une « action élective » de l'anesthésique sur le système nerveux central.

Les doctrines de Flourens, envisagées dans leur ensemble, appartiennent à cette époque de transition où les raisonnements de l'école n'ont pas désarmé devant l'expérience. Il n'en est pas moins un des fondateurs de la physiologie et de la psychologie modernes.

Bibliographie. — *Cours de physiologie comparée. De l'ontologie, ou étude des êtres... leçons recueillies et rédigées par* Charles Roux, VIII, 184 pp., 8, Paris, J.-B. Baillière, 1856. — *Mémoires d'anatomie et de physiologie comparées contenant des recherches sur : 1° les lois de la symétrie dans le règne animal; 2° le mécanisme de la rumination; 3° le mécanisme de la respiration des poissons; 4° les rapports des extrémités antérieures et postérieures dans l'homme, les quadrupèdes et les oiseaux,* 101 pp., 4, Paris, J.-B. Baillière, 1844. — *Nouvelles obs. sur le parallèle des extrémités dans l'homme et les quadrupèdes (Ann. Sc. nat., [Zool.], x,* 1838, 35-41). — *Analyse de la philosophie anatomique, où l'on considère plus particulièrement l'influence qu'aura cet ouvrage sur l'état actuel de la physiologie et de l'anatomie.* 28 pp. 8, Paris, Béchet jeune, 1819. — *De la mutation continuelle et de la force métaplastique (C. R.,* 1859, XLVIII, 1009). — *Observat. sur les caractères constitutifs de l'espèce en zoologie (Ann. Sc. nat., [Zool.],* 1838, IX, 302-307). — *Rech. sur les communications vasculaires entre la mère et le fœtus (Ann. Sc. nat., [Zool.],* 1836, 65-68; *C. R.,* 1836, 170-172). — *Rech. sur la structure du cordon ombilical et sur sa continuité avec le fœtus (Ann. Sc. nat. [Zool.],* III, 1835, 334-338; *C. R.,* 1835, I, 27-28; 180-182). — *Note sur le trou ovale et sur le canal artériel (C. R.,* XXXVII, 1854, 1079). — *Observations pour servir à l'histoire naturelle de la Taupe (Mém. du Mus. d'Hist. nat.,* XVII, 1828, 193-204). — *Sur deux œufs de poule qui présentent quelques circonstances singulières (C. R.,* 1835, I, 182-183). — *Rech. anatomiques sur le corps muqueux ou appareil pigmental de la peau dans l'Indien charrue, le nègre et le mulâtre (C. R.,* 1836, III, 629-706). — *Rech. anat. sur la manière dont l'épiderme se comporte avec les poils et avec les ongles (Ann. Sc. nat., [Zool.],* x, 1838, 343-348). — *Rech. anat. sur le corps muqueux de la langue de l'homme et des mammifères (Ann. Sc. nat., [Zool.],* VII, 219-226; *C. R.,* IV, 1837, 445-451). — *Rech. anat. sur les structures comparées de la membrane cutanée et de la membrane muqueuse (Ann. Sc. nat. [Zool.],* IX, 1838, 239-246; *C. R.,* 1838, VI, 262-268). — *Des membranes muqueuses gastrique et intestinale (Ann. Sc. nat., [Zool.],* XI, 1839, 282-287; *C. R.,* VIII, 1839, 833-837; *Ann. Sc. nat., [Zool.],* 1841, XVI, 349-354; *C. R.,* XIII, 1841, 993-998). — *Nouvelles recherches sur la structure comparée de la peau humaine (C. R.,* 1843, XVII, 333-338). — *Anatomie générale de la peau et des membranes muqueuses (Arch. du Mus. d'hist. nat.,* III, 1843, 153-233). — *Expériences sur le mécanisme du mouvement ou battement des artères (C. R.,* 1837, IV, 103). — *Expér. sur la force de contraction propre des veines principales dans la grenouille (Ann. Sc. nat.,* XXVIII, 1833, 65-71; *Mém. Ac. Sc.,* XIII, 1835, 1-7). — *Expériences sur le mécanisme de la respiration des poissons (Ann. Sc. nat.,* XX, 1830, 5-23; *Mém. Ac. Sc.,* x, 1831, 53-72). — *Expér. sur le mécanisme de la rumination (Ann. Sc. nat.,* 1832, XXVII, 34-57, 291-309; *Mém. Ac. Sc.,* XII, 1833, 531-549). — *Vomissement dans les Ruminants (Bull. Soc. philomathique,* 1833, 50-51). — *Mémoires sur la rumination. Action de l'émétique sur les animaux ruminants (Ann. Sc. nat., [Zool.],* 1837, VIII, 50-58; *Mém. Ac. Sc.,* XVI, 1838, 169-179). — *Note sur le non-vomissement du cheval (Ann. Sc. nat., [Zool.],* 1848, x, 145-152). — *De l'hibernation et de l'action du froid en général sur les animaux (Bullet. des sc. nat.,* XXIII, 1829, 104-107; *Edinb. Journ. Sc.,* 1830, 111-122). — *Cours sur la génération, l'ovologie et l'embryologie* (8, 190 p.), Paris, Trinquart, 1836) [trad. all. par Beurend, Leipzig, Kollmann, 1838]. — *Mém. sur la proportion des sexes dans les naissances des animaux vertébrés (C. R.,* 1838, VII, 948; 1839, IX, 338-346). — *De la longévité humaine et de la quantité de vie sur le globe,* 3° éd., 264 pp., 12, Paris, Garnier, 1856 (trad. angl. par Charles Martel [T. Delf], London, H. Baillière, 1855). — *De la quantité de vie sur le globe (Journ. des Savants,* 1853, 325-335). — *Fixité des formes de la vie ou des espèces (ibid.,* 406-417). — *De la formation de la vie (ibid.,* 521-533). — *Extrait des expériences sur la régénération des os (Ann. Sc. nat.,* 1830, XX, 169-171). — *Recherches sur le développement des os et des dents,* 149 pp., 12 pl., 4, Paris, Gide, 1842. — *Recherches concernant l'action de la garance sur les os (C. R.,* 1840, x, 143, 305; 1841, XII, 276). — *Sur les dents (ibid.,* 1840, x, 429). — *Lettre sur l'action de la garance sur les os (ibid.,* 1842, XIV, 280). — *Recherches sur le développement des os : formation et résorption des couches osseuses (C. R.,* 1841, XIII, 671). — *Formation du cal (ibid.,* 1841, XIII, 755). — *Rôle de la membrane médullaire dans la formation de l'os : expériences mécaniques concernant le développement des os en grosseur et en longueur : mécanisme de la reproduction du* *périoste (ibid.,* 1842, xv, 873). — *Recherches sur la formation des os (ibid.,* 1844, xix, 621). — *Nouvelles expériences sur la résorption de l'os (ibid.,* 1843, xxi, 451). — *Résorption et reproduction successives des têtes des os (ibid.,* 1845, xxi, 1229). — *Remarques à l'occasion d'une communication de M.* Larghi *sur l'extraction sous-périostée des os et sur leur reproduction (ibid.,* 1847, xxiv, 843). — *Note sur la coloration des os du fœtus par l'action de la garance mêlée à la nourriture de la mère (ibid.,* 1861, l, 1010, li, 1061). — *Théorie expérimentale de la formation des os,* viii, 164 pp., 7 pl., 8, Paris, J.-B. Baillière, 1847. — *Note sur la dure-mère ou périoste interne des os du crâne (C. R.,* 1859, xlix, 223). — *Note sur le périoste diploïque et sur le rôle qu'il joue dans l'occlusion des trous du crâne (ibid.,* 875). — *Note sur le développement des os en longueur (C. R.,* 1861, lii, 186). — *Sur la coloration des os d'animaux nouveau-nés par la simple lactation de mères à la nourriture desquelles on a mêlé de la garance (C. R.,* 1862, liv, 65). — *Histoire des études sur le cerveau humain (Journal des Savants,* 1862, 221-234; 406-417, 453-463). — *Recherches physiques sur les propriétés et les fonctions du système nerveux chez les animaux vertébrés (Arch. gén. de méd.,* ii, 1823, 321-370). — *Nouvelles expér. sur le syst. nerveux (ibid.,* viii, 1825, 422-426; *Mém. Acad. des sciences,* ix, 1830, 478-497). — *Recherches expérimentales sur les propriétés et les fonctions du système nerveux, dans les animaux vertébrés,* xxvi, 331 pp., 8, Paris, Crevot, 1824; 2e éd., xxviii, 516 pp., 8, Paris, J.-B. Baillière, 1842. — *Expériences sur le système nerveux, faisant suite aux recherches expérimentales sur les propriétés et les fonctions du système nerveux dans les animaux vertébrés* (8, iv et 53 pp., Paris, Crevot, 1825). — *Expér. sur l'action qu'exercent certaines substances lorsqu'elles sont immédiatement appliquées sur les différentes parties du cerveau (Ann. Sc. nat.,* xxii, 1841, 337-345). — *Considérat. sur l'opération du trépan et sur les lésions du cerveau. Action mécanique des épanchements cérébraux (Ann. Sc. nat.,* 1830, xxi, 353-372; 1831, xxiii, 225-238; *Mém. Ac. des Sc.,* 1832, xi, 101-122, 369-391). — *Expériences nouvelles sur l'indépendance relative des fonctions cérébrales (C. R.,* 1861, lii, 673). — *Expériences sur les canaux semi-circulaires de l'oreille chez les Oiseaux (Ann. d. Sc. nat.,* xv, 1828, 113-124; *Mém. de l'Ac. des Sc.,* ix, 1830, 455-466). — *Expériences sur les canaux semi-circulaires de l'oreille, chez les Mammifères (Ann. des sc. nat.,* xvi, 1828, 5-16; xviii, 1829, 57-73; *Mém. Ac. des sc.,* ix, 1830, 467-477). — *Rech. sur les effets de la coexistence de la réplétion de l'estomac avec les blessures de l'encéphale (Mém. de l'Ac. des sc.,* 1823). — *Résumé analytique des observations de* Frédéric Cuvier *sur l'instinct et l'intelligence des animaux,* 1 vol. 16, Paris, Pitois, 1841. — *Psychologie comparée,* 1 vol. 12, Paris, 1864, Garnier. — *De l'instinct et de l'intelligence des animaux* 1 vol. 12, Paris, Garnier, 1855. — *Nouvelles expériences sur les deux mouvements du cerveau; le respiratoire et l'artériel (Ann. Sc. nat.,* [Zool.], xi, 1849, 5-12). — *De la phrénologie et des études vraies sur le cerveau.* Paris, Garnier, 304 p., 12, 1863 [trad. angl. par Ch. de Lucena, Meigs., Philadelphie, Hogan et Thompson, 1846]. — *Note sur la curabilité des blessures du cerveau (C. R.,* 1862, lv, 69). — *Des abcès du cerveau (ibid.,* 745). — *Note sur le diagnostic des apoplexies à l'occasion d'une lettre de M.* Pœlmann *sur un cervelet pétrifié (C. R.,* 1860, li, 747). — *Note sur le point vital de la moelle allongée (C. R.,* 1851, xxxiii, 437). — *Nouveaux détails sur le nœud vital du lapin (ibid.,* 1858, xlvii, 803-805; 1859, xlviii, 1136-1138). — *Détermination du nœud vital ou point premier moteur du mécanisme de la respiration dans les Vertébrés à sang froid (C. R.,* 1862, liv, 314). — *Expériences sur l'action de la moelle épinière sur la circulation (Ann. Sc. nat.,* xviii, 1829, 271-274; *Mém. Ac. des Sc.,* x, 1831, 625-628). — *Expériences sur la réunion ou cicatrisation des plaies de la moelle épinière et des nerfs (Ann. Sc. nat.,* xiii, 1828, 113-122 et *Mém. Ac. des sc.,* xiii, 1835, 9-16). — *Note sur la sensibilité des tendons (C. R.,* 1856, xxix, 639). — *Sur la sensibilité de la dure-mère, des ligaments et du périoste (ibid.,* 1857, xliv, 801). — *Réponses à des remarques faites par M.* Magendie *à l'occasion de la découverte du siège distinct de la sensibilité et de la motricité (C. R.,* 1847, xxiv, 258, 259, 316). — *Éloges historiques, lus dans les séances publiques de l'Académie des sciences,* 2 vol., 12, Paris, Garnier, 1856. — *Histoire de la découverte de la circulation du sang,* 1 vol. 12, Paris, J.-B. Baillière, 1854, vii, 216 pp. [trad. ital. par de Martin et de Luca, Napoli, 1858; trad. anglaise par Reeve] (Cincinnati, Richey, 1859) — *Histoire des travaux et des idées de* Buffon, 12, Paris, Garnier, 1855. — *Analyse raisonnée des travaux de G.* Cuvier, *précédée de son éloge historique,* 12, Paris, J.-B. Baillière, 1841. — *Fontenelle, ou de la philosophie moderne relativement aux sciences physiques.* Paris, 12, Garnier, 1855. — *Éloge historique de F.* Magendie, *suivi d'une discussion sur les titres respectifs de* Bell *et de* Magendie *à la découverte des fonctions distinctes des racines des nerfs,* 1 vol., 8, Paris, Garnier, 1858, 174 pp. — *Théorie physiologique de l'éthérisation* (*Journ. des Savants,* 1847, 193-202). — *Note touchant l'action de diverses substances injec-tées dans les artères* (C. R., 1847, XXIV, 905; 1849, XXIX, 37). — *Note touchant l'action de l'éther injecté dans les artères* (C. R., 1847, XXIV, 340). — *Note touchant les effets de l'inha-lation de l'éther sur la moelle épinière* (C. R., 1847, XXIV, 161). — *Sur la moelle allongée* (*ibid.*, 242, 253). — *Sur les centres nerveux* (*ibid.*, 340). — *Note touchant les effets de l'éther chlorhydrique chloré sur les animaux* (C. R., 1851, XXXII, 25). — *Sur la distinction entre le coma produit par la méningite et le sommeil que produit le chloroforme : distinction entre la méningite et l'apoplexie* (C. R., 1863, LVI, 567). — *Note sur l'infection purulente* (C. R., 1863, LVI, 241-244). — *Observations sur quelques maladies des Oiseaux* (Mém. Ac. des Sc., x, 1831, 607-624).

P. HÉGER.

FLUORESCENCE. — Voyez Lumière.

FLUOR. FLUORURES. — Le fluor (Fl) est un corps simple, très dif-ficile à isoler de ses combinaisons, à cause de ses affinités énergiques. Après les essais répétés et plus ou moins infructueux de Davy, Knox et quelques autres, Moissan a pu le préparer pur par l'électrolyse à basse température (1885). C'est un gaz coloré en jaune, qui attaque le verre et le platine. Poids atomique : 19,05. Point d'ébullition du fluor liquéfié : — 185°. Densité : 1,265.

Les fluorures métalliques sont des corps généralement solubles, cristallisables, pour l'étude détaillée desquels nous renvoyons aux traités de chimie.

Nous étudierons successivement l'évolution des fluorures dans les organismes; et l'action pharmacodynamique et thérapeutique des fluorures : fixation et assimilation des fluorures.

Fluor et fluorures dans les organismes. — Le fluor existe dans la nature, surtout à l'état de spath fluor : on le trouve aussi dans quelques minéraux. Il en existe des quantités faibles, mais non négligeables, dans certaines eaux minérales (Plombières, Contrexeville, Vichy, Néris, Gerez). L'eau de mer n'en contient que des traces difficiles à doser. Il est probable qu'il y a de très grandes variétés dans la teneur en fluor des différents sols.

Dans le corps des animaux le fluor existe surtout à l'état de fluorure de calcium; dans les os, ainsi que Berzelius l'a montré le premier, et notamment dans l'émail des dents. Morichini (cité par Rabuteau) l'a trouvé dans l'ivoire fossile; Chevreul et d'autres chi-mistes l'ont retrouvé dans les os fossiles. Lassaigne (cité par Rabuteau) en aurait trouvé jusqu'à 16 p. 100 dans les dents d'un Anoplotherium, et Lehmann (*ibid.*) 16 p. 100 dans les côtes d'un Hydrarchos. Nicklès l'a trouvé dans le sang de l'homme et des divers animaux, ainsi que dans la bile, l'urine, la salive, les poils, l'albumine de l'œuf, les eaux de l'amnios, etc. En un mot, c'est un des éléments constitutifs de l'organisme vivant.

Voici, d'après Berzelius (cité par Rabuteau), la composition des os en fluorure de calcium pour cent parties :

	grammes.
Os de l'homme	2,00
Émail de l'homme	3,20
Os de bœuf.	2,50
Émail de bœuf.	4,00

D'après Preisser et Girardin, il y en aurait 2,64 p. 100 dans la défense d'un éléphant fossile, et, d'après Marchand, 2,08 dans le fémur d'un cerf (cités par Rabuteau). Tous ces chiffres sont manifestement trop élevés.

En effet Tamman n'a trouvé que des traces de fluor dans la coquille de l'œuf de poule : il y en avait un peu plus, quoique la quantité ne fût pas dosable encore, dans le blanc d'œuf : dans le vitellus il a trouvé pour 100 grammes 0,0014 de fluor, et dans le cer-veau 0,00074; dans le lait de vache, 0,0003.

Le même auteur a essayé de vérifier l'assertion de Salm Hortsmar, que des plantes, pois et lupins, ne peuvent pas germer dans les sols complètement dépourvus de fluor ; mais il n'a pas pu arriver à cette démonstration. Il a seulement constaté que la germination se fait mal dans les liquides contenant la minime quantité de 0,1 de fluorure de potassium par litre.

GABRIEL a donné une étude critique et bibliographique complète de la teneur des os en fluor. Il rappelle les analyses de ZALESKI, qui, évitant les causes d'erreur des analyses de BERZELIUS, PREISSER et GIRARDIN, lesquels dosaient le fluor par différence, a trouvé les chiffres suivants, bien moindres que les chiffres donnés plus haut (évaluation en fluor) :

	grammes.
Os de bœuf.	0,300
Os humain.	0,229
Os de tortue.	0,204
Émail dentaire de rhinocéros fossile. . .	0,284

Il n'y a donc pas lieu de faire une différence essentielle entre la teneur en fluor des os fossiles ou des os frais.

A. CARNOT a trouvé des chiffres encore un peu plus faibles que ZALESKI ; soit, en fluor, les chiffres suivants :

	grammes.
Corps de fémur (homme). .	0,17
Tête de fémur (homme). .	0,18
Fémur de bœuf.	0,22
Os de lamantin moderne. . .	0,31
Fémur d'éléphant (de Siam).	0,24
Dent d'éléphant (dentine) . .	0,21
Dent d'éléphant (ivoire). . .	0,10

Mais, contrairement à ZALESKI, il a trouvé des proportions considérables de fluor dans les os fossilisés, ce qu'il attribue avec raison à des infiltrations lentes de l'os fossile par les eaux voisines qui contiennent des fluorures.

Les quantités de fluor trouvé ont été :

	grammes.
Os de lamantin (miocène)	2,51
Os de lamantin (Charlestown).	3,03
Défense d'*Elephas meridionalis* (pliocène).	2,11
Défense de Mastodonte (miocène).	2,59

GABRIEL a trouvé des chiffres encore plus faibles que ZALESKI et que CARNOT pour la teneur des os vivants en fluor. Il admet que le maximum est de 0,1 p. 100, et que le plus souvent la proportion de fluor ne dépasse pas dans le tissu osseux 0,05 p. 100. Selon lui, les dents et l'émail n'en contiennent pas plus que les os.

TH. WILSON donne des chiffres qui se rapprochent de ceux de CARNOT :

	grammes.
Os de veau	0,23
Vertèbres humaines.	0,25

HARMS, sous la direction de TAPPENER et BRANDL, avec des méthodes un peu différentes que les méthodes précédentes, mais dont le détail ne peut pas davantage être donné ici, pense que les chiffres indiqués par tous les auteurs précédents sont trop forts, et qu'il faut admettre les chiffres suivants, en fluor :

	grammes.
Os de veau.	0,005
Os de bœuf.	0,005
Os de porc.	0,018
Os de lapin.	0,022
Dents de veaux.	0,005
Dents d'hommes	0,006
Dents de porcs	0,018
Dents de chiens.	0,009

Il est alors amené à conclure que le fluorure de calcium n'est pas un élément constitutif, mais bien un élément accidentel du tissu osseux ou du tissu dentaire.

En somme, la question est indécise encore; mais il me semble difficile de considérer un élément qui existe toujours dans le tissu osseux comme un élément accessoire; car les travaux de la plupart des physiologistes contemporains tendent à nous faire considérer comme très importantes même de très faibles quantités pondérales de telle ou telle substance.

Je dois, pour terminer, mentionner un mémoire excellent de BRANDL et TAPPEINER qui ont procédé par une méthode qui diffère notablement d'une simple analyse chimique : ils ont d'abord expérimenté sur deux chiens, chez lesquels ils injectaient du NaFl sous la peau ; or l'urine ne contenait que 1/5 du NaFl introduit ainsi dans l'organisme.

Alors ils mêlèrent du NaFl aux aliments d'un autre chien pesant, le 7 février 1890, 12 750 grammes, et, le 16 novembre 1891, 12 200 ; par conséquent, étant resté pendant ce long temps en bon état de santé. La quantité de fluorure ajouté aux aliments a été de 402,9 ; la quantité éliminée par les urines et les fèces a été de 330,5. Reste donc un déficit de 72gr,6. La quantité quotidienne de NaFl donné *per os* n'a pas dépassé 1 gramme, et a varié de 0,5 à 1 gramme.

Le fluorure de calcium fixé par l'organisme a été alors dosé, et des chiffres ont été obtenus qui concordent admirablement avec le déficit de 72,6 obtenu par différence :

grammes.		grammes.
750	Sang	0,14
5 710	Muscles	1,84
360	Foie	0,51
1 430	Peau	1,98
2 039	Os et cartilages . .	59,94
25	Dents	0,23
		64,64

Ce qui donne pour les tissus desséchés les proportions centésimales suivantes :

	Pour 100
Sang	0,12
Muscles	0,13
Foie	0,59
Peau	0,33
Squelette . . .	5,19
Dents	1,00

BRANDL et TAPPEINER concluent que les fluorures ne font pas partie intégrante de l'organisme et, quant à leur fixation dans le tissu osseux, ils ont noté la présence de cristaux visibles au microscope, et à caractères cristallographiques déterminés et indiscutables (spath fluor), qui remplissaient les canaux de HAVERS.

Enfin, contrairement à une assertion souvent émise, l'émail des dents contenait moins de fluor que la racine dentaire : et la dent elle-même, moins que le tissu osseux du squelette.

Il nous paraît qu'il y aurait quelque intérêt à reprendre cette laborieuse expérience, en combinant l'alimentation fluorée avec l'hypochloruration ; peut-être verrait-on augmenter dans ce cas les proportions de CaFl² ou de NaFl fixés par les organes.

Action du fluor et de ses composés sur les organismes. — Nous n'avons rien à dire de notable sur l'action du fluor libre, qui est caustique et irritant, même à dose très faible. D'après MOISSAN, il est dangereux de respirer l'air contenant un peu de fluor, car ce gaz produit facilement une violente irritation des bronches, et une anesthésie de la muqueuse nasale qui peut durer huit ou quinze jours.

L'acide fluorhydrique est aussi un caustique énergique ; on l'a employé, comme on le verra plus loin, en inhalations thérapeutiques ; l'air qui contient 1/10 000 d'acide fluorhydrique est encore respirable ; mais il semble qu'à dose plus forte il soit offensif. Cependant, comme le remarque SCHULTZ, on peut faire vivre des chiens dans un milieu aérien contenant assez de HFl pour troubler le verre.

L'action des fluorures, et spécialement des fluorures alcalins, est plus intéressante à étudier.

RABUTEAU a un des premiers fait des expériences méthodiques sur leur action (1867).

Il avait été précédé par Maumené qui avait conclu, un peu légèrement peut-être, de quelques expériences, que l'ingestion répétée de fluorure de potassium produit des goitres chez les chiens.

Au temps où Rabuteau faisait ses expériences, on ne procédait que d'une manière assez imparfaite dans la détermination de l'équivalent toxique des corps; le poids de l'animal expérimenté n'était pas indiqué, et les quantités proportionnelles au kilogramme de poids vif restaient par conséquent inconnues. D'autre part, on agissait avec des solutions de métaux divers, alors que l'action d'un sel doit toujours porter, si l'on veut analyser l'effet du radical électro-négatif, sur un sel de sodium; les sels de potassium, de calcium, etc., étant tous plus toxiques que les sels correspondants de sodium. Pourtant Rabuteau put constater divers faits intéressants, à savoir l'innocuité relative du fluorure de sodium. Un chien (de 15 kilogr. [?]) reçut 1 gramme de fluorure de Na en injection intra-veineuse, et survécut. Un autre chien (de 10 kilogr. [?]) ingéra 27 grammes de NaFl en dix jours, sans être incommodé. Rabuteau lui-même put prendre, sans aucun accident, 0gr,25 de NaFl, *per os*.

En comparant, sur des grenouilles et des salamandres, les effets des fluorures, chlorures, bromures, iodures de sodium, Rabuteau a pu constater que les fluorures d'un métal sont plus actifs que les autres sels de ce métal, et la différence a été considérable, puisque des grenouilles meurent très vite (une heure à deux heures) dans des solutions de NaFl à 1 p. 100, tandis qu'elles vivent presque indéfiniment dans des solutions au même titre de NaI, NaBr, NaCl, etc.

Tappeiner, d'abord, à Munich; puis, presque en même temps, H. Schulz, à Greifswald, ont, en 1889, poussé un peu plus loin l'analyse des effets des fluorures.

La dose toxique paraît être, *per os*, de 0,5 par kilogramme et, par injections intra-veineuse ou sous-cutanée, de 0,15. Les effets principaux des doses actives, mais non mortelles, consistent en une salivation intense, déjà notée par Rabuteau, écoulement de larmes (lacrymation), des tremblements et des frissons très intenses. Ce dernier phénomène est très marqué, et en général il domine la scène de l'intoxication. Ces frissons deviennent quelquefois épileptiformes, et on observe des convulsions, si la dose est plus forte.

En outre, il y a des vomissements, de la diurèse, un affaiblissement notable de la pression, malgré l'intégrité relative de la fonction cardiaque. La mort paraît due à des troubles progressifs de l'innervation respiratoire.

Les fluorures, et spécialement NaFl, paraissent donc être des poisons du système nerveux central, produisant de la dépression psychique, de la dépression des vaso-constricteurs, l'affaiblissement du centre respiratoire, tous phénomènes coïncidant avec une excitabilité plus grande des centres moteurs de la vie animale, qui commandent le frisson et les convulsions générales.

Ces expériences, pratiquées sur des mammifères, chats, chiens, lapins, cobayes, ont été répétées sur des grenouilles, et Tappeiner a pu constater aussi des frémissements fibrillaires dans les muscles, bientôt suivis d'une paralysie des extrémités motrices terminales, analogue à celle du curare. A doses plus fortes, les muscles sont intoxiqués, et la rigidité cadavérique survient vite. Le cœur n'est empoisonné que par des doses relativement plus fortes. On a aussi, par application locale du NaFl sur les nerfs et les muscles, des effets localisés qui durent assez longtemps.

On constate dans l'urine l'élimination d'une certaine quantité de fluor, et parfois en même temps il existe un peu d'albuminurie.

Heidenhain a étudié l'absorption par l'intestin du fluorure de sodium injecté; mais les résultats en ont été assez inconstants.

Blaizot, contrôlant les observations de Tappeiner et Schultz, a constaté que la dose toxique par kilogramme de lapin est voisine de 0,1, chiffre un peu plus faible que ceux des auteurs allemands.

Telles sont les observations faites sur les organismes vivants. Elles prouvent que, comme la plupart des substances toxiques, les fluorures agissent d'abord sur la cellule nerveuse. Le fait était *a priori* presque assuré. Mais il ne suffit pas d'établir que la sensibilité de la cellule nerveuse est plus grande que celle des autres cellules vivantes pour les poisons; il faut encore déterminer quels groupes de cellules nerveuses sont plus particulièrement atteints. Or nous ne pouvons pas encore préciser en toute rigueur. Il est certain cependant que le NaFl n'est ni un poison cardiaque, ni un anesthésique; probablement c'est sur les extrémités terminales des nerfs moteurs, et sur les centres moteurs de la moelle qu'il agit primitivement.

Action des fluorures sur les cellules et les tissus. — Sur les organismes rudimentaires les fluorures agissent plus activement que les autres sels haloïdes alcalins. Cela a été bien établi par Loew et par Bokorny. Dans des solutions à 2 p. 100 de fluorure de Na, Loew a vu mourir en vingt-quatre heures les algues (*Oscillaria*, *Cladophora*, *Œdogonium*), et il range les fluorures parmi les poisons généraux qui tuent les organismes. Les bactéries, dont l'action sera étudiée plus loin, sont intoxiquées par des solutions fluorurées de même concentration.

Grützner a fait des études très intéressantes relatives à l'action que les fluorures exercent sur les nerfs. Même à 1 p. 100 ils sont des excitants énergiques; mais cette excitabilité est passagère, et bientôt le nerf meurt. Il est remarquable de comparer cette

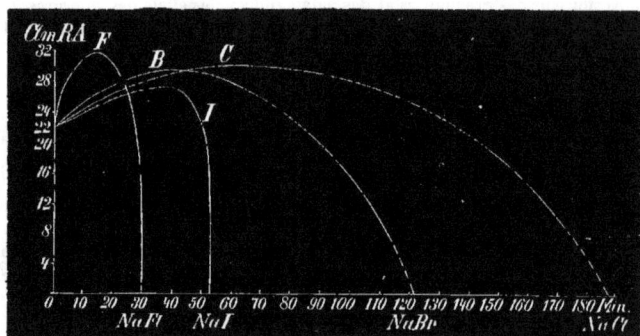

Fig. 65. — Courbe de l'irritabilité nerveuse dans les intoxications par le fluorure (F), le bromure (B) l'iodure (I) et le chlorure de Na (Grützner), A l'abcisse le temps en minutes. A l'ordonnée l'excita bilité du nerf mesurée par la distance nécessaire pour l'excitation des bobines du chariot d'induction

action à celle des bromures, chlorures, et iodures, qui sont relativement peu actifs. La figure ci-jointe est très instructive à cet égard. Elle montre que, si la durée de l'intoxication nerveuse, dans des solutions de titre égal, est de 30 pour les fluorures; elle est de 55 pour les iodures, 120 pour les bromures, et 140 pour les chlorures. Ch. Richet, en comparant dans divers groupes d'êtres la toxicité des iodures, bromures et chlorures, avait d'ailleurs trouvé, en poids moléculaire toxique, 125 pour les chlorures, 114 pour les bromures et 97 pour les iodures. Les chiffres de Grützner se rapportent aussi aux poids moléculaires.

On voit que, somme toute, le fluor paraît être le plus actif physiologiquement, et par conséquent le plus toxique, des quatre métalloïdes de la même famille : fluor, iode, brome et chlore, combinés au sodium.

Nous n'entrerons pas ici dans l'étude des changements que produisent des solutions fluorées aux phénomènes de coagulation du sang et du lait. Arthus avait d'abord pensé que, si les fluorures, comme les oxalates, empêchent la coagulation du sang, la cause en est à la précipitation des sels de calcium nécessaires à la formation d'un coagulum (Voyez **Coagulation**, iii, 837). Mais il est probable que la question est plus complexe, et que la précipitation des sels de calcium n'est pas la cause immédiate de l'action anticoagulante des fluorures et des oxalates. (Voyez **Fibrine**, vi, 395.)

Action antiseptique des fluorures. — L'action antiseptique des fluorures est incontestable. Parmi les premières expériences entreprises à cet égard, citons celles de Chevy, très rudimentaires d'ailleurs, qui montra qu'avec des doses de 1 p. 2 500; 1 p. 3 000; 1 p. 3 500 d'acide fluorhydrique, on entrave complètement toute fermentation putride, de viande, de lait ou d'urine. Quant aux fluorures, il faut citer d'abord les observations de sir William Thompson (cité par Hérard, Cornil, Hanot), qui établit en 1887 la valeur antiseptique des solutions contenant des fluorures ou des fluosilicates. Alvaro Alberto avait fait des expériences analogues, un peu avant W. Thompson (*Brazil medico*, juillet 1887).

Des expériences plus précises ont été faites par Viquerat (1889) à l'instigation de Kocher. Il étudia l'action du fluorure de sodium sur divers bacilles pathogènes *B. coli*, *B. anthracis*, *B. pyocaneus*, *B. aureus*, etc.; et il constata que, tout en étant assez antiseptique, le fluorure de sodium l'est beaucoup moins que les sels de mercure. Pour juger de l'antisepticité de ces sels, Viquerat mesurait le temps nécessaire pour la mort des microbes étudiés. Il vit que dans une solution de NaFl à 5 p. 1000 beaucoup de ces microbes pouvaient conserver leur vitalité même avec un contact de plusieurs jours, tandis que le sublimé les tue presque tous, en cinq minutes de contact, à une solution au millième.

Hewelke a constaté qu'à une dose de 1 p. 300 le fluorure de sodium arrête la fermentation alcoolique, et que, même à 1 p. 4000, la fermentation de la *Torula cerevisiæ* se trouve quelque peu ralentie. La putréfaction est arrêtée pour longtemps à des doses de 1 p. 600. Elle est ralentie à 1 p. 2000. Des milieux de culture solide où le fluorure de sodium est dans la proportion de 1 p. 200 demeurent stériles; et à 1 p. 600 il y a ralentissement.

Les expériences de Gottbrecht, entreprises sur l'acide fluorhydrique, sont moins probantes; car l'action de l'acide se surajoute à celle du radical Fl, de sorte qu'il est difficile de séparer le rôle de l'acide minéral (en tant qu'acide) et le rôle du radical fluor dans l'effet antiseptique.

Tappeiner ne trouva pas une très grande puissance antiseptique au NaFl. Dans les tubes de gélatine, si le sel est incorporé à la dose de 1 p. 1000, c'est à peine si l'on peut voir une légère diminution dans l'activité des cultures microbiennes sur cette gélatine fluorée. La dose de 5 p. 1000 est nécessaire pour qu'il y ait arrêt. En solution, pour tuer les bactéries, il faut plusieurs jours d'une solution à la dose énorme de 2 p. 100. Et même, à cette dose, les spores ne sont pas encore détruites.

De ces divers faits on peut conclure que les fluorures alcalins se séparent nettement des autres sels haloïdes alcalins, et qu'ils sont antiseptiques, alors que ni les chlorures, ni les bromures, ni les iodures de potassium et de sodium ne présentent cette propriété. Or, comme les fluorures, au moins à 1 pour 500, ne précipitent pas l'albumine, il s'ensuit qu'ils ont cet avantage de conserver des liqueurs à l'abri de la putréfaction sans déterminer de coagulation et d'altération, au moins apparente, des albuminoïdes. Que leur action antiseptique soit moindre que celle des sels de mercure ou de cuivre, cela n'est pas douteux; mais tous les sels des métaux lourds ont le grand inconvénient de précipiter les albumines, de sorte que les fluorures nous apparaissent comme des antiseptiques minéraux qui, à la dose de 1 p. 500, ne coagulent pas l'albumine et empêchent la putréfaction.

Les beaux travaux d'Effront ont très bien établi cette double action : d'une part, innocuité vis-à-vis des ferments solubles; d'autre part, action toxique sur les fermentations microbiennes. Presque en même temps qu'Effront, Arthus et Huber introduisaient dans l'étude de la chimie physiologique les fluorures alcalins pour réaliser le problème d'un antiseptique minéral ne coagulant pas l'albumine. Effront employait surtout le fluorure d'ammonium; Arthus et Huber, le fluorure de sodium; mais les effets sont identiques.

Effront a d'abord constaté que les fluorures sont beaucoup plus actifs en solution acide qu'en solution neutre, ce qu'on ne peut guère, croyons-nous, expliquer comme il le fait, en supposant le déplacement du fluor par l'acide de la liqueur; car il n'est pas d'acide qui puisse déplacer totalement le fluor des fluorures, à moins qu'on ne suppose que l'acide déplacé se combine au fluorure non décomposé pour donner du fluorhydrate de fluorure. En somme, ces phénomènes, correspondant à une dissociation partielle des chlorures et des fluorures, donnent naissance à un peu d'acide chlorhydrique libre, et à un peu d'acide fluorhydrique libre, l'équilibre entre les deux acides étant déterminé par la stabilité des deux sels.

Si alors, dans une liqueur fermentescible contenant de l'amidon, on ajoute une certaine quantité de fluorure d'ammonium, on n'entravera nullement la saccharification de l'amidon; mais les fermentations lactique et butyrique seront arrêtées. Non seulement le fluorure n'empêche pas l'action de la diastase, mais encore il la surexcite et augmente son pouvoir saccharifiant. De là ce double avantage d'augmenter l'action diastasique et d'arrêter le développement des ferments nuisibles.

Un autre fait, plus important peut-être au point de vue de la biologie générale, a été mis en lumière : c'est que, lorsqu'on cultive des levures de bière dans un milieu contenant des composés du fluor, on aboutit finalement à les accoutumer à ces antiseptiques, et à les amener à un état tel que leurs cellules peuvent résister à des doses de fluor que ne supporteraient pas les levures non accoutumées. Celles-ci perdraient immédiatement leur pouvoir ferment.

L'accoutumance des levures à l'antiseptique produit un grand changement dans la vie physiologique de la cellule. On constate qu'elle devient beaucoup moins apte à se reproduire. Sa multiplication se ralentit; mais en même temps elle acquiert une exaltation beaucoup plus prononcée dans son pouvoir ferment; l'énergie fermentescible est fortement augmentée. Dans un travail ultérieur EFFRONT a pu en effet démontrer que les levures accoutumées agissent d'une manière un peu différente des levures non accoutumées. La levure accoutumée au fluorure donne plus d'alcool, transforme plus de glucose; mais, d'autre part, elle donne plus de glycérine et d'acide succinique.

Presque en même temps que EFFRONT, ARTHUS et HUBER étudiaient l'action des solutions de fluorures sur les liquides organiques et les fermentations par les ferments figurés et solubles. Ils ont d'abord vérifié le fait signalé plus haut, que la dose de 1 p. 100 de fluorure de sodium arrête toute putréfaction; tous les liquides organiques sont restés inaltérés pendant plusieurs mois. On ne peut attribuer cet effet antiseptique à la précipitation des sels de calcium; car l'oxalate de sodium n'a aucune action antiseptique, et, cependant, il précipite tous les sels de calcium, aussi bien que le fluorure de sodium. Il arrive même que, dans des liquides très riches en calcium, la dose de 1 p. 100 de fluorure de Na est insuffisante; car une partie du fluor est précipitée à l'état de fluorure de Ca. ARTHUS et HUBER indiquent comme dose de NaFl empêchant les altérations fermentatives microbiennes :

1 p. 100 pour la plupart des liqueurs animales;
0,8 pour l'urine;
0,3 pour la fermentation alcoolique;
0,8 pour la disparition du sucre dans les transsudats péritonéaux.

D'autre part, les ferments solubles, même après plusieurs mois, n'ont pas paru atteints par le contact avec des solutions fluorées de 1 p. 100. Il a été constaté par ARTHUS et HUBER que ni l'émulsine, ni l'invertine, ni la trypsine ne perdent leurs propriétés.

Cette séparation entre les fonctions des ferments solubles, non atteints par le poison, et des cellules vivantes, très sensibles à l'action de ce même poison, a permis à ARTHUS et HUBER de faire quelques expériences instructives pour dissocier dans divers phénomènes physiologiques complexes ce qui est la part de la cellule vivante et ce qui est la part de la substance soluble, agissant comme élément chimique.

1° Une solution de saccharose additionnée de levure (en milieu fluoré à 1. p. 100) ne produit pas d'alcool; mais amène l'inversion de la saccharose.

2° Le sang additionné, au sortir de l'artère, de fluorure de Na, conserve son glycose. Mais, si l'addition de NaFl se fait une ou deux heures après que le sang est sorti de l'artère, la destruction du sucre continue à s'effectuer dans le liquide fluoré. Donc la formation d'un ferment glycolytique est un phénomène vital, que le NaFl entrave; mais, une fois que ce ferment a été sécrété, son action sur le sucre continue, sans que le NaFl puisse la troubler.

3° Le glycogène hépatique est transformé en sucre dans les solutions fluorées.

4° Les proportions d'O² et de CO² du sang ne sont pas modifiées au bout de plusieurs heures quand le sang a été additionné de NaFl.

5° La fonction chlorophyllienne des plantes est supprimée par NaFl.

Toutes ces expériences extrêmement intéressantes ne prouvent pas cependant que les phénomènes appelés *vitaux* par ARTHUS et HUBER ne soient pas au fond de véritables phénomènes chimiques; ils indiquent seulement qu'il y a une différence entre certaines fonctions plus délicates, exigeant peut-être une sorte d'intégrité morphologique de la cellule, et d'autres fonctions chimiques indépendantes de toute intégrité morphologique, cellulaire. On peut appeler *vitale* cette fonction plus délicate, plus compliquée peut-être, qui nécessite une cellule intacte; ce n'en sera pas moins essentiellement un phénomène chimique, et le mot « vital » n'explique rien.

Pour ne pas faire d'hypothèse, il faudrait alors se contenter de dire que certaines fonctions chimiques sont arrêtées, et d'autres non arrêtées par le fluorure de sodium.

En tout cas, il s'agit là d'une méthode très générale, et de haute valeur, non seulement au point de vue théorique, mais encore au point de vue pratique, pour conserver des liquides organiques sans putréfaction d'une part, et, d'autre part, sans destruction des ferments solubles.

Action thérapeutique des fluorures. Traitement de la tuberculose. — L'action thérapeutique des fluorures se réduit à peu près au traitement de la tuberculose.

L'histoire en est assez intéressante, et elle a été bien exposée par Hérard et Cornil. Le point de départ de toutes les tentatives de traitement de la tuberculose par l'acide fluorhydrique a été l'observation, faite par le directeur des Compagnies de Baccarat et de Saint-Louis; que les ouvriers graveurs sur verre, travaillant dans des ateliers où sont répandues d'abondantes vapeurs d'acide fluorhydrique, ne sont pas atteints par la phtisie, et même guérissent de la phtisie. Bastien, guidé par ces faits, essaya d'introduire les inhalations fluorhydriques dans le traitement des affections pulmonaires, asthme, coqueluche, diphtérie, tuberculose, et Charcot et Bouchard firent quelques recherches dans ce sens, qui n'aboutirent qu'à des résultats douteux. Mais, en 1877, H. Bergeron appliqua méthodiquement, et avec succès, au traitement des angines diphtériques les inhalations d'acide fluorhydrique. Enfin Seiler, en 1893, signale les bons effets de ces inhalations dans le traitement de la phtisie. En même temps, dans le service de Dujardin-Beaumetz, Chevy étudia la question avec plus de détails; et d'autres auteurs, Garcin, Audollent, H. Martin, Trudeau, Gilliard, Hérard et Cornil, Goetz, Gager, publièrent des observations favorables.

La médication consiste en inhalations d'un air chargé de vapeurs d'acide fluorhydrique. L'air barbotte dans un vase à gutta-percha rempli d'une solution contenant 300 grammes d'eau et 150 grammes d'acide fluorhydrique commercial (dissolution à environ 45 p. 100 d'acide fluorhydrique gazeux). Les mesures précises de la quantité de gaz fluorhydrique mélangé à l'air font d'ailleurs défaut. Chevy et Dujardin-Beaumetz estiment que la proportion doit être d'environ 1 gramme de HFl gazeux pour 20 mètres cubes d'air. La respiration de cet air fluorhydrique n'est pas pénible; il y a quelques picotements aux yeux, et une légère sensation de chaleur à la poitrine, mais on s'y habitue vite.

Les tuberculeux soumis à ce régime, et restant une heure par jour dans la cabine à inhalations, présentent au bout de quelque temps une amélioration véritable. L'appétit augmente; le poids augmente; la toux et l'expectoration diminuent; surtout la dyspnée est très heureusement modifiée. La fièvre persiste souvent. On aurait observé aussi une diminution notable du nombre des bacilles dans les crachats.

Gilliard donne une statistique empruntée à divers auteurs qu'il a résumés, et d'après laquelle, sur 294 tuberculeux, il y aurait eu 21 stationnaires, 37 aggravés, 24 morts, 198 améliorés et 44 guéris. Mais ces statistiques de la tuberculose ne sont guère probantes, pour beaucoup de raisons trop longues à rappeler ici.

D'ailleurs, tous les auteurs n'ont pas été d'accord sur la valeur thérapeutique de l'acide fluorhydrique inhalé. Chuquet (cité par Gilliard) et Jaccoud n'ont obtenu aucun succès.

Il faut ajouter que, depuis une douzaine d'années, alors que vers 1888 de nombreux travaux paraissaient sur ce sujet, la méthode semble abandonnée à peu près totalement, ce qui donne à supposer que les résultats, dans l'ensemble, ne sont pas aussi satisfaisants qu'à l'avait d'abord espéré.

Enfin, il n'a pas été possible de guérir des animaux rendus tuberculeux expérimentalement par des inhalations fluorhydriques. Dans quelques expériences, d'ailleurs très peu nombreuses, Grancher et Chautard ont constaté l'absolue inefficacité des inhalations sur des lapins rendus tuberculeux. C'est là un fait de grande importance; car l'appréciation de la valeur d'une thérapeutique antituberculeuse ne peut être exacte que dans la tuberculose expérimentale ; en clinique humaine les conditions sont si complexes, le jugement si difficile à porter qu'il faut toujours s'en rapporter à l'expérimentation quand on veut donner une conclusion définitive.

Il est évident assurément, comme II. Martin d'abord, puis Grancher et Chautard l'ont bien établi, que le fluorure de sodium atténue à doses faibles la virulence des bacilles tuberculeux, et, à doses fortes, la détruit. Ce n'est qu'un cas particulier de l'action antiseptique des fluorures et des acides sur les ferments figurés. Même si l'on admet, avec H. Martin, que les cultures tuberculeuses sont retardées quand on ajoute seulement 1 p. 15 000 d'acide fluorhydrique du commerce, cela ne prouve rien quant à la valeur thérapeutique de ce corps dans l'organisme d'un individu tuberculeux.

Toutefois, dans l'ensemble, il est bon de noter les heureux effets, certainement constatés chez quelques malades, des inhalations fluorhydriques, et il serait peut-être injuste d'abandonner complètement cette méthode, au moins comme méthode adjuvante dans certains cas. D'autre part, l'action désinfectante, antiseptique, de l'acide fluorhydrique pourrait être utilisée dans des conditions particulières à déterminer. L'inconvénient de ces composés du fluor sera d'ailleurs toujours la facilité avec laquelle ils attaquent le verre et les récipients métalliques.

Quant à l'action antiseptique des fluorures et de HFl, en chirurgie, elle a été peu étudiée. Quénu a noté quelques bons effets. Mais il n'est pas probable, vu la dose élevée de sel nécessaire, soit 10 grammes par litre, que le fluorure de sodium puisse remplacer les autres antiseptiques. Blaizot l'a employé dans les maladies de la peau.

Reste à savoir quelle serait la valeur du fluorure de sodium comme médicament interne. On a pensé à le donner contre les fermentations stomacales anormales, car il n'entrave pas l'action de la pepsine. Peut-être aussi des doses assez élevées seraient-elles supportées par les tuberculeux. Même, avec une hypochloruration concomitante, il se ferait sans doute une plus rapide assimilation du fluor par l'organisme. Il nous paraît qu'on aurait le droit de tenter cette étude, légitimée par les expériences analogues de Ch. Richet et Toulouse sur l'action des bromures.

Action physiologique de quelques composés du fluor autres que les fluorures alcalines. — Les composés du fluor autres que les fluorures alcalins ont été fort peu étudiés.

Alvaro Alberto a étudié le fluorure de bore (BF³). Il a fait respirer des animaux et même des malades dans des milieux contenant des vapeurs de fluorure de bore, sans provoquer d'accidents. Mais on peut à bon droit douter de l'efficacité du fluorure de bore en tant que corps déterminé ; car au contact de l'eau ce gaz se décompose immédiatement en acide borique et en acide hydrofluoborique. Reste à savoir la tolérance de l'organisme pour l'acide hydrofluoborique, et la quantité précise de cet acide qui a été inhalée par les malades d'Alvaro Alberto.

Coppola a étudié à un autre point de vue les fluobenzoates, et il a constaté que ces corps se transforment dans l'organisme en fluohippurates ; comme les benzoates en hippurates. Ces fluohippurates, qu'on peut extraire de l'urine, donnent, par ébullition avec HCl, du glycocolle et de l'acide fluobenzoïque.

Moissan a fait quelques expériences sur l'action de fluorure d'éthyle (C²H⁶F) en inhalations. Il semble que ce gaz possède de faibles propriétés anesthésiques, quand la quantité dans l'air inspiré est voisine de 7 p. 100. Mais, à cette dose, on est très près de la dose toxique, de sorte que la zone maniable est peu étendue, et qu'il n'y a pas lieu de le considérer comme un bon anesthésique. L'intoxication se traduit par un affaiblissement de la motilité du train postérieur, avec secousses convulsives, et paralysie de la respiration.

Bibliographie. — Fluor dans l'organisme. Fluor en général. — Bemmelen. *Sur le phénomène de l'absorption, en particulier l'accumulation de fluorure de calcium, de chaux et de phosphates dans les os fossiles* (Arch. néerl. des sc. phys. et naturelles, 1900, III, 236-272). — Brandl et Tappeiner. *Ueber die Ablagerung der Fluorverbindungen im Organismus nach Fütterung mit Fluornatrium* (Z. B., 1891, X, 518-539). — Carles. *Fluor des eaux de Néris-les-Bains* (Journ. Pharm., 1898, VIII, 566). — Carnot (Ad.). *Sur le dosage du fluor* (C. R., 1892, CXIV, 750) ; *Recherche du fluor dans les différentes variétés de phosphates naturels* (Ibid., 1003) ; *Recherche du fluor dans les os modernes et les os fossiles* (Ibid., 1189, et cxv, 243). — Gabriel (S.). *Chemische Untersuchungen über die Mineralstoffe der Knochen und Zähne* (Z. p. C.. 1894, xviii, 257-302); *Zur Frage nach dem Fluorgehalt der Knochen und Zähne* (Zeitsch. an. Chem., 1892, xxxi, 522). — Harms. *Beitrag zur Fluorfrage der Zahn und Knochenaschen* (Z. B., 1899, xx, 487-498). — Horsford. *Ueber den Fluorgehalt des menschlichen Gehirnes* (Lieb. Ann., 1869, cxlix, 202). — Hortsmar. *Ueber das Fluor in der Asche von Lycopodium clavatum* (Pogg. Ann., 1866, cxi, 339); *Ueber die Nothwendigkeit des Lithiums und des Fluorkaliums zur Fruchtbildung der Gerste.* (Journ. pract. Chemie, 1861, lxxxiv, 140). — Lepierre (Ch.). *Fluor dans quelques eaux minérales; Gerez, Portugal* (C. R., 1899, cxxviii, 1289). — Michel (A.). *Untersuchungen über den Fluorgehalt normalen und carioser Zähne* (D. Mon. f. Zahnheilk., 1897, xv, 232). — Middleton. *Fluorine in bones* (Phil. Mag., 1844, xxv, 119; et Chem. Soc., 1844, ii, 134). — Moissan (H.). *Le fluor et ses composés,* 1 vol. in-8°, Paris, Steinheil, 1900, 396 (Bibl. complète des travaux sur la chimie du fluor et de ses composés). — Nicklès. *Présence du fluor dans le sang* (C. R., 1856, xliii, 885). — Ost. *Die Bestimmung des Fl. in Pflanzenaschen* (D. chem. Ges., 1893, xxv, 151-154). — Parmentier. *Eaux minérales fluorées* (C. R., 1899, cxxviii, 1100 et 1409). —Phipson. *Sur un bois fossile contenant du fluor* (C. R., 1892, cxv, 473). — Tamman. *Ueber das Vorkommen des Fluors in Organismen* (Z. p. C., 1887, xii, 322-326). — Wilson (Th.). *On the presence of fluorine as a test for the fossilization of animal bones* (American naturalist., 1895, xxix).

Action sur les organismes. — Bokorny (O.). *Vergleichende Studien über die Giftwirkung verschiedener chemischer Substanzen bei Algen und Infusorien* (A. g. P., lxiv, 1896, 270). — Coppola. *Transformazione degli acidi fluobenzoici nell organismo animale* (Bull. Soc. Chim., 1884, xiii, 489). — Grützner (P.). *Ueber chemische Reizung von motorischen Nerven* (A. g. P., 1893, liii, 99). — Heidenhain (R.). *Neue Versuche über die Aufsaugung im Dünndarm* (A. g. P., 1894, lvi, 618). — Lazzaro. *Sull'azione dei fluoruri alcalini nell'organismo animale* (Sicilia medica, 1891, 405-411). — Lœw (O.). *Natürliches System der Giftwirkungen* (München, 1893). — Maumené. *Expérience pour déterminer l'action des fluorures sur l'économie animale* (C. R., xxxix, 538 et 600). — Moissan (H.). *Rech. sur les propriétés anesthésiques des fluorures d'éthyle et de méthyle* (Bull. de l'Ac. de médecine de Paris, 1890, xxiii, 296). — Rabuteau (A.-P.-A.). *Étude expérimentale sur les effets physiologiques des fluorures et des composés métalliques en général* (D. Paris, 1867, 130). — Richet (Ch.). *Action physiologique comparée des métaux alcalins* (Trav. du lab. de Physiologie, ii, 1893, 476). — Schulz (H.). *Unters. über die Wirkung der Fluornatriums und der Flusssäure* (A. P. P., 1889, xxv, 326-347). — Tappeiner. *Zur Kenntniss der Wirkung des Fluornatriums* (A. P. P., 1889, xxv, 203-225).

Action antiseptique. — Arthus et Huber. *Fermentations vitales et fermentations chimiques* (C. R., 1892, cxv, 839-841). — Arthus et Huber. *Ferments solubles et ferments figurés* (A. de P., 1892, iv, 651-663). — Blaizot. *Toxicité et emploi thérapeutique du fluorure de sodium* (B. B., 1893, 316-318). — Effront (J.). *Action de l'acide fluorhydrique sur les fermentations lactique et butyrique* (Moniteur scientifique, 1890, 452); *Influence de l'acide fluorhydrique et des fluorures sur la conservation des diastases* (Ibid., 1895, 436 et 791); *De l'influence des composés du fluor sur les levures de bière* (C. R., 1894, cxviii, 1420-1423); *Influence des fluorures sur l'activité et l'accroissement de la levure* (B. Soc. Chim., 1891, v, 476 et 731; vi, 786); *Action des fluorures solubles sur la diastase* (Ibid., 1891, v, 149); *Action de l'acide fluorhydrique et des fluorures dans la fermentation des matières amylacées* (Ibid., 1891, v, 734). — Hewelke. *Beiträge zur Kenntniss des Fluornatriums* (D. med. Woch., 1890, 477). — Martinotti. *Emploi des fluorures pour la conservation des vins* (Rev. scient., 1894, (1), 284). — Tappeiner. *Zweite Mittheilung über die Wirkung des Fluornatriums* (A. P. P., 1890, xxvii, 108). — Viquerat. *Étude comparative sur la valeur antiseptique des solutions de biiodure, de bichlorure de mercure et de fluosilicate de soude* (Ann. de micrographie, ii, 1889, 219 et 275).

Action thérapeutique. Action antituberculeuse. — Alvaro Alberto. *Les composés fluorés et, en particulier, le fluorure de bore dans le traitement de la tuberculose pulmonaire,* Paris, Doin, 1889, 90. — Audollent (J.). *Étude critique sur l'emploi de l'acide fluorhydrique dans les affections pulmonaires* (D. Paris, 1888, 55). — Brunet (J.). *Recherches sur le traitement de la tuberculose pulmonaire par les inhalations d'acide fluorhydrique* (D. Paris, 1889). — Chevy (E.). *De l'acide fluorhydrique et de son emploi en thérapeutique* (D. Paris, 1885, 81).

— Martius Costa. *Nota sobre o valor therapeutico das inj. sulfocarbonicas e das inhal. de ac. fluorhydrico no trat. da tuberculose pulm. (Congresso Bazileiro de med. e cir.*, Rio de Janeiro, 1889). — Gager. *Fluorwasserinhalationen bei Tuberkulose der Lungen (D. med. Woch.*, 1888, n° 29). — Garcin. *Étude sur la valeur du traitement de la tuberc. pulmonaire par les inhalations d'acide fluorhydrique (Bull. de l'Ac. de médecine de Paris*, 20 sept. 1887). — Gilliard (H.). *Traitement de la tuberculose pulmonaire par les inhalations d'acide fluorhydrique (D.* Paris, 1888, 79). — Gœtz. *Note sur l'action de l'acide fluorhydrique dans le traitement de la tuberculose pulmonaire (Rev. méd. de la Suisse romande*, 1888, n° 8). — Grancher et Chautard. *Influence des vapeurs d'acide fluorhydrique sur les bacilles tuberculeux (B. B.*, 1888, 515-520). — Hérard, Cornil et Hanot. *La phtisie pulmonaire* (2° édit., 1888, 768-783). — Quénu. *Sur le traitement des tuberculoses locales par les solutions d'acide fluorhydrique (Congrès pour l'étude de la tuberculose*, Paris, 1888, 618-619). — Raimondi. *Résumé statistique des observations de phtisie pulmonaire traitée par l'acide fluorhydrique (Congrès pour l'ét. de la Tuberculose*, Paris, 1888, 661-663). — Seiler. *Congrès de l'Ass. fr. pour l'avancement des sciences*, Nancy, 1886. — Trudeau (E. L.). *Hydrofluoric acid as a destructive agent to the tubercle bacillus (Med. News.*, 1888, LII, 486). — Waddell. *On the physiological and medicinal action of hydrofluoric acid and the fluorides (Ind. med. Gaz.*, 1883, XVIII, *passim*).

CHARLES RICHET.

FŒTUS. — On confondra dans cet article la physiologie du fœtus et celle de l'embryon. Le produit de la conception s'appelle *fœtus*, lorsqu'il a pris distinctement la forme de l'espèce à laquelle il appartient : mais la démarcation entre les deux états de développement ne se base sur aucun caractère précis, anatomique ou physiologique; puisque aussi bien dans l'espèce humaine l'être nouveau prend le nom de fœtus dès la fin du deuxième mois de la vie intra-utérine pour certains auteurs, à la fin du troisième mois seulement pour d'autres. Au point de vue physiologique, chez les mammifères supérieurs, l'organisme nouvellement formé, qu'il soit encore à l'état d'embryon ou déjà arrivé à la période fœtale, se nourrit et se développe aux dépens de la mère. C'est un organisme parasitaire[1], et, ce qui nous importe, c'est de suivre l'apparition, la succession régulière, les progrès des grandes fonctions qui lui permettent d'accomplir et d'achever son évolution intra-utérine, jusqu'au moment où il pourra se libérer des attaches maternelles.

La diversité des fonctions qui s'accusent graduellement chez l'être nouveau correspond à la différenciation graduelle des éléments et des tissus qui le composent : mais nous ne pourrons nous arrêter aux modifications morphologiques des organes embryonnaires; et nous nous bornerons à rappeler, quand il en sera besoin, quelques notions indispensables.

Depuis quelques années une nouvelle branche de la biologie s'est créée, et a pris un grand essor. La « biomécanique » (*Entwickelungsmechanik*) se propose, en modifiant expérimentalement les phénomènes évolutifs, de voir comment l'organisme en formation réagit aux actions modificatives, et de déterminer par là les influences auxquelles l'œuf obéit pour suivre son développement normal. Quel que soit l'intérêt de ces recherches, nous ne pouvons leur faire une grande place; comme l'intervention expérimentale s'exerce surtout tout à fait au début, aux premières phases du développement, c'est à propos de la segmentation de l'œuf que ces questions seraient plus utilement exposées.

Nous laisserons aussi de côté, autant que possible, les changements que subit l'organisme après sa sortie de l'œuf. La physiologie du nouveau-né se distingue à tant d'égards de celle du fœtus, même arrivé à complète maturité, et aussi de celle de l'adulte, qu'elle doit être traitée séparément. Enfin nous insisterons plus particulièrement sur la physiologie du fœtus de mammifère sans négliger cependant les résultats obtenus chez les ovipares. Il n'est pas besoin d'ajouter que, même réduite aux limites que nous venons de tracer, une telle étude ne peut encore être que fragmentaire, dans l'état actuel de la science.

---

1. Un cas de parasitisme expérimentalement réalisé consiste à transporter et à faire développer sur une lapine ordinaire un œuf fécondé pris sur une lapine angora.

CHAPITRE PREMIER

Circulation.

1° **Historique.** — GALIEN connaissait la structure du cœur fœtal, l'orifice qui a été appelé plus tard trou de BOTAL, et le canal artériel; mais c'est HARVEY qui a vu l'usage de ces parties.

GALIEN suppose en effet que le sang, après avoir passé de la veine cave dans l'oreillette droite, puis dans l'oreillette gauche par le trou ovale, se rend au poumon par la veine pulmonaire. Il admet également que le canal artériel sert à conduire le sang, non de l'artère pulmonaire dans l'aorte, mais de l'aorte dans l'artère pulmonaire, et de là dans le poumon. Le trou ovale et le canal artériel sont faits, d'après GALIEN, pour que le sang aille au poumon chez le fœtus par une autre voie que chez l'adulte, tandis qu'ils sont faits, comme l'a montré HARVEY, pour qu'ils n'y aillent pas du tout. On peut voir dans FLOURENS (*Histoire de la découverte de la circulation*, Paris, 1854), comment GALIEN a accommodé ces données fausses à sa théorie générale de la circulation, avec un admirable esprit de suite dans l'erreur. Chez l'adulte, le poumon, organe délicat, a besoin de plus de sang spiritueux que de sang veineux ou grossier, à l'inverse de tous les autres organes qui ont besoin de plus de sang veineux que de sang spiritueux : aussi tous les autres organes reçoivent-ils le sang spiritueux par des artères dont les tuniques denses n'en laissent passer que la partie la plus subtile, et le sang grossier par les veines dont les tuniques minces laissent passer facilement ce sang. Le poumon, au contraire, reçoit le sang spiritueux, qui est le sang du ventricule gauche, par une veine, ou, pour parler comme GALIEN, par une artère qui a les minces parois d'une veine, l'artère veineuse (notre veine pulmonaire), et le sang veineux par une artère ou, dans le langage de GALIEN, par une veine qui a les épaisses tuniques d'une artère, la veine artérieuse (notre artère pulmonaire). (Il faut se rappeler que, d'après GALIEN, la veine pulmonaire ou artère veineuse est aussi chargée de porter du sang aux poumons, et que dans la nomenclature galénique tous les vaisseaux qui partent du ventricule gauche ou y aboutissent sont des artères, ceux qui partent du ventricule droit sont des veines.)

Mais chez le fœtus le poumon est immobile : il est, comme tous les autres organes, épais, grossier, rouge, et il n'a pas d'autres besoins qu'eux, c'est-à-dire qu'il réclame comme eux beaucoup de sang veineux et peu de sang spiritueux. Aussi le sang spiritueux, au lieu de lui arriver comme chez l'adulte par un vaisseau à parois minces, c'est-à-dire par la veine pulmonaire, lui arrive-t-il, au contraire, par l'artère pulmonaire, grâce au canal artériel qui le conduit de l'aorte dans cette artère.

Par contre, le sang veineux, qui arrive au poumon chez l'adulte par l'artère pulmonaire, lui arrive chez le fœtus par la veine pulmonaire, parce que chez lui la nature a percé un trou qui permet à ce sang de se rendre directement de la veine cave dans la veine pulmonaire.

Ainsi l'effet du canal artériel et du trou ovale est précisémement d'intervertir le rôle des deux vaisseaux donnant à la veine pulmonaire le rôle de l'artère pulmonaire, et à l'artère pulmonaire le rôle de la veine.

Parmi les anatomistes du XVIᵉ siècle, FALLOPE est le premier qui ait vu à nouveau le canal artériel; VÉSALE, le premier qui ait vu le trou ovale; et il admire, dit FLOURENS, la manière lumineuse dont GALIEN en a parlé. Cependant cet orifice a été appelé trou de BOTAL, bien que BOTAL, qui croyait l'avoir décrit le premier, paraisse avoir ignoré qu'il s'agissait là d'un caractère d'organisation et que la description qu'il en a donnée a trait, en effet, à un cas de persistance anormale du trou ovale chez un adulte.

HARVEY a découvert le véritable usage de ces canaux, auxquels GALIEN attribuait un rôle si singulier. Dans les lignes suivantes, il résume admirablement le mode de fonctionnement du cœur chez le fœtus. « Ces faits nous font comprendre comment, chez le fœtus humain... les contractions du cœur chassent le sang de la veine cave dans l'aorte par les deux ventricules à la fois. Le ventricule droit, recevant le sang de l'oreillette, le chasse dans la veine artérieuse et dans sa continuation, c'est-à-dire dans le canal artériel, de sorte que le sang est chassé dans l'aorte. En même temps, le ventricule gauche reçoit le sang qui a passé de la veine cave dans l'oreillette gauche par le trou ovale. L'oreillette gauche se contracte, et le ventricule gauche par sa contraction chasse le sang dans cette même artère aorte. Ainsi chez le fœtus, comme les poumons n'agissent pas et ne servent pas plus que s'ils n'existaient pas, la nature fait usage des deux ventricules comme d'un seul pour faire circuler le sang ». (*Mouvement du cœur et Circulation du sang;* traduction par Ch. Richet, p. 96.)

Plus loin, après avoir montré comment le ventricule droit est pour ainsi dire « le serviteur du ventricule gauche », qu'il a une épaisseur trois fois moindre, Harvey ajoute : « Notons qu'il en est autrement chez l'embryon, et qu'il n'y a pas une telle différence entre les deux ventricules : ils sont comme deux amandes dans un noyau, presque égaux, et le cône du ventricule droit atteint le sommet du ventricule gauche. D'ailleurs, chez les embryons, le sang ne va pas traverser les poumons, mais passe du ventricule droit au ventricule gauche. Tous deux communiquent par le trou ovale et le canal artériel, ainsi que nous l'avons déjà dit. Ils ont tous deux pour fonctions de ramener le sang de la veine cave dans la grande artère et de le lancer dans tout le corps. »

Plus d'un demi-siècle plus tard, en 1699, lorsque les idées de Harvey étaient adoptées presque partout, il s'éleva cependant entre Méry et Duverney une discussion fort vive sur la marche que suit le sang du cœur du fœtus. Méry voulait que le sang allât de l'oreillette gauche à l'oreillette droite [par le trou de Botal. Duverney soutient l'opinion de Harvey (Flourens, *loc. cit.*) qui n'a plus dès lors rencontré d'opposant.

La démonstration de l'indépendance de la circulation du fœtus et de celle de la mère est de date assez récente, puisqu'elle est due aux travaux de Bonamy, Coste, Robin, etc., sur l'anatomie placentaire. Cependant Robert [1] (*Bullet. de la Soc. méd. de Pau,* janvier 1902) a trouvé dans un livre imprimé à Leyde en 1708, et écrit par Jean Palfyn, anatomiste et chirurgien de Gand (*Description anat. des parties de la femme qui servent à la génération*), la doctrine moderne aussi nettement indiquée qu'on le peut souhaiter. Le passage vaut la peine d'être reproduit, non seulement parce que Palfyn y a vu juste en ce qui concerne la circulation placentaire, mais aussi parce qu'il y avance des idées très remarquables sur la nutrition du fœtus. « Les artères de la mère et les veines de l'enfant ne sont pas jointes dans le placenta par une communication immédiate, et par conséquent, comme la mère ne reçoit point de sang de l'enfant, aussi l'enfant n'en reçoit point de la mère. Mais, comme le sang de l'enfant sort par les artères de l'ombilic pour être porté au placenta et qu'il retourne par la veine ombilicale dans le foyer [2] de l'enfant et ensuite au cœur de l'enfant, aussi le sang de la mère est-il porté par les artères de la matrice dans l'arrière-faix et retourne par les veines, pendant que le chyle est séparé par les glandes du placenta et qu'il est porté au fœtus par la veine ombilicale, où il se mêle avec le sang qui retourne au foyer du fœtus et ensuite par tout son corps. Ce que l'on peut démontrer dans la dissection anatomique par le moyen des injections. » L'élaboration des matériaux de nutrition du fœtus par le placenta est très clairement exprimée ici, ainsi que dans un autre écrit de Palfyn sur la circulation du sang dans le fœtus.

2° **Cœur. — Notions anatomiques.** — Le cœur apparaît dans l'épaisseur de la paroi antérieure de l'intestin céphalique : chez les vertébrés supérieurs, sous forme de deux ébauches distinctes qui se rapprochent et se soudent sur la ligne médiane (Dareste, Hensen, His); chez les amphibiens (Van Bambeke, Gotte, Brachet) et chez quelques autres groupes de vertébrés, sous forme d'une ébauche impaire et médiane.

Si, avec Tourneux (*Précis d'embryologie*), on prend comme type l'embryon de lapin, on constate que, vers la 205° heure, il existe de chaque côté sur les parties latérales de l'extrémité céphalique un rudiment cardiaque, sous forme d'un tube longitudinal à paroi endothéliale, contenu dans un épaississement de la lame fibro-intestinale qui fait saillie dans la cavité du cœlome. Inférieurement et en dehors, ces tubes se continuent avec les veines omphalo-mésentériques, ou vitellines, qui, également situées dans l'épaisseur de la lame fibro-intestinale, ramènent à l'embryon le sang de l'aire vasculaire. Les

---

1. Cité d'après le journal la *Chronique médicale*, 1902, 284.
2. Nous avons reproduit textuellement : mais c'est sans doute foye et non foyer qu'il faut lire.

rudiments cardiaques, par suite du rapprochement des replis qui les portent, se fusionnent en un seul tube recevant par son extrémité inférieure les deux veines vitellines. L'allongement du repli cardiaque jusqu'aux veines omphalo-mésentériques, la soudure des deux rudiments cardiaques, la disparition de la cloison interposée, s'opèrent chez le lapin dans l'espace de quelques heures, de la 205ᵉ à la 210ᵉ.

Puis le tube cardiaque primitivement droit s'infléchit à cause de son allongement rapide. Lorsque l'inflexion est terminée, le cœur affecte la forme d'un S courbé dont le coude ventral se dirige en bas et à droite, le coude dorsal en haut et à gauche. Le tube cardiaque ainsi contourné ne présente plus un calibre uniforme, mais on remarque sur sa longueur trois segments séparés par des portions rétrécies. L'un de ces étranglements est le canal auriculaire qui sépare la portion veineuse du cœur, dorsale et inférieure, de la portion artérielle, ventrale et supérieure. La portion veineuse ou oreillette primitive communique en bas avec le sinus veineux. La branche antérieure du tube cardiaque présente aussi un étranglement, moins accusé toutefois que le canal auriculaire; c'est le détroit de HALLER, qui sépare le ventricule primitif du bulbe aortique, lequel fournit en [haut les deux aortes primitives ou artères vertébrales supérieures (fig. 66 et 67).

Au cours de son développement, le ventricule s'abaisse, tandis que l'oreillette remonte en arrière de lui et tend à se placer dans son prolongement; elle subit en même temps un mouvement de torsion en vertu duquel l'embouchure du sinus veineux se trouve déplacée à droite. Puis a lieu le cloisonnement de l'oreillette qui débute chez l'embryon humain au cours de la quatrième semaine. On admet généralement que le trou de BOTAL, qui fait communiquer les deux oreillettes pendant toute la durée de la vie intra-utérine, résulte d'un cloisonnement incomplet de la cavité auriculaire primitive; d'après les recherches de BORN, l'orifice se produirait par perforation secondaire de la cloison. Quoi qu'il en soit, le bord postérieur de l'orifice, concave en avant, est aminci et forme la valvule du trou ovale : le bord antérieur, plus épais, constitue la valvule de VIEUSSENS. La valvule

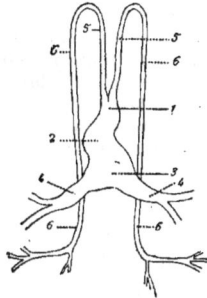

FIG. 66. — Le cœur en voie de développement.
1, Bulbe artériel. — 2, Ventricules. — 3, Oreillettes. — 4, 4, Veines omphalo-mésentériques. — 5,5, Les deux aortes ventrales ou ascendantes. — 6, 6, Les deux aortes dorsales ou descendantes (d'après DEBIERRE).

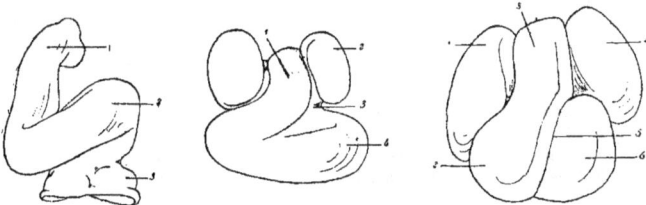

d'EUSTACHE, qui se trouve à l'embouchure de la veine cave inférieure, se prolonge du bord inférieur de l'orifice veineux jusqu'au bord antérieur du trou de BOTAL, et délimite ainsi une sorte de gouttière par laquelle le sang de la veine cave inférieure est conduit directement dans l'oreillette gauche à travers le trou de BOTAL.

Le cloisonnement du ventricule commence peu après celui de l'oreillette, vers la fin du premier mois, et est complètement achevé au début de la huitième semaine, chez l'homme. Enfin le cloisonnement du bulbe aortique le divise en deux cavités : l'une antérieure, qui forme le tronc de l'artère pulmonaire; l'autre postérieure, aorte ascendante.

Nous réunirons ici quelques renseignements empruntés, pour la plupart à TOURNEUX,

FIG. 67. — Torsion, incurvation et cloisonnement du cœur.
A) 1, Bulbe artériel. — 2, Ventricule. — 3, Oreillette. — B) 1, Bulbe artériel. — 2, Oreillette. — 3. Canal auriculaire. — 4, Ventricule. — C) 1, Oreillette droite. — 2. Ventricule droit. — 3. Bulbe artériel. — 4, Oreillette gauche. — 5, Sillon interventriculaire. — 6. Ventricule (d'après DEBIERRE).

sur les premiers rudiments du cœur de l'embryon humain. Chez un embryon de Graf Spée, de 1 millimètre à 1mm,5, le cœlome intra-embryonnaire et le cœur font encore défaut. Sur des œufs de quatorze à seize jours (longueur de l'embryon 1mm,3 à 2mm,5), le cœur est apparu entre la tête et l'insertion de la vésicule ombilicale. Eternod, dans une observation récente (Anat. Anzeig., xv, 1898-99, 181), a fourni sur les stades primitifs de la circulation embryonnaire des données encore inconnues jusqu'à ce jour. Sur un œuf humain de 10 millimètres dont l'embryon mesurait 1mm,3 de long et montrait un blastopore, une ligne primitive, un mésoderme non clivé dans sa partie extra-embryonnaire et un pédicule abdominal, le cœur était formé par une double ébauche symétrique à cheval sur la partie antérieure de l'orifice omphalo-mésentérique, avec un segment médian commun qui donnait naissance à un cône artériel duquel partaient les deux aortes primitives. Dans deux œufs observés par Allen Thomson, l'un de quatorze, l'autre d'environ huit jours, le cœur était visiblement dessiné. Il en fut de même chez l'œuf SR de His, dont l'embryon avait une longueur de 2mm,2, et était âgé d'environ quatorze jours; mais le cœur n'était pas encore fermé, et il existait une demi-gouttière sur chaque partie opposée (cité par Preyer, Physiol. de l'embryon, 1887, 38).

Sur des œufs de seize à dix-huit jours, le cœur déjà incurvé est composé de trois segments distincts et fait saillie entre l'extrémité céphalique et le sac vitellin. Le système des veines cardinales est constitué : les vaisseaux omphalo-mésentériques sont au nombre de quatre, dont deux artères et deux veines.

Sur les œufs de dix-neuf à vingt et un jours (longueur de l'embryon 3 à 4 millimètres), le cœur, encore contourné en S, montre plus nettement ses trois segments constitutifs. Les aortes descendantes se réunissent au-dessus de l'estomac en un seul tronc qui se divise au niveau de la partie inférieure du cloaque en deux artères ombilicales. Les veines des annexes se fusionnent entre elles de chaque côté, puis les deux troncs communs se réunissent pour former les sinus veineux dans lesquels viennent s'ouvrir immédiatement les deux canaux de Cuvier.

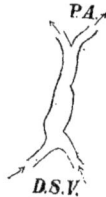

Fig. 68. — PA, Aortes primitives. — DSV, Veines vitellines ou omphalo-mésentériques (d'après Preyer).

Fig. 69. — VK, Oreillette. — K, Ventricule. — AB, Bulbe aortique (d'après Preyer).

Chez le poulet, le mode de développement du cœur est, dans ses grands traits, le même que chez les mammifères; il suffira d'indiquer l'ordre suivant lequel se succèdent ses principales transformations. L'organe apparaît par un double bourgeon à la fin du premier jour, puis il s'allonge et constitue un tube droit avec l'ébauche à son extrémité antérieure des deux arcs aortiques et à son extrémité postérieure des veines omphalo-mésentériques (fig. 68). A la fin du deuxième jour, il s'incurve et se segmente comme le cœur des mammifères, de sorte qu'à la fin du deuxième jour le sang veineux se rend par l'oreillette VK dans le ventricule K et par le bulbe aortique dans les deux aortes primitives PA (fig. 69).

Le troisième jour, le sang veineux du corps de l'embryon se déverse dans le segment veineux du cœur par le double conduit de Cuvier CD, en se mêlant au sang amené par le tronc veineux omphalo-mésentérique OMV (fig. 70).

Le quatrième jour intervient la veine cave inférieure VHV, et le segment veineux reçoit d'elle le sang veineux du corps ainsi que des canaux de Cuvier CD, en outre le sang des veines ombilicales NV et des veines omphalo-mésentériques DSV (fig. 71).

Mouvements du cœur. — A l'époque de Harvey, il était admis que le cœur de l'embryon de mammifère ne commençait à battre qu'à la naissance, bien que Galien eût déjà connaissance du pouls du cordon ombilical : même Michel Servet le considère encore comme immobile. « C'est une erreur, dit Harvey, de regarder le cœur de l'embryon comme oisif, sans action et sans mouvement. Ne voyons-nous pas, au contraire, dans les œufs que couvent une poule, et sur les embryons arrachés de l'utérus de certains animaux, le cœur se mouvoir comme chez les adultes? » (Loc. cit., 97.)

Le cœur, en effet, suivant la remarque de CL. BERNARD, apparaît comme un organe étrange par son activité exceptionnelle. Alors que dans le développement du corps chaque organe n'entre en général en fonctions qu'après avoir achevé son évolution et acquis sa texture, le cœur manifeste son activité bien longtemps avant de posséder sa forme achevée et sa structure caractéristique.

On ne peut établir d'une façon bien nette le début et la cause de la première systole; mais il est probable que celle-ci ne survient qu'après la soudure complète des deux premiers rudiments du cœur et non avant. Chez le lapin, BISCHOFF a vu le cœur se contracter le neuvième jour qui suivit la fécondation, trois heures encore après l'ablation.

Le cœur de l'embryon humain commence à battre au début de la troisième semaine.

Chez le poulet, les battements sont évidents le deuxième jour de l'incubation, et, en général, dans la seconde moitié du deuxième jour. HARVEY n'avait constaté qu'à la fin du troisième jour la première apparition du *punctum saliens*, στιγμη κινουμενη d'ARISTOTE. Puis HALLER, a remarqué les premières contractions de la 45e à la 51e heure; VON BAER,

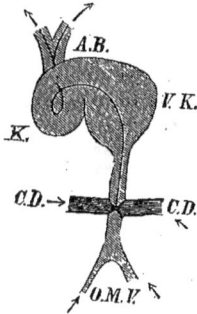

FIG. 70. — CD, Canaux de CUVIER. — OMV, Tronc veineux omphalo-mésentérique (d'après PREYER).

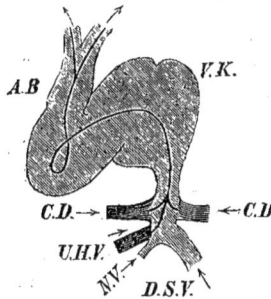

FIG. 71. — UHV, Veine cave inférieure. — NV, Tronc commun des veines ombilicales. — DSV, Tronc commun des veines omphalo-mésentériques (d'après PREYER).

vers la fin du deuxième jour; REMAK, PRÉVOST et DUMAS, vers le milieu du deuxième jour.

C'est au bout de trente-six heures que la plupart des observateurs, y compris PREYER, ont vu le cœur du poulet commencer à battre. Cependant dans les cas favorables on a pu surprendre plus tôt ces premières systoles. LABORDE (*Gaz. méd. de Paris*, 1878, 568) et LAVERAN (*The Lancet*, déc. 1878) affirment qu'on peut voir le cœur se contracter à partir de la 20e heure; CARPENTER, à partir de la 27e.

D'après HIS, les contractions se succèdent au début avec la même régularité qu'elles auront plus tard; il attribue l'irrégularité à la réfrigération. D'après PREYER, même si on maintient l'organe à une température constante, les premiers battements ont lieu néanmoins à des intervalles inégaux; ce physiologiste accorde cependant que, dans certains œufs, ils présentent un rythme constant et régulier.

Ce qu'il y a de certain, c'est que les premières contractions s'établissent et ont déjà une grande énergie à une époque où il n'est pas encore possible de trouver dans l'organe ni fibres musculaires, ni éléments nerveux. Les parois, lors de la fusion des ébauches primitives, sont formées, comme il a été dit, d'une couche endothéliale doublée en dehors d'une couche mésodermique, c'est-à-dire de simples cellules non différenciées. D'ailleurs, d'après HIS *junior*, les cellules nerveuses ne font leur apparition dans le cœur embryonnaire du poulet qu'au sixième jour, entre l'aorte et l'artère pulmonaire; chez d'autres vertébrés encore, HIS a observé que la fonction cardiaque précède toujours l'apparition des ganglions intrinsèques du cœur. Chez l'homme lui-même, ces amas nerveux n'apparaissent qu'à la quatrième semaine.

D'après PREYER, la condition nécessaire pour que la première contraction se produise, c'est la préexistence d'un liquide comparable au sang, mais encore incolore, une sorte d'hémolymphe qui servirait d'excitant à la membrane endothéliale. Le premier mouvement du contenu des vaisseaux ne serait pas produit par l'activité cardiaque, mais s'effectuerait avant elle, grâce à des différences de température. Preyer, développant une idée déjà émise par V. Baer, se rend compte de la façon suivante de ces courants. Le premier rudiment de l'embryon du poulet est situé à la partie supérieure de l'œuf; le cœur vient se placer tout en haut, de sorte que, si l'échauffement produit des courants, ceux-ci doivent se diriger principalement dans la direction du cœur. Le liquide contenu dans les vaisseaux prend donc une direction centripète, c'est-à-dire qu'il se porte vers le cœur; quand une systole survient, il prend la direction centrifuge. Le premier mouvement du contenu vasculaire serait donc passif.

Pour démontrer que dans les premiers jours de l'incubation l'action excitante du liquide nutritif est nécessaire à l'activité cardiaque, Preyer invoque les expériences de Wernicke. Celui-ci intercepta chez le poulet, au troisième ou au quatrième jour, l'arrivée du sang dans le cœur par section, cautérisation ou compression des veines omphalomésentériques : le cœur pâlissait, ses mouvements devenaient beaucoup plus rares, et, quand l'organe ne recevait plus de sang, les contractions s'arrêtaient tout à fait au bout de quelques minutes.

Cependant l'opinion de Preyer se concilie difficilement avec tout ce que l'on sait de l'automatisme, si développé, du cœur, et du cœur embryonnaire en particulier. Il est plus probable que les propriétés rythmiques de l'organe se manifestent sans cause excitante extrinsèque dès que les éléments cellulaires qui le constituent sont arrivés à ce stade de leur évolution où ils sont capables de réagir aux phénomènes chimiques dont ils sont eux-mêmes le siège. Comme le fait d'ailleurs remarquer Preyer, le cœur de l'embryon à un stade plus avancé continue à battre longtemps sans le secours du sang pourvu qu'il soit maintenu chaud. On peut même, comme l'a observé Schenck, détacher un cœur d'embryon de poulet, le diviser en segments et voir chacun de ces segments battre plusieurs minutes, si on lui conserve sa chaleur.

La vitalité du cœur embryonnaire persiste longtemps. Sur un embryon humain de trois semaines qui avait été conservé au froid dans son œuf pendant toute la nuit entre deux verres de montre, Pflüger a vu au matin, après que la chambre eût été chauffée, la poche cardiaque déjà incurvée se contracter avec des pauses de vingt à trente secondes; les contractions durèrent pendant plus d'une heure pour diminuer graduellement de fréquence (A. g. P., 1877, xxiv, 628). Dans un œuf extrait de l'utérus d'une chienne qui avait été couverte pour la dernière fois quinze jours avant l'extraction, Bischoff a observé des battements du cœur séparés par de larges pauses, quatre heures après l'ablation, bien que l'embryon eût été plongé dans un liquide froid. Rawitz, chez un fœtus humain de trois mois, d'une longueur de 8 centimètres, a compté 20 pulsations à la minute pendant quatre heures après l'ouverture du thorax. Zuntz, ayant ouvert un fœtus de six semaines, quinze à vingt minutes après son expulsion, vit que le cœur conservait encore une grande vitalité pendant près d'une heure. Bischoff aussi a vu les cœurs de deux embryons de cobaye, l'un de seize jours, l'autre de dix-sept jours, battre, le premier vingt-quatre heures, le deuxième quarante-huit heures après que l'œuf eut été enlevé à la mère.

L'auscultation du cœur du fœtus humain, encore contenu dans la cavité utérine (Lejumeau de Kergaradec, 1822), a permis d'évaluer la fréquence de ses battements. Le nombre des pulsations est en moyenne de 135 (Nœgele), 144 (Dubois), 136 à 144 (Depaul), 134 (Franckenhauser), 140 (Hecker), Dauzats (Arch. de Tocol., 1879) a trouvé comme chiffres extrêmes 105 et 180, Hohl 108 et 175.

Kehrer a compté, chez les fœtus de brebis et de vache, 120 à 142 pulsations; de chienne, 210 à 224; de chèvre, 170.

Il est admis, en général, que les mouvements propres du fœtus augmentent la fréquence des battements du cœur qui peut s'élever alors à 180 et au delà, ce que l'on attribue à l'accélération du cours du sang dans les veines, due à la compression de ces vaisseaux par les muscles contractés; mais l'influence des mouvements musculaires est sans doute plus complexe, comme elle l'est aussi après la naissance. Chez le fœtus qui reste longtemps tranquille, on observe une diminution de fréquence qui pourrait être due au sommeil (Hohl), de même que le cœur se ralentit chez le nouveau-né qui dort. Dauzats cependant n'a observé aucune modification des rythmes du cœur sous l'influence des mouvements du fœtus.

On a beaucoup discuté sur les rapports entre le sexe du fœtus et la fréquence habituelle des pulsations. D'après Dauzats, à qui l'on doit le travail peut-être le plus complet sur cette question, la relation se vérifie dans la plupart des cas, lorsque le nombre des pulsations est supérieur à 145 ou inférieur à 135; au-dessous de 135, il annonce en général un garçon, au-dessus de 145 une fille. En se fondant sur cette donnée, et en laissant de côté les cas intermédiaires, on tomberait juste en moyenne 7 fois sur 10. Mais, comme il naît à peu près autant de garçons que de filles, la proportion des prédictions exactes n'est que de 2/10° plus forte que celle qu'on peut obtenir en annonçant le sexe au hasard.

On sait que chez l'adulte la fréquence du pouls est en relation avec la taille, qu'elle diminue quand la taille augmente. Comme les enfants du sexe féminin sont ordinairement moins volumineux que ceux du sexe masculin, les variations de fréquence liées au sexe ne seraient qu'un cas particulier des variations liées à la taille. Devilliers affirmait en effet que, plus un fœtus est lourd, plus la fréquence de son pouls est faible, et que des fœtus féminins, quand ils sont grands et lourds, peuvent aussi présenter une fréquence aussi faible que les fœtus masculins. Cependant, d'après Dauzats, le rapport entre le sexe et le nombre des pulsations est plus constant et plus manifeste que celui qui existerait entre le poids du fœtus et le nombre.

D'après Ganse, une élévation de température de 0,1° chez la mère produit une augmentation de 3,2 pulsations chez le fœtus (*Virchow et Hirsch's Jb.*, 1891, ii, 573).

Relativement à l'âge, la fréquence du cœur reste la même chez le fœtus humain du cinquième mois jusqu'à la fin de la gestation. Par contre, chez les fœtus du mouton de 1200 à 1500 grammes, la fréquence du pouls est plus grande que chez les fœtus arrivés à maturité de 3600 grammes. Chez les premiers, elle est comprise entre un minimum de 114 et un maximum de 210; chez les seconds, entre 77 et 125; chez les moutons adultes, la fréquence est de 60 à 80 (Cohnstein et Zuntz).

Chez le fœtus humain on observe souvent un ralentissement du pouls pendant les violentes contractions utérines. Il s'agit très probablement d'une excitation des origines bulbaires du nerf vague. Car, si le nerf modérateur ne fonctionne pas encore chez le fœtus, il ne s'ensuit pas que son centre d'origine ne soit pas excitable.

Les contractions utérines pourraient d'ailleurs l'exciter de différentes façons, soit parce qu'elles exercent une compression sur le crâne du fœtus, soit parce qu'elles gênent la circulation placentaire et amènent un état asphyxique du sang, soit qu'elles compriment la surface du fœtus, et par conséquent les nerfs cutanés qui deviendraient ainsi le point de départ d'un réflexe modérateur. C'est la deuxième opinion qui paraît la plus vraisemblable. On a objecté, il est vrai, que l'excitation asphyxique devrait réagir aussi bien sur le centre respiratoire bulbaire que sur le centre modérateur du cœur. Mais Thiry a montré que, pour l'adulte, si l'on interrompt la respiration artificielle chez un animal à thorax ouvert, le ralentissement du cœur précède la dyspnée. Preyer a obtenu des résultats contraires à ceux de Thiry; mais on peut très bien admettre que chez le fœtus le centre modérateur est plus excitable que le centre respiratoire, et qu'il peut être ainsi provoqué à l'activité par un degré de veinosité insuffisant pour agir sur le centre bulbaire voisin. D'ailleurs, on verra aussi qu'il intervient probablement dans ces conditions certains mécanismes protecteurs qui mettent obstacle aux respirations prématurées, quand celles-ci tendent à se produire.

Pestalozza a pu, dans une grossesse gémellaire avec présentation transversale, enregistrer le graphique des pulsations. Il est à remarquer que, dans ce cas, le pouls fœtal ne s'est pas modifié pendant les douleurs (*Virchow et Hirsch's Jb.*, 1891).

Chez le poulet, la fréquence du cœur a été trouvée très variable au début de l'incubation. Remak comptait seulement 40 systoles dans une minute; Koelliker, de 40 à 60; v. Baer jusqu'à 150; ces grandes différences tiennent probablement à des inégalités de température. Preyer a donné un tableau réunissant ses nombreuses numérations chez le poulet. Il divise les cas en trois catégories : 1° fréquence faible, au-dessous de 120 (minimum 86); 2° fréquence moyenne, de 120 à 150; 3° fréquence grande, au-dessus de 150 (maximum 181). Le nombre des pulsations augmente jusqu'au cinquième jour, et reste ensuite stationnaire.

Les propriétés du cœur embryonnaire, l'influence des agents thermiques, électriques, et des poisons, ont été étudiées trop complètement dans l'article **Cœur** de ce Dictionnaire pour qu'il soit nécessaire d'y revenir.

Nous ne parlerons pas ici des expériences qui ont été faites par Soltmann, Anrep, Tarchanoff, Langendorff, E. Meyer, sur l'innervation du cœur (voy. article **Bulbe**), parce qu'elles intéressent la physiologie du nouveau-né. Nous pouvons rappeler cependant celles de Schwartz et de Kehrer. Le premier a constaté que chez les lapins, immédiatement après la naissance, la compression du crâne produit un ralentissement du cœur, et le second a trouvé que cet effet ne se produit plus si l'on sectionne préalablement les pneumo-gastriques. On peut objecter, il est vrai, que les conditions ne sont peut-être plus les mêmes que pendant la vie intra-utérine.

Cependant Heinricius a noté que l'excitation du pneumogastrique ralentit ou arrête le cœur chez les fœtus de chien arrivés à maturité, alors que la circulation placentaire persiste encore. Le nerf modérateur du cœur serait déjà excitable, bien qu'il ne manifeste pas encore son activité tonique (Z. B., 1889, 196).

Par contre, chez le poulet, d'après Bottazzi, l'excitation électrique du vague n'a aucun effet sur la fonction motrice du cœur pendant toute la vie embryonnaire. Ce n'est que quelques heures après que le poussin est sorti de l'œuf que de fortes excitations appliquées sur le nerf arrêtent le cœur en diastole (A. i. B., 1896, xxvi, 462).

3º **Cours du sang chez le fœtus.** — L'œuf des mammifères subissant la segmentation totale, chaque élément blastodermique renferme une certaine quantité de réserve nutritive, ou deutoplasma, intimement mélangée au protoplasma pour subvenir à ses premiers besoins. Lorsque les réserves nutritives auront été épuisées, le germe devra chercher, en dehors de la substance des éléments qui le composent, les matériaux nécessaires à son évolution.

Ces matériaux, il les trouve d'abord dans le contenu du sac vitellin ou vésicule ombilicale : mais, tandis que chez les ovipares, dont la segmentation est partielle, ils constituent une masse considérable, c'est-à-dire le jaune, qui servira à la nutrition de l'embryon jusqu'au moment de son éclosion, chez les mammifères, ils sont représentés par la faible quantité de liquide albumineux qui remplit le sac vitellin.

Ce liquide ne pourra donc subvenir longtemps aux besoins de l'embryon, qui devra alors emprunter directement à l'organisme maternel les substances nécessaires à son développement, et la circulation allantoïdienne, ou placentaire, se substituera à la circulation vitelline comme circulation d'apport. On distingue donc deux formes de circulation chez le fœtus : 1º la circulation omphalo-mésentérique, ou première circulation ; 2º la circulation allantoïdienne, placentaire, ou deuxième circulation.

Première circulation. — Les premiers vaisseaux apparaissent au dehors de l'ébauche embryonnaire dans l'aire opaque qui, chez les mammifères, se transforme en aire vasculaire dans toute sa largeur, et de là envahit le reste de la vésicule ombilicale. Ainsi on voit se développer dans l'épaisseur des parois de cette vésicule, dans sa lame fibrointestinale, un réseau capillaire qui occupera toutefois une étendue plus ou moins grande suivant le mammifère envisagé. Chez l'homme, les carnassiers, les ruminants, il tapisse toute la surface de la vésicule ombilicale ; chez le lapin, il reste limité au pourtour de la tache embryonnaire, dans la région du cœlome, comme chez les ovipares.

Lorsque le réseau vasculaire a atteint son complet développement, il est limité extérieurement par un vaisseau annulaire, désigné sous le nom de sinus terminal. A ce réseau aboutissent les artères omphalo-mésentériques qui naissent dans le corps de l'embryon des aortes descendantes. Du même réseau partent deux gros troncs veineux qui, rampant dans l'épaisseur du feuillet fibro-intestinal, vont se jeter dans l'extrémité inférieure du tube cardiaque : ce sont les veines omphalo-mésentériques ou vitellines. On décrit ordinairement deux artères et deux veines de ce nom. Mais « il résulte des recherches de van Beneden et Julin sur le lapin, Vialleton sur le poulet, qu'au début le réseau de l'aire vasculaire se prolonge à l'intérieur du corps de l'embryon dans l'épaisseur de la splanchnopleure jusqu'aux aortes, qui représentent en quelque sorte la limite interne de ce réseau. Les aortes se trouvent donc à l'origine largement anastomosées avec les vaisseaux de l'aire vasculaire. Ces anastomoses diminuent progressivement de nombre, et au dixième jour il ne persiste plus chez le lapin qu'une seule artère omphalo-mésentérique provenant de l'aorte du côté gauche (fig. 72). Cette artère traverse tout le réseau de l'aire vasculaire pour se jeter directement dans le sinus terminal. Chez l'homme chacune des aortes descendantes donne d'abord naissance à une artère omphalo-mésentérique; mais, vers le trente-cinquième jour, celle de gauche disparaît, et l'artère omphalo-mésentérique droite continue seule à alimenter le réseau vasculaire » (TOURNEUX).

Telle est la circulation qu'on peut appeler avec TOURNEUX circulation d'*apport* : en même temps se développe dans le corps de l'embryon la circulation de *distribution*, qui transporte aux organes les matériaux apportés par les veines omphalo-mésentériques et ramène au cœur le sang veineux. De l'extrémité supérieure du tube cardiaque, c'est-à-dire du bulbe artériel ou aortique, on voit partir deux troncs artériels, les aortes primitives. Ces aortes s'élèvent d'abord dans la paroi antérieure de l'intestin céphalique jusqu'à son extrémité supérieure, aortes ascendantes ou artères vertébrales supérieures : puis, logées dans l'épaisseur du premier arc branchial, elles contournent en dehors le cul-de-sac supérieur de l'intestin (crosses des aortes), se placent à sa partie postérieure et descendent ainsi dans toute la longueur de l'embryon entre l'endoderme et le tube médullaire (aortes descendantes ou vertébrales inférieures). De la surface des deux aortes primitives se détachent de nombreuses artérioles qui se répandent dans tout le corps de l'embryon et vont alimenter le réseau capillaire des organes.

Le sang revient au cœur par le système des veines cardinales; on désigne ainsi quatre troncs veineux longitudinaux, deux supérieurs, veines cardinales supérieures, deux inférieurs, veines cardinales inférieures. Les premiers ramènent le sang de l'extrémité céphalique, les

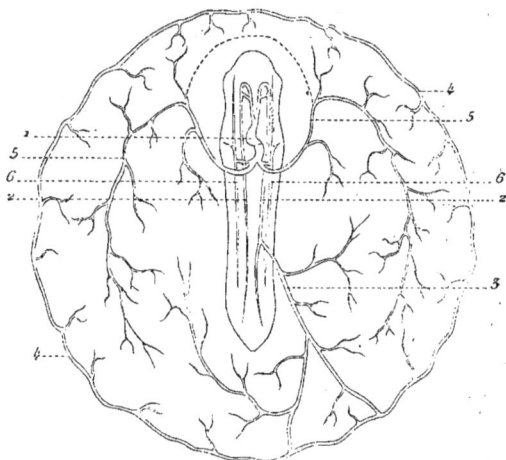

FIG. 72. — Circulation omphalo-mésentérique sur un œuf de lapin de 215 heures (d'après TOURNEUX).

1, Cœur. — 2, 2, Aortes primitives. — 3, Artère omphalo-mésentérique. — 4, Sinus terminal. — 5, 5, Veines omphalo-mésentériques. — 6, 6, Veines cardinales se jetant par les canaux de CUVIER horizontaux dans les veines omphalo-mésentériques.

seconds celui de l'extrémité caudale. En regard de l'extrémité inférieure du cœur, les deux troncs du même côté se fusionnent entre eux et donnent ainsi naissance à un canal horizontal, qui va se jeter dans la veine omphalo-mésentérique au voisinage de sa terminaison; les deux troncs collecteurs des veines cardinales sont connus sous le nom de canaux de CUVIER.

Ainsi le sang chargé des principes nutritifs qui revient par les veines omphalo-mésentériques est lancé par les contractions du cœur dans les aortes primitives, qui le conduisent dans la terminaison caudale de l'embryon. Mais la plus grande partie de ce sang s'écoule latéralement par les artères omphalo-mésentériques et quitte l'embryon pour passer dans le sinus terminal et le réseau capillaire de la vésicule ombilicale, et retourne au cœur par les veines vitellines. Il est probable, comme le fait remarquer PREYER, que les principes nutritifs apportés par ces dernières sont, au début, partiellement consommés par le tube cardiaque en raison de l'accroissement rapide et du travail énergique de cet organe, de sorte qu'immédiatement après sa sortie du cœur le sang a déjà perdu les propriétés du sang artériel qu'il avait au moment de son entrée. Durant

le reste de son trajet, il cédera cependant encore des matériaux et de l'oxygène, et ains
ce sera du sang extrêmement veineux qui circulera dans les ramifications des artères omphalo-mésentériques. Il faut ajouter enfin qu'au sang frais ou artériel qui revient par les
veines vitellines vient se joindre le sang veineux du corps de l'embryon qui revient
par les veines cardinales, de sorte que c'est un sang mélangé qui est lancé par le
cœur dans les aortes primitives.

Deuxième circulation. — a. *Notions anatomiques.* — Quand les réserves de la vésicule
ombilicale sont épuisées, ce qui arrive de bonne heure chez l'embryon de mammifère,
celui-ci, avons-nous dit, est obligé de puiser à une autre source. Il se met en rapport avec
la muqueuse utérine par
le chorion et l'allantoïde,
et alors commence la
deuxième circulation.

L'allantoïde, en pous-
sant dans la cavité du
cœlome externe, en-
traîne les extrémités in-
férieures des deux aortes
primitives qui se rami-
fient dans l'épaisseur de
la couche mésodermique
provenant du bourrelet
allantoïdien. Les extré-
mités inférieures des aortes, entraînées partiellement dans les annexes de
l'embryon, constituent
les artères allantoïdien-
nes, ombilicales ou pla-
centaires. La poussée de
l'allantoïde (fig. 74) s'effectue chez le lapin au
commencement du dixiè-
me jour. Vascularisée par
les vaisseaux ombilicaux,
elle fournit des houppes
vasculaires aux villosités
du chorion, qui, elles-
mêmes, sont enveloppées
par la muqueuse utérine
ou caduque. Le réseau
vasculaire de l'allanto-
chorion, c'est-à-dire du
fœtus, se trouve ainsi en-

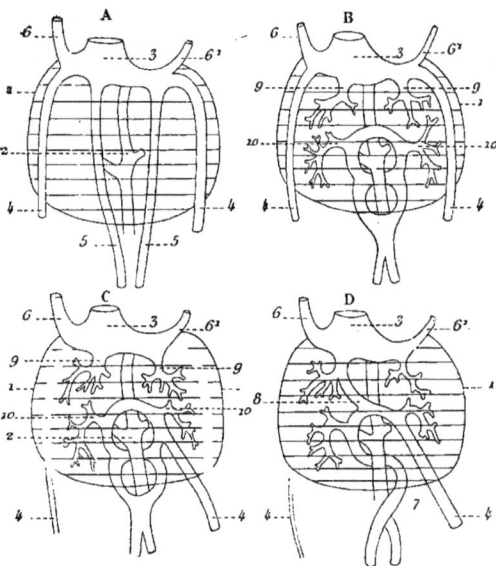

Fig. 73. — Quatre stades successifs du développement du système porte
veineux chez l'embryon humain (en grande partie d'après His). Les organes
recouverts par les lignes transversales sont cachés par le foie (figure
empruntée à Tourneux).

1, Contour du foie. — 2, Duodénum. — 3, Sinus veineux. — 4, 4, Veines ombilicales. — 5, 5, Veines vitellines réunies en B et en C par le sinus annulaire. — 6, Veine cave supérieure. — 6', Veine coronaire. — 7, Veine porte.
— 8, Canal veineux d'Arantius. — 9, 9, Veines hépatiques afférentes. —
10, 10, Veines hépatiques afférentes.

vironné par le réseau vasculaire de la mère. On verra plus loin ce qu'il devient. Les
artères ombilicales donnent naissance à des vaisseaux qui s'engagent avec la couche
mésodermique superficielle de l'allantoïde dans les villosités du chorion, où ils se capil-
larisent. De ces capillaires partent des veines qui aboutissent à deux gros troncs, les
veines allantoïdiennes ombilicales ou placentaires, lesquelles pénètrent à l'intérieur du
corps de l'embryon par l'ouverture ombilicale et vont se jeter dans les veines omphalo-
mésentériques tout près de leur abouchement dans le sinus veineux du cœur.

Ces dispositions se modifient avec le développement de la veine porte et de la veine
cave. Le foie vient s'interposer entre les extrémités des veines vitellines et ombilicales.
Les premières accompagnent le tube digestif dans son trajet au-dessous du foie, tandis
que les secondes, contenues dans la paroi abdominale ou somatopleure, passent au-dessus
de l'ébauche hépatique pour déboucher ensuite avec les veines vitellines dans le sinus
veineux du cœur. Les veines vitellines se ramifient dans le foie, et constituent l'ori

gine du système veineux hépatique, veines afférentes, ou veine porte, et veines afférentes, veines sus-hépatiques (fig. 73).

Pendant un certain temps, le sang venu de la vésicule ombilicale pourra ainsi suivre une double voie : une voie directe, celle des veines vitellines ; une voie indirecte, représentée par le réseau sanguin hépatique. Mais bientôt la portion des veines vitellines comprise entre les veines hépatiques afférentes et efférentes s'atrophie, et tout le sang de la vésicule ombilicale traverse le système porte. Les extrémités supérieures ou cardiaques des veines vitellines reçoivent les veines hépatiques efférentes. Peu après, l'extrémité cardiaque de la veine omphalo-mésentérique droite donne naissance par un bourgeon à la veine cave inférieure dont les veines sus-hépatiques ne forment bientôt plus qu'un prolongement.

Les veines ombilicales subissent aussi des modifications importantes ; la droite s'atrophie, et son vestige fournit une veine épigastrique. La veine gauche envoie une branche qui passe au-dessous du foie, et va s'anastomoser avec la veine vitelline devenue

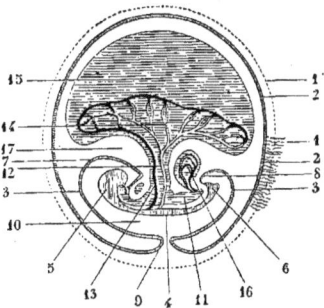

FIG. 74. — Œuf de 20 à 25 jours. Développement de l'amnios. origine de l'allantoïde (d'après DEBIERRE).

1, Membrane vitelline. — 2, Membrane séreuse (chorion dont les villosités ont été représentées dans un point seulement de la surface de l'œuf). — 3, Amnios (portion réfléchie du chorion blastodermique). — 4, 5, 6, Embryon. — 7, Capuchon céphalique. — 8, Capuchon caudal de l'amnios. — 9, Ombilic amniotique. — 10, Cavité de l'amnios. — 11, Intestin. — 12, Conduit omphalo-mésentérique. — 13, 14, Vaisseaux omphalo-mésentériques allant se ramifier vers la vésicule ombilicale. — 15, 16, Vésicule allantoïde à ses débuts. — 17, Cavité amnio-choriale.

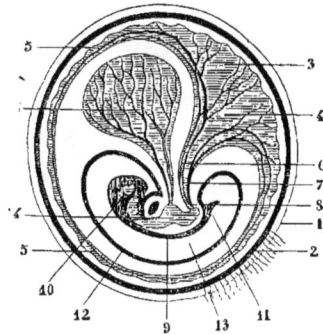

FIG. 75. — Œuf d'environ 15 jours. Développement de l'allanto-chorion (d'après DEBIERRE).

1. Membrane vitelline atrophiée. — 2, Chorion blastodermique (membrane séreuse). — 3, 4, 5, Allantoïde. — 6, Vaisseaux ombilicaux. — 7, Attache de l'allantoïde à l'aditus posterior (ouraque). — 9, Embryon avec 10, sa portion céphalique et 11, sa portion caudale. — 12 Amnios désormais fermé. — 13, Cavité de l'amnios. — 14, Intestin. — 15, Vésicule ombilicale en voie de régression.

veine porte, ce qui entraine la disparition de son extrémité cardiaque, située au-dessus du foie. A ce moment donc, tout le sang charrié par les veines vitellines et ombilicales doit traverser le réseau sanguin hépatique.

Un peu plus tard, et, comme si cette voie n'était pas suffisante, l'extrémité de la veine ombilicale, tout en restant unie à la veine porte, se prolonge jusqu'à la veine cave inférieure, ou plutôt au début dans la veine sus-hépatique droite, par un canal qui porte le nom de canal veineux d'ARANTIUS, et qui restera perméable jusqu'à la naissance (fig. 73). Le sang des veines ombilicales, c'est-à-dire du placenta, sera ainsi conduit directement à la veine cave inférieure; mais il pourra aussi suivre la voie collatérale du système porte.

Après avoir étudié la disposition de la partie intra-embryonnaire des vaisseaux allantoïdiens, il convient aussi de dire comment ils se comportent dans leur partie extra-embryonnaire. L'allantoïde recouvre, comme nous l'avons vu, par les branches et les rameaux des vaisseaux ombilicaux, gagne le cœlome extra-embryonnaire (cavité inter-amnio-choriale), s'étale à la face interne du chorion et fournit à cette membrane ses éléments vasculaires. Le chorion s'est en effet de bonne heure, vers la fin de la deuxième semaine, chez l'embryon humain, couvert de villosités qui sont bientôt pénétrées suivant leur axe par des prolongements vasculaires de l'allantoïde et prend alors le nom d'allanto-chorion (fig. 74). A la fin de la troisième ou au commencement de la quatrième semaine, le chorion est vasculaire dans toute son étendue (fig. 75).

Dans le deuxième mois, à la cinquième et à la sixième semaine, les villosités sont plus allongées et rameuses, et s'engagent par quelques prolongements dans le tissu de la muqueuse utérine ou caduque : le réseau vasculaire de l'allanto-chorion se trouve alors enveloppé par le réseau vasculaire de la mère; mais dès cette époque les villosités sont plus nombreuses et plus ramifiées, leurs adhérences sont plus intimes au niveau de la région de la muqueuse utérine sur laquelle l'œuf est venu primitivement s'implanter, et où le placenta commence maintenant à se dessiner (fig. 76). Cette région s'appelle la caduque sérotine ou membrane inter-utéro-placentaire.

Au commencement du troisième mois, les villosités continuent à se ramifier, se développent en touffes arborescentes (chorion touffu, *frondosum*) au contact de la sérotine qui va former le placenta maternel, tandis qu'elles constituent elles-mêmes à ce niveau le placenta fœtal; par contre, sur le reste du chorion qui est enveloppé par la caduque réfléchie, elles ont pour la plupart cessé d'être vasculaires (chorion lisse, *læve*) (fig. 76).

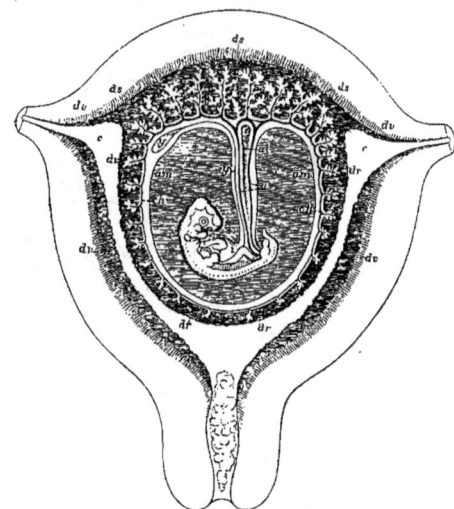

Fig. 76. — *dv*, Caduque vraie. — *ds*, Caduque sérotine ou membrane inter-utéro-placentaire. — *dr*, Caduque réfléchie. — *ch*, Chorion. — *am*, Amnios. — *y*, Vésicule ombilicale et son pédicule. — *al*, Allantoïde. — *u*, Vaisseaux ombilicaux. — *c*, Orifices des trompes.

On pourrait donc, d'après PREYER, distinguer : 1° la circulation choriale commençant avec la formation des vaisseaux ombilicaux (fin de la troisième ou commencement de la quatrième semaine); 2° la circulation placentaire commençant avec la formation du placenta (troisième mois).

Ce qui vient d'être dit se rapporte à la circulation d'apport; nous n'avons pas à suivre dans tous ses détails le développement du système vasculaire de distribution. Nous devons cependant indiquer sommairement comment il naît aux dépens du système de distribution de la première circulation et se substitue à ce dernier.

On a vu que le système artériel comprend primitivement deux aortes émanées du bulbe artériel, qui parcourent toute la longueur du corps et fournissent avec les artères omphalo-mésentériques de nombreuses branches pour toutes les parties du corps de l'embryon.

On assiste d'abord à la formation, au niveau des arcs branchiaux, d'anastomoses qui unissent la branche ventrale, ou artère vertébrale ascendante, à la branche dorsale, ou vertébrale descendante des aortes primitives (fig. 77 et 78). Ce sont les arcs aortiques, au nombre de cinq, d'après RATHKE, de six, d'après BOAS et autres; les crosses des aortes primitives sont considérées comme les premiers arcs, droit et gauche, en comptant de haut en bas.

C'est de cet ensemble d'arcs que naissent les gros troncs artériels définitifs, ainsi que les artères de la tête et des membres supérieurs (fig. 79). Les premiers, deuxième et cinquième arcs disparaissent. Les artères vertébrales ascendante et descendante donnent naissance aux carotides externe et interne, tandis que le troisième arc, persistant de chaque côté, prolonge la carotide interne vers l'externe. Le quatrième arc donne à droite le tronc brachio-céphalique, à gauche la crosse de l'aorte avec la carotide commune et la sous-clavière gauche. Le sixième arc disparaît dans presque toute son étendue, ainsi que la portion descendante de l'aorte droite; mais, dans sa portion interne, il forme la branche droite de l'artère pulmonaire; à gauche, le sixième arc donne la branche gauche de l'artère pulmonaire, et le canal artériel ou canal de BOTAL, qui établit une large communication entre l'artère pulmonaire et l'aorte descendante. Enfin l'extrémité supérieure du bulbe aortique s'est divisée de telle sorte que son segment antérieur forme le tronc de l'artère pulmonaire, tandis que le segment postérieur appartiendra au système aortique. Tout à fait au début de la période qui correspond à la circulation allantoï-

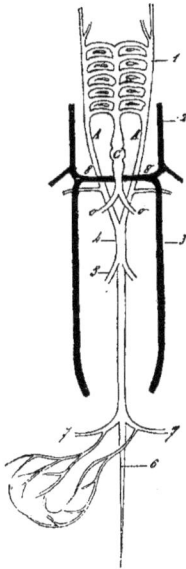

FIG. 77. — Systèmes artériel et veineux primitifs. — o, o, Veines omphalo-mésentériques. — C, Cœur. — A, A, Aortes dorsales. — 1, Arcs aortiques; 2, Veine cardinale antérieure; 3, Veine cardinale postérieure. — 4, Aorte descendante. — 5, Artères omphalo-mésentériques. — 6, Aorte caudale. — 7, 7, Artères ombilicales. — 8, 8, Canaux de CUVIER (d'après DEBIERRE).

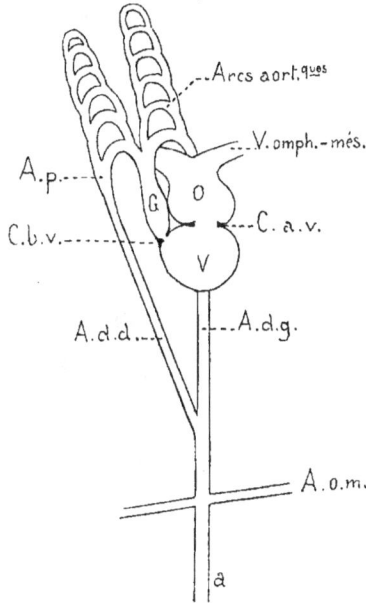

FIG. 78. — Schéma de l'appareil cardio-aortique de l'embryon.

Les 6 arcs aortiques sont complets, le cœur se dédouble en une oreillette (O) et un ventricule (V). — Cav, Détroit (étranglement) auriculo-ventriculaire. — Cbv, Détroit (étranglement) bulbo-ventriculaire (entre le bulbe artériel et le ventricule). — Ap, Artère pulmonaire. — Add, Aortes descendantes droite et gauche. — a, Aorte abdominale. — Aom, Artère omphalo-mésentérique (d'après DEBIERRE).

dienne, les deux aortes descendantes se sont fusionnées sur la ligne médiane au-dessous du cœur en un canal impair et médian, puis la portion de l'aorte descendante droite qui s'étend jusqu'au point de fusion des deux aortes primitives disparaît, comme il a été dit, avec les cinquième et sixième aortiques droits. Les extrémités inférieures, non fusionnées, des aortes sont devenues les artères ombilicales. Chez l'embryon humain, la fusion des deux aortes se produit du dix-neuvième au vingt et unième jour, alors que l'embryon mesure une longueur de trois à quatre millimètres; chez l'embryon de lapin vers la deux cent vingt-quatrième heure. Par suite de la soudure des deux aortes, les artères vitellines, qui naissaient isolément de chacun de ces vaisseaux, proviennent maintenant du même canal. Dans la suite l'artère vitelline gauche, comme nous l'avons déjà vu, s'atrophie et disparaît; le tronc persistant de l'artère droite fournira la mésentérique supérieure.

Les artères du bassin et des membres inférieurs, artères iliaque primitive, interne et externe, doivent être considérées comme des expansions des artères ombilicales; mais plus tard l'artère ombilicale ne représente plus qu'une branche de l'artère hypogastrique et s'y implante, non loin du point où celle-ci se détache de l'iliaque primitive.

Le développement du système veineux marche de pair avec celui du système artériel. Quand la deuxième circulation commence à se constituer, le cœur se continue dans sa portion auriculaire avec une sorte de confluent appelé le sinus veineux, que forment par leur réunion six troncs, les canaux de CUVIER, les veines omphalo-mésentériques et les veines ombilicales.

Tous les gros troncs veineux, à l'exception de la veine cave inférieure, dérivent du système veineux du début. La disposition symétrique des canaux de CUVIER et des veines cardinales persiste toute la vie chez les poissons. Chez les reptiles, les oiseaux et un cer-

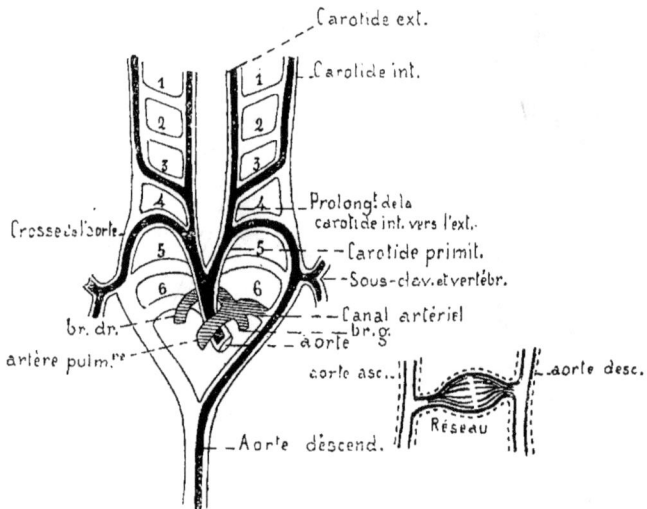

Fig. 79. — Schéma de la transformation des arcs aortiques chez l'homme. A droite, on voit le réseau vasculaire d'un arc aortique traversant les arcs branchiaux (d'après DEBIERRE).

tain nombre des mammifères, les deux veines caves supérieures dérivent des canaux de CUVIER. Chez les mammifères, le canal de CUVIER gauche perd de bonne heure ses connexions avec les veines cardinales correspondantes; ce qui en reste forme la grande veine coronaire. Mais la disparition de la veine cave supérieure gauche est précédée de la formation d'une anastomose entre les deux veines cardinales supérieures ou veines jugulaires. Cette anastomose, c'est le tronc brachio-veineux céphalique gauche. Le tronc brachio-céphalique droit est formé par la portion de la veine jugulaire droite comprise entre l'anastomose et la veine sous-clavière droite, branche de la veine cardinale supérieure.

Le canal de CUVIER droit, c'est-à-dire la veine cave supérieure, reçoit la veine cardinale inférieure droite : la moitié supérieure de cette dernière persiste et se détache du segment inférieur pour former la grande veine azygos. Le segment moyen de la veine cardinale gauche inférieure persistant après la disparition de la veine cave supérieure gauche constituera la petite azygos, qu'une anastomose réunira à la grande.

Ainsi les veines cardinales inférieures, qui constituaient primitivement, comme elles le font toute la vie chez les poissons, les veines de toute la partie inférieure du tronc de l'embryon, s'atrophient partiellement; elles sont alors remplacées par une veine de nouvelle formation, la veine cave inférieure. Celle-ci s'est formée de deux tronçons : l'un, supérieur, qui se développe de haut en bas, à partir du sinus veineux du cœur : l'autre, inférieur, constitué par la portion sous-rénale persistante de la veine cardinale droite. Le premier tronçon, en descendant, vient rejoindre le second au niveau de l'embouchure des veines rénales.

Le sinus veineux disparaît peu à peu (embryon humain de 10 millimètres) en participant à la constitution de l'oreillette droite. La veine cave supérieure, la veine cave inférieure et la veine coronaire s'ouvrent alors, par autant d'orifices distincts, dans l'oreillette.

L'oreillette gauche ne reçoit de même à l'origine qu'un seul conduit assez grêle, le tronc commun des quatre veines pulmonaires : dans la suite du développement, ce tronc est absorbé par la paroi auriculaire, de la même façon que le sinus veineux par l'oreillette droite, et les quatre veines pulmonaires déboucheront alors, par groupes de deux, directement dans la cavité de l'oreillette.

d. *Cours du sang pendant la deuxième circulation.* — Les caractères particuliers de la circulation placentaire sont : 1° la communication des deux oreillettes par le trou de Botal ; 2° la communication de l'artère pulmonaire avec l'aorte descendante par le canal artériel ; 3° l'état rudimentaire de la circulation pulmonaire ; enfin 4° le mélange du sang artériel et du sang veineux. Pas plus pendant la circulation placentaire que pendant la circulation vitelline, il n'y a de communication directe entre les vaisseaux maternels et des vaisseaux du fœtus.

Du placenta le sang chargé de substances nutritives et d'oxygène est amené au corps du fœtus par la veine ombilicale persistante ; arrivé au niveau du foie, il peut suivre deux voies distinctes : la voie de la veine porte ou celle du canal veineux d'Arantius, c'est-à-dire qu'une partie du sang passe directement dans la veine cave inférieure, tandis que l'autre va se distribuer dans le foie par les veines hépatiques afférentes en se mélangeant au sang que la veine porte ramène de l'intestin et de la rate.

Tout ce sang, en définitive, aboutit à la veine cave inférieure au-dessus du foie. Là il

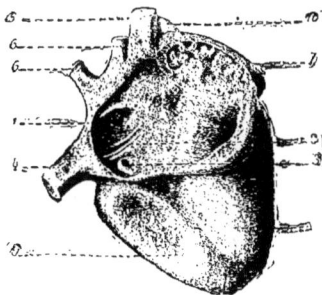

Fig. 80. — Cœur d'un fœtus à terme vu par sa face postérieure. La paroi postérieure de l'oreillette a été enlevée, et la veine cave inférieure déjetée à gauche pour montrer le trou ovale avec sa valvule (d'après Tourneux).

1, Valvule du trou ovale. — 2, Valvule d'Eustachi. — 3, Grande veine coronaire avec la valvule de Thebesius. — 4, Veine cave inférieure. — 5, Veine cave supérieure. — 6, 6. Veines pulmonaires droites. — 7, Auricule droite. — 8, Ventricule droit. — 9, Ventricule gauche. — 10, Aorte (d'après Tourneux).

se mélange avec le sang veineux qui vient de la moitié inférieure du corps du fœtus, rein, membres inférieurs, organes pelviens, et est conduit à l'oreillette droite. Mais, au lieu de tomber dans le ventricule droit, il est transporté presque en totalité vers la cloison interauriculaire et le trou de Botal, d'où il pénètre dans l'oreillette gauche, puis dans le ventricule gauche qui le lance dans l'aorte. Dans l'oreillette gauche, il s'est mêlé à une très petite quantité de sang veineux venu des poumons.

Le sang exclusivement veineux transporté par la veine cave supérieure passe, lui, directement de l'oreillette droite dans le ventricule droit en raison de l'existence de la valvule d'Eustachi qui cloisonne en quelque sorte l'oreillette en deux compartiments distincts (fig. 80). Le tubercule décrit par Lower sur le cœur des animaux entre les orifices des deux veines caves, et qui servirait à séparer l'un de l'autre les deux courants veineux, semble n'avoir que peu d'importance chez le fœtus humain. Une très faible partie du sang, chassée par le ventricule droit, va aux poumons par les branches encore peu développées de l'artère pulmonaire ; la presque-totalité de ce sang est lancée par l'intermédiaire de l'artère pulmonaire et du canal artériel dans la crosse aortique. La séparation entre les deux courants veineux dans l'oreillette droite n'est sans doute pas absolue : mais, en résumé, le sang qui vient de la veine cave inférieure va directement dans l'oreillette gauche par le trou de Botal pour être lancé dans l'aorte par le ventricule gauche, tandis que le sang de la veine cave supérieure est envoyé dans cette même artère par le ventricule droit à travers le canal artériel.

Cependant, les deux courants ne se confondent pas même dans l'aorte. Comme les artères destinées à la tête et aux membres supérieurs ont leur origine au-dessus du point d'aboutchement du canal artériel, le sang purement veineux qui vient de la veine cave supérieure est chassé principalement dans l'aorte descendante par le ventricule droit

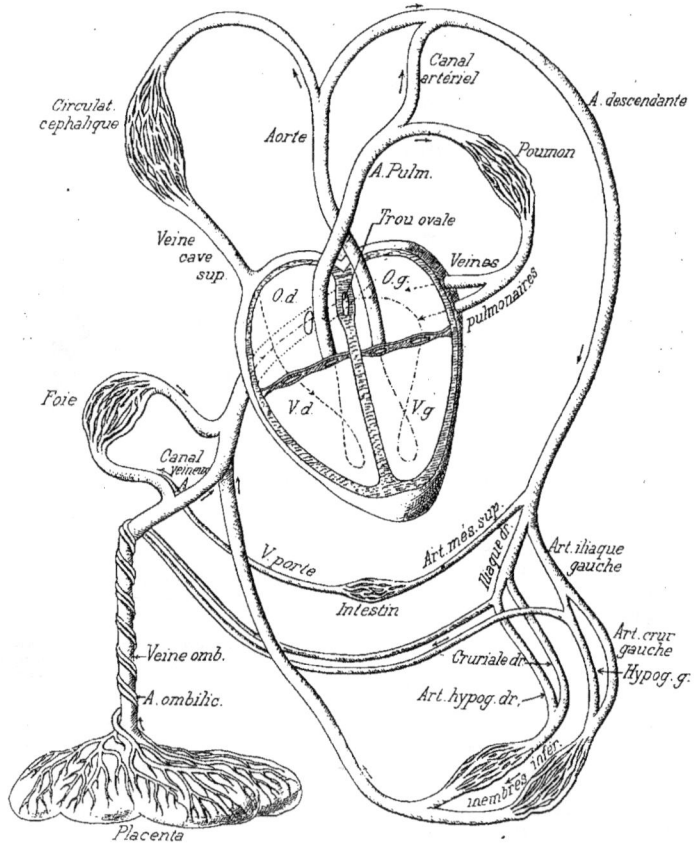

FIG. 81. — Schéma de la circulation fœtale, d'après PREYER.

(fig. 81). Par contre, le sang qui arrive au cœur par la veine cave inférieure, et qui renferme, avons-nous dit, une forte proportion de sang placentaire, c'est-à-dire hématosé, est en grande partie lancé par le ventricule gauche dans les vaisseaux qui naissent de la crosse aortique, c'est-à-dire dans le tronc brachio-céphalique, carotide primitive et sous-clavière gauche : une faible quantité de ce sang se mêle au-dessous de l'aboutchement du canal artériel avec celui qui est envoyé par le ventricule droit aux parties inférieures du corps.

C'est donc du sang très mélangé, provenant pour la plus grande partie du ventricule droit, et en faible partie du ventricule gauche, qui parcourt les différentes branches de l'aorte descendante et les organes auxquels elles se distribuent. Sur l'aorte vient se greffer aussi la voie collatérale représentée par les artères ombilicales qui conduisent ce même sang au placenta : il est à remarquer que le liquide qui retourne ainsi vers l'organe de nutrition et d'hématose est, il est vrai, très veineux: mais il l'est au même degré, et pas davantage, que celui de l'aorte descendante, lequel sert cependant à nourrir une grande partie des organes du fœtus : de même, il renferme encore une petite quantité de sang artérialisé qui retourne au placenta, sans profit pour le fœtus.

Ainsi la circulation fœtale est disposée de telle sorte que le sang le plus veineux est envoyé par le ventricule droit à la plupart des organes du corps et au placenta, tandis que le sang le plus artérialisé, mais toutefois encore mélangé, est lancé par le ventricule gauche dans les organes céphaliques qui paraissent avoir besoin pour leur développement de plus d'oxygène et de matériaux nutritifs. Comme l'a fait remarquer HARVEY, chez le fœtus, contrairement à ce qui est chez l'adulte, les deux ventricules sont utilisés par la circulation générale. On peut ajouter cependant que, chez le fœtus aussi, c'est le ventricule droit qui est plus spécialement chargé d'envoyer le sang le plus veineux vers l'organe de l'hématose.

Au point de vue de la qualité du sang qu'ils reçoivent, on peut diviser les organes en quatre catégories : 1° le foie; 2° le cœur, la tête et les extrémités supérieures; 3° les extrémités inférieures, les organes abdominaux; 4° le poumon. De tous les organes, le foie est en effet celui qui reçoit le sang le plus pur, puisqu'il lui vient directement du placenta; cependant, il s'y ajoute aussi du sang exclusivement veineux de l'intestin, de la rate, du pancréas et du sang de l'artère hépatique, qui est déjà très mélangé. Le foie se trouve donc vis-à-vis des matériaux de nutrition dans les mêmes relations chez le fœtus qu'après la naissance, c'est-à-dire que le sang qui revient des surfaces d'absorption, le traverse en grande partie, comme le traversera après la naissance celui qui vient de la cavité digestive. Après le foie, les organes qui reçoivent le sang le plus artérialisé sont la tête et les membres thoraciques; en troisième ligne, il faut placer les viscères de l'abdomen et les membres inférieurs. On s'explique ainsi que le développement de l'extrémité céphalique soit plus précoce que celui de l'extrémité caudale. Plus tard les rapports changent, et la partie inférieure du corps est desservie plus favorablement; le trou ovale devient de plus en plus étroit, ce qui permet à des quantités toujours plus grandes du sang de la veine cave inférieure, c'est-à-dire de sang plus artérialisé, de passer dans le ventricule droit et de là dans l'aorte descendante.

Au point de vue de la nature du sang charrié par les principaux vaisseaux et du rôle de ces derniers, on peut dresser le tableau suivant, emprunté en partie à PREYER.

1° La veine ombilicale amène directement le sang artériel au foie et par le canal d'ARANTIUS à la veine cave inférieure.

2° Les artères ombilicales ramènent dans le placenta du sang veineux avec un peu de sang artériel.

3° Le trou ovale est ouvert pour l'afflux du sang (artérioso-veineux) de la veine cave inférieure dans l'oreillette gauche.

4° Le canal artériel porte du sang veineux avec un peu de sang artériel du ventricule droit dans l'aorte.

5° L'artère pulmonaire conduit ce même sang, mais en très faible quantité, du ventricule droit dans le poumon.

6° Les veines pulmonaires ramènent à l'oreillette gauche du sang exclusivement veineux, mais en très petite quantité.

7° L'aorte descendante transporte le sang des deux ventricules du cœur, le plus veineux et le plus abondant venu du ventricule droit par le canal artériel, le plus artériel venu du ventricule gauche.

8° L'aorte ascendante porte du sang fortement artérialisé, mais mélangé encore à du sang veineux, vers la tête et les extrémités supérieures.

9° La veine cave inférieure porte dans les deux oreillettes, mais surtout dans l'oreillette gauche, le sang veineux de la partie inférieure du corps de l'embryon et le sang artériel du placenta.

10° La veine cave supérieure ramène du sang exclusivement veineux dans l'oreillette droite et le ventricule droit.

Remarquons pour terminer que, si l'on décrit d'habitude deux formes de circulation chez le fœtus, il ne faudrait pas croire que la seconde se substitue brusquement à la première : la transformation se fait d'une façon graduelle, et la circulation omphalo-mésentérique persiste pendant quelque temps, parallèlement à la circulation chorio-placentaire, ce qui est évidemment une garantie pour l'embryon.

En outre, chez l'embryon humain, il semble que, contrairement au schéma classique, la circulation choriale soit plus avancée dans son développement, dès les premiers stades, que la circulation de la vésicule ombilicale. C'est ce qui ressort du moins de la description donnée par ÉTERNOD de l'embryon de 1ᵐᵐ,3, dont il a déjà été question. Du cœur encore double partaient deux aortes qui devenaient plus loin artères chorio-placentaires ou ombilicales ; un tronc veineux chorio-placentaire unique, future veine ombilicale, produit de la fusion des veines de retour, longeait la marge du champ embryonnaire pour aller au cœur. Il y avait ainsi un cercle sanguin complet qui, parti du cœur de l'embryon, passait dans le pédicule abdominal pour se capillariser au chorion et au futur placenta, traversait de nouveau le pédicule ombilical pour revenir au cœur : une partie des villosités choriales étaient déjà canalisées et perméables. Dans la partie caudale de la vésicule vitelline se trouvait un vaisseau que ÉTERNOD propose d'appeler anse veineuse vitelline : cette anse s'abouchait par ses deux branches dans chacune des veines chorio-placentaires et représentait le premier vaisseau de retour de la circulation de la vésicule vitelline. Elle serait probablement destinée, d'après ÉTERNOD, à s'effacer pour faire place aux veines vitellines classiques.

A partir de la rupture de l'œuf, quand la respiration pulmonaire commence, la circulation et la distribution du sang deviennent ce que nous les trouvons chez l'adulte ; mais l'étude de l'oblitération du canal artériel, du trou de BOTAL, et des vaisseaux ombilicaux appartient à la physiologie du nouveau-né.

c) Pression et vitesse du sang. — D'après les recherches de COHNSTEIN et ZUNTZ, la pression moyenne dans l'artère ombilicale des fœtus de mouton non à terme semble augmenter avec l'âge, comme le montre le tableau suivant, où nous mettons immédiatement en regard le chiffre de la pression dans la veine ombilicale.

POIDS DU FŒTUS.	PRESSION ARTÉRIELLE en millimètres.	PRESSION VEINEUSE en millimètres.	DIFFÉRENCE DE PRESSION en millimètres.
gr 1 536	39,3	16,4	22,9
1 320	50,5	34,0	16,5
1 290	43,2	29,0	14,2
1 564	51,1	21,0	30,1

Chez un fœtus à maturité, de 3 600 grammes, la pression dans l'artère ombilicale était de 83,7, la pression dans la veine de 32,6 millimètres.

La saignée a produit un abaissement momentané de la pression, qui est revenue cependant rapidement, au bout de quelques minutes, au niveau primitif ; comme l'adulte, le fœtus est donc capable de maintenir sa pression à son degré normal, après une perte modérée de sang. Alors que la pression artérielle atteint chez le fœtus la moitié à peine du chiffre que l'on trouve après la naissance, la pression veineuse est, par contre, beaucoup plus élevée chez lui. Le chiffre le plus bas observé dans la veine ombilicale a été de 16,4 millimètres ; or JACOBSON a évalué la pression dans la veine crurale du mouton adulte à 11,4 millimètres, et dans la veine cave elle doit être sensiblement moindre. Si la tension veineuse est plus élevée chez le fœtus, c'est à cause de l'absence d'aspiration thoracique.

D'autre part, la faible différence entre la pression artérielle et la pression veineuse implique une faible force impulsive imprimée au courant sanguin, et l'on pourrait comparer sous ce rapport la circulation du fœtus à celle d'un animal adulte auquel on aurait pratiqué une section haute de la moelle. On verra plus loin les déductions que COHNSTEIN et ZUNTZ ont tirées de cette notion au point de vue des échanges nutritifs et de la sécrétion rénale.

RIBEMONT (*Arch. de Tocol.*, 1879, vi, 579), dans des expériences faites de 10 à 15 secondes après la naissance, a trouvé chez l'enfant nouveau-né des chiffres qui se rapprochent de ceux qu'ont obtenus COHNSTEIN et ZUNTZ chez le fœtus de mouton. La pression moyenne était de 63,7 millimètres dans l'artère ombilicale, 33,6 millimètres dans la veine. SCHUCKING avait trouvé également chez le nouveau-né, dans les premières minutes qui suivent la naissance, 40 à 60 millimètres dans la veine ombilicale, 85 à 100 millimètres pendant les contractions utérines.

COHNSTEIN et ZUNTZ s'élèvent contre l'opinion régnante qui veut que la pression aortique baisse au moment de la naissance, dès que la respiration pulmonaire commence. Il est vrai que l'aspiration du sang vers le poumon doit tendre à produire un abaissement de la pression, mais si, en même temps, il arrive dans le système circulatoire une quantité supplémentaire de sang, les deux effets peuvent se compenser, et c'est ce qui arrive. La masse de sang qui doit remplir l'appareil vasculaire du poumon distendu par les premières inspirations est moindre que celle que le placenta peut fournir en ce moment au fœtus. HÉGER et SPEHL ont, en effet, évalué la quantité de sang contenu dans le poumon, chez le lapin, au 1/12 ou 1/13 de la masse totale de sang; mais l'apport de sang placentaire est, d'après COHNSTEIN et ZUNTZ, équivalent à ce chiffre, et chez le fœtus humain il peut même y avoir, lorsque la déplétion du placenta est complète, un accroissement d'environ 1/3 de la masse totale du sang. De là aussi l'avantage de la ligature tardive du cordon, question qui ne doit pas nous occuper. Signalons seulement que, dans les expériences de RIBEMONT, la pression artérielle, observée immédiatement après l'expulsion du nouveau-né, ne se modifia pas quand le fœtus restait en communication avec le placenta, tandis qu'après la ligature prématurée du cordon elle baissa sensiblement, de 64,8 millimètres à 48 millimètres, sur une moyenne de huit expériences. Dans ce dernier cas, en effet, l'enfant est obligé d'emprunter à sa circulation générale la masse de sang qui doit remplir ses vaisseaux pulmonaires.

La disparition du pouls dans les artères ombilicales ne doit donc pas être attribuée à l'abaissement de la pression aortique, mais bien à la contraction des fibres circulaires de la paroi vasculaire, contraction qui se propage dans le cordon jusqu'à l'ombilic, et qui est telle qu'une pression de 100 millimètres Hg ne peut faire pénétrer une goutte de liquide dans le vaisseau.

Les mesures de la vitesse du sang ont donné à COHNSTEIN et ZUNTZ des résultats moins concordants que celles qui concernent la pression:

POIDS DE L'ANIMAL.	VAISSEAU.	VITESSE EN CENTIMÈTRES PAR SECONDE.		
		Moyenne.	Maxima.	Minima.
3 600	Artère.	0.364	»	»
1 320	Veine.	0.0791	0,143	0,0555
1 320	Artère.	0,0781	»	»
1 290	Artère.	0,319	0,625	0,172

En comparant ces chiffres avec les chiffres classiques de DOGIEL, on trouve que dans l'artère ombilicale la vitesse est beaucoup moins grande que dans les vaisseaux de même calibre de l'animal adulte. Le résultat était à prévoir après que les déterminations de la pression avaient montré que la différence de tension qui pousse le sang à travers les capillaires du placenta est beaucoup moindre que celle qui existe chez le mammifère adulte entre le système artériel et le système veineux. Quant aux grandes variations de la vitesse consignées dans le tableau ci-dessus, il faut remarquer qu'elles se montrent aussi chez l'adulte.

d) Développement sans circulation. — Chez des poissons marins, *Fundulus*, LOEB (*A. g. P.*, 1893, LIV, 525) a vu, après suppression de l'activité du cœur, le développement de l'embryon continuer pendant quatre à six jours environ, près de la moitié de la durée de la vie embryonnaire.

La durée du développement de l'embryon de *Fundulus* est d'environ douze à quatorze jours. Le cœur commence à battre soixante à soixante-dix heures après la fécondation. Si l'on prend des embryons âgés de quatre à six jours, et si on les met dans de l'eau de mer additionnée de 1gr,5 de chlorure de potassium, dans l'espace d'une heure au maximum, le cœur s'arrête, et l'animal meurt. Mais, si l'on dépose dans la même solution des œufs fécondés depuis une demi-heure environ, ces œufs se développent tout à fait normalement, et les embryons restent en vie cinq à six jours.

Dans certains cas, on peut observer cependant, au troisième et au quatrième jour, des pulsations excessivement faibles et lentes du sinus veineux, mais l'activité du cœur ne s'établit pas chez tous les embryons, et, quand elle se manifeste, elle ne dure pas longtemps. Dans aucun cas, les mouvements du cœur ne purent entretenir la circulation, ce dont il fut facile de s'assurer sur les vaisseaux du sac vitellin. Le système circulatoire ne s'en développa pas moins, et cela d'une façon complète, par conséquent sans circulation, sans pression intra-vasculaire; on trouvait aussi dans les gros vaisseaux des amas de globules rouges. La seule différence présentée par ces vaisseaux était l'irrégularité de leur lumière.

Dans la crainte qu'un vestige de circulation n'eût pu échapper à l'examen, Loeb employa ensuite des solutions plus concentrées, jusqu'à 5 grammes de KCl p. 100; il ne se manifesta plus le moindre indice d'activité cardiaque; et, bien que des embryons âgés de quatre jours meurent en deux minutes dans une solution de KCl à 3 p. 100, le développement normal des œufs récemment fécondés se poursuivit de trois à six jours dans la solution à 3 p. 100. Le cœur se développa, ainsi que le système vasculaire typique de l'embryon et celui du sac vitellin. L'évolution de l'embryon était cependant notablement ralentie, et l'on ne put s'assurer que de l'état des gros vaisseaux et de leurs principales ramifications; les irrégularités dans la lumière des vaisseaux furent aussi très prononcées; néanmoins ces expériences montrent que le bourgeonnement et l'accroissement des vaisseaux sont indépendants de la pression sanguine.

Tous les autres organes du poisson, le cerveau, l'œil, l'oreille, les vertèbres primitives, se développèrent normalement. Une particularité, cependant, est à signaler; le sac vitellin de *Fundulus* a un aspect tigré dû à des chromatophores qui se déplacent et viennent s'appliquer à la surface des vaisseaux sanguins dont ils ne peuvent plus ensuite se détacher : ils perdent leurs mouvements amiboïdes pour former une sorte de gaine aux parois vasculaires. Dans les animaux chez lesquels la circulation ne s'établit pas, les chromatophores se développent comme les vaisseaux, mais ils en restent indépendants et isolés, comme si, dans les conditions normales de la circulation, les vaisseaux exerçaient sur ces éléments une attraction chimiotactique qui les force à s'étaler à leur surface.

Un autre point intéressant pour la physiologie du myocarde, c'est la toxicité plus grande du KCl à mesure que l'embryon avance en âge. Alors qu'un embryon âgé de quatre à six jours meurt au bout d'une heure dans une solution à 1,5 p. 100, un embryon du même âge, qui se trouve dès le début du développement dans cette même solution, peut continuer à vivre, et son cœur manifester des traces d'activité. Il est possible que KCl soit d'autant plus toxique pour le cœur que cet organe fournit plus de travail dans l'unité de temps, et que certains processus chimiques y deviennent plus intenses. Dans une solution de 0,5 p. 100, l'embryon peut vivre aussi longtemps que le cœur n'a pas besoin de fournir beaucoup de travail; mais, dès que l'organe est obligé de fonctionner plus activement, vers l'époque de la maturité, il meurt. Peut-être la toxicité de KCl est-elle due au développement des cellules nerveuses intra-cardiaques spécialement sensibles à l'action des sels de potassium (CH. RICHET).

CHAPITRE II

Sang.

PRÉVOST et DUMAS, dans leurs observations sur la formation du sang chez les poulets, avaient trouvé, après HEWSON toutefois, que pendant les premiers jours de l'incubation les globules rouges du sang différaient par leur forme et leur volume de ceux de l'animal adulte. PRÉVOST, ayant ensuite étendu ces recherches aux animaux vivipares, s'est assuré que, chez un fœtus de chèvre de 4 à 5 pouces, les globules ont un volume double de celui de la chèvre adulte : non seulement il en avait conclu à l'indépendance des circulations maternelle et fœtale, mais il ajoutait « que cette différence ne se conçoit bien qu'en supposant que l'embryon opère lui-même et pour son compte la sanguification, en employant des matériaux fournis par la mère » (*Ann. des Sc. nat.*, IV, 1824, p. 99).

Hématopoïèse embryonnaire. Lieux et mode de développement des premiers éléments. — Le mode de développement des éléments figurés du sang est aujourd'hui assez bien connu dans ses grandes lignes, mais beaucoup de faits particuliers restent encore à étudier.

Un premier point sur lequel tous les auteurs sont d'accord, c'est que les globules rouges et les vaisseaux primitifs ont la même origine blastodermique. C'est en dehors de l'ébauche embryonnaire dans la région postérieure de l'aire opaque qu'apparaissent les premiers vaisseaux sanguins des mammifères, au huitième jour chez l'embryon du lapin. Mais, pour les uns, l'origine des germes vasculaires est mésodermique ; pour les autres, elle est endodermique. La plupart des auteurs qui ont étudié les mammifères, les oiseaux, les téléostéens (HENNEGUY, 1888 ; VAN DER STRICHT, *Bull. de l'Acad. roy. de Belg.*, 1896, 336 ; B. B., 1895, 181 ; LAGUESSE, *Journ. de l'An.*, 1890 ; SWANN et BRACHET) ont soutenu la première opinion. Ceux qui ont étudié les amphibiens, les sélaciens ont soutenu la seconde (RUCKERT, BRACHET, *Arch. d'anat. microsc.*, 1898, 251). Cependant MATHIAS DUVAL, VIALLETON, RENAUT (*Traité d'histol.*, I, 785) admettent que chez le poulet aussi les premiers germes des vaisseaux et du sang sont une formation endodermique, et pour MATHIAS DUVAL il en est de même chez les mammifères (*Rev. scient.*, 1896, 2, 518). S'il est vrai que l'une de ces opinions soit exacte pour certains groupes, la seconde pour d'autres, il y aurait encore à se demander laquelle des deux origines est primitive dans la série. ZIEGLER incline à croire que c'est l'origine mésodermique, se basant sur ce que, chez les invertébrés, sang et vaisseaux proviennent du feuillet moyen.

Quoi qu'il en soit, les premiers germes vasculaires qui font leur apparition dans l'aire opaque sont formés par des amas de cellules qui se réunissent entre eux pour former un réseau. Des éléments qui entrent dans la composition de ce réseau, les plus superficiels s'aplatissent et deviennent cellules endothéliales, les plus profonds se transforment progressivement en hématies embryonnaires nucléées ou érythroblastes ; ceux-ci sont particulièrement abondants aux points de rencontre de plusieurs cordons vasculaires, et y forment des amas appelés îlots sanguins de WOLFF. Bientôt des fissures apparaissent à l'intérieur de la masse cellulaire des cordons pour donner naissance à la cavité vasculaire, tandis que les érythroblastes s'isolent les uns des autres et deviennent libres dans une faible quantité de liquide albumineux qui se produit entre eux.

Cependant, chez le Triton, ce sont les éléments figurés du sang qui se forment d'abord dans les îlots sanguins aux dépens des cellules endodermiques, et s'entourent plus tard d'une paroi endothéliale (BRACHET).

La production des globules rouges primordiaux a donc lieu en dehors du corps de l'embryon (stade extra-embryonnaire). Mais des vaisseaux se forment bientôt dans le corps même de l'embryon ; le cœur lui-même représente, tout à son début, comme il a été dit plus haut, un simple tube endothélial. Toutefois lors de sa formation les cellules qui vont le constituer ne produisent pas de globules sanguins, de sorte que le cœur ne renferme d'abord qu'un liquide transparent sans éléments figurés ; ceux-ci lui arrivent dès que s'établit la première circulation des réseaux vasculaires périphériques où ils ont pris naissance. Alors les globules rouges, entraînés dans le courant sanguin, se multiplient par division, et cette genèse de nouveaux éléments a pour siège toutes les ramifications vasculaires indistinctement.

Cependant, l'hématopoïèse, qui est ainsi devenue intra-embryonnaire, se localise bientôt dans des territoires spéciaux, surtout dans le foie, puis dans la rate et la moelle des os. L'importance du rôle du foie avait déjà été reconnue par PRÉVOST et DUMAS. En 1845, FAHRNER décrit le premier la multiplication des corpuscules sanguins dans cet organe. Puis KOELLIKER, DRUMMOND, MILNE-EDWARDS se rallient à cette manière de voir. NEUMANN, surtout, étudie à ce point de vue le foie de l'embryon humain à partir du troisième mois de la vie intra-utérine, et y constate la présence d'un grand nombre de cellules nucléées faisant défaut dans d'autres territoires vasculaires. Ces éléments naissent eux-mêmes dans l'intérieur de grandes cellules formées probablement aux dépens d'amas protoplasmatiques qui doivent être considérés comme des prolongements nucléés de la paroi des vaisseaux sanguins. Foa et Salvioli, puis Kuborn, suivent de plus près le processus qui conduit à la formation des hématies embryonnaires. Nous reproduisons ici, d'après Mathias Duval (*loc. cit.*), la description donnée par Kuborn. Dans une première phase, sur l'embryon de mouton dont la longueur est inférieure à 3 centimètres, on voit les noyaux de ces bourgeons vasculaires, appelés encore cellules géantes, donner par gemmation une série de noyaux plus petits, sphériques, autour de chacun desquels se condense une couche de protoplasme; il se forme ainsi autant de petites cellules hyalines qui s'individualisent, puis s'imprègnent d'hémoglobine, et apparaissent comme autant de jeunes globules rouges nucléés. Comme le bourgeon vasculaire s'est en même temps creusé à ce niveau, et que sa cavité s'est mise en communication avec celle du capillaire dont il émane, ces jeunes globules rouges se trouvent dans cette cavité, c'est-à-dire mêlés aux éléments du sang. On voit donc que l'élaboration hémoglobique a donné naissance à des hématies nucléées encore semblables aux hématies embryonnaires, c'est-à-dire que les choses se sont passées dans le foie à peu près comme dans l'aire vasculaire, lors de la transformation des îlots de Wolff.

Mais ce n'est là qu'un stade de transition relativement court; dans une deuxième phase, après que l'embryon a atteint 3 centimètres, les noyaux des bourgeons vasculaires ne subissent plus de gemmation. Et cependant on voit encore s'isoler au milieu du protoplasma de ces bourgeons des corpuscules sphériques imprégnés d'hémoglobine. D'abord peu distincts du protoplasma où ils prennent naissance, ces corpuscules se délimitent de plus en plus nettement, puis s'isolent et acquièrent leur indépendance, et tombent dans la cavité vasculaire à l'état d'hématies non nucléées, caractéristiques du sang adulte; celles-ci doivent donc leur origine à un processus d'élaboration intra-cellulaire.

En résumé, d'après un premier groupe d'histologistes qui décrivent le même phénomène avec quelques variantes, l'hématopoïèse dans le foie est sous la dépendance d'éléments spéciaux, dits bourgeons ou îlots vaso-formatifs, cellules géantes, mégacaryocytes, et le processus pourrait être considéré comme analogue à celui que Ranvier a observé dans les cellules vaso-formatives des taches laiteuses de l'épiploon. D'ailleurs, d'après Renaut, sur une multitude de points, des centres de sanguification, semblables à ceux du foie, s'établissent par suite de la poussée vaso-formative qui s'effectue au sein du tissu connectif et de ses dérivés, dès les premiers mois de la vie intra-utérine. La portion de l'épiploon, par exemple, située entre la grande courbure de l'estomac et la rate, est un de ces centres, d'après Melissenos, dont les recherches ont porté sur l'embryon de chat (*Anat. Anzeig.*, 1899, 430).

D'autres histologistes dénient au contraire aux cellules géantes du foie toute participation à la formation des nouveaux globules sanguins. Les premiers érythroblastes du foie dérivent de jeunes globules rouges nucléés existant déjà dans le sang en circulation; en d'autres termes, la formation d'érythroblastes nouveaux se fait par division mitosique d'éléments préexistants de même nature. Van der Stricht s'est fait le défenseur de cette opinion (*Arch. de Biol.*, 1891, xi, 19)[1]. C'est le réseau capillaire intra-trabéculaire, futur réseau intra-lobulaire, qui sert de substratum à la multiplication des globules rouges. Dans ce réseau, qui peut s'appeler réseau capillaire hématopoïétique, les érythroblastes sont fixés, restent sur place, séparés du parenchyme hépatique par une paroi endothéliale : les globules nouvellement formés, situés au voisinage de l'axe du vaisseau, sont entraînés par le courant; mais, en définitive, aucun élément cellulaire étranger au sang n'intervient dans leur formation.

Il est vrai, dit Van der Stricht, que les cellules géantes apparaissent dans le foie au moment où cet organe commence à coopérer d'une façon active à la production des globules rouges; mais ils n'auraient à jouer qu'un rôle destructeur à l'égard des noyaux érythroblastiques devenus libres. La preuve, c'est que l'apparition des cellules géantes chez les embryons des mammifères correspond à celle dans le sang de globules rouges

---

1. On trouvera dans le mémoire de Van der Stricht une bibliographie très complète de la question, jusqu'en 1891.

parfaits sans noyaux. Une autre preuve, c'est que, d'après Bizzozero, les cellules géantes font défaut dans les organes hématopoïétiques de tous les vertébrés dont les globules rouges conservent leurs noyaux. Les cellules géantes devraient leur origine aux leucoblastes.

Pour Brachet également, chez les amphibiens urodèles, l'îlot sanguin primitif qui se développe dans une région bien déterminée de l'hypoblaste vitellin caudalement à l'ébauche du foie, est, dans ce groupe, le seul lieu de formation des cellules sanguines. Les organes dits hématopoïétiques ne mériteraient donc ce nom que parce qu'ils sont le siège d'une prolifération active d'éléments sanguins préexistants.

Une troisième opinion, qui peut être rapprochée de la précédente, est celle qui admet que les cellules qui, dans les organes de sanguification donnent naissance aux globules rouges, y sont arrivés par migration. Ainsi, d'après Saxer (*Anat. Anzeig.*, 1895, 355), la forme primordiale des globules rouges comme des globules blancs est représentée par des éléments mobiles ou cellules migratrices, distinctes des éléments du tissu conjonctif, mais ayant probablement la même origine que les vaisseaux sanguins. Ces cellules peuvent, par division directe ou par mitose, se transformer en cellules géantes. Les cellules migratrices primitives, de même que les éléments uninucléés qui proviennent à leur tour des cellules géantes, se divisent continuellement par voie de caryocinèse et forment les globules rouges. Le début de cette transformation se manifeste par la coloration hémoglobique du corps cellulaire hyalin, par un état granuleux plus marqué du noyau, par la perte de la motilité propre de l'élément; le processus se poursuit par une augmentation sensible du volume de la cellule et par un rapetissement du noyau.

Les cellules migratrices comme les cellules géantes, grâce à leur motilité, arrivent dans toutes les régions du corps par la voie du tissu cellulaire lâche et des espaces lymphatiques, en partie aussi par la voie de la circulation : la transformation des cellules migratrices en cellules géantes semble d'ailleurs pouvoir se faire partout. Elles s'accumulent particulièrement dans les organes hématopoïétiques de l'embryon, surtout dans la vésicule ombilicale et le foie; en pénétrant entre les éléments épithéliaux, elles forment des espaces sanguins qui entrent ensuite en relation avec les capillaires en voie d'accroissement. D'autres foyers de sanguification semblables se trouvent dans le tissu cellulaire sous-cutané et profond, dans les rudiments des ganglions lymphatiques, etc.

Les organes dont la fonction hématopoïétique ne paraît pas douteuse sont la rate et la moelle osseuse; cependant, l'une et l'autre n'y participeraient chez l'embryon humain qu'à partir de la fin du troisième mois, d'après Engel (*Arch. f. mikrosk. Anat.*, 1898, LIII, 53). L'hématopoïèse dans la rate a été bien étudiée par Laguesse chez les poissons.

Éléments figurés primordiaux. — D'après les descriptions de Löwit, de Denys, de Van der Stricht, on peut assigner aux globules rouges jeunes ou érythroblastes les caractères suivants. Le protoplasma de ces éléments, d'abord complètement incolore, forme une couche mince autour du noyau et se charge graduellement d'hémoglobine; le noyau volumineux est arrondi, et sa substance chromatique, très abondante, est disposée en réseau à l'état de repos; le corps cellulaire est limité par une membrane bien nette, d'après Denys. Les érythroblastes se multiplient très activement, non pas par division directe, comme on l'a cru longtemps, mais par caryocinèse; à leur premier stade, ils correspondent aux éléments que Koelliker a décrits depuis longtemps dans le foie embryonnaire sous le nom de globules sanguins nucléés incolores.

D'après Engel (*loc. cit.*, et *Arch. f. mikrosk. Anat.*, 1895, XLIV), les globules des premières périodes embryonnaires, qu'il désigne sous le nom de métrocytes, sont des éléments sphériques, deux à trois fois plus grands que l'hématie normale, avec un noyau relativement petit, avec un protoplasma qui se colore fortement par les substances acides, comme les globules rouges. Ces éléments, qui sont donc déjà chargés d'hémoglobine, disparaissent assez rapidement, et on trouve à leur place des métrocytes de deuxième génération qui ne se distinguent de ceux de la première que par un noyau plus petit où l'on ne constate plus de mitose. Ces premières phases ont été étudiées par Engel chez la souris et le poulet.

Chez l'homme, où ses observations ont porté sur des embryons de deux à six mois, il a trouvé également des métrocytes de deuxième génération jusque vers le troisième mois.

Tant que le sang est un foyer d'hématopoïèse, les métrocytes semblent pouvoir se diviser en un macrocyte, c'est-à-dire en un globule rouge volumineux sans noyau, et en normoblaste, c'est-à-dire en un globule rouge nucléé, d'où dérivera l'hématie normale sans noyau. Vers la fin du troisième mois de la vie intra-utérine on ne trouve plus, soit dans le sang, soit dans les organes hématopoïétiques, ni métrocytes, ni macrocytes.

A côté des éléments précédents qui, traités par le mélange d'EHRLICH, sont orangéophiles, comme l'hématie adulte, on en trouve d'autres qui sont fuchsinophiles, les uns avec noyau (normoblastes fuchsinophiles), les autres sans noyau. Les normoblastes fuchsinophiles ont un noyau plus volumineux que celui des orangéophiles, et dans les organes hématopoïétiques ils sont souvent polynucléés.

Dans le foie, la rate, la moelle des os, ils prédominent, et de beaucoup, sur les normoblastes orangéophiles, et, comme ils ne sont pas aptes à la formation d'hématies normales non nucléées, il faut en conclure que les globules nucléés hémoglobinifères ont encore une autre destination que celle de produire des érythrocytes. On verra plus loin ce qu'ils deviennent, d'après ENGEL. Toujours est-il que, d'après cet auteur, le foie contribuerait moins à la production des globules rouges qu'à celle des globules blancs.

Avec les progrès du développement, le nombre de globules rouges nucléés diminue chez les mammifères, tandis que celui des globules sans noyau augmente. On admet généralement que les seconds dérivent des premiers. Comment se produit cette transformation? Quelques auteurs (BOETTCHER, STRICKER, etc.), ont soutenu que l'absence du noyau dans l'hématie définitive n'est qu'apparente; mais cette opinion a trouvé peu de créance. Pour les uns, le noyau est expulsé. RINDFLEISCH, FELLNER, MELISSENOS ont observé directement cette expulsion. Le noyau qui a quitté le corpuscule sanguin serait détruit alors, soit dans le sang lui-même, soit dans certains éléments cellulaires, par exemple dans les cellules géantes du foie (VAN DER STRICHT). Pour d'autres, le noyau disparaît par fusion au sein du protoplasma. On a même soutenu (GIGLIO-TOS, SAKHAROFF, MACALLUM, cités par BOGDONOFF, *Physiolog. russe*, I, 1898, 41) que l'hémoglobine se forme aux dépens de la substance chromatique du noyau; la transformation ne serait que partielle chez les animaux dont les hématies restent nucléées chez l'adulte, mais totale chez les mammifères.

Pour ENGEL, il est vrai qu'une grande partie des noyaux des érythroblastes subissent la caryolyse; d'autres, cependant, abandonnent la cellule, entourés d'une bordure de protoplasma non chargée d'hémoglobine, pour continuer leur évolution, de telle sorte qu'aux dépens des globules rouges nucléés, il se produit à la fois une hématie sans noyau et un leucocyte. De même aussi, le protoplasma hémoglobique du normoblaste pourrait subir la plasmolyse, et le noyau devenu libre se développer également en un lymphocyte.

Le globule rouge privé de son noyau peut présenter dès cet instant tous les caractères d'un globule rouge parfait. Le plus souvent cependant il doit encore se charger d'une partie ou même de la totalité de son hémoglobine (VAN DER STRICHT).

Les globules blancs apparaissent plus tard que les globules rouges, au neuvième jour, chez l'embryon de lapin (TOURNEUX). L'élément dont ils dérivent a été désigné sous le nom de leucoblaste. LÖWIT, qui a créé cette dénomination, puis DENYS, VAN DER STRICHT ont décrit un certain nombre de caractères qui permettent de les distinguer des érythroblastes. Contrairement à ces derniers, le leucoblaste présente un noyau assez petit qui n'est pas toujours arrondi, mais ovalaire ou en bissac, et situé le plus souvent excentriquement; la substance chromatique, beaucoup moins abondante que dans le noyau des érythroblastes, est disposée en amas d'après LÖWIT, en réseau d'après VAN DER STRICHT. Le protoplasma, relativement abondant et finement granuleux, est doué de mouvements amiboïdes. Tandis que l'érythroblaste présente, comme nous l'avons vu, une membrane bien nette, dans le leucoblaste on n'observe à la périphérie du corps cellulaire qu'une simple condensation du protoplasma. LÖWIT avait admis que la division des leucoblastes était directe; d'après FLEMMING, DENYS, VAN DER STRICHT, elle se fait également par caryocinèse.

La genèse des globules blancs est aussi discutée que celle des globules rouges. Pour les uns, érythroblastes et leucoblastes doivent leur origine à une cellule mère dont les produits de division évoluent chacun de son côté, soit dans le sens de l'érythrocyte, soit dans le sens du globule blanc. Pour d'autres, les leucoblastes auraient une origine distincte : d'après M. Duval, les premiers globules blancs proviennent d'éléments mésodermiques amiboïdes, de cellules migratrices situées en dehors des capillaires embryonnaires, dans lesquels elles pénètrent en traversant leur paroi (loc. cit.).

Les globules blancs sont nombreux dans le foie aux premiers stades de développement, et plus nombreux que dans le sang en circulation (Löwit). Le foie jouerait donc un rôle dans la genèse de ces éléments, mais déjà, chez un embryon de lapin de 15 millimètres, ils ne sont pas plus abondants dans le foie que dans le sang. Van der Stricht admet également que le foie exerce une influence sur la multiplication des leucoblastes. On a vu plus haut la part importante qu'Engel attribue à cet organe dans la production des globules blancs.

Pour Saxer, les foyers de formation sont, en première ligne, le thymus, les rudiments des ganglions lymphatiques et le tissu cellulaire en général. Quant aux rapports génétiques des diverses variétés de leucocytes, il est encore plus difficile d'en dire quelque chose de précis.

Volume et nombre des globules rouges. — Hewson (1773) avait déjà remarqué que chez le poulet observé au sixième jour de l'incubation les globules rouges sont plus gros que chez l'adulte et que le sang d'un embryon de vipère comparé à celui de la mère offrait des différences de même ordre. Puis Dumas et Prévost, R. Wagner (1838), Gulliver (1846), Davy (1847) ont étendu ces recherches à un grand nombre de vertébrés, et Bischoff à l'embryon humain (Voir Milne-Edwards. Leçons sur la physiol. et l'anat., comp., I, 178).

On trouve dans le mémoire d'Engel (loc. cit.) les données suivantes, relatives aux dimensions des éléments figurés du sang. Chez l'embryon humain de 8 centimètres, âgé d'environ trois mois, les métrocytes (dont il reste 4 à 6, pour 100 globules non nuclés) ont de 12 à 20 μ avec un noyau de 3,5 à 6 μ; les petites cellules orangéophiles ont de 5 à 9 μ avec un noyau de même dimension que les métrocytes; les fuchsinophiles nuclés ont de 7 à 8 μ avec un noyau de 5 à 6 μ. Le plus grand diamètre des globules non nucléés était, chez l'embryon de 6 centimètres, de 14 à 18 μ; chez celui de 12 centimètres, de 12 à 14 μ; chez celui de 16 à 19 centimètres, de 10 μ; mais la majorité des hématies non nucléées avait de 7 à 8 μ.

Hayem a noté que, même au moment de la naissance, les globules rouges sont, sous le rapport de leurs dimensions, beaucoup plus inégaux que chez l'adulte, ce qui du reste avait déjà été observé par Bischoff; les plus grands dépassent les grands globules de l'adulte, de même que les plus petits sont plus petits que chez ce dernier. Leur diamètre varie entre 3,1 et 10 μ (Périer, C. R., 1877, 1404) entre 3,25 et 10,25 (Hayem, Ibid., 1877, lxxxiv, 1166). Lorsque les enfants viennent au monde avant terme, les grands éléments sont tellement prédominants que la valeur globulaire est très supérieure à la normale (Voir aussi Dupérié. Th. P., 1878).

On a déjà dit plus haut que, chez les mammifères, le nombre des globules nucléés diminue progressivement en même temps que celui des non nucléés augmente. D'après Landois (T. P.), chez l'embryon humain, il n'existe encore à la quatrième semaine que des éléments nucléés; vers la fin du deuxième mois, on voit apparaître les premiers globules dépourvus de noyaux; au troisième mois, le nombre des nucléés ne représente plus que le quart ou le huitième de la totalité.

Si nous nous en rapportons aux numérations d'Engel, il y a, chez l'embryon humain de 6 centimètres, 12 globules rouges sans noyau pour 1 globule nucléé; chez celui de 12 centimètres, 55 p. 1; de 16 centimètres, 150 p. 1; de 19 centimètres, 176 p. 1; de 23 centimètres, 120 p. 1; de 27 centimètres, 200 p. 1. En comparant les chiffres chez les embryons de 19 et de 23 centimètres, on voit qu'il subsiste chez le second relativement plus de globules à noyaux que chez le premier, parce qu'il peut y avoir des variations individuelles, indépendantes des différences d'âge.

Dans le sang du foie, il y avait encore, dans les premiers stades, un nombre considérable de globules nucléés : leur rapport à celui des globules sans noyaux était de 1 : 1/2 chez l'embryon de 6 centimètres; de 1 : 1 chez celui de 12 centimètres; de 1 : 3 chez celui de 16 centimètres; de 1 : 5 chez celui de 19 centimètres.

Dans les derniers mois de la gestation, on ne trouve plus chez le fœtus humain des globules rouges à noyau. Ils disparaissent cependant un peu plus tard, dit Hayem, qu'on ne le croit généralement : il en subsiste encore quelques-uns chez les fœtus de 6 mois et de 6 mois 1/2. D'après les chiffres d'ENGEL, la proportion vers cet âge serait même assez élevée, puisque chez le fœtus de 27 centimètres on compte 1 globule nucléé pour 200 non nucléés. Au 19e jour, chez l'embryon de lapin, il y a encore autant de globules nucléés que de globules sans noyaux (MATHIAS DUVAL, *Le placenta des rongeurs*). Les mammifères de laboratoire, chien, lapin, cochon d'Inde, diffèrent de l'homme en ce que, chez eux, on trouve encore normalement quelques globules rouges à noyau, même pendant les premiers jours de la vie (HAYEM).

En ce qui concerne le chiffre absolu des globules rouges, les numérations des auteurs concordent à peu près sur ce point, que la richesse globulaire augmente avec l'âge du fœtus.

Chez l'embryon de 23 centimètres dont le cœur battait encore, ENGEL a compté 3 300 000 globules par millimètre cube, chiffre qui représente à peu près les deux tiers du chiffre normal chez le nouveau-né. BETHE (*Diss*. Strasbourg, 1891) donne les chiffres suivants :

Fœtus de 4 mois 1/2. . . 3 440 000 globules
— 5 — . . . 3 600 000 —
— 5 — 3/4. . . 4 483 000 —

Chez deux fœtus de sept mois, CADET (cité par HAYEM) trouve :

NOMBRE de globules rouges.	NOMBRE d'hématoblastes.	VALEUR globulaire.
4 774 000	146 000	1,45
4 262 000	205 000	1,34

On voit qu'à sept mois, ajoute HAYEM, le nombre des globules rouges paraît moins élevé qu'à terme, tandis que celui des hématoblastes est le même que dans les naissances normales. Ce qui frappe le plus, c'est l'élévation de la valeur globulaire, plus grande que chez l'adulte, 1,45 au lieu de 1.

On doit à COHNSTEIN et ZUNTZ. (*A. g. P.*, XXXIV, 1884) de nombreuses numérations sur des embryons de lapin, de cochon d'Inde, de mouton, de chien. De ces observations qui ont été faites soit sur des embryons de même âge et de la même portée, soit sur des embryons d'âge différent provenant de la même mère, il résulte que le nombre des globules est très faible dans les premières périodes de la vie intra-utérine et qu'il s'élève progressivement avec l'âge. L'augmentation est déjà très sensible chez des fœtus de la même portée extraits à cinq ou six jours d'intervalle, tandis que, chez deux petits extraits en même temps, il n'y a que des différences insignifiantes. D'autre part, le nombre des globules rouges n'atteint pas celui de la mère; l'écart est d'autant plus grand que l'embryon est plus jeune. Ainsi, pour 1 globule de la mère, il y a chez l'embryon de 0,0895 à 0,96 globules.

Nous reproduisons quelques-uns des chiffres du tableau inséré dans le mémoire de COHNSTEIN et ZUNTZ :

SUJETS D'OBSERVATION.	NOMBRE DE GLOBULES PAR MM³.	NOMBRE DE GLOBULES DU FŒTUS POUR 1 GLOBULE de la mère.
1. Lapine (mère)	4 200 000	
a) Fœtus (0,59 gr. ; l = 14 mm.).	376 000	0,0895
2. Lapine (mère).	4 733 333	
a) Fœtus (1,281 gr. ; l = 3 cm.).	420 000	
b) Fœtus (1,396 gr.).	456 000	0,0965
c) Fœtus (1,413 gr. ; l = 3,5 cm.).	487 000	
d) Fœtus (1,474 gr.).	464 000	
6. Lapine (mère).	5 000 000	
a) Fœtus (16,72 gr. ; l = 9 cm). .	1 905 000	0,188

SUJETS D'OBSERVATION.	NOMBRE DE GLOBULES PAR MM³.	NOMBRE DE GLOBULES DU FŒTUS POUR 1 GLOBULE de la mère.	
10. Lapine (mère)............	5 200 000		0,48
a) Fœtus (25 gr.)........	2 800 000		
15. Lapine (mère)...........	4 650 000		0,860
a) Fœtus (45,86 gr.; l = 13,5 cm.)	4 000 000		
16. Cobaye (mère)..........	4 240 000		
a) Fœtus (25,59 gr.; 11 cm.)...	3 521 760		0,83
b) Fœtus (34,18 gr.; 11 cm.)...	3 498 000		0,825
17. Chienne (mère)..........	5 300 000		0,755
a) Fœtus (115,74 gr.; 18 cm.)..	4 000 000		
b) Fœtus (117,68 gr.; 18 cm.)..	4 075 000		0,769
18. Brebis (mère)...........	8 303 335		0,85
a) Fœtus (25 cm.).........	7 150 000		
. . . .			
22. Brebis (mère)..........	9 360 000		0,84
a) Fœtus (1 721 gr.; 54 cm.)..	7 850 000		
23. Brebis (mère)..........	8 900 000		0,96
a) Fœtus (3 600 gr.; 60 cm.)...	8 550 000		

TIETZE, chez une lapine pleine, a compté 5 307 200 globules et, chez les trois fœtus qu'elle portait, 2 733 000 : 2 760 000 : 2 790 000 (*Virchow et Hirsch's Jb.*, 1887, I, 55). Chez la même espèce animale, sur des fœtus de 4,5 à 11 centimètres de long, TSCHISTOVITSCH et YOUREWITSCH (*Ann. de l'Inst. Pasteur*, 1901) ont trouvé que le nombre des globules rouges oscillait entre 2 515 000 et 4 391 000 par millimètre cube. Il y avait dans le nombre de 484 à 2 011 globules rouges nucléés. Dans une numérations faites sur des souris et des cobayes, BETHE trouve également, comme COHNSTEIN et ZUNTZ, que le nombre des globules rouges augmente progressivement pendant la vie intra-utérine.

Chez le poulet aussi, d'après ASCARELLI (*Hermann's Jb.*, 1894), le chiffre de ces éléments s'élève régulièrement pendant l'incubation, pour passer de 1 152 000 à 4 100 000 ; on observe une diminution au dix-neuvième jour, au moment où la respiration allantoïdienne cesse et où la respiration pulmonaire commence.

On sait, comme l'avaient déjà montré les recherches de DENIS, d'ANDRAL et GAVARRET, de DELAFOND, de POGGIALE, confirmées plus tard par celles de LÉPINE, de LEICHTENSTERN, etc., que le sang du nouveau-né chez l'homme et chez diverses espèces animales est plus concentré que celui de la mère. « Le nombre des globules rouges est aussi élevé au moment de la naissance que chez les adultes les plus vigoureux et, par suite, toujours notablement supérieur à celui des globules du sang de la mère (HAYEM). » La moyenne chez 17 enfants a été de 5 368 000 globules par millimètre cube avec un maximum de 6 262 000 et un minimum de 4 340 000.

Cette augmentation du nombre des globules rouges tient, au moins en partie, à ce qu'une grande quantité de sang placentaire est transfusée en quelque sorte au fœtus, au moment de la naissance, et qu'à la suite de cette transfusion l'excès de liquide est bientôt éliminé du système circulatoire, tandis que les éléments figurés du sang y sont retenus. Mais cette question, comme celle de l'influence plus ou moins tardive de la ligature du cordon, concerne la physiologie du nouveau-né et non celle du fœtus.

Nous avons toutefois à nous demander ici si la concentration plus grande du sang observée chez le nouveau-né débute déjà vers la fin de la vie intra-utérine, ou si elle ne dépend que des circonstances inhérentes à l'expulsion du fœtus et des modifications que subit son organisme aussitôt après la naissance. D'après COHNSTEIN et ZUNTZ, c'est cette deuxième opinion qu'il faudrait admettre, puisque, même chez le fœtus arrivé à maturité, la richesse globulaire est encore sensiblement au-dessous de celle de la mère.

En outre, pour déterminer l'influence que peuvent avoir, sur la richesse du sang en globules, les phénomènes qui accompagnent et suivent la naissance, ces physiologistes ont pratiqué des numérations comparatives, d'une part, sur des fœtus extraits de l'utérus et examinés immédiatement; d'autre part, sur des fœtus qu'on a laissé respirer plus ou moins longtemps. Il résulte de ces expériences que chez les fœtus qui ont respiré le nombre de globules est plus grand que chez ceux qui n'ont pas respiré, que le sang est plus concentré après la section tardive du cordon qu'après la section précoce, qu'il est plus concentré chez les lapins nouveau-nés, âgés de 5 heures, que chez les petits de la même portée dont le cordon a été sectionné tardivement et qu'on a sacrifiés tout aussitôt après cette section, mais que toutefois, si, 5 heures après la naissance, le nombre des globules rouges du nouveau-né peut atteindre celui de la mère, il ne le dépasse pas. Ce n'est que plus tard, entre la cinquième et la dix-huitième heure, que le sang du nouveau-né peut être plus concentré que celui de la mère, à la condition que le fœtus soit arrivé à complète maturité, lors de son expulsion.

Cependant, si ces conclusions de Cohnstein et Zuntz sont exactes en ce qui concerne le fœtus de lapin, il ne semble pas qu'elles doivent s'étendre à tous les autres mammifères; on peut remarquer d'abord, d'après les quelques numérations données plus haut, que, chez le fœtus humain, déjà dès le sixième ou le septième mois, le chiffre des globules ne s'éloigne pas beaucoup du chiffre normal de l'adulte. Denis, en comparant le sang veineux de la mère avec le sang de l'artère ombilicale du fœtus à terme, a trouvé, pour le premier, 219 pour 1 000 de matières fixes, avec 139,9 p. 1 000 de globules rouges, et, dans le second, 298,5 p. 1 000 de résidu fixe avec 222 p. 1 000 de globules rouges. Poggiale conclut aussi, de ses analyses, que le sang du nouveau-né est très riche en globules. D'après Bidone et Gardini, chez le fœtus humain à terme, le nombre des globules rouges est de 6 500 000 par millimètre cube, beaucoup plus élevé que chez la mère, et déjà à la fin de la grossesse la différence des hématies peut être de 2 millions 1/2 en faveur du fœtus (Central. f. inn. Med., xx, 1099). Sur des fœtus de cobaye arrivés presque à maturité, Tschistowitsch et Yourewitsch (loc. cit.) ont trouvé de 4 560 000 à 6 230 000 globules, sur lesquels 100 à 906 éléments nucléés. Mais ce sont surtout les déterminations d'hémoglobine qui tendent pour la plupart à faire admettre qu'en règle générale le sang fœtal, au terme de la gestation, est plus concentré que celui de la mère.

Quantité d'hémoglobine. — Quinquaud (Chimie pathol., 1880, 249) a recueilli le sang de l'artère ombilicale pendant les dix premières secondes qui suivent l'expulsion de l'enfant, avant que celui-ci ait respiré, et le sang de la veine ombilicale immédiatement après l'expulsion, et il a trouvé que l'un et l'autre sont plus riches en hémoglobine que celui de la mère, que celui de l'artère est plus riche que celui de la veine. Le sang de la veine ombilicale en renfermait jusqu'à 11,97; 10,50; 10,9 p. 100; celui de l'artère ombilicale jusqu'à 12,5; 13; 11,9; 11,45 p. 100. Les chiffres suivants se rapportent aux observations dans lesquelles le sang de l'artère et celui de la veine avaient été fournis par le même fœtus et comparés à celui de la mère.

		HÉMOGLOBINE.	MATIÈRES SOLIDES du sérum.
I. Fœtus.	Veine . . .	9,57	8,1
	Artère . . .	10,6	5,6
Mère		7,91	8,0
II. Fœtus.	Veine . . .	9,89	8,5
	Artère . . .	11,20	6,8
Mère		9,10	8,5

On remarquera, soit dit en passant, que, si le sang de l'artère ombilicale est plus riche en hémoglobine que celui de la veine, il serait par contre, d'après Quinquaud, moins riche en matières solides du sérum.

Convert a donné pour le sang du placenta des chiffres supérieurs encore à ceux de Quinquaud; dans un cas, où la mère était anémique et l'enfant faible, la proportion d'hémoglobine s'élevait chez ce dernier à 14 p. 100; dans un deuxième cas, où la mère et l'enfant étaient bien portants, jusqu'à 17,6 p. 100.

Hoesslin évalue la quantité d'hémoglobine, dans le bout placentaire du cordon, à 11,93 p. 100; dans le bout fœtal, à 12,89 p. 100, avec un maximum de 13,82 p. 100.

WISKEMANN trouve dans le sang de l'artère ombilicale plus d'hémoglobine que dans celui de la mère.

La quantité de matière colorante contenue dans le sang d'un placenta encore chaud fut de 12,20 p. 100 dans une détermination de PREYER, tandis que le même observateur n'en trouva chez les femmes enceintes que 8 p. 100; 10,69 comme moyenne de neuf cas, 11,67 comme maximum et 13,33 comme cas exceptionnel.

Il faut encore citer, parmi les auteurs qui sont arrivés à des résultats semblables, CATTANEO (*Th. Bâle*, 1891), BIDONE et GARDINI (*loc. cit.*,) Par contre, d'après SCHERENZISS, l'hémoglobine du sang fœtal serait à celle de l'adulte comme 76,8 : 100 (*Maly's, Jb.*, XVIII, 85, 1889).

Enfin, KRUGER (*A. P.*, CVI, 1886) a trouvé dans le bout placentaire de la veine ombilicale, avant la première respiration, 10,52 p. 100 d'hémoglobine, c'est-à-dire une quantité à peu près équivalente à celle de la femme enceinte, si l'on admet pour celle-ci le chiffre de BECQUEREL et RODIER, à savoir 10,36 p. 100.

L'ensemble de ces données aboutit donc à la conclusion qu'à la fin de la gestation, la richesse du sang fœtal en hémoglobine est ou égale [ou plus généralement supérieure à celle du sang maternel : il faut ajouter aussi qu'elle est moindre que celle du sang du nouveau-né, examiné quelque temps après la naissance.

Les chiffres précédents s'appliquent au fœtus humain, arrivé à maturité; chez les animaux, COHNSTEIN et ZUNTZ sont arrivés à des résultats qui concordent avec ceux que leur avait donnés la numération des globules rouges. Antérieurement déjà, ZUNTZ, chez deux fœtus de lapin, n'avait trouvé que 3,6 p. 100 d'hémoglobine, quantité bien inférieure par conséquent à celle de l'animal adulte (*A. g. P.*, XIV, 622).

Dans les expériences que ce physiologiste a entreprises plus tard en collaboration avec COHNSTEIN, et qui ont porté, comme nous l'avons dit, sur diverses espèces animales, la teneur du sang en hémoglobine s'est toujours trouvée moindre chez le fœtus que chez la mère, sauf dans un cas où, chez une brebis à terme, la différence a été en faveur du fœtus. Dans tous les autres cas, le sang du fœtus était plus pauvre en hémoglobine, comme il l'était aussi en globules rouges. Le nombre des hématies et la richesse en matière colorante se modifient d'ailleurs dans le même sens avec les progrès du développement, c'est-à-dire qu'ils augmentent l'un et l'autre. Cependant, ces modifications ne sont pas proportionnelles, parce que la constitution des globules rouges varie avec l'âge. En effet, dans les premiers stades embryonnaires, les hématies sont en majorité nucléées, et renferment par conséquent, à côté de l'hémoglobine, une forte proportion d'autres substances; mais, par contre, le diamètre de chaque corpuscule est plus grand chez le fœtus. De la combinaison de ces influences antagonistes il résulte que, chez le fœtus, on trouve 0,0197, et, chez la mère, 0,0151 milligrammes d'hémoglobine pour un million de globules, c'est-à-dire que chaque globule contient chez le fœtus un quart d'hémoglobine en plus que chez la mère.

Les premières respirations provoquent une nouvelle et brusque augmentation de la quantité d'hémoglobine, qui marche parallèlement à celle des hématies, et qui progresse encore dans les premiers stades de la vie intra-utérine, et c'est alors seulement, d'après COHNSTEIN et ZUNTZ, que la quantité d'hémoglobine du nouveau-né dépasserait, en règle générale, celle de la mère.

Les observations de ces deux auteurs se rapportent surtout à des fœtus de lapin, de mouton, de cochon d'Inde; une seule détermination a été faite sur deux fœtus de chien de la même portée; l'un, du poids de 113 grammes, mort au moment de son extraction, contenait 9,05 p. 100 d'hémoglobine; l'autre, de 117 grammes, auquel on avait sectionné tardivement le cordon, et qui avait respiré cinq heures, en contenait 12,78 p. 100, alors que le sang de la mère en renfermait 12,32 p. 100.

WINTERNITZ (*Z. p. C.*, XXII, 449) a repris ces expériences sur des fœtus de chien presque à terme, dont on pratiquait l'extraction peu avant le moment présumé de la naissance, et dont on liait immédiatement le cordon : le plus souvent, le sang était examiné avant que le fœtus eût respiré. Dans tous les cas, on trouva une richesse en hémoglobine sensiblement supérieure à celle de la mère, quoique inférieure à celle du nouveau-né. Ainsi, par exemple, chez la mère, le sang renfermait 10,19 p. 100 d'hémoglobine; chez le fœtus, 17,36; 14,11; 13,97; 12,71 p. 100. Dans un autre cas, chez la mère, 11,88;

chez trois fœtus, 13,69; 13,59; 12,35 p. 100. PANUM avait même trouvé que la proportion d'hémoglobine, chez le chien nouveau-né, est à celle du sang de la mère comme 96 ou 100 est à 56 (A. P., 1864, XXIX, 481).

Chez le chat, les résultats obtenus par WINTERNITZ furent les mêmes que chez le chien; mais il s'agit d'animaux examinés quelques heures après la naissance. Par contre, même chez des lapins nouveau-nés, âgés de douze heures, le sang n'était pas sensiblement plus riche en hémoglobine que celui de la mère.

En résumé, il est certain que, chez le fœtus, la quantité d'hémoglobine, comme aussi le nombre de globules rouges, augmente progressivement et arrive à son maximum à la fin de la vie intra-utérine; il y a lieu d'admettre également qu'à cette dernière période sa proportion atteint et dépasse, dans certaines espèces animales, celles qu'on trouve dans le sang de la mère.

On s'explique d'ailleurs l'enrichissement graduel du sang en hémoglobine et en hématies parce que, chez le fœtus, la formation d'éléments nouveaux l'emporte sur les phénomènes de destruction. NAUNYN a fait encore intervenir une autre condition; il part de ce fait que, chez les dyspnéiques, c'est-à-dire chez les sujets dont les échanges respiratoires sont défectueux, on constaterait un excès d'hémoglobine dû à ce que la matière colorante fonctionnerait moins activement; il en serait de même chez le fœtus, parce que chez lui aussi les échanges sont peu intenses; mais cette interprétation repose sur des données discutables.

Chez l'embryon de poulet la proportion d'hémoglobine augmente aussi avec l'âge (LIEBERMANN, A. g. P., 1888, XLIII, 139). Elle est au onzième jour, par rapport au poids du corps, comme 1 : 728, au vingt et unième jour comme 1 : 421; au huitième jour après l'éclosion comme 1 : 211. LIEBERMANN estime, d'après les chiffres fournis par les auteurs, qu'elle est chez l'oiseau adulte comme 1 : 140.

En ce qui concerne les caractères de l'hémoglobine fœtale et de ses dérivés, il n'a rien été signalé de particulier. Notons seulement que, d'après ASCARELLI, on n'obtiendrait des cristaux d'hémine chez le poulet qu'à partir du treizième jour de l'incubation. On trouvera plus loin, au chapitre relatif à la respiration, ce que l'on sait sur la capacité respiratoire du sang fœtal.

La résistance des globules rouges est plus grande chez le fœtus que chez la mère; en effet, chez le fœtus de vache, l'hémoglobine ne commence à se déposer dans une solution de ClNa qu'à un titre inférieur (3,34 p. 1000), à celui qui est nécessaire pour le sang de la mère (5,46 p. 1000) (ZANIER, A. i. B., 1896, XXV, 58). L. CAMUS et GLEY ont trouvé également que les globules des lapins nouveau-nés sont beaucoup plus résistants à l'action globulicide du sérum d'anguille que ceux de l'adulte (C. R., 1897, 231, et Ann. de l'Inst. Pasteur, XIII, 779, 1899).

Globules blancs. — ENGEL n'a trouvé chez le fœtus humain de 6 centimètres que peu de globules blancs : 1 par 500 à 1 000 érythrocytes; les formes semblables aux lymphocytes sont les plus précoces et les plus nombreuses. Chez le fœtus de 23 centimètres, il a compté 40 000 globules blancs par millimètre cube, soit environ 1 pour 83 globules rouges; le rapport des leucocytes avec granulations étant aux éléments sans granulations comme 2 : 5. Chez le fœtus de 27 centimètres, il y avait 1 globule blanc pour 90 érythrocytes (3 lymphocytes pour 4 polynucléaires). Chez 3 fœtus âgés de 4 mois 1/2 à 5 mois 3/4, BETHE a trouvé respectivement 29 880; 17 030; 25 270 leucocytes, par millimètre cube.

Cependant HAYEM, pour deux fœtus un peu plus âgés, tous deux de 7 mois, donne des chiffres beaucoup moins élevés; 6 200 et 9 000 globules blancs par millimètre cube, tandis que dans les quarante-huit heures qui suivent la naissance, on en compte 18 000.

KRÜGER (A. A. P., CVI, 1886) a trouvé, comme moyenne de deux examens pratiqués immédiatement au moment de la naissance : 15 387 leucocytes par millimètre cube, 10 700 dans l'un des cas, et dans l'autre, où la numération des globules rouges avait été faite également 20 007 pour 6 120 000 érythrocytes, soit 1 : 304.

TSCHISTOVITSCH et YOUREVITSCH ont étudié, chez les fœtus de lapin et de cobaye, les caractères et la répartition des diverses variétés de leucocytes. Ils en distinguent quatre espèces : 1° les polynucléaires à granulations pseudo-éosinophiles, dont les noyaux sont nombreux et polymorphes. Par l'aspect de leurs granulations, ils occupent une place intermédiaire entre les neutrophiles et les éosinophiles de l'homme : ces granulations sont plus nombreuses et plus grandes que celles des premiers, plus petites que celles des seconds. Quelques-uns possèdent de grosses granulations et ressemblent tout à fait à de véritables éosinophiles. 2° Une deuxième variété de polynucléaires ont leurs noyaux multiples ou polymorphes comme les précédents, mais avec un protoplasma tout à fait transparent, incolore ou légèrement coloré en rose. Ce sont des formes de passage au troisième groupe. 3° Le troisième groupe est constitué par de grands leucocytes mononucléaires à grand noyau ovale et à protoplasma non granuleux. 4° Enfin, viennent les lymphocytes, petits leucocytes à noyau rond, facilement colorable, et à protoplasma faiblement accusé sous forme d'une couronne.

Chez des fœtus de lapin de 4,5 à 11 centimètres, pesant de 24 à 40 grammes, on trouve 202 à 1 645 globules blancs par millimètre cube, soit :

		p. 100
1° Polynucléaires pseudo-éosinophiles avec quelques éosinophiles.	41,3	à 62,7
2° Leucocytes à forme de passage.	2,9	à 12
3° Grands mononucléaires	11,8	à 28
4° Lymphocytes.	4,26	à 5

Chez des fœtus de cobaye arrivés presque à terme, de 8,2 à 11 centimètres, et pesant de 17,2 à 40,5, les deux auteurs russes ont trouvé de 511 à 1 587 globules blancs par millimètre cube. Mais, tandis que le sang des fœtus de lapin contient en majorité des polynucléaires pseudo-éosinophiles, celui des fœtus de cobaye ne présente que très peu de leucocytes à protoplasma granuleux : ce sont les lymphocytes qui sont les plus nombreux :

		p. 100
1er groupe . . .	0,7	à 9,9
2e groupe . . .	0	à 6,7
3e groupe . . .	9,9	à 42,5
4e groupe . . .	53,2	à 88,2

L'hyperleucocytose provoquée chez les femelles pleines, lapines ou cobayes, par l'infection microbienne ou par des toxines, n'a pas été suivie de modifications correspondantes dans le nombre des leucocytes du sang fœtal. La maladie de la mère n'a pas réagi non plus sur le nombre respectif des différentes variétés de leucocytes du sang du fœtus. Il est vrai que les fœtus des lapines infectées donnaient un pourcentage plus considérable de polynucléaires pseudo-éosinophiles et de lymphocytes que les fœtus normaux ; mais la différence était très peu marquée. Le nombre de globules rouges et celui des érythrocytes nucléés ne différait pas non plus de celui des fœtus normaux.

On pourrait expliquer l'absence de réaction de la part du fœtus en admettant que les agents d'infection ne passent pas dans son sang. Une explication qui paraît plus plausible, d'après Tschistowitsch et Yourewitsch, c'est que la réaction de défense fait encore défaut dans le sang du fœtus. Le petit nombre de leucocytes qu'on y trouve doit faire penser que, pendant la vie intra-utérine, la défense phagocytaire est peu développée et confiée à l'organisme maternel : cette propriété se manifesterait surtout au moment de la naissance. En effet, le nombre de leucocytes augmente dès le premier jour de la naissance et atteint au troisième jour le chiffre de 3 399 par millimètre cube ; l'augmentation porte surtout sur les polynucléaires pseudo-éosinophiles.

Quantité de sang. — Chez des chiens nouveau-nés, Panum a trouvé que la proportion de sang était de 6 à 7 p. 100 du poids du corps, plus exactement 0,061 à 0,072 : chez des chiens de 7 à 8 semaines, de 0,072 à 0,088. Zuntz, le premier, a évalué chez un fœtus de lapin, avant la naissance, la quantité de sang, et a trouvé qu'elle s'élevait à 12,9 p. 100 du poids du corps, sur lesquels 9,04 p. 100 proviennent de l'organisme fœtal lui-même et 3,86 du placenta et des vaisseaux du cordon.

Dans les expériences de Cohnstein et Zuntz (loc. cit.), les résultats varièrent dans des limites assez larges. Chez le lapin, on trouva comme minimum $\frac{1}{31}$, comme maximum $\frac{1}{11,4}$ du poids du corps; chez le cobaye, le chien, le mouton, les écarts furent moins grands : $\frac{1}{7}$ à $\frac{1}{11}$ du poids du corps.

Ces chiffres s'appliquent à la proportion de sang contenue dans le corps du fœtus. Si l'on tient compte aussi de celle que renferme le placenta, on constate que la masse totale de sang diminue proportionnellement au poids du corps, à mesure que le développement avance. D'autre part, la répartition du sang entre le fœtus et le placenta varie avec la durée de la gestation. On peut distinguer, sous ce rapport, trois périodes : dans la première, tout à fait au début de la vie intra-utérine, il y a dans le placenta une proportion bien plus forte de sang que dans le fœtus lui-même ; dans une deuxième période, la différence tend à disparaître ; dans une troisième période, le fœtus renferme plus de sang que le placenta. Quelques chiffres, empruntés au tableau de COHNSTEIN et ZUNTZ, permettront de s'en rendre compte : les déterminations ont été faites chez le lapin.

POIDS		POIDS DU PLACENTA par rapport au poids du corps du fœtus.	VOLUME DU SANG dans le fœtus et le placenta : p. 100 du poids du fœtus.	VOLUME DU SANG		OBSERVATIONS. Respiration. Moment de la section du cordon.
du FŒTUS.	du PLACENTA.			dans le fœtus.	dans le placenta.	
gr.	gr.			p. 100.	p. 100.	
0,59	2,01	1 : 0,293	22,2	3,56	18,64	Mort.
1,281	1,719	1 : 0,745	19,1	4,3	14,8	Mort.
1,413	2,566	1 : 0,55	17,05	5,25	11,8	Mort.
6,01	4,72	1 : 1,27	14,38	5,78	8.6	Apnéique.
11,38	3,27	1 : 3,4	13,7	6,0	7,7	Respire : section hâtive du cordon.
21,5	4,4	1 : 4,9	7,44	4,04	3,4	Id.
40,59	3,75	1 : 10,9	6,6	5,7	0,9	Respire : section tardive du cordon.
43,69	3,5	1 : 12,5	6,93	5,6	1,27	Respire : section hâtive.
45,86	2,45	1 : 18,7	8,37	7,36	1,81	Respire : section tardive.

Ainsi, tandis que, chez le fœtus de lapin arrivé à maturité, on trouve proportionnellement au poids du corps une quantité totale de sang équivalente à celle de l'adulte, soit environ 7 à 8 p. 100, au contraire, chez les lapins de 0,6 à 1,4 gramme, elle s'élève à 19,1 et 22 p. 100. Seulement cette masse de sang doit traverser non seulement le corps du fœtus, mais encore le placenta, d'autant plus volumineux que le fœtus est plus petit ; et celui-ci n'en renferme, au début, dans son corps que 3,5 à 4 p. 100 ; c'est-à-dire que dans les premiers stades du développement la proportion de son sang est moindre, par rapport au poids du corps, que chez l'animal adulte, à cause de la répartition inégale du liquide entre le fœtus et le placenta.

TIETZE (Virchow et Hirsch's Jb., 1887, I, 86) a évalué aussi la quantité de sang chez des fœtus humains d'environ 525 à 1380 grammes. Il a trouvé 6,0 ; 7,7 ; 13,6 ; 7,2 ; 9,0 centimètres cubes pour 100 grammes du poids du corps, c'est-à-dire 1/15 à 1/10 du poids du corps, si l'on attribue au sang fœtal un poids spécifique de 1,050. Sur le fœtus humain à terme, chez lequel on pratique immédiatement la ligature du cordon, la proportion de sang est de 1/14 à 1/16 du poids du corps, d'après SCHUCKING ; dans les cas de ligature tardive, la proportion est comme 1 : 7 ; 1 : 10 ; 1 : 11. Chez les fœtus de lapin du poids de 5,6 ; 7,4, 7,6 grammes, TIETZE a trouvé une quantité de sang équivalente à 1/16 ou à 1/14 du poids du corps.

Propriétés physiques et chimiques du sang. — La densité du sang chez le fœtus humain à terme est de 1059,2, très voisine par conséquent de celle de l'adulte ; celle du sérum est de 1022,9 (SCHERENZISS, cité par SCHWINGE, A. g. P., 1898, LXXIII, 299). DENIS l'a évaluée dans le sang total des artères ombilicales à 1070 et même 1075, et PANUM dans le sang de jeunes chiens, immédiatement après la naissance, à 1053,69, jusqu'à 1060,4. Chez des fœtus de lapin, TIETZE a trouvé pour le poids spécifique du sang 1045 à 1046.

Chez un fœtus humain de 23 centimètres, l'alcalinité du sang, estimée d'après la méthode de LÖWY-ZUNTZ, était de 426,4 milligrammes NaOH p. 100, chiffre qui est à la limite inférieure des chiffres normaux chez l'adulte, compris entre 426 et 553 milligrammes (ENGEL).

Denis a trouvé, dans le sang de l'artère ombilicale du nouveau-né, 29,85 p. 100 de résidu sec : Poggiale, 24,60 ; 23,62 ; 27,63 p. 100 dans le bout fœtal du cordon et 24,83 ; 23,75 ; 28,04 p. 100 dans le bout placentaire (C. R., 1847, xxv, 198).

Krüger (loc. cit.), qui a examiné le sang fourni par l'extrémité placentaire du cordon avant la première respiration, n'a pas obtenu des chiffres aussi élevés que Poggiale. Dans une moyenne de dix cas, il a déterminé un résidu sec de 21,068 p. 100, soit 78,932 p. 100 d'eau. La richesse du sang en matériaux solides serait donc de peu supérieure à ce qu'elle est chez la mère, si l'on admet pour celle-ci le chiffre de Becquerel et Rodier, soit 80,16 p. 100 d'eau.

D'après Sfameni (A. i. B., 1900, xxxiv, 216), le sang fœtal contient en moyenne une quantité plus grande d'eau que le sang de l'adulte. Chez ce dernier on trouve 77,28 p. 100 ; chez le fœtus 78,5248 p. 100. On voit que ce dernier chiffre concorde avec celui de Krüger, et que, si les deux auteurs arrivent à des conclusions différentes en ce qui concerne la richesse comparée du sang en matériaux solides chez le fœtus et chez l'adulte, cela tient à ce qu'ils n'adoptent pas pour ce dernier une même moyenne. Scherenziss, de son côté, avait trouvé la richesse en eau égale chez le fœtus et chez l'adulte. Sfameni objecte que Scherenziss n'a fait que trois expériences, et que dans deux cas sur trois les fœtus étaient du sexe masculin. Le sexe aurait une notable influence ; les fœtus du sexe masculin renferment en moyenne 2 p. 100 d'eau en moins que les féminins. Rappelons aussi que, d'après Quinquaud, le sérum de la veine ombilicale serait notablement plus riche en matériaux solides que celui de l'artère.

La proportion de substances organiques dans le sang du fœtus masculin est de 21,8797 p. 100 ; dans le sang des fœtus féminins de 20,1354 p. 100 (Sfameni).

La quantité d'albumine et de matières grasses semble être à peu près la même chez le nouveau-né et chez l'adulte, d'après Poggiale.

Moriggia a démontré la pauvreté en glucose du sang des embryons de chien, de chat, de bœuf, spécialement dans les premiers stades du développement. Dans le sang du fœtus humain recueilli au moment de la naissance, Cavazzani a cherché plusieurs fois à doser la glucose, mais il n'en a trouvé que des traces (A. i. B., 1895, xxiii, 140).

La présence de l'urée dans le sang du fœtus a été signalée par Stas (1850) et par Picard (1856). Des recherches de Jolyet et Lefour (Gaz. hebd. des Sc. méd., Bordeaux, 1892, 407), il résulte que cette substance se trouve dans le sang fœtal dans la proportion de 0,285 p. 1000. Cette valeur est déduite de neuf observations dans lesquelles on a obtenu des données très divergentes, puisque l'écart est compris entre un minimum de 0,056 et un maximum de 1 p. 1000. Cavazzani et Levi (A. i. B., 1895, xxiii, 133) ont trouvé une moyenne de 0,215 p. 1000, un peu inférieure à celle de Jolyet et Lefour, avec des oscillations très sensibles entre 0,091 et 0,311. Il n'existe pas, d'après les mêmes auteurs, de rapport fixe de la quantité d'urée ni avec le développement du fœtus, ni avec son sexe, ni avec l'âge de la mère, ni avec la richesse en urée du sang maternel qui, recueilli directement de l'utérus après la délivrance, peut renfermer une proportion de cette substance double de celle que l'on rencontre chez le fœtus.

Le sang du fœtus est notablement moins riche en fibrine que celui de la mère ; la proportion serait de 2 : 7, d'après Scherenziss (Maly's Jb., 1889, xviii, 85), Poggiale a trouvé dans le sang placentaire fourni par le cordon 0,190, et Krüger 0,1209 p. 100, alors que Nasse donne pour la mère 0,382.

Sfameni a signalé la présence de nucléone ou acide phosphocarnique dans le sang fœtal et dans le placenta. La quantité de nucléone qui se trouve dans le premier est en quantité presque double, 0,2106 p. 100, de celle qui se trouve dans le second. Le fœtus de poids plus grand possède un sang plus pauvre en nucléone ; les fœtus nés prématurément en renferment plus que ceux qui sont nés à terme (A. i. B., 1901, xxxv, 389).

On a fait aussi quelques recherches sur la présence des ferments dans le sang fœtal. Bial a constaté que le sang du nouveau-né humain, comme celui des fœtus de bovidé ou de truie, a une action faible ou nulle sur l'amidon (A. g. P., 1893, liii, 164). Cavazzani a vu aussi que le sang du nouveau-né ne contient pas de ferment amylolytique, alors que le sang de la mère en contient toujours une certaine quantité. La diastase du sang maternel trouve donc dans le placenta une barrière qu'elle ne peut franchir (A. i. B., 1895, xxiii, 140). Par contre, la lipase, bien que moins diffusible que l'amylase, existerait toujours dans le sang du fœtus : Hanriot et Clerc ont pu l'y caractériser dès l'âge de cinq mois, chez le fœtus le plus jeune qu'ils aient pu observer. Cependant, chez l'enfant né à terme, le pouvoir lipasique est moindre que chez la mère (B. B., 1901, 1189). Mais l'existence même de la lipase dans le sang est encore sujette à contestation. Bierry a trouvé le sang des fœtus d'ovidés et de bovidés très riche en maltase (B. B., 1900, 1080).

Les substances minérales sont, d'après Sfameni, en proportion un peu moindre chez le fœtus, 0,7453 p. 100, que chez l'adulte, 0,789 p. 100; chez le fœtus féminin elles sont représentées par un chiffre légèrement supérieur, 0,7401 p. 100, à celui du fœtus masculin, 0,7081. Le même auteur a trouvé chez le fœtus féminin 0,6202 p. 100 de sels solubles, et 0,1199 de sels insolubles; chez le fœtus masculin 0,3996 p. 100 des premiers et 0,1085 des seconds.

D'après Scherenziss (loc. cit.), le sang fœtal est au contraire plus riche en sels que celui de l'adulte; en particulier, il y a plus de sels insolubles dans le sang total. Le sérum contient aussi plus de sels insolubles et de chlorures que celui de l'adulte. Le sang fœtal est encore plus riche en Na, par contre sensiblement plus pauvre en K que celui de l'adulte, ce qui concorde avec les expériences de Bunge, d'après lesquelles l'embryon de mammifère est plus riche en ClNa que l'animal nouveau-né, qui devient de plus en plus pauvre en ClNa à mesure qu'il avance en âge. La somme du K et du Na non combinée au chlore est plus petite dans le sang fœtal que dans celui de l'adulte. Veit (Zeitschr. f. Gebürtsh., 1900, xlii, 316) a trouvé que, pour le sang des fœtus à la naissance, l'abaissement du point de congélation $\Delta = 0,579$; pour le sang maternel $\Delta = -0,531$. Le sang fœtal est donc isotonique à une solution de ClNa à 0,955 p. 100 le sang maternel à une solution de 0,909 p. 100 et la tension osmotique du premier est supérieure à celle du second.

La teneur en fer du sang de fœtus à terme est de 0,038 à 0,0528 p. 100 en moyenne, de 0,0422 p. 100, d'après Krüger. Nicloux (B. B., 1902, 583) trouve également que la quantité de fer dans le sang du nouveau-né à terme oscille autour de 0,045 p. 100; chez le nouveau-né avant terme, autour de 0,047 p. 100; chez les fœtus morts et macérés, la quantité de fer devient moitié de la proportion normale.

Coagulation. — La coagulation du sang fœtal est lente et incomplète. Si l'on envisage dans son ensemble le phénomène de la coagulation chez les vertébrés adultes, on est immédiatement frappé de cette particularité que, très rapide chez les mammifères, animaux dont les globules rouges sont dépourvus de noyaux, la prise en caillots se fait au contraire avec une extrême lenteur chez tous les vertébrés à globules nucléés. Ce fait trouve son application dans la physiologie de l'embryon. Delezenne a observé, en effet, que chez les embryons de mammifères au stade de développement qui correspond à l'existence exclusive d'hématies nucléées dans le sang, la coagulation suit le même processus que chez les vertébrés adultes dont les globules rouges sont pourvus de noyaux (B. B., 1897, 507).

Cependant il est à remarquer que chez les vertébrés ovipares, dont les globules rouges restent nucléés pendant toute la vie embryonnaire, le pouvoir de coaguler se modifie aussi avec l'âge de l'embryon, puisqu'il ne se manifeste qu'au quinzième jour de l'incubation d'après Boll, au douzième jour d'après Ascarelli qui a vu un véritable caillot ne se former même que vers le seizième et le dix-septième jour. Mais il resterait à déterminer si cette propriété est acquise par le sang lui-même ou si ce ne sont pas plutôt les tissus qui, à une certaine phase du développement, deviennent aptes à provoquer la coagulation d'après le mécanisme étudié par Delezenne, chez les ovipares adultes.

Les renseignements précis sur la rapidité et les caractères de la coagulation chez l'embryon ne sont pas nombreux. Chez le fœtus humain, le sang présente, au moment de la naissance, d'après Krüger, une grande tendance à la coagulation, mais celle-ci s'opère lentement, c'est-à-dire qu'elle commence tôt et dure longtemps. Elle débute au bout de 30 à 70 secondes, en moyenne au bout de 45 secondes, et dure de 13′,25″ à 26′,20″, en moyenne 18′,1″.

On a déjà vu plus haut que la fibrine est relativement peu abondante dans le sang fœtal. Mais, d'après Krüger, la lenteur de la coagulation dépend d'une résistance plus grande, d'une altérabilité moindre des globules blancs qui fournissent, comme on sait, le fibrin-ferment.

Pour compléter ce chapitre sur la composition du sang fœtal, nous reproduisons le tableau donnant d'après Krüger la proportion de quelques-uns des éléments qu'il renferme, comparativement à celle qu'on trouve chez la femme normale ou enceinte. Les chiffres qui se rapportent à cette dernière ont été empruntés pour la plupart à Becquerel et Rodier, Nasse, etc. Nous laissons de côté ce qui dans ce tableau concerne le nouveau-né :

	FEMME ADULTE.	FEMME ENCEINTE ou en travail.	FŒTUS AU MOMENT de la naissance.
	p. 100.	p. 100.	p. 100
Fer.	0,0502	0,0435	0,0442
Hémoglobine.	11,95 ou 15,21	10,36 ou 13,18	10,52 ou 13,39 [1]
Fibrine.	0,236	0,382	0,1209
Hématies par millimètre cube	4 584 708	3 574 300	6 120 000
Leucocytes.	Variable.	13 240	15 387
Rapport des leucocytes aux hématies. . .	Variable.	1 : 270	1 : 304 [2]

1. La quantité d'hémoglobine a été évaluée d'après sa teneur en fer : les deux chiffres donnés dans le tableau se rapportent aux résultats du calcul, suivant que l'on a adopté pour la proportion centésimale de fer le chiffre usuel ou celui de Zinoffsky.

2. Le chiffre des globules rouges dans la deuxième colonne est le résultat de deux numérations faites par Krüger sur deux femmes en travail; celui des globules rouges du fœtus, le résultat d'une seule numération; celui des globules blancs, la moyenne de deux numérations.

Le tableau suivant est dû à Scherenziss :

POIDS SPÉCIFIQUE		RÉSIDU SEC DANS			HÉMOGLOBINE.	
DU SANG.	DU SÉRUM.	100 GRAMMES de sang défibriné.	100 GRAMMES de sérum.	100 GRAMMES d'hématies.	CHEZ l'adulte.	CHEZ le fœtus.
1059,2	1022,9	22,366	7,074	16,133	1,25	0,96 [1]

FIBRINE p. 100.	SELS INSOLUBLES		CHLORE.		K p. 100 DE SANG.	Na p. 100 DE SANG.
	SANG.	SÉRUM.	SANG.	SÉRUM.		
0,1191	0,3567	0,1439	0,3151	0,3859	0,0831	0,2241

1. Ces chiffres représentent la richesse relative en matière colorante exprimée en oxyhémoglobine, d'après les coefficients d'extinction.

Toxicité du sang. — Pagano (A. i. B., 1897, xxvii, 446) a étudié la toxicité du sang fœtal. Le sang des embryons de chien, depuis le milieu de la vie intra-utérine jusqu'à la maturité, n'a pas d'action globulicide ni spermaticide. Son action toxique à l'égard du lapin est beaucoup moindre que celle du sang maternel. Le pouvoir globulicide se manifeste quelques heures après la naissance, et augmente rapidement, de sorte qu'au bout de huit jours environ il est peut-être supérieur à celui du sang maternel. Malgré cela, un mois après la naissance, la toxicité du sang du chien à l'égard des lapins est encore inférieure à celle des animaux adultes, parce que le pouvoir globulicide et le pouvoir toxique sont, d'après Pagano, choses distinctes. Ainsi les substances qui confèrent au sang quelques-unes de ses propriétés toxiques ne passeraient pas du sang maternel au sang fœtal ou n'y passent qu'en faible quantité, et d'un autre côté, l'organisme fœtal n'élaborerait pas ces poisons par lui-même. Cependant Haldane et Landsteiner, comme on le verra dans un autre chapitre, ont trouvé au sérum fœtal un certain pouvoir hématolytique, quoique plus faible que celui du sérum maternel.

CHAPITRE III

Respiration.

1° Fœtus de mammifère. Historique. — La respiration du fœtus a été entrevue par MAYOW (1674) bien longtemps avant la découverte de l'oxygène. MAYOW affirmait, en effet, que le placenta a chez le fœtus les fonctions du poumon, en ce qu'il laisse arriver par le cordon ombilical non seulement les matériaux de nutrition, mais encore l'esprit nitro-aérien, et il comparait avec sagacité l'état apnéique du fœtus à celui d'un chien qu'il avait amené à l'état d'apnée par la transfusion de sang artériel. Ces vues ont été développées par ROY (1759) (cité par PEMBREY, in *Text Book of Physiol.* de SCHÄFER, I, 731) dans ce passage curieux : « Le sang maternel qui arrive aux cotylédons et qui baigne les villosités communique par leur intermédiaire au sang du fœtus l'air dont il est lui-même imprégné, de même que l'eau qui circule autour des rayons charnus des ouïes des poissons leur apporte l'air qu'elle contient. »

Le premier qui a indiqué d'une façon précise que c'est de l'oxygène qui va constamment du placenta au fœtus et que celui-ci asphyxie s'il ne peut recevoir l'oxygène du sang, fut GIRTANNER, en 1794 (PREYER).

Mais VÉSALE déjà avait obtenu par une expérience simple la preuve de la respiration placentaire, en enlevant à une chienne ou à une truie à la fin de la gestation un fœtus dans ses enveloppes intactes et en voyant le fœtus faire des mouvements respiratoires par lesquels il aspirait l'eau de l'amnios. Donc, conclut-il, l'embryon séparé de la mère et maintenu dans l'œuf à l'abri de l'air a besoin d'air. VÉSALE fit même la contre-épreuve en ce qu'il observa un second fœtus qui, resté en relation avec le placenta dans le corps de la mère, n'avait pas fait la moindre tentative de respiration, mais commença à respirer dès qu'il fut mis à nu et que la circulation placentaire eut été en même temps interrompue.

Par contre, ROBERT WHYTT (1751) avait déclaré que l'embryon reçoit le *pabulum vitæ* par le cordon et que le besoin de respirer n'existe pas chez lui, parce qu'il y est continuellement satisfait. Ce raisonnement a été reproduit à peu près sous la même forme par des physiologistes éminents, tels que MULLER, BISCHOFF, LONGET. C'est une conception trop étroite et incomplète des phénomènes de la respiration qui leur a fait nier l'existence de cette fonction chez le fœtus. MULLER cependant (*De respiratione fœtus*, 1823) avait d'abord admis une respiration placentaire, mais très rudimentaire; elle serait semblable à celle du poisson, qui est elle-même à celle de l'homme comme 1 : 50 000.

Mais plus tard, dans son *Traité de Physiologie* (1835), il déclare que le passage direct des sucs nutritifs de la mère au fœtus rend la respiration inutile. C'était déjà là l'argument de R. WHYTT : nous allons le retrouver avec plus de développement dans BISCHOFF.

Pour BISCHOFF, le fœtus se comporte comme un organe maternel : c'est la mère qui respire pour lui. A l'absence de respiration correspond aussi l'absence de chaleur propre du fœtus. BISCHOFF rappelait à ce sujet les expériences anciennes de SCHUTZ et d'AUTENRIETH, qui avaient trouvé la température des fœtus de lapin, mesurée immédiatement après leur extraction, inférieure de 3° R. à celle de la mère. D'autre part, si l'oblitération, la compression du cordon tuent rapidement le fœtus, ce n'est pas par asphyxie, mais parce qu'il en résulte une pléthore sanguine du fœtus très suffisante pour interrompre le fonctionnement du cœur et du cerveau.

LONGET (*T. P.*, III), après avoir reproduit cet argument, conclut que la fonction respiratoire n'existe pas chez l'embryon, et il ajoute : « Les physiologistes qui ont tant agité cette question auraient dû, avant de chercher dans le fœtus des organes respiratoires, constater l'existence d'une respiration et la nécessité de cette fonction. On ne peut douter qu'ils ne se soient laissé guider par de fausses analogies entre les organes des embryons d'oiseaux et les organes des embryons de mammifères. S'ils avaient réfléchi aux conditions d'existence de ces derniers, ils auraient reconnu que chez eux l'absorption de liquides puisés dans un sang qui a déjà respiré rend une nouvelle respiration inutile... Le fœtus, pour me servir de l'expression de Bischoff, se comporte à cet égard à peu près comme un organe de la mère : les organes de la mère ne respirent point eux-mêmes, et néanmoins ils ont besoin d'un sang qui ait respiré ; de même l'embryon, sorte d'organe maternel, ne respire pas lui-même, mais il a besoin du sang artériel de la mère, du sang qui a respiré. »

Mais, en reprenant le raisonnement de Bischoff et de Longet, il faudrait précisément en conclure que le fœtus respire. Nous savons maintenant que les organes de la mère respirent chacun pour son compte, et il devra en être de même pour le fœtus. D'ailleurs l'assimilation du fœtus avec un organe maternel n'est pas exact : il représente un organisme greffé sur l'organisme maternel avec sa circulation propre et indépendante, de telle sorte que le sang de la mère qui constitue à chacun de ses organes un milieu intérieur est à l'égard du fœtus un milieu extérieur.

A l'inverse des auteurs précédents. Litzmann, à la même époque (*Wagner's Handwörterbuch*, 1840), considère déjà le placenta comme un vrai organe respiratoire. Celui-ci ne se comporte pas, dit-il, comme un organe de la mère, en ce sens qu'il ne consomme pas l'oxygène pour sa nutrition, mais qu'il transmet ce gaz au fœtus par la veine ombilicale.

Cependant Pflüger, en 1868 (*A. g. P.*, 1, 61), pouvait dire encore qu'on n'avait aucune preuve certaine de la respiration du fœtus. Il conclut toutefois à l'existence d'échanges gazeux entre la mère et le fœtus, particulièrement d'après la coloration plus foncée que prend le sang des vaisseaux ombilicaux, quand on supprime les échanges placentaires, et plus tard il proteste avec raison (*A. g. P.*, 1875, x, 174) qu'on lui ait fait dire que le fœtus ne respire pas : il a affirmé seulement que sa respiration est très faible, comparativement à celle de l'adulte.

Preuves de la respiration placentaire. — L'hématose du fœtus est prouvée par trois ordres de faits : 1° la différence de coloration entre le sang de l'artère et celui de la veine ombilicale ; 2° l'examen spectroscopique du sang des vaisseaux ombilicaux ; 3° l'analyse comparative du sang de ces vaisseaux.

Emmert, Autenrieth, Schutz, Haller, Osiander, Bichat, Magendie, Schwartz avaient trouvé que la couleur du sang était la même dans les artères et dans la veine ombilicale. Cependant déjà Scheel, en 1798, d'après des expériences sur les animaux, avait dit : « Le sang artériel du fœtus qui a été soumis à l'action du placenta et qui retourne par la veine ombilicale est d'un rouge un peu plus vif (tant soit peu) que le sang veineux des artères ombilicales. » Toutefois, comparé avec le sang des adultes, il ne paraissait pas plus rouge que leur sang veineux.

D'autres observateurs ont signalé également une faible différence : Bohn chez le chien, Joerg chez le cochon et le cheval, Hérissant, Diest, Hobocken, Girtanner, Baudelocque, Carus et Bischoff chez l'homme. J. Muller l'avait également constatée une fois chez le mouton, mais il ne l'a plus rencontrée ensuite chez le lapin, le cochon d'Inde, le chat. Pflüger a noté que la couleur du sang de la veine ombilicale est rouge brun dans les conditions normales, mais qu'il devient noir dans l'asphyxie.

Le fait a été définitivement établi par Zweifel (*Arch. f. Gynæk.*, 1876, ix, 291). Sur des fœtus de lapin extraits avec le plus grand soin de la cavité abdominale, de façon à éviter les troubles de la circulation utéro-placentaire, et placés ensuite dans un bain chaud d'eau salée, cet observateur a vu très distinctement le sang de la veine ombilicale rouge, celui de l'artère noir, tant que la mère respirait librement. Quand on asphyxiait la mère, la différence commençait à s'effacer au bout de trois minutes, et après 3'25'' elle avait complètement disparu : elle se rétablissait ensuite si l'on permettait de nouveau à la mère de respirer librement.

La différence de couleur du sang dans la veine et dans les artères ombilicales n'est cependant pas, dit Preyer, habituellement aussi grande que celle qui existe entre le sang des veines et celui des artères pulmonaires après la naissance. Preyer a pu voir toutefois, en opérant assez vite, un premier fœtus de cobaye recevoir du placenta mis à nu un sang rouge vif et rendre au placenta par les artères ombilicales un sang rouge sombre et faire en même temps des mouvements respiratoires irréguliers. Chez un autre fœtus de cobaye, il a observé la coloration rouge vif jusque dans le canal d'ARANTIUS, tandis que le cœur qui battait encore vigoureusement et le sang s'écoulant du foie paraissaient d'un rouge sombre.

L'absorption d'oxygène est confirmée par l'examen spectroscopique. ZWEIFEL, chez le fœtus humain, a reconnu la présence de l'oxyhémoglobine dans le sang des vaisseaux ombilicaux, quand le cordon avait été lié avant la première inspiration. PREYER dit que, sous sa direction, ALBERT SCHMIDT avait trouvé déjà, dès 1874, dans le sang du cœur et de la veine ombilicale d'embryons de cobaye n'ayant pas encore respiré, la présence de l'oxyhémoglobine.

Mais les premières évaluations quantitatives sont dues à COHNSTEIN et ZUNTZ (loc. cit.). Ces deux physiologistes ont analysé comparativement le sang de l'artère et de la veine ombilicale au point de vue de la teneur en O et en CO_2.

Chez un fœtus de mouton de 1535 grammes et de 53 centimètres de longueur, l'analyse donna les résultats suivants :

	O.	CO_2.
	p. 100.	p. 100.
Artère ombilicale.	6,69	46,54
Veine —	Moins de 11,36	41,82
Différence.	Moins de 4,67	41,72

Il est à remarquer que, dans cette expérience, l'analyse du sang de la veine ombilicale a échoué ; le chiffre de 11,36 est la quantité d'oxygène que ce sang a absorbé en le saturant de ce gaz, par agitation avec l'air. La teneur du sang de la veine en O doit donc être inférieure à ce chiffre.

D'autres analyses où le sang n'a pas été retiré simultanément des deux vaisseaux ont donné des résultats suffisamment concordants avec le précédent. Ainsi, le sang de la veine ombilicale ayant été recueilli vingt-quatre minutes plus tard que celui de l'artère, on a obtenu :

	O.	CO_2.
	p. 100.	p. 100.
Artère.	2,3	47
Veine.	6,3	40,5
Différence.	4	6,5

Les modifications que subit le sang de l'adulte dans le poumon étant en moyenne de 8,15 p. 100 pour O, de 9,2 pour CO_2, celles que subit le sang du fœtus dans le placenta, sont donc environ moitié moindres. BUTTE (B. B., 1893, 222) a trouvé :

	O.	CO_2.
	p. 100.	p. 100.
Artère ombilicale.	2,2	48,0
Veine —	5,9	40,1
Différence	3,7	7,9

Incidemment COHNSTEIN et ZUNTZ ont noté que le sang fœtal a une grande aptitude à consommer très rapidement l'oxygène qu'il contient, alors que cette propriété n'est que faiblement développée dans le sang de l'adulte : la cause en est probablement à la richesse du sang fœtal en globules rouges nucléés, c'est-à-dire en éléments ayant encore la signification de cellules en pleine activité. Aussi ne peut-on considérer comme normales que les analyses dans lesquelles le sang a été immédiatement introduit dans la pompe.

Pour se faire une idée de la saturation relative du sang fœtal en O, COHNSTEIN et ZUNTZ ont comparé la quantité de gaz que renferme ce sang avec celle qu'il peut absorber lorsqu'il en est saturé. Voici ces chiffres :

	TENEUR EN O DU SANG.	TENEUR EN O DU SANG SATURÉ.	SATURATION RELATIVE EN O.
			p. 100.
Artère ombilicale.	6,7	11,4	59
Artère ombilicale ⎫ d'un même fœtus. . .	2,3	14,9	16
Veine ombilicale ⎭	6,3	14,9	43

Capacité respiratoire. — La capacité respiratoire est le volume d'oxygène fixé par 100 centimètres cubes de sang. Le tableau précédent fournit déjà quelques indications sur cette valeur : elles sont plus complètes dans le suivant, où COHNSTEIN et ZUNTZ ont réuni les chiffres donnant la quantité d'O absorbé par le sang fœtal après saturation, et d'autre part la quantité d'hémoglobine que ce sang contenait. Le chiffre qui exprime la quantité d'O chimiquement combinée est obtenu en retranchant de la quantité totale d'O mesurée après saturation le coefficient d'absorption, 0,485 p. 100, déterminé par HÜFNER :

POIDS DU FŒTUS en grammes (mouton).	LONGUEUR en CENTIMÈTRES.	QUANTITÉ D'OXYGÈNE p. 100 A 0° ET 760 MILLIMÈTRES.		QUANTITÉ D'HÉMOGLOBINE en grammes pour 100 cc. de sang.	NOMBRE DE CC. D'O que fixe 1 gr. d'hémoglobine.
		Totale.	Combinée chimiquement.		
1 535	39,3	—	11,36	5,47	2,08
3 600	83,7	21,465	20,980	11,6	1,809
1 290	43,2	14,862	14,377	7,08	2,03
1 564	51,1	14,12	13,636	6,235	2,19
				MOYENNE . . .	2,03

1 gramme d'hémoglobine fœtale fixe donc en moyenne 2,03 d'O. Chez l'une des mères, COHNSTEIN et ZUNTZ ont trouvé après saturation 16,172 d'O et une teneur en hémoglobine de 7,3 p. 100, soit 2,22 c. c. d'O[1] pour 1 gramme d'hémoglobine, chiffre qui concorde sensiblement avec celui que l'on a obtenu chez le fœtus. Il en résulte que, relativement à la propriété de fixer l'oxygène, l'hémoglobine fœtale est identique avec celle de l'adulte.

NICLOUX (B. B., 1901, 120) a évalué récemment la capacité respiratoire du sang chez le fœtus humain, en saturant le sang par CO, puisqu'on sait que le même volume de sang fixe le même volume d'O et de CO. Chez un fœtus de 6 mois 1/2 de 1320 grammes la capacité respiratoire était de 21,2; chez un groupe de fœtus de 2 000 à 2 500 grammes (8 mois), elle était en moyenne de 22,2; groupe de 2 500 à 3 000 grammes 8 mois 1/2, moyenne : 23,3; groupe de 3 000 à 3 500 à terme, moyenne : 23,3; groupe de 3 500 à 4 000 grammes à terme, moyenne : 23,2. Ainsi la capacité respiratoire moyenne est constante

_____

(1) Ces chiffres n'ont qu'une valeur relative.

ou à peu près, et le sang d'un fœtus de 6 mois 1/2, pesant 1.320 grammes est capable de fixer autant d'oxygène que celui d'un fœtus à terme pesant 3 730 grammes.

Cependant sur 5 fœtus avant terme, JOLYET et LEFOUR (loc. cit.) ont trouvé la capacité respiratoire comprise entre 12,4 et 19,3 ; et il semblait qu'elle fût en rapport avec l'âge ou le poids du fœtus, sauf, dans un cas. Aussi JOLYET et LEFOUR n'osent-ils pas être trop affirmatifs à cet égard. Chez 12 fœtus à terme les mêmes expérimentateurs ont déterminé une capacité respiratoire moyenne de 17,49, avec un maximum de 18,9 un minimum de 16 ; dans un cas, pourtant elle ne s'élevait qu'à 13,4.

D'après DUBOIS et REGNARD (B. B., 1883, 171), chez les fœtus d'herbivores, le pouvoir respiratoire est plus considérable que chez les animaux adultes : la proportion d'O fixée a été, chez les premiers, de 14,50 p. 100, chez les seconds de 10 à 12 p. 100.

Mécanisme de la respiration placentaire. — Le mécanisme des échanges gazeux au niveau du placenta paraît assez simple, et l'on ne voit pas la « grosse difficulté » théorique dont parle PREYER. Il y a d'un côté, dit ce physiologiste, de l'hémoglobine oxygénée, de l'autre côté de l'hémoglobine non oxygénée ou très peu oxygénée. Pourquoi l'hémoglobine oxygénée de la mère se dissocie-t-elle, et cède-t-elle son O à l'hémoglobine du fœtus ? Pourquoi dans des conditions apparemment semblables y a-t-il du côté de la mère dissociation, du côté du fœtus fixation d'oxygène ? Pour répondre à cette question PREYER émet l'hypothèse qu'il s'agit d'une action de masse ; comme le fœtus possède relativement plus d'hémoglobine dans son sang que la mère, une grande quantité d'hémoglobine non oxygénée se trouvant séparée par une membrane perméable d'une quantité beaucoup moindre d'oxyhémoglobine, lui prend une partie de son oxygène.

En réalité l'absorption de l'oxygène dans le placenta est fondée, de même que chez l'adulte, sur les lois de la dissociation de l'hémoglobine et de la diffusion des gaz, comme l'ont particulièrement fait ressortir COHNSTEIN et ZUNTZ (A. g. P., XLII, 1888, 342). A la température du corps l'oxyhémoglobine abandonne constamment de l'O au plasma, tant que la teneur de ce dernier en O se maintient au-dessous d'une certaine limite, limite qui sera d'autant plus reculée que l'oxyhémoglobine est plus près de sa saturation. Inversement l'hémoglobine prend de l'O au milieu oxygéné qui l'entoure, jusqu'à ce que la tension de dissociation de la combinaison formée soit en équilibre avec la tension de l'oxygène du milieu.

Mais, dans le sang de l'artère ombilicale, l'hémoglobine n'est combinée à l'O qu'en faible proportion ; tandis que dans le sang des artères de la mère elle est presque saturée. Il y aura donc dans le plasma du sang maternel une tension d'O plus élevée que dans celui de l'artère ombilicale, et en vertu des lois de la diffusion ce gaz passera constamment du milieu où la tension est la plus forte à celui où elle est la moindre, c'est-à-dire du plasma maternel au plasma fœtal. La tension de l'O diminue dans le plasma de la mère, augmente dans celui du fœtus ; il en résulte que l'hémoglobine de la mère pourra sans cesse abandonner de nouvelles quantités d'O et l'hémoglobine du fœtus en prendre sans cesse de nouvelles quantités à leurs milieux respectifs. Si les couches sanguines restaient assez longtemps immobiles en présence l'une de l'autre, il s'établirait finalement un état d'équilibre tel que le plasma maternel et le plasma fœtal auraient la même teneur en O et les globules rouges arriveraient de part et d'autre à un état de saturation incomplète correspondant à cette teneur.

Si nous supposons, pour nous rapprocher de la réalité, que le sang fœtal reste au repos, tandis que le sang de la mère circule avec rapidité, au bout de quelque temps le sang du fœtus sera arrivé au même degré de saturation que le sang artériel de la mère. Mais, comme le sang du fœtus se renouvelle incessamment, l'équilibre parfait ne pourra jamais s'établir, la saturation du sang de la veine ombilicale devra toujours être au-dessous de celle du sang de la mère. En effet la proportion du sang fœtal n'est pas négligeable comparativement à celle du sang maternel qui arrive au placenta ; ce dernier s'appauvrit donc sensiblement en O, et dans les conditions les plus favorables le sang fœtal ne peut que se mettre en équilibre avec le sang maternel plus pauvre en O, qui quitte le placenta. En second lieu, il faut tenir compte du temps que met le gaz à passer des globules rouges de la mère à ceux du fœtus, à travers le plasma maternel, les parois vasculaires et le plasma fœtal.

Pour ces raisons la saturation du sang de la veine ombilicale sera donc toujours inférieure à celle du sang maternel. La différence devra diminuer dans la mesure où la vitesse de la circulation du sang fœtal dans le placenta diminue ou dans la mesure où celle du sang maternel augmente. Il est facile de prouver expérimentalement l'exactitude de ces déductions. Cohnstein et Zuntz, en oblitérant incomplètement les artères ombilicales pour ralentir la circulation fœtale, ont vu constamment la veine ombilicale prendre une coloration d'un rouge plus vif. Un certain degré de compression du cordon, quelquefois même de la veine ombilicale seule, peut produire ce changement de coloration. On arrive à un résultat semblable en comprimant la région occipitale du fœtus, ce qui amène un ralentissement du cœur par excitation des pneumogastriques. Cohnstein et Zuntz ont même observé une fois au début de l'asphyxie, chez un cobaye, que la coloration de la veine ombilicale devenait plus claire, à cause du ralentissement du cœur. On trouvera plus loin une application de ces faits.

On verra aussi que si, dans les conditions normales, l'O passe du sang maternel au sang fœtal, dans certains cas il suit au contraire le chemin inverse.

D'après les analyses de Cohnstein et Zuntz, la richesse du sang en CO_2 s'est trouvée remarquablement égale pour le sang maternel et pour le sang fœtal. Il faut en conclure que grâce à la diffusion il s'établit entre les deux sangs un équilibre parfait des alcalis qui fixent CO_2. Signalons encore ici que, dans le sang fœtal s'écoulant immédiatement après la naissance du bout placentaire du cordon sectionné, Nicloux a trouvé en moyenne $0^{cc},11$ d'oxyde de carbone (B. B., 1901, 611). Ce gaz n'est sans doute pas élaboré par l'organisme, mais provient probablement de l'air atmosphérique par l'intermédiaire de la mère, quoique les expériences publiées jusqu'à présent par Nicloux n'aient pas encore tranché la question.

Intensité des échanges respiratoires. — C'est une question encore discutée de savoir quelle est l'intensité des échanges chez le fœtus, si elle est inférieure à celle de l'adulte, comme l'admettent la plupart des physiologistes, ou si elle lui est égale et même supérieure, comme le soutiennent quelques auteurs. Nous reviendrons sur cette discussion à propos de la nutrition en général, nous bornant pour le moment à exposer les faits qui ont trait aux échanges respiratoires. Jusque dans ces derniers temps les seules données numériques que l'on possédât à cet égard étaient celles de Cohnstein et Zuntz, dont nous avons reproduit les principales. Les deux physiologistes ont d'ailleurs pris soin de résumer dans un travail spécial les conclusions auxquelles ils étaient arrivés (C. P., IV, 1885, 571).

Ils y font valoir : 1° que chez le fœtus le sang, d'après leurs recherches, est à la fois moins concentré, c'est-à-dire moins riche en hémoglobine, et en quantité moindre que chez l'adulte ; par conséquent un apport plus grand d'O ne serait possible que si la vitesse du sang était supérieure à celle de l'adulte ; mais ils l'ont trouvée notablement inférieure. En outre, ils ont constaté, comme on a vu plus haut, que dans l'hématose placentaire la quantité d'O p. 100 absorbée est la moitié de celle qui chez l'adulte est absorbée dans le poumon. Pour mesurer la consommation totale d'O, ils ont fait d'ailleurs le calcul suivant (A. g. P., XXXIV). Il passe dans le placenta, d'après leurs déterminations, $0^{cc},6$ de sang par seconde, chiffre maximum. Comme la masse totale du sang du fœtus considéré, pesant environ 1 300 grammes, est le 1/8 du poids du corps, soit 165 grammes, il faudra donc un peu plus de quatre minutes pour que toute la masse de ce sang ait traversé le placenta. Lorsque 100 centimètres cubes de sang ont passé par le placenta, ce qui demande 2 minutes 2/3, le fœtus a absorbé 4 centimètres cubes d'O, puisque telle est la différence p. 100 entre le sang de l'artère et celui de la veine ombilicale. Par minute il aurait donc absorbé $1^{cc},5$ c'est-à-dire par kilogramme de son poids, $1^{cc},16$. Le mouton adulte a besoin en moyenne, d'après les estimations de Reiset, de $5^{cc},8$ par kilogramme et par minute. La consommation d'O est donc environ 4 fois moindre chez le fœtus que chez la mère.

Si l'on prend comme mesure de la vitesse du sang non plus la valeur maximum, mais la valeur minimum qui a été trouvée, la consommation d'O du fœtus serait encore beaucoup moindre, soit $0^{cc},3$ par kilogramme et par minute. La consommation d'O chez un fœtus de 3 600 grammes arrivé à maturité tient le milieu entre ces deux extrêmes : elle était, d'après un calcul semblable, de $1^{cc},75$ par minute, de $0^{cc},49$ par kilogramme et par minute, c'est-à-dire le 1/12 environ de ce qu'elle est chez l'adulte.

Ch. Bohr (Skand. Arch. f. Physiol., x, 1900, 413) a opposé récemment aux expériences de Cournstein et de Zuntz un certain nombre d'objections, en insistant sur les causes d'incertitude que diverses difficultés opératoires ont introduites dans les résultats obtenus. En outre, pour Ch. Bohr, il n'est pas certain que l'analyse comparative du sang de l'artère et de la veine ombilicale puisse renseigner sur la totalité des échangés respiratoires du fœtus. Peut-être l'artère ombilicale transporte-t-elle au placenta des substances réductrices qui s'y combinent avec l'O du sang maternel, tandis que CO_2 formé passe partiellement ou en totalité dans le sang de la mère : alors les échanges qui ont lieu dans le corps de l'embryon ne représenteraient qu'une fraction de l'échange total.

Ch. Bohr a donc employé une autre méthode, plus sûre, d'après lui, pour évaluer la totalité des échanges gazeux du fœtus. Il recherche comment se modifient les échanges chez la mère après la ligature ou le pincement du cordon ombilical. En effet, les échanges gazeux du fœtus, qui étaient précédemment mesurés en même temps que ceux de la mère, sont maintenant exclus de ces nouvelles déterminations. Une femelle de cobaye, pleine, est anesthésiée : on lui fait la trachéotomie, puis la laparotomie : on plonge la partie postérieure du corps de l'animal dans un bain de la solution salée physiologique à 39°. On ouvre l'utérus au thermocautère en un point où il n'y a pas d'insertion placentaire, et on arrive facilement à faire tomber dans le bain un embryon enveloppé dans ses membranes et les bords de la plaie abdominale sont rapprochés par une pince à pression. On fait alors une série de déterminations des échanges gazeux de la mère, dont chacune dure en général dix minutes. A un moment donné on lie le cordon pendant qu'on continue à mesurer les échanges respiratoires sans qu'on ait besoin de toucher à la mère. Les modifications de la respiration produites par l'exclusion des échanges gazeux du fœtus seront faciles à reconnaître si, auparavant, les échanges respiratoires de la mère étaient sensiblement constants. Dans quelques cas, au lieu de lier, on a comprimé le cordon avec une pince à pression, et l'enlèvement de la pince permettait ainsi une expérience de contrôle : enfin on déterminait le poids de l'embryon en même temps que celui du placenta et de ses membranes. Voici le détail d'une de ces expériences :

Cobaye du poids de 1 096 grammes. Opération terminée à une heure. Trois embryons qui pèsent 107,5 : le poids moyen d'un embryon est donc 35,8. Température du bain 39,2. Pendant la détermination n° 4 des échanges respiratoires, les cordons ombilicaux sont comprimés; après la détermination n° 7 ils sont liés.

NUMÉRO.	DÉBUT de l'expérience.	DURÉE de l'expérience. en minutes.	PENDANT 10 MINUTES.		$\frac{CO_2}{O_2}$	OBSERVATIONS.
			CO éliminé [en cc.	O absorbé en cc.		
	h.					
1	1,40	10	88	113	0,78	
2	1,51	10	88	114	0,77	
3	2,2	10	86	113	0,77	
4	2,17	8	76	102	0,74	Compression à 2 h. 16.
5	2,27	10	84	110	0,76	On cesse la compression à 2 h. 26.
6	2,39	10	85	110	0,77	
7	2,50	10	84	113	0,74	
8	3,3	10	73	101	0,72	Ligature à 3 h. 2.
9	3,15	10	72	104	0,69	

Après la compression du cordon, l'élimination de CO_2 a diminué de 10 centimètres cubes, l'absorption d'O de 11 centimètres cubes; quand la compression a cessé, les échanges sont revenus à leur grandeur primitive; puis ils diminuent de nouveau en dix minutes de 11 centimètres cubes de CO_2 et de 12 centimètres cubes d'O, après que le cordon a été lié.

La part de l'embryon dans les échanges était donc en moyenne pendant dix minutes de 10cc,5 de CO_2 et de 11cc,5 d'O.

Par kilogramme et par heure l'élimination de CO_2 est, chez l'embryon, de 586 centimètres cubes; et, chez la mère, de 452.

CH. BOHR a résumé dans le tableau suivant les chiffres qui expriment l'élimination comparée de CO_2 chez la mère et chez l'embryon :

POIDS DE L'EMBRYON.	CO_2 PAR KILOGR. ET PAR HEURE EN CC.	
	MÈRE.	EMBRYON.
16	490	756
24	483	250
36	452	586
39	408	462
62	478	488
MOYENNE . . .	462	509

Les échanges gazeux sont donc un peu plus élevés chez le fœtus que chez la mère, ou du moins, comme l'écart entre les moyennes n'est pas très important, on peut dire qu'ils sont de grandeur à peu près égale chez l'un et chez l'autre.

Excitabilité des centres respiratoires et respirations prématurées. — Les centres respiratoires sont au repos pendant la vie intra-utérine. AHLFELD soutient cependant que le fœtus exécute déjà dans l'utérus des mouvements respiratoires superficiels. Il est arrivé à cette opinion par l'observation de mouvements rythmiques ondulatoires, perçus au niveau de la région abdominale de la plupart des femmes à terme, se produisant environ soixante fois par minute et se traduisant par des graphiques analogues aux courbes respiratoires du nouveau-né. La première respiration ne serait donc qu'une première respiration profonde. RUNGE (*Arch. f. Gynaek.*, 1894, XLVI, 512) a observé des mouvements semblables à ceux que décrit AHLFELD, mais il n'ose se prononcer sur leur signification. Dans ses expériences sur les animaux il n'a jamais rien observé de semblable.

En réalité les mouvements respiratoires prématurés doivent être considérés comme des phénomènes anormaux. Le fœtus est pendant la vie intra-utérine en état d'apnée. Mais cette apnée ne reconnaît pas la même cause que l'état que l'on décrit sous ce nom chez l'adulte. Elle paraît dépendre de la faible excitabilité du centre respiratoire plutôt que de la composition gazeuse du sang du fœtus. COHNSTEIN et ZUNTZ font en effet remarquer avec raison que la même composition du sang qui n'est pas capable d'interrompre l'apnée du fœtus provoquerait des mouvements respiratoires énergiques chez l'animal adulte.

L'apnée est due, comme on sait, à une augmentation de la quantité d'O du sang d'après les uns, à une diminution de la quantité et de la tension de CO_2, d'après les autres [1]. Mais ni l'une ni l'autre de ces deux causes ne peuvent être invoquées pour expliquer l'apnée intra-utérine : car, d'une part, le sang du fœtus est relativement pauvre en O; d'autre part, les analyses de COHNSTEIN et ZUNTZ ont montré qu'il est aussi riche en CO_2 que celui de la mère. Il faut donc admettre que les centres respiratoires du fœtus sont moins excitables que ceux de la mère.

On n'a pas encore une idée exacte de cette différence d'excitabilité, si l'on se borne à comparer le sang de la veine ombilicale à celui du sang artériel d'un animal qui respire à l'air : il faut considérer aussi que le bulbe rachidien du fœtus ne reçoit le sang artérialisé de la veine ombilicale qu'après son mélange avec le sang veineux des extrémités inférieures et des viscères abdominaux. Bien que l'encéphale reçoive du sang plus artérialisé que les autres organes, ce sang est, comme nous l'avons déjà dit, fortement mélangé. COHNSTEIN et ZUNTZ se sont assurés directement que le sang de la carotide du fœtus, ce qui était à prévoir, est plus foncé que celui de la veine ombilicale.

[1] Voir FREDERICQ, *Bull. de l'Acad. roy. de Belg.*, 1900, 464-482.

Il est vrai qu'outre CO² il y a d'autres substances excitantes pour le centre respiratoire; ce sont celles qui se forment pendant le travail musculaire. Mais l'organisme du fœtus ne les produit qu'en très faible quantité.

Deux conditions qui contribuent à déprimer l'excitabilité des centres respiratoires sont la pauvreté relative du sang en O et la lenteur de la circulation chez le fœtus. L'une et l'autre sont, il est vrai, chez l'adulte des excitants des centres respiratoires, mais elles n'agissent alors que temporairement. COHNSTEIN et ZUNTZ admettent que, quand ces influences s'exercent d'une manière permanente, comme chez le fœtus, elles contribuent à maintenir à un niveau assez bas l'excitabilité des centres. Ils rappellent que d'après P. BERT, d'après FRAENKEL et GEPPERT, pour une pression de 1/3 d'atmosphère, il ne se produit pas, en règle générale, de dyspnée sensible et l'animal paraît plutôt somnolent. D'un autre côté, ils reproduisent chez l'adulte les conditions de la circulation fœtale en mettant une artère en communication avec une veine pour abaisser la pression artérielle, élever la pression veineuse, et ils observent alors dans certains cas une diminution progressive de l'amplitude respiratoire.

COHNSTEIN et ZUNTZ ont d'ailleurs montré qu'immédiatement après la naissance l'excitabilité des centres respiratoires est encore beaucoup moins marquée qu'elle ne l'est plus tard. Ils se servent, comme excitant, de CO² mélangé à l'air inspiré, et la mesure de l'excitabilité est fournie par l'intensité de la ventilation pulmonaire. Or l'addition de CO² produit un renforcement beaucoup moins marqué de l'amplitude respiratoire, au moment de la naissance que dans les jours suivants.

Cependant l'excitabilité des centres respiratoires peut être réveillée dans certaines circonstances et le fœtus exécuter des mouvements respiratoires prématurés, soit qu'ils aient lieu dans l'utérus ou hors de l'utérus dans les eaux de l'amnios. VÉSALE, WINSLOW avaient déjà observé ces mouvements. NASSE, ayant comprimé l'aorte d'une chienne à la fin de la gestation, vit le fœtus respirer avec effort, quoiqu'il fût laissé dans la cavité amniotique.

L'étude de la cause de ces respirations prématurées se confond avec celle de la cause de la première respiration chez le nouveau-né. Ce qui interrompt l'apnée du fœtus, ce sont les troubles de la circulation utéro-placentaire, les troubles des échanges gazeux entre la mère et le fœtus. PREYER a soutenu, par contre, que l'excitation des nerfs de la peau peut à elle seule mettre en activité le centre respiratoire. Aucun embryon, dit-il, n'est en état d'exécuter un mouvement respiratoire prématuré, ni d'inspirer de l'air après la rupture de l'œuf, s'il n'a pu auparavant répondre à une excitation réflexe par des mouvements des membres. En d'autres termes, la production des respirations prématurées, comme celle des premières respirations normales, est étroitement liée à l'excitabilité réflexe.

L'hypothèse que la première inspiration chez le nouveau-né a pour point de départ un réflexe cutané peut se soutenir, quoiqu'elle n'ait pas été vérifiée par l'expérience. On comprend plus difficilement comment les excitations cutanées interviennent dans les respirations prématurées qui se produisent chez le fœtus encore enfermé dans les eaux de l'amnios ou dans l'utérus intact. PREYER fait valoir, il est vrai, que ce genre d'excitation ne fait pas alors défaut; la pression exercée par l'utérus sur la surface cutanée du fœtus, les frottements de ses membres entre eux, les mouvements de la mère, seraient des causes d'excitation pour les terminaisons des nerfs de la peau. PREYER s'est appuyé surtout sur les observations où, chez des fœtus de cobaye dont il avait dégagé, sous l'eau salée, la tête ou seulement la bouche et le nez, il obtenait un mouvement d'inspiration par une forte excitation cutanée, telle qu'une piqûre de la lèvre, alors que le sang de la veine ombilicale restait cependant d'un rouge vif : ce qui semblait indiquer que la circulation utéro-placentaire n'était nullement troublée.

Mais ENGSTRÖM (Skand. Arch. f. Physiol., 1891, II, 158), qui a répété ces expériences dans le laboratoire et en présence même de PREYER, n'a pas toujours dans les mêmes conditions obtenu des résultats positifs. D'autre part, la coloration rouge clair de la veine ombilicale ne prouve pas que la circulation placentaire soit normale. RUNGE avait déjà vu que, même lorsque le cordon était comprimé entre deux ligatures et la circulation par conséquent complètement interrompue, la différence de coloration des vaisseaux ombilicaux persistait nettement pendant une demi-heure. Non moins démonstratives sont les expériences de Cohnstein et Zuntz dont nous avons déjà parlé, et d'après lesquelles la coloration plus claire de la veine ombilicale est une conséquence du ralentissement de la circulation fœtale. Engström reconnaît, lui aussi, que la persistance de la coloration prouve seulement que le fœtus reçoit encore de l'O, mais non que l'apport d'O et la respiration placentaire restent normaux. La richesse du sang en O pourrait varier sans que ces variations se traduisent par des différences appréciables dans la coloration des vaisseaux ombilicaux. D'un autre côté, alors même que le sang de la veine ombilicale est plus oxygéné, il ne faudrait pas en conclure que le fœtus est pour cela mieux approvisionné en O : la quantité d'O que reçoit le centre respiratoire ne dépend pas seulement de la teneur du sang en O, mais aussi de la quantité de sang qu'il reçoit; de sorte que, malgré la coloration rouge clair de la veine ombilicale, le besoin de respirer pourra tenir à une diminution dans l'activité de la circulation placentaire.

Runge, Cohnstein et Zuntz ont d'ailleurs constaté que, chez l'animal sur lequel Preyer a expérimenté, chez le cobaye, il est à peu près impossible d'arriver au fœtus sans compromettre la circulation placentaire. Ces physiologistes ont alors expérimenté sur la brebis, chez laquelle le décollement du placenta n'est pas à craindre après la section de l'utérus. Chez une femelle à terme ils ont exposé à l'air la tête et une partie de l'avant-train d'un fœtus : le pincement, la piqûre de la peau, le chatouillement du pharynx et de la muqueuse nasale ne provoquaient aucune respiration. Le fœtus fut ensuite extrait en totalité de l'utérus et couché sur le ventre de la mère sans que le cordon fût tiraillé. Les excitations furent continuées encore pendant plusieurs minutes; même les insufflations d'air dans les fosses nasales n'eurent aucun effet sur la respiration ; il n'y eut que des mouvements réflexes généraux. Le fœtus suçait ou mordait le doigt qu'on lui introduisait dans la bouche et le pharynx : souvent il exécutait des mouvements spontanés qui le faisaient changer de position. Mais presque aussitôt après que le cordon eut été lié, le fœtus se mit à respirer.

Ces expériences permettent de conclure que par elles-mêmes les excitations cutanées ne peuvent provoquer de mouvements respiratoires tant que la circulation et la respiration placentaire restent intactes : elles se sont montrées impuissantes même dans quelques cas où le sang de la veine ombilicale avait pris une coloration assez foncée et où le fœtus répondait à chaque excitation par des réflexes énergiques.

Runge (Arch. f. Gynæk., 1894, xlvi, 512) a répété ces expériences avec les mêmes résultats chez la brebis, Cohnstein et Zuntz chez le lapin et même chez le cochon d'Inde. Chez une chienne à terme, Heinricius (Z. B., 1889, xxvi, 137) met à nu le museau du fœtus et introduit dans les fosses nasales un mélange d'eau et d'ammoniaque à parties égales; il se produit des mouvements réflexes violents des muscles de la face. On ouvre la bouche de l'animal et on instille quelques gouttes de la solution dans la cavité buccale et dans le pharynx. L'animal fait des mouvements de déglutition, ouvre et ferme la bouche, tire la langue, mais ne respire point. Ce n'est que quand on trouble la circulation placentaire en retirant le fœtus de l'œuf que l'on voit la respiration commencer.

Une expérience qui sert en quelque sorte de contre-épreuve aux précédentes est celle où le fœtus succombe à l'asphyxie, alors que les membranes sont restées intactes et fait cependant des mouvements respiratoires, bien qu'il n'ait été soumis à aucune excitation cutanée. Runge, Dupuy (B. B., 1886, 16), Engström ont rapporté des observations de ce genre, et ce dernier en conclut que l'arrêt de la respiration placentaire peut à lui seul provoquer des mouvements respiratoires, sans le concours d'excitations cutanées, contrairement à l'opinion de Preyer.

Ainsi qu'il était à prévoir, des respirations prématurées peuvent se produire sans troubles de la circulation placentaire, si l'on diminue l'afflux du sang vers la moelle allongée chez le fœtus par la ligature des carotides (Heinricius). D'après Frankenhauser, la compression de la tête fœtale, en amenant un ralentissement du cœur, aurait aussi des effets semblables : mais il ne semble pas que les respirations prématurées soient dues alors, comme le pense cet auteur, à une hématose imparfaite, mais, d'après les considérations exposées plus haut, au ralentissement de la circulation placentaire et fœtale, c'est-à-dire à une irrigation insuffisante du bulbe par un sang suffisamment artérialisé.

Quand le fœtus respire ainsi prématurément, l'eau de l'amnios peut être absorbée largement jusque dans les poumons, comme l'est l'air après la naissance. BÉCLARD (1815), après avoir observé les mouvements respiratoires dans l'œuf intact, serra le cou du fœtus par une forte ligature, ouvrit la trachée et y trouva un liquide analogue à l'eau de l'amnios. Lorsqu'un liquide coloré avait été préalablement injecté dans la cavité amniotique, celui que contenaient les bronches était également coloré. PREYER, après avoir ouvert l'utérus chez des cobayes, injecta une solution de fuchsine dans le liquide de l'amnios et vit que non seulement les lèvres, la langue, le pharynx des fœtus qui avaient respiré dans l'œuf intact étaient colorés en rouge, mais aussi le poumon, ainsi que l'estomac.

La pénétration de l'eau de l'amnios dans les poumons amène souvent, après une dyspnée intense, une mort rapide, comme l'a vu PREYER chez des fœtus qu'il enlevait assez lentement à la mère pour leur laisser le temps de dilater prématurément leur thorax dans l'œuf, alors que des fœtus de la même portée respiraient à l'air sans difficulté, si l'on avait soin de les extraire assez vite pour qu'ils ne pussent exécuter aucun mouvement respiratoire intra-utérin. Il est évident que la cause de la mort, c'est l'obstacle apporté à la pénétration de l'air par la présence du liquide amniotique dans les voies respiratoires.

GEYL cependant a montré, par des injections colorées chez des lapines pleines, que le fœtus peut aspirer l'eau de l'amnios pendant la vie intra-utérine et cependant survivre. Il est probable, ajoute PREYER, que la production de mouvements respiratoires prématurés avec aspiration de l'eau de l'amnios, même chez le fœtus, dans les derniers mois de la grossesse, n'est ni aussi rare ni aussi dangereuse qu'on l'avait cru d'abord.

Il peut arriver aussi que, malgré la gêne progressive de la circulation placentaire et l'asphyxie qui en résulte, le fœtus encore contenu dans l'œuf meurt sans avoir respiré : c'est ce qu'a observé V. PREUSCHEN chez le chien, SCHULTZE, SCHRÖDER et d'autres chez le fœtus humain .Chez des lapins, PFLUGER et DOHMEN (A. g. P., 1, 81) ont vu aussi que, si l'on enlève le fœtus avec le placenta sans ouvrir le sac ovulaire, le petit peut succomber sans avoir respiré ou bien n'exécuter que quelques rares inspirations, séparées par de nombreux intervalles, tandis qu'il se produit des mouvements respiratoires violents qui se transforment bientôt en respirations régulières si l'on donne accès à l'air par l'incision de l'amnios.

Au premier abord l'absence de mouvements respiratoires dans ces conditions semble venir à l'appui de la théorie de PREYER sur la nécessité des excitations cutanées. Mais on peut faire intervenir avec COHNSTEIN et ZUNTZ un réflexe inhibiteur qui empêche le mouvement respiratoire, dès que celui-ci tend à se produire, et cela d'autant plus facilement que le centre respiratoire est moins excitable chez le fœtus. Dès que le liquide tend à pénétrer dans les fosses nasales, il survient un réflexe d'arrêt semblable à celui que l'on observe chez un animal adulte au moment où on le plonge dans l'eau et que l'on appelle le réflexe de submersion. COHNSTEIN et ZUNTZ se sont assurés que l'inhibition respiratoire est plus énergique et plus durable chez le nouveau-né que chez l'adulte. On objectera qu'il est difficile de concevoir qu'un liquide, dans lequel le fœtus est constamment plongé, puisse être un excitant pour ses nerfs de sensibilité ; mais il faut remarquer que c'est l'extrémité seule des voies respiratoires qui est immergée dans le liquide, et celui-ci pourra éveiller un réflexe, s'il pénètre un peu plus profondément, appelé par l'aspiration pulmonaire. HEINRICIUS a voulu vérifier cette théorie en recherchant quelle influence exerçait sur le fœtus récemment extrait du sac amniotique ou sur le nouveau-né, l'immersion de la tête dans l'eau ou le passage ininterrompu d'un courant d'eau qui, pénétrant par une canule œsophagienne, ressortait par la bouche et le nez. On constate bien que, dans ces conditions, le nombre des respirations est diminué, mais il n'y a pas arrêt de la respiration.

Il n'en est pas moins possible que le mécanisme d'arrêt, invoqué par COHNSTEIN et ZUNTZ, intervienne ; mais il est évident qu'il n'est pas toujours efficace, puisque le fœtus peut respirer dans l'amnios intact. Il est vraisemblable aussi que, si certains fœtus asphyxient pour ainsi dire silencieusement sans réagir par des mouvements respiratoires, cela tient à ce que chez eux l'excitabilité du centre respiratoire est encore tombée plus bas que chez un fœtus normal, de sorte que les variations dans la composition du sang deviennent impuissantes à la mettre en jeu.

La section des centres encéphaliques supérieurs (HEINRICIUS, Z. B., 1889, XXVI, 186), la section et l'excitation des nerfs pneumogastriques agissent déjà sur le centre respiratoires dès le moment de la naissance et, en particulier, l'excitation du bout central du nerf peut provoquer un arrêt en expiration (ARONSOHN, *A. P.*, 1885, 267). La difficulté ou l'impossibilité d'obtenir l'apnée chez le nouveau-né par des insufflations pulmonaires prolongées ne doit donc pas être attribuée à ce que l'influence inhibitoire des fibres centripètes du pneumogastrique n'est pas encore développée. Cette question appartient à la physiologie du nouveau-né : signalons cependant que, chez des fœtus à terme qui venaient d'être extraits de l'utérus, HEINRICIUS n'a pas obtenu l'apnée en injectant par la veine ombilicale ou la veine jugulaire du sang saturé d'O; l'injection produit, au contraire, de la dyspnée.

L'activité des centres bulbaires voisins est-elle associée chez le fœtus à celle du centre respiratoire? La question est surtout intéressante en ce qui concerne le centre de la déglutition. Le fœtus exécute, comme on sait, de fréquents mouvements de déglutition; chez l'adulte, ceux-ci s'accompagnent, par un mécanisme d'association intercentrale, de mouvements respiratoires. S'il en est de même chez le fœtus, la déglutition l'expose à aspirer le liquide amniotique. Mais il est possible, comme le pense MARCKWALD, que le centre respiratoire, en raison de sa faible excitabilité, ne réponde pas encore aux excitations du centre de la déglutition, ou bien, comme le suppose STEINER, la respiration dite de déglutition a vraiment lieu, mais est trop faible pour distendre le poumon. Il semble cependant plus vraisemblable que, chez le fœtus, ces associations intercentrales ne fonctionnent pas encore; du moins, E. MEYER a constaté (*A. de P.*, 1893) que les réactions du centre respiratoire sur le centre modérateur du cœur, si puissantes chez le chien adulte, ne sont pas encore appréciables chez l'animal nouveau-né.

L'activité du centre respiratoire résiste souvent à l'arrêt de la circulation. HEINRICIUS a vu parfois, chez des fœtus qui venaient de naître ou qui étaient âgés de quelques heures et auxquels il avait enlevé les viscères thoraciques et abdominaux, la respiration continuer, à de rares intervalles, il est vrai, pendant une quinzaine ou une vingtaine de minutes.

Asphyxie. — La suppression ou les troubles des échanges gazeux entre la mère et le fœtus amènent l'asphyxie du fœtus. Les premières manifestations de cet état, ce sont les respirations prématurées souvent accompagnées de mouvements généraux; puis la respiration s'arrête, tandis que le cœur continue à battre et que l'excitabilité réflexe persiste pendant un temps plus ou moins long.

ZWEIFEL (*loc. cit.*) avait trouvé que, si l'on asphyxie la mère par oblitération de la trachée, les phénomènes de l'asphyxie évoluent aussi rapidement chez le fœtus que chez l'adulte, et il en avait conclu à une consommation très active d'O pendant la vie intra-utérine. Mais ZUNTZ (*A. g. P.*, 1877, XIV, 605) a montré que les résultats obtenus par ZWEIFEL pouvaient recevoir une autre explication. Quand le sang maternel s'est, par les progrès de l'asphyxie, appauvri en O, c'est maintenant le sang fœtal qui lui en cède : le courant gazeux change de direction, et on constate en effet que le sang de la veine ombilicale devient plus foncé que celui des artères. Si, pendant que la mère asphyxie, on laisse le fœtus respirer à l'air, la différence entre les deux ordres de vaisseaux se prononce encore davantage, le sang des artères devenant plus clair quand la respiration pulmonaire du fœtus a commencé. On peut s'assurer aussi, de la même façon, qu'un fragment de la paroi utérine réséqué avec le placenta, et qui n'est plus parcouru par le sang maternel, enlève au sang fœtal de notables proportions d'O. Ainsi, pendant l'asphyxie de la mère, ce n'est pas seulement le sang maternel qui soustrait de l'O au fœtus, mais aussi la paroi utérine elle-même, et d'autant plus qu'elle se contracte activement sous l'influence même de la veinosité du sang.

On comprend donc que le fœtus asphyxie plus rapidement dans ces conditions, puisque la mère non seulement ne lui fournit plus d'O, mais lui en emprunte. C'est pour la même raison, d'après BUTTE (*loc. cit.*), qu'à la suite d'une hémorrhagie considérable chez la mère, le fœtus succombe avant la mère. Au contraire, l'oblitération des vaisseaux ombilicaux est beaucoup plus longtemps supportée par le fœtus que l'asphyxie de la mère bien qu'elle empêche, comme celle-ci, l'arrivée de l'oxygène; mais, par suite de la suppression des échanges placentaires, le fœtus est alors seul à consommer sa provision d'O, et la mère ne peut plus y contribuer.

C'est, d'ailleurs, un fait bien connu que des fœtus ont pu être extraits vivants un temps plus ou moins long après la mort de la mère. Preyer déclare cependant que, même dans les cas les plus favorables, le temps qui peut s'écouler depuis le dernier mouvement d'inspiration de la mère jusqu'au moment de la délivrance des fœtus à terme, sans que leur aptitude à vivre soit abolie, ne se compte que par minutes. Mais, dans l'expérience même qu'il rapporte, on voit que, huit minutes après la mort de la mère, empoisonnée par l'acide cyanhydrique, le fœtus exécutait encore des mouvements actifs; treize minutes après l'empoisonnement, on ouvrit l'abdomen, et on constata l'asphyxie de deux fœtus à terme, dont aucun ne put être rappelé à la vie, mais dont cependant les cœurs battaient encore.

D'autre part, Henricius, après avoir tué des lapines par ouverture des carotides et lavé leur système vasculaire avec une solution de ClNa, retira de l'utérus, au bout de vingt à vingt-cinq minutes, des fœtus qui, après leur extraction, se mirent à respirer.

La résistance à l'asphyxie des fœtus séparés de leurs mères a depuis longtemps frappé les observateurs. Haller a vu de jeunes chiens extraits de l'utérus remuer pendant plusieurs heures sans respirer : il a maintenu sous l'eau pendant une demi-heure un de ces animaux qui continua à vivre. Prunhuber a réuni quelques observations d'où il résulte qu'un fœtus humain de 4 mois, né dans les membranes intactes, peut vivre encore trois quarts d'heure dans les eaux de l'amnios, ainsi qu'on le reconnaît à ses mouvements vigoureux et variés. Chez un fœtus de 5 mois 1/2, qui avait fait des mouvements pendant un quart d'heure, Tourdes a constaté qu'il n'existait aucune trace de respiration (*Traité de Méd. lég.*, 49, 1896). Zuntz a également rapporté l'observation d'un fœtus de 4 mois chez qui il se produisit encore des mouvements vingt minutes après qu'il eût été expulsé, enveloppé de ses membranes : le cœur battait encore énergiquement au bout d'une heure. On a vu au chapitre de la physiologie du cœur fœtal de nombreux exemples de survie de cet organe.

La résistance du nouveau-né à l'asphyxie n'est donc que la persistance d'une propriété de l'âge fœtal. A quoi est due cette propriété ? Probablement en partie à ce que la consommation d'O est très faible chez le fœtus; mais elle doit tenir surtout à ce que les tissus du fœtus résistent à une privation même totale d'O. Il y a donc lieu de se demander pourquoi l'asphyxie évolue dans certains cas si rapidement, que Preyer a pu écrire, en contradiction avec les faits précédents, que le fœtus ne survit pas à une asphyxie passagère, même d'une durée très courte, de la mère; ce qui indique d'une façon péremptoire, ajoute-t-il, une grande dépendance de l'existence du fœtus à l'égard de la faible quantité d'O qu'il reçoit de la mère.

Il est à remarquer que l'expérience citée par Preyer à l'appui de son assertion n'est pas très démonstrative, puisqu'elle comporte deux parties, l'une avec des résultats négatifs, l'autre avec des résultats positifs, peut-être discutables. (*Édit. franç.*, 137.)

Néanmoins il semble bien que, dans certains cas où le fœtus asphyxie en même temps que la mère, il meurt assez rapidement. On trouvera sans doute que les expériences de Zuntz dont il a été question plus haut nous donnent la clef des faits de ce genre. L'explication n'est cependant pas tout à fait satisfaisante. Puisque le fœtus paraît pouvoir vivre pendant quelque temps sans O, on ne voit pas pourquoi il succomberait à une asphyxie « d'une durée très courte de la mère », lorsque celle-ci lui emprunte une partie de son O. La résistance moindre du fœtus dans ces conditions tient peut-être non pas tant à la soustraction de ce gaz qu'à sa soustraction trop rapide. Je m'explique : quand le fœtus est seul à dépenser sa provision d'O, ses tissus sont mieux préparés, par suite de l'appauvrissement graduel, à supporter ensuite une privation totale d'O. Cl. Bernard n'a-t-il pas montré par une expérience bien connue que, même chez l'adulte, lorsque la viciation du milieu est lente et progressive, l'organisme acquiert une certaine tolérance? Si, au contraire, la continuation des échanges gazeux au niveau du placenta prive rapidement le fœtus de son oxygène, cet accoutumance n'a pas le temps de se faire. Il est vrai que Charpentier et Butte (*Nouv. Arch. d'Obstétr.*, 1888, III, 339) ont vu que même la désoxygénation lente du sang maternel peut tuer les fœtus, alors que la mère survit, mais il est possible que sous l'influence de l'asphyxie lente l'organisme maternel élabore des substances toxiques pour le fœtus.

Un cas intéressant d'asphyxie fœtale est celle qui est consécutive à l'intoxication de la mère par l'oxyde de carbone. Lorsque ce gaz a chassé l'O de sa combinaison avec l'hémoglobine du sang maternel, celle-ci ne pourra plus apporter d'O aux globules du fœtus, mais elle ne pourra pas non plus leur en enlever, pas plus qu'elle n'est apte, chez l'adulte, à emprunter l'O de l'air au niveau du poumon. D'ailleurs, même si toute l'hémoglobine de la mère n'a pu être transformée en hémoglobine oxycarbonée, la présence de CO dans le sang, d'après DE SAINT-MARTIN, empêche ou rend plus difficile l'absorption d'O par le reste de l'hémoglobine demeurée disponible. Donc, à supposer que CO ne passe pas dans le sang du fœtus, celui-ci se trouvera dans les mêmes conditions que si on lui avait supprimé l'apport d'O par la compression des vaisseaux du cordon.

Les observations d'HOGYES ont montré que le fœtus peut survivre longtemps à cette cause d'asphyxie (*A. g. P.*, xv, 335). Ainsi, dans l'une de ces expériences, l'extraction d'un des fœtus eut lieu neuf minutes après la mort de la mère : le fœtus contenu dans l'œuf intact se met aussitôt à respirer; puis les mouvements spontanés s'arrêtent; mais par des excitations mécaniques on entretient la respiration pendant 26'40''; plus tard on n'obtient plus que des mouvements réflexes de la tête et des extrémités : le fœtus a survécu quarante-quatre minutes.

Un autre fœtus remuait encore dans les membranes 17'10'' après que la mère eut cessé de respirer. Extrait après 18'35'', il ne respire plus ni spontanément, ni par excitation mécanique. Les mouvements réflexes persistent encore 35'20'', et ont disparu après 42'20''.

Nous avons supposé que CO n'agit qu'en rendant les globules de la mère impropres à servir de véhicule à l'O; il y a lieu de se demander si les globules du fœtus ne sont pas, eux aussi, intoxiqués. HOGYES, à l'examen spectroscopique, n'a pas trouvé CO dans le sang du fœtus, qui de plus était rouge sombre et non rouge cerise. PREYER, dans des expériences du même genre, a fait des observations analogues.

Il est certain cependant que CO peut passer de la mère au fœtus. C'est ce qu'avaient montré déjà FEHLING, puis GRÉHANT et QUINQUAUD (*B. B.*, 1886, 502), qui ont aussi constaté que, pour un mélange mortel de CO et d'air respiré par une chienne en gestation, la proportion de ce gaz était 5,7 fois moindre dans le sang fœtal que dans le sang maternel. Tout récemment NICLOUX (*B. B.*, 1901, 711) s'est demandé s'il en serait de même pour des mélanges dilués de CO et d'air, et dans quelle proportion se ferait la fixation.

Voici le résultat de ses expériences faites sur des cobayes :

PROPORTION D'OXYDE DE CARBONE dans l'air.	DURÉE DE LA RESPIRATION.	OXYDE DE CARBONE.	
		POUR 100 c. c. de sang maternel.	POUR 100 c. c. de sang fœtal.
1 : 10 000.	1h. 30'	0,75	0,75
1 : 5 000.	—	1,45	1,45
1 : 2 500.	—	2,7	2,7
1 : 1 000.	—	7	6,8
1 : 500.	—	12,4	11,1
1 : 250.	—	15,1	13,3
1 : 100.	50' (mort)	15,7	3,75
1 : 50.	15' (mort)	15,5	2,8
1 : 10.	5' 10''	16,2	1,7

Ainsi, pour des mélanges d'air et d'oxyde de carbone dont la proportion varie entre 1/1 000 et 1/10 000, les teneurs des deux sangs en oxyde de carbone sont identiques. Au dessous de 1/1 000, la proportion de gaz toxique contenue dans le sang fœtal devient inférieure à celle qui est contenue dans le sang maternel, et la différence va en s'accentuant d'autant plus que le mélange mortel est respiré moins longtemps, ce qui confirme les résultats obtenus par GRÉHANT et QUINQUAUD.

Il n'en est pas moins vrai que dans les expériences de HOGYES les globules du fœtus lui-même ont dû rester à peu près indemnes, puisque, d'après le tableau ci-dessus, pour des mélanges riches en gaz toxique et ayant amené la mort en un temps relativement court, la quantité de CO dans le sang fœtal est très faible en comparaison de celle du sang maternel ; or dans la principale observation de Hogyes la mère a succombé à l'intoxication en 1'30''.

L'asphyxie contribue aussi pour une grande part à la mort du fœtus, lorsqu'on sectionne chez la mère la moelle cervicale, et qu'on détermine ainsi un abaissement considérable de sa pression artérielle, comme l'a fait Runge (*A. P. P.*, x, 324, 1879). Par suite du ralentissement de la circulation maternelle, les échanges gazeux placentaires sont notablement diminués. Dans les expériences de Runge, le fœtus mourait quinze à trente minutes après la section médullaire, avec des ecchymoses pulmonaires, indices probables de respirations prématurées.

L'administration prolongée du chloroforme, en abaissant suffisamment la pression, pourrait amener aussi par le même mécanisme la mort du fœtus, alors que la mère survit. Il faut cependant que la diminution de pression soit maintenue pendant assez longtemps. En tuant rapidement la mère par le chloroforme, Breslau, Runge ont pu, quatre à cinq minutes après sa mort, extraire des fœtus parfaitement vivants. Dans une expérience de Runge, un fœtus fut extrait vivant après que la pression eut été maintenue pendant douze minutes au-dessous de 30 millimètres, tandis qu'au bout de vingt minutes, avec le même abaissement de pression, le fœtus avait succombé. Si l'on règle la chloroformisation de sorte que l'anesthésie soit complète, mais que la pression ne baisse que d'un tiers, on peut à volonté prolonger l'administration du chloroforme sans danger pour la vie du fœtus (Runge).

Poumon et thorax avant la naissance. — On sait qu'immédiatement après la première respiration, le poumon extrait de la poitrine emprisonne une certaine quantité d'air que l'élasticité de l'organe ne parvient plus à en chasser, et par conséquent il surnage si on le plonge dans l'eau. Avant la première respiration le poumon est formé d'un tissu dense, rouge [brun, privé d'air ; et, plongé dans l'eau, il va au fond ; il est dit en état d'atélectasie, ou mieux, suivant l'expression de Hermann, en état d'anectasie.

Chez l'enfant qui a respiré, le poids des poumons serait, d'après Tourdes (*loc. cit.*), de 50 à 60 grammes : 30 à 35 grammes pour le poumon droit, 20 à 25 pour le gauche. Chez le mort-né à terme il serait de 35 à 40 grammes pour les deux poumons. Sappey donne des chiffres plus élevés : 60 à 65 grammes pour les poumons qui n'ont pas respiré, 80 à 108 grammes pour ceux qui ont respiré ; dans le premier cas, leur poids représente la cinquantième partie du poids du corps (3 000 à 3 500 grammes), dans le second cas la trente-quatrième partie environ. Il n'est pas besoin de dire que cette différence tient à l'appel de sang qui se fait vers le poumon qui a respiré. Chez l'enfant mort-né le poids spécifique est de 1,042 à 1,092 (moyenne 1,068) ; chez l'enfant qui a respiré, de 0, 356 à 0, 624 (moyenne 0,490), d'après Sappey.

Chez le mort-né, le point le plus haut auquel correspond la voûte du diaphragme se trouve entre la quatrième et la cinquième côte : chez le nouveau-né qui a respiré, ce point est situé entre la sixième et la septième côte (Tourdes).

Bernstein (*A. g. P.*, 1878, xvii, 617) a appelé l'attention sur ce fait, dont il a ensuite donné la démonstration expérimentale (*A. g. P.*, 1882, xxviii, 229), que, chez l'enfant qui n'a pas respiré, l'aspiration thoracique n'existe pas. Si elle existait, il pourrait en résulter une aspiration du liquide amniotique vers les poumons pendant la vie intra-utérine, ou au sortir de l'utérus une pénétration d'air dans les voies respiratoires, même chez un enfant qui n'a pas respiré. Cependant Hermann et Keller (*A. g. P.*, xx, 365) ont montré que, si quelque aspiration thoracique préexistait à la naissance, elle ne serait pas en état de déplisser le poumon, parce que cet organe en état d'atélectasie oppose, en raison de l'adhésion et de l'accolement des parois bronchiques, une résistance bien plus grande à la distension qu'un poumon déjà rempli d'air. Il faut des forces plus actives, telles qu'en développent les muscles inspirateurs ou l'insufflation pulmonaire, pour introduire l'air dans des poumons anectasiés.

Mais, en réalité, il résulte des expériences de Hermann (*A. g. P.*, xxx, 1883, 276) que, même après la première respiration, l'aspiration thoracique ou vide pleural n'existe pas encore, et qu'elle ne se développe que progressivement. Sur le cadavre d'un enfant qui a déjà respiré, le poumon remplit encore complètement la cavité thoracique, ne s'affaisse pas quand on perfore les espaces intercostaux, et n'exerce donc après cette perforation aucune pression (pression de Donders) sur un manomètre introduit dans la trachée. L'aspiration pleurale permanente fait donc encore défaut, et il n'y a d'aspiration qu'au moment de l'inspiration. Par conséquent aussi, l'air dit résiduel ne comporte encore chez le nouveau-né que cette fraction du contenu gazeux du poumon qui ne peut plus en être chassée après une première respiration, et que Hermann appelle l'air minimal : il y manque la fraction qui plus tard sera expulsée par le collapsus pulmonaire. Hermann a tiré de ces particularités des déductions intéressantes pour la ventilation pulmonaire chez le nouveau-né. Bernstein soutient par contre que l'aspiration thoracique se manifeste dès la première inspiration, bien qu'elle s'exerce alors avec moins de force que plus tard. Mais cette discussion, comme celle qui concerne le mode de production de l'aspiration thoracique, sont étrangères à l'histoire de la vie fœtale.

2° Respiration chez les embryons d'ovipares. Historique. — Aristote savait déjà que, si l'on approche un œuf de l'oreille au vingtième jour de l'incubation, on peut entendre le poulet piauler. Par conséquent la respiration pulmonaire ne s'établit pas comme chez les mammifères au moment même de la naissance, mais elle est antérieure à l'éclosion. Mais rien n'indiquait qu'il y eût une respiration antérieure à la respiration pulmonaire.

Fabrice d'Acquapendente paraît être le premier qui, étudiant le développement du poulet, fut amené à parler de la cavité qui se produit au gros bout de l'œuf pendant l'incubation et qui est la chambre à air. Il dit très nettement que l'air contenu dans cette cavité sert à la respiration de l'oiseau, sans d'ailleurs prouver son assertion, tout en ayant naturellement sur la respiration les idées inexactes de son temps; Harvey n'a rien ajouté sur ce sujet aux vues de son maître. Ce fut un physiologiste allemand nommé Hehl qui analysa les gaz contenus dans la chambre à air et constata que ces gaz ne sont que de l'air atmosphérique (1796), observation fort importante pour l'époque; car les idées de Fabrice avaient été oubliées, et on croyait avec Buffon que les gaz de la chambre à air sont un produit de la fermentation des liquides contenus dans l'œuf. De plus, Hehl ajouta que la couleur rouge du sang de l'embryon dépend de l'oxygène, et que le passage de l'oxygène dans le sang peut se faire aussi bien à travers les membranes qui enferment les liquides de l'œuf qu'à travers les parois des vaisseaux capillaires des poumons où Priestley venait de le démontrer.

Toutefois ce dernier fait ne fut mis complètement en évidence que par Blumenbach. On avait bien soupçonné que l'allantoïde du poulet est un organe de respiration; mais ce fait n'était pas prouvé, et les observations de Haller indiquaient le contraire. Si l'allantoïde est un organe respiratoire, le sang doit être plus clair dans les veines allantoïdiennes que dans les deux artères qui se rendent à cet organe. Or, d'après Haller, les artères allantoïdiennes contiennent du sang rouge, et la veine allantoïdienne du sang noir, ce qu'il cherche à expliquer par le volume plus grand de la veine et l'accumulation plus grande des globules sanguins dans ce dernier vaisseau. Blumenbach, partant des expériences de Hehl, prouva que c'est le contraire qui devait avoir lieu et qui a lieu en effet; qu'il y a entre le sang des veines allantoïdiennes et celui des artères allantoïdiennes une différence de couleur tout à fait conforme à ce qu'exigeait la nouvelle théorie chimique de la respiration (1805). Un physiologiste anglais, Paris (1810), analysant alors le gaz de la chambre à air, constata, comme Hehl, qu'il ne diffère point de l'air atmosphérique, mais aussi, ce que Hehl n'avait point fait, qu'après vingt jours d'incubation les gaz de la chambre à air contiennent de l'acide carbonique.

Ainsi Hehl, en prouvant que le gaz de la chambre à air est de l'air atmosphérique, Blumenbach, en constatant la différence de couleur qui existe entre le sang de la veine allantoïdienne et celui des artères allantoïdiennes, Paris, en reconnaissant la production d'acide carbonique dans les œufs incubés, avaient signalé les principaux faits qui établissent l'existence de la respiration du poulet avant l'éclosion.

Mais, si l'emploi de méthodes directes avait permis de constater l'existence d'une respiration embryonnaire dans le poulet, d'autres méthodes avaient semblé conduire à des résultats contraires. Un physicien allemand, Erman, avait cru trouver que le développement du poulet peut s'effectuer lorsqu'on fait incuber les œufs dans des gaz irrespirables. Mais Schwann, en soumettant à l'incubation des œufs placés dans des gaz irrespirables mais non toxiques, tels que l'hydrogène et l'azote, établit que dans ces conditions les embryons ne se forment pas.

Toutefois Schwann ne se croit pas encore en mesure de conclure à la nécessité d'une respiration pendant toute la période de l'incubation. Au contraire, il a admis que les premiers phénomènes organogéniques, c'est-à-dire la formation de l'aire transparente et la séparation des feuillets du blastoderme, peuvent s'opérer dans l'azote et dans l'hydrogène aussi bien que dans l'air atmosphérique.

Mais Dareste, à qui j'ai emprunté les éléments de cet historique, fait remarquer (*Ann. des Sc. nat.*, 1861, (4), *Zool.*, xv, 5) que, si l'on prend les chiffres de Schwann, il y a eu dans ses expériences des phénomènes respiratoires, puisque l'analyse indique que le mélange employé n'était pas exempt d'oxygène et que d'autre part l'œuf avait produit de l'acide carbonique en quantité très appréciable.

Conditions de la respiration chez l'embryon d'oiseau; preuves de sa nécessité. — Toutes les observations démontrent qu'il existe une respiration dans l'œuf dès le moment même où l'incubation met en mouvement les phénomènes embryogéniques; que cette respiration, d'abord diffuse, puis localisée dans l'appareil de la circulation vitelline, est fort peu intense, mais que, lorsque l'allantoïde s'est développé, la combustion respiratoire prend une activité beaucoup plus grande. Il est, d'ailleurs, indispensable que la circulation allantoïdienne se substitue pour cette fonction à la circulation vitelline, parce que la vésicule ombilicale, diminuant progressivement, n'offre plus une surface respiratoire suffisante. L'allantoïde est indiquée au 4ᵉ jour seulement, et devenue vasculaire, à la fin du 5ᵉ jour elle forme un sac qui s'applique d'abord au gros bout de l'œuf et qui en peu de temps tapisse entièrement le feuillet interne de la membrane coquillière, de sorte que les échanges gazeux s'opèrent entre le contenu de ses vaisseaux et l'air extérieur à travers les pores de la coquille.

Une disposition qui favorise ces échanges, c'est l'existence de la chambre à air. On sait que celle-ci commence à se former, en règle générale, d'abord au gros bout de l'œuf, immédiatement après la ponte, aussi bien dans les œufs non fécondés que dans les œufs fécondés. L'air pénètre à travers l'enveloppe calcaire et le feuillet externe de la membrane coquillière, et la cavité qui se forme entre ce feuillet et le feuillet interne s'accroît sans interruption jusqu'à la fin de l'incubation, qu'un embryon se développe dans l'œuf ou non.

La pénétration de l'air est la conséquence naturelle de la diminution du poids de l'œuf; car l'œuf qui ne se développe pas, comme celui qui se développe, perd de l'eau et aussi de l'acide carbonique; par conséquent, étant donné la rigidité de la coque, il se produit, bientôt après la ponte, dans l'intérieur de l'œuf, une aspiration qui y appelle l'air atmosphérique.

Il est intéressant de connaître la composition des gaz de la chambre à air. Un certain nombre d'expériences avaient amené à croire qu'elle renferme plus d'O et moins d'Az que l'air atmosphérique. Bischoff a trouvé dans l'air de 5 œufs un volume d'O variant entre 21,9 et 24,3 p. 100, avec une moyenne de 23,47. Dultk (1830) a trouvé des chiffres encore supérieurs; 25,26 et 26,77 p. 100. Pour expliquer ces faits, on a invoqué les expériences de Graham sur la diffusion des gaz, d'après lesquelles l'air atmosphérique qui pénètre dans un ballon de caoutchouc rempli de CO^2 renferme plus d'O que d'Az (Preyer). Cependant Berthelot, dans des analyses reproduites par Dareste, était arrivé à des résultats différents. Sur des œufs non soumis à l'incubation et conservés pendant plusieurs jours avant l'analyse, l'éminent chimiste a obtenu :

N° 1. — Volume total du gaz recueilli, 0 c. c., 2.

Sur 10 parties.

Oxygène.	2,0
Azote.	8,0
Acide carbonique.	0,0

N° 2. — Volume total du gaz recueilli, 0,4.

Oxygène	1,4
Azote	8,6
CO^2	0,0

Sur des œufs soumis à l'incubation pendant 3 et 5 jours la proportion d'O était comprise entre 15 et 20,5 p. 100; la proportion d'Az entre 79,5 et 85 p. 100; pas de CO².

Les analyses les plus récentes sur la composition des gaz de la chambre à air sont dues à Hüfner (A. P., 1892, 467). Ce physiologiste a trouvé dans les gaz fournis par 12 œufs de poule, non soumis à l'incubation, et âgés de quelques semaines : O = 18,94; Az = 79,97; CO² = 1,09 vol. p. 100; dans 2 œufs d'oie couvés pendant 16 jours, mais qui ne renfermaient pas d'embryon : O = 19,58 et 19,85; Az = 79,55 et 78,62; CO² = 0,87 et 1,53 p. 100. Hüfner a établi que la vitesse de diffusion des gaz à travers les membranes de l'œuf ne se comporte pas comme le veut la loi de Graham, qu'elle n'est pas inversement proportionnelle à la racine carrée de leur densité.

Quoi qu'il en soit, la chambre à air est donc un réservoir à oxygène qui joue un rôle important dans les échanges gazeux de l'embryon. Disons tout de suite qu'elle est encore d'une utilité particulière à la fonction respiratoire quand la respiration pulmonaire s'est établie dans l'œuf et que le poulet n'a pas encore brisé sa coquille. C'est un fait connu, comme nous l'avons déjà signalé, qu'on peut entendre au terme de l'incubation le poulet piauler sous la coquille complètement intacte : il respire alors grâce à la chambre à air.

La nécessité de la respiration pour l'œuf des oiseaux, avant l'établissement de la fonction pulmonaire, a été démontrée par deux méthodes principales : 1° si l'on introduit l'œuf dans des milieux irrespirables, on en arrête le développement; 2° il en est de même, si l'on applique à sa surface un vernis qui met obstacle aux échanges gazeux.

Schwann a prouvé, contrairement aux assertions d'Erman, que les œufs de poule fraîchement fécondés ne se développent que jusqu'à la 15e heure dans l'hydrogène; qu'après avoir été soumis pendant 30 heures à l'incubation dans l'hydrogène, ils meurent, même remis dans l'air; que cependant, après 24 heures d'incubation dans ce gaz, ils peuvent continuer leur développement dans l'air atmosphérique. Schwann avait donc cru pouvoir admettre qu'il y a absence de respiration dans l'œuf, tout à fait au début de son développement.

On pourrait supposer que la quantité extrêmement faible d'O nécessaire dans les premières heures de la vie se trouve en dissolution dans le blanc d'œuf ou dans le vitellus. Mais on a déjà vu plus haut les remarques suggérées à Dareste par les expériences de Schwann. D'ailleurs S. Bakounine (A. i. B., xxiii, 420), en les répétant et en prenant les précautions nécessaires pour que l'espace clos dans lequel était contenu l'œuf ne renfermât plus trace d'oxygène, n'a observé qu'exceptionnellement des traces de développement; il ne faut donc admettre qu'avec beaucoup de réserves, dit cet auteur, l'existence d'une période en quelque sorte anaérobie dans les 15 premières heures de l'incubation.

Cependant les expériences de Bakounine, comme celles de Schwann lui-même, démontrent que pour les premiers stades du développement une quantité d'O presque inappréciable suffit. Bakounine a vu dans des œufs tenus sous l'eau le développement atteindre à peu près la 24e heure. Dans une atmosphère d'Az, si pauvre en O qu'un poussin récemment éclos y mourait rapidement et que la combustion y était impossible, le développement de l'œuf put commencer, et atteindre la 48e heure; après quoi il fut remis à l'air, et l'embryon continua normalement son évolution. Dans cette même atmosphère d'Az, le cœur d'un embryon de 3 jours donna des pulsations pendant 4 heures. On peut interrompre complètement l'absorption d'O en tenant les embryons sous l'huile : le cœur, dans ces cas, continue à battre un temps variable suivant l'âge de l'embryon, et, alors même que les pulsations ont cessé, si l'on remet l'embryon à l'air, l'activité du cœur se réveille de nouveau. Ces derniers faits, d'ailleurs, ne prouvent qu'une fois de plus l'extraordinaire résistance du cœur embryonnaire à l'asphyxie. Notons cependant encore, d'après Bakounine, que dans les premiers stades de développement l'embryon de poulet tolère très bien le séjour dans une atmosphère d'oxyde de carbone. La tolérance pour les milieux pauvres en O cesse brusquement vers le 6e jour, dès que l'allantoïde est développée.

Dans ces expériences, où l'œuf est placé expérimentalement dans des conditions d'aération insuffisante, il faut naturellement tenir compte des dimensions plus ou moins grandes de la chambre à air, qui s'accroît sans cesse à partir de la ponte. Ainsi, des œufs que Loisel a mis en incubation 5 à 6 heures après la ponte dans de la paraffine ont formé seulement une aire embryonnaire. Dans d'autres œufs qu'il a mis en incubation dans le même milieu, mais 24 heures après la ponte, le développement est allé jusqu'à la formation de la ligne primitive. Enfin des œufs âgés de 3 ou 4 jours, placés en incubation dans de l'eau distillée ou bouillie, puis recouverte d'huile, se sont développés jusqu'à formation de la gouttière médullaire (*J. de l'Anat.*, 1900, XXXVI, 438).

Une autre preuve de la nécessité des échanges gazeux est la suivante : Si l'on chauffe l'œuf dans une petite cloche contenant de l'air et fermée, la formation de l'embryon n'a pas lieu, ou bien il meurt de bonne heure. L'air qui entoure immédiatement l'œuf couvé ne doit pas rester stagnant un jour, si l'on veut que l'embryon se développe davantage (PREYER).

Les expériences de vernissage de l'œuf ont conduit aux mêmes résultats. L'asphyxie survient rapidement quand le vernis ne laisse pas pénétrer dans l'œuf un minimum d'O. Déjà RÉAUMUR (1728) avait observé qu'un vernis qu'il composait avec de la gomme laque et de la colophane dissoutes dans l'alcool s'opposait d'une manière complète au développement du germe. DARESTE a constaté, il est vrai, que le procédé de RÉAUMUR ne permet pas, contrairement aux assertions de ce dernier, d'atteindre complètement le but; mais, en soumettant à l'incubation artificielle des œufs dont la coquille avait été frottée d'huile à brûler ordinaire, il empêcha l'embryon d'arriver à formation, parce que l'huile rend l'œuf imperméable à l'air extérieur. Lorsqu'il employa au contraire certains enduits, tels que le cirage, le collodion ou le mélange de RÉAUMUR, il vit, alors même que l'œuf avait été verni en totalité, le travail embryogénique commencer, mais ne durer que pendant un certain temps et s'arrêter nécessairement et comme fatalement à une époque toujours la même, après l'établissement de la circulation vitelline, et avant l'établissement de la respiration allantoïdienne.

Mais DARESTE n'a pas conclu de là qu'il y a absence complète de respiration dans les premiers temps du travail embryogénique : il a bien vu, au contraire, que les vernis employés diminuaient la porosité de l'œuf, mais ne la supprimaient pas, et qu'alors à un certain moment du développement la quantité d'air qui pouvait pénétrer devenait insuffisante pour permettre à l'embryon de continuer son évolution. Ces faits, et quelques autres dont il sera question plus loin, semblent conduire, ajoute DARESTE, à soupçonner l'existence d'un phénomène physiologique d'une certaine importance : c'est que, dans l'embryon de poulet, la respiration qui s'établit dès le début du travail embryogénique est d'abord très faible et ne commence à prendre une certaine intensité qu'après la formation de l'allantoïde. Avec DARESTE, S. BAKOUNINE distingue : 1° une période de respiration de l'aire vasculaire, pendant laquelle la consommation de l'O est très peu abondante et d'autant plus faible que l'âge de l'embryon est moins avancé; 2° une période de respiration de l'allantoïde, pendant laquelle les besoins respiratoires sont à peu près aussi forts qu'après la naissance, et la résistance à l'asphyxie moindre. D'après GIACOMINI (*A. i. B.*, 1895, XXII, 171), qui a fait ses expériences dans l'air raréfié à 16 ou 17 cent. Hg, l'époque à laquelle l'embryon commence à avoir besoin d'une plus grande quantité d'O correspond au moment où le sang apparaît dans les îlots de WOLFF, c'est-à-dire à la fin du 1er ou au commencement du 2e jour. Dans la plupart des œufs soumis à l'incubation dans l'air raréfié le développement commence et évolue assez bien le 1er jour; mais, une fois que les principaux rudiments des vaisseaux commencent à se dessiner, le blastoderme est en grande partie frappé d'arrêt. La diminution de pression arrête le développement en empêchant la formation du sang et de l'aire vasculaire. A des périodes plus avancées, la même diminution de pression tue rapidement l'embryon par asphyxie.

Les vernissages partiels ont aussi permis des constatations intéressantes. BAUDRIMONT et MARTIN SAINT-ANGE avaient déjà trouvé que, si la partie de l'œuf qui correspond à la chambre à air est seule vernissée, la mort de l'embryon arrive rapidement, tandis que, dans 3 œufs dont toute la coquille avait été vernissée, sauf au niveau de la chambre à air, le développement marcha normalement. DARESTE, en vernissant le gros bout de l'œuf, celui qui correspond à la chambre à air, avant le développement de l'allantoïde, a toujours vu, dans les cas où le développement s'est opéré, l'allantoïde venir s'appliquer seulement contre la partie de l'œuf qui n'était point vernie; quand il vernissait le gros bout de l'œuf du 5e au 8e jour de l'incubation, à l'époque où l'allantoïde vient s'appliquer contre les parois membraneuses de la chambre à air, l'embryon périssait asphyxié;

enfin, quand il vernissait cette même partie lorsque l'allantoïde s'est étendue au-dessous de la coquille sur la plus grande partie de sa surface interne, l'embryon continuait à vivre. Dans d'autres expériences, DARESTE, à l'exemple de BAUDRIMONT et MARTIN SAINT-ANGE, a verni des œufs dans une moitié de leur étendue parallèlement à leur grand axe et les a mis en incubation en les plaçant de telle sorte que la moitié vernie fût supérieure chez les uns et inférieure chez les autres. Quand la partie vernie était placée en dessus, comme le germe vient toujours s'appliquer contre la partie supérieure de l'œuf, il s'appliquait donc contre une partie vernie, et se trouvait ainsi dans des conditions analogues à celles qui agissent sur le germe dans les œufs vernis en totalité, mais non absolument imperméables à l'air; c'est-à-dire que le germe commençait à se développer, mais pour périr à l'époque fatale, c'est-à-dire après l'établissement de la circulation vitelline. Au contraire, lorsque la moitié de l'œuf non vernie était placée en dessous, l'embryon s'est complètement développé, mais en présentant le phénomène curieux du déplacement de l'allantoïde, déjà signalé dans des circonstances semblables par BAUDRIMONT et MARTIN SAINT-ANGE, c'est-à-dire que l'allantoïde ne se développe alors qu'à moitié, et ne s'étend que dans la partie non vernissée et accessible à l'air. Il est à remarquer d'ailleurs que les bonnes poules couveuses retournent journellement leurs œufs pour qu'aucune surface de l'un ou de l'autre ne reste longtemps soustraite à l'air.

Cependant, d'après PREYER, les expériences de DARESTE ne seraient exactes qu'en partie. DÜSING, après avoir verni le gros bout de l'œuf avec de la laque, a vu le poulet normal éclore dans la couveuse, sans que l'allantoïde se distinguât d'une allantoïde ordinaire. PREYER dit n'avoir pu constater dans aucun cas l'inégalité de développement et d'expansion de l'allantoïde sur des œufs partiellement recouverts de laque et dans lesquels se sont développés des poulets.

Les expériences de BAUDRIMONT et MARTIN SAINT-ANGE, celles de DARESTE sur les œufs vernis par moitié, ont déjà montré qu'une grande partie de la surface de l'œuf peut-être soustraite à l'accès de l'air sans que le développement soit troublé. DÜSING et PREYER ont parsemé la surface de la coquille de petits îlots de vernis de telle sorte que plus d'un tiers et même plus de la moitié de la surface fût devenue imperméable, les poulets se développèrent normalement jusqu'au 18e et au 19e jour. Dans beaucoup de cas ils sortirent de la coquille en parfait état de santé, et il ne fut pas possible de constater avec certitude des anomalies de l'allantoïde. Dans un cas même l'embryon se développa normalement, avec une allantoïde normale, jusqu'au 19e ou au 20e jour, l'œuf ayant été ainsi recouvert d'îlots de laque aux deux tiers. Par conséquent la perméabilité de la moitié et même du tiers de la surface de l'œuf suffit aux besoins des échanges gazeux.

Par contre, GERLACH et KOCH (Biol. Centrabl., 1882, 681) ont pu produire une atrophie de l'embryon en vernissant l'œuf en totalité, moins un îlot de 4, 5 à 6 millimètres de diamètre pour le passage de l'air à proximité ou immédiatement au voisinage du disque germinatif. Au bout de 3 ou 4 jours les œufs furent retirés de l'étuve : les embryons s'étaient développés, mais ils n'avaient pas atteint les dimensions correspondant à la période de l'évolution où ils étaient arrivés. Le retard dans la croissance et le développement, le nanisme en un mot, était encore plus marqué, en même temps qu'il se produisait des anomalies et des monstruosités lorsque la partie perméable à l'air, tout en n'ayant qu'un diamètre de 6 millimètres, ne correspondait plus au disque germinatif, mais se trouvait à 1 centimètre plus en arrière [1].

Évaluation quantitative des échanges gazeux chez l'embryon de poulet. — Les premières évaluations de ce genre se sont surtout appuyées sur la perte de poids que l'œuf subit pendant son incubation. PREVOST et DUMAS (Ann. des Sc. nat., 1824, 47) ont constaté que les œufs fécondés ou non fécondés éprouvent à peu près la même perte en poids pendant la durée de l'incubation que cette perte suit dans l'un et l'autre cas une progression décroissante à dater du commencement de l'incubation : mais elle serait entièrement due, d'après ces auteurs, à l'évaporation de l'eau ou bien à des altérations chimiques indépendantes de l'évolution du fœtus, puisqu'elle est en rapport avec la durée de l'incubation et non point avec le développement plus ou moins rapide de l'embryon.

1. Pour l'influence des vernissages partiels, voir aussi FÉRÉ (B. B., 1894, 63) et Journ. de l'Anat., 1900, 210.

En incinérant comparativement des œufs frais et des œufs couvés à terme, Prevost et Dumas ont trouvé que le poids de la matière inorganique demeurait sensiblement invariable pendant l'incubation, tandis qu'il y avait une perte réelle de matière organique, et ils affirmèrent que cette perte de poids provient en grande partie de l'eau qui s'est évaporée, que le reste est dû à la transformation d'une certaine quantité de carbone en acide carbonique.

En 1847, Baudrimont et Martin Saint-Ange (*Ann. de Ch. et Phys.*, 3e série, xxi, 195) ont institué des expériences destinées à résoudre tous les éléments du problème posé et sont arrivés aux conclusions suivantes. Le poids des œufs diminue pendant l'incubation. L'air respirable contenant une certaine quantité d'humidité et une température convenable sont indispensables pour que l'incubation ait lieu. Les œufs absorbent de l'oxygène et émettent dans le même temps de l'eau, du gaz carbonique, de l'azote et un produit sulfuré indéterminé. La perte de poids des œufs est toujours inférieure à la somme des poids de l'eau, de l'azote et de l'acide carbonique qu'ils exhalent; cela est évidemment dû à ce qu'en même temps que le poids des œufs diminue par la perte de ces produits, ils absorbent de l'oxygène qui l'augmente. Cet oxygène se divise en deux parties : l'une donne naissance à de l'acide carbonique ; une autre partie est absorbée, c'est-à-dire, au sens des deux auteurs, fixée, ou sert à produire de l'eau. L'oxygène employé, le carbone et l'azote sont sensiblement en proportions définies qui peuvent être représentées par $8 O + C + Az$ lesquels donnent $4 O + 2CO^2 + Az$, autrement dit la moitié seulement de l'oxygène employé se trouve dans CO^2; l'autre moitié est fixée ou se combine avec l'hydrogène pour produire de l'eau; il y a moitié moins d'azote excrété que d'acide carbonique. La matière grasse diminue dans les œufs pendant l'incubation en même temps que la matière azotée est altérée dans sa composition la plus intime, ainsi que cela est démontré par le dégagement d'azote. La perte de poids de l'œuf peut être utilisée pour calculer l'évaporation de l'eau d'après la formule : perte de poids + poids d'O absorbé = somme des poids de carbone brûlé, de l'eau et de l'azote exhalés, formule où la quantité d'eau est la seule inconnue, les autres valeurs ayant été déterminées directement.

Baümgärtner (1847) est le premier qui ait poursuivi les échanges gazeux du 1er au 21e jour de l'incubation, mais chaque jour avec un œuf différent. La consommation d'O et la production de CO^2 ont été déterminées journellement pour les 24 heures. Baümgärtner trouve que l'œuf pendant toute la durée de l'incubation produit 3,23 gr. (1,63 litre) de CO^2 et consomme 2,52 gr. (1,76 litre) d'O, ce qui correspond à un quotient respiratoire de 0,93.

Il faut arriver jusqu'à Pott et Preyer (*A. g. P.*, xxvii, 1882, 320; Preyer, *Physiol. de l'Embryon*, 1887, 106) pour trouver de nouvelles recherches sur ce sujet : celles de ces physiologistes ne portent que sur la production de CO^2 et l'élimination d'eau. Leur principale objection aux travaux de leurs devanciers est que les œufs non fécondés comme les œufs fécondés consomment pendant l'incubation de l'O et exhalent $CO^2 + H^2O$ et qu'on ne peut déterminer la part qui revient à l'embryon que par la comparaison des valeurs trouvées dans ces deux conditions.

Pott et Preyer ont d'abord fait une série de déterminations comparatives sur la perte de poids des œufs fécondés ou inféconds soumis à l'incubation, et des œufs non couvés.

La diminution totale du poids en 21 jours a été la suivante :

	ŒUFS SE DÉVELOPPANT.		ŒUFS NE SE DÉVELOPPANT PAS.		ŒUFS NON COUVÉS.	
	P. 100	Grammes.	P. 100	Grammes.	P. 100	Grammes.
Minimum.	16,8	8,87	16,5	8,18	2,95	1,40
Maximum.	24,3	11,63	21,4	12,07	4,37	2,11
Moyenne.	19,6	10.27	18,5	9,70	3,47	1,66

Par conséquent, les œufs en incubation perdaient en poids plus de 6 fois autant en 21 jours que des œufs non couvés laissés à la température de la chambre pendant l'été. Par contre la perte de poids ne permet pas de reconnaître si l'œuf en incubation renferme ou non un embryon. A la chaleur de la couveuse les œufs féconds ou inféconds perdaient en 21 jours plus de 7 grammes et moins de 13 grammes; ceux qui se développaient perdaient, en règle générale, quelques décigrammes de plus que ceux qui ne se développaient pas; cette différence toutefois devient seulement manifeste dans la 2e semaine de l'incubation.

En résumé, les œufs couvés, féconds ou inféconds, perdent dans le courant de l'incubation 1/5 à 1/6 de leur poids initial. Ce chiffre paraît sensiblement constant; car Réaumur a trouvé une diminution de 1/6; Copineau, de 1/7 à 1/6 au bout de 20 jours d'incubation; Chevreul, le 21me jour, environ 1/4; Proust, 16 p. 100; Sacc, 17 p. 100.

Dans les expériences de Pott et Preyer, la perte d'eau et l'élimination de CO_2 ont été évaluées directement; la consommation d'O déterminée par différence d'après la formule $P = CO_2 + H_2O - O$, c'est-à-dire la perte de poids P est égale à la perte d'eau, plus l'exhalation de CO_2, moins la quantité d'O absorbée. Les conclusions auxquelles sont arrivés les deux physiologistes peuvent se résumer ainsi qu'il suit : Tout œuf couvé élimine CO_2, qu'il renferme ou non un embryon, et dans la première moitié de l'incubation l'élimination de CO_2 tout comme l'absorption d'O ne diffèrent pas chez l'œuf fécond ou infécond. Mais comme, à partir de la fin de la 2e semaine, l'œuf qui se développe exhale des quantités de plus en plus grandes de CO_2, particulièrement dans la dernière semaine, tandis que l'œuf couvé, mais infécond, n'en élimine guère plus pendant ce temps que vers le 13e ou le 14e jour, il en résulte que l'embryon lui-même produit CO_2 longtemps avant l'établissement de la respiration pulmonaire.

La différence s'élève en 24 heures entre les œufs féconds et inféconds, le poids moyen de l'œuf étant 50 grammes :

aux 13e	15e	16e	17e	18e	19e	20e	21e jour :
à 10	25	27	44	50	52	52	70 centigrammes de CO_2.

C'est dans la dernière semaine de l'incubation surtout que le volume de CO_2 s'accroît journellement. De même, comme du début à la fin de la 3e semaine l'œuf non fécondé consomme une quantité moindre d'oxygène que l'œuf fécondé, il en résulte que l'embryon emprunte de ce gaz à l'air.

Outre CO_2, l'œuf de poule, qu'il soit fécondé ou non, élimine de la vapeur d'eau. Dans l'œuf en voie de développement, les quantités d'eau éliminées quotidiennement sont, à part les premiers et les derniers jours de l'incubation, équivalentes aux pertes de poids quotidiennes, de sorte que, au moins pendant la durée de la 2e semaine, le poids de CO_2 éliminé par jour doit être le même que celui de l'O consommé. Car, dans l'égalité P (perte de poids) $= CO_2 + H_2O - O$, on a $CO_2 = 0$, si $P = H_2O$.

De plus, à la fin de la 2e semaine de l'incubation, l'œuf infécond élimine une quantité d'eau qui augmente continuellement, et qui est notablement plus grande que celle qui s'exhale pendant le même temps de l'œuf en voie de développement. La présence de l'embryon manifeste donc son influence en ce sens qu'elle détermine une diminution de la perte d'eau.

L'œuf contenant un embryon perd journellement, de la première semaine jusqu'au milieu de la dernière, la même quantité d'eau et cette perte d'eau ne provient pas de l'embryon; elle dépendrait de l'évaporation de l'eau de l'œuf; elle ne constitue donc pas un facteur de la respiration de l'embryon : celui-ci absorberait plutôt de l'eau jusqu'au commencement de la respiration pulmonaire.

Les recherches les plus récentes sur la valeur des échanges gazeux dans l'embryon de poulet sont dues à Ch. Bohr et à Hasselbach (Skand. Arch. f. Physiol., 1900, x, 149; et 353) et ont conduit à des résultats tout différents. Ces physiologistes ont fait la critique détaillée de la technique de leurs devanciers, et de plus ils ont appelé l'attention sur une cause d'erreur dont on n'avait pas encore tenu compte, à savoir que la coquille de l'œuf contient des bicarbonates et dégage par conséquent CO_2, lorsque l'œuf est introduit dans une atmosphère privée de ce gaz. Pour éviter cette cause d'erreur, l'œuf fut enfermé pendant quelques jours dans une atmosphère privée de CO_2, et, lorsque l'élimination de ce gaz était devenue à peu près nulle, l'expérience essentielle commençait; dans d'autres cas elle débutait immédiatement; mais comme elle se poursuivait pendant plusieurs jours sur un même œuf, et que l'on évaluait la production de CO_2 à des intervalles réguliers, on pouvait facilement reconnaître quand le dégagement de CO_2 par la coquille avait cessé.

Les expériences faites sur les œufs non fécondés montrèrent, contrairement à celles de Pott et Preyer, que le contenu même de l'œuf ne produit en réalité qu'une quantité minime de CO_2; l'élimination de ce gaz devient insignifiante au bout de 2 à 3 jours, une fois que la coquille ne dégage plus CO_2.

Pour les œufs fécondés, on observa que vers le 3e jour la production de CO_2 tombe à un minimum, pour des raisons faciles à comprendre d'après ce qui vient d'être dit : elle a en effet au début deux sources, l'une dans l'embryon lui-même, l'autre dans les processus étrangers à l'embryon et dont l'influence est alors prédominante; mais vers le 2e ou 3e jour celle-ci cesse de se faire sentir. Après ce minimum commence l'augmentation régulière de la quantité de gaz éliminée, et en outre on constate que du 9e au 18e jour le rapport de la production de CO_2 au poids de l'embryon est à peu près constant.

La quantité de CO_2 produite par un œuf sur lequel les déterminations furent faites jour par jour jusqu'au 21e s'éleva à 5,939 grammes, soit 3,022 litres. Rapportée au kilogramme et à l'heure, l'élimination de CO_2 atteint en moyenne, à partir du 8e jour, le chiffre de 718 cc., c'est-à-dire le même que chez l'oiseau adulte, si l'on se reporte aux expériences de Regnault.

Hasselbach a, peu après, complété ces recherches en déterminant l'absorption d'O pour la comparer à la production de CO_2. Pour les œufs inféconds, contrairement encore aux conclusions de Preyer, la consommation d'O est insignifiante, sinon nulle. L'œuf fécondé, exposé avant l'incubation à la température de 13 à 16°, élimine non seulement de l'acide carbonique, mais aussi de l'oxygène, et absorbe une quantité notable d'azote. L'élimination d'O continue encore pendant quelques heures à la température de l'incubation, en même temps qu'il y a un dégagement relativement considérable d'Az, qui paraît dépendre des échanges nutritifs de l'embryon. Le dégagement d'O pendant les premières heures de l'incubation ne prouve pas qu'il n'y a pas en même temps consommation de ce gaz; on peut supposer que les processus chimiques qui mettent de l'O en liberté et qui sont peut-être les mêmes que ceux qui produisent le dégagement d'Az sont contemporains d'autres phénomènes qui consomment de l'O. A la fin du 1er jour, c'est l'absorption d'O qui est devenue prédominante; après avoir présenté un minimum au 3e jour, elle augmente ensuite avec une grande régularité, comme la production de CO_2. Comme celle-ci, elle cesse d'augmenter à partir du 17e ou du 18e jour jusqu'à l'éclosion, soit parce que la respiration pulmonaire commence déjà à ce moment et met fin aux échanges allantoïdiens, soit que la fonction rénale prenne alors une part plus active aux échanges.

Le quotient respiratoire est peu élevé pendant la plus grande partie de la vie embryonnaire : il est en moyenne de 0,677 avec des oscillations comprises entre 0,606 et 0,734. Connaissant ce quotient, on peut calculer la quantité d'O consommée pendant toute la durée de la vie embryonnaire, puis que, comme nous l'avons vu, la quantité de CO_2 produite par un seul et même embryon pendant les 24 jours d'incubation s'élève à 3,0225 litres. Si l'on admet que le quotient a été de 0,677 pendant toute la durée de l'incubation, la consommation totale d'O de cet embryon sera $\frac{3,0225}{0,677} = 4,4646$ litres, soit 6,384 grammes. Le poids d'O absorbé est donc à peu près égal au poids de CO_2 éliminé, et la perte de poids pendant l'incubation dépend exclusivement de l'évaporation d'eau. De ce que le quotient respiratoire est peu élevé, il y a lieu de supposer que les échanges chez l'embryon consistent surtout en une combustion des graisses; cette hypothèse concorde avec les observations de Liebermann, d'après lesquelles les graisses du vitellus diminuent fortement pendant l'incubation.

Par kilogramme et par heure la quantité de CO_2 produite par l'embryon est de 618,6 cc., si on le pèse avec les annexes; de 718 cc., comme il a déjà été dit, sans les annexes. En résumé, l'élimination de CO_2 chez l'embryon de poulet n'est que de peu inférieure à ce qu'elle est chez la poule, tandis que la consommation d'O est un peu plus grande.

La différence des résultats obtenus par Pott et Preyer d'une part, par Ch. Bohr et par Hasselbach d'autre part, tient surtout à ce que les premiers retranchent chaque jour la quantité de CO_2 éliminée à la température d'incubation par un œuf non fécondé de la quantité éliminée par un œuf fécondé au même âge. Bohr et Hasselbach montrent, au contraire, que l'œuf peut être débarrassé de CO_2 accumulé dans la coquille, de telle sorte que l'élimination de ce gaz par un œuf ainsi préparé, puis exposé à la température de l'incubation, peut être attribuée à bon droit aux seuls échanges gazeux de l'embryon.

Ainsi Pott et Preyer retranchent 21 fois, de la quantité de CO_2 produite par l'embryon, les 100 milligrammes environ de ce gaz qui n'ont pas leur source dans les échanges du jeune animal, tandis que dans les expériences de Bohr et Hasselbach cette soustraction est faite une fois pour toutes. Preyer résume les résultats de son calcul pour les 21 jours de l'incubation dans les chiffres suivants, applicables à deux œufs, l'un fécondé, l'autre infécond, d'un poids moyen de 50 grammes.

$$\begin{array}{lllll} & P & H_2O & CO_2 & O \\ \text{Œufs féconds.} \ldots & 9,80 = & 7,90 + & 6,15 - & 4,25 \\ \text{— inféconds.} \ldots & 9,25 = & 10,26 + & 2,50 - & 3,51 \end{array}$$

(On a indiqué plus haut la signification de ces formules.) D'après Preyer, le poids de CO_2 produit par l'embryon est donc de $6,15 - 2,50 = 3,65$ grammes pour les 21 jours de l'incubation, tandis qu'il est de 6 grammes environ, d'après Ch. Bohr et Hasselbach. En poursuivant le raisonnement de Preyer, la consommation d'O de l'embryon serait donc $4,25 - 3,51 = 0,74$ grammes. Si l'on voulait utiliser les chiffres de CO_2 et d'O ainsi obtenus pour calculer le quotient respiratoire, on trouverait qu'il s'élève à 3,59, comme le fait remarquer Hasselbach. Enfin, de ce que l'œuf fécond perd $10,26 - 7,90 = 2,36$ grammes d'eau en moins que l'œuf infécond, Preyer a conclu, comme il a déjà été dit, que l'embryon n'exhale pas d'eau et qu'il en absorbe au contraire. Mais, pour évaluer à ce point de vue les échanges de l'embryon, objecte encore Hasselbach, il ne suffit pas de connaître la perte en eau que subit l'œuf dans sa totalité, puisqu'on ignore absolument la part qu'y prend l'embryon. La seule conclusion permise, c'est que la présence de l'embryon et surtout des membranes a pour conséquence une diminution dans la perte en eau du contenu de l'œuf tout entier ; il serait toujours possible que l'embryon lui-même continuât à éliminer de l'eau.

On a fait aussi quelques expériences sur la respiration de l'œuf dans des atmosphères suroxygénées. Baudrimont et Martin Saint-Ange ont trouvé alors l'embryon rouge ainsi que l'eau de l'amnios et l'allantoïde. Pott et Preyer ont fait des constatations semblables et ont vu que la coloration rouge du liquide amniotique provenant de l'hémoglobine dissoute. L'œuf fécondé, d'après Pott, élimine plus de CO_2 dans l'oxygène pur que dans l'air, tandis que l'œuf non fécondé n'en produit pas davantage. D'après Hasselbach, l'effet d'une atmosphère suroxygénée peut se traduire, soit par une augmentation, soit par une diminution des échanges, de sorte qu'une diminution de la production de CO_2 s'accompagne d'une augmentation dans la consommation d'O, ou inversement ; dans certains cas il y a eu une légère augmentation de l'une et de l'autre. L'élimination comme l'absorption d'azote observées par Hasselbach ont été aussi parfois beaucoup plus prononcées que dans l'air ordinaire. Il semble que l'embryon présente une résistance individuelle variable à l'irritation causée par l'air suroxygéné, et alors, quand la résistance est insuffisante, il y a diminution momentanée ou durable des échanges ; dans le cas contraire, l'oxygène les stimule et les active.

Respiration des embryons d'amphibiens, de reptiles, de poissons. — Baudrimont et Martin Saint-Ange ont montré que l'embryon de grenouille, porté dans une eau privée d'air, sous une cloche sans air, périt en peu de jours ; de même dans une eau qui ne contenait pas d'O, mais CO_2 en abondance. Preyer a constaté qu'en maintenant les embryons et les têtards de grenouille dans de l'eau chargée d'O, de manière à les empêcher de respirer dans l'air atmosphérique, la période larvaire et la respiration branchiale peuvent être notablement prolongées chez ces animaux ; le poumon restait très petit, et contenait beaucoup de pigment foncé. Preyer a fait des observations du même genre sur les larves de salamandre terrestre.

La production de CO^2 par les œufs fécondés de couleuvres et de lézards a déjà été signalée par Baudrimont et Martin Saint-Ange, et ils ajoutent qu'on doit regarder ce fait comme général.

Bataillon (*B. B.*, 1896, 731) a pu conduire jusqu'à l'éclosion les œufs de diverses espèces de téléostéens et des œufs d'amphibiens en exposant ses pontes sur un tamis à un courant d'air saturé d'humidité et entretenu par la pompe; la fonction respiratoire n'est pas troublée par le changement de milieu, puisque les stades du développement dans l'air humide et dans l'eau restent rigoureusement comparables. Le même auteur indique une méthode très simple qui lui a donné de bons résultats pour les déterminations de CO^2. Il s'est d'abord assuré que, dans une eau contenant une faible quantité de baryte, les œufs d'amphibiens comme ceux des poissons évoluent normalement. Ce fait acquis, il plaça dans une quantité déterminée de liquide titré et rougi par la phtaléine une masse connue d'œufs; le temps nécessaire au virage donnait la mesure de l'activité respiratoire. Bataillon a ainsi établi les courbes d'élimination de CO^2 pour les principales phases du développement embryonnaire des espèces considérées.

Loeb (*A. g. P.*, 1894, lv, 530; *ibid.*, 1896, lxii, 429) a recherché l'influence de la privation d'O sur le développement des œufs de poissons, et il est arrivé à des résultats différents suivant les espèces. L'œuf de *Fundulus* est capable de se développer pendant 16 heures dans un milieu sans O : la segmentation a lieu, le disque germinatif se forme, puis le développement s'arrête. Dans le même milieu, les œufs âgés de 24 heures dont le blastoderme est déjà formé continuent leur évolution jusqu'à ce que l'embryon soit ébauché, mais le développement ne va pas plus loin. Toutefois la sensibilité de l'embryon pour le manque d'O augmente avec les progrès du développement. Un œuf fraîchement fécondé est encore capable de se développer même après avoir séjourné 4 jours dans un milieu sans O, parce qu'il n'y a encore que le disque germinatif de formé, tandis qu'un œuf dans lequel l'embryon est déjà visible y meurt au bout de 48 heures.

Chez les œufs de 48 heures se développant normalement, on voit apparaître le pigment et le système circulatoire. En l'absence d'O, le pigment se forme encore, mais en faible quantité; toutefois le système circulatoire ne se développe pas, et déjà au bout de 32 heures les œufs ont perdu leur aptitude à se développer. Chez les œufs normaux de 72 heures, le système circulatoire est déjà formé; après 7 heures de séjour dans le milieu non oxygéné, les battements du cœur ne sont plus perceptibles, et au bout de 24 heures l'embryon n'est plus en état de poursuivre son développement.

Ainsi, si l'on s'était borné à expérimenter sur l'œuf de *Fundulus* on aurait pu en conclure que la segmentation et la formation de l'embryon sont possibles en l'absence d'O. Mais cette conclusion ne doit pas être généralisée. Loeb a constaté en effet que l'œuf de *Crenolabrus* (poisson osseux marin) n'est pas capable de se segmenter sans O, et que, si ses sphères de segmentation déjà formées sont privées d'O, elles subissent des modifications de structure telles qu'elles perdent leur contour et se fusionnent en une masse unique. Il est probable qu'il s'agit d'une liquéfaction et d'une dissolution de la membrane ou de la couche superficielle des sphères de segmentation, et que d'autre part l'obstacle apporté à la formation de cette membrane par le manque d'O est aussi la cause du défaut de segmentation.

Ces différences de sensibilité vis-à-vis du manque d'O s'expliquent par ce fait que l'œuf de crénolabre, dont la densité est plus faible que celle de l'eau de mer, se développe à la surface où il trouve l'O dont il a besoin, tandis que l'œuf de *Fundulus*, plus dense va au fond, et, comme son développement se fait ainsi dans un milieu où la quantité d'O est moindre, il montre une indépendance plus grande vis-à-vis de la privation d'O.

Ce qui est vrai de la segmentation l'est aussi d'autres manifestations physiologiques, telles que l'activité du cœur. En l'absence d'O, le cœur de l'embryon de crénolabre s'arrête brusquement, tandis que le cœur de l'embryon de *Fundulus* continue à battre pendant plusieurs heures, mais sa fréquence diminue progressivement, et de 120 environ à la minute elle tombe à 20 quand tout l'O a disparu. L'organe peut continuer ainsi à battre pendant 10 heures à une température de 22° suivant ce rythme ralenti : ce qui tend à démontrer que, si l'énergie nécessaire pour cette faible fréquence des mouvement du cœur peut être fournie par des phénomènes autres que les oxydations, celles-ci cependant sont nécessaires pour subvenir à un travail plus considérable.

Ces observations ont suggéré à LOEB des considérations intéressantes sur l'influence du manque d'O. Lorsqu'une fonction physiologique n'est plus possible sans O, on est porté à croire que l'organisme ou l'organe en cause ne dispose plus de l'énergie chimique nécessaire, mais, si l'on remarque que la transformation de l'énergie chimique en travail physiologique a pour intermédiaires les phénomènes moléculaires dont les cellules sont le siège (état d'agrégation, pression osmotique, tension superficielle, etc.), il est permis d'admettre que la privation d'O a amené des changements dans l'édifice moléculaire de la cellule. En effet, de telles modifications de structure s'observent très nettement sur l'œuf de crénolabre, tandis qu'elles font défaut dans celui du *Fundulus*, dont les éléments restent distincts, ne se fusionnent pas, même après 24 heures de séjour dans un milieu pauvre en O. Il est probable que, si le cœur de l'embryon de crénolabre s'arrête brusquement, bien que la soustraction d'O se fasse graduellement, c'est aussi parce qu'il subit des altérations qui empêchent la transformation de l'énergie chimique en travail mécanique.

D'un autre côté, si la sensibilité de l'embryon de *Fundulus* au manque d'O se prononce à mesure qu'il avance en âge, c'est sans doute parce que les cellules qui dérivent des premières sphères de segmentation sont chimiquement différentes de celles qui se forment plus tard, c'est-à-dire qu'elles s'altèrent plus facilement en l'absence d'O.

L'action de CO^2 est qualitativement et quantitativement différente de celle du manque d'O aussi bien à l'égard de l'œuf du crénolabre qu'à l'égard de l'œuf du *Fundulus*. Par exemple, alors que ce dernier peut, dans un milieu non oxygéné, se segmenter et garder sa vitalité pendant 4 jours, il ne présente pas trace de segmentation, si on le soumet à l'action d'un courant de CO^2, et il n'est plus apte à se développer après qu'il y a séjourné 4 heures.

SAMASSA (*Année biolog.*, 1896, 195) a fait quelques recherches du même genre sur les œufs de grenouille. Si l'on place des œufs fécondés de *Rana temporaria*, une heure environ après la fécondation, partie dans de l'hydrogène, partie dans une cloche de verre où l'O a été absorbé par l'acide pyrogallique, au bout de 4 jours ils se trouvent tous au stade blastula, comme les œufs témoins. Seulement ces œufs se développent un peu plus lentement que dans l'eau et montrent des désorganisations, par exemple de la *spina bifida*. Ceux qui se trouvent dans l'hydrogène sont plus fortement modifiés que ceux qui se trouvent dans Az. Dans H il ne se développe qu'un œuf sur 20, qui donne des larves normales : dans Az, 3 ou 4 sur 20. L'influence d'H est donc plus nuisible que celle de Az. Si par contre on prend des œufs âgés de 4 jours et arrivés au stade blastula, et qu'on les expose durant 20 heures à un courant d'H, on les retrouve encore au même stade. Il faut donc penser que l'œuf de *Rana temporaria* n'est insensible au manque d'O que dans les premières heures. L'action de CO^2 est différente : des œufs portés après fécondation dans CO^2 ne montrent aucune division, ou une division irrégulière; après 20 heures de séjour dans ce gaz ils sont tués. Dans l'oxygène pur, ils sont aussi bien développés au bout de 4 jours que les œufs témoins. Une pression d'environ 60 cent. Hg s'exerçant pendant 3 jours n'occasionne aucun ralentissement de l'évolution.

CHAPITRE IV

Nutrition.

1° **Composition chimique du fœtus.** — L'étude des éléments qui constituent l'organisme du fœtus doit précéder celle de ses échanges nutritifs; déjà abordée en 1858 par VON BEZOLD qui publiait l'analyse des cendres d'un fœtus de 5 mois, par BISCHOFF en 1863, puis par FEHLING en 1877 (*Arch. f. Gynäk.*, II, 523), elle s'est enrichie dans ces derniers temps de notions nouvelles. Elle a été reprise en effet récemment par GIACOSA (1894), LANGE, CH. MICHEL (*B. B.*, 1899, 422), CAMERER *junior* et SÖLDNER (*Z. B.*, 1900, XXXIX,

535), Hugounenq (*B. B.*, 1899, 337 et 523; *Journ. de Physiol.*, 1899, 703; *ibid.*, 1900, 1 et 509; *Revue génér. des Sc.*, 1901, 435).

Bischoff avait trouvé que le corps du nouveau-né contient 66,4 p. 100 d'eau et 33,6 de résidu fixe, alors que chez l'adulte on admet une proportion de 58,5 p. 100 d'eau. Fehling donne, pour le fœtus humain à terme, 25, 9 p. 100 de matériaux solides, et 22,25 pour le fœtus de lapin.

Voici la moyenne de trois analyses de nouveau-nés de poids presque identique, faites par Camerer et Söldner :

	grammes.
Poids du fœtus.	2 685
Eau	1 912
Résidu fixe.	773
Matières albuminoïdes.	308
— extractives.	43
— grasses.	357
Cendres	65

100 grammes de fœtus contiennent 71,2 grammes d'eau et 28,8 de résidu fixe, dont 13,3 de graisse — 2,40 de cendres — 11,5 d'albumine et gélatine — 1,6 de matières extractives (1, 92 d'Az). Soit, pour 100 grammes de résidu sec, 46,2 de graisse — 8,3 de cendres — 40 d'albumine et gélatine — 5,5 de matières extractives (6,66 d'Az).

Le cadavre d'un de ces nouveau-nés pesant 2 616 grammes contenait 434,2 grammes de carbone, 64,1 d'hydrogène, 46,8 d'azote, soit en centièmes :

$$
\begin{aligned}
& \text{p. 100} \\
C = \dots & \ 16,59 \\
H \dots & \ 2,45 \\
Az \dots & \ 1,78
\end{aligned}
$$

Les déterminations de Fehling, de Michel et de Hugounenq ont porté sur des fœtus d'âge différent; celles de Hugounenq ne visant toutefois que la composition minérale de l'organisme fœtal.

Le tableau suivant donne l'ensemble des chiffres établis par Michel :

AGE DU FŒTUS.	POIDS DU FŒTUS.	FŒTUS SEC.	POUR L'ORGANISME TOTAL.					
			AZOTE.	SELS TOTAUX.	CaO.	MgO.	P²O⁵.	Cl.
	grammes.	grammes.	grammes.	grammes.	grammes.	grammes.	grammes.	grammes.
2 mois et demi. .	17,80	1,10	0,122	»	»	»	»	»
3 à 4 mois. . . .	125,80	12,64	1,384	2,176	0,586	0,034	0,616	»
5 mois.	445	54,26	5,881	8,670	2,657	0,113	2,862	1,072
5 mois.	448	59,44	6,228	11,133	3,542	0,141	3,773	»
6 mois.	672	100,62	11,048	16,884	5,715	0,221	5,598	»
7 mois.	1 024	156,30	16,005	25,476	8,233	0,315	8,077	2,966
A terme.	3 335	1 028,35	72,700	112,489	46,565	1,351	42,768	6,451

Michel trouve, d'accord avec Fehling, que le fœtus est d'autant plus riche en eau qu'il est moins âgé (94 p. 100 d'eau environ vers le milieu du 3e mois, et 69 p. 100 chez le nouveau-né).

Les tableaux de Fehling montrent que, si l'augmentation absolue du poids du fœtus augmente avec l'âge, cependant la croissance rapportée à l'unité de poids est la plus forte au 4e mois, époque à laquelle le fœtus augmente tous les jours de 0,178 pour 1 gramme de son poids; puis la croissance relative diminue, de sorte que dans le 10e mois (lunaire) il n'y a plus pour 1 gramme qu'une augmentation de 0,015 gramme par jour.

On voit par les chiffres de Michel que la quantité d'azote fixée par le fœtus pendant les 2 ou 3 derniers mois est relativement énorme, soit trois fois et demie environ la quantité fixée pendant les 7 premiers mois. La quantité d'azote rapportée à 100 grammes de fœtus sec varie peu, elle décroît de 12 à 9 p. 100 environ, du commencement à la fin de la grossesse.

Au 3ᵉ mois, le fœtus, d'après FEHLING, contient environ 5 p. 100 de son poids de matières protéiques, le nouveau-né à terme 11,8 p. 100, chiffre qui concorde bien avec celui de CAMERER et SOLDNER. L'assimilation quotidienne d'albumine augmente, cela va sans dire, en valeur absolue jusqu'au moment de la naissance, puisque au 4ᵉ mois elle est par exemple, de 0,174 gramme et au 10ᵉ mois de 4,79. Mais, rapportée à 1 gramme du poids du corps, elle est au 4ᵉ mois de 0,0087, au 10ᵉ mois de 0,0022, par conséquent quatre fois moindre.

En ce qui concerne la graisse, il n'en n'est plus de même. FEHLING constate d'abord que vers la fin du cinquième mois il n'y a encore en valeur absolue qu'un gramme de graisse; à partir de ce moment se produit une augmentation rapide des matières grasses; mais de plus l'assimilation quotidienne, rapportée à 1 gr. du poids du corps augmente constamment, de sorte qu'elle est au cinquième mois de 0,0009 et au dixième mois de 0,0022. (On trouvera les tableaux de FEHLING dans l'article *Fœtus* du *Dict. enc.*)

Mais ce qui ressort plus particulièrement de ces données, c'est que c'est en somme pendant les deux derniers mois de la gestation que l'organisme fœtal fixe, élabore et constitue les deux tiers de sa masse totale, qu'il s'agisse des matières organiques ou, comme l'ont démontré HUGOUNENQ, puis MICHEL, des sels minéraux.

Voici le résultat des analyses des cendres de fœtus, dont deux à terme, dues à HUGOUNENQ.

AGE DU FŒTUS.	SEXE.	POIDS DU FŒTUS.	POIDS DES CENDRES.
		kilogrammes.	grammes.
4 mois et demi	Féminin.	0,322	14,0021
5 mois.	Id.	0,570	18,7154
5 mois.	Id.	0,800	18,3572
5 mois à 5 mois et demi.	Id.	1,115	28,0743
5 mois et demi.	Id.	1,285	32,9786
6 mois.	Id.	1,1165	30,7705
A terme.	Masculin.	2,720	96,7556
A terme.	Id.	3,300	106,1630

D'où l'on peut déduire : 1° Que la fixation des éléments minéraux par l'embryon, peu marquée au début, devient très active à la fin; 2° qu'au cours des trois derniers mois le poids global des sels fixés par le fœtus est environ deux fois plus considérable que pendant les six premiers mois de la gestation; 3° qu'au moment de la naissance l'enfant de poids normal a soustrait à l'organisme maternel 100 gr. environ de sels minéraux.

HUGOUNENQ a également déterminé chez 7 fœtus la statique d'ensemble de tous les éléments minéraux de l'organisme depuis le quatrième mois de la gestation jusqu'au terme de la grossesse, en rapportant les résultats des analyses soit à 100 gr. de cendres, soit à 1 kilog. de poids vif; un troisième tableau donne les proportions de chacun des éléments minéraux pour l'organisme total des fœtus incinérés. Renvoyant pour ces tableaux aux mémoires originaux, nous nous bornerons à reproduire les principales conclusions qu'en a tirées l'auteur.

Si toutes les substances minérales augmentent au cours du développement, la fixation a cependant lieu électivement : l'accroissement est surtout marqué pour la chaux et l'acide phosphorique. Il n'y a pas fixation parallèle de l'acide et de la base dans les proportions exigées par la formule $(PO^4)^2 Ca^3$; l'organisme ne fixe pas directement le phosphate de chaux tout formé; il paraît d'abord assimiler du phosphore organique sans doute sous forme de nucléine et de lécithine. Il emprunte à ces composés de l'acide phosphorique, qu'ultérieurement, vers la fin de la grossesse, et surtout après la naissance il neutralisera par de la chaux peut-être assimilée, elle aussi, à l'état de substance orga-nique. Si l'on suppose toute la chaux à l'état de phosphate tricalcique, il reste pendant tout le cours de la grossesse un excédent d'acide phosphorique non saturé par la chaux et probablement à l'état organique.

La teneur des cendres en potasse et en soude fournit également quelques comparaisons intéressantes. C'est d'abord la prédominance de la soude dont la proportion continue à s'élever au cours du développement de l'embryon, mais moins rapidement que la teneur en potasse. Vers le milieu de la gestation on trouve plus de 2 molécules de soude pour 1 de potasse : à la fin la proportion devient 1, 2 molécule de soude pour 1 de potasse, rapport presque équimoléculaire. Comme les variations du chlore sont à peu près parallèles à celles de la soude, on peut en conclure que l'organisme assimile d'abord des sels de soude, puis à la fin des sels potassiques de préférence.

La prédominance de la soude tient à l'abondance relative du tissu cartilagineux chez le fœtus, le cartilage étant très riche en chlorure de sodium. C'est surtout au début et dans la période moyenne de la grossesse que le fœtus assimile du sel pour édifier ses cartilages. Au contraire, la potasse prédominant dans le globule rouge et le muscle strié augmente vers la fin de la vie intrà-utérine : sa proportion est en rapport avec le degré du développement.

Si maintenant l'on envisage l'ensemble de la statique minérale du fœtus pendant les six derniers mois de la vie embryonnaire, on constate d'abord que, si l'on fait abstraction des bases alcalines, de l'acide phosphorique et de la chaux, dont les variations sont dues à la genèse des globules rouges et à la formation du tissu osseux, la composition centésimale des cendres varie peu. Vers la fin, le poids total des cendres augmente beaucoup; mais, sauf les particularités signalées plus haut, les rapports des éléments entre eux ne subissent pas de grandes modifications.

Quant à l'alimentation minérale, la cellule de l'embryon de 4 mois a donc les mêmes exigences que la cellule du nouveau-né. Au cours de l'évolution embryonnaire le nombre des cellules augmente; mais la composition du squelette minéral ne change pas, sauf pour les sels nécessaires à l'édification de deux tissus spéciaux, le sang et l'os.

Une autre question se pose, celle du rapport entre la composition minérale de l'organisme global et la composition des cendres du lait. Bunge a montré que pour un certain nombre d'espèces (chat, chien, lapin) il y a parallélisme entre la composition minérale de l'organisme et celle du lait maternel, tandis que ce parallélisme ne se manifeste à aucun degré entre les sels du plasma sanguin et ceux du lait. La cellule épithéliale de la glande mammaire, a écrit Bunge, prélève sur les sels minéraux du plasma toutes les substances inorganiques exactement dans la proportion où elles sont nécessaires au nourrisson pour se développer et constituer l'organisme de ses ascendants. Chez l'homme, comme le montre Hugounenq, il n'en est pas de même; il n'y a aucun rapport dans la composition quantitative entre les cendres du nouveau-né et celles du lait de la femme. La loi de Bunge, vraie chez les petits mammifères, ne s'applique pas à l'homme. Soldner confirme sur ce point l'opinion de Hugounenq (Z. B., 1902, XLIV, 61).

Nous ne nous sommes pas encore occupé jusqu'à présent d'une question importante, celle de la richesse en fer de l'organisme fœtal. Hugounenq a trouvé :

Age du fœtus.	Fe^2O^3.
	gr.
4 mois à 4 mois et demi. . . .	0,060
4 mois et demi à 5 mois. . . .	0,061
5 mois à 5 mois et demi. . . .	0,073
6 mois.	0.119
6 mois et demi.	0,126
A terme.	0,383
A terme.	0,421

Ici encore apparaît l'intensité de l'assimilation pendant les trois derniers mois : néanmoins, comme la même loi règle la fixation des autres éléments minéraux, le rapport du fer à l'ensemble des cendres reste à peu près constant pendant la gestation. La quantité de fer contenue dans l'organisme global du nouveau-né est de 0^{gr},383 à 0^{gr},424, en moyenne 0^{gr},40 Fe^2O^3, ce qui correspond à 0^{gr},28 de fer métallique. La quantité de fer de l'économie est plus faible qu'on ne le croyait autrefois : la soustraction de fer subie par l'organisme maternel au bénéfice de l'embryon ne dépasse guère 0^{gr},30 de métal et par conséquent répond à un peu moins de 100 grammes d'hémoglobine humaine, soit à 800 grammes environ de sang maternel.

Il est intéressant de savoir comment ce fer est réparti. Combien fait partie intégrante du sang, combien, des autres tissus? D'après Bunge, en effet, le jeune animal doit posséder à sa naissance la réserve de fer nécessaire aux premières phases de son développement; sa nourriture exclusive au début de la vie extra-utérine, le lait, ne lui fournissant que des quantités insuffisantes de ce métal. Ainsi, chez le lapin nouveau-né, Bunge a trouvé 18,2 milligrammes de fer pour 100 grammes du poids du corps et 3,2 milligrammes seulement chez un animal âgé de 24 jours.

On a vu ensuite que les réserves de fer se constituent dans le foie. Mais il semble qu'il y ait sous ce rapport une distinction à faire entre les espèces animales. Dans le foie des chiens nouveau-nés, Zalesky a établi que la proportion de fer dans le foie est de 4 à 9 fois supérieure à celle de l'animal adulte; de même Bunge. Lapicque (B. B., 1889, et 1895, 39; Th. Faculté des Sc. de Paris, 1897) a observé également que chez le chien et le lapin nouveau-nés il y a dans le tissu hépatique une très forte proportion de fer qui diminue très rapidement à partir de la naissance. Chez les chiens, il peut y avoir des écarts très considérables pour des fœtus de la même portée; chez le lapin le phénomène est à la fois beaucoup plus marqué et plus régulier. Dans les analyses de Tedeschi (J. de Physiol., 1899, xxix) le minimum de fer trouvé chez les fœtus de lapin a été de 0,51 p. 1 000; le maximum 0,94; la moyenne 0,64; c'est-à-dire à peu près 10 fois supérieure à la teneur en fer du foie des lapins adultes. Krüger a obtenu des résultats semblables chez des fœtus de vache dont le foie s'est montré 10 fois plus riche en fer que celui de l'adulte (anal. in C. P., 1891, 283); la teneur en fer n'est pas d'ailleurs la même aux différentes périodes de la gestation : elle diminue en général vers la fin de la première moitié de la vie fœtale, augmente de nouveau pendant la deuxième moitié pour tomber rapidement pendant le dernier mois. Voici la moyenne des déterminations de Krüger pour les fœtus d'âge différent :

Fœtus long : de 20 à 30 cent. .	de 30 à 40	40 à 50	50 à 60	60 à 70	70 à 80	80 à 100
Pour 100 du poids sec : $0^{gr},3586.$	$0^{gr},2143$	$0^{gr},1402$	$0^{gr},1814$	$0^{gr},2960$	$0^{gr},3092$	$0^{gr},1809$

Le fœtus humain apporte-t-il aussi en naissant une provision de fer pour subvenir à l'édification de ses tissus et pour parer à l'insuffisance de ce métal dans le lait maternel? Hugounenq penche vers cette opinion; d'après un calcul fondé sur des données qu'il considère d'ailleurs lui-même comme hypothétiques, il estime qu'à la naissance 50 à 60 p. 100 du fer total sont à l'état d'hémoglobine, le reste entrant dans la composition des tissus ou liquides qui contiennent beaucoup moins de fer que le sang; il s'ensuivrait que la majeure partie du fer non hématique serait non pas à l'état d'élément constitutif des tissus, mais sous forme de réserve déposée dans tel ou tel organe (foie, rate).

Cependant d'après les déterminations de Lapicque et de Guillemonat (B. B., 1897, 32), l'homme paraît rentrer dans la catégorie des animaux dont le foie ne contient pas de réserve de fer à la naissance. La moyenne étant chez l'homme adulte de 0,23 gr. p. 1 000 de tissu frais, Lapicque a trouvé chez un fœtus masculin mort pendant l'accouchement 0,17 gr., alors que cependant Zalesky avait obtenu antérieurement chez un nouveau-né 0,30 gr. D'autre part Krüger et Lenz donnent pour le fer hépatique de l'adulte 0,055 p. 100 et pour celui du nouveau-né 0,314 p. 100 (Z. B., 1895, xxxi, 392 et 400). Les recherches de Guillemonat ont porté sur 20 sujets comprenant 8 fœtus à terme, 4 autres de 8 mois à 8 mois et demi, et 8 compris entre 4 mois et demi et 8 mois. Sur 8 fœtus à terme, la moyenne des teneurs du foie en fer étant de 0,26 p. 1000, soit, 0,25 pour les 5 garçons et 0,27 pour les 3 filles, la moyenne de ces 8 sujets était donc voisine de celle de l'homme adulte (0,23). Il est à remarquer qu'on ne trouve pas encore à la naissance la différence sexuelle que Guillemonat et Lapicque ont observée chez l'adulte, au détriment de la femme : le chiffre 0,27 est, en effet, le triple de celui des femmes adultes (50,09). Les 4 sujets ayant entre 8 mois et 8 mois et demi donnèrent aussi une moyenne de 0,27. Les 8 sujets restants présentaient des variations très grandes; en définitive la proportion de fer dans le foie du fœtus humain n'a aucun rapport avec le développement de l'embryon, et elle est tout à fait irrégulière.

CHIODERA (VIRCHOW et HIRSCH's, *J. B.*, 1891, 1) a déterminé chez des fœtus et des nouveau-nés la teneur du foie en ferratine (nucléine ferrugineuse) et sa richesse en fer. Sur 5 fœtus il ne trouva cette substance qu'une fois, dans la proportion de 0,12 p. 100 du poids du foie, et elle contenait 1,43 p. 100 de fer. Chez des nouveau-nés qui avaient vécu quelques jours il la trouva constamment, mais en moindre quantité que chez l'adulte, et en même temps elle était moins riche en fer (2 p. 100 au lieu de 5 à 6 p. 100).

D'après WESTPHALEN, le fer serait déposé non pas dans la cellule du foie fœtal, mais bien dans le tissu conjonctif et dans la paroi des vaisseaux : ce qui paraît peu vraisemblable. Le foie contiendrait déjà beaucoup de fer au moment où la rate n'en contient pas encore. Dans 3 cas, WESTPHALEN a trouvé un riche dépôt de fer dans l'épithélium des canalicules contournés du rein, en même temps que dans la rate. Il s'agirait probablement d'un état pathologique dans lequel, l'hémoglobine étant détruite en grande quantité, le rein tend à débarrasser le sang de l'excès de fer qu'il contient (*Arch. f. Gynæk.*, 1897, 53, XXXI).

LAPICQUE a montré encore que, contrairement au foie, la rate est, chez le lapin et chez le chien, pauvre en fer au moment de la naissance. Il en est de même chez les fœtus de vache (KRUGER) et chez le fœtus humain. GUILLEMONAT a trouvé que chez les 8 fœtus à terme la moyenne était de 0,16 (0,18 pour les 5 garçons — 0,14 pour les 3 filles), alors que chez l'adulte, elle est de 0,32 pour l'homme et 0,23 pour la femme. Les 4 sujets suivants de 8 mois à 8 mois et demi donnèrent comme moyenne pour la rate 0,18.

KRÜGER et LENSZ ont étudié les proportions de calcium, de soufre, et de phosphore dans les cellules hépatiques aux divers âges de la vie chez les bovidés. Pendant la vie fœtale il y a deux maxima pour la teneur du foie en calcium. Le premier correspond au cinquième, le deuxième au dixième mois de la gestation ; à ces époques les cellules hépatiques contiennent environ 45 p. 100 de calcium en plus que celles de l'animal adulte. Pendant la vie intra-utérine il y a une sorte de balancement entre la richesse en fer et la richesse en calcium, de telle sorte qu'à une augmentation de la teneur en Ca correspond une diminution de la teneur en Fe, et inversement. On pourrait supposer que tous les organes de l'embryon ne se développent pas ensemble avec la même régularité, de sorte qu'une accumulation de fer aurait lieu dans les cellules hépatiques quand le développement du système osseux prédomine, et avec lui la consommation de calcium, tandis qu'inversement, par suite des progrès de l'hématopoïèse et d'un arrêt relatif dans la formation du tissu osseux, le fer serait consommé en quantité plus grande, et le calcium se déposerait dans le foie.

La richesse du foie en phosphore est plus grande chez le fœtus que chez l'animal adulte, et elle reste à peu près la même pendant toute la durée de la vie intra-utérine ; immédiatement après la naissance elle diminue. La teneur en soufre est approximativement la même aux divers âges de la vie.

Chez l'homme, KRUGER et LENZ ont trouvé pour le foie du nouveau-né 3,56 p. 100 de soufre, et 1,54 de phosphore, tandis que chez l'adulte les quantités respectives sont 2,38 et 1,28 p. 180 ; donc, comme chez l'animal, le phosphore est en plus forte proportion que chez l'adulte. Mais, tandis que la quantité de soufre est la même chez les ruminants à toutes les périodes de la vie, elle est chez l'homme plus élevée à la naissance qu'à l'âge adulte.

Chez les fœtus de bovidés, la richessse de la rate en soufre est supérieure à celle du foie d'environ 10 p. 100 ; mais après la naissance elle est à peu près égale de part et d'autre, par suite d'une diminution du soufre dans les cellules de la rate. La richesse en phosphore du même organe est la plus grande chez les fœtus de 30 à 60 centim. de long, et elle diminue ensuite progressivement jusqu'à la naissance : au moment où elle atteint son maximum, elle dépasse d'environ 39 p. 100 celle du foie, lui devient à peu près égale chez les fœtus de 80 à 90 centimètres de long, puis inférieure de 16 p. 100 environ chez les fœtus de 90 à 100 centimètres.

2° Nutrition de l'œuf avant la formation du placenta. — Quand on traite de la nutrition du fœtus des mammifères, on n'envisage en général que celle qui se fait par l'intermédiaire du placenta. Mais il y a lieu de se demander aussi où l'œuf et l'embryon trouvent leur nourriture avant l'établissement de la circulation placentaire.

D'abord, l'ovule emporte avec lui un ensemble de granulations graisseuses et albuminoïdes qui représentent une réserve nutritive, destinée à être utilisée dans les premières phases de la segmentation. Van Beneden a donné à cette réserve le nom de *deutoplasma*. Le protoplasma proprement dit et le deutoplasma peuvent être mélangés uniformément à l'intérieur du vitellus. Habituellement, les grains deutoplasmiques sont accumulés dans la zone marginale, comme chez la brebis, soit au contraire dans la zone centrale au pourtour du noyau, comme cela se voit, d'après Nagel, chez la femme (Tourneux, *loc. cit.*, 25).

La zone pellucide sert aussi probablement d'aliment à l'œuf ; elle renferme, en effet, des éléments cellulaires en dégénérescence (cellules du follicule de Graaf), et d'un autre côté elle diminue d'épaisseur, au fur et à mesure que l'œuf descend dans l'oviducte.

Un deuxième aliment serait constitué par une couche de substances albuminoïdes qui vient ensuite envelopper l'œuf. C'est ce que Hensen avait appelé le *prochorion*. Cette couche, très épaisse dans l'œuf des monotrèmes et, à un degré moindre, dans celui des marsupiaux, a été retrouvée chez plusieurs placentaires et en particulier chez le lapin, le chien, le chat : elle ne l'a pas été chez d'autres, tels que le porc, le mouton, la chauve-souris. Ch. Bonnet (1897) l'a de nouveau étudiée chez le chat et chez le chien. Il a montré qu'elle provient d'une sécrétion des glandes utérines. Cette couche d'albumine est couverte de touffes villeuses, qu'on pourrait prendre *a priori* pour les villosités du chorion ; en réalité ce sont les moules des conduits excréteurs des glandes utérines, formés sous l'influence des réactifs par la coagulation du produit de sécrétion. Jenkinson trouve chez les souris une sécrétion semblable, qui contient des substances grasses et probablement aussi des matières protéiques.

Tout au début, chaque blastomère se nourrit par lui-même. Lorsque l'œuf est devenu un blastocyste, ce sont les cellules les plus superficielles de la vésicule qui puisent dans le milieu extérieur. On peut considérer l'ensemble de ces cellules périphériques comme formant un premier organe de nutrition, d'où le nom de *trophoblaste*, que leur a donné Hubrecht. Jenkinson a vu chez les souris que les cellules du trophoblaste ingèrent par phagocytose, dissolvent ensuite par digestion intra-cellulaire, de la graisse, des débris de cellules et des corpuscules sanguins. Il a vu également quelques-unes de ces cellules grossir énormément et se creuser de lacunes dans lesquelles vient circuler le sang maternel ; les grandes cellules renfermeraient également du fer.

Dans une troisième période les villosités du chorion se forment, se vascularisent et s'implantent dans la muqueuse utérine, y puisent des matériaux de nutrition. Paladino (*A. i. B.*, 1890, xiii, 59 ; *ibid.*, 1901, xxxv, 406) a bien insisté sur le rôle nutritif de la caduque qui, dit-il, a une bien plus haute signification que celle de servir d'enveloppe protectrice à l'embryon ; elle doit suppléer dès le principe au manque de vitellus nutritif dans l'œuf des mammifères. On comprend, en effet, que les villosités choriales puissent absorber directement les liquides qui transsudent des vaisseaux de la muqueuse utérine. Mais il semble que le phénomène soit plus complexe, et que la muqueuse élabore, à son contact avec le chorion, un liquide d'une nature particulière. Paladino, qui a étudié récemment le mode d'union de la caduque et des villosités choriales sur un embryon humain de quatre semaines environ, a donné du contenu des espaces intervilleux la description suivante : il se présente, dit-il, sous l'aspect de masses granuleuses et réticulées renfermant des leucocytes mononucléaires et polynucléaires en abondance, quelques hématies nucléées (normoblastes); des éléments épithéliaux provenant des glandes utérines en dégénérescence, des globules jaunes de différentes dimensions, et enfin des cellules plurinucléaires. (*C. R. du XIIIᵉ Congrès internat. de méd. Sect. d'Histol.*, 1900, 87.) Il s'agit là, en somme, d'une néoformation déciduale, qui jouerait le rôle d'une glande diffuse où viendraient puiser les villosités choriales.

Paladino insiste sur ce point, qu'il ne faut pas confondre le liquide qu'il a décrit avec ce qu'on appelle le lait utérin ; on ne peut cependant s'empêcher de remarquer qu'il y a entre l'un et l'autre d'assez grandes analogies. Nous aurons à revenir sur la nature et le rôle du lait utérin que l'on a rencontré aux diverses périodes de la gestation. Mais c'est ici le lieu de faire observer, avec Prenant (*Elém. d'Embryol.*, 1891, i, 402), que ce mode particulier de nutrition aux dépens d'une sécrétion lactéiforme de l'utérus ne s'exerce surtout que pendant les premiers stades de la vie embryonnaire. De l'aveu même de Bonnet, qui s'est occupé particulièrement de cette question, il faut pour étudier le lait utérin, s'adresser à des stades jeunes du développement. Cependant, comme il existe encore quand le placenta est formé et même, d'après quelques-uns, jusqu'à la fin de la gestation, une étude plus complète de ce liquide trouvera mieux sa place plus loin.

Le contenu de la vésicule ombilicale est aussi utilisé pour la nutrition dans la période préplacentaire du développement : elle ne renferme toutefois, sauf chez les Monotrèmes, dont l'œuf est méroblastique, qu'un peu de liquide albumineux : ce liquide peut parvenir au fœtus, soit directement par l'orifice de communication qui réunit la cavité de la vésicule ombilicale à celle de l'intestin, soit, ce qui est plus probable, par l'intermé-

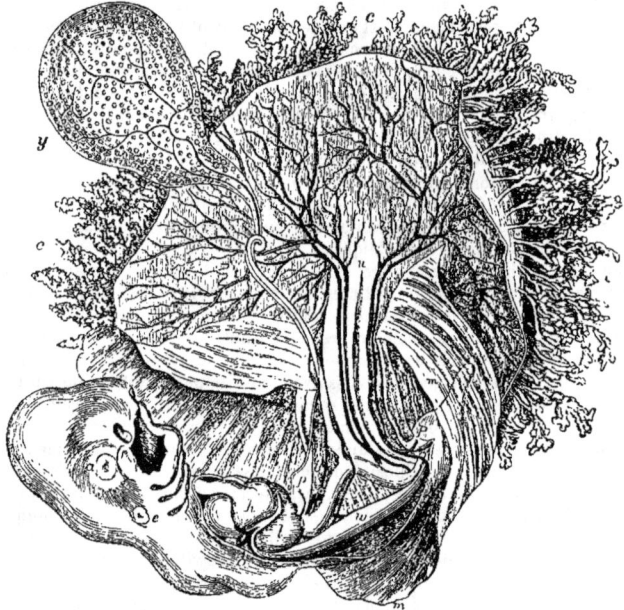

FIG. 82. — Embryon humain de 25 à 28 jours, grossi environ six fois (COSTE).

a, œil. — e, oreille. — h, cœur. — o, canal de CUVIER. — l, foie. — w, corps de WOLFF. — m, m, amnios déchiré. — c, c, chorion villeux. — u, allantoïde. — y, vésicule ombilicale.

diaire des veines-omphalo-mésentériques. RAUBER a décrit, dans le contenu du sac vitellin d'un embryon de lapin, des formations semblables à celles qui existent dans le jaune d'œuf de la poule, c'est-à-dire des globules volumineux plus ou moins finement granuleux, sans noyaux et amassés au voisinage immédiat de l'épithélium de la vésicule ombilicale. Quant à la provenance des matériaux contenus dans le sac vitellin à mesure qu'il s'accroît, les éléments en sont évidemment empruntés à la mère.

La vésicule ombilicale se réduit peu à peu chez les mammifères et au bout d'un temps plus ou moins long s'atrophie complètement. Mais il y a, cet égard, de grandes différences chez les divers mammifères. Il en est, en effet, comme les marsupiaux, chez lesquels la vésicule conserve jusqu'à la naissance une importance considérable. Ailleurs, comme chez les rongeurs, elle s'accroît, puis décroît lentement. D'autres fois enfin (ruminants), elle augmente très rapidement de volume pour s'atrophier ensuite tout aussi rapidement (PRENANT) (fig. 82).

Sur l'œuf humain elle atteint son plus grand développement à la fin du deuxième mois et mesure alors un diamètre de 6 à 10 millimètres avec un canal vitellin long de 25 millimètres. Elle diminue ensuite de volume, mais ses vestiges persistent jusqu'au moment de la naissance. Le canal vitellin s'oblitère du trente cinquième au quarantième jour; l'artère et la veine omphalo-mésentériques persistent plus longtemps que le canal (Tourneux). Cependant, d'après les données recueillies par Preyer, on trouve encore à la vésicule au quatrième et cinquième mois un diamètre de 7 à 11 millimètres.

L'épithélium du sac vitellin présente de nombreuses excavations signalées par Tourneux, et que Graf Spee assimile à de véritables glandes dont le produit de sécrétion se déverserait dans la cavité ombilicale par un orifice plus ou moins rétréci. Le caractère glandulaire de la vésicule est surtout marqué, d'après Graf Spee, vers la fin de la troisième semaine chez l'embryon humain, et il est tel qu'on pourrait considérer le tissu dont elle est formée comme l'homologue du tissu hépatique futur. Sa situation par rapport au point de pénétration du sang dans le corps de l'embryon, la présence dans son épaisseur de cellules géantes renfermant des corpuscules analogues aux hématies nucléées de l'embryon, sa régression quand le foie se développe, justifieraient cette homologie (Anat. Anzeiger, 1896, 76).

Mais, en définitive, la vésicule ombilicale n'a qu'une importance secondaire pour la nutrition. C'est un organe qui rappelle l'origine sauropsidienne de l'œuf des mammifères. Celui-ci perd son vitellus; car il peut se suffire à lui-même, dès qu'il a commencé à se développer dans l'utérus. Trouvant alors dans les substances sécrétées par les parois utérines et tirées du sang maternel une source nouvelle et inépuisable de matériaux nutritifs, l'embryon n'a plus besoin de l'appoint vitellin. Mais les enveloppes qui avaient pris naissance sous l'influence du contenu vitellin primitif se sont conservées en s'adaptant à la nutrition utérine et en se modifiant en conséquence.

3° La nutrition du fœtus après la formation du placenta. — a. Les surfaces d'échange. On peut définir le placenta un organe extra-embryonnaire qui sert aux échanges nutritifs entre la mère et le fœtus. Le parasitisme profond de l'embryon sur la mère se caractérise bien par la formation de cet organe nourricier et fixateur. Houssaye (La forme et la vie, 1900, 701) a présenté à ce sujet des considérations intéressantes[1]. D'après les recherches récentes, dit cet auteur, en particulier celles de Hubrecht, de Mathias Duval, de Sedgwick Minot, « on peut concevoir un placenta tout simplement comme une approche des tissus embryonnaires et maternels qui par leurs surfaces l'une et l'autre gaufrées contractent une adhérence capable de se dégager sans rupture et donnent lieu seulement à des échanges osmotiques : ce sont les placentas indécidus ; soit comme une prolifération de certaines régions embryonnaires qui attaquent la paroi utérine maternelle, la digèrent, la rongent et la creusent d'anfractuosités profondes pour s'y insinuer, et constituer avec elle en quelque manière une continuité de tissu aussi complète que cela peut avoir lieu dans une cicatrice ou mieux dans une greffe, l'adhérence ne prenant fin que par une rupture : ce sont les placentas décidus ».

Les placentas décidus zonaires (carnivores, proboscidiens, etc.) ou discoïdes (rongeurs, chéiroptères, insectivores, primates) sont ceux qui fixent le plus solidement l'embryon à la mère, et la façon dont ils se développent montre à un haut degré le caractère parasitaire de cette fixation. Si l'on prend comme type le développement du placenta chez le lapin, on peut y distinguer, avec Mathias Duval, trois périodes. Dans une première période, il y a formation de ce qu'on a appelé l'ectoplacenta, dérivé de l'ectoderme ovulaire. Dans la région où le premier chorion (chorion amniogène ou séreuse de Von Baer) touche l'utérus, sa paroi présente la structure suivante : une couche cellulaire profonde extérieurement doublée par une couche plasmodiale (symplaste placentaire de Laulanié), syncytium ecto-placentaire d'Henricius, dans laquelle les contours cellulaires sont indistincts. Le protoplasma de cette plasmodie attaque à la façon des phagocytes les cellules de la muqueuse utérine. Sous l'influence de cette irritation, celle-ci prolifère, se boursoufle et prend l'aspect mamelonné : on appelle cette zone le cotylédon maternel. Au niveau d'elle, le chorion de la muqueuse s'est notablement épaissi, et les vaisseaux sanguins se sont dilatés en sinus dont les parois se trouvent renforcées par plusieurs assises de cellules globuleuses.

Mais la couche plasmodiale attaque et digère l'épithélium utérin, qu'elle détruit et

---

1. Voir aussi à ce sujet un exposé instructif dans Laulanié, Élém. de Physiol., ii, 1902.

remplace en proliférant. Elle arrive ainsi jusqu'à englober les capillaires maternels dont l'épithélium finit lui-même par disparaître et dont le sang circule alors dans des lacunes que M. Duval a appelées espaces sangui-maternels, limités directement par l'ectoplacenta, c'est-à-dire que le sang de la mère coule dans la substance même de l'embryon. Telle est la formation de l'ectoplacenta.

Dans une deuxième période, quand l'allantoïde s'est développée et s'est étalée contre la face profonde du premier chorion qu'elle transforme en chorion vasculaire, celui-ci bourgeonne en dehors et se soulève en lames vasculaires qui cloisonnent la masse ectoplacentaire; de sorte que le plasmode se trouve maintenant pénétré par deux sortes de cavités, d'une part les lacunes sangui-maternelles et, d'autre part, les capillaires de l'embryon, ayant conservé leur tunique endothéliale.

Enfin, dans une troisième période, la paroi plasmodiale, qui sépare le sang maternel du sang fœtal, se résorbe plus ou moins complètement, de sorte que les capillaires fœtaux, sur la plus grande étendue de leur surface, sont directement en contact avec le sang maternel dans lequel ils baignent à nu.

La nature et la disposition des tissus qui séparent le sang maternel et le sang fœtal sont d'ailleurs absolument différentes dans le placenta de tel animal, comparativement au placenta de tel autre; elles peuvent même être différentes, comme on vient de voir, pour un même animal, suivant qu'il s'agit de la première ou de la deuxième moitié de la gestation. La description qui précède s'applique au groupe des rongeurs. On peut, avec Mathias Duval (*Placenta des rongeurs*, 617), la résumer en quelques traits caractéristiques. Dans la première moitié de la gestation, le sang maternel remplit des lacunes creusées dans une vaste formation ectodermique d'origine fœtale. C'est la formation ectoplacentaire, sorte d'éponge dans les mailles de laquelle circule le sang maternel, éponge qui est bientôt pénétrée par les capillaires fœtaux, et, lorsque cette pénétration est complète, les dispositions sont telles que le sang fœtal est séparé du sang maternel seulement par deux barrières, la barrière du capillaire fœtal et une couche ectodermique. Mais, à la fin de la gestation, les éléments ectodermiques s'atrophient, sont résorbés, et ils ne persistent plus qu'à l'état de noyaux qui forment une couche discontinue. Il n'y a donc plus alors entre les deux sangs qu'une seule couche de séparation représentée par la simple et mince paroi endothéliale des capillaires fœtaux. Le schéma du placenta des rongeurs à la fin de la gestation, c'est un chevelu de capillaires plongeant librement dans un liquide.

Chez les pachydermes et les ruminants, le sang fœtal est contenu dans des capillaires; le sang maternel l'est également. Entre les deux systèmes est disposée une double couche épithéliale, à savoir l'ectoderme fœtal et l'épithélium utérin. Ces dispositions persistent jusqu'à la fin de la gestation. Donc, chez ces animaux, il y a toujours entre le sang maternel et le sang fœtal une quadruple barrière, à savoir les deux couches des parois capillaires et les deux couches épithéliales,

Plus tard, M. Duval a montré que sur le placenta des carnassiers l'envahissement du chorion et l'englobement des capillaires maternels par la couche plasmodiale de l'ectoplacenta s'opèrent sensiblement de la même façon que chez les rongeurs. La seule différence observée, c'est que les vaisseaux maternels conservent leur revêtement épithélial.

Il reste à examiner les dispositions du placenta humain; deux tissus d'origine différente concourent à sa formation; l'un, de provenance maternelle, la sérotine, constitue le placenta maternel ou utérin; l'autre, de provenance fœtale, la membrane choriale avec ses prolongements villeux, représente le placenta fœtal. Il faut noter d'abord que le chorion fœtal est revêtu, à sa surface, d'un épithélium divisé en deux couches; une, profonde, où les éléments cellulaires sont nettement délimités; l'autre, superficielle où les cellules sont fusionnées en une masse homogène parsemée de noyaux (couche plasmodiale). Au niveau de la sérotine, ces deux couches de la membrane choriale se comportent de la façon suivante. La couche cellulaire profonde s'épaissit irrégulièrement et constitue par place des amas cellulaires qui font saillie dans les lacs sanguins maternels : la couche plasmodiale se modifie profondément de son côté, et se transforme en une substance jaunâtre réfringente, creusée de canalicules anastomosés et montrant çà et là des éléments cellulaires. Cette substance, comparée par Koelliker à du tissu osseux mou, est connue depuis Langhans sous le nom de *fibrine canalisée*.

La structure de la membrane choriale se retrouve dans les villosités placentaires, prolongements qui s'engagent et plongent dans les lacs sanguins maternels, en partie pour s'y terminer librement, en partie pour se souder au tissu du placenta maternel. Chacune de ces villosités est formée d'un axe conjonctif allantoïdien, à la surface duquel l'épithélium chorial est étalé en forme de manchon. Ici l'épithélium ne se comporte pas de la même façon qu'au niveau de la membrane choriale : c'est la couche cellulaire profonde qui disparaît, tandis que la couche plasmodiale persiste et constitue à elle seule à partir du quatrième mois le revêtement épithélial des villosités; cette couche n'est pas étalée régulièrement au pourtour de l'axe conjonctif, mais elle présente des épaississements locaux qui s'allongent, se renflent et forment des bourgeons arrondis, appendus par un pédicule plus ou moins grêle à la surface de la villosité (bourgeons, appendices épithéliaux).

Chaque villosité reçoit une branche des artères ombilicales qui se divise autant de fois que la villosité elle-même. Les dernières artérioles se résolvent dans les différentes ramifications en un réseau capillaire superficiel, placé immédiatement au-dessous de l'épithélium. Les veinules émanées de ces vaisseaux se réunissent dans le tronc de la villosité en une seule veine efférente.

Les espaces intervilleux remplis par le sang de la mère représentent un système de larges excavations irrégulières communiquant toutes entre elles. D'après KOELLIKER, le courant se dirigerait, de la partie centrale du placenta vers les bords où le sang est recueilli, dans un sinus coronaire, en relation avec les veines utéro-placentaires. Ce sinus veineux paraît constitué par les espaces sanguins marginaux, à l'intérieur desquels les villosités n'ont pas bourgeonné.

Les parois des espaces sanguins ne sont tapissées en aucun point par un revêtement endothélial : les villosités plongent donc librement dans le sang maternel. Comme dans le placenta maternel à terme, il n'existe nulle part de capillaires intermédiaires aux artères et aux veines, la plupart des observateurs admettent aujourd'hui que les lacs sanguins ne sont autre chose que ces capillaires eux-mêmes progressivement distendus et transformés en un système de cavités anfractueuses dans lesquelles se ramifient les expansions villeuses du chorion fœtal, après avoir en quelque sorte érodé la surface muqueuse. De sorte que, comme le dit TOURNEUX, à qui nous avons emprunté les éléments de cette description, tout permet de supposer que les choses se passent de la même façon chez l'homme que chez les rongeurs, avec cette différence peut-être que chez lui les phénomènes de destruction du tissu utérin y sont encore plus accusés. Il y a cependant une distinction à établir entre le placenta des rongeurs et celui du fœtus humain, puisque, chez ce dernier, les villosités plongent, il est vrai, à nu dans les lacs sanguins de la mère, mais restent recouvertes jusqu'à la fin d'un revêtement épithélial, c'est-à-dire de la couche plasmodiale. Le sang maternel demeure donc séparé du sang fœtal par une double barrière, cette couche plasmodiale d'une part et l'endothélium du réseau capillaire de la villosité, d'autre part.

Notons encore, pour terminer, que, si chez les groupes précédents le chorion s'est doublé de l'allantoïde pour former le placenta, par contre chez les marsupiaux il se double de la vésicule ombilicale, et, au lieu d'un placenta et d'un chorion allantoïdien, on a un placenta et un chorion ombilical (omphalo-chorion).

SFAMENI (*A. i. B.*, 1900, XXXIV, 246; *ibid.*, 1901, XXXV, 379) a étudié la composition chimique du placenta humain. Le tissu placentaire contient 83,67 p. 100 d'eau : il est donc au nombre de ceux qui sont le plus riches en eau, ce qui tient à ce qu'il est constitué en grande partie par du tissu muqueux. Les substances minérales s'y trouvent dans la proportion de 0,8681 p. 100, par conséquent dans le même rapport que dans les autres tissus, malgré la richesse du placenta en eau.

La différence de sexe n'entraîne pas de différence notable dans la composition du placenta, sauf en ce qui concerne les substances minérales : celles-ci sont en plus grande abondance (0,8441 p. 100) dans les placentas des fœtus féminins que dans ceux des fœtus masculins (0,7997 p. 100). La quantité plus forte de matières minérales chez les fœtus féminins est toute en faveur des sels solubles; les sels insolubles sont prépondérants chez les fœtus masculins.

SFAMENI a constaté que, lorsque la proportion des sels insolubles du résidu inorganique du tissu placentaire était supérieure à 10 p. 100, la moyenne du poids des fœtus était plus élevée de 300 grammes environ que quand la proportion était inférieure à ce chiffre. Dans le premier cas on trouve souvent dans le placenta des concrétions calcaires dont la présence ne trouble pas, par conséquent, l'évolution du fœtus, comme on l'a pensé, mais au contraire la favorise. Ces faits viendraient appuyer l'hypothèse que les sels minéraux doivent être considérés comme les facteurs principaux de l'absorption, de l'assimilation et de la désassimilation des matières organiques.

GRANDIS avait constaté la présence de notables quantités d'acide phosphocarnique ou nucléone dans le placenta humain. SFAMENI a fait sur ce point des déterminations quantitatives et pour le sang fœtal et pour le placenta; il a trouvé dans le tissu placentaire 0,1186 p. 100 de nucléone, et dans le sang fœtal 0,2106 p. 100, c'est-à-dire une quantité presque double.

Le sexe du fœtus, le poids du placenta n'ont pas d'influence sur la proportion de la nucléone.

b. **La nutrition par le placenta.** — Par quel mécanisme et sous quelle forme les substances nutritives contenues dans le sang de la mère parviennent-elles au fœtus? L'absorption placentaire n'obéit-elle qu'aux lois physiques de la diffusion et de l'osmose et à celles de la filtration, ou bien l'activité des éléments cellulaires, interposés entre le sang maternel et le sang fœtal, intervient-elle pour donner au transport de matières l'intensité et la direction nécessaires. Si l'on tient compte des dispositions anatomiques de la villosité, du moins telles qu'elles se présentent dans le placenta humain, si l'on raisonne par analogie en se reportant au mécanisme de l'absorption intestinale, on sera porté à croire qu'aux forces physiques viennent se joindre, suivant l'expression d'HEIDENHAIN, des forces physiologiques pour favoriser le passage des matières nutritives à travers le placenta. Il est encore une autre manière de concevoir le rôle du revêtement cellulaire de la villosité placentaire : elle représenterait non seulement un organe d'absorption, mais un organe de digestion, c'est-à-dire qu'elle ferait subir à certaines substances les transformations nécessaires pour les rendre absorbables.

Il y a lieu d'examiner, à ce point de vue, les diverses catégories de principes qui doivent servir d'aliments au fœtus. On peut considérer comme démontré que l'eau, les sels solubles, les substances facilement dialysables, telles que le sucre, passent de la mère au fœtus en vertu des seules lois de la diffusion. Cependant V. OTT, pour qui la nutrition du fœtus est assurée exclusivement par le liquide amniotique, a soutenu que l'eau même ne traverse pas le placenta. (*Arch. f. Gynæk.*, 1886, XXVII, 129.) Cet expérimentateur commence par déterminer chez des chiennes et des lapines pleines la teneur du sang en eau et en matériaux solides; puis il leur soustrait la moitié environ de leur sang pour la remplacer par une quantité équivalente de la solution physiologique de chlorure de sodium (6 p. 1000). Vers le troisième jour, ou après un intervalle plus long encore, il extrait les fœtus, et il trouve que leur sang renferme la même quantité d'eau que celui de la mère avant l'injection, tandis que chez la mère il existe encore un état prononcé d'hydrémie. Dans d'autres expériences on enlève à la femelle ses fœtus, les uns vingt-quatre heures avant, les autres vingt-quatre heures après l'injection de la solution saline et le sang a la même composition chez les uns que chez les autres.

Mais COHNSTEIN et ZUNTZ font remarquer (*A. g. P.*, XLII, 1888, 342) que dans les conditions de cette expérience il ne s'établit pas de courant de diffusion du sang de la mère, vers ses propres tissus, à plus forte raison vers le fœtus. Ces physiologistes sont arrivés d'ailleurs, à mettre très nettement en évidence non seulement le passage de l'eau, mais encore celui du sucre à travers le placenta. Ils injectent à des femelles en gestation, soit une solution de chlorure de sodium à 3 p. 100, soit une solution concentrée de glucose, et déterminent avant et après l'injection l'état de dilution du sang de la mère et du sang fœtal par la numération des globules rouges et l'évaluation de sa proportion d'hémoglobine. COHNSTEIN et ZUNTZ ont observé de la sorte que la concentration du sang maternel baisse sensiblement et rapidement après l'injection de la solution de chlorure de sodium à 3 p. 100, en même temps que celle du sang fœtal augmente : d'où l'on peut conclure que celui-ci abandonne de l'eau au sang maternel et qu'il se produit, par voie de diffusion, entre le sang du fœtus et celui de la mère un échange d'eau aussi rapide qu'entre le sang de la mère et ses propres tissus.

En même temps que le sang du fœtus perd de l'eau, il s'enrichit soit en chlorure de sodium, soit en sucre. Cohnstein et Zuntz n'ont pas évalué quantitativement l'augmentation du sel dans le sang fœtal ; mais ils ont fait cette détermination pour le sucre. Une minute déjà après la fin de l'injection, on peut reconnaître que dans le sang du fœtus la richesse en sucre a notablement augmenté : au bout d'une heure, elle a fortement diminué, ainsi que la concentration, tandis que dans le sang maternel la proportion de sucre a baissé également, et la concentration a de nouveau augmenté.

Ces expériences ont donc démontré pour la première fois avec certitude que l'eau et les substances solubles passent à travers le placenta dans le sang fœtal. Ces échanges, comme le font remarquer Cohnstein et Zuntz, ont tous les caractères d'un processus de diffusion. Cependant ces physiologistes ne veulent pas, sans plus ample informé, déduire de là que les substances non diffusibles, telles que l'albumine et les graisses, parviennent au fœtus par un mécanisme semblable. Ils seraient plutôt portés à croire que le placenta a la propriété de peptoniser l'albumine, pour en permettre l'absorption. La nécessité d'une peptonisation des matières protéiques avait déjà été antérieurement soutenue par Zuntz (A. g. P., xiv).

Cette opinion a récemment trouvé un défenseur dans A. Ascoli (Z. p. C., 1902, xxxvi, 498), qui a étudié le passage de l'albumine de la mère au fœtus en se servant comme réactifs de sérums précipitants spécifiques. Cet expérimentateur a trouvé que, si l'on injecte à des femelles en gestation, par voie sous-cutanée, différentes substances albuminoïdes, il est facile de constater par ce moyen leur présence dans le sang de la mère. et souvent aussi dans celui du fœtus ; mais dans tous les cas il y a une différence très prononcée dans l'intensité de la réaction entre le sang de la mère et celui du fœtus : elle est toujours beaucoup plus faible dans le sang du fœtus. Si la réaction dans le sérum maternel est faible ou modérée, ce qui s'obtient soit en injectant de faibles quantités d'albumine sous la peau, soit en faisant ingérer même de grandes quantités par le tube digestif, la réaction fait défaut dans le sang du fœtus. De même, si l'on fait ingérer de l'ovalbumine à des femmes enceintes ou en travail, le réactif physiologiuue permet de la mettre en évidence dans le sang de la mère, mais non dans celui du fœtus. Ce qui revient à dire que dans les conditions normales l'albumine ne passe pas dans le sang du fœtus, ou, du moins, que les substances que précipitent les sérums spécifiques n'y passent pas.

Il faut donc supposer au placenta des fonctions digestives ; cette manière de voir concorde avec cet autre fait découvert par Ascoli, que le placenta débarrassé de son sang contient un ferment protéolytique : ce ferment agit à peine en milieu alcalin, faiblement en milieu neutre, et plus activement en milieu acide ; il est capable de digérer la fibrine, et dans cette digestion on trouve comme produits intermédiaires des albumoses et, comme produits terminaux, de la leucine, de la tyrosine et des bases nucléiques. Ce ferment existe déjà dans le placenta à des stades peu avancés du développement.

Il est vrai que les peptones diffusent plus facilement que l'albumine dont elles dérivent : mais peut-être leur diffusibilité a-t-elle été exagérée, si l'on s'en rapporte aux expériences de v. Wittich (H. H. v, 2, 296) et à celles de Maly. Toujours est-il que Wertheimer et Delezenne (B. B., 1895, 191), en injectant des peptones à des femelles pleines n'ont pas pu rendre incoagulable le sang des fœtus. Cette expérience, comme on verra plus loin, peut recevoir diverses explications, et elle devrait être complétée par la recherche directe des peptones dans le sang du fœtus ; mais on peut néanmoins en conclure que les protéoses elles-mêmes traversent difficilement le placenta, ou du moins très lentement.

Il n'est pas probable que le placenta oppose au passage des albumines contenues dans le sang maternel un obstacle absolu, et leur peptonisation préalable paraît superflue ; elle suppose d'ailleurs que le même épithélium de la villosité placentaire qui est chargé de transformer l'albumine en peptone transforme ensuite immédiatement la peptone en albumine du sérum, puisque la peptone est un principe étranger à la constitution normale du sang, et dont l'organisme se débarrasse quand il a pénétré directement dans la circulation.

Mais l'albumine, dira-t-on, ne traverse pas les membranes. Il faut pourtant bien que les matières albuminoïdes du sérum traversent constamment les parois des vaisseaux pour fournir aux besoins des éléments extra-vasculaires. D'un autre côté, puisque l'étude de l'absorption digestive nous montre que des matières albuminoïdes non transformées, ni peptonisées, arrivent dans les vaisseaux sanguins des villosités intestinales, on ne voit pas pourquoi les villosités placentaires qui sont plongées directement dans le sang maternel ne laisseraient pas passer la sérumalbumine et la sérumglobuline qui y sont contenues. D'ailleurs, aussi bien pour l'absorption intestinale que pour l'absorption placentaire, on est obligé jusqu'à présent, si l'on veut expliquer ces faits, de faire intervenir l'activité vitale des éléments épithéliaux [1].

C'est surtout le passage de la graisse qui a paru le plus difficile à expliquer, et l'on s'accorde généralement à admettre que le fœtus la fabrique lui-même aux dépens des hydrates de carbone et des matières albuminoïdes. Comme la structure des villosités, dit PREYER, et les expériences sur le passage des éléments morphologiques du sang de la mère au fœtus sont catégoriquement hostiles à la migration régulière de corpuscules graisseux à l'état libre dans le sang du fœtus, on ne peut que regarder comme vraisemblable une production de graisse par l'embryon et une importation de cette substance par les leucocytes. Cette opinion paraîtra cependant moins vraisemblable que ne le croit PREYER, si l'on considère quelle riche réserve de substances grasses toutes faites la nature a déposée dans l'œuf des oiseaux, alors que l'embryon ne peut pas les recevoir de la mère, et bien que son organisme soit tout aussi apte que celui des fœtus de mammifères à faire subir aux hydrates de carbone et aux substances quaternaires les transformations nécessaires.

On ne peut comprendre, dit encore PREYER, comment la graisse doit franchir par diffusion l'épithélium du chorion et les tuniques des vaisseaux. Mais on ne comprend pas mieux comment dans l'organisme adulte elle arrive à la vésicule adipeuse qui la met en réserve. Le problème de la pénétration des graisses de l'intestin dans le système circulatoire a été bien souvent agité, et il continue encore à l'être ; mais il est remarquable que celui du passage inverse, du sang vers les tissus, n'est en général pas même soulevé. Il n'y a peut-être que BUNGE qui en ait proposé, non une solution, mais un essai d'explication, en ces termes : si les globules graisseux peuvent émigrer à travers la paroi intestinale, pourquoi ne pourrraient-ils pas traverser aussi les parois des capillaires et pénétrer dans les organes ? Mais alors, peut-on ajouter, puisqu'ils traversent la paroi intestinale et la paroi des vaisseaux, pourquoi ne pourraient-ils pas traverser aussi la paroi des villosités placentaires et celle de leurs capillaires ?

Cependant, pour expliquer le passage de la graisse en nature à travers les vaisseaux, il ne serait plus permis d'invoquer, avec BUNGE, l'exemple de l'absorption intestinale, s'il est vrai, comme le soutient PFLUGER, que celle-ci exige la saponification préalable des matières grasses. Mais, si l'on veut admettre que, pour sortir des vaisseaux, elles ont besoin aussi d'être dédoublées par un ferment saponifiant, leur absorption par les villosités placentaires se comprendra encore plus facilement, puisque les produits de dédoublement seront des substances diffusibles.

Il faut dire toutefois que les deux seules tentatives expérimentales qui, à notre connaissance, aient été faites sur cette question ne semblent pas favorables à l'idée que la graisse du fœtus provient de la graisse contenue dans l'alimentation de la mère.

AHLFELD (cité par SCHREWE) donne à une femelle pleine, qu'il a laissée d'abord à jeun pendant deux ou trois jours, une certaine quantité de lard. Au bout de douze heures on fait une saignée à l'animal; puis on extrait les fœtus, et on détermine ainsi la proportion de graisse de leur sang. Dans le sang de la mère on trouve 8,2 à 9,3 p. 100 d'extrait éthéré : dans le sang du fœtus, 0,5 à 0,84 p. 100. Le sang de la mère a l'aspect lactescent, et au bout d'un quart d'heure il laisse surnager une épaisse couche crémeuse ; mais, dans le sang du fœtus, rien de pareil. AHLFELD conclut donc que même les plus fines particules graisseuses ne traversent pas le placenta. La conclusion ne paraît cependant pas absolument justifiée, puisqu'on ne sait pas quelle était la proportion de graisse dans le sang du fœtus avant l'expérience.

Plus probantes sont les observations de MARTIN THIEMISCH (C. P., 1898, 850), qui a nourri une chienne pendant deux portées successives avec des graisses aussi différentes

1. Voir cependant : H. FRIEDENTHAL, Ueber die Permeabilität der Darmwandung, A. D., 1902.

que possible et a déterminé ensuite la composition de la graisse des nouveau-nés. Dans la première expérience THIEMISCH a employé la palmine, graisse extraite de l'huile de coco, dont l'indice d'iode est 8; dans la deuxième, l'huile de lin, dont l'indice d'iode est 180. L'expérience a commencé, dans les deux cas, quelques jours après que la chienne avait été couverte et sans qu'elle eût été débarrassée préalablement des réserves graisseuses de ses tissus. Il s'est trouvé que la graisse des nouveau-nés présentait dans les deux cas la même composition au point de vue de l'indice d'iode, composition qui était donc indépendante de celle de la graisse qu'on avait fait ingérer à la mère pendant toute la durée de la gestation, soit sept à huit semaines. Donc la graisse du fœtus ne provient pas directement de la graisse alimentaire de la mère ou en faible proportion seulement. Mais, comme le reconnaît THIEMISCH, la question reste ouverte de savoir si le fœtus ne tire pas sa graisse des réserves graisseuses de la mère.

La seule observation que l'on puisse citer à l'appui de l'opinion, que le fœtus reçoit sa graisse toute formée de la mère, est due à DASTRE. Ce physiologiste a constaté (loc. cit.), pendant toute la durée de la vie embryonnaire, la présence de la graisse dans les cellules du chorion, et même dans les cellules de la paroi des petits vaisseaux, sous la forme même qu'elle affecte lorsque dans la digestion elle traverse l'épithélium intestinal, c'est-à-dire sous la forme de granulations.

Quant au transport de la graisse et même de l'albumine par les globules blancs, il ne paraît pas devoir être admis, puisque l'expérience montre, comme on le verra en un autre chapitre, que ces éléments ne franchissent pas le placenta.

Le placenta est donc certainement un organe d'absorption; peut-être, d'après quelques-uns, un organe de digestion; on y a vu également un organe de sécrétion. Beaucoup d'auteurs ont admis, en effet, que le liquide spécial dont nous avons déjà parlé, le lait utérin, élaboré par le placenta, nourrit le fœtus, ou, du moins, contribue à sa nutrition. La présence de ce liquide et sa signification avaient déjà été indiquées par HALLER dans cet apophtegme : *In ruminantibus manifestum fit matrem inter et fœtum, non sanguinis sed lactis esse commercium.* Ce n'est plus le sang qui nourrit le fœtus, c'est un lait, c'est-à-dire une sécrétion de la mère. « Le placenta maternel est une mamelle, une glande sécrétant une humeur que NEEDHAM (1667) appelait le lait utérin, que VIEUSSENS confondait avec le lait véritable; que DUVERNEY (1835) et ESCHRICHT (1837), ont considérée comme l'humeur des glandes utriculaires; que PRÉVOST et MORIN, SCHLOSSBERGER en 1855, SPIEGELBERG et GAMGEE en 1864 ont isolée et analysée. » (DASTRE.)

On peut exprimer le lait utérin des cotylédons placentaires des ruminants sous la forme d'un liquide blanc ou faiblement rosé, crémeux, à réaction alcaline, mais devenant facilement acide. Sa composition est la suivante : matériaux solides : 81,2 à 120,9 p. 1000 ; 61,5 à 105,6 d'albumine; 10 de graisse ; 3,7 à 8,2 de cendres (HAMMARSTEN, *Physiol. Chemie*, 1895, 375).

L'origine du lait utérin a été diversement comprise par les auteurs. Tandis que la plupart ont admis qu'il est un produit des glandes utriculaires de la matrice (HALLER, VON BAER, BISCHOFF, SHAPEY, JASSINSKY etc.), ou même de la totalité de la surface de l'épithélium utérin (HENNING), d'autres, tels que TURNER, ERCOLANI, ROMITI, ont pensé, ERCOLANI surtout, qu'il était dû à un organe sécréteur nouveau : cet organe sécréteur, néoformé, n'est autre que le derme utérin remanié et devenu particulièrement riche en grandes cellules.

Quant au mode de formation du lait utérin, ERCOLANI le fait naître d'une décomposition des cellules du tissu même de la muqueuse utérine. BONNET, observant dans ce liquide une énorme quantité de globules blancs, en attribue la production à ces derniers : les globules blancs fournis par les vaisseaux sanguins de la mère émigreraient à travers l'épithélium de la muqueuse et des glandes. TAFANI considère le lait utérin comme formé par la destruction des cellules épithéliales de la muqueuse et des glandes utérines.

Nous avons déjà dit que le lait utérin se rencontre surtout dans les premiers stades du développement; cependant, chez les ruminants et les solipèdes, il persiste encore à des stades avancés. Il est probable que ce mode de nutrition au moyen d'un liquide spécial diminue d'importance au fur et à mesure que les rapports placentaires se compliquent et se perfectionnent, puisque le lait utérin est surtout abondant dans les groupes inférieurs indéciduates, tandis qu'il se réduit beaucoup ou fait même défaut chez les mammifères à placenta zonaire et discoïde, quand les relations vasculaires entre la mère et le fœtus deviennent plus intimes (Prenant).

Cependant Hoffmann a soutenu que le fœtus humain tire aussi sa nourriture non seulement du sang maternel, mais d'un véritable lait utérin qui se mêle à ce sang. Ce lait serait secrété par la sérotine et se rencontrerait jusque dans les espaces intervilleux, de sorte que les villosités placentaires pourraient y puiser directement.

Werth, par contre (*Arch. f. Gynæk.*, xxii, 233), trouve que les globules sphériques décrits par Hoffmann manquent entièrement dans les placentas frais, ou n'y existent qu'en petite quantité, tandis qu'ils augmentent de nombre quelques heures après la naissance. Werth les a vu exsuder des villosités et les considère comme des gouttelettes albumineuses éliminées par l'épithélium chorial mourant.

C'est ici le lieu de signaler les formations que l'on a décrites récemment comme des produits de sécrétion du placenta. Nattan-Larrier (*B. B.*, 1901, 1111) rappelle que Creighton avait déjà dit qu'en divers points de la portion fœtale du placenta les cellules périvasculaires se transforment en se fondant en une sorte d'humeur aqueuse qui est absorbée par les villosités fœtales, de sorte qu'on peut conserver, ajoutait-il, pour le placenta l'expression d'organe glandulaire. Mais Nattan-Larrier constate que c'est dans les vaisseaux maternels que l'on trouve des boules arrondies et colorées en gris, nées du plasmodium, et que c'est vers l'organisme de la mère que sont portés ces produits « de la sécrétion interne du placenta ».

Letulle (*B. B.*, 1903) a signalé dans le placenta humain normal des boules ou gouttelettes identiques à celles décrites par Nattan-Larrier et Pinoy dans le placenta des cobayes ; elles apparaissent soit fixées à la surface de l'épithélium plasmodial, soit flottante dans les sinus sanguins au milieu de globules rouges. Il s'agirait d'une matière albuminoïde dont il est malaisé d'établir les caractères ; mais ce qui est certain, c'est que c'est la couche épithéliale plasmodiale recouvrant la villosité placentaire qui leur donne naissance.

A quoi servirait cette sécrétion interne du placenta? Nous n'en savons rien. On verra cependant plus loin, à propos des échanges entre le fœtus de la mère, quel rôle Kollmann a attribué aux produits de ce genre. D'après Pinoy (*B. B.*, 1903,6), les petites boules du placenta normal sont entièrement solubles dans l'acide acétique, ou les acides forts étendus ; les grosses boules y sont altérées au point d'être méconnaissables ; il ne reste le plus souvent que leur contour extérieur. Ces boules doivent être considérées non comme une sécrétion, mais comme des déchets sarcodiques rejetés par le plasmode. Le plasmode est l'équivalent d'un épithélium qui travaille et se renouvelle : les boules sont constituées par du plasmode mort ; elles sont l'équivalent de cellules desquamées.

Au même ordre de faits qui vient de nous occuper il faut encore rattacher une particularité que présente le placenta annulaire des carnivores ; pendant la seconde moitié de la gestation ses bords présentent des bandes ou bordures vertes. « L'étude du développement montre qu'au niveau des bords du placenta l'ectoderme placentaire et la muqueuse de l'utérus sont séparés primitivement par une série de cavités communiquant les unes avec les autres, et qu'à l'intérieur de ces cavités le sang maternel s'épanche du 22e au 23e jour chez la chienne, vers le milieu de la gestation chez la chatte (Tourneux). » Dans ce sinus (sinus latéral ou canal godronné), le sang extravasé subit une série de modifications. « Vers la fin de la gestation le contenu du sinus se compose de globules rouges, de globules blancs, de cristaux d'hémoglobine, de granulations brunes et d'une substance colorante verte, sous forme de grains irréguliers. » Brachet avait déjà comparé cette matière colorante à celle de la bile ; Meckel lui avait donné le nom d'hématochlorine ; Cadiat lui a trouvé les mêmes réactions qu'à la bilirubine, et Etti la considère comme identique à ce pigment (*Maly's J. B.*, ii, 287). Preyer met en doute cette identité.

Il est probable que le contenu de ce sinus est absorbé, puisqu'on y trouve des villosités choriales, dont la surface est recouverte de grosses cellules épithéliales, remplies de globules rouges.

c. **Rôle du liquide amniotique dans la nutrition.** — Une autre source d'alimentation pour le fœtus serait, d'après nombre d'auteurs, le liquide amniotique. Il n'est pas douteux que ce liquide peut être ingéré par le fœtus une fois que l'appareil nerveux et musculaire qui préside aux mouvements de déglutition est complètement développé, et dans les premiers stades il serait, d'après PREYER, absorbé par la peau. Déjà HARVEY et HALLER avaient observé que les embryons de poulet dans l'œuf déglutissent l'eau de l'amnios, qu'on peut retrouver dans leur estomac en quantité plus ou moins grande.

Il en est de même chez l'embryon de mammifère : de nombreux faits le démontrent. C'est ainsi qu'on trouve constamment dans le méconium du duvet lanugineux et d'autres produits de desquammation de la peau du fœtus, ainsi que de la graisse provenant du *vernix caseosa*. CRÉPIN a rencontré dans l'estomac de fœtus de jument, âgés de 7 à 8 mois, des fragments de corne détachés des sabots, ainsi que des amas de poils. Chez des lapines pleines, auxquelles ZUNTZ et WIENER ont injecté de l'indigosulfate de soude, le contenu de l'estomac du fœtus était coloré en bleu, en même temps que l'eau de l'amnios, à l'exclusion de toutes les autres parties fœtales. On pourrait multiplier les exemples de ce genre.

On a quelquefois considéré les mouvements de déglutition du fœtus comme des mouvements anormaux associés à des mouvements respiratoires prématurés et provoqués par des troubles de la circulation utéro-placentaire. Il faut plutôt y voir un acte physiologique normal. Le fœtus, de même qu'il meut ses membres, exécute sans doute des mouvements d'ouverture et de fermeture de la bouche, et alors le liquide amniotique, entrant en contact avec la muqueuse buccale, provoque des mouvements réflexes de déglutition. D'ailleurs, de même que la succion s'opère instinctivement chez le nouveau-né immédiatement après la naissance et pendant le travail même de l'accouchement, quand un corps étranger entre en contact avec la bouche, de même il est probable qu'elle s'exerce déjà pendant la vie intra-utérine. AHLFELD a observé, à l'exploration de la paroi abdominale chez une femme enceinte, de petits ébranlements dont il a pu compter 113 en huit minutes, et qu'il a attribués à des mouvements de succion et de déglutition du fœtus, ce qui sembla confirmé par le fait que l'enfant vint au monde avec un pouce rouge et gonflé et se mit à le sucer immédiatement après la naissance. REUBOLD a signalé un cas du même genre et considère ces ébranlements de la paroi abdominale comme dus à des mouvements de va-et-vient de la main que suce le fœtus (*Virchow ei Hirschs' J. B.*, 1885, 1, 533).

L'albumine et d'autres principes contenus dans le liquide amniotique, le sucre par exemple, peuvent donc être déglutis et résorbés. Les expériences de WIENER (*Arch. f. Gynaek.* XXIII, 183) montrent en effet que les substances introduites dans le tube digestif du fœtus sont soumises à l'absorption. WIENER injecte avec une sonde œsophagienne du lait dilué dans l'estomac d'un fœtus : au bout de neuf heures environ on trouva des gouttelettes de graisse dans les villosités intestinales. Dans une autre expérience on injecta du ferrocyanure de potassium dans l'eau de l'amnios ; on obtint la réaction du bleu de Prusse au bout de deux à trois heures dans les parois de l'estomac, de l'intestin, dans le mésentère.

Ajoutons encore, pour n'avoir plus à y revenir, que de l'huile d'olive injectée dans la cavité péritonéale fut retrouvée dans les vaisseaux lymphatiques du diaphragme, le canal thoracique, la veine cave supérieure, ce qui prouve que les lymphatiques généraux sont déjà en état d'absorber chez le fœtus, de même que les chylifères.

Par conséquent, l'albumine déglutie et résorbée pourrait être utilisée par le fœtus; mais la quantité qu'on en trouve dans le liquide amniotique est vraiment trop faible pour qu'elle puisse représenter un appoint sérieux dans l'alimentation du fœtus. D'un autre côté, il n'est pas certain que cette albumine ne provienne pas du fœtus lui-même. On peut en dire autant de l'eau de l'amnios, à l'absorption de laquelle PREYER attache une importance considérable, parce que, pense-t-il, l'apport de l'eau par le sang de la veine ombilicale serait insuffisant pour répondre aux besoins de l'organisme fœtal. Mais, en réalité, il est difficile de savoir si le fœtus emprunte plus d'eau à la cavité amniotique qu'il ne lui en donne. Le rôle du liquide amniotique dans la nutrition ne peut être en définitive que tout à fait secondaire, si toutefois il faut lui en reconnaître un, et la source la plus importante des matériaux de nutrition, et probablement la seule, c'est le placenta.

d. **Transformation chimique des substances nutritives dans l'organisme fœtal : glycogène.** — L'organisme du fœtus, comme celui de l'adulte, doit faire subir aux principes nutritifs qu'il reçoit des modifications et des remaniements profonds.

Avec les matières protéiques qui ne lui arrivent sans doute que sous forme d'albumine et de globulines, il doit reconstituer celles qui entrent dans la composition de ses tissus : avec elles il doit élaborer toute une série de composés spéciaux, tels que l'hémoglobine, la mucine, la matière chondrogène, qui sont autant de produits de synthèse, ou encore d'autres corps moins complexes, tels l'élastine, la gélatine, mais dont la constitution s'éloigne déjà notablement du type de l'albumine ordinaire.

Nous avons déjà discuté la question de savoir si la graisse est fournie directement par le sang maternel au fœtus, ou s'il doit la fabriquer lui-même; il est probable que l'un et l'autre mécanismes concourent à la production des substances grasses : nous avons seulement tenu à montrer qu'il n'est pas permis de nier *a priori* leur passage à travers le placenta.

La masse totale de graisse est chez le fœtus humain, d'après FEHLING :

Aux	4e	5e	6e	7e	8e	9e	10e mois:
De 0,45 à 0,57	0,28 à 0,6	0,7 à 1,98	2,21 à 3,47	4,44	8,7	9,1 p. 100.	

Jusqu'à la fin du 5e mois le fœtus ne reçoit ou ne produit que des traces de graisse, à moins qu'aux premiers stades du développement elle ne soit pas encore emmagasinée, mais utilisée immédiatement.

PARROT a signalé au moment de la naissance dans les viscères de l'homme et des mammifères une abondante diffusion de granulations graisseuses ; cet état graisseux décroît ensuite rapidement. NATALIS GUILLOT a trouvé une quantité moyenne de 12 p. 100 de graisse dans les poumons de l'enfant qui n'a pas respiré, après quelques heures ce chiffre est tombé à 6 p. 100 (cité par DASTRE).

Une substance abondamment répandue dans l'organisme embryonnaire, c'est la matière glycogène. Comme le plasma maternel n'en transporte pas, et que les globules blancs qui en contiennent ne traversent pas le placenta, cette substance doit donc un produit de l'activité des tissus fœtaux. De même que chez l'adulte, elle doit donc se former aux dépens soit des hydrates de carbone, soit des matières albuminoïdes, soit peut-être aussi aux dépens de la graisse.

Les recherches de CL. BERNARD (*C. R.* 1859, 48-77; *ibid.*, 673. — *C. R.* 1872, 75. — *Leçons de Physiol. expérim.*, 1855, I, 382. *Phénom. de la vie*, 1879, II, 57) ont montré que la fonction glycogénique est d'abord diffuse dans de nombreux organes et tissus de l'embryon, ainsi que dans ses annexes, avant de se localiser définitivement dans le foie.

Pendant les premiers temps du développement, c'est le placenta qui est destiné à remplir cette fonction. Chez les rongeurs la substance glycogène est incluse dans des cellules situées entre le placenta maternel et le placenta fœtal. La masse qu'elles forment ne présente pas le même développement à tous les âges; elle paraît s'accroître jusqu'au milieu de la gestation, pour s'atrophier ensuite à mesure que le fœtus approche du moment de sa naissance.

Chez les carnivores, c'est à la périphérie du placenta que la matière glycogène s'accumule, pour en disparaître ensuite, à mesure que le foie approche de sa constitution complète.

Chez les ruminants, l'organe glycogénique est constitué à l'état embryonnaire par ce que CL. BERNARD a désigné sous le nom de plaques amniotiques. Ce sont des amas cellulaires se développant d'abord sur la face interne de l'amnios et pouvant acquérir une épaisseur de 3 à 4 millimètres. Elles apparaissent d'abord sur la face interne de l'amnios, puis recouvrent le cordon ombilical jusqu'à une ligne de démarcation bien nette qui sépare le tégument cutané de l'amnios. Chez l'embryon de vache, ces plaques atteignent leur entier développement vers le sixième mois de la vie intra-utérine, puis s'atrophient graduellement.

Si nous passons maintenant au corps même de l'embryon, nous voyons que la matière glycogène se produit dans la peau et dans les annexes du système cutané. Les cellules de l'épiderme contiennent des granulations qui offrent les réactions caractéristiques : chez le fœtus de veau, de mouton, de porc, la corne des pieds se comporte de même; la matière glycogène disparaît de l'appareil tégumentaire vers le 3e et le 4e mois de la vie intra-utérine chez le veau. Mac Donnell (*J. de la Phys.*, 1863, 353) a vu de même que la substance cornée d'un fœtus de vache de 4 mois fournissait 18 p. 100 de glycogène, tandis que celle des pattes d'un fœtus presque à terme n'en contenait que des traces.

Les surfaces muqueuses des appareils digestif, respiratoire, génital, sont aussi recouvertes de cellules chargées de matière glycogène. Dans le tissu pulmonaire, le résidu sec en contiendrait, d'après Mac Donnell, plus de 50 p. 100; mais, quand l'animal est près de naître, elle est réduite à une quantité très faible ou même a disparu complètement.

Quoique les glandes salivaires, le pancréas ne renferment jamais de matière glycogène, l'épithélium de leurs conduits excréteurs en contient presque constamment. Ainsi les surfaces limitantes extérieures, dit Cl. Bernard, offrent toutes dans leur développement embryogénique le caractère d'être fortement chargées de matière glycogène, tandis que la surface des cavités closes des séreuses, les glandes, le tissu nerveux, le cerveau, la moelle épinière, le tissu osseux s'en sont toujours montrés dépourvus. Mac Donnell en a trouvé dans le tissu cartilagineux immédiatement après son apparition, et l'en a vu disparaître pendant le cours du développement.

Un tissu relativement riche en matière glycogène, c'est le tissu musculaire, surtout le tissu musculaire strié. Sur 8,30 à 11,75 de résidu sec, il contient suivant l'âge de 0,8 à 3,5 de glycogène (Mac Donnell). Cl. Bernard., Mac Donnell, Beaunis (*T. P.*, 1888, 1, 120) s'accordent pour reconnaître que cette matière diminue très notablement dans les muscles vers la fin de la vie intra-utérine : d'après Cl. Bernard, elle disparaît très rapidement après la naissance sous l'influence des mouvements respiratoires et autres. Il faut donc qu'il s'en reforme plus tard, puisqu'on trouve de la matière glycogène dans les muscles de l'adulte.

Cette substance existe aussi dans le cœur embryonnaire, d'après Cl. Bernard ; mais Mac Donnell n'y a trouvé que des traces, qu'il attribue à ce que l'activité de cet organe est antérieure à celle des autres muscles. Sur 5 fœtus de chien de 57 jours, et sur 5 autres fœtus de chien plus âgés, examinés par Beaunis, le cœur était absolument dépourvu de glycogène; les autres muscles n'en contenaient que des quantités très légères, à l'exception du diaphragme qui en contenait un peu plus.

Le foie enfin se comporte d'une manière tout à fait spéciale en ce sens que, comme tous les autres organes glanduleux, il ne renferme pas au début de la matière glycogène, mais que, vers le milieu de la vie intra-utérine, il commence à fonctionner comme organe glycogénique. Alors la fonction glycogénique tend à disparaître de tous les autres points de l'organisme fœtal pour se localiser dans le tissu hépatique.

Zweifel a trouvé du glycogène dans le foie d'un fœtus humain de 4 mois. V. Wittich a eu occasion d'examiner le foie d'un fœtus de 5 à 6 mois immédiatement après son expulsion et après l'arrêt des battements du cœur. Il y a trouvé 0,24 p. 100 de glycogène et dans les muscles 0,6 p. 100 (*H. H.*, v, II).

Le foie est donc, au début, très pauvre en glycogène.

Dans le foie d'embryons de vache de 10, 14, 21 centimètres de long, Paschutin n'en a pas trouvé ; chez un embryon de 40 centimètres il n'en a trouvé que fort peu. Par contre, Hoppe-Seyler dit avoir observé, déjà dans les premiers rudiments du foie, à en juger d'après la coloration par l'iode, une teneur très forte en glycogène.

Pour le foie du nouveau-né les données sont assez discordantes. Chez un chat nouveau-né, V. Wittich n'a trouvé que 0,22 p. 100 de glycogène. Salomon, chez un enfant de 4 kilogr. obtient d'un foie assez petit 1,2 gr. de cette matière, et d'un foie de 238 gr. plus de 11 gr. Cependant les analyses les plus récentes donnent pour le nouveau-né des chiffres très élevés. Demant (*Z. p. C.*, 1887, xi, 142) a trouvé chez des chiens nouveau-nés, une heure après la naissance, 11,389 p. 100, mais cette proportion diminue déjà dans les quelques jours qui suivent la naissance. Butte (*B. B.*, 1894, 379) est arrivé à des résultats semblables; chez une chienne pleine à terme, il a trouvé dans le foie de la mère 0,40 gr. p. 100, et 8,71 gr. dans ceux des fœtus. On voit par ces chiffres que la proportion de glycogène est non seulement très élevée chez le fœtus, mais très faible chez la mère : elle diminue donc considérablement chez cette dernière, à l'époque du terme. Par contre, dans la même expérience, il y avait chez la mère 1,40 gr. p. 100 de glucose, et chez les fœtus 0,41 gr. Butte a trouvé, en effet, que le glycogène ne se comporte pas de la même manière au point de vue de sa transformation en glucose chez l'animal nouveau-né que chez l'adulte. Ainsi, dans une expérience, il sacrifie 4 petits chiens quelques heures après leur naissance, et dose le glucose et le glycogène de leurs foies six minutes et quatre heures après la mort. Voici les résultats obtenus :

Moment de l'opération.	Glycose p. 100.	Glycogène p. 100.
6 minutes après la mort. .	0,66	11,3
4 heures après	0,83	10,82

On voit encore une fois que la quantité de glycogène contenue dans le foie des nouveau-nés est bien supérieure à celle qui existe dans celui des adultes, et, de plus, que ce glycogène est beaucoup plus stable que chez ces derniers. En effet, au bout de quatre heures, il n'a disparu qu'une très faible quantité de glycogène, et il ne s'est formé qu'une quantité minime de glucose; la transformation se fait donc chez le nouveau-né, et aussi chez le fœtus, avec une lenteur extrême.

CAVAZZANI (A. i. B., 1897, XXIII, 140) a confirmé l'observation de BUTTE, que dans le foie fœtal il ne se produit que peu de glucose; dans 15 gr. de foie de fœtus arrivés à la 5° semaine, on n'en trouva que des traces, tandis que le foie de la mère en contenait 0,66 p. 100.

Il faut rapprocher ce fait de cet autre, signalé par BIAL (A. g. P., 1884, LV, 434) et confirmé par CAVAZZANI, que le sang fœtal est pauvre en ferment diastasique, ou n'en renferme pas. BIAL a montré que du foie de chien, laissé pendant cinq heures à la température de la chambre en présence de 20 à 25 cc. de sang placentaire du nouveau-né humain, donne moins de sucre qu'en présence du sang de ruminant ou de chien adulte. Ainsi 50 cc. d'une solution de glycogène à 1 p. 100 contiennent après une digestion de cinq heures :

Avec 5 cc. de sang placentaire. . . 0,1 p. 100 de sucre.
— 5 cc. de sang de bovidé. . . . 0,2 —
— 5 cc. de sang de chien . . . . 0,25 —

Dans une autre expérience, 50 cc. d'une solution de glycogène à 1 p. 100 ont donné :

Avec 5 cc. de sang du nouveau-né. . . . . pas de sucre.
— 5 cc. de sang placentaire . . . . . . 0,06 p. 100.
— 5 cc. de sang de bovidé . . . . . . 0,12 —
— 5 cc. de sang de chien. . . . . . . 0,28 —

Il semble logique d'établir un rapprochement entre la lenteur de la formation de sucre dans le foie du fœtus, et l'absence ou la faible quantité de ferment diastasique dans son sang, si l'on admet toutefois, avec la majorité des auteurs, que la production de glucose dans le foie aux dépens du glycogène est le résultat d'une fermentation diastasique et que le ferment amylolytique du foie est le même que ce ui du sang. Cependant CAVAZZANI, qui, avec quelques physiologistes, pense que la formation du glucose dans le foie est un résultat de l'activité de la cellule hépatique, soutient que cette activité est presque nulle pendant la vie intra-utérine, que c'est là un deuxième mécanisme qui vient s'ajouter à la non pénétration de l'hémodiastase dans l'organisme fœtal pour mettre obstacle à la saccharification du glycogène, probablement parce que le glycose ne trouve pas encore son emploi dans la vie fœtale.

Quoi qu'il en soit, s'il n'y a que peu de sucre formé dans le foie fœtal, comme l'ont constaté BUTTE et CAVAZZANI, il doit en passer peu dans le sang ; c'est, en effet, ce qu'ont observé MORIGGIA et CAVAZZANI, ainsi que nous l'avons déjà signalé à propos de l'étude du sang fœtal. Cependant COHNSTEIN et ZUNTZ mentionnent incidemment dans leurs expériences (loc. cit.) que la teneur du sang en sucre chez des fœtus de chatte et de cobaye était de 1,53, de 1,25 p. 1000, c'est-à-dire à peu près la même que chez l'animal adulte.

CL. BERNARD dit également que, dans les quatre ou cinq derniers mois de la vie intra-utérine, chez les veaux, il y a beaucoup de sucre dans le foie et dans le sang qui en sort, ce qui prouve que le sucre se détruit dans le torrent de la circulation. Il faut reconnaître cependant qu'une production faible et limitée de glucose est plus en rapport avec l'idée que l'on se fait généralement du peu d'intensité des combustions chez le fœtus.

Il n'en est pas moins vrai que ces combustions existent, aussi restreintes qu'on les suppose, et, puisque le glycogène est au début abondamment répandu dans les tissus du fœtus et qu'il y disparaît ensuite progressivement pour ne subsister que dans le foie, il y a lieu d'admettre qu'il a été utilisé pour ces combustions, ou bien encore qu'il a servi en partie à faire de la graisse. CL. BERNARD voit surtout dans le glycogène embryonnaire la preuve que la matière amylacée, chez les animaux comme chez les végétaux, est indispensable à la synthèse histologique, et que sa présence dans certains tissus est liée à l'évolution des éléments cellulaires qui les composent.

Enfin, si le glycogène s'emmagasine en grandes quantités dans le foie vers la fin de la vie intra-utérine, c'est sans doute pour que ces réserves puissent fournir au surcroît énorme de dépenses que l'organisme nouveau-né va avoir à supporter, à son arrivée dans le monde extérieur, ne serait-ce que pour le maintien de sa température.

A certaines périodes de la vie fœtale, l'organisme se constitue aussi des réserves minérales (DASTRE). Chez les ruminants, les juments, les porcins, on voit se déposer dans la trame conjonctive du chorion des plaques blanchâtres (plaques choriales) formées de phosphates terreux et presque exclusivement de phosphate tribasique avec une petite quantité de phosphate de magnésie. Chez le mouton, ce dépôt de phosphates atteint son maximum de développement, de la quatorzième à la dix-septième semaine : arrivée à ce summum, la production décline très rapidement, et il n'en reste plus que des traces au terme de la gestation. Les dépôts phosphatés disparaissent du chorion au moment même où le travail d'ossification devient le plus actif dans le squelette de l'embryon, et où par conséquent les matières qui le composent peuvent trouver leur emploi. Les plaques choriales représentent donc une sorte de réserve, où s'accumulent les substances phosphatées, en attendant le moment où elles seront utilisées par l'embryon.

e. *Réactions chimiques dans l'organisme fœtal.* — On a pu voir par tout ce qui précède que les réactions qui s'opèrent dans l'organisme fœtal sont au fond les mêmes que celles qui s'effectuent dans l'organisme adulte. Il n'y a sans doute entre les unes et les autres qu'une différence de degré. C'est surtout en ce qui concerne les réactions d'oxydation ou de combustion que la question a été agitée de savoir si elles ont chez le fœtus la même intensité que chez l'adulte. PFLUGER (*A. g. P.*, 1867, ɪ, 64) a réuni les arguments théoriques qui tendent à démontrer qu'elles n'ont pas besoin d'être bien actives chez le fœtus. L'énergie libérée dans les réactions en cause est dépensée sous forme de chaleur et de travail mécanique. Or il est vrai que la température du fœtus est un peu supérieure à celle de la mère ; mais cet excès de température n'exige pas une production bien forte de chaleur, puisque, même si le fœtus ne produisait pas de chaleur, sa température serait encore égale à celle de la mère.

D'autre part, la plus grande partie de l'énergie mise en liberté par les combustions organiques se dépense chez l'adulte, sous forme de chaleur rayonnée et d'eau évaporée à la surface du corps ; le fœtus n'a pas à subir ces pertes, puisqu'il est plongé dans le liquide amniotique qui est à la même température que lui : en outre, il n'évapore pas d'eau par les poumons, il n'a à réchauffer ni aliments ni boissons, ni air inspiré. PFLÜGER estime que les pertes sont, pendant la vie intra-utérine, inférieures de 95 p. 100 à ce qu'elles sont après la naissance.

Il n'y a guère à tenir compte que des dépenses engagées dans le travail musculaire. Mais le plus souvent le fœtus dort ; il se meut rarement, et ses muscles respiratoires sont encore inactifs. Les mouvements qu'il exécute s'accomplissent sans effort, puisqu'ils se font dans un liquide dont le poids spécifique est à peu près celui de son corps. Le seul muscle qui travaille peut-être plus activement que chez l'adulte, c'est le cœur. Enfin il n'est pas démontré qu'à ce travail soit attachée une consommation d'oxygène libre, puisqu'on sait que les contractions musculaires peuvent être alimentées par des réactions de dédoublement.

WIENER, GUSSEROW, et, plus récemment, CH. BOHR, ont combattu l'argumentation de PFLUGER. WIENER fait valoir que le travail du cœur n'est pas négligeable, parce que chez le fœtus le poids et le volume de cet organe sont proportionnellement plus grands que chez l'adulte, comme l'a montré W. MULLER. Il rappelle également une observation de COHNSTEIN et ZUNTZ, qui ont vu le sang de la veine ombilicale devenir noir sous l'influence des mouvements du fœtus. On ne tient pas compte, ajoute encore WIENER, — et l'objection a été reprise par CH. BOHR, — de ce que le fœtus, s'il ne perd pas de chaleur, par les surfaces tégumentaires, est exposé à une déperdition constante au niveau du placenta, où le sang maternel et le sang fœtal tendent à se mettre en équilibre de température par une large surface de contact. Enfin Ch. Bohr, d'accord avec Gusserow, émet l'hypothèse que l'énergie libérée par les combustions trouve peut-être d'autres emplois dans l'organisme fœtal que dans l'organisme adulte, et qu'elle est utilisée pour l'accroissement et l'entretien des tissus nouvellement formés. Comme argument de même ordre, on pourrait aussi ajouter que les réactions de synthèse, si nombreuses, qui s'effectuent pendant le développement, étant endothermiques, c'est-à-dire absorbant de la chaleur, doivent forcément emprunter le concours d'une énergie étrangère et qu'elles l'empruntent à d'autres réactions simultanées, exothermiques.

Il semblait que la détermination directe de la grandeur des échanges respiratoires chez le fœtus aurait pu trancher le différend. Mais on a vu que, si les analyses de Cohnstein et Zuntz se sont montrées favorables à l'opinion de Pfluger, celles de Ch. Bohr ont donné des résultats tout à fait opposés; il convient donc d'attendre, avant de se prononcer, de nouveaux documents expérimentaux.

Quoi qu'il en soit des deux ordres de phénomènes qui caractérisent la nutrition, à savoir les phénomènes d'usure et de destruction vitales, et les phénomènes de création vitale ou synthèse organique (Cl. Bernard), ce sont évidemment chez le fœtus ces derniers qui l'emportent, et de beaucoup, à cause de la puissance de multiplication des cellules embryonnaires, de ce qu'on pourrait appeler leur énergie de développement.

2° **Nutrition de l'œuf d'oiseau.** — 1° **Composition chimique de l'œuf.** — L'œuf comprend, en laissant de côté la coquille et les membranes : 1° le blanc ou albumen; 2° le vitellus.

Chez la poule le blanc présente la composition suivante :

	p. 100.
Eau.	86,68
Résidu fixe.	13,32
Albumines.	12,27
Extractif.	0,38
Sucre.	0,50
Graisses.	traces
Sels minéraux.	0,66

Ces derniers, rapportés à 100 parties de cendres, se répartissent comme suit :

	p. 100.
Chlorure de potassium.	41,29
—　　　　sodium.	9,16
Carbonate de soude.	22,14
Soude.	12,50
Potasse.	2,36
Chaux.	1,74
Magnésie.	1,60
Oxyde de fer.	0,44
Anhydride phosphorique.	4,83
— sulfurique.	2,63
— silicique.	0,43　　(Hugounenq.)

1° L'élément le plus important est formé par les matières albuminoïdes. On en distingue plusieurs : 1° ovalbumine ou albumine proprement dite, dont nous n'avons pas ici à étudier les caractères; 2° une globuline (deux, d'après Corin et Bérard), qui serait voisine de la sérumglobuline (0,75 p. 100, Dillner); 3° une substance récemment décrite par A. Gautier, dite ovofibrinogène, analogue au fibrinogène et au myosinogène, apte comme ces substances à se transformer sous les influences qui favorisent en général l'action des ferments solubles en membranes pseudo-organisées (B. B., 1902, 968); sa proportion est de 1,5 p. 100; 4° une substance ovo-mucoïde, riche en soufre, et pauvre en azote qui fournit par ébullition avec les acides dilués un sucre réducteur.

L'albumen de l'œuf renferme encore, mais en très petites quantités, des matières extractives azotées, une trace d'urée, des corps gras, de la cholestérine, des savons, un peu de glucose; enfin des sels, dont le potassium et le chlore constituent la majeure partie.

2° Dans le vitellus il y a lieu de distinguer : *a*) le vitellus blanc ou formateur; *b*) le vitellus jaune ou nutritif, ou jaune proprement dit. — *a*. Le vitellus blanc, ou plutôt la cicatricule, dont la composition a été étudiée par L. Liebermann (*A. g. P.* 1888, XLIII, 71), est constituée principalement par des matières albuminoïdes qui sont probablement des globulines; on y trouve également de la lécithine, du potassium et, d'après Cl. Bernard, des granulations de glycogène; *b*. Tandis que le blanc d'œuf est un dépôt de réserves nutritives albuminoïdes, c'est dans le jaune que s'accumulent les corps gras. L'analyse suivante est due à Gobley :

	p. 100.
Eau.	51,49
Résidu fixe.	48,51
Vitelline et autres albumines.	15,76
Corps gras.	21,30
Cholestérine.	0,44
Lécithine.	8,43
Cérébrine.	0,30
Sucre, pigments.	0,55
Sels minéraux.	1,33

Examiné au microscope, le jaune se montre composé de sphérules de deux espèces : les unes, riches en graisse et en lipochrome ou lutéine; les autres, petites, transparentes, presque incolores, semi-cristallines et de nature albuminoïde, qu'on a assimilées à l'aleurone des semences végétales.

La vitelline est une substance albuminoïde complexe qui offre certains caractères des globulines, mais qui est actuellement rangée dans la classe des nucléo-albumines; elle contient constamment de la lécithine, et il est probable qu'elle lui est chimiquement combinée.

En soumettant le vitellus à l'action du suc gastrique, les matières albuminoïdes sont transformées en peptones, et il reste une nucléine ferrugineuse, l'hématogène de Bunge, d'où dérive sans doute l'hémoglobine de l'embryon (*Chimie biol.*, 1891, *édit. fr.*, 92).

On trouve encore dans le jaune d'œuf, outre la vitelline et la lécithine, de la cholestérine, des graisses, de la cérébrine et du protagon; d'après quelques auteurs, un peu de glucose.

La graisse de l'œuf a la consistance d'un onguent peu épais, et consiste en un mélange d'une graisse solide et d'une graisse liquide. La partie solide est formée principalement de tripalmitine avec un peu de tristéarine. Par saponification de la partie liquide ou huile d'œuf, on obtient 40 p. 100 d'acide oléique, 38,04 p. 100 d'acide palmitique et 15,21 p. 100 d'acide stéarique. La graisse du jaune est moins riche en carbone que les autres graisses du corps, ce qui peut tenir à la présence de mono ou de diglycérides, ou bien à la présence d'un acide gras pauvre en carbone (Liebermann).

Le résidu salin est très riche en acide phosphorique (63,8 à 66,7 p. 100 des cendres : on y trouve 12,21 à 13,28 de chaux; 8,05 à 8,93 de potasse; 5,12 à 6,57 de soude; 2,07 à 2,11 de magnésie; 1,19 à 1,45 d'oxyde de fer, et 0,55 à 1,40 de silice.

L'œuf d'oiseau, qui se développe en dehors de l'organisme maternel, apporte donc avec lui tous les éléments nécessaires à l'évolution du jeune être. On y trouve d'abord une abondante réserve de matières albuminoïdes de nature diverse, et particulièrement dans le jaune une forte proportion de combinaisons albuminoïdes phosphorées. On trouve de plus dans le jaune des nucléines et de la lécithine.

Kossel a fait remarquer que les nucléines du vitellus, comme celles du lait, ne contiennent pas de bases xanthiques dans leur molécule, tandis que celles qui sont extraites de cellules possédant une substance nucléaire en pleine activité vitale en contiennent. A cette différence chimique correspond une signification physiologique différente. Les premières, ou paranucléines, sont des substances de réserve destinées à être assimilées facilement par l'embryon; la présence des secondes, ou nucléines vraies, est liée par contre à l'activité des noyaux cellulaires. Ce qui prouve l'exactitude de ces déductions, c'est que les bases xanthiques, absentes de la nucléine de l'œuf, se trouvent abondamment dans les tissus de l'embryon, où leur apparition correspond à la formation de nombreux noyaux, c'est-à-dire à la formation de nucléines vraies. D'ailleurs la richesse des organes en nucléines vraies est proportionnelle à leur richesse en noyaux cellulaires. C'est ainsi, pour le dire en passant, que le tissu musculaire de l'embryon en contient beaucoup plus que celui de l'adulte (Nolf, *Ann. de l'Inst. Pasteur*, 1898, 361).

La présence de la lécithine dans le jaune mérite aussi une mention particulière, parce que cette substance semble se rencontrer constamment dans toutes les cellules en voie de développement, et activer l'énergie de leur croissance et de leur multiplication. Danilewski (*C. R.*, déc. 1895) a montré que de la lécithine ajoutée dans la proportion de 1 pour 15 000 à de l'eau où se trouve du frai de grenouille hâte étonnamment la croissance des têtards. Cette influence stimulante d'une intensité inattendue surpasse de beaucoup celle d'une nourriture riche en albumine. Si l'on considère la minime quantité de lécithine contenue dans l'eau, on ne peut pas croire qu'elle agisse seulement comme substance nutritive proprement dite : elle favoriserait donc, d'après Danilewsky, l'assimilation des substances nutritives et stimulerait les processus de multiplication des éléments cellulaires. L'action favorable de la lécithine sur la nutrition a cependant été contestée par Wildiers; elle a été confirmée par Desgrez et Ali-Zaky, du moins pour l'organisme adulte.

Si nous passons maintenant aux hydrates de carbone que renferme l'œuf, nous remarquerons qu'ils ne sont pas largement représentés. La présence de matière glycogène est niée par Cl. Bernard; Dareste a bien signalé dans le jaune l'existence de grains d'amidon; mais Dastre et Morat ont montré que ces grains sont uniquement formés de lécithines. La proportion de sucre dans l'œuf est faible, 3,80 p. 1000 (Cl. Bernard). Il ne reste plus à citer que l'ovomucoïde qui contient dans sa molécule un sucre réducteur.

Par contre, l'œuf est très riche en matières grasses qui doivent avoir une grande importance pour les phénomènes nutritifs et respiratoires de l'embryon.

Au point de vue des substances minérales, l'absence de phosphates préformés est compensée par la présence des combinaisons phosphorées, et l'on a déjà vu plus haut la signification de l'hématogène de Bunge; enfin la silice, nécessaire au développement des plumes, se trouve également dans l'œuf.

2° **Mode d'absorption des réserves nutritives.** — Les réserves nutritives de l'œuf peuvent être absorbées par les vaisseaux omphalo-mésentériques et allantoïdiens, en second lieu le contenu du sac vitellus peut pénétrer directement dans l'intestin par l'orifice de communication entre les deux cavités, par l'ombilic intestinal. Ce dernier mode d'alimentation ne paraît pas douteux, puisqu'on a trouvé chez quelques oiseaux des parcelles de vitellus dans l'intestin. Schenk a constaté, chez des embryons de pigeons de 2 à 3 jours, que les éléments vitellins pénètrent non seulement dans l'intestin moyen qui est encore en ce moment en large communication avec la vésicule ombilicale, mais encore, grâce aux contractions du cœur, dans l'intestin antérieur, bien que l'ouverture par lequel ce dernier communique avec l'intestin moyen soit relativement petite. Le cœur se trouve, en effet, du côté ventral de l'intestin antérieur, auquel il est relié par un mésentère, et ses contractions se répercutent sur ce segment du tube digestif dont la lumière sera alternativement élargie et rétrécie par les mouvements de systole et de diastole. C'est ainsi que les éléments vitellins pourraient pénétrer dans l'intestin antérieur, être maintenus en mouvement et même liquéfiés : de sorte qu'à une époque où le cœur ne contient pas encore de sang, ses contractions semblent servir à l'absorption du vitellus (*Année biol.*, 1897). Mais ce premier mode d'alimentation ne dure pas longtemps; l'ombilic intestinal, se rétrécissant de plus en plus, finit par se fermer complètement, et l'absorption du contenu du vitellus ne peut plus se faire que par les vaisseaux omphalo-mésentériques.

On a cru pendant longtemps que l'allantoïde de l'oiseau ne fonctionne que comme organe respiratoire, qu'elle n'est, suivant l'expression de Baudrimont et Martin Saint-Ange, qu'un demi-placenta. Mais les recherches de Mathias Duval ont montré qu'elle est véritablement un placenta entier, c'est-à-dire qu'elle sert aussi bien à l'absorption des sucs nutritifs qu'à celle de l'oxygène. L'allantoïde, suivant la face interne de la coquille vers le petit bout de l'œuf, arrive à former un sac qui renferme la masse albumineuse accumulée vers ce petit bout, et forme à ce niveau un sac dit sac placentoïde. Ce sac est constitué en bas et sur les côtés par l'allanto-chorion, en haut par l'omphalo-chorion, et pousse dans la masse du blanc des villosités choriales qui y puisent des matériaux nutritifs (*Journ. de l'Anat.*, 1884, 203). L'organe placentoïde des oiseaux est donc un organe respiratoire par sa surface extérieure, un organe d'absorption nutritive par sa surface intérieure.

La plus grande partie du jaune persiste encore à l'époque qui avoisine l'éclosion, parce que la circulation omphalo-mésentérique se réduit de plus en plus. Immédiatement avant que le poulet sorte de sa coquille, ce qui reste du sac vitellin rentre dans la cavité abdominale. Chez le pigeon, à la naissance, PHISALIX a vu que le sac se retrouve flottant librement dans l'abdomen. On ne sait pas exactement comment se fait la résorption de son contenu après la naissance. SIGMUND (1900) a étudié la question chez les poissons (voir LOISEL, *loc. cit.*). Chez divers Poissons Elasmobranches (*Mustelus lævis, Carcharias*), on sait que les œufs, au lieu d'être pondus au dehors, se développent dans l'utérus de la mère; quand l'embryon a consommé son vitellus, la vésicule ombilicale, très vasculaire, s'applique sur la paroi utérine, également très vasculaire, et forme un placenta vitellin. Il peut y avoir mieux encore pour quelques espèces (ALCOOK) : l'embryon vit d'abord sur l'abondant vitellus de l'œuf, et, quand celui-ci est absorbé, le sac vitellin s'atrophie au lieu de former un placenta; il ne se développe pas de membranes enveloppantes, de sorte que l'embryon se trouve entièrement à nu dans la cavité utérine. Les parois de cette cavité sécrètent alors un liquide gras et visqueux, quelquefois d'apparence crémeuse, ayant un goût douceâtre : ce liquide est coagulable par la chaleur, contient de l'albumine et de la graisse, mais pas de sucre. Ce lait utérin est sans doute absorbé directement par l'embryon; en tout cas, on l'a trouvé à plusieurs reprises, non modifié, dans son intestin.

3° **Transformations chimiques de l'œuf et de l'embryon pendant l'incubation.** — Les recherches les plus complètes sur cette question sont dues à L. LIEBERMANN, (*loc. cit.*). Comme il a déjà été dit, l'œuf diminue de poids surtout par la perte en eau. Mais le résidu fixe du contenu de l'œuf, pris dans son ensemble, diminue également, pendant que l'embryon lui-même devient de plus en plus riche en albumine, en graisse et en substances minérales.

A la perte de poids du résidu fixe total de l'œuf participe non seulement la graisse, comme l'avaient déjà signalé R. POTT, BAUDRIMONT et MARTIN SAINT-ANGE, mais aussi l'albumine ou, du moins, des substances azotées. Il y a lieu de rappeler que BAUDRIMONT et MARTIN SAINT-ANGE avaient aussi noté une exhalation d'azote pendant l'incubation.

Le résidu fixe, qui est de 11,460 grammes pour un œuf frais de 49,7 grammes, n'était plus, chez un poulet à maturité, dont l'œuf frais pesait 49,6, que de 7,538 grammes; il a donc diminué de 3,922 grammes, c'est-à-dire de près du tiers. Les substances solubles dans l'éther sont tombées de 5,40 grammes à 2,72 grammes; elles ont donc diminué de 2,68 grammes; c'est-à-dire de moitié environ. Les substances azotées sont réduites de 5,621 à 4,289 grammes, soit de 1,322 gramme; c'est-à-dire à peu près du quart.

L'analyse élémentaire comparative du résidu sec de l'œuf frais et de celui du poulet à maturité a donné les résultats suivants :

	RÉSIDU SEC D'UN ŒUF FRAIS du poids moyen de 49gr,7.	RÉSIDU SEC D'UN POULET A MATURITÉ provenant d'un œuf du poids de 49gr,6.
C = ...	6,7366	3,9760
H = ...	1,0804	0,6967
Az = ...	0,9258	0,9661
O + S = ...	2,2691	1,6499
Cendres	0,4486	0,5198
	11,4605	7,5385

PERTES PENDANT L'INCUBATION

	TROUVÉES PAR L'ANALYSE ÉLÉMENTAIRE comparative.	CALCULÉES D'APRÈS LA DIMINUTION de l'extrait éthéré et de l'albumine.
C = ...	2,7606	2,6828
H = ...	0,3837	0,4111
Az = ...	0,2297	0,2064
O + S = ...	0,6192	»

Ainsi l'œuf perd un peu moins de la moitié de son carbone, moins du tiers de son hydrogène, un quart de son azote, un peu plus du quart d'O+S.

La proportion des matières minérales du contenu de l'œuf ne se modifie pas : les faibles différences observées tiennent sans doute à ce que d'un œuf à l'autre leur quantité est variable. On s'était demandé si les éléments de la coque calcaire peuvent servir à la nutrition de l'embryon. Roux et d'autres avaient répondu affirmativement à cette question, et trouvé qu'à la fin de l'incubation le contenu de l'œuf renferme sensiblement plus de calcium et de magnésium qu'au commencement. Mais C. Voit a déjà vu que la coquille des œufs couvés ne contient pas moins de chaux que celle des œufs frais. R. Pott et Preyer, dont les recherches ont porté sur un plus grand nombre d'œufs, ont pu conclure avec certitude que ni la quantité de chaux, ni la quantité de phosphore renfermées dans le contenu de l'œuf et dans celui de la coque ne sont modifiées par l'incubation et la formation de l'embryon.

Liebermann a étudié aussi en détail les transformations chimiques que subit l'organisme embryonnaire lui-même dans le cours du développement. Les matériaux solides augmentent progressivement aux dépens de la richesse en eau; mais les substances minérales ne participent que peu à cette augmentation, et de plus leur quantité ne s'élève pas proportionnellement à celle des matières organiques. En effet, leur augmentation dépend moins de la quantité que de la qualité des tissus ou des organes qui se développent, puisque parmi ceux-ci tous n'ont pas le même besoin de matières minérales. C'est ainsi qu'au début de l'incubation il se forme d'abord des tissus riches en cendres, plus tard d'autres qui sont moins riches, et, à la fin, de nouveau, des tissus fortement minéralisés. Dans les dernières périodes du développement, ce sont les matières albuminoïdes qui augmentent le plus rapidement, puis les cendres; la graisse ne vient qu'au dernier rang.

Les déterminations quantitatives des principes constituants de l'embryon ont montré que la quantité absolue des substances solubles dans l'eau augmente avec les progrès du développement; mais que leur quantité relative, c'est-à-dire rapportée aux autres principes fixes, diminue; leur formation a donc lieu d'une façon continue, mais se ralentit avec les progrès du développement. La quantité de substances solubles dans l'alcool augmente rapidement; d'abord inférieure à celle des substances solubles dans l'eau, elle la dépasse à la fin de l'incubation. La teneur en graisse, très faible au début, encore peu importante au quatorzième jour, s'élève notablement vers le moment de l'éclosion. Cependant cette augmentation n'implique pas une production abondante de graisse par l'embryon lui-même; elle est due, pour la plus grande partie, à ce que le reste du vitellus est reçu dans la cavité abdominale du poulet. La quantité absolue de matières albuminoïdes insolubles dans l'eau augmente progressivement; mais leur proportion relative ne se modifie pas, c'est-à-dire que leur assimilation est régulière et constante.

On rencontre de bonne heure dans le poulet des produits de transformation de l'albumine; l'embryon de 7 jours contient déjà une quantité notable d'une substance analogue à la kératine; chez l'embryon de 6 jours on trouve une faible proportion d'un corps analogue à la mucine, qui disparaît ultérieurement. Jusqu'au dixième jour le poulet ne contient pas de substance collagène; à partir du quatorzième jour le cartilage fournit une substance qui par coction dans l'eau donne un corps analogue à la chondrine; on n'obtient de la gélatine à aucune période du développement[1]. Liebermann rappelle, à ce propos, que ni Schwann, ni Hoppe-Seyler n'ont pu en extraire davantage des cartilages des fœtus de truie et de lapine.

Le phosphate de chaux des os de l'embryon n'est pas une substance préformée dans l'œuf qui serait simplement absorbée par l'organisme embryonnaire ; mais les matériaux en sont sans doute fournis, pour l'acide phosphorique, par les nucléines du jaune ; pour la chaux, par un albuminate calcaire.

Au point de vue des échanges nutritifs de l'embryon, ce qui résulte donc des recherches précédentes, c'est que l'œuf perd, outre de l'eau, du carbone, de l'hydrogène, de l'azote et de l'oxygène dans les proportions suivantes, si on prend l'azote comme unité.

$$\left\{ \begin{array}{l} 12 \ \ C \\ 2,7 \ \ O \\ 1,6 \ \ H \end{array} \right.$$

C'est la graisse et l'albumine qui fournissent aux combustions respiratoires, mais surtout la graisse.

Il y a lieu cependant de tenir compte dans une certaine mesure de la destruction du glucose de l'œuf. Cl. Bernard a constaté que la quantité de sucre qui est, au premier jour, de 3,80 p. 1000, diminue progressivement jusqu'au onzième jour (où elle n'est plus que de 0,88) pour remonter jusqu'aux environs de son niveau primitif. Il y a donc d'une part une destruction de la matière sucrée liée à la nutrition de l'embryon, et d'autre part une reconstitution de cette matière. La formation correspond au début de la fonction glycogénique.

Dans l'incubation, l'évolution glycogénique part de la cicatricule pour gagner l'aire vasculaire ; on voit des cellules chargées de grains, de glycogène se montrer dans le champ envahi par les vaisseaux et disposées en amas le long du trajet des veines omphalo-mésentériques ; au huitième jour les extrémités de ces veines forment de véritables villosités glycogéniques flottant dans la substance du jaune. Cl. Bernard fait remarquer que les cellules glycogéniques se rangent plus particulièrement sur le trajet des vaisseaux qui ramènent à l'embryon le sang hématosé, c'est-à-dire des veines vitellines.

Dans l'organisme embryonnaire lui-même, la glycogénie est d'abord diffuse comme chez le fœtus de mammifère pour se condenser également à un certain moment dans le foie. Vers les cinq ou six derniers jours de l'incubation on trouve du glycogène dans le foie des petits poulets. Cl. Bernard n'a pas pu mettre en évidence la matière glycogène dans les muscles de l'embryon de poulet. Cependant, d'après O. Meyer (cité in Lehrb. d. physiol. Chemie, de Neumeister, i, 193), il y a déjà dès le deuxième jour du glycogène dans le rudiment du cœur ; plus tard il en apparaît aussi dans les plaques musculaires naissantes, dans l'épithélium intestinal, dans le cerveau et la moelle. Mais ce n'est également qu'au quinzième jour que O. Meyer a trouvé un dépôt de glycogène dans le foie, dépôt qui augmente ensuite rapidement.

Si l'on considère l'ensemble des processus chimiques liés à l'incubation, l'idée s'impose avec force, déclare Liebermann, qu'ils sont de la nature des fermentations ; et on ne trouve rien qui s'oppose à cette conception : ainsi les graisses, avant d'être oxydées, sont d'abord dédoublées. Un certain nombre de faits récemment signalés viennent appuyer l'opinion de Liebermann. Abelous et Biarnès ont trouvé dans le jaune un ferment saponifiant les graisses neutres ; J. Muller et Masuyama (Z. B., xxxix, 1900, 547) y ont trouvé un ferment qui transforme l'amidon en dextrine et en un sucre, qui paraît être l'isomaltose : reste à savoir cependant si ce ferment est utilisé pendant l'incubation. Enfin, c'est encore sous l'influence d'un ferment soluble que, d'après A. Gautier, l'ovo-fibrinogène se transforme en membrane pseudo-organisée.

1. Il faut remarquer toutefois que la chondrine est aujourd'hui considérée comme de la gélatine.

CHAPITRE V

Passage des substances diverses de la mère au fœtus et du fœtus à la mère.

I. Passage de la mère au fœtus. — A défaut d'observations assez nombreuses et précises sur le passage des matériaux nutritifs de la mère au fœtus, on a fait un grand nombre d'expériences sur le passage de substances étrangères à l'organisme normal et facilement reconnaissables à l'analyse chimique. On se proposait, par cette méthode, non seulement d'apporter des documents à la question des échanges de matières entre le fœtus et l'organisme maternel, mais encore d'étudier la provenance du liquide amniotique et la sécrétion de l'urine chez le fœtus, de sorte que les mêmes faits ont pu recevoir des applications variées, ce qui en complique singulièrement l'exposé. Nous nous bornerons dans ce chapitre à indiquer les principales substances, qui, administrées à la mère, ont été retrouvées soit dans les tissus du fœtus, soit dans les annexes (placenta, liquide amniotique, etc.), soit dans les uns et les autres, pour revenir plus tard sur les conséquences qu'on a tirées de ces constatations.

Mais il faut remarquer, dès à présent, qu'une substance qui a passé dans le liquide amniotique peut provenir directement de la mère, ou avoir traversé d'abord l'organisme du fœtus, soit que celui-ci l'ait éliminée par les voies urinaires, soit qu'il l'ait laissée transsuder, comme l'ont admis quelques auteurs, par les vaisseaux ombilicaux ou leurs ramifications dans les annexes. D'un autre côté, une substance qu'on retrouve chez le fœtus peut avoir été fournie directement par le sang maternel au sang fœtal au niveau du placenta, ou bien elle peut avoir passé d'abord dans le liquide amniotique où le fœtus l'a déglutie. Cependant, quand on constate sa présence dans l'estomac, ce n'est pas toujours par déglutition, comme on pourrait le croire, qu'elle y est arrivée. Chez des cochons d'Inde, des lapines non arrivées à terme, KRUKENBERG (*Centralb. f. Gynaek.*, 1884, VIII, 337) a trouvé qu'après des injections sous-cutanées d'iodure de potassium la réaction de l'iode faisait défaut dans le liquide amniotique, alors qu'elle était très prononcée dans l'estomac des fœtus : ceux-ci avaient donc reçu le sel par la voie du placenta et l'avaient éliminé par la muqueuse gastrique.

Les premières expériences faites dans le but de rechercher si en général les matières étrangères passent de la mère au fœtus seraient dues, d'après PREYER, à A.-C. MAYER (1817). Mais HALLER cite déjà des tentatives de cegenre faites par DETTLEF et HERTODT [1]. MAYER injectait dans la trachée d'une lapine pleine un liquide vert composé d'un mélange d'indigo et de teinture de safran : il trouva l'eau de l'amnios colorée en vert, l'estomac et l'intestin presque pleins d'un liquide également coloré de la même manière. Cependant ces mêmes expériences ont été répétées sans succès par PREYER sur deux cobayes à terme, qui ont succombé cinq minutes après l'injection du mélange dans la trachée.

Par contre, les expériences faites par MEYER avec du ferrocyanure de potassium injecté à la mère, et retrouvé dans le liquide amniotique, l'estomac, les reins, la vessie du fœtus, ont été confirmées plus tard, en tout ou en partie, par d'autres expérimentateurs.

MAGENDIE (1817), ayant injecté du camphre dans les veines d'une chienne pleine, dit avoir nettement perçu l'odenr de cette substance dans le sang d'un fœtus extrait au bout de quinze minutes.

En 1844, EDWARD BEATTY signale des accidents convulsifs et tétaniques chez le nouveau-né à la suite de l'administration du seigle ergoté à la mère peu avant l'accouchement; il

---

1. Cité d'après SCHREWE. *Über die Herkunft des Fruchtwassers und seine Bedeutung für die Frucht.* Inaug. Dissert., Iéna, 1896. On trouvera dans ce travail un exposé historique complet des recherches faites jusqu'à cette date sur la provenance du liquide amniotique ; de nombreuses expériences sur le passage des substances de la mère au fœtus y sont également citées.

cite Wighte, qui a obtenu les mêmes effets chez les animaux en leur injectant de l'ergotine dans le sang, et il arrive à la conclusion que ces substances ont dû être amenées au fœtus par la veine ombilicale.

Aux premières recherches positives faites chez l'homme appartiennent celles de Schauenstein et Spaeth (1858) qui, ayant administré de l'iodure de potassium à des femmes syphilitiques au terme de la grossesse, en retrouvèrent une fois dans le méconium, une autre fois dans le méconium et l'eau de l'amnios ; par contre, ils n'ont pas retrouvé le mercure, dont le passage a cependant été constaté plus récemment.

En 1860, Flourens (C. R., L, 1010) présente à l'Académie des sciences les os d'un fœtus dont la mère avait été soumise à un régime mélangé de garance dans les quarante-cinq derniers jours de la gestation. Les os de ce fœtus étaient devenus rouges, du plus beau rouge, et d'une manière beaucoup plus complète et plus uniforme, dit Flourens que lorsque le petit, dès qu'il peut manger, est soumis au régime de la garance, « tant la perméabilité des tissus de l'embryon est facilement préparée à la pénétration du sang de la mère ». Les dents aussi étaient devenues rouges. Ni le périoste, ni le cartilage, ni les tendons n'étaient colorés. Deux des fœtus morts se sont trouvés également colorés ; trois autres étaient vivants, mais, par la coloration de leurs dents, on pouvait juger de la coloration de leur squelette.

Righini (1863), à la suite de l'emploi de l'iodoforme chez la mère, signale la présence de l'iode dans le liquide amniotique. En 1865 Clouet étudie le passage du cuivre de la mère au fœtus. Puis viennent en 1872 les premières expériences de Gusserow, qui ont été le point de départ de toute une série de recherches, toujours à peu près conçues sur le même plan, et auxquelles on a demandé à la fois des renseignements et sur la grandeur des échanges entre la mère et le fœtus et sur l'origine du liquide amniotique. Il nous paraît préférable, au lieu de continuer à suivre l'ordre chronologique, de passer en revue les principales substances qui ont été étudiées à ces points de vue.

Substances minérales. — Gusserow (Arch. f. Gynaek., III, 241, 1872), en administrant de l'iodure de potassium à des femmes enceintes, n'a obtenu que quelques résultats positifs. Sur 10 cas dans lesquels l'urine du nouveau-né put être recueillie, il ne trouva l'iode que quatre fois. Dans 12 cas où le liquide amniotique fut examiné, on y constata aussi quatre fois la réaction caractéristique : deux fois elle fut assez prononcée, et les deux autres fois il n'était pas certain que le liquide amniotique n'eût pas été mélangé à l'urine maternelle, qui contenait elle-même de l'iode. Gusserow croyait aussi que le passage de l'IK était extrêmement lent et qu'il faut administrer le médicament à la mère au moins quatorze jours avant l'accouchement pour le retrouver chez le fœtus.

Mais, en perfectionnant les procédés de recherches, d'autres expérimentateurs furent plus heureux. Runge a trouvé l'iodure deux fois dans le liquide amniotique ; de même dans l'urine, dans le seul cas où celle-ci peut être recueillie.

Krukenberg (Arch. f. Gynaek., 1884, XXII) est arrivé à mettre constamment en évidence IK dans les cendres du liquide amniotique qu'il obtenait pur par ponction des membranes, après avoir donné aux femmes en travail 1gr, 50 à 4gr,50 du sel, de une heure à quatre heures auparavant.

Haidlen, dans 10 cas où IK avait été donné après le début des douleurs, a toujours trouvé la substance, soit directement dans le liquide amniotique, soit dans ses cendres, en même temps que l'urine donnait toujours également une forte réaction. Dans 2 cas où l'enfant vint au monde trois heures après l'administration d'IK, tandis que le liquide amniotique avait été évacué déjà, au bout de quinze minutes chez l'une des femmes, au bout d'une heure chez l'autre, l'examen du liquide amniotique donna un résultat négatif ; celui de la première urine du nouveau-né un résultat positif. Dans 8 cas où l'ingestion du médicament avait été suspendue cinq jours avant la naissance ou trois jours avant le début des douleurs, le liquide amniotique, comme l'urine, ne donna que des résultats négatifs, bien que la mère eût pris de l'iodure pendant un mois. Dans 2 cas cependant où l'enfant vint au monde six et quatre jours après qu'on eût cessé de faire prendre l'iodure, le liquide amniotique donna une fois une réaction nette, une autre fois une réaction faible ; l'urine un résultat positif chez le premier enfant, négatif chez le second.

Même à la dose de 25 centigrammes, d'après Porak (*Journ. de Thérapeut.*, 1877 et 1878), l'iodure passe constamment dans l'urine du nouveau-né ; à plus forte raison lorsque la dose est supérieure. Il faut plus d'une demi-heure pour que la substance ait traversé le placenta ; à quarante minutes d'intervalle, on trouve toujours la réaction dans l'urine de l'enfant.

Si nous passons maintenant aux expériences instituées chez les animaux, nous voyons que d'abord Gusserow (*loc. cit.*) n'a pu retrouver, ni dans le liquide amniotique, ni dans l'urine des fœtus de cobayes ou de lapines, la teinture d'iode qu'il injectait dans l'estomac des mères. Par contre, Krukenberg (*loc. cit.*), en injectant sous la peau 1gr,50 d'IK à des lapines à terme qu'on sacrifiait au bout d'une heure et demie, a obtenu constamment la réaction caractéristique dans le liquide amniotique, même sans avoir besoin de concentrer les liquides ; il a trouvé également la substance, mais en faible quantité, dans les reins incinérés, des fœtus. Mais ces mêmes expériences, répétées sur 7 lapines, dix jours avant la fin de la gestation, ne donnèrent pas les mêmes résultats : le liquide amniotique ne contenait pas, en règle générale, d'iodure, ou n'en contenait que des traces, tandis que les fœtus, incinérés en totalité, donnaient une faible réaction. Krukenberg arrive donc à cette conclusion, à laquelle était déjà arrivé Wiener, que chez le lapin les substances se retrouvent dans le liquide amniotique lorsqu'elles sont injectées à la mère à la fin de la gestation, mais non quand elles le sont dans ses premières périodes. Cet auteur admet que chez les femelles à terme il s'est produit une altération des membranes ovulaires qui les rend plus perméables, et permet ainsi à l'iodure de passer dans le liquide amniotique.

Plus tard Krukenberg (*Arch. f. Gynaek.*, 1885, xxvi, 258) chercha à montrer en effet à quel point la différence dans la structure et la disposition des membranes, suivant les espèces animales, influe sur le passage des substances dans le liquide amniotique. C'est ainsi que chez le cobaye, en raison de l'inversion des feuillets germinatifs, la réaction de l'iode s'observera de bonne heure dans l'espace compris entre le chorion et l'amnios, à une époque où elle fait encore défaut dans ce même espace chez le lapin ; d'ailleurs, chez le cobaye comme chez le lapin, ce n'est qu'à la fin de la gestation qu'on la trouve constamment et nettement dans le liquide amniotique, et pour la même raison, c'est-à-dire à cause des modifications subies par les membranes. Par contre, chez le chat et le chien, même à la fin de la gestation, non seulement les couches extérieures à l'amnios, mais encore le contenu de l'amnios, ne donnent que rarement et faiblement la réaction ; celle-ci serait cependant très nette, chez les mêmes espèces animales, dans le liquide de l'estomac, et par conséquent ici encore ce ne sont pas les mouvements de déglutition qui ont pu introduire l'iodure dans le tube digestif.

Le *bromure de potassium* passe lentement (Porak) ; on le trouve dans l'urine du nouveau-né seulement lorsque l'administration en a été faite deux heures et demie avant l'accouchement, et il passe en petites quantités, puisqu'il en faut donner de très fortes doses à la mère pour en constater des traces.

Le *chlorate de potassium* passe très vite, de sorte qu'on le retrouve ordinairement dans l'urine du nouveau-né après dix minutes d'administration ; c'est la substance dont le passage s'effectuait le plus rapidement à travers le placenta parmi celles qui ont été expérimentées par Porak.

La même auteur a trouvé que l'*azotate de potassium* met plus de quarante minutes à passer ; après une heure, surtout après une heure vingt minutes, il passe constamment lorsque la dose est suffisante.

Dans ses expériences sur les animaux, lapins, cobayes, chats, A. Plottier (*Maly's Jb.*, 1898, 489) a trouvé le chlorate de K, le bromure de K, le *chlorure de lithium* dans les tissus du fœtus et dans le liquide amniotique, mais non le *bromure de strontium*.

Miura (*A. A. P.*, 1884, xcvi, 54) a introduit dans l'estomac de lapines et de cobayes, à terme, laissées préalablement à jeun pendant deux jours, de petites quantités d'*huile phosphorée*. Au bout de quelque temps, les animaux ayant été sacrifiés, on trouva que les lésions anatomo-pathologiques étaient exactement les mêmes chez le fœtus que chez la mère ; le foie était le plus fortement stéatosé ; l'estomac présentait les altérations de la gastro-adénite ; les muscles, le cœur et les reins étaient atteints de dégénérescence graisseuse, mais à un degré moins prononcé que chez la mère.

Porak (*Nouvelles Arch. d'Obstétr.*, 1894, 130 et 173), dans des conditions semblables, a observé la stéatose du foie chez les fœtus comme chez la mère; mais les recherches du phosphore dans les tissus des petits sont restées négatives. Par contre, Boeri (*Maly's Jb.*, 1899, 420) a retrouvé au bout de quelques heures, dans le sang du fœtus, le phosphore administré à des lapines et à des cobayes pleines. La rapidité du passage ne permet donc pas d'accepter l'opinion de Seydel, d'après laquelle il faudrait l'expliquer par des altérations et des ruptures des vaisseaux placentaires, puisqu'au moment où l'on constate la présence du phosphore chez le fœtus, les lésions anatomiques n'ont pas encore eu le temps de se produire.

Le passage de l'*arsenic*, d'après les expériences d'Arcangelis faites sur des chiens et des cobayes (*Virchow et Hirsch's Jb.*, 1891, i, 521), a lieu aussi bien dans les intoxications aiguës que dans les chroniques, et semble plus facile dans les premières périodes de la gestation ; en général, celle-ci est interrompue par l'agent toxique, mais elle peut cependant suivre son cours normal. Porak (*loc. cit.*) a également expérimenté sur des cobayes ; dans 3 cas où la mère avait absorbé de 3 milligrammes à 6 centigrammes d'arséniate de soude, en un temps qui a varié de 4 à 7 jours, les examens chimiques du fœtus sont restés négatifs. Ce n'est que dans une observation où l'animal avait absorbé plus de 26 centigrammes en 39 jours que le résultat a été positif. L'arsenic traverserait donc difficilement le placenta, et Porak a trouvé de plus que chez le fœtus, c'est la peau qui est l'organe électif d'accumulation de la substance toxique, alors que c'est le foie chez la mère.

Clouet paraît être le premier qui ait étudié le passage du *cuivre* de la mère au fœtus. Il a administré à des chattes en gestation du sous-acétate de cuivre. Dans une première série d'expériences, il retrouve le poison dans tout le corps du fœtus. Dans une deuxième série, il compare les quantités de poison accumulées dans le foie du fœtus et dans un poids égal de chair musculaire, et constate qu'elles sont égales de part et d'autre. Il en conclut : 1° qu'il est facile de retrouver dans le produit de la conception les substances qui ont occasionné l'empoisonnement chez la mère ; 2° que l'agent toxique ne se localise pas chez le fœtus dans certains organes de préférence à d'autres, par exemple, dans le foie, mais qu'il se répand dans tout l'organisme.

Phillippeaux (*B. B.*, 1879, 227) a répété cette expérience ; il a fait prendre à une lapine pleine, tous les jours, pendant toute la durée de la gestation, 2 grammes d'acétate de cuivre mêlés à sa nourriture. L'animal se porta bien, engraissa même, et mit bas, le 32° jour, 10 petits qui pesaient ensemble 500 grammes. Incinérés dans un creuset de platine, ils contenaient 5 milligrammes de cuivre métallique, soit un demi-milligramme par chaque fœtus.

Porak a, de son côté, constaté nettement le passage du cuivre. Dans un cas où il a donné du sulfate de cuivre, il n'a trouvé le métal que dans le foie des petits. A la suite de l'intoxication par le carbonate de cuivre, il l'a trouvé dans le foie, dans le système nerveux central, et d'une façon plus constante dans la peau. La diffusion du poison est donc plus étendue, comme l'avait déjà dit Clouet, chez les petits que chez la mère, pour laquelle il s'accumule de préférence dans le foie. En outre, la totalité du cuivre recueilli chez tous les petits de la même portée a dépassé la quantité accumulée chez la mère. Dans un seul cas où l'on a cherché le cuivre dans le placenta, on l'y a constaté manifestement.

Baum et Saliger ont publié aussi une observation intéressante d'intoxication des fœtus par le cuivre (*C. P.*, 1896, 752). Une grande chienne pleine reçut, du 2 mai au 25 juin, tous les jours, 25 centigrammes de sulfate de cuivre mêlés à ses aliments. Elle mit bas le 10 juin, sans qu'elle parût avoir été incommodée par le poison. Un premier petit fut tué le 11 juin : il n'y avait pas de cuivre dans ses reins; par contre, dans le foie il y en avait des quantités pondérables, 0,0024 p. 100. Dans l'intervalle du 27 juin au 4 juillet, les autres petits moururent. A la naissance ils n'avaient rien présenté d'anormal ; mais bientôt, lorsque la mère eut du lait en quantité suffisante, ils vinrent mal et augmentèrent à peine de poids ; à 3 semaines et demie, ils étaient à peine plus grands qu'immédiatement après la naissance, et paraissaient très faibles. Environ 10 jours après la naissance ils furent pris de convulsions, qui devinrent de plus en plus violentes jusqu'à la mort. Les petits ont encore dû prendre du cuivre avec le lait de la mère, car, dans le foie du petit, mort le dernier, on trouva 0,0031 p. 100 de cuivre, c'est-à-dire plus que chez le nouveau-né sacrifié immédiatement.

Comme le cuivre, le *plomb* passe constamment à travers le placenta, et se diffuse davantage chez le fœtus que chez la mère (PORAK). Tandis qu'on le trouve chez les petits en proportion sensiblement égale dans le foie, le système nerveux central, et la peau, chez la mère, c'est surtout le foie, et à un moindre degré la peau, qui est organe électif d'accumulation.

ROBOLSKI (1884) en injectant sous la peau à des lapines pleines, soit une solution de sublimé, soit du cyanate ou du peptonate de *mercure*, a pu retrouver dans tous les cas le métal chez les fœtus. A la suite de frictions d'onguent mercuriel, pratiquées pendant quelque temps chez deux femmes syphilitiques, il a constaté une fois la présence du mercure dans le méconium, une autre fois dans l'urine du nouveau-né et dans le sang du cordon ombilical. A. PLOTTIER a trouvé également chez le fœtus, mais non dans le liquide amniotique, le mercure injecté aux mères sous la forme de peptonate.

MIRTO (1899), en employant le sublimé chez des chiennes et des lapines, a pu constamment mettre en évidence le mercure dans les fœtus et dans le placenta. Dans les expériences de PORAK faites sur des cobayes, l'examen des organes des fœtus a donné, par contre, des résultats négatifs, tandis que la présence du mercure dans le placenta a été constatée nettement. PORAK admet que, si le mercure ne passe pas, c'est à cause de sa grande affinité pour le placenta.

STRASSMANN (*A. P.*, *Suppl.*, 1890, 95) a voulu s'assurer si les contradictions entre les expériences de MIRTO et celles de PORAK ne tenaient pas à la différence des espèces animales, mais les résultats furent les mêmes chez les souris, les cobayes, les lapins et les chiens. Après les intoxications aiguës par de fortes doses de sublimé, cet auteur a constamment trouvé le mercure chez ces fœtus ; quelquefois, il est vrai, en faible proportion, mais il n'a pu le déceler dans l'intoxication lente, par de petites doses répétées, probablement parce qu'il passe en quantité minime.

Substances organiques. — BENICKE est le premier (1876) qui ait employé l'*acide salicylique* : il en donnait 1^{gr},50 à 2 grammes à des femmes en travail, dès le début des douleurs. Les nouveau-nés étaient cathétérisés, et, au moyen du perchlorure de fer, on cherchait la présence de l'acide salicylique dans leur urine, ainsi que dans celle de la mère et, en outre, dans le liquide amniotique. Dans 17 cas, où l'enfant vint au monde au moins 2 heures après l'administration du médicament, sa première urine donna la réaction ; dans 3 cas la vessie était vide, mais la réaction se trouva dans l'urine recueillie au bout de 2 heures ; dans 2 cas où l'enfant fut expulsé 40 et 85 minutes après l'ingestion de la substance par la mère, il n'y eut pas de réaction dans la première urine, mais bien dans la seconde ; dans 2 cas où la naissance survint au bout de 10 et 15 minutes, l'urine de l'enfant ne donna pas la réaction ; enfin, dans un cas où l'accouchement eut lieu au bout de 26 heures, il n'y eut d'acide salicylique ni dans l'urine de l'enfant ni dans celle de la mère. Dans les cas où le liquide amniotique put être recueilli pur de tout mélange, BENICKE ne trouva pas trace de la substance.

En répétant ces expériences, RUNGE (1877) n'obtint d'abord que 2 résultats positifs sur 19, lorsqu'il rechercha l'acide salicylique dans le liquide amniotique. Mais plus tard, au lieu d'ajouter directement le perchlorure de fer à l'eau de l'amnios, il se débarrassa de l'albumine en acidulant le liquide et en l'agitant avec de l'éther, et après évaporation la réaction réussit 5 fois sur 8.

ZWEIFEL (*Arch. f. Gynaek.*, 1877, XII, 235) a cherché à montrer par l'exemple du *salicylate de soude* combien est faible la quantité de substance qui parvient au fœtus. Les expériences dont voici le résumé ont été faites sur des femmes en travail :

1° 3 grammes de salicylate, 45 minutes avant l'accouchement. Urine de l'enfant : résultat négatif ;

2° 3 grammes, 4 heures avant l'accouchement. Urine de l'enfant : résultat positif. Sang placentaire, 0 ^{gr} 0005 (pour 30 grammes de sang) ;

3° 3 grammes, 1 h. 10 avant l'accouchement. Vessie vide. Sang du cordon : 0,000937 grammes ;

4° Moins de 0,0002 grammes ;

5° 3 grammes, 5 heures et un quart avant l'accouchement. Sang placentaire : 0,00157 (pour 23ᵍʳ,14 de sang).

Ces expériences montrent que, dans les recherches qui portent sur le liquide amniotique, on ne peut pas toujours s'attendre à des résultats positifs ; car, si ZWEIFEL diluait la quantité d'acide salicylique, trouvée dans 30 grammes de sang, avec une égale quantité d'eau, la réaction caractéristique cessait d'être appréciable. On s'explique donc qu'elle puisse faire défaut dans le liquide amniotique, où la substance doit se trouver à un état de dilution très grande, même si le fœtus a évacué à différentes reprises des quantités d'acide salicylique équivalentes à celles qui se rencontrent dans l'urine, immédiatement après la naissance.

A la même époque, FEHLING (Arch. f. Gynaek., 1877, 12, 523) publie des expériences, faites sur des lapines, dans lesquelles la recherche du salicylate, et aussi du ferrocyanure de potassium chez le fœtus, ne lui ont donné que des résultats négatifs, pour faire voir précisément que de tels résultats peuvent souvent être prévus, d'après la minime quantité de substance qui traverse le placenta. Mais, en administrant ces mêmes composés à des femmes à terme, il les retrouva constamment chez le fœtus, quand la mère avait pris le médicament au moins pendant un jour. Dans ce travail, FEHLING ne fournit pas d'indications sur le contenu du liquide amniotique. Plus tard (Arch. f. Gynaek., 1879, XIV, 221), cet auteur a donné dans 3 cas, pendant 28, 32, 33 jours, 43ᵍʳ,4, 63ᵍʳ,6, 56 grammes de salicylate de soude à des femmes enceintes ; l'accouchement eut lieu 3 heures et demie, 11 heures, et 27 heures et demie après l'administration de la dernière dose. Deux fois sur trois la réaction fit défaut dans le liquide amniotique ; dans le troisième cas elle s'y trouva, mais faiblement. Dans 2 cas où l'urine fut examinée, elle donna la réaction. Par contre, DIELH (Virchow et Hirsch's Jb., 1892, I, 86) a obtenu des résultats conformes à ceux de RUNGE ; en donnant de l'acide salicylique tantôt quelques heures et tantôt quelques jours avant l'accouchement, il l'a retrouvé 7 fois sur 9 dans les eaux de l'amnios.

En ce qui concerne le passage de l'acide salicylique dans l'urine du nouveau-né, on voit que tous les auteurs sont d'accord. PORAK avait déjà dit qu'à la dose de 40 centigrammes l'acide salicylique et le salicylate de soude peuvent y passer en 20 minutes ; qu'au delà de 30 minutes, et à une dose supérieure à 40 centigrammes, ils y passent constamment.

Une substance qui a souvent été utilisée, c'est le ferrocyanure de K. Nous avons déjà signalé plus haut les expériences de MAYER. Dans 17 cas où FEHLING a donné ce composé à des femmes en travail, il n'a pu le mettre en évidence dans le liquide amniotique que trois fois ; la première urine du nouveau-né ne donnait pas la réaction, mais la seconde la donnait.

Le passage du prussiate jaune, d'après PORAK, se fait assez lentement ; il peut s'accomplir en trois quarts d'heure à 1 heure et demie : c'est surtout lorsque l'administration a eu lieu depuis plus de quatre heures qu'on le retrouve presque constamment dans l'urine du nouveau-né ; mais il passe en petite quantité.

BAR (Th. P., 1881) injecte dans une veine utérine d'une lapine sur le point de mettre bas 60 gouttes d'une solution de ferrocyanure de potassium à 1 p. 100, et tue l'animal au bout de 30 minutes. En traitant le liquide amniotique de tous les œufs par une solution de sulfate de fer, il y fait apparaître la coloration bleue ; la membrane de l'amnios s'est aussi colorée fortement par l'adjonction d'un sel de fer : l'estomac était distendu par du liquide qui donna également la réaction. Mais on ne put la produire dans les reins d'aucun des fœtus. Chez l'un d'eux, la vessie contenait quelques gouttes d'une urine claire, qui, traitée par le sel de fer, ne donna aucune réaction. C'est-à-dire qu'en résumé la substance avait passé dans le liquide amniotique, et non dans les fœtus, en faisant abstraction du contenu de l'estomac où elle avait pénétré par la déglutition.

ZUNTZ (A. g. P., 1878, XVI, 548) a injecté dans la veine jugulaire de lapines pleines, dans l'espace d'une heure, 30 à 40 cc. d'une solution saturée à froid de sulfindigotate de soude. Il a trouvé au bout de ce temps le liquide amniotique teinté légèrement en bleu, à peu près comme la sérosité péritonéale de la mère, moins fortement cependant, tandis que les quelques gouttes d'urine que renfermait parfois la vessie du fœtus, ne présentaient pas trace de coloration. Celle-ci faisait défaut également dans les organes fœtaux, foie et rein : le contenu de l'estomac seul présentait quelquefois une teinte bleue, semblable à celle du liquide amniotique.

WIENER (*Arch. f. Gynœk.*, 1884, XXIII, 183) a répété ces expériences en liant préalablement les vaisseaux rénaux de la mère pour empêcher la substance injectée de s'éliminer par l'urine. Ici encore les fœtus ne renfermaient pas trace de matière colorante, et au microscope on ne put en déceler dans le rein. Il n'y avait que l'estomac et les parties supérieures de l'intestin dont le contenu était coloré en bleu. Cependant, si les animaux étaient encore dans la première moitié de la gestation, l'indigotate de soude ne passait pas dans le liquide amniotique, ou il n'en passait que des traces. WIENER ajoute encore que la quantité de matière colorante qui se mélange au contenu de l'amnios ne paraît dépendre ni de la quantité de liquide injectée à la mère, ni du temps écoulé jusqu'au moment de sa mort ; la coloration, quoique manifeste, était toujours faible.

SICARD et MERCIER (*B. B.*, 1898, 63) ont employé chez des femmes à terme le *bleu de méthylène*, en injections sous-cutanées, à la dose de $0^{gr},05$, de 3 minutes à 22 heures avant l'accouchement. Le temps minimum nécessaire pour le passage du bleu dans l'urine a paru osciller entre 1 heure 20 et 1 heure 30. L'urine des nouveau-nés colorait le linge durant 2 à 3 jours après l'accouchement. Dans 6 cas où ces expérimentateurs ont pu examiner le liquide amniotique, clair et sans trace de méconium, ils n'y ont trouvé ni coloration directe, ni chromogène. Chez une cobaye pleine, les résultats furent également négatifs.

GUSSEROW (*Arch. f. Gynœk.*, 1878, XIII, 56) a donné à des femmes en travail de 2 à 5 heures avant l'accouchement du *benzoate de soude* à la dose de 1 gramme à $1^{gr},50$ et a trouvé dans le liquide amniotique, et dans l'urine du nouveau-né, de l'acide hippurique, mais non de l'acide benzoïque. DURHSSEN (*Arch. f. Gynæk.*, 1888, XXXII, 329) a répété ces expériences avec les mêmes résultats, et a réfuté, comme on le verra plus loin, à propos de la provenance du liquide amniotique, les arguments opposés aux conclusions de GUSSEROW.

SCHALLER (*Arch. f. Gynæk.*, 1899, LVII, 566) a eu recours à l'emploi de la *phlorhizine*. On sait qu'à la suite de l'ingestion de cette substance on voit apparaître de la glycosurie, tandis que la quantité de sucre dans le sang n'augmente pas.

Si donc, après administration de phlorhizine à la mère, on trouve du sucre dans l'urine de l'enfant, c'est que la phlorhizine a traversé le placenta. Et en effet, dans 26 cas où elle avait été donnée moins de 48 heures avant l'accouchement, l'urine du nouveau-né renfermait du sucre ; mais, dans 5 cas où il s'était écoulé au minimum 48 heures, au maximum 28 jours avant l'accouchement, elle n'en contenait pas. SCHULLER admet que dans ces derniers cas la phlorhizine retourne peu à peu, par l'intermédiaire du placenta, dans le sang maternel, parce qu'avant la fin de la gestation le rein fœtal n'est pas encore apte à la transformer et à l'éliminer. Dans le liquide amniotique, on ne trouva du sucre que très rarement, ou toujours en faible quantité. Nous aurons l'occasion de revenir sur la signification attribuée à ces expériences et sur leur discussion. Chez les femmes diabétiques, le *sucre* peut aussi passer en nature du sang de la mère dans le liquide amniotique. LUDWIG (*Maly's Jb.*, 1896, 159), ROSSA, y ont trouvé : l'un, 0,3 ; l'autre, 0,345 p. 100 de glucose.

ZWEIFEL (*Arch. f. Gynæk.* 1877, XII, 235) a démontré le passage rapide du *chloroforme* du sang de la mère en travail dans le sang du cordon. Par conséquent, dans les accouchements où l'on a recours au sommeil chloroformique, l'enfant participe à l'intoxication chloroformique : mais on a déjà vu que l'anesthésie peut se prolonger longtemps sans inconvénient pour le fœtus, si l'abaissement de la pression sanguine n'est pas trop considérable. PORAK n'a pu déceler le chloroforme dans le sang fœtal, mais il a constaté sa présence dans l'urine du nouveau-né trois quarts d'heure après que la chloroformisation eut été entreprise.

Le *chloral* donné en lavement à la mère ralentit au bout de 5 à 10 minutes le pouls du fœtus (KOUBASSOW).

D'après PETER MULLER, du *bromure d'éthyle* est expiré par l'enfant au moment de la naissance, quand la femme en travail en a inspiré une grande quantité.

A. Plottier a déjà signalé le passage de l'alcool dans le fœtus et le liquide amniotique. Plus récemment, Nicloux (*B. B.*, 1899, 980) a montré que les teneurs du sang en alcool de la mère et du fœtus sont très voisines. Lorsque les quantités d'alcool ingérées sont trop petites pour que l'alcool puisse être dosé dans le sang du fœtus, la comparaison de la teneur en alcool des tissus du fœtus avec la teneur en alcool des foies maternels est instructive en ce que les chiffres sont à peu près identiques. On voit que, pour petite que soit la dose d'alcool ingéré, 1/2 c. c. par kilogramme, elle est suffisante pour faire apparaître l'alcool dans l'organisme fœtal. Chez une femme en travail, on fit prendre 1 heure avant l'accouchement une potion de Todd, et tout de suite après l'expulsion on recueillit, venant du bout placentaire du cordon, 20 à 50 |grammes de sang fœtal ; on y trouva de l'alcool.

Porak a reconnu très nettement l'odeur de violette dans l'urine du nouveau-né quand on avait administré à la femme en travail de l'*essence de térébenthine*. Par contre, il n'y a pas perçu l'odeur fétide caractéristique quand la mère avait mangé des asperges pendant le travail.

Le *sulfate de quinine* passe lentement à travers le placenta, puisque sa présence n'est décelée d'une façon constante dans l'urine du nouveau-né que lorsque l'administration a précédé de 1 heure et demie l'accouchement. Le passage s'observe encore lorsqu'on ne donne que 50 centigrammes, et même moins (Porak). Plottier chez les animaux n'a pas trouvé la substance dans le liquide amniotique.

La *santonine*, d'après Porak, passe constamment lorsqu'on en donne 30 à 50 centigrammes à la mère, 45 minutes avant l'accouchement.

Walter, qui a empoisonné des femelles presque à terme avec du *nitrate de strychnine*, de l'*acétate de morphine*, de la *vératrine*, du *curare*, de l'*ergotine*, n'a pu reconnaître dans aucun ces ces poisons dans le sang du fœtus. Peut-être, comme le fait remarquer Preyer, le temps écoulé entre l'injection du poison et l'extraction du fœtus était-il trop court. Il est vrai que Fehling, qui a injecté de très fortes doses de curare à des chiennes et à des lapines pleines, a vu aussi que les fœtus avaient encore des mouvements très vifs, alors que la mère était fortement curarisée (*Arch. f. Gynæk.*, 1876, ix, 313). Mais comme, d'après les observations de Preyer et de Soltmann, il faut une grande quantité de curarine ou de curare pour abolir la motilité du fœtus, il est possible que ces substances passent, mais en proportion trop faible. Toujours est-il que le passage de la morphine (et aussi de l'*antipyrine*) a été constatée par Plottier.

Porak dit avoir acquis dans plusieurs cas la certitude que les petits étaient sous l'influence de l'atropine administrée à leur mère avant la naissance. Preyer est plus explicite : un quart d'heure après l'injection d'un centimètre cube d'une solution de sulfate d'atropine à 1 p. 100 sous la peau d'une femelle de cobaye à la fin de la gestation, ce physiologiste a observé que le premier fœtus extrait présentait des pupilles dilatées ; de même les trois autres, extraits dans les 20 minutes suivantes. Dans un cas où chez une femme on avait injecté, 3 heures avant l'accouchement, 2 milligrammes d'atropine, l'enfant avait des pupilles dilatées, qui ne réagissaient pas à la lumière.

Plottier a retrouvé l'*acide phénique* chez le fœtus et dans le liquide amniotique.

Après avoir fait ingérer à une chienne pleine 0^{gr},20 d'*aniline* par kilogramme, Wertheimer et Meyer n'ont pu constater au bout de 7 heures, ni dans le sang du cordon, ni dans celui du cœur ou du foie des fœtus, le spectre caractéristique de la méthémoglobine : le résultat fut le même après l'emploi de la *métatoluidine ;* par conséquent ni celle-ci ni l'aniline ne traversent le placenta (*A. de P.*, 1890, 193).

Charpentier et Butte (*Arch. nouv. d'obstétrique*, 1887, ii, 397), en injectant de l'*urée* à des femelles pleines, soit en une fois à dose massive, soit à doses successives pendant 8 à 10 jours, ont trouvé que l'urée s'accumule dans les tissus fœtaux, que la proportion peut y être même plus forte que dans les tissus maternels et que le fœtus succombe avant la mère. Comme la cause de sa mort ne peut s'expliquer ni par un abaissement de la pression artérielle de la mère, ni par une diminution de l'oxygène de son sang, il faut l'attribuer à une intoxication directe par l'urée. L'accumulation de la substance dans les tissus du fœtus serait due aussi bien à son arrivée dans le sang fœtal qu'à l'impossibilité de son élimination, le sang de la mère en étant surchargé.

Le tableau suivant donne le résumé de ces expériences en ce qui concerne le dosage de l'urée dans le sang et les tissus de la mère ainsi que dans la masse du fœtus :

Urée contenue dans 100 grammes :

	MÈRE.				FŒTUS.	
	SANG de la mère à l'état normal.	SANG de la mère après intoxication.	MUSCLES de la mère à l'état normal.	MUSCLES de la mère après intoxication.	NORMAL.	APRÈS intoxication.
1er exemple d'intoxication aiguë. .	»	0,098	»	0,036	»	0,042
2e — , — . .	»	»	»	»	»	0,035
1er exemple d'intoxication lente. .	0,020 (moyenne)	0,048	0,030 (moyenne)	»	0,012 (moyenne)	0,043
2e — — . .	»	0,076	»	0,054	»	0,086

Feis (*Arch. f. Gynæk.*, 1894, XLVI, 147) est arrivé à des résultats semblables. Après l'injection de fortes doses d'urée, 6 à 16 grammes, à des lapines pleines, les tissus du fœtus, au lieu de $0^{gr},01$ p. 100, chiffre normal, en contenaient dans divers cas 0,385, 0,065, 0,053 et jusqu'à 0,857 p. 100. Feis admet également que l'urée est pour le fœtus un poison auquel il résiste moins longtemps que la mère ; mais cette substance, même à fortes doses, ne provoque pas de contractions utérines.

Matières albuminoïdes. — Wertheimer et Meyer ont observé que la *méthémoglobine* en solution dans le sang maternel ne passe pas dans le sang fœtal (*A. de P.*, 1891, 204), alors qu'elle traverse facilement le filtre rénal, puisque dans ces conditions expérimentales l'urine de la mère en contient en notable proportion : le filtre placentaire s'oppose à son passage. Le spectroscope montre en effet l'absence de la méthémoglobine dans le sang du fœtus.

Nous avons mentionné en un autre endroit que, d'après Ascoli, le placenta met obstacle plus ou moins complètement au passage de l'albumine. Déjà Wertheimer et Delezenne avaient montré que la *peptone*, injectée à une chienne pleine, n'empêche pas la coagulation du sang des fœtus, tandis qu'elle rend incoagulable, comme on sait, le sang de la mère. On ne peut cependant pas rigoureusement conclure de ce fait que la peptone elle-même soit arrêtée par le placenta. Il est possible qu'elle passe, mais que le foie où se forme la substance anti-coagulante, ou bien que les leucocytes aux dépens desquels elle se forme ne réagissent encore à l'action de la peptone pendant la vie intra-utérine. Mais, d'un autre côté, Wertheimer et Delezenne ont constaté aussi que l'*extrait de sangsue*, qui empêche, par lui-même et sans aucun intermédiaire, c'est-à-dire *in vitro*, la coagulation, n'a pas rendu incoagulable le sang du fœtus, quand on l'injectait à la mère. Par conséquent, ou bien le placenta arrête ou modifie les substances anti-coagulantes, ou bien il les laisse passer avec une lenteur telle et en si faibles proportions qu'elles n'ont plus d'action sur le sang fœtal.

Charrin et Delamare (*B. B.*, 1901, 775) ont publié des expériences qui sont en quelque sorte la contre-partie des précédentes. En injectant du mucus dilué dans la circulation chez des lapines pleines, ils ne sont pas parvenus à produire la coagulation du sang du fœtus, alors que chez la mère le contenu vasculaire se prenait en masse. Comme ces expérimentateurs ont opéré avec assez de lenteur ; comme d'autre part, *in vitro*, le sang fœtal subit l'action anticoagulante de ce principe, ils se demandent si le placenta n'intervient pas d'une façon active pour s'opposer à cette influence du mucus sur la coagulation du sang.

Éléments morphologiques et poudres insolubles. — Il est absolument certain que les hématies de la mère et celles du fœtus restent toujours indépendantes les unes des autres. Mais on peut se demander si les leucocytes, en vertu de leurs mouvements amiboïdes, n'arrivent pas à franchir la barrière placentaire. Sænger (*Arch. f. Gynæk.*, 1888, XXXI, 164) a fait remarquer que la pathologie réalise une expérience qui répond à cette question, quand elle nous montre que le fœtus d'une mère leucémique ne devient pas leucémique ; le sang du placenta fœtal, des vaisseaux ombilicaux, celui du fœtus lui-même n'ont aucun caractère anormal. Tchistowitsch et Yourewitsch (*loc. cit.*), ont implicitement confirmé cette observation par le fait que l'hyperleucocytose de la mère provoquée par les infections ou les intoxications bactériennes ne retentit pas sur le fœtus.

La question du passage des substances pulvérulentes à travers le placenta est, dans une certaine mesure, liée à la précédente, parce qu'on a supposé que c'est incorporées aux globules blancs qu'elles peuvent pénétrer dans la circulation fœtale. Ce mécanisme ne peut donc être admis, et, si les poudres insolubles passent, ce ne sera que par une véritable effraction.

Le cinabre est le corps avec lequel on a le plus souvent expérimenté. Reitz, en l'injectant à des lapines pleines, l'a retrouvé dans le placenta, dans les caillots du cœur du fœtus, dans les vaisseaux de la pie-mère. Caspary, Perls sont également arrivés à des résultats positifs. Il n'en n'est pas de même de Hofmann et Langerhans ; il est vrai que ces auteurs ne rapportent qu'une seule observation : ils injectaient des grains de cinabre dans une veine du cou ou de l'oreille à des animaux qu'ils sacrifiaient au bout d'un temps variable ; parmi ces derniers se trouvait une femelle qui fut tuée 89 jours après l'injection, alors qu'elle était presque à terme : on ne put déceler la présence du cinabre ni dans l'utérus, ni dans le fœtus. De même Marie Miropolsky (*A. P.*, 1885, 104), qui a fait avec la même substance toute une série d'expériences, l'a vainement recherché dans l'organisme fœtal.

Fehling, Thierfelder, Ahlfeld, Malvoz (*Ann. de l'Institut Pasteur*, 1888, 121) ont employé sans succès l'encre de Chine. Par contre, Perls, Pyle (*Virchow et Hirsch's, Jb.* 1885), ont tous deux injecté l'ultramarine avec des résultats positifs. Dans les expériences de ce dernier, sur 61 cas, 46 fois les tissus du fœtus étaient parsemés de grains bleuâtres. Mars, qui a utilisé des pigments divers, ainsi que des microorganismes, a trouvé 13 fois sur 15 les corps étrangers dans le sang même du fœtus ; il insiste sur la nécessité, pour réussir dans cet examen, d'y procéder au plus tôt 5 minutes, au plus tard 5 heures après l'injection, parce qu'au bout de ce temps les corps étrangers sont déjà sortis des vaisseaux pour se fixer dans les organes. Krukenberg, à son tour (*Arch. f. Gynæk.*, 1887, xxxi, 311), a injecté dans le bout central de l'artère crurale de femelles pleines un précipité fraîchement préparé de sulfate de baryte, mais sans succès ; il n'a pas été plus heureux en employant le *Bacillus prodigiosus*. En définitive, le passage des substances pulvérulentes est un phénomène inconstant, mais possible.

Microrganismes, toxines ; substances agglutinantes, défense du fœtus. — Bien que ce chapitre soit plutôt du domaine de la pathologie que de la physiologie, il se rattache trop intimement aux précédents, pour ne pas faire l'objet d'un exposé sommaire. On a cru pendant longtemps que les microrganismes ne franchissent pas le placenta. En 1858, Braüell avait constaté que le sang d'un embryon dont la mère est morte du charbon ne transmet pas la maladie. Un peu plus tard, en 1867, Davaine, après avoir inoculé le charbon à un cobaye qui portait un fœtus presque à terme, observa que le sang de ce fœtus était tout à fait exempt de filaments du sang de rate, tandis que celui de la mère et celui du placenta en contenaient par myriades. Ces observations furent encore confirmées par Böllinger, en 1876, qui avait conclu, avec Davaine, que le placenta constitue un appareil de filtration physiologique dont n'approche aucun filtre artificiel.

Mais Strauss et Chamberland (*B. B.*, 1882, 683 et 804), qui avaient, dans une première série de recherches, adopté sans restrictions l'exactitude de la loi de Brauell-Davaine, en ce qui concerne la bactéridie charbonneuse, trouvèrent bientôt que le placenta n'est pas pour elle une barrière infranchissable.

D'ailleurs, déjà en 1881, Arloing, Cornevin et Thomas (*C. R.*, xcii, 739) avaient mis en évidence chez 2 fœtus de brebis mortes du charbon symptomatique, les bactéries caractéristiques de cette maladie. Strauss et Chamberland voient, en outre, que le choléra des poules, le vibrion septique peuvent se transmettre de la mère au fœtus.

Les recherches ultérieures ont démontré qu'il en est de même pour beaucoup d'autres microrganismes, probablement pour tous, pour le staphylocoque, le streptocoque, le bacille coli (CHAMBERLAND), le streptocoque de l'érysipèle (LEBEDEFF), le bacille de la morve (LÖFFLER), le bacille d'EBERTH (CHANTEMESSE et WIDAL, EBERTH, NEUHAUSS et autres) le bacille du choléra (TIZZONI et CATTANI), le diplocoque de la pneumonie (NETTER), le bacille pyocyanique (CHARRIN), le bacille de la tuberculose (JOHNE, MALVOZ et BOUVIER, MAFFUCCI) (*Centralb. f. allg. Pathol.*, 1894), le spirille de la fièvre récurrente (SPITZ, ALBRECHT). On peut dire qu'il n'y a pas de maladie infectieuse qui ne puisse être transmise de la mère au fœtus [1].

Mais, pour que le placenta se laisse traverser par les microbes, il faut que les villosités soient le siège d'altérations de structure, comme l'a montré MALVOZ (*loc. cit.*). Cet expérimentateur constate d'abord que les microbes non pathogènes, tels que le *micrococcus prodigiosus*, injectés à la mère, ne se retrouvent pas dans l'organisme fœtal. Il inocule à des lapines pleines le bacille du charbon, et avec les tissus de leurs 32 fœtus, il ensemence 163 tubes ou plaques de culture; sur ce nombre 4 tubes seulement donnent la culture caractéristique. S'il inocule, par contre, à des lapines le choléra des poules, toujours dans les tissus du fœtus il retrouve le microbe.

C'est qu'en effet les placentas provenant de ces lapines montrent des hémorrhagies reconnaissables même à l'œil nu, tandis que ceux des lapines charbonneuses [ne présentaient pas de lésions du même genre. D'autre part, alors que chez les lapines les bacilles du charbon ne passent au fœtus qu'en très petite quantité et dans la minorité des cas, chez le cobaye ils passent plus régulièrement, parce que, chez cet animal, les lésions placentaires sont plus fréquentes.

Les produits microbiens solubles qui circulent dans le sang maternel semblent devoir rencontrer moins de difficultés à traverser les parois des villosités; et de fait, leur rôle dans les intoxications intra-utérines, comme dans la genèse des tares pathologiques du rejeton, ne paraît pas douteux. En revanche, la réaction de l'organisme fœtal à ces sécrétions bacillaires est sans doute une des conditions de l'immunité qu'il acquiert parfois. Il est permis de penser aussi que les substances auxquelles sont dus et l'état bactéricide et les propriétés antitoxiques des humeurs chez la mère franchissent, elles aussi, le placenta, c'est-à-dire que l'immunité peut provenir de l'action de ces matières déversées par le sang maternel. Il est possible enfin qu'elle soit pour une part la conséquence de la transmission des attributs cellulaires des générateurs à leurs rejetons, en d'autres termes de la transmission héréditaire d'un caractère acquis. Même quand le mâle seul est vacciné (contre le bacille pyocyanique), on peut voir, dans des cas, en réalité assez rares, l'immunité transmise aux descendants (CHARRIN et GLEY, *B. B.*, 1891, 809; *A. de P.*, 1893, 75; *ibid.*, 1894, 1; CHARRIN, *Journ. de Physiol.*, 1899, 92).

Cependant le mécanisme de la transmission héréditaire de l'immunité est encore bien controversé. WERNICKE, cherchant à savoir si c'est le mâle ou la femelle immunisée contre la diphtérie qui transmet l'immunité à la progéniture, a trouvé, contrairement à CHARRIN et GLEY, que cette propriété n'appartient qu'à la mère. EHRLICH a été conduit à la même conclusion en étudiant chez les souris blanches la transmission de l'immunité vis-à-vis du tétanos, de la ricine, de l'abrine. VAILLARD confirma les expériences d'EHRLICH pour le tétanos et démontra qu'il en est de même non seulement en ce qui concerne l'immunité vis-à-vis des toxines, mais encore vis-à-vis des microbes.

DZIERGOWSKI (*Arch. des sc. biol.*, St. Pétersb., 1901, VIII, 212 et 429), qui a employé pour ses expériences des chevaux immunisés contre la diphtérie, a trouvé à son tour que les conditions de la transmission sont plus favorables du côté de la mère que du côté du père. L'ovule, baigné dans le liquide des vésicules de GRAAF qui contient presque autant d'antitoxine que le sérum sanguin a toutes facilités pour acquérir l'immunité, tandis que le spermatozoïde se développe dans un milieu qui en contient relativement peu.

Il est probable aussi que dans les premières périodes du développement les humeurs de la muqueuse utérine qui renferment des quantités considérables d'antitoxine sont capables de conférer l'immunité à l'œuf qui s'est greffé sur cette membrane. Mais, une fois que le placenta est formé, il ne laisserait passer ni toxine ni antitoxine: aussi, bien que l'œuf et l'embryon soient très fortement immunisés dans les premières semaines de la vie, l'immunité baisse notablement au cours de la vie fœtale lorsque l'apparition du

---

1. On trouvera dans SCHREWE (*loc. cit.*) une longue énumération d'observations de ce genre.

placenta arrête l'immunisation. Toutefois le liquide [amniotique, dégluti par le fœtus, peut avoir une certaine action immunisante, très faible il est vrai, puisqu'il contient fort peu d'antitoxine.

Dans une autre série d'expériences faites sur les œufs de poule, DZIERGOWSKI trouve que l'antitoxine peut passer dans le jaune et du jaune dans l'embyon. Il conclut en définitive de l'ensemble de ses recherches que l'immunité héréditaire ne dépend pas de ce que la cellule embryonnaire acquiert par hérédité la propriété d'élaborer l'antitoxine, mais de ce qu'une partie de l'antitoxine a pu passer du sang maternel dans le fœtus pendant la période embryonnaire. L'immunité n'est pas une immunité active transmise par la mère; c'est une immunité passive, qui ne résulte pas de l'activité des éléments cellulaires de l'enfant.

ROMER, soutenant sur ce point les idées de BEHRING, s'accorde avec DZIERGOWSKI pour admettre que la transmission du pouvoir antitoxique de la mère au fœtus trouve un obstacle dans le placenta. RANSOM avait observé que le sérum d'un poulain issu d'une jument immunisée contre le bacille de NICOLAIER est doué du pouvoir antitoxique. Pour ROMER, cette antitoxicité est due à des hémorrhagies placentaires ayant permis le mélange des sangs maternel et fœtal; car la molécule antitoxique du sérum est unie à une protéine incapable de traverser les membranes animales. Il le prouve par l'exemple d'une jument pleine immunisée contre la diphtérie; le sérum de son poulain n'avait aucun pouvoir antitoxique à la naissance, et ne l'a acquis que par l'allaitement. La transmission se ferait très rarement par la voie placentaire (*Anal. in J. de Physiol. et de Path. gén.*, 1902, 229).

Cependant BECLÈRE, CHAMBON, MÉNARD, JOUSSET et COULOMB ont cru pouvoir caractériser la substance antivirulente, qui par son passage à travers le placenta confère à l'enfant l'immunité vaccinale. Cette substance contenue dans le sérum de sujets vaccinés a surtout pour propriété d'exercer *in vitro* une action telle sur le vaccin que celui-ci, après y avoir baigné, cesse d'être inoculé avec succès, et ne produit plus ou presque plus de réaction locale. La transmission intra-utérine de l'immunité vaccinale s'observe exclusivement parmi les femmes dont le sang antivirulent à l'égard du vaccin a transmis ses propriétés antivirulentes au sang du fœtus, quel que soit d'ailleurs le moment où la mère a été vaccinée, alors même que sa dernière vaccination remonte à la première enfance.

Mais ici encore, il faut remarquer que l'immunisation du fœtus par la vaccination de sa mère pendant la gestation est un phénomène exceptionnel, si bien que sa réalité même est contestée. Les auteurs que nous venons de citer reconnaissent d'ailleurs que la transmission intra-utérine de l'immunité vaccinale ne s'observe pas chez toutes les femmes en possession de cette immunité, mais seulement chez un petit nombre d'entre elles: d'autre part, même parmi les nouveau-nés dont le sang se montre antivirulent, il en est qu'on peut inoculer avec succès. GAST et WOLFF vont plus loin, puisqu'ils soutiennent que le fœtus ne participe jamais à l'immunisation de la mère. Dans un travail récent PALM (*Arch. f. Gynæk.*, 1901, LXII, 348) arrive à la même conclusion, d'après le résultat d'opérations pratiquées sur quarante-trois femmes et leurs enfants; aucun de ces derniers ne s'est montré réfractaire à l'inoculation, bien que leurs mères eussent été vaccinées avec succès pendant la grossesse. Cependant, chez cinq de ces enfants deux vaccinations, et chez un autre quatre vaccinations successives furent nécessaires. L'influence de l'inoculation maternelle ne s'est traduite que par une réaction locale moins vive et un développement plus lent des pustules vaccinales.

Par contre, la transmission au fœtus des propriétés agglutinantes acquises par le sang de la mère au cours des infections pathologiques ou expérimentales a été démontrée récemment par des exemples déjà assez nombreux. ACHARD et LANNELONGUE (*B. B.*, 1897, 255), en inoculant des femelles de cobaye par le *Proteus*, ont trouvé la réaction agglutinante dans le sang du fœtus et du liquide amniotique, plus fort même parfois dans ce dernier. ACHARD et BENSAUDE ont observé un fait analogue dans l'infection cholérique: une femelle de cobaye, soumise depuis trois mois et demi aux inoculations, et dont le sang possédait un pouvoir agglutinant intense, mit bas deux petits, l'un mort né, l'autre vivant; le sang de tous deux donna fortement la réaction, et celui du petit, qui survécut, la donna pendant trois semaines. WIDAL et SICARD ont obtenu des résultats positifs chez les nouveau-nés d'une lapine inoculée avec le bacille d'EBERTH.

Des faits du même genre ont été signalés, dans le cours ou à la suite de la fièvre typhoïde, par Chambrelent et Philippe, Mossé et Daumic, (B. B., 1897, 238), Mossé et Fraenkel (Soc. méd. des hôpit., 1899, 49), Étienne (B. B., 1899, 860), Zaengerlé (Munch. med. Wochensch., 1900, 890). Il résulte de ces observations que, quand la mère est atteinte de dothiénentérie, la réaction agglutinante peut se rencontrer soit chez le fœtus, soit chez le nouveau-né à terme, et dans ce dernier cas elle s'atténue progressivement après la naissance : elle s'est montrée, en règle générale, sensiblement plus faible chez l'enfant que chez la mère. Étienne seul a constaté le contraire, et il a trouvé, en outre, que le liquide amniotique avait, comme le sang du fœtus, un pouvoir agglutinant supérieur à celui du sang de la mère. Dans ces divers cas la propriété agglutinante du sang fœtal ne pouvait être attribuée à une infection éberthienne, par effraction du placenta, puisqu'on a pu établir que les bacilles n'avaient pas envahi l'organisme fœtal. Il faut donc admettre que le placenta a laissé filtrer soit les matières agglutinantes contenues dans le sang maternel, soit des matières agglutinogènes, auquel cas le fœtus aurait produit l'agglutinine pour son propre compte.

A ces faits positifs viennent cependant s'en opposer quelques autres négatifs, enregistrés soit chez l'animal (Achard et Bensaude) soit en pathologie humaine (Étienne, Charrin et Apert, B. B., 1896, 1104). On a supposé que l'intensité plus ou moins grande du pouvoir agglutinant du sang maternel (Achard), la durée pendant laquelle les matières agglutinantes imprègnent le placenta sont des conditions qui favorisent la transmission au fœtus ; si la mort, ou l'avortement, arrive trop vite, le placenta n'aura pas été assez longtemps au contact de ces substances (Mossé et Fraenkel). D'après Schumacher (anal. in Journ. de Physiol. et de Path. gén., 1901, 830), les agglutinines typhiques ne se transmettent pas généralement au fœtus quand la fièvre typhoïde est survenue pendant la première moitié de la grossesse : ce n'est que si l'infection se produit dans les derniers mois de la gestation.

Une observation récente de Charrin et Moussu (Sem. méd., 1902, 413) montre que les cytotoxines peuvent traverser le placenta. A une chèvre en cours de gestation, ces expérimentateurs ont injecté par voie sous-cutanée des doses variables d'émulsions hépatiques. Depuis seize jours, l'animal n'avait rien reçu lorsqu'elle mit bas un unique chevreau à terme, mort en naissant. Or, exempt de tout microbe, ce chevreau avait tous ses organes macroscopiquement sains, sauf le foie réduit en bouillie.

Si l'on considère les moyens de défense que l'organisme fœtal oppose par lui-même aux infections et aux intoxications bactériennes, ils semblent assez précaires. On a déjà vu que, d'après Tchistowitsch et Yourewitsch, il n'aurait pas la ressource de l'hyperleucocytose. Halbane et Landsteiner constatent également (Munch. med. Wochenschr., 1902, 473) que le pouvoir hémolytique du sérum fœtal, son pouvoir agglutinant à l'égard des globules rouges, son pouvoir bactéricide à l'égard des vibrions du choléra, son pouvoir antitryptique, sont inférieurs à ceux du sérum de la mère. La présence d'une quantité moindre de substances actives dans le sérum du nouveau-né impliquerait donc une résistance moindre à l'égard des infections.

La véritable défense du fœtus, c'est le placenta, défense efficace contre les microrganismes, tant que l'organe a conservé son intégrité de structure, moins efficace peut-être contre les toxines. Cependant, il ne suffit pas, à ce qu'il semble, que des toxines circulent dans le sang maternel pour qu'elles fassent sentir leurs effets au fœtus : celui-ci reste souvent absolument indemne. Les produits microbiens, en effet, doivent, en leur qualité de matières albuminoïdes, traverser difficilement le placenta, et sans doute, dans bon nombre de cas, elles passent assez lentement pour que les moyens de défense du fœtus restent suffisants à leur égard. Il est probable que le passage des toxines à dose massive a besoin d'être facilité par des conditions adjuvantes encore mal déterminées : il est permis de supposer, par exemple, que, très abondantes dans le sang maternel, elles arrivent à modifier la perméabilité du plasmode et des capillaires de la villosité : de même qu'on a dû expliquer l'action de certaines substances lymphagogues, telles que les peptones, l'extrait de muscles d'écrevisse, avec lesquelles les toxines ont de l'analogie, par une augmentation de la perméabilité de l'endothélium vasculaire.

On s'est demandé aussi si le tissu placentaire n'était pas capable de modifier ou d'atténuer la toxicité de certains produits. Quelques essais faits dans ce sens par Charrin et Delamare (*loc. cit.*), en mettant en contact la nicotine et la toxine diphtérique avec le délivre, n'ont donné que des résultats. négatifs pour l'alcaloïde, peu concluants pour la toxine.

Dans le même ordre d'idées, notons encore que, dans l'œuf des oiseaux, l'albumine ne sert pas seulement à nourrir l'embryon, mais aussi, d'après R. Wurtz (1890), à le protéger contre l'envahissement des microbes. Cet expérimentateur a constaté que l'albumen, mais l'albumen d'un œuf vivant seulement, possède une action bactéricide très énergique. On prélève le blanc d'un œuf de poule, et on le répartit dans des tubes à essai stériles, à raison d'un centimètre cube par tube : on ensemence ensuite chacun de ces tubes avec de très faibles quantités d'une culture de divers microrganismes, bactéridie de Davaine, spirille du choléra, microbe du choléra des poules. Tous ces microbes sont tués dans l'albumine au bout d'un temps qui varie d'une à plusieurs heures. D'autres savants, Maffucci, Hueppe, en inoculant des microbes pathogènes directement dans l'albumine de l'œuf à travers la coquille, avaient toujours observé, au contraire, un développement plus ou moins rapide. Mais R. Wurtz fait remarquer qu'une dose déterminée de blanc d'œuf ne peut tuer qu'un nombre déterminé de microbes. Maffucci et Hueppe avaient ensemencé des quantités relativement grandes de microrganismes (cités par Loisel : *La défense de l'œuf. Journ. de l'Anat.*, 1900, xxxvi, 338.)

L'albumine pure est, d'ailleurs, pour beaucoup de microbes un mauvais terrain de culture, ainsi que beaucoup de liquides albumineux (Duclaux. *Ann. Inst. Pasteur.* 1888, ii, 464).

II. **Passage de substances du fœtus à la mère.** — Si les matériaux nutritifs et autres passent très activement de la mère au fœtus, il semble cependant vraisemblable *a priori* que des échanges peuvent s'établir en sens inverse, c'est-à-dire du fœtus à la mère. Magendie avait affirmé, il est vrai, que les injections de poisons violents dans les vaisseaux ombilicaux vers le placenta n'exercent aucune action sur la mère; mais expérimentalement Savory a le premier démontré que des substances toxiques peuvent passer de l'organisme fœtal dans la circulation maternelle. En injectant de l'acétate de strychnine à deux fœtus de chienne, par exemple, il provoqua chez la mère des convulsions tétaniques qui se manifestèrent au bout de neuf minutes et se terminèrent par la mort au bout de vingt-huit minutes. Il répéta l'expérience avec des résultats à peu près semblables sur d'autres animaux, chatte, lapine.

Savory retirait le fœtus de ses membranes en le laissant en communication avec la mère par le cordon ombilical, puis il le remettait en place et recousait la plaie abdominale. Ses observations furent confirmées par Gusserow (*Arch. f. Gynæk.*, 1878, xiii, 56) et par Preyer. Gusserow opérait *in situ*, injectait la solution au moyen de la seringue de Pravaz sur une partie de la peau mise à nu et fermait aussitôt la plaie avec une pince à pression. Quand le fœtus avait reçu de 0ᵍʳ,025 à 0ᵍʳ,05 de strychnine, les convulsions se produisaient constamment chez la mère, et se montraient au plus tôt vingt à vingt-cinq minutes après l'injection. Dans un cas où les trois fœtus avaient reçu chacun 0ᵍʳ,5, elles commencèrent déjà au bout de onze minutes et, une autre fois où un seul fœtus avait reçu la même dose, au bout de quatorze minutes.

Les expériences de Preyer sont intéressantes en ce qu'elles montrent avec quelle rapidité certaines substances facilement diffusibles sont transportées du fœtus à la mère. Il injecta 0ᶜᶜ,2 d'une solution d'acide prussique à 12 p. 100 dans le membre antérieur d'un fœtus de cobaye ; au bout de deux minutes, la mère avait des convulsions et de la dyspnée, et au bout de quatre minutes elle ne respirait plus. Dans un autre cas où il injecta 2 c. c. de la même solution, les accidents convulsifs débutèrent chez la mère au bout d'une demi-minute.

Avec la nicotine, les résultats furent également positifs, mais peu prononcés, et la mère survécut. Une dose de curarine capable d'amener la paralysie en dix minutes et la mort en un quart d'heure, injectée à un fœtus de cobaye presque à terme, ne détermina chez la mère un affaiblissement de la motilité qu'au bout de cinquante-deux minutes, et la paralysie totale qu'au bout de une heure vingt. D'autres expériences faites avec la curarine montrèrent que la rapidité de la résorption dépend de la quantité et du degré de concentration de la substance injectée. Il est à noter cependant que, d'après Preyer, les femelles en gestation sont un peu moins sensibles à l'action de la curarine que les

femelles non pleines et surtout que les mâles; cette observation a été confirmée par
Delezenne [1].

Charpentier et Butte, en notant que, lorsque le sang maternel est surchargé d'urée,
cette substance s'accumule dans les tissus fœtaux, où, d'après eux, elle serait retenue, ont
admis implicitement le passage fœto-maternel; mais l'interprétation du fait lui-même
est discutable.

Par contre il n'est pas douteux, et il suffit de le rappeler ici, que, lorsque par les
progrès de l'asphyxie le sang maternel s'appauvrit en oxygène, les échanges gazeux
arrivent à se faire en sens inverse de leur direction normale (Zuntz).

Des expériences démonstratives ont été faites récemment par Lannois et Briau (*Lyon
médic.*, 1898, lxxxvii, 323), par Baron et Castaigne (*Arch. de méd. expér.*, 1898, 693), par
Guinard et Hochwelker (*J. de Phys. et de Path. gén.*, 1899, 456).

Lannois et Briau ont injecté à des fœtus de cobaye et de lapine du salicylate de soude,
de l'iodure de potassium, et du bleu de méthylène, et ont obtenu les résultats suivants :

Salicylate de soude (4 expériences): 3 résultats positifs (présence du sel dans l'urine
de la mère au bout d'une heure ou sel dans le rein seulement, après cinquante minutes),
1 résultat négatif après une heure ;

Iodure, 3 expériences: 2 résultats négatifs : 1 positif (sel dans le sang seulement
après une heure cinq) ;

Bleu de méthylène (6 expériences): 1 résultat négatif après une heure ; 5 résultats
positifs ; mais au bout de deux heures on n'a encore que du chromogène dans l'urine, et
ce n'est qu'au bout de plusieurs heures, six à sept, qu'on a la coloration franche.

D'après Lannois et Briau le passage a lieu plus rapidement chez les fœtus à terme que
chez ceux qui sont moins avancés, et il faut en règle générale un temps assez long pour
qu'il se produise, puisqu'au bout d'une heure l'expérience est encore négative. Mais,
d'après Baron et Castaigne, ces conclusions fondées sur l'emploi du bleu de méthylène ne
sont pas justifiées, parce que les expériences faites sur les animaux de laboratoire n'ont
pas permis d'établir les lois précises de son élimination. Ces derniers expérimentateurs,
en injectant de l'iodure de potassium à des fœtus de cobaye, l'ont retrouvé dans l'urine
de la mère au bout de quarante minutes en moyenne, et déjà au bout de trente minutes
chez une femelle encore loin du terme, ce qui est en contradiction avec les observations
de Lannois et Briau. Ils ont, en outre, injecté du bleu de méthylène sous la peau du crâne
d'un fœtus humain au début du travail, et ils ont déjà pu déceler la matière colorante
dans l'urine de la mère après une demi-heure, au moyen du chloroforme.

Un fait qui ressort implicitement des expériences de Lannois et Briau, très nettement
des expériences de Baron et Castaigne, c'est que la substance ne se retrouve pas dans
l'urine de la mère, toutes les fois que le fœtus est mort ou qu'il meurt du fait de l'injection. C'est surtout pour vérifier ce point que Guinard et Hochwelker ont entrepris leurs
recherches. Ces auteurs se sont servis du rouge de Cazeneuve (rosaniline trisulfonate de
soude), en solution à 1 p. 100, substance très facilement diffusible, absolument inoffensive, facile à déceler dans les urines ou dans le sérum sanguin, et avec laquelle il n'y a
pas lieu de tenir compte des chromogènes, puisque la rosaniline n'en produit pas. Guinard
et Hochwelker arrivent aux conclusions suivantes : lorsque le fœtus est vivant, et n'est
pas troublé dans ses fonctions normales, le rouge passe très facilement, parfois très rapidement, et se trouve dans les urines de la mère et même dans son sang ; quatre expériences donnèrent des résultats positifs : dans un cas déjà on put obtenir au bout de vingt-
cinq minutes la réaction caractéristique dans l'urine de la mère, presque à terme.

Une condition indispensable à ce passage, c'est que la circulation fœtale ne soit pas
entravée ni suspendue. Toute injection du rouge ou d'un poison tel que la strychnine ou
l'aconitine dans un fœtus mort ou dont la mort a été provoquée par arrêt du cœur, au
moyen de la strophantine, est négative dans ses résultats. La mort du fœtus suspend
invariablement les échanges fœto-maternels et le passage des substances solubles du
petit à la mère. Ainsi, par exemple, dans un cas où les fœtus étaient morts, non seulement
le rouge n'a pas passé, mais la mère a conservé sans accidents des petits cadavres auxquels on avait injecté un total de 0gr,017 de strychnine et 0gr,0024 d'aconitine.

1. Le titre seul de la communication a été publié (*Bull. méd. du Nord*, 1895, 117).

On s'explique ainsi que la mort du fœtus puisse faire cesser divers accidents de la grossesse et notamment les crises éclamptiques : l'état de la mère s'améliorerait, parce qu'elle ne reçoit plus du fœtus des produits toxiques.

En effet, CHARRIN (*A. de P.*, 1898, 703), en injectant au fœtus des toxines diphtériques, a constaté chez la mère les signes caractéristiques de l'intoxication ; l'expérience faite avec la toxine pyocyanique a montré la possibilité d'accroître par l'intermédiaire du fœtus la résistance de la mère aux agents infectieux. On comprend ainsi comment il peut arriver qu'au travers du placenta les virus ou quelquefois les germes vivants atteignent les tissus de la génératrice. Tout peut se réduire à une légère infection, à une intoxication minime, attribuable aux faibles proportions de principes microbiens que le placenta a laissé filtrer. Cette atteinte ébauchée suffit à augmenter la résistance de la mère, et on s'explique de la sorte comment un rejeton syphilitique est impuissant à contaminer la génératrice, en apparence saine, et contamine au contraire une nourrice non syphilitique (loi de COLLES); que cependant, d'autre part, cette mère qui paraît indemne ne peut être infectée par inoculation directe.

Les échanges fœto-maternels permettent aussi de se rendre compte dans une certaine mesure des phénomènes dits de *télégonie*, c'est-à-dire de l'influence exercée par un premier père sur les rejetons issus de fécondations ultérieures provoquées par d'autres générateurs, et telle que ces rejetons portent encore en quelque sorte, par quelques-uns de leurs caractères, l'empreinte du premier procréateur. On suppose que les produits déversés par le fœtus dans l'organisme maternel en modifient les attributs cellulaires. KOLLMANN (*Z. B.*, *Suppl.*, 1901, 1) a cherché à appuyer cette théorie de la télégonie sur les considérations suivantes. Dans les premiers mois l'épithélium du chorion est doué d'une grande activité. Il émet des renflements et des bourgeons qui fournissent des cellules géantes. Tous ces bourgeons se composent de protoplasma nucléaire et internucléaire qui est confondu dans le syncytium ou plasmode de l'épithélium des villosités. Cet épithélium provient de l'ectoderme primitif, et, en dernier ressort, des sphères de segmentation et contiennent, par conséquent, du plasma germinatif. Une certaine quantité de cellules géantes et autres parties du plasmode d'origine ectodermique qui plongent, comme on sait, directement dans le sang maternel y sont dissoutes, et contribuent probablement à provoquer le phénomène de la télégonie, par l'intermédiaire du plasma germinatif qu'elles renferment. Ces bourgeons et ces renflements ne sont peut-être autre chose, soit dit en passant, que les boules placentaires décrites par les auteurs français, et dont il a déjà été question.

On a aussi avancé que, vers la fin de la gestation, toute l'urée produite par le fœtus et d'autres produits excrémentitiels (LIEDKE, HASSE), ne pouvant plus être éliminés par l'organisme de la mère, s'accumulent dans son sang, excitent les centres moteurs de l'utérus et deviennent ainsi la cause du travail d'expulsion. Mais c'est une hypothèse que rien ne justifie.

Une autre question qui est connexe de celle des échanges fœto-maternels, mais qui ne doit cependant pas être confondue avec elle, est celle de savoir si les substances contenues ou injectées dans la cavité amniotique sont résorbées par l'organisme maternel ou si, suivant l'expression de BAR, l'amnios est un sac fermé qui reçoit toujours sans rien donner. GUSSEROW est le premier qui ait cherché à l'élucider. Il injecte de fortes doses de strychnine, 5 centigrammes, dans la cavité de l'amnios. Dans 7 cas il n'y eut pas d'accidents convulsifs chez la mère, au bout de trente à quarante-cinq minutes; tandis que, si après cet intervalle on évacuait le contenu de l'œuf dans la cavité péritonéale de la mère, celle-ci était prise, au bout de trois minutes, de convulsions violentes. Dans 3 cas cependant, chez des animaux presque à terme, les effets de l'intoxication se montrèrent sur la mère au bout de vingt minutes. GUSSEROW avait conclu de là que le passage de l'amnios à la mère est presque nul.

PREYER, dans sa critique de ces expériences de GUSSEROW, fait remarquer que l'insuccès pouvait être dû soit à l'emploi simultané du chloroforme qui affaiblit l'action de la strychnine, soit à la faible dose de substance toxique injectée, soit encore dans certains cas au jeune âge des fœtus, qui ne présentaient pas une surface d'absorption suffisante. Toujours est-il qu'il y a à retenir des observations de GUSSEROW 3 cas positifs. Bientôt après BAR, qui n'a fait que deux expériences du même genre, réussit dans les deux cas. Dans le premier, il injecte dans la cavité amniotique d'une lapine 20 gouttes d'une solution contenant 10 centigrammes de sulfate de strychnine; après dix-sept minutes, la mère présente des crises tétaniformes. Dans une deuxième expérience, l'injection de la même dose de strychnine dans l'amnios provoque à la vingtième minute des convulsions violentes qui durent deux minutes pour reprendre ensuite. A la vingt-quatrième minute, l'animal fut sacrifié : tous les petits étaient vivants, sauf celui dans l'œuf duquel l'injection avait été faite.

Bar se demande quelle est la voie suivie par le poison pour arriver à la mère, et il ne lui semble pas nécessaire que le fœtus ait dû absorber le poison pour le renvoyer par la voie du placenta.

Tœrngren (B. B., *Arch. de Tocol.*, 1888, 453) a étudié plus en détail ce côté de la question. Il constate d'abord que l'iodure de potassium, injecté à la dose de 1 ou 2 grammes dans la cavité de l'amnios d'une lapine, passe dans l'urine de la mère et que le temps nécessaire au phénomène est en moyenne de 45 minutes : le passage a lieu d'ailleurs, qu'il s'agisse de lapines à terme ou à une époque moins avancée de la gestation. Rappelons que, pour le passage en sens inverse, Krükenberg est au contraire arrivé à des résultats variables avec l'âge du fœtus. Quoi qu'il en soit, Tœrngren s'est attaché surtout à déterminer les voies de la résorption. La substance doit-elle passer par l'organisme du fœtus pour être transportée à la circulation maternelle? L'absorption de l'iodure par l'estomac du fœtus n'est pas douteuse, mais cette absorption n'est pas assez active pour contribuer essentiellement aux échanges entre le liquide amniotique et la mère. Pour formuler cette conclusion, Tœrngren s'appuie sur ce fait que, si l'on injecte directement l'iodure de potassium dans l'estomac du fœtus, ce n'est qu'après 1 heure 25 minutes qu'il se retrouve dans l'urine de la mère, tandis que dans les injections intra-amniotiques il ne faut pas plus de 45 minutes. Mais la substance passe-t-elle par les membranes, ou le placenta possède-t-il la faculté de l'absorber directement dans l'eau de l'amnios? Pour répondre à ces dernières questions, Tœrngren a analysé à part les liquides amniotiques, les organes du fœtus (foie et rein), les placentas et les membranes. Il a trouvé de l'iode :

1° Chez les fœtus retirés des œufs injectés; dans leurs placentas, dans leurs membranes ;

2° Dans les liquides amniotiques provenant des œufs où on n'avait pas fait d'injection ; dans les fœtus de ces derniers œufs (des traces) ; dans leurs placentas (quantité appréciable) ;

Mais, 3° dans les membranes de ces derniers œufs, l'iode faisait absolument défaut.

Parmi les résultats de ces analyses, les uns intéressent le mécanisme de la résorption des substances contenues dans l'amnios ; les autres, celui de leur passage de la mère au fœtus. De la présence de l'iode dans les membranes et dans le placenta des œufs injectés, Tœrngren conclut que celles-ci comme celui-ci contribuent à l'absorption du liquide amniotique. Si, d'autre part, l'iode se trouve dans le placenta et dans le liquide amniotique des œufs non injectés en quantité appréciable, en minime proportion dans les fœtus de ces mêmes œufs, alors qu'il n'en existe pas trace dans leurs membranes, cela dépend, d'après Tœrngren, de ce que le placenta par sa face fœtale laisse transsuder directement dans l'eau de l'amnios une partie du contenu de ses vaisseaux, de telle sorte que la veine ombilicale et, par conséquent, l'organisme fœtal en recevront moins. Tœrngren conclut donc que les substances solubles contenues dans le sang de la mère passent dans l'eau de l'amnios, non par les membranes, comme le soutiennent beaucoup d'auteurs, mais par le placenta, sans traverser toutefois l'organisme du fœtus.

Pour en revenir à la résorption du liquide amniotique, on peut encore citer quelques expériences de Haidlen et de Durhssen (*loc. cit.*) qui la prouvent, moins directement cependant que celles que nous avons signalées jusqu'à présent. Quand Haidlen cessait d'administrer l'iodure de potassium aux femmes enceintes, 5 jours avant l'accouchement; Durhssen, l'acide benzoïque 52 heures avant la naissance de l'enfant, ils ne retrouvaient plus dans le liquide amniotique, soit l'iodure, soit l'acide hippurique. Et, comme il est certain que tout le liquide qui se trouvait dans l'amnios au moment de l'ingestion de la substance par la mère n'a pu être, en un si court espace de temps, remplacé par du liquide nouveau, quelque actifs que l'on suppose les mouvements de déglutition du fœtus, il faut admettre que l'iodure ou l'acide hippurique ont repassé dans la circulation maternelle. En sorte que Durhssen, qui nie toute transsudation de dehors en dedans vers la cavité de l'amnios, est obligé de reconnaître qu'elle peut se faire en sens inverse.

Baron et Castaigne ont repris cette question dans leur travail (loc. cit.). Ils ont injecté de l'iodure de potassium dans le liquide amniotique de plusieurs cobayes et d'une chienne, et ils ont constaté à nouveau que le sel passe dans la circulation maternelle ; seulement le passage est lent, et il faut au moins deux heures pour retrouver la substance dans les urines de la mère, alors que, injectée directement au fœtus, elle y passe, comme on l'a vu, au bout de 40 minutes. Il faut croire que la rapidité du passage varie avec l'espèce animale, puisque Tœrngren à la suite de ses injections intra-amnotiques avait retrouvé l'iodure dans l'urine de la mère, après 45 minutes.

D'après Guinard (B. B., 1899, 27), il faudrait encore faire intervenir une autre condition, c'est la période du développement : dans la dernière période de la grossesse, l'amnios absorbe difficilement et très lentement, l'absorption paraissant d'autant plus rapide que la gestation est moins avancée.

Moisseney, qui a expérimenté sur la femelle de cobaye avec le rouge de Cazeneuve (Écho méd. de Lyon, 1900, 33), a confirmé sur ce point l'opinion de Guinard. Ainsi, pour un fœtus de 27 grammes, la réaction de la rosaniline dans l'urine de la mère n'a commencé à être caractéristique qu'à partir de la 3e heure après l'injection. Pour un fœtus de 18 grammes la réaction a commencé à se manifester une heure et demie à deux heures après l'injection. Les urines de cobaye portant des fœtus du poids de 80 grammes environ n'ont présenté aucune réaction positive, même au bout d'un temps assez long, 8 à 10 heures. Ainsi, la perméabilité de la membrane amniotique diminue à mesure que le terme de la gestation approche. Il est remarquable que, pour la perméabilité en sens inverse, Krukenberg et Wiener sont arrivés à des résultats absolument opposés.

Les expériences de Moisseney ont porté encore sur un autre point. Baron et Castaigne avaient trouvé qu'après la mort du fœtus la substance injectée dans l'amnios ne passe plus dans la circulation maternelle. Moisseney a constaté au contraire que, quand on a tué le fœtus par la strophantine, le rouge passe encore, sous la réserve toutefois que la gestation soit peu avancée. Dans les deux cas de ce genre où les fœtus étaient jeunes, la réaction a été très caractéristique dès la 4e heure. Dans les autres cas où les fœtus étaient âgés, la réaction a été négative. Ainsi la mort du fœtus n'a pas sur le passage des substances injectées dans l'amnios l'influence remarquable qu'elle a sur le passage des produits injectées au fœtus, réserve faite pour les fœtus âgés.

CHAPITRE VII

Sécrétions et excrétions du fœtus.

Liquide amniotique. — Caractères physiques et chimiques; quantité. — Dans les premiers mois de la grossesse le liquide amniotique est clair et transparent comme de la sérosité; mais vers la fin de la gestation il devient le plus souvent blanchâtre ou jaunâtre par suite de son mélange avec des fragments de matière sébacée sécrétée par la peau du fœtus. Il a une odeur fade; sa saveur est légèrement salée, sa réaction est neutre et faiblement alcaline. Comme éléments anatomiques on y trouve des cellules épidermiques, et même, d'après Ch. Robin (Traité des humeurs, 909), des cellules épithéliales de la vessie et du rein, quelques leucocytes; il contient aussi des poils de duvet.

La quantité de liquide amniotique est variable; il est peu abondant au début de la gestation; mais à partir du 2e mois il augmente d'une façon notable. Le poids du fœtus et celui du liquide sont, d'après Tarnier et Chantreuil (Traité des Accouchements, 1888, I, 371), à peu près les mêmes vers le milieu de la grossesse; mais, à partir de cette époque, le poids du fœtus est plus considérable et devient, au terme de la grossesse, cinq à six fois plus grand que celui du liquide amniotique, qui ne s'élève guère au delà de 500 grammes. Aussi l'on peut dire, d'après les auteurs que nous venons de citer, que les eaux de l'amnios augmentent d'une façon absolue jusqu'à la fin de la grossesse ; mais que, relativement au fœtus, elles augmentent dans la première moitié et diminuent dans la deuxième. Du reste, au moment de l'accouchement, il peut y avoir de grandes variations suivant les sujets, puisque parfois on ne trouve que quelques grammes seulement, et que, d'autre part, FEHLING donne comme chiffre moyen 680 cc. ; LEWSON, 821 grammes ; et GASSNER, 1 730 grammes. ROBIN a trouvé 69 cc. dans un œuf dont l'embryon était long de 18 millimètres, et 25 cc. dans un œuf contenant un embryon long de 8^{mill},5 (loc. cit.).

Les auteurs ne sont d'ailleurs pas d'accord sur les proportions relatives du liquide amniotique aux différentes périodes de la vie fœtale. TARNIER et CHANTREUIL, BAUDELOCQUE, CAPURON, PLAYFAIR, BAR (loc. cit.), GASSNER, FEHLING admettent que la quantité de liquide ne cesse de s'accroître d'une manière absolue jusqu'à la fin de la grossesse. Par contre, CARL BRAUN pense qu'au 7e mois la quantité de liquide amniotique est double de celle qu'on trouve au moment de l'accouchement. D'après CAMPANA, la quantité atteint son maximum du 5e au 6e mois ; à la fin de la grossesse elle est réduite de moitié ; tel est aussi l'avis de LITZMANN et de SCANZONI. De même encore, d'après KŒLLIKER (Traité d'Embryol.), TOURNEUX (loc. cit.), LANDOIS (T. P.), la quantité est d'environ 1 kilogramme à 1,500 kilogrammes vers le milieu de la grossesse, et de 500 grammes à la fin. Il serait cependant assez important de savoir exactement à quelle période de la gestation le liquide est produit le plus abondamment, parce qu'il ne paraît pas avoir la même origine à des époques différentes.

D'après BAR, et contrairement à GASSNER, il n'y a pas de rapport direct entre le poids de la mère et la quantité de liquide amniotique. Suivant FEHLING, l'influence de la longueur du cordon ombilical est manifeste : la résistance qui existe dans un canal étant proportionnelle à la longueur de ce canal, plus long est le cordon, et plus grande sera la pression à laquelle sera soumise le liquide circulant dans les vaisseaux ombilicaux, de sorte que, d'après la théorie de FEHLING, ce liquide transsude dans la gélatine de WHARTON, et de là dans le liquide amniotique. La résistance devient encore plus forte, s'il y a des circulaires du cordon. BAR n'accepte pas les conclusions de FEHLING ; HAIDLEN de même n'a pas trouvé que la quantité de liquide amniotique fût influencée par la longueur du cordon, ni par le poids du fœtus ni par celui du placenta (Arch. f. Gynæk., 1885, xxv, 40).

Le poids spécifique est de 1,0005 à 1,007 (LEVISON), de 1,0069 à 1,009 (PROCHOWNICK) ; de 1,0122 à la vingtième semaine, d'après ce dernier.

FEHLING a trouvé dans le liquide amniotique 1,07 gr. à 1,60 gr, de résidu sec et 0,51 à 0,88 p. 100 de cendres ; PROCHOWNICK, 1,3 à 1,8 gr. de résidu sec et 0,39 à 0,59 gr. p. 100 de matières inorganiques vers la fin de la grossesse.

Nous empruntons à LAMBLING (Encyclop. chim.) les trois analyses ci-dessous dues à WAYL et à SIEWERT :

PRINCIPES CONSTITUTIFS.	WEYL.		SIEWERT.
	7e MOIS.	9e MOIS.	
Densité.	1,007	1,008	1,021
Eau	988,15	988,22	985,88
Matières minérales	6,55	5,65	7,057
Graisses	»	»	0,277
Acide lactique.	»	traces.	»
Sérine	traces.	»	»
Albumine.	3,50	2,37	»
Vitelline	traces.	»	6,434
Mucine.	0,1	0,2	»
Allantoïdes	non dosés.	non dosés.	»
Urée.	non dosée.	non dosée.	0,352

Un principe important du liquide amniotique, c'est l'urée; mais les chiffres donnés par les auteurs sont extrêmement variables. D'après les évaluations de FEHLING, sur 15 fœtus, l'eau de l'amnios à la sixième semaine contenait 0,006 gr. p. 100 d'urée; chez un nouveau-né, 0,0083 gr.; dans 7 cas, de 0,026 à 0,048 gr., et, dans 4 cas de 0,051 à 0,081 gr.; dans le neuvième mois, 0,030 gr., dans le dixième mois, 0,045. Les chiffres suivants se rapportent tous à la fin de la grossesse : 0,38 gr. p. 100 (FUNKE); 0,05 gr. (LITZMANN-COLBERG); 0,34 et 0,42 gr. (MAJEWSKI); 0,035 gr. (BEALE); 0,1 gr. (TSCHERNOW); 0,37 gr. (SPIEGELBERG); 0,035 gr. (SIEWERT); 0,42 gr. et dans les cas d'hydramnios de 0,085 à 0,104 gr. (WINCKEL); de 0,14 à 0,35 gr. (GUSSEROW); de 0,0267 à 0,035 (PRICARD); de 0,0155 à 0,034 (PROCHOWNICK) (*Arch. f. Gynæk.*, XI, 304). L'analyse la plus récente est celle de SCHÖNDORF (*A. g. P.*, LXIV, 324), qui a trouvé au moment de l'accouchement dans deux analyses 0,0604 gr. et 0,0414 gr. p. 100, c'est-à-dire une quantité d'urée égale à celle du sang ou du lait humain.

D'après PROCHOWNICK, le liquide amniotique renferme de l'urée à toutes les périodes de la gestation à partir de la sixième semaine; à ce moment sa quantité est de 0,0166 gr. p. 100. Dans quelques analyses cependant on a noté l'absence de l'urée, surtout dans les premières phases de la grossesse; on a fait remarquer que la substance peut avoir disparu par résorption.

On a signalé la présence de la créatine et de la créatinine (SCHERER, ROBIN et VERDEIL), du lactate de soude (VOGT, REGNAULD).

Il n'y a pas de glucose dans le liquide amniotique de l'homme, d'après MAJEWSKI; c'est ce qui paraît résulter aussi des expériences de SCHALLER. TSCHERNOW y a cependant constaté ce principe (cité par KŒLLIKER). D'après ROBIN (*loc. cit.*), le glucose disparaît dans le liquide amniotique des œufs humains avant la fin de la première moitié de la gestation.

Au début, l'eau de l'amnios ne paraît contenir que peu ou pas d'albumine. Quand elle en contient beaucoup, c'est que le placenta est déjà formé (PREYER). Chez le fœtus humain, la proportion d'albumine paraît diminuer avec l'âge, si l'on s'en rapporte au tableau suivant de VOGT et SCHERER :

	3e MOIS.	4e MOIS.	5e MOIS.	6e MOIS.	10e MOIS.
Eau.	983,47	979,45	975,84	990,29	991,74
Albumine et mucine . . .	—	10,77	7,66	6,67	0,82
Extrait.	7,28	3,69	7,24	0,34	0,60
Sels.	9,25	6,09	9,25	2,70	7,06

PROCHOWNICK a trouvé dans le deuxième mois de 0,43 à 0,85 gr.; dans le cinquième mois, 7.1 gr. p. 1000 d'albumine. Au moment de la naissance, FEHLING a trouvé de 0,59 à 2,5 gr. p. 1000; SPIEGELBERG, 1,4 gr. DÖDERLEIN (*Arch. f. Gynæk.*, 1890, XXXVII), de 1,54 à 6,10 gr., en moyenne 3,48 gr. p. 1000.

MOURON et SCHLAGDENHAUFEN (*C. R.* 1882, XCV) ont constaté la présence de ptomaïnes en faible proportion dans l'eau de l'amnios. SENATOR y a trouvé 3 fois sur 5 des composés sulfoconjugués (*Z. p. C.*, 1884, XLIV).

Le principal élément minéral, le chlorure de sodium, ne présente pas de grandes variations; sa quantité oscille entre 0,57 et 0,66 p. 100; elle est notablement supérieure à celle que l'on trouve dans l'urine du nouveau-né. D'après J. VEIT (*loc. cit.*), le point de congélation du liquide amniotique est moins bas que celui du sang fœtal et du sang maternel. $\Delta = -0,496$ en moyenne, et le liquide serait ainsi isotonique à une solution de ClNa de 0,818 p. 100. BOUSQUET a trouvé une fois $\Delta = -0,51$ et pour un fœtus macéré, $\Delta = -0,585$.

Le liquide amniotique des fœtus d'herbivore a été souvent étudié, plus récemment par DÖDERLEIN (*loc. cit.*). D'après cet auteur, chez le veau, la quantité du liquide augmente d'abord avec le développement du fœtus; mais, à partir du milieu de la grossesse, elle diminue constamment. La diminution est non seulement relative, par rapport au poids du fœtus, mais absolue. Le liquide n'est plus formé dans les mêmes proportions à la fin de la gestation qu'au début; sa production est alors ralentie ou même arrêtée.

Dans la première moitié de la gestation, les eaux de l'amnios ne contiennent que très peu d'albumine, de 42 à 86 milligr. par 100 cc. Une augmentation de la quantité d'albumine coïncide dans la deuxième moitié de la gestation avec la diminution de la quantité de liquide et s'élève alors de 0,124 à 0,455 gr. p. 100. MAJEWSKI avait également trouvé que dans cette période la richesse en matériaux solides est plus grande. Comme à ce moment la production du liquide amniotique diminue ou même cesse, la richesse en albumine ne peut pas s'expliquer en admettant qu'il se forme un liquide plus riche en albumine; il faut plutôt conclure que les eaux de l'amnios se concentrent par résorption du liquide; ce qui doit le faire supposer encore, c'est que le contenu de l'amnios devient alors visqueux, filant, et contient de nombreux grumeaux.

La plus grande quantité de liquide amniotique trouvée par DÖDERLEIN fut de 4320 cc. avec 0,060 gr. p. 100 d'albumine, soit en tout 2,592 gr. L'estomac du fœtus qui pesait 1 800 gr. renfermait 100 cc. de liquide amniotique. En supposant même que le fœtus déglutisse plusieurs fois par jour une pareille quantité de liquide, la proportion d'albumine y est trop faible pour qu'on puisse lui attribuer une valeur nutritive. Comme la production de liquide est à peu près nulle vers la fin de la gestation, ces 2,592 gr. d'albumine représentent d'ailleurs toute la provision disponible.

L'augmentation de l'azote total trouvé par DÖDERLEIN dans la deuxième moitié de la gestation tenait uniquement à l'augmentation de l'albumine. L'azote non albuminoïde n'augmente pas et n'oscille dans le cours du développement que dans des limites très étroites, entre 20 et 33 milligr. pour 100 cc., valeurs qui correspondent à celles que l'on trouve dans le sérum sanguin.

Pour ce qui concerne les matières minérales, la teneur en Cl est à peu près la même à toutes les périodes du développement. Elle varie entre 0,309 et 0,407 gr.; elle est donc en moyenne de 0,358 gr. soit 0,388 gr. de ClNa p. 100. La richesse en Cl est donc celle du sérum sanguin, qui chez le veau en contient 0,325 gr. De même que Cl, Na^2O atteint dans le liquide amniotique à peu près le même chiffre que dans le sérum sanguin, soit 0,367 gr. en moyenne. Na : K comme 1 : 0,16. Ca ne se trouve qu'à l'état de traces; sa quantité varie de 6 à 23 milligr. pour 100 cc.; Mg est encore en quantité plus faible. Ca : Mg comme 1 : 0,271.

DODERLEIN conclut donc que le liquide amniotique du veau doit, en raison de sa composition, être considéré comme un produit de transsudation du sang; ce qui le démontre, c'est que sa composition reste à peu près identique aux différentes périodes du développement, et, d'autre part, c'est que sa teneur en Cl et ClNa correspond à celle du sérum sanguin, alors que K, Ca, Mg ne s'y trouvent qu'à l'état de traces, encore comme dans le sérum.

D'après LANDE également, la proportion centésimale des sels solubles et insolubles reste à peu près la même pendant toute la durée de la gestation dans le liquide amniotique de veau; mais ni la quantité de liquide, ni la proportion de résidu sec, ni la richesse en albumine et en substances extractives ne sont dans un rapport déterminé avec l'âge du fœtus (*Virchow et Hirsch's Jb.*, 1892, I, 100).

Le liquide amniotique contient du glucose dans les premiers temps de la vie embryonnaire chez les herbivores (CL. BERNARD, *Liquides de l'organisme*, II, 406). Le sucre disparaît chez le veau vers le cinquième ou sixième mois de la vie intra-utérine, à la même époque où il disparaît également de l'allantoïde et de l'urine. CL. BERNARD insiste sur cette particularité remarquable, c'est que le sucre existe dans les liquides du fœtus lorsque le foie n'en contient pas, ce qui lui suppose une autre source, et qu'au moment où le foie produit du sucre, ces liquides perdent peu à peu celui qu'elles renfermaient. Des observations analogues ont été faites par CL. BERNARD, non seulement chez les veaux, les lapins, mais aussi chez les carnivores.

Cependant, d'après les analyses du liquide amniotique faites par DASTRE chez le mouton (*Th. de la Fac. des sciences*, Paris, 1876), la proportion de sucre y augmente d'une manière continue, si bien qu'à la fin du troisième ou quatrième mois elle est le triple de ce qu'elle était à la fin du premier : 1 pour 1000 dans les premières semaines, de 3 à 3,7 p. 1000 dans les dernières.

ORIGINE ET ROLE DU LIQUIDE AMNIOTIQUE

Ce liquide est-il de provenance fœtale ou maternelle? Sert-il à la nutrition et à l'accroissement du fœtus? Ces deux questions, dont la seconde nous a déjà occupé, sont, dans une certaine mesure, connexes. Si en effet le liquide est fourni exclusivement par le fœtus, il ne doit pas servir à la nutrition, puisqu'il n'y a aucun bénéfice pour le fœtus à se nourrir de matériaux qu'il a lui-même élaborés, à s'alimenter en quelque sorte aux dépens de sa propre substance. Si, au contraire, le liquide est d'origine maternelle, il pourra contribuer à la nutrition du fœtus, à la condition toutefois que l'analyse chimique permette de lui reconnaître les qualités requises à cet effet. L'une et l'autre de ces opinions ont de tout temps trouvé des partisans (pour l'historique, voir SCHREWE, *loc. cit.*; BISCHOFF. *Traité du développement de l'homme. Trad. franç.* par JOURDAN, 1843, 491), et la discussion, aussi vieille que la connaissance même du liquide amniotique, est ouverte encore aujourd'hui. Nous passerons en revue les arguments qui ont été invoqués de part et d'autre, mais à partir du moment seulement où la question est entrée dans la phase expérimentale.

A. Origine fœtale du liquide amniotique. — 1° Il est un produit de sécrétion des organes urinaires du fœtus. — GUSSEROW, qui a inauguré la série des recherches expérimentales destinées à élucider la provenance du liquide amniotique, a trouvé, comme il a déjà été dit, que l'iodure de potassium, administré à la mère, peut passer dans ce liquide ainsi que dans l'urine, et qu'il n'existe jamais dans le premier quand il fait défaut dans la seconde; il en a conclu que dans les derniers temps de la gestation du moins l'urine du fœtus est évacuée dans le liquide amniotique, mais non cependant d'une façon régulière. BENICKE, peu après, a combattu l'opinion de GUSSEROW parce que en donnant de l'acide salicylique à des femmes en travail il n'avait retrouvé cette substance que dans l'urine de l'enfant et non dans le liquide amniotique. Mais ZWEIFEL et RUNGE ont démontré que l'acide salicylique passe dans l'une et dans l'autre.

KRUKENBERG s'est élevé aussi contre les conclusions de GUSSEROW, d'après ses expériences sur les animaux. En opérant sur des lapines à terme, auxquelles il injectait IK, il a constaté que la réaction de l'iode est très prononcée dans le liquide amniotique, tandis qu'elle est très peu marquée et souvent absente dans les organes et les reins du fœtus; par conséquent, l'iodure contenu dans le liquide amniotique n'a pu provenir de l'urine. Cependant, ajoute KRUKENBERG, on n'aurait pas encore pu déduire de ces expériences que l'activité du rein fœtal est peu développée, parce qu'il serait possible que l'iodure ne passe pas en quantité appréciable dans l'organisme fœtal lui-même. Mais plus tard cet auteur a constaté que l'iodure arrive directement en notables proportions, de la mère au fœtus, puisqu'on en trouve dans l'estomac des animaux à une certaine période du développement, sans qu'il y en ait dans le liquide amniotique : il admet donc que chez le fœtus le rein ne fonctionne pas encore.

Il faut rappeler cependant ici que PORAK, HAIDLEN, ont toujours trouvé l'iode dans l'urine du nouveau-né quand la femme en travail recevait de l'iodure. D'ailleurs KRUKENBERG lui-même a trouvé, dans un certain nombre de cas, l'iodure dans les reins et dans l'urine des fœtus de lapines; mais il soutient que ceux-ci étaient alors dans des conditions anormales, en état d'asphyxie, ou bien que, comme leur cœur continuait à battre quelque temps après leur extraction, l'urine n'était déjà plus une urine fœtale, mais une urine de nouveau-né.

DUHRSSEN a objecté aussi aux expériences de KRUKENBERG que, s'il a trouvé l'iodure dans le liquide amniotique, et non dans les reins incinérés, c'est sans doute parce que ce sel provoque le rein à une activité exagérée, et que cet organe le rejette alors rapidement dans la cavité de l'amnios.

Pour démontrer le défaut de fonctionnement du rein chez le fœtus, KRUKENBERG invoque encore un autre argument tiré des différences observées chez diverses espèces animales, et que nous avons déjà signalées. Tandis que chez les lapines et les cobayes le liquide amniotique à la fin de la gestation donne une forte réaction d'iode, chez les chiennes et les chattes il la donne rarement et toujours faiblement. Si le rein fœtal était véritablement la source de l'iodure trouvé dans le liquide amniotique, dit KRUKENBERG, on ne s'expliquerait pas pourquoi les fœtus de chienne ou de chatte n'élimineraient pas aussi bien cette substance que ceux de lapines ou de cobayes , tandis que l'on se rend mieux compte de la différence des résultats observés, si l'on admet que l'iodure passe directement des vaisseaux maternels dans le liquide amniotique, et que la facilité de ce passage varie suivant les espèces animales avec la structure et, par suite, avec le degré de perméabilité des membranes fœtales. Ces recherches comparatives sur des animaux différents ne paraissent pas avoir été reprises depuis KRUKENBERG.

On put croire que la question avait fait un pas décisif, quand GUSSEROW, administrant du benzoate de soude à des femmes en travail, trouva de l'acide hippurique et non de l'acide benzoïque dans le liquide amniotique et dans l'urine des nouveau-nés. BUNGE et SCHMIEDEBERG ont démontré, comme on sait, que la transformation de l'acide benzoïque en acide hippurique se fait dans le rein. GUSSEROW pouvait donc conclure : 1° que le rein du fœtus a les mêmes propriétés que le rein de l'adulte, puisqu'il est capable d'opérer cette transformation; 2° que le fœtus évacue son urine dans le liquide amniotique, puisque ce dernier contient de l'acide hippurique. Si, d'autre part, il y avait un échange actif entre le sang maternel, ou fœtal, et le liquide amniotique, et si celui-ci représentait un produit de transsudation de l'un ou de l'autre sang, on devrait toujours y trouver de l'acide benzoïque. Or dans les eaux de l'amnios on ne trouve jamais que de l'acide hippurique.

Mais AHLFELD objecta que les expériences de BUNGE et SCHMIEDEBERG faites sur le chien ne donnent pas les mêmes résultats chez tous les animaux; que, d'ailleurs, s'il est vrai que, chez le chien, la transformation de l'acide benzoïque se fait dans le rein, le sang qui revient de cet organe contient cependant de l'acide hippurique ; par conséquent cet acide trouvé dans le liquide amniotique et dans l'urine du fœtus pourrait provenir directement comme tel de l'organisme maternel, sans que l'organisme fœtal ait aucune part à sa production. Rien ne dit, ajoute encore AHLFELD, que la transformation n'a pas lieu dans le placenta, organe à fonctions complexes qui, chez le fœtus, assume peut-être le rôle du rein. Enfin il fait remarquer que toutes les expériences de GUSSEROW ont été faites sur des femmes en travail, de sorte que, même en laissant de côté les objections précédentes, on serait en droit de soutenir que le fœtus ne commence à uriner que pendant le travail, et que l'urine avec l'acide hippurique qu'elle renferme n'a été éliminée qu'à ce moment.

Il y a cependant dans les expériences de GUSSEROW un fait auquel les arguments d'AHLFELD ne répondent pas : c'est l'absence d'acide benzoïque dans le liquide amniotique. Si en effet ce liquide était un produit de transsudation du sang maternel, il devrait comme celui-ci contenir de l'acide benzoïque. Mais KRUKENBERG se demande si, parce qu'on ne l'y trouve pas, il est bien certain qu'il n'y existe pas, et si la présence de petites quantités d'acide benzoïque n'est pas plus difficile à reconnaître que celle de l'acide hippurique.

Pour répondre à ces objections, et particulièrement à celles d'AHLFELD, DUHRSSEN a répété les expériences de GUSSEROW. Il a voulu s'assurer surtout, en donnant à des femmes enceintes ou en travail du benzoate de soude (plus du glycocolle), si c'est de l'acide benzoïque seulement, ou en même temps, comme a pu le soutenir non sans raison AHLFELD, de l'acide hippurique qu'on trouve dans le sang de la mère, et de plus si l'acide benzoïque passe dans le sang fœtal à l'état naturel ou à l'état d'acide hippurique. Il a examiné à cet effet, d'une part le sang de l'hématome rétro-placentaire, c'est-à-dire le sang de la mère et, d'autre part, celui de la veine ombilicale ; mais les résultats ont été négatifs, tant au point de vue de l'acide benzoïque que de l'acide hippurique, ce que DUHRSSEN attribue, avec SALKOWSKI, à la rapide élimination de l'acide benzoïque par les reins de la mère. Par contre, dans 6 cas, il a trouvé des quantités notables d'acide benzoïque dans le placenta, et vraisemblablement dans le placenta fœtal, sans aucune trace d'acide hippurique. La présence de l'acide benzoïque dans le placenta a pu être mise en évidence 5 heures et demie encore après l'administration de la substance : ce qui, en opposition avec sa rapide disparition du sang tend à montrer que le filtre placentaire retient plus ou moins longtemps les substances qui le traversent pour ne les laisser passer que lentement. Toujours est-il que, d'après DUHRSSEN, c'est uniquement à l'état d'acide benzoïque, que cet acide arrive au fœtus et uniquement par le placenta ; en effet l'absence d'acide benzoïque dans le liquide amniotique exclut la possibilité du passage par cette dernière voie.

Dans l'urine fœtale, comme dans le liquide amniotique, DUHRSSEN, de même que GUSSEROW, ne trouve que de l'acide hippurique, et non de l'acide benzoïque. L'acide hippurique apparaît déjà dans l'urine du fœtus 1 heure, 1 heure et demie, 2 heures après l'ingestion d'acide benzoïque par la mère ; il se montre plus tard et moins constamment dans le liquide amniotique que dans l'urine de l'enfant. Les expériences de DUHRSSEN confirment donc entièrement les conclusions de GUSSEROW, à savoir que les reins fonctionnent déjà vers la fin de la vie intra-utérine comme après la naissance, puisqu'avec la glycocolle et l'acide benzoïque ils font la synthèse de l'acide hippurique. Si l'on ne trouve pas dans tous les cas ce corps dans le liquide amniotique, c'est que le fœtus n'y évacue pas son urine d'une façon constante. Si, au contraire, comme le soutient AHLFELD, l'acide hippurique transsudait directement du sang maternel dans le liquide amniotique, il devrait toujours y être présent. Enfin, de ce qu'on ne trouve pas d'acide benzoïque dans ce liquide, il faut en déduire que celui-ci ne peut être fourni par la mère, puisque les vaisseaux maternels n'y laissent pas transsuder l'acide benzoïque qu'ils contiennent. Ce n'est pas seulement dans les derniers jours de la grossesse que le liquide amniotique ne doit pas être considéré comme un transsudat d'origine maternelle ; car, dans deux cas, ni au huitième ni au quatrième mois le liquide amniotique ne contenait de l'acide benzoïque (ni de l'acide hippurique).

DUHRSSEN pensait ainsi avoir démontré que dans la deuxième moitié de la gestation le rein du fœtus fonctionne déjà régulièrement, que le liquide amniotique formé pendant cette période n'est autre chose que de l'urine fœtale, et qu'il ne peut provenir de la mère. Mais les expériences plus récentes de SCHALLER ont encore une fois abouti à des conclusions tout opposées. Cet auteur s'est adressé, comme on l'a déjà vu, à une substance, la phlorhizine, qui offre cette analogie avec l'acide benzoïque de ne pas être éliminée en nature par le rein, mais qui jouit de la propriété d'éveiller dans cet organe une forme particulière d'activité, dont la conséquence est la glycosurie sans glycémie. Si donc on fait prendre à des femmes enceintes ou en travail de la phlorhizine, celle-ci passera dans le sang du fœtus, et, si son rein fonctionne déjà comme celui de l'adulte, on devra trouver du sucre dans son urine. Si, d'autre part, le liquide amniotique est constitué exclusivement ou principalement par l'urine du fœtus, il contiendra une proportion de sucre en rapport avec celle qui est contenue dans l'urine, et ainsi la richesse du liquide amniotique en sucre mesurera en quelque sorte l'activité du rein fœtal. Le sucre en effet ne pourra provenir ni du sang maternel, ni du sang fœtal puisque la teneur du sang en sucre est plutôt diminuée dans le diabète phlorhizinique.

En faisant prendre à des femmes enceintes de fortes doses de phlorhizine, continuées jusqu'au moment de la parturition (36 grammes en dix-huit jours, 32 grammes en onze jours, 69 grammes en vingt-trois jours, 66 gr. en 23 jours, etc.). SCHALLER dans 16 cas n'a pas trouvé dans le liquide amniotique trace de sucre: 6 cas seulement furent positifs, mais avec des quantités de sucre très faibles (0,004 ; 0,0072 ; 0,0076 ; 0,01 ; 0,0123 ; 0,017 à 0,02 grammes p. 100). Dans ces 6 cas, il y a donc eu réellement évacuation d'urine dans le liquide amniotique ; mais la faible proportion de sucre doit faire admettre que l'urine n'a été sécrétée que pendant le travail, sauf peut-être dans le dernier cas où les 0,02 gr p. 100 ont sans doute été éliminés dans les derniers jours de la grossesse.

SCHALLER a fait d'autres expériences du même genre pour rechercher si le fœtus peut évacuer son urine dans le liquide amniotique à des périodes moins avancées de la grossesse. A cet effet, il donna la phlorhizine en grande quantité à partir du huitième mois, pendant une période plus ou moins longue, et eut soin d'en suspendre l'administration plus ou moins longtemps avant l'accouchement, de onze heures à vingt-huit jours avant. Dans les 8 cas de ce genre, il ne trouva pas non plus de sucre dans le liquide amniotique. On pouvait se demander, il est vrai, si dans ces conditions le sucre n'avait pas été de nouveau résorbé par les vaisseaux maternels. Mais SCHALLER s'est assuré par des expériences sur les animaux qu'on retrouvait dans le liquide amniotique le sucre qu'on y avait injecté, alors que sa proportion centésimale était 44 fois moindre que celle du sang, condition très favorable à sa résorption. Il faut ajouter que SCHALLER n'a attendu au maximum que six heures pour procéder à la recherche du sucre injecté dans le liquide amniotique : il conclut cependant que, si une résorption a lieu, elle doit se faire très lentement. D'autre part il n'est pas admissible que les mouvements de déglutition se répètent assez fréquemment pour faire disparaître le sucre contenu dans le liquide amniotique. Si donc on ne l'y trouve pas quelque temps après que l'on a suspendu l'emploi de la phlorhizine, ce n'est pas parce que le sucre a disparu, mais parce qu'il n'y existait à aucun moment. Dans les avortements au quatrième et au sixième mois l'injection de phlorhizine ne fut pas suivie non plus de l'apparition du sucre dans les eaux de l'amnios.

Enfin quelques expériences sur des chiennes à terme donnèrent des résultats également négatifs.

Par contre, ainsi que nous l'avons déjà signalé, il y avait du sucre dans l'urine du nouveau-né, dans tous les cas où la phlorhizine avait été donnée moins de quarante-huit heures avant l'accouchement; donnée plus tôt, elle ne provoquait pas de glycosurie. SCHALLER arrive donc à la conclusion, que l'évacuation de l'urine dans le liquide amniotique est un fait exceptionnel, même à la dernière période de la gestation; que, si elle a lieu quelquefois, c'est un peu avant ou pendant le travail; que même dans ces cas elle ne peut prendre qu'une part très faible à la production du liquide amniotique. D'un autre côté, comme le sucre fait défaut dans l'urine du nouveau-né, si la mère a reçu la phlorhizine plus de quarante-huit heures avant l'accouchement, il faut en déduire que le rein du fœtus ne fonctionne pas encore; ce sont les contractions préparantes ou le travail même qui mettent en jeu son activité, en troublant la circulation placentaire et en amenant, chez le fœtus, un certain degré d'asphyxie.

Mais la méthode de SCHALLER prête aussi, à notre avis, le flanc à la critique. Ce n'est pas seulement l'activité du rein fœtal qu'elle met en cause, c'est la question de la glycogénèse embryonnaire tout entière. Le mécanisme du diabète phlorhizinique est tel qu'au fur et à mesure que l'épithélium rénal extrait le sucre contenu dans le sang pour l'éliminer, ou, si l'on veut, à mesure qu'il le laisse passer, il doit s'en former de nouvelles quantités, soit aux dépens des matériaux hydrocarbonés, soit aux dépens des matières protéiques. Et devant les résultats négatifs de l'injection de la phlorhizine à la mère, au lieu de conclure que le rein du fœtus n'est pas encore apte à réagir à l'action du glucoside, on est aussi bien en droit de se demander si la glycogénèse embryonnaire est assez active pour permettre au diabète phlorhizinique de se produire, ou si le mode particulier de glycogénèse qui, d'après certaines théories, donne lieu à cette forme de diabète existe déjà dans la vie intra-utérine. La première question est d'autant plus légitime que la fabrication du sucre par l'organisme fœtal paraît très restreinte, si l'on s'en rapporte aux recherches de CAVAZZANI et de BUTTE. D'autre part, d'après LOEWI (*A. P. P.*, XLVIII, 427), l'épithélium des tubes contournés sous l'influence de la phlorhizine, libère le sucre du sang d'une combinaison dans lequel il serait normalement engagé : il reste à savoir si c ette combinaison existe chez le fœtus.

Il est à remarquer, d'ailleurs, que la quantité de sucre trouvée par SCHALLER dans l'urine du nouveau-né a toujours été assez faible, de 0 gr. 1 à 0,5 p. 100, en moyenne de 0,33 p. 100, dans la masse totale du liquide fournie par les 2 à 4 premières évacuations après la naissance. En suivant l'auteur dans son argumentation, on pourrait donc admettre que, si le sucre apparaît dans l'urine pendant les dernières heures de la gestation, ce n'est pas parce que les troubles de la circulation placentaire éveillent l'activité du rein, mais parce que les phénomènes asphyxiques qui en résultent ont pour conséquence une augmentation de la glycogénèse, et que la glycosurie devient alors possible.

Arguments tirés de la marche de la sécrétion urinaire chez le nouveau-né. — BENICKE, PORAK, FEHLING ont fait valoir contre l'opinion de GUSSEROW que les substances étrangères administrées à la mère, qui passent dans l'urine du fœtus, se trouvent toujours en quantité plus forte dans la deuxième et la troisième urines recueillies après la naissance que dans la première; que dans celle-ci elles manquent parfois, et que leur élimination dure plus longtemps aussi chez le nouveau-né que chez la mère. Tandis que par exemple le salicylate de soude a disparu de l'urine de la mère au bout de vingt-quatre à trente-six heures, il ne disparaît de celle de l'enfant qu'après trois ou quatre jours (BENICKE). SCHALLER a fait, sur la durée de l'élimination du sucre chez le nouveau-né, des observations semblables. Si vraiment le rein fonctionnait activement pendant la vie intra-utérine, dit FEHLING, les substances données à la mère, à doses répétées, devraient se trouver en plus forte proportion dans la première urine que dans les suivantes ; mais, puisque c'est le contraire qu'on observe, et que leur élimination réclame plus de temps chez le nouveau-né que chez l'adulte, cela prouve que la sécrétion urinaire ne s'établit vraiment qu'après la naissance. Dührssen soutient, par contre, que, si l'acide benzoïque est administré à la mère assez longtemps avant l'accouchement, la miction intra-utérine élimine la totalité de l'acide hippurique, de sorte que, dans l'urine évacuée immédiatement après la naissance, on n'en trouve plus, ou on n'en trouve que des traces. Mais les observations contraires sont trop nombreuses pour pouvoir être contestées.

Wiener (*Archiv f. Gynæk*. 1881, xvii, 24) y répond en faisant remarquer que, suivant les observations de Martin et Ruge, la première urine du nouveau-né est naturellement plus diluée et moins riche en matériaux solides que les suivantes ; si celles-ci sont plus concentrées, c'est parce qu'il s'établit après la naissance une évaporation active par la peau et par les poumons, laquelle, jusqu'alors, n'existait pas, et, l'excrétion d'eau par les reins étant devenue moindre, la concentration de l'urine augmente. D'un autre côté, il est possible aussi, comme le veut Klamroth (cité par Schrewe), que l'élimination de la substance étrangère se fasse, tant que dure la vie intra-utérine, à la fois par le placenta et par les reins, tandis qu'après la naissance elle ne peut se faire que par les reins seulement. Enfin Preyer admet que la première urine n'est déjà plus de l'urine fœtale ; elle n'est sécrétée en partie ou peut-être en totalité qu'après l'établissement de la respiration pulmonaire, c'est-à-dire après la rapide diminution de la pression dans l'aorte et dans les artères rénales : de sorte que l'absence de la substance étrangère dans la première urine, sa présence dans la deuxième et la troisième urines peuvent fort bien dépendre du trouble de la fonction rénale durant la naissance, trouble dû à la diminution de rapidité du courant sanguin dans les reins, quand diminue la pression artérielle. Cependant la baisse de pression, qui, d'après Preyer, serait liée à l'établissement de la respiration pulmonaire, est discutable (voir p. 517). Par contre, les remarques de Wiener méritent d'être prises en considération.

Arguments tirés de la composition du liquide amniotique. — La composition de ce liquide n'a pas fourni de renseignements précis sur ses relations avec la sécrétion urinaire. Prochownick était, il est vrai, arrivé à ce résultat que chez le fœtus humain le liquide amniotique contient en tout temps de l'urée à partir de la sixième semaine, que cette substance est excrétée en partie par la peau, en partie par le rein du fœtus, et que sa quantité, dans le dernier tiers de la grossesse, est proportionnelle à la longueur et au poids du fœtus. Mais Fehling a pu soutenir, de son côté, que la richesse du liquide amniotique en urée ne correspond nullement au degré du développement du fœtus, qu'elle est excessivement variable, et qu'elle présente en définitive les mêmes variations que celles des transsudats séreux.

Döderlein, cependant, a cherché de nouveau, dans les analyses des liquides amniotique et allantoïdien du veau, un moyen d'élucider la source et la signification de ces humeurs. Ses recherches, dont nous avons rendu compte, l'ont amené à cette conclusion, que le liquide amniotique est un produit de transsudation du sang maternel, tandis que le liquide allantoïdien n'est autre chose que de l'urine fœtale sécrétée dès le début du développement. Chez le fœtus humain, chez lequel le produit de sécrétion du rein ne peut s'accumuler dans un réservoir particulier, puisque la vésicule allantoïde n'existe pas, le liquide amniotique aurait donc une double origine, et serait le mélange d'un transsudat séreux, probablement d'origine maternelle, et de l'urine fœtale. On n'a pas manqué d'objecter que les résultats obtenus chez le veau ne sont pas applicables à l'homme.

Arguments tirés des conditions de la circulation rénale chez le fœtus. — Ces conditions ont été considérées depuis longtemps comme peu compatibles avec un fonctionnement régulier du rein. Ahlfeld avait déjà émis l'idée que probablement la pression artérielle était trop faible chez le fœtus pour que la sécrétion urinaire puisse avoir quelque activité. Wiener (*loc. cit.*) avait pu répondre que la valeur de la pression artérielle chez le fœtus n'était pas connue, que d'ailleurs la sécrétion dépendait plus de la vitesse de la circulation que de la valeur de la pression dans le glomérule : il invoquait, en effet, l'expérience de Heidenhain, d'après laquelle la ligature des veines rénales empêche la sécrétion, bien qu'elle augmente la pression dans le glomérule. Mais Cohnstein et Zuntz, (*A. g. P.*, xxxiv, 220) ont apporté à l'opinion d'Ahlfeld l'appui de l'expérimentation. On sait que la sécrétion d'urine s'arrête lorsque la pression artérielle tombe à 30 ou 40 millim. Hg ; or, chez le fœtus, elle ne dépasse pas de beaucoup ces chiffres, si l'on se reporte aux déterminations de ces physiologistes ; en outre, et ceci répond à la deuxième objection de Wiener, la pression veineuse est relativement élevée, de sorte que la différence entre la pression artérielle et la pression veineuse, qui est chez l'adulte d'au moins 100 millim. Hg., varie chez les fœtus, dans les quelques déterminations qui ont été faites, entre 14,2 et 51,4 millim. Les conditions de la circulation sont donc aussi défavorables que possible à l'établissement d'une sécrétion régulière, tant soit peu active. Ces conclusions ne nous paraissent cependant pas devoir être acceptées sans réserves. Il est vrai que dans l'expérience de Heidenhain l'augmentation de la pression veineuse amène un arrêt de la sécrétion ; mais c'est parce que la stase sanguine a comme conséquence une compression des canalicules urinifères. Par contre, une élévation modérée de la pression dans les vaisseaux efférents du rein, telle qu'elle a été observée par Cohnstein et Zuntz, s'accompagnera d'une élévation correspondante dans les capillaires du glomérule, qui semble véritablement devoir favoriser le processus de filtration. D'un autre côté, cependant, la pression artérielle est basse ; mais ici il y a d'abord une distinction à faire : dans les dernières semaines de la gestation, la pression atteint un chiffre assez élevé, comme le reconnaissent Cohnstein et Zuntz, pour que la sécrétion urinaire puisse s'établir avec régularité ; à des périodes moins avancées du développement, elle oscille dans les expériences de ces physiologistes entre 39,3 et 51,1 millim. ; sans doute, ces valeurs sont faibles, mais elles sont encore à la limite où la sécrétion est possible. Si l'on considère enfin que le rein du fœtus, comme nous le verrons, laisse souvent, peut-être constamment, passer l'albumine, on peut se demander si les conditions de la filtration sont les mêmes pour lui que pour celui de l'adulte. Quoi qu'il en soit, ce qui est démontré expérimentalement, c'est que, vers la fin de la gestation, ce n'est pas le niveau de la pression qui peut mettre obstacle à la sécrétion urinaire.

Il n'est donc pas légitime d'admettre, avec quelques auteurs, que la pression artérielle n'atteint une valeur suffisante compatible avec le fonctionnement du rein que pendant le travail, parce qu'alors elle augmente sous l'influence de la compression du fœtus par les contractions utérines et les troubles de la circulation utéro-placentaire, et que l'urine trouvée dans la vessie du nouveau-né commence à s'y accumuler seulement, soit un peu avant, soit pendant la parturition même. Les causes invoquées seraient plutôt favorables à l'évacuation du contenu vésical qu'au processus de la sécrétion. L'état sub-asphyxique du fœtus lié à la gêne de la circulation placentaire doit s'accompagner, il est vrai, d'une augmentation de pression. Mais il ne faut pas oublier que celle-ci dépend, dans ces conditions, du resserrement des vaisseaux abdominaux, c'est-à-dire d'une diminution dans l'activité de la circulation rénale ; si l'on ajoute qu'en même temps le cœur fœtal est en outre ralenti, il paraîtra plus vraisemblable que la fonction du rein doit se trouver défavorablement influencée par les phénomènes du travail.

Wiener a d'ailleurs montré que la vessie du fœtus pouvait contenir de l'urine sans que le travail ait commencé. Une femme en état de grossesse avancée mourut d'hémorrhagie à la suite d'une rupture de varices : du côté de l'utérus on ne trouva aucun indice d'un commencement de travail ; dans la vessie du fœtus il y avait 10 cc. d'urine.

Arguments tirés des malformations des voies urinaires. — Parmi les preuves les plus importantes de l'activité du rein pendant la vie intra-utérine on peut compter les faits tératologiques ou pathologiques d'oblitération des voies urinaires. Déjà Portal, en 1671, avait constaté une distension de la vessie du fœtus à la suite d'un rétrécissement de l'urèthre, et il en avait conclu que le fœtus urine. English (1881) a affirmé que la formation de l'urine commençait sûrement à la fin du quatrième ou au commencement du cinquième mois, parce qu'il avait trouvé, à diverses reprises, la vessie et les bassinets remplis d'urine et distendus, dans les cas d'oblitération des voies urinaires, au point que la distension pouvait être une cause de dystocie. Billard et King ont vu des ruptures de la vessie produites par l'imperforation de l'urèthre.

Schaffer (cité par Schrewe), dans un cas d'atrésie de l'urèthre, a trouvé, au deuxième mois de la vie intra-utérine, chez un fœtus de 9 centim. 5 de long, et pesant 30 gr., la vessie distendue sous forme d'une petite poche. Par contre, comme l'a fait remarquer Virchow, si l'oblitération porte sur les papilles rénales, la vessie est ratatinée et vide.

La quantité de liquide que renferment la vessie et les uretères chez des fœtus atteints de malformations de l'urèthre et âgés de quelques mois ou à terme est assez variable. Elle s'est élevée jusqu'à un litre dans une observation de grossesse gémellaire arrivée au septième mois et où chez l'un des fœtus l'urèthre manquait (MOREAU). Mais en moyenne on trouve 150 cc. de liquide (SALLINGER, BAR), et les reins présentent les lésions caractéristiques de l'hydronéphrose. Chez un enfant pesant 3 880 gr., BAR (loc. cit.) a retiré des uretères et de la vessie 300 gr. de liquide qui renfermait de l'urée. On peut même soutenir avec cet auteur que les 150 ou 200 gr. de liquide que l'on rencontre habituellement dans ces cas ne représentent pas toute la masse d'urine que peut sécréter le fœtus pendant la vie intra-utérine, puisque le champ de la sécrétion se restreint de plus en plus, à la suite de la compression et de la désorganisation du parenchyme rénal.

On a objecté que ces faits sont sans valeur : 1° parce que des cas de malformation ne peuvent servir à prouver un fait physiologique ; 2° parce que le liquide contenu dans les voies urinaires n'a pas la constitution de l'urine ; 3° parce que la quantité de liquide amniotique n'est pas diminuée dans ces conditions. Mais on ne voit vraiment pas comment et pourquoi une quantité considérable de liquide s'accumulerait dans la vessie et les uretères, derrière un obstacle siégeant dans l'urèthre, si le rein ne le fournissait pas. En second lieu, de nombreuses analyses dues à PROUST, FREUND, JORY, DOHRN, BAR, signalent dans le liquide la présence de l'urée, celle de l'albumine, une fois celle de l'acide urique. Il ne paraît pas cependant qu'on ait cherché à évaluer la proportion d'urée qui y est contenue ; du moins les indications données par BAR sur ces analyses ne nous renseignent pas à cet égard. L'analyse, sans doute la plus complète, d'une urine recueillie dans une vessie fœtale à la suite de malformation est due à PANZER (Zeitschr. f. Heilk., 1902, XXIII, 79). Le réservoir urinaire renfermait 210 cc. de liquide, dont la réaction était neutre et la densité de 1008 : on y trouva des traces d'albumine coagulable ; mais pas de sucre, pas d'acétone ni indican. La teneur en azote total était de 0,98 grammes par litre, en urée de 0,36 grammes, en acide urique de 0,21 grammes : pas de créatinine, mais une certaine quantité d'allantoïne. D'après GUSSEROW, la quantité de liquide amniotique serait faible dans les cas d'oblitération de l'urèthre.

Les auteurs qui se refusent à admettre la sécrétion urinaire intra-utérine font valoir de leur côté, avec AHLFELD, les observations de fœtus qui manquent complètement d'appareil urinaire, et qui arrivent cependant à maturité ; chez ces monstres, qui peuvent ne présenter aucune autre anomalie (voir WESTPHALEN, loc. cit.), les principes constitutifs de l'urine doivent donc être éliminés par le placenta et, d'autre part, le liquide amniotique ne fait pas toujours défaut. RISSMAN (cité par SCHALLER) a également signalé un cas de ce genre dans lequel un enfant pesant 3300 grammes fut expulsé vivant malgré l'absence des reins. Ces faits prouvent, il est vrai, que la fonction rénale n'est pas indispensable au fœtus pour qu'il se développe et même arrive à maturité ; mais on n'est pas autorisé à en déduire que chez le fœtus normal le rein est inactif ; on comprend, en effet, que chez ces monstres il puisse être suppléé par d'autres organes, et particulièrement par le placenta.

De plus, en même temps que l'absence des reins, on a noté parfois celle du liquide amniotique ; enfin on n'a pas encore démontré que, quand celui-ci existe dans ces conditions, il a la même composition que le liquide normal. L'émission de l'urine dans l'amnios est encore prouvée par les observations de grossesse gémellaire (SCHATZ) dans lesquelles, l'un des fœtus étant plongé dans une quantité considérable de liquide amniotique, et l'autre dans une quantité très faible, les reins et le cœur du premier avaient une fois et demie le poids des mêmes organes du second : l'hydramnios devait donc être la conséquence de l'activité exagérée des reins. STRASSMANN (A. D., Suppl., 1899) a signalé récemment un cas semblable, et appelé surtout l'attention sur l'hypertrophie de la vessie du fœtus contenu dans l'œuf atteint d'hydramnios, hypertrophie qui ne pouvait être que fonctionnelle, puisque l'urèthre était tout à fait perméable. Il faut ajouter cependant que chez ces fœtus les conditions de la circulation sont anormales, qu'il y a chez eux surcharge sanguine et augmentation de la pression.

2° Le liquide amniotique est un produit de transsudation des vaisseaux ou de la peau du fœtus. — La première de ces deux opinions a trouvé surtout un appui dans les faits signalés par JUNGBLUTH (1869) qui a décrit sur la face fœtale du placenta, dans la couche membraneuse immédiatement accolée à la face profonde de l'amnios, un réseau capillaire sanguin en communication directe avec les vaisseaux ombilicaux. Jungbluth, qui est arrivé à injecter ce réseau, considère que c'est par son intermédiaire que le fœtus laisse transsuder le liquide amniotique. C'est donc dans la couche interposée entre l'amnios et le placenta et qui se poursuit au delà du placenta entre le chorion et l'amnios, que se trouve le siège de la transsudation. Waldeyer (cité par Bar) a constaté aussi la présence de vaisseaux sinueux, accolés contre la face profonde de l'amnios, gorgés de sang, et ayant un diamètre suffisant pour qu'il fût possible de reconnaître leur existence à l'œil nu. Bar lui-même n'a trouvé à la face profonde de l'amnios qu'un réseau veineux fourni par les rameaux de la veine ombilicale.

Le réseau décrit par Jungbluth a, d'après la plupart des auteurs, une évolution spéciale. Ce n'est que pendant la première moitié de la grossesse que les vaisseaux sanguins qui le constituent sont perméables au sang ; mais dans le milieu de la grossesse ces vaisseaux s'atrophient, et au moment de l'accouchement les *vasa propria* ont disparu. Leur persistance jusqu'à la fin de la gestation serait une cause d'hydramnios. En réalité, d'après Jungbluth, ils existeraient encore aux 8e, 9e et 10e mois (lunaire) tout en s'oblitérant graduellement, et ils fonctionnent encore activement aux 5e, 6e et 7e mois ; les quelques capillaires qui persistent jusqu'à la fin de la grossesse continueraient à servir à la production du liquide amniotique (*Arch. f. Gynæk.*, 1872, IV, 354).

L'amnios lui-même n'est pas vasculaire ; cependant les dissections de Peyrot et celles de Campenon semblent démontrer qu'au moins chez certains animaux, porc, brebis, cheval, il possède des vaisseaux propres. Wissotski a pu suivre le développement des vaisseaux sanguins de l'amnios du lapin et y constater l'existence de cellules vasoformatives (Tarnier et Chantreuil). Toutefois Bar n'a jamais vu de vaisseaux dans l'amnios du lapin.

Winckler (*Arch. f. Gynæk.*, IV, 238) a décrit un réseau de canalicules lymphatiques auxquels il fait jouer le même rôle que Jungbluth à ses vaisseaux sanguins. Ces canalicules s'ouvriraient librement dans la cavité de l'œuf (comme les canalicules lymphatiques qu'on a décrits sur le centre tendineux du diaphragme, communiquent avec la cavité péritonéale) et pouvaient être poursuivis, d'autre part, jusqu'à la couche épithéliale du chorion. Il trouva très fréquemment les canalicules reliés aux vaisseaux de différent calibre, artères et veines, particulièrement aux premières ; il les vit aussi reliés aux vaisseaux du cordon ombilical, et c'est précisément dans la gelée du cordon et dans la portion placentaire du chorion qu'il chercha le siège principal de la sécrétion de l'eau de l'amnios, après l'atrophie du réseau de Jungbluth. Preyer croit aussi à l'existence de ces canalicules, surtout dans le cordon, et leur attribue le même rôle que Winckler.

D'après Ch. Robin, dans les premiers temps du développement, le liquide amniotique est fourni par l'amnios empruntant les matériaux nécessaires aux capillaires des organes vasculaires qui le tapissent, tels que le chorion allantoïdien, c'est-à-dire à des vaisseaux du fœtus.

Fehling a émis l'hypothèse qu'une partie de l'eau de l'amnios provient directement des vaisseaux ombilicaux. Il a vu que, si l'on injecte dans un cordon ombilical une solution de salicylate de soude, et qu'on le plonge dans un verre rempli de liquide amniotique, on trouve au bout d'une heure le salicylate de soude dans ce liquide. Dans d'autres cas, il distendit la veine ombilicale par de l'eau, et au bout de six à douze heures il put reconnaître que le liquide dans lequel le cordon était plongé contenait des matières albuminoïdes, et particulièrement de la mucine provenant du cordon.

Pour prouver que le salicylate de soude passe déjà pendant la vie des vaisseaux du cordon dans la gélatine de Wharton, il prit un cordon ombilical provenant d'une femme qui avait reçu avant l'accouchement du salicylate de soude, le débarrassa du sang qu'il contenait par compression et lavage ; puis il injecta de l'eau tiède dans le cordon, qui fut plongé également dans l'eau tiède. Au bout de huit à douze heures, il trouva de l'acide salicylique dans le liquide extérieur. Comme les vaisseaux avaient été vidés préalablement, il faut conclure, dit Fehling, que l'acide salicylique ne peut provenir que de la gélatine de Wharton, où il avait déjà pénétré pendant la vie.

Bar a vu aussi que sous une certaine pression les parties liquides contenues dans la veine ombilicale peuvent transsuder dans la cavité amniotique, mais que sous une pression égale elles ne transsudent pas à travers les parois des artères ombilicales.

KRUKENBERG a obtenu des résultats semblables à ceux de FEHLING en remplissant quelque temps après la naissance une partie du cordon par de l'iodure de potassium ; mais il soutient qu'ils ne sont applicables qu'à des tissus morts, à des vaisseaux dans lesquels la circulation a cessé. En injectant immédiatement après la naissance dans le placenta une solution d'iodure de potassium, et en suspendant une anse du cordon dans un vase rempli d'eau salée où elle resta jusqu'à ce que la veine ombilicale fût dégorgée, il ne trouva point trace d'iodure dans la solution saline, bien que l'urine de l'enfant donnât une forte réaction.

Ce n'est d'ailleurs pas un processus physiologique habituel que celui de la produc- tion d'une humeur normale par une transsudation à travers les parois de gros troncs vasculaires. Ce sont les réseaux capillaires qui sont le siège ordinaire de ce phénomène, et les capillaires font défaut dans le cordon, du moins chez le fœtus humain.

SCHERER (1852), puis SCHUTZ (1874) ont plus particulièrement soutenu que la formation du liquide amniotique est une fonction de toute la surface cutanée du fœtus. GUSSEROW, WIE- NER ont également admis cette origine pour les premières phases du développement. On a fait valoir qu'au début la peau du fœtus est encore très perméable, à cause du dévelop- pement incomplet de la couche épidermique, et qu'elle est en même temps extrêmement vasculaire. On a voulu aussi faire intervenir la sécrétion sudorale ; mais toujours est-il qu'en raison de l'apparition tardive des glandes sudoripares ce n'est qu'au cinquième mois qu'elles pourraient participer à la production du liquide amniotique, si toutefois elles fonctionnent vraiment pendant la vie intra-utérine, ce qui ne paraît pas vraisemblable.

B. Origine maternelle du liquide amniotique. — Il ne paraît pas douteux que l'organisme maternel ne participe à la formation du liquide amniotique. Comme nous l'avons vu, les expériences de ZUNTZ et de WIENER, celles de KRUKENBERG, de BAR, ont montré que l'indigo-sulfate de soude, le ferrocyanure de potassium, l'iodure de potas- sium peuvent passer du sang maternel dans le liquide amniotique sans traverser l'or- ganisme fœtal, du moins chez les lapins. Pour montrer encore plus sûrement que la circulation fœtale n'avait pu servir d'intermédiaire au passage de la substance, ZUNTZ a tué préalablement le fœtus en lui injectant au moyen d'une seringue de PRAVAZ, à tra- vers la paroi utérine, une solution de potasse pour arrêter le cœur ; quand il injecta ensuite à la mère le sulfate d'indigo, le liquide amniotique fut néanmoins trouvé coloré.

On peut rapprocher de cette expérience le cas suivant dû à HAIDLEN. Chez un enfant macéré, né d'une mère syphilitique à laquelle on avait administré de l'iodure de potas- sium, on trouva la réaction de l'iode dans le liquide amniotique, une heure après l'ad- ministration du médicament. L'enfant étant mort depuis longtemps, l'iodure avait dû passer directement du sang maternel dans le liquide amniotique.

NICLOUX a montré (*B. B.*, 1902, 734) que l'alcool introduit dans l'estomac de cobayes pleines peut être mis en évidence dans le liquide amniotique cinq minutes après la fin de l'ingestion ; d'autre part, les quantités d'alcool dans le sang maternel et dans le liquide amniotique augmentent avec le temps, dans les mêmes proportions, pour une quantité d'alcool ingéré ; faits qui, d'après NICLOUX, plaident en faveur du passage direct de la substance à travers les membranes.

Je rappellerai aussi que, d'après WIENER, confirmé sur ce point par KRUKENBERG, la substance injectée à la mère ne passe dans le liquide amniotique que vers la fin de la gestation. L'expérience faite chez la lapine au début de la gestation ne réussit pas. D'après WIENER, il ne peut encore rien arriver à ce moment du sang maternel dans le liquide amniotique, parce que, d'une part, le chorion et la caduque ne sont encore que lâchement unis, et que, d'autre part, le chorion n'est pas encore accolé à l'amnios. Le liquide amniotique ne pourrait dans ces conditions être fourni par la mère. Il serait donc formé exclusivement par l'embryon, aussi longtemps que ses enveloppes ne sont pas en contact intime avec les tissus maternels et que le placenta n'est pas développé. D'après KRUKENBERG, au contraire, la différence des résultats dépendrait, comme il a déjà été dit, du degré de perméabilité des membranes fœtales, d'autant plus prononcée que la gesta- tion est plus avancée.

On a encore invoqué en faveur de l'origine maternelle du liquide amniotique les cas où l'hydramnios coïncide avec de l'œdème et de l'ascite chez la mère : mais l'hydrémie maternelle pourrait s'accompagner d'hydrémie fœtale.

Quels sont les vaisseaux de la mère qui concourent à la production du liquide amniotique? Les auteurs ne sont pas explicites à cet égard. D'après Scanzoni, c'est le placenta maternel qui fournit le liquide; suivant Ahlfeld, au début, ce sont les vaisseaux de la caduque réfléchie qui le laissent transsuder à travers le tissu lâche du chorion dans la cavité amniotique. Il faudrait aussi, dit Kœlliker, penser aux riches réseaux vasculaires de la caduque vraie; car, à partir du moment où les deux caduques s'accolent l'une à l'autre, ces réseaux se trouvent dans une situation très favorable pour remplir ce rôle. Ces deux caduques sont accolées l'une à l'autre à partir du cinquième mois. Mais la caduque réfléchie est au milieu de la grossesse entièrement dépourvue de vaisseaux; Kœlliker n'en a rencontré que jusqu'à la dix-septième semaine.

C. **Résultats acquis.** — Lorsqu'on a passé en revue ce qui a été fait et écrit sur la provenance du liquide amniotique, on ne peut guère que répéter encore aujourd'hui ce que disait Bar en 1883 : « Si des faits intéressants ont été signalés en grand nombre, si les expériences les plus ingénieuses ont été instituées, les conclusions générales que l'on a cru pouvoir émettre sont toutes plus ou moins sujettes à contestation, et la question de l'origine du liquide amniotique n'est guère moins obscure qu'il y a vingt ans, bien que nous ayions à notre disposition une quantité plus considérable de documents. »

Un fait qu'on peut considérer cependant comme établi, c'est que la mère ainsi que le fœtus prennent part à la formation du liquide amniotique. Expérimentalement, la participation de la mère est démontrée surtout par les observations de Zuntz, de Wiener et de Nicloux, auxquelles il faut ajouter celles de Krukenberg et de Toerngren, quoique ces dernières prêtent peut-être à discussion, puisque l'organisme fœtal contenait aussi des traces de la substance trouvée dans le liquide amniotique.

En ce qui concerne la sécrétion et l'excrétion de l'urine chez le fœtus, il est à remarquer que l'expérimentation, qui semblait devoir donner la solution du problème, a conduit à des résultats absolument contradictoires, parce que précisément les méthodes les plus ingénieuses qu'on a imaginées pour le résoudre y ont introduit elles-mêmes des facteurs encore mal connus. C'est ainsi qu'on a pu objecter à Gusserow que l'acide hippurique circule déjà dans le sang maternel, et Schaller ne paraît pas s'être laissé convaincre par les expériences de Dührssen, puisqu'il reprend encore pour son compte cette objection déjà soulevée par Ahlfeld. On a vu plus haut les réflexions qu'à leur tour suggèrent les résultats obtenus par Schaller; pour les appliquer en toute certitude à la question en litige, il faudrait, à ce qu'il nous semble, que les conditions de la glycogénie fœtale fussent mieux connues.

Par contre, un argument de Dührssen qui nous paraît garder toute sa valeur, tant qu'on n'en aura pas démontré l'inexactitude, c'est la présence, dans le placenta, de l'acide benzoïque seul, à l'exclusion de l'acide hippurique, et, puisque ce dernier corps se trouve par contre dans le liquide amniotique, il a donc dû se former dans l'organisme et vraisemblablement dans le rein fœtal. Mais l'une des preuves les plus importantes en faveur de l'activité de cet organe et de l'évacuation de l'urine dans la cavité de l'amnios, c'est l'accumulation de liquide derrière un urèthre oblitéré : on ne peut méconnaître la portée de ce fait, bien qu'il ait pour cause une malformation. La proportion d'urée que renferme parfois, d'après certaines analyses, le liquide amniotique et qui est beaucoup plus élevée que celle d'un simple transsudat séreux, parle aussi dans le même sens. L'argument de Doderlein, quoique indirect, ne peut cependant pas être négligé; puisque, chez certaines espèces, l'urine est sécrétée en telle abondance qu'elle remplit la vésicule allantoïde, quand celle-ci existe, faut-il admettre qu'elle cesse de se produire chez les fœtus qui n'ont pas de poche distincte pour la recevoir? Cela n'est pas vraisemblable, et il y a lieu de croire qu'elle se mélange alors au liquide amniotique. Et même la part que prend la sécrétion urinaire à la formation de ce dernier doit être assez importante, si l'on en juge par la quantité de liquide trouvée dans la vessie et les uretères à la suite d'une imperforation de l'urèthre.

Il est difficile de dire d'une façon générale si l'apport maternel est plus considérable que l'apport fœtal, ou inversement, et si l'un ou l'autre prédomine aux différentes périodes de la gestation. La physiologie comparée, qui nous apprend que les embryons ovipares (oiseaux, reptiles) ont une cavité amniotique remplie de liquide, bien qu'ils se développent en dehors de la mère, tend à faire croire que l'embryon a une part prépondérante dans la production de ce liquide. Preyer objecte, il est vrai, que dans l'œuf de poule fraîchement pondu se trouve déjà toute l'eau que contiendra l'embryon arrivé à maturité, et que c'est aux dépens de cette eau que se forme le liquide amniotique ; mais ce raisonnement est purement spécieux et pourrait s'appliquer à tous les matériaux élaborés directement par l'embryon d'oiseau, puisque, en dernier ressort, tous les éléments qui entrent dans leur constitution, à part l'oxygène, proviennent de la mère.

En ce qui concerne le mode de formation du liquide amniotique aux différentes phases de la gestation, Preyer admet que, si les membranes de l'œuf, les vaisseaux de Jungbluth et peut-être aussi les reins du fœtus sont nécessaires pour une sécrétion abondante de l'eau de l'amnios, les premières le sont davantage dans les stades du début, les *vasa propria* après la formation du placenta, les reins dans la [dernière période du développement seulement.

Pour ce qui est des membranes, cette opinion ne concorde pas avec les résultats des expériences faites chez les animaux, puisque, d'après Wiener et Krukenberg, dans les premières périodes de la gestation, les enveloppes fœtales ne laissent pas passer dans le liquide amniotique les substances injectées à la mère. D'autre part, comme c'est vers la fin qu'elles deviennent le plus perméables, et qu'en même temps le fonctionnement du rein devient sans doute de plus en plus actif avec les progrès du développement,[1] il semble que les eaux de l'amnios doivent être produites d'autant plus abondamment que la gestation est plus avancée : on a vu, en effet, que certains auteurs soutiennent qu'il en est ainsi ; mais un plus grand nombre admet que la proportion absolue de liquide diminue à partir du milieu de la grossesse. Il serait donc intéressant d'être fixé sur ce point.

C'est surtout quand il s'agit d'expliquer l'origine du liquide amniotique pendant les premières périodes de la gestation que les données positives font défaut, et on en est réduit aux diverses hypothèses que nous avons énumérées : cependant, si l'on doit faire un choix entre les unes et les autres, il ne faut pas oublier que les résultats expérimentaux ne parlent pas en faveur d'une participation précoce de la mère à la formation du liquide. On peut alors faire intervenir une transsudation qui aurait son siège soit dans les vaisseaux de la peau de l'embryon, soit dans les vaisseaux omphalo-mésentériques, soit dans le chorion allantoïdien, et plus tard dans les vaisseaux de Jungbluth ou dans ceux du cordon ombilical ; mais il faut reconnaître qu'on n'a aucune preuve directe ou certaine du rôle de toutes ces parties. Par contre, il ne paraît pas douteux qu'à ces stades primitifs le corps de Wolff fonctionne, et qu'il déverse ses produits de sécrétion dans la cavité de l'amnios. On y reviendra plus loin à propos de l'urine fœtale.

Usages du liquide amniotique. — Pendant le premier mois de la vie intra-utérine, chez l'homme, l'amnios est intimement appliqué à la surface du corps de l'embryon ; ce n'est qu'au deuxième mois (Tourneux), à la fin du premier mois (Preyer) qu'on constate l'apparition d'une sérosité qui distend progressivement la paroi de l'amnios et la refoule contre le chorion. Par conséquent le développement de l'embryon a pu se poursuivre un mois et au delà sans que le liquide amniotique ait eu à contribuer à sa nutrition et à son accroissement. Une fois formée, l'eau de l'amnios n'est pas destinée davantage à servir, quoi qu'on en ait dit, d'aliment à l'embryon ; il ne remplit qu'un rôle de protection, en favorisant les mouvements actifs du fœtus, en le mettant à l'abri des chocs extérieurs ; il facilite aussi l'expansion uniforme de la matrice et concourt à la dilatation de l'orifice utérin pendant la parturition. Dareste a montré que chez le poulet l'absence ou la diminution considérable de liquide amniotique, ainsi que les anomalies dans la formation de l'amnios, amènent des arrêts de développement de l'embryon (voir **Amnios**).

II. **Urine. Fonctions du rein et du corps de Wolff.** — L'activité du rein n'apparaît pas comme une fonction absolument nécessaire pendant la vie intra-utérine : les produits de désassimilation qui se forment dans l'organisme fœtal pourraient être éliminés dans les échanges placentaires ; d'autre part, le rôle que joue le rein chez l'adulte dans la régulation de la pression sanguine et probablement aussi dans celle de la tension osmotique du plasma sanguin pourrait être également rempli chez le fœtus par le placenta.

---

1. Il faut rappeler cependant ici que, d'après les expériences de Sicard et Mercier sur l'élimination du bleu de méthylène, le liquide amniotique ne recevrait plus les produits d'excrétion du rein fœtal, aux derniers temps de la vie intra-utérine.

Cependant il existe un ensemble de preuves assez fortes en faveur d'une sécréeion urinaire intra-utérine : nous les avons énumérées dans le précédent chapitre, et nous n'y reviendrons pas, sinon pour les compléter sur quelques points.

Il y a lieu surtout de signaler les expériences de Wiener (*A. f. Gynæk.*, 1884, xxiii, 183). Chez des lapines pleines cet auteur a injecté, à travers la paroi abdominale, de l'indigo-sulfate de soude sous la peau de la région dorsale du fœtus : au bout de vingt minutes l'épithélium des tubes contournés était fortement coloré en bleu, tandis que les glomérules restaient incolores ; c'est ce qui se produit aussi, comme on sait, chez l'adulte : l'expérience réussit déjà chez un fœtus de 4 centimètres 75 de long. Quelques heures après l'injection, on trouvait aussi l'urine colorée en bleu, et le liquide amniotique présentait la même coloration. Chez le fœtus de chien il y eut même déjà, après vingt-cinq minutes, 3 ou 4 gouttes d'urine bleue dans la vessie.

L'injection de glycérine diluée sous la peau des fœtus encore contenus dans l'œuf a produit au bout d'une heure à une heure et demie de l'hémoglobinurie, comme Luch-singer l'avait constaté chez l'animal adulte ; les canalicules urinaires du rein du fœtus, ainsi que les bassinets, étaient remplis de masses d'hémoglobine ; souvent on trouva, dans la vessie, de l'urine fortement colorée en rouge : dans plusieurs cas, le liquide amniotique et le liquide allantoïdien présentaient la même coloration.

Bar (*loc. cit.*) a répété ces expériences en employant le ferrocyanure de potassium et déjà, au bout de quatre minutes, quelques gouttes d'urine contenues dans la vessie donnaient la réaction du bleu de Prusse.

Wiener a aussi injecté la solution de ferrocyanure, non plus au fœtus, mais dans le liquide amniotique, et a retrouvé la substance au bout de deux heures et demie dans l'urine du fœtus ; celui-ci avait dégluti le ferrocyanure, dont la présence put être démontrée dans les parois de l'estomac et de l'intestin, dans le mésentère, comme aussi dans la peau et le rein.

On a objecté, avec quelque raison, à ces expériences qu'elles prouvent seulement que le rein fœtal est déjà en état de fonctionner comme chez l'adulte, et non qu'il fonctionne réellement, et que l'injection d'une certaine quantité de liquide au fœtus trouble les conditions de la circulation ; cette dernière objection cependant n'est plus valable pour les cas où l'injection a été faite dans le liquide amniotique.

D'ailleurs on a trouvé trop souvent de l'urine dans la vessie des enfants et des animaux nouveau-nés pour qu'on puisse nier qu'elle soit sécrétée pendant la vie intra-utérine. Cette sécrétion n'a pas eu lieu *post partum* ; car dans beaucoup d'observations on a eu soin de pratiquer le cathétérisme aussitôt après la naissance. En outre, on a vu souvent aussi des enfants émettre une assez grande quantité d'urine, soit immédiatement après la naissance, soit déjà avant la sortie de la tête, dans les cas de présentation pelvienne.

Il n'est pas vraisemblable, comme nous l'avons déjà dit, que l'urine trouvée dans la vessie du nouveau-né soit la première manifestation de l'activité du rein qui s'éveillerait seulement sous l'influence du travail de l'accouchement. L'observation de Wiener rapportée dans le précédent chapitre suffirait à le prouver. Preyer a vu aussi la vessie complètement remplie chez les embryons de cobaye extraits rapidement de l'utérus et décapités aussitôt ; chez d'autres espèces animales on a souvent fait des constatations semblables. Dohrn a noté, en outre, que la vessie renferme d'autant moins d'urine chez le nouveau-né que le travail a été plus prolongé, ce qui tend à démontrer que celui-ci favorise l'émission d'urine, plutôt que sa production.

Les grandes variations dans la quantité d'urine, trouvée immédiatement après la naissance, dépendent probablement de ce que le fœtus a évacué ou non le contenu de sa vessie dans l'amnios, avant son expulsion. D'ailleurs, chez les fœtus de mammifères, extraits rapidement de l'utérus, la vessie contient également tantôt peu ou point, tantôt beaucoup d'urine, et l'on ne peut guère expliquer ces différences qu'en admettant une évacuation intermittente.

Il est probable que l'urine commence à se former de bonne heure. Ce n'est qu'à partir du cinquième mois que la constitution du rein se rapproche sensiblement de celle de l'adulte ; mais, comme les tubes urinifères apparaissent à la fin du deuxième mois, et les premiers corpuscules de Malpighi dès le commencement du troisième mois (Tourneux), il est probable qu'à partir de ce moment déjà le rein commence à fonctionner.

Toujours est-il que NAGEL a trouvé, quatre fois, chez des fœtus humains de 3 à 4 mois, mesurant 6,8 à 12 centimètres de long de la tête au coccyx, la vessie sous la forme d'une vésicule transparente de la grosseur d'un haricot, remplie d'un liquide clair ; chez 5 ou 6 autres embryons du même âge, la vessie était vide (*Arch. f. Gynæk.*, 1889, xxxv, 131).

KRUKENBERG, dans la première urine d'un fœtus né prématurément et pesant 1ᵏᵍ 850, a pu mettre en évidence l'iodure de potassium administré à la mère.

Chez le nouveau-né, dans 75 cas, DOHRN a trouvé de l'urine dans la vessie 69 fois p. 100 ; la quantité d'urine a été en moyenne de 7ᶜᶜ,6, le maximum de 25 cc. Dans 8 cas d'HOF-MEIER (*A. A. P.*, 1882, LXXXIX, 493) les chiffres étaient compris entre 1,5 et 24 cc. avec une moyenne de 9ᶜᶜ,9. SCHALLER (*loc. cit.*), chez 24 nouveau-nés, a trouvé la vessie vide 10 fois, soit dans la proportion de 41 p. 100 ; dans 4 cas on ne recueillit que quelques gouttes d'urine ; dans les 10 autres cas la moyenne était de 4ᶜᶜ,9.

L'urine du nouveau-né est très pâle, et, d'après HOFMEIER, presque claire comme de l'eau. La densité est en moyenne de 1009 à 1010 d'après les uns, de 1002,8 d'après DOHRN (minimum 1001,8 ; maximum 1006). Ce dernier a trouvé une densité de 1012 chez un enfant mort-né avant terme. Cependant chez un autre fœtus humain de 8 à 9 mois mort-né, dont l'urine fut analysée par LIEBERMANN, le poids spécifique n'était que de 1003.

VIRCHOW a trouvé l'urine du fœtus acide ; dans le dernier cas que je viens de mentionner, elle était neutre. Chez le nouveau-né, sur les 75 cas de DOHRN elle était acide 73 fois p. 100, neutre 23 fois p. 100 et alcaline 4 fois p. 100. HOFMEIER l'a trouvée 7 fois acide sur 8, une fois neutre. L'urine contenue dans la vessie des embryons de cobaye récemment enlevés de l'utérus était toujours acide, dans les observations de PREYER.

La première urine du nouveau-né humain bien portant et l'urine des enfants mort-nés ne contiennent qu'environ 0,5 à 0,6 de résidu sec et 0,24 à 0,27 de cendres. Dans une analyse de HOPPE-SEYLER, la proportion d'éléments solides n'a pas dépassé 0,34 p. 100. Cependant, dans l'urine du premier jour, la teneur en eau a varié, dans 4 cas, rapportés par d'autres auteurs, entre 98,65 et 99,62 p. 100, et dans un cas elle ne s'est élevée qu'à 95,12 p. 100.

HOFMEIER a trouvé 0,245 p. 100 d'urée immédiatement après la naissance (moyenne de 6 cas) ; 0,360 dans les douze premières heures, et 0,921 dans les douze heures suivantes. Dans 10 cas de DOHRN, les chiffres ont varié de 0,14 à 0,83 p. 100 pour l'urine recueillie immédiatement après la naissance. Dans celle du premier jour, MARTIN et RUGE, BIE-DERMANN ont déterminé un maximum de 1,6637 p. 100, un minimum de 0,06. SJÖQVIST (*Maly's Jb.*, xxxiii, 245), a trouvé chez le nouveau-né, avant la période des infarctus rénaux, une moyenne de 0,56 grammes pour 100 cc. et l'urée ne représentait que 74,5 p. 100 de l'azote total. Chez le fœtus mort-né de LIEBERMANN, la proportion d'urée était de 0,111 p. 100, et la vessie contenait 16,2 d'urine. Je ne rappelle que pour mémoire le cas de GUSSEROW, dans lequel WISLICENUS aurait trouvé 6,09 p. 100 d'urée ; il y a proba-blement là une faute d'impression.

L'acide urique peut être sécrété en quantité notable, du moins dans les stades avancés du développement. On a constaté presque régulièrement ce corps immédiatement après la naissance. WÖHLER (1846) a trouvé chez un fœtus mort-né avant terme un calcul d'acide urique. Dans l'urine d'un fœtus à terme, mort à la suite d'un accouchement laborieux, VIR-CHOW a trouvé des sédiments d'urate d'ammoniaque. Dans l'urine recueillie immédiate-ment après l'ouverture de la vessie, chez des embryons de cobaye, PREYER a constaté régu-lièrement la présence d'acide urique. GUSSEROW a trouvé également des cristaux d'acide urique chez un enfant mort pendant l'accouchement. Dans les analyses de SJÖQVIST, la proportion d'acide urique était, avant la période des infarctus, de 0,082 grammes pour 100 cc. et représentait 7,9 p. 100 de l'azote total. On sait que chez le nouveau-né il se forme presque constamment, vers le deuxième jour, des dépôts d'acide urique dans les reins. Ces infarctus uratiques n'ont été observés qu'exceptionnellement chez le fœtus ; cependant, MARTIN, HOOGEWEG, SCHWARTZ, BUDIN et BAR (*loc. cit.*) en ont rapporté des exemples.

La quantité de chlorure de sodium a été de 0,18 p. 100 dans une observation de WIS-LICENUS et GUSSEROW chez un fœtus mort-né, de 0,2 p. 100 chez le fœtus de LIEBERMANN ; dans les 76 cas de DOHRN elle a varié chez le nouveau-né entre 0,02 et 0,3 p. 100. Cette grande différence entre les minima et les maxima dépend probablement, comme l'admet PREYER, de la proportion de sel contenu dans les aliments de la mère avant l'accouchement. Ruge et Martin ont établi que la première urine est moins concentrée et plus pauvre en sels que la seconde, dont la composition se ressent de l'influence de l'évaporation pulmonaire et cutanée.

Senator (Z. p. C., 1880, iv, 1) s'est demandé si les principes qui dans l'urine dérivent, après la naissance, des produits de la putréfaction intestinale, existent déjà chez le nouveau-né qui n'a pas encore été alimenté. Il a trouvé des composés sulfo-conjugués dans les 7 cas où il les a cherchés, et 2 fois sur 5 le phénol et le crésol; par contre, il n'a pas trouvé d'indican. D'après Preyer, on aurait cependant constaté la présence de ce corps dans l'urine du nouveau-né. Les susbstances phénoliques ne peuvent provenir de l'intestin du fœtus, puisque le méconium ne contient ni indol ni phénol. Il faudrait donc supposer que les composés sulfo-conjugués passent directement du sang de la mère dans celui du fœtus, puis dans son urine. Cependant dans l'analyse de Liebermann on n'a pas trouvé d'acide sulfurique, et l'auteur insiste sur cette absence complète de sulfates. Ajoutons aussi que dans ce dernier cas les terres alcalines faisaient également défaut. L'acide phosphorique put être mis en évidence.

L'albumine paraît être un élément fréquent, et même, d'après Virchow, à peu près constant dans l'urine du fœtus humain. Les recherches de Ribbert (A. A. P., 1894, xcviii, 527) tendent à confirmer l'opinion de Virchow. Chez des enfants et des lapins nouveaunés la proportion d'albumine était si forte que l'urine qui se trouvait dans les bassinets coagulait en masse. Il y aurait chez le nouveau-né une desquammation épithéliale du glomérule et des canalicules urinifères, analogue à celle qui se produit à la surface du tégument externe et qui serait liée à une régénération physiologique de l'épithélium.

Dans de nombreuses observations sur des embryons de diverses espèces animales, Ribbert a constaté également que les glomérules et les tubes contournés étaient dans tous les cas, sauf une exception chez un embryon de porc, remplis d'albumine. Cette substance était d'autant plus abondante que l'embryon était plus jeune. Ribbert admet donc qu'il se fait pendant la vie intra-utérine une transsudation continuelle du plasma sanguin à travers les parois vasculaires, probablement parce que les glomérules sont encore incomplètement développés et incapables de s'opposer au passage de l'albumine.

Il faut remarquer cependant que la richesse de l'urine en albumine ne correspondait pas à celle des reins. Chez aucun embryon de porc on n'en trouva trace. Chez 2 embryons de vache, l'action de la chaleur et de l'acide nitrique provoqua à peine un trouble, chez 2 autres un précipité abondant. Chez un veau long de 50 centimètres environ, la vessie contenait une grande quantité d'urine avec des traces d'albumine. Chez un fœtus de mouton, le résultat fut négatif; enfin chez plusieurs fœtus de lapin presque à terme la proportion d'albumine était modérée. Chez les jeunes embryons, par contre, on obtenait un coagulum massif dans la vessie et les reins, en exposant, il est vrai, directement ces organes à l'action de la chaleur. Ribbert pense que, si chez les embryons plus âgés la richesse de l'urine en albumine ne répond pas à celle des reins, c'est qu'une partie de la substance est résorbée dans les canalicules contournés.

On verra plus loin que l'étude de la composition du liquide allantoïdien chez le veau a conduit de même Döderlein à conclure que l'albuminurie est chez le fœtus un phénomène physiologique.

L'albuminurie du nouveau-né ne serait donc que la continuation de celle du fœtus. Hofmeier, en effet, sur 22 cas, n'a trouvé qu'une fois l'urine non albumineuse; elle l'était constamment dans les observations de Schwartz, faites sur des enfants mort-nés. Par contre, Martin et Ruge n'ont trouvé souvent l'albumine qu'à l'état de traces dans l'urine du premier jour. Dohrn n'en a point trouvé du tout dans 62 p. 100 de ses 75 cas; dans 23 p. 100 il y en avait des traces, dans 9 p. 100 des quantités appréciables, dans 6 p. 100 il y avait beaucoup. Aussi Dohrn considère-t-il que la présence de l'albumine dans l'urine des enfants mort-nés est un phénomène cadavérique. Martin et Ruge ont, en effet, montré qu'à la suite d'un séjour prolongé dans la vessie il peut se mêler à l'urine de l'albumine provenant des parois. Quoi qu'il en soit du nouveau-né, il semble bien, d'après les observations de Ribbert et de Doderlin, que l'élimination d'albumine par le rein fœtal soit un fait normal.

Cl. Bernard a constaté aussi que l'urine du fœtus contient du sucre pendant une période très limitée de la vie intra-utérine, c'est-à-dire jusqu'au moment où la matière sucrée se développe dans le foie ; à partir de cette époque, à plus forte raison au moment de la naissance, on ne trouve plus de sucre dans l'urine, ni chez le fœtus humain, ni chez les animaux (*Leç. de physiol. expérim.*, 1854, ii, 393).

La toxicité de l'urine du nouveau-né est beaucoup moindre que celle de l'adulte : il en faut de 80 à 140 cc. au lieu de 40 à 60 par kilogramme d'animal, pour amener la mort (CHARRIN B. B., 1897, 581). Mais il s'agit dans ces observations de nouveau-nés déjà alimentés.

Au début de la vie embryonnaire, alors que le rein n'existe pas encore, ses fonctions sont remplies par le corps de WOLFF. JACOBSON déjà avait montré que chez les oiseaux cet organe sécrète de l'acide urique. J. MULLER et BISCHOFF ont trouvé que chez d'autres animaux encore il fournit un liquide analogue à l'urine. MIHALKOWICZ a fait remarquer aussi que chez les anamniotes le rein primitif fonctionne comme organe d'excrétion pendant toute la vie.

Les études anatomiques de NAGEL (*Arch. f. Gynæk.*, 1889, xxxv, 131), et surtout celles de NICOLAS (*Journal intern. d'Anat.* 1891, viii), les recherches expérimentales de SOPHIE BAKOUNINE (*A. i. B.*, 1897, xxiii, 530) ont montré que le corps de WOLFF fonctionne réellement dès son apparition. NAGEL conclut de ses observations que sa sécrétion contribue à la formation du liquide amniotique. NICOLAS a pu saisir sur le fait l'élaboration du produit formé par l'épithélium des canalicules du rein primitif et son passage dans la lumière du tube ; la substance élaborée sort de la cellule sous forme de fines gouttelettes ou bien d'une boule volumineuse claire. Ce travail s'opère constamment même chez des embryons très jeunes, chez lesquels le corps de WOLFF n'a pas encore atteint son complet développement ; il doit favoriser dans une large mesure la destruction progressive de l'organe et être l'un des agents les plus actifs de sa disparition.

D'après LOISEL, les canalicules wolffiens élaborent aussi dans leur bordure épithéliale des substances graisseuses ; des granulations de cette nature avaient déjà été signalées par NICOLAS et LAGUESSE. Chez un embryon de canard, LOISEL a trouvé également une sécrétion se colorant en vert par le bleu de UNNA et formant parfois bouchon dans la lumière des canalicules (*Rev. génér. des Sciences*, 1902, 1147).

S. BAKOUNINE est parvenu à injecter du sulfate d'indigo à des embryons de poulets, soit dans l'aorte dorsale, soit même dans les vaisseaux omphalo-mésentériques, et a constaté que l'aptitude à la sécrétion est peut-être moins grande dans les épithéliums wolffiens que dans les épithéliums rénaux proprement dits ; mais qu'elle existe indubitablement dès le commencement de l'évolution embryonnaire. Dans les reins primitifs, comme dans les reins adultes, l'indigo-carmin est sécrété seulement par l'épithélium des canalicules et non par celui des glomérules.

Chez le fœtus humain, la régression du corps de WOLFF commence à la fin du deuxième mois, et alors le rein le supplée ; mais le rein primitif n'est pas encore devenu inapte à fonctionner, et les deux organes, suivant la remarque de NAGEL, unissent encore leur activité. Cet état existe d'ailleurs chez les reptiles, quelque temps encore après la vie embryonnaire (BRAUN).

III. Liquide allantoïdien. — Ce liquide n'existe pas, distinct, chez le fœtus humain, puisque chez lui l'extrémité distale du canal allantoïdien ne se renfle en vésicule qu'exceptionnellement ; que cette vésicule, quand elle existe, est d'ailleurs peu développée et disparaît rapidement. Le liquide allantoïdien a été surtout étudié chez les ruminants, les pachydermes, etc. Incolore et transparent au début, il prend ensuite une teinte ambrée, puis jaune brunâtre. Sa réaction est alcaline : sa densité est de 1010 vers le milieu de la vie fœtale, de 1020 vers la fin. Il renferme, d'après CH. ROBIN (*loc. cit.*), des carbonates terreux et alcalins, du chlorure de sodium, du sulfate de soude, des phosphates de Na, Ca, Mg, du lactate de soude, de l'albumine, de la mucine, de l'urée, de l'allantoïne, du glucose.

Nous suivrons plus particulièrement l'étude que DÖDERLEIN a faite de ce liquide chez le veau. Chez cet animal la quantité absolue de liquide s'élève continuellement du début de la gestation à la fin, de sorte que, chez les fœtus les plus âgés, on en trouve jusqu'à 6 litres et demi ; mais proportionnellement au poids du fœtus elle diminue dans les derniers stades du développement. De même DASTRE (*loc. cit.*) a constaté que, chez le mouton, dans une première période qui se termine vers la sixième semaine, la quantité de liquide est considérable relativement au poids du fœtus. Dans une deuxième période, qui se termine vers la fin du quatrième mois, la proportion s'abaisse graduellement. Dans la troisième période, qui comprend le dernier mois, le poids du fœtus est supérieur au poids du liquide allantoïdien.

Ce liquide contient à toutes les périodes du développement de l'albumine, et toujours notablement plus que le liquide amniotique : la proportion de cette substance s'élève progressivement jusqu'à atteindre le chiffre de 1,375 p. 100 (Döderlein). D'après Lande (loc. cit.), elle présente des variations très prononcées et tout à fait irrégulières. Lassaigne avait déjà signalé l'albumine (1821). Majewski n'en avait point trouvé. Dastre, par contre, déclare tenir pour certain que le liquide allantoïdien en renferme toujours. Döderlein explique les résultats négatifs de Majewski, parce que le procédé employé ne permettait pas de précipiter l'albumine du liquide allantoïdien.

L'allantoïne a été découverte, comme on sait, dans le liquide allantoïdien du veau. Lassaigne ne l'y a pas trouvée chez les fœtus de jument. Dastre n'est pas arrivé à la caractériser chez le mouton, de sorte que, si elle existe chez cet animal, ce ne peut être qu'en quantité très faible, et son existence dans le liquide allantoïdien ne paraît pas avoir un caractère de généralité. (Pour la constitution et les propriétés de cette substance, voir **Allantoïne**).

Majewski et Dastre ont trouvé de 0,2 à 0,6 gr. d'urée p. 100; l'acide urique n'a pas pu être mis en évidence par Dastre. Remak (in Landois, T. P.) a signalé la présence des urates d'ammoniaque et de soude (probablement chez le poulet).

Le liquide allantoïdien, d'après les analyses de Döderlein, contient à toutes les périodes plus d'azote total que le liquide amniotique; l'albumine en représente naturellement une grande partie; mais cependant l'azote non albuminoïde augmente aussi vers la fin de la gestation. Ainsi sur 0,429 p. 100 d'Az total il y a, à ce moment, 0,220 d'azote albuminoïde et 0,209 d'azote non albuminoïde.

Il y a toujours dans le liquide allantoïdien du veau moins de chlore que dans le liquide amniotique. Les chiffres oscillent entre 0,103 et 0,196 gr. p. 100, et n'augmentent pas avec les progrès du développement. Si l'on compare sous ce rapport la composition du liquide avec celle de l'urine du veau nouveau-né, qui n'a pas encore reçu d'aliments, on trouve pour cette dernière 0,149 de Cl, soit 0,244 de ClNa p. 100, ce qui équivaut à peu près à la quantité contenue dans le liquide allantoïdien. Celui-ci est également de moitié moins riche en Na^2O que le liquide amniotique : il en contient de 0,119 à 0,207, en moyenne 0,163 p. 100 : de même dans l'urine du veau nouveau-né on n'en trouve que 0,066. Par contre K^2O, le principe minéral le plus important dans l'urine du nouveau-né, puisque celle-ci en renferme 0,309 p. 100, augmente aussi dans le liquide allantoïdien avec le développement du fœtus (de 0,081 à 0,134 gr. p. 100), et pour des fœtus de même âge on obtient des chiffres sensiblement concordants. Na : K comme 1, 0,57. La proportion de Ca est de 4 à 26 milligr. p. 100; la quantité de Mg est de 49 milligr. en moyenne, relativement élevée vers le milieu de la gestation et semble diminuer vers la fin de la gestation, comme si cette substance était alors retenue pour la formation des os. Ca : Mg comme 1 : 3,26. Ici encore s'accuse une différence notable avec le liquide amniotique.

Ces déterminations permettent, suivant Döderlein, des conclusions certaines sur la provenance du liquide allantoïdien. L'analyse des cendres indique qu'à toutes les périodes de la vie fœtale il le faut considérer comme de l'urine fœtale, et que celle-ci est sécrétée et évacuée dès le début du développement.

La comparaison avec le liquide amniotique montre aussi que les deux liquides ne sont pas de même nature, et que déjà chez les plus jeunes fœtus la différence est bien nette. Ainsi chez un fœtus de 360 gr. la proportion de Cl est dans le liquide amniotique de 0,358 p. 100; dans le liquide allantoïdien de 0,149 p. 100. Comme autre preuve de l'origine de ce dernier, il faut signaler sa teneur en K et en Mg, qui concorde avec celle de l'urine de l'animal nouveau-né.

Le liquide allantoïdien, en raison de la forte proportion d'albumine qu'il contient, pourrait avoir une véritable valeur nutritive; mais il est à remarquer que le fœtus ne peut pas puiser dans ce liquide. La présence de l'albumine doit faire conclure que le rein fœtal sécrète normalement une urine albumineuse.

L'augmentation de la quantité d'albumine avec le développement du fœtus montre que dans les derniers stades l'urine est sécrétée plus concentrée, ce qu'indique aussi l'augmentation progressive du potassium. Elle ne peut pas tenir à la résorption de l'eau, puisque la quantité absolue de liquide allantoïdien s'élève constamment jusqu'à la fin, et d'une façon très sensible. Ainsi l'albumine du liquide allantoïdien proviendrait du rein, qui chez le fœtus la laisse passer dans son produit de sécrétion. Chez le veau nouveau-né, on trouve également l'urine albumineuse, mais déjà à un moindre degré que pendant la vie intra-utérine. Chez un fœtus de 1 350 gr., sur lequel la vessie renfermait 40 cc. de liquide, l'alcool précipita 0,33 p. 100 d'albumine; dans l'urine d'un veau nouveau-né il n'y en avait que 0,18 p. 100.

Le sucre est en proportion plus forte dans le liquide allantoïdien que dans le liquide amniotique; il a, d'après Cl. Bernard, le même sort dans les deux liquides, c'est-à-dire qu'il disparaît quand se développe la fonction glycogénique du foie. Cependant, d'après Dastre, la teneur du liquide allantoïdien en sucre varie peu chez le mouton dans le cours de la gestation; elle est de 2,4 à 4,4 p. 1000.

Chez le cheval, on trouve parfois dans le liquide allantoïdien des corps aplatis sphériques ou ovoïdes, d'une longueur de 12 à 15 centimètres, connus sous le nom d'*hyspomanes*. Ces corps, d'une couleur jaunâtre, dérivent du chorion allandoïdien par bourgeonnement suivi d'étranglement. Leur partie centrale, recouverte par une enveloppe de provenance allantoïdienne, se compose d'une masse pâteuse sans structure déterminée, dans laquelle on rencontre des sels divers, dont quelques-uns à l'état cristallin (oxalate de chaux, phosphate ammoniaco-magnésien, des corps gras, et, en proportion assez considérable, des substances azotées (Tourneux).

En définitive, la plupart des auteurs considèrent le liquide allantoïdien comme un produit d'excrétion des corps de Wolff d'abord, du rein définitif plus tard; et cette opinion est confirmée par les analyses de Doederlein. Cependant Bischoff, et avec lui Dastre, pensent que la quantité du liquide allantoïdien est trop considérable pour provenir exclusivement de cette source. Même, d'après Bischoff, le liquide serait d'origine maternelle.

IV. — **Contenu de l'intestin. Méconium.** — Le développement des ferments digestifs étant traité dans d'autres articles de ce Dictionnaire (Voy. **Estomac, Intestin, Pancréas, Salive**), on ne s'occupera que de l'étude du méconium. Le nom de méconium a été donné, par analogie de couleur et de consistance avec le suc de pavot, aux matières qui s'accumulent dans les intestins du fœtus, à compter de la fin du troisième mois de la gestation, et que l'enfant rend immédiatement après sa naissance.

Le contenu de l'intestin est visqueux, grisâtre, entièrement composé de mucus et d'épithélium jusqu'à la fin du troisième mois. A partir de cette époque, il commence à être légèrement teinté en jaune par la bile vers le haut de l'intestin grêle. Zweifel a pu, en effet, caractériser les pigments et les acides biliaires dans l'intestin d'un fœtus de trois mois (*Arch. f. Gynæk.*, 1875, vii, 474). Hennig a trouvé du méconium d'un jaune clair chez un embryon humain de 11 centimètres, à la première moitié du quatrième mois. Du quatrième au sixième mois la coloration devient plus prononcée, mais ne dépasse pas encore la valvule iléo-cœcale (Robin, *Traité des humeurs*, 944). Au septième mois la plupart des observateurs ont trouvé le gros intestin complètement rempli, et du septième au neuvième mois le méconium est déjà semblable à peu de chose près à ce qu'il est après la naissance.

Il forme une sorte de pâte homogène, visqueuse, d'un brun parfois presque noir, ordinairement sans odeur ou d'une odeur fade. Le méconium est constitué essentiellement par des débris épithéliaux, par de la bile épaissie, et par quelques éléments provenant du liquide amniotique dégluti, et dont l'un des plus caractéristiques est le poil de duvet; il y entre probablement aussi un peu de suc pancréatique (Cl. Bernard) et de suc intestinal.

Au microscope, on y trouve des granulations graisseuses, des cellules cylindriques de l'intestin, tantôt isolées, tantôt réunies en lambeaux; mais aussi des produits de desquammation de la peau, venus avec le liquide amniotique, ou bien des cellules épithéliales pavimenteuses, provenant de la partie supérieure du tube digestif et entraînées par les mouvements de déglutition; tous ces éléments sont colorés en jaune verdâtre. Des cristaux de cholestérine se rencontrent régulièrement dans le méconium à partir du cinquième mois.

Un de ses caractères les plus intéressants, c'est la présence de cristaux de bilirubine. D'après Ch. Robin, la matière colorante de la bile se montre dans le méconium sous la forme de granules ou de grumeaux quelquefois globuleux, ovoïdes le plus souvent, ou polyédriques à angles arrondis : ils sont remarquables par leur couleur d'un beau vert, lorsqu'ils sont vus par lumière transmise sous le microscope. Leur diamètre est de 5 à 30 et même 40 μ ; mais la plupart ont 10 à 20 μ. En réalité, Zweifel a constaté que c'est à l'état de cristaux rhomboédriques que se rencontre le pigment biliaire dans le méconium. L'emploi de l'acide nitrique permet de constater sur ces cristaux placés sous le microscope tous les changements de couleur qu'il détermine dans la matière colorante de la bile. Zweifel a trouvé encore des cristaux réunis en gerbe qu'il considère comme de l'acide stéarique. Un mucus transparent, tenace, finement strié, tient en suspension tous ces éléments.

Le méconium contient 72 à 80 de résidu fixe et 28 à 20 d'eau. Davy a trouvé 72,7 d'eau, 234,6 de mucine et d'épithélium, 0,7 de cholestérine et de margarine.

Les analyses suivantes sont dues à Zweifel :

	I	II	III
Eau p. 100.	79,78	80,45	—
Matériaux fixes.	20,22	19,55	—
Cholestérine	0,797	—	—
Graisse.	0,772	—	—
Substances minérales	0,978	0,87	1,238

Ce qui caractérise le méconium et le distingue des matières fécales de l'adulte, c'est la présence d'une forte proportion de matériaux de la bile non transformés. Ainsi le méconium donne la réaction de Gmelin, ce que ne font pas les fèces ordinaires ; par contre, il ne contient pas d'hydrobilirubine. Ce principe est, en effet, considéré comme résultat d'une action réductrice exercée dans l'intestin par l'hydrogène naissant sur la bilirubine. Mais, comme les processus de fermentation qui donnent naissance aux gaz de l'intestin n'existent pas encore, la bilirubine du fœtus reste inaltérée. Le méconium est d'ailleurs assez riche en bilirubine pour que, chez le veau, il ait fourni à Hoppe-Seyler jusqu'à 1 p. 100 de ce pigment ; la biliverdine y est également abondante ; il y existe encore une matière colorante qui présente deux bandes d'absorption : l'une à gauche et près de D ; l'autre plus large, et plus foncée entre D et E (Gamgee, *Physiolog. Chemistry*, 1893, II, 461).

La saveur fade que possède le méconium au lieu de l'amertume caractéristique de la bile avait fait croire que les acides biliaires y font défaut ; mais Zweifel y a démontré avec certitude la présence de l'acide taurocholique.

La graisse provient en grande partie de l'enduit sébacé ou *vernix caseosa* de la peau.

Des analyses de Zweifel il résulte encore que le méconium ne contient ni albumine, ni peptone, ni sucre, ni leucine, ni tyrosine, ni acide lactique, ni acide acétique ; mais des acides stéarique, palmitique, oléique, des traces d'acide formique et peut-être aussi d'acides propionique et butyrique.

L'absence de fermentations microbiennes dans l'intestin du fœtus pouvait faire prévoir qu'on n'y trouverait pas des produits de décomposition des matières albuminoïdes, tels que l'indol et le phénol : c'est, en effet, ce qu'ont constaté Senator (*loc. cit.*) et Baginsky. Les substances minérales du méconium consistent en sulfates de chaux et de magnésie, chlorures de sodium et de potassium. Zweifel a trouvé dans les cendres de 1,7 à 3,4 p. 100 de phosphates.

Guillemonat (*B. B.*, 1998, 350) a obtenu chez six fœtus humains les chiffres suivants :

AGE.	POIDS du méconium. grammes.	QUANTITÉ de fer.
4 mois.	1,70	traces nettes.
5 —	5	traces.
5 —	11	0ms,28
A terme.	30	0ms,65
A terme.	37	0ms,37
A terme.	24	0ms,48

Comme le fait remarquer Guillemonat, l'intérêt de ces petites quantités de fer excrétées pendant la vie embryonnaire par l'intestin et l'ensemble des glandes digestives est qu'elles représentent évidemment un produit de désintégration physiologique, le fer alimentaire étant exclu.

L'absence de microbes et de fermentations microbiennes dans l'intestin du fœtus a pour conséquence, comme nous l'avons déjà dit, l'absence de gaz. Le canal intestinal du fœtus n'en contient jamais ; leur présence dans l'intestin du cadavre d'un nouveau-né, qui n'est pas encore en état de décomposition, serait aussi importante d'après Breslau, au point de vue médico-légal, que celle de l'air dans le poumon. Elle prouve que l'enfant a respiré et que de l'air atmosphérique a pénétré dans le tube digestif par déglutition. Les premières bulles d'air arrivent dans l'estomac avec la salive avalée, avant même que l'enfant ait pris aucune nourriture. Les germes des microrganismes sont ainsi introduits dans le tube digestif, et donnent alors lieu à la formation de gaz produits par la fermentation. Mais ce n'est que de l'air atmosphérique qu'on trouve au début dans le canal intestinal du nouveau-né, après l'établissement de la respiration pulmonaire, et sa quantité augmente avec le nombre des inspirations.

Autres sécrétions. — On a fait jouer autrefois un rôle important aux sécrétions cutanées de l'embryon, puisqu'on considérait la sueur comme l'élément principal de l'eau de l'amnios ; il y a, au contraire, tout lieu de croire qu'une sécrétion qui sert tout spécialement à la régulation de la température n'existe pas encore chez le fœtus, puisqu'elle serait chez lui sans but.

L'enduit qui recouvre la peau du nouveau-né est un mélange de matière sébacée et de cellules épidermiques macérées renfermant 47,5 p. 100 de graisse, et très riche, paraît-il, en cholestérine.

Parmi les sécrétions internes il n'y a guère que la fonction glycogénique qui ait pu être étudiée, chez le fœtus ; il en a été question ailleurs. Notons cependant que la substance vaso-tonique des capsules surrénales existe déjà chez l'embryon de mouton, après la première moitié de la gestation (Langlois et Rhens, *B . B.*, 1899, 140).

CHAPITRE VI

Chaleur produite par le fœtus.

Nous avons déjà eu occasion d'aborder cette question au chapitre de la nutrition. On caractérise très bien les conditions dans lesquelles se trouve à cet égard le fœtus, en disant avec Ch. Richet (Art. **Chaleur**) que, renfermé dans l'utérus, enceinte à chaleur constante, il en prend la température, mais y ajoute quelque peu de sa température propre. Tous les observateurs s'accordent, en effet, à reconnaître que la température du fœtus est supérieure à celle de la mère. Le fait a été signalé pour la première fois par H. Roger (*Arch. génér. de Méd.*, 1844, v, 273), qui, dans deux expériences faites immédiatement après l'expulsion du fœtus, a trouvé 37°75 et 36,75°, pour la température axillaire ; dans le premier cas la température de la mère était inférieure d'un degré, dans le second d'un demi-degré à celle de l'enfant.

Mais H. Roger s'était demandé si ce n'est pas la chaleur utérine, communiquée à l'enfant et conservée par lui pendant les premiers instants de la vie indépendante, qui serait la cause de cet excès de température. Plus tard, Andral (*C. R.*, 1870, lxx, 825) a recueilli quelques faits qui semblaient montrer qu'effectivement « la chaleur en excès de l'enfant ne lui appartient pas, mais lui est donnée par le milieu qu'il vient de quitter, c'est-à-dire par l'utérus ». Des observations d'Andral il résulterait que la température axillaire de l'enfant, sensiblement plus élevée qu'elle ne le sera plus tard, suit une ascension proportionnelle à celle de la température utérine, lui étant d'ailleurs constamment un peu inférieure, ce qui confirme l'opinion que le degré de la première est lié à celui de la seconde. Il est donc probable, ajoute Andral, que c'est de l'utérus que vient cet excès de chaleur.

Mais les observations d'Andral ne doivent être considérées que comme des cas particuliers qui dérogent à la règle générale, Baerensprung (1851) et Veit, en comparant la température du nouveau-né à la température de l'utérus immédiatement après la naissance, ont trouvé que douze fois la première était plus élevée que la seconde, qu'une fois seulement elle lui était égale, et deux fois inférieure.

Des mesures de Schäfer (1863) il ressort que la moyenne de 23 cas fut de 37°8 pour la température rectale des enfants nouveau-nés, immédiatement avant la section du cordon, et 37°5 pour le vagin de la mère, immédiatement après la délivrance ; il y eut, par conséquent, un écart de 0,3 en faveur de l'enfant.

Chez un enfant qui venait de naître, Schröder (1866) a trouvé pour le rectum 38°42, tandis que l'utérus avait une température de 38°2, trois à dix minutes après l'accouchement. Dans 85 naissances normales, Wurster a constaté entre la température du vagin de la mère et la température rectale de l'enfant un écart moyen de 0,2 en faveur de la seconde.

On a aussi mis à profit les présentations de la face et du siège pour mieux étudier les différences de température entre la mère et le fœtus (Sommer, Alexieff). Bien que la température de l'utérus s'élève dans ces accouchements laborieux sous l'influence des contractions utérines, celle du fœtus lui reste tant soit peu supérieure. Dans un travail récent Vicarelli (A. i. B., 1899, xxxii, 65), qui a fait ses mensurations avant que la tête fût engagée dans le bassin, a trouvé que la température fœtale dépassait toujours de 0,2, et même plus, celle que l'utérus avait présentée au même moment. Dans deux cas où l'auteur prit la température du liquide amniotique, celle-ci se montra de très peu supérieure à celle qui avait été observée un peu auparavant dans l'utérus, moins élevée cependant que celle du fœtus. Vicarelli insiste aussi sur ce point que, pour avoir la véritable température de l'utérus, il faut la prendre avant la rupture des membranes, parce que, après l'écoulement des eaux, le thermomètre donnera plutôt la température du fœtus que celle de l'utérus ; aussi la plupart des auteurs ont-ils donné pour cette dernière des chiffres trop forts.

Nous avons déjà dit que le fœtus, en raison de son excès de température, doit céder de la chaleur au sang maternel au niveau du placenta : il en cède peut-être également à la paroi utérine par l'intermédiaire du liquide amniotique. Aussi a-t-on trouvé entre l'utérus gravide et le vagin une différence de 0°,13 à 0°,19 en faveur du premier, tandis qu'entre l'utérus non gravide et le vagin il n'y a pas de différence. Cependant l'excès de température de l'utérus gravide sur le vagin pourrait tenir aussi à ce que le premier de ces deux organes est échauffé par une masse de sang plus considérable.

Toujours est-il que, d'après Cohnstein, on pourrait se servir du thermomètre pour savoir si le fœtus est vivant ou mort. Si l'on introduit le thermomètre entre la paroi utérine et l'œuf, et s'il indique une température plus basse que celle du vagin, ou égale à celle-ci, il y a lieu de diagnostiquer la mort du fœtus. Fehling, contrôlant l'utilité pratique de la proposition de Cohnstein, trouva en effet égalité de température de l'utérus et du vagin, dans 10 cas, avant l'expulsion d'un fœtus macéré. Les évaluations faites quand le fœtus vivait donnaient, par contre, des différences de 0°,15 ; 0°2 ; 0,23 ; 0,3 en faveur de l'utérus. Vicarelli rapporte aussi que par deux fois, dans ses expériences, on eut le soupçon, qui devint ensuite certitude, que le fœtus était mort ou souffrant dans l'utérus, parce qu'on avait constaté que la température de l'utérus était égale à celle du vagin ; dans l'un de ces cas aussi, la température rectale du fœtus déjà mort était la même que celle qu'on avait rencontrée chez la mère. En effet, le fœtus mort, ne représentant plus une source de chaleur, arrive à prendre la température du milieu, à la manière des corps inertes.

Quant à la valeur absolue de la température de l'enfant prise dans le rectum, immédiatement après la naissance, Bärensprung a trouvé, dans 37 cas, en moyenne 37°8 avec un maximum de 39° et un minimum de 36° 6° ; Schæfer, dans 30 cas, immédiatement après la section du cordon, 36°7, avec un maximum de 39°1 ; Wurster, dans 85 cas, le plus souvent après la section du cordon, une moyenne de 37°3, avec un maximum de 38°5 (cités par Preyer).

Chez des femelles de cobayes, Preyer a observé que le fœtus encore dans l'utérus se refroidit plus lentement que la mère, quand par un moyen quelconque on abaisse la température de cette dernière. La différence peut être de plus d'un degré lorsque le refroidissement est lent, et atteindre jusqu'à 2° 2 lorsqu'il est rapide. Ces expériences tendent aussi à démontrer que le fœtus est par lui-même une source de chaleur.

Influence des variations de température de la mère sur le fœtus. — Hohl avait déjà constaté, en 1833, que la fréquence du cœur de l'embryon augmente avec la température de la mère et diminue lorsqu'elle s'abaisse. Puis Kaminski a observé que, si la température de la mère atteignait 42 à 42°5, et qu'elle se maintenait un certain temps, l'enfant mourait. L'hyperthermie du fœtus doit effectivement être toujours supérieure à celle de la mère, puisque à la chaleur que lui communique sa mère il joint la sienne propre.

Runge (*Arch. f. Gynæk.*, 1877, xii, 16) a repris cette question expérimentalement. Il a vu que, si une lapine pleine, introduite dans une étuve à air chaud, est tuée rapidement par la chaleur, tous les fœtus sont trouvés morts, si on les extrait immédiatement après qu'elle a cessé de respirer. Si l'extraction est faite un peu avant la mort de la mère, pendant la période convulsive, le plus grand nombre des fœtus ont également déjà succombé. Lorsque la température vaginale se maintient pendant vingt à trente minutes entre 40,5 et 42,5, l'hyperthermie tue encore les petits. Runge, en résumé, concluait de ces expériences que la limite à partir de laquelle l'hyperthermie est capable de tuer se trouve vers 40° 5, et que la mort du fœtus se produira d'autant plus vite et d'autant plus sûrement que cette limite aura été davantage dépassée et que l'élévation de la température aura été maintenue plus longtemps. Par contre, un fœtus put supporter pendant 1 h. 55 une température de 39,8 à 41°.

Doléris (*B. B.*, 1883, 508) a montré que les conclusions de Runge ne pouvaient être acceptées. Des lapines pleines, ayant en moyenne une température normale de 38 à 39°5, placées en liberté dans une étuve spacieuse dont la température intérieure ne dépasse pas 35 à 37°, peuvent acquérir au bout d'un temps variable un excès thermique de 1 à 3°, et leur température s'élever à 42°5, sans avoir à souffrir du coup de chaleur. Or des femelles chauffées dans ces conditions jusqu'à 42,5 et plus de température anale, lentement et pendant longtemps, plusieurs fois par jour et plusieurs jours de suite, mettent bas des petits vivants. La lapine peut même être surchauffée jusqu'à 43° de température rectale et survivre, ainsi que ses petits, lorsque l'expérience est très courte et arrêtée à temps.

Les expériences de Preyer prouvent aussi la résistance des fœtus à l'élévation de la température. Si l'on plonge des femelles de cobaye dans un bain chaud dont on élève progressivement la température, les fœtus peuvent impunément atteindre une température propre de plus de 42°, et la supporter pendant dix minutes au moins.

Runge, plus tard (*Arch. f. Gynæk.*, 1883, xxv, 11), reprend les expériences de Doléris et reconnait effectivement que, si l'on réchauffe lentement la mère, au lieu d'élever brusquement sa température, l'hyperthermie peut être maintenue pendant des heures entre 41 et 42° 5 sans que les petits succombent. Runge prétend cependant que, tout en élevant progressivement la température de la mère, si on la maintient pendant des heures entre 42,5 et 43,5, les fœtus succombent, sans que la mère soit en danger immédiat. Quoi qu'il en soit, il est certain que, si l'hyperthermie de la mère se produit lentement, des températures très élevées peuvent être supportées pendant longtemps, sans préjudice, par le fœtus.

Preyer a fait quelques expériences chez les cobayes sur les conséquences du refroidissement de la mère. Il a vu que la température du fœtus dans l'utérus peut baisser de plus de 6° dans l'espace d'une demi-heure sans qu'il paraisse en souffrir, et qu'elle remonte ensuite en peu de minutes de plusieurs degrés dans un bain chaud. La rapidité avec laquelle les embryons se refroidissent et se réchauffent prouve que les mécanismes régulateurs de la chaleur ne fonctionnent pas encore.

Température de l'embryon de poulet. — Baerensprung, comparant la température des œufs en voie de développement à celle des œufs morts, a trouvé dans tous les cas les premiers plus chauds que les seconds : la différence était en moyenne de 0,33. En outre, dans neuf cas sur onze, l'œuf vivant était plus chaud que l'air de la couveuse, tandis que l'œuf mort a été six fois plus froid, cinq fois plus chaud. Dans un cas où la température de la couveuse tomba à 33,62, celle de l'œuf mort s'abaissa à 33 62, celle de l'œuf vivant à 34°87 seulement : on était au quatrième pour de l'incubation. De ces mesures, qui ont été faites entre le troisième et le dixième jour de l'incubation, il résulte que déjà, à cette époque, l'embryon de poulet produit probablement une faible quantité de chaleur. La production est plus grande dans les derniers stades du développement; à ce moment les œufs contenant un embryon vivant peuvent se distinguer même à la main, par leur température, des œufs non développés ou de ceux dans lesquels l'embryon est mort depuis longtemps.

PEMBREY (J. P., 1895, XVIII, 361) a suivi, chez le poulet, le développement graduel du pouvoir régulateur de la température. Au début l'embryon répond aux variations de la température extérieure comme un animal à sang froid; le refroidissement produit une diminution; l'échauffement, une augmentation des échanges respiratoires. A la fin de l'incubation, vers le vingtième et le vingt et unième jour, il y a un stade intermédiaire, pendant lequel les modifications de la température n'ont pas d'effet appréciable. Enfin, quand le poulet est éclos, et qu'il est vigoureux, il réagit comme un animal à sang chaud, c'est-à-dire qu'il répond à l'abaissement de la température par une production plus forte de CO^2.

L'influence qu'exerce la température sur le développement des embryons d'ovipares a fait, dans ces dernières années surtout, l'objet de nombreux travaux. Disons seulement qu'il y a pour l'œuf de poule un *optimum* compris entre 38 et 40°, au-dessus et au-dessous duquel le développement donne naissance à des produits monstrueux. Au-dessous de 30 à 28° (35 d'après RAUBER); au-dessus de 43 à 45° le développement ne se fait plus. D'après PREYER, ce chiffre de 45° est trop élevé, et une température de 42° même n'est pas supportée pendant longtemps, surtout à la fin de l'incubation. Les limites entre lesquelles les œufs peuvent se développer sont donc relativement restreintes; néanmoins ils peuvent supporter impunément, soit avant, soit pendant l'incubation, des écarts de température très grands. HARVEY constata le premier que l'œuf de poule peut, vers la fin du troisième jour, descendre de la chaleur d'incubation à la température ambiante et continuer ensuite à se développer sous l'influence du réchauffement. Des variations même considérables de la température ne troublent en rien le développement des œufs d'oiseaux, lorsqu'elles ne durent pas longtemps, et d'ailleurs les oiseaux qui couvent abandonnent par moment leurs nids. PREYER a laissé pendant des heures la couveuse se refroidir à 32° et 35° et se réchauffer jusqu'à 43 sans préjudice pour l'embryon. DARESTE (cité par LOISEL, *La défense de l'œuf. Journ. de l'An. et de la Phys.*, 1900) a montré (1891) que des œufs de poule retirés de la couveuse au début de l'incubation pouvaient être placés plusieurs jours ou plusieurs heures à la température de 10°, 2° et 1° sans être tués. Le développement s'arrêtait pendant tout ce temps, mais il reprenait sa marche normale quand les œufs étaient replacés dans la couveuse. COLASANTI (1875) a vu se développer normalement des œufs qui avaient été refroidis pendant 2 heures jusqu'à — 4°, ou pendant une demi-heure environ jusqu'à — 7° et — 10°.

CHAPITRE VII

Motilité et sensibilité du fœtus.

Contractilité des muscles de l'embryon. — SOLTMANN, E. MEYER (*A. P.*, 1894) ont étudié le mode de réaction des muscles striés du nouveau-né à l'excitation électrique. La durée plus longue de la secousse élémentaire, et par suite le nombre relativement restreint d'interruptions du courant nécessaires pour produire le tétanos complet, l'apparition extrêmement rapide de la fatigue, tels sont les caractères principaux qui distinguent la contraction des muscles striés du nouveau-né de celle de l'animal adulte.

Il n'y a que peu de recherches faites sur les propriétés du muscle avant la naissance et pendant la vie embryonnaire. BICHAT avait trouvé que l'excitation mécanique et électrique des embryons de cobaye provoque des mouvements avec d'autant plus de difficulté qu'ils sont plus jeunes, ce qui est parfaitement exact, ajoute PREYER. BICHAT a signalé aussi l'extinction étonnamment rapide de l'excitabilité motrice, après que l'embryon a été séparé de la mère. Plus le fœtus est proche de sa maturité, et plus longtemps en effet, d'après PREYER, persiste l'excitabilité, alors que chez le fœtus plus jeune elle s'éteint immédiatement.

Récemment, G. WEISS (*Journ. de Physiol.*,1899, 665) s'est proposé d'étudier les rapports qui existent entre les propriétés du muscle et son évolution histologique, de faire la part de ce qui revient au sarcoplasma et à la fibrille différenciée. Ces expériences ont porté sur des muscles d'embryons de grenouille et d'axolotl; en suivant ces organes dans le cours de leur développement, voici ce qu'on observe. Au début, alors qu'il n'y a pas encore de fibrilles, et que c'est au sarcoplasma seul qu'il faut attribuer tous les mouvements, ceux-ci sont lents et automatiques. Chaque fois que l'on fait une excitation quelconque, il se produit le même mouvement, qui n'a aucune relation avec la grandeur de l'excitation, ni avec l'endroit où elle a été produite : on n'a fait que déclancher le mouvement. Ainsi une petite larve d'axolotl, sans cause extérieure apparente ou sous l'influence d'un attouchement, s'incurve lentement; sa tête et sa queue quittent le fond du cristallisoir et elle forme un anneau plus ou moins aplati; elle s'étend ensuite avec une égale lenteur pour reprendre sa position primitive. Si on l'excite avec une onde électrique unique en mettant les électrodes dans une position axiale, on pourrait s'attendre à voir, au moment du passage de l'onde, l'embryon se raccourcir plus ou moins, si tout son appareil moteur était également excité. Il n'en est rien : après la décharge l'embryon fait un mouvement absolument identique à celui qu'il exécute spontanément ou sous l'influence d'une excitation mécanique. Même résultat avec l'excitation unipolaire. Le passage du courant induit à oscillations plus ou moins fréquentes semble simplement accélérer les mouvements automatiques de l'embryon; il n'y a aucune analogie avec ce que l'on constate dans la tétanisation des muscles striés. Des coupes au travers des embryons de cet âge montrent qu'il n'y a encore aucun vestige de fibrilles.

Lorsque le muscle est uniquement composé de fibrilles, ou plutôt quand ces fibrilles ont pris une part prépondérante à sa structure, le muscle est excitable localement, et répond par une petite secousse brève à chaque excitation; l'amplitude de la secousse croît alors avec la grandeur de l'excitation.

Lorsqu'on prend un état intermédiaire, on voit se produire une superposition de deux effets, la fibrille donnant, si l'on prend un courant périodique, une série de petites secousses en escalier; le protoplasma changeant de forme plus lentement que la fibrille, et jouant dans le muscle un rôle de soutien intérieur pour permettre aux secousses successives de produire un raccourcissement de plus en plus grand.

Chez le poulet, PREYER a observé que, même après la manifestation des premiers mouvements de l'embryon, les excitations les plus fortes, électriques ou mécaniques, directes ou indirectes, ne provoquent pas encore de contractions manifestes. Mais, à partir du cinquième jour augmente l'excitabilité électrique directe du tissu contractile, et le neuvième jour on peut obtenir par excitation du dos l'extension des quatre membres, mais non encore leur tétanisation. Ce n'est que le quinzième jour qu'on arrive à tétaniser les muscles des pattes et des ailes. Et même alors ils se montrent encore paresseux à l'excitation électrique, comme des muscles fatigués d'animaux adultes.

G. WEISS a confirmé sur certains points ces observations de PREYER. Il a constaté en effet que dans une première phase à laquelle existent déjà les mouvements automatiques de l'embryon de poulet, ces mouvements, à l'inverse de ce qui se passe pendant la phase correspondante chez la grenouille et l'axolotl, ne peuvent être provoqués par des excitations artificielles, ce qui tient peut-être seulement, d'après WEISS, à une difficulté de technique.

Dans la phase suivante, qui commence à peu près avec le sixième jour de l'incubation, on voit apparaître l'excitabilité électrique : le muscle répond par une secousse qu'il est facile de localiser. Comme chez la grenouille et l'axolotl, l'apparition de la secousse coïncide avec l'apparition de la fibrille différenciée.

Il est intéressant de rapprocher le développement des propriétés de l'appareil électrique de celui de la contractilité. A. MOREAU a eu l'occasion d'examiner de jeunes torpilles tirées de l'utérus, qui étaient déjà capables de donner des décharges très notables.

Mais, d'après BABUCHIN (cité par PREYER), les embryons de la torpille, tant qu'ils ne sont pas pigmentés et tant que la vésicule ombilicale demeure visible, ne produisent pas de décharge, bien qu'à cette époque ils se meuvent vivement depuis longtemps déjà. Ce n'est que quand le vitellus est résorbé qu'il est possible de constater la décharge au moyen de la patte galvanoscopique. Alors on peut reconnaître aussi le réseau nerveux de l'appareil électrique.

Il faut une forte dose de curare pour paralyser les mouvements du fœtus, et l'empoisonnement est plus lent à se produire. Dans une expérience de PREYER, un fœtus de lapin, presque à terme, enlevé de l'utérus, ne demeura sans mouvement qu'au bout de 17 minutes à la suite de l'injection d'une solution de curare, tandis qu'un lapin adulte fut paralysé au bout de 5 minutes avec une dose moins forte de la même solution. Il semble donc que, même peu de temps avant la naissance, la connexion entre les fibres nerveuses et musculaires n'est pas encore entièrement établie.

On a soutenu que les muscles du fœtus ne sont pas susceptibles de se rigidifier après la mort. Les observations faites sur les animaux prouvent que cette opinion est erronée. PREYER a vu souvent la rigidité cadavérique s'établir chez les embryons de cobaye aussi bien dans l'utérus qu'après leur extraction. Le fœtus humain peut aussi devenir rigide dans la cavité utérine (DAGINCOURT, Th. P., 1880). Il reste cependant à savoir à quel stade de développement du tissu musculaire celui-ci acquiert la propriété de subir la rigidité cadavérique. Les observations de DAGINCOURT ne se rapportent qu'à des fœtus à terme ou arrivés au huitième mois. On a souvent affirmé, dit PREYER, que chez le fœtus humain la rigidité musculaire ne peut se produire avant le septième mois, mais cela demeure très douteux. TOURDES a signalé en effet un cas où elle aurait été observée sur deux jumeaux de cinq mois.

En ce qui concerne les fibres lisses, celles des parois vasculaires réagissent tôt à l'excitant électrique. VULPIAN a observé les contractions des vaisseaux veineux allantoïdiens dans les cinq ou six derniers jours de l'incubation.

La contractilité de l'intestin de l'embryon a été étudiée par PREYER, qui a pu provoquer des contractions, tant des fibres circulaires que des fibres longitudinales, en employant les excitants électriques, mécaniques ou chimiques. D'autre part, en injectant du bleu d'aniline dans le pharynx, il a trouvé au bout de seize heures la matière colorante dans l'estomac et dans tout l'intestin grêle jusqu'à 5 millimètres au-dessus du cæcum. Les expériences de WIENER, dans lesquelles du lait injecté dans l'estomac du fœtus se retrouva au bout de 9 heures dans les vaisseaux chylifères, démontrent ainsi les mouvements péristaltiques de l'intestin fœtal. C'est d'ailleurs grâce à ces mouvements que le méconium emplit progressivement tout le canal intestinal. Il n'est pas douteux cependant que le péristaltisme de l'estomac et de l'intestin ne s'effectue avec une grande lenteur. Ce n'est que dans certaines conditions anormales qu'il s'exagère, et alors le méconium est expulsé prématurément dans les eaux de l'amnios.

La présence du méconium dans le liquide amniotique, quand il s'agit de présentations autres que les présentations du siège, est généralement considérée comme un symptôme grave qui prouverait que le fœtus souffre, qu'il asphyxie, et que le sphincter anal est paralysé. ROSSA (Arch. f. Gynæk., 1894, XLVI, 303) s'est élevé contre cette opinion : il a observé que 78 fois sur 100 le méconium est évacué prématurément sans que le nouveau-né présente aucun indice d'asphyxie. ROSSA admet que les mouvements péristaltiques peuvent s'exagérer sous l'influence de toute autre cause que l'asphyxie. PORAK et RUNGE ont constaté en effet que souvent, après l'administration de la quinine à la mère, il se produit une évacuation prématurée du méconium, sans que le fœtus souffre et sans que les mouvements du cœur se modifient.

O. FLŒL (A. g. P., 1885, XXXV, 157) a étudié l'influence des sels de potassium et de sodium sur les fibres lisses de la paroi intestinale de l'embryon. NOTHNAGEL a montré que l'application d'un cristal de chlorure de sodium sur l'intestin de l'animal adulte produit une striction en anneau, non pas au point excité, mais immédiatement au-dessus, tandis que les sels de potassium agissent sur le point excité lui-même. NOTHNAGEL pense que les sels de potassium irritent directement le muscle, tandis que les sels de sodium exercent leur action par l'intermédiaire des plexus nerveux. FLŒL a observé que chez les embryons ou les nouveau-nés les sels de potassium agissent comme chez l'animal adulte; mais que les sels de sodium ou bien n'agissent pas du tout ou agissent comme les sels de potassium, mais plus faiblement. La réaction spécifique de la musculature de l'intestin à l'égard des sels de sodium ne se manifeste que tout à fait à la fin de la vie embryonnaire, ou seulement après la naissance. En outre, c'est seulement quand elle s'est développée que l'intestin devient apte à exécuter les mouvements vermiculaires qu'on observe après la mort : les deux propriétés sont donc intimement liées l'une à l'autre. Ces expériences tendent à prouver que les plexus nerveux de la paroi intestinale ne réagissent pas encore pendant la vie embryonnaire aux excitants appropriés, tandis que la fibre musculaire elle-même répond déjà.

Excitabilité des centres nerveux. — Soltmann avait trouvé que, chez le chien et le lapin nouveau-nés, l'excitation de la zone motrice du cerveau n'a pas encore d'effet, et que son ablation ne provoque aucun trouble de la locomotion jusqu'au dixième jour. Plus tard il a observé également qu'au moment de la naissance les hémisphères n'ont pas encore, chez ces animaux, d'action modératrice sur les réflexes.

Tarchanoff (*Revue de méd.*, 1878, 721) eut l'idée d'examiner, au point de vue du fonctionnement des centres corticaux, des animaux tels que les cochons d'Inde, qui, à l'inverse du chien et du lapin, naissent avec les yeux ouverts et dont la locomotion est parfaite d'emblée. Ce physiologiste put constater que chez eux la zone motrice était excitable, non seulement à la naissance, mais même pendant les derniers jours de la vie intra-utérine, et aussi que l'influence modératrice exercée par les hémisphères sur les réflexes médullaires existe déjà. Bechterew (cité par Landois, *T. P.*) a obtenu des résultats semblables chez le veau, le poulain nouveau-né.

D'où il résulterait que, dans les espèces animales chez lesquelles les fonctions motrices et sensorielles sont bien développées au moment de la naissance, les centres moteurs corticaux sont excitables et qu'ils ne le sont pas chez celles où ces fonctions sont imparfaites. C'est en effet ce qu'on enseigne communément. Mais la distinction paraît trop absolue. Lemoine (*Th. P.*, 1880) a vu, contrairement à Soltmann, que, chez les chiens et les chats nouveau-nés, l'excitation de la zone motrice est déjà efficace. Marcacci, qui a opéré sur six petits chiens extraits de l'utérus un peu avant terme, deux chiens et deux chats d'un ou deux jours, a obtenu également des résultats positifs dans tous les cas (*A. i. B.*, 1882, 161). Ces animaux étaient chloroformés, et chez ceux qui n'étaient pas encore à terme il était nécessaire d'enfoncer légèrement les électrodes dans la substance cérébrale. Paneth (*A. g. P.*, xxxvii, 202) a apporté de nouveaux faits confirmatifs de ceux de Marcacci et de Lemoine. (Pour l'exposé des recherches de Flechsig sur le développement des voies conductrices, voir Cerveau.)

L'excitabilité directe de la moelle est déjà développée avant la naissance. Chez des embryons de lapins extraits de l'utérus à une époque rapprochée du terme, l'excitation de la moelle dorsale par un courant induit très fort produit une extension convulsive de l'animal, et une inspiration tétanique (Preyer). Des embryons de cobaye enlevés de l'utérus en état d'asphyxie, tel qu'aucun moyen ne pouvait plus provoquer de mouvement respiratoire, répondirent également par un tétanos des membres postérieurs à la faradisation de la moelle dorsale ; ce n'est pas seulement l'excitabilité directe, mais aussi l'excitabilité réflexe qui persistait, malgré l'asphyxie.

Cependant le fœtus exige, pour être tétanisé, une excitation très puissante. Les substances convulsivantes, même les plus actives, ne sont pas encore efficaces. Sur quarante et un fœtus (lapins, chiens, chats) auxquels Gusserow (*loc. cit.*) a fait des injections de strychnine, alors qu'ils étaient encore dans l'utérus, aucun n'a eu de convulsions. On pourrait supposer que c'est l'apnée du fœtus qui y met obstacle, puisqu'on sait que l'apnée diminue l'excitabilité des centres nerveux. Mais, nous l'avons dit, l'apnée du fœtus n'a pas les mêmes causes que l'apnée de l'adulte, et d'un autre côté Gusserow, qui a injecté à quarante-sept fœtus presque à terme $0^{gr},025$ à $0^{gr},15$ de strychnine après la ligature du cordon et l'établissement de la respiration pulmonaire, n'a observé de convulsions manifestes que dans un seul cas. Chez quelques-uns de ces animaux, il se produisait cependant quelques contractions tétaniques, mais non de vraies convulsions. L'acide prussique ne provoque pas davantage, chez les fœtus, de manifestations convulsives (Preyer). Dans un cas cependant où Bar (*loc. cit.*) a injecté dans le liquide amniotique chez une lapine 20 gouttes d'une solution contenant 10 centigrammes de sulfate de strychnine, le fœtus contenu dans cet œuf fut trouvé mort, la tête fortement étendue en arrière, en opisthothonos.

Le système nerveux n'exerce aucune influence, pendant une certaine période de l'ontogenèse, sur le développement des différents organes. Schäfer a enlevé à des larves d'amphibies tout l'encéphale avec la région qui le renferme, mais en respectant la portion de la tête qui appartient à l'appareil digestif, pour que la nutrition ne fut pas entravée. L'une des larves était mourante au bout de six jours ; une autre, dont la moelle allongée avait été respectée était encore bien portante onze jours après l'opération : on put constater en la comparant à une autre larve de contrôle, que tous ses organes s'étaient développés normalement. Ainsi l'ablation de l'encéphale ainsi que des organes sensoriels céphaliques ne modifie en rien l'évolution ontogénique de l'organisme : la différenciation morphologique qui caractérise le développement larvaire des Amphibiens n'est aucunement placée sous la dépendance fonctionnelle du système nerveux central (*Année biol.*, 1898, 281).

On sait d'ailleurs que, même chez les vertébrés supérieurs, le développement se poursuit dans des conditions semblables, puisque les anencéphales peuvent être mis au monde à terme et vivants : sans cerveau ni cervelet, ils remuent leurs membres ; ils peuvent aussi respirer, dit Preyer, quand la moelle allongée existe ; il est vraisemblable, ajouterons-nous, qu'ils peuvent respirer même quand elle n'existe pas, pourvu que la moelle cervicale soit intacte. Enfin les fœtus à terme sans cerveau et sans moelle cervicale peuvent naître vivants, mais non respirer.

Mouvements et sensibilité du fœtus. — Les mouvements actifs du fœtus humain débutent probablement vers la 6e ou la 7e semaine (Preyer). On professe d'ailleurs en obstétrique qu'ils peuvent être perçus par l'oreille à partir de la fin du troisième mois de la grossesse. L'application d'un corps froid sur la paroi abdominale de la mère ne paraît pas, d'après la plupart des auteurs, avoir de l'influence sur ces mouvements ; ils peuvent s'exagérer par contre à la suite d'une forte hémorrhagie de la mère (Kussmaul) : ces convulsions intra-utérines sont provoquées par l'oxygénation insuffisante du sang fœtal, consécutive à l'abaissement de la pression artérielle chez la mère. Depaul rapporte cependant qu'une femme qui, dans trois grossesses successives, s'était fait pratiquer une saignée tomba chaque fois dans un évanouissement profond, et qu'à partir de ce moment les mouvements du fœtus ne furent plus appréciables : les trois fois, il naquit au bout d'un certain temps un fœtus mort. Mais ce sont là des faits exceptionnels.

Chez les fœtus de mammifères, les mouvements actifs et leurs caractères peuvent être étudiés plus facilement ; chez eux, on les provoque facilement par voie réflexe, et on constate aussi qu'ils deviennent beaucoup plus vifs, si l'on soustrait à la mère du sang en quantité suffisante.

Quand on ouvre l'utérus dans un bain de la solution physiologique, on voit, à travers les minces membranes, le fœtus de cobaye presque à terme exécuter à un faible attouchement des mouvements réflexes bien coordonnés. L'amnios étant intact, on peut même voir le fœtus, à la suite d'un tiraillement d'un poil tactile, exécuter avec la patte antérieure du même côté un mouvement comme pour se gratter : c'est déjà une réaction de défense. On a déjà dit que ces actions réflexes peuvent être inhibées par une excitation d'origine centrale, cérébrale ; elles peuvent l'être aussi par une excitation périphérique. Ainsi chez le cobaye nouveau-né ou expulsé avant terme, le pavillon de l'oreille se meut avec force chaque fois qu'un bruit un peu intense éclate : mais, si l'on pince fortement la peau de la nuque, le réflexe auriculaire ne se produit plus, ou il est très faible.

Les mouvements actifs du fœtus sont donc principalement des mouvements réflexes ; mais ils sont sans doute aussi en partie automatiques, c'est-à-dire dus à des excitations non périphériques, mais internes, dont la cause échappe, parmi lesquelles pourtant il faut compter les modifications qualitatives et quantitatives des humeurs interstitielles. Toujours est-il que tout à fait au début ils ne semblent pas avoir une origine réflexe, puisqu'au moment où l'embryon exécute déjà des mouvements spontanés, il n'est pas encore sensible, d'après Preyer, aux excitations externes, aux excitations cutanées.

Chez le poulet, les mouvements actifs commencent dans la première moitié du cinquième jour : l'embryon allonge tantôt la moitié antérieure, tantôt la moitié postérieure du corps, ou bien il se recourbe en arc en rapprochant les extrémités céphalique et caudale. En même

temps il s'établit un mouvement de va et vient particulier à l'embryon d'oiseau et dû à la
contractilité de l'amnios. L'embryon, par son mouvement propre, excite mécaniquement un
bout du sac contractile dans lequel il flotte ; la région excitée le repousse vers la paroi
opposée de la poche amniotique, laquelle, se contractant à son tour, renvoie l'embryon
dans la direction première, et ainsi de suite. On compte ainsi 8 oscillations en une demi-
minute. Ce mouvement de balancement dure jusque vers le douzième jour ; à partir de
ce moment il diminue, et dans les derniers jours il ne se manifeste plus parce que la
cavité amniotique n'est plus assez spacieuse pour lui permettre de s'exécuter. Ce balancement est donc pour le fœtus un mouvement passif, qu'un premier mouvement actif met
en branle ; c'est l'amnios qui y joue le rôle véritablement actif ; cette membrane paraît d'ailleurs n'être contractile que chez les oiseaux et non chez les mammifères (voir **Amnios**).

On observe aussi, à partir du quatrième jour, des mouvements pendulaires purement
passifs dans les extrémités céphalique et caudale de l'embryon ; ils sont dus aux pulsations cardiaques avec lesquelles ils sont synchrones.

Quant aux mouvements actifs de l'embryon de poulet, ils prennent à partir du cinquième jour les caractères les plus variés, que PREYER a minutieusement décrits. Le seul
point à relever, c'est que, si des mouvements spontanés existent dès le cinquième jour, les
mouvements réflexes ne peuvent cependant être provoqués que vers le dixième ou
onzième jour.

L'excitabilité des nerfs sensibles de la peau chez le fœtus est démontrée par les réactions réflexes que provoquent les fortes excitations électriques, mécaniques, chimiques
ou thermiques. La sensibilité cutanée se développe surtout vers la fin de la vie intra-
utérine ; mais, même à ce moment, il s'écoule toujours un temps assez long entre la stimulation et la réponse.

Les fœtus de cobaye et de lapine extraits de l'utérus un peu avant terme paraissent
déjà sensibles à la douleur, car ces animaux poussent des cris forts et prolongés, si l'on
excite les nerfs cutanés par une piqûre, surtout, à ce que donnent décharges d'induction.

Nous avons déjà signalé, d'après PREYER, que la sensibilité de l'embryon apparaît plus
tard que la mobilité, de sorte que les premiers mouvements actifs du fœtus ne peuvent
être attribués à des excitations périphériques. On peut se demander toutefois si dans les
premiers stades la sensibilité cutanée fait vraiment défaut, ou si plutôt les moyens usuels
n'arrivent pas à la mettre en éveil.

Un fait intéressant noté par PREYER, c'est que l'anesthésie chloroformique s'obtient plus
difficilement et disparaît plus rapidement que chez l'animal après la naissance. MAR-
CACCI (*loc. cit.*) a incidemment fait la même observation. L'action plus faible des agents
anesthésiques sur les centres nerveux de l'embryon tient probablement à ce que ceux-ci
sont encore incomplètement développés et, surtout, à ce que leur constitution chimique
diffère de celle de l'animal adulte. Toujours est-il que, d'après ROSKE et WITKOWSKY (cités
par DANILEWSKY), le cerveau de l'embryon contient relativement peu de lécithine (et en
revanche plus de nucléine) et que, à mesure qu'il s'accroît, sa teneur en lécithine et en protagon augmente. Or la richesse des éléments nerveux en substances grasses est, d'après
certaines théories, une condition de leur impressionnabilité et de l'action des anesthésiques.

On a fait aussi quelques essais sur l'excitabilité des nerfs sensoriels avant la naissance,
et on a pu constater qu'un fœtus avant terme réagit déjà, par des manifestations motrices
variées, aux impressions gustatives et lumineuses, et non aux impressions olfactives et
auditives. Mais, si le développement des fonctions sensorielles après la naissance est un
chapitre intéressant de physiologie psychologique [1], la question est sans intérêt, quand il
s'agit de la vie embryonnaire, puisque le fœtus est soustrait dans l'utérus à toute excitation
externe autre que quelques impressions tactiles. C'est donc avec raison qu'on a pu dire
que le fœtus, habituellement, dort, puisque l'état de veille n'est entretenu que par les
excitations extérieures (expérience de STRUMPELL et autres).

Nous avons dû renoncer à étudier dans cet article l'influence des agents physiques
et chimiques sur la nutrition et le développement de l'embryon ; à montrer l'application
qu'on a faite des résultats expérimentaux à des théories générales de l'ontogénèse, parce

---

1. Voir à l'article CERVEAU les expériences de STEINER, RAEHLMANN, KRIES, ainsi que PREYER,
L'âme de l'enfant (Biblioth. de philos. contemporaine).

que les recherches entreprises dans cette direction pendant ces dernières années se sont tellement multipliées que la tâche eût été trop lourde.

Pour les tableaux de croissance de l'embryon, voir les ouvrages suivants :

Embryon humain : Preyer, *Physiologie spéciale de l'embryon*, 1887. — Pinard, *Article Fœtus* du *Dict. enc. d. sc. méd.*

Embryons de jument, vache, brebis, chèvre, truie, chatte, chienne : *Tableaux* de Gurlt dans Colin. *Traité de physiologie comparée des animaux*, 1873; ou dans Leyh, *Anatomie comparée des animaux domestiques*, 871, 565.

Embryon de cobaye : *Arb. des Kieler physiolog. Instit.*, 1868, et Preyer (*loc. cit*).

Embryon de poulet : Tableaux de Falck dans l'ouvrage de Preyer. — Bohr et Hasselbalch (*Skand. Arch. f. Physiol.*, 1900, 149 et 353).

Nous n'avons donné dans le courant de cet article que les indications bibliographiques des auteurs que nous avons consultés. Pour ceux qui sont cités de seconde main, on trouvera les renseignements nécessaires dans les ouvrages ou mémoires auxquels nous renvoyons.

E. WERTHEIMER.

FOIE[1].

§ I. — DES FONCTIONS DU FOIE EN GÉNÉRAL

Le foie est un des organes les plus importants de l'économie animale. D'une part il est très volumineux; car il représente de 2 à 4 p. 100 du poids total du corps. D'autre part il existe dans tous les organismes, les plus compliqués comme les plus rudimentaires, et, dès les premières périodes de la vie embryonnaire, qu'il s'agisse d'un être simple ou d'un être supérieur, il apparaît déjà, de sorte que son importance est aussi grande dans la phylogénèse que dans l'ontogénèse des êtres.

On ne peut supprimer complètement la fonction hépatique sans entraîner très rapidement la mort. Si certains animaux peuvent vivre quelques heures, même vingt-quatre heures même quelques jours (Batraciens), sans foie, c'est que la fonction hépatique n'est pas indispensable immédiatement à la vie, comme celle du cœur ou du bulbe, et que l'empoisonnement dû au défaut de fonction hépatique peut être plus ou moins aigu, plus ou moins rapide, suivant l'intensité des combustions organiques. Il faut d'ailleurs se rappeler que la mort de l'organisme, chez les êtres inférieurs, n'est jamais soudaine pour les tissus, et que le cœur, le bulbe et le sang peuvent être enlevés à des grenouilles sans déterminer la mort immédiate. De même des grenouilles sans foie peuvent, à des températures basses, présenter encore pendant quelques jours l'apparence de la vie, comme des grenouilles sans cœur, sans bulbe, et sans liquide sanguin.

La fonction du foie est complexe. Il a un rôle *mécanique* dans la régulation de la circulation veineuse; il a une action *digestive* par l'écoulement excrétoire du liquide biliaire qui agit sur les aliments; il a une fonction *pigmentaire*, très obscure encore; il a peut-être une action *hématopoïétique*, comme formateur de globules. Mais ces diverses fonctions sont relativement accessoires. Le foie est surtout, et presque uniquement, un organe *chimique* de transformation des matériaux du sang. Il est, pour employer une expression un peu vulgaire, le grand chimiste de l'économie.

Cette fonction chimique est certainement des plus compliquées, et on peut l'envisager à divers points de vue, également essentiels.

1° Comme les opérations chimiques qu'il accomplit sont très intenses, et que, chez l'animal, le plus souvent les réactions chimiques sont exothermiques, il est un grand producteur de chaleur. *Producteur de chaleur*, il est par cela même, dans une mesure que nous connaissons assez mal, *régulateur de chaleur*, puisque aussi bien tous les processus chimiques, hépatiques ou autres, des êtres vivants sont réglés par le système nerveux. De même que les nerfs excités transforment dans les muscles le sucre en CO^2 et H^2O, de même dans le foie l'excitation nerveuse fixe H^2O sur le glycogène et permet au glycose ainsi formé de servir à la contraction musculaire et à la production de chaleur.

2° L'autre opération chimique du foie, non moins importante, est de fixer des

---

1. Voyez le sommaire à la fin de l'article.

matières ternaires, hydrates de carbone, et éventuellement matières grasses, pour accumuler ces réserves de force nécessaires à l'organisme. L'alimentation introduit des sources chimiques d'énergie à des moments très distants et irréguliers. Le foie intervient pour fixer ces substances nutritives, et en permettre à un moment le déversement dans la circulation; c'est donc un *régulateur de la nutrition*, et l'organe essentiel des *réserves nutritives*. On peut dire que nous nous nourrissons sur notre foie. Cette action nutritive d'assimilation est si intense que la plus grande partie de l'urée produite par le dédoublement des matières protéiques provient d'opérations chimiques qui se sont effectuées dans le foie. Mais, pour que cette transformation se fasse pleinement, malgré la lenteur des phéno mènes chimiques et la rapidité du cours du sang, il faut que les matières qui doivent être transformées passent et repassent dans le foie. Ces passages successifs constituent la circulation entéro-hépatique. La bile sécrétée est absorbée dans l'intestin, et revient au foie pour y subir de nouvelles transformations. Grâce à la bile qu'il sécrète, le foie reçoit incessamment des matériaux d'assimilation et de nutrition; car cette bile sécrétée lui revient incessamment, et y est transformée en produits ultimes, définitifs, sinon la première fois, au moins après une série de passages dans son tissu.

3° Le foie est un organe *antitoxique*. Non seulement il arrête les poisons introduits par l'alimentation dans la circulation portale, mais encore il opère des dédoublements multiples (inconnus encore) sur les substances chimiques que crée la combustion de nos organes. Les antitoxines que nous produisons sans cesse sont sans cesse détruites par le foie et transformées en substances non toxiques. L'ammoniaque, si toxique, est changée en urée inoffensive, et il en est probablement de même pour d'autres produits nocifs, qui, après qu'ils ont subi l'action du foie, deviennent tout à fait innocents, constituant de l'acide lactique. de l'urée, de l'eau, de l'acide carbonique, toutes substances dont la toxicité est nulle. Une partie de ces produits élaborés par le foie passe dans le sang; une autre dans la bile; et les parties biliaires incomplètement transformées sont reprises par l'intestin et restituées au foie qui les élabore définitivement,

Voilà donc les trois 'grandes fonctions chimiques du foie. Il déverse du sucre dans le sang, en produisant de la chaleur, et en permettant aux muscles d'en produire. Il accumule les réserves nutritives sous la forme d'amidon facilement saccharissable, et permet à l'organisme, par le lent ou le rapide écoulement de ces réserves, de suffire au dégagement d'énergie nécessaire tantôt au travail musculaire, tantôt à la nutrition, de sorte que l'animal qui a un foie n'est jamais en état d'inanition véritable. Enfin il est antitoxique, et protège l'organisme contre les poisons venus de l'intestin (toxines étrangères, ou les poisons venus de l'organisme, autotoxines) qui, les unes et les autres, après l'élaboration hépatique, deviennent inoffensives.

L'agent de toutes ces transformations, c'est la cellule hépatique. Toutes ses réactions sont connexes, si étroitement unies, qu'on ne peut les dissocier, de telle sorte que, par une synergie dont les êtres vivants nous donnent si souvent l'étonnant exemple, la fonction antitoxique est en même temps une accumulation de réserves nutritives, une source de chaleur et une sécrétion digestive.

Il n'y a donc pas lieu de séparer la glande biliaire de la glande glycogénique, ni de la glande antitoxique, ni de la glande thermogène ni de la glande hématopoiétique. Tout cela est confondu dans des phénomènes chimiques communs; l'harmonie des transformations intra-hépatiques, de l'albumine, de la graisse, du sucre et des autres produits, est un complexus qui, au point de vue didactique, doit être dissocié, à la condition qu'on sache bien que cette dissociation n'existe pas en réalité, et que le même phénomène chimique est à la fois antitoxique, exothermique et assimilateur.

D'ailleurs, il faut bien le reconnaître, malgré d'importants travaux, les fonctions chimiques du foie sont encore très obscures, et on peut dire que c'est une des régions les plus ténébreuses de la physiologie.

§ II. — HISTORIQUE

L'historique de la fonction du foie est très court; car ce n'est que depuis Claude Bernard que son étude a été faite méthodiquement.

Cependant, dès la plus haute antiquité, le foie était considéré comme un organe de souveraine importance. GALIEN, le seul physiologiste des temps anciens, concevait le foie comme le centre des veines du corps. D'après lui, les aliments arrivent au foie par la veine porte : là ils subissent une coction véritable qui les transforme, le sang alimentaire est élaboré dans le foie, lequel en sépare une partie destinée à être rejetée, excrément qui est la bile. L'autre partie des aliments se distribue d'une part au cœur la veine cave supérieure, d'autre part au corps et aux diverses parties de l'organisme par la veine cave inférieure.

Ainsi, d'après GALIEN et tous ceux qui l'ont suivi, le foie est un appareil annexe de la digestion et jouant un rôle fondamental dans l'élaboration des aliments et dans l'hématopoïèse, ou la sanguification, comme on disait alors.

Mais la découverte des chylifères et des lymphatiques, ainsi que de la circulation générale, vint changer la direction des idées (1620-1670). D'une part HARVEY prouvait que dans la circulation le sang qui passe par le foie va au cœur droit, sans revenir par les veines directement dans les tissus; d'autre part ASELLI, PECQUET, BARTHOLIN, EUSTACHII, RUDBECK montrèrent que le chyle résultant de la digestion ne passe pas par le foie, mais retourne directement au-dessus du foie dans la veine sous-clavière, sans que l'élaboration hépatique soit nécessaire. Ce fut le renversement de la domination du foie. Dans l'ivresse de son triomphe, BARTHOLIN déclara le foie déchu de sa puissance, et il publia un livre où furent célébrées les obsèques définitives de l'infortuné viscère (de vasis lymphaticis; hepatis desperata causa; exsequia epitaphium).

Pourtant BARTHOLIN lui-même attribuait au foie un rôle sanguificateur considérable. « Le foie, dit-il dans son traité d'anatomie, fait le sang du chyle attiré par les veines mésaraïques dans les rameaux de la veine porte comme dans son propre laboratoire. Le parenchyme du foie n'est pas seulement, comme quelques-uns estiment, l'appuy et le soutien des vaisseaux, mais aussi la cause efficiente de la sanguification. Or le foye fait ensemble avec le sang l'esprit naturel... Le foye est le véritable lieu où se fait la sanguification, et le parenchyme du foye change la matière sur laquelle elle travaille (c'est-à-dire les aliments à l'état de chyme qui viennent par la veine porte) en une substance qui porte la couleur rouge du foye. Cette qualité active de la chair du foye pénètre facilement la tunique des racines de la veine porte, parce qu'elle est tellement déliée en cet endroit qu'une partie du sang coule par les pores dans la substance du foye pour sa nourriture; le reste va se rendre par des anastomoses dans les racines de la veine cave où le sang s'élabore et se perfectionne davantage. Cependant la bile est séparée du sang par les rejettons qui aboutissent à la vessie du fiel et au méat cholédoque. » (G. BARTHOLIN. Institutions anatomiques, trad. franç., Paris, Hénault, 1647, 104 et 105.)

A la même époque à peu près, GLISSON (Anatomia hepatis, Amsterdam, Warberg, 1665, s'exprime ainsi sur les fonctions du foie, auxquelles il consacre de nombreux chapitres (XXXVII à XLV) : « La bile est un liquide excrémentitiel que le sang sépare du foie; et le sang ne doit pénétrer dans la veine cave et la circulation générale qu'après que les principes sulfureux et amers qui y sont contenus ont été introduits dans la bile, et par là éliminés. Idcirco ratum esto hepatis integri officium esse, sanguinem impurum per portam affluentem excipere, bilem ab eo secernere, nitidumque jam factum in cavam reducere (354). »

Un siècle plus tard, l'opinion des physiologistes n'avait pas changé. BORDENAVE (Essai sur la physiologie, 1777, II, 83) n'attribue au foie d'autre fonction que la sécrétion de la bile. HALLER (Elementa physiologiæ, VI, 1777, p. 616) consacre un chapitre aux fonctions du foie (Hepatis utilitates) et ne lui attribue, outre la fonction biliaire, qu'un rôle de sustentation du diaphragme, tout en s'étonnant qu'un organe si volumineux, et existant dans toutes les espèces animales, ait une fonction si restreinte. Alors, cherchant quel peut être le rôle du foie, il n'en trouve pas d'autre que celui de modérateur du cours du sang : in sanguinis impetu diminutio.

Le seul point discuté alors, et naturellement sans expériences à l'appui, uniquement fondé sur des inductions anatomiques, était de savoir si la bile sécrétée vient du sang de la veine porte, ou du sang de l'artère hépatique. HALLER et BORDENAVE, sans preuves, admettaient qu'elle provient du sang porte; BICHAT (1801) pensait que l'artère hépatique sert à la sécrétion de la bile. MAGENDIE (1825, Précis de physiologie, II, 466) ne prend pas parti, et déclare les deux opinions également dénuées de preuves. D'ailleurs il ne semble pas songer à une fonction du foie autre que la sécrétion biliaire. Enfin, BURDACH (1837), dans son grand traité de physiologie, ne parle que de la bile, et, s'il s'occupe du foie, c'est pour en donner, d'une manière d'ailleurs fort imparfaite, la structure anatomique. Dans le précieux traité de physiologie de J. MÜLLER (1845, ii, 121), on ne trouve que ces paroles ; « Le sang est débarrassé par le foie d'un excès de graisse et de matériaux carbonés et hydrogénés, tandis que les reins le dépouillent d'un excès de substances azotées. Les poumons et le foie peuvent être comparés l'un à l'autre sous ce point de vue que tous deux entraînent au dehors des produits carbonés, le premier à l'état brûlé, l'autre à l'état de combustible. » Mais c'étaient là des comparaisons plus littéraires que scientifiques.

En réalité les fonctions du foie ne commencent à être connues qu'après les admirables découvertes de CLAUDE BERNARD.

Nous n'avons pas à l'exposer ici, car elle sera développée plus tard à l'article **Glyco-génèse**, avec tous les développements qu'elle comporte. Il nous suffira de mentionner les trois faits fondamentaux établis par CLAUDE BERNARD.

1° Le tissu du foie est la source normale du sucre du sang, indépendante de l'alimentation ; car le sang qui sort du foie par les veines hépatiques est plus riche en sucre que celui qui y entre par la veine porte (1849).

2° Le foie contient une substance qui donne du sucre, même après la mort (1855), et cette substance, qu'on peut isoler, est le glycogène, ou amidon animal (1856).

3° L'excitation de certaines régions du système nerveux, et spécialement la piqûre du quatrième ventricule, produit une sécrétion abondante de sucre au moyen d'une action qui le transmet au foie par les nerfs hépatiques (1857).

Telles sont les trois grandes découvertes de CLAUDE BERNARD, qui établirent bien le rôle du foie. Ainsi était comblée la grave lacune qui n'avait pas échappé à la sagacité de HALLER : disproportion entre la fonction biliaire et l'énorme prépondérance, évidente, du foie dans les phénomènes biologiques.

L'impulsion était donnée à l'étude de la physiologie hépatique, et alors successivement furent faites des constatations importantes, quoique elles soient assurément accessoires en comparaison de la grande découverte de la glycogénèse hépatique : et je les mentionnerai rapidement.

1° Le rôle du foie dans la formation de l'urée (MEISSNER, 1864), comme le prouvent les circulations artificielles (CYON, 1870), par transformation des sels ammoniacaux (SCHRÖDER, 1885), et l'existence dans le foie d'un ferment uropoïétique, diastase soluble (CH. RICHET, 1896).

2° Le rôle du foie dans la nutrition chez les oiseaux (transformation d'ammoniaque en acide urique) (MINKOWSKI, 1883).

3° L'action antitoxique du foie (SCHIFF, 1856).

4° Le rôle du foie dans la transformation des produits de la digestion (Fistule d'ECK, NENCKI, PAWLOW, 1894).

5° L'action anticoagulante du foie à la suite d'injections intra-veineuses de peptone (CONTEJEAN, 1897).

6° Le rôle du foie dans la fixation du fer (DASTRE et FLORESCO, 1897).

7° La circulation entéro-hépatique de la bile (SCHIFF, 1857).

8° La proportion pondérale du foie avec l'étendue de la surface cutanée, autrement dit avec la radiation calorique (CH. RICHET, 1893).

Tous ces faits, et d'autres encore, qui seront exposés au cours de cet article, ne doivent pas, si intéressants qu'ils soient, nous faire illusion sur l'étendue de nos connaissances relativement à la fonction du foie. Il est certain que bien des faits nous échappent encore, et que les transformations chimiques accomplies par la cellule hépatique, pendant la digestion, ou en dehors de l'état de digestion, ne nous sont encore que très imparfaitement connues.

§ III. — RÉSUMÉ ANATOMIQUE
ÉVOLUTION PHYLOGÉNIQUE ET ONTOGÉNIQUE DU FOIE

Le foie est une glande volumineuse, qui, chez l'homme et les mammifères, est placée à la partie supérieure du péritoine, immédiatement au-dessus du diaphragme. Il est enveloppé d'une membrane résistante fibreuse, la capsule de GLISSON. Sa forme est très variable chez les animaux divers, et même chez les divers individus d'une même espèce. D'ailleurs, qu'il y ait un, deux, trois lobes, au point de vue physiologique, cette division est sans grande importance. Essentiellement il est constitué par des cellules, cellules hépatiques, qui forment des lobules, entre lesquels cheminent d'une part les canalicules biliaires qui excrètent la bile, et d'autre part les vaisseaux qui lui apportent le sang et les éléments nutritifs. Au centre du lobule se trouve la veine afférente. L'ensemble de ce système vasculaire est donc formé par une veine afférente, la veine porte; une artère afférente, l'artère hépatique; des veines afférentes, veines sus-hépatiques, et des vaisseaux lymphatiques qui vont déboucher dans le canal thoracique.

La cellule hépatique, élément primordial et irréductible du foie, est une cellule fragile, mince, polyédrique, pourvue d'un ou de deux noyaux. Du pourtour du noyau partent en s'irradiant des travées protoplasmiques qui se rendent à la périphérie cellulaire, dépourvue de membranes, pour former une sorte de pseudo-membrane protoplasmique imitant une enveloppe cellulaire. Entre ces travées sont disséminées des granulations. Ces granulations ne sont pas du glycogène, comme le pensait CLAUDE BERNARD, mais des granulations ferriques, peut-être, exceptionnellement, des granulations biliaires. A côté de ces éléments granuleux se trouve constamment, à l'état normal, du glycogène décelable par l'eau iodée; et, dans certaines conditions d'alimentation chez les Mammifères, normalement chez d'autres animaux (Poissons), des granulations graisseuses décelables par l'acide osmique.

L'endothélium vasculaire intra-hépatique et les cellules biliaires des canalicules jouent certainement un rôle qui se surajoute au rôle fondamental de la cellule hépatique; mais ce n'est qu'une fonction accessoire. De fait, l'activité chimique et l'intégrité de la cellule hépatique sont la mesure de l'activité chimique et de l'intégrité du foie.

Au point de vue de l'anatomie et de la physiologie générales, il faut considérer le foie comme une glande annexe de l'appareil digestif, destinée à compléter les phénomènes de la digestion, et à faire succéder l'assimilation à la digestion; car, constamment, le foie est placé sur le trajet des veines qui viennent du pancréas, de l'estomac, de la rate. Tous les produits de la digestion qui ont été absorbés par les veines digestives afférentes sont forcés de passer par le foie pour y subir sans doute une sorte de transformation. La situation du foie sur le trajet des veines qui viennent de l'intestin est une règle sans exception.

Ce rapport étroit du foie avec l'intestin apparaît très nettement dans l'histoire de l'évolution du foie, qu'on considère l'ontogénie, chez l'embryon aux divers âges; ou la phylogénie, dans les différentes formes de la série animale.

Chez les êtres inférieurs, et chez l'embryon de quelques jours, le foie n'est qu'un diverticule de l'intestin. « Puis il se complique, à mesure qu'il s'éloigne de l'intestin, et il représente alors une véritable glande tubulée, dont les cellules, bordant les acini, sont riches en pigments, en matériaux de réserve et en granulations zymogènes. C'est l'*hépato-pancréas*, dont la sécrétion est douée d'un véritable pouvoir digestif. Puis l'organe hépatique devient de moins en moins digestif, et de plus en plus sanguin. Ses fonctions sécrétoires, externe et interne, sont tellement multiples qu'un dédoublement s'impose. La majeure partie du rôle digestif passe au pancréas, primitivement fusionné avec le foie, et qui s'individualise alors aux dépens des mêmes ébauches diverticulaires du mésentéron. Cet organe accaparant la majeure partie des fonctions digestives, le foie, ainsi allégé, développe de plus en plus ses fonctions de sécrétion interne. Parallèlement les éléments cellulaires se polarisent de moins en moins autour des canalicules biliaires, de plus en plus autour des vaisseaux sanguins excréteurs; au foie tubulé se substitue le foie lobulé, et, enfin, au lobule biliaire se substitue le lobule sanguin. A la base de la plupart des séries animales divergentes, on retrouve en partie cette filiation phylogénique du foie. La zone verte de l'intestin moyen, qui représente la première ébauche du foie, se rencontre chez certains Vers, chez les Bryozoaires et les Rotifères. Le cæcum digestif, qui en indique l'étape ultérieure, s'observe chez certains Trématodes (Planaires) chez certains Crustacés (Apus) et à la base de la série des vertébrés, chez l'Amphioxus. Puis on trouve successivement l'*hépato-pancréas* des Mollusques et des Poissons, le foie biliaire des Batraciens, des Reptiles et des Phoques, enfin le foie sanguin des Mammifères, atteignant son apogée chez le porc et chez l'homme.

« L'organe hépatique subit donc, au cours de l'évolution phylogénique, des variations anatomiques et fonctionnelles telles que, primitivement glande digestive, puis glande à la fois digestive et sanguine, il devient, d'une façon prédominante, chez les animaux supérieurs, à la suite de l'individualisation du pancréas, une glande vasculaire sanguine à sécrétion interne. » (GILBERT et CARNOT. Les fonctions hépatiques, 1-4.)

Après cet exposé, que nous avons cru devoir donner intégralement, GILBERT et CARNOT arrivent à cette conclusion que le foie est d'abord intestinal, puis biliaire, puis enfin sanguin. Mais, si cela est vrai au point de vue anatomique, au point de vue physiologique on peut dire que le foie demeure toujours un appareil intestinal, une glande annexée à l'intestin. Il importe relativement peu que ce soit de la muqueuse intestinale ou des veines intestinales que dépende le foie. Sa fonction demeure toujours une fonction annexe de la fonction digestive, et elle préside à l'élaboration des matières alimentaires, digérées par l'intestin, mais non encore assimilables.

§ IV. — POIDS DU FOIE

L'étude du poids du foie donne des renseignements assez utiles sur l'ensemble de la fonction hépatique. On peut, en effet, admettre a priori que l'intensité des phénomènes hépatiques est proportionnelle au poids de tissu, autrement dit au nombre des cellules hépatiques. C'est là une hypothèse très rationnelle, encore qu'elle ne soit pas rigoureusement prouvée. Bien entendu, il faut faire abstraction des foies chargés de graisse, comme il en est chez certains poissons, par exemple; car alors le poids du foie chimiquement actif est augmenté d'une certaine quantité de tissu mort, d'une matière de réserve déposée sous forme de gouttes graisseuses à côté du protoplasma actif.

Poids du foie chez le chien. — Il n'est pas facile de connaître exactement le poids

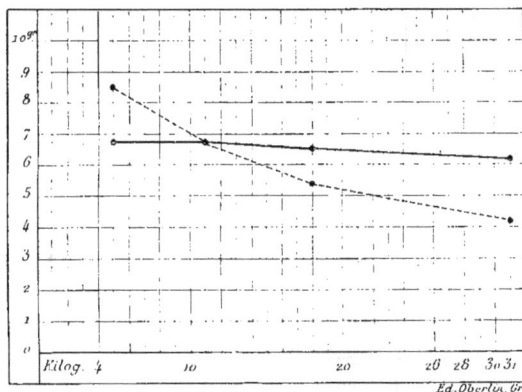

FIG. 83. — Proportion de tissu hépatique chez le chien avec la surface et avec le poids du corps. En bas on a marqué les chiens de poids divers, de 0 kil. à 31 kil. (moyenne). A gauche sont les quantités de tissu hépatique en grammes. La ligne pleine (indique les proportions à la surface (par déc. carré); la ligne pointillée, les proportions au poids (par 200 grammes du poids du corps).

d'un animal et le poids de ses tissus. Faut-il dans le poids du corps comprendre la graisse mêlée aux tissus, et l'urine, et les matières fécales? Faut-il, si on l'a saigné, faire entrer en ligne de compte le sang qu'on lui a retiré? En cas de non-saignée, les tissus très vasculaires, comme le foie, doivent-ils être pesés avec le sang qu'ils contiennent encore, ou après lavage du foie? La vésicule biliaire et la bile doivent-elles être comprises dans le poids du foie? Toutes questions assez délicates, et que cependant il faut résoudre.

Il m'a semblé que le plus sûr moyen d'échapper à ces difficultés, c'était de faire des pesées brutes, c'est-à-dire de peser le corps de l'animal, sans correction d'aucune sorte, et de peser tout ensemble avec le foie les vaisseaux et la vésicule biliaire (assez petite d'ailleurs chez le chien). Un assez grand nombre des chiens dont la pesée du foie a été faite par nous avaient été sacrifiés par hémorrhagie, ce qui tend évidemment à diminuer quelque peu le poids du foie pesé (Voir *Trav. du Laborat.*, 1893, ii, 381).

En procédant ainsi, j'ai pu déterminer pour les proportions pondérales du foie une loi qui n'avait pas été soupçonnée, à savoir que, chez des animaux de même espèce la quantité de foie est proportionnelle à l'étendue de la surface.

Voici le tableau donnant la moyenne des mensurations. Il s'agit de 120 poids de foie sur des chiens pris adultes, en tout cas n'étant plus à la mamelle; allant de 44 kilos à 3 kilos. La plupart de ces mensurations ont été faites par nous. Quelques autres ont été prises dans des mémoires de Manouvrier, de Colin, de Falck, de Moos, de Pavy, d'Afanassieff et de Külz. J'élimine seulement une observation de Pavy dans laquelle le foie était d'un volume anormal, 790 grammes pour un chien de 8 kilos.

Le sexe paraît être sans influence : il y a 8 fois plus de chiens que de chiennes dans les animaux dont le foie a été pesé.

Le poids maximum du foie (poids absolu) a été de 1 210 grammes pour un chien de 35 kilogrammes. Le maximum (relatif au poids du corps) a été, sur un chien tuberculeux, de 1114 grammes de foie (*sic*) pour 11 kilogrammes de poids vif, soit 10 p. 100 du poids du corps. Le tableau suivant résume ces 120 observations.

NOMBRE D'OBSERVATIONS.	MOYENNE DES POIDS du chien.	ÉCART ENTRE le max. et le min. du poids de l'animal.	POIDS DU FOIE par 100 grammes d'animal.	POIDS DU FOIE par déc. carré. de surface.	POIDS ABSOLU du foie. (en kilogr.). (Moyenne).
13	36,1	De 30 à 44	2,21	6,5	800
15	26,5	De 23,5 à 29	2,19	6,0	580
17	20,6	De 17,5 à 25	2,63	6,5	540
13	16,5	De 15 à 17	2,75	6,4	455
12	12,8	De 11,5 à 14,5	3,21	6,7	412
19	9,2	De 7,5 à 11	3,61	6,8	340
31	5,35	De 3,0 à 7	4,24	6,7	220
Moyenne générale. 120	16	De 3 à 44	2,80	6,7	

Au contraire, la rate ne semble pas suivre la même loi de proportionnalité avec la surface du corps, et elle paraît bien nettement conserver un rapport invariable avec l'unité de poids de corps, ce qui entraîne naturellement une diminution relative du poids de la rate par rapport à la surface, à mesure que l'animal devient plus petit.

Poids du foie d'autres mammifères. — Pour les chats, voici les résultats de 75 mensurations, dues en grande partie à Boehm et Hoffmann (*A. P. P.*, 1878, viii, 282).

NOMBRE D'OBSERVATIONS.	POIDS MAX. ET MIN. de l'animal.	POIDS MOYEN DU CORPS en grammes.	POIDS EN GRAMMES DU FOIE (CHATS).		
			Absolu.	par déc. carré.	par 100 grammes.
5	De 1 230 à 1 430	1,337	46	3,35	3,45
8	De 1 620 à 2 004	2,000	72,3	3,60	3,62
15	De 2 200 à 2 460	2,300	78,1	4	3,3
12	De 2 500 à 2 650	2,575	77	3,75	2,75
13	De 2 700 à 2 820	2,777	88,4	4	3,15
9	De 2 900 à 3 120	3,021	40,8	3,95	3,02
8	De 3 210 à 3 830	3,470	119,5	4,45	3,31
5	De 3 910 à 4 685	4,170	137,4	4,78	3,30
Moy. des : 75		2,670		4	3,25

Chez le lapin, nous avons 79 mensurations, dont 29 dues à MACKAY (*A.P.P.*, 1888, XIX, 285) : les autres à NASSE, FALCK, LAPICQUE, MOOS, BIDDER et SCHMIDT, VOIT et moi-même.

NOMBRE D'OBSERVATIONS.	POIDS MAX. ET MIN. du corps.	POIDS MOYENS.	POIDS EN GRAMMES DU FOIE.		
			Absolu.	par déc. carré.	par 100 gr. du corps.
		Lapins (en grammes).			
18	De 706 à 1078	955	45	4,10	4,72
18	De 1125 à 1390	1 252	58	4,45	4,65
17	De 1420 à 1600	1 530	60	4,00	3,90
12	De 1620 à 1800	1 720	67,8	4,20	3,92
14	De 1825 à 2100	1 900	77	4,45	4,05
79		1,430	60,2	4,25	4,20
		Cobayes (en grammes).			
14	De 295 à 443	384	16,8	2,85	4,40
15	De 450 à 749	532	20,6	2,80	3,85
29					
		Moutons (en kilogr.).			
5	»	23	135	4,80	1,90
188	»	64,5	1 070	5,90	1,66
21	»	78	1 110	5,43	1,42
65	»	88	1 230	5,45	1,49
264		72	1 090	5,65	1,52
		Porcs en kilogr.			
27	»	82	1 340	6,3	1,64
33	»	110	1 617	6,3	1,47
60		92	1 480	6,3	1,55
		Bœufs en kilogr.			
3	»	410	5 620	9	1,37
17	»	525	6 850	9,4	1,31
2	»	680	7 900	9,1	1,17

Voici maintenant les poids du foie de quelques autres animaux :

POIDS MOYEN DE L'ANIMAL.		POIDS DU FOIE		
		Absolu.	par déc. carré.	par 100 grammes.
kil.		*Cheval.*		
501	»	6.620	»	1,5
400	»	5.225	»	1,3
		Lion.		
51	»	2.000	»	4,0
		Hyène.		
20	»	488	»	2,5
gr.		*Hérisson.*		
760	»	28,5	»	3,7
680	»	33,0	»	4,8
635	»	17,5	»	2,8
A. au-dessous de 500	»	47,5	»	6,7

POIDS MOYEN		POIDS DU FOIE		
DE L'ANIMAL.		Absolu.	par déc. carré.	par 100 grammes.
		Marmotte.		
1,083	»	36,2	»	3,3
1,083	»	33,9	»	3,1
		Lièvre.		
3,422	»	135,0	»	4,0
		Souris.		
5gr,6	De 4gr,45 à 6gr,60	0,29	0,85	5,1
		Rats.		
261	De 140 à 375	13,27	2,9	5,1

D'après MAUREL les poulets au-dessous de 800 grammes ont un foie de 25,62 (soit 3gr,4 p. 100 du poids). Au-dessus de 1100 grammes le poids du foie est de 35,12 (soit 2,88 p. 100 du poids total). Les pigeons au-dessous de 350 grammes ont un foie de 10,73 (soit 3,59 p. 100); et au-dessus de 400 grammes le poids du foie est de 13gr,11 (soit 3gr,1 p. 100).

MAUREL (1903) admet la proportionnalité du foie à la surface, et ses conclusions à cet égard sont identiques à celles que j'avais formulées; mais les chiffres qu'il donne ne ressemblent pas aux miens, car sa formule pour calculer la surface n'est pas la même.

Au lieu d'adopter, dans la formule rigoureusement exacte $K \sqrt[3]{p^2}$, pour K la valeur 11,3 déterminée expérimentalement par MEEH, il prend très arbitrairement la constante K = 7,35, ce qui le conduit à des chiffres différents. Il faut donc, pour avoir un chiffre. comparable aux chiffres classiques de la mesure de la surface, faire une correction aux chiffres de MAUREL; c'est-à-dire diviser par 1,5 les chiffres qu'il fournit. Alors la concordance devient très exacte. Voici le tableau (ainsi modifié) de MAUREL :

Poids du foie par décimètre carré de surface.

Animaux jeunes.

	gr.
Cobayes de 350 à 450 grammes.	2,70
Lapins de moins de 1 400 grammes. . . .	4,60
Hérissons de moins de 500 grammes. . . .	4,05
Poulets de moins de 800 grammes. . . .	2,65
Pigeons de moins de 350 grammes.	2,50
Chiens de 4 à 10 kilogrammes.	5,80
Chiens de 4 kilogrammes.	7,60

Animaux adultes.

Cobayes de 800 à 900 grammes.	2,85
Lapins au-dessus de 1 800 grammes. . . .	4,50
Hérissons au-dessus de 750 grammes. . .	4,25
Poulets de plus de 1 100 grammes. . . .	2,60
Pigeons de plus de 400 grammes.	2,25
Chiens de 30 à 40 kilogrammes.	6,60
Chiens de 40 kilogrammes.	6,50

On voit qu'alors, pour les lapins et les chiens, les poids deviennent identiques à ceux que nous avons donnés plus haut.

MAUREL conclut avec raison de ces données que chez les animaux d'âge différent il y à la même quantité de foie pour l'unité de surface.

Poids du foie chez l'homme. — Voici, d'après les chiffres de Vierordt (*Anat. Daten und Tabellen*, Iéna, 1893, 21), les proportions du foie chez l'enfant et l'adulte aux divers âges :

AGE.	POIDS DU CORPS.	POIDS DU FOIE.	POUR 1 KIL. DU CORPS, quel poids de foie?	POUR 1 DÉC. CARRÉ de surface, quel poids de foie?
	kil.	gr.	gr.	gr.
1er jour	3.2	141,7	44,3	5,45
6e mois	7,0	194,0	27,7	4,38
1re année	9,0	333,0	37,0	6,30
2e —	11,3	428	37,8	7,10
4e —	14,2	588	41,4	8,35
7e —	19,1	677	35,6	7,80
10e —	24,5	836	33,2	8,35
12e —	29,8	880	30,3	7,70
14e —	38,6	1188	32,0	8,70
25e —	63,0	1819	27,5	9,65

On voit par ce tableau que, d'une manière, il est vrai, assez irrégulière, le poids du foie par rapport à la surface va en croissant avec l'âge, mais qu'il va au contraire en décroissant par rapport à l'unité de poids.

Cette croissance du foie par rapport à la surface est remarquable, car elle semble en

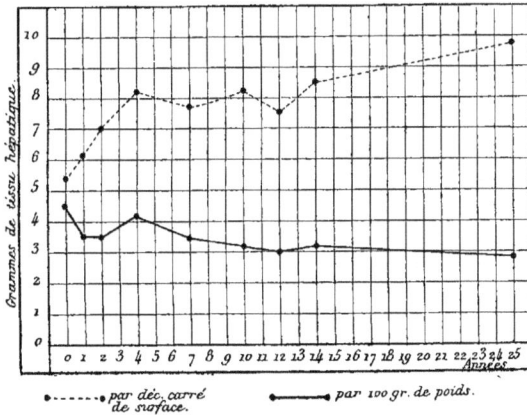

FIG. 84. — Proportions du foie chez l'homme par kilogramme et par surface aux différents âges.

contradiction avec cet autre fait constaté plus haut, que le poids du foie reste proportionnel à la surface, à mesure que l'animal augmente de poids. Mais la contradiction n'est qu'apparente, et elle conduit à une intéressante conclusion.

Puisque chez des animaux adultes, de poids variable et de même espèce, comme chez le chien, il y a un foie d'autant plus gros (relativement au poids) que l'animal est plus petit, il devrait en être de même chez l'homme aux divers âges; et les jeunes enfants devraient avoir proportionnellement un foie plus gros que les adultes; car ils sont de poids et de surfaces moindres que l'adulte. S'il n'en est pas ainsi, c'est que chez eux les fonctions hépatiques sont moins importantes que chez l'adulte; les opérations chimiques moins actives, et alors le volume relatif du foie, qui se conforme aux exigences physiologiques, est moindre chez eux que chez l'adulte. A moins toutefois, ce qui est à la rigueur possible, que l'activité de la cellule hépatique soit pour un même poids de tissu plus grande chez eux que chez l'adulte. Mais cette supposition n'est pas très vraisemblable, et il faut plutôt admettre une intensité moindre des fonctions hépatiques chez l'enfant que chez l'adulte.

Si, ainsi que nous l'avons fait pour les chiens, nous comparons chez les enfants et adultes hommes le poids de la rate au poids du corps, nous voyons que, comme chez les chiens, qu'il s'agisse d'un adulte ou d'un enfant, le poids de la rate est assez exactement proportionnel au poids du corps, soit pour 100 grammes de poids vif :

1 mois.	0,29		7 ans.	0,32
6 mois.	0,23		10 mois.	0,33
1 an.	0,23		15 ans.	0,35
2 ans	0,34		20 —	0,31
4 ans	0,38		25 —	0,25

Les chiffres que nous venons de donner sont empruntés à Vierordt; mais nous en avons nous-même relevé d'autres d'après divers auteurs (Ch. Richet. *Poids du cerveau, du foie et de la rate chez l'homme. Trav. du Laborat.*, 1895, iii, 154, n° xlviii), en particulier d'après Boyd (*Tables of the weight of the human body. Philosoph. Transact.*, 28 févr. 1861, 241-262).

Nous pouvons, d'après ces chiffres, construire le tableau suivant :

NOMBRE D'OBSERVATIONS.	POIDS MOYEN du corps en grammes.	POIDS ABSOLU MOYEN.		POIDS MOYEN PAR DÉC. CARRÉ.		POIDS MOYEN PAR 100 GRAMMES du poids vif.	
		Foie.	Rate.	Foie.	Rate.	Foie.	Rate.
168	3,190	153	11,7	6,35	0,48	4,80	0,37
153	5,680	276	26,1	7,75	0,73	4,85	0,46
58	8,810	420	41	8,78	0,86	4,82	0,49
49	11,460	547	49,4	9,61	0,87	4,75	0,44
38	18,320	855	79	10,99	1,02	4,70	0,47
719	37,800	1 326	139	10,50	1,10	3,50	0,37
205	42,500	1 363	192	10,00	1,40	3,50	0,45
470	47,000	1 532	158	10,50	1,08	3,33	0,34
80	51,300	1 570	188	10,10	1,21	3,05	0,37
47	56,900	1 680	219	10,20	1,33	2,95	0,37
29	63,100	1 726	261	9,75	1,47	2,75	0,41
16	67,500	1 861	346	10,01	1,87	2,75	0,51
24	73,200	1 901	366	9,70	1,36	2,60	0,37
5	89,000	2 101	391	9,40	1,30	2,35	0,44

Ce tableau nous montrera la même loi que le tableau construit d'après les données de Vierordt, à savoir que la quantité de foie par rapport à l'unité de surface va en grandissant de l'enfant à l'adulte, ce qui est en contradiction apparente avec la loi trouvée pour des chiens adultes de poids très divers, que la quantité de foie pour l'unité de surface ne se modifie pas, que l'animal soit grand ou petit.

Nous le répétons, cette contradiction ne s'explique que si l'on admet soit une intensité plus grande des actions hépatiques chez l'adulte que chez l'enfant, soit, ce qui me paraît moins plausible, l'activité plus grande d'un même poids de tissu hépatique chez l'enfant que chez l'adulte.

En tous cas, ce qui est bien remarquable, c'est ce fait, que j'ai été le premier à établir, que le poids de la rate est proportionnel au poids du corps, tandis que le foie l'est à la surface du corps.

De tous ces chiffres nous pouvons dresser le tableau suivant (semi-schématique) :

ANIMAUX.	POIDS MOYEN DU CORPS.	POIDS ABSOLU DU FOIE.	POIDS DU FOIE.	
			PAR DÉC. CARRÉ.	POUR 100 GRAMMES.
	gr.			
Souris	5,6	0,29	0,85	5,1
Rats	260	13,25	2,90	5,1
Cobayes	460	18,8	2,83	4,1
Lapins.	1,430	60,2	4,20	4,2
Chats	2,670	97	4,00	3,25
Hommes	3,190	153	6,35	4,80
Chiens.	9,000	340	6,8	3,61
Chiens.	20,000	540	6,5	2,63
Hommes	38,000	1 326	10,5	3,50
Hommes	56,000	1 680	10,2	2,95
Moutons	64,000	1 070	5,40	1,66
Moutons	88,000	1 220	5,45	1,49
Porcs.	92,000	1 480	6,30	1,55
Bœufs	525,000	6 850	9,40	1,31

De ce tableau on peut déduire diverses conséquences intéressantes.

La première, c'est que, en prenant la proportionnalité à la surface, l'homme est de tous les animaux celui qui a la plus grande quantité de tissu hépatique. Il est possible, et même très probable, que cela tient à la plus grande quantité de chaleur qu'il est forcé de produire, étant donné qu'il est animal à peau nue, dépourvue de fourrure, et par conséquent avec une irradiation très active.

Ainsi, pour comparer des individus de poids sensiblement égal, des chats pesant en moyenne $2^{kgr},670$ ont 4 grammes de foie, par déc. carré, tandis que des enfants de 3 kilogrammes ont $6^{gr},35$ par déc. carré. Des moutons de 64 kilogrammes ont $5^{gr},90$, tandis que des hommes de 56 kilogrammes ont $10^{gr},2$ par décimètre carré. Des chiens de 36 kilogrammes ont $6^{gr},5$, tandis que des hommes de 38 kilogrammes ont $10^{gr},5$ par décimètre carré.

Et naturellement cette différence se retrouve, très marquée aussi, dans la proportion du foie au poids total du corps.

	POIDS DU FOIE EN GRAMMES.	
	PAR 100 GRAMMES.	PAR DÉC. CARRÉ.
Chats de $2^k,670$	3,25	4,00
Hommes de $3^k,190$	4,80	6,35
Chiens de $20^k,6$	2,63	6,50
Hommes de 18 kilos.	4,70	10,99
Chiens de 36 kilos.	2,21	6,50
Hommes de 38 kilos.	3,50	10,50
Moutons de 64 kilos.	1,66	5,90
Hommes de 63 kilos.	2,75	9,75

C'est là un premier fait qui paraît important à constater.

Le second fait, c'est que la proportion de tissu hépatique, à mesure qu'il s'agit d'animaux plus gros, va en croissant assez régulièrement par rapport à l'unité de surface, et en diminuant par rapport à l'unité de poids, si bien que la moyenne reste sensiblement constante.

ANIMAUX	POIDS DU COBAYE.	POIDS DU FOIE.		
		par déc. carré.	par 100 grammes.	Moyenne.
	gr.			
Rats.	260	2,90	5,1	4,0
Cobayes	460	2,83	4,1	3,4
Lapins.	1 500	4,20	4,2	4,2
Chats	2 670	4,00	3,25	3,7
Chiens.	20 000	6,5	2,63	4,5
Moutons	64 000	5,90	1,66	3,8
Porcs	92 000	6,30	1,55	3,9
Bœufs	525 000	9,40	1,31	5,2

Tout se passe comme si le foie était par moitié proportionnel à la surface, et par moitié proportionnel au poids.

On voit enfin que, chez les animaux divers, il y a d'assez grandes différences. Aussi paraît-il essentiel d'étudier avec plus de détails ces proportions pondérales du foie chez le chien.

Proportionnalité du foie à la surface chez les animaux de même espèce. — C'est surtout chez les chiens que l'observation est fructueuse; car il existe des chiens de tailles très différentes, ce qui permet des comparaisons.

Reprenons alors le tableau ci-dessus, en prenant des moyennes qui diminueront les écarts; nous aurons :

MOYENNE DES POIDS DU CHIEN.	POIDS DU FOIE.	
	PAR DÉC. CARRÉ.	PAR 100 GRAMMES du corps.
	kil.		
(28) 31.	6,25	2.20
(30) 18,5	6,45	2,69
(31) 11.0	6,75	3,44
(31) 5,5	6,70	4,24

On peut donc dire que le foie est très sensiblement proportionnel à la surface du corps, et qu'il ne l'est pas du tout au poids du corps.

Or il est important de rattacher cette proportionnalité à la radiation calorique de l'animal. L'animal produit d'autant plus de chaleur, pour se maintenir à un niveau thermique constant, qu'il irradie plus de chaleur. Cette irradiation est fonction de la surface (et comme étendue de surface, et comme nature de surface); de sorte que, chez les animaux dont le foie n'irradie pas de la même manière, la proportion de tissu hépatique n'est pas identique. Chez l'homme, qui a la peau nue et qui par conséquent perd beaucoup de chaleur par irradiation, il y a, comme nous l'avons vu (en ne comparant que des individus de poids à peu près identiques), 11 grammes de foie par décimètre carré, au lieu de 6,5 chez le chien. Chez des chats, pourvus d'une fourrure épaisse, la proportion du tissu hépatique avec la surface est encore moins forte que chez le chien.

Chez 5 chats de 4kg,300 (moyenne) la proportion a été de 4gr,8, par décimètre carré, alors que, chez 5 chiens de 4kg,500 (moyenne), la proportion a été par décimètre carré de 6gr,5.

Chez 4 moutons de 23 kilogrammes, presque aussi bien pourvus en fourrure que les chats, la proportion a été de 4,80, alors que, chez 32 chiens de 23kg,5, elle a été de 6,30.

Mais, chez une même espèce animale, la quantité de tissu hépatique est assez exactement parallèle à la surface, et si, avec les très petits chiens, elle paraît quelque peu diminuer, c'est que probablement la mesure des surfaces d'après la formule de Meeh nous donne des chiffres un peu faibles pour des animaux très petits. L'écart pour le poids est de 2,20 à 4,24; c'est-à-dire du simple au double. L'écart pour les surfaces n'est que de 6,25 à 6,70, c'est-à-dire d'un dixième.

Poids du foie des poissons. — Il faut comparer à ces chiffres ceux que j'ai pris sur les poissons cartilagineux (*B. B.*, 1888, 786), chiffres trop peu nombreux pour une con-

	POUR 100 grammes du corps.
4 squales de 1 500 grammes . . .	5,8
1 roussette de 4 055 grammes . .	4,8
1 congre de 3 010 grammes . . .	1,3
MOYENNE GÉNÉRALE. . .	4,7

clusion formelle, mais qui prouvent que par rapport au poids la proportion de foie chez les poissons n'est pas très différente de ce qu'elle est chez les mammifères. Quant à la proportion à la surface, la forme des poissons est tellement différente de celle des mammifères qu'on ne peut faire à ce sujet de rapprochement utile.

Autres causes des variations du poids du foie. — D'après Maurel, l'alimentation exercerait une influence considérable sur le volume du foie. Mais il me semble que ses arguments, pour démontrer cette proposition, ne sont pas recevables; car il ne tient pas compte, au moins dans un premier travail, antérieur à son mémoire de 1902, sur le rapport du foie avec la surface, de la proportionnalité du foie à la surface. Or il n'est pas possible de supposer que pour les chiens adultes, gros ou petits, l'alimentation ne soit pas, en moyenne, identique. Cependant leur foie varie avec la taille. Que les adultes aient toujours une proportion de foie moindre, par kilogramme de poids vif, que les jeunes, il n'en faut pas chercher d'autre cause qu'une surface différente, moindre pour l'unité de poids, à mesure que l'animal grandit. Quant à la différence entre le chien et le lapin (de poids égal), ce n'est pas une question d'étendue, mais de qualité de surface; car les chats, dont la nourriture est tout aussi animale que celle des chiens, ont un foie plus petit (par déc. carré) que les chiens; ce qui s'explique bien par leur fourrure plus épaisse et mieux protectrice. Reste donc, pour étayer l'opinion de E. Maurel, uniquement la différence entre le hérisson, insectivore, et le lapin, herbivore : ce qui n'est guère démonstratif. Il est vrai que Maurel a remarqué que des lapins nourris avec du fromage ont un foie plus gros que les lapins nourris avec de l'herbe (4,1 pour les lapins nourris au fromage, et 2,75 pour les lapins nourris à l'herbe). Mais là encore les expériences (10) sont trop peu nombreuses, et on pourrait tout aussi bien incriminer la graisse du fromage que les matières azotées.

Enfin les oiseaux, granivores, ne peuvent être considérés comme étant *plus herbivores* (?) que les herbivores eux-mêmes; ils ont cependant, d'après Maurel, un foie plus petit par l'unité du poids. De fait la différence entre l'herbivore et le carnivore n'est notable que pour la digestion intestinale; car au point de vue de l'assimilation, qui fait suite à la digestion intestinale, une fois que les produits de la digestion intestinale ont passé dans la circulation portale et dans le foie, herbivores, granivores et carnivores se ressemblent trop pour qu'il y ait une différenciation profonde à établir. La seule démonstration expérimentale rigoureuse serait de nourrir une dizaine de chiens avec de la viande, une dizaine de chiens avec du pain et du sucre, et de chercher au bout de quelques mois s'il y a une différence dans le poids du foie de ces deux lots de chiens. Or je n'ai pas pu constater, chez des animaux, il est vrai, tuberculeux, que l'alimentation très différente dans les divers cas observés ait entraîné une différence dans le poids du foie. Tout compte fait, il ne semble pas que l'alimentation modifie le volume du foie.

Les conditions pathologiques, au contraire, le font varier énormément. Les cirrhoses, les hypertrophies, les dégénérescences graisseuses ou autres, de cause infectieuse ou toxique, exercent une influence énorme sur le volume du foie. Mais il s'agit alors de cellules hépatiques altérées, et l'augmentation de volume n'a peut-être aucun rapport avec une fonction plus intense.

Conclusions. — Il est assurément regrettable que des mesures plus nombreuses n'aient pas été prises, sur les Oiseaux, sur les Reptiles, sur les invertébrés même; car elles conduiraient certainement à des constatations intéressantes. Chez les chevaux et les bœufs, et les animaux de très grande taille, les documents ne sont pas aussi abondants qu'ils pourraient l'être. Sur beaucoup d'animaux on ne possède qu'un ou deux chiffres, ce qui est certainement insuffisant. Pour un assez grand nombre d'autres, on n'a même pas un seul chiffre.

Peut-être enfin conviendrait-il de prendre comme terme de comparaison, au lieu du poids total du corps, un organe dont le poids serait relativement peu variable, comme le cœur. Il semble qu'il y ait là une étude fructueuse à entreprendre.

En tout cas, ce qui se dégage des faits établis ici sur le poids et le volume du foie, c'est la proportionnalité; en premier lieu, à l'étendue de la surface; en second lieu, au caractère de cette surface.

On comprendra sans peine la portée de ces deux grandes lois, qui semblent primordiales. La surface d'un animal est un élément plus important que son poids. D'abord la surface indique la quantité de chaleur irradiée et, par conséquent, d'énergie dégagée. Et comme l'équilibre entre le dégagement d'énergie et la production d'énergie doit être constamment maintenu, c'est la surface (comme étendue, et comme qualité) qui va régler la production d'énergie chez l'être vivant (homéotherme). Aussi bien ai-je pu démontrer que toute la production d'énergie de l'homéotherme (radiation calorique, absorption d'oxygène, consommation d'aliments, production de CO^2) était fonction de la surface. Le foie, qui, par ses fonctions chimiques portant à la fois sur le glycogène, la graisse et les matières azotées, est un grand producteur d'énergies chimiques, se conforme à cette loi générale; et il a un développement proportionnel à l'unité de surface. On peut admettre, en effet, que l'activité du foie est exactement proportionnelle à son volume. Donc le volume du foie doit être et est réellement en rapport avec l'étendue de la surface cutanée de l'organisme.

A un autre point de vue, tout différent, la surface joue un rôle considérable, et alors ce n'est plus seulement chez les homéothermes, mais chez tous les êtres. C'est par l'étendue de la surface que l'être est en rapport avec le monde extérieur. Les nerfs périphériques qui se distribuent à la surface ont donc une importance proportionnelle à la surface, et les centres nerveux, qui sont le point de convergence de tous ces nerfs superficiels, représentent un foyer d'autant plus actif que ces rayons convergents sont plus abondants.

Par son rôle de distributeur (ou déperditeur) d'énergie, comme par son rôle de collecteur des excitations extérieures, la surface règle l'intensité de vie de l'animal.

§ V. — COMPOSITION CHIMIQUE DU FOIE.

Propriétés chimiques générales du foie. Méthode d'examen. — L'étude de la composition chimique du foie est plus difficile que celle de tout autre organe, à cause de la grande quantité du sang qu'il contient. La mesure précise de la quantité du sang contenue dans le foie n'est pas donnée par les auteurs qui se sont occupés de la quantité du sang contenue dans les organes. La seule indication que j'aie pu trouver est celle de RANKE (cité par VIERORDT, *An. Daten*, 1893, 128) qui dit que, chez le lapin, un quart de la masse totale du sang se trouve dans le foie (24 à 29 p. 100). Il s'ensuivrait que sur un chien de 10 kilogrammes il y aurait 220 grammes de sang environ dans le foie. Si invraisemblable que soit ce chiffre, il ne doit pas nous étonner; car, en fait, les pesées du foie donnent des chiffres très différents, et les différences sur des chiens normaux et de même taille tiennent en partie sans doute aux différences dans la quantité de sang qui reste ou qui ne reste pas dans le foie. Ces différences sont probablement liées au genre de mort; et chez les chiens ou les lapins tués par hémorrhagie, le foie doit paraître moins volumineux, par suite d'une notable diminution dans les quantités de sang qu'il contient. Par exemple, sur deux chiens de $10^{kg},5$, j'ai trouvé, sur l'un, un foie pesant 170 grammes; sur l'autre, un foie pesant 415 grammes.

De là une première difficulté. Faut-il, pour étudier le foie, l'étudier avec le sang qu'il contient, ou après avoir fait le lavage du foie? Quelque inconvénient qu'il y ait, à cer tains points de vue, à faire passer une grande masse liquide dans le tissu du foie, il me paraît que les inconvénients sont encore moindres que si l'on étudie le foie avec la grande masse de sang qu'il contient, masse qui, dans certains cas, peut être égale au poids même du foie. On fera donc passer par la veine porte, avec une pression aussi faible que possible, mais suffisante pour qu'il y ait écoulement : 0m,30 à 0m,50 de hauteur, un courant d'eau chargée de 7 grammes par litre de NaCl à une température de 37° environ, et on s'arrêtera quand l'écoulement de liquide par les veines sus-hépatiques sera presque incolore.

À vrai dire, le plus souvent les auteurs qui ont fait l'étude chimique du foie n'indiquent pas s'ils ont opéré sur un foie contenant encore du sang ou sur un foie lavé. Il faut en excepter ZALESKI, qui décrit avec soin les moyens de laver le foie (150 litres d'eau pour un foie de cheval). Le mieux, d'après lui, est de faire l'hydrotomie sur l'animal vivant. Il employait de l'eau sucrée, isotonique au sérum, et prenait soin de vider autant que possible les conduits biliaires de la bile qui y était contenue.

Quoi qu'il en soit, le tissu du foie est, comme le sang lui-même, légèrement alcalin. Il devient, quelques heures après la mort, plus ferme qu'au moment de la mort, comme s'il s'opérait dans son tissu une sorte de rigidité cadavérique. Il est probable qu'il y a coagulation d'une matière albuminoïde plus ou moins analogue à la myosine, mais assurément non identique (PLOSZ). D'après BIGANT, qui a bien étudié la composition du foie en albuminoïdes, cette rigidité ne serait pas due à la coagulation spontanée de la substance qu'il appelle la *cytosine* (Voir plus loin, p. 655), substance qui cependant peut se coaguler spontanément.

En tout cas, cette acidification est assez rapide. (Est-ce par formation d'acide lactique? HALLIBURTON (1892) a montré l'influence de la température sur cette acidification après la mort.

Temps nécessaire pour l'acidité.

	TEMPÉRATURE AMBIANTE (18°)?	BAIN A 40°.
Foie de lapin	90 minutes.	35 minutes.
Foie de lapin	Plus de 2 heures.	65 —
Foie de chat.	Plus de 2 heures.	90 —
Foie de chat.	Plus de 2 heures.	90 --

Le foie contient de l'eau, des sels minéraux, des hydrates de carbone, des graisses et savons, des matières azotées cristallisables, et des matières azotées albuminoïdes. Nous étudierons séparément ces diverses substances.

Eau et sels minéraux du foie. — La proportion d'eau dans le tissu hépatique a été donnée anciennement par BIBRA (1849) (pour 1000 parties).

	FEMME.	HOMME.	BŒUF.	BŒUF.	VEAU.	CHEVREUIL.	PIGEON.
Eau.	763.1	761,7	709	719,2	728,0	728,6	719,7
Matières solides . . .	223.69	238,3	291	280,2	272,0	271,4	280,3

OIDTMANN a donné les chiffres suivants :

	HOMME 58 ans.	HOMME 58 ans.	NOUVEAU né.	VIEUX chien.	JEUNE chien.	LAPIN.	ESTURGEON.	CARPE.
Eau	625,9	740,3	825,1	632,8	792,7	560,5	818,2	782,9
Matières solides. . .	374,1	259,7	174,9	367,2	207,3	439,5	181,8	217,1

VOLKMANN (cité par VIERORDT, *Anat. Daten und Tabellen*, 1893, 231) a trouvé 696 d'eau chez un homme de 62 kil.

Dans des foies pathologiques (cirrhose et squirrhe), BIBRA, FAERICHS et FOLWARCZNY (cités par GORUP-BESANEZ, 1889) ont trouvé 750,9 ; 802,0 ; 783,3 ; 734,5 ; 710,3 ; 775,6 ; 753,7 ; 807,8 d'eau dans mille parties.

On peut, avec OIDTMANN, déduire de ces chiffres que la proportion d'eau dans le tissu hépatique, comme d'ailleurs dans la plupart des tissus, va en diminuant avec l'âge, pour passer de 825 chez le nouveau-né à 650 environ chez les animaux âgés.

La moyenne de la proportion d'eau est d'environ 725, sur les foies normaux. Sur les huit foies pathologiques dont nous donnons plus haut l'analyse, elle a été de 760 grammes, ce qui est une différence minime. On peut donc admettre le chiffre moyen de 725 grammes ; chiffre qui se rapproche singulièrement des proportions d'eau qu'on trouve dans le sang et dans les muscles.

ZALESKI (1886), dans les nombreuses recherches faites par lui pour doser le fer du foie, a trouvé, en prenant de grandes précautions pour le lavage du foie, les proportions suivantes de matières solides et d'eau ;

	MATIÈRES SOLIDES pour 1000 parties.
Chien.	143,6
Chien.	134,1
Chien.	173,1
Cheval.	223,2
Cheval.	184,5
Chien nouveau-né.	189,0
Lapin.	189,8
Hérisson.	75,2
Hérisson.	107,3
Fœtus de veau.	97,8
Écrevisse (48 sujets).	172,4
Mustela.	223,8
Mustela.	207,8
Écureuil.	225,6
Lièvre.	145,1
Lièvre.	144,7
Fœtus humain de 8 mois.	221,9
Homme (anémie).	207,0
Homme (diabète).	210,8

La moyenne de ces mensurations donne environ 185 parties solides pour mille grammes de foie, chiffre plus faible que celui donné plus haut.

HEFFTER (1890) donne les proportions suivantes pour des foies de lapin (moyenne de 15 dosages).

Eau.	726,6
Matières solides.	273,4

Chez 12 lapins empoisonnés avec le phosphore les proportions ont été :

Eau.	762,5
Matières solides.	237,5

PERLS (cité par BOTTAZZI, 404) a trouvé sur l'homme, pour mille parties, de 207 à 195 grammes de matières solides.

Enfin LUKJANOW (1889) a comparé les proportions d'eau des divers tissus chez des pigeons.

Matières solides pour 1000.

	FOIE.	SANG.	CERVEAU.	MUSCLES.
État normal.				
10 pigeons mâles	258,4	232,1	200,6	257,8
10 pigeons femelles.	256,2	226,5	196,3	245,0

Matières solides pour 1 000 (suite).

	FOIE.	SANG.	CERVEAU.	MUSCLES.
Dans l'inanition.				
10 pigeons mâles.	273,4	226,4	202,7	230,6
10 pigeons femelles. . . .	282,9	221,9	201,8	238,0

Ces chiffres prouvent que, dans l'inanition, il se fait une certaine déshydratation du foie et qu'elle est plus intense que dans le sang, le cerveau et les muscles.

En tout cas, le chiffre moyen de 20 à 25 p. 100 de matières solides dans le foie paraît être bien établi. C'est autour de cette moyenne que peuvent osciller les différences individuelles.

Quant aux sels minéraux contenus dans le foie, ils ont été déterminés par OIDTMANN. La proportion a été la suivante :

HOMME de 58 ans.	HOMME de 58 ans.	NOUVEAU NÉ.	VIEILLE femme.	LAPIN.	JEUNE chien.	VIEUX chien.	ESTURGEON.	CARPE.
11,03	10,66	9,08	7,18	8,12	8,96	7,39	12,16	13,4

La moyenne est donc très voisine de 10 p. 1000 : comme d'ailleurs pour la plupart des tissus ou des liquides de l'organisme.

Les proportions de ces diverses matières minérales sont les suivantes, d'après OIDT-MANN. Nous les rapprocherons des matières contenues dans la chair musculaire (GORUP-BESANEZ, 217).

Sels du Foie (sur 100 parties de cendres).

	FOIE.		CHAIR.	
	Homme. (OIDTMANN.)	Enfant. OIDTMANN.	Bœuf. STOLZER.	Veau. STAFFEL.
Potasse	25,23	34,72	35,94	34,40
Soude	14,51	11,27	»	2,35
Magnésie.	0,20	0,07	3,31	1,45
Chaux	3,61	0,33	1.73	1,29
Chlore	2,58	1,21	1,86	»
P_2O_5	50,18	12,75	34,36	48,13
SO_4H_2	0,92	0,91	3,37	»
Silice	0,27	0,18	2,07	0,81
Oxyde de fer.	2,74		»	»
MnO.	0,10		»	»
CuO.	0,03	5,43	»	»
PbO.	0,01		»	»

On voit nettement par là que le phosphate de potasse représente à lui tout seul les trois quarts des sels inorganiques du foie, aussi bien que pour la chair musculaire, les globules rouges du sang et le cerveau.

La détermination plus exacte de la chaux contenue dans le foie a été faite par KRÜGER

(1894). Ses dosages portent sur 97 foies de veaux et de bœufs de divers âges. Le tableau suivant résume ses recherches, portant sur le calcium, le fer, le phosphore et le soufre. Mais il faut remarquer que ses chiffres se rapportent à mille grammes de matières solides. Or les matières solides ne constituent que le quart du tissu hépatique. Si donc on voulait rapporter les chiffres au foie même, il faudrait les prendre quatre fois plus faibles.

Minéraux du Foie (pour 1 000 parties de substances sèches).

	Ca.	Fe.	P.	S.
Fœtus de 20 à 30 centimètres.	0,58	3,59	1,75	18,6
— de 30 à 40 —	1,01	2,14	1,74	17,8
— de 40 à 50 —	0,81	1,40	1,71	18,2
— de 50 à 60 —	0,88	1,81	1,73	18,6
— de 60 à 70 —	0,64	2,96	1,65	17,5
— de 70 à 80 —	0,78	3,09	1,69	17,0
— de 80 à 100 —	1,01	1,81	1,72	17,4
Veaux d'une semaine.		1,80		
— de deux —		0,86		
— de trois —	1,23	0,45	14,6	17,7
— de quatre —		0,32		
Veaux plus âgés	0,71	0,26	13,0	17,7

Il constate ainsi qu'il semble y avoir un certain antagonisme, ou plutôt un certain balancement, dans la teneur du foie en calcium ou en fer. Ce qui est bien évident, c'est que le calcium a un maximum au moment de la naissance, et qu'à partir de cette époque sa proportion dans le foie va en diminuant jusqu'à l'âge adulte.

Nencki et Simanovski avaient dosé le chlore du foie, et trouvé une proportion de Cl extrêmement faible, soit 0,25 p. 1 000 en moyenne (0,14 ; 0,24 ; 0,26 ; 0,22 ; 0,39). Mais, dans des expériences faites avec P. Langlois, j'ai trouvé des quantités de Cl bien plus fortes (il est vrai que le foie n'avait pas été lavé). Les quantités ont été de 2,392 ; 2,138 ; 2,011 ; 2,008 ; 1,611 ; 1,628 ; 1,953 ; 2,217 ; en moyenne 1,982. Chez les chiens morts d'hémorrhagie la quantité de Cl a été plus faible ; c'est-à-dire de 1,331 en moyenne, avec un maximum de 1,538, et un minimum de 1,146. Dans un foie lavé, et traversé par un courant d'eau sucrée, la proportion de Cl n'était plus que de 0,388, ce qui peut faire supposer qu'une partie du Cl trouvé dans le foie des chiens normaux non exsangues était due au sang contenu dans le foie. Il nous paraît donc assez vraisemblable que c'est le non-lavage du foie, dans nos expériences, qui explique la grande différence (de 1,98 à 0,25) entre les chiffres de Nencki et les nôtres. Chez des chiens à jeun, morts d'hémorrhagie, la proportion de Cl a été la même que chez des chiens alimentés, soit de 1,33 p. 100. Chez des chiens ayant reçu une alimentation très pauvre en NaCl, le Cl du foie n'était plus que de 1,054. Chez des chiens nourris avec un excès de NaCl, le chlore du foie était de 1,171, c'est-à-dire très voisin de la normale (P. Langlois et Ch. Richet, *De la proportion des chlorures dans les liquides de l'organisme. Trav. du Lab. de physiologie*, 1902, V, 159-178).

Le phosphore et le soufre ne se trouvent pas intégralement à l'état de combinaisons inorganiques, de sorte qu'il est absolument impossible d'affirmer qu'il s'agit là uniquement de sulfates et de phosphates minéraux.

Quoi qu'il en soit de la nature organique ou inorganique du soufre et du phosphore du foie, d'après Krüger, la proportion de soufre est à peu près invariable à tous les âges, tandis que celle du phosphore ne change guère pendant la période fœtale, mais va en diminuant notablement à partir du moment de la naissance.

En comparant le tissu splénique au tissu hépatique, Krüger trouve les chiffres suivants, pour 1000 grammes de matières solides.

	SOUFRE.		PHOSPHORE.	
	FOIE.	RATE.	FOIE.	RATE.
Fœtus de 80 à 100 centimètres.	17,4	20,5	17,2	15,9
Veaux	17,7	17,2	14,6	18,2
Vaches.	17,3	19,8	12,9	12,6
Bœufs	17,5	18,3	13,0	13,7

Enfin il donne les chiffres suivants de soufre, de phosphore et de fer chez l'homme adulte et le nouveau-né (pour 1 000 grammes de matières solides).

	SOUFRE.	PHOSPHORE.	FER.
8 individus (dont une femme de 23 à 70 ans.	24,6	12,8	0,88
2 nouveau-nés	35,6	15,4	3,14

Beaucoup de travaux ont été entrepris à l'effet de connaître les proportions de fer contenu dans le foie. Et le fait remarquable découvert par les nombreux auteurs qui ont poursuivi cette question, c'est que le fer est très abondant chez les fœtus et qu'il va ensuite en diminuant avec l'âge. Mais il s'agit là d'une étude toute spéciale qui a été tracée à l'article **Fer**, auquel nous renvoyons.

Quant aux divers métaux étrangers, zinc, cuivre, arsenic, plomb, mercure, argent, il s'en trouve souvent dans le foie; mais leur origine est facile à expliquer. Le foie a, ainsi que nous le verrons plus tard, la propriété de retenir dans son tissu les matières, minérales ou organiques, qui sont étrangères à l'organisme. Alors, dans le cas d'ingestion de plomb, d'arsenic, de cuivre, ces corps vont se localiser dans le foie plutôt que dans tout autre tissu.

Hydrates de carbone, glycose, glycogène. Ferments diastasiques. — L'étude des hydrates de carbone contenus dans le foie est trop intimement liée à la fonction glycogénique pour que nous l'abordions ici. Nous renvoyons donc à l'article **Glycogène**.

Matières grasses du foie. — Les matières grasses du foie représentent, d'après BIDDA, de 18 à 36 p. 1 000 chez l'homme; de 23 à 53 p. 1 000 chez les divers animaux. Mais ces chiffres ne signifient rien de bien précis; car le plus souvent le dosage se fait par la quantité de substance qui se dissout dans l'éther. Or l'éther dissout la cholestérine, la lécithine, la jécorine, toutes substances qui sont bien différentes entre elles, et différentes surtout des acides gras ou des graisses.

Sur des grenouilles ayant reçu, les unes de la peptone, les autres du sucre, les autres de l'eau, STOLNIKOW (1887) a trouvé les proportions suivantes (par 1000 grammes de grenouille).

	PEPTONE	SUCRE	GRAISSE
Cholestérine.	0,22	traces	0,05
Lécithine	0,51	traces	0,06
Graisses.	0,42	0,89	0,76
TOTAL	1,13	0,89	0,87

Comme le poids de ces foies est, pour 1000 grammes de grenouille, de 30 grammes environ, ces chiffres sont à diviser par 0.03; ce qui donne en matière grasse totale environ 25 à 30 grammes p. 1000 de foie.

Certains poissons contiennent une bien plus grande quantité de matières grasses (huile de foie de morue). Ces corps ont fait l'objet d'études toutes spéciales, entreprises surtout au point de vue pharmacologique. On ne peut d'ailleurs de ces études tirer aucune conclusion rigoureuse; car les huiles de foie de morue (comme les huiles provenant d'autres poissons) se préparent en faisant fermenter et pourrir les foies. Il est assez regrettable qu'il n'y ait pas d'étude méthodique faite sur les foies frais de poissons et sur les graisses qu'ils contiennent.

Les matières grasses du foie varient énormément avec les différentes conditions physiologiques. On sait que dans l'empoisonnement par le phosphore le foie devient graisseux (voir **Phosphore, Arsenic** et **Foie**. *Action du foie sur les graisses*, VI, 679). Mais, même à l'état normal, l'alimentation exerce une influence considérable sur la teneur du foie en graisses. Dans l'inanition complète il n'y a presque plus de matières grasses hépatiques. Au contraire, si l'alimentation est riche en graisses, ou même en hydrates de carbone, le foie se charge de graisses. Dans les foies gras des oies alimentées d'une manière toute spéciale et surabondante, la proportion de graisse atteint parfois 17 pour 100 (GARNIER, 689). En même] temps que la graisse augmente, les cellules hépatiques s'atrophient, et la sécrétion biliaire diminue (HOPPE-SEYLER).

MEISSNER (cité par GARNIER) dit que chez les poules, au moment de la ponte des œufs, il y a plus de graisse dans le foie; les poules qui ne pondent pas ont moins de graisse. Il en conclut que le foie, pendant la ponte, est une réserve destinée à fournir la matière grasse du jaune de l'œuf. D'ailleurs, à l'époque de la lactation, chez les mammifères, le foie des femelles est toujours riche en graisse, ce qui concourt à faire admettre que le foie est un des organes qui forment la graisse du lait, ainsi que la graisse du vitellus (Voy. *Formation de graisse dans le foie*, p. 680).

La structure chimique du foie est donc, au point de vue de la graisse comme au point de vue des autres substances, en rapport étroit avec sa fonction.

Matières albuminoïdes du foie. — D'une manière très incomplète, la proportion des albuminoïdes du foie a été indiquée il y a longtemps par BIBRA, qui détermina de la manière suivante, avec les dénominations défectueuses d'albumine soluble et de glutine (GORUP BESANEZ, 215), les matières protéiques de foie.

Sur 1000 parties.

	MOYENNE DE SIX INDIVIDUS humains.	2 BŒUFS MOYENNE.	VEAU.	CHEVREUIL.	PIGEON.
Albumine	25,1	16,9	19,0	32,2	17,7
Glutine	42,4	65,1	47,2	41,7	43,4
TOTAL	67,5	82,0	66,2	73,9	61,1

Il est d'autant plus difficile de doser la proportion des matières albuminoïdes que, si l'on fait, comme cela est absolument nécessaire pour éliminer le sang, le lavage du foie, on enlève par ce lavage des quantités notables de substances qui précipitent abondamment par la chaleur et les acides, même quand il n'y a plus de coloration par le sang.

PLOSZ d'abord (1873), puis HALLIBURTON (1892), se sont occupés de la détermination plus précise des variétés de substances protéiques du foie.

PLOSZ a étudié le foie dans le laboratoire de KÜHNE d'après la méthode de KÜHNE pour la préparation du plasma musculaire. En traitant la pulpe du foie, tamisée à travers un nouet de linge, par une solution de NaCl à 7,5 p. 1000, on a une masse qui peu à peu s'éclaircit. Les cellules se déposent au fond du vase, et on peut recueillir à la surface un liquide qui filtre facilement et qui contient :

α. une albumine qui se coagule à 45°.

β. une albumine qui se coagule à 75° et qui serait une combinaison de nucléine et d'albumine.

Quant aux cellules hépatiques, elles contiennent une albumine qui se coagule à 75°, de la nucléine et de la caséine, ou du moins un corps soluble dans les carbonates alcalins. Ce corps, une fois dissous ainsi, présente tous les caractères de la caséine ou de l'alcali-albumine, encore qu'il diffère de la caséine avant l'action des alcalins par la difficulté avec laquelle il se dissout dans ce réactif. Par l'ensemble de ces caractères il paraît très analogue à la globuline coagulée.

En prenant des cellules hépatiques fraîches, Plosz a pu préparer un plasma hépatique analogue au plasma musculaire de Kühne ; mais ce plasma n'abandonne jamais, par coagulation spontanée, de myosine.

Halliburton a distingué les albuminoïdes du foie d'après la température de coagulation. Il sépare par ces coagulations fractionnées quatre albumines.

```
1 coagulable de 45 à 50°
2    —     de 56 à 60°
3    —     de 68 à 70°
4    —     de 70 à 72°
```

La dernière est très peu abondante ; les autres sont en quantité notable.

L'albumine est probablement une globuline. Elle précipite totalement par un excès de sulfate de magnésium. Halliburton l'appelle hépato-globuline.

La seconde précipite aussi en totalité par le sulfate de magnésium : elle laisse après digestion un résidu de nucléine très riche en phosphore. C'est l'hépato-nucléo-albumine ($1^{gr},45$ de phosphore pour 100 grammes de substance sèche). Elle se dissout dans une solution de carbonate de sodium au centième.

L'albumine est une hépato-globuline sans nucléine et sans phosphore ; elle ne précipite pas totalement par une solution saturée de NaCl. Halliburton l'appelle hépato-globuline β.

E. Bigart a étudié le liquide obtenu par broyage et macération du foie avec de l'eau distillée. Pour que ce liquide ne passe pas trouble par le papier, il ajoute une petite quantité de CO^3Na^2 et de SO^4Mg ; le précipité de SO^4Mg entraîne mécaniquement les granulations hépatiques, et le liquide filtre clair. Par l'acide acétique faible, ce liquide précipite. Bigart appelle *cytosine* ce précipité qui reste sur le filtre. Dans une solution pauvre en sels la cytosine précipite même par un courant de CO^2. Cette cytosine se redissout dans une solution de NaCl à 1 p. 100, dans les alcalis et dans les acides minéraux (excepté l'acide nitrique). En solution salée elle précipite par le sulfate d'ammoniaque, mais ne précipite pas un excès de NaCl. Elle se coagule par la chaleur. Bigart ne peut pas rattacher la cytosine à une quelconque des albumines hépatiques étudiées par Halliburton, et il pense que c'est une substance intermédiaire entre les caséines et les globulines ; elle se différencie des caséines en ce qu'elle se coagule par la chaleur, et des globulines en ce qu'elle n'est pas précipitée totalement par le sulfate de magnésium. Outre cette cytosine, Bigart a obtenu d'autres albuminoïdes qu'il appelle *cellulines*, et qui diffèrent de la cytosine parce qu'elles ne sont pas précipitées par l'acide acétique dilué. Leur constitution comme espèces chimiques distinctes est encore très incertaine.

D'après Halliburton, on ne trouve dans le foie ni peptone, ni albumose, ni pepsine, ni myosine, ni mucine (à condition qu'on prenne les cellules hépatiques débarrassées de la trame conjonctive), ni fibrin-ferment.

Krupffer a trouvé une substance qu'il appelle *cytine* qui ne se dissout dans les solutions alcalines qu'à l'ébullition. Il assigne à ce corps (cytine hépatique, un peu différente de la cytine des ganglions lymphatiques) la composition suivante : C=55,0, H=7,09, Az=14,66, F=0,19, P=0,75, S=3,66.

A vrai dire, ce sont là des données assez empiriques qui ne fournissent guère de renseignements intéressants au point de vue du métabolisme du foie. Il est cependant assez remarquable de voir que la sérine, l'albumine et la caséine manquent à peu près totalement. La grande quantité de nucléine phosphorée est aussi intéressante à noter.

Il est probable, d'après les recherches de Zaleski, qu'une matière albuminoïde spéciale, combinée au fer, et analogue aux nucléines, existe dans le foie. Zaleski l'appelle *hépatine*. Bunge, Schmiedeberg, Vay et d'autres auteurs ont préparé encore une autre nucléine ferrugineuse, ou *ferratine*, qui a été étudiée à **Fer**.

Matières azotées du foie non albuminoïdes. — 1° *Matières phosphorées.* — Le foie contient des corps azotés phosphorés, et tout d'abord de la lécithine.

Heffter (1891) a dosé avec soin la lécithine dans le foie des lapins à l'état normal et après intoxication phosphorée. Il a calculé la proportion de lécithine d'après la quantité de phosphore, et il admet que ce calcul est exact; car dans l'extrait alcoolo-éthéré il n'y a pas trace de soufre, ce qui indique l'absence de jécorine. Sur treize lapins normaux la proportion de lécithine a été en poids absolu de 1^{gr},38 en moyenne pour des lapins de poids moyen de 1 740 grammes. Chez un chien de 9 700 grammes; il y avait 9^{gr},171 de lécithine; et chez un chat de 2 600 grammes, 2^{gr},136.

La proportion de lécithine pour 1000 grammes de foie a été chez ces quinze animaux de 21^{gr},1. Le genre d'alimentation ne semble pas exercer d'influence; mais l'inanition fait diminuer notablement la lécithine. Si l'on met à part deux lapins morts d'inanition, dont le foie contenait 13^{gr},1 et 13^{gr},9 de lécithine, les treize autres foies normaux donnent une moyenne de 21^{gr},8 (max. 30^{gr},7)

Chez les lapins intoxiqués par le phosphore, la lécithine diminue en valeur absolue et en valeur relative. Douze lapins intoxiqués n'avaient plus que 11^{gr},3 de lécithine pour 1000 grammes de foie.

Chez l'homme, Heffter a dosé la lécithine dans trois cas où il y avait eu empoisonnement par le phosphore, et il a trouvé 15^{gr},6 par kilogramme de foie. Chez un criminel il a trouvé 21 grammes, et, chez un phtisique, très amaigri, 11^{gr},1, état qu'il compare à l'état d'inanition.

On peut donc, d'après lui, admettre une proportion normale de 20 grammes de lécithine par kilogramme, en chiffres ronds, dans le tissu du foie.

Mais ce chiffre est peut être un peu fort, car O. Balthazard a dosé la lécithine en déterminant la quantité d'acide phosphorique que donne l'extrait éthéré, c'est-à-dire le mélange de graisses et de lécithine. Il a trouvé, dans les foies normaux, pour 1 000 grammes, 8,5 chez le cobaye; 13, chez le lapin; 12,8 dans le foie d'un homme mort d'accident. Contrairement à Heffter, il a vu que l'inanition, au lieu de diminuer la proportion de lécithine, l'augmente notablement: 25 grammes au lieu de 13 grammes. Tous les résultats qu'il obtient sont différents de ceux de Heffter; car, d'après lui, dans l'intoxication phosphorée, comme dans l'infection typhique expérimentale, la proportion de lécithine augmente; dans un cas de tuberculose, chez l'homme il y avait jusqu'à 43^{gr},1 p. 100 de lécithine. Ce foie pesait 1 950 grammes et renfermait 323 p. 100 de graisse et 431 p, 100 de lécithine. Dans les foies gras d'oies les valeurs de lécithine sont plus élevées encore. Dans un cas la proportion de lécithine était de 229 p. 100 avec 540 p. 100 de graisse. Il admet que la dégénérescence graisseuse du foie s'accomplit en deux stades, un premier stade, formation de lécithine; et un second stade, transformation de ces lécithines en graisses. La formation de lécithine serait due à la transformation des matières albuminoïdes de la cellule hépatique.

Drechsel (1886) a découvert dans le foie du cheval une autre substance phosphorée et azotée. C'est la *jécorine*, pour laquelle il propose la formule

$$C^{105}H^{188}Az^5SP^3O^{46}.$$

C'est une matière soluble dans l'eau et dans l'éther, décomposée à chaud par les acides minéraux avec production d'acide stéarique. Elle réduit la liqueur cupro-potassique. Drechsel (1896) a retrouvé la jécorine dans le foie du dauphin.

L'étude de la jécorine a été faite aussi par Baldi (1887). Il l'a retrouvée dans le foie du chien, du lapin, dans la rate de bœuf, dans le sang et le tissu musculaire du cheval, dans le cerveau humain. Il suppose qu'elle accompagne la lécithine à laquelle elle ressemble par beaucoup de caractères, et qu'il existe plusieurs variétés de jécorine (jécorine de la rate, différente de la jécorine du foie), comme il y a plusieurs variétés de lécithine.

Les propriétés réductrices de la jécorine ont fait penser à Manasse (1893) qu'elle pouvait donner, par décomposition avec la baryte, un sucre, ce qu'il a vérifié. Elle donne aussi par l'ébullition avec la baryte des acides gras, de la choline, et de l'acide glycérophosphorique. Le sucre formé est probablement du glycose (Voir aussi Jacobsen. *Reducirende Substanzen des Blutes. C. P.*, 1892, 368, 370).

2. *Matières non phosphorées.* — Les proportions d'urée et d'acide urique du foie sont assez variables, faibles d'ailleurs. Cette étude sera faite avec plus de détails au chapitre relatif à la fonction uréopoïétique du foie.

Quant aux autres substances azotées cristallisables, elles ne sont dans le foie normal qu'en toute petite quantité. ALMÉN (cité par GARNIER, 667) a trouvé 0,24 de *xanthine* dans le foie du bœuf. BRIEGER (*ibid.*, 664) a trouvé la *neuridine*, $C^5H^{14}Az^2$; la *saprine* ($C^5H^{15}Az$); et la β *méthyltétraméthylèndiamine*. GRANDIS (*ibid.*, 664) a trouvé une base cristallisable ($C^9H^{14}Az^2$), qu'il appelle la *gérontine*, corps qui paraît faire défaut dans l'âge avancé. DRECHSEL (1896) a trouvé de la *cystine*. KOSSEL (cité par BOTTAZZI, 404) a trouvé, sur 1000 grammmes de substance sèche, 1,97 de guanine; 1,21 de xanthine; 1,34 d'hypoxanthine.

Mais il ne paraît pas probable qu'on puisse attribuer à ces substances un rôle bien actif. Tout fait penser, au contraire, que ce sont des produits non constitutifs du foie. Quand on fait le titrage et la détermination des matériaux d'un organe, naturellement on y dose les produits qui y sont contenus, même ceux qui résultent des opérations chimiques interrompues. Le foie, pris au moment où il fait ses actions chimiques, doit contenir les produits de son activité, de sorte que les corps azotés cristallisables qu'on trouve dans le foie doivent être considérés comme matériaux de désassimilation plutôt que comme matériaux de constitution du tissu hépatique.

Dans les foies pathologiques (cirrhose, atrophie aiguë, cancer, etc.), on trouve d'autres substances azotées encore, leucine, tyrosine, acides lactique et paralactique, inosite, etc.; mais l'histoire chimique de ces foies malades est très incomplète encore. Un fait semble se dégager, c'est que les produits intermédiaires sont plus abondants qu'à l'état normal, comme si le foie malade ne pouvait pas transformer en urée ces divers produits azotés, dérivés de la transformation des matières albuminoïdes dans l'intimité des tissus, et avec lesquels le foie probablement fabrique de l'urée.

Autres substances contenues dans le foie. — Le foie contient sans doute aussi d'autres substances dites extractives, ferments divers, auxquels il doit beaucoup de ses propriétés physiologiques et chimiques. Le foie, en effet, contient des substances toxiques qui coagulent le sang dans les vaisseaux (voir *Toxicité du foie*, p. 661). Il contient des ferments diastasiques multiples et à fonctions compliquées, antipexines, oxydases, etc. Mais on ne peut guère étudier ces substances chimiques que par les effets qu'elles produisent sur l'organisme. Elles n'ont été ni déterminées, ni isolées. Il en sera parlé dans les divers chapitres spéciaux de physiologie du foie.

Quant au foie des invertébrés, il contient quelques autres substances dont l'étude sera faite à la physiologie comparée du foie.

Bibliographie des chap. I à V. — 1849. — BIBRA. *Chemische Fragmente über die Leber*.

1857. — SCHWARZENBACH. *Ueber den Kupfergehalt der menschlichen Leber* (*Verh. phys. med. Ges. zu Würtzburg*, VII, 19).

1858. — SCHOTTIN. *Ueber einige künstliche Umwandlungsprodukte durch die Leber* (*Arch. f. phys. Heilk.*, II, 336-354). — OIDTMANN. *Die anorganische Bestandtheile der Leber*, Würtzburg. — THUDICHUM. *Xanthic oxide in the human L.* (*Med. Times and Gaz.*, XVII, 570.

1859. — FLUGGE. *Zur Chemie der Leber, besonders in pathologischer Hinsicht* (*Memorabilien*, IV, 17-20).

1871. — STEFFEN. *Ueber Grösse von Leber und Milz* (*Jahrb. f. Kinderkrank.*, V, 47-62).

1873. — P. PLOSZ. *Ueber die eiweissartigen Substanzen der L. zelle* (*A. g. P.*, VII, 371-391).

1875. — KONKOL-YASNOPOLSKI. *Ueber die Fermentation der Leber und Bildung von Indol* (*A. g. P.*, XII, 78-86).

1880. — GORUP-BESANEZ. *Traité de Chimie physiologique* (Trad. franç., II, 208-221).

1883. — SCHMIDT-MUHLHEIM. *Ueber das Vorkommen von Cholesterin in der Kuhmilch.* (*A. g. P.*, XXX, 584).

1885. — LEO. *Fettbildung und Fetttransport bei Phosphorintoxicationen* (*Z. p. C.*, IX, 469-490). — STARCK (*D. Arch. f. klin. Med.*, XXXV, 481).

1886. — DRECHSEL. *Ueber einen neuen schwefel- und phosphorhaltigen Bestandstheil der Leber* (*Journ. d. pract. Chem.* XXXIII, 425-432). — ZALESKI. *Studien über die Leber* (*Z. p. C.*, X, 433-502 et XIV, 274).

1887. — D. BALDI. *Einige Beobachtungen über die Verbreitung des Jecorins im thierischen Organismus* (*A. P.*, Suppl., 100-108). — STOLNIKOW. *Vorgänge in den Leberzellen, insbesonders bei der Phosphorvergiftung* (*A. P.*, Suppl., 1-25). — W. WISSOKOWITSCH. *Die Gewinnung der Milchsäure aus der künstlich durchbluteten Leber* (*A. P.*, Suppl., 91-98).

1888. — Dastre (A.). *Recherches sur les ferments du foie* (*A. de P.*, 69).

1889. — Gautier (A.) et Mourgues. *Sur les alcaloïdes de l'huile de foie de morue* (*Bull. Soc. chim. de Paris*, LII, 213-238). — Lukjanow. *Ueber den Gehalt der Organe und Gewebe an Wasser und festen Bestandtheilen bei hungernden und durstenden Tauben in vergleich mit den bezüglichen Gehalt bei normalen Tauben* (*Z. p. C.*, XIII, 339-351).

1890. — Grandis (*Acc. dei Lincei*, VI, 213 et 220). — Guillemonat (A.) et Lapicque (L.). *Teneur en fer du foie et de la rate chez l'homme* (*A. de P.*, (5), VIII, 1896, 843-856). — Heffter. *Das Lecithin in der L. und sein Verhalten bei der Phosphorvergiftung* (*A. P. P.*, XXVIII, 97-112). — Mairet et Vires. *Propriétés coagulatrices et propriétés toxiques du foie* (*C. R.*, 8196, CXXIII, 1076-1078).

1891. — Linzen. *Ueber den Gehalt der L. zellen des Menschen an Phosphor, Schwefel und Eisen* (*Diss.* Dorpat. — Voy. Krüger). — Knupffer. *Ueber den unlöslichen Grundstoff der Lymphdrüsen und L. zelle* (*D.* Dorpat et Jb. P., XX, 319-320).

1892. — Garnier. *Tissus et Organes*, (*Encycl. chimique de Frémy* IX, 2ᵉ sect., 2ᵉ fasc., 662-701). — Halliburton. *The proteids of kidney und liver cells* (*J. P.*, XIII, 806-846).

1893. — Salkowski. *Ueber die Abspaltung reduzirender Substanzen aus der Eiweisskörpern der L.* (*C. W.*, n° 52).

1894. — Krüger (F.). *Ueber den Schwefel und Phosphorgehalt der Leber und Milzzellen in verschiedenen Lebensaltern* (*Z. B.*, XVI, 400-412). — Marfori. *De la ferratine* (*A. i. B.*, XVI, 66-75).

1895. — Krüger. *Ueber den Calciumgehalt der Leberzellen der Rindes in seinen verschiedenen Entwickelungsstadien* (*Z. B.* XIII, 392). — Jacobsen (A.). *Ueber die in Aether löslichen reducirenden Substanzen des Blutes und der Leber* (*Skandin. Arch. f. Physiol.*, VI, 262-272). — Lapicque (L.). *Quantité de fer contenu dans le foie et la rate d'un fœtus humain normal à terme* (*B. B.*, 39-41). — Manasse (P.). *Ueber zuckerabspaltende phosphorhaltige Körper in Leber und Nebennieren* (*Z. p. C.*, XX, 578-485). — Nepveu (G.). *Utilisation du liquide des pièces histologiques, spécialement du foie, pour la recherche de l'indol et de l'indican* (*B. B.*, XLVII, 305-306). — Staehl. *Der Eisengehalt in Leber und Milz nach verschiedenen Krankheiten* (*A. A. P.*, LXXXV, 26-48).

1896. — Drechsel (E.). *Beiträge sur Chemie einiger Seethiere* (*Z. B.*, XV, 85-107).

1897. — Abelous (J.-E.) et G. Billard. *De l'action anticoagulante du foie des crustacés* (*B. B.*, Paris (10), IV, 991-993). *De l'action du suc hépatique d'écrevisse sur la circulation* (1078-1080). — Folli (F.). *La ferratina del fegato nel feto e nel neonato* (*Gaz. Osp. Milano*, XVIII, 1049-1053). — Gilbert, Carnot et Choay. *Sur la préparation des extraits hépatiques* (*B. B.*, (10), IV, 1028-1030). — Martz (F.). *Étude chimique sur les matières grasses du foie* (*Union pharm.*, XXXVIII, 385-389). — Paton (D. N.). *On the fats of the liver* (*Brit. Assoc. for the advancem. of science*, 1894, 804-805). — Kretz (R.). *Ueber das Vorkommen von Hämosiderin in der Leber* (*Centralbl. allg. Path. path. Anat.*, VIII, 620-622). — Venturoli (R.). *Ricerche sperimentale sulla ferratina e sul ferro del fegato nel digiuno* (*Ric. sper. Lab. Bologna*, XII, 19).

1898. — Floresco (N.). *Recherches sur les matières colorantes du foie et de la bile et sur le fer hépatique* (*Th. de la Fac. des Sc.*, Paris, Steinheil). — Seegen. *Ueber ein in der L. neben Zucker und Glycogen vorhandenes Kohlhydrat* (*C. P.*, XII, 505-515).

1899. — Birg. *Uber das Jecorin* (*C. P.*, XII, 208-213). — F. Bottazzi. *Chimica fisiologica* (II, 401-426).

1900. — Bigart. *Recherches sur les albumines de la cellule hépatique*. D. in., Paris, 45 p. — Jacoby. *Ueber der Aldehyde oxydirende Ferment der L. und Nebenniere* (*Z. p. C.*, 1900, XXX, 135-148).

1901. — Beccari (L.). *Sur les composés organiques de fer du foie* (*A. i. B.*, 117-136). — Balthazard (V.) *Les lécithines du foie à l'état normal et pathologique* (*B. B.*, 922-924). — *Les lécithines des foies gras d'oies* (*ibid.*, 1067-1068). — Lépine (R.) et Bonlud. *Sur la présence d'acide glycosurique dans le foie post mortem* (*B. B.*, 1041-1043). — *Sur la présence de maltose dans le foie post mortem* (*ibid.*, 1961-1062). — Slowtzoff. *Ueber die Bindung des Hg und As durch die L.* (*Beitr. z. Chem. u. Physiol.*, I, 281-288). — Zeynek. *Ueber die Bildung des von der menschlichen L. nach Arseneinnahme festgehaltenen Arsens.* (*C. P.*, XV, 405-408).

1902. — Noé. *Rapport comparatif du poids des organes au poids total chez le Hérisson à l'état normal et après inanition* (B. B., 1100-1108).

1903. — Maurel. *Rapport du poids du foie au poids total de l'animal* (B. B., 43-45). — *Rapport du poids du foie à la surface de l'animal* (ibid., 45-48).

§ VI. — TEMPÉRATURE DU FOIE.

Claude Bernard a le premier bien établi que le foie est l'organe le plus chaud de toute l'économie, et que la température maximum du sang est dans les veines sus-hépatiques (1856) : « Le sang qui s'échappe des veines hépatiques, disait-il, résumant en 1876 ses travaux de 1856, est plus chaud que celui qui a pénétré par la veine porte ; il est le plus chaud de toute l'économie. La glande hépatique est le véritable foyer calorique, si l'on doit donner ce nom au centre organique le plus chaud dont le calorique paraît rayonner sur toutes les parties voisines. » Et il cite, comme prouvant cette augmentation de la température du sang dans le foie, les expériences suivantes :

VEINE PORTE.	VEINES sus-hépatiques.	DIFFÉRENCE en faveur des veines sus-hépatiques.
degrés.	degrés.	degrés.
40,2	40,6	+ 0,4
40,6	40,9	+ 0,3
40,7	40,9	+ 0,2

Toutefois, en consultant les expériences mêmes de Cl. Bernard, on constate que les intestins, le duodénum, l'estomac, ont une température notablement plus élevée que celle du foie, comme dans l'expérience ci-jointe, qu'on peut presque prendre pour type :

	degrés.
Carotide	39,3
Aorte	40,0
Veine porte	40,2
Veines hépatiques	40,7
Duodénum	41,1

Cl. Bernard lui-même dit (p. 149) : « Un grand nombre d'épreuves nous ont constamment donné ces résultats. Toujours nous avons trouvé l'intestin plus chaud que les gros vaisseaux. »

Il n'en reste pas moins établi que les actions chimiques intra-hépatiques élèvent la température du sang, de telle sorte que le sang des veines sus-hépatiques est le sang le plus chaud de l'organisme — à l'exception du sang des veines mésaraïques, — parce que la production notable de chaleur n'est pas compensée, à cause de la situation profonde du foie, par une irradiation correspondante de chaleur.

Les travaux de Cl. Bernard, devenus classiques, ont été confirmés par de nombreux physiologistes, Heidenhain, Jacobson et Leyden, et par de très intéressantes observations de R. Dubois. Aronssohn et Sachs (A. g. P., xxxvii, 246) ont vu que, dans la fièvre que j'avais appelée fièvre traumatique nerveuse (piqûre du cerveau chez les lapins), la température s'élève partout, mais surtout dans le foie ; 42°,7 dans le foie, contre 41°,8 dans le rectum.

Depuis Cl. Bernard, si l'on excepte un travail de Waymouth Reid, qui n'a pu trouver d'élévation de la température hépatique par l'excitation des nerfs du foie, et une courte note de J. Lefèvre, il faut surtout se rapporter aux importants travaux de Cavazzani qui a étudié la question à diverses reprises avec beaucoup de soin.

J. Lefèvre a vérifié sur un porc de 16 kilos que le foie était plus chaud (40°,9) que les autres parties du corps (Rectum : 39°,5. Muscles : 37°). Le foie se refroidissait moins vite que les autres parties du corps, si l'animal était soumis au refroidissement par l'immersion dans un bain de 5°; et même, au début de l'immersion, la température hépatique s'élevait de 0°,4; montant à 41°,3, ce qui constitue la phase thermogénétique initiale, que l'auteur admet comme constituant le premier phénomène consécutif à l'immersion dans l'eau froide.

Les belles expériences de R. Dubois montrent bien la part prépondérante du foie à la thermogénèse. Si en effet, chez une marmotte en état d'hibernation, et à température basse par conséquent, on fait la ligature des vaisseaux carotidiens ou de l'artère hépatique, ou de l'artère splénique, ou des artères mésentériques, ou de l'artère rénale, on ne trouble guère le réchauffement de l'animal. Au contraire, le réchauffement n'a plus lieu si la veine porte est liée, surtout si les veines sus-hépatiques sont liées au-dessus du foie. Donc la cause principale, presque unique, du réchauffement de l'animal serait dans les combustions intra-hépatiques pour lesquelles la circulation portale est indispensable. La transfusion du sang de la veine porte dans la veine cave produit les mêmes effets que la ligature de la veine porte, ce qui démontre encore la nécessité de la circulation porto-hépatique pour le réchauffement de l'animal hibernant.

La mesure prise isolément de la température du foie permet aussi de reconnaître directement l'importance de cet organe pour le réchauffement. Ainsi, dans une expérience, au début, entre le rectum et le foie, il n'y avait que 3°2 de différence. Trois heures après le début du réchauffement, la différence était de 14°. Dans tous les cas observés le foie s'est échauffé le premier, et il s'est refroidi le dernier.

Ainsi, d'après R. Dubois, le foie est chez les animaux hibernants l'organe essentiel du réchauffement. Bien entendu, cette action est soumise à l'influx nerveux. La destruction des nerfs sympathiques du système porte, comme celle des ganglions semi-lunaires, produit le même effet que la ligature de la veine porte. La destruction du cerveau moyen (quatrième ventricule), qui est le centre de ces nerfs, empêche les phénomènes de réchauffement et de réveil de se produire.

Cavazzani s'est proposé de résoudre une question importante : celle de savoir si l'échauffement hépatique est produit par une combustion intra-cellulaire dans les cellules hépatiques, ou bien sanguine dans le sang. En comparant avec des thermomètres Baudin [très délicats, donnant le centième de degré, les températures du tissu hépatique et du sang hépatique, il a d'abord trouvé de minimes différences, tantôt dans un sens, tantôt dans l'autre, ce qui ne permettait pas de conclure. Il a opéré sur des foies séparés du corps, et constamment trouvé que le sang, au sortir du foie, était un peu plus chaud qu'à l'entrée, ce qui prouve, ainsi que beaucoup d'autres faits concordants , que les phénomènes chimiques du foie se continuent quelque temps encore *post mortem*.

Ce qui est particulièrement intéressant, c'est que certains poisons, mélangés au sang, abolissent cette aptitude du sang intra-hépatique à s'échauffer en passant dans le foie. Ainsi le chloral, qui agit sur les cellules nerveuses; le curare, qui paralyse probablement les terminaisons nerveuses; le violet de méthyle, qui empoisonne les protoplasmas cellulaires, empêchent le sang de se réchauffer dans le foie; mais l'effet n'est pas le même selon qu'on agit sur le foie *in vivo*, ou sur le foie séparé du corps. Dans ce dernier cas il n'y a que le violet de méthyle qui abolisse la thermogénèse hépatique *post mortem*. Le curare et l'atropine n'ont pas cet effet inhibiteur *post mortem*, alors qu'il l'ont pendant la vie. Au contraire, la cocaïne, la nicotine, le laudanum, les sels biliaires, ne changent rien à la thermogénèse du foie.

L'excitation électrique des nerfs qui se rendent au foie, et spécialement des nerfs vagues, augmente les phénomènes chimiques hépatiques, et par conséquent la température du sang qui sort du foie. L'asphyxie, laquelle équivaut à une excitation des nerfs vagues, a le même effet thermogénétique. L'asphyxie aiguë détermine une élévation rapide de 0°,1, et même 0°,2, pendant que la température du rectum est stationnaire, ou même baisse.

Dans une dernière série de très délicates expériences, Cavazzani a enfin bien établi que cette hyperthermie hépatique coïncidait non avec une diminution, mais avec une augmentation dans la production du glycose; que, par conséquent, le phénomène thermique observé était, selon toute vraisemblance, dû à l'hydratation du glycogène, qui, en fixant une molécule d'eau, produit de la chaleur. Cette action thermique, influencée par les nerfs, et spécialement par les filets centrifuges du pneumogastrique, disparaît quand les nerfs sont paralysés (atropine et curare), ou quand le cytoplasma est détruit (violet de méthyle).

Avec le sulfate de quinine, injecté à dose mortelle, si l'on entretient la circulation artificielle dans le foie, on trouve que la production de sucre est très notablement diminuée (0,056 p. 100 au lieu de 0,660 p. 100, état normal). Cavazzani en conclut que le poison a une action inhibitoire sur la transformation de glycogène en sucre, et que, en même temps, la température n'augmente pas, après la mort, ainsi que cela se produit quand il n'y a pas d'empoisonnement préalable de la cellule hépatique.

De toutes ces expériences se dégagent évidemment des conclusions générales très importantes : la première, c'est que le chimisme hépatique est une des sources actives de la chaleur animale; la seconde, c'est que ce chimisme est influencé par l'action nerveuse, qui semble agir directement sur le protoplasma hépatique; la troisième, c'est qu'une des réactions essentielles, et probablement la plus rapide et la plus facile, de ces actions chimiques intra-hépatiques, c'est la transformation du glycogène en glucose. Que d'autres actions concomitantes ou indépendantes interviennent, cela ne change rien au phénomène principal, qui est la production dans le foie de sucre, par hydratation du glycogène, phénomène exothermique, soumis directement à l'influence nerveuse.

§ VII. — TOXICITÉ DU FOIE. OPOTHÉRAPIE HÉPATIQUE.

Effets des injections des liquides hépatiques. — Les effets produits par les injections de sels biliaires, décrits à l'article Bile, n'ont qu'une très éloignée ressemblance avec les effets des injections de tissu hépatique réduit en pulpe, ou dissous dans des liquides appropriés [1].

Il s'agit là d'expériences toutes récentes, dont l'interprétation est encore assez obscure.

Foa et Pellacani, dans leurs expériences de 1883 entreprises à l'effet d'étudier le ferment fibrinogène, examinaient comparativement les injections faites avec de la pulpe des divers tissus, et ils constataient que l'injection intraveineuse de ces solutions de tissus n'est pas très toxique (sauf la dissolution de tissu hépatique).

Des expériences analogues, plus nombreuses et plus méthodiques, furent faites postérieurement avec la pulpe du tissu hépatique, par divers auteurs, surtout Gilbert et Carnot, d'une part; Mairet et Vires, de l'autre. Nous les exposerons d'abord; puis nous donnerons les résultats obtenus par Abelous et Billard avec la pulpe hépatique des écrevisses; et par Delezenne et quelques autres physiologistes avec le sérum des animaux ayant reçu des injections de tissu hépatique.

On peut obtenir l'extrait hépatique aqueux simplement en soumettant le foie pulpé à l'action de l'eau, avec addition de chloroforme pour empêcher les fermentations microbiennes. Cet extrait, quand il est concentré, filtre difficilement; toutefois, sur du papier Chardin, avec la trompe, on finit par obtenir un liquide louche, opalescent, se coagulant en masse par la chaleur, quand l'eau a été ajoutée au foie en proportion inférieure à 80 p. 100.

1. Je citerai pour mémoire, d'après Lamoureux (D. Paris. 1898), de curieux passages de Dioscoride (trad. franç., par Martin Mathée, Lyon, 1580) : «Le foye de l'asne mangé à jeûn aide au mal caduc... l'on dit que le foye du bouc, mangé par ceux qui sont passionnez du mal caduc, les fait soudain tomber au paroxisme. Le foye des porcs sangliers réduit en poudre et beu avec du vin veet aux morsures des serpents et des volatilles... L'on estime que le foye du chien enragé mangé rosti par ceux qui sont mords leur assecure de la crainte de l'eaue, etc... » Dans un autre ouvrage : Le grand thrésor ou dispensaire et antidotaire tant general que special ou particulier des remedes servans a la santé du corps humain, drescée en latin par Jean Jacques Vecker, et depuis faict francois et enrichi d'annotations par Jean du Val (Cologne, 1626) on lit : « Ceux qui veulent bien préparer les foyes des érissons et autres animaux prennent surtout garde qu'ils ne soyent point par trop aagez avant que de les tuer; et après leur avoir tiré le foye hors du corps, ils le lavent fort avec du bon vin et l'enferment dans un vaisseau propre pour le faire seicher au four; puis l'en retirent avant qu'il se puisse brusler et le serrent dans des vaisseaux de verre en lieu sec, parmi des feuilles d'absinthe sec où il se peut garder un an. Il est bon d'en prendre en breuvage avec du vin aigre contre les maladies des reins, l'hydropisie, les convulsions, la lèpre et pour arrester le flux des viscères. »

Ce liquide précipite abondamment par l'alcool; après l'addition d'alcool, à froid, il est encore trouble, et ce trouble est dû au glycogène qui passe à travers les filtres.

On peut aussi préparer des extraits glycérinés des extraits peptiques, dans lesquels de la pepsine, ou mieux de la papaïne, ont rendu solubles des produits albuminoïdes primitivement insolubles.

Il est bien évident que l'extrait alcoolique (après évaporation de l'alcool) et l'extrait aqueux chauffé à l'ébullition (après filtration) ne contiennent plus de globulines ni d'albumines; et leur toxicité se trouve alors très notablement diminuée. La vraie toxicité du foie ne peut être connue que si le liquide hépatique est injecté avant précipitation des albuminoïdes par l'alcool ou par la chaleur.

D'après Mairet et Vires, le liquide hépatique tue immédiatement un lapin de 1 kilogramme, à la dose de 60^{gr},5. Avec des doses plus faibles, de 8 grammes à 35 grammes, il y a eu toujours mort de l'animal; mais la mort n'a pas été instantanée. Elle s'est produite au bout d'une heure environ. A l'autopsie, on constate, comme phénomène essentiel, une vascularisation intense de tout l'appareil digestif. L'estomac, le gros et le petit intestin, le mésentère et les parois abdominales sont sillonnés de vaisseaux. Tout le péritoine semble porter la trace d'une congestion viscérale très intense. C'est cette même lésion que j'ai trouvée portée à son maximum d'intensité chez les animaux ayant reçu des injections intra-veineuses, soit de sérum musculaire, soit du poison des tentacules des Actinies. Les effets de ces poisons ressemblent beaucoup à ceux des injections de tissu hépatique, notamment par ce caractère essentiel, la congestion viscéro-abdominale.

Mairet et Vires ont aussi signalé de la somnolence, une dépression générale, du myosis; souvent des phénomènes demi-convulsifs, c'est-à-dire une phase d'agitation, succédant à la phase de dépression, pendant laquelle il y a une course précipitée, sans reconnaissance des obstacles; puis un arrêt brusque. L'animal tombe : la tête se rejette en arrière, et, après quelques mouvements convulsifs, la mort survient en opisthotonos aigu : tous phénomènes indiquant qu'il y a un arrêt de la circulation bulbo-encéphalique, probablement un arrêt du cœur, par formation d'un caillot, que ce caillot soit dans le cœur, ou dans les carotides, ou même dans les grosses veines du cœur.

Mairet et Vires ont alors songé à étudier les effets du tissu hépatique après ébullition et séparation des matières albuminoïdes précipitées par l'ébullition, et ils ont vu que le liquide filtré, après ébullition à 100°, possède encore des propriétés toxiques, un peu amoindries, caractérisées par la congestion intense de tout le système digestif, par la diarrhée, et par l'affaiblissement général de l'organisme : tous symptômes dus à l'action d'une toxine, très voisine certainement de celle que nous avons trouvée dans le sérum musculaire du bœuf et dans les tentacules des Actinies, car les phénomènes paraissent à peu près identiques.

Quant aux actions coagulatrices du foie, elles sont dues à des ferments que détruit la chaleur et dont la nature est voisine des diastases. Est-ce le fibrin-ferment de Schmidt?

La conclusion est donc que le foie possède à la fois des propriétés coagulantes (diastases détruites à 60°) et des propriétés toxiques (toxines non détruites à 100°).

Sur l'homme normal, les résultats obtenus par Mairet et Vires n'ont pas été très nets : il y a eu une légère hypothermie, si légère, qu'elle est peut-être due à une autre cause que l'injection même; une augmentation faible de l'urine émise, un peu plus d'urée excrétée, en tout cas, des phénomènes peu accentués.

Gilbert et Carnot ont surtout étudié l'influence de l'opothérapie hépatique sur la glycosurie. Dans une expérience, il s'agissait de la glycosurie expérimentale par piqûre du plancher du quatrième ventricule. Le lapin qui reçut l'extrait hépatique ne rendit pas de sucre, tandis que l'autre lapin, également piqué au plancher du quatrième ventricule, en rendit 0^{gr},25. Mais la série des plus nombreuses expériences comprend des lapins rendus glycosuriques par l'injection directe du glycose dans les veines. Soit la quantité de glycose injectée égale à 100; la proportion de glycose rendue par les urines sera toujours inférieure, de 20, ou 30, ou 40, ou 50. Appelons R ce rapport. Gilbert et Carnot ont établi qu'il est devenu bien moindre quand l'animal a reçu, un peu avant l'injection de glycose, une injection de tissu hépatique.

R chez les lapins normaux.			38,9
R — —	ayant reçu l'extrait hépatique aqueux.		22,9
R — -	—	l'extrait alcoolique.	22,7
R — -	—	l'extrait glycériné.	28
R - —	—	l'extrait salé.	28,1

La moyenne de R chez les lapins ayant reçu des extraits hépatiques est de 24,9, au lieu de 38,9 chez les lapins ordinaires. Comme élément de comparaison, les extraits pancréatiques ont donné des rapports très variables, de 51 à 16; et les extraits de muscles, 36; soit à peu près le rapport moyen normal. L'association de l'extrait pancréatique à l'extrait hépatique semble avoir des résultats très favorables, et augmenter la réceptivité de l'organisme au glycose.

Sur l'homme normal Gilbert et Carnot ont aussi fait quelques expérences. L'extrait de foie était donné, soit en lavement, soit en ingestion gastrique. Administré en lavement, il semble avoir diminué notablement la glycosurie alimentaire déterminée par l'ingestion d'une grande quantité de glycose.

Mais c'est surtout dans les cas de diabète que l'extrait hépatique, administré par la voie gastrique, a été étudié par Gilbert et Carnot. Sur 25 cas il y eut 18 fois des résultats favorables, diminution ou suppression de la glycosurie. Dans trois de ces 18 cas, il y eut même, sous l'influence de l'opothérapie hépatique, cessation complète de la glycosurie. Trois faits analogues avaient été antérieurement, en décembre 1895, signalés par Jousset.

Pourtant Linossier, dans deux cas de diabète, n'a obtenu de l'opothérapie hépatique aucun résultat favorable.

L'extrait hépatique, en ingestion stomacale, semble avoir en tout cas un effet manifeste sur la sécrétion urinaire, et il y a toujours une élimination plus abondante d'urée (Vidal, Gilbert et Carnot).

Assurément le mécanisme de cette action du tissu hépatique ingéré contre la glycosurie demeure encore tout à fait inconnu. Il n'importait pas moins de constater le fait. Les observations chimiques ultérieures apprendront dans quels cas on peut ou non espérer voir s'amender la glycosurie, et il ne semble pas, vu l'impossibilité de reproduire le diabète constitutionnel sur les animaux, que la solution de la question relève essentiellement de la physiologie expérimentale.

L'opothérapie hépatique a été aussi employée dans quelques autres affections, sans grand succès, à ce qu'il semble, sauf dans les hémorrhagies. Cependant Gilbert et Carnot admettent que dans les maladies du foie elle a eu une influence heureuse, dans quelques cas de cirrhose, peut-être dans la goutte. Dans l'ictère les effets semblent favorables, et, en tout état de cause, qu'il s'agisse de l'état normal ou de l'état pathologique, l'ingestion hépatique augmente la sécrétion biliaire, peut-être parce que les sels biliaires, qui sont les meilleurs cholagogues, se trouvent encore en notable quantité mélangés à la pulpe hépatique. Mouras dit qu'associée au régime lacté l'opothérapie hépatique semble avoir donné à Vidal (de Blidah) quelques résultats favorables, et à lui-même non une guérison, mais l'amendement de quelques symptômes.

Abelous et Billard ont étudié les effets du suc hépatique de l'écrevisse en injection intra-veineuse, et ils lui ont trouvé des propriétés anticoagulantes sur lesquelles nous n'avons pas à insister ici. (V. plus loin, p. 673.)

Dans un tout autre ordre d'idées, mentionnons les intéressantes recherches de Delezenne. Il a injecté une émulsion de foie de chien dans le péritoine des canards; puis, reprenant le sang et le sérum de ces canards, il a constaté que le sérum de ces canards injectés était devenu cytolytique, et spécialement hépato-cytolytique. A la dose de 2 à 4 grammes par kilogramme d'animal, c'est-à-dire à une dose à peu près double de la dose normalement toxique, il produit une mort rapide, parfois en quinze ou vingt heures, avec les symptômes de l'insuffisance hépatique, notamment au point de vue urologique. On constate une diminution considérable du taux de l'urée, et une augmentation parallèle des substances azotées non colloïdes autres que l'urée. Les lésions sont strictement limitées au foie. On peut rendre les chiens réfractaires à l'action hépatolytique de ce sérum en leur en injectant des doses faibles et progressivement croissantes. Il se produit donc probablement une antihépatolysine analogue aux antihémolysine, antispermolysine et autres anticorps, dont BORDET, EHRLICH et METCHNIKOFF ont, dans de mémorables travaux, établi l'existence.

Bibliographie des chap. VI et VII. — ABELOUS et BILLARD. *De l'action anticoagulante du F. des Crustacés. De l'action du suc hépatique d'Écrevisse sur la circulation* (B. B., 1897, 991 et 1078; 1898, 86 et 212). — BERTHE (E.). *Traitement des hémoptysies tuberculeuses par l'opothérapie hépatique* (D. Paris, 1898, 66 p.). — BILLARD (G.). *De l'action du suc hépatique des Crustacés sur la circulation et la coagulation du sang* (D. Toulouse, 1898, 88 p.). -- DELEZENNE. *Rôle essentiel des leucocytes dans la production des liquides anticoagulants par le foie isolé* (B. B., 1898, 354-359); *Sérum antihépatique* (C. R., 1900, CXXXI, 427-429). — CAVAZZANI. *Sur la température du foie* (Trav. du Lab. de Phys. de Turin, 1895, I, 1). — *La temperatura del F. durante la chiusura dei sui vasi sanguigni* (Att. d. Acc. di Ferrara, 1898). — *Ulteriori ricerche sulla termogenesi epatiche* (ibid., 4 juin 1899). — *Action du curare, de l'atropine, du violet de méthyle sur la thermogénèse et sur la glycogénèse dans le foie* (A. i. B., 1897, XXVIII, 284-306). — *Sur une aptitude spéciale du foie à retenir le violet de méthyle* (A. i. B., 1896, XXVI, 27); *Sur la température du F.* (A. i. B., 1895, XXIII, 13-35); *Rech. ultérieures sur la thermogénèse hépatique* (Ibid., 1900, XXXIII, 415-422); *La temp. du foie durant la fermeture des vaisseaux sanguins* (Ibid., 1899, XXX, 190); *Intorno all' influenza del chinino sulla glicogenesi e sulla termogenesi del F.* (Acc. di Sc. med. e Nat. di Ferrara, juin, 1899). — CLAUDE BERNARD. *Rech. expérim. sur la température animale* (C. R., 18 août et 15 sept. 1856); *Leçons sur les propriétés physiol. et les altérat. patholog. des liquides de l'organisme* (1859, I, 50-164); *Leçons sur la chaleur animale* (1876, 170-194). — DUBOIS (R.). *Physiologie comparée de la marmotte*, Paris, Masson, 1896. — *Influence du F. sur le réchauffement automatique de la marmotte* (B. B., 1893, 235); *Sur l'influence du système nerveux abdominal et des muscles thoraciques sur le réchauffement de la marmotte* (B. B., 1894, 172-174); *Variations du glycogène du foie et du sucre, du sang et du foie dans l'état de veille et dans l'état de torpeur chez la marmotte et de l'influence des nerfs pneumogastriques et sympathiques sur le sucre du sang et du foie pendant le passage de la torpeur à l'état de veille* (Ibid., 219-220). — FOA et PELLACANI. *Sur le ferment fibrinogène et sur les actions toxiques exercées par quelques organes frais* (A. i. B., IV, 1883, 56-63). — GALLIARD. *Guérison d'une cirrhose atrophique du foie soumise in extremis à l'opothérapie hépatique* (Bull. et Mém. soc. méd. de Hopit., 1903, (3), XX, 81-82). — GÉRARD (E.). *Sur le dédoublement des glucosides par l'extrait aqueux d'organes animaux* (B. B., 1901, 99-100). — GILBERT ET CARNOT. *Note préliminaire sur l'opothérapie hépatique* (B. B., 1896, 934); *Action des extraits hépatiques sur la glycosurie occasionnée par l'injection intra-veineuse de glycose* (Ibid., 1081); *Act. des extraits hépatiques sur la glycosurie alimentaire* (Ibid., 1112); *Sur la glycosurie toxique et la glycosurie nerveuse expérimentales* (Ibid., 1114); *De l'opothérapie hépatique dans le diabète sucré* (Sem. méd., 19 mai 1897). — GILBERT, CARNOT et CROAY. *Sur la préparation des extraits hépatiques* (B. B., 1897, 1028). — GILBERT et CARNOT. *Opothérapie hépatique dans les hémorrhagies* (B. B., 1897, 445); *Rapports qui existent entre les quantités de glycose absorbé et éliminé* (Ibid., 1898, 330); *Causes influençant le rapport d'élimination du glucose* (Ibid., 332); *De l'opothérapie thérapeutique fondée sur l'emploi des extraits d'organes animaux* (Collection Critzmann. Masson, 1898). — JOUSSET. *Opothérapie hépatique* (B. B., 1896, 961). — LAMOUREUX (F.). *Opothérapie hépatique dans le diabète sucré* (D. Paris, 1898, 96 p.). — LEFÈVRE (J.). *Topographie thermique du porc dans un bain de 50 minutes entre 4 et 9 degrés. Excitation thermogénétique initiale du F.* (B. B., 1898, 300-302). — LINOSSIER (J.). *Note sur deux cas de diabète traités sans résultat avec le foie cru et l'extrait du foie* (Lyon médical, 12 mars 1899). — MAIRET et VIRES. *Action physiol. de l'extrait de F. sur l'homme sain* (A. d. P., 1897, 353-362; 783-788; B. B., 1897, 437-439); *Toxicité du F. Son degré et ses caractères* (B. B., 1896, 1071-1073). — MOURAS, *De la curabilité de la cirrhose alcoolique, en particulier par l'opothérapie hépatique* (D. Paris, 1901). — VIDAL (E.). *L'hépatothérapie dans la cirrhose atrophique* (B. B., 1896, 960). — WAYMOUTH REID. *Note on the question of heat production in glands upon excitation of their nerves* (J. P., 1895, XVIII, pp. XXXI-XXXIII).

§ VIII. — INNERVATION DU FOIE.

Résumé anatomique. — Le foie reçoit différents nerfs; toutefois ces nerfs ne sont pas très volumineux, relativement aux grandes dimensions de l'organe innervé. Il est probable que les nerfs sensitifs sont peu abondants, et que la plupart des nerfs du foie sont glandulaires (sécréteurs), ou trophiques, ou vaso-moteurs.

Le pneumogastrique gauche se termine en rameaux qui, après avoir contourné la face antérieure de l'estomac, passent dans le petit épiploon gastro-hépatique par où ils entrent dans le foie. Le pneumogastrique droit se jette dans le ganglion semi-lunaire, lequel envoie de nombreux filets au foie. Le foie reçoit aussi à sa face convexe des filets du nerf phrénique droit. Le phrénique gauche envoie un rameau important au ganglion semi-lunaire. Enfin les phréniques droit et gauche se terminent par un plexus diaphragmatique, lequel reçoit aussi des filets du plexus cœliaque, et il se trouve là un ganglion (ganglion phrénique de Luschka) qui donne des rameaux au ligament coronaire et au plexus solaire. Mais la plupart des nerfs du foie viennent du plexus cœliaque qui donne les deux plexus hépatiques; l'un, antérieur, entourant l'artère hépatique; l'autre, postérieur, suivant le trajet de la veine porte; tous deux apportant au foie les filets du sympathique abdominal, par l'intermédiaire des ganglions semi-lunaires qui constituent leur point de départ.

Ainsi le foie reçoit des filets des racines rachidiennes (nerfs phréniques), des racines crâniennes (nerfs pneumogastriques), et du grand sympathique (ganglions semi-lunaires [plexus solaire]). En outre, comme le ganglion semi-lunaire reçoit la terminaison du grand splanchnique, il se trouve que le foie est innervé, en fin de compte, par les 4e, 5e paires cervicales (phrénique) et les 7e, 8e, 9e, 10e ganglions thoraciques (grand splanchnique); il y a donc une vaste étendue de l'axe encéphalo-médullaire qui se trouve directement en rapport avec le foie.

Voici comment s'exprime Arnozan (*Dict. encycl.*, Art. Glycohémie, 1883, IX, (4), 385) : « Du cou à la région lombaire, le sympathique est étendu parallèlement à la moelle qui par chaque nerf rachidien lui envoie un ou deux filets radiculaires (*rami communicantes*)... Des six derniers dorsaux naissent sept à huit filets qui se groupent en deux nerfs, nerfs splanchniques, lesquels vont se perdre dans le plexus solaire, et c'est de ce dernier que naissent les plexus nerveux qui le long des vaisseaux vont innerver le foie. Dans ce réseau, aucune dissection ne saurait découvrir le trajet d'un filet nerveux, et c'est l'expérimentation physiologique seule qui peut nous dire à quelle hauteur les nerfs du foie sortent de la moelle pour se jeter dans le sympathique, à quelle hauteur ils quittent le sympathique pour se jeter dans les plexus. »

Quant à la terminaison des nerfs dans le foie, il est presque impossible d'en donner une description certaine. Pflüger a vu les nerfs se terminer directement dans les cellules hépatiques, et son opinion ne semble pas avoir été sérieusement contredite, quoique Korolkoff n'ait pas pu retrouver ces terminaisons glandulaires. En tout cas il existe un riche réseau de fibrilles nerveuses suivant les capillaires et formant, après avoir quitté les capillaires, des plexus nerveux intra-lobulaires. Berkley insiste aussi sur le développement de ce réseau névro-vasculaire et névro-biliaire. Les nerfs, d'après lui, se termineraient par de petits renflements interposés entre les éléments cellulaires.

D'une manière générale, on peut donc dire que la terminaison des nerfs dans le foie est assez mal connue.

Fonctions des nerfs du foie. — Il n'est pas possible de séparer l'innervation du foie, étudiée au point de vue physiologique, des diverses fonctions du foie, sécrétion biliaire, thermogénèse, glycogénèse, circulation, etc. Aussi le chapitre consacré à cette étude ne peut-il être que très court, pour ne pas faire double emploi avec les articles Bile, Diabète et Glycogénèse.

α. **Sensibilité du foie.** — La sensibilité du foie est certaine; mais elle est tout à fait différente à l'état normal et à l'état pathologique. A l'état normal, le foie est peu sensible, tandis qu'à l'état pathologique la sensibilité devient extrême, sinon dans le tissu hépatique, au moins dans les voies biliaires, comme l'attestent les douleurs extrêmement vives, avec irradiations dans l'épaule droite, dans le membre antérieur droit et dans les lombes, qu'on constate au cours d'une colique hépatique; mais le tissu même du foie n'est pas très sensible à la douleur. Des injections faites directement dans le tissu hépatique chez des animaux sains provoquent peu de réactions de défense. Et chez les malades les tumeurs, même volumineuses, du foie sont généralement assez indolentes, quand il n'y a pas de propagation aux nerfs du hile du foie et des voies biliaires.

Quant aux réflexes dont le foie est le point de départ, à part le réflexe glyco-formateur que nous examinerons plus loin, ils n'ont été guère étudiés par les physiologistes. Les médecins ont eu l'occasion de décrire les phénomènes complexes qui résultent de l'excitation pathologique, traumatique, des voies biliaires. Le calcul biliaire détermine non seulement des douleurs très vives, mais encore des réflexes très intenses (vomissements, diarrhée, ténesme rectal, syncopes, sueurs profuses, etc.), tous phénomènes indiquant la mise en jeu des centres nerveux bulbaires, par l'excitation des nerfs des voies biliaires. Les recherches de Simanowski (cité par Roger) ont montré qu'on pouvait reproduire chez le chien, par excitation de la vésicule, la plupart des accidents réflexes qui surviennent chez l'homme dans la colique hépatique, à savoir les troubles cardiaques (arythmie), les vomissements, les troubles respiratoires, l'élévation de la température rectale analogue à la fièvre hépatalgique, l'augmentation de la pression sanguine (si les pneumogastriques sont intacts), et même des paralysies consécutives prolongées.

β. **Nerfs vaso-moteurs du foie.** — Le foie possède des nerfs vaso-moteurs très puissants, et, sous l'influence de leur inhibition, son volume change dans des proportions considérables. La circulation y est ralentie ou accélérée; il se congestionne ou s'anémie. Ces faits importants, sur lesquels Vulpian, en 1858, a appelé un des premiers l'attention, ont été étudiés par quelques auteurs; c'est surtout Fr. Franck et Hallion qui ont fait l'analyse méthodique des conditions vaso-motrices qui règlent la circulation dans le foie.

La première explication qui ait été donnée de la glycosurie consécutive à la piqûre du quatrième ventricule a été que cette piqûre détermine une congestion paralytique des vaisseaux hépatiques. Mais on se contentait d'étudier les changements de coloration du tissu du foie, procédé sommaire ou indirect, qui n'éclairait guère la question, ainsi que le font remarquer Fr. Franck et Hallion. (C'est aux mémoires de Fr. Franck et Hallion que nous empruntons tous les faits ci-dessous exposés, relatifs à l'innervation vaso-motrice du foie.)

Cyon et Aladoff procédèrent plus méthodiquement. Ils prirent la pression de l'artère hépatique et étudièrent les changements de coloration du foie; ils admirent, à la suite de leurs recherches, que c'est dans l'anneau de Vieussens que se trouvent les nerfs vaso-moteurs (constricteurs du foie).

Cavazzani et Manca ont étudié la circulation hépatique et l'influence des nerfs par une autre méthode : ils ont mesuré le débit du liquide traversant le foie, et recherché les influences nerveuses qui modifient ce débit. Ils ont conclu de leurs recherches que le sympathique provoque la contraction des vaisseaux hépatiques, mais que le nerf vague est dilatateur des vaisseaux.

François-Franck et Hallion ont étudié avec une précision beaucoup plus grande l'innervation vaso-motrice du foie. En effet, ils ont pu mesurer les changements de volume du foie (pléthysmographie), en saisissant le lobe gauche hépatique (chez le lapin) entre deux membranes exploratrices dont la dilatation traduisait les changements de volume hépatiques. En même temps étaient prises les pressions de l'artère hépatique et de la veine porte.

En éliminant les influences réflexes, qui, si elles n'étaient pas complètement supprimées par la section des rameaux communiquants du sympathique, induiraient en erreur, on voit que les véritables excitations centrifuges vaso-constrictrices directes commencent, dans le cordon sympathique abdominal, à partir de la 6e et de la 7e côte. Les vaso-moteurs hépatiques fournis au sympathique par la moelle dorsale descendent dans la chaîne pour s'en détacher en presque totalité au niveau du grand splanchnique. La principale origine de ce nerf se fait au niveau du dernier rameau communiquant dorsal. Les effets de vaso-constriction obtenus par divers auteurs, en particulier par Cyon et Aladoff, par l'excitation du sympathique cervical et de l'anneau de Vieussens sont, d'après François-Franck et Hallion, surtout des effets indirects, réflexes, centripètes. En effet, l'excitation centrifuge du nerf vertébral, qui, chez l'animal intact, produit une constriction hépatique très nette, ne la produit plus lorsque les rameaux communiquants dorsaux supérieurs ont été sectionnés.

Il est important de noter que ces effets vaso-constricteurs du grand splanchnique portent aussi bien sur les branches artérielles que sur les branches veineuses, aussi bien sur les capillaires de l'artère hépatique que sur les capillaires de la veine porte. Aussi la compression de l'un ou de l'autre de ces vaisseaux n'empêche-t-elle pas l'effet vaso-constricteur de se produire.

Quant aux effets réflexes, le foie est sensible à toute excitation de la sensibilité générale. Les excitations des nerfs de sensibilité générale et du grand sympathique provoquent toujours la vaso-constriction réflexe : celles des nerfs sensibles, viscéraux en venant du pneumogastrique ne la provoquent que dans de rares circonstances, car l'effet observé alors est plus souvent une vaso-dilatation. En même temps que cette vaso-dilatation hépatique, on observe une vaso-constriction de la périphérie cutanée.

Quoiqu'il y ait une certaine indépendance entre les variations de volume des divers viscères abdominaux sous l'influence d'une excitation nerveuse, cependant, en général, les vaisseaux de la rate, du foie, du pancréas et de l'intestin se contractent en même temps ; en même temps aussi il se fait, sinon toujours, du moins le plus souvent, une vaso-dilatation musculaire et cutanée qui compense les effets de l'hypertension aortique coïncidant avec le rétrécissement des vaisseaux abdominaux.

En outre, quand une substance toxique, comme la nicotine par exemple, arrive au contact du tissu hépatique, elle provoque le resserrement des vaisseaux hépatiques, tantôt de la veine porte, tantôt de l'artère hépatique, comme pour faciliter la fixation des poisons dans le tissu du foie.

γ. **Fonctions hépatiques du nerf pneumogastrique.** — Depuis Claude Bernard l'action soit centripète, soit centrifuge du nerf vague sur la glycogénèse a été l'objet de divers travaux que nous résumerons brièvement (V. aussi **Diabète** et **Glycogène**).

Il faut distinguer dans l'action du nerf vague son rôle centrifuge et son rôle centripète.

Pour le rôle centrifuge (moteur ou sécréteur), Claude Bernard ayant montré que la section des pneumogastriques abolit la fonction glycogénique, on avait pensé que le nerf vague agissait comme nerf centrifuge ; mais, jusqu'à une époque relativement récente, on n'en avait pas eu la démonstration. Bien plus, on prouvait que d'autres nerfs transmettent au foie l'excitation glycoso-formatrice de la piqûre du 4ᵉ ventricule. Pourtant ce n'était pas une raison de nier l'influence du nerf de la Xᵉ paire. Les premiers, Arthaud et Butte signalèrent ce fait intéressant que l'excitation du bout périphérique du nerf vague par l'injection de poudres irritantes, qui provoque une névrite lente, produit de la glycosurie. Dans quatre expériences concordantes, Butte vit que la quantité de glycose produite par le foie était normalement de 0,028 (en moyenne), tandis qu'elle s'élevait à 0,120, c'est-à-dire quatre fois davantage, après électrisation du bout périphérique du nerf vague. Ces chiffres se rapportent à 100 grammes de sang et donnent la différence de sucre entre le sang de la veine porte et le sang des veines sus-hépatiques.

Butte rapproche ce fait de l'observation classique de Claude Bernard, qu'il a d'ailleurs confirmée, que les animaux dont le nerf vague a été coupé, et qui meurent de cette double vagotomie, n'ont plus de glycose ni de glycogène dans leur foie. Cependant le fait a été contesté par Levene, qui a trouvé du sucre dans le foie et dans le sang de trois chiens qui avaient subi la vagotomie.

Levene croit pourtant avoir démontré par l'excitation directe du bout périphérique du nerf vague le rôle de l'innervation dans la production de sucre. Il lui a semblé que la production de sucre augmentait, comme dans les expériences de Butte; et ses chiffres semblent assez démonstratifs : 1,04 sans excitation; 1,86 après excitation; et, chez des animaux à jeun : 1,09 sans excitation; et 2,11 après excitation. La proportion de glycogène, d'ailleurs bien moins facile à doser, n'a pas été modifiée.

D'après Morat et Dufourt, les phénomènes sont plus complexes ; et le nerf vague contiendrait à la fois des filets stimulateurs et des filets inhibiteurs de la fonction glycopoïétique; de même qu'il contient des filets accélérateurs du cœur, à côté des filets modérateurs, plus puissants. Quant au nerf splanchnique, il stimulerait toujours la fonction. Morat et Dufourt concluent en disant : L'action centrifuge du vague sur la glycogénèse est dépressive, inhibitrice; cette action paraît être la règle quand on a pris soin, avant l'excitation du vague, de couper les deux splanchniques et de détourner du foie les excitations qui pourraient lui arriver par cette voie... mais cette action du vague peut aussi s'exercer dans le sens d'une augmentation de la sécrétion glycosique du foie. Les faits leur manquent pour déterminer les conditions précises dans lesquelles le vague, au lieu d'être inhibiteur, ainsi qu'il est en général, est, comme le nerf splanchnique, stimulateur de la fonction glycosique.

BOBUTTAU admet aussi que la fonction du nerf vague est une sorte d'action régulatrice. Les expériences de R. DUBOIS, sur les conditions de réchauffement des marmottes en état d'hibernation, se rattachent très étroitement à cette question des nerfs du foie; car il semble bien prouvé que les phénomènes de réchauffement soient dus aux actions chimiques intra-hépatiques. R. DUBOIS a vu que la section des pneumogastriques dans l'abdomen déterminait de l'hyperglycémie, tandis que la section des sympathiques abdominaux et des splanchniques diminuait beaucoup la formation de sucre.

En résumé, le rôle du nerf de la X⁰ paire, comme excitateur centrifuge de la sécrétion glycosique, est encore incertain; et provisoirement il paraîtra sage d'admettre l'opinion de MORAT et DUFOURT, qu'il tend plutôt à inhiber la sécrétion qu'à la provoquer.

Il est d'ailleurs inutile de rappeler que le diabète d'origine nerveuse par piqûre du quatrième ventricule n'est pas empêché par la section des pneumogastriques, que par conséquent l'action centrifuge dont le bulbe piqué est le point de départ ne se transmet pas par les nerfs vagues, mais certainement par d'autres filets nerveux.

Quant à l'action centripète du nerf vague, elle ne paraît pas douteuse; CLAUDE BERNARD, ayant coupé les nerfs vagues au cou, vit la formation de sucre s'arrêter; mais, si la section était faite dans l'abdomen, la production de sucre continuait. Donc il y a comme une stimulation normale des terminaisons du pneumogastrique dans le poumon, destinée à maintenir un déversement régulier du sucre dans le sang. D'autre part, l'excitation du bout central a donné de la glycémie. Mais, comme toutes les excitations nerveuses sont plus ou moins capables de provoquer cette glycémie, on ne peut vraiment pas attribuer un rôle spécifique formel au pneumogastrique, comme stimulant de sécrétion réflexe. Sans doute, par suite de son excitabilité propre, peut-être aussi par les relations d'étroit voisinage entre son centre et le centre des nerfs sécréteurs, il a une action prépondérante sur la production de sucre; mais cette action n'est ni exclusive, ni spécifique.

δ. **Action du nerf splanchnique sur la formation de sucre.** — L'action du nerf splanchnique est moins douteuse; et cependant elle a provoqué de nombreuses controverses. D'abord la simple section n'a pas donné de résultats concordants. VULPIAN, qui résumait en 1875 les résultats obtenus, et LAFFONT, en 1880, ne concluent pas d'une manière formelle. En effet, si, d'une part, CLAUDE BERNARD a vu que la section des nerfs splanchniques empêche la piqûre du quatrième ventricule de produire de la glycosurie, d'autre part DE GRAEFE et SCHIFF ont vu que la section des nerfs splanchniques peut, par elle-même, déterminer de la glycosurie.

Cependant, d'une manière générale, CYON et ALADOFF, comme CLAUDE BERNARD, comme LAFFONT, comme la plupart des auteurs contemporains, admettent qu'il ne peut y avoir glycosurie expérimentale qu'avec l'intégrité des nerfs splanchniques; que par conséquent l'influence, quelle qu'elle soit, des centres nerveux passe par ces nerfs pour se transmettre au foie.

MORAT et DUFOURT fournissent sur ce point des expériences précises. Le diabète asphyxique dû à la glycosurie que détermine l'excitation asphyxique du bulbe cesse de se produire après la section des grands splanchniques. D'autre part, l'excitation de ces nerfs leur a donné constamment un accroissement notable de la formation du sucre, si bien que l'effet glyco-sécréteur des splanchniques ne leur paraît absolument pas douteux. Ils font alors remarquer que cette excitation nerveuse, qui amène la formation de sucre, coïncide souvent avec une vaso-constriction hépatique, de sorte que les deux phénomènes sont indépendants. VULPIAN avait déjà remarqué que l'excitation des splanchniques ne modifie pas la circulation dans le foie. MORAT et DUFOURT disent qu'en général la circulation est ralentie par l'excitation de ces nerfs, et, comme conclusion générale, que les deux phénomènes, l'un sécrétoire et l'autre circulatoire, tantôt s'accompagnent, tantôt se suivent, tantôt s'ajoutent, et tantôt s'inversent : ils sont donc en somme sans connexion nécessaire, et gouvernés chacun par leurs nerfs propres

D'ailleurs, ils out pu montrer directement l'influence de l'excitation nerveuse indépendante de tout phénomène circulatoire. Le foie est séparé en deux parties : l'une conserve ses nerfs ; l'autre est complètement isolée. Puis on fait la ligature de l'aorte et celle de la veine porte, ce qui interrompt toute circulation, et alors on excite la moelle par une série de petites asphyxies répétées : dans ces conditions le glycogène diminue dans le lobe soumis à l'excitation par rapport à l'autre qui ne reçoit pas d'influence nerveuse. Soit la quantité de glycogène égale à 100 dans le lobe excité, elle a été (moyenne de 10 expériences assez concordantes) de 183 dans le lobe [non excité. Or cette disparition du glycogène ne peut être qu'une transformation en glycose, et cette expérience prouve nettement que le grand splanchnique est un nerf glyco-sécréteur, lequel, indépendamment de toute action vaso-motrice, transforme le glycogène en glycose.

Des démonstrations analogues ont été depuis longtemps faites pour la glande salivaire. On a pu les généraliser à l'estomac, aux glandes sudorales : il est donc tout naturel que cette loi de physiologie générale, qui domine l'histoire des actions glandulaires, s'applique aussi au foie. La sécrétion est une fonction glandulaire soumise à l'excitation nerveuse propre, indépendante des actions vaso-motrices.

Quant à la voie par laquelle se transmettent aux nerfs splanchniques, nerfs réellement excito-sécréteurs, les excitations de la moelle et du bulbe qui déterminent la glycémie, M. LAFFONT a montré que c'étaient les trois premières paires rachidiennes dorsales. Lorsque ces trois racines sont sectionnées, on ne peut plus provoquer la glycosurie par piqûre du quatrième ventricule. C'est la voie centrifuge de l'excitation médullaire.

Mais, dans son important travail, riche de faits expérimentaux et de documents bibliographiques, M. LAFFONT me paraît faire une part beaucoup trop large aux phénomènes vaso-moteurs. Il semble bien, contrairement à ce que croit M. LAFFONT, que l'activité plus ou moins grande de la circulation hépatique ne change rien au phénomène essentiel de la sécrétion de glycose par excitation nerveuse, et que les vaso-dilatations actives ou paralytiques du foie ne sont pas la cause déterminante de la glycémie. Qu'il y ait concomitance des phénomènes, cela n'est pas douteux, mais très probablement il y a indépendance entre la sécrétion hépatique et les conditions circulatoires.

En tout cas, quelque positives que soient les expériences de LAFFONT sur le rôle des trois premières dorsales comme voies centrifuges, elles n'infirment nullement les autres expériences, notamment celles d'ECKHARDT qui vit apparaître la glycosurie après section du sympathique cervical, et après l'ablation du ganglion cervical inférieur. Il est vrai que cette expérience d'ECKHARDT peut s'expliquer aussi bien par un effet centripète que par un effet centrifuge. D'après tout ce que nous savons sur le rôle des excitations nerveuses viscérales dans la production du diabète, il n'est rien de surprenant à ce que la section du grand sympathique au cou agisse comme un stimulant réflexe.

ε. **Action du plexus cœliaque, du ganglion semi-lunaire et des plexus nerveux du foie.** — Les effets de l'excitation de ces nerfs équivalent à ceux de l'excitation du grand splanchnique, et elles exercent une action immédiate sur la sécrétion de sucre. Les recherches très précises de A. CAVAZZANI, dans le laboratoire de STEFANI, ont bien établi ce fait fondamental. Voici cinq expériences dans lesquelles il y a eu excitation du plexus cœliaque, et qui ont donné les chiffres suivants :

DIFFÉRENCE		GLYCOGÈNE 0/0		GLYCOSE 0/0	
GLYCOGÈNE.	GLYCOSE.	AVANT L'EXCITATION.	APRÈS L'EXCITATION.	AVANT L'EXCITATION.	APRÈS L'EXCITATION.
— 1,131	+ 0,38	2,988	1,857	0,550	0,930
— 0,762	+ 0,048	1,751	0,989	0,281	0,329
— 0,569	+ 0,281	2,530	1,961	0,174	0,455
— 0,892	+ 0,068	1,670	0,778	0,081	0,149
— 1,647	+ 0,310	3,948	2,301	0,523	0,833
— 1,001	+ 0,217	2,577	1,577	0,322	0,539

Sans entrer dans le mécanisme même de cette transformation (V. **Glycogène**), nous devons assurément conclure de ces expériences, comme de celles de Morat et de Dufourt, que l'activité nerveuse transforme en glycose le glycogène de la cellule hépatique.

Il semble d'ailleurs, pour des raisons qui, quoique théoriques, n'en sont pas moins importantes, qu'il ne puisse en être autrement. Si le glycogène était immédiatement, au fur et à mesure de sa formation dans le foie, transformé en glycose, il n'y aurait jamais de glycogène accumulé dans le foie. Il faut donc que l'hydratation du glycogène puisse se faire à certains moments, sous l'influence d'une stimulation spéciale, qui est celle du système nerveux, afin que le déversement du glycose dans le sang se conforme aux besoins généraux de l'organisme.

On peut supposer, par conséquent, que la diastase qui préside à cette hydratation du glycogène pour en faire du sucre, n'existe pas à l'état normal, ou n'existe qu'en proportions très faibles ; mais que, sous l'influence de la stimulation nerveuse, réflexe ou centrale, elle devient subitement plus abondante. Tout se passe comme s'il existait une *prodiastase*, qui par l'action nerveuse se changerait en diastase active. L'absence d'O dans le sang, ou le CO_2 du sang, ou la contraction active des muscles seraient les incitations centrales ou réflexes qui détermineraient la production de cette diastase, changeant la prodiastase inactive en une diastase active.

Par une autre méthode, qui semble moins certaine, Cavazzani a constaté l'action des nerfs sur le foie. Il a vu, après l'excitation du plexus cœliaque chez le chien, se produire des altérations histo-morphologiques de la cellule hépatique. Afanassieff, d'une part, et Lahousse, de l'autre, avaient constaté des faits analogues. Le rôle des nerfs cœliaques dans la vie et la puissance sécrétoire de la cellule hépatique est donc bien démontré.

L'excitation du plexus cœliaque n'est pas la seule méthode dont nous disposons, pour juger de son action. L'ablation et la destruction de ce plexus ont été faites par beaucoup d'auteurs, mais elles ne donnent pas de résultats aussi nets que l'excitation. Volkmann, Pincus, Lamansky ont observé des troubles divers, très graves, consécutifs à la lésion de ces nerfs importants ; diarrhées, péritonites, congestions paralytiques de l'intestin ; mais en général ils n'ont guère porté leur attention sur les phénomènes hépatiques. Cependant Munk et Klebs (cités par Lustig) observèrent de la glycosurie après l'ablation, totale ou partielle, du plexus. Lustig, opérant dans de meilleures conditions d'antisepsie, a trouvé, chez des chiens et des lapins dont le plexus cœliaque avait été détruit, de notables quantités d'acétone dans les urines, et il admet qu'on peut provoquer l'acétonurie expérimentale par les lésions du plexus. Souvent, mais non toujours, il y a une glycosurie concomitante. Dans quelques cas cette acétonurie guérit, et l'animal se rétablit si bien que Lustig conclut que le plexus cœliaque n'est pas absolument indispensable à la vie, et que la fonction de ces nerfs peut être remplacée par d'autres nerfs. Conclusion qui paraît assez téméraire ; car, malgré une grande habileté opératoire, il est difficile d'être assuré qu'on a détruit tout le plexus cœliaque. D'ailleurs Viola a contesté les expériences de Lustig, et l'acétonurie observée ne lui a paru nullement spécifique d'une lésion du plexus.

D'après R. Dubois, la section des ganglions semi-lunaires, ou même d'un seul ganglion semi-lunaire, empêche l'échauffement de la marmotte refroidie, c'est-à-dire, en d'autres termes, elle suspend les actions chimiques du foie qui sont la cause principale de l'échauffement.

D'après Bonome, chez des lapins qui purent rester vivants plusieurs jours après l'extirpation du ganglion cœliaque, il y eut une diminution considérable de la production d'urée : en même temps on put constater des hémorrhagies dans le tissu hépatique, hémorrhagies interstitielles que Bonome attribue à un trouble de la circulation dans le foie. Il tend à penser que c'est par perversion de l'action vaso-motrice (ou trophique) que se produisent ces lésions.

L'extirpation des ganglions et du plexus cœliaque diminue certainement la résistance du foie aux causes de destruction et d'altération. Bonome constate que les chiens dont les plexus cœliaques ont été détruits en grande partie ou en totalité (?) survivent bien, mais que l'injection de tuberculine ou de poudres inertes dans le foie produit chez eux une sorte de cirrhose expérimentale aiguë, alors que chez les chiens normaux cette même injection est sans effet. Tout se passe comme si la section des nerfs avait aboli la force de résistance de la cellule aux traumatismes. Boxome aurait aussi observé que chez les cirrhotiques il y a toujours quelque lésion plus ou moins grave des ganglions du plexus cœliaque, de sorte qu'il tend à considérer le cirrhose comme un véritable phénomène trophique dû à une altération de l'influx nerveux sur la cellule du foie.

De toutes ces expériences, à quelques points de vue démonstratives, à d'autres points de vue assez imparfaites, il résulte que la fonction sécrétoire glycosique du foie est soumise à l'action nerveuse du splanchnique et des ganglions du sympathique. La section de ces nerfs, quand elle est complète, abolit la sécrétion ; et leur excitation la stimule. Mais les voies centrifuges sont-elles multiples ? et quelles sont-elles exactement ? Quel est le rôle précis du ganglion semi-lunaire ? Est-il un simple organe de transmission ? Ou a-t-il quelque pouvoir autonome ? Voilà ce qui n'est pas déterminé encore. On ne doit d'ailleurs pas oublier que, même en l'absence de toute stimulation nerveuse, le glycogène est transformé en sucre, dans le foie enlevé du corps ; par conséquent, il est probable que la vie de la cellule hépatique se continue après la mort, même en l'absence du système nerveux stimulateur. Probablement aussi elle ne peut persister longtemps sans système nerveux, et, si la section des nerfs hépatiques abolit la fonction glycosique à la longue, il est possible qu'au début il y ait un trouble notable, qui puisse induire le physiologiste en erreur. En tout cas, la fonction glycogénique est réglée par des nerfs sécréteurs. Elle ne fait donc pas exception aux autres sécrétions organiques, et elle est soumise aux influences psychiques, réflexes ou autres, que lui transmettent les nerfs sympathiques et rachidiens.

η. **Action du système nerveux central et phénomènes réflexes de la sécrétion glycosique.** — Nous n'étudierons pas ici les conditions, établies par CLAUDE BERNARD dans son expérience fondamentale de la piqûre du quatrième ventricule, d'après lesquelles la glycosurie et la glycémie d'origine nerveuse se produisent, ce phénomène important devant être exposé à l'article **Glycogène**.

Rappelons seulement que, de même qu'il y a un diabète d'origine centrale, il y a aussi un diabète d'origine réflexe ; par exemple, après l'excitation du bout central du nerf vague (CL. BERNARD), ou après la section du sciatique (SCHIFF, KÜHNE), ou après l'asphyxie (DASTRE), ou après des excitations du sympathique cervical (PEYRANI), du nerf dépresseur de CYON (FILEHNE), ou des autres parties du système nerveux central (SCHIFF).

Tous ces faits, très probants et très nombreux, montrent bien que, comme toutes les sécrétions, la sécrétion du sucre par le foie est soumise à l'influence soit directe, soit réflexe des centres nerveux. Cette preuve est tellement puissante qu'il y a lieu de se demander si les diabètes d'origine toxique ne sont pas en réalité des diabètes d'origine nerveuse ; autrement dit, on peut hésiter à admettre que les substances toxiques agissent *directement* sur la cellule hépatique ; peut-être agissent-elles indirectement, par une action primitive sur la cellule nerveuse qui alors va exciter la glande.

Quant aux phénomènes pathologiques et au diabète essentiel, dans ses relations avec le système nerveux, nous n'avons pas à nous en occuper ici (voy. **Diabète**, III, 804 et suiv., et **Glycogénèse**).

θ. **Action des nerfs sur le système biliaire, la formation et l'excrétion de la bile.** — Cette étude a été faite à l'article Bile (II, 152 et 154).

Conclusions. — En résumé, nous voyons que, malgré l'exiguïté relative des nerfs hépatiques, le foie est, comme tous les organes, soumis à l'influence du système nerveux, d'abord pour sa circulation par les vaso-moteurs ; puis, pour des phénomènes chimiques, par ses nerfs sécréteurs. Qu'il y ait des nerfs trophiques différents des sécréteurs et des vaso-moteurs, cela est probable, mais non prouvé encore. En tout cas, à côté de ces trois ordres de nerfs centrifuges, il y a des nerfs centripètes, de sensibilité consciente, surtout de sensibilité excito-motrice, nerfs par lesquels le foie se met en rapport avec le reste de l'appareil organique.

Le foyer nerveux central excitateur de cette sécrétion est dans le bulbe, et toute stimulation directe ou réflexe de ce centre glycoso-formateur amènera la glycémie. Que ce soient les origines du nerf vague excité par l'inspiration, ou par l'asphyxie bulbaire, que ce soit l'éther injecté dans le foie excitant les terminaisons sensitives intra-hépatiques, que ce soit la stimulation de tout autre nerf périphérique agissant par voie réflexe, peu importe; il s'agit toujours d'une excitation bulbaire. Cette excitation, partant du bulbe, coïncidant peut-être avec une inhibition qui se transmet par les nerfs vagues, chemine par les trois premières paires dorsales pour aboutir au sympathique, à la chaîne abdominale et spécialement au splanchnique, lequel se distribue au ganglion semi-lunaire et au plexus solaire. Les nerfs du plexus solaire, à la fois vasomoteurs et sécréteurs, se terminent par les plexus hépatiques dans le foie, et là ils agissent directement sur la vie chimique de la cellule hépatique.

Bibliographie. — **Innervation et autres phénomènes fonctionnels.** — Bargherini (A.). *Conductibilita del F. nello stato vivo comparata a quella del F. nello stato cadaverico* (*A. Cong. gen. d. Ass. med. ital.*, Siena, 1893, 171). — Barrett. *Can man or any other animal exist whithout a L.* (*Virg. med. Monthly*, 1875, ii, 871). — Baylac (J.). *De la valeur de la glycosurie alimentaire dans le diagnostic de l'insuffisance hépatique* (B. B., 1897, 1065-1066). — Bonome. *De quelques altérations du F. à la suite de l'extirpation du ganglion cœliaque* (*A. i. B.*, 1892, xvii, 274-283). *Sull'importanza delle alterazioni del plessus celiaco nella cirrhosi epatica dell'uomo e nella cirrhosi sperimentale* (Ricerche di fisiologia per el xxvᵉ Annivers. di P. Albertoni, 8°, Bologne, 1901, 151-190). — Boruttau (H.). *Weitere Erfahrungen über die Beziehung der N. vagus zur Athmung und Verdauung* (A. g. P., 1897, lvi, 39). — Bürker (C.). *Exp. Unters. über den Ort der Resorption in der L.* (D. Tubingen, 1901; A. g. P., 1901, lxxxiii, 241-352). — Butte (L.). *Action du nerf pneumogastrique sur la fonction glycogénique du foie* (B. B., 1894, 166 169). — *Effets de la section des nerfs vagues sur la fonction glycogénique du foie* (Ibid., 734-735). — Cavazzani (E.). *Ueber die Veränderungen der Leberzellen während der Reizung des Plexus cœliacus* (A. g. P., 1874, lvii, 181-189). — Cavazzani (A. et E.). *Sulla fonzione glicogenica del fegato* (Ann. di Chimica e di Farmacologia, mars 1894, in Lavori del Lab. del Prof. Stefani, iv, 1893-1894). — Cavazzani et Manca (G.. *Ulteriore contributo allo studio della innervazione del F. e nervi vaso-motori dell'arteria epatica* (Lav. del Lab. del Prof. Stefani, Padova, 1895, v). — Filiatrault. *Histor. de la physiologie du F.* (Un. méd. du Canada, 1879, viii. 289-300). — Fuelterer. *The L. as an organ of elimination of corpuscular elements* (Medicine, Detroit, 1895, 279). — Gaule (A.). *Die geschlechtlichen Unterschiede in der L. des Frosches* (A. g. P., 1901, lxxxiv, 1-5). — Girard (H.). *Ueber die postmortale Zuckerbildung in der Leber* (A. g. P., 1887, xli, 294-302). — Hugouneno et Doyon. *Rech. sur la désintégration du tissu hépatique dans le foie séparé de l'organisme* (B. B., 1899, 667; A. de P., 1899, i, 917). — Külz (E.). *Beiträge zur Lehre vom künstlichen Diabetes* (A. g. P., 1881, xxiv, 97-105). — Lahousse (E.). *Contribution à l'étude des modifications morphologiques de la cellule hépatique pendant la sécrétion* (A. B., 1887, vii, 182). — Laffont (M.). *Recherches sur la glycosurie considérée dans ses rapports avec le système nerveux* (D. Paris. 1880). — Levene. *Die zuckerbildende Function des N. vagus* (C. P., août 1894). — Lustig (A.). *Sur les effets de l'extirpation du plexus cœliaque* (A. B. i., 1889, xii, 43 81). — Maurel. *De l'influence d'un régime fortement azoté chez les herbivores sur l'augmentat. du volume du F.* (B. B., 1884, 646-648). — Montuori (A.). *Azione della corrente elettrica sulla glicogenesi epatica* (Acc. d. Sc. fis. et matemat. di Napoli, juin, 1901). — Morat et Dufourt. *Les nerfs glyco-sécréteurs* (A. d. P., 1894, 371-380). — Pflüger (E.) *Ueber die Abhängigkeit der L. von dem Nervensystem* (A. g. P., 1869, ii, 459-475 et iv, 1871, 50-53). — Steffen (A.). *Ueber Grösse von L. und Milz* (Jahrb. f. Kind., 1871, v, 47-62). — Viola (G.). *Sur la prétendue acétonurie produite par l'exportation du plexus cœliaque* (A. i. B., 1892, xvii, 336). — Vulpian. *Sur les effets des excitations produites directement sur le foie et les reins* (B. B., 18.8, 5-10). — Wertheimer et Lepage. *Sur les voies d'absorption des pigments dans le foie* (A. d. P., 1897, 363-374). — Wesener. *Ueber die Volumverhältnisse der L. und der Lungen in den verschiedenen Lebensaltern* (D. Marburg, 1879).

§. IX. — ACTION DU FOIE SUR LES MATIÈRES ALBUMINOIDES.

L'action du foie sur les matières albuminoï les est très complexe et assez mal connue. Nous pouvons l'envisager à divers points de vue. Nous réserverons pour un chapitre spécial (§ xi. p. 682) l'action uréopoïétique du foie, et la transformation des matières azotées non albuminoïdes.

α. **Action du foie sur la coagulation du sang.** — Cette étude ayant déjà été faite à l'article **Coagulation** (III, 831-859), nous n'avons à y revenir que pour indiquer quelques-uns des faits plus récemment établis.

On sait que CONTEJEAN avait montré que, lorsque le sang peptonisé passe par le foie, le foie lui communique la propriété d'être incoagulable. Le propeptone n'a presque pas de pouvoir anticoagulant *in vitro*, ou sur un animal dont la fonction hépatique est supprimée. Tout se passse comme si le foie, stimulé par la peptone, versait dans le sang une substance anticoagulante. Cette belle expérience, reprise par GLEY et PACHON et par DELEZENNE, a été solidement et irréfutablement démontrée. SPIRO et ELLINGER ont prouvé que sur des oies, dont le foie a été enlevé et qui cependant peuvent vivre ainsi pendant quelque temps, l'injection de peptone ne rend pas le sang incoagulable. RIBAUT a démontré par une ingénieuse expérience cette propriété du foie de verser, sous l'influence de la peptone, une substance coagulante. Utilisant ce fait découvert par CAVAZZANI que le violet de méthyle injecté par la veine porte se fixe sur les cellules hépatiques, et les rend incapables de produire leurs opérations chimiques coutumières, RIBAUT a vu que les animaux (chiens) ayant reçu cette injection de violet de méthyle gardaient la coagulabilité de leur sang, malgré des injections de fortes doses de peptone.

DASTRE et FLORESCO ont appelé *plasma de peptone hépatique* le plasma hépatique résultant de la macération du foie d'un animal qui a reçu une injection de peptone. Ce plasma de peptone hépatique, s'il est vrai, comme tout le fait penser, que la fonction anticoagulante de la peptone soit due à l'action du foie, contiendrait la substance anticoagulante que DASTRE et FLORESCO ont appelée agent *zymo-frénateur*, la coagulation du sang étant due à une zymase, et le plasma de peptone hépatique inhibant l'action de cette zymase. SPIRO et ELLINGER avaient montré que cette substance conserve ses propriétés, même après ébullition à 100°. DASTRE et FLORESCO prennent le foie d'un chien qui a subi une injection de peptone et le digèrent par la papaïne. Ce produit bouilli produit l'arrêt de la coagulation du foie *in vitro* exactement comme le plasma de propeptone hépatique. Mais si, au lieu d'employer le liquide bouilli, on l'emploie tel quel, on constate qu'il accélère la coagulation *in vitro* et *in vivo*. On peut donc croire qu'il y a, dans le produit de la digestion papaïnique, à côté de l'agent zymo-frénateur hépatique (substance anticoagulante du foie) un agent antagoniste (zymo-accélérateur) qui y existerait comme dans d'autres extraits d'organes (WOOLDRIDGE). L'ébullition serait le moyen de séparer ces deux agents.

LE MOAF et PACHON ont fait remarquer que la production de l'agent zymo-frénateur (que, pour simplifier, nous appellerons *antipexine*) est liée à l'intégrité de la cellule hépatique; car la peptone broyée avec le foie extrait du corps ne la fournit pas, alors qu'elle se forme par injection de peptone dans le sang.

BILLARD a fait, sous la direction d'ABELOUS et en collaboration avec lui, une série de travaux méthodiques sur les effets anticoagulants du foie des crustacés. HEIDENHAIN avait montré que le sérum musculaire des crustacés retarde et même empêche la coagulation du sang. BILLARD a vu que le suc hépatique des crustacés a la même action : *in vitro* le suc hépatique agit sur la coagulation (antipexine directe) ; mais, s'il est injecté dans les veines d'un animal (chien ou lapin), les effets sont encore plus nets à plus faible dose. Ils ne se produisent pas si le sang ne circule pas dans le foie ; par conséquent, le mécanisme est le même que pour la peptone. C'est le foie qui sous l'influence (indirecte) du suc hépatique sécrète une antipexine.

La substance qui agit ainsi directement sur le foie n'est pas détruite par la chaleur (100°), ni par l'alcool. L'alcool donne un précipité qui est actif, et qui se redissout dans l'eau salée. C'est l'antipexine directe. Au contraire, l'antipexine indirecte, qui n'agit qu'après avoir passé par le foie, n'est pas précipitée par l'alcool. Il y a donc, selon toute apparence, deux sortes de substances qui arrêtent la coagulation : les unes agissent directement comme zymofrénatrices du fibrin-ferment ; les autres agissent médiatement en provoquant l'action anticoagulante du foie.

DELEZENNE montre que la propriété de déterminer une antipexine dans le foie est commune à beaucoup d'autres substances que la peptone. Le sérum d'anguille, les muscles d'écrevisse, les extraits d'organes contiennent tous ces antipexines indirectes. Les venins de serpent, les toxalbumoses végétales (ricine, abrine), les toxines du staphylocoque et du bacillus pyocanique ont aussi cette action. Mais, d'après lui, ces corps n'agiraient pas directement sur le foie. Ce serait par l'intermédiaire des leucocytes. Ils amènent, en effet, une leucocytolyse énergique, de sorte que les agents anticoagulants ne seraient, d'après lui, anticoagulants que parce qu'ils sont leucolytiques. Aussi bien les produits de désagrégation des globules blancs (histones et cytoglobines) seraient-ils à la fois pexiques et antipexiques, et, si le foie paraît agir, c'est parce qu'il arrête les substances qui hâtent la coagulation et laisse passer les autres.

Mais, si ingénieuse que soit cette théorie, elle est difficile à soutenir ; car, ainsi que l'a fait remarquer Arthus, nombre de substances, voire même l'eau distillée, sont leuco-lytiques, et cependant elles ne provoquent dans le foie aucune formation d'antipexine. Il est certain que les phénomènes sont bien plus complexes que nous ne le supposons ; car une injection première de peptone donne l'immunité (au point de vue de l'antipexie) contre une seconde injection de peptone ; mais ne protège pas contre d'autres actions antipexiques. Il faudrait donc admettre autant d'antipexiques qu'il y a de corps différents (extrait de sangsue, sérum d'anguille, venin de vipère, foie de crustacés, extraits des moules, etc.) ; ce qui n'est pas absurde assurément, mais ce qui rendrait cette chimie physiologique singulièrement compliquée, et presque inabordable.

En tout cas, ce qui est évident, c'est qu'à côté de la substance anticoagulante du foie (antipexine indirecte) il existe une substance coagulante.

Wooldridge, Buchanan, Foa et Pellacani, et, avec plus de précision, Contejean, ont montré cette action zymo-accélératrice des extraits d'organes, et notamment de l'extrait hépatique. On pouvait donc supposer a priori que ces extraits sont toxiques parce qu'ils hâtent la coagulation et déterminent des thrombus dans les vaisseaux. De fait, c'est le contraire qui s'observe, et la mort survient avec un sang incoagulable. Comment expliquer cette anomalie apparente ?

Wooldridge a essayé de l'expliquer par une différence de dose. A dose faible, le sang est incoagulable ; à dose forte, au contraire, il se fait des thrombus ; mais cette explication ne peut être considérée comme valable ; car la peptone, par exemple, rend le sang d'autant plus incoagulable qu'elle est injectée en plus grande quantité. A vrai dire, on ne peut comparer l'injection de peptone à l'injection d'extrait hépatique, beaucoup plus complexe.

W. H. Thompson, dans un très bon travail, a montré que les différentes peptones ne sont pas identiques. Les antipeptones (tryptones) activent la coagulation, tandis que la peptone vraie (purifiée) la retarde, à des doses variant entre 0,2 et 0,005 par kilo.

Tous ces faits, encore mal expliqués et assez disparates, semblent établir que le foie possède simultanément des pexines et des antipexines. Que les pexines (ou zymo-accélératrices) existent dans le foie normal, cela n'est pas douteux. Il est moins certain qu'il existe des antipexines (ou zymo-inhibitrices), exception faite du foie des crustacés. En tout cas, sous l'influence de certains stimulants, soit directement, soit par l'intermédiaire des produits de désagrégation des leucocytes, le foie donne naissance à des antipexines, et il les produit en quantités si considérables que l'activité des pexines est alors tout à fait annihilée.

Toute cette étude physiologique est d'ailleurs encore fort obscure, et ce n'est pas l'action du foie sur la production de fibrine qui contribue à l'éclaircir.

Anciennement Lehmann avait constaté, dans des expériences classiques et reproduites par tous les auteurs, que le sang des veines sus-hépatiques ne contient pas de fibrine, et en tout cas beaucoup moins que le sang de la veine-porte, qui en a de 4 à 5 p. 1000.

Ce fut aussi l'opinion de Cl. Bernard qui constata cependant que le sang sus-hépatique, privé de fibrine, reste coagulable, et que par conséquent les deux phénomènes sont indépendants l'un de l'autre. Mais cette diminution de fibrine dans le sang sus-hépatique a été contestée par divers auteurs, par Paulesco, par Colin, par Mathews, par Béclard, de sorte que rien n'est plus discordant que l'opinion des physiologistes sur la teneur en fibrine du sang des veines sus-hépatiques, soit à l'état de jeûne, soit pendant la digestion. Gilbert et Carnot, reprenant cette expérience, admettent que la fibrine filamenteuse manque dans les veines sus-hépatiques, mais qu'il y a néanmoins de la fibrine, qui se coagule en petits grains. Il n'existe pas, disent-ils, identité absolue entre le phénomène même de la coagulation et la formation des filaments de fibrine (voy. Fibrine).

Est-ce à la destruction de fibrinogène dans le foie qu'est due cette diminution de la fibrine ? DASTRE, en faisant la défibrination successive du sang, admet que le foie est, comme le rein, un organe destructeur de fibrinogène. MATHEWS, sans avoir fait d'expérience sur le foie, accepte cette opinion provisoirement, et conclut que le fibrinogène vient de l'intestin, et probablement des leucocytes et ganglions lymphatiques de l'intestin. En l'absence d'observations plus précises, il semble plus rationnel de rester, avec GILBERT, et CARNOT, dans le doute scientifique, relativement au rôle du foie dans la production ou destruction du fibrinogène, tout en regardant comme plus vraisemblable que le fibrinogène se détruit en passant dans le foie.

Il est d'ailleurs difficile de voir le lien qui réunit cette destruction du fibrinogène (très hypothétique) avec les phénomènes de pexie et d'antipexie étudiés plus haut.

β. **Action sur les matières albuminoïdes.** — Il reste peu de chose à dire de l'action du foie sur les matières albuminoïdes, si l'on élimine d'une part l'action sur la fibrine, d'autre part celle de la coagulation du sang ; et surtout si l'on traite à part, comme on le verra plus loin, l'action uropoïétique du foie.

Pour l'albumine comme pour les toxines, pour les matières grasses et peut-être pour les matières sucrées, le foie a la propriété de garder et de retenir dans son tissu les éléments chimiques qui ne font pas partie de la constitution normale du sang ; c'est-à-dire, en somme, les matériaux de la digestion. Au moment où la digestion introduit des peptones dans le sang, ces peptones de la digestion, qui ne sont sans doute que partiellement transformées en albumine et sérine, sont retenues par le foie. L'expérience directe a été faite par injection de peptone. En même temps que le sang peptonisé a la propriété de faire produire une antipexine par le foie, la peptone est arrêtée dans le foie. Selon toute apparence, au moment de la digestion, il n'y a que très peu de peptone qui passe dans la circulation ; car la peptone est presque intégralement transformée en albumine ; en tout cas, cette petite quantité de peptone, qui échappe à l'action déshydratante de la muqueuse intestinale et des lymphatiques intestinaux, est retenue par le foie. BOUCHARD et ROGER ont montré que le foie transforme la peptone en albumine parfaite. « Si en effet on injecte, dit ROGER, de la peptone par une branche de la veine porte, on ne trouve dans l'urine ni peptone ni albumine ; si l'injection est pratiquée par une veine périphérique, il se produit de la peptonurie et de l'albuminurie ; une partie de la peptone peut donc se transformer, en dehors du foie, en une albumine qui n'est pas assimilable. Ce résultat, contredit par BOULENGIER, DENAYER, DEROS, cadre pourtant avec d'autres expériences. PLOSZ et GYERGYAI, au moyen de circulations artificielles, ont constaté que les peptones disparaissent en traversant certains tissus ou certaines glandes, notamment le foie ; reste à savoir si elles se transforment en albumine, comme cela est probable, ou en sucre, comme le soutient SEEGEN, ou en matière fibrinogène, comme le pensent ARTHAUD et BUTTE... Si l'on juge par la fréquence des *albuminuries* et des *peptonuries*, au cours des affections hépatiques, on est porté à conclure que le rôle du foie sur ces différentes substances mériterait d'être mieux étudié ; seulement on se heurte à des difficultés techniques considérables. »

L'action du foie sur les albumines non normales du sang ressemble à celle du foie sur les peptones. CLAUDE BERNARD, ayant injecté de l'albumine d'œuf dans la veine jugulaire, la retrouve dans l'urine. Mais, si cette albumine est injectée dans la veine porte, elle ne reparaît pas dans l'urine. Donc elle a été retenue, ou plutôt assimilée après transformation, par le foie.

BOUCHARD (cité par ROGER) a constaté un fait très analogue après injection intra-veineuse de caséine. Injectée dans le sang général, cette caséine reparaît dans l'urine ; mais, si elle est injectée par la veine porte, on retrouve de l'albumine dans l'urine, et non plus de la caséine, comme si le foie avait transformé la caséine en albumine, mais en une albumine imparfaite qui n'est pas assimilable. C'est une expérience qui aurait assurément besoin d'être vérifiée. Quant à la transformation de l'albumine en sucre ou en graisse, nous renvoyons à l'article **Glycogénèse**, ainsi qu'au chapitre relatif à la formation des matières grasses dans le foie (p. 675).

γ. **Autres fonctions chimiques.** — Le foie a encore d'autres fonctions chimiques, mais elles sont vraiment bien inconnues ; cependant nous pouvons admettre qu'elles sont très importantes, même si l'on élimine l'action glycogénique et la sécrétion biliaire.

D'après Poulet (cité par Roger), le sang porte renferme un tartrate, qui dans le foie se transforme en hémocitrate, lequel jouerait un rôle capital dans la respiration; car, au niveau du poumon, il régénérerait de l'acide tartrique.

Wyssokovitch a constaté que le sang passant à travers le foie se chargeait d'acide lactique, qu'il s'agisse de sang artériel ou de sang veineux. Soit x la quantité d'acide lactique contenu dans le sang avant son passage (circulation artificielle) dans le foie, après passage cette quantité a été en milligrammes de $x + 16 + 68 + 9 + 44 + 87 + 38 + 77 + 39 + 33$. Ce fait semble être en contradiction avec l'observation classique de Minkowski que les oies dont le foie a été enlevé ont une grande quantité d'acide lactique dans les urines.

Nous ne parlerons pas ici des modifications graves de la nutrition, déterminées par les maladies du foie (acétonurie, indicanurie, etc.); car il s'agit là de phénomènes plus compliqués encore que les phénomènes normaux, et on n'explique pas *obscurum per obscurius*.

Bibliographie du § IX. — Arthus (M.). *Influence des macérations d'organes sur la vitesse de la coagulation du sang de chien, in vitro* (B. B., 1902, 136-137). — Billard (B.). *De l'action du suc hépatique des crustacés sur la circulation et la coagulation du sang* (D. Toulouse, 1898). — Dastre (A.). *A propos de la recherche des ferments endo-cellulaires par la dialyse chloroformique* (B. B., 1901, 171-173). — Dastre et Floresco. *Méthode de la digestion papaïnique pour épuisement des tissus en général et l'isolement de quelques ferments et agents zymo-excitateurs ou frénateurs en particulier* (B. B., 1898, 20-22); *De la méthode des plasmas à l'état liquide ou en poudre pour l'étude du fibrin-ferment (thrombase)* (Ibid., 22-24). — Delezenne (C.). *Le leucocyte joue un rôle essentiel dans la production des liquides anticoagulants par le foie isolé* (B. B., 1898, 354-356); *Rôle respectif du foie et des leucocytes dans l'action des agents anticoagulants* (Ibid., 357-359); *Action du sérum d'anguille et des extraits d'organes sur la coagulation du sang* (A. d. P., 1897, 646-660). — Fiquet (E.). *Action des albumoses et des peptones en injections intra-vasculaires* (C. R., 1897, cxxiv, 1371-1374 et B. B., 1897, 459). — Lebas (G.). *Recherches sur l'immunité contre l'action anticoagulante des injections intra-vasculaires de propeptones* (D. Paris, 1897). — Lépine (R.). *De la formation du sucre aux dépens des matières albuminoïdes (Glycogénie sans glycogène)* (Sem. méd., 13 déc. 1899). — Mathews (A.). *The origin of fibrinogen* (Am. Journ. of Physiology, iii, 1899, 53-84). — Pick et Spiro. *Ueber gerinnungshemmende Agentien im Organismus höherer Wiebelthiere* (Z. p. C., 1900, xxxi, 235-281). — Ribaut (H.). *Action du violet de méthyle sur la fonction anticoagulante du foie* (B. B., 1901, 442-443). — Spiro (K.) et Ellinger (A.). *Der Antagonismus gerinnungsbefördernder und gerinnungshemmender Stoffe im Blute, und die sogenannte Pepton-Immunität* (Z. p. C., 1897, xxiii, 121-160). — Thompson (W. H.). *The physiological effects of peptone when injected into the circulation* (J. P., 1899, xxiv, 374-410).

Pour les travaux antérieurs voir **Coagulation**, iii.

§ XI. — FONCTIONS ADIPOGÈNE ET ADIPOLYTIQUE DU FOIE.

Le foie a certainement une double action manifeste sur les graisses; il contribue à leur formation et à leur destruction. Nous allons examiner successivement les points suivants :

A. Fixation des graisses du sang et de l'alimentation dans le foie.

B. Formation de graisses dans le foie aux dépens des hydrates de carbone et aux dépens des albuminoïdes.

C. Destruction des graisses dans le foie et transformation en sucres et en autres substances.

A. Fixation des graisses du sang et digestion dans le foie. — La méthode la plus simple pour résoudre cette question paraît être la méthode ancienne, celle qu'avait adoptée Simon, en 1840, dans des expériences classiques, à savoir l'analyse comparée du sang de la veine porte et du sang des veines sus-hépatiques. Lehmann (cité par Cl. Bernard, *Physiol. expér.*, i, 146) avait trouvé sur des chevaux 0,04 de graisse dans le sang de la veine porte, et 0,0005 dans le sang des veines sus-hépatiques.

Cette méthode, employée par Drosdoff sur quatre chiens en digestion, lui a donné les résultats suivants, qui semblent extrêmement nets :

	POUR 100 GRAMMES DE SANG. MOYENNE DES IV EXPÉRIENCES.		
	Cholestérine.	Lécithine.	Graisses.
Sang de la veine porte.	0,097	0,110	0,504
— des veines sus-hépatiques. .	0,365	0,241	0,084

Cette expérience, quoiqu'elle soit contestée par Flügge d'une part et par Paton de l'autre, semble pourtant prouver que les graisses de la digestion passent au moins partiellement dans la veine porte (sous forme de savons?) et que dans le foie elles y subissent une transformation; peut-être une fixation, peut-être en partie une dissociation, devenant cholestérine et lécithine qui passent dans le sang des veines hépatiques.

Mais l'expérience a été faite d'une manière plus simple et, à ce qu'il paraît, plus concluante, par d'autres auteurs.

I. Munk, injectant des savons dans une veine périphérique, voit que la dose toxique (sur le lapin) est d'environ 0,10 par kilogramme. Mais, si l'injection est faite par la veine porte, le savon cesse alors d'être aussi toxique, et il en faut environ 0,4 ou 0,5 pour amener la mort. Par conséquent, le sel gras de soude a été retenu par le foie. Peu importe qu'on appelle ce phénomène accumulation de graisse dans le foie, ou action antitoxique du foie, le résultat est le même : c'est la fixation des matières grasses dans le tissu hépatique.

Lebedeff a expérimenté sur un chien en inanition : il lui a donné à manger exclusivement de la graisse, ce qui n'a pas empêché l'animal de mourir. Son foie, de 210 grammes, contenait une quantité énorme de graisse, 41,5. Par conséquent, la graisse de l'alimentation s'était accumulée dans le foie.

Salomon (cité par Lebedeff) a vu, chez des lapins nourris avec de l'huile d'olive, la graisse s'accumuler dans le foie.

Gilbert et Carnot ont fait sur ce même sujet des expériences décisives.

Ils injectaient par la veine porte, chez des lapins, des cobayes et des chiens, une certaine quantité d'huile finement émulsionnée. Sur les animaux ainsi injectés et sacrifiés en série, de quelques minutes à quelques jours après l'injection, on pouvait voir que le foie était graisseux, huileux, laissant écouler, quand on le coupait, un liquide gras, identique à la graisse injectée : la conclusion formelle est donc que la graisse avait été retenue par le foie. En injectant du lait par une veine mésaraïque, on constate que la coupe du foie laisse écouler un liquide blanc contenant les graisses émulsionnées du lait. Si l'on regarde ces foies au microscope, on voit que les cellules hépatiques contiennent quantité de gouttelettes graisseuses qui se colorent en noir par l'acide osmique. Quant aux capillaires, ils sont remplis de gouttes graisseuses qui sont appliquées aux parois des capillaires; quelques-unes ont même pénétré dans les cellules endothéliales. Cette localisation cellulaire dure quelques jours. Vers le dixième jour toute graisse a disparu.

Gilbert et Carnot ont aussi refait avec les savons l'expérience de Munk, et constaté, comme lui, que les savons injectés par la veine porte sont pris par la cellule hépatique.

Plus récemment, Carnot et Mlle Deflandre, étudiant cette fixation de graisses dans le foie — c'est ce qu'ils appellent la fonction adipopexique, — ont fait ingérer à des cobayes différents corps gras, beurre, huile de foie de morue, huile de pied de bœuf, huile végétale, et ont constaté que les quantités de graisses fixées dans le foie sous la forme, soit de graisses neutres, soit de savons, étaient assez variables. Les huiles animales, et notamment les matières grasses du lait et de beurre, sont fixées en plus grandes proportions que les huiles végétales. Il est possible que cette fixation soit en rapport avec l'assimilation même des graisses (B. B., 1902, 1514-1516).

Il est donc impossible de nier le rôle du foie dans la fixation, temporaire ou non, des graisses de l'alimentation. Sans donner, il est vrai, à ce qu'il semble, d'expérimentation directe à l'appui, Cl. Bernard avait dit : « Si l'on pousse une injection de graisse dans la veine porte, elle ne passe que très difficilement dans les veines sus-hépatiques et se fixe dans le tissu du foie. » Il est certain que, dans la digestion normale des matières alimentaires chargées de graisses, les graisses ne passent qu'en petite quantité par les veines. La plupart des matières grasses suivent les chylifères, mais les savons peuvent passer par les veines, et il y a sans doute des matières grasses qui échappent aux chylifères.

Expérimentalement on peut injecter des graisses dans la veine porte. D.-N. Paton a fait quelques expériences sur ce point. D'abord, par la composition (en graisse) du foie de jeunes lapins nouveau-nés, d'une même portée, il constata que l'alimentation grasse constamment augmentait la quantité de graisse du foie. Quatre jeunes lapins sont mis à l'inanition ou à une nourriture sans graisse. Le quatrième lapin est, au contraire, nourri avec du lait et de la crème. Chez celui-là il y a un extractif éthéré de 11,9 p. 100 : chez les trois autres lapins l'extractif éthéré est de 4,93. Sur quatre lapins, dont deux furent nourris avec du lait, deux avec une alimentation végétale, l'extractif a donné en moyenne 4,95 pour les lapins nourris au lait, 4,41 pour les lapins nourris avec des herbes. Sur deux autres lapins, l'un fut nourri avec du lait; il y avait 6,03 p. 100 d'extrait éthéré dans le foie; l'autre, en inanition pendant quarante-huit heures, n'avait que 4,93.

Rosenfeld a montré (sur des chiens recevant de la phloridzine) qu'il n'y avait d'accumulation de graisse dans le foie que si l'on donnait aux animaux une alimentation graisseuse. On retrouve dans le foie la nature même de la graisse qui a servi d'aliment (huile de la noix de coco), de sorte que certainement cette graisse a été déposée dans le foie et provient directement de l'aliment. Si alors on interrompt l'alimentation grasse, on voit cette graisse, déposée en granulations dans les cellules, disparaître en peu de jours, pour servir à la consommation organique.

Il serait intéressant de faire quelques recherches sur la manière dont se comportent les oies nourries de manière que leur foie devienne gras. Mais les physiologistes, comme Lebedeff et Forster, n'ont pas pu réaliser cet engraissement du foie que les industriels obtiennent facilement, sans que des détails nous soient donnés sur les procédés mis en usage, de sorte que Lebedeff suppose, à tort sans doute, qu'on ajoute aux aliments des oies, dont les foies sont destinés à fournir des foies gras, de petites quantités d'arsenic ou d'antimoine (1883).

En tout cas, il est d'observation certaine que, pour développer des foies adipeux (foies gras des oies), une alimentation grasse est très efficace. Sans doute on ne les nourrit pas uniquement avec de la graisse, mais encore avec des féculents et des albumines, de sorte qu'on ne peut pas conclure rigoureusement que la graisse qui s'accumule dans le foie provient exclusivement de la graisse de l'alimentation.

Il est probable que cette graisse accumulée ainsi dans le foie disparaît peu à peu. Paton admet (Exp. 47, p. 197) qu'au bout de trois jours d'inanition cette graisse, chez le lapin en inanition, a disparu (2,25 p. 100 au lieu de 6,1, avant l'inanition). Toutefois cette disparition de la graisse est très variable. Chez les animaux à sang froid, elle se fait sans doute très lentement. Le foie des poissons, qui contient de grandes quantités de graisse, en contient encore, même après de longues périodes d'inanition. Chez tous les grands squales vivant au large que j'ai pu observer (une dizaine environ), l'estomac était presque totalement dépourvu d'aliments, et cependant le foie était encore graisseux, comme si la graisse accumulée par le foie servait à la nutrition de l'animal pendant les temps probablement très prolongés des jeûnes forcés auxquels il est soumis, ne pouvant trouver de proies à sa disposition. De même les saumons, à une certaine époque de leur existence, quand ils peuvent trouver de la nourriture, ont un foie très gras; et, après cette période d'alimentation facile, quand le moment arrive où l'aliment leur fait défaut, leur foie s'appauvrit en graisse, déversant constamment des matériaux de combustion, de manière à constituer une sorte d'alimentation intérieure, qui remplace l'alimentation extérieure impossible. Il en est de même du foie des animaux hibernants, quoique ils aient une glande hibernale (V. Graisses). Et chez eux, pendant le sommeil hibernal, la graisse, comme le glycogène, va disparaissant du foie pour remplacer l'alimentation qui est impossible, et produire la petite quantité de chaleur nécessaire.

Le foie nous apparaît donc en premier lieu comme un organe *accumulateur* des graisses. Nous chercherons plus loin s'il n'a pas en outre un rôle *formateur* des graisses; mais son rôle dans l'accumulation des graisses est tout à fait évident.

Ajoutons que, pour admettre cette fonction, il n'est pas indispensable de supposer le passage des graisses de la digestion par la veine porte. Si les graisses passent en partie par les chylifères pour être déversées dans le système veineux général, elles repasseront de nouveau (par l'artère hépatique et la veine porte elle-même) sans être intégralement consommées dans le foie; de sorte que le passage par les chylifères de la majeure partie des graisses ne contredit nullement le fait de la fixation et de l'accumulation des graisses alimentaires dans la cellule hépatique.

B. **Formation de graisses dans le foie.** — α. *Aux dépens des matières albuminoïdes.* — Non seulement le foie fixe les graisses du sang et de la digestion ; mais encore il transforme d'autres éléments nutritifs en graisses.

Le fait que les graisses se forment dans le foie est d'abord démontré directement par les intoxications aiguës du foie. C'est une question qui a préoccupé depuis longtemps les médecins physiologistes que de savoir le mécanisme des rapides dégénérescences graisseuses du foie. (L'historique est complètement présenté par A. Lebedeff.)

Deux hypothèses, en tout cas, sont en présence : la première, c'est que la graisse se forme dans la cellule hépatique aux dépens des albuminoïdes du foie; c'est l'hypothèse soutenue par Bauer. L'autre hypothèse, c'est que la graisse de l'organisme vient s'accumuler dans le foie. Telle est l'opinion de Lebedeff.

Bauer, en effet, a remarqué qu'après l'intoxication phosphorée il y a un excès notable dans la production d'urée. (Dans un cas entre autres, un chien, qui rendait en moyenne 15 grammes d'urée, a rendu, le quatrième jour de l'intoxication phosphorée, 42gr8 d'urée.) En même temps la consommation d'oxygène a diminué; et ces deux phénomènes coïncident avec la stéatose hépatique.

Mais Lebedeff n'admet nullement cette hypothèse de Bauer. D'abord, en dehors de toute stéatose viscérale, l'augmentation de l'uréopoïèse va de pair avec la diminution des combustions respiratoires. Ensuite on ne saurait expliquer l'énorme production de graisse par une stéatose de l'albumine hépatique. (Dans un cas, chez l'homme, un foie de 1530 grammes contenait 450 grammes de graisse.) Enfin rien ne serait moins certain que la transformation de l'albumine en graisse. (Remarquons que sur ce point la position négative de Lebedeff n'est pas admissible; car la formation de graisse aux dépens des matières protéiques n'est guère douteuse.) Quoi qu'il en soit, d'après Lebedeff, la graisse s'accumule dans le foie, non parce qu'elle y est formée, mais parce qu'elle y est transportée, venant des organes gras de l'organisme ; de sorte que le phosphore est un poison stéatosant le foie, non pas directement mais bien indirectement, parce qu'il produit des graisses dans l'organisme et que le foie arrête ces graisses qui circulent. En effet, en donnant à un chien de l'huile de lin, puis, quelques jours après, du phosphore, il a retrouvé dans le foie très gras de l'animal mort d'intoxication phosphorée, des graisses constituées en majeure partie (4/5) par de l'huile de lin.

Leo a, dans un très bon travail, essayé de concilier les deux opinions. Il montre d'abord que, par le phosphore, la production de graisse augmente dans l'organisme total, et non seulement dans le foie. Sur deux jeunes cobayes dont l'un fut empoisonné par le phosphore, la graisse totale fut dosée après cinq jours d'inanition. La graisse du cobaye phosphoré représentait 5,8 p. 100 du poids du corps, tandis que la graisse du cobaye normal ne représentait que 3,03 p. 100, c'est-à-dire moitié moins. Sur des grenouilles, animaux à sang froid, pour lesquels une diminution des oxydations par le phosphore ne peut être invoquée, l'augmentation des graisses hépatiques après l'ingestion de phosphore a été de 10 p. 100. Donc il y a eu une production augmentée des graisses. D'autre part, comme cette stéatose hépatique coïncide avec une grande augmentation du poids du foie, d'autant plus surprenante qu'il s'agit d'animaux inanités, on est forcé d'admettre qu'il y a eu, comme le pense Lebedeff, transport des graisses de l'organisme dans le foie, et par conséquent infiltration graisseuse. Quant à la nature même de ces matières grasses, Leo admet que la lécithine n'y joue aucun rôle, et qu'il ne s'en forme pas dans la dégénérescence graisseuse phosphorée.

Carnot et Albarry ont constaté aussi qu'il n'y avait pas de lécithine dans les stéatoses du foie. Au contraire, d'après Stolnikoff, sur des grenouilles empoisonnées par le phosphore, la proportion de lécithine est d'environ 50 p. 100 dans la graisse, tandis que dans la graisse des grenouilles normales elle n'est que de 10 p. 100.

Ces faits sont d'ordre pathologique ou toxicologique, mais il est évident qu'ils s'appliquent à la physiologie normale. Si le phosphore (et, à un moindre degré, l'arsenic, l'antimoine, l'alcool et les toxines infectieuses) détermine la stéatose du foie, ce ne peut être que par l'exagération d'un processus organique normal. Prouver que le foie des animaux phosphorisés fabrique de la graisse aux dépens de l'albumine, c'est par cela même rendre très vraisemblable que le foie des animaux normaux fabrique aussi de la graisse aux dépens de l'albumine. Et cette probabilité n'est guère diminuée par les expériences de N. Paton, qui n'a pas pu constater l'augmentation des graisses dans le foie après une alimentation exclusivement albuminoïde.

D'autres preuves, en effet, peuvent être invoquées.

D'abord on sait que, chez les femelles en lactation, le foie se charge de gouttelettes graisseuses (Sinéty). Cette graisse, identique à la graisse du lait, est tout à fait différente des autres graisses du corps (Lebedeff); on ne peut donc dans ce cas supposer un transport des graisses de l'organisme. C'est une nouvelle matière grasse, qui n'existe pas dans le sang ou les tissus, et qui par conséquent est formée in situ dans la cellule hépatique.

Est-ce aux dépens du glycogène ou aux dépens des matières protéiques? La question est difficile à décider. Toujours est-il que les cliniciens savent que dans les cas d'insuffisance hépatique l'allaitement est impossible, et qu'il n'y a pas de sécrétion lactée.

« Pendant la vie utérine, et aussitôt après la naissance, disent Carnot et Gilbert (p. 133), le foie est normalement surchargé de graisse. Il en est ainsi chez le cobaye, et aussi chez l'homme. A cette période il est aussi surchargé de glycogène; toutes les réserves alimentaires sont donc prévues dans le foie pour assurer la vie, si défectueuse, des premiers jours. Le glycogène est surtout péri-sus-hépatique, et la graisse péri-portale (Nattan Larrier). Dans les quelques jours qui suivent la naissance, la graisse disparaît entièrement, et le foie devient encore plus riche en glycogène. Il semble y avoir une corrélation étroite entre l'activité de la cellule hépatique, caractérisée histologiquement par la réaction ergastoplasmique et l'accumulation, à son niveau, des réserves glycogéniques et graisseuses. »

Chez les poissons il y a, comme nous l'avons dit, un foie chargé de graisses, et aussi chez les mollusques. Or les uns et les autres ont une nourriture presque exclusivement azotée. Par conséquent il est nécessaire d'admettre un foie lipopoïétique, formant des graisses aux dépens de l'albumine, soit directement, soit indirectement après transformation de l'albumine en glycogène.

En tout cas, la transformation de l'albumine en graisses, sans que nous puissions entrer ici dans la discussion de cet important chapitre de la physiologie générale, paraît vraiment démontrée, malgré les exagérations de Voit, et il serait bien invraisemblable que le foie ne fût pas un des principaux organes chargés d'opérer cette mutation. Les larves des vers, qui n'ont que des protéides, se chargent de graisses. Le muscle mort se charge d'adipocire; la caséine du fromage se transforme en matières grasses; il est probable que le protoplasma de la cellule hépatique est capable de subir la même transformation, qui semble vraiment être générale.

L'opération chimique, qui la produit, peut être facilement mise en formules; mais ces formules n'ont pas grande valeur, tant qu'elles ne s'appuient pas sur des expériences directes, et nous nous en abstiendrons.

β. *Formation des graisses dans le foie aux dépens des hydrates de carbone.* — La transformation des hydrates de carbone en matières grasses est tout aussi probable — pour ne pas dire certaine — que celle des matières albuminoïdes en graisses.

C'est une grande loi de physiologie générale que l'engraissement des animaux peut se faire aux dépens des matières féculentes ingérées. Mais en réalité la question est un peu plus complexe, et il s'agit de savoir : 1º si cette transformation des matières grasses en hydrates de carbone est directe ou par l'intermédiaire de l'albumine; 2º si le siège essentiel de cette transformation est dans le foie.

Comme il y a toujours assez de matières protéiques dans le sang pour suffire à une transformation en matières grasses, on ne peut démontrer directement ce passage des féculents en graisses; mais on en peut trouver une preuve indirecte en étudiant les échanges respiratoires qui succèdent immédiatement à une alimentation très riche en hydrates de carbone. HANRIOT et CH. RICHET ont vu, en effet, qu'après une abondante ingestion de sucre le quotient respiratoire allait rapidement en croissant jusqu'à l'unité, et même arrivait à la dépasser quelque peu. Or il faut bien admettre que, même alors, la combustion des matières protéiques n'a pas complètement cessé, et que cette combustion comporte comme quotient respiratoire 0,6. Donc la transformation des sucres n'est plus une simple combustion; car alors on trouverait un chiffre toujours inférieur à 1 pour le quotient respiratoire; la combustion complète des sucres donnant le quotient 1; et la combustion des protéides n'étant pas arrêtée. Si l'on trouve 1, et même 1,1, et même 1,2, c'est qu'une partie des sucres formant de la graisse donne de l'acide carbonique, de l'eau et de la graisse, suivant l'équation schématique suivante :

$$(C^6H^{12}O^6)^{13} = (C^{18}H^{36}O^2)^3 + (CO^2)^{24} + (H^2O)^{24}.$$

A vrai dire, ce n'est là qu'une induction, et la preuve directe manque encore; mais, tout compte fait, cette transformation des hydrates de carbone en graisses est en tel accord avec toutes les données expérimentales de la physiologie animale et de la physiologie végétale et agricole qu'on ne peut se refuser à l'admettre.

Reste à savoir si c'est dans le foie que cette transformation a lieu, s'il y a une action fermentative quelconque, intra-hépatique, donnant de la graisse aux dépens du sucre.

LANGLEY (cité par SCHÄFER, *T. Book of Physiol.*, 1,935), observant le foie des grenouilles d'été et des grenouilles d'hiver, remarque qu'en hiver le glycogène s'accumule dans la cellule hépatique, en même temps que la graisse, et qu'au printemps ces deux substances disparaissent en même temps tout à fait parallèlement, ce qui indique le contraire de la mutation d'une de ces substances dans l'autre. N. PATON aboutit aux mêmes conclusions : sur des lapins, des chats, des moutons dont on dosait simultanément dans le foie le glycogène et la graisse, on n'a pu trouver quelque fonction vicariante dans les rapports de ces deux éléments. Cependant d'importantes expériences de PATON paraissent prouver d'une part qu'une alimentation riche en sucre augmente les graisses du foie (mais les chiffres ne sont pas très concluants); d'autre part, qu'il y a une augmentation des acides gras du foie au moment ou le glycogène disparaît. Sur deux lapins à jeun depuis soixante-douze et quarante-trois heures, la proportion de glycogène n'était que de 0,65 et 0,15; et la proportion de graisse de 4,39 et de 5,15 p. 100 du foie. Deux lapins normalement nourris avaient 2,68 et 5,65 de glycogène, et 2,17 et 2,07 de graisse. Après vingt-quatre heures d'inanition, sur d'autres lapins de même portée, le glycogène était de 2,93, et de 3,00; et les graisses de 3,34 et 1,60, ce qui peut se résumer dans le tableau suivant, qui donne les moyennes.

	Glycogène.	Graisse.
Lapins normaux.	4,16	2,12
Lapins inanition, de 24 heures. . .	2,96	2,47
Lapins inanition, de 72 heures. . .	0,40	4,77

Or il n'est pas vraisemblable qu'il s'agit d'un transport de graisse, car jamais chez les animaux en inanition le sérum ne devient lactescent; il est bien plus rationnel d'admettre une transformation *in situ* du glycogène en graisse.

Il faut tenir compte aussi d'un fait signalé par NATTAN LARRIER, et qui semble en opposition directe avec les expériences de PATON, à savoir que, dans les premiers jours de la naissance, le foie, très gras, du nouveau-né perd rapidement sa graisse, à laquelle semble succéder, avec la même localisation dans la cellule hépatique, une accumulation de glycogène.

SEEGEN a essayé de prouver que le foie augmente en glycogène, après une alimentation grasse. En mettant un fragment de foie en présence de graisse et d'un peu de sang, il a vu se former du sucre dans le mélange; mais cette expérience, ainsi que disent avec raison GILBERT et CARNOT, mériterait d'être confirmée.

Même s'il était prouvé que le glycogène se forme aux dépens de la graisse, ainsi que l'admettent BOUCHARD et DESGREZ pour les muscles (et non pour le foie), cela ne prouverait aucunement que l'opération inverse n'est pas possible, et une même réversibilité de cette action chimique est, dans une certaine mesure, vraisemblable. Aussi bien serions-nous tenté d'admettre que les deux transformations peuvent avoir lieu, selon les influences nerveuses, dans la cellule hépatique. Dans certains cas, le glycogène devient graisse; dans d'autres cas, la graisse se transforme en glycogène. Mais assurément le passage du glycogène en graisse est bien mieux démontré que le passage de graisse en glycogène. Il est difficile de contester cette formation de graisses aux dépens des féculents, et même de douter que cette formation ait lieu dans le foie. Au contraire, la formation de glycogène aux dépens de la graisse est bien plus douteuse (V. **Glycogénèse, Nutrition, Graisses**).

En somme, toute cette question de la formation des graisses dans le foie est loin d'être éclaircie. Et la difficulté est plus grande encore s'il s'agit de déterminer la nature des graisses formées. (V. **Graisses.**) Quelle est la part du foie dans la formation de la lécithine? Y a-t-il une fonction phosphorique du foie comme il y a une fonction ferratique, fixation du phosphore sur les protéides? La glycérine, qui augmente le glycogène hépatique, contribue-t-elle à la formation de graisses par l'union aux acides gras du foie? Au dédoublement des graisses dans l'intestin peut-on admettre que vient succéder leur synthèse dans le foie (combinaison des savons avec la glycérine pour reformer des graisses neutres)? ce sont là des questions non résolues encore, et que nous nous contentons d'indiquer, ne fût-ce que pour appeler l'attention sur ce rôle prépondérant du foie dans la formation des graisses.

C. Destruction et transformation des graisses dans le foie. — La transformation et l'assimilation des matières grasses du foie sont peut-être plus obscures encore que leur formation. Il est évident que cette graisse qui s'amasse dans le foie, chez certains animaux, est destinée à suppléer à la nutrition de l'animal en l'absence d'une alimentation suffisante. Mais comment s'opère cette désassimilation de la graisse?

Si la graisse du foie était versée dans la circulation générale par les veines sus-hépatiques, on verrait alors, au moins dans l'état de jeûne, le sang des veines hépatiques plus riche en graisse que le sang de la veine porte. Mais, en réalité, c'est le contraire qui a été observé, comme semblent le montrer les expériences de Drosdoff, rapportées plus haut. En tout cas, si la graisse du foie passe dans le sang, ce ne peut être qu'en très minimes quantités, impossibles à déterminer par l'analyse.

Indirectement on n'arrive pas davantage à préciser cette destruction des graisses. On sait seulement que la graisse peut passer dans la bile (Virchow, cité par Roger). Rosenberg a montré qu'une partie des éléments gras d'un repas riche en graisse passait dans la bile, faisant une sorte de vernis protecteur sur les parois de la vésicule biliaire. Gilbert et Carnot ont trouvé après injection veineuse d'huile émulsionnée, chez le chien, les parois de la vésicule infiltrées de graisse, et la bile elle-même riche en matières grasses. D'après ces auteurs, si l'ingestion d'huile donne d'assez bons résultats comme traitement de la lithiase biliaire, c'est qu'il se fait une élimination d'huile par la bile, et que la graisse agit alors mécaniquement en facilitant le glissement du calcul.

Mais ce passage de la graisse dans la bile est un phénomène qui n'est presque pas normal; en tout cas il ne se présente que dans le cas tout à fait particulier d'une alimentation très riche en graisses. Et d'ailleurs cette graisse de la bile, déversée dans l'intestin, doit assurément revenir de nouveau par les chylifères dans la circulation générale, sinon en totalité, au moins en grande partie; la stercorine, l'excrétine et la cholestérine passent dans les matières fécales; mais les autres graisses sont reprises par les vaisseaux sanguins et lymphatiques de l'intestin.

La graisse amassée dans le foie doit donc disparaître autrement que par l'excrétion biliaire; et alors deux hypothèses se présentent : ou la graisse est transformée *in situ* dans la cellule hépatique, ou elle passe à l'état de graisse dans la circulation générale.

La transformation des graisses dans la cellule hépatique n'est pas un phénomène bien certain. Seegen a essayé de prouver que la graisse pouvait donner naissance au glycogène. Gilbert et Carnot citent Chauveau, Rumpf, Contejean, Hartogh et Schuman comme favorables à cette opinion, tandis que Bouchard et Desgrez admettent, d'ailleurs sans preuves directes, que s'il y a transformation en glycogène dans les muscles il n'y en a pas dans le foie. Au demeurant nous ne pouvons aborder ici la question qui sera traitée avec détails à l'article **Glycogénèse**.

Il ne paraît pas très probable, en tout cas, que le foie, qui retient les graisses de la digestion, soit chargé de la fonction inverse, c'est-à-dire du déversement des graisses dans le sang, à l'état de graisses. Sans doute la cellule hépatique préside elle-même à l'utilisation de la graisse, en faisant du glycogène, et peut-être d'autres produits plus facilement oxydables que la graisse. Mais il n'y a pas d'expériences directes qui permettent de résoudre la question.

Conclusions. — Si maintenant, résumant ce chapitre, nous essayons d'en déduire quelques conclusions précises, nous voyons : 1° que le foie accumule certainement les graisses qui sont en excès dans le sang de la veine porte; 2° très certainement aussi qu'il transforme les hydrates de carbone en graisse; 3° que probablement il fait de la graisse avec les matières azotées, soit directement, soit par l'intermédiaire des hydrates de carbone; 4° que peut-être il accomplit l'opération inverse, transformant les graisses en hydrates de carbone.

Mais il s'agit là de faits incomplets, obscurs et assez incertains, de sorte qu'on conçoit très bien que l'évolution des matières grasses hépatiques puisse devenir, à la suite de quelques expériences imprévues, un tout nouveau chapitre de la physiologie.

Bibliographie. — Diverses fonctions chimiques du Foie. — Alonzo et Anthen (E.). Ueber die Wirkung der L. zelle auf das Hämoglobin (D. Dorpat, 1889, et C. W., 1889, 867). — Ascoli (G.). Ueber die Stellung der L. im Nucleinstoffwechsel (A. g. P., 1898, lxxii, 340-352). — Bauer (J.). Ueber die Eiweisssersetzung bei Phosphorvergiftung (Z. B., 1878, xiv, 527). — Biedermann et Moritz (P.). Ueber ein celluloselösendes Enzym im L. secret der Schnecke (A. g. P., 1898, lxxiii, 219); Ueber die Function der sogenannten L. der Mollusken (Ibid., 1899, lxxv, 1-86). — Bouchard et Desgrez. Sur la transformation de la graisse en glycogène dans l'organisme (A. d. phys. et de path. gén., 1900, 237-242). — Browicz. Wie und in welcher Form wird den L. zellen Hämoglobin zugeführt? (Bull. intern. Ac. des sc. Cracovie, 1897, 216-220.) — L. Camus et Gley. A propos du rôle du F. dans la production d'une substance anticoagulante (B. B., 1898, 111). — Camus (L.). Infl. de la dessiccation et des hautes temp. sur le plasma hépatique de peptone (B. B., 1897, 1087-1088). — Charcot. Fonction désassimilatrice du foie. Relation entre les altérations du foie et les modificat. du taux de l'urée (Progrès médical, 1876, iv, 408, 428). — Charles (J. J.). On the sources and the excretion of carbonic acid at the L. (J. Anat. and Physiol., 1884, xix, 166-170). — Charrin. Rem. sur l'action protectrice du F. à propos de la communication de M. Dastre sur la fonction apexygénique de cet organe (B. B., 1898, 289). — Dastre et Floresco. Le foie, organe pigmentaire chez les vertébrés (C. R., 1898, cxxvii, 932-934). — Dastre. La chlorophylle du F. chez les Mollusques (J. P., 1899, i, 111). — Dastre (A.). Recherches sur les ferments (A. d. P., 1888, 69-78). — Delezenne. Le leucocyte joue un rôle essentiel dans la production des liquides anticoagulants par le F. isolé (B. B., 1898, 354). Infl. des inject. successives et simultanées de bile et de peptone sur la coagulation du sang (B. B., 1898, 427). Formation d'une substance anticoagulante par le F. en présence de la peptone (C. R., 1896, cxxii, 1072-1075). Rôle respectif du foie et des leucocytes dans l'action des agents anticoagulants (B. B., 1898, 357-359). Formation d'une substance anticoagulante par circulation artificielle de peptone à travers le foie (A. d. P., 1896, viii, 655-668). Rôle du F. dans l'action anticoagulante des extraits d'organes (B. B., 1897, 228-229); Mode d'action des serums antileucocytaires sur la coagulation du sang (C. R.,1900, cxxx, 4486-1491). — Drechsel (E.). Beiträge zur Chemie einiger Seethiere (Z. B., 1896, xv, 85-107). Ueber das Vorkommen von Cystin und Xanthin in der Pferdeleber (A. P., 1891, 243-247). — Drosdoff (W.). Vergleichende chemische Analysen des Blutes der vena portæ und der venæ hepaticæ (Z. p. C., 1877, i, 233). — Eves (F.). Some experiments on the L. ferment (J. P., 1884, v, 342-351). The excrementitial function of the L. defended before, and promulgated in 1840, advanced and claimed as original in 1870 (Nashville Journ. med. and surg., 1870, vi, 241-245). — Fick (W.). Ueber einen bei der Einwirkung isolirter Leberzellen auf Hämoglobin oder Eiweiss entstehenden Harnstoff ähnlichen Körper (D. Dorpat, 1891; C. P., 1891, 308-309). — Flint. Exp. res. into a new excretory fonction of the L. consisting in the removal of cholesterine from the blood, and its discharge from the body in the form of stercorine (Americ. Journ. Med. Sc., 1862, 305-365, et Internat. Med. Congr. Philad., 1877, 489-502). — Flügge. Ueber den Nachweis des toffwechsels in der L. (Z. B., 1877, xiii, 133-171). — Foa et Salvioli. L'ematopoiesi epatica *nel primo mese di vita estra-uterina* (*Riv. sp. di freniatria*, 1880, VI, 86). — GAUTIER (A.) et MOURGUES. *Sur les alcaloïdes de l'huile de foie de morue* (*B. Soc. chim.*, 1899, LII, 213-238). — GILBERT et CARNOT. *Les fonctions hépatiques*, 1 vol. in-12. Paris, Naud, 1902. — GILBERT et WEIL (E.). *Indicanurie, symptôme de l'insuffisance hépatique* (*B. B.*, 1898, 346-347). — GLEY et PACHON. *Rech. concernant l'influence du F. sur l'action anticoagulante des injections intraveineuses de peptone* (*A. d. P.*, 1896, 715-723). — GLEY. *A propos de la ligature des lymphatiques du foie sur l'action anticoagulante de la peptone* (*B. B.*, 1896, 663-667). — GLEY et PACHON. *Influence du F. sur l'action anticoagulante de la peptone* (*C. R.*, 1896, CXXII, 1229-1232); *Rôle du F. dans l'action anticoagulante de la peptone* (*Ibid.*, 1895, CXXI, 383-385; et *B. B.*, 1895, 741-743). — GRANDIS (V.). *Rech. chim. et physiolog. sur les cristaux contenus dans le noyau des cellules hépatiques* (*A. i. B.*, 1890, XIV, 384-409 et 1889, XII, 137-151 et 267-273). — HALLIBURTON. *The proteids of Kidney and L. cells* (*J. P*, 1892, XIII, 806-846). — HANOT (V.). *Rapports de l'intestin et du foie en pathologie. Congr. franc. de méd.* Bordeaux, 1895, 117 p. — HARLEY. *L. und Galle während dauernden Verschlusses von Gallen und Brustganges* (*A. P.*, 1893, 291-304). — HARTOGH et SCHUMM. *Zur Frage der Zuckerbildung aus Fett* (*A. P. P.*, 1900, XLV, II-45). — HEFFTER. *Das Lecithin in der L. und sein Verhalten bei der Phosphorvergiftung* (*A. P. P.*, XXVIII, 1191, 97-113). — HÉLIER. *Sur le pouvoir réducteur des tissus, foie et pancréas* (*C. R.*, 1899, CXXVIII, 319). — HERTER et WAKEMAN. *The action of hepatic, renal and other cells on phenol and indol under normal and pathological conditions* (*Journ. of exp. med.*, 1899, XV, 307). — HOFFMANN (N.). *Einige Beobachtungen betreffend die Function der L. und Milzzellen* (*D. Dorpat*, 1890 et *C. W.*, 1890, IV, 417-421). — JACOBY. *Ueber die Oxydationsfermente der L.* (*A. A. P.*, 1899, CLVII, 235). — KAUSCH. *Gehalt L. und Galle an Cholesterin unter path. Verhältnissen* (*D.* Strasbourg, 1891). — KLEIN (J.). *Ein Beitrag zur Function der L. Zellen* (*D. Dorpat*, 1889 et *C. P.*, 1890, IV, 417-421). — KOUKOL YASNOPOLSKY. *Ueber die Fermentation der L. und Bildung von Indol.* (*A. g. P.*, 1875, XII, 78-86). — KNUPFFER. *Ueber den unlöslichen Grundstoff der Lymphdrüsen und L. zelle* (*D. Dorpat*, 1891 et *Jb. P.*, 1891, XX, 319-320). — KULJABKO (A.). *Einige Beobacht. uber die L. des Flussneunauges* (*C. P.*, 1898, XII, 381-384). — LANGLEY. *Preliminary account of the structure of the cells of the L. and the changes which take place in them into various conditions* (*Proc. Roy. Soc.*, 1882, XXXIV, 20-26). *On variations in the distribution of fat in the L. cells of the frog.* (*Proc. Roy. Soc.*, 1885, XXXIX, 234-238). — LAPEYRE. *De la régénération hépatique à la suite d'injections d'acide phénique* (*D.* Montpellier, 1889). — LEBEDEFF (A.). *Woraus bildet sich das Fett in Fallen der akuten Fettbildung* (*A. g. P.*, XXXI, 1883, II). — LE MOAF et PACHON (V.). *De la réaction hépatique à la propeptone. Action vitale et non fermentative* (*B. B.*, 1898, 365-368). — LEO. *Fettbildung und Fetttransport bei Phosphorintoxication* (*Z. p. C.*, 1884, IX, 469-490). — LUGLI. *Die Toxicität der Galle vor und nach der Ligatur der Vena portæ* (*Molesch. Unters. Naturl.*, 1897, XVI, 295-383). — MACARIO. *Une nouvelle fonction du F.* (*Nice médical*, 1877, II, 184-190). — MACVICAR. *The hepatic systems in animals; an apparatus for preventing the animal cells from being coated by cellulose and fixed* (*Edimb. Med. Journ.*, 1868, XIV, 131-140). *The normal product of hepatic action* (*Ibid.* 1871, XVII, 128, 227). — MARRI. *Il F. svelena il sangue proveniente dell'intestino? Consider. critiche* (*Rif. medica*, 1894, 242-253). — MATTERSTOCH. *Formveränderungen der rotken Blutkörperchen bei der acuten gelben L. atrophie* (*Wien. med. Woch.*, 1876, XXVI, 381, 909. — MOLESCHOTT. *Neue Unters. über das Verhältniss der L. zur Menge des ausgeathmeten* CO^2 (*Wien. med. Woch.* 1853, III, 161). *Vers. zur Bestimmung der Rolle welche L. und Milz bei der Rückbildung spielen* (*A. A. P.*, 1853, V, 56-72). *Neue Beobacht. über die Beziehung der L. zu den farbigen Blutkörperchen* (*Wien. med. Woch.*, 1853, 209). — MONTUORI (A.). *Sur l'importance du F. dans la production du diabète pancréatique* (*A. i. B.*, 1896, XXV, 122-125). *Sulla trasforzione dei grassi in zucchero del fegato* (*Acc. d. Sc. Fisic. Matemat. di Napoli*, fév. et — MUNK (J.). *Ueber die Wirkung der Seifen im Thierkörper* (*A. P.*, 1890, Suppl., 116-141). — PARROT. *Note sur la stéatose viscérale que l'on observe à l'état physiologique chez quelques animaux* (*A. de P.*, 1871, IV, 27-40). — PATON (D. N.) et EATON. *On a method of estimating the interference with the hepatic metabolism produced by drugs* (*J. P.*, 1901, XVI, 166-172). *On the relationship of the L. to fats* (*J. P.*, 1896, XIX, 167-217). *Prelim. Rep. on the influence of hepatic stimulants on the composition of the urine and on the blood corpuscles* (*Brit. med. Journ.*, 1885, (21), 152). — PAULESCO (N.). *Rech. sur la coagulabilité du sang hépatique (A. d. P.*, 1897, 21-28). — PAVY. *The influence of diet on the L.' (Guy's Hosp. Rep.*, 1858, IV, 315-344). — PERMILLEUX. *Rech. du ferment amylolytique dans le F. (B. B.*, 1901, 32-33). — QUINQUAUD. *Note sur la fonction amylolytique du foie (Monit. Scient.*, 1876, VI, 1254-1257); *Reproduction artific. de la dénutrition, spécialement dans le foie (B. B.*, 1879, IV, 12-15). — ROGER. *Physiologie normale et pathologique du foie* (1 vol. 12° Paris, Masson et Gauthier Villars). — ROSENFELD (G.). *Ueber Phloridzinwirkungen (Verh. de Congr. f. innere Med.*, 1893, 359-366). — ROSENBERG (S.). *Ueber die Beziehungen zwischen Galle und Hippursäurebildung im thierischen Organismus (C. f. innere Med.*, 1901, XXII, 696-698). — RUMPF. *Eiweissumsatz und Zuckerausscheidung (D. med. Woch.*, 1900, 639-642). — SAITO et KATSUYAMA. *Beiträge zur Kenntniss der Milchsäurebildung im thierischen Organismus beim Sauerstoffmangel (Z. p. C.*, 1901, 214-230). — SCHERER. *Chemische Untersuchung von Blut, Harn, Galle, Milz, und L. bei acuten gelben Atrophie der L. (Verh. der phys. med. Wiss. in Würtzburg*, 1858, VIII, 281). — SCHOTKIN (E.). *Ueber einige künstliche Umwandlungsprodukte durch die L. (Arch. f. physiol. Heilk.*, 1858, II, 336-354). — SEEGEN (J.). *Die Vorstufen der Zuckerbildung in der L. (A. P.*, 1900, 292-307). — STEINHAUS. *Ueber die Folgen des dauernden Verschlusses des Ductus choledochius (A. P. P.*, 1891, XXVIII, 433). — THUDICHUM. *Xanthic oxide in the human L. (Med. Times and Gaz.*, 1858, XVII, 570). — WERTHEIMER. *Sur l'élimination par le F. de la matière colorante verte des végétaux (A. d. P.*, 1893, 122-130). — WERTHEIMER et LEPAGE. *Sur les voies d'absorption des pigments dans le F. (A. d. P.*, 1897, 363-374); *Sur la résorption et l'élimination de la bilirubine (ibid.*, 1808, 384-343). — WILLIAM et SMITH. *Zur Kenntniss der Schwefelsäurebildung in Organismus (A. g. P.*, LV, 542; LVII, 418). — WITTICH. *Ueber das L. Ferment (A. g. P.*, 1873, VII, 28-32).

§ XII. — FORMATION DE L'URÉE PAR LE FOIE.

Aperçu général sur la fonction uréopoïétique du foie. Historique. — De nombreuses expériences, depuis PREVOST et DUMAS (1823), ont établi que l'urée ne se forme pas dans le rein, mais dans d'autres parties de l'organisme. Bien que combattue à diverses reprises, cette opinion n'a pas cessé de régner dans la science, et à l'heure actuelle elle est encore, avec raison suivant nous, définitivement acceptée.

Mais ce n'est pas ici le lieu de rapporter l'ensemble des faits qui donnent la preuve de la non-production de l'urée par le rein (v. **Rein, Urine, Urée**).

Nous regarderons donc comme établi par PREVOST et DUMAS, PICARD, GRÉHANT, SCHRÖDER, et bien d'autres auteurs, que l'urée est en plus grande quantité dans le sang artériel rénal que dans le sang veineux rénal. Si cette expérience si simple, qui consiste à doser comparativement l'urée du sang dans ces deux vaisseaux ne réussit pas à donner des chiffres qui entraînent toujours la conviction, c'est que les différences ne portent que sur des fractions extrêmement petites. Admettons qu'un chien de 10 kilogrammes produise 8 grammes d'urée par jour; la quantité de sang qui existe dans ses reins est égale à peu près au 25° de son sang total; soit, en supposant 1000 grammes de sang et une révolution totale de sang égale à un quart de minute, environ 160 grammes de sang par minute, ce qui représente 10 litres de sang par heure, soit, en vingt-quatre heures, 240 litres. La dilution de 8 grammes en 240 litres équivaut à 0,03 par litre; ce chiffre de 0,03 représentant la différence par litre entre le sang veineux et le sang artériel du rein, il s'ensuit que, si l'on opère sur 50 centimètres cubes de sang, on a à trouver en poids absolu une différence de 0^{gr},0015, différence qui n'est guère accessible à l'analyse, étant données les difficultés techniques considérables pour extraire et doser (à l'état de pureté suffisante) l'urée du liquide sanguin.

Toutefois les preuves indirectes, à défaut d'une preuve directe formelle, établissent formellement la formation d'urée par les divers tissus, et en particulier par le foie.

PREVOST et DUMAS avaient, dit-on, trouvé que les urines de malades atteints d'hépatite chronique contiennent peu ou point d'urée; ce qui semblerait avoir prouvé à ces auteurs que les fonctions du foie sont nécessaires à la formation de l'urée. Mais BROUARDEL, qui a fait une excellente étude historique de la question, n'a pas pu retrouver ce passage dans le mémoire de PREVOST et DUMAS: d'ailleurs les deux illustres physiologistes n'ont pas insisté sur cette fonction du foie.

En 1846, BOUCHARDAT, dans son *Annuaire de thérapeutique*, reprit cette opinion, et la formula très nettement, sans en donner d'ailleurs de preuves expérimentales ou pathologiques. « Il existe certainement, dit-il, une relation, qu'on trouvera un jour, entre les fonctions du foie et la production de l'urée. » A diverses reprises il est revenu sur ce point (GENEVOIX, 1876, 11).

En 1866, MEISSNER a essayé de prouver que le foie produit de l'urée, et que l'urée de l'urine est le résultat d'une action chimique exercée par le tissu hépatique. En effet, il a trouvé de l'urée dans le foie en plus grande quantité que dans le sang et dans les muscles. Pour MEISSNER l'urée serait due à un dédoublement de l'hémoglobine, corrélatif d'une destruction de globules. Il admet que l'albumine des aliments se transforme en hémoglobine, puis, dans le foie, en urée.

Mais les recherches de MEISSNER, reprises par GAETHGENS, n'ont conduit ce dernier auteur qu'à un résultat négatif. De même MUNK, reprenant aussi cette expérience (1875), n'a pas pu constater de différence notable dans la teneur du sang et du tissu hépatique en urée. Il trouve, dans trois expériences, pour 1000 grammes de sang ou de foie :

		URÉE.
I.	Sang.	0,533
	Foie.	0,39
II.	Sang.	0,519
	Foie.	0,455
III.	Sang.	0,238
	Foie.	0,202

L'urée, dans ces expériences, était dosée par la méthode de BUNSEN, qui est fondée, comme on sait, sur la décomposition de l'urée par la potasse en AzH^3 et CO^2, qu'on dose à l'état de CO^3Ba.

Ce procédé — le simple dosage comparatif de l'urée du foie et de l'urée du sang — ne paraît donc pas devoir donner de résultats probants, d'autant plus que, même si l'urée était plus abondante dans le foie, on ne pourrait pas en conclure qu'elle se forme dans le foie, puisque aussi bien le foie retient les diverses substances circulant dans le sang. Rien de surprenant à ce qu'il puisse être aussi un réceptacle pour l'urée. De l'excès d'une certaine quantité d'urée dans le foie, excès difficile à constater, on ne peut conclure à sa formation par le tissu hépatique.

Production d'urée dans le foie. — E. DE CYON a eu le mérite d'aborder le problème d'une autre manière (1870). Il a institué une circulation artificielle dans le foie d'après la méthode inaugurée par LUDWIG. En faisant passer à diverses reprises, dans un foie séparé du corps, le même sang, il a vu que ce sang devenait de plus en plus riche en urée. Dans une expérience, le sang qui contenait (par litre) $0^{gr},09$ d'urée, en contenait $1^{gr},4$ (il faut peut-être lire $0^{gr},14$) après avoir passé dans le foie. Dans une autre expérience le sang qui contenait $0^{gr},08$ d'urée en contenait, après un passage dans le foie, $0^{gr},14$, et, après quatre passages, $0^{gr},176$.

Cette expérience a été reprise par divers auteurs. GSCHEIDLEN (cité par KAUFMANN) a constaté ce même fait, mais il attribue cette présence d'urée dans le sang qui a circulé par le foie à une sorte de lavage du foie par le sang, qui circule à travers son tissu : car des passages successifs ne font pas croître d'une manière appréciable la proportion d'urée dans le sang.

HOPPE-SEYLER (1881) avait cru pouvoir admettre qu'il n'y a pas d'urée dans le tissu hépatique ; mais ses observations ont été amplement réfutées par les nombreux dosages faits après lui par divers auteurs. Pour faible que soit la quantité d'urée de foie, elle est appréciable et certaine.

SCHRÖDER a fait de nombreuses et précises expériences dans le même sens (1882). Il a d'abord cherché une méthode exacte de dosage de l'urée, et, pour éviter les pertes d'urée que produit toujours l'évaporation au bain-marie, il a précipité l'urée par le nitrate mercurique en solution neutre. Le précipité était décomposé par H^2S, alcalinisé par la baryte, puis traité par CO^2. Le liquide filtré ne contient plus de mercure ; évaporé, il ne renferme que de l'azotate de baryte et de l'urée. Cette urée est alors dosée par le procédé de LIEBIG, ou, ce qui est préférable, par le procédé de BUNSEN. Il convient d'ajouter que cette méthode donnerait, d'après CHASSEVANT (comm. inédite), des résultats trop faibles, et que, dans les liquides organiques, la perte d'urée peut s'élever à 20 p. 100. D'après SCHRÖDER cependant, la perte ne dépasse pas 2 p. 100.

Quoi qu'il en soit de l'exactitude de cette méthode analytique de dosage, SCHRÖDER a fait des circulations artificielles de sang normal et de sang chargé de carbonate d'ammoniaque à travers les reins, les muscles, le foie. Or, quand le passage se faisait dans les reins ou les muscles, les différences d'urée ne dépassaient pas les limites des erreurs expérimentales.

URÉE POUR 1000 GR. DE SANG

	Reins.	Muscles.	Muscles.		
Avant. . .	0,402	0,140	0,384		
Après. . .	0,396	0,137	0,372		

Mais, si l'on faisait passer dans le foie du sang chargé de carbonate d'ammoniaque, alors on constatait la formation d'urée en proportions très notables.

Avant.	0,462	0,538	0,193	0,499	0,418
Après.	0,812	1,177	0,599	0,726	1,351
5 heures après. .	1,253				

Par conséquent, il est évident que le sang, par le passage dans le foie, produit de l'urée. Il semble aussi que ce soit par transformation du carbonate d'ammoniaque en urée; mais nous n'insisterons pas actuellement sur les origines mêmes de cette urée. Nous nous contentons en ce moment de prouver qu'il semble s'en produire dans le sang par passage dans le foie.

J'ai modifié cette expérience, et j'ai pu la rendre, semble-t-il, plus décisive, en opérant non sur un foie soumis à la circulation artificielle, mais sur un foie lavé, comme dans l'expérience célèbre de CLAUDE BERNARD sur la formation de glycogène dans le foie.

Si l'on prend le foie d'un chien bien portant, et si l'on établit un courant d'eau légèrement salée, à 6 grammes de NaCl par litre, passant par la veine porte et sortant par les veines sus-hépatiques, on prive à peu près complètement le foie de tout le sang qu'il contenait. Que si alors on dose l'urée qui reste dans le tissu hépatique, on constate que la proportion d'urée est d'environ 0,2 par kilogramme de foie, c'est-à-dire une quantité très faible.

Voici comment je procédais pour doser cette urée. Le foie très bien lavé était préalablement haché; puis le tout était porté à l'ébullition : et les parties insolubles étaient épuisées deux ou trois fois par de petites quantités d'eau, de manière que toutes les parties solubles fussent dissoutes. Le liquide était ensuite traité par une grande masse d'alcool; puis filtré. Le résidu alcoolique était évaporé avec précaution en ayant soin que la température ne dépassât pas 70°; puis épuisé à deux ou trois reprises avec un mélange à parties égales d'alcool absolu et d'éther. Ce liquide, filtré et évaporé, était repris de nouveau par l'alcool absolu, concentré, puis additionné de baryte, et laissé pendant vingt-quatre heures dans le vide en présence d'acide, sulfurique de manière que toute trace d'ammoniaque ait disparu. L'urée était alors dosée par l'hypobromite de soude, soit par la mensuration de l'azote dégagé, soit par la mesure (avec le protochlorure d'étain) de la quantité d'hypobromite consommée.

Ce chiffre de 0,2 par kilogramme est à peu près conforme à celui qu'ont admis divers auteurs. BOUCHARD (cité par BROUARDEL, 10) donne 0,202 par kilogramme ; MEISSNER a trouvé 0,181 par kilogramme; MUNK a trouvé 0,39, 0,65, 0,20; en moyenne, 0,34. GRÉHANT, et QUINQUAUD, 0,21, dans le foie d'un chien à jeun, et 0,46 dans le foie d'un chien en digestion. Quant aux chiffres de PICARD (1877), ils sont tout à fait erronés. Par des méthodes précises, GOTTLIEB, en dosant l'urée du foie, a trouvé par kilogramme des chiffres variant de 0,044 à 0,25.

Or il se trouve que, si l'on laisse ce foie de chien à l'étuve, en éliminant autant que possible les fermentations microbiennes; la formation d'urée continue après la mort, sans qu'on puisse faire intervenir une circulation quelconque par le sang chargé de carbonate d'ammoniaque ou d'oxygène. Le seul fait de la vie des cellules hépatiques, continuant après la mort de l'individu, produit de l'urée en quantité appréciable.

J'ai montré ainsi que le foie, trempé dans de la paraffine à 100° pour détruire les germes extérieurs, puis abandonné à lui-même à l'étuve à 38° pendant quatre heures environ, se charge d'urée : alors, au lieu de 0,2 p. 1000, on trouve 0,8 p. 1000.

On ne peut invoquer l'action de ferments microbiens ; car les ferments producteurs d'urée sont rares, et d'ailleurs le foie avait été lavé par de l'eau stérilisée. Enfin, l'immersion dans la paraffine à 100° avait produit une stérilisation superficielle suffisante pour empêcher pendant quelques heures l'intervention des microbes de l'air, en grande partie détruits.

Cette expérience établissait donc nettement le fait de la formation d'urée par le foie après la mort, parallèle à la formation de glycogène après la mort.

En poussant l'expérience plus loin, j'ai pu prouver que cette formation d'urée était due à la présence d'un ferment soluble, *diastase uréopoïétique*.

Voici par quels procédés on peut arriver à cette démonstration.

Si l'on broie et réduit en bouillie un foie lavé et privé de sang, et si on l'additionne de son poids d'eau (contenant 5 grammes de fluorure de sodium par litre pour empêcher les fermentations microbiennes), on peut obtenir par filtration à la trompe sur du papier filtre très gros un liquide que j'appellerai *liquide hépatique*. Ce liquide est alors additionné de trois fois son volume d'alcool. Le précipité, desséché à l'essoreuse, est mis en contact avec trois fois son volume d'eau fluorée pendant 24 heures. Le liquide filtré contient la diastase uréopoïétique en même temps que la diastase glycogénolytique.

En effet, ce liquide filtré diastasique, mis en contact avec le liquide hépatique bouilli, provoque la formation d'urée.

Voici les chiffres (moyenne) résultant de nombreuses expériences :

Liquide hépatique bouilli avec diastase non bouillie. 0,287
—   —   avec diastase bouillie. 0,226
        Différence en faveur de la diastase non bouillie. 0,061
Liquide hépatique non bouilli avec diastase non bouillie. 0,446
—   —   avec diastase bouillie 0,422
        Différence en faveur de la diastase non bouillie. . 0,024

Il est certain que ces chiffres sont faibles et ne dépassent que très peu les erreurs expérimentales ; mais, comme les différences sont toujours dans le même sens, elles nous autorisent à conclure qu'il y a un ferment soluble dans le foie qui transforme en urée certains corps, faisant partie de la cellule hépatique elle-même.

Évidemment, quand on opère avec le foie intact, ou même avec le foie broyé et réduit en pulpe, on obtient des chiffres plus forts que lorsque l'on opère avec la diastase soluble, car les précipitations par l'alcool, les dissolutions par l'eau et les filtrations diminuent forcément en très grandes proportions les activités des ferments. Mais il n'en est pas moins certain que, quoique en faible quantité, cette diastase existe dans les liquides filtrés et traités de la manière indiquée ci-dessus.

Reprenant à d'autres points de vue cette étude, Schwarz (1898) a retrouvé cette notable augmentation de l'urée dans le foie après la mort. Il a constaté pour le foie au moment de la mort 1,2655 par kilogr., et après 4 heures à 40° à l'étuve 1,597 ; 1,605 ; 1,580 ; 1,748. Ni l'ammoniaque ajoutée, ni l'oxamine, ni l'acide oxamique n'ont augmenté la proportion d'urée formée.

Enfin, dans des recherches entreprises avec A. Chassevant, nous avons encore vu l'urée augmenter dans le liquide hépatique filtré (additionné de chloroforme) :

        Au moment de la mort. . .   0,016   0,021
        48 heures après   0,119   0,222

Ainsi cette nouvelle série d'expériences montre bien que la formation d'urée dans le foie est due à la présence d'un ferment soluble qui transforme en urée certaines substances.

Cette formation d'urée dans le foie *post mortem* a été cependant, depuis mon expérience de 1894, l'objet de quelques contestations et critiques intéressantes. Le procédé de la digestion du foie par lui-même (que Salkowski en 1891 avait inauguré, et qu'il avait appelé *autolyse*) a été soumis à de nombreuses investigations.

Gottlieb, en 1895, reprenant l'autodigestion du foie, a trouvé que le foie, dans un milieu aseptique à 40°, produisait un corps soluble dans l'alcool absolu et l'éther, ne précipitant pas par l'acide phosphotungstique, mais précipitant par le nitrate mercurique, et par conséquent très probablement de l'urée.

On a vu que Schwarz était arrivé aux mêmes conclusions. Il a constaté que 1 kilogramme de foie pouvait donner en quatre heures (en moyenne) 0,367 d'urée, dans des conditions rigoureuses d'asepsie. Mais il dosait l'urée par la méthode de Mörner Sjoqvist, ce qui ne donne pas la preuve absolue d'une augmentation d'urée (car il est des combinaisons autres que l'ammoniaque solubles dans l'éther).

O. Lœwi a repris la question avec beaucoup de soin, et bien établi qu'il se produit une substance azotée spéciale par l'action d'un ferment soluble contenu dans le foie; que cette substance donne de l'azote avec l'hypobromite de sodium, n'est pas de l'ammoniaque, se dissout dans l'alcool et l'éther, ne précipite pas par l'acide phosphotungstique, et se précipite par le nitrate mercurique. Pourtant ce corps ne serait pas de l'urée, car il ne cristallise pas par l'addition d'acide nitrique ou d'acide oxalique; mais il serait plutôt un acide amidé très voisin de l'urée, et, en tout cas, dérivant du glycocolle; car l'addition de glycocolle en augmente notablement la quantité, tandis que l'acétate d'ammonium est sans effet.

M. Jacobi a fait la constatation d'un autre intéressant phénomène : le tissu hépatique abandonné à lui-même donne (en éliminant par un antiseptique, et, dans le cas présent, par le toluol, toute action microbienne) des quantités croissantes d'azote se dégageant par la coction avec MgO.

En vingt jours les quantités (en poids d'azote) ont été dans vingt flacons contenant des quantités identiques de liquide hépatique :

Le 1ᵉʳ jour. . . .	0,0013	Le 11ᵉ jour. . . .	0,0050
2ᵉ —	0,0035	12ᵉ —	0,0045
3ᵉ —	0,0034	13ᵉ —	0,0043
4ᵉ —	0,0037	14ᵉ —	0,0048
5ᵉ —	0,0037	15ᵉ —	0,0045
6ᵉ —	0,0040	16ᵉ —	0,0058
7ᵉ —	0,0046	17ᵉ —	0,0039
8ᵉ —	0,0046	18ᵉ —	0,0059
9ᵉ —	0,0037	20ᵉ —	0,0067
10ᵉ —	0,0047		

Quoique une partie de cet azote soit due à l'urée (?), Jacobi l'attribue à l'ammoniaque pour une partie importante; car il a fait directement dans d'autres expériences, en dosant l'ammoniaque par la méthode de Schlœsing, la preuve qu'il s'agissait, sinon totalement, au moins en grande partie, d'ammoniaque. Il en conclut, s'appuyant sur les observations antérieures de Salkowski et de Biondi, qu'il y a dans le foie une sorte d'autodigestion, de ferment protéolytique qui ne digère pas toutes les albumines, mais seulement quelques-unes, et qui les transforme en produits azotés solubles, différents des albumines, et plus avancés même que les produits de la digestion tryptique, non seulement leucine, tyrosine, glycocolle, mais encore ammoniaque et peut-être urée. L'urée elle-même semble être transformée partiellement en ammoniaque. Quoique il soit assez peu vraisemblable que ce phénomène de production d'ammoniaque aux dépens de l'urée ait lieu in vivo, il faut admettre qu'il se produit dans l'autolyse du foie.

Hugounenq et Doyon ont par la même méthode d'autolyse étudié les phénomènes chimiques qui se passent dans le foie séparé du corps. Ils ont noté l'augmentation de leucine, et une légère diminution des acides gras.

Voici les chiffres qu'ils donnent :

	EXTRAIT ALCOOLIQUE	EXTRAIT ÉTHÉRÉ
Étuve (12 heures). . .	12,2752	3,1630
Témoin.	6,2551	3,440
Étuve (3 jours). . . .	18,7605	4,2784
Témoin.	5,0583	3,5889

L'augmentation est donc considérable dans ce tissu séparé du corps.

J'ai pu constater tout récemment un autre fait intéressant, relatif à cette transformation par autolyse des albuminoïdes hépatiques (*Des ferments protéolytiques et de l'autolyse du foie*. B. B., 23 mai 1903, 656-658). A cet effet, j'ai traité la bouillie hépatique toute fraîche d'un chien, par un volume égal d'une solution de fluorure de sodium à 6 gr. p. 100. Dans ces conditions, toute action microbienne est absolument supprimée. Le liquide filtré a été séparé en deux portions. Les portions A, que nous appellerons, pour simplifier, *Foie cuit*, ont été coagulées à l'autoclave par une température de 110°. Les autres portions B ont été mises à l'étuve, à 38°, sans avoir subi l'action de la chaleur. Nous les appellerons, pour simplifier, *Foie cru*. L'albumine de ces deux portions a été dosée par pesée. Le liquide coagulé par la chauffe dans l'autoclave à 110° a été traité ensuite par trois fois son volume d'alcool à 96 degrés; et le tout a été mis sur un filtre taré, puis, après filtration, le filtre avec le précipité a été pesé, desséché à 100°. Il est nécessaire de déduire du poids du précipité le poids des cendres, obtenu par calcination, à cause de l'insolubilité relative du fluorure de sodium dans l'alcool.

Les chiffres trouvés montrent nettement qu'il y a dans le foie des ferments protéolytiques, solubles, digérant les albumines hépatiques. Cette expérience est différente de l'expérience de Salkowski et de celle des auteurs cités plus haut; car il s'agit, dans celles que je rapporte ici, de liquide hépatique dissous, ayant filtré, et non de cellules hépatiques intactes.

		Poids d'albumine coagulable. gr.	Pour 100 d'albumine du foie cuit ont disparu.
Exp. 1.	Foie cuit.....	2,78	26,9
	Foie cru.....	2,32	
Exp. 2.	Foie cuit.....	3,08	31
	Foie cru.....	2,10	
Exp. 3.	Foie cuit.....	3,50	10
	Foie cru.....	3,15	

Dans cette exp. 3 les cendres n'ont pas été dosées; ce qui donnerait, en supposant 1^{gr},25 de cendres :

Foie cuit.......	2,25	13
Foie cru........	1,90	

Si la digestion est prolongée, les quantités d'albumine dissoute augmentent. (Exp. IV.)

	24 h.	48 h.	96 h.	7 jours.	14 jours.
Foie cuit...................	1,06	0,99	1,22	0,71	0,83
Foie cru...................	0,72	0,79	0,77	0,45	0,35
Pour 100 d'albumine du foie cuit ont disparu..	32	20	37	37	56

La moyenne générale de ces expériences donne 32 p. 100 d'albumine ayant disparu, sans doute transformée par les ferments solubles du foie en matières azotées non coagulables par la chaleur et l'alcool.

Or le fait remarquable, c'est que les autres albumines, par exemple les albumines du sérum musculaire, ou les albumines hépatiques, après qu'elles ont été coagulées, ne subissent pas cette dissolution.

En effet, si l'on a mélangé à ce liquide hépatique des proportions variables de sérum musculaire, on ne change pas les quantités d'albumine dissoute.

D'autre part, en mélangeant 50 centimètres cubes de bouillie hépatique (filtrée et crue) avec 50 centimètres cubes de bouillie hépatique (filtrée et cuite), après filtration, on trouve des nombres qui se rapprochent absolument des nombres qu'on eût dû trouver, si l'on n'avait eu affaire qu'au liquide hépatique cru.

	24 h.	48 h.	96 h.	7 jours.	14 jours.
Foie cuit................	1,06	0,99	1,22	0,71	0,83
Foie cru..................	0,72	0,79	0,77	0,45	0,35
Mél. à parties égales de foie cuit et de foie cru.	0,91	0,87	0,72	0,54	0,49

A supposer que l'albumine cuite n'ait pas été transformée, on eût dû trouver dans le mélange à parties égales de foie cuit et de foie cru :

$$0,89 \qquad 0,89 \qquad 0,99 \qquad 0,58 \qquad 0,59$$

ce qui donne les différences minimes de :

$$-0.02 \qquad 0,02 \qquad 0,27 \ (?) \qquad 0,04 \qquad 0,10$$

Il faut donc admettre que ces ferments protéolytiques solubles du foie solubilisent les matières albuminoïdes du foie, mais celles-là seulement, et qu'elles sont incapables d'agir sur les autres albumines.

C'est là un fait très général. Chaque tissu contient des ferments intra-cellulaires capables de digérer son propre tissu et non de digérer les autres tissus. Autrement dit, il y a dans chaque cellule un ferment autoprotéolytique qui paraît être absolument spécifique.

Dans cette même expérience l'urée a été également dosée (par le procédé de MOERNER et SJOQVIST, encore que nous n'ignorions pas que la méthode n'est pas irréprochable). Le liquide évaporé avec précaution a été repris par un mélange d'éther et d'alcool ; et la solution éthéro-alcoolique a été traitée par une dissolution aqueuse de baryte et de chlorure de baryum qui précipite toutes les matières azotées, sauf l'urée et l'ammoniaque. L'ammoniaque a été éliminée par la magnésie; et l'urée a été dosée en déterminant la quantité d'azote par la méthode de KJELDAHL.

Dans l'expérience ci-dessus indiquée les quantités d'urée ont été (pour 1 000 grammes de foie) :

	24 h.	48 h.	96 h.	7 jours.	11 jours.
Foie cru.	0,33	0,70	1,37	1,40	1,80
Foie cuit .	0,30	0,43	0,60	0,85	0,80
Mélange de foie cru et de foie cuit.	0,60	0,43	0,60	0,83	1,06

Dans tous les cas, il y a eu un notable excédent de l'urée du foie cru sur l'urée du foie cuit.

24 heures.	0,03
48 heures.	0,25
96 heures.	0,77
7 jours.	0,35
14 jours.	1,00

Mais il est impossible de trouver une autre relation entre les quantités d'albumine ayant disparu et la quantité d'urée formée, car, dans cette même expérience, les quantités d'albumine trouvées en excès pour 1 000 grammes de foie, dans le foie cuit, ont été :

24 heures.	5,6
48 heures.	2,0
96 heures.	4,5
7 jours.	2,6
14 jours.	4,8

Il s'agit là assurément d'un processus très complexe, et peut-être, avant de passer à l'état d'urée, l'albumine passe-t-elle par une série d'étapes intermédiaires, qui, dans ce foie soumis à l'autolyse, ne sont achevées qu'au bout d'un assez long temps.

Des substances qui se transforment en urée dans le foie. — Toutes les expériences relatées plus haut prouvent qu'il y a formation d'urée dans le foie; mais, dans tout ce que nous avons dit jusqu'ici, nous n'avons pas abordé la question de savoir aux dépens de quelles substances azotées se fait cette formation d'urée.

Des expériences innombrables prouvent que l'alimentation par des matières albuminoïdes fait croître l'excrétion de l'urée. On peut même soutenir que la presque totalité des matières protéiques ingérées et assimilées est rejetée à l'état d'urée. En faisant la proportion de l'azote éliminé et de l'azote ingéré, on constate que, pour 100 parties d'azote, les 4/5, soit 80 p. 100, sont excrétés en urée; 86 p. 100 d'après Pflüge ret Bleib-treu. Il s'agit de savoir par quel procédé se fait ce passage de la molécule d'albumine à l'état de molécule d'urée.

Tout d'abord il paraît probable que ce n'est pas par un phénomène d'oxydation, mais bien par des processus d'hydratation et de réduction. A. Gautier a insisté sur cette formation anaérobie de l'urée, démontrée par mon expérience du foie trempé dans de la paraffine qui continue à faire de l'urée. Il donne la formule générale suivante, très schématique.

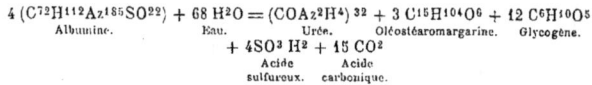

$$4 (C^{72}H^{112}Az^{185}SO^{22}) + 68 H^2O = (COAz^2H^4)^{32} + 3 C^{15}H^{104}O^6 + 12 C^6H^{10}O^5$$
Albumine.   Eau.   Urée.   Oléostéaromargarine.   Glycogène.

$$+ 4SO^3 H^2 + 15 CO^2$$
Acide   Acide
sulfureux.   carbonique.

L'albumine en présence de l'eau donnerait donc de l'urée, de la graisse, du glycogène, de l'acide sulfureux et de l'acide carbonique.

Mais cette équation ne rend pas compte des termes intermédiaires, et d'ailleurs, dans aucune des expériences relatées plus haut, on n'est arrivé à prouver que dans le foie l'albumine donne par hydratation de l'urée : la formule indiquée plus haut est une formule indirecte, vraisemblable d'après les données générales de la nutrition; mais on sait qu'en physiologie, plus encore peut-être que dans toute autre science, les preuves directes ont une importance prépondérante.

Or les preuves directes de la transformation d'albumine en urée font à peu près défaut. Si l'on fait dans le foie passer du sang dépourvu de carbonate d'ammoniaque, ou du sang d'un animal à jeun, quoique ce sang soit très riche en albuminoïdes, il n'y a pas, d'après Schröder, formation de quantités appréciables d'urée. Par conséquent l'albumine du sang ne suffirait pas à produire de l'urée.

Ainsi donc les expériences faites *in vitro* ou avec le foie lavé tendraient à prouver que les albumines du sang de l'animal à jeun ne se transforment pas en urée dans le foie. Il serait certainement peu justifié d'en conclure que cette transformation n'a pas lieu pendant la vie. On sait en effet que chez les animaux inanitiés depuis longtemps, depuis quinze, vingt, trente, quarante jours, il y a encore formation d'urée en quantité notable. Il y a donc production d'urée aux dépens de l'albumine du sang. Mais cette formation s'opère-t-elle dans le foie ?

Les belles expériences de Hahn, Massen, Nencki et Pawlow (1892) ont fourni des documents importants sur ce point. Ces physiologistes ont pu aboucher la veine porte avec la veine cave inférieure de manière à empêcher le passage du sang veineux porte dans le foie. Dans quelques cas ils ont à cette opération ajouté la ligature de l'artère hépatique, de sorte que, dans ces conditions, le sang ne circulait plus du tout dans le foie (ou du moins il n'en passait que des quantités extrêmement faibles).

Nous reviendrons plus loin sur cette expérience fondamentale. Il nous suffira à présent d'établir que, malgré la suppression de toute circulation hépatique, il y a eu encore production d'urée. Un chien (p. 451) a donné en seize heures $0^{gr},283$ d'urée; un autre, en treize heures, $2^{gr},57$; un autre, en quatorze heures, $3^{gr},13$.

Donc, sur les chiens opérés de la fistule d'Eck, soit après ligature de l'artère hépatique, soit après ablation du foie, l'urée se formait encore, quoique en bien moindre quantité, de sorte qu'il est difficile de nier qu'il se produise encore de l'urée dans l'organisme lorsque la fonction du foie est supprimée. Il est permis d'adopter cette conclusion quand on voit (p. 463) un chien, sans irrigation sanguine hépatique, produire en 20 heures $4^{gr},49$ d'urée. Par conséquent, à supposer qu'il ne s'agisse pas d'urée existant déjà dans le sang et éliminée consécutivement à l'opération; à supposer que la vessie ait été au préalable complètement vidée et que l'urine recueillie ne soit pas l'urine du fond de la vessie, des bassinets et des uretères; à supposer aussi que la ligature de l'artère hépatique ait supprimé toute la circulation du foie, toutes objections auxquelles par les procédés employés les expérimentateurs ont répondu, il paraît prouvé qu'il peut y avoir formation d'urée dans l'organisme indépendamment du foie.

Mais assurément cette production d'urée est extrêmement faible, comme chez les oiseaux la production d'acide urique, quand le foie a été enlevé.

Minkowski a montré que, tandis que les oies à l'état normal éliminent de 1 à 4, 5 d'acide urique par jour, selon l'alimentation ; elles éliminent seulement 0,5 à 0,25 quand on a extirpé le foie ; de sorte que l'ablation du foie a pour conséquence, chez les oies, la presque totale suppression de l'excrétion azotée sous forme d'acide urique.

D'autre part, d'après Schöndorff, qui a fait dans le laboratoire de Pfluger de très nombreuses expériences, avec des dosages très exacts d'urée, le tissu hépatique des chiens à jeun est incapable de donner de l'urée quand on fait traverser le foie par du sang (à jeun). Dans un cas, que je prends au hasard parmi beaucoup d'autres, le sang contenait avant son passage dans le foie 0,6489 d'urée par litre. Après qu'il eut fait cinq passages dans le foie, sa teneur en urée s'élevait à 0,6531 ; c'est-à-dire qu'elle ne s'était pas modifiée.

De ces faits il ressort deux conclusions assez probables ; la première, c'est qu'il y a production d'une certaine quantité d'urée, mais d'une quantité très faible, indépendamment du foie. C'est la conclusion à laquelle arrivent Nencki, Pawlow et Zaleski (1895, p. 224). La seconde, c'est que le foie est incapable de former directement de l'urée aux dépens des matières albuminoïdes.

Il faut ajouter à ces expériences les recherches de Popoff qui a montré (1880) que l'urée s'accumule en plus grande quantité dans le foie que dans tout autre organe, lorsque les reins ont été enlevés ou que les uretères ont été liés. Déjà Gscheidlen (1871 avait constaté que le sang du cœur, chez des chiens néphrotomisés, contient, vingt heures après l'opération, $0^{gr},14$ d'urée par litre, tandis que le foie en contient $1^{gr},24$ par kilogramme. Dans un autre cas, après quarante heures, le sang contenait $0^{gr},27$ d'urée, et le foie $4^{gr},20$. Reprenant ces faits, et l'expérience de Gamgee qui trouve constamment plus d'urée dans le sang des veines sus-hépatiques que dans le sang de la carotide, Popoff conclut que le foie est bien un formateur d'urée. En effet, en liant les uretères d'un chien, il trouva au moment de la mort, qui survint le troisième jour, $14^{gr},9$ d'urée dans le foie ; chiffre considérable, le plus fort de tous ceux que nous ayions eu jusqu'ici à mentionner. Sur un autre chien, mort le troisième jour, après ligature des uretères, il trouve dans le foie $3^{gr},77$, dans le muscle $2^{gr},64$, dans le sang $0^{gr},565$. La ligature des artères rénales donne aussi le même résultat : au troisième jour de la mort, $2^{gr},74$ dans le foie ; $1^{gr},76$ dans les muscles ; $0^{gr},27$ dans le cerveau. Oppler (cité par Popoff) a trouvé enfin dans l'urémie 2 gr. (en nitrate d'urée) par kilogramme, dans le foie, et seulement $0^{gr},25$ dans le sang, de sorte qu'il semble bien prouvé que l'accumulation d'urée se fait dans le foie, beaucoup plus que dans les autres organes, quand l'excrétion rénale ne peut plus se faire. Ce n'est pas une preuve absolue ; c'est seulement une présomption, pour établir que le foie joue un rôle fondamental dans la production de l'urée.

Formation de l'urée par le foie aux dépens de l'ammoniaque. — Des expériences déjà anciennes ont montré que les sels ammoniacaux ingérés dans l'organisme étaient éliminés à l'état d'urée (voir **Ammoniaque**, i, 418). L'observation n'est pas très nette quand l'ammoniaque est donnée sous forme de sel ammoniacal à acide minéral (chlorure, sulfate). Mais, quand on administre des citrates, tartrates, malates, ou acétates d'ammonium, les proportions d'urée excrétée augmentent, et les urines ne contiennent pas plus d'ammoniaque que dans l'alimentation ordinaire (Knieriem).

Il s'ensuit que l'ammoniaque se transforme dans l'organisme en urée. Est-ce par une combinaison avec l'acide cyanique ? Salkowski n'avait pas pu résoudre la question ; mais des expériences ultérieures permettent aujourd'hui de connaître par quel mécanisme l'ammoniaque donne de l'urée.

En effet, Schröder a d'abord montré que le passage du sang chargé de carbonate d'ammoniaque à travers le foie donnait de l'urée, comme s'il se faisait une déshydratation du carbonate d'ammonium.

$$CO^3Az^2H^8 = COAz^2H^4 + (H^2O)^2$$

Voici le résultat de ces expériences faites avec du sang chargé de carbonate d'ammoniaque :

Circulation dans le rein.

URÉE PAR LITRE.

Avant. . .	0,402
Après. . .	0,396

Circulation dans les muscles.

	URÉE PAR LITRE.
Avant. . .	0,140
Après. . .	0,137
Avant. . .	0,384
Après. . .	0,372

Circulation dans le foie.

Avant. . .	0,452	0,538	0,236	0,418
Après. . .	0,812	1,253	0,599	1,351

Ainsi, dans le foie seulement, mais non dans les muscles ni dans les reins, le carbonate d'ammoniaque se transformait en urée. Si d'autre part on fait passer dans le foie du sang dépourvu de sel ammoniacal, on ne fait pas croître la quantité d'urée.

Quant au sang des animaux en digestion, il se comporte comme le sang chargé de carbonate (ou de formiate) d'ammonium.

Schöndorff a confirmé ces résultats, et y a ajouté une donnée nouvelle. Il a vu que le sang d'un animal à jeun, s'il passe dans le foie d'un animal en pleine digestion, s'enrichit en urée.

	URÉE PAR LITRE.		
Avant. . .	0,3461	0,5159	0,36429
Après. . . .	0,7061	0,8829	0,7222

D'autre part, si l'on fait circuler le sang d'un animal alimenté avec de la viande dans le foie d'un animal en inanition, il semble que ce sang, au lieu de s'enrichir, s'appauvrisse en urée.

Il conclut alors de ses recherches que la teneur du sang en urée dépend de l'état de nutrition de l'animal; que, pendant la digestion, il y a un minimum de 0,348, et un maximum de 1,529; et que très probablement cette urée provient d'une opération chimique qu'on peut dédoubler en deux périodes : 1° il se fait des produits de destruction de la molécule d'albumine dans les tissus (en grande partie de l'ammoniaque); 2° ces produits sont par le foie transformés en urée.

Marfori (1893) a montré que le lactate d'ammonium injecté à des chiens, à la dose de 0,1 à 0,06 par kilogramme et par heure, était intégralement transformé en urée. Salomon a pu établir le même fait chez des moutons et des chiens pour le carbonate d'ammonium. Lohrer et Buchheim (cités par Schäfer, *T. of Physiol.*, I, 907) ont remarqué que le citrate d'ammonium injecté se transforme en urée, tandis que le citrate de potasse donne une urine alcaline, car il se fait du carbonate de potassium qui passe dans l'urine, tandis que le carbonate d'ammoniaque formé par l'oxydation du citrate ne donne que de l'urée. D'après Feder et Voit, l'acétate d'ammonium se transforme en urée. Pour le chlorhydrate d'ammoniaque et probablement les sels ammoniacaux à acide minéral, les choses sont un peu différentes. Chez les herbivores (lapins) auxquels on donne du chlorhydrate d'AzH³, l'AzH³ reparaît entièrement sous forme d'urée, tandis que chez les carnivores (homme et chien) une partie de l'AzH³ passe dans les urines sous forme de sel ammoniacal. Bunge pense que dans ce cas le soufre oxydé des protéides donne de l'acide sulfurique qui fait du sulfate d'AzH³, alors que chez les herbivores l'excès de CO³KH fait du carbonate d'AzH³ qui se change en urée dans le foie. D'ailleurs, par le passage de sels ammoniacaux dans le foie soumis à la circulation artificielle, le chlorure, le sulfate ne sont pas transformés, tandis que le lacate, l'acétate, le tartrate, le carbonate se changent en urée. Chez les chiens à jeun (Feder) tout le AzH⁴Cl ingéré passe dans les urines.

Les admirables travaux de Nencki et Pawlow nous font connaître la nature des sels ammoniacaux ainsi transformés, en même temps que, par toute une série de preuves très fortes, ils établissent que la fonction fondamentale du foie est de faire de l'urée et de détruire l'ammoniaque.

Si l'on dose l'ammoniaque de l'urine d'un chien ayant subi l'opération d'Eck, c'est-à-dire l'abouchement de la veine cave avec la veine porte, on trouve que les proportions d'ammoniaque ont augmenté énormément par rapport à l'urée : dans certains cas l'azote de l'ammoniaque représentait 20 p. 100 de l'azote total; alors qu'à l'état normal elle ne forme guère que 2, 3, 4, p. 100. Ceux des chiens opérés qui survivent ne supportent pas sans être intoxiqués les plus petites doses d'ammoniaque, et, aussitôt après l'ingestion et la digestion de viande, ils présentent tous les symptômes de l'empoisonnement par les sels ammoniacaux, quoique avec quelques légères modifications du complexus symptomatique, convulsions, vomissements, anesthésie, coma, amaurose.

Bien plus, il paraît prouvé que la digestion de la viande introduit dans le système circulatoire des substances toxiques ammoniacales ou analogues à l'ammoniaque, et qui ne peuvent plus, par le foie, être transformées en urée, de sorte que l'alimentation avec la viande provoque tous les symptômes d'un empoisonnement par l'ammoniaque. Nencki, Pawlow et Zaleski en déduisent cette conclusion que le foie des animaux carnivores préserve incessamment l'organisme de l'intoxication ammoniacale.

En cherchant la substance, voisine de l'ammoniaque, qui peut donner soit de l'ammoniaque dans les tissus, soit de l'urée dans le foie, ils ont été amenés à trouver que c'était l'acide carbamique, et en effet Drechsel n'a trouvé que de l'acide carbamique et non de l'ammoniaque, dans le sang. Il donne la formule suivante, qui établit les conditions de transformation du carbamate d'ammonium en urée :

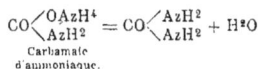

$$CO\begin{smallmatrix}/OAzH^4\\\backslash AzH^2\end{smallmatrix} = CO\begin{smallmatrix}/AzH^2\\\backslash AzH^2\end{smallmatrix} + H^2O$$
Carbamate
d'ammoniaque.

Les expériences faites sur les poissons sélaciens par Schröder ne sont pas faciles à interpréter. Il a vu sur *Scyllium catulus* que l'ablation du foie, qui permet encore jusqu'à 70 heures de vie, n'est pas suivie d'une diminution dans l'urée des muscles. Mais il y a lieu de faire des réserves sur la conclusion à tirer de cette observation; car la fonction uréopoïétique du foie est probablement très variable dans les divers groupes animaux, et il paraît difficile de conclure des Sélaciens aux Mammifères; car chez les Sélaciens tous les tissus sont imprégnés d'urée.

Divers auteurs ont repris l'étude de la suppression de la fonction hépatique par l'abouchement de la veine cave avec la veine porte (fistule d'Eck); et on peut dire que, d'une manière générale, ils n'ont pas apporté beaucoup de faits nouveaux aux données fournies par les physiologistes russes qui ont les premiers pratiqué cette opération.

D'abord on a cherché à rendre plus facile l'opération de la fistule d'Eck, qui est laborieuse, délicate, et qui, même lorsqu'elle est très habilement exécutée, entraîne, dans les deux tiers des cas, la mort de l'animal. Queirolo a préféré, après ligature du tronc de la veine porte, faire aboutir la portion périphérique de la veine porte (bout intestinal) à une canule de verre, laquelle mène le sang dans la veine cave inférieure. Cette méthode, pour le détail de laquelle nous renvoyons au mémoire original, a été employée par Magnanimi, puis par Biedl et Winterberg. Elle présente un sérieux inconvénient, auquel d'ailleurs on peut remédier, c'est que l'abouchement de la veine porte avec la veine cave se fait assez loin du hile du foie, plus près de l'intestin que du foie, de sorte que la veine pancréatico-duodénale, qui est relativement importante et volumineuse, continue à déverser du sang dans le tronc de la veine porte et dans le foie. Aussi faut-il absolument lier la veine pancréatico-duodénale, si l'on a fait aboucher (loin du hile de foie) la veine porte avec la veine cave (Proc. de Queirolo).

Nencki et Paulow, dans une communication ultérieure, ont essayé d'extirper totalement le foie (1897) après avoir abouché la veine porte avec la veine cave. Les animaux ainsi opérés ne survivent que quelques heures; mais c'est assez pour qu'on constate une augmentation de l'ammoniaque du sang, et une légère diminution de l'urée du sang. Parallèlement on trouve que la quantité d'azote excrété et contenu dans l'urine se trouve dans les proportions suivantes :

AZOTE URINAIRE TOTAL = 100.

EXPÉRIENCE 1.

	AVANT L'OPÉRATION.	APRÈS L'OPÉRATION.
Azote uréique.	88,46	74,53
— ammoniacal. . .	2,31	4,47
— résiduel.	9,23	21,00

Expérience II.

Azote uréique....	81,5	42,6
— ammoniacal...	5,1	21,4
— résiduel....	13,4	36,0

Ces expériences établissent donc que, même sans foie, il continue à se former de l'urée. Ce qui est d'ailleurs confirmé par d'autres expériences, notamment celles de Schöndorff, qui a vu qu'il y avait de l'urée dans les muscles plus que dans le sang, et par Kaufmann, qui, cherchant la teneur des tissus en urée, a trouvé (pour 100) 0,032 dans le sang, 0,109 dans le foie, 0,086 dans le cerveau, et 0.062 dans la rate (chiffres d'ailleurs probablement très forts).

Münzer, ayant objecté qu'une partie de l'ammoniaque, dans les cas de cirrhose hépatique et d'atrophie aiguë du foie, pouvait être éliminée par le poumon à l'état gazeux, Salaskin a recherché sur les chiens à fistule d'Eck si réellement il ne se trouvait pas quelques petites parcelles d'ammoniaque dans les gaz expirés, et il n'est arrivé qu'à des conclusions négatives. D'ailleurs Salaskin confirme l'augmentation d'AzH³ dans les tissus, notamment dans le sang et dans le cerveau.

Filippi a trouvé de grandes irrégularités dans les résultats que lui ont donnés des chiens à fistule d'Eck. Quelquefois des accidents survenaient après ingestion de matières hydrocarbonées ; quelquefois, même après ingestion de viande, il n'y avait pas d'effets toxiques. Cependant, après ingestion d'extraits de viande, toujours l'azote résiduel a augmenté dans l'urine (dans un cas 24 p. 100 de l'azote total).

L'acide urique de l'urine augmente en proportion double et triple. Les deux seuls faits constants, c'est qu'il se produit une glycosurie alimentaire, phénomène qui n'est rien moins que caractéristique, et que la transformation des matières albuminoïdes en urée devient très incomplète. Il y a toujours moins d'urée, alors que le surplus de l'azote est tantôt en ammoniaque, tantôt en azote résiduel.

Filippi, comme la plupart des physiologistes qui ont étudié cette question, admet que, si l'artère hépatique est conservée, elle peut encore, quoique d'une manière très précaire, suffire au bon fonctionnement du foie. Mais, pour que cette circulation par l'artère hépatique suffise, il ne faut pas qu'il y ait surcharge alimentaire ; car alors la transformation en urée des produits azotés de la digestion (ammoniaque et autres acides amidés) ne peut plus s'opérer dans des conditions satisfaisantes.

Pour justifier la théorie de Nencki et Pawloff, que la mort des animaux à fistule d'Eck, par le fait de la digestion de viande, ou par le seul développement des accidents consécutifs non infectieux, était due à l'empoisonnement par l'ammoniaque, un point essentiel restait à établir, à savoir la dose exactement toxique de l'ammoniaque.

Biedl et Winterberg ont fait à ce sujet de nombreuses recherches, et ils ont d'abord constaté que, si la quantité d'ammoniaque qui se trouve dans le sang ne dépasse pas 1^{mgr}, 74 d'AzH³ pour 100 grammes, soit par litre 0^{gr},0174, on ne voit survenir aucun phénomène toxique. Il ne s'agit pas évidemment de la dose d'ammoniaque injectée, mais seulement de la dose d'ammoniaque qui existe dans le sang ; car très rapidement sur un animal les sels ammoniacaux disparaissent de la circulation, soit que le foie les transforme, soit que le rein les élimine, soit que l'ammoniaque diffuse dans les tissus. Dans le tableau VI (p. 177) ils indiquent avec quelle rapidité disparaît l'ammoniaque du sang. La moyenne, qui était de 4^{mgr}, 082 (pour 100 grammes de sang), une demi-heure après, n'était plus que de 1^{mgr}, 506 pour 190 grammes de sang). Après avoir constaté que l'injection d'une solution d'un sel ammoniacal par la veine porte équivaut à l'injection de la même quantité par une veine périphérique quelconque, ils ont cherché à voir ce que devenait l'ammoniaque injectée dans le sang d'un chien à fistule d'Eck (ils opéraient en modifiant légèrement le procédé de Queirolo). Ils ont vu constamment que l'ammoniaque est moins rapidement éliminée chez les chiens à fistule d'Eck. Toutes conditions égales d'ailleurs dans la quantité et la rapidité des injections, faites sur le même chien à quelques jours de distance, ils ont trouvé :

AMMONIAQUE EN MILLIGRAMMES
dans 100 cc. de sang.

Chien normal..........	2,98	3,20	5,01	4,37	2,86	3,91	6,04
Même chien à fistule d'Eck...	2,95	7,08	5,04	5,75	7,31	7,31	7,97

FOIE. 697

Les résultats ont été plus nets encore quand l'artère hépatique était liée.

	AzH³ EN MILLIGRAMMES dans 100 cc. de sang.			
Chien normal	5,22	2,34	0,78	4,33
Même chien à fistule d'Eck et ligature de l'artère hépatique.	8,09	8,24	4,17	4,33

Il est à remarquer qu'une demi-heure après, malgré la suppression de la circulation hépatique, l'ammoniaque du sang avait notablement diminué, et n'était plus que de 1.63; 5,29; 1,08; 1,69. Ce qui prouve que le foie n'est pas le seul organe qui puisse éliminer l'ammoniaque ou le détruire.

BIEDL et WINTERBERG ont alors essayé de supprimer la fonction du foie par injections caustiques dans le canal cholédoque (acide sulfurique au trentième). Dans ces conditions les chiens survivent trois ou quatre jours, et le foie est dès le début profondément altéré. Mais les animaux ainsi opérés ne meurent ni avec des convulsions, ni avec les symptômes d'ammonihémie : on n'observe qu'un coma progressif. L'ammoniaque injectée dans le sang n'est pas plus mal supportée par ces chiens sans foie (à foie détruit par l'acide sulfurique) que par des chiens normaux. Les deux auteurs en concluent qu'il est alors impossible d'attribuer la mort à un empoisonnement par l'ammoniaque.

Pour juger la question de nouveau, NENCKI et ZALESKI ont repris l'étude de la quantité d'ammoniaque contenu dans le foie.

La distillation des extraits animaux dans le vide avec un lait de chaux avait été employée par NENCKI et ZALESKI dans leurs premières recherches. Mais BIELD et WINTERBERG ont, depuis lors (1901), démontré que la quantité d'ammoniaque obtenue par ce procédé dépendait de la concentration de la liqueur. NENCKI et ZALESKI ont alors proposé de remplacer le lait de chaux par un grand excès d'oxyde de magnésium, ce qui a de grands avantages, car l'excès de magnésie n'entraîne pas de dédoublement des protéides en ammoniaque. La quantité d'AzH³ trouvée dans 100 grammes de foie a été (moyenne de VII expériences), chez les chiens en état d'alimentation, de 0^{gr},02327 : ce chiffre est bien plus considérable que la proportion de l'ammoniaque du sang, 0,0004 pour 100 parties. Chez les chiens à jeun (4 observations) l'ammoniaque a été en faible quantité : 0,01751 au premier jour de jeûne; 0,007 au cinquième jour; et 0,010 au huitième jour. Au contraire, l'ammoniaque augmente dans les autres tissus des animaux qui jeûnent. Le tableau suivant indique ces différences :

	AMMONIAQUE (AzH³) EN MILLIGRAMMES pour 100 grammes.		
	(Moyenne chez des chiens.)		
	Digestion.	Jeûne du 1er jour.	Jeûne du 5e jour.
Sang veineux (iliaque)	0,70	0,80	. . .
Sang artériel.	0,41	0,42	. . .
Sang de la veine porte.	1,85	1,29	. . .
Foie.	23,27	17,51	7,01
Muscles.	12,94	14,36	. . .
Muqueuse stomacale.	36,49	29,09	21,65
Cerveau.	11,93	11,19	. . . »
Muqueuse intestinale.	32,42	18,72	16,78

Ainsi, de ces faits, qui complètent et confirment leurs expériences antérieures, les physiologistes russes peuvent-ils avec raison conclure, contre BIEDL et WINTERBERG, que le rôle du foie comme organe destructeur de l'ammoniaque apparaît en toute évidence.

En effet, d'abord et avant tout, il y a toujours une différence notable entre le sang de la veine porte et le sang des autres tissus (sang veineux général ou sang artériel) quant à leur teneur en ammoniaque. Par conséquent, il est absolument nécessaire que le foie transforme cette ammoniaque, puisque aussi bien le foie seul peut intervenir pour la détruire.

D'autre part, le grand excès d'ammoniaque qui se trouve dans la muqueuse stomacale et la muqueuse intestinale au moment de la digestion indique en toute évidence qu'il se fait pendant la digestion de grandes quantités d'ammoniaque, laquelle est entraînée par la veine porte dans le foie, et y est détruite.

D'ailleurs, quoique très peu de travaux aient été entrepris à ce sujet, il est probable que la formation d'ammoniaque ou de corps amidés pendant la digestion est assez importante. A. Hirschler a montré (1886) que pendant la digestion pancréatique de la fibrine il se faisait un peu d'AzH³; et Zuntz a trouvé de même que pendant la digestion peptique la production d'AzH³ n'était pas négligeable. Au bout de cinq ou six jours de digestion artificielle, l'Az de l'ammoniaque représentait 2 p. 100 de l'azote total des matières protéiques. Il est vrai, que, dans cette expérience, Zuntz ne résout pas la question de savoir s'il s'agit d'ammoniaque, ou d'acides monoamidés donnant de l'ammoniaque par ébullition avec la magnésie. Comme jadis P. Schützenberger et tout récemment Haussmann ont montré que l'ammoniaque est un produit de dédoublement de l'albumine, il n'est pas surprenant que ce corps se produise dans la digestion, c'est-à-dire en somme dans le dédoublement des matières protéiques.

On n'a pas précisé davantage cette formation d'ammoniaque dans la digestion, et c'est une lacune assez regrettable, car il est évident que la formation dans la digestion gastro-intestinale d'une grande quantité d'ammoniaque expliquerait très bien et la teneur considérable en AzH³ du sang de la veine porte, et la formation d'urée au moment de la digestion, et les accidents de toxémie ammoniacale qu'on observe après digestion de viande chez les chiens à fistule d'Eck.

La nature des aliments modifie beaucoup la teneur du sang en ammoniaque. Voici en effet, d'après un tableau donné par Arthus (*Élém. de Physiologie*, 1902, 514), les proportions d'AzH³ dans les tissus, chez le chien :

AzH³ EN MILLIGRAMMES POUR 100 GRAMMES.

	Inanition.	Nourriture carnée.	Pain et lait.
Sang artériel.	0,38	1,5 (moy.)	2,7
Sang veineux général	»¡	1,5 (moy.)	»
Sang veineux porte	»	4,9 (moy.)	»
Sang veineux sus-hépatique..	»	1,4 (moy.)	»
Lymphe.	»	0,57	»
Foie	7,3	24	7,6
Pancréas.	6,0	10,6	9,1
Rate.	4,6	14,8	9,1
Muscles	»	19,4	11,3
Cerveau.	»	10,7	5,5
Reins.	»	20,3	12,3
Poumons	»	1,1	»
Muqueuse gastrique	21,5	47 (moy.)	16,0
Contenu gastrique.	»	16,9 (moy.)	3,4
Muqueuse intestinale	16,2	34,2	9,1
Contenu intestinal	»	35,1	29,0

On notera la grande différence au point de vue de l'ammoniaque entre le sang veineux porte et le sang veineux sus-hépatique, lequel est identique, à ce point de vue, au sang artériel et au sang veineux général; ce qui prouve bien qu'il y a destruction de l'ammoniaque dans le foie. On peut constater aussi qu'après une alimentation carnée il y a, partout, mais surtout dans la muqueuse gastrique, beaucoup plus d'AzH³ qu'après une alimentation de pain et de lait.

Mais les physiologistes de Saint-Pétersbourg, qui ont fait cette expérience, ne supposent pas que cette ammoniaque soit due aux décompositions des protéides par les ferments digestifs. En effet, même après un repas fictif (expérience de Paulow), c'est-à-dire quand les aliments, au lieu de passer dans l'estomac, provoquent simplement la sécrétion gastrique par voie réflexe psychique, on constate que la muqueuse gastrique est encore très riche en ammoniaque (42,2), comme la muqueuse intestinale (24,6) et le foie (21,3). Ainsi donc ce serait la stimulation névro-sécrétoire qui amasserait de l'ammoniaque dans les muqueuses digestives, non la digestion même des protéides. Il convient toutefois de faire remarquer que ces dosages ont été faits par la méthode de la distillation avec CaO, qui donne de moins exacts résultats que la distillation avec MgO.

Cependant l'azote éliminé par les urines augmente par le fait même du repas fictif, comme si les sécrétions gastrique, pancréatique et intestinale provoquaient l'augmentation de l'azote urinaire.

Enfin la teneur des urines en ammoniaque augmente notablement avec le régime carné, comme l'indique le tableau suivant (Arthus, *loc. cit.*, 522) :

	AzH³ DANS LES URINES DE 24 HEURES	
	Chien.	Homme.
Régime carné pur........	0,608	0,875
— mixte.........	0,414	0,642
— végétal pur......	0,266	0,400

Ce fait démontre bien que, quelle que soit l'importance de la fonction hépatique pour la transformation de l'ammoniaque en urée, elle n'est pas absolument suffisante, puisque, dans le cas d'un régime carné pur, malgré l'intégrité de l'appareil hépatique, il y a dans le sang excès d'ammoniaque, qui est alors éliminée par les urines.

Il est d'ailleurs des conditions dans lesquelles on peut diminuer la transformation de l'ammoniaque en urée. Il semble, en effet, ainsi que nous l'avons indiqué plus haut, que la fonction uropoïétique du foie sur l'ammoniaque ne s'exerce qu'aux dépens des sels ammoniacaux à radical acide organique (lactate, ou tartrate ou acétate, et surtout carbonate), de sorte que, si l'on donne des acides minéraux, chlorhydrique ou sulfurique, qui forment avec l'ammoniaque des sels à radical acide minéral, on soustrait alors à la formation en urée une certaine quantité d'ammoniaque, laquelle est alors éliminée sous la forme de sel ammoniacal dans les urines. Un individu, qui normalement élimine en cinq jours 4,159 d'AzH³, prend pendant les cinq jours suivants la même nourriture, avec en plus 2ᵍʳ,81 de HCl, et alors il élimine par les urines 6ᵍʳ,194 d'AzH³, au lieu de 4ᵍʳ,159. Un chien qui élimine de 0,438 à 0,592 d'AzH³ dans les urines, reçoit 4 grammes d'acide sulfurique : il élimine 0,776 d'AzH³. Il reçoit 7 grammes d'acide sulfurique ; il élimine alors 1ᵍʳ,370 d'AzH³.

Tous ces faits établissent bien le mécanisme des transformations de l'ammoniaque dans le foie. Elles sont vraisemblablement identiques chez les herbivores et les carnivores. La seule différence, c'est que chez les herbivores il y a un grand excès de sels alcalins (oxalates, citrates, tartrates, malates, acétates de potasse et de soude) qui donnent par oxydation des carbonates de potasse et de soude, lesquels avec les sels ammoniacaux fournissent du carbonate d'ammoniaque, étape probablement nécessaire pour la formation d'urée dans le foie aux dépens d'AzH³.

Il y a donc là une double défense de l'organisme (Arthus). D'une part, contre les acides l'organisme se défend en saturant les acides par l'ammoniaque et en faisant des sels ammoniacaux à radical acide minéral (AzH⁴Cl; (AzH⁴)²SO⁴), qui sont éliminés par l'urine ; d'autre part, contre l'ammoniaque, qui est tantôt saturée par les acides minéraux, tantôt, s'il y a excès d'alcali, changée en carbonate d'ammonium, lequel est ensuite transformé en urée dans le foie.

Remarquons enfin, quoiqu'il s'agisse de calculs extrêmement hypothétiques, que, si la différence entre le sang porte et le sang sus-hépatique est de 3ᵐᵍ,5 pour 100 grammes, soit de 0ᵍʳ.035 par litre, cette différence explique tant bien que mal la quantité d'urée excrétée par un chien de 10 kilogrammes en vingt-quatre heures. En effet 0ᵍʳ,035 d'AzH³ équivalent à 0ᵍʳ.060 d'urée. Or on admet 800 grammes de sang, dont un quart est dans le foie, soit 200 grammes, et pour chaque révolution totale du sang une demi-minute environ, soit 400 grammes par minute dans le foie : ce qui fait par heure 24 litres de sang : et le chiffre total de l'urée calculée ainsi, en supposant bien entendu que tout le déficit de l'ammoniaque, dans la veine sus-hépatique, est remplacé par de l'urée, serait alors, pour 576 litres de sang, de 34,56 d'urée, chiffre très fort, mais assez proche cependant du chiffre qu'on trouve chez les chiens abondamment et exclusivement nourris de viande, pour que ce calcul très approximatif puisse être provisoirement adopté.

Quant aux expériences de Biedl et Winterberg, d'après lesquelles la destruction du foie (par injection d'acide sulfurique dans le cholédoque) n'entraînerait pas, comme chez les chiens à fistule d'Eck, une rapide intoxication ammoniacale, il ne faut peut-être pas y ajouter très grande importance, car les deux méthodes d'élimination de la fonction hépatique sont trop dissemblables pour qu'on en puisse déduire conclusion de l'une à l'autre.

Reste alors ce fait que, après injection d'un sel ammoniacal, on voit très rapidement chez les chiens normaux disparaître l'ammoniaque du sang, et sans symptômes graves, alors que chez les animaux à fistule d'Eck les symptômes d'intoxication alimentaire sont graves et tenaces, pour des quantités certainement moins grandes d'ammoniaque, dans le cas d'alimentation carnée, que dans l'injection intra-veineuse expérimentale d'un sel ammoniacal. Hucodynski, Salaskine et Zaleski essayent d'expliquer cette différence en supposant que le rein des animaux à fistule d'Eck fonctionne moins bien que le rein des chiens normaux; mais cette explication, quoique plausible, n'est pas très satisfaisante.

En résumé, malgré les incertitudes qui subsistent encore, dans ce point très difficile de la chimie physiologique générale, certains faits demeurent pourtant incontestables : d'abord, c'est que par la suppression de la fonction hépatique la fonction uréopoïétique est, sinon supprimée totalement, au moins profondément altérée. Certes le foie n'est pas le seul organe qui fasse de l'urée; mais c'est probablement celui qui en fait le plus. Peut-être le foie n'est-il pas le seul organe qui détruise l'ammoniaque, mais c'est probablement celui qui le détruit le plus vite et le mieux.

Ainsi que nous le disions à propos des fonctions chimiques du foie en général, elles sont très obscures; et la fonction uréopoïétique n'est pas moins obscure que les autres. Mais, malgré cette obscurité, elle semble maintenant définitivement prouvée.

Formation d'urée aux dépens d'autres substances que l'ammoniaque. — D'autres corps que l'ammoniaque peuvent encore donner de l'urée dans le foie, et c'est en premier lieu l'acide urique.

Nencki et Pawlow avaient nettement constaté un accroissement d'acide urique après l'opération d'Eck. Si l'on fait la fistule d'Eck sans pratiquer la ligature de l'artère hépatique, dans les premiers moments qui suivent l'opération la quantité d'acide urique augmente en proportions très notables :

		gr.
Avant l'opération	. . . . . .	0,065
—	—	0,0171
—	—	0,0245
Après l'opération	. . . . . .	0,1057
—	—	0,277
—	—	0,1602

puis peu à peu le taux de l'acide urique revient à la normale, sauf dans les cas où se présentent des accidents d'intoxication. On a trouvé alors, dans un cas, jusqu'à 0,332 d'acide urique. Filippi a constaté aussi une augmentation considérable de l'acide urique chez des chiens à fistule d'Eck.

Si l'artère hépatique est liée, en même temps que la veine porte est abouchée à la veine cave, il y a toujours augmentation notable d'acide urique.

En mettant en contact, avec le liquide hépatique frais, par conséquent en éliminant toute formation cellulaire protoplasmique et en ne prenant que des liquides diastasiques, à ferments solubles, et des solutions bien titrées d'urate de soude, nous avons, avec Chassevant, trouvé que l'acide urique diminuait, en même temps que l'urée augmentait. Au bout de quarante-huit heures, à l'étuve, en présence du chloroforme, mis pour éviter toute fermentation microbienne, il y a eu diminution de 0,034 d'acide urique et augmentation de 0,103 d'urée dans un cas et de 0,201 dans un autre, ce qui semblerait prouver, autant que l'on peut en conclure de cette seule expérience, que, outre l'acide urique, il est d'autres substances encore pour former de l'urée, par l'action des ferments hépatiques solubles. Dans notre expérience, ni l'ammoniaque ni les matières albuminoïdes n'ont diminué de quantité; ce sont donc sans doute d'autres substances azotées cristallisables.

Le rôle du foie dans cette destruction de l'acide urique en urée n'est donc pas douteux (quoique Schröder ait constaté, d'après A. Gautier, 766), que le sang passant dans le foie se charge d'acide urique).

Chez les oiseaux, la fonction du foie paraît être bien différente. Minkowski a fait sur ce sujet de très belles expériences. Si l'on enlève le foie des oies, on peut les garder parfois vingt heures en vie, et on voit alors l'ammoniaque augmenter, en même temps que l'acide urique diminue. Les proportions de l'ammoniaque à l'azote total ont été chez des oies privées de foie :

Azote	0,810	1,107	0,308	0,310	0,392
Ammoniaque	0,549	0,719	0,214	0,174	0,238

chiffres qui indiquent que l'ammoniaque représente alors 63 p. 100 de l'azote éliminé, tandis qu'à l'état normal cette proportion n'est que de 18 p. 100. D'ailleurs, antérieurement, les recherches de SCHRÖDER (1878) avaient établi que, si l'on nourrit des oiseaux en mélangeant des sels ammoniacaux à leur nourriture, la proportion d'acide urique excrété augmente, tout comme, d'après KNERIEM, chez les mammifères, la proportion d'urée.

Nous sommes donc en présence de deux faits dont la contradiction apparente est très nette. Chez les mammifères l'ablation du foie entraîne un excédent d'acide urique, comme si l'acide urique était détruit par le foie. Chez les oiseaux l'ablation de foie entraîne une diminution d'acide urique, comme si l'acide urique était formé par le foie.

J'ai fait une expérience qui prouve directement cette différence remarquable, fondamentale, entre le foie des mammifères et le foie des oiseaux (1898). En faisant macérer un foie de canard avec une solution d'urate de soude contenant 0,090 d'acide urique, après vingt-quatre heures d'étuve, j'ai retrouvé exactement la même quantité d'acide urique, 0,093 et 0,085. Mais, si c'est un foie de chien qui a été mis à l'étuve avec urate de soude, après vingt-quatre heures l'acide urique a complètement disparu, et on ne retrouve plus que 0,005 (au lieu de 0,090) d'acide urique. Cette expérience est très importante, car elle établit bien, par des expériences *in vitro* : 1° que le foie des mammifères, par un ferment soluble, transforme l'acide urique ; 2° que le foie des oiseaux n'agit pas sur l'acide urique.

A tous les points de vue le contraste entre le foie des mammifères et le foie des oiseaux est saisissant. En effet, MEYER (1877), puis CECH et SALKOWSKI (cités par MINKOWSKI), ont vu que l'urée chez les oiseaux se change en acide urique, tandis que chez les mammifères c'est l'inverse qu'on observe. MINKOWSKI a montré que, chez les oies privées de foie, l'urée ingérée n'était, pas plus que l'ammoniaque, transformée en acide urique dans l'organisme quand le foie n'était plus là. Donc c'est bien le foie qui fait de l'acide urique avec l'urée.

Les expériences de MINKOWSKI ont, en outre, rendu très probable que la synthèse de l'acide urique aux dépens de l'urée se fait par fixation d'acide lactique sur l'urée. Il y aurait alors chez les oiseaux deux étapes dans la formation de l'acide urique ; d'abord, dans leurs tissus, comme dans les tissus des mammifères, formation d'ammoniaque qui se transformerait en urée dans le foie :

$$CO^3 \diagdown{AzH^4 \atop AzH^4} = CO \diagdown{AzH^2 \atop AzH^2} + 2H^2O$$

puis formation d'acide urique par fixation d'acide lactique sur l'urée, en présence de l'oxygène :

$$(COAz^2H^4)^2 + C^3H^6O^3 + O = C^5H^4Az^4O^3 + (H^2O)^3$$

et c'est encore dans le foie que se ferait cette réaction.

C'est une réaction tout à fait analogue à la synthèse de l'acide urique aux dépens de l'urée (HORBACZEWSKI, 1886) chauffée avec de la trichlorolactamide.

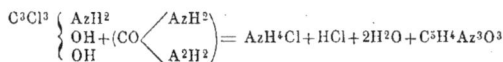

$$C^3Cl^3 \begin{Bmatrix} AzH^2 \\ OH \\ OH \end{Bmatrix} + (CO \diagdown{AzH^2 \atop A^2H^2}) = AzH^4Cl + HCl + 2H^2O + C^5H^4Az^3O^3$$

Poursuivant les recherches de MINKOWSKI, LANG a cherché à se rendre compte des différentes formes que revêt l'azote éliminé chez les oies, selon qu'elles ont ou non leur fonction hépatique intacte. On sépare l'azote de l'urine en trois parties, par la méthode de PFAUNDLER :

α. Azote qui se dégage de la magnésie : c'est presque entièrement AzH^3.

β. Azote qui, après élimination de AzH^3 par la magnésie, précipite par l'acide phosphotungstique : c'est presque entièrement l'acide urique.

γ. Azote qui reste après élimination de l'acide urique et de AzH^3 (urée et créatine).

Et on a alors sur les oies à l'état normal les chiffres suivants pour l'azote urinaire (moyenne de trois expériences) :

		Pour 100 parties d'urine.	Pour 100 parties d'azote urinaire.
Azote total.		0,321	100
α — de AzH^3.		0,079	24,3
δ — de l'acide urique.		0,193	60,24
γ — de l'urée et des acides monoamidés.		0,056	15,5

Mais, après ablation du foie, les produits sont différents. Si l'animal survit plus de dix heures, et si on ne lui a pas donné du carbonate de soude, on a les chiffres suivants :

	Pour 100 d'azote urinaire.
Azote α . .	67,8
— δ . .	6,6
— γ . .	25,8

Ce qui démontre, comme l'avait si bien dit Minkowski, que l'azote est alors éliminé sous forme d'ammoniaque, au lieu de l'être sous forme d'acide urique.

D'ailleurs, si l'on donne à ces oies sans foie du carbonate de soude, une partie plus grande d'azote est transformée en acide urique ; une partie moins grande en ammoniaque, comme si le premier besoin de l'organisme était de saturer les excès d'acide par un alcali quelconque, soudé ou ammoniaque, interprétation qui n'est vraiment qu'un expédient mnémotechnique, et non une explication rationnelle.

K. Kowaleski et Salaskine ont donné une forme très élégante à l'expérience de Minkowski. Ils ont fait passer du sang défibriné d'oie à travers le foie d'une oie, enlevé du corps, et ils ont pu constater que dans ce sang il se produisait des quantités appréciables d'acide urique.

PASSAGES DU SANG dans le foie.	ACIDE URIQUE dans 100 grammes de sang.	
	I	II
5. .	0,0144	0,0150
15. .	0,0184	0,0210
25. .	0,0201	0,0220

En ajoutant au sang du lactate d'ammoniaque, on voit augmenter énormément cette production d'acide urique.

PASSAGES DU SANG dans le foie.	ACIDE URIQUE dans 100 grammes de sang		
	I	II	III
5. . .	0,0164	0,0122	0,0151
15. . .	0,0262	0,0181	0,0169
25. . .	0,0415	0,0270	0,0219

L'acide lactique ne semble pas nécessaire à cette production d'acide urique, peut-être parce que d'autres substances peuvent fournir de l'acide lactique à l'organisme. En ajoutant de l'arginine au sang, on fait croître presque autant que par addition de lactate d'ammoniaque les proportions de l'acide urique du sang.

En tout cas, le foie des mammifères serait dépourvu de cette fonction uréopoïétique ; il aurait même une fonction toute différente, c'est de faire passer l'acide urique à l'état d'urée par le dédoublement (en acide lactique ?) de la molécule d'acide urique.

Pourtant les observations physiologiques sont bien positives, et elles ont formellement prouvé qu'il y a une transformation d'acide urique en urée dans le foie des mammifères (par un ferment soluble), et d'urée en acide urique dans le foie des oiseaux. Étant donnée cette puissance de transformation de l'acide urique en urée dans le foie, il me paraît difficile qu'il n'y ait pas quelque liaison causale entre la diathèse urique et les maladies du foie.

Les observations pathologiques sont loin de donner à cet égard des notions satisfaisantes, et elles sont trop contradictoires pour qu'on puisse, dans les affections du foie, établir nettement, de par les analyses d'urine, que l'acide urique augmente ou diminue quand l'urée augmente ou diminue.

Cependant, d'une manière générale, il semble que la diminution dans le taux de l'urée coïncide avec une diminution dans le taux de l'acide urique.

Mais ce fait, s'il était bien prouvé, ce qui n'est pas le cas, serait loin d'avoir de l'importance; car une quantité relativement considérable d'acide urique, s'il fallait admettre qu'il se dédouble en acide lactique et urée, ne produirait qu'une quantité insignifiante d'urée, échappant presque à l'analyse, puisque la quantité, vraiment colossale, de 1,68 d'acide urique en vingt-quatre heures ne fournirait que 0,6 d'urée. Par conséquent, il n'y aurait à tenir compte, dans ces observations, que du chiffre de l'acide urique, sans s'occuper de la plus ou moins grande quantité d'urée. Or il paraît bien que, dans les maladies du foie, la quantité d'acide urique est parfois énormément augmentée. HANOT (cité par GENEVOIX) rapporte un cas de cirrhose hypertrophique où la quantité moyenne d'urée n'était que de 6 grammes, mais où la quantité des urates était considérable.

On peut donc admettre provisoirement que la fonction du foie consiste à transformer en urée, non seulement les sels ammoniacaux, mais encore les urates. Si l'on introduit des urates dans l'alimentation, une partie de l'acide urique est éliminée à l'état d'urée par les urines (ZABELIN, C. VOIT, 1877).

Sur la transformation dans le foie en urée des autres corps amidés, nous avons quelques documents, bien incomplets encore. L. SCHWARTZ a étudié l'acide oxamique, qui, injecté sous la peau, augmente la production d'urée; mais il n'a pu constater, en le mélangeant au tissu hépatique broyé, d'augmentation dans l'urée produite après la mort. De même chez les oies MINKOWSKI a vu que l'asparagine, la leucine, le glycocolle continuaient à être dans les tissus transformés en ammoniaque, même quand le foie avait été enlevé. LŒWI a montré que le glycocolle était transformé, sinon en urée, du moins en un corps très voisin.

D'après SALASKINE (1899), l'acide aspartique en solution dans le sérum se transforme en urée lorsqu'on le fait circuler artificiellement dans le foie. Dans une expérience, la proportion d'urée était primitivement de 0,036 sur 100 c. c. de sang. Après la seizième circulation, elle était de 0,0617 (soit une augmentation de 51 p. 100). Le glycocolle et la leucine se comportent comme l'acide aspartique. Avec le glycocolle l'augmentation a été, en urée, de 65,7; 73,8; 74,9; 146,2 p. 100 d'urée primitive. Avec la leucine, elle a été de 18,6; 90,3; 55,5 p. 100 d'urée primitive.

Observations pathologiques et autres expériences relatives à la formation d'urée dans le foie. — Les faits pathologiques, presque avec autant de netteté que les expériences de physiologie, démontrent que le foie est le principal appareil formateur de l'urée.

Dans l'ictère grave, affection caractérisée anatomiquement par une atrophie aiguë du foie, la diminution de l'urée est telle que parfois il n'y en a plus que des traces (FRERICHS, cité par BROUARDEL). En même temps que l'urée est absente, on trouve des quantités considérables de leucine et de tyrosine. HARLEY (1890, 192) dit qu'au début de la maladie il y a augmentation d'urée, par suite de la désintégration des éléments azotés du foie lui-même, mais que, plus tard, à mesure que la proportion de tissu hépatique diminue, la quantité d'urée produite va en diminuant.

Dans la stéatose phosphorée du foie, soit accidentelle, soit expérimentale, il y a également abaissement énorme du taux de l'urée.

SCHULTZEN et RIESS (cités par BROUARDEL) disent que la proportion d'urée, dans un cas d'empoisonnement par le phosphore, était tombée au minimum (?), et que l'urée était remplacée, non par de la leucine et de la tyrosine, mais par un corps analogue aux peptones (?). P. BROUARDEL, en injectant de l'huile phosphorée à des chiens, a vu les proportions de l'urée diminuer énormément, et tomber, dans un cas, de 32 grammes à 29; puis 18, puis 4gr,6 par jour. Dans une autre expérience, voici les résultats :

		URÉE par 24 heures.	MOYENNE
Avant l'injection	. . . .	30,9	25,3
—	. . . .	19,7	
1re injection	. . . . . .	8,5	16,7
—	. . . .	24,9	
2e injection.	. . . . . .	22,4	26,7
—	. . . .	31,0	
3e injection	. . . . . .	4,8	9,3
—	. . . .	15,9	
—	. . . .	7,2	
4e injection	. . . . . .	12,8	14,9
—	. . . .	17,0	
5e injection	. . . . . .	14,2	11,3
—	. . . .	7,5	
—	. . . .	12	
—	. . . .	11,4	

Dans une observation de pseudo-ictère grave, due à Bouchard, la proportion d'urée, chez un hommes de 60 ans, est tombée à 0,50 par vingt-quatre heures.

Nous croyons devoir donner ici les conclusions de l'important travail de Brouardel, pour les autres affections du foie.

« Dans l'*hépatite suppurée*, l'urée augmente au début; elle diminue quand l'abcès a détruit une grande partie du foie, bien que cette lésion soit accompagnée de fièvre. Dans la *lithiase biliaire*, ayant pour conséquence l'oblitération du canal cholédoque et l'atrophie des lobules hépatiques, l'urée diminue de quantité. Cette diminution semble encore plus notable pendant la crise de *colique hépatique;* il en serait de même dans la *fièvre intermittente hépatique*. Dans la *cirrhose* atrophique ou hypertrophique, la quantité d'urée éliminée est représentée par un chiffre extrêmement faible, même lorsque le malade continue à se nourrir. Dans les maladies du cœur, le développement du *foie cardiaque* entraîne une diminution considérable de la sécrétion de l'urée. Dans la *dégénérescence graisseuse du foie*, qui survient chez les phtisiques et les malades atteints de suppurations osseuses, la quantité d'urée excrétée tombe à des chiffres très peu élevés. Dans les affections chroniques du foie, *cancer, kyste hydatique*, la destruction d'une portion considérable de la substance hépatique entraîne une diminution correspondante dans la quantité d'urée sécrétée. Dans la *congestion du foie*, la suractivité de la circulation hépatique se traduit par une augmentation de la quantité d'urée éliminée. Dans la *colique de plomb*, le foie se rétracte, et l'urée diminue; dès que la colique est terminée, le foie revient à son volume normal, et l'urée augmente. Dans la *glycosurie passagère*, l'urée augmente pendant qu'existe cette glycosurie, ou au moment de sa disparition. Dans le *diabète*, la quantité d'urée atteint parfois un chiffre plus élevé que dans toute autre maladie. Une similitude si remarquable dans les variations de ces deux phénomènes n'autorise-t-elle pas à se demander s'il n'y a pas communauté dans leurs origines? »

S'il est vrai que l'urée soit produite dans le foie par une transformation de l'ammoniaque, il s'ensuivrait que, chez les malades atteints de cirrhose atrophique, l'ammoniaque ingérée devrait se trouver à l'état de sel ammoniacal dans les urines. Weintraud n'a pas craint de faire cette expérience sur des malades (1892), et il a constaté que, malgré la destruction presque totale du foie, constatée à l'autopsie, l'élimination d'ammoniaque par les urines n'augmentait pas, quoiqu'on administrât aux malades jusque à 9 grammes d'ammoniaque (p. 34).

Cette question a été aussi traitée par Münzer dans un travail riche en indications bibliographiques (1894). Il a vu, comme Weintraud, que, chez les malades atteints de cirrhose hypertrophique, la transformation de l'ammoniaque ingérée se faisait à peu près comme chez les individus normaux, et il arrive à cette conclusion, bien différente de celle de tous les auteurs cités plus haut, sauf Weintraud, que la fonction uréopoïétique du foie n'est pas suffisamment démontrée (*diese Annahme der harnstoffbildende*

Function der Leber ist bisher nicht genügend bewiesen). Tout au moins faudrait-il alors admettre que la destruction totale de toutes les cellules hépatiques est nécessaire pour que la transformation de l'ammoniaque en urée et la formation de l'urée soient supprimées. Si, dans l'intoxication phosphorée, la proportion d'ammoniaque excrétée est considérable (ENGELKEN), c'est parce que, toutes les fois que les urines sont très fortement acides, il y a excrétion plus abondante d'ammoniaque.

Le fait que les sels d'ammonium se transforment en urée dans l'organisme a été contredit aussi, pour d'autres raisons, par AXENFELD (1889). En donnant à l'homme ou au lapin en état d'équilibre azoté des quantités variables de lactate d'ammonium, il a vu croître énormément la quantité d'urée éliminée; et l'accroissement était hors de toute proportion avec la quantité d'azote introduite à l'état d'ammoniaque. Ainsi un homme, qui avait pris seulement 2 grammes de tartrate d'ammonium correspondant à $0^{gr},222$ d'azote, rendit en excédent d'urée $19^{gr},80$, quantité correspondant à $9^{gr},24$ d'azote, soit 40 fois plus d'azote que l'azote ammoniacal ingéré. Notons en passant qu'AXENFELD n'a pu voir de destruction d'ammoniaque par le foie *post mortem*.

Il est difficile de contester l'exactitude des observations d'AXENFELD. Pourtant, KNIEREM avait très nettement établi qu'en ingérant 4 grammes de chlorhydrate d'ammoniaque, les 9/10 de l'azote ainsi introduit reparaissaient dans les urines sous forme d'excédent d'urée.

Il ne paraît pas cependant que tous les faits rapportés plus haut dans l'histoire physiologique de la fonction uréopoiétique du foie doivent être passés sous silence par les pathologistes, d'autant plus que STADELMANN (1883), chez des malades atteints d'affection hépatique, a vu croître en quantité absolue, et surtout relativement à l'urée, l'ammoniaque de l'urine. FAWITZSKY a fait la même constatation, quoique cette augmentation d'ammoniaque lui paraisse trop faible pour admettre que le foie est le seul organe chargé de le transformer en urée (1889). Il ne faut pas oublier qu'avant ces auteurs, et même avant que SCHRÖDER eût fait ses mémorables expériences, HALLERVORDEN avait trouvé dans l'urine d'un individu atteint de cirrhose jusqu'à $2^{gr},5$ d'ammoniaque par jour.

Il ne semble donc pas que les faits, assez confus, de MÜNZER et de WEINTRAUD, puissent ébranler l'opinion commune que le foie est le principal producteur d'urée, et qu'il transforme l'ammoniaque en urée.

D'ailleurs, les extirpations du foie ont semblé prouver que, lorsqu'on fait la suppression d'une plus ou moins grande portion du tissu hépatique, la quantité d'urée est diminuée. Cela a été bien établi par MEISTER (1891). Il est vrai que, quelque temps après, la proportion normale d'urée revient. MÜNZER en conclut que par conséquent ce n'est pas le foie qui forme l'urée, conclusion qui me semble inadmissible; car rien n'est plus rationnel que la suppléance, par le tissu hépatique conservé, des portions de tissu hépatique qui ont été détruites. Quant aux observations de E. PICK (1893) qui a injecté de l'acide sulfurique dans le canal cholédoque pour détruire le foie, elles ne portent guère que sur les troubles anatomiques et histologiques consécutifs à cette injection, et il n'a pas recherché les causes de la mort, ni dosé les quantités d'ammoniaque ou d'urée formées après la suppression toxique de la fonction hépatique.

Même sans qu'il y ait la crise violente convulsive qui emporte souvent l'animal opéré de la fistule d'ECK quelques jours après l'opération, ou qui survient presque fatalement si on lui donne un repas abondant de viande, on voit souvent chez les chiens à fistule d'ECK des accidents toxiques, qui sont peut-être attribuables, malgré l'opinion contraire de BIEDL et WINTERBERG, à une sorte d'ammoniémie chronique. Les animaux deviennent somnolents ou ataxiques; leur démarche est titubante; ils sont à un certain degré anesthésiques et insensibles. Mais peu à peu ces troubles s'amendent, et le chien revient à la vie normale. Quelquefois cependant il en est qui, un mois ou deux après l'opération, maigrissent et finissent par mourir (FILIPPI). La cécité et l'analgésie sont d'ailleurs des symptômes de l'empoisonnement par l'acide carbonique plutôt que par l'ammoniaque qui, avant de produire des convulsions, donne de l'agitation et une exagération des réflexes. Mais ce sont là des mesures de différenciation assez délicates, et il est bien vraisemblable que la suppression de la fonction hépatique doit entraîner d'autres troubles toxiques que l'intoxication ammoniacale. A vrai dire, ces substances toxiques, autres que l'ammoniaque, ne sont pas connues.

En même temps qu'on a étudié les effets de la suppression de la fonction hépatique, on a essayé de voir les effets de l'excitation de cette fonction. Sur des malades atteints de cirrhose, SIGRIST (1880), reprenant quelques expériences de STOLNIKOFF, a pratiqué l'électrisation du foie. Il a obtenu des augmentations d'urée si formidables qu'il me paraît difficile de ne pas croire à quelque erreur expérimentale. Par exemple, un malade, dont le foie avait été faradisé, a eu 68 grammes d'urée en vingt-quatre heures (!) un autre 68gr,82 (!). Dans ce dernier cas il s'agissait d'un individu presque normal, atteint seulement de catarrhe gastrique. En moyenne, d'après SIGRIST, l'électrisation du foie augmente de 15 grammes l'excrétion quotidienne d'urée ; ce qui est très peu vraisemblable. D'ailleurs SAENGER (cité par PATON) n'a pas pu, sur cinq individus bien portants, retrouver cette augmentation d'urée que SIGRIST croyait avoir vue.

Le même auteur a aussi prétendu que l'électrisation de la peau voisine du foie augmente beaucoup la quantité d'urée. Mais il ne semble pas que ces expériences méritent d'être retenues. GRÉHANT et MISLAWSKI ont directement électrisé le foie et recueilli le sang des veines qui viennent du foie. Or, dans ces conditions, ils ont pu constater que l'excitation électrique du foie est absolument sans effet sur la teneur en urée du sang des veines hépatiques.

Par l'extirpation de portions plus ou moins grandes de tissu hépatique on peut, avons-nous dit, d'après MEISTER, changer la proportion totale d'urée excrétée ; mais l'azote des matières extractives autres que l'urée diminue moins vite que l'urée, de sorte que, après l'ablation d'une notable partie du foie, le rapport entre l'azote uréique et l'azote total est très diminué. A partir du cinquième jour, peu à peu ces troubles du métabolisme azoté s'amendent et, vers le quinzième jour, il y a retour à l'état normal. (Voy. le tableau de la p. 721.)

Ainsi les expériences d'ablation du foie confirment de tout point ce que nous avons dit sur le rôle uropoiétique du foie. Les produits azotés divers, non albuminoïdes, étant détruits en moins grande proportion, s'accumulent dans le sang et passent dans l'urée.

Il semble que l'analyse complète des matières extractives, contenues dans l'urine des malades chez qui la fonction hépatique a été par la cirrhose atrophique aiguë brusquement supprimée, devrait donner de précieux renseignements. Mais ces analyses d'urine sont le plus souvent fort insuffisantes ; et, dans les plus récents traités de médecine, il est seulement dit que l'urine est surchargée de matières extractives, leucine, tyrosine, xanthine, hypoxanthine, créatine en grande quantité, acide lactique, substances analogues aux peptones. Ce sont là des données peu précises.

Le point le plus obscur de toute cette question de la transformation des matières azotées est de savoir à quel degré elle est spéciale au foie.

Que le foie transforme l'ammoniaque en urée, cela n'est pas douteux. Il n'est pas douteux non plus, depuis les expériences de SALKOWSKI, de SCHULZEN et NENCKI, de SALESKIN, de LŒWY et d'autres, que l'asparagine, l'acide aspartique, l'arginine, le glycocolle, la leucine, et les acides amidés, se transforment en urée dans l'organisme. Il est très probable, certain même, que cette transformation s'opère dans le foie ; mais il est impossible d'affirmer que ces transformations chimiques ont lieu *exclusivement* dans le foie. Au contraire, il est vraisemblable que ce sont des propriétés générales de la vie cellulaire communes à tous les protoplasmas vivants, que le foie n'a à cet égard qu'une spécifi, cité très relative. L'expérience de SCHMIEDEBERG sur la formation de l'acide hippurique dans le rein tendrait à faire admettre que d'autres tissus que le tissu hépatique sont capables de synthèses, de dédoublements et de transformations des produits ultimes de l'assimilation azotée.

Formation de l'urée aux dépens de l'hémoglobine. — Une autre hypothèse a été soutenue, qui mériterait d'être plus étudiée qu'elle ne l'a été encore, c'est que l'urée du foie provient de la destruction de l'hémoglobine du sang. Cette opinion s'appuie sur certaines expériences positives, fort ingénieuses, de NOEL PATON. Ce physiologiste a montré que les substances qui dissolvent les globules, l'acide pyrogallique, les acides biliaires, la toluylène-diamine, font croître en quantité notable l'excrétion biliaire, augmentent la quantité d'urée de l'urine, et diminuent le nombre des globules sanguins Ces trois phénomènes, d'après lui, seraient le résultat d'un même et unique phénomène, destruction de l'hémoglobine des globules, dont les produits seraient : bilirubine

(2 mol.); urée (150 mol.); glycogène (32 mol.); CO^2 (26 mol.), d'après la décomposition de deux molécules d'hémoglobine.

$$(C(600)H(960)Az(154)FeS_3O(179))^2 +,O^{501} + 182H^2O - H^2SO^4 - Fe^2O^3$$

Il admet que 3 grammes d'hémoglobine peuvent donner en se dédoublant et s'oxydant 1 gramme d'urée. Noel Paton a étudié aussi d'autres substances cholagogues, par exemple, le salicylate et le benzoate de soude, et le sublimé, et il a vu que l'écoulement de bile plus abondant s'augmente toujours d'une production plus abondante d'urée. Le plus souvent l'acide urique sécrété va en diminuant, à mesure que la quantité d'urée formée est plus grande.

De ces recherches Paton conclut : 1° La destruction des globules sanguins est un stimulant de la sécrétion biliaire ;

2° La production de l'urée est accrue par la destruction des globules sanguins ;

3° La sécrétion biliaire et la production de l'urée sont deux phénomènes liés directement l'un à l'autre, et coïncidant avec la destruction des hématies ;

4° L'action cholagogue des salicylates et benzoates de soude, de la colchicine, du sublimé, de l'acide pyrogallique, de la toluylène-diamine, aussi bien que leur influence dans l'accroissement de la production de l'urée, est due, au moins pour une grande part, à leur action hémolytique directe.

On peut, ce semble, accepter, ne fût-ce que provisoirement et partiellement, cette théorie de Paton, d'autant plus qu'elle n'infirme nullement l'autre théorie, celle de la formation de l'urée aux dépens de l'ammoniaque qui vient des produits de la digestion.

Rapports de la fonction uréopoïétique du foie avec la sécrétion biliaire et la fonction glycogénique. — On peut admettre que toutes les manifestations de l'activité du foie sont solidaires, et qu'elles ne doivent pas, sinon pour l'étude didactique, être séparées les unes des autres. La formation de l'urée doit donc coïncider avec d'autres fonctions hépatiques, mais il y a à cet égard plutôt des présomptions que des preuves rigoureuses.

D'abord, pour ce qui est de la fonction biliaire, il paraît bien démontré que la formation d'acides biliaires est liée à la décomposition de l'hémoglobine, et à la dissolution des globules rouges. Au moins cela est-il rendu évident pour la production du pigment biliaire, la bilirubine, dérivant de l'hématine de l'hémoglobine (V. Bile, II, 189). Toutes actions physiologiques décomposant les globules rouges vont accroître la quantité de bilirubine éliminée par la bile, et la formation du pigment biliaire se fait aux dépens du pigment sanguin. Dans cette transformation de l'hémoglobine, très probablement la globuline devient de l'urée. W. Fick, en mettant de l'hémoglobine en contact avec la bouillie hépatique, a obtenu un corps qui est très voisin de l'urée, et qui n'en diffère que par des caractères secondaires (soluble dans l'alcool absolu, précipitant par l'acide oxalique, mais non par l'acide nitrique). Nous avons vu que, d'après N. Paton, toutes les substances qui détruisent le globule rouge, en particulier l'acide pyrogallique, font croître en même temps la sécrétion biliaire et l'excrétion d'urée. L'origine de l'acide cholalique, radical probable des acides glycocholique et taurocholique, est encore trop obscure pour qu'on puisse chercher comment la molécule d'albumine fournit ces acides et l'urée ; mais, d'autre part, l'acide glycocholique donne dans l'intestin du glycocolle, lequel est certainement par le foie, soit directement, soit après être devenu carbonate d'ammoniaque, transformé en urée. Aussi bien la sécrétion biliaire peut-elle, précisément par son acide glycocholique, être regardée comme une des sources de la production d'urée. Il est vrai que cette considération ne s'applique qu'aux animaux dont la bile contient de l'acide glycocholique. Sur le chien il faut admettre que l'acide taurocholique subirait une fermentation analogue.

La présence de la cholestérine dans la bile est aussi une preuve de la destruction du globule rouge par le foie. Il y aurait donc, en même temps que production de bilirubine, de cholestérine, et d'acides biliaires, destruction d'hémoglobine et formation d'urée.

La glycogénèse est aussi une fonction concomitante de la production d'urée. La fonction antitoxique du foie sur l'ammoniaque et les corps homologues est étroitement liée à la fonction glycogénique. Roger a prouvé que, chaque fois que le glycogène a disparu du foie, par cela même le foie cesse d'agir sur les matières toxiques qu'il doit arrêter ou transformer. Il en est ainsi chez les animaux soumis à l'inanition, chez ceux dont le glycogène a disparu par suite de la ligature du canal cholédoque, ou de la section des pneumogastriques, ou au cours de l'empoisonnement par le phosphore. Si l'on stimule le foie en injectant de l'éther dans une branche de la veine porte, on voit s'exalter son rôle protecteur (Roger). A. Gautier a donné la formule suivante, très schématique évidemment, qui établit une relation entre l'uréopoïèse et la glycogénèse :

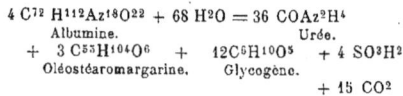

$$4\ C^{72}\ H^{112}Az^{18}O^{22} + 68\ H^2O = 36\ COAz^2H^4$$

Albumine. Urée.

$$+\ 3\ C^{55}H^{104}O^6\ +\ 12C^6H^{10}O^5\ +\ 4\ SO^3H^2$$

Oléostéaromargarine. Glycogène.

$$+\ 15\ CO^2$$

Il est vraisemblable, en tout cas, que cette formation de glycogène d'une part, et d'urée de l'autre, n'est pas un phénomène d'oxydation ; car d'abord *in vitro*, sans oxygène, on peut reproduire tout ou partie de ces actions chimiques, et d'autre part le sang qui arrive au foie, et qui a le rôle le plus important, par sa qualité et sa quantité, dans ces actions chimiques, c'est le sang veineux porte, pauvre en oxygène.

La Nature, a dit H. Milne Edwards, avare de moyens, est prodigue de résultats. Dans le cas dont il s'agit, nous avons un bon exemple de cette économie de forces. L'action antitoxique, qui est à coup sûr une des fonctions les plus importantes du foie, est accompagnée de calorification, et d'accumulation de réserves alimentaires (glycogène et graisse), de sorte que la même opération chimique détruit des poisons (Az H³ et corps similaires), accumule du glycogène et de la graisse, et dégage de la chaleur. Nous n'en savons pas assez pour préciser les termes de l'équation chimique, équation peut-être simple, quoique probablement très complexe, qui intervient alors ; mais nous pouvons pourtant en tracer résolument, comme nous avons essayé de le faire dans les pages qui précèdent, les lignes principales.

Conclusions sur le rôle uréopoïétique du foie. — Si nous résumons les faits exposés plus haut, nous voyons qu'à côté de certaines expériences dont les conclusions sont douteuses, nous avons bon nombre d'expériences dont les résultats sont positifs.

1° La suppression fonctionnelle totale, ou même partielle, du foie, soit par extirpation, soit par interruption de la circulation, soit par stéatose toxique, soit par cirrhose atrophique, entraîne soudain un abaissement énorme dans l'uréopoïèse.

2° La circulation à travers le foie d'un sang chargé d'ammoniaque montre que le sang se charge d'urée. Pareillement, chez les animaux privés de foie, il se fait une intoxication ammoniacale, et l'ammoniaque n'est plus, comme à l'état normal, transformée en urée.

3° La preuve directe que le foie transforme en urée des substances autres que l'ammoniaque, l'acide urique, et quelques acides amidés, pour probable que soit cette transformation, n'a pas été donnée encore. Il est possible que l'hémoglobine soit transformée par le foie en urée.

4° C'est par un ferment soluble, contenu dans les cellules hépatiques, et qui agit sans intervention de l'oxygène, que se fait cette formation d'urée.

5° L'évolution des matières azotées dans l'organisme paraît consister en deux phénomènes essentiels : d'une part, dans les cellules générales de l'organisme, il se fait aux dépens des matières protéiques une incessante production de corps azotés divers, glycocolle, leucine, tyrosne, asparagine, arginine, xanthine ; lesquels aboutissent finalement à l'ammoniaque et à l'acide carbamique, corps toxiques ; d'autre part, il s'opère une incessante transformation de ces corps azotés ou ammoniacaux en urée, substance non toxique. Le rôle antitoxique du foie se confond ici avec son rôle uréopoïétique.

6° Chez les oiseaux le foie ne transforme pas l'acide urique en urée ; il semble avoir plutôt une fonction inverse.

7° Il est d'ailleurs possible que la transformation de l'ammoniaque en urée marche de pair avec la transformation des corps azotés cristallisables solubles en ammoniaque. A mesure que cette ammoniaque est formée, dans le foie lui-même ou dans l'appareil

·digestif par un ferment A; elle est transformée en urée par un ferment B; ou, sinon en urée, au moins en͏̈des corps très voisins.

8° Le rôle de l'albumine et de l'hémoglobine dans ces actions chimiques aboutissant .à la formation d'urée est encore tout à fait inconnu.

Bibliographie. — 1866. — MEISSNER. *Ursprung des Harnstoffs im Harn der Säuge-thiere* (Zeitsch. f. rat. Med., XXXI, 234).

1870. — E. DE CYON.*Die Bildung des Harnstoffs in der Leber (C. W., n° 37 et Cyon's ·Gesammte physiol. Arbeiten*, Berlin, 1888, 182-183. *Ibid., Nachtrag*, 196).

1871. — GSCHEIDLEN. *Studien über den Ursprung des Harnstoffes im Thierkörper* (Leipzig).

1871. — SCHULTZEN et RIESS (Z. B., VII, 63).

1875. — BOUCHARDAT. *De la Glycosurie* (Paris, 1875, XL, note 8).'— MUNK (I). *Ueber die Harnstoffbildung in der Leber, ein experimenteller Beitrag zur Frage͏̈der Harnstoffunter-suchung in Blut und Parenchymen* (A. g. P., XI, 100-112).

1876. — GENEVOIX (J.). *Essai sur les variations de l'urée et de l'acide urique dans les .maladies du foie* (D. in., Paris, in-8, 107).

1877. — BROUARDEL (P.). *L'urée et le foie, variations de la quantité de l'urée éliminée dans les affections du foie* (A. d. P.). — MARTIN (A.). *Des rapports de l'urée avec le foie* (D. .in., Paris). — P. PICARD. *Recherches sur l'urée* (B. B., 413-416). — E. SALKOWSKI. *Ueber den Vorgang der Harnstoffbildung im Thierkörper und den Einfluss der Ammoniaksalze auf den-selben* (Z. p. C., I, 1-59). — VOIT (C.). *Bemerkung über͏̈die Umwandlung vom Harnsäure im Harnstoff im Körper des Hundes* (Z. B., XIII, 530-532).

1878. — GAMGEE. *The formation of urea by the liver* (Brit. med. Journ., (2), 731). — .PICARD. *Le foie n'est pas le seul lieu producteur de l'urée* (B. B., 236-238). — SCHMIEDEBERG. *Ueber das Verhältniss des Ammoniaks und der primären Monaminbasen zur Harnstoffbildung .im Thierkörper* (A. P. P., VIII, 1-14). — W. SCHRÖDER. *Ueber die Verwandlung des Ammo-niaks in Harnsäure im Organismus des Huhns* (Z. p. C., II, 228-240).

1879. — MOSSÉ (A.). *Étude sur l'ictère grave* (D. in., Paris). — RENFLET (G.). *Rôle du .foie dans la production de l'urée* (D. in., Paris). — ROSTER. *L'influenza del fegato nella for-mazione dell' urea, dimostrata dalla chimica patologica* (Sperimentale, 1879, XLIV, 153, 225). — STOLNIKOFF. *Die Schwankungen des Harnstoffgehalts des Urins in Folge von Reizung .der Leber durch den electrischen Strom* (Pet. med. Woch., IV, 408). — VALMONT (F.). *Études sur les causes de la variation de l'urée dans quelques maladies du foie* (D. in., Paris).

1880. — AUDIGUIER (P.). *Quelques considérations sur l'urée et ses variations dans la cirrhose* (D. in., Paris). — ANDERSON. *On the partial metabolism by the liver, of leucin, and tyrosin into urea* (Med. Chir. Transact., XLV, 245-555 et Brit. med. Journ., 1880, (1), 589). — HALLERVORDEN. *Ueber Ausscheidung von Ammoniak im Urin bei pathologischen Zuständen* (A. P. P., XII, 237). — HUME (T.). *The liver and its urea forming function* (Indian med. Gaz., XV, 68). — POPOFF. *Ueber die Folgen der Unterbindung der Ureteren und der Nierenarterien bei Thieren in Zusammenhang mit einigen anderen pathologischen Prozessen* (A. A. P., 1880, LXXXII, 40-89). — SIGRIST. *Ueber den Einfluss des Electrisirens der Leber auf die Harnstoffausscheidung* (Pet. med. Woch., V, 93-96).

1881. — HOPPE-SEYLER. *Ueber den Harnstoff in der Leber* (Z. p. C., V, 349). — SAENGER. *Ueber die Harnstoffausscheidung͏̈nach Electrisirung der Leber* (D. in., Göttingen).

1882. — GAGLIO (G.). *Ricerche sperimentali da'servire alla͏̈teoria dell' ureagenesi epatica* (Sperimentale, aprile, 4). — SCHRÖDER. *Ueber die Bildungsstätte des Harnstoffs* (A. P. P., 1882, XV, 364-402).

1883. — STADELMANN. *Ueber͏̈Stoffwechselanomalien bei einzelnen Lebererkrankungen* (D. Arch. f. klin. Med., XXXIII, 526).

1884. — GRÉHANT et QUINQUAUD. *Formation de l'urée pendant la digestion des aliments .azotés* (B. B., 559, 560). — SALOMON. *Ueber die Vertheilung der Ammoniaksalze im thie-rischen Organismus und über den Ort der Harnstoffbildung* (A. A. P., LXXIX, 149).

1885. — CLEGHORN. *Where is urea formed?* (Indian med. Gaz., XX, 176.)

1886. — HIRSCHLER (A.). *Bildung von Ammoniak bei der Pancreasverdauung von Fibrin.* (Z. p. C., X, 302-307). — MINKOWSKI. *Ueber den Einfluss der Leberexstirpation auf den Stoffwechsel* (A. P. P., XXI, 41-87). — NOEL PATON. *On the nature of the relationship of urea formation to bile secretion* (Brit. med. Journ., tir. à part. Aberdeen University press.

Extr. fr. the Physiological Laboratory of Edinburgh University, 26 p.). (*Journ. of Anat. and Physiology*).

1887. — Gréhant et Mislawski. *L'excitation du foie par l'électricité augmente-t-elle la quantité d'urée contenue dans le sang?* (C. R.) — Wissokovitch. *Die Gewinnung der Milchsäure aus der künstlich durchbluteten L.* (*A. P.*, Suppl. 91-100).

1888. — Paton (N.). *Nature of the relationship of urea formation to bile secretion* (*Brit. med. Journ.*, 78).

1889. — Axenfeld. *Sur la transformation des sels d'ammonium en urée dans l'organisme* (*A. i. B.*, xi, 133-142). — Coppola (F.). *Sull' origine dell' urea nell organismo animale* (*Ann. di chim. e di farmacia*, x, 3-10). — Pawitssky. *Ueber den Stickstoffumsatz bei Lebercirrhose, sowie über den Ammoniakgehalt und den Aciditätsgrad des Harns bei derselben Krankheit* (*D. Arch. f. klin. Med.*, xlv, 1889, 429). — Schröder. *Ueber die Harnstoffbildung der Haifische* (*Z. p. C.*, xiv, 576-598).

1890. — Harley. *Traité des maladies du foie* (Trad. franç., Paris, in-8).

1891. — Fick. *Ueber einen bei der Einwirkung isolirtes Leberzellen auf Hämoglobin oder Eiweiss entstehenden harnstoffähnlichen Körper* (C. P., 1891, 308-309). — Herringham et Davies. *On the excretion of uric acid, urea, and ammonia, with a scheme of curves* (*J. P.*, xii, 475-477). — Meister. *Ueber die Regeneration der Leberdrüse nach Entfernung ganzer Lappen und über die Betheiligung der Leber an der Harnstoffbildung* (Centrbl. f. allg. Path. u. path. Anat., ii, 23). — Salkowski. *Ueber die Autodigestion der Organe* (Zeitsch. f. klin. Med., — Festschr. zu Leyden's Jubilaeum, 90).

1892. — Hahn (M.), Massen (V.), Nencki (M.) et Pawlow (J.). *La fistule d'Eck de la veine cave inférieure et de la veine porte, et ses conséquences pour l'organisme* (Arch. des sciences biologiques, i, 401-494).

1893. — Pick (E.). *Versuche über functionelle Ausschaltung der Leber bei Säugethieren* (A. P. P., xxxii, 382-401). — Weintraud (W.). *Unters. über den Stickstoffumsatz bei Leber-Cirrhose* (A. P. P., xxxi, 30-39).

1894. — Kaufmann (M.). *Recherches sur le lieu de la formation de l'urée dans l'organisme des animaux* (A. d. P., 1894, vi, 531-543). — Münzer et Winterberg. *Die harnstoffbildende Function der Leber. Stickstoffwechsel bei Lebererkrankungen* (A. P. P., xxxiii, 164-197). — Nencki (M.), Pawlow (J. P.) et Zaleski (J.). *Ueber den Ammoniakgehalt des Blutes und der Organe und die Harnstoffbildung bei den Säugethieren* (A. P. P., xxxvii, 26, 51 et Arch. des sc. biolog., iv, 197-224). — Ch. Richet. *De la formation d'urée dans le foie après la mort* (C. R., cxviii, 1124-1128; et B. B., 368-369). — *De la diastase uréopoiétique.* (Ibid., 325-528).

1895. — Gottlieb. *Harnstoffgehalt der L.* (Centrbl. f. d. Krankh. der Harnorgane, vi, 480).

1897. — Chassevant (A.) et Richet (Ch.). *Des ferments solubles uréopoiétiques du foie* (B. B., 1897, 743-744). — Gautier (A.). *Leçons de chimie biologique*, 2e édit., iii. — Nencki et Paulow (J. P.). *Contribution à la question du lieu où se forme l'urée chez les mammifères* (Arch. Sc. biol. de St-Pétersb., v, nos 2 et 3, 163-176). — Gini Gino. *Uropoiesi e faradizzazione del fegato* (Riforma med., iii, 676-678).

1898. — Chassevant et Richet (Ch.). *Absence du ferment uréopoiétique dans le foie des oiseaux.* (B. B., 962-963). — Doyon et Dufourt. *Contribution à l'étude de la ligature de l'artère hépatique et de la veine porte au point de vue de la survie et des variations du rapport azoturique* (B. B., 419-420). — Halsay (J. T.). *Ueber die Vorstufen des Harnstoffes* (Z. p. C., xxvi, 325-336). — Lœwi (O.). *Ueber das Harnstoffbildende Ferment der Leber* (Z. p. C., xxviii, 511-522). — Salaskin (S.). *Ueber das Ammoniak in physiologischer Hinsicht und die Rolle der Leber im Stoffwechsel sticktoffhaltiger Substanzen* (Z. p. C., xxv, 449-491). — Salaskin (S.). *Ueber die Bildung von Harnstoff in der Leber der Säugethiere aus Amidosäuren der Fettreihe* (Z. p. C., xxv, 128-151). (Le physiologiste russe, i, 75-77). — Schwarz (L.). *Ueber Bildung von Harnstoff aus Oxaminsäure im Thierkörper* (A. P. P., xli, 60-74). — Spitzer. *Weitere Beobachtungen über die oxydative Wirkungen der Gewebe* (A. g. P., lxxxi, 596-603).

1899. — Gottlieb. *Ueber die quantitative Bestimmung des Harnstoffes in den Geweben und der Harnstoffgehalt der L.* (A. P. P., xlii, 238-249). — Zuntz. *Ueber den quantitativen Verlauf der peptischen Eiweissspaltung* (Z. p. C., xxviii, 132-173).

1900. — Gulewitsch. *Zur Frage nach dem Chemismus der vitalen Harnstoffbildung*

(Z. p. C., xxx, 523-532). — Jacoby. *Ueber die fermentative Eiweissspaltung and Ammo-niakbildung in der L. (Ibid.,* 149-174). — *Ueber die Beziehung der L. und Blutveränderungen bei Phosphorvergiftung zur Autolyse (Ibid.,* 174-182). — Lang. *Ueber die Stickstoffausschei-dung nach Leberexstirpation (Z. p. C.,* xxxii, 320-340). — Salaskin et Zalesky. *Ueber den Einfluss der Leberexstirpation auf der Stoffwechsel bei Hunden (Z. p. C.,* xxix, 517-522).

1901. — Biedl et Winterberg. *Beiträge zur Lehre von der Ammoniakentgiftenden Func-tion der L. (A. g. P.,* lxxxviii, 140-200). — Gouget. *Altérations du foie consécutives aux injections répétées d'urée (B. B.,* 1141-1143). — Kowalesky et Salaskin. *Ueber die Bildung von Harnsäure in der L. der Vögel (Z. p. C.,* xxxiii, 210-222). — Merklen. *Rech. sur l'éta fonctionnel du foie dans la gastro-entérite des jeunes enfants par l'étude des coefficients urinaires (B. B.,* 130-132). — Nencki et Zaleski. *Ueber die Bestimmung der AzH³ in thie-rischen Flüssigkeiten (Z. p. C.,* xxviii, 192-209). — Paton (N.) et Eason (J.). *On a method of estimating the interference with the hepatic metabolism produced by drugs (J. P.,* xxvi 166-172).

1902. — Folin (O.). *Eine neue Methode zur Bestimmung der Ammoniaks in Harne und anderen thierischen Flüssigkeiten (Z. p. C.,* xxxvii, 161-176). — Friedenthal. *Ueber Resorp-tions versuche nach Ausscheidung der L. mittels Ueberführung des Blutes der Vena cava in ferior unterhalb der Nierenvenen (A. P.,* 1902, 146-146). — Horodinsky, Salaskin et Zaleski. *Ueber die Vertheilung der AzH³ im Blute und den Organen normaler and hungern-der Hunde (Z. p. C.,* xxxv, 246-263). — Jacoby (M.). *Über die Harnstoffbildung im Orga-nismus (Ergebnisse der Physiologie,* i, 1, 532-554). — Kowalesky (K.) et Salaskin (S.). *Ueber den Ammoniak und Milchsäuregehalt im Harne von Gänsen unter verschiedenen Verhältnisse (Z. p. C.,* xxxv, 552-568). — Nobécourt et Bigart. *Influence des injections intra-portales de naphtol sur certaines fonctions hépatiques (B. B.,* 1401-1403). — Sérécé. *Sur la teneur en urée de chaque lobe du foie en rapport avec les phases de la digestion (B. B.,* 1902, 200-202). — Taylor (A.-E.). *Ueber das Vorkommen von Spaltungsprodukten der Eiweisskörper in der degenerirten L. (Z. p. C.,* xxxiv, 580-584). — Wiener (H.). *Die Harnsäure (Ergebnisse der Physiologie,* i, i, 555-650).

§ XIII. — LIGATURE DE LA VEINE PORTE, DE L'ARTÈRE HÉPATIQUE, DU CANAL CHOLÉDOQUE. ABLATION DU FOIE.

Nous étudierons dans ce chapitre l'effet des opérations qu'on peut pratiquer sur le foie à l'effet d'étudier expérimentalement les fonctions de cet organe.

I. Ligature de la veine porte. Ligature de l'artère hépatique. — La ligature de la veine porte a deux effets absolument distincts qui concourent à amener rapidement la mort de l'animal (mammifère) quand la ligature a été faite brusquement : à savoir, d'une part, l'arrêt de la circulation abdominale; d'autre part, la cessation ou tout au moins la diminution considérable de toutes les fonctions hépatiques. Nous allons exa-miner successivement ces deux effets.

Effets de la ligature de la veine porte sur la sécrétion biliaire. — Glisson, d'après Longet (T. P., ii, 284), admettait que la sécrétion biliaire se faisait aux dépens de la veine porte ; et Malpighi aurait constaté, après ligature de l'artère hépatique, que la bile continue à être sécrétée (Heidenhain n'a pu retrouver dans les ouvrages de Malpighi l'indication de cette expérience). En tout cas, frappés du volume considérable de la veine porte, et prenant en considération les cas dans lesquels l'oblitération de ce vaisseau entraî-nait des accidents graves, les médecins tendaient tous à admettre, vers la fin du xviii° siècle, que la veine porte est le vrai vaisseau nourricier du foie. Bichat cependant s'opposa à cette opinion commune. Partant de cette idée générale, vraie en principe, que le sang artériel oxygéné est seul capable d'apporter l'élément nutritif aux tissus, il déclare impossible que la veine porte nourrisse le foie, et il attribue à l'artère hépatique seule le rôle de vaisseau nourricier du foie.

En 1828 Simon (de Metz) fit sur des pigeons la ligature tantôt de l'artère hépatique, tantôt de la veine porte; et il constata par cette double expérience que la sécrétion biliaire s'arrête quand la veine porte est liée, mais qu'elle continue encore quand l'artère hépatique est liée. Il fit aussi l'autre expérience qu'on a si souvent répétée depuis, la ligature des canaux biliaires, et il vit qu'après ligature de ces canaux la sécrétion de bile continue; mais, comme l'écoulement de bile ne peut plus se faire, le liquide sécrété s'amasse dans le foie qui se colore en vert, et ne tarde pas à être résorbé, de sorte qu'il apparaît dans la circulation et dans les urines.

Chez les mammifères, Oré fit, en 1856, des expériences importantes et méthodiques. Gintrac, ayant observé que la sécrétion biliaire n'avait pas été interrompue chez des malades dont le tronc veineux portal était oblitéré, pria Oré de faire des expériences sur ce sujet. La ligature totale et immédiate de la veine porte, faite à des chiens, amena en moins d'une heure la mort de ces animaux. De même les chiens moururent aussi vite quand on provoqua par l'injection de perchlorure de fer la formation d'un caillot dans la veine porte. Alors, cherchant un autre procédé, Oré passa sous la veine un fil qu'il laissait au dehors. En le tirant graduellement (pendant quelques jours) on déterminait l'oblitération lente de la veine porte. Finalement, quoique la veine fût par un caillot devenue imperméable, les chiens se rétablissaient, et la sécrétion biliaire continuait. Oré en concluait que c'est l'artère hépatique qui fournit les éléments de la bile.

Mais cette conclusion n'est pas absolument justifiée, car il peut se faire et même certainement il se fait des circulations collatérales qui permettent une certaine quantité de sang veineux intestinal de passer encore dans le foie. (L'historique de la question est magistralement exposé par Schiff. *Ueber das Verhältniss der Lebercirculation zur Gallenbildung. Rec. de mém. physiolog.*, Lausanne, 1898, IV, 239-247.)

C'est Schiff qui le premier a fait sur ce sujet important des expériences vraiment décisives (1862). Il opérait sur des chats, *animal classique* pour les recherches sur la sécrétion biliaire. D'abord il constata que la ligature de l'artère hépatique est sans influence sur la quantité et la qualité de la bile sécrétée. Deux heures et demie après la ligature totale de l'artère, les chats opérés sécrétaient autant de bile que les chats normaux. Au contraire, si la ligature totale et immédiate de la veine porte était pratiquée, dans l'heure qui suivait l'opération (et les animaux ne survivaient pas plus longtemps), il n'y avait plus de sécrétion biliaire. (La plus longue durée de survie a été de cinquante-quatre minutes.) Des chiens ont survécu de une heure quinze minutes à deux heures. Mais il n'y avait pas davantage de bile sécrétée.

La conclusion générale, c'est que la veine porte fournit à la bile ses éléments.

Ces expériences de Schiff ont été répétées par Röhrig, Schmulevitch, Asp, avec des résultats sensiblement identiques.

Röhrig a vu que la compression de la veine porte arrête presque complètement la formation de la bile, tandis que la compression de l'artère hépatique est sans effet. La compression simultanée des deux vaisseaux arrête toute sécrétion. La ligature de la veine cave ralentit quelque peu la sécrétion, de sorte qu'on ne doit pas admettre que cette sécrétion est fonction d'une pression trop forte dans les vaisseaux. Comme, d'autre part, les excitations nerveuses, soit centrales, soit périphériques (centrifuges ou centripètes réflexes), sont à peu près inefficaces, Röhrig en conclut que la sécrétion de bile dépend et de la quantité et de la qualité du sang qui passe dans le foie. (Il eût été plus rationnel de parler de l'état de la cellule hépatique.)

Schmulevitch et Ludwig ont pratiqué la circulation artificielle dans le foie, et ils ont vu un écoulement biliaire (?) se produire par les vaisseaux cholédoques.

Asp, pour éviter la mort rapide que produit la ligature de la veine porte, ne fait la ligature que d'une des branches, et il ne recueille que la bile de la portion hépatique ainsi anémiée. Il voit alors que la sécrétion, si l'artère hépatique est intacte, est très notablement diminuée, mais non abolie. Inversement il y a une légère diminution de sécrétion après ligature de l'artère, de sorte que la fonction biliaire paraît dépendre à la fois du sang des deux vaisseaux, et dans la proportion même du calibre différent de l'un et de l'autre; c'est-à-dire beaucoup plus de la veine porte que de l'artère hépatique.

Cependant Cohnheim et Litten ont vu des nécroses se produire dans le foie après ligature de l'artère hépatique. Cette expérience, faite sur les pigeons, ne donne pas les mêmes résultats; car Stolnikoff (1882) n'a jamais constaté, après ligature de l'artère hépatique, le moindre processus nécrobiotique dans le foie. Doyon et Dufourt, en faisant sur le chien des ligatures multiples des branches de l'artère hépatique de manière à supprimer toutes les anastomoses, ont vu survenir la partielle nécrose du foie, comme Cohnheim et Litten.

Causes de la mort après la ligature de la veine porte. — Pour expliquer la mort après la ligature de la veine porte, on ne peut donc invoquer la suppression de la sécrétion biliaire; d'abord parce que celle-ci n'est pas totalement supprimée, ensuite parce que toute la bile sécrétée en une heure (et même en dix heures) n'a pas d'effet toxique mortel. Restent alors deux causes possibles tour à tour invoquées par les divers physiologistes la perturbation mécanique (circulatoire) et la perturbation chimique.

Rappelons brièvement les symptômes consécutifs à la ligature de la veine porte. Les lapins ne survivent pas plus de trois quarts d'heure; les chats ne survivent pas plus d'une heure; les chiens ne survivent pas plus de deux heures (Schiff), quelquefois trois heures (Roger). Mais ce sont là des termes extrêmes, et le plus souvent au bout d'une demi-heure (chat et lapin), ou d'une heure (chien), l'animal est mort ou mourant.

Chez les oiseaux, les conditions chimiques et mécaniques (système porte rénal; anastomose de Jacobson) étant tout à fait différentes, la survie est beaucoup plus longue (douze et même vingt heures).

Le symptôme dominant chez les chats et les chiens, c'est un état de dépression générale qui ressemble beaucoup, dit Schiff, à celui que produit l'injection d'une substance narcotique très active. La pression artérielle s'abaisse, jusque à devenir presque nulle : mais elle se relève si l'on fait la compression de l'artère aorte, sans que cependant les phénomènes de narcotisation et d'insensibilité diminuent. La section des vagues n'augmente plus la fréquence du cœur. Quoique la fréquence du cœur ait en général augmenté, elle n'est pas beaucoup plus grande qu'à l'état normal. La température ne subit presque pas de modifications. Quant à l'excrétion rénale, elle est complètement supprimée.

On a supposé d'abord que ces phénomènes étaient dus à la diminution de la pression sanguine par suite de l'afflux du sang dans le système intestinal. Et en effet, à l'autopsie on trouve les intestins et le péritoine gorgés de sang. On a alors comparé la mort des animaux à veine porte liée à la mort des animaux que tue une anémie cérébrale aiguë. Mais Schiff déclare que c'est une théorie *mort née*, car dans l'anémie cérébrale on observe une augmentation d'excitabilité qui va parfois jusqu'aux convulsions, sans qu'on puisse observer, chez les animaux à foie enlevé, d'autre phénomène qu'une diminution rapide et progressive de l'excitabilité.

En tout cas, le système circulatoire intestinal des animaux qui meurent après ligature de la veine porte est tellement gorgé de sang, qu'il est bien difficile de ne pas attribuer quelque influence à cette congestion intense du train postérieur, qui doit être accompagnée d'une anémie considérable de la tête et des parties antérieures.

Cependant Tappeiner, dans le laboratoire de Ludwig, fit sur le lapin des expériences qui semblèrent prouver que la congestion n'est pas réellement aussi intense qu'elle paraît l'être au premier abord. En dosant la quantité de sang accumulée dans le système intestinal après ligature de la veine porte, il trouva que la masse de ce sang, pour ainsi dire soustrait à la circulation générale, était de 16,2 p. 100 de la totalité du sang. Or une hémorrhagie équivalente n'entraine pas la mort. De plus, après ligature de la veine porte, la pression artérielle baisse immédiatement, ce qui prouve que cette diminution de pression n'est pas due au lent afflux de sang (sans issue possible) dans la sphère des branches d'origine de la veine porte. Enfin, en comparant l'abaissement de pression artérielle dans le cas de ligature de la veine porte, ou dans le cas d'hémorrhagie, on voit qu'une perte de sang de 3 p. 100 du poids du corps (par hémorrhagie) ne fait pas descendre la pression, tandis que la ligature de la veine porte, qui abaisse la pression, ne peut jamais déterminer la soustraction d'une égale quantité de liquide sanguin.

Pour toutes ces raisons, Tappeiner conclut que la ligature de la veine porte ne tue pas par anémie encéphalique.

Quelque fortes que soient les raisons invoquées par Schiff et Tappeiner, Castaigne et Bender ont fait une très intéressante étude qui les a conduits à des résultats absolument opposés, qu'accepte L. Cruveilhier dans sa thèse inaugurale, en rapportant les expériences de Castaigne et Bender.

L'expérience fondamentale sur laquelle ces deux physiologistes appuient leur opinion est la suivante. La ligature de la veine porte tue en une heure et demie ou deux heures les chiens. Si l'on fait simultanément la ligature de l'aorte (au-dessus du tronc cœliaque), on aggrave évidemment les effets de l'insuffisance hépatique. Et pourtant les chiens dont l'artère aorte est liée succombent *plus tardivement* que les chiens normaux à la ligature du tronc de la veine porte. Donc ce n'est pas par accumulation de poisons hépatiques, ou non destruction de poisons par le foie, que la mort survient, puisque la ligature de l'aorte, qui augmente les phénomènes d'insuffisance hépatique, prolonge la vie. (Voir entre autres l'exp. xi, p. 51 de CRUVEILHIER, où la vie s'est prolongée 3ᵐ35′, après ligature de l'aorte et de la veine porte.) Remarquons que la ligature de l'aorte à elle seule suffit pour tuer un chien en quelques heures.

Toute cette série d'expériences est très positive, et paraît bien démontrer que l'accumulation de sang dans le système intestinal est sinon la cause absolue de la mort, au moins une cause adjuvante.

Quant aux expériences dans lesquelles il y a eu injection de sérum ou de sang, elles sont moins décisives; car, malgré ces injections, la mort survient encore assez vite.

L'autre hypothèse pour expliquer la mort, ce serait la présence d'une substance toxique, substance que le foie serait chargé, à l'état normal, de détruire. Par suite de la suppression de la circulation, cette fonction hépatique serait supprimée, et le poison, non détruit, s'accumulerait dans l'organisme.

Les expériences de PAWLOW et NENCKI, sur lesquelles nous avons donné précédemment (v. p. 694) beaucoup de détails, ne permettent guère d'accepter cette opinion; car l'abouchement de la veine porte dans la veine cave, avec ligature de l'artère hépatique, n'amène pas une mort aussi rapide que la ligature brusque de la veine porte, puisque les animaux, même dans les cas les plus défavorables, peuvent survivre quelques heures, et que, dans certains cas, si l'on prend pour les alimenter les précautions nécessaires, ils survivent indéfiniment. Cependant la fistule d'Eck équivaut à une suppression complète de la circulation hépatique. La suppression de la circulation hépatique n'est donc pas en soi mortelle. La seule différence entre l'opération d'Eck et la ligature de la veine porte, c'est que dans le premier cas la circulation intestinale n'est pas entravée, tandis que dans le second cas il y a accumulation de sang au-dessus de la ligature dans tout le système intestinal. Mais, au point de vue de la destruction des poisons par le foie, les conditions sont identiques.

Il semble donc nécessaire d'admettre au moins une théorie mixte. Qu'il y ait, par suite de la suppression des fonctions hépatiques, accumulation de substances toxiques (pour le système nerveux) dans le sang, cela est probable; mais cette intoxication serait insuffisante pour amener aussi rapidement la mort, s'il n'y avait pas simultanément un trouble considérable dans les phénomènes mécaniques de la circulation. A vrai dire, l'explication mécanique est en général défectueuse pour rendre compte des troubles morbides; mais, dans le cas présent, il faut reconnaître que cette interruption de la circulation portale, cette stase sanguine abdominale, si elle n'est pas la cause unique (ce qui est presque admissible, d'ailleurs) est au moins la cause adjuvante, dans une très large mesure. Toutefois, il ne s'agit sans doute pas d'une action purement mécanique; car la stase veineuse intestinale peut agir par une sorte d'intoxication. Rien n'empêche de supposer que la ligature de la veine porte entraîne une sorte d'intoxication réno-intestinale, marchant de pair avec l'intoxication hépatique, et la compliquant gravement. Autrement dit, lorsque nous parlons des troubles déterminés par l'arrêt de la circulation portale, nous ne prétendons pas que ces troubles soient uniquement mécaniques; car le ralentissement énorme des circulations intestinale, splénique, gastrique, rénale, diminue les échanges de ces organes essentiels, et par conséquent ce doit être une cause d'intoxication très active. Lier la veine porte, ce n'est pas seulement supprimer la fonction hépatique, c'est encore suspendre presque complètement la fonction de l'intestin, de l'estomac, de la rate, et même, dans une certaine mesure, la fonction du rein.

C'est à une conclusion assez analogue qu'était arrivé NETTER. Mais nous proposons de la modifier légèrement et d'admettre que ce n'est pas par l'accumulation de poisons intestinaux que la ligature de la veine porte est funeste, car, ainsi que le fait remarquer avec raison ROGER, il ne peut y avoir pénétration de ces poisons dans la circulation. C'est un autre mécanisme qui entre en jeu. Les poisons normaux de tout l'organisme, et du sang lui-même, ne sont plus détruits par l'intestin (et le rein). Ce ne sont pas les poisons intestinaux qui s'accumulent, c'est la fonction dépuratrice de l'intestin qui est supprimée.

En tout cas, le contraste entre la ligature de la veine porte et la ligature de l'artère hépatique est saisissant. Après que l'artère hépatique a été liée, la bile continue à être sécrétée, et, après un ralentissement qui dure peu de temps, elle reprend son cours normal. Les seuls troubles fonctionnels sont les phénomènes de nécrobiose observés dans le foie ; encore ne sont-ils pas constants.

E. GLEY et V. PACHON, en liant les lymphatiques du foie, ont constaté que le foie perd quelques-unes de ses propriétés, notamment son aptitude à rendre le sang incoagulable après injection de peptone. Mais il est assez difficile de savoir exactement quelle est, en cette expérience assez délicate, la part du traumatisme et des troubles nerveux réflexes.

II. Ligature des canaux cholédoques. — Les effets de la ligature des canaux biliaires ont été décrits à l'article Bile (II, 199-200) au point de vue de la résorption de la bile formée.

Nous avons à étudier ici les effets produits sur la fonction hépatique et sur l'organisme en général par l'interruption de la circulation biliaire.

Fait essentiel : les animaux survivent très longtemps, même sans qu'on puisse invoquer la régénération des canaux liés et le rétablissement de la circulation biliaire. En prenant la précaution de lier le canal thoracique, comme l'ont fait KUFFERATH, puis V. HARLEY, il n'y a presque plus de résorption toxique de la bile, et les symptômes d'intoxication sont réduits à leur minimum. Aussi certains animaux peuvent-ils survivre dix-sept jours à la ligature du cholédoque. Cette longue durée contraste avec la rapidité des accidents qui suivent la ligature de la veine porte. Dans ce cas la survie se compte par quarts d'heure, et dans l'autre (ligature du cholédoque) par jours.

C'est sans doute parce que l'ablation du foie empêche les substances toxiques d'être détruites, tandis que la ligature des canaux biliaires n'entraîne l'absorption que des produits déjà rendus presque inoffensifs. Autrement dit encore, la bile est un élément moins toxique que les produits qui lui ont donné naissance.

LEGG, WITTICH, KULZ et FRERICHS ont établi qu'après ligature du cholédoque la teneur du foie en glycogène diminue beaucoup. Si la piqûre du ventricule bulbaire ne provoque plus alors de glycosurie (LEGG), ce n'est pas que le ferment glycopoïétique ait disparu, c'est qu'il n'y a plus suffisamment de glycogène dans le foie (KULZ et FRERICHS). WITTICH a constaté, au contraire, de la glycosurie.

Quant à la durée de la vie, chez le cobaye, qui est généralement pris comme sujet d'expérience dans ce cas, CHARCOT et GOMBAULT ont noté une fois une survie de vingt-trois jours ; BELOUSSOW a vu une survie de dix-huit jours. STEINHAUS, dans dix-huit opérations, a noté une fois dix jours, avec une moyenne de six jours. CHAMBARD admet une durée de trois à sept jours, ce qui est tout à fait en rapport avec les conclusions de STEINHAUS.

HARLEY, chez le chien, a trouvé une fois dix-huit jours, et dans les autres cas de trois à sept jours. Mais ses expériences ne sont pas comparables, à cause de la ligature concomitante du canal thoracique.

Sur les grenouilles dont le cholédoque avait été lié, LAHOUSSE n'a pas observé de lésions hépatiques. Il ne dit pas combien de temps elles survivaient à l'opération. Il est probable que la survie est longue.

La plupart des auteurs se sont occupés surtout — presque exclusivement — des lésions histologiques déterminées dans le foie par l'accumulation de la bile dans les origines biliaires, avec une augmentation considérable de la pression. Les lésions chroniques sont caractérisées par une prolifération du tissu conjonctif, une sorte d'hépatite interstitielle, de cirrhose qui évoluerait peut-être dans le sens d'une cirrhose totale, nettement caractérisée, si les accidents toxiques mortels n'arrêtaient pas l'évolution de la maladie. Les lésions aiguës sont une dégénérescence nécrotique du lobule de foie ; qui se désagrège, avec destruction du protoplasma cellulaire. C'est la pénétration dans le sang de ces produits toxiques de désassimilation cellulaire, qui, sans doute, entraîne la mort après ligature des canaux.

Il semble, en effet, que la bile soit toxique pour les divers tissus, et plus spécialement pour le tissu hépatique, de sorte que les mêmes produits biliaires qui, après la ligature du canal cholédoque, s'accumulent dans le tissu du foie et sont aptes à en déterminer promptement la nécrose, sont aussi très nocifs pour l'épithélium rénal. Aussi les animaux à conduits biliaires liés meurent-ils par suppression de la fonction rénale (albuminurie et anurie) presque autant que par suppression de la fonction hépatique.

III. Ablation du foie. — Chez les Batraciens, l'extirpation du foie peut se faire sans déterminer la mort immédiate, ainsi que l'ont montré des expériences anciennes de Moleschott. Nebelthau a essayé d'analyser les changements du métabolisme organique consécutif à l'ablation du foie chez les grenouilles. Il a d'abord recueilli pendant neuf semaines l'urine de 600 *Rana esculenta*. Il obtint dix litres et demi d'un liquide riche en urée. Puis il extirpa le foie à 431 grenouilles : les animaux survivent de trois à sept jours. Pendant ce temps ils sécrètent 2691ᶜᶜ d'une urine qui ne contient pas d'urée. Le résidu sec, au lieu de 0,106, est de 0,140 ; et l'ammoniaque s'élève de 0,0054 à 0,0122 p. 100. Avec 261 grenouilles de Hongrie, privées de foie, Nebelthau recueille 7800ᶜᶜ d'urine. Le résidu sec est de 0,2809 p. 100 et contient 0,0154 d'ammoniaque. Dans cette deuxième expérience l'urine renfermait une substance qui donna 0,1279 d'un sel de zinc cristallisé, lévogyre, se colorant en jaune par le perchlorure de fer. L'auteur pense que c'est de l'acide lactique ; mais il se montre plus réservé que ne l'avait été Marcuse, qui, dans les mêmes conditions, avait trouvé dans l'urine une substance qu'il caractérisa seulement par la méthode d'Uffelmann (coloration jaune avec le perchlorure de fer). (Voy. Roger, *loc. cit.*, p. 158).

Cette expérience de l'ablation du foie aux grenouilles a été reprise par Gilbert et Carnot d'une manière très intéressante (*loc. cit.*, p. 228). Si, au lieu d'enlever simplement le foie, on l'abandonne dans la cavité péritonéale, l'organe, quoique séparé de ses connexions normales, et complètement réséqué, est peu à peu résorbé par le péritoine, et la survie de l'animal est plus longue que si le foie avait été, après sa résection, rejeté au dehors. Il y a là, dit P. Carnot, une indication sur l'utilité de l'opothérapie hépatique.

Roger a montré aussi que la survie des grenouilles est plus longue quand on les place, après l'opération d'hépatectomie, dans de l'eau courante, de manière à mettre l'animal dans de bonnes conditions d'aération.

Pour les oiseaux, nous avons rapporté plus haut les expériences de Minkowski, qui enlève le foie à des oies très grasses, et les voit survivre vingt heures environ, parfois même plus longtemps.

Chez les mammifères la survie est beaucoup moins longue ; les chiens, les chats, les cobayes, ne survivent que rarement plus d'une heure.

Mais l'expérience est tout particulièrement intéressante quand il s'agit d'animaux ayant déjà subi l'opération de la fistule d'Eck. Alors il n'y a plus les troubles circulatoires mécaniques immédiats, puisque aussi bien la circulation hépatique a été à peu près totalement supprimée par l'opération antécédente ; et la survie à l'ablation totale du foie faite dans ces conditions peut être de quelques jours (Pawlow et Nencki). L'animal succombe avec des phénomènes d'intoxication lente rappelant en partie la symptomatologie de l'ictère grave (P. Carnot). Cette expérience montre bien que, si importante que soit la fonction du foie, l'arrêt de cette fonction, s'il n'est pas brusque, n'est pas cependant de nature à suspendre immédiatement les phénomènes de la vie.

L'ablation incomplète du foie n'entraîne pas la mort, quand une partie de l'organe, même minime, 1/4 ou 1/6 même, d'après Ponfick, a été conservée. La question sera étudiée plus loin à propos des régénérations du foie (v. p. 720).

Ligature des vaisseaux hépatiques. — Arthaud et Butte. *Action de la ligature de l'artère hépatique sur la fonction glycogénique du F.* (A. d. P., 1890, 168-176). — Betz (W.). *Ueber den Blutstrom in der L., insbesondere den in der L. arterie* (Zeitsch. f. rat. Med., 1863, xviii, 44-60). — Bielka V. Karltren. *Ueber die Vereinigung der unteren Hohlvene mit der Pfortader* (A. P. P., 1900, xlv, 121-127). — Billard et Cavalié. *Les branches hépatiques de l'artère cystique chez le chien* (B. B., 1900, lii, 511-513). — Bisso. *Die Toxicität des Harnes vor und nach der Unterbindung der Vena porta* (Molesch. Unters. z. Nat., 1896, xvi, 90-130). — Castaigne (J.) et Bender (X.). *Étude exp. sur les causes de mort après ligature brusque de la veine porte* (Arch. de méd. exp., 1899, xi, 751-786). — Cavazzani. *Esperienze di circolazione artificiale nel F. Contributo alla idraulica dei vasi epatici* (Lab. del prof. Stefani, Padova, 1895, v) ; (A. i. B., 1896, xxv, 135-144). — Chassagne (G. A.). *Ligature de la veine porte ; persistance de la sécrétion biliaire* (D. Strasbourg, 1860). — Cruveilhier (L.). *Sur les causes de la mort après la ligature brusque de la veine porte* (D. Paris, 1900). — Doyon et Dufourt. *Contrib. à l'étude des effets de la ligature de l'artère hépatique et de la veine porte aux points de vue de la survie et des variations du rapport* *azoturique* (*B. B.*, 1898, 419-420). — DOMINICIS. *Observat. expérim. sur la ligature de l'artère. hépatique* (*A. i. B.*, 1891, XVI, 28). — DUJARRIER et CASTAIGNE. *Altérations du F. consécutives à la ligature de l'art. hépatique* (*Bull. et Mém. de la Soc. anat. de Paris*, 1899, 329). — ERNOUS. *Oblitération de la veine porte* (*D.* Paris, 1880, 120 p.). — GAD (J.). *Studien über Beziehungen des Blutstroms in der Pfortader zum Blutstrom in der Leberarterie* (*D.* Berlin, 1873). — GILBERT et GARNIER. *L'hypertension portale et l'hypertension artérielle dans la cirrhose atrophique* (*Presse médic.*, janvier 1899). — G. HASIO et M. LOMBARDI. *Des altérations du syst. nerveux central chez les chiens opérés de la fistule d'Eck.* (*Bibl. anat.*, 1902, X, 83-18). — HAHN, MASSEN, NENCKI et PAWLOW. *Die Eck'sche Fistel zwischen der unteren Hohlvene und der Pfortader und ihre Folgen für den Organismus* (*A. P. P.*, 1893, XXXII, 161-210). — LUSSANA. *Sulla piccola circolazione entero epatica e sul circulo reflesso epato-renale* (*Sperimentale*, 1872, XXX, 337-358); *Sull' azione depuratoria del F.* (*Giorn. intern. d. sc. med.*, 1879, I, 561-581). — MAGNAMINI (R.). *Les modifications des échanges azotés. après l'abouchement de la veine porte avec la veine cave inférieure* (*A. i. B.*, 1896, XXVI, 66-83). — MOSSELMANN et LIÉNAUX. *Sur la cause de la mort après la ligature de la veine porte* (Bruxelles, 1885, cités par BEAUNIS, *T. P.*). — NETTER. *Conséquences de la ligature de la veine porte* (*Arch. gén. de médec.*, 1884). — NICOLAÏDES. *Rech. sur le nombre des globules rouges dans les vaisseaux du F.* (*A. d. P.*, 1882, 531-535). — PAWLOW. *Sur une modification dans l'opérat. de la fistule d'ECK, entre la veine porte et la veine cave inférieure* (*Arch. d. sc. biolog.*, 1893, II, 581-585). — QUEIROLO (G. B.). *Un nuovo metodo per la riunione delle vene; sulla immissione della vena porta nella vena cava inferiore* (*Cron. d. clin. med. di Genova*, 1893, 411-416). — RATTONE et MONDINI. *Sulla circolazione del sangue nel F.* (*Arch. p. l. sc. med.*, XIII, 1889, 1). — ROSAPELLY. *Rech. théor. et expér. sur les causes et le mécanisme de la circulation du foie* (*D.* Paris, 1873). — SCHIFF (M.). *Ligature de la veine porte* (*Rev. méd. de la Suisse rom.*, I, 38-43). — *Sur une nouvelle fonction du foie et l'effet de la ligature de la veine porte* (*Recueil des Mém. physiolog.*, Lausanne, 1898, IV, 419-124). — *Ligature de la veine porte* (Ibid., 425-427). — SCHULTZ. *Der Lebensprozess des Pfortader. systems in Beziehung auf die sogenannten Stockungen des Blutes im Unterleibe* (*J. d. pract. Heilk.*, 1837, LXXXVI, 3-23). — SEREGE. *Contribut. à l'étude de la circulation du sang porte dans le foie et des localisations lobaires hépatiques* (*J. de méd. de Bordeaux*, 1901, 271-275; 291-295; 312-314). — SIMON (de Metz). *Expériences sur la sécrétion de la bile* (*Journ. des progrès des sc. et institutions médicales*, 1878, VII, 215). — STOLNIKOFF. *Experimente über eine temporäre Verbindung der Vena portae mit der Vena jugularis externa* (*Pet. med. Woch.*, 1880, V, 426). — *Die Stelle v. hepaticarum im L. und gesammten Kreislaufe* (*A. g. P.*, 1882, XXVIII, 255-286). — TAPPEINER. *Ueber den Zustand des Blutstroms nach Unterbindung der Pfortader.* (*Arb. a. d. physiol. Anstalt zu Leipzig*, 1873, VII, 11-64).

Ligature des canaux biliaires. — ALONZO (G.). *Sulle alterazioni dei reni e del F. conseguenti alla legatura del dotto coledoco* (*Rif. med.*, sept., 1893, n°s 202-293-204, tir. à p., 69 p.). — ASP. *Zur Anatomie und Physiologie der L.* (*Arb. a. d. physiol. Anstalt zu Leipzig*, 1874, VIII, 124-158). — BELOUSSOFF. *Ueber die Folgen der Unterbindung des Ductus choledochus* (*A. P. P.*, 1881, XIV, 200-211). — BETZ. *Ueber den Blutstrom in der L. insbesondere den in der L. arterie* (*Zeitsch. f. rat. Med.*, 1863, XVIII, 44-60). — CANALIS (P.). *Sulle conseguenze della legatura del dotto coledoco* (*Acc. med. di Torino*, 1885, XXXIII, 477). — CHAMBARD. *Contribut. à l'étude des lésions histol. du foie consécutives à la ligature du canal cholédoque; altérat. des cellules hépatiques* (*A. d. P.*, 1877, 718-763). — CHARCOT et GOMBAULT. *Note sur les altérations du foie consécutives à la ligature du canal cholédoque* (*A. d. P.*, 1876, 272). — COHNHEIM et LITTEN. *Ueber Circulationstörungen in der L.* (*A. d. P.*, LXVII, 153-165). — FOA et SALVIOLI. *Ricerche anatomiche e sperimentali sulla patologia. del Fegato* (*Arch. p. l. sc. med.*, 1878, II). — HARLEY. *L. und Galle während dauernden Verschlusses von Gallen und Brustganges* (*A. P.*, 1893, 291-304). — HEIDENHAIN (R.). *Welches Blutgefäss interhält die Gallenabsonderung* (*H. Hb.*, V, 1883, 236-240). — HOMEN (E.). *Effets de la ligature des canaux biliaires sur les infections biliaires* (en suédois) (*Finska läk. sällsk.*, 1894, XXXVI, 547-552). — KRATKOW. *Ueber den Einfluss der Unterbindung des gallenganges auf den Stoffwechsel im thierischen Organismus* (*C. W.*, 1891, 932). — KÜFFERATH. *Ueber die Abwesenheit der Gallensäuren im Blute nach dem Verschluss des Gallen und der Milchbrustganges* (*A. P.*, 1880, 92-94). — KÜLZ et FRERICHS. *Ueber den Einfluss der Unterbindung des Ductus choledochus auf den Glycogengehalt der L.* (*A. g. P.*, 1876, XIII, 460-

468). — LAHOUSSE. *Recherches expérimentales sur l'influence exercée par la structure du foie par la ligature du canal cholédoque* (Arch. de Biol., 1887, VII, 187-206). — LEGG (WIKHAM). *Ueber die Folgen des Diabetesstiches nach dem Zuschnüren der Gallengänge* (A. P. P., 1874, II, 384). — LEMANN (W.). *Ueber Leberveränderungen nach Unterbindung des Ductus choledochus* (D. in., Giessen, 1893). — LEYDEN. *Beiträge zur Pathologie des Icterus* (Berlin, 1866). — LUGLI. *Die Toxicität der Galle vor und nach der Ligatur der Vena portæ* (Molesch. Unters. Naturl., 1897, XVI, 295-383). — MANGELSDORF. *Ueber biliäre Lebercirrhose* (D. Arch. f. klin. Med., 1884, XXXI). — MAYER. *Ueber Veränderungen des Leberparenchyms bei dauerndem Verschluss des Ductus choledochus* (Med. Jahrb., Wien, 1872). — NASSE. *Ueber Experimente an der Leber und den Gallenwegen* (Arch. f. klin. Chir., 1894, XLVIII, 885-893). — ORÉ. *Influence de l'oblitération de la veine porte sur la sécrétion de la bile et sur la fonction glycogénique du foie* (C. R., 1856. XLIII, 463 et XLIV, 706). — PICK. *Zur Kenntniss der Leberveränderungen nach Unterbindung des Ductus choledochus* (Zeitsch. f. Heilk., 1890, XI). — POPOFF (L.). *Ueber die natürliche pathologische Infection der Gallengänge und einige andere, nach der Unterbindung des Ductus choledochus bei Thieren beobachtete pathologische Erscheinungen* (A. A. P., LXXXI, 1880, 524-552). — RÖHRIG. *Experimentelle Untersuchungen über die Physiologie der Gallenabsonderung* (Jb. P., 1873, (2), 493-494). — ROSENBERG (S.). *Zur Kritik der angeblichen Regeneration des Ductus choledochus* (A. P., 1896, 191). — SACHSE (A. W.). *Ueber Resorption der Nahrung bei Verschluss des Gallenblasenganges* (D. in., Berlin, 1894). — SIMMONDS. *Ueber chronische interstitielle Erkrankungen der Leber* (Deut. Arch. f. klin. Med., 1880, XXVII). — STEINHAUS (J.). *Ueber die Folgen des dauernden Verschlusses des Ductus choledochus* (A. P. P., 1890, XXVIII, 432-449). — TOBIAS (C.). *Sur l'absorption par les voies biliaires* (Arch. de Biol., 1895, XIV, 285-292). — WITTICH. *Zur Statik des Leberglycogens* (C. W., 1875, 113).

CHARLES RICHET.

§ XIV. — FONCTION BILIAIRE DU FOIE.

(Voy. **Bile**, II, 144-209.)

§ XV. — FONCTION GLYCOGÉNIQUE.

(Voy. **Glycogène**.)

§ XVI. — FONCTION HÉMATOPOIÉTIQUE.

(Voy. **Sang**.)

§ XVII. — FONCTION FERRATIQUE DU FOIE.

(Voy. **Fer**, VI, 269-304.)

§. XVIII. — RÉGÉNÉRATION, CICATRISATION, EXTIRPATIONS PARTIELLES DU FOIE.

Régénération. — Dans certains groupes zoologiques la régénération de segments du corps après section est d'observation vulgaire. Une pince d'écrevisse, de crabe ou de homard, violemment amputée, se reproduit à brève échéance; de même une patte de triton, la queue d'un lézard, les nageoires de certains poissons, les tentacules et les yeux de l'escargot, la tête de la limace, les pattes de diverses espèces d'insectes, etc. Plus on descend dans l'échelle des êtres, plus la régénération est facile, surtout si l'animal est jeune; quand on s'élève, cette capacité de régénération segmentaire fait défaut. Chez l'oiseau, chez le mammifère, les grosses pertes de substance restent acquises; elles se terminent par un moignon; une cicatrice obture la plaie.

Sans doute, chez tous les êtres, il se produit une incessante rénovation cellulaire qui assure la continuité du tourbillon vital; ces phénomènes de régénération physiologique s'accentuent à certaines époques de la vie : la mue des volailles, la perte et la repousse de la ramure du cerf en sont des exemples. Grâce à cette tendance aux réparations spontanées, nos organes conservent leur intégrité anatomique et peuvent récupérer leur constitution normale, malgré l'usure inhérente à leur fonctionnement et parfois malgré leurs adultérations pathologiques. Mais tous les organes n'ont pas, à beaucoup près, les mêmes facultés de réparation : un neurone lésé dans ses expansions périphériques tend à retrouver sa structure; frappé à mort dans son corps cellulaire, il est irrémédiablement perdu, et ne peut être que suppléé à distance. En fait, les régénérations proprement dites n'intéressent chez l'homme et chez les mammifères que certains tissus; elles sont le plus souvent subordonnées à l'existence et à l'intégrité d'une couche dite matricielle qui fournit des cellules de remplacement. L'évidement d'un os aboutira à la repousse sur place d'un os nouveau, si le périoste a été épargné ou tout au moins ménagé; cette grande loi, formulée par Duhamel en 1789, devenue si féconde entre les mains d'Ollier, domine la chirurgie osseuse. Une injure faite à la surface de la peau, telle qu'une plaie traumatique, brûlure, ulcère quelconque, pourra être suivie d'épidermisation de la perte de substance, si le corps muqueux de Malpighi a conservé sa vitalité et si sa nutrition est assurée par les papilles sous-jacentes; sinon la solution de continuité sera comblée par une cicatrice fibreuse, à moins qu'on n'ait eu recours à une greffe.

L'aptitude à réparer les pertes varie énormément avec l'âge, avec la nature des systèmes et des tissus envisagés. L'hypergénèse conjonctivo-vasculaire représente la modalité la plus active de réparation, dépassant parfois le but, infiltrant comme d'un tissu parasite le parenchyme dont l'élément noble a souffert, faisant saillir les cicatrices en chéloïdes. Les revêtements épithéliaux et endothéliaux se reforment aussi, quand ils ont subi une atteinte superficielle, et assurent ainsi, dans une grande mesure, l'intégrité de surface de nos cavités, barrières protectrices contre les agents infectieux et toxiques.

Il est des cas où, sous l'influence d'incitations encore mal déterminées, la multiplication régénératrice des cellules ne se limite pas à la *restitutio ad integrum* de l'organe malade; elle dépasse les bornes assignées par la conformation anatomique régulière; dès lors un néoplasme se développe.

Certains organes très vulnérables et très exposés, comme le foie, n'ont pas de cellules matricielles de remplacement différenciées, à l'état physiologique. Normalement, toutes les cellules hépatiques ont une même valeur morphologique et concourent avec la même activité au travail glandulaire. Mais les cellules du foie ont sur celles d'autres organes, les éléments nerveux, par exemple, l'avantage de pouvoir se multiplier, lorsque des cas pathologiques ont mis à mal beaucoup d'entre elles, et cela au prorata des exigences de la fonction, à la condition bien entendu que les influences nocives n'aient pas irrémédiablement compromis leur vitalité. Les cellules épithéliales des canalicules biliaires sont également douées d'aptitudes prolifératives. Les enseignements de l'expérimentation et de l'anatomie pathologique vont nous donner la preuve de ces assertions.

Cicatrisation et résection du foie. — Le mode de guérison *des plaies expérimentales du foie* a suscité de nombreuses recherches. On pensa tout d'abord que le tissu conjonctif faisait les frais de la réparation, soit directement, soit secondairement à l'évolution fibreuse des infiltrations leucocytiques de la plaie, soit encore en vertu d'une métaplasie des cellules hépatiques qui, se multipliant au niveau de la perte de substance, seraient devenues cellules indifférentes et ensuite cellules connectives.

Au premier groupe de travaux sont attachés les noms de Holm, Koster, Joseph, Huttenbrenner, Mayer, Frœlich, Uwerski, Tillmanus, Bufalini, etc.

En 1881, Petrone parle le premier de régénération du foie.

En 1883, Glück fait chez les animaux la résection partielle du foie et arrive aux conclusions suivantes : 1° On peut enlever chez les lapins un tiers du foie sans nuire à l'animal; 2° L'ablation des deux tiers du foie dans une seule séance cause la mort au bout de quatre à cinq jours.

En 1883, Tizzoni pratique des incisions de 3 à 10 millimètres dans la profondeur du foie du lapin. L'hémorrhagie cède par la compression. La plaie, comblée par du tissu conjonctif lâche, ne tarde pas à être envahie par des productions cylindriques, contournées, ramifiées, renflées en massue aux extrémités, formées par la juxtaposition de cellules à protoplasma granuleux contenant du pigment biliaire; ces formations rappellent les cylindres hépatiques de Remak du foie embryonnaire; ultérieurement, les cellules qui les composent s'individualisent et ne se différencient pas de celles du foie normal. Parmi ces cylindres de cellules hépatiques, il en est qui subissent une sorte de clivage trabéculaire; d'autres, cernés par le tissu conjonctif ambiant, se creusent d'une lumière centrale, tout en restant en rapport direct avec les précédents : ce sont des néo-canalicules biliaires. La capsule de Glisson ne participe au processus de régénération qu'en contribuant à la genèse des vaisseaux. Ces cylindres cellulaires proviennent de la multiplication rapide des cellules hépatiques qui bordent la plaie. La rénovation est définitivement accomplie lorsque la solution de continuité est remplacée par du tissu hépatique normal, orienté suivant les trabécules préexistantes, se confondant avec elles; parfois même l'exubérance de la régénération est telle que le foie est trouvé augmenté de volume après l'expérience. Sur un chien dont le foie avait été mutilé au cours d'une laparotomie, Tizzoni constata, dix mois après, que la régénération était complète.

Colucci, dans une série de treize expériences, incise le foie, résèque des segments de diverses grandeurs, supprime la totalité d'un lobe. Deux de ces animaux eurent une cicatrice fibreuse; dix, une régénération totale du foie; un, une régénération partielle. Il fait dériver les vaisseaux néoformés et les cellules hépatiques nouvelles des leucocytes immigrés dans la plaie.

Corona, Griffini, Ughetti, Robacci, Clementi confirment ces résultats en opérant sur le chien et sur le lapin. Ils rattachent les cellules hépatiques régénérées aux cellules hépatiques préexistantes.

Canalis enlève aseptiquement à des lapins, à des cobayes et à des chiens des segments cunéiformes de deux ou trois centimètres de parenchyme hépatique; il suture et collodionne la ligne d'incision et sacrifie les animaux à des intervalles variant de deux à cent vingt jours. Les lèvres de la plaie mortifiées se réparent tout d'abord; un tissu bourgeonnant émerge de la profondeur de la surface de section. Les proliférations conjonctives des espaces portes et du tissu connectif interlobulaire — qui contribuent pour une large part à obturer la brèche — servent de soutien à des néo-canalicules biliaires et à des cylindres de cellules hépatiques issues par karyokinèse des épithéliums biliaires et des cellules du foie au pourtour de la plaie. Il y a hyperplasie plutôt que régénération véritable.

En 1886, Minkowski recherche les effets de l'extirpation du foie sur les échanges de matières et sur l'excrétion urinaire d'acide lactique.

Lukjanow (1890) étudie l'influence exercée sur la fonction biliaire par les résections partielles du foie.

On commençait donc à connaître le mode de réparation des blessures du foie lorsque Ponfick se demanda, en 1889, ce que deviendrait la fonction hépatique si l'on réduisait considérablement le volume de l'organe. Des chiens et des lapins subirent l'ablation d'un quart de leur foie sans que leur existence fût compromise; d'autres lapins survécurent plusieurs mois à l'extirpation d'une moitié; quand on supprimait les trois quarts du foie, la mort survenait généralement en quelques jours. Néanmoins, même dans ce dernier cas, quelques animaux survivent : trois, appartenant à cette catégorie, ont résisté. Plus tard, quand on les sacrifie, on constate que le foie a repris — et au delà — son volume et son poids normaux, même dans un laps de temps très court, en deux ou trois semaines. Déjà, au bout de cinq jours, la régénération peut atteindre 80 p. 100. Après quatre ou cinq semaines, lorsqu'on a enlevé le quart, la moitié et jusqu'aux trois quarts du foie on voit le segment épargné s'hypertrophier au point de tripler de volume. Trente heures après l'opération, les cellules sont en voie de multiplication. Au septième jour, les phénomènes de division cellulaire sont le plus marqués : les cellules néoformées dépassant en nombre les anciennes; du vingtième au vingt-cinquième jour, ils décroissent, mais persistent jusqu'au trentième jour; au bout de deux mois, le poids primitif est atteint ou même dépassé : dans un cas, par exemple, l'ablation de 82 grammes de foie fut suivie d'une reproduction de 102 grammes de tissu hépatique. Ainsi, la partie du foie respectée par la section est le siège d'une prolifération active des cellules hépatiques; les lobules ont conservé leur structure, mais leurs dimensions ont quadruplé; on distingue à leur périphérie les cellules jeunes émanées des anciennes. Les canalicules biliaires se sont également accrus par hyperplasie de leur revêtement épithélial.

Von Meister opine dans le même sens. Les animaux (chiens, lapins et rats) peuvent

EFFETS DE LA RÉSECTION PARTIELLE DU FOIE SUR L'ÉLIMINATION DE L'AZOTE

Lapin mâle de 1 224 grammes.

DATES.	NUMÉRO de l'expérience.	POIDS de L'ANIMAL.	QUANTITÉ D'URINE par jour.	AZOTE TOTAL.	URÉE.	AZOTE de L'URÉE.	P. 100 DE L'AZOTE de l'urée.	AZOTE RÉSIDUEL.	P. 100 DE L'AZOTE résiduel.	RAPPORT de l'azote de l'urée à l'azote total.	RAPPORT de l'azote résiduel à l'azote total.	RAPPORT de l'azote résiduel à l'azote de l'urée.
21	1	1 224	50	0,5314	1,0975	0,5120	96,3	0,0183	3,61	1 : 1,03	1 : 29,03	1 : 27,97
22	2	1 231	45	0,4918	0,8600	0,4019	95,1	0,0180	4,85	1 : 1,07	1 : 23,43	1 : 22,32
23	3	1 248	42	0,6743	1,3886	0,6490	94,7	0,0242	5,24	1 : 1,03	1 : 27,86	1 : 26,81
24	4	1 250	53	0,6847	1,4069	0,6566	95,8	0,0275	4,1	1 : 1,04	1 : 24,89	1 : 23,87
25	5	1 249	48	0,6032	1,2430	0,5801	96,1	0,0228	3,83	1 : 1,03	1 : 26,45	1 : 25,88
Moyenne...		1 240	47,4	0,5831	1,1991	0,5599	95,6	0,0231	4,32	1 : 1,04	1 : 26,33	1 : 25,37

25° Laparotomie, ablation de trois lobes hépatiques (parties antérieures et postérieures du lobe gauche et parties antérieures du lobe droit avec la vésicule biliaire) formant environ les trois quarts de la masse du foie. L'animal supporte bien l'opération.

26	6	1 242	30	0,2857	0,2025	0,0968	36,4	0,1677	62,7	1 : 2,7	1 : 5,58	1 : 20,59
27	7	1 232	28	0,2843	0,2664	0,1252	44,0	0,1583	55,9	1 : 2,2	1 : 1,79	1 : 0,78
28	8	1 238	34	0,3561	0,4380	0,2057	57,7	0,1490	42,2	1 : 1,7	1 : 2,45	1 : 4,38
29	9	1 235	31	0,3732	0,5971	0,2728	73,2	0,0980	26,71	1 : 1,3	1 : 3,79	1 : 2,78
30	10	1 240	38	0,3820	0,6726	0,3139	82,1	0,0673	17,83	1 : 1,2	1 : 5,67	1 : 4,66

survivre à la perte de la moitié, des trois quarts, des quatre cinquièmes de leur foie[1]. La régénération consécutive aux grosses mutilations partielles est d'autant plus rapide que l'animal est plus jeune et plus vigoureux ; elle est entière le deuxième mois qui suit la section (quarante-cinq à soixante jours) : il s'agit d'une sorte d'hypertrophie compensatrice des lobules restants qui deviennent trois à quatre fois plus volumineux que des lobules normaux, au point d'être facilement visibles à l'œil nu. Ce sont les cellules de la périphérie des lobules qui prolifèrent, et cela dès le premier jour ; leurs noyaux sont très chromatiques ; le corps protoplasmique est exubérant ; ces cellules forment des travées qui pénètrent ensuite dans l'intimité des lobules et compriment les cellules centrales. Le début de la régénération est précédé par un stade d'hyperémie. Les épithéliums biliaires et les endothéliums vasculaires participent à la régénération.

V. MEISTER invoque à l'appui de la réalité de ce processus de régénération du foie le retour de la fonction hépatique dans toute sa plénitude marchant de pair avec la néoformation de l'organe. Ainsi, chez des lapins en équilibre azoté, l'ablation des trois quarts du foie était si bien tolérée que, dès le deuxième jour, l'alimentation se faisait comme auparavant. Immédiatement après l'opération, l'azote excrété, l'urée, le rapport de l'azote de l'urée à l'azote total diminuent ; par contre, l'azote résiduel et le rapport de cet azote à l'azote total augmentent. L'urée baisse proportionnellement à l'augmentation de l'azote résiduel. Le taux de la diminution de l'urée est en rapport direct avec la quantité de parenchyme hépatique enlevé ; la baisse est très considérable dans l'extirpation totale. Dans les résections partielles, l'urée s'élève, après la baisse qui suit l'opération, parallèlement aux progrès de la régénération du foie.

En reproduisant le tableau d'une des expériences de von MEISTER, tableau que nous empruntons au travail de A. VER EECKE sur l'hypoazoturie, nous ferons ressortir le haut intérêt de ses recherches.(V. le tableau de la page 721.)

En résumé, les recherches de PONFICK et de von MEISTER sur le chien, le lapin et le rat ont démontré que ces animaux peuvent subir l'ablation d'une très grande partie du foie sans que la mort s'ensuive. On enlève ainsi, en une seule séance, la moitié du foie et jusqu'aux sept huitièmes en plusieurs fois.

Très peu de temps après l'opération, le foie augmente de volume ; parfois, au bout de trente-six heures, le poids initial de l'organe a été récupéré. Sans doute, les phénomènes congestifs qui précèdent le début de la régénération ne sont pas étrangers à cette hypertrophie si précoce. La régénération n'équivaut nullement à une nouvelle formation de lobules ; elle consiste en une hyperplasie des cellules hépatiques se faisant aux dépens des cellules de la périphérie des lobules préexistants ; aussi ces lobules acquièrent-ils des dimensions démesurées.

Les cellules néoformées, volumineuses, bourrées de granulations biliaires, centrées par un noyau très chromatique ou même en karyokinèse, pénètrent peu à peu dans l'intimité des lobules et compriment devant elles les cellules anciennes centro-lobulaires.

FLŒCK (1894) arrive aux mêmes résultats. Il note l'hyperémie prémonitoire portant sur le système porte intra-hépatique, l'hypertrophie et la division par karyokinèse des cellules de la périphérie des lobules et des épithéliums canaliculaires ; il conclut à l'absence de lobules néoformés in toto.

En 1897, ULLMANN publie également un travail sur la résection du foie et ses suites.

LÉON-Z. KAHN a pratiqué au thermocautère sur des lapins l'extirpation du lobe gauche et de la moitié du lobe droit du foie. Au huitième jour, il a constaté une congestion intense des vaisseaux intertrabéculaires, surtout au voisinage de la veine centrale ; une hypertrophie des cellules hépatiques avec état clair de leur protoplasma, multiplicité ou karyokinèse des noyaux, et cela surtout à la périphérie des lobules. Au seizième jour, ce qui frappe, à la première inspection du foie, c'est l'augmentation de volume que présentent ses éléments, comparés à ceux de la portion enlevée. Chaque lobule est le double d'un lobule normal. On distingue nettement deux régions, comme dans le

---

1. L'extirpation du foie ne permet une survie de plus d'un jour que chez les animaux dont les vaisseaux porte et cave sont unis par des anastomoses (Batraciens, Oiseaux). Chez les Mammifères, les conditions sont différentes (voir plus haut, p. 715).

premier cas : la région périphérique, qui occupe les deux tiers du lobule, est formée de cellules claires à protoplasma finement granuleux; elles renferment presque toujours deux noyaux. Il existe peu de figures de karyokinèse, sauf sur la limite de la zone centrale. Celle-ci est constituée par des cellules sombres, à protoplasma très granuleux, à noyau très coloré ; il y a là aussi quelques rares cellules claires. Bref ces expériences concordent avec celles des auteurs précédents, et Z. Kahn insiste avec Hanot sur ce fait, que le processus de régénération suit l'ordination lobulaire préexistante.

Cornil et P. Carnot ont beaucoup expérimenté sur le mode de cicatrisation et de réparation des pertes de substance du foie. Nous résumerons leurs recherches d'après l'exposé qu'en a fait l'un d'eux dans son livre sur les *Régénérations d'organes*.

Quand on fait une plaie linéaire dans la profondeur du foie d'un chien, les lèvres de la plaie s'agglutinent, de la fibrine s'interposant entre elles. Le foie se mortifie, dès le début, dans la zone de bordure, ce qui est dû en grande partie à l'interruption des voies nutritives. Autour de la zone superficiellement mortifiée on remarque des lésions de dégénérescence vacuolaire ou graisseuse, des figures de division nucléaire, des phénomènes de congestion et de vaso-dilatation parfois considérable. Loin de la plaie on peut constater que les cellules hépatiques prolifèrent. Dans l'hiatus de la plaie, tantôt la fibrine disparaît, et des ponts de cellules hépatiques comblent la perte de substance; tantôt la fibrine s'organise en tissu fibreux de cicatrice.

Si l'on résèque un segment de foie, la moitié d'un lobe, par exemple, après hémostase à la gélatine, au bout de quelques jours l'organe a repris son volume normal sans qu'il y ait eu, à proprement parler, régénération de la partie réséquée, ainsi que le démontrent des points de repère laissés en place. Il s'est produit une hyperplasie, une augmentation diffuse, compensatrice, de la part des lobules hépatiques épargnés par la résection. La plaie est ou bien devenue adhérente au grand épiploon par l'intermédiaire d'un coagulum fibrineux dissocié par des cellules endothéliales à prolongements anastomosés et par des fibrilles conjonctives entre-croisées; elle est comblée peu à peu par une cicatrice fibreuse; ou bien elle reste libre; un caillot fibrineux l'obture, traversé par des cellules conjonctives ramifiées et étroitement unies qui président à son organisation et à sa vascularisation. En dehors de la plaie les cellules hépatiques prolifèrent, mais leur multiplication est impuissante à combler la perte de substance.

Mêmes résultats quand on détache à l'emporte-pièce des cylindres de tissu hépatique : « Le plus souvent, le creux du cylindre se remplissait immédiatement de sang qui bientôt se coagulait. Les filaments de fibrine entre-croisés servaient à l'ascension, à la fixation, puis à la nutrition des cellules conjonctives à prolongements anastomosés. Ultérieurement on obtenait du tissu fibreux rétracté qui diminuait les dimensions de la plaie, sans parvenir à la faire disparaître, et qui constituait, longtemps après, une cicatrice étoilée. Il y avait également, du côté du foie, une tendance proliférative assez marquée. Si l'on laissait en place le cylindre de foie privé de connexions et de vascularisation, il se produisait le plus souvent une mortification hépatique de ce cylindre, et ultérieurement une cicatrice fibreuse. Pourtant certains îlots hépatiques et certains canaux biliaires subsistaient indemnes, nourris par imbibition, présentant souvent des cellules considérables, généralement désorbitées, à plusieurs noyaux ou en multiplication active. La circulation, dans ces cas, est rapidement rétablie par les nouveaux vaisseaux qui s'établissent dans la fibrine, circulairement autour du cylindre en le rattachant au reste du foie. »

Cornil et Carnot n'ont obtenu qu'une cicatrisation fibreuse plus rapide lorsqu'ils ont bourré la plaie de divers corps nutritifs — fibrine, jaune d'œuf, éponge imbibée de sang, de gélatine, d'albumine — espérant obtenir par hypernutrition cellulaire une régénération plus intense des éléments épithéliaux. Voici comment ils s'expriment sur ce point : « Si nous bourrons une plaie hépatique avec de la fibrine préparée aseptiquement, nous la voyons très rapidement pénétrée par des cellules conjonctives à grands prolongements anastomosés et, dès le troisième jour (plus tôt, par conséquent, que dans le processus normal), par de nombreux vaisseaux. Une organisation conjonctive se fait d'une façon précoce. Mais nous n'obtenons, en tant que régénération hépatique, aucun autre phénomène que la faible prolifération nucléaire et cellulaire, vers les troisième et quatrième jours, au voisinage des lèvres de la plaie, avec multiplication plus active des épithéliums canaliculaires. Quand on a bouché la plaie avec une éponge imbibée d'une des substances nutritives énumérées plus haut, on ne modifie guère la marche de la prolifération épithéliale. Au bout d'un certain temps, les travées de l'éponge sont entourées de grandes cellules géantes contenant parfois une vingtaine de noyaux. Elles sont résorbées peu à peu, et on n'en trouve plus trace au bout de deux mois. Dans le tissu conjonctif de la cicatrice (activée surtout par la fibrine et par le jaune d'œuf), on note la présence, à une assez grande distance des bords de la plaie, de gros canaux biliaires. Ces canaux se trouvent isolés, au milieu du tissu fibreux, par la dégénérescence et la disparition du parenchyme hépatique voisin. P. CARNOT fait cependant observer, sans s'arrêter à cette conclusion, que peut-être la cicatrisation fibreuse ainsi obtenue est ultérieurement modelée et pénétrée par des bourgeons hépatiques ; il ne croit pas, jusqu'à plus ample informé, qu'il en soit ainsi, car ses examens ont porté sur des organes réséqués depuis deux mois : « La cicatrice se rétracte, dit-il, mais elle ne s'hépatise pas ; et la compensation se fait d'une façon diffuse, par hyperplasie trabéculaire, à la périphérie des lobules ; elle se fait aussi et surtout, par prolifération épithéliale des canalicules biliaires, dans toute l'étendue du parenchyme hépatique. »

Notons que ces expériences de CORNIL et CARNOT ont été faites sur des chiens, tandis que celles de PONFCK ont eu en grande partie pour objet le lapin ; c'est peut-être là l'explication des divergences dans les résultats.

La chirurgie du foie s'est inspirée de ces expériences, ainsi qu'on la jugera à la lecture des mémoires de MICHEL KOUSNETZOFF et JULES PENSKY (1896), de TERRIER et AUVRAY (1896), de AUVRAY (1897).

L'étude des *greffes du foie* peut-elle nous renseigner sur les processus de régénération ?

RIBBERT opérait ainsi : de petits morceaux de foie prélevés sur le vivant étaient déposés à la surface d'un ganglion lymphatique d'un animal de même espèce ou même d'espèce différente. Si ces particules de foie contractaient des adhérences à leur substratum, elles restaient parfois des semaines sans subir de modification. Puis du tissu conjonctif se développait dans les interstices des cellules hépatiques du segment greffé, qui étaient comme dissociées ; le protoplasma de ces cellules finissait par se désagréger.

Les canaux biliaires du débris hépatique se comportaient différemment : leur croissance s'accusait ; ils poussaient parfois des ramifications ; or on sait que la régénération du foie se fait, en grande partie, aux dépens de l'épithélium des canalicules biliaires.

CARNOT a greffé des cellules hépatiques sur l'épiploon préalablement enflammé ; il a observé une prolifération cellulaire, se disposant anatomiquement sous une forme très différente de celle du lobule sanguin ou biliaire : « Les cellules sont tout d'abord pressées les unes contre les autres, rappelant les bourgeons embryonnaires ; elles se disposent finalement en nodules, rappelant l'évolution nodulaire bien connue dans certaines lésions du foie, parfois même l'évolution adénomateuse. »

Altérations du foie consécutives aux intoxications. — ZIEGLER et OBOLONSKI, en intoxiquant par le phosphore des lapins et des chiens, ont déterminé des lésions dégénératives du foie ; ces lésions étaient suivies de phénomènes réactionnels, multiplication des endothéliums vasculaires, des cellules du tissu conjonctif interlobulaire, des épithéliums des voies biliaires ; en dernier lieu, les cellules hépatiques, qui présentaient des images mitosiques, participaient à ce travail de réparation.

PODWYSSOZKI a, de son côté, eu recours au phosphore et à l'arsenic. Les îlots de nécrose hépatique produits par l'action du poison étaient circonscrits et progressivement remplacés par du tissu conjonctif et par des néo-canalicules biliaires. On trouve auprès des lèvres de la partie réséquée de nombreuses figures de karyokinèse dans les cellules hépatiques et dans les cellules cubiques des voies biliaires ; ces dernières cellules contribueraient à la régénération des cellules hépatiques proprement dites.

LAPEYRE a étudié, en 1889, les phénomènes de régénération du foie consécutifs aux nécroses provoquées dans la glande chez le chien par l'injection de solutions phéniquées. Le cytoplasma des cellules hépatiques et de l'épithélium des voies biliaires se mortifie au contact du poison ; les noyaux nus se multiplient, et le long de travées directrices de nature conjonctive (mais qui ne seraient pas issus du tissu connectif préexistant) s'échelonnent des cordons cellulaires néoformés qui s'entoureraient peu à peu de protoplasma et reconstitueraient des cellules hépatiques.

DENYS et STUBBE ont injecté dans les voies biliaires du chien de l'acide acétique dilué; ils ont constaté, après l'expérience, une forte diminution de l'excrétion de l'urée chez ces animaux.

LIEBLEIN a infusé de l'acide sulfurique dilué dans le canal cholédoque de chiens; il a déterminé des nécroses massives du foie. Dans ces conditions, l'excrétion d'acide urique augmente; de l'acide carbamique apparaît dans l'urine (?). Les rapports de l'ammoniaque urinaire à l'azote total et à l'azote de l'urée ne sont modifiés (augmentation de l'ammoniaque) que pendant l'agonie des animaux qui tombent dans le coma.

LE COUTEUR a repris les expériences de LAFEYRE sur le lapin. Le foie était mis à découvert aseptiquement. L'aiguille de la seringue à injection pénétrait en plein parenchyme, à quelques millimètres de profondeur et un peu obliquement en haut : « On faisait écouler deux ou trois gouttes de liquide (acide phénique pur) et l'on retirait brusquement l'instrument en ayant soin de le remplacer par un tampon d'ouate stérilisée, pour absorber l'excès d'acide. Le tissu blanchissait immédiatement au point piqué, marquant ainsi un repère facile à reconnaître à l'autopsie. »

Les suites opératoires, bien surveillées, ont été satisfaisantes. Seize lapins de 1 800 à 2 000 grammes ont été opérés de la sorte. Jusqu'au quinzième jour on en sacrifiait un tous les deux jours; du quinzième jour au quarantième les autopsies n'étaient faites que de trois en trois jours. Le foie prélevé à l'autopsie était l'objet d'un examen histologique minutieux. Voici les résultats obtenus par LE COUTEUR, dont la thèse a été faite sous la direction de B. AUCHÉ : « A la suite des injections intra-hépatiques d'acide phénique, on observe deux processus différents : un processus nécrotique et un processus réparateur.

« Le processus nécrotique se produit d'emblée et consiste dans des lésions cellulaires allant depuis la mort pure et simple des cellules, avec disposition vacuolaire du protoplasma et perte, pour le noyau, de ses électivités colorantes, jusqu'à la désagrégation complète des travées hépatiques se traduisant par un état lacunaire du tissu. Le processus réparateur consiste dans une néoformation conjonctive qui débute très rapidement au niveau des cellules endothéliales des capillaires sanguins intertrabéculaires et des cellules fixes du tissu conjonctif, et qui arrive à constituer un véritable anneau fibreux autour du foyer de nécrose. De cet anneau se détachent des travées de même nature qui pénètrent dans ce foyer en suivant les espaces ou les vestiges d'espaces intertrabéculaires et arrivent ainsi dans les cavités lacunaires dont il est creusé· Là le tissu conjonctif se développe plus facilement, fait disparaître les cloisons qui séparent les lacunes et constitue de la sorte de gros bourgeons conjonctifs dans l'épaisseur du bloc nécrosé. Attaqué tout à la fois sur sa périphérie et dans ses parties centrales, ce bloc diminue progressivement : il arriverait vraisemblablement à disparaître, bien que cette disparition n'ait pas été constatée, si ce n'est dans les cas de lésions très limitées. Dans les lésions plus étendues, il persistait encore au quarantième jour.

« A la périphérie de l'anneau fibreux, les cellules hépatiques présentent par places des traces indéniables d'un processus irritatif, caractérisé par l'existence de quelques figures karyokinétiques et surtout par la présence de deux noyaux dans presque tous les éléments cellulaires.

La régénération hépatique ne joue donc aucun rôle dans la réparation des lésions déterminées par l'acide phénique. Il s'agit purement et simplement d'une cicatrice fibreuse. »

Régénération du foie dans les conditions pathologiques. Hypertrophie compensatrice. — Les modifications du foie d'ordre dégénératif produites par la *ligature de l'artère hépatique* (JANSON), du *canal cholédoque* (CHARCOT, GOMBAULT, FOA et SALVIOLI) suscitent également une réaction régénératrice de la part des cellules hépatiques qui présentent des figures de karyokinèse et se multiplient; les épithéliums des voies biliaires jouent aussi un rôle actif dans la régénération.

GOUGET, après ligature du cholédoque chez le chien, le lapin, le cobaye, a vu le tissu de régénération affecter un groupement en nodules formés par des couches cellulaires concentriques, comme dans les hépatites nodulaires paludéennes, tuberculeuses, syphilitiques. EHRHARDT a lié *séparément chaque branche de bifurcation de la veine porte;* il s'est produit chaque fois une atrophie du lobe correspondant avec formation d'ascite; l'autre lobe s'hypertrophie consécutivement. Remarquons, en passant, que cette expérience corrobore les assertions de GLÉNARD, SIRAUD, SERÉGÉ, relatives à l'indépendance fonctionnelle et anatomique des deux lobes du foie, assertions basées sur des observations cliniques et histologiques et sur de nombreuses expériences de laboratoire. Ces derniers auteurs ont montré, en effet, que le lobe gauche et le lobe carré paraissent être en rapport avec la digestion gastrique : le courant de la veine splénique s'y épuise; le lobe droit et le lobe de Spiegel, irrigués par le courant de la grande mésaraïque, sont en rapport avec la digestion pancréatique et intestinale.

Les données de la pathologie concordent avec ces constatations; une altération exclusivement limitée du lobe gauche est subordonnée à un trouble dans la sphère des origines de la veine splénique; une modification pathologique du lobe droit trouve son explication dans un processus morbide aux sources de la grande mésaraïque. Ici aussi le lobe opposé à la lésion pourra présenter une hypertrophie compensatrice comme dans les cas, signalés plus loin, de kyste hydatique du foie. L'observation clinique et anatomo-pathologique et la médecine expérimentale ont contribué à établir sur des bases indiscutables, et la vulnérabilité de la cellule hépatique et son aptitude à se régénérer.

Au cours d'un grand nombre d'affections hépatiques, on a l'occasion d'enregistrer, à côté des lésions dégénératives, des modifications d'ordre irritatif : la cellule du foie témoigne par ses figures de division karyokinétique de l'effort que fait l'organe pour conserver son plein fonctionnement. Souvent cet effort de régénération aboutit à l'hypertrophie compensatrice. Un kyste hydatique se développe-t-il dans l'épaisseur du foie, les pertes que subit le parenchyme de ce chef sont compensées, surtout dans le lobe opposé, par une néoformation de cellules qui maintiennent l'organe à la hauteur de sa tâche _ysiologique.

Cette *hypertrophie compensatrice* a été depuis longtemps remarquée dans les cas de *kyste hydatique de cet organe*. On la trouve déjà mentionnée, en 1880, dans une observation de Josias; Reboul et Vaquez, Paul Tissier, Marius Polaillon en rapportent aussi des exemples à la Société anatomique de Paris, sans qu'on puisse encore décider s'il y a compensation par hypertrophie des cellules préexistantes, ou si l'on est en présence d'une néoformation. Max Durig constate également cette hypertrophie dans dix-sept cas de kyste hydatique.

Ponfick étudie au microscope ces hypertrophies compensatrices dans six cas de kyste hydatique du foie. Il montre que ces processus de régénération sont comparables à ceux qui succèdent aux résections expérimentales, sauf que, chez l'homme, « la néoformation est irrégulière, ne ressemble pas au reste du parenchyme respecté, n'en a pas la disposition radiée; les cellules se rangent sans ordre, plus souvent serrées les unes contre les autres, formant des travées plus ou moins sinueuses. Les cellules hépatiques situées à la périphérie de l'acinus sont plus petites qu'à l'état normal; leur forme est souvent modifiée » (L. Z. Kahn).

Hanot a publié de son côté deux exemples d'hypertrophie compensatrice dans le kyste hydatique.

Dans un cas publié par Chauffard, en 1896, le foie débarrassé du kyste pesait 2 600 grammes; le lobe gauche, à lui seul (le kyste occupait le lobe droit), pesait 1 205 grammes, presque autant que la totalité du foie normal. L'examen histologique ne laissait aucun doute sur la régénération compensatrice.

L. Z. Kahn apporte au débat quatre observations personnelles; il constate l'augmentation de volume parfois double, par rapport à la normale, des travées hépatiques, la tendance des cellules à former des nodules composés de plusieurs couches circulaires et concentriques; au centre de ces nodules existe tantôt un espace porte, tantôt une veine sus-hépatique; çà et là on voit des figures de karyokinèse dans les cellules hépatiques. Le tissu conjonctif contient de nombreuses cellules embryonnaires avec quelques cellules plates. Les néo-canalicules biliaires sont en petite quantité. De ces faits L. Z. Kahn tire au point de vue pronostique la déduction suivante : « Le lobe gauche hypertrophié suffit à l'accomplissement régulier de la fonction hépatique. » Nous le savons, ajoute-t-il, par tous les moyens d'investigation que la clinique, aidée de la chimie, nous fournit sur l'état de la cellule (taux de l'urée normal, absence de glycosurie alimentaire et d'urobilinurie, etc.). De plus l'hypertrophie compensatrice du lobe gauche fera penser le clinicien qui le constate, à la possibilité d'un kyste hydatique du foie dans le lobe droit.

REINECKE a publié une observation de ce genre; il y avait hypertrophie compensatrice avec formations nodulaires.

Dès lors on rechercha systématiquement, dans *toutes les affections du foie*, les phénomènes de régénération. HANOT a eu le grand mérite de montrer l'importance de ces phénomènes qui dominent le pronostic, en matière de pathologie hépatique. Même dans les cas où la lésion paraît être massive, dans la cirrhose de LAËNNEC, dans l'ictère grave, les tendances régénératrices se révèlent à l'observation microscopique.

Voici ce que nous enseigne l'étude de la cirrhose de LAËNNEC et de ses variétés, envisagées à ce point de vue.

Dans la *cirrhose atrophique* de LAËNNEC, l'examen attentif des coupes histologiques met parfois sous les yeux de l'observateur des segments de foie dans lesquels la dégénérescence graisseuse n'a pas détruit toutes les cellules hépatiques; celles qui persistent témoignent par leur hyperplasie de l'effort qu'a fait l'organe pour persister et pour s'accroître. Cet effort à peine indiqué dans ce type morbide (MANICATIDE) s'accuse et devient prédominant dans la forme dite hypertrophique, en vertu d'une sorte d'idiosyncrasie originelle de la cellule hépatique (HANOT), qui la fait résister et réagir plus vivement que dans la cirrhose vulgaire.

Ce processus de multiplication cellulaire est particulièrement marqué au niveau des cellules épithéliales des canalicules biliaires, ainsi qu'il résulte des recherches de BRODOWSKI, PRUS, CHOLMOGOROW, PICK, BJELOUSOW et RUPPERT.

HANOT et GILBERT ont décrit, en 1890, la *cirrhose alcoolique hypertrophique* dans laquelle, par suite de phénomènes de régénération compensant les pertes subies par le foie, on voit les symptômes d'insuffisance hépatique — glycosurie alimentaire, hypoazoturie, urobilinurie, oligurie, hypertoxicité urinaire — constatés au début de l'affection, s'atténuer et disparaître. Le mot de LASÈGUE, cité par Z. KAHN : « Dans l'histoire pathologique de la cirrhose alcoolique le pronostic est lié non pas au parenchyme disparu, mais à celui qui reste, » se justifie donc tout à fait. Tantôt l'hypertrophie est diffuse; le foie pèse 2 à 3 kilos; son bord est mousse; sa surface gris-jaunâtre est finement mamelonnée. Tantôt l'hypertrophie porte sur un segment, d'où une voussure de l'organe, ce qui, lors de l'examen clinique, pourrait en imposer pour un kyste hydatique. Dans tous les cas, la sclérose est, comme dans la forme commune atrophique, annulaire et périveineuse. L'augmentation de volume totale ou partielle est due à l'hypertrophie et à la multiplication de celles, parmi les cellules hépatiques, qui ont été relativement épargnées par stéatose; il en résulte des trabécules nouvelles, montrant des mitoses, non radiées à l'instar des trabécules normales, mais tubulées, ou encore ramassées en nodules qui sont formés de séries cellulaires concentriques. Cette disposition anatomique rappelle l'hépatite nodulaire des paludéens de KELSCH et KIENER, celle des tuberculeux (SABOURIN) et des syphilitiques; elle rappelle aussi l'hypertrophie compensatrice, telle qu'on la constate dans les kystes hydatiques du foie et dans la cirrhose hypertrophique biliaire ; s'il y a eu, de ce chef, surproduction de cellules hépatiques, ces cellules n'ont pu édifier des groupements lobulaires nouveaux, avec ordination radiée, autour d'une veine centrale sus-hépatique.

Les *cirrhoses avec adénomes* représentent un degré encore plus élevé de régénération; mais il est exceptionnel que ces productions adénomateuses restent vivaces au point que « l'hyperplasie épithéliale confine à la néoplasie » (CHAUFFARD); des conditions défavorables inhérentes à une irrigation défectueuse du foie, à la persistance dans l'organisme des causes morbifiques, entraînent la déchéance des adénomes; l'hépatite nodulaire graisseuse des tuberculeux est un exemple typique de régénération impuissante.

CHAUFFARD a mis en regard de l'évolution clinique et du pronostic des modalités de cirrhose les divers types de régénération du foie. Dans la forme atrophique de LAËNNEC, dans la cirrhose hypertrophique graisseuse de HUTINEL et SABOURIN, l'hypertrophie compensatrice est trop rudimentaire ou trop compromise pour influer sur le cours de la maladie qui se dénoue plus ou moins vite. Les troubles mécaniques dans la circulation porte et l'insuffisance hépatique représentent les principaux facteurs de gravité. La cirrhose hypertrophique biliaire (maladie de HANOT), grâce à l'hypertrophie compensatrice qui prend le pas sur les lésions dégénératives, a une évolution très lente; mais les parties incessamment en régénération ne restent pas vivaces; la persistance du *primum movens* pathologique les achemine vers la nécrose; de plus le foie est à la merci d'infections microbiennes nouvelles; la mort s'ensuit par ictère grave secondaire. Par contre, dans la cirrhose alcoolique hypertrophique de Hanot et Gilbert, l'augmentation de volume de l'organe assure la fonction; il en résulte des survies très longues, et même, si toute autre influence morbide générale a disparu, si le malade consent à suivre les prescriptions d'une hygiène des plus sévères et à ne plus boire de boissons fermentées, de véritables guérisons, au regard du clinicien, sinon à celui de l'anatomo-pathologiste. Il nous a été donné d'observer et de suivre deux cas de cet ordre.

On peut aller plus loin encore « et dire que *l'hypertrophie compensatrice est une loi générale en pathologie hépatique*. Dans les lésions les plus diverses, aiguës et chroniques, pour peu que la destruction du parenchyme ne soit pas immédiate et définitive, on trouve des îlots, des foyers d'hypertrophie cellulaire, évoluant le plus souvent aux confins des espaces porto-biliaires, c'est-à-dire dans les régions du lobule où l'apport nutritif est le plus direct et la vitalité la plus grande.

« Quand ces foyers hyperplasiques ont un développement très actif, les extrémités des trabécules hypertrophiées se tassent au contact des lobules voisins, sont refoulées, aplaties, et finissent par encapsuler le nodule. Ce sont des figures de ce genre qui ont été vues et décrites par Sabourin sous le nom d'hépatites nodulaires, de foyer d'hypertrophie nodulaire (Chauffard). »

L'intervention de ces phénomènes de régénération a été signalée dans la plupart des affections du foie; citons, en outre de celles que nous avons déjà passées en revue : les hépatites syphilitiques, paludéennes, le foie cardiaque (Méder, Auché), le cancer (Flœck), les intoxications à localisations prédominantes dans le foie (Pilliet), les infections suppuratives des voies biliaires, l'ictère par rétention avec angiocholite dû à un carcinome de l'estomac et du duodénum (Ruppert), la cirrhose mixte (Sabrazès), les abcès, etc.

Nous nous sommes renseignés auprès de Kartulis (d'Alexandrie) sur la réparation des pertes de substance dans *l'abcès du foie opéré :* la cavité abcédée se comble de tissu fibreux et, tout autour, on constate des phénomènes d'hyperplasie compensatrice avec formation de néo-canalicules biliaires. Dans les cas très rares de guérison spontanée la cicatrice fibreuse qui se substitue à la cavité est très pigmentée à la périphérie, parsemée de zones caséo-calcaires au centre.

Dans la *Bilharzia*, parfois l'hépatite, au lieu d'être atrophique, est hypertrophique et nodulaire, témoignant de phénomènes de régénération (Kartulis).

La vitalité du foie se réveille également dans les hépatites graves, telles que celles qui aboutissent à *l'atrophie jaune aiguë*. Mais la mort du malade coupe court au processus de régénération. On a cité cependant quelques exemples de retour des fonctions hépatiques avec guérison définitive.

Dans les formes subaiguës, l'autopsie éclaire le mécanisme de la réaction du foie. Aly Bey Ibrahim a publié, en 1901, un travail important sur cette catégorie de faits; nous allons y puiser la plupart des éléments de cet exposé. Nous renvoyons à ce travail pour les indications bibliographiques relatives à ce sujet.

Wirsing a rassemblé 15 cas, empruntés à divers auteurs, d'ictère grave prolongé, et les a envisagés sous le rapport des tendances régénératrices.

Aly Bey Ibrahim a de son côté relaté une observation semblable qui lui a fourni l'occasion d'un examen anatomo-pathologique détaillé.

Dans un cas d'ictère grave symptomatique d'une intoxication phosphorée, Hedderich fit des mensurations en série de la matité hépatique qui lui donnèrent les résultats suivants :

5e jour de la maladie. . .	10 — 9 — 8 centimètres.
6e —	— . . . 7 — 6 — 4 —
9e —	— . . . 6 — 3 — 3 —
13e —	— . . . 7,5 — 5 — 4 —
14e —	— . . . 9 — 7 — 6 —

L'auteur conclut à une régénération active.

Gianturco et Stampacchia, Pick, Ribbert insistent aussi, en relatant des cas d'intoxication phosphorée, sur les phénomènes de régénération qui se manifestent à la périphérie des foyers de nécrose.

ALY BEY IBRAHIM synthétise dans son travail les acquisitions les plus récentes sur le mode de régénération du foie dans l'ictère grave. Trois facteurs interviennent : la multiplication des cellules hépatiques préexistantes et des épithéliums des canalicules biliaires interlobulaires; la prolifération du tissu conjonctif interstitiel. La prédominance de chacun de ces divers facteurs s'observe dans tels ou tels cas.

Après la résection nous avons vu que la réparation comportait surtout une surproduction de cellules hépatiques nouvelles développées aux dépens des anciennes.

Dans l'atrophie jaune aiguë, ce mode de régénération n'a qu'une importance secondaire par rapport à la néoformation des épithéliums biliaires. Cela s'explique, d'après MEDER, parce que, dans les grandes résections, si le foie a perdu une grande partie de son parenchyme, les cellules épargnées conservent néanmoins toute leur vitalité et leur aptitude à se reproduire. Par contre, dans l'atrophie jaune aiguë, la plupart des cellules ont été mises en souffrance par la cause morbide; elles sont ou bien complètement détruites, ou bien stéatosées ou tout au moins en état de tuméfaction trouble. La capacité de régénération de semblables cellules se trouve par suite très compromise. Les cellules épithéliales des voies biliaires sont bien moins intéressées, ainsi que le démontre l'examen microscopique : çà et là ces cellules ont disparu : quelques-unes sont granulograisseuses ou en tuméfaction trouble; mais beaucoup restent intactes et présideront à la régénération des cellules du parenchyme. On comprend qu'il en soit ainsi, si l'on se rappelle que les cellules de revêtement des voies biliaires sont très voisines, au point de vue phylogénétique et physiologique, des cellules hépatiques.

L'intervention de tissu conjonctif n'a rien de spécifique; il réagit comme il le fait dans toute inflammation qui ne se limite pas seulement à l'élément noble.

Une réaction exagérée du tissu conjonctif aboutit à la cirrhose, c'est-à-dire à la substitution d'une lésion à une autre; tandis qu'une prolifération suffisante des épithéliums biliaires et des cellules hépatiques est capable d'assurer une guérison complète. Ajoutons que, dans l'ictère grave très prolongé et en quelque sorte chronique, la réaction conjonctive peut manquer.

ALY BEY IBRAHIM envisage ces divers facteurs de régénération.

La multiplication des cellules hépatiques est prouvée par la constatation de nombreuses figures de karyokinèse, ainsi que l'ont vu MEDER, Mc. PHADYAN, MAC CALLUM, STRÖBE.

Beaucoup d'observateurs mentionnent l'hypertrophie des acini (LEWITZKY et BRODOWSKY, VAN HAREN, NORMAN); les cellules centro-acineuses, épargnées dans une certaine mesure, augmentées de nombre, mais plus petites, ont deux ou plusieurs noyaux, ce qui est un indice de leur prolifération. Voilà donc un processus d'accroissement des acini grâce auquel le foie retrouve son volume et ses fonctions. A vrai dire, il est tout à fait exceptionnel que la néoformation des cellules hépatiques, dans l'ictère grave subaigu, l'emporte sur celle des épithéliums biliaires. En règle générale, le travail de réparation s'effectue, dans l'atrophie jaune aiguë du foie, aux dépens des cellules cubiques qui revêtent les voies biliaires interlobulaires; ces cellules changent d'aspect, deviennent polymorphes, entrent en karyokinèse (MEDER et STRÖBE). Ce dernier découvrit une mitose à la jonction d'un canalicule interlobulaire et d'un néo-canalicule biliaire, preuve de leur filiation. Ces néo-canalicules abondent; leur accumulation ne saurait s'expliquer par un simple rapprochement, les ponts de parenchyme intermédiaires s'étant pour ainsi dire effondrés au cours de la maladie (HLAVA, Mc. PHADYAN, MAC CALLUM). Ces néo-canalicules sont le fait d'une prolifération des épithéliums biliaires.

STRÖBE, MEDER, HIRSCHBERG, MARCHAND, ALY BEY IBRAHIM ont insisté sur ce mode de régénération que nous avons nous-même constaté dans un cas de cirrhose mixte complexe, à évolution rapide avec infection biliaire. Dans notre observation nous avons vu nettement des néocanalicules biliaires se différencier en trabécules de cellules hépatiques.

Sans doute ce stade de transition des cellules canaliculaires aux cellules hépatiques échappe le plus souvent : la survie trop courte ne permet pas cette différenciation. Dans le cas de MARCHAND, où la réalité en put être établie, l'ictère grave dura six mois; dans celui de STRÖBE, quatre semaines; dans celui d'ALI BEY IBRAHIM dix semaines; dans notre observation trois mois.

En dehors des constatations anatomo-pathologiques la rétrocession des phénomènes d'insuffisance hépatique, l'augmentation de volume du foie plaident en faveur d'une véritable régénération.

Ainsi, même dans les cas où le parenchyme est profondément dégénéré, la tendance à la régénération se révèle à l'observateur.

Chez l'animal, après les résections expérimentales, les cellules hépatiques se multiplient et se placent dans la continuité des trabécules préexistantes, d'où l'hypertrophie parfois considérable des lobules. Le tissu conjonctif, les canalicules biliaires, les capillaires sanguins participent à la réparation dans une large mesure.

Chez l'homme, dans les affections du foie les plus diverses, les cellules néoformées se disposent en nodules plus ou moins volumineux, bombant à la surface du foie : elles peuvent même, dans les cas où est réalisé l'adénome, se juxtaposer en productions tubulées rappelant les cylindres embryonnaires de REMAK.

Dans ces deux groupes de faits, si la régénération du foie assure à nouveau l'intégrité du fonctionnement hépatique, « cette régénération fonctionnelle ne correspond pas à une régénération morphologique, et ni la forme lobaire ni la forme lobulaire du foie ne sont restituées ». Il ne se fait pas de nouveaux lobules, ajoutent GILBERT et CARNOT, mais le nombre des cellules augmente dans les anciens de façon à mettre en batterie une même quantité d'unités actives sécrétantes. La régénération du foie se fait donc par hypertrophie et hyperplasie diffuses; le poids final de la glande est égal au poids initial, mais la partie réséquée ne se reproduit pas à proprement parler. Le retour au fonctionnement physiologique intégral n'exige donc qu'une chose : l'intégrité de la cellule hépatique, quelle que soit sa position anatomique.

Bibliographie. — Excision. Régénération et ablation du Foie. — ALY BEY IBRAHIM. *Zur Kenntniss der akuten gelben Leberatrophie, insbesondere der dabei beobachteten Regenerationsvorgänge (Münch. med. Woch.*, nos 20, 21, 1901). — AUCHÉ (B.). *Régénération du F. (Journ. de méd. de Bordeaux*, 1901, XXXI, 148-150). — AUVRAY. *Étude exp. sur la réaction du F. chez l'homme et les animaux (Rev. de Chir.*, 1897, XVII, 319-331). — BUFALINI. *Sull' abcesso traumatico del fegato (Lo Sperimentale*, 1878). — BÜRKER. *Exp. Untersuchung über den Ort der Resorption in der L.* (A. g. P., 1901, LXXXIII, 241-352). — CANALIS. *Contribution à la pathologie expérimentale du tissu hépatique (Internat. Monatschrift für Anat. und Histol.*, III, 1886). — CARNOT (P.). *Greffes du foie, in* GILBERT (A.) et CARNOT (P.). *Les fonctions hépatiques*, Paris, 1902. — CARNOT (P.). *Les régénérations d'organes* (Paris, 1899). — CHARCOT et GOMBAULT. *Notes sur les altérations consécutives à la ligature du canal cholédoque (A. de P.*, 1876). — CHAUFFARD. *Un cas de mort rapide après ponction exploratrice d'un kyste hydatique du foie (Semaine Médicale*, 8 juillet 1896); *Formes cliniques des cirrhoses du foie (Comptes-rendus du XII° Congrès international de Médecine,* Moscou, 1897). — CHOLMOGOROW. *Ueber chron. intestinale Erkrankung der L.*, Moscou, 1886. — CATTELANI (S.). *Intorno alla regenerazione dello tessuto epatico (Gazz. d. Osp. Milano*, 1894, XV, 273-278). — COLUCCI. *Rech. exp. et path. sur l'hypertrophie et la régénération partielle du foie (A. i. B.*, 1883, III, 270-275). — CORONA (A.). *Sulla rigenerazione parziale del fegato; note sperimentali (Ann. univ. di med. e di chir.*, 1884, CCLXVII, 401-434). — CLEMENTI. *Expériences de résection du foie sur des chiens (Riforma Medica*, 1890). — CORNIL et CARNOT (P.). *De la cicatrisation des plaies du foie (Semaine médicale*, n° 55, 1898). — DENYS et STUBBE (Centralbl. f. allg. und path. Anat.*, IV, 1893; *Étude sur l'acholie ou cholémie expérimentale (La Cellule*, IX, 1893). — DURIG (MAX). *Ueber die vicariende Hypertrophie der L. bei Leberechinococcus (Münch., L. F. Lehmann*, 1892). — EECKE (A.). *L'hypoazoturie, sa conception actuelle et sa valeur comme signe de l'insuffisance hépatique (Congrès français de Médecine, sixième session*, Toulouse, 1902). — EHRHARDT (*Société de médecine de Berlin, Analysé in Semaine Médicale*, 16 avril 1902). — FLŒCK. *De l'hypertrophie et de la néoformation de la substance du foie (Arch. für klin. Med.*, IV, 397, 1894). — FOA et SALVIOLI. *Ricerche anat. e sperim. sulla patol. del fegato (Arch. p. l. sc. med.*, 1878-1879). — GLÉNARD et GIRAUD. *Sur les modifications de l'aspect physique et des rapports du foie cadavérique par les injections aqueuses dans les veines de cet organe* (1895). — GOUGET. *De l'influence des maladies du foie sur l'état des reins (Th. de Paris*, 1895). — GLÜCK. *Ueber die Bedeutung physiol. chir. Experimente an der L. (Arch. f. klin. Chir.*, 1883, XXIX, 139-145). — GRIFFINI (L.). *Studio sperim. sulla rigenerazione parziale del F. (Arch. p. l. sc. med.*, 1883, VII, 281-290: A. i. B.*, 1884, V, 97-105). — HANOT. *Considérations générales sur* *la cirrhose alcoolique* (*Semaine médicale*, 1893); *Considérations générales sur les maladies progressives* (*Bullet. médical*, 1895); *De l'hyperplasie compensatrice. De la régénération du foie* (*Presse médicale*, 1895); *De l'hyperplasie compensatrice dans la cirrhose alcoolique hypertrophique* (*Bulletin de la Société médicale des hôpitaux*, 1896). — HANOT et GILBERT. *De la cirrhose alcoolique hypertrophique* (*Soc. méd. des hôpitaux*, Paris, 1890). — HUTTEN-BRENNER. *Ueber die Gewebsveränderung, in der entzünd. Leber* (*Arch. f. micr. Anat.*, V, 1869 et *Studien aus d. Institut f. exp. Path. von Stricker*, 1869). — JANSON. *Altérations du foie consécutives à la ligature de l'artère hépatique* (*Nordisk. med. Arki.*, XXVI-34). — JOSEPH. *Ueber die Einfl. chemischer und mecanischer Reize auf das Leber gewebe* (*Diss. inaug.* Berlin, 1868). — JOSIAS. *Kyste hydatique du foie* (*Soc. anat.*, mai 1890). — KAHN (L. Z.). *Études sur la régénération du F. dans les états pathologiques* (*D.* Paris, 1897, 102 p.). — KARTULIS (*Communication écrite personnelle*). — KELSCH et KIENER. *Maladies des pays chauds* (Paris, 1889). — KOSTER. *Untersuch. über die Entzünd. und Eiter. in der Leber* (*C. W.*, 1868). — KOUSNETZOFF (MICHEL) et PENSKY (JULES). *Études cliniques et expérimentales sur la chirurgie du foie. Sur la résection partielle du foie* (*Revue de chirurgie*, 1896). — LAPEYRE. *Du processus histologique que développent les lésions aseptiques du foie produites par injections intraparenchymateuses d'acide phénique* (*Thèse de Montpellier*, février 1889). — LE COUTEUR. *Réparations des pertes de substance du foie* (*Travaux du labor. d'anat. path. Thèse de Bordeaux*, 1901). — LIEBLEIN. *Die Stickstoffausscheidung nach Leberverödung beim Säugethier* (*A. P. P.*, XXXIII, 1894). — LUKJANOW. *Ueber den Einfluss particller L. Excision auf die Gallenabsonderung* (*A. A. P.*, 1890, IV, 485). — MEISTER (V.). *Ueber die Regeneration der Leberdrüse nach Entfernung ganzer Lappen und über die Beteiligung der Leber an der Harnstoffbildung* (*Centralbl. f. allg. Path.*, 1891, II, 961); *Rekreation des Leber- gewebes nach Abtragung ganzer Leberlappen* (*Ziegler's Beiträge*, 15, 1894); *Ueber die Ursache der Milchsäureausscheidung nach der L. Extirpation* (*A. P. P.*, 1893). — MIN-KOWSKI. *Ueber den Einfluss der L. extirpation auf den Stoffwechsel* (*A. P. P.*, 1886, XXI, 41-87). (*Ueber die Ursache der Milchsäureausscheidung nach der L. exstirpation* (*A. P. P.*, 1893, XXXI, 214-221). — MORGAN (THOMAS HUNT. *Regeneration.* New York, 1901). — PETRONE (ANGELO). *La regenerazione del fegato e del reno* (*Il Morgagni*, 1881). — PICK (E.). *Versuche über functionnelle Ausschaltung der L. bei Säugethieren* (*A. P. P.*, 1893, XXXII, 382-401). — PONFICK. *Ueber Leberextirpation* (*Jahresb. d. Schles. Ges. f. vat. Kult.*, 1889, Breslau, 1880, XVII, 75); *Ueber die Folgen einer theilweisen Entfernung der L.* (*Ibid.*, 1889, Breslau, 1890, XVII, 38); *Ueber Rekreation der Leber.* (*Verh. d. X intern. Kongr.* Berlin, 1890, I, 3, 126) ; *Ueber Rekreation der Leber beim Menschen* (*Festschrift der Assistenten für Virchow*, Berlin, 1891); *Ueber die Vorgänge welche sich im Innerv. der Leber nach Ausrottung des grösseren Teiles der Drüse entwickeln* (66. *Naturforscher Versammlung zu Wien*, 1894. *Refer. in Centralbl. f. allg. Path.*, 1894, 849); *Experimentelle Beiträge zur Pathologie der Leber* (*A. A. P.*, 1889; CXIX, 1890 ; CXXXVIII, *Supplement*, 1895). — PODWYSSOZKI. *Ueber einige noch nicht beschriebene pathologische Veränderungen in der Leber bei akuter Phosphor und Arsenikvergiftung* (*Kiew*, 1888); *Ueber die Regeneration der Leber, der Niere, der Speichel-Meibomschen Drüsen unter pathologischen Bedingungen* (*Fortschritte der Medizin*, III, 630); *Experimentelle Untersuchungen über die Regeneration des Lebergewebes* (*Ziegler's Beiträge*, I, 1886). — POULAILLON (M.). *Énorme kyste hydatique non suppuré* (*Soc. Anat.*, mai 1890). — PRUS (*Bulletin de la Soc. anat.*, juin 1888). — REBOUL et VAQUEZ. *Kyste hydatique* (*Soc. anat.*, juin 1888). — RIBBERT (H.). *Beiträge zur kompensatorischen Hypertrophie und zur Regeneration* (*Arch. f. Entw.-mech.*, I, 1894); *Ueber Veränderungen transplantierter Gewebe* (*Arch. f. Entw.-mech.*, VI, 1897). — ROBACCI. *La sutura elastica del fegato* (*Riforma medica*, 1889). — SABOURIN. *Hépatite parenchymateuse* (*A. de P.*, novembre 1880). — SABRAZES (*Observations inédites*). — SÉRÉGÉ. *Étude sur l'indépendance anatomique et physiologique des lobes du foie* (*VIe Congrès français de Médecine de Toulouse*, 1902). — TERRIER (F.) et AUVRAY (M.). *Les traumatismes du foie et des voies biliaires* (*Revue de Chirurgie*, 1896). — TILLMANUS. *Exper. und anat. Untersuch. über Wunden der Leber und Niere* (*A. A. P.*, LXXVIII, 1879). — TIZZONI. *Studio sperimentale sulla regenerazione parziale e sulla neoformazione del fegato* (*Arch. per le sc. med.*, Turin, VII, 1883-84); *Études expérimentales sur la régénération partielle et la néoformation du foie* (*A. i. B.*, II, 1883, 267-270). — UGHETTI. *Sulla reparazione delle lezioni interne del fegato* (*Giorn. intern. d. scienze Med.*, Naples, 1885). — ULLMANN (E..) *Ueber L. Resection* (*Wien.*

med. Woch., 1897, 2177). — UZWERSKI. *Zur Frage über die traum. Leberentz.* (A. A. P.,. LXIII, 1885). — WIRSING (E.). *Akute gelbe Leberatrophie mit günstigem Ausgang* (*Würzburg*, 1892).

Action des poisons sur le Foie. — AFANASIEFF. *Ueber anat. Veränd. der L. während' verschiedene Thätigkeitzustände* (A. y. P., 1882, XXX, 385-436). — BJORKSTEN. *Die Wirkung der Streptococcen und ihrer Toxine auf die L.* (Beitr. z. path. Anat. u. z. allg. Path., 1899,. XXV, 97). — FERRANINI. *Della ipertermia da peptone e dell'azione antagonistica dell'atropina in rapporto alla glicosecretione epatica; ric. sper.* (*Morgagni*, 1901, XLIII, 479). — HENSEN. *Ueber experimentelle Parenchymveränderungen der L.* (A. P. P., 1899, XLII, 49). — KAHLDEN. *Exp. Unters. über die Wirkung des Alcohols auf L. und Nieren* (Beitr. z. path. Anat., 1890, IX, 349). — LAPICQUE (L.). *Toxine diphthérique et F.* (B. B., 1896, 252-254, 337-338). — LO MONACO. *Effets de l'empoisonnement lent par le phosphore sur l'échange matériel* (A. i. B., 1897, XXVIII, 201-205). - MARZCARSKI. *Ueber mikrosc. Veränderungen in der L. nach Injection von Seife oder Zuckerlösungen in die Pfortader* (Ak. d. Wiss., Krakau, 1897, 333-335). — MORISHIMA. *Ueber das Vorkommen der Milschäure im tierischen Organismus mit Berücksichtigung der Arsenvergiftung* (A. P. P., XLIII, 217). — NASSE. *Ueber einige Verschiedenheiten im Verhalten des L. hungernder und gefütterter Thiere* (Arch. d. Ver. f. wiss. Heilk., 1860, I, 76-98). — NEUMANN (A.). *Ueber den Einfluss von Giften auf die Grösse der L. zellen* (D. Berlin, 1888 et D. med. Zeit., 1889, 714). — PILLIET (A. H.). *Sur l'existence simultanée de zones différentes d'activité sécrétoire dans le F.* (B. B., 1895, XLVII, 779-782). — *Destruction expérim. des cellules hépatiques* (B. B., 1893, 502-505). — RANSOM. *On the influence of glycerine on the L.* (J. P., 1887, VIII 99-116). — SCHMAUS (H.). *Ueber das Verhalten osmirten Fettes in der L. bei Phosphorvergiftung und membranartige Bildungen um Fetttropfen* (Münch. med. Woch., 1897, 1463-1465). — TROLLDENIER. *Die Wirkungen des Cu auf L. und Niere* (Arch. f. wiss. u. prakt. Thierheilk., 1890, XXIII, 301). — VEREECKE (A.). *Sur une infiltration spéciale des éléments parenchymateux du F. dans diverses conditions expérimentales* (Arch. de pharmacodynamie, 1895, II, 47-95). — YAMANÉ. *Ueber die L. atrophie nach Vergiftung durch Phosphor* (Wien. klin. Woch., 1891, 507). (Voir *Cirrhose* alcoolique· dans les Traités de médecine).

SABRAZÈS.

§ XIX. — ACTION PROTECTRICE DU FOIE.

Placé comme une barrière sur le trajet du sang provenant de l'intestin, le foie possède la propriété de retenir un grand nombre d'éléments figurés et de substances solubles. Il peut les emmagasiner, les laisser partir peu à peu, par petites quantités inoffensives ; les éliminer par la bile, ou enfin leur faire subir des modifications plus ou moins· profondes. Pour mettre un peu d'ordre dans notre exposé, nous étudierons successivement l'action du foie sur les matières minérales, sur les poisons organiques, d'origine· animale, végétale ou microbienne, et sur les particules solides.

Action du foie sur les substances minérales. — L'action du foie sur les substances minérales se réduit à une simple accumulation dans le parenchyme ou à une élimination par la bile.

Cette action d'arrêt, indiquée par ORFILA, bien étudiée par CL. BERNARD, MOSLER, PEIPER,. MELSENS, ne s'exerce pas indifféremment sur toutes les substances minérales. Les sels de potasse ou de soude ne semblent pas arrêtés par le foie. Nous avons constaté que la toxicité du chlorure de potassium, du chlorure ou du lactate de sodium est exactement la même, que le sel soit introduit par une veine périphérique ou par un rameau de la veine porte. Ces expériences négatives ont leur intérêt, car elles justifient la méthode : elles donnent une valeur aux expériences, démontrant que certaines substances perdent une partie de leur toxicité en traversant le foie.

Il résulte, au contraire, des recherches de CL. BERNARD, MOSLER, LUSSANA. que les sels de fer, de manganèse, d'antimoine, d'argent, de zinc, de plomb, de cuivre ou de mercure sont arrêtés par le foie et se retrouvent dans la bile. Il en est de même des sels de cadmium (MARFONI) et de bismuth (BRICK).

Les sels de fer ont servi à d'assez intéressantes recherches. PAGANUZZI, en utilisant le·

citrate, a retrouvé cette substance dans la bile, quand l'injection était poussée par une veine mésaraïque. Etudiant avec nous le lactate de protoxyde de fer, BOUCHARD a constaté que la toxicité de ce sel est de 0^{gr} 4 par kilogramme quand l'injection est poussée par une veine périphérique, 1,16 quand elle est faite par un rameau de la veine porte. En examinant la bile, nous avons trouvé des traces de sel ferreux ; mais la quantité en était minime, et l'élimination n'expliquait pas la diminution de toxicité. Un calcul très simple démontre, en effet, que le 60 p. 100 de la dose injectée ont été retenus par le foie. Ce chiffre cadre avec celui qu'a obtenu GOTTLIEB. D'après cet auteur, 50 à 70 p. 100 des sels de fer restent dans le foie ; ils y séjournent de vingt à trente jours, puis s'éliminent peu à peu, non par la bile, mais par le gros intestin.

Les sels de cuivre, de plomb, de mercure, s'emmagasinent également dans le foie, et passent en quantité plus ou moins considérable dans la bile. On retrouve encore dans cette sécrétion l'iodure de potassium, qui s'y montre de six à huit heures après son administration (CL. BERNARD, MOSLER, LUSSANA, PEIPER). L'arsenic s'accumule dans le foie, mais ne passe pas dans la bile (MOSLER, MELSENS).

Il était intéressant de rechercher sous quelle forme se trouvent les matières minérales qui restent dans le foie. Le fer y séjournerait, d'après GOTTLIEB, JACOBY, ZALESKY, à l'état d'un hydrate ferrique ou d'un composé organique. Le mercure, d'après SLOWTZOFF, est fixé par les globulines de l'organe ; au contraire l'arsenic se porte sur le stroma et s'unit aux nucléines. La première combinaison est instable ; la deuxième est très solide : après traitement de l'organe par la pepsine chlorhydrique, on obtient un précipité de nucléine arsénicale.

Élimination par la bile des composés organiques. — La bile n'élimine pas seulement des sels minéraux, on y retrouve un grand nombre de composés organiques, comme le salicylate de soude, le ferrocyanure et le sulfocyanure de potassium (PEIPER, BOULEY et COLIN), l'acide phénique, la térébenthine. On peut y déceler des traces de strychnine (JACQUES), de curarine (LUSSANA), de caféine (STRAUCH) ; mais on n'y retrouve ni la nicotine, ni la quinine. Ce sont surtout les matières colorantes qui ont été utilisées à ce point de vue. CHRZONSZCZEWSKY, qui s'est attaché à l'étude de la question, a constaté que certaines couleurs ne passent pas dans la bile : ce sont le carminate d'ammoniaque, le bleu de Berlin, le bleu d'aniline ; parmi celles qui viennent teinter la sécrétion, nous citerons l'indigo-carmin, l'indigo-sulfate de soude, le rouge d'aniline. Il faut ajouter le bleu de méthylène (CHARRIN), la chlorophylle (WERTHEIMER), la matière colorante de la rhubarbe (HEIDENHAIN), les pigments du sang et de la bile. Nous ne reprendrons pas la théorie de SCHIFF sur la circulation entéro-hépatique du pigment biliaire. On trouvera à l'article Bile un exposé de la question (II, 144).

Action du foie sur les alcaloïdes d'origine végétale. — En 1877, SCHIFF annonça que le foie est capable d'arrêter et de transformer certains alcaloïdes notamment la nicotine. Quelques mois plus tard, un de ses élèves, LAUTENBACH, confirmait cette découverte et constatait que le foie neutralise l'hyoscyamine et le venin du cobra, tandis qu'il reste sans action sur le curare, l'acide prussique et l'atropine.

Avant ces auteurs, en 1873, HÉGER, en faisant passer par des foies préparés pour la circulation artificielle du sérum contenant de la nicotine, avait reconnu que le sang des veines sus-hépatiques ne présentait plus l'odeur si caractéristique de cet alcaloïde. L'auteur revint sur ces faits en 1877, et établit par des expériences de circulation artificielle que le foie retient, dans la proportion de 25 à 50 p. 100, les alcaloïdes qui le traversent, tandis que les poumons les laissent passer et que les muscles n'en arrêtent que des quantités minimes. En 1880, un de ses élèves, V. JACQUES, en étudiant l'action des alcaloïdes sur la pression sanguine, constata que, lorsque l'injection est poussée par la veine porte, il faut, pour produire le même effet, introduire deux fois plus de poison que lorsqu'on emploie les veines périphériques. HÉGER et JACQUES expliquèrent ces résultats par une diffusion de l'alcaloïde ; l'action d'arrêt du foie ne serait qu'un cas particulier d'une propriété générale appartenant à tous les tissus.

Si les interprétations différaient, les faits eux-mêmes étaient mis en doute. RENÉ, au laboratoire de BEAUNIS et, plus tard, CHOUPPE et PINET, au laboratoire de VULPIAN, déniaient au foie toute action sur les alcaloïdes.

Aujourd'hui de nombreux travaux ont mis hors de conteste l'action du foie sur les poisons. Les auteurs ont eu recours à des méthodes différentes que nous ramènerons à quatre principales :

1° On peut étudier comparativement la marche de l'intoxication chez un animal normal et chez un animal dont on a supprimé l'action du foie, soit en extirpant le viscère (batracien), soit en liant la veine porte (chien, cobaye) ou, ce qui est préférable, en établissant une fistule porto-cave (chien).

2° On peut empoisonner un animal et rechercher le poison dans les viscères et les tissus soit par un dosage chimique, soit en déterminant la toxicité des extraits.

3° On peut étudier la toxicité du liquide chargé d'alcaloïdes qu'on a fait passer dans un foie préparé pour la circulation artificielle.

4° On peut injecter comparativement le poison par une veine périphérique et par une veine intestinale.

Si l'on emploie cette dernière méthode, qui donne de bons résultats, il faut avoir soin de diluer la substance en tenant compte de son équivalent toxique : autrement dit, la dose reconnue mortelle, quand on l'injecte dans une veine périphérique, devra être contenue dans 10 ou 20 cc. de liquide, et celui-ci devra être introduit peu à peu et très lentement. C'est pour avoir négligé ces précautions que plusieurs expérimentateurs n'ont pas réussi à mettre en évidence l'action protectrice du foie. Qu'il s'agisse des poisons ou qu'il s'agisse du sucre, cette glande laisse passer les solutions concentrées. Nous avons montré, par exemple, que le foie ne modifie pas la toxicité d'une solution de nicotine à 0,5 p. 100 ; que l'injection soit faite par une veine périphérique ou par un rameau de la veine porte, la dose mortelle est la même ; elle oscille autour de $0^{gr},005$. Mais, si l'on emploie une dilution à 0,05 pour 100, les résultats sont bien différents : pour tuer 1 kilogramme d'animal, il faut introduire 0,007 par une veine périphérique, 0,014 par une veine intestinale.

La plupart des expérimentateurs qui ont étudié l'action du foie sur les alcaloïdes ont, à l'exemple de Héger et de Schiff, utilisé la nicotine.

Nous avons fait un certain nombre de recherches avec cet alcaloïde. Opérant d'abord sur des grenouilles, nous avons étudié l'effet de l'intoxication sur des animaux normaux et sur des animaux dont on avait extirpé le foie. Cette opération permet, comme on sait, une survie de quelques jours et même, si les animaux sont maintenus dans l'eau courante, une survie de plusieurs semaines. Or, en injectant dans le sac lymphatique postérieur une solution à 5 p. 1 000, nous avons constaté que la dose mortelle est de 34 mg. (par kilog.) pour une grenouille normale, et de 8 pour une grenouille privée de foie. Si l'on fait la ligature des vaisseaux rénaux, on provoque, comme l'a montré Schiff, une congestion et une suractivité de la glande hépatique : dès lors une dose de 36 mg. reste sans effet. Enfin, quand la nicotine a été triturée avec le foie, il faut en injecter 100 mg. pour amener la mort.

En opérant sur des lapins on obtient des résultats semblables. La dose mortelle étant de 7 mg. par kilo, quand on pousse par une veine périphérique une dilution à 5 p. 1000, il faut, pour tuer l'animal, introduire 14,9 par une veine mésaraïque ; ou bien injecter par une veine périphérique une dose correspondant à 14 ou 15 mg. quand le poison a passé au préalable à travers un foie préparé pour la circulation artificielle, ou quand il a été trituré avec un fragment de tissu hépatique.

Les résultats que nous avons obtenus nous ont valu un certain nombre de critiques. Chouppe et Pinet ont soutenu que le foie est sans action sur la strychnine. Les faits négatifs rapportés par ces auteurs tiennent simplement à ce qu'ils employaient des solutions trop concentrées. Depuis longtemps, Dragendorff avait montré que la strychnine s'accumulait dans le foie. Héger avait établi, par la méthode des circulations artificielles, que cette glande retenait la moitié de la quantité de poison qui la traversait. Ayant empoisonné des cobayes avec de la strychnine, nous n'avons pas trouvé trace du poison dans le sang. Mais nous avons constaté que le foie en renferme, à poids égal, dix fois plus que les muscles. Nous avons poursuivi enfin quelques recherches sur des grenouilles, les unes normales, les autres privées de foie. Le poison a été introduit sous la peau ou par le tube digestif : dans les deux cas, l'action du foie a été manifeste. Mais nous avons reconnu, en même temps, que la strychnine agit un peu plus énergiquement quand, chez des grenouilles saines, on la fait pénétrer par le tissu sous-cutané ; au contraire, chez les grenouilles privées de foie, le poison est plus rapidement mortel quand on l'introduit par le tube digestif. Ce fait nous semble de nature à modifier les idées courantes sur l'absorption. Pour ne parler que de la strychnine, nous rappellerons que Cl. BERNARD pensait que cet alcaloïde, de même que le curare, s'absorbe mieux sous la peau que dans le tube digestif. L'action du foie qui vient troubler l'étude comparative, en apparence si simple, ne permet pas d'accepter sans réserve une telle opinion.

L'action du foie, qui est également manifeste pour la quinine, la morphine, la cocaïne, ne s'exerce pas indistinctement sur tous les alcaloïdes. Elle varie aussi suivant les espèces animales. C'est ainsi que, d'après HÉGER, le foie de la grenouille agit énergiquement sur l'hyoscyamine ; le foie du lapin n'a que peu d'influence sur cet alcaloïde ; le foie du cobaye n'en a pas du tout.

Avec l'atropine, les résultats ont été assez discordants. Cependant les recherches de KOTTLIAR semblent démonstratives ; en opérant sur des chiens auxquels on avait pratiqué la fistule d'Eck, cet auteur a bien mis en évidence l'action du foie sur ce poison.

Les alcaloïdes s'emmagasinent-ils simplement dans le foie ou y subissent-ils une transformation ? C'est à cette deuxième conception que se rangèrent SCHIFF et LAUTENBACH. Ce dernier auteur soutient que la nicotine renferme deux poisons : l'un, qui ne serait pas retenu par le foie, déterminerait des symptômes d'ataxie ; l'autre est une substance tétanisante que la glande détruirait. Cette conception ne semble guère admissible. Mais la théorie de SCHIFF paraît exacte. C'est ce qui résulte des intéressantes recherches de VERHOOGEN. De l'hyoscyamine est triturée avec un foie de grenouille ; après ce traitement l'alcaloïde perd son pouvoir mydriatique. Il y a donc modification du poison ; et cette modification résulte d'une sorte de digestion attribuable à un ferment qui perd ses propriétés quand on le chauffe à 70°. Il est inutile d'insister sur l'importance de ce résultat qui semble éclairer d'un jour tout nouveau le mode d'action du foie sur les alcaloïdes.

Action du foie sur les divers poisons organiques et sur les produits microbiens. — L'action protectrice du foie, si elle ne s'exerçait que sur les poisons introduits accidentellement dans l'organisme, n'aurait qu'une importance relative. Ce serait une fonction intermittente, n'ayant l'occasion de se manifester que d'une façon exceptionnelle. Il n'en est rien, en réalité, car le foie agit sur les nombreuses substances toxiques que renferment les aliments et sur celles qui se forment constamment dans l'organisme, soit par suite de la vie cellulaire, soit par suite des fermentations et des putréfactions intestinales.

Nous n'insisterons pas sur les modifications que le foie fait subir aux produits de la désassimilation. Il contribue à les transformer en urée, c'est-à-dire en une substance inoffensive, et même utile, puisqu'elle sert à assurer la sécrétion rénale. Il agit de même sur le carbonate, le carbamate d'ammoniaque et, d'une façon générale, sur les sels ammoniacaux à acide organique : il les retient, les emmagasine et les transforme également en urée. En produisant ainsi un diurétique physiologique, le foie se trouve être le collaborateur du rein dans la dépuration organique : il exerce donc une double action protectrice.

Parmi les poisons d'origine alimentaire, il faut mettre en première ligne l'alcool. GIOFFREDI a montré qu'on augmente un peu la sensibilité de la grenouille à l'alcool et lui extirpant le cerveau, beaucoup en lui extirpant le foie. Si l'on retire ces deux organes, des doses qui ne produisent aucun accident chez une grenouille saine, amèneront une mort rapide.

Si l'acétone et la glycérine traversent librement le foie, les savons y perdent leur toxicité (MUNK).

Les produits de putréfaction y sont profondément modifiés : l'indol et le phénol s'y sulfo-conjuguent et donnent naissance à de l'indoxyl et à du phényl-sulfate, c'est-à-dire à des corps peu toxiques. L'hydrogène sulfuré y est également en grande partie neutralisé.

A côté de ces substances bien définies qui se produisent dans un grand nombre de putréfactions, à l'intérieur ou en dehors de l'organisme, on place des substances fort actives rentrant dans le groupe des alcaloïdes. Si on les étudie en bloc, comme nous l'avons fait en 1887, c'est-à-dire si on les extrait au moyen de l'alcool ou de l'éther, on constate que le foie est capable de les arrêter et de les neutraliser. L'extrait alcoolique

de matières pourries, débarrassé de potasse et d'ammoniaque, perd la moitié de sa toxicité quand on lui fait traverser le foie. Le résultat est analogue quand on emploie l'extrait
du contenu intestinal.

Actuellement l'attention est détournée des poisons putrides. Les importantes découvertes touchant les toxines produites par les bactéries pathogènes ont dirigé les études
dans un autre sens.

On avait cru tout d'abord que ces toxines étaient de nature alcaloïdique. Aussi, voulant étudier leur action et désirant employer les substances telles qu'elles se trouvent

SUBSTANCES INJECTÉES.	TITRE centésimal des solutions.	DOSE MORTELLE PAR KILOGRAMME; INJECTION PAR		RAPPORT entre les toxicités suivant la voie d'injection.
		v. périphérique.	v. porte.	
		gr.	gr.	
Chlorure de potassium.	0,55	0,18	0,18	
— de sodium.	10	5,17	5,88	
Lactate de soude.	10	2,49	2,90	
Salicylate de soude.	4	0,9	1,45	1,6
Lactate de protoxyde de fer. . .	1	0,4	1,19	2,9
Albuminate de cuivre.	1,81	0,4	0,81	2
Nicotine [1]	0,5	0,0051	0,0048	
	0,05	0,007	0,014	2
Sulfate neutre d'atropine. . . .	0,11	0,041	0,192	4,6
Curare.	0,025	0,0024	0,0066	2,75
Sulfovinate de quinine.	0,25	0,06	0,16	2,66
Sulfate de strychnine.	0,025	0,00028	0,0013	2,6 [2]
	0,001	0,00018	0,0003	1,6 [3]
Cocaïne [4].	1	0,019	0,042	2,14
Chlorhydrate de morphine . . .	1	0,33	0,68	1,93
Antipyrine [5]	5	0,68	0,95	1,4
Macération de digitale	4,15	1,4	1,6	8
Digitaline.	0,02	0,0031	0,0032	
Alcool.	20	7,77	9,44	1,21
Acétone.	20	6,94	6,95	
Glycérine.	20	10	9	
Naphtol α [6].	1	0,13	0,13	
Naphtol β [7].	1	0,08	0,12	1,5
Produits de dédoublement de l'albumine [8].	4,5	1,13	0,12	
Chlorhydrate d'ammoniaque. . .	2	0,39	0,34	
Carbonate d'ammoniaque. . . .	1	0,24	0,4	1,61
Lactate d'ammoniaque.	1,5	0,63	1,13	1,79
Matières pourries (extr. alcoo-lique)[9].	400	22,83 ou 91	54,2 ou 216	2,36
Matières typhiques (extr. alcoo-lique)[10].	4689	9,83 ou 461	21,14 ou 991	2,15
Toxines du colibacille de la dy-senterie.	»	0,5	2	4 [11]

1. Expériences montrant l'importance de la dilution.
2. D'après JACQUES chez le chien.
3. La dose qui a traversé le foie ne produit aucun trouble.
4. D'après GLEY et EON DU VAL.
5. D'après GLEY et CAPITAN.
6. D'après MAXIMOVITCH.
7. D'après BOUCHARD.
8. Produits obtenus en soumettant l'albumine à un chauffage en vase clos au contact de la baryte.
9. L'extrait alcoolique (débarrassé de potasse) de 400 grammes de viande pourrie avait était repris dans 100 centimètres cubes d'eau.
10. Extrait alcoolique (sans potasse) de 4 689 grammes de matières fécales typhiques, repris dans 100 centimètres cubes d'eau.
11. La dose qui a traversé le foie produit seulement une diarrhée passagère.

dans l'organisme malade, avons-nous utilisé les extraits de matières typhiques. Des expériences, faites avec LEGRY, nous ont montré que le foie est sans action sur les extraits aqueux, tandis qu'il neutralise les extraits hydro-alcooliques.

Depuis l'époque où nous avons fait ces recherches, il a été démontré que les alcaloïdes microbiens ne représentent pas le poison véritable. Ce sont des dérivés. On admet que les produits primaires sont des molécules protéiques complexes, renfermant un radical alcaloïdique. Celui-ci est mis en liberté pendant les manipulations. La molécule primitive est tellement instable qu'on ne peut arriver à l'obtenir à l'état de pureté. Il faut donc opérer avec les cultures microbiennes sans chercher à en extraire un principe défini.

Les premières recherches entreprises dans cette voie sont dues à CAMERA PESTANA qui attribue au foie une certaine action protectrice. Les expériences de TEISSIER et GUINARD, poursuivies avec les toxines diphtérique et pneumobacillaire, conduisent à une conclusion diamétralement opposée : le foie n'exerce sur ce poison aucune action protectrice ; souvent même, surtout chez le chien, la toxine, en traversant le foie, devient plus énergique.

E. FOA, qui a repris la question, constate, avec la toxine typhique, que ce sont les animaux injectés par la veine porte qui succombent les premiers. Avec la toxine diphtérique, l'effet est différent : le foie exerce contre ce poison une légère action protectrice. Ce dernier résultat ne cadre pas avec les expériences de TEISSIER et GUINARD. Peut-être faut-il attribuer la contradiction à la complexité des poisons microbiens et à leur variabilité. En tout cas nos expériences ont été négatives. La toxine diphtérique a eu le même pouvoir toxique, qu'on l'introduisit par une veine périphérique ou par une veine intestinale, ou qu'on l'injectât après une circulation artificielle longtemps prolongée à travers le foie.

Les animaux injectés par la veine porte succombant souvent les premiers, on peut se demander si l'arrivée soudaine d'une grande quantité de poison dans le foie n'altère pas le parenchyme hépatique. On conçoit qu'elle puisse ainsi précipiter la terminaison fatale. Cette idée trouve une confirmation dans les recherches que nous avons poursuivies avec le bacille de l'entérite dysentériforme.

Le foie arrête et détruit ce microbe quand on injecte dans la veine porte une culture datant de quelques heures ; c'est qu'à ce moment le milieu ne renferme pas ou presque pas de toxine. Si l'on utilise une culture ancienne, le résultat est bien différent, les animaux inoculés par la veine porte succombent en même temps que les témoins injectés par une veine périphérique, souvent même avant eux. La toxine a supprimé l'action protectrice contre les éléments figurés ; loin d'être détruite par le foie, elle annihile l'influence de cette glande ; elle exerce une action inhibitoire.

Cependant il ne faut pas se hâter de généraliser ces résultats négatifs. La toxine du colibacille dysentérique est neutralisée par le foie. Tandis qu'un demi-centimètre cube, injecté dans les veines périphériques d'un lapin, le tue en deux ou trois jours, une dose quatre fois plus forte, introduite par la veine porte, détermine simplement de la diarrhée. Si l'on administre des quantités considérables, le foie ne sera plus capable de sauver l'animal : mais il prolongera son existence. On injecte à deux lapins 20 cc. d'une toxine légèrement affaiblie : l'un, pesant 1825 grammes, reçoit le liquide par une veine périphérique ; il succombe dans le collapsus au bout de 7 heures et demie ; l'autre, pesant 1815 grammes, reçoit le poison par la veine porte ; il survit quatre jours.

Résumé. — Pour qu'on puisse se rendre compte de l'action du foie sur les poisons, nous avons réuni dans un tableau (v. plus haut) les résultats obtenus en injectant comparativement les substances toxiques par une veine périphérique et par un rameau de la veine porte ; sauf indication contraire, toutes les expériences nous sont personnelles.

Variations de l'action protectrice du foie. — Il ne suffit pas de constater que le foie est capable d'arrêter et de transformer diverses substances toxiques. Il faut rechercher encore ce que devient cette action au cours des divers états physiologiques ou pathologiques.

Or de nombreuses expériences nous ont fait voir que l'action protectrice du foie varie parallèlement à sa richesse glycogénique. C'est ce qu'on peut déjà démontrer en mettant des animaux à l'inanition. La dose mortelle, quand l'injection est poussée par les veines périphériques, varie peu ou est légèrement augmentée. Au contraire, déjà au bout de vingt-quatre heures, l'action du foie est diminuée; au bout de trois ou quatre jours, quand le foie ne contient plus de glycogène, elle est abolie. Voici quelques chiffres qui fixeront les idées à cet égard. Il s'agit d'expériences personnelles faites sur des lapins.

SUBSTANCE INTRODUITE.	ÉTAT DE L'ANIMAL.	DOSE MORTELLE		RAPPORT.
		par veines périphériques.	par veine porte.	
Sulfovinate de quinine..	Bien nourri	0,06	0,16	2,66
	24 h. inanition.	0,078	0,091	1,16
— d'atropine ..	Bien nourri	0,041	0,192	4,68
	26 h. inanition.	0,049	0,136	2,98
Nicotine.........	Bien nourri	0,007	0,014	2
	72 h. inanition.	0,0072	0,0076	1,05

Ces résultats nous semblent de nature à éclairer certains faits anciens. On a noté depuis longtemps que les animaux sont plus facilement intoxiqués par la voie digestive quand ils sont à jeun que lorsqu'ils sont en digestion. Les mêmes différences ne s'observant pas quand on emploie la voie sous-cutanée, on en conclut à une suractivité de l'absorption intestinale. Ne semble-t-il pas plus juste d'invoquer une modification dans l'action du foie? On peut expliquer également par un trouble hépatique l'augmentation de la toxicité urinaire au cours de l'abstinence ou à la suite du surmenage (BOUCHARD).

Nous avons étudié encore l'influence d'autres causes qui diminuent la teneur en glycogène : l'asphyxie, la section des pneumogastriques, l'intoxication phosphorée, la ligature du canal cholédoque.

Dans tous les cas, nous avons reconnu, soit en pratiquant des injections par la veine porte, soit en recherchant sur des grenouilles la toxicité du liquide obtenu en triturant la nicotine avec des morceaux de foie, que l'action protectrice diminue ou disparaît en même temps que le glycogène. Le parallélisme est presque parfait.

L'étude du foie chez le fœtus confirme encore la loi que nous avons essayé d'établir. Le foie du fœtus à terme est riche en glycogène et neutralise les poisons. Le foie des embryons reste sans action. Dans une de nos expériences nous avons sacrifié une femelle de cobaye. Le foie de la mère neutralisa la nicotine. Le foie des embryons, qui ne contenait pas encore de glycogène, n'eut aucune influence. Le placenta n'agit pas davantage.

Si l'on excite la glycogénie, par exemple en injectant de l'éther par la veine porte, on voit parallèlement augmenter l'action du foie : c'est la contre-partie des expériences précédentes. Enfin si, opérant sur des animaux qui ont jeûné, on injecte dans la veine porte un mélange d'alcaloïde et de glycose, le foie récupère une partie de son action. Le résultat est d'ailleurs assez inconstant, ce qui tient à la complexité de l'expérience, car le jeûne produit suivant l'état antérieur du sujet des effets bien différents. Mais, si l'on fait ingérer, trois heures avant l'expérience, une dose suffisante de glycose, le résultat sera beaucoup plus net. Le foie se charge de glycogène et, de nouveau, devient apte à arrêter les poisons.

On peut vérifier tous ces résultats par un procédé très simple. Il suffit d'injecter à des lapins une solution bien titrée d'hydrogène sulfuré et de rechercher à quel moment le poison passe dans l'air expiré. Le foie normal retient de grandes quantités de cette substance, comme on peut s'en convaincre en pratiquant des injections comparatives par les veines périphériques et par la veine porte. Or, en faisant une série d'expériences sur des animaux dont les uns sont normaux, dont les autres ont été soumis à l'inanition ou à l'action du phosphore, on constate que l'hydrogène sulfuré passe d'autant plus vite dans l'air expiré que la fonction glycogénique est plus profondément atteinte. L'emploi de l'hydrogène sulfuré permet d'explorer le foie sans vivisection préalable : il suffit d'introduire la solution dans le rectum.

La méthode que nous venons d'indiquer, et que nous avons étudiée avec GARNIER, ne peut s'appliquer à l'homme. Quelle que soit la dose d'hydrogène sulfuré qui ait été introduite dans le rectum, jamais il ne s'en élimine par le poumon une quantité appréciable.

Tous les faits que nous venons de rapporter nous semblent concordants : ils permettent de conclure que l'action du foie sur les poisons varie parallèlement à la fonction glycogénique.

Comment comprendre cette relation? On peut supposer que le glycogène est un simple témoin de l'activité glandulaire on peut admettre qu'il sert à former des combinaisons peu toxiques. Cette dernière idée semble trouver une démonstration dans les recherches récentes de TEISSIER. D'après cet auteur, la nicotine, mise en contact avec le glycogène, perd une partie de sa toxicité. Mais le sulfate de strychnine n'est pas modifié dans les mêmes conditions. Enfin la toxine diphtérique devient plus active.

Il serait intéressant de reprendre ce côté de la question. Quelle que soit d'ailleurs l'interprétation, le fait subsiste, et comporte un certain nombre de déductions intéressant également la physiologie et la pathologie.

Action du foie sur les microbes. — Les microbes charriés par la veine porte s'arrêtent dans les capillaires hépatiques. Or le foie a la propriété de détruire certaines espèces microbiennes. Il protège ainsi l'organisme contre l'infection.

Pour mettre cette action en évidence, on peut avoir recours à une des méthodes qui servent à démontrer l'action du foie sur les poisons. On injecte comparativement la culture par une veine périphérique et par un rameau de la veine porte. Mais il est certaines précautions qu'on ne doit pas négliger. Il ne faut pas qu'une trace de culture passe à côté du vaisseau; si se produirait, dans ce cas, un foyer microbien dont l'évolution fausserait complètement les résultats. On aura recours, d'autre part, à des cultures de virulence moyenne, ou bien on les diluera dans certaines proportions, car l'arrivée d'une trop grande quantité de microbes virulents pourrait fausser complètement les résultats. Il faudra se rappeler enfin, comme nous l'avons déjà établi, que les effets peuvent être complètement modifiés par la présence dans la culture de toxines microbiennes.

Il est facile de démontrer que le foie arrête et détruit la bactéridie charbonneuse. Dans une de nos expériences, une dose de 1/8 de millimètre cube injectée dans une veine périphérique, tua un lapin de 2 345 grammes en trente-trois heures. Une dose de 8 millimètres cubes, introduite par un vaisseau porte, ne provoqua aucun trouble chez un lapin de 1 915 grammes. Autrement dit, une quantité de bacilles charbonneux, 64 fois supérieure à celle qui tue par les veines périphériques, est complètement annihilée par le foie.

L'action protectrice du foie est également manifeste quand on étudie le staphylocoque doré; elle est seulement moins intense : le foie neutralise 8 doses mortelles.

Au contraire, le foie est sans action sur le streptocoque qui trouve dans son parenchyme un excellent milieu de culture.

Les résultats obtenus avec le colibacille varient suivant les échantillons qu'on emploie. Le foie n'a pas d'action sur certains, tandis qu'il agit sur d'autres. Il exerce une destruction marquée sur le colibacille de la dysenterie, du moins si les cultures sont récentes; au bout d'un certain temps les bouillons contiennent des toxines qu'annihile l'action du foie.

Pour donner plus de généralité à nos recherches, nous avons fait quelques expériences avec l'*Oidium albicans*, et nous avons constaté encore que le foie arrête et détruit ce parasite avec une grande énergie.

Il serait facile de discuter longuement le mécanisme de la protection exercée par le foie. Évidemment deux hypothèses se présentent à l'esprit : ou bien les microbes fixés par une adhérence moléculaire subissent l'influence des liquides nocifs sécrétés par les cellules hépatiques; ou bien ils sont englobés et détruits par des phagocytes. C'est généralement aux cellules endothéliales qu'on attribue ce rôle. WERIGO les a vues se gonfler, faire saillie dans l'intérieur des vaisseaux; elles envoient des prolongements qui englobent les microbes. En opérant sur des grenouilles et des poissons, MESNIL a observé également un englobement de la bactéridie charbonneuse par les cellules endothéliales.

Lemaire a constaté, à ce sujet, quelques faits intéressants. En injectant à des animaux un échantillon de colibacille peu virulent, il a vu que les microbes sont rapidement saisis par les cellules endothéliales; ils sont tellement bien fixés qu'un lavage énergique et prolongé d'un des lobes ne parvient pas à les entraîner. Au bout de quatre heures ils sont détruits. Si l'on utilise un échantillon très virulent, la phagocytose des cellules endothéliales du foie est insuffisante, et les colibacilles rentrent dans la circulation, où ils ne tardent pas à pulluler.

Enfin, quand la résistance des animaux a été augmentée par un sérum préventif, les cellules endothéliales exercent une action énergique, même sur les colibacilles virulents.

Variations de l'action du foie sur les microbes. — Comme l'action sur les poisons, l'action du foie sur les microbes varie dans diverses conditions physiologiques ou pathologiques; elle s'affaiblit au cours de l'inanition, mais elle n'a pas encore complètement disparu après deux ou trois jours de jeûne.

Les substances hydrocarbonées, comme le glycose; les modificateurs de la fonction glycogénique, comme l'éther, exercent une influence bien différente suivant la dose qu'on emploie. De petites quantités augmentent l'action du foie; des quantités élevées la diminuent ou la suppriment.

Enfin, les poisons microbiens ont pour effet d'annihiler l'action du foie; les cultures stérilisées du *Bacillus prodigiosus* ont notamment le pouvoir de supprimer l'action protectrice de la glande. Ce résultat explique peut-être, au moins en partie, le mécanisme si complexe des associations microbiennes.

Fonctions cyto-pexique et granulo-pexique. — Ce ne sont pas seulement les microbes que le foie peut arrêter, ce sont également les cellules animales. En face de la fonction bactério-pexique, on peut donc admettre, avec Gilbert et Carnot, une fonction cyto-pexique. Le meilleur exemple nous est fourni par l'étude des cancers secondaires du foie. Comme l'ont bien montré Hanot et Gilbert, les cellules néoplasiques s'arrêtent dans les capillaires, à la périphérie des lobules; elles s'y détruisent ou s'y gonflent pour donner naissance à des noyaux secondaires.

Le foie exerce également une action d'arrêt sur les hématies, sur celles qui proviennent d'un animal d'espèce différente ou sur celles de l'individu lui-même quand elles sont altérées ou fragmentées (Kupffer). Il arrête encore les parasites animaux et notamment les germes d'hydatides qui ont, comme on sait, une prédilection marquée pour le foie. Enfin il retient les diverses granulations que peut charrier la veine porte. Cette fonction granulo-pexique, manifeste dans le paludisme, a été étudiée avec soin par P. Carnot. On injecte dans les veines, à un certain nombre de lapins, des granulations mélaniques en suspension dans de l'eau salée. En sacrifiant les animaux à des jours successifs, P. Carnot constate que le pigment est saisi par les endothéliums; puis il passe dans les cellules hépatiques et s'y détruit. Des faits analogues s'observent avec les pigments ferrugineux, et notamment avec le pigment ocre.

Avec les matières grasses, Gilbert et Carnot ont obtenu des résultats semblables: les gouttelettes graisseuses sont retenues par les capillaires, et elles passent par les cellules endothéliales pour arriver aux cellules hépatiques où elles disparaissent en 8 ou 10 jours.

Fonction antitoxique. — Baltus (E.). *Contribut. à l'étude de la localisation des alcaloïdes dans le foie* (J. d. sc. méd. de Lille, 1884, VI, 233-250). — Buys (E.). *Contribution à l'action distinctive exercée par le F. sur certains alcaloïdes* (Ann. Soc. Roy. d. sc. méd. et nat. de Bruxelles, 1893, IV, 73-88). — Capitan et Gley. *De la toxicité de l'antipyrine suivant les voies d'introduction* (B. B., 1887, 703). — Cavazzani. *Sur une aptitude spéciale du foie à retenir le violet de méthyle* (A. i. B., 1896, XXVI, 27-32). — Chouppe et Gley. *Action du F. sur la cocaïne* (B. B., 1891, 638). — Chouppe et Pinet. *Note sur la dose mortelle de strychnine par injection intra-artérielle* (B. B., 1897, 574). — Eon du Val (H.). *Rech. sur l'action antitoxique du foie sur la cocaïne. Emploi de la cocaïne à l'intérieur* (D. Paris, 1891, 48 p.). — Fraser. *Note on the antivenomous and antitoxic qualities of the bile of serpents and of other animals* (Brit. med. Journ., 1897, 595). — Gley. *Action du F. sur la cocaïne* (B. B., 1891, 560). — Herzen. *Di una nuova funzione del F. di M. Schiff et B. Lautenbach* (Imparziale, 1877, XVII, 463-466). — Jacques (V.). *Essai sur la localisation des alcaloïdes dans le foie*

(D. Bruxelles, 1880). — KOTLIAR. *Contribut. à l'étude du rôle du F. comme organe défensif
contre les substances toxiques* (Arch. d. sc. biol., 1894, II, 587-631). — LAUTENBACH. *On a
new function of the L.* (Phil. med. Times, 1876, VII, 387-394). — PETRONE (G. A.). *Rech. exp.
sur le rôle protecteur du F. contre quelques alcaloïdes chez les animaux jeunes et adultes*
(Ann. de méd. et de chir. infant., 1900, IV, 792-802).'— QUEIROLO. *Sur la fonction protectrice du F. contre les intoxications intestinales* (A. i. B., 1895, XXIII, 285). — ROGER (H.)
et GARNIER (M.). *Sur un procédé permettant de déterminer l'état fonctionnel du F.* (B. B.
1898, 714-715); *Influence du jeûne et de l'alimentat. sur le rôle protecteur du F.* (Ibid.,
1899, 209). — ROGER. *De quelques conditions qui modifient l'action du F. sur les microbes*
(B. B., 1898, 943-946); *Nouvelles rech. sur le rôle du F. dans les infections* (Ibid., 1899,
781); *Action du foie sur les poisons* (D. Paris, 1894, 230 p.). — SCHUPFER (F.). *L'action protectrice du F. contre les alcaloïdes* (A. i. B., 1895, XXIII, 285). — TEISSIER et GUINARD.
Aggravation des effets de certaines toxines microbiennes par leur passage dans le F. (C. R.,
1895, CXXI, 223-226); *A propos des accidents consécutifs à l'injection des toxines dans la
veine porte* (B. B., 1896, 333-335); *Effets de la malléine après injection dans le système
porte* (Ibid., 335-337). — ZAGARI. *Sur la fonction antitoxique du F.* (A. i. B., 1895, XXIII,
285).

§ XX. — PHYSIOLOGIE PATHOLOGIQUE ET PATHOLOGIE GÉNÉRALE.

La situation topographique du foie, ses rapports, d'un côté avec la paroi thoraco-
abdominale et de l'autre avec des organes fréquemment lésés, la connexion que ses
nombreux vaisseaux et ses voies d'excrétion établissent avec les diverses parties de l'organisme suffisent à expliquer la fréquence de ses lésions.

Sans vouloir entreprendre l'étude des affections hépatiques, nous devons nous arrêter
un instant sur diverses questions ressortissant à la physiologie pathologique et à la pathologie générale du foie.

Étiologie et pathogénie. — Il est fréquent d'observer des troubles et des lésions
du foie relevant de causes mécaniques; parmi celles-ci les unes agissent extérieurement,
à travers la paroi : tels sont les corsets et les ceintures; les autres sont nées dans l'intérieur même du corps, comme les tumeurs ou les hypertrophies des organes.

Plus importantes sont les lésions d'origine vasculaire. La veine porte charrie fréquemment des substances solubles capables d'adultérer le parenchyme hépatique, des parasites, des bactéries ou des cellules cancéreuses capables de s'y greffer et d'y pulluler.
Ces éléments, solubles ou figurés, proviennent parfois de la circulation générale, plus
souvent des deux grands organes dont le sang veineux traverse le foie, la rate et le
tractus gastro-intestinal. La coexistence des altérations hépatique et splénique avait été
remarquée depuis longtemps. Mais on avait admis que les lésions du foie étaient primitives et que, par les troubles circulatoires qu'elles suscitaient, elles déterminaient un
engorgement de la rate. Aujourd'hui on tend à renverser la filiation, au moins pour
un certain nombre de cas. La rate, fréquemment atteinte au cours des maladies
et notamment des infections, est souvent le siège de lésions chroniques, qui, à un
moment donné, retentiront sur le foie et y susciteront des altérations plus ou moins
profondes.

Plus souvent que la rate, le tube digestif réagit sur le foie. Les substances ingérées,
les aliments fermentés ou putréfiés, contiennent ou abandonnent des substances toxiques. Si le foie est capable de les arrêter et de les transformer, trop souvent il subit leur
influence nocive. Nous avons à peine besoin de rappeler la fréquence des abcès, des
dégénérescences et des scléroses du foie d'origine intestinale.

L'artère hépatique joue un rôle moins important en pathologie. Par contre, l'influence
des veines sus-hépatiques est considérable. Il s'y produit souvent, même à l'état normal,
des reflux qui nous expliquent le mécanisme de certaines embolies rétrogrades et nous
rendent compte du développement, autour des ramifications sus-hépatiques, de certains
abcès pyémiques. C'est surtout quand survient un obstacle à la circulation veineuse,
notamment dans le cas d'insuffisance tricuspidienne, qu'on voit se développer, autour
des vaisseaux sus-hépatiques, des lésions qu'explique la stase sanguine.

Les voies biliaires sont fréquemment atteintes ; elles peuvent être envahies par des microbes remontant du tube digestif, être comprimées ou obstruées par des productions morbides développées autour d'elles ou à leur intérieur.

Le système nerveux doit évidemment agir tantôt sur les cellules, tantôt sur les vaisseaux, tantôt sur les voies biliaires. Cette dernière éventualité semble la plus fréquente. L'ictère émotif en est le type clinique le mieux connu.

Si les lésions des divers organes retentissent facilement sur le foie, réciproquement les troubles ou les altérations du foie retentissent facilement sur les autres parties de l'organisme.

En s'hypertrophiant, le foie peut comprimer les parties voisines, gêner l'expansion des poumons, le fonctionnement du cœur et du tube digestif. Les troubles de la circulation portale ont un contre-coup sur la circulation des veines périphériques et des veines abdominales ; les modifications de la sécrétion biliaire ont pour résultat le développement d'accidents intestinaux : enfin les troubles des fonctions glycogénique, uropoïétique, antitoxique, entraînent des modifications de la nutrition générale ou amènent une entrave au jeu régulier de certains organes, et notamment des reins. Si l'on tient compte encore des manifestations d'ordre réflexe qui ont pour point de départ une lésion hépatique, on comprendra avec quelle fréquence et avec quelle facilité les affections du foie provoquent une série de troubles et d'altérations dans les parties les plus éloignées de l'économie.

Action des poisons sur le foie. — Si le foie est capable d'arrêter et de modifier un grand nombre de substances toxiques, il est fréquent, en revanche, d'observer des lésions hépatiques provoquées par les poisons auto-ou exogènes. On a cru pendant longtemps que parmi ces poisons les uns provoquaient des dégénérescences cellulaires, les autres de la sclérose. Les travaux modernes semblent renverser cette conception. Toutes les substances toxiques portent d'abord leur influence sur l'élément noble, c'est-à-dire le plus sensible, sur la cellule hépatique : ils en provoquent la dégénérescence. Le travail de sclérose est un processus secondaire : il représente, en quelque sorte, un moyen de réparation ; il assure la cicatrisation des lésions. Le tissu fibreux remplace les vides laissés par la mort des cellules. Ce qui prouve la réalité de cette conception, c'est que la même substance produit, suivant les conditions dans lesquelles elle agit, des effets différents. Le phosphore, comme l'alcool, amène la dégénérescence graisseuse ou la cirrhose ; la différence des résultats s'explique par une différence dans les doses introduites ou dans l'état du sujet. Pour que la réaction fibreuse se développe, il faut donner le poison à doses minimes, fréquemment répétées, et opérer sur des animaux résistants. Si les individus intoxiqués sont affaiblis, s'ils sont mal nourris ou placés dans de mauvaises conditions hygiéniques, le processus réactionnel fait défaut, la stéatose l'emporte. L'évolution est analogue, qu'on étudie le phosphore, l'arsenic, l'antimoine, l'iodoforme ou l'oxyde de carbone.

L'alcool et les boissons alcooliques méritent évidemment de fixer l'attention et on conçoit que leur étude ait donné lieu à un certain nombre de recherches expérimentales.

Pour avoir des résultats acceptables, il est indispensable, comme l'a montré A. Laffitte, de faire avaler aux animaux les boissons alcooliques en les mélangeant aux aliments. Si l'on utilise une sonde, comme l'ont fait Straus et Blocq, on provoque des lésions gastriques qui faussent complètement les résultats, car elles suffisent, à elles seules, à produire des lésions du foie. En faisant ingérer à des animaux pendant un temps qui a varié de 9 semaines à 15 mois, du vin, de l'alcool ou de l'absinthe mélangés à du son Laffitte a provoqué des lésions et des atrophies cellulaires. Jamais il n'a obtenu de sclérose. Sabourin a observé une stéatose péri-sushépatique. Strassmann, Richter signalent également la stéatose ; mais ce dernier auteur a reconnu que des doses minimes longtemps répétées finissent par provoquer la sclérose.

Parmi les autres substances sclérogènes, on peut citer le plomb. Potain a décrit une cirrhose atrophique saturnine, souvent curable, dont les expériences de Laffitte démontrent la réalité. Lancereaux, Welch nous ont fait connaître une cirrhose anthracosique. On sait enfin que Lancereaux a voulu faire jouer un grand rôle au sulfate acide de potasse dans le développement des cirrhoses alcooliques.

Les venins des serpents et des scorpions constituent des poisons stéatosants, ils provoquent dans le foie la dégénérescence graisseuse et la nécrose des cellules, et déterminent la vaso-dilatation et la dislocation des trabécules hépatiques.

Il est fréquent d'observer la dégénérescence graisseuse au cours des diverses maladies infectieuses. Les toxines microbiennes amènent, en effet, de la stéatose, et, comme les autres poisons, elles produiront, suivant leur nature, leur dose ou l'état du sujet, des effets variables. Une même toxine provoque la congestion, la thrombose vasculaire, les dégénérescences diffuses ou en foyers, la sclérose. La diversité des résultats dépend bien plus de l'état du sujet intoxiqué que de la nature du poison.

Dans ces dernières années est née la question si importante des sérums cytolytiques. DELEZENNE en a transporté l'étude dans le domaine de la physiologie hépatique. Il injecte à des canards des extraits préparés avec du foie de chien. Le sérum de ces animaux devient hépatolytique : l'injection d'une dose de 2 à 4 cc. par kilogramme provoque chez le chien une atrophie jaune aiguë du foie, et fait périr l'animal au milieu de troubles rappelant ceux de l'ictère grave.

Les relations vasculaires qui unissent le tractus gastro-intestinal à la glande hépatique rendent compte de la fréquence des lésions du foie dans les affections digestives.

Dans un grand nombre de cas on peut incriminer l'usage d'aliments toxiques ou avariés.

SEGERS a appelé l'attention sur la fréquence de la cirrhose chez les habitants de la Terre de Feu qui consomment des quantités considérables de moules : ces mollusques contiennent une substance toxique qui s'accumule dans le foie.

L'abus des épices et du piment provoque des lésions hépatiques, comme l'ont démontré les expériences que PIXOZZI a faites sur des chiens et des lapins. Les extraits de viandes pourries ou de maïs putréfié ont aussi la propriété de produire de la sclérose (PRISCO).

Les états dyspeptiques, les troubles gastriques ou intestinaux retentissent facilement sur le foie. BOUCHARD a longuement insisté sur la fréquence de l'hypertrophie hépatique chez tous les individus dont le tube digestif fonctionne mal. Pendant longtemps le foie semble être le siège de phénomènes congestifs, survenant et rétrocédant assez vite. La glande augmente de volume pour se rétracter ensuite, méritant ainsi le nom de « foie en accordéon » que lui a donné HANOT. A la longue la sclérose se développe, et cette cirrhose, dont BUDD et surtout HANOT ont démontré la réalité, semble due principalement aux acides qui se produisent dans le tube digestif. BOIX a mis en évidence l'action stéatosante et sclérogène des acides gras, et notamment de l'acide butyrique, de l'acide lactique et surtout de l'acide acétique.

De l'ictère d'origine toxique. — Parmi les substances toxiques que nous avons citées, un grand nombre sont capables de provoquer l'ictère. On s'est demandé naturellement par quel mécanisme elles agissent.

Il faut placer, en tête de la liste, le phosphore, l'arsenic, et notamment l'hydrogène arsénié dont l'influence ressort de nombreuses expériences. On a observé assez souvent l'ictère après l'administration de la santonine, de la lactophénine, de l'extrait éthéré de fougère mâle, après l'ingestion de la morille rouge, à la suite des empoisonnements par l'aniline ou le naphtol, et après les piqûres venimeuses. Les substances volatiles semblent jouer, à ce point de vue, un rôle important. On a cité des cas d'ictère à la suite de l'anesthésie chloroformique; chez des individus qui avaient été exposés à des émanations de viandes putréfiées, chez les tanneurs et les égoutiers, chez des ouvriers qui avaient curé des ruisseaux et remué de la vase.

Il est possible qu'une même explication pathogénique ne puisse convenir à tous les cas. Cependant les ictères toxiques semblent dus, le plus souvent, à l'hématolyse. Des globules rouges sont détruits par le poison. Or l'expérience démontre que l'introduction soit dans l'intestin, soit sous la peau, soit dans les veines, d'une certaine quantité de sang défibriné ou d'hémoglobine a pour effet de rendre la bile plus épaisse; le pigment augmente, et sa production exagérée a pour conséquence son passage dans le sang. Les expériences de SCHMIEDEBERG, AFANASSIEW, STADELMANN, poursuivies avec la toluylène-diamine, démontrent que le mécanisme est le même dans ces empoisonnements. Il se produit une dissolution des hématies, puis la bile devient plus épaisse, et un ictère pléio-chromique se développe. Le pigment passe dans l'urine au bout de 15 ou 20 heures, les acides biliaires apparaissent plus tardivement de la 22e à la 48e heure. Le foie est indispensable à la production de l'ictère. La transformation de l'hémoglobine en biliru-bine ne peut se faire en dehors de son intervention. STERN, MINKOWSKI et NAUNYN l'ont parfaitement démontré. En opérant sur des canards empoisonnés par l'hydrogène arsé-nié, on constate que l'ictère provoqué par le poison disparaît dès qu'on a lié le canal cholédoque et les vaisseaux sus-hépatiques : très rapidement le sérum et l'urine cessent de contenir des pigments.

Les troubles morbides d'origine hépatique. — Pour mettre un peu d'ordre dans l'exposé des troubles morbides d'origine hépatique, nous allons étudier successivement, à l'exemple de GILBERT et CARNOT, les troubles des fonctions sanguines, des fonctions ali-mentaires, des fonctions antitoxiques, des fonctions biliaires.

Troubles des fonctions sanguines. — Les lésions hépatiques provoquent fréquemment des modifications de la circulation sanguine, c'est ce qui a lieu notamment dans la cir-rhose atrophique. Il en résulte une augmentation de la pression portale, qui a pour con-séquence l'ascite, le développement de la circulation sous-cutanée abdominale, la con-gestion de la rate, les hémorrhoïdes, les varices œsophagiennes, la congestion de l'intestin, l'opsiurie (GILBERT et LEREBOULLET), c'est-à-dire le retard de l'élimination aqueuse de l'urine.

L'hypertension portale amène forcément une hypotension sus-hépatique qui se tra-duit par l'hypotension artérielle, la tachycardie et l'oligurie (GILBERT et GARNIER).

En même temps qu'il représente un important centre vasculaire, le foie joue un rôle dans la formation des ferments coagulants et anti-coagulants du sang. Aussi ses affec-tions entraînent-elles fréquemment le développement d'hémorragies telles que l'épistaxis, les hématémèses, les hémoptysies, le purpura.

Aux fonctions hématopoïétiques, on peut rattacher la fonction martiale du foie. Il se produit dans cette glande des accumulations du fer provenant de la destruction des globules ou ingéré avec les aliments. Il est bon de rappeler, à ce propos, que la biliru-bine ne contient pas de fer, et que, par conséquent, dans la transformation du pigment sanguin en pigment biliaire, une certaine quantité de ce métal, mise en liberté, doit rester dans le foie, contribuer à la formation de nouvelle hémoglobine et jouer un rôle dans les échanges organiques dont la cellule hépatique est le siège.

Le fer entre aussi dans la constitution de pigments qui, à l'état pathologique, s'ac-cumulent dans le foie. C'est ce qui a lieu dans le paludisme et dans certaines cirrhoses que leur coloration spéciale a fait désigner sous le nom de pigmentaires. Il est intéres-sant de remarquer que, dans ce dernier cas, la cellule hépatique est en hyperfonction-nement : elle sécrète plus de sucre et plus d'urée (GILBERT, CASTAIGNE et LEREBOULLET).

Troubles des fonctions alimentaires. — Le foie agit sur les substances alimentaires par deux procédés différents. La sécrétion de la bile sert à la digestion de certaines sub-stances, et notamment des graisses ; d'un autre côté, les cellules ont la propriété de faire une deuxième digestion et de compléter la transformation des substances qu'amène la veine porte.

Quand la bile ne se déverse plus dans l'intestin, les matières fécales deviennent grasses, de couleur mastic, d'odeur fétide. A un degré moindre, la sécrétion continue ; mais l'élaboration se fait mal : les graisses ne sont plus digérées et le malade éprouve souvent le dégoût des matières grasses.

Les troubles survenus dans l'action exercée par le foie sur les hydrates de carbone se traduisent par la glycosurie alimentaire, dont on admet actuellement deux variétés, l'une par insuffisance hépatique : c'est une glycosurie intermittente survenant après les repas riches en féculents ou après l'ingestion de sucre ; l'autre est due à la surac-tivité des transformations organiques : c'est le plus souvent un diabète avec glycosurie abondante.

On utilise fréquemment en clinique l'épreuve de la glycosurie alimentaire ; le foie malade ne peut arrêter le sucre ingéré. Pour réussir l'expérience, c'est-à-dire pour avoir des résultats valables, il faut donner à jeun 100 grammes de lévulose (FERRANINI) : le foie normal doit retenir cette quantité de sucre.

On connaît moins les modifications que subissent dans le foie les substances azotées. On a cependant décrit des albuminuries et des peptonuries d'origine hépatique.

Troubles des fonctions antitoxiques. — On peut mettre en évidence les troubles des fonctions antitoxiques du foie par l'étude de la toxicité urinaire. On peut encore rechercher comment se fait le passage de substances faciles à déceler dans l'urine, ou dans l'air expiré. C'est ainsi qu'on obtient d'excellents résultats chez les animaux, en utilisant l'hydrogène sulfuré. Mais cette méthode n'est pas applicable à l'homme; l'hydrogène sulfuré introduit même à dose élevée ne peut être décelé dans l'air expiré. Il faut donc, en pathologie humaine, utiliser des substances qui s'éliminent par l'urine : on a proposé l'injection sous-cutanée de bleu de méthylène. La décharge, dans les cas de troubles hépatiques, se ferait par saccades, d'une façon intermittente (CHAUFFARD). Mais ce résultat est contredit par GILBERT.

GILBERT et WEIL attachent de l'importance à l'indicanurie, qui constituerait souvent un des premiers signes de l'insuffisance hépatique, et serait suivie plus tard de glycosurie alimentaire et d'urobilinurie.

La valeur séméiologique de l'urobilinurie est très discutée. G. HAYEM en fait un excellent signe d'altération hépatique : l'urobiline est, d'après cet auteur, le pigment du foie malade. Bien que ses conclusions aient été vivement attaquées, les observations cliniques indiquent très nettement un rapport entre les lésions du foie et l'urobilinurie. Au point de vue du pronostic, l'urobilinurie a une certaine importance : elle permet, même après guérison de cet état morbide transitoire, d'incriminer une lésion persistante du foie (GIRODE, CHAUFFARD).

L'influence du foie sur les produits excrémentitiels se traduit par une diminution de l'urée urinaire et par une augmentation des produits moins avancés de désassimilation, comme l'ammoniaque, les acides amidés. Aussi le coefficient azoturique est-il nettement abaissé : au lieu de 82 à 95 p. 100, qui est le chiffre normal, on trouve de 79 à 71 (VAN NOORDEN) et même 67 (BACHT) et 44 (A. FRÆNKEL).

Troubles des fonctions biliaires. — Les troubles de la fonction biliaire peuvent porter sur l'excrétion ou la sécrétion. Dans le premier cas, par suite d'un obstacle mécanique ou d'un spasme réflexe, la bile au lieu de se déverser dans l'intestin, passe dans le sang : l'ictère se produit, s'accompagnant, si l'obstruction est complète, de décoloration des matières.

Les troubles de la sécrétion sont caractérisés par de l'hypercholie, de l'hypocholie ou de l'acholie. Souvent se produit une sécrétion dépourvue de pigment, c'est l'acholie pigmentaire de HANOT.

Modifications de l'urine dans les cas de troubles hépatiques. — C'est en étudiant l'urine qu'on peut avoir les meilleures notions sur l'état des cellules hépatiques. Le dosage de l'urée et de l'azote total, la recherche des acides amidés, des pigments normaux de la bile ou des pigments modifiés, de l'indicanurie, de la glycosurie alimentaire, et l'étude de la toxicité urinaire, voilà les principaux moyens auxquels on devra s'adresser. Reste à savoir si les résultats obtenus par les divers procédés sont concordants.

On est tenté de l'admettre *a priori*, puisque les diverses fonctions du foie sont en quelque sorte solidaires, qu'elles subissent des modifications simultanées et parallèles. Les recherches de WITTICH, DASTRE et ARTHUS, KLEIN, HOFFMANN démontrent les relations qui existent entre les fonctions glycogénique et biligénique. Les travaux de SCHMIDT et de ses élèves, ANTHEN en particulier, ont fait voir que le foie n'agit sur l'hémoglobine que lorsque ses cellules contiennent du glycogène. Les expériences de NOEL PATON établissent, d'autre part, que l'uropoïèse est solidaire de la biligénie. Enfin nous avons essayé de montrer que l'action du foie sur les poisons varie parallèlement à la richesse glycogénique de cet organe.

Ainsi, être renseigné sur une fonction, c'est être renseigné sur les autres. La physiologie le démontre; et la clinique établit la même relation en nous faisant voir que la toxicité urinaire est généralement augmentée quand existe de la glycosurie alimentaire.

Cependant, dans certains cas, malgré une altération profonde des cellules hépatiques, la toxicité de l'urine peut être normale ou diminuée; dans ce cas, les poisons s'accumulent dans l'organisme, pour être rejetés brusquement, au moment de la guérison. Il se produit ainsi une crise urotoxique : c'est ce qui a lieu notamment dans les ictères infectieux.

Insuffisance hépatique. — Il est facile de saisir l'importance, en médecine, des notions nouvelles que nous possédons sur le rôle protecteur du foie.

Nombre des manifestations cliniques qui surviennent au cours des affections hépatiques, s'expliquent par une auto-intoxication; elles sont comparables à celles qu'on observe dans l'urémie. Dans ces deux cas, en effet, nous relevons l'hypothermie, la température centrale pouvant tomber à 35 ou 34°; les hémorragies multiples, les troubles dyspnéiques, les manifestations nerveuses, les accidents comateux, que la saignée peut faire disparaître. Enfin, de même qu'il existe une folie brightique, il existe une folie hépatique, dont la clinique avait démontré l'existence et dont l'expérimentation prouve la réalité. Sur des chiens auxquels ils avaient pratiqué la fistule porto-cave, PAWLOW et MASSEN ont observé des troubles fort curieux. Les animaux, primitivement doux et obéissants, devenaient méchants et entêtés : dans quelques cas, ils étaient tellement furieux qu'ils ne laissaient même pas approcher le garçon chargé de leur apporter la nourriture. D'autres marchaient continuellement, montaient aux murs, rongeaient tout ce qu'ils trouvaient, puis étaient pris de convulsions cloniques et tétaniques. A la suite de ces attaques ils conservaient une démarche chancelante ou ataxique ; parfois ils devenaient momentanément aveugles ou analgésiques.

On connaît depuis longtemps un syndrome spécial qu'on a décrit en clinique, sous le nom d'*ictère grave*. Les interprétations pathogéniques n'ont pas manqué. Il semble facile aujourd'hui d'expliquer le mécanisme des accidents. Comme on l'a dit assez judicieusement, l'ictère grave est au foie ce que l'asystolie est au cœur, ce que l'urémie est au rein. C'est un ensemble de troubles morbides dus à une insuffisance des cellules hépatiques; les poisons, qui sont introduits ou formés dans l'organisme, ne sont plus détruits ou transformés, il en résulte une auto-intoxication dont les effets funestes sont retardés grâce à l'activité vicariante du rein. Mais tôt ou tard, le filtre rénal, par suite de l'excès de travail qui lui est imposé, finit par être lésé à son tour. Si les troubles hépatiques se prolongent, l'insuffisance rénale achèvera la défaite de l'organisme qui succombera aux progrès de l'intoxication.

Au-dessous de la grande insuffisance hépatique, ou *anhépatie*, on peut placer l'insuffisance relative, l'*hypohépatie* (GILBERT), souvent compatible avec un état de santé assez bon. C'est par un examen attentif du malade qu'on décèlera les troubles caractéristiques: l'urine contient un peu de pigment anormal, un excès d'urobiline, ou bien elle renferme de l'indican. D'autre part, par l'ingestion de sucre on provoque de la glycosurie alimentaire, ou bien on constate une diminution dans le rapport azoturique, parfois une augmentation de la toxicité urinaire.

Hyperhépatie et parhépatie. — En face de l'insuffisance hépatique, il faut ouvrir un chapitre à l'étude de l'hyperfonctionnement morbide du foie. L'hyperhépatie se traduit par de l'hyperbiligénie, de l'hypercholie, comme dans la cirrhose hypertrophique biliaire de HANOT, par de l'hyperazoturie, et enfin par une hyperglycémie avec glycosurie considérable.

Quant à la parhépatie, il est impossible actuellement d'en tracer la physionomie clinique : tout se borne à l'étude, à peine ébauchée, des pigments modifiés qu'on peut trouver dans le sang ou dans les urines au cours des diverses maladies qui retentissent sur le foie.

G.-H. ROGER.

§ XXI. — CIRCULATION HÉPATIQUE.

Notions anatomiques. — Le foie reçoit ses vaisseaux de deux sources : 1° de l'artère hépatique; 2° de la veine porte. La première est destinée à sa nutrition ; la seconde lui apporte les matériaux sur lesquels s'exerce son activité fonctionnelle, au profit de l'organisme tout entier. A l'encontre du poumon, qui possède aussi une double circulation, le foie n'a pour deux systèmes afférents qu'un seul système efférent : celui des veines sus-hépatiques; une fois que le sang de l'artère est devenu veineux, il peut emprunter comme voie de retour, celle du sang de la veine porte. Il y a aussi quelques réserves à faire à la distinction établie, au point de vue physiologique, entre les deux vaisseaux : s'il paraît prouvé que la veine porte est exclusivement dévolue à la circulation fonctionnelle, et qu'elle ne peut à elle seule assurer la vitalité de l'organe et empêcher sa nécrose, par contre l'artère hépatique n'est pas qu'un vaisseau nourricier, puisqu'elle contribue à entretenir les fonctions biliaire, glycogénique (ARTHAUD et BUTTE), uropoïétique (DOYON et DUFOURT). Le rôle respectif des deux vaisseaux a d'ailleurs déjà été étudié dans d'autres chapitres de cet article, et nous n'avons à nous occuper ici que des conditions mécaniques de la circulation du foie.

Artère hépatique. — L'artère hépatique, née du tronc cœliaque, se divise au niveau du hile du foie en deux branches, dont la droite est la plus volumineuse : elles s'engagent dans les gaines fournies par la capsule de GLISSON, suivent le même trajet que les branches correspondantes de la veine porte, se divisant et se subdivisant comme celle-ci.

Avant de pénétrer dans le foie, l'artère fournit : 1° la pylorique ; 2° la gastro-duodénale, qui se divise elle-même en gastro-épiploïque droite, anastomosée avec la gastro-épiploïque gauche, branche de la splénique, et en pancréatico-duodénale, anastomosée avec la mésentérique supérieure. Il en résulte que, si on lie l'artère hépatique avant l'émergence de la gastro-duodénale, le foie sera encore largement approvisionné de sang artériel. C'est un argument que l'on a pu opposer à SCHIFF quand ce physiologiste est venu soutenir que même la ligature des trois branches de l'artère cœliaque n'empêche pas la sécrétion biliaire de continuer, et que celle-ci peut être entretenue exclusivement par la veine porte, ce qui est d'ailleurs parfaitement exact. C'est encore ce même argument qu'ARTHAUD et BUTTE, puis DOYON et DUFOURT, ont invoqué pour expliquer comment certains expérimentateurs ont vu les animaux survivre indéfiniment à la ligature de l'artère hépatique, alors que cette opération doit, si elle est bien faite, amener fatalement la mort en quelques jours. DE DOMINICIS est arrivé, il est vrai, à des résultats différents de ceux des physiologistes français, même quand il avait soin de lier l'artère hépatique après l'émergence de la gastro-duodénale. Mais, pour supprimer tout afflux artériel, il convient, comme l'ont fait remarquer DOYON et DUFOURT, de lier aussi la pylorique.

La dernière collatérale fournie par l'artère hépatique avant de pénétrer dans le foie est l'artère cystique. CAVALIÉ et PARIS, puis CAVALIÉ et BILLARD ont montré que chez l'homme et divers animaux le territoire de distribution de cette artère n'est pas limité à la vésicule biliaire, mais qu'elle fournit aussi des rameaux cystico-hépatiques qui irriguent la portion avoisinante du foie, et s'y anastomosent avec des ramifications de l'artère hépatique ; d'autres ramifications artérielles hépatiques passent à leur tour du foie sur la vésicule, vaisseaux hépatico-cystiques. Grâce à ces deux groupes d'anastomoses, la circulation de la vésicule et celle du foie sont, jusqu'à un certain point, solidaires.

Les rameaux fournis par l'artère hépatique dans l'intérieur du foie peuvent être divisés en : 1° rameaux vasculaires ; 2° rameaux des conduits biliaires ; 3° rameaux perforants ou superficiels ; 4° rameaux interlobulaires ou parenchymateux. (Il nous a paru préférable de ne pas employer la dénomination de rameaux capsulaires, que certains auteurs appliquent aux rameaux 1° et 2° réunis, les autres aux rameaux 3°.)

Les rameaux vasculaires sont destinés aux organes contenus dans la capsule de GLISSON, c'est-à-dire que ce sont des vasa-vasorum pour les branches de division de la veine porte, et pour celles de l'artère hépatique elle-même, ainsi que des vaisseaux nourriciers pour la capsule ; d'autres ramifications du même genre vont aux veines sus-hépatiques.

Une place à part doit être faite aux rameaux des conduits biliaires, qui en reçoivent un si grand nombre, qu'après une bonne injection leurs parois en sont entièrement couvertes, et se colorent aussi vivement que l'artère.

Les rameaux superficiels ou perforants sont ceux qui, en certains endroits, passent entre les lobules du foie pour émerger à la surface de l'organe, et constituer, sous son enveloppe fibreuse, un réseau à larges mailles ; ils se terminent en partie dans cette enveloppe, en partie dans les lobules sous-jacents.

Les rameaux interlobaires accompagnent les veines de même nom. Comme ces dernières, elles se divisent dans les espaces interlobulaires en quatre ou cinq rameaux qui pénètrent dans les lobules voisins et s'y terminent dans la zone toute superficielle du lobule. Celui-ci reçoit donc, en petite quantité, il est vrai, du sang artériel.

La participation directe des ramuscules artériels à la vascularisation du lobule n'est pas admise par tous les auteurs. Le mode de terminaison des veinules qui font suite au réseau capillaire fourni par l'artère hépatique aux vaisseaux sanguins et aux conduits biliaires est également un sujet de discussion. Ces deux points doivent être examinés avec quelques détails, en raison du double intérêt physiologique et pathologique qu'ils présentent.

Chrzonszczewsky avait soutenu que le réseau capillaire du lobule est composé d'une zone centrale provenant de l'artère hépatique et d'une zone périphérique fournie par la veine porte. En injectant du carmin d'indigo à l'animal vivant, il avait trouvé la matière colorante au centre du lobule, quand il liait la veine porte; à sa périphérie, quand il liait l'artère hépatique. Cohnheim et Litten reprirent cette étude, en se servant du même procédé que Chrzonszczewsky : ils virent qu'après l'oblitération de l'artère, la veine porte transportait encore la substance colorante dans l'acinus tout entier; les résultats contraires obtenus par leur devancier étaient dus à ce qu'il avait injecté une quantité insuffisante de matière colorante, qui s'était donc localisée à la périphérie du lobule. Si, d'autre part, le centre du lobule se colore encore après la ligature de la veine porte, il faut l'attribuer, d'après Cohnheim et Litten, au reflux du sang qui se fait de la veine cave vers les veines sus-hépatiques : car la réplétion de la zone centrale s'observe encore, si l'on a lié à la fois l'artère hépatique et la veine porte.

Pour Cohnheim et Litten, le réseau capillaire de l'acinus appartient donc tout entier au système de la veine porte. En outre, le sang de l'artère hépatique, devenu veineux, n'arriverait au lobule que par voie indirecte : du réseau capillaire fourni par l'artère aux vaisseaux sanguins et aux canaux biliaires, partent des veines qui portent le même nom que les artérioles correspondantes, veines vasculaires et veines biliaires, et qui vont s'aboucher dans les rameaux interlobulaires de la veine porte. C'est ce qu'on a appelé les racines internes ou hépatiques de la veine porte, que connaissait déjà Ferrein, et que Kiernan a étudiées plus complètement.

La même manière de voir a été soutenue par Heidenhain, qui la résume en ces termes : « Les rameaux de la veine porte déversent leur sang dans le réseau capillaire du lobule directement, les rameaux de l'artère indirectement. Ceux-ci alimentent l'enveloppe séreuse du foie, la vésicule biliaire, les canaux biliaires, les grosses divisions de la veine porte (comme *vasa vasorum*), et le tissu conjonctif. Le sang qui revient de ces parties est recueilli par des veines qui débouchent, en tant que racines internes de la veine porte, dans les rameaux interlobulaires, pour arriver, par leur intermédiaire, au réseau capillaire intralobulaire. Ce n'est qu'en certains points que le réseau capillaire de l'artère communique directement avec celui de la veine porte, sans que des troncs veineux collecteurs soient intercalés entre eux. Mais *nulle part le sang artériel ne pénètre directement, comme on l'a souvent soutenu autrefois, par des rameaux artériels dans le système capillaire des lobules, sans avoir traversé un réseau capillaire nutritif,* c'est-à-dire sans avoir servi à la nutrition d'autres organes. »

On prévoit quelles sont les conséquences que l'on a cru pouvoir tirer de ces dispositions au point de vue physiologique. Lorsque, après la ligature de la veine porte, la sécrétion biliaire, par exemple, continue, il ne faut pas conclure de là, dit Asp, et avec lui Heidenhain, que le sang artériel soit apte à entretenir cette sécrétion; car le sang de l'artère hépatique est devenu veineux avant qu'il parvienne au lobule par l'intermédiaire des ramifications interlobulaires de la veine porte.

Les choses se passeraient de même dans ces cas de malformation où la sécrétion biliaire persiste, bien que la veine porte débouche directement dans la veine cave sans traverser le foie. Dans ces observations, on a trouvé des veines interlobulaires perméables qui représentaient des branches de division de la veine ombilicale oblitérée. Les rameaux interlobulaires de l'artère étaient très développés, et leur sang, dit Heidenhain, s'était manifestement déversé dans les rameaux veineux interlobaires, de sorte que les lobules hépatiques étaient suffisamment pourvus de *sang veineux*.

Le même raisonnement peut s'appliquer à toutes les autres fonctions du foie auxquelles participe l'artère hépatique. Il serait possible, en effet, que ce vaisseau n'intervînt dans l'activité fonctionnelle de l'organe que par cette fraction de son sang, la plus importante d'ailleurs, qui s'est transformée en sang veineux avant d'aborder le lobule.

Mais il n'est pas permis d'être affirmatif à cet égard, puisque l'artère hépatique, contrairement à l'opinion de Heidenhain, fournit directement à l'acinus du sang oxygéné qui n'est sans doute pas destiné exclusivement à sa nutrition.

L'existence de ces ramuscules artériels destinés à la périphérie du lobule a toujours été admise par Koelliker, par Sappey, et en général par les anatomistes français; il y a quelques années, Rattone et Mondini l'ont confirmée par des preuves nouvelles.

Sur un autre point encore, la description de Cohnheim et Litten, et de Heidenhain doit être rectifiée. Ces auteurs ont exagéré l'importance et le nombre des racines internes de la veine porte. La majorité des veinules vasculaires et biliaires, loin de s'ouvrir dans les ramifications interlobulaires de cette veine, forme un système indépendant et se décharge au moyen de troncs propres dans les capillaires des lobules. C'est ce qui résulte des recherches de Rattone et Mondini [1]. C'est ce qu'a soutenu depuis longtemps Sappey, qui a rangé cet ensemble de petites veinules dans son troisième groupe de veines portes accessoires, veines qui se ramifient directement dans la glande. Sappey est même encore allé plus loin que les auteurs italiens, puisqu'il n'admet pas qu'il y ait des racines internes de la veine porte : « Kiernan s'était mépris, dit-il, en pensant que ces veinules allaient se jeter dans les dernières divisions de la veine porte hépatique. »

L'ensemble de ces dispositions permet aussi de comprendre une particularité qui a frappé les pathologistes, à savoir la rareté des infarctus du foie, bien que les divisions de la veine afférente du foie se comportent comme des artères terminales, c'est-à-dire ne s'anastomosent pas entre elles. On a beau injecter, d'après Cohnheim, des particules solides dans la mésaraïque et provoquer l'oblitération d'un grand nombre de branches de la veine porte, on ne détermine pas d'infarctus du foie. Cohnheim et Litten pensaient que dans ces cas, de même qu'après l'oblitération totale du tronc vasculaire, les racines intra-hépatiques de la veine porte suffisent à entretenir la circulation des lobules, lorsque les veines interlobulaires sont restées perméables. Mais Rattone et Mondini font remarquer que, si le sang arrivait alors aux lobules exclusivement par cette voie, on devrait constater de la nécrose du tissu hépatique quand les dernières divisions de la veine porte sont elles-mêmes oblitérées. Comme c'est le contraire qu'on observe, il faut en conclure que l'irrigation sanguine persiste, grâce au système des veines vasculaires et biliaires indépendant de celui de la veine porte, mais plutôt encore grâce aux ramuscules que l'artère fournit directement aux acini.

Outre l'artère hépatique, le foie reçoit encore quelques artérioles accessoires, venues de la coronaire stomachique, de la pylorique, des mammaires internes, des diaphragmatiques inférieures.

Veine porte. — La veine porte, formée par la réunion de veines volumineuses, la grande mésaraïque, la splénique et la petite mésaraïque, amène au foie le sang de toute la partie sous-diaphragmatique du tube digestif, de la rate, du pancréas et des nombreux ganglions lymphatiques de l'abdomen.

Comme collatérales, le tronc du vaisseau reçoit la veine coronaire stomachique, la pancréatico-duodénale, quelquefois la veine cystique. La disposition de la pancréatico-duodénale mérite d'attirer l'attention au point de vue opératoire. Chez le chien, elle peut se jeter à un niveau variable dans le tronc principal, quelquefois très près du point où celui-ci s'enfonce dans le foie, et, si l'on vient alors à pratiquer la ligature de la veine porte, il arrive qu'on place le fil au-dessous du point où elle s'abouche. Le vaisseau est assez volumineux pour permettre au sang accumulé dans le tractus intestinal de se déverser encore en partie dans le foie, ce qui fausse absolument les résultats de l'expérience (Cruveilhier).

En atteignant le hile, le tronc de la veine porte se partage en deux branches qui se dirigent; l'une à droite, l'autre à gauche, et qui s'écartent sous un angle si ouvert qu'elles semblent former un seul et même conduit, horizontalement couché dans le sillon transverse, et désigné sous le nom de sinus de la veine porte. La branche droite, plus courte et plus volumineuse, reçoit, dans la plupart des cas, la veine cystique qui se jette aussi

---

1. Ces auteurs nient cependant l'existence des *vasa vasorum* fournis par l'artère hépatique, et par conséquence aussi celle des veines vasculaires; mais il paraît peu vraisemblable que les parois des branches de la veine porte et celles de l'artère elle-même soient dépourvues de vaisseaux nourriciers.

quelquefois dans le tronc de la veine porte. La branche gauche reçoit quelquefois la
veine pylorique, et donne attache, par son extrémité gauche, en avant au cordon fibreux
de la veine ombilicale, en arrière au cordon fibreux du canal veineux.

Chacune de ces branches se ramifie dans le foie à la manière des artères. Leurs divisions successives parcourent les canaux que leur présente la capsule de Glisson, accompagnées par l'artère hépatique et les conduits biliaires : il y a une veine pour une artère,
la veine étant dix fois plus grosse que l'artère (Charpy). Indépendamment de leurs
rameaux progressivement décroissants, qui naissent suivant le type dichotomique, les
branches portes fournissent aussi par leurs parties latérales un certain nombre de
ramuscules de différent calibre; elles sont terminales comme les artères de certains
organes, rein, rate, poumons, c'est-à-dire qu'elles sont indépendantes les unes des
autres et ne s'anastomosent pas entre elles.

Les dernières ramifications de la veine porte viennent se placer dans les espaces de
Kiernan, où elles prennent le nom de veines interlobulaires. — Ces veines, au cours de
leur trajet, s'engagent dans les fissures de Kiernan et s'y anastomosent avec les veines
interlobulaires voisines de façon à former tout autour de chaque lobule un réseau
périlobulaire. En général, chaque lobule reçoit les branches veineuses de 4 ou 5 vaisseaux interlobulaires, et chaque veine interlobulaire se distribue à 4 ou 5 lobules distincts. Du réseau périlobulaire partent des rameaux extrêmement courts qui pénètrent
dans le lobule et s'y résolvent presque immédiatement en de nombreux capillaires.

Capillaires. — Ils traversent le lobule de la périphérie au centre, à la manière de
rayons (capillaires radiés), pour converger vers la veine centrale intralobulaire, qui
devient ainsi le tronc collecteur d'un système de veines interlobulaires ; les capillaires
dont le diamètre est de 11 à 13 μ s'anastomosent en un réseau dont les mailles logent
en général 2 ou 3 cellules hépatiques, (une seule cellule, chez le lapin). Comme les
capillaires, chez la plupart des mammifères, s'unissent de lobule à lobule, la circulation
de l'organe est assurée d'une façon plus parfaite, malgré le type terminal des branches
de division de la veine porte.

La paroi de ces vaisseaux ne présente pas de cellules endothéliales différenciées ; elle
est uniquement constituée par une lame granuleuse continue, particulièrement mince
et délicate, et parsemée de noyaux : ceux-ci, allongés suivant le grand axe du capillaire,
font dans la lumière du canal une saillie très appréciable. Ces particularités, qui rapel-
lent celles des endothéliums vasculaires du fœtus, ont amené Ranvier, qui les a décrites, à
conclure que les capillaires du foie sont restés à l'état embryonnaire, comme on l'observe
aussi dans les villosités intestinales et les glomérules du rein.

D'après Kuppfer, les noyaux des capillaires, avec le protoplasma granuleux qui les
entoure, appartiennent à ces éléments que l'on connaît depuis longtemps sous le nom de
cellules étoilées du foie, et que l'on avait considérés soit comme des cellules conjonctives,
soit comme des cellules nerveuses; cet endothélium possède à un haut degré le pouvoir
phagocytaire : il incorpore les corps étrangers, particulièrement les globules rouges du
sang et leurs débris. C'est une des formes sous laquelle se manifeste le rôle protecteur
du foie (fonctions granulo-pexique, cyto-pexique, etc. Voir plus haut, p. 740).

Le caractère embryonnaire des capillaires hépatiques implique aussi une grande
perméabilité de leurs parois, ce qui doit faciliter les échanges osmotiques ; les propriétés
de ces vaisseaux se sont adaptées à la valeur de la pression sanguine, en ce sens qu'une
pression normalement très faible est compensée par une perméabilité plus grande des
parois vasculaires. Cette perméabilité a, en particulier, des conséquences intéressantes
au point de vue de la transsudation des matières protéiques. Si l'on classe sous ce rapport les capillaires de diverses régions du corps, ce sont ceux du foie qui occupent le
premier rang, puis viennent ceux de l'intestin, et en dernier lieu ceux des membres. En
effet, la lymphe des membres ne contient que 2 à 3 p. 100 de substances albuminoïdes,
celle de l'intestin en contient 4 à 6 p. 100, et celle du foie 6 à 8 p. 100, quantité à peu près
égale à celle du plasma sanguin (Starling). Comme la lymphe sert d'intermédiaire entre
le sang et les tissus, les cellules hépatiques ont donc à leur disposition un liquide riche
en albumines. D'autre part, comme la lymphe du foie et le sang du foie présentent à peu
près le même degré de concentration, leur pression osmotique, en tant qu'elle dépend
des matières protéiques, sera à peu près égale de part et d'autre ; le liquide transsudé

aura peu de tendance à rentrer dans les vaisseaux sanguins, d'où il résulte que le foie est l'organe qui produit la plus grande quantité de lymphe (STARLING).

Veines sus-hépatiques. — La circulation de départ se fait par les veines sus-hépatiques, dont les origines occupent le centre du lobule sous la forme d'un vaisseau collecteur des capillaires de l'îlot hépatique. Les veines intra-lobulaires s'abouchent à angle droit vers la base du lobule dans des veines plus volumineuses, les veines sublobulaires de KIERNAN, qui se réunissent à leur tour pour former des troncs d'un diamètre de plus en plus grand, jusqu'à ce que se constituent les veines sus-hépatiques, qui se dirigent vers le bord postérieur du foie pour s'ouvrir dans la veine cave inférieure. On distingue : 1° les petites veines sus-hépatiques qui naissent des lobules voisins de la veine cave, et qui, au nombre de 20 environ, sont irrégulièrement distribuées le long de la gouttière du foie qui reçoit ce vaisseau ; 2° les grandes veines sus-hépatiques, en général au nombre de deux ; l'une, droite, plus volumineuse, qui reçoit ses racines du lobe droit et quelquefois du lobule de SPIEGEL ; l'autre, gauche, qui reçoit les veines du lobe gauche, du lobe carré et généralement du lobule de SPIEGEL.

Les parois des veines hépatiques adhèrent au tissu du foie, de sorte que, dans les coupes que l'on pratique sur l'organe, elles restent béantes, alors que les branches portes au contraire, lâchement unies à la capsule de GLISSON, s'affaissent quand on les coupe.

Structure et valvules des veines afférentes et efférentes. — L'épaisseur de la paroi du tronc porte est d'un demi-millimètre : la tunique musculaire atteint une épaisseur de 158 μ (KÖLLIKER). La veine porte est comprise dans le deuxième groupe d'EBERTH, c'est-à-dire dans le groupe de veines qui possèdent deux couches de fibres musculaires, une interne circulaire, une externe longitudinale. Les caractères essentiels sont les mêmes chez l'homme, le chien, le lapin, le rat. Dans tous ces animaux, la tunique interne est réduite à une simple couche de cellules endothéliales qui reposent sur un réseau élastique dont les principales travées affectent une direction perpendiculaire à celle du vaisseau. SUCHARD a montré que l'orientation de l'endothélium varie avec la direction des fibres musculaires et avec la forme que présente le vaisseau au moment de leur contraction ; c'est ainsi par exemple que chez le rat, comme les fibres longitudinales l'emportent sur les transversales, les cellules de l'endothélium sont allongées, non plus suivant l'axe du vaisseau, mais perpendiculairement à cet axe.

Chez le chien, KOEPPE divise le territoire de la veine porte, au point de vue de la structure, en trois segments : 1° le tronc de la veine et ses principales branches qui ont une double couche musculaire mais sont dépourvues de valvules ; 2° les veines intestinales, longues et courtes, qui possèdent des valvules et qui ont une forte couche transversale interne avec peu de fibres longitudinales externes ; 3° un territoire sans valvules et sans muscles, le réseau sous-muqueux. Si l'on poursuit la veine porte dans l'intérieur du foie, les branches de division gardent une épaisse couche de fibres longitudinales et se dépouillent peu à peu de leurs fibres annulaires. Ainsi, tandis que dans le tronc de la veine porte les deux couches musculaires sont également développées, vers l'intestin c'est la couche circulaire, dans le foie c'est la couche longitudinale qui prédomine.

On voit aussi que, contrairement aux données classiques, les origines intestinales de la veine porte sont munies de valvules. Il est vrai que celles-ci font défaut dans le tronc de la veine porte et des grosses branches. « HYRTL dit que, parmi tous les animaux qu'il a examinés, le rat est le seul qui possède dans le tronc porte une valvule d'ailleurs remarquable ; mais il faut faire une exception pour les petites branches viscérales. On a constaté des valvules chez le cheval, le porc, certains singes. Les carnassiers et les ruminants possèdent des valvules de tout le système gastro-splénique (HOCHSTETTER). C'est chez le chien qu'elles sont les plus fortes et les plus suffisantes ; c'est également chez cet animal que BAYANT et KOEPPE les ont constatées dans les veines du gros et du petit intestin. Ces valvules sont paires et siègent de préférence sur les petites veines au point où elles s'appliquent sur le viscère et où elles s'ouvrent dans les arcades veineuses marginales ; on peut compter jusqu'à 9 paires valvulaires sur un territoire de 7 millimètres. (CHARPY). » Elles existent également chez l'enfant nouveau-né ; mais elles disparaissent rapidement par atrophie, et on ne les retrouve qu'en petit nombre chez l'adulte.

Les parois des grandes veines sus-hépatiques sont plus minces que celles de la veine porte et mesurent 360 μ; elles possèdent également une forte tunique musculaire à double couche, longitudinale externe et circulaire interne. Cependant, chez l'homme, la tunique musculaire est relativement peu épaisse; chez le cochon, elle est déjà très accusée; chez le cheval et le bœuf elle atteint une épaisseur de 3 à 4 millimètres (SAPPEY). L'ensemble des veines efférentes est généralement considéré comme dépourvu de valvules. Toutefois CHAUVEAU et ARLOING décrivent des valvules incomplètes aux orifices des veines sus-hépatiques chez les solipèdes. Même, d'après DONNEL, on trouve de grandes et fortes valvules sur les troncs et les branches de ces veines chez diverses espèces animales. Le fœtus humain en posséderait également, tandis que chez l'homme adulte elles ont à peu près disparu.

Veines portes accessoires : Communications de la veine porte avec le système veineux général. — Indépendamment du sang que lui amène la veine porte, le foie en reçoit encore de certaines veinules qui se réunissent pour former un tronc qui se ramifie dans la glande, de sorte qu'elles constituent autant de petites veines portes, appelées veines portes accessoires. Après l'oblitération du tronc porte, ces veinules laissent donc encore arriver au foie une certaine quantité de sang; d'autre part, dans les mêmes conditions d'imperméabilité de ce vaisseau, quelques-unes de ces veinules permettent au sang de la veine porte de se déverser dans la circulation générale.

SAPPEY a divisé les veines portes accessoires en 5 groupes. Le premier groupe, situé dans l'épiploon gastro-hépatique, comprend plusieurs veinules qui proviennent soit de la petite courbure de l'estomac, soit de l'épiploon lui-même. Elles viennent se jeter dans les lobules qui limitent en avant et en arrière le sillon transverse du foie; quelquefois la veine pylorique fait partie de ce groupe.

Le deuxième groupe est formé par 12 ou 15 veinules qui de la vésicule biliaire se rendent aux lobules hépatiques voisins.

Le troisième groupe, ou groupe de veinules nourricières, comprend tout cet ensemble de veinules fort petites qui, naissant des parois mêmes de la veine porte, de l'artère hépatique et des conduits biliaires, viennent se ramifier dans les lobules du voisinage, après avoir traversé la capsule de GLISSON. Il a déjà été question de ce groupe à propos de la distribution de l'artère hépatique; on a vu que le mode de terminaison de ces veinules nourricières est bien, d'après les recherches plus récentes, celui que leur avait assigné SAPPEY, au moins pour la grande majorité d'entre elles; ce n'est qu'un petit nombre de ces vaisseaux qui constitue les racines internes de la veine porte.

Le quatrième groupe est formé de veinules très grêles qui prennent naissance à la face inférieure du diaphragme et descendant vers le foie en suivant le ligament suspenseur. Toutes ces veines cependant ne se rendent pas au foie, quelques-unes suivent un trajet ascendant et se jettent dans les veines diaphragmatiques inférieures. A ce groupe il faut en rattacher un autre, décrit par CALORI en 1880, et situé dans le ligament coronaire; ces veinules rappellent exactement celles qui cheminent entre les deux feuillets du ligament suspenseur, c'est-à-dire que les unes se jettent dans le diaphragme, les autres se rendent au foie (MARIAU).

Le cinquième groupe, groupe parombilical, est le plus important; il est composé de veines qui se portent de la partie sus-ombilicale de la paroi antérieure de l'abdomen ers le sillon longitudinal du foie. Situées dans la partie inférieure du ligament suspenseur, elles suivent le cordon fibreux de la veine ombilicale, dont elles sont les satellites, et qui leur sert pour ainsi dire de support. Les unes vont se jeter dans les lobules hépatiques du sillon longitudinal et mériteraient en réalité seules dans ce groupe le nom de veines portes accessoires. Les autres aboutissent, en effet, soit à l'embouchure de la veine ombilicale qui reste toujours perméable sur une étendue de 12 à 15 millimètres, soit à la branche gauche de la veine porte; elles représentent par conséquent des racines de la veine porte, mais racines pariétales et non plus viscérales. Parmi elles la plus grosse et la plus constante a reçu le nom de veine parombilicale ou adombilicale (SCHIFF), tandis qu'on réserve le nom de petites veines parombilicales aux autres veinules du groupe.

Ce qu'il est important de noter, c'est que deux des groupes de SAPPEY, le quatrième et le cinquième, proviennent exclusivement de l'enceinte abdominale (diaphragme et paroi ventrale antérieure), où elles entrent en relation, d'une part avec les radicules des veines thoraciques et mammaires internes, tributaires de la veine cave supérieure, d'autre part avec les veines épigastriques et sous-cutanées abdominales, tributaires de la veine cave inférieure; elles établissent ainsi, entre le système porte et le système veineux général, des communications multiples qui dans certains cas peuvent prendre un grand développement. La principale de ces voies anastomotiques est représentée par le cinquième groupe. Dans les conditions normales, la circulation s'y fait de la périphérie au foie; elles sont en effet munies de valvules qui regardent cet organe. Mais, quand la veine porte est oblitérée, le reflux force les valvules, et le sang circule en sens inverse, du foie à la paroi abdominale, surtout vers les veines épigastriques qui l'amènent dans la veine iliaque externe.

Le rôle que joue la veine ombilicale dans l'établissement de cette circulation dérivative a été fort discuté. D'après Sappey, tous les faits invoqués pour démontrer la persistance de cette veine, doivent être considérés comme autant d'exemples de la dilatation de l'une des veinules comprises dans le ligament suspenseur, de celle que l'on a nommée depuis la grande veine parombilicale; lorsque ce vaisseau est anormalement distendu, il représente si bien par son calibre, sa situation, sa direction, la veine ombilicale qu'il a été pris pour cette dernière, restée cependant imperméable.

Par contre, Baumgarten aurait constaté, 55 fois sur 60, au centre du cordon de la veine ombilicale, un canal ayant 6 à 10 centimètres de long, tapissé d'un endothélium et contenant du sang. Normalement, ce canal est parcouru pendant la vie par du sang qui va au foie et qui lui est apporté par des branches collatérales, c'est-à-dire par les veines parombilicales. La grande veine parombilicale ne serait autre chose que la veine signalée par Burow chez le fœtus, et qui continue à se développer après la vie intra-utérine. Burow (1838) avait, en effet décrit, comme un fait constant chez le nouveau-né l'existence d'un petit tronc veineux qui naît des veines épigastriques, et qui, après avoir cheminé quelque temps sur la paroi abdominale, vient s'ouvrir dans la veine ombilicale près de son entrée dans le foie. Dans un tiers ou un quart des cas, la veine de Burow, devenue la grande veine parombilicale, au lieu de se jeter dans la veine ombilicale, se jette directement dans le sinus porte, et le canal ombilical ne reçoit plus que les petites veines accessoires. C'est de la persistance du canal ombilical et de sa largeur originelle que dépendrait l'importance de la circulation collatérale au niveau de l'ombilic dans les cas de cirrhose.

Ch. Robin, de son côté, s'accordait avec Sappey pour nier la perméabilité de la veine ombilicale chez l'adulte, sauf à son embouchure: en outre, de ses injections chez le nouveau-né, il a conclu que dans son trajet le long des parois abdominales et jusqu'au hile du foie, cette veine ne reçoit aucune branche de la paroi, contrairement à Burow.

Wertheimer a trouvé, comme Baumgarten, dans le cordon de la veine ombilicale, une cavité remplie de sang, mais 9 fois sur 16 seulement; l'orifice mesure 1/4 à 1,3 de millimètre, et se dilate dans les cas de cirrhose; mais ce n'est pas la lumière de la veine ombilicale qui est restée perméable; l'orifice appartient à une veine de nouvelle formation, développée au centre du bouchon de tissu conjonctif qui a oblitéré la veine ombilicale. Wertheimer a désigné cette veinule sous le nom de veine centro-ombilicale par opposition à la veine parombilicale. Il a pu injecter aussi 5 fois sur 11 la veine de Burow chez le nouveau-né à terme; mais il est d'avis que ce vaisseau partage le sort du tronc dans lequel il se jette, c'est-à-dire qu'il s'oblitère avec la veine ombilicale elle-même. En résumé, les veines que l'on trouve au centre et à la périphérie du cordon de cette veine n'auraient aucune relation généalogique directe avec le système de la veine allantoïdienne.

Le dernier auteur qui s'est occupé de la question, Mariau, est arrivé à des conclusions qui se rapprochent sensiblement de celles de Wertheimer. Mariau a trouvé que, 22 fois sur 40, le bout hépatique de la veine ombilicale laisse écouler du sang à la coupe, et l'orifice représente l'ouverture d'une veinule centrale, par l'intermédiaire de laquelle on peut injecter le groupe des veinules parombilicales. Dans d'autres cas, il reste une cavité qui semble représenter l'ancienne lumière de la veine ombilicale; mais cette veine ne donne pas de sang à la coupe, et, si l'on fait une injection dans son orifice, le vaisseau se remplit jusqu'à sa réflexion sur la paroi abdominale, sans que jamais l'injection envahisse les veinules du 5e groupe ou celles de la paroi abdominale.

D'après l'examen microscopique de ces vaisseaux fait par VIALLETON, tantôt le canal plein de sang a paru n'être que la veine ombilicale elle-même; tantôt la disposition de la veinule était bien telle que l'a décrite WERTHEIMER; tantôt une simple fente indiquait l'existence d'une lumière, et des coupes de vaisseaux se montraient çà et là dans le champ de la préparation. Les injections de MARIAU lui ont montré également que le réseau veineux abdominal afférent à la veine ombilicale n'existe plus à la naissance, ce qui revient à dire que ce vaisseau ne peut plus servir de voie collatérale.

Malgré l'autonomie de son territoire, le système porte, comme on vient de voir, n'est donc pas absolument fermé; mais, en dehors des anastomoses qui l'unissent au système cave, au niveau de la paroi abdominale antérieure, il entre encore en relation avec lui : 1° par des anastomoses œsophagiennes; 2° par des anastomoses rectales; 3° par des anastomoses péritonéales ou système de RETZIUS.

Au niveau du cardia, les radicules de la coronaire stomachique s'anastomosent avec les veines diaphragmatiques inférieures, tributaires de la veine cave inférieure, et les veines œsophagiennes, tributaires de l'azygos. La veine splénique entre aussi normalement en rapport dans le voisinage de la queue du pancréas avec les branches radiculaires de l'azygos (LUSCHKA).

L'existence des communications avec l'azygos a été démontrée expérimentalement chez le chien par MALL. Ce physiologiste lie, d'une part, le tronc de la veine porte; d'autre part, l'aorte et la veine cave inférieure immédiatement au-dessus du foie. Les artères intestinales ne reçoivent plus de sang, mais les grosses branches et le tronc de la veine porte en sont encore remplis. Si l'on vient alors à exciter le splanchnique, la constriction des vaisseaux portes, qui reçoivent de ce nerf des filets vaso-moteurs, produit une augmentation notable de la pression carotidienne. Il est facile de voir, d'après les conditions de l'expérience. que ce sang n'a pu passer de la veine porte dans la circulation générale que par l'intermédiaire de l'azygos et de la veine cave supérieure.

MARIAU a signalé aussi l'existence de nombreuses veinules qui partent de la face postérieure de l'estomac, gagnent la région du cardia, puis passent sur le diaphragme pour se jeter dans les veines capsulaires et rénales.

A l'autre extrémité du tube digestif, les veines hémorroïdales supérieures, origines de la petite mésaraïque, communiquent d'une part avec les hémorroïdales inférieures, branches de la honteuse interne et les hémorroïdales moyennes, branches de l'hypogastrique. Cette dernière anastomose est peut-être la plus considérable de toutes les anastomoses porto-caves : c'est une voie de communication relativement large.

Enfin, en divers points de la paroi abdominale, des radicules des veines mésentériques s'unissent à des veines du péritoine pariétal qui vont se jeter elles-mêmes dans quelque veine tributaire de la veine cave inférieure, telle que capsulaire, spermatique, rénale, etc. C'est ce qu'on a appelé le système de RETZIUS, qui est surtout développé dans les points où le tube intestinal est rapproché de la paroi abdominale postérieure, et où il repose sur elle sans interposition de péritoine (duodénum, côlon lombaire ascendant et descendant). TUFFIER et LEJARS ont décrit des anastomoses porto-rénales directes, c'est-à-dire des canaux veineux qui se rendent directement d'une veine colique à la veine rénale. CL. BERNARD avait déjà appelé l'attention sur ces communications. « Lorsque chez les mammifères on a détruit la veine porte, il se produit des anastomoses constantes avec la veine rénale. » Ces anastomoses, CL. BERNARD tendait même à les considérer comme l'équivalent du système de JACOBSON des oiseaux et des vertébrés inférieurs.

L'épiploon peut aussi servir à établir des relations entre le système porte et les veines caves. Dans un cas, rapporté par DOYON, où des lésions consécutives à la ligature du canal cholédoque avaient entravé la circulation veineuse hépatique, et où l'épiploon avait été accidentellement compris par une suture entre les lèvres de la plaie abdominale, on put constater l'apparition d'un riche réseau d'anastomoses réunissant par l'intermédiaire du repli péritonéal le système de la veine porte avec les fémorales et les axillaires. En cas d'ascite par cirrhose du foie, il peut donc être avantageux, comme l'ont d'ailleurs fait des chirurgiens, de fixer l'épiploon dans la paroi abdominale.

D'une manière générale, les anastomoses du système porte avec le système cave ne siègent que sur de petits vaisseaux, et n'ont qu'une fonction physiologique insignifiante :

elles n'acquièrent leur importance que dans les cas d'obstacle à la circulation hépatique. Cl. Bernard a décrit chez le cheval des communications directes entre la veine porte et la veine cave inférieure, par l'intermédiaire de petits ramuscules qui vont déboucher dans ce dernier vaisseau au niveau de la gouttière du foie destinée à le loger : on les rencontrerait aussi chez des animaux autres que le cheval, et même chez l'homme ; mais elles sont plus variables et moins développées. D'après Sappey, c'est à tort que ces anastomoses ont été mises en doute par quelques observateurs chez le cheval ; cependant Chauveau et Arloing ne croient pas qu'il y ait des voies directes chez les animaux domestiques.

Chez l'homme, Sappey, Calori, Charpy le sont vainement cherchées. Sabourin soutient, au contraire, que les veines sus-hépatiques reçoivent un certain nombre de rameaux qui proviennent directement des branches glissoniennes de la veine porte sans passer par le lobule, veines porto-sus-hépatiques.

Indépendance de la circulation des deux lobes du foie. — Glénard et Siraud avaient observé que, si l'on injecte de l'eau dans une des branches de la veine porte, la branche droite, par exemple, le lobe droit augmente de volume, devient turgescent, tandis que le lobe gauche reste flasque et mou. Les vaisseaux communiquent donc entre eux dans le même lobe, mais non d'un lobe à l'autre. Sérégé a repris et complété ces expériences, et est arrivé aux mêmes résultats. Si l'on injecte dans la branche gauche de bifurcation de la veine porte 600 c. c. d'une solution aqueuse de bleu de méthylène, la ligne de démarcation des deux territoires vasculaires examinée sur la surface convexe est absolument nette ; elle représente une ligne s'étendant de l'incisure biliaire à l'embouchure des veines sus-hépatiques ; la ligne obliquement sinueuse délimite une partie du lobe carré et laisse intact le lobe de Spiegel. Sur une coupe transversale la ligne de démarcation est encore bien plus nette ; l'un des lobes est entièrement bleu, l'autre a sa teinte normale.

Il existe la même indépendance entre les territoires donnant naissance aux veines sus-hépatiques. En injectant dans la veine issue du lobe droit une solution de bleu de méthylène, le lobe droit en entier, avec le lobe de Spiegel, se gonfle et se durcit, alors que le lobe gauche et le lobe carré restent flasques et incolores.

Sérégé est encore allé plus loin : il a cherché à démontrer que le sang porte n'est pas homogène, qu'il existe dans la veine porte deux courants sanguins, orientés ; l'un, de la grande mésaraïque vers le lobe droit du foie ; l'autre, de la splénique et de la petite mésaraïque vers le lobe gauche, courants qui restent distincts dans le tronc commun de la veine : telles deux rivières qui, ayant une couleur, une densité, des propriétés spéciales, conservent encore leur individualité quelque temps après leur réunion.

En effet, après l'injection d'une très petite quantité d'encre de Chine dans une veine d'origine de la grande mésentérique, Sérégé n'a trouvé les particules de la matière injectée que dans le lobe droit, et uniquement dans ce lobe. En répétant l'expérience sur une veine d'origine de la splénique, on a constaté la présence de l'encre de Chine exclusivement dans le lobe gauche. Les résultats ont été les mêmes chez les chiens et les lapins. Ainsi il semble que le sang des deux veines, grande mésentérique d'une part et splénique de l'autre, ne se mélangent pas dans le parcours commun de la veine porte vers le foie.

Les observations cliniques concordent avec les résultats de l'expérience : une lésion primitive du territoire intestinal, qui donne naissance à la grande mésentérique, s'accompagne d'une lésion secondaire du lobe droit du foie ; une lésion primitive du territoire de la splénique et de la petite mésentérique, d'une lésion secondaire du lobe gauche.

Mécanisme de la circulation hépatique. Pression et vitesse du sang. — La veine porte est comprise entre deux systèmes capillaires ; à l'intérieur du foie la plus grande partie du sang de l'artère hépatique est reçue dans de petits troncs veineux qui représentent eux-mêmes des veines portes minuscules ; le système de l'artère hépatique et celui de la veine porte sont enchevêtrés l'un dans l'autre ; de là pour la circulation du foie des conditions complexes, dont quelques-unes sont encore imparfaitement connues.

Les principales influences auxquelles est soumise la circulation porte sont : 1° la *vis a tergo*, qui dépend non seulement de la pression artérielle générale, mais encore de la facilité plus ou moins grande avec laquelle le réseau artériel des viscères abdominaux livre passage au sang ; 2° les résistances plus ou moins fortes qu'opposent à la force impulsive les capillaires hépatiques; 3° les variations du vide pleural et de la pression abdominale; 4° l'état de tonicité des parois veineuses elles-mêmes.

L'action combinée de la *vis a tergo*, des résistances capillaires dans le foie, de la pression abdominale positive entretient dans la veine porte une pression d'environ 7 millimètres de mercure. D'après ROSAPELLY, ce chiffre serait un minimum, et la pression constante s'élèverait souvent à 15 ou même 20 millimètres; en réalité, la moyenne ne dépasse guère 7 millimètres, d'après les données de différents expérimentateurs, et aussi d'après nos propres observations. Mais, dans les veines sus-hépatiques, la pression constante s'élève à peine au-dessus de la ligne du 0 et devient souvent négative, grâce à l'aspiration pleurale qui s'exerce avec d'autant plus d'efficacité sur les veines efférentes du foie que ces vaisseaux sont maintenus béants par leur adhérence au tissu hépatique, et qu'elles viennent s'ouvrir dans la veine cave en un point où celle-ci adhère elle-même au centre phrénique du diaphragme. La différence de pression entre la veine porte et les veines sus-hépatiques, qui est donc d'environ 5 à 6 millimètres de mercure, suffit à assurer la circulation du sang à travers le foie.

Mais la progression du liquide est encore facilitée par diverses influences, dont la plus importante est celle de la respiration. Les mouvements respiratoires font varier la pression en sens inverse dans les veines sus-hépatiques et dans la veine porte. L'abaissement du diaphragme qui agrandit la cavité thoracique pendant l'inspiration et renforce le vide thoracique, diminue en même temps la capacité de l'abdomen en comprimant les organes et les vaisseaux qui y sont contenus. Or les veines sus-hépatiques obéissent à l'influence thoracique, la veine porte à l'influence abdominale, c'est-à-dire qu'à l'inspiration, la pression diminue dans les premières, augmente dans la seconde; c'est l'inverse à l'expiration.

On doit à ROSAPELLY une étude complète de ces variations. Dans les veines sus-hépatiques où la pression moyenne est toujours, comme nous l'avons dit, très faible, les maxima ne s'élèvent pas au-dessus de 3 à 4 millimètres, les minima varient entre + 1 et — 7 à — 8. On peut d'ailleurs, à ce point de vue, distinguer, d'après ROSAPELLY, deux types de tracés : ou bien la courbe reste toujours au-dessus de 0, c'est-à-dire que la pression, quoique peu élevée, reste positive aux deux temps de la respiration; ou bien les oscillations sont plus considérables, et les minima descendent bien au-dessous de 0, indiquant ainsi une pression négative intermittente. Dans les cas d'obstacle à l'inspiration, la courbe dénote à chaque inspiration une pression négative plus prononcée encore, en même temps qu'il se fait un abaissement notable de la pression constante, le tracé restant presque toujours au-dessous de la ligne du 0.

Par contre, dans la veine porte, si la pression est, par exemple, de 7 millimètres, elle montera pendant l'inspiration à 9 ou 14 millimètres, suivant que l'inspiration est plus ou moins forte. Lorsqu'on apporte un obstacle à l'entrée de l'air dans la poitrine, la pression dans la veine porte n'est pas sensiblement modifiée; mais, lorsqu'on gêne l'expiration, elle s'élève à une hauteur de 22 ou 32 millimètres.

Il est à noter que dans la veine cave abdominale, même au-dessous du foie, les modifications de pression liées à la respiration ne sont pas les mêmes que dans la veine porte : elles suivent les variations de la pression pleurale, et non celles de la pression abdominale. S'il en est autrement pour la veine porte, c'est que le réseau capillaire du foie empêche l'aspiration thoracique de se propager à ce vaisseau.

On admet généralement qu'au moment de l'inspiration le sang, qui est appelé vers les veines sus-hépatiques par le renforcement du vide pleural, y est en même temps refoulé par la poussée abdominale qui s'exerce sur la veine porte. Mais il est possible que les effets de cette poussée soient plus que contrebalancés par l'augmentation des résistances due à la compression du foie, et que l'inspiration soit plutôt une gêne pour la circulation dans le tronc porte. Ce qui est certain, c'est que la déplétion veineuse du foie lui-même est facilitée à chaque inspiration par l'action à la fois aspirante et foulante du mécanisme respiratoire.

Comme autres causes adjuvantes de la circulation porte, il faut signaler les contractions de l'intestin, et surtout celles de la rate. L'intestin, dans ses mouvements péristaltiques, expulse le sang contenu dans l'épaisseur de ses parois : ici apparaît l'utilité des valvules qu'on a signalées dans les petites veines, le long du bord adhérent du viscère; elles s'opposent au reflux du sang quand l'intestin rentre au repos.

Plus importants paraissent être les effets des contractions de la rate. Chaque fois que cet organe revient sur lui-même, il exprime une partie de son sang dans la veine porte. Ces relations entre la circulation du foie et celle de la rate sont connues depuis longtemps; Ikalowicz et Pal les ont étudiées avec plus de précision; plus récemment François Franck et Hallion les ont enregistrées au moyen de la méthode pléthysmographique. Sur les courbes publiées par ces physiologistes, on voit que, pendant l'excitation du splanchnique, le volume du foie (énervé, il est vrai, au niveau du hile) augmente, en même temps que le volume de la rate diminue. Comme les contractions de la rate se succèdent normalement à intervalles assez réguliers, cet organe agit en quelque sorte sur la circulation porte à la manière d'un cœur périphérique.

Bayliss et Starling ont cherché à déterminer comment se modifie la pression dans les capillaires hépatiques sous l'influence de divers facteurs, nerveux ou mécaniques : il ne sera question ici que de ces derniers. Le principe de la méthode consiste à juger de la pression dans le réseau capillaire du foie d'après les valeurs respectives de la pression dans le vaisseau afférent, la veine porte, et dans les vaisseaux efférents, c'est-à-dire les veines sus-hépatiques ou plutôt la veine cave inférieure.

A la suite de l'oblitération de l'aorte thoracique, la pression diminue dans la veine porte; mais elle ne se modifie pas ou même s'élève légèrement dans la veine cave, à cause de l'obstacle que la compression de l'artère apporte à la déplétion du cœur. Comme la pression dans les capillaires, d'après Bayliss et Starling, dépend plus directement de la pression dans le vaisseau efférent que de celle du vaisseau afférent, ces physiologistes en concluent qu'elle a gardé sa valeur normale et qu'elle peut même avoir faiblement augmenté, malgré la chute de pression dans la veine porte.

L'obstruction de la veine cave au-dessus du diaphragme aura évidemment comme effet une élévation simultanée de pression dans le segment sous-diaphragmatique de cette veine ainsi que dans la veine porte et, par suite, aussi dans les capillaires hépatiques.

Si l'on provoque un état de pléthore hydrémique en injectant à un animal 500 c. c. de la solution physiologique de chlorure de sodium, on détermine une forte augmentation de pression, et dans la veine cave et dans la veine porte. Ainsi, par exemple, dans ce dernier vaisseau, la colonne manométrique s'élève de 98 à 320 millimètres (solution de sulfate de magnésie d'une densité de 1046) pour tomber ensuite lentement à 194 millimètres. Dans la veine cave, elle monte de 33 millimètres à 245 pour s'abaisser un peu plus tard à 120. Par conséquent, la pression dans les capillaires hépatiques sera fortement augmentée; et, comme la pression dans la veine porte s'élève relativement plus haut que dans la veine cave, il en résulte que la vitesse du courant sanguin à travers le foie sera accrue; l'hyperémie est active, non passive. L'intérêt de ces observations réside dans les conséquences qu'on en a déduites au point de vue du mécanisme de la production de la lymphe par le foie.

Les actions nerveuses ont aussi une influence considérable sur la circulation hépatique. Elles ne se bornent pas, comme on l'a cru pendant longtemps, à modifier les résistances dans le territoire des artères viscérales tributaires de la veine porte; mais on sait aujourd'hui qu'elles s'exercent directement par l'intermédiaire des splanchniques sur les vaisseaux du système porte qui ne possèdent leur épaisse musculature que pour répondre plus activement à ce mode d'excitation. Aussi les variations de calibre de la veine porte et de ses branches ont-elles une large part dans les variations de vitesse et de pression du courant sanguin. Mais, l'innervation vaso-motrice du foie ayant déjà fait l'objet d'une étude spéciale, on n'y reviendra pas ici. Notons seulement dans cet ordre de faits que, pendant la période digestive, la pression constante dans la veine porte est plus forte que chez l'animal à jeun, et est comprise entre 16 et 24 millimètres (Rosapelly); les artères du tractus intestinal sont alors le siège d'une dilatation active, et laissent passer dans la veine porte une plus grande quantité de sang.

Chez le fœtus, les conditions mécaniques de la circulation hépatique ne sont plus les mêmes que chez l'adulte, puisque le mécanisme respiratoire n'est pour rien dans la progression du sang, et que la *vis a tergo* intervient seule, ou du moins n'a plus d'autre aide que l'aspiration propre au cœur lui-même. Il est intéressant de voir ce qui se passe dans le domaine du système porte au moment de la naissance. Pendant la vie intra-utérine, la pression veineuse est très élevée, de 16,4 à 34 millimètres, dans la veine ombilicale (voir **Fœtus**) et d'une valeur sans doute à peine moindre dans les veines sus-hépatiques et la veine cave. Dès les premières inspirations, la pression dans les veines sus-hépatiques, d'après Cohnstein et Zuntz, doit subir brusquement un abaissement considérable et tomber au voisinage de 0, sous l'influence du vide pleural. C'est à ces changements de pression dans les veines efférentes que ces physiologistes ont cru pouvoir attribuer l'ictère des nouveau-nés, parce qu'une partie du contenu des canaux biliaires tend à pénétrer dans les veines intra-lobulaires ou dans les voies lymphatiques, qui sont soumises, elles aussi, à une chute de pression semblable. En réalité, il n'en est pas tout à fait ainsi ; Hermann a montré que l'aspiration pleurale constante ne s'établit pas brusquement dès les premières inspirations, mais se manifeste, au contraire, progressivement dans les jours qui suivent la naissance. Il faut donc déduire de là que l'élasticité pulmonaire n'exerce pas encore au début une succion permanente sur les gros vaisseaux contenus dans le médiastin, et que l'appel du sang veineux vers le thorax ne se fait que par intermittence à chaque inspiration. Il est possible que ces premières aspirations, en facilitant la déplétion des veines sus-hépatiques, tendent à y attirer la bile : mais le mode d'action de l'appareil respiratoire serait alors quelque peu différent de celui qu'ont admis Cohnstein et Zuntz.

On a encore invoqué, pour expliquer l'ictère des nouveau-nés, l'abaissement de pression qui se produit dans la veine porte par la cessation du courant de la veine ombilicale (Frerichs). D'après une autre théorie, soutenue par Quincke et reprise plus récemment par Schreiber, c'est la perméabilité du canal veineux d'Arantius qu'il faut incriminer. A l'état normal, la bile résorbée dans l'intestin ne dépasserait pas le foie et retournerait ensuite à l'intestin (circulation entéro-hépatique de la bile) ; si le canal d'Arantius est resté perméable, une partie de ce liquide résorbé passerait directement dans la circulation générale et irait imprégner les tissus. Il n'est d'ailleurs pas certain que l'ictère des nouveau-nés doive être attribué aux modifications que subit la circulation hépatique au moment de la naissance.

La vitesse du cours du sang dans le foie a été évaluée par Rosapelly et par Flügge d'après des méthodes un peu différentes. Rosapelly injecte dans la veine porte 80 centigrammes à 1 gramme d'une solution de ferrocyanure de potassium au 1/4 et détermine le moment où la substance commence et celui où elle cesse d'apparaître dans les veines sus-hépatiques. Dans les conditions normales de la circulation et de la respiration, c'est en moyenne vers la huitième seconde que le prussiate fait son apparition dans les vaisseaux efférents : c'est au bout d'une minute environ qu'il disparaît. Les parties du réactif qui sont arrivées les premières, c'est-à-dire au bout de huit secondes, sont celles qui ont suivi le plus court trajet ; celles qui sont arrivées les dernières, après une minute, ont suivi le trajet le plus long. Rosapelly détermine approximativement la longueur des deux trajets, et trouve que le plus court est d'environ 5 centimètres, et le plus long d'environ 25 centimètres. Ainsi le réactif traverse en huit secondes un trajet de 4 centimètres et en soixante secondes un trajet de 25 centimètres, ce qui indique que le cours du sang se fait avec une vitesse de 4 à 5 millimètres par seconde.

Flügge injecte à un chien du ferrocyanure de potassium dans une veine crurale et recueille le sang de l'artère crurale pour déterminer la durée totale de la circulation. Au bout de quelques jours, on injecte au même animal le réactif dans une veine de l'intestin, et on recueille également le sang par l'artère crurale. On peut admettre, sans grande erreur, que la distance de la veine intestinale et de la veine crurale au cœur est à peu près égale ; le ferrocyanure aura donc à parcourir dans la deuxième expérience le même trajet que dans la première, plus la voie du réseau capillaire hépatique. La différence entre les résultats des deux expériences donnera donc le temps que met le sel injecté à traverser ce réseau. Chez un chien de 20 kilogrammes, la durée de la circulation de la veine crurale à l'artère crurale fut de dix-sept secondes ; d'une veine de l'estomac à l'artère crurale, de trente-trois secondes : la différence, soit seize secondes, indique approximativement la durée de la circulation à travers le foie.

Influence réciproque des courants artériel et veineux. — Les rapports intimes des dernières ramifications de la veine porte et de l'artère hépatique dans les espaces et les fissures de Kiernan, l'intrication des deux systèmes dans l'intérieur même du lobule font prévoir que la circulation dans l'un des vaisseaux doit être influencée par le degré de réplétion et de tension de l'autre. La prévision a été confirmée par les expériences de BETZ et de GAD, qui ont fait passer à travers l'artère hépatique et la veine porte ; le premier, une solution de gomme ; le second, une solution de chlorure de sodium à 5 p. 1000, et ont déterminé le débit dans l'un des vaisseaux, pendant que l'autre restait vide ou était également traversé par un courant de liquide. BETZ a trouvé ainsi que la circulation dans la veine fait obstacle à la circulation dans l'artère, et GAD, que la circulation dans l'artère fait obstacle à la circulation dans la veine. La réplétion des canaux biliaires diminue aussi, d'après BETZ, l'écoulement par la veine. La gêne apportée à l'écoulement de la bile pourrait même entraver la circulation au point de déterminer parfois de l'ascite, et de l'hypertrophie de la rate (MARAGLIANO, cité par ROGER).

Plus récemment, CAVAZZANI a constaté également que, quand du liquide circule en même temps dans les deux territoires vasculaires, le débit total est moindre que la somme des débits de chaque territoire pris isolément. D'après ce physiologiste, et conformément aux données de GAD, ce n'est pas le courant veineux qui porte un préjudice sensible au courant artériel; c'est au détriment de la veine porte que dans ces circulations simultanées se fait la diminution de l'écoulement. CAVAZZANI s'est encore demandé si les variations de pression dans les deux vaisseaux influent sur cette diminution : l'élévation de la pression dans la veine porte n'a pas donné lieu à ce point de vue à des effets constants; par contre, l'augmentation de la pression artérielle tend à mettre obstacle au passage du liquide qui circule à travers le foie, et spécialement du liquide qui passe par la veine porte.

Cependant ROSAPELLY, qui avait déjà abordé cette question, avait obtenu des résultats contradictoires de ceux des auteurs précédents : il avait trouvé que l'écoulement simultané par les deux vaisseaux est un peu plus considérable que la somme de leurs écoulements successifs; d'après JAPELLI, il le serait même beaucoup plus. Les observations de GAD, BETZ et CAVAZZANI s'expliquent mieux que ces dernières.

En ce qui concerne la part respective que prennent l'artère et la veine à l'irrigation du foie, il semble évident, si l'on tient compte de la différence de capacité des deux systèmes, que celle de la veine doit être de beaucoup prépondérante. Ce qui pourrait, jusqu'à un certain point, compenser cette inégalité, c'est la pression plus forte à laquelle est soumis le sang de l'artère, et qui pourrait être la cause d'une vitesse plus grande dans ce vaisseau. Mais il ne faut pas oublier que, d'autre part, le courant artériel rencontre des résistances plus fortes, puisqu'il doit traverser un double réseau capillaire. ROSAPELLY a observé en effet que, si l'on fait passer du liquide par la veine porte, il faut, pour arrêter l'écoulement, que la contre-pression dans les veines sus-hépatiques soit élevée presque au niveau de la pression dans la veine porte, tandis qu'il suffit pour arrêter l'écoulement par l'artère, que la pression dans les veines sus-hépatiques soit de six à dix fois moindre que celle de l'artère. Cette plus forte résistance dans le réseau de l'artère doit donc diminuer la vitesse du courant dans ce vaisseau, malgré la pression élevée qui y règne. Toujours est-il que, dans les expériences de BETZ (cité par HEIDENHAIN), la canalisation veineuse donnait un débit de 61 et même de 67 fois supérieur à la canalisation artérielle, la pression à l'orifice d'afflux étant la même dans les deux systèmes, c'est-à-dire de 400 millimètres (solution de gomme). Même quand la pression était portée à 850 millimètres dans l'artère, l'écoulement par la veine porte était encore 48 fois plus grand.

Cependant FR. FRANCK et HALLION ont vu que la compression de l'artère hépatique produit sur le volume du foie un effet très marqué et qui paraît même excessif, eu égard au petit calibre du vaisseau. L'importance du débit sanguin de l'artère doit être assez grande, puisque la décompression du vaisseau amène une chute sensible de la pression aortique, d'environ 10 millimètres.

Mais ce qui peut paraître paradoxal, c'est que la compression de la veine porte, malgré l'importance de la diminution de la masse de sang hépatique qu'elle entraîne, produit une réduction de volume du foie toujours beaucoup moindre que la compression de l'artère hépatique. Cette différence tient, d'après FR. FRANCK et HALLION, à ce que le tissu du foie reste tendu par la pression artérielle, et ne s'affaisse pas dans la mesure de la diminution de l'apport veineux qu'il subit. Cette explication ne paraît pas très satisfaisante, puisque la compression de la veine porte est suivie d'une chute importante de la pression aortique. Il est probable que, si le foie ne diminue que faiblement de volume

pendant l'oblitération de la veine, c'est que, par suite de l'abaissement de pression dan
la veine porte il se fait un reflux de la veine cave vers le foie, reflux d'ailleurs expérimentalement démontré, comme on le verra plus loin.

Il résulte encore des expériences de circulation artificielle à travers le foie que, normalement, le courant artériel s'engage dans les veines sus-hépatiques et n'a pas de
tendance à refluer vers la veine porte. Un fait curieux, dit Rosapelly, c'est que le liquide
qui passe par l'artère sous une pression de 8 à 10 cent. de Hg s'écoule exclusivement par
les veines sus-hépatiques et non par la veine porte, les deux veines étant ouvertes.
Il ne s'écoule par la veine porte que quelques gouttes de liquide qui proviennent de
l'imbibition, et dont la quantité n'augmente pas quand la pression dans l'artère est
augmentée et l'écoulement par les veines sus-hépatiques plus considérable. Cavazzani
a fait des observations semblables, ce qui le porte même à croire qu'il doit y avoir à
l'embouchure des ramifications de l'artère dans les veines sus-hépatiques une disposition
qui favorise l'écoulement vers le cœur et fait obstacle à l'écoulement rétrograde vers les
origines de la veine porte. D'un autre côté, cependant, la communication de l'artère
avec la veine porte est facile ; le liquide reflue dans cette veine quand elle n'est soumise
à aucune pression, dès que dans les veines sus-hépatiques fermées la pression s'est
élevée à 2 ou 3 centimètres d'eau. La régurgitation du liquide par la veine porte
ouverte égale l'écoulement ordinaire par les veines sus-hépatiques, alors que la pression
dans ces veines n'est pas supérieure à 10 centimètres. Mais, si l'on permet à l'écoulement
de se faire par les veines sus-hépatiques, le liquide injecté reprend sa voie ordinaire, et
rien ne passe plus par la veine porte.

Courant rétrograde de la veine cave vers le foie. — Le foie peut encore recevoir du
sang, alors que tous ses vaisseaux afférents sont liés. Coehnheim et Litten, comme on a vu
plus haut, ont déjà expliqué certains résultats expérimentaux observés à la suite de
la ligature de ces vaisseaux par le reflux qui se fait de la veine cave vers le foie. Le fait
n'avait pas échappé à l'attention de Cl. Bernard, qui, dans ses *Leçons sur le diabète,* est
très explicite à cet égard. Cl. Bernard note qu'après la ligature de la veine porte le
foie n'est pas du tout exsangue, mais qu'il reçoit « par les veines sus-hépatiques » du
sang qui vient refluer jusque dans le tronçon de la veine porte au-dessus du point
d'oblitération.

« En faisant une coupe transversale d'un lobe du foie de l'animal mort, mais dont le
cœur battait encore, on voyait les battements de l'oreillette droite pousser, à chaque contraction, du sang qui jaillissait par les rameaux des veines hépatiques coupées. »

« Quand on divise en travers un lobe du foie sur un animal vivant dont la veine porte
n'a pas été liée, on voit au moment des mouvements de la respiration le sang jaillir
par les ouvertures béantes des veines et rentrer en attirant de l'air à chaque inspiration,
de façon que l'animal meurt bientôt par entrée de l'air dans le cœur. »

Au résumé, pour Cl. Bernard, la circulation du foie est telle « qu'il y a une sorte de
reflux oscillatoire perpétuel entre le sang de la veine porte et des veines sus-hépatiques »,
et, la veine porte étant oblitérée, le sang peut parfaitement entrer dans le foie par les
veines efférentes.

Stolnikow a consacré à cette question toute une série d'expériences. Ce physiologiste pratique chez des chiens la fistule d'Eck. Les animaux survivent de trois à six jours,
et à l'autopsie le foie a son volume normal : il est plein de sang et ne montre aucune différence d'avec un organe dont les vaisseaux sont restés intacts.

Chez d'autres animaux, à la fistule porto-cave on joint la ligature de l'artère ; ces
chiens vivent de trente-huit heures à quatre jours : ici encore le foie a ses dimensions
normales et contient du sang.

Dans une troisième série d'expériences, après avoir fait la fistule d'Eck, on lie tous
les organes qui pénètrent dans le hile du foie, y compris les lymphatiques. Deux à
quatre heures après, on injecte dans la veine jugulaire une solution d'aniline, et au bout
de cinq à quinze minutes on tue l'animal. On voit que le foie est coloré comme si on
l'avait injecté par les veines sus-hépatiques ; les veines centrales du lobule sont fortement colorées, la coloration diminue vers la périphérie, qui elle-même est incolore.

Stolnikow attribue le reflux aux variations de pression produites par la respiration et
les mouvements du cœur dans la veine cave, et il conclut, comme l'avait déjà fait Cl. Ber-

NARD, qu'il doit s'opérer, même dans les conditions normales, quand les vaisseaux du foie sont restés perméables. Il en fournit la démonstration par l'expérience suivante. On fait passer du sang défibriné dans la veine porte, sous une pression de 30 à 40 millimètres Hg, et dans l'artère hépatique sous une pression de 185 millimètres, pour se placer à peu près dans les conditions physiologiques de la circulation hépatique. On injecte une solution d'aniline dans la veine crurale : si l'on fait alors une plaie dans un lobe du foie, on voit que la surface de section laisse écouler alternativement du sang défibriné et du sang coloré par l'aniline. Sur des fragments du foie extirpés à l'animal encore vivant on put constater au microscope que le lobule était fortement coloré par l'aniline autour de la veine centrale et incolore à la périphérie. Si l'on avait lié préalablement une veine sus-hépatique, il n'y avait pas trace de matière colorante dans le territoire correspondant, tandis que le reste du foie était coloré. Par conséquent, le reflux veineux se produit, alors même que l'artère hépatique et la veine porte sont parcourues par du sang sous pression, et il serait même plus prononcé que dans les expériences où ces vaisseaux sont liés.

Notons aussi que, d'après STOLNIKOW, le courant sanguin rétrograde suffit pour assurer la nutrition du foie; la nécrose ne se produirait dans un segment de l'organe que si l'on a lié la veine sus-hépatique qui y a ses origines. Cet auteur est ainsi en contradiction avec les physiologistes qui font de l'artère hépatique le vaisseau nourricier exclusif du foie. Mais MASSEN et PAWLOW sont arrivés à des résultats différents de ceux de STOLNIKOW. Dans les cas où la ligature de l'artère hépatique était combinée à la fistule d'ECK, et alors même que l'artère gastro-duodénale était respectée, la mort survenait au bout de douze à quarante heures, et le foie présentait les altérations de la gangrène.

Quantité du sang du foie : action régulatrice de l'organe sur la circulation générale. — BROWN-SÉQUARD, en se basant d'une part sur la quantité de sang lancée par le ventricule gauche à chaque systole, et, d'autre part, sur le rapport des surfaces de section du tronc cœliaque, des artères mésentériques supérieure et inférieure à la surface de section de l'aorte, a estimé que chez l'homme il passe par le foie 1076 kilogrammes de sang en 24 heures. FLUGGE a évalué la quantité de sang qui traverse le foie en un temps donné d'après les considérations suivantes. Si l'on recueille le sang que laisse écouler l'organe après la mort, on obtient une masse de liquide qui équivaut au minimum à 20 p. 100 du poids du foie; le poids du foie équivaut lui-même à 3,50 p. 100 du poids du corps. Chez un chien de 20 kilogrammes, cet organe contient donc 140 grammes de sang. Ces 140 grammes traversent le foie en seize secondes, durée de la circulation hépatique, d'après les déterminations de FLUGGE, chez un chien de cette taille; ce qui fait 500 grammes de sang par minute, 720 kilogrammes en vingt-quatre heures.

HEIDENHAIN calcule qu'un chien de 8 kilogrammes contient 615 grammes de sang, que la durée totale de la circulation est de treize secondes, que le poids du foie est au poids du corps :: $\frac{1}{28}$. Si l'on admet que la masse du sang est uniformément répartie dans tout le corps, il passera en treize secondes dans le foie $\frac{615}{28} = 22$ grammes, c'est-à-dire en vingt-quatre heures un peu plus de 146 kilogrammes.

SEEGEN, chez trois animaux de taille différente, a déterminé directement la quantité de sang qui s'écoule par la veine splénique après qu'on a lié le tronc de la veine porte, et il a trouvé : 1° chez un chien de 7 kilogrammes une vitesse d'écoulement de 2 cc. par seconde, soit 179 litres en vingt-quatre heures (chiffre qui se rapproche de celui que HEIDENHAIN a établi par le calcul); 2° chez un chien de 10 kilogrammes, 233 litres en vingt-quatre heures; chez un chien de 40 kilogrammes, 433 litres en vingt-quatre heures. Ces chiffres se rapportent à la période de pleine activité digestive, les expériences ayant été toutes faites trois heures après un dernier repas de viande. PFLUGER a objecté aux déterminations de SEEGEN qu'elles ont été faites après ouverture de l'abdomen, et que cette opération doit nécessairement modifier les conditions de la circulation hépatique. Les chiffres donnés par les divers auteurs n'ont évidemment qu'une valeur très approximative, mais ils permettent néanmoins de juger du degré d'activité de cette circulation.

De même, en étudiant l'influence du système porte sur la répartition du sang, MALL a constaté que le rétrécissement des vaisseaux abdominaux produit par l'excitation du nerf splanchnique peut déplacer une quantité de liquide qui va de 3 à 27 p. 100 de sa masse totale, celle-ci étant évaluée à 7 p. 100 du poids du corps.

On peut déjà se rendre compte de la distension dont le foie est susceptible par des observations faites sur le cadavre. « Tous ceux qui ont eu à pratiquer des lavages du foie savent combien, sous une pression relativement faible, on peut emmagasiner d'eau dans cet organe en produisant une véritable érection du tissu hépatique... MONNERET a montré qu'un foie de 1600 grammes tombe après évacuation du sang et lavage à 1269 grammes, pour s'élever au poids de 2523 grammes à la suite d'une injection forte, mais incapable de déterminer des ruptures vasculaires. BRUNTON, et plus récemment GLÉNARD et SIRAUD, ont confirmé ces résultats (GILBERT et CARNOT, *Les fonctions hépatiques*). »

On comprend donc que le foie puisse jouer le rôle d'un réservoir, qui, annexé au système veineux, est destiné à recevoir l'excès de liquide qui à certains moments pénètre dans la circulation, ainsi qu'à épargner au cœur droit un travail trop considérable.

Dans leurs expériences de lavage du sang, DASTRE et LOYE ont appelé l'attention sur l'imprégnation du foie et la dilatation des vaisseaux hépatiques par le liquide qui s'es accumulé dans l'organisme. Le foie contribuerait ainsi pour sa part à l'équilibre de la pression artérielle.

A la même époque, JOHANSSON et TIEGERSTEDT signalaient des faits semblables, et montraient que le foie intervient pour garantir le cœur droit d'un afflux exagéré du liquide injecté dont il soustrait une quantité notable à la circulation générale. A la suite de transfusions de solutions salines ou de sang, ces physiologistes ont trouvé que le foie était devenu *dur comme une planche*, et qu'à la coupe il laissait écouler du liquide en abondance.

Le foie est appelé constamment a exercer sa fonction de régulateur de la circulation, puisqu'il se trouve sur le trajet centripète de vaisseaux qui ont à absorber dans le tube digestif des quantités souvent considérables de liquide.

Mais cette même action se manifeste encore sous une forme différente, en ce sens que le foie sert de diverticulum aux courants rétrogades de la veine cave inférieure, lorsque le cœur droit est astreint à un surcroît de travail, et qu'il ne suffit plus à la tâche. C'est ce que montrent bien quelques-unes des expériences de STOLNIKOW. Les chiens auxquels ce physiologiste avait pratiqué la fistule d'ECK survivaient, en moyenne, six jours ; mais, lorsqu'il enlevait en même temps le foie lui-même, les animaux mouraient au bout de six heures. Immédiatement après l'opération, la fréquence du pouls se maintenait à 110, la pression artérielle à 16 ou 17 centimètres ; puis, au bout d'une demi-heure, l'une et l'autre commençaient à baisser graduellement jusqu'à la mort. A l'autopsie, le cœur était dilaté au plus haut degré, et avait l'aspect du « cor bovinum » classique ; les grosses veines étaient fortement distendues.

L'expérience ne diffère de la fistule d'ECK ordinaire que par l'absence du foie ; dans l'un et l'autre cas, le courant centripète de la veine porte ne peut plus évidemment passer par cet organe. Mais, tant que le foie est intact, il laisse le sang s'accumuler dans son intérieur par l'intermédiaire des veines sus-hépatiques, et empêche ainsi la tension de s'élever trop haut dans la veine cave ; il paraît donc représenter un mécanisme indispensable à la régulation du travail du cœur, puisque son absence produit rapidement la mort avec tous les signes de l'asystolie.

Le foie offre ainsi, en diverses circonstances, un refuge à l'excès du sang qui reflue de la veine cave. A une phase de l'asphyxie, on voit les ventricules se distendre, et l'insuffisance auriculo-ventriculaire se produire. A ce moment, les reflux veineux déterminent un engorgement du foie qui se manifeste par une énorme augmentation de volume, avec pulsations de reflux. On reproduit ainsi le tableau clinique du foie distendu par la régurgitation tricuspidienne (FRANÇOIS-FRANCK et HALLION). Ces phénomènes doivent correspondre au moment où le cœur, déjà affaibli, ne peut plus lutter efficacement contre l'augmentation des résistances périphériques due à l'action excitante du sang noir.

« Les cliniciens savent à quelles variations de volume parfois considérables sont exposés les foies cardiaques, en sorte que la valvule tricuspide constitue, pour ainsi dire, la valvule du foie, et que pour les cœurs forcés l'ensemble des veines hépatiques devient une annexe de l'oreillette droite. La valvule tricuspide une fois forcée, et le foie devenu pulsatile, certains symptômes de l'asystolie, tels que la dyspnée, diminuent très notablement, le foie servant là encore, mais à rebours, de régulateur vis-à-vis du courant rétrograde qui s'établit alors (GILBERT et CARNOT). »

Le foie se comporte également comme un réservoir pour le sang veineux dans l'effort prolongé qui retient, comme on sait, ce liquide à l'entrée du thorax. Chez certains mammifères adaptés à la vie aquatique, chez lesquels les arrêts prolongés de la respiration, pendant le plonger, s'accompagnent nécessairement de stase veineuse, des dispositions anatomiques spéciales viennent en aide à cette fonction du foie : c'est ainsi que chez le phoque, le dauphin, la veine cave inférieure présente de vastes dilatations ampullaires, ou sinus, entre l'embouchure des veines sus-hépatiques et l'orifice du diaphragme.

Bibliographie. — Une partie de la bibliographie des travaux cités a déjà été faite dans d'autres chapitres (Voir surtout **Ligature des vaisseaux du foie**) : nous n'aurons donc qu'à la compléter. — *Traités d'anatomie de* SAPPEY, POIRIER, TESTUT, DEBIERRE. — CL. BERNARD. *Leç. sur les liquides de l'organisme*, 1859, II, 193. — COHNHEIM et LITTEN. *Ueber Circulationsstörungen* [*in der Leber. (A. A. P.*, 1876, LXVII, 133). — E. WERTHEIMER. *Recherches sur la veine ombil.* (J. de l'Anat. 1886, XXII). — RATTONE et MONDINI. *Sur la circulation du sang dans le foie* (*A. i. B.*, 1888, IX, 13; *ibid.*, 1889, XII, 156). — KOEPPE, *Muskeln und Klappen in den Wurzeln der Pfortader* (*A. P.*, *Suppl.*, 1890, 174). — MARIAU. *Recherches anatomiques sur la veine porte* (*D.* Lyon, 1893). — CAVALIÉ et PARIS. *Branches hépatiques de l'artère cystique* (*B. B.*, 1900, 454; *ibid.*, 55). — SABOURIN. *Les communications porto-sushépatiques directes dans le foie humain* (*Rev. de médecine*, 1900, XX, 74). — SUCHARD. *Structure du tronc de la veine porte* (*B. B.*, 1901, 192 et 300). — DOYON. *Anastomoses entre le système porte et le système des veines caves* (*B. B.*, 1901, 812).

BROWN-SÉQUARD. *Journ. de la Physiol.*, 1858, I, 298. — ROSAPELLY. *Recherches théoriques et expérimentales sur les causes et le mécanisme de la circulation du foie* (*D. P.*, 1873). — FLUGGE. *Ueber den Nachweis des Stoffwechsels in der Leber* (*Z. B.*, 1877, XIII, 30). — CL. BERNARD. *Leçons sur le diabète*, 1877, 340. — HEIDENHAIN. *Die Gallenabsonderung* (H. H., v. — COHNSTEIN et ZUNTZ. *Untersuchungen über das Blut, den Kreislauf und die Athmung beim Säugethier Fœtus* (*A. g. P.*, 1884, XXXIV, 173; *ibid.*, 1886, XXXIX, 126). — QUINCKE. *Ueber die Entstehung Gelbsucht Neugeborener* (*A. P. P.*, 1885, XIX, 34). — IKALOWICZ et PAL. *Ueber die Kreislaufverhältnisse in den Unterleibsorganen* (Wien. med. Presse, analys. in Virchow et Hirsch's J. B., 1887, I, 194). — SEEGEN. *Zucker im Blute* (*A. g. P.*, 1884, XXXIV, 412). — JOHANSSON et TIGERSTEDT. *Gegenseitige Beziehungen des Herzens und der Gefässe* (Skand. A. f. Physiol., 1889, I, 395). — DASTRE et LOYE. *Nouvelles recherches sur l'injection de l'eau salée dans les vaisseaux sanguins* (*A. de P.*, 1889, 253). — PFLUGER. *Einige Erklärungen* (*A. g. P.*, 1891, L, 330). *Zweite Antwort* (*ibid.*, 416). — MALL. *Einfluss des Systems der Vena portæ auf die Vertheilung des Blutes* (*A. P.*, 1892, 409). — BAYLISS et STARLING. *Observations on venous pressures and their relationship to capillary pressures* (J. P., 1894, XVI, 159). — STARLING. *The influence of mechanical factors of Lymph Production* (*Ibid.*, 1894, XVI, 224). — CAVAZZANI. *Expériences de circulation dans le foie* (*A. i. B.*, 1896, XXV, 135). — COLASANTI. *Fonction protectrice du foie* (*A. i. B.*, 1896, XXVI, 358). — SÉRÉGÉ. *Contribution à l'étude de la circulation du sang porte dans le foie* (Journ. de méd. de Bordeaux, 1901, 271).

§ XXII. — RÉSORPTION ET ABSORPTION DANS LE FOIE.

Les substances produites dans le foie passent pour la plupart dans le système circulatoire, les unes, comme le sucre, pour être utilisées par les différents tissus, les autres, comme l'urée, pour être transportées vers les émonctoires appropriés. Les matériaux de la bile doivent, au contraire, être éliminés par le foie lui-même. Mais dans certaines conditions ils sont résorbés sur place, et pénètrent, eux aussi, dans l'appareil de la circulation. Ce sont les voies et le lieu de cette résorption que nous étudions ici, ainsi que l'absorption de certaines substances introduites expérimentalement dans les canaux biliaires.

Résorption de la bile. — La résorption de la bile est, en règle générale, un fait anormal. Cependant, chez les chiens, l'urine renferme souvent, à l'état physiologique, des pigments biliaires qui doivent provenir du foie, puisqu'ils sont accompagnés des acides biliaires (NAUNYN, *Arch. f. An. u. Physiol.*, 1868, 430). Mais habituellement le passage d'une quantité appréciable de bile dans le sang résulte d'un obstacle à son évacuation; pour que la résorption se produise, il suffit que la pression dans les voies biliaires devienne quelque peu supérieure à la pression normale de la bile. Il y a donc lieu de déterminer d'abord la valeur de cette pression.

Chez le cochon d'Inde, FRIEDLÄNDER et BASCH (*Arch. f. Anat. u. Physiol.*, 1860, 659) l'ont évaluée à environ 200 millimètres (184 à 212 millimètres). Chez le chien, nous l'avons trouvée habituellement comprise entre 20 et 25 centimètres, c'est-à-dire que la bile s'élève à cette hauteur dans un tube vertical introduit dans le canal cholédoque. La colonne reste stationnaire lorsqu'il s'est établi un état d'équilibre entre la résorption et la sécrétion, autrement dit quand dans l'unité de temps il y a autant de bile entraînée par la circulation qu'il en est produit par les cellules hépatiques. Les chiffres précédents ont été obtenus alors que le bout hépatique du canal cholédoque était lié sur la canule. Mais, pour avoir la valeur exacte de la pression normale, il est préférable, comme l'a fait BURKER (*A. g. P.*, LXXXIII, 1901, 241), d'introduire dans le canal une canule en T qui par sa branche horizontale permette l'écoulement de la bile vers l'intestin, tandis que sa branche verticale sert comme d'habitude de manomètre: la colonne liquide ne s'élève pas alors au-delà de 75 à 80 millimètres chez le lapin. Cette faible pression explique comment une concentration plus grande de la bile peut à elle seule empêcher le passage de ce liquide des capillaires biliaires vers les canaux interlobulaires: c'est ce qu'a observé STADELMANN chez des animaux empoisonnés par la toluylène-diamine, l'hydrogène phosphoré, etc., chez lesquels une fistule de la vésicule ne laissait pas écouler une goutte de liquide, bien que les capillaires biliaires fussent distendus outre mesure, et qu'il se produisit un ictère intense.

Il suffit donc d'une pression peu élevée pour provoquer la résorption de la bile. Cependant, lorsqu'il existe un obstacle à son évacuation, la présence des pigments dans l'urine et les autres signes de l'ictère ne se manifestent qu'au bout de quelque temps. D'après FRERICHS, il faudrait au moins attendre vingt-huit à trente heures; il y aurait pour VULPIAN quelque exagération dans ces chiffres (*Cours de la faculté de Méd.*, 1874, 127). AUDIGÉ (*D. P.*, 1874) dit en effet avoir obtenu la réaction de GMELIN dans l'urine trois ou quatre heures après l'occlusion du cholédoque. Cependant AFANASSIEW (*Zeitschr. f. klin. Med.*, 1896, VI, 290) considère comme des cas d'apparition précoce de l'ictère, ceux dans lesquels il est arrivé, par certains artifices expérimentaux, à déceler la présence des pigments dans l'urine, au bout de vingt-quatre heures.

Voies de la résorption. — Quelle est la voie suivie par la bile lorsqu'elle s'introduit dans la circulation ? Est-ce celle des vaisseaux sanguins ? Est-ce celle des lymphatiques ? Il est curieux de noter que cette question a passé par des phases bien diverses. A l'époque où TIEDEMANN et GMELIN publiaient leurs célèbres expériences sur la digestion, on admettait, sans doute sous l'influence des travaux de MAGENDIE, que les veines sus-hépatiques étaient la seule voie ouverte à la bile résorbée. TIEDEMANN et GMELIN combattent cette manière de voir comme trop exclusive. « Les résultats de nos expériences sur la ligature du canal cholédoque confirment, disent ces physiologistes, les observations déjà faites par PEYER et REVERHORST, et renouvelées par CRUIKSHANK, MASCAGNI, SOMMERING et SAUNDERS sur la résorption de la bile par les vaisseaux lymphatiques : elles doivent faire rejeter l'opinion nouvelle qui nie l'absorption de la bile par ces vaisseaux (*Die Verdauung nach Versuchen*, 1827, II, 40). »

De nos jours, une thèse, qui est précisément l'opposée de celle qu'avaient réfutée TIEDEMANN et GMELIN, a prévalu : les lymphatiques seraient seuls chargés de transporter dans la circulation les matériaux de la bile. Cette thèse se fonde en effet sur une série de travaux dus à divers expérimentateurs, et tous confirmatifs les uns des autres.

C'est d'abord FLEISCHL qui, après avoir lié le canal cholédoque, recueille la lymphe par une fistule du canal thoracique, et la trouve chargée des principes de la bile, tandis que le sang retiré à l'animal cinq heures après le début de l'expérience n'en renferme pas trace. Il pose donc en principe « que la bile, lorsque ses voies d'excrétion naturelles sont obstruées, passe dans les lymphatiques du foie, et de là dans le sang par la voie exclusive du canal thoracique » (*Ber. d. sachs. Ges. d. Wiss.*, Leipzig, 1874, 42).

KUNKEL, un peu plus tard (*Ibid.*, 1875, 232), appuie ces conclusions sur des dosages d'acides biliaires dans la lymphe, après ligature du cholédoque, sans qu'il ait toutefois recherché ces acides dans le sang. Mais KUFFERATH (*A. P.*, 1880, 92) lie systématiquement dans un même temps le canal cholédoque et le canal thoracique et trouve que les acides biliaires ne peuvent arriver dans la circulation que si la voie lymphatique leur est ouverte. FLEISCHL avait déjà affirmé que lorsque, après ligature du cholédoque, le canal thoracique est oblitéré accidentellement par un caillot, la bile ne passe pas dans le sang.

KUFFERATH sacrifiait ses animaux au bout de deux heures et demie. Plus tard, VAUGHAN HARLEY (*A. P.*, 1893, 294) étudie à nouveau les effets de la ligature simultanée du cholédoque et du canal thoracique ; mais il suit les chiens opérés pendant des jours et des semaines et arrive encore à des conclusions conformes à celles de ses prédécesseurs (Voir *Article* **Bile**, II, 199).

Dans l'article auquel nous renvoyons, DASTRE émet l'avis que V. HARLEY a outrepassé la signification de ses expériences en considérant qu'elles démontrent le rôle exclusif du système lymphatique. Il n'en est pas moins vrai que ce sont elles qui ont peut-être le plus contribué à affermir cette opinion. D'un autre côté, DASTRE ne pouvait opposer de faits expérimentaux aux conclusions de V. HARLEY, et au surplus les observations de FLEISCHL, KUNKEL et KUFFERATH gardaient toute leur valeur.

Il est vrai que LÉPINE et AUBERT, en 1885 (*B. B.*, 767), avaient déjà signalé la résorption « éventuelle » de la bile par les vaisseaux sanguins. En soumettant le contenu des voies biliaires à une forte pression, 2 mètres d'eau, ces expérimentateurs avaient trouvé que le sang des veines hépatiques renferme immédiatement après une forte proportion d'acides biliaires. Mais on peut objecter que, dans cette expérience, la bile est soumise à une pression énorme, qu'elle n'aura jamais à supporter après l'occlusion du cholédoque, puisque, à la suite de cette opération, elle ne s'élève guère au delà de 27 à 30 centimètres dans ce canal. Or HEIDENHAIN a fait remarquer que, si l'on dépasse par trop la pression nécessaire à la résorption, il se produit des déchirures, des extravasations (*Stud. d. physiol. Instituts*, Breslau, IV, 233).

Par contre, WERTHEIMER et LEPAGE ont montré, par une série d'expériences systématiques, que les vaisseaux sanguins prennent normalement et constamment une part très active à la résorption des fragments biliaires, alors que la pression exercée sur les voies biliaires n'est pas sensiblement supérieure à celle que l'on observe dans le cholédoque après son oblitération.

1° Chez un chien curarisé ou chloralisé, on introduit une canule dans le canal thoracique, et on reçoit la lymphe qui s'en écoule ; pour plus de précaution on lie encore le confluent lymphatique du côté droit. D'autre part, on isole le canal hépatique droit : on y fait pénétrer de la bile de bœuf ou de mouton sous une pression juste suffisante pour amener la résorption de ce liquide. Les autres lobes du foie continuent à fonctionner normalement, et on recueille leur produit de sécrétion au moyen d'une canule, introduite le plus habituellement dans le canal hépatique gauche, quelquefois dans la vésicule biliaire.

Le but de l'expérience est donc de faire résorber la bile étrangère par une portion du foie, et de rechercher si elle apparaît ou non dans la bile sécrétée par les autres lobes hépatiques, alors qu'elle ne peut plus être déversée dans le sang par les voies lymphatiques. Au bout de quarante-cinq minutes, quelquefois déjà au bout d'une demi-heure, le spectre caractéristique de la bile étrangère de la cholohématine commence à se montrer dans la bile recueillie. Le pigment a donc été résorbé dans les lobes droits du foie par la voie exclusive des vaisseaux sanguins, et, après avoir passé dans le courant de la circulation, il a été rejeté par les parties du foie qui peuvent continuer à éliminer leur produit de sécrétion.

Pour que ces conclusions soient justifiées, il faut évidemment qu'il n'y ait aucune communication directe entre le canal hépatique droit par où se fait l'injection de bile étrangère et le canal hépatique gauche par où l'on recueille la bile de l'animal en expérience ; après que celui-ci a été sacrifié, on s'assure en effet, par des injections de sulfindigotate de soude, que ces communications n'existent pas. Alors que les lobes droits s'injectent parfaitement en bleu par le canal hépatique droit, il ne passe pas trace de la matière colorante dans le canal hépatique gauche ni dans le lobe correspondant. Notons en passant que WERTHEIMER et LEPAGE ont ainsi démontré incidemment, et avant SÉRÉGÉ, l'indépendance de la circulation biliaire dans les divers lobes du foie (B. B., 1896, 951 ; A. de P.. 1897, 363).

2° La résorption des matières colorantes de la bile par les vaisseaux sanguins était donc prouvée ; mais la démonstration ne portait que sur un pigment spécial, la cholohématine, particulier à la bile des herbivores ; il était bon de l'étendre au pigment normal, à la bilirubine.

L'expérience est plus simple que la précédente, et par cela même peut-être plus convaincante. Une canule est introduite dans le canal cholédoque, afin de faire résorber par le foie une solution alcaline de bilirubine ; le col de la vésicule est préalablement lié pour empêcher le liquide injecté d'aller distendre ce réservoir ; la résorption se fait sous une pression de 30, quelquefois de 35 centimètres. Deux canules placées, l'une dans le canal thoracique, l'autre dans la vessie, servent à recueillir la lymphe et l'urine. L'examen de ce dernier liquide permettra de décider si la bilirubine passe dans le sang, bien qu'elle ne puisse plus y être amenée par la voie du courant lymphatique. La présence du pigment dans l'urine se caractérisait soit par la réaction de GMELIN, soit par celle de MARÉCHAL et ROSIN, soit par celle de SALKOWSKI, souvent par les deux méthodes combinées. On put constater ainsi que, trois à quatre heures après le début de l'injection de bilirubine, l'urine était devenue franchement ictérique, et même la réaction de GMELIN se manifestait souvent plus tôt encore.

Mais les lymphatiques prennent aussi part à la résorption. Très rapidement, la lymphe qu'on recueille par la fistule thoracique change de teinte, et la coloration particulière qu'elle prend suffit pour y dénoter la présence du pigment, qu'on y décèle facilement par la réaction appropriée. Ce fait d'ailleurs n'était pas en contestation ; ce que l'expérience démontrait une fois de plus, c'était la participation des vaisseaux sanguins à la résorption de la bile (A. de P. 1898, 334).

3° Enfin WERTHEIMER et LEPAGE ont, chez 30 chiens, pratiqué la ligature simultanée du canal cholédoque et du canal thoracique, et dans aucun cas ils n'ont constaté des faits semblables à ceux qu'avait observés HARLEY, c'est-à-dire l'absence totale de l'ictère ou un retard prolongé dans son apparition. Le pigment s'est montré dans l'urine à peu près dans les mêmes délais que si l'on avait lié le cholédoque seul. L'ensemble de ces dernières expériences n'a été publié qu'en 1899, (Journal de Phys. 259) ; mais déjà en 1896 (B. B., 950) WERTHEIMER et LEPAGE avaient signalé que, chez 6 chiens auxquels ils avaient lié à la fois les deux canaux, ils avaient déterminé constamment de l'ictère. Entre temps, d'autres expérimentateurs étaient arrivés de leur côté aux mêmes résultats. QUEIROLO et BENVENUTI (La Riforma medica, 1898, p. 259 et Sem. médic., octobre 1898), ayant répété l'expérience de V. HARLEY concluent que l'occlusion simultanée du canol cholédoque et du canal thoracique n'empêche pas la manifestation de l'ictère : que l'occlusion du canal thoracique ne modifie ni ne fait disparaître [l'ictère produit par l'occlusion du cholédoque : que dans l'ictère par rétention, l'absorption de la bile dans le foie est due pour la plus grande part au système veineux intrahépatique. GERHARDT (Verh. des 15 Congr. der innere Medic., Wiesbaden, 1898, cité par K. BURKER loc. cit.,) trouve également que, à la suite des opérations de V. HARLEY, l'ictère apparaît très régulièrement, et que, chez les animaux auxquels on les pratique, l'urine devient « aussi rapidement et aussi fortement ictérique que chez ceux dont le canal thoracique est resté libre ». Cependant, d'après GERHARDT, quand la voie lymphatique demeure ouverte, c'est elle qu'il faut considérer comme la voie normale suivie par la bile. Cette concession faite à la doctrine classique n'est pas fondée, puisque, dans les expériences de WERTHEIMER et LEPAGE, la cholohématine ou la bilirubine sont résorbées dans le foie par les vaisseaux sanguins, alors que le canal thoracique est absolument libre.

4° S'il fallait une dernière preuve que le système lymphatique n'est pas la voie exclusive de résorption de la bile, on la trouverait dans les faits suivants. L'ictère, si commun chez le chien au point qu'on pourrait l'appeler physiologique, est, comme l'a montré NAUNYN, un ictère par résorption. Si l'opinion courante était exacte, une urine qui contient normalement du pigment biliaire devra cesser de donner la réaction de GMELIN après qu'on aura lié le canal thoracique. Il n'en est rien : le pigment ne disparaît pas. DUBOIS (Echo méd. du Nord, 1898) a publié quelques expériences de ce genre. Après ligature du canal lymphatique, il a recueilli l'urine, dans un cas pendant quinze heures, dans un autre pendant vingt-deux heures ; les réactions des pigments biliaires persistaient toujours comme au début. Si l'on suit pendant plusieurs jours des animaux opérés de la même manière, l'urine continue à être ictérique tantôt d'une façon persistante, tantôt avec des interruptions, comme cela arrive d'ailleurs chez l'animal intact.

Cette dernière série d'expériences est bien faite pour démontrer non seulement que les vaisseaux sanguins ne sont pas étrangers à la résorption de la bile, mais qu'au contraire ils y jouent très probablement le rôle principal. La quantité de bile résorbée chez le chien à l'état physiologique est peu considérable, puisque sa présence dans l'urine ne s'accompagne d'aucune autre manifestation de l'ictère, et cependant cette faible proportion de matériaux biliaires passe exclusivement, après la ligature du canal thoracique, par les veines sus-hépatiques.

Substances diverses absorbées dans les voies biliaires. — Heidenhain a montré que, si l'on fait pénétrer sous une certaine pression du sulfo-indigotate de soude dans le cholédoque, on peut reproduire en quelque sorte le tableau de l'ictère par résorption, si ce n'est qu'au lieu de la teinte jaune, les muqueuses, le tégument et l'urine ont pris une coloration bleue. Wertheimer et Lepage ont prouvé que le rôle principal dans la résorption de l'indigo revient incontestablement aux vaisseaux sanguins. L'expérience est faite chez un chien morphiné et chloroformé. On met en communication une solution de la matière colorante bleue avec le cholédoque, sous une pression d'environ 30 centimètres : on recueille l'urine dans l'un des uretères et la lymphe dans le canal thoracique. On constate que l'urine se colore en bleu dix à quinze minutes avant que la lymphe ait changé de teinte. Le pigment a donc passé dans le sang, et a été éliminé par le rein à un moment où la lymphe n'en renfermait pas de trace appréciable. Si d'ailleurs on cesse dès lors de laisser pénétrer l'indigo dans le cholédoque, la lymphe restera incolore (B.B., 1896, 1077).

C. Tobias a vu aussi que la ligature du canal thoracique ne supprime pas l'absorption du ferrocyanure de sodium, de la strychnine, de l'atropine à la surface des conduits biliaires. L'iodure de sodium ne passerait ni dans le sang, ni dans les voies lymphatiques, c'est-à-dire qu'il ne serait pas absorbé en quantité appréciable dans ces conduits. En rapprochant ses résultats positifs de ceux qu'a obtenus Harley, dont il considère l'opinion comme démontrée, C. Tobias conclut que la voie par laquelle se fait l'absorption à la surface des canaux biliaires semble différer suivant la nature de la substance absorbée (Trav. Lab. de Fréдéricq, 1893-95, v, 97).

Si l'on introduit du lait dans le canal cholédoque sous une pression suffisante, au bout de peu de temps, les lymphatiques du hile et les ganglions correspondants apparaissent fortement colorés en blanc. Le fait a été signalé par K. Burker, qui y voit la preuve que les lymphatiques prennent une part active aux phénomènes de résorption ; mais, pour prouver que cette observation ne peut avoir une portée générale, il suffit de rappeler ce qui se passe pour le sulfate d'indigo.

Burker a encore fait absorber diverses substances par le canal cholédoque, mais sans se préoccuper des voies qu'elles suivent. La solution physiologique de ClNa est absorbée très activement ; pour un accroissement de pression de 1,5, les quantités résorbées sont quarante fois plus grandes. La résorption s'exerce d'une façon inégale sur les différentes substances ; modérément sur le sang, la peptone, l'urée, le glycocholate de soude ; faiblement sur la solution de bilirubine ; très fortement sur la solution de glucose. La résorption de bile diluée et de glycocholate de soude détermine des lésions intenses du parenchyme hépatique.

Lieu de la résorption. — D'après Heidenhain, la résorption de la bile ou de toute autre solution introduite dans le canal cholédoque se fait dans les espaces interlobulaires. Le liquide aurait donc à traverser l'épithélium cylindrique et la paroi propre des canaux biliaires pour arriver dans les vaisseaux sanguins ou lymphatiques. Le siège de la résorption, dit Heidenhain, ne se confond pas avec celui de la sécrétion : celle-ci a lieu dans l'intérieur du lobule, celle-là dans les canaux biliaires interlobulaires.

Le principal argument, et, à vrai dire, le seul argument direct sur lequel s'est appuyé ce physiologiste, est le suivant : si l'on fait résorber à un animal de l'indigo-sulfate de soude, on ne retrouve la matière colorante que dans les conduits interlobulaires, et non dans les capillaires biliaires, alors même qu'il en a passé dans la circulation une quantité telle que les tissus sont fortement colorés en bleu. Par conséquent la sécrétion a dû continuer dans l'intérieur du lobule pendant que la résorption s'effectuait en dehors de lui. On s'explique aussi de la sorte que, si après une résorption prolongée d'indigo, on permet à la bile de s'écouler de nouveau librement au dehors, elle reprend très rapidement sa couleur naturelle. Si cependant, à la suite d'une rétention durable de la bile, on trouve les cellules hépatiques teintes en jaune, c'est que le produit de sécrétion a filtré secondairement de l'extérieur du lobule vers son intérieur.

Mais le fait sur lequel repose l'argumentation de Heidenhain n'a pas été confirmé par K. Bürker. En modifiant la technique, cet expérimentateur a observé qu'à la suite de la résorption du sulfate d'indigo par le cholédoque, les capillaires biliaires intra-lobulaires se remplissent de matière colorante, principalement à la périphérie du lobule.

Notons encore que, d'après Virchow (*A. A. P.*, 1837, xi, 374), l'épithélium des canaux biliaires absorbe activement la graisse et reprend par conséquent une partie de cette substance à la bile, qui en contient normalement une certaine quantité.

E. WERTHEIMER.

§ XXIII. — PHYSIOLOGIE COMPARÉE DU FOIE.

SOMMAIRE. — I. Introduction. — Notions anatomiques. — II. Fonction pigmentaire du foie. — II. Fonction martiale. — III. Fonction adipogénique. — IV. Fonction digestive : Hépato-pancréas. — V. Autres fonctions.

I. — Introduction. Notions anatomiques.

1. Définition. — Le foie, revêtement épithélial. — 2. Cœlentérés. — 3. Vers. — 4. Arthropodes. Crustacés. Arachnides. — 5. Mollusques... *a.* Brachiopodes. *b.* Lamellibranches. *c.* Gastéropodes. *d.* Gymnobranches. *e.* Céphalopodes. — 6. Vertébrés. — 7. Développement embryogénique du foie chez les vertébrés. — 8. Variations anatomiques du foie. — 9. Constitution du foie. Lobule vasculaire. Lobule glandulaire. — 10. Cellule hépatique. — 11. Pancréas.

1. Définitions. — *Définition anatomique.* — Le foie est une « annexe de l'intestin moyen ». — Les anatomistes enseignent que le foie a une existence très générale. C'est un organe qui, envisagé au point de vue morphogénique, se confond d'abord avec l'intestin, puis s'en sépare graduellement. A cet égard, le développement phylogénique répète le développement ontogénique.

A l'état de première ébauche, le foie existe simplement sous la forme d'un revêtement épithélial du tube digestif, distinct par sa couleur et ses caractères histologiques; c'est ce qui arrive chez beaucoup de cœlentérés, chez beaucoup de vers et chez les insectes.

Ce revêtement se précise et se limite dans une portion plus ou moins distincte de l'intestin moyen. Plus tard, le revêtement se circonscrit dans une dépression ou diverticule du canal intestinal : le foie présente ainsi un premier degré d'indépendance.

Par un nouveau progrès, ce diverticule se divise et se subdivise en tubes glandulaires qui restent tantôt plus ou moins distincts ou qui, d'autres fois, se conglomèrent enfin en un organe compact. L'organe alors a atteint un haut degré de différenciation : c'est le *foie tubulé* des invertébrés et de quelques vertébrés.

Enfin, les éléments perdent leur caractère d'acinis tubulés : ce sont des cordons pleins (cylindres de Remak) qui s'anastomosent. On a le foie massif ou *lobulé* des vertébrés supérieurs.

« La différenciation du foie aboutit à sa séparation graduelle de l'intestin, séparation poussée finalement à tel degré, que l'organe n'est plus relié au tube digestif que par son conduit excréteur (Gegenbaur). » C'est ce qui se produit chez les mollusques supérieurs et chez les vertébrés supérieurs.

Définition histologique. — Les cellules hépatiques sont des cellules de l'épithélium intestinal différenciées. La différenciation consiste en ce que le protoplasma est granuleux et que ses granulations sont de trois espèces : les unes formées d'un pigment jaune brun : ce sont celles-là qui caractérisent optiquement l'organe; les autres sont des gouttelettes graisseuses (Leydig); les dernières sont glycogéniques.

Définition physiologique. — Le caractère le plus général du foie est donc d'être un organe pigmenté et chargé de réserves de graisse et de glycogène.

Examinons maintenant brièvement les différents groupes.

2. Rayonnés. — A. *Échinodermes.* — Chez les *Oursins* le foie commence à se montrer comme un épaississement de l'intestin moyen dans lequel les cellules offrent les caractères des cellules hépatiques.

Chez les *Astéries*, l'estomac envoie des appendices dans les bras; sur ceux-ci se greffent des cœcums tubulés, disposés en grappe, qui sont de véritables glandes hépatiques et qui remplissent toute la cavité virtuelle du bras. — Il s'y produit une sécrétion : les aliments solides n'y pénètrent point. — Les cellules hépatiques sont des cellules cylindriques extrêmement longues.

Cœlentérés. — Chez un grand nombre de *Cœlentérés*, on observe, dans la cavité élargie en cul-de-sac qui constitue l'estomac, un revêtement épithélial distingué par sa coloration, en général jaune ou brune. Les cellules colorées, pigmentaires, sont réparties assez également chez les Polypes hydraires. Elles sont distribuées en séries longitudinales dans la plupart des cas : chez les Anthozoaires et les Méduses, ces séries longitudinales sont disposées sur des replis saillants de la paroi stomacale. Chez les Siphonophores, ou, pour parler plus exactement, chez les individus nourriciers des Siphonophores, ces lignes longitudinales forment bourrelet au fond de la cavité digestive. Parmi ces Siphonophores, les *Vélellides* (*Velella*) présentent une disposition remarquable en ce que ce sont les dernières ramifications gastriques qui deviennent hépatiques et forment un foie développé; le revêtement épithélial pigmentaire, au lieu d'être placé dans la cavité gastro-intestinale elle-même, existe dans une grande partie des conduits gastro-vasculaires qui y prennent origine (KÖLLIKER). Une partie de ces canaux est tapissée de cellules contenant des granulations de couleur jaune brunâtre, tandis que plus loin les conduits sont tout à fait incolores. Ce seraient là des *canaux biliaires.* Si cette attribution est exacte, le foie, chez ces animaux, offrirait un degré de différenciation assez élevé, puisqu'il serait constitué par des canaux s'ouvrant par des ouvertures en forme de fente dans l'estomac central.

3. Vers. — Les anatomistes considèrent également comme un foie rudimentaire le revêtement de cellules pigmentées qui existe dans la partie moyenne de l'intestin, chez beaucoup d'animaux appartenant au groupe des Vers. Leur caractère granuleux et leur coloration les font considérer comme jouissant de propriétés sécrétantes. Cette disposition se montre chez les Bryozoaires; elle est très apparente chez les Rotifères.

Chez les Annélides à tube digestif fortement ramifié (Aphrodites), c'est-à-dire dont la partie moyenne de l'intestin présente des appendices cœcaux bien développés, on voit ces appendices se rétrécir, s'allonger et présenter le revêtement pigmentaire biliaire. C'est un commencement de différenciation, les conduits hépatiques venant s'ouvrir dans l'intestin moyen.

Chez les *Tuniciers*, on retrouve les deux mêmes états du foie. Chez les Ascidies simples, chez l'*Appendicularia*, l'intestin médian est revêtu d'une couche de cellules glandulaires colorées, regardées comme hépatiques. Dans les Ascidies composées, chez les *Amauracium*, et aussi chez les Botrylloides, le revêtement hépatique est disposé dans une série de cœcums. Chez les Salpes, il y a un appendice de ce genre, simple et quelquefois double, aboutissant au voisinage de la cavité gastrique, qui est également considéré comme un foie.

Chez les Vers plats, la différenciation se produit de la même manière. Les ramifications du canal intestinal de beaucoup de Trématodes sont tapissées de l'épithélium coloré considéré comme hépatique. Chez les Planaires, ce sont les extrémités seulement de ces ramifications qui seraient biliaires.

4. Arthropodes. — A. Crustacés. — *Première forme.* — Chez les Crustacés inférieurs il y a dans l'intestin moyen un revêtement de cellules colorées, pigmentaires, chargées de globules graisseux, considérées comme hépatiques.

Les Crustacés de tous les ordres présentent des appendices cœcaux qui s'ouvren soit dans l'estomac — *glandes gastro-hépatiques* des entomostracés, — soit au commencement de l'intestin moyen — *glandes hépato-pyloriques* des malacostracés. — Ce n'est que chez les formes les plus inférieures (Copépodes) que cet appendice est unique et médian. D'ordinaire, la disposition la plus simple est celle de deux courts diverticules — cæcums simples des Daphnides. — Ces diverticules subissent chez d'autres espèces une complication. Ils se multiplient, formant deux ou plusieurs paires, et s'allongent considérablement. D'autres fois, ils se ramifient en arborescences. Les culs-de-sac terminaux prennent le caractère glandulaire : ce sont alors de véritables foies. On peut constater chez les Phyllopodes tous les degrés de différenciation, depuis une simple expansion de la paroi intestinale, jusqu'à une glande tubulée richement développée. Ce terme extrême est atteint chez les *Apus* et les *Limnadia*. — Chez les Décapodes, la disposition est la même : les tubes ramifiés forment des groupes en forme de touffes compactes qui remplissent le céphalo-thorax. Les tubes glandulaires, en nombre considérable, s'ouvrent les uns dans les autres, et finalement dans un canal commun latéral au pylore. Ces organes, colorés en jaune brun, constituent des foies véritables. Lorsqu'on en suit le développement chez les Décapodes, on les voit naître de deux simples dilatations de l'intestin moyen; et c'est cette observation qui permet de rattacher le foie d'un Crustacé élevé, comme l'Écrevisse, aux cæcums permanents des Crustacés inférieurs. Les tubes sont formés d'une fine membrane tapissée d'un épithélium sécréteur où l'on peut distinguer deux espèces de cellules, *cellules-ferments* (WEBER) et *cellules hépatiques* riches en graisse. Chez les Crustacés décapodes on attribue à cet organe des fonctions multiples : digestive, absorbante, excrétive, martiale, glycogénique, d'arrêt pour certaines substances, anticoagulante, etc.

2° *forme*. — Le foie existe encore sous une autre forme chez d'autres animaux de ce groupe. Les diverticules tapissés de cellules biliaires, au lieu de se concentrer en deux touffes de tubes, s'abouchant au début de l'intestin moyen, forment un plus grand nombre de touffes échelonnées le long de cet intestin. On trouve ainsi des touffes glandulaires ramifiées, colorées en jaune, vert ou brun, et disposées par paires, deux, quatre ou six, chez les Isopodes. De même, chez les Stomapodes, il y a dix paires de touffes biliaires à structure lobée. Ces organes, ces pseudo-foies, sont évidemment des formations analogues aux précédentes.

B. **Arachnides**. — Dans ce groupe, les organes hépatiques se présentent comme dans le second groupe des Crustacés. Les cæcums antérieurs de l'intestin moyen gardent généralement la forme de poches, de diverticules. On les désigne comme des *cæcums de l'estomac*. Les touffes postérieures sont les véritables organes hépatiques; elles débouchent, non plus au commencement, mais vers la fin de l'intestin moyen; il y en a trois paires chez les Araignées et cinq paires chez les Scorpions.

La masse hépatique des Arachnides remplit une grande partie de la cavité abdominale et pousse des prolongements qui s'insinuent entre les autres organes de cette cavité, organes circulatoires ou sexuels.

C. **Myriapodes et Insectes**. — Les appendices de l'intestin moyen font défaut. Il est difficile de trouver aucun organe qui puisse être identifié au foie.

5. **Mollusques**. — L'intestin moyen présente, chez les Mollusques, des annexes différenciés qui constituent un foie souvent volumineux et bien caractérisé. On y retrouve la disposition générale : diverticules pairs de l'intestin moyen, pouvant quelquefois être fusionnés en un diverticule impair; ce ou ces diverticules, prolongés en tubes plus ou moins ramifiés, sont tapissés d'un épithélium pigmenté, de coloration plus ou moins vive, considéré comme sécréteur. — Au point de vue physiologique, le foie est un organe qui cumule les fonctions digestives (hépato-pancréas), avec le rôle de réserve générale (glycogène et graisse).

A. Chez les *Brachiopodes* à charnière, le foie forme deux masses latérales entourant l'estomac et y débouchant par plusieurs orifices. Chez les Brachiopodes sans charnière, le foie prend moins d'extension : il est formé de tubes ramifiés aboutissant dans la dilatation gastrique par de nombreux orifices (*Crania*), ou par un seul résultant de la fusion des précédents (*Lingula*).

B. Chez les *Lamellibranches*, le foie forme, à la base du pied, une masse (glande en grappe) entourant le tube digestif sur une assez grande portion de son parcours ; elle est composée de plusieurs lobes aboutissant par plusieurs orifices dans la dilatation gastrique. — Notons que le foie contracte des rapports intimes avec la glande génitale placée à son contact, par exemple dans un repli du manteau (*Mytilus, Cardium*).

Les tubuli glandulaires présentent trois espèces de cellules : des *cellules calcaires* (*Kalkzellen*) excrétrices de la chaux abondamment introduite par l'alimentation végétale ; en second lieu des *cellules nutritives* (*Nährzellen*) surchargées de réserves adipeuses ou glycogéniques ; enfin des *cellules ferments* à petites granulations colorables (safranophiles).

C. Chez les *Gastéropodes*, le développement n'est pas moindre. Le foie forme chez les Gastéropodes à coquille la plus grande partie de la masse viscérale cachée dans la coquille. Cette masse est divisée en lobes (quatre, ordinairement). Elle entoure l'intestin sur une étendue plus ou moins grande : elle déverse le produit de la sécrétion (liquide hépatique) dans la première partie de l'intestin moyen, par un nombre variable d'orifices, en rapport avec le nombre des lobes, quelquefois par un seul. La glande hermaphrodite est logée dans le foie. — Chez les Gastéropodes pulmonés, le foie présente quatre espèces de cellules : 1° des *cellules calcaires* (*Kalkzellen*) riches en phosphate de chaux et en rapport avec l'alimentation d'une part et la formation de la coquille d'autre part ; ces cellules sont grandes (BARFURTH) ; 2° des *cellules hépatiques* (*Leberzellen*), cylindriques, claires, surchargées de graisse, de glycogène ; 3° des cellules à vacuoles, *Fermentzellen* de BARFURTH, *Secretzellen* de BIEDERMANN et MORITZ, qui sécrètent les sucs digestifs ; 4° des cellules petites, à concrétions jaune pâle (cellules cyanophiles de CUÉNOT) qui fixent momentanément les matières colorantes des aliments, et particulièrement la chlorophylle (DASTRE). — Le nombre des lobes est très grand chez les Ptéropodes : le foie s'y résout en un grand nombre de petits cæcums, isolés ou réunis en masse compacte débouchant quelquefois par tant d'orifices que la paroi stomacale ressemble à un crible.

D. Chez les *Gymnobranches*, les cæcums s'élargissent encore ; ils forment de véritables diverticules, analogues à ce que nous avons déjà rencontré chez quelques Annélides. Le foie des Éolidiens, par exemple, est formé d'un diverticule assez considérable de l'intestin, pourvu, des deux côtés, d'appendices cæcaux qui traversent la cavité du corps et pénètrent dans les cirrhes dorsaux, en s'y ramifiant plus ou moins. Ce sont ces parties ramifiées qui se distinguent par le caractère et la couleur de leur revêtement épithélial. Dans un foie de ce genre, il est difficile de dire où commence le foie et où finit l'intestin, les particules alimentaires pouvant souvent pénétrer assez loin dans ces conduits. Nous venons de signaler l'analogie de cet organe avec celui des Vers, des Trématodes et des Planaires : il y a pourtant une différence, que GEGENBAUR a considérée comme très importante au point de vue anatomique : c'est que le foie de l'Éolidien se forme par les ramifications d'un diverticule préalablement séparé de l'intestin, et constitué déjà comme organe distinct, tandis que, dans le cas des Vers, il s'agit des ramifications de l'intestin lui-même.

E. Chez les *Céphalopodes*, le foie est une masse glandulaire très apparente, compacte, ou divisée en quelques lobes (deux, quatre) entourant plus ou moins l'œsophage ou l'intestin, et débouchant dans la première partie de l'intestin moyen par deux canaux excréteurs, témoins de la dualité primitive de l'organe. On a signalé une différence plus ou moins nette entre la structure de certains lobules qui débouchent directement dans les conduits excréteurs (*lobules pancréatiques, pseudo-pancréas*) et celle des lobules débouchant dans les parties plus profondes (revêtement hépatique, biliaire, foie).

On a essayé d'établir une distinction du même genre chez les Gastéropodes. Cette distinction tend à faire considérer le foie de ces animaux comme l'équivalent, au point de vue anatomique, comme il l'est au point de vue physiologique, à la fois, de l'organe hépatique et du pancréas fusionnés des animaux supérieurs.

6. **Vertébrés.** — Les annexes de l'*intestin moyen* chez les Vertébrés supérieurs sont les organes glandulaires de l'intestin grêle. Ceux qui débouchent dans la première partie (duodénum) sont le *foie* et le *pancréas*.

Chez l'Amphioxus on trouve le premier début de ces dispositions. Le foie est représenté par un diverticule de la première partie de l'intestin moyen, sorte de cæcum ou cul-de-sac dirigé en avant et tapissé d'un épithélium de cellules cylindriques à cils vibratils colorées en vert. — On remarquera que cet état permanent chez l'Amphioxus se confond avec l'état transitoire sous lequel se montre la première ébauche du foie pendant le développement embryogénique de tous les Vertébrés.

Le foie des Vertébrés offre deux types : le type *tubulaire*, qui se rencontre chez les Poissons, les Batraciens, les Reptiles et les Oiseaux — et le type *lobulaire*, qui appartient aux Mammifères. Il y a de nombreux passages de l'un à l'autre.

Les anatomistes distinguent dans le foie des Vertébrés deux espèces d'éléments formateurs : 1° les *canaux hépato-biliaires* constituant, par leur ensemble, une glande excrétrice : ils sont formés d'une mince paroi propre tapissée de cellules cylindriques claires ; 2° les *cylindres de* REMAK, sortes de canaux virtuels à lumière très étroite et irrégulière, formés d'un amas de *cellules hépatiques*, celles-ci à protoplasma spongieux, farci de granulations glycogéniques et graisseuses.

Chez les Mammifères, l'élément du foie est essentiellement le cylindre de REMAK, auquel font suite les canaux hépato-biliaires. L'organe se décompose en lobules, amas de cellules hépatiques, de 1 millimètre de diamètre, entourés des canaux biliaires et des vaisseaux porte et hépatiques et pénétrés par les vaisseaux sus-hépatiques.

7. Développement embryogénique du foie chez les Vertébrés. — Le foie est, chez l'embryon du Vertébré, l'organe glandulaire le premier formé et le plus volumineux, parmi ceux qui sont permanents. Il a une double origine : intestinale et vasculaire.

Son *origine intestinale* est un diverticule du tube digestif. Chez l'Amphioxus, ce diverticule simple, non ramifié, se montre immédiatement en arrière de la région respiratoire, et se dirige en avant et du côté gauche du corps.

Chez les autres Vertébrés, c'est encore, au début, un diverticule ventral du duodénum. Plusieurs alternatives peuvent se présenter : le diverticule, d'abord simple, se divise ensuite en deux, chez les Élasmobranches et chez les Amphibiens ; le diverticule est double dès son apparition et formé de deux parties d'ailleurs inégales, chez les Oiseaux : enfin le diverticule, d'abord unique, se complique par l'apparition ultérieure d'un second diverticule, comme chez le lapin (KÖLLIKER). — Cette évagination (diverticule hépatique primaire formé par l'hypoblaste) pénètre dans un épaississement spécial du mésoblaste splanchnique.

Le bourgeon en question, simple ou double, embrasse le tronc de la veine omphalomésentérique, se divise en branches qui se subdivisent elles-mêmes indéfiniment en cylindres, unis en réseau, qui formeront l'ensemble des voies biliaires. La question est de savoir si ces subdivisions, ces masses de cellules hépatiques, sont des cylindres pleins (*cylindres de* REMAK), comme cela paraît avoir lieu chez les Oiseaux (REMAK) et chez le lapin (KÖLLIKER) ou si ce sont des canalicules creux, à lumière de plus en plus rétrécie, comme il semble que ce soit le fait chez les Élasmobranches, chez les Amphibiens, et chez quelques Mammifères (*canaux hépato-biliaires*).

L'*origine vasculaire* du foie résulte de ce que, tandis qu'a lieu le bourgeonnement du diverticule hépatique, d'autre part la veine omphalo-mésentérique bourgeonne à son tour. Ses rameaux pénètrent le réseau précédent et y forment un double système de voies sanguines : un système de *vaisseaux afférents* (système de la veine porte), qui se ramifie par dichotomie descendante, et un système de *vaisseaux afférents* qui se collecte par dichotomie ascendante (système de la veine sus-hépatique). A cet égard, le foie constitue une glande vasculaire sanguine de disposition tout à fait spéciale.

On a résumé de la manière suivante les différents stades de l'embryogénie du foie (Th. SHORE, LEWIS JONES) :

1° Le foie est un diverticule de l'intestin, simple glande tubulaire limitée par un endoderme sécréteur modifié. C'est le cas de l'Amphioxus et de tous les vertébrés au début.

2° Subdivision des cellules endodermiques à l'extrémité du diverticule, de manière à former une masse solide. Cette masse est traversée de canalicules pour l'écoulement de la sécrétion dans le tube primitif transformé en canal excréteur (canaux hépato-biliaires).

3° Multiplication ultérieure des cellules et pénétration des vaisseaux sanguins qui la divisent en colonnes solides (cylindres de REMAK), ces colonnes étant en quelque sorte drainées par un système de canaux biliaires intercellulaires. Cet état est celui du foie de la Lamproie.

4° Pénétration plus complète des·vaisseaux sanguins entre les colonnes précédentes. Celles-ci forment alors un réseau de cylindres composés de cellules hépatiques, les cellules étant d'ailleurs disposées de manière à former une couche unique autour des capillaires biliaires. Tel est l'état permanent des Poissons, Amphibiens et Reptiles. C'est la condition transitoire des Mammifères pendant leur développement.

5° Enfin, pénétration encore plus complète des vaisseaux sanguins qui s'insinuent entre les éléments des cylindres cellulaires précédents. De plus, les capillaires sanguins s'arrangent d'une manière particulière; ils se rassemblent en petits groupes qui aboutissent chacun par un affluent unique dans les veinules efférentes (sus-hépatiques). Chacun de ces petits groupes de tissu hépatique constitue un lobule hépatique. C'est le cas des Mammifères adultes.

8. Variations anatomiques du foie. — Le développement progressif de ces deux réseaux, hépatique et vasculaire, constituera le foie de l'adulte.

Les deux moitiés originaires du foie ne restent séparées que chez les derniers Poissons, chez les Myxines. Partout ailleurs elles constituent un organe unique, volumineux, plus ou moins distinctement divisé en lobes. Quelquefois la masse est indivise : cela a lieu chez quelques Poissons osseux, chez le *Petromyzon* et chez les Serpents. D'autres fois, il y a deux lobes (Sélaciens, autres Poissons osseux), Crocodiles, Tortues; l'indication des deux lobes subsiste chez les Oiseaux et chez les mammifères, la lobulation multiple qui se montre chez les Carnivores, les Rongeurs, chez quelques Marsupiaux et chez les Singes, laissant apercevoir parfaitement la division initiale en deux lobes fondamentaux.

La forme du foie varie chez les différents animaux, sans que ces variations aient beaucoup d'intérêt. Chez les Mammifères on y distingue deux lobes principaux, eux-mêmes plus ou moins subdivisés en lobes secondaires. Chez l'homme, il y a un lobe droit, un lobe gauche, et à la base deux petits lobes complémentaires, le lobe carré, le lobule de SPIEGEL. Chez les singes, le lobe droit est divisé en quatre, le lobe gauche en deux. Chez le chien, il y a cinq divisions : le lobe droit principal portant la vésicule; le lobe droit complémentaire; le lobe gauche divisé en trois : principal, complémentaire, accessoire.

Chez certains Rongeurs (*Capromys Fournieri*), il y a une multitude de petits lobules. Chez les Ruminants (mouton), les divisions sont peu marquées.

Chez les Oiseaux le foie est volumineux. Il l'est chez les Gallinacés et surtout chez les Palmipèdes. Chez ceux-ci, le foie est divisé en deux lobes presque égaux : le gauche présente un commencement de division par une scissure (coq).

Chez les Reptiles et les Batraciens, le foie présente des divisions marginales. Les grenouilles ont un organe hépatique à deux lobes; chez les Ophidiens, l'organe est cylindrique et compact.

Chez les poissons, la variété est poussée très loin. Les uns possèdent un foie en une seule masse (Saumon, Brochet, Anguille); chez d'autres, il est très divisé (Carpe). Nous n'avons pas à nous occuper de ces particularités.

Quant aux variations de l'appareil biliaire, nous renvoyons pour leur description à l'article **Bile** du présent Dictionnaire.

9. Constitution du foie. Lobule vasculaire. Lobule glandulaire. — Nous n'avons qu'à rappeler, à propos de la conception philosophique de l'anatomie du foie, les renseignements déjà donnés à propos de la bile.

Chez l'adulte, le foie constitue un organe complexe dans lequel on distingue trois objets : un réseau biliaire, *arbre biliaire;* un riche *réseau capillaire* en mailles à disposition particulière; une masse de cellules spéciales comblant les vides des deux réseaux précédents, les *cellules hépatiques*, élément fondamental dont l'activité résume les différentes activités de l'organe lui-même. L'ensemble est enveloppé dans la tunique propre du foie ou capsule de GLISSON (1654) d'où partent des cloisons qui divisent la masse en parties plus ou moins distinctes, lobules hépatiques.

Nous n'avons pas à dire ici les deux manières dont on décompose la masse hépatique pour faire comprendre la disposition réciproque de ses parties constituantes. On peut la grouper autour des *veines sus-hépatiques*, les lobules étant alors des grains (polyédriques par pression réciproque) appendus par une petite veine afférente (veine intralobulaire) à l'axe de la grappe,qui est la veinule sus-hépatique. C'est la théorie du foie lobulaire, ou du lobule vasculaire. Ou bien, on peut imaginer la masse hépatique groupée autour des conduits biliaires, avec lesquels cheminent les branches de l'artère hépatique, de la veine porte et les nerfs. Seulement l'arbre biliaire ne se termine point par des dilatations des acini sécréteurs, comme dans les véritables glandes tubulaires; il se termine par un chevelu de branches grêles qui plongent dans la masse des cellules hépatiques qui lui sont appendues (Théorie du foie glande tubulaire, ou du lobule glandulaire).

On remarquera que, suivant que l'on considère tel ou tel animal, le porc, par exemple, ou le chien, l'une ou l'autre des deux conceptions rend mieux compte des faits observés.

Le seul point qui importe ici, c'est de faire remarquer qu'en définitive les canalicules biliaires ne finissent pas en extrémités closes, à parois propres, indépendantes des cellules hépatiques. Leurs ramifications d'origine sont de simples interstices canaliculés entre les cellules hépatiques contiguës. Ces interstices ne sont pas irréguliers; ils sont disposés systématiquement, et forment un premier réseau, *réseau intralobulaire*, constitué par de petits canaux cylindriques de 1 µ à 2 µ, sans paroi propre, réseau dont les mailles enveloppent chaque cellule hépatique. Ces mailles polygonales, forcément isodiamétrales aux cellules hépatiques, aboutissent à un réseau extérieur placé dans les espaces et fissures de KIERNAN, c'est-à-dire dans les intervalles qui séparent les masses des lobules et non plus à l'intérieur de ceux-ci. C'est là un *réseau interlobulaire*, présentant nettement une paroi propre. Celle-ci est formée : 1° d'une tunique lamineuse; 2° de la *membrana propria;* 3° d'un revêtement d'épithélium prismatique régulier. Ces canalicules interhépatiques se déchargent dans des canaux de plus en plus volumineux, et finalement dans le *canal hépatique,* qui prend le nom de *canal cholédoque* au point de son trajet d'où se détache de lui l'embranchement *canal cystique,* qui aboutit à la vésicule biliaire. Le cholédoque continue son trajet vers le duodénum, où il aboutit dans l'ampoule de VATER.

10. Cellule hépatique. — L'organisme élémentaire du foie est la cellule hépatique. Ces cellules occupent les mailles du réseau capillaire du lobule dont elles reproduisent la disposition. Ce sont des blocs, polyédriques par pression réciproque, à nombre de facettes variable, d'un diamètre moyen oscillant entre 18 µ et 26 µ. Les faces portent l'empreinte des capillaires sanguins et des canalicules biliaires ultimes, sous forme de gouttière complétée en canal par la gouttière de la cellule contiguë. La cellule hépatique n'a pas d'enveloppe : une couche de protoplasma condensé à la périphérie en tient lieu : de celle-ci partent des travées protoplasmiques, très anastomosées entre elles en un réseau qui aboutit au noyau, ou du moins à l'enveloppe protoplasmique du noyau. Celui-ci est volumineux, 9 µ. Dans les mailles du réseau protoplasmique s'amasse le glycogène; dans les travées du réseau lui-même on trouve deux espèces de granulations : 1° des *granulations graisseuses,* surtout abondantes au moment de la digestion des graisses et pendant la lactation; 2° des granulations pigmentaires biliaires, jaunes ou brunes, rares.

Nous avons dit que la glande appelée *foie* chez les Invertébrés représente plus ou moins exactement l'ensemble des annexes de l'intestin moyen des Vertébrés, c'est-à-dire nommément le foie et le pancréas, dont il faut dire un mot.

11. Pancréas. — Le pancréas, glande salivaire abdominale, existe chez la plupart des Vertébrés. Il paraît faire défaut chez quelques Cyclostomes et quelques Téléostéens, et être très réduit chez la plupart des Poissons osseux et chez le Petromyzon. C'est une glande en grappe, ordinairement formée de lobes nombreux. Chez les Amphibiens, les Reptiles et les Oiseaux, ces lobes sont rassemblés en une masse compacte. Chez les Mammifères, la disposition varie; tantôt la glande est compacte (homme, chien, etc.); tantôt divisée en lobes plus ou moins distincts; tantôt elle est formée d'îlots disséminés dans l'épaisseur du mésentère (lapin).

Quoi qu'il en soit, à partir des Oiseaux, le pancréas est placé dans l'anse du duodénum. Il présente quelquefois deux conduits excréteurs (Tortues, Crocodiles, Oiseaux, quelques Mammifères), dont l'un est ordinairement (mais pas toujours) uni au conduit hépato-entérique.

L'étude histologique du pancréas et de ses rapports avec le foie a été singulièrement éclairée, en ces dernières années, par les études de LAGUESSE. Nous n'avons pas à en parler ici, bien que les résultats ne soient pas sans importance au point de vue des rapports physiologiques du pancréas avec le foie, particulièrement au point de vue de la fonction glycogénique.

Il suffit ici de rappeler, à propos de la confusion des deux glandes, si générale chez les Invertébrés, les traits principaux du développement embryogénique du pancréas chez les Craniotes. Il apparaît à peu près à la même époque que le foie, sous la forme d'un bourgeon creux de la paroi dorsale de l'intestin, presque en face du bourgeon hépatique, mais cependant un peu plus bas. Il prend bientôt, chez les Élasmobranches et chez les Mammifères, la forme d'un entonnoir renversé qui se transforme ultérieurement en conduit excréteur, tandis que de nombreuses divisions diverticulées de cette cavité s'allongeront et s'avanceront dans le mésentère (mésoblaste splanchnique) dont le rôle est passif. La glande primitive se divise quelquefois en deux lobes, ainsi que son conduit; c'est ce qui a lieu chez le lapin. D'autres fois, un autre diverticule pareil au premier s'élève du tube digestif et forme une seconde glande bientôt fusionnée avec la première; et c'est ce qui a lieu chez les Oiseaux.

II. — Fonction pigmentaire du foie.

12. Lumière que la physiologie comparée fournit à l'étude des fonctions du foie en général.
§ 1. Pigments hépatiques et pigments biliaires. — **13.** Caractères de coloration du foie. Pigments hépatiques. — **14.** Bile et sécrétion hépatique. Pigments sécrétoires et pigments biliaires. — **15.** Existence plus ou moins générale des pigments biliaires. — **16.** Rapport des pigments hépatiques avec les pigments biliaires.
§ 2. Pigments hépatiques des Vertébrés. Ferrine et choléchrome. — **17.** Méthodes pour l'isolement des pigments. Lavage du foie. Digestion papaïnique. — **18.** Propriétés et caractères du pigment hépatique aqueux. Ferrine. — **19.** Propriétés et caractères du pigment hépatique chloroformique ou choléchrome. — **20.** Autres Vertébrés. — **21.** Conclusions.
§ 3. Pigments hépatiques chez les Invertébrés. — **22.** Simplification de la recherche. Macération hépatique. — **23.** Crustacés. — **24.** Mollusques céphalopodes. — **25.** Lamellibranches. — **26.** Gastéropodes. — **27.** Conclusion générale. — **28.** Origine de la chlorophylle du foie.

12. Lumière que la physiologie comparée fournit à l'étude des fonctions du foie en général. — Le foie est un organe dont le fonctionnement est très complexe. On ne le connaît que d'une manière insuffisante, et chez les Vertébrés supérieurs seulement. Nos connaissances se bornent d'ailleurs à des traits isolés, des épisodes partiels de son activité. On les étudie à part comme des actes indépendants les uns des autres. Il est possible, au contraire, qu'ils soient liés entre eux, et qu'ils aient les aspects divers de l'activité une et indivisible de la cellule hépatique. On distingue donc, et l'on expose en autant de chapitres séparés, comme si elles étaient indépendantes les unes des autres, ce que l'on appelle les *diverses fonctions* du foie. Mais il est entendu que ce procédé n'est qu'un artifice nécessité par l'imperfection de nos connaissances et le besoin de mettre un ordre provisoire dans l'exposé des faits que nous possédons. Sous le bénéfice de ces réserves, on peut donc distinguer, ainsi que l'a dit plus haut CH. RICHET, les fonctions suivantes : la *fonction glycogénique*, par laquelle le foie règle la quantité de sucre du sang et utilise les matériaux digérés; ou les réserves de manière à permettre cette régulation; la *fonction pigmentaire*; la *fonction antitoxique*. Ce sont là les trois aspects principaux de son activité. Mais on peut mentionner encore — et c'est surtout la physiologie comparée qui conduit à ces notions — une *fonction martiale* et une *fonction adipogénique*. Et, enfin, on peut envisager aussi comme des manifestations de son rôle, l'*excrétion biliaire*; l'*action digestive de la bile*; l'*action thermogénique* du foie; *son rôle mécanique dans la régulation de la circulation veineuse; son action hématolytique; son activité uropoïétique, son activité absorbante,* — étant bien entendu que cette énumération n'a, comme il a été bien dit dans l'article précédent, qu'un caractère provisoire et purement didactique.

Lorsque l'on examine les animaux autres que les Mammifères, à propos desquels ont été acquises presque toutes les notions que l'on possède, on doit se demander quelles sont les lumières que fournit leur étude à nos connaissances sur les fonctions du foie en général.

Pour répondre à cette question, il faut remarquer que, si le foie est défini anatomiquement : l'ensemble des annexes ou la principale annexe de l'intestin moyen, il est, en réalité, caractérisé par un revêtement de cellules épithéliales, colorées, pigmentaires, qu'on suppose sécréter un liquide rejeté par l'intestin (sécrétion hépatique, bile). Ainsi le foie des Invertébrés est défini, en fait, comme celui des Vertébrés eux-mêmes, par la fonction biliaire, et comme *organe pigmentaire*. Aussi ne sera-t-on pas étonné que nous commencions l'histoire de la physiologie comparée du foie par l'exposé de sa fonction pigmentaire.

On a vu précédemment que le foie, tel que le caractérise l'anatomie comparée, est un *organe pigmenté* (cellules chargées de pigment) et qui fournit une *sécrétion pigmentée* (la *bile* ou *sécrétion hépatique externe*).

Le caractère de pigmentation est-il général pour l'organe, et général pour sa sécrétion? Si oui, quels sont ces pigments? quel est leur rôle? Telles sont les questions qui se posent et qui ont été examinées par Dastre et Floresco, dans leurs *Recherches sur les matières colorantes du foie et de la bile en* 1898.

§ 1. — *Pigments hépatiques et pigments biliaires.*

13. **Caractères de coloration du foie. Pigments hépatiques**. — L'organe hépatique (foie, hépato-pancréas), envisagé dans l'ensemble du règne animal, présente des variétés considérables au point de vue anatomique. Chez tous les animaux pourtant il offre le caractère d'être *coloré, pigmenté;* et sa couleur, partout au moins où l'organe est bien caractérisé, c'est-à-dire chez les Vertébrés, les Mollusques et les Crustacés est *jaune brun*, ou exceptionnellement *vert brun*. Cependant, chez les très jeunes Mammifères, le foie peut être très peu coloré, et il fonce de plus en plus avec l'âge. Nous appelons *pigments hépatiques* les matières qui colorent ainsi le tissu du foie. Les pigments hépatiques chez les jeunes animaux sont souvent peu développés. C'est ainsi que, chez les très jeunes chiens et lapins, le foie après l'opération du lavage est tout à fait clair; il n'est pas pigmenté, ou il l'est peu. Cependant le pigment y existe, car la simple dessication du tissu entraîne le foncement de couleur, et l'on peut alors retirer du tissu les principes colorants habituels aux animaux plus avancés en âge. On pourrait peut-être traduire cette différence en supposant que les pigments du tissu hépatique sont d'abord à l'état de *propigments* incolores; qu'ils restent ainsi quelque temps chez les très jeunes animaux. L'effet que produit la dessiccation du tissu (avec ou sans fixation d'oxygène) est d'y faire apparaître la couleur : sur le foie vivant, l'âge amènerait le même résultat.

Ajoutons enfin que, chez l'homme, chez le chien et probablement chez d'autres animaux, l'âge amène une coloration de plus en plus sombre du foie, due probablement à une production, plus ou moins anormale, de matière mélanique.

La sécrétion de l'organe hépatique est, elle aussi, habituellement colorée; mais il n'est pas certain qu'elle le soit toujours. Quelques auteurs même (Bunge, par exemple) admettent à tort qu'elle ne l'est jamais chez les invertébrés. On peut, en tout cas, opposer la constance des *pigments hépatiques* à l'inconstance relative des *pigments sécrétoires*.

14. **Bile et sécrétion hépatique. Pigments sécrétoires. Pigments biliaires**. — Chez les Vertébrés, les *pigments sécrétoires* sont nommés *pigments biliaires*, parce que la *sécrétion hépatique* externe y prend le nom de *bile*. Les deux mots y sont pleinement synonymes.

La synonymie est-elle plus générale, et peut-on toujours, chez tous les animaux désigner par le nom de bile, la sécrétion du foie déversée dans l'intestin?

Chez les Vertébrés, la *sécrétion hépatique* (externe) est caractérisée par deux espèces de composés : les *pigments biliaires* (bilirubine et dérivés) et les *acides biliaires* (glycocholique, taurocholique et dérivés). De ces deux éléments, le dernier seul est caractéristique au point de permettre de dire que tout liquide naturel qui le présente est de la bile. En effet, les pigments biliaires, bilirubine, biliverdine, dérivent de la matière colorante du sang, l'hémoglobine, et ils peuvent se trouver en conséquence dans divers tissus ou divers organes à la suite d'extravasations sanguines. Au contraire, les acides biliaires ne préexistent pas dans le sang et ne se trouvent nulle part ailleurs que dans la sécrétion du foie. Il résulte de là que la sécrétion hépatique, la *bile*, est caractérisée, chez les Vertébrés, par les acides biliaires que met en évidence la réaction connue de PETTENKOFER.

D'après cela, la sécrétion de l'organe hépatique chez les Invertébrés, chez les Mollusques, chez les Crustacés, ne mériterait pas le nom de *bile;* car, à notre connaissance, on n'a jamais rencontré d'*acides biliaires* chez les Invertébrés dont on a pu se procurer la sécrétion hépatique. Celle-ci n'en présente pas à la fois les deux caractères, à savoir : le goût amer et la réaction de PETTENKOFER. Les biles d'écrevisse et de crabe, qui sont plus ou moins amères, ne donnent pas la réaction de PETTENKOFER. Les essais de KRUKEN-BERG, de MAC-MUNN, et les nôtres concordent à cet égard. Jusqu'à nouvel ordre, les acides biliaires constituent donc un élément de la sécrétion du foie, spécial aux Vertébrés; ils en sont un élément signalétique.

Mais il est clair que, si l'on veut réserver le nom de *bile* aux seules sécrétions qui le possèdent, on rompra gratuitement les analogies entre les Vertébrés et les Invertébrés, analogies qui sont non seulement anatomiques, mais physiologiques, et que mettent en lumière précisément les recherches de DASTRE et FLORESCO, sur la fonction pigmentaire et sur la fonction martiale du foie chez tous les animaux.

Il faut, pour respecter ces analogies, faire passer au second plan les acides biliaires, et employer les mêmes mots *bile* et *pigments biliaires* pour désigner chez tous les animaux le liquide excrété par le foie et les pigments qui le colorent.

15. Existence plus ou moins générale des pigments biliaires. — Une opinion commune veut que la bile soit incolore chez les Invertébrés (Mollusques, Arthropodes), et, en général, chez tous les animaux dont le sang ne contient pas d'hémoglobine (Amphioxus). Cette opinion est la conséquence de la théorie qui fait dériver, chez les Vertébrés, la matière colorante de la bile de celle du sang. BUNGE, comme nous l'avons déjà fait remarquer, a donné une expression très catégorique à cette manière de voir. Mais elle est pourtant contraire aux faits. On connaît des exemples très nets de *bile colorée* chez les Invertébrés; le plus caractéristique est celui de l'escargot. Mais il y en a beaucoup d'autres chez les Mollusques et les Crustacés, sans parler ici des Vers comme *Siphonostoma*, *Spirographis*, etc., dont les diverticules hépato-entériques sont remplis d'un liquide nettement teinté. Ce qui fait que cette teinte échappe souvent à l'observateur, c'est que la sécrétion est peu abondante, et d'ailleurs masquée par les aliments qui remplissent le tube digestif. Si l'on pouvait recueillir la sécrétion hépatique en plus grande abondance et mieux isolée, on la trouverait généralement colorée.

16. Rapport des pigments hépatiques avec les pigments biliaires. — Les pigments du tissu hépatique ne sont pas nécessairement dépendants de ceux qui colorent la bile. Chez les Vertébrés, par exemple, les pigments biliaires sont assez bien connus. [V. article **Bile** et l'étude de DASTRE et FLORESCO sur les pigments biliaires (*Archives de Physiologie*, 1897, p. 723.)] Nous allons faire connaître ici le peu que l'on sait des pigments hépatiques. Nous verrons que ces deux espèces de pigments sont différents. Ils n'ont eu commun qu'un lien bien fragile, c'est le *caractère spectroscopique* d'offrir un *spectre continu*.

Cette indépendance est en rapport avec une particularité qui mérite d'être mise en lumière. C'est à savoir que la sécrétion du foie ne peut être obtenue par macération de l'organe. Il y a chez les Vertébrés des glandes dont la macération reproduit les traits essentiels de la sécrétion : telles le pancréas, les glandes gastriques, etc. Le foie et le rein ne sont pas de ce nombre. Leurs macérations ne donnent ni la bile, ni l'urine. Mais ces macérations (sous certains artifices) fournissent précisément les pigments hépatiques. Ces pigments sont ici sans rapport avec les pigments biliaires par le fait même que la macération est sans rapport avec la bile.

Chez les Invertébrés, au contraire, la macération du foie (hépato-pancréas en tubes) fournit une liqueur très analogue à la bile; aussi les pigments hépatiques sont-ils (partiellement, tout au moins) identiques aux pigments biliaires. C'est cette analogie intime de la macération avec la sécrétion même qu'ont admise implicitement, et peut-être d'une façon trop absolue, les quelques observateurs qui ont, avant nous, traité de la bile chez les Invertébrés, SORBY, KRUKENBERG et MAC MUNN.

L'étude systématique des pigments hépatiques chez les Vertébrés et chez les Invertébrés comporte les points suivants : Préparation et isolement relatif de ces pigments ; — leurs propriétés spectroscopiques et autres ; — leur teneur en fer ; — leurs rapports avec les pigments sanguins et les pigments biliaires.

§ 2. — Pigments hépatiques des Vertébrés : ferrine et choléchrome.

Les pigments hépatiques chez les Vertébrés ont été étudiés au point de vue histologique ou microchimique par les anatomistes. Ils ont signalé ces pigments dans le protoplasme de la cellule du foie, sous deux états : 1° à l'état diffus ; 2° et surtout à l'état de granulations protoplasmiques, donnant plus ou moins exactement les réactions microchimiques du fer faiblement lié, par exemple la réaction empirique de l'hématoxyline (A. B. MACALLUM). Dans le noyau (chromatine) le fer serait engagé sous une autre forme.

Ces notions, intéressantes à beaucoup d'égard, sont insuffisantes. Il fallait chercher à obtenir directement les matières colorantes du foie chez les Vertébrés des différentes classes. C'est ce qu'ont essayé quelques physiologistes, DASTRE, FLORESCO, et d'autres à leur suite.

17. Méthodes pour l'isolement des pigments. Lavage du foie. Digestion papaïnique.

— Le foie des Vertébrés adultes présente une teinte variant du rouge brun au rouge acajou. — Cette teinte résulte d'un mélange de la couleur propre du tissu hépatique avec la couleur du sang qui l'imprègne. La première chose à faire est de se débarrasser du sang par une opération bien connue : le lavage du foie avec la solution physiologique de NaCl. A mesure que le sang disparaît, la couleur de l'organe s'éclaircit, et le tissu prend une teinte fauve quelquefois très claire (jeunes animaux). Cette couleur est due précisément aux *pigments hépatiques* qui imprègnent et teignent les éléments anatomiques.

Ces pigments sont au nombre de deux, ou plutôt ils forment deux catégories. — Une des catégories est soluble dans l'eau (saline ou alcaline), ou, ce qui revient au même, elle est incorporée à des substances solubles dans l'eau. DASTRE et FLORESCO les appellent *pigments aqueux*. — L'autre catégorie est soluble dans le chloroforme et l'alcool (*pigment chloroformique*). Mais ni l'un ni l'autre ne peuvent être obtenus par l'action directe de ces dissolvants sur le tissu hépatique. Ces pigments sont incorporés au contenu cellulaire. Il faut détruire isolément chaque cellule pour en faire sortir le pigment cherché. L'un des moyens employés pour cet objet par DASTRE est de soumettre le tissu du foie lavé à la digestion papaïnique poussée seulement jusqu'à dissolution. Cette opération, qui s'accomplit en milieu neutre, est peu altérante pour les substances qu'on veut obtenir.

On a ainsi une liqueur colorée en jaune rouge et un dépôt.

Il résulte de là que, dans la destruction de la cellule hépatique, il y a eu mise en liberté d'un *pigment soluble* dans le milieu neutre de la digestion (peptones, sucre, etc.)'; et, d'autre part, un *pigment insoluble* reste attaché au dépôt solide. — Ce dernier, de couleur gris cendre, devient brun rouge par dessiccation à l'air. Traité par le chloroforme, il prend une couleur jaune qui, par concentration, passe à l'orangé, puis au rouge.

On a ainsi les deux pigments : le *pigment hépatique aqueux*, ou *ferrine*, et le *pigment hépatique chloroformique*, ou *choléchrome* (DASTRE).

Les deux pigments ainsi obtenus préexistent bien dans le tissu hépatique, et ne sont pas le produit artificiel du traitement. En effet, au lieu de soumettre le tissu hépatique à la digestion pour lui enlever les pigments, on peut les extraire directement après un simple broiement mécanique, et reconnaître leurs propriétés. — L'extraction est seulement moins complète, et le rendement moins avantageux.

18. Propriétés et caractères du ferment hépatique aqueux.

— Le pigment hépatique aqueux qui est en solution dans la liqueur de digestion papaïnique, et qu'on peut obtenir encore du foie broyé par l'action d'un alcali faible est un mélange d'une substance appelée ferrine (DASTRE), et de nucléo-albumines ferrugineuses. — Il n'a pas encore été isolé entièrement.

Cette liqueur colorée a été soumise à l'action de divers agents, acides, alcalis, oxydants, etc., chaleur, lumière, vide. — Il suffira de signaler trois particularités de ces actions.

La première est relative à l'action sur l'*eau oxygénée*. — L'eau oxygénée, à peu près neutre, est décomposée violemment par la liqueur hépatique (de digestion papaïnique) comme par la bile elle-même (DASTRE). Si l'on a fait bouillir la liqueur, elle cesse de décomposer l'eau oxygénée.

Le second point est relatif à l'action de la lumière. Le spectre d'absorption ne présente pas de bandes isolées : il offre seulement deux plages sombres aux deux extrémités, rouge et violette.

Le troisième point est relatif à la composition chimique de ce pigment.

Le pigment hépatique aqueux est riche en fer; le pigment chloroformique n'en contient pas. Si, au moyen de la méthode au sulfocyanate, on analyse le fer contenu dans 10 grammes de tissu frais de foie lavé, on trouve $1^{mgr},10$, par exemple. Si l'on prépare le pigment aqueux au moyen d'un autre échantillon identique, de 10 grammes de tissu frais, on trouve sensiblement le même nombre. — Tout le fer du foie, en d'autres termes, passe dans le liquide papaïnique. Autrement dit encore : *Le pigment aqueux, obtenu en solution par la digestion papaïnique du foie, contient à peu près tout le fer du foie. La quantité qui subsiste dans le résidu de cette digestion est insignifiante.* — Si l'on filtre sur le charbon animal la solution de pigment hépatique aqueux, obtenue par quelque procédé que ce soit, la liqueur passe décolorée ; le charbon retient à la fois la couleur et le fer. Le lien est tout à fait étroit entre la substance ferrugineuse et la matière colorante. Le pigment hépatique aqueux est la matière ferrugineuse elle-même du foie. Le métal est lié, dans ce pigment, à une matière organique (probablement voisine des protéoses). La liaison n'est pas forte au point de dissimuler les réactions du fer. En solution légèrement alcaline, ammoniacale par exemple, la liqueur précipite en effet, rapidement par le sulfure d'ammonium. Elle donne le précipité de bleu de Prusse par l'addition de ferrocyanure après acidification par l'acide chlorhydrique. — Enfin, elle est soluble dans le réactif de BUNGE (alcool à 95°, 90 vol., HCl à 25 p. 100, 10 vol.).

Ainsi la solution de pigment hépatique contient du fer faiblement lié à une substance organique. Elle se rapproche à cet égard de la *ferratine* de MARFORI et SCHMIEDEBERG. Elle s'en distingue pourtant, parce qu'elle est plus sensible aux réactifs salins du fer, qu'elle est soluble dans une faible quantité d'acide, et non pas seulement dans un grand excès, comme la ferratine. — Ces analogies et ces différences sont, en quelque sorte, résumées dans le nom de *ferrine* attribué à cette substance par DASTRE et FLORESCO. — La *ferrine* (combinaison d'une matière organique de nature protéosibue avec le fer) est l'état naturel, dans le foie vivant, du pigment hépatique aqueux. — A cette ferrine s'ajoute une petite quantité de nucléo-albumines ferrugineuses. — C'est ce mélange de ferrine et d'une faible portion de nucléo-albumine ferrugineuse qui constitue le pigment aqueux du foie.

19. Propriétés et caractères du pigment hépatique chloroformique ou choléchrome. — On obtient ce pigment en traitant, soit par l'alcool, soit par le chloroforme, le résidu sec de la digestion papaïnique du foie lavé, ou encore la poudre de foie séché, épuisée par la solution faible de carbonate de soude et séchée de nouveau.

On a étudié sur cette liqueur l'action des divers réactifs. Quelques particularités méritent d'être signalées. Elles rapprochent le pigment hépatique à la fois des lipochromes et lutéines d'une part, et des pigments biliaires d'autre part.

Les voici :

1° *La couleur*. — Les solutions ont des teintes variant du jaune au rouge suivant la concentration. Les lipochromes, de même, sont nuancées dans la gamme jaune rouge du spectre.

2° *Solubilité*, pareillement dans le chloroforme, la benzine; insolubilité dans l'éther, conformément à ce qui arrive pour les pigments biliaires, mais contrairement à la plupart des lipochromes.

3° *Les procédés d'oxydation ou de déshydratation* qui font passer les lipochromes comme les pigments biliaires à la gamme verte et bleue, sont sans effet sur le pigment hépatique du foie, ou du moins agissent sur lui en le poussant au rouge, vers la partie la moins réfringente du spectre. Par exemple, une solution alcoolique d'iode, agissant sur une solution alcoolique du pigment hépatique, renforce sa couleur. Si l'on est parti d'une concentration faible (couleur jaune), la solution passe au rouge.

4° Les procédés de réduction (courant d'hydrogène sulfuré) ramènent à l'état initial le pigment oxydé; la même chose a lieu avec les pigments biliaires.

5° Le spectre d'absorption est le même que pour les lipochromes et les pigments biliaires, en ce sens qu'il n'offre pas de bandes limitées, mais seulement deux plages sombres extrêmes; l'une dans le rouge, l'autre dans le violet spectral.

Ces propriétés montrent les rapports et les différences qui existent entre le second pigment hépatique d'une part, et les lipochromes et pigments biliaires d'autre part. — Ce sont ces affinités et ces différences que Dastre et Floresco ont prétendu exprimer par le nom de *choléchrome*, qu'ils ont attribué à ce pigment.

20. Autres Vertébrés. — Les résultats typiques que l'on vient d'indiquer, ont été obtenus sur les Mammifères, chien, lapin, etc. — Ils ont été vérifiés chez les Reptiles (Lézards, Tortues, etc.); chez les Batraciens (Grenouilles, Tritons, Salamandres) chez les Poissons (Carpes, Tanches, etc.). Partout les faits ont été trouvés concordants ils prennent aussi un véritable caractère de généralité.

21. Conclusions. — Le foie, chez tous les vertébrés, doit sa couleur à deux catégories de matières colorantes, qui se distinguent de prime abord par leur solubilité, à savoir : A. les *pigments aqueux*; B. les *pigments chloroformiques*.

A. *Ferrine. Pigments aqueux.* Les trois caractères distinctifs des pigments aqueux sont : la *solubilité*, la *richesse en fer*, le *spectre continu.* — 1° *Solubilité.* Les *pigments aqueux* sont solubles dans l'eau légèrement alcalinisée par la soude ou par le carbonate de soude, et dans la liqueur neutre de digestion papaïnique, ce qui fournit deux moyens de les obtenir. Ils sont insolubles dans le chloroforme et dans l'alcool. Leur couleur varie dans la gamme du jaune au rouge. Ils sont toujours ferrugineux, et contiennent à peu près tout le fer du foie.

Ils sont constitués par un composé ferrugineux que nous appelons *ferrine*, mélangé d'une petite quantité de nucléo-albuminoïdes ferrugineux;

2° *Richesse en fer.* La *ferrine* s'obtient inégalement par la digestion papaïnique du foie frais : c'est un composé organo-métallique très voisin de la *ferratine* de Marfori et Schmiedeberg, mais s'en distinguant en ce que le fer y est moins dissimulé que dans celle-ci. Les réactions avec le ferrocyanure de potassium et le sulfhydrate d'ammoniaque sont plus rapides à se produire. La ferrine est une combinaison encore plus voisine que la ferratine de la forme saline ou minérale du fer; elle contient de l'hydrate ferrique combiné à un albuminoïde ayant les caractères des protéoses. — Il est vraisemblable que le fer peut y exister alternativement à l'état ferreux et à l'état ferrique.

3° *Spectre.* Le pigment aqueux, ferrugineux, examiné au spectroscope, donne un spectre continu, sans bandes d'absorption, qui s'éteint aux deux extrémités quand la concentration augmente.

B. *Pigment alcoolo-chloroformique.* — Le second pigment est soluble dans le chloroforme, moins soluble dans l'alcool; il est peu soluble dans l'éther, insoluble dans l'eau. Il est intermédiaire par ses caractères aux lipochromes et aux pigments biliaires. Nous l'avons nommé *choléchrome*.

On l'obtient en traitant le résidu de la digestion papaïnique, ou directement la poudre de foie séché.

Il ne contient pas de fer. Il n'est pas attaqué par la digestion papaïnique.

§ 3. — *Pigments hépatiques chez les Invertébrés.*

22. Simplification de la recherche. Macération hépatique. — La recherche des pigments hépatiques se trouve simplifiée chez les Invertébrés pour deux raisons qui n'existent pas chez les Vertébrés.

La première, c'est que, chez le plus grand nombre de ces animaux, le sang est peu ou point coloré, de telle sorte qu'il n'y a pas à craindre que la couleur du foie soit dissimulée ou compliquée par celle du sang. Dès lors, il n'est pas nécessaire de se débarrasser du sang par le lavage préalable du foie, opération qui, d'ailleurs, serait le plus souvent impraticable.

C'est seulement chez les Invertébrés dont le sang est fortement pigmenté, qu'il y a, à cet égard, des précautions à prendre.

La seconde espèce de simplification que présentent les Invertébrés tient à la possibilité d'obtenir facilement les pigments du foie par macération de l'organe dans l'eau saline. Cette macération qui, chez les Vertébrés, n'avait aucun rapport apparent avec la *sécrétion biliaire,* ici, au contraire, offre les plus grandes analogies avec elle; elle lui est sensiblement identique. Il résulte de là que les *pigments hépatiques* se confondent en partie avec les *pigments biliaires*, ce qui n'avait pas lieu chez les Vertébrés.

La question des pigments hépatiques bénéficie donc, chez les Invertébrés, des études faites sur les pigments biliaires par un certain nombre d'auteurs, Sorby, Krukenberg. Mac-Munn et d'autres. Dastre et Floresco ont étudié particulièrement les pigments hépatiques chez les Invertébrés qui possèdent un foie distinct, les Mollusques et les Crustacés.

23. **Crustacés.** — Chez les Crustacés qui ont été examinés (Écrevisses, Crabes, Homards) on retrouve les deux mêmes pigments que chez les Vertébrés, à savoir la *ferrine* et le *choléchrome.*

Les préparations et les propriétés sont les mêmes. La superposition des faits est frappante.

Mollusques. — On a étudié des représentants des trois classes: *Gastéropodes, Lamellibranches, Céphalopodes.*

24. **Céphalopodes.** — Les *Céphalopodes* présentent un foie volumineux, de couleur jaune ou brune. Chez les Décapodes ce foie est formé de deux lobes et pourvu de deux canaux excréteurs débouchant dans le sac pylorique. Chez les Octopodes, il y a encore deux conduits excréteurs, mais la masse est indivise; il n'y a qu'un lobe. Au point de vue des pigments, il est permis de distinguer deux types.

Le premier type est représenté par la Seiche. Les pigments hépatiques y sont les mêmes que chez les Vertébrés. On extrait facilement le foie en évitant tout contact avec les pigments de la poche à encre. On peut en retirer les pigments soit en le soumettant à la digestion papaïnique, soit en opérant sur la poudre de foie séché dans le vide au-dessus de l'acide sulfurique. On obtient une liqueur jaune qui renferme le pigment aqueux. Celui-ci est insoluble dans le chloroforme : il est riche en fer : il donne un spectre continu; il offre tous les caractères de la ferrine. Le pigment chloroformique s'obtient au moyen de la poudre de foie séché ou au moyen du résidu de la digestion papaïnique. La couleur est franchement jaune : elle passe au rouge, si la concentration est suffisante. Il a tous les caractères du choléchrome.

Le second type des Céphalopodes, au point de vue des pigments hépatiques, est offert par le Poulpe. Le foie est de couleur brune. On en extrait un pigment aqueux qui a les mêmes caractères qu'il présente chez les Vertébrés, chez les Crustacés et chez la Seiche; il est riche en fer; c'est la *ferrine.*

Quant au pigment chloroformique, préparé comme celui de la seiche il présente une couleur fauve plus ou moins prononcée. Au spectroscope il offre un spectre très remarquable et qui se retrouvera chez le Lamellibranche et le Gastéropode. C'est un spectre à quatre bandes; l'une caractéristique, très noire, dans le rouge : une seconde, très faible, dans l'orangé : une troisième dans le vert (la seconde au point de vue de la netteté); une quatrième, également dans le vert (elle est la troisième dans l'ordre de la netteté). Ce spectre s'observe bien avec la solution alcool-chloroforme, ou avec l'alcool seul. Ce spectre à quatre bandes est analogue à celui de la chlorophylle. Nous appelons à cause de cela pigment chlorophylloïde ou xanthophylloïde ce pigment qui remplace ici le choléchrome.

En résumé il y a, chez les Céphalopodes un type (Seiche) présentant les pigments hépatiques des Vertébrés et des Crustacés (ferrine et choléchrome) et un autre type (Poulpe) présentant la *ferrine* et un *pigment chlorophylloïde* ou *hépato-chlorophylle.*

25. Lamellibranches. — Le foie des Lamellibranches est une masse brunâtre, placée à la base du pied. Il entoure le tube digestif. Il contracte des rapports intimes avec les glandes génitales placées dans un repli du manteau. Il débouche dans la cavité gastrique par deux conduits excréteurs, aboutissant des tubules glandulaires réunis en masse compacte. Les cellules de revêtement sont de trois espèces : des *cellules calcaires* (*Kalkzellen*), des *cellules nutritives* (*Nährzellen*) et enfin des *cellules ferments*.

Au point de vue des pigments, on a examiné diverses variétés d'Huîtres, les Moules, les Pectens et les Anodontes. On y a retrouvé les mêmes faits que chez les Céphalopodes. Il y a deux types :

Le premier type, celui de l'Anodonte, rentre dans le plan général. Il possède le pigment aqueux ferrugineux, sorte de protéosate de fer, la ferrine et le pigment chloroformique à spectre continu, le choléchrome. — C'est une complète analogie avec les Vertébrés, les Crustacés et une partie des Céphalopodes.

Le second groupe de Lamellibranches comprenant les Huîtres, Moules, Pectens, se comporte comme le second groupe de céphalopodes. Il présente un foie dont la couleur est jaune verdâtre. Les pigments de ce foie sont la *ferrine* ordinaire et l'*hépato-chlorophylle* dont la solution alcoolo-chloroformique plus ou moins colorée en vert présente le spectre caractéristique à quatre bandes, analogue à celui de la chlorophylle.

26. Gastéropodes. — Le foie des Gastéropodes est une glande énorme, divisée en quatre lobes, qui occupe la presque totalité du sac viscéral : sa couleur est brunâtre. On a distingué, dans le revêtement des tubes glandulaires, au moins chez les Gastéropodes pulmonés, les trois espèces de cellules des Lamellibranches, mais avec quelques variétés ; ce sont : 1° les grandes *cellules calcaires* à phosphate de chaux (*Kalkzellen*). 2° les *cellules hépatiques* (*Leberzellen* de Barfurth) : elles présentent des granulations petites jaunâtres, qui leur ont valu de Frenzel le nom de *Körnerzellen*. Bidermann et Moritz, d'après une de leurs fonctions nouvellement aperçues, les ont nommées cellules absorbantes (*Resorptionzellen*). 3° La troisième espèce, celle des cellules excrétrices ou *cellules ferments*, présente des vacuoles ; ou des concrétions incolores ou d'un jaune très pâle : de là, deux variétés, la première, constituée par les cellules à grosses vacuoles (*fermentzellen* de Barfurth, *Secretzellen* de Bidermann et Moritz) et la seconde, comprenant les cellules à concrétions incolores (cellules cyanophiles de Cuénot) qui retiennent momentanément, puis rejettent les matières colorantes injectées à l'animal.

Au point de vue des pigments, on a examiné les Hélix, les Buccins, les Planorbes.

Les *escargots* sont des animaux de choix pour ces études, et cela pour deux raisons : la première, c'est qu'on peut se les procurer à profusion et en tout temps ; la seconde, c'est que, en même temps que le foie, on peut recueillir en abondance la sécrétion hépatique, ce qui permet de comparer les pigments de l'organe *aux pigments* de la sécrétion.

Pigments hépatiques de l'escargot. Préparation. Caractères. — Le foie, facile à apercevoir quand on a enlevé la coquille, est plus ou moins fortement coloré : tantôt brun foncé, tantôt jaune clair. Il est volumineux : il représente en poids le 1/5 du poids du corps, ce qui est une proportion considérable.

On peut enlever les foies d'un grand nombre d'animaux, les dessécher dans l'exsiccateur au-dessus de l'acide sulfurique, traiter une portion par l'alcool et le chloroforme et l'autre par la digestion papaïnique ou par une liqueur légèrement alcalinisée. On obtient ainsi deux pigments ; l'un aqueux, ferrugineux, dont les solutions se laissent enlever par le charbon animal leur matière colorante et leur fer ; l'autre chloroformique, dépourvu de fer, insoluble dans l'eau et dans l'éther, soluble dans l'alcool.

Il semblerait *a priori* que l'on eût ici les deux mêmes pigments que chez les Vertébrés : ferrine et choléchrome ; mais l'examen spectroscopique nous détrompe. Le pigment aqueux présente un spectre à deux bandes étroites, dans le vert, entre D et F ; ce n'est donc pas la ferrine. Le pigment chloroformique montre le spectre remarquable à quatre bandes déjà aperçu chez le Poulpe et la plupart des Lamellibranches. Krukenberg, en 1881, n'a vu que la première de ces bandes : les autres lui ont paru inconstantes. Mac Munn a considéré les deux dernières comme étrangères aux deux précédentes, et appartenant à ce que nous avons appelé le pigment aqueux. Tel n'est pas l'avis de Dastre et Floresco. Ces auteurs ont constaté que les quatre bandes appartiennent au même pigment; et celui-ci n'est autre que la *chlorophylle*. On admet donc que le pigment alcoolo-chloroformique du foie chez l'escargot comme chez d'*Ostrea*, *Mytilus*, *Pecten*, *Octopus* est constitué par une variété de chorophylle, *entéro-chlorophylle* de Mac-Munn, *hépato-chlorophylle* de Dastre et Floresco.

Quant au pigment aqueux à deux bandes, riche en fer, il est très analogue, sous tous les rapports, à celui que l'on retrouve dans la sécrétion hépatique du même animal, et que Sorby, en 1876, et Mac-Munn, en 1883, ont identifié à l'hématine réduite.

En résumé, chez les Gastéropodes pulmonés (escargot), le pigment aqueux ferrugineux est constitué non plus par la *ferrine*, qui avait existé partout jusqu'à présent, mais par un dérivé de l'hémoglobine, l'hématine réduite ou *pseudo-hémochromogène*, — fait remarquable, étant donné que l'hémoglobine n'existe pas chez ces animaux.

La sécrétion hépatique de l'escargot qui peut être recueillie en abondance, grâce à un artifice très simple, présente exactement les mêmes caractères; de sorte qu'il est permis d'identifier la sécrétion à la macération du tissu du foie.

Quant au pigment alcoolo-chloroformique, il est constitué par l'*hépato-chlorophylle* (spectre à quatre bandes).

27. Conclusion générale. — Au point de vue des pigments du tissu hépatique, l'analogie est complète dans toute la série animale. Les anatomistes ont donc eu raison, d'après cela, d'identifier et de nommer du même nom l'organe souvent très divers qui est la principale ou l'unique annexe de l'intestin moyen.

Le foie présente partout les mêmes pigments, la ferrine et le choléchrome. C'est la traduction précise de ce fait d'observation universelle que, chez tous les animaux, le foie présente sensiblement la même coloration dans la gamme du jaune au brun rouge.

Cette loi d'identité ne comporte que deux exceptions, dont l'une est, d'ailleurs, purement apparente. Voici les caractères généraux de ces deux pigments :

A. — Le premier pigment (pigment aqueux, *ferrine*) est soluble dans l'eau légèrement alcaline ou chargée de substances salines et organiques. Il s'obtient chez tous les animaux par les mêmes procédés d'extraction (digestion papaïnique, macération alcaline, etc.); il existe dans la sécrétion du foie comme dans son tissu, contrairement au dire des auteurs, qui, comme Hoppe-Seyler et G. Bunge, ont cru la sécrétion hépatique incolore chez les animaux privés d'hémoglobine; il est riche en fer.

La seule exception est présentée par les Gastéropodes pulmonés (escargots) qui, au lieu de ferrine, possèdent une sorte d'hématine réduite, le *pseudo-hémochromogène* de Sorby et Mac-Munn, plus riche encore en fer que la ferrine, et offrant un spectre à deux bandes. Il faut noter que ce corps appartient à la série de l'hémoglobine, qui cependant fait elle-même défaut chez ces animaux.

B. — Le second pigment universel est le *choléchrome*. Il est soluble dans l'alcool et le chloroforme. Il s'obtient en traitant par ces dissolvants le tissu sec. Il n'existe pas dans la sécrétion. Il est intermédiaire aux lipochromes et aux pigments biliaires. Il est abondant chez certains animaux, en particulier chez ceux dont le foie est riche en graisse, ce qui peut tenir à l'espèce (Homard), mais aussi aux conditions physiologiques (alimentation abondante). Il est rare chez les animaux à foie maigre, inanitiés.

Le second pigment est masqué dans la plupart des cas, et relégué au second plan par un pigment très répandu, abondant, à caractères tranchés, qui n'est autre chose qu'une chlorophylle, ou mieux une xanthophylle. Celui-ci présente un spectre caractéristique à quatre bandes, dont la première, dans le rouge, au contact de B, est tout à fait distinctive. Il n'a pas été rencontré chez les Crustacés, dont le foie est gros et contient le choléchrome en assez forte proportion; mais on le trouve chez la plupart des Mollusques. Il y a donc chez ces animaux une chlorophylle hépatique, *hépatochlorophylle* ou encore *hépatoxanthophylle*.

28. Origine de l'hépato-chlorophylle. — Quant à l'origine de cette *hépatoxanthophylle*, elle soulève le problème général de la chlorophylle animale. Le pigment chlorophyllien est-il propre à l'organisme animal; lui est-il, au contraire, étranger et de provenance extérieure, végétale et alimentaire? Nos expériences concluent dans ce dernier sens. En supprimant toute alimentation chlorophyllée pendant un temps suffisant (un an) chez l'escargot, nous avons fait disparaître du foie le pigment chlorophyllien, tout en laissant subsister le pigment choléchrome. En remettant ces animaux au régime ordinaire chlorophyllé, ils ne tardent pas à récupérer le pigment chlorophyllien.

Malgré ses analogies chimiques avec les pigments biliaires, malgré sa conservation pendant le jeûne hibernal, la chlorophylle hépatique n'est pas un produit animal : c'est une chlorophylle végétale, venant des aliments, fixée seulement et conservée d'une façon remarquable dans le tissu hépatique.

Cette faculté du foie de retenir avec persistance la chlorophylle végétale, sans la laisser passer dans la sécrétion, mérite d'être spécialement remarquée, à cause de son énergie et de sa persistance.

Il faut noter que la disparition du pigment chlorophylloïde s'accompagne, dans les expériences précédentes, d'une diminution très sensible du pigment choléchrome, comme si l'association des deux pigments n'était pas purement accidentelle, mais avait un fondement chimique ou physiologique [1].

III. — Fonction martiale du foie.

Définition. — Présence du fer dans les êtres vivants. — 29. Les deux catégories de composés du fer. Fer salin ou minéral. Fer organique ou dissimulé. — 30. Existence d'une catégorie intermédiaire. — 31. Série des composés biologiques du fer. — 32. Existence dans le foie du fer faiblement lié.

§ I. *Fer du foie chez les Vertébrés*. — 33. Importance du fer hépatique. — 34. Distribution du fer dans l'organisme des Vertébrés. — 35. Cycle du fer. — 36. Abondance du fer dans le foie. — 37. Existence du fer dans la bile. — 38. État du fer dans le foie à l'état physiologique. Pigment aqueux. Ferrine. — 39. Les mutations du fer hépatique. Le foie comme réserve de fer.

§ II. *Fer du foie chez les Invertébrés*. — 40. Rôle général du fer hépatique. — 41. Résultats expérimentaux. Mollusques. Crustacés. — 42. Conclusion. Fonction martiale.

§ III. Hypothèse sur la nature intime de la fonction martiale du foie. — 43. Activité des oxydations dans le foie. — 44. Rôle du fer comme agent d'oxydation. — 45. La fonction martiale est une fonction d'oxydation.

Définition. — Les relations remarquables du foie avec le glycogène et avec le glycose ont été établies par Claude Bernard, et exprimées par le nom universellement adopté de *fonction glycogénique du foie*. On pourrait peut-être exprimer par le nom de *fonction ferrugineuse* ou *fonction martiale* (*Mars, Martis*, nom du fer en latin) les relations, très remarquables aussi, qui existent entre le *foie* et le *fer* de l'organisme. C'est dans ce sens que Dastre a créé ce nom de *fonction martiale* pour désigner les *rapports physiologiques intimes et étroits de l'organe hépatique avec le fer*, c'est-à-dire avec celui des corps simples métalliques qui est le plus essentiel à l'économie.

Présence du fer dans les êtres vivants. — Le fer est un des éléments essentiels des organismes vivants, un de leurs constituants chimiques, comme il est aussi un des éléments les plus universels de l'écorce terrestre. Une faible quantité de fer est indispensable aux végétaux. De même pour les animaux. On a eu l'idée de son importance chez les Vertébrés à partir du jour où l'on a su qu'il était partie intégrante et constitutive de l'hémoglobine, c'est-à-dire du sang. Mais ce n'était là qu'une partie de son rôle qui était dévoilée ; son action dans le foie restait à découvrir, comme on avait dévoilé son intervention dans le sang.

Dans le sang, le fer n'existe point sous sa forme saline, minérale, reconnaissable par les réactions chimiques du sulfhydrate d'ammoniaque et du ferrocyanure de potas-

---

1. Nous avons examiné, dans l'étude qui précède, les pigments généraux et constants du foie. Nous avons dû laisser de côté les pigments plus ou moins accidentels qui peuvent y exister.

En ce qui concerne le foie des Invertébrés, on peut y trouver, à l'état d'accident plus ou moins régulier, des pigments accessoires, par exemple la tétronérythrine, chez les Crustacés, aux époques de la mue.

En ce qui concerne les Vertébrés, il semble, d'après certaines observations, que leur foie acquière un pigment noir qui s'accroît avec l'âge. Ce pigment serait en relation avec l'absorption par le foie de l'hémoglobine dissoute. Tout au moins s'accroît-il considérablement à la suite d'injections intra-veineuses d'hémoglobine. Le foie, alors, devient noir. A l'état normal, le même phénomène doit pouvoir se produire à quelque degré, par suite de la destruction des globules rouges. Mais ce pigment ne semble exister ni chez l'animal très jeune, ni chez l'albinos.

sium acide (bleu de Prusse). Il est *dissimulé* dans le composé organique; l'hémoglobine, et il est nécessaire de détruire ce composé — par calcination, par exemple — pour y déceler le fer.

29. **Les deux catégories de composés du fer.** — *Fer salin* ou minéral. *Fer organique* ou dissimulé.

D'une façon générale, on a admis, depuis les études de Bunge et de ses élèves, que le fer peut être engagé dans les tissus sous deux formes, sous deux états qui sont différents quant à leurs propriétés chimiques et quant à leurs propriétés physiologiques. On a opposé ces deux catégories l'une à l'autre, et l'usage s'est introduit de les désigner par les noms de *fer salin* ou *minéral* pour l'une, et de *fer organique* ou *dissimulé* pour l'autre.

1° La première catégorie (*fer salin, fer minéral, fer non alimentaire*) comprend les composés salins, sels ferriques et ferreux à acide minéral ou organique.

Au point de vue chimique, ils se reconnaissent : en premier lieu, à ce qu'ils présentent les réactions classiques des sels de fer avec le sulfhydrate d'ammoniaque, les ferrocyanure et ferri-cyanure de potassium ; en second lieu, à ce qu'ils réalisent le phénomène de la *combustion lente* des matières organiques, par un jeu alternatif de dégagement d'oxygène et d'absorption d'oxygène qui les fait passer de l'état ferrique à l'état ferreux, et inversement.

Au point de vue physiologique, des recherches préliminaires de Bunge et de son école (Socin, 1881) ont paru établir entre les deux catégories de composés ferrugineux une différence importante. Les composés salins ferrugineux ne seraient pas absorbables par l'intestin chez les mammifères; ils seraient donc inutiles à l'alimentation. Au contraire, les composés de la seconde catégorie seraient absorbés et, conséquemment, *alimentaires*.

2° La seconde catégorie (*fer organique, fer dissimulé, fer alimentaire*) comprend, en première ligne, l'hémoglobine; puis des composés que G. Bunge a contribué à faire connaître : les *nucléo-albumines ferrugineuses*, abondantes dans le jaune d'œuf, d'où a été extraite la principale, l'*hématogène*.

Au point de vue chimique, le fer est dissimulé dans ces composés; les réactions du groupe précédent sont négatives. En solution légèrement alcaline ou ammoniacale, ils ne précipitent point par le sulfure d'ammonium. L'addition de ferrocyanure de potassium avec acidification par l'acide chlorhydrique ne donne point le précipité de bleu de Prusse. Ils ne se dissolvent point dans l'acide chlorhydrique alcoolique, ou, s'ils se dissolvent, ils ne donnent point ensuite la réaction du ferrocyanure.

Au point de vue physiologique, ces composés seraient absorbés par l'intestin, et constitueraient le *fer alimentaire*. Il faut ajouter que ces nucléo-albumines ferrugineuses existent, en général, dans le noyau des cellules, dans la chromatine nucléaire. On comprend par là que toutes les substances empruntées au règne animal ou au règne végétal, et les aliments, en conséquence, en renferment une forte proportion. C'est cette proportion qui suffirait aux besoins des organismes.

30. **Existence d'une catégorie intermédiaire.** — Cette division est trop nettement tranchée. Elle est fondée, au point de vue chimique, sur ce que les composés de la première catégorie présentent les réactions classiques des sels de fer, à savoir : 1° en solution légèrement alcaline, légèrement ammoniacale, ils précipitent rapidement par le sulfure d'ammonium; 2° si l'on acidifie par l'acide chlorhydrique et que l'on ajoute ensuite du ferrocyanure de potassium, on obtient le précipité de bleu de Prusse ; 3° ces substances sont solubles dans le réactif de Bunge, c'est-à-dire dans l'acide chlorhydrique alcoolique (90 vol. d'alcool, 10 vol. de HCl à 25 p. 100).

Au point de vue physiologique, ils seraient absorbables et alimentaires.

Inversement, les composés de la deuxième catégorie (*fer organique*) ne donnent point ces réactions.

C'est là une distinction trop absolue. La réalité n'est pas si nette : dans la plupart des cas où la réaction signalétique du fer n'a pas lieu *immédiatement*, elle se produit *tardivement;* elle est plus ou moins lente, et plus ou moins complète. En d'autres termes, il y a des degrés dans la liaison du fer. Suivant que le métal est lié plus ou moins fortement à la matière organique, l'effet est plus ou moins rapide. L'édifice organique dans lequel le fer est engagé peut résister, dans le premier moment, à l'acide chlorhydrique; mais il en subit l'action prolongée, et se désagrège progressivement en libérant le métal. Il y a, en un mot, une troisième catégorie de composés, intermédiaires aux deux précédentes, ou plutôt il y a toutes les transitions des premiers aux seconds.

C'est précisément à cette catégorie intermédiaire qu'appartiennent les composés ferrugineux du foie, la ferrine et les nucléinates ferreux.

31. Série des composés biologiques du fer. — En résumé, les composés biologiques du fer forment une série ménagée, ininterrompue.

La série commence à *l'hématine*, qui est la combinaison où le fer est le plus fortement lié, dissimulé au plus haut degré. Elle se continue par les *nucléo-albumines ferrugineuses*, dont *l'hématogène* du jaune d'œuf préparé par Bunge est un des types les plus stables; puis vient la *ferratine* de Marfori et Schmiedeberg, encore appelée *ferro-albumine* ou *albuminate de fer*, où le fer est moins fortement lié, qui précipite lentement de ses solutions dans les alcalis ou carbonates alcalins étendus par le sulfure d'ammonium, qui est soluble dans l'acide chlorhydrique alcoolique (réactif de Bunge), et qui donne lentement la réaction du bleu de Prusse avec le ferrocyanure.

La *ferrine* de Dastre et Floresco vient ensuite. Les réactions avec le sulfhydrate d'ammoniaque et le ferrocyanure acidifié ne se produisent pas immédiatement (fer lié), mais n'ont pas besoin d'un long délai pour s'accomplir. Elle est soluble dans l'acide chlorhydrique alcoolique. Elle est donc déjà très proche de l'état salin du fer, et permet, comme celui-ci, la combustion lente des matières organiques. La ferrine est la substance qui donne au foie sa couleur plus ou moins foncée : c'est un *pigment hépatique*. C'est un protéosate de fer.

Après la ferrine, on trouve des *peptones ferrugineuses* et de véritables sels ferreux à acides faibles, tels que les *nucléinates ferreux*, les *acides-albuminates ferreux*. Il faut signaler, parmi ceux-ci, le paranucléinate de fer, étudié par Salkowski (triferrine) et l'amidalbuminate de fer. Vient ensuite le *carbonate ferreux;* puis, des oxydes engagés de diverses manières et liés faiblement au substratum organique (rubigine, hémosidérine); le cacodylate de fer; et enfin des sels ferriques à acides forts.

En résumé, à partir des nucléo-albumines ferrugineuses, les composés organiques du fer, et particulièrement ceux du foie (*ferrines*) participent aux propriétés chimiques du *fer salin*, et nommément à la plus importante d'entre elles, à savoir de permettre à froid l'oxydation lente des composés organiques en dehors et au dedans de l'être vivant.

32. Existence dans le foie du fer faiblement lié. — Les études de Dastre et Floresco (1897) ont montré l'existence générale du fer dans le foie de tous les animaux. Le fer y existe sous des formes qui sont précisément comparables aux composés ferreux et ferriques, telle la *ferrine hépatique*.

On ne connaissait point chez les Vertébrés d'autres organes ou tissus que le sang qui continssent du fer en proportions notables. Du moins, ceux qui en fournissaient à l'analyse d'appréciables quantités, comme le foie et la rate, puis les muscles, passaient pour le recevoir du sang, sous la forme compliquée où il y existe (hémoglobine, hématine); ou sous la forme d'une combinaison organique tout aussi dissimulée et aussi impropre au jeu de bascule des oxydations successives, qui constituent ce que l'on appelle la *combustion lente*.

En réalité, la présence du fer dans le foie est un fait constant, universel, indépendant du fait de son existence dans le sang. La forme sous laquelle il y existe est une forme chimiquement voisine de la forme saline. Et comme, d'autre part, le foie est abondamment irrigué par le sang qui charrie l'oxygène comburant, on peut dire que toutes les conditions nécessaires à la production de la combustion lente se trouvent rassemblées dans le foie. On ne peut douter qu'elle ne s'y accomplisse.

C'est donc là une fonction nouvelle qu'il faut assigner à l'organe hépatique. C'est cette fonction qui a été désignée par Dastre du nom de *fonction martiale*. La *fonction martiale du foie exprime les rapports de fait existant entre le métal fer et l'organe hépa-*

tique. Il est vraisemblable qu'elle *consiste en un mécanisme d'oxydation lente où le fer sert de véhicule à l'oxygène comburant*, conformément au type imaginé par LAVOISIER pour la grande majorité des actions chimiques de l'organisme vivant.

Il faut maintenant exposer les faits d'expérience dont on vient d'indiquer la conclusion.

§ 1. — *Fer du foie chez les Invertébrés.*

Le foie joue, par rapport au fer, un rôle exceptionnellement important.

33. Importance du fer hépatique. — Chez les Vertébrés, l'importance du fer hépatique a été méconnue jusqu'à BUNGE (1885). Ce savant a aperçu une partie du rôle qui lui est dévolu. Il a montré que le foie était une réserve de fer pour le jeune mammifère pendant la période de l'alimentation lactée. Le fait est vrai; mais ce n'est qu'une partie de la vérité. On a établi, en effet, que le foie est une réserve de fer, non seulement chez le mammifère et pendant l'allaitement, mais chez tous les animaux et pendant toute la durée de la vie (DASTRE et FLORESCO).

Le rôle du fer hépatique est donc plus étendu qu'on ne l'avait cru. Il est, de plus, d'une autre nature que ne pouvaient le faire supposer les études exécutées sur les Vertébrés supérieurs. Chez ces animaux, en effet, le tissu ferrugineux par excellence, c'est le sang, le sang rouge à hémoglobine. On dut penser que la présence du fer dans le foie était la conséquence de sa présence dans le sang, que le fer hépatique était la source et l'aboutissant du fer hématique. La provision du métal que les analyses de BUNGE révélaient dans le foie du jeune mammifère en lactation était, selon cette manière de voir, expliquée par la nécessité du pourvoir à la formation du sang, le lait alimentaire n'apportant pas de fer en quantité suffisante pour cela. Quand on sut, grâce à QUINCKE, KUNKEL, ZALESKI, NASSE, LANGHAUS, LAPICQUE et AUSCHER, qu'un dépôt de fer se produit dans le foie quand, dans les vaisseaux sanguins, l'hémoglobine abandonne les globules, on dut considérer le dépôt du métal comme une suite de la destruction du sang. Formation du sang, destruction du sang, telles étaient les opérations d'où provenait ou auxquelles pourvoyait le fer du foie; telles étaient ses fonctions.

Ce n'est là, en réalité, qu'une fonction accidentelle, secondaire, du fer hépatique. La propriété de fixer le fer est une propriété universelle de la cellule hépatique, propriété qui a une raison d'être indépendante de la constitution du sang, et qui est aussi bien développée et même mieux développée chez les animaux qui n'ont point de fer dans le sang, que chez ceux qui en ont (DASTRE).

34. Distribution du fer dans l'organisme des Vertébrés. — Tous les tissus contiennent du fer; mais il n'y en a que trois qui en contiennent en proportions notables : le sang, le foie, les muscles. C'est le sang qui est le plus riche à cet égard. — En dix-millièmes du poids du tissu frais, on a les chiffres suivants :

Sang = 5 (1 gramme de sang contient $0^{mg},5$). — *Foie* = à la naissance, 4; chez l'adulte, 1,5. — *Muscles* = 0,2.

Ce sont là des chiffres moyens qui peuvent éprouver des variations assez considérables suivant l'animal, et suivant les circonstances. Ainsi, pour le sang, la teneur peut varier de 2 à 6 dix-millièmes; pour le foie, à la naissance, de 1 à 16; chez l'adulte, en condition physiologique, de 0,4 à 25 : mais le chiffre le plus habituel est voisin de 2. Pour les muscles, d'après les déterminations de SCHMEY (1903), le chiffre moyen oscille autour de 0,5 [homme, 0,79; cerf, 0,69; bœuf, 0,66; cheval, 0,61; lièvre, 0,59; canard, 0,57; chèvre, 0,51; chien, 0,48; oie, 0,46; mouton, 0,43; porc, 0,42, chat, 0,40; poulet, 0,33; chevreuil, 0,27; lapin, 0,12]. Le cœur est le muscle le plus riche en fer. SCHMEY a trouvé les chiffres suivants : cheval, 1,09; bœuf, 0,79; porc, 0,60; chèvre, 0,59 et 0,30.

Les analyses faites chez un même animal (porc) ont donné : pour le sang 3 dix-millièmes; pour le foie, 2,12; pour les muscles, 0,4; chez un chien, 4 pour le sang; 2,5 pour le foie; 0,48 pour les muscles.

Il semble, d'après les analyses faites jusqu'ici, que la teneur en fer du sang et des muscles est assez fixe; elle varie peu par l'alimentation. Au contraire, la teneur du foie peut éprouver des oscillations assez fortes, qui révèlent l'aptitude d'absorption et l'affinité spéciale de la cellule hépatique pour le fer. Salkowski et Schmey, par l'alimentation à la triferrine (paranucléinate de fer), ont fait varier l'encaisse ferrugineux du foie du simple au triple, tandis que la teneur des muscles ne variait que de 0,16 à 0,21, c'est-à-dire d'une manière à peu près insignifiante.

Il faut noter que la muqueuse de l'intestin peut contenir du fer, à certains moments, en proportions assez notables. C'est du fer en voie d'absorption. La cellule épithéliale des villosités intestinales peut absorber le composé ferrugineux à l'état de particules et lui livrer passage dans les chylifères, où les globules blancs les englobent et les conduisent au foie. Cette absorption est plus ou moins abondante selon les composés du fer qui sont ingérés : mais elle paraît assez générale. Cette règle infirme l'opinion qui a régné jusqu'à ces dernières années. On croyait, d'après les expériences de Hamburger (1878-1880), que les composés du fer n'éprouvaient dans l'intestin qu'une absorption insignifiante. Cet expérimentateur, en effet, après avoir administré un composé ferrugineux, n'observait pas d'excrétion accrue dans l'urine, ni dans la bile, et il retrouvait dans les fèces une quantité de fer égale, à peu de chose près, à celle qui avait été introduite. Il concluait, de là, à une absorption insignifiante. — Bunge (1883) renchérit sur cette interprétation : il admit une absorption nulle pour les composés minéraux du fer, mais une absorption réelle pour certains composés organiques (fer organique, hématogène).

35. **Cycle du fer.** — Aujourd'hui, les expériences de Hamburger doivent recevoir une autre interprétation. Le fer est absorbé dans l'intestin grêle (par les follicules isolés et les plaques de Peyer), et excrété par le gros intestin. Le fait que presque tout le fer ingéré se retrouve dans les excréments, s'explique tout aussi bien par l'excrétion que par la non-absorption. De plus, cette explication se trouve en accord avec les constatations microchimiques de Hochaus et Quincke (1890), de Macallum (1894), de Gaule (1896), de Hoffmann, de R. Höber (1903) et C. Fuchs. Ces derniers ont affirmé que l'absorption du fer était intra-épithéliale, tandis que les autres métaux ne traversent la paroi de l'intestin qu'en passant entre les cellules épithéliales. — L'explication qui consiste à admettre une absorption et une excrétion continuelles concorde encore avec les observations de Smirski, qui trouve le fer à l'état de fines particules dans l'épithélium duodénal, où elles augmentent par une alimentation riche en fer, et d'où elles disparaissent par une alimentation pauvre ; avec les faits de Abderhalden, qui, à la suite d'une alimentation par le fer minéral ou organique, trouve les mêmes réactions microchimiques du fer dans le duodénum, les follicules isolés de l'intestin grêle, les plaques de Peyer, et plus tard, à une phase ultérieure, dans le cæcum.

On peut interpréter tous ces faits de la manière suivante. Le fer est continuellement absorbé dans l'intestin grêle (particulièrement lorsqu'il est à l'état de composé organique, protéosique ou nucléinique); il est vraisemblable qu'il est transporté par les globules blancs dans tous les organes; il est particulièrement fixé par les cellules hépatiques dans le foie, où il intervient pour favoriser les oxydations organiques (par oxydases ou par actions directes). L'excès est continuellement excrété par l'urine (en très faible proportion); par la bile (en proportion plus grande), mais surtout par l'intestin, spécialement le gros intestin. Cette élimination se fait par sécrétion, par desquamation, et, dans les cas urgents, par transport leucocytaire. Elle est de nature *excrémentitielle*, c'est-à-dire que le fer est rejeté après avoir été fixé dans les tissus (tissu hépatique), indépendamment de l'absorption actuelle (Dastre).

Il résulte de là, en définitive, que le fer a dans l'organisme des animaux une évolution, un cycle de transformations, dont le stade principal a lieu dans le foie. La cellule hépatique a la propriété de fixer le fer, comme elle fixe les pigments (chlorophylle), les hydrates de carbone et les graisses. Le fer joue son rôle dans les opérations chimiques du foie (oxydations organiques).

36. **Abondance du fer dans le foie.** — Il a été publié un assez grand nombre de dosages du fer dans le foie, débarrassé, bien entendu, de son sang, lavé à l'eau physiologique. Le résultat le plus général de ces analyses est d'établir l'abondance du fer

dans le foie. On trouvera à l'article **Fer** de ce *Dictionnaire* (VI, 287) les chiffres fournis par les analyses de Krüger, Zaleski, Lapicque, Salkowski, Schmey.

État physiologique. — Chez les chiens, à la naissance, la quantité du fer s'exprime par le chiffre 4.3 (dix-millièmes du poids frais du foie non lavé); chez le chien adulte, le chiffre moyen est 1,5.

Lapins : jeunes, 0,35, adultes, 0,40; *Bœufs :* à la naissance, 9; adultes, 0,6; *Porcs :* 1,9; *Hérissons :* 5; *Écureuils :* 8; *Canards :* 3,5; *Homme :* à la naissance, 3,3; adultes, 2,3.

A *l'état pathologique*, il y a des cas où le fer augmente en proportions considérables (diarrhée chronique, anémie pernicieuse, typhus, diabète, *cirrhose pigmentaire* de Hanot et Chauffard). Il y a alors des granulations jaune orangé (*eisenhaltige Körner*), qui forment un hydrate ferrique ($2Fe^2O^3$, $3H^2O$) *crubigine* de Lapicque et Auscher, dont d'ailleurs les lieux d'élection sont la rate et les ganglions lymphatiques, et qui ne passe que secondairement dans le foie.

37. Existence du fer dans la bile. — La bile élimine du fer. Elle en contient normalement à un état inconnu (phosphate de fer?). Les chiffres de Lehmann (1853), de Hoppe-Seyler, de Yung (1871), de Kunckel (1876) d'Ivo Novi (1890), de E. W. Hamburger (1884), sont trop élevés. Dastre a fourni le chiffre de 0^{mg},090 excrétés en 24 heures par un kilogramme d'animal (chien). Anselm (1892) a abaissé le chiffre à 0^{mg},038. C'est une quantité minime. Cette quantité paraît indépendante du régime.

Le fait de l'excrétion du fer par la secrétion hépatique est général (Dastre et Floresco). Ces auteurs ont recueilli la sécrétion du foie chez l'escargot, et y ont constaté une quantité de fer supérieure à celle de la bile vésiculaire des mammifères.

Au résumé, *la bile contient du fer. Elle est une voie universelle d'élimination du fer chez tous les animaux.*

38. État du fer dans le foie à l'état physiologique. — *Pigment aqueux : ferrine.* — Le fer se présente dans le foie à l'état de pigment ou de propigment; c'est-à-dire que les composés ferrugineux du foie sont colorés (pigments), ou que, étant incolores, ils sont susceptibles de se transformer en produits colorés sous certaines influences, les unes artificielles (dessiccation à 105°; digestion papaïnique; digestion gastrique), les autres naturelles.

Le fait est démontré par les expériences de Dastre et Floresco (*Arch. de Phys.*, 1898, 219). Elles démontrent que *tout le fer du foie est contenu dans un pigment qui peut être extrait des cellules hépatiques par certains artifices*, et qui est d'ailleurs soluble dans l'eau légèrement saline.

Une étude ultérieure a montré que ce pigment aqueux est en réalité un mélange d'une petite quantité de *nucléines ferrugineuses*, et d'une quantité prépondérante de la substance appelée *ferrine* par Dastre et Floresco. Celle-ci est un composé organo-métallique, sorte d'albuminose ferrugineuse; c'est un protéosate de fer analogue à la *ferratine* de Marfori et Schmiedeberg, qui, elle, est un albuminate de fer. Ses traits distinctifs sont au nombre de trois : 1° la *solubilité* dans l'eau légèrement alcalinisée par la soude ou le carbonate de soude, dans la liqueur neutre de digestion opérée par la papaïne, dans de petites quantités d'acides; l'insolubilité dans l'alcool et dans le chloroforme; 2° la *richesse en fer :* c'est un composé ferrugineux, et il contient à peu près tout le fer du foie; enfin, 3° le *caractère spectroscopique*, la couleur variant, suivant la concentration, dans la gamme du jaune au rouge. Au spectroscope, elle donne un spectre continu, sans bandes d'absorption, qui s'éteint progressivement par les deux extrémités rouge et violette, lorsque la concentration augmente.

Le fer du foie, en résumé, est surtout fixé dans des pigments ou des pro-pigments composés de *ferrine* (protéosate de fer), mélangés d'une petite quantité de *nucléines* ou de *nucléo-albumines ferrugineuses*. On voit par là que dans le foie, comme d'ailleurs dans le sang, la présence du fer est liée à la présence d'un pigment.

39. Les mutations du fer hépatique. Le foie comme réserve de fer. — Les *mutations du fer dans le foie sont en général liées à des mutations inverses dans les autres organes et tissus (sang)*. L'étude des variations et de l'évolution du fer à l'état physiologique et à l'état pathologique montre que le foie constitue une réserve destinée à régulariser la répartition du fer dans l'économie et à subvenir à la disette et aux besoins du reste de l'organisme, et particulièrement du sang, chez les Vertébrés. On remarquera que le foie se comporte d'une manière analogue en ce qui concerne le glycogène et la graisse.

C'est la conclusion que nous tirons de toutes les analyses méritant confiance (de LANGHAUS, QUINCKE, NASSE, ZALESKI, BUNGE et LAPICQUE).

Au moment de la naissance, le foie est riche en fer : puis sa teneur va en diminuant progressivement (ZALESKI, BUNGE) ; elle atteint assez rapidement un minimum (LAPICQUE), dont le moment coïncide avec la période de croissance la plus active (veau, trois mois ; — chevreau, 5 semaines ; — chien, trois mois). Dans ces circonstances, le fer disparu du foie se retrouve dans le sang, dont la masse augmente beaucoup plus rapidement que celle du foie, organe à croissance lente. Le fer du foie s'est donc comporté comme une réserve pour le sang.

Inversement, le sang peut servir à reconstituer la réserve du foie. Une circonstance pathologique, qui ne saurait être que l'amplification d'une condition normale, le montre bien. C'est le cas où l'hémoglobine du globule rouge se dissout dans le sang (QUINCKE, 1880, GLŒVEKE, 1883). Lorsque l'on introduit de l'hémoglobine dans le sang, celle-ci est détruite par le foie, qui en emmagasine le fer à l'état de *ferrine* et *nucléine ferrugineuse*. Sa pigmentation augmente de ce chef, et aussi par suite du dépôt d'un autre pigment indéterminé (LAPICQUE), non ferrugineux, probablement le *choléchrome* (DASTRE[1]).

La réserve hépatique du fer est, dans une certaine mesure, indépendante de l'espèce d'alimentation (comme la réserve glycogénique). Un jeûne de quinze jours ne la fait point varier (LAPICQUE). Mais SALKOWSKI a vu qu'en recourant à des aliments ferrugineux appropriés, tels que le paranucléinate de fer, on pouvait faire tripler, en dix jours, la teneur du foie en fer. On arrive à des résultats analogues avec l'amidalbuminate de fer et la ferratine. Les autres organes contenant un peu de fer, les muscles, par exemple, augmentent aussi leur teneur, mais dans des proportions faibles (SCHMEY).

Les mutations du fer dans le foie sont lentes, et la teneur ne descend pas au-dessous d'une valeur moyenne. C'est une nouvelle preuve que le fer hépatique [n'est pas un élément accidentel, et que sa présence dans le foie n'est pas la simple conséquence de son existence banale dans le milieu extérieur.

Le fer ne reste pas fixé, immobilisé dans le foie, à la façon d'un corps étranger, et comme il arrive pour d'autres métaux. Il est continuellement éliminé ; très faiblement par l'urine, un peu plus par la bile, mais, et surtout, par la muqueuse intestinale (A. MAYER, STOCKMANN et GRIEG, FR. VOIT, 1892, LAPICQUE, 1897). Le fait de l'élimination excrémentitielle du fer par l'intestin a été mis hors de doute par un ensemble de preuves que l'on trouvera indiquées à l'article Fer, page 297, et dues à A. MAYER (1850), STOCKMANN et GRIEG, DIETL (1875), GOTTLIEB (1891), SOCIN, BUCHHEIM et MAYER, FR. VOIT (1892), MACALLUM (1894), HALL, HOFFMANN, SMIRSKI, ABDERHALDEN, GUILLEMONAT (1899). — Chez l'homme, la quantité quotidiennement éliminée est d'environ 31 milligrammes par 24 heures, dont 1 milligramme par l'urine, 5 par la bile et 25 par les fèces. Cette élimination est indépendante de l'absorption alimentaire Elle est *excrémentitielle*. Un ensemble de mécanismes physiologiques règle donc le mouvement du fer dans l'organisme.

§ 2. — *Fer du foie chez les Invertébrés.*

40. Rôle général du fer hépatique. — C'est surtout l'étude des Invertébrés qui a permis de comprendre le rôle général du foie comme régulateur du fer de l'organisme.

Les études antérieures sur les Vertébrés montraient seulement le rôle du foie par rapport au fer du sang, et non point par rapport au fer de l'organisme entier. C'était un fait particulier, résultant de cette circonstance spéciale, non universelle, à savoir l'exis-

---

1. On a vu (**Fer**, 291) que, lorsqu'il y a destruction violente d'une grande quantité de globules eux-mêmes, en totalité, le foie se charge encore de fer, mais sous une forme décidément anormale (*rubigine* de LAPICQUE et AUSCHER). C'est un composé organique, faiblement lié, d'hydrate ferrique ($2 Fe^2 O^3 3H^2 O$). Il correspond à l'*hémosidérine* de NEUMANN, à l'*hépatine* de ZALESKI.

tence du fer dans l'hémoglobine du sang des Vertébrés. La présence et les mutations du fer hépatique semblaient liées uniquement à la vie du sang, du sang rouge, à l'hémoglobine ferrugineuse ; les mutations du fer hépatique étaient la contre-partie des mutations du fer du sang. Le foie apparaissait comme un dépôt pour le fer du sang, qui se détruit dans cet organe (hématolyse hépatique) ; comme une réserve de fer pour le sang qui s'y forme (hématopoïèse hépatique). C'est cette conception, appuyée sur les faits tout à l'heure rappelés, qui constitue la théorie de la *sidérose* ou *théorie hématique du fer du foie*, imaginée par Quincke de 1877 à 1880.

Cette doctrine n'était qu'un premier pas dans la voie de la vérité. Si en effet le fer du foie était uniquement commandé par les mutations du sang rouge à hémoglobine, on ne devrait point retrouver ce métal dans le foie des Invertébrés, qui n'ont point de sang rouge hémoglobinique et ferrugineux.

Or on l'y retrouve. On revoit chez les Invertébrés les mêmes faits que chez les mammifères, et on les revoit plus nets, plus clairs, dégagés de la complication que crée, chez ceux-ci, l'existence du fer dans le sang. Le fer existe dans le foie, avec autant et même plus d'abondance et de constance que chez les Vertébrés. C'est donc la preuve que le fer hépatique n'est pas lié uniquement, ni même principalement, à la vie du sang, aux mutations du fer hémoglobinique, qu'il a un rôle différent et plus général.

41. Résultats expérimentaux. Mollusques. Crustacés. — Chez les Mollusques et les Crustacés l'organe hépatique est assez bien limité et assez distinct pour pouvoir être isolé et étudié. De plus, le sang de ces animaux et des Invertébrés, en général, ne contient pas de fer. Ce métal y est souvent remplacé par le cuivre (hémocyanine). En outre, il n'y a point de représentant de la rate, autre organe qui chez les Vertébrés est riche en fer. L'organe hépatique jouit donc, à l'égard du fer, d'une situation privilégiée, exceptionnelle.

Voici le résumé des faits indiqués par Dastre et Floresco.

1° Le foie est l'organe ferrugineux par excellence. Il est mieux spécialisé, à cet égard, que le foie des Vertébrés supérieurs, puisqu'il est le seul organe chargé de fer. Au contraire, chez les mammifères, par exemple, le tissu ferrugineux par excellence est le sang (1 gramme de sang sec contient $0^{mg},5$ de fer) et la rate est fréquemment plus riche que le foie. Ici, il n'y a point de rate, et le sang ne contient pas de fer : à la place, il renferme du cuivre (hémocyanine).

Chez les Crustacés (homard, langouste, écrevisse) il n'y a de fer en quantité appréciable que dans le foie. Chez les Céphalopodes (poulpe, seiche, calmar) le foie contient vingt-cinq fois plus de fer, à poids égal, que le reste du corps. Chez les Mollusques lamellibranches (huîtres, coquilles de Saint-Jacques, moules) le foie contient de quatre à six fois plus de fer que le reste du corps. Même résultat chez les . Gastéropodes.

2° La teneur en fer du foie n'est pas un fait accidentel en rapport avec la présence du fer dans le milieu ambiant. Elle est, au contraire, indépendante des circonstances extérieures. Elle ne suit pas les variations de richesse en fer du milieu ambiant ; elle n'est pas influencée davantage par les variations les plus étendues du fer alimentaire (jeûne, hibernation). Elle l'est, au contraire, par les conditions physiologiques qui la font varier entre des limites assez écartées.

42. Conclusion. Fonction martiale. — La faculté de fixation élective que le foie possède pour le fer, il ne la possède point pour d'autres métaux, au même degré. Par exemple, il ne la manifeste pas normalement pour le cuivre. Le sang de beaucoup d'Invertébrés, Mollusques et Crustacés, est riche en cuivre (hémocyanine). Chez eux le foie n'en contient pas sensiblement (Dastre).

Le fer qui s'accumule dans le foie de l'Invertébré n'y est cependant pas immobilisé. Il se dépense et se renouvelle. Il se dépense par la sécrétion biliaire (chez l'escargot la sécrétion hépatique est aussi riche en fer excrété que la bile des mammifères), sécrétion qui l'entraîne au dehors ; il est dépensé aussi par la constitution de la coquille (escargot) qui en contient des quantités notables ; peut-être par la constitution des œufs. Il se renouvelle par l'apport du sang. Le foie prend au sang du Mollusque l'infime quantité de fer que celui-ci charrie, quantité qui est inappréciable, en fait, dans les conditions normales, et qui ne devient appréciable dans le foie qu'à la suite de son accumulation. Au contraire, le même foie refuse le cuivre, qui existe dans le sang en quantité notable.

On voit par là que le foie se distingue des autres organes, au point de vue du fer, comme le fer se distingue des autres métaux au point de vue du fer.

Le tissu hépatique a, beaucoup plus énergiquement que les autres tissus, la faculté de fixer le fer circulant. Il possède la propriété universelle (Vertébrés, Invertébrés) de retenir le fer, comme il possède déjà (Vertébrés) la propriété de retenir les hydrates de carbone pour former la réserve de glycogène. La cellule hépatique se distingue des autres éléments cellulaires par le degré de son avidité pour les composés ferrugineux charriés normalement par le sang : elle se décharge par la sécrétion hépatique (bile) qu'elle produit.

De plus, le fer est fixé dans le foie de la plupart des Invertébrés, précisément sous la même forme (*pigment aqueux, ferrine, nucléines ferrugineuses*) que chez les Vertébrés. C'est seulement chez les Gastéropodes pulmonés que le fer est fixé sous une forme un peu différente.

Cette universalité du fer hépatique ; l'identité de forme (*ferrine*) sous laquelle il se présente chez tous les animaux ; son indépendance relative des contingences alimentaires ; son élimination continuelle par la bile et l'intestin, et son rétablissement continuel, tels sont les faits fondamentaux de la *fonction ferrugineuse* ou *martiale* du foie.

§ 3. — *Hypothèse relative à la raison d'être de la fonction martiale du foie.*

Nous avons fait connaître, dans ce qui précède, l'ensemble des faits positifs qui constituent les relations universelles du foie avec le métal fer. On peut les désigner, pour en éviter la longue énumération, par le nom commode de *Fonction martiale*, comme on désigne du nom commode de *Fonction glycogénique* l'ensemble des faits qui constituent les relations du foie avec le sucre du sang.

C'est ici que finit la science positive actuelle. Peut-on aller plus loin? Peut-on pénétrer la raison intime qui fait que, d'un bout à l'autre du règne animal, le fer se trouve étroitement lié à l'organe hépatique? On le peut, à la condition de sortir des faits, et de proposer une hypothèse d'accord avec eux.

Voici cette hypothèse (Dastre) :

43. Activité des oxydations dans le foie. — *Le rôle du fer serait de favoriser les combustions organiques qui s'accomplissent dans le foie.*

1° On peut admettre, d'une façon générale, que le foie est un des organes où les combustions organiques sont le plus intenses et le plus continues, bien qu'il reçoive un sang relativement peu oxygéné.

L'ensemble des réactions qui s'accomplissent dans le foie est exothermique. Il s'y produit un dégagement de chaleur considérable et continu ; c'est au sortir du foie que le sang est le plus chaud ; le foie est l'organe dont la température est la plus élevée. Laissant de côté les dédoublements, dont la part ne s'élèverait au maximum qu'à 1/7 (d'après A. Gautier lui-même, qui a appelé l'attention sur leur importance), on peut inférer de cette condition thermique du foie que les oxydations y sont prépondérantes.

On est confirmé dans cette conclusion par des observations accessoires. L'acide carbonique et l'eau sont les témoins d'oxydations poussées à leur terme. Or l'acide carbonique est formé abondamment dans le foie ; car, en outre de l'acide carbonique qui passe dans le sang, il y en a en quantité considérable dans la bile, à l'état libre ou à l'état de carbonates (au total 56 cc. 1 pour 100 cc. de bile, d'après Pflüger). Une partie même de l'eau de la bile semble provenir des combustions hépatiques, et non pas seulement de la simple filtration de celle qui est contenue dans le sang ; car la pression dans les canaux biliaires dépasse la pression du sang afférent (veine porte). Enfin, le défaut presque absolu d'oxygène dans la bile, qui est l'un des produits de l'activité hépatique

(0,2 pour 100 cc. de bile), semble indiquer aussi que cette activité coïncide avec une consommation d'oxygène poussée très loin.

La présence du sang oxygéné est indispensable au fonctionnement du foie. Contrairement à ce qu'avaient cru plusieurs physiologistes, mais conformément à ce qu'avaient affirmé COHNHEIM et LITTEN (1876), il a été démontré (DOYON et DUFOURT, 1898) que la suppression du sang oxygéné entraîne la nécrose du foie et la mort de l'animal; et d'autre part que la diminution de cet apport fait baisser le quotient de l'urée à l'azote total. Cela établit la nécessité de la présence de l'oxygène.

La masse du foie est en rapport avec la production de chaleur dans l'organisme et spécialement avec l'absorption d'oxygène. CH. RICHET pèse le foie de différents animaux, et il constate que la courbe des poids du foie suit exactement celle de la surface du corps, et celle de l'absorption d'oxygène.

Le tissu hépatique jouit d'un pouvoir d'oxydation considérable. Si l'on classe les tissus d'après l'activité de leur action décomposante par rapport à l'eau oxygénée, comme l'a fait W. SPITZER, le foie vient en tête après le sang et la rate, tandis que les muscles sont au septième rang. D'après la capacité d'oxydation de l'aldéhyde salicylique, le foie arrive au second rang (ABELOUS et BIARNÈS), ou même au premier (SALKOWSKI). Cette constatation du pouvoir oxydant du tissu hépatique par A. JAQUET, SALKOWSKI, ABELOUS et BIARNÈS, SPITZER, PORTIER, a conduit les auteurs à l'idée d'une *oxydase hépatique*.

Les transformations des pigments biliaires dans le foie lui-même ont conduit d'autres auteurs (DASTRE) à la même idée d'une oxydase hépatique passant dans la bile (*Rech. sur les matières colorantes du foie et de la bile*, 1898, 63).

Enfin, G. BERTRAND a montré le lien étroit qui unit quelques oxydases au manganèse. On peut donc supposer dans le foie le pouvoir oxydant lié au fer, voisin par ses propriétés du manganèse.

Ces arguments et d'autres justifient suffisamment la supposition d'une *activité d'oxydation notable* dans le foie.

44. Rôle du fer comme agent d'oxydation. — D'autre part, en général, les chimistes ont établi que le *fer est un agent oxydant pour les matières organiques*.

En présence des matières organiques, l'oxyde ferrique $Fe^2O^3.3H^2O$, qui existe dans les tissus, cède son oxygène et passe à l'état d'oxyde ferreux; celui-ci, base assez forte, se combine aux acides même faibles, acide carbonique, acidalbumine, acide nucléinique, et donne des albuminates et nucléinates ferreux et du carbonate ferreux CO^3Fe, lequel est soluble dans l'eau chargée de CO^2. On peut donc avoir des sels ferreux, du carbonate ferreux, de l'oxyde ferreux.

Or, au contact de l'oxygène du sang, comme de l'oxygène de l'air, les sels ferreux se transforment spontanément en sels ferriques; l'oxyde ferreux devient $Fe^2O^3.3H^2O$; si l'acide est faible (acide carbonique, acidalbumine, acide nucléinique) le sel ferrique (carbonate, albuminate, nucléinate) se scinde, l'acide (carbonique) devient libre parce que la base elle-même (oxyde ferrique) est faible et l'on a finalement de l'oxyde ferrique libre $Fe^2O^3.3H^2O$.

On se trouve ainsi ramené au point de départ du cycle, et l'opération peut recommencer indéfiniment; cette opération se résume en ceci, que le fer a servi à fixer de l'oxygène sur la matière organique, c'est-à-dire qu'il a participé à la combustion organique. Le rôle du fer se résume donc à celui de convoyeur, de transporteur d'oxygène.

45. La fonction martiale est une fonction d'oxydation. — Si nous rapprochons maintenant ces deux catégories de faits, d'une part l'*abondance des oxydations dans le foie*, de l'autre, le *rôle oxydant du fer*, leur relation devient évidente. La fonction du fer hépatique, faiblement lié, voisin du fer salin (ferrine) serait d'activer les combustions organiques.

La *fonction martiale du foie* est une *fonction d'oxydation*. A cet égard le foie ne posséderait qu'à un degré plus éminent une propriété universelle des tissus, de fixer le fer et de l'employer à leurs oxydations.

IV. — Fonction adipo-hépatique.

§ I. Fonction adipo-hépatique chez les Vertébrés. II. Fonction adipo-hépatique chez les Invertébrés. — III. Circonstances qui influencent l'activité adipo-hépatique.

46. Caractère adipogénique de la cellule du foie, en général. — La cellule hépatique a la propriété de se charger de graisse. C'est là un de ses caractères distinctifs, au même titre que la propriété de se charger de pigment, de glycogène ou de fer. — Cette propriété de se charger de graisse est un trait universel de la cellule du foie. Il appartient à tous les animaux, supérieurs ou inférieurs. Mais il est plus frappant et plus net chez certains Invertébrés, parce qu'il y est presque exclusif au tissu du foie. — C'est ce qui arrive, par exemple, chez les Crustacés (DASTRE, DAVENIÈRE) où le foie peut être le seul tissu graisseux.

Les faits que nous allons rappeler le résumeront dans les traits suivants qui définissent la fonction adipogénique du foie dans toute l'étendue du règne animal :

La cellule hépatique possède les propriétés : 1° de fixer les graisses qui lui sont amenées du dehors (alimentation) ; 2° de fixer les graisses qui viennent des autres organes (réserves) ; 3° de produire des graisses aux dépens des hydrates de carbone venant du dehors ou du dedans (aliments ou réserves) et probablement aussi aux dépens des albuminoïdes (aliments ou réserves).

La réserve hépatique sert aux opérations chimiques du foie et aussi aux besoins en graisse des autres organes (organes génitaux, œufs, etc.) auxquels la graisse est distribuée au moment opportun.

§ I. — *Fonction adipo-hépatique chez les Vertébrés.*

47. Présence de la graisse dans le foie des Vertébrés. — **48.** Diverses formes de la surcharge graisseuse, graisse d'infiltration, graisse de formation. — **49.** Fixation des graisses par le foie : *a*, Graisses alimentaires ; *b*, Graisses venant des organes. — **50.** Formation des graisses du foie aux dépens des hydrates de carbone (aliments et réserves). — **51.** Formation des graisses aux dépens des albuminoïdes. — **52.** Nature des graisses déposées dans le foie. Lécithines.

47. Présence de la graisse dans le foie des Vertébrés. — La simple observation, corroborée par les études histologiques, microchimiques et chimiques montre, dans le foie des Vertébrés, un organe riche en graisse. Cette richesse peut être poussée très loin chez des oiseaux comme les oies ou les canards soumis à un régime spécial. Les Romains savaient engraisser les oies et préparer des foies gras, en utilisant cette faculté du foie de se charger de graisse. Une industrie alimentaire est fondée sur elle.

Chez le chien normal, la graisse du foie représente, en moyenne, 10 p. 100 du poids sec de l'organe. — Chez les femelles en gestation le foie se remplit de graisse, sous forme de fines granulations dans les cellules hépatiques. — Chez les femelles en lactation, il y a également de nombreuses granulations graisseuses dans le foie (DE SINÉTY) et cette graisse est identique à celle du lait et différente des autres graisses du corps (LEBEDEFF, 1883). — Chez les fœtus, le foie est également infiltré de graisse : chez le fœtus du poulet on retrouve dans le foie une partie de la graisse du jaune, dans les derniers jours qui précèdent l'éclosion. — Chez le jeune animal, à la naissance, on observe une abondante provision graisseuse (CARNOT et GILBERT, NATHAN-LARRIER). Chez les poissons, la quantité de graisse peut être très considérable. A certains moments, à l'automne, on peut trouver dans le foie des morues (*Gadus æglifius*) une proportion de graisse qui atteint 90 p. 100 du poids sec de l'organe. Les poissons cartilagineux, raies, roussettes, fournissent aussi beaucoup de graisse hépatique (huile de squale). Cette surcharge graisseuse persiste encore après d'assez longues périodes d'inanition.

Chez les Vertébrés le foie n'est pas le seul organe riche en graisse. La formation de la graisse n'est pas centralisée ; elle est diffuse. Elle se rencontre dans le tissu cellulaire sous-cutané et dans certaines régions d'élection, dans l'épiploon, dans la moelle des os, dans le tissu adipeux. On constate, au contraire, que, chez certains Invertébrés, la graisse semble se localiser dans le foie et dans un très petit nombre d'autres organes. La fonction adipo-hépatique prend alors un degré de clarté et de simplicité qu'elle n'a point chez les Vertébrés (Dastre).

48. Diverses formes de la surcharge graisseuse. — Graisses d'infiltration. Graisses de formation. — La graisse qui se rencontre dans les éléments cellulaires du foie, comme celle qui existe dans les autres cellules de l'organisme, peut avoir deux origines. En premier lieu, elle peut être formée sur place, physiologiquement ou pathologiquement, c'est alors la *graisse de formation*. En second lieu, elle peut provenir du dehors, et s'être fixée, s'être infiltrée dans la cellule; c'est alors la *graisse d'infiltration*.

Il n'est pas douteux que dans le tissu adipeux les cellules se chargent d'une matière grasse, graisse neutre, née sur place, qui est un produit de formation : de même, les cellules de la gaine myélinique des nerfs se remplissent d'une substance, la myéline, en grande partie formée de graisses phosphorées, qui sont encore un produit de formation locale. — D'autre part, la graisse qui se rencontre dans les cellules épithéliales de l'intestin, pendant la digestion, est un produit d'infiltration : c'est la substance grasse des aliments absorbée et fixée momentanément. On discute seulement sur la question de savoir si cette matière grasse importée l'a été avec ou sans saponification préalable.

La question qui se pose ici pour le foie est de savoir à laquelle des deux catégories appartient la surcharge graisseuse qu'on y observe. Nous allons voir qu'elle appartient aux deux. Il y en a des deux espèces; de *formation* et d'*infiltration*. La seconde source paraît de beaucoup plus abondante : certains auteurs (Lebedeff, Lusana) la considèrent comme exclusive dans l'état physiologique : c'est un point encore litigieux.

Il n'est pas douteux, et l'on va en donner les preuves, qu'une partie, sinon la totalité, de la graisse hépatique est bien de la *graisse d'infiltration*. Elle peut avoir deux provenances : ce peut être celle même des aliments gras qui ont été digérés et versés à l'état de graisses neutres dans le sang : le foie les arrête et les fixe pour un temps; — en second lieu, elle peut être, tout aussi bien, celle des tissus gras de l'économie, et du tissu adipeux proprement dit, qui à un certain moment est mobilisée, déversée dans le sang, et de même arrêtée et fixée par la cellule hépatique. C'est de cette manière que quelques auteurs, Lebedeff (1884), Cavazza (1903), comprennent le foie gras de l'intoxication par le phosphore.

Quant à la *graisse de formation*, il semble bien qu'elle ait aussi sa part dans la surcharge hépatique. Dans cette catégorie, comme dans la précédente, on peut distinguer deux variétés, que nous avons désignées par les noms de *graisse de formation physiologique* (bonne graisse) et de *graisse de formation pathologique* (mauvaise graisse, stéatose, dégénérescence graisseuse). L'existence de cette dernière n'est pas douteuse, en général : la dégénérescence graisseuse est un processus universel de mortification des cellules : la cellule hépatique ne saurait échapper à cette règle. — La *graisse de formation physiologique* est celle qui s'engendre au sein de la cellule aux dépens des matériaux hydrocarbonés ou albuminoïdes qui y sont amenés du dehors ou qui y sont déjà en réserve : nous ne croyons pas possible de nier qu'une fraction de la surcharge hépatique ait cette origine, fraction plus ou moins grande suivant les cas.

Ces deux variétés, physiologique et pathologique, ne sauraient d'ailleurs être confondues, bien que le processus de leur formation soit certainement le même. Un caractère extrinsèque les distinguera. La graisse de formation physiologique est déposée dans une cellule saine, dont le noyau est intact : elle-même est une réserve utilisable. — La graisse de formation pathologique est déposée dans une cellule dégénérée dont le noyau est atteint : elle semble à peu près inutilisable.

La fonction adipo-hépatique a été étudiée d'abord chez les Vertébrés. On trouvera, plus haut, dans le travail de Ch. Richet, l'exposé de nos connaissances à cet égard. — On remarquera que les conclusions du chapitre consacré à l'examen de la question chez les animaux supérieurs sont presque littéralement identiques à celles dans lesquelles nous résumons ci-après (nos 49-52) les enseignements de la physiologie comparée sur cet objet.

Nous n'avons qu'à rappeler brièvement les faits principaux.

49. Graisses d'infiltration. — Fixation des graisses par le foie. — *A. Fixation des graisses de l'alimentation.* — Magendie, ayant introduit une très grande quantité de matières grasses (beurre) dans la ration d'un chien, vit augmenter dans des proportions considérables le dépôt adipeux des tissus et aussi la graisse du foie. Cette influence de l'alimentation grasse sur la teneur en graisses du foie a été confirmée par Bidder et Schmidt, et par beaucoup d'autres expérimentateurs.

Claude Bernard fit une constatation plus directe : il s'assura, par expérience, que le foie retient la plus grande partie des graisses introduites par la veine porte. Rosenfeld (1893), allant plus loin, a décelé, dans l'organe même, l'espèce particulière de matière grasse injectée dans le réseau veineux afférent. — D'autres auteurs, parmi lesquels Gilbert et Carnot, ont retrouvé, de même, une surcharge graisseuse de la cellule hépatique après injection de graisses émulsionnées dans les veines de l'intestin. Cette surcharge peut disparaître rapidement.

B. Fixation des graisses venant des organes. — Le foie peut aussi accumuler des graisses venant des autres organes et tissus et particulièrement du tissu adipeux. Ces substances grasses, dans certaines circonstances, sont mobilisées et versées dans le sang. Le foie les retient. L'expérience caractéristique de Lebedeff a montré que l'intoxication par le phosphore avait fait passer dans le foie une graisse spéciale, l'huile de lin, préalablement accumulée dans l'organisme de l'animal par une alimentation prolongée.

Généralement chaque animal a sa graisse propre, caractérisée par des proportions déterminées des graisses neutres, trioléine, tripalmitine, tristéarine. Par exemple, chez le chien normal, la graisse contient 70 d'oléine et 30 de palmitine et stéarine. Si l'on fait ingérer à des chiens amaigris par le jeûne une graisse différente, riche en huile, par exemple de l'huile de lin ou de navette, il se fixera dans les tissus une graisse plus riche en oléine qu'à l'ordinaire, contenant, par exemple 87 p. 100 d'oléine au lieu de 70 p. 100, et 13 p. 100 de tristéarine et de tripalmitine au lieu de 30 p. 100. En même temps, et comme conséquence, cette graisse sera fluide aux basses températures au lieu de le devenir seulement à 20° comme la graisse ordinaire de chien. A la longue, les proportions ordinaires se rétabliront, et la graisse de l'animal reprendra sa composition normale.

A un chien surchargé ainsi de graisse oléique anormale, Lebedeff donne du phosphore, et il voit s'accumuler dans le foie de la graisse oléique. La graisse hépatique, cette fois, provient donc bien, au moins en partie, des tissus.

50. Graisses de formation. — Formation des graisses du foie aux dépens des hydrates de carbone (aliments ou réserves). — Cette formation est rendue vraisemblable par l'observation vulgaire qui reconnaît l'alimentation par les féculents comme une cause d'engraissement. Elle est démontrée par deux sortes d'expériences.

Dans le premier type, on provoque l'engraissement chez les animaux (faisant partie d'un lot avec témoins) au moyen d'un régime riche en hydrates de carbone, mais trop pauvre en protéiques et graisses pour que la néo-formation graisseuse puisse être mise au compte des graisses absorbées ou des albuminoïdes détruits. — Dans le second type d'expériences, on fixe le bilan des échanges chez des animaux, nourris comme les précédents et engraissés comme eux, on calcule la quantité de graisses absorbées et le carbone correspondant, la quantité de protéiques décomposés et le carbone correspondant. La quantité de carbone retenue dans l'organisme est plus grande que la somme de ces carbones d'origine protéique et grasse : la différence provient nécessairement des hydrates de carbone alimentaires, et, si elle est supérieure à celle qui peut exister dans l'organisme à l'état de glycogène et de sucre, c'est la preuve qu'elle y existe à l'état de graisse, et qu'en conséquence les hydrates de carbone ont fourni la matière première des graisses. — Tel est, en effet, l'enseignement de l'expérience.

Cette transformation des hydrates de carbone en graisse, démontrée pour l'ensemble de l'organisme, a ses conditions les plus favorables précisément dans le foie.

51. Formation des graisses aux dépens des albuminoïdes. — Cette formation est vraisemblable ; mais elle n'a pas reçu de démonstration rigoureuse et à l'abri de tout reproche. On a essayé de la manifester dans deux espèces d'expériences.

Dans le premier type, on provoque artificiellement la dégénérescence graisseuse du foie (stéatose) par une condition pathologique (intoxication par le phosphore, l'arsenic, etc.), chez un animal privé autant que possible de graisses et d'hydrates de carbone, et on constate une surcharge graisseuse supérieure à la quantité de graisses et d'hydrates de carbone pouvant préexister dans l'organisme. — Dans le second type, on donne à l'animal une alimentation riche en protéiques et pauvre en graisses et en hydrates de carbone, et on constate une fixation de produits ternaires supérieure à la quantité d'hydrates de carbone qui peut exister dans l'organisme et à la quantité introduite. — Les résultats de ces expériences sont encore controversés, quoique leur orientation générale soit en faveur d'une transformation des protéiques en graisses.

52. Nature des graisses déposées dans le foie. Lécithines. — Dastre et Morat (1874-1879) ont constaté, dans des cas d'empoisonnement expérimental par le phosphore, à un certain stade de l'empoisonnement, la présence dans le foie d'une assez grande quantité de lécithine (graisse phosphorée), lécithine qui était indûment comptée comme graisse ordinaire à l'examen microscopique. La dégénérescence graisseuse était, en même temps, une dégénérescence lécithique. De plus, cet état de choses, qui correspondait à la première période des empoisonnements, semble se modifier ; la graisse ordinaire augmente, et la lécithine diminue.

Dans d'autres circonstances, les mêmes auteurs ont trouvé des faits analogues. Le foie gras du canard s'est montré riche en lécithine. Certaines dégénérescences pathologiques (rein gras de la néphrite mixte) ont fourni également beaucoup de lécithine.

Le fait fondamental a été vérifié. Lépine et Eymonnet (1882) ont trouvé dans certaines parties d'un foie gras tuberculeux la proportion considérable de 31 de lécithine pour 100 de tissu gras, et dans les urines une quantité notable d'acide phospho-glycérique, provenant de la saponification de la lécithine. Ronalds et Sotnichewsky ont fait des constatations analogues. Depuis lors, Balthazard (B. B., 1901) a confirmé le fait de la dégénérescence lécithique, particulièrement dans les foies gras. Par exemple, chez une oie gavée au maïs cuit, le foie, pesant 850 grammes, a fourni 22,9 p. 100 de lécithines sur un total de graisses de 54 p. 100 (extrait alcoolo-éthéré). — Dans un autre cas, le foie, pesant 1160 grammes, les lécithines formaient 8,9 p. 100 de la totalité des graisses (extrait alcoolo-éthéré : 50 p. 100).

On ne peut douter qu'il n'y ait des conditions dans lesquelles l'activité adipogénique du foie engendre ou fixe les graisses phosphorées (lécithines), et d'autres où elle engendre des graisses simples.

D'autre part, la décomposition des lécithines par saponification ou autrement donnant naissance aux graisses, il aurait été possible que la dégénérescence lécithique fût le premier stade de la stéatose, pour toute la graisse de formation. C'est l'hypothèse qui expliquerait le mieux les résultats analytiques obtenus par Dastre dans le cas d'empoisonnement par le phosphore.

Mais le problème est beaucoup plus compliqué qu'il ne paraît, et cette complication explique les contradictions des auteurs. On a vu (n° 48) qu'il y a lieu de distinguer deux espèces de surcharge graisseuse des cellules : l'une physiologique (bonne graisse) ; l'autre pathologique (mauvaise graisse). Ce qui les distingue d'abord, c'est un caractère extrinsèque. Est réputée physiologique, c'est-à-dire une graisse réserve, la surcharge de la cellule, lorsqu'elle ne s'accompagne point d'une altération du noyau, lequel garde son volume et son aspect sain : est réputée pathologique (dégénérescence, stéatose) l'accumulation intra-cellulaire de graisse, lorsqu'elle s'accompagne d'une altération du noyau qui témoigne de la déchéance de la nutrition.

D'autre part, la surcharge physiologique (réserve de graisse) peut avoir deux sources : c'est de la graisse d'infiltration, c'est-à-dire qui vient des aliments ou des tissus (tissu adipeux) ; ou bien, c'est de la graisse de formation, c'est-à-dire fabriquée sur place, aux dépens des hydrates de carbone ou des albuminoïdes du protoplasme. Il est clair que c'est seulement dans ce dernier cas, c'est-à-dire dans le cas de formation de graisse au moyen des albuminoïdes, qu'il peut être question de la lécithine comme stade intermédiaire. Il faudrait donc, pour résoudre cette importante question du processus de la dégénérescence graisseuse, c'est-à-dire pour connaître les états intermédiaires entre la substance albuminoïde et la graisse proprement dite et savoir si la lécithine est l'un de ces stades, il faudrait avoir des moyens sûrs de provoquer cette espèce de formation graisseuse intra-cellulaire. Or on ne connaît pas de moyen sûr d'obtenir ce résultat, et, à parler vrai, les auteurs n'ont, à ma connaissance au moins, pas même cherché à l'obtenir. La dégénérescence par le phosphore n'est point, *hic et nunc*, par elle-même et sans autres précautions, ce moyen. L'expérience de Lebedeff (n° 49) montre qu'une partie au moins, et la plus grande, de la surcharge adipeuse du foie dans l'intoxication phosphorique est de la graisse d'*infiltration*, et non point de la graisse de *formation*. Cavazza (*C. P.*, 1903, 310) va plus loin; il admet qu'elle est tout entière de la graisse d'infiltration; que rien ne prouve la production des graisses aux dépens des albuminoïdes. On ne s'étonnera point, dans ces conditions, que certains auteurs n'aient point trouvé le stade lécithique. Leo (1884) n'a pas trouvé de lécithine dans le foie graisseux de l'intoxication phosphorée. G. Lusena (1903, *C. P.*, p. 311) en a trouvé une quantité qui oscille entre les limites physiologiques, aussi bien dans les cas de surcharge graisseuse commençante (gonflement, trouble des cellules) que dans les cas plus avancés. L'expérience de Dastre (intoxication phosphorée d'un animal amaigri et dégraissé par un long jeûne) devra être reprise, si l'on veut une solution décisive de ce problème des stades intermédiaires de la formation endo-cellulaire des substances grasses. — En tous cas, il n'est pas douteux que, dans beaucoup de cas, ainsi que l'ont vu Dastre et Morat, Lépine, Balthazard, il n'y ait une véritable surcharge lécithique des tissus.

§ II. — *Fonction adipo-hépatique chez les Invertébrés.*

53. Localisation de la graisse dans le foie des Crustacés. — **54.** Fonction adipogénique. — **55.** Variations saisonnières de la graisse hépatique en rapport avec la formation des produits génitaux. — **56.** Existence générale de la graisse dans le foie des Invertébrés. Rapports de la glande hépatique avec la glande génitale. — α. Échinodermes. — β. Mollusques lamellibranches. — γ. Mollusques gastéropodes. — δ. Mollusques céphalopodes. — **57.** Origine de la graisse du foie des Invertébrés, graisse d'infiltration; — graisse de formation.

On retrouve, chez les Invertébrés, les mêmes faits que nous venons de voir chez les Vertébrés, mais, comme nous l'avons dit, avec plus de simplicité et de clarté. La formation adipeuse y est, en général, beaucoup moins diffuse. Il est certains de ces animaux chez qui l'on ne trouve de graisse que dans le foie.

53. Localisation de la graisse dans le foie chez les Crustacés. — Les Crustacés offrent un bon exemple de ces espèces à fonction adipeuse concentrée dans le foie. Dastre (*B. B.*, 1890, 412) a signalé chez ces animaux, d'une part l'extrême rareté de la graisse dans les tissus; d'autre part son extrême abondance dans le foie. La graisse, à première vue, paraît faire défaut dans les organes : les dépôts adipeux sont absents. — L'examen microscopique et les réactions microchimiques confirment cette impression. On peut faire un grand nombre de préparations des muscles, des parois digestives, du tissu conjonctif interposé sans rencontrer, non seulement des cellules adipeuses, mais des corpuscules graisseux ou de la graisse infiltrée. Davenière et Pozerski, Mᶫᶫᵉ Deflandre, ont fait les mêmes constatations.

Dans leurs recherches sur l'absorption des graisses alimentaires chez les Crustacés, W. Hardy et W. Mac Dougall en 1893 et L. Cuénot en 1895 avaient constaté des faits en rapport avec ceux-là. L. Cuénot avait vu, par exemple, que la graisse était absorbée, au niveau du foie, et sur une certaine étendue du tube digestif. Le revêtement épithélial montre, pendant quelques jours, après un repas de graisses, des granulations graisseuses qui disparaissent ensuite sans qu'on les retrouve ailleurs. Il semble bien qu'elles doivent être utilisées, dédoublées ou détruites sur place.

Par compensation, il y a abondance de graisses dans le foie. — Chez le homard, la matière grasse est si abondante qu'elle rend impossible la déshydratation complète de l'organe. On ne peut pas obtenir, par dessiccation dans le vide au-dessus de l'acide sulfurique puis à l'étuve à 100°, la matière sèche, pulvérisable, que l'on obtient avec les autres organes et en particulier avec les foies des autres animaux. Un foie de homard, pesant 63 grammes à l'état frais, pesait encore 27 grammes après avoir été réduit en bouillie et soumis à l'action du vide sulfurique. Cette matière grasse hépatique sert de support à une petite quantité du pigment soluble dans le chloroforme appelé *choléchrome*

(Dastre). Chez d'autres Crustacés, l'écrevisse, par exemple, cette matière huileuse est moins abondante ; elle n'empêche pas la dessiccation de l'organe. Elle est cependant encore en proportions très appréciables, et elle sert encore de support à une assez grande quantité du pigment hépatique, le choléchrome.

54. **Fonction adipogénique.** — Cette espèce de localisation de la matière grasse est compatible avec des variations plus ou moins étendues dans sa quantité suivant des conditions dont on pénètre déjà quelques-unes. Elle ne saurait être, d'autre part, tout à fait absolue, car on sait que les produits de la génération, particulièrement les œufs, contiennent des matières grasses empruntées à l'organisme et par conséquent au foie. Il y a donc une espèce de balancement entre le foie et un petit nombre d'organes (envisagés à l'époque de leur activité) ; quant à la distribution des graisses. « On pourrait rapprocher la richesse de l'organe hépatique en graisse, de sa richesse en glycogène opposée également à la pauvreté relative de la plupart des autres organes (sauf des muscles) et poser les fondements d'un parallélisme entre ces deux catégories de matériaux de l'organisme, les hydrates de carbone, et les graisses. » Il y a une fonction adipogénique, comme il y a une fonction glycogénique (*B. B.*, 1901, 412).

Davenière, sous la direction de Dastre, a exécuté des analyses précises. Il a opéré sur les Crustacés communs *Carcinus mœnas*, *Palinurus vulgaris*, *Cancer pagurus*, *Homarus*, *Astacus fluviatilis*, etc. Il faisait deux parts des organes : le foie d'un côté, tous les autres d'un autre côté. Après avoir desséché les deux lots dans le vide sulfurique, il les soumettait à l'épuisement par l'éther dans l'appareil Soxhlet modifié. Le résultat a été constant. Dans 18 expériences, l'ensemble des tissus n'a formé que des traces de graisse ; au contraire, le foie en a donné des quantités notables. Chez le tourteau, par exemple, 6 grammes de foie desséché contenaient $2^{gr},98$ de graisse ; chez la langouste, la même, quantité de foie a fourni $3^{gr}04$.

55. **Variations saisonnières de la graisse hépatique en rapport avec la formation des produits génitaux.** — Mlle Deflandre (*Thèse de la Fac. des Sciences*, Paris, 1903) a repris cette question. Cet auteur a suivi les variations de la graisse hépatique au cours des saisons. Chez l'écrevisse comme chez les Décapodes, en général, le foie forme deux grosses masses glandulaires, de couleur jaunâtre, réunies par une bande de tissu commun. Chacune est un amas de tubes glandulaires débouchant, en fin de compte, dans un canal unique, ouvert dans la région pylorique. Les cellules épithéliales de ces tubes sont de trois espèces : 1° *cellules hépatiques* proprement dites à granulations graisseuses et glycogéniques ; 2° *cellules excrétrices* à vacuoles géantes dont le contenu est coloré en vert ; 3° *cellules ferments* (Weber) à granulations colorables par l'éosine. — On peut suivre sur les premières, grâce à l'acide osmique, les variations saisonnières de la graisse hépatique.

La graisse commence à devenir appréciable au mois de mars ; en avril elle est très abondante, les cellules hépatiques sont farcies de granulations. Une analyse faite à ce moment donne : pour $14^{gr},05$ de tissu hépatique frais, $3^{gr},36$ de tissu sec, $1^{gr},30$ de graisse et 0,10 de lécithine. — A partir d'avril la proportion se maintient ou diminue. En octobre on constate une mobilisation de la graisse dans les lacunes intra-acineuses, et vers l'ovaire et les ovules. En novembre la graisse est très diminuée : une analyse donne : foie frais $12^{gr},89$; foie sec, $3^{gr},4$; graisse, $0^{gr},5$. En janvier et février elle a à peu près disparu.

Chez les autres Crustacés, on observe des variations dans le même sens, mais moins marquées.

56. **Existence générale de la graisse dans le foie des Invertébrés. Rapports de la glande hépatique avec la glande génitale.** — L'examen microscopique ou microchimique (ac. osmique) permet de reconnaître la présence des granulations graisseuses dans les cellules hépatiques et d'en suivre les variations. Mlle Deflandre a repris ces constatations dans les différents groupes d'Invertébrés.

Cet auteur s'est attaché, dans son travail, à mettre en lumière chez tous ces animaux les rapports de contiguïté ou d'intrication de la glande hépatique et des glandes génitales. Dans beaucoup de cas, il existe des communications lacunaires entre les deux organes, et celles-ci permettent le passage des réserves hépatiques, et particulièrement des graisses, de la cellule du foie dans les œufs et autres produits de la génération.

α. *Échinodermes.* — Chez les oursins, où le foie se montre à l'état d'ébauche, comme un épaississement de l'intestin moyen, les cellules hépatiques se distinguent des cellules intestinales par leur protoplasma granuleux, à granulations de pigment jaune brun, et à gouttelettes graisseuses. (LEYDIG, GIARD.)

Chez les astéries les dernières ramifications de la cavité digestive dans l'intérieur des bras sont hépatiques. Les aliments solides n'y pénétrent point : elles produisent une sécrétion. Les cellules hépatiques sont cylindriques, très longues. Elles sont chargées de pigment et de graisse dans la période qui précède le développement des glandes génitales (En août, chez *Asterias rubens*, DEFLANDRE).

Les glandes génitales occupent l'épaisseur des bras : elles sont contiguës aux ramifications hépatiques : quand elles se développent, celles-ci s'atrophient : leur accroissement se fait aux dépens de la glande hépatique et de ses réserves de graisse.

β. *Mollusques lamellibranches.* — Le foie y constitue une réserve de chaux, de fer, de glycogène et de graisse. On a indiqué plus haut la disposition de cet organe, grosse masse brunâtre à la base du pied, constituée par des tubuli glandulaires, tapissée de trois espèces de cellules, cellules fermenis, cellules calcaires et cellules hépatiques vraies contenant des réserves de graisse.

Chez les moules, on constate que ces réserves graisseuses, peu abondantes en mars, augmentent de quantité pendant l'été, diminuent en septembre, et sont très réduites en hiver. Les glandes génitales sont placées dans un repli du manteau, elles sont voisines du foie ; il y a intrication des tissus des deux organes. Le développement des glandes génitales correspond précisément à la décharge des réserves graisseuses du foie.

Chez les huitres, mêmes observations. L'ovulation a lieu de juin à septembre. Avant la période de reproduction, en avril, la graisse hépatique est abondante : elle diminue pendant cette période ; plus tard, de novembre à mars, elle est épuisée.

Des faits analogues ont été signalés par DEFLANDRE dans beaucoup d'espèces, *Pecten jacobæus*, *Cardium edule*, etc.

γ. *Mollusques gastéropodes.* — Chez les Gastéropodes, la glande hermaphrodite est logée dans le foie, dont le développement est considérable. Les cellules du foie sont de trois espèces, cellules-ferments, cellules calcaires, cellules hépatiques : ces dernières contenant les granulations chlorophylloïdes de DASTRE et les réserves graisseuses et glycogéniques.

Chez *Helix pomatia*, la quantité de graisse est abondante. Une analyse a donné : Eau, 82 0/0 ; graisse, 3,46, lécithine, 0,67. — Il est remarquable que les réserves adipeuses durent peu de temps, en mai et juin. — Chez la limace (*Limax cinereus*) la surcharge graisseuse n'est appréciable qu'en février et en mars. — Chez tous les autres Gastéropodes examinés par DEFLANDRE, Planorbes, Chitons, Patelles, Troques, Littorines, on observe le même balancement déjà signalé entre les surcharges graisseuses et lécithiques du foie et celles de l'ovaire.

δ. *Mollusques céphalopodes.* — Le foie, comme il a été dit plus haut, est riche en substances grasses qui semblent s'y élaborer progressivement.

57. Origine de la graisse du foie des Invertébrés. Graisse d'infiltration. Graisse de formation.

— On doit se poser, à propos de cette surcharge graisseuse du foie des Crustacés et des Mollusques, les mêmes questions que soulevait la surcharge graisseuse des animaux supérieurs. Quelle en est l'origine? Quel en est le rôle?

Les réponses à ces questions sont les mêmes pour les deux groupes d'animaux. Il y a une partie de la graisse qui est importée en nature : il y en a une autre qui est formée sur place.

1° Il n'y a pas de doute que les Mollusques (exp. de BIEDERMANN sur les escargots) peuvent fixer les graisses alimentaires; en outre, ils peuvent former de la graisse aux dépens des hydrates de carbone de l'alimention.

La fixation de graisse (alimentaire et réserve) est démontrée en donnant à un escargot, préalablement soumis au jeûne, un mélange de lait et de crème qu'il absorbe abondamment. On n'en trouve dans aucun organe (examen microscopique à l'osmium), ni bientôt ni longtemps après. Au contraire, on en trouve de grandes quantités, dès les premières heures, dans le foie (dans les cellules absorbantes et calcaires). Ces graisses y sont arrivées à l'état digéré de glycérine et acides gras (Exp. d'absorption de graisse colorée avec le soudan et l'alkanna).

2º Formation aux dépens des hydrates de carbone.

On alimente un escargot exclusivement de pain. Son foie se charge de glycogène; il se charge aussi de graisse, tout autant que celui qui a reçu une ration riche en graisse. Le jeûne fait disparaître lentement ce dépôt graisseux. Il faut deux à quatre semaines pour en libérer, d'abord les cellules absorbantes, puis les cellules calcaires.

Quant au rôle que remplit la graisse hépatique, il est le même que chez les Vertébrés. Une partie est probablement consommée sur place par les combustions organiques : une autre partie est certainement destinée à répondre aux besoins des autres parties de l'organisme, et particulièrement des glandes génitales.

§ III. — *Circonstances qui influencent l'activité adipo-hépatique.*

58. Influence de l'alimentation. — **59**. Influence des conditions thermiques. — **60**. Influence de l'activité génitale.

L'existence de la graisse dans le foie est un fait très général, en rapport avec les conditions extérieures de l'organisme, et aussi avec les besoins des organes. Elle a donc une fonction dans la vie de l'ensemble de l'organisme. L'activité de cette fonction est en rapport avec des circonstances physiologiques diverses, avec l'alimentation, avec les conditions thermiques, avec la fonction génitale.

58. Influence de l'alimentation. — Il a été montré plus haut que le foie fixait les graisses alimentaires. Il arrête une partie des graisses qui viennent de l'intestin, — immédiatement si ces graisses sont artificiellement introduites dans la veine porte (exp. de CL. BERNARD, LEBEDEFF, etc.), — plus lentement, en huit à dix heures, par exemple, si elles suivent la voie normale d'absorption, vaisseaux lymphatiques et sang de la circulation générale. — Cette surcharge est passagère : le foie se dégage sans doute progressivement au profit des tissus qui peuvent emmagasiner la graisse.

Certaines formes d'alimentation (gavage des oies et des canards) au moyen d'aliments riches en hydrates de carbone, mais cuit, par exemple, donnent lieu par formation indirecte à un dépôt de graisses hépatiques (graisses ordinaires et graisses phosphorées).

La diète et le jeûne peuvent diminuer considérablement la proportion de la réserve hépatique : mais ils ne la font pas disparaître entièrement, à moins d'être poussés très loin.

59. Influence des conditions thermiques. — Les conditions thermiques intérieures ont une influence qui se résume dans cette règle, qu'il y a prédominance de la *fonction adipogénique* du foie chez les animaux à sang froid (invertébrés, poissons) et, au contraire, prédominance de la *fonction glycogénique* chez les animaux à sang chaud. Mais ce n'est là qu'une loi de fréquence, comportant de nombreuses exceptions.

On peut dire, sous le bénéfice des mêmes réserves, que la surcharge graisseuse du foie se montre, chez beaucoup d'Invertébrés, en rapport avec la saison froide.

60. Influence de l'activité génitale. — DEFLANDRE a mis en lumière ce rapport chez beaucoup d'Invertébrés. Il est favorisé par le rapprochement, et même l'intrication habituelle des deux espèces de glandes, hépatique et génitale; par l'existence d'un système lacunaire commun qui permet le passage direct de la graisse du foie à la glande reproductrice. La graisse hépatique est abondante chez la plupart de ces animaux au moment qui précède la reproduction. Les glandes génitales mâles et femelles ou hermaphrodites, au moment de leur activité, ont, en effet, une réserve graisseuse, qui se retrouve aussi dans l'œuf.

On a observé, chez les Vertébrés, des faits qui sont analogues. — Chez les poissons, comme la morue, qui pondent d'une manière échelonnée des milliers d'œufs, le foie possède une abondante réserve, à peu près permanente. — Il y a des conditions analogues chez les batraciens, chez les serpents, chez les oiseaux. — Chez les mammifères eux-mêmes, au milieu de toutes les influences qui agissent sur l'adipogénie hépatique, on peut reconnaître l'influence de l'activité de la reproduction. Le foie se charge de graisse chez la femelle pendant la gestation, pendant l'allaitement; chez le mâle, pendant la période que précède la spermatogénèse; chez le fœtus, pendant la vie intra-utérine.

V. — Fonction digestive du foie. Hépato-pancréas.

61. Fonction pancréatique du foie des Invertébrés. — **62.** *Échinodermes.* — **63.** *Vers.* — **64.** *Mollusques.* — *A.* Diastase amylolitique du foie. — *B.* Ferments digestifs des sucres. Sucrase. Maltase. — *C.* Diastase cellulosique. Cytase. — *D.* Diastases protéolytiques. — *E.* Diastase de graisses. Lipase. — **65.** *Arthropodes.* — *A.* Crustacés. — *B.* Arachnides et myriapodes.

61. Fonction pancréatique du foie des Invertébrés. — On a dit (voir nº 6) que le foie des Invertébrés représentait l'ensemble des annexes de l'intestin moyen. Il équivaut, par conséquent, au foie et au pancréas des Vertébrés. Au point de vue morphogénique, c'est un *hépato-pancréas.* — C'est aussi un hépato-pancréas au point de vue physiologique; c'est-à-dire qu'il cumule les fonctions du foie proprement dit avec celles du pancréas. Celles-ci sont les fonctions digestives essentielles : elles consistent dans la production des diastases ou ferments qui digèrent les matières protéiques, les matières amylacées, les sucres et les graisses : ferments protéolytiques (trypsine rendue active par l'entéro-kinase), ferments amylolytiques (amylase), ferments saccharolytiques (invertine ou sucrase, maltase), ferments adipolytiques (lipase).

On a retrouvé précisément ces ferments, et d'autres, voisins de ceux-là (cytase), dans la sécrétion hépatique des Invertébrés, et dans le tissu hépatique lui-même.

Chez les Vertébrés la séparation des fonctions hépatiques proprement dites et des fonctions digestives est faite à peu près complètement : les unes appartiennent au foie, les autres au pancréas. Nous disons *à peu près,* et seulement à peu près, pour deux raisons : parce que la bile intervient encore un peu, mais seulement d'une manière accessoire, dans la digestion des graisses chez les Vertébrés supérieurs, et parce que le pancréas devient moins distinct chez les Vertébrés inférieurs.

Cette différenciation n'est pas du tout faite chez les invertébrés. C'est à peine si, chez les céphalopodes, on distingue, depuis Vigelius (1881) des glandes acino-tubuleuses, tantôt incluses dans le parenchyme hépatique, et s'en distinguant pourtant, tantôt développées dans l'épaisseur des conduits hépatiques, et représentant le premier degré de la différenciation pancréatique (*lobules pancréatiques, pseudo-pancréas*). Ailleurs cette distinction s'efface, et l'organe hépatique absorbe l'organe pancréatique.

L'examen des différents groupes d'Invertébrés fournit la justification de cette manière de voir.

62. Échinodermes. — On a vu que dans plusieurs classes d'Échinodermes on distinguait des organes représentant le foie.

Chez les Astéries on a assimilé à un foie les cœcums tubulaires qui sont appendus aux prolongements de l'intestin moyen dans la cavité des bras. Ces cœcums contiennent une liqueur jaunâtre. Ils sont considérés comme des organes de sécrétion (foie) et aussi d'absorption (Milne Edwards, 1879). Ils auraient aussi la signification d'un pancréas; car on y a trouvé une diastase (trypsine) capable de digérer les substances protéiques (Griffiths, 1892; Chapeaux, 1893; Stone, 1897). Cependant ce ferment ne serait pas borné aux prolongements cæcaux; on le trouverait encore ailleurs — et d'autre part Krukenberg prétend que ces cœcums se sont montrés incapables de digérer de la fibrine colorée (1882). — Enfin, O. Cohnheim (1904) y aurait trouvé une diastase saccharifiante, et un ferment inversif. On ne voit pas bien le rôle digestif de ces deux ferments chez des animaux à alimentation purement carnivore. Aussi O. Cohnheim attribue-t-il à la diastase amylolytique une action sur le glycogène de réserve intra-organique.

Chez les Holothuries, Jourdan (1883) a trouvé l'estomac rempli d'une liqueur jaunâtre, amère au goût, provenant des cellules glandulaires de la paroi. Celles-ci sont assimilables à un foie. On y a signalé la diastase amylolytique, capable de changer l'amidon en maltose, ferment qui a ici sa place, puisque ces animaux ont une alimentation végétale. — Le ferment inversif y aurait aussi son utilité.

Ces animaux peuvent, d'autre part, utiliser le sucre de glucose. O. Cohnheim (1901) a vu disparaître en partie le sucre de glucose introduit dans le milieu où vivait une Holothurie. — Enfin on reconnaît dans le suc en question l'existence de la diastase protéolytique (trypsine). — La digestion des graisses est, pour une part, l'effet d'une lipase existant dans la liqueur intestinale, et, pour une autre part, le résultat de l'intervention des cellule amœbocytes.

63. Vers. — Le foie est représenté chez certains Vers par les appendices cæcaux « vésicules hépatiques » de l'intestin. C'est le cas des Aphrodites. Les organes en question sont sécréteurs et absorbants.

Ils sécrètent une diastase capable de digérer l'albumine. Krukenberg (1882) a recueilli le liquide (sécrétion hépatique) de ces appendices cæcaux, chez *Aphrodite aculeata*, en isolant patiemment chacun d'eux par une ligature. Avec un grand nombre de ces animaux, il a obtenu 150 grammes de liquide de bile. Cette sécrétion digérait entièrement l'albumine en solution neutre, alcaline, ou même légèrement acide. C'est la preuve de l'existence de la diastase trypsine.

La trypsine d'ailleurs a été signalée dès 1878 par L. Fredericq chez *Nereis pelagica* et chez les Chétopodes (*Spirographis Spallanzanii* et *Arenicola piscatorum*).

Les appendices cæcaux étaient considérés par les auteurs anciens comme destinés à multiplier la surface d'absorption. Krukenberg, en signalant leur activité sécrétante, a pensé que cette faculté excluait l'absorption. J. G. Darboux (1900) dit que les matières alimentaires n'y pénètrent pas; mais Setti (1900) prétend, au contraire, y avoir fréquemment trouvé des débris alimentaires.

Enfin, chez certains vers qui se nourrissent de feuilles mortes (Lombrics), on a admis (Ch. Darwin, 1881) une faculté de digérer la cellulose (ferment cellulosique, cytase). Biedermann, comme on va le voir, a démontré positivement l'existence de cette diastase spéciale chez les mollusques.

On admet également, chez ces animaux, l'existence plus ou moins abondante du ferment amylolytique.

64. Mollusques. — C'est surtout chez les mollusques, où le foie présente quelquefois un énorme développement (il peut atteindre 1/5 du poids du corps chez l'escargot), que la fonction digestive du foie a été bien mise en lumière, et que l'organe mérite véritablement le nom d'hépato-pancréas. On a retrouvé, en effet, dans la sécrétion hépatique ou dans le tissu lui-même les principales diastases digestives.

A. *Diastase amylolytique du foie.* — Le foie des mollusques sécrète une diastase amylolytique capable de transformer l'amidon en maltose. Claude Bernard (1855-1856) avait déjà reconnu au suc intestinal des mollusques de différents groupes (huître, limace, calmar), entre autres propriétés celle de transformer l'amidon. Léon Fredericq, en 1878, signalait nettement, dans le foie de l'Arion et de l'Octopus la présence d'une diastase amylolytique. Krukenberg, à la même époque, faisait une observation analogue.

Mais la question se compliquait, en outre, de savoir si cette diastase appartenait au tissu ou à la sécrétion, si elle était digestive, c'est-à-dire destinée à agir sur les aliments amylacés, ou métalodique, c'est-à-dire destinée à agir sur la réserve du glycogène hépatique. De plus, on observait de grandes variations quant à l'abondance du ferment chez certains de ces animaux (Gastéropodes marins, Krukenberg).

Le premier point — présence de la diastase dans le tissu même du foie — se rattache à l'étude de la fonction glycogénique. Krukenberg (1880) assignait au ferment diastasique qu'il trouvait dans le foie des Gastéropodes pulmonés (*Helix, Arion*) la fonction de saccharifier le glycogène de cet organe. Yung en 1888 a reconnu à l'extrait de tissu du foie la même propriété saccharifiante qu'au suc gastro-intestinal.

Le travail décisif sur ce sujet est dû à Bourquelot (1881-1882). Opérant sur les Céphalopodes (*Octopus*) cet auteur isolait les conduits hépatiques, et les préparait de manière à recueillir la sécrétion. Celle-ci saccharifiait rapidement l'empois d'amidon en fournissant de la dextrine et du maltose. — Enfin, en 1898, Biedermann et Moritz montrèrent que le suc gastro-intestinal des escargots soumis à un jeûne prolongé contient une diastase amylolytique énergique.

B. *Ferments digestifs des sucres. Maltase. Sucrase ou ferment inversif.* — Les premières recherches (BOURQUELOT), exécutées sur les Céphalopodes, n'avaient point permis de reconnaître l'existence des ferments digestifs des sucres. On ne trouvait pas de maltase capable de transformer le maltose en glucose, et l'on pouvait supposer que le maltose était donc absorbé et utilisé sous sa forme actuelle. On ne trouvait pas non plus de sucrase ou d'inverline pour intervertir et changer en glucose la saccharose au cas où celle-ci se rencontre dans les aliments. Mais, plus récemment, BIEDERMANN et MORITZ ont trouvé dans le suc hépato-intestinal des escargots le ferment inversif.

C. *Diastase cellulosique. Cytase.* — La sécrétion hépatique de certains Mollusques contient un ferment cellulosique (*cytase*) qui y a été découvert par BIEDERMANN et MORITZ (1898).

Ces auteurs ont fait la curieuse observation que le suc gastro-intestinal de l'escargot agit avec une énergie remarquable sur les épaisses membranes cellulaires de l'endosperme des dattes, qu'elle dissout les réserves cellulosiques résistantes des légumineuses, des graines de lupin, des grains de café, de l'endosperme du *Tropaeolum*. Si l'on fait une coupe mince de grain de blé et qu'on la plonge dans la solution hépatique du mollusque, on observe une dissolution des membranes cellulaires qui précède l'attaque appréciable des graines d'amidon inclus. — L'action est à peu près nulle sur le coton et le papier. La cellulose des membranes anatomiques différerait de la cellulose pure préparé (O. v. FÜRTH).

L'action se produit encore en milieux légèrement acides ou alcalins ; elle diminue quand la température s'abaisse ou que la concentration s'affaiblit.

Le ferment cellulosique se détruit rapidement dans le suc qui a séjourné quelque temps dans l'intestin : il n'est actif que dans le suc frais.

L'action est une hydrolyse analogue à celle que produiraient les acides étendus à ébullition. Ces produits varient, on le sait, avec la nature de la cellulose considérée.

La cellulose des raves donne des hexoses et des pentoses ; la cellulose des noyaux de datte donne le mannose, mais point de pentoses ; l'hémicellulose du froment donne une abondance de pentoses ; la cellulose de réserve du grain de café donne du mannose et du galactose. E. MULLER (1901) a confirmé ces résultats.

D. *Diastases protéolytiques.* — Le foie des mollusques sécrète les diastases capables de digérer les albuminoïdes, la *pepsine* et la *trypsine*.

Les Céphalopodes possèdent un pancréas accolé au foie ou niché dans celui-ci (VIGELIUS, 1881). C'est une glandule, tantôt tubuleuse, tantôt acineuse, qui existe chez tous les Décapodes, accolée aux conduits hépatiques. Elle est constituée quelquefois par des glandes développées dans l'épaisseur des conduits. Chez les Octopodes, la glandule pancréatique est incluse dans le parenchyme hépatique. Son rôle serait de sécréter un liquide actif. BOURQUELOT considère (1882) le liquide digestif de l'intestin comme un mélange de la sécrétion du foie et de celle de ce « pancréas ».

Ce liquide contient une diastase analogue à la pepsine et une autre analogue à la trypsine. Il y a quelque incertitude relativement à l'existence prédominante ou exclusive de l'un ou l'autre de ces ferments ou des deux simultanément.

PAUL BERT (1867) avait noté la pepsine dans la sécrétion hépatique de la seiche qu'il trouvait toujours acide. LÉON FREDERICQ (1878) put extraire du tissu hépatique des sucs artificiels capables de digérer les uns en milieu acile (pepsine), les autres en milieu neutre ou légèrement alcalin (trypsine). La sécrétion naturelle du foie, recueillie par l'isolement et la fistule d'un conduit hépatique chez l'*Octopus*, manifeste l'existence de la trypsine. Les auteurs trouvent au suc intestinal des réactions différentes chez un même animal, la Seiche par exemple. PAUL BERT et L. FREDERICQ le trouvent toujours acide ; GRIFFITHS, toujours alcalin.

Chez quelques lamellibranches, moule, mye des sables, le liquide hépatique digère la fibrine aussi bien en milieu acide qu'en milieu alcalin (pepsine et trypsine). Chez *Arion rufus* le suc intestinal, comme celui du foie, ne digère qu'en milieu alcalin (trypsine seule), d'après FREDERICQ, en milieu acide, d'après GRIFFITHS. La pepsine paraît beaucoup plus répandue que la trypsine.

Les recherches de BIEDERMANN et MORITZ (1898-1899) faites avec le plus grand soin, et dans les circonstances les plus variées sur les Gastéropodes pulmonés (*Helix, Limax, Arion*) ont conduit à ce résultat inattendu, que la sécrétion hépatique, isolée, fraîche, pure, digère les hydrates de carbone, mais n'exerce aucune action sur les albuminoïdes. Des flocons de fibrine, après un jour à l'étuve, sont inaltérés. D'autre part, l'albumine administrée à l'animal en solution est parfaitement digérée : on n'en retrouve point trace dans les excréments ; l'albumine solide est partiellement digérée. Il semble que ces faits ne soient explicables que par l'hypothèse de l'existence d'une kinase intestinale (DASTRE).

E. *Diastase des graisses. Lipase.* — Le foie des Mollusques sécrète une lipase très active.

CL. BERNARD (1856) avait constaté que le suc acide de l'estomac des Mollusques (*Loligo, Limax, Ostræa*) pouvait dédoubler les graisses. GRIFFITHS (1888) a vérifié que la sécrétion hépatique des Céphalopodes et celle de la Patelle étaient capables d'émulsionner et de dédoubler les matières grasses. BIEDERMANN et MORITZ (1899) ont trouvé dans la sécrétion hépatique des escargots un ferment lipasique énergique. L'absorption est précédée d'un dédoublement de la substance : elle est suivie d'une reconstitution de celle-ci. Il est remarquable que ces opérations ne s'accomplissent que dans le foie : on ne trouve jamais de graisse absorbée dans l'épithélium de l'estomac et de l'intestin, mais seulement dans celui du revêtement hépatique.

65. **Arthropodes.** — A. *Crustacés.* — On a indiqué plus haut la variété anatomique du foie chez les divers Crustacés, depuis les diverticules ou cæcums hépatiques des Daphnies jusqu'à la grosse glande qui remplit le céphalothorax des Décapodes. On a indiqué, au point de vue histologique, l'existence dans les tubuli de la glande de deux espèces de cellules que M. WEBER (1880) a distinguées en *cellules hépatiques* (*Leberzellen*) pigmentées, et *cellules ferments* sécrétant un liquide clair vésiculeux.

Le foie des Crustacés décapodes se décharge par deux conduits excréteurs débouchant immédiatement au-dessous de l'estomac, et la sécrétion hépatique se répand dans cet organe. Celui-ci, d'ailleurs, est revêtu d'une membrane chitineuse et ne sécrète pas de liquide. La liqueur hépatique recueillie dans l'estomac contient les diastases amylolytiques et protéolytiques.

La sécrétion du foie de l'écrevisse, du homard, a été étudiée par STAMATI (1888) au moyen de la fistule opérée sur ces animaux (procédé de DASTRE). Ce suc est alcalin, contrairement à ce qu'avaient dit HOPPE-SEYLER (1876) et KRUKENBERG (1878). Ce liquide manifeste des propriétés protéolytiques et amylolytiques ; il agit sur les graisses. Les extraits aqueux du foie ont ces mêmes propriétés, déjà vues par KRUKENBERG (1878), par CATTANEO (1887).

On a discuté sur la nature des ferments protéolytiques : ce seraient tantôt de la pepsine agissant en milieu acide, tantôt la trypsine agissant en milieu alcalin. A défaut de cette hypothèse, il faudrait admettre qu'il s'agit d'une trypsine particulière pouvant agir plus ou moins efficacement en présence d'un léger excès d'acide ou enfin qu'il s'agit d'une protéolyse s'accomplissant dans des conditions différentes de celles des vertébrés supérieurs.

L'activité digestive du suc hépatique sur les albuminoïdes n'est pas douteuse. La fibrine est digérée rapidement ; l'albumine coagulée l'est lentement à la température ordinaire. L'effet est accéléré à la température de l'étuve.

L'activité amylolytique a été constatée également.

L'activité cellulolytique a été reconnue aussi chez l'écrevisse, par BIEDERMANN et MORITZ (cytase). L'utilité de ces deux ferments, amylase et cytase, s'explique par ce fait, qu'à défaut de nourriture animale l'écrevisse se nourrit fort bien de végétaux.

Il faut noter, incidemment, que la sécrétion hépatique contient une substance qui a une action anticoagulante, lorsqu'elle est injectée à un mammifère.

B. *Arachnides et myriapodes.* — Les Arachnides ont un tube digestif droit à trois parties : intestin antérieur à œsophage court, suivi d'une dilatation stomacale ; intestin moyen, qui reçoit des diverticules ou cæcums abondamment ramifiés dont l'ensemble peut être considéré comme un foie. L'intestin terminal présente des tubes de MALPIGHI urinaires.

C'est l'ensemble des diverticules ou cæcums de l'intestin moyen, encore désigné par le nom de glande abdominale ou foie, qui joue le rôle capital dans la digestion. La sécrétion est un liquide jaunâtre, à réaction légèrement acide, qui jouit de propriétés protéolytiques énergiques : il contient aussi une diastase amylolytique, et une lipase pour la saponification des graisses. Ce sont les propriétés d'un pancréas (PLATEAU, 1877 ; A. GRIFFITHS, 1892).

La disposition est sensiblement analogue chez les Myriapodes. La sécrétion est à réaction légèrement alcaline. Les diastases digestives, protéolytiques sont actives ; les diastases amylolytiques moins énergiques. L'intestin moyen paraît ainsi affecté à la digestion. Nous allons voir qu'il l'est aussi à l'absorption.

VI. — Fonction d'absorption alimentaire.

66. Le foie organe d'absorption alimentaire chez les Invertébrés. — **67.** Absorption alimentaire chez les Vers. — **68.** Fonction d'absorption du foie chez les Mollusques. Expériences de BIEDERMANN. — **69.** Absorption hépatique chez les Crustacés. — **70.** Absorption hépatique chez les Arachnides et les Myriapodes.

66. Le foie organe d'absorption alimentaire chez les Invertébrés. — Chez beaucoup d'Invertébrés, c'est au foie qu'est dévolue la plus importante des fonctions qu'exerce l'intestin des animaux supérieurs ; à savoir, l'absorption alimentaire. Ces animaux ont souvent un intestin qui présente peu de développement superficiel, qui est court et sans circonvolutions ; de plus, son revêtement peut être imperméabilisé en grande partie par un dépôt chitineux, comme il arrive chez les Crustacés. Bref, la surface absorbante risquerait d'être insuffisante pour l'absorption. L'intervention du foie pare à cet inconvénient.

Chez beaucoup de Mollusques, le foie n'est pas seulement un organe accessoire de l'absorption : il en est l'instrument principal. Et l'intestin, contrairement à l'opinion commune, ne jouerait dans cet acte qu'un rôle insignifiant.

Même chose chez les Crustacés. On peut admettre qu'il en est de même chez les Vers.

67. Absorption alimentaire chez les Vers. — Chez les Vers, cependant, la question a été très discutée. Le foie de ces animaux est constitué, comme nous l'avons dit, par des appendices ou cæcums intestinaux. On a d'abord pensé que l'office de ces tubes cæcaux était de multiplier la surface absorbante de l'intestin. On n'aperçut que plus tard leur activité sécrétrice. KRUKENBERG, en 1882, mit en lumière ce rôle sécréteur et il le jugea incompatible avec le rôle absorbant. Il crut qu'un organe ne pouvait être, à la fois, sécréteur et absorbant. Il nia, en particulier, la faculté d'absorption chez les grandes Annélides, les Aphrodites (*A. Aculeata*). Confirmant cette interprétation, J.-G. DARBOUX, en 1902, n'a pas vu de granulations alimentaires dans le fond des culs-de-sac hépatiques de ces animaux. D'autre part, SETTI, au contraire, a aperçu ces granulations (1902). D'ailleurs on ne peut admettre, par voie de généralisation, que la solution apportée par BIEDERMANN, SAINT-HILAIRE et CUÉNOT dans le cas des Mollusques et des Crustacés s'applique aux Vers.

68. Fonction d'absorption du foie chez les Mollusques. Expériences de Biedermann. — Le foie, chez beaucoup de Mollusques, sert à l'absorption. Les zoologistes ont prétendu distinguer ce qui est une ramification hépatique de l'intestin de ce qui est un simple diverticule, par ce caractère que les aliments ne pénètrent point dans le conduit hépatique, et qu'il ne peut y avoir d'absorption. C'est là une erreur qui ne peut plus se soutenir. Déjà BARFURTH, en 1883, avait exprimé l'idée que le chyme pénétrait normalement dans les voies hépatiques. BIEDERMANN et MORITZ (1899) en ont donné la preuve.

La pénétration de la masse alimentaire dans les conduits hépatiques se démontre de la manière suivante. En nourrissant des escargots avec de la bouillie d'amidon, on observe que la masse d'excréments reproduit la forme du canal digestif, et qu'elle est recouverte de boudins plus fins, englués d'une couche de mucus et moulés sur les canaux excréteurs du foie. — Une bouillie de farine pénètre non seulement dans les conduits excréteurs principaux, mais dans les tubuli secondaires, où une coupe peut la déceler.— Après un séjour plus ou moins prolongé dans les profondeurs du foie, la masse non digérée est expulsée par le mouvement de l'épithélium vibratile qui tapisse les conduits hépatiques. De plus, le tissu du foie est contractile et contient des muscles dans les divers tubuli, muscles qui permettent la dilatation et la contraction de ces conduits.

L'absorption des produits de la digestion a été constatée, au moins en ce qui concerne les matières protéiques, de la manière suivante :

On nourrit un escargot avec un mélange de farine et d'albumine finement divisée et colorée par le carmin. On retrouve dans les canaux hépatiques des grains d'amidon, mais point d'albumine, celle-ci a été digérée et absorbée, et l'on en a la preuve en retrouvant dans quelques tubuli acineux les cellules de revêtement colorées en rouge (*cellules hépatiques* de BARFURTH, *cellules absorbantes* de BIEDERMANN).

« Le contenu liquide de la dilatation gastrique et des parties voisines de l'intestin est poussé donc dans le foie et s'y résorbe en partie ; le reste est refoulé dans la cavité gastro-intestinale pour être renvoyé de nouveau au foie. Le même va-et-vient recommence jusqu'à ce que la plus grande partie du chyme ait été absorbée. » Le foie, selon cette manière de voir, serait non pas seulement un organe accessoire de l'absorption, mais son instrument principal, et l'intestin, contrairement à l'opinion commune, ne jouerait dans cet acte qu'un rôle à peu près nul. La dilatation décrite par GARTENAUER (1875), sous le nom de *cæcum*, serait destinée à pousser le liquide dans le foie, et à rejeter dans l'intestin les particules solides.

DASTRE a fait remarquer que ce mouvement de va-et-vient du chyme, du foie à l'intestin et de l'intestin au foie, peut être considéré comme le rudiment de la circulation hépato-intestinale qui existe chez les Vertébrés, et qui ramène continuellement au foie la bile ou les éléments déversée dans l'intestin.

La manière de voir de BIEDERMANN et MORITZ a encore l'avantage de rapprocher du foie des Gastéropodes pulmonés, les cæcums intestinaux des Gastéropodes marins, *Æolis*, *Tethys*, etc.

69. Absorption hépatique chez les Crustacés. — La partie du tube digestif réservée à l'absorption semble être très réduite chez les Crustacés, puisque son étendue totale est minime et que d'ailleurs il est recouvert sur une partie de son trajet (estomac) d'une couche chitineuse peu favorable à l'absorption. Le foie fournit au contraire et par compensation une surface absorbante considérable.

On a constaté cette absorption en faisant ingérer à différents crustacés des aliments colorés avec la fuchsine ; ou, encore, en introduisant du blanc de méthylène ou de l'indigo carmin ou du vert de méthyle, par injection (C. de SAINT-HILAIRE, 1892 et CUÉNOT, 1895). On voit que la matière colorante se localise dans le foie, où l'entraîne un courant absorbant, dû vraisemblablement au jeu du réseau musculaire qui entoure les conduits hépatiques. Au contraire, le reste du tube digestif n'est point coloré. — D'ailleurs, en injectant un colorant diffusible, comme la vésuvine, dans un segment d'intestin de l'écrevisse, on ne constate pas de diffusion, preuve qu'il n'y a pas eu d'absorption. Il n'y a pas davantage de diffusion des peptones. Le foie paraît le seul organe d'absorption pour ces substances.

Mais il ne l'est pas, d'une façon absolue pour toutes les substances. W. HARDY et W. MAC DOUGALL en 1893, et L. CUÉNOT en 1895 ont constaté, en effet, que l'absorption des graisses se fait, en outre du foie, par une partie de l'intestin moyen ; chez certaines espèces, telles que les Pagurides, cette partie absorbante représente les deux tiers du tractus intestinal ; chez d'autres, comme *Astacus* et *Galatea*, elle ne constitue qu'un vingtième de la longueur totale.

70. Absorption hépatique chez les Arachnides et les Myriapodes. — Chez ces animaux encore, l'absorption paraît limitée à l'intestin moyen et à ses appendices hépatiques qui en multiplient considérablement la surface.

VI. — Fonctions diverses.

71. Fonction hépatique d'accumulation calcaire. — Le foie de beaucoup d'invertébrés accumule, dans des cellules spéciales, des sels calcaires (phosphate de chaux).

Chez les Mollusques gastéropodes (*Arion*, *Helix*), Barfurth a distingué (1880-1885) dans le revêtement épithélial des follicules hépatiques des *cellules calcaires* (*Kalkzellen*) à côté des *cellules à ferments* (*Fermentzellen*) et des *cellules hépatiques* proprement dites (*Leberzellen*), celles-ci plus particulièrement excrétrices. Les cellules calcaires contiennent des granulations résistantes vis-à-vis de la plupart des dissolvants habituels, et donnent les réactions du phosphate de chaux (d'après Barfurth). Il faut noter que l'on trouve aussi, dans le foie de ces animaux, du carbonate de chaux, mais celui-ci est déposé dans les parois vasculaires de l'organe, et non point dans des cellules. — Le foie des escargots a fourni une quantité de matière minérale qui varie de 25 p. 100 à 10, 5 p. 100. — Une partie du phosphate de chaux du foie est utilisée, au moment de l'hibernation, à former l'épiphragme par lequel l'animal ferme sa coquille : aussi trouve-t-on les cellules hépatiques riches en sel calcaire pendant l'été, pauvres à la fin de l'automne, lorsque se forme l'épiphragme. — Cette réserve hépatique est encore utilisée à la réparation de la coquille, lorsque celle-ci a subi des pertes de substance; mais, dans ce cas le phosphate disparaît bientôt de la coquille qui ne contient en général que du carbonate de chaux. Son rôle a été provisoire.

Il semble ici que le foie ait accaparé encore une fonction qui est une fonction de l'épithélium intestinal et peut-être de l'épithélium en général. L'intestin chez beaucoup d'espèces animales, par exemple chez les Crustacés, produit des dépôts calcaires (60 p. 100 de carbonate, 18 p. 100 de phosphate) entre l'épithélium chitinogène et la chitine. Les gastrolithes (pierres) de l'écrevisse sont des productions de ce genre.

72. Autres activités de la cellule hépatique. — 1° On a vu que chez les Vertébrés le foie est le lieu de la transformation synthétique en taurine du soufre neutre provenant de la destruction de la molécule albuminoïde ; l'acide sulfurique et l'ammoniaque provenant tous deux directement de cette destruction s'unissent à l'intérieur de la cellule hépatique pour former synthétiquement la taurine. Celle-ci participe à la constitution de la bile (acide taurocholique) : elle est jetée dans l'intestin avec celle-ci, puis reprise par absorption après dédoublement de l'acide taurocholique, et enfin éliminée avec l'urine.

2° La décomposition protéique, qui est le phénomène continuel de la vie protoplasmique, fournit entre autres produits trois ordres de composés : des acides amidés, de l'acide urique et de l'ammoniaque, tous nocifs considérés isolément. L'organisme se défend contre ces produits de diverses manières, mais principalement par l'activité du foie.

La cellule hépatique, comme on l'a démontré dans ces dernières années, a la faculté de transformer, par synthèse, les acides amidés, les urates, les composés ammoniacaux carbonates et sels ammoniacaux) en urée qui est une substance inerte, inoffensive, éliminable par le rein. Elle seule peut faire de l'urée au moyen de ces déchets nuisibles. Sans doute, toute l'urée n'est pas formée ainsi dans le foie. Une partie de cette substance a une autre source ; elle provient directement de la destruction sur place des matériaux albuminoïdes des divers tissus, et, en particulier, des muscles. On voit toutefois que la cellule hépatique a un rôle considérable dans cette défense de l'organisme contre les poisons provenant de la désintégration continuelle des substances protéiques.

VII. — Fonctions du foie en général.

73. Fonctions universelles du foie. Fonctions spéciales. Manière de les rattacher les unes aux autres. — Si l'on veut indiquer les fonctions multiples du foie que l'analyse physiologique a fait successivement connaître, il faut se livrer à une énumération. Il faudra ensuite faire un classement. On pourra distinguer des fonctions universelles, c'est-à-dire qui appartiennent à l'organe hépatique chez tous les animaux, et des fonctions spéciales, qui appartiennent à cet organe chez des groupes plus ou moins étendus du règne animal.

Parmi les fonctions universelles du foie, c'est-à-dire qui s'observent chez tous les animaux chez lesquels l'organe se montre plus ou moins nettement constitué, on peut nommer : la fonction glycogénique, la fonction adipo-hépatique, la fonction pigmentaire, la fonction martiale. Toutes aboutissent à la mise en réserve, dans le foie, de matériaux divers, hydrates de carbone, graisses, protéiques, composés ferrugineux : qui ont un rôle utile à jouer dans les échanges matériels de l'organisme; ou encore, à l'arrêt de matériaux qui pourraient exercer une action nuisible. Le foie est ainsi un entrepôt général pour l'organisme. Organe d'arrêt, de mise en réserve, voilà son caractère principal. Il est aussi un organe d'excrétion; mais celle-ci prend des formes variables avec les diverses classes d'animaux.

La seconde catégorie est celle des fonctions spéciales. La fonction digestive est la première à signaler. Elle appartient à un faible degré au foie des Vertébrés supérieurs; elle est très développée chez les Mollusques et les Crustacés. — La fonction d'absorption alimentaire est dans le même cas. — Si c'est une fonction générale du foie d'être un organe de mise en réserve, il y a quelques-uns de ces matériaux de réserve qui sont spéciaux à tel ou tel groupe zoologique : par exemple la mise en réserve du phosphate de chaux chez les Mollusques. De même, si la fonction d'excrétion est générale, les formes qu'elle revêt sont spéciales à telle ou telle classe d'animaux. Par exemple le foie des mammifères a la faculté de transformer les sels ammoniacaux, déchets nuisibles du fonctionnement organique, en urée inoffensive. Chez les oiseaux et les reptiles ce n'est plus l'urée, c'est l'acide urique, qui est le terme de ce changement.

Il est possible — et peut-être non inutile — de rattacher les unes aux autres ces fonctions si diverses et si multiples du foie. Au lieu d'en faire l'étude isolée et la sèche énumération, on peut établir entre elles une sorte de lien originel. Il suffit, pour cela, de remonter à l'origine embryogénique du foie, dépendance et annexe de l'intestin moyen, et de considérer les diverses fonctions de cet intestin. Ce sont ces activités fondamentales du revêtement épithélial de l'intestin qui se retrouvent dans l'organe hépatique plus ou moins développées, spécialisées ou même déformées.

74. **Les quatre fonctions de l'intestin moyen.** — Le foie n'est autre chose qu'une annexe de l'intestin moyen, une portion plus ou moins différenciée de cet intestin. On peut admettre qu'il en conserve, en principe, toutes les aptitudes fonctionelles; et qu'il en développe toutefois certaines au détriment des autres. Chez les Vertébrés il ne retient qu'une partie des attributs intestinaux : chez les Invertébrés il les accapare tous.

Les activités fonctionnelles de l'intestin moyen sont au nombre de quatre : 1° la fabrication des ferments digestifs qui solubilisent et rendent absorbables les diverses catégories d'éléments, hydrates de carbone, sucres, graisses, substances protéiques; 2° l'absorption de la masse alimentaire transformée, digérée; 3° la faculté d'imprimer à cette masse de nouvelles modifications, d'ordre chimique, dans le temps où elle traverse la paroi. C'est la transmutation chimique corrélative de l'absorption ; 4° enfin, l'excrétion de certaines substances.

Ces quatre formes d'activité, l'intestin ne les exerce par toutes au même degré : il peut en déléguer quelques-unes partiellement ou presque totalement à des organes annexes auxquels il a donné naissance, tels que le foie et le pancréas.

Chez les Vertébrés supérieurs l'élaboration des ferments digestifs est réservée à l'annexe pancréatique qui produit les ferments, amylase, lipase, trypsine. L'élaboration chimique des produits digérés et absorbés est réservée au foie ; l'excrétion est partagée entre le foie et l'intestin; l'intestin conserve à un degré éminent la faculté d'absorption : il est préposé à l'introduction du chyme dans les vaisseaux sanguins et chylifères. C'est là que la division du travail est poussée à son point extrême. La surface intestinale

semble n'avoir plus qu'une seule de ses quatre facultés originelles. Néanmoins, la dé-
possession n'est pas complète en ce qui concerne les trois autres facultés.

L'intestin absorbant du mammifère est encore digestif : le pancréas n'a pas accaparé
toute la fabrication des ferments alimentaires. L'intestin produit l'invertine, par
exemple, ou sucrase qui transforme le sucre de saccharose en dextrose et lévulose; la
lactase, qui transforme le sucre de lait en glucose et galactose (Weinland, Portier, etc.);
l'entéro-kinase, qui vivifie le suc pancréatique et lui confère la faculté de digérer les
matières albuminoïdes.

Cet intestin absorbant du mammifère exerce sur les matières absorbées, pendant
qu'elles traversent sa paroi, une action chimique transformatrice, une dénaturation
véritable. Le passage de l'aliment digéré à travers le revêtement épithélial n'est pas
une simple filtration qui respecterait la nature de la substance transitante. On a pu le
croire jusqu'à une date récente : mais cette vue est maintenant contredite. On sait que
l'absorption des graisses saponifiées s'accompagne d'une restitution de la graisse
neutre, et que cette synthèse est exécutée dans la cellule épithéliale de la muqueuse.
L'absorption des matières protéiques en fournit un autre exemple : les peptones absorbées ne se retrouvent point dans le sang. Elles ont subi une transformation contemporaine de l'absorption et qui est due, sans doute, à l'intervention de l'érepsine de Cohnheim.

Enfin l'intestin du mammifère est aussi un organe d'excrétion. On sait (de façon
certaine, depuis l'expérience de l'anse séquestrée en anneau de L. Hermann) que l'intestin
sécrète des produits abondants qui forment la plus grande partie des fèces. La masse
des excréments, dans le cas d'alimentation modérée, n'est pas constituée, comme on le
croyait, par les résidus échappés à la digestion : c'est un produit d'excrétion intestinale.

**75. Les fonctions du foie sous les divers aspects des activités de l'intestin
moyen.** — On peut rattacher les activités multiples du foie à ces activités primordiales
et originelles de l'intestin. — Chez les Invertébrés, le foie retient et, dans certaines
classes il accapare la faculté digestive de l'intestin qui ne possède plus celle-ci qu'à un
degré insignifiant. De même, il retient et il accapare la faculté d'absorption de l'intestin,
comme on l'a vu plus haut (66). Chez tous les animaux il manifeste, à un degré plus
ou moins manqué, la faculté d'excrétion, et la sécrétion hépatique est un liquide
excrémentitiel. Enfin, chez tous, le foie montre, et, cette fois, à un degré éminent, la
faculté de transmutation chimique que l'intestin possède et qu'il exerce sur les matières
absorbées pendant qu'elles traversent sa paroi. Seulement cette faculté d'élaboration
chimique des aliments digérés atteint dans l'annexe hépatique un degré d'ampleur
considérable. Elle devient son caractère principal. Le foie, par là, se trouve être par
excellence un organe de transformations, d'opérations métaboliques, un laboratoire
chimique de grande importance. Le terme ordinaire de ces opérations chimiques est la
mise en réserve, dans l'organe hépatique, de substances accumulées, de véritables provisions d'hydrates de carbone, de graisses, de substances protéiques, de fer, de phosphate de chaux, etc., tous matériaux utiles aux échanges de l'organisme. La fonction
adipogénique, la fonction martiale, la fonction glycogénique sont des aspects particuliers de cette activité transmutatrice dont nous avons aperçu l'origine dans la transformation que l'intestin est capable d'imprimer aux matières absorbées.

Il sera traité à part, à l'article **Glycogène**, de la fonction glycogénique du foie. —
Nous ne dirons rien des fonctions d'excrétion, qui sont encore assez peu connues, au
point de vue de la physiologie comparée.

76. Facultés chimiques multiples de la cellule hépatique. — Le foie cumule,
ainsi qu'on le voit par ce qui précède, un grand nombre de fonctions diverses, d'ordre
chimique. Dans la société de cellules qui constitue l'économie, les cellules hépatiques
sont des agents à aptitudes multiples. L'organe hépatique est l'un des premiers formés :
ses éléments anatomiques conservent les activités multiples des éléments dont la différenciation est peu marquée. La cellule hépatique est propre à un grand nombre de
besognes chimiques. Elle contribue à des analyses et à des synthèses dont peut-être
on pourrait trouver l'origine dans les propriétés fondamentales des cellules intestinales,
capables, primitivement, de toutes les élaborations alimentaires. Le foie est le siège, en
outre, des opérations chimiques d'un grand nombre de synthèses. On vient de citer celle

de la taurine, celle de l'urée. Il suffit de rappeler la formation synthétique du glycogène, des graisses. C'est là une faculté qui est marquée chez tous les organismes inférieurs, peu différenciés. Les cellules hépatiques semblent n'avoir d'émules, dans cette aptitude aux synthèses chimiques et aux destructions préalables, que les leucocytes, artisans d'une caste inférieure, encore plus actifs.

A. DASTRE.

Bibliographie (1). — BARFURTH (D.). *Der phosphorsaure Kalk der Gastropodenleber* (*Biol. Centralbl.*, 1884, III, 435). — BIEDERMANN et MORITZ. *Beiträge sur vergleichenden Physiologie der Verdauung. Ueber die Function der sogenannten Leber der Mollusken* (*A. g. P.*, 1899, LXXV, 1-85). *Ueber ein celluloselösendes Enzym im Lebersecret der Schnecke* (*Ibid.*, LXXIII, 219-287). — BOSINELLI (E.). *Il ferro nelle rane operate di asportazione del fegato; Riv. sper.* (*Bull. d. sc. med.*, Bologna, 1901, 114). — BOTTAZZI (F.). *Contributions à la Physiologie comparée de la digestion. La glande digérante (hépato-pancréas) de l'Aplysia limacina* (*A. i. B.*, 1901, XXXV, 318-336). — BOURQUELOT. *Rech. sur les phén. de la digestion chez les Mollusques céphalopodes* (*Arch. de Zool. exp.*, III, 1885). — COHNHEIM (O.). *Weitere Versuche über Eiweissresorption. Versuche an Octopoden.* (*Z. p. C.*, 1902, XXXV, 396-416). *Der Mechanismus der Darmresorption bei den Octopoden* (*ibid.*, 417-418). — CUÉNOT (L.). *Études physiologiques sur les Gastéropodes pulmonés* (*Arch. de Biol.*, Liège, 1892, 12, 58 p.). — DARBOUX (G.). *Recherches sur les Aphroditiens* (*Bull. soc. Fr. Belg.*, 1900, XXXIII, 1-274). — DASTRE. *Répartition des matières grasses chez les Crustacés* (*B. B.*, 1901, 412-414); — *La Chlorophylle du Foie chez les Mollusques* (*Journ. de Physiol. et de pathol. gén.*, 1899, 1, 111); — *Fonction martiale du foie chez les Vertébrés et les Invertébrés* (*C. R.* CXXVI, 1898, 376-379). — *Recherches sur les ferments du foie* (*A. d. P.*, 1888, 69-78). — DASTRE et FLORESCO. *Le foie, organe pigmentaire chez les Vertébrés* (*C. R.*, 1898, CXXVII, 932-934). — *Contribut. à l'étude des chlorophylles animales. Chlorophylle du foie des Invertébrés* (*C. R.*, 1899, CXXVIII, 398-400). — DRECHSEL. *Beiträge sur Chemie einiger Seethiere* (*Z. B.*, 1896, XV, 85-107). — ENRIQUES (P.). *Il fegato dei molluschi e le sue funzioni* (*Mitth. a. d. zool. Station zu Neapel*, 1901, XV, 281-407). — FILIPPI. *Ric. sperim. sulla ferratina* (*Ac. med. di Torino*, 1895, XLII, 258-264). — FISCHER (P.). *Rech. sur la morphologie du foie des Gastéropodes* (*Bull. scientif. de France et de Belgique*, 1892, XXIV). — FLORESCO (N.). *Rech. sur les matières colorantes du Foie et de la Bile et sur le fer hépatique* (*Th. d. l. Fac. des sciences.* Paris, 1898, Steinheil, 137 p.). — FOLLI. *La ferratina del fegato nel feto e nel neonato* (*Raccoglitore medico*, 1897, XXIV, 245-257). — FREDERICQ (L.). *La digestion des matières albuminoïdes chez quelques Invertébrés* (*Arch. de zool. exp.*, 1878, VII). — FRENZEL (J.). *Ueber die sogenannten Kalkzellen der Gastropodenleber* (*Biol. Centralbl.*, 1884, III, 323); — *Mikrographie der Mitteldarmdrüse der Mollusken* (*Nova acta*, XLVIII, 1888). — GARTENAUER (H. U.). *Ueber den Darmkanal einiger einheimischer Gastropoden* (*Diss. in.* Strasbourg, 1875). — GAULE (ALICE). *Die geschlechtlichen Unterschiede in der Leber des Frosches* (*A. g. P.*, 1901, LXXXIV, 1-5). — HENZE (M.). *Ueber den Kupfergehalt der Cephalopodenleber* (*Z. p. C.*, 1901, XXXIII, 417-425). — KARSTEN (H.). *Disquisitio mikroscop. et chimica hepatis ac bilis crustaceorum et molluscorum* (*Nova Acta*, XXI, 1, 293). — KRUKENBERG. *Verdauungsorgane bei den Cephalopoden, Gastropoden, und Lamellibranchia* (*Lab. de physiol. de Heidelberg*, 1878, II, 402); — *Helicorubin und Leberpigmente von Helix pomatia* (*Vergl. physiol. Studien*, 1882, II, 63). — KULJABKO (AL.). *Einige Beobachtungen über die Leber des Flussneunauges* (*C. P.*, XII, 1898, 380-381). — LAGUESSE. *Pancréas intra-hépatique chez les Poissons* (*B. B.*, 1891, 145; — *C. R.*, 1891, CXII, 440). — RÖHMANN (P.). *Einige Beobachtungen über die verdauung der Kohlehydrate bei Aplysien* (*C. P.*, XIII, 1899, 455). — SCHLEMM. *De hepate ac bile crustaceorum et molluscorum* (*Diss.* Berlin, 1844). — VAY (F.). *Ueber den Ferratin und Eisengehalt der Leber* (*Z. p. C.*, 1895, XX, 377-402). — VENTUROLI (R.). *Riv. sperimentale sulla ferratina e sul ferro de fegato nel digiuno* (*Ric. sp. Lab.* Bologna, 1897, XII, 190 p.). — VIGIER (PIERRE). *Les Pyrénosomes (Parasomes) dans les cellules de la glande digestive de l'écrevisse* (*C. R. Ass. Anat.*, 1901 140-146). — YUNG (E.). *Contribut. à l'histoire physiologique de l'escargot* (Bruxelles, 4°, 1887); — *La digestion gastrique chez les Poissons* (*Rev. scientif.*, 1899, XI, 65-74). — ZIEGLER (H. E.). *Die Entwicklung von Cyclas cornea* (*Zeitsch. f. wiss. Zool.*, XLI, 551).

1. A consulter aussi la bibliographie des autres chapitres de l'article **Foie**.

FONGINE. — Braconnot a désigné sous ce nom la substance qui reste comme résidu lorsqu'on exprime les champignons et qu'on les traite successivement par l'eau, l'alcool et les alcalis étendus. L'analyse immédiate des champignons a, en effet, donné à Braconnot d'abord, puis à Vauquelin et à Schrader, un certain nombre de substances parmi lesquelles des sucres, des graisses, des albumines, des matières extractives et enfin la fongine. La proportion de cette substance aurait été pour quelques champignons, d'après ces auteurs.

Boletus juglandis (Braconnot).	7,6 p. 100	
Boletus laricis (Bucholz). . . .	30,6 —	
Helvella mitra (Schrader). . .	39,6 —	

La fongine est décrite comme une substance blanche ou blanc jaunâtre, fibreuse, molle, alors qu'elle est humide, peu élastique, d'une saveur fade. C'est une matière azotée brûlant à l'air, se transformant par ébullition avec l'acide chlorhydrique en matière gélatineuse soluble et précipitable par les alcalis. La potasse concentrée, au contraire, dissout lentement la fongine en la transformant en une masse savonneuse qui précipite par les acides.

Brandes obtint une substance analogue en broyant les tremelles, comprimant la masse dans du papier, épuisant le produit par l'alcool, l'éther, les acides étendus, les alcalis, lavant et séchant le résidu. C'est alors une pellicule translucide qui se gonfle au contact de l'eau en se transformant en gelée ; les cendres renferment beaucoup de phosphate de chaux. Frémy admit que le résidu insoluble renfermant de l'azote était un composé spécial qu'il appelle *métacellulose* et qui fut désigné plus tard par De Bary sous le nom de *Pilzcellulose* (cellulose des champignons) et par Tschirsch sous le nom de *mycine*. D'autre part, d'après Richter, la membrane cellulaire des champignons renfermerait de la cellulose.

Gilson, qui avait obtenu par analyse microchimique dans la membrane cellulaire végétale des formes cristallines attribuables à l'amidon, n'avait pu néanmoins les retrouver dans celle des champignons *Mucor vulgaris, Thamnudium vulgare, Agaricus campestris*, et cela en employant la méthode que Schultze avait proposée et employée pour préparer la cellulose qui entre dans la constitution de la membrane végétale. Il a donc tenté de rechercher la nature même du squelette cellulaire des champignons, de la fongine de Braconnot. Gilson traite les champignons (*Agaricus campestris, Manita muscaria, Polyporus officinalis* et *P. fumosus; Rumela, Boletus, Claviceps purpurea*, etc.) débités en morceaux par la soude caustique diluée, par l'acide sulfurique dilué à l'ébullition, par l'alcool et enfin par l'éther.

La fongine ainsi préparée est un produit blanc devenant dur, compact et à aspect corné par dessiccation. Cette fongine répond à peu près à la composition de la chitine, dont elle possède d'ailleurs les propriétés : insolubilité dans tous les dissolvants, sauf dans les acides concentrés ; par l'acide chlorhydrique concentré et chaud, elle donne, comme la chitine, du chlorhydrate de glucosamine. Chauffée à 18° en présence de potasse, elle donne de la *mycosine*.

D'autre part, Winterstein a trouvé de la chitine dans de très nombreux champignons. Enfin G. Tanret a repris l'étude de la fongine et, en particulier, celle de la fongine d'*Aspergillus*. Il traite pour cela le mycélium de la plante par l'eau, l'alcool, l'éther, la soude à 5 p. 100 froide, l'acide sulfurique à chaud à 2 p. 100,

Ainsi préparée, la fongine d'*Aspergillus* semble renfermer un peu moins de carbone et d'azote que la chitine; chauffée à 100° en présence d'acide chlorhydrique fumant ou à 170° en présence de potasse caustique, elle donne du chlorhydrate de glucosamine et de la chitosane comme la chitine d'Articulés, mais en moindre proportion; de plus, après traitement par l'acide sulfurique étendu, la fongine d'*Aspergillus*, traitée par la soude froide à 1,5 p. 100, abandonne au liquide une substance qui s'y dissout et en est précipitée par les acides sous la forme d'une masse gélatineuse. Le produit insoluble dans la soude répond à la composition de la chitine, ainsi que le montrent les chiffres suivants :

	Produit insoluble dans NaO.	Chitine.
C. . . .	46,28	45,16 à 46,80.
H. . . .	6,63	6,18 à 6,96
Az. . . .	6,30	6,32 à 7,00

D'après Tanret, l'*Aspergillus* renferme 15 p. 100 de chitine. Les autres champignons sur lesquels cet auteur a expérimenté, *Claviceps purpurea*, *Boletus edulis*, *Polyporus officinalis*, traités de la même façon, donnent un produit analogue, mais beaucoup plus impur, et qui ne renferme pas plus de 50 p. 100 de chitine. Seul, l'*Aspergillus* donne dans ces conditions de la chitine pure identique à la chitine de crabes. Cette chitine est absente de la levure de bière.

La partie soluble dans les alcalis caustiques après traitement prolongé par l'acide sulfurique ou chlorhydrique étendu et chaud est un hydrate de carbone que l'on précipite de sa solution sodique par l'acide sulfurique à 1,5 p. 100. On lave sur le filtre, et on fait sécher si le produit provient de la levure, de l'*Aspergillus* ou de l'ergot.

Dans le cas du cèpe et de l'agaric blanc la solution alcaline doit être acidifiée par l'acide acétique en présence de quelques volumes d'alcool à 95°. Le précipité est lavé avec de l'alcool à 60°.

Les hydrates de carbone que l'on obtient dans ces conditions ont à peu près la formule de la cellulose; ils sont insolubles dans l'eau et le réactif de Schweitzer; G. Tanret les a désignés sous le nom de *fongoses*. Ils renferment des traces d'azote provenant probablement d'une impureté entraînée. Par hydrolyse, en présence des acides, ils ne donnent que du glucose.

Les fongoses enfin se combinent à l'anhydride acétique pour donner des éthers acétiques, et à la potasse pour donner des sels.

La fongine est donc formée: 1° d'une proportion de chitine variable avec le champignon considéré ; 2° d'hydrates de carbone ou fongoses, donnant naissance par hydratation à du glucose. Les *Saccharomyces* ne renferment pas de chitine et seulement des fongoses.

Bibliographie. — Berzélius. *Traité de chimie*, VI, 1832, 130 et 247. — Tschirsch. *Angewandte Pflanzenanatomie*. — Schulze, Steiger et Maxwell. *Zur Chemie des Pflanzenzellmembrane* (Z. p. C., xiv, 1890, 226). — Schulze. *Id.* (Ibid. xv, 1892, 386). — Gilson. *La composition chimique de la membrane cellulaire végétale* (La Cellule, 1893, ix, 17). — Gilson. *Recherches chimiques sur la membrane cellulaire des Champignons* (La Cellule, 1895, xi, 5 et 15). — Gilson. *De la présence de la chitine dans la membrane cellulaire* (C. R., 1895, cxx, 1 000). — C. Tanret. *Recherches sur les champignons* (Bull. Soc. Chim., 1897, i. 921).

AUG. PERRET.

FORMALDÉHYDE. — Ce corps est encore assez souvent désigné sous

les noms de *Méthanal d'oxyde de méthylène*, aldéhyde formique, *aldéhyde méthylique*, *Hydrure de formule*, formaline, ou simplement *formol*. Cette dernière expression désigne néanmoins plutôt la solution aqueuse à 40 p. 100 de ce corps, solution qui constitue le produit commercial. Il est désigné dans la nomenclature de Genève sous le nom de *méthanal*. Il constitue en effet le dérivé aldéhydique du méthane, et répond à la formule CH²O, ou, en formule développée :

$$\left.\begin{array}{c} H \\ H \end{array}\right\rangle C = O.$$

Il possède donc le groupement fonctionnel aldéhydique CO — H et constitue ainsi le plus simple des composés de cette nature, puisque ce groupement fonctionnel est simplement lié à un atome d'hydrogène. Il peut et il doit être considéré soit comme le produit d'oxydation incomplète de l'alcool méthylique, soit comme le produit de réduction de l'acide formique. L'aldéhyde méthylique a été découvert en 1868 par Hoffmann dans les produits d'alcool méthylique que l'on fait passer sur une spirale de platine.

État naturel. — L'existence de l'aldéhyde formique dans la végétation a été assez vivement discutée. Heintz a montré que le liquide obtenu par expression des parties vertes des végétaux après neutralisation préalable par le carbonate de soude donne à la distillation de l'aldéhyde formique. Reinke n'a pu obtenir aucune réduction avec des liquides provenant de plantes sans chlorophylle et traitées de la même façon. Loew et Bokorny ont cependant montré que des cellules de Spirogyra sans chlorophylle réduisaient des solutions alcalines de nitrate d'argent. au 1 / 100000°.

L'existence d'aldéhyde formique dans le règne végétal semble néanmoins bien établie; peut-être, d'ailleurs, cette existence n'est-elle que transitoire, le méthanal jouissant de la propriété de se condenser avec la plus grande facilité pour donner naissance à un très grand nombre de composés. Nous verrons, d'ailleurs, plus loin le rôle si important que doit jouer le méthanal dans l'élaboration des tissus de la plante.

Synthèse de l'aldéhyde formique. — Étant donnée sa constitution extrêmement simple, les synthèses de l'aldéhyde formique sont relativement simples et nombreuses. Elles permettent — pour la synthèse totale à partir des éléments — des composés beaucoup plus complexes, tels que les sucres et les amidons, produits de condensation du méthanal.

L'aldéhyde formique se produit synthétiquement :

1º Par le simple passage d'un mélange d'oxyde de carbone et d'hydrogène sur la mousse de platine (Jolin).

2º Par l'action de la décharge obscure sur un mélange d'hydrogène et d'acide carbonique (Brodie);

3º L'acide carbonique peut enfin donner naissance à de l'aldéhyde formique, en présence des sels d'uranium réagissant sur l'eau et sous l'influence de la lumière (Bach).

$$CO^2 + H^2 O = HC OH + O^2.$$

Étant donnée l'action particulière de la lumière dans cette réaction, on peut admettre facilement que cette réaction se produit dans l'organisme végétal et qu'elle est peut-être corrélative de la fonction chlorophyllienne;

4º Un mélange d'éthylène et d'oxygène chauffé à 400° donne naissance à de l'aldéhyde formique, à condition toutefois que l'éthylène soit en excès (Schutzenberger).

Préparations. — Un certain nombre de produits organiques donnent naissance en se décomposant à de l'aldéhyde formique; tels sont, par exemple, le formiate de méthyle et l'acide éthylglycolique.

Leur combustion incomplète donne aussi naissance à de l'aldéhyde formique; tel est le cas de l'azotate d'éthyle (Pratezzi) et surtout celui de l'alcool méthylique (Hoffmann). Ce dernier est le mode de préparation actuellement employé.

Leur électrolyse en produit aussi une certaine proportion. Il est, dans ce cas, mélangé surtout à de l'oxyde de carbone et à de l'acide carbonique.

La formaldéhyde se produit en abondance quand on détermine la combustion incomplète de l'alcool méthylique en vapeurs en présence de l'air, au contact d'une spirale de platine portée à l'incandescence.

La chaleur fournie par la réaction est suffisante pour maintenir au rouge le métal et la réaction se poursuit d'elle-même. Le phénomène est connu depuis fort longtemps, mais c'est Hoffmann qui a montré dans les gaz produits l'existence d'un corps particulier : la formaldéhyde. Un courant d'air chargé de vapeurs de méthanal passait sur des fils de platine au rouge sombre dans un tube de même métal.

Un certain nombre de modifications ont été apportées successivement à la méthode d'Hoffmann. Kablukoff remplace le tube et les fils de platine par un tube de verre vert et de l'amiante platinée; Tollens emploie du platine dans un tube de verre vert. Tous deux échauffent le premier ballon récepteur et refroidissent le second. Low fait passer par aspiration un courant d'air sur une spirale de cuivre oxydée superficiellement.

Les plus petits détails influent d'ailleurs sur le rendement, qui peut s'abaisser jusqu'à être nul; les explosions sont possibles, surtout dans le ballon récepteur.

Trillat a remplacé le tube de verre par un tube de cuivre, et il a obvié aux inconvénients du danger d'explosion et à la difficulté de pouvoir oxyder beaucoup d'alcool à la fois en remplaçant le courant d'air par un jet conique de vapeurs alcooliques. L'alcool méthylique chauffé sous pression s'échappe par un petit orifice et se trouve projeté contre les substances oxydantes. Le danger d'explosion est ainsi évité, puisqu'il y a solution de continuité entre le récipient d'alcool et le corps incandescent; la pulvérisation permet en même temps de soumettre à l'oxydation une quantité d'alcool beaucoup plus grande que l'entraînement par l'air.

Dans ce jet conique de vapeurs alcooliques, la proportion d'air mélangé à l'alcool augmente au fur et à mesure que la base du cône s'élargit, c'est-à-dire à mesure que a distance augmente depuis le sommet du cône. Il y a donc, par suite, une zone optimum, dans laquelle le mélange d'alcool et d'air se trouve dans les meilleures conditions d'oxydation, oxydation qui est provoquée par la présence d'un corps poreux porté au rouge.

On peut, pour cela, au lieu de platine ou de cuivre, employer du charbon de cornue, du coke, etc., juxtaposer même le coke avec le cuivre.

L'alcool méthylique chauffé sous pression s'échappe de l'extrémité d'une lame horizontale, et le jet alcoolique s'engage dans un tube en cuivre rouge à extrémité conique. Les vapeurs, après leur passage sur le corps poreux, sont condensées, et on obtient ainsi un mélange d'eau, d'alcool méthylique, d'aldéhyde formique, ainsi que des traces d'acide formique et d'acide acétique. Nous ne décrirons pas les différents modèles des appareils qui ont été établis sur ces principes.

Armand Gautier, enfin, prépare l'aldéhyde formique en faisant passer l'alcool méthylique en vapeur dans un tube horizontal chauffé dans un bain de soufre fondu.

La préparation de la formaldéhyde pure gazeuse se fait facilement par simple décomposition par la chaleur de son produit de condensation, le trioxyméthylène.

Propriétés physiques. — La formaldéhyde est un gaz incolore, d'une odeur piquante et suffocante, extrêmement désagréable. Il se liquéfie dans un mélange d'acide carbonique en neige et d'éther, en donnant naissance à un liquide incolore, très mobile, bouillant à 210° (Kekulé). L'aldéhyde formique est soluble dans l'eau, et les solutions aqueuses de formaldéhyde constituent le produit commercial désigné sous le nom de formol, formaline, etc. La teneur du produit commercial est d'environ 40 p. 100, mais on peut pousser la concentration des solutions un peu plus loin, et aller jusqu'à obtenir des liqueurs contenant 52 p. 100 du produit actif. Si l'on cherche à obtenir une concentration plus grande, la formaldéhyde ne se conserve pas et se transforme en un produit de polymérisation de trioxyméthylène.

Produits de polymérisation. — L'aldéhyde formique, comme toutes les aldéhydes, possède la propriété de se polymériser et de donner naissance à des produits de condensation divers.

Par condensation de la solution aqueuse de formaldéhyde, il se produit une substance solide, blanche, de consistance savonneuse, soluble dans l'eau bouillante, et se séparant par refroidissement en flocons blancs. Cette matière, désignée sous le nom de *paraformaldéhyde*, renferme environ 70 p. 100 de formaldéhyde. Pour Delépierre, cette paraformaldéhyde serait un hydrate CH^2O,H^2O. Löseiann a obtenu un produit analogue en traitant ce même produit par l'alcool et l'éther.

La concentration à froid sur l'acide sulfurique de formaline donne naissance à des flocons blancs, solubles dans l'eau, qui correspondraient à la formule (CH^2O^2) déterminée immédiatement par la cryoscopie.

Le *trioxyméthylène* est le polymère le plus connu. Les deux composés que nous venons de signaler lui donnent eux-mêmes naissance, soit qu'on les abandonne à eux-mêmes, soit qu'on les chauffe doucement.

La formaldéhyde liquide, lorsqu'elle s'échauffe légèrement au-dessus de son point d'ébullition, donne ainsi naissance au trioxyméthylène. Si la température s'élève, la transformation se produit avec explosion (KᴇᴋᴜʟÉ).

Le trioxyméthylène répondrait à la formule $(CHO)^3$ ou mieux, d'après Lᴏsᴇᴄᴋᴀɴɴ, à la formule $(CH^2O)^6$: elle serait alors un hexaoxyméthylène. Il est insoluble dans tous les dissolvants, alcool et éther, et ne se dissout dans l'eau qu'à chaud et en se transformant en aldéhyde formique. Il fond à 170° environ, mais il se volatilise déjà au-dessous de 100° en régénérant l'aldéhyde formique.

En revanche, Pʀᴀʟᴇᴢᴢɪ a obtenu un trioxyméthylène cristallisé $(CH^2O)^3$ soluble dans l'eau, l'alcool et l'éther en chauffant en tube scellé à 115°, avec une trace d'acide sulfurique concentré, de l'aldéhyde formique. Cette substance fond à 60° et se volatilise : sa densité de vapeur correspond bien à $(CH^2O)^3$; il est donc probable que le trioxyméthylène a une formule beaucoup plus complexe.

Enfin, il est un dernier produit de polymérisation de l'aldéhyde formique qui présente un très grand intérêt : c'est le formose, de Lᴏᴇᴡ, ou l'acrose de Fɪsᴄʜᴇʀ.

Bᴏᴜᴛʟᴇʀᴏꜰꜰ, en traitant le méthanal par la baryte, obtient en même temps que du formiate de baryte un produit dont la formule pouvait se rapporter à $C^6H^{10}O^5$ et qu'il désigne sous le nom de méthylénitane. C'est le premier hydrate de carbone obtenu synthétiquement en partant de l'aldéhyde formique. Il est stable et ne peut plus régénérer le corps initial.

Lᴏᴇᴡ, traitant par excès de chaux une solution à 3 p. 100 de méthanal dans l'eau, constata au bout de quelques jours la disparition de l'odeur particulière de la formaldéhyde. Le liquide filtré réduit la liqueur de Fᴇʜʟɪɴɢ à l'ébullition : on précipite dans les liqueurs brutes l'excès de chaux par l'acide oxalique ; on évapore et on reprend par l'alcool : il reste du formiate de chaux insoluble et on trouve en dissolution dans l'alcool un sucre spécial, le formose, formant un sirop incolore, à saveur fortement sucrée, brunissant quand on le chauffe avec la potasse, réduisant à l'ébullition la liqueur de Fᴇʜʟɪɴɢ, précipitant par le sous-acétate de plomb ammoniacal et l'alcoolat de baryte, donnant avec le chlorure de sodium une combinaison cristalline ; traité par la phénylhydrazine, il donne en solution acétique une combinaison cristalline ; mais le sucre ainsi obtenu ne fermente pas par la levure, il ne peut donner naissance à de l'amidon, lorsqu'il est absorbé par une feuille vivante.

Le formose ainsi préparé est un mélange ; car Fɪsᴄʜᴇʀ a montré que la combinaison pouvait être dédoublée avec la phénylhydrazine.

Plusieurs produits, au moins trois d'entre eux, répondent à la formule et aux propriétés des azones des sucres ; en particulier l'une d'entre elles a pu être identifiée avec la phénylacroazone ; donc, le formose renferme une certaine proportion d'acrose formé directement aux dépens de l'aldéhyde formique.

L'acrose de Fɪsᴄʜᴇʀ se forme encore plus facilement et en plus grande quantité, ainsi que l'a montré Lᴏᴇᴡ, en substituant à la chaux de la magnésie et du sulfate de magnésie. Le formose ainsi obtenu est surtout formé d'acrose ; il fermente directement sous l'influence de la levure de bière en produisant de l'alcool et de l'acide carbonique.

L'acrose donne naissance, ainsi que l'a montré Fɪsᴄʜᴇʀ, à la série des sucres en C^6 (Voir **Glycose**), puis par condensation aux polyglycosides, aux dextrines, aux amidons, etc.

Propriétés chimiques. — Étant donnée sa fonction, l'aldéhyde formique peut donner facilement naissance à des processus de réduction. Elle se transforme alors soit en acide formique, soit en acide carbonique, lorsque l'oxydation est poussée plus loin.

L'eau ne réagit pas sur l'aldéhyde formique elle-même, mais agit sur le trioxyméthylène.

D'après Tᴏʟʟᴇɴs, ce trioxyméthylène traité par l'eau à chaud reprend sa forme soluble.

D'après DELÉPINE, chauffé à 200° en tubes scellés pendant six heures, en présence d'eau, le trioxyméthylène donne naissance à de l'acide formique et du méthanal.

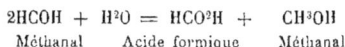

$$2HCOH + H^2O = HCO^2H + CH^3OH$$
$$\text{Méthanal} \qquad \text{Acide formique} \qquad \text{Méthanal}$$

Par une réaction plus profonde on a de l'acide carbonique et du méthanal.

$$3HCOH + H^2O = CO^2 + 2CH^3 OH$$

L'aldéhyde formique donne naissance à un certain nombre de dérivés qui, soit au point de vue chimique, soit au point de vue pharmaceutique, ont un certain intérêt.

L'aldéhyde formique peut être considérée comme l'anhydride d'un glycol, le glycol méthylénique.

$$\begin{matrix} H \\ H \end{matrix} \Big> C = O \qquad\qquad \begin{matrix} H \\ H \end{matrix} \Big> .C \Big< \begin{matrix} OH \\ OH \end{matrix} .$$
$$\text{Aldéhyde formique} \qquad\qquad \text{Glycol méthylénique}$$

Ce corps n'existe pas, mais on connaît, en revanche, des éthers oxydes,

$$\begin{matrix} H \\ H \end{matrix} \Big> C \Big< \begin{matrix} OR \\ OR \end{matrix} ,$$

que l'on désigne sous le nom de *formols*. Ce sont des liquides incolores, peu solubles ou insolubles dans l'eau, solubles dans l'alcool, possédant une odeur agréable de fruit. Le premier terme en est le diméthylformol.

$$\begin{matrix} H \\ H \end{matrix} \Big> C \Big< \begin{matrix} OCH^3 \\ OCH^3 \end{matrix} .$$

L'aldéhyde formique peut se combiner avec un certain nombre d'aldéhydes et d'acétones pour donner alors naissance à des alcools polyatomiques (TOLLENS). Cette condensation peut s'effectuer à la température ordinaire si on laisse l'aldéhyde en contact un temps suffisant, quelquefois plusieurs mois, avec un lait de chaux, très dilué. On termine la réaction au bain-marie.

C'est ainsi que la combinaison de la formaldéhyde avec l'aldéhyde acétique donne naissance à la pentaérythrite.

$$C = (CH^2OH)^4.$$

L'aldéhyde formique se combine à l'ammoniaque avec élimination d'eau, en donnant naissance à de l'hexaméthylène tétramine (BOUTLEROFF), corps bien cristallisé, soluble dans l'eau, l'alcool et le chloroforme.

A 52° les solubilités sont, d'après DELÉPINE :

	p. 100
Dans l'eau.	81,3
Dans l'alcool absolu.	3,22
Dans le chloroforme.	8,09

L'hexaméthylène tétramine est presque insoluble dans l'éther. Elle répond probablement à la formule $C^6H^{12}Az^4$, susceptible de donner par évaporation d'une solution aqueuse un hydrate bien cristallisé $C^6H^{12}Az^4$ $6H^2O$.

Nous n'entrerons pas dans la description des différents dérivés de l'hexaméthylène tétramine, dont l'étude, purement chimique, est traitée avec détails dans les ouvrages de chimie.

Par l'action de l'hydrogène sulfuré sur la formaldéhyde, on peut obtenir des produits sulfurés analogues aux produits de condensation de la formaldéhyde elle-même; tels sont la trithioformaldéhyde $C^3H^6S^3$; la métathioformaldéhyde $(C^3H^6S^3)^i$; etc.

L'aldéhyde formique, enfin, peut réagir sur les amines grasses et aromatiques pour donner naissance à un grand nombre de dérivés.

La *formopyrine*, ou méthylène diantipyrine, est la combinaison de l'aldéhyde, ou dian-tipyrine méthane formique avec l'antipyrine (G. Pallizuri). Cette formopyrine répond à la formule

$$
\begin{array}{ccc}
C^6H^5 & & \\
| & & \\
Az & & Az - C^6H^5 \\
CH^3 - Az \diagup CO & CO \diagdown Az - CH^1 \\
| \quad | & | \quad | \\
CH^3 - C = C - CH^2 - C = C - CH^3
\end{array}
$$

Elle donne avec l'iode un dérivé tétraiodé et avec les diphénols en présence d'acide sulfurique un certain nombre de dérivés, combinaisons de la formopyrine avec les diphénols sulfoconjugués; pyrocatéchine, hydroquinone, résorcine.

L'aldéhyde formique, en solution aqueuse à 60 p. 100, mise en présence d'une solution concentrée d'hydrogène, donne naissance à la formalagine

$$ CH^2 \left\langle \begin{array}{c} Az\,H \\ Az\,H \end{array} \right\rangle CH^2, $$

précipité blanc que l'on peut laver à l'eau, à l'alcool, à l'éther (Pulvermacher).

Action sur les matières albuminoïdes. — Les matières albuminoïdes, l'albumine de blanc d'œuf, par exemple, se combinent avec la formaldéhyde pour donner naissance à des produits insolubles dans l'eau et dans la plupart des réactifs. Trillat a ainsi montré que l'albumine de blanc d'œuf non diluée dans de l'eau, exposée aux vapeurs de formol, se transforme en dix jours en une masse vitreuse extrêmement dure. Le sérum traité par quelques gouttes de formaline ne coagule plus par la chaleur. Une solution à parties égales d'eau et de gélatine se prend instantanément par l'action de quelques gouttes de formol en une masse transparente et insoluble.

Elle est restée néanmoins transparente. Mise en contact avec de l'eau, elle se gonfle, et son volume peut devenir cinq ou six fois plus grand; elle est alors très friable et se pulvérise sous le doigt; complètement insoluble dans l'eau, même à l'ébullition, dans l'acide acétique, l'eau de chlore, l'eau de brome, l'alcool, l'ammoniaque et le carbonate de soude, même concentré.

La myosine est insolubilisée également par la formaldéhyde. Les peptones aussi donnent aussi des combinaisons spéciales avec la formaldéhyde. Les réactions qui se passent ainsi comportent probablement un mécanisme analogue à celui qui se passe avec les amines grasses ou aromatiques; il y a élimination d'eau et fixation de CH^2.

L'étude de l'action de la formaldéhyde sur les matières albuminoïdes, en raison même de l'importance que joue le formol au point de vue antiseptique, a été reprise par un certain nombre de savants.

D'après Mosso et Paoletti, la formaline diluée et ajoutée à l'albumen d'œuf produit un trouble et empêche la coagulation ultérieure de l'albumine par la chaleur. Une coagulation partielle peut néanmoins encore avoir lieu quand la formaline n'est ajoutée qu'à la dose de 1 centimètre cube pour 300 d'albumen. Un blanc d'œuf battu, soit avec deux parties d'eau, soit avec deux parties de sérum physiologique, ne se coagule pas non plus en présence de formaline : $0^{gr},0001$ de formaline dissoute dans 1 centimètre cube d'eau ajoutée à 5 centimètres cubes de la solution d'albumen d'œuf dans de l'eau s'oppose encore sensiblement à la coagulation. Cette dose est portée à $0^{gr},005$ dans le cas d'une dilution dans le sérum physiologique.

L'empêchement est beaucoup plus marqué, si l'on laisse l'albumen d'œuf en contact prolongé avec la formaline.

Cu. Lepierre, enfin, a recherché l'action de l'aldéhyde formique sur les produits de la digestion des albuminoïdes, et, par ce moyen, il a été amené à admettre que l'action de la formaldéhyde sur les albuminoses est un phénomène de condensation et de dés-hydratation simultanées, avec fixation de groupes CH^2. L'action sur ces produits de la digestion est la suivante :

1° Les protoalbuminoses sont insolubilisées par la formaldéhyde à chaud; le précipité est insoluble dans l'eau chaude, insoluble dans NaCl à 10 p. 100, insoluble dans Na²CO³.

2° La formaldéhyde exerce sur les deutéro-albumoses une action variable suivant leur nature ; les premiers termes de poids moléculaire plus élevé sont insolubilisés ; les derniers, les plus voisins des peptones, sont tout d'abord transformés en proto-albuminoses, et ce n'est que les produits ainsi obtenus qui sont à leur tour insolubilisés.

3° Les peptones vraies sont tout d'abord transformées en deutéro-, puis en protoalbuminoses.

Les produits ainsi insolubilisés ou transformés conservent les caractères des matières protéiques ; ils sont insolubles dans l'eau froide ou chaude ; mais ils se dissolvent en s'hydratant, quand on les a soumis pendant une heure ou deux à l'action de la chaleur sous pression à l'autoclave. Ils tendent dans ce cas à régénérer l'albuminoïde primitif.

Il y a donc là une sorte de régression progressive des peptones et des albumoses vers les albuminoïdes vrais.

La combinaison de la formaldéhyde avec les albuminoïdes s'effectuerait, d'après TRILLAT, par un processus analogue à celui de la combinaison avec les amines grasses ou aromatiques. Il y aurait fixation d'un groupement CH² avec élimination d'eau.

$$RAz\,H^2 + CH^2O = H^2O + RAz = CH^2.$$

Une très petite quantité de formaldéhyde suffit dans cette hypothèse à immobiliser et à insolubiliser une très grande quantité d'albumine, étant donné le poids moléculaire de l'albumine, énorme par rapport à celui de l'aldéhyde, 6 500 à 32.

Action sur les diastases. — L'aldéhyde formique réagit sur les ferments solubles : c'est ainsi que la diastase en dissolution à 1 p. 100, après traitement par la formaldéhyde, ne coagule plus par l'ébullition, ne brunit plus par l'acide sulfurique. Le réactif de MILLON donne une coloration jaune, au lieu d'une coloration rose.

De même, la peptone traitée par la formaldéhyde ne donne plus de coloration violette avec l'acide sulfurique, et le réactif de MILLON a son action modifiée d'une façon identique à celle de la diastase (TRILLAT).

Les actions de fermentation sont elles-mêmes modifiées. Cependant la diastase et la zymase ne sont pas altérées par l'aldéhyde formique au 1/20 000°.

POTTEVIN a montré que l'aldéhyde formique ajoutée au lait retarde sa coagulation par la présure. Ainsi, si l'on représente par R le rapport qui existe entre les temps de coagulation du lait témoin et du lait traité, on voit que ce nombre devient très grand pour des quantités relativement faibles de formol ajouté au lait.

TEMPS DE COAGULATION du lait témoin en minutes.	FORMOL en grammes par litre.	R
15	1	2
	0.8	1.7
27	1,6	—
	2,4	—
	0.8	1,8
65	1,2	très grand.
	1,6	—

Si la quantité de présure augmente, les doses nécessaires pour empêcher la coagulation s'élèvent.

Lœw a recherché l'action du formol sur les sucrases en mesurant la quantité de sucre détruit par une lecture au polarimètre. D'après POTTEVIN, l'aldéhyde formique modifie le pouvoir rotatoire des sucres et l'on ne peut, par suite, se servir de cette méthode. Par réduction avec la liqueur de FEHLING, POTTEVIN a montré que le formol ralentissait le dédoublement du saccharose.

Rideal et Foulerton ont recherché l'action de l'aldéhyde formique sur les ferments de la digestion. Les résultats qu'ils ont obtenus sont :

DIGESTION SALIVAIRE DE L'AMIDON

PROPORTION DE FORMALINE (solution de formol à 40 p. 100).	EFFET retardant. p. 100
1 pour 100 000	0,2
1 — 50 000	4,0
1 — 10 000	11,0

DIGESTION DE L'AMIDON

	ACTION RETARDANTE SUR LA DIGESTION PAR	
PROPORTION de formaline.	la zymine. p. 100	le suc pancréatique. p. 100
1 pour 100 000	3,6	13,0
1 — 50 000	8,2	16,0
1 — 10 000	8,5	16,7

L'action de l'aldéhyde formique sur la digestion protéolytique peut être résumée de la façon suivante :

DIGESTION PAR LA PEPSINE DE TISSU MUSCULAIRE

PROPORTION de formaline.	ACTION retardatrice. p. 100.
1 : 50 000	2,6
1 : 100 000 après 24 heures de contact. . . .	8,6
1 : 50 000 — — —	8,7
1 : 10 000 — — —	12,6

DIGESTION PAR LE SUC PANCRÉATIQUE DE LA CASÉINE

PROPORTION de formaline.	ACTION retardatrice. p. 100
1 : 50 000	0,3
1 : 100 000 après 20 heures de contact.	5,4
1 : 50 000 — — —	5,9
1 : 10 000 — — —	8,6

L'action du formol sur les ferments est donc une action retardatrice, ralentissante, provenant peut-être d'une destruction partielle ou d'une modification de la substance active.

Action sur les ferments organisés. — Le formol jouit de propriétés infertilisantes très énergiques. Liebreich montra un des premiers ses propriétés antiseptiques et tannantes. Pohl compara à ce point de vue son action à celle de l'alcool méthylique. Dubief, Berlioz, Jean, Duclaux étudièrent les propriétés toxiques de la formaldéhyde sur la cellule végétale vivante. Lœw avait montré sa toxicité vis-à-vis de l'organisme végétal. Buchner et Ségale observèrent que la formaldéhyde en vapeur s'opposait au développement des cultures sur plaques de gélatine. Aux doses de 1/20 000 et même de 1/50 000, elle s'oppose aux fermentations lactiques et butyriques du lait (Trillat, Béchamp). Sur le moût de bière, l'action est moins énergique, mais néanmoins le formol y arrêta le développement de ces ferments à la dose de 1/10 000. L'action sur le *Mycoderma aceti* est identique (Trillat). Le formol en vapeur jouit des mêmes propriétés. La levure de bière, au contraire, semble réussir beaucoup mieux, et la fermentation se poursuit, par exemple, dans un moût de riz ordinaire additionné de 1/5 000 de formol et saccharifié par du malt vert. La fermentation était déterminée par de la levure mise en suspension avec une solution de formol à 1/2 000 ; le rendement en alcool était le même qu'avec la levure de formol.

Pouscoxi a montré que les cellules semblent s'emparer des antiseptiques. C'est ainsi qu'une quantité massive de levure mise en présence de moût formolisé paraît fixer une certaine proportion d'aldéhyde, puisque le liquide filtré en renferme une quantité incomparablement plus faible qu'avant l'ensemencement.

Mosso, et Paoletti ont établi que la formaline (solution de méthanal à 40 p. 100) commençait à ralentir la fermentation ammoniacale à la dose de 1/20 000, : elle l'arrête complètement à la dose de 1/4 000.

Voici, d'après Trillat, le résultat des expériences effectuées en vue de déterminer l'action du formol sur les ferments organisés.

Bacillus anthracis. — Ralentissement ou développement de la culture à la dose de 1/60 000°.   Trillat.

Infertilisation des bouillons à la dose de 1/30 000°.   Trillat.

Infertilisation des bouillons à la dose de 1/20 000°.   Aronson.

La solution à 1/1000° tue la bactérie charbonneuse après un quart d'heure de contact.
                                                                         Stahl.

Bacille d'Eberth. — Dose infertilisante : 0^{gr},05 p. 1/1000°.   Berlioz.

Ralentissement à la dose de 1/20 000°.   Schmidt.

La solution au 1/750° tue les germes après un quart d'heure.   Aronson.

Bacterium coli commune. — Les bouillons sont infertilisés à la dose de 0^{gr},03 p. 1/1000°.   Berlioz.

Dose infertilisante : 1/20 000°.   Schmidt.

Bacilles de la décomposition. — Ralentissement très marqué de la décomposition du jus de viande à la dose de 1/50 000°.   Trillat.

Arrêt complet de la décomposition à la dose de 1/25 000°.   Trillat.

Ralentissement complet de la décomposition à la dose de 1/400 000°.
                                                                         Wortmann.

Les bactéries sont tuées à la dose de 1/50 000.   Wortmann.

Staphylococcus pyogenes aureus. — La solution au 1/750° tue les germes après un quart d'heure.   Stahl.

Les bouillons restent stériles à la dose de 1/20 000°   Schmidt.

Bacilles salivaires (?). — A la dose de 1/30 000°, les bouillons restent clairs.
                                                                         Trillat.

La solution au 1/1000° tue les bactéries en deux heures.   Trillat.

Bacilles des eaux d'égout (?). — A la dose de 1/20 000°, le formol stérilise les champs de culture.   Trillat.

A la dose de 1/1000°, la solution tue les germes après quelques heures.
                                                                         Trillat.

Spores de la terre de jardin (?). — La solution à 1/1000° les tue après une heure.
                                                                         Trillat.

La solution au 1/750° les tue après un quart d'heure.   Trillat.

Penicillium et Aspergillus. — Infertilisation au liquide Raulin à la dose de 1/10 000°.
                                                                         Trillat.

Le *Bacillus subtilis* semble être, d'après Miquel, l'espèce la plus résistante.

L'action microbicide serait, au contraire, d'après Bruck et Vanderlinden, faible et inconstante. Un contact prolongé pendant trente-cinq minutes avec une solution de formol à 5 p. 100 n'altérerait pas la vitalité des spores du charbon ; il n'est pas sûrement mortel pour le *Bacterium coli*; mais il ralentit la reproduction des bacilles de la diphtérie et de la fièvre typhoïde, etc.

La formaldéhyde à l'état de vapeur jouit aussi de propriétés antiseptiques, et le tableau ci-dessous résume l'action de ces vapeurs sur les ferments et les microbes.

Bacillus anthracis. — La bactérie charbonneuse est tuée en vingt minutes par un courant d'air ayant traversé une solution à 5 p. 100.   Berlioz, Trillat.

— Infertilisation des bouillons de culture sous une cloche contenant de l'air faiblement imprégné de formol.   Berlioz, Trillat.

Staphylococcus pyog. aureus. — Destruction de la bactérie lorsque l'air ambiant contient en vol. 2,5 p. 100 de formol.   STAHL.

Bacille d'Eberth. — Est tué après vingt-cinq minutes d'exposition à un courant d'air ayant traversé une solution de formol à 5 p. 100.   BERLIOZ, TRILLAT.

Est tué après vingt minutes d'exposition à un air contenant 2,5 p. 100 de formol.
                                                                                  STAHL.

Spores de la terre végétale. — Destruction complète sous une cloche contenant des traces impondérables de formol.   TRILLAT.

Même effet, lorsque l'air contient en vol. 2,5 p. 100 de formol.   TRILLAT.

Bacilles salivaires. — Stérilisation complète des bacilles de la bouche par un courant d'air ayant traversé dix minutes une solution de formol à 5 p. 100.   BERLIOZ, TRILLAT.

Bacilles du choléra asiatique. — Est tué lorsque l'air ambiant contient 2,5 p. 100 de formol en volume.   STAHL.

Bacilles du jus de viande. — Infertilisation sous une cloche contenant des traces impondérables de formol.   TRILLAT.

Le bouillon ne se décompose pas quand l'air ambiant contient 1/50 000e de formol.
                                                                                  TRILLAT.

Micrococcus prodigiosus. — Comme pour le choléra asiatique.   STAHL.

Staphyl. aureus. — *Bac. pyocyaneus.* — *B. anthracis.* — *B. d'Eberth.* — Les réinoculations restent stériles, à condition que la dilution du formol ait été au maximum de 1 p. 100, et le temps d'exposition de quatre heures.   SCHMIDT.

Ferm. lactique. — *F. butyrique.* — Arrêt de la fermentation lorsque l'air ambiant contient 1/20 000e de formol.   TRILLAT.

Penicillium. — *Aspergillus niger.* — *Moisissures.* — Les liquides ensemencés par ces germes restent clairs lorsque l'air ambiant contient 1/20 000e de formol. TRILLAT.

Les expériences de divers auteurs, et surtout de MIQUEL et de POTTEVIN, ont été poursuivies principalement dans le but de déterminer son action antiseptique sur les poussières et au point de vue des injections. Un grand nombre de recherches ont en outre été effectuées pour rechercher la puissance de pénétration des vapeurs d'aldéhyde formique; mais cette étude, ainsi que la précédente, rentre complètement dans les applications du formol à l'hygiène.

Toxicité de la formaldéhyde. — Mosso et PAOLETTI ont pu faire vivre un jour des grenouilles dans de l'eau formolée à 1 p. 4 000; mais la mort est rapide dans de l'eau à 5 p. 100. La formaline agit sur le cœur de la grenouille en produisant une diminution de la fréquence des contractions. Quelques gouttes de formaline pure arrêtent les mouvements du cœur (Mosso et PAOLETTI).

Une grenouille moyenne succombe en une à deux heures à l'injection sous-cutanée de 2 milligrammes de formaline, soit 0gr,0008 de formaldéhyde (DE BUCK et VANDERLINDEN).

Il semble que la toxicité du formol soit, d'après les auteurs, plus grande pour les animaux à sang froid que pour les animaux à sang chaud. Chez le chien, en injection hypodermique, ils ont déterminé la mort au bout de vingt-quatre heures à la dose de 1 cc. de formaline par kilogramme, soit 0,4 environ par kilogramme. Mosso et PAOLETTI ont déterminé sa toxicité pour les injections hypodermiques. A 0,88 par kilogramme, mort en vingt-quatre heures; à 0,55, mort au bout de quelques jours.

Par la voie intrapéritonéale, chez le chien, la dose toxique, d'après Mosso et PAOLETTI, est de 1 cc. de formaline par kilogramme avec mort immédiate. Avec 0cc,05 la mort survient au bout de vingt-quatre heures.

L'injection intra-péritonéale amène chez le chien des vomissements, le rétrécissement de la pupille, de l'abattement, de la salivation, de l'insensibilité. Si la quantité injectée est assez élevée, la mort survient rapidement avec arrêt de la respiration, convulsions, abolition de la sensibilité et des réflexes. A l'autopsie, le cœur est en systole, les anses intestinales contractées et pâles, le foie hyperhémique.

Si la dose est moins élevée, le chien survit jusqu'au lendemain, et meurt insensible, avec une pupille très dilatée, un pouls imperceptible, une température de 36°. A l'autopsie, on trouve dans la cavité abdominale un amas séro-sanguinolent de 250 cc. Le réseau veineux de l'épiploon, de l'intestin et de l'estomac est fortement hyperhémié.

Il en est de même du foie et de la pie-mère. Les muqueuses stomacales et intestinales sont enflammées avec zones ulcéreuses.

Par la voie stomacale, on a de même apparition de phénomènes convulsifs, perte de la conscience et de la sensibilité, salivation, etc. 0,1 par kilogramme de formaline en solution à 1 p. 100, irrite les parois de l'estomac et amène le vomissement. Une dose trois fois plus faible, en solution à 0,5 p. 100, ne produit plus le vomissement. Enfin, administrée à jeun à la dose de 0,5 par kilogramme en solution à 0,5 p. 100, la formaline est rapidement absorbée par l'estomac, et exerce une forte action sur le système nerveux central, de manière à produire de fortes convulsions, salivation, anesthésie.

Par la voie hypodermique apparaissent surtout des phénomènes de dépression marquée; une diminution, mais presque jamais une abolition de la sensibilité. Après l'injection de formaline, la pression artérielle s'élève; la respiration s'accélère, puis se ralentit et devient irrégulière. A dose toxique, la pression ne tarde pas à diminuer, le pouls se fait petit et fréquent; la respiration s'accélère. Le sang est extrêmement coagulable, et le sérum rouge. Dans la période *præ mortem*, la pression est très diminuée, la respiration, lente et irrégulière; le sang est noir et se coagule sous la canule.

Les conséquences de l'introduction du formol dans l'organisme par la voie stomacale ont été étudiées particulièrement au point de vue de la toxicité possible des produits alimentaires conservés par le formol.. C'est ainsi que RIDEAL et FOULERTON ont essayé l'action du lait formolé sur trois jeunes chats, un lapin, deux cobayes; les jeunes chats âgés de trois mois et les cobayes avaient paru particulièrement propres à ces expériences. ASMETS a repris ces expériences sur des chats âgés de trois et quatre semaines. Le lait formolé à la dose de 1/50 000° était déjà toxique. Au bout de la quatrième semaine, sur cinq animaux, trois avaient succombé, et c'étaient les animaux les plus jeunes qui s'étaient montrés le plus sensibles à l'action du formol.

Chez l'homme, les pilules de triformol ou trioxyméthylène additionné de substances inertes provoquent quelquefois des vomissements, troublent l'appétit, et sont, en général, mal supportées. Les lavements d'huile formolée sont également douloureux (BERLIOZ).

L'injection sous-cutanée de formol présente aussi des effets spéciaux.

Les animaux meurent cachectiques en quelques semaines avec $0^{gr},25$ par kilogramme sous la peau, $0^{gr},03$ par kilogramme dans les veines. Il y a sclérose du tissu conjonctif sous-cutané, surtout dans les régions inguinale et axillaire (POTTEVIN). Il se produit, sous l'influence d'injections répétées de formol, des nécroses de la peau.

D'après BERLIOZ et TRILLAT, l'injection sous-cutanée à des cobayes de $0^{gr},56$ et $0^{gr},66$ par kilogramme n'est pas mortelle. La dose de $0^{gr},80$ l'est assez rapidement : la dose de $0^{gr},38$ est inactive sur le lapin. On doit remarquer que les urines des animaux ayant reçu des doses analogues de formol sont devenues imputrescibles.

D'après ARONSON, au contraire, la dose mortelle pour le lapin serait de $0^{gr},24$. D'après DE BUCK et VANDERLINDEN, la formule de la solution de formaldéhyde à 40 p. 100 en injection sous-cutanée serait de 1 cc. à 1,5 cc. par kilogramme, soit 4 à 7 décigrammes de formaldéhyde, chiffre qui se rapproche de celui de BERLIOZ et TRILLAT. Pour le chien, la dose de 4 décigrammes par kilogramme est mortelle en vingt-quatre heures.

Sur l'homme, l'injection intra-musculaire de formol émulsionné dans l'huile ou la vaseline, est très douloureuse et produit souvent des abcès.

En injection intra-veineuse la mort est immédiate chez le lapin à la dose de 4 centigrammes par kilogramme (POTTEVIN), de 9 centigrammes (BERLIOZ et TRILLAT); pour le chien, à la dose de 7 centigrammes par kilogramme (BERLIOZ et TRILLAT).

L'action du formol agissant par les voies respiratoires a été étudiée par MOSSO et PAOLETTI d'une part, par BERLIOZ et TRILLAT d'autre part.

Les vapeurs de formaline sont très toxiques. Sur quelques rats exposés par MOSSO et PALEOTTI à l'action de ces vapeurs, dans une caisse, très peu survécurent. Au bout de deux heures de séjour la mort survient avec des signes d'inflammation pulmonaire et une extravasation de sérum dans la cavité pleurale.

Pour BERLIOZ et TRILLAT, les vapeurs de formol ne deviennent toxiques que lorsqu'elles sont respirées en grande quantité pendant plusieurs heures. Un cobaye exposé dans une caisse aux vapeurs se dégageant d'une solution de formol à 40 p. 100 est mort en trois jours. Un second cobaye, exposé seize heures par jour au courant d'air traversant la solution de formol à 5 p. 100, est mort pareillement au bout de trois jours. D'après Pottevin un cobaye exposé pendant quelques heures aux vapeurs de formol meurt en quelques jours.

Sur l'homme on a fait respirer des inhalations d'air ayant barboté dans une solution de formol, à des phtisiques ou dans des cas de coryzas ou de trachéo-bronchites aiguës. Ces inhalations ont pour effet de diminuer la purulence des crachats et la toux.

Le traitement des empoisonnements par le formol paraît être l'emploi des sels ammoniacaux. C'est ainsi qu'André, dans un cas d'empoisonnement par le formol, a administré l'esprit de Mindererus. Les réactions qui se passent sont alors les suivantes : si l'on agite l'esprit de Mindererus neutre avec du formol neutralisé, puis avec de la magnésie, et si l'on filtre, on observe l'apparition d'une réaction fortement acide. Le formol se combine à l'ammoniaque en donnant de l'hexaméthylènamine; celle-ci se conduit comme base monoatomique. Dans le cas de l'acétate d'ammoniaque, il y a mise en liberté de trois molécules d'acide acétique pour une combinée à l'hexaméthylénamine.

$$6\,HCOH + 4\,CH^3\,CO^2\,Az\,H^4 = C^6\,H^{13}\,Az^4\,CO^2\,CH^3 + 3\,CH^3\,CO^2\,H + 6\,H^2\,O.$$

Pour saturer une quantité déterminée de formol, il faut environ trois fois son poids d'esprit de Mindererus.

Action sur les tissus. — Le sang artériel recueilli en présence de petites quantités de formaline se coagule immédiatement (Mosso et Paoletti). Le caillot, plus ou moins sombre suivant la proportion de méthanal, adhère fortement aux parois de l'éprouvette, ne se détache pas, et ne donne pas de sérum. 0,001 de formaline donne encore lieu à cet effet; avec 0,0001 il y a formation d'un caillot normal, mais le sérum est coloré par de l'hémoglobine. Le sang des animaux qui ont reçu du formol présente les mêmes propriétés. D'autre part, J. Dariès a remarqué que le sang mélangé avec une solution isotonique de chlorure de sodium additionné d'aldéhyde formique laisse déposer au fond du verre la masse des globules. G. Marcana a appliqué cette propriété à la sédimentation du sang. On obtient une sédimentation excellente en mélangeant le sang avec du sérum Malassez (solution aqueuse de sulfate de soude de densité 1 020) additionné de 10 à 15 p. 100 de formol. La chute des globules débute quelques minutes après le mélange du sang; la sédimentation est complète au bout de vingt-quatre heures.

Lachi et Dell'Isola ont montré que la formaline dissout la substance fondamentale connective interposée aux cellules musculaires lisses et aux fibres striées, que c'est un excellent fixateur et durcisseur des épithéliums et du tissu nerveux.

L'action durcissante exercée par le formol sur les différents organes (Blum) est bien connue, et en permet une conservation commode. Mais l'action sur chaque tissu semble un peu variable.

Mosso et Paoletti ont étudié l'action du formol sur les vaisseaux du rein au moyen d'une circulation artificielle dans un organe récemment détaché du corps. La formaline mélangée au sang, de façon à donner une solution à 1 p. 100, exerce une action constrictive, telle que la lumière des vaisseaux est rétrécie de moitié, et que son action persiste, alors même que l'on fait repasser du sang normal dans l'organe. Une nouvelle circulation de sang empoisonné amène une nouvelle contraction de l'organe.

Avec des solutions cinq fois plus diluées, l'action constrictive est beaucoup moins marquée; mais est encore manifeste.

Le formol, d'après E. Lépinois, en solution à 1 p. 100, ne semble pas modifier la composition chimique du corps thyroïde, au moins en ce qui concerne des matières albuminoïdes iodées; il y a néanmoins une certaine diminution de leur solubilité dans l'eau pure et salée. La digestion de la glande est encore facile. Ce fait présente un certain intérêt, car la solution de formaldéhyde à 1 p. 100 est conservatrice, et les glandes thyroïdes de mouton sont, dans ces conditions, maintenues fraîches et inaltérables même sous forme de pulpe fine. On peut même empêcher complètement la dessiccation de la glande par l'addition au liquide d'une petite proportion de glycérine.

Enfin l'aldéhyde formique exerce une action marquée au point de vue anatomo-pathologique sur le foie, le rein, l'estomac, la rate et les capsules surrénales (A. H. Pilliet). Le rein est très fortement congestionné, surtout au niveau des glomérules; il y a en même temps vacuolisation des cellules des tubes contournés. Elles sont gonflées, remplies de vacuoles claires, et la lumière des tubes se trouve obturée. Dans le foie, il y a d'abord congestion, et l'organe présente l'aspect du foie cardiaque. Les cellules comprises dans les foyers de congestion péri-sushépatique sont souvent vacuolées, et elles montrent de très nombreuses figures de division nucléaire. Le cœur présente des altérations de la fibre avec de la myocardite segmentaire. Dans l'estomac, il y a augmentation et altération des cellules bordantes, congestion des villosités stomacales et duodénales. Dans les capsules surrénales et la rate il y a transformation pigmentaire des globules rouges du sang, et tellement accentuée que les coupes de ces organes se montrent semées de blocs de pigments. Il n'y a presque jamais dans aucun organe nécrose totale des cellules.

Rôle de l'aldéhyde formique dans la biologie végétale. — Baeyer avait émis le premier l'opinion que l'aldéhyde méthylique était le point de départ de la synthèse naturelle de tous les principes immédiats.

Wurtz disait déjà en 1872, à propos de la condensation de l'aldéhyde ordinaire et de la formation d'aldol : « Dans la formation du glucose et des composés analogues par les procédés de la nature, les aldéhydes jouent probablement un rôle important, en raison de la tendance que montre le groupe aldéhydique COH à former de l'oxhydride, et par suite à fixer l'hydrogène et le carbone d'une autre molécule. J'appelle l'attention sur ce nouveau mode de synthèse organique. On conçoit d'ailleurs que la plus simple des aldéhydes, l'aldéhyde formique H.COH, puisse prendre naissance dans les procédés de la végétation par la réduction partielle d'une molécule d'eau et d'une molécule d'acide carbonique :

$$CO^2 + H^2O = CH^2O + O^2,$$

et que la condensation de plusieurs molécules d'aldéhyde formique puisse donner naissance à des hydrates de carbone, à la fois alcools et aldéhydes, au même titre et par le même procédé que la condensation de deux molécules d'aldéhyde ordinaire produit de l'aldol. »

Nous avons vu que Lœw avait réussi à produire la synthèse du formose par condensation de la formaldéhyde.

Tollens ne réussit pas à transformer la formose en acide lévulinique, et refusa par suite d'en faire un corps analogue aux sucres réducteurs naturels. Wohmer constata que le formose ne pouvait donner naissance à de l'amidon, lorsqu'il est introduit dans une feuille vivante, et refusa, lui aussi, d'admettre le même fait. Enfin on pouvait faire et on fit à cette théorie une objection peut-être plus grave, la toxicité même pour le parenchyme végétal de l'aldéhyde formique. Mais cette toxicité n'intervient que s'il y a des doses appréciables de formaldéhyde, et on peut et on doit admettre que ce terme de passage instable se modifie aussitôt qu'il est formé. Or Lœw, Bokorny, Pringsheim ont montré que ce plasma vivant avait la propriété de réduire les sels d'argent, ce qui semble bien prouver l'existence de petites quantités de produits aldéhydiques. D'autre part, Fischer a identifié le formose avec l'α-acrose, produit de polymérisation de l'acroléine. Le bibromure d'acroléine en présence de baryte donne l'α-acrose et du bromure de baryum :

$$2 C^3 H^4 O Br^2 + 2 Ba (OH)^2 = 2 Ba Br^2 + C^6 H^{12} O^6.$$

Le glycérose, mélange d'aldéhyde glycérique $CH^2OH — CHOH — COH$ et de dioxyacétone $CH^2OH — CO — CH^2OH$, produit d'oxydation de la glycérine en présence du noir de platine ou du brome en solution alcaline, donne aussi par polymérisation l'α-acrose :

$$2 C^3 H^6 O^3 = C^6 H^{12} O^6.$$

L'α-acrose est une lévulose inactive, qui peut être dédoublée par les ferments de levure de bière par exemple, en lévulose lévogyre, qui existe dans la nature, et en lévulose dextrogyre. Le lévulose ordinaire disparaît dans la fermentation, le lévulose dextrogyre reste dans la liqueur. L'α-acrose reste donc une lévulose inactive par compensation. Elle se transforme facilement en un alcool hexavalent l'*acrite*, inactif à la lumière polarisée sous l'influence de l'hydrogène naissant.

L'acrite n'est autre qu'une mannite inactive, car l'oxydation du produit ainsi obtenu donne naissance à une mannose inactive; par compensation et dédoublable en une mannose dextrogyre, identique à la mannose naturelle, et en une mannose lévogyre pouvant donner naissance chacune à une mannite dextrogyre, identique à la mannite naturelle, et à une mannite lévogyre. Enfin l'oxydation par le brome de la mannite inactive de synthèse donne naissance à un acide mannonique inactif, ou acide racémomannonique, que l'on peut dédoubler par cristallisation des sels de strychnine ou de morphine en deux nouveaux acides, les acides mannoniques droit et gauche.

L'acide mannonique droit peut être transformé par la chaleur en acide glucosique, lequel, hydrogéné par l'amalgame de sodium, donne de la glycose ordinaire. On a ainsi tous les stades de transformation de l'aldéhyde formique jusqu'au glucose. Des considérations analogues conduisent aux sucres en C^7.

La mannoheptose de synthèse $C^7H^{14}O^7$ de Fischer donne par réduction un alcool heptavalent, $C^7H^{16}O^7$, la *mannoheptite*, identique à la perséite de Maquenne retirée des fruits du *Laurus persea*. Ces considérations conduisent donc à la notion des synthèses dans la plante. Le point de départ semble être l'hydrate carbonique $CO(OH)^2$, car il ne se fait point d'amidon dans une atmosphère dépourvue de gaz CO^2. Il y a formation sous l'influence de la lumière d'aldéhyde formique et d'oxygène, et consécutivement d'alcool méthylique, dont la présence est presque universelle; Maquenne ayant extrait des feuilles vertes des différentes espèces végétales de l'alcool méthylique par simple distillation avec de l'eau.

Les condensations ultérieures de l'aldéhyde formique conduisent aux dérivés glycériques, érythriques, sucres en C^5 C^6 C^7, etc., tandis qu'il se produit des phénomènes d'hydrogénation et de déshydratation donnant naissance dans les organes foliacés à la glycérine et aux alcools plurivalents, aux gommes, aux amidons, aux polysaccharides.

Par exemple, l'hydrogène naissant nécessaire à la formation de glycérine

$$3CH^2O + H^2 = C^3H^8O^5$$

peut provenir du dédoublement fermentatif du sucre sous l'action du ferment butyrique par exemple :

$$C^6H^{12}O^6 = C^4H^8O^2 + 2CO^2 + H^4.$$

L'action rentre alors dans le mécanisme des actions chlorophylliennes. D'après A. Gautier, la chlorophylle verte, soumise à l'action de l'hydrogène naissant, se décolore et donne naissance à de la chlorophylle blanche se recolorant plus tard à l'air. En outre, dans les cellules chlorophylliennes on doit admettre la décomposition de l'eau. La chlorophylle verte décompose l'eau, fixe l'hydrogène en devenant blanche, et dégage de l'oxygène.

La réduction de l'hydrate carbonique par l'hydrogène naissant, chlorophylle blanche, donne naissance à de l'acide formique, puis à de l'aldéhyde formique

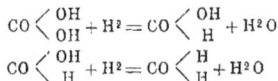

$$CO\begin{cases}OH\\OH\end{cases} + H^2 = CO\begin{cases}OH\\H\end{cases} + H^2O$$

$$CO\begin{cases}OH\\H\end{cases} + H^2 = CO\begin{cases}H\\H\end{cases} + H^2O$$

Nous avons donc un cycle qui se renouvelle constamment.

La formation des gommes, des polysaccharides, se produit par de simples déshydratations partielles. Il est en de même de la formation de cellulose et d'amidon.

Des filaments de *Spirogyra* dépourvus de leur amidon par un séjour d'un à trois jours dans l'obscurité à une température chaude, sont exposés à l'action de la lumière solaire directe. Ils accumulent alors très rapidement des matières amylacées; au bout d'une demi-heure il y en a déjà une grande quantité. Dans la lumière diffuse, la production est beaucoup moins rapide (Detmer).

TRAUS a constaté, au microscope, au bout de cinq minutes, la formation d'amidon sous l'influence de la lumière solaire dans les filaments de *Spirogyra* complètement privés auparavant de cette substance. BOKORNY, enfin, a montré que le méthylal $CH^2(OCH^3)^2$, aussi bien que l'alcool méthylique, ou un sucre fermentescible, permet la production de l'amidon dans les filaments de Spirogyre.

Il semble donc bien que l'origine même de ces substances très complexes soit le groupement CH^2O.

La formation de corps aromatiques peut encore, d'après A. GAUTIER, s'expliquer par des considérations analogues. C'est ainsi que la formation de phloroglucine peut être rattachée à la déshydratation du glucose déjà formé aux dépens de l'aldéhyde formique

$$C^6H^{12}O^6 - 3H^2O = C^6H^6O^3.$$
Phloroglucine.

L'alizarine dériverait d'un polymère de l'aldéhyde formique par déshydratation,

$$14\,CH^2O - 10\,H^2O = C^{14}H^8O^4.$$
Alizarine.

Il en serait de même d'un certain nombre d'alcools aromatiques, la salicine ou l'arbutine par exemple :

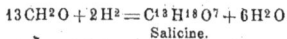

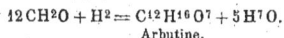

$$13\,CH^2O + 2H^2 = C^{13}H^{18}O^7 + 6H^2O$$
Salicine.

$$12\,CH^2O + H^2 = C^{12}H^{16}O^7 + 5H^7O.$$
Arbutine.

Une autre destinée de l'aldéhyde formique dans les végétaux serait, d'après DELÉPINE, son dédoublement possible sous l'action de l'eau. Cette action, comme nous l'avons vu, donne naissance à de l'acide formique et à du méthanal : le dédoublement du méthanal expliquerait donc la présence fréquente de ces deux corps dans la série végétale.

En outre, son dédoublement possible en acide carbonique et alcool méthylique pourrait expliquer la présence presque universelle, reconnue par MAQUENNE, de ce dernier corps dans les feuilles.

La dernière conséquence est l'apport d'un excès d'hydrogène avec élimination d'acide carbonique :

$$3(CH^2O) = CO^2 + 2(C + H^2O + H^2).$$

Le végétal renferme donc, par rapport à un hydrate de carbone, un excès d'hydrogène. SCHLŒSING avait posé le problème en ces termes : « Je ne comprends pas comment dans la plante entière, véritable intégrale de tous les gains ou pertes provenant de la nutrition ou de la dénutrition, l'hydrogène l'emporte, en équivalence, sur l'oxygène.

En effet, quand la respiration et la fonction chlorophyllienne travaillent ensemble, l'hydrogène est fixé avec son équivalent d'oxygène, et, quand la respiration seule fonctionne, il n'y aurait pas de perte d'oxygène : la plante au contraire en gagnerait.

Et ne semble-t-il pas que la manière la plus simple d'expliquer l'excès d'hydrogène dans la plante entière soit d'admettre qu'au cours des réactions internes entre les corps assimilés, il se produit quelques corps volatils plus riches en oxygène qu'en hydrogène que la plante élimine. Il est raisonnable de penser que ce corps est simplement de l'acide carbonique.

Mais BONNIER et MANGIN ont montré que le volume d'oxygène dégagé par l'assimilation est supérieur à celui que renferme l'acide carbonique décomposé. De telle sorte que le corps prévu par SCHLŒSING serait bien plutôt l'oxygène lui-même. Cet oxygène, d'après DELÉPINE, aurait son origine même dans l'aldéhyde formique, et, d'après lui, l'action chlorophyllienne se passerait de la façon suivante :

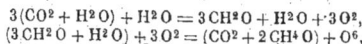

$$3(CO^2 + H^2O) + H^2O = 3CH^2O + H^2O + 3O^2,$$
$$(3\,CH^2O + H^2O) + 3O^2 = (CO^2 + 2\,CH^4O) + O^6,$$

ou au total

$$2\,CO^2 + 4H^2O = 2\,CH^4O + O^6.$$
4 vol.   6 vol.

L'alcool méthylique provenant de l'aldéhyde formique peut aussi, à l'état naissant, se méthyler facilement. PLŒHL, BROCHET et CAUDEREI ont montré la formation à chaud de méthylamine avec dégagement de CO^2 par l'action de l'aldéhyde formique sur les sels ammoniacaux. C'est peut-être là l'origine, non seulement des méthylamines végétales, mais aussi de certaines bases azotées complexes.

L'aldéhyde méthylique contribuerait à la formation des substances azotées de la plante par réduction des nitrates (GAUTIER),

$$2\,AzO^3H + 5\,CH^2O = 2\,CAzH + 3\,CO^2 + 5\,H^2O,$$

avec formation d'acide cyanhydrique, dont l'existence est bien démontrée dans la plante.

D'autre part, BERTHELOT et ANDRÉ ont montré que la réduction la plus énergique des azotates avait lieu dans les feuilles.

D'autre part, d'après A. GAUTIER, l'aldéhyde formique réagit sur les nitrates et les nitrites avec formation d'un groupe AzH, qui, fixant de l'eau, donne de l'hydroxylamine. L'hydroxylamine en présence d'aldéhyde formique donne naissance à de la formaldoxime $CH^2 = AzOH$, qui se transforme très facilement en formiamide $COH - AzH^2$. L'acide cyanhydrique, anhydride de cette formiamide, en est le résultat définitif.[1]

BACH a cherché à démontrer expérimentalement que la formaldoxime est le premier terme quaternaire de la réduction de l'acide azotique par l'aldéhyde formique.

Il a pu obtenir ce produit par réduction à froid de l'acide azoteux par l'aldéhyde formique.

Enfin, d'après PRINGSHEIM, l'acide cyanhydrique proviendrait de la déshydratation du formiate d'ammonium,

$$HCOH + O = HCO^2H.$$
$$HCO^2H + AzH^3 = HCO^2AzH^4,$$
$$HCO^2AzH^4 = HCAz + 2H^2O.$$

Les chaînons CAzH et CH^2O peuvent s'unir avec la plus grande facilité, et on peut en déduire la formation des groupements :

$$=C - AzH - \overset{H}{\underset{OH}{C}} \quad \overset{H}{\underset{OH}{C}} \quad C - AzH - \overset{H}{\underset{OH}{C}} - \overset{H}{\underset{OH}{C}} - AzH \quad - \overset{|}{\underset{|}{C}} - \overset{|}{\underset{|}{C}} = AzH,$$

dont les chaînons $C = AzH$ peuvent se transformer facilement en groupements oxydés. On est ainsi conduit à la synthèse générale des albuminoïdes.

L'aldéhyde formique et le groupement CAzH peuvent donc être l'origine unique des matières protéiques, avec formation connexe d'acides organiques (BRUNNLER, A. GAUTIER).

$$66\,CH^2O + 17\,CAzH = C^{62}H^{103}Az^{17}O^{23} + 5\,C^2H^4O^3 + 5\,C^2H^2O^4 + CO^2 + 8\,H^2O.$$

Albumine. Formule de LIEBERKÜHN.	Acide glycolique.	Acide oxalique.

Réactions. — Recherches et dosage de l'aldéhyde formique. — La formaldéhyde possède un certain nombre de réactions colorées qui permettent de déceler sa présence dans un certain nombre de circonstances. En particulier on s'est attaché à trouver des méthodes commodes permettant de la reconnaître dans les denrées alimentaires dans le lait en particulier.

La fuchsine décolorée par l'acide sulfureux est colorée à nouveau par la formaldéhyde. C'est le réactif de SCHIFF que l'on a modifié de différentes façons dans le procédé de préparation et dans les préparations des substances employées. On doit le préparer, d'après MOHLER, de la façon suivante :

	cc.
Eau distillée.	1 000
Bisulfite de soude	100
Solution aqueuse de fuchsine à 1 p. 100..	130
Acide sulfurique à 66 p. 100	15

Le réactif de GAYON employé pour reconnaître les aldéhydes dans les alcools se composait de :

cc.

Solution aqueuse de fuchsine à 1 p. 100. . . . . . 1 000
Bisulfite de soude à 30° B. 20
Acide chlorhydrique pur et concentré. 40

Dans le cas particulier de la recherche du formol, AL. LEEP emploie, pour les mêmes proportions d'eau et d'acide chlorhydrique, une quantité moitié moindre de bisulfite. Avec ce réactif, d'après AL. LEEP, la recherche de l'aldéhyde formique dans le lait doit se faire de la façon suivante : 100 centimètres cubes de lait sont distillés dans un ballon de 4 litres, d'une telle capacité à cause des mousses abondantes que produit la caséine. On recueille alors les 15 ou 20 premiers centimètres cubes qui passent à la distillation, et on soumet alors ce distillat à l'action de la fuchsine sulfureuse. On verse le bisulfite dans la solution de fuchsine ; au bout d'une heure environ, quand la décoloration est à peu près complète, on ajoute l'acide chlorhydrique. Le réactif doit être conservé en flacons bien bouchés.

Le distillat d'un lait formolé à la dose de un cinq cent millième donne, au bout de quelques minutes, par l'addition de ce réactif, une coloration rouge violette intense. Même à la dose de 1 millionième on aurait encore une coloration nette.

On peut aussi rechercher le formol dans le lait sans distillation préalable. DENIGÈS applique encore ainsi la réaction de SCHIFF. On verse directement le bisulfite de rosaniline dans le lait à essayer. Les laits non altérés par le formol recolorent ce réactif au bout d'un certain temps. Si alors on verse dans la solution ainsi recolorée quelques gouttes d'acide chlorhydrique, le tout redevient blanc ; mais il se développe en présence du formol une coloration bleue. Quand il n'y a que de très faibles proportions de formol, le temps nécessaire à l'apparition de la teinte bleue exige huit à douze heures, et l'emploi du réactif de GAYON.

JORISSEN a indiqué aussi la phloroglucine comme réactif du formol. Une solution de phloroglucine à un cent millième donne en milieu alcalin, dans un lait formolé, une coloration rose saumon fugace, tandis qu'en présence de lait pur on ne perçoit qu'une teinte blanc verdâtre semi-transparente. Pour faire la réaction, on verse dans 25 cc. de lait, 10 cc. environ de la solution de phloroglucine à un cent millième, et, après agitation, 5 à 10 cc. d'une lessive de potasse au tiers. La réaction est éclatante avec un cent millième de formol ; elle est nette à la dose de un cinq cent millième ; elle est encore sensible au millionième.

D'autres réactions ont encore été proposées, et peuvent être employées ; c'est ainsi que l'aldéhyde formique avec la créosote une coloration violette, tandis qu'avec l'aldéhyde acétique on a une coloration rouge cramoisi.

La méthode de HEHNER consiste dans l'action de l'acide sulfurique légèrement ferrugineux, en présence de lait, sur l'aldéhyde formique. On obtient une teinte bleue spécifique du formol. On peut remplacer le lait par une solution de peptone.

Une parcelle de chlorhydrate de morphine additionnée d'une dizaine de gouttes de SO^4H^2 concentré et mise en présence de traces de formol, donne une magnifique coloration pourpre virant au bleu indigo (JORISSEN).

TRILLAT a proposé l'oxydation du tétraméthyldiamidodiphénylméthane par le bioxyde de plomb et l'acide acétique, qui donne naissance à une coloration bleue intense résultant de la formation de l'hydrol correspondant. On verse 0,5 cc. de diméthylaniline dans la dissolution à essayer, et on l'agite vivement après l'avoir acidulée par quelques gouttes d'acide sulfurique. L'aldéhyde formique, s'il s'en trouve, se combine facilement à la diméthylaniline, si l'on chauffe le liquide pendant une demi-heure au bain-marie. Après l'avoir rendu alcalin par la soude, on le porte à l'ébullition jusqu'à ce que l'odeur de la diméthylaniline ait complètement disparu ; on filtre, on lave et on étale le filtre au fond d'une petite capsule en porcelaine : on l'arrose avec quelques gouttes d'acide acétique, et on y projette une très petite quantité de bioxyde de plomb finement pulvérisé. S'il se développe une coloration bleue, c'est l'indice de la présence du formol dans le liquide essayé.

TRILLAT a aussi proposé la formation de l'anhydroformaldéhydaniline $C^6H^4 - Az = CH^2$.

Cette combinaison se fait facilement en solution aqueuse étendue. On dissout donc 3 grammes d'aniline dans un litre d'eau distillée. Dans un tube à essai, on mélange 20 cc. du liquide à essayer, et on neutralise. En présence de l'aldéhyde formique, il se forme après plusieurs heures un nuage blanc très léger. Cette réaction est très sensible ; elle permet, d'après l'auteur, de déceler la formaldéhyde dans une dissolution au vingt millième ; mais, dans ce cas, il faut plusieurs jours pour que le trouble apparaisse. Cette réaction est commune aussi à l'aldéhyde acétique, et ne peut par conséquent pas servir pour reconnaître l'un en présence de l'autre.

F. Jean emploie pour rechercher le formol dans les matières alimentaires, dans le lait par exemple, la plupart des réactions que nous venons d'indiquer. 100 cc. de lait sont additionnés de 4 à 5 gouttes d'acide sulfurique, et chauffés à 70° pendant dix minutes ; les albuminoïdes étant ainsi coagulés, on place le tout dans un ballon de 300 cc. avec un excès de sulfate de soude sec en poudre. Le ballon est raccordé à un réfrigérant, et on distille ; l'aldéhyde formique, s'il y en a, passe dans les 50 premiers centimètres cubes du distillat. On le caractérise alors de la façon suivante :

1° Coloration rouge groseille avec la fuchsine décolorée par l'acide sulfureux, virant au violet rougeâtre par addition de quelques gouttes d'acide chlorhydrique.

2° Trouble laiteux par agitation avec l'eau d'aniline.

3° Précipité jaune rougeâtre virant au brun noirâtre par le réactif de Nessler.

4° Trouble laiteux avec une solution de chlorhydrate de phénylhydrazine donnant une coloration bleue par addition de nitroprussiate de soude et de lessive de soude (Réaction de Cavali).

5° On peut encore contrôler ces résultats par la réaction de Trillat.

Dans le cas de la viande on doit broyer préalablement le produit avec de l'eau acidulée sulfurique, et on soumet alors le produit dans les mêmes conditions à la distillation en présence du sulfate de soude. Malheureusement la recherche de la formaldéhyde dans les substances alimentaires est souvent fort difficile ; car elle forme des combinaisons stables et difficilement dédoublables avec les albuminoïdes.

Le dosage peut s'effectuer de différentes façons :

1° On détermine la quantité d'ammoniaque nécessaire pour transformer le méthanal en hexaméthylèneamine. On verse dans la solution à titrer une quantité connue d'ammoniaque et on en détermine l'excès alcalimétriquement,

Dans ces conditions, deux causes d'erreurs interviennent ; l'acidité primitive du formol est négligée ; il en est de même de la réaction alcaline de l'hexaméthylèneamine. Trillat a modifié le procédé de la façon suivante : on dose préalablement l'acidité d'une quantité connue de la solution au moyen de la soude normale en se servant de la phtaléine du phénol comme indicateur. On prend alors 10 centimètres cubes de la solution à titrer que l'on verse dans un ballon avec un excès d'eau et une quantité déterminée d'ammoniaque. On chasse l'excès d'ammoniaque par un courant de vapeur d'eau et on le reçoit dans de l'eau dont on détermine l'alcalinité par un dosage volumétrique ; on a la quantité d'ammoniaque combinée par différence avec la quantité totale ajoutée, en ayant soin toutefois de tenir compte de l'acidité primitive de la solution. L'équation suivante permet de calculer le rapport dans lequel se fait la combinaison :

$$6 CH^2 O + 4 Az H^3 = (CH^2)^6 Az^4 + 6 H^2 O.$$

Dans ce procédé, il y a encore une petite quantité d'hexaméthylèneamine entraînée par distillation.

Pottevin, à la solution d'aldéhyde à titrer, ajoute en grand excès une quantité d'ammoniaque connue et abandonne ce mélange 24 heures à la température ordinaire. On dose l'ammoniaque à la phénolphtaléine ; puis, quand la coloration rouge a disparu, on ajoute du méthylorange et on vire au rouge franc. On a ainsi l'alcalinité totale du liquide. Dans ces conditions, c'est l'ammoniaque qui est saturée la première, et l'alcalinité totale n'est pas gênée par la présence du sel ammoniacal formé. Les virages sont difficiles néanmoins à saisir ; on doit s'arrêter à une teinte encore légèrement rosée de la phtaléine, et on a un chiffre approché par défaut ; on doit aller jusqu'au rouge franc, et on a alors un chiffre par excès de la quantité totale d'alcali de la liqueur.

On aura par le calcul suivant deux valeurs pour la quantité de formaldéhyde, l'une approchée par défaut, et l'autre par excès.

Soit a, le volume d'acide titré nécessaire pour saturer l'ammoniaque employée diminué de celui qui correspond à l'acidité propre de la solution essayée.

b, le volume qui produit le virage à la phtaléine.

c, le volume qui produit le virage au méthyl-orange.

p, le poids d'ammoniaque saturé par l'excès du volume d'acide.

P, le poids de formaldéhyde trouvé.

$$P = p(A - b) \times \frac{45}{17},$$

$$P = p(A - c) \times \frac{60}{17}.$$

TRILLAT a aussi proposé de peser le précipité formé par l'anhydroformaldéhydanilin, dans des conditions analogues à celles que nous avons indiquées pour la recherche.

Enfin C. NEUBERG a proposé comme moyen de dosage de l'aldéhyde formique le paradihydrazinobiphényle :

$$AzH^2 - AzH - (4)C^6H^4(1)$$
$$AzH^2 - AzH - (4)C^6H^4(1)$$

qui donne pour cela une hydrazone de formule :

$$CH^2 = Az - AzH - (4)C^6H^4(1)$$
$$CH^2 = Az - AzH - (4)C^6H^4(1)$$

bien cristallisée en aiguilles jaunes très fines, insoluble dans l'alcool, la benzine, l'éther, le sulfure de carbone et le chloroforme, etc., fondant mal vers 220° et se décomposant à 240°. La formation de ce précipité est une réaction très sensible de la formaldéhyde. Le dosage doit se faire à la température de 50°-60°; on précipite le liquide renfermant l'aldéhyde formique par le réactif en solution à l'état de chlorhydrate, on lave à l'alcool et l'éther absolu, on sèche et on pèse. La solution de formol à doser doit être assez étendue (1 p. 1000 au moins). Enfin elle peut renfermer d'autres aldéhydes; la précipitation doit alors se produire en présence de 2 volumes d'alcool méthylique qui maintiennent en dissolution toutes les autres hydrazones.

Bibliographie. — Pour la partie chimique consulter : *Dict. de chimie pure et appliquée de* WURTZ. I, 1493; 1er *Suppl.*, 835; 2e *Suppl.*, IV, 274, où l'on trouvera une bibliographie très complète des mémoires publiés sur ce sujet.

Action sur les albuminoïdes. — BERLIOZ et TRILLAT. *C. R.*, CXV, 290. — TRILLAT. *Moniteur scientifique*, juillet 1892. — MOSSO et PAOLETTI. *A. i. B.*, XXIV, 321. — LEPIERRE. *B. B.*, 1899, 236; *C. R.*, CXXVIII, 739.

Action sur les diastases. — POTTEVIN, *Annales de l'Institut Pasteur*, 1894. — RIDEAL et FOURLESTON. *Public Health*, 1899, 535.

Action sur les ferments organisés. — FAZALLAT. *D.* Paris, 1885. — LATHAM. *Brit. med. Journal*, 1886, (1), 629. — PINET. *D.* Lyon, 1897. — TRILLAT. *C.* R.,30 mai 1892. — BERLIOZ et TRILLAT. *C. R.*, 1er août 1892. — BERLIOZ. *Bull. de la Soc. de thér. de Paris*, 1892. — SCHMITS. *Société médicale de l'Est*, mars 1895. — LIEBREICH. *Therap. Monatsch.*, avril 1893. — MIQUEL. *Annales de micrographie*, 1894 et 1895. — POTTEVIN. *Annales de l'Institut Pasteur*, 1895. — DUCLAUX. *Annales de l'Institut Pasteur*, 1892, 593. — BOKORNY. *A. g. P.*, LXVI, 114.

Toxicité. — DE BUCK et VANDERLINDEN. *Ann. Soc. méd. de Gand*, 1893, LXXII, 365; *Arch. de méd. exp.*, 1895, VII, 76. — BRONSON. *Berl. klin. Woch.*, 1892, n° 30. — ANNETT. *Lancet*, 1899, (2), 1284. — ANDRÉ. *J. de pharm. et de chimie*, 1899, X, 10. — BOCK. *Ind. med. Journal*, 1899, XVIII, 122. — ZORN. *Münch). med. Woch.*, 1900, XLVII, 1588.

Action sur les tissus. — BLUM. *Münch. med. Woch.*, 1893, nos 30, 32, 36. — MARCANO. *Arch. de méd. exp.*, 1899, XI, 434; *B. B.*, 1900, 317. — LOCHI et DELL'ISOLA. *Monit. zoo-*

ital., fasc. 1, 1895. — Lépinois. *Journal de pharm. et de chimie*, 1899, ix, 76. — Pilliet. *B. B.*, 1895, 641.

Rôle de l'aldéhyde formique dans la biologie végétale. — Bayer. *D. chem. Ges.*, iii, 63. — Wurtz. *C. R.*, 1872, lxxiv, 1361. — Boulleron. *Annales de Chimie*, cxx, 295. — Loew. *Journal für prakt. Chemie*, xxxiii, 321; xxxiv, 54; *D. chem. Ges.*, xxi, 276, xxii, 470. — Tollens, *ibid.*, xv, 1629; xvi, 917; xix, 2133. — J. Sachs. *Vorlesungen über Pflanzen-physiologie*, Leipzig, 1887. — Mayer. *Lehrbuch der agrik. Chemie*, Heidelberg, 1876. — Lœw et Bokorny. *Ber. d. deutsch. bot. Gesellschaft*, ix, 103. — Fischer. *D. chem. Ges.*, 1890, xxiii, 370, 2114; *Journal de chimie et de pharmacie*, 1860, xxii, 376. — Dettmer. *Manuel technique de physiologie végétale*, traduit par H. Micheels, Paris, 1890, 43. — G. Bonnier et Mangin. *C. R.*, 1885, c, 1303. — Delépine. *Bull. Soc. Chim.*, 1876, xv, 997. — Schlœsing. *C. R.*, 1885, c, 1234. — Ploebl. *D. chem. Ges.*, 1889, xxi, 2117. — Bochel et Camlus. *Bull. Soc. Chim.*, 1895, xiii, 392. — Bach. *C. R.*, 1896, cxxii, 1499. — A. Gautier. *La chimie des plantes* (*Revue scientifique*, 16 février 1877; *Bull. Soc. Chim.*, 1884, xlii, 141). — Brunner. *D. chem. Ges.*, ix, 984. — Brunner et Chuard. *Bull. Soc. Chim.*, 1894, xii, 126. — Maquenne. *La synthèse des sucres.* (*Revue générale des sciences*, 1890, i, 164). — *La synthèse des hydrates de carbone* (*Annales agronomiques*, 1890, xvi, 220).

Recherche et dosage. — Trillat. *C. R.*, 24 avril 1895. — Gayon. *C. R.*, 1877, cv, 1182. — Jouhny. *Journal de pharmacie de Liège*, iv, 129. — Urbain. *Bull. Soc. Chim.*, 1896, xv, 455. — Jean. *Revue de chimie industrielle*, 1899, x, 33. — C. Dœuberg. *D. chem. Ges.*, xxxii, 1961.

AUG. PERRET.

FORMOL. — **Hygiène.** — C'est en 1894 que Miquel fit connaître les propriétés microbicides de l'aldéhyde formique. Les résultats obtenus par Miquel et ses collaborateurs firent espérer que l'on possédait enfin l'antiseptique rêvé, facile à manier, relativement économique, et ne détériorant pas les objets soumis à la désinfection.

L'action bactéricide des solutions d'aldéhyde formique ne saurait être contestée, et, dans l'article de A. Perret ci-dessus, on a vu que, d'une manière générale, la plupart des micro-organismes étaient tués quand le milieu atteignait à peine 1 p. 1000, exception faite pour *Bacillus subtilis*, et qu'avec des doses beaucoup plus faibles, soit 1/50 000, le développement de ces agents se trouvait arrêté (voy. plus haut, p. 820).

Cette dernière observation intéresse particulièrement l'hygiène, et on a songé immédiatement à utiliser ces propriétés infertilisantes de l'aldéhyde formique dans la conservation des denrées alimentaires. Nous aurons à y revenir.

L'emploi des solutions de formol comme agent de désinfection est en réalité assez limité. Ce sont surtout les propriétés de l'aldéhyde utilisée sous forme de vapeur ou de gaz qui ont été l'objet de nombreuses applications.

Dans une étude critique sur la désinfection par l'aldéhyde formique, A. J. Martin fait remarquer que l'usage des pulvérisations et des lavages avec la solution de formaldéhyde n'a pu être pratiqué par suite des inconvénients qu'il présente pour les désinfecteurs. L'aldéhyde formique, même en solution diluée, exerce une action irritante sur les muqueuses, principalement sur les muqueuses de l'appareil visuel. Il ajoutait cependant qu'il serait intéressant de trouver un procédé permettant l'utilisation des solutions de formol.

L'année suivante, en 1900, Mackensie publiait son procédé. Il pulvérisait, à l'aide d'un pulvérisateur déjà utilisé en Angleterre pour les autres solutions antiseptiques, l' « *equifex Sprayer* », un liquide renfermant par litre d'eau 25 cc. de formaline commerciale, et une même quantité de glycérine. Malgré 2000 désinfections faites par ce procédé, Mackensie n'avait rien remarqué de nocif chez les désinfecteurs.

Ce procédé a été repris en 1901 par Dopter, au Val-de-Grâce, à la suite de recherches scientifiques poursuivies sous la direction de Vaillard.

La glycérine, qui avait le grand inconvénient de retarder la dessiccation, fut supprimée, et Dopter utilisa une solution aqueuse à 24 p. 1000 de formaline commerciale. La pulvérisation était pratiquée pendant un laps de temps variable, de 10 minutes à 40 secondes, soit sur des papiers imbibés de cultures pures, soit sur des papiers ou des fils de soie imprégnés de selles typhiques, d'exsudats diphtéritiques, ou de crachats tuberculeux desséchés. Il résulte de l'ensemble des recherches de laboratoire que la destruction des germes était complète, si l'on avait soin de laisser s'écouler 24 heures après la pulvérisation.

Dans les locaux, on utilisait un pulvérisateur type GENESTE et HERTSCHER, la salle restait fermée 24 heures. La désinfection n'était pas absolue, un certain nombre de moisissures résistaient, *B. subtilis* et divers genres de *Staphylococcus*, mais le nombre des colonies était singulièrement diminué, et les résultats furent assez satisfaisants pour décider l'autorité militaire à faire ainsi désinfecter l'École polytechnique, soit 48 000 mètres cubes. Le procédé est très économique, 25 centimes de formaline pour 100 millimètres cubes, et les désinfecteurs ne sont pas incommodés.

C'est toutefois sous forme de gaz que le formol a surtout été employé. Les recherches de TRILLAT, BERLIOZ, ayant montré que l'air chargé de vapeur de formol à 3 p. 100 au plus tue rapidement (20 à 25 minutes) la bactéridie charbonneuse, le bacille d'EBERTH, etc., de nombreuses tentatives de désinfection des locaux furent tentées depuis 1894 jusqu'à nos jours.

Appareils formogènes. — Les procédés préconisés pour produire de grandes quantités de vapeur de formol sont innombrables.

Une des difficultés à vaincre réside dans la nécessité d'écarter la polymérisation de ce corps. On a vu dans l'article précédent que l'aldéhyde formique, sous l'influence de la chaleur, possède une extrême tendance à former deux polymères, la paraformaldéhyde et le trioxyméthylène. Un troisième polymère, le formose ou l'acrose, beaucoup plus difficile à produire, n'intéresse pas l'hygiéniste.

Les deux premiers polymères se rencontrent toujours dans la solution de formaline commerciale, dite à 40 p. 100. Or ces deux corps n'ont pas de propriétés désinfectantes : il faut donc éviter leur formation ou provoquer leur dédoublement, s'ils préexistent.

Le premier procédé, indiqué par HOFMANN en 1868, et consistant à obtenir de l'aldéhyde formique par l'oxydation de vapeur d'alcool méthylique brûlant au contact d'une lame criblée ou d'une spire de platine, portée au rouge a dû être abandonné. Les lampes de TRILLAT, TOLLENS, KRAUSS, BEUSLER, HOFFMANN, SCHULTZE, etc., ne fournissent pas des quantités de formaldéhyde suffisantes : elles ont en outre le grand inconvénient de dégager de l'oxyde de carbone. Cet inconvénient est surtout à signaler, pour l'emploi spécial auquel sont réservées actuellement les lampes formogènes. Ces appareils, généralement très réduits, ne sont plus guère utilisés que comme désodorisants. Ils restent allumés dans des pièces occupées et non ventilées, et, si elles détruisent des vapeurs odorantes désagréables, mais inoffensives, elles les remplacent par l'oxyde de carbone inodore, mais toxique.

TRILLAT a préconisé un autre procédé : l'autoclave formogène. Une solution de *formochlorol* (mélange de 1 litre de formaline commerciale et de 200 grammes de chlorure de calcium, devant avoir une densité de 1 200) est vaporisée dans un autoclave sous une pression de 3 à 4 atmosphères. A cette pression les polymères ne peuvent se former, et ceux qui préexistent dans la formaline commerciale sont dédoublés.

OPPERMANN et ROSENBERG utilisent l'*Holzin*, solution de 35 p. 100 de formaldéhyde et de 5 p. 100 de menthol dans l'alcool méthylique. L'addition du menthol aurait pour effet d'atténuer l'odeur désagréable du formol, de provoquer la formation de méthylal, tout en empêchant la polymérisation du formol. La vaporisation se fait sous pression.

L'*Holzin* a un grave inconvénient pratique : elle coûte beaucoup plus cher que le formochloral.

AVENSCHY, SCHÉVING, utilisent les polymères solides : paraformaldéhyde et trioxyméthylène, qui peuvent être comprimés en pastilles de un gramme. Des lampes diverses, *Hygiea*, *Esculap*, assurent la combustion et le dédoublement des polymères. Les *Karbo-formal-Gluhblocks* de KRELL et ELB ne sont qu'une modification commerciale du procédé SCHÉVING.

BOCHET dissocie les polymères solides sous l'influence d'un courant d'air chauffé à 180°. En Angleterre, on utilise l'*Alfarmant-Lamp*, qui brûle de la paraldéhyde avec l'aide d'alcool méthylique.

WALTER et SCHLOSSMANN pulvérisent, à l'aide d'un courant de vapeur d'eau, un mélange de formaline et de glycérine (10 p. 100) qu'ils désignent sous le nom de *glycoformol*. La glycérine empêcherait la polymérisation. PRAUSNITZ, PELSUSCHY emploient des procédés analogues.

FLÜGGE, laissant de côté tous les appareils compliqués, déclare que le mieux est de vaporiser simplement dans un récipient à fond plat et à grande surface de chauffe, fermé par un couvercle muni d'une étroite ouverture, une solution diluée de formaline commerciale. Si l'on opère avec une dilution suffisante, de telle sorte que la concentration ne dépasse jamais 40 p. 100, il n'y a pas à redouter la polymérisation du formol.

Mode d'action de l'aldéhyde formique. — Si l'on fait le dosage de l'aldéhyde formique dans une pièce soumise à la désinfection, on constate que l'on ne trouve plus dans la pièce, une heure après l'opération, que le cinquième environ de l'aldéhyde évaporée (VON BRUNN, PEERENBROOM).

VON BRUNN explique cette disparition du gaz par une condensation sur les parois. RUBNER et PEERENBROOM rejettent le simple processus de condensation; il y a une absorption, surtout par certains corps, tout à fait spéciale. C'est ainsi que si l'on fait arriver de la formaldéhyde à l'état de gaz sec sur des substances, telles que la laine même portée à 150°, l'absorption est telle qu'il suffit d'une mince couche de laine, pour qu'un second échantillon placé au-dessous n'en reçoive aucune trace. Si la température est plus basse, il y a à la fois condensation et absorption, et un gramme de laine peut retenir ainsi 40 milligrammes de formaldéhyde.

Cette facilité d'absorption de la plupart des tissus explique le peu d'efficacité de la formaldéhyde en profondeur, et, d'après RUBNER, la précaution de soumettre les objets à un vide préalable avant de faire agir les gaz désinfectants ne serait d'aucune utilité, puisque ce n'est pas la résistance opposée à la diffusion par l'air qui constituerait l'obstacle essentiel, mais le pouvoir absorbant des tissus eux-mêmes.

L'influence de l'humidité de l'air sur la puissance d'action de la formaldéhyde est admise par presque tous les expérimentateurs. Aussi PEERENBROOM et RUBNER considèrent-ils que ce n'est pas à l'état gazeux, mais à l'état de solution que l'aldéhyde exerce son action destructive des bactéries. Il n'y a pas de véritables combinaisons de l'eau avec l'aldéhyde, mais une absorption de l'eau par l'aldéhyde, et, d'après RUBNER, il existerait pour une température déterminée, un optimum d'humidité qu'il est inutile, nuisible même de dépasser. L'hygiéniste allemand prétend d'ailleurs que cet optimum est dans la pratique à peu près impossible à réaliser.

Nous avons dit que la plupart des auteurs déclaraient que la désinfection était d'autant plus active que l'air renfermait une certaine quantité de vapeur d'eau (GEMUND, CZAPLEWSKI, PEERENBROOM, HAMMERL, KERMAUNER).

Il faut signaler l'opinion contraire, soutenue par TRILLAT, ABBA, RONDELLI, SYMANSKI. D'après ces derniers, opérant avec les procédés TRILLAT, SCHERING. etc., les résultats seraient d'autant meilleurs que l'air du local serait plus sec. Avant eux TRILLAT avait déclaré que la présence de l'eau ralentit l'action antiseptique du formol proportionnellement au degré de l'humidité.

La quantité d'aldéhyde formique qu'il est nécessaire de déverser dans les locaux à désinfecter est encore mal déterminée. Nous trouvons les chiffres suivants, pris dans des mémoires divers.

	Par mètre cube.	
	Aldéhyde formique. gr.	Eau. gr.
Procédé Trillat	3	5
— Schering	3	2,5
— Schlossmann-Linquer	9	1,4
— Flugge	2,5	30

VAN ERMENGEN indique comme minimum 250 grammes d'aldéhyde formique par 100 mètres cubes avec une quantité d'eau de 300 à 500 grammes au moins, pour opérer en sept heures. Si l'on veut une désinfection plus rapide, en quatre heures par exemple, il faut doubler les chiffres.

En se basant sur ces données, Van Ermengen donne les indications pratiques suivantes :

Pour une pièce de 100 mètres cubes à désinfecter en sept heures, avec l'autoclave Trillat, évaporer 3 litres d'eau additionnés à 1 litre de fermochloral. — Avec la lampe Schering, 150 grammes de paraforme et 380 grammes d'eau. Avec la formaline, 800 centimètres cubes de la solution commerciale avec 3 litres d'eau.

La température de la pièce où se fait la désinfection joue un rôle très important.

Dès 1894 Pottevin indiquait que l'élévation de la température augmentait considérablement le pouvoir bactéricide du formol. Dès que la température dépasse 35°, écrivait-il, les vapeurs du formol, même sèches, sont douées d'une énergie qui les rend précieuses pour la désinfection.

Au-dessous de 15°, quel que soit le procédé utilisé et le degré d'humidité, la désinfection se fait mal. En hiver, il est donc nécessaire de porter la température de la pièce à 25° ou 30°. D'après Mayer et Wolpert, l'influence de la température est supérieure à celle de l'humidité : c'est ainsi que, par 30° et avec un état hygrométrique voisin de 40 p. 100, les résultats sont supérieurs à ceux qu'on obtient vers 0° en milieu saturé de vapeur d'eau.

Désodorisation des vapeurs de formol. — Après avoir laissé les pièces hermétiquement closes pendant sept heures, on peut se contenter d'assurer une ventilation énergique en établissant des courants d'air. Mais dans ces conditions l'odeur pénétrante du formol et son action caustique et irritante sur les muqueuses persiste longtemps, plus de vingt-quatre heures généralement.

Pour pouvoir utiliser rapidement la pièce désinfectée, on utilise la propriété de l'ammoniaque de transformer l'aldéhyde formique en une combinaison inactive et inodore : l'hexaméthylènetétrammonium.

Flügge conseille par 100 mètres cubes l'évaporation de 800 centimètres cubes d'une solution d'ammoniaque à 25 p. 100. Cette évaporation demande vingt minutes. On attend 30 minutes encore pour que la combinaison entre le formol et l'ammoniaque soit complète. Il suffit alors d'ouvrir les fenêtres pour rendre la pièce habitable immédiatement.

Contrôle du pouvoir pénétrant. — Pour étudier la pénétration des vapeurs de formol, plusieurs méthodes ont été préparées. Du Bois Saint-Séverin et Pélissier utilisent la propriété qu'a la formaldéhyde de transformer la fuchsine en matière colorante bleue ; ils préparent des blocs de gélatine colorée en rose par la fuchsine, et les placent au centre des objets soumis à la désinfection. A la fin de l'opération, on voit si les vapeurs d'aldéhyde formique ont bleui la surface ou la profondeur du bloc de gélatine. Calmette part d'une autre propriété du formol : celle de coaguler les matières albuminoïdes. Il colore, avec un colorant soluble dans l'eau, une solution albuminoïde du sérum sanguin par exemple, puis le dessèche au-dessous de 55°. On obtient ainsi des paillettes rouges, qui, traitées par l'eau, donnent très rapidement un liquide coloré. Si ces paillettes ont été exposées aux vapeurs de formol, la dissolution ne se fait plus, et le liquide reste incolore. C'est là une méthode très commode et très sûre. Ajoutons que les deux procédés ont donné presque toujours des résultats identiques et peu favorables au pouvoir pénétrant des vapeurs d'aldéhyde formique.

Désinfections superficielles. — Quel est le pouvoir désinfectant de l'aldéhyde formique employée sous forme de vapeur?

Comme désinfectant de surface, l'action de la formaldéhyde est incontestable, quel que soit le procédé de production, si la quantité d'aldéhyde produite est suffisante, ainsi que le degré hygrométrique. Les fils de soie, les morceaux d'étoffes infectés de cultures de *Staphylococcus aureus* ou de *Bacillus prodigiosus*, bacille de Lœffler, d'Eberth, voire les spores charbonneuses furent presque toujours stérilisés. Les plus résistants paraissent être : *Bacillus subtilis*, bacille du tétanos, bacille de l'œdème malin, qui ne furent pas détruits.

Mais, si l'aldéhyde formique est un admirable désinfectant de surface, il n'en est plus de même quand il s'agit de la désinfection plus profonde des objets protégés.

Ainsi dans les expériences de Flügge, les vapeurs de formol, quel que soit le procédé employé, ont toujours été incapables de stériliser des crachats, du pus, des fausses membranes à l'état frais ou desséché, quand ces produits étaient en couche plus ou moins épaisse et surtout lorsqu'ils imprégnaient des corps poreux, des vêtements, des literies. Les cultures virulentes sont restées intactes, quand elles étaient placées dans la poche intérieure d'un vêtement, dans une manche retournée, sous le revers d'un col d'habit, entre quelques doubles d'étoffe, entre les fissures d'un plancher, au fond d'un tiroir incomplètement tiré, ou derrière un meuble, sous un lit rapproché du mur.

ABBA et RONDELLI, DU BOIS SAINT-SÉVERIN et PÉLISSIER, RUBNER et tant d'autres arrivent à des conclusions identiques. Les premiers auteurs se montrent encore plus sévères, lorsqu'ils concluent qu'en dehors des surfaces planes, comme le verre, les meubles vernissés, l'action de la formaldéhyde est insuffisante : elle doit être rejetée « partout où il y a de la poussière visible à l'œil nu ».

A côté de ces expériences, dont les conclusions sont peu favorables à l'utilisation de l'aldéhyde formique, il faut citer quelques travaux aboutissant à des résultats opposés. FAIRBANKS, utilisant les pastilles de AVÉNSOHN SCHERING, fournissant 9ᵍʳ, 50 d'aldéhyde par mètre cube, a trouvé, après 25 heures d'action, que les bacilles diphtériques et typhiques, ainsi que les staphylocoques, étaient tués, bien qu'ils fussent enveloppés par des chiffons ou cachés entre des matelas. Le bacille du charbon, même protégé par des chiffons, fut tué ; il n'en fut pas de même quand il était protégé par l'épaisseur d'un matelas.

Dans d'autres expériences, le même auteur n'eut pas des résultats aussi encourageants. HINZ, en vaporisant du formochloral avec l'autoclave, obtient la désinfection complète des vêtements : les spores charbonneuses elles-mêmes n'auraient pas résisté. ROSILZKY réussit à tuer les bacilles de la diphtérie et des staphylocoques après 9 heures de contact avec 40 grammes de formaldéhyde par mètre cube ; et encore le *Bacterium coli* avait résisté à cette dose formidable.

LUBBERT, en saturant au préalable les objets avec de la vapeur d'eau, puis en envoyant de la formaldéhyde à la dose de 4 grammes par mètre cube, obtient de bons résultats.

Une curieuse observation de GEHRKE montre le peu de puissance diffusible du formol. Des cultures sur agar, en couche inclinée, n'étaient stérilisées que sur une longueur de 3 à 4 centimètres à partir de l'orifice du tube qui les contenait, alors que ces tubes étaient exposés ouverts dans le local où l'on dégageait les vapeurs de formol ; ces vapeurs n'avaient point pénétré au fond des tubes, l'air enfermé suffisant pour opposer un obstacle à la diffusion.

Ajoutons cependant que, si l'on pratique en même temps des pulvérisations d'eau à l'aide d'un spray, les tubes placés dans la même position que précédemment sont stérilisés (CZAPLENSKI).

Pour favoriser la pénétration des vapeurs de formol dans les objets épais : matelas, vêtements, un certain nombre d'inventeurs ont préconisé des étuves formogènes. Le vide relatif préalablement fait, puis la génération d'une grande quantité de formol sous pression même légère devait assurer la désinfection en profondeur.

Les expériences de DUNBORD et MUSCHOLD, pour l'office sanitaire impérial allemand, de MERKEL, etc., ne donnèrent que des résultats fort peu encourageants. RUETSCH et RAMBAUD n'obtinrent la stérilisation des *tests* protégés qu'en multipliant les opérations sur une même série d'objets.

Des expériences plus récentes semblent cependant donner de meilleurs résultats. Ainsi VOGES, en envoyant des vapeurs de formol dans un autoclave où un vide de 75 centimètres de Hg. avait été effectué, a obtenu, en moins de quarante minutes, la destruction des agents pathogènes : charbon, fièvre typhoïde et staphylocoques, bien que les *tests* fussent protégés par des étoffes.

Dans tous les cas, les étuves formogènes ne répondraient qu'à une indication très localisée ; la désinfection des vêtements et matelas, telle qu'elle est pratiquée aujourd'hui avec les étuves à vapeur fluente ou sous pression.

Il faut ajouter que, d'après les recherches d'ABBA et RONDELLI, les taches de sang et de pus restent fixées d'une façon indélébile sur les étoffes soumises aux vapeurs de formol.

Conclusions. — L'aldéhyde formique est un désinfectant de surface : son pouvoir de pénétration est nul, quand il est utilisé dans une pièce. Avec les étuves formogènes, permettant de faire varier successivement la pression dans le sens positif et dans le sens négatif, il peut donner quelques résultats, quoique toujours incertains. FLÜGGE acceptait la désinfection des pièces par les vapeurs d'aldéhyde pour la diphtérie, la scarlatine, la tuberculose pulmonaire, tout en réclamant, pour une partie des objets contaminés, une désinfection plus sûre; mais il rejetait ledit procédé pour la fièvre typhoïde, le choléra, la dysenterie.

Malgré toutes les tentatives faites, on peut affirmer que le formol n'a pas justifié les espérances qu'avaient fait naître les premières expériences.

Bibliographie [1]. — ABHA. *Sulla desinfezione degli ambienti colla formaldeide* (*Riv. d'Igiene e San. Publ.*, 1899, 919). — ABRA et RONDELLI. *Das F. und die öffentliche Desinfektion* (*Z. f. Hygiene*, XXVII, 49); — *La F. nei servizi di dezinfezione* (*R. d'Igiene e San. Publ.*, 1897, 361; 1899, 418; — (*Giornale della R. Soc. Ital. d'Igien.*, 1900). — ALLAN et CRIBB. *Experiments with gaseous disinfectants* (*Brit. med. Journ.*, 1898, 423). — ARONSON. *Ueber die antiseptischen Eigenschaften des polymerisirten F.* (*Münch. med. Wochensch.*, 1894, 239). — *Ueber eine neue Methode zur Desinfektion von grösseren Räumen mittels F.* (*Zeitsch. f. Hygien*, 1897, XXV, 168). — ASCOLI. *Sul potere disinfettante della F.* (*Giorn. della R. Soc. ital. d'Igien*, 16, n° 7). — BARONNE. *La F. e la desinfezione degli ambienti., Glicoformal e igazolo* (*Ann. d'Igiene sperim.*, 1899, 463). — BERLIOZ. *Étude sur la F.* (*Dauphiné médic.*, 1892). — BLISS et NOVY. *Action of F. on enzymes* (*Journ. of exp. med.*, 1899, n° 1). — DU BOIS SAINT-SÉVERIN et BONNEFON. *Rapport sur les expériences de désinfection avec le formacétone* (*Arch. de méd. navale*, 1899, 401). — et PÉLISSIER. *Expériences de désinfection au moyen du F.* (*Arch. de méd. navale*, 1899, 321). — BOSC. *Essais de désinfection par les vapeurs de F.* (procédé TRILLAT) (*Ann. de l'Inst. Pasteur*, 1896, 299). — BROCHET. *Sur la production du F. gazeux pur* (*C. R.*, 1896, 201). — V. BRUNN. *F.-Desinfektion durch Verdampfung verdünnsten F.* (*Z. f. Hyg.*, 1899, 201). — BRUSSET. *Contribution à l'étude du F.* (D. Paris, 1896). — BURCKHARD. *Zwei Beiträge zur Kenntniss des F. Wirkung* (*Centralbl. f. Bakt.*, XVIII, 257). — CAMBIER et BROCHET. *Appareil pour la production du F.* (*Ann. de micrographie*, 1894, 10). — *Désinfection des locaux par le F.* (*Ann. de micrographie*, 1895, 89). — CZAPLEWSKI. *Ueber Wohnungs-desinfektion mit F.* (*Münch. med. Wochenseh.*, 1898, 1306; *Centralbl. f. allg. Gesundheitspfl.*, 1900); *Sanit. Demogr. Wochenschr.*, 1899, 43); — *Zeitschr. f. prak. Aerzte*, 1902, n° 6). — DIEUDONNÉ. *Ueber Wohnungs-desinfektion mit F.* (*Apothekerztg.*, 1898, n° 6). — *Ueber die Desinfektion mittels Karbo-formolglühblocks* (*Münch. med. Wochensch.*, 1900, n. 42). — *Ueber die Hydroformol Desinfektion* (*Die Arzth. Praxis*, 1901, n. 2). — DOPTER. *Sur la désinfection des locaux par la pulvérisation d'une solution de F.* (*Revue d'hygiène*, 1902, 131). — DOTY. *F. als Desinficiens* (*New-York Med. Journ.*, 1897). — DU BOIS SAINT-SÉVERIN et PÉLISSIER. *Expériences comparatives de désinfection par le F.* (*Arch. de méd. navale*, 1899, 321). — DUNBAR et MUSCHOLD. *Untersuchungen über das Desinfektionverfahren* (*Arbeit. a. d. kais. Gesund. Amt.*, 1898, 114). — EHRLICH. *Der F. zur Konservirung von Nahrungsmitteln* (D. Würzburg, 1898). — ENOCH. *Eine neue Desinfektionsmethode vermittelst F.* (*Hyg. Rundschau*, 1899, 1274). — V. ERMENGEN. *La désinfection par le F.* (*Bull. du serc. de santé et de l'hyg. de Belgique*, 1899, 23). — et SUGY. *Recherches sur la valeur du F. comme désinfectant* (*Arch. de Pharm.*, 1874, 1). — ERNE. *Zur Beurtheilung der Desinfektion mit Karboformolglühblocks* (*Münch. med., Wochensch.*, 1900, 1666). — FAIRBANKS. *Untersuchungen über Zimmerdesinfektion mit F.* (*Centralb. f. Bakt.*, XXIII, 24-80-138-689). — FAVOLLAT. *Essais de désinfection par les vapeurs de F.* (D. Lyon, 1895). — FLICK. *Raum des Infektionsversuche mit dem Lingner'schen Apparate* (*Centr. f. Bakt.*, XXVI, 67). — *Ein Kontrolversuch zur Glykoformal und combinirte Paraformaldehyd-Desinfektion* (*Centr. f. Bakt.*, XXVIII, 244). — FLÜGGE. *Die Wohnungsdesinfektion mit F.* (*Zeitschr. f. Hyg.*, 1878, 276). — FOURNIER. *Recherches sur la désinfection par le F.* (*C. R.*, 1899, 195). — FOLEY. *Recherches sur la valeur comparative de quelques agents désinfectants* (D. Lyon, 1895). — FREYMUTH. *Cholera-Desinfektionversuche mit F.* (*Deutsche med. Wochenschr.*, 1894, 649). — FRIEDMANN. *Zur Frage der Zimmerdesinfektion mit F.* (*Deutsche med. Wochenschr.*, 1899, 818). — FUNCK. *Sur la valeur de la désinfection par l'autoclave TRILLAT* (*Journ. de Bruxelles*, 1897, n. 43). — GALIBERT. *De la désinfection par les vapeurs de F.*, (D. Montpellier, 1896). — GEMUND. *Desinfektionsversuche mit der neuen Methode*

---

1. F — **Formol** ou les termes synonymiques.

der Fabrik SCHERING *(München med. Wochenschr.*, 1897, 1439). — GEHRKE. *Versuche über die desinfektorische Wirkung der* SCHERING'*schen Apparat (Deutsche med. Wochenschr.*, 1898, 242). — GERSON. *Ueber Desinfektion mit F.* (D. Wursburg, 1895). — GOZINI. *Sulla disinfezione degli ambienti mediante la F.* (*Policlinica*, 1899, n° 6, 1900, 129). — HAMMER et FEITLER. *Ueber die elektive Wirkung des F. auf Milzbrandbacillen* (*Centralb. f. Barkt.*, XXIV, 349). — HAMMERL et KERMAUNER. *Zur Desinfektion Wirkung des F.* (*Münch. med. Woch.*, 1898, 1493). — HESS. *F. als Desinfektionsmittel* (D. Marhurg, 1898). — HINZ. *Untersuchungen zur Frage der Verwendbarkeit des F. zur Desinfektion von Kleidungsstücken und von Wohnräumen* (*D.* Kiel, 1900). — KANTHACK. *The disinfection of the rooms by F.* (*Lancet*), 1898). — KAUP, *Die Wohnungsdesinfektion durch F.* (*Wien. med. Wochen.*, 1899, nos 42-44). — KERMEKTSCHIEFF. *Le F. et la désinfection des locaux* (D. Paris, 1899). — KOTZINE. *Recherches sur le pouvoir désinfectant de la F.* (*Travaux du lab. municipal de Moscou*, 1900, 900). — LEHMANN. *Vorlaufige Mittheilungen über die Desinfektion von Kleidern mit F.* (*Münch. med. Wochens.*, 1893, 597). — LEWIN. *Ueber die desinficirenden Eigenschaften des F.* (*Deutsch. med. Woch.*, 1895, 238). — LION. *Untersuchungen über dem Keimgehalt und die Desinfektion* (D. Würzburg, 1896). — LÜBBERT. *Ueber die Wohnungsdesinfektion mit F.* (*Deutsche milit. arzt. Zeitsch.*, 1901, 309). — LŒB. *Ein neuer Beitrag zur F., speciell in der Urologie* (*Münch. med. Woch.*, 1901, 1839). — MACKENZIE. *Methodes of disinfection* (*Public Health.*, 1900, 438-593). — MARTIN. *La désinfection par le F.* (*Revue d'hygiène*, 1899, 613). — MAYER. *Ueber die Desinfektionswirkung durch Gemisch von Wasserdampf mit F. bei niedrigem Dampfdruck* (*Hyg.Rundschau* 1903, 281). — et WOLPERT. *Beiträge zur Wohnungsdesinfektion durch., F.* (*Hyg. Rundschau*, 1901, 153). — *Zur Rolle der Lufttemperatur bei der F. Desinfektion* (*Hyg. Rundschau*, 1901, 396). — MENGARINI. *Azione anticritogamica, dei vapori di F.* (*Bol. de notizie agr.*, 1899, n. 39). — MERKEL. *Ein Desinfektionsversuch mittels des* TRILLAT'*schen Apparates und des Vakuum.* (*Münch. med. Woch.*, 1898, 1484). — MIQUEL. *De la désinfection des poussières sèches des appartements* (*Ann. de Microg.*, 1894, 257-624 ; 1895, 60). — NEISSER. *Ueber die F.* (*Hygien. Rundschau*, 1899, 1234). — NICOLE (*Normandie Médicale*, 1897, 118). — NIEMANN. *Zur Desinfektion von Wohnräumen mittels F.* (*Deutsch. med. Woch.*, 1896, 747). — NOVY et WENTE. *The disinfection of rooms* (*New-York med. News*, 1898). — NOWACK. *Ueber die F. desinfektion nach* FLÜGGE (*Hygien. Rundschau*, 1899, 913). — PARK et GUERARD. *Desinfektion mit F.* (*Philad. med. Journ.*, 1898). — PEERENBOOM. *Zum Verhalten des F. im geschlossenem Raum* (*Hyg. Rundschau*, 1898, 769). — PETRUSCHKY. *Fortschritte in der Wohnungsdesinfektion durch Verwendung von F.*(*Gesundheit*, 1899, n. 1); — et HINZ. *Ueber Desinfektion von Kleidungsstücken mittels strömenden F.* (*Deutsche med. Wochenschr.*, 1898, 527). — PFUHL. *Untersuchungen über die Verwendbarkeit des F. gases zur Desinfektion grösserer Räume* (*Zeitschr.*, *f. Hyg.*, XXII, 339, *u.* XXXIV, 283). — *Zur keimtödtenden Wirksamkeit des neuen* LINGUER'*schen Desinfektionsapparates* (*Hygien. Rundschau*, 1898, 1129). — *Beitrag Praxis der F. zur Desinfektion im Felde* (*Deutsche milit. arzt. Zeitschr.*, 1898). — PHILIPP. *Ueber die Desinfektion von Wohnräumen durch F.* (*Münch. med. Wochenschr.*, 1894, 926). — PITON. *Rapport sur la désinfection par le chloroformol* (*Arch. de méd. navale*, 1897, 414). — PRAUSNITZ. *Ueber ein einfaches Verfahren der Wohnungsdesinfektion mit F.* (*Münch. med. Wochens.*, 1899, 3). — DE RECHTER. *Du pouvoir pénétrant du F.* (*Ann. de l'Inst. Pasteur*, 1898, 447). — REICHEMBACH. *Versuche über F. Desinfektion von Eisenbahnwägen* (*Zeitsch. f. Hyg.*, XXXIX, 428). — REISCHANEN. *Untersuchungen über die Brauchbarkeit verschiedener Verfahren zur Ausführung der Wohnungsdesinfektion mit F.* (*Hygien. Rundschau*, 1903, 576-636). — REISS. *Ueber F. Desinfektion* (D. Wurzburg, 1899). — ROSENBERG. *Ueber Wirkungen des F., in bisher nicht bekannten Lösungen* (*Deutsche med. Wochens.*, 1896, 626). — *Ueber die Wirkungen des F. im Holzin und Sterform* (*Zeitsch. f. Hygien.*, XXIV, 488). — ROUX et TRILLAT. *Essais de désinfection par les vapeurs de F.* (*Ann. de l'Inst. Pasteur*, 1896, 283).—RUBNER et PEERENBOOM. *Beiträge zur Theorie und Praxis der F.* (*Hyg. Rundschau*, 1899, 215). — SCHLOSSMANN. *Desinfektion mit F.* (*Berlin. klin. Wochensch.* 1898, 550). — *Zur Frage der Raumdesinfektion vermittels F.* (*Münch. med. Wochensch.*, 1898, 1640). — SCHMIDT. *Ueber die desodorisende Wirkung des F.* (*Pharmakol. Ztg.* 1894, 6). — SCHNEIDER. *Zur Desinfektionswirkung des Glycoformols* (*Arch. f. Hyg.*, XXXVI, 127). — *Ueber Wohnungsdesinfektion mit Gäsen* (*Wien. med. Wochensch.*, 1899, nos 24 et 25).

— Schönfeld. *Ueben den* Schlossman'*schen Desinfektionsapparat und das Glycoformal.* (*Deutsche med. Wochensch.*, 1898, 642). — Schumburg. *Zur Technik der Untersuchung bei der F. desinfektion* (*Deutsche med. Wochensch.*, 1898, 837). — Sprague. *F. disinfection in a vacuum room* (*Public health.*, 1899, n. 38). — Strüver. *Bestimmung des für Desinfektionszwecke mittels Lampen oder durch Formalin resp. Holzin erzeugten F.* (*Zeitschr. f. Hyg.*, xxv, 357). — Strehl. *Beiträge zur Desinfektionskraft des F.* (*Centrabl. f. Bakt.*, xix, 785). — Symanski. *Ueber die Desinfektion von Wohnräumen mit F. vermittelst des Autoklaven und der* Schering'*schen lampe.* " *Æsculap*" (*Zeitschr. f. Hyg.*, xxviii, 229). — Symons. *The disinfection of books and other articles by steam* (*The Brit. med. Journ.*, 1899, 588). — Thomas et van Houtum. *De glykoformal desinfectie* (*Nederl. Tijdschr. voor Geneesk.*, 1899, 922). — Thomson. *F. Nachweiss in der Milch und dessen Werth als Conservirungsmittel* (*Chem. News*, 1895, 247). — Tippel. *Ueber die F. Desodorisation* (*Münch. med. Wochenschr.*, 1898, 689). — Trillat. *Transformations de la solution de F. en vapeurs pour la désinfection*, 1896, 122). — *La F. et ses applications pour la désinfection des locaux contaminés* (Paris, 1896) (Carré). — *et* Berlioz. *Sur les propriétés des vapeurs du F.* (*C. R.*, 1892, 290). — Vaillard et Lemoine. *Sur la désinfection par les vapeurs de F.* (*Ann. de l'Institut Pasteur*, 1896, 481). — Vogel. *Ueber F. Desinfektion zur* (*Münch. med. Woch.*, 1900, 556). — Voges. *Zur Frage der Anwendung des F. gases Desinfektion* (*Centralbl. f. Bakt.*, xxxii, 314). — Walter. *Zur Bedeutung des Formalins. resp. als Desinfektionsmittel* (*Z. f. Hyg.*, xxi, 421). — Weiterere. *Untersuchungen uber F. als Desinfektionsmittel* (*Z. f. Hyg.*, xxvi, 454). — Schlossmann. *Ueber eine neue Methode der Stalldesinfektion* (*Zeitschr. f. Thiermedicin.*, ii, 1). — *Ueber eine neue Methode der Desinfektion* (*Journ. f. prakt. Chemie*, 1898, lvii, 173 et 517). — *Ueber neue Verwendungsarten des F. dehyds zu Zwecken der Wohnungsdesinfektion* (*Münch. med. Woch.*, 1899, 1535-1567). — Wieber. *Desinfektion durch F. dämpfe* (*Zeitschr.*, *f. med. Beamte*, 1897, 46). — Wintgen. *Die Bestimmung des F. gehaltes der Luft* (*Hygien. Rundschau*, 1899, 753 et 1173). — Zahn. *Ueber Wohnungsdesinfektion* (*Vereinsbl. der Pfälzer Aerzte*, 1899, n. 9 et 10). — Zenoni et Coggi. *Ricerche comparative sui methodi Trillat. Schlossmann e Flügge per la desinfezione degli Ambienti con la F.* (*Giornale della R. Soc. Italiana d'Igiene*, 1899, n. 9).

J.-P. LANGLOIS.

FOSTER (sir Michael), physiologiste anglais, professeur à Cambridge (1834).

A text book of Physiology (7ᵉ édit.), London et New York. *Macmillan*, 1897, 1232 p. — *Abstract of an address on the question why should medical students study physiology* (*Lancet*, 1889, (2), 782). — *Masters of Medicine :* Claude Bernard (8°, London, *Fisher Unwin*, 1899, 245 p.). — (En coll. avec Langley) *A course of elementary practical Physiology*, 7ᵉédit.(par Langley et Shore) London et New York, Macmillan, 1899, 406 p. (trad. franç. par Prieur, Paris, Doin, in-8°, 1886, 443 p.); (en coll. avec Balfour)—*Embryologie*(trad. franç.,in-8°, Paris, Reinwald, 1877) — *The coagulation of blood* (*Nat. Hist. Review*, iv, 1864, 157-187). — *On some points of the epithelium of the frog's throat* (*Journ. of Anat.*, iii, 1869,394-400). — *Note on the action of the interrupted current on the ventricle of the frog's heart* (*Journ. of Anat.*, iii,1869, 400-401).—*On the effects of a gradual rise of temperature on reflex actions in the frog* (*Journ. of Anat.*, viii, 1874, 45-54).—*Some effects of upas antiar on the frog's heart* (*Journ. An. Physiol.*, x, 1876, 586-594 et *Cambridge Physiol. Labor. Studies*, 1876, ii, 107-115).—(En coll. avec Dew. Smith) *On the behavious of the hearts of Mollusks under the influence of electric currents* (*J. Roy. Soc. Proc.*, xxiii, 1875, 318-343). — *The effects of the constant current on the heart* (*Journ. An. Physiol.*, 1876, x, 735-771).—*Die Muskeln und Nerven des Herzens bei einigen Mollusken* (*Arch. micr. Anat.*, 1877, xiv, 317-321). — *On some conditions of reflex action* (*Cambridge Phil. Soc. Proc.*, ii, 1876, 309-310). — *Ueber einen besonderen Fall von Hemmungswirkungen* (*A. g. P.*, v, 1872, 191-195).

FOURMILLEMENT. — Voyez Sensibilité.

FRAGARINE. — FRAGARIANINE. — D'après Phipson, on peut extraire de la racine du fraisier un glycoside (fragarianine), qui, par l'action de HCl, donne du glucose et une matière rouge amorphe, fragarine (*Dict*. Wurtz. *Suppl.* ii, 337).

FRANÇOIS-FRANCK (Charles-Albert), professeur au Collège de France[1]. Membre de l'Académie de Médecine.

I. — Cœur, cardiographie, circulation. Méthode graphique.

Physiologie des mouvements du cœur (B. B., 1877, 374-375). — *Rech. sur les change- ments de volume du cœur dans leurs rapports avec la réplétion et le débit ventriculaire* (Trav. M., iii, 1877, 187-249). — *Rech. sur l'influence que les variations de la pression intracranienne et intracardiaque exercent sur le rythme des battements du cœur* (Trav. M., iii, 1877, 273-292). — *Compression du cœur à l'intérieur du péricarde. Déductions appli- cables à la théorie des épanchements péricardiques chez l'homme* (Trav. M., iii, 1877, 107- 122). — *Rech. sur les intermittences du pouls et sur les troubles cardiaques qui les déter- minent* (Trav. M., 1877, iii, 63-95). *Du retard réel et du retard apparent du pouls dans l'insuffisance aortique et dans l'anévrysme de l'aorte, avec ou sans insuffisance aortique ; du ralentissement de l'oreillette gauche jusque dans la carotide, chez les malades atteints d'in- suffisance aortique* (B. B, 1878, 115-117). — *Influences respiratoires exagérées déterminant le pouls dit paradoxal* (B. B., 1878, 342-344). — *Sur les doubles battements des anévrysmes intra-thoraciques* (B. B., 1878, 387-388). — (En coll. avec Boursier) *Sur quelques signes dif- férentiels des tumeurs pulsatiles de l'abdomen* (Ibid., 336-337). — *Diagnostic des anévrysmes de l'aorte abdominale* (B. B., 1879, 276-277). — *Mesure de la vitesse du sang dans les artères et les veines* (Journ. de l'An. et de la Physiol., mars 1880). — *Reproduction artificielle des phénomènes circulatoires* (Gaz. hebd., 1881, 501). — *Transmission de l'aspiration thoracique jusqu'aux canaux veineux du crâne par l'intermédiaire des veines vertébrales* (B. B., 1881, 198-201). — *Notes sur quelques phénomènes de la circulation intra-cardiaque étudiés chez la grenouille avec un double myographe du cœur* (Trav. M., iv, 1880, 406-412). — *Mesure des tumeurs anévrysmales faisant saillie à l'extérieur* (B. B., 1882, 751-755). — *Effets aspi- ratifs de la diastole ventriculaire. Schéma du pouls veineux* (B. B., 1882, 62-70). — *Méca- nisme du pouls veineux jugulaire normal* (B. B., 1882, 47-53). — *Appareils employés pour l'étude du pouls veineux jugulaire chez l'homme et les animaux (Sphygmographe veineux)* (ibid., 111-113). — *Sur quelques-unes des conditions qui règlent la circulation veineuse à l'intérieur du canal rachidien* (B. B., 1882, 229-233). — *Congestion veineuse encéphalique dans l'anémie artérielle par arrêt du cœur* (B. B., 1882, 223-229). — *Lésions valvulaires expérimentales du cœur. Essai de transmission héréditaires des affections cardiaques* (B. B., 1882, 450-454). — *Part importante qui revient au muscle cardiaque dans la production des insuffisances tricuspidiennes transitoires* (B. B., 1882, 8894). — *Production artificielle d'in- suffisance tricuspidienne, mitrale, aortique, chez le chien* (ibid., 188-111). — *Augmenta- tion de force du cœur et resserrement des vaisseaux contractiles dans l'insuffisance aortique. Conséquences qui en résultent pour la pression artérielle et la production du pouls capillaire visible* (B. B., 1883, 379-384). — *Diminution du retard du pouls dans l'insuffisance aortique (faits cliniques et expérimentaux)* (B. B., 1883, 31-37). — *Effets des changements de la pression intra-péricardique sur la circulation veineuse des ventricules du cœur à l'état nor- mal et dans quelques conditions pathologiques* (B. B., 1883, 216-222). — *Lésion congénitale du cœur chez un chien de deux ans* (B. B., 1885, 174-176). — *Diagnostic physique des anévrysmes de l'aorte et des grosses artères* (B. B., 1886, 1-8). — *Opérations pratiquées sur les valvules du cœur* (Ac. Méd. de Paris, 2 févr. 1886). — *Essai sur le mode de produc- tion des souffles artériels en général et du double souffle crural en particulier* (A. d. P., 1889, 659-666). — *Notes sur différentes formes du pouls veineux périphérique* (B. B., 1889, 603- 606). — *Analyse d'un cas de pulsations de la veine saphène, sans insuffisance tricuspidienne* (B. B., 1889, 618-621). — *Variations de la vitesse du sang dans les veines sous l'influence de la systole de l'oreillette droite* (A. d. P., 1890, 346-354). — *Nouvelles rech. sur les effets*

---

1. Nous donnons ici l'indication de ses principaux travaux. *Trav. M.* signifie Travaux du labo- ratoire de M. Marey (4 vol. 8º. Paris, Masson).

de la systole des oreillettes sur la pression ventriculaire et artérielle (A. d. P., 1890, 395-410). — Application du procédé de cardiographie volumétrique auriculo-ventriculaire à l'étude de l'action cardiotonique des nerfs accélérateurs du cœur (A. d. P., 1890, 810-822). — Notes de technique opératoire et graphique pour l'étude du cœur mis à nu chez les Mammifères (A. d. P., 1892, 105-118, et 1891, 760-772). — Notes de technique pour l'exploration graphique du cœur mis à nu chez les Mammifères (A. d. P., 1891, 762-772). — Application de la méthode des ampoules conjuguées à l'étude de la pression intracardiaque artérielle et veineuse, à la recherche de la force maxima du cœur et à l'examen des effets de la contractilité bronchique (A. d. P., 1893, 83-92). — Action de la digitale et des digitalines sur le cœur (in Clinique médicale de la Charité, 1894, 1 vol. in-8°). — Critique de la théorie de l'hémisystole dans l'insuffisance mitrale (Observ. cliniques et expérimentales) (A. d. P., 1895, 543-554). — Communication artério-veineuse expérimentale (B. B., 1896, 150-153). — Défenses de l'organisme contre les variations anormales de la pression artérielle (Bull. Ac. de méd. de Paris, juin 1896). — Assimilation de l'action produite sur le cœur par les poisons systoliques et par les excitations artificielles directes du myocarde (B. B., 1897, 111-114). — Accidents causés par la compression du cœur dans le péricarde (B. B., 1897, 91-94).

II. — Ectopies cardiaques.

Sur un cas d'ectopie congénitale du cœur, avec éventration au niveau de l'ombilic. Signes extérieurs. Examen graphique (B. B., 1877, 340-342). — Rech. sur un cas d'ectopie congénitale du cœur observé chez une femme de vingt-quatre ans (Trav. M., III, 1877, 312-327). — Nouv. rech. sur un cas d'ectopie cardiaque (ectocardie) pour servir à l'étude du pouls jugulaire normal et d'une variété du bruit de galop (A. d. P., 1889, 70-87). — Nouvelles rech. sur un cas d'ectopie congénitale du cœur (B. B., 1886, 765-768).

III. — Réflexes cardiaques, réflexes respiratoires. Innervation du cœur.

Effets des excitations des nerfs sensibles sur le cœur, la respiration et la circulation artérielle (Trav. M., II, 1876, 221-288). — Étude exp. et critique de l'apnée et du phénomène de Cheyne-Stokes (Journ. de l'An. et de la Physiol., 1877, 545-570). — Note sur les effets cardiaques et vasculaires du choc cérébral (Trav. M., III, 1877, 303-309). — Action vasculaire comparée des anesthésiques et du nitrite d'amyle (B. B., 1879, 137-139). — Sur les effets des excitations simultanées et successives appliquées aux nerfs accélérateurs du cœur (B. B., 1879, 270-272). — Ligature et contusion du pneumogastrique. Névrotome électrique. Restitution des fonctions d'un nerf comprimé (B. B., 1879, 293-296). — Sur les nerfs accélérateurs du cœur et sur leurs interférences avec les nerfs modérateurs (B. B., 1879, 257-261). — Nerfs sensibles du poumon. Troubles respiratoires et circulatoires produits par les inhalations de vapeurs irritantes dans le poumon lui-même (B. B., 1879, 311-314). — Sur l'innervation des vaisseaux des poumons et sur les effets produits dans la circulation intracardiaque et aortique par le resserrement de ces vaisseaux (B. B., 1880, 231-234). — Rech. sur les effets produits par l'excitation du bout central du pneumogastrique et de ses branches sur la respiration (B. B., IV, 1880, 284-386). — Rech. sur quelques points de l'innervation accélératrice du cœur (Trav. M., 1880, IV, 73-98). — Sur le degré d'indépendance de la portion bulbaire du nerf spinal par rapport au nerf pneumogastrique et sur la part qui revient à chacun de ces deux nerfs dans l'innervation modératrice du cœur (B. B., 1881, 78-82). — Comparaison des effets produits sur les oreillettes et les ventricules du cœur par l'excitation du pneumogastrique (B. B., 1881, 108-110). — Nerfs sensibles du cœur (nerfs presseurs). Réactions vaso-motrices constrictives et cardiaques accélératrices produites par les irritations endo-aortiques et intra-cardiaques (B. B., 1883, 399-403). — Sur l'atténuation ou la disparition complète des arrêts réflexes du cœur pendant l'anesthésie confirmée régulière par le chloroforme et l'éther. Syncope respiratoire dans l'anesthésie mixte par le chloroforme et la morphine (B. B., 1882, 255-259). — Rem. au sujet de la note de M. Livon sur la présence de fibres modératrices du cœur dans la branche interne du spinal (B. B., 1885, 755-757). — Rem. sur une note de M. Laffont relatives aux effets différents produits sur la pression vasculaire et les battements du cœur par les excitations des deux nerfs vagues (B. B., 1886, 214-215). — Contr. à l'étude exp. des névroses *réflexes d'origine nasale (A. d. P., 1889, 538-556). — Rech. exp. sur le dyspnées réflexes d'origine cardio-aortique (A. d. P., 1890, 508-518). — Rech. exp. sur les spasmes bronchique et vaso-pulmonaire dans les irritations cardio-aortiques (A. d. P., 1898, 546-557). — Troubles respiratoires et circulatoires dans l'anesthésie chloroformique (Ac. méd. de Paris, 1890). — Rech. exp. sur l'atonie cardiaque produite par le nerf pneumo-gastrique; introduction à l'étude clinique des cardiopathies avec dilatation du cœur (A. d. P., 1891, 478-488). — Rech. exp. sur l'action cardiaque antitonique systolique du nerf pneumogastrique (Ibid., 575-585). — Ét. crit. et exp. de la vaso-constriction pulmonaire réflexe (A. d. P., 1896, 178-205).*

IV. — Nerfs vaso-moteurs. Volume des organes. Grand sympathique.

Du volume des organes dans ses rapports avec la circulation du sang (Trav. M., 1876, II, 1-63). — Rech. sur l'anatomie et la physiologie des nerfs vasculaires de la tête (Trav. M., I, 1876, 165-215 et 279-337). — (En coll. avec BRISSAUD) Inscription des mouvements d'expansion et de retrait du cerveau chez une femme présentant une vaste perte de substance du pariétal gauche (Trav. M., III, 1877, 137-153). — Sur l'indépendance relative des circulations périphériques (B. B., 1878, 317-319). — Contractilité des vaisseaux capillaires vrais (Gaz. hebd., 30 janv. et 6 févr. 1880). — Inscription des pulsations totalisées des petits vaisseaux d'une région circonscrite de la peau (B. B., 1881, 211-213). — Contr. à l'étude de l'innervation vaso-dilatatrice de la muqueuse nasale (A. d. P., 1889, 691-701). — Étude du pouls total des extrémités du moyen d'un sphygmographe volumétrique (A. d. P., 1890, 118-132). — Étude des vaso-dilatations passives. Applications à la recherche des vaso-dilatations actives (A. d. P., 1893, 729-739). — Rech. sur l'innervation vaso-motrice du pénis (B. B., 1894, 740-743). — Rech. sur l'innervation vaso-motrice du pénis (A. d. P., 1895, 122-153). — Nouv. rech. sur l'action vaso-constrictive pulmonaire du grand sympathique (A. d. P., 1895, 744-758 et 816-830). — (En coll. avec HALLION) Innervation vaso-motrice du pancréas (B. B., 1896, 561-563). — (En coll. avec HALLION) Rech. exp. sur l'innervation vaso-constrictive du foie (A. d. P., 1896, 908-936). — Rech. exp. executées à l'aide d'un nouvel appareil, volumétrique sur l'innervation vaso-motrice de l'intestin (Ibid., 478-508). — (En collab. avec HALLION) Effets de l'excitation directe, réflexe et centrale des nerfs vaso-moteurs mésentériques étudiés avec un nouvel appareil volumétrique (B. B., 1896, 147-149); Trajet cervical et cranien des filets sensibles et sur le cordon cervical du grand sympathique (Arch. de Phys. et de Path. gén., I, 1899, 753-756). — Rech. sur la sensibilité directe de l'appareil sympathique cervico-thoracique (Journ. de physiol. et de path. gén. 724-738, I, 1899). — Anatomie et Physiologie du nerf vertébral; étude d'ensemble (Cinquantenaire de la Soc. de Biologie, 1899, 76-86). — Anatomie du nerf vertébral chez l'homme et les mammifères (Journ. de la Physiol. et de Path. gén., I, 1899, 1176-1185). — Le nerf vertébral comme nerf sensible et moteur (Ibid., 1202-1212). — Critique de la théorie vaso-motrice des émotions (Congr. int. des sc. méd. Physiologie. Paris, 1900).

V. — Cerveau.

Leçons sur les fonctions motrices du cerveau, 1 vol. in-8°, Paris, Masson, 1887. — (En coll. avec A. PITRES) Des dégénérations secondaires de la moelle épinière consécutives à l'ablation du gyrus sigmoïde chez le chien (B. B., 1880, 67-73). — Sur la transmission à la surface externe de la peau du crâne des variations de la température des couches superficielles du cerveau (B. B., 1880, 217-221). — Rech. sur la rapidité des réactions motrices réflexes et cérébrales et sur les influences qui le font varier (Mém. Soc. Biol., 1888, 17-26). — Influence des excitations du cerveau sur les principales fonctions organiques (Ibid., 27-43). — (En coll. avec A. PITRES) Rech. graphiques sur les mouvements simples et sur les convulsions provoquées par les excitations du cerveau (Trav. M., IV, 1880, 412-447). — Suppression des accès épileptiformes d'origine corticale par la réfrigération de la zone motrice du cerveau chez le chien (B. B., 1883, 223-229). — Action paralysante locale de la cocaïne sur les nerfs et les centres nerveux. Appl. à la technique expérimentale (A. d. P., 1892, 562-576).

VI. — Divers.

*De la dissociation des filets irido-dilatateurs et des nerfs vasculaires au-dessus du gan-
glion cervical supérieur* (B. B., 1878, 244-245). — (En coll. avec Arnozan) *Rôle de l'aspiration thoracique et passage au cardia des matières stomacales pendant le vomissement*
(B. B., 1879, 277-279). — *Trajet des fibres irido-dilatatrices et vaso-motrices carotidiennes
au niveau de l'anneau de Vieussens* (B. B., 1879, 246-249). — *Rech. sur les nerfs dilata-
teurs de la pupille* (Trav. M., ɪv, 1880, 1-72). — *Note sur un appareil pour la compression et la décompression graduées des nerfs* (B. B., 1880, 86-88). — *Manomètre à mercure
inscripteur modifié* (B. B., 1880, 127-130). — *Note sur un double manomètre enregistreur à
mercure, et sur le dispositif pour l'inscription de la pression et autres phénomènes* (B. B.,
1883, 388-398). — *Manomètre à mercure inscripteur modifié* (Trav. M., 1880, ɪv, 449-432).
— *Note sur quelques résultats d'expériences de réfrigération artificielle, médiate, progressive :* 1° *Courbe d'abaissement de la température profonde ;* 2° *Comparaison des températures superficielle et profonde ;* 3° *État de la circulation et de l'innervation modératrice du
cœur* (B. B., 1883, 108-117). — *Topographie générale des appareils nerveux oculo-pupil-
laire et accélérateur du cœur. Application à la théorie du goitre exophthalmique* (B. B. 1884,
296-299).

FRANGULINE (C²¹H²⁰O⁸). — Glucoside qu'on extrait de l'écorce de bour-
daine. En la faisant bouillir avec HCl, on obtient de l'acide frangulique (C¹⁴H⁸O⁴) qui est
probablement identique à l'émodine de la rhubarbe (*Dict. W. Suppl.*, 2. 338).

FRAXÉTINE (C¹⁰H⁸O⁴). — Substance qu'on extrait du frêne. Elle se rapproche
de la daphnétine et de l'esculétine.

FREDERICQ (Léon), né à Gand le 24 août 1851. Professeur de physiologie à l'Université de Liège (1879).

Physiologie comparée.

Autotomie. — *Amputation des pattes par mouvement réflexe chez le crabe* (A. B., 1882,
ɪɪɪ, 236). — *Sur l'autotomie ou mutilation par voie réflexe comme moyen de défense chez les
animaux* (Arch. Zool. exp., 1881, ɪ, (2), 413). — *Nouvelles recherches sur l'autotomie chez
le crabe* (A. B., 1892; Mém. Acad. Belg., xlvɪ). — *Ueber Autotomie* (A. g. P., 1891, ʟ, 600).
— *Sur la rupture de la queue chez l'orvet* (Bull. Acad. Belg., 1882, ɪv, 209). — *Autres
articles sur l'autotomie* dans Bull. Ac. Belg., xxvɪ, 758, et Revue scientif., 13 nov. 1886 et
7 mai 1887.

Hémocyanine et fonction respiratoire du sang. — *Sur l'hémocyanine, substance nouvelle
du sang de poulpe* (C. R., 1878, ʟxxxvɪɪ, 996 et 1892, cxv, 61). — *Sur la conservation de
l'hémocyanine à l'abri de l'air* (Bull. Acad. Belg., xx, 582; Arch. de zool. exp., 1891, 124).
— *Diffusion of copper in the animal kingdom* (Nature, 19 fév. 1880). — *Sang du homard*
(Bull. Acad. Belg., 1879, xlvɪɪ, 409). — *Sang des insectes* (Bull. Acad. Belg., 1881, ɪ, 487).
— *Sang et respiration du ver à soie* (Trav. du labor., 1893-1895, v, 196). — *La respiration
de l'oxygène dans la série animale* (Revue scientif., 1881).

Sang et milieu extérieur. — *Influence du milieu extérieur sur la composition saline du
sang de quelques animaux aquatiques* (Bull. Acad. Belg., 1882, ɪv, 209 et dans Livre Jubil.
Soc. med. Gand, 1884). — *Sur la physiologie de la branchie* (Bull. Acad. Belg., xx, 580; Arch.
de zool. exp., 1891, 118). — *La physiologie de la branchie et la pression osmotique du sang
de l'écrevisse* (Trav. du labor., vɪ, 1901, ɪv, aussi dans Livre Jubil. de van Bambeke, 1899).
— *Sur la perméabilité de la membrane branchiale* (Bull. Acad. Belg., 1901, 68). — *Sur la
concentration moléculaire des liquides et des solides de l'organisme des animaux aquatiques*
(ibid., 1901, 428). — *Absence d'absorption cutanée chez les Coléoptères aquatiques* (ibid., 1882,
ɪv, 209).

Muscles et nerfs. — *Sur la contraction des muscles striés de l'hydrophile* (Bull. Acad.
Belg., 1876, xlɪ, (2), 583). — *Physiologie des muscles et des nerfs du homard* (en collab. avec
G. Vandevelde) (ibid., 1879, xlvɪɪ, (2), 771 ; A. B., 1880, ɪ, 4). — *Vitesse de transmission*

de l'excitation motrice dans les nerfs du homard (C. R., 1888, xci, 239; Arch. zool. exp., viii, 513; Bull. Soc. méd. Gand, 1879). — Contribution à l'étude des Échinides (Arch. zool. exp., 1876, v, 429; C. R., 6 et 13 nov. 1876, lxxxiii, 860 et 908). — Sur la fonction chromatique chez le poulpe (C. R., 1878, lxxxviii, 1042). — Sur l'innervation respiratoire chez le poulpe (C. R., 1879, lxxxviii, 346).

Autres fonctions. — *Sur la physiologie du poulpe commun (Arch. zool. exp., 1878, vii, 530; Bull. Acad. Belg., 1878, xlvi, (2), 710). — La digestion des albuminoïdes chez quelques invertébrés (Arch. zool. exp., 1878, vii, 391; Bull. Acad. Belg., 1878, xlvi, (2), 213).*

La lutte pour l'existence chez les animaux marins, Paris, 1889, 8°.

Physiologie.

Sang. — *De l'existence dans le plasma sanguin d'une substance albuminoïde se coagulant à + 56° (Ann. soc. méd. Gand, 1877; Arch. zool. exp., vi, xiv). — Recherches sur la constitution du plasma sanguin (Diss. Gand, 1878). — Recherches sur la coagulation du sang (Bull. Acad. Belg., 1877, xliv, (2), 56).*

Sur le dosage des substances albuminoïdes du sérum sanguin par circumpolarisation (Bull. Acad. Belg., 1880, l, (2), 25). — Recherches sur les substances albuminoïdes du sérum sanguin (A. B., 1880, i, 457). — Le pouvoir rotatoire de l'albumine du sang de chien (Ibid., 1881, ii, 379; Bull. Acad. Belg., 1881, ii, (3), 110). — Sur le pouvoir rotatoire des substances albuminoïdes du sérum sanguin et leur dosage par circumpolarisation (C. R., 1881, xciii, 465). — Ueber die Gerinnung von Eiweiss durch Hitze (C. P., 1890). — Note sur une propriété optique nouvelle du sang des mammifères (Ann. Soc. méd. Gand, 1877). — Sur la conservation de l'oxyhémoglobine à l'abri des germes atmosphériques (A. B., 1890; Bull. Acad. Belg., xx, 251).

Gaz du sang et respiration. — *Sur la répartition de l'acide carbonique du sang entre les globules rouges et le sérum (C. R., 1877, lxxxiv, 661). — Sur le dosage de l'acide carbonique dans le sérum sanguin (Ibid., lxxxv, 79). — Sur la tension des gaz du sang artériel et la théorie des échanges gazeux de la respiration pulmonaire (A. B., 1895, xiv, 105). — Ueber die Tension des Sauerstoffes im arteriellen Peptonblut bei Erhöhung derselben in der eingeathmeten Luft (C. P., 1894, viii, 34). — L'augmentation de la tension de l'oxygène du sang peut-elle produire l'apnée (A. B., 1895, xiv, 120)? — Sur la cause de l'apnée (A. B., xvii, 561). — Le rôle du sang dans la régulation des mouvements respiratoires (A. B., 1892; Bull. acad. méd. Belg., 1892). — Sur la circulation céphalique croisée ou échange de sang carotidien entre deux animaux (A. B., 1890; Bull. Acad. Belg., xiii (3), 417). — Influence des variations de la composition centésimale de l'air sur l'intensité des échanges respiratoires (Livre jubil. soc. méd. Gand, 1884; C. R., 1884, xcix, 1124).*

Sur la théorie de l'innervation respiratoire (Bull. Acad. Belg., 1879, xlvii, (2), 413). — Expériences sur l'innervation respiratoire (A. P., Suppl. Festschrift, 1883, 51). — Excitation du pneumogastrique chez le lapin empoisonné par CO^2 (A. B., 1884, v, 375).

Circulation. Cœur. — *Sur la nature de la systole ventriculaire (Ann. Soc. médico-chir. de Liège, juillet 1886). — Sur la physiologie du cœur chez le chien (Bull. Acad. Belg., xii, 661). — Sur les phénomènes électriques de la systole ventriculaire chez le chien (Ibid., xiii, 533). — Sur le tracé cardiographique et la nature de la systole ventriculaire (Ibid., xiii, 711). — La pulsation du cœur chez le chien (A. B., 1887). — Inscription du choc du cœur au moyen de la sonde œsophagienne (A. B., 1886, vii). — Cinq notes sur la pulsation cardiaque in C. P., avril 1888, déc. 1891, juillet 1892 et fév. 1894. — Sur les pulsations de la veine cave supérieure et des oreillettes du cœur (Bull. Acad. Belg., 1901, 126).*

Vaisseaux. — *De l'influence de la respiration sur la circulation. — 1. Sur les oscillations respiratoires de la pression artérielle chez le chien. — 2. Sur les oscillations de la pression sanguine dites périodes de Traube-Hering. — 3. L'ascension inspiratoire de la pression carotidienne chez le chien. — 4. Sur le ralentissement du rythme cardiaque pendant l'expiration. Sur le pouls veineux physiologique (Bull. Acad. Belg., 1881, (3), 513, 626; 1882, iii (3), 51, 117; xi, (3), 61; A. B., 1882, iii, 55 et 1890). — Was soll man unter den Namen Traube-Hering'sche Wellen verstehen (A. R., 1887, 351). — Procédé opératoire nouveau pour l'étude physiologique des organes thoraciques (A. B., 1885, vi, iii). — Sur l'existence d'un rythme automatique commun à plusieurs centres nerveux de la moelle allongée (C. R., 1882,* xciv, 92). — *Sur la discordance entre les variations respiratoires des pressions intra-caroti-dienne et intra-thoracique* (*C. R.*, 1882, xciv, 141). — *Verschluss der vier Kopfschlagadern beim Kaninchen ohne* Kussmaul-Tenner'*sche Krämpfe* (*C. Ph.*, 29 déc. 1894). — *De l'action physiologique des soustractions sanguines* (*Mém. Acad. méd. Belg.*, 1896). — *Contribution à l'étude de la fièvre traumatique chez le chien. Note sur la fièvre chez le lapin* (*Bull. Acad. méd. Belg.*, 1882 et 1884). — *Mouvements du cerveau* (*A. B.*, 1885, 65 et 103).

Chaleur animale. — *Sur la régulation de la température chez les animaux à sang chaud* (*A. B.*, 1882, iii, 685). — *Nervensystem und Wärmeproduktion* (*A. g. P.*, xxxviii, 291). — *La courbe diurne de la température des centres nerveux sudoripares fonctionnant sous l'influence de la chaleur* (*A. B.*, xvii, 577). — *Sur quelques procédés nouveaux de préparation des pièces anatomiques sèches.* (*Bull. Acad. Belgique*, juin 1876). — *De l'innocuité du contact prolongé de l'air atmosphérique avec le peritoine sain* (*Bull. Soc. méd. Gand.* 1876).

Autres fonctions. — *L'anémie expérimentale comme procédé de dissociation des propriétés motrices et sensitives de la moelle épinière* (*Bull. Acad. Belg.*, xviii, 54; *A. B.*, 1890). — *Une nouvelle fonction de la salive* (*Liv. jubil. Soc. méd. Gand*, 1884). — *Myographe* (*A. B.*, 1882, iii, 275). — *Un nouvel uréomètre* (*Livre jubil. Soc. Biologie*, 1899). — *Sur la signification physiologique du sel de cuisine* (*Livre jubil. van* Bambeke, 1899).

Exercices pratiques de physiologie, 1891. — *Manipulations de Physiologie*, 1892. — *Éléments de Physiologie humaine* (en collab. avec M. Nuel), 4ᵉ éd., 1897. — *Travaux du laboratoire*, i à vi (1885-1901), reproduisant une partie des mémoires cités plus haut. — *Notice sur le deuxième congrès international de Physiologie*, Liège, 1892. — Théodore Schwann, 1884. *Annuaire Acad. Belg. et Revue scientifique.*

FRISSON.

FRISSON. — Le frisson est un tremblement, involontaire, convulsif, rythmique, de la plupart des muscles striés de l'organisme, accompagné d'une sensation de froid.

On ne le confondra donc pas avec le tremblement qui n'est qu'une contraction musculaire spasmodique et rythmique plus ou moins localisée, remplaçant la contraction musculaire harmonique de l'état normal. Pourtant on peut définir le frisson un tremblement généralisé, dont la cause première n'est pas, comme dans le tremblement simple, une incitation volontaire, mais une incitation organique soustraite à la volonté.

En dehors de quelques observations séméiologiques, d'ailleurs assez peu intéressantes, faites par les anciens médecins sur le frisson fébrile, très peu de recherches ont été faites sur le frisson. Je crois donc pouvoir me rapporter surtout au mémoire que j'ai consacré au frisson : *Le frisson comme appareil de régulation thermique* (*A. d. P.*, 1893, 312-326 et *Trav. du Lab. de Physiol.*, iii, 1893). Voyez aussi G. Boeri. *Nota di grafica del brivido* (*Gazz. degli Ospedali*, n° 123, 1901).

Des diverses variétés de frisson. Classification. — Le frisson est dû, selon toute évidence, à une excitation bulbo-médullaire, laquelle commande alors aussitôt la contraction convulsive et rythmique de tous les muscles de l'organisme. A ce compte tous les frissons ne reconnaissent que la même et unique cause.

Mais cette incitation médullaire peut être provoquée par divers stimulants.

En premier lieu il y a les *frissons psychiques*, c'est-à-dire ceux dont la cause est un phénomène psychique.

En second lieu, les *frissons toxiques*, dans lesquels un poison quelconque, agissant sur les centres nerveux, va produire la convulsion générale en forme de frisson.

En troisième lieu, le *frisson thermique*, déterminé par un changement de température, soit de l'organisme lui-même, soit du milieu ambiant.

Frisson psychique. — C'est un fait d'observation vulgaire, que la peur fait trembler. Dans ce cas le tremblement et le frisson se ressemblent beaucoup. On raconte que Bailly, allant à l'échafaud, frissonnait : « Tu trembles de peur, lâche, » lui dit un misérable quelconque... — « Non, 'dit-il, c'est de froid. » De fait il est impossible de distinguer le frisson que produit le froid, et celui que provoque la frayeur. Claquement des dents, mouvements rythmiques de tous les muscles, horripilation, etc., tout est identique.

Sur les animaux on observe le frisson psychique. Les cavaliers savent que souvent, devant un objet qui les effraye, les chevaux sont saisis par un tremblement convulsif. Les physiologistes ont tous constaté le frisson des chiens qu'on met sur la table de vivisection. Il y a à cet égard de très grandes différences individuelles, et ce sont en général les chiens les plus intelligents qui frissonnent le plus. Les très jeunes chiens ne tremblent jamais. Au contraire, les vieux chiens, spécialement les chiens à long poil, tels que caniches et barbets, sont plus portés à frissonner que les autres. Alors ils se débattent peu et tremblent de tous leurs membres sans aboyer, sans gémir, mais non parfois sans avoir envie de mordre. C'est surtout s'ils ont déjà subi une opération qu'ils sont effrayés. Alors ils sont presque paralysés par la peur; et cette demi-paralysie coïncide avec un tremblement général.

Je ne sais si d'autres animaux peuvent trembler de peur. Cela est très probable. Pourtant je ne connais rien d'analogue sur les lapins et les cobayes. Quelquefois les lapins attachés frissonnent; mais c'est un frisson thermique, car dans ces cas-là toujours la température organique est au-dessous de la normale. Et quant aux oiseaux, si l'on prend dans la main un oiseau, sa frayeur se caractérise par une respiration précipitée avec une fréquence extrême des mouvements du cœur; mais je ne me souviens pas de les avoir vus frissonner.

Une variété intéressante de ce frisson psychique, c'est le sentiment d'*horreur* que nous fait éprouver telle ou telle émotion. Par exemple, l'odeur ou la vue d'un objet répugnant amènent, en même temps que le dégoût, un frisson convulsif, qui, partant de la nuque, court le long du dos, et nous secoue d'un tremblement convulsif, involontaire et passager. Le plus souvent ce frisson est accompagné d'une sorte d'érection des muscles de la peau ou d'*horripilation*. Un récit émouvant, ou la lecture de tel ou tel passage sublime ou héroïque, peuvent aussi provoquer ce phénomène. Frisson de dégoût, frisson de peur, et peut-être aussi frisson d'admiration, ou d'enthousiasme : c'est toujours un frisson uniquement psychique, et, quoiqu'il s'agisse là d'un véritable frisson, ce frisson spécial diffère un peu des autres, en ce qu'il est très passager. C'est plutôt une rapide et fugitive convulsion qu'un frissonnement prolongé.

En dernière analyse, ces divers frissons relèvent de la même cause ; c'est-à-dire, probablement, d'une excitation très forte du système nerveux psychique qui retentit immédiatement sur le bulbe et la moelle.

On remarquera, en effet, que la sensation de froid et de frisson précède de quelques fractions de seconde la contraction musculaire convulsive.

Frissons toxiques. — Le frisson toxique typique est le frisson fébrile; car il est impossible d'attribuer à un phénomène thermique le grand frisson de la fièvre. En effet, comme Gavarret l'a montré le premier dans une mémorable observation, c'est au moment où la température est très élevée, quelquefois de 40° et 41°, que survient le frisson; et la sensation de froid, éprouvée par le malade qui frissonne, n'est aucunement en rapport avec sa température organique. D'ailleurs, dans nombre d'affections hyperthermiques non infectieuses, il n'y a pas de frisson.

C'est dans les fièvres les plus infectieuses que le frisson toxique est le plus marqué, dans la fièvre intermittente notamment, ou dans l'infection urineuse, ou dans la septicémie; il semble donc être dans une certaine relation avec le degré d'intoxication de l'individu.

C'est à ces notions assez rudimentaires que se réduisent nos connaissances sur le frisson toxique. Expérimentalement, sans que des recherches méthodiques aient été faites, on n'en sait pas davantage. D'ailleurs, rien n'est plus difficile que de provoquer par l'injection de telles ou telles substances des phénomènes analogues à ceux de la fièvre. Quant aux substances minérales ou aux alcaloïdes organiques, ils ne déterminent jamais le frisson, quelle que soit la dose à laquelle on les injecte. En réalité la fièvre, avec frisson, n'existe que rarement chez les animaux. Pourtant, d'après Chauveau (*Comm. orale*), l'injection intra-veineuse de liquides septiques provoque chez les ruminants un violent frisson, sans que la température propre de l'animal ait changé.

Le mécanisme de ce frisson toxique nous est encore inconnu. Par analogie nous pouvons supposer qu'il s'agit d'une excitation bulbaire forte mettant en jeu les appareils musculaires; et il est vraisemblable que c'est l'excitation par le poison de ces centres qui détermine le frisson, comme l'excitation de certains centres par des poisons convulsivants détermine la convulsion. Convulsion ou frisson ne sont, en effet, que deux modalités très voisines d'un même phénomène excito-moteur des centres.

Les caractères de ce frisson toxique sont bien connus de tous. Ils ne méritent pas de description spéciale. Notons seulement la prédilection de l'excitation pour les muscles masticateurs, si bien que le malade *claque des dents*. Dans tous les frissons il en est de même; la frayeur comme le froid font trembler tous les muscles, mais toujours de préférence les muscles masticateurs.

Enfin il y a tous les degrés de frisson : depuis le léger malaise d'une fièvre légère, dans lequel il y a sensation de froid (sans abaissement réel de température) avec une petite horripilation, jusqu'au grand frisson de la septicémie, de la fièvre intermittente ou de la pneumonie, dans lequel le malade tremble avec tant de force que le lit en est ébranlé.

Frissons thermiques. — A. Distinction du frisson thermique réflexe et du frisson thermique central. — Il y a lieu de faire pour le frisson la même distinction que j'ai établie pour la polypnée thermique et pour la sudation thermique. En effet, deux cas peuvent se présenter : 1° la température organique ne se modifie pas, et des excitations périphériques déterminent un frisson réflexe; 2° les actes réflexes étant abolis, il y a abaissement de la température organique, et frisson de cause centrale.

Pour que la température de l'animal soit réglée à un niveau convenable, au niveau normal, ce sont d'abord les actions réflexes qui agissent. Et le plus souvent elles suffisent. Que l'on entre dans une étuve à 60°, avant que la température du corps ait monté, il y a sudation (chez l'homme) et polypnée (chez le chien) précisément pour que la température du corps ne s'élève pas. Mais si, pour telle ou telle cause, ce mécanisme régulateur n'a pas suffi, un autre appareil intervient pour produire la polypnée ou la sudation : c'est l'appareil bulbo-médullaire, sensible à une élévation de sa propre température, et réagissant par la polypnée et la sudation contre l'excès thermique.

B. **Frisson réflexe.** — Nous dirons qu'un frisson est réflexe quand il est provoqué par une cause périphérique, et qu'il n'y a pas de changement dans la température même de l'animal.

Le plus souvent l'excitation au frisson, c'est le froid. Ainsi on frissonne quand on sort brusquement d'une chambre chaude pour entrer dans un milieu froid; on frissonne quand, au sortir du bain, il y a refroidissement intense de la peau par évaporation de l'eau qui nous mouille.

Il ne paraît pas que le frisson produit par le contact de l'eau trop froide ou par le bain froid coïncide avec un abaissement notable de la température organique (Lefèvre). En tout cas cet abaissement est trop faible pour être considéré comme la cause déterminante de ce frisson, à moins qu'on ne suppose, ce qui est peut-être vrai, une extrême sensibilité des centres nerveux aux variations de leur température propre. Pourtant, si l'on réfléchit que le frisson survient immédiatement, sans que l'organisme ait eu le temps de se refroidir, et dès le début de l'immersion, on sera tenté de dire que la réponse rapide indique que c'est un phénomène réflexe, et non un phénomène dû à un changement de la température organique.

Le frisson réflexe se retrouve chez les animaux, et en particulier chez les chiens. Mais on peut l'observer aussi très bien chez les lapins, les cobayes, les pigeons, qui sont soumis au froid.

A la vérité, sur les grands chiens couverts d'une épaisse fourrure, on ne le voit que rarement; mais, sur les petits chiens ou sur les chiens à poil ras, on l'observe pour ainsi dire constamment. Que si l'on regarde un de ces petits chiens à poil ras qui ne pèsent que 2 ou 3 kilogrammes, on les verra en hiver, et même parfois en été, trembler et frissonner sans cesse, mais surtout si on les attache de manière à les empêcher de courir et de remuer. La température de l'animal n'est cependant pas, ainsi que je m'en suis souvent assuré, inférieure à la température normale; mais c'est le moyen qu'il emploie pour se réchauffer, et c'est précisément par le fait de ce frisson qu'il a une température normale.

Le contraste est saisissant entre la manière d'être des gros chiens à longs poils et des petits chiens à poil ras. Les gros chiens, dès qu'ils font quelques mouvements musculaires, deviennent haletants et polypnéiques, tandis que les petits chiens sont toujours tremblants. C'est que les uns perdent peu de chaleur, et ont toujours besoin de se refroidir, alors que les petits chiens perdent beaucoup de chaleur, et ont toujours besoin de se réchauffer.

Il faut remarquer aussi que le frisson réflexe peut se produire pendant le sommeil. En effet, les petits et jeunes chiens, si disposés au frisson, étant endormis, continuent à frissonner. C'est un fait d'observation vulgaire, et facile à vérifier. On sait d'ailleurs que le sommeil n'abolit pas les réflexes, et qu'alors ils sont même parfois exagérés.

L'observation du frisson réflexe dans des conditions expérimentales déterminées est assez délicate et sujette à bien des irrégularités. Ainsi, le plus souvent, un chien attaché, au lieu de frissonner, se débattra, s'agitera ; et ces mouvements vont le réchauffer, si bien que presque toujours la température d'un chien attaché s'élève, au lieu de diminuer, par le fait seul de sa lutte contre les liens qui l'enserrent.

Comme, d'ailleurs, il est probable que, si les causes du frisson réflexe et du frisson central sont différentes, les effets sont les mêmes, et les conséquences physiologiques identiques, j'ai préféré porter mon attention surtout sur le frisson central, plus facile à étudier.

C. Frisson central. — Si l'on attache un chien sur la table d'expérience, et notamment un petit chien, on le voit souvent trembler et frissonner ; mais, pour s'assurer qu'il ne s'agit pas de frisson psychique, ni de frisson réflexe, il faut le chloraliser fortement. Alors son frisson cesse complètement, et il est, avec une dose suffisante de chloral, en pleine résolution musculaire. En même temps sa température s'abaisse.

Mais, quand sa température est arrivée aux environs de 33° ou 32°, un nouveau phénomène apparaît ; c'est le frisson.

D'abord ce frisson n'est pas un tremblement total, général, qui prend tous les muscles de l'organisme pour les secouer par de violentes contractions ; c'est une légère modification du rythme respiratoire.

Chaque inspiration s'accompagne d'une sorte de contraction des muscles du corps, muscles du cou, du tronc, des membres antérieurs, des membres postérieurs, qui ne servent ni les uns ni les autres à la ventilation pulmonaire. Chaque fois que l'animal inspire, il contracte les muscles de son corps, et la même stimulation des centres nerveux qui a pour effet une inspiration va déterminer une contraction d'ensemble, une sorte de convulsion passagère, dans les muscles non respiratoires.

Par le fait de ce commencement de frisson, la température, qui baissait, cesse de baisser. Elle reste à peu près stationnaire, et en même temps les inspirations qui accompagnent le frisson deviennent de plus en plus fortes ; puis, même sans que l'animal se réveille, elles se prolongent de plus en plus, finissant par empiéter sur toute la période qui sépare deux inspirations, quoiqu'elles gardent toujours une intensité plus grande au moment de l'effort inspiratoire.

Enfin, à une période un peu plus avancée, c'est un véritable frisson, et alors la température remonte, et l'animal, encore très engourdi, se réveille peu à peu. Mais jusquelà il dormait : et sa température était déjà remontée, alors que nul phénomène d'activité musculaire, en dehors de ce frisson, ne s'était encore produit.

On voit d'abord par là que le frisson suffit pour relever la température ; car on ne peut invoquer aucune autre cause pour expliquer que la température non seulement cesse de baisser ; mais même se relève.

La cause de ce frisson, c'est, selon toute vraisemblance, l'abaissement de température des centres nerveux. De même que l'échauffement de ces centres détermine la polypnée, de même leur refroidissement détermine le frisson ; car le bulbe, qui est le régulateur thermique, réagit au froid par le frisson, qui produit de la chaleur, et réagit à la chaleur par la polypnée (ou la sudation) qui produit du froid.

Ayant déterminé exactement le degré thermique (41°7) auquel se produit chez le chien la polypnée de cause centrale, j'eusse désiré déterminer de même le degré thermique auquel se produit le frisson de cause centrale. Mais une difficulté s'est présentée, qui m'a paru presque impossible à résoudre : c'est qu'il faut chloraliser ou chloraloser les chiens pour déterminer chez eux l'abaissement thermique nécessaire. Alors, comme ces frissons modifient, proportionnellement à leur dose, l'excitabilité bulbaire, on comprend que le frisson commencera plus ou moins tôt, et sera plus ou moins intense, selon que l'intoxication sera plus ou moins profonde. Quand la dose de chloral est très forte, à la limite de la dose mortelle, à peu près 0gr,45 par kilogramme, il n'y a plus de frisson, ni réflexe, ni central.

Pour voir apparaitre le frisson aux environs de 34°, il faut une dose de chloral voisine de 0ᵍʳ,3.

D'ailleurs, le chloralose est mieux adapté peut-être à cette expérience que le chloral : car l'excitabilité médullaire est beaucoup moins diminuée.

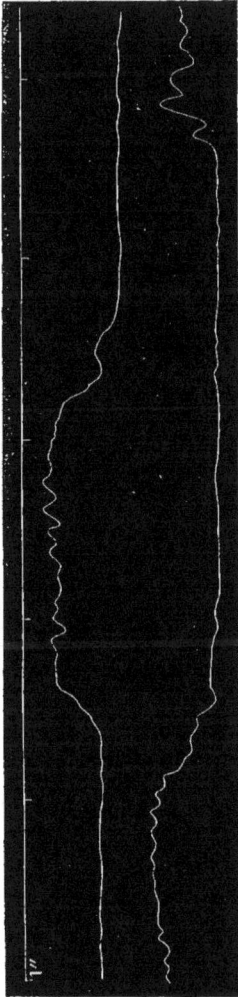

FIG. 81. — Frisson et respiration.

Gros chien de 35 kilogrammes, ayant vingt-quatre heures auparavant reçu par os 30 grammes de chloralose ; puis 0ᵍʳ,25 de chlorhydrate de morphine. Insensibilité complète. Température de 37°,8. Vitesse moyenne du cylindre enregistreur. — On voit sur ce graphique que le frisson ne se produit que pendant l'inspiration, et qu'il cesse complètement lorsque l'inspiration cesse. Temps marqués en secondes.

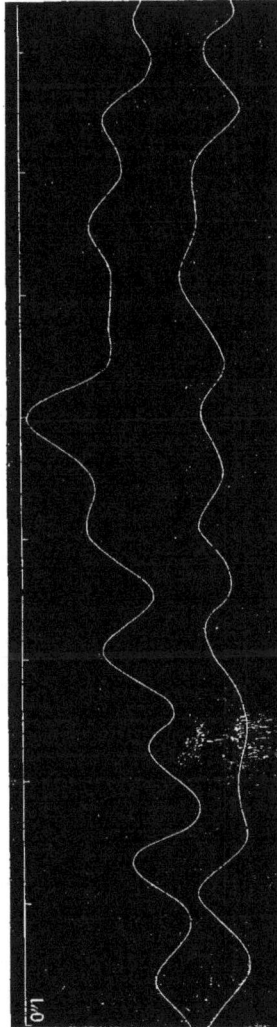

FIG. 82. — Rythme et fréquence des mouvements du frisson. Vitesse maximum du cyl. enregistreur. Temps marqués en dixièmes de seconde.

Frisson (psychique) d'un chien effrayé.

D. **Phénomènes chimiques et échanges gazeux respiratoires dans le frisson thermique.** — J'ai cherché à savoir ce que devenaient les échanges chez les animaux frissonnants.

Il eût été désirable d'expérimenter sur les chiens non chloralisés, mais alors le frisson est très intermittent et irrégulier ; de sorte que cela ne permet aucune conclusion. Il a

donc fallu comparer entre eux des chiens chloralisés ; et parmi ceux-là ceux qui frissonnent et ceux qui ne frissonnent pas.

Voici la comparaison (pour le CO^2 en poids par kilogramme et par heure) chez les
uns et les autres. Comme ces chiens étaient de différentes tailles, et que le CO^2 excrété
par kilogramme est inversement proportionnel à la taille, on a mis en face du chiffre
obtenu le chiffre théorique se rapportant à la quantité de CO^2 excrété normalement
par des chiens de même poids, d'après le tableau demi-schématique que j'ai dressé
dans un travail antérieur (*Trav. du Lab.*, 1895, 1,532).

CO^2 (en grammes) Chiens chloralisés.	CO^2 du chien normal. grammes.	CO^2 du chien chloralisé. Le chien normal ayant 100.
1. . . 0,234	1,250	20
2. . . 0,450	1,185	38
3. . . 0,187	1.300	7
4. . . 0,288	1,250	43

Quelque disparates que soient ces quatre expériences, elles peuvent cependant comporter une moyenne : soit, si le chien est profondément chloralisé, 100 étant la normale
du CO^2 excrété à l'état de veille ; cette quantité sera sensiblement de 25 pendant la chloralisation sans frisson.

Mais, si le chien frissonne, la quantité de CO^2 croît beaucoup. Voici six expériences
dans lesquelles, pour des chiens de 10 kilogrammes, chez qui par conséquent le poids
de CO^2 par kilogramme et par heure était de $1^{gr},250$, le CO^2 excrété a été :

0.630 ;	0.342 ;	0.688
0,875 ;	1,203 ;	0.645

Ces chiffres nous donnent une moyenne de 0,72 ; ce qui fait, en rapportant à 100 le CO^2
de l'état normal, un chiffre de 58 p. 100. Donc, dans le frisson de l'animal chloralisé, la
quantité de CO^2 s'est élevée ; mais elle n'est pas encore aussi forte que la quantité de CO^2
normalement excrétée. Il faut donc, conséquence assez importante, pour qu'un chien
chloralisé puisse se réchauffer, qu'il frissonne avec une très grande force.

Dans un cas de frisson violent la production a dépassé beaucoup la moyenne. Elle a
été de $1^{gr},93$ au lieu de $1^{gr},25$. Alors on voyait, en même temps que le frisson et le taux
croissant du CO^2 excrété, s'élever la température du chien, et on assistait ainsi à la
démonstration formelle de la corrélation très simple qui unit ces trois phénomènes,
contraction musculaire, combustion du carbone et réchauffement du corps.

Le quotient respiratoire tend aussi à s'élever, ce qui est l'indice d'une combustion des
hydrates de carbone, qui brûlent dans le muscle. Mais la différence est assez faible.

Expériences.	Avant le frisson.	Pendant et après le frisson.
1	0,70	0,84
2	0,55	0.63
3	0,77	0,79
4	0,87	0,84
5	0,74	0,69
6	0,75	0,81
Moyenne.	0,73	0,77

Une expérience intéressante établit une analogie évidente entre les conditions de la
polypnée thermique et celles du frisson thermique. En effet, comme je l'ai montré jadis,
si l'oxygénation du sang qui irrigue le bulbe n'est pas parfaite, il n'y a pas de polypnée
thermique. Ce phénomène de régulation respiratoire ne peut avoir lieu que si la fonction
chimique respiratoire est complètement satisfaite. De même pour le frisson thermique.
Si l'on commence à asphyxier un chien qui frissonne, au moment où le frisson commence à s'établir, ce qui est rendu manifeste par la coloration violacée de la langue, le
frisson cesse, et il ne reparaît que lorsque quelques inspirations d'air pur auront rétabli la
teneur normale du sang en gaz oxygène et anhydride carbonique. Ainsi la cessation du
frisson était bien due au phénomène chimique de l'asphyxie, et il n'y a de frisson ther-

mique, comme il n'y a de polypnée thermique, que si la fonction fondamentale de la vie, c'est-à-dire la saturation du sang en oxygène, est complètement satisfaite (CH. RICHET. *Des phénomènes chimiques du frisson. B. B.*, 1893, 33-35).

Dans ses expériences sur le réchauffement des animaux hibernants, R. DUBOIS a observé des tremblements musculaires corrélatifs à l'élévation de la température primitivement basse (*Sur le frisson musculaire chez l'animal qui se réchauffe automatiquement. B. B.*, 1894, 115-117. CH. RICHET. *Le frisson musculaire comme procédé thermogène, ibid.*, 1894, 151). Mais il ne pense pas qu'il s'agisse là d'un procédé de réchauffement. En effet, comme il le dit lui-même, ces trémulations ne ressemblent pas au grelottement du chien, du lapin ou de l'homme qui ont froid : ce sont des trémulations localisées, intermittentes, dues peut-être à la circulation d'un sang plus chaud ou différemment oxygéné. Pour lui le mécanisme du réchauffement de la marmotte consiste dans les phénomènes chimiques intra-hépatiques dont il a démontré la réalité, et non dans le frisson. Il me paraît cependant que, si ces trémulations sont impuissantes à réchauffer l'hibernant, on ne peut les comparer aux grands frissons des animaux non hibernants qui se réchauffent : et rien ne nous autorise à assimiler les faibles trémulations fibrillaires de la marmotte en voie de réchauffement au vrai frisson du chien refroidi. J'admets d'ailleurs comme parfaitement plausible que le procédé de réchauffement n'est pas unique, et il me paraît légitime de supposer que, parallèlement à l'activité croissante du foie dans ses combustions chimiques, il n'y aurait aussi, concourant au même but, la contraction généralisée de tous les muscles de l'organisme.

Le frisson thermique nous apparaît donc comme le procédé que la nature a employé pour obtenir le réchauffement automatique involontaire des animaux refroidis. Le plus souvent le frisson réflexe suffit. « Lorsque le corps, dit L. FREDERICQ (*Arch. de Biol.*, 1882, III, 759), est exposé au froid, on ressent un certain degré de raideur dans tous les muscles du corps ; celle-ci se lie intimement au tremblement involontaire qui survient par voie réflexe lorsque l'action du froid est poussée plus loin. La tension augmente, et finit par se transformer en un tremblement intermittent. » Mais que ce frisson réflexe soit insuffisant, alors les centres eux-mêmes réagissent ; car ils sont excités par l'abaissement de leur température propre, et l'animal frissonne, parce que ses centres nerveux refroidis commandent des contractions musculaires généralisées, de manière à faire de la chaleur et à produire la température qui leur est nécessaire.

Du frisson envisagé au point de vue de son mécanisme. — Une des caractéristiques du frisson, lorsqu'il est à ses débuts, c'est d'accompagner les inspirations, et de cesser à peu près complètement dans l'expiration et dans les pauses respiratoires. Le fait a une certaine importance, au point de vue de la cause qui détermine le frisson. Il est en effet permis de supposer que dans le rythme respiratoire il y a une période de plus grande excitabilité, qui se traduit par l'incitation inspiratoire, et une période de moindre excitabilité qui succède à la phase d'excitation excito-motrice de la respiration. Si donc l'animal frissonne pendant l'inspiration, c'est qu'à ce moment les centres encéphalo-médullaires sont dans un état d'excitabilité accrue.

Les excitations réflexes modifient le frisson en agissant sur les centres nerveux qui commandent aux muscles. Si à un chien refroidi et frissonnant on fait une aspersion d'eau chaude, on arrêtera soudain tout tremblement. Il est clair que ce n'est pas le réchauffement qui a agi ; car la voie de la cause qui détermine le frisson. Il est tout de suite après, le frisson reparaît, comme précédemment (Voy. la fig. 3. p. 319 de mon mémoire).

On sait qu'il en est de même pour la polypnée thermique. Des excitations réflexes la modifient, quand elle n'est pas trop intense : une excitation douloureuse, par exemple, ou une déglutition.

De même aussi les incitations volontaires peuvent modifier le frisson. BOERI donne un graphique de frisson pris sur un malade atteint de fièvre quarte (fig. 7, tracé 32) où on voit le frisson complètement arrêté, pour quelques secondes tout au moins, par la volonté. De sorte que le frisson, commandé par les centres bulbaires, peut être certainement arrêté ou diminué par les incitations réflexes de la périphérie sensible, ou les incitations volontaires de la périphérie cérébrale.

J'ai pu montrer, par une expérience très simple, que le frisson est bien un phénomène bulbaire. En effet, sur un chien chloralisé et frissonnant, j'ai coupé la moelle épinière au niveau de la première vertèbre dorsale. La respiration a continué ; mais le frisson a cessé subitement, et, au bout de quelques minutes, on a pu constater, dans les muscles du cou animés par des nerfs dont l'origine est supérieure à la septième cervicale, que le frémissement n'en avait pas disparu, et qu'il continuait à se faire d'une manière rythmique.

Il était très intéressant de mesurer la fréquence des contractions musculaires du frisson. C'est une recherche très facile, et il suffit d'inscrire les contractions sur un cylindre enregistreur en les chronographiant. J'ai trouvé sur le lapin et le chien des chiffres variant entre 10 et 12 par seconde, ce qui coïncide absolument avec la période propre de la contraction du système nerveux (A. BROCA et CH. RICHET. *Période réfractaire dans les centres nerveux. Trav. du Lab.*, 1902, v, 128). Ce chiffre coïncide avec le nombre maximum des contractions volontaires pouvant être exécutées par seconde, qu'il s'agisse du bulbe ou de l'écorce cérébrale. Il semble donc que la période des centres nerveux soit la même, c'est-à-dire de 0″,1 environ. D'autre part HERRINGHAM, étudiant les tremblements pathologiques (*On muscular tremor.* J. P., 1896, xi, 481) a trouvé un rythme de 9, 10, 11, 12 par seconde ; et BOERI, dans ses études sur le frisson des malades, a trouvé des chiffres variant entre 8 et 12 par seconde.

CHARLES RICHET.

FROID. — Voyez **Chaleur**, III, 81.

FRUCTIFICATION. — Pendant que les ovules se transforment en graines, les parois du pistil éprouvent des modifications qui le font transformer en fruit : c'est le phénomène de la fructification. A ce point de vue purement physiologique, les fruits peuvent se grouper naturellement en deux catégories :

1° Les *fruits secs* ou les parois des carpelles ne s'accroissent que jusqu'au moment où les graines parachèvent leur maturité. A partir de ce moment, les matières nutritives y contenues émigrent dans les graines ou dans le reste de la plante, en même temps que les parois se dessèchent. Dès lors, les uns s'ouvrent (capsules, gousses, siliques, etc.), les autres restent telles quelles et tombent avec la graine, à laquelle ils constituent une enveloppe protectrice (Akènes, etc.).

Le mécanisme du dessèchement [des parois est encore mal connu et mériterait de nouvelles recherches, tant au point de vue anatomique qu'au point de vue de la physiologie et de la chimie. On sait seulement que, dans certains pédoncules, il se produit un tissu cicatriciel comme ceux des pétioles au moment de la chute des feuilles.

Le procédé par lequel s'ouvrent les capsules est mieux connu, grâce aux recherches de LECLERC DU SABLON (Thèse de Paris, 1884).

Il résulte de ses études que les deux propositions suivantes suffisent pour expliquer tous les cas de déhiscence qu'on observe sur les fruits secs : 1° Les fibres lignifiées se contractent moins dans le sens de leur longueur que dans une direction perpendiculaire ; 2° Des éléments cellulaires de forme quelconque lignifiés se contractent d'autant plus, toutes choses égales d'ailleurs, que leur parois sont plus épaisses.

La structure des fruits déhiscents fournit de nombreuses vérifications de ces propositions, qu'on peut d'ailleurs démontrer expérimentalement. Dans un copeau de bois mince et homogène taillé perpendiculairement à la direction des fibres, on découpe deux rectangles plans de même dimension, la direction des fibres étant parallèle au petit côté de l'un et au grand côté de l'autre ; on les imbibe d'eau séparément, puis on les colle l'un contre l'autre, de façon qu'ils coïncident dans toute leur étendue et que les fibres de l'un soient dans une direction perpendiculaire aux fibres de l'autre ; on les laisse ensuite se dessécher. On voit alors le système, d'abord plan, se recourber de telle manière que la partie convexe présente ses fibres parallèles à la ligne de plus grande courbure.

Un plan passant par cette ligne coupe donc les fibres de la partie annexe parallèlement à leur direction et celles de la partie concave perpendiculairement.

C'est, en général, suivant le grand côté du rectangle qu'on observe la courbure ; mais il est évident qu'elle a les mêmes raisons de se produire suivant le petit côté. Le même copeau peut même présenter à la fois les deux courbures, autant que sa forme primitive peut lui permettre de le faire sans se déchirer. Si l'on rend au copeau l'eau qu'il a perdue, il se redressera, et on pourra, en l'humectant et le desséchant alternativement, le faire se recourber ou se redresser autant de fois qu'on voudra.

La seconde proposition, énoncée plus haut, est susceptible d'une démonstration analogue : on prend deux copeaux de bois dont l'un est composé de cellules à parois plus épaisses que l'autre et, autant que possible, semblables d'ailleurs : on les laisse s'imbiber d'eau, puis on les colle l'un contre l'autre, de façon à les faire coïncider dans toute leur étendue.

En laissant le système des deux copeaux se dessécher, on les voit se recourber, et c'est celui qui renferme les cellules aux parois les plus épaisses qui se trouve sur la face concave, et qui, par conséquent, s'est contracté le plus. Il va sans dire qu'en reprenant la quantité d'eau qu'ils ont perdue, ces copeaux se dilatent comme ils s'étaient contractés en se desséchant et reprennent leur forme primitive. On peut donc conclure que les cellules se contractent d'autant plus par la dessiccation que leurs parois sont plus épaisses.

Il est assez difficile de se procurer des copeaux remplissant les conditions nécessaires. Le meilleur moyen consiste à choisir un arbre, tel que le Frêne où le Mûrier, où les éléments ligneux formés en automne soient plus petits et à parois beaucoup plus épaisses que ceux formés au printemps. On fait avec un microtome une coupe transversale d'une assez grande étendue, et c'est dans cette coupe, présentant plusieurs couches annuelles, qu'on peut découper des copeaux formés uniquement d'éléments à parois minces ou à parois épaisses. Si l'on prenait des copeaux sur des arbres différents, il serait à craindre que la structure ou la composition chimique du bois ne fût pas la même dans les deux copeaux. On ne saurait alors s'il faut attribuer la différence de contraction à la différence d'épaisseur des parois ou à une autre cause.

Dans sa thèse, LECLERC DU SABLON indique un certain nombre d'expériences faites pour montrer que la déhiscence des fruits secs est produite par la dessiccation.

Les prolongements fibreux qui surmontent chaque carpelle de l'*Erodium* peuvent, mieux que tout autre exemple, montrer cette influence de l'humidité sur la déhiscence. Ces prolongements, on le sait, s'enroulent en spirale d'une façon assez complexe; si on les plonge dans de l'eau ou dans une atmosphère saturée d'humidité, on les voit aussitôt se dérouler et reprendre la forme primitive; si on les laisse se dessécher, ils s'enroulent de nouveau. On peut recommencer l'expérience aussi souvent qu'on veut avec le même carpelle sans que les humectations et les dessiccations alternatives fassent rien perdre de leurs propriétés aux tissus. Il n'est pas nécessaire, pour que l'expérience réussisse, d'opérer sur un fruit récemment ouvert; un filet d'*Erodium* enroulé depuis plusieurs années peut encore se dérouler en reprenant la quantité d'eau suffisante. Dans ce cas, il est bon d'employer de l'eau chaude : le résultat est obtenu beaucoup plus promptement.

Pour humecter les tissus et empêcher ainsi la déhiscence, on peut remplacer l'eau par d'autres liquides, des acides, des bases ou même de l'alcool. Mais, si l'on met dans la glycérine un fruit non encore ouvert, on voit la déhiscence se produire comme par la dessiccation. Si l'action se prolonge, cette influence de la glycérine semble en quelque sorte changer de sens : le fruit se ferme peu à peu et reste définitivement fermé si les circonstances restent les mêmes. Ces deux résultats successifs, et en apparence contradictoires, peuvent s'expliquer facilement par la double propriété qu'a la glycérine d'être avide d'eau et d'avoir un faible pouvoir d'imbibition. En effet, si l'on plonge un fruit imbibé d'eau dans la glycérine, l'eau des tissus est d'abord absorbée par la glycérine sans être remplacée par un autre liquide; l'effet produit est donc le même que si l'on desséchait le fruit. Mais, au bout d'un certain temps, la glycérine mêlée à l'eau imbibe peu à peu les parois des cellules, et le fruit, de nouveau humecté de liquide, se referme.

Une des principales causes qui activent la dessiccation du fruit est l'élévation de température. C'est en effet pendant l'été et au moment le plus chaud de la journée que les fruits s'ouvrent le plus fréquemment. On peut d'ailleurs, en approchant un fruit d'une source quelconque de chaleur, provoquer la déhiscence ou l'augmenter lorsqu'elle s'est déjà produite. L'expérience est surtout frappante avec des capsules de ricin ou d'euphorbe qui s'ouvrent avec explosion lorsqu'on les porte à une température suffisamment élevée. Il est difficile de préciser la température nécessaire à la déhiscence d'un certain fruit; car cette déhiscence dépend, comme nous le verrons, de bien d'autres circonstances qu'il est impossible d'apprécier avec exactitude.

On peut se rendre compte de cette influence de la chaleur sur l'ouverture des fruits, en remarquant que l'élévation de température favorise l'évaporation de l'eau renfermée dans les tissus, et par conséquent active la dessiccation ; mais la chaleur a-t-elle sur la déhiscence une action propre indépendante du desséchement qu'elle produit? on ne peut le conclure des expériences que j'ai citées, où les fruits s'ouvraient sous l'action de la chaleur, car on ne sait pas si l'on doit attribuer le résultat obtenu seulement au dessé chement produit par la chaleur, ou en partie à la chaleur elle-même.

Le meilleur moyen d'isoler ces deux causes consiste à opérer à des températures différentes, sans changer l'humidité du fruit. Pour être certain qu'en changeant la température, on ne change pas aussi la quantité d'eau renfermée dans les tissus, il est commode de n'observer que des fruits complètement desséchés ou plongés dans l'eau.

Dans une première série d'expériences on mettra donc des fruits déhiscents dans de l'eau à des températures différentes. Si, par exemple, on met dans de l'eau bouillante une valve de *Spartium junceum*, elle se déroule rapidement, et reste immobile lorsqu'elle a atteint une certaine position limite.

Transportée dans de l'eau à zéro, cette valve éprouve un léger changement de forme : elle commence à s'enrouler comme si elle se desséchait; mais ce mouvement est faible et il faut une certaine attention pour l'apercevoir. Les fruits d'*Erodium* peuvent donner des résultats analogues; le filet qui surmonte chaque carpelle est un peu moins recourbé dans l'eau chaude que dans l'eau froide.

Il résulte de ces expériences que l'action de la chaleur, lorsqu'elle est isolée, tend à empêcher la déhiscence. On peut cependant supposer que les tissus ont un pouvoir d'imbibition plus fort dans l'eau chaude que dans l'eau froide, et que c'est à une perte d'eau qu'on doit attribuer le commencement d'enroulement qu'éprouvent les fruits dans l'eau froide.

L'expérience suivante, faite sur un fruit complètement desséché, est à l'abri de cette objection. On fixe sur un morceau de liège ou tout autre support un carpelle d'*Erodium*, de façon à pouvoir en suivre facilement les mouvements; on met le tout sous une cloche bien fermée dont l'atmosphère est desséchée avec de la chaux. Le carpelle perd alors presque toute l'eau qu'il contenait et acquiert une certaine forme qui reste la même tant que la température ne change pas. Si l'on élève la température, l'enroulement diminue; il augmente, au contraire, si l'on produit un refroidissement. L'action de la chaleur, complètement isolée dans cette expérience, est donc la même que celle de l'humidité, c'est-à-dire contraire à la déhiscence.

Nous avons vu que dans la nature il n'en était pas ainsi : les fruits s'ouvrent sous l'influence de la chaleur; c'est que l'action propre d'une élévation de température est beaucoup plus faible que l'action indirecte qu'elle exerce en desséchant les tissus, et c'est seulement le résultat de ce desséchement qu'on observe dans la nature.

Il était facile de prévoir qu'une élévation de température produirait le même effet qu'une augmentation d'humidité. En effet, les mesures qui ont été faites sur la dilatation des tissus végétaux sous l'action de la chaleur montrent que cette dilatation se produit, notamment pour ce qui concerne les fibres, suivant les mêmes lois que la dilatation résultant de l'imbibition.

Si une cellule à parois épaisses se contracte plus qu'une cellule à parois minces, il en sera de même des parties de cellules qui se contracteront d'autant plus qu'elles seront plus épaisses. Si donc, dans une assise de cellules, l'épiderme extérieur d'un fruit, par exemple la partie externe des parois, est plus épais que la partie interne, la partie externe se contractera davantage en se desséchant et se trouvera sur la face concave de l'assise recourbée.

Tous ces résultats ne s'appliquent qu'aux éléments lignifiés qui, par leur consistance et leur rigidité, se prêtent le mieux aux expériences. Les tissus non lignifiés renferment en général beaucoup plus d'eau et se contractent beaucoup plus par la dessiccation. Mais, comme leur consistance est faible, ils peuvent se déchirer ou se mouler sur les parties plus dures dont ils suivent les mouvements, loin de les diriger.

Les exemples sont nombreux qui viennent à l'appui de cette manière de voir.

Sur une capsule de Ricin desséchée, on voit en effet la couche de parenchyme mou, qui recouvre la partie ligneuse, séparée en six bandes étroites qui couvrent à peine la moitié de la surface du fruit. La plupart du temps ce déchirement ne se produit pas, grâce à l'adhérence des tissus voisins. La couche de parenchyme, dont la contraction tangentielle est ainsi gênée, diminue en revanche d'épaisseur d'une façon très notable. C'est ce qu'on peut observer sur la plupart des capsules, telles que celles de la Scrofulaire, de l'*Antirrhinum*, etc.

2° Dans les *fruits charnus* les parois des carpelles s'accroissent jusqu'au moment où le fruit tombe et se remplissent de matières nutritives, de sucres en particulier. Même après, ces parois éprouvent des modifications chimiques qui en constituent la « maturation ». Les phénomènes qui accompagnent cette dernière ont été étudiés en dernier lieu par Gerber (*Thèse de Paris*, 26 juin 1897).

Dans ses recherches sur la respiration des fruits, Gerber a adopté la méthode de l'air confiné. Mais, comme les fruits doivent séjourner souvent plusieurs mois dans les appareils et que ces derniers sont soumis à de fréquents déplacements, il a dû chercher à les simplifier le plus possible, tout en leur donnant le maximum de solidité et à éviter l'influence probable des vapeurs mercurielles.

« Un flacon cylindrique en verre à large ouverture est fermé par un bouchon de liège que l'on a maintenu longtemps dans la paraffine fondue; celle-ci obture les pores du bouchon et la chaleur à laquelle le liège se trouve soumis dans le bain de paraffine est suffisante pour le stériliser.

« Le bouchon présente trois ouvertures. Dans l'une est engagé un thermomètre destiné à indiquer la température de l'atmosphère du flacon.

« A travers la seconde passe un tube de verre s'enfonçant jusqu'à la moitié de la hauteur du flacon, recourbé à angle droit à sa partie supérieure et présentant dans la branche horizontale un étranglement contre lequel vient buter un tampon de ouate; son extrémité libre est coiffée d'un tube de caoutchouc pouvant être fermé au moyen d'une baguette de verre pleine. La troisième ouverture porte un tube recourbé comme le précédent, mais dont la branche verticale dépasse à peine la surface inférieure du bouchon; la branche horizontale du tube est munie d'un robinet à trois voies qui permet de le faire communiquer, soit avec un manomètre à mesure, soit avec le tube horizontal qui porte, lui aussi, un étranglement et un tampon d'ouate. Pour éviter l'action des vapeurs mercurielles, nous avons pris la précaution de recouvrir d'une mince couche d'eau la surface *a* de la colonne mercurielle.

« Les deux tubes et le thermomètre sont stérilisés à l'autoclave et enfoncés dans le bouchon au moment où celui-ci est retiré de la paraffine, et l'ensemble est placé chaud encore sur le flacon stérilisé. Dans ce dernier, se trouve déjà le fruit lavé à l'eau boriquée, puis à l'eau stérilisée, ainsi qu'un petit tube contenant quelques centimètres cubes d'eau destinée à maintenir l'atmosphère constamment saturée d'humidité.

« Le bouchon est enfoncé suffisamment pour former avec le bord du flacon une cuvette que l'on remplit de paraffine fondue, en même temps que l'on établit un vide partiel dans l'appareil, de façon à faire pénétrer cette substance dans les interstices qui peuvent exister.

« Aux températures de 20°, 30°, 33° auxquelles nous avons opéré, il ne se produit pas de fissures dans la paraffine, et le manomètre nous a toujours montré que la fermeture de nos appareils restait parfaite pendant toute la durée de l'expérience.

« Mais, pour les expériences faites à 0°, il n'en est pas ainsi, et nous avons dû recourir alors au bouchon de caoutchouc.

« Le tube C du flacon ainsi préparé est alors mis en communication avec une trompe à eau, le robinet à trois voies *d* étant disposé de telle façon que l'air extérieur puisse pénétrer par les tubes E et D dans le flacon et en renouveler l'atmosphère.

« On sépare ensuite l'appareil de la trompe; on ferme le tube C au moyen de la baguette de verre, puis on oriente le robinet *d* de façon à intercepter la communication entre l'air extérieur et l'atmosphère du flacon et à l'établir entre cette dernière et le manomètre. L'appareil est alors prêt à être placé à l'étuve.

« **Prises de gaz.** — Chaque fois qu'il est nécessaire, pour analyser l'atmosphère du flacon, d'en prélever un échantillon, nous mettons le tube en communication avec l'appareil semblable à celui qui a servi dans les expériences de G. Bonnier et Mangin. Le fonctionnement de cet appareil est trop connu pour que nous y insistions davantage.

« Si l'atmosphère interne des plantes ordinaires est assez réduite, et si les dimensions de leurs lacunes sont assez fortes pour que le mélange mécanique de cette atmosphère avec l'air confiné ne modifie pas sensiblement la composition, comme l'ont établi les savants précédents, il n'en est pas de même pour les fruits dont l'atmosphère interne est beaucoup plus développée. Il faudrait donc, avant chaque prise de gaz, effectuer un brassage avec l'appareil qui sert à prélever les échantillons, pour amener le mélange de l'air contenu dans les fruits avec l'air confiné qui les entoure. Mais l'épaisseur considérable des fruits, les faibles dimensions de leurs méats intercellulaires, font que ce mélange est impossible à réaliser d'une façon parfaite. Aussi avons-nous dû tourner la difficulté de la façon suivante :

« Supposons que nous venions d'effectuer, sans brassage mécanique préalable, l'analyse (A) de l'air confiné après un certain temps de respiration du fruit. Nous renouvelons cet air, et en effectuons ensuite l'analyse (B), le tout assez rapidement pour que, pendant ce court intervalle de temps, les gaz internes du fruit n'aient pas pu diffuser sensiblement à l'extérieur. Le fruit est alors remis à l'étuve. Au bout d'un temps de respiration tel que la composition de l'air confiné soit redevenue à peu près ce qu'elle était lors de l'analyse (A), nous effectuons une troisième analyse (C).

« A ce moment la composition des gaz contenus dans le fruit est sensiblement la même qu'au moment de l'analyse A, et, par suite, de l'analyse B, c'est-à-dire qu'au début de la nouvelle expérience. Nous pouvons donc admettre que les volumes de gaz carbonique dégagé et d'oxygène absorbé indiqués par la comparaison des analyses C et B sont bien ceux qui résultent de la respiration du fruit dans l'intervalle de temps compris entre ces deux analyses.

« Cette façon d'opérer présente les avantages suivants :

« 1° Les opérations sont beaucoup simplifiées;

« 2° Nous n'avons pas, dans la détermination des échanges gazeux qui se produisent entre les fruits et l'atmosphère confinée, à tenir compte des gaz contenus dans les méats intercellulaires et dissous dans le suc des fruits, puisque leurs volumes sont les mêmes au début et à la fin de l'expérience. — Nous évitons donc de ce chef une grande incertitude sur l'évaluation de ces volumes, évaluation que nous serions obligé de faire, si nous employions le brassage mécanique. »

Voici les conclusions auxquelles arrive GERBER :

« I. Contrairement à ce que l'on observe dans la respiration des plantes ordinaires, les fruits charnus sucrés dégagent, à certaines phases de leur développement, un volume de gaz carbonique supérieur au volume d'oxygène qu'ils absorbent dans le même temps, et présentent, par suite, un quotient respiratoire supérieur à l'unité.

« II. Ce quotient respiratoire spécial a une origine et des allures différentes suivant le degré de la maturation des fruits et les principes chimiques que ceux-ci contiennent. Nous sommes ainsi amené à distinguer deux catégories de quotients supérieurs à l'unité.

« Les uns sont dus à la présence des acides : ce sont les *quotients d'acides*. Les autres sont dus à l'insuffisance de la quantité d'air qui parvient aux cellules et à la production d'alcool qui en est la conséquence : ce sont les *quotients de fermentation*.

« III. Les *quotients d'acides* se présentent toutes les fois que les fruits qui contiennent des acides : citrique, tartrique, malique, etc., se trouvent à une température supérieure à un certain degré.

« La limite inférieure à partir de laquelle se manifeste le quotient d'acides est assez élevée (30°) pour les fruits acides tartrique et citrique; elle est moins élevée (15° environ) pour les fruits à acide malique.

« Il est à remarquer qu'on obtient les mêmes quotients supérieurs à l'unité, lorsqu'on cultive des moisissures, telles que *Sterimatocystis nigra*, sur des solutions ne contenant que les acides précédents. Il est ainsi prouvé que l'élévation du quotient respiratoire signalé plus haut dans les fruits acides est due à la présence de ces acides.

« Mais, en plus de cette expérience et pour nous placer dans des conditions tout à fait comparables à celles que présentent les fruits, nous avons cultivé le même champignon dans des solutions contenant un mélange de sucre et d'acide. Or, dans ce cas, nous avons trouvé les mêmes quotients supérieurs à l'unité que dans les fruits acides et le même écart entre les limites inférieures de température où apparaissent, pour les différents acides, les quotients supérieurs à l'unité.

« Les quotients d'acides se rencontrent également chez les plantes grasses. Cela nous permet de rapprocher leur respiration de celle des fruits acides et d'opposer ces deux respirations à celles des plantes ordinaires.

« IV. Les quotients de fermentation se produisent toutes les fois que l'oxygène de l'atmosphère n'arrive plus aux cellules en quantité suffisante pour fournir l'énergie nécessaire à l'activité vitale.

« Ce manque d'oxygène est dû à la production de pectine ; cette production, d'une part, est accompagnée d'une augmentation de l'activité cellulaire et, d'autre part, elle détermine une diminution dans l'apport de l'oxygène aux cellules par suite de l'occlusion des méats intercellulaires par le gonflement de la pectine.

« Nous avons constaté que l'apparition du quotient de fermentation n'a lieu que lorsque le tanin a disparu entièrement, et ceci concorde avec l'autre fait que nous avons également observé, à savoir que le phénomène dit de la transformation de la pectose en pectine ne se produit qu'après la disparition de ce tanin. Les relations que nous avons établies entre la formation de la pectine et l'apparition du quotient de fermentation nous ont permis de démontrer que les fruits, au contact de l'oxygène de l'air, se trouvent, de par cette formation, placés dans les mêmes conditions que les fruits privés d'oxygène par LECHARTIER et BELLAMY, et qu'ils se comportent de la même façon.

« V. *Le quotient de fermentation diffère du quotient d'acides :*

« 1º Par l'époque à laquelle on le constate. — Chez les fruits cueillis avant la maturité, il se manifeste à la fin de la maturation, tandis que le quotient d'acides apparaît au début ;

« 2º Par la température minima à laquelle il se manifeste. — On l'observe aux températures basses, même 0º, chez les fruits qui présentent encore à cette température une respiration assez forte pour avoir besoin d'une quantité notable d'oxygène, tandis que le *quotient d'acides* n'apparaît guère, même pour ces fruits, qu'à 30º ;

« 3º Par sa valeur. — Cette valeur est souvent supérieure à 3, tandis que le quotient d'acides est toujours inférieur à 2 et généralement plus petit que 1,50 ;

« 4º Par l'intensité respiratoire correspondante. — La quantité de gaz oxygène absorbée par le fruit, quand on constate le *quotient de fermentation*, est bien moins forte qu'avant son apparition, tandis que cette quantité est bien plus forte quand c'est le quotient d'acides qui se manifeste ;

« 5º Par les modifications qu'il éprouve sous l'influence du sectionnement. — Le sectionnement diminue légèrement sa valeur et augmente à peine l'intensité respiratoire correspondante, tandis qu'il élève considérablement le quotient d'acides en même temps que l'intensité respiratoire s'accroît fortement ;

« 6º Par les changements chimiques qui se produisent dans le fruit. — Le quotient de fermentation indique la formation d'alcool et assez souvent d'acides volatils. On ne constate rien d'analogue dans les fruits offrant le quotient d'acides.

« **Modifications que les fruits éprouvent pendant la maturation**. — Indiquons maintenant les modifications chimiques qui se produisent dans les fruits au cours des phénomènes respiratoires dont nous venons de montrer les variations.

Ces modifications affectent : 1º les acides ; 2º les tannins , 3º l'amidon ; 4º les matières sucrées.

« 1. Les *acides des fruits* sont partiellement utilisés à la formation d'hydrates de carbone.

« Cette réaction se produit chaque fois que l'on observe le quotient d'acides, quelle que soit sa valeur, celle-ci étant, comme nous l'avons dit, toujours supérieure à l'unité.

« Nous avons établi ce fait de la façon suivante :

« 1º Les moisissures cultivées sur un milieu nutritif ne contenant que des acides forment des hydrates de carbone (mycélium). En même temps, elles présentent un quotient respiratoire supérieur au quotient que l'on obtiendrait en oxydant complètement la molécule des acides.

« Donc un quotient supérieur au quotient d'oxydation complète des acides indique la formation des hydrates de carbone.

« Or les moisissures cultivées sur un milieu nutritif contenant un mélange de sucre et d'acides, ainsi que les fruits acides, présentent, tant qu'il existe une assez grande quantité d'acides et que la température est assez élevée, un quotient supérieur au quotient d'oxydation complète des acides; donc il se forme dans ces conditions des hydrates de carbone aux dépens des acides des fruits.

« Il est certain que cette formation se produit encore dans les cultures des moisissures et dans les fruits contenant une très faible quantité d'acides et une grande quantité de sucre; mais, la combustion du sucre qui se produit avec un quotient au plus égal à l'unité étant considérable par rapport à celle des acides, le quotient très élevé de formation des hydrates de carbone aux dépens des acides est fortement abaissé par cette combustion et, par suite, le quotient observé est inférieur au quotient d'oxydation complète des acides.

« 2° Dans les pommes cueillies, nous avons constaté que la quantité de substance sucrée qui se forme aux températures élevées est supérieure à la quantité d'amidon et de l'acide disparus.

« II. Le *tanin* disparaît dans les fruits par oxydation complète, sans former d'hydrates de carbone. Ainsi se trouve démontrée l'opinion émise par CHATIN sur la transformation du tanin dans les plantes. Les deux faits suivants établissent cette oxydation :

« 1° Alors que le quotient respiratoire que présente le *Sterigmatocystis nigra* cultivé sur une solution contenant du tanin de la noix de galle (tanin formé de sucre et d'éther digallique) et y produisant des hydrates de carbone aux dépens de cette substance, est toujours supérieur à l'unité, quelle que soit la température, le quotient respiratoire des fruits non acides contenant simplement du tanin et du sucre est constamment inférieur à l'unité, jusqu'à la disparition complète de ce tannin.

« 2° La disparition du tanin dans les fruits voisins de la maturité n'est pas accompagnée d'une augmentation de la matière sucrée.

« III. L'*amidon* se transforme en matière sucrée dans le cours de la maturation. Cette conclusion est démontrée par les dosages de ces deux sortes d'hydrate de carbone faits à divers moments de la maturation des pommes, après qu'elles ont été séparées de l'arbre. Nous avons ainsi confirmé les résultats des recherches de BUIGNET et CORENWINDER sur les bananes et celles de LINDET sur les pommes.

« IV. Les *matières sucrées*, en même temps qu'elles se forment aux dépens de l'amidon et probablement aussi des acides, disparaissent en partie par oxydation.

« En outre, dans les fruits qui présentent le quotient de fermentation à la fin de la maturation, ces substances sucrées se transforment partiellement en alcools et acides volatils. Il en résulte des éthers qui constituent le parfum des ces fruits.

« Puisque les acides et le tanin disparaissent rapidement aux températures élevées, on peut hâter la maturation des fruits charnus sucrés contenant soit des acides (pommes, raisins, oranges), soit des tanins (kakis), soit un mélange de ces deux sortes de substance (sorbes, nèfles, poires, etc.), en les exposant aux températures élevées.

« D'autre part, on peut retarder la maturation des fruits contenant beaucoup d'acides, et dont la respiration ne présente pas de période de fermentation (certaines pommes, raisins, cerises, oranges, etc.) en les exposant à des températures voisines de 0°, puisque, aux basses températures, les acides ne sont pas comburés.

« Par contre, les fruits contenant du tanin et qui présentent à la fin de la maturation un quotient de fermentation (sorbes, nèfle, kakis, etc.), ne peuvent pas être conservés beaucoup plus longtemps aux basses températures qu'aux températures élevées, parce que le tanin est brûlé aussi bien à l'une qu'à l'autre température. Aussitôt après sa disparition, se produit la transformation de la pectose en pectine, et, par suite, apparaît la période de fermentation, et le fruit blettit.

« Enfin, la nécessité d'une température élevée pour la combustion des acides tartrique et citrique, la possibilité d'oxydation de l'acide malique aux basses températures, expliquent pourquoi les pommes, les sorbes, les nèfles et autres fruits qui contiennent de l'acide malique mûrissent sous des climats froids, tandis que les raisins et les oranges exigent des climats plus chauds; elles expliquent également pourquoi les fruits à acide malique (pommes, sorbes, nèfles, etc.) mûrissent après leur séparation de l'arbre dans des fruitiers dont la température est peu élevée, tandis que les raisins et surtout les oranges et autres fruits d'Aurantiacées mûrissent difficilement dans ces conditions. Cependant, en élevant suffisamment la température, les fruits à acides citrique et tartrique achèvent leur maturation en fruitier. »

Bibliographie. — HILDEBRAND (*Jahrbücher für wiss. Bot.*, 1873). — STEINBRINCK (*Untersuchungen über die anatomischen Ursachen des Ausspringens der Fruchte.* Bonn., 1873). — LECLERC DU SABLON. *Recherches sur la déhiscence des fruits à péricarpe sec* (*Thèse de la Fac. des sc. de Paris*, 1884, et *Ann. des sc. nat. Bot.*). — COUVERCHEL. *Mémoire sur la maturation des fruits* (*Ann. de Chimie*, 1831). — FRÉMY. *Mémoire sur la maturation des fruits* (*A. C.*, 1848). — INGENHOUSZ (*Versuche mit Pflanzen.* I et II, 1786). — CAHOURS. *Sur la respiration des fruits* (*C. R. Acad. des sc.*, LVIII, 1864 et *Bull. Soc. chim.*, I, 1864). — CHATIN. *Étude sur la respiration des fruits* (*C. R.*, LVIII, 1864). — SAINTPIERRE et MAGNIEN. *Recherches expérimentales sur la maturation du raisin* (*Annales agronomiques*, 1878, IV). — LECHARTIER et BELLAMY. *Étude sur les gaz produits par les fruits* (*C. R.*, XIX, 1869); *Note sur la fermentation des fruits* (*C. R.*, XIX, 1869); *De la fermentation des fruits* (*C. R.*, LXXV, 1872); *De la fermentation des pommes et des poires* (*C. R.*, LXXIX, 1874); *De la fermentation des fruits* (*C. R.*, LXXXI, 1875). — RICCIARDI. *Composition chimique de la banane à différents degrés de maturation* (*C. R.*, XCV, 1882). — LINDET. *Recherches sur le développement et la maturation de la pomme à cidre* (*Ann. agron.*, 1894, XX). — KALISCH. *Recherches sur la maturation des pommes* (*Landwirth. Jahrbücher*, XXI). — GERBER. *Recherches sur la maturation des fruits charnus* (*D. P.*, 1897 et *Ann. des sc. nat. Bot.*). — RIVIÈRE (CH.). *La datte sans noyau* (*Bull. de la Soc. nationale d'acclimatation de France*, mars 1901).

HENRI COUPIN.

FUCOSE ($C^6H^{12}O^5$). — Sucre méthylpentose isomère de la rhamnose qu'on extrait des algues marines. Il réduit la liqueur cupro-potassique. Son pouvoir de rotation (à gauche) + 75°96.

FULGURATION. — Les troubles graves produits par l'électricité sur l'organisme peuvent être occasionnés soit par les décharges d'un condensateur (*fulguration*), soit par les courants électriques (*électrocution*).

CHAPITRE PREMIER

Fulguration.

Nous avons à considérer : 1° les effets produits par la foudre; 2° les expériences de laboratoire.

§ I. — FOUDRE.

Conditions météorologiques. — Nous ne pouvons étudier ici les conditions météorologiques qui donnent origine à la foudre. Qu'il me suffise de rappeler que l'air est ordinairement électrisé positivement par rapport au sol. La différence entre l'état électrique de l'air et celui du sol varie d'un jour à l'autre avec la saison et le temps; elle augmente à mesure qu'on s'élève. Elle peut arriver pendant des périodes d'orage à 800, 1000, 2000, même 3000 volts par mètre. Nous pouvons donc avoir dans certains moments entre une surface d'air à 3000 mètres et le sol une différence de potentiel de 9 millions de volts. Mais ces différences de potentiel par mètre de hauteur varient beaucoup suivant la forme du terrain, la saillie des objets, etc.; c'est ce qui explique pourquoi les montagnes et les arbres sont plus exposés à la foudre.

Nous savons que la foudre est produite par le rétablissement brusque de l'équilibre électrique de l'atmosphère en un point déterminé. L'énorme différence de potentiel entre le sol et les nuages nous explique la puissance de destruction de la foudre. Ce qui frappe immédiatement en lisant la relation de la majorité des accidents produits par la foudre sur l'homme et les animaux, c'est le peu de gravité des lésions mécaniques. On ne peut expliquer ce fait qu'en admettant que l'homme et les animaux ne sont frappés le plus souvent que par une décharge latérale. En effet, l'éclair principal en s'approchant des objets du sol se partage en un nombre plus ou moins grand d'éclairs secondaires, comme il est bien démontré par les observations de Colladon (1) sur les arbres. Le plus souvent les feuilles d'un arbre frappé par la foudre ne présentent aucune lésion. C'est la dissémination de la puissance électrique qui peut seule rendre compte de l'innocuité d'un violent coup de foudre sur les feuilles.

Les effets de la foudre sur l'homme, les animaux, les plantes, etc., ont fait l'objet d'une quantité innombrable d'observations, de communications, d'articles disséminés dans un grand nombre de journaux ou de sociétés savantes. Ces diverses publications s'attachent souvent à décrire les *bizarreries* de la foudre, mais se ressemblent généralement quant aux effets essentiels produits par la décharge atmosphérique sur les organismes.

Plusieurs auteurs ont essayé de recueillir ces documents éparpillés. Il faut citer entre autres Sestier (2), qui a consacré plusieurs années de sa vie à cette œuvre; Boudin (3), Vincent (4), Bœllmann (5), Pélissié (6), etc.

Les lésions produites par la foudre sont décrites en détail dans le livre de Sestier ; nous ne ferons que les passer rapidement en revue.

Lésions extérieures. — Les lésions extérieures produites par la foudre sur l'homme et les animaux sont variables quant à leur étendue, leur profondeur, leur aspect, etc. Elles sont dues soit à des actions mécaniques, soit à des actions calorifiques de la foudre.

Les lésions les plus fréquentes sont constituées par des *brûlures ;* brûlures des poils seuls ou bien intéressant la peau. Les brûlures de la peau varient beaucoup en étendue et en profondeur. On observe quelquefois un simple érythème, d'autres fois des escharres, rarement des phlyctènes. Ces brûlures peuvent avoir la forme de sillons, de points, de plaques La forme de sillons est la plus fréquente. Ces lésions n'attaquent généralement que l'épiderme; mais le derme tout entier peut être atteint. La guérison de ces brûlures est quelquefois difficile et lente.

Il faut citer ensuite des colorations différentes de la peau, dues le plus souvent à des ecchymoses. Dans quelques cas les parties colorées présentent l'aspect d'images arborescentes, de fleurs, de feuilles, etc.; on leur a donné le nom de *figures* ou *fleurs de* Lichtenberg. Elles sont colorées en rouge, forment une légère saillie et sont parfois le siège d'une vive douleur; elles s'effacent généralement en quelques heures. Ces images doivent évidemment être attribuées à des phénomènes vaso-moteurs de la peau, et l'aspect arborescent est probablement dû au mode de diffusion de l'électricité à la surface de la peau [Mackay (7)].

On a observé dans quelques cas rares des lésions plus graves, tels que morceaux de peau enlevés, pavillons d'oreille arrachés, fractures du crâne ou des membres, etc.

Il n'existe pas toujours de relation entre les lésions extérieures et les suites de l'accident. On a constaté des cas de mort avec absence complète de lésions extérieures et des cas de survie avec des lésions graves. Sur 119 observations de mort par la foudre, analysées par Sestier, on trouve qu'il n'y avait aucune lésion externe dans un sixième des cas; dans un tiers des cas les lésions étaient très légères, comme brûlures des poils, érythèmes limités, ecchymoses, etc.

Système nerveux. — On peut distinguer les effets immédiats et les effets plus ou moins éloignés. Au moment où la foudre tombe, les personnes soumises au choc électrique peuvent perdre immédiatement connaissance ou bien éprouver des sensations variables. La perte de connaissance est quelquefois très passagère ; dans d'autres cas, elle dure quelques minutes ou quelques heures; il est très rare qu'elle se prolonge pendant une journée ou davantage. Les foudroyés qui reviennent à eux déclarent ne se rappeler de rien et n'avoir ressenti aucune douleur; la perte de connaissance est donc instantanée. Il faut pourtant faire une exception pour les cas de *foudre en globe.* Dans ce genre de fulguration, la victime peut voir le globe lumineux et avoir l'impression d'être frappée avant de perdre connaissance. En sortant de leur état de stupeur, les foudroyés éprouvent parfois des mouvements *convulsifs* de formes diverses : tremblements, secousses musculaires isolées, et même de violentes attaques de convulsions cloniques généralisées. D'autres fois ce sont des contractures musculaires limitées à quelques muscles, à tout un membre, etc.

Plus fréquents sont les cas de *paralysie*, qui portent sur la sensibilité et la motilité. La paralysie est instantanée, c'est-à-dire qu'elle existe déjà lorsque la personne foudroyée reprend connaissance; en outre, à ce moment, elle est déjà à son acmé, elle n'a aucune tendance à s'aggraver. On n'a jamais observé la paralysie de la vessie et du rectum, ce qui montrerait que ces paralysies sont dues à des troubles périphériques. La paralysie est surtout prononcée dans les parties du corps frappées par la foudre, elle affecte plus souvent les membres inférieurs que les membres supérieurs, ce qui s'explique facilement, car l'électricité doit traverser les membres inférieurs pour rejoindre le sol. La monoplégie est la forme la plus fréquente. Ces troubles de la motilité et de la sensibilité sont le plus souvent de courte durée. Sur 28 cas recueillis par Sestier, la paralysie n'a pas dépassé vingt-quatre heures dans 12 cas. Trois fois seulement elle a duré de deux à trois mois.

Les cas d'hystéro-traumatisme dus à la foudre paraissent être rares. L'observation de Nothnagel (8) et celle de Charcot (9) sont bien connues dans la littérature.

Dans la majorité des cas de fulguration, les personnes qui reviennent à elles n'éprouvent que de la faiblesse, des bourdonnements d'oreille, des étourdissements, etc.; tous ces troubles se dissipent généralement avec une assez grande rapidité. La forme passagère de tous ces phénomènes (convulsions, contractures, paralysies, anesthésies) nous montre d'une manière évidente qu'il s'agit toujours de désordres fonctionnels et non de lésions anatomiques des centres nerveux.

Les sensations éprouvées au moment de la chute de la foudre (lorsqu'il n'y a pas perte de connaissance) sont de différente nature. La plus fréquente est la commotion : les personnes ressentent une forte secousse dans tout le corps, qui souvent les fait tomber à terre. On a signalé des sensations de brûlure, de choc ou de pression sur certaines parties du corps, etc.

Effets sur la circulation et la respiration. — Il est naturellement impossible de dire d'une manière précise quel est l'état du cœur chez l'homme au moment de la chute de la foudre. On peut se demander si la perte de connaissance est due à un arrêt momentané du cœur produit par l'excitation du centre du nerf pneumogastrique. Les expériences sur les animaux montrent que cet arrêt est de très courte durée; il est donc probable que la cessation des battements du cœur ne joue qu'un rôle secondaire.

Un phénomène qu'on a souvent constaté, c'est le gonflement des veines dans les régions qui viennent de subir la décharge de la foudre; les vaisseaux dont la tonicité est diminuée se laissent distendre par le sang. Cette vaso-dilatation localisée donne lieu dans quelques cas, comme nous l'avons vu, aux figures de Lichtenberg.

Les hémorrhagies sont fréquentes chez les foudroyés; mais elles ne sont pas abondantes, et n'ont jamais occasionné la mort. On a observé des hémorrhagies par les oreilles, par le nez, par la bouche, etc.

Les foudroyés présentent souvent, au moment de l'accident, un état de collapsus avec refroidissement des extrémités qui peut durer plusieurs heures. Le pouls est petit, facilement dépressible, le plus souvent d'une remarquable lenteur, parfois aussi intermittent. A cet état de dépression succède, après un temps variable, une réaction plus ou moins vive et prolongée. Le pouls est alors fréquent, dur et plein. La température de la peau s'élève et une sueur copieuse inonde parfois le malade.

La réspiration présente aussi des troubles. Dans les cas légers, les victimes peuvent éprouver de la difficulté à respirer avec une sensation de constriction épigastrique. Dans les cas plus graves, lorsque le foudroyé revient à la vie, la respiration est lente, stertoreuse, irrégulière. On a rarement constaté des hémorrhagies pulmonaires ou bronchiques, ou des inflammations des voies aériennes.

Effets sur les organes de digestion et de sécrétion. — On a cité la difficulté et même l'impossibilité d'avaler attribuées à un spasme convulsif des muscles du pharynx. On a observé des vomissements généralement de courte durée, mais qui parfois se renouvellent; des gastralgies plus ou moins persistantes; des dyspepsies, etc. La foudre a occasionné dans quelques cas une diminution de la tonicité des parois intestinales, avec production de tympanite abdominale. On a aussi constaté une exagération des mouvements péristaltiques de l'intestin, de manière que ceux-ci devenaient visibles à l'œil nu; on peut du reste provoquer expérimentalement ce phénomène chez les animaux soumis à des décharges électriques. La foudre produit souvent chez ceux qu'elle atteint de la diarrhée, des évacuations involontaires d'urine et de matières fécales. On a remarqué dans quelques cas de la polyurie, dans d'autres de l'anurie; l'hématurie a été observée très rarement.

La foudre exerce parfois une action sur la grossesse : on cite des cas où la fulguration directe ou à distance, ou même la frayeur causée par les coups de tonnerre, ont provoqué l'avortement; d'autres fois, par contre, des femmes ont été frappées gravement par la foudre, sans que cela eût aucune influence fatale sur le développement du fœtus.

Organes des sens. — Les effets de la foudre sur l'appareil de la vision sont nombreux et variés. On a constaté des douleurs très vives passagères, une ophtalmie superficielle, de la photophobie, des contractions spasmodiques des paupières, de l'amaurose, de l'hémyopie. L'opacité de la cornée est rare; on a noté par contre plusieurs cas de cataracte.

L'appareil de l'audition est aussi souvent affecté. Les personnes près desquelles la foudre vient de tomber éprouvent des bourdonnements, des bruissements, des tintements qui se dissipent en général rapidement. Quelquefois les foudroyés perdent l'ouïe pendant un certain temps; mais on n'a pas constaté de cas de surdité permanente. La rupture de la membrane du tympan, contrairement à ce qu'on pourrait croire, est plutôt rare.

Les personnes atteintes par la foudre ressentent parfois une saveur d'ozone dans la bouche et dans la gorge qui dure quelques heures ou davantage.

État des cadavres. Autopsies. — Un des effets remarquables de la foudre est de laisser quelquefois l'homme ou l'animal dans l'attitude qu'il avait au moment de l'accident. On cite même deux cas dans lesquels l'homme à cheval resta en selle après avoir été tué par la foudre, tandis que l'animal continuait à marcher. Pour comprendre ce phénomène, il faut admettre la production pour ainsi dire instantanée de la rigidité cadavérique de tous les muscles du corps, ou du moins d'un groupe de muscles.

D'après quelques auteurs, la rigidité cadavérique manquerait chez les foudroyés, mais elle a été observée dans un grand nombre de cas. Les expériences de fulguration chez les animaux nous renseignent, du reste, sur les modalités de la production de la rigidité cadavérique dans ce genre de mort.

L'irritabilité musculaire disparaît probablement très vite chez l'homme tué par la foudre, mais il n'existe aucune recherche directe.

La putréfaction des cadavres après la fulguration est ordinairement rapide.

Les lésions constatées à l'autopsie sont généralement celles de l'asphyxie et ne sont pas constantes. Les poumons sont souvent hyperémiés et quelquefois œdématiés. Les cavités du cœur offrent toutes les variétés possibles de vacuité ou de distension. On a signalé quelques cas de rupture du cœur. Le sang est noir et liquide. L'estomac et les intestins sont en général distendus par des gaz. Le foie et la rate sont hyperémiés.

Le cerveau et les méninges peuvent être absolument normaux. On remarque souvent une hyperémie de la pie-mère. La moelle épinière, dans le petit nombre de cas où elle a été examinée, a été trouvée normale, sans déchirure ni ramollissement; ses membranes étaient parfois le siège d'une injection vasculaire plus ou moins marquée.

Quant à l'examen microscopique des centres nerveux, on comprend que les cadavres des foudroyés n'offrent pas un sujet d'étude bien appropriée, car on ne peut se les procurer que longtemps après la mort. Nous en parlerons à propos des expériences sur les animaux.

État de mort apparente. — Nous avons vu qu'un des phénomènes les plus fréquents qui se produisent chez les foudroyés est la perte de connaissance. On a cité plusieurs cas où des personnes, chez lesquelles les mouvements respiratoires étaient arrêtés et le pouls paraissait manquer, sont revenues à la vie. Sestier a analysé 21 observations semblables, mais dans aucun cas on n'a ausculté le cœur.

Le mécanisme de la mort sera discuté à propos de la fulguration expérimentale. Qu'il me suffise de dire ici que, lorsque la foudre produit la mort, celle-ci est presque toujours immédiate. Sur 354 observations analysées par Sestier, la mort a été immédiate dans 340 cas, et dans la majorité des autres 14 cas les victimes ont succombé aux suites des graves lésions produites par la foudre) brûlures étendues, fractures, etc.).

Pronostic. — Pour savoir dans quelle proportion les victimes de la foudre ont survécu ou succombé, il faudrait connaître le nombre exact de toutes les personnes foudroyées. Ce relevé n'a pas été fait, et il est impossible à faire. Sestier a recueilli les observations faites sur 601 personnes atteintes directement par la foudre : 351 ont survécu, et 250 ont succombé ; la mortalité a donc été de 41 p. 100.

Le danger des coups de foudre diffère suivant la région du corps frappée. Les coups de foudre qui n'atteignent que les membres ne sont presque jamais mortels ; ceux qui frappent la tête sont les plus dangereux. Ces observations sont confirmées par l'expérimentation.

§ II. — FULGURATION EXPÉRIMENTALE.

Historique. — Les auteurs qui ont fait *quelques* expériences sur les animaux avec les décharges de la bouteille de Leyde sont assez nombreux, surtout à la fin du xviiie siècle et au commencement du xixe. On trouve de courtes citations dans plusieurs traités de physique de l'époque ; on lit, par exemple, qu'une forte décharge a tué une souris, étourdi un lapin ; mais il n'est rapporté aucun détail précis. Nous ne citerons que les auteurs principaux.

C'est Priestley (10) qui, en 1766, fit le premier des recherches un peu étendues sur la mort par les décharges électriques : il tue des rats et des chats et constate déjà que la mort a lieu sans lésions appréciables. Les expériences de Felice Fontana (11) furent beaucoup plus détaillées, et cet auteur décrit mieux les symptômes présentés par les animaux soumis aux décharges de la bouteille de Leyde. Il trouva qu'en ouvrant le thorax, peu de temps après la mort, le cœur était arrêté ; il conclut que l'électricité, comme la foudre, tue par l'abolition de l'excitabilité musculaire. Marat (12), le célèbre démagogue, dit avoir fait des expériences sur la fulguration, et il rapporte les résultats de ses recherches dans un Mémoire présenté à l'Académie des sciences de Rouen, qui fut couronné. La description de ses expériences est la reproduction presque toujours littérale du chapitre du livre de Priestley sur le même sujet.

Troostwyk et Krayenhoff (13) firent des expériences assez nombreuses sur des lapins. Ils eurent le mérite de montrer que les décharges d'une batterie ont des effets différents suivant le lieu d'application, et qu'elles sont plus dangereuses si le choc frappe les parties supérieures du système cérébro-spinal.

La mort par les décharges électriques n'a donné lieu à aucun travail suivi dans la première moitié du xixe siècle. Les expériences de Tourdes et Bertin (14) et de Richardson (15) ne fournissent pas de nouvelles données. Dechambre (16) fit, à l'occasion de la publication de l'article *Fulguration* de son *Dictionnaire encyclopédique*, une série de recherches sur plusieurs espèces animales. C'est le premier auteur qui inscrit la pression artérielle (chez les chiens), et qui tient compte non seulement de la capacité du condensateur mais aussi, bien que d'une matière approximative, de la différence de potentiel existant entre les deux armatures. D'Arsonval (17), dans une courte note, dit que la mort par les décharges électriques peut avoir lieu par deux mécanismes différents. Lorsque l'énergie de la décharge localisée au bulbe est suffisante (3 kilogrammètres environ), la mort est irrémédiable par suite de l'altération mécanique du bulbe. Si la décharge n'a pas, au contraire, l'énergie voulue, elle agit en excitant le bulbe et en produisant des phénomènes d'inhibition respiratoire, d'inhibition du cœur, d'arrêt des échanges, etc. Nous verrons que cette distinction de d'Arsonval ne peut pas être admise. Prevost et Battelli (18) ont étudié les effets produits par les décharges électriques sur les animaux, en déterminant les conditions physiques des expériences, ce qui permet d'obtenir des résultats comparables.

Dispositif pour obtenir des décharges de capacité et de potentiel connus. — Prevost et Battelli ont employé dans leurs expériences l'appareil représenté par la figure 86. Les condensateurs étaient constitués par de grandes plaques de verre, recouvertes sur leurs deux surfaces de papier d'étain ; ces plaques étaient disposées en série. Le condensateur était chargé par une grosse bobine de Ruhmkorff ; mais naturellement on peut se servir aussi d'une puissante machine électro-statique. Pour charger le condensateur à des potentiels élevés avec la bobine de Ruhmkorff, il faut interrompre un des conducteurs qui réunissent une des armatures du condensateur avec le pôle respectif de la bobine. Cette interruption est faite à l'aide du spinthéromètre D. Chaque armature du condensateur est réunie au moyen d'un conducteur métallique à une sphère en laiton d'un diamètre de 2 centimètres. La distance entre les deux sphères S et S' est variable à volonté. C'est entre ces sphères que l'étincelle éclate, lorsque la différence de potentiel entre les deux armatures atteint une valeur suffisante. L'animal, représenté dans la figure par le rectangle A, est placé dans le circuit qui relie une des armatures avec la sphère mobile; il est attaché sur une table isolée.

La capacité du condensateur a été mesurée dans les expériences de Prevost et Battelli au moyen d'un galvanomètre balistique. Le potentiel a été calculé en mesurant d'une manière exacte la distance explosive entre les deux sphères S et S'. Les valeurs du potentiel correspondant aux distances explosives (longueur de l'étincelle) entre deux conducteurs métalliques ont été données par les physiciens.

Au moyen de ce dispositif il est facile de calculer soit la quantité d'électricité Q, soit

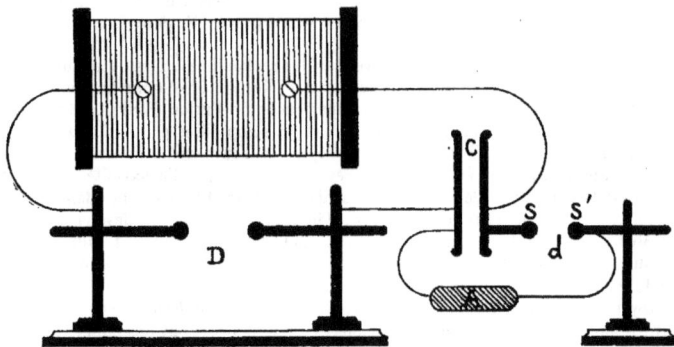

Fig. 86. — Dispositif pour obtenir des décharges de capacité et de potentiel connus.
D, spinthéromètre; C, condensateur; SS' sphères métalliques de 2 centimètres de diamètre dont l'une, S', est mobile; d, distance explosive; A, animal.

l'énergie électrique W, auxquelles l'animal est soumis à chaque décharge du condensateur. En effet, la quantité d'électricité Q est donnée par la formule :

$$Q = CV,$$

où C est la capacité du condensateur et V le potentiel. Si l'on exprime C en microfarads et V en volts, la quantité Q sera exprimée en microcoulombs.

L'énergie électrique W de la décharge est donnée par la formule

$$W = \frac{1}{2} CV^2,$$

où C est la capacité et V le potentiel. Si l'on exprime C en farads et V en volts, l'énergie W sera exprimée en joules. Et si l'on veut transformer les joules en unité de travail ou kilogrammètres, il suffit de considérer que : 1 joule = $0^{kgm},102$.

Influence de la quantité d'électricité et de l'énergie de la décharge dans les effets de la fulguration. — Il résulte des nombreuses expériences faites par Prevost et Battelli (ibid.) sur des chats, des lapins, des cobayes, que les effets mortels d'une décharge électrique sur un animal ne sont pas en rapport avec la quantité Q d'électricité qui passe par le corps de l'animal, mais avec l'énergie W de la décharge. En d'autres termes, les effets mortels sont proportionnels entre certaines limites à la capacité du condensateur et au carré du potentiel. On peut changer à volonté entre ces limites soit la capacité, soit le potentiel, pourvu que la valeur de W ne change pas, et on a, toutes les autres conditions restant égales, les mêmes résultats.

J'ai dit : entre certaines limites, parce que, si les différences entre les capacités employées sont trop grandes, on change considérablement la durée du flux électrique. En outre, on sait, par les expériences de Hoorweg (19) et d'autres, qu'au-dessous d'un certain potentiel les décharges restent inefficaces, quelle que soit la capacité du condensateur.

Cybulski et Zanietowski (20), ainsi que d'autres auteurs, avaient déjà trouvé que le facteur important pour la production de l'excitation nerveuse, c'est l'énergie de la décharge.

Il ne faut pas oublier que, si la différence de potentiel entre deux conducteurs sphériques augmente presque proportionnellement à la longueur de l'étincelle pour de petites distances explosives (jusqu'à 10 ou 12 millimètres), il n'en est plus de même pour des distances explosives plus élevées. Ainsi, d'après Mascart et Joubert (21), le potentiel correspondant à la distance explosive de 1 centimètre serait de 48 600 volts ; celui d'une distance de 2 centimètres serait de 64 800, et celui d'une distance de 4 centimètres serait de 76 800 volts. On devait donc s'attendre, dans les expériences de fulguration, à ce que, dans la production des effets mortels sur les animaux, la longueur de l'étincelle ait jusqu'à une certaine limite (15 millimètres environ) beaucoup plus d'importance que la capacité, car les effets mortels sont proportionnels à la capacité et au carré du potentiel. Mais au-dessus de cette limite l'augmentation de la capacité devait présenter au moins autant d'importance que l'augmentation de la longueur de l'étincelle, car les valeurs du potentiel ne s'élèvent pas proportionnellement à la distance explosive.

Les expériences de Prevost et Battelli ont confirmé ces prévisions. Il en résulte que, pour obtenir une décharge énergique il est d'abord beaucoup plus avantageux d'augmenter la distance explosive; mais au delà de 15 millimètres environ il est préférable d'augmenter la capacité du condensateur.

Autres conditions physiques. — L'inversion des pôles n'a pas d'influence appréciable sur les effets mortels de la décharge électrique. On obtient le même effet, par exemple, en plaçant l'électrode qui communique avec l'armature chargée d'électricité positive dans la bouche, et l'autre dans le rectum, ou *vice versa*. La durée de la décharge doit avoir une très grande importance dans les résultats de la fulguration, comme il résulte des expériences sur l'excitation des nerfs; mais on n'a pas fait, à ma connaissance, de recherches comparatives au point de vue que nous traitons ici.

La localisation de l'énergie de la décharge, c'est-à-dire la densité électrique, dans tel ou tel organe a naturellement une grande influence sur les effets de la fulguration, ce qui avait déjà été constaté par Troostwyk et Krayenhoff. L'énergie de la décharge est d'abord maximum au niveau d'application des électrodes; elle est ensuite plus grande sur la ligne qui réunit les électrodes que dans les points qui se trouvent placés en dehors de cette ligne. Plus les parties du corps sont éloignées de cette ligne, moins considérables seront les effets produits par la décharge sur ces parties. Lorsqu'on veut obtenir des résultats comparables, il faut donc placer les électrodes dans la même position. L'influence de la localisation de l'énergie de la décharge explique aussi le fait que les animaux de petite taille sont tués beaucoup plus facilement que ceux de grande taille. Il est superflu de dire que les effets de décharges ayant la même énergie ne seront pas identiques, si la résistance électrique de l'animal présente des différences considérables. En effet, le changement de résistance fait varier la durée de la décharge.

Énergie nécessaire pour arrêter complètement la respiration chez différents animaux. — Prevost et Battelli ont constaté que l'arrêt complet de la respiration a lieu avec une constance remarquable lorsque l'on atteint une certaine énergie, qui est approximativement la même pour des animaux de la même espèce et du même poids. Il faut remarquer que dans le travail de ces auteurs il s'est glissé une erreur de calcul. A la suite d'une transposition de virgule les valeurs données pour la capacité et par conséquent pour l'énergie (en joules) sont dix fois plus grandes qu'elles devraient être. Ici nous donnons les chiffres corrigés.

En appliquant les électrodes constituées par deux petits cylindres métalliques dans la bouche et le rectum, la respiration est complètement arrêtée, lorsque l'énergie de la décharge atteint une certaine valeur. Pour les cobayes de 250 grammes, cette énergie peut être fixée à 13 joules environ. Pour les cobayes de 350 grammes, à 25 joules. Pour les cobayes de 500 grammes, à 40 joules. Pour les lapins de 1 200 grammes, à 35 joules. Pour les lapins de 2 000 grammes, à 90 joules. Ces chiffres sont naturellement approximatifs. Ils montrent toutefois d'une manière assez nette que les jeunes animaux sont plus sensibles que les adultes à l'action délétère des décharges électriques. En effet, chez des animaux de la même espèce l'énergie électrique nécessaire pour arrêter la respiration augmente d'une manière plus considérable que la taille de l'animal.

Les décharges les plus fortes (100 joules) que Prevost et Batelli pouvaient obtenir dans leurs expériences n'étaient pas suffisantes pour produire la mort d'un chien même avec deux ou trois décharges. Toutefois, après deux ou trois chocs électriques d'une énergie de 100 joules environ se succédant à un intervalle de quelques secondes, les électrodes étant placées dans la bouche et le rectum, la respiration s'arrête pendant une minute ou davantage chez des chiens de taille moyenne; puis elle se rétablit et devient peu à peu normale. Quatre décharges rapprochées ayant chacune une énergie de 100 joules ne suffisent pas pour arrêter la respiration d'une manière définitive.

Si nous voulions appliquer ces résultats à l'homme, nous devrions conclure que les décharges des plus grands condensateurs qui puissent exister dans les laboratoires ne présentent aucun danger pour la vie des expérimentateurs. Ce qu'on écrit couramment dans les traités de physique sur le danger des décharges de grandes bouteilles de Leyde est tout à fait exagéré.

Système nerveux. — Les centres nerveux paraissent *excités* par des décharges peu énergiques, et ils sont au contraire *inhibés* jusqu'à perte complète et définitive de leurs fonctions par des décharges ayant l'énergie nécessaire.

Chez des lapins de 2 kilos environ, soumis à une seule décharge, et en plaçant les électrodes dans la bouche et le rectum, on observe les effets suivants (Prevost et Battelli) : Avec une énergie de 7 joules environ, on n'obtient qu'une seule contraction musculaire générale au moment de la décharge. On ne constate aucun effet appréciable, ni du côté de la respiration, ni du côté de la sensibilité ou du mouvement. Lorsqu'on atteint une énergie de 17 joules environ, le système nerveux commence à être atteint. Dès qu'il reçoit la décharge, l'animal tombe sur le flanc, et présente, pendant quelques secondes, des *convulsions cloniques* pendant lesquelles il respire déjà. Les convulsions cessées, le lapin reste légèrement prostré; la respiration est accélérée et les réflexes conservés. Si l'on augmente encore l'énergie de la décharge, en la portant par exemple à 25 joules, les convulsions cloniques sont généralement remplacées par des *convulsions toniques* énergiques pendant lesquelles l'animal est incapable de respirer. A la cessation des convulsions, la respiration se rétablit le plus souvent.

Lorsqu'on atteint une énergie de 55 joules environ, l'animal tombe comme foudroyé, et il reste pendant quelques secondes en résolution complète. Il a ensuite un accès de convulsions cloniques pendant lesquelles souvent la respiration, qui est superficielle, reprend déjà. Le *sensorium* est inhibé; mais les réflexes existent encore, et peu à peu l'animal revient à l'état normal : au bout de quelques minutes il se tient sur ses pattes.

Si la décharge possède une énergie encore plus élevée, 77 joules environ, l'inhibition du système nerveux est encore plus grande et plus prolongée, et l'on peut même observer déjà la mort par arrêt complet de la respiration.

Finalement, en soumettant le lapin à une décharge d'une énergie de 95 joules, l'inhibition du système nerveux est complète. Après la contraction musculaire générale qui se produit toujours au moment de la décharge, l'animal tombe absolument foudroyé; il ne fait plus aucun mouvement des membres; les réflexes sont abolis, il n'y a aucun mouvement respiratoire. Le cœur bat encore avec énergie. Si l'on abandonne l'animal à lui-même, il meurt faute de respiration; si l'on pratique la respiration artificielle, l'inhibition du système nerveux central disparaît peu à peu, la respiration naturelle se rétablit, et le lapin, après un laps de temps assez long, reprend la sensibilité et les mouvements volontaires.

Les effets qu'une décharge électrique unique produit sur les centres nerveux d'un lapin de 2 kilos, les électrodes étant placées dans la bouche et le rectum, peuvent être résumés dans le tableau suivant :

ÉNERGIE EN JOULES	RESPIRATION	CONVULSIONS	RÉFLEXES
7	Normale.	Manquent.	Normaux.
17	Polypnée.	Cloniques.	Normaux.
25	Dyspnée.	Toniques.	Légèrement affaiblis.
55	Superficielle.	Cloniques faibles.	Affaiblis.
95	Abolie.	Manquent.	Abolis.

On voit ainsi qu'à mesure que l'énergie augmente les centres nerveux sont d'abord excités (polypnée, convulsions), puis complètement inhibés.

Lorsque, au lieu d'une seule décharge, on soumet l'animal à plusieurs décharges d'une énergie moyenne, et faites à quelques secondes d'intervalle, les effets produits sur les centres nerveux sont semblables à ceux que l'on vient d'exposer. Toutefois la somme d'énergie dépensée dans plusieurs décharges produit des effets moins dangereux que lorsque cette énergie a été dépensée en une seule décharge.

A l'autopsie, les centres nerveux ne présentent aucune lésion macroscopique caractéristique.

Chez les *cobayes* l'action des décharges électriques sur les centres nerveux est tout à fait semblable à celle qu'on observe chez le lapin ; mais on obtient naturellement les mêmes effets avec des décharges ayant une énergie plus faible. Toutefois chez les cobayes les attaques convulsives déterminées par une décharge d'énergie appropriée sont beaucoup moins accentuées que chez le lapin. Les *chiens* présentent les mêmes phénomènes. Une seule décharge de 100 joules ne produit ni arrêt de la respiration, ni convulsions, lorsque les électrodes sont placées dans la bouche et le rectum. Quatre décharges de 100 joules faites à quelques secondes d'intervalle ne suspendent pas encore la respiration d'une manière définitive. Mais, si l'on applique une électrode sur la membrane occipito-atloïdienne, l'autre électrode étant placée dans le rectum, une décharge de 40 joules environ provoque un accès de convulsions toniques qui durent plusieurs secondes. Une décharge de 100 joules arrête la respiration d'une manière définitive chez un chien de 5 ou 6 kilos.

D'après Dechambre (*l. c.*), les décharges produiraient une excitation du sympathique, suivie d'une paralysie. Immédiatement après la décharge on aurait une constriction de la pupille, et une vaso-constriction des vaisseaux de l'oreille (chez le lapin) suivie d'une dilatation de la pupille et des vaisseaux de l'oreille.

Effets sur le cœur. — L'action des décharges électriques sur le *cœur* est variable suivant l'énergie de la décharge et suivant la localisation de cette énergie. Avec la même décharge on pourra avoir des effets bien différents, selon qu'on applique une électrode directement sur le cœur mis à nu, ou qu'on place les électrodes à la surface de la peau.

Prevost et Battelli ont étudié chez le cobaye les effets des décharges sur le cœur de l'animal intact (*ibid.*), et chez le chien et le lapin les effets sur le cœur mis à nu (22).

Chez de jeunes cobayes de 250 grammes environ, soumis à une seule décharge, en plaçant les électrodes dans la bouche et le rectum, on obtient les résultats suivants :

Si l'énergie de la décharge atteint 8 joules environ, on constate à l'ouverture du thorax, faite immédiatement, que les oreillettes et les ventricules battent normalement. Avec une énergie de 14 joules les oreillettes sont arrêtées en diastole ; les ventricules battent encore avec énergie. En élevant l'énergie de la décharge à 34 joules, les ventricules battent encore, mais faiblement, ce qui est dû en partie à la paralysie du système vaso-moteur, car le cœur est vide de sang. Avec une énergie de 75 joules les battements des ventricules persistent, mais excessivement faibles. Enfin, lorsqu'on élève l'énergie de la décharge à 100 joules, on constate que le cœur est complètement immobile. Les ventricules, surtout le gauche, sont en rigidité musculaire.

Les phénomènes que l'on observe lorsqu'on applique une électrode sur le cœur mis à nu sont semblables à ceux que nous venons de décrire. Dans les expériences de PREVOST et BATTELLI, faites chez le lapin, une électrode constituée par un disque de 13 millimètres de diamètre était placée sur la face antérieure des ventricules au niveau de l'union de leurs deux tiers supérieurs avec leur tiers inférieur. Une décharge ayant une énergie de 4 joules environ arrête les oreillettes en diastole pendant plusieurs secondes; les ventricules battent bien. Avec une décharge de 9 joules les oreillettes sont arrêtées pendant plusieurs minutes; les ventricules se contractent encore énergiquement. Une décharge de 25 joules rend les battements du cœur faibles; le myocarde est rigide au niveau de l'application de l'électrode. Finalement une décharge de 70 joules immobilise complètement le cœur, qui devient rigide en entier. Chez le chien on observe la même série de phénomènes; mais il faut employer des décharges plus fortes.

Nous voyons ainsi qu'à mesure qu'on élève l'énergie de la décharge on constate successivement : arrêt des oreillettes en diastole, affaiblissement des contractions ventriculaires, rigidité musculaire au point d'application de l'électrode (dans le cas d'application directe sur le cœur), rigidité totale du cœur.

Une seule décharge, qu'elle soit appliquée à la surface de la peau ou directement sur le cœur mis à nu, et quelle que soit son énergie, provoque rarement l'apparition des trémulations fibrillaires des ventricules. On n'a constaté ces dernières que dans quelques cas chez le cobaye. Au contraire, plusieurs décharges énergiques, de 80 joules par exemple, faites à quelques secondes d'intervalle, déterminent l'arrêt du cœur en trémulations fibrillaires persistantes chez le chien.

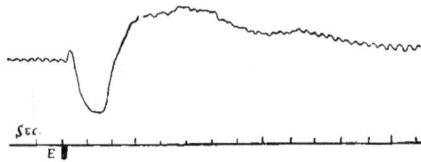

FIG. 88. — Effet d'une décharge peu énergique sur la pression artérielle.

Lapin de 2 000 grammes. E, décharge électrique, 7 joules.

Deux phénomènes intéressants sont encore à signaler. Le cœur, qui est en trémulations fibrillaires, reprend son rythme lorsqu'on le soumet à une décharge électrique appropriée. Le cœur devient inexcitable au niveau de l'application de l'électrode.

Pour faire cesser les trémulations fibrillaires du cœur, on applique une décharge de 25 joules environ chez les chiens de moyenne taille, une électrode étant placée directement sur le cœur mis à nu. Pour que l'expérience réussisse, il faut que les trémulations soient bien énergiques (Voir Électrocution, p. 874).

Un très fort courant induit appliqué sur le point du cœur qui était recouvert par l'électrode au moment de la décharge ne modifie pas le rythme cardiaque. Toutefois cet état d'inexcitabilité est passager. Après un temps, variable suivant l'énergie de la décharge, l'électrisation du point qui était inexcitable produit d'abord une accélération des battements du cœur, et finalement l'apparition des trémulations fibrillaires.

Effets sur la pression artérielle.—L'action des décharges électriques sur la pression sanguine varie avec l'énergie de la décharge, le point d'application des électrodes, etc.

Chez le lapin, en plaçant les électrodes dans la bouche et le rectum, on peut constater les faits suivants. Une décharge électrique peu énergique détermine le plus souvent une chute très passagère de la pression, comme on peut le voir dans la figure 88. La pression ne tarde pas à remonter après cette chute momentanée, et elle atteint un niveau supérieur à celui qu'elle offrait avant la décharge. D'après DECHAMBRE, la chute passagère de la pression serait due à l'excitation du bulbe par la décharge; elle n'aurait plus lieu après la section des nerfs pneumogastriques. Lorsque la décharge atteint une énergie plus forte, de 55 joules par exemple, la pression monte immédiatement sans descente préalable, et reste au-dessus de la normale pendant une demi-minute ou davantage. Il en est de même si l'on augmente encore l'énergie en la portant à 95 joules par exemple. On n'a pas fait de recherches pour savoir si cette élévation de pression est due exclusivement à une action directe sur le cœur et les vaisseaux, ou bien si le centre vasomoteur lui-même est excité.

Nous avons vu plus haut que la respiration est complètement arrêtée chez un lapin
soumis à une décharge de 95 joules. Or nous constatons ici qu'avec la même décharge la
pression s'élève et reste au-dessus de la normale pendant plusieurs secondes; elle descend ensuite peu à peu à l'abscisse à cause de l'asphyxie. Si l'on entretient la respiration
artificielle, la pression reste élevée.

Dans leurs expériences Prevost et Battelli ne pouvaient pas obtenir de décharges
ayant une énergie supérieure à 100 joules; ils ne pouvaient donc pas étudier l'effet de
décharges plus fortes sur la pression du lapin. Ces auteurs ont dû se limiter à rechercher
l'action de plusieurs décharges se succédant à quelques secondes d'intervalle en même
temps qu'on pratiquait la respiration artificielle. Sous l'influence de 3 ou 4 décharges de
100 joules les battements du cœur deviennent de plus en plus faibles, et la pression finit
par tomber à l'abscisse. Le système vasculaire périphérique est aussi atteint par ces
fortes décharges successives. En effet, on constate qu'après quelques décharges le cœur
est totalement vide de sang, ce qui est l'indice d'une paralysie vaso-motrice. Il est rare
d'observer chez le lapin l'apparition des trémulations fibrillaires sous l'influence de ces
fortes décharges successives.

Chez les chiens de petite et de moyenne taille, en plaçant les électrodes dans la
bouche et le rectum, une décharge de 100 joules produit une élévation considérable de
la pression, qui descend

peu à peu et reprend son
niveau normal (fig. 89).
Lorsqu'on soumet l'animal
à plusieurs décharges se
succédant à quelques se-
condes d'intervalle, on voit
que la pression monte à
un niveau très élevé, et
que cette élévation se
maintient pendant quelques
décharges. Mais le plus sou-

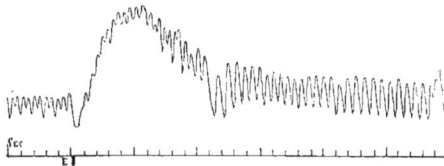

Fig. 89. — Effets d'une décharge énergique sur la pression artérielle.
Chien de 8500 grammes. E, décharge électrique de 95 joules.

vent, à la quatrième ou à la cinquième décharge, on voit la pression tomber tout à
coup à l'abscisse, et y rester d'une manière définitive (fig. 90).

Si l'on ouvre rapidement le thorax, on constate que les ventricules présentent des trémulations fibrillaires, tandis que les oreillettes continuent à battre.

Ces trémulations fibrillaires sont définitives, et même, en prolongeant le massage du

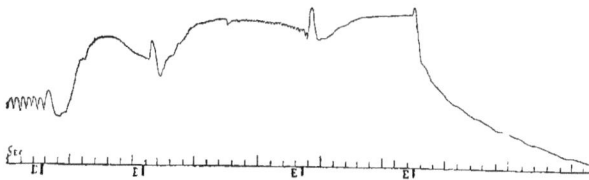

Fig. 90. — Effets de plusieurs décharges énergiques rapprochées.
Chienne de 7 kilogrammes. E, décharges électriques de 77 joules.

cœur pendant plusieurs minutes, en entretenant en même temps la respiration artificielle, les contractions rythmiques des ventricules ne se rétablissent pas.

Des décharges appliquées directement sur le cœur, de façon que la densité électrique soit considérable dans cet organe, produisent des effets semblables chez le
chien. Une seule décharge, quelle que soit son énergie, ne détermine jamais l'apparition
des trémulations fibrillaires. Au contraire, avec trois ou quatre décharges peu fortes,
de 5 joules par exemple, chez un chien de petite taille, on provoque des trémulations
fibrillaires persistantes. On voit ainsi qu'il faut qu'il y ait *sommation* des effets de plusieurs décharges successives pour que les ventricules soient pris de trémulations.

D'après ces expériences il faudrait conclure que la mort de l'homme dans les cas de fulguration n'est pas due à l'arrêt du cœur en trémulations fibrillaires, contrairement à ce qui arrive dans les accidents de l'industrie électrique.

Appareil respiratoire. — Nous avons déjà indiqué plus haut l'action des décharges sur le centre respiratoire. Il faut encore considérer quelques phénomènes du côté des poumons.

Sous l'influence des décharges, les poumons peuvent présenter des troubles circulatoires, à savoir congestion considérable, œdème, ecchymoses sous-pleurales, etc. (Dechambre, *ibid.*). Ces troubles sont beaucoup plus accentués chez le lapin, et surtout chez le cobaye que chez le chien. Chez les cobayes une décharge peu énergique occasionne souvent la mort au bout de quelques minutes par ces troubles pulmonaires. En outre, lorsque l'énergie de la décharge est suffisante, on constate une diminution plus ou moins considérable de l'*élasticité pulmonaire*. Les poumons ne se laissent insuffler qu'avec difficulté et sont peu rétractiles. Ce phénomène est surtout très marqué chez les jeunes cobayes, chez lesquels on peut le déterminer déjà avec une décharge peu énergique, insuffisante pour inhiber le centre respiratoire. La perte d'élasticité pulmonaire n'est pas seulement due à des troubles circulatoires, car elle se produit aussi chez un cobaye tué par la saignée et soumis à une décharge énergique.

Système neuro-musculaire. — L'influence des décharges énergiques sur les nerfs a été peu étudiée. Nothnagel (*l. c.*) a fait des expériences sur des lapins. Il a constaté qu'en plaçant une électrode dans le voisinage d'un tronc nerveux la décharge diminue l'excitabilité du nerf.

Lorsque les électrodes étaient placées au niveau du nerf sciatique et du nerf crural, on obtenait une paralysie motrice passagère de la jambe. Nothnagel a observé qu'on produit facilement une anesthésie passagère du pied ou de la queue en appliquant une électrode sur ces parties. Les décharges électriques employées par Nothnagel étaient peu énergiques.

Troostwyk et Krayenhoff (*l. c.*) avaient remarqué qu'en plaçant les électrodes sur les deux membres postérieurs d'un lapin on obtient une paralysie passagère de ces membres, si la décharge est forte.

Nous avons vu que, lorsqu'on soumet un jeune cobaye de 250 grammes à une décharge de 100 joules environ, les électrodes étant placées dans la bouche et le rectum, le cœur est complètement arrêté, et les ventricules, surtout le gauche, sont contractés, rigides.

Les intestins et l'estomac sont aussi, dans ce cas, immobiles, et ne se contractent plus, même en employant un courant induit très énergique. Les muscles lisses de l'intestin ont donc perdu leur excitabilité.

Par contre, le diaphragme reste encore excitable, et se contracte énergiquement, soit qu'on l'électrise directement, soit qu'on le fasse par l'intermédiaire du nerf phrénique. Les muscles du tronc et des membres restent de même encore bien excitables. L'arrêt de la respiration sous l'influence de fortes décharges n'est donc pas dû à une perte de la contractilité musculaire.

On peut toutefois abolir l'excitabilité d'un muscle avec une décharge peu énergique, si la densité électrique est considérable dans ce muscle. Ainsi, si l'on applique une électrode constituée par un petit disque métallique de 8 millimètres de diamètre sur le muscle-gastrocnémien dénudé d'un gros cochon d'Inde, et qu'on place l'autre électrode dans le rectum, on peut observer les faits suivants. Une décharge de un dixième de joule ne modifie pas l'excitabilité du muscle. Avec une décharge de un tiers de joule, on constate que le muscle est d'abord excitable dans toute son étendue; après quelques secondes la partie sur laquelle était appliquée l'électrode devient inexcitable, tandis que le reste du muscle conserve son excitabilité. Après une décharge d'un joule, le muscle ne reste excitable que pendant trois ou quatre secondes; il devient ensuite tout entier inexcitable pour revenir à l'état normal au bout de plusieurs minutes. Avec une décharge de 4 joules, le gastrocnémien perd presque immédiatement son excitabilité et bientôt tous les muscles du membre ne se contractent plus, même en employant un courant induit énergique. Toute la patte est rigide; les muscles du membre opposé, ainsi que ceux du tronc, gardent leur contractilité. Après plusieurs minutes, les muscles de la cuisse reprennent leur excitabilité; le gastrocnémien reste rigide pendant une heure ou davantage.

Nous voyons ainsi que, lorsque la densité électrique est considérable, les muscles sont vite pris de rigidité, et d'autant plus rapidement que cette densité est plus grande.

La rigidité du muscle n'est pas permanente; l'excitabilité revient d'autant plus vite que l'énergie de la décharge est moins élevée.

Par ces décharges bien limitées, on peut, comme nous venons de le dire, rendre rigide une partie du muscle, tandis que le reste conserve son excitabilité. En outre, les points rigides sont non seulement devenus inexcitables; mais ils ont aussi perdu la propriété de transmettre l'excitation aux parties voisines du muscle. Nous avons constaté le même phénomène sur le cœur soumis à une forte décharge.

Dans plusieurs cas de mort par la foudre la rigidité cadavérique a été rapide. On ne peut toutefois pas admettre l'opinion de Brown-Séquard (23), que la rigidité est toujours instantanée et qu'elle cesse aussi presque immédiatement. D'après ce que nous venons de dire, la rigidité cadavérique dans les cas de fulguration sera très rapide si la densité électrique dans l'organisme a été considérable. En outre, la rigidité s'établira plus vite dans la partie du corps qui a été directement frappée par la foudre.

Effets sur le sang. — L'étude de l'action des décharges d'un condensateur sur le sang est due à Rollett, qui, déjà en 1862 (24), constate que le sang sorti des vaisseaux est laqué lorsqu'il est soumis à ces décharges. En 1863 (25), Rollett étudie le phénomène de plus près; et en 1864 (26) il donne une description détaillée des changements que présentent les globules rouges examinés au microscope. Le laquage du sang défibriné des mammifères est observé en plaçant le sang dans de petits tubes ou dans des conducteurs prismatiques, et en l'exposant aux décharges d'une bouteille de Leyde avec une distance explosive de plusieurs millimètres. L'hématolyse se fait d'abord dans le voisinage des électrodes, puis peu à peu sur toute la ligne qui réunit les électrodes.

Pour l'examen microscopique Rollett emploie, au contraire, une distance explosive faible (un millimètre tout au plus); une goutte de sang dilué est placée sur le porte-objet garni de deux feuilles de papier d'étain, et on recouvre avec une lamelle. Sous l'influence des décharges les globules rouges des mammifères revêtent successivement la forme de rosette, de mûre, de pomme épineuse, de sphère colorée; finalement la couleur de la sphère disparaît, et on observe un cercle pâle à contours peu nets que Rollett appelle ombre (*Schatte*). Les globules de grenouilles passent également par plusieurs stades; leur noyau apparaît finalement entouré d'un cercle peu net, où la substance colorante a disparu. Les globules de grenouilles sont beaucoup plus résistants à l'action des décharges que les globules de mammifères. Rollett constate qu'on ne peut expliquer d'une manière satisfaisante ces différentes transformations. Il lui paraît, par exemple, difficile d'admettre qu'elles soient un acte vital des globules, une contraction produite par une excitation énergique, car les globules conservés pendant des mois hors de l'organisme présentent les mêmes changements sous l'action des décharges.

Neumann (27) avait constaté que le courant d'une bobine d'induction peut produire les modifications dans la forme des globules et l'hématolyse obtenues par Rollett au moyen des décharges. Hermann (28), en précisant les résultats de l'expérience de Neumann, arrive à la conclusion que l'hématolyse par l'électricité est due uniquement à l'échauffement de la couche de sang.

Rollett (29) répond que le sang soumis aux décharges ne subit qu'une élévation de température de quelques degrés, et il met hors de doute, au moyen d'expériences variées, que l'hématolyse est bien due à l'action directe des décharges du condensateur, et non à l'échauffement du sang sous l'action de ces décharges.

Dans ses dernières expériences, Rollett emploie un condensateur composé de six éléments possédant ensemble une capacité de 0,01 microfarad, et il choisit une distance explosive de un centimètre, correspondant à un potentiel de 26 000 volts environ. Chaque décharge avait ainsi une énergie de 3,38 joules. Or, pour laquer une colonne de sang ayant une hauteur de 44 millimètres et un diamètre de 11 millimètres environ, il fallait 20 à 23 décharges. Nous avons vu qu'une seule décharge possédant une énergie de 4 joules rend inexcitables et rigides les muscles de toute la patte d'un cobaye adulte, en appliquant les électrodes sur le gastrocnémien et dans le rectum. Il en résulte qu'on produit la rigidité musculaire avec une décharge ayant une énergie beaucoup plus faible que celle qui est nécessaire pour laquer le sang. Par conséquent, le sang renfermé dans les vaisseaux d'un animal soumis à une forte décharge ne sera pas encore laqué lorsque les muscles seront déjà rigides. L'hématolyse ne joue donc aucun rôle dans le mécanisme de la mort par fulguration. Du reste, les animaux soumis aux décharges d'un condensateur, ou l'homme frappé par la foudre, ne présentent pas d'hématurie.

Expériences sur les animaux à sang froid. — Ces recherches sont peu nombreuses. PRIESTLEY (*l. c.*) a fait quelques expériences sur des grenouilles, et il a trouvé que ces animaux offrent une grande résistance à l'action des décharges. Une décharge suffisante pour tuer un chat ne tue pas une grenouille. Celle-ci reste plusieurs minutes immobile, mais se rétablit peu à peu. D'après FONTANA (*l. c.*), au contraire, les grenouilles, es anguilles, etc., meurent aussi facilement que les animaux à sang chaud ; les tortues résistent davantage. Cet auteur trouvait le cœur immobile chez les grenouilles, mais se contractant sous l'action d'excitations mécaniques.

Autopsie. Examens microscopiques. — Si l'on fait l'autopsie d'un animal tué par une ou plusieurs décharges, on ne trouve le plus souvent aucune lésion macroscopique caractéristique, comme l'ont observé la plupart des auteurs (PRIESTLEY, FONTANA, DECHAMBRE, etc.). On peut pourtant signaler dans quelques cas l'existence de troubles circulatoires dans les poumons : congestion, œdème, ecchymoses sous-pleurales, beaucoup plus accentués, comme nous l'avons dit plus haut, chez les petits animaux.

Les autopsies des personnes tuées par la foudre sont aussi le plus souvent négatives, comme nous l'avons vu.

Les organes d'animaux tués par des décharges d'un condensateur n'ont jamais été soumis, à ma connaissance, à des recherches microscopiques. JELLINECK (30) a fait l'examen histologique de deux personnes tuées par la foudre, et il a trouvé que les cellules nerveuses de l'axe cérébro-spinal présentent des lésions que d'autres auteurs ont rencontrées dans les cas d'électrocution. Il y aurait déformation du corps cellulaire et des prolongements, formation de vacuoles, dissolution de la substance chromatique, etc. En outre, JELLINECK aurait constaté la présence de quelques foyers microscopiques d'hémorrhagies capillaires. Autour de ces foyers hémorrhagiques la substance nerveuse est refoulée et déchirée.

J'ai soumis (recherches inédites) huit cobayes très jeunes à des décharges électriques ayant une énergie de 10 à 50 joules, les électrodes étant placées dans la bouche et le rectum. Ces animaux sont morts sans faire un seul mouvement respiratoire. Le cerveau et la moelle ont été préparés d'après la méthode de GOLGI et d'après celle de NISSL. Quelques cellules nerveuses ont présenté les altérations citées plus haut ; mais j'ai trouvé des lésions semblables chez des cobayes témoins tués par la saignée, et il ne m'a pas semblé qu'elles fussent plus nombreuses chez ceux tués par les décharges électriques que chez les animaux témoins. Je n'ai pas observé les foyers hémorrhagiques dont parle JELLINECK.

Mécanisme de la mort dans la fulguration expérimentale. — D'après ce que nous venons de dire, le mécanisme de la mort peut être différent suivant que l'animal est soumis à une seule, ou à plusieurs décharges successives. Lorsqu'on applique une seule décharge, les électrodes étant placées sur la tête et les membres postérieurs, ce sont d'abord les centres nerveux qui sont profondément atteints dans leurs fonctions. Nous pouvons ainsi avoir un animal qui est tué par l'arrêt définitif de la respiration, alors que son cœur se contracte encore énergiquement. Il suffit, dans ce cas, de pratiquer la respiration artificielle pour sauver l'animal. Si la décharge est encore plus énergique, le cœur est atteint à son tour ; il présente des contractions très faibles, ou bien il est complètement immobile. La respiration artificielle devient alors inefficace pour rappeler l'animal à la vie. En tout cas, il s'agit toujours d'une action *directe* de la décharge sur les organes dont elle diminue ou annihile les fonctions, et on ne peut pas admettre l'opinion de d'ARSONVAL, d'après laquelle la mort peut aussi avoir lieu par une inhibition *indirecte* de la respiration, du cœur, des échanges, produite par l'*excitation* du bulbe.

Chez les petits animaux, une décharge peu énergique peut provoquer la mort par œdème aigu des poumons, pendant que les centres nerveux ne présentent pas encore de troubles graves. Enfin, chez les cobayes adultes, on peut avoir la mort par l'apparition de trémulations fibrillaires avec une décharge peu énergique, insuffisante pour arrêter la respiration d'une manière définitive. Mais ce cas est rare.

Une série de décharges se succédant rapidement tue le plus souvent les chiens par la paralysie du cœur en trémulations fibrillaires persistantes, avant que la respiration ne soit abolie d'une manière définitive. Dans quelques cas, les trémulations fibrillaires manquent : le chien meurt alors par l'arrêt de la respiration avant que le cœur ne soit profondément atteint. Chez le lapin, les décharges successives produisent rarement l'arrêt du cœur en trémulations fibrillaires; la mort a lieu par arrêt de la respiration.

Le phénomène qui prédomine est donc l'inhibition des centres nerveux; c'est l'abolition de la fonction de ces centres qui est généralement la cause première de la mort chez les animaux soumis à la décharge d'un condensateur. Comment expliquer cette inhibition? quelles sont les modifications que subit la cellule nerveuse? Nous ne pouvons que constater notre ignorance à ce sujet.

Jellineck (*l. c.*) attribue les troubles dans les fonctions des centres nerveux à des désordres organiques, et surtout aux hémorragies capillaires, ce qui avait déjà été admis précédemment par d'autres auteurs (voir *Électrocution*, p. 874). Cette opinion ne peut pas être soutenue; car les animaux soumis à des décharges énergiques, et l'homme, frappé par la foudre, se rétablissent très rapidement, s'ils ne sont pas tués sur le coup. D'autre part, la respiration artificielle réussit à sauver un animal, chez lequel e cœur n'est pas dangereusement atteint. Les troubles sont donc fonctionnels, et non organiques.

Brown-Séquard (31) admet, ce qui avait déjà été énoncé par Hunter, que la mort par la foudre s'explique par le fait que, la décharge électrique étant une cause d'excitation extrêmement puissante, elle détermine la dépense de toute la quantité de force nerveuse, musculaire, etc., que possède l'économie. Cette hypothèse est peut-être vraie; mais toutefois elle s'accorde difficilement avec ce qu'on observe sur les muscles et dans le sang. Nous avons vu que les muscles, frappés par de fortes décharges, gardent leur excitabilité jusqu'au moment où ils deviennent rigides; la perte de la contractilité musculaire paraît donc liée à un changement dans la constitution moléculaire du muscle, et non à un épuisement de son énergie. Les globules rouges deviennent sphériques et perdent leur hémoglobine lorsque le sang est soumis aux décharges (expériences de Rollett); il serait difficile d'admettre que ces modifications sont dues à l'épuisement de l'énergie spéciale qui fixe l'hémoglobine sur le stroma (ou endosome) globulaire.

Il est donc probable que les troubles dans les fonctions des centres nerveux, sous l'influence des décharges du condensateur, sont dus à un changement dans la constitution moléculaire de leurs cellules nerveuses, comme cela paraît être le cas pour les muscles et pour les globules rouges. Mais nous ignorons en quoi consistent ces modifications.

Mécanisme de la mort dans les cas de fulguration chez l'homme. — En nous basant sur les résultats expérimentaux et sur les relations des accidents mortels produits par la foudre, nous devons conclure que probablement la mort peut avoir lieu de deux manières différentes : 1° la mort est due à l'inhibition profonde des centres nerveux et surtout du centre respiratoire, le cœur continuant à battre avec énergie; 2° la mort est due en même temps à l'inhibition des centres nerveux et à l'arrêt ou à la faiblesse du cœur. Ces différences tiendront à l'énergie de la décharge qui a frappé la victime.

Nous avons dit, en parlant de la foudre, que l'homme foudroyé n'est soumis qu'à une petite partie de l'énergie électrique totale qui constitue l'éclair.

Or, si la décharge que l'homme reçoit est peu énergique, il y a simple commotion, une secousse plus ou moins violente sans gravité. Si l'énergie de la décharge est plus considérable, il y a perte de connaissance, sans que la respiration soit arrêtée; la victime se rétablira d'elle-même, et la conscience reviendra après un temps variable. Lorsque la décharge est encore plus énergique, il se produit une inhibition profonde du centre respiratoire, mais le cœur se contracte encore avec force; dans ce cas, la respiration artificielle et d'autres secours administrés à temps pourront sauver la personne foudroyée. Finalement, si l'énergie de la décharge est encore plus élevée, le cœur est aussi profondément atteint dans ses fonctions; la victime est alors irrémédiablement perdue. Des décharges ayant une grande énergie pourront, en outre, produire une rigidité musculaire presque immédiate, surtout dans les membres inférieurs où la densité électrique est plus élevée.

Il est superflu d'ajouter que dans les cas très rares où il y a des délabrements mécaniques graves, comme fracture du crâne, déchirure d'organes essentiels à la vie, etc.,
la mort s'explique par ces lésions.

Traitement. — Nous ne parlerons ici que des secours à donner aux foudroyés en
état de mort apparente. Les autres accidents présentent, du reste, très rarement une
réelle gravité. Si la respiration n'est pas abolie, la victime peut rester sans connaissance
pendant un temps plus ou moins long; mais la conscience finit toujours par revenir
après un jour ou deux au plus tard. Les autres troubles variés qui peuvent se manifester
n'ont rien de caractéristique et seront traités comme d'habitude.

On a proposé un grand nombre de procédés pour ramener les foudroyés à la vie.
L'étude du mécanisme de la mort par la foudre nous indique que le moyen le plus efficace consiste évidemment à pratiquer la respiration artificielle, qui pourra réussir à
ramener la victime à la vie, si le cœur continue à battre. Il y a, en effet, une certaine
analogie entre un foudroyé qui se trouve en état de mort apparente et un asphyxié. Dès
que la respiration spontanée est rétablie, on cherchera à ramener la conscience chez la
victime, par les moyens habituels, tels qu'excitation des voies aériennes au moyen de
vapeurs irritantes, frictions, effusions froides, etc.

Les procédés employés pour pratiquer la respiration artificielle ont été exposés à
l'article **Asphyxie.** Je dois dire toutefois que je n'attribue aucune efficacité aux tractions
rythmées de la langue, ce qui m'a été démontré par les expériences que j'ai faites sur
les animaux (chiens et lapins) asphyxiés. Il faut empêcher que la base de la langue
puisse tomber sur la glotte et l'obstruer. Pour éviter cet accident, il suffit de tirer la
langue hors de la bouche; il est inutile d'y exercer des tractions rythmées.

CHAPITRE II

Électrocution.

Sous le nom d'électrocution nous comprenons tous les troubles produits par les courants électriques sur l'organisme.

Nous avons à étudier l'action : 1° des courants alternatifs; 2° des courants continus;
3° des courants des bobines d'induction.

Nous commencerons par nous occuper des courants alternatifs et continus, qui, au point
de vue auquel nous nous plaçons ici, provoquent des troubles en grande partie semblables. L'étude des effets produits par ces courants comprend les résultats des recherches
expérimentales sur les animaux, les faits observés dans l'électrocution des criminels en
Amérique, la relation des accidents occasionnés par les courants industriels. Les courants qu'on emploie dans les expériences sur les animaux sont les mêmes que ceux qui
déterminent les accidents de l'industrie électrique chez l'homme. Par conséquent, les
résultats obtenus chez les animaux et les observations recueillies chez l'homme présentent dans l'électrocution beaucoup plus d'analogie que dans la fulguration, où nos moyens
expérimentaux sont loin d'atteindre la puissance d'action de la foudre.

§ I. — EXPÉRIENCES SUR LES ANIMAUX.

Nous venons de dire que les troubles produits par les courants alternatifs et par les
courants continus sont en grande partie semblables. Nous commencerons par faire
l'historique général des travaux qui ont trait à ces deux espèces de courants; nous étudierons ensuite les effets des courants alternatifs qui sont mieux connus, et finalement
nous parlerons de quelques particularités qui se rapportent aux courants continus.

Historique. — Le premier qui a fait des expériences d'électrocution sur les animaux
a été Grange (32). Il soumet des chiens à des courants continus de 800 volts environ,
et il constate leur mort immédiate, qu'il attribue à des lésions bulbaires, consistant
surtout dans la formation d'hémorragies capillaires. Ces lésions du bulbe déterminent,

d'après Grange, la cessation de la respiration, et en même temps l'arrêt du cœur par excitation du centre du nerf pneumogastrique.

D'Arsonval a publié une série de communications à la Société de Biologie et à l'Académie des sciences ; les résultats sont résumés dans une note à l'Académie des Sciences du 4 avril 1887 (33). Le courant continu d'une pile de 420 volts n'amène la mort que par des interruptions fréquentes et longtemps prolongées du courant. Le courant d'une dynamo à courant continu n'est dangereux que par son extra-courant de rupture. Le courant d'une dynamo à courant alternatif n'entraîne la mort qu'au-dessus de 120 volts. Le courant des dynamos tue par action réflexe ou indirecte, c'est-à-dire par excitation du bulbe, en produisant des phénomènes d'inhibition respiratoire, d'inhibition du cœur, d'arrêt des échanges, etc. D'Arsonval expliquait ainsi la mort due aux courants électriques par les idées bien connues de Brown-Séquard sur l'inhibition et la dynamogénie. En appliquant ces données à l'homme, d'Arsonval concluait que les courants industriels tuent le plus souvent par arrêt respiratoire, et, par conséquent, la respiration artificielle, pratiquée à temps, a grande chance de rappeler les électrocutés à la vie. Il avait lui-même réussi dans la plupart de ses expériences à ramener à la vie les animaux électrocutés, en usant de ce moyen. Nous verrons que plusieurs des idées émises par d'Arsonval sont inexactes, ou ne sont applicables qu'à quelques cas particuliers.

En 1889, Brown, Kennely et Peterson (34) ont fait des expériences sur des chiens, un cheval et deux veaux en employant généralement des courants alternatifs, et dans quelques rares cas un courant continu. Le courant alternatif présentait des tensions variant entre 160 et 800 volts ; quand il fut appliqué pendant au moins une seconde, il produisit toujours la mort instantanée. Le courant continu ne fut pas toujours mortel. Les expériences avaient été instituées dans le but d'étudier l'application de l'électrocution aux criminels ; mais ces auteurs ne cherchèrent pas à se rendre compte du mécanisme qui avait occasionné la mort.

En 1890, Tatum (35), à la suite d'expériences nombreuses sur des chiens soumis à l'action de courants alternatifs et continus, conclut que les nerfs et les muscles restent excitables, que le sang ne présente aucune modification, que la mort est surtout due à l'arrêt du cœur, qu'à l'autopsie on ne trouve aucune lésion constante. Un courant faible peut arrêter le cœur, sans trouble apparent de la respiration ; un courant de un ampère peut arrêter le cœur et la respiration en même temps. Après la section des vagues ou l'administration de l'atropine, l'arrêt du cœur a lieu comme chez l'animal à pneumogastriques intacts. Tatum conclut que l'inhibition des centres extrinsèques du cœur ne joue aucun rôle : il s'agit d'une action directe du courant sur cet organe. Mais il ne sait pas comment expliquer cette action, et il dit qu'il lui semble que le courant agit plutôt sur le myocarde. Tatum n'indique pas dans son travail quel était le voltage du courant qu'il employait.

Biraud (36), dans trois expériences faites sur des lapins, constata qu'avec un courant alternatif de 2 500 volts il fallait douze secondes pour déterminer l'arrêt du cœur.

Doulin (37) a émis l'opinion que l'action du courant altère, en premier lieu, le sang, et que les lésions du système nerveux seraient consécutives à cette altération. Mais ces prétendues altérations du sang n'ont jamais pu être constatées, de sorte que l'opinion de Doulin n'est partagée par aucun auteur.

Kratter (38) a fait un certain nombre d'expériences sur diverses espèces animales (rats, cobayes, lapins, chiens,) en se servant de courants alternatifs, et il conclut que la mort est due à la paralysie du centre respiratoire et à l'asphyxie qui en est la conséquence. Kratter signale, comme facteurs importants de la mort, la durée du conctact et l'espèce animale : les cochons d'Inde et les lapins résistent mieux au *choc* électrique que les chiens. Kratter n'expérimenta sur les rats qu'avec une faible tension (100 volts) et constata qu'un contact de trente secondes était nécessaire pour les tuer. Chez les autres animaux, il emploie des tensions élevées (1 500 ou 1 920 volts), et il trouve généralement que le cœur bat, sauf chez un chien (1 500 volts), mais il n'insiste pas sur cette dernière expérience. Kratter inscrit la pression artérielle chez trois lapins (1 500 volts) ; il montre que la pression subit d'abord une élévation considérable qui est suivie d'une chute momentanée. Dans les cas où la respiration ne se rétablit pas, la pression ne tarde pas à tomber à zéro, et le cœur cesse de battre. A l'autopsie, il ne trouve pas de lésions constantes; les cellules nerveuses ne présentent aucun change ment appréciable à l'examen microscopique; elles doivent donc subir des changements moléculaires qui suspendent leur fonction.

OLIVER et BOLAM (39), en expérimentant sur des chiens et des lapins, sont arrivés à des conclusions analogues à celles de TATUM. Un courant alternatif de 200 volts arrête immédiatement le cœur, tandis que la respiration continue, fait que l'on constate bien dans les tracés publiés par ces auteurs.

CORRADO (40) a soumis des chiens à l'action de courants continus à haute tension (au-dessus de 1 000 volts) et il a constaté que, même avec des contacts de très courte durée, ces animaux succombent immédiatement. La respiration et le cœur sont paralysés dès le premier instant. CORRADO n'insiste pas sur le mécanisme de la mort.

PREVOST et BATTELLI (41 et 42) trouvent que les courants à basse tension produisent l'apparition des trémulations fibrillaires du cœur, phénomène qui n'a plus lieu lorsqu'on emploie des courants à haute tension. Les courants à haute tension inhibent, par contre, les centres nerveux. Ces auteurs ont ainsi expliqué la cause des différences entre les résultats obtenus par les expérimentateurs précédents. Au moyen de plusieurs centaines d'expériences faites chez diverses espèces animales, PREVOST et BATTELLI déterminent le mécanisme de la mort par les courants électriques et précisent les conditions expérimentales.

CUNNINGHAM (43) constate aussi que la mort chez le chien est due à l'apparition des trémulations fibrillaires du cœur. Il trouve que les trémulations sont également produites par des courants à haute tension, mais les courants à haute tension dont s'est servi CUNNINGHAM ne pouvaient fournir qu'une faible intensité; ce n'étaient donc pas des courants industriels,

JELLINECK a publié récemment une nombreuse série de travaux, qui sont souvent la répétition l'un de l'autre (44). Il n'y a dans ces travaux presque aucun fait nouveau, et JELLINECK paraît ignorer la plus grande partie des résultats auxquels sont arrivés les auteurs qui l'ont précédé dans cette voie.

ARLOING (34) a fait quelques expériences sur les chevaux et il conclut que l'opinion courante, d'après laquelle ces animaux sont très sensibles à l'action du courant, est exagérée.

A. Courant alternatif. — Je ne parlerai que de l'action des courants alternatifs industriels qui peuvent donner un débit considérable, de sorte que l'animal est traversé par un courant ayant une intensité (en ampères) égale au potentiel (en volts) divisé par la résistance électrique du corps (en ohms). On aurait des résultats bien différents si le courant ne pouvait fournir qu'un débit peu élevé, de quelques milliampères par exemple.

J'ajoute que, lorsque je dis courant alternatif tout court, j'entends parler d'un courant alternatif possédant une fréquence de 50 périodes environ. Je reviendrai plus loin sur l'influence du nombre des périodes.

Mécanisme de la mort. — Nous avons vu dans l'historique que les avis étaient partagés sur la cause de la mort dans l'électrocution. Pour les uns, d'ARSONVAL, BIRAUD, KRATTER, la mort était due à une inhibition des centres nerveux, et surtout du centre respiratoire; l'animal mourait asphyxié. Pour les autres, TATUM, OLIVER et BOLAM, la mort était produite par une paralysie du cœur, le système nerveux perdant ses fonctions à la suite de l'arrêt de la circulation.

Les expériences de PREVOST et BATTELLI ont montré que les courants électriques peuvent tuer, soit par le premier mécanisme (inhibition des centres nerveux), soit par le second (arrêt du cœur), suivant les conditions expérimentales dans lesquelles on se place. D'une manière générale, les courants à haute tension produisent la mort par un mécanisme tout autre que les courants à basse tension.

Les courants à haute tension (courant alternatif de 1200 volts et au-dessus, une électrode étant placée sur la tête, l'autre sur les jambes, avec bons contacts) tuent par inhibition des centres nerveux. Tous les animaux sont tués d'une manière semblable par ce courant à haute tension, et la mort a lieu par l'arrêt de la respiration. Le cœur continue à battre avec énergie et ne s'arrête qu'à la suite de l'asphyxie. Les courants à basse tension (ne dépassant pas 120 volts environ, le courant allant de la tête aux pieds avec bons contacts) tuent, au contraire, en produisant l'arrêt du cœur, tandis que les centres nerveux sont peu affectés et l'animal continue à respirer pendant quelque temps encore.

Prevost et Battelli ont montré que cet arrêt du cœur est produit par l'apparition des *trémulations fibrillaires du cœur*. Pendant le passage du courant à basse tension, le cœur est pris de trémulations chez tous les animaux. Lorsque le courant est interrompu, les oreillettes reprennent leur rythme normal, mais les ventricules restent en trémulations fibrillaires chez certaines espèces animales (chien, chat), tandis qu'ils recouvrent leur rythme chez d'autres (rats). Chez le cobaye adulte, les trémulations fibrillaires sont le plus souvent persistantes ; chez le lapin, elles sont le plus souvent passagères.

Les trémulations provoquées par les courants industriels se comportent donc, quant à leur persistance, de la même manière que lorsqu'elles sont déterminées par l'électrisation directe du cœur au moyen du courant d'une bobine d'induction.

Il s'ensuit que les chiens et les chats soumis au passage d'un couran à basse tension meurent toujours, car la paralysie du cœur est chez eux définitive ; les cochons d'Inde adultes meurent le plus souvent, mais pas toujours ; les lapins meurent rarement ; les rats ne meurent jamais, à la condition toutefois que le contact ne soit pas prolongé au delà de quelques secondes.

Entre ces deux divisions de courants à effet complètement différent, courant à haute tension et courant à basse tension, prennent place les courants à *tension moyenne* (courants alternatifs de 240 à 600 volts, se dirigeant de la tête aux pieds, bons contacts). Ces courants produisent chez le chien la paralysie du cœur en trémulations fibrillaires et l'arrêt souvent absolu de la respiration.

Détermination de quelques conditions physiques expérimentales. Voltage, intensité, densité du courant. — Avant d'étudier plus en détail les effets des courants industriels sur l'organisme, je crois utile, pour la facilité de la description, d'exposer rapidement quelques conditions physiques expérimentales.

Jusqu'ici, nous avons caractérisé les courants surtout d'après leur voltage. Nous avons parlé des courants à haute, moyenne et basse tension. L'indication du voltage est naturellement la plus importante à considérer, car c'est la différence de potentiel qui produit le courant ; mais il faut aussi tenir compte d'autres notions, surtout de celles de l'intensité et de la densité. Les courants des grosses bobines d'induction possèdent une tension énorme, et pourtant ils ne déterminent pas d'accidents graves, parce que leur intensité est trop faible.

L'intensité a donc une grande importance dans la production des accidents causés par l'électrocution. Pour calculer l'intensité, il faut, étant donné le potentiel, connaître, comme on le sait, la résistance.

Il ne suffit pas d'évaluer l'intensité totale que possède le courant en traversant le corps de l'animal. Ce qui est plus important à établir, c'est la densité électrique dans chaque organe, c'est-à-dire l'intensité dans l'unité de surface de l'organe qu'on examine.

Au point de vue pratique, la densité électrique dans un organe est déterminée, toutes les autres conditions restant égales, par les points d'application des électrodes et par la taille de l'animal. La densité est d'abord maxima aux points d'application des électrodes. Si l'on considère les autres parties du corps, la plus grande densité se trouve dans l'espace intrapolaire, c'est-à-dire dans les parties du corps qui sont sur la ligne qui réunit les électrodes. La densité diminuera dans le trajet extrapolaire à mesure qu'on s'éloignera des électrodes.

Chez les petits animaux, la densité est plus considérable que chez les gros, si l'intensité du courant est la même. C'est pour cette raison que l'on inhibe beaucoup plus facilement les centres nerveux d'un rat que ceux d'un lapin.

Tous les troubles que produit un courant électrique industriel dans les différents organes semblent être proportionnels à la densité que possède ce courant en les traversant. Il est malheureusement impossible d'exprimer par des chiffres la densité du courant dans tel ou tel organe chez l'animal vivant. Au point de vue pratique, on aura déterminé cette densité en indiquant l'intensité du courant, le point d'application des électrodes et la taille de l'animal.

La durée du contact a aussi une grande influence sur les effets du courant. Nous y reviendrons plus tard.

Effets sur le cœur. — Prevost et Battelli ont démontré, comme je l'ai déjà dit, que les courants alternatifs à basse tension arrêtent le cœur en trémulations fibrillaires et que, par contre, les courants à haute tension ne produisent pas ce phénomène. Pour mieux préciser, nous devons dire que le cœur est pris de trémulations lorsque la densité du courant qui le traverse est faible; les trémulations n'apparaissent pas si la densité du courant dans le cœur est élevée. Ainsi un courant alternatif de 240 volts arrête le cœur d'un chien en trémulations fibrillaires, si l'on place les électrodes dans la bouche et le rectum; en appliquant, au contraire, une électrode directement sur le cœur mis à nu, les trémulations n'apparaissent pas, comme Battelli l'a démontré (45).

Lorsque la densité du courant est élevée dans le cœur, celui-ci s'arrête en diastole pendant le passage du courant. Il est difficile de s'en rendre compte en employant les courants à haute tension, mais on peut aisément constater le phénomène en se servant d'un courant de 240 volts appliqué directement sur le cœur d'un chien, chez lequel on entretient la respiration artificielle [Battelli (46)]. Pendant tout le passage du courant, les oreillettes et les ventricules restent immobiles, diastolés. A la rupture du courant, les ventricules reprennent immédiatement leurs battements si le contact n'a pas été prolongé au delà de 4 ou 5 secondes. Si le contact a duré 10 ou 15 secondes, les ventricules restent encore quelques secondes en diastole avant de se remettre à battre. Leurs contractions sont alors beaucoup plus fréquentes qu'à l'état normal; l'excitation du bout périphérique du nerf pneumogastrique par un courant induit ne les arrête pas, mais cette paralysie du nerf vague est momentanée; elle ne dure que quelques minutes. Les oreillettes restent souvent diastolées pendant quelque temps, surtout si la durée du contact a été un peu prolongée; puis elles recommencent à battre. Dans les mêmes conditions, un courant de 120 volts provoque chez le chien l'apparition des trémulations fibrillaires qui se manifestent déjà pendant le passage du courant et qui persistent après la rupture du contact. Par conséquent, dans ce cas, le cœur du chien ne reprend pas ses battements.

Chez plusieurs chiens soumis au passage d'un courant à haute tension (2 400 ou 4 800 volts, électrodes bouche et rectum), Prevost et Battelli (41) ont observé une autre modification dans le rythme du cœur. En ouvrant le thorax immédiatement après l'électrisation, ces auteurs ont constaté que les contractions des oreillettes n'étaient pas suspendues, mais qu'elles suivaient celles des ventricules. La contraction du cœur paraissait débuter à la pointe du ventricule et se propager de là à la base et aux oreillettes. Après plusieurs secondes, le rythme normal se rétablissait.

Ces différents effets du courant sur le cœur s'observent chez tous les mammifères, mais le voltage nécessaire pour provoquer soit les trémulations fibrillaires, soit l'arrêt du cœur en diastole, variera suivant la taille de l'animal, et suivant le point d'application des électrodes.

Les courants alternatifs à haute tension (2 400 volts, par exemple), appliqués de la tête aux pieds, ont, en outre, la propriété remarquable de faire réapparaître les contractions rythmiques dans un cœur pris de trémulations fibrillaires persistantes [Prevost et Battelli (41)]. On peut obtenir le même effet chez le chien avec un courant alternatif de 240 volts, en plaçant une électrode sur le cœur [Battelli (45)]. Au moment où on établit le contact, on constate que les trémulations fibrillaires cessent; le cœur devient immobile, diastolé, et, dès qu'on interrompt le courant, les ventricules reprennent ordinairement leur rythme, si l'on a suivi certaines dispositions spéciales.

En outre, l'énergie des contractions ventriculaires n'est pas affaiblie lorsque le cœur recommence à battre après avoir été arrêté en diastole par un courant ayant une densité élevée, comme dans le cas que nous venons de citer. Toutefois, si la densité devenait trop grande, les battements du cœur seraient affaiblis ou même complètement arrêtés, et les ventricules deviendraient rapidement rigides. On obtient ce résultat, par exemple, en appliquant chez un rat une électrode sur le cœur mis à nu (l'autre électrode étant placée dans le rectum) et en employant un courant de 240 volts prolongé pendant trois ou quatre secondes.

L'explication de ces actions variées du courant sur le cœur est difficile. Elle est liée à la connaissance de la nature intime des trémulations fibrillaires et du rythme du cœur que nous ignorons en grande partie.

Je vais donner quelques chiffres relatifs aux voltages qu'il faut employer pour obtenir les différents effets sur le cœur.

En plaçant une électrode sur le cœur du chien mis à nu et l'autre électrode dans le rectum, on observe déjà l'apparition des trémulations fibrillaires avec une tension de 5 volts (je n'ai pas essayé un voltage inférieur). Un courant de 120 volts produit encore les trémulations. Un courant de 240 volts arrête le cœur en diastole.

En plaçant une électrode dans la bouche et l'autre dans le rectum ou sur les cuisses rasées et mouillées (résistance de 300 ohms environ chez le chien, de 600 chez le lapin, de 800 chez le cobaye, de 1 100 chez le rat), on obtient les résultats suivants. Un courant de 15 à 25 volts, prolongé pendant une seconde, fait apparaître les trémulations fibrillaires chez tous les animaux. Un courant de 600 volts produit encore les trémulations chez le chien et le lapin ; il ne les provoque plus chez le rat et le cobaye. Finalement, avec un courant de 1 200 volts, le cœur du chien et du lapin est arrêté en diastole pendant la durée de l'électrisation, puis les ventricules reprennent leurs battements, tandis

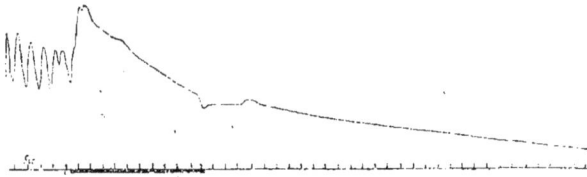

Fig. 91. — Effets d'un courant alternatif à basse tension chez le chien. — Chien de 9 kilos.
Électrodes (bouche, cuisses et rectum). — Pression artérielle.
E, électrisation, 40 volts. — Trémulations ventriculaires persistantes.

que, le plus souvent, les oreillettes restent quelque temps diastolées, surtout chez le lapin. Les courants de 2 400 ou 4 800 volts produisent les mêmes effets.

Les chiffres que je viens de donner ne sont valables que dans les cas où le courant va de la tête aux pieds, et lorsque les résistances électriques sont celles indiquées.

Effets sur la pression artérielle. — La courbe de la pression artérielle chez les animaux électrocutés suivra avant tout les modifications qui auront lieu dans le rythme du cœur.

Un courant de 5 à 10 volts allant de la tête aux pieds ne produit pas d'effet notable, sauf une élévation très passagère de la pression. Mais lorsqu'on atteint une tension de 20

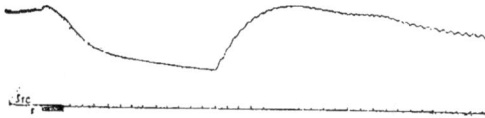

Fig. 92. — Effets d'un courant alternatif à basse tension chez le lapin.
Lapin de 1 500 grammes. — Électrodes (bouche, cuisses). — Pression artérielle.
E, électrisation, 20 volts. — Trémulations ventriculaires passagères.

à 30 volts, le tracé change. Après avoir présenté une élévation très passagère à la fermeture du courant, la pression baisse rapidement et descend peu à peu à l'abscisse, ce qui est dû à l'apparition des trémulations fibrillaires du cœur. Chez le chien, la pression ne se relève plus (fig. 91), et l'animal meurt. Chez le lapin, au contraire, dans le plus grand nombre des cas, la pression se relève après un temps plus ou moins long (fig. 92) et l'animal se rétablit.

Un courant de 600 volts produit encore les mêmes effets sur la pression chez le chien, et souvent aussi chez le lapin.

Mais le tracé est complétement différent lorsque le courant atteint une tension de 1 200 volts. A la fermeture du courant, la pression subit une forte élévation, et, malgré l'arrêt du cœur en diastole, elle ne descend pas, à cause de la violente contraction de tous les muscles du corps. A la rupture du contact, la pression reste encore élevée, et le cœur est rapide. Avec des courants de 2 400 ou de 4 800 volts, on obtient des tracés analogues (fig. 93). Si la respiration se rétablit, la pression revient peu à peu à la normale pour y demeurer. Si la respiration ne se rétablit pas, la pression, après être restée élevée pendant quelque temps, baisse progressivement jusqu'à l'abscisse (fig. 94), comme dans les cas de mort par asphyxie.

Nous avons dit que les trémulations fibrillaires des ventricules peuvent être abolies

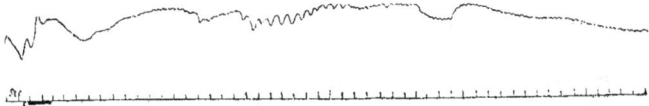

Fig. 93. — Effet d'un courant alternatif à haute tension. — Chien adulte. — Électrodes (tête et cuisses).
E, électrisation, 4 800 volts. — Pression artérielle.

et remplacées par des contractions rythmiques en soumettant l'animal au passage d'un courant à haute tension. On voit alors la pression artérielle, qui était tombée à cause de la paralysie du cœur, s'élever au-dessus de la normale et s'y maintenir pendant plusieurs secondes (fig. 95).

Système nerveux. — D'une manière générale, nous pouvons répéter ce que nous

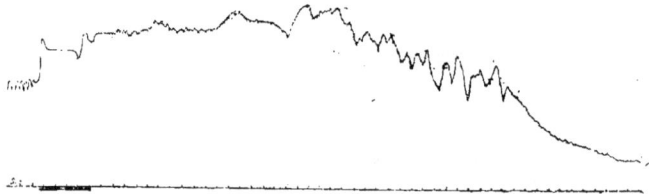

Fig. 94. — Effet d'un courant alternatif à haute tension un peu prolongé. — Chien adulte.
Électrodes (tête et cuisses). — Pression artérielle.
E, électrisation, 2 400 volts ; chute de la pression consécutive à l'arrêt de la respiration.

avons dit à propos de la fulguration. Les centres nerveux paraissent excités lorsque la densité du courant qui les traverse est peu élevée ; ils sont, par contre, de plus en plus inhibés à mesure que cette densité augmente. A parité des autres conditions (voltage, points d'application des électrodes, etc.), la densité du courant est d'autant plus élevée que la taille de l'animal est plus petite et par conséquent les troubles nerveux sont

Fig. 95. — Effet d'un courant alternatif à basse tension suivi d'un courant à haute tension.
Chienne de 9 kilos. — Électrodes (bouche, cuisses et rectum).
E, électrisation, 20 volts. — Trémulations ventriculaires. — E', électrisation, 4 800 volts. — Rétablissement
des battements du cœur. — Pression artérielle.

beaucoup plus graves chez les petits animaux que chez les gros. La durée du contact joue aussi un rôle considérable ; plus le contact est prolongé, plus grave est l'inhibition des

centres nerveux. Il ne faut pas, en outre, oublier que l'action directe du courant sur les
centres nerveux est ici compliquée par les phénomènes qui ont lieu du côté du cœur.

En plaçant une électrode dans la bouche ou sur la tête, et l'autre dans le rectum ou
sur les cuisses rasées et mouillées, on ne constate aucun effet remarquable, sauf des
manifestations de douleur, avec un courant de 5 volts prolongé pendant deux secondes.
Dans les mêmes conditions, un courant de 12 ou 15 volts provoque toujours, chez le rat,
le cobaye et le lapin, l'apparition d'un tétanos généralisé, qui dure plusieurs secondes.
Peu à peu, la contraction tonique fait place à des convulsions cloniques, pendant lesquelles la respiration se rétablit déjà. Chez le chien, un courant de 15 volts ne suffit pas,
en général, pour faire apparaître les convulsions ; il faut pour cela atteindre 20 volts
environ.

Lorsque la tension est de 50 volts, les convulsions toniques sont plus énergiques et
plus prolongées, pouvant durer trente secondes ou davantage ; elles sont remplacées par
les convulsions cloniques. Les réflexes (palpébral, cornéen, patellaire, etc.) persistent.
La respiration spontanée se rétablit chez tous les animaux, mais elle cesse bientôt si
le cœur est arrêté en trémulations fibrillaires.

Chez les petits animaux (rat et cobaye), un courant de 240 volts produit déjà une
inhibition assez profonde des centres nerveux, si le contact est prolongé pendant trois
ou quatre secondes. Cette inhibition se manifeste par l'absence de convulsions, par la
résolution musculaire complète, par la prostration générale, par la perte de la sensibilité et des réflexes, et par l'arrêt plus ou moins prolongé de la respiration. Toutefois ces
animaux finissent par se rétablir. Si le contact est de plus courte durée, une demi-
seconde par exemple, on observe encore le tétanos généralisé à la rupture du courant.
Un courant de 600 volts prolongé pendant une ou deux secondes arrête définitivement
la respiration chez le rat ; on obtient le même résultat chez le cobaye avec une tension
de 1 200 volts. L'inhibition des centres nerveux est si grave, que la respiration artificielle ne suffit pas toujours pour rappeler l'animal à la vie.

Chez le lapin, un courant de 600 volts doit être prolongé au moins pendant
15 secondes pour arrêter la respiration d'une manière définitive ; à 240 volts, le centre
respiratoire est encore moins atteint. Avec un courant de de 1 200 ou de 1 800 volts, un
contact de deux secondes suffit le plus souvent pour suspendre définitivement la respiration ; on obtient le même résultat en employant un courant de 2 400 volts pendant
une seconde, ou un courant de 4 800 volts pendant une fraction de seconde. La sensibilité générale est abolie ; les convulsions manquent ou sont très faibles. La respiration
artificielle réussit souvent à sauver les animaux, mais pas toujours. Si l'animal résiste
au choc électrique, il se rétablit peu à peu après une phase d'affaiblissement général et
d'insensibilité.

Chez le chien, un courant de 240 ou de 600 volts, prolongé pendant une ou deux
secondes, provoque une crise de tétanos généralisé ; mais lorsque les convulsions ont
cessé, on ne constate aucun mouvement respiratoire, surtout avec le courant de
600 volts. Les courants à tension moyenne (240 à 600 volts) produisent donc chez le
chien un arrêt simultané du cœur et de la respiration. Nous avons déjà dit que cet arrêt
de la respiration par les courants à tension moyenne s'explique par le fait que le centre
respiratoire est atteint en même temps par le choc électrique et par le manque de
circulation.

Un courant de 1 200 volts prolongé pendant cinq secondes ne suffit pas pour arrêter
la respiration d'une manière définitive chez un chien de moyenne taille ; l'animal se
rétablit peu à peu. Un courant de 2 400 volts suspend en général définitivement la respiration si la durée du contact est de deux ou trois secondes, et on obtient le même résultat avec un courant de 4 800 volts prolongé pendant une ou deux secondes. La crise de
convulsions est d'autant plus accusée que le contact est plus court. Avec les courants de
2 400 et 4 800 volts, les convulsions manquent et on observe une inhibition complète du
système nerveux, si l'électrisation dure plus d'une seconde ; la sensibilité disparaît, les
réflexes sont abolis. Si l'on pratique alors la respiration artificielle, l'animal se rétablit
peu à peu et on constate qu'après quelques minutes la sensibilité et les réflexes ont repris
leur état normal.

Nous pouvons résumer dans le tableau suivant les effets produits sur le cœur et les centres nerveux chez le chien, par le passage du courant alternatif prolongé pendant une ou deux secondes, en supposant que les électrodes sont placées dans la bouche et le rectum (résistance de 300 ohms environ).

VOLTS	CŒUR	RESPIRATION	CONVULSIONS	RÉSULTAT
20-120	Arrêté.	Respire.	Violentes.	Mort par le cœur,
240-600	Arrêté.	Arrêtée.	Moins énergiques.	Mort par le cœur.
1200	Bat.	Continue.	Énergiques.	Survit.
2400	Bat.	Continue ou arrêtée.	Manquent.	Survie ou mort par la respiration.
4800	Bat.	Arrêtée.	Manquent.	Mort par la respiration.

Les effets délétères du courant sur les centres nerveux peuvent être augmentés par l'élévation de la température du corps, qui devient considérable lorsqu'on emploie un courant à haute tension prolongé pendant quelques secondes. Mais, si la durée du contact n'est que d'une fraction de seconde, la température rectale n'augmente pas d'une manière sensible.

Influence de la résistance électrique et du point d'application des électrodes. — Les chiffres donnés jusqu'ici, relatifs aux voltages nécessaires pour produire les différents effets sur le cœur et les centres nerveux, ne sont applicables qu'aux cas où la résistance électrique était celle que nous avons indiquée, et où le courant allait de la tête aux pieds. Les résultats seront bien différents si on change l'une ou l'autre de ces conditions, et il est facile de comprendre que nous pouvons avoir ici un nombre illimité de variétés. Lorsqu'on augmente la résistance, il sera nécessaire d'élever aussi le potentiel pour obtenir la même intensité, et par conséquent les mêmes effets. En outre, si on a une grande résistance, les courants à haute tension appliqués de la tête aux pieds, agiront comme des courants à moyenne ou à basse tension, et le cœur du chien sera paralysé en trémulations fibrillaires. Un chien qui aura résisté au passage d'un courant de 2 400 volts, lorsque la résistance du corps était de 300 ohms, sera tué par ce même courant si la résistance devient plus grande, de 3 000 ohms par exemple.

Les valeurs de la résistance varient surtout d'après la nature du contact entre le corps de l'animal ou de l'homme d'un côté, et le conducteur électrique, de l'autre. La plupart des conditions qui ont une influence sur la nature du contact sont bien faciles à concevoir (forme et étendue des électrodes, état d'humidité de la peau, épaisseur de la couche cornée de l'épiderme, présence des poils, etc.).

Mais il y a, en outre, une circonstance qui modifie sensiblement les valeurs de la résistance, et qui a une grande importance dans les accidents de l'industrie électrique; je veux parler des brûlures causées par les courants à voltage élevé. Dans l'énorme majorité des accidents électriques graves, il se produit au point de contact entre le corps et le fil du conducteur une brûlure qui est plus ou moins profonde et étendue suivant le voltage, la durée du contact, etc. La peau est immédiatement desséchée et carbonisée; il en résulte une augmentation considérable de la résistance. Il est facile de se rendre compte de ce fait par l'expérience. On met en série sur le même circuit de 240 volts un animal et une lampe électrique. Les électrodes placées sur l'animal sont constituées par un large tampon disposé devant le pubis rasé et mouillé, et par un fil métallique appliqué sur une jambe rasée. Dès qu'on ferme le courant, la lampe électrique s'allume et brille d'un vif éclat; puis, au bout d'une seconde et demie environ, elle s'éteint. Je n'ai pas pu faire l'expérience avec un voltage supérieur à 240 volts, mais il est évident qu'avec une tension plus élevée la carbonisation de la peau doit être beaucoup plus rapide, et l'augmentation de la résistance, par conséquent, plus immédiate. Cette production des brûlures expliquerait l'issue non mortelle d'accidents déterminés par des courants à haute tension; j'y reviendrai en parlant de la mort par l'électricité chez l'homme.

Les points d'application des électrodes ont aussi une grande influence sur les résultats de l'électrocution. En effet, en changeant ces points d'application, on change aussi la densité du courant qui·traverse le cœur et les centres nerveux. Si l'on place, par exemple, les électrodes sur les côtés du thorax au niveau du cœur, un courant à basse tension y provoque les trémulations fibrillaires, mais n'atteint pas les centres nerveux. En employant dans ces conditions un courant de 30 à 40 volts chez un chien, on voit que l'animal se sauve en poussant des cris; puis, au bout de quelques secondes, il chancelle, tombe sur le côté tout en continuant à respirer, et finalement il meurt. Si, par contre, on applique une électrode dans la bouche et l'autre sur la nuque, ce sont les centres nerveux qui sont atteints, et le cœur continue à battre lorsqu'on n'a pas fait usage d'un courant à tension trop élevée.

Quand les électrodes sont placées sur les deux jambes postérieures, on peut, chez un chien, employer un courant de 1 200 volts sans que ni le cœur, ni les centres nerveux ne présentent de troubles appréciables.

Influence de la durée du contact. — Toutes les autres conditions étant égales, la durée du contact peut naturellement faire varier les effets du courant.

Pour fixer un peu les idées sur l'importance de la durée du contact, je diviserai cette durée en trois catégories : 1° elle est d'une fraction de seconde ; 2° elle est d'une seconde ; 3° elle est supérieure à une seconde.

1° *La durée est d'une fraction de seconde.* — Le courant continu qui possède un voltage suffisant pour arrêter le cœur en trémulations fibrillaires (par exemple, chez un chien, un courant de 400 volts allant de la tête aux pieds avec de bons contacts), produit déjà cet effet lorsque la durée du contact est de 1/10 de seconde, c'est-à-dire le temps de fermer et d'ouvrir rapidement le courant au moyen d'une manette.

Le courant alternatif ne présente pas la même constance. Prevost et Battelli ont trouvé que, dans quelques cas, un courant alternatif de 120 ou de 240 volts allant de la tête aux pieds, a paralysé le cœur du chien lorsque le contact a été de 1/3 ou de 1/4 de seconde. Dans d'autres cas (et ce furent les plus fréquents), où les autres conditions étaient tout à fait identiques, il a fallu un contact de 1/2 seconde ou même d'une seconde entière. On n'a pas pu établir la cause de ces différences de résultat.

Les fonctions du système nerveux sont, au contraire, profondément atteintes par des durées de contact très courtes. Ainsi, si l'on fait passer chez un chien pendant 1/12 de seconde, un courant alternatif de 240 volts de la tête aux pieds avec de bons contacts, l'animal tombe en convulsions toniques et la respiration s'arrête pendant plusieurs secondes (de 20 à 40 secondes). La respiration reprend ensuite, mais l'animal reste pendant quelques instants sans connaissance, dans un état comateux. Il revient peu à peu à lui, puis il se relève et, au bout de quelques minutes, il paraît complètement rétabli.

Cette expérience est particulièrement intéressante, parce qu'elle peut nous donner l'explication des phénomènes observés dans quelques accidents de l'industrie électrique. Nous y reviendrons plus tard en parlant de l'homme. C'est probablement à cette propriété que possède le cœur d'exiger une certaine durée de contact pour être pris de trémulations fibrillaires qu'il faut attribuer l'absence de ces trémulations lors de l'application de la décharge énergique d'un condensateur.

2° *La durée est d'une seconde.* — Dans ce cas, le cœur est toujours arrêté en trémulations fibrillaires si le courant présente les conditions voulues pour produire ce phénomène.

3° *La durée est de plusieurs secondes.* — Les troubles nerveux deviennent toujours plus graves ; les courants à haute tension peuvent complètement inhiber les centres nerveux, et la respiration peut s'arrêter d'une manière définitive, comme nous l'avons dit plus haut.

Influence du nombre des périodes. — L'influence de la fréquence du courant alternatif sur les troubles du cœur et des centres nerveux a été étudiée par Prevost et Battelli (47), qui ont expérimenté sur des chiens. Ces auteurs ont trouvé que ce sont les courants ayant une fréquence de 150 périodes à la seconde qui produisent les effets mortels avec un voltage minimum. Non seulement le cœur est plus facilement arrêté en trémulations fibrillaires, mais les centres nerveux sont aussi plus profondément inhibés. Ainsi un courant de 15 à 20 volts (électrodes à la bouche et au rectum, contact de

4 secondes) détermine en même temps l'arrêt du cœur et de la respiration, s'il possède
une fréquence de 150 périodes, tandis qu'avec une fréquence de 50 périodes on observe
un certain nombre de mouvements respiratoires avant la mort.

PREVOST et BATTELLI ont dressé des courbes représentant l'influence que le nombre des
périodes exerce sur le voltage nécessaire pour obtenir la mort par paralysie du cœur.
Dans ces courbes, le nombre des périodes est placé sur la ligne des abscisses et la tension en volts sur celle des ordonnées. Les petites sphères indiquent la mort de l'animal.
En employant des courants de 9 à 200 périodes, on a obtenu la courbe représentée par
la fig. 96. Cette figure montre qu'avec les courants dont le nombre des périodes a été
de 13 et de 20, on a dû atteindre une tension de 25 volts au minimum pour produire la
paralysie du cœur. Avec les courants de 30 à 150 périodes le voltage nécessaire pour

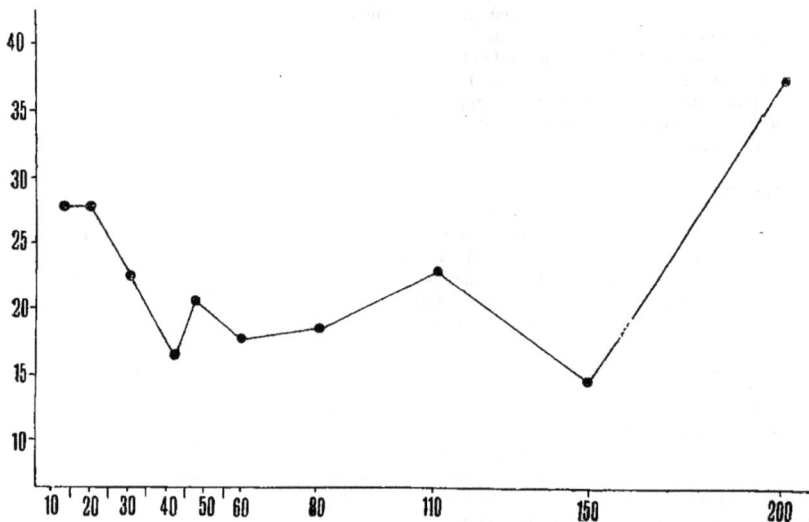

FIG. 96. — Tensions (ordonnées) ayant occasionné la mort, avec des périodes (abscisse) variant de 13 à 200.

arrêter le cœur a oscillé de 13 à 25 volts. Ces oscillations doivent être probablement
attribuées à des susceptibilités individuelles des animaux en expérience. Toutefois, c'est
avec le courant de 150 périodes qu'on a observé la paralysie du cœur avec le voltage
minimum de 15 volts de la façon la plus constante. A partir de 150 périodes la tension
a dû être sensiblement augmentée pour provoquer les trémulations fibrillaires du cœur
et la mort.

En employant des courants alternatifs de 150 à 1 720 périodes, on a obtenu la courbe
représentée par la fig. 97. Le voltage doit être élevé, à mesure que la fréquence augmente pour déterminer la paralysie du cœur. Or, dans l'industrie, les courants alternatifs ont précisément une fréquence variant entre 30 et 150 périodes ; cette fréquence est,
comme nous venons de le dire, la plus favorable pour produire les effets mortels. Si les
courants alternatifs industriels possédaient une fréquence supérieure à 400 périodes, ils
deviendraient moins dangereux que les courants continus.

Dans toutes ces expériences, les électrodes ont été placées dans la bouche et le rectum, et la durée du contact a été de quatre secondes.

Le nombre des périodes a une influence moins marquée sur l'excitation des centres
nerveux, se manifestant par les crises de convulsions, que sur le cœur. Ainsi les courants
à périodicité très élevée (1 720 périodes) provoquent une crise de convulsions toniques,
dès que la tension est élevée à 30 ou 40 volts.

La diminution des effets mortels présentée par les courants de fréquence élevée ne peut pas être due à une répartition superficielle plus grande des courants. On doit, au contraire, l'attribuer à une propriété physiologique des tissus, qui présentent un maximum de réaction à une fréquence *optimum*. Il est bien connu, d'autre part, que l'organisme peut être traversé par des courants à haute fréquence (courants de TESLA) sans manifester aucune réaction appréciable, même lorsque l'intensité du courant est considérablement élevée (un ampère, par exemple). Toutefois, BORDIER et LECONTE (48) ont réussi à tuer des animaux de petite taille (lapins, cobayes, rats) en les faisant traverser pendant plusieurs secondes par un courant de TESLA avec une intensité de 500 milliampères ; mais ces effets doivent être attribués à des phénomènes calorifiques.

Ces résultats des expériences de PREVOST et BATTELLI s'accordent à peu près avec les

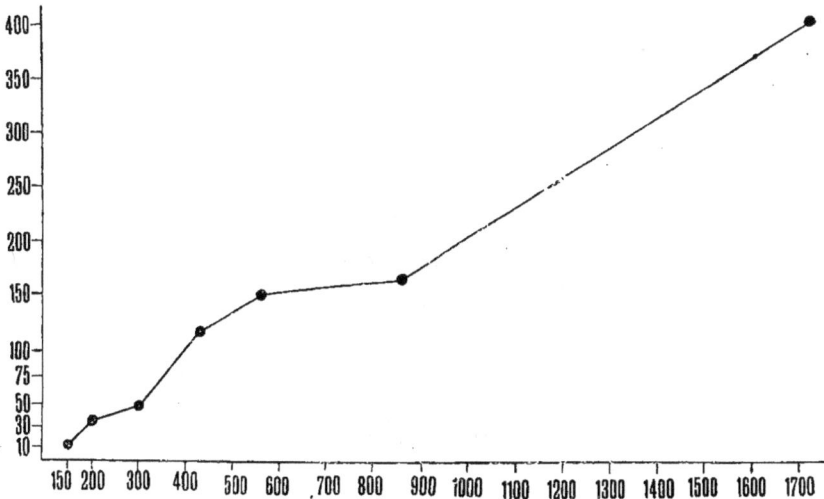

FIG. 97. — Tension (ordonnée) ayant occasionné la mort, avec des périodes (abscisse) variant de 150 à 1 720.

observations de v. KRIES. Cet auteur a trouvé que la fréquence optimum pour l'excitation des nerfs moteurs avec le courant alternatif est de 100 périodes. D'ARSONVAL avait, au contraire, constaté que le maximum d'excitation neuro-musculaire s'obtient avec une réquence de 1 250 à 2 500 périodes.

Considérations sur l'énergie électrique employée dans l'électrocution et dans la fulguration. — Nous avons vu, en étudiant la fulguration, que pour arrêter complètement la respiration chez un lapin de deux kilos, il faut que la décharge du condensateur ait une énergie de 100 joules environ (les électrodes étant placées dans la la bouche et le rectum). Dans les mêmes conditions de contact (résistance de 600 ohms environ), un courant de 1200 volts doit être prolongé pendant trois ou quatre secondes pour produire d'une manière certaine l'arrêt définitif de la respiration chez le lapin. En négligeant les modifications de la résistance dues au passage du courant, l'intensité électrique dans le corps de l'animal est de deux ampères environ ; le lapin est donc soumis à une puissance de 2 400 watts pendant trois ou quatre secondes, c'est-à-dire à un total de 7 200 à 9 600 watts. Je rappelle qu'un watt représente l'énergie d'un joule mise en liberté dans une seconde. Il en résulte que, pour arrêter la respiration chez le lapin avec le courant de 1 200 volts, on a employé une énergie de 7 200 à 9 600 joules.

L'énergie dépensée pour produire une inhibition profonde des centres nerveux est donc beaucoup plus élevée dans l'électrocution que dans la fulguration. Cette différence

doit être attribuée au fait que la durée de la décharge d'un condensateur est
extrêmement courte; toute l'énergie est dépensée pendant une petite fraction de
seconde. Du reste, dans l'électrocution, nous observons aussi que, pour une somme
donnée d'énergie, les effets délétères du courant sur les centres nerveux sont d'autant
plus accentués que cette quantité d'énergie a été employée dans un espace de temps
plus court.

Effets sur le sang et sur le système neuro-musculaire. — Les effets du courant alternatif sur le sang ont été peu étudiés. Toutefois le sang ne paraît subir aucune
modification appréciable ni chez les animaux, comme l'a montré Tatum (*l. c.*), ni chez
les criminels électrocutés en Amérique.

Tous les auteurs ont constaté que les nerfs moteurs et les muscles sont excitables
immédiatement après la mort chez les animaux tués par le passage du courant. Les
muscles traversés par un courant de très grande densité perdent leur excitabilité; mais
il est difficile de décider si cela est dû à l'action directe de l'électricité, ou bien à la
forte élévation de température qui se produit.

Animaux à sang froid. — Les grenouilles résistent un peu plus que les mammifères à l'action du courant. Une grenouille de 30 grammes n'est pas tuée par un courant
de 240 volts, prolongé pendant huit secondes, les électrodes étant placées dans la
bouche et sur les cuisses. L'animal est complètement inhibé, les réflexes sont abolis
pendant vingt minutes ou davantage, mais peu à peu la grenouille se rétablit. Il est
pourtant difficile d'admettre l'exactitude des résultats obtenus par Jellineck (*l. c.*) qui a
soumis des grenouilles au passage d'un courant alternatif de 3 000 volts pendant plusieurs secondes sans réussir à les tuer. Or, dans ces conditions, les grenouilles auraient
dû mourir à cause de la forte élévation de la température.

Autopsies; examens microscopiques. — Les organes des animaux tués par
l'action du courant ne présentent à l'autopsie aucune lésion constante et caractéristique.
On observe souvent une congestion des poumons, des méninges, du cerveau, etc. Le
sang est noir et fluide comme dans tous les cas d'asphyxie aiguë. Les points d'application
des électrodes, quand ils ne sont pas étendus, offrent, surtout dans les cas de haut voltage et de contact un peu prolongé, des lésions locales, des brûlures plus ou moins profondes que l'on peut éviter en étendant les surfaces de contact.

Le cœur présente une rigidité rapide, lorsque l'animal est mort par la paralysie de
cet organe en trémulations fibrillaires. Ainsi chez les chiens tués par un courant à basse
tension, les ventricules, et surtout le gauche, sont déjà rigides vingt ou vingt-cinq
minutes après la mort.

L'examen microscopique des centres nerveux a été fait par plusieurs auteurs; les avis
sont partagés. Corrado (*l. c.*) trouve des déformations diverses et très appréciables des
cellules nerveuses chez les chiens tués par les courants continus à haute tension (720 à
2175 volts). Corrado a observé des érosions ou déchirures du corps cellulaire; une sorte
de dissolution de la substance chromatique qui prend un aspect pulvérulent; une vacuolisation très prononcée du contenu cellulaire; le noyau tend à se porter vers la périphérie;
les prolongements sont souvent fragmentés, variqueux, etc. Querton (49) remarque que
ces altérations se rencontrent dans tous les cas où les cellules nerveuses sont soumises à
de fortes excitations, et que, par conséquent, elles n'ont aucune spécificité. Jellineck (30)
a constaté, dans les centres nerveux, des altérations analogues à celles qu'il a observées
chez les foudroyés, c'est-à-dire les déformations cellulaires décrites par Corrado, et en
outre, des hémorragies capillaires auxquelles il attribue en grande partie les accidents
et la mort par l'électricité.

Par contre Kratter (*l. c.*) n'a remarqué aucune modification morphologique des
cellules nerveuses. Bordier et Piéry (50) sont arrivés au même résultat négatif. Ils ont
tué des cobayes par un courant continu de 120 volts, prolongé pendant une minute ou
davantage, et ils ont trouvé que les cellules nerveuses étaient normales. D'après Bordier
et Piéry, ce fait peut être rapproché des résultats négatifs dans les intoxications surai-
guës; l'organisme n'a pas le temps de réagir.

Les altérations que produit l'électricité dans les cellules nerveuses ont été aussi
étudiées en employant les courants des bobines d'induction. Mais, dans la plus grande
partie de ces recherches, les auteurs se sont servis de courants faibles dans le but

d'examiner plutôt l'effet de l'excitation ou de la fatigue que l'action de l'électricité. (Voir l'article **Fatigue**.)

Traitement; rappel à la vie des animaux électrocutés. — Le mécanisme de la mort par l'action du courant étant variable, les moyens de traitement devront changer suivant les cas.

Lorsque la mort est due à l'inhibition des centres nerveux, on fera la respiration artificielle, qui, pratiquée à temps, sera efficace si les troubles nerveux ne sont pas trop graves. On réussira, par exemple, à sauver le plus souvent un chien soumis au passage d'un courant de 4800 volts (électrodes, bouche et rectum) prolongé pendant une ou deux secondes. Mais, si la mort est causée par la paralysie du cœur en trémulations fibrillaires définitives, la respiration artificielle ne peut être d'aucune utilité. Dans ce cas, il faut rétablir les contractions cardiaques. Nous avons vu que PREVOST et BATTELLI ont démontré que les courants à haute tension offrent la propriété de faire cesser les trémulations fibrillaires; en les employant, on peut sauver des chiens qui auraient été perdus à cause de la paralysie du cœur. Mais pour que ce moyen réussisse, il faut appliquer le courant à haute tension 15 à 20 secondes après l'arrêt du cœur ; si l'on attend plus longtemps, les ventricules ne reprennent pas leur rythme.

On peut toutefois rappeler à la vie des chiens dont le cœur est paralysé depuis plusieurs minutes. Pour y parvenir, il faut d'abord pratiquer des compressions rythmiques du cœur mis à nu, en entretenant en même temps la respiration artificielle. C'est SCHIFF (31) qui a le premier, en 1874, employé ce procédé dans le but de ranimer les chiens dont le cœur avait été paralysé pendant la chloroformisation. Mais, si la méthode de SCHIFF peut servir dans quelques cas de mort par le chloroforme, elle est insuffisante lorsque la mort est due au passage d'un courant à basse tension. Lorsqu'on ouvre le thorax quelques minutes après la mort chez un chien tué de cette manière, on trouve que les ventricules sont immobiles, les oreillettes pouvant battre ou étant déjà arrêtées. Si l'on pratique alors les compressions rythmiques du cœur en faisant en même temps la respiration artificielle, on constate que les ventricules présentent bientôt des trémulations fibrillaires faibles, qui s'accentuent de plus en plus, tandis que les oreillettes battent. Ces trémulations sont persistantes ; on peut continuer le massage du cœur pendant une heure ou davantage sans que les ventricules reprennent leur rythme. Mais si, au moment où les trémulations sont bien énergiques, on applique sur le cœur une forte décharge électrique, ou mieux encore, si l'on fait passer un courant alternatif de 240 volts, une électrode étant placée sur les ventricules, on obtient le rétablissement du rythme du cœur [BATTELLI (45)]. On suture alors la plaie du thorax, et, si l'on a pris des précautions antiseptiques suffisantes, on peut garder l'animal en vie pendant plusieurs jours.

Si, après la mort par les courants à basse tension, on attend plus de 15 ou 20 minutes avant de procéder aux compressions du cœur, on ne peut plus rétablir les battements des ventricules, parce que ceux-ci sont déjà rigides, comme nous l'avons dit plus haut. Il n'en est pas de même dans les cas de mort par asphyxie ou par le chloroforme, la rigidité des ventricules étant alors généralement plus tardive. PRUS (32) a fait un grand nombre d'expériences sur des chiens en employant la méthode de SCHIFF. Cet auteur, ne connaissant pas le procédé pour faire cesser les trémulations fibrillaires, ne réussit que très rarement à rappeler à la vie les chiens tués par les courants électriques, tandis qu'il eut plus de succès dans les cas de mort par asphyxie ou par le chloroforme.

B. **Courant continu.** — Les troubles produits par le courant continu sont analogues dans leurs grandes lignes à ceux que nous venons d'étudier avec les courants alternatifs. Le mécanisme de la mort est le même, comme l'ont montré PREVOST et BATTELLI (42). Les courants continus à basse tension paralysent le cœur en trémulations fibrillaires, et ne sont, par conséquent, mortels que pour les animaux chez lesquels ces trémulations sont persistantes. Les courants continus à haute tension tuent tous les animaux par inhibition des centres nerveux.

Les effets sur le cœur et sur le système nerveux peuvent être obtenus aussi bien avec les courants fournis par des dynamos qu'avec ceux provenant des piles à faible résistance interne (éléments de BUNSEN, accumulateurs, etc.). L'opinion de D'ARSONVAL (l. c.), d'après laquelle les courants continus ne sont dangereux que par l'extra-courant de rupture, ne saurait donc être admise.

La plus grande partie des considérations que nous avons faites en parlant du courant alternatif sont aussi applicables au courant continu. Nous n'y reviendrons pas et nous allons exposer les principales différences existant entre ces deux espèces de courant.

Effets sur le cœur. — En plaçant les électrodes dans la bouche et le rectum, la paralysie du cœur chez le chien a lieu lorsque le courant continu atteint une tension de 50 à 80 volts. En se basant sur leurs expériences, PREVOST et BATTELLI (47) ont dressé la courbe représentée par la figure 98. Les petites sphères indiquent la mort de l'animal. Cette courbe montre que, dans les mêmes conditions, le courant continu doit posséder un voltage minimum trois ou quatre fois supérieur à celui d'un courant alternatif de 40 à 150 périodes pour pouvoir arrêter le cœur. Dès que la fréquence atteint 400 périodes,

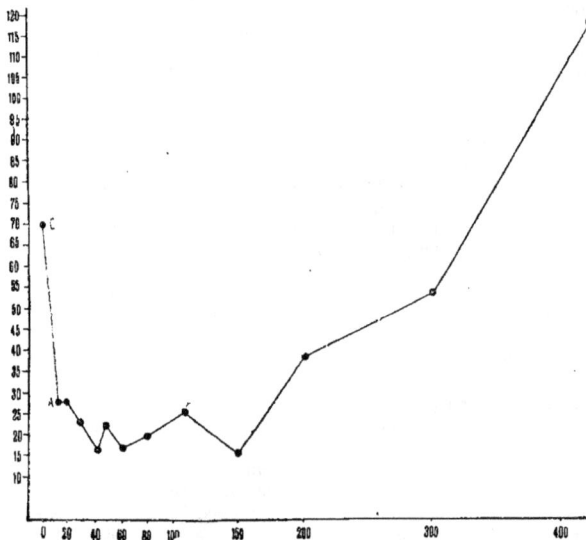

Fig. 98. — Tensions (ordonnée) ayant causé la mort avec des périodes (abscisse) variant de 0 (courant continu) à 420.

C, mort par le courant continu. — A, morts par les courants alternatifs.

le courant alternatif doit, au contraire, avoir un voltage minimum supérieur à celui du courant continu pour produire le même résultat.

Il résulte des expériences de CORRADO (*l. c.*) qu'un courant continu de 2 175 volts, appliqué de la tête au sacrum, paralyse encore le chien. On n'a pas fait d'expériences avec une tension plus élevée, et on ne sait pas à quel voltage le courant continu, allant de la tête aux pieds, ne provoque plus l'apparition des trémulations fibrillaires.

Chez les autres mammifères (lapins, cobayes, rats) le courant continu doit aussi, d'après PREVOST et BATTELLI, atteindre une tension de 50 volts au minimum pour déterminer les trémulations, lorsqu'on place les électrodes dans la bouche et le rectum. Ni la secousse de fermeture, ni celle de rupture ne sont nécessaires pour paralyser le cœur, si la tension du courant est suffisamment élevée (100 volts par exemple); mais, à faible voltage (70 volts pour les chiens), les trémulations ventriculaires sont quelquefois produites par la secousse de rupture, car le cœur continue souvent à battre pendant le passage du courant et se paralyse seulement lorsque celui-ci est interrompu (fig. 99). En outre, avec des courants à tension élevée (550 volts), la secousse de rupture fait rebattre, chez les cobayes, les ventricules qui étaient en trémulations pendant le passage du courant. Si l'on supprime la secousse de rupture, les trémulations continuent chez cet animal. Les oreillettes sont arrêtées en diastole pendant quelques minutes chez le cobaye et le rat soumis au courant de 550 volts, lorsque le contact dure une ou deux secondes.

Nous voyons donc que le cœur est moins influencé par le courant continu que par le courant alternatif à fréquence normale (40 à 150 périodes). Toutefois, le courant continu à voltage élevé paraît provoquer toujours les trémulations fibrillaires, même si la durée du contact a été très courte, un dixième de secondes par exemple, ce qui n'est pas le cas pour le courant alternatif, lequel exige un contact un peu plus prolongé.

Système nerveux. — Les phénomènes d'excitation des centres nerveux (convulsions) sont produits moins facilement par les courants continus que par les courants alternatifs. Au contraire, les phénomènes d'inhibition paraissent un peu plus accentués avec les courants continus.

Il résulte des expériences de PREVOST et BATTELLI que, chez le chien, le lapin, le cobaye, le rat, un courant continu doit avoir une tension minimum de 50 volts pour provoquer une crise de convulsions généralisées peu énergiques, les électrodes étant placées dans la bouche et le rectum (contact de deux ou trois secondes). Il faut atteindre une tension

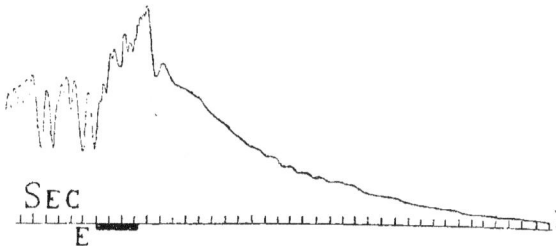

Fig. 99. — Effet du courant d'une pile. — Chienne de 8 kilos. — Électrodes (bouche et rectum).
E, électrisation avec le courant d'une pile, 80 volts. — Trémulations à la rupture du courant.

de 100 volts environ pour obtenir des convulsions toniques bien accentuées et durant plusieurs secondes. Or nous avons vu que le courant alternatif, dans les mêmes conditions, détermine déjà la crise de convulsions avec une tension de 15 volts.

Les convulsions ne se manifestent plus lorsque la densité du courant dans les centres nerveux est élevée, et la durée du contact un peu prolongée. Ainsi, chez le cobaye et le rat soumis pendant deux secondes au passage d'un courant continu de 550 volts, les électrodes étant appliquées dans la bouche et le rectum, on observe que les muscles se relâchent immédiatement, dès qu'on interrompt le contact.

La respiration se rétablit directement à la cessation des convulsions toniques, si l'on a employé un courant à basse tension. A mesure qu'on élève le voltage, le centre respiratoire est plus profondément atteint.

En plaçant les électrodes dans la bouche et le rectum, un courant continu de 550 volts tue un rat par arrêt définitif de la respiration, si la durée du contact est d'une seconde ; et un cobaye, si cette durée est de deux secondes. Le même courant, prolongé pendant une ou deux secondes, ne tue pas un lapin ; mais l'animal paraît se rétablir plus lentement et reste plus longtemps insensible et affaissé, que s'il avait été traversé par un courant alternatif de même voltage et dans des conditions identiques. Chez le chien, il est difficile de bien observer cette inhibition plus profonde des centres nerveux par le courant continu, à cause de l'arrêt définitif du cœur.

On n'a pas recherché si l'action inhibitrice du courant continu sur les fonctions nerveuses est due en partie à des phénomènes électrolytiques.

L'inversion des pôles n'a aucune influence appréciable sur les troubles constatés dans les fonctions du cœur ou des centres nerveux.

C. Courant des bobines d'induction. — Le courant des bobines d'induction appliqué à un animal produit des troubles beaucoup moins graves que le courant alternatif ou le courant continu.

Richardson (15) a employé dans ses expériences une grosse bobine de Ruhmkorff qui donnait une étincelle d'une longueur de 72 centimètres. Les animaux (pigeons, lapins, crapauds) soumis à des chocs isolés de cette bobine n'ont jamais présenté de troubles bien appréciables, quelle que fût la partie du corps sur laquelle on appliquât les électrodes. Lorsque les chocs d'induction étaient fréquents, il en résultait un tétanos des muscles respiratoires et l'animal mourait d'asphyxie si le passage du courant était suffisamment prolongé. En outre, on produit une anesthésie qui peut durer plusieurs minutes. Richardson interprète cette immunité des animaux aux chocs d'induction, en admettant que le courant passe à la surface du corps et ne pénètre pas dans l'intérieur.

Grange (32) constate aussi qu'on peut soumettre des chiens au passage du courant d'une bobine de Ruhmkorff pendant 15 à 45 secondes sans occasionner la mort. D'Arsonval signale que l'extra-courant est plus dangereux que le courant de la bobine secondaire, surtout si l'on associe un condensateur.

Battelli (53) a fait une étude systématique des effets produits par les courants des bobines d'induction.

Il est difficile de mesurer les différents éléments du courant induit (intensité, tension, etc.), et, du reste, ces éléments changent à la rupture et à la fermeture du courant primaire, etc. En outre, les données qu'on pourrait tirer de ces mesures n'ont pas d'application générale, mais varient de cas à cas, d'appareil à appareil, etc.

En se plaçant à un point de vue pratique, on peut étudier les effets mortels produits par des bobines de différentes grandeurs. Battelli a employé les courants d'une grosse bobine (étincelle de 45 centimètres), d'une bobine moyenne (étincelle de 15 centimètres) et des chariots de du Bois-Reymond.

Courants des bobines de grande et de moyenne grandeur. — Nous étudierons d'abord le *courant secondaire*, fourni par la bobine secondaire; ensuite, l'*extra-courant* fourni par la bobine primaire.

Le *courant secondaire* se montre peu délétère pour des animaux d'une certaine taille, comme les chiens. Le système nerveux aussi bien que le cœur présentent une résistance considérable à l'action de ces courants.

Pendant le passage du courant, la respiration cesse complètement, et tous les muscles entrent en tétanos, si les électrodes sont placées sur la tête et sur les membres postérieurs; mais, si les électrodes sont appliquées sur les côtés du thorax, il n'y a qu'un nombre limité de muscles qui soient tétanisés, et la respiration continue pendant l'électrisation. La respiration ne s'arrête pas non plus si on place les électrodes sur les côtés de la nuque, ce qui est une nouvelle preuve que le centre respiratoire est peu affecté par ce courant. Quant au cœur, il s'accélère généralement pendant le passage du courant; mais il est très rare d'observer l'apparition des trémulations fibrillaires chez le chien. Sa pression artérielle subit une élévation considérable, due surtout au tétanos généralisé.

A la rupture du courant, on n'observe jamais de convulsions, quelle que soit la durée du contact; dès que l'on suspend l'électrisation, le tétanos cesse et les muscles se relâchent. La respiration reprend tout de suite après l'arrêt du courant, sauf dans les cas d'électrisation trop prolongée. Les animaux se remettent complètement et rapidement, même dans les cas de contacts de longue durée et répétés.

Pour tuer un chien il faut prolonger le contact pendant deux minutes ou deux minutes et demie environ, les électrodes étant placées dans la bouche et le rectum. Une électrisation d'une minute et demie n'est pas suffisante pour mettre la vie de l'animal en danger. La mort occasionnée par cette électrisation prolongée a lieu par arrêt de la respiration, et non par paralysie du cœur qui continue à battre. La cessation de la respiration est due à l'asphyxie résultant du tétanos qui envahit tous les muscles plutôt qu'à une action directe du courant sur le centre respiratoire. En effet, si, pendant qu'on électrise l'animal, on pratique la respiration artificielle, on peut faire passer le courant pendant vingt minutes sans amener la mort du chien. On doit observer cependant qu'il ne s'agit pas d'une asphyxie simple, il s'y ajoute aussi un effet délétère sur le centre respiratoire car l'arrêt de la respiration que provoque l'asphyxie simple (occlusion de la glotte) n'a jamais lieu chez le chien avant cinq minutes environ d'asphyxie.

Si, au lieu de placer directement les électrodes sur le corps de l'animal, on fait éclater l'étincelle entre une électrode et un point du corps, on obtient les mêmes effets

En appliquant une électrode sur le cœur mis à nu, on détermine l'apparition des trémulations fibrillaires persistantes. Le courant des grosses bobines d'induction agit donc, à ce point de vue, comme le courant ordinaire du chariot de du Bois-Reymond.

Chez le lapin le courant secondaire des grosses bobines produit des effets analogues à ceux que nous venons d'exposer pour le chien. La mort a lieu si l'on prolonge l'électrisation pendant une minute et demie environ.

Chez les petits animaux (cobayes et rats), l'action délétère de ce courant des grosses bobines de Ruhmkorff est plus accusée. Nous constatons d'abord que le cœur est arrêté en trémulations fibrillaires, qui cessent comme d'habitude chez le rat dès qu'on interrompt le courant, tandis qu'elles sont souvent persistantes chez le cobaye bien adulte. Nous avons vu que chez le chien et le lapin le cœur continue à battre pendant le passage du courant. Cette différence est due à la taille de l'animal; chez les petits animaux, la densité du courant étant plus grande, le cœur est traversé par un courant ayant une intensité suffisante pour provoquer l'apparition des trémulations fibrillaires.

Les fonctions des centres nerveux sont aussi plus gravement atteintes chez les petits animaux que chez le chien ou le lapin. Une électrisation d'une minute suffit pour amener la mort chez le cobaye et le rat.

L'extra-courant des grosses bobines de Ruhmkorff produit des effets beaucoup plus graves que ceux observés avec le courant secondaire, surtout si l'on fournit la bobine d'un condensateur, comme l'avait déjà indiqué d'Arsonval. En plaçant les électrodes sur la tête et les membres postérieurs, l'extra-courant détermine des troubles assez considérables, soit du côté des centres nerveux, soit du côté du cœur.

Les troubles dans les fonctions des centres nerveux se manifestent surtout par une crise de convulsions violentes, toniques d'abord, puis cloniques. Pendant la crise de convulsions toniques la respiration est arrêtée; elle reprend soit pendant la période des convulsions cloniques, soit après la cessation de ces convulsions. Dans les expériences faites par Battelli avec ses deux bobines, les convulsions apparurent chez le chien, aussi bien quand le primaire était fourni de condensateur que lorsqu'il en était dépourvu.

Le cœur est souvent pris de trémulations fibrillaires par le passage de l'extra-courant, lorsque le condensateur est inséré dans le primaire, en plaçant les électrodes dans la bouche et le rectum. Battelli n'a jamais vu chez le chien le cœur s'arrêter en trémulations lorsqu'il n'y avait pas de condensateur. On comprend facilement que ces effets peuvent changer avec les variations des différents éléments (capacité du condensateur, nombre des accumulateurs, fréquence des interruptions, etc.), mais on peut dire, d'une manière générale, que l'extra-courant provoque plus facilement l'apparition des trémulations fibrillaires du cœur lorsque la bobine est pourvue de condensateur.

La pression artérielle présente une forte élévation pendant le passage du courant, et pendant toute la durée des convulsions, sauf dans le cas où le cœur est pris de trémulations fibrillaires.

Chez le lapin, le cobaye, le rat, l'extra-courant produit, de même que chez le chien, des convulsions violentes toniques et cloniques lorsqu'on applique les électrodes dans la bouche et le rectum. Les trémulations fibrillaires apparaissent plus facilement que chez le chien, ce qui s'explique par la taille plus petite de ces animaux.

Courant des chariots de du Bois-Reymond. — Dans ses expériences, Battell s'est servi de chariots de du Bois-Reymond de plusieurs modèles. Le courant primaire était fourni par des éléments Bunsen, et les mouvements de l'interrupteur étaient indépendants du courant qui traversait la bobine.

Les troubles produits par un fort courant du chariot de du Bois-Reymond sont encore plus prononcés que ceux que l'on obtient avec l'extra-courant des grosses bobines. Du côté du cœur apparaissent les trémulations fibrillaires; du côté des centres nerveux, on observe surtout les convulsions, et l'arrêt plus ou moins prolongé de la respiration.

Pour que ces troubles se produisent, il faut d'abord que la force du courant atteigne un certain degré, et qu'en outre la fréquence soit assez élevée. Ainsi, chez le chien, pour provoquer les trémulations fibrillaires du cœur et, par conséquent, la mort avec le courant secondaire, il faut, en plaçant les électrodes dans la bouche et le rectum, mettre dans le courant primaire 10 éléments Bunsen lorsqu'on a 20 interruptions à la seconde, la bobine secondaire recouvrant entièrement la primaire. Les crises convulsives sont déterminées par un courant moins fort, ou à fréquence moins élevée. Avec ces courants, la respiration n'est jamais complètement arrêtée, à moins d'un contact très prolongé ; elle ne cesse qu'à la suite de l'arrêt du cœur.

Les mêmes constatations peuvent être faites chez le lapin, le cobaye ou le rat. En augmentant peu à peu la force du courant secondaire ou bien le nombre des interruptions, on commence d'abord à voir apparaître les convulsions, puis les trémulations fibrillaires se produisent.

La force du courant minima nécessaire pour provoquer soit les convulsions, soit les trémulations fibrillaires, est d'autant plus faible que la taille de l'animal est plus petite. Ainsi, chez un cobaye, en plaçant les électrodes dans la bouche et le rectum, un courant secondaire occasionne déjà une crise de convulsions toniques énergiques lorsqu'on insère dans le courant primaire une pile de deux éléments BUNSEN, avec une fréquence de 20 interruptions à la seconde. Dans les mêmes conditions, le cœur du cobaye est arrêté en trémulations fibrillaires dès que le courant primaire est actionné par quatre ou cinq éléments BUNSEN.

La force du courant peut naturellement être augmentée ou diminuée dans le chariot de DU BOIS-REYMOND par le déplacement du secondaire sur le primaire. Les exemples rapportés plus haut s'appliquent au cas où la bobine secondaire recouvre complètement la primaire. Si on éloigne les bobines, il faudrait augmenter ou bien le nombre des éléments de la pile dans le courant primaire, ou bien la fréquence des interruptions pour obtenir le même résultat.

L'extra-courant d'un chariot de DU BOIS-REYMOND, privé de condensateur, produit des effets moins marqués que le courant secondaire. Ainsi, pour amener la paralysie du cœur chez le chien avec l'extra-courant, il faut employer 15 éléments BUNSEN environ, lorsque le nombre des interruptions est de 20 à la seconde. L'action moins prononcée de l'extra-courant dans ce cas peut être attribuée au fait qu'il possède un potentiel beaucoup moins élevé que le courant induit.

Le changement du point d'application des électrodes fait complètement varier les résultats, parce qu'on modifie la densité du courant dans les différents organes. Nous pourrions répéter ici ce que nous avons dit à ce propos, en parlant des courants alternatifs.

Application des résultats précédents à l'homme. — Si, à présent, nous voulons appliquer à l'*homme* ces résultats obtenus chez les animaux avec les courants des bobines d'induction, nous devons conclure que ces sortes de courants ne peuvent pas, dans la pratique, être considérés comme dangereux.

En effet, nous avons vu que les courants des grandes bobines ne tuent les chiens que par une électrisation très prolongée, en produisant l'asphyxie par le tétanos des muscles respiratoires. Il faudrait donc, pour causer la mort d'un homme, que celui-ci fût soumis au courant d'une grande bobine pendant deux minutes au minimum, condition qui ne peut naturellement se réaliser que dans des circonstances très exceptionnelles, et qui, du reste, ne s'est jamais produite.

Le courant secondaire des petites bobines ou l'extra-courant peuvent tuer, comme nous l'avons vu, les chiens par paralysie du cœur en trémulations fibrillaires, et ils peuvent, en outre, produire des troubles graves dans les fonctions des centres nerveux. Mais, pour que ces phénomènes aient lieu, il faut que les contacts des électrodes soient bons, et que de plus le courant soit dirigé de la tête aux pieds. Or l'ensemble de ces conditions ne peut guère se réaliser chez l'homme qui manie le courant induit dans un but scientifique ou autre.

Du reste, pour produire la mort de l'homme, le courant induit des petites bobines devrait être beaucoup plus énergique que celui que nous avons employé pour occasionner la mort des chiens, à cause de la taille plus grande de l'homme.

Une personne qui est accidentellement parcourue par les courants les plus énergiques des bobines d'induction ressent une douleur extrêmement vive, mais, sauf dans des cas tout à fait exceptionnels, elle ne court, je le répète, aucun risque d'être tuée par ces courants. ANDRÉ BROCA (59) a décrit les symptômes observés sur lui-même, ayant été soumis accidentellement au courant du secondaire d'une grosse bobine de RUHMKORFF. BROCA serrait dans ses mains deux larges électrodes, et le contact dura deux ou trois secondes. Il fut jeté à terre par un tétanos musculaire généralisé et perdit bientôt connaissance; mais il revint immédiatement à lui dès que le courant fut interrompu. Les bras étaient complètement paralysés, hyperémiés, offrant une hyperesthésie au froid. Tous ces troubles se dissipèrent rapidement. Dans la nuit, A. Broca constata une arythmie cardiaque ; le lendemain, il ne restait plus qu'une forte courbature.

Interprétation de l'innocuité du courant des bobines d'induction. — Comment expliquer l'innocuité de ces courants, et surtout du courant secondaire des grosses bobines d'induction, qui pourtant est bien redouté par les expérimentateurs à cause de la violente douleur qu'il provoque? Il faut d'abord remarquer que la douleur paraît due essentiellement à une contraction très énergique des muscles, plutôt qu'à l'excitation des nerfs sensitifs de la peau. La sensation qu'on éprouve lorsqu'on est soumis au courant des grosses bobines ressemble à celle qu'on ressent dans les muscles pris de crampe douloureuse.

Pour expliquer l'innocuité de ces courants, nous pouvons supposer, ou que le courant, étant oscillatoire, passe à la surface du corps en n'intéressant que faiblement les organes situés profondément (opinion de Richardson), ou bien qu'il pénètre bien dans la profondeur des tissus, mais que son intensité est trop faible pour produire des effets délétères.

La première hypothèse est déjà difficile à admettre lorsque l'on a égard au tétanos intense qui se manifeste dans tous les muscles du corps traversé par le courant. Pour mettre mieux en évidence l'impossibilité de cette hypothèse, Battelli a ouvert le thorax chez des chiens et a soulevé le cœur à la surface. Si l'innocuité du courant provenait de ce qu'il passe à la surface du corps, il devrait, lorsqu'on soulève le cœur à la surface, le traverser et le paralyser en provoquant des trémulations fibrillaires. Or le cœur continue à battre.

La seconde hypothèse, d'après laquelle le courant secondaire des grandes bobines de Ruhmkorff ne produit pas d'effets graves à cause de la faible intensité, paraît la plus probable. En effet, soit l'extra-courant des grosses bobines, soit un fort courant d'un chariot de du Bois-Reymond, qui présentent une intensité beaucoup plus grande que le courant secondaire des grosses bobines, produisent aussi des effets beaucoup plus graves. De même l'extra-courant est plus dangereux lorsque la bobine est pourvue d'un condensateur, parce que, dans ce cas, les décharges du primaire possèdent une intensité plus élevée que celle qu'on a lorsque la bobine est privée de condensateur. Les petits animaux, comme le rat, sont tués beaucoup plus facilement que le chien par le courant des grosses bobines; résultat qui doit être attribué à ce que, la section du corps du rat ayant une petite surface, la densité du courant traversant l'animal est beaucoup plus grande que chez le chien. Enfin, en plaçant une électrode directement sur le cœur mis à nu, on provoque immédiatement des trémulations fibrillaires avec le courant secondaire des grosses bobines; dans ces conditions, la densité du courant est suffisamment élevée au point d'application pour que le cœur soit alors pris de trémulations.

§ II. — ÉLECTROCUTION DES CRIMINELS EN AMÉRIQUE.

Les renseignements que nous possédons sur les électrocutions des criminels en Amérique nous proviennent soit de rapports officiels, soit d'articles de journaux médicaux ou techniques. Je me suis, en outre, procuré des informations privées de personnes ayant assisté aux exécutions et aux autopsies.

Dispositif employé. — Le dispositif des électrocutions est bien connu. Le condamné est fixé sur une chaise à l'aide de courroies. Les électrodes sont constituées par de larges éponges, mouillées par des solutions salines; elles sont placées, l'une sur le sommet de la tête ou sur le front, l'autre sur un mollet. Lorsqu'on fait plusieurs applications du courant, les éponges sont mouillées pendant les interruptions du contact.

On a toujours employé un courant alternatif industriel, c'est-à-dire un courant pouvant débiter plusieurs ampères sous un voltage élevé. La fréquence varie entre des limites restreintes. Dans le pénitencier de l'État d'Ohio, le courant présente 130 périodes environ à la seconde [Bennett (53)]. La durée du contact a varié de 10 à 30 secondes environ dans les premières électrocutions.

Quant au voltage, on a modifié la manière de procéder dans ces dernières années. Dans les premières électrocutions, on se servait uniquement de courants à haute tension (1 500 à 2 000 volts). Un contact peu prolongé n'étant pas suffisant pour tuer le condamné d'une manière définitive, on était obligé de continuer l'électrisation pendant plusieurs secondes, ce qui amenait une forte élévation de température de la peau et surtout de l'éponge au niveau des électrodes. On voyait apparaître une fumée plus ou moins intense, et l'impression des assistants était fort désagréable. Pour éviter les brûlures, et maintenir en même temps le condamné sous l'influence prolongée du courant, on procède de la manière suivante depuis l'année 1899.

On commence par soumettre le criminel au passage d'un courant à haute tension (1700 à 2000 volts) pendant sept secondes environ, puis le voltage est abaissé à 200 ou 400 volts, et ce dernier courant est appliqué pendant 30 secondes ou davantage. On interrompt alors le courant pour examiner le patient; d'autres fois, on élève de nouveau le voltage à 1600 ou 1800 volts pendant cinq ou six secondes. Si le patient fait encore des mouvements respiratoires, ce qui est généralement le cas, on recommence l'opération, en appliquant le courant à haute tension, suivi de celui à basse tension. De cette manière on évite les élévations trop fortes de température.

L'intensité du courant qui traverse le corps du condamné varie naturellement avec le voltage. Lorsque la tension est de 1500 à 1800 volts, l'intensité est de 7 à 10 ampères.

Dans les électrocutions plus récentes, où, après l'application du courant à haut voltage, on emploie un courant de 400 volts, l'intensité est de 2 à 3 ampères pendant le passage de ce dernier. La résistance du corps dans les conditions de l'électrocution serait ainsi de 150 à 200 ohms environ. Mac Donald a constaté que l'électrisation avec un voltage si élevé fait considérablement baisser la résistance jusqu'à arriver aux valeurs que nous venons d'indiquer.

Phénomènes observés dans les premières électrocutions. — Les informations précises que nous possédons sur les premières électrocutions sont dues surtout à Mac Donald. Ces renseignements sont exposés soit dans une brochure (56) publiée pour combattre l'exagération des descriptions sensationnelles des journaux politiques, soit dans les relations adressées au directeur de la prison. Ces relations sont rapportées in extenso dans la thèse de Biraud (l. c.). Bennett (l. c.) a aussi publié la description de quelques électrocutions.

Dès que le courant est fermé, tous les muscles du corps entrent naturellement dans un tétanos violent; les courroies craquent sous l'effort musculaire. Bennett dit avoir observé une courte inspiration spasmodique, due évidemment à la contraction du diaphragme. Le tétanos général dure pendant tout le passage du courant. A la rupture du contact la résolution musculaire est immédiate et complète. Il n'y a donc pas de crises convulsives après la cessation du courant. Jusqu'ici l'analogie avec ce que nous constatons chez les animaux est complète. La crise violente de convulsions toniques, qu'on observe après une électrisation de courte durée, fait défaut, au contraire, lorsqu'on a appliqué un courant à haute tension pendant quelques secondes. Les centres nerveux ont subi une inhibition très profonde, et les convulsions manquent.

Comment se comportent la respiration et le cœur après la rupture du courant? Pour la respiration, il n'y a aucun doute : elle se rétablit peu à peu, quelques secondes après la rupture du contact. Ainsi, après la première électrocution, où le condamné Kemmler fut soumis au passage du courant pendant 17 secondes, Mac Donald constata l'apparition de légers mouvements spasmodiques de la poitrine au bout d'une demi-minute environ après la rupture du contact. La respiration spontanée se rétablissait. Bennett a aussi observé qu'il y a des mouvements respiratoires après l'interruption du courant. Une seule application n'a jamais suffi pour arrêter la respiration d'une manière définitive. Pour arriver à ce résultat, on a dû le plus souvent faire trois électrisations; dans quelques cas, quatre; et quelquefois, même, cinq (Bennett).

Quant au cœur on a souvent constaté l'existence du pouls radial après la première application du courant dans les premières électrocutions. Dans le rapport officiel des docteurs Mac Donald et Ward nous en trouvons quelques exemples. Chez le condamné Slocum, le premier contact dura 37 secondes (1458 volts). Au bout de ce temps le circuit fut rompu. Mais on trouva alors que le pouls était fort, et une à deux minutes plus tard une forte respiration s'établissait avec une régularité très grande. Le courant fut immédiatement réappliqué et continué pendant 36 secondes. La respiration avait alors cessé entièrement, de même que les battements du cœur. Chez le condamné Smiler, on fit d'abord trois contacts successifs de 10 secondes (1 485 volts); à la fin de chaque contact, on arrêtait un instant le courant pour mouiller les éponges. Dans l'intervalle de ces contacts on ne voyait pas trace d'effort pour respirer, mais le pouls battait fort, régulièrement. On ferma de nouveau le contact pendant 19 secondes; au bout de ce temps l'auscultation montra que le cœur avait définitivement cessé de battre. Chez le condamné Yugigo, après trois contacts de 15 secondes chacun, on trouva au poignet un léger frémissement du pouls.

Plus typique encore est le cas du condamné Taylor. La première application du courant dura 52 secondes (1 260 volts). A la rupture du courant, les médecins ne constatèrent pas l'existence du pouls radial, mais après une demi-minute environ ils aperçurent un pouls filiforme qui devint de plus en plus fort. En même temps, la respiration se rétablit. On voulut rétablir le contact, mais le courant ne marchait plus. Peu à peu la respiration devint stertoreuse avec 12 ou 13 respirations par minute; le cœur présentait 100 pulsations à la minute. Une demi-heure après le choc électrique, on constata 120 pulsations et 18 mouvements respiratoires par minute. Le condamné commençait à s'agiter. On lui fit une injection de morphine, et on le soumit à la narcose chloroformique. Le condamné ouvrit les yeux et cria. Au bout d'une demi-heure, on fit la seconde application de courant, pendant 40 secondes, qui amena la mort définitive.

Dans quelques cas les médecins n'examinent pas le pouls avec attention, ou bien ils sont dans le doute, et ne peuvent affirmer si le cœur avait cessé de battre après la rupture du contact.

Chez un seul condamné (Mac Elvaine), on a appliqué le courant sur les deux mains, en imitant ainsi ce qui arrive dans le plus grand nombre des accidents mortels de l'industrie électrique. Les mains du condamné furent plongées dans deux baquets d'eau salée. Le premier contact dura 50 secondes avec une tension de 1 600 volts. A la rupture du courant il y eut une résolution musculaire complète; mais, bientôt, le corps s'éleva à moitié, la poitrine se souleva, et un gémissement s'échappa des lèvres du condamné. Mac Donald attribua ce gémissement à l'expulsion de l'air contenu dans les poumons. On n'examina pas le cœur et on fit immédiatement une nouvelle application du courant de la tête au mollet; après quoi l'arrêt du cœur et de la respiration fut définitive.

Le résultat de ces premières électrocutions fut donc bien différent de celui qu'on attendait en se basant sur les accidents de l'industrie électrique et sur des expériences sommaires faites chez les animaux. Comment expliquer la résistance présentée par les condamnés soumis au passage d'un courant à haute tension et prolongé pendant plusieurs secondes, alors que le même courant ou un courant beaucoup plus faible a provoqué la mort de plusieurs centaines de personnes dans l'industrie électrique. Cette différence de résultats était absolument inexplicable avant les expériences de Prevost et Battelli. A présent nous pouvons au contraire nous en rendre compte d'une manière satisfaisante.

Nous avons vu qu'un chien n'est pas tué par un courant alternatif de 1 200 volts (électrodes avec bons contacts sur la tête et les jambes postérieures) prolongé pendant 5 secondes, parce que son cœur est arrêté en diastole pendant le passage du courant et recommence à battre avec énergie à la rupture du contact. Les centres nerveux peuvent ainsi résister au choc produit par ce haut voltage. Un chien est, au contraire, tué dans les mêmes conditions par un courant de 500 volts, par suite de la paralysie du cœur en trémulations fibrillaires définitives.

De même, chez un homme soumis à un courant alternatif de 1 500 à 1 800 volts (électrodes avec bons contacts sur la tête et les jambes postérieures comme dans l'électrocution), le cœur serait arrêté en diastole. Si le contact n'a pas été trop prolongé, 10 à 30 secondes par exemple, les ventricules recommencent à battre avec force, généralement, dès que le contact est interrompu, comme dans les cas des condamnés Smiler et Slocum. Si l'électrisation a duré davantage, 50 secondes par exemple, la diastole du cœur continue quelques secondes encore après la rupture du contact, ensuite les ventricules recommencent à avoir des battements, faibles d'abord, puis de plus en plus énergiques comme dans le cas du condamné Taylor.

La différence entre les résultats des électrocutions et ceux des accidents de l'industrie électrique doit donc être attribuée aux phénomènes qui se passent du côté du cœur. Dans les premières électrocutions, le cœur des condamnés était traversé par des courants à grande densité et, par conséquent, il était arrêté en diastole passagère; dans les accidents de l'industrie électrique, la densité du courant est faible dans le cœur, comme nous verrons, et les ventricules sont arrêtés en trémulations fibrillaires définitives.

D'autre part, les expériences sur les animaux montrent que, à parité des autres conditions, l'inhibition des centres nerveux est en raison inverse de la taille de l'animal. Par conséquent, les centres nerveux d'un homme pourront supporter le passage d'un courant à haute tension beaucoup plus longtemps qu'un chien, sans perdre complètement leurs fonctions. Ces fonctions n'étant pas abolies, elles se rétablissent sous l'influence de la circulation sanguine. L'exemple du condamné Taylor est resté unique, parce que, dans les autres électrocutions, on a toujours pu faire des applications successives du courant, mais il est probable que les autres condamnés se seraient rétablis, si l'on avait interrompu l'exécution après la première application du courant.

Ainsi l'analogie est complète entre les faits observés chez les animaux, et surtout chez le chien, et ceux constatés chez l'homme.

Résultats obtenus dans les dernières électrocutions. — Nous avons dit que, depuis 1899, le dispositif de l'électrocution a été changé. Après une application de quelques secondes du courant à haute tension, le voltage est abaissé à 400 volts environ.

Les médecins chargés de la direction des électrocutions ont apporté cette modification dans le but d'éviter l'élévation de la température au niveau des électrodes. Ils ne se doutaient pas qu'ils obtenaient en même temps la paralysie définitive du cœur en trémulations fibrillaires. Nous n'avons pas, à ma connaissance, de rapports officiels détaillés sur ces dernières électrocutions; mais, d'après mes renseignements privés, on n'a plus remarqué le pouls radial dans les exécutions faites avec le nouveau système. On a pourtant constaté quelquefois des pulsations à la base du cou. Ces pulsations doivent être attribuées aux battements des oreillettes, lesquelles, chez tous les animaux, reprennent leurs contractions énergiques dès que le courant est interrompu, si la densité du courant dans le cœur n'a pas été trop élevée. En effet, dans deux autopsies pratiquées rapidement après la mort, on trouva que les oreillettes battaient rythmiquement, tandis que les ventricules présentaient de faibles trémulations fibrillaires.

Avec l'introduction du nouveau procédé d'électrocution, la perte immédiate de la conscience, produite par le courant à haute tension, est suivie de la paralysie du cœur. On évite ainsi les brûlures, et les apparences de la vie cessent plus rapidement. L'électrocution, comme tous les autres procédés d'exécution capitale, est une honte pour notre civilisation; mais c'est le moins répugnant des moyens employés, parce que la perte de la conscience est immédiate; le condamné n'est pas défiguré, et l'exécution n'est pas sanglante.

Autopsies des criminels électrocutés. — Comme signe extérieur de l'effet du courant, on n'a constaté que de légères phlyctènes, sur les jambes et sur la tête, dues à l'échauffement de l'eau dans les éponges. On n'a pas observé de carbonisation de la peau.

La rigidité cadavérique se déclare très rapidement dans la jambe sur laquelle on a appliqué l'électrode, puis, peu à peu, dans les muscles du corps, et, finalement, dans les bras. Les organes sont normaux.

Quant au cœur, nous avons déjà dit qu'on a constaté la présence des trémulations fibrillaires dans les dernières électrocutions, lorsqu'on a ouvert rapidement le thorax. Dans les cas où on a attendu seulement quelques minutes, on a trouvé le ventricule gauche fortement contracté et vide, le ventricule droit et les deux oreillettes en diastole, ces dernières remplies de sang fluide. On a observé, le plus souvent, des ecchymoses sous-pleurales et sous-péricardiques.

Les centres nerveux ont été trouvés absolument normaux dans quelques cas; dans d'autres, on a constaté la présence d'hémorragies capillaires sur le plancher du quatrième ventricule, sous forme de petites taches.

L'examen microscopique des centres nerveux a été fait chez plusieurs condamnés par Ira van Gieson; les cellules nerveuses ne présentaient aucune altération appréciable.

Nous voyons donc que chez les criminels électrocutés, de même que chez les animaux, le passage du courant ne produit aucune lésion constante et spécifique, sauf les brûlures aux points d'application des électrodes.

§ III. — LA MORT ET LES ACCIDENTS DANS L'INDUSTRIE ÉLECTRIQUE.

Nous possédons une littérature déjà très riche se rapportant aux accidents plus ou moins graves dus à l'action des courants industriels chez l'homme. Ces observations, qui ont fait l'objet de communications à plusieurs sociétés savantes, sont disséminées dans un grand nombre de journaux de médecine ou d'électricité; mais, dans l'énorme majorité des cas, elles ne nous apprennent rien de nouveau. Une bibliographie assez étendue sur ce sujet se trouve dans les travaux de Biraud (36), de Kratter (38) et de Jellineck (44). Les deux premiers cas de mort paraissent avoir été ceux rapportés par Grange (32) produits par un courant alternatif de 500 volts.

Le passage d'un courant électrique industriel à travers l'organisme humain détermine l'apparition de phénomènes variables, dont les uns sont immédiats, les autres plus ou moins éloignés. Ces derniers, constitués essentiellement par des troubles nerveux font le plus souvent défaut. Les *phénomènes immédiats* sont de nature très différente. En les considérant au point de vue de leur gravité, nous pouvons étudier la mort, la perte de connaissance passagère, les sensations douloureuses simples. En outre, le passage du courant occasionne souvent des brûlures de la peau.

Mort — Les descriptions que nous avons dans la littérature sur les phénomènes présentés par la victime sont vagues. On se contente presque toujours de dire que la personne a été foudroyée, que la mort a été instantanée, etc. Mais, par ces mots, on entend évidemment que la victime a perdu immédiatement connaissance et que la mort a été très rapide. Les assistants effrayés n'ont pas le calme voulu pour observer en détail ce qui se passe. J'ai moi-même interrogé des individus qui avaient été spectateurs d'accidents mortels à Genève, et je n'ai pas pu savoir d'une manière positive s'il y avait eu des mouvements respiratoires, des convulsions. Toutefois, Oliver et Bolam (39) rapportent que, d'après plusieurs témoins d'accidents électriques, les victimes ont quelquefois respiré avant de mourir. Au moment où le contact électrique s'établit, il y a naturellement une violente contraction musculaire de tous les muscles du corps; la personne peut ainsi faire un bond pour tomber ensuite sans connaissance; ou bien le contact peut se prolonger et le tétanos généralisé persister. Quelquefois la victime pousse un cri; souvent aussi on n'entend aucun son.

Le seul caractère bien déterminé est l'*instantanéité de la mort*. Nous devons entendre par là que la respiration spontanée ne se rétablit pas, ou bien qu'elle cesse complètement deux ou trois minutes au maximum après l'établissement du contact.

Quel est le mécanisme de la mort dans les accidents de l'industrie électrique? Nous avons déjà exposé l'opinion des différents auteurs à ce sujet; après ce que nous avons vu en parlant des expériences sur les animaux et des électrocutions, la réponse n'est pas douteuse. La mort est due exclusivement à la paralysie du cœur en trémulations fibrillaires. Le shock des centres nerveux de l'axe cérébro-spinal ne joue aucun rôle. En effet, nous savons que les troubles des centres nerveux sont proportionnels à la densité du courant qui les traverse. Or, dans les accidents de l'industrie électrique, la densité du courant dans l'organisme n'est jamais très élevée, même avec de hautes tensions, à cause des grandes résistances qui se présentent aux points de contact. Dans tous les accidents, ces contacts sont infiniment plus mauvais que dans les électrocutions, et pourtant nous avons vu que chez les électrocutés la respiration se rétablit spontanément. En outre, dans les électrocutions, une électrode est placée sur la tête et les contacts sont prolongés, deux conditions très favorables à l'inhibition des centres nerveux; au contraire, dans la grande majorité des accidents mortels de l'industrie, l'entrée du courant se fait par les mains, et, le plus souvent, le contact est de courte durée. Par conséquent, si les trémulations fibrillaires du cœur ne se produisent pas, la vie de la personne traversée par le courant ne court aucun danger.

Il est donc du plus haut intérêt de savoir si les trémulations fibrillaires du cœur chez l'homme sont définitives comme chez le chien, ou bien si elles sont quelquefois passagères, comme chez le lapin ou le cobaye. Nous ne pouvons pas donner une réponse absolument certaine, mais toutes les probabilités sont pour la persistance des trémulations chez l'homme. Chez tous les animaux, les oreillettes reprennent leur rythme à la rupture du courant; il en est de même chez l'homme, comme on l'a vu chez des condamnés électrocutés. Quant aux ventricules, ils ne se remettent pas à battre chez les gros animaux, comme le chien et le cheval. Chez le singe aussi, les trémulations des ventricules sont persistantes. Il est donc probable qu'il en est de même chez l'homme.

Nous sommes donc portés à admettre que si, dans un accident de l'industrie électrique, il y a eu paralysie du cœur en trémulations fibrillaires, la victime est perdue; nous ne possédons aucun procédé *pratique* pour influencer la marche des trémulations. La respiration artificielle ne peut être d'aucune utilité.

Si, par contre, le cœur n'est pas mis en trémulations fibrillaires, la victime ne court aucun danger de mort (sauf le cas d'un contact très prolongé pouvant amener l'asphyxie), elle pourra rester sans connaissance pendant quelques minutes, mais elle se rétablira sans aucune intervention.

Le mécanisme de la mort par les courants électriques est donc tout à fait différent de celui qu'on observe dans la mort par la foudre. Dans ce dernier cas, il s'agit d'une inhibition des centres nerveux; le cœur n'est pas pris de trémulations fibrillaires. La respiration artificielle est alors tout indiquée.

Perte de connaissance passagère. — Les cas sont très nombreux dans lesquels un individu mis en contact avec un conducteur électrique perd immédiatement connaissance, et revient à lui après quelque temps. En général, la victime n'a ressenti aucune douleur et ne se rappelle de rien. Les accidents de cette espèce sont constatés non seulement dans le cas où le contact a eu lieu sur la tête, mais aussi s'il s'est produit sur les membres.

Nous ignorons complètement la nature de ce phénomène. Ce que nous pouvons dire, c'est qu'il s'agit de troubles fonctionnels et non de lésions organiques, car le rétablissement est complet et rapide. Il est très rare que la perte de conscience se prolonge au delà de quelques minutes. Il reste ensuite une sensation de vide, de la faiblesse, de la pesanteur et des douleurs de tête, quelquefois des palpitations de cœur; le tout se dissipe peu à peu.

Chez le chien, la perte de connaissance passagère ne se produit que lorsqu'il y a une crise de convulsions toniques; chez l'homme, il semble que ces convulsions manquent. J'ai interrogé avec soin plusieurs personnes ayant assisté à des accidents électriques graves, suivis ou non de mort, et aucune n'a constaté de symptômes pouvant être interprétés comme des convulsions. Celles-ci sont d'une telle netteté chez les animaux, qu'elles auraient certainement été remarquées chez l'homme, si elles avaient eu lieu.

L'explication plus probable de cette différence me paraît être la suivante. Chez l'homme l'excitation de la moelle épinière ne suffirait pas pour donner des convulsions, il faudrait pour cela que l'excitation atteigne le bulbe ou des parties encore plus élevées de l'axe cérébro-spinal. Chez les animaux au contraire (chien, lapin, etc.), la moelle seule, séparée des centres supérieurs, peut agir comme centre convulsif. En effet, le tronc des animaux décapités présente des mouvements convulsifs intenses, tandis que le tronc des guillotinés reste absolument immobile (LOYE. *La mort par la décapitation*, Paris, 1888). Loye explique cette absence de convulsions chez l'homme décapité en supposant que l'action fortement inhibitrice, limitée au nœud vital chez les animaux, s'étend chez l'homme à toute la région cervicale de la moelle épinière. Mais il me semble plus probable d'admettre, comme je l'ai dit plus haut, que chez l'homme la moelle ne peut agir comme centre convulsif.

Or, dans l'immense majorité des accidents de l'industrie électrique, le contact se faisant par les mains, la densité du courant dans le bulbe est trop faible pour provoquer l'apparition des convulsions.

Sensations douloureuses simples. — Les sensations douloureuses ressenties par une personne qui se trouve en contact avec un conducteur électrique et qui ne perd pas connaissance sont de plusieurs espèces. On observe le plus souvent : des contractions musculaires très douloureuses, une lueur éclatante, une sensation d'oppression à la poitrine.

Lorsqu'il n'y a pas eu perte de connaissance, le rétablissement est immédiat. La victime peut se sentir un peu étourdie, faible, et présenter de légers tremblements des membres, comme dans la fatigue musculaire très prononcée.

Brûlures. — Les brûlures qu'on constate si souvent dans les accidents de l'industrie électrique sont d'ordre calorifique ; elles sont dues à la chaleur qui se développe au point de contact des électrodes avec la peau. Mally (57) en a donné une description détaillée.

Le siège habituel des brûlures est la main, mais on peut naturellement les observer sur toutes les parties du corps. Dans la pratique, presque toutes les brûlures sont dues à un contact métallique et présentent une apparence à peu près invariable. Elles ont l'aspect d'une perte de substance nettement limitée, comme si elles avaient été faites à l'emporte-pièce. Les brûlures électriques peuvent être assez profondes et dépasser le derme ; elles détruisent parfois un lambeau de muscle et peuvent même carboniser un os, principalement les phalanges des doigts.

La formation de la brûlure joue un rôle important dans la protection de l'organisme contre le passage du courant ; j'y reviendrai en parlant de la résistance du corps.

Accidents nerveux éloignés. — Les accidents nerveux, qui se manifestent à la suite d'un contact électrique et persistent plus ou moins longtemps, sont représentés essentiellement par l'hémianesthésie et l'hémiplégie. On observe quelquefois la perte des réflexes du côté malade, des contractures, des tremblements, de l'insomnie, etc.

Dans la grande majorité des cas, ces troubles nerveux diminuent rapidement et disparaissent au bout de quelques jours ou d'un mois ou deux. Ils sont semblables à ceux qui peuvent être produits par la foudre et doivent être rangés dans la catégorie des cas d'hystéro-traumatisme.

Conditions physiques des accidents électriques. — Nous n'étudierons ici que les conditions physiques dans lesquelles le courant peut déterminer la mort de l'homme ; car, comme nous l'avons vu, les autres accidents dus au passage du courant ne présentent aucune gravité (sauf les cas de brûlures profondes).

Il faudrait alors déterminer quel est le *voltage* minimum qui puisse produire la mort dans les conditions ordinaires de contact électrique. On a cru pendant plusieurs années que le courant alternatif de 120 volts, employé ordinairement pour l'éclairage des lampes à incandescence, n'offrait aucun danger sérieux. Les premiers accidents mortels avec ce courant furent signalés en 1897 par l'*Electrotechnische Zeitschrift* (p. 783), et, depuis lors, on a cité plusieurs autres cas semblables.

Mais, si l'on considère l'énorme majorité des accidents mortels, on peut dire que pratiquement, le courant alternatif commence à devenir dangereux lorsqu'il atteint une tension de 400 ou 500 volts, et le courant continu lorsqu'il atteint une tension de 1 500 volts.

Nous n'avons pas à tenir compte du nombre des périodes du courant alternatif, car les courants industriels présentent un nombre de périodes compris entre 30 et 130.

A mesure que la tension augmente, le courant devient de plus en plus dangereux. Les courants à très haute tension (5 000 volts, comme dans un cas mortel vérifié à Genève) paralysent encore le cœur, parce que la densité du courant dans l'organisme est toujours faible à cause de la grande résistance des contacts.

Mais dans un grand nombre d'accidents où les contacts se sont établis sur les mains ou par une main et une jambe, etc., des courants alternatifs à haute tension (2 000 volts et davantage) n'ont pas déterminé la mort, bien qu'il y ait eu perte de connaissance passagère. Nous pouvons faire trois hypothèses pour expliquer ces résultats : 1° le contact a été de trop courte durée ; 2° la résistance du corps a été trop grande ; 3° les trémulations fibrillaires du cœur ont été passagères. J'ai déjà dit que cette dernière hypothèse était peu vraisemblable, bien que nous ne possédions pas les éléments voulus pour la repousser d'une manière certaine. Restent à examiner les deux premières conditions ayant empêché la paralysie du cœur.

Nous avons vu que, d'après les expériences faites par Prevost et Battelli, le courant alternatif paralyse dans quelques cas le cœur du chien avec un contact de un quart de seconde ; dans d'autres cas il faut prolonger le contact pendant une seconde; le plus souvent, une demi-seconde suffit. Nous pouvons admettre qu'il en est de même chez l'homme. Lorsqu'on touche un conducteur, la contraction des muscles peut immédiatement faire cesser le contact; l'inhibition des centres nerveux se produit, car elle est instantanée, et l'homme perd connaissance; mais le cœur continue à battre et la victime ne meurt pas.

Toutefois, dans un grand nombre de cas, les brûlures sont très profondes, le contact a donc été prolongé. Nous ne pouvons plus expliquer la survie de la personne que par la grande *résistance* de la peau. On trouvera une bibliographie étendue sur la résistance électrique du corps humain dans un article de Courtadon (58).

La résistance du reste du corps est négligeable par rapport à celle des points de contact. En effet, la résistance entre les deux mains plongées dans un baquet d'eau salée est de 1 000 ohms environ ; elle varie de 3 000 à 150 000 ohms environ, suivant l'état de sécheresse de la peau, en appliquant des fils nus sur les deux mains.

C'est certainement la résistance de la peau aux points de contact, qui a la plus grande influence sur le résultat fatal ou non des accidents électriques. La résistance de la peau à l'état normal n'entre pas seule en jeu ; pendant le passage du courant, cette résistance change considérablement à cause de la production des brûlures, la peau carbonisée présentant une résistance bien supérieure à celle de la peau sèche. On sait que la résistance du corps diminue par l'action du passage du courant; mais cette diminution devient absolument négligeable, quand on la compare à l'augmentation produite par les brûlures.

Les suites de l'accident pourront être très différentes suivant l'état de la peau au moment de l'accident. Si la peau est humide, sa résistance sera faible au commencement du contact, et c'est à ce moment que peut se produire l'arrêt du cœur en trémulations fibrillaires. Au bout d'une seconde environ, la brûlure sera formée, et les tissus carbonisés présenteront une résistance considérable. Si le cœur n'a pas été paralysé dans la première seconde, la victime pourra alors résister pendant longtemps (une minute et davantage) au passage du courant, et la mort ne se produira plus que par asphyxie.

Lorsque la peau est bien sèche au moment de l'accident, l'intensité du courant dans l'organisme, et par conséquent sa densité dans le cœur, est très faible dès le commencement et le cœur peut continuer à battre. En outre, dans ce cas, la carbonisation de la peau est plus rapide que lorsque celle-ci est humide; l'intensité du courant dans le corps diminue donc plus vite, et c'est encore une condition favorable à la persistance des battements du cœur.

D'après ce que nous venons d'exposer, le corps de la victime tuée par un courant électrique présentera des brûlures peu profondes lorsque la peau était humide et le contact de courte durée. Mais si le contact s'est prolongé pendant une seconde au minimum, les brûlures ont la même profondeur dans les cas où la peau était humide que dans ceux où elle était sèche, comme il est facile de s'en assurer par l'expérience.

Nous avons déjà dit, en parlant des expériences sur les animaux, que les troubles dans les fonctions d'un organe sont dus essentiellement à la *densité* du courant qui le traverse. A parité des autres conditions, la densité du courant dans une partie donnée du corps dépend du point d'application des électrodes. Par conséquent, si un contact a lieu sur la tête, les troubles nerveux seront plus accentués, mais ce cas est rare. La dérivation du courant au sol par les mains, et surtout par la main gauche, devrait être la condition la plus dangereuse, car le cœur se trouve sur la ligne qui réunit les électrodes, mais la grande résistance offerte par les chaussures rend ces accidents moins souvent mortels. Dans le plus grand nombre des cas de mort, le passage du courant s'est fait, je crois, entre les deux mains qui ont touché les deux fils conducteurs. C'est la disposition la plus dangereuse dans la pratique ; aussi recommande-t-on aux ouvriers de garder une main dans la poche lorsqu'ils travaillent dans le voisinage d'un conducteur électrique. Mais cette recommandation est naturellement impossible à observer par des ouvriers chargés des réparations.

Secours à donner aux victimes des accidents. — Il faut distinguer d'abord deux cas : 1° la personne est encore en contact avec le conducteur; 2° le contact a cessé.

1º Dans le premier cas, il faut naturellement faire cesser avant tout le contact, parce que les brûlures deviendront toujours plus profondes et parce que la mort peut avoir lieu par asphyxie lorsque le passage du courant dure au delà d'une minute. Si l'on ne peut pas arrêter immédiatement le courant à l'usine, on devrait tâcher de produire un court circuit à l'aide d'un corps bon conducteur, que l'on tient au moyen d'un isolant, de manière à faire sauter les plombs de sûreté.

Si l'on n'a rien sous la main, ce qui est souvent le cas, il faudrait chercher, à mon avis, à dégager la victime avec un coup de pied. Un courant qui passe d'une jambe à l'autre n'offre aucun danger ni pour le cœur, ni pour le système nerveux, même à de hautes tensions, comme nous avons vu plus haut. La personne qui touche la victime avec le pied ne ressentira qu'une secousse bien faible, étant donnée la grande résistance des chaussures. Il faut naturellement s'assurer que les fils ne puissent ensuite, en se balançant, venir toucher celui qui a donné le coup de pied.

2º Après la cessation du contact, la victime peut ne pas avoir perdu connaissance ; alors elle se rétablit complètement au bout de très peu de temps.

Lorsqu'il y a perte de connaissance, la respiration peut continuer, ou bien elle peut être arrêtée. Dans le premier cas, il faut d'abord assurer le bon fonctionnement de la respiration, en tirant la langue hors de la bouche, car la base de la langue peut tomber sur la glotte et l'obstruer. On s'efforcera ensuite de faire revenir la personne à elle-même à l'aide des moyens habituels.

Si la respiration est arrêtée, on pratiquera la respiration artificielle, après avoir sorti la langue hors de la bouche, et on cherchera en même temps à activer la circulation. D'après ce que nous avons dit, la respiration artificielle ne sera d'aucun secours dans le cas où le cœur est paralysé en trémulations fibrillaires. Elle sera, au contraire, utile, mais non indispensable, lorsque le cœur continue à battre ; car la respiration spontanée se rétablirait d'elle-même.

Bibliographie. — 1. COLLADON. *Mémoire sur les effets de la foudre sur les arbres* (*Mém. de la Soc. de Physique et d'Histoire naturelle à Genève*, 1872, XXI). — 2. SESTIER. *De la foudre* (Paris, 1866). — 3. BOUDIN. *Histoire médicale de la foudre*, etc. (*Annales d'Hygiène publique et de Médecine légale*, 1854-1855). — 4. VINCENT. *Contribution à l'histoire médicale de la foudre* (Paris, 1875). — 5. BOELMANN. *De la fulguration* (Paris, 1888). — 6. PÉLISSIÉ. *De la mort par la foudre* (*Thèse de Lyon*, 1896). — 7. MACKAY. *A case of lightning stroke* (Glascow med. Journ., 1883, 334). — 8. NOTHNAGEL. *Zur Lehre von den Wirkungen des Blitzes auf den thierischen Körper* (A. A. P., LXXX, 327, 1880). — 9. CHARCOT. *Accidents nerveux provoqués par la foudre* (*Leçons du mardi à la Salpêtrière*, 28 mai 1889). — 10. PRIESTLEY (J.). *Histoire de l'électricité*, trad. de l'anglais (Paris, 1771, III, 315). — 11. FONTANA (FELICE). *Ricerche filosofiche sopra la fisica animale* (Florence, 1775). — 12. MARAT. *Mémoire sur l'électricité médicale* (Paris, 1784). — 13. TROOSTWYK et KRAYENHOFF. *De l'application de l'électricité à la physique et à la médecine* (Amsterdam, 1788). — 14. TOURDES. *Accident occasionné par la foudre le 13 juillet 1869 au pont du Rhin* (Gazette méd. de Strasbourg, 1869, 181). — 15. RICHARDSON. *On research with the large induction coil of the Royal polytechnic institution, with special reference to the cause and phenomena of death by lightning* (Med. Times and Gazette, 1869, I, 711). — 16. DÉCHAMBRE. *Fulguration* (D. encycl. des Sc. méd., Paris, 1880). — 17. ARSONVAL (D'). *La mort par l'électricité dans l'industrie, ses mécanismes physiologiques* (C. R., 1887, (1), 978) — 18. PREVOST et BATTELLI. *La mort par les décharges électriques* (Journ. de Physiol. et Pathol. génér., 1899, 1085 et 1114). — 19. HOORWEG. *Uber die elektrische Nervenerregung* (A. g. P., LII, 1892, 87). — 20. CYBULSKI et ZANIETOWSKI. *Ueber die Anwendung des Condensators zur Reizung der Nerven u. Muskeln*, etc. (A. g. P., LVI, 45, 1894). — 21. MASCART et JOUBERT. *Leçons sur l'électricité et le magnétisme* (1886, II, 220). — 22. PREVOST et BATTELLI. *Quelques effets des décharges électriques sur le cœur des mammifères* (Journ. de Physiol. et de Pathol. générale, 1900, 40). — 23. BROWN-SÉQUARD. *Influence de l'électro-magnétisme et de la foudre sur la durée de la rigidité cadavérique* (B. B., 1849, 138). — 24. ROLLETT. *Versuche u. Beobachtungen am Blute* (Sitzungsber. d. k. Akad. d. Wissensch. in Wien, XLVI, 92, 1862). — 25. ROLLETT. *Ueber die Wirkung des Entladungsstromes auf das Blut* (Ibid., XLVII, 356, 1863). — 26. ROLLETT. *Ueber die successiven Veränderungen welche elektrische Schläge an den rothen Blutkörperchen hervorbringen* (Ibid., L, 178, 1864).

— **27.** Neumann. *Mikroskopische Beobachtungen über die Einwirkung elektrischer Ströme auf die Blutkörperchen* (*Arch. f. Anatom.*, 1865, 676). — **28.** Hermann. *Die Wirkung hochgespannter Ströme auf das Blut* (*A. g. P.*, LXXIV, 164, 1899). — **29.** Rollett. *Elektrische u. thermische Einwirkungen auf das Blut u. die Strucktur der rothen Blutkörperchen* (*A. g. P.*, LXXXII, 199, 1900). — **30.** Jellineck. *Histologische Veränderungen im menschlichen und thierischen Nervensystem, theils als Blitz, theils als elektrische Starkstrom Wirkung* (*A. A. P.*, 170, 56, 1902). — **31.** Brown-Séquard. *Sur la mort par la foudre et par l'électro-magnétisme* (*B. B.*, 1849, 154). — **32.** Grange. *Des accidents produits par l'électricité* (*Ann. d'hyg. publ. et de méd. légale*, XIII, 53, 1885). — **33.** d'Arsonval. *La mort par l'électricité dans l'industrie. Les mécanismes physiologiques. Moyens préservateurs* (*C. R.*, CIV, 978, 1887). — **34.** Brown. *Death current experiments at the Edison Laboratory* (*Med. leg. Journ.*, New-York, mars 1889). — **35.** Tatum. *Death from electrical current* (*New-York medic. Journ.*, 1890, LI). — **36.** Biraud. *La mort et les accidents causés par les courants électriques* (*Thèse de Lyon*, 1892). — **37.** Donlin. *The pathology of death by electricity* (*Med. leg. Journ.*, New-York, mars 1890). — **38.** Kratter. *Der Tod durch Electricität* Leipzig, 1896. — **39.** Oliver et Bolam. *On the cause of death by electric schock* (Britisch *med. Journ.*, 1898, 132). — **40.** Corrado. *De quelques altérations des cellules nerveuses dans la mort par l'électricité* (*Arch. d'électr. médic.*, 1899, 5). — **41.** Prevost et Battelli. *La mort par les courants électriques. Courant alternatif* (*Journ. de Physiol. et de Path. gén.*, 1899, 399 et 427). — **42.** *La mort par les courants électriques. Courant continu* (*Ibid.*, 1899, 689). — **43.** Cunningham. *The cause of death from industrial electric currents* (*New-York Med. Journ.*, LXX, 1899). — **44.** Jellineck. *Animalische Effecte der Elektricität* (*Wien. klin. Wochenschr.*, XV, 405 et 446, 1902). — **45.** Battelli. *Le rétablissement des fonctions du cœur et du système nerveux central après l'anémie totale* (*Journ. de Physiol. et de Path. gén.*, 1900, 443). — **46.** *Arrêt du cœur en diastole par l'action des courants alternatifs à tension élevée* (*B. B.*, 1903). — **47.** Prevost et Battelli. *Influence du nombre des périodes sur les effets mortels des courants alternatifs* (*Journ. de Phys. et de Path. gén.*, 1900, 755). — **48.** Bordier et Lecomte. *Action des courants de haute fréquence* (*C. R.*, CXXXIII, 1295, 1901). — **49.** Querton. *La mort par l'électricité* (*Journ. méd. de Bruxelles*, 1899, 361). — **50.** Bordier et Piéry. *Recherches expérimentales sur les lésions des cellules nerveuses d'animaux foudroyés par le courant industriel* (*Lyon médical*, 1901, 239). — **51.** Schiff (*Recueil des mémoires physiologiques*, III, 11). — **52.** Prus. *Ueber die Wiederbelebung in Todesfällen in Folge von Erstickung, Chloroformvergiftung u. elektrische Schläge* (*Wien. klin. Wochenschr.*, 1900). — **53.** Battelli. *La mort par les courants des bobines d'induction* (*Journ. de Physiol. et Path. gén.*, 1902, 12). — **54.** Arloing. *Contribution à la connaissance de l'action des courants électriques continus à haut voltage sur les chevaux* (*Journ. de Physiol. et Path. gén.*, 1902, 967). — **55.** Benett. *Electrocution, and what causes electrical death* (*The American X-ray Journ.*, 1897). — **56.** Mac Donald. *The infliction of the death penalty by means of electricity* (Albany, 1893). — **57.** Mally. *Étude clinique et expérimentale sur les brûlures causées par l'électricité industrielle* (*R. de Chir.*, XXI, 321, 1900). — **58.** Courtadon. *Résistance électrique du corps humain* (*Ann. d'électrobiologie*, 1902, 1). — **59.** A. Broca. *Souvenirs d'un électrocuté* (*Revue scientifique*, 1901, 621).

F. BATTELLI.

FUMARINE ($C^{21}H^{19}O^4$). — Alcaloïde qu'on extrait de la *Fumaria officinalis* ou de l'écorce du *Bocconia frutescens*. Elle donne des sels cristallisables. On emploie l'extrait de Fumaria comme laxatif.

FANO (Giulio), professeur de Physiologie à Florence [1]. 1881. — *Das Verhalten des Peptons und Triptons gegen Blut und Lymph* (*A. P.*, 277-296).

1882. — *Il peptone e il triptone nel sangue e nella linfa* (*Archivio per le scienze mediche*, V, 116-141). — *Beiträge zur Kenntniss der Blutgerinnung* (*C. W.*, XII, 210-211; *Archiv. p. le scienze med.*, V, 24, 333-395; *Lo Sperimentale*, 270-272). — *Della sostanza che impedisce*

1. Cet article bibliographique doit être placé, par ordre alphabétique à la page 29 du tome VI de ce Dictionnaire.

. la coagulazione del sangue e della linfa peptonizzati (Lo Sperimentale, 459-467). — Di una nuova funzione dei corpuscoli rossi del sangue (Lo Sperimentale, 256-265 et 370-385).

1883. — Sulla respirazione periodica e sulle cause del ritmo respiratorio (Lo Sperim., 561-597). — Fisiologia del cuore (Riv. di filos. scient., II, 683-698). — Recherches expérimentales sur un nouveau centre automatique dans le tractus bulbo-spinal (A. i. B., III, 365-368). — Gli albuminoide della linfa e del sangue nel lavoro muscolaro. In collaborazione col Dr D. Baldi (Lo Sperim., 1-12).

1884. — Saggio Sperimentale sul meccanismo dei movimenti volontarii nella testuggine palustre (Emys europæa)(Publicaz. del R. Istituto di studi superiori, Firenze, Le Monnier). — Ancora sulla respirazione periodica e sulle cause del ritmo respiratorio (Lo Sperim., febbraio, 142-146). — Sui movimenti respiratori del Champsa lucius (Lo Sperim., Marzo, 233-238). — La Fisiologia quale scienza autonoma (Riv. di filosof. scient., IV, 176-216).

1885. — Sullo sviluppo della funzione cardiaca nell' embrione (Lo Sperim., febbraio-marzo, 143-161 252-273). — Sui movimenti riflessi dei vasi sanguini nell' uomo (Genova, La Salute, XIX, 17-18). — Di una speciale associazione di movimenti nell' alligatore (Ibid., 238-239). — Sul nodo deambulatorio bulbare (Ibid., 129-147). — Di un nodo trofico bulbare nella testuggine palustre. In collaborazione col Dr S. Lourie (Ibid., 305-320).

1885. — Contributo sperimentale alla psico-fisiologia dei lobi optici nella testuggine palustre. In collaborazione col Dr S. Lourie (Riv. sperim. di Freniatria e di med. leg., XI, 480-491).

1886. — Sulla natura funzionale del centro respiratorio e sulla respirazione periodica (Lo Sperim., gennaio, 3-14); — Sulle oscillazioni del tono auricolare del cuore (Lo Sperim., maggio, 501-504).

1887. — Ueber die Tonusschwankungen der Atrien des Herzens von Emys europæa (Beiträge zur Physiol. Carl Ludwig, Leipzig, Vogel, 287-301). — Sulle oscillazioni del tono delle orecchiette nell' Emys europæa (Gazetta degli Ospedali, n° 102).

1888. — De l'action de quelques poisons sur les oscillations de la tonicité auriculaire du cœur de l'Emys europæa. En collaboration avec le Dr S. Sciolla (A. i. B., IX, 61-72). — De quelques rapports entre les propriétés contractiles et les propriétés électriques des oreillettes du cœur. En collaboration avec le Dr V. Fayod (A. i. B., IX, 143-164). — Di alcuni metodi d'indagine in fisiologia (Riv. di filosof. scient. VII, 415-439). — Description d'un appareil qui enregistre graphiquement les quantités d'acide carbonique éliminé (A. i. B., x, 297-313).

1889. — Di un apparecchio che registra graficamente la quantità di acido carbonico eliminato (Riv. clinica : Archivio ital. di cl. med., Milano, XXVIII). — Per Gaetano Salvioli (R. Accad. med. di Genova). — Contributo alla fisiologia del corpo tiroide. In collaborazione col Dr L. Zanda (Arch. per le scienze med., XIII, n° 17, 365-383).

1890. — Sulla fisiologia del cuore embrionale del pollo nei primi stile dello sviluppo. In collaborazione con Z. Badano (Arch. per le scienze med., XIV, 113-162; A. i. B., XIII, 387-422). — Di alcuni fondamenti fisiologici del pensiero (Riv. di filos. scient., IX, 193-215). — Beitrag zur Physiologie des inneren Ohres. In collaborazione col Dr G. Masini (C. P., IV, 787-788).

1893. — Sulla funzione e sui rapporti funzionali del corpo tiroide (Riv. clin. Arch. it. di cl. med., Milano, 3). — Intorno agli effetti delle lesioni portati sull' organo dell' udito. In collaborazione col Dr G. Masini (Lo Sperim., 335-405). — Sulla contrattilità polmonare. In collaborazione col Dr G. Fasola (Arch. per le scienze med., XVII, 438-454). — Criminali e prostitute in Oriente. Lettera aperta al Prof. Cesare Lombroso (Arch. di psichiatria, scienze penali e antropol. crim., XV, fasc. I). — La funzione del cuore nei sentimenti (Racolta di scritti di medicina per colti profani, Trieste, Morterra).

1894. — Sul chimismo respiratorio negli animali e nelle piante (Arch. per le scienze med. XVIII, 1-97; A. i. B., XXI, 272-292). — Sur la fonction et sur les rapports fonctionnels du corps thyroïde (A. i. B., XXI, 31-40). — Sur la contractilité pulmonaire. En collaboration avec le Dr G. Fasola (Ibid., 338). — Sur les effets des lésions portées sur l'organe de l'ouïe. En collaboration avec le Dr G. Mazini (Ibid., 302-309). — La Fisiologia in rapporto con la chimica e con la morfologia (Torino, Lœscher). — Sur les rapports fonctionnels entre l'appareil auditif et le centre respiratoire. En collaboration avec le Dr G. Masini (A. i. B., XXI, 309-312).

1895. — Impressioni di viaggio (Giorn. d. Soc. di lett. e conversaz. scient., Geneva, XVII, fasc. i). — *Contributo alla localizzazione corticale dei poteri inibitori (Atti della R. Accad. dei Lincei, iv, 2° sem., fasc. vi). — Per Carlo Ludwig (Clinica moderna, i, 7).*

1896. — *Il laboratorio di fisiologia di Firenze (Settimana medica dello Sperim., I, (14), 180). — The relations of physiology to chemistry and morphology (Smithsonian Report, 1894, 377-389, Washington). — Die Functionen des Herzens in den Empfindungen (Trieste Sammlung medicinischer Vorträge zur gebildete Laien). — La Fisiologia sul passato e le cause dei suoi recenti progresi. Discorso inaugurale (Firenze, Annuario del R. Istituto di studi superiori, 3-29). — Sur la pression osmotique du sérum du sang et de la lymphe en différentes conditions de l'organisme. En collaboration avec le Dr F. Bottazzi (A. i. B , xxvi, 45-61).*

1897. — *Sur le sang de peptone (A. i. P., 239-240). — In memoria di Maurizio Schiff (Annuario del R. Ist. di studi superiori in Firenze, 111-130).*

1898. — *Proposta di ricerche etnografiche italiane (Firenze, Bull. della Soc. fotogr. it., 371-372). — Roberto Ardigõ professore di liceo (Nel 79° anniversario di R. Ardigõ, Torino, Bocca, 25-29).*

1899. — *L'elettricità animale (La vita italiana nel risorgimento, iii, Firenze, 77). — Un Fisiologo intorno al mondo (Milano, Treves). — Descrizione di un apparecchio registratore di ricerche cronometriche asseriate (J. P., xxiii, Suppl., 70-72). — Descrizione di una bilancia autografica per ricerche fisiologiche (Ibid., 69). — Di Lazzaro Spallanzani (Primo centenario della morte di L. Spallanzani). Reggio-Emilia, Artigianelli, 179-185).*

1900. — *Physiologie générale du cœur. En collaboration avec le Dr J. Bottazzi (Diction. de Phys., iv, 160-323). — Sur les causes et sur la signification des oscillations du tonus auriculaire dans le cœur de l'Emys Europæa. En collaboration avec le Dr J. Badano (A. i. B., xxxiv, 301-340).*

1901. — *In occasione di un congresso di fisiologia. I problemi ed i metodi della fisiologia moderna (il Marzocco, Firenze. vi, n° 42). — Bemerkung zu « Beiträge zur Gehirnphysiologie der Schildkröte » von Adolf Bickel (A. P., 495). — Sui fenomeni elettrici del cuore (Compte rendu du V° Congrès de physiologie, A. i. B., xxxvi, 27-28).*

1902. — *Contributo allo studio dei riflessi spinali (Atti d. R. Accad. dei Lincei, (5), Memorie d. classe di sc. fis. mat. e natur., iv).*

G

GADININE. — Base trouvée par Brieger dans les produits de putréfaction de la chair de morue. Son chloroplatinate répond à la formule $(C^7 H^{18} Az O^2) Pt Cl^6$.

GAÏAC (Résine du).

— La résine de gaïac est extraite du bois du *Gayacum officinalis*, arbre de la famille des Rutacées qui croit à la Jamaïqne et à Saint-Domingue.

Le bois de gaïac est très compact et très résineux, de couleur jaune à la périphérie et brune au centre, à saveur âcre. On en extrait la résine, soit par exsudation naturelle du tronc, soit par des incisions pratiquées dans l'écorce, soit mieux encore des bûches une fois débitées. Dans ce cas on peut les épuiser par l'alcool qui dissout la résine; ou, ayant perforé la bûche dans toute sa longueur, on la chauffe à une de ses extrémités, et la résine s'écoule à l'autre.

La résine de gaïac se présente en masses de dimensions variables, friable et à cassure brillante : sa couleur est brune ou verdâtre ; l'odeur en est assez agréable et rappelle celle du benjoin, la saveur en est âcre et amère.

Elle est insoluble dans l'eau, soluble pour les 9/10 dans l'alcool et sa solution alcoolique précipite en blanc par addition d'eau. L'éther en dissout 75 à 80 p. 100. Elle est presque insoluble dans l'essence de térébenthine, complètement insoluble dans les huiles grasses.

La résine de gaïac est un mélange extrèmement complexe qui renferme entre autres produits les acides gaïacique, gaïarétique, gaïacomique et gaïacimique, des matières colorantes, le jaune de gaïac en particulier, une essence de gaïac, etc.

C'est à la présence de l'acide gaïaconique en particulier que la résine de gaïac doit des propriétés toutes spéciales de coloration diverse en présence des oxydants.

L'oxydation de l'acide gaïaconique donne, en effet, naissance à une matière colorante bleue, la gaïacozonide, de telle sorte que la résine de gaïac et ses solutions alcooliques verdissent ou bleuissent suivant les cas en présence d'oxydants. C'est généralement la teinture de gaïac que l'on emploie dans les réactions, et souvent même un papier imbibé de cette teinture.

Le papier jaune de gaïac, en présence de l'oxygène de l'air, verdit sous l'influence des rayons chimiques. Il redevient jaune à chaud ou par exposition à des *rayons jaunes* et au jour bleuit le papier et la teinture de gaïac.

L'acide azotique fumant verdit la teinture de gaïac et l'addition d'eau produit, suivant la plus ou moins grande proportion d'eau, un précipité vert et une liqueur bleue s'il y en a peu, un précipité bleu et une liqueur brune s'il y en a beaucoup. Le chlore précipite en bleu la teinture de gaïac ; mais le précipité se décolore en présence d'un excès de réactif. Fondue avec du carbonate de potasse, la résine de gaïac donne naissance à un résinate soluble dans l'eau. A l'ébullition avec du perchlorure de fer, cette solution donne encore un précipité bleu. Bleuie par le perchlorure de fer, la teinture de gaïac vire au violet par l'hyposulfite de soude, puis se décolore complètement. La résine de gaïac est soluble en rouge dans l'acide sulfurique concentré, solution que l'eau précipite en violet.

L'acide gaïaconique pur jouit de ces mèmes propriétés, et son oxydation par l'ozone et les autres oxydants donne naissance au bleu de gaïac ou gaïacozonide.

L'écorce et le bois de gaïac contiennent aussi deux saponines ; l'une, un acide saponique, l'autre, une saponine neutre. Les feuilles renferment également une saponine acide et une saponine neutre, différentes de celles de l'écorce. Les saponines se forment dans les feuilles et se localisent en se transformant dans les écorces et le bois.

L'acide gaïaco-saponique (de l'écorce) est un léger dissolvant des globules rouges du sang (1 : 10). Il n'est pas toxique en injection intra-veineuse ou en injection sous-cutanée chez les grenouilles. Il n'est pas un poison non plus quand il est administré par la bouche. Il n'est pas toxique quand il agit sur le muscle cardiaque à une concentration suffisante, soit 0,75 : 100. En solution à 0,50 p. 100, il stupéfie les poissons. La gaïco-saponine neutre, de la tige, agit de la manière suivante. Elle ne dissout pas les globules rouges du sang. Elle n'est pas toxique en injection hypodermique ou portion gastrique. L'acide saponique des feuilles est un hémolysant faible. L'essence du bois de gaïac par injection sous-cutanée paralyse, chez les animaux à sang chaud , le système nerveux central. Le guajol (principe cristallin de l'essence de gaïac) est inoffensif chez les animaux à sang chaud et les animaux à sang froid.

Réactions de la teinture de gaïac en présence des oxydases. — Les réactions de la teinture de gaïac ont reçu surtout une heureuse application dans les recherches des ferments oxydants. (Voir **Ferments et Fermentations, Oxydases, etc.**) Schönbein avait réuni dans un seul groupe de phénomènes toutes les réactions chimiques dans lesquelles on observe une coloration bleue de la teinture de gaïac, soit en présence de l'air, soit en présence de l'eau oxygénée; et il avait attribué ce phénomène à la présence de l'ozone. Cela est vrai dans un certain nombre de cas, ou l'ozone ou des corps producteurs d'ozone en agissant de la même façon, comme oxydases provoquant le bleuissement de la teinture de gaïac; mais il est un certain nombre de réactions dans la dépendance des ferments solubles qui donne aussi naissance aux mêmes phénomènes. Ces réactions sont sous la dépendance de deux groupes de diastases.

1° Les *oxydases*, qui déterminent la fixation de l'oxygène de l'air sur une substance et qui déterminent par suite le bleuissement de la teinture de gaïac en présence de l'air: telle est par exemple la laccase de Bertrand.

2° Les *oxydases indirectes*, qui déterminent la décomposition de l'eau oxygénée et la fixation de l'oxygène ainsi produit sur une substance oxydable; la teinture de gaïac bleuit aussi en présence de l'eau oxygénée et de la fibrine. Il en est de même en présence de la diastase et de l'eau oxygénée.

La recherche d'une oxydase directe au moyen de la teinture de gaïac est des plus faciles. Une goutte de teinture de gaïac ou de solution alcoolique d'acide gaïaconique vire au bleu en quelques instants dans un liquide aéré qui renferme une oxydase. S'il y a un excès de ferment, la solution se décolore ensuite. Mais il faut se défier d'un certain nombre de causes d'erreurs.

La réaction doit être rapide et intense; car la teinture de gaïac verdit déjà au simple contact de l'air. Les tissus animaux et végétaux renferment des substances qui peuvent provoquer directement ce même phénomène en l'absence même de l'air, par simple décomposition et mise en liberté d'oxygène. On agit de la même façon, et on doit prendre ces mêmes précautions, quand il s'agit des oxydases indirectes; on doit seulement ajouter aux éléments de la réaction quelques gouttes d'eau oxygénée.

Il est enfin un certain nombre de ferments provoquant la décomposition de l'eau oxygénée et qui ne bleuissent pas la teinture de gaïac. Ce sont les *catalases* de Oscar Lœwy ou *hydrogénases* de F. Pozzitinot.

En effet, ces substances, non seulement réduisent l'eau oxygénée et donnent lieu à un abondant dégagement d'oxygène; mais encore elles déterminent une action identique sur le gaïacozonide qui est réduit et ne peut se former.

Une hydrogénase en présence d'une oxydase empêche donc la formation du bleu de gaïac.

Le bois et la résine de gaïac ont été employés autrefois dans les affections goutteuses rhumatismales, scrofuleuses, syphilitiques, comme stimulant diaphorétique, sudorifique, seul ou associé à d'autres médicaments.

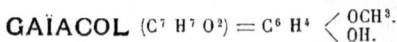

GAÏACOL $(C^7 H^7 O^2) = C^6 H^4 < \begin{matrix} OCH^3. \\ OH. \end{matrix}$

Préparation et propriétés. — Le gaïacol est un des éléments essentiels du produit complexe désigné sous le nom de créosote. La créosote de hêtre contient en effet 26 0/0 de gaïacol.

Pour le préparer on l'extrait de la créosote du commerce. D'après Béhal et Choay, il faut séparer les diphénols de la créosote en les précipitant par des sels métalliques, ou des oxydes (strontiane). Les sels ainsi précipités sont décomposés par l'acide chlorhydrique, et le gaïacol, séparé de ses homologues par distillation fractionnée, est purifié par cristallisation.

Béhal et Choay ont aussi préparé synthétiquement le gaïacol pur en méthylant la pyrocatéchine iodée. Il se forme de la méthylpyrocatéchine (gaïacol) et de la diméthyl-pyrocatéchine (vératrol) qu'on sépare facilement. La diméthylpyrocatéchine traitée par la potasse alcoolique donne du gaïacol.

Le gaïacol synthétique est un corps cristallisable fondant à 28°5 : Densité à 0° = 1.1534. Il bout à 205°1. Il est soluble en toutes proportions dans la glycérine pure; mais, dès que la glycérine contient de l'eau, sa solubilité va en diminuant très vite. Il est peu soluble dans l'eau, 1 pour 200 parties d'eau. Son odeur rappelle celle de la créosote. A l'état liquide, ou en solution alcoolique concentrée, il est caustique. La solution alcoolique se colore en bleu par le perchlorure de fer. Avec l'acide sulfurique concentré et une trace de chélidonine il donne une couleur rouge carmin caractéristique (Battandier, cité in Dict. de Wurtz. 1 Suppl., IV, p. 426).

Le gaïacol peut se combiner avec les radicaux acides pour donner des produits divers dont plusieurs ont été employés comme succédanés du gaïacol.

On a décrit surtout : 1° le *carbonate de gaïacol* (Béhal et Choay, Cazeneuve) CO $(C^7 H^7 O^2)^2$ qu'on obtient en faisant passer du gaz chloroxycarbonique dans une solution alcaline de gaïacol. C'est un composé fusible à 86°, insoluble dans l'eau soluble dans l'alcool.

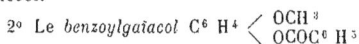

2° Le *benzoylgaïacol* $C^6 H^4 < \begin{matrix} OCH^3 \\ OCOC^6 H^5 \end{matrix}$

ou benzosol, étudié par Marfori. Ce sont des cristaux fusibles à 52°. Il est moins toxique que le gaïacol. Pourtant des doses de 0.10 tuent les grenouilles. On a même signalé un cas de mort chez l'homme après administration de 3 grammes; il y eut de la diarrhée, de l'ictère, affaiblissement progressif du cœur, et entérite aiguë (Lewin, *Toxicologie, trad. franç.*, 1903, 516).

3° L'*acétylgaïacol*, obtenu par distillation du gaïacol avec l'anhydride acétique.

4° Le *salicylate de gaïacol* qui se décompose dans l'organisme en gaïacol et acide salicylique. On l'obtient en traitant par l'oxychlorure de phosphore un mélange de gaïacol sodique et de salicylate de soude. On l'emploie à des doses qui vont jusqu'à 10 grammes.

5° Le *valérianate de gaïacol* ou géosote (?) (A. Kuhn).

6° Le *cacodylate de gaïacol* (Menusier).

7° Le *styracol* ou *cinnamylgaïacol*,

8° Le *phosphate de gaïacol*, beaucoup moins toxique que le gaïacol (Gilbert), ayant d'ailleurs les mêmes effets, et pouvant être donné à des doses de 0,40 à 0,60 par jour chez l'homme.

Parmi les dérivés de substitution du gaïacol, un des plus importants est le diméthyl-pyrocatéchine ou vératrol.

$$C^6 H^4 < \begin{matrix} OCH^3 \\ OCH^3 \end{matrix}$$

D'après Marfori, le vératrol produit d'abord des phénomènes d'excitation, puis de la paralysie des réflexes et de la respiration, chez les grenouilles comme chez les mammifères.

Si le groupe éthyle remplace un des groupes méthyle, on a l'*éthylgaïacol*.

$$C^6 H^4 < \begin{matrix} OCH^3 \\ OC^2H^5 \end{matrix}$$

Ce produit est moins toxique, et, au lieu de phénomènes d'excitation, on voit surtout apparaître des phénomènes d'hypnose.

L'*allylgaïacol* $C^6 H^4 < \begin{matrix} OCH^3 \\ OC^3H^5 \end{matrix}$

est moins toxique que les précédents.

Ces trois dérivés du gaïacol passent dans les urines sous forme de combinaison sulfurique; et très probablement ils sont transformés en gaïacol dans l'organisme.

D'après Marfori, les dérivés bivalents : méthylène gaïacol, éthylène gaïacol et trimé-
thylène gaïacol donnent surtout des phénomènes de paralysie.

Les relations du gaïacol avec les dérivés de la pyrocatéchine sont très simples.

Le créosol est l'éther méthylique du gaïacol. L'homocréosol est l'éther éthylique du
gaïacol. D'après Richaud, ces trois dérivés auraient des propriétés très voisines (effets antiseptiques et antithermiques). Il admet que la propriété antiseptique est commune à
tous les corps dérivés du benzène; mais que la substitution d'un groupe OH à un atome
H exalte la propriété antiseptique, ce phénol étant plus antiseptique que le benzène.

Il est possible, et même selon nous probable, que ces différences de toxicité sont dues
pour une bonne part à la solubilité plus grande. En tout cas, d'après Richaud, l'introduction dans la molécule des groupements CH³ la rendrait plus antiseptique; et l'introduction du groupement C²H⁵ la rendrait plus hypnotique. Mais il y a, ce semble, une contradiction entre cette exaltation du pouvoir antiseptique par l'introduction du groupement
CH³, et la diminution nettement constatée par Richaud lui-même, comme par Marfori,
du pouvoir toxique; car il est évident que le pouvoir toxique et le pouvoir antiseptique
ne peuvent être que l'expression d'une seule et même propriété générale, action sur le
protoplasma vivant. Gilbert et Maurat ont montré que le créosol était moins toxique que
le gaïacol, et Richaud a, de son côté, prouvé que l'homocréosol était beaucoup moins
toxique que le créosol. Il va de soi que l'on ne peut parler dans ces cas divers de toxicité
que par rapport non au poids absolu de la substance, mais à son poids moléculaire.

Beaucoup de travaux ont été faits sur la pharmacologie du gaïacol. Nous ne pouvons
les indiquer ici que sommairement.

Remarquons d'abord que rarement les gaïacols donnés comme purs dans le commerce répondent aux indications présentées. Adrian, faisant l'analyse de divers gaïacols,
a trouvé :

Gaïacols marqués à	Trouvé à l'analyse.
40 p. 100	25 p. 100
45 —	28 —
60 —	45 —
80 —	54 —
90 —	65 —
Pur	70 —

D'après cet auteur, le gaïacol pur est plus soluble dans l'eau que le gaïacol souillé par
des impuretés diverses : et, quand il est bien pur, 100 grammes d'eau en dissolvent,
1ᵍʳ,602.

La principale difficulté dans l'emploi thérapeutique du gaïacol consiste en sa solubi-
lisation. On a essayé la glycérine pure, l'huile d'olive, l'émulsion savonneuse. En général, les divers dérivés du gaïacol, étant solides à la température ordinaire, sont, à cause
de cette propriété même, préférés au gaïacol, car ils peuvent être employés comme
toxiques externes en forme de poudres. En outre, ils sont moins toxiques, moins caustiques, partant plus faciles à manier.

Pour les injections sous-cutanées, il faut faire des injections d'huile gaïacolée : on a
proposé l'huile d'olive démargarinée.

Effets physiologiques du gaïacol. — Le gaïacol injecté en solution glycérinique
ou huileuse (huiles d'olive) est un corps assez toxique. Gilbert et Maurat en ont fait une
bonne étude. D'après près de cent expériences faites sur les cobayes, ils ont reconnu que
la dose nécessaire, par kilogramme, en injection sous-cutanée est 0,85 et 0,90. Per os, la
dose toxique est plus forte, et dépasse 1ᵍʳ,30.

Il y a d'abord une période d'agitation, puis des convulsions et des trépidations des
pattes. La sensibilité s'émousse; les pupilles se contractent. Le cœur bat lentement, et
la température s'abaisse progressivement; dans les cas mortels, elle descend jusqu'à 20°.
Il y a sécrétions augmentées partout. La sécrétion lacrymale surtout est singulièrement
accrue. « Les animaux versent des larmes abondantes et limpides. » A l'autopsie, il y a
congestion des organes abdominaux et surtout thoraciques.

A des doses plus faibles (0,40 à 0,45 par kil.), il y a les mêmes phénomènes de trépidation épileptoïde, d'hypersécrétion et d'hypothermie, mais évidemment avec moindre
intensité.

GRIESBACH a donné quotidiennement à des chiens (dont il n'indique pas le poids) de 6 à 10 grammes de gaïacol très pur *per os*, et il n'a vu aucun désordre, ni dans les fonctions digestives, ni dans la nutrition et l'innervation générales.

GIRARD et JEANNEL ont vu aussi chez des lapins de très fortes congestions rénales.

MARFORI, comparant l'action du gaïacol chez divers animaux, dit que les phénomènes convulsifs précèdent toujours les phénomènes paralytiques et de dépression. Les phénomènes convulsifs sont d'autant moins marqués qu'il s'agit d'animaux plus élevés dans l'échelle zoologique. Chez les grenouilles les convulsions prédominent, tandis que, chez les chiens, il y a simplement un tremblement général (frisson thermique). Sur les chiens que le gaïacol vient de faire mourir, tous les muscles sont encore excitables, sauf le cœur. Le sang n'est pas altéré.

ATHANASIU et LANGLOIS (cités par GRÉGOIRE) ont vu, dans mon laboratoire, l'action vasodilatatrice très nette du gaïacol injecté, en suspension dans de l'eau savonneuse, dans les reins d'un chien (1^{gr},75 de gaïacol pour un chien de 11 kil.). Il y eut surtout une bronchorrhée intense, avec vaso-dilatation marquée de toute la face.

Cette action très nettement toxique du gaïacol explique que dans certains cas, heureusement fort rares, il a pu déterminer la mort. DUBOURG (cité par GRÉGOIRE, p. 25) en rapporte un cas douteux. Le cas le plus connu est celui de G. WYSS. Une petite fille de 9 ans (21^k,700) absorba 5 cc. de gaïacol liquide, et malgré le lavage de l'estomac, qui fut pratiqué presque immédiatement, mourut deux jours après. D'autres cas ont aussi été signalés (KIONKA *in* LIEBREICH's *Encyclopädie der Therapie*, II, 499). On observa de l'albuminurie, de l'anurie, de l'ictère, et la mort survint dans le coma. Dans un cas de BARD (*Lyon médical*, 1894, 387), la mort est survenue après l'emploi d'une dose de 3 grammes en badigeonnages cutanés.

Le gaïacol ingéré *per os* ou injecté se retrouve dans les urines où il passe sous la forme de gaïacol-sulfonate de potassium. Quel que soit le dérivé du gaïacol qui ait été introduit dans l'organisme, c'est toujours sous cette forme chimique qu'il est éliminé : il apparaît très vite après l'ingestion, et on le décèle par sa réaction avec l'acide nitrique. Alors l'urine se colore en rouge cerise qui devient d'un rouge de plus en plus intense, pour disparaître en partie et même totalement quand on chauffe le mélange. La coloration au contraire devient plus nette avec l'ammoniaque.

Pour déceler des traces de gaïacol dans l'urine, SAILLET opère de la manière suivante. On distille 50 cc. d'urine avec 30 cc. d'acide sulfurique à 15 p. 100. Après distillation de 50 cc. on ajoute au résidu non distillé encore 50 cc. et on distille finalement 100 cc. de distillation. On prend 2 cc. de ce distillat qu'on additionne de 0^{cc},5 d'acide nitrique. On chauffe légèrement et on ajoute de l'ammoniaque pure jusqu'à légère alcalinisation. S'il y a du gaïacol, l'acide nitrique produit une coloration rouge cerise qui devient jaune clair par l'addition d'ammoniaque. La sensibilité de cette réaction serait d'après SAILLET de l'ordre du millionième.

Quant à doser la quantité de gaïacol ainsi éliminé, on peut avoir des données très approximatives en comparant la coloration obtenue à celle qu'on obtient en distillant dans de mêmes conditions une quantité connue de phosphate de gaïacol.

GÉNÉVRIER, par des dosages faits dans le service de GILBERT, a trouvé ainsi une élimination par l'urine de 59.8 p. 100 en moyenne. GILBERT et CHOAY avaient trouvé 72 à 73 p. 100. GRASSET et IMBERT, 71 p. 100. STOURM, 74 p. 100. Si le gaïacol, au lieu d'être ingéré ou injecté, est appliqué en badigeonnages sur la peau, les quantités éliminées par l'urine sont moindres. LINOSSIER et LANNOIS ont trouvé alors des chiffres variant entre 20 et 55 p. 100, mais les conditions en sont toutes différentes entre le badigeonnage cutané et l'ingestion digestive.

D'après GRASSET et IMBERT, l'élimination est rapide, et six heures après l'ingestion presque tout le gaïacol ingéré a été éliminé.

En somme, on retrouve dans l'urine environ 75 p. 100 du gaïacol ingéré. Mais les procédés d'investigation et de dosage sont assez imparfaits (et tendant toujours à diminuer le chiffre trouvé dans l'urine) pour que l'on puisse considérer comme bien probable que presque tout passe dans les urines.

D'autres procédés ont été aussi indiqués : pourtant ils ne sont que rarement employés comme moyen de dosage. LAJOUX et GRANVAL ont proposé pour déceler les traces de gaïacol l'acide paradiazobenzolsulfonique qui donne une belle coloration rouge foncé avec le gaïacol en solution alcaline.

Effets antiseptiques et antifermentescibles. — Quoique diverses recherches aient été faites sur l'action antiseptique de la créosote, celle du gaïacol pur a été peu étudiée. On peut toutefois, *a priori* et d'une manière générale, considérer la valeur antiseptique de la créosote (25 p. 100 de gaïacol, et 50 p. 100 de créosote) comme très voisine de celle du gaïacol; car la créosote et le gaïacol ont d'assez grandes analogies chimiques pour que leur action ne soit pas fondamentalement différente. Or la créosote est antiseptique à la dose d'un millième environ (Maïn. *Dict. de Phys.*, **Créosote**, iv, 480).

P. Marfori a étudié le gaïacol pur au point de vue de son action désinfectante et de son action antiseptique sur les staphylocoques. Comme effet désinfectant il faut des doses relativement fortes : de 4 à 5 p. 1000 de gaïacol pendant un contact d'au moins une demi-heure. Si la dose est plus faible, et si le contact est moins prolongé, les staphylocoques ne sont pas tués ; tout au plus observe-t-on quelque lenteur dans leur évolution ultérieure. Naturellement les spores du *B. anthracis* sont beaucoup plus résistantes, et il faut des solutions à 2 p. 100, avec un contact de vingt-quatre heures. Quant aux bacilles de la tuberculose, ils ne semblent pas être détruits par un contact de deux heures avec des solutions à 2 p. 1000.

Les doses antiseptiques sont plus faibles. A 2 p. 10 000 on constate déjà une action retardante dans les cultures des staphylocoques. A 1 p. 1000, il y a arrêt complet du développement. Pour empêcher le développement du *B. anthracis* sporigère, il faut des doses de 1 p. 100.

Richaud, étudiant l'homocréosol, a trouvé qu'il était antiseptique à la dose de 1^{gr},5 p. 1000 environ ; tandis que, pour détruire le pouvoir germinatif de *B. anthracis*, il fallait environ 5 p. 1000.

J. Kuprianoff a fait une étude assez soigneuse des propriétés désinfectantes du gaïacol très pur. En le comparant au phénol et au crésol il a vu que le pouvoir antiseptique du gaïacol est moindre. La quantité nécessaire pour empêcher le développement est:

	STAPH. AUREUS.		STAPH. PYOCYANEUS.	
	Sol. aqueuse.	Sol. alcoolique.	Sol. aqueuse.	Sol. alcoolique.
Gaïacol.	1/143	1/343	1/500	1/600
Phénol.	1/250	1/1200	1/2000	1/2400
Crésol.	1/250	1/1200	1/2000	1/2400

La résistance du *Favus* est moindre encore que celle du *St. pyocaneus*. Celle du choléra bacille est plus grande que celle du *St. pyocaneus*, mais moindre que celle du *St. aureus*.

Il conclut que comme désinfectant externe le gaïacol est peu efficace, mais que son action assez puissante sur le choléra bacille, jointe à sa relative innocuité (?), autorise à l'employer dans les cas de choléra grave.

Ainsi il est évident que le gaïacol est un antiseptique ; mais c'est une action relativement faible, et on ne peut guère supposer que son action médicamenteuse, parfois très énergique dans les maladies infectieuses générales (tuberculose), soit une action antiseptique. Il est probable qu'il agit par des mécanismes tout autres. Mais, quand il s'agit d'action locale sur les plaies ou sur les muqueuses malades, le gaïacol paraît être d'un assez utile secours. Dans les cystites et les uréthrites il a donné à F. Guyon de bons résultats. On l'a employé aussi sous la forme d'injections interstitielles dans les tuberculoses locales (Boxome). D'après Grégoire et Villeneuve, il activerait les processus fibroformateurs qui sont la voie de guérison de ces affections tuberculeuses externes.

Comme dans la tuberculose il est efficace et salutaire, on a supposé, sans grandes preuves d'ailleurs, qu'il agit comme antiseptique gastro-intestinal. Mais cela est peu vraisemblable, comme peu vraisemblable aussi l'opinion qu'il est exhalé par la voie pulmonaire, et que, passant aussi par le poumon tuberculeux, il agit localement sur les bacilles tuberculeux.

Surmont et Vermesch ont constaté que le vératrol était antiseptique ; mais ils n'indiquent pas la dose.

Effets antithermiques et analgésiques. — Sciolla, dans le service de Mara-gliano, reconnaissant les difficultés de l'absorption du gaïacol par ingestion buccale ou par injection sous-cutanée, a eu l'idée de l'employer en badigeonnages cutanés. Cette méthode est devenue très générale, et elle a conduit à des résultats intéressants.

On peut employer le gaïacol pur liquide à la température du corps; et, si le produit employé est bien purifié, on n'observe qu'une très légère rougeur de la peau, non dou-loureuse. Il n'en est pas de même si le gaïacol est impur, et contient du phénol (Lépine). Le principal effet de cette application cutanée est une hypothermie très accentuée. Dans certains cas, comme notamment dans le cas de Bard, l'hypothermie est progres-sive, et va jusqu'à la mort. Dans ce cas remarquable, il s'agissait d'un tuberculeux, ayant une température de 39° 5. Après 2 grammes de gaïacol en badigeonnages, au bout d'une heure la température était de 38°; trois heures après, à 36°; six heures après, à 35°; quatre heures après, à 34° 7. La mort survint le lendemain matin dans le coma.

Quoi qu'il en soit de ce cas exceptionnel, quand la dose de gaïacol n'est pas trop forte, on n'observe qu'un abaissement thermique modéré; et c'est assurément un des procédés les plus certains dont disposent les médecins pour abaisser la température. Aubert, en faisant des badigeonnages sur le dos du pied chez des enfants rubéoliques ou tuberculeux, a vu la température baisser de 1 à 3°. Robilliard a constaté qu'à la dose relativement faible de 0.50 on pouvait abaisser la température centrale d'un malade de plus de 1° :

L'hypothermie commence au bout d'un quart d'heure, et atteint son maximum six heures après l'application du médicament. Pour Gilbert cette hypothermie, fréquente, mais non constante, après une application de 1.50, est manifeste au bout d'une heure, et maximale après trois heures.

Chez les sujets apyrétiques l'abaissement est nul ou peu marqué (Weil, Desplats, Guinard, expérimentant sur lui-même, cités par Génévrier).

L'hypothermie consécutive aux badigeonnages de gaïacol soulève plusieurs ques-tions intéressantes de physiologie générale.

Le premier point est de savoir si le gaïacol en applications cutanées est absorbé. Or il paraît difficile de nier cette absorption, et, si quelques médecins l'ont contestée. c'est qu'ils ont confondu la non-absorption des liquides par la peau, qui est évidente, avec la non-absorption des vapeurs. La peau n'absorbe pas les liquides; mais elle absorbe rapidement et facilement les gaz, comme cela a été prouvé il y a plus d'un siècle par Chaussier. Or les vapeurs d'un corps quelconque volatil sont des gaz, et par conséquent sont absorbables (Voy. Ch. Richet, *Rech. sur la sensibilité*, D. Paris, 1877, p. 106). On pourrait citer des faits innombrables témoignant de l'absorption des corps solides ou liquides par la peau, lorsqu'ils ont une certaine tension de vapeur, et que, par conséquent, ils sont devenus gazeux. J'ai vu mourir, en vingt-quatre heures, des lapins qui avaient séjourné une heure près d'une cuve à mercure, sans qu'il y ait eu contact avec le mercure, par le seul fait des vapeurs mercurielles.

Sans qu'il y ait érosion de l'épiderme, le gaïacol, en badigeonnages cutanés, passe dans l'organisme. Beaucoup de malades accusent, au moment où se fait ce badigeon-nage, une sensation gustative, assez désagréable, de créosote. Linossier et Lannois ont montré qu'il passait dans les urines plus de gaïacol, quand le gaïacol étendu sur la peau était recouvert d'une couche épaisse d'ouate, favorisant l'absorption cutanée et empêchant presque complètement l'absorption pulmonaire. Dans certains cas, ils ont fait respirer le malade hors de la salle où il se trouvait, et l'absorption a eu lieu, comme cela a été prouvé, par la plus grande quantité de l'acide gaïacol-sulfonique dans les urines, et par l'hypothermie survenue. Aubert a vu que les onctions faites sur le dos du pied produisent de l'hypothermie, et Robilliard a trouvé qu'une onction de gaïacol sur une étendue de 1 décimètre carré suffisait à abaisser la température.

Donc l'absorption par la peau est évidente. Mais suffit-elle à provoquer l'hypo-thermie ? et faut-il chercher une autre explication dans l'excitation périphérique des nerfs de la peau ?

On sait, en effet, que ces badigeonnages cutanés exercent sur les centres thermiques une action spéciale. Mais, d'autre part, on a reconnu aujourd'hui que les accidents con-sécutifs au *vernissage* de la peau sont dus, sinon exclusivement, au moins pour une très grande part, à une radiation cutanée plus intense car des animaux vernissés mis à l'étuve ne meurent pas. GUINARD et ARLOING, se fondant sur ces faits, ont pensé que les badigeonnages de gaïacol agissaient par une sorte d'excitation, déprimante de la température centrale, des nerfs sensibles de la peau. Mais ils n'ont, semble-t-il, pas continué à défendre cette opinion; car l'hypothèse d'une excitation périphérique hypothermisante est difficilement recevable, et LINOSSIER et LANNOIS ont bien montré que, selon toute apparence, si le gaïacol agit, c'est parce qu'il passe dans l'organisme et modifie tout spécialement les centres thermiques. C'est ainsi, d'ailleurs, qu'agissent le phénol et les composés aromatiques divers à noyau phénylique dans leur molécule.

Quant au fait intéressant de la non-action hypothermisante du gaïacol chez les individus sains, en opposition à son action si efficace chez les fébricitants, on sait que c'est une loi assez générale. La quinine et beaucoup d'agents dits antithermiques sont dans ce cas. Les centres régulateurs de la chaleur, troublés par les poisons des fièvres, sont devenus très susceptibles aux actions médicamenteuses, et de faibles doses des poisons phényliques sont capables de diminuer l'excitabilité accrue, alors que ces faibles doses sont incapables de modifier l'excitabilité de ces mêmes centres, à l'état normal.

En dernière analyse, l'action hypothermisante paraît être le phénomène essentiel de l'intoxication par le gaïacol. Il semble que ce poison soit un poison du système nerveux central, et spécialement des centres thermiques, et cela indépendamment de toute hypothèse sur la nature même de ces centres, qu'ils soient automatiques, spécifiques ou simplement réflexes, coordonnant les excitations périphériques pour les traduire en excitations centrifuges thermogènes.

Effets analgésiques. — Le gaïacol peut agir aussi comme un analgésique local. ANDRÉ et J. LUCAS-CHAMPIONNIÈRE ont donné les premiers cette utile indication. Le gaïacol est, pour l'injection, mélangé tantôt à de l'huile, tantôt à du chloroforme, et on observe une diminution de la douleur, parfois même une analgésie totale comparable à celle qu'amène la cocaïne. Il s'agit évidemment là d'une action locale sur les terminaisons nerveuses sensitives. A vrai dire, il semble que, dans la pratique, on ait renoncé à cet emploi du gaïacol comme analgésique local. MALOT cite des cas de sciatique traitée par des injections de gaïacol chloroformé. L. O'FOLLOWELL rapporte quelques observations d'avulsions dentaires faites sans douleur après des injections de gaïacol; et souvent on a appliqué les badigeonnages de gaïacol aux orchites douloureuses et aux luxations. Mais le danger, non négligeable, d'une hypothermie trop intense et d'un collapsus grave consécutif ont fait abandonner l'emploi commun du gaïacol comme anesthésique local. Il paraît cependant que son action antiseptique unie à son action analgésique en rendrait l'emploi avantageux comme topique local dans les plaies douloureuses, ou dans les ulcérations douloureuses des muqueuses.

Effets thérapeutiques du gaïacol dans les affections médicales et spécialement dans la tuberculose. — Nous n'avons pas à examiner ici les très nombreuses études qui ont été depuis dix ans entreprises sur l'action thérapeutique du gaïacol. On trouvera plus loin, dans la bibliographie, l'indication de ces travaux; et d'ailleurs il est difficile de séparer l'étude thérapeutique de la créosote de celle du gaïacol.

De fait, le médicament s'est montré utile dans les cas légers et tout à fait impuissant dans les cas graves. Son principal effet est de diminuer la fièvre des tuberculeux. Parfois il restitue l'appétit et diminue la toux.

On a constaté qu'il agissait médiocrement sur le décours de la tuberculose expérimentale. BUGNION et BERDEZ, après avoir inoculé la tuberculose à des lapins, les ont soumis à des badigeonnages au gaïacol. La température des animaux fébricitants a baissé; mais la marche de la tuberculose n'a pas paru être modifiée.

Chez quelques malades soumis à un traitement prolongé par le gaïacol, GRÉGOIRE a signalé un assez curieux phénomène, c'est le besoin, pour ainsi dire, de leur injection quotidienne de gaïacol, laquelle prouve, paraît-il, un certain état d'euphorie qui est devenu, par l'usage, nécessaire; et il compare l'état d'angoisse des malades habitués, qui sont tel ou tel jour privés de ce médicament, à l'état des morphinomanes qui ont besoin de l'injection de morphine? En tous cas, de très nombreuses observations (notamment celles de GILBERT) prouvent qu'il n'y a en général ni accumulation du poison, ni accoutumance, ni intolérance progressive. Pourtant on a noté une certaine irrégularité dans les effets du poison; irrégularité due peut-être aux conditions de l'absorption, qui est loin d'être toujours identique.

Tous les composés dérivés du gaïacol ont les mêmes effets thérapeutiques, à quelques nuances près. Sur ces nuances, on aura les documents nécessaires dans les travaux dont nous donnons l'indication bibliographique.

Bibliographie. — ADRIAN. *Sur une méthode rapide et facile d'analyse du gaïacol et des créosotes du commerce.* Paris, Hennuyer, 1897, 19 p. — BARD. *Action antipyrétique des badigeonnages de gaïacol* (*Mém. de la Soc. des sc. méd. de Lyon.* 1894, XXXII, 143-151, et *Congr. franç. de méd.*, 1895, 485-496). — BARD. *Cas de mort après badigeonnage avec 2 grammes de gaïacol* (*Lyon méd.*, 4 juin 1893). — BARTOLO. *Ricerche sper. sulla guiacoline* (*Arch. di farm. e ter.*, 1899, VII, 471-495). — BASS (A.). *Zur Physiologie der Guajace tinwirkung.* (*Wien. med. Woch.*, 1901, LI, 221-222). *Einige Versuche mit Guaiacetin* (*Prag. med. Woch.*, 1898, XXIII, 633. — BORTOLETTI (A.). *Il guaiacolo nella moderna terapia specie usato come antipiretico* (*Clin. med. ital.*, 1900, XXXIX, 665-672). — BUGNION et BERDEZ. *Du traitement de la granulie par les badigeonnages de gaïacol* (*Rev. méd. de la Suisse normande*, 1895, XV, 125-134). — BYL. *Du peu d'efficacité du gaïacol comme médicament antithermique* (*D. Paris*, 1895). — CASTEL (J.). *Gaïakinol* (*Union pharm.*, 1900, XII, 529-530). — COURMONT et NICOLAS. *Du traitement de la tuberculose expérimentale par les badigeonnages cutanés de gaïacol* (*Congr. franç. de méd.*, 1894, Paris, 1895, 539-541). — DESESQUELLE (Ed.). *Traitement local de l'érysipèle de la face par des badigeonnages de gaïacol, de menthol et de camphre associés* (*Ann. de Thérap. dermatol. et syphil.*, 1901, I, 25-27). — DEVAUCHELLE. *Le gaïacol synthétique dans la tuberculose,* (*D. Paris*, 1895). — DOMER. E. *Contribut. à l'étude des effets thérapeutiques des badigeonnages de gaïacol, particulièrement dans la tuberculose pulmonaire* (*D. Toulouse*, 1895). — EARP (S. E.). *Some of the uses of benzoate of gaïacol, with illustrative cases* (*Cincin. Lancet-Clinic*, 1902, n. s., XLVIII, 193-196). — ESCHLE. *Beitr. zum Studium der Resorptions und Ausscheidungsverhältnisse des Guajakols und Guajakolscarbonats* (*Zeitsch. f. klin. Med.*, 1896, XXIX, 197-220). — FERRUA (D. José). *El carbonato de guayacol en terapeutica* (*Gaz. med. de Granada*, 1902, XX, 433-438). — O'FOLLOWELL (L.). *L'anesthésie locale par le carbonate de gaïaco et le gaïacyl* (*D. Paris*, 1897). — FRIEDENWALD. *Poisoning by guajacol* (*Maryland med. Journ.*, 1894, XXXI, 71). — GEMUND (W.). *Hyperleucocytose durch Guaiacetin bei Versuchsthieren* (*Münch. med. Woch.*, 1898, XLV, 229-231). — GÉNEVRIER (A.). *Le phosphate de gaïacol* (*D. Paris*, 1897). — GILBERT. *Le phosphate de gaïacol* (*B. B.*, 1897, 211-212); *De l'action antipyrétique du gaïacol et du créosol* (*B. B.*, 14 avril 1894). — GILBERT et MAURAT (L.). *Du gaïacol synthétique* (*B. B.*, 1893, 18 nov.). — GRÉGOIRE (A.). *Contribut. à l'étude thérapeutique du gaïacol* (*D. Paris*, 1897). — GRIESBACH (H.). *Ueber chemisch reines G. und seine Werwendung bei Tuberhulose* (*D. med. Woch.*, 1893, n° 37). — GUINARD (L.). *A propos de l'emploi du gaïacol en badigeonnages épidermiques comme procédé d'antipyrèse* (*Bull. gén. de thér.*, 1893, 339-365). — GUINARD et STOURBE. *A propos de l'absorption et des effets du gaïacol appliqué en badigeonnages épidermiques* (*B. B.*, 1894, 180-182). — HAWES (J.). *Local use of guaïacol in the treatment of frequent painful urination* (*J. Am. med. Ass. Chicago*, 1900, XXXV, 1678). — KRIEGER (R.). *Ueber die Wirkung des Guajacetins* (*Würz. burg*, 1901). — KÜHN (A.). *Ueber die Behandlung der Lungentuberkulose mit Geosot* (*Guajacolum valerianicum* (*Therap. Monatsh.*, 1902, XVI, 567-568). — KUPRIANOFF. *Ueber di-desinfizierende Wirkung des Guajakols.* (*Centr. f. Bakt. u Parasitenkunde*, 1894, XV, 933 et 981). — LAVROFF (N. I.). *Observations cliniques sur l'emploi du gaïacol extérieurement dans la tuberculose pulmonaire, in Sem. médic.*, 1902. *Vratchebn. Gaz.*, St.-Pétersb., 1902, IX, 213. — LÉPINE (R.). *Badigeonnages de gaïacol chez les tuberculeux* (*Sem. médic.*, 1893, 406-407). — LINOSSIER et LANNOIS. *Note sur l'absorption du gaïacol par la peau* (*B. B.*, 1895, 108 et 214). — L. CHAMPIONNIÈRE (J.). *Le gaïacol comme anesthésique local* (*Bull. et Mém. de la Soc. de Chir.*, 1895, 603-608). *Emploi du gaïacol pour l'anesthésie locale* (*analgésie*) *en remplacement de la cocaïne* (*Bull. Ac. de méd. de Paris*, 1895, 146-148). — MENUSIER (Gonzalve). *Du traitement de la tuberculose par le cacodylate de gaïacol* (*J. de Méd. de Paris*, 1902, 2° s., XIV, 398). — MORIN. *De l'emploi systématique du thiocol dans les affections de l'appareil pulmonaire* (*Rev. de méd.*, Paris, 1902, XI, 178-181). — PELLI (A.). *Contribution à l'étude clinique des badigeonnages de gaïacol* (*D. Lausanne*, 1896). — PEYSER (M. W.). *Benzoate of gaïacol* (*Atlanta J.-Rec. Med.*, 1903, IV, 654-657). — SOGGI (G.). *Sull'assor-*

limento del guajacolo somministrato per le vie digerenti nei sani e negli ammalati di tuber-culosi (Ann. di chim. e. di farm., 1893, XVII, 3-19). — REVELLO. *Sulla eliminazione del guajacol per le vie aeree (Arch. it. di clin. med.*, 1896, XXXV, 77-84). — RICHAUD (A.). *Contribution à l'étude chimique, physiologique et thérapeutique de l'homocréosol (D.* Paris, 1898). — ROBILLARD. *Action antipyrétique des badigeonnages de gaïacol sur la peau (B. B.*, 1893, 716). — ROXDOT. *Action antithermique des badigeonnages de gaïacol (Congr. franç. de médecine,* Paris, 1895, 496-512). — SAILLET. *Élimination de la créosote dans les urines (Bull. thér.*, 1892, 366). — SCIOLLÀ (S.). *Administration du gaïacol par la voie épidermique (An. in Sem. médicale,* 1893, LXXXII). — SURMONT (H.) et VERMERSCH. *Sur le vératrol (B. B.*, 27 juillet 1895). — TUCCI (G.) et BAZZICALUPO (G.). *Le iniezioni di creosto e guajacolo nella tuberculosi pulmonale (Gaz. internaz. di Med. prat., Napoli,* 1901, IV, 253). — VEDEL et BALLARD. *Note sur un nouveau produit dérivé du gaïacol, le phosphite de gaïacol (phospho-gaïacol) (Nouv. Montpellier médical,* 1894, III, 749-754). — VÉDRINE (A.). *Quelques remarques à propos des badigeonnages de gaïacol (D.* Lyon, 1893). — VIALLOUX (A. A.). *Action antithermique du gaïacol en badigeonnages sur la peau chez les tuberculeux fébricitants (D.* Bordeaux, 1895). — VOGT (E.). *A propos du traitement médical de la tuberculose pulmonaire de l'adulte. Action de l'orthosulfogaïacolate de potassium (thiocol) (Bull. gén. de Thérap.*, 1902, CXLIII, 1-10). — VOISIN (A.). *Des injections hypodermiques de gaïacol dans le traitement de la tuberculose pulmonaire (D.* Paris, 1898). — WEILL (A.) et DIAMANTBERGER (M. S.). *De la gaïacolisation intensive dans le traitement de la tuberculose pulmonaire (Arch. orient. de Méd. et de Chir.*, 1900, II, 243-247). — WHALEN (Ch. J.). *Guaïacol and its therapeutic uses (Merck's Arch.,* N. Y., 1901, III, 43-48). — WOLLEMBERG (A.). *Klinische Erfahrungen über die Behandlung der Tuberkulose mit Geosot (Guajacolum valerianicum) (Inaug. Dissert. D.* Rostock, 1902). — WYSS (O.). *Ueber Guajacolvergiftung (D. med. Woch.*, 1894, 296 et 321).

Ch. R.

GALACTOSE ET GALACTANES.

SOMMAIRE. — § I. Définition et préparation du galactose. — § II. Propriétés principales du galac-tose. — § III. Dérivés du galactose dans le règne animal (lactose, cérébrine). — § IV. Dérivés du galactose dans le règne végétal (raffinose, stachyose, lactosine, galactanes, gommes, pectines, galactanes des albumens cornés). — § V. Hydrolyse et rôle physiologique des dérivés du galactose; lactase, pectinase, séminase. — § VI. Conduite du galactose dans l'orga-nisme vivant : galactose et micro-organismes.

§ I. — DÉFINITION ET PRÉPARATION DU GALACTOSE.

Les galactoses sont des sucres en C^6, possédant une fonction aldéhydique. Ce sont, par conséquent, des aldohexoses; ils dérivent de la dulcite. Il en existe deux : le *galac-tose droit* et le *galactose gauche* auxquels on attribue respectivement les formules suivantes :

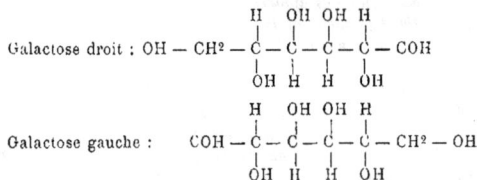

$$\text{Galactose droit : OH} - \text{CH}^2 - \overset{\overset{\text{H}}{|}}{\underset{\underset{\text{OH}}{|}}{\text{C}}} - \overset{\overset{\text{OH}}{|}}{\underset{\underset{\text{H}}{|}}{\text{C}}} - \overset{\overset{\text{OH}}{|}}{\underset{\underset{\text{H}}{|}}{\text{C}}} - \overset{\overset{\text{H}}{|}}{\underset{\underset{\text{OH}}{|}}{\text{C}}} - \text{COH}$$

$$\text{Galactose gauche : COH} - \overset{\overset{\text{H}}{|}}{\underset{\underset{\text{OH}}{|}}{\text{C}}} - \overset{\overset{\text{OH}}{|}}{\underset{\underset{\text{H}}{|}}{\text{C}}} - \overset{\overset{\text{OH}}{|}}{\underset{\underset{\text{H}}{|}}{\text{C}}} - \overset{\overset{\text{H}}{|}}{\underset{\underset{\text{OH}}{|}}{\text{C}}} - \text{CH}^2 - \text{OH}$$

Le mélange équimoléculaire de ces deux galactoses constitue ce qu'on appelle le *galactose inactif*

Au point de vue physiologique, le premier seul présente actuellement de l'intérêt, tant par lui-même que par ses dérivés qu'on rencontre fréquemment chez les êtres vivants; le second n'ayant été obtenu jusqu'ici que par voie synthétique. Aussi ne nous occuperons-nous que du galactose droit que nous désignerons, le plus souvent, simplement sous le nom de « galactose ».

Le galactose s'obtient dans les laboratoires en partant du *sucre de lait* ou *lactose*, hexobiose qui est un éther oxyde du galactose droit et du glucose droit ou glucose ordinaire. On traite à chaud le sucre de lait par un acide minéral étendu : il y a hydrolyse, c'est-à-dire fixation d'une molécule d'eau et dédoublement de l'hexobiose en ses hexoses correspondants.

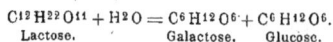

$$C^{12}H^{22}O^{11} + H^2O = C^6H^{12}O^6 + C^6H^{12}O^6.$$
Lactose. Galactose. Glucose.

Le sucre de lait étant assez résistant à l'hydrolyse, on peut opérer à une température un peu supérieure à 100°, selon le procédé indiqué par Em. Bourquelot (1).

On dissout le sucre de lait dans de l'eau renfermant 1,5 p. 100 d'acide sulfurique et on chauffe, à 105°, dans un autoclave, pendant une heure environ. On précipite l'acide par le carbonate de baryte ou le carbonate de chaux; on filtre et on évapore au bain-marie en consistance sirupeuse, en ayant soin de filtrer encore une fois au cours de l'évaporation; on abandonne ensuite à la cristallisation. On délaie les cristaux formés dans un peu d'alcool à 80°, on essore et on purifie le produit par cristallisation dans l'alcool à 76°.

Par les anciens procédés, on effectuait l'hydrolyse au bain-marie ou à l'ébullition. Dans ces conditions il fallait chauffer beaucoup plus longtemps (2 jours avec acide sulfurique à 2 p. 100 : G. Bouchardat), ou employer une plus forte proportion d'acide (7 p. 100 : Fudakowski). On obtenait finalement un sirop très foncé dans lequel la cristallisation se faisait très lentement.

§ II. — PROPRIÉTÉS PRINCIPALES DU GALACTOSE.

Le galactose ainsi préparé se présente au microscope sous forme de tables hexagonales ou octogonales. Il est anhydre et fond à 164°. Il est très soluble dans l'eau, surtout à chaud; il est très peu soluble dans l'alcool absolu froid.

Le galactose est dextrogyre et possède la multirotation. Au moment de sa dissolution dans l'eau, son pouvoir rotatoire s'élève jusqu'à $\alpha D = +130$ à 140°, puis baisse peu à peu. Le pouvoir rotatoire définitif est exprimé par la formule suivante (Meissl) :

$$\alpha D = +83°,883 + 0,0785\,p - 0,209\,t$$

dans laquelle p = la proportion de sucre pour 100 (depuis 4,89 jusqu'à 35,36) et t = la température du liquide (de 10 à 30°).

Le galactose est un sucre réducteur comme le glucose; il réduit la liqueur cupro-potassique et l'oxyde d'argent ammoniacal. A poids égaux, il réduit à peu près la même quantité de tartrate cupro-potassique que le glucose.

Les deux propriétés suivantes sont fréquemment utilisées dans les recherches de chimie physiologique touchant le galactose et ses dérivés.

1° Lorsqu'on chauffe le galactose ou certains de ses dérivés, les galactanes, par exemple, avec de l'acide azotique de densité 1,15, on obtient de l'acide mucique.

Voici comment il convient d'opérer. Dans un petit vase de Bohême, on pèse 2 grammes de galactose, on ajoute 24 centimètres cubes d'acide azotique de densité 1,15 et on chauffe au bain-marie en agitant de temps en temps avec une petite baguette de verre jusqu'à réduction au 1/3. On retire du feu et on laisse en repos pendant quelques heures pour permettre aux cristaux qui se sont formés à la fin de l'opération et pendant le refroidissement, de se rassembler : ce sont des cristaux d'acide mucique.

Si après les avoir séparés, puis lavés avec un peu d'eau froide, on les fait sécher et si on les pèse, on constate qu'il s'est ainsi formé, pour 2 grammes de galactose, s'il s'agit de galactose pur, 1gr,50 d'acide mucique, soit : 75 p. 100. Le rendement étant sensiblement constant, cette réaction permet non seulement de déceler le galactose, puisque aucun autre sucre simple ne la donne, mais encore de le doser en présence des autres sucres. De là son application dans l'étude des dérivés du galactose que l'on rencontre dans la nature.

2° Lorsqu'on fait agir à froid l'acétate de phénylhydrazine sur le galactose, on obtient la *galactosehydrazone*, $C^6H^{12}O^5 = Az^2H - C^6H^5$, qui cristallise en fines aiguilles jaunes fusibles à 194°.

Le sucre de lait donne aussi à chaud, avec l'acétate de phénylhydrazine en excès une osazone, la *lactosazone;* mais celle-ci est soluble dans l'eau bouillante, tandis que la galactosazone est presque insoluble. Cette différence dans la solubilité des deux osazones permet de rechercher le galactose en présence du sucre de lait, par exemple lorsqu'on veut savoir si un liquide organique est susceptible d'hydrolyser ce dernier sucre, c'est-à-dire renferme l'enzyme appelé *lactase.*

§ III. — DÉRIVÉS DU GALACTOSE DANS LE RÈGNE ANIMAL (LACTOSE, CÉRÉBRINE).

On n'a signalé, jusqu'ici, dans les animaux, que deux dérivés du galactose. L'un est le *sucre de lait* ou *lactose;* l'autre est la *cérébrine.* Le premier se rencontre en proportions variables dans le lait des mammifères et en est un des principes nutritifs (voir **Lactose**).

Le second, qui se retire de la substance du cerveau, est encore peu connu au point de vue chimique. Ce n'est pas un principe immédiat : il se forme dans la décomposition du composé désigné sous le nom de *protagon* et découvert par LIEBREICH. Mais les recherches qui ont été publiées depuis le travail de LIEBREICH ont montré que la question était plus complexe qu'elle ne paraissait tout d'abord. Aussi devons-nous, pour faire comprendre ce qu'est le dérivé galactoside, nous étendre un peu sur ce point.

Pour préparer le protagon, GAMGEE et BLANKENHORN (2) opèrent comme il suit : Le cerveau est divisé, puis mis à digérer à 45° pendant douze heures, dans de l'alcool à 85°. On filtre chaud; par refroidissement, le protagon se dépose. Pour le purifier, on l'agite avec de l'éther qui enlève la cholestérine et d'autres impuretés, puis on le redissout de nouveau dans l'alcool à 85°, en chauffant peu à peu jusqu'à la température de 45° qui ne doit pas être dépassée. On laisse refroidir et le produit cristallise.

Le protagon ainsi obtenu se présente sous la forme d'aiguilles groupées en rosettes. Il renferme du carbone, de l'hydrogène, de l'oxygène, de l'azote et du phosphore.

LIEBREICH, GAMGEE et BLANKENHORN, et, plus tard BAUMSTARK (3) pensaient qu'il n'existait qu'un protagon, principe d'ailleurs assez peu stable et susceptible d'être décomposé par l'alcool bouillant et même par l'éther également bouillant. Par la suite, KOSSEL et FREYTAG (4), pour expliquer certaines différences de propriétés que ces auteurs avaient observées dans des produits provenant de diverses préparations, émirent l'opinion qu'il devait exister tout un groupe de *protagons.*

Quoi qu'il en soit, ce ou ces protagons paraissent être des combinaisons de lécithines et de composés que THUDICHUM (5) a appelés *cérébrosides.*

Les cérébrosides ne renferment pas de phosphore. Ils peuvent se décomposer en donnant de l'ammoniaque, un sucre réducteur et une substance qui, oxydée par l'acide azotique, fournit des acides gras, tels que l'acide palmitique et l'acide stéarique.

Parmi ces cérébrosides, se trouve la cérébrine qui est, comme nous l'avons dit, un dérivé du galactose. Peut-être les autres cérébrosides sont-ils aussi des dérivés de ce même galactose? Sur ce point les données manquent. Peut-être aussi la cérébrine n'est-elle pas une espèce chimique, mais un mélange de cérébrosides. Tout cela demande de nouvelles recherches.

Pour préparer la cérébrine, on peut partir du protagon, comme l'a fait BAUMSTARK. On chauffe celui-ci au bain-marie bouillant pendant quelque temps avec de l'eau de baryte qui décompose les lécithines. On fait bouillir dans l'alcool le produit précipité, et on filtre. Par refroidissement, la cérébrine se sépare sous forme de gros grains ovalaires qu'on peut purifier par de nouvelles cristallisations.

On peut aussi partir directement de la substance cérébrale, comme l'a fait MÜLLER. On triture le cerveau avec de l'eau de baryte de façon à avoir un liquide demi-sirupeux; on fait bouillir; on sépare la partie précipitée, et on l'épuise à chaud avec de l'alcool. Par refroidissement, il se produit un précipité abondant, floconneux, que l'on débarrasse par l'éther de la cholestérine et des graisses.

Par ce dernier procédé, on obtient un produit qui se présente sous la forme d'une poudre très légère, blanche, sans goût ni odeur, soluble dans l'alcool bouillant et l'éther bouillant, insoluble dans l'eau, dans l'alcool froid et l'éther froid.

Quel que soit d'ailleurs le procédé employé, on doit admettre, comme nous l'avons déjà fait remarquer, que la cérébrine obtenue est un mélange de plusieurs espèces chimiques.

Liebreich, le premier, en 1867, a constaté que le protagon, traité par les acides minéraux étendus, fournit un sucre réducteur. Quinze ans plus tard, Thudichum (6), en partant de la cérébrine ou plutôt des cérébrosides obtenus à l'aide du protagon, réussit à isoler ce sucre à l'état cristallisé; mais il crut avoir affaire à une espèce nouvelle, et il lui donna le nom de *cérébrose*. C'est Thierfelder (7) qui démontra que ce sucre n'est autre chose que du galactose. Encore convient-il d'ajouter que ce dernier expérimentateur s'est servi dans ses recherches de la cérébrine préparée par le procédé de Müller, cérébrine qu'il a hydrolysée par de l'acide sulfurique à 2 p. 100.

On ne sait rien de plus sur la nature de la cérébrine. Tout ce qu'on en peut dire, c'est qu'elle est une sorte de *galactoside*. Elle paraît fournir, d'ailleurs, à l'hydrolyse, une proportion assez faible de galactose : 16,1 p. 100 seulement dans les expériences de Thierfelder.

On a retiré du cerveau de l'esturgeon, du pus, de certaines tumeurs cancéreuses, des produits en apparence analogues à la cérébrine; mais aucune expérience n'est venue démontrer que ces produits donnent du galactose par hydrolyse.

Quant au rôle physiologique de la cérébrine, nous ne le connaissons pas.

§ IV. — DÉRIVÉS DU GALACTOSE DANS LE RÈGNE VÉGÉTAL.

Les recherches qui ont été faites dans ces derniers temps, particulièrement dans mon laboratoire, ont montré que des dérivés du galactose se rencontrent dans un très grand nombre de végétaux, et surtout comme matériaux de réserve, par conséquent, dans les organes où s'accumulent ces matériaux : graines, tubercules, rhizômes. On ne pourrait guère citer que l'amidon et la cellulose proprement dite, lesquels sont, comme l'on sait, des anhydrides de glucose droit, qui soient plus répandus.

Ces dérivés sont des sortes d'anhydrides du galactose que l'on peut désigner, pour la plupart et d'une façon générale, sous le nom de *galactanes*. Mais, sauf le raffinose et le stachyose qui sont des espèces chimiques définies; sauf peut-être encore la β *galactane* de Steiger dont nous parlons plus loin, tous ces dérivés se trouvent associés à des proportions variables d'anhydrides d'autres sucres : tels que des *dextranes*, des *mannanes* ou des *arabanes*, c'est-à-dire des anhydrides du dextrose, du mannose ou de l'arabinose. Si nous disons des associations, c'est parce qu'il n'y a pas là, à ce qu'il nous semble, de combinaisons définies, mais plutôt des mélanges intimes de principes immédiats.

Si elles constituaient des combinaisons définies — dans certains cas, par exemple, ce qu'on pourrait appeler des *galacto-mannanes*, — elles donneraient toujours, sous l'influence de l'action hydrolysante des acides, quelles que fussent les conditions de cette hydrolyse, pour un nombre déterminé de molécules de galactose, un nombre également déterminé de molécules de l'autre sucre (mannose), ou de chacun des autres sucres (dans le cas de combinaison plus complexe). En d'autres termes, le rapport entre les quantités des divers sucres obtenus devrait toujours être le même.

Or, il n'en est pas ainsi, comme cela ressort de diverses expériences dont les plus anciennes dues à Bourquelot et Laurent (8), sont les suivantes, qui portent sur l'albumen de la noix vomique, *Strychnos Nux vomica* L, albumen fournissant du galactose et du mannose à l'hydrolyse.

On a fait agir à une même température, pendant des temps différents, une même proportion d'acide sulfurique dilué à 1 p. 100 sur un même poids d'albumen broyé au moulin, puis épuisé à l'aide de l'alcool et désséché à l'air. Quatre mélanges identiques composés de :

<blockquote>
Albumen épuisé et desséché. . . . .   15 gr.
Acide sulfurique dilué à 1 p. 100. . . . . . .   300 cc.
</blockquote>

ont été maintenus à la température de 110° : le n° 1 pendant 40 minutes, le n° 2 pendant 80 minutes, le n° 3 pendant 120 minutes et le n° 4 pendant 160 minutes. Après refroidissement on a ramené au volume primitif, précipité les parties non hydrolysées par addition de 1 vol. d'alcool fort, puis dosé le galactose et le mannose.

On a trouvé :

	Galactose.	Mannose.	RAPPORTS EN CENTIÈMES.	
			Galactose.	Mannose.
Après 40 minutes	gr 2,14	traces	100	traces
— 80 —	5,53	0,48	92,02	7,98
— 120 —	6,63	1,26	83,04	13,94
— 160 —	6,94	1,82	79,23	20,77

En opérant sur l'albumen de la Fève St Ignace, et, cette fois, en faisant varier la proportion d'acide sulfurique, les autres conditions : température, durée des essais étant les mêmes, on a obtenu des différences analogues.

Les expériences de GORET (9), sur l'albumen de Févier d'Amérique, *Gleditschia Triacanthos* L., albumen qui fournit aussi du galactose et du mannose par hydrolyse, ont abouti au même résultat.

Ces expériences se rapportent à trois mélanges composés d≥ :

> Albumen séché à 35° et moulu . . . .   10 gr.
> Acide sulfurique concentré . . . .   6 —
> Eau distillée . . . .   200 cc.

Ces mélanges ont été chauffés à 110° ; l'un pendant 30 minutes, un autre pendant 60 minutes, et le troisième pendant 90 minutes. Le tableau suivant donne les proportions de galactose et de mannose formées.

	GALACTOSE.	MANNOSE.
Après 30 minutes	1,75	5,48
— 60 minutes	1,81	6,85
— 90 minutes	1,96	8,06

L'hydrate de carbone fournissant le galactose était donc déjà presque entièrement hydrolysé dans le premier essai.

Il y a plus, il ne paraît pas que les produits qui, dans des organes différents et même souvent dans un seul organe, une graine par exemple, fournissent du galactose à l'hydrolyse, soient constitués par une même galactane.

Envisage-t-on, en effet, ces produits simplement au point de vue de leur solubilité dans l'eau et de leur consistance, on trouve tous les intermédiaires possibles, depuis les produits susceptibles de se dissoudre intégralement ou au moins de donner un mucilage, jusqu'aux produits totalement insolubles, d'une véritable consistance de pierre. Il en est qu'on peut hydrolyser à l'aide d'une solution très étendue d'acide sulfurique et d'autres qui ne se laissent désagréger que si l'on a recours à de l'acide plus concentré.

Se basant sur ces faits, SCHULZE a fait une sorte de classification des galactanes : appelant *α-galactanes* celles qui sont solubles dans l'eau, et paragalactanes celles qui sont insolubles ; rapportant d'ailleurs ces dernières à deux types, suivant qu'elles sont solubles dans les acides minéraux étendus bouillants (type des hémi-celluloses) ou insolubles dans ces mêmes acides (type des celluloses).

C'est là une classification purement conventionnelle et la vérité paraît être — surtout si l'on fait intervenir la manière dont se comportent tous ces corps en présence des ferments — qu'il existe toute une série de galactanes diversement condensées et peut-être même dont les molécules sucrées sont diversement aggrégées.

Aussi, dans ce qui va suivre, laisserons-nous de côté cette classification. Après avoir examiné rapidement les trois seuls dérivés galactosiques définis que nous connaissions, le raffinose, le stachyose et la lactosine, nous étudierons les produits non définis ; d'abord ceux que l'on considère comme des galactanes pures, c'est-à-dire comme ne donnant que du galactose à l'hydrolyse ; puis tous les autres, nous contentant de rapprocher, quand cela sera possible, les produits qui par leur origine (gommes), par certaines propriétés capitales (pectines), par leur rôle physiologique (galactanes des albumens cornés, amyloïdes) constituent de véritables groupe naturels.

Raffinose. Le raffinose ou *mélitose* est un hexotriose formé, à molécules égales, par le lévulose, le glucose droit et le galactose. Ce dérivé galactosique parait être assez répandu dans la nature. Il accompagne, en petite quantité, le sucre de canne dans la betterave ; on l'a trouvé aussi dans le blé en germination, dans l'orge, dans les semences de coton et dans celles de *Soja hispida* Moench.

Le raffinose cristallise en aiguilles contenant cinq molécules d'eau de cristallisation. Sa formule est alors : $C^{18} H^{32} O^{16} + 5H^2 O$. Il ne réduit pas la liqueur cupro-potassique. Un traitement convenable par l'acide sulfurique étendu le désagrège en ses trois molécules de sucre simple.

Stachyose. Le stachyose est un hexotétrose formé par le lévulose (1 mol.) le glucose (1 mol.) et le galactose (2 mol.). On ne l'a trouvé, jusqu'ici, que dans les tubercules de *Stachys tuberifera* (Ndn) (10) et dans la manne (11).

Il cristallise en tables avec trois molécules d'eau. Sa formule est alors : $C^{24} H^{42} O^{21} + 3H^2 O$. Il n'agit pas non plus sur la liqueur cupro-potassique. Traité à chaud par l'acide sulfurique étendu, il est hydrolysé et se désagrège en ses trois sucres simples.

Lactosine. La lactosine est un polysaccharide découvert par A. MEYER dans la racine de *Silene vulgaris* Garcke (*Silene inflata* Sm), et qui, d'après cet expérimentateur, existerait dans d'autres Caryophyllées (12). Nous signalons ce principe à la suite du raffinose et du stachyose, parce qu'il est décrit par MEYER comme un principe cristallisé de formule $(C^{36} H^{62} O^{31} + H^2 O)$; mais on ne connaît pas sa constitution. Tout ce qu'on en sait, c'est que, traité par l'acide sulfurique étendu et bouillant, il donne du galactose et un glucose dont la nature n'a pas été déterminée. L'étude de la lactosine est à reprendre complètement.

β. *galactane.* — La β galactane a été retirée des semences de lupin jaune par STEIGER (13). Elle se présente sous la forme d'une poudre blanche, soluble en toutes proportions dans l'eau. Elle est dextrogyre ($\alpha D = + 148°,75$) et, traitée à chaud par l'acide sulfurique étendu, elle ne fournirait que du galactose. Ce serait donc un anhydride du galactose comparable aux anhydrides du glucose désignés sous le nom de *dextrines*.

Gommes et Mucilages. — On appelle *gommes* et *mucilages* des hydrates de carbone amorphes qui donnent, avec l'eau, des solutions visqueuses, ou qui se gonflent au contact de ce liquide.

Les gommes exsudent à travers les fentes de l'écorce de certains arbres : ce sont des productions morbides résultant d'une sorte de métamorphose régressive de la membrane cellulaire. Les arbres qui en fournissent le plus appartiennent à la famille des Légumineuses et, en particulier, au genre *Acacia* (gommes dites *arabiques*) et au genre *Astragalus* (gommes dites *adragantes*). Mais d'autres arbres, appartenant à d'autres familles, comme le Cerisier, le Prunier, le Pêcher et l'Abricotier (Rosacées) ; l'Anacardier d'Occident (Térébinthacées), les Fromagers (Malvacées), le *Feronia Elephantum* Corre (Rutacées), etc., en fournissent également. Presque tous ces produits donnent, par hydrolyse, du galactose, en même temps que de l'arabinose. Ce sont donc des mélanges de galactanes et d'arabanes, ou des galacto-arabanes.

Les mucilages diffèrent surtout des gommes par leur origine et leur siège. Ainsi ils peuvent constituer les couches d'épaississement secondaire de la membrane cellulaire (cellules épidermiques des semences de Coing), ou le contenu de certaines cellules (rhizome de Consoude). Quelquefois même, comme les gommes, ce sont des produits de transformation de la membrane. N'exsudant pas au dehors, leur préparation est souvent assez difficile. Cependant, on a pu s'assurer que beaucoup d'entre eux, et on les appelle *mucilages vrais*, fournissent du galactose par hydrolyse (mucilages de Carragaheen, de guimauve, de graine de lin, de graine de *Psyllium*, d'*Opuntia vulgaris* Mill) (14). Les mucilages vrais renferment donc des galactanes. Celles-ci sont accompagnées tantôt de dextranes, tantôt d'arabanes.

Pectines. — Les pectines sont des principes qui, comme les gommes et les mucilages, donnent avec l'eau des solutions visqueuses. Comme la plupart des gommes, elles fournissent, lorsqu'on les traite à chaud par les acides minéraux étendus, du galactose et de l'arabinose. Mais elles possèdent quelques propriétés spéciales, tant au point de vue chimique qu'au point de vue physiologique, qui en font des composés nettement différents des substances gommeuses. C'est ainsi que leurs solutions aqueuses coagulent, lorsqu'on les additionne de petites quantités d'eau de baryte ou d'eau de chaux. C'est ainsi encore, et surtout, que ces mêmes solutions se prennent en masse au contact d'un ferment soluble particulier que Frémy, qui l'a découvert, a désigné sous le nom de *pectase*.

Les pectines ne préexistent pas toujours dans les tissus d'où on les retire; elles se forment alors sous l'influence de l'eau chaude dont on se sert pour les extraire, et dérivent, sans doute par hydratation, de principes insolubles dans l'eau, auxquels il convient de conserver le nom de *pectoses* qui leur a été donné par Frémy. Cette formation des pectines présente beaucoup d'analogie avec la transformation de l'amidon cru en empois par l'eau bouillante (15). Quoi qu'il en soit, pectines ou pectoses sont très répandus dans le règne végétal. Ces principes s'y rencontrent dans des organes variés et on les voit apparaître et disparaître à certaines époques de la vie des plantes. Il n'est donc pas douteux qu'elles jouent un rôle physiologique important. Nous reviendrons un peu plus loin sur ce point.

On a étudié, dans mon laboratoire, huit pectines provenant d'organes de végétaux divers. Toutes ont été trouvées dextrogyres, et le tableau suivant montre que, à cet égard, elles diffèrent les unes des autres.

	POUVOIR ROTATOIRE.
Pectine de Gentiane (Bourquelot et Hérissey) (15).	$\alpha D = + 82°,3$
— Rose (Javillier) (16).	— + 127
— Cynorrhodon (Bourquelot et Hérissey) (17).	— + 165
— Coing (Javillier) (18).	— + 188,2
— Groseille à maquereau (Bourquelot et Hérissey) (19). . .	— + 191
— Macis (Brachin) (20).	— + 240
— Écoce d'or. amère (V. Harlay) (21)	— + 176
— Baies d'Aucuba (V. Harlay) (21)	— + 217

Il est à remarquer que toutes ces pectines, lorqu'on les traite par l'acide azotique (densité = 1,15), donnent des proportions très variables d'acide mucique :

	ACIDE MUCIQUE p. 100.
Pectine de Gentiane.	41,25
— Groseille à maquereau.	19
— Coings.	13,5
— Macis.	17
— Aucuba	25

ce qui est encore un argument en faveur de la diversité de leur composition.

Autres principes dérivés du galactose; amyloïdes, albumens cornés. — On a vu plus haut que Steiger avait retiré, en 1887, des graines de Lupin jaune, un hydrate de carbone soluble dans l'eau et ne donnant que du galactose à l'hydrolyse par l'acide sulfurique étendu (β *galactane*). Ces mêmes graines renferment une galactane insoluble dans l'eau que Schulze, Steiger et Maxwell, qui l'ont découverte, ont appelé *paragalactane*, selon la nomenclature de Schulze (22). Cette paragalactane n'a pu être isolée; elle est mélangée ou combinée à d'autres hydrates de carbone (arabanes), le tout ne constituant pas plus de 8,76 p. 100 des semences débarrassées de leur tégument.

Des produits analogues ont été trouvés par ces mêmes expérimentateurs dans les graines de *Soja hispida* Moench, de *Faba vulgaris* Moench, de *Pisum sativum* L. et de *Vicia sativa* L., ainsi que dans les graines de *Coffea arabica* L., de *Cocos nucifera* L., d'*Elaeis guineensis* Jacq. et de *Phœnyx dactylifera* L. Seulement, dans ces quatre dernières graines, la paragalactane est accompagnée, non plus d'arabane, mais de mannane.

Dans les graines de *Tropæolum majus*, L., de *Pæonia officinalis* L. et d'*Impatiens Balsamina* on trouve, comme matière de réserve, un produit assez particulier qui possède, comme l'amidon, la propriété de se colorer en bleu au contact de l'eau iodée. On lui a, à cause de cela, donné le nom d'*amyloïde*. Ce produit fournit cependant aussi du galactose à l'hydrolyse (23), et, en même temps, du xylose et du dextrose, ce qui permet de penser qu'il est formé de galactane, de xylane et de dextrane.

Les graines de *Coffea arabica*, de *Cocos nucifera*, etc., possèdent un albumen volumineux, classé parmi les albumens cornés dits *cellulosiques*, à cause de leurs propriétés physiques. De tels albumens, ainsi que des albumens cornés dits *charnus*, existent dans un assez grand nombre de graines appartenant à des familles très éloignées l'une de l'autre. Beaucoup de ces albumens ont été étudiés dans mon laboratoire; la plupart d'entre eux renferment des galactanes, mais en proportions variées: et elles sont accompagnées d'hydrates de carbone dont la nature et les proportions diffèrent également suivant les espèces examinées.

En ce qui concerne les recherches dont elles ont été l'objet à cet égard, les **Légumineuses albuminées** peuvent être partagées en deux groupes : le groupe des Légumineuses dont les graines sont assez grosses pour que les albumens aient pu être séparés, et celui des Légumineuses dont les graines sont si petites qu'il a fallu chercher un procédé permettant d'extraire, de ces graines pulvérisées, les hydrates de carbone constituant, au moins en grande partie, leur albumen.

Parmi les graines des Légumineuses du premier groupe ont été étudiées celles de Caroubier (*Ceratonia Siliqua* L.) (24), de Canéficier (*Cassia Fistula* L.) (25) et de Février d'Amérique (*Gleditschia Triacanthos* L.) (9).

Dans les albumens de ces graines, les galactanes sont accompagnées de mannanes et de quantités relativement faibles d'autres hydrates de carbone qui, vraisemblablement, sont des dextranes. Un fait assez intéressant, c'est que la totalité des galactanes est hydrolysée par l'acide sulfurique à 3 p. 100, tandis qu'une certaine proportion de mannanes et d'autres hydrates de carbone résiste à cette hydrolyse et ne peut être désagrégée qu'en employant de l'acide beaucoup plus concentré (70 p. 100) et dans des conditions particulières. Il s'ensuit, pour employer la terminologie de SCHULZE, que toutes les galactanes et une partie seulement des mannanes et des autres hydrates de carbone sont à l'état d'hémi-celluloses, le reste des mannanes étant à l'état de mannocelluloses. Si, dans ces hémi-celluloses, qui d'ailleurs constituent la majeure et la plus intéressante partie du produit, on compare entre elles les galactanes et les mannanes, on trouve les chiffres suivants; ces chiffres sont rapportés à cent parties de la somme des deux groupes de composés.

	GALACTANES.	MANNANES.
Ceratonia Siliqua L....	21,92	78,08
Gleditschia Triacanthos L.	25,16	74,83
Cassia Fistula L.	30,27	69,72

Quant aux autres hydrates de carbone, qui font aussi partie de ces hémicelluloses, leurs proportions, faibles d'ailleurs ainsi qu'on l'a dit, varient également d'un albumen à l'autre. Elles ont été trouvées tout à fait approximatif, de 8,15, 8,17, et 22,5 pour 100 parties de la totalité des hémicelluloses.

Parmi les graines du second groupe, on a étudié celles de Fenugrec (*Trigonella Fœnum græcum* L.) et de Luzerne (*Medicago sativa* L.) (26); celle de Trèfle (*Trifolium repens* L.) (27); celle de Minette (*Medicago Lupulina* L.), de Mélilot de Sibérie (*Melilotus leucantha* Lam.), de Lotier corniculé (*Lotus corniculatus* L.) et d'Indigo (*Indigofera tinctoria* L.) (9).

L'extraction des hydrates de carbone a été effectuée à l'aide du procédé MÜNTZ (28) modifié sur quelques points de détail. Ce procédé se résume dans les opérations suivantes : faire macérer la graine pulvérisée dans une solution d'acétate neutre de plomb, laisser déposer, décanter le liquide clair, l'additionner d'acide oxalique de façon à précipiter les hydrates de carbone par addition d'alcool.

En réalité, on n'obtient ainsi que ce qui est soluble dans la solution d'acétate neutre de plomb. Le produit, après lavage à l'alcool et dessiccation dans le vide, est presque pulvérulent, très léger et complètement blanc. Müntz qui, le premier, l'a retiré de la graine de Luzerne, l'a appelé *galactine*. Il supposait qu'il provenait du tégument de la graine, et, parmi les sucres que lui avait donnés l'hydrolyse par les acides, il n'avait réussi à caractériser que le galactose.

Ce produit provient bien de l'albumen. Extrait de l'une quelconque des graines indiquées plus haut, il donne par l'hydrolyse à l'aide de l'acide sulfurique à 2,5 p. 100, du galactose, du mannose et une petite quantité d'un sucre réducteur qui pourrait bien être du dextrose. La presque totalité du produit est d'ailleurs hydrolysée dans ces conditions.

Dans le tableau suivant, nous comparons entre elles, comme nous l'avons fait pour les graines du premier groupe, les proportions de mannanes et de galactanes que renferment les différents produits qui ont été obtenus.

	GALACTANES.	MANNANES.
Indigofera tinctoria L.. . . .	34.60	65,40
Trifolium repens L.	38,92	61,08
Medicago Lupulina L..	42,31	57,69
Lotus corniculatus L..	42,73	57,27
Trigonella Foenum græcum L...	43,91	56,08
Melilotus leucantha Lam.. . .	45,19	54,80
Medicago sativa L..	49,08	50,93

Quant aux autres hydrates de carbone (dextranes), leur proportion pour 100 parties de la totalité de ceux qui sont hydrolysés dans ces conditions, se trouve évaluée approximativement dans le tableau suivant :

Indigo.. . .	15,21
Trèfle. . . .	10,33
Minette. . .	10,61
Lotier. . . .	5,38
Fenugrec. .	10,89
Mélilot . . .	5,45
Luzerne. . .	0

Les rapports varient donc avec chaque graine, ce qui montre bien la diversité de composition de tous ces produits, pourtant si analogues. Cette diversité ressort encore des pouvoirs rotatoires de chacun d'eux.

	POUVOIR ROTATOIRE des produits extraits par la méthode de MÜNTZ.
Indigofera tinctoria L. . .	$\alpha D = + 37°,00$
Trifolium repens L.. . . .	— + 81°,10
Medicago Lupulina L. . . .	— + 69°,33
Lotus corniculatus L.. . .	— + 59°,64
Melilotus leucantha Lam.. .	— + 77°,20
Medicago sativa L.	— + 84°,26

Parmi les graines de Strychnées, ont été étudiées celles de *Strychnos nux vomica*, L. (noix vomique) et de *Strychnos Ignatii* Bergius (Fève de Saint-Ignace) (8). L'albumen de ces graines, dont il constitue la presque-totalité, est très dur à l'état sec. Hydrolysé par les acides minéraux, il fournit aussi du galactose et du mannose : il contient donc des galactanes et des mannanes. Il présente d'ailleurs la même particularité que les albumens dont il a été question jusqu'ici, en ce sens que toutes les galactanes sont hydrolisées par l'acide sulfurique étendu (acide à 3 p. 100); car le résidu de l'opération, traité par de l'acide à 70 p. 100, selon la méthode de BRACONNOT, ne donne plus de galactose, tout en donnant encore du mannose et, en plus, un autre sucre qui doit être du dextrose.

Si, dans le produit que désagrège une hydrolyse ménagée (acide sulfurique à 3 p. 100), on compare entre elles les galactanes et les mannanes, on trouve les chiffres suivants :

	GALACTANES.	MANNANES.
Strychnos Ignatii Bergius. .	53,44	46,55
— *nux vomica* L.	77,72	22,27

Les autres hydrates de carbone (dextranes?) hydrolysés dans cette opération sont à l'état de trace pour la de Fève Saint-Ignace, et atteignent environ les huit centièmes de la totalité pour la Noix vomique. Les parties qui résistent à l'hydrolyse ménagée fournissent encore du mannose, quand on les traite par de l'acide à 70 p. 100, mais ne fournissent plus de galactose. Les galactanes sont toutes à l'état d'hémicellulose.

L'albumen des graines d'Ombellifères (29 et 30) renferme également des mannanes et des galactanes ; mais il renferme, en plus, des hydrates de carbone que nous n'avons pas encore rencontrés jusqu'ici : des *arabanes*. Ajoutons que ces arabanes constituent, comme on peut le voir ci-dessous, une assez forte proportion de la masse totale des hydrates de carbone.

Ici, encore, les galactanes sont toutes à l'état d'hémicelluloses, c'est-à-dire sont hydrolysées par l'acide étendu, tandis que certaines mannanes et arabanes sont plus résistantes et ne sont désagrégées que par l'acide à 70 p. 100. Dans le tableau suivant, nous ne comparons entre elles que les galactanes, mannanes et arabanes facilement hydrolysables.

	GALACTANES.	MANNANES.	ARABANES.
Coriandrum sativum L.	9,28	24,04	66,66
Carum Carvi L.	14,60	34,38	51,06
Petroselinum sativum Hoffm. . . .	19	26,11	41,68
Phellandrium aquaticum L . . .	29,01	0	70,98

Comme on le voit, la graine de Phellandrie ne renferme pas de mannanes à l'état d'hémicellulose. Elle en renferme pourtant à un état plus stable, ce qui est un fait curieux à noter en ce qui concerne la variation que l'on peut observer entre les proportions de chacun de ces groupes d'hydrates de carbone, les uns par rapport aux autres.

Dans l'*Aucuba japonica* L., qui appartient à la famille des Cornées, famille que l'on rapproche généralement de celle des Ombellifères, l'albumen très considérable de la graine renferme aussi, à l'état d'hémicellulose, ces trois sortes d'hydrates de carbone ; mais la proportion d'arabane y est très faible. Voici d'ailleurs, dans cet albumen préalablement épuisé par l'alcool, autant que les données, parfois imprécises, de CHAMPENOIS permettent de les calculer, les proportions respectives en centièmes de chacun de ces groupes d'hydrates de carbone :

	GALACTANES.	MANNANES.	ARABANES.
Aucuba japonica L. . .	15,94	72,97	11,07

Les hydrates de carbone, facilement hydrolysables, des graines d'Ombellifères et d'*Aucuba*, ne sont pas uniquement constitués par des galactanes, des mannanes et des arabanes. Les produits d'hydrolyse faible renferment, en effet, outre du galactose, du mannose et de l'arabinose, un autre sucre qu'on doit supposer être du dextrose ou glucose droit. Il y aurait donc, également à l'état d'hémicellulose, des dextranes dans ces graines. Les chiffres suivants, tout à fait approximatifs, et qui se rapportent à 100 parties de la totalité des hémicelluloses, montrent que la proportion de ces dextranes est ici, parfois, très élevée.

	DEXTRANES p. 100.
Coriandrum sativum L	34,30
Carum Carvi L.	45,90
Petroselinum sativum Hoffm. . . .	34,00
Phellandrium aquaticum L	19,20
Aucuba japonica L	18,47

Pour terminer cette longue énumération des dérivés galactosiques d'origine végétale actuellement connus, il ne nous reste plus qu'à signaler les galactanes que renferment les albumens cornés des graines des Palmiers. Il y en a dans l'albumen de toutes les graines de cette famille qui ont été étudiées, même lorsque cet albumen est très riche en matières grasses, comme dans la graine d'*Astrocaryum vulgare* Mart., et quelle que soit la tribu à laquelle appartiennent ces graines.

Aux graines déjà citées plus haut (voir page 913), il faut ajouter celles de *Phœnix canariensis* Hort. (31) et les graines suivantes, qui ont été l'objet d'un travail récent de la part de LIÉNARD (32) : *Areca Catechu* L., *Chamaerops excelsa* Thunb., *Astrocaryum vulgare* Mart., *Œnocarpus Bacaba* Mart., *Erythea edulis* S. Wats et *Sagus Rumphii* Willd.

Dans toutes ces graines, les galactanes sont en faible proportion, représentant un centième à peine du poids de la graine. Elles y sont d'ailleurs, toujours, à l'état d'hémi-
celluloses, de telle sorte qu'il paraît bien que c'est là, chez les végétaux, un état constant
des galactanes dans les organes de réserve.

§ V. — HYDROLYSE ET ROLE PHYSIOLOGIQUE DES DÉRIVÉS DU GALACTOSE.

Lactase, pectinase, séminase. — Parmi les dérivés du galactose, il en est qui
jouent, comme aliments, un rôle très important. Ce sont, en particulier, le sucre de
lait pour les animaux, et les galactanes des réserves d'un grand nombre de graines,
pour la plantule, au moment de la germination. Quant aux autres dérivés d'origine
végétale : lactosines, pectines, mucilages, etc., à l'exception des gommes, ce sont, vraisemblablement aussi, des aliments, mais des sortes d'aliments intermédiaires qui servent
à la formation de la membrane cellulaire, ou qui, à certaines périodes de l'existence du
végétal, contribuent, en raison de leur résistance aux agents de digestion, à régulariser
la vie de celui-ci.

Quoi qu'il en soit, ce qui nous intéresse tout d'abord, dans cette question, c'est le
processus qui conduit à l'utilisation de ces hydrates de carbone si variés. Disons tout
de suite que ce processus est le même pour tous : c'est un processus d'hydrolyse qui amène
une désagrégation moléculaire telle que, finalement, ces hydrates de carbone sont transformés en sucres simples (tantôt galactose seul, tantôt galactose et autres sucres) désormais assimilables. Ajoutons que cette désagrégation est toujours provoquée par un ou
plusieurs ferments solubles, ainsi que nous allons l'exposer en suivant l'ordre qui a été
adopté ci-dessus dans la description et l'étude des dérivés galactosiques.

Lactose. — L'étude de l'hydrolyse fermentaire du sucre de lait a été singulièrement
facilitée le jour où EM. FISCHER a donné un procédé permettant de distinguer ce composé
de ses produits d'hydrolyse (Voir ce procédé, p. 909). Grâce à lui, son auteur a pu établir
(33) que le produit retiré des amandes douces sous le nom d'émulsine et qu'on savait posséder la propriété d'hydrolyser un certain nombre de glucosides, possède aussi celle de
dédoubler le sucre de lait. Mais il a tiré, de ses recherches, une conclusion que les travaux ultérieurs n'ont pas confirmée : c'est que glucoside et lactose sont hydrolysés par
le même ferment.

La vérité est que le dédoublement physiologique hydrolytique du lactose ne peut
être effectué que par un ferment particulier, la *lactase*, qui se trouve, le plus souvent,
accompagner l'émulsine des Amandes. C'est ce qu'a objecté, dès 1895, l'auteur de cet
article en apportant un premier fait à l'appui de sa manière de voir : l'existence d'une
émulsine d'amandes qui, tout en hydrolysant l'amygdaline et la salicine, était sans action
sur le sucre de lait (34).

D'autres faits analogues ont été découverts par la suite. Ainsi l'eau que l'on fait
séjourner sous une culture d'*Aspergillus* développée sur liquide de RAULIN, acquiert la
propriété d'hydrolyser les glucosides qu'hydrolyse l'émulsine, et non celle d'agir sur le
sucre de lait (35). Cette eau renferme alors de l'émulsine et pas de lactase.

De même, le suc de *Polyporus sulfureus* Fr. est sans action sur le sucre de lait, alors
qu'il hydrolyse tous les glucosides que peut hydrolyser l'émulsine (36).

Nous disions que la lactase accompagne souvent l'émulsine retirée des amandes
douces ; elle accompagne aussi celle qui provient des amandes amères, des amandes
d'abricot, de pêche, des semences de pomme ; mais elle n'existe pas dans les feuilles
de laurier-cerise qui renferment pourtant de l'émulsine (37).

Inversement, on la rencontre parfois sans émulsine. Ainsi, par exemple, on a constaté
sa présence dans l'intestin du bœuf (38). Elle existe encore dans certaines levures qui
possèdent la propriété de déterminer la fermentation alcoolique du sucre de lait, dans les
grains de Képhir.

Sauf chez les animaux, et dans ces derniers cas, nous ignorons quel rôle physiologique peut jouer la lactase, et même si elle y joue un rôle quelconque.

Raffinose et stachyose. — Le raffinose, pour être assimilable, doit être aussi
hydrolysé. Deux actes fermentaires sont nécessaires pour cela : Le premier est provoqué

par l'invertine; il conduit à la séparation du lévulose, le glucose et le galactose restant unis sous la forme d'un hexobiose; le mélibiose (39). Le second est déterminé par un autre ferment que l'on peut appeler *mélibiase*, et qui paraît exister en faible quantité dans l'émulsine commerciale (observation inédite).

Il est vraisemblable que l'hydrolyse du stachyose qui est un tétrahexose, exige, pour être complète, l'intervention de trois ferments; mais ce point n'a pas encore été élucidé.

Pectines et mucilages. — Comme nous l'avons dit, les pectines sont des composés très répandus dans le règne végétal. On les rencontre non seulement dans les organes succulents (fruits charnus), mais encore dans les tissus délicats (pétales) ou dans ceux qui sont le siège d'échanges nutritifs très importants (écorces, feuilles). Les pectines sont déjà des composés intermédiaires et proviennent de l'hydrolyse des *pectoses*, hydrolyse provoquée par un ferment encore peu étudié, qui existe dans le liquide d'*Aspergillus* (40). Mais, pour être utilisées par la plante — du moins à la façon des autres hydrates de carbone complexes (amidon, inulines), — il faut qu'elles subissent une désagrégation plus avancée, qu'elles soient, en un mot, transformées en galactose et arabinose. Cette transformation doit certainement être produite par un ferment soluble. En tout cas, il existe un ferment soluble possédant la propriété de la provoquer, dans l'orge germé non touraillé où il accompagne la diastase. Ce ferment a été désigné sous le nom de *pectinase*. Son action a été constatée sur les pectines de Gentiane (40), de Groseilles à maquereau et de Cynorrhodon (BOURQUELOT et HÉRISSEY), ainsi que sur la pectine du Coing (Javillier).

L'hydrolyse physiologique des mucilages n'a pas encore été étudiée.

Galactanes des albumens cornés. — Bien que l'étude chimique et physiologique des albumens cornés ait été entreprise dans ces dernières années seulement, on peut dire qu'elle est déjà fort avancée. La nature chimique des hydrates de carbone entrant dans leur composition est, en grande partie, connue. Les ferments solubles qui préparent à l'époque convenable l'utilisation de ces hydrates de carbone par la plante, ont été l'objet de nombreuses recherches (41). Leur action a été vérifiée *in vitro*, et les produits de cette action isolés et déterminés.

On pouvait évidemment, en considérant la digestion des matières amylacées par la diastase, supposer que les hydrates de carbone des albumens cornés éprouvent, avant d'être assimilés, une digestion semblable, et cela sous l'influence de ferments analogues à la diastase. Mais rien ou à peu près rien n'avait été fait sur ce sujet, avant les recherches qui ont été entreprises dans mon laboratoire dès 1899. Et, aujourd'hui, l'histoire de la *séminase* (c'est ainsi que nous avons appelé l'ensemble des ferments des hydrates de carbone qui interviennent durant la germination des graines à albumen corné — les hydrates de carbone de certains de ces albumens ayant été désignés d'abord sous le nom de *séminine* —) est aussi avancée, bien qu'elle date de quatre ans à peine, que celle de la diastase des graines amylacées.

La première graine dans laquelle la *séminase* a été mise en évidence, est celle de Caroubier. Il a été constaté que, pendant la germination de cette graine, interviennent un ou plusieurs ferments solubles qui hydrolysent les mannanes et les galactanes avec formation de mannose et de galactose : le mannose, seul, ayant pu être isolé et obtenu à l'état cristallisé (42), mais le galactose ayant été caractérisé par la propriété qu'il possède de donner de l'acide mucique avec l'acide azotique (voir p. 910).

Les graines de Caroubier ne sont pas des graines à germination rapide et l'activité de leur séminase est relativement faible. De plus, en raison même de la masse considérable de l'albumen, celui-ci ne disparaît que très lentement, et il en reste toujours une assez grande quantité, ce qui présente des inconvénients lorsqu'on veut essayer la séminase, ou le *malt séminasique* qui la renferme, sur d'autres albumens. On a donc pensé à la rechercher dans des graines à albumen corné germant rapidement, supposant que l'activité des ferments devait être en rapport avec la rapidité de la germination. Les graines de Fenugrec, de Trèfle et surtout celles de Luzerne présentent à un haut degré cette propriété, et, une fois germées, elles possèdent une très grande activité séminasique. Des expériences méthodiques ont permis d'établir que la quantité de séminase atteint son maximum, pour de la graine de luzerne mise à germer à 27 à 30°, au bout de trente-six à quarante-huit heures (43), aussi s'est-on presque toujours servi, pour l'étude de l'action de la séminase sur les galactanes et les mannanes, de malt de graines de Luzerne à la quarante-huitième heure de germination.

Ce malt détermine l'hydrolyse des hydrates de carbone (mannanes et galactanes) contenus dans l'albumen de toutes les graines de Légumineuses à albumen corné (voir, à ce sujet, les recherches de BOURQUELOT et HÉRISSEY, de GORET, de HÉRISSEY) et cela, comme l'a établi définitivement HÉRISSEY, avec production de galactose (44). Il semble permis d'en conclure que toutes ces galactanes ont une constitution, sinon toujours identique, du moins très analogue.

§ VI. — CONDUITE DU GALACTOSE DANS L'ORGANISME VIVANT : GALACTOSE ET MICRORGANISMES.

Maintenant que nous connaissons l'hydrolyse physiologique des dérivés galactosiques, c'est-à-dire leur désagrégation en principes sucrés dont le galactose constitue, le plus souvent, une partie importante, quelquefois même la totalité, il resterait à savoir quelles transformations subit ce galactose pour servir à la nutrition; par quel mécanisme, par exemple, il se trouve remplacé par du glucose (45); quelle est sa valeur nutritive par rapport aux autres sucres. Mais tous ces points ont été peu étudiés et, des recherches dont ils ont été l'objet, il ne se dégage aucune conclusion nette.

On est un peu plus avancé sur la consommation du galactose par les microrganismes (levures, bactéries). Certaines levures, celles, en particulier, qui dédoublent le sucre de lait, déterminent aisément la fermentation alcoolique du galactose. En ce qui concerne les levures de bière de fermentation haute et de fermentation basse, la question a été longtemps controversée; les uns, comme PASTEUR (46) et ED. V. LIPPMANN (47), affirmant que le galactose éprouve la fermentation alcoolique au contact de ces levures, d'autres affirmant, au contraire, que ce sucre ne fermente pas (48). En réalité ces levures paraissent n'exercer d'action fermentative sur le galactose, qu'après avoir acquis une certaine accoutumance, ou lorsque le galactose est accompagné d'autres sucres fermentescibles (glucose, lévulose, maltose). Des expériences très variées ont établi ce dernier point (49). Ainsi, par exemple, pour étudier le rôle du glucose, on a institué une série de fermentations dans lesquelles la proportion de ce sucre ajoutée était de plus en plus faible, la somme du glucose et du galactose étant toujours de 8 grammes, et le poids de levure de fermentation basse de 1^{gr},5 pour 100 centimètres cubes. Les résultats de ces expériences sont consignés dans le tableau suivant (température de la fermentation = 15 à 16°) :

	Rapport du glucose ajouté au galactose.	Durée de la fermentation.	Titre alcoolique en volume à 15°.
A. . .	1/1	8 jours.	4,5
B. . .	3/5	8 —	4,5
C. . .	1/3	9 —	4,6
D. . .	1/7	12 —	4,6
E. . .	1/31	21 —	4,4
F. . .	galactose incomplètement purifié.		

On voit que la quantité d'alcool produit répond sensiblement à celle que l'on obtient dans une fermentation alcoolique normale. C'est donc une fermentation alcoolique normale qui s'est produite. Les chiffres représentant la durée de cette fermentation dans les divers essais indiquent d'ailleurs que son activité a été d'autant plus grande que la proportion de glucose ajouté a été, elle-même, plus élevée.

Quant à l'expérience F, pour laquelle la solution ne renfermait que du galactose, c'est seulement vers le sixième jour que sont apparus quelques symptômes de fermentation. Cette fermentation s'est continuée lentement, et le trentième jour elle paraissait avoir atteint à peine la moitié du sucre présent. Au surplus, un essai a été institué avec du galactose chimiquement pur et de la levure lavée par décantation. Au bout de huit jours, il ne s'était pas encore dégagé une bulle de gaz, alors que la même levure avait déjà terminé la fermentation d'une quantité égale de glucose pur.

Les divers sucres fermentescibles ne favorisent pas au même degré la fermentation du galactose. Voici, à cet égard, trois opérations dans lesquelles on a employé comparativement, comme sucre auxiliaire, du glucose, du lévulose et du maltose.

Pour chacune de ces opérations, on a fait dissoudre, dans 250 centimètres cubes d'eau, 13 grammes de galactose et 1 gramme du sucre auxiliaire; puis on a ajouté 2 grammes de levure de fermentation basse. La fermentation s'est effectuée régulièrement dans les trois cas (température : 14 à 16 degrés). Le tableau suivant donne les proportions du sucre réducteur restant dans chacun des trois liquides en fermentation au commencement du dix-septième jour. On a admis que ce sucre restant était du galactose pur.

Sucre auxiliaire.	Galactose restant au 17ᵉ jour. Grammes.
Glucose. . . .	1
Lévulose . . .	1,35
Maltose. . . .	2,7

C'est donc le glucose qui favorise le plus la fermentation du galactose; ensuite vient le lévulose, puis le maltose.

Le galactose est également détruit par nombre de bactéries. A cet égard, GRIMBERT a étudié le *Bacillus orthobutylicus* GRIMBERT, le pneumobacille de FRIEDLANDER, le coli-bacille et le *Bacillus tartricus*. Les résultats suivants, surtout, sont intéressants :

Le *Bacillus orthobutylicus* (30) attaque le galactose en donnant pour 100 grammes de ce sucre :

	Grammes.
Alcool butylique normal. . . .	19
Acide acétique	4,10
Acide butyrique normal. . . .	24,59

Le pneumobacille de FRIEDLANDER (31) l'attaque en donnant pour 100 grammes :

	Grammes.
Alcool éthylique	7,66
Acide acétique	16,60
Acide lactique gauche.	53,33

Il ressort de là que le processus de destruction varie considérablement suivant les espèces.

Bibliographie. — **1.** BOURQUELOT (ÉM.). *Sur la préparation du galactose* (J. Pharm., [5], XIII, 54, 1886). — **2.** GAMGEE (ARTH.) und BLANKENHORN (ERNST). *Ueber Protagon* (Z. P. C., III, 260, 1879). — **3.** BAUMSTARK (F.). *Ueber eine neue Methode das Gehirn chemisch zu erforschen und deren bisherige Ergebnisse* (Ibid., IX, 145, 1885). — **4.** KOSSEL (A.) et FREITAG (FR.). *Ueber einige Bestandtheile des Nervenmarks und ihre Verbreitung in den Geweben des Thierkörpers* (Ibid., XVII, 431, 1893). — **5.** THUDICHUM (W.). *Grundzüge der anatomischen und klinischen Chemie*, Berlin, 1886. — **6.** THUDICHUM (W.). *Ueber das Phrenosin, einen neuen stickstoffhaltigen specifischen Gehirnstoff* (J. pr. C., XXV, 23, 1882). — **7.** THIERFELDER (H.). *Ueber die Identität der Gehirnzuckers mit Galactose* (Z. p. C., XIV, 209, 1889). — **8.** BOURQUELOT (ÉM.) et LAURENT (J.). *Sur la nature des hydrates de carbone de réserve contenus dans l'albumen de la Fève de Saint-Ignace et de la Noix vomique* (J. Pharm., [6], XII, 313, 1900). — **9.** GORET (M.). *Étude chimique et physiologique de quelques albumens cornés de graines de Légumineuses* (Thèse doct. univers. Pharmacie, Paris, 1901). — **10.** VON PLANTA (A.) et SCHULZE (E.). *Ueber ein neues krystallisirbares Kohlenhydrat* (D. ch. G., XXIII, 1692, 1890); *Zur Kenntniss der Stachyose* (D. ch. G., XXIV, 2705, 1891). — **11.** TANRET (C.). *Sur le stachyose* (C. R., CXXXVI, 1569, 1903). — **12.** MEYER (A.). *Ueber Lactosin, ein neues Kohlehydrat* (D. ch. G., XVII, 685, 1884). — **13.** STEIGER (E.). *Ueber β-Galactane, ein dextrinartiges Kohlehydrat aus den Samen von Lupinus luteus* (Z. P. C., XI, 373, 1887). — **14.** HARLAY (V.). *Sur le mucilage du Cactus à raquettes*, Opuntia vulgaris Mill (J. Pharm., [6], XVI, 193, 1902). — **15.** BOURQUELOT (ÉM.) et HÉRISSEY (H.). *Sur la matière gélatineuse (pectine) de la racine de Gentiane* (Ibid., [6], VII, 473, 1898). — **16.** BOURQUELOT (ÉM.). *Sur les pectines* (Ibid., [6], IX, 563, 1899). — **17.** BOURQUELOT (ÉM.) et HÉRISSEY (H.). *Sur la pectine de Cynorrhodon* (Ibid., [6], X, 5, 1899). — **18.** JAVILLIER. *Sur la pectine du Coing* (Ibid., [6],

IX, 163 et 513, 1899). — **19.** Bourquelot (Ém.) et Hérissey (H.). *Sur la pectine de Groseille à maquereau* (*Ibid.*, [6], IX, 281, 1899). — **20.** Brachin (A.). *Les hydrates de carbone de réserve de la Noix muscade et du Macis* (*Ibid.*, [6], XVIII, 16, 1903). — **21.** Harlay (V.). Travail encore inédit. — **22.** Schulze (E.), Steiger (E.) et Maxwell (W.). *Zur Chemie der Pflanzzellmembranen* (*Z. p. C.*, XIV, 227, 1889 et XVI, 387, 1892). — **23.** Winterstein (E.). *Ueber das pflanzliche Amyloid* (*Ibid.*, XVII, 353, 1892). — **24.** Bourquelot (Ém.) et Hérissey (H.). *Sur la composition de l'albumen de la graine de Caroubier* (*J. Pharm.*, [6], X, 153 et 249, 1899). — **25.** Bourquelot (Ém.). *Étude chimique et physiologique de l'albumen de la graine de Canéficier*, Cassia fistula L. (*Volume jubilaire de la Société de Biologie*, 388, Paris, 1900). — **26.** Bourquelot (Ém.) et Hérissey (H.). *Les hydrates de carbone de réserve des graines de Luzerne et de Fenugrec* (*J. Pharm.*, [6], XI, 589, 1900). — **27.** Hérissey (H.). *Sur les hydrates de carbone entrant dans la composition de l'albumen des graines de Trèfle, d'Asperge et de Colchique* (*Compte rendu du IXᵉ Congrès intern. de Pharmacie, tenu à Paris du 2 au 8 août*, 1900, Paris, 102). — **28.** Müntz. *Sur la galactine* (*A. C. P.*, [5], XXVI, 121, 1882). — **29.** Bourquelot (Em.). *Mannanes et galactanes dans la graine de grande Ciguë* (*Compte rendu du IXᵉ Congrès international de Pharmacie*, 454, Paris, 1901). — **30.** Champenois (G.). *Étude des hydrates de carbone de réserve de quelques graines des Ombellifères et des Cornées* (*Thèse doctor. univers. Pharmacie*, Paris, 1902). — **31.** Bourquelot (Em.) et Hérissey (H.). *Sur la composition de l'albumen de la graine de Phoenix Canariensis et sur les phénomènes chimiques qui accompagnent la germination de cette graine* (*J. Pharm.*, [6], XIV, 193, 1901). — **32.** Liénard (E.). *Sur la composition des hydrates de carbone de réserve de l'albumen de quelques Palmiers* (*Thèse doct. univers.*, *Pharmacie*, Paris, 1903). — **33.** Fischer (Ém.). *Einfluss der Configuration auf die Wirkung der Enzyme; Versuche mit Emulsin* (*D. ch. G.*, XXVII, 2990, 1894). — **34.** Bourquelot (Ém.). *Travaux de M. Em. Fischer sur les ferments solubles* (*J. Pharm.*, [6], II, 379, 1895). — **35.** Bourquelot (Ém.) et Hérissey (H.). *Sur les propriétés de l'émulsine des Champignons* (*Ibid.*, [6], II, 433, 1895); — **36.** *Les ferments solubles du Polyporus sulfureus* (*B. S. Myc.*, XI, 235, 1895); — **37.** *Sur la lactase* (*C. R.*, CXXXVII, 56, 1903). — **38.** Fischer (Ém.) et Niebel (W.). *Ueber das Verhalten der Polysaccharide gegen einige thierische Secrete und Organe* (*Sitzungsb. d. k. preuss. Ak. d. Wissensch. zu Berlin*, V, 1896). — **39.** Bourquelot (Ém.). *Sur l'hydrolyse du raffinose par l'Aspergillus niger* (*J. Pharm.*, [6], III, 390, 1896). — **40.** Bourquelot (Em.) et Hérissey (H.). *De l'action des ferments solubles sur les produits pectiques de la racine de Gentiane* (*Ibid.*, [6], VIII, 145, 1898). — **41.** Hérissey (H.). *Recherches chimiques et physiologiques sur la digestion des mannanes et des galactanes par la séminase chez les végétaux* (*Thèse de doctorat ès sciences*, Paris, 1903 et *Revue générale de Botanique*, 1903). — **42.** Bourquelot (Ém.) et Hérissey (H.). *Germination de la graine de Caroubier; production de mannose par un ferment soluble* (*J. Pharm.*, [6], X, 438, 1899); — **43.** *Sur l'individualité de la séminase, ferment soluble sécrété par les graines de Légumineuses à albumen corné pendant la germination* (*Ibid.*, [6], XI, 357, 1900). — **44.** Hérissey (A.). *Isolement du galactose cristallisé dans les produits de digestion, par la séminase, des galactanes des albumens cornés* (*C. R. S. Biol*, 1175, 1902). — **45.** Bourquelot (Ém.) et Troisier (Ém.). *Recherches sur l'assimilation du sucre de lait* (*Ibid.*, 1889, 142). — **46.** Pasteur. *Note sur le sucre de lait* (*C. R.*, XLII, 347, 1856). — **47.** Lippmann (Ed. v.). *Ueber die Nichtidentität von Arabinose und Galactose* (*D. ch. G.*, XVII, 2238, 1884). — **48.** Kiliani. *Ueber die Identität von Arabinose und Lactose* (*Ibid.*, XIII, 2304, 1880). — **49.** Bourquelot (Ém.). *Sur la fermentation alcoolique du galactose* (*J. Pharm.*, [5], XVIII, 337, 1888). — **50.** Grimbert (L.). *Fermentation anaérobie produite par le Bacillus orthobutylicus; ses variations sous certaines influences biologiques* (*Thèse de Doctorat ès sciences*, Paris, 1893); — **51.** *Recherches sur le Pneumobacille de Friedlander; premier mémoire* (*Ann. de l'Institut Pasteur*, IX, 840, 1895).

                                                    ÉM. BOURQUELOT.

GALIEN est l'une des grandes figures de l'antiquité classique; nul homme n'exerça sur le développement des sciences médicales une influence comparable à la sienne; la doctrine galénique a régenté la médecine jusqu'au XVIᵉ siècle; si, depuis cette époque, elle a perdu son empire absolu, quelque chose cependant s'en est toujours maintenu et, de nos jours encore, elle se retrouve, dès que l'on se donne la peine de la chercher, aussi bien en clinique qu'en physiologie; les enseignements de

GALIEN s'étendent à toutes les connaissances médicales, à l'anatomie et à la physiologie, à la thérapeutique, à la psychologie et même à cette philosophie basée sur l'étude des sciences naturelles dont le médecin de Pergame a clairement entrevu la grandeur. L'œuvre de GALIEN est immense : il résume dans ses livres toute la science de ses devanciers, il s'efforce de la coordonner, d'en faire la critique, de donner un corps et une organisation rationnelle à la médecine, d'établir des règles et des lois; mais, de plus, GALIEN expérimente, il dissèque, il rattache les structures qu'il découvre aux fonctions qu'il met en lumière, et c'est par cette tendance vraiment scientifique qu'il parvient à rendre à la physiologie des services inestimables. C'est particulièrement à ce point de vue que nous devons envisager sa carrière et ses écrits.

GALIEN naquit à Pergame, ville de Mysie, non loin de Smyrne, l'an 128 de notre ère, au temps de l'empereur Adrien. Cette date a été contestée : SPRENGEL [1], LABBE [2], DANIEL LECLERC, MARQUIS [3], HAHN [4] placent la naissance de GALIEN en l'an 131; mais il résulte d'une étude attentive des textes, faite par JEAN GOULIN, professeur d'histoire de la médecine de Paris en 1795, que c'est bien en 128, à la fin du mois d'août ou au commencement de septembre, que GALIEN a vu le jour. (J. GOULIN, Encycl. méthod. méd., Art. « Galien ».)

La ville de Pergame possédait un temple d'Esculape et une bibliothèque contenant, au dire de PLUTARQUE, deux cent mille volumes. Cette bibliothèque avait été fondée plusieurs siècles auparavant par EUMÈNE, deuxième roi de Pergame, contemporain de PTOLÉMÉE II. Celui-ci, sans doute dans le but de favoriser le développement de la bibliothèque d'Alexandrie, ayant interdit l'exportation du papyrus égyptien, EUMÈNE fit fabriquer à Pergame du « papier de peau » et cette fabrication devint bientôt une industrie locale (pergamena charta).

Lors de la conquête romaine (46 av. J.-C.), ANTOINE fit transporter à Alexandrie l'ancienne bibliothèque des rois de Pergame : nous ignorons ce qui pouvait en être resté dans la patrie de GALIEN au IIe siècle de notre ère. Quoi qu'il en soit, sous la domination romaine, la ville avait conservé une certaine importance : GALIEN nous dit que sa population était de 80 000 citoyens et 40 000 esclaves.

La biographie de GALIEN a pu être établie de la manière la plus complète, sauf en ce qui concerne la date et le lieu de sa mort; ainsi nous savons de lui tout ce qu'il a pu nous dire lui-même; en effet, pendant qu'HIPPOCRATE ne se mentionne pas dans ses œuvres, GALIEN ne laisse échapper aucune occasion de nous initier aux circonstances de sa vie : sa personnalité, très accusée, se révèle ainsi dans les moindres détails.

Le père de GALIEN s'appelait NICON; il exerçait la profession d'architecte; il était sénateur de Pergame, riche et érudit; il voulut donner à son fils le nom de Γαληνος qui veut dire calme, doux, comme pour lui souhaiter de ne pas hériter du caractère de sa mère, qui était violent et emporté.

A la fois philosophe, mathématicien, connaissant à fond tous les dialectes de la langue grecque, NICON fut le premier précepteur de son fils. Il l'instruisit particulièrement dans la dialectique et dans la philosophie, circonstance qui semble avoir exercé une influence décisive sur le développement intellectuel et moral de GALIEN. A l'âge de quinze ans celui-ci avait déjà été initié aux doctrines de PLATON et d'ARISTOTE, d'ÉPICURE et de CHRYSIPPE; et c'est un trait marquant de son caractère que d'avoir écrit, dans un âge aussi tendre, un commentaire contre CHRYSIPPE : il osait déjà s'attaquer à un chef d'école, reconnu comme tel depuis quatre cents ans!

A 18 ans, GALIEN perdit son père; il suivit alors les leçons des médecins de Pergame : SATYRUS, habile anatomiste, disciple de QUINTUS qui venait de mourir; STRATONICUS, médecin de l'école hippocratique; ASCHRION, attaché à la secte des empiriques. Trois ans plus tard, il se rendit à Smyrne où professaient PELOPS, disciple de NUMESIANUS et le platonicien ALBINUS. Le vieux PELOPS enseignait, à la mode du temps, que tous les vaisseaux découlent de l'encéphale, il ajoutait sans doute que tous les nerfs viennent du cœur. Par un tel enseignement il préparait dans l'esprit de son élève la formidable réac-

1. SPRENGEL, Hist. de la médecine, Trad. Jourdan, 1815, II, 98
2. C. LABBE, Éloge de Galien, Paris, 1660.
3. A. MARQUIS, Art.« Galien », Biogr. méd., IV, 304.
4. HAHN, Art. « Galien » du Dict. encycl. des sc. méd., 1880, IV, de la première série, 500.

tion qui devait lui permettre d'assigner bientôt au cerveau son vrai rôle et de déclarer que le cœur ne contient pas de nerfs. Pelops finit par convenir qu'il s'était trompé. (G. Pouchet, *La physiologie du syst. nerveux jusqu'au XIX⁰ siècle.* — *Revue scientifique*, 1ᵉʳ mai 1875, xiv, 1029.)

A 23 ans, Galien, libre de ses actes et possesseur d'une belle fortune, se met à voyager; il se rend à Corinthe pour écouter les leçons de Numesianus, le plus célèbre des disciples de Quintus; ensuite il parcourt la Lycie et la Palestine, s'enquérant partout des renseignements les plus utiles, côtoyant le littoral, se rendant à Chypre pour y trouver les métaux rares dont il espérait découvrir les propriétés thérapeutiques, achetant à haut prix les baumes et les médicaments, allant à Lemnos pour voir préparer la terre sigillée. Ses voyages le mènent à Alexandrie.

Au temps où Galien arriva dans cette ville, elle était encore un centre intellectuel très important; ce n'était plus la grande Alexandrie des Ptolémées, et le déclin était déjà visible : comme Alexandrie avait supplanté Athènes, elle allait être, si elle n'était déjà, supplantée par Rome d'où les empereurs s'étaient appliqués à comprimer l'essor des écoles lointaines et des villes rivales; cependant quelque chose subsistait des enseignements du passé et surtout de cette tendance à la culture des connaissances exactes qui avait assuré, au temps d'Aérophile et d'Erasistrate, la supériorité des médecins d'Alexandrie. Galien y passa quatre années, sous Stratonicus, Sabinus, Lucius et d'autres maîtres célèbres de l'époque.

A 28 ans, Galien revint à Pergame et s'y établit médecin; on le nomma chirurgien du temple, chargé de traiter les gladiateurs blessés; sans aucun doute il accomplit ses fonctions à la satisfaction de tous, car cinq pontifes lui conférèrent le même emploi pendant cinq ans.

Une révolution ayant éclaté à Pergame, Galien se décida à quitter cette ville et à s'installer à Rome; il y arriva au printemps de l'an 161, au commencement du règne de Marc-Aurèle.

La médecine grecque y était en grande vogue; merveilleusement préparé par ses études antérieures, possédant une habileté réelle et une extraordinaire faconde, donnant généreusement ses soins aux pauvres comme aux riches, Galien acquit en peu de temps une grande popularité. Servi par les relations puissantes que lui créait sa clientèle, ami du préteur Sergius Paulus, du philosophe Eudème, du consul Bœthus, médecin de Septime Sévère qui devint plus tard empereur, Galien obtint l'autorisation d'ouvrir des cours publics d'anatomie. Son succès fut considérable : ses contemporains vantent la justesse de ses pronostics, la force de sa dialectique, l'attrait de son éloquence; il semblait que rien ne pût désormais arrêter le brillant développement de sa carrière. Aussi s'est-on souvent demandé à quelles suggestions il a pu obéir en quittant brusquement la ville, l'an 166. Pareille résolution est d'autant plus difficile à comprendre qu'à ce moment une épidémie de peste ravageait la ville; cependant Galien s'embarqua à Brindes, passa par Mégare, Éleusis et Athènes pour retourner à Pergame.

L'année suivante, les empereurs Marc Aurèle et Lucius Verus, se disposant à faire la guerre en Germanie, rappelèrent Galien auprès de leurs personnes; ils se trouvaient alors à Aquilée, où la peste régnait; Galien se rendit auprès d'eux, et ce seul fait semble suffire à prouver que, s'il avait quitté Rome, ce n'était point, comme le prétendirent ses ennemis, par crainte de l'épidémie.

Quoi qu'il en soit, Galien eut l'occasion de donner ses soins à Lucius Verus atteint d'apoplexie, et ne revint à Rome que trois ans plus tard; cette fois il se décide à y rester, si bien que, Marc Aurèle ayant insisté de nouveau pour l'emmener avec lui à l'armée, il résista, invoquant un songe où Esculape lui-même lui aurait interdit de quitter Rome. Marc Aurèle lui confia ses deux fils, Commode et Sextus.

A la mort de Marc Aurèle, Galien avait 52 ans; il resta encore à Rome sous les règnes de Commode, de Pertinax et de Septime Sévère; on croit qu'il termina ses jours à Pergame, à l'âge de soixante-dix ans, mais sur ce point il n'y a pas de certitude. C'est pendant son second séjour à Rome que Galien composa ses principaux ouvrages; on a de lui 83 ouvrages médicaux authentiques, 19 douteux, 45 apocryphes et 19 fragments. Lui-même, dans un écrit autobiographique intitulé : Περι των ιδιων βιβλιων γραφή, déclare être l'auteur de 125 ouvrages non médicaux.

La bibliothèque galénique, unique pendant tout le moyen âge, représente toute la médecine de l'époque. Nous n'entreprendrons pas d'en faire même une analyse sommaire; disons cependant que l'on a reproché à GALIEN son immense confiance en lui-même, l'abus de la dialectique, une prolixité gênante, un dogmatisme autoritaire et intolérant. Sans doute, la lecture de ses œuvres montre la haute idée qu'il avait de son propre mérite et le mépris profond dans lequel il tenait les médecins ses confrères. Mais il convient, pour être équitable, de juger les hommes avec les idées de leur temps, non avec les nôtres; les violences du langage de GALIEN, les subtilités mêmes de son argumentation trouvent leur explication, sinon leur excuse, dans les mœurs du temps.

La médecine à Rome n'avait jamais été en grand honneur. Un siècle auparavant, PÉTRONE, dans son *Satyricon*, nous donne déjà la mesure du scepticisme qui régnait à Rome à l'endroit des médecins : discutant les causes de la mort de CHRYSANTE, il se demande si ce ne sont pas les médecins qui l'ont tué : « *At plures medici illum perdiderunt, imo magis malus fatus? medicus enim nihil aliud est quam animi consolatio!* » (PÉTRONE, *Satyricon*, chap. XLII.) Au temps de GALIEN ce n'était plus seulement du scepticisme, mais du mépris qu'inspiraient les médecins. LUCIEN, contemporain de GALIEN, raconte dans « Le Menteur » ce qu'étaient les consultations médicales de l'époque : le médecin ANTIGONUS, appelé auprès d'un malade, se voit obligé de discuter avec CLEODEMUS le péripatéticien, avec DINOMAQUE le stoïcien, avec ION le platonicien; tous s'accordent à reconnaître l'action des philtres et des enchantements : ils ne mettent pas en doute que certaines paroles ne guérissent les tumeurs inguinales, et que les fièvres, comme toutes les maladies, du reste, ne cèdent aux exorcismes.

Témoin indigné de ces divagations, ayant dans sa puissance personnelle et dans sa propre science une confiance que devait fortifier le mépris dans lequel il tenait ses confrères, GALIEN lutte seul contre tous : il s'efforce de reconstituer l'hippocratisme et de fonder une doctrine nouvelle. Cinq siècles avaient passé depuis la mort d'HIPPOCRATE; les enseignements du maître étaient défigurés; GALIEN n'écrivit pas moins de quinze commentaires sur HIPPOCRATE, dont il entend être le continuateur; « le médecin de Cos a découvert la route, dit-il, moi, j'en ai aplani les difficultés, comme TRAJAN a aplani les routes de l'empire romain » (*Meth. med. lib. IX*, 134).

GALIEN combat les dogmatiques, traitant d'esclaves les médecins qui se réclamaient de PROXAGORAS ou même d'HIPPOCRATE, injuriant les empiriques, écrasant à coups de syllogismes les pneumatistes, les épicuriens, les méthodistes, et même les éclectiques, auxquels cependant ses préférences devaient le rattacher; fort de son expérience personnelle, possédant une notion complète de tout ce qui avait été observé avant lui, GALIEN triomphe de tous ses adversaires : il donne un corps aux doctrines médicales éparses et contradictoires entre lesquelles se partageaient les sectes, il a des vues d'ensemble, il établit des règles pour le diagnostic et pour le traitement, il édifie enfin cette médecine galénique, dominatrice et dogmatique, qui a défié les siècles.

Lorsque GALIEN arriva à Rome pour la première fois son premier soin fut d'ouvrir des cours d'anatomie; c'est sur l'anatomie qu'il fonde son traité « *De usu partium corporis humani libri XVII* », qui prend rang dans l'histoire de la science comme le premier essai d'une interprétation complète des fonctions physiologiques du corps humain. C'est par l'anatomie et par la physiologie qu'il commence son œuvre de réformateur; et, s'il invoque fréquemment HIPPOCRATE et « les écrits des anciens hommes » à l'appui de ses théories, il en appelle plus souvent encore à l'expérience. Comme le médecin de Cos, il veut que la médecine soit basée, non sur les hypothèses des philosophes, mais sur l'observation des faits.

Si GALIEN était resté lui-même absolument fidèle aux principes qu'il énonce avec tant de conviction, son œuvre aurait acquis une incomparable grandeur; malheureusement il ne suivit pas la vraie méthode hippocratique; à tout instant on le voit côtoyer les plus grandes découvertes et s'écarter du bon chemin pour se perdre dans les explications prolixes, dans les hypothèses, dans les affirmations hasardées. Sans doute il connaît beaucoup de choses, mais il s'abuse étrangement; car il croit tout savoir et parle sans cesse comme si la nature n'avait plus de secrets pour lui; l'humilité, qui, chez le savant, n'est que la conscience de tout ce qu'il ignore, est une qualité, inconnue de GALIEN : il n'est jamais à court d'explications, il n'hésite pas à déduire la fonction d'un organe d'après les simples faits anatomiques; au besoin il vous dira pourquoi le foie est à droite, et pourquoi l'estomac est à gauche; il ternit ainsi sa propre gloire par des puérilités et par des petitesses.

De tels défauts devaient donner prise aux attaques de ses contemporains; aussi GALIEN est-il souvent accablé d'épigrammes par ses confrères; on l'appelle παραδοξολόγος, faiseur de paradoxes, παραδοξοποιός, faiseur de merveilles, ou encore λογίατρος, médecin phraseur; ses doctrines sont discutées, mais elles sont loin d'obtenir,'de son vivant, une vogue comparable à celle dont elles jouiront quelques siècles plus tard.

Lorsque les invasions des barbares et l'établissement du christianisme bouleversèrent le monde romain, les enseignements de GALIEN, partiellement conservés, furent recueillis par les Arabes; c'est ainsi que bon nombre des traités de la bibliothèque galénique, et notamment l'*Ars medica* renfermant l'exposé sommaire de tout le système médical de GALIEN, sont traduits de l'arabe et non du texte grec original. GALIEN resta combattu et discuté; il eut des partisans fanatiques, surtout après sa mort : EUSÈBE, évêque de Césarée en l'an 313, se plaint de ce que l'on honore le médecin de Pergame comme une divinité; pendant la longue période du moyen âge, le dogmatisme galénique s'impose de plus en plus; il finit par asservir complètement les esprits; au lieu d'imiter GALIEN expérimentateur, au lieu de le suivre dans la voie qu'il avait si largement ouverte, au lieu de s'attacher à la vérification des faits qu'il avait énoncés, au lieu de s'élever, avec lui, aux points de vue généraux, on s'attarde dans les broussailles de la dialectique, on interprète les textes, on les copie servilement, on s'incline devant toutes les affirmations du médecin de Pergame.

Dans quelle mesure faut-il faire remonter à GALIEN lui-même la responsabilité de ces aberrations qui retardent pendant plusieurs siècles l'essor de [la science? N'appartiennent-elles pas à une époque plutôt qu'à un homme, quel qu'il soit? Toute la période scolastique n'est-elle pas imprégnée du même caractère de servilité vis-à-vis du dogme? Sans doute, on est en droit de reprocher à GALIEN l'abus de la dialectique, la confiance outrée en lui-même, le despotisme auquel il prétend; mais les successeurs de GALIEN n'ont-ils pas aggravé les défauts du maître? Impuissants à discerner dans son œuvre géniale et touffue ce qui devait en assurer la grandeur, ils y ont, le plus souvent, puisé des arguments en faveur de leurs propres doctrines, ils l'ont surchargée de commentaires puérils et de réflexions saugrenues.

Il serait injuste de rendre GALIEN responsable de l'absence d'esprit scientifique qui caractérise le moyen âge; c'est avec d'autres sentiments qu'il faut envisager son œuvre. Elle a rendu d'immenses services, et, si elle avait été mieux comprise, elle en eût pu rendre de plus grands encore; sans doute le progrès des sciences fait que la lecture des meilleurs traités de GALIEN nous paraît aujourd'hui fastidieuse, encombrée de vains détails et de déductions inacceptables; mais il serait injuste de juger ces écrits avec les idées d'aujourd'hui; il faut se reporter au temps où ils ont été composés, et l'on se rend compte alors de l'immense progrès que l'énergie et la science de GALIEN ont réalisé : son œuvre est le testament biologique et médical du monde ancien.

Pendant le moyen âge, l'esprit humain est comme enténébré dans tous les pays latins; cependant la tradition galénique éclaire l'enseignement médical : l'« *Ars parva* » des Arabistes, l'« *Ars medica* », expliqués dans les écoles et commentés par les étudiants en médecine, ne sont que des traductions incomplètes de la Τέχνη ἰατρικη de GALIEN; mais comment cet enseignement est-il donné? comme l'enseignement religieux, au moyen de formules, de préceptes qui ont force de loi et que l'on ne doit pas se permettre de discuter. Les textes de GALIEN forment un code médical ou plutôt une sorte de bible imposée; jusqu'au XVIe siècle, la doctrine galénique reste intangible et tyrannique. Pour la renverser, il fallut un effort gigantesque que nous mesurons difficilement aujourd'hui. On doit, pour se rendre compte de l'état des esprits à cette époque, relire la vie de VAN HELMONT, l'œuvre de VÉSALE, les écrits de PARACELSE, ceux de BARTHOLIN, de COLOMBO. On voit alors avec quelle timidité VÉSALE se permet de contredire GALIEN, s'excusant presque de n'avoir pu rencontrer dans la cloison interventriculaire du cœur les perforations dont l'existence avait été affirmée par le maître; on partage les indignations du pieux VAN HELMONT s'insurgeant contre GALIEN et contre les règles de la logique au nom desquelles on prétend asservir les intelligences. « La logique n'est pas la mère des sciences, la logique n'invente rien », s'écrie Van Helmont; et il conjure ses contemporains de revenir à la réalité en leur disant : « *Œgrotorum, non Græcorum, servi sumus* ».

Lorsque le souffle puissant de la Réforme vint enfin réveiller les consciences endormies, une ère nouvelle s'ouvrit pour toutes les connaissances humaines ; la période rationnelle de la physiologie succéda à la période scolastique, l'expérimentation et l'induction, préconisées par Bacon dans son *Novum organum*, se substituèrent à l'enseignement dogmatique ; mais les représentants les plus brillants des sciences anatomiques et physiologiques, les philosophes les plus indépendants, comme Descartes, se ressentent encore de l'autoritarisme de Galien. L'une des particularités du mouvement intellectuel de cette époque, c'est que l'évolution libératrice s'affirme par une réaction contre Galien. Il était naturel qu'il en fût ainsi, puisque lui seul personnifiait toute la science du passé ; c'est contre Galien que s'élèvent Paracelse et ses adeptes : c'est le « foie de Galien » que Bartholin enterre à Copenhague ; c'est Galien que défendent les partisans de la tradition, ennemis des idées nouvelles. Et pourtant, ceux qui combattaient les doctrines galéniques au nom de l'observation et de l'expérience ne faisaient qu'obéir, sans s'en douter, aux plus profonds enseignements du maître qu'ils répudiaient ; mais, nous l'avons dit, l'œuvre de Galien était incomprise, défigurée, et d'ailleurs bien peu de ceux qui la discutaient l'avaient réellement lue. Il est remarquable, à ce point de vue, qu'il n'existe encore aujourd'hui aucune traduction complète des œuvres de Galien ; l'unique édition française date de 1854, elle est due à Ch. Daremberg ; elle est inachevée ; elle contient fort heureusement le traité *De l'utilité des parties*, qui est, pour la physiologie, de la plus grande importance. Dans ce traité, Galien se propose d'interpréter la sentence d'Hippocrate, disant : « Tout est en sympathie dans l'universalité des parties, et, dans les parties, tout conspire pour l'opération de chacune d'elles. » C'est donc l'opération des parties ou, en d'autres termes, la fonction des organes, que l'auteur devrait envisager ; mais, au lieu de poursuivre ce but en faisant de la physiologie, il s'applique à raisonner sur des fonctions qu'il suppose connues. « Ce n'est pas le moment, dit-il, de faire des recherches sur les fonctions, car nous nous proposons de parler non des fonctions, mais de l'utilité des parties. Il est donc nécessaire de poursuivre ce traité en prenant maintenant et dans tout le reste de l'ouvrage, comme fondements de notre raisonnement, les conclusions des démonstrations faites dans d'autres traités. Ainsi il a été démontré, dans le traité *Des opinions d'Hippocrate et de Platon*, que le cerveau et la moelle épinière sont le principe de tous les nerfs ; que le cerveau l'est à son tour de la moelle ; que le cœur est celui de toutes les artères ; le foie, celui des veines ; que les nerfs tirent du cerveau leur faculté psychique ; que la faculté sphygmique vient du cœur aux artères et que le foie est la source de la faculté végétative des veines. L'utilité des nerfs consistera donc à conduire de leur principe aux diverses parties la faculté sensitive et motrice ; celle des artères à entretenir la chaleur naturelle et à alimenter le pneuma psychique ; les veines ont été créées en vue de la génération du sang et pour le transmettre à tout le corps.

« Dans le traité du *Mouvement des muscles*, on a dit en quoi diffèrent les tendons, les nerfs et les ligaments ; on sait aussi que dans ce traité il a été parlé de la nature des muscles, qu'il y a été établi qu'ils sont les organes du mouvement volontaire, et que leur *aponévrose* est appelée *tendon*. »

Le traité *De l'utilité des parties* n'est donc pas un ouvrage de physiologie, mais une sorte d'anatomie raisonnée et surtout une apologie du Créateur : « Pourquoi chaque os (de la main) est-il exactement convexe sur la face externe, et ne l'est-il exactement ni sur la face interne, ni sur les côtés ? Assurément cela a été fait ainsi pour le mieux : en effet, c'est par leur partie interne que les doigts broient, malaxent et prennent tous les objets ; il eût donc été mauvais que les os eussent été arrondis sur cette face ; par la face externe les doigts ne font rien de semblable, et ne remplissent aucune autre fonction ; cette face réclamait donc une structure qui pût seulement la protéger avec sûreté contre tout dommage. Sur les côtés, le mutuel rapprochement des doigts les mettait à l'abri de toute lésion, et ils ne devaient laisser, quand ils sont rapprochés, aucun intervalle entre eux ; il ne convenait donc pas qu'ils fussent arrondis de ce côté. Une confirmation suffisante de ce que j'avance est fournie par le grand doigt (pouce) et par le petit doigt : la

circonférence supérieure du premier, la circonférence inférieure du second sont exacte-
mènt convexes. Par cette face, en effet, rien ne les protège et ils ne sont unis à aucun
autre doigt. Il faut donc admirer la nature dans la construction des os. » (*Œuvres anatomiques, physiologiques et médicales de* GALIEN, par CH. DAREMBERG, I, 137.)

Cette admiration profonde pour l'œuvre de la nature est exprimée à chaque page du
traité *De l'utilité des parties*. Sans doute, cette manière de comprendre la mécanique
animale n'est pas du goût des anatomistes et des physiologistes du temps présent, mais
elle est profondément respectable lorsqu'elle se base sur la réalité, lorsqu'elle provoque
des recherches consciencieuses, comme c'est le cas en ce qui concerne GALIEN : « L'insertion des tendons sur les os et leur connexion les uns avec les autres sont donc admirables et inénarrables, aucun discours ne serait capable d'expliquer exactement ce qu'on
reconnaît par les sens seuls »... « Il n'est pas possible d'admirer l'art de la nature avant
d'avoir étudié la structure des parties », dit-il encore, au moment où il va décrire les
aponévroses palmaires et analyser l'action des fléchisseurs des doigts. En s'exprimant
ainsi, GALIEN ne professe-t-il pas clairement qu'il faut disséquer, et préférer la dissection
aux descriptions écrites? C'est à de tels enseignements clairement énoncés par GALIEN
que nous faisions allusion tout à l'heure en disant que ses continuateurs n'avaient pas
respecté ses méthodes.

Après avoir analysé les parties composant les membres, après une élégante comparaison entre le métacarpe et le métatarse, entre les muscles de la jambe et ceux de
l'avant-bras, GALIEN loue le Créateur qui a réalisé des dispositions aussi parfaites. « Je
pense, dit-il, que la piété véritable consiste, non à immoler des hécatombes sans nombre,
non à brûler mille encens, mille parfums, mais à connaître d'abord et ensuite à apprendre
à mes semblables combien grande est la sagesse, la puissance et la bonté du Créateur...
Si vous admirez le bel ordre qui règne dans le soleil, dans la lune et dans le cortège
des astres, si vous contemplez avec étonnement leur grandeur, leur beauté, leur mouvement éternel, leur retour périodique, n'allez pas, en comparant les choses de ce monde,
les trouver mesquines ou mal ordonnées..... Examinez bien la matière, principe de
chaque chose, et ne vous imaginez pas que du sang menstruel ou du sperme puisse
donner naissance à un être immortel, impassible, agité d'un mouvement perpétuel,
aussi brillant, aussi beau que le soleil; mais, comme vous jugez l'habileté d'un PHIDIAS,
pesez aussi l'art du Créateur de toutes ces choses. Peut-être ce qui vous frappe de surprise dans le Jupiter olympien, c'est l'ornement extérieur, l'ivoire brillant, la masse d'or,
la grandeur de toute la statue? Si vous voyiez la même statue en argile, peut-être pas-
seriez-vous avec un regard de dédain? Mais pour l'artiste, pour l'homme qui connaît le
mérite des œuvres d'art, il louera également PHIDIAS, sa statue fût-elle de bois vil, de
pierre commune, de cire ou de boue. Ce qui frappe l'ignorant, c'est la beauté de la
matière; l'artiste admire la beauté de l'œuvre. »

En dissertant avec cette ampleur GALIEN tire de la description des parties du corps
et de la manière dont elles sont adaptées à leurs fonctions, des arguments qu'il juge
irrésistibles en faveur de la sagesse du Créateur; il montre que le pied ou le cerveau, ou
toute autre partie, sont aussi bien construits qu'il est possible de l'imaginer, eu égard à
la fonction que ces organes ont à remplir; il revient sans cesse à cette idée, avec une
persistance qui rendrait la lecture de l'ouvrage fastidieuse si l'on n'y rencontrait des
descriptions du plus haut intérêt et des réflexions qui, lorsqu'elles ne se perdent pas
dans d'interminables incidentes, tranchent agréablement sur l'aridité du fond; il semble
que GALIEN, en écrivant ce traité de l'utilité des parties, ait été travaillé par les influences
du milieu, et surtout par le désir de faire accepter la science par les philosophes et les
théologiens du temps, en leur montrant les arguments que l'anatomie et la physiologie
pouvaient fournir à l'apologétique. Dans l'épilogue de son ouvrage, GALIEN trahit cette
intention en disant : « Tout homme qui regarde les choses avec un sens libre, voyant un
esprit habiter dans ce bourbier de chairs et d'humeurs et examinant la structure d'un
animal quelconque (car tout cela prouve l'intervention d'un ouvrier sage), comprendra
l'excellence de l'esprit qui est dans le ciel. Alors ce qui lui semblait peu de chose, je
veux dire la recherche de l'utilité des parties, constituera pour lui le principe d'une
théologie parfaite, *laquelle est une œuvre plus grande et plus importante beaucoup que toute
la médecine*. »

Le chapitre qui traite « des organes alimentaires et de leurs annexes » nous donne une idée assez complète de la manière dont GALIEN comprenait les fonctions de nutrition; on en jugera par les passages suivants : « La route commune la plus grande et la première conduit de la bouche à l'*estomac* (γαστήρ), lequel est comme le grenier général de toutes les parties, et situé au centre de l'animal; le nom particulier de ce conduit est *œsophage* (οἰσοφάγος)... Le réservoir qui reçoit d'abord tous les aliments, et qui est une œuvre vraiment divine et non humaine, leur fait subir une première élaboration sans laquelle ils seraient inutiles pour l'animal, et ne lui procureraient aucun avantage. Les gens habiles dans la préparation du blé le séparent des particules terreuses, des pierres et des graines sauvages qui pourraient nuire au corps; tel l'estomac, doué d'une faculté semblable, expulse tous les corps de cette espèce, s'il s'en rencontre, et tout ce qui reste d'utile à la nature de l'animal, après l'avoir rendu plus utile encore, il le distribue dans les veines qui arrivent dans ses propres parois et sur celles des intestins. Ces veines sont comme les portefaix des villes. Ceux-ci prennent le blé nettoyé dans le grenier et le portent à une des boulangeries communes de la cité, où il sera cuit et transformé en un aliment déjà utile : de même les veines conduisent la nourriture élaborée dans l'estomac à un lieu de coction commun à tout l'animal, lieu que nous appelons *foie* (ἧπαρ). La route qui y mène, coupée de nombreux sentiers, est unique. Elle a reçu d'un ancien, habile, je pense, dans les choses de la nature, le nom de *porte*, qu'elle a gardé jusqu'à ce jour... Les veines ne se bornent pas à mener l'aliment de l'estomac au foie, elles l'attirent et lui font subir une première préparation très conforme à celle qui s'achève dans ce viscère, attendu qu'elles sont d'une nature voisine de la sienne et qu'elles tirent de lui leur première origine.

« Après que le foie a reçu l'aliment déjà préparé d'avance par ses serviteurs et offrant, pour ainsi dire, une certaine ébauche et une image obscure du sang, il lui donne la dernière préparation nécessaire pour qu'il devienne sang parfait... C'est donc avec raison que la nature a préparé, en vue de recueillir les résidus de cette préparation, des organes creux disposés aux deux côtés de la cavité et propres, l'un à attirer le résidu, l'autre à l'expulser... La nature a attaché au foie la vessie (vésicule biliaire) qui devait recevoir le résidu léger et jaune; quant à la rate, c'est à elle les matériaux épais et terreux, la nature eût bien voulu la fixer aussi vers ces « *portes* » où le résidu atrabilaire devait être entraîné par son propre poids; mais il n'y avait pas de place vacante, l'estomac s'étant hâté de l'occuper tout entière. Un large espace restant libre au côté gauche, elle y a logé la rate et des parties concaves de ce viscère (*scissure splénique*), tirant une espèce de conduit, qui est un vaisseau veineux (*veine splénique*) et l'a étendu jusqu'aux *portes*, de façon que le foie ne fût pas moins purifié que si la rate eût été placée près de lui... L'humeur (χυμός) préparée dans le foie pour la nourriture de l'animal, quand elle a déposé les deux résidus mentionnés et subi une coction complète par la chaleur naturelle, remonte déjà rouge et pure à la partie convexe du foie, montrant par sa couleur qu'elle a reçu et qu'elle a assimilé à sa partie liquide une portion du feu divin, comme a dit PLATON. »

« Cette humeur est alors reçue par une très grande veine qui, née de la partie convexe du foie, se porte aux deux extrémités supérieures et inférieures de l'animal (*veines caves*). »

Comme on le voit, GALIEN ne soupçonne en aucune façon la fonction du cœur et la circulation du sang; il considère le foie comme « le principe des veines et le premier instrument de la sanguification ». A tout instant, il semble que ses observations vont aboutir forcément à la grande découverte, mais il passe à côté de la réalité. « Ce n'est pas, dit-il, en vue de l'élimination que la nature a créé dans le foie un si vaste plexus veineux, c'est pour que la nourriture séjournant dans le viscère s'y hématose complètement; car, si elle avait créé dans le foie, comme dans le cœur, une grande cavité unique pour servir de réceptacle; si ensuite elle y avait introduit le sang par une seule veine pour l'en faire sortir par une autre, l'humeur (χυμός) apportée de l'estomac n'aurait pas séjourné un instant rapidement *tout ce viscère, elle eût été entraînée par la force du courant qui le distribue dans le corps.* »

Quelle est donc l'idée que se fait GALIEN du courant dont il parle et qui distribue le sang à tout le corps? Pour nous en rendre compte, il est indispensable d'expliquer ici un terme sur la valeur duquel il convient d'autant mieux d'être fixé que l'état actuel de nos connaissances nous rend son interprétation plus obscure : l'idée de la rénovation et des mouvements du sang est intimement liée, dans l'esprit de GALIEN, à l'existence du *pneuma*, terme absolument intraduisible pour nous.

GEORGES POUCHET, dans une de ses leçons donnée au Muséum de Paris, fait remonter l'origine du terme πνεῦμα aux sources mêmes de la philosophie des Grecs. Pour GALIEN, le *pneuma*, c'est l'air atmosphérique; car il fait quelque part cette remarque fort curieuse que les vapeurs du charbon sont plus lourdes que le *pneuma;* et il admet aussi que pendant les mouvements de la respiration le *pneuma* entre et sort par la trachée-artère. Le contenu des artères est un mélange de sang et de pneuma. (*Des deux sangs et de leur distribution*, d'après GALIEN. — *Revue scientifique*, (3), I, 1881, 642.)

Jusqu'ici la conception du *pneuma* paraît juste et simple : il se confond avec l'air; mais, où la chose se complique, c'est lorsque GALIEN nous dit que le cerveau élabore un *pneuma* particulier, d'essence supérieure, le *pneuma psychique*, qui se déverse par les tubes nerveux jusqu'aux extrémités du corps pour y porter la sensibilité et le mouvement. S'il nous est facile de nous représenter le pneuma qui vivifie le sang et qui l'artérialise, il nous est, au contraire, impossible d'accepter cette idée d'un *pneuma* psychique distribué aux organes, *pneuma* qui sera lumineux quand il se distribue aux yeux, sensitif en allant à la peau, moteur en allant aux muscles. D'après GALIEN, chaque organe reçoit, en proportion avec les nécessités de ses fonctions : 1° du sang nourricier; 2° du sang pneumatisé; 3° du pneuma psychique.

GEORGES POUCHET a particulièrement étudié les conceptions de GALIEN à ce point de vue et l'on trouvera dans la *Revue scientifique* (*Loc. cit.*, 644) un schéma qui les résume; on remarquera, comme nous l'avons déjà dit, que l'idée même de la circulation du sang est complètement absente et qu'il ne s'agit, dans la pensée de GALIEN, que de mouvements ou de courants dont la direction même est variable, selon les moments, dans un même vaisseau : ainsi l'estomac envoie au foie le suc extrait des aliments et celui-ci passe par les veines; à d'autres moments et par les mêmes veines, l'estomac reçoit du sang venant du foie.

La veine cave descendante, venant du foie, conduit le sang aux reins, qui sont chargés d'une troisième dépuration, celle du *serum*. L'urine n'est que le sérum du sang constamment soutiré par les reins.

Par la veine cave ascendante, le sang nourricier va d'un côté à la tête et de l'autre au cœur, d'où il passe au poumon; dans toutes les veines, le sang nourricier s'écoule du foie vers les organes.

La distribution du sang pneumatisé se fait par les artères; le cœur laisse couler vers les organes, par l'aorte et ses branches, un sang qu'il a aspiré à la sortie des poumons. Nous disons bien que le cœur laisse couler ce sang, car GALIEN n'a nullement l'idée de l'impulsion cardiaque communiquée au sang, idée qui n'a, du reste, été définitivement introduite dans la science qu'avec le schéma de WEBER. GALIEN ne croit pas que le cœur soit le moteur du sang. La fonction des ventricules est de se dilater, c'est la dilatation du cœur aussi bien que celle des artères qui est le phénomène actif; elle n'est qu'une forme de cette « faculté attractive » qui appartient à la substance vivante. Erreur fatale qui devait survivre aux découvertes de SERVET, de COLOMBO, de HARVEY, et que nous retrouvons encore, en 1812, dans l'enseignement de KALTENBRÜNNER, à Munich !

ÉRASISTRATE professait encore que les artères contenaient de l'air (aussi bien les artères lisses que l'artère rugueuse ou trachée artère !). Le pneuma, entraîné par les mouvements de la respiration, passait de la trachée dans les artères lisses du poumon et arrivait ainsi à la moitié gauche du cœur, d'où il passait dans la grande artère de l'épine qu'ARISTOTE avait nommée aorte. Par les branches de l'aorte, le pneuma était distribué aux différents organes.

GALIEN reconnaît que les artères contiennent du sang pneumatisé, distinct du sang nourricier ou veineux; mais, pénétré de l'idée que le pneuma vient de l'air, et que les artères distribuent ce pneuma (idée fondamentalement juste), il a recours aux raisonnements les plus étranges : « Il existe, dit-il, dans chacune des artères, une certaine faculté qui dérive du cœur et en vertu de laquelle elles se dilatent et se contractent. Si vous songez à ce double fait que l'artère est douée de ces mouvements et que tout ce qui se dilate attire à soi les parties voisines, vous ne trouverez nullement étonnant que les artères aboutissant à la peau attirent l'air extérieur en se dilatant, que les artères qui s'abouchent par quelques points avec les veines, attirent la partie la plus ténue et la plus vaporeuse du sang qu'elles renferment;... or,'de toutes les choses contenues dans le corps la plus légère et la plus ténue est le pneuma; la seconde est la vapeur; en troisième lieu vient la partie du sang exactement élaborée et atténuée. Telles sont les substances que les artères attirent à elles de tous les côtés...

« Que les veines laissent passer quelque chose dans les artères, en voici, outre les raisons déjà données, une preuve suffisante : si pour tuer un animal vous lui coupez d'importantes et nombreuses artères, vous trouverez ses veines vides comme ses artères, ce qui n'aurait pu avoir lieu s'il n'existait entre elles des communications. Dans le cœur également la partie la plus ténue du sang est attirée de la cavité droite dans la cavité gauche, la cloison qui les sépare étant percée de trous qu'on peut parfaitement voir comme des fosses avec un orifice très large qui va toujours se rétrécissant de plus en plus. Cependant, il n'est pas possible de voir leurs dernières extrémités à cause de leur ténuité et parce que, l'animal étant déjà mort, tout est refroidi et affaissé. Mais ici encore le raisonnement, en partant d'abord du principe que rien n'est fait en vain par la nature, explique ces communications des cavités du cœur... » (Des facultés naturelles, chap. xiv et xv.)

Les artères, en se dilatant, attirent donc le pneuma; elles l'attirent par toute surface aérée du corps, mais surtout par la surface pulmonaire; les artères attirent ainsi la partie la plus subtile du sang veineux; il y aurait donc des anastomoses entre les veines et les artères dans toute la longueur de leur trajet, comme il y a des communications dans la paroi interventriculaire du cœur.

On voit que les erreurs de GALIEN sont complexes; l'erreur fondamentale est l'idée d'une faculté attractive appartenant aux organes. S'il ne s'était pas abandonné à cette idée, ses expériences l'auraient vraisemblablement conduit à la découverte de la circulation, car elles ont porté sur tout le système vasculaire dont il a compris le rôle nutritif. « Les conduits des jardins, dit-il encore, vous donneront de ceci une idée nette. Ces conduits distribuent de l'eau à tout leur voisinage ; plus loin elle ne peut arriver; aussi est-on forcé, à l'aide de beaucoup de petits canaux dérivés du grand conduit, d'amener le cours d'eau dans chaque partie du jardin. Les intervalles laissés entre ces petits canaux sont de la grandeur suffisante pour qu'ils jouissent pleinement de l'humidité qu'ils attirent et qui les pénètre de chaque côté. La même chose a lieu dans le corps des animaux. Beaucoup de canaux ramifiés dans toutes leur parties leur amènent le sang, comme l'eau dans un jardin. Les intervalles de ces vaisseaux ont été, dès le principe, admirablement ménagés par la nature pour qu'il n'y ait ni insuffisance dans la distribution aux parties intermédiaires qui attirent le sang à elles, ni danger pour elles d'être inondées par une quantité superflue de liquide déversée à contre-temps. Car tel est leur mode de nutrition. » (Des facultés naturelles, iii, xv, page 318 du tome ii de |la traduction de Ch. Daremberg.)

Le pneuma psychique lui-même dérive, selon GALIEN, de l'aliment : le chyme stomacal, le sang veineux, le sang pneumatisé, le liquide des ventricules du cerveau et le pneuma psychique que distribuent les nerfs, représentent autant d'élaborations successives de l'aliment. Il y a là une vue profonde dont il faut, sans s'arrêter aux mots, admirer l'étonnante exactitude; et l'idée paraît être de GALIEN.

La physiologie de GALIEN n'est pas condensée en un recueil spécial, et les données en sont éparses dans tout l'ensemble de ses œuvres. En ce qui concerne le cerveau, s'il est exact que GALIEN n'a pas disséqué le cerveau de l'homme, mais celui de différents animaux et surtout celui du bœuf, tel qu'on le trouve sur l'étal des bouchers, il n'en est pas moins vrai que ses observations ont été capitales; on trouvera sur ce sujet de très amples détails dans ce dictionnaire, ii, 359, à l'article **Cerveau**. L'auteur de cet article reconnaît qu'au cours de ses vivisections, qui paraissent avoir été, comme il le dit, très nombreuses et dont il avait certainement une pratique consommée, GALIEN a souvent mieux observé que les plus célèbres des physiologistes parmi les modernes. Rien n'est plus vrai, et c'est là ce qui doit nous rendre indulgents pour les écarts de langage d'un observateur aussi éminent. Nous devons à GALIEN une première description anatomique complète et, dans ses grandes lignes, remarquablement exacte, des organes encéphaliques; nous lui devons surtout les premières notions expérimentales sur les fonctions de ces organes.

Galien a décrit les ventricules, la cloison transparente, la voûte à trois piliers, les lignes saillantes qui se remarquent sur sa surface concave et qu'il a comparées aux cordes d'une lyre, la glande pinéale et la glande pituitaire, l'infundibulum, les corps cannelés, les couches optiques, les cordons médullaires situés dans la partie postérieure des ventricules latéraux et dont la figure ressemble à celle des cornes d'un bélier ou des pieds d'hippocampe, les tubercules quadrijumeaux (nates et testes), l'appendice vermiforme, la commissure artérienne (ou corde de Willis), la fente que Sylvius a nommée aqueduc et qui communique du 3ᵉ au 4ᵉ ventricule, le cordon médullaire et fibreux qui en termine l'ouverture, et qu'on a nommé commissure postérieure, la protubérance annulaire, les « cuisses » et les « bras » de la moelle allongée (*Diction. hist. de la médecine*, par J.-E. Dezeimeris, II, 442).

Galien a énergiquement combattu l'ancienne doctrine aristotélique d'après laquelle le cerveau, organe humide et froid, aurait été destiné à la réfrigération du sang. « Aristote prétend qu'il (le cerveau) a été créé dans le but de refroidir le cœur, s'écrie Galien, mais lui-même oublie avoir déclaré que cette réfrigération était l'œuvre de la respiration... Aristote dit que tous les organes des sens n'aboutissent pas à l'encéphale. Quel est ce langage? Je rougis même aujourd'hui de citer cette parole. N'entre-t-il pas dans l'une et l'autre oreille un nerf considérable avec les membranes mêmes? Ne descend-il pas à chaque côté du nez une partie de l'encéphale (*nerfs olfactifs*) bien plus importante que celle qui se rend aux oreilles (*nerfs acoustiques*)? Chacun des yeux ne reçoit-il pas un nerf mou (*nerfs optiques*) et un nerf dur (*nerfs oculo-moteurs*), l'un s'insérant à sa racine, l'autre sur les muscles moteurs? N'en vient-il pas quatre à la langue; deux, mous, pénétrant par le palais (*nerf lingual*), deux autres, durs, descendant le long de chaque oreille (*nerf grand hypoglosse*)? Donc tous les sens sont en rapport avec l'encéphale, s'il faut ajouter foi aux yeux et au tact. Énoncerai-je les autres parties qui entrent dans la structure du cerveau? Dirai-je quelle utilité présentent les méninges, le plexus réticulé, la glande pinéale, la tige pituitaire, l'infundibulum, la lyre, l'éminence vermiforme, la multiplicité des ventricules, les ouvertures par lesquelles ils communiquent entre eux, les variétés de configuration, les deux méninges, les apophyses qui vont à la moelle épinière, les racines des nerfs qui aboutissent non seulement aux organes des sens, mais encore au pharynx, au larynx, à l'œsophage, à l'estomac, à tous les viscères, à tous les intestins, à toutes les parties de la face? Aristote n'a tenté d'expliquer l'utilité d'aucune de ces parties non plus que celle des nerfs du cœur; *or l'encéphale est le principe de tous ces nerfs* (*Utilit. des parties*, VIII, III-IV, 534, de la traduction de Daremberg).

On voit comment Galien base sa physiologie sur une anatomie profondément étudiée; il y a même dans les observations de Galien ce caractère de prescience, de divination, qui n'est qu'un symptôme habituel de l'art avec lequel les observations sont faites : par exemple, lorsque Galien appelle les nerfs olfactifs des parties de l'encéphale qui descendent de chaque côté du nez, ne semble-t-il pas nous révéler une notion que l'embryologie moderne a mise en évidence? Ne nous dit-il pas que les nerfs olfactifs ne sont pas des nerfs, mais des parties du cerveau antérieur?

Cette divination géniale se retrouve dans ce que l'on pourrait appeler la « physiologie générale » de Galien.

Trois forces fondamentales président à la vie des animaux. La première, dont le siège est au cerveau, agit sur tous les organes par l'intermédiaire des nerfs; c'est d'elle que relèvent les *fonctions animales*, l'intelligence, la sensibilité, le mouvement. La deuxième, qui réside dans le cœur, tient sous sa dépendance les fonctions *vitales*, l'entretien de la chaleur des organes, les passions de l'âme; la troisième a son centre dans le foie et préside, par l'intermédiaire des veines, aux fonctions *nutritives*.

Ces forces fondamentales ne sont pas à ce point distinctes l'une de l'autre qu'elles ne puissent se transformer. Enfin, et c'est ici que la physiologie générale de Galien apparaît vraiment transcendante, la vie se caractériserait en dernière analyse par des mouvements qui seraient de deux espèces : mouvement par rapport au lieu, mouvement par rapport à la qualité. Le premier se nomme *action*, il est actif; le second, *altération*, il est passif. C'est l'ancienne notion aristotélique que nous retrouvons ici, mais elle s'est transformée : l'*altération* des éléments du corps, ce que nous appelons aujourd'hui le chimisme intérieur des organes, tel serait, selon GALIEN, le caractère de la vie. Il y aurait, dans chaque organe, quatre facultés naturelles : *attractive, rétentrice, altérante, excrétrice;* nous exprimons la même pensée aujourd'hui en parlant de l'assimilation et de la désassimilation, mais, au fond, nous restons, sur ce point, d'accord avec la doctrine galénique.

Les dogmatistes s'appuyaient sur le raisonnement, les empiriques invoquaient l'expérience; GALIEN est éclectique en ce sens qu'il veut faire la part de l'expérience et du raisonnement dans l'acquisition de la science positive. L'erreur du grand homme a été de ne pas procéder méthodiquement, de ne pas partir toujours de l'expérience et de l'analyse des faits. Il a voulu, comme le dit ACKERMANN, faire la médecine *a priori :* il déduit la médecine de la physiologie, la physiologie de la physique, et celle-ci de la philosophie; marche hypothétique et hasardeuse, méthode déductive dont ses continuateurs devaient abuser au point de se fourvoyer complètement. Telle fut, dans la physiologie générale, la grande faute de GALIEN : il n'a pas sagement déterminé l'ordre et la mesure dans lesquelles l'expérience et le raisonnement devaient intervenir; il a abusé du raisonnement, il a quitté le terrain des faits. En physiologie spéciale, il fut le créateur de la mécanique animale qu'il étudia en anatomiste exercé et en mécanicien habile : il a réfuté l'ancienne théorie de PLATON qui confondait la moelle épinière avec la moelle des os (*Du mouvement des muscles*, I. 1, 322). Il est juste de dire que cette thèse avait déjà été combattue par HIPPOCRATE). Il a prouvé par l'expérience que les muscles sont les organes du mouvement, il a défini les rapports des muscles et des nerfs : « Si vous coupez tel ou tel nerf qu'il vous plaira, ou bien la moelle épinière, toute la partie située au-dessus de l'incision et qui reste en rapport avec le cerveau conservera encore les forces qui viennent de ce principe, tandis que toute la partie qui est au-dessous ne pourra plus communiquer ni sentiment ni mouvement à aucun organe. Les nerfs, qui jouent par conséquent le rôle de conduits, apportent aux muscles les forces qu'ils tirent du cerveau comme d'une source; dès l'instant qu'ils entrent en contact avec eux, ils se divisent d'une manière très variée à l'aide de plusieurs bifurcations successives, et, s'étant résolues à la fin entièrement en fibres membraneuses et ténues, ces bifurcations forment un réseau pour le corps du muscle » (*Du mouvement des muscles*, I, 1, 323).

GALIEN reconnaît que les muscles reçoivent des nerfs sensibles et des nerfs moteurs, le muscle est pour lui un « organe psychique » (*Du mouvement des muscles*, I, 1, 324), mais avant tout il est appareil de mouvement : « Sans les muscles, les animaux n'auraient aucun mouvement volontaire, de sorte que les muscles sont les organes propres de ces mouvements, tandis que toutes les parties sensibles sont douées de sentiment sous l'intervention des muscles » (*Du mouvement des muscles*, I, 1, 224). Contrairement à ses prédécesseurs qui prêtaient aux muscles la capacité de produire plusieurs mouvements de sens opposés, GALIEN démontre qu'il n'existe pour un muscle qu'un seul mouvement, le mouvement de contraction ou de raccourcissement : « Un muscle agit quand il attire vers lui la partie qui est mise en mouvement, mais il n'agit pas quand il est ramené au côté opposé par un autre muscle... le muscle contracté attire vers soi, tandis que le muscle relâché est attiré avec la partie ; pour cette raison les deux muscles *se meuvent* pendant l'accomplissement de chacun des deux mouvements, mais ils *n'agissent* pas tous les deux, car *l'activité* consiste dans la *tension* de la partie qui se meut, et non pas dans l'action d'obéir ; or un muscle obéit quand il est transporté inactif, comme le serait tout autre partie du membre. » GALIEN démontre ensuite par des vivisections que les mouvements opposés s'opèrent par les muscles antagonistes ; il décrit avec beaucoup de détails le mécanisme des actions antagonistes, et explique notamment le fait de l'immobilité du membre dont tous les muscles sont contractés. Il conclut que les muscles tendent toujours par eux-mêmes à l'extrême contraction, et que les muscles antagonistes sont, avec les os, le seul obstacle qui les empêche d'y arriver.

La physiologie spéciale des organes de la respiration et de la phonation a été étudiée très complètement par GALIEN; malheureusement le traité « *des causes de la respiration* » en deux livres, auquel GALIEN renvoie souvent, n'est pas arrivé jusqu'à nous; il n'en reste qu'un fragment cité par GALIEN lui-même dans son ouvrage sur les dogmes d'HIPPOCRATE et de PLATON. Le traité en quatre livres sur la voix est également perdu ; mais plusieurs chapitres du traité de l'utilité des parties (Livre 6, 7) renferment d'intéressantes expériences : « Le principal, le plus important usage des membranes médiastines (ou de la plèvre) est de diviser le thorax en deux cavités, de sorte que, si l'une vient à recevoir une grave blessure et perd la faculté de respirer, l'autre cavité intacte remplit la moitié de la fonction. Aussi l'animal perd-il la moitié de la voix ou de la respiration à l'instant où l'une des cavités de la poitrine est atteinte de blessures pénétrantes ; si toutes les deux sont percées, il perd complètement la voix et la respiration (*Utilité des parties*, Lib, VI, chap. III). »

GALIEN a recherché quels étaient, sur la respiration et sur la phonation, les effets produits par la résection des côtes, par la section ou par la compression des nerfs intercostaux, du nerf phrénique, des nerfs laryngés. Le trajet du laryngé inférieur, sa réflexion autour des vaisseaux thoraciques sont, pour GALIEN, une occasion de faire étalage de son érudition et de son habileté ; au moment de commencer la description des pneumo-gastriques : « Prêtez-moi, dit-il, plus d'attention que si, admis aux mystères d'Eleusis, de Samothrace ou de quelque autre sainte cérémonie, vous étiez complètement absorbé par les actions et les paroles des prêtres. Songez que cette initiation n'est pas inférieure aux précédentes, et qu'elle peut aussi bien révéler la sagesse, la prévoyance ou la puissance du Créateur des animaux. Songez plutôt que cette découverte que je tiens dans la main, c'est moi qui l'ai faite le premier. Aucun anatomiste ne connaissait un seul de ces nerfs, ni une seule des particularités que j'ai signalées dans la structure du larynx (*Utilité des parties*), VII, XIV, 505). »

L'empressement que met ici GALIEN à revendiquer l'honneur d'avoir été le premier à décrire les muscles et les nerfs du larynx, laisse penser que la plupart des autres descriptions anatomiques qu'il a faites n'ont point la même originalité ; cependant l'ostéologie de GALIEN est incomparablement plus complète que celle de ses devanciers ; les muscles qu'il a découverts ou dont il a donné une description détaillée, alors qu'ils étaient peu connus avant lui, sont les suivants : le peaucier, le buccinateur, le pyramidal du nez, le palmaire, le plantaire, les sphincters de l'anus, le petit pectoral, le rhomboïde, le petit droit antérieur de la tête, les extenseurs du rachis, les intercostaux, le poplité, les lombricaux et les interosseux des pieds et des mains.

On a souvent reproché à GALIEN d'avoir conclu, dans ses dissections et dans ses expériences, des animaux à l'homme ; il faudrait le féliciter, au contraire, d'avoir aussi bien mis à profit pour l'anatomie et la physiologie humaines, les seuls renseignements qu'il pût se procurer. Lui-même déclare d'ailleurs, en toute sincérité, quelles sont les espèces sur lesquelles portent ses observations ; il indique minutieusement comment il faut procéder pour répéter les expériences qu'il a faites : il donne la description des divers instruments dont il se sert (*De administr. anatom.*, IX, 1. Dans la traduction de ce traité DALESCAMP a figuré les instruments indiqués par GALLIEN) : ce n'est certes pas à lui qu'il faut s'en prendre si, malgré les exemples qu'il a donnés, la dissection et les vivisections n'ont pas été ensuite d'un usage courant.

GALIEN faisait ses expériences en particulier et en public ; pour agir sur la moelle, il se servait ordinairement de petits cochons ; il aurait préféré des singes, mais la comparaison avec l'homme aurait pu révolter les spectateurs. Il faisait coucher l'animal sur une table, lui liait les quatre membres et la tête ; pour mettre à nu la moelle épinière, il divisait, au moyen d'un scalpel, la peau et les muscles post-vertébraux, disséquait ces parties sur les côtés afin de bien mettre à nu la partie postérieure des vertèbres. Quand il expérimentait sur un gros animal, avant de couper la moelle, il enlevait une partie de la région postérieure du canal rachidien. Sur un animal jeune, il pénétrait entre deux vertèbres et faisait la section transversale de la moelle avec un couteau pointu de fer de Norique. Il observe que, si l'on coupe la moelle longitudinalement sur la ligne médiane, le sentiment et le mouvement persistent des deux côtés ; si l'on incise obliquement ou transversalement une des moitiés latérales, le sentiment et le mouvement sont anéantis du côté de la section, et l'animal est à demi muet ; il l'est tout à fait quand la division de la moelle a été complète (*De adm. anatom.*, VIII, 6. Voir CH. DAREMBERG ; *Thèse pour le doctorat en médecine*, 20 août 1841, 81).

Si l'on divise la moelle à son origine entre la 1re vertèbre cervicale et l'occipital, ou bien encore entre la 1re et la 2e, l'animal périt immédiatement. Entre la 3e et la 4e, la respiration est abolie complètement et tout le tronc ainsi que les membres sont immobiles et insensibles. Entre la 6e et la 7e, les six muscles supérieurs qui vont du cou au thorax et le diaphragme conservent leur action ; entre la 7e et la 8e, il en est de même : l'animal respire alors seulement avec le diaphragme, comme il le fait quand il n'a pas besoin de grands efforts respiratoires... si alors on coupe le nerf phrénique, le thorax reste immobile.

Après avoir rendu compte de ces expériences faites avec tant de précision et sur lesquelles il fut le premier à attirer l'attention du monde savant, Ch. Daremberg se demande comment il est possible que la physiologie expérimentale ait pû être oubliée pendant seize siècles. Nous avons déjà exprimé cette pensée en disant, au début de cet article, que ceux-là même qui, à l'époque de la Renaissance, ont courageusement combattu contre Galien, ne faisaient que rééditer, à leur insu, la vraie doctrine galénique, trop longtemps méconnue. Le mérite principal de Galien n'est certes pas dans ses théories, dans ses vues philosophiques ou dans ce que l'on a appelé son « système » ; il gît tout entier dans ses expériences, dans l'art de ses dissections, dans les découvertes réelles qu'il a faites. Galien en sait sur les fonctions du système nerveux autant qu'on en saura seize siècles plus tard ; il est peut-être, comme le dit Ch. Richet, « celui de tous les mortels qui a fait le plus pour la physiologie » (*Étude hist. sur la physiol. du syst. nerveux.* in *Revue scientif.,* 3e série, [i, 1881, 426).

Bibliographie. — Les éditions des œuvres de Galien, complètes ou partielles, en traduction ou dans le texte original, sont innombrables, et le détail en intéresse plus le bibliophile que le physiologiste.

Pour les œuvres complètes, en texte grec, nous signalerons l'édition des Aldes (5 vol. : 1° Aldus et Andreas, Socer, Venetiis, 1525) et l'édition de Bâle (Cratander, 1528) ; de Bâle (Frobenius, 1542). L'édition des Juntes (Venise, 1550) a été réimprimée.

Les éditions latines sont nombreuses (Lyon, Frellonius, 1550 ; les Juntes, Venise, 1541). Cette édition des *Juntes* a été souvent réimprimée ; 1556, etc. La neuvième et dernière édition est de 1625.

Les éditions gréco-latines sont celles de Paris (Pralard, 1679, 13 vol. f°) et, plus tard, une édition très complète de C.-G. Kühn (Leipzig, 1821-1833, 20 vol. 8°).

Quant aux éditions spéciales, il est impossible de les citer ici : car le nombre dépasserait quatre cents citations bibliographiques. Nous renvoyons le lecteur curieux de connaître les titres de ces traités divers à l'article Galien, de l'*Index Catalogue*, v, 242-246 ; et (2e série, vi, 13-21), ainsi qu'au *Catalogue de la Bibliothèque nationale de Paris*.

Pour ce qui est de l'ouvrage de Galien qui intéresse le plus directement la physiologie (Περὶ χρείας μορίων. —*De usu partium*) il en existe deux traductions françaises (Lyon, Roville, 1555) et Ch. Daremberg (2 vol. 8°, Paris, J.-B. Baillière, 1854). Cette dernière publication porte le titre assez inexact d'*Œuvres anatomiques, physiologiques et médicales de Galien*. En réalité, il ne s'agit que d'une petite partie de l'œuvre de Galien.

De très nombreux commentaires ont été écrits sur l'œuvre de Galien, même à notre époque. Celui de Sylvius (*Ordo et Ordinis ratio in legendis Hippocratis et Galeni libris*, Paris, 1546) a été longtemps classique, comme celui de Sanctorius (Venise, 1660. *Commentaria in artem medicinalem Galeni*).

Au point de vue spécialement physiologique, il faut citer, outre l'ouvrage de Ch. Daremberg, mentionné plus haut : Vigouroux, *Étude sommaire de la physiologie de Galien*, D. Montpellier, 1878. — Laboulbène, *Histoire de Galien* (Rev. Sc., 1882, xxix, 611-685). — Müller, *Ueber Galens Werk vom wissenschaftlichen Beweis* (4° München, 1895, K. Bay. Ak. d. Wiss.). — Kidd, *A cursory analysis of the workes of Galen, so far as they relate to anatomy and physiology* (Tr. Proc. med. and Surg., Ass., London, 1837, vi, 299-336). — Horsley (V.), *Galen ; an address before the Middlesex Hospital Medical Society* (*Middlesex Hosp. J.* London, 1899, iii, 37-52).

Nous croyons devoir donner ici l'indication, en texte latin, des divers traités écrits par Galien, ou qui lui ont été attribués. Nous prendrons pour guide la belle édition latine des Juntes. Au lieu d'introduire l'ordre analytique, nous suivrons l'ordre adopté par les éditeurs de 1586 :

I. *Oratio suasoria ad artes.* — *Si quis optimus medicus est, eundem esse philosophum.* — *De sophismatis in verbo contingentibus.* — *An qualitates incorporeæ sint.* — *De libris propriis.* — *De ordine librorum suorum.* — *De sectis ad eos qui introducuntur.* — *De optimâ sectâ.* — *De optimo docendi genere.* — *De subfiguratione empiricâ.* — *Adversus empiricos medicos.* — *De constitutione artis medicæ.* — *Finitiones medicæ.* — *Introductio, seu medicus.* — *Quomodo morborum simulantes sint deprehendi.* — *Ars medicinalis.* — *De elementis ex Hippocratis sententiâ.* — *De temperamentis.* — *In librum Hippocratis de naturâ humanâ commentarius.* — *De atra bile.* — *De optimâ nostri corporis constitutione.* — *De bonâ habitudine.* — *De ossibus.* — *De musculorum dissectione.* — *De venarum arteriarumque dissectione.* — *An sanguis in arteriis naturâ contineatur.* — *De anatomicis administrationibus.* — *De dissectione vulvæ.* — *De instrumento odoratus.* — *De usu partium corporis humani.* — *De utilitate respirationis.* — *De causis respirationis.* — *De pulsuum usu.* — *De Hippocratis et Platonis decretis.* — *De naturalibus facultatibus.* — *De motu musculorum.* — *Quod animi vires (mores) corporis temperaturas sequuntur.* — *De fœtuum formatione.* — *An omnes particulæ animalis quod fœtatur, fiant simul.* — *An animal sit quod in utero est.* — *De semine.* — *De septimestri partu.*

II. *De alimentorum facultatibus.* — *De succorum bonitate et vitio.* — *In librum Hippocratis de salubri diæta commentarius.* — *De attenuante victus ratione.* — *De ptisisanâ.* — *De parvæ pilæ exercitio.* — *De dignoscendis curandisque animi morbis.* — *De cujusque animi peccatorum cognitione, atque medelâ.* — *De consuetudine.* — *De sanitate tuendâ.* — *Num ars tuendæ sanitatis ad medicinalem artem spectet an ad exercitatoriam.* — *De differentiis morborum.* — *De causis morborum.* — *De symptomatum differentiis.* — *De symptomatum causis.* — *De differentiis febrium.* — *De inæquali intemperie.* — *De marcore.* — *De comate ex Hippocratis sententiâ.* — *De tremore, palpitatione, convulsione et rigore.* — *De difficultate respirationis.* — *De plenitudine.* — *De tumoribus præter naturam.* — *De morborum temporibus.* — *De totius morbi temporibus.* — *De typis.* — *Contra eos qui de typis scripserunt.* — *De causis procarticis.* — *In Hippocratis de morbis vulgaribus libros commentarii.* — *In librum Hippocratis de humoribus commentarii.*

III. *De locis affectis.* — *De pulsibus.* — *De pulsuum differentiis.* — *De dignoscendis pulsibus.* — *De causis pulsuum.* — *De præsagitione ex pulsibus.* — *Synopsis librorum suorum sexdecim de pulsibus.* — *De urinis.* — *De crisibus.* — *De diebus decretoriis.* — *In primum prosthetici librum Hippocrati attributum commentarii.* — *Diagnostica Hippocratis cum Galeni commentariis.* — *De dignotione ex insomniis.* — *De præcognitione.* — *De simplicium medicamentorum facultatibus.* — *De substitutis medicinis.* — *De purgantium medicamentorum facultate.* — *Quos purgare conveniat, quibus medicamentis et quo tempore.* — *De theriacâ.* — *De usu theriacæ.* — *De antidotis.* — *De compositione medicamentorum localium sive secundum locos.* — *De compositione medicamentorum per genera.* — *De ponderibus et mensuris.* — *De hirudinibus, revulsione, cucurbitula, cutis concisione, sive scarnificatione.* — *De venæ sectione adversus Erasistratum.* — *De venæ sectione adversus Erasistratæos, qui Romæ degebant.* — *De curandi ratione per sanguinis missionem.*

IV. *De medendi methodo.* — *De arte curativâ.* — *In libros Hippocratis de victus ratione in morbis acutis commentarii.* — *De diæta Hippocratis in morbis acutis.* — *De remediis paratu facilibus.* — *Documentum de puero epileptico.* — *In librum Hippocratis de naturâ humanâ commentarius.* — *De oculis.* — *De renum affectione, dignotione et medicatione.* — *In Hippocratem de officina medici commentarius.* — *In Hippocratem de fracturis commentarii.* — *In Hippocratem de articulis commentarii.* — *De fasciis.* — *In Aphorismos Hippocratis commentarii.* — *Adversus Lycum quod nihil in eo aphorismo Hippocrates peccet, cujus initium, qui crescunt plurimum habent caloris innati.* — *Contra ea quæ a Juliano in Hippocratis aphorismos dicta sunt.* — *Linguarum, hoc est obsoletarum Hippocratis vocum explanatio.* — *De historiâ philosophicâ.* — *Prognostica de decubitu ex mathematicâ scientiâ.* — *De partibus artis medicæ.* — *De dynamidiis.* — *De spermate.* — *De naturâ et ordine cujuslibet corporis.* — *De anatomiâ parvâ.* — *De anatomia vivorum.* — *De anatomiâ oculorum.* — *De compagine membrorum sive de naturâ humanâ.* — *De virtutibus nostrum corpus dispensantibus.* — *De voce et anhelitu.* — *De utilitate respirationis.* — *Compendium pulsuum.* — *De motibus manifestis et obscuris.* — *De dissolutione continuâ.* — *De bonitate aquæ.* — *De vinis.* — *Præsagium experientiâ confirmatum.* — *De urinæ significatione ex Hippocrate.* — *De simplicibus medicaminibus.* — *De catharticis.* — *De gynæcæis, id est de passionibus mulierum. — Liber secretorum. — De medicinis expertis, sive medicinalis experimentatio. — De melancholiá. — De curá icteri. — De curá lapidis. — Quæsita in Hippocratem. — De plantis. — In librum Hippocratis de Alimento commentaria. — Brevis denotatio dogmatum Hippocratis ex sermone XCIX. — De iis quæ medice dicta sunt in Platonis Timæo commentaria. — De motus thoracis et pulmonis. — Vocalium instrumentorum dissectio. — De substantiá facultatum naturalium. — Adversus empiricos medicos.*

Il est certain que plusieurs de ces ouvrages ne sont pas de GALIEN; mais ce sont, en général, les moindres et les plus médiocres. De fait, même en éliminant quelques écrits, d'origine incertaine, l'œuvre médicale et physiologique de GALIEN n'en reste pas moins une des plus considérables qu'un homme ait pu accomplir. **P. HÉGER.**

GALL (François-Joseph) naquit à Tiefenbrunn près de Pforzheim, en Souabe, le 9 mars 1738, et mourut à Montrouge, près de Paris, le 22 août 1828.

Il reçut son instruction première d'un curé de village; puis il poursuivit ses études à Bade, à Bruchsal, à Strasbourg et à Vienne. C'est dans cette dernière ville qu'il fut reçu docteur, en 1785, et qu'il commença à pratiquer la médecine. Il ne tarda pas à négliger le soin de sa clientèle pour s'adonner entièrement à des recherches sur l'anatomie du cerveau et du crâne; ses premières observations sur les rapports entre la conformation de la boîte cranienne et l'état des facultés intellectuelles dateraient du temps où il était encore au collège; mais ce n'est qu'en 1798 qu'il fit connaître la doctrine nouvelle dans une lettre adressée au baron J. P. de Retzer, lettre publiée dans le *Mercure* de Wieland. Dans cette lettre, GALL annonce la prochaine publication d'un « Prodrôme » (qui n'a, du reste, jamais vu le jour) et il donne, à l'avance, un aperçu de la science cranioscopique ou « organologie cérébrale ».

Il s'était adjoint un jeune anatomiste appelé NIKLAS. Entraîné par ses occupations médicales, ainsi qu'il le rapporte lui-même dans la préface de l'édition in 4º de son grand ouvrage sur les fonctions du système nerveux, GALL laissa trop souvent NIKLAS se livrer seul aux recherches anatomiques.

Enseignée publiquement à Vienne, la doctrine de GALL éveilla des susceptibilités, et l'opposition du monde de la cour fut si vive que, le 9 janvier 1802, GALL reçut du gouvernement l'ordre de cesser ses leçons. Cette absurde prohibition ne pouvait qu'accroître la célébrité du jeune médecin viennois; il devint l'apôtre d'une sorte de religion nouvelle : le 3 avril 1805, il ouvrit à Berlin, devant cinq cents auditeurs, un cours de phrénologie; il parvint à passionner l'opinion publique; le poète KOTZEBUE composa une comédie, « la Crânomanie », qui fut représentée devant GALL lui-même à Berlin; deux médailles furent frappées en son honneur.

GALL était incontestablement un anatomiste distingué, mais ce n'était point par d'exactes descriptions qu'il impressionnait la foule; il donnait à sa théorie cranioscopique, dont la base anatomique était fragile, une portée philosophique et pédagogique qui ne pouvait manquer de soulever les discussions les plus passionnées. Il n'y avait rien de révolutionnaire ni même de bien nouveau dans l'affirmation de rapports entre le cerveau et la pensée; ces rapports avaient été, depuis des siècles, vaguement entrevus par les philosophes et par les médecins, par GALIEN surtout; mais on s'était depuis longtemps habitué à ne pas se préoccuper suffisamment de ces rapports et à étudier les phénomènes de la pensée indépendamment du jeu des organes. L'un des mérites de GALL est d'avoir réagi contre cette erreur, d'avoir soutenu que « les manifestations morales et intellectuelles dépendent de l'organisme », assertion qui suffisait sans doute à ses adversaires pour leur permettre de l'accuser de « *matérialisme* ».

En localisant dans l'encéphale le siège « de tous les penchants, de toutes les facultés », GALL se mettait également en opposition avec cette tradition physiologique, aussi ancienne qu'erronée, qui plaçait le siège des sentiments dans d'autres viscères et particulièrement dans le cœur.

GALL prêcha sa doctrine avec une persuasive éloquence dans beaucoup de grandes villes : à Dresde, où on lui défendit de recevoir les femmes dans son auditoire; à Halle, où il parvint à recruter d'éminents partisans, tels que REIL et LODER ; à Iéna, où il eut pour auditeur la duchesse Anne-Marie-Amélie de Saxe-Weimar accompagnée du célèbre WIELAND. Au commencement de 1806, il est à Copenhague, puis il se rend à Hambourg, à

Amsterdam, à Leyde, à Francfort, à Carlsruhe, à Heidelberg, où il soutient une controverse avec Ackermann. Au mois d'avril, il est à Munich, le 16 juillet à Zurich ; il arrive enfin à Paris le 30 octobre 1807, à midi, « *pour prouver à ses adversaires qu'il ose y entrer en plein jour* ».

Mettant à profit ses voyages, Gall avait réuni de nombreux documents ; il avait visité les écoles, les orphelinats, les prisons, les asiles d'aliénés ; il avait assisté aux interrogatoires judiciaires, poursuivi ses démonstrations sur les condamnés jusqu'au lieu même de leur exécution, sur les suicidés, sur les hommes de conditions diverses ; les collections anatomiques, les statues et les bustes antiques lui avaient également fourni des éléments de comparaison qu'il n'avait pas négligés.

Gall était accompagné par Spurzheim ; celui-ci avait succédé à Niklas et l'on sait qu'il ne devait pas tarder à partager la réputation de son maître.

A Paris, Gall organisa un cours public à l'Athénée ; il poursuivit ses études d'anatomie et de physiologie ; au lieu de disséquer le cerveau en pratiquant des coupes, comme on l'avait fait jusque là, Gall et Spurzheim « commencèrent l'examen de chaque partie par sa première origine » en s'appliquant à suivre les trajets des fibres depuis la moelle jusque dans les hémisphères. « On ignorait, disent-ils, que les fibres nerveuses dussent leur origine et leur renforcement à la substance grise, et l'on ne savait, par conséquent, d'où partait le commencement du cerveau. » (Art. « *Cerveau* » du *Dict. des sciences médicales*, 1813, IV, 448.)

Le 14 mars 1808, Gall et Spurzheim présentèrent à l'Institut un mémoire intitulé : « Recherches sur le système nerveux en général et sur celui du cerveau en particulier. » La rédaction française avait été revue par Demangeon ; l'Institut nomma une commission composée de Cuvier, Pinel, Portal, Ténon et Sabatier pour examiner ce mémoire et pour en rendre compte. Le rapport de Cuvier, absolument défavorable, bien qu'écrit sous une forme que Gall qualifia lui-même de « diplomatique », critiquait vivement la théorie de la localisation des facultés ainsi que la prétention de pouvoir découvrir par l'inspection du crâne la valeur et les particularités de l'organisation intellectuelle ou morale d'un individu. En même temps, Cuvier faisait de bonne grâce l'éloge des procédés nouveaux de recherche indiqués par le docteur Gall.

« Celui-ci, dit Pouchet (R. S., XIV, 1035, mai 1875), établit d'abord que la substance grise est la matrice de la substance blanche et qu'elle est, de plus, le siège des facultés essentielles du système nerveux. L'autre substance, la blanche, n'est qu'accessoire, nullement homogène et formée de fibres ayant une direction déterminée. On savait cela : Vieussens l'avait indiqué dans sa « Névrologie universelle » ; mais, si Gall n'a point l'idée vierge, du moins il sait la féconder. Il montre que cette direction est précisément la chose importante ; il veut la connaître pour se rendre compte des rapports qui relient les différentes parties de l'encéphale où il a parqué les facultés, les aptitudes et les sentiments divers. »

Les théories « cranioscopiques » avaient été combattues en France dès la première heure par Laënnec ; on ne parlait pas encore, à ce moment, de la « phrénologie ». Le mot ne vint que plus tard lorsque Spurzheim, renonçant à sa collaboration avec Gall, se rendit en Angleterre pour y propager les nouvelles doctrines ; d'après Combe (*Traité de phrénologie*, 1840, Introduction) la dénomination de « phrénologie » est due au docteur Thomas Forster.

Quoi qu'il en soit, pendant que Spurzheim agissait en Angleterre, à Londres, puis à Edimbourg, où il fit un grand nombre de prosélytes, Gall obtenait à Paris l'adhésion de personnalités marquantes et de médecins illustres, comme Broussais, qui professa même un cours de phrénologie ; le 25 septembre 1819, Gall fut naturalisé en France ; sa réputation scientifique s'accrut à tel point qu'en 1821 Geoffroy-Saint-Hilaire l'engagea à poser sa candidature à l'Académie des sciences ; mais il n'obtint que la voix de son ami. Gall mourut à Paris en 1828 ; sa veuve céda au gouvernement, moyennant une rente de 1200 francs, ces célèbres collections craniologiques commencées à Vienne à une époque « où chacun tremblait pour sa tête et craignait qu'après sa mort elle ne fût mise en réquisition pour enrichir le cabinet de Gall » (Lettre de M. Ch. Villers à Georges Cuvier sur une nouvelle théorie du cerveau par le Docteur Gall, Metz, 1802. Citée par G. Pouchet).

La mémoire de GALL resta vénérée à Paris où un monument lui fut élevé en 1833, dans le cimetière du Père-Lachaise.

GALL fut un homme à imagination brillante, un novateur convaincu, et un travailleur méritant; FLOURENS lui a reproché d'avoir exploité la crédulité publique, et il faut reconnaître que ce jugement sévère n'est pas sans fondement; mais il paraît que GALL était de bonne foi; c'est dans une confiance outrée en lui-même, dans un aveuglement causé par une conviction qui s'affirme en maint passage de ses discours et de ses écrits, qu'il faut chercher l'explication de sa conduite.

Comme il le dit dans sa lettre à M. DE RETZER, GALL s'était proposé « de déterminer les fonctions du cerveau et celles de ses parties diverses en particulier, de prouver que l'on peut reconnaître différentes dispositions et inclinations par les protubérances ou les dépressions qui se trouvent sur la tête ou sur le crâne; et de présenter d'une manière plus claire les plus importantes vérités et conséquences qui en découlent pour l'art médical, pour la morale, pour l'éducation, pour la législation, et généralement pour la connaissance plus approfondie de l'homme. »

Ainsi, dès le début de ses travaux et de sa propagande, GALL se faisait illusion sur la portée de ses propres découvertes et leur attribuait une valeur qui devait révolutionner le monde. Un homme de science ne se serait pas exprimé ainsi; mais GALL n'avait pas le caractère d'un homme de science. Dans le portrait phrénologique qu'a tracé de lui FossATI, un de ses intimes et de ses admirateurs, nous ne trouvons pas la « bosse » de la modestie, et, parmi les qualités « développées à un haut degré » nous rencontrons, à côté de la sécrétivité, le sentiment de la propriété et la fierté; FossATI ajoute que l'amour de l'approbation est absent, et, pour qui connaît la vie de GALL, cela suffirait à faire mettre en doute l'exactitude de ce portrait. Le système de GALL et de SPURZHEIM reposait en réalité moins sur de véritables découvertes anatomiques que sur une conception nouvelle des fonctions du cerveau; cette conception elle-même était basée sur l'observation de nombreux faits, d'ordre physiologique et pathologique, d'où l'imagination féconde des auteurs de la phrénologie tirait des inductions qu'ils appliquaient ensuite à l'anatomie. GALL s'appuyait sur des axiomes : il affirmait que les qualités morales et les facultés intellectuelles sont innées; que le cerveau est composé d'autant d'organes particuliers qu'il y a de penchants, de sentiments, de facultés; que la forme du crâne, *qui répète dans la plupart des cas la forme du cerveau*, suggère des moyens pour découvrir les qualités ou les facultés fondamentales de l'individu.

Sans doute GALL et SPURZHEIM ont rendu à la physiologie des centres nerveux un inestimable service en fermant l'ère des localisations ventriculaires et en affirmant que le « *substratum* » des qualités et des sentiments se trouve dans les circonvolutions cérébrales; on leur doit le renversement définitif de beaucoup d'erreurs, et les discussions qu'ils ont soulevées ont incontestablement servi à l'établissement de la physiologie cérébrale. N'est-ce point pour mieux combattre les « doctrines phrénologiques » que FLOURENS a été amené à faire des expériences décisives sur les fonctions des hémisphères cérébraux? Mais on doit cependant reconnaître la justesse du jugement que FLOURENS portait sur GALL, en 1842, dans les termes suivants : « On ne connaît rien de la structure du cerveau, et on y trace des circonscriptions, des cercles, des limites. La face externe du crâne ne représente pas la surface du cerveau, on le sait, et on inscrit sur cette face externe vingt-sept noms; chacun de ces noms est inscrit dans un petit cercle, et chaque petit cercle répond à une faculté précise. Et il se trouve des gens qui, sous ces noms inscrits par GALL, s'imaginent qu'il y a autre chose que des noms. »

La grande erreur du système de GALL, c'est le mode de division qu'il imagine dans les facultés; il fait de l'intelligence et des opérations psychiques un classement fictif, vraiment puéril. Lorsque nous reconnaissons aujourd'hui dans le télencéphale une région olfactive, une région acoustique, une région visuelle, etc., nous nous appuyons sur des expériences et sur des observations positives; mais ces subdivisions modernes des fonctions du territoire cortical ne correspondent en aucune façon à celles que GALL avait établies, et l'on aurait tort d'y voir une confirmation, même indirecte, de sa doctrine. GALL constituait sa carte cranioscopique sans autre méthode que sa fantaisie, et il n'est pas étonnant que ses collaborateurs et ses élèves aient remanié cette carte indéfiniment. Quelle valeur faut-il attribuer à des facultés telles que ce « sens de la circonspection » qui formerait la base du caractère de certains médecins et qui serait aussi très développé chez les serpents? Si GALL s'était basé sur la physiologie du cerveau, sur de patientes dissections et non sur l'aspect extérieur du crâne, il aurait compris l'inanité de cette classification des facultés mentales dont il a eu le tort de faire la clef de voûte de son système.

Nous avons dit qu'à notre avis GALL n'avait pas le caractère d'un homme de science; cette appréciation se confirme quand on voit avec quelle légèreté il considérait comme valables des renseignements qui n'avaient aucune portée, même documentaire : les bustes de MOÏSE et d'HOMÈRE sont, aux yeux de GALL, des images fidèles de ces grands hommes. Enfin, GALL a commis la faute de soumettre à un public incompétent des problèmes que celui-ci ne pouvait pas juger. On doit regretter qu'il n'ait pas mis à profit pour lui-même le conseil qu'il donnait aux autres, en disant : « Quiconque a une trop haute idée de la force et de la justesse de ses raisonnements pour se croire obligé de les soumettre à une expérience mille et mille fois répétée, ne perfectionnera jamais la physiologie du cerveau. » On trouvera un compte rendu détaillé de la doctrine de GALL et de SPURZHEIM sur les localisations cérébrales à l'art. **Cerveau**, II, 611, de ce dictionnaire.

Bibliographie. — 1791. — *Philosophische medizinische Untersuchungen über Natur und Kunst im kranken und gesunden Zustande des Menschen*, in-8°.

1798. — *Lettre au baron Joseph François de Retzer* (*Nouveau Mercure allemand*, III, 2ᵉ livr., et *Journal de la Soc. phrenolog. de Paris*, III, 1835, 16).

1807. — *Cranologie ou découvertes nouvelles, concernant le cerveau, le crâne et les organes* (trad. de l'allemand), in-8°, Paris, NICOLLE.

1808. — *Discours d'ouverture à la première séance du cours public sur la physiologie du cerveau* (15 juin 1808), in-8°.

1808. — *Recherches sur le système nerveux en général et sur celui du cerveau en particulier* (en collab. avec SPURZHEIM).

1812. — *Des dispositions innées de l'âme et de l'esprit du matérialisme, du fatalisme et de la liberté morale, avec des réflexions sur l'éducation et sur la législation criminelle*, in-8°.

1813. — Article « *Cerveau* » du dictionnaire des sciences médicales. Cet article, rédigé par GALL et SPURZHEIM, contient un résumé complet de leurs travaux anatomiques. *Notices dans la Revue européenne.*

1810-1819. — *Anatomie et physiologie du système nerveux en général et du cerveau en particulier. Avec des observations sur la possibilité de reconnaître plusieurs dispositions intellectuelles et morales de l'homme et des animaux par la configuration de leur tête* (en collab. avec SPURZHEIM), 4 vol. in-4° avec atlas de 100 planches.

1822-1825. — *Sur les fonctions du cerveau et sur celles de chacune de ses parties avec des observations sur la possibilité de reconnaître les instincts, les penchants, les talents, ou les dispositions morales et intellectuelles des hommes et des animaux par la configuration de leurs cerveaux et de leurs têtes*, 6 vol. in-8°.

P. HÉGER.

GALLE (noix de) (V. Tanin.)

GALLIQUE (acide) : $C^7 H^6 O^5 + H^2O$. — Acide qui existe dans les plantes, soit à l'état de liberté, soit à la suite du dédoublement du tanin (V. **Tanin**). Il se combine aux bases pour former des gallates neutres. On le prépare, soit en faisant l'extraction directe des plantes, soit en décomposant le tanin par l'acide sulfurique. Chauffé à 200°, il donne de l'acide carbonique et de l'acide pyrogallique. Sa combinaison avec le brome, découverte par GRIMAUX, fournit un corps cristallisable, l'acide dibromogallique, ou *gallobromol* ($C^7 H^4 Br^2 O^5$), dont R. LÉPINE a fait une étude physiologique et thérapeutique que nous devons indiquer ici (*Sem. méd.*, 1893, 313-314).

La dose toxique par ingestion stomacale paraît être d'environ 0gr,5 par kilogramme. Encore ce chiffre est-il plutôt un peu fort. Il paraîtrait que le gallobromol, à la dose de 2 à 3 grammes quotidiennement administrés à des malades en état de surexcitation nerveuse, est un calmant qui ressemble au bromure de potassium, mais sans qu'il ait les fâcheux effets déprimants de ce sel.

Quand on le donne à trop forte dose, on voit survenir des troubles respiratoires; l'urine est noire, comme dans les cas d'intoxication phénylique.

GALVANI (Luigi), fondateur de l'électro-physiologie, naquit à Bologne, le 9 septembre 1737. Il appartenait à une famille dont plusieurs membres s'étaient illustrés dans la théologie et la jurisprudence, ALIBERT, dans son « Éloge de GALVANI », rapporte que dans un moment de ferveur il voulut prendre l'habit religieux, mais que, ses parents l'ayant détourné de ce projet, il résolut d'étudier la médecine. En 1762, il soutint avec distinction, à l'Université de Bologne, une thèse sur la nature et la formation des os. Honoré de l'amitié de ses maîtres, admis dans l'intimité de BECCARI, de TACCENI, de GALLI, et surtout de GALEAZZI, il épousa une fille de ce dernier, nommée Lucie. Attaché à l'Université en qualité de lecteur, il y enseigna l'anatomie, fut élu en 1765 membre de l'Institut des sciences de Bologne, devint professeur en titre, et se fit connaître bientôt par d'intéressantes recherches d'anatomie et de physiologie comparées. Pratiquant la médecine, la chirurgie et surtout l'obstétrique avec succès, GALVANI trouvait cependant le temps de poursuivre des travaux scientifiques; il avait la réputation d'être très laborieux, très méthodique et de régler avec exactitude jusqu'à ses délassements; il s'intéressait surtout à la « physique animale ». Ses premières découvertes se rapportent à la sécrétion de l'urine chez les oiseaux; il lia les uretères, décrivit leur structure et leurs mouvements péristaltiques; il étudia ensuite l'anatomie de l'oreille; il s'occupait de ce sujet depuis trois ans déjà lorsque SCARPA publia ses observations sur la fenêtre ronde. Ayant cru retrouver dans les écrits de SCARPA la description de certains faits antérieurement énoncés par lui, GALVANI renonça à l'importante publication qu'il avait projetée et se contenta de consigner dans de courtes notices les résultats de ses recherches personnelles.

Comment GALVANI fut-il amené à la découverte de l'électricité animale? Lui-même nous le raconte dans le « commentaire » publié en 1771 : *Ranam dissecui, atque præparavi ut in figurâ* (en coupant l'animal transversalement en deux de manière à laisser les nerfs lombaires en rapport avec un tronçon de la moelle épinière, puis en enlevant complètement les viscères), *eamque in tabulâ, omnia mihi alia proponens, in qua erat machina electrica, collocavi, ab ejus conductore penitùs sejunctam atque haud brevi intervallo dissitam; dùm scalpelli cuspidem unus ex iis qui mihi operam dabant, cruralibus hujus ranae internis nervis... casu vel leviter admoveret, continuo omnes artuum musculi itâ contrahi visi sunt, utni vehementiores incidisse tonicas convulsiones viderentur : horum vero alter, qui nobis electricitatem tentantibus præsto erat, animadvertere sibi visus est, rem contingere dùm ex conductore machinae scintilla extorqueretur. Rei novitatem ille admiratus de eâdem statim me alia, omnino molientem ac mecum ipso cogitantem admonuit. Hic ego incredibili cum studio, et cupiditate incensus idem experiundi et quod occultum in re esset in lucem proferendi, etc.*

Sans doute, bien avant GALVANI, d'autres expérimentateurs avaient démontré que l'électricité provoque des secousses musculaires. CAVENDISU et VAN MARUM n'avaient pu faire leur découvertes sans s'en apercevoir, et déjà, le 15 novembre 1756, CALDANI avait lu devant l'Institut de Bologne un mémoire dans lequel il avait rendu compte d'expériences faites sur des grenouilles. Mais personne jusque-là n'avait essayé de pénétrer le phénomène, comme GALVANI tentait de le faire dans cet opuscule de 58 pages, intitulé *de Viribus electricitatis in motu musculari Commentarius* (1792). Quatre gravures (récemment reproduites dans le traité d'électro-chimie de W. OSTWALD [1]) initient le lecteur à tous les dispositifs des expériences; celles-ci démontrent avec la plus grande évidence l'action de l'électricité sur les nerfs de différents animaux (grenouille, poulets, moutons).

La première observation de GALVANI sur l'action de l'électricité est datée du 6 novembre 1780. A partir de ce jour, il expérimenta sans cesse; son attention ayant été attirée sur les phénomènes produits par l'électricité atmosphérique, il installa un dispositif expérimental sur la terrasse du palais Zambeccari; c'est là que le 20 septembre 1786 il fit une seconde observation qui devait, mieux encore que la première, le conduire à la découverte de l'électricité animale. Il la rapporte dans les termes suivants :

« *Ranas itaque consueto more paratas, uncino ferreo earum spinali medullâ perforata atque appensa, septembris initio, die vespærascente, supra parapetto horizontaliter collocavimus. Uncinus ferream laminam tangebat; en motus in rana spontanei varii, haud infrequentes! Si digito uncinulus adversus ferream superficiem premeretur, quiescentes excitabantur, et toties ferme quoties hujusmodi pressio adhiberetur.* »

1. *Elecktrochemie, ihre Geschichte und Lehre*, Leipzig, 1896.

Les commentateurs de Galvani, et parmi eux son neveu Giovanni Aldini, ont donné de nombreuses variantes de cette célèbre expérience : d'après Aldini le crochet traversant la moelle aurait été de cuivre (*œreus*) et non de fer, ce qui modifie, on le comprend, l'interprétation qu'il convient de proposer à ce phénomène.

Galvani transforma son dispositif expérimental de toutes façons ; on ne peut qu'admirer son ingéniosité et sa persévérance ; dans un domaine où, un siècle après lui, nous cherchons encore notre voie, il réalisa toutes les démonstrations essentielles ; il vit naître ces surprenantes contractions musculaires au contact des métaux ; il en recherche la cause, et parvint, avec une sagacité à laquelle on doit rendre hommage, à distinguer ce qu'il appelait « *elettricita de metalli* » de « l'électricité animale ». Il obtint, en effet, des contractions en mettant le nerf et le muscle en communication l'un avec l'autre par un arc formé d'un seul métal, comme il les obtenait avec deux métaux. Il arriva ainsi à se convaincre de l'existence de l'électricité animale, et notamment de ce que l'on a appelé depuis « le courant propre de la grenouille ». Après plusieurs années de patientes recherches, Galvani formula sa théorie ; elle se résume dans cette proposition fondamentale : « *Tous les animaux posséderaient une électricité particulière, répandue dans toutes les parties de leur corps ; elle serait sécrétée par le cerveau et distribuée par les nerfs ; les réservoirs principaux de l'électricité animale seraient les muscles, dont chaque fibre représenterait pour ainsi dire une petite bouteille de Leyde.* »

L'apparition du mémoire de Galvani fit grande sensation dans le monde entier ; il faut reconnaître du reste que ces surprenantes expériences étaient bien faites pour éveiller la curiosité de la foule et intriguer les chercheurs ; physiciens et physiologistes s'empressèrent de les répéter et de les interpréter. Valli, Powler, Humboldt, Aldini, se rangeant à la manière de voir de Galvani, s'attachèrent à défendre l'idée de la circulation électrique ; le « fluide » né dans les appareils nerveux et distribué par les conducteurs nerveux à tous les organes aurait engendré les contractions musculaires « en se recomposant » ; si l'on produisait des contractions en mettant par un arc conducteur un nerf et un muscle en communication, c'est parce que « les fluides pouvaient se recomposer » par l'intermédiaire de cet arc.

D'autres savants contestèrent cette interprétation ; parmi les plus ardents contradicteurs de Galvani, se trouvaient Ackermann, Pfaff et surtout Volta.

Volta était professeur de physique à Pavie ; il s'était déjà signalé, au moment de sa lutte avec Galvani, par des découvertes importantes, telles que l'électrophore, l'électromètre condensateur, l'eudiomètre ; Volta avait commencé par adopter les vues de Galvani sur l'origine de l'électricité animale ; puis il avait quitté cette voie, attribuant les phénomènes observés au contact des métaux avec les parties vivantes. En vain Galvani répondait-il que l'on pouvait obtenir des contractions en réunissant nerf et muscle par un arc formé d'un seul métal ; bien plus, que la présence du métal n'était pas indispensable, *les résultats étant les mêmes lorsque l'on mettait en contact immédiat les nerfs lombaires et les muscles cruraux ;* il ne parvint pas à convaincre ses contradicteurs.

Pendant onze années la discussion se poursuivit ; dans une série de mémoires dont plusieurs sont dédiés à Spallanzani, Galvani s'efforce de répondre aux objections de Volta et aux questions dont on l'accable de toutes parts ; il varie ses expériences, il poursuit avec ténacité, et souvent avec une admirable patience, la série des arguments qui lui paraissent justifier sa théorie, il complète ses premiers travaux et s'efforce même d'appliquer ses découvertes à la pathologie ; c'est ainsi qu'il explique par l'influence de l'électricité la production des paralysies, des tétanos et des convulsions ; il attribue l'épilepsie au transport violent de l'électricité vers le cerveau et conseille de faire une ligature autour des membres pour arrrêter ce transport. Comme d'autres l'avaient fait avant lui, il propose de traiter diverses maladies par l'électricité et particulièrement par le bain électrique.

La polémique de Volta et de Galvani est d'autant plus intéressante à suivre qu'elle permet de voir naître et grandir, en s'alimentant sans cesse de faits nouveaux, la théorie de la pile ; incontestablement les travaux de Galvani exercèrent la plus grande influence sur l'esprit de Volta, et préparèrent la découverte qui a immortalisé le nom du physicien de Pavie.

Si la physiologie ne peut pas oublier que l'invention de la pile musculaire, due à

GALVANI, a précédé de dix ans la construction de la pile de VOLTA, peu de personnes cependant se rangèrent à l'avis d'ALDINI déclarant que la découverte de VOLTA ne faisait que confirmer la théorie de GALVANI [1]. Déjà, pendant les dernières années de sa vie, le physiologiste de Bologne put prévoir le triomphe de son adversaire. A vrai dire, il n'était rien moins qu'un triomphateur : c'était un laborieux, un persévérant, dont la modestie égalait la ténacité; c'était aussi, et par-dessus tout, un homme de cœur dont les sentiments avaient d'exquises délicatesses. De tels hommes sont enclins à la mélancolie, surtout lorsqu'ils se trouvent en butte à la contradiction. La vie de GALVANI avait d'ailleurs été assombrie par d'autres causes; en 1796, il avait perdu sa femme, cette fidèle Lucie dont lui-même a poétisé le souvenir [2]; plus tard, la République cisalpine ayant exigé de tous les professeurs de Bologne un serment d'obéissance, GALVANI refusa de le prêter et préféra sacrifier sa situation. Par égard pour les services qu'il avait rendus, le gouvernement s'offrit à le dispenser du serment et lui proposa sa réintégration; mais GALVANI, refusant toute faveur, se retira auprès de son frère. Ses dernières années furent attristées par une maladie gastrique localisée au pylore. Lorsqu'il mourut, le 4 décembre 1798, l'Italie entière fut plongée dans le deuil; ses concitoyens lui élevèrent une statue.

Après la mort de GALVANI, les controverses continuèrent entre les partisans du « Galvanisme » et les disciples de VOLTA. Les découvertes du savant de Bologne furent souvent dépréciées ou considérées comme accessoires, alors qu'en réalité ses vues, malgré d'inévitables erreurs, étaient pénétrantes et justes.

On trouvera dans le livre de E. DU BOIS-REYMOND (*Untersuchungen über thierische Electricität*, 1848, p. 31 à 102) une analyse très détaillée des œuvres de GALVANI.

Bibliographie. — Les œuvres les plus importantes de GALVANI ont été publiées par lui dans les *Mémoires de l'Institut des sciences de Bologne;* il existait aussi d'intéressants manuscrits entre les mains de ses héritiers; ces documents ne parvinrent que tardivement à la connaissance du public. L'édition publiée en 1841, à Bologne, par les soins de l'*Institut des sciences*, est la plus complète; elle forme un vol. in-4° intitulé : *Opere edite et inedite del Professore Luigi Galvani raccolte e pubblicate per cura dell' Academia delle Scienze dell' Istituto di Bologna.*

14 janvier 1762. — *Dissertazione latina supra la formazione del callo nelle ossa fratte.*

28 janvier 1762. — *Dissert. lat. supra gli effetti della rubia inghiottita dai polli.*

25 février 1763. — *Dissert. lat. sopra i reni, gli ureteri e l'orina dei volatili.*

21 février 1765. — *Dissert. lat. sopra l'effetto della rubia presa negli alimenti sopra le ossa degli animali.*

14 juin 1765. — *Dissert. lat. sopra la tintura di rubia che contraggono le ossa è le altre parti del corpo d'un animale che prendra la rubia in cibo.*

20 mars 1766. — *Dissertazione latina sopra le vie dell'orina nei volatile.*

19 février 1767. — *Dissertazione latina sopra è villi della membrana pituitaria.*

5 mai 1768. — *Dissertazione latina sopra l'organo del udito negli occelli.*

23 février 1769. — *Même sujet, negli volatili.*

9 novembre 1769. — *Même sujet, dei quadrupedi, volatili et del'Uomo.*

21 février 1771. — *Même sujet, dei volatili.*

9 avril 1772. — *Dissertazione latina sopra l'irritabilita Halleriana.*

22 avril 1773. — *Dissertazione latina sopra il moto musculare osservato da lui specialmente nelle rane.*

20 janvier 1774. — *Dissertazione latina sopra l'azione del opio nei nervi della rane.*

6 avril 1775. — *Dissertazione latina sopra varie scoperte sue è del Dott. Scarpa sulla structura dell'orecchio.*

25 avril 1776. — *Dissertazione latina sull'organo dell'udito.*

3 avril 1777. — *Dissertazione latina su varie sue esperienze intorno allo moto del cuore.*

23 avril 1778. — *Dissertazione latina su la maniera di fermare il moto del cuore negli animali a sangue freddo mediante la spinal midolla.*

---

1. JEAN ALDINI. *Essai théorique et expérimental sur le galvanisme.* Paris, 1804, 2 vol., II, 135.
2. On trouvera dans l'éloge historique de GALVANI, par d'ALIBERT, le texte des vers composés par le professeur de Bologne.

24 mars 1779. — *Dissertazione latina sopra una cataratte artificiale è sopra anche la morbosa.*

2 mars 1780. — *Dissertazione latina sopra l'influsso dell' elettricita nel moto muscolare.*

8 mars 1781. — *Dissertazione latina sopra le cataratte.*

18 avril 1782. — *Dissertazione latina sull'uso dei quattro ossetti del timpano.*

2 mai 1783. — *Dissertazione latina su de principii volatili cavati insieme coll' aria fissa da varie parti solide, e fluide di varii animali.*

27 novembre 1783. — *Dissertazione latina sopra l'aria infiammabile delle parti animali.*

13 janvier 1785. — *Dissertazione latina su l'aria del ventricolœ degli intestini.*

6 avril 1786. — *Dissertazione latina sopra l'analogia dell' electrico fuoco alla fiamma.*

21 février 1787. — *Dissertazione latina sopra l'aria di diverse qualita che si trove nelle varie parti del canal intestinale degli animali.*

27 mars 1788. — *Dissertazione latina sopra le vicende della bile mescolata a varie specie d'arie.*

30 avril 1789. — *Dissertazione latina sopra l'elettricita animale.*

5 novembre 1789. — *Dissertazione latina sopra le acque Porretane.*

2 mai 1791. — *Dissertazione latina sopra l'elettricita animale.*

1er mars 1792. — *Dissertazione latina sull'elettricita animale in conferma e ampliazione delle cose da lui sopra questo argomento.*

18 avril 1793. — *Dissertazione latina responsiva ad alcune difficolta mosse contro l'elettricita animale.*

10 avril 1794. — *Dissert. latina sopra una materia effervescente cogli aridi da lui trovata in una parte delle vertebre delle rane e nel labirintho del orecchio d'alcuni animali.*

28 mars 1795. — *Dissert. latina sopra la torpedine specialmente rapporto all'elettricita propria di questo pesce.*

29 avril 1797. — *Dissert. latina sopra l'azione delle mefiti nel corpo animale.*

19 avril 1798. — *Dissert. sopra l'azione dell'opio per rispetto alle contrazioni muscolari.*

P. HÉGER.

TABLE DES MATIÈRES

DU SIXIÈME VOLUME

ERRATA

A l'article **Électricité animale**, il y a une tranposition de figure.

La fig. 185 de la page 327 doit se trouver page 354 après la 17ᵉ ligne après la phrase : La fig. 185 indique la manière dont se fait cette expérience.

Page 338, ligne 14 (d'en bas), au lieu de *trés*, lire *plus*.

A l'article **Électricité végétale**, page 384, ligne 4, au lieu de *externe*, lire *interne*.

A l'article **Electrotonus** il y a une omission et une transposition des figures. La figure suivante doit remplacer la fig. 204. Ce qui est dit page 411 de la fig. 204 se rapporte à la figure omise et représentée ici. La fig. 204 doit se trouver à la page 416 entre les lignes 40 et 41. Quant à la fig. 205, elle fait partie du texte de la page 417 (lignes 24 à 32), où elle se trouve.

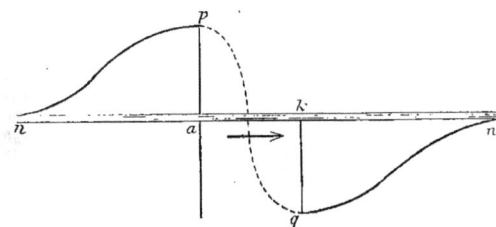

Page 411, ligne 7 (d'en bas), au lieu de *a*, lire *k*; au lieu de *k*, lire *a*.

Page 411, ligne 3 (d'en bas), au lieu de *cathode*, lire *anode*.

Page 411, ligne 2 (d'en bas), au lieu de *l'anode*, lire *la cathode*.

Page 416, ligne 17 (d'en bas), au lieu de *205*, lire *204*.

Page 417, ligne 24, après le mot *supposons*, lire *(fig. 205)*.

DICTIONNAIRE

DE

PHYSIOLOGIE

PAR

CHARLES RICHET

PROFESSEUR DE PHYSIOLOGIE A LA FACULTÉ DE MÉDECINE DE PARIS

AVEC LA COLLABORATION

DE

MM. E. ABELOUS (Toulouse) — ANDRÉ (Paris) — S. ARLOING (Lyon)
ATHANASIU (Paris) — BARDIER (Toulouse) — R. DU BOIS-REYMOND (Berlin)
G. BONNIER (Paris) — F. BOTTAZZI (Florence)
E. BOURQUELOT (Paris) — ANDRÉ BROCA (Paris) — J. CARVALLO (Paris)
CHARRIN (Paris) — A. CHASSEVANT (Paris) — CORIN (Liège) — E. DE CYON (Paris) — A. DASTRE (Paris)
R. DUBOIS (Lyon) — W. ENGELMANN (Berlin) — G. FANO (Florence)
X. FRANCOTTE (Liège) — L. FREDERICQ (Liège) — J. GAD (Leipzig) — GELLÉ (Paris)
E. GLEY (Paris) — L. GUINARD (Lyon) — HAMBURGER (Utrecht)
M. HANRIOT (Paris) — HÉDON (Montpellier) — F. HEIM (Paris) — P. HENRIJEAN (Liège)
J. HÉRICOURT (Paris) — F. HEYMANS (Gand) — J. JOTEYKO (Bruxelles) — H. KRONECKER (Berne)
P. JANET (Paris) — LAHOUSSE (Gand) — LAMBERT (Nancy)
E. LAMBLING (Lille) — E. LAMY (Paris) — P. LANGLOIS (Paris) — L. LAPICQUE (Paris) — LAUNOIS (Paris)
LE DANTEC (Paris) — ED. LESNÉ (Paris) — CH. LIVON (Marseille) — E. MACÉ (Nancy)
GR. MANCA (Padoue) — MANOUVRIER (Paris) — L. MARILLIER (Paris) — M. MENDELSSOHN (Pétersbourg)
E. MEYER (Nancy) — MISLAWSKI (Kazan) — J.-P. MORAT (Lyon) — A. MOSSO (Turin)
NEVEU-LEMAIRE (Paris) — M. NICLOUX (Paris) — J.-P. NUEL (Liège) — AUG. PERRET (Paris)
A. PINARD (Paris) — F. PLATEAU (Gand) — M. POMPILIAN (Paris) — P. PORTIER (Paris)
G. POUCHET (Paris) — E. RETTERER (Paris) — P. SÉBILEAU (Paris)
C. SCHÉPILOFF (Genève) — J. SOURY (Paris) — W. STIRLING (Manchester) — J. TARCHANOFF (Pétersbourg)
TRIBOULET (Paris) — E. TROUESSART (Paris)
H. DE VARIGNY (Paris) — E. VIDAL (Paris) — G. WEISS (Paris) — E. WERTHEIMER (Lille)

PREMIER FASCICULE DU TOME VI

AVEC GRAVURES DANS LE TEXTE

PARIS

FÉLIX ALCAN, ÉDITEUR

ANCIENNE LIBRAIRIE GERMER BAILLIÈRE ET Cie

108, BOULEVARD SAINT-GERMAIN, 108

—

1903

16

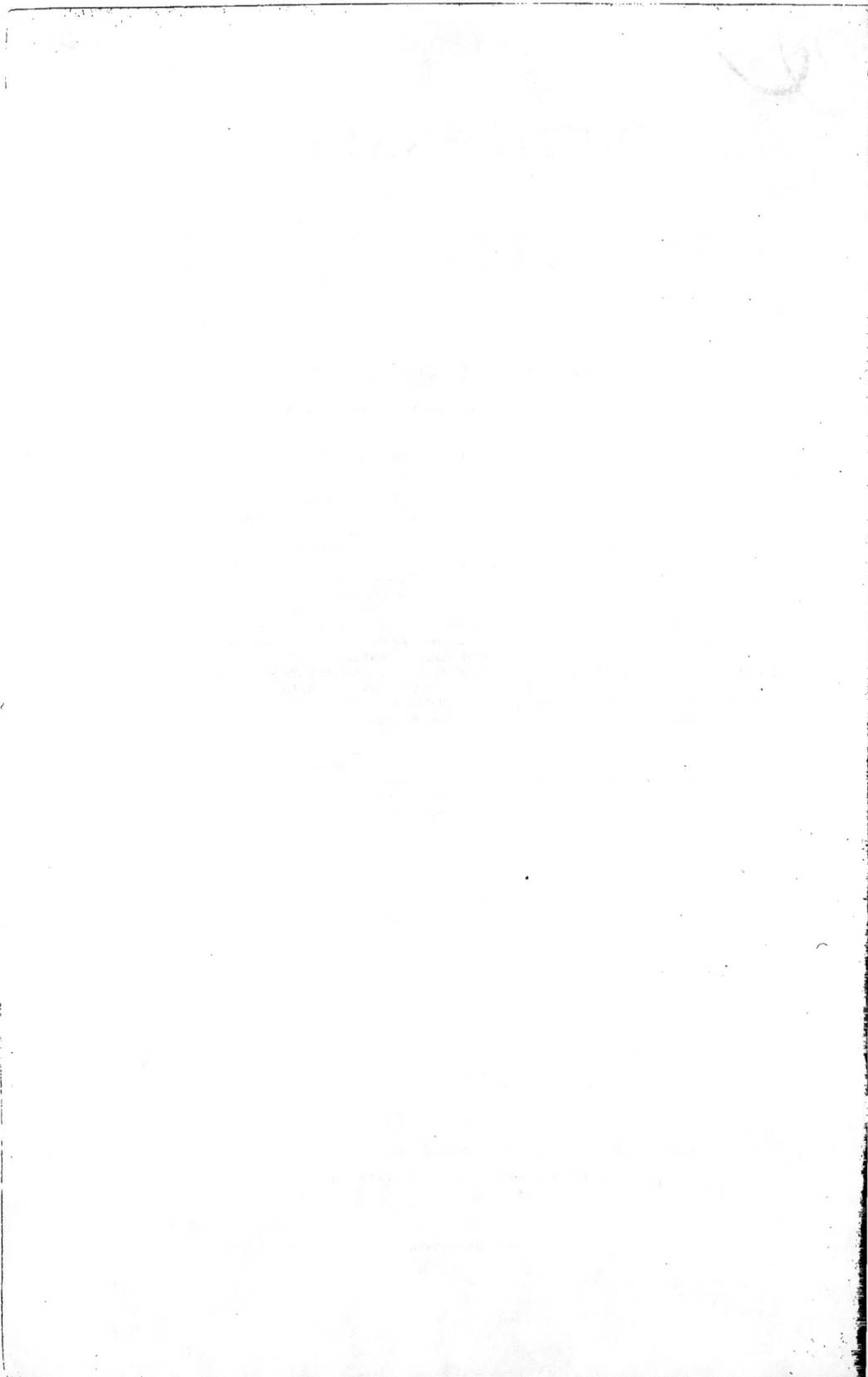

DICTIONNAIRE

DE

PHYSIOLOGIE

PAR

CHARLES RICHET

PROFESSEUR DE PHYSIOLOGIE A LA FACULTÉ DE MÉDECINE DE PARIS

AVEC LA COLLABORATION

DE

MM. F. ABELOUS (Toulouse) — ALEZAÏS (Marseille) — ANDRÉ (Paris) — S. ARLOING (Lyon)
ATHANASIU (Paris).— BARDIER (Toulouse) — F. BATTELLI (Genève) — R. DU BOIS-REYMOND (Berlin)
G. BONNIER (Paris) — F. BOTTAZZI (Florence) — E. BOURQUELOT (Paris) — ANDRÉ BROCA (Paris)
CAMUS (Paris) — J. CARVALLO (Paris) — CHARRIN (Paris) — A. CHASSEVANT (Paris) — CORIN (Liège)
E. DE CYON (Paris) — A. DASTRE (Paris) — R. DUBOIS (Lyon) — W. ENGELMANN (Berlin)
G. FANO (Florence) — X. FRANCOTTE (Liège) — L. FREDERICQ (Liège) — J. GAD (Leipzig) — GELLÉ (Paris)
E. GLEY (Paris) — L. GUINARD (Lyon) — HAMBURGER (Gröningen) — M. HANRIOT (Paris)
HÉDON (Montpellier) — F. HEIM (Paris) — P. HENRIJEAN (Liège) — J. HÉRICOURT (Paris)
F. HEYMANS (Gand) — H. KRONECKER (Berne) — J. IOTEYKO (Bruxelles) — PIERRE JANET (Paris)
LAHOUSSE (Gand) — LAMBERT (Nancy) — E. LAMBLING (Lille) — P. LANGLOIS (Paris)
L. LAPICQUE (Paris) — LAUNOIS (Paris) — CH. LIVON (Marseille) — E. MACÉ (Nancy) — GR. MANCA (Padoue)
MANOUVRIER (Paris) — M. MENDELSSOHN (Pétersbourg) — E. MEYER (Nancy) — MISLAWSKI (Kazan)
J.-P. MORAT (Lyon) — A. MOSSO (Turin) — J.-P. NUEL (Liège) — F. PLATEAU (Gand) — E. PFLÜGER (Bonn)
G. POUCHET (Paris) — E. RETTERER (Paris) — P. SÉBILEAU (Paris) — C. SCHÉPILOFF (Genève)
J. SOURY (Paris) — W. STIRLING (Manchester) — J. TARCHANOFF (Pétersbourg) — THOMAS (Paris)
TRIBOULET (Paris) — E. TROUESSART (Paris) — H. DE VARIGNY (Paris)
M. VERWORN (Göttingen) — E. VIDAL (Paris) — G. WEISS (Paris) — E. WERTHEIMER (Lille)

DEUXIÈME FASCICULE DU TOME VI

AVEC GRAVURES DANS LE TEXTE

PARIS

FÉLIX ALCAN, ÉDITEUR

ANCIENNE LIBRAIRIE GERMER BAILLIÈRE ET CIE

108, BOULEVARD SAINT-GERMAIN, 108

—

1903

17

DICTIONNAIRE
DE
PHYSIOLOGIE

PAR

CHARLES RICHET

PROFESSEUR DE PHYSIOLOGIE A LA FACULTÉ DE MÉDECINE DE PARIS

AVEC LA COLLABORATION

DE

MM. F. ABELOUS (Toulouse) — ALEZAÏS (Marseille) — ANDRÉ (Paris) — S. ARLOING (Lyon)
ATHANASIU (Paris) — BARDIER (Toulouse) — F. BATTELLI (Genève) — R. DU BOIS-REYMOND (Berlin)
G. BONNIER (Paris) — F. BOTTAZZI (Florence) — E. BOURQUELOT (Paris) — BRANCA (Paris)
ANDRÉ BROCA (Paris) — L. CAMUS (Paris) — J. CARVALLO (Paris) — CHARRIN (Paris) — A. CHASSEVANT (Paris)
CORIN (Liège) — E. DE CYON (Paris) — A. DASTRE (Paris) — R. DUBOIS (Lyon) — W. ENGELMANN (Berlin)
G. FANO (Florence) — X. FRANCOTTE (Liège) — L. FREDERICQ (Liège) — J. GAD (Leipzig) — GELLÉ (Paris)
E. GLEY (Paris) — GRIFFON (Rennes) — L. GUINARD (Lyon) — HAMBURGER (Gröningen)
M. HANRIOT (Paris) — HÉDON (Montpellier) — F. HEIM (Paris) — P. HENRIJEAN (Liège) — J. HÉRICOURT (Paris)
F. HEYMANS (Gand) — H. KRONECKER (Berne) — J. IOTEYKO (Bruxelles) — PIERRE JANET (Paris)
LAHOUSSE (Gand) — LAMBERT (Nancy) — E. LAMBLING (Lille) — P. LANGLOIS (Paris)
L. LAPICQUE (Paris) — LAUNOIS (Paris) — CH. LIVON (Marseille) — E. MACÉ (Nancy) — GR. MANCA (Padoue)
MANOUVRIER (Paris) — M. MENDELSSOHN (Pétersbourg) — E. MEYER (Nancy) — MISLAWSKI (Kazan)
J.-P. MORAT (Lyon) — A. MOSSO (Turin) — NICLOUX (Paris) — J.-P. NUEL (Liège) — A. PINARD (Paris)
F. PLATEAU (Gand) — E. PFLÜGER (Bonn) — M. POMPILIAN (Paris) — P. PORTIER (Paris) — G. POUCHET (Paris)
E. RETTERER (Paris) — J. CH. ROUX (Paris) — P. SÉBILEAU (Paris) — C. SCHÉPILOFF (Genève)
J. SOURY (Paris) — W. STIRLING (Manchester) — J. TARCHANOFF (Pétersbourg) — TIGERSTEDT (Helsingfors)
TRIBOULET (Paris) — E. TROUESSART (Paris) — H. DE VARIGNY (Paris) — M. VERWORN (Göttingen)
E. VIDAL (Paris) — G. WEISS (Paris) — E. WERTHEIMER (Lille)

TROISIÈME FASCICULE DU TOME VI

AVEC GRAVURES DANS LE TEXTE

PARIS

FÉLIX ALCAN, ÉDITEUR

ANCIENNE LIBRAIRIE GERMER BAILLIÈRE ET CIE

108, BOULEVARD SAINT-GERMAIN, 108

1904

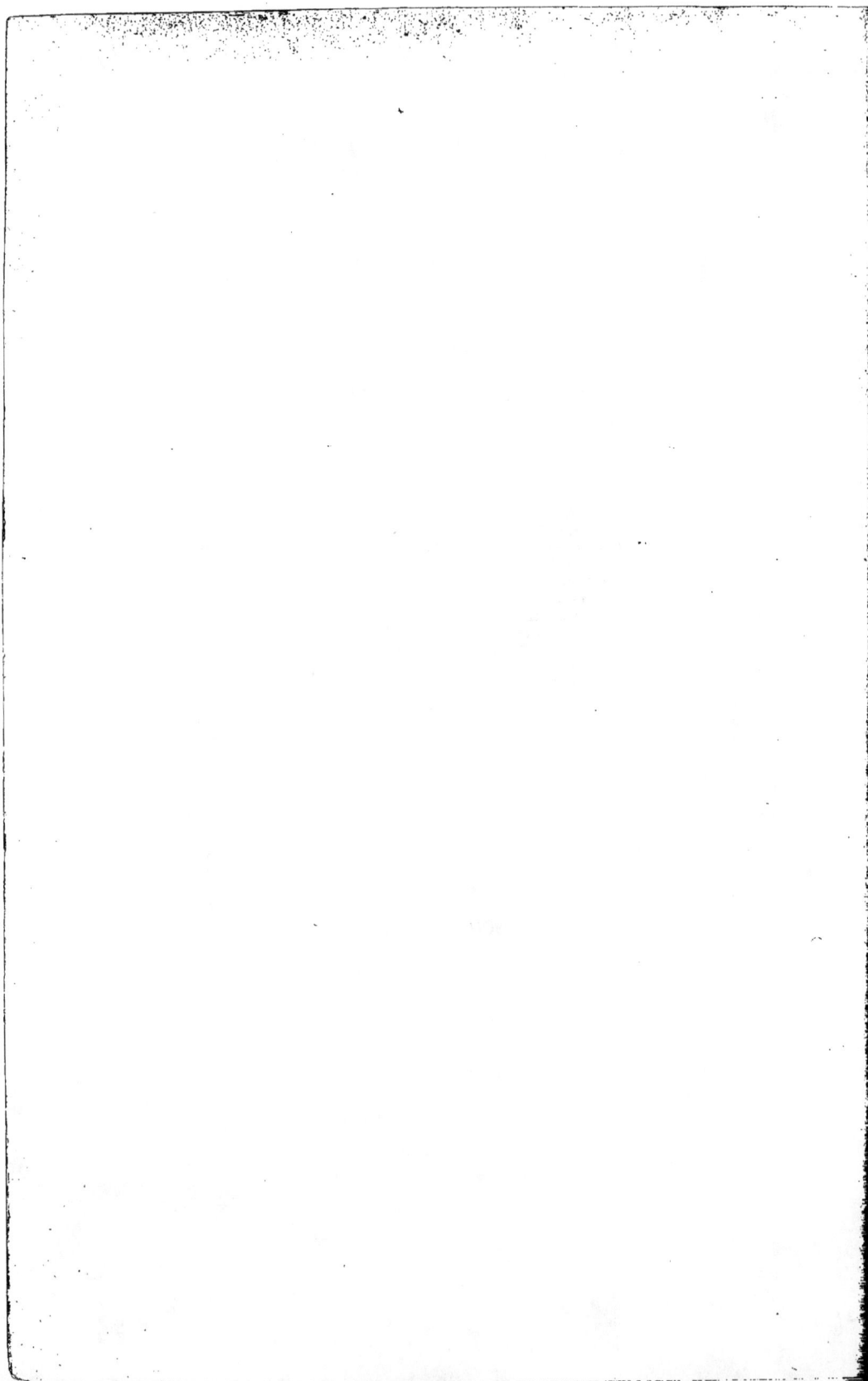

Librairie FÉLIX ALCAN, 108, boulevard Saint-Germain, Paris, 6e.

EXTRAIT DU CATALOGUE

PHYSIOLOGIE

TRAVAUX DU LABORATOIRE

DE

M. CHARLES RICHET

DICTIONNAIRE DE PHYSIOLOGIE

Cinq volumes ont déjà paru (1896-1902)

A-F

Chaque volume grand in-8° de 1000 pages avec figures. 25 fr.

L'ouvrage entier formera dix volumes et sera terminé en 1908.

Paris. — Typ. PHILIPPE RENOUARD, 19, rue des Saints-Pères. — 42020.

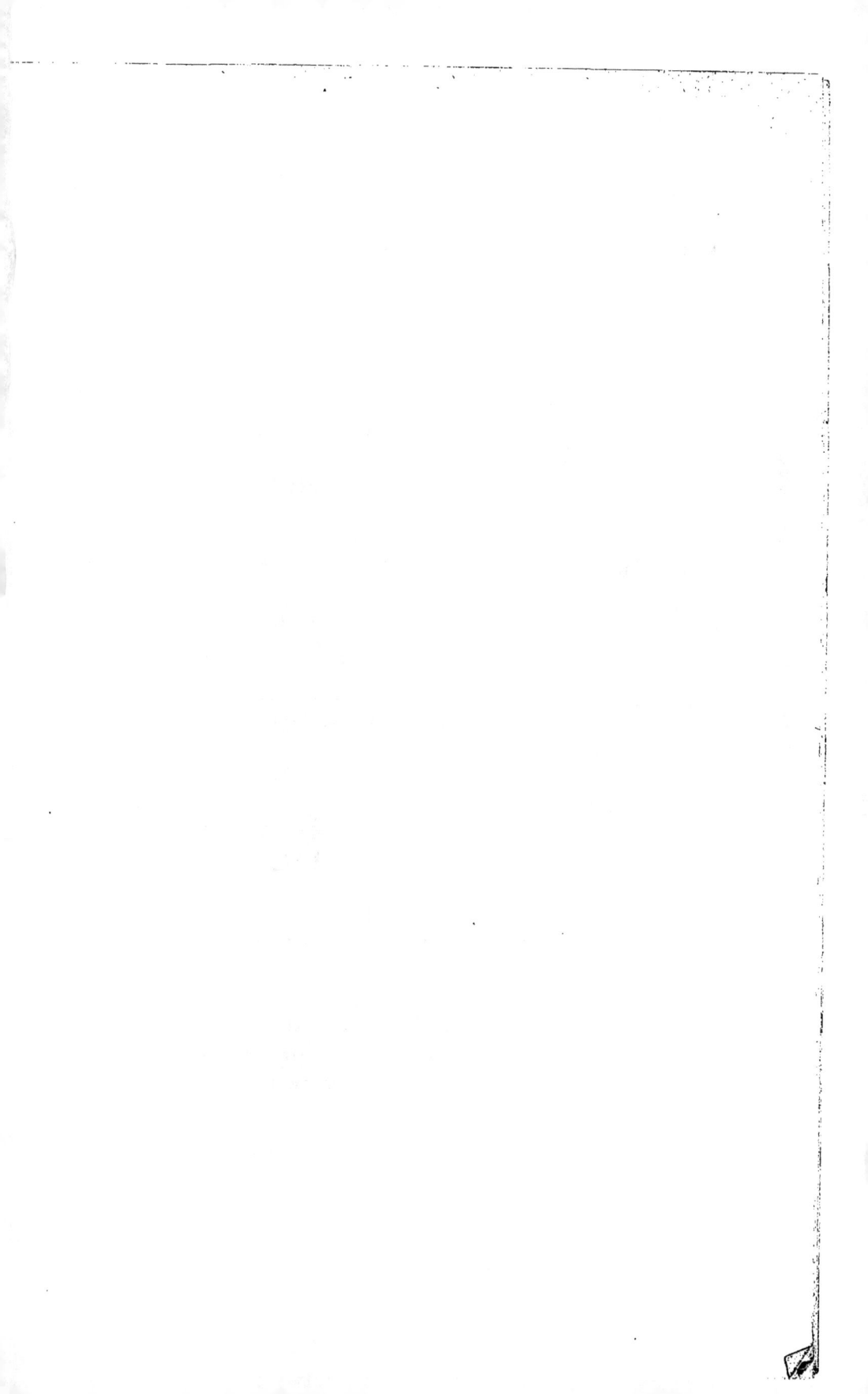

Librairie FÉLIX ALCAN, 108, boulevard Saint-Germain. Paris, 6e.

DICTIONNAIRE DE PHYSIOLOGIE

PAR

M. CHARLES RICHET

Publié avec la collaboration de savants français et étrangers.

Le *Dictionnaire* formera 8 volumes grand in-8, se composant chacun de 3 fascicules.
Chaque volume. . . **25 fr.** — Chaque fascicule . . . . **8 fr. 50**

PHYSIOLOGIE

TRAVAUX DU LABORATOIRE

DE

M. CHARLES RICHET

TOME I. — Système nerveux. Chaleur animale. 1 vol. in-8, 96 fig., 1893.		*Épuisé.*
TOME II. — Chimie physiologique. Toxicologie. 1 vol. in-8, 129 fig., 1894		**12 fr.**
TOME III. — Chloralose. Sérothérapie. Tuberculose. 1 vol. in-8, 25 fig., 1895		**12 fr.**
TOME IV. — Appareils glandulaires. Nerfs et Muscles. Sérothérapie. Chloroforme. 1 vol. in-8, 57 fig., 1898.		**12 fr.**
TOME V. — Muscles et Nerfs. Thérapeutique de l'Épilepsie. Zomothérapie. Réflexes psychiques. 1 vol. in-8, 78 fig., 1902.		**12 fr.**

AUTRES OUVRAGES DE M. CH. RICHET

La Chaleur animale. 1 volume in-8, avec figures		**6 fr.** »
Du Suc gastrique chez l'homme et chez les animaux. 1 vol. in-8, avec 1 pl. hors texte.		**4 fr. 50**
Structure des circonvolutions cérébrales. (Thèse de concours d'agrégation). In-8, 1878.		**5 fr.** »
Essai de Psychologie générale. 5e édition, 1903. 1 vol. in-12		**2 fr. 50**

TRAITÉ DE BIOLOGIE

PAR

FÉLIX LE DANTEC

Chargé du cours d'embryologie à la Sorbonne

Un fort volume grand in-8, avec 101 gravures dans le texte . . . . **15 fr.**

BIBLIOGRAPHIA MEDICA

Recueil Mensuel de Bibliographie Internationale

Directeurs: MM. DEBOVE et Ch. RICHET
Rédacteur en chef: Dr Marcel BAUDOUIN

Ce journal, qui contient chaque mois trois mille indications bibliographiques concernant l'ensemble des sciences médicales, est la continuation de l'*Index Medicus*. (Quatrième année, 1903.)

Institut de Bibliographie, 93, Boulevard Saint-Germain, Paris

Prix : **120 fr.** pour la France et l'Étranger.

Paris. — Typ. PHILIPPE RENOUARD, 19, rue des Saints-Pères. — 42626.

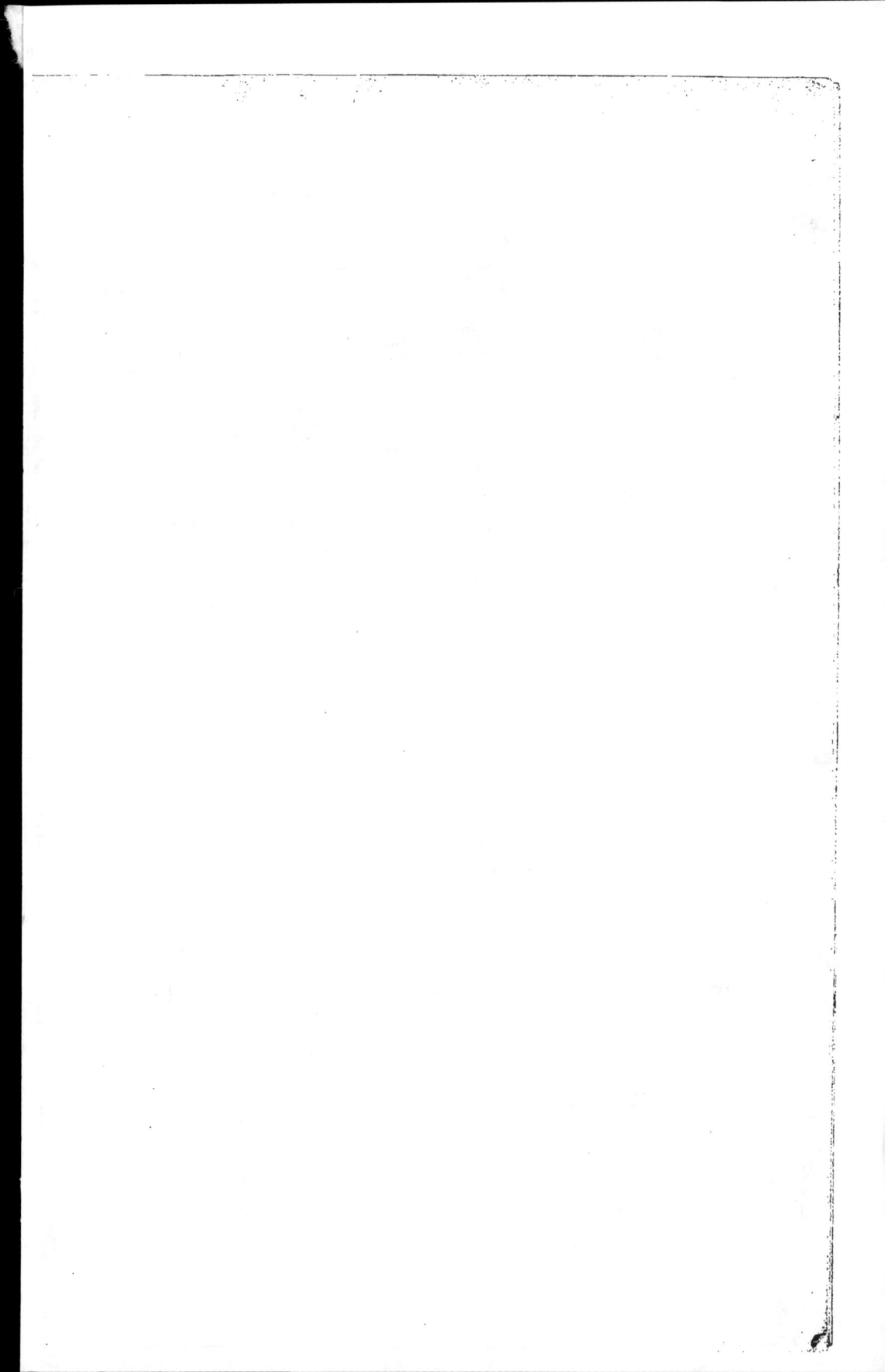

EXTRAIT DU CATALOGUE

BALLET (Gilbert). La Parole intérieure et les diverses formes de l'Aphasie. 1 vol. in-18, 2° édition . . . . 2 fr. 50
BRAUNIS (H.). Les Sensations internes. 1 vol. in-8. Cart. 6 fr.
DUVAL (Mathias). Journal de l'anatomie et de la physiologie normales et pathologiques de l'homme et des animaux, dirigé par MATHIAS DUVAL, avec le concours des P⁰ˢ RETTERER et TOURNEUX. Paraît tous les deux mois par fascicules de 7 feuilles in-8 avec planches dans le texte et hors texte. 39° année, 1904. Abonnement : un an, du 1ᵉʳ janv., Paris : 30 fr. Départements et Étranger : 33 fr. La livraison . . . . 6 fr.
DUVAL (Mathias), Études sur l'embryologie des chéiroptères. 1ʳᵉ partie : L'ovule, la gastrula, le blastoderme et l'Origine des annexes chez le Murin. 1 vol. in-4° avec gravures, et 5 pl. en taille-douce, hors texte . . . . . . 15 fr.
GELLÉ (E.-M.). L'Audition et ses organes. 1 vol. in-8 avec grav. Cart. à l'angl . . . . 6 fr.
GLEY (E.).Études de psychologie physiologique et pathologique. 1 vol. in-8° avec grav . . . . 5 fr.
JANET (Pierre). L'Automatisme psychologique. 4° édition, 1 vol. in-8 . . . . 7 fr. 50
LANGLOIS (P.). Les Capsules surrénales. 1 vol. in-8 . 4 fr.
LE DANTEC. Évolution individuelle et hérédité. 1 vol. in-8, cart. à l'angl . . . . 6 fr.
— Théorie nouvelle de la vie. 3° édition, 1 vol. in-8, cart. à l'angl . . . . 6 fr.
— Le Déterminisme biologique et la personnalité consciente. 1 vol. in-12 . . . . 2 fr. 50
— L'Individualité et l'erreur individualiste. 1 vol. in-12 . . . . 2 fr. 50

LE DANTEC. Lamarckiens et Darwiniens. Discussion de quelques théories sur la formation des espèces. 2° édition. 1 vol. in-12 . . . . 2 fr. 50
— Les Limites du connaissable. La vie et les phénomènes naturels. 1 vol. in-8° . . . . 3 fr. 75
— Traité de biologie. 1 fort vol. in-8° . . . . 15 fr.
MAREY. La Machine animale. 6° édit., 1 vol. in-8. Cart. 6 fr.
MOSSO. La Peur, étude psycho-physiologique, traduit de l'italien par M. F. HÉMENT. 2° édition. 1 vol. in-18, avec fig. dans le texte . . . . 2 fr. 50
MOSSO. La Fatigue, étude psycho-physiologique, traduit de l'italien par le docteur LANGLOIS. 1 v. in-18, avec fig. 2 fr. 50
RICHET (Ch.). La Chaleur animale. 1 vol. in-8 avec fig. 6 fr.
— Du Suc gastrique chez l'homme et chez les animaux, 1 vol. in-8, avec une planche hors texte . . 4 fr. 50
— Essai de psychologie générale. 1 vol. in-12, 5° édit. . . . . 2 fr. 50
— Dictionnaire de physiologie, publié avec le concours de savants français et étrangers. Formera 10 vol. gr. in-8, se composant chacun de 3 fasc. Chaque volume, 25 fr.; chaque fascicule, 8 fr. 50. 6 vol. ont paru.
— et SULLY PRUDHOMME. Le Problème des causes finales. 2° édition. 1 vol. in-12 . . . . 2 fr. 50
SOLLIER. Les Phénomènes d'autoscopie, 1 vol. in-12. 2 fr. 50
TISSIÉ. Les Rêves. Physiologie et pathologie. Préface de M. le professeur AZAM. 1 vol. in-12, 2° édition . . 2 fr. 50
TISSIÉ, La Fatigue et l'Entraînement physique. 2° éd. 1 vol. in-12, avec grav. Cart. à l'angl . . . . 4 fr.

BIBLIOGRAPHIA MEDICA

Recueil Mensuel de Bibliographie Internationale

Directeurs : MM. Ch. POTAIN et Ch. RICHET
Rédacteur en chef : D' Marcel BAUDOUIN

Ce journal, qui contient chaque mois trois mille indications bibliographiques concernant l'ensemble des sciences médicales, est la continuation de l'*Index Medicus*.

Institut de Bibliographie, 93, Boulevard Saint-Germain, Paris

Prix : 120 fr. pour la France et l'Étranger.

PHYSIOLOGIE

TRAVAUX DU LABORATOIRE

DE

M. CHARLES RICHET

TOME I. — Système nerveux, Chaleur animale. 1 vol. in-8, 96 fig., 1893. *Épuisé.*
TOME II. — Chimie physiologique, Toxicologie. 1 vol. in-8, 129 fig., 1894. 12 fr.
TOME III. — Chloralose, Sérothérapie, Tuberculose. 1 vol. in-8, 25 fig., 1895. 12 fr.
TOME IV. — Appareils glandulaires, Nerfs et Muscles, Sérothérapie, Chloroforme. 1 vol. in-8, 57 fig., 1898 . . . . 12 fr.
TOME V — Muscles et Nerfs, Thérapeutique de l'Épilepsie, Zomothérapie, Réflexes psychiques. 1 vol. in-8, 78 fig., 1902. . . . . 12 fr.

Paris. — Typ. PHILIPPE RENOUARD, 19, rue des Saints-Pères. — 43361.